에듀윌과 함께 시작하면,
당신도 합격할 수 있습니다!

대학 졸업 후 취업을 위해 바쁜 시간을 쪼개며
소방설비기사 자격시험을 준비하는 취준생

비전공자이지만 소방 분야로 진로를 정하고
소방설비기사에 도전하는 수험생

낮에는 현장에서 일하면서도 더 나은 미래를 위해
소방설비기사 교재를 펼치는 주경야독 직장인

누구나 합격할 수 있습니다.
시작하겠다는 '다짐' 하나면 충분합니다.

마지막 페이지를 덮으면,

에듀윌과 함께
소방설비기사 합격이 시작됩니다.

소방설비기사 1위

꿈을 실현하는 에듀윌
Real 합격 스토리

이O웅 소방 쌍기사 4개월 초단기 동차합격

4개월 만에 소방 쌍기사 취득, 에듀윌의 전문 교수진 덕분

우연한 계기로 소방 분야에 관심을 갖게 돼서 소방 쌍기사를 취득했습니다. 커뮤니티와 SNS에서 추천 받은 에듀윌에서 공부를 시작했습니다. 에듀윌의 가장 큰 장점은 교수진이라고 생각합니다. 강의에서 다뤄지는 내용, 상세한 이야기들이 다른 인터넷 강의와는 분명한 차이가 있다고 생각했습니다.

김O균 5개월 단기 동차합격

에듀윌이라 가능했던 5개월 단기 합격

약 5개월 만에 소방설비기사 전기분야 자격증을 취득했습니다. 소방설비기사를 준비해야겠다는 생각과 동시에 에듀윌이 생각났고, 그래서 별다른 고민 없이 선택했습니다. 에듀윌에서 진행한 모의고사를 진짜 시험이라고 생각하고 준비했습니다. 모의고사를 통해 저의 실력을 확인하고 부족한 과목은 좀 더 신경 써서 공부했습니다.

양O환 소방설비기사 취득 후 재취업 성공

나를 합격으로 이끌어 준 에듀윌 소방설비기사

제2의 인생을 준비하는 시점에서 소방설비기사 자격을 취득하고 재취업에 성공했습니다. 유튜브에서 에듀윌 샘플 강의를 몇 개 찾아보고 모두 들어보니 만족도가 컸습니다. 실제로 등록하고 강의를 들었는데, 에듀윌의 시간관리 시스템 덕분에 지치지 않고 꾸준히 공부할 수 있었습니다.

다음 합격의 주인공은 당신입니다!

더 많은 합격 비법

* 2023 대한민국 브랜드만족도 소방설비기사 교육 1위(한경비즈니스)

1위 에듀윌만의
체계적인 합격 커리큘럼

원하는 시간과 장소에서, 1:1 관리까지 한번에
온라인 강의

① 전 과목 최신 교재 제공
② 업계 최강 교수진의 전 강의 수강 가능
③ 맞춤형 학습플랜 및 커리큘럼으로 효율적인 학습

합격 필수템
합격이 쉬워지는 핵심개념서 무료로 받기
※ 해당 이벤트는 예고 없이 변경되거나 종료될 수 있습니다.

소방설비기사 핵심개념서
무료신청

친구 추천 이벤트

"친구 추천하고 한 달 만에
920만원 받았어요"

친구 1명 추천할 때마다 현금 10만원 제공
추천 참여 횟수 무제한 반복 가능

※ "a*o*h****" 회원의 2021년 2월 실제 리워드 금액 기준
※ 해당 이벤트는 예고 없이 변경되거나 종료될 수 있습니다.

친구 추천 이벤트
바로가기

* 2023 대한민국 브랜드만족도 소방설비기사 교육 1위(한경비즈니스)

소방설비기사 1위

이제 국비무료 교육도 에듀윌

수강생을 반겨주는 에듀윌의 환한 복도 (구로)

언제나 전문 학습 매니저와 상담이 가능한 안내데스크 (부평)

고품질 영상 및 음향 장비를 갖춘 최고의 강의실 (구로)

재충전을 위한 카페 분위기의 아늑한 휴게실 (부평)

다용도로 활용이 가능한 휴게실 (성남)

전기/소방/건축/쇼핑몰/회계/컴활 자격증 취득
국민내일배움카드제

에듀윌 국비교육원 대표전화

서울 구로	02)6482-0600	구로디지털단지역 2번 출구
경기 성남	031)604-0600	모란역 5번 출구
인천 부평	032)262-0600	부평역 5번 출구
인천 부평2관	032)263-2900	부평역 5번 출구

국비교육원 바로가기

* 2023 대한민국 브랜드만족도 소방설비기사 교육 1위(한경비즈니스)

에듀윌이
너를
지지할게

ENERGY

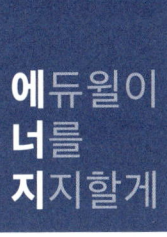

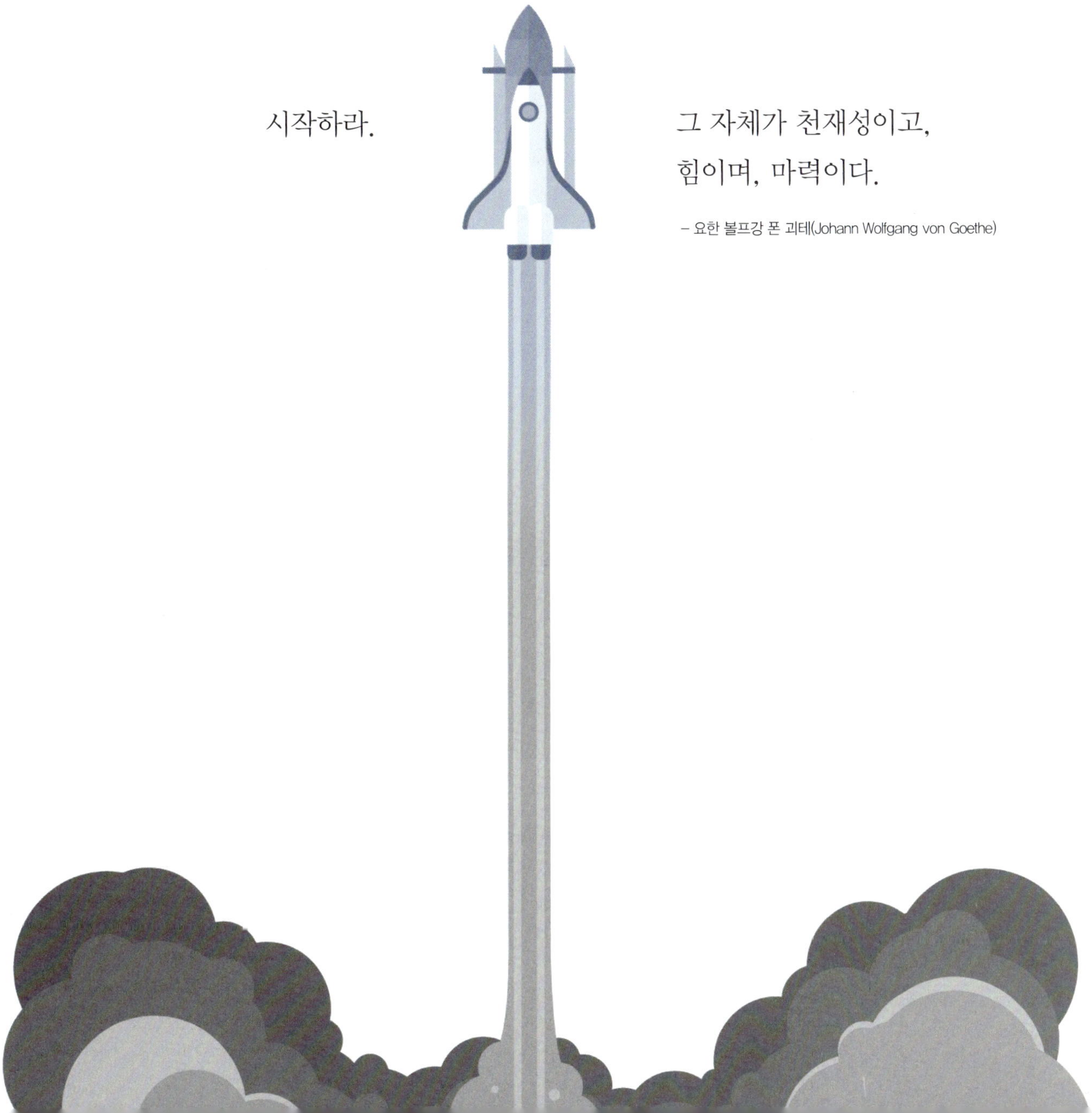

시작하라.

그 자체가 천재성이고,
힘이며, 마력이다.

– 요한 볼프강 폰 괴테(Johann Wolfgang von Goethe)

에듀윌 소방설비기사

실기 전기

핵심이론 + 최신 3개년 기출

WHY? 에듀윌 교재를 선택해야 하는 이유?

01 2권 분권으로 편리한 학습

학습 순서에 따라 1권(핵심이론 + 최신 3개년 기출)과 2권(플러스 7개년 기출)으로 분권하였으며 각 권별 학습전략을 제시하였습니다. 이제 학습진도에 맞춰 필요한 교재만 들고 다니세요.

학습전략

1권
핵심이론을 학습 후 **최신 3개년 기출문제**를 풀어보면서 시험 출제경향을 가늠할 수 있습니다.

2권
핵심이론 + 최신 3개년 기출문제로 선행학습을 완료한 뒤 **플러스 7개년 기출문제**로 본격적인 기출문제 학습을 할 수 있습니다.

02 가독성을 높인 시원한 내용 구성

시원한 느낌을 위해 큰 글씨와 여유 있는 여백으로 가독성을 높였습니다. 더 이상 눈살 찌푸리며 학습하지 마세요.

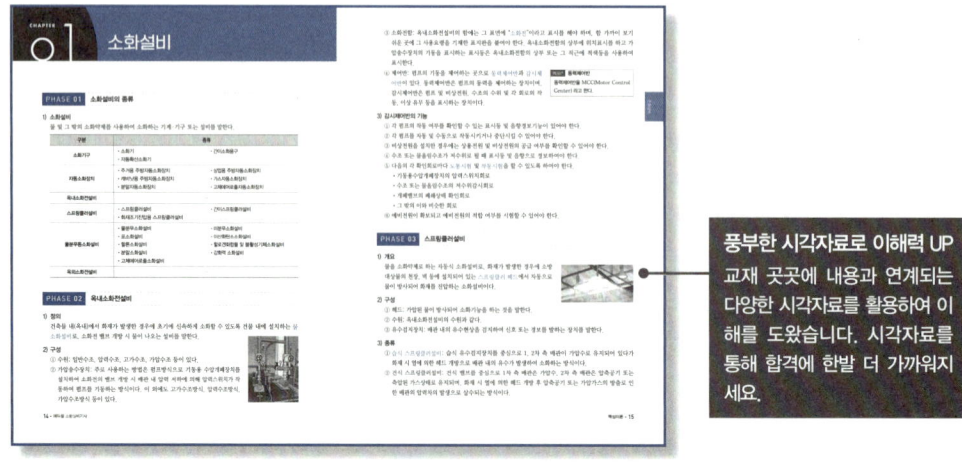

풍부한 시각자료로 이해력 UP
교재 곳곳에 내용과 연계되는 다양한 시각자료를 활용하여 이해를 도왔습니다. 시각자료를 통해 합격에 한발 더 가까워지세요.

03 합격을 완성하는 10개년 기출문제

기출문제가 곧 시험문제

소방설비기사 실기 시험은 역대 기출문제에서 재출제되는 경향이 매우 높습니다. 기출문제 학습을 통해 출제 경향을 빠르게 파악할 수 있고, 이는 곧 합격으로 가는 지름길이 됩니다.

최적의 학습 분량

많은 분량의 학습을 하면 한번에 시험에 합격할 가능성이 높아지는 것은 사실입니다. 그러나 실기 시험의 특성상 전략적으로 학습분량을 설정한다면 단기간에 충분히 합격이 가능합니다. 10개년의 기출문제 분량은 단기합격에 가장 최적화된 분량입니다.

읽기 쉬운 해설

학습자가 쉽고 빠르게 이해할 수 있도록 모든 문제에 자세하게 해설을 작성하였습니다. 소방에 관한 지식이 없는 분이라고 할지라도 해설만으로도 의문이 생기는 부분이 없도록 관련 내용을 최대한 자세히 작성하였습니다.

> " **가장 빠른 합격으로의 지름길!**
> **10개년 기출문제만으로도 가능합니다.** "

Contents
이 책의 구성

STEP 01 핵심 PHASE로 정리한 이론편

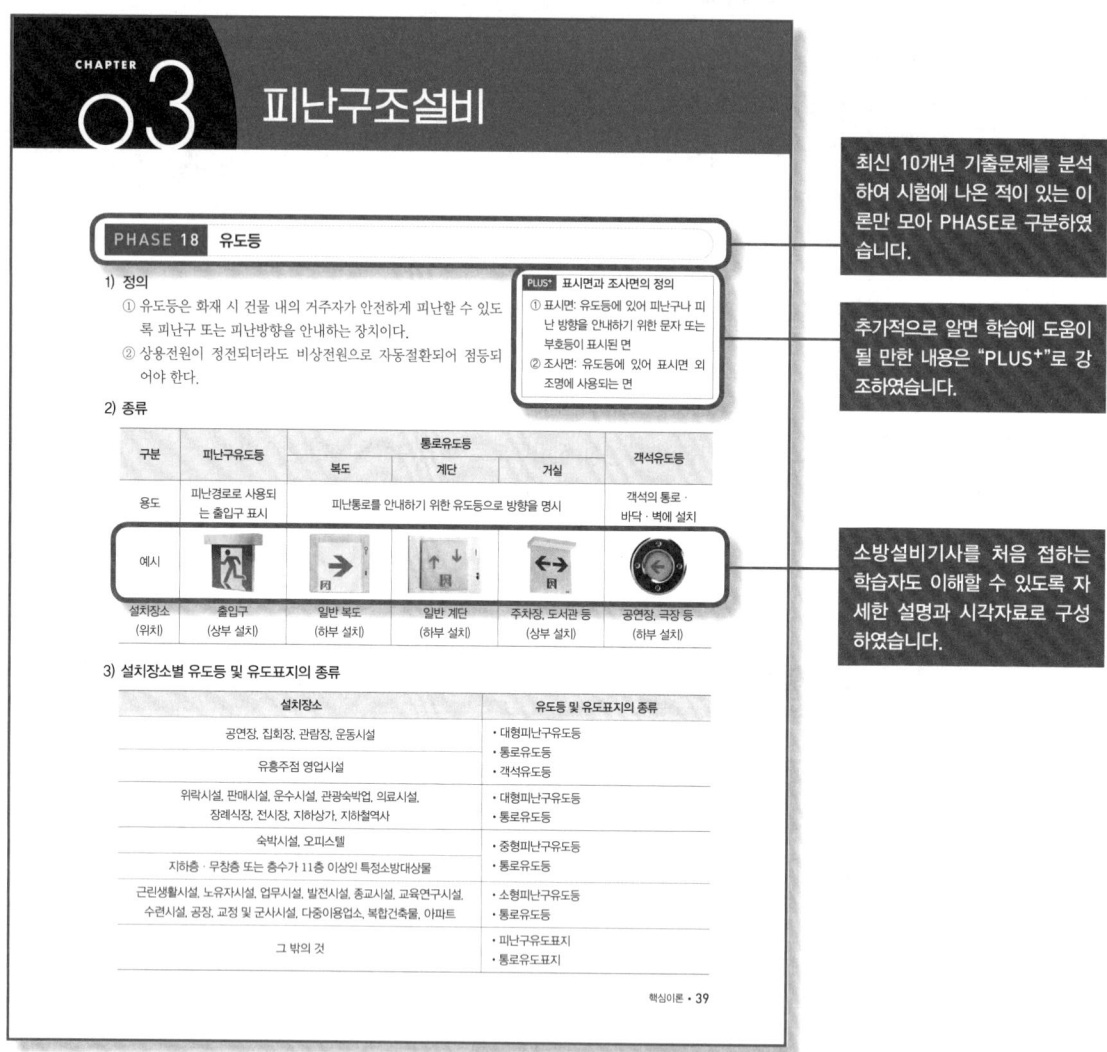

- 최신 10개년 기출문제를 분석하여 시험에 나온 적이 있는 이론만 모아 PHASE로 구분하였습니다.
- 추가적으로 알면 학습에 도움이 될 만한 내용은 "PLUS+"로 강조하였습니다.
- 소방설비기사를 처음 접하는 학습자도 이해할 수 있도록 자세한 설명과 시각자료로 구성하였습니다.

" 출제된 적 있는 내용만으로 구성하여 학습량을 줄여주는 효율적 압축이론 "

STEP 02   최신 10개년 기출문제 3회독으로 확실한 마무리

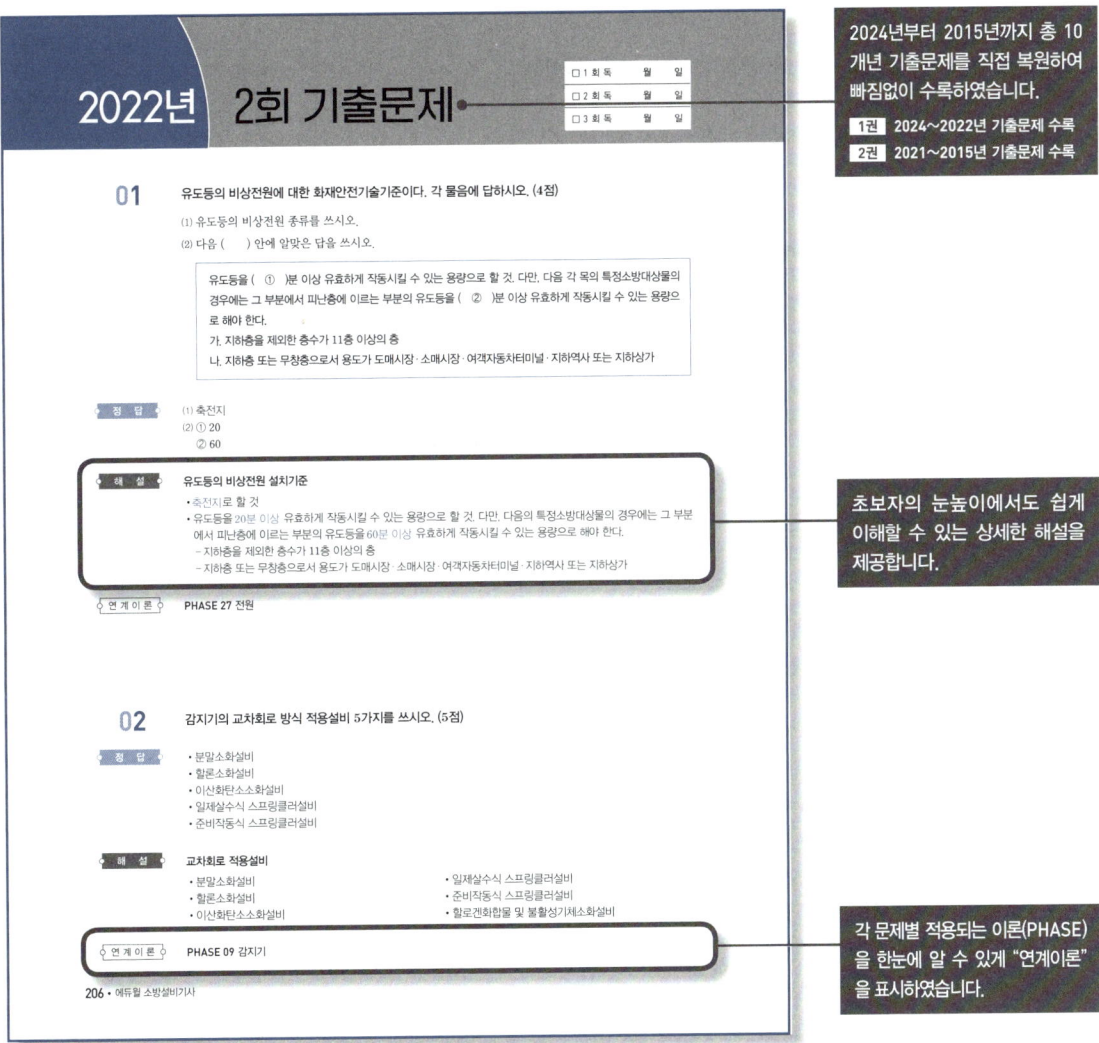

> ## 최신 10개년 기출문제 풀이로
> ## 필요한 내용만 쉽고 빠르게 학습

Contents
이 책의 구성

STEP 03 실기 단답형 문제 100선으로 학습 마무리

소방설비기사 실기 단답형 문제 100선

1 청각장애인용 시각경보장치의 설치기준 3가지

2 자동화재탐지설비의 경계구역 설정기준
- 하나의 경계구역의 면적은 (　　)[m²]이하로 하고 한 변의 길이는 (　　)[m] 이하로 할 것. 단, 해당 특정소방대상물의 주된 출입구에서 그 내부 전체가 보이는 것에 있어서는 한 변의 길이가 (　　)[m]의 범위 내에서 (　　)[m²] 이하로 할 수 있다.
- 스프링클러설비, 물분무등소화설비 또는 (　　)의 화재감지장치로서 화재감지기를 설치한 경우의 경계구역은 해당 소화설비의 방사구역 또는 (　　)과 동일하게 설정할 수 있다.

3 차동식 분포형 감지기의 종류 3가지

4 광전식 분리형 감지기의 설치기준 4가지

5 자동화재탐지설비의 감지기 설치제외 장소 4가지

6 피난구유도등을 설치해야 하는 장소 4가지

7 20[m] 이상 높이에 설치 가능한 감지기 2가지

최신 10개년 기출문제를 분석하여 엄선한 실기 단답형 문제 100선을 제공합니다.

문제와 답안을 별도로 구성하여 언제든지 문제만 풀어볼 수 있게 하였습니다.

※ 위 이미지는 예시이며 실제 제공되는 PDF는 변경될 수 있습니다.

다운로드 경로
에듀윌 도서몰(book.eduwill.net) → 도서자료실 → 부가학습자료 → "소방설비기사" 검색

단답형 100선 문제 다운로드

단답형 100선 해설 다운로드

About
소방설비기사 시험 정보

2025 소방설비기사 시험 일정

구분	필기원서접수 (휴일 제외)	필기시험	필기합격 (예정자) 발표	실기원서접수 (휴일 제외)	실기시험	최종합격 발표
제1회	1.13~1.16	2.7~3.4	3.12	3.24~3.27	4.19~5.9	6.13
제2회	4.14~4.17	5.10~5.30	6.11	6.23~6.26	7.19~8.6	9.12
제3회	7.21~7.24	8.9~9.1	9.10	9.22~9.25	11.1~11.21	12.24

※ 정확한 시험 일정은 큐넷(www.q-net.or.kr) 사이트 참조 요망

- 원서접수 시간은 원서접수 첫 날 10:00부터 마지막 날 18:00까지
- 필기시험 합격(예정)자 및 최종합격자 발표시간은 해당 발표일 09:00

시험시간 & 합격기준

① 시험시간: 3시간(필답형, 100점 만점)
② 합격기준: 100점을 만점으로 60점 이상

최근 5년간 실기시험 응시현황

연도	소방설비기사 전기분야			소방설비기사 기계분야		
	응시	합격	합격률(%)	응시	합격	합격률(%)
2024	24,518	10,134	41.3	18,587	4,493	24.2
2023	20,843	8,679	41.6	20,510	5,458	26.6
2022	21,427	9,075	42.4	15,080	2,346	15.6
2021	19,311	6,687	34.6	17,709	5,753	32.5
2020	19,248	8,991	46.7	15,862	3,076	19.4

차례 CONTENTS

핵심이론 + 최신 3개년 기출

01 핵심이론

CHAPTER 01	소화설비	014
CHAPTER 02	경보설비	019
CHAPTER 03	피난구조설비	039
CHAPTER 04	소화활동설비	046
CHAPTER 05	소방전기시설	051
CHAPTER 06	소방시설 시공	061
CHAPTER 07	제어 회로	067
CHAPTER 08	소방전기설비의 설계시공	074
CHAPTER 09	기타	095

02 최신 3개년 기출

2024년 기출문제	102
2023년 기출문제	144
2022년 기출문제	190

플러스 7개년 기출

03 플러스 7개년 기출

2021년 기출문제	008
2020년 기출문제	056
2019년 기출문제	138
2018년 기출문제	178
2017년 기출문제	224
2016년 기출문제	276
2015년 기출문제	330

01

Engineer Fire Protection System

핵심이론

소방설비기사 문제 풀이에 꼭 필요한
핵심만 담은 이론서

학 습 전 략

CHAPTER 01 소화설비	옥내소화전설비, 스프링클러설비 등 여러 가지 소화설비에 대해 학습합니다. 시험에 직접 출제되는 경우는 많지 않으나 개념을 확실히 이해해야 학습이 수월해집니다.
CHAPTER 02 경보설비	경보설비는 시험 출제 비중이 매우 높은 부분으로 반드시 알아야 할 개념이 많습니다. 특히 감지기와 관련된 내용이 많이 출제되는 만큼 확실하게 학습해야 합니다.
CHAPTER 03 피난구조설비	매 회 1문제 이상 출제되는 부분입니다. 계산 문제와 설치기준을 묻는 문제가 주로 출제됩니다.
CHAPTER 04 소화활동설비	소화활동설비의 설치기준을 묻는 문제들이 자주 출제됩니다. 각 기구별 설치기준을 확실하게 암기해야 합니다.
CHAPTER 05 소방전기시설	축전지 설비, 전압강하, 감지기 전류, 전동기 용량 등 간단한 공식을 적용하여 푸는 계산 문제 위주의 문제가 출제됩니다. 공식을 완벽하게 암기하는 것이 중요합니다.
CHAPTER 06 소방시설 시공	매 회 1문제 이상 출제되는 부분입니다. 관련 용어가 생소할 수 있으나 비슷한 문제가 자주 출제되어 점수를 획득하기에는 좋은 부분입니다.
CHAPTER 07 제어 회로	실제 기동 회로를 구현하기 위한 개념을 학습합니다. 시퀀스 제어와 논리회로의 특성을 반복학습하여 빠르게 이해하는 것이 중요합니다.
CHAPTER 08 소방전기설비의 설계시공	최근 시험 경향에는 출제 비중이 줄어들었으나 여전히 중요한 부분입니다. [CHAPTER 01 소화설비]에서 학습한 내용을 바탕으로 각 설비별 전선의 가닥수 산정 방법을 반드시 알아두어야 합니다.
CHAPTER 09 기타	단순 암기 위주의 학습이 필요한 부분입니다. 시험에 잘 출제되지는 않으나 알아두면 점수를 얻기 쉬운 부분입니다.

CHAPTER 01 소화설비

PHASE 01　소화설비의 종류

1) 소화설비
물 및 그 밖의 소화약제를 사용하여 소화하는 기계·기구 또는 설비를 말한다.

구분	종류	
소화기구	• 소화기 • 자동확산소화기	• 간이소화용구
자동소화장치	• 주거용 주방자동소화장치 • 캐비닛용 주방자동소화장치 • 분말자동소화장치	• 상업용 주방자동소화장치 • 가스자동소화장치 • 고체에어로졸자동소화장치
옥내소화전설비	—	
스프링클러설비	• 스프링클러설비 • 화재조기진압용 스프링클러설비	• 간이스프링클러설비
물분무등소화설비	• 물분무소화설비 • 포소화설비 • 할론소화설비 • 분말소화설비 • 고체에어로졸소화설비	• 미분무소화설비 • 이산화탄소소화설비 • 할로겐화합물 및 불활성기체소화설비 • 강화액 소화설비
옥외소화전설비	—	

PHASE 02　옥내소화전설비

1) 정의
건축물 내(옥내)에서 화재가 발생한 경우에 초기에 신속하게 소화할 수 있도록 건물 내에 설치하는 물소화설비로, 소화전 밸브 개방 시 물이 나오는 설비를 말한다.

2) 구성
① 수원: 일반수조, 압력수조, 고가수조, 가압수조 등이 있다.
② 가압송수장치: 주로 사용하는 방법은 펌프방식으로 기동용 수압개폐장치를 설치하여 소화전의 밸브 개방 시 배관 내 압력 저하에 의해 압력스위치가 작동하여 펌프를 기동하는 방식이다. 이 외에도 고가수조방식, 압력수조방식, 가압수조방식 등이 있다.

③ 소화전함: 옥내소화전설비의 함에는 그 표면에 "소화전"이라고 표시를 해야 하며, 함 가까이 보기 쉬운 곳에 그 사용요령을 기재한 표지판을 붙여야 한다. 옥내소화전함의 상부에 위치표시를 하고 가압송수장치의 기동을 표시하는 표시등은 옥내소화전함의 상부 또는 그 직근에 적색등을 사용하여 표시한다.

④ 제어반: 펌프의 기동을 제어하는 곳으로 동력제어반과 감시제어반이 있다. 동력제어반은 펌프의 동력을 제어하는 장치이며, 감시제어반은 펌프 및 비상전원, 수조의 수위 및 각 회로의 작동, 이상 유무 등을 표시하는 장치이다.

> **PLUS⁺ 동력제어반**
> 동력제어반을 MCC(Motor Control Center)라고 한다.

3) 감시제어반의 기능

① 각 펌프의 작동 여부를 확인할 수 있는 표시등 및 음향경보기능이 있어야 한다.
② 각 펌프를 자동 및 수동으로 작동시키거나 중단시킬 수 있어야 한다.
③ 비상전원을 설치한 경우에는 상용전원 및 비상전원의 공급 여부를 확인할 수 있어야 한다.
④ 수조 또는 물올림수조가 저수위로 될 때 표시등 및 음향으로 경보하여야 한다.
⑤ 다음의 각 확인회로마다 도통시험 및 작동시험을 할 수 있도록 하여야 한다.
  • 기동용수압개폐장치의 압력스위치회로
  • 수조 또는 물올림수조의 저수위감시회로
  • 개폐밸브의 폐쇄상태 확인회로
  • 그 밖의 이와 비슷한 회로
⑥ 예비전원이 확보되고 예비전원의 적합 여부를 시험할 수 있어야 한다.

PHASE 03 스프링클러설비

1) 개요

물을 소화약제로 하는 자동식 소화설비로, 화재가 발생한 경우에 소방대상물의 천장, 벽 등에 설치되어 있는 스프링클러 헤드에서 자동으로 물이 방사되어 화재를 진압하는 소화설비이다.

2) 구성

① 헤드: 가압된 물이 방사되어 소화기능을 하는 것을 말한다.
② 수원: 옥내소화전설비의 수원과 같다.
③ 유수검지장치: 배관 내의 유수현상을 검지하여 신호 또는 경보를 발하는 장치를 말한다.

3) 종류

① 습식 스프링클러설비: 습식 유수검지장치를 중심으로 1, 2차 측 배관이 가압수로 유지되어 있다가 화재 시 열에 의한 헤드 개방으로 배관 내의 유수가 발생하여 소화하는 방식이다.
② 건식 스프링클러설비: 건식 밸브를 중심으로 1차 측 배관은 가압수, 2차 측 배관은 압축공기 또는 축압된 가스상태로 유지되며, 화재 시 열에 의한 헤드 개방 후 압축공기 또는 가압가스의 방출로 인한 배관의 압력차의 발생으로 살수되는 방식이다.

③ 준비작동식 스프링클러설비: 준비작동식 유수검지장치를 중심으로 1차 측은 가압수로, 2차 측은 대기압 상태로 유지되어 있다. 화재 발생 시 감지기의 작동으로 2차 측 배관에 소화수가 충수된 후 화재 시 열에 의한 헤드 개방으로 배관 내의 유수가 발생하여 소화하는 방식이다.
④ 일제살수식 스프링클러설비: 일제개방밸브를 중심으로 1차 측은 가압수로, 2차 측은 대기압 상태이며, 감지기 작동 시 모든 헤드에서 살수되는 방식이다.

4) 작동방식

구분	습식 스프링클러설비	준비작동식 스프링클러설비
작동 순서	화재 발생 ↓ 헤드 개방 및 방수 ↓ 2차 측 배관 압력 저하 ↓ 습식 유수검지장치 클램퍼 개방 ↓ 습식 유수검지장치의 압력스위치 작동(표시등 점등, 경보 시작) ↓ 배관 내 압력 저하로 기동용수압개폐장치의 압력스위치 작동 ↓ 펌프 기동	화재 발생 ↓ 교차회로 방식의 감지기 A or B 작동(표시등 점등, 경보 시작) ↓ 감지기 A and B 작동 또는 수동기동장치(SVP) 작동 ↓ 준비작동식 유수검지장치 작동 ↓ 2차 측으로 급수 ↓ 헤드 개방, 방수 ↓ 배관 내 압력 저하로 기동용수압개폐장치의 압력스위치 작동 ↓ 펌프 기동

5) 제어반

① 스프링클러설비에는 제어반을 설치하되, 감시제어반과 동력제어반으로 구분하여 설치해야 한다. 다만, 다음의 어느 하나에 해당하는 경우에는 감시제어반과 동력제어반으로 구분하여 설치하지 않을 수 있다.
  • 지하층을 제외한 층수가 7층 이상으로서 연면적이 $2,000[m^2]$ 이상인 것
  • 지하층의 바닥면적 합계가 $3,000[m^2]$ 이상인 것
  • 내연기관에 따른 가압송수장치를 사용하는 경우
  • 고가수조에 따른 가압송수장치를 사용하는 경우
  • 가압수조에 따른 가압송수장치를 사용하는 경우
② 감시제어반은 다음 회로마다 도통시험 및 작동시험을 할 수 있어야 한다.
  • 기동용수압개폐장치의 압력스위치회로
  • 수조 또는 물올림수조의 저수위감시회로
  • 유수검지장치 또는 일제개방 밸브의 압력스위치회로
  • 일제개방밸브를 사용하는 설비의 화재감지기회로
  • 급수배관에 설치되어 있는 급수를 차단할 수 있는 개폐밸브의 폐쇄상태 확인회로

PHASE 04   이산화탄소소화설비

1) 정의
이산화탄소를 고압가스용기에 저장하여 보관해 두었다가 화재 발생 시 수동 또는 자동조작에 의해 배관을 통해 화재지점에 이산화탄소를 방출하여 질식 및 냉각작용으로 화재를 소화하는 설비이다.

2) 기동장치
이산화탄소소화설비의 수동식 기동장치는 다음의 기준에 따라 설치해야 한다. 이 경우 수동식 기동장치의 부근에는 소화약제의 방출을 지연시킬 수 있는 방출지연스위치(자동복귀형 스위치로서 수동식 기동장치의 타이머를 순간 정지시키는 기능의 스위치를 말한다)를 설치해야 한다.
① 전역방출방식은 방호구역마다, 국소방출방식은 방호대상물마다 설치해야 한다.
② 해당 방호구역의 출입구 부근 등 조작을 하는 자가 쉽게 피난할 수 있는 장소에 설치해야 한다.
③ 기동장치의 조작부는 바닥으로부터 0.8[m] 이상 1.5[m] 이하의 위치에 설치하고, 보호판 등에 따른 보호장치를 설치해야 한다.
④ 기동장치 인근의 보기 쉬운 곳에 "이산화탄소소화설비 수동식 기동장치"라는 표지를 해야 한다.
⑤ 전기를 사용하는 기동장치에는 전원표시등을 설치해야 한다.
⑥ 기동장치의 방출용스위치는 음향경보장치와 연동하여 조작될 수 있는 것으로 해야 한다.
⑦ 기동장치에는 보호장치를 설치해야 하며, 보호장치를 개방하는 경우 기동장치에 설치된 부저 또는 벨 등에 의해 경고음을 발해야 한다.
⑧ 기동장치를 옥외에 설치하는 경우 빗물 또는 외부 충격의 영향을 받지 아니하도록 설치해야 한다.

> **PLUS+** 이산화탄소소화설비의 기동용기 미개방 원인
> 기동스위치를 조작하였음에도 기동용기가 미개방되는 원인은 다음과 같다.
> - 제어반의 공급전원 차단
> - 기동스위치의 접점 불량
> - 기동용 시한계전기(타이머)의 불량
> - 기동용 솔레노이드의 코일 단선 또는 절연 파괴
> - 제어반에서 기동용 솔레노이드에 연결된 배선의 오접속 또는 단선

3) 음향경보장치
이산화탄소소화설비의 음향경보장치는 다음의 기준에 따라 설치해야 한다.
① 수동식 기동장치를 설치한 것은 그 기동장치의 조작과정에서, 자동식 기동장치를 설치한 것은 화재감지기와 연동하여 자동으로 경보를 발하는 것으로 해야 한다.

> **PLUS+** 수평거리
> 방호구역 또는 방호대상물이 있는 구획의 각 부분으로부터 하나의 확성기까지의 수평거리는 25[m] 이하가 되도록 할 것

② 소화약제의 방출개시 후 1분 이상 경보를 계속할 수 있는 것으로 해야 한다.
③ 방호구역 또는 방호대상물이 있는 구획 안에 있는 자에게 유효하게 경보할 수 있는 것으로 해야 한다.

4) 방출표시등

소화약제 방출압에 의해 압력스위치가 작동하고 방출표시등이 점등된다. 소화약제가 방출 중이므로 방호구역 안으로 접근금지를 알리기 위한 것이다.

> **PLUS+** 이산화탄소소화설비의 음향경보장치 및 방출표시등의 설치
>
> [음향경보]
> - 설치 위치: 방호구역 내
> - 설치 목적: 화재 발생 시 음향으로 경보하기 위함
>
> [방출표시등]
> - 설치 위치: 방호구역 외부(출입구 근처)
> - 설치 목적: 소화약제 방출을 알리기 위함(접근금지)

5) 제어반

① 제어반은 수동기동장치 또는 화재감지기에서의 신호를 수신하여 음향경보장치의 작동, 소화약제의 방출 또는 지연 등 기타의 제어기능을 가진 것으로 하고, 제어반에는 전원표시등을 설치해야 한다.

② 화재표시반은 제어반에서의 신호를 수신하여 작동하는 기능을 가진 것으로 한다.

경보설비

PHASE 05 경보설비의 종류

1) 정의

경보설비는 화재 발생 사실을 통보하는 기계, 기구 또는 설비를 말한다.

2) 종류
- 자동화재탐지설비
- 비상경보설비
- 단독경보형 감지기
- 통합감시시설
- 시각경보기
- 화재알림설비
- 비상방송설비
- 자동화재속보설비
- 누전경보기
- 가스누설경보기

PHASE 06 자동화재탐지설비(개요)

1) 정의

① 화재 발생을 자동적으로 감지하여 해당 소방대상물의 화재 발생을 소방대상물의 관계자에게 통보할 수 있는 설비로, 감지기, 발신기, 수신기, 경종 또는 중계기 등으로 구성된다.

② 수신기의 종류에 따라 P형, R형 자동화재탐지설비로 구분된다.

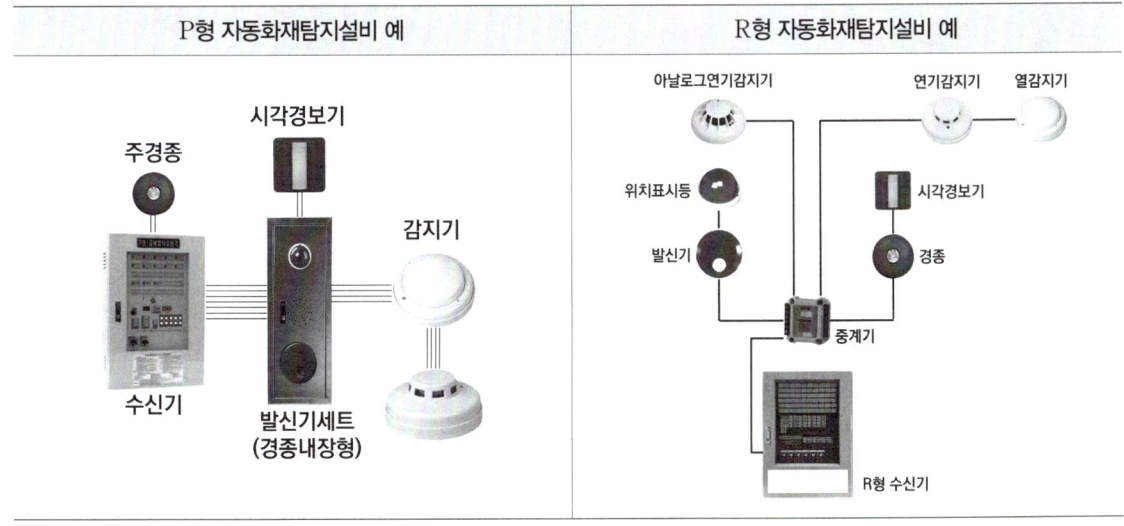

2) 동작순서

① P형 자동화재탐지설비

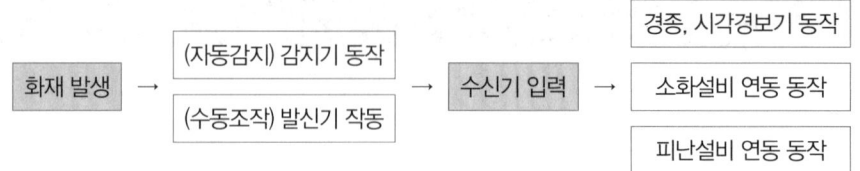

② R형 자동화재탐지설비

3) 발신기

화재발생 신호를 수신기에 수동으로 발신하는 장치이다.
① 조작스위치는 바닥으로부터 0.8[m] 이상 1.5[m] 이하의 높이에 설치해야 한다.
② 특정소방대상물의 층마다 설치하되, 해당 층의 각 부분으로부터 하나의 발신기까지의 수평거리가 25[m] 이하가 되도록 해야 한다(복도 또는 별도로 구획된 실로서 보행거리가 40[m] 이상일 경우 추가 설치).
③ 발신기의 위치표시등은 함의 상부에 설치하되, 그 불빛은 부착면으로부터 15° 이상의 범위 안에서 부착지점으로부터 10[m] 이내의 어느 곳에서도 쉽게 식별할 수 있는 적색등으로 해야 한다.

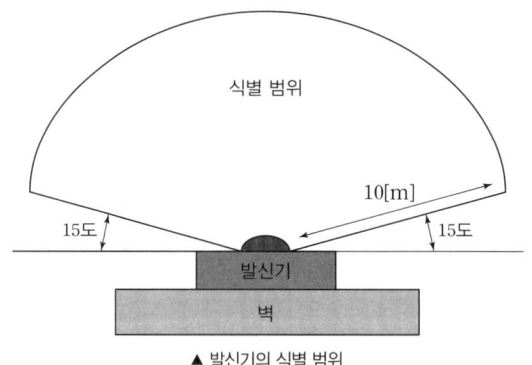

▲ 발신기의 식별 범위

4) 수신기

감지기나 발신기에서 발하는 화재 신호를 직접 수신하거나 중계기를 통해 수신하여 화재 발생을 표시 및 경보하는 장치로 발신기, 표시등, 경종에 전원을 공급하는 전원장치의 역할을 수행한다.

① P형 수신기: 감지기 또는 발신기로부터 발하여지는 신호를 직접 또는 중계기를 통하여 공통신호로서 수신하여 화재의 발생을 당해 소방대상물의 관계자에게 경보하여 주는 것을 말한다.

> **PLUS⁺ 수신기의 공통신호선용 단자**
> 수신기의 외부배선 연결용 단자에 있어 공통신호선용 단자는 7개의 회로마다 1개 이상 설치해야 한다.

② R형 수신기: 감지기 또는 발신기로부터 발하여지는 신호를 직접 또는 중계기를 통하여 고유신호로서 수신하여 화재의 발생을 당해 소방대상물의 관계자에게 경보하여 주는 것을 말한다.
③ GP형 수신기: P형 수신기의 기능과 가스누설경보기의 수신부 기능을 겸한 것을 말한다.
④ GR형 수신기: R형 수신기의 기능과 가스누설경보기의 수신부 기능을 겸한 것을 말한다.

PLUS+ P형 수신기와 R형 수신기의 차이

구분	P형 수신기	R형 수신기
신호전송방식	개별신호방식	다중전송방식
신호 종류	공통신호	고유신호
화재표시기구	램프	액정표시장치
선로수	많음	적음
유지관리	선로수가 많아 어려움	선로수가 적어 비교적 쉬움

5) 자동화재탐지설비 설치대상

특정소방대상물	연면적 기준
근린생활시설(목욕장은 제외), 의료시설(정신의료기관 및 요양병원은 제외), 위락시설, 장례시설 및 복합건축물	연면적 600[m^2] 이상
근린생활시설 중 목욕장, 문화 및 집회시설, 종교시설, 판매시설, 운수시설, 운동시설, 업무시설, 공장, 창고시설, 위험물 저장 및 처리 시설, 항공기 및 자동차 관련 시설, 교정 및 군사시설 중 국방·군사시설, 방송통신시설, 발전시설, 관광 휴게시설, 지하가(터널은 제외)	연면적 1,000[m^2] 이상
교육연구시설(교육시설 내에 있는 기숙사 및 합숙소를 포함한다), 수련시설(수련시설 내에 있는 기숙사 및 합숙소를 포함하며, 숙박시설이 있는 수련시설은 제외), 동물 및 식물 관련 시설(기둥과 지붕만으로 구성되어 외부와 기류가 통하는 장소는 제외), 자원 순환 관련 시설, 교정 및 군사시설(국방·군사시설은 제외) 또는 묘지 관련 시설	연면적 2,000[m^2] 이상
• 공동주택 중 아파트·기숙사 및 숙박시설 • 층수가 6층 이상인 건축물 • 판매시설 중 전통시장 • 지하구 • 근린생활시설 중 조산원 및 산후조리원 • 요양병원(의료재활시설 제외) • 노유자 생활시설	전부 해당
노유자 생활시설을 제외한 노유자시설	연면적 400[m^2] 이상
정신의료기관 또는 의료재활시설(창살이 없는 경우)	바닥면적의 합계 300[m^2] 이상
정신의료기관 또는 의료재활시설(창살이 있는 경우)	바닥면적의 합계 300[m^2] 미만
지하가 중 터널	길이 1,000[m] 이상
숙박시설이 있는 수련시설	수용인원 100명 이상

6) 음향장치

① 주음향장치는 수신기의 내부 또는 그 직근에 설치하여야 한다.
② 층수가 11층(공동주택의 경우에는 16층) 이상의 특정소방대상물은 다음의 기준에 따라 경보를 발할 수 있도록 하여야 한다.

발화층	경보층
2층 이상의 층에서 발화	발화층·그 직상 4개층
1층에서 발화	발화층·그 직상 4개층 및 지하층
지하층에서 발화	발화층·직상층 및 기타의 지하층

③ 지구음향장치는 특정소방대상물의 층마다 설치하되, 해당 층의 각 부분으로부터 하나의 음향장치까지의 수평거리가 25[m] 이하가 되도록 하고, 해당 층의 각 부분에 유효하게 경보를 발할 수 있도록 설치하여야 한다.
④ 적합한 방송설비를 자동화재탐지설비의 감지기와 연동하여 작동하도록 설치한 경우에는 지구음향장치를 설치하지 않을 수 있다.

> **PLUS⁺ 음향장치의 구조 및 성능**
> ① 정격전압의 80[%] 전압에서 음향을 발할 수 있는 것으로 하여야 한다. 다만, 건전지를 주전원으로 사용하는 음향장치는 그렇지 않다.
> ② 음향의 크기는 부착된 음향장치의 중심으로부터 1[m] 떨어진 위치에서 90[dB] 이상이 되는 것으로 하여야 한다.
> ③ 감지기 및 발신기의 작동과 연동하여 작동할 수 있는 것으로 하여야 한다.

PHASE 07 자동화재탐지설비(경계구역)

1) 개요
특정소방대상물 중 화재신호를 발신하고 그 신호를 수신 및 유효하게 제어할 수 있는 구역을 말한다.

2) 수평구역의 설정기준
① 하나의 경계구역이 2 이상의 건축물에 미치지 않도록 해야 한다.
② 하나의 경계구역이 2 이상의 층에 미치지 않도록 해야 한다. 다만, 500[m²] 이하의 범위 안에서는 2개의 층을 하나의 경계구역으로 할 수 있다.
③ 하나의 경계구역의 면적은 600[m²] 이하로 하고 한 변의 길이는 50[m] 이하로 해야 한다. 다만, 해당 특정소방대상물의 주된 출입구에서 그 내부 전체가 보이는 것에 있어서는 한 변의 길이가 50[m]의 범위 내에서 1,000[m²] 이하로 할 수 있다.

3) 수직구역의 설정기준
계단·경사로·엘리베이터 승강로(권상기실이 있는 경우에는 권상기실)·린넨슈트·파이프 피트 및 덕트 기타 이와 유사한 부분에 대하여는 별도로 경계구역을 설정하되, 하나의 경계구역은 높이 45[m] 이하로 하고, 지하층의 계단 및 경사로(지하층의 층수가 한 개 층일 경우 제외)는 별도로 하나의 경계구역으로 해야 한다.

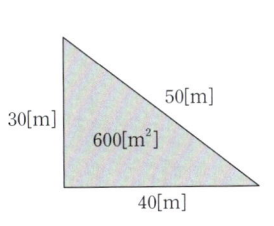
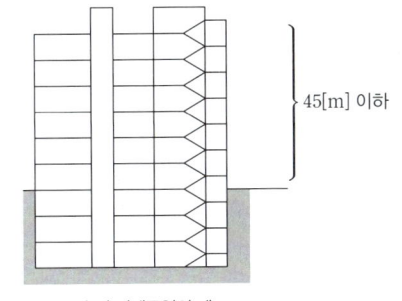

▲ 수평 경계구역의 예   ▲ 수직 경계구역의 예

4) 그 외 기준
① 외기에 면하여 상시 개방된 부분이 있는 차고·주차장·창고 등에 있어서는 외기에 면하는 각 부분으로부터 5[m] 미만의 범위 안에 있는 부분은 경계구역의 면적에 산입하지 않는다.
② 스프링클러설비·물분무등소화설비 또는 제연설비의 화재감지장치로서 화재감지기를 설치한 경우의 경계구역은 해당 소화설비의 방호구역 또는 제연구역과 동일하게 설정할 수 있다.

PHASE 08   자동화재탐지설비(비화재보)

1) 개요
화재에 의한 열·연기 또는 불꽃 이외의 요인에 의해 자동화재탐지설비가 작동하여 화재경보를 발하는 것을 의미한다.

2) 비화재보의 종류
① 설비 자체의 결함이나 오동작 등에 의한 경우(False Alarm) 비화재보가 발생하며 다음과 같은 이유로 발생한다.
- 설비 자체의 기능상 결함
- 설비의 유지관리 불량
- 실수나 고의적인 행위가 있을 때

② 주위 상황이 대부분 순간적으로 화재와 같은 상태(실제 화재와 유사한 환경이나 상황)로 되었다가 정상상태로 복귀하는 경우를 일과성 비화재보라고 한다(Nuisance Alarm). 일과성 비화재보 방지대책은 다음과 같은 방법이 있다.
- 비화재보에 적응성이 있는 감지기 사용
- 환경적응성이 있는 감지기 사용
- 경년 변화에 따른 유지 보수
- 감지기의 설치 수의 최소화(감지기 수 제한)
- 연기감지기의 설치 제한(감지기 사용 억제)

PHASE 09 감지기

1) 정의
화재 시에 발생하는 열, 불꽃 또는 연소생성물로 인하여 화재발생을 자동적으로 감지하여 그 자체에 부착된 음향장치로 경보를 발하거나 이를 수신기에 발신하는 것을 말한다.

2) 감지기의 분류

검출원리	기능형식	이용형식	용도
열감지기	차동식	스포트형	공기팽창식
			열기전력식
		분포형	공기관식
			열전대식
			열반도체식
	정온식	스포트형	-
		감지선형	-
	보상식	스포트형	차동식＋정온식
연기감지기	광전식	스포트형	산란광식
		분리형	감광식
		공기흡입형	산란광식
	이온화식	-	-
복합감지기	열복합형	차동식&정온식	
	연기복합형	광전식&이온화식	
	열·연기복합형	차동식&이온화식, 차동식&광전식 정온식&이온화식, 정온식&광전식	
불꽃감지기	자외선식	-	
	적외선식		
	자외선·적외선 복합식		

※ 다신호식 감지기란 1개의 감지기 내에 서로 다른 종별 또는 감도 등의 기능을 갖춘 것으로서 일정시간 간격을 두고 각각 다른 2개 이상의 화재신호를 발하는 감지기를 말한다.

※ 아날로그식 감지기란 주위의 온도 또는 연기의 양의 변화에 따라 각각 다른 전류치 또는 전압치 등의 출력을 발하는 방식의 감지기를 말한다.

3) 감지기의 적응성

① 감지기는 부착 높이에 따라 다음과 같은 종류의 것을 설치해야 한다.

부착 높이	감지기의 종류	
4[m] 미만	• 차동식(스포트형, 분포형) • 보상식 스포트형 • 정온식(스포트형, 감지선형) • 이온화식 또는 광전식(스포트형, 분리형, 공기흡입형)	• 열복합형 • 연기복합형 • 열연기복합형 • 불꽃감지기
4[m] 이상 8[m] 미만	• 차동식(스포트형, 분포형) • 보상식 스포트형 • 정온식(스포트형, 감지선형) 특종 또는 1종 • 이온화식 1종 또는 2종 • 광전식(스포트형, 분리형, 공기흡입형) 1종 또는 2종	• 열복합형 • 연기복합형 • 열연기복합형 • 불꽃감지기
8[m] 이상 15[m] 미만	• 차동식 분포형 • 이온화식 1종 또는 2종 • 광전식(스포트형, 분리형, 공기흡입형) 1종 또는 2종	• 연기복합형 • 불꽃감지기
15[m] 이상 20[m] 미만	• 이온화식 1종 • 광전식(스포트형, 분리형, 공기흡입형) 1종	• 연기복합형 • 불꽃감지기
20[m] 이상	• 불꽃감지기	• 광전식(분리형, 공기흡입형) 중 아날로그 방식

> **PLUS+ 공칭감지농도 하한값**
> 부착 높이 20[m] 이상에 설치되는 광전식 중 아날로그방식의 감지기는 공칭감지농도 하한값이 감광률 5[%/m] 미만인 것으로 한다.

② 축적 기능 유무에 따른 적응성: 축적형 감지기는 일정 농도 이상의 연기가 일정 시간(공칭축적시간) 연속하는 것을 전기적으로 검출함으로써 작동하는 감지기로, 축적 기능의 유무에 따른 감지기의 설치장소는 다음과 같다.

구분	축적 기능이 있는 감지기	축적 기능이 없는 감지기
설치장소	• 특정소방대상물 또는 그 부분이 지하층·무창층으로 환기가 잘 되지 않는 장소 • 실내면적이 40[m²] 미만인 장소 • 감지기의 부착면과 실내 바닥과의 거리가 2.3[m] 이하인 장소로서 일시적으로 발생한 열·연기·먼지 등으로 인해 감지기가 화재 신호를 발신할 우려가 있는 때	• 교차회로방식에 사용되는 경우 • 급속한 연소 확대가 우려되는 장소 • 축적 기능이 있는 수신기에 연결하여 사용하는 경우

> **PLUS+ 축적기능이 있는 감지기의 종류**
> • 불꽃감지기   • 정온식 감지선형 감지기   • 분포형 감지기
> • 복합형 감지기   • 광전식 분리형 감지기   • 아날로그방식의 감지기
> • 다신호 방식의 감지기 • 축적 방식의 감지기

③ 설치장소별 감지기의 적응성

구분	열감지기	연기감지기
현저하게 고온으로 되는 장소	• 정온식 1종 • 정온식 특종 • 열아날로그식	–
흡연에 의해 연기가 체류하며 환기가 되지 않는 장소	• 차동식 스포트형 • 차동식 분포형 • 보상식 스포트형	• 광전식 스포트형 • 광전아날로그식 (스포트, 분리)형 • 광전식 분리형
훈소화재의 우려가 있는 장소	–	• 광전식 스포트형 • 광전아날로그식 (스포트, 분리)형 • 광전식 분리형

4) 감지기의 설치기준

① 감지기(차동식 분포형 제외)는 실내로의 공기유입구로부터 1.5[m] 이상 떨어진 위치에 설치해야 한다.
② 감지기는 천장 또는 반자의 옥내에 면하는 부분에 설치해야 한다.
③ 보상식 스포트형 감지기는 정온점이 감지기 주위의 평상시 최고온도보다 20[℃] 이상 높은 것으로 설치해야 한다.
④ 정온식 감지기는 주방·보일러실 등으로서 다량의 화기를 취급하는 장소에 설치하되, 공칭작동온도가 최고주위온도보다 20[℃] 이상 높은 것으로 설치해야 한다.
⑤ 차동식 스포트형·보상식 스포트형 및 정온식 스포트형 감지기는 그 부착 높이 및 특정소방대상물에 따라 다음 표에 따른 바닥면적마다 1개 이상을 설치해야 한다.

부착 높이 및 특정소방대상물의 구분		감지기의 종류[m²]					
		차동식 스포트형		보상식 스포트형		정온식 스포트형		
		1종	2종	1종	2종	특종	1종	2종
4[m] 미만	주요구조부가 내화구조	90	70	90	70	70	60	20
	기타 구조	50	40	50	40	40	30	15
4[m] 이상 8[m] 미만	주요구조부가 내화구조	45	35	45	35	35	30	–
	기타 구조	30	25	30	25	25	15	–

⑥ 스포트형 감지기는 45° 이상 경사되지 않도록 부착해야 한다.

5) 감지기 설치 제외 장소

① 천장 또는 반자의 높이가 20[m] 이상인 장소
② 헛간 등 외부와 기류가 통하는 장소로서 감지기에 따라 화재 발생을 유효하게 감지할 수 없는 장소
③ 부식성 가스가 체류하고 있는 장소
④ 고온도 및 저온도로서 감지기의 기능이 정지되기 쉽거나 감지기의 유지관리가 어려운 장소
⑤ 목욕실·욕조나 샤워시설이 있는 화장실·기타 이와 유사한 장소

⑥ 파이프덕트 등 그 밖의 이와 비슷한 것으로서 2개 층마다 방화구획된 것이나 수평단면적이 5[m^2] 이하인 것

6) 감지기의 배선방식

① 송배선식
- 감지기회로의 도통시험을 용이하게 하기 위해 배선하는 방식으로 배선 도중에 분기하지 않는 방식이다.
- 주로 자동화재탐지설비와 제연설비에 적용한다.

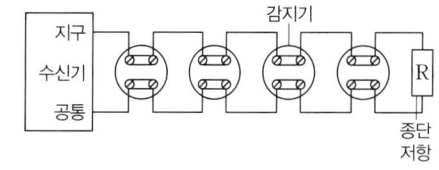
▲ 송배선식 배선

② 교차회로 방식
- 감지기와 연동하여 동작하는 설비(준비작동식 스프링클러설비, 이산화탄소소화설비 등)의 오작동을 방지하기 위한 방식이다.
- 하나의 담당구역 내에 2개 이상의 감지기를 설치하고 인접한 2개 이상의 감지기가 동시에 작동하는 경우에 소화설비가 작동할 수 있도록 하는 방식이다.

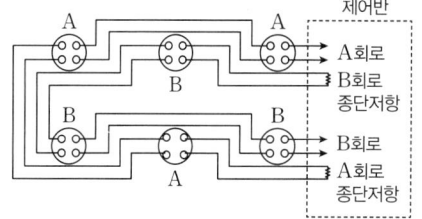
▲ 교차회로 방식 배선

※ 2개의 감지기가 동시에 감지되어야 작동하는 설비이므로 논리회로는 AND 게이트로 표현이 가능하다.

PLUS+ 교차회로 적용설비
- 분말소화설비
- 할론소화설비
- 이산화탄소소화설비
- 일제살수식 스프링클러설비
- 준비작동식 스프링클러설비
- 할로겐화합물 및 불활성기체소화설비

7) 배선 설치기준

① 전원회로의 배선은 내화배선으로, 그 밖의 배선은 내화배선 또는 내열배선으로 해야 한다.
② 아날로그식, 다신호식 감지기나 R형 수신기용으로 사용되는 것은 전자파 방해를 받지 않는 실드선 등을 사용해야 하며, 광케이블의 경우에는 전자파 방해를 받지 아니하고 내열성능이 있는 경우 사용해야 한다. 다만, 전자파 방해를 받지 않는 방식의 경우에는 그렇지 않다.
③ 감지기 사이의 회로의 배선은 송배선식으로 해야 한다.
④ 감지기회로 및 부속회로의 전로와 대지 사이 및 배선 상호 간의 절연저항은 1경계구역마다 직류 250[V]의 절연저항측정기를 사용하여 측정한 절연저항이 0.1[MΩ] 이상이 되도록 해야 한다.
⑤ 자동화재탐지설비의 배선은 다른 전선과 별도의 관·덕트·몰드 또는 풀박스 등에 설치해야 한다. 다만, 60[V] 미만의 약전류회로에 사용하는 전선으로서 각각의 전압이 같을 때에는 그렇지 않다.
⑥ P형 수신기 및 GP형 수신기의 감지기회로의 배선에 있어 하나의 공통선에 접속할 수 있는 경계구역은 7개 이하로 해야 한다.
⑦ 자동화재탐지설비의 감지기회로의 전로저항은 50[Ω] 이하가 되도록 해야 하며, 수신기의 각 회로별 종단에 설치되는 감지기에 접속되는 배선의 전압은 감지기 정격전압의 80[%] 이상이어야 한다.

8) 종단저항의 설치기준
　① 점검 및 관리가 쉬운 장소에 설치해야 한다.
　② 전용함을 설치하는 경우 그 설치 높이는 바닥으로부터 1.5[m] 이내로 해야 한다.
　③ 감지기 회로의 끝부분에 설치하며, 종단감지기에 설치할 경우에는 구별이 쉽도록 해당 감지기의 기판 및 감지기 외부 등에 별도의 표시를 해야 한다.

> **PLUS⁺ 감지기에 종단저항을 설치하는 이유**
> 감지기회로의 도통시험을 원활하게 하기 위해 종단저항을 설치한다. 도통시험이란 감지기 사이 회로의 단선 유무와 기기 등의 접속 상황을 확인하는 시험이다.

PHASE 10 열감지기

1) 정의
감지기의 한 종류로 화재에 의해 발생되는 열을 감지하여 화재신호를 발신하는 감지기로 다음과 같은 종류가 있다.

종류	의미
차동식 스포트형	주위온도가 일정 상승률 이상이 되는 경우에 작동하는 것으로서 일국소에서의 열효과에 의해 작동
차동식 분포형	주위온도가 일정 상승률 이상이 되는 경우에 작동하는 것으로서 넓은 범위 내에서의 열효과의 누적에 의해 작동
정온식 감지선형	일국소의 주위온도가 일정한 온도 이상이 되는 경우에 작동하는 것으로서 외관이 전선과 같이 선형으로 되어 있는 것
정온식 스포트형	일국소의 주위온도가 일정한 온도 이상이 되는 경우에 작동하는 것으로서 외관이 전선과 같이 선형으로 되어 있지 않은 것
보상식 스포트형	차동식 스포트형과 정온식 스포트형의 성능을 겸한 감지기

2) 차동식 스포트형 감지기
　① 구성
　　• 감열실: 열을 유효하게 받는 곳
　　• 다이어프램: 공기의 팽창에 의해 접점을 붙게 만드는 역할
　　• 가동접점: 공기 팽창에 의해 움직이는 접점으로 고정접점과 접촉 시 화재신호를 발신
　　• 고정접점: 가동접점과 접촉이 될 경우 화재신호를 발신
　　• 리크구멍: 감지기의 오작동을 방지하기 위함
　　※ 리크구멍을 리크공이라고도 한다.

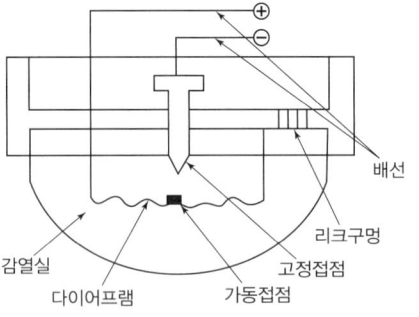

▲ 차동식 스포트형 감지기 구조

② 리크구멍: 리크구멍(리크공)은 감지기의 오동작을 방지하기 위해 설치하며 다음과 같은 역할을 수행한다.

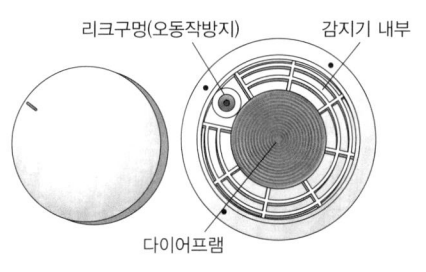

- 화재로 인해 공기관이 열을 받을 경우 공기관 내의 공기가 팽창한다.
- 팽창한 공기는 리크구멍을 통해 다이어프램을 팽창시켜 접점을 폐쇄하고, 화재신호를 발한다.
- 온도가 서서히 상승할 경우 감열실의 공기를 내보낸다.

감지기의 동작이 빨라지는 경우	감지기의 동작이 느려지는 경우
• 리크구멍이 막힌 경우 • 리크저항이 높은 경우 • 리크구멍이 축소된 경우	• 리크구멍 주변이 파손된 경우 • 리크저항이 낮은 경우 • 리크구멍이 확대된 경우

3) 공기관식 차동식 분포형 감지기
① 공기관의 노출 부분은 감지구역마다 20[m] 이상이 되도록 해야 한다.
② 공기관과 감지구역의 각 변과의 수평거리는 1.5[m] 이하가 되도록 하고, 공기관 상호 간의 거리는 6[m](주요구조부가 내화구조로 된 특정소방대상물 또는 그 부분에 있어서는 9[m]) 이하가 되도록 해야 한다.
③ 공기관은 도중에서 분기하지 않도록 해야 한다.
④ 하나의 검출 부분에 접속하는 공기관의 길이는 100[m] 이하로 해야 한다.
⑤ 검출부는 5° 이상 경사되지 않도록 부착해야 한다.
⑥ 검출부는 바닥으로부터 0.8[m] 이상 1.5[m] 이하의 위치에 설치해야 한다.

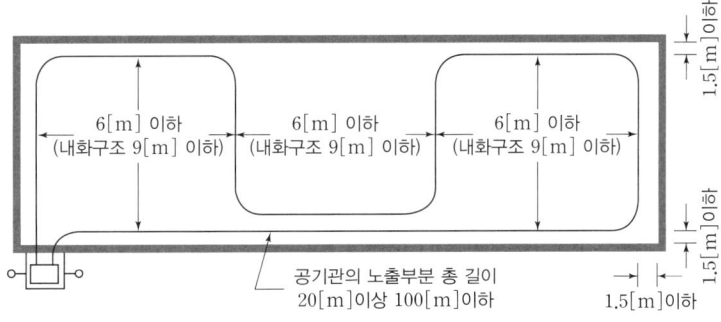

▲ 공기관식 차동식 분포형 설치기준

> **PLUS+** 공기관식 차동식 분포형 감지기의 유통시험
> - 검출부 시험공 또는 공기관의 한쪽 끝에 마노미터를 접속시키고, 다른 한쪽 끝에 테스트펌프를 접속시킨다.
> - 테스트펌프로 공기를 불어넣어 마노미터의 수위를 약 100[mm]로 상승시키고 수위를 정지시킨다.
> - 시험코크 또는 키를 접점수고치에 조정하고 테스트펌프로 적량의 공기를 서서히 불어 넣는다.
> - 감지기의 접점이 닿았을 때 마노미터의 수위(반치)를 읽고 접점 수고치를 측정한다.

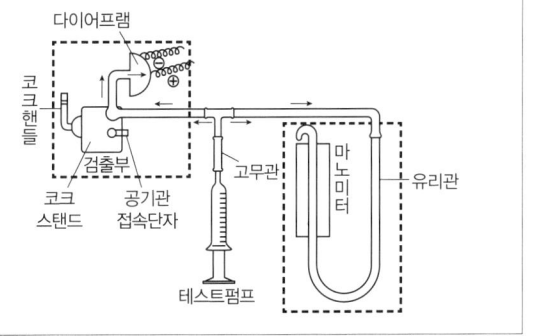

4) 정온식 스포트형 감지기

① 일국소의 주위온도가 일정한 온도 이상이 되는 경우에 작동하는 것으로서 외관이 전선으로 되어 있지 아니한 감지기로 주로 주방, 보일러실 등에 사용된다.

② 정온식 스포트형 감지기(방수형)의 특징은 다음과 같다.
- 공칭작동온도: 75[℃]
- 작동방식: 반전바이메탈식, 60[V], 0.1[A]
- 부착높이: 8[m] 미만

> **PLUS+ 열 감지방식**
> - 바이메탈의 활곡·반전을 이용한 방식
> - 금속의 팽창계수차를 이용한 방식
> - 액체(기체)의 팽창을 이용한 방식
> - 가용절연물을 이용한 방식
> - 감열반도체소자를 이용한 방식

5) 열전대식 차동식 분포형 감지기

① 작동원리: 화재 시 열전대부가 가열되면 서로 다른 금속판 상호 간에 열기전력(제어백효과)이 발생하여 미터릴레이에 전류가 흐르게 된다. 이로 인해 접점이 붙어 수신기에 신호를 발하게 된다.

② 열전대, 미터릴레이(검출부), 접속전선(배선)으로 이루어져 있다.

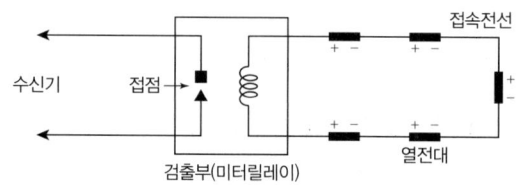

> **PLUS+ 열전효과**
> - 제어백 효과: 서로 다른 금속체를 접합시키고 접합 극단에 열차이를 줄 경우 열기전력에 의해 전류가 흐르는 현상
> - 펠티어 효과: 서로 다른 금속체를 접합시키고 전류를 통할 때 전류의 방향에 따라 그 접합부가 뜨거워지거나 냉각되는 현상
> - 톰슨 효과: 서로 같은 종류이면서 부분적으로 온도가 다른 금속에 전류를 흐르게 할 때 온도가 바뀌는 부분에서 발열과 흡열이 일어나는 현상

PHASE 11 연기감지기

1) 정의

화재에 의해 발생되는 연기를 감지하여 화재신호를 발신하는 감지기로, 다음과 같은 종류가 있다.

종류	의미
이온화식 스포트형	주위의 공기가 일정한 농도의 연기를 포함하게 되는 경우에 작동하는 것으로서 일국소의 연기에 의해 이온전류가 변화하여 작동
광전식 스포트형	주위의 공기가 일정한 농도의 연기를 포함하게 되는 경우에 작동하는 것으로서 일국소의 연기에 의해 광전소자에 접하는 광량의 변화로 작동
광전식 분리형	발광부와 수광부로 구성된 구조로 발광부와 수광부 사이의 공간에 일정한 농도의 연기를 포함하게 되는 경우에 작동
공기흡입형	감지기 내부에 장착된 공기흡입장치로 감지하고자 하는 위치의 공기를 흡입하고 흡입된 공기에 일정한 농도의 연기가 포함된 경우 작동

▲ 광전식 스포트형 감지기

> **PLUS+** 연기감지기의 작동원리

광전식 스포트형 감지기(산란광식)	광전식 분리형 감지기(감광식)
화재 발생 시 연기입자에 의해 난반사된 빛이 수광부 내로 들어오는 것을 감지하여 동작	화재 발생 시 연기입자에 의해 수광부의 수광량이 감소하므로 이를 검출하여 동작

2) 연기감지기의 설치기준

① 설치장소
  ㉠ 계단·경사로 및 에스컬레이터 경사로
  ㉡ 복도(30[m] 미만 제외)
  ㉢ 엘리베이터 승강로(권상기실이 있는 경우 권상기실)·린넨슈트·파이프 피트 및 덕트 기타 이와 유사한 장소
  ㉣ 천장 또는 반자의 높이가 15[m] 이상 20[m] 미만의 장소

② 연기감지기의 부착 높이에 따라 다음 바닥면적마다 1개 이상으로 해야 한다.

부착 높이	감지기의 종류[m²]	
	1종 및 2종	3종
4[m] 미만	150	50
4[m] 이상 20[m] 미만	75	—

③ 장소에 따른 설치기준

구분	감지기의 종류	
	1종 및 2종	3종
복도 및 통로	보행거리 30[m]마다	보행거리 20[m]마다
계단 및 경사로	수직거리 15[m]마다	수직거리 10[m]마다

④ 천장 또는 반자가 낮은 실내 또는 좁은 실내에 있어서는 출입구의 가까운 부분에 설치해야 한다.

⑤ 천장 또는 반자 부근에 배기구가 있는 경우에는 그 부근에 설치해야 한다.

⑥ 감지기는 벽 또는 보로부터 0.6[m] 이상 떨어진 곳에 설치해야 한다.

> **+ 기본** **감시챔버**
> 연기를 감지하는 감지기는 감시챔버로 (1.3±0.05)[mm] 크기의 물체가 침입할 수 없는 구조이어야 한다.

3) 광전식 분리형 감지기의 설치기준

① 감지기의 수광면은 햇빛을 직접 받지 않도록 설치해야 한다.
② 광축(송광면과 수광면의 중심을 연결한 선)은 나란한 벽으로부터 0.6[m] 이상 이격하여 설치해야 한다.
③ 감지기의 송광부와 수광부는 설치된 뒷벽으로부터 1[m] 이내의 위치에 설치해야 한다.
④ 광축의 높이는 천장 등(천장의 실내에 면한 부분 또는 상층의 바닥하부면) 높이의 80[%] 이상이어야 한다.
⑤ 감지기의 광축의 길이는 공칭감시거리 범위 이내이어야 한다.
※ 분리형의 경우 공칭감시거리는 5[m] 이상 100[m] 이하로 하며, 5[m] 간격으로 한다.

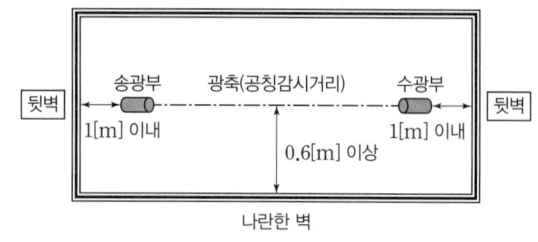

▲ 광전식 분리형 감지기의 설치기준

PHASE 12 불꽃감지기

1) 정의
화재에 의해서 발생되는 불꽃을 감지하여 화재신호를 발신하는 감지기를 말한다.

2) 불꽃감지기의 설치기준
① 공칭감시거리 및 공칭시야각은 형식승인 내용에 따라야 한다.
② 감지기는 공칭감시거리와 공칭시야각을 기준으로 감시구역이 모두 포용될 수 있도록 설치해야 한다.
③ 감지기는 화재감지를 유효하게 감지할 수 있는 모서리 또는 벽 등에 설치해야 한다.
④ 감지기를 천장에 설치하는 경우에는 감지기는 바닥을 향하여 설치해야 한다.
⑤ 수분이 많이 발생할 우려가 있는 장소에는 방수형으로 설치해야 한다.

▲ 불꽃감지기

3) 회로도
① 초전자소자는 상황화글리신(TGS), 세라믹의 티탄산납, 폴리플루오르화비닐(PVF)이 사용된다.
② 소자에서 초전효과(파이로 효과)가 발생된다. 초전효과란 초전자소자에 빛을 가하면 기전력이 발생되는 현상을 말한다.
③ 불꽃감지기는 불꽃 연소에 민감한 응답특성을 가지고 있다.

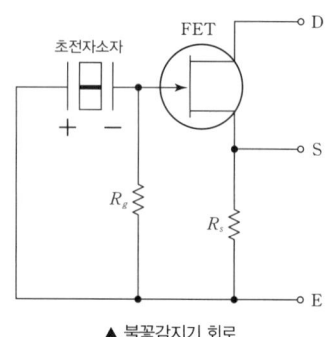

▲ 불꽃감지기 회로

PHASE 13 단독경보형 감지기

1) 정의

화재에 의해 발생되는 열, 연기 또는 불꽃을 감지하여 작동하는 것으로서 수신기에 작동신호를 발신하지 않고 감지기가 단독적으로 내장된 음향장치에 의해 경보하는 감지기를 말한다.

> **PLUS+ 단독경보형 감지기**
> 주로 가정집에서 많이 사용하는 감지기로 별도의 수신기, 발신기 등이 필요하지 않으므로 설치가 용이하다.

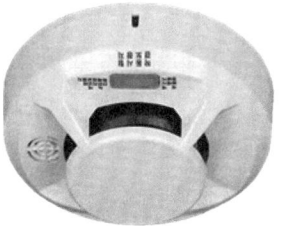

▲ 단독경보형 감지기

2) 일반기능

① 수동으로 작동시험을 하고 자동복귀형 스위치에 의해 자동으로 정위치에 복귀해야 한다.
② 작동되는 경우 작동표시등에 의해 화재의 발생을 표시하고, 내장된 음향장치에 의해 화재경보음을 발할 수 있는 기능이 있어야 한다.
③ 주기적으로 섬광하는 전원표시등에 의해 전원의 정상 여부를 감시할 수 있는 기능이 있어야 하며, 전원의 정상상태를 표시하는 전원표시등의 섬광 주기는 1초 이내의 점등과 30초에서 60초 이내의 소등으로 이루어져야 한다.
④ 스위치 조작에 의해 화재경보를 정지시킬 경우 화재경보 정지 후 15분 이내에 화재경보 정지기능이 자동적으로 해제되어 단독경보형감지기가 정상 상태로 복귀되어야 한다.

3) 설치기준

① 각 실(이웃하는 실내의 바닥면적이 각각 $30[m^2]$ 미만이고 벽체의 상부의 전부 또는 일부가 개방되어 이웃하는 실내와 공기가 상호 유통되는 경우에는 이를 1개의 실로 봄)마다 설치하되, 바닥면적이 $150[m^2]$를 초과하는 경우에는 $150[m^2]$마다 1개 이상 설치해야 한다.
② 계단실은 최상층의 계단실 천장(외기가 상통하는 계단실은 제외)에 설치해야 한다.
③ 건전지를 주전원으로 사용하는 단독경보형 감지기는 정상적인 작동 상태를 유지할 수 있도록 주기적으로 건전지를 교환해야 한다.

> **PLUS+ 단독경보형 감지기 설치개수**
> 어떤 건물이 바닥면적 $155[m^2]$인 A실과, 바닥면적 $80[m^2]$인 B실로 구성되어 있다고 할 때 단독경보형 감지기 설치개수는 다음과 같이 산출한다.
> - A실: $\frac{155}{150} = 1.03 \rightarrow 2개$
> - B실: $\frac{80}{150} = 0.53 \rightarrow 1개$
>
> 단독경보형 감지기는 각 실마다 설치해야 하므로 총 3개를 설치해야 한다.

4) 음향장치

① 사용전압의 $80[\%]$인 전압에서 소리를 내어야 한다.
② 단독경보형의 화재경보용으로 사용되는 음향장치는 $1[m]$ 떨어진 거리에서 $85[dB]$ 이상이어야 한다(10분 이상 지속).

PHASE 14 비상방송설비

1) 정의
① 음성으로 화재 발생 상황을 전달하여 화재 발생 상황과 피난을 위한 안내방송을 하여 재실자의 피난을 돕는 설비이다.
② 비상경보설비와 자동화재탐지설비에 비해 화재 상황을 더 정확하게 전달할 수 있다.

▲ 비상방송설비

2) 구성

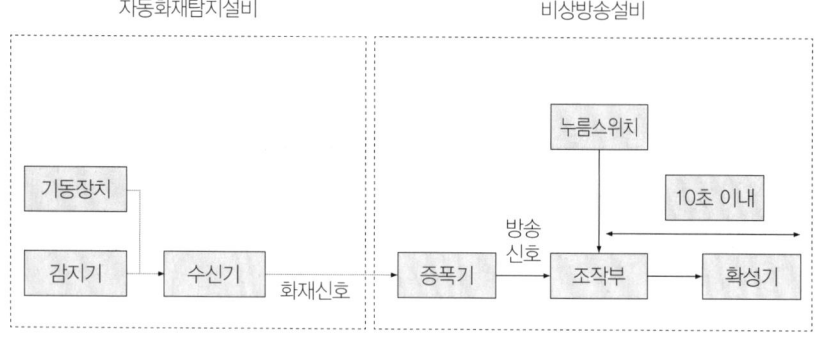
▲ 비상방송설비의 구성

> **PLUS+** 증폭기, 조작부, 확성기의 정의
> ① 증폭기: 전압·전류의 진폭을 늘려 감도를 좋게 하고 미약한 음성전류를 커다란 음성전류로 변화시켜 소리를 크게 하는 장치를 말한다.
>
> | 증폭기의 종류 | | 특징 |
> |---|---|---|
> | 이동형 | 휴대형 | 소화활동 시 안내방송에 사용 |
> | | 탁상형 | 소규모 방송설비에 사용 |
> | 고정형 | Desk형 | 책상식의 형태 |
> | | Rack형 | 유닛화되어 유지보수가 편함 |
>
> ② 조작부: 기기를 제어할 수 있도록 조작스위치, 지시계, 표시등 등을 집결시킨 부분을 말한다.
> ③ 확성기: 소리를 크게 하여 멀리까지 전달될 수 있도록 하는 장치로, 일명 스피커를 말한다.

3) 음향장치의 설치기준
① 확성기의 음성입력은 3[W](실내에 설치하는 것에 있어서는 1[W]) 이상이어야 한다.
② 확성기는 각 층마다 설치하되, 그 층의 각 부분으로부터 하나의 확성기까지의 수평거리가 25[m] 이하가 되도록 하고, 해당 층의 각 부분에 유효하게 경보를 발할 수 있도록 설치한다.
③ 음량조정기를 설치하는 경우 음량조정기의 배선은 3선식으로 하여야 한다.
④ 조작부의 조작스위치는 바닥으로부터 0.8[m] 이상 1.5[m] 이하의 높이에 설치하여야 한다.
⑤ 다른 전기회로에 따라 유도장애가 생기지 않도록 하여야 한다.

⑥ 하나의 특정소방대상물에 2 이상의 조작부가 설치되어 있는 때에는 각각의 조작부가 있는 장소 상호 간에 동시 통화가 가능한 설비를 설치하고, 어느 조작부에서도 해당 특정소방대상물의 전 구역에 방송을 할 수 있도록 하여야 한다.

⑦ 기동장치에 따른 화재신호를 수신한 후 필요한 음량으로 화재 발생 상황 및 피난에 유효한 방송이 자동으로 개시될 때까지의 소요시간은 10초 이내로 하여야 한다.

> **PLUS⁺ 음량조정기**
> 가변저항을 이용하여 전류를 변화시켜 음량을 크게 하거나 작게 조절할 수 있는 장치를 말하며, 비상선 – 공통선 – 일반선의 3선식으로 배선해야 한다.

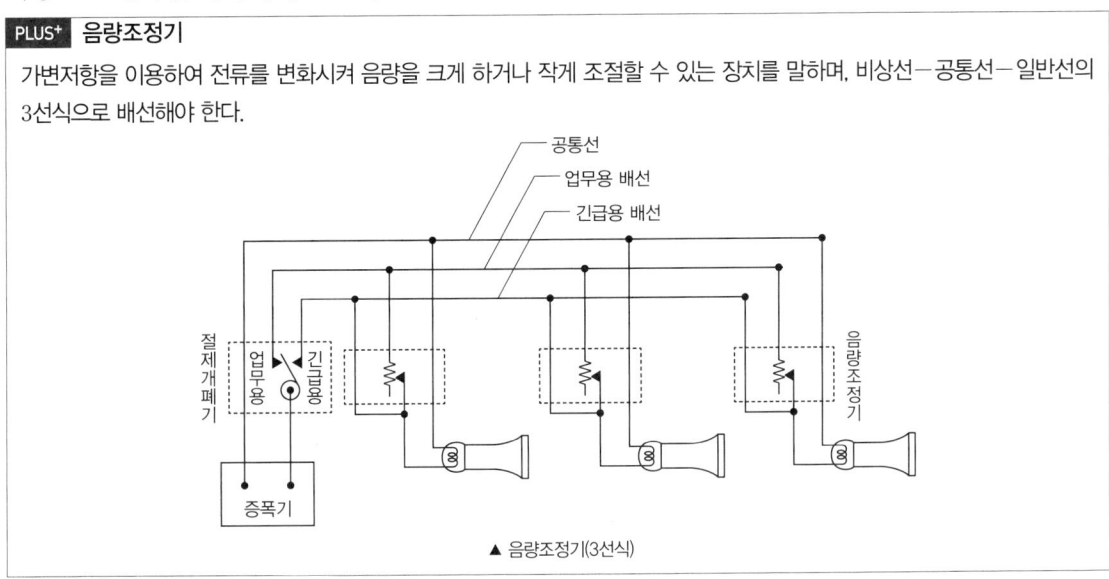

▲ 음량조정기(3선식)

4) 음향장치의 구조 및 성능
① 정격전압의 80[%] 전압에서 음향을 발할 수 있어야 한다.
② 자동화재탐지설비의 작동과 연동하여 작동할 수 있어야 한다.

5) 경보방식
① 우선경보방식: 층수가 11층(공동주택의 경우 16층) 이상의 특정소방대상물은 다음의 기준에 따라 경보를 발할 수 있도록 해야 한다.

발화층	경보층
2층 이상의 층에서 발화	발화층·그 직상 4개층
1층에서 발화	발화층·그 직상 4개층 및 지하층
지하층에서 발화	발화층·직상층 및 기타의 지하층

▲ 우선경보방식의 경보층

② 일제경보방식: 층수가 10층(공동주택의 경우에는 15층) 이하인 특정소방대상물은 발화층과 관계없이 전층 경보가 가능해야 한다.

※ 자동화재탐지설비의 음향장치는 비상방송설비의 경보방식과 똑같이 적용하여 설치한다.

PHASE 15 시각경보장치

1) 정의
자동화재탐지설비에서 발하는 화재신호를 시각경보기에 전달하여 청각장애인에게 점멸형태의 시각경보를 하는 것을 말한다.

2) 설치기준
① 복도·통로·청각장애인용 객실 및 공용으로 사용하는 거실에 설치하며, 각 부분으로부터 유효하게 경보를 발할 수 있는 위치에 설치해야 한다.
② 공연장·집회장·관람장 또는 이와 유사한 장소에 설치하는 경우에는 시선이 집중되는 무대부 부분 등에 설치해야 한다.
③ 설치 높이는 바닥으로부터 2[m] 이상 2.5[m] 이하의 장소에 설치해야 한다. 다만, 천장의 높이가 2[m] 이하인 경우에는 천장으로부터 0.15[m] 이내의 장소에 설치해야 한다.
④ 시각경보장치의 광원은 전용의 축전지설비 또는 전기저장장치(외부 전기에너지를 저장해 두었다 필요한 때 전기를 공급하는 장치)에 의하여 점등되도록 해야 한다.
⑤ 하나의 특정소방대상물에 2 이상의 수신기가 설치된 경우 어느 수신기에서도 지구음향장치 및 시각경보장치를 작동할 수 있도록 해야 한다.

▲ 시각경보장치

3) 설치대상 특정소방대상물
① 근린생활시설, 문화 및 집회시설, 종교시설, 판매시설, 운수시설, 의료시설, 노유자 시설
② 운동시설, 업무시설, 숙박시설, 위락시설, 창고시설 중 물류터미널, 발전시설 및 장례시설
③ 교육연구시설 중 도서관, 방송통신시설 중 방송국
④ 지하가 중 지하상가

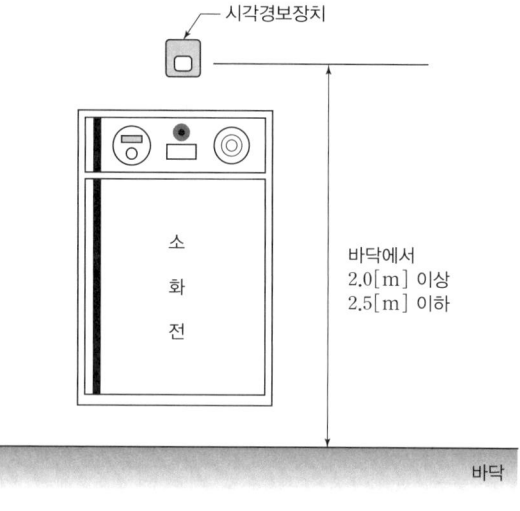
▲ 시각경보장치 설치높이

PHASE 16 누전경보기

1) 정의
① 600[V] 이하의 저압전로에서 누설전류 또는 지락전류를 검출하여 소방대상물의 관계자에게 경보를 발하는 설비이다.
② 인체에 대한 감전방지, 누전에 의한 화재 및 폭발방지, 아크에 의한 저로 및 기계·기구의 손상방지가 목적이다.

▲ 누전경보기

2) 구성

구성요소	기능
변류기(영상변류기)	경계전로의 누설전류를 자동적으로 검출하여 이를 누전경보기의 수신부에 송신
수신부	변류기로부터 검출된 신호를 수신하여 누전의 발생을 해당 특정소방대상물의 관계인에게 경보
음향장치	누설전류 검출 시 경보
차단기구	누설전류 검출 시 전로를 자동적으로 차단

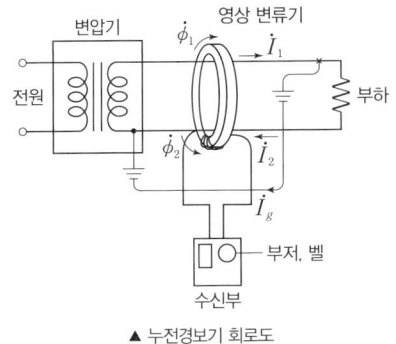

▲ 누전경보기 회로도

3) 누전경보기의 구분
① 경계전로의 정격전류가 60[A]를 초과하는 전로에 있어서는 1급 누전경보기를, 60[A] 이하의 전로에 있어서는 1급 또는 2급 누전경보기를 설치해야 한다.
② 정격전류가 60[A]를 초과하는 경계전로가 분기되어 각 분기회로의 정격전류가 60[A] 이하로 되는 경우 당해 분기회로마다 2급 누전경보기를 설치한 때에는 당해 경계전로에 1급 누전경보기를 설치한 것으로 본다.

4) 전원설치기준
① 전원은 분전반으로부터 전용회로로 하고, 각 극에 개폐기 및 15[A] 이하의 과전류 차단기(배선용 차단기에 있어서는 20[A] 이하의 것으로 각 극을 개폐할 수 있는 것)를 설치해야 한다.
② 전원을 분기할 때에는 다른 차단기에 따라 전원이 차단되지 않도록 해야 한다.
③ 전원의 개폐기에는 누전경보기용임을 표시한 표지를 해야한다.

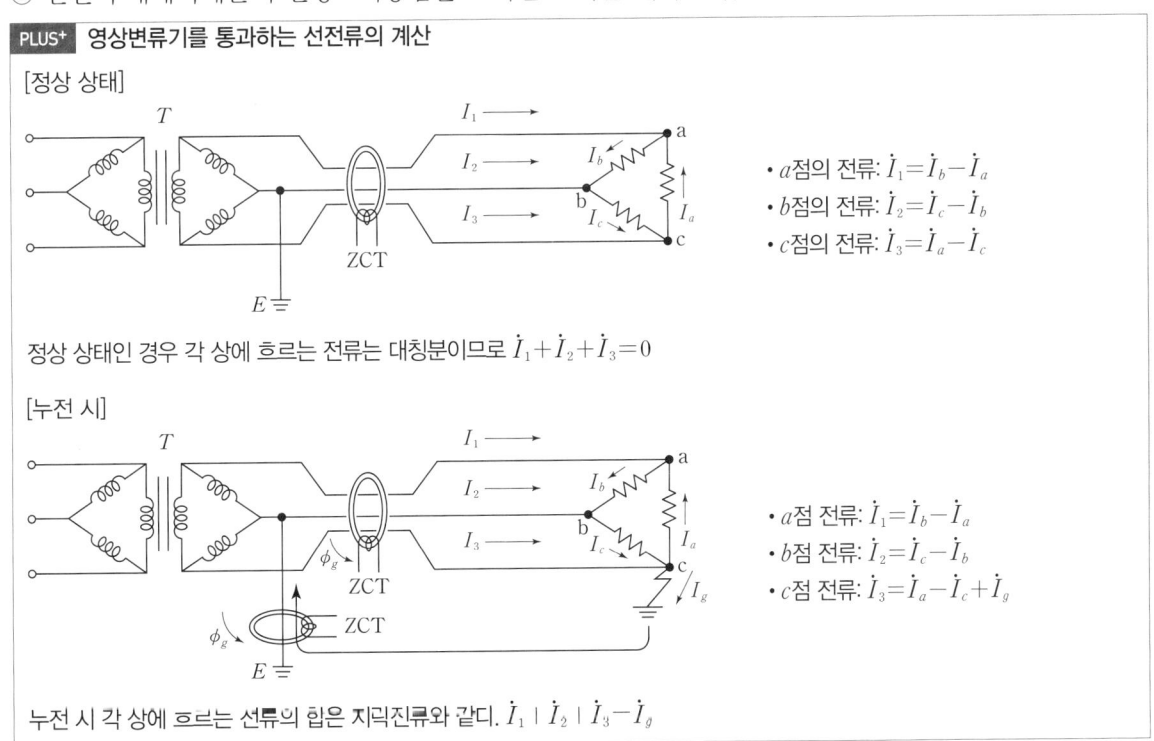

PLUS+ 영상변류기를 통과하는 선전류의 계산

[정상 상태]

- a점의 전류: $\dot{I}_1 = \dot{I}_b - \dot{I}_a$
- b점의 전류: $\dot{I}_2 = \dot{I}_c - \dot{I}_b$
- c점의 전류: $\dot{I}_3 = \dot{I}_a - \dot{I}_c$

정상 상태인 경우 각 상에 흐르는 전류는 대칭분이므로 $\dot{I}_1 + \dot{I}_2 + \dot{I}_3 = 0$

[누전 시]

- a점 전류: $\dot{I}_1 = \dot{I}_b - \dot{I}_a$
- b점 전류: $\dot{I}_2 = \dot{I}_c - \dot{I}_b$
- c점 전류: $\dot{I}_3 = \dot{I}_a - \dot{I}_c + \dot{I}_g$

누전 시 각 상에 흐르는 선류의 합은 지락전류와 같다. $\dot{I}_1 + \dot{I}_2 + \dot{I}_3 = \dot{I}_g$

PHASE 17 가스누설경보기

1) 정의
가연성 또는 독성물질의 가스를 감지하여 그 농도를 지시하며, 미리 설정해 놓은 가스농도에서 자동적으로 경보가 울리도록 하는 장치이다.

2) 용어
① 분리형: 탐지부와 수신부가 분리되어 있는 형태의 경보기를 말한다.
② 단독형: 탐지부와 수신부가 일체로 되어 있는 형태의 경보기를 말한다.
③ 탐지부: 가스누설경보기 중 가스누설을 탐지하여 중계기 또는 수신부에 가스누설 신호를 발신하는 부분을 말한다.

3) 표시등
가스의 누설을 표시하는 표시등 및 가스가 누설된 경계구역의 위치를 표시하는 표시등은 등이 켜질 때 황색으로 표시되어야 한다.

> **PLUS+ 개정사항**
> 가스누설경보기의 수신부는 수신 개시부터 가스누설표시까지 소요시간은 60초 이내였으나, 관련 규정이 2024년 12월 30일 삭제되었다.

4) 설치대상
① 문화 및 집회시설, 종교시설, 판매시설, 운수시설, 의료시설, 노유자 시설
② 수련시설, 운동시설, 숙박시설, 창고시설 중 물류터미널, 장례시설

CHAPTER 03 피난구조설비

PHASE 18 유도등

1) 정의
① 유도등은 화재 시 건물 내의 거주자가 안전하게 피난할 수 있도록 피난구 또는 피난방향을 안내하는 장치이다.
② 상용전원이 정전되더라도 비상전원으로 자동절환되어 점등되어야 한다.

> **PLUS+ 표시면과 조사면의 정의**
> ① 표시면: 유도등에 있어 피난구나 피난 방향을 안내하기 위한 문자 또는 부호등이 표시된 면
> ② 조사면: 유도등에 있어 표시면 외 조명에 사용되는 면

2) 종류

구분	피난구유도등	통로유도등			객석유도등
		복도	계단	거실	
용도	피난경로로 사용되는 출입구 표시	피난통로를 안내하기 위한 유도등으로 방향을 명시			객석의 통로·바닥·벽에 설치
예시					
설치장소 (위치)	출입구 (상부 설치)	일반 복도 (하부 설치)	일반 계단 (하부 설치)	주차장, 도서관 등 (상부 설치)	공연장, 극장 등 (하부 설치)

3) 설치장소별 유도등 및 유도표지의 종류

설치장소	유도등 및 유도표지의 종류
공연장, 집회장, 관람장, 운동시설	• 대형피난구유도등 • 통로유도등 • 객석유도등
유흥주점 영업시설	
위락시설, 판매시설, 운수시설, 관광숙박업, 의료시설, 장례식장, 전시장, 지하상가, 지하철역사	• 대형피난구유도등 • 통로유도등
숙박시설, 오피스텔	• 중형피난구유도등 • 통로유도등
지하층·무창층 또는 층수가 11층 이상인 특정소방대상물	
근린생활시설, 노유자시설, 업무시설, 발전시설, 종교시설, 교육연구시설, 수련시설, 공장, 교정 및 군사시설, 다중이용업소, 복합건축물, 아파트	• 소형피난구유도등 • 통로유도등
그 밖의 것	• 피난구유도표지 • 통로유도표지

4) 3선식 배선

3선식 배선으로 상시 충전되는 유도등의 전기회로에 점멸기를 설치하는 경우에는 다음의 어느 하나에 해당되는 경우에 자동으로 점등되도록 해야 한다.

① 자동화재탐지설비의 감지기 또는 발신기가 작동되는 때
② 비상경보설비의 발신기가 작동되는 때
③ 상용전원이 정전되거나 전원선이 단선되는 때
④ 방재업무를 통제하는 곳 또는 전기실의 배전반에서 수동으로 점등하는 때
⑤ 자동소화설비가 작동되는 때

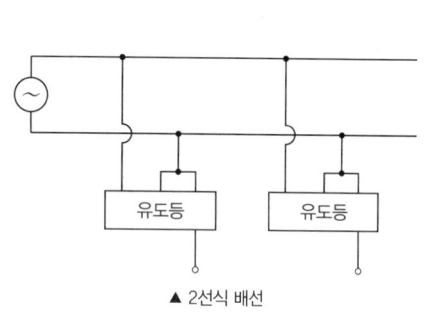
▲ 2선식 배선

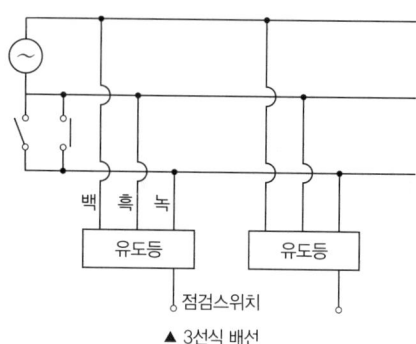
▲ 3선식 배선

구분	2선식 배선	3선식 배선
점등상태	평상시 점등 화재 시 점등(예비전원 사용)	평상시 소등 화재 시 점등
충전상태	평상시 충전 화재 시 방전	평상시 충전 화재 시 방전

PHASE 19 피난구유도등

1) 설치장소

① 옥내로부터 직접 지상으로 통하는 출입구 및 그 부속실의 출입구
② 직통계단·직통계단의 계단실 및 그 부속실의 출입구
③ 출입구에 이르는 복도 또는 통로로 통하는 출입구
④ 안전구획된 거실로 통하는 출입구

▲ 피난구유도등

2) 설치기준

① 피난구유도등은 피난구의 바닥으로부터 높이 1.5[m] 이상으로서 출입구에 인접하도록 설치해야 한다.
② 피난구유도등의 표시면은 녹색 바탕에 백색 문자이어야 한다.

> **PLUS+ 피난구유도등**
> 피난구 또는 피난경로로 사용되는 출입구를 표시하여 피난을 유도하는 등을 말한다.

3) 설치 제외 장소

① 바닥면적이 1,000[m²] 미만인 층으로서 옥내로부터 직접 지상으로 통하는 출입구(외부의 식별이 용이한 경우에 한한다)

② 대각선 길이가 15[m] 이내인 구획된 실의 출입구
③ 거실 각 부분으로부터 하나의 출입구에 이르는 보행거리가 20[m] 이하이고 비상조명등과 유도표지가 설치된 거실의 출입구
④ 출입구가 3개소 이상 있는 거실로서 그 거실 각 부분으로부터 하나의 출입구에 이르는 보행거리가 30[m] 이하인 경우에는 주된 출입구 2개소 외의 출입구(유도표지가 부착된 출입구를 말한다). 다만, 공연장, 집회장, 관람장, 전시장, 판매시설, 운수시설, 숙박시설, 노유자시설, 의료시설, 장례식장의 경우에는 그렇지 않다.

PHASE 20 통로유도등

1) 종류
① 복도통로유도등: 피난통로가 되는 복도에 설치하는 통로유도등
② 거실통로유도등: 거주, 집무, 작업, 집회, 오락 그 밖에 이와 유사한 목적을 위하여 계속적으로 사용하는 거실, 주차장 등 개방된 통로에 설치하는 유도등
③ 계단통로유도등: 피난통로가 되는 계단이나 경사로에 설치하는 통로유도등

▲ 복도통로유도등

2) 설치기준
통로유도등의 표시면은 백색 바탕에 녹색 문자를 사용해야 한다.

구분	설치기준	식별도
복도통로유도등	• 복도에 설치하되 피난구유도등이 설치된 출입구의 맞은편 복도에는 입체형으로 설치하거나, 바닥에 설치해야 한다. • 구부러진 모퉁이 및 통로유도등을 기점으로 보행거리 20[m]마다 설치해야 한다. • 바닥으로부터 높이 1[m] 이하의 위치에 설치해야 한다. 다만, 지하층 또는 무창층의 용도가 도매시장·소매시장·여객자동차터미널·지하역사 또는 지하상가인 경우에는 복도·통로 중앙부분의 바닥에 설치해야 한다.	상용전원: 20[m] 비상전원: 15[m]
거실통로유도등	• 거실의 통로에 설치해야 한다. 다만, 거실의 통로가 벽체 등으로 구획된 경우에는 복도통로유도등을 설치해야 한다. • 구부러진 모퉁이 및 보행거리 20[m]마다 설치해야 한다. • 바닥으로부터 높이 1.5[m] 이상의 위치에 설치해야 한다. 다만, 거실통로에 기둥이 설치된 경우에는 기둥 부분의 바닥으로부터 높이 1.5[m] 이하의 위치에 설치할 수 있다.	상용전원: 30[m] 비상전원: 20[m]
계단통로유도등	• 각층의 경사로 참 또는 계단참마다 설치해야 한다. • 바닥으로부터 높이 1[m] 이하의 위치에 설치해야 한다.	—

3) 설치 제외 장소
① 구부러지지 아니한 복도 또는 통로로서 길이가 30[m] 미만인 복도 또는 통로
② 복도 또는 통로로서 보행거리가 20[m] 미만이고 그 복도 또는 통로와 연결된 출입구 또는 그 부속실의 출입구에 피난구유도등이 설치된 복도 또는 통로

PHASE 21 객석유도등

1) 설치기준
① 객석유도등은 객석의 통로, 바닥 또는 벽에 설치해야 한다.
② 객석 내의 통로가 경사로 또는 수평로로 되어 있는 부분은 다음 식에 따라 산출한 개수(소수점 이하 절상)의 유도등을 설치해야 한다.

$$설치개수 = \frac{객석\ 통로의\ 직선\ 부분의\ 길이[\mathrm{m}]}{4} - 1$$

③ 객석 내의 통로가 옥외 또는 이와 유사한 부분에 있는 경우에는 해당 통로 전체에 미칠 수 있는 개수의 유도등을 설치해야 한다.

2) 설치 면제 기준
① 주간에만 사용하는 장소로서 채광이 충분한 객석
② 거실 등의 각 부분으로부터 하나의 거실 출입구에 이르는 보행거리가 20[m] 이하인 객석의 통로로서 그 통로에 통로유도등이 설치된 객석

PHASE 22 유도표지

1) 정의
① 화재 시 안전하고 원활한 피난활동을 할 수 있도록 피난구 및 피난통로 등에 설치하는 표지이다.
② 광원으로부터 빛에너지를 흡수하고 이를 축적시킨 상태에서 빛에너지가 제거되어 어두워지면 자체 발광을 통해 일정 시간 동안 문자 등을 식별할 수 있는 표지를 말한다.

▲ 유도표지의 예

2) 종류
① 피난구유도표지: 피난구 또는 피난경로로 사용되는 출입구를 표시하여 피난을 유도하는 표지를 말한다.
② 통로유도표지: 화재 발생 시 피난통로가 되는 복도, 계단 등에 사용되는 표지로서 피난 방향을 지시하는 표지를 말한다.

3) 설치기준

① 계단에 설치하는 것을 제외하고는 각 층마다 복도 및 통로의 각 부분으로부터 하나의 유도표지까지의 보행거리가 15[m] 이하가 되는 곳과 구부러진 모퉁이의 벽에 설치해야 한다.
② 피난구유도표지는 출입구 상단에 설치하고, 통로유도표지는 바닥으로부터 높이 1[m] 이하의 위치에 설치해야 한다.
③ 주위에는 이와 유사한 등화·광고물·게시물 등을 설치하지 않아야 한다.
④ 유도표지는 부착판 등을 사용하여 쉽게 떨어지지 않도록 설치해야 한다.
⑤ 축광방식의 유도표지는 외광 또는 조명장치에 의해 상시 조명이 제공되거나 비상조명등에 의한 조명이 제공되도록 설치해야 한다.

> **PLUS⁺ 축광보조표지**
> 피난로 등의 바닥·계단·벽면 등에 설치함으로 피난방향 또는 소방용품 등의 위치를 추가적으로 알려주는 보조역할을 하는 표지를 말한다.

> **PLUS⁺ 유도등 및 유도표지의 산출**
>
> | 구분 | 설치개수 |
> |---|---|
> | 객석유도등 | $\dfrac{\text{객석통로의 직선부분의 길이}[m]}{4} - 1$ (소수점 절상) |
> | 유도표지 | $\dfrac{\text{구부러진 곳이 없는 부분의 보행거리}[m]}{15} - 1$ (소수점 절상) |
> | 복도통로유도등, 거실통로유도등 | $\dfrac{\text{구부러진 곳이 없는 부분의 보행거리}[m]}{20} - 1$ (소수점 절상) |

PHASE 23 피난유도선

1) 정의
① 화재 발생 시 또는 정전 시에 안전하고 원활한 피난을 유도할 수 있도록 연속된 띠 형태로 피난통로 등에 설치하는 것을 말한다.
② 화재신호를 수신하거나 정전 시 자동적으로 광원을 점등하는 방식과 외부로부터 전원을 공급받지 않고 빛에너지를 축광하여 자체 발광하는 방식이 있다.

2) 축광방식의 설치기준
① 구획된 각 실로부터 주출입구 또는 비상구까지 설치해야 한다.
② 바닥으로부터 높이 50[cm] 이하의 위치 또는 바닥면에 설치해야 한다.
③ 피난유도 표시부는 50[cm] 이내의 간격으로 연속되도록 설치해야 한다.

3) 광원점등방식의 설치기준

① 구획된 각 실로부터 주출입구 또는 비상구까지 설치해야 한다.
② 피난유도 표시부는 바닥으로부터 높이 1[m] 이하의 위치 또는 바닥면에 설치해야 한다.
③ 피난유도 표시부는 50[cm] 이내의 간격으로 연속되도록 설치하되, 실내장식물 등으로 설치가 곤란할 경우 1[m] 이내로 설치해야 한다.
④ 수신기로부터의 화재신호 및 수동조작에 의해 광원이 점등되도록 설치해야 한다.
⑤ 비상전원이 상시 충전 상태를 유지하도록 설치해야 한다.
⑥ 바닥에 설치되는 피난유도 표시부는 매립하는 방식을 사용해야 한다.
⑦ 피난유도 제어부는 조작 및 관리가 용이하도록 바닥으로부터 0.8[m] 이상 1.5[m] 이하의 높이에 설치해야 한다.

PHASE 24 비상조명등

1) 정의
화재발생 등에 따른 정전 시 안전하고 원활한 피난활동을 할 수 있도록 거실 및 피난통로 등에 설치되어 자동 점등되는 조명등을 말한다.

2) 종류
비상조명등과 휴대용비상조명등으로 구분된다.

▲ 비상조명등

3) 설치기준
① 특정소방대상물의 각 거실과 그로부터 지상에 이르는 복도·계단 및 그 밖의 통로에 설치해야 한다.
② 조도는 비상조명등이 설치된 장소의 각 부분의 바닥에서 1[lx] 이상이 되도록 해야 한다.
③ 예비전원을 내장하는 비상조명등에는 평상시 점등 여부를 확인할 수 있는 점검스위치를 설치하고 해당 조명등을 유효하게 작동시킬 수 있는 용량의 축전지와 예비전원 충전장치를 내장해야 한다.
④ 예비전원을 내장하지 않은 비상조명등의 비상전원은 자가발전설비, 축전지설비 또는 전기저장장치를 다음의 기준에 따라 설치해야 한다.
 - 점검에 편리하고 화재 및 침수 등의 재해로 인한 피해를 받을 우려가 없는 곳에 설치해야 한다.
 - 상용전원으로부터 전력의 공급이 중단된 때에는 자동으로 비상전원으로부터 전력을 공급받을 수 있도록 해야 한다.
 - 비상전원의 설치장소는 다른 장소와 방화구획해야 한다. 이 경우 그 장소에는 비상전원의 공급에 필요한 기구나 설비 외의 것을 두어서는 아니 된다.
 - 비상전원을 실내에 설치하는 때에는 그 실내에 비상조명등을 설치해야 한다.
⑤ 예비전원과 비상전원은 비상조명등을 20분 이상 유효하게 작동시킬 수 있는 용량으로 해야 한다. 다만, 다음의 특정소방대상물의 경우에는 그 부분에서 피난층에 이르는 부분의 비상조명등을 60분 이상 유효하게 작동시킬 수 있는 용량으로 해야 한다.
 - 지하층을 제외한 층수가 11층 이상의 층
 - 지하층 또는 무창층으로서 용도가 도매시장·소매시장·여객자동차터미널·지하역사 또는 지하상가

4) 휴대용비상조명등
   ① 숙박시설 또는 다중이용업소에는 객실 또는 영업장 안의 구획된 실마다 잘 보이는 곳(외부에 설치 시 출입문 손잡이로부터 1[m] 이내 부분)에 1개 이상 설치
   ② 대규모 점포(지하상가 및 지하역사 제외)와 영화상영관에는 보행거리 50[m] 이내마다 3개 이상 설치
   ③ 지하상가 및 지하역사에는 보행거리 25[m] 이내마다 3개 이상 설치
   ④ 설치 높이는 바닥으로부터 0.8[m] 이상 1.5[m] 이하의 높이에 설치해야 한다.
   ⑤ 어둠 속에서 위치를 확인할 수 있도록 해야 한다.
   ⑥ 사용 시 자동으로 점등되는 구조이어야 한다.
   ⑦ 외함은 난연성능이 있어야 한다.

   ▲ 휴대용 비상조명등

5) 비상조명등 설치 제외 기준
   ① 거실의 각 부분으로부터 하나의 출입구에 이르는 보행거리가 15[m] 이내인 부분
   ② 의원·경기장·공동주택·의료시설·학교의 거실
   ③ 지상 1층 또는 피난층으로서 복도나 통로 또는 창문 등의 개구부를 통해 피난이 용이한 경우 숙박시설로서 복도에 비상조명등을 설치한 경우에는 휴대용비상조명등을 설치하지 않을 수 있다.

CHAPTER 04 소화활동설비

PHASE 25 비상콘센트설비

1) 정의
화재 시 소화활동 등에 필요한 전원을 전용회선으로 공급하는 설비를 말한다.

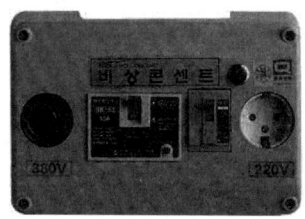

▲ 비상콘센트설비

2) 부품의 구조
① 배선용 차단기는 KS C 8321(배선용차단기)에 적합하여야 한다.
② 접속기는 KS C 8305(배선용 꽂음 접속기)에 적합하여야 한다.
③ 표시등의 구조 및 기능은 다음과 같아야 한다.
  - 전구는 사용전압의 130[%]인 교류전압을 20시간 연속하여 가하는 경우 단선, 현저한 광속변화, 흑화, 전류의 저하 등이 발생하지 않아야 한다.
  - 소켓은 접속이 확실하여야 하며 쉽게 전구를 교체할 수 있도록 부착하여야 한다.
  - 전구에는 적당한 보호커버를 설치하여야 한다(발광다이오드 제외).
  - 적색으로 표시되어야 하며 주위의 밝기가 300[lx] 이상인 장소에서 측정하여 앞면으로부터 3[m] 떨어진 곳에서 켜진 등이 확실히 식별되어야 한다.
④ 단자는 충분한 전류용량을 갖는 것으로 하여야 하며 단자의 접속이 정확하고 확실하여야 한다.

3) 설치대상
① 층수가 11층 이상인 특정소방대상물의 경우에는 11층 이상의 층
② 지하층의 층수가 3층 이상이고 지하층의 바닥면적의 합계가 1,000[m²] 이상인 것은 지하층의 모든 층
③ 지하가 중 터널로서 길이가 500[m] 이상인 것

4) 설치기준
① 바닥으로부터 높이 0.8[m] 이상 1.5[m] 이하의 위치에 설치해야 한다.
② 비상콘센트의 배치는 바닥면적이 1,000[m²] 미만인 층은 계단의 출입구로부터 5[m] 이내에, 바닥면적 1,000[m²] 이상인 층은 각 계단의 출입구 또는 계단부속실의 출입구로부터 5[m] 이내에 설치해야 한다.
③ 지하상가 또는 지하층의 바닥면적의 합계가 3,000[m²] 이상인 것은 수평거리 25[m] 이하마다, 3,000[m²] 미만인 것은 수평거리 50[m] 이하마다 설치해야 한다.

5) 비상전원의 설치대상
    ① 지하층을 제외한 층수가 7층 이상으로서 연면적이 2,000[m²] 이상인 특정소방대상물
    ② 지하층의 바닥면적의 합계가 3,000[m²] 이상인 특정소방대상물

    > **PLUS⁺ 비상콘센트설비의 비상전원**
    > 비상콘센트설비의 비상전원은 자가발전설비, 비상전원수전설비, 축전지설비 또는 전기저장장치로 한다.

6) 전원회로 설치기준
    ① 비상콘센트설비의 전원회로는 단상교류 220[V]인 것으로서, 그 공급용량은 1.5[kVA] 이상인 것으로 해야 한다.
    ② 전원회로는 각 층에 2 이상이 되도록 설치해야 한다. 다만, 설치해야 할 층의 비상콘센트가 1개인 때에는 하나의 회로로 할 수 있다.
    ③ 전원회로는 주배전반에서 전용회로로 해야 한다.
    ④ 전원으로부터 각 층의 비상콘센트에 분기되는 경우에는 분기배선용 차단기를 보호함 안에 설치해야 한다.
    ⑤ 콘센트마다 배선용 차단기(KS C 8321)를 설치해야 하며, 충전부가 노출되지 않도록 해야 한다.
    ⑥ 개폐기에는 "비상콘센트"라고 표시한 표지를 해야 한다.
    ⑦ 비상콘센트용의 풀박스 등은 방청도장을 한 것으로서, 두께 1.6[mm] 이상의 철판으로 해야 한다.
    ⑧ 하나의 전용회로에 설치하는 비상콘센트는 10개 이하로 해야 한다. 이 경우 전선의 용량은 각 비상콘센트(비상콘센트가 3개 이상인 경우 3개)의 공급용량을 합한 용량 이상의 것으로 해야 한다.

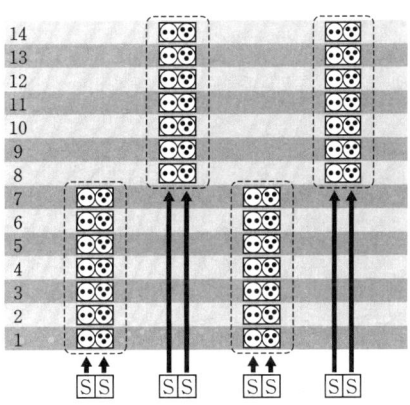

▲ 회로별로 구분한 비상콘센트 접속수량(예)

7) 플러그접속기의 설치기준
    비상콘센트의 플러그접속기는 접지형 2극 플러그접속기(KSC 8305)를 사용하여 보호접지를 시설해야 한다.

8) 보호함의 설치기준
    ① 보호함에는 쉽게 개폐할 수 있는 문을 설치해야 한다.
    ② 보호함 표면에 "비상콘센트"라고 표시한 표지를 해야 한다.
    ③ 보호함 상부에 적색의 표시등을 설치해야 한다. 다만, 비상콘센트의 보호함을 옥내소화전함 등과 접속하여 설치하는 경우에는 옥내소화전함 등의 표시등과 겸용할 수 있다.

PHASE 26 무선통신보조설비

1) 정의
① 화재시 소방대가 소방대상물에 침투하여 소화 및 구조활동을 하면서 소방대 간에 또는 방재센터나 관계자와 무선교신을 하기 위해 필요한 설비이다.
② 지하층, 터널 및 고층건축물의 철골 및 콘크리트구조물은 이러한 전파 송수신에 장애물로 작용하여 소방대 상호 간 교신이 용이하지 않으므로 이를 보완하기 위해 소방대상물 내부에 도입된 소방시설이다.

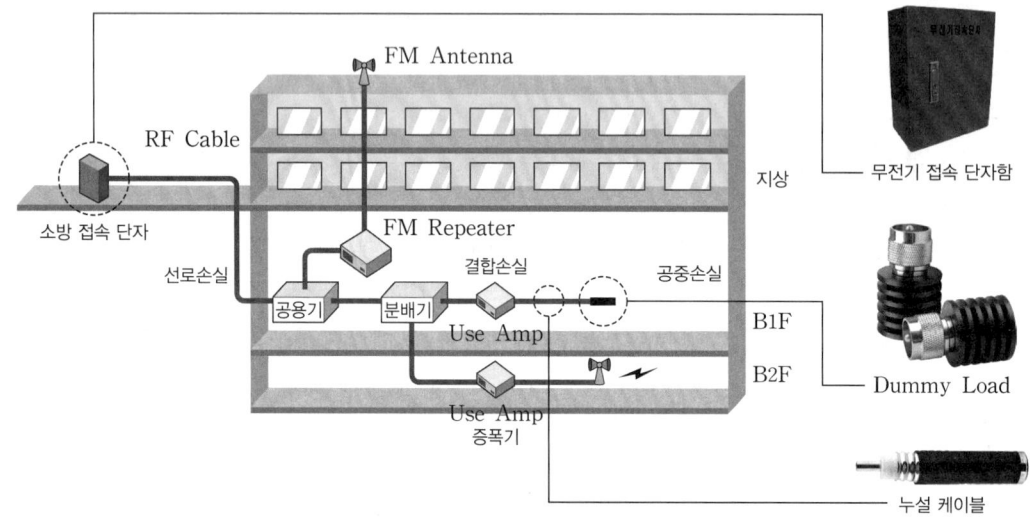

▲ 무선통신보조설비의 구성

2) 구성

기기	역할
분배기	신호의 전송로가 분기되는 장소에 설치하는 것으로 임피던스 매칭(Matching)과 신호 균등분배를 위해 사용하는 장치를 말한다.
분파기	서로 다른 주파수의 합성된 신호를 분리하기 위해 사용하는 장치를 말한다.
혼합기	2 이상의 입력신호를 원하는 비율로 조합한 출력이 발생하도록 하는 장치를 말한다.
증폭기	전압·전류의 진폭을 늘려 감도 등을 개선하는 장치를 말한다.
무선중계기	안테나를 통해 수신된 무전기 신호를 증폭한 후 음영지역에 재방사하여 무전기 상호 간 송수신이 가능하도록 하는 장치를 말한다.
옥외안테나	감시제어반 등에 설치된 무선중계기의 입력과 출력포트에 연결되어 송수신 신호를 원활하게 방사·수신하기 위해 옥외에 설치하는 장치를 말한다.
누설동축케이블	동축케이블의 외부도체에 가느다란 홈을 만들어서 전파가 외부로 새어나갈 수 있도록 한 케이블을 말한다.
임피던스	교류 회로에 전압이 가해졌을 때 전류의 흐름을 방해하는 값으로서 교류회로에서의 전류에 대한 전압의 비를 말한다.

3) 설치대상
① 지하가(터널 제외)로서 연면적 1,000[m²] 이상인 것
② 지하층의 바닥면적의 합계가 3,000[m²] 이상인 것 또는 지하층의 층수가 3층 이상이고 지하층의 바닥면적의 합계가 1,000[m²] 이상인 것은 지하층의 모든 층
③ 지하가 중 터널로서 길이가 500[m] 이상인 것
④ 지하구 중 공동구
⑤ 층수가 30층 이상인 것으로서 16층 이상 부분의 모든 층

4) 설치 제외 기준
① 지하층으로서 특정소방대상물의 바닥부분 2면 이상이 지표면과 동일한 경우
② 지하층으로서 지표면으로부터의 깊이가 1[m] 이하인 경우(해당 층)

5) 분배기·분파기 및 혼합기의 설치기준
① 먼지·습기 및 부식 등에 따라 기능에 이상을 가져오지 않도록 해야 한다.
② 임피던스는 50[Ω]의 것으로 해야 한다.
③ 점검에 편리하고 화재 등의 재해로 인한 피해의 우려가 없는 장소에 설치해야 한다.

▲ 분배기

6) 증폭기 및 무선중계기의 설치기준
① 상용전원은 전기가 정상적으로 공급되는 축전지설비, 전기저장장치 또는 교류전압의 옥내 간선으로 하고, 전원까지의 배선은 전용으로 해야 한다.
② 증폭기의 전면에는 주 회로 전원의 정상 여부를 표시할 수 있는 표시등 및 전압계를 설치해야 한다.
③ 증폭기에는 비상전원이 부착된 것으로 하고 해당 비상전원 용량은 무선통신보조설비를 유효하게 30분 이상 작동시킬 수 있는 것으로 해야 한다.

▲ 증폭기

7) 누설동축케이블
① 소방전용주파수대에서 전파의 전송 또는 복사에 적합한 것으로서 소방전용의 것으로 해야 한다.
② 누설동축케이블과 이에 접속하는 안테나 또는 동축케이블과 이에 접속하는 안테나로 구성해야 한다.
③ 누설동축케이블 및 동축케이블은 불연성 또는 난연성의 것으로서 습기 등의 환경조건에 따라 전기의 특성이 변질되지 않는 것으로 하고, 노출하여 설치한 경우에는 피난 및 통행에 장애가 없도록 해야 한다.
④ 누설동축케이블 및 동축케이블은 화재에 따라 해당 케이블의 피복이 소실된 경우에 케이블 본체가 떨어지지 않도록 4[m] 이내마다 금속제 또는 자기제 등의 지지금구로 벽·천장·기둥 등에 견고하게 고정해야 한다. 다만, 불연재료로 구획된 반자 안에 설치하는 경우에는 그렇지 않다.

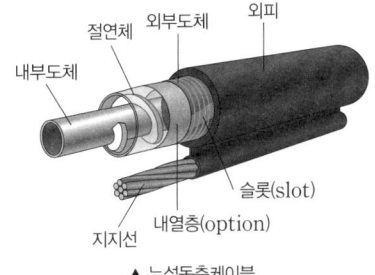
▲ 누설동축케이블

⑤ 누설동축케이블 및 안테나는 금속판 등에 따라 전파의 복사 또는 특성이 현저하게 저하되지 않는 위치에 설치해야 한다.

⑥ 누설동축케이블 및 안테나는 고압의 전로로부터 1.5[m] 이상 떨어진 위치에 설치해야 한다. 다만, 해당 전로에 정전기 차폐장치를 유효하게 설치한 경우에는 그렇지 않다.

⑦ 누설동축케이블의 끝부분에는 무반사 종단저항을 견고하게 설치해야 한다.

▲ 무반사 종단저항

⑧ 누설동축케이블 및 동축케이블의 임피던스는 50[Ω]으로 하고 이에 접속하는 안테나·분배기 기타의 장치는 해당 임피던스에 적합한 것으로 해야 한다.

PLUS⁺ 누설동축케이블 기호의미

$$(\underline{LCX}_{①} - \underline{FR}_{②} - \underline{SS}_{③} - \underline{20}_{④}\underline{D}_{⑤} - \underline{14}_{⑥}\,\underline{6}_{⑦})$$

표시	의미
LCX(①)	누설동축케이블
FR(②)	난연성(내열성)
SS(③)	자기지지
20(④)	절연체의 외경
D(⑤)	특성 임피던스
14(⑥)	사용주파수
6(⑦)	결합 손실

CHAPTER 05 소방전기시설

PHASE 27 전원

1) 상용전원회로의 배선

상용전원은 전기가 정상적으로 공급되는 축전지설비, 전기저장장치 또는 교류전압의 옥내간선으로 하고, 전원까지의 배선은 전용으로 해야 한다.

① 저압수전: 인입개폐기의 직후에서 분기하여 전용배선으로 해야 한다.

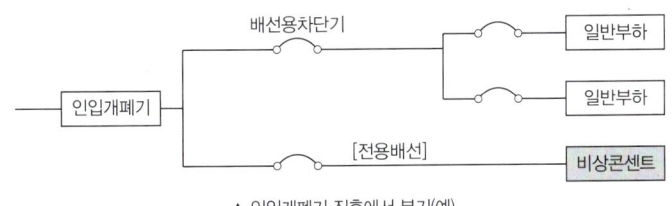

▲ 인입개폐기 직후에서 분기(예)

② 고압 및 특고압수전: 전력용변압기 2차 측의 주차단기 1차 측 또는 2차 측에서 분기하여 전용배선으로 해야 한다.

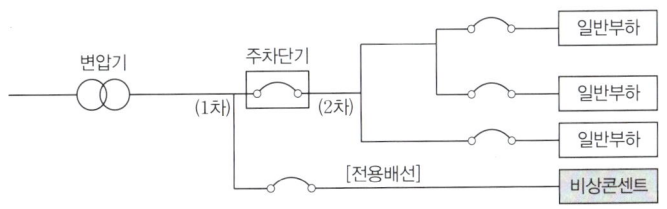

▲ 주차단기 1차 측에서 분기(예)

2) 비상전원의 종류와 용량

① 소화설비

설비	비상전원	비상전원 용량
스프링클러설비 미분무소화설비 포소화설비	자가발전설비 축전지설비 전기저장장치 비상전원수전설비	20분 이상
옥내소화전설비 물분무소화설비 할론소화설비 할로겐화합물 및 불활성기체소화설비 이산화탄소소화설비	자가발전설비 축전지설비 전기저장장치	

② 경보설비

설비	비상전원	비상전원 용량
자동화재탐지설비 비상방송설비 비상경보설비	축전지설비 전기저장장치	10분 이상

③ 피난구조설비

설비	비상전원	비상전원 용량
유도등	축전지	20분 이상 단, 11층 이상(지하층 제외)이거나 지하층·무창층으로서 도매시장·소매시장·여객자동차터미널·지하역사·지하상가의 경우 60분 이상
비상조명등	자기발전설비 축전지설비 전기저장장치	

④ 소화활동설비

설비	비상전원	비상전원 용량
비상콘센트설비	자가발전설비 축전지설비 비상전원수전설비 전기저장장치	20분 이상
연결송수관설비 제연설비	자기발전설비 축전지설비 전기저장장치	

PHASE 28 비상전원수전설비

1) **정의**
   ① 자가발전기를 설치하기 곤란한 소규모 건물의 경우 자가발전기를 대체할 수 있는 비상전원으로서 화재 시 상용전원이 공급되는 시점까지만 비상전원으로 적용이 가능한 설비이다.
   ② 화재 초기에는 상용전원 공급이 가능하므로 실용상 큰 문제가 없다고 판단하여 적용한 비상전원이다.

2) **특별고압 또는 고압으로 수전하는 경우**
   ① 일반전기사업자로부터 특별고압 또는 고압으로 수전하는 비상전원 수전설비는 방화구획형, 옥외개방형 또는 큐비클(Cubicle)형으로 설치해야 한다.
   ② 전용의 방화구획 내에 설치해야 한다.
   ③ 소방회로배선은 일반회로배선과 불연성의 격벽으로 구획해야 한다(소방회로배선과 일반회로 배선을 15[cm] 이상 떨어져 설치한 경우는 제외).

④ 일반회로에서 과부하, 지락사고 또는 단락사고가 발생한 경우에도 이에 영향을 받지 아니하고 계속하여 소방회로에 전원을 공급시켜 줄 수 있어야 한다.
⑤ 소방회로용 개폐기 및 과전류차단기에는 "소방시설용"이라고 표시해야 한다.

3) 저압으로 수전하는 경우
① 전용배전반(1·2종)·전용분전반(1·2종) 또는 공용분전반(1·2종)으로 설치해야 한다.
② 일반회로에서 과부하·지락사고 또는 단락사고가 발생한 경우에도 이에 영향을 받지 아니하고 계속하여 소방회로에 전원을 공급시켜 줄 수 있어야 한다.

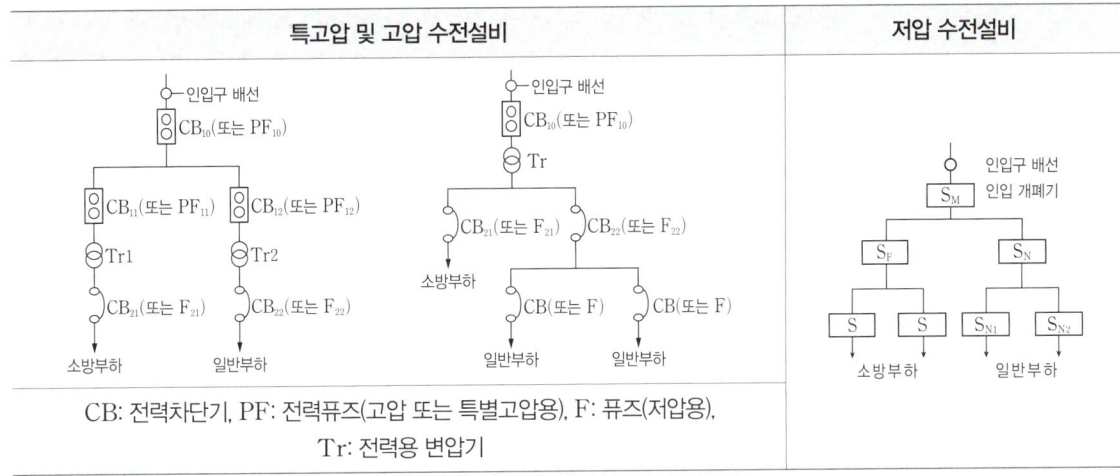

PHASE 29 축전지

1) 정의
방전이 끝난 전지에 외부로부터 직류전력을 공급하여 다시 방전시킬 수 있는 전지, 즉 2차전지를 말한다.

2) 충전방식

구분	의미
보통충전방식	정기적으로 표준시간율로 충전하는 방식
급속충전방식	일반 충전전류의 2~3배의 전류로 충전하는 방식
세류충전방식	자기방전량만 상시 충전하는 방식
부동충전방식	축전지의 자기방전을 보충하면서 상용부하에 대한 전력공급은 충전기가 부담하되, 일시적인 대전류 부하에는 축전지가 부담하도록 하는 방식
회복충전방식	축전지의 과방전 및 방치상태, 가벼운 설페이션 현상 등이 생겼을 때 기능회복을 위하여 실시하는 충전방식

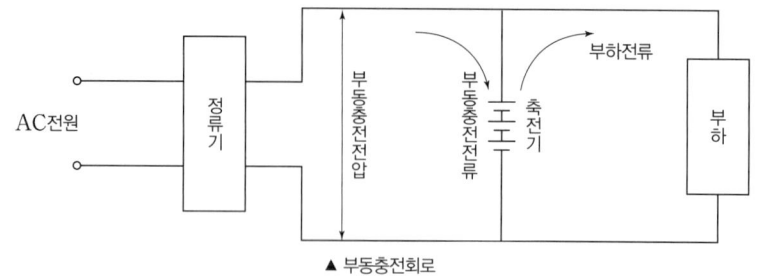

▲ 부동충전회로

> **PLUS+** 설페이션 현상
> 연축전지를 방전 상태로 오래 방치했을 때, 극판의 표면이 회백색의 부도체 성질을 갖는 현상을 말한다.

3) 연축전지와 알칼리축전지

① 연축전지: 양극판에 과산화연(PbO_2), 음극판에 납(Pb), 전해액으로 묽은 황산용액을 사용한 축전지이다.

화학반응식

$$PbO_2 + 2H_2SO_4 + Pb \underset{충전}{\overset{방전}{\rightleftarrows}} PbSO_4 + 2H_2O + PbSO_4$$

※ 연축전지는 충전 시 수소가스가 발생한다.

② 알칼리축전지: 양극판에 니켈(Ni), 음극판에 카드뮴(Cd), 전해액으로 수산화칼륨(KOH) 알칼리 용액을 사용한 축전지이다.

$$2NiOOH + 2H_2O + Cd \underset{충전}{\overset{방전}{\rightleftarrows}} 2Ni(OH)_2 + Cd(OH)_2$$

③ 연축전지와 알칼리축전지의 특징

구분	연축전지	알칼리축전지
공칭전압	2.0[V/cell]	1.2[V/cell]
방전율	10[h]	5[h]

4) 축전지 용량 계산

① 기본공식(균등부하)

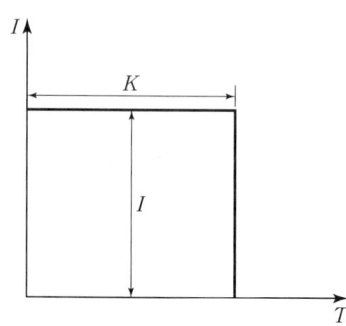

$$C = \frac{1}{L}KI[Ah]$$

(C: 축전지의 용량[Ah]　L: 보수율(조건에 없으면 0.8)　K: 용량환산 시간계수
I: 방전전류[A])

※ 보수율은 축전지의 사용연수의 경과나 사용조건의 변동에 의한 축전지 용량 변화의 보정 값을 의미하며, 일반적으로 0.8을 적용한다.

② 부하가 증가하는 경우

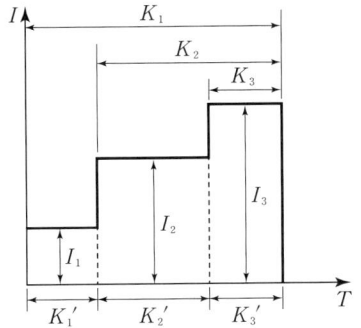

- 시간 경과에 따라 부하가 증가하는 경우
$$C = \frac{1}{L}\{K_1I_1 + K_2(I_2-I_1) + K_3(I_3-I_2)\}[\text{Ah}]$$
- 구간별로 K값이 주어진 경우
$$C = \frac{1}{L}(K_1'I_1 + K_2'I_2 + K_3'I_3)[\text{Ah}]$$

③ 부하가 감소하는 경우

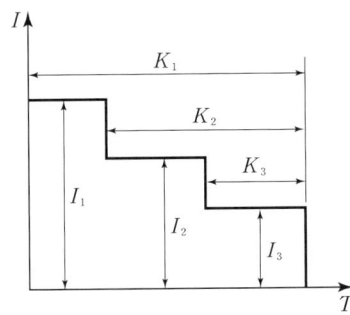

①, ②, ③ 중에서 용량이 가장 큰 것을 선택한다.
① $C = \frac{1}{L}(K_1I_1)[\text{Ah}]$
② $C = \frac{1}{L}[K_1I_1 + K_2(I_2-I_1)][\text{Ah}]$
③ $C = \frac{1}{L}[K_1I_1 + K_2(I_2-I_1) + K_3(I_3-I_2)][\text{Ah}]$

5) 축전지의 공칭전압과 2차 충전전류

① 공칭전압 V_B 계산식

$$\text{축전지의 셀 } N = \frac{\text{부하의 정격전압}}{\text{축전지의 공칭전압}} = \frac{V}{V_B} \text{에서 } V_B = \frac{V}{N} = \frac{V_a + V_e}{N}$$

(단, V_a: 부하 전압[V], V_e: 축전지와 부하 사이 전압강하[V])

② 2차 충전전류 계산식

$$\text{2차 충전전류 } I = \frac{\text{축전지의 정격용량}}{\text{축전지의 방전율}} + \frac{\text{상시부하}}{\text{표준전압}}[\text{A}]$$

※ 연축전지의 방전율: 10[h]
  알칼리축전지의 방전율: 5[h]

6) 축전지 기능 점검 시 필요한 점검기구

① 절연저항계: 절연저항을 측정하는 기구이다.
② 전류전압측정계: 축전지설비의 전압과 전류를 측정하고 저항도 측정이 가능하다.
③ 비중계: 비중을 측정하는 기구이다.
④ 스포이트: 한 쪽 끝에 고무주머니가 달려있는 가느다란 유리관이다.

PHASE 30   자가발전설비

1) 정의
상용전원이 정전되었을 때 비상전원 또는 예비전원으로 전기를 공급하기 위해 설치하는 설비이다.

2) 자가발전기 용량 (P_G) 산정

$$P_G \geq \left(\frac{1}{e}-1\right) \times X_L \times P [\text{kVA}]$$

(단, e: 허용 전압강하[%], X_L: 과도리액턴스[Ω], P: 기동 용량[kVA])

3) 발전기용 차단기 (P_s) 정격용량

$$P_s \geq \frac{1}{X_L} \times P_G \times K [\text{kVA}]$$

(단, K: 여유계수)

PHASE 31   유도전동기

1) 동기속도 N_s
교류를 전원으로 하는 회전기에 있어 자계에 교류 전류를 인가할 때, 고정자에 생기는 회전 자계의 회전속도를 의미한다.

$$N_s = \frac{120f}{p} = \frac{N}{1-s}$$

(단, f: 주파수[Hz], p: 극수, N: 회전속도[rpm], s: 슬립)

2) 회전속도 N
회전자의 회전속도를 의미한다.

$$N = \frac{120f}{p}(1-s) = N_s(1-s)$$

(f: 주파수[Hz], p: 극수, N: 회전속도[rpm], s: 슬립)

3) 슬립 s
동기속도와 회전속도의 차를 동기속도로 나눈 값이다.

$$s = \frac{N_s - N}{N_s}$$

4) 유도전동기의 기동방법

① 직입기동법: 일반적인 기동방법으로 전동기에 정격전압을 가해 기동하는 방식이다.

② Y−△기동법: 기동 시 기동 전류를 줄이기 위해 Y결선으로 기동하고 정격속도에 가까워지면 △기동으로 교체운전하는 방식이다. 소방설비에 사용하는 전동기는 주로 Y−△기동법을 사용한다.

③ 리액터기동법: 리액터를 이용하여 기동 시 단자전압을 감소시키고 시간이 지난 후에는 리액터를 단락하여 기동하는 방법이다.

④ 기동보상기법: 3상 단권 변압기를 이용하여 기동전압을 낮추는 기동방법이다.

> **PLUS+ 기동 용량 기준**
> - 전전압기동법: 5[kW] 미만
> - Y−△기동법: 5[kW] 이상 15[kW] 미만
> - 리액터기동법: 15[kW] 이상
> - 기동보상기법: 15[kW] 이상

5) Y−△기동법

① 기동 시 1차 권선을 Y결선으로 기동하고 정격속도에 가까워질수록 △결선으로 운전하는 기동방법이다.

② Y결선으로 운전할 경우 △결선에 비해 기동 전류는 $\frac{1}{3}$배, 토크도 $\frac{1}{3}$배로 감소한다.

> **PLUS+ Y−△기동법**
> 소방설비에 사용하는 전동기는 대부분 Y−△기동법을 사용한다.
> Y−△기동법은 시퀀스 회로 문제로 자주 출제된다.

PHASE 32 역률 개선용 콘덴서 용량

1) 의미

계통 내 지상 무효전력에 의해 역률이 저하된다. 이 역률을 개선하기 위해 부하와 병렬로 콘덴서를 설치하여 진상 전류를 공급하여 역률을 개선한다.

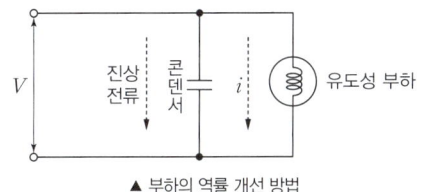

▲ 부하의 역률 개선 방법

2) 산정식

$$Q_c = P(\tan\theta_1 - \tan\theta_2) = P\left(\frac{\sin\theta_1}{\cos\theta_1} - \frac{\sin\theta_2}{\cos\theta_2}\right) = P\left(\frac{\sqrt{1-\cos^2\theta_1}}{\cos\theta_1} - \frac{\sqrt{1-\cos^2\theta_2}}{\cos\theta_2}\right)[\text{kVA}]$$

(단, P: 전동기 출력 전력[kW], $\cos\theta_1$: 개선 전 역률, $\cos\theta_2$: 개선 후 역률)

PHASE 33 전동기 용량

1) 양수용 전동기 용량(일반설비)

$$P = \frac{9.8QH}{\eta t}K[\text{kW}]$$

(Q: 양수량[m³], H: 전양정[m], K: 여유계수, η: 효율[%], t: 시간[s])

※ 분당 양수량으로 주어질 경우 $t = 60[\text{s}]$를 적용한다.
※ 간혹 유량의 단위가 [LPM]으로 주어지는 경우가 있다. [LPM]은 [L/min]으로 양수량 [L]단위를 [m³]으로 단위 변환하여 풀어야 한다. ($1[\text{L}] = 10^{-3}[\text{m}^3]$, $1{,}000[\text{L}] = 1[\text{m}^3]$)

2) 제연설비용 전동기 용량

$$P = \frac{P_T Q}{102\eta}K[\text{kW}]$$

(단, P_T: 전압(풍압)[mmAq], Q: 풍량[m³/s], K: 여유계수, η: 효율[%])

> **PLUS+** V결선 시 변압기 한 대의 용량
> $$P_v = \sqrt{3}P_1 \text{ (단, } P_v\text{: V결선 시 출력 용량[kVA], } P_1\text{: 변압기 한 대의 용량[kVA])}$$
> V결선 시 출력 용량(전동기 용량)을 이용하여 변압기 한 대의 용량을 구하는 문제가 자주 출제된다.

PHASE 34 감지기회로의 전류

1) 감시전류

감시전류는 감지기가 동작하지 않는 상태에서 평상시에 흐르는 전류를 의미한다. 오른쪽 그림의 회로와 같이 구성되어 있으며 배선(선로)저항, 종단저항, 릴레이저항을 모두 고려하여 저항값을 합산해야 한다.

감시전류 $I = \dfrac{V}{R} = \dfrac{\text{전압}}{\text{배선(선로)저항} + \text{종단저항} + \text{릴레이저항}}[\text{A}]$

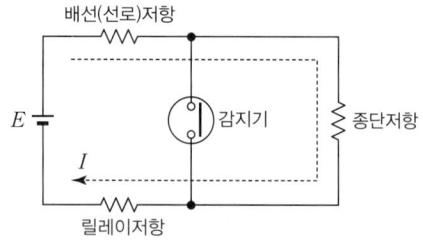

2) 동작전류

동작전류는 감지기가 동작하는 경우 전류는 더 이상 종단저항을 거치지 않고 감지기를 통해 흐르게 된다. 이 경우 감지기의 저항은 종단저항에 비해 매우 작다고 볼 수 있으므로 감지기의 저항은 특별히 고려하지 않아도 된다.

동작전류 $I = \dfrac{\text{전압}}{\text{배선(선로)저항} + \text{릴레이저항}}[\text{A}]$

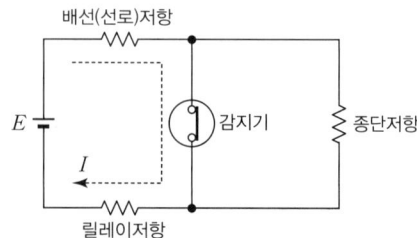

3) 단자전압

일반적으로 감지기회로에 사용되는 단자전압은 DC 24[V]를 적용한다.

PHASE 35 절연저항

1) 절연저항값에 따른 시험

① 절연저항 0.1[MΩ] 이상

절연저항계	절연저항	대상
직류 250[V]	0.1[MΩ] 이상	1경계구역의 절연저항

② 절연저항 5[MΩ] 이상

절연저항계	절연저항	대상
직류 500[V]	5[MΩ] 이상	• 누전경보기 • 가스누설경보기 • 수신기 • 자동화재속보설비 • 비상경보설비 • 유도등(교류입력 측과 외함 간 포함) • 비상조명등(교류입력 측과 외함 간 포함)

③ 절연저항 20[MΩ] 이상

절연저항계	절연저항	대상
직류 500[V]	20[MΩ] 이상	• 경종 • 발신기 • 중계기 • 비상콘센트 • 기기의 절연된 선로 간 • 기기의 충전부와 비충전부 간 • 기기의 교류입력 측과 외함 간(유도등, 비상조명등은 제외)

④ 절연저항 50[MΩ] 이상

절연저항계	절연저항	대상
직류 500[V]	50[MΩ] 이상	• 감지기(정온식 감지선형 감지기 제외) • 가스누설경보기 • 수신기

⑤ 절연저항 1,000[MΩ] 이상

절연저항계	절연저항	대상
직류 500[V]	1,000[MΩ] 이상	정온식 감지선형 감지기

PHASE 36 전압강하와 전선의 단면적

1) 단상 2선식에서 전압강하 공식
① 단상 2선식이란 한 개의 상을 2개의 전선으로 배전하는 방식이다.
② 전압강하 공식

$$e = 2IR[\text{V}]$$

(단, e: 전압강하[V], I: 전류[A], R: 저항[Ω])

> **PLUS+ 전압강하의 예**
> 다음 그림은 단상 2선식 회로에서의 전압강하이다. 각 점에서 전압강하는 다음과 같다.
>
>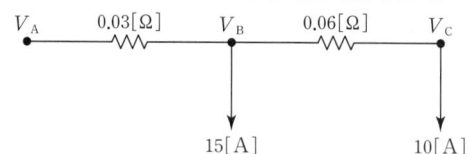
>
> - V_B와 V_C 사이의 전압강하 $e_{BC} = 2IR = 2 \times 10 \times 0.06 = 1.2[\text{V}]$
> - V_A와 V_B 사이의 전압강하 $e_{AB} = 2IR = 2 \times (15+10) \times 0.03 = 1.5[\text{V}]$

2) 전선의 단면적
① 전압강하가 주어지거나 계산하여 구할 수 있는 경우 전압강하를 고려하여 전선의 단면적을 산출할 수 있다.
② 전압강하 공식

구분	단상 2선식	3상 3선식	단상 3선식, 3상 4선식
전압강하	$e = \dfrac{35.6LI}{1{,}000A}$	$e = \dfrac{30.8LI}{1{,}000A}$	$e = \dfrac{17.8LI}{1{,}000A}$

※ A: 전선의 단면적[mm²], L: 전선의 길이[m], I: 전류[A], e: 전압강하[V]

③ 전압강하가 주어진 경우 전선의 단면적

구분	단상 2선식	3상 3선식	단상 3선식, 3상 4선식
전선의 단면적	$A = \dfrac{35.6LI}{1{,}000e}$	$A = \dfrac{30.8LI}{1{,}000e}$	$A = \dfrac{17.8LI}{1{,}000e}$

> **PLUS+ 전선의 단면적 산정 예**
> 220[V], 2.2[kW]인 단상 2선식 분전반으로부터 60[m] 떨어진 곳에 전기히터를 설치하려고 한다. 전압강하를 1[%] 이내로 하기 위한 배선이 단면적[mm²]은 다음과 같이 구할 수 있다.
> ① 전기히터에 흐르는 전류 $I = \dfrac{P}{V} = \dfrac{2.2 \times 10^3}{220} = 10[\text{A}]$
> ② 수신기 전원은 단상 2선식으로 공급되므로 전선 단면적 $A = \dfrac{35.6LI}{1{,}000e} = \dfrac{35.6 \times 60 \times 10}{1{,}000 \times 220 \times 0.01} = 9.71[\text{mm}^2]$

소방시설 시공

PHASE 37 도면

1) 도시기호

분류	명칭	도시기호	명칭	도시기호
경보설비기기류	기동누름버튼	Ⓔ	차동식 스포트형 감지기	
	이온화식 감지기 (스포트형)	S_I	보상식 스포트형 감지기	
	광전식 연기감지기 (아나로그)	S_A	정온식 스포트형 감지기	
	광전식 연기감지기 (스포트형)	S_P	연기감지기	S
	감지기간선 HIV1.2mm×4(22C)	—F ⫽⫽—	감지선	⊙
	감지기간선 HIV1.2mm×8(22C)	—F ⫽⫽ ⫽⫽—	공기관	———
	유도등간선 HIV2.0mm×3(22C)	—EX—	열전대	
	경보부저	BZ	열반도체	∞
	제어반	⊠	차동식 분포형 감지기의 검출기	⋈
	표시반		발신기셋트 단독형	PBL
	회로시험기	⊙	발신기셋트 옥내소화전 내장형	PBL
	화재경보벨	Ⓑ	경계구역번호	△
	시각경보기 (스트로브)		비상용누름버튼	Ⓕ
	수신기		비상전화기	ET
	부수신기		비상벨	Ⓑ
	중계기		싸이렌	⊲
	표시등	◐	모터싸이렌	Ⓜ

경보설비기기류	피난구유도등	⊗	전자싸이렌	Ⓢ
	통로유도등	→	조작장치	E P
	표시판	◁	증폭기	
	보조전원	T R		AMP

2) 배선기호

명칭	배선기호	명칭	배선기호
천장은폐배선	———————	바닥면노출배선	—··—··—··—
노출배선	·············	바닥은폐배선	— — — — —

PHASE 38 공사의 종류

1) 착공신고대상

특정소방대상물에 설치된 소방시설 등을 구성하는 전부 또는 일부를 개설, 이전 또는 정비하는 소방시설공사의 착공신고대상은 다음과 같다.

① 수신반
② 소화펌프
③ 동력(감시)제어반

2) 금속관 공사

금속관에 전선을 배선하는 공사로 건물 내부에 전선관을 노출 형태로 설치할 때 주로 사용된다. 금속관 1본의 길이는 3.66[m]이며, 금속관 간 지지점 거리는 2[m] 이하이어야 한다.

① 종류: 금속관 공사에는 조영재 표면에 금속관을 노출하여 부착하는 노출배관 공사, 콘크리트 속에 부설하는 매입배관 공사, 이중 천장 속에 배관하는 천장은폐 공사 등이 있으며, 금속관의 종류에는 후강전선관과 박강전선관이 있다. 후강전선관의 크기는 내경에 가까운 짝수로, 박강전선관의 크기는 외경에 가까운 홀수를 나타낸다.

② 시설조건
- 전선은 절연전선(옥외용 비닐절연전선을 제외)이어야 한다.
- 전선은 연선일 것. 다만, 다음의 것은 적용하지 않는다.
  - 짧고 가는 금속관에 넣은 것
  - 단면적 10[mm^2](알루미늄선은 16[mm^2]) 이하의 것
- 전선은 금속관 안에서 접속점이 없도록 할 것
- 관의 끝부분에는 전선의 피복을 손상하지 아니하도록 부싱을 사용할 것

③ 공사재료

명칭	그림	용도
커플링		금속관을 상호 접속하는 경우에 사용
로크너트		전선관과 박스 또는 고정물을 고정하는 데 사용
부싱		전선의 피복을 보호하여 전선이 손상되지 않게 하는 것으로 금속관 끝에 취부
새들		금속관을 조영재에 고정시키는 데 사용
링 리듀서		금속관을 아웃렛 박스 또는 노크 아웃에 취부할 때 로크너트만으로 고정하기 어려운 경우에 사용
노멀밴드		금속관을 직각으로 굽히는 곳에 사용하는 부품으로 주로 매입 배관 공사에서 사용
유니버설 엘보우		노멀밴드와 비슷한 용도로 금속관을 구부리거나 직각으로 굽히는 곳에 사용하는 부품으로 노출 배관 공사에서 주로 사용

3) 가요전선관 공사

① 굴곡이 심한 장소에 적합하게 구부러지기 쉽도록 된 전선관으로 굴곡장소가 많거나 전동기와 옥내배선을 연결할 경우, 조명기구의 인입선배관 등 비교적 짧은 거리에 적용되는 배선 공사방법이다.
② 공사 재료

명칭	부품	설명
콤비네이션 커플링		금속관과 가요전선관을 연결하는 부품
스트레이트 박스 커넥터		가요전선관과 박스를 연결하는 부품
스플릿 커플링		가요전선관과 가요전선관을 연결하는 부품

PHASE 39 배선

1) 사용전선

소방설비에 사용되는 전선 중 450/750[V] 저독성 난연 가교폴리올레핀 절연전선은 HFIX 전선이라고도 한다. 즉, HFIX 2.5(22)는 22[mm] 전선관에 2.5[mm²] 450/750[V] 저독성 난연 가교폴리올레핀 절연전선을 사용한다는 의미이다.

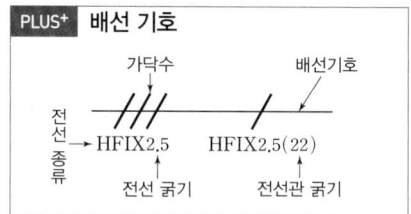

2) 내화배선

① 화염에 견딜 수 있어야 하며, 화염이 접촉하더라도 배선을 통한 본래의 역할 수행이 가능한 배선이다.
② 종류

사용전선의 종류	공사방법
① 450/750[V] 저독성 난연 가교 폴리올레핀 절연전선 ② 0.6/1[kV] 가교 폴리에틸렌 절연 저독성 난연 폴리올레핀 시스 전력 케이블 ③ 6/10[kV] 가교 폴리에틸렌 절연 저독성 난연 폴리올레핀 시스 전력용 케이블 ④ 가교 폴리에틸렌 절연 비닐시스 트레이용 난연 전력 케이블 ⑤ 0.6/1[kV] EP 고무절연 클로로프렌 시스 케이블 ⑥ 300/500[V] 내열성 실리콘 고무 절연전선(180[℃]) ⑦ 내열성 에틸렌-비닐 아세테이트 고무 절연 케이블 ⑧ 버스덕트(Bus Duct) ⑨ 기타 「전기용품 및 생활용품 안전관리법」 및 「전기설비기술기준」에 따라 동등 이상의 내화 성능이 있다고 주무부장관이 인정하는 것	금속관·2종 금속제 가요전선관 또는 합성수지관에 수납하여 내화구조로 된 벽 또는 바닥 등에 벽 또는 바닥의 표면으로부터 25[mm] 이상의 깊이로 매설해야 한다. 다만, 다음 기준에 적합하게 설치하는 경우에는 그렇지 않다. ① 배선을 내화 성능을 갖는 배선전용실 또는 배선용 샤프트·피트·덕트 등에 설치하는 경우 ② 배선전용실 또는 배선용 샤프트·피트·덕트 등에 다른 설비의 배선이 있는 경우에는 이로부터 15[cm] 이상 떨어지게 하거나 소화설비의 배선과 이웃하는 다른 설비의 배선 사이에 배선지름(배선의 지름이 다른 경우에는 가장 큰 것 기준)의 1.5배 이상의 높이의 불연성 격벽을 설치하는 경우
내화전선	케이블 공사의 방법에 따라 설치해야 한다.

3) 내열배선

① 열에 견딜 수 있어야 하며, 화염의 접촉은 없으나 고열에도 본래의 기능 수행이 가능한 배선이다.

② 종류

사용전선의 종류	공사방법
① 450/750[V] 저독성 난연 가교 폴리올레핀 절연전선 ② 0.6/1[kV] 가교 폴리에틸렌 절연 저독성 난연 폴리올레핀 시스 전력 케이블 ③ 6/10[kV] 가교 폴리에틸렌 절연 저독성 난연 폴리올레핀 시스 전력용 케이블 ④ 가교 폴리에틸렌 절연 비닐시스 트레이용 난연 전력 케이블 ⑤ 0.6/1[kV] EP 고무절연 클로로프렌 시스 케이블 ⑥ 300/500[V] 내열성 실리콘 고무 절연전선(180[℃]) ⑦ 내열성 에틸렌-비닐 아세테이트 고무 절연 케이블 ⑧ 버스덕트(Bus Duct) ⑨ 기타 「전기용품 및 생활용품 안전관리법」 및 「전기설비기술기준」에 따라 동등 이상의 내열 성능이 있다고 주무부장관이 인정하는 것	금속관·금속제 가요전선관·금속덕트 또는 케이블(불연성 덕트에 설치하는 경우에 한한다.) 공사방법에 따라야 한다. 다만, 다음 기준에 적합하게 설치하는 경우에는 그렇지 않다. ① 배선을 내화 성능을 갖는 배선전용실 또는 배선용 샤프트·피트·덕트 등에 설치하는 경우 ② 배선전용실 또는 배선용 샤프트·피트·덕트 등에 다른 설비의 배선이 있는 경우에는 이로부터 15[cm] 이상 떨어지게 하거나 소화설비의 배선과 이웃하는 다른 설비의 배선 사이에 배선지름(배선의 지름이 다른 경우에는 지름이 가장 큰 것 기준)의 1.5배 이상의 높이의 불연성 격벽을 설치하는 경우
내화전선	케이블 공사의 방법에 따라 설치해야 한다.

PLUS+ 소방용 배선과 다른 설비용 배선을 배선전용실 등에 설치하는 경우

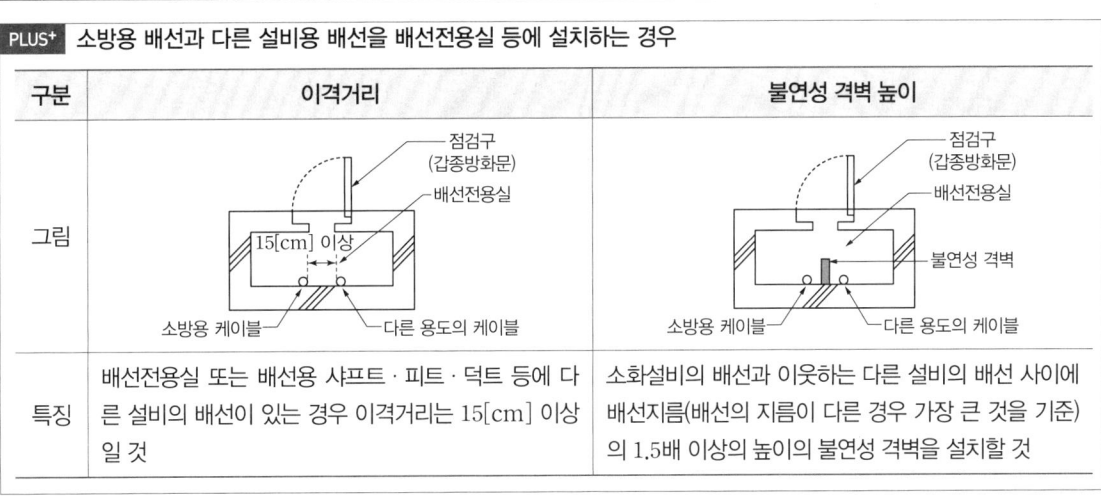

구분	이격거리	불연성 격벽 높이
특징	배선전용실 또는 배선용 샤프트·피트·덕트 등에 다른 설비의 배선이 있는 경우 이격거리는 15[cm] 이상일 것	소화설비의 배선과 이웃하는 다른 설비의 배선 사이에 배선지름(배선의 지름이 다른 경우 가장 큰 것을 기준)의 1.5배 이상의 높이의 불연성 격벽을 설치할 것

4) 소화설비의 배선

① 스프링클러설비

① 전원회로의 배선(전원 - 제어반 - 전동기)은 내화배선으로 한다.
② 만약, 감지기회로가 있는 경우 일반회로로 배선한다.
③ 그 외 나머지는 내열배선으로 한다.
※ 헤드는 전선관을 이용하여 배관한다.

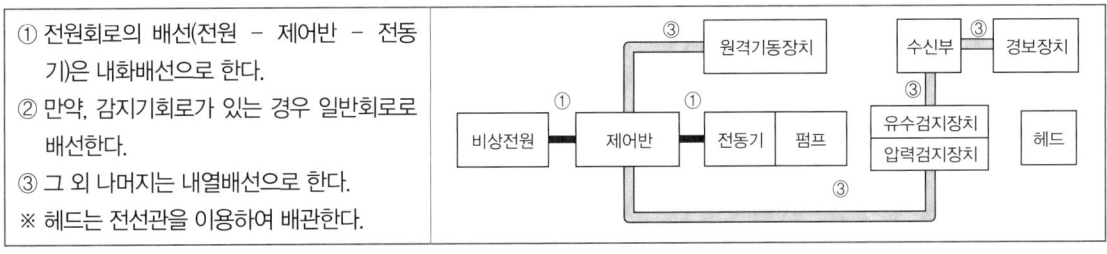

② 옥내소화전설비

① 전원회로의 배선(전원 - 제어반 - 전동기)은 내화배선으로 한다.
② 만약, 감지기회로가 있는 경우 일반회로로 배선한다.
③ 그 외 나머지는 내열배선으로 한다.
※ 펌프와 소화전함은 전선관을 이용하여 배관한다.

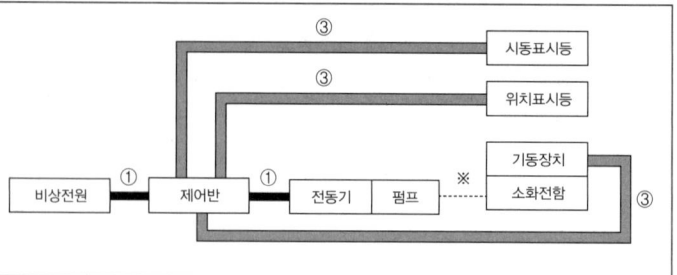

③ 분말소화설비

① 전원회로의 배선은 내화배선으로 한다.
② 만약, 감지기회로가 있는 경우 일반회로로 배선한다.
③ 그 외 배선은 내열배선으로 한다.
※ 저장용기와 헤드는 전선관을 이용하여 배관한다.

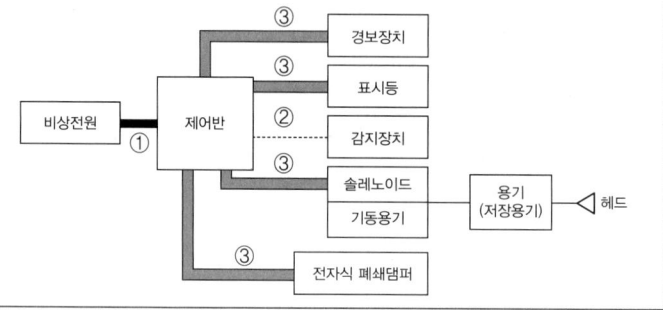

CHAPTER 07 제어 회로

PHASE 40 시퀀스 회로

1) 접점

릴레이나 전자접촉기에서 코일에 전류를 공급하여 접점을 붙여 회로를 열거나 닫는 역할을 수행한다. 일반적으로 a접점, b접점이 있으며 다음과 같은 특징이 있다.
- a접점: 평상시 접점이 연결되어 있지 않으며, 코일에 전류를 공급하면 접점이 연결된다.
- b접점: 평상시 접점이 연결되어 있으며, 코일에 전류를 공급하면 접점이 떨어진다.

항목	의미	접점 기호			
		a접점		b접점	
		횡서(가로)	종서(세로)	횡서(가로)	종서(세로)
수동 조작 접점	수동으로 ON, OFF를 조작하는 접점 스위치				
수동 조작 자동복귀 접점 (푸시버튼 스위치)	스위치를 누르고 있는 동안에만 ON, OFF 상태를 유지하고 손을떼면 복구되는 접점				
계전기 접점 (릴레이 접점)	릴레이 등 코일에 설정된 전류값이 흐르면 순간적으로 동작하는 접점				
기계적 접점	기계적 운동 부분과 접촉하여 조작되는 접점				
한시동작 접점 (타이머)	전원 인가 후 설정된 시간 이후 동작하는 접점				

한시복귀 접점(타이머)	전원 차단 후 일정 시간 이후 복구되는 접점				
수동복귀 접점	스위치를 한번 동작시키면 다시 조작하기 전까지는 그대로 유지되고 재조작을 하여야만 복구되는 접점				

2) 시퀀스 회로

① 자기유지회로

왼쪽 그림의 회로는 PB1 스위치를 눌렀을 경우 릴레이 R이 작동하지만 스위치를 뗐을 경우 전원이 끊겨 릴레이 R이 소자된다. 이 회로를 오른쪽 그림과 같이 R−a 접점을 PB1의 병렬로 연결하면 푸시버튼스위치를 떼더라도 R−a접점이 닫히면서 전원이 유지가 되어 릴레이 R이 계속 동작하게 된다. 이러한 회로를 자기유지회로라고 한다.

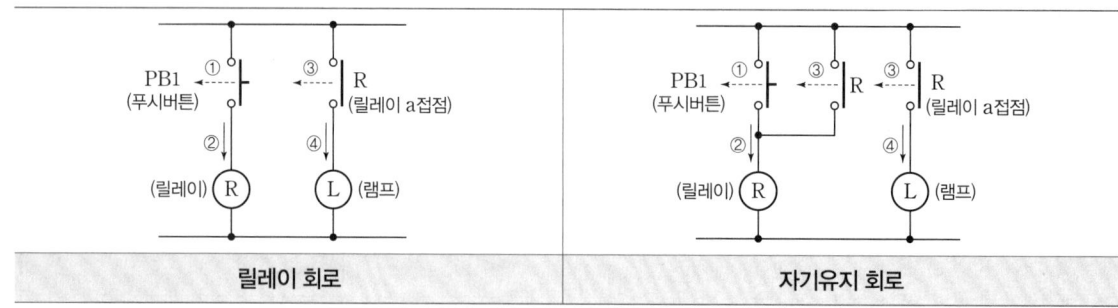

| 릴레이 회로 | 자기유지 회로 |

② 유도전동기 기동, 정지 회로

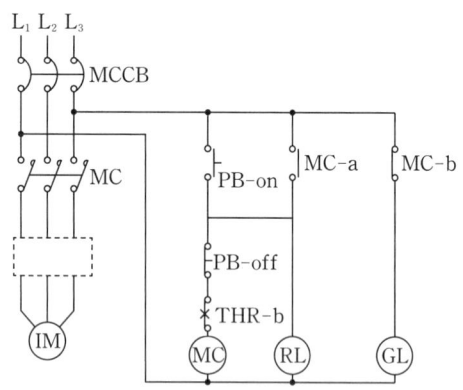

[동작 설명]
- 전원을 투입하면 표시램프 GL이 점등된다.
- 전동기 기동용 푸시버튼스위치를 누르면 전자접촉기 MC가 여자되고, MC−a접점에 의해 자기유지되며 RL이 점등된다. 동시에 전동기가 기동되고, GL등이 소등된다.
- 전동기가 정상운전 중 정지용 푸시버튼스위치를 누르거나 열동계전기(THR)가 작동되면 전동기는 정지하고 최초의 상태로 복귀한다.

③ 유도전동기의 Y-△ 기동

유도전동기 기동 시 Y결선으로 운전을 하고 정격속도에 도달할 즈음 △결선으로 운전을 하는 방법이다. Y 기동 시 △ 기동에 비해 기동전류가 $\frac{1}{3}$배로 줄어드는 특성이 있다.

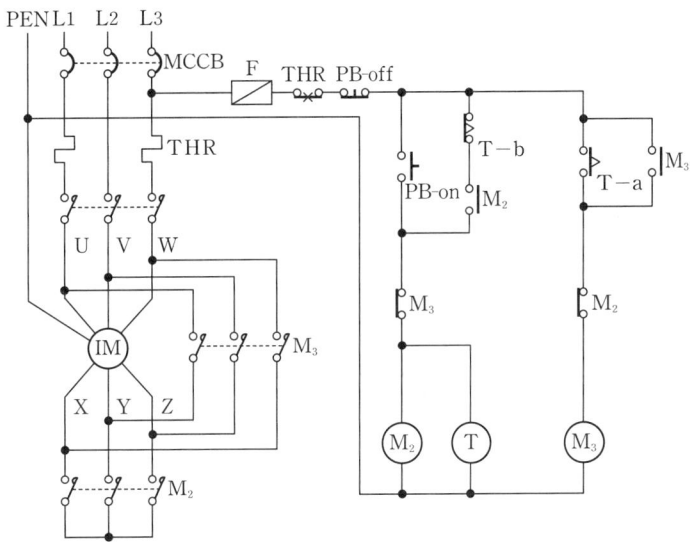

[동작 설명]
- PB-on을 누르면 릴레이 M_2와 타이머 T가 동작한다. 이때 릴레이 M_2는 M_2-a접점에 의해 자기유지가 된다. 릴레이 M_2가 동작함에 따라 전동기는 Y기동을 시작한다.
- 타이머 설정시간이 지난 뒤 T-a접점이 닫히면서 M_3이 여자된다. 이때 릴레이 M_3은 M_3-a접점에 의해 자기유지가 되며, T-b접점이 열리면서 릴레이 M_2는 동작하지 않는다. 즉 Y기동을 멈추고 △기동으로 전환된다.
- PB-off를 누르면 모든 동작이 정지되고 초기상태가 된다.

④ 인터록 회로
- 인터록 회로란 두 가지 이상의 릴레이가 동시에 동작하지 않게 하기 위한 회로이다.
- 그림에서 릴레이 R_1과 릴레이 R_2가 서로 인터록 관계에 있다.

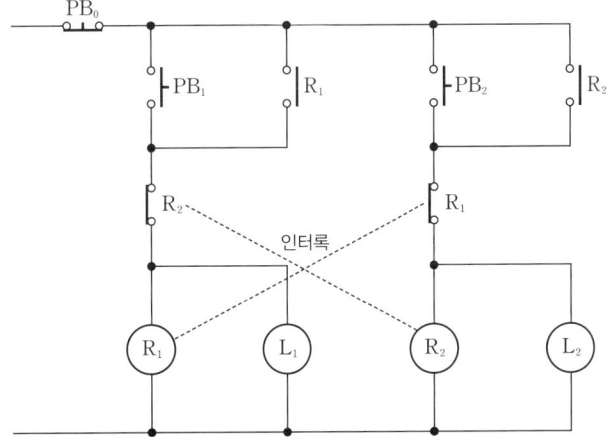

[동작 설명]

- 푸시버튼스위치 PB_1을 누르면 릴레이 R_1이 여자되며 R_1-a접점에 의해 릴레이 R_1은 자기유지가 된다. 이때 L_1이 점등된다.
- 푸시버튼스위치 PB_1이 눌러져 있는 상태에서 PB_2를 누르더라도 R_1-b접점에 의해 릴레이 R_2는 동작하지 않게 된다. 이때 L_2는 소등상태이다.
- 푸시버튼스위치 PB_0을 떼면 릴레이 R_1이 동작을 하게 되고 접점은 초기화가 된다.
- 푸시버튼스위치 PB_2를 누르면 릴레이 R_2가 여자되며 R_2-a접점에 의해 릴레이 R_2는 자기유지가 된다. 이때 L_2이 점등된다.
- 푸시버튼스위치 PB_2가 눌러져 있는 상태에서 PB_1을 누르더라도 $R2-b$접점에 의해 릴레이 R_1은 동작하지 않게 된다. 이때 L_1은 소등상태이다.

④ 교대운전(타이머)

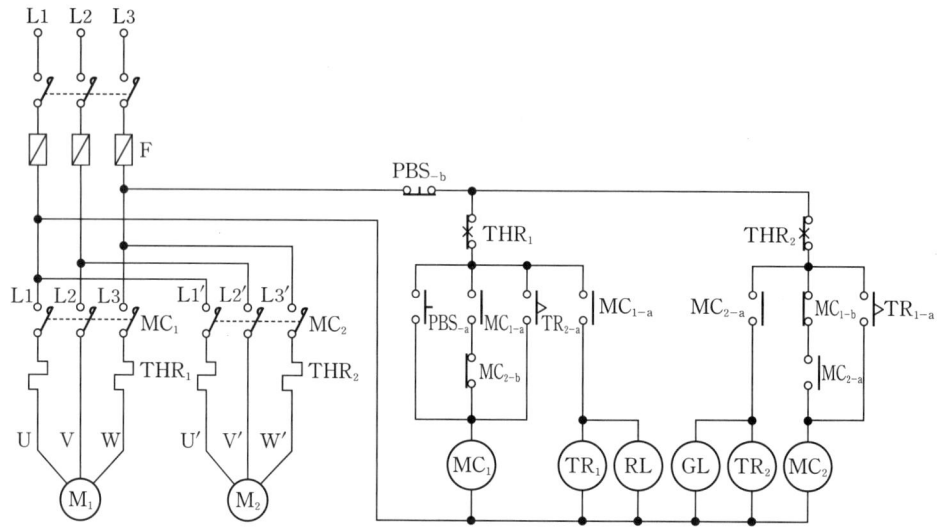

[동작 설명]

- 푸시버튼스위치 PBS_{-a}를 누르면 MC_1 릴레이가 여자된다. MC_{1-a}접점에 의해 자기여자가 되며 타이머 릴레이 TR_1이 동작하게 된다. 이때 RL(적색 램프)가 점등된다.
- TR_1의 설정시간이 지난 후 한시동작 타이머 TR_{1-a}접점이 닫히게 되고 MC_2 릴레이가 여자된다. MC_{2-a}접점에 의해 자기여자가 되며 타이머 릴레이 TR_2가 동작하고 GL(녹색 램프)가 점등된다. 이때 MC_{2-b}접점이 열리므로 MC_1 릴레이는 소자되고 MC_{1-a}접점이 열리면서 타이머 릴레이 TR_1은 소자, RL은 소등된다.
- TR_2의 설정시간이 지난후 한시동작 타이머 TR_{2-a}접점이 닫히게 되고 MC_1 릴레이가 여자된다. 즉, 이 과정이 반복 수행되며 타이머 릴레이 TR_1과 TR_2의 설정시간에 맞춰 교대로 반복된다.

PHASE 41 논리회로

1) 논리 게이트
① 1개 이상의 입력 단자와 1개의 출력 단자로 구성된 전자 회로를 말한다.
② 입력신호는 '0'과 '1'로 구분되며 0은 신호가 없음을, 1은 신호가 존재함을 의미한다.

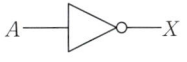
▲ 논리 게이트의 예

2) 논리회로

명칭	특징	논리식	논리회로	진리표
AND 게이트	입력이 모두 1인 경우에 출력이 1이 된다.	$X = A \cdot B$		A B X 0 0 0 0 1 0 1 0 0 1 1 1
OR 게이트	입력에 1이 하나라도 있을 경우에 출력이 1이 된다.	$X = A + B$		A B X 0 0 0 0 1 1 1 0 1 1 1 1
NOT 회로	입력값을 반전한다.	$X = \overline{A}$		A X 0 1 1 0
NAND 회로	입력에 0이 하나라도 있을 경우 출력이 1이 된다.	$X = \overline{A \cdot B}$		A B X 0 0 1 0 1 1 1 0 1 1 1 0
NOR 회로	입력에 1이 하나라도 있을 경우 출력이 0이 된다.	$X = \overline{A + B}$		A B X 0 0 1 0 1 0 1 0 0 1 1 0
XOR 회로	입력이 1과 0인 경우에만 출력이 1이 된다.	$X = A \oplus B$ $X = \overline{A} \cdot B + A \cdot \overline{B}$		A B X 0 0 0 0 1 1 1 0 1 1 1 0

3) 논리연산의 성질

정리	논리합	논리곱
항등 법칙	$0+A=A$, $1+A=1$	$0 \times A=0$, $1 \times A=A$
동일 법칙	$A+A=A$	$A \cdot A=A$
보수 법칙	$A+\overline{A}=1$	$A \cdot \overline{A}=0$
복원 법칙	$\overline{\overline{A}}=A$	—
교환 법칙	$A+B=B+A$	$A \cdot B=B \cdot A$
결합 법칙	$A+(B+C)=(A+B)+C$	$A \cdot (B \cdot C)=(A \cdot B) \cdot C$
분배 법칙	$A \cdot (B+C)=A \cdot B+A \cdot C$	$A+B \cdot C=(A+B) \cdot (A+C)$
흡수 법칙	$\cdot\ A+\overline{A} \cdot B=A+B$ $\cdot\ A+\overline{A} \cdot \overline{B}=A+\overline{B}$ $\cdot\ \overline{A}+A \cdot B=\overline{A}+B$	—

4) 드 모르간의 법칙

복잡한 논리연산식을 간단하게 정리할 때 유용한 법칙으로 다음과 같은 특징이 있다.

① $\overline{A \cdot B}=\overline{A}+\overline{B}$
② $\overline{(A+B)}=\overline{A} \cdot \overline{B}$

5) 시퀀스 회로로 나타낸 논리식

명칭	논리식	시퀀스회로	진리표
AND 게이트	$X=A \cdot B$		A B X 0 0 0 0 1 0 1 0 0 1 1 1
OR 게이트	$X=A+B$		A B X 0 0 0 0 1 1 1 0 1 1 1 1
NOT 회로	$X=\overline{A}$		A X 0 1 1 0

회로	논리식	회로도	진리표
NAND 회로	$X=\overline{A \cdot B}$		A B X 0 0 1 0 1 1 1 0 1 1 1 0
NOR 회로	$X=\overline{A+B}$		A B X 0 0 1 0 1 0 1 0 0 1 1 0
XOR 회로	$X=A \oplus B$ $X=\overline{A} \cdot B + A \cdot \overline{B}$		A B X 0 0 0 0 1 1 1 0 1 1 1 0

CHAPTER 08 소방전기설비의 설계시공

PHASE 42 자동화재탐지설비 도면

1) 발신기의 기본 결선도

발신기에는 응답표시등, 푸시버튼스위치가 내장되어 있다.

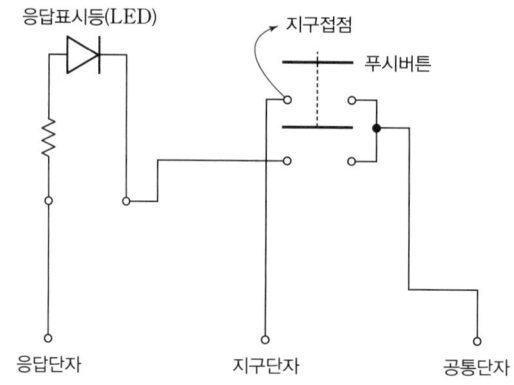

PLUS+ 발신기의 구성요소

응답표시(LED): 푸시버튼스위치 동작 시 발신기의 신호가 수신기에 전달되었는지 확인하는 램프이다.
푸시버튼스위치: 수동조작에 의해 화재신호를 수신기에 보내기 위한 스위치이다.

2) 발신기와 수신기 간 기본 결선도

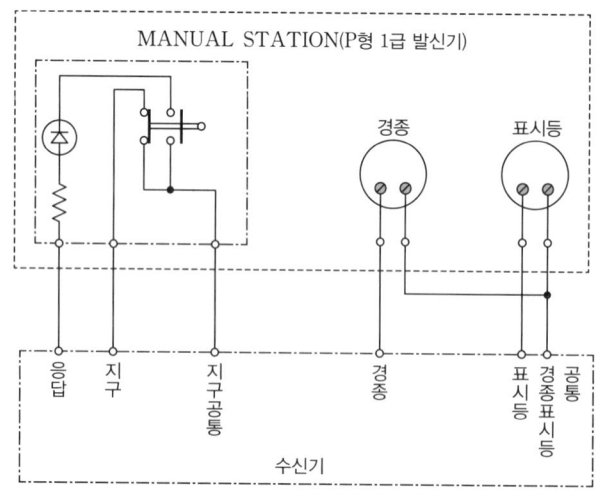

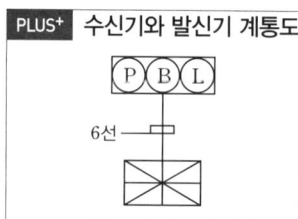

PLUS+ 수신기와 발신기 계통도

① 발신기와 수신기 간 가닥수는 총 6가닥으로 지구, 지구공통, 응답, 경종, 표시등, 경종표시등공통이 한 가닥씩 배선된다.

② 지구선이 매 7가닥을 초과할 때마다 지구공통선이 1가닥씩 추가된다. 만약 지구선이 8가닥이면 지구공통선은 2가닥이 된다.
③ 전선 가닥수 산정 시 수신기를 기준으로 가장 멀리 있는 발신기의 가닥수부터 산정한다.

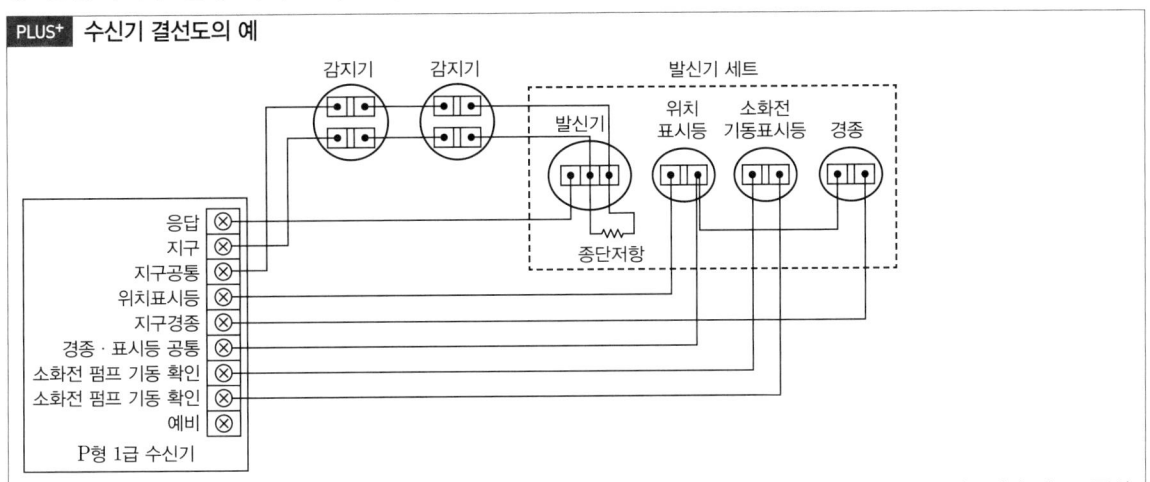

PLUS+ 수신기 결선도의 예

① 수신기의 응답, 지구, 지구공통 단자에는 감지기와 발신기를 연결한다. 이때 종단저항을 연결하는 선은 지구선과 지구공통선이다.
② 위치표시등 단자와 경종 단자에는 위치표시등과 경종을 연결한다. 이때 신호선으로 경종·표시등 공통선을 함께 결선한다.
③ 소화전 기동표시등이 있는 경우 소화전 펌프 기동 확인 단자에 결선한다.

3) 가닥수 산정(우선경보방식)

① 경보방식이 우선경보방식인 경우 경종선은 층마다 증가한다.

구분	지구	지구공통	응답	경종	표시등	경종표시등공통
가닥수의 변동사항	발신기의 수 또는 경계구역 수와 동일한 가닥수	지구선 매 7가닥 초과 시 1가닥씩 추가	1가닥 고정	• 지상층: 층별로 1가닥씩 추가 • 지하층: 1가닥 고정	1가닥 고정	1가닥 고정

② 지상 5층 건물에 수신기가 1층에 있는 경우에 가닥수 산정

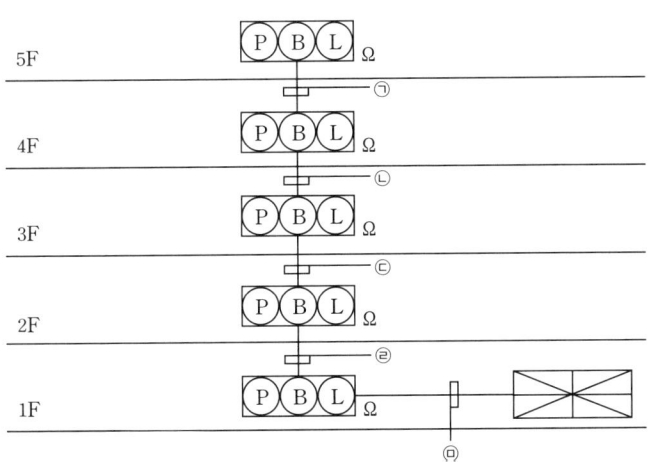

PLUS+ 우선경보방식 적용대상

층수가 11층(공동주택의 경우에는 16층) 이상인 경우 자동화재탐지설비의 음향기기는 우선경보방식을 적용한다.

※ 지상 5층 건물은 원칙적으로 우선경보방식 적용대상이 아니지만 여기서는 편의상 우선경보방식 적용대상으로 가정한다.

기호	가닥수	배선의 용도
㉠	6	지구 1, 지구공통 1, 응답 1, 경종 1, 표시등 1, 경종표시등공통 1
㉡	8	지구 2, 지구공통 1, 응답 1, 경종 2, 표시등 1, 경종표시등공통 1
㉢	10	지구 3, 지구공통 1, 응답 1, 경종 3, 표시등 1, 경종표시등공통 1
㉣	12	지구 4, 지구공통 1, 응답 1, 경종 4, 표시등 1, 경종표시등공통 1
㉤	14	지구 5, 지구공통 1, 응답 1, 경종 5, 표시등 1, 경종표시등공통 1

※특별한 언급이 없는 한 응답선, 표시등선, 경종표시등공통선은 1가닥으로 고정한다.

③ 실제 결선도

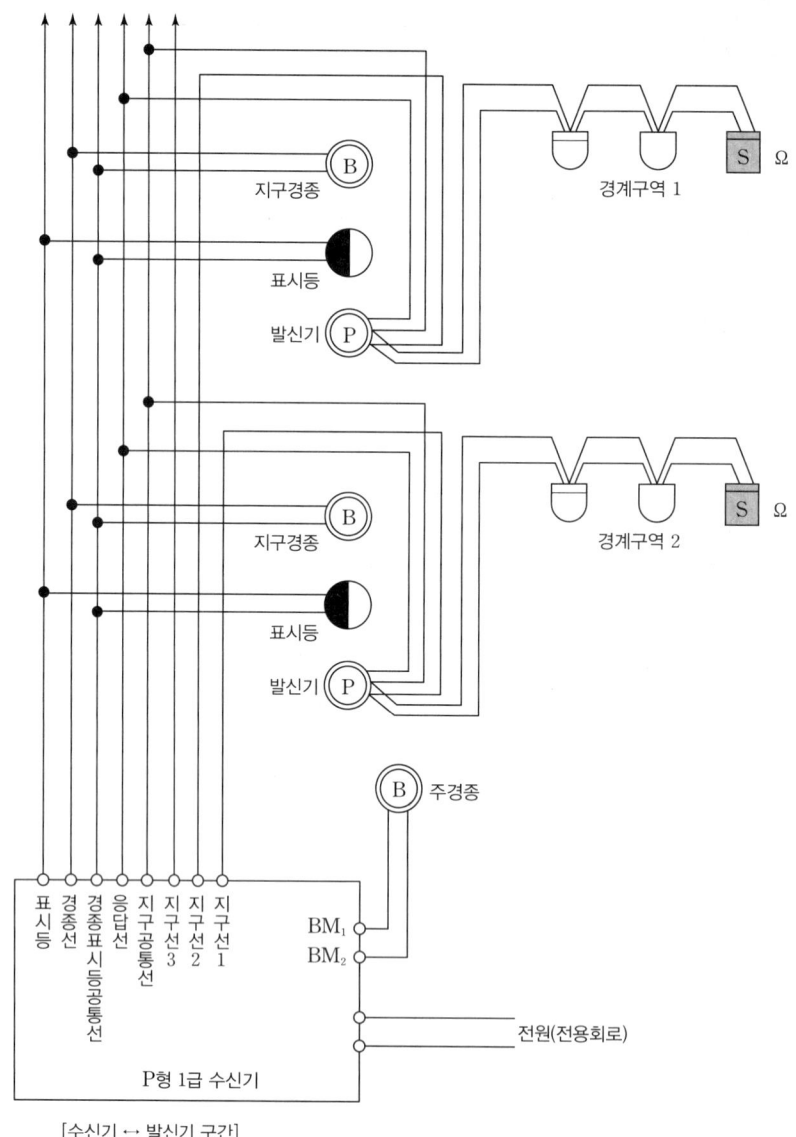

[수신기 ↔ 발신기 구간]

4) 가닥수 산정(일제경보방식)

① 경보방식이 일제경보방식인 경우 경종선은 1가닥으로 고정된다.

구분	지구	지구공통	응답	경종	표시등	경종표시등공통
가닥수의 변동사항	발신기의 수 또는 경계구역의 수와 동일한 가닥수	지구회로선 매 7가닥 초과 시 1가닥씩 추가	1가닥 고정	1가닥 고정	1가닥 고정	1가닥 고정

② 지상 5층 건물에 수신기가 1층에 있는 경우에 가닥수 산정

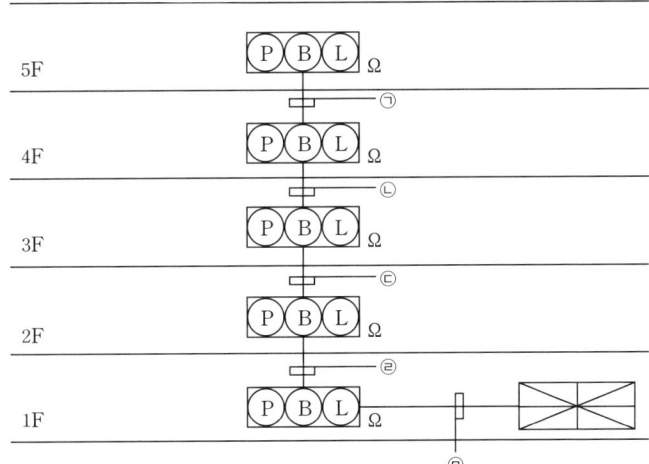

기호	가닥수	배선의 용도
㉠	6	지구 1, 지구공통 1, 응답 1, 경종 1, 표시등 1, 경종표시등공통 1
㉡	7	지구 2, 지구공통 1, 응답 1, 경종 1, 표시등 1, 경종표시등공통 1
㉢	8	지구 3, 지구공통 1, 응답 1, 경종 1, 표시등 1, 경종표시등공통 1
㉣	9	지구 4, 지구공통 1, 응답 1, 경종 1, 표시등 1, 경종표시등공통 1
㉤	10	지구 5, 지구공통 1, 응답 1, 경종 1, 표시등 1, 경종표시등공통 1

※ 특별한 언급이 없는 한 응답선, 표시등선, 경종표시등공통선은 1가닥으로 고정한다.

③ 실제 결선도

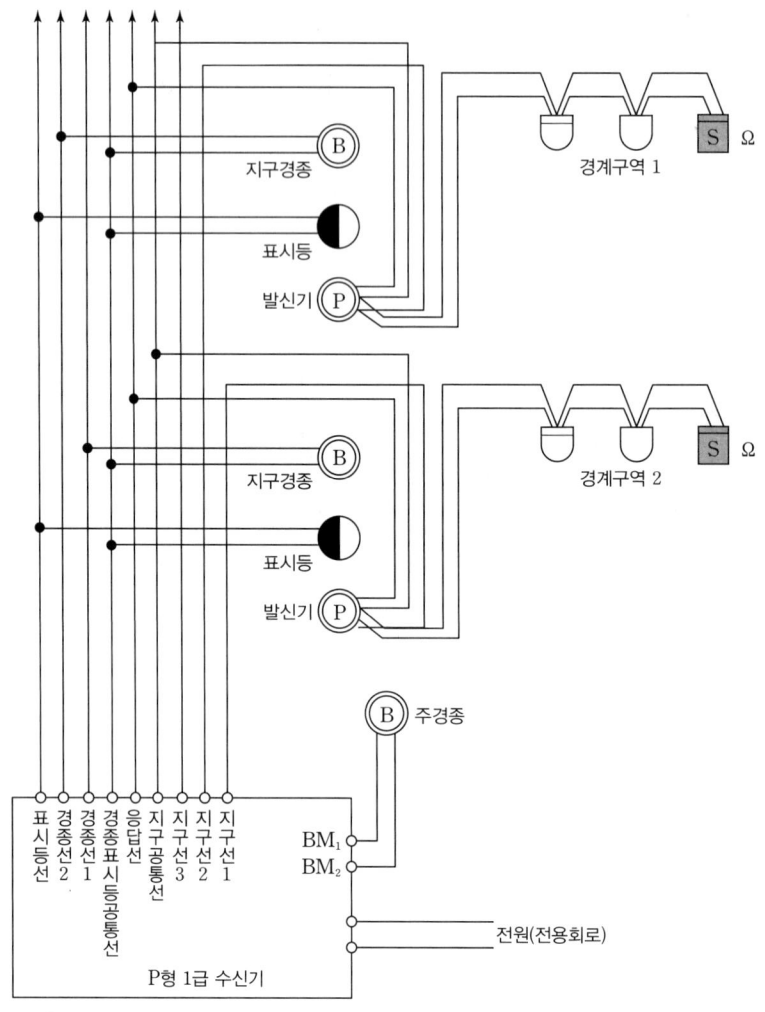

5) 감지기 배선

① **송배선 방식**: 감지기 회로의 도통시험을 용이하게 하기 위해 배선하는 방식으로 배선 도중에 분기하지 않는 방식이다. 주로 자동화재탐지설비와 제연설비의 감지기를 결선할 때 사용한다.

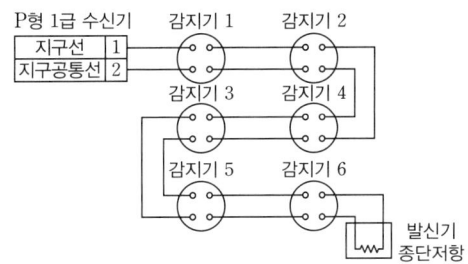

송배선식 가닥수	
• 감지기 회로가 루프를 이루는 곳(①)은 모두 2가닥이다. • 감지기 회로가 루프를 이루지 않는 기타의 곳(②)은 모두 4가닥이다.	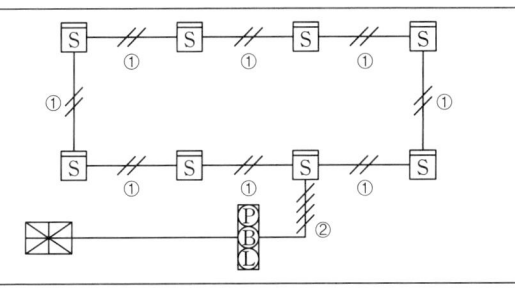

② **교차회로방식**: 소화설비의 오동작 방지를 위해 하나의 담당구역 내에 2개 이상의 감지기를 설치하고 이 감지기가 동시에 동작할 때 화재신호를 발하는 방식이다. 자동화재탐지설비와 제연설비를 제외한 나머지 소화설비에서 적용하는 방식이다.

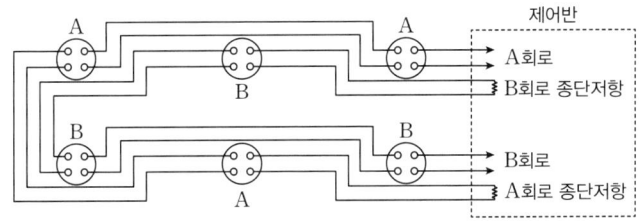

교차회로방식 가닥수	
• 감지기회로가 루프(①)를 이루거나 말단은 모두 4가닥이다. • 기타의 곳(②)은 모두 8가닥이다.	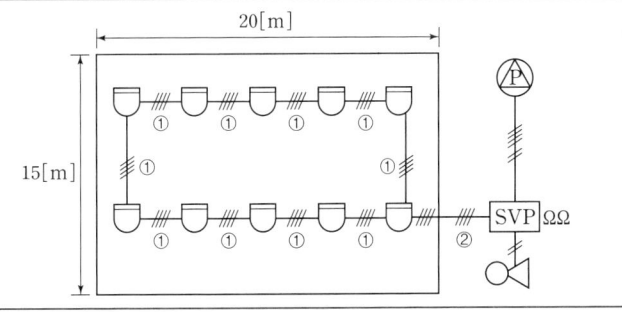

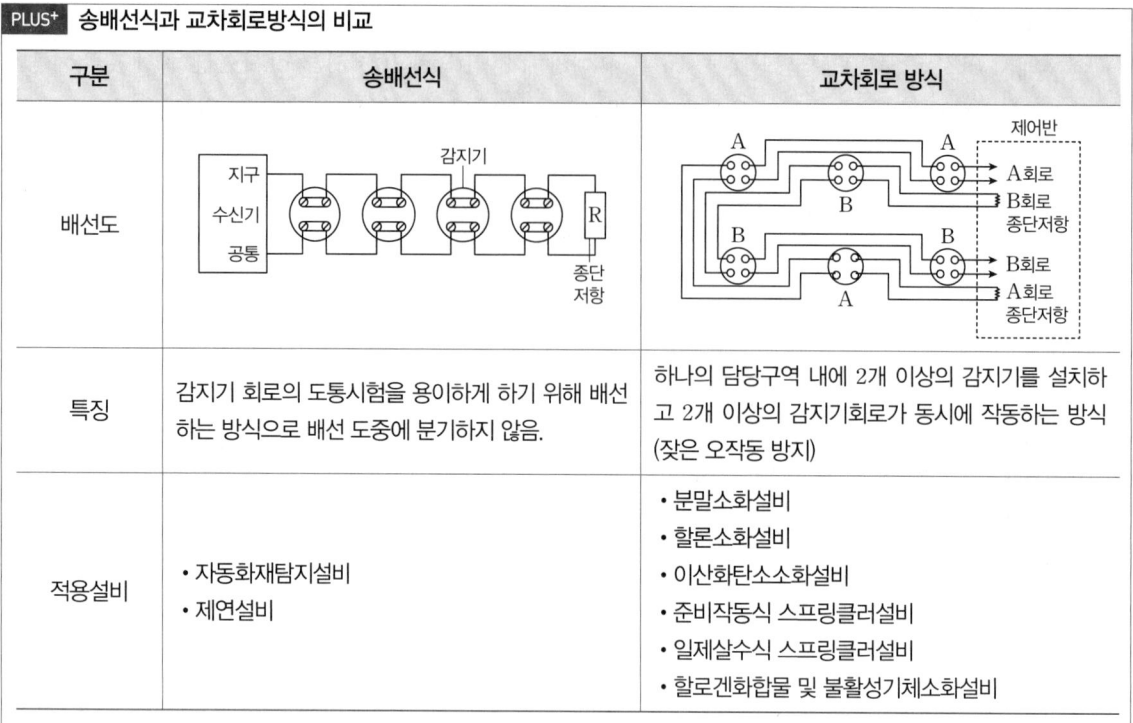

구분	송배선식	교차회로 방식
배선도		
특징	감지기 회로의 도통시험을 용이하게 하기 위해 배선하는 방식으로 배선 도중에 분기하지 않음.	하나의 담당구역 내에 2개 이상의 감지기를 설치하고 2개 이상의 감지기회로가 동시에 작동하는 방식 (잦은 오작동 방지)
적용설비	• 자동화재탐지설비 • 제연설비	• 분말소화설비 • 할론소화설비 • 이산화탄소소화설비 • 준비작동식 스프링클러설비 • 일제살수식 스프링클러설비 • 할로겐화합물 및 불활성기체소화설비

6) 기본도면

다음의 건물 규모는 지상 6층, 지하 2층의 도면이라고 할 때 전선수(가닥수)를 구하면 다음과 같다.

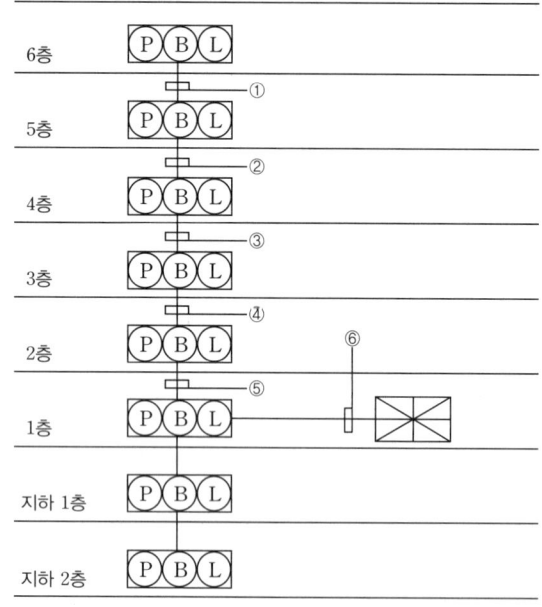

PLUS⁺ 지구선 산정

지구회로 가닥수를 산정하기 위해 경계구역수(또는 종단저항 수)를 반드시 알아야 한다. 발신기세트에 종단저항 표시가 없을 경우 종단저항은 1개로 간주한다.

- 층수가 11층(공동주택의 경우에는 16층) 이상인 특정소방대상물의 경보방식은 우선경보방식을 적용하며 그 이외의 경우 일제경보방식을 적용한다. 이 건물은 지상 6층이므로 일제경보방식을 적용한다.
- 수신기는 1층에 있고 가장 멀리 있는 경계구역(6층)의 발신기에 필요한 배선을 기본 6가닥 기준으로 하고 경계구역수에 따라 지구선 수가 변한다.

번호	가닥수	배선의 용도
①	6	지구 1, 지구공통 1, 응답 1, 경종 1, 표시등 1, 경종표시등공통 1
②	7	지구 2, 지구공통 1, 응답 1, 경종 1, 표시등 1, 경종표시등공통 1
③	8	지구 3, 지구공통 1, 응답 1, 경종 1, 표시등 1, 경종표시등공통 1
④	9	지구 4, 지구공통 1, 응답 1, 경종 1, 표시등 1, 경종표시등공통 1
⑤	10	지구 5, 지구공통 1, 응답 1, 경종 1, 표시등 1, 경종표시등공통 1

⑥의 경우 발신기세트가 8개 있으므로 경계구역은 총 8개로 볼 수 있다. 따라서 지구선은 8가닥이 된다. 지구회로선이 매 7가닥을 초과할 때마다 지구공통선은 1가닥이 증가하므로 지구공통선은 2가닥이 된다.

번호	가닥수	배선의 용도
⑥	14	지구 8, 지구공통 2, 응답 1, 경종 1, 표시등 1, 경종표시등공통 1

7) 복합도면 1

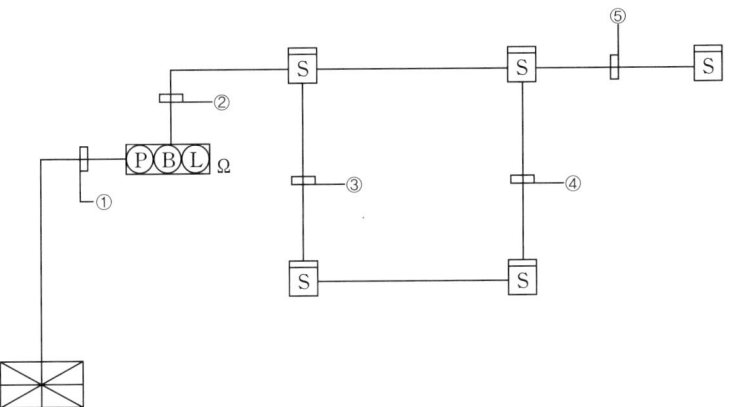

번호	가닥수	배선의 용도
①	6	지구 1, 지구공통 1, 응답 1, 경종 1, 표시등 1, 경종표시등공통 1
②	4	지구 2, 지구공통 2
③	2	지구 1, 지구공통 1
④	2	지구 1, 지구공통 1
⑤	4	지구 2, 지구공통 2

• P형 수신기와 발신기 사이의 가닥수(①)로 기본 6가닥(지구 1, 지구공통 1, 응답 1, 경종 1, 표시등 1, 경종표시등공통 1)으로 구성되어 있다.
• 자동화재탐지설비의 감지기는 송배선식으로 배선한다. 송배선식의 루프(③, ④)는 2가닥, 그 외 나머지는(②, ⑤) 4가닥으로 배선한다.

8) 복합도면 2

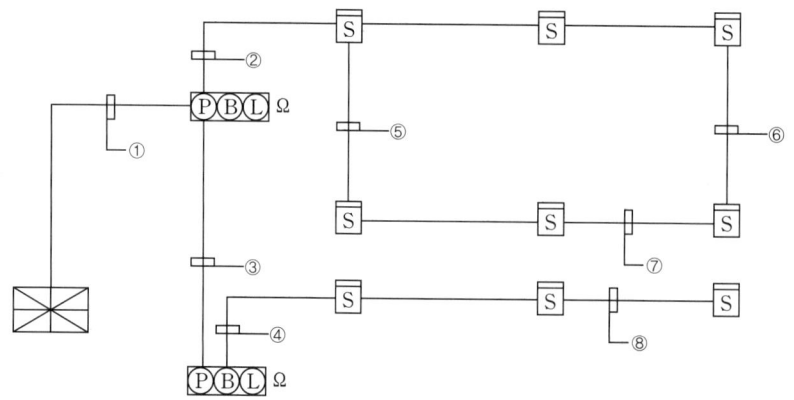

> **PLUS⁺**
> 도면에 종단저항이 특별이 표기
> 되지 않은 경우
> 발신기 수＝종단저항 수＝경계
> 구역수로 볼 수 있다.

[수신기 ↔ 발신기]

①: 수신기에서 발신기 2개를 통과하는 것으로 기본 6가닥에 지구회로 1가닥을 추가한다(지구 2, 지구 공통 1, 응답 1, 경종 1, 표시등 1, 경종표시등공통 1).

③: 수신기에서 가장 멀리 있는 발신기까지의 가닥수로 기본 6가닥을 적용한다(지구 1, 지구공통 1, 응답 1, 경종 1, 표시등 1, 경종표시등공통 1).

번호	가닥수	배선의 용도
①	7	지구 2, 지구공통 1, 응답 1, 경종 1, 표시등 1, 경종표시등공통 1
③	6	지구 1, 지구공통 1, 응답 1, 경종 1, 표시등 1, 경종표시등공통 1

[감지기]

자동화재탐지설비의 감지기는 송배선식으로 배선한다. 송배선식의 루프(⑤, ⑥, ⑦)는 2가닥, 그 외 나머지(②, ④, ⑧)는 4가닥이 된다.

번호	가닥수	배선의 용도
②	4	지구 2, 지구공통 2
④	4	지구 2, 지구공통 2
⑤	2	지구 1, 지구공통 1
⑥	2	지구 1, 지구공통 1
⑦	2	지구 1, 지구공통 1
⑧	4	지구 2, 지구공통 2

> **PLUS⁺** 같은 용어
> • 지구선 ＝ 회로선 ＝ 신호선 ＝ 지구회로선
> • 지구공통선 ＝ 회로공통선 ＝ 신호공통선 ＝ 지구회로공통선

PHASE 43 옥내 및 옥외소화전설비 도면

1) 소화전 기동방식의 구분

① 기동용 수압 개폐방식(자동기동방식): 평상시 펌프와 방수구 간의 배관에 가압수를 채워 놓는다. 방수구가 개방되면 배관 내 압력이 감소하여 압력챔버의 PS(압력스위치)가 감지하여 펌프를 기동시키는 방식이다.

② ON−OFF식(수동기동방식): 기동 시에는 ON, 정지 시에는 OFF 스위치를 눌러 수동기동하는 방식이다.

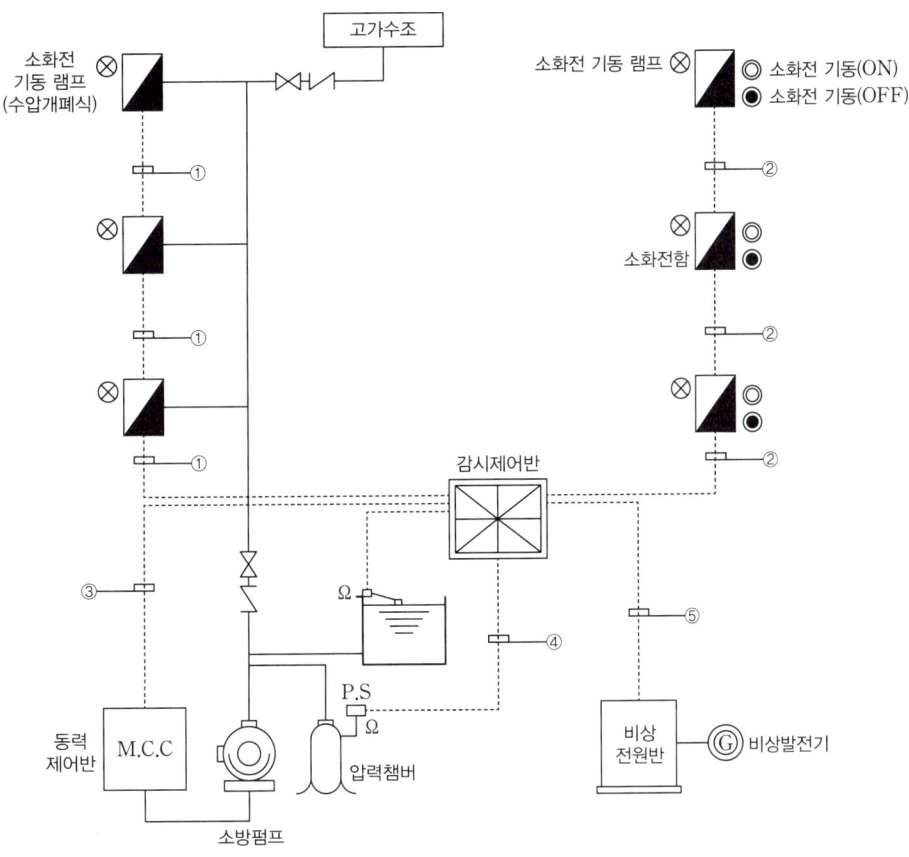

2) 가닥수 산정

번호	구분	가닥수	배선의 용도
①	소화전함 ↔ 제어반	2	기동확인표시등 2
②	소화전함 ↔ 제어반	5	기동 1, 정지 1, 공통 1, 기동확인표시등 2
③	MCC ↔ 제어반	5	기동 1, 정지 1, 공통 1, 기동확인표시등 1, 정지표시등 1
④	압력탱크 ↔ 제어반	2	압력스위치 2
⑤	비상전원 ↔ 제어반	6	비상전원감시표시등 2, 상용전원감시표시등 2, 비상발전기 원격기동 2

※ ⑤의 경우 최근 시험에 출제되지 않는 경향을 보인다.

PHASE 44　전실 제연설비 도면

1) 전실 제연설비
화재 시 옥내의 사람이 대피가 가능하도록 피난동선에 해당하는 구역으로 연기가 침투되지 않도록 차단하기 위해 설치하며 연기감지기에 의해 신호를 수신받으면 제연설비가 구동하게 된다.

2) 가닥수 산정

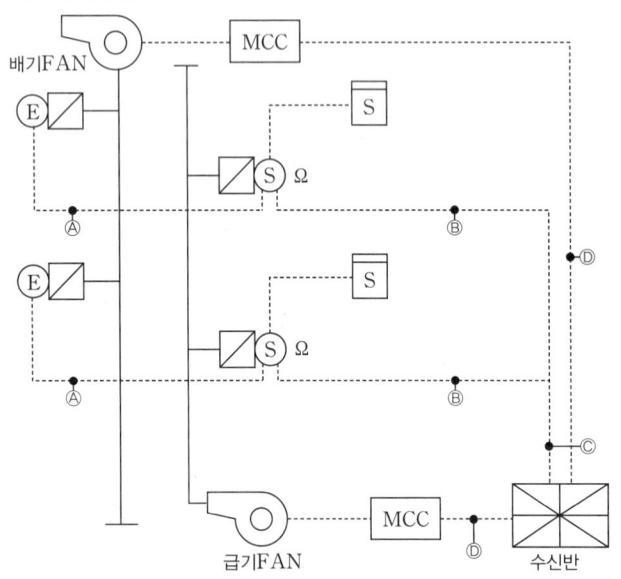

[범례]
- E/▨ : 배기댐퍼, ▨/S : 급기댐퍼

PLUS+ 제연댐퍼
제연 댐퍼는 배기댐퍼와 급기댐퍼로 구성되어 있다.
① 배기 댐퍼: 화재 신호 감지 시 해당 층에서만 작동되며 댐퍼가 개방되어 연기를 배출함
② 급기 댐퍼: 화재 신호 감지 시 개방되며 해당 구역 내 신선한 공기를 공급함

① 기동댐퍼방식: 댐퍼를 동시에 기동하는 방식으로, 층별 급기댐퍼와 배기댐퍼를 기동하는 방식이다.

구분	구간	가닥수	배선의 용도
Ⓐ	배기댐퍼 ↔ 급기댐퍼	4	전원 ⊕·⊖, 기동, 배기댐퍼확인
Ⓑ	급기댐퍼 ↔ 수신반	6(7)	전원 ⊕·⊖, 기동, 배기댐퍼확인, 급기댐퍼확인, 지구(+ 수동기동확인)
Ⓒ	2 Zone일 경우	10(12)	전원 ⊕·⊖, (기동, 배기댐퍼확인, 급기댐퍼확인, 지구(+ 수동기동확인))×2
Ⓓ	MCC ↔ 수신반	5	기동, 정지, 기동표시등, 전원감시표시등, 공통

※ 괄호 (　)의 수치는 수동기동확인선을 산정할 경우에 해당한다.
- 모든 댐퍼는 모터구동방식이며 별도의 복구선은 없다.
- Zone 2개에서 배기댐퍼가 있는 경우 화재층만 배기하므로 기동을 층별로 구분한다.
- 수전반에서 수동기동확인이 가능하다고 주어진 경우 Ⓑ에 수동기동확인 1가닥, Ⓒ에 수동기동확인 2가닥을 추가해야 한다.
- 구역(또는 Zone)별 증가하는 가닥수는 기동, 배기댐퍼확인, 급기댐퍼확인, 지구이며, 수동기동확인이 가능한 경우 수동기동확인도 증가한다.

② 기동, 수동복구댐퍼방식: 댐퍼가 개방된 경우 현장에서 모터의 기동 없이 수동으로 댐퍼를 복구하는 방식이다.

구분	구간	가닥수	배선의 용도
Ⓐ	배기댐퍼 ↔ 급기댐퍼	4	전원 ⊕·⊖, 기동, 배기댐퍼확인
Ⓑ	급기댐퍼 ↔ 수신반	7(8)	전원 ⊕·⊖, 복구, 기동, 배기댐퍼확인, 급기댐퍼확인, 지구, (+ 수동기동확인)
Ⓒ	2 Zone일 경우	11(13)	전원 ⊕·⊖, 복구, (기동, 배기댐퍼확인, 급기댐퍼확인, 지구, (+ 수동기동확인))×2
Ⓓ	MCC ↔ 수신반	5	기동, 정지, 기동표시등, 전원감시표시등, 공통

※ 괄호 ( )의 수치는 수동기동확인선을 산정할 경우에 해당한다.
- 복구선은 층별로 구분하지 않고 동시에 하므로 구역(또는 Zone)과 관련없이 1가닥이다.

PHASE 45 자동방화문 설비 도면

1) 자동방화문 설비
자동방화문이란 화재 감지기의 작동 또는 기동스위치의 조작 등으로 방화문을 폐쇄시켜 화재 시 발생되는 연기가 유입되지 않도록 하기 위한 설비이다.

2) 가닥수 산정

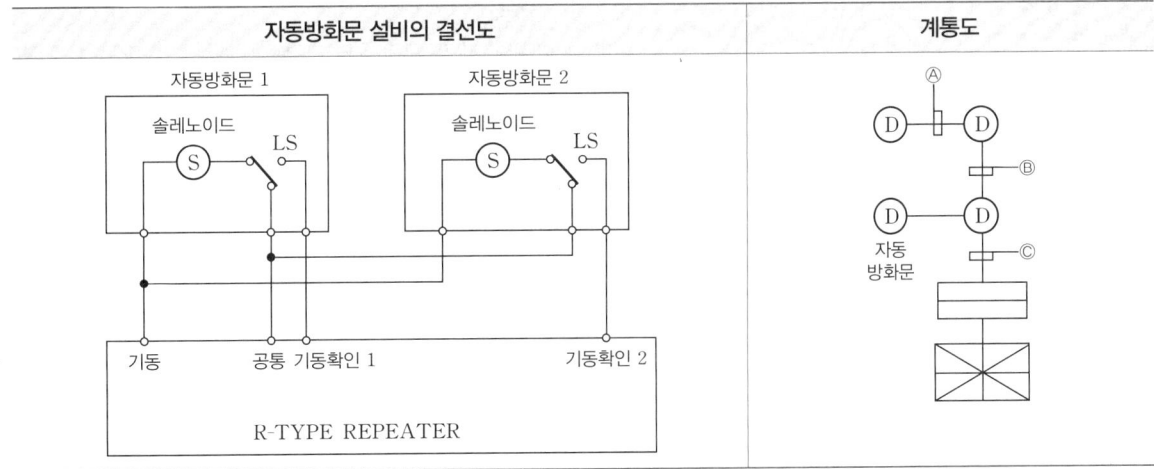

구분	구간	가닥수	배선의 용도
Ⓐ	방화문 ↔ 방화문	3	기동 1, 기동확인 1, 공통 1
Ⓑ	방화문 ↔ 방화문	4	기동 1, 기동확인 2, 공통 1
Ⓒ	2 Zone일 경우	7	기동 2, 기동확인 4, 공통 1

- 자동방화문 설비는 기동, 공통, 기동확인의 배선이 필요하다.
- 기동선 경우 층별로 1가닥씩 추가한다.
- 기동확인선의 경우 자동방화문 수만큼 산정한다.

PHASE 46 배연창설비 도면

1) 배연창 설비

배연창에 의한 제연설비는 화재 시 화재구역을 설정하여 자연환기에 의해 연기를 외부로 배출함으로써 연기의 수평 및 수직이동을 방지하고 인명의 안전한 대피 및 연기에 의한 화재의 확대를 방지하기 위한 설비로, 6층 이상의 건물에 사용한다.

① 솔레노이드 방식

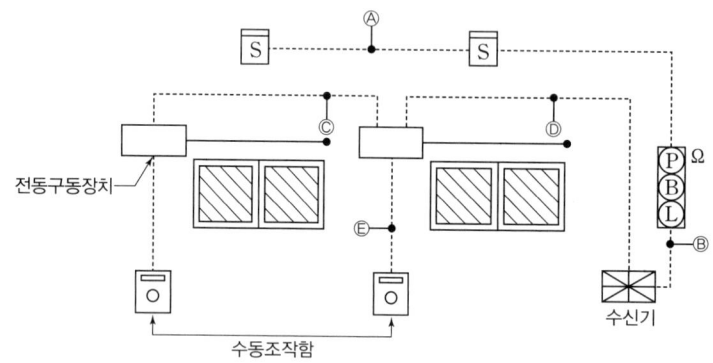

구분	구간	가닥수	배선의 용도
Ⓐ	감지기 ↔ 감지기	4	지구 2, 지구공통 2
Ⓑ	발신기 ↔ 수신기	6	지구 1, 지구공통 1, 응답 1, 경종 1, 표시등 1, 경종표시등공통 1
Ⓒ	전동구동장치 ↔ 전동구동장치	3	기동 1, 확인 1, 공통 1
Ⓓ	전동구동장치 ↔ 수신기	5	기동 2, 확인 2, 공통 1
Ⓔ	전동구동장치 ↔ 수동조작함	3	기동 1, 확인 1, 공통 1

• 전동구동장치와 수동조작함 간 배선(Ⓔ)은 기동, 확인, 공통으로 총 3가닥이다.
• 배연창 수가 증가할 때마다 기동, 확인의 가닥수는 1가닥씩 증가한다.(Ⓒ: 3가닥, Ⓓ: 5가닥)
• 제연설비의 감지기는 송배선식을 적용하므로 루프는 2가닥, 기타(Ⓐ) 4가닥이다.

② 모터(MOTOR) 방식

모터 방식의 경우 일반적으로 배연창은 동시기동 및 동시복구방식을 적용한다.

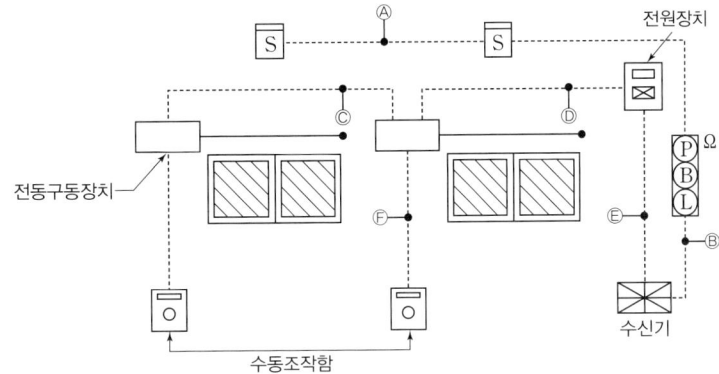

구분	구간	가닥수	배선의 용도
Ⓐ	감지기 ↔ 감지기	4	지구 2, 지구공통 2
Ⓑ	발신기 ↔ 수신기	6	지구 1, 지구공통 1, 응답 1, 경종 1, 표시등 1, 경종표시등공통 1
Ⓒ	전동구동장치 ↔ 전동구동장치	5	전원 ⊕·⊖, 기동 1, 복구 1, 동작확인 1
Ⓓ	전동구동장치 ↔ 전원장치	6	전원 ⊕·⊖, 기동 1, 복구 1, 동작확인 2
Ⓔ	전원장치 ↔ 수신기	6(8)	전원 ⊕·⊖, 기동 1, 복구 1, 동작확인 2, (+ 교류전원 2)
Ⓕ	전동구동장치 ↔ 수동조작함	5	전원 ⊕·⊖, 기동 1, 복구 1, 정지 1

※ 괄호( )의 수치는 교류전원선을 산정할 경우에 해당한다.

- 전동구동장치와 수동조작함 간 배선(Ⓕ)은 총 5가닥(전원 ⊕·⊖, 기동, 확인, 공통)으로 별도의 기동전원이 필요하다.
- 배연창은 동시기동 및 동시복구방식이므로 배연창 수에 따른 기동, 복구의 가닥수가 증가하지 않는다.
- Ⓔ의 경우 교류전원공급을 수신기에서 공급하지 않고 현장 분전반에서 공급하는 경우 교류전원 2가닥을 작성하지 않을 수 있다. 이 경우 최소 6가닥으로 작성해야 한다.

PHASE 47 스프링클러설비 도면

1) 습식스프링클러설비
화재 진압에 빠르게 대응할 수 있는 소방설비로, 1차 측과 2차 측의 배관에 소화용수를 채워 두고 유수검지장치를 통해 화재를 감지하여 물을 방출시키는 설비이다.

① 탬퍼스위치가 없는 경우

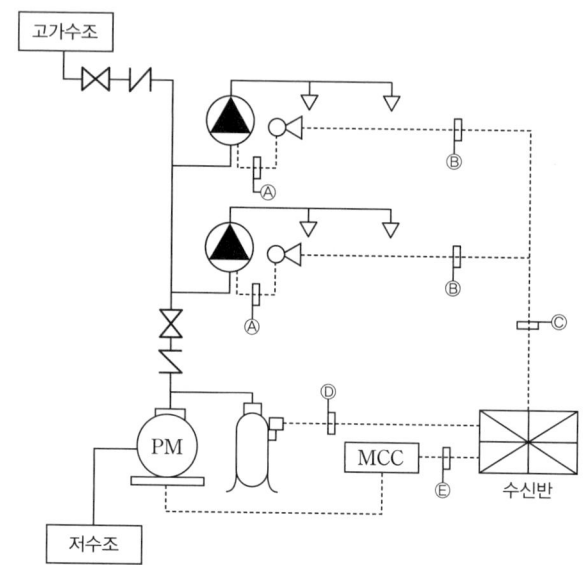

구분	구간	가닥수	배선의 용도
Ⓐ	알람밸브 ↔ 사이렌	2	유수검지스위치 2
Ⓑ	사이렌 ↔ 수신반	3	공통 1, 유수검지스위치 1, 사이렌 1
Ⓒ	2 Zone	5	공통 1, (유수검지스위치 1, 사이렌 1)×2
Ⓓ	압력탱크 ↔ 수신반	2	압력스위치 2
Ⓔ	MCC ↔ 수신반	5	기동 1, 정지 1, 공통 1, 전원감시표시등 1, 기동확인표시등 1

- 탬퍼스위치(밸브개폐확인)가 없는 경우 관련 내용을 작성하지 않는다.
- 압력탱크와 수신반 사이의 가닥수를 압력스위치라 표현하며, 유수검지스위치와 동일한 표현이다.
- 습식 스프링클러설비에서 탬퍼스위치가 없는 경우 구역(또는 Zone)별 증가하는 가닥수는 유수검지스위치, 사이렌이다.

> **PLUS+ 탬퍼스위치(TS)와 압력스위치(PS)**
> - 탬퍼스위치: 밸브의 개폐 상태에 대한 신호를 수신기에 보내는 장치
> - 압력스위치: 탱크 및 배관 내에 압력을 감지하여 주펌프 및 충압펌프를 기동, 정지하는 역할을 하는 장치

② 탬퍼스위치가 있는 경우

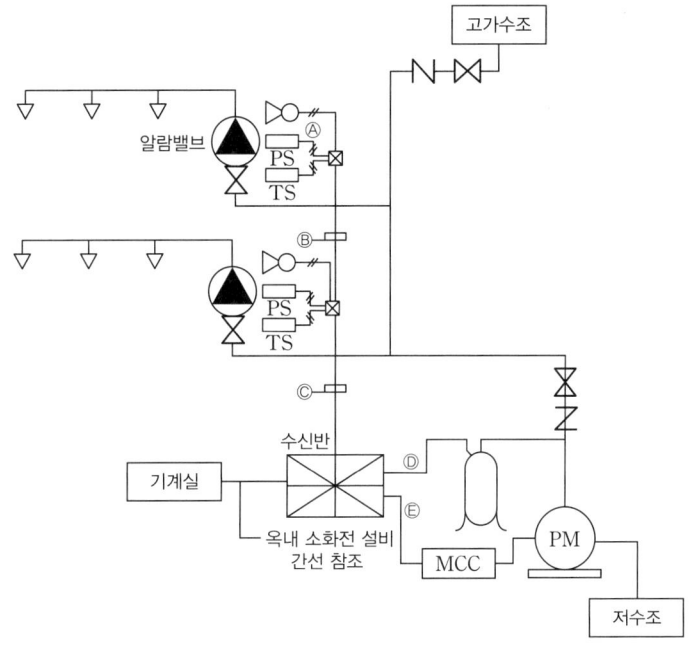

구분	구간	가닥수	배선의 용도
Ⓐ	알람밸브 ↔ 수신반	3	압력스위치 1, 탬퍼스위치 1, 공통 1
Ⓑ	사이렌 ↔ 수신반	4	공통 1, 압력스위치 1, 탬퍼스위치 1, 사이렌 1,
Ⓒ	2 Zone	7	공통 1, (압력스위치 1, 탬퍼스위치 1, 사이렌 1)×2
Ⓓ	압력탱크 ↔ 수신반	2	압력스위치 2
Ⓔ	MCC ↔ 수신반	5	기동 1, 정지 1, 공통 1, 전원감시표시등 1, 기동확인표시등 1

- 습식스프링클러설비에서 구역(또는 Zone)별 증가하는 가닥수는 압력스위치, 탬퍼스위치, 사이렌이다.

> **PLUS⁺ 같은 용어**
> - PS = 압력스위치 = 유수검지스위치
> - TS = 탬퍼스위치 = 밸브주의

2) 슈퍼비조리판넬(SVP)

소방용 수동조작함을 의미하며, 주로 스프링클러설비를 수동으로 조작하기 위해 사용된다. 주로 스프링클러설비에서 사용되며, 슈퍼비조리판넬을 수동 조작할 경우 프리액션밸브가 개방되어 소화설비가 작동된다.

> **PLUS⁺ 프리액션밸브**
> 화재 발생 시 1차 측 물이 2차 측으로 넘어가 불을 끄는 역할을 하는 준비작동식 스프링클러 설비의 밸브를 말한다.

① 슈퍼비조리판넬(SVP) 배선

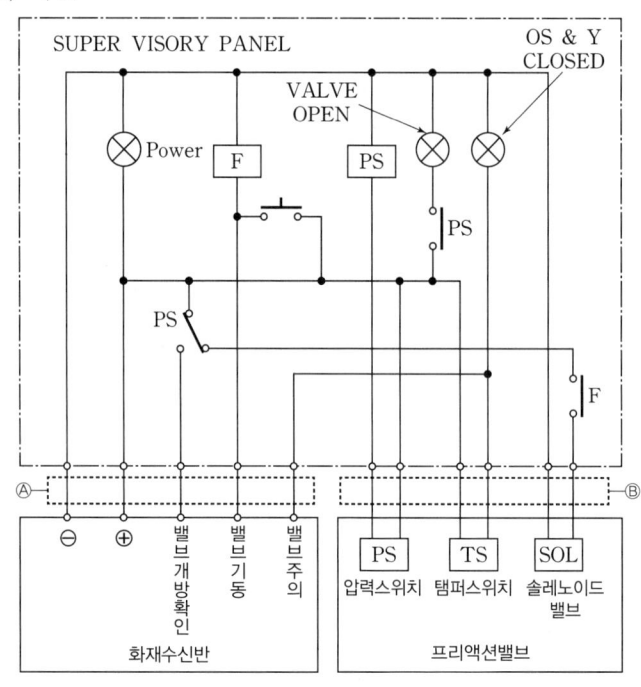

구분	구간	가닥수	배선의 용도
Ⓐ	SVP ↔ 수신반	5	전원 ⊕·⊖, 밸브개방확인 1, 밸브기동 1, 밸브주의 1
Ⓑ	프리액션 밸브 ↔ SVP	6	압력스위치 2, 탬퍼스위치 2, 솔레노이드밸브 2

- 푸시버튼스위치를 누를 경우 릴레이 F(화재릴레이)가 동작하며 솔레노이드 밸브가 작동하여 기동을 시작한다.
- 프리액션 밸브가 개방되어 배관 내 압력이 떨어지면서 릴레이 PS(압력스위치)가 동작하면서 밸브개방확인등(Valve Open)을 점등시키고 밸브개방 확인신호를 보낸다.
- 평상시에 게이트밸브가 닫혀 있는 경우 TS(탬퍼스위치)가 폐로되어 밸브주의등(OS&Y Closed)이 점등된다.

> **PLUS⁺ 프리액션밸브의 구성**
> - PS(압력스위치): 솔레노이드밸브가 작동하면 압력스위치가 동작한다. 밸브개방확인이라고도 한다.
> - TS(탬퍼스위치): 밸브의 개폐 상태를 수신반에서 확인할 수 있도록 밸브에 부착하는 장치로, 밸브주의라고도 한다.
> - SOL(솔레노이드밸브): 소방용수를 제어하는 밸브이다. 밸브기동이라고도 한다.

② 슈퍼비조리판넬을 포함한 도면

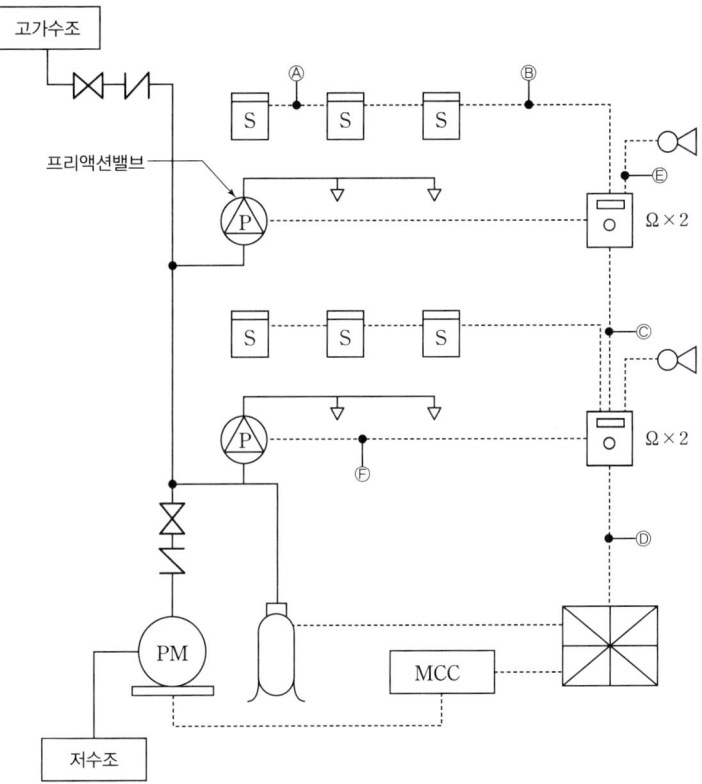

구분	구간	가닥수	배선의 용도
Ⓐ	감지기 ↔ 감지기	4	지구 2, 지구공통 2
Ⓑ	감지기 ↔ SVP	8	지구 4, 지구공통 4
Ⓒ	SVP ↔ SVP	8(9)	전원 ⊕·⊖, 감지기 A·B, 밸브개방확인 1, 밸브기동 1, 밸브주의 1, 사이렌 1 (+감지기공통)
Ⓓ	2 Zone	14(15)	전원 ⊕·⊖ (감지기 A·B, 밸브개방확인 1, 밸브기동 1, 밸브주의 1, 사이렌 1)×2 (+감지기공통)
Ⓔ	사이렌 ↔ SVP	2	사이렌 2
Ⓕ	프리액션밸브 ↔ SVP	6	밸브기동 2, 밸브개방확인 2, 밸브주의 2

- 준비작동식 스프링클러설비의 감지기는 교차회로방식을 적용하므로 루프 및 말단(Ⓐ)은 4가닥, 기타(Ⓑ) 8가닥이다.
- 전원 ⊖선과 감지기공통선을 따로 쓰는 경우 Ⓒ, Ⓓ에 감지기공통선 1가닥을 추가해야 한다.
- 준비작동식 스프링클러설비에서 구역(또는 Zone)별 증가하는 가닥수는 감지기 A·B, 밸브개방확인 1, 밸브기동 1, 밸브주의 1, 사이렌 1이다.
- Ⓕ의 경우 최소가닥수로 작성하라는 조건이 있을 경우 밸브기동 1, 밸브개방확인 1, 밸브주의 1, 공통 1로 4가닥까지 줄일 수 있다.

PHASE 48 할론소화설비 도면

1) 할론소화설비
할로겐화합물 및 불활성기체 소화설비로, 소화효과가 있는 불연성가스를 저장용기에 저장해 두었다가 화재 발생 시 배관을 통해 화재지점에 방출하는 소화설비이다.

2) 수동조작함(RM)
화재 시 감지기가 작동하지 않았을 때 기동스위치를 눌러 소화가스를 방출시킨다. 수동조작함은 방호구역 외부나 출입구에 설치된다.

① 수동조작함의 배선

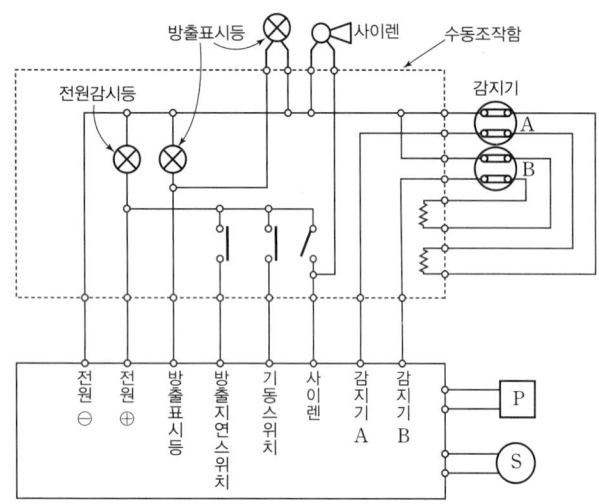

PLUS+ 수동조작함 결선
- 방출지연스위치와 기동스위치는 특별한 언급이 없으면 바뀌어도 된다.
- 전원감시등은 전원 ⊖ 단자에 연결한다.
- 방출표시등은 방출표시등 단자에 연결한다.
- 사이렌은 사이렌 단자에 연결한다.
- 감지기 배선은 감지기 A, B 단자에 연결한다.

구간	가닥수	배선의 용도
수동조작함 ↔ 할론수신반	8	전원 ⊕·⊖, 방출지연스위치 1, 감지기 A·B, 기동스위치 1, 사이렌 1, 방출표시등 1

② 수동조작함을 포함한 전체 도면

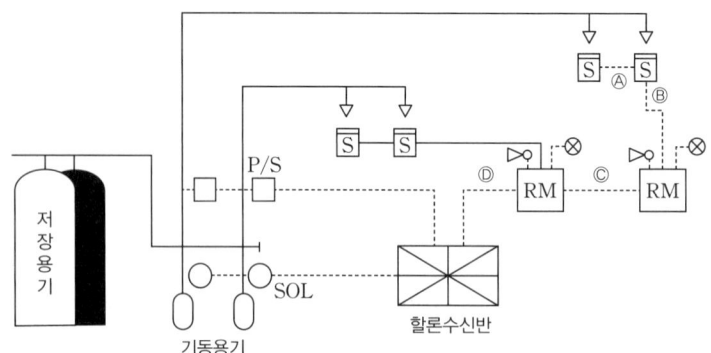

구분	구간	배선수	배선 내역
Ⓐ	감지기 ↔ 감지기	4	지구 2, 지구공통 2
Ⓑ	감지기 ↔ 수동조작함	8	지구 4, 지구공통 4
Ⓒ	수동조작함 ↔ 수동조작함	8	전원 ⊕·⊖, 방출지연스위치 1, 감지기 A·B, 기동스위치 1, 사이렌 1, 방출표시등 1
Ⓓ	2 Zone	13	전원 ⊕·⊖, 방출지연스위치 1, (감지기 A·B, 기동스위치 1, 사이렌 1, 방출표시등 1)×2

- 할론소화설비의 감지기는 교차회로방식을 적용하므로 루프 및 말단(Ⓐ)은 4가닥, 기타(Ⓑ) 8가닥이다.
- 할론소화설비에서 구역(또는 Zone)별 증가하는 가닥수는 감지기 A·B, 기동스위치 1, 사이렌 1, 방출표시등 1이다.

PHASE 49 이산화탄소소화설비 도면

1) 이산화탄소소화설비
질식 및 냉각효과에 의한 소화를 목적으로 이산화탄소를 일정한 고압 용기에 저장해 두었다가 화재 시 분사하여 화재를 진압하는 소화설비이다.

2) 가닥수 산정
① 이산화탄소소화설비를 활용한 도면

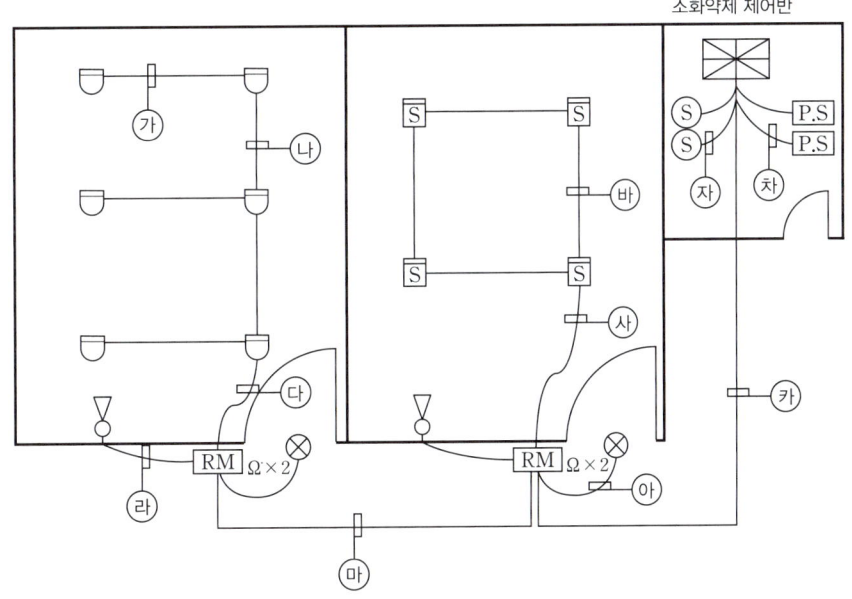

기호	가닥수	배선외 용도
㉮	4	지구회로 2, 지구회로공통 2
㉯	8	지구회로 4, 지구회로공통 4
㉰	8	지구회로 4, 지구회로공통 4
㉱	2	사이렌 2
㉲	9	전원 ⊕·⊖, 방출지연스위치 1, 감지기공통 1, 감지기 A 1, 감지기 B 1, 기동스위치 1, 사이렌 1, 방출표시등 1
㉳	4	지구회로 2, 지구회로공통 2
㉴	8	지구회로 4, 지구회로공통 4
㉵	2	방출표시등 2
㉶	2	솔레노이드밸브 2
㉷	2	압력스위치 2
㉸	14	전원 ⊕·⊖, 방출지연스위치 1, 감지기공통 1, 감지기 A 2, 감지기 B 2, 기동스위치 2, 사이렌 2, 방출표시등 2

- 이산화탄소소화설비이므로 감지기는 교차회로 방식으로 배선한다. 교차회로 방식으로 배선하는 경우 배선이 루프(㉳)를 구성하거나 말단 배선(㉮)인 경우에는 4가닥이고 그 외(㉯, ㉰, ㉴)는 8가닥을 적용한다.
- 이산화탄소소화설비의 수신반에서 수동조작함까지의 배선은 기본 9가닥(전원 ⊕·⊖, 방출지연스위치 1, 감지기공통 1, 감지기 A 1, 감지기 B 1, 기동스위치 1, 사이렌 1, 방출표시등 1)이다. 감지기 공통선과 전원선을 분리하지 않는 경우라면 감지기공통 1선을 제외한 8가닥을 작성한다.
- 만약 수동조작함이 2개가 있는 경우 (감지기 A 1, 감지기 B 1, 기동스위치 1, 사이렌 1, 방출표시등 1)의 5가닥이 추가된다.

CHAPTER 09 기타 사항

PHASE 50 수신기의 시험

1) 수신기의 버튼

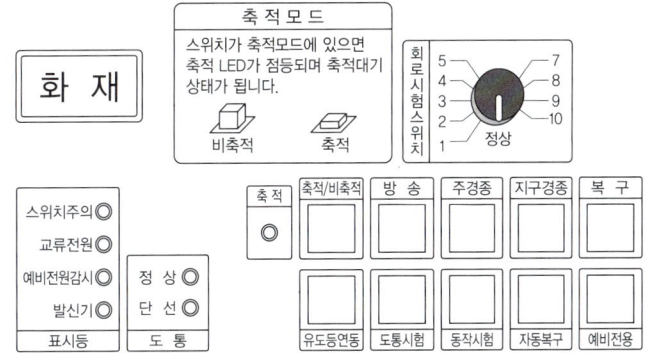

① 스위치주의등: 스위치가 정상 상태에 놓여있지 않을 때 점멸하는 표시등으로, 다음과 같은 상황에서 점등 또는 소등이 된다.

스위치주의등이 점등되는 경우	스위치주의등이 미점등 되는 경우
주경종 스위치 ON 지구경종 스위치 ON 도통시험 스위치 ON 동작시험 스위치 ON 자동복구스위치 ON	복구스위치 ON 예비전원스위치 ON

② 예비전원감시표시등: 예비전원의 이상 유무를 확인하여 주는 표시등으로, 다음과 같은 경우 점등이 된다.
- 예비전원이 방전되어 아직 완전 충전에 도달하지 않은 경우
- 예비전원이 불량인 경우
- 예비전원 충전단자가 불량인 경우
- 예비전원 연결단자가 접촉 불량인 경우

③ 복구스위치: 화재표시등과 지구등이 소등되며 경종도 울리지 않게 된다.

> **PLUS⁺ 복구스위치 선행작업**
> 복구스위치를 누르기 전 작동이 된 스위치를 먼저 복구하여야 한다. 만약 경보 스위치가 눌려 있는 상태에서 복구스위치를 누르면 화재신호는 복구되지 않는다.

2) 예비전원시험

상용전원이 사고 등으로 정전된 경우 자동적으로 예비전원으로 절환이 되며 복구시 상용전원으로 절환되는지 확인하는 시험이다.

구분	내용
시험순서	• 예비전원시험스위치를 누른다. • 전압계의 지시치가 지정치의 범위 내에 있는지 확인한다. • 교류전원을 개로하고 자동절환릴레이의 작동상황을 조사한다.
적부 판단	• 예비전원의 전압이 정상일 것 • 예비전원의 용량이 정상일 것 • 예비전원의 절환여부가 정상일 것 • 예비전원의 복구작동이 정상일 것

3) 동시작동시험

감지기회로가 동시에 다수가 작동하더라도 수신기가 이상없이 신호를 수신하는지 여부를 확인하는 시험이다.

구분	내용
시험순서	• 동작시험 스위치를 누른다. • 회로선택스위치를 이용하여 회로를 동시에 작동시킨다.
적부 판단	회로 동시 작동 시 수신기 기능에 이상이 없을 것

4) 공통선시험

공통선이 담당하고 있는 경계구역의 적정 여부를 확인하는 시험이다.

구분	내용
시험순서	• 수신기에 접속되어 있는 공통선 1선을 제거한다. • 회로선택스위치를 차례로 회전시키며 각 회로별 전압계 또는 표시등을 확인하여 단선을 지시한 경계구역의 회선수를 확인한다.
적부 판단	하나의 공통선이 담당하고 있는 경계구역수가 7개 이하일 것

5) 지구음향장치 작동시험

① 화재신호와 연동하여 음향장치의 정상작동여부를 확인하는 시험이다.

② 적부판단
- 지구음향장치가 작동하고 음량이 정상일 것
- 음량은 음향장치의 중심으로부터 1[m] 떨어진 위치에서 90[dB] 이상일 것

6) 회로저항시험

① 감지기 회로의 저항값이 적정한지 또는 수신기의 정상 작동에 이상을 미치는지 확인하는 시험이다.

② 적부판단: 하나의 감지기회로의 저항은 50[Ω] 이하로 할 것

PHASE 51 중계기

1) 정의
감지기나 소화전 등이 작동하면 수신기로 신호를 보내는 역할을 하는 장치이다.

2) 설치기준
① 수신기에서 직접 감지기회로의 도통시험을 행하지 않는 것에 있어서는 수신기와 감지기 사이에 설치할 것
② 조작 및 점검에 편리하고 화재 및 침수 등의 재해로 인한 피해를 받을 우려가 없는 장소에 설치할 것
③ 수신기에 따라 감시되지 않는 배선을 통해 전력을 공급받는 것에 있어서는 전원입력 측의 배선에 과전류 차단기를 설치하고 해당 전원의 정전이 즉시 수신기에 표시되는 것으로 하며, 상용전원 및 예비전원의 시험을 할 수 있도록 할 것

3) R형 중계기의 특징

구분	집합형	분산형
입력전원	교류 220[V]	직류 24[V]
전원공급	외부전원을 이용	수신기를 이용
회로수용능력	40회 내외 (대용량)	5회로 미만(소용량)

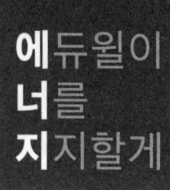

풍랑은 영원하지 않습니다.
터널은 무한하지 않습니다.
견디면 다 지나갑니다.

지나고 보면 그 시간이 유익입니다.

− 조정민, 「고난이 선물이다」, 두란노

02

Engineer Fire Protection System

최신
3개년 기출

기출학습이 곧 합격의 지름길!
최신 기출문제로 출제 경향을 확인

시험 출제 경향 분석

최근에는 단답형 문제와 계산형 문제가 많이 출제되고 있는 경향을 보이고 있으며 고난도 계산형 문제도 출제되고 있습니다. 도면을 분석하고 가닥수를 산정하는 문제도 1문제 이상 출제되고 있으나 배점이 높지 않게 출제되는 편입니다. 따라서 단답형 문제와 계산형 문제 위주로 학습을 하되, 여유가 있다면 복합형 문제도 병행하여 학습하는 것이 좋습니다.

학습 가이드

단답형 문제	법령 내용을 묻는 문제와 빈칸형태를 채우는 문제가 많이 출제되었습니다. 특히 자동화재탐지설비 설치대상을 묻는 신유형의 문제도 등장하였습니다. 이런 문제들은 내용을 알지 못하면 답안을 작성하기 매우 어렵기 때문에 반드시 관련 내용을 암기하는 것이 중요합니다.
계산형 문제	전동기 용량, 객석 유도등 산정 등의 평이한 문제부터 손실(동손) 계산, 전동기 속도 등 고난도 문제도 출제되고 있습니다. 어려운 문제는 학습 시간이 많이 소요되므로 확실히 맞힐 수 있는 문제 위주로 학습을 하는 것이 좋습니다.
복합형 문제	자동화재탐지설비, 스프링클러설비 등의 도면을 분석하는 문제가 출제되었습니다. 일부는 도면기호를 암기해야만 풀 수 있는 문제도 있으나, 전체적으로 복합형 문제는 어렵지 않게 출제되고 있으며 기본적인 소화설비의 특성과 가닥수 산정 방법만 알고 있으면 쉽게 풀 수 있습니다.

2024년 1회 기출문제

01 다음은 연축전지와 알칼리축전지에 관한 내용이다. 다음 각 물음에 답하시오. (8점)

(1) 연축전지의 반응식에 관한 내용이다. 빈칸에 알맞은 내용은?

$$PbO_2 + 2H_2SO_4 + Pb \underset{충전}{\overset{방전}{\rightleftarrows}} (\quad) + 2H_2O + PbSO_4$$

(2) 연축전지와 알칼리축전지의 공칭전압은 각각 몇 [V/cell]인가?
　① 연축전지:
　② 알칼리축전지:

(3) 다음 그림과 같은 충전방식은?

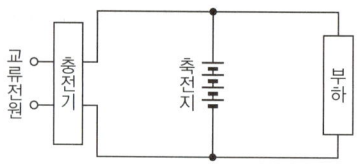

(4) 200[V]의 비상용 조명부하를 60[W] 100등, 30[W] 70등을 설치하려고 한다. 연축전지 HS형 100[cell], 방전시간은 30분, 최저축전지온도는 5[℃], 최저허용전압은 195[V]이라고 할 때 점등에 필요한 축전지의 용량은?(단, 보수율은 0.8, 용량환산시간계수는 1.2이다.)
・계산과정:
・답:

정답

(1) $PbSO_4$(황산납)
(2) ① 연축전지: 2[V/cell]
　　② 알칼리축전지: 1.2[V/cell]
(3) 부동충전방식
(4) ・계산과정: $C = \frac{1}{L}KI = \frac{1}{0.8} \times 1.2 \times \frac{(60 \times 100 + 30 \times 70)}{200} = 60.75[Ah]$
　　・답: 60.75[Ah]

해설

(3) 부동충전방식: 축전지의 자기방전을 보충함과 동시에 상용부하에 대한 전력 공급은 충전기가 부담하도록 하되, 충전기가 부담하기 어려운 일시적인 대전류 부하는 축전지로 하여금 부담하게 하는 충전방식

(4) 축전지 용량

$$C = \frac{1}{L}KI[Ah]$$

(단, L: 보수율, K: 용량환산시간계수, I: 부하전류[A])

부하전류 $I = \frac{P}{V} = \frac{(60 \times 100 + 30 \times 70)}{200} = 40.5[A]$

따라서 축전지 용량 $C = \frac{1}{0.8} \times 1.2 \times \frac{(60 \times 100 + 30 \times 70)}{200} = 60.75[Ah]$

연계이론 PHASE 29 축전지

02

가로 20[m], 세로 15[m]인 방재센터에 동일한 조명이 40개가 설치되어 있다. 이때 광속을 구하시오. (단, 평균조도는 100[lx], 조명율 50[%], 유지율은 85[%]이다.) (4점)

- 계산과정:
- 답:

정답

- 계산과정: $F = \dfrac{AED}{UN} = \dfrac{AE}{UNM} = \dfrac{(20 \times 15) \times 100}{0.5 \times 40 \times 0.85} = 1,764.71 \text{[lm]}$
- 답: 1,764.71[lm]

해설

조명 관련 관계식

$$FUN = EAD$$
(단, F: 광속[lm], U: 조명률[%], N: 등기구 수, E: 평균 조도[lx], A: 넓이[m²], D: 감광보상률, M: 유지율($= \dfrac{1}{D}$))

03

지상 10[m] 높이에 1,000[m³]의 저수조가 있다. 이 저수조에 양수하기 위하여 펌프효율이 80[%], 여유계수가 1.2, 용량이 15[kW]인 전동기를 사용한다면 몇 분 후에 저수조에 물이 가득 차겠는가? (단, 최종 계산 시 발생하는 소수점은 내림한다.) (4점)

- 계산과정:
- 답:

정답

- 계산과정: $t = \dfrac{9.8 \times 1,000 \times 10}{0.8 \times 15} \times 1.2 \times \dfrac{1}{60} = 163.33 \rightarrow 163 \text{[min]}$
- 답: 163분

해설

$$\text{전동기의 용량 } P = \dfrac{9.8QH}{\eta t} K \text{[kW]}, \text{ 양수시간 } t = \dfrac{9.8QHK}{\eta P} \text{[s]}$$
(단, Q: 양수량[m³], H: 전양정[m], K: 여유계수, η: 효율[%], t: 시간[s])

문제에서 [분] 단위로 물어보았으므로 저수조에 물이 가득 차는 데 필요한 시간은
$t = \dfrac{9.8QHK}{\eta \times P} \times \dfrac{1}{60} = \dfrac{9.8 \times 1,000 \times 10}{0.8 \times 15} = 163.33 \text{[분]}$이고 소수점은 내림하므로 163[분]이다.

연계이론 PHASE 33 전동기 용량

04 부착높이 15[m] 이상 20[m] 미만에 설치가능한 감지기 4가지를 쓰시오. (4점)

-
-
-

정답
- 이온화식 1종 감지기
- 광전식(스포트형, 분리형, 공기흡입형) 1종 감지기
- 연기복합형 감지기
- 불꽃감지기

해설 부착높이별 감지기의 적응성

부착높이	감지기의 종류	
4[m] 미만	• 차동식(스포트형, 분리형) • 보상식 스포트형 • 정온식(스포트형, 감지선형) • 이온화식 또는 광전식(스포트형, 분리형, 공기흡입형)	• 열복합형 • 연기복합형 • 열연기복합형 • 불꽃감지기
4[m] 이상 8[m] 미만	• 차동식(스포트형, 분리형) • 보상식 스포트형 • 정온식(스포트형, 감지선형) 특종 또는 1종 • 광전식(스포트형, 분리형, 공기흡입형) 1종 또는 2종	• 열복합형 • 연기복합형 • 열연기복합형 • 불꽃감지기
8[m] 이상 15[m] 미만	• 차동식 분포형 • 이온화식 1종 또는 2종 • 광전식(스포트형, 분리형, 공기흡입형) 1종 또는 2종	• 연기복합형 • 불꽃감지기
15[m] 이상 20[m] 미만	• 이온화식 1종 • 광전식(스포트형, 분리형, 공기흡입형) 1종	• 연기복합형 • 불꽃감지기
20[m] 이상	• 불꽃감지기 • 광전식(분리형, 공기흡입형) 중 아날로그방식	

연계이론 PHASE 09 감지기

05 자동화재탐지설비 및 시각경보장치의 화재안전기술기준 중 감지기회로의 도통시험을 위한 종단저항 설치기준을 3가지 쓰시오. (4점)

-
-
-

정답
- 점검 및 관리가 쉬운 장소에 설치할 것
- 전용함을 설치하는 경우 그 설치 높이는 바닥으로부터 1.5[m] 이내로 할 것
- 감지기 회로의 끝부분에 설치하며, 종단감지기에 설치할 경우에는 구별이 쉽도록 해당 감지기의 기판 및 감지기 외부 등에 별도의 표시를 할 것

연계이론 PHASE 09 감지기

06

다음의 표와 같이 두 입력 A와 B가 주어질 때 주어진 논리소자의 명칭과 출력에 대한 진리표를 완성하시오. (단, ①~⑦은 각각 세로가 모두 맞아야 정답으로 인정된다.) (7점)

명칭		AND	①	②	③	④	⑤	⑥	⑦
입력									
A	B								
0	0	0							
0	1	0							
1	0	0							
1	1	1							

정답

명칭		AND	NAND	OR	NOR	NOR	OR	NAND	AND
입력									
A	B								
0	0	0	1	0	1	1	0	1	0
0	1	0	1	1	0	0	1	1	0
1	0	0	1	1	0	0	1	1	0
1	1	1	0	1	0	0	1	0	1

해설

논리회로의 등가회로

④ $\overline{A} \cdot \overline{B} = \overline{A+B}$ ⇒ NOR 게이트

⑤ $\overline{\overline{A} \cdot \overline{B}} = A+B$ ⇒ OR 게이트

⑥ $\overline{A} + \overline{B} = \overline{A \cdot B}$ ⇒ NAND 게이트

⑦ $\overline{\overline{A} + \overline{B}} = \overline{\overline{A \cdot B}} = A \cdot B$ ⇒ AND 게이트

연계이론 PHASE 25 비상콘센트설비

07

다음은 비상경보설비 및 단독경보형감지기의 화재안전기술기준 중 설치기준에 관련된 내용이다. ( ) 안에 알맞은 내용을 쓰시오. (5점)

- 각 실마다 설치하되, 바닥면적이 (①)[m²]를 초과하는 경우에는 (①)[m²] 마다 (②) 이상 설치할 것
- 계단실은 최상층의 (③) 천장에 설치할 것
- (④)를 주전원으로 사용하는 단독경보형감지기는 정상적인 작동상태를 유지할 수 있도록 주기적으로 건전지를 교환할 것
- 사용전원을 주전원으로 사용하는 단독경보형감지기의 (⑤)는 제품검사에 합격한 것을 사용할 것

정답
① 150
② 1개
③ 계단실
④ 건전지
⑤ 2차전지

연계이론 PHASE 13 단독경보형 감지기

08

3로 스위치 2개를 설치하였을 경우 각 스위치에서 점등과 소등이 될 수 있도록 다음 배선도를 완성하시오. (단, 접속과 미접속의 예시를 참고하여 배선해야 한다.) (6점)

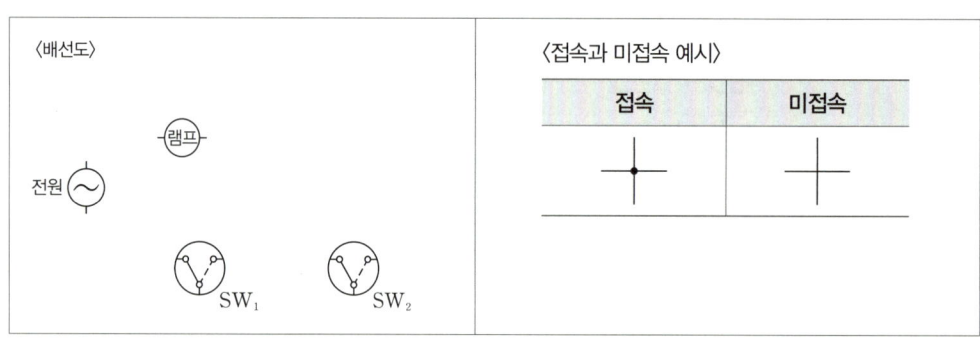

정답

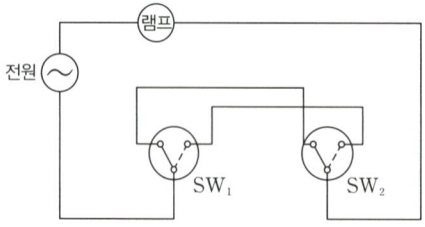

더 알아보기 3로 스위치 도면

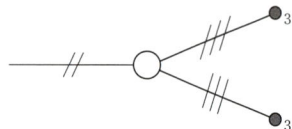

09

비상방송을 할 때 자동화재탐지설비의 지구음향장치 작동을 정지시킬 수 있는 미완성 결선도를 다음 조건을 참고하여 완성하시오. (5점)

조건
- PB-on 스위치가 눌리거나 감지기 LS가 동작하면 릴레이 X_1이 여자되어 자기유지된다.
- 릴레이 X_1이 여자됨에 따라 지구경종이 작동한다.
- 자동전환스위치가 비상방송설비로 전환되면 릴레이 X_2가 여자되어 지구경종이 중지한다. 평상시에는 자동전환스위치가 자동화재탐지설비에 연결되어 있다.
- PB-Off 스위치가 눌리면 릴레이 X_1 소자된다.

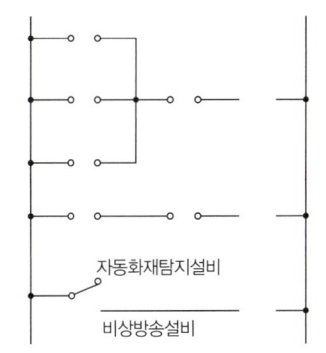

정답

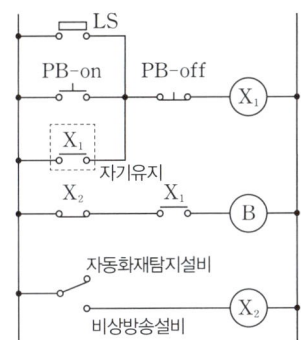

연계이론 PHASE 40 시퀀스 회로

10

누전경보기의 화재안전기술기준 중 전원에 대한 기준 3가지를 적으시오. (5점)

-
-
-

정답
- 전원은 분전반으로부터 전용회로로 하고, 각 극에 개폐기 및 15[A] 이하의 과전류차단기(배선용 차단기에 있어서는 20[A] 이하의 것으로 각 극을 개폐할 수 있는 것)를 설치할 것
- 전원을 분기할 때에는 다른 차단기에 따라 전원이 차단되지 않도록 할 것
- 전원의 개폐기에는 누전경보기용임을 표시한 표지를 할 것

해설 누전경보기의 전원설치기준
- 전원은 분전반으로부터 전용회로로 하고, 각 극에 개폐기 및 15[A] 이하의 과전류 차단기(배선용 차단기에 있어서는 20[A] 이하의 것으로 각 극을 개폐할 수 있는 것)를 설치할 것
- 전원을 분기할 때에는 다른 차단기에 따라 전원이 차단되지 않도록 할 것
- 전원의 개폐기에는 누전경보기용임을 표시한 표지를 할 것

연계이론 PHASE 16 누전경보기

11 지하 3층, 지상 11층인 어느 특정소방대상물에 설치된 자동화재탐지설비의 음향장치의 설치기준에 관한 사항이다. 다음의 표와 같이 화재가 발생하였을 경우 우선적으로 경보해야 하는 층을 빈칸에 표시하시오. (단, 공동주택이 아니고, 경보표시는 ●를 사용한다.) (6점)

층수	3층 화재	2층 화재	1층 화재	지하 1층 화재	지하 2층 화재	지하 3층 화재
7층						
6층						
5층						
4층						
3층	화재(●)					
2층		화재(●)				
1층			화재(●)			
지하 1층				화재(●)		
지하 2층					화재(●)	
지하 3층						화재(●)

정답

층수	3층 화재	2층 화재	1층 화재	지하 1층 화재	지하 2층 화재	지하 3층 화재
7층	●					
6층	●	●				
5층	●	●	●			
4층	●	●	●			
3층	화재(●)	●	●			
2층		화재(●)	●			
1층			화재(●)	●		
지하 1층			●	화재(●)	●	●
지하 2층			●	●	화재(●)	●
지하 3층			●	●	●	화재(●)

해 설 　층수가 11층(공동주택의 경우 16층) 이상인 특정소방대상물은 우선경보방식을 적용하여 음향장치를 설치하여야 한다. 여기서 우선경보방식은 다음과 같다.

발화층	경보층
지상 2층 이상	발화층, 직상 4개층
지상 1층	발화층, 직상 4개층, 지하층(전층)
지하층	발화층, 직상층, 기타 지하층

즉, 발화층에 대한 경보층은 다음과 같다.
- 3층에서 화재가 발생한 경우 → 3층, 4층, 5층, 6층, 7층 경보
- 2층에서 화재가 발생한 경우 → 2층, 3층, 4층, 5층, 6층 경보
- 1층에서 화재가 발생한 경우 → 1층, 2층, 3층, 4층, 5층, 지하층(지하 1층, 지하 2층, 지하 3층)
- 지하 1층에서 화재가 발생한 경우 → 지하 1층, 1층, 기타 지하층(지하2층, 지하 3층)
- 지하 2층에서 화재가 발생한 경우 → 지하 2층, 지하 1층, 기타 지하층(지하 3층)
- 지하 3층에서 화재가 발생한 경우 → 지하 3층, 지하 2층, 기타 지하층(지하 1층)

연계이론　PHASE 14 비상방송설비

12　극수가 4극이고 60[Hz]인 유도전동기가 있다. 다음 물음에 답하시오. (5점)

(1) 유도전동기의 동기속도를 구하시오.
- 계산 과정:
- 답:

(2) 회전수가 1,730[rpm]일 때, 슬립[%]을 구하시오.
- 계산 과정:
- 답:

정 답　(1) ・계산 과정: $N_s = \dfrac{120f}{p} = \dfrac{120 \times 60}{4} = 1{,}800 \text{[rpm]}$
・답: 1,800[rpm]

(2) ・계산 과정: $s = \dfrac{N_s - N}{N_s} \times 100 = \dfrac{1{,}800 - 1{,}730}{1{,}800} \times 100 = \dfrac{70}{1{,}800} \times 100 = 3.89[\%]$
・답: 3.89[%]

해 설　유도전동기 특징

- 동기속도 $N_s = \dfrac{120f}{p}$[rpm] (단, f: 주파수[Hz], p: 극수)
- 실제속도 $N = (1-s)N_s$[rpm] (단, s: 슬립)
- 유도전동기의 정격출력 $P = \dfrac{9.8 \times 2\pi N \times \tau}{60}$[W] (단, τ: 토크[kg·m])

연계이론　PHASE 31 유도전동기

13

비상콘센트설비의 화재안전기술기준에 관한 내용이다. 빈칸에 알맞은 내용을 쓰시오. (3점)

(1) 비상콘센트설비의 전원회로는 단상교류 (   )[V]인 것으로서, 그 공급용량은 1.5[kVA] 이상인 것으로 할 것
(2) 비상콘센트의 플러그접속기는 (   ) 플러그접속기(KS C 8305)를 사용해야 한다.
(3) 비상콘센트의 플러그접속기의 (   )에는 접지공사를 해야 한다.

정답

(1) 220
(2) 접지형 2극
(3) 칼받이의 접지극

해설

비상콘센트설비의 전원회로 설치기준

- 비상콘센트설비의 전원회로는 단상교류 220[V]인 것으로서, 그 공급용량은 1.5[kVA] 이상인 것으로 할 것
- 전원회로는 각층에 2 이상이 되도록 설치할 것. 다만, 설치해야 할 층의 비상콘센트가 1개인 때에는 하나의 회로로 할 수 있다.
- 전원회로는 주배전반에서 전용회로로 할 것. 다만, 다른 설비회로의 사고에 따른 영향을 받지 않도록 되어 있는 것은 그렇지 않다.
- 전원으로부터 각 층의 비상콘센트에 분기되는 경우에는 분기배선용 차단기를 보호함 안에 설치할 것
- 콘센트마다 배선용 차단기(KS C 8321)를 설치해야 하며, 충전부가 노출되지 않도록 할 것
- 개폐기에는 "비상콘센트"라고 표시한 표지를 할 것
- 비상콘센트용의 풀박스 등은 방청도장을 한 것으로서, 두께 1.6[mm] 이상의 철판으로 할 것
- 하나의 전용회로에 설치하는 비상콘센트는 10개 이하로 할 것. 이 경우 전선의 용량은 각 비상콘센트(비상콘센트가 3개 이상인 경우에는 3개)의 공급용량을 합한 용량 이상의 것으로 해야 한다.

비상콘센트의 플러그 접속기 설치 기준

- 비상콘센트의 플러그접속기는 접지형 2극 플러그접속기(KS C 8305)를 사용해야 한다.
- 비상콘센트의 플러그접속기의 칼받이의 접지극에는 접지공사를 해야 한다.

연계이론

PHASE 25 비상콘센트설비

14

특정소방대상물에 공기관식 차동식 분포형 감지기를 설치하고자 한다. 다음 각 물음에 답하시오. (8점)

(1) 일반구조일 경우와 내화구조일 경우의 공기관 상호 간의 거리는 각각 몇 [m] 이하이어야 하는가?
　　① 일반구조:
　　② 내화구조:
(2) 하나의 검출 부분에 접속하는 공기관의 길이는 몇 [m] 이하이어야 하는가?
(3) 검출부의 설치 높이 조건을 상세히 쓰시오.
(4) 공기관의 노출 부분은 감지구역마다 몇 [m] 이상이어야 하는가?

정답

(1) ① 6[m] 이하
　　② 9[m] 이하
(2) 100[m] 이하
(3) 바닥으로부터 0.8[m] 이상 1.5[m] 이하에 설치할 것
(4) 20[m] 이상

해설

공기관식 차동식 분포형 감지기 설치기준

- 공기관의 노출 부분은 감지구역마다 20[m] 이상이 되도록 해야 한다.
- 공기관과 감지구역의 각 변과의 수평거리는 1.5[m] 이하가 되도록 하고, 공기관 상호 간의 거리는 6[m](주요구조부가 내화구조로 된 특정소방대상물 또는 그 부분에 있어서는 9[m]) 이하가 되도록 해야 한다.
- 공기관은 도중에서 분기하지 않도록 해야 한다.
- 하나의 검출 부분에 접속하는 공기관의 길이는 100[m] 이하로 해야 한다.
- 검출부는 5° 이상 경사되지 않도록 부착해야 한다.
- 검출부는 바닥으로부터 0.8[m] 이상 1.5[m] 이하의 위치에 설치해야 한다.

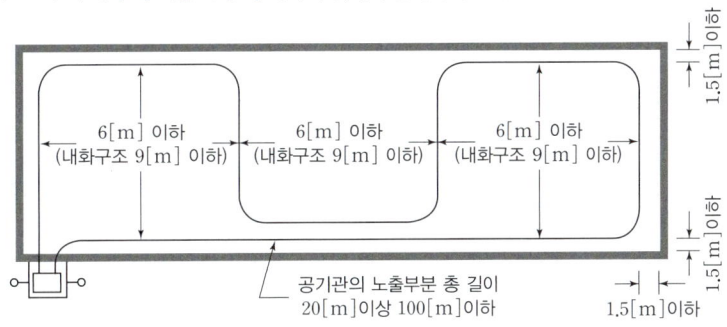

▲ 공기관식 차동식 분포형 설치기준

연계이론

PHASE 10 열감지기

15 화재에 의한 열, 연기 또는 불꽃(화염) 이외의 요인에 의하여 자동화재탐지설비가 작동하여 화재경보를 발하는 것을 "비화재보(Unwanted Alarm)"라 한다. 즉, 자동화재탐지설비가 정상적으로 작동하였다고 하더라도 화재가 아닌 경우의 경보를 "비화재보"라 하며 비화재보의 종류는 다음과 같이 구분할 수 있다.

> (1) 설비자체의 결함이나 오동작 등에 의한 경우(False Alarm)
>   ① 설비자체의 기능상 결함
>   ② 설비의 유지관리 불량
>   ③ 실수나 고의적인 행위가 있을 때
> (2) 주위상황이 대부분 순간적으로 화재와 같은 상태(실제 화재와 유사한 환경이나 상황)로 되었다가 정상상태로 복귀하는 경우(일과성 비화재보: Nuisance Alarm)

여기서 일과성 비화재보로 볼 수 있는 Nuisance Alarm에 대한 방지대책을 4가지만 쓰시오. (8점)

-
-
-
-

정답
- 비화재보에 적응성이 있는 감지기 사용
- 환경적응성이 있는 감지기 사용
- 경년 변화에 따른 유지 보수
- 감지기의 설치 수의 최소화

해설 **일관성 비화재보 방지책**
- 비화재보에 적응성이 있는 감지기 사용
- 설치장소 환경적응성이 있는 감지기 사용
- 경년변화에 따른 유지보수
- 감지기 설치 수의 최소화(감지기 수 제한)
- 연기감지기의 설치 제한(연기감지기 사용 억제)
- 아날로그감지기와 인텔리전트 수신기의 사용

연계이론 PHASE 08 자동화재탐지설비(비화재보)

16 비상콘센트설비에 대한 다음 각 물음에 답하시오. (6점)

(1) 하나의 전용회로에 설치하는 비상콘센트가 7개이다. 이 경우 전선의 용량은 비상콘센트 몇 개의 공급용량을 합한 용량 이상의 것으로 해야 하는가?(단, 각 비상콘센트의 공급용량은 최소로 한다.)
(2) 비상콘센트의 보호함 상부에 설치하는 표시등의 색은 무슨 색인가?
(3) 비상콘센트설비의 전원부와 외함 사이를 500[V] 절연저항계로 측정한 결과 30[MΩ]으로 측정되었다. 절연저항의 적합 여부와 그 이유를 설명하시오.

정답

(1) 3개
(2) 적색
(3) • 적합여부: 적합하다.
 • 이유: 비상콘센트설비의 전원부와 외함 사이의 절연저항 값은 20[MΩ] 이상인 경우 적합하다.

해설

(1) 하나의 전용회로에 설치하는 비상콘센트는 10개 이하로 한다. 이 경우 전선의 용량은 각 비상콘센트(3개 이상인 경우에는 3개)의 공급용량을 합한 용량 이상의 것으로 해야 한다.

비상콘센트 개수	공급용량
1개	1.5[kVA] 이상
2개	3.0[kVA] 이상
3개 이상	4.5[kVA] 이상

(2) 비상콘센트 보호함 상부에 적색의 표시등을 설치해야 한다.
(3) 비상콘센트설비의 전원부와 외함 사이의 절연저항 및 절연내력 기준

구분	시험내용
절연저항	전원부와 외함 사이를 500[V] 절연저항계로 측정할 때 20[MΩ] 이상일 것
절연내력	전원부와 외함 사이의 정격전압이 150[V] 이하인 경우에는 1,000[V]의 실효전압을, 정격전압이 150[V] 이상인 경우에는 그 정격전압에 2를 곱하여 1,000을 더한 실효전압을 가하는 시험에서 1분 이상 견딜 것

연계이론

PHASE 25 비상콘센트설비

17 그림과 같은 시퀀스회로에서 푸시버튼 스위치 PB를 누르고 있을 때 타이머 T_1, T_2, 릴레이 X_1, X_2, 표시등 PL에 대한 타임차트를 완성하시오. (단, T_1은 1초, T_2는 2초이며 버튼을 누르는 기계적인 시간지연은 없다고 본다.) (6점)

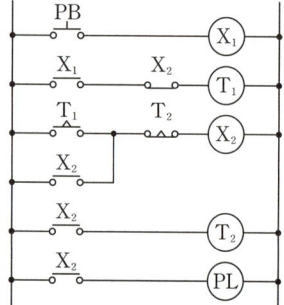

정답

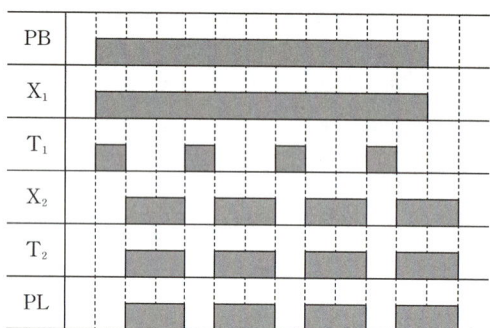

해설

- 푸시버튼 스위치 PB를 누르면 릴레이 X_1이 동작한다.
- X_1-a접점이 닫히면서 타이머 T_1이 동작한다.
- 설정된 시간(1초)이 지난 뒤 타이머 X_1-a접점이 닫히면서 릴레이 X_2와 타이머 T_2 및 표시등 PL이 동작한다.
- X_2-a접점에 의해 릴레이 X_2는 자기유지가 된다.
- X_2-b접점이 열리면서 T_1-a접점이 복귀한다.
- 설정된 시간(2초) 뒤 T_2-b접점이 열리면서 릴레이 X_2와 타이머 T_2가 복귀하고 표시등 PL은 소등된다. 이후 다시 타이머 T_1이 동작한다.

연계이론

PHASE 40 시퀀스 회로

18 다음은 누전경보기의 화재안전기술기준 중 설치방법에 대한 내용이다. 다음 빈칸에 알맞은 내용을 넣으시오. (6점)

> 경계전로의 정격전류가 (①)를 초과하는 전로에 있어서는 1급 누전경보기를, (①) 이하의 전로에 있어서는 (②) 누전경보기 또는 (③) 누전경보기를 설치할 것. 다만, 정격전류가 (①)를 초과하는 경계전로가 분기되어 각 분기회로의 정격전류가 (①) 이하로 되는 경우 당해 분기회로마다 (③) 누전경보기를 설치한 때에는 당해 경계전로에 (②) 누전경보기를 설치한 것으로 본다.

정답
① 60[A]
② 1급
③ 2급

해설
누전경보기의 구분기준
경계전로의 정격전류가 60[A]를 초과하는 전로에 있어서는 1급 누전경보기를, 60[A] 이하의 전로에 있어서는 1급 또는 2급 누전경보기를 설치할 것. 다만, 정격전류가 60[A]를 초과하는 경계전로가 분기되어 각 분기회로의 정격전류가 60[A] 이하로 되는 경우 당해 분기회로마다 2급 누전경보기를 설치한 때에는 당해 경계전로에 1급 누전경보기를 설치한 것으로 본다.

연계이론
PHASE 16 누전경보기

2024년 2회 기출문제

01 다음은 자동화재탐지설비의 화재안전기준에서의 배선 관련사항이다. 각 물음에 답하시오. (6점)

(1) 감지기회로 및 부속회로의 전로와 대지 사이 및 배선 상호간의 절연저항은 1경계구역마다 직류 250[V]의 절연저항측정기를 사용하여 측정하였을 때 절연저항이 몇 [MΩ] 이상이 되도록 하여야 하는가?
(2) GP형 수신기의 감지기회로의 배선에 있어서 하나의 공통선에 접속할 수 있는 경계구역은 몇 개 이하이어야 하는가?
(3) 감지기 회로의 종단저항 설치 기준을 2가지만 쓰시오.

 •
 •

정답
(1) 0.1[MΩ] 이상
(2) 7개 이하
(3) • 점검 및 관리가 쉬운 장소에 설치할 것
 • 전용함을 설치하는 경우 그 설치 높이는 바닥으로부터 1.5[m] 이내로 할 것

해설
(1) 절연저항값에 따른 시험
 • 절연저항 0.1[MΩ] 이상

절연저항계	절연저항	대상
직류 250[V]	0.1[MΩ] 이상	1경계구역의 절연저항

 • 절연저항 5[MΩ] 이상

절연저항계	절연저항	대상
직류 500[V]	5[MΩ] 이상	• 누전경보기 • 가스누설경보기 • 수신기 • 자동화재속보설비 • 비상경보설비 • 유도등(교류입력 측과 외함 간 포함) • 비상조명등(교류입력 측과 외함 간 포함)

 • 절연저항 20[MΩ] 이상

절연저항계	절연저항	대상
직류 500[V]	20[MΩ] 이상	• 경종 • 발신기 • 중계기 • 비상콘센트 • 기기의 절연된 선로 간 • 기기의 충전부와 비충전부 간 • 기기의 교류입력 측과 외함 간(유도등, 비상조명등은 제외)

- 절연저항 50[MΩ] 이상

절연저항계	절연저항	대상
직류 500[V]	50[MΩ] 이상	• 감지기(정온식 감지선형 감지기 제외) • 가스누설경보기 • 수신기

- 절연저항 1,000[MΩ] 이상

절연저항계	절연저항	대상
직류 500[V]	1,000[MΩ] 이상	• 정온식 감지선형 감지기

(3) 종단저항 설치기준
- 점검 및 관리가 쉬운 장소에 설치할 것
- 전용함을 설치하는 경우 그 설치 높이는 바닥으로부터 1.5[m] 이내로 할 것
- 감지기회로의 끝부분에 설치하며, 종단감지기에 설치할 경우에는 구별이 쉽도록 해당 감지기의 기판 및 감지기 외부 등에 별도의 표시를 할 것

연계이론 PHASE 09 감지기

02
옥내소화전설비의 비상전원으로 자가발전설비, 축전지설비 또는 전기저장장치를 설치할 때 비상전원 설치기준 3가지를 쓰시오. (5점)

-
-
-

정답
- 점검에 편리하고 화재 및 침수 등의 재해로 인한 피해를 받을 우려가 없는 곳에 설치할 것
- 옥내소화전설비를 유효하게 20분 이상 작동할 수 있어야 할 것
- 상용전원으로부터 전력의 공급이 중단된 때에는 자동으로 비상전원으로부터 전력을 공급받을 수 있도록 할 것

해설
- 점검에 편리하고 화재 및 침수 등의 재해로 인한 피해를 받을 우려가 없는 곳에 설치할 것
- 옥내소화전설비를 유효하게 20분 이상 작동할 수 있어야 할 것
- 상용전원으로부터 전력의 공급이 중단된 때에는 자동으로 비상전원으로부터 전력을 공급받을 수 있도록 할 것
- 비상전원의 설치장소는 다른 장소와 방화구획할 것
- 비상전원을 실내에 설치하는 때에는 그 실내에 비상조명등을 설치할 것

연계이론 PHASE 27 전원

03

다음은 어느 특정소방대상물의 평면도이다. 건축물의 주요구조부는 내화구조이고, 층의 높이는 4.5[m]일 때 다음 각 물음에 답하시오. (단, 차동식 스포트형 감지기 1종을 설치한다.) (7점)

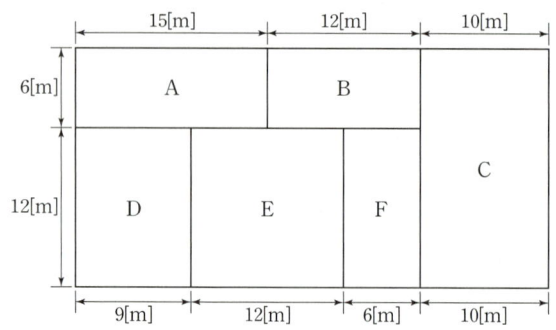

(1) 각 실별로 설치하여야 할 감지기의 수량을 구하시오.

구분	계산과정	설치수량[개]
A실		
B실		
C실		
D실		
E실		
F실		
합계		

(2) 총 경계구역수를 구하시오.

정답

(1)

구분	계산과정	설치수량[개]
A실	$\frac{15 \times 6}{45} = 2$	2개
B실	$\frac{12 \times 6}{45} = 1.6$	2개
C실	$\frac{10 \times (12+6)}{45} = 4$	4개
D실	$\frac{9 \times 12}{45} = 2.4$	3개
E실	$\frac{12 \times 12}{45} = 3.2$	4개
F실	$\frac{6 \times 12}{45} = 1.6$	2개
합계	2+2+4+3+4+2=17	17개

(2) • 계산과정: $\frac{(15+12+10) \times (6+12)}{600} = 1.11 \rightarrow 2$

• 답: 2경계구역

해 설

(1) 내화구조(철근콘크리트)의 건물로서 천장높이가 4.5[m]이고 차동식 스포트형 1종 감지기를 설치한다고 하였으므로 다음 표에서 바닥면적을 산정한다.

(단위: [m²])

부착높이 및 특정소방대상물의 구분		감지기의 종류						
		차동식 스포트형		보상식 스포트형		정온식 스포트형		
		1종	2종	1종	2종	특종	1종	2종
4[m] 미만	내화구조	90	70	90	70	70	60	20
	기타구조	50	40	50	40	40	30	15
4[m] 이상 8[m] 미만	내화구조	45	35	45	35	35	30	—
	기타구조	30	25	30	25	25	15	—

바닥면적 45[m²]이 산정되었으므로 감지기 개수는 $\frac{전용면적[m^2]}{45[m^2]}$ 으로 산출한다.

- A실: $\frac{15 \times 6}{45} = 2$
- B실: $\frac{12 \times 6}{45} = 1.6 \rightarrow 2$(소수점 절상)
- C실: $\frac{10 \times (12+6)}{45} = 4$
- D실: $\frac{9 \times 12}{45} = 2.4 \rightarrow 3$(소수점 절상)
- E실: $\frac{12 \times 12}{45} = 3.2 \rightarrow 4$(소수점 절상)
- F실: $\frac{6 \times 12}{45} = 1.6 \rightarrow 2$(소수점 절상)

(2) 1경계구역당 600[m²] 이하로 해야 하고 한 변의 길이는 50[m] 이하로 해야 한다.

전체 면적은 $(15+12+10) \times (6+12) = 666[m^2]$이므로 경계구역수는 $\frac{666}{600} = 1.11 \rightarrow 2$(소수점 절상)이다.

연계이론 PHASE 09 감지기

---

04 비상콘센트설비의 상용전원회로의 배선은 다음의 경우에 어디에서 분기하여 전용배선으로 하는지를 설명하시오. (4점)

(1) 저압수전인 경우:

(2) 특고압수전 또는 고압수전인 경우:

정 답
(1) 인입개폐기의 직후
(2) 전력용변압기 2차 측의 주차단기 1차 측 또는 2차 측

해 설 비상콘센트설비의 전원 설치기준

상용전원회로의 배선은 저압수전인 경우에는 인입개폐기의 직후에서, 고압수전 또는 특고압수전인 경우에는 전력용변압기 2차 측의 주차단기 1차 측 또는 2차 측에서 분기하여 전용배선으로 할 것

연계이론 PHASE 25 비상콘센트설비

05 다음은 누전경보기의 형식승인 및 제품검사의 기술기준에 대한 내용이다. 각 물음에 답하시오. (6점)

(1) 전구는 사용전압의 몇 [%]인 교류전압을 20시간 연속하여 가하는 경우 단선, 현저한 광속변화, 흑화, 전류의 저하 등이 발생하지 않아야 하는가?
(2) 전구는 몇 개 이상을 병렬로 접속하여야 하는가?
(3) 누전경보기의 공칭작동전류치는 몇 [mA] 이하이어야 하는가?

정답
(1) 130[%]
(2) 2개 이상
(3) 200[mA] 이하

해설
(1), (2) 누전경보기의 표시등 설치기준
- 전구는 사용전압의 130[%]인 교류전압을 20시간 연속하여 가하는 경우 단선, 현저한 광속변화, 흑화, 전류의 저하 등이 발생하지 아니하여야 한다.
- 소켓은 접촉이 확실하여야 하며 쉽게 전구를 교체할 수 있도록 부착하여야 한다.
- 전구는 2개 이상을 병렬로 접속하여야 한다. 다만, 방전등 또는 발광다이오드의 경우에는 그러하지 아니한다.
- 전구에는 적당한 보호커버를 설치하여야 한다. 다만, 발광다이오드의 경우에는 그러하지 아니하다.
- 누전화재의 발생을 표시하는 표시등(이하 "누전등"이라 한다)이 설치된 것은 등이 켜질 때 적색으로 표시되어야 하며, 누전화재가 발생한 경계전로의 위치를 표시하는 표시등(이하 "지구등"이라 한다)과 기타의 표시등은 다음과 같아야 한다.
  - 지구등은 적색으로 표시되어야 한다. 이 경우 누전등이 설치된 수신부의 지구등은 적색 외의 색으로도 표시할 수 있다.
  - 기타의 표시등은 적색 외의 색으로 표시되어야 한다. 다만, 누전등 및 지구등과 쉽게 구별할 수 있도록 부착된 기타의 표시등은 적색으로도 표시할 수 있다.

(3) 누전경보기의 공칭작동전류치(누전경보기를 작동시키기 위하여 필요한 누설전류의 값으로서 제조자에 의하여 표시된 값)는 200[mA] 이하이어야 한다.

연계이론 PHASE 16 누전경보기

06 공구를 사용하는 데 따른 손실비용을 의미하는 공구손료의 적용범위를 쓰시오. (3점)

정답 직접 노무비의 3[%]까지 계상

해설 공구손료는 일반공구 및 시험용 계측기구류의 손료로서 공사중 상시 일반적으로 사용하는 것을 말하며, 직접 노무비의 3[%]까지 계상한다.

07

다음은 화재안전기준에 다른 내화배선의 공사방법에 관한 사항이다. (   ) 안에 알맞은 말을 쓰시오.

(5점)

- 금속관·2종 금속제 가요전선관 또는 (①)에 수납하여 내화구조로 된 벽 또는 바닥 등에 벽 또는 바닥의 표면으로부터 (②)[mm] 이상의 깊이로 매설해야 한다. 다만, 다음의 기준에 적합하게 설치하는 경우에는 그렇지 않다.
  - 배선을 내화성능을 갖는 배선전용실 또는 배선용 샤프트·피트·덕트 등에 설치하는 경우
  - 배선전용실 또는 배선용 샤프트·피트·덕트 등에 다른 설비의 배선이 있는 경우에는 이로부터 (③)[cm] 이상 떨어지게 하거나 소화설비의 배선과 이웃하는 다른 설비의 배선 사이에 배선지름(배선의 지름이 다른 경우에는 가장 큰 것을 기준으로 한다)의 (④)배 이상의 높이의 불연성 격벽을 설치하는 경우
- 내화전선은 (⑤)공사의 방법에 따라 설치해야 한다.

정답

① 합성수지관
② 25
③ 15
④ 1.5
⑤ 케이블

해설

내화배선의 공사방법

사용전선의 종류	공사방법
1. 450/750[V] 저독성 난연 가교 폴리올레핀 절연 전선 2. 0.6/1[kV] 가교 폴리에틸렌 절연 저독성 난연 폴리올레핀 시스 전력 케이블 3. 6/10[kV] 가교 폴리에틸렌 절연 저독성 난연 폴리올레핀 시스 전력용 케이블 4. 가교 폴리에틸렌 절연 비닐시스 트레이용 난연 전력케이블 5. 0.6/1[kV] EP 고무절연 클로로프렌 시스 케이블 6. 300/500[V] 내열성 실리콘 고무 절연전선 7. 내열성 에틸렌-비닐 아세테이트 고무절연 케이블 8. 버스 덕트(Bus Duct) 9. 기타 [전기용품 및 생활용품 안전관리법] 및 [전기설비기술기준]에 따라 동등 이상의 내화성능이 있다고 주무부 장관이 인정하는 것	금속관·2종 금속제 가요전선관 또는 합성수지관에 수납하여 내화구조로 된 벽 또는 바닥 등에 벽 또는 바닥의 표면으로부터 25[mm] 이상의 깊이로 매설 [미적용 기준] • 배선을 내화성능을 갖는 배선전용실 또는 배선용 샤프트·피트·덕트 등에 설치하는 경우 • 배선전용실 또는 배선용 샤프트·피트·덕트 등에 다른 설비의 배선이 있는 경우에는 이로부터 15[cm] 이상 떨어지게 하거나 소화설비의 배선과 이웃하는 다른 설비의 배선 사이에 배선지름(배선의 지름이 다른 경우에는 가장 큰 것 기준)의 1.5배 이상의 높이의 불연성 격벽을 설치하는 경우
내화전선	케이블공사

연계이론 PHASE 39 배선

08 다음 도면은 내화구조인 특정소방대상물에 설치된 공기관식 차동식 분포형 감지기에 대한 것이다. 다음 각 물음에 답하시오. (8점)

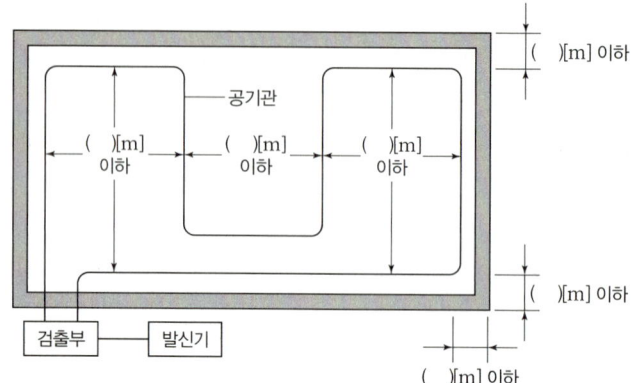

(1) 공기관과 감지구역의 각 변과의 수평거리와 공기관 상호간의 거리를 그림의 ( ) 안에 알맞은 답을 쓰시오.
(2) 발신기에 종단저항을 설치하는 경우 검출부와 발신기간의 배선수를 도면에 표시하시오.
(3) 공기관의 노출 부분은 감지구역마다 몇 [m] 이상이 되도록 하여야 하는가?
(4) 하나의 검출부에 접속하는 공기관의 길이는 몇 [m] 이하가 되도록 하여야 하는가?
(5) 검출부는 몇 도 이상 경사되지 아니하도록 설치하여야 하는가?
(6) 검출부의 설치높이를 쓰시오.
(7) 공기관의 재질을 쓰시오.

정답

(1), (2)

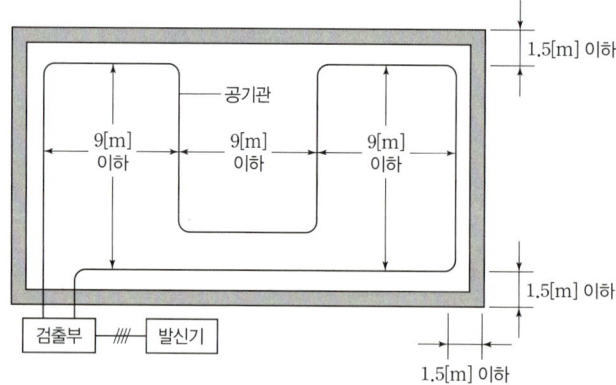

(3) 20[m]
(4) 100[m]
(5) 5도
(6) 바닥에서 0.8[m] 이상 1.5[m] 이하
(7) 중공동관

해 설 공기관식 차동식 분포형 감지기의 설치기준

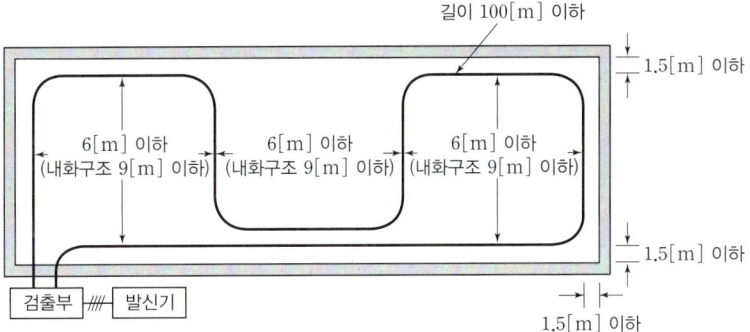

- 공기관의 노출부분은 감지구역마다 20[m] 이상이 되도록 할 것
- 공기관과 감지구역의 각 변과의 수평거리는 1.5[m] 이하가 되도록 하고, 공기관 상호 간의 거리는 6[m](주요 구조부를 내화구조로 한 특정소방대상물 또는 그 부분에 있어서는 9[m]) 이하가 되도록 할 것
- 공기관은 도중에서 분기하지 않도록 할 것
- 하나의 검출부에 접속하는 공기관의 길이는 100[m] 이하가 되도록 할 것
- 검출부는 5° 이상 경사지지 않도록 할 것
- 검출부는 바닥으로부터 0.8[m] 이상 1.5[m] 이하의 위치에 설치할 것
※ 발신기와 검출부 사이의 전선수는 4가닥이다.

연계이론 PHASE 10 열감지기

09 다음은 한국전기설비규정(KEC)에서 규정하는 전기적 접속에 대한 내용이다. ( ) 안에 알맞은 말을 넣으시오. (5점)

- 배선설비가 바닥, 벽, 지붕, 천장, 칸막이 중공벽 등 건축구조물을 관통하는 경우, 배선설비가 통과한 후에 남는 개구부는 관통 전의 건축구조 각 부재에 규정된 (①)에 따라 밀폐하여야 한다.
- 내화성능이 규정된 건축구조부재를 관통하는 (②)는 윗 함에서 요구한 외부의 밀폐와 마찬가지로 관통 전에 각 부의 내화등급이 되도록 내부도 밀폐하여야 한다.
- 관련 제품 표준에서 자기소화성으로 분류되고 최대 내부단면적이 (③)[mm²] 이하인 전선관, 케이블트렁킹 및 (④)은 다음과 같은 경우라면 내부적으로 밀폐하지 않아도 된다.
  - 보호등급 IP33에 관한 KS C IEC 60529(외곽의 방진 보호 및 방수 보호 등급)의 시험에 합격한 경우
  - 관통하는 건축 구조체에 의해 분리된 구획의 하나 안에 있는 배선설비의 단말이 보호등급 IP33에 관한 KS C IEC 60529(외함의 밀폐 보호등급 구분(IP코드))의 시험에 합격한 경우
- 배선설비는 그 용도가 (⑤)을 견디는 데 사용되는 건축구조부재를 관통해서는 안 된다. 다만, 관통 후에도 그 부재가 하중에 견딘다는 것을 보증할 수 있는 경우는 제외한다.

정 답
① 내화등급
② 배선설비
③ 710
④ 케이블덕팅시스템
⑤ 하중

10 차동식 스포트형 감지기의 구조에 관한 다음 그림에서 주어진 번호의 명칭을 쓰시오. (4점)

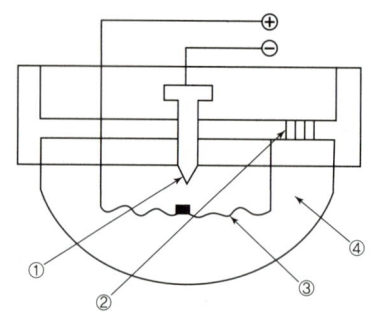

정답 ① 고정접점　② 리크구멍　③ 다이어프램　④ 감열실

해설 **차동식 스포트형 감지기의 구조**

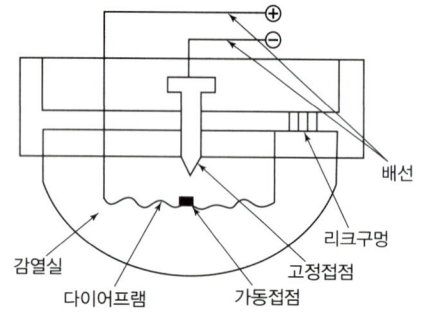

감열실	열을 유효하게 받는 곳
다이어프램	공기의 팽창에 의해 접점을 붙게 만드는 역할
가동접점	공기 팽창에 의해 움직이는 접점으로 고정접점과 접촉 시 화재신호를 발신
고정접점	가동접점과 접촉이 될 경우 화재신호를 발신
리크구멍	감지기의 오작동을 방지하기 위함

연계이론 **PHASE 10** 열감지기

11 아래 그림과 같은 논리회로를 보고 각 물음에 답하시오. (9점)

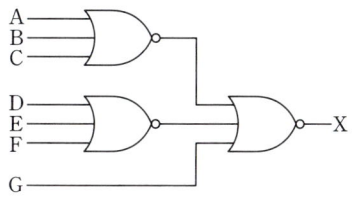

(1) 논리식으로 가장 간단히 표현하시오. (단, 간소화과정도 쓰도록 한다.)
(2) AND, OR, NOT 회로를 이용한 등가회로로 그리시오.
(3) 유접점회로로 그리시오.

정답

(1) $X = \overline{\overline{A+B+C} + \overline{D+E+F} + G}$
$= \overline{\overline{A+B+C}} \cdot \overline{\overline{D+E+F}} \cdot \overline{G}$
$= (A+B+C) \cdot (D+E+F) \cdot \overline{G}$

(2)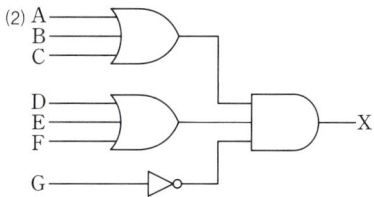

(3)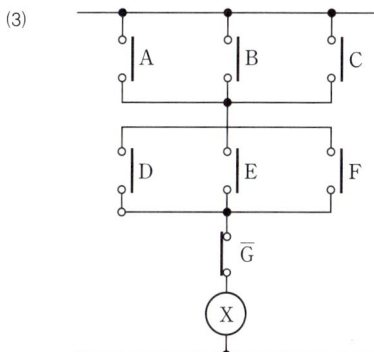

해설

(1) 그림의 논리회로를 논리식으로 표현하면 $X = \overline{\overline{A+B+C} + \overline{D+E+F} + G}$이 된다.
여기서 $\overline{A+B+C}$를 T라 하고 $\overline{D+E+F}$를 Q라 놓으면 $\overline{\overline{A+B+C} + \overline{D+E+F} + G} = \overline{T+Q+G}$가 된다.
드 모르간의 법칙에 의해 $\overline{T+Q+G} = \overline{T} \cdot \overline{Q} \cdot \overline{G}$이 성립되고 이를 풀어쓰면 $\overline{\overline{A+B+C}} \cdot \overline{\overline{D+E+F}} \cdot \overline{G}$이 된다.
여기서 $\overline{\overline{A}} = A$의 성질을 이용하면
$X = \overline{\overline{A+B+C} + \overline{D+E+F} + G} = \overline{\overline{A+B+C}} \cdot \overline{\overline{D+E+F}} \cdot \overline{G} = (A+B+C) \cdot (D+E+F) \cdot \overline{G}$

(2)

점선 부분은 다음과 같이 등가회로로 변형이 가능하다.

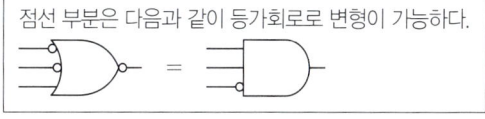

등가 논리회로를 적용하면 회로는 다음과 같이 나타낼 수 있다.

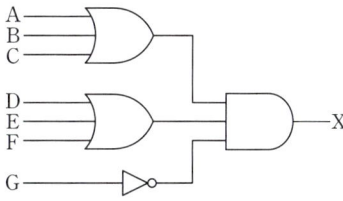

연계이론 PHASE 41 논리회로

12 자동화재탐지설비의 발신기에서 표시등(30[mA]/1개), 경종(50[mA]/1개)로 1회로당 80[mA]의 전류가 소모되며, 지하 1층, 지상 5층의 각 층별 2회로씩 총 12회로인 공장에서 P형 수신반 최말단 발신기까지 600[m] 떨어진 경우 다음 각 물음에 답하시오. (8점)

(1) 표시등 및 경종의 최대소요전류[A]와 총 소요전류[A]를 구하시오.
   ① 표시등의 최대소요전류
   ② 경종의 최대소요전류
   ③ 총 소요전류

(2) 2.5[mm²]의 전선을 사용한 경우 최말단 경종 동작 시 전압강하는 얼마인지 계산하시오.
   • 계산과정:
   • 답:

(3) 자동화재탐지설비의 음향장치는 정격전압의 몇 [%] 전압에서 음향을 발할 수 있어야 하는가?

(4) (2)의 계산에 의한 경종 작동 여부를 설명하시오.
   • 이유:
   • 답:

정답

(1) ① 0.36[A]
    ② 0.6[A]
    ③ 0.96[A]

(2) • 계산과정: $e = \dfrac{35.6 \times 600 \times 0.96}{1,000 \times 2.5} = 8.2[V]$
    • 답: 8.2[V]

(3) 80[%]

(4) 작동하지 않음

해설

(1) ① 표시등이 필요한 층수는 6개(지하 1층~지상 5층)이고 각 층별 2회로씩 적용하므로 표시등의 소요전류는
    $30 \times 6 \times 2 = 360[mA] = 0.36[A]$이다.
   ② 층수가 11층(공동주택의 경우 16층) 미만인 건물에 해당하므로 일제경보방식에 의해 경보를 하게 된다. 즉, 어떤 층에서 화재를 경보할 경우 항상 12개의 경종이 울리게 되므로 경종의 최대소요전류는
    $50 \times 12 = 600[mA] = 0.6[A]$이다.
   ③ 총 소요전류 I = 표시등의 최대소요전류 + 경종의 최대소요전류 = 0.36[A] + 0.6[A] = 0.96[A]

(2) 단상 2선식의 전압강하 $e = \dfrac{35.6 L I}{1,000 A}$[V]이고 최말단 경종이 울릴 경우 소요 전류는 0.96[A]이므로
    $e = \dfrac{35.6 \times 600 \times 0.96}{1,000 \times 2.5} = 8.2[V]$이다.

(3), (4)
자동화재탐지설비의 음향장치는 정격전압(직류 24[V])의 80[%] 전압에서 음향을 발해야 한다.
즉, $24 \times 0.8 = 19.2[V]$ 이상인 경우에만 음향장치가 작동한다.
수신기의 입력전압은 24[V]이고 (2)의 전압강하를 고려하면 최종 출력전압은 $24 - 8.2 = 15.8[V]$이다. 이 전압은 19.2[V]보다 낮으므로 음향장치(경종)는 작동하지 않는다.

연계이론 PHASE 36 전압강하와 전선의 단면적

13 P형 1급 수신기와 감지기와의 배선회로에서 종단저항은 4.7[kΩ], 배선저항은 28[Ω], 릴레이저항은 12[Ω]이며 회로전압이 직류 24[V]일 때 다음 각 물음에 답하시오. (5점)

(1) 감시상태의 감시전류는 몇 [mA]인지 구하시오.
   - 계산과정:
   - 답:

(2) 감지기가 동작할 때의 동작전류는 몇 [mA]인지 구하시오.
   - 계산과정:
   - 답:

정답

(1) • 계산과정: $I=\dfrac{24}{12+28+4.7\times 10^3}=5.06\times 10^{-3}[\text{A}]=5.06[\text{mA}]$
   • 답: 5.06[mA]

(2) • 계산과정: $I=\dfrac{24}{12+28}=0.6[\text{A}]=600[\text{mA}]$
   • 답: 600[mA]

해설

(1) 감시상태의 경우

감시전류
$I=\dfrac{V}{R}=\dfrac{\text{전압}}{\text{릴레이저항}+\text{배선(선로)저항}+\text{종단저항}}[\text{A}]$
따라서
$I=\dfrac{24}{12+28+4.7\times 10^3}=5.06\times 10^{-3}[\text{A}]$
$\quad=5.06[\text{mA}]$

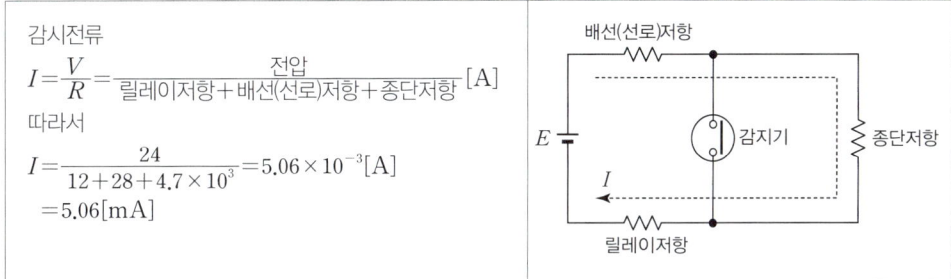

(2) 동작상태의 경우

감지기 동작시 전류는 종단저항으로 흐르지 않으므로
$I=\dfrac{\text{전압}}{\text{릴레이저항}+\text{배선(선로)저항}}[\text{A}]$이다.
따라서 $I=\dfrac{24}{12+28}=0.6[\text{A}]=600[\text{mA}]$

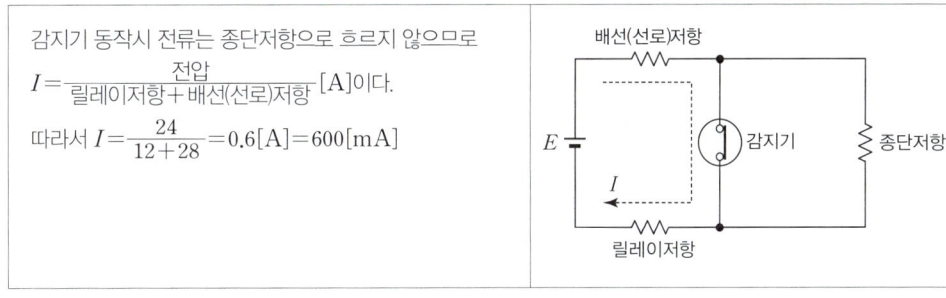

연계이론 PHASE 34 감지기회로의 전류

14 지상 25[m] 되는 곳에 수조가 있다. 이 수조에 분당 20[m³]의 물을 양수하는 펌프용 전동기를 설치하여 3상 전력을 공급하고자 할 때, 단상변압기 2대로 V결선하여 이용하고자 한다. 단상변압기 1대의 용량은 몇 [kVA]인가? (단, 펌프 효율이 70[%]이고, 펌프측 동력에 15[%]의 여유를 두고, 펌프용 3상 농형 유도전동기의 역률은 85[%]로 가정한다.) (5점)

- 계산과정:
- 답:

정답

- 계산과정: $P = \dfrac{P_v}{\sqrt{3}\cos\theta} = \dfrac{\frac{9.8QHK}{\eta t}}{\sqrt{3}\cos\theta} = \dfrac{\frac{9.8\times20\times25\times1.15}{0.7\times60}}{\sqrt{3}\times0.85} = 91.13[\text{kVA}]$
- 답: 91.13[kVA]

해설 전동기 용량

$$P = \dfrac{9.8QHK}{\eta t}[\text{kW}]$$
(단, Q: 양수량[m³], H: 전양정[m], K: 여유계수, η: 효율[%], t: 시간[s])

분당 양수량으로 주어졌으므로 $Q=20[\text{m}^3]$, $t=60[\text{s}]$를 적용한다.
따라서 전동기 용량 $P_v = \dfrac{9.8\times20\times25\times1.15}{0.7\times60} = 134.17[\text{kW}]$
이때 단상 변압기 용량은 $P_v = \sqrt{3}\,P\cos\theta$에서 $P = \dfrac{P_v}{\sqrt{3}\cos\theta} = \dfrac{134.17}{\sqrt{3}\times0.85} = 91.13[\text{kVA}]$

연계이론 PHASE 33 전동기 용량

---

15 열전대식 차동식 분포형 감지기는 제어백 효과를 이용한 감지기이다. 다음 각 물음에 답하시오. (6점)

(1) 제어백 효과를 설명하시오.
(2) 열전대의 정의를 쓰시오.
(3) 열전대의 재료로 가장 우수한 금속은 무엇인지 쓰시오.

정답
(1) 서로 다른 금속체를 접합시키고 접합 극단에 열차이를 줄 경우 열기전력에 의해 전류가 흐르는 현상
(2) 서로 다른 종류의 금속을 접합한 것으로 열전효과를 일으키는 금속선
(3) 백금

해설 (1) 열전효과

제어백 효과	서로 다른 금속체를 접합시키고 접합 극단에 열차이를 줄 경우 열기전력에 의해 전류가 흐르는 현상
펠티어 효과	서로 다른 금속체를 접합시키고 전류를 통할 때 전류의 방향에 따라 그 접합부가 뜨거워지거나 냉각되는 현상
톰슨 효과	서로 같은 종류이면서 부분적으로 온도가 다른 금속에 전류를 흐르게 할 때 온도가 바뀌는 부분에서 발열과 흡열이 일어나는 현상

(3) 열전대의 재료는 백금, 백금로듐, 구리, 콘스탄탄 등이 있으며 백금은 온도에 따른 저항 변화가 비례하는 특성을 가지고 있어 열전대 재료로 많이 쓰인다.

연계이론 PHASE 10 열감지기

16 소방시설 설치 및 관리에 관한 법령 시행령에 따라 가스누설경보기를 설치해야 하는 대상 5가지를 쓰시오. (단, 가스시설이 설치된 경우만 해당한다.) (5점)

-
-
-
-
-

> **정답**
> - 문화 및 집회시설
> - 종교시설
> - 판매시설
> - 운수시설
> - 의료시설

> **해설**
> **가스누설경보기를 설치해야 하는 특정소방대상물**
> - 문화 및 집회시설, 종교시설, 판매시설, 운수시설, 의료시설, 노유자시설
> - 수련시설, 운동시설, 숙박시설, 창고시설 중 물류터미널, 장례시설

> **연계이론**
> PHASE 17 가스누설경보기

17 다음은 비상콘센트를 보호하기 위한 비상콘센트보호함의 설치기준이다. ( ) 안에 알맞은 내용을 쓰시오. (5점)

- 보호함에는 쉽게 개폐할 수 있는 (①)을(를) 설치할 것
- 보호함 (②)에 비상콘센트라고 표시한 표지를 할 것
- 보호함 상부에 (③)색의 (④)을(를) 설치할 것(다만, 비상콘센트보호함을 옥내소화전함 등과 접속하여 설치하는 경우에는 (⑤) 등의 표시등과 겸용할 수 있다.)

정답
① 문
② 표면
③ 적
④ 표시등
⑤ 옥내소화전함

해설
비상콘센트보호함의 설치기준
- 보호함에는 쉽게 개폐할 수 있는 문을 설치할 것
- 보호함 표면에 "비상콘센트"라고 표시한 표지를 할 것
- 보호함 상부에 적색의 표시등을 설치할 것. 다만, 비상콘센트의 보호함을 옥내소화전함 등과 접속하여 설치하는 경우에는 옥내소화전함 등의 표시등과 겸용할 수 있다.

연계이론
PHASE 25 비상콘센트설비

18. 이산화탄소 소화설비의 음향경보장치를 설치하려고 한다. 다음 각 물음에 답하시오. (4점)

(1) 방호구역 또는 방호대상물이 있는 구획의 각 부분으로부터 하나의 확성기까지의 수평거리는 몇 [m] 이하로 하여야 하는가?
(2) 소화약제의 방사 개시 후 몇 분 이상 경보를 발하여야 하는가?

정답
(1) 25[m] 이하
(2) 1분 이상

해설

이산화탄소소화설비의 음향경보장치 설치기준

이산화탄소소화설비의 음향경보장치는 다음의 기준에 따라 설치해야 한다.
- 수동식 기동장치를 설치한 것은 그 기동장치의 조작과정에서, 자동식 기동장치를 설치한 것은 화재감지기와 연동하여 자동으로 경보를 발하는 것으로 할 것
- 소화약제의 방출개시 후 1분 이상 경보를 계속할 수 있는 것으로 할 것
- 방호구역 또는 방호대상물이 있는 구획 안에 있는 자에게 유효하게 경보할 수 있는 것으로 할 것

방송에 따른 경보장치를 설치할 경우에는 다음의 기준에 따라야 한다.
- 증폭기 재생장치는 화재 시 연소의 우려가 없고, 유지관리가 쉬운 장소에 설치할 것
- 방호구역 또는 방호대상물이 있는 구획의 각 부분으로부터 하나의 확성기까지의 수평거리는 25[m] 이하가 되도록 할 것
- 제어반의 복구스위치를 조작하여도 경보를 계속 발할 수 있는 것으로 할 것

연계이론 PHASE 04 이산화탄소소화설비

2024년 3회 기출문제

01 주어진 도면은 유도전동기 기동·정지회로의 미완성 도면이다. 다음 각 물음에 답하시오. (8점)

[동작설명]
㈎ 전원을 투입하면 표시램프 GL이 점등되도록 한다.
㈏ 전동기 기동용 푸시버튼스위치를 누르면 전자접촉기 MC가 여자되고, MC-a접점에 의해 자기유지되며 RL이 점등된다. 동시에 전동기가 기동되고, GL등이 소등된다.
㈐ 전동기가 정상운전 중 정지용 푸시버튼 스위치를 누르거나 열동계전기가 작동되면 전동기는 정지하고 최초의 상태로 복귀한다.

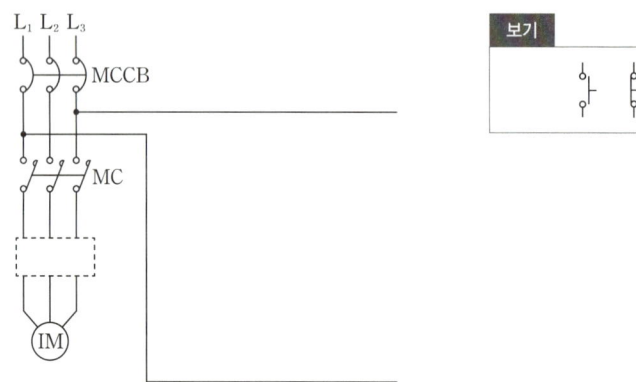

(1) 주어진 [보기]의 접점을 이용하여 보조회로(제어회로)를 완성하시오.
(2) 주회로에 대한 점선의 내부를 주어진 도면에 완성하시오.
(3) 열동계전기(THR)는 어떤 경우에 작동하는지 2가지만 쓰시오.

정답

(1), (2)
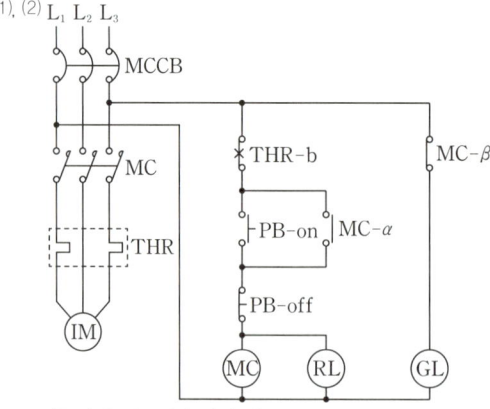

(3) • 전동기에 과부하가 걸릴 때
 • 열동계전기의 전류조정값을 정격전류보다 낮게 설정한 경우

연계 이론 **PHASE 40** 시퀀스 회로

02 누전경보기의 형식승인 및 제품검사의 기술기준을 참고하여 다음 각 물음에 답하시오. (5점)

(1) 감도조정장치를 갖는 누전경보기의 최대치는 몇 [A]인가?

(2) 다음은 변류기의 전로개폐시험에 대한 내용이다. 빈칸을 완성하시오.

> 변류기는 출력단자에 부하저항을 접속하고 경계전로에 당해 변류기의 정격전류의 150[%]인 전류를 흘린 상태에서 경계전로의 개폐를 (   )회 반복하는 경우 그 출력전압치는 공칭작동전류치의 42[%]에 대응하는 출력전압치 이하이어야 한다.

(3) 변류기는 DC 500[V]의 절연저항계로 시험을 하는 경우 5[MΩ] 이상이어야 한다. 측정위치 3곳을 쓰시오.
-
-
-

정답

(1) 1[A]
(2) 5
(3) • 절연된 1차 권선과 2차 권선 간
    • 절연된 1차 권선과 외부금속부 간
    • 절연된 2차 권선과 외부금속부 간

해설

(1) 감도조정장치를 갖는 누전경보기에 있어서 감도조정장치의 조정범위는 최대치가 1[A] 이어야 한다

(2) **전로개폐시험**
변류기는 출력단자에 부하저항을 접속하고, 경계전로에 당해 변류기의 정격전류의 150[%]인 전류를 흘린 상태에서 경계전로의 개폐를 5회 반복하는 경우 그 출력전압치는 공칭작동전류치의 42[%]에 대응하는 출력전압치 이하이어야 한다.

(3)

구분	시험전압	절연저항	시험위치
변류기	직류 500[V]	5[MΩ] 이상	• 절연된 1차 권선과 2차 권선 간의 절연저항 • 절연된 1차 권선과 외부금속부 간의 절연저항 • 절연된 2차 권선과 외부금속부 간의 절연저항

연계이론

PHASE 16 누전경보기

03 자동화재탐지설비 수신기의 동시작동시험의 목적을 쓰시오. (3점)

정답

감지기회로가 동시에 수회선 작동하더라도 수신기의 기능에 이상이 없는지를 확인하기 위함

연계이론

PHASE 50 수신기의 시험

04 예비전원설비로 이용되는 축전지에 대한 다음 각 물음에 답하시오. (6점)

(1) 자기방전량만을 항상 충전하는 방식의 명칭을 쓰시오.
(2) 비상용 조명부하 200[V]용, 50[W] 80등과 30[W] 70등이 있다. 방전시간은 30분이고, 축전지는 HS형 110cell이며, 허용최저전압은 190[V], 최저축전지온도가 5[℃]일 때 축전지용량[Ah]을 구하시오. (단, 경년용량저하율은 0.8, 용량환산시간은 1.2[h]이다.)
- 계산과정:
- 답:
(3) 연축전지와 알칼리축전지의 공칭전압[V/cell]을 쓰시오.
- 연축전지:
- 알칼리축전지:

정답

(1) 세류충전방식
(2) • 계산과정: $I = \dfrac{50 \times 80 + 30 \times 70}{200} = 30.5[A]$
 • 답: $C = \dfrac{1}{0.8} \times 1.2 \times 30.5 = 45.75[Ah]$
(3) • 연축전지: 2[V/cell]
 • 알칼리축전지: 1.2[V/cell]

해설

(1) 축전지의 충전방식

구분	의미
보통충전방식	정기적으로 표준시간율로 충전하는 방식
급속충전방식	일반 충전전류의 2~3배의 전류로 충전하는 방식
세류충전방식	자기방전량만 상시 충전하는 방식
부동충전방식	축전지의 자기방전을 보충하면서 상용부하에 대한 전력공급은 충전기가 부담하되, 일시적인 대전류 부하에는 축전지가 부담하도록 하는 방식
회복충전방식	축전지의 과방전 및 방치상태, 가벼운 설페이션 현상 등이 생겼을 때 기능회복을 위하여 실시하는 충전방식

(2) 축전지 용량

$$C = \dfrac{1}{L} KI [Ah]$$
(단, L: 보수율(용량저하율), K: 용량환산시간계수, I: 부하전류[A])

부하전류 $I = \dfrac{P}{V} = \dfrac{50 \times 80 + 30 \times 70}{200} = 30.5[A]$

따라서 축전지 용량 $C = \dfrac{1}{0.8} \times 1.2 \times 30.5 = 45.75[Ah]$

(3) 연축전지와 알칼리축전지의 특징

구분	연축전지	알칼리축전지
공칭전압	2.0[V/cell]	1.2[V/cell]
방전율	10[h]	5[h]

연계이론   PHASE 29 축전지

05

단독경보형 감지기의 설치기준이다. (　) 안에 들어갈 알맞은 내용을 채우시오. (5점)

- 각 실마다 설치하되, 바닥면적이 (①)[m²]를 초과하는 경우에는 (①)[m²]마다 1개 이상 설치할 것
- 이웃하는 실내의 바닥면적이 각각 (②)[m²] 미만이고 벽체 상부의 전부 또는 일부가 개방되어 이웃하는 실내와 공기가 상호 유통되는 경우에는 이를 (③)개의 실로 본다.
- 최상층의 (④)의 천장[외기가 상통하는 (④)의 경우를 제외한다]에 설치할 것
- 상용전원을 주전원으로 사용하는 단독경보형 감지기의 (⑤)는 법 제40조에 따라 제품검사에 합격한 것을 사용할 것

정답

① 150　② 30　③ 1　④ 계단실　⑤ 2차전지

해설

단독경보형 감지기의 설치기준

- 각 실마다 설치하되, 바닥면적이 150[m²]를 초과하는 경우에는 150[m²]마다 1개 이상 설치할 것
- 이웃하는 실내의 바닥면적이 각각 30[m²] 미만이고 벽체 상부의 전부 또는 일부가 개방되어 이웃하는 실내와 공기가 상호 유통되는 경우에는 이를 1개의 실로 본다.
- 최상층의 계단실의 천장(외기가 상통하는 계단실의 경우를 제외한다)에 설치할 것
- 상용전원을 주전원으로 사용하는 단독경보형 감지기의 2차전지는 법 제40조에 따라 제품검사에 합격한 것을 사용할 것

연계이론　PHASE 13 단독경보형 감지기

06

어떤 건물의 사무실 바닥면적이 700[m²]이고, 천장높이가 4[m]로서 내화구조이다. 이 사무실에 차동식 스포트형(2종) 감지기를 설치하려고 한다. 최소 몇 개가 필요한지 구하시오. (4점)

- 계산과정:
- 답:

정답

- 계산과정: $\dfrac{700}{35} = 20$
- 답: 20개

해설

주어진 조건은 차동식 스포트형 감지기 2종, 내화구조, 설치높이 4[m]이므로 다음 표에서 바닥면적을 산정한다.

(단위: [m²])

부착높이 및 특정소방대상물의 구분		감지기의 종류						
		차동식 스포트형		보상식 스포트형		정온식 스포트형		
		1종	2종	1종	2종	특종	1종	2종
4[m] 미만	내화구조	90	70	90	70	70	60	20
	기타구조	50	40	50	40	40	30	15
4[m] 이상 8[m] 미만	내화구조	45	35	45	35	35	30	—
	기타구조	30	25	30	25	25	15	—

바닥면적 35[m²]이 산정되었으므로 감지기 개수는 $\dfrac{\text{전용면적}[m^2]}{35[m^2]} = \dfrac{500}{70} = 20$개가 필요하다.

※ 1경계구역당 면적 600[m²] 이하가 되어야 하지만, 이로 인해 전용 면적을 분리하지 않아도 된다.

연계이론　PHASE 09 감지기

07 다음 도면을 보고 각 물음에 답하시오. (6점)

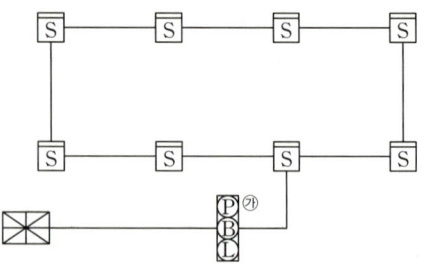

(1) ㉮는 수동으로 화재신호를 발신하는 P형 발신기세트이다. 발신기세트와 수신기 간의 배선길이가 15[m]인 경우 전선은 총 몇 [m]가 필요한지 산출하시오. (단, 층고, 할증 및 여유율 등은 고려하지 않는다.)
  • 계산과정:
  • 답:

(2) 상기 건물에 설치된 감지기가 2종인 경우 8개의 감지기가 최대로 감지할 수 있는 감지구역의 바닥면적 [m^2] 합계를 구하시오. (단, 천장높이는 5[m]인 경우이다.)
  • 계산과정:
  • 답:

(3) 감지기와 감지기 간, 감지기와 P형 발신기세트 간의 길이가 각각 10[m]인 경우 전선관 및 전선물량을 산출과정과 함께 쓰시오. (단, 층고, 할증 및 여유율 등은 고려하지 않는다.)

품명	규격	산출과정	물량[m]
전선관	16C		
전선	1.5[mm^2]		

정답

(1) • 계산과정: $15 \times 6 = 90$[m]
   • 답: 90[m]

(2) • 계산과정: 75[m^2] × 8 = 600[m^2]
   • 답: 600[m^2]

(3)

품명	규격	산출과정	물량[m]
전선관	16C	$10 \times 9 = 90$[m]	90
전선	1.5[mm^2]	$10 \times 2 \times 8 + 10 \times 4 \times 1 = 200$[m]	200

해설

(1) P형 수신기와 발신기 사이의 가닥수는 기본 6가닥(지구회로 1, 지구회로공통 1, 응답 1, 경종 1, 표시등 1, 경종표시등공통 1)으로 구성되어 있다. 즉, 배선길이가 15[m]인 전선이 6가닥이 필요하므로 전선은 15×6=90[m]만큼 필요하다.

(2) 연기감지기의 부착높이에 따른 바닥면적 표

부착높이	감지기의 종류	
	1종 및 2종	3종
4[m] 미만	150[m^2]	50[m^2]
4[m] 이상 20[m] 미만	75[m^2]	

천장이 5[m]라고 하였으므로 연기감지기는 바닥면적 75[m^2]마다 1개 이상 설치해야 한다. 즉 1개의 연기감지기가 감지할 수 있는 구역은 75[m^2]이므로 최대 75[m^2]×8=600[m^2]의 면적을 감지할 수 있다.

(3) [전선관]
- 발신기~감지기 간 거리: 10[m]
- 감지기~감지기 간 거리: 10[m]×8=80[m]

따라서 전선관은 10+80=90[m]가 필요하다.

[전선]
- 자동화재탐지설비의 감지기는 송배선식으로 배선한다. 송배선식의 루프(①)는 2가닥, 그 외 나머지(②)는 4가닥으로 그림과 같이 배선한다.

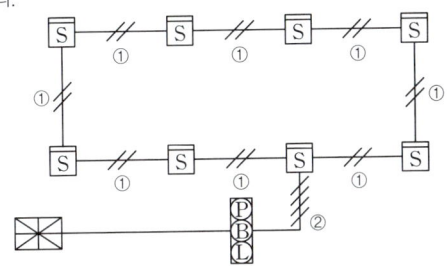

- 루프: $10 \times 2 \times 8 = 160[m]$
- 그 외: $10 \times 4 \times 1 = 40[m]$

따라서 전선은 총 160+40=200[m]가 필요하다.

연계이론   **PHASE 42** 자동화재탐지설비 도면

08
다음 그림은 휘트스톤 브리지 평형회로를 나타낸 것이다. 평형조건을 만족하도록 하는 R_2의 조건을 구하시오. (5점)

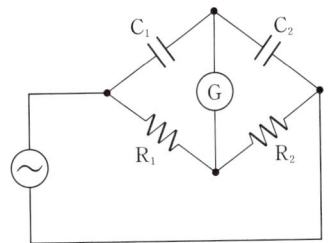

- 계산과정:
- 답:

정답
- 계산과정: $R_2 = \dfrac{1}{j\omega C_2} \times R_1 \times j\omega C_1 = \dfrac{C_1}{C_2} R_1$
- 답: $R_2 = \dfrac{C_1}{C_2} R_1$

해설
콘덴서 C_1의 리액턴스 $\dfrac{1}{j\omega C_1}$, C_2의 리액턴스 $\dfrac{1}{j\omega C_2}$라고 하면

브리지가 평형이 되기 위해 $\dfrac{1}{j\omega C_1} \times R_2 = \dfrac{1}{j\omega C_2} \times R_1$을 만족해야 한다.

따라서 $R_2 = \dfrac{1}{j\omega C_2} \times R_1 \times j\omega C_1 = \dfrac{C_1}{C_2} R_1$일 때 평형조건을 만족한다.

09

전부하 시 출력 8[kW]와 효율이 80[%]이고, 출력 2[kW]에서의 효율이 80[%]가 되는 전동기가 있다. 다음 각 물음에 답하시오. (6점)

(1) 전부하 시 출력 8[kW]와 출력 2[kW] 전동기의 동손의 관계는?
(2) 전부하 시 철손[kW]과 동손[kW]을 구하시오.
  • 계산과정:
  • 답:

정답

(1) 출력 8[kW]인 상태의 전동기의 동손은 출력 2[kW]인 상태의 전동기의 동손보다 16배가 높다.
(2) • 계산과정:

전부하 효율: $\dfrac{8[kW]}{8[kW]+철손+동손} \times 100 = 80$ … ㉠

$\dfrac{1}{4}$ 부하 효율: $\dfrac{2}{2+철손+\left(\dfrac{1}{4}\right)^2 동손} \times 100 = 80$ … ㉡

㉠에서 철손+동손=2, ㉡에서 철손+$\dfrac{1}{16}$동손=0.5임을 알 수 있다.

∴ $\dfrac{15}{16} \times$ 동손 = 1.5이므로 동손은 1.6[kW]이고 ㉠에 의해 철손은 0.4[kW]이다.

• 답: 철손 0.4[kW], 동손 1.6[kW]

해설

전동기의 전부하 효율

• $\eta = \dfrac{출력}{출력+손실} \times 100 = \dfrac{P}{P+P_i+P_c} \times 100 [\%]$
  (단, P: 출력[kW], P_i: 철손[kW], P_c: 전부하 동손[kW])

• $\dfrac{1}{m}$ 부하 시 효율: $\eta_{\frac{1}{m}} = \dfrac{\dfrac{1}{m}P}{\dfrac{1}{m}P+P_i+\left(\dfrac{1}{m}\right)^2 P_c} \times 100 [\%]$

$\dfrac{1}{m}$ 부하 시 전부하에 비해 동손은 $\left(\dfrac{1}{m}\right)^2$ 배로 줄어든다.

10

비상조명등의 설치기준에 관한 사항이다. 다음 각 물음에 답하시오. (6점)

(1) 다음 빈칸을 완성하시오.
  • 조도는 비상조명등이 설치된 장소의 각 부분의 바닥에서 (①) 이상이 되도록 할 것
  • 예비전원을 내장하는 비상조명등에는 평상시 점등 여부를 확인할 수 있는 (②)를 설치하고 해당 조명 등을 유효하게 작동시킬 수 있는 용량의 축전지와 예비전원 충전장치를 내장할 것
(2) 예비전원을 내장하지 않은 비상조명등의 비상전원 설치기준 2가지를 쓰시오.
  •
  •

정답

(1) ① 1[lx]
    ② 점검스위치
(2) • 점검에 편리하고 화재 및 침수 등의 재해로 인한 피해를 받을 우려가 없는 곳에 설치할 것
    • 상용전원으로부터 전력의 공급이 중단된 때에는 자동으로 비상전원으로부터 전력을 공급받을 수 있도록 할 것

> [해 설]

비상조명등의 설치기준
- 특정소방대상물의 각 거실과 그로부터 지상에 이르는 복도·계단 및 그 밖의 통로에 설치할 것
- 조도는 비상조명등이 설치된 장소의 각 부분의 바닥에서 1[lx] 이상이 되도록 할 것
- 예비전원을 내장하는 비상조명등에는 평상시 점등 여부를 확인할 수 있는 점검스위치를 설치하고 해당 조명등을 유효하게 작동시킬 수 있는 용량의 축전지와 예비전원 충전장치를 내장할 것
- 예비전원을 내장하지 않은 비상조명등의 비상전원은 자가발전설비, 축전지설비 또는 전기저장장치(외부 전기에너지를 저장해 두었다가 필요한 때 전기를 공급하는 장치)를 다음의 기준에 따라 설치해야 한다.
  - 점검에 편리하고 화재 및 침수 등의 재해로 인한 피해를 받을 우려가 없는 곳에 설치할 것
  - 상용전원으로부터 전력의 공급이 중단된 때에는 자동으로 비상전원으로부터 전력을 공급받을 수 있도록 할 것
  - 비상전원의 설치장소는 다른 장소와 방화구획할 것. 이 경우 그 장소에는 비상전원의 공급에 필요한 기구나 설비 외의 것(열병합발전설비에 필요한 기구나 설비는 제외한다)을 두어서는 아니 된다.
  - 비상전원을 실내에 설치하는 때에는 그 실내에 비상조명등을 설치할 것

> [연계이론]

PHASE 24 비상조명등

---

11 다음은 국가화재안전기준에서 정하는 옥내소화전설비의 전원 및 비상전원 설치기준에 대한 설명이다. ( ) 안에 알맞은 용어를 쓰시오. (6점)

- 비상전원은 옥내소화전설비를 유효하게 (①)분 이상 작동할 수 있어야 한다.
- 비상전원을 실내에 설치하는 때에는 그 실내에 (②)을(를) 설치하여야 한다.
- 상용전원이 저압수전인 경우에는 (③)의 직후에서 분기하여 전용 배선으로 하여야 한다.

> [정 답]

① 20
② 비상조명등
③ 인입개폐기

> [해 설]

비상전원(자가발전설비, 축전지설비, 전기저장장치) 설치 기준
- 점검에 편리하고 화재 및 침수 등의 재해로 인한 피해를 받을 우려가 없는 곳에 설치할 것
- 옥내소화전설비를 유효하게 20분 이상 작동할 수 있어야 할 것
- 상용전원으로부터 전력의 공급이 중단된 때에는 자동으로 비상전원으로부터 전력을 공급받을 수 있도록 할 것
- 비상전원(내연기관의 기동 및 제어용 축전기를 제외한다)의 설치장소는 다른 장소와 방화구획할 것. 이 경우 그 장소에는 비상전원의 공급에 필요한 기구나 설비 외의 것(열병합발전설비에 필요한 기구나 설비는 제외한다)을 두어서는 안 된다.
- 비상전원을 실내에 설치하는 때에는 그 실내에 비상조명등을 설치할 것

옥내소화전설비의 전원 설치기준
옥내소화전설비에는 그 특정소방대상물의 수전방식에 따라 다음 기준에 따른 상용전원회로의 배선을 설치해야 한다. 다만, 가압수조방식으로서 모든 기능이 20분 이상 유효하게 지속될 수 있는 경우에는 그렇지 않다.
- 저압수전인 경우에는 인입개폐기의 직후에서 분기하여 전용배선으로 해야 하며, 전용의 전선관에 보호되도록 할 것
- 특별고압수전 또는 고압수전일 경우에는 전력용 변압기 2차 측의 주차단기 1차 측에서 분기하여 전용배선으로 하되, 상용전원의 상 공급에 지장이 없을 경우에는 주차단기 2차 측에서 분기하여 전용배선으로 할 것

> [연계이론]

PHASE 27 전원

12 한국전기설비규정(KEC)에서 규정하는 금속관공사의 시설조건에 관한 내용이다. (   ) 안에 알맞은 말을 넣으시오. (5점)

- 전선은 절연전선[(①)을 제외한다]일 것
- 전선은 (②)일 것. 다만, 다음 것은 적용하지 않는다.
  - 짧고 가는 금속관에 넣은 것
  - 단면적 (③)[mm²](알루미늄선은 16[mm²]) 이하의 것
- 전선은 금속관 안에서 (④)이 없도록 할 것
- 관의 끝 부분에는 전선의 피복을 손상하지 아니하도록 (⑤)을 사용할 것

정 답
① 옥외용 비닐절연전선
② 연선
③ 10
④ 접속점
⑤ 부싱

연계이론 PHASE 38 공사의 종류

13 소방시설 설치 및 관리에 관한 법률 시행령에 따라 소방설비의 분류 중 경보설비의 종류를 8가지 쓰시오. (8점)

정 답
- 단독경보형 감지기
- 화재알림설비
- 비상경보설비
- 비상방송설비
- 자동화재탐지설비
- 자동화재속보설비
- 시각경보기
- 통합감시시설

해 설
경보설비는 화재발생 사실을 통보하는 기계·기구 또는 설비로 다음과 같은 종류가 있다.
- 단독경보형 감지기
- 비상경보설비
- 자동화재탐지설비
- 시각경보기
- 화재알림설비
- 비상방송설비
- 자동화재속보설비
- 통합감시시설
- 누전경보기
- 가스누설경보기

연계이론 PHASE 05 경보설비의 종류

14 가로 15[m], 세로 5[m]인 특정소방대상물에 이산화탄소소화설비를 설치하려고 한다. 연기감지기의 최소 개수를 구하시오. (단, 연기감지기는 2종을 설치하고 감지기의 설치높이는 3[m]이다.) (3점)

- 계산과정:
- 답:

정답

- 계산과정: $\dfrac{15 \times 5}{150} = 0.5 \rightarrow 1$개, 교차회로방식 배선이므로 $1 \times 2 = 2$개
- 답: 2개

해설

높이 3[m]인 특정소방대상물에 연기감지기 2종을 설치한다고 하였으므로 다음 표에서 바닥면적 150[m²]을 선정한다.

부착높이	감지기의 종류	
	1종 및 2종	3종
4[m] 미만	150[m²]	50[m²]
4[m] 이상 20[m] 미만	75[m²]	

따라서 감지기 수량 = $\dfrac{\text{전용면적[m}^2\text{]}}{150[\text{m}^2]} = \dfrac{15 \times 5}{150} = 0.5 \rightarrow 1$개이고, 이산화탄소소화설비의 감지기는 교차회로방식으로 배선하므로 2배를 적용하면 $1 \times 2 = 2$개가 필요하다.

연계이론 PHASE 11 연기감지기

---

15 특정소방대상물에 설치된 소방시설 등을 구성하는 전부 또는 일부를 개설, 이전 또는 정비하는 소방시설공사의 착공신고대상 3가지를 쓰시오. (단, 고장 또는 파손 등으로 인하여 작동시킬 수 없는 소방시설을 긴급히 교체하거나 보수하여야 하는 경우에는 신고하지 않을 수 있다.) (6점)

-
-
-

정답

- 수신반
- 소화펌프
- 동력(감시)제어반

해설

소방시설공사의 착공신고 대상은 특정소방대상물에 설치된 소방시설 등을 구성하는 다음에 해당하는 것의 전부 또는 일부를 개설, 이전 또는 정비하는 공사이다. 다만, 고장 또는 파손 등으로 인하여 작동시킬 수 없는 소방시설을 긴급히 교체하거나 보수하여야 하는 경우에는 신고하지 않을 수 있다.
- 수신반
- 소화펌프
- 동력(감시)제어반

연계이론 PHASE 38 공사의 종류

16 역률 80[%], 용량 100[kVA]의 펌프전동기가 있다. 여기에 역률 60[%], 용량 50[kVA]의 전동기를 추가로 설치하려고 할 때 전동기 합성 역률을 90[%]로 개선하고자 하는 경우 필요한 전력용 콘덴서의 용량[kVA]을 구하시오. (6점)

- 계산과정:
- 답:

정답

- 계산과정
  역률 80[%], 용량 100[kVA]의 전동기 → $100 \times 0.8 + j100 \times \sqrt{1-0.8^2} = 80 + j60$[kVA]
  역률 60[%], 용량 50[kVA]의 전동기 → $50 \times 0.6 + j\sqrt{1-0.6^2} = 30 + j40$[kVA]
  전동기의 합성 복소전력 $S = (80+30) + j(60+40) = 110 + j100$[kVA]
  합성 역률 $\cos\theta = \dfrac{110}{\sqrt{110^2 + 100^2}} = 0.74$
  개선전 역률은 0.74, 개선 후 역률은 0.90이므로
  전력용 콘덴서 용량 $Q_c = 110 \times \left(\dfrac{\sqrt{1-0.74^2}}{0.74} - \dfrac{\sqrt{1-0.9^2}}{0.9}\right) = 46.71$[kVA]
- 답: 46.71[kVA]

해설

전력용 콘덴서 용량 산정식

$$Q_c = P(\tan\theta_1 - \tan\theta_2) = P\left(\dfrac{\sin\theta_1}{\cos\theta_1} - \dfrac{\sin\theta_2}{\cos\theta_2}\right) = P\left(\dfrac{\sqrt{1-\cos^2\theta_1}}{\cos\theta_1} - \dfrac{\sqrt{1-\cos^2\theta_2}}{\cos\theta_2}\right) [\text{kVA}]$$

(단, P: 전동기 출력 전력[kW], $\cos\theta_1$: 개선전 역률, $\cos\theta_2$: 개선후 역률)

역률 개선 전 $\cos\theta_1 = 0.74$, 개선 후 $\cos\theta_2 = 0.90$이므로 전력용 콘덴서 용량은
$Q_c = 110 \times \left(\dfrac{\sqrt{1-0.74^2}}{0.74} - \dfrac{\sqrt{1-0.9^2}}{0.9}\right) = 46.71$[kVA]이다.

연계이론 PHASE 32 역률 개선용 콘덴서 용량

17 3상 380[V], 기동전류 135[A], 기동토크 150[%]인 전동기가 있다. 이 전동기를 Y−△기동시 기동전류[A]와 기동토크[%]를 구하시오. (6점)

(1) 기동전류
- 계산과정:
- 답:

(2) 기동토크
- 계산과정:
- 답:

정답

(1) • 계산과정: $I_Y = I \times \dfrac{1}{3} = 135 \times \dfrac{1}{3} = 45$[A]
- 답: 45[A]

(2) • 계산과정: $\tau_Y = \tau \times \dfrac{1}{3} = 150 \times \dfrac{1}{3} = 50$[%]
- 답: 50[%]

해 설 전동기 기동 시 Y－△기동을 하는 이유는 기동 전류를 줄이기 위해서이며, 기동 시에는 Y결선으로 운전하고, 충분한 시간이 지난 이후에는 △결선으로 운전한다. Y－△기동 시 기동전류는 $\frac{1}{3}$배, 기동토크도 $\frac{1}{3}$배가 된다.

연계이론 PHASE 31 유도전동기

18 다음은 연기감지기에 대한 내용으로 각 물음에 답하시오. (6점)

(1) 광전식 스포트형 감지기(산란광식)의 작동원리를 쓰시오.
(2) 광전식 분리형 감지기(감광식)의 작동원리를 쓰시오.
(3) 광전식 스포트형 감지기의 적응장소 2가지를 쓰시오. (단, 환경은 연기가 멀리 이동해서 감지기에 도달하는 장소로 한다.)

•
•

정 답
(1) 화재발생 시 연기입자에 의해 난반사된 빛이 수광부 내로 들어오는 것을 감지하여 동작
(2) 화재발생 시 연기입자에 의해 수광부의 수광량이 감소하므로 이를 검출하여 동작
(3) • 계단
 • 경사로

해 설 (1), (2)

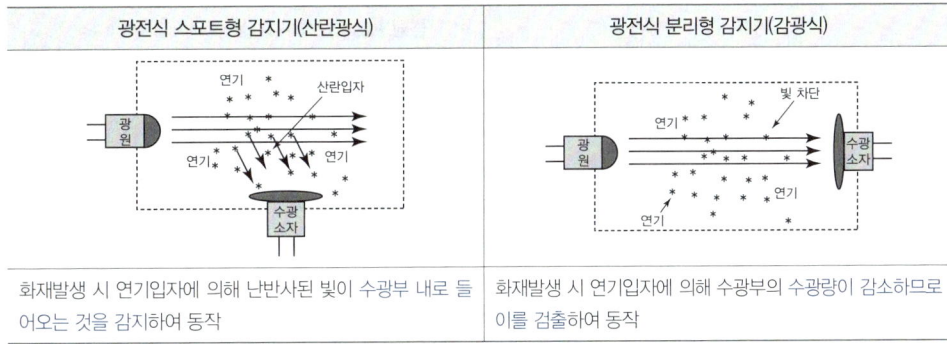

(3) 광전 스포트형 감지기의 적응장소

환경상태	적응장소
흡연에 의해 연기가 체류하며 환기가 되지 않는 장소	회의실, 응접실, 휴게실, 노래연습실, 오락실, 다방, 음식점, 대합실, 카바레 등의 객실, 집회장, 연회장 등
취침시설로 사용하는 장소	호텔 객실, 여관, 수면실 등
연기 이외의 미분이 떠다니는 장소	복도, 통로 등
바람에 영향을 받기 쉬운 장소	로비, 교회, 관람장, 옥탑에 있는 기계실
연기가 멀리 이동해서 감지기에 도달하는 장소	계단, 경사로
훈소화재의 우려가 있는 장소	전화기기실, 통신기기실, 전산실, 기계 제어실

연계이론 PHASE 11 연기감지기

2023년 1회 기출문제

01 비상용 전원설비로서 축전지설비를 계획하려고 한다. 사용되는 부하의 방전전류－시간 특성곡선이 아래와 같을 때 조건을 참조하여 다음 각 물음에 답하시오. (7점)

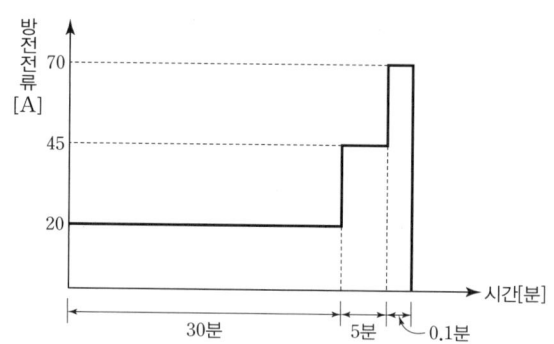

조건

(가) 사용축전지: AH형 알칼리축전지
(나) 최저축전지온도: 5[℃]
(다) 허용최저전압: 1.06[V/cell]
(라) 용량환산시간계수는 아래와 같다.

[용량환산시간계수 K(온도 5[℃]에서)]

형식	허용최저전압 [V/cell]	0.1분	1분	5분	10분	20분	30분	60분	120분
AH	1.10	0.30	0.46	0.56	0.66	0.87	1.04	1.56	2.60
	1.06	0.24	0.33	0.45	0.53	0.70	0.85	1.40	2.45
	1.00	0.20	0.27	0.37	0.45	0.60	0.77	1.30	2.30

(1) 보수율의 의미를 설명하고 이 값은 보통 얼마로 하는지 쓰시오.
 • 의미:
 • 값:

(2) 연축전지와 알칼리축전지의 공칭전압을 쓰시오.
 • 계산과정:
 • 답:

(3) 축전지의 용량을 계산하시오.
 • 계산과정:
 • 답:

정답

(1) • 의미: 사용연수나 사용조건의 변화에 따라 축전지 용량의 변동을 보상하며, 소정의 부하특성을 만족시키기 위해 사용하는 보정계수
 • 값: 0.8

(2) • 연축전지: 2.0[V/cell]
 • 알칼리축전지: 1.2[V/cell]

(3) • 계산과정: $C = \dfrac{1}{0.8} \times (0.85 \times 20 + 0.45 \times 45 + 0.24 \times 70) = 67.56[Ah]$
 • 답: 67.56[Ah]

해설

(1) 보수율: 축전지를 설계하는 경우 필요로 하는 용량(축전지의 크기)을 산출할 때 사용연수나 사용조건의 변화에 따라 축전지 용량의 변동을 보상하며, 소정의 부하특성을 만족시키기 위해 사용하는 보정계수로, 일반적으로 0.8을 적용한다.

(2) 연축전지와 알칼리축전지의 특징

구분	연축전지	알칼리축전지
공칭전압	2.0[V/cell]	1.2[V/cell]
방전율	10[h]	5[h]

(3) 허용최저전압이 1.06[V/cell]이므로 다음 표에서 용량환산시간계수 K를 선정한다.

형식	허용최저전압 [V/cell]	0.1분	1분	5분	10분	20분	30분	60분	120분
AH	1.10	0.30	0.46	0.56	0.66	0.87	1.04	1.56	2.60
	1.06	0.24(K_3)	0.33	0.45(K_2)	0.53	0.70	0.85(K_1)	1.40	2.45
	1.00	0.20	0.27	0.37	0.45	0.60	0.77	1.30	2.30

축전지 용량 $C = \dfrac{1}{L}(K_1 I_1 + K_2 I_2 + K_3 I_3)$로 구할 수 있으며, 각각 $K_1 = 0.85$, $K_2 = 0.45$, $K_3 = 0.24$이고, $I_1 = 20[A]$, $I_2 = 45[A]$, $I_3 = 70[A]$이므로
$C = \dfrac{1}{0.8}(0.85 \times 20 + 0.45 \times 45 + 0.24 \times 70) = 67.56[Ah]$이다.

연계이론 PHASE 29 축전지

02

다음은 감지기의 종류에 대한 내용이다. 각 설명에 해당하는 알맞은 답을 쓰시오. (5점)

(1) 1개의 감지기 내에 서로 다른 종별 또는 감도 등의 기능을 갖춘 것으로서 일정 시간 간격을 두고 각각 다른 2개 이상의 화재신호를 발하는 감지기

(2) 주위의 온도 또는 연기의 양의 변화에 따라 각각 다른 전류치 또는 전압치 등의 출력을 발하는 방식의 감지기

정답

(1) 다신호식 감지기
(2) 아날로그식 감지기

해설

(1) 다신호식 감지기란 1개의 감지기 내에 서로 다른 종별 또는 감도 등의 기능을 갖춘 것으로서 일정 시간 간격을 두고 각각 다른 2개 이상의 화재신호를 발하는 감지기를 말한다.

(2) 아날로그식 감지기란 주위의 온도 또는 연기의 양의 변화에 따라 각각 다른 전류치 또는 전압치 등의 출력을 발하는 방식의 감지기를 말한다.

연계이론 PHASE 10 열감지기

03 비상방송설비에 대한 다음 각 물음에 답하시오. (5점)

(1) 음량조절기의 정의를 쓰시오.

(2) 빈칸을 채우시오.
- 확성기는 각 층마다 설치하되, 그 층의 각 부분으로부터 하나의 확성기까지의 수평거리가 (①)[m] 이하가 되도록 하고, 해당 층의 각 부분에 유효하게 경보를 발할 수 있도록 설치할 것
- 음량조정기를 설치하는 경우 음량조정기의 배선은 (②)선식으로 할 것
- 확성기의 음성입력은 3[W](실내에 설치하는 것에 있어서는 (③)[W]) 이상일 것
- 기동장치에 따른 화재신호를 수신한 후 필요한 음량으로 화재발생상황 및 피난에 유효한 방송이 자동으로 개시될 때까지의 소요시간은 (④)로 할 것

정답

(1) 가변저항을 이용하여 전류를 변화시켜 음량을 크게 하거나 작게 조절할 수 있는 장치

(2) ① 25
② 3
③ 1
④ 10초 이내

해설

(1) 음량조절기란 가변저항을 이용하여 전류를 변화시켜 음량을 크게 하거나 작게 조절할 수 있는 장치를 말한다.

(2) 비상방송설비의 설치기준
- 확성기의 음성입력은 3[W](실내에 설치하는 것에 있어서는 1[W]) 이상일 것
- 확성기는 각 층마다 설치하되, 그 층의 각 부분으로부터 하나의 확성기까지의 수평거리가 25[m] 이하가 되도록 하고, 해당 층의 각 부분에 유효하게 경보를 발할 수 있도록 설치할 것
- 음량조정기를 설치하는 경우 음량조정기의 배선은 3선식으로 할 것
- 조작부의 조작스위치는 바닥으로부터 0.8[m] 이상 1.5[m] 이하의 높이에 설치할 것
- 조작부는 기동장치의 작동과 연동하여 해당 기동장치가 작동한 층 또는 구역을 표시할 수 있는 것으로 할 것
- 증폭기 및 조작부는 수위실 등 상시 사람이 근무하는 장소로서 점검이 편리하고 방화상 유효한 곳에 설치할 것
- 층수가 11층(공동주택의 경우에는 16층) 이상의 특정소방대상물은 다음에 따라 경보를 발할 수 있도록 해야 한다.

발화층	경보층
2층 이상 발화	발화층, 직상 4개층
1층 발화	발화층, 직상 4개층, 지하층
지하층 발화	발화층, 직상층, 기타의 지하층

- 다른 방송설비와 공용하는 것에 있어서는 화재 시 비상경보 외의 방송을 차단할 수 있는 구조로 할 것
- 다른 전기회로에 따라 유도장애가 생기지 않도록 할 것
- 하나의 특정소방대상물에 2 이상의 조작부가 설치되어 있는 때에는 각각의 조작부가 있는 장소 상호 간에 동시통화가 가능한 설비를 설치하고, 어느 조작부에서도 해당 특정소방대상물의 전 구역에 방송을 할 수 있도록 할 것
- 기동장치에 따른 화재신호를 수신한 후 필요한 음량으로 화재 발생 상황 및 피난에 유효한 방송이 자동으로 개시될 때까지의 소요시간은 10초 이내로 할 것
- 음향장치는 다음 기준에 따른 구조 및 성능의 것으로 해야 한다.
  - 정격전압의 80[%] 전압에서 음향을 발할 수 있는 것으로 할 것
  - 자동화재탐지설비의 작동과 연동하여 작동할 수 있는 것으로 할 것

연계이론 PHASE 14 비상방송설비

04 다음 그림은 단상 2선식의 회로이다. V_A가 100[V]일 때, V_B와 V_C의 단자전압을 구하시오. (단, 한 선당 저항은 $R_{AB}=0.03[\Omega]$, $R_{BC}=0.06[\Omega]$이다.) (5점)

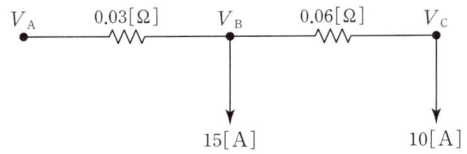

(1) V_B의 단자전압
- 계산과정:
- 답:

(2) V_C의 단자전압
- 계산과정:
- 답:

정답

(1) • 계산과정: $V_A - V_B = e_{AB} = 2IR$이므로 $e_{AB} = 2 \times (15+10) \times 0.03 = 1.5[V]$
∴ $V_B = V_A - e_{AB} = 100 - 1.5 = 98.5[V]$
• 답: 98.5[V]

(2) • 계산과정: $V_B - V_C = e_{BC} = 2IR$이므로 $e_{BC} = 2 \times 10 \times 0.06 = 1.2[V]$
∴ $V_C = V_B - e_{BC} = 98.5 - 1.2 = 97.3[V]$
• 답: 97.3[V]

연계이론 PHASE 36 전압강하와 전선의 단면적

---

05 다음 각 물음에 답하시오. (5점)

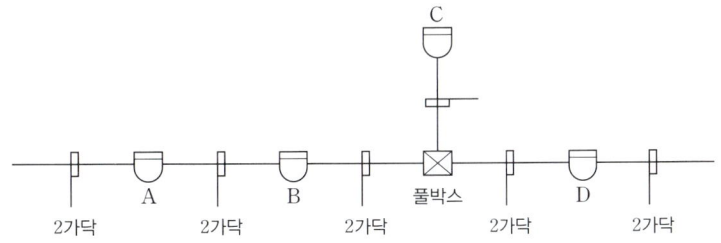

(1) 공기관식 차동식 분포형 감지기의 공기관의 재질은 무엇인지 쓰시오.
(2) 그림과 같이 차동식 스포트형 감지기 A, B, C, D가 있는 경우 배선을 전부 보내기방식으로 배선하면 풀박스와 감지기 C 사이의 배선은 몇 가닥인지 쓰시오.

정답
(1) 중공동관
(2) 4가닥

해설
(1) 구리관으로 가운데가 비어 있는 관을 중공동관이라고 한다.
(2) 송배선식을 보내기방식이라고도 한다. 송배선식의 루프는 2가닥, 그 외 나머지는 4가닥으로 배선한다. 감지기 C는 말단 감지기로 볼 수 있으므로 풀박스와 감지기 C 사이의 배선은 4가닥이다.

연계이론 PHASE 42 자동화재탐지설비 도면

06 다음은 자동화재탐지설비의 P형 1급 수신기의 미완성 결선도이다. 다음 각 물음에 답하시오. (6점)

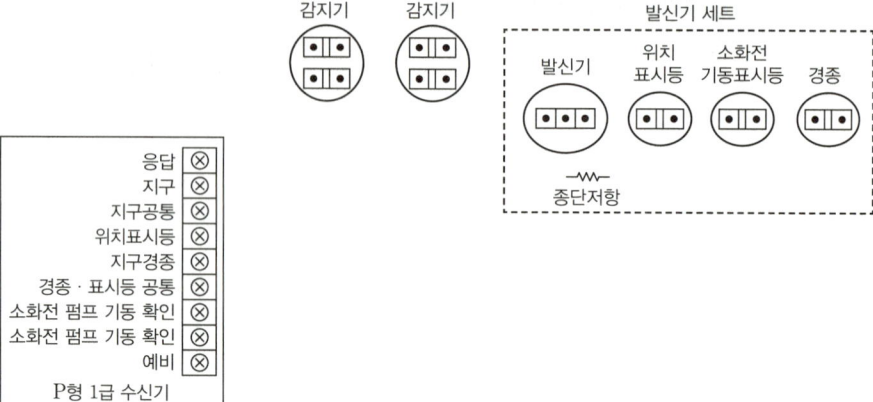

(1) 수신기의 단자에 알맞게 각 기기장치를 연결하시오. (단, 발신기의 단자는 왼쪽으로부터 응답, 지구, 지구공통이다.)
(2) 소화전 기동표시등의 색깔은?
(3) 발신기 위치표시등에 대한 다음 각 물음에 답하시오.
  ① 불빛의 식별범위:
  ② 표시등의 색깔:

정답 (1)

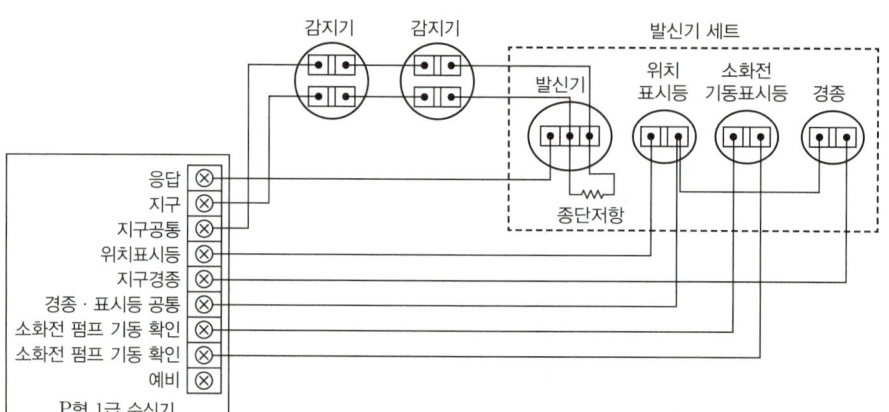

(2) 적색
(3) ① 부착면으로부터 15° 이상의 범위 안에서 부착지점으로부터 10[m] 이내의 어느 곳에서도 쉽게 식별할 수 있을 것
  ② 적색

해설 (1) 수신기의 단자와 종단저항을 연결하는 선은 지구선, 지구공통선이다.
(3) 발신기의 위치를 표시하는 표시등은 함의 상부에 설치하되, 그 불빛은 부착면으로부터 15° 이상의 범위 안에서 부착지점으로부터 10[m] 이내의 어느 곳에서도 쉽게 식별할 수 있는 적색등으로 해야 한다.

연계이론 PHASE 42 자동화재탐지설비 도면

07 무선통신보조설비의 설치기준에 관한 다음 빈칸을 채우시오. (8점)

- 누설동축케이블의 끝부분에는 (①)을 견고하게 설치할 것
- 누설동축케이블 및 동축케이블은 화재에 따라 해당 케이블의 피복이 소실된 경우에 케이블 본체가 떨어지지 않도록 (②)[m] 이내마다 금속제 또는 자기제 등의 지지금구로 벽, 천장, 기둥 등에 견고하게 고정시킬 것
- 누설동축케이블 및 안테나는 고압의 전로로부터 (③)[m] 이상 떨어진 위치에 설치할 것(해당 전로에 정전기 차폐장치를 유효하게 설치한 경우는 제외)
- 누설동축케이블 및 동축케이블은 (④) 또는 (⑤)의 것으로서 습기 등의 환경조건에 따라 전기의 특성이 변질되지 않는 것으로 하고, 노출하여 설치한 경우에는 피난 및 통행에 장애가 없도록 할 것

정답
① 무반사 종단저항 ② 4 ③ 1.5 ④ 불연성 ⑤ 난연성

해설 누설동축케이블 설치기준
- 소방전용주파수대에서 전파의 전송 또는 복사에 적합한 것으로서 소방전용의 것으로 할 것. 다만, 소방대 상호 간의 무선 연락에 지장이 없는 경우에는 다른 용도와 겸용할 수 있다.
- 누설동축케이블과 이에 접속하는 안테나 또는 동축케이블과 이에 접속하는 안테나로 구성할 것
- 누설동축케이블 및 동축케이블은 불연성 또는 난연성의 것으로서 습기 등의 환경조건에 따라 전기의 특성이 변질되지 않는 것으로 하고, 노출하여 설치한 경우에는 피난 및 통행에 장애가 없도록 할 것
- 누설동축케이블 및 동축케이블은 화재에 따라 해당 케이블의 피복이 소실된 경우에 케이블 본체가 떨어지지 않도록 4[m] 이내마다 금속제 또는 자기제 등의 지지금구로 벽·천장·기둥 등에 견고하게 고정할 것. 다만, 불연재료로 구획된 반자 안에 설치하는 경우에는 그렇지 아니하다.
- 누설동축케이블 및 안테나는 금속판 등에 따라 전파의 복사 또는 특성이 현저하게 저하되지 않는 위치에 설치할 것
- 누설동축케이블 및 안테나는 고압의 전로로부터 1.5[m] 이상 떨어진 위치에 설치할 것. 다만, 해당 전로에 정전기 차폐장치를 유효하게 설치한 경우에는 그렇지 아니하다.
- 누설동축케이블의 끝부분에는 무반사 종단저항을 견고하게 설치할 것

연계이론 PHASE 26 무선통신보조설비

08 자동화재탐지설비에서 P형 수신기와 R형 수신기의 기능을 2가지씩 적으시오. (4점)

(1) P형 수신기의 기능
(2) R형 수신기의 기능

정답
(1) • 예비전원 정전 및 복구 시 자동절환 기능
  • 예비전원의 양부시험 기능
(2) • 경계구역을 자동적으로 판별할 수 있는 기록 기능
  • 예비전원의 양부시험 기능

해설 R형 수신기와 P형 수신기의 기능은 거의 유사하나, R형 수신기의 경우 감지기의 감지구역을 포함한 경계구역을 자동적으로 판별할 수 있는 기록장치 기능이 있다.

연계이론 PHASE 06 자동화재탐지설비(개요)

09 화재안전기술기준에 대한 내용으로 다음 각 물음에 답하시오. (8점)

(1) 조작부의 조작스위치는 바닥으로부터 몇 [m] 높이에 설치하여야 하는가?

(2) 바닥면적 600[m²]의 특정소방대상물에 단독경보형감지기를 설치하고자 한다. 몇 개 이상을 설치하여야 하는가?
- 계산과정:
- 답:

(3) 증폭기의 정의를 쓰시오.

(4) 지하 2층에서 지상 7층까지의 특정소방대상물에서 5층은 단선이 되었을 경우 일제경보방식일 때 비상방송설비가 작동하는 층을 모두 쓰시오.

정답

(1) 0.8[m] 이상 1.5[m] 이하

(2) • 계산과정: $\frac{600}{150} = 4$개
- 답: 4개

(3) 전압·전류의 진폭을 늘려 감도 등을 개선하는 장치

(4) 지하 2층, 지하 1층, 1층, 2층, 3층, 4층, 6층, 7층

해설

(1) 조작부의 조작스위치는 바닥으로부터 0.8[m] 이상 1.5[m] 이하의 높이에 설치할 것

(2) 각 실(이웃하는 실내의 바닥면적이 각각 30[m²] 미만이고 벽체의 상부의 전부 또는 일부가 개방되어 이웃하는 실내와 공기가 상호유통되는 경우에는 이를 1개의 실로 본다)마다 설치하되, 바닥면적이 150[m²]를 초과하는 경우에는 150[m²]마다 1개 이상 설치해야 한다. 즉, 바닥면적이 600[m²]인 경우 단독경보형 감지기는 $\frac{600}{150} = 4$개가 필요하다.

(3) 증폭기란 전압·전류의 진폭을 늘려 감도 등을 개선하는 장치를 말한다.

(4) 화재로 인해 하나의 층의 지구음향장치 또는 배선이 단락되어도 다른 층의 화재통보에 지장이 없도록 각 층 배선 상에 유효한 조치를 해야 하므로, 5층이 단선되었다고 하더라도 다른 층의 화재통보에는 지장이 없어야 한다. 따라서 5층을 제외한 나머지 지하 2층, 지하 1층, 1층, 2층, 3층, 4층, 6층, 7층에서 비상방송설비가 작동해야 한다.

연계이론

PHASE 14 비상방송설비

10 예비전원설비에 대한 다음 각 물음에 답하시오. (6점)

(1) 부동충전방식에 대한 회로(개략적인 그림)를 간단히 그리시오.

(2) 축전지의 과방전 또는 방치상태에서 기능 회복을 위하여 실시하는 충전방식을 무엇이라고 하는가?

(3) 연축전지의 정격용량은 250[Ah]이고 상시부하가 8[kW]이며 표준전압이 100[V]인 부동충전방식의 충전기 2차 충전전류는 몇 [A]인가? (단, 축전지의 방전율은 10시간율로 한다.)
- 계산과정:
- 답:

정답

(1)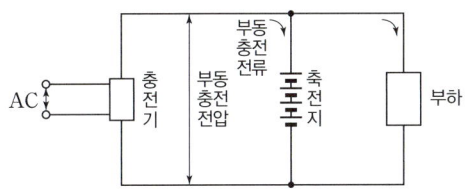

(2) 회복충전방식

(3) • 계산과정: $I = \dfrac{250}{10} + \dfrac{8 \times 10^3}{100} = 105[\text{A}]$

　• 답: 105[A]

해설

(1), (2) 축전지의 충전방식

구분	의미
보통충전방식	정기적으로 표준시간율로 충전하는 방식
급속충전방식	일반 충전전류의 2~3배의 전류로 충전하는 방식
세류충전방식	자기방전량만 상시 충전하는 방식
부동충전방식	축전지의 자기방전을 보충하면서 상용부하에 대한 전력공급은 충전기가 부담하되, 일시적인 대전류 부하에는 축전지가 부담하도록 하는 방식
회복충전방식	축전지의 과방전 및 방치 상태, 가벼운 설페이션 현상 등이 생겼을 때 기능 회복을 위해 실시하는 충전방식

(3) 2차 충전전류 $I = \dfrac{\text{축전지의 정격용량}}{\text{축전지의 방전율}} + \dfrac{\text{상시부하}}{\text{표준전압}}[\text{A}]$이고, 연축전지의 방전율은 10[h]이므로

$I = \dfrac{250}{10} + \dfrac{8 \times 10^3}{100} = 105[\text{A}]$이다.

연계이론 PHASE 29 축전지

11
펌프용 전동기로 분당 5[m³]의 물을 높이 30[m]인 탱크에 양수하려고 한다. 이때 전동기의 용량은 약 몇 [kW]인가? (단, 전동기 효율은 72[%]이고, 여유율은 25[%]이다.) (5점)

• 계산과정:

• 답:

정답

• 계산과정: $P = \dfrac{9.8 \times 5 \times 30 \times 1.25}{0.72 \times 60} = 42.53[\text{kW}]$

• 답: 42.53[kW]

해설

전동기 용량

$$P = \dfrac{9.8QHK}{\eta t}[\text{kW}]$$
(단, Q: 양수량[m³], H: 전양정[m], K: 여유계수, η: 효율[%], t: 시간[s])

분당 양수량으로 주어졌으므로 $Q = 5[\text{m}^3]$, $t = 60[\text{s}]$를 적용한다.

따라서 전동기 용량 $P = \dfrac{9.8 \times 5 \times 30 \times 1.25}{0.72 \times 60} = 42.53[\text{kW}]$ (여유계수 $K = 1 + $ 여유율 $= 1.25$)

연계이론 PHASE 33 전동기 용량

12

다음은 비상조명등의 설치기준에 관한 사항이다. 다음 (   ) 안을 완성하시오. (5점)

(1) 예비전원을 내장하는 비상조명등에는 평상시 점등 여부를 확인할 수 있는 (①)를 설치하고 해당 조명등을 유효하게 작동시킬 수 있는 용량의 (②)와 (③)를 내장할 것

(2) 예비전원과 비상전원은 비상조명등을 (④) 이상 유효하게 작동시킬 수 있는 용량으로 할 것. 다만, 지하층을 제외한 층수가 11층 이상이거나 지하층 또는 무창층으로서 용도가 도매시장·소매시장·여객자동차터미널·지하역사 또는 지하상가인 특정소방대상물의 경우에는 그 부분에서 피난층에 이르는 부분의 비상조명등을 (⑤) 이상 유효하게 작동시킬 수 있는 용량으로 해야 한다.

정답
① 점검스위치 ② 축전지 ③ 예비전원 충전장치 ④ 20분 ⑤ 60분

해설

비상조명등의 설치기준
- 특정소방대상물의 각 거실과 그로부터 지상에 이르는 복도·계단 및 그 밖의 통로에 설치할 것
- 조도는 비상조명등이 설치된 장소의 각 부분의 바닥에서 1[lx] 이상이 되도록 할 것
- 예비전원을 내장하는 비상조명등에는 평상시 점등 여부를 확인할 수 있는 점검스위치를 설치하고 해당 조명등을 유효하게 작동시킬 수 있는 용량의 축전지와 예비전원 충전장치를 내장할 것
- 예비전원을 내장하지 않은 비상조명등의 비상전원은 자가발전설비, 축전지설비 또는 전기저장장치(외부 전기에너지를 저장해 두었다가 필요한 때 전기를 공급하는 장치)를 다음의 기준에 따라 설치해야 한다.
  - 점검에 편리하고 화재 및 침수 등의 재해로 인한 피해를 받을 우려가 없는 곳에 설치할 것
  - 상용전원으로부터 전력의 공급이 중단된 때에는 자동으로 비상전원으로부터 전력을 공급받을 수 있도록 할 것
  - 비상전원의 설치장소는 다른 장소와 방화구획할 것. 이 경우 그 장소에는 비상전원의 공급에 필요한 기구나 설비 외의 것(열병합발전설비에 필요한 기구나 설비는 제외)을 두어서는 안 된다.
  - 비상전원을 실내에 설치하는 때에는 그 실내에 비상조명등을 설치할 것
- 예비전원과 비상전원은 비상조명등을 20분 이상 유효하게 작동시킬 수 있는 용량으로 할 것. 다만, 다음의 특정소방대상물의 경우에는 그 부분에서 피난층에 이르는 부분의 비상조명등을 60분 이상 유효하게 작동시킬 수 있는 용량으로 해야 한다.
  - 지하층을 제외한 층수가 11층 이상의 층
  - 지하층 또는 무창층으로서 용도가 도매시장·소매시장·여객자동차터미널·지하역사 또는 지하상가

연계이론 PHASE 24 비상조명등

13

시각경보기를 설치하여야 하는 특정소방대상물 3가지를 쓰시오. (5점)

-
-
-

정답
- 근린생활시설
- 문화 및 집회시설
- 종교시설

해설

시각경보기를 설치해야 하는 특정소방대상물
- 근린생활시설, 문화 및 집회시설, 종교시설, 판매시설, 운수시설, 의료시설, 노유자시설
- 운동시설, 업무시설, 숙박시설, 위락시설, 창고시설 중 물류터미널, 발전시설 및 장례시설
- 교육연구시설 중 도서관, 방송통신시설 중 방송국
- 지하가 중 지하상가

연계이론 PHASE 15 시각경보장치

14 피난구유도등에 대한 내용이다. 다음 각 물음에 답하시오. (5점)

(1) 설치하여야 하는 장소 3가지를 쓰시오.
-
-
-

(2) 피난구유도등은 피난구의 바닥으로부터 높이 몇 [m] 이상의 위치에 설치하여야 하는가?

(3) 피난구유도등의 바탕색과 문자색은 무엇인지 쓰시오.

정답

(1)
- 옥내로부터 직접 지상으로 통하는 출입구 및 그 부속실의 출입구
- 직통계단·직통계단의 계단실 및 그 부속실의 출입구
- 출입구에 이르는 복도 또는 통로로 통하는 출입구

(2) 1.5[m] 이상

(3) 녹색 바탕에 백색 문자

해설

(1) 피난구유도등의 설치장소
- 옥내로부터 직접 지상으로 통하는 출입구 및 그 부속실의 출입구
- 직통계단·직통계단의 계단실 및 그 부속실의 출입구
- 출입구에 이르는 복도 또는 통로로 통하는 출입구
- 안전구획된 거실로 통하는 출입구

(2) 유도등 및 유도표지의 설치 높이

구분	설치높이
복도통로유도등, 계단통로유도등, 통로유도표지	바닥으로부터 높이 1[m] 이하의 위치
피난구유도등, 거실통로유도등	바닥으로부터 높이 1.5[m] 이상의 위치

(3) 통로유도등과 피난구유도등의 색상

구분	통로유도등	피난구유도등
색상	백색 바탕, 녹색 문자	녹색 바탕, 백색 문자
예시		

연계이론

PHASE 19 피난구유도등

15 복도통로유도등의 설치기준 4가지를 쓰시오. (8점)

-
-
-
-

정답
- 복도에 설치하되, 피난구유도등이 설치된 출입구의 맞은편 복도에는 입체형으로 설치하거나 바닥에 설치할 것
- 구부러진 모퉁이 및 보행거리 20[m]마다 설치할 것
- 바닥으로부터 높이 1[m] 이하의 위치에 설치할 것
- 바닥에 설치하는 통로유도등은 하중에 따라 파괴되지 않는 강도로 할 것

해설
복도통로유도등의 설치기준
- 복도에 설치하되, 피난구유도등이 설치된 출입구의 맞은편 복도에는 입체형으로 설치하거나 바닥에 설치할 것
- 구부러진 모퉁이 및 통로유도등을 기점으로 보행거리 20[m]마다 설치할 것
- 바닥으로부터 높이 1[m] 이하의 위치에 설치할 것. 다만, 지하층 또는 무창층의 용도가 도매시장 · 소매시장 · 여객자동차터미널 · 지하역사 또는 지하상가인 경우에는 복도 · 통로 중앙부분의 바닥에 설치해야 한다.
- 바닥에 설치하는 통로유도등은 하중에 따라 파괴되지 않는 강도의 것으로 할 것

연계이론 PHASE 20 통로유도등

16 비상콘센트설비의 설치기준에 관한 내용이다. 빈칸에 알맞은 내용을 적으시오. (4점)

- 하나의 전용회로에 설치하는 비상콘센트는 (①)개 이하로 할 것. 이 경우 전선의 용량은 각 비상콘센트(비상콘센트가 (②)개 이상인 경우에는 (②)개)의 공급용량을 합한 용량 이상의 것으로 해야 한다.
- 전원회로의 배선은 (③)으로, 그 밖의 배선은 (③) 또는 (④)으로 할 것

정답
① 10
② 3
③ 내화배선
④ 내열배선

해설
비상콘센트설비의 전원회로 설치기준
- 비상콘센트설비의 전원회로는 단상교류 220[V]인 것으로서, 그 공급용량은 1.5[kVA] 이상인 것으로 할 것
- 전원회로는 각 층에 2 이상이 되도록 설치할 것. 다만, 설치해야 할 층의 콘센트가 1개인 때에는 하나의 회로로 할 수 있다.
- 전원회로는 주배전반에서 전용회로로 할 것. 다만, 다른 설비회로의 사고에 따른 영향을 받지 않도록 되어 있는 것은 그렇지 않다.
- 전원으로부터 각 층의 비상콘센트에 분기되는 경우에는 분기배선용 차단기를 보호함 안에 설치할 것
- 콘센트마다 배선용 차단기를 설치하여야 하며, 충전부가 노출되지 않도록 할 것
- 개폐기에는 '비상콘센트'라고 표시한 표지를 할 것
- 비상콘센트용의 풀박스 등은 방청도장을 한 것으로서, 두께 1.6[mm] 이상의 철판으로 할 것
- 하나의 전용회로에 설치하는 비상콘센트는 10개 이하로 할 것. 이 경우 전선의 용량은 각 비상콘센트(비상콘센트가 3개 이상인 경우에는 3개)의 공급용량을 합한 용량 이상의 것으로 해야 한다.
※ 전원회로의 배선은 내화배선으로, 그 밖의 배선은 내화배선 또는 내열배선으로 할 것

연계이론 PHASE 25 비상콘센트설비

17 비상콘센트설비에 대한 다음 각 물음에 답하시오. (5점)

(1) 비상콘센트설비를 설치하는 목적을 쓰시오.
(2) 전원회로는 단상교류 220[V]인 것으로서 공급용량은 몇 [kVA] 이상이어야 하는지 쓰시오.
(3) 비상콘센트의 플러그접속기는 어떤 접지공사를 해야 하는지 쓰시오.
(4) 220[V] 전원에 1[kW] 송풍기를 연결하여 운전하는 경우 회로에 흐르는 전류[A]를 구하시오. (단, 역률은 90[%]이다.)
  • 계산과정:
  • 답:

정답

(1) 화재 시 소화활동 등에 필요한 전원을 전용회선으로 공급하기 위함
(2) 1.5[kVA] 이상
(3) 보호접지
(4) • 계산과정: $I = \dfrac{P}{V\cos\theta} = \dfrac{1 \times 10^3}{220 \times 0.9} = 5.05[A]$
  • 답: 5.05[A]

해설

(1) 비상콘센트 설비는 화재 시 원활한 소화활동을 위해 조명설비 또는 소화활동설비의 장비에 전원을 공급하기 위한 설비이다.
(2) 비상콘센트설비의 전원회로는 단상교류 220[V]인 것으로서, 그 공급용량은 1.5[kVA] 이상인 것으로 해야 한다.
(3) 비상콘센트는 접지형 2극 플러그접속기를 사용하여 감전을 방지하기 위해 보호접지를 해야 한다.
(4) 단상 유효전력 $P = VI\cos\theta[W]$ (단, V: 전압[V], I: 전류[A], $\cos\theta$: 역률)
  전류 $I = \dfrac{P}{V\cos\theta}[A]$이므로 $I = \dfrac{1 \times 10^3}{220 \times 0.9} = 5.05[A]$

연계이론 PHASE 25 비상콘센트설비

18 가스누설경보기에 관한 다음 각 물음에 답하시오. (4점)

(1) 가스의 누설을 표시하는 표시등 및 가스가 누설된 경계구역의 위치를 표시하는 표시등은 등이 켜질 때 어떤 색으로 표시되어야 하는가?
(2) 경보기는 구조에 따른 무슨 형과 무슨 형으로 구분하는가?
(3) 가스누설경보 중 가스누설을 검지하여 중계기 또는 수신부의 가스누설의 신호를 발신하는 부분은 무엇인가?

정답

(1) 황색
(2) 단독형, 분리형
(3) 탐지부

해설

(1) 가스의 누설을 표시하는 표시등(누설등) 및 가스가 누설된 경계구역의 위치를 표시하는 표시등(지구등)은 등이 켜질 때 황색으로 표시되어야 한다.
(2) • 분리형이란 탐지부와 수신부가 분리되어 있는 형태의 경보기를 말한다.
  • 단독형이란 탐지부와 수신부가 일체로 되어 있는 형태의 경보기를 말한다.
(3) 가스누설경보 중 가스누설을 검지하여 중계기 또는 수신부의 가스누설의 신호를 발신하는 부분을 탐지부라고 한다.

연계이론 PHASE 17 가스누설경보기

2023년 2회 기출문제

01 다음은 어느 특정소방대상물의 평면도이다. 건축물의 구조는 비내화구조이고, 층간 높이는 3.8[m]일 때 다음 각 물음에 답하시오. (단, 설치하여야 할 감지기는 2종을 설치한다.) (7점)

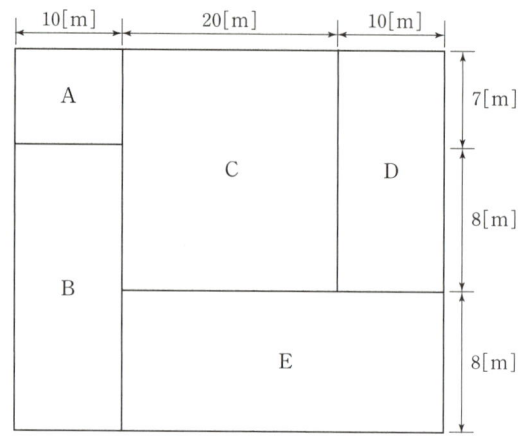

(1) 차동식 스포트형 감지기 2종을 설치할 경우 각 실에 설치되는 감지기의 개수는 약 몇 개인가?
  - A실:
  - B실:
  - C실:
  - D실:
  - E실:
(2) 해당 특정소방대상물의 경계구역 수는 약 몇 개인가?
  - 계산과정:
  - 답:

> **정답**
> (1) • A실: $\dfrac{10 \times 7}{40} = 1.75 \rightarrow$ 2개(소수점 절상)
>   • B실: $\dfrac{10 \times 16}{40} = 4$개
>   • C실: $\dfrac{20 \times 15}{40} = 7.5 \rightarrow$ 8개(소수점 절상)
>   • D실: $\dfrac{10 \times 15}{40} = 3.75 \rightarrow$ 4개(소수점 절상)
>   • E실: $\dfrac{30 \times 8}{40} = 6$개
> (2) • 계산과정: $\dfrac{(10+20+10) \times (7+8+8)}{600} = 1.53 \rightarrow$ 2개
>   • 답: 2개

해 설

(1) 비내화구조의 건물로서 천장높이가 3.8[m]이고 차동식 스포트형 1종 감지기를 설치하므로 다음 표에서 바닥면적을 산정한다.

(단위: [m²])

부착높이 및 특정소방대상물의 구분		감지기의 종류						
		차동식 스포트형		보상식 스포트형		정온식 스포트형		
		1종	2종	1종	2종	특종	1종	2종
4[m] 미만	내화구조	90	70	90	70	70	60	20
	기타구조	50	40	50	40	40	30	15
4[m] 이상 8[m] 미만	내화구조	45	35	45	35	35	30	—
	기타구조	30	25	30	25	25	15	—

바닥면적 40[m²]이 산정되었으므로 감지기 개수는 $\frac{전용면적[m^2]}{40[m^2]}$ 으로 산출한다.

- A실: $\frac{10 \times 7}{40} = 1.75 \rightarrow$ 2개(소수점 절상)
- B실: $\frac{10 \times 16}{40} = 4$개
- C실: $\frac{20 \times 15}{40} = 7.5 \rightarrow$ 8개(소수점 절상)
- D실: $\frac{10 \times 15}{40} = 3.75 \rightarrow$ 4개(소수점 절상)
- E실: $\frac{30 \times 8}{40} = 6$개

(2) 1경계구역당 600[m²] 이하로 해야 하고 한 변의 길이는 50[m] 이하로 해야 한다.

전체 면적은 $(10+20+10) \times (7+8+8) = 920[m^2]$이므로 경계구역수는 $\frac{920}{600} = 1.53 \rightarrow$ 2개(소수점 절상)이다.

연 계 이 론

PHASE 09 감지기

02 220[V], 2.2[kW]인 단상 2선식 분전반으로부터 60[m] 떨어진 곳에 전기히터를 설치하려고 한다. 전압강하를 1[%] 이내로 하기 위한 배선의 단면적[mm²]은 얼마 이상이어야 하는지 계산하시오. (4점)

- 계산과정:
- 답:

정 답

- 계산과정: $A = \frac{35.6LI}{1,000e} = \frac{35.6 \times 60 \times 10}{1,000 \times 220 \times 0.01} = 9.71[mm^2]$
- 답: 9.71[mm²]

해 설

전압강하가 주어진 경우의 전선의 단면적

구분	단상 2선식	3상 3선식	단상 3선식, 3상 4선식
전선의 단면적	$A = \frac{35.6LI}{1,000e}$	$A = \frac{30.8LI}{1,000e}$	$A = \frac{17.8LI}{1,000e}$

(단, e: 전압강하[V], L: 선로의 길이[m], I: 각 부하전류[A], A: 전선의 단면적[mm²])

전기히터에 흐르는 전류 $I = \frac{P}{V} = \frac{2.2 \times 10^3}{220} = 10[A]$이다.

수신기 전원은 단상 2선식으로 공급되므로 전선 단면적 $A = \frac{35.6LI}{1,000e} = \frac{35.6 \times 60 \times 10}{1,000 \times 220 \times 0.01} = 9.71[mm^2]$이다.

연 계 이 론

PHASE 36 전압강하와 전선의 단면적

03 다음 그림과 같은 논리회로에서 각 물음에 답하시오. (6점)

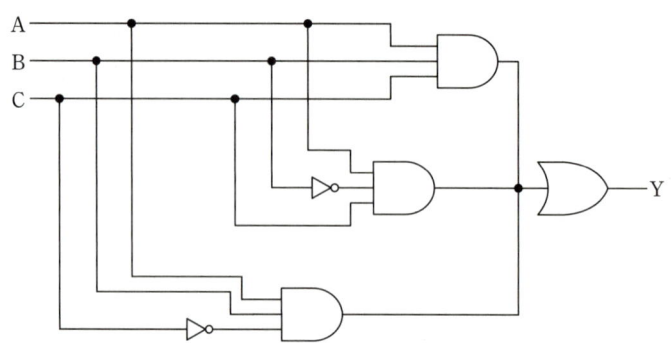

(1) 이 회로의 논리식을 작성하시오.
(2) 유접점 회로를 완성하시오.

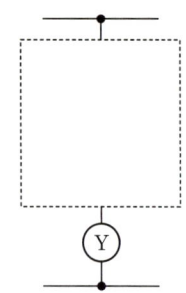

(3) (1)에서 가장 간략화한 논리식을 무접점 논리회로로 그리시오.

정 답

(1) $Y = A \cdot (B+C)$

(2)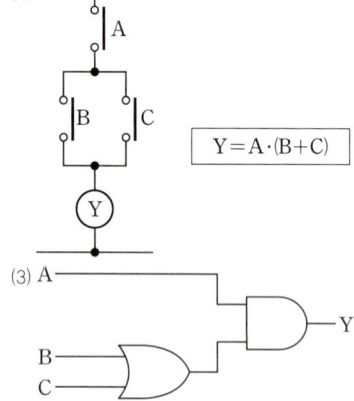

$Y = A \cdot (B+C)$

(3)

해 설

(1) $Y = ABC + A\overline{B}C + AB\overline{C}$
$= A(B+\overline{B})C + AB\overline{C} = AC + AB\overline{C}$
$= A(C + B\overline{C}) = A(C+B)$

더 알아보기

불대수의 정리

정리	논리합	논리곱
항등 법칙	$0+A=A$, $1+A=1$	$0 \times A=0$, $1 \times A=A$
동일 법칙	$A+A=A$	$A \cdot A=A$
보수 법칙	$A+\overline{A}=1$	$A \cdot \overline{A}=0$
복원 법칙	$\overline{\overline{A}}=A$	
교환 법칙	$A+B=B+A$	$A \cdot B=B \cdot A$
결합 법칙	$A+(B+C)=(A+B)+C$	$A \cdot (B \cdot C)=(A \cdot B) \cdot C$
분배 법칙	$A \cdot (B+C)=A \cdot B+A \cdot C$	$A+B \cdot C=(A+B) \cdot (A+C)$
흡수 법칙	• $A+\overline{A} \cdot B=A+B$ • $A+\overline{A} \cdot \overline{B}=A+\overline{B}$ • $\overline{A}+A \cdot B=\overline{A}+B$	

연계이론 PHASE 41 논리회로

---

04 다음과 같은 건물평면도의 경우 자동화재탐지설비의 최소 경계구역수를 구하시오. (6점)

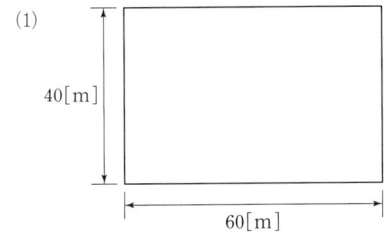
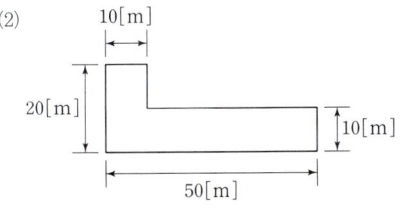

정 답

(1) 4개
(2) 1개

해 설

(1) 하나의 경계구역은 면적 $600[m^2]$ 이하로 해야 하고 한 변의 길이는 $50[m]$ 이하로 해야 한다.
가로길이가 $60[m]$이므로 $30[m]$ 간격으로 분할한다. 세로길이 또한 $20[m]$씩 분할하면 하나의 구역은 면적 $30 \times 20 = 600[m^2]$이 되므로 경계구역의 수는 4개이다.

(2) 평면도의 면적은 $50 \times 10 + 10 \times 10 = 600[m^2]$이고, 한 변의 길이가 $50[m]$ 이하이므로 경계구역의 수는 1개이다.

연계이론 PHASE 07 자동화재탐지설비(경계구역)

05

다음은 상용전원 정전 시 예비전원으로 절환되고 상용전원 복구 시 자동으로 예비전원에서 상용전원으로 절환되는 시퀀스제어회로의 미완성도이다. 다음의 제어동작에 적합하도록 시퀀스제어도를 완성하시오. (5점)

> **조건**
>
> (가) MCCB를 투입한 후 PB_1을 누르면 MC_1이 여자되고 주접점 MC_1이 닫히고 상용전원에 의해 전동기 M이 회전하고 표시등 RL이 점등된다. 또한 보조접점 MC_1-a가 폐로되어 자기유지회로가 구성되고 MC_1-b가 개로되어 MC_2가 작동하지 않는다.
> (나) 상용전원으로 운전 중 PB_3를 누르면 MC_1이 소자되어 전동기는 정지하고 상용전원 운전표시등 RL은 소등된다.
> (다) 상용전원의 정전 시 PB_2를 누르면 MC_2가 여자되고 주접점 MC_2가 닫혀 예비전원에 의해 전동기 M이 회전하고 표시등 GL이 점등된다. 또한 보조접점 MC_2-a가 폐로되어 자기유지회로가 구성되고 MC_2-b가 개로되어 MC_1이 작동하지 않는다.
> (라) 예비전원으로 운전 중 PB_4를 누르면 MC_2가 소자되어 전동기는 정지하고 예비전원 운전표시등 GL은 소등된다.

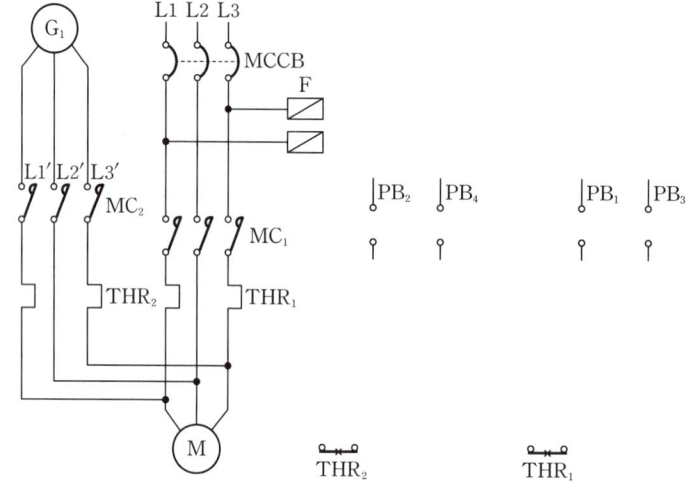

정 답

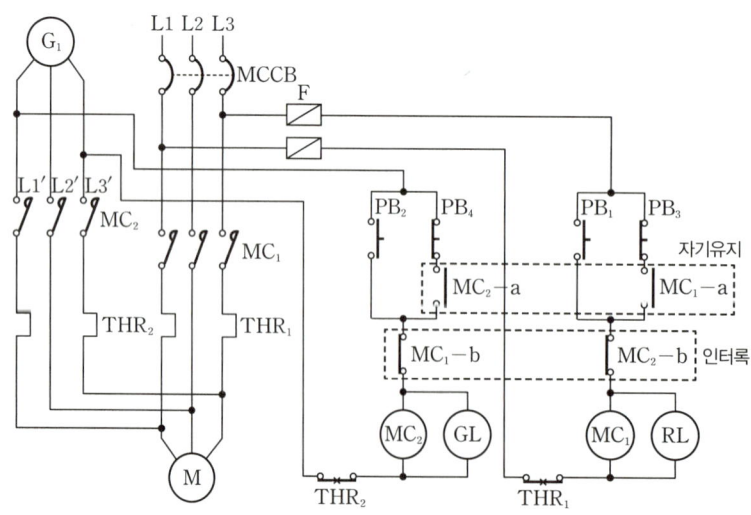

○ 연 계 이 론 ○ **PHASE 40** 시퀀스 회로

06 감지기회로의 배선에 대한 다음 각 물음에 답하시오. (6점)

(1) 송배선식에 대하여 설명하시오.
(2) 교차회로의 방식에 대하여 설명하시오.
(3) 교차회로 방식의 적용설비를 5가지 쓰시오.

-
-
-
-
-

정답

(1) 감지기회로의 도통시험을 용이하게 하기 위해 배선하는 방식
(2) 하나의 담당구역 내에 2개 이상의 감지기를 설치하고 2개 이상의 감지기회로가 동시에 작동하는 방식
(3) • 분말소화설비
  • 할론소화설비
  • 이산화탄소소화설비
  • 일제살수식 스프링클러설비
  • 준비작동식 스프링클러설비

해설

(1), (2) 송배선식과 교차회로방식

구분	송배선식	교차회로 방식
배선도	(지구수신기 공통 - 감지기 - R 종단저항)	(A, B 회로 교차배선, 제어반 A회로·B회로 종단저항)
특징	감지기회로의 도통시험을 용이하게 하기 위해 배선하는 방식으로 배선 도중에 분기하지 않음	하나의 담당구역 내에 2개 이상의 감지기를 설치하고 2개 이상의 감지기회로가 동시에 작동하는 방식(잦은 오동작 방지)

(3) 교차회로 적용설비
  • 분말소화설비
  • 할론소화설비
  • 이산화탄소소화설비
  • 일제살수식 스프링클러설비
  • 준비작동식 스프링클러설비
  • 할로겐화합물 및 불활성기체소화설비

연계이론

PHASE 09 감지기

07

그림은 자동화재탐지설비와 준비작동식 스프링클러설비를 연동시키기 위한 간선계통도이다. 다음 각 물음에 답하시오. (8점)

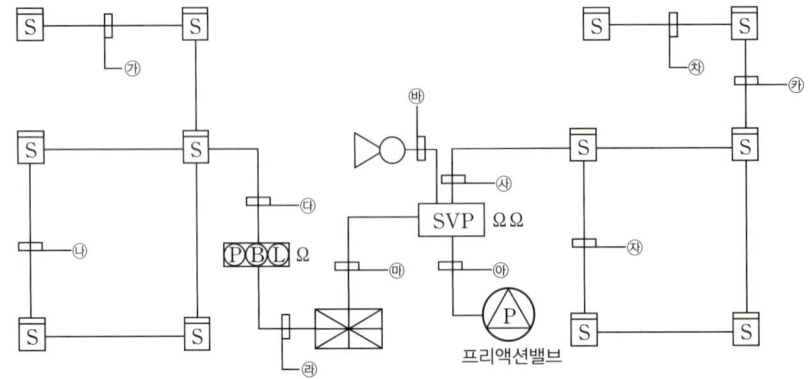

(1) ㉮~㉯까지의 배선 가닥수를 쓰시오. (단, 프리액션밸브용 감지기공통선과 전원공통선은 분리해서 사용하고, 프리액션밸브용 압력스위치, 탬퍼스위치 및 솔레노이드밸브용 공통선은 1가닥을 사용하는 조건이다.)

기호	㉮	㉯	㉰	㉱	㉲	㉳	㉴	㉵	㉶	㉷	㉸
가닥수											

(2) ㉲에 소요되는 배선의 용도를 쓰시오. (단, 해당 가닥수까지만 기록한다.)

정답

(1)
기호	㉮	㉯	㉰	㉱	㉲	㉳	㉴	㉵	㉶	㉷
가닥수	4	2	4	6	9	2	8	4	4	4	8

(2) 전원 ⊕·⊖, 감지기공통 1, 감지기 A·B, 솔레노이드밸브 1, 탬퍼스위치 1, 압력스위치 1, 사이렌 1

해설

[감지기 결선]
수신기를 기준으로 좌측은 자동화재탐지설비, 우측은 프리액션 스프링클러설비이다.
- 자동화재탐지설비의 감지기는 송배선식으로 배선한다. 송배선식의 루프(㉯)는 2가닥, 기타(㉮, ㉰) 4가닥으로 배선한다.
- 프리액션(준비작동식) 스프링클러설비의 감지기는 교차회로 방식으로 배선한다. 교차회로 방식의 루프(㉵) 및 말단(㉶)은 4가닥, 기타(㉴, ㉷) 8가닥으로 배선한다.

기호	가닥수	배선 내역
㉮	4	지구 2, 지구공통 2
㉯	2	지구 1, 지구공통 1
㉰	4	지구 2, 지구공통 2
㉴	8	지구 4, 지구공통 4
㉵	4	지구 2, 지구공통 2
㉶	4	지구 2, 지구공통 2
㉷	8	지구 4, 지구공통 4

[수신기 ↔ 발신기]
자동화재탐지설비의 경계구역이 하나이므로 기본 6가닥(지구 1, 지구공통 1, 응답 1, 경종 1, 표시등 1, 경종표시등공통 1)이다.

기호	가닥수	배선 내역
㉣	6	지구 1, 지구공통 1, 응답 1, 경종 1, 표시등 1, 경종표시등공통 1

[수신기 ↔ SVP]
배선용도는 [전원(+), 전원(−), 감지기공통 1, 감지기 A·B, 솔레노이드밸브 1, 탬퍼스위치 1, 압력스위치 1, 사이렌 1]이다. 일반적으로 감지기공통선과 전원(−)선을 분리할 경우 9가닥으로 산정하며, 감지기공통선과 전원(−)선을 구분하지 않는 경우 공용으로 사용할 수 있어 8가닥으로 볼 수 있는 점에 유의해야 한다.

기호	가닥수	배선 내역
㉤	9	전원 ⊕·⊖ 감지기공통 1, 감지기 A·B, 솔레노이드밸브 1, 탬퍼스위치 1, 압력스위치 1, 사이렌 1

[SVP 결선]
- 프리액션 밸브는 압력스위치, 탬퍼스위치, 솔레노이드밸브로 구성되어 있으며 공통선을 사용할 경우 SVP까지 4가닥(압력스위치 1, 탬퍼스위치 1, 솔레노이드밸브 1, 공통선 1)이며, 공통선을 사용하지 않을 경우 6가닥으로 산정한다(압력스위치 2, 탬퍼스위치 2, 솔레노이드밸브 2).
- SVP와 사이렌 사이는 2가닥(사이렌 2)이 필요하다.

기호	가닥수	배선 내역
㉥	2	사이렌 2
㉦	4	압력스위치 1, 탬퍼스위치 1, 솔레노이드밸브 1, 공통선 1

연계이론 PHASE 47 스프링클러설비 도면

08
다음 그림은 P형 1급 수신기의 1개의 경계구역에 대한 결선도이다. ①~⑤에 알맞은 것을 쓰시오. (5점)

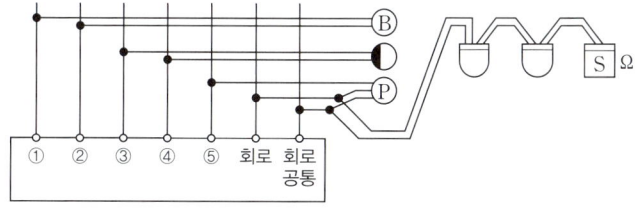

정답 ① 경종   ② 경종공통   ③ 표시등   ④ 표시등공통   ⑤ 응답

해설
- Ⓑ: 경종을 의미하므로 경종, 경종공통 단자에 연결되어야 한다.
- ●: 표시등을 의미하므로 표시등, 표시등공통 단자에 연결되어야 한다.
- ⑤의 경우 회로와 회로공통이 이미 연결되어 있으므로 나머지 응답 단자에 연결되어야 한다.

연계이론 PHASE 42 자동화재탐지설비 도면

09 다음 표는 소화설비별로 사용할 수 있는 비상전원의 종류를 나타낸 것이다. 각 소화설비별로 설치하여야 하는 비상전원을 찾아 빈칸에 ○표 하시오. (4점)

설비명	자가발전설비	축전지설비	비상전원수전설비
옥내소화전설비, 물분무소화설비, 이산화탄소소화설비, 할론소화설비, 비상조명등, 제연설비, 연결송수관설비			
스프링클러설비, 포소화설비			
자동화재탐지설비, 비상경보설비, 유도등, 비상방송설비			
비상콘센트설비			

정답

설비명	자가발전설비	축전지설비	비상전원수전설비
옥내소화전설비, 물분무소화설비, 이산화탄소소화설비, 할론소화설비, 비상조명등, 제연설비, 연결송수관설비	○	○	
스프링클러설비, 포소화설비	○	○	○
자동화재탐지설비, 비상경보설비, 유도등, 비상방송설비		○	
비상콘센트설비	○	○	○

해설

• 소화설비

설비	비상전원	비상전원 용량
스프링클러설비 미분무소화설비 포소화설비	자가발전설비 축전지설비 전기저장장치 비상전원수전설비	20분 이상
옥내소화전설비 물분무소화설비 할론소화설비 할로겐화합물 및 불활성기체소화설비 이산화탄소소화설비	자가발전설비 축전지설비 전기저장장치	

• 경보설비

설비	비상전원	비상전원 용량
자동화재탐지설비 비상방송설비 비상경보설비	축전지설비 전기저장장치	10분 이상

- 피난구조설비

설비	비상전원	비상전원 용량
유도등	축전지	20분 이상 단, 11층 이상(지하층 제외)이거나 지하층·무창층으로서 도매시장·소매시장·여객자동차터미널·지하역사·지하상가의 경우 60분 이상
비상조명등	자기발전설비 축전지설비 전기저장장치	

- 소화활동설비

설비	비상전원	비상전원 용량
비상콘센트설비	자기발전설비 축전지설비 비상전원수전설비 전기저장장치	20분 이상
연결송수관설비 제연설비	자기발전설비 축전지설비 전기저장장치	

> 연계이론 PHASE 27 전원

10 다음은 제연설비의 화재안전기술기준 중 제연설비의 설치장소에 관한 내용이다. ( ) 안에 알맞은 답을 쓰시오. (8점)

- 하나의 제연구역의 면적은 (①)[m²] 이내로 할 것
- 거실과 통로(복도 포함)는 각각 제연구획 할 것
- 통로상의 제연구역은 보행중심선의 길이가 (②)[m]를 초과하지 않을 것
- 하나의 제연구역은 직경 (③)[m]의 원 내에 들어갈 수 있을 것
- 하나의 제연구역은 (④) 이상의 층에 미치지 않도록 할 것. 다만, 층의 구분이 불분명한 그 부분을 다른 부분과 별도로 제연구획해야 한다.
- 제연구역의 구획은 보·제연경계벽 및 벽으로 하되, 다음의 기준에 적합해야 한다.
  - 재질은 (⑤), (⑥) 또는 제연경계벽으로 성능을 인정받은 것으로서 화재 시 쉽게 변형·파괴되지 않고 연기가 누설되지 않는 기밀성 있는 재료로 할 것
  - 제연경계는 제연경계의 폭이 (⑦)[m] 이상이고, 수직거리는 (⑧)[m] 이내이어야 한다. 다만, 구조상 불가피한 경우는 (⑧)[m]를 초과할 수 있다.
  - 제연경계벽은 배연 시 기류에 따라 그 하단이 쉽게 흔들리지 않고, 가동식의 경우에는 급속히 하강하여 인명에 위해를 주지 않는 구조일 것

정답 ① 1,000 ② 60 ③ 60 ④ 2 ⑤ 내화재료 ⑥ 불연재료 ⑦ 0.6 ⑧ 2

해설

구분	제연설비의 설치장소 기준	제연구역의 구획 기준
설치기준	• 하나의 제연구역의 면적은 1,000[m²] 이내로 할 것 • 거실과 통로(복도를 포함)는 각각 제연구획할 것 • 통로상의 제연구역은 보행중심선의 길이가 60[m]를 초과하지 않을 것 • 하나의 제연구역은 직경 60[m]의 원 내에 들어갈 수 있을 것 • 하나의 제연구역은 2 이상의 층에 미치지 않도록 할 것. 다만, 층의 구분이 불분명한 부분은 그 부분을 다른 부분과 별도로 제연구획 해야 한다.	제연구역의 구획은 보·제연경계벽(제연경계) 및 벽(화재 시 자동으로 구획되는 가동벽·방화셔터·방화문 포함)으로 하되, 다음의 기준에 적합해야 한다. • 재질은 내화재료, 불연재료 또는 제연경계벽으로 성능을 인정받은 것으로서 화재 시 쉽게 변형·파괴되지 아니하고 연기가 누설되지 않는 기밀성 있는 재료로 할 것 • 제연경계는 제연경계의 폭이 0.6[m] 이상이고, 수직거리는 2[m] 이내이어야 한다. 다만, 구조상 불가피한 경우는 2[m]를 초과할 수 있다. • 제연경계벽은 배연 시 기류에 따라 그 하단이 쉽게 흔들리지 않고, 가동식의 경우에는 급속히 하강하여 인명에 위해를 주지 않는 구조일 것

11 다음은 금속관공사에 이용되는 부품이다. 명칭을 쓰시오. (4점)

(1) 전선의 절연피복을 보호하기 위해 금속관 끝에 취부하는 것
(2) 금속전선관 상호 간을 연결할 때 쓰이는 배관부속자재
(3) 매입 금속관을 직각으로 굽히는 곳에 사용하는 부품
(4) 노출 금속관을 직각으로 굽히는 곳에 사용하는 부품

정답
(1) 부싱
(2) 커플링
(3) 노멀밴드
(4) 유니버설 엘보

해설 **금속관공사 부품**

명칭	그림	용도
커플링	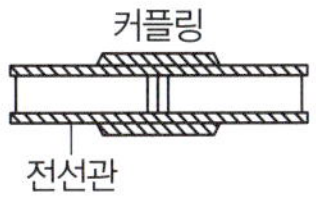 (커플링/전선관)	금속관을 상호 접속하는 경우에 사용
로크너트	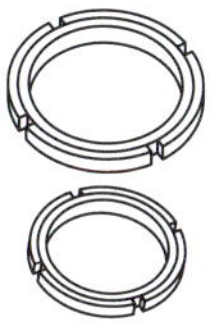	전선관과 박스 또는 고정물을 고정하는 데 사용
부싱	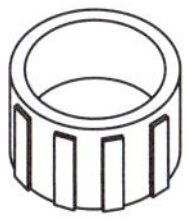	전선의 피복을 보호하여 전선이 손상되지 않게 하는 것으로 금속관 끝에 취부
새들		금속관을 조영재에 고정시키는 데 사용
링 리듀서	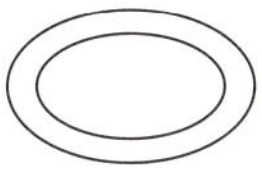	금속관을 아웃렛 박스 또는 노크 아웃에 취부할 때 로크너트만으로 고정하기 어려운 경우에 사용
노멀밴드	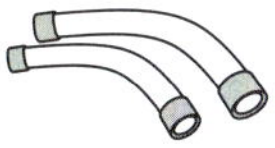	금속관을 직각으로 굽히는 곳에 사용하는 부품으로 주로 매입 배관 공사에서 사용
유니버설 엘보우		노멀밴드와 비슷한 용도로 금속관을 구부리거나 직각으로 굽히는 곳에 사용하는 부품으로 노출 배관 공사에서 주로 사용

연계이론 PHASE 38 공사의 종류

12

다음 그림기호의 명칭을 쓰시오. (4점)

(1) RM (2) SVP (3) PAC (4) AMP

정답
(1) 수동조작함(가스계소화설비)
(2) 슈퍼비조리판넬(프리액션밸브의 수동조작함)
(3) 소화가스 패키지
(4) 증폭기

연계이론 PHASE 37 도면

13 P형 1급 수신기와 감지기와의 배선회로에서 배선(선로)저항이 50[Ω]이고, 릴레이저항은 1,000[Ω]이다. 회로의 전압이 DV 24[V]일 때 각 물음에 답하시오. (5점)

(1) 감시전류가 2[mA]일 때 종단저항은 몇 [Ω]인가?
- 계산과정:
- 답:

(2) 감지기가 동작할 때의 전류는 몇 [mA]인가?
- 계산과정:
- 답:

정답

(1) • 계산과정: $R = \dfrac{24}{2 \times 10^{-3}} - 1,000 - 50 = 10,950[\Omega]$
- 답: $10,950[\Omega]$

(2) • 계산과정: $I = \dfrac{24}{1,000 + 50} = 22.86 \times 10^{-3}[A] = 22.86[mA]$
- 답: $22.86[mA]$

해설

(1) 감시상태의 경우

감시전류
$I = \dfrac{V}{R} = \dfrac{전압}{릴레이저항 + 배선(선로)저항 + 종단저항}[A]$
$= \dfrac{24}{종단저항 + 1,000 + 50} = 2[mA]$

따라서 종단저항 $R = \dfrac{24}{2 \times 10^{-3}} - 1,000 - 50$
$= 10,950[\Omega]$

(2) 동작상태의 경우

감지기 동작 시 전류는 종단저항으로 흐르지 않으므로
$I = \dfrac{전압}{릴레이저항 + 배선(선로)저항}[A]$이다.

따라서 동작전류 $I = \dfrac{24}{1,000 + 50} = \dfrac{24}{1,050}$
$= 22.86[mA]$

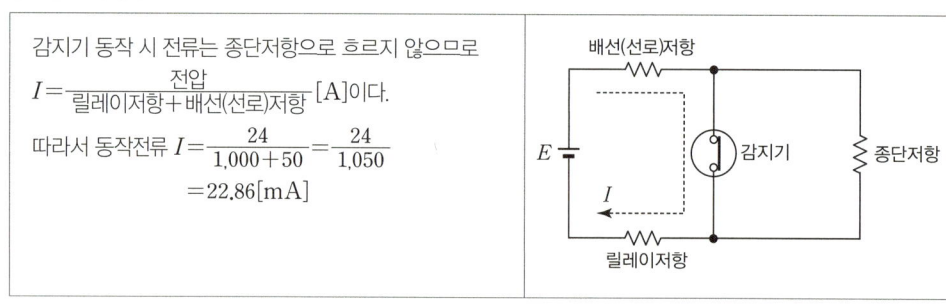

연계이론 PHASE 34 감지기회로의 전류

14. 피난유도선의 종류 중 광원점등방식의 피난유도선의 설치기준을 5가지 쓰시오. (3점)

정답
- 구획된 각 실로부터 주출입구 또는 비상구까지 설치
- 피난유도 표시부는 바닥으로부터 높이 1[m] 이하의 위치 또는 바닥면에 설치
- 피난유도 표시부는 50[cm] 이내의 간격으로 연속되도록 설치하되 실내장식물 등으로 설치가 곤란할 경우 1[m] 이내로 설치
- 수신기로부터의 화재신호 및 수동조작에 의해 광원이 점등되도록 설치
- 비상전원이 상시충전상태를 유지하도록 설치
- 바닥에 설치되는 피난유도 표시부는 매립하는 방식을 사용

해설

피난유도선 설치기준

구분	축광방식	광원점등방식
설치기준	· 구획된 각 실로부터 주출입구 또는 비상구까지 설치 · 바닥으로부터 높이 50[cm] 이하의 위치 또는 바닥면에 설치 · 피난유도 표시부는 50[cm] 이내의 간격으로 연속되도록 설치 · 부착대에 의해 견고하게 설치 · 외부의 빛 또는 조명장치에 의해 상시조명이 제공되거나 비상조명등에 의한 조명이 제공되도록 설치	· 구획된 각 실로부터 주출입구 또는 비상구까지 설치 · 피난유도 표시부는 바닥으로부터 높이 1[m] 이하의 위치 또는 바닥면에 설치 · 피난유도 표시부는 50[cm] 이내의 간격으로 연속되도록 설치하되 실내장식물 등으로 설치가 곤란할 경우 1[m] 이내로 설치 · 수신기로부터의 화재신호 및 수동조작에 의해 광원이 점등되도록 설치 · 비상전원이 상시충전상태를 유지하도록 설치 · 바닥에 설치되는 피난유도 표시부는 매립하는 방식을 사용 · 피난유도제어부는 조직 및 관리가 용이하도록 바닥으로부터 0.8[m] 이상 1.5[m] 이하의 높이에 설치

연계이론 PHASE 23 피난유도선

15

다음은 소방시설 설치 및 관리에 관한 법률 시행령 [별표 4]의 내용이다. 자동화재탐지설비를 설치하여야 하는 특정소방대상물 중 모든 층에 자동화재탐지설비를 설치한다고 하였을 때 해당 표를 작성하시오. (5점)

설치장소	연면적[m²]
장례시설	①
근린생활시설(목욕장 제외)	②
노유자 생활시설	③
노유자시설(노유자 생활시설 제외)	④
묘지 관련 시설	⑤

정답

① 600[m²] 이상 ② 600[m²] 이상 ③ 전부 해당 ④ 400[m²] 이상 ⑤ 2,000[m²] 이상

해설

자동화재탐지설비를 설치해야 하는 대상

특정소방대상물	연면적 기준
근린생활시설(목욕장은 제외), 의료시설(정신의료기관 및 요양병원은 제외), 위락시설, 장례시설 및 복합건축물	연면적 600[m²] 이상
근린생활시설 중 목욕장, 문화 및 집회시설, 종교시설, 판매시설, 운수시설, 운동시설, 업무시설, 공장, 창고시설, 위험물 저장 및 처리 시설, 항공기 및 자동차 관련 시설, 교정 및 군사시설 중 국방·군사시설, 방송통신시설, 발전시설, 관광 휴게시설, 지하가(터널은 제외)	연면적 1,000[m²] 이상
교육연구시설(교육시설 내에 있는 기숙사 및 합숙소를 포함한다), 수련시설(수련시설 내에 있는 기숙사 및 합숙소를 포함하며, 숙박시설이 있는 수련시설은 제외), 동물 및 식물 관련 시설(기둥과 지붕만으로 구성되어 외부와 기류가 통하는 장소는 제외), 자원 순환 관련 시설, 교정 및 군사시설(국방·군사시설은 제외) 또는 묘지 관련 시설	연면적 2,000[m²] 이상
• 공동주택 중 아파트·기숙사 및 숙박시설 • 층수가 6층 이상인 건축물 • 판매시설 중 전통시장 • 지하구 • 근린생활시설 중 조산원 및 산후조리원 • 요양병원(의료재활시설 제외) • 노유자 생활시설	전부 해당
• 노유자 생활시설을 제외한 노유자시설	연면적 400[m²] 이상
• 정신의료기관 또는 의료재활시설(창살이 없는 경우)	바닥면적의 합계 300[m²] 이상
• 정신의료기관 또는 의료재활시설(창살이 있는 경우)	바닥면적의 합계 300[m²] 미만
• 지하가 중 터널	길이 1,000[m] 이상
• 숙박시설이 있는 수련시설	수용인원 100명 이상

연계이론 PHASE 06 자동화재탐지설비(개요)

16 연축전지가 여러 개 설치되어 그 정격용량이 200[Ah]인 축전지설비가 있다. 상시부하가 8[kW]이고, 표준 전압이 100[V]라고 할 때, 다음 각 물음에 답하시오. (단, 축전지의 방전율은 10시간율로 한다.)

(6점)

(1) 연축전지는 몇 셀 정도 필요한가?
- 계산과정:
- 답:

(2) 충전 시에 발생하는 가스의 종류는?

(3) 충전이 부족할 때 극판에 발생하는 현상을 무엇이라고 하는가?

정답

(1) • 계산과정: $\dfrac{100}{2} = 50$
  • 답: 50[cell]
(2) 수소가스
(3) 설페이션 현상

해설

(1) 연축전지와 알칼리 축전지의 특징

구분	연축전지	알칼리축전지
공칭전압	2.0[V/cell]	1.2[V/cell]
방전율	10[h]	5[h]

(3) 축전지를 방전상태로 둘 경우 극판 표면에 유백색의 결정이 발생한다. 이 결정으로 인해 축전지의 기능이 저하되는데 이를 설페이션 현상이라 한다.

더 알아보기 축전지의 충전방식

구분	의미
보통충전방식	정기적으로 표준시간율로 충전하는 방식
급속충전방식	일반 충전전류의 2~3배의 전류로 충전하는 방식
세류충전방식	자기방전량만 충전하는 방식
부동충전방식	축전지의 자기방전을 보충하면서 상용부하에 대한 전력공급은 충전기가 부담하되, 일시적인 대전류 부하에는 축전지가 부담하도록 하는 방식
회복충전방식	축전지의 과방전 및 방치상태, 가벼운 설페이션 현상 등이 생겼을 때 기능 회복을 위해 실시하는 충전방식

연계이론 PHASE 29 축전지

17 연기감지기의 설치기준에 대하여 다음 (   ) 안을 채우시오. (8점)

(1) 감지기의 부착높이에 따라 다음 표에 따른 바닥면적마다 1개 이상으로 할 것

부착높이[m]	감지기의 종류	
	1종 및 2종	3종
4[m] 미만	(①)[m²]	(②)[m²]
4[m] 이상 (③)[m] 미만	75[m²]	–

(2) 감지기는 복도 및 통로에 있어서는 보행거리 (④)[m] (3종에 있어서는 (⑤)[m])마다, 계단 및 경사로에 있어서는 수직거리 (⑥)[m](3종에 있어서는 (⑦)[m])마다 1개 이상으로 할 것

(3) 감지기는 벽 또는 보로부터 (⑧)[m] 이상 떨어진 곳에 설치할 것

정답 ① 150 ② 50 ③ 20 ④ 30 ⑤ 20 ⑥ 15 ⑦ 10 ⑧ 0.6

해설

연기감지기의 설치기준

- 연기감지기의 부착높이에 따른 바닥면적 표

부착높이	감지기의 종류	
	1종 및 2종	3종
4[m] 미만	150[m²]	50[m²]
4[m] 이상 20[m] 미만	75[m²]	

- 감지기는 복도 및 통로에 있어서는 보행거리 30[m](3종에 있어서는 20[m])마다, 계단 및 경사로에 있어서는 수직거리 15[m](3종에 있어서는 10[m])마다 1개 이상으로 할 것
- 천장 또는 반자가 낮은 실내 또는 좁은 실내에 있어서는 출입구에 가까운 부분에 설치할 것
- 천장 또는 반자 부근에 배기구가 있는 경우에는 그 부근에 설치할 것
- 감지기는 벽 또는 보로부터 0.6[m] 이상 떨어진 곳에 설치할 것

연계이론 PHASE 11 연기감지기

18 화재안전기술기준에서 정하는 다음 용어의 정의를 쓰시오. (6점)

(1) 분배기
(2) 분파기
(3) 혼합기

정답

(1) 분배기: 신호의 전송로가 분기되는 장소에 설치하는 것으로 임피던스 매칭과 신호 균등분배를 위해 사용하는 장치
(2) 분파기: 서로 다른 주파수의 합성된 신호를 분리하기 위해 사용하는 장치
(3) 혼합기: 두 개 이상의 입력신호를 원하는 비율로 조합한 출력이 발생하도록 하는 장치

해설

무선통신보조설비의 용어

용어	의미
누설동축케이블	동축케이블의 외부도체에 가느다란 홈을 만들어서 전파가 외부로 새어나갈 수 있도록 한 케이블
분배기	신호의 전송로가 분기되는 장소에 설치하는 것으로 임피던스 매칭과 신호 균등분배를 위해 사용하는 장치
분파기	서로 다른 주파수의 합성된 신호를 분리하기 위해 사용하는 장치
혼합기	두 개 이상의 입력신호를 원하는 비율로 조합한 출력이 발생하도록 하는 장치
증폭기	전압·전류의 진폭을 늘려 감도 등을 개선하는 장치
무선중계기	안테나를 통해 수신된 무전기 신호를 증폭한 후 음영지역에 재방사하여 무전기 상호 간 송수신이 가능하도록 하는 장치
옥외안테나	감시제어반 등에 설치된 무선중계기의 입력과 출력포트에 연결되어 송수신 신호를 원활하게 방사·수신하기 위해 옥외에 설치하는 장치

연계이론

PHASE 26 무선통신보조설비

2023년 4회 기출문제

01 다음은 무선통신보조설비 중 중계기의 회로이다. 각 물음에 답하시오. (6점)

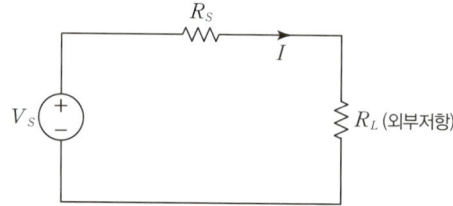

(1) 최대전력을 부하저항에 걸리게 하기 위한 식을 쓰시오.
(2) 부하저항에 소비되는 최대전력을 구하시오.
  • 계산과정:
  • 답:

정답

(1) $R_s = R_L$

(2) • 계산과정: $R_s = R_L$일 때 R_L에 걸리는 전압은 $\dfrac{V_s}{2}$이므로 $P = \dfrac{\left(\dfrac{V_s}{2}\right)^2}{R_L} = \dfrac{V_s^2}{4R_L}$[W]
  • 답: $\dfrac{V_s^2}{4R_L}$[W]

해설

회로에 R_s의 저항이 있고 외부저항 R_L이 접속되었다고 가정할 경우 최대전력 산정조건은 $R_s = R_L$이다. 이 경우 부하저항에서 소비되는 최대 전력은 다음과 같다.

$$P = \dfrac{\left(\dfrac{V_s}{2}\right)^2}{R_L} = \dfrac{V_s^2}{4R_L}[W]$$

02 정온식 스포트형 감지기의 열 감지방식을 5가지 쓰시오. (5점)

•
•
•
•
•

정답

• 바이메탈의 활곡 · 반전을 이용한 방식
• 금속의 팽창계수차를 이용한 방식
• 액체(기체)의 팽창을 이용한 방식
• 가용절연물을 이용한 방식
• 감열반도체소자를 이용한 방식

연계이론 PHASE 10 열감지기

03 극수 변환식 3상 농형 유도전동기가 있다. 고속 측은 4극이고 정격출력은 90[kW]이다. 저속 측 속도는 고속 측 속도의 $\frac{1}{3}$배라면 저속 측의 극수와 정격출력은 몇 [kW]인지 계산하시오. (단, 슬립 및 정격토크는 저속 측과 고속 측이 같다고 본다.) (6점)

(1) 극수
- 계산과정:
- 답:

(2) 정격출력
- 계산과정:
- 답:

정답

(1) • 계산과정:
$N_s \propto \dfrac{1}{p}$ 이므로 $\dfrac{N_{s고속}}{N_{s저속}} = \dfrac{p_{저속}}{p_{고속}}$ 이다.

$\therefore p_{저속} = \dfrac{N_{s고속}}{N_{s저속}} \times p_{고속} = \dfrac{N_{s고속}}{\frac{1}{3} N_{s고속}} \times p_{고속} = 3 p_{고속} = 3 \times 4 = 12$극

- 답: 12극

(2) • 계산과정:
정격출력 $P \propto N$이고 $N=(1-s)N_s$이다. 고속 측과 저속 측의 슬립과 토크가 같으므로 $P \propto N \propto N_s$이다. 따라서 저속 측의 정격출력은 고속 측 정격출력의 $\dfrac{1}{3}$배인 $90 \times \dfrac{1}{3} = 30$[kW]이다.

- 답: 30[kW]

해설 유도전동기 특징

- 동기속도 $N_s = \dfrac{120f}{p}$[rpm] (단, f: 주파수[Hz], p: 극수)
- 실제속도 $N=(1-s)N_s$[rpm] (단, s: 슬립)
- 유도전동기의 정격출력 $P = \dfrac{9.8 \times 2\pi N \times \tau}{60}$[W] (단, τ: 토크[kg·m])

연계이론 PHASE 31 유도전동기

04 다음 그림은 자동화재탐지설비의 평면을 나타낸 도면이다. 이 도면을 보고 각 물음에 답하시오. (단, 각 실은 이중천장이 없는 구조이며, 전선관은 16[mm] 후강스틸전선관을 사용하여 콘크리트 내 매입 시공한다.) (10점)

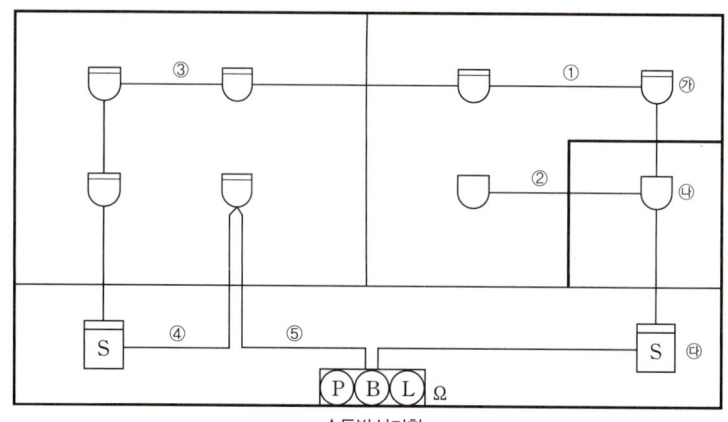

(1) 시공에 사용되는 부싱과 로크너트의 소요개수를 구하시오.
- 부싱:
- 로크너트:

(2) 각 감지기 간과 감지기와 수동발신기세트 간(①~⑤)에 배선되는 전선의 가닥수를 구하시오.
  ①: ②: ③: ④: ⑤:

(3) 도면에 그려진 심벌 ㉮, ㉯, ㉰의 명칭을 쓰시오.
  ㉮:   ㉯:   ㉰:

정답

(1) • 부싱: 22개
   • 로크너트: 44개
(2) ① 2가닥   ② 4가닥   ③ 2가닥   ④ 2가닥   ⑤ 2가닥
(3) ㉮ 차동식 스포트형 감지기   ㉯ 정온식 스포트형 감지기   ㉰ 연기감지기

해설

(1) ○: 부싱 표시

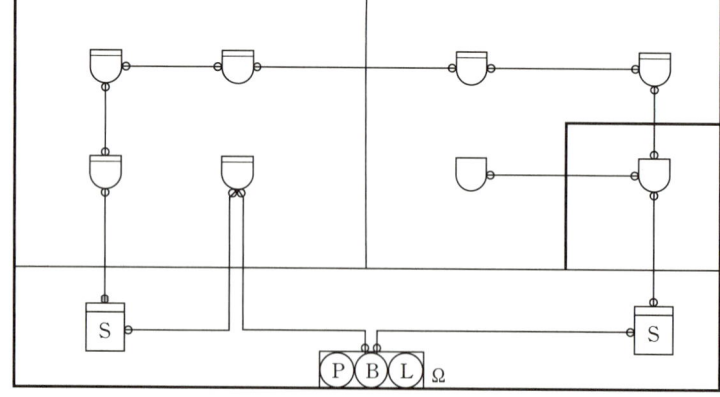

[박스와 부싱 개수]

구분	박스	부싱
1방출	1	1
2방출	9	18
3방출	1	3
합계	11	22

※ 부싱은 [전선관 수의 합계 ×2]와 같으므로 11×2=22개이다.
※ 로크너트 수는 [부싱 수의 합계 ×2]와 같으므로 22×2=44개이다.

(2) 자동화재탐지설비의 감지기는 송배선식으로 배선한다. 송배선식의 루프(①, ③, ④, ⑤)는 2가닥, 그 외 나머지(②)는 4가닥으로 배선한다.

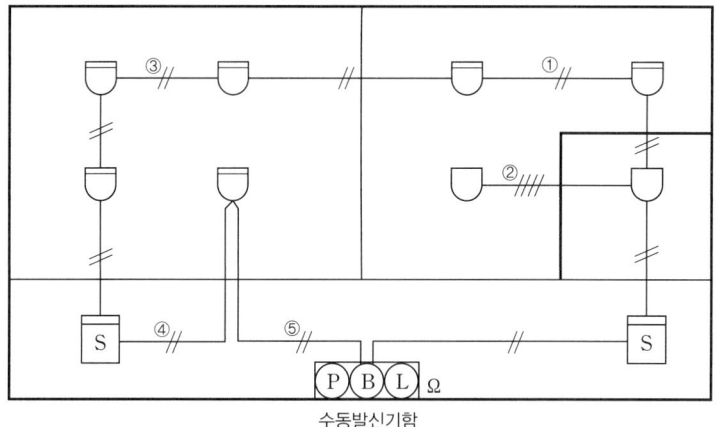

(3) 도면기호

명칭	기호	세부기호		명칭	기호	세부기호	
사이렌	◁	전자사이렌	Ⓢ◁	차동식 스포트형 감지기	⌒	—	
		모터사이렌	Ⓜ◁				
비상벨	Ⓑ	—		보상식 스포트형 감지기	⌒	—	
정온식 스포트형 감지기	⌒	방수형	⌒	연기감지기	Ⓢ	이온화식 스포트형	Ⓢ I
		내산형	⌒			광전식 스포트형	Ⓢ P
		내알칼리형	⌒			광전식 아날로그식	Ⓢ A
		방폭형	⌒EX				

○ 연 계 이 론 ○ **PHASE 42** 자동화재탐지설비 도면

05 다음은 Y-△ 회로의 3상 농형 유도전동기의 시퀀스 회로이다. 다음 각 물음에 답하시오. (6점)

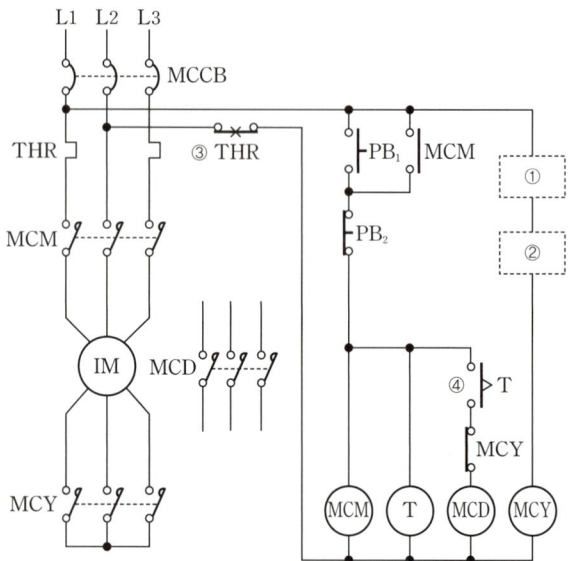

(1) Y-△회로를 사용하는 이유를 쓰시오.

(2) ①과 ②에 들어갈 알맞은 기호를 그리시오.

①	②

(3) ③과 ④의 우리말 명칭을 쓰시오.

③:

④:

(4) 미완성회로를 완성하시오.

정답

(1) Y결선 운전 시 △결선에 비해 기동전류를 $\frac{1}{3}$배로 경감할 수 있으므로

(2)

①	②
T	MCD

(3) ③ 열동계전기 b접점
④ 한시동작 순시복귀 a접점

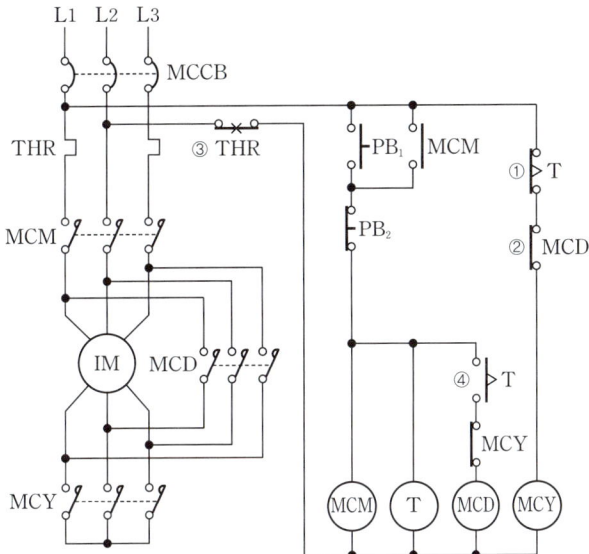

해 설

(1) Y결선 운전 시 △결선에 비해 기동전류를 $\frac{1}{3}$배로 경감할 수 있다. 기동 시에는 기동전류를 줄이는 Y결선으로 운전을 하고 충분한 기동시간이 흐른 뒤에는 △ 결선으로 운전을 하는 방법이다.

(2) ①: 한시동작 순시복귀 b접점으로 타이머가 동작하면 설정시간이 지난 후 접점이 열렸다가 바로 복구하는 접점이다. 설정시간이 지난 후 MCY를 소자시키기 위함이다.
② : MCY와 MCD의 인터록 동작을 위해 MCD−b접점을 사용한다.

연계이론 PHASE 40 시퀀스 회로

06 다음 물음에 적당한 내용을 쓰시오. (3점)

(1) 경보설비의 정의를 쓰시오.
(2) 경보설비의 종류 6가지를 쓰시오.

정 답

(1) 화재발생 사실을 통보하는 기계·기구 또는 설비
(2) • 단독경보형 감지기   • 시각경보기
　　• 비상경보설비   • 화재알림설비
　　• 자동화재탐지설비   • 비상방송설비

해 설

(2) 경보설비의 종류
　　• 단독경보형 감지기   • 통합감시시설
　　• 비상방송설비   • 시각경보기
　　• 비상경보설비(비상벨설비, 자동식사이렌설비) • 누전경보기
　　• 자동화재속보설비   • 화재알림설비
　　• 자동화재탐지설비   • 가스누설경보기

연계이론 PHASE 05 경보설비의 종류

07

어떤 소화설비에서 자동식 기동장치의 화재감지기를 교차회로방식으로 설치하였다. 감지기 A, B를 교차회로 방식으로 구성하는 경우 다음 각 물음에 답하시오. (3점)

(1) 작동신호 출력을 X라 했을 경우 논리식을 쓰시오.
(2) 상기 논리식에 대응하는 논리회로를 그리시오.
(3) 상기 논리식에 의한 진리표를 작성하시오.

정답

(1) $X = A \cdot B$
(2) A o—⊐D—o X
    B o—

(3)

입력신호		출력신호
A	B	X
0	0	0
0	1	0
1	0	0
1	1	1

해설

(1) 감지기 A, B를 교차회로방식으로 구성하는 경우 두 감지기가 모두 동작해야만 화재 신호를 발한다. 즉, AND 논리회로의 특성과 같다.

(2), (3) 논리회로와 진리표

논리회로	논리식	무접점 회로	진리표		
			A	B	X
			0	0	0
AND 회로	$X = A \cdot B$	A o—⊐D—o X B o—	0	1	0
			1	0	0
			1	1	1

연계이론 PHASE 09 감지기

08

다음은 이산화탄소소화설비의 화재안전기술기준 중 음향경보장치의 설치기준에 관한 내용이다. ( ) 안에 알맞은 답을 쓰시오. (4점)

- 수동식 기동장치를 설치한 것은 그 기동장치의 조작과정에서, 자동식 기동장치를 설치한 것은 화재감지기와 연동하여 자동으로 경보를 발하는 것으로 할 것
- 소화약제의 방출 개시 후 (①) 이상 경보를 계속할 수 있는 것으로 할 것
- 방호구역 또는 방호대상물이 있는 구획 안에 있는 자에게 유효하게 경보할 수 있는 것으로 할 것
- 증폭기 재생장치는 화재 시 연소의 우려가 없고, 유지관리가 쉬운 장소에 설치할 것
- 방호구역 또는 방호대상물이 있는 구획의 각 부분으로부터 하나의 확성기까지의 수평거리는 (②) 이하가 되도록 할 것
- 제어반의 (③)를 조작하여도 경보를 계속 발할 수 있는 것으로 할 것

정답 ① 1분 ② 25[m] ③ 복구스위치

해설 이산화탄소소화설비의 음향경보장치는 다음의 기준에 따라 설치해야 한다.
- 수동식 기동장치를 설치한 것은 그 기동장치의 조작과정에서, 자동식 기동장치를 설치한 것은 화재감지기와 연동하여 자동으로 경보를 발하는 것으로 할 것
- 소화약제의 방출 개시 후 1분 이상 경보를 계속할 수 있는 것으로 할 것
- 방호구역 또는 방호대상물이 있는 구획 안에 있는 자에게 유효하게 경보할 수 있는 것으로 할 것

방송에 따른 경보장치를 설치할 경우에는 다음의 기준에 따라야 한다.
- 증폭기 재생장치는 화재 시 연소의 우려가 없고, 유지관리가 쉬운 장소에 설치할 것
- 방호구역 또는 방호대상물이 있는 구획의 각 부분으로부터 하나의 확성기까지의 수평거리는 25[m] 이하가 되도록 할 것
- 제어반의 복구스위치를 조작하여도 경보를 계속 발할 수 있는 것으로 할 것

연계이론 PHASE 04 이산화탄소소화설비

09
유도등 및 유도표지의 화재안전성능기준에 따른 광원점등방식의 피난유도선 설치기준을 5가지 쓰시오. (5점)

-
-
-
-
-

정답
- 구획된 각 실로부터 주출입구 또는 비상구까지 설치
- 피난유도 표시부는 바닥으로부터 높이 1[m] 이하의 위치 또는 바닥면에 설치
- 피난유도 표시부는 50[cm] 이내의 간격으로 연속되도록 설치하되 실내장식물 등으로 설치가 곤란할 경우 1[m] 이내로 설치
- 수신기로부터의 화재신호 및 수동조작에 의해 광원이 점등되도록 설치
- 비상전원이 상시충전상태를 유지하도록 설치

해설 피난유도선 설치기준

구분	축광방식	광원점등방식
설치기준	• 구획된 각 실로부터 주출입구 또는 비상구까지 설치 • 바닥으로부터 높이 50[cm] 이하의 위치 또는 바닥면에 설치 • 피난유도 표시부는 50[cm] 이내의 간격으로 연속되도록 설치 • 부착대에 의해 견고하게 설치 • 외부의 빛 또는 조명장치에 의해 상시조명이 제공되거나 비상조명등에 의한 조명이 제공되도록 설치	• 구획된 각 실로부터 주출입구 또는 비상구까지 설치 • 피난유도 표시부는 바닥으로부터 높이 1[m] 이하의 위치 또는 바닥면에 설치 • 피난유도 표시부는 50[cm] 이내의 간격으로 연속되도록 설치하되 실내장식물 등으로 설치가 곤란할 경우 1[m] 이내로 설치 • 수신기로부터의 화재신호 및 수동조작에 의해 광원이 점등되도록 설치 • 비상전원이 상시충전상태를 유지하도록 설치 • 바닥에 설치되는 피난유도 표시부는 매립하는 방식을 사용 • 피난유도제어부는 조직 및 관리가 용이하도록 바닥으로부터 0.8[m] 이상 1.5[m] 이하의 높이에 설치

연계이론 PHASE 23 피난유도선

10 무선통신보조설비의 누설동축케이블 기호를 보기에서 찾아 쓰시오. (6점)

$$(\underbrace{LCX}_{①}-\underbrace{FR}_{②}-\underbrace{SS}_{③}-\underbrace{20}_{④}\underbrace{D}_{⑤}-\underbrace{14}_{⑥}\ 6)$$

> 누설동축케이블, 자기지지, 특성임피던스, 사용주파수, 난연성(내열성), 절연체 외경

표시	의미
LCX	①
FR	②
SS	③
20	④
D	⑤
14	⑥
6	결합 손실

정답

표시	의미
LCX	누설동축케이블
FR	난연성(내열성)
SS	자기지지
20	절연체의 외경
D	특성임피던스
14	사용주파수
6	결합 손실

연계이론 PHASE 26 무선통신보조설비

11

다음은 자동화재탐지설비 및 시각경보장치의 화재안전기술기준 중 배선에 관한 내용이다. (   ) 안에 옳은 답을 쓰시오. (5점)

- 전원회로의 배선은 내화배선으로 하고, 그 밖의 배선은 내화배선 또는 내열배선에 따를 것
- 감지기 상호 간 또는 감지기로부터 수신기에 이르는 감지기회로의 배선의 경우에는 아날로그방식, R형 수신기용 등으로 사용되는 것은 (①)의 방해를 받지 않는 것으로 배선하고, 그 외의 일반배선을 사용할 때에는 내화배선 또는 내열배선으로 할 것
- 감지기회로에는 도통시험을 위한 종단저항을 설치할 것
- 감지기 사이의 회로의 배선은 (②)으로 할 것
- 전원회로의 전로와 대지 사이 및 배선 상호간의 절연저항은 기술기준이 정하는 바에 의하고, 감지기회로 및 부속회로의 전로와 대지 사이 및 배선 상호간의 절연저항은 1경계구역마다 (③)를 사용하여 측정한 절연저항이 (④) 이상이 되도록 할 것
- 자동화재탐지설비의 배선은 다른 전선과 별도의 관·덕트·몰드 또는 풀박스 등에 설치할 것. 다만, 60[V] 미만의 약전류회로에 사용하는 전선으로서 각각의 전압이 같을 때에는 그렇지 않다.
- P형 수신기 및 G.P형 수신기의 감지기회로의 배선에 있어서 하나의 공통선에 접속할 수 있는 경계구역은 7개 이하로 할 것
- 자동화재탐지설비의 감지기회로의 전로저항은 (⑤) 이하가 되도록 해야 하며, 수신기의 각 회로별 종단에 설치되는 감지기에 접속되는 배선의 전압은 감지기 정격전압의 80[%] 이상이어야 할 것

정답 ① 전자파 ② 송배선식 ③ 직류 250[V]의 절연저항측정기 ④ 0.1[MΩ] ⑤ 50[Ω]

해설 **자동화재탐지설비 및 시각경보장치의 배선 설치기준**
- 전원회로의 배선은 내화배선으로 하고, 그 밖의 배선(감지기 상호 간 또는 감지기로부터 수신기에 이르는 감지기회로의 배선은 제외)은 내화배선 또는 내열배선으로 할 것
- 감지기 상호 간 또는 감지기로부터 수신기에 이르는 감지기회로의 배선은 다음의 기준에 따라 설치할 것
  - 아날로그식, 다신호식 감지기나 R형 수신기용으로 사용되는 것은 전자파 방해를 받지 않는 실드선 등을 사용해야 하며, 광케이블의 경우에는 전자파 방해를 받지 않고 내열성능이 있는 경우 사용할 것. 다만, 전자파 방해를 받지 않는 방식의 경우에는 그렇지 않다.
  - 일반배선을 사용할 때에는 내화배선 또는 내열배선으로 사용할 것
- 감지기회로의 도통시험을 위한 종단저항은 다음의 기준에 따를 것
  - 점검 및 관리가 쉬운 장소에 설치할 것
  - 전용함을 설치하는 경우 그 설치 높이는 바닥으로부터 1.5[m] 이내로 할 것
  - 감지기회로의 끝부분에 설치하며, 종단감지기에 설치할 경우에는 구별이 쉽도록 해당 감지기의 기판 및 감지기 외부 등에 별도의 표시를 할 것
- 감지기 사이의 회로의 배선은 송배선식으로 할 것
- 전원회로의 전로와 대지 사이 및 배선 상호 간의 절연저항은 전기설비기술기준이 정하는 바에 의하고, 감지기회로 및 부속회로의 전로와 대지 사이 및 배선 상호 간의 절연저항은 1경계구역마다 직류 250[V]의 절연저항측정기를 사용하여 측정한 절연저항이 0.1[MΩ] 이상이 되도록 할 것
- 자동화재탐지설비의 배선은 다른 전선과 별도의 관·덕트(절연효력이 있는 것으로 구획한 때에는 그 구획된 부분은 별개의 덕트로 본다)·몰드 또는 풀박스 등에 설치할 것. 다만, 60[V] 미만의 약전류회로에 사용하는 전선으로서 각각의 전압이 같을 때에는 그렇지 않다.
- P형 수신기 및 G.P형 수신기의 감지기회로의 배선에 있어서 하나의 공통선에 접속할 수 있는 경계구역은 7개 이하로 할 것
- 자동화재탐지설비의 감지기회로의 전로저항은 50[Ω] 이하가 되도록 해야 하며, 수신기의 각 회로별 종단에 설치되는 감지기에 접속되는 배선의 전압은 감지기 정격전압의 80[%] 이상이어야 할 것

연계이론 PHASE 39 배선

12 다음은 무선통신보조설비의 화재안전기술기준 중 증폭기 및 무선중계기 의 설치기준에 관한 내용이다. ( ) 안에 알맞은 답을 쓰시오. (6점)

- 상용전원은 전기가 정상적으로 공급되는 축전지설비, 전기저장장치(외부 전기에너지를 저장해 두었다가 필요한 때 전기를 공급하는 장치) 또는 교류전압의 (①)간선으로 하고, 전원까지의 배선은 (②)으로 할 것
- 증폭기의 전면에는 (③) 회로 전원의 정상 여부를 표시할 수 있는 (④) 및 (⑤)를 설치할 것
- 증폭기에는 비상전원이 부착된 것으로 하고 해당 비상전원 용량은 무선통신보조설비를 유효하게 (⑥) 이상 작동시킬 수 있는 것으로 할 것

정답 ① 옥내 ② 전용 ③ 주 ④ 표시등 ⑤ 전압계 ⑥ 30분

해설 **증폭기 및 무선중계기의 설치기준**
- 상용전원은 전기가 정상적으로 공급되는 축전지설비, 전기저장장치(외부 전기에너지를 저장해 두었다가 필요한 때 전기를 공급하는 장치) 또는 교류전압 옥내간선으로 하고, 전원까지의 배선은 전용으로 할 것
- 증폭기의 전면에는 주 회로의 전원의 정상 여부를 표시할 수 있는 표시등 및 전압계를 설치할 것
- 증폭기에는 비상전원이 부착된 것으로 하고 해당 비상전원 용량은 무선통신보조설비를 유효하게 30분 이상 작동시킬 수 있는 것으로 할 것
- 증폭기 및 무선중계기를 설치하는 경우에는 적합성평가를 받은 제품으로 설치하고 임의로 변경하지 않도록 할 것
- 디지털 방식의 무전기를 사용하는 데 지장이 없도록 설치할 것

연계이론 PHASE 26 무선통신보조설비

13 내화구조인 건축물의 평면도를 나타낸 것이다. 층고는 3.4[m]이고 복도의 보행거리는 50[m]이다. 차동식 스포트형 감지기(1종)를 A실~D실에 설치하고, 복도에는 연기감지기(2종)를 설치하려고 할 때 다음 빈칸을 채우시오. (5점)

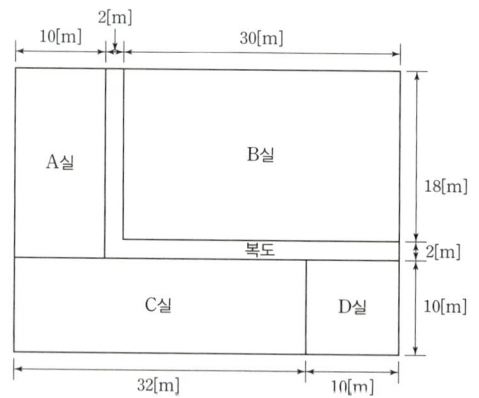

구역	적용 감지기	산출식	수량(개)
A구역	차동식 스포트형 1종		
B구역			
C구역			
D구역			
복도	연기감지기 2종		

정답

구역	적용 감지기	산출식	수량(개)
A구역	차동식 스포트형 1종	$\dfrac{10 \times 20}{90} = 2.22$	3
B구역		$\dfrac{30 \times 18}{90} = 6$	6
C구역		$\dfrac{32 \times 10}{90} = 3.56$	4
D구역		$\dfrac{10 \times 10}{90} = 1.11$	2
복도	연기감지기 2종	$\dfrac{50}{30} = 1.67$	2

해설

[차동식 스포트형 1종 감지기]
내화구조(철근콘크리트)의 건물로서 층고 3.4[m]이고 차동식 스포트형 1종 감지기를 설치하므로 다음 표에서 바닥면적을 산정한다.

(단위: [m²])

부착높이 및 특정소방대상물의 구분		감지기의 종류						
		차동식 스포트형		보상식 스포트형		정온식 스포트형		
		1종	2종	1종	2종	특종	1종	2종
4[m] 미만	내화구조	90	70	90	70	70	60	20
	기타구조	50	40	50	40	40	30	15
4[m] 이상 8[m] 미만	내화구조	45	35	45	35	35	30	—
	기타구조	30	25	30	25	25	15	—

바닥면적 90[m²]가 산정되었으므로 감지기 개수는 $\dfrac{전용면적[m^2]}{90[m^2]}$으로 산출한다.

- A실: $\dfrac{10 \times 20}{90} = 2.22 \rightarrow 3$(소수점 절상)
- B실: $\dfrac{30 \times 18}{90} = 6$
- C실: $\dfrac{32 \times 10}{90} = 3.56 \rightarrow 4$(소수점 절상)
- D실: $\dfrac{10 \times 10}{90} = 1.11 \rightarrow 2$(소수점 절상)

[연기감지기]
복도에서 연기감지기 2종은 보행거리 30[m]마다 1개 이상 설치해야 한다.

설치장소	복도 및 통로		계단 및 경사로(에스컬레이터 경사로 포함)	
	1종, 2종	3종	1종, 2종	3종
설치거리	보행거리 30[m]	보행거리 20[m]	수직거리 15[m]	수직거리 10[m]

감지기 개수 $\dfrac{보행거리[m]}{30[m]} = \dfrac{50}{30} = 1.67 \rightarrow 2$개(소수점 절상)이다.

※ 복도는 중심거리를 적용해야 하며 이 경우 가로는 30+1=31[m], 세로는 18+1=19[m]이므로 복도의 길이(보행거리)는 31+19=50[m]이다.

연계이론 PHASE 11 연기감지기

14 다음은 옥내소화전함에 발신기세트를 추가한 설비의 도면이다. 다음 각 물음에 답하시오. (단, 가압송수장치를 기동용 수압개폐방식으로 사용하고 발신기의 경우 화재가 발생하여 단락되었을 경우 경보에 지장을 주지 않을 유효한 조치를 하였다고 본다. 또한 전화선은 제외한다.) (10점)

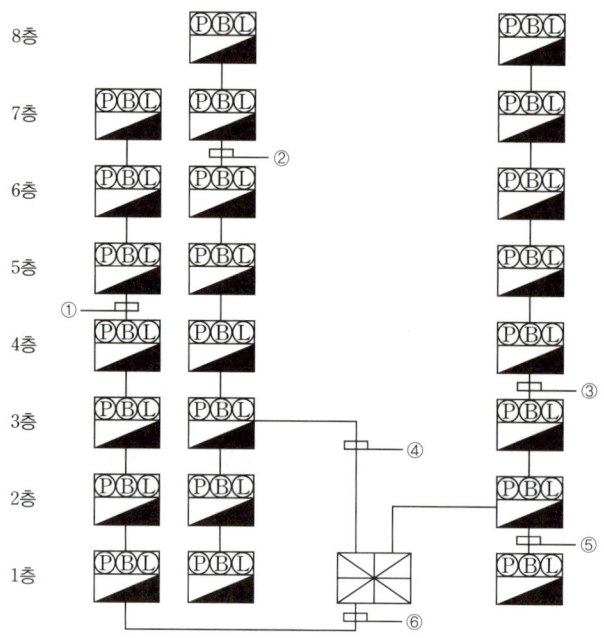

(1) ①~⑥의 전선 가닥수를 쓰시오.
(2) 설치된 수신기는 몇 회로용인가?
(3) 위 특정소방대상물에서 5층은 단선이 되었을 경우 비상방송설비가 작동하는 층을 모두 쓰시오.
(4) 음향장치는 정격전압의 몇 [%] 전압에서 음향을 발할 수 있는 것으로 해야 하는가?
(5) 음향의 크기는 부착된 음향장치의 중심으로부터 1[m] 떨어진 위치에서 몇 [dB] 이상이 되는 것으로 해야 하는가?

정답
(1) ① 10가닥 ② 9가닥 ③ 12가닥 ④ 16가닥 ⑤ 8가닥 ⑥ 14가닥
(2) 25회로용
(3) 1층, 2층, 3층, 4층, 6층, 7층, 8층
(4) 80[%]
(5) 90[dB]

해설 (1) 층수가 11층(공동주택의 경우에는 16층) 이상인 특정소방대상물의 경보방식은 우선경보방식을 적용하며, 그 이외의 경우 일제경보방식을 적용한다. 이 공장은 11층 미만이므로 일제경보방식을 적용하며, 이 경우 경종의 가닥수는 변하지 않고 1가닥으로 고정된다.

번호	가닥수	배선 용도
①	10	지구 3, 지구공통 1, 응답 1, 경종 1, 표시등 1, 표시등공통 1, 기동확인표시등 2
②	9	지구 2, 지구공통 1, 응답 1, 경종 1, 표시등 1, 표시등공통 1, 기동확인표시등 2
③	12	지구 5, 지구공통 1, 응답 1, 경종 1, 표시등 1, 표시등공통 1, 기동확인표시등 2
④	16	지구 8, 지구공통 2, 응답 1, 경종 1, 표시등 1, 표시등공통 1, 기동확인표시등 2
⑤	8	지구 1, 지구공통 1, 응답 1, 경종 1, 표시등 1, 표시등공통 1, 기동확인표시등 2
⑥	14	지구 7, 지구공통 1, 응답 1, 경종 1, 표시등 1, 표시등공통 1, 기동확인표시등 2

- 오른쪽 그림과 같이 옥내소화전설비가 발신기와 함께 있는 경우라면 기동확인표시등선 2가닥을 추가해야 한다.
- 지구회로선이 매 7가닥을 초과할 때마다 지구공통선은 1가닥이 증가함에 유의한다.

(2) 발신기세트 수는 총 23개이고 종단저항이 특별히 표기되어 있지 않으므로 각 발신기세트마다 한 개씩 있다고 가정하면 경계구역의 수는 23개이다. 즉, 수신기는 23회로 이상의 것을 사용해야 하며, 일반적으로 5회로 단위로 산정하므로 23회로보다 많은 25회로용을 사용해야 한다.

(3) 화재로 인해 하나의 층의 지구음향장치 또는 배선이 단락되어도 다른 층의 화재통보에 지장이 없도록 각 층 배선 상에 유효한 조치를 해야 하므로, 5층이 단선되었다고 하더라도 다른 층의 화재통보에는 지장이 없어야 한다. 따라서 5층을 제외한 나머지 1, 2, 3, 4, 6, 7, 8층에서 비상방송설비가 작동해야 한다.

(4), (5) 음향장치 설치기준
- 정격전압의 80[%] 전압에서도 음향을 발할 수 있도록 해야 한다(건전지를 주전원으로 하는 경우 제외).
- 음향의 크기는 부착된 음향장치의 중심으로부터 1[m] 떨어진 위치에서 음압이 90[dB] 이상이어야 한다.

연계이론 PHASE 42 자동화재탐지설비 도면

---

15 다음은 자동화재탐지설비 및 시각경보장치의 화재안전기술기준 중 감지기 설치 제외 장소에 관한 내용이다. ( ) 안에 알맞은 답을 쓰시오. (8점)

- 천장 또는 반자의 높이가 (①) 이상인 장소. 다만, 감지기로서 부착 높이에 따라 적응성이 있는 장소는 제외한다.
- 헛간 등 외부와 기류가 통하는 장소로서 감지기에 따라 (②)을 유효하게 감지할 수 없는 장소
- (③) 가스가 체류하고 있는 장소
- 고온도 및 (④)로서 감지기의 기능이 정지되기 쉽거나 감지기의 유지관리가 어려운 장소
- 목욕실·욕조나 샤워시설이 있는 화장실·기타 이와 유사한 장소
- 파이프덕트 등 그 밖의 이와 비슷한 것으로서 (⑤)개층마다 방화구획된 것이나 수평단면적이 (⑥) 이하인 것
- 먼지·가루 또는 (⑦)가 다량으로 체류하는 장소 또는 주방 등 평상시 연기가 발생하는 장소(연기감지기에 한함)
- 프레스공장·주조공장 등 (⑧)이 적은 장소로서 감지기의 유지관리가 어려운 장소

정답 ① 20[m] ② 화재발생 ③ 부식성 ④ 저온도 ⑤ 2 ⑥ 5[m²] ⑦ 수증기 ⑧ 화재 발생의 위험

해설 감지기의 설치 제외 장소
- 천장 또는 반자의 높이가 20[m] 이상인 장소. 다만, 감지기로서 부착높이에 따라 적응성이 있는 장소는 제외한다.
- 헛간 등 외부와 기류가 통하는 장소로서 감지기에 따라 화재발생을 유효하게 감지할 수 없는 장소
- 부식성 가스가 체류하고 있는 장소
- 고온도 및 저온도로서 감지기의 기능이 정지되기 쉽거나 감지기의 유지관리가 어려운 장소
- 목욕실·욕조나 샤워시설이 있는 화장실·기타 이와 유사한 장소
- 파이프덕트 등 그 밖의 이와 비슷한 것으로서 2개층마다 방화구획된 것이나 수평단면적이 5[m²] 이하인 것
- 먼지·가루 또는 수증기가 다량으로 체류하는 장소 또는 주방 등 평상시 연기가 발생하는 장소(연기감지기에 한함)
- 프레스공장·주조공장 등 화재발생의 위험이 적은 장소로서 감지기의 유지관리가 어려운 장소

연계이론 PHASE 09 감지기

16 거실의 높이가 바닥으로부터 20[m] 이상인 곳에 설치할 수 있는 감지기의 종류를 2가지만 쓰시오. (2점)

•
•

정 답
- 불꽃감지기
- 광전식 분리형 감지기 중 아날로그방식

해 설 부착높이에 따른 감지기의 적응성

부착높이	감지기의 종류
4[m] 미만	차동식(스포트형, 분포형) 보상식 스포트형 정온식(스포트형, 감지선형) 이온화식 또는 광전식(스포트형, 분리형, 공기흡입형) 열복합형 연기복합형 열연기복합형 불꽃감지기
4[m] 이상 8[m] 미만	차동식(스포트형, 분포형) 보상식 스포트형 정온식(스포트형, 감지선형) 특종 또는 1종 이온화식 1종 또는 2종 광전식(스포트형, 분리형, 공기흡입형) 1종 또는 2종 열복합형 연기복합형 열연기복합형 불꽃감지기
8[m] 이상 15[m] 미만	차동식 분포형 이온화식 1종 또는 2종 광전식(스포트형, 분리형, 공기흡입형) 1종 또는 2종 연기복합형 불꽃감지기
15[m] 이상 20[m] 미만	이온화식 1종 광전식(스포트형, 분리형, 공기흡입형) 1종 연기복합형 불꽃감지기
20[m] 이상	불꽃감지기 광전식(분리형, 공기흡입형) 중 아날로그방식

연계이론 PHASE 09 감지기

17 유도등 및 비상조명등의 화재안전기술기준에서 비상전원을 60분 이상 유효하게 작동시킬 수 있어야 하는 특정소방대상물 두 가지를 쓰시오. (4점)

-
-

정답
- 지하층을 제외한 층수가 11층 이상의 층
- 지하층 또는 무창층으로서 용도가 도매시장·소매시장·여객자동차터미널·지하역사 또는 지하상가

해설 유도등의 비상전원 설치기준
- 축전지로 할 것
- 유도등을 20분 이상 유효하게 작동시킬 수 있는 용량으로 할 것. 다만, 다음의 특정소방대상물의 경우에는 그 부분에서 피난층에 이르는 부분의 유도등을 60분 이상 유효하게 작동시킬 수 있는 용량으로 해야 한다.
  - 지하층을 제외한 층수가 11층 이상의 층
  - 지하층 또는 무창층으로서 용도가 도매시장·소매시장·여객자동차터미널·지하역사 또는 지하상가

연계이론 PHASE 27 전원

18 특정소방대상물에 설치된 소방시설 등을 구성하는 것의 전부 또는 일부를 개설, 이전 또는 정비하는 공사중 착공신고 대상인 3가지를 쓰시오. (다만, 고장 또는 파손 등으로 인하여 작동시킬 수 없는 소방시설의 긴급히 교체하거나 보수하여야 하는 경우에는 신고하지 않을 수 있다.) (6점)

-
-
-

정답
- 수신반
- 소화펌프
- 동력(감시)제어반

해설 소방시설공사의 착공신고 대상은 특정소방대상물에 설치된 소방시설 등을 구성하는 다음에 해당하는 것의 전부 또는 일부를 개설, 이전 또는 정비하는 공사이다. 다만, 고장 또는 파손 등으로 인하여 작동시킬 수 없는 소방시설을 긴급히 교체하거나 보수하여야 하는 경우에는 신고하지 않을 수 있다.
- 수신반
- 소화펌프
- 동력(감시)제어반

연계이론 PHASE 38 공사의 종류

2022년 1회 기출문제

01 다음의 도면은 준비작동식 스프링클러소화설비에 사용되는 슈퍼 비조리(Super visory)판넬의 결선 회로도의 미완성 도면이다. 다음 물음에 답하시오. (9점)

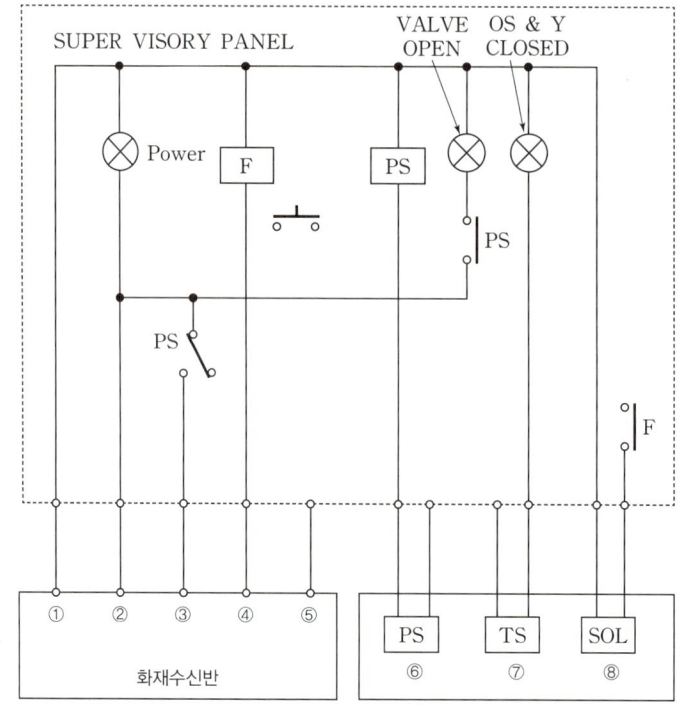

(1) ①~⑤ 단자의 단자명을 쓰시오.
(2) ⑥~⑧에 표기된 심벌은 무엇인지 쓰시오.
(3) 미완성 도면을 완성하시오.

정 답

(1) ① 전원 ⊖   ② 전원 ⊕   ③ 밸브개방확인   ④ 밸브기동   ⑤ 밸브주의
(2) ⑥ 압력스위치   ⑦ 탬퍼스위치   ⑧ 솔레노이드밸브
(3)

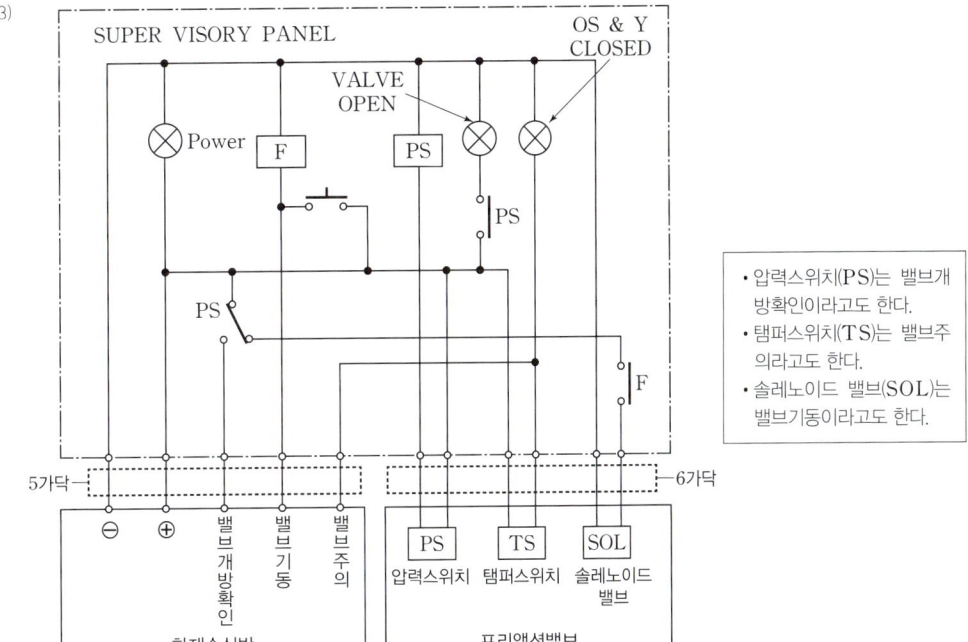

• 압력스위치(PS)는 밸브개방확인이라고도 한다.
• 탬퍼스위치(TS)는 밸브주의라고도 한다.
• 솔레노이드 밸브(SOL)는 밸브기동이라고도 한다.

해 설

• 푸시버튼스위치를 누를 경우 릴레이 F(화재릴레이)가 동작하며 솔레노이드 밸브가 작동하여 기동을 시작한다.
• 프리액션 밸브가 개방되어 배관 내 압력이 떨어지면서 릴레이 PS(압력스위치)가 동작하여 밸브개방확인등(Valve Open)을 점등시키고 밸브개방 확인신호를 보낸다.
• 평상시에 게이트밸브가 닫혀 있는 경우 TS(탬퍼스위치)가 폐로되어 밸브주의등(OS&Y Closed)이 점등된다.

연계이론   PHASE 47 스프링클러설비 도면

02

3선식 배선에 의해 상시 충전되는 유도등의 전기회로에 점멸기를 설치하는 경우에는 어느 때에 점등되도록 하여야 하는지 그 기준을 5가지 쓰시오. (5점)

•
•
•
•
•

정 답

• 자동화재탐지설비의 감지기 또는 발신기가 작동되는 때
• 비상경보설비의 발신기가 작동되는 때
• 상용전원이 정전 또는 전원선이 단선되는 때
• 방재업무를 통제하는 곳 또는 전기실의 배전반에서 수동으로 점등하는 때
• 자동소화설비가 작동되는 때

연계이론   PHASE 18 유도등

03 자동화재탐지설비에 대한 설치대상(바닥면적 등의 기준)을 적으시오. (5점)

(1) 판매시설(전통시장은 제외)
(2) 판매시설 중 전통시장
(3) 복합건축물
(4) 업무시설
(5) 교육연구시설(교육시설 내에 있는 기숙사 및 합숙소 포함)

정답
(1) 연면적 1,000[m²] 이상
(2) 전부 해당
(3) 연면적 600[m²] 이상
(4) 연면적 1,000[m²] 이상
(5) 연면적 2,000[m²] 이상

해설 자동화재탐지설비를 설치해야하는 대상

특정소방대상물	연면적 기준
근린생활시설(목욕장은 제외), 의료시설(정신의료기관 및 요양병원은 제외), 위락시설, 장례시설 및 복합건축물	연면적 600[m²] 이상
근린생활시설 중 목욕장, 문화 및 집회시설, 종교시설, 판매시설, 운수시설, 운동시설, 업무시설, 공장, 창고시설, 위험물 저장 및 처리 시설, 항공기 및 자동차 관련 시설, 교정 및 군사시설 중 국방·군사시설, 방송통신시설, 발전시설, 관광 휴게시설, 지하가(터널은 제외)	연면적 1,000[m²] 이상
교육연구시설(교육시설 내에 있는 기숙사 및 합숙소를 포함한다), 수련시설(수련시설 내에 있는 기숙사 및 합숙소를 포함하며, 숙박시설이 있는 수련시설은 제외), 동물 및 식물 관련 시설(기둥과 지붕만으로 구성되어 외부와 기류가 통하는 장소는 제외), 자원 순환 관련 시설, 교정 및 군사시설(국방·군사시설은 제외) 또는 묘지 관련 시설	연면적 2,000[m²] 이상
• 공동주택 중 아파트·기숙사 및 숙박시설 • 층수가 6층 이상인 건축물 • 판매시설 중 전통시장 • 지하구 • 근린생활시설 중 조산원 및 산후조리원 • 요양병원(의료재활시설 제외) • 노유자 생활시설	전부 해당
• 노유자 생활시설을 제외한 노유자시설	연면적 400[m²] 이상
• 정신의료기관 또는 의료재활시설(창살이 없는 경우)	바닥면적의 합계 300[m²] 이상
• 정신의료기관 또는 의료재활시설(창살이 있는 경우)	바닥면적의 합계 300[m²] 미만
• 지하가 중 터널	길이 1,000[m] 이상
• 숙박시설이 있는 수련시설	수용인원 100명 이상

연계이론 PHASE 06 자동화재탐지설비(개요)

04 다음 도시기호가 의미하는 바를 쓰시오. (4점)

① 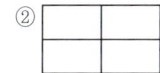 ② 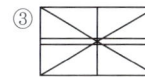 ③  ④

정답 ① 수신기 ② 부수신기 ③ 제어반 ④ 표시반

연계이론 PHASE 37 도면

05 길이 60[m]의 통로에 객석유도등을 설치하려고 한다. 이때 필요한 객석유도등의 수량은 최소 몇 개인가? (3점)

• 계산과정:

• 답:

정답
• 계산과정: $\dfrac{60}{4} - 1 = 14$개
• 답: 14개

해설 객석유도등의 설치개수는 $N = \dfrac{\text{객석통로의 직선부분의 길이[m]}}{4} - 1$ (소수점 절상)이므로

$N = \dfrac{60}{4} - 1 = 15 - 1 = 14$개

더 알아보기

구분	설치개수
객석유도등	$\dfrac{\text{객석통로의 직선부분의 길이[m]}}{4} - 1$ (소수점 절상)
유도표지	$\dfrac{\text{구부러진 곳이 없는 부분의 보행거리[m]}}{15} - 1$ (소수점 절상)
복도통로유도등, 거실통로유도등	$\dfrac{\text{구부러진 곳이 없는 부분의 보행거리[m]}}{20} - 1$ (소수점 절상)

연계이론 PHASE 21 객석유도등

06 다음은 Y−△기동에 대한 시퀀스 회로도이다. 그림을 보고 다음 각 물음에 답하시오. (5점)

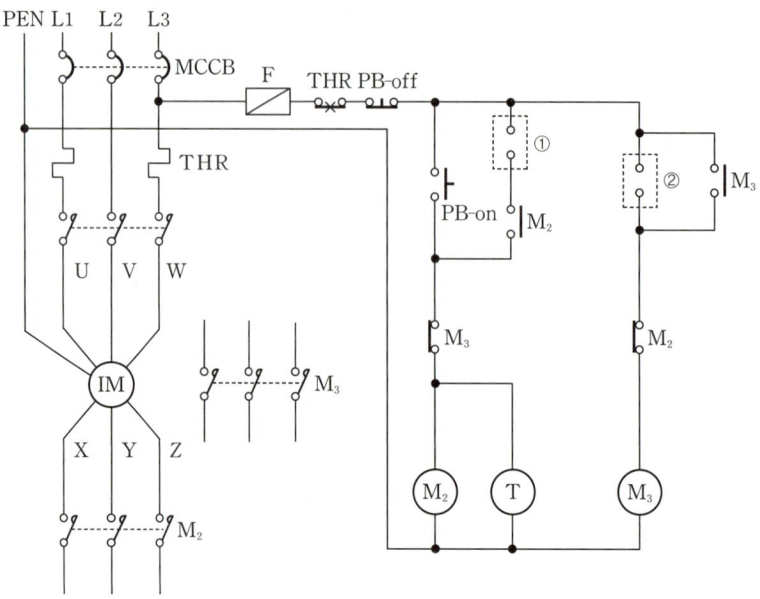

(1) 타이머를 이용한 미완성 Y−△ 기동회로를 완성하시오.
(2) 제어회로의 미완성 부분 ①, ②에 Y−△운전이 가능하도록 접점 및 접점기호를 표시하시오.
(3) ①, ②의 접점 명칭을 쓰시오.
　　①:
　　②:

정 답

(1), (2)

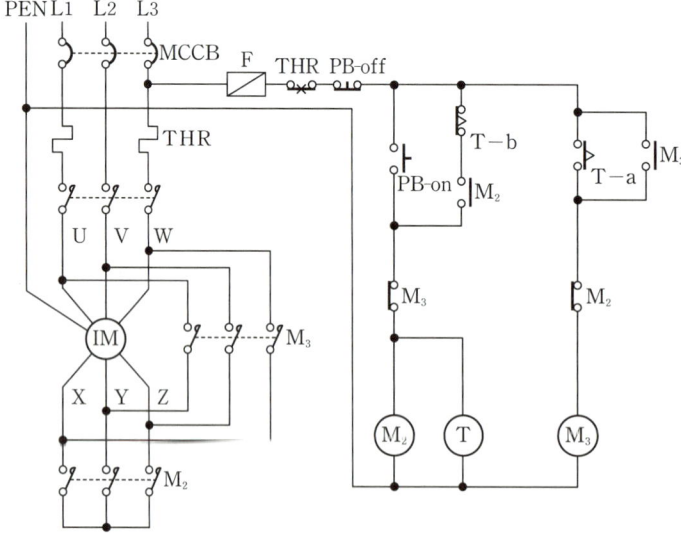

(3) ① 한시동작 순시복귀 타이머 b접점
　　② 한시동작 순시복귀 타이머 a접점

해설

(1), (2)

[동작사항]
- PB−on을 누르면 릴레이 M_2와 타이머 T가 동작한다. 이때 릴레이 M_2는 M_2−a접점에 의해 자기유지가 된다. 릴레이 M_2가 동작함에 따라 전동기는 Y기동을 시작한다.
- 타이머 설정시간이 지난 뒤 T−a접점이 닫히면서 M_3가 여자된다. 이때 릴레이 M_3는 M_3−a접점에 의해 자기유지가 되며, T−b접점이 열리면서 릴레이 M_2는 동작하지 않는다. 즉 Y기동을 멈추고 △기동으로 전환된다.
- PB−off를 누르면 모든 동작이 정지된다.

(3) 타이머의 종류
- 순시동작 한시복귀 타이머: 전원이나 신호가 인가되면 즉시 동작하며 전원 차단 뒤 일정 시간이 경과되면 복귀하는 타이머
- 한시동작 순시복귀 타이머: 전원이나 신호가 인가된 뒤 일정시간이 경과되면 동작하며 전원 차단 후 즉시 복귀하는 타이머
- 한시동작 한시복귀 타이머: 전원이나 신호가 인가된 뒤 일정시간이 경과되면 동작하며 전원 차단 뒤 일정시간이 경과되면 복귀하는 타이머

연계이론 PHASE 40 시퀀스 회로

07 다음의 전선관 부속품에 대한 용도를 쓰고 설명하시오. (3점)

(1) 가요전선관과 박스의 연결에 사용되는 부품
(2) 가요전선관과 스틸(금속)전선관 연결에 사용되는 부품
(3) 가요전선관과 가요전선관 연결에 사용되는 부품

정답

(1) 스트레이트 박스 커넥터
(2) 콤비네이션 커플링
(3) 스플릿 커플링

해설 가요전선관 공사 부속품

명칭	부품	설명
스트레이트 박스 커넥터		가요전선관과 박스를 연결하는 부품
콤비네이션 커플링		금속관과 가요전선관을 연결하는 부품
스플릿 커플링		가요전선관과 가요전선관을 연결하는 부품

연계이론 PHASE 38 공사의 종류

08 비상경보용으로 방송설비를 설치할 때 음량조정기를 설치하는 경우에는 3선식으로 배선하여야 한다. 음량조정기 3선식 배선도를 완성하시오. (5점)

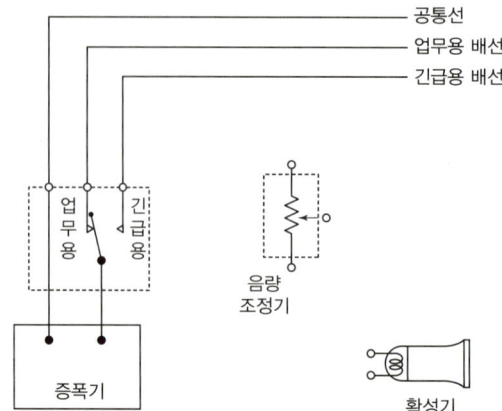

정 답

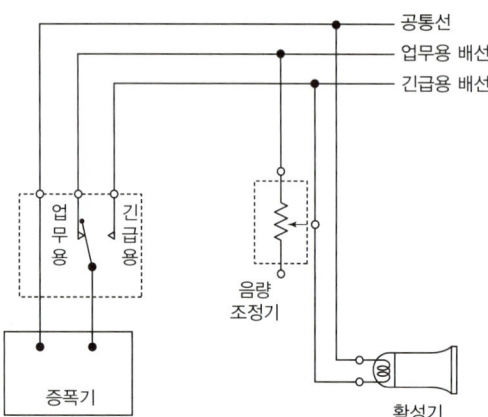

해 설
- 업무용 배선은 음량 조정기를 거쳐서 확성기에 연결시켜야 한다.
- 긴급(비상방송)용 배선은 음량 조정기에 거치지 않고 확성기에 연결시켜야 한다.

연 계 이 론   PHASE 14 비상방송설비

09 비상콘센트설비에 관한 사항이다. 다음 빈칸을 채우시오. (4점)

- 전원회로는 주배전반에서 전용회로로 하며, 배선의 종류는 (①)이어야 한다.
- 전원으로부터 각 층의 비상콘센트에 분기되는 경우에는 (②)를 보호함에 설치할 것
- 전원회로는 단상교류 (③)인 것으로서, 공급용량은 (④) 이상인 것으로 할 것

정답

① 내화배선   ② 분기배선용 차단기   ③ 220[V]   ④ 1.5[kVA]

해설

비상콘센트설비의 전원회로 설치기준

- 비상콘센트설비의 전원회로는 단상교류 220[V]인 것으로서, 그 공급용량은 1.5[kVA] 이상인 것으로 할 것
- 전원회로는 각 층에 2 이상이 되도록 설치할 것. 다만, 설치해야 할 층의 콘센트가 1개인 때에는 하나의 회로로 할 수 있다.
- 전원회로는 주배전반에서 전용회로로 할 것. 다만, 다른 설비회로의 사고에 따른 영향을 받지 않도록 되어 있는 것은 그렇지 않다.
- 전원으로부터 각 층의 비상콘센트에 분기되는 경우에는 분기배선용 차단기를 보호함 안에 설치할 것
- 콘센트마다 배선용 차단기를 설치하여야 하며, 충전부가 노출되지 않도록 할 것
- 개폐기에는 '비상콘센트'라고 표시한 표지를 할 것
- 비상콘센트용의 풀박스 등은 방청도장을 한 것으로서, 두께 1.6[mm] 이상의 철판으로 할 것
- 하나의 전용회로에 설치하는 비상콘센트는 10개 이하로 할 것. 이 경우 전선의 용량은 각 비상콘센트(비상콘센트가 3개 이상인 경우에는 3개)의 공급용량을 합한 용량 이상의 것으로 해야 한다.

※ 전원회로는 주배전반에서 전용회로로 하며, 배선의 종류는 내화배선이어야 한다.

연계이론

PHASE 25 비상콘센트설비

10 다음은 어느 특정소방대상물의 평면도이다. 건축물의 구조는 비내화구조이고, 층간 높이는 5[m]일 때 다음 각 물음에 답하시오. (단, 설치하여야 할 감지기는 연기감지기 2종을 설치한다.) (7점)

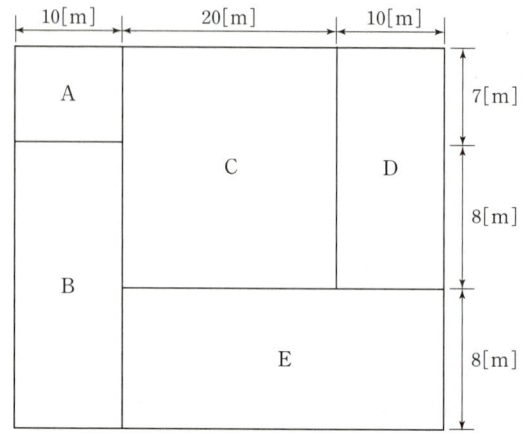

(1) 연기감지기 2종을 설치할 경우 각 실에 설치되는 감지기의 개수를 구하시오.

구분	계산과정	설치수량[개]
A실		
B실		
C실		
D실		
E실		

(2) 해당 특정소방대상물의 경계구역 수를 구하시오.
　• 계산과정:
　• 답:

정답 (1)

구분	계산과정	설치수량[개]
A실	$\dfrac{10 \times 7}{75} = 0.93$	1개
B실	$\dfrac{10 \times 16}{75} = 2.13$	3개
C실	$\dfrac{20 \times 15}{75} = 4$	4개
D실	$\dfrac{10 \times 15}{75} = 2$	2개
E실	$\dfrac{8 \times 30}{75} = 3.2$	4개

(2) • 계산과정: $\dfrac{(10+20+10) \times (7+8+8)}{600} = 1.53 \rightarrow 2$개

　• 답: 2개

해설 비내화구조의 건물로서 층간 높이가 5[m]이고 연기감지기 2종을 설치하므로 다음표에서 바닥면적을 산정한다.

(1) 연기감지기의 바닥면적 표

부착높이	감지기의 종류	
	1종 및 2종	3종
4[m] 미만	150[m²]	50[m²]
4[m] 이상 20[m] 미만	75[m²]	

바닥면적 75[m²]이 산정되었으므로 감지기 개수는 $\dfrac{\text{전용 면적}[m^2]}{75[m^2]}$으로 산출한다.

- A실: $\dfrac{10 \times 7}{75} = 0.93 \to$ 1개(소수점 절상)
- B실: $\dfrac{10 \times 16}{75} = 2.13 \to$ 3개(소수점 절상)
- C실: $\dfrac{20 \times 15}{75} = 4$개
- D실: $\dfrac{10 \times 15}{75} = 2$개
- E실: $\dfrac{8 \times 30}{75} = 3.2 \to$ 4개(소수점 절상)

(2) 1경계구역당 600[m²] 이하로 해야 하고 한 변의 길이는 50[m] 이하로 해야 한다.

전체 면적은 $(10+20+10) \times (7+8+8) = 920[m^2]$이므로 경계구역수는 $\dfrac{920}{600} = 1.53 \to$ 2개(소수점 절상)이다.

연계이론 PHASE 11 연기감지기

11 누전경보기에 관한 다음 물음에 답하시오. (6점)

(1) 누전경보기의 공칭작동전류치는 몇 [mA] 이하이어야 하는가?
(2) 감도조정장치(감도절환부)의 최대치와 최소치는 몇이어야 하는가?
- 최대치:
- 최소치:

(3) 변류기의 절연저항을 측정하였을 경우 절연저항값은 몇 [MΩ] 이상이어야 하는가? (단, 1차 권선 또는 2차 권선과 외부금속부와의 사이로 차단기의 개폐부에 DC 500[V] 절연저항계를 사용한다.)

정답
(1) 200[mA] 이하
(2) • 최대치: 1[A]
  • 최소치: 200[mA]
(3) 5[MΩ] 이상

해설
(1) 누전경보기의 공칭작동전류치(누전경보기를 작동시키기 위하여 필요한 누설전류의 값으로서 제조자에 의하여 표시된 값)은 200[mA] 이하이어야 한다.

(2) 감도조정장치를 갖는 누전경보기에 있어 감도조정장치의 조정범위는 최대 1[A], 최소 200[mA]가 되어야 한다.

(3)

구분	시험전압	절연저항	시험위치
변류기	직류 500[V]	5[MΩ] 이상	• 절연된 1차 권선과 2차 권선 간의 절연저항 • 절연된 1차 권선과 외부금속부 간의 절연저항 • 절연된 2차 권선과 외부금속부 간의 절연저항

연계이론 PHASE 16 누전경보기

12 수신기로부터 배선거리 100[m]의 위치에 단상 2선식 배연댐퍼가 접속되어 있다. 배연댐퍼에 대한 전부하 전류가 1[A]의 경우 전압강하[V]를 구하시오. (단, 수신기는 정전압출력이라고 하고 전선은 구경 1.5[mm²] HFIX전선이며, 전압변동에 의한 부하전류의 변동은 무시한다.) (4점)

- 계산과정:
- 답:

정답

- 계산과정: $e = \dfrac{35.6 \times 100 \times 1}{1,000 \times \dfrac{\pi \times 1.5^2}{4}} = 2.01[V]$

- 답: 2.01[V]

해설

전선은 일반적으로 원형의 단면적을 가지고 있으므로 $A = \dfrac{\pi d^2}{4}[mm^2] = \dfrac{\pi \times 1.5^2}{4}[mm^2]$이다.

수신기의 전원은 단상 2선식으로 공급되므로 $e = \dfrac{35.6LI}{1,000A}[V]$를 적용하면

전압강하 $e = \dfrac{35.6 \times 100 \times 1}{1,000 \times \dfrac{\pi \times 1.5^2}{4}} = 2.01[V]$이다.

더 알아보기

- 전선의 전압강하

구분	단상 2선식	3상 3선식	단상 3선식, 3상 4선식
전압강하	$e = \dfrac{35.6LI}{1,000A}$	$e = \dfrac{30.8LI}{1,000A}$	$e = \dfrac{17.8LI}{1,000A}$

(단, e: 전압강하[V], L: 선로의 길이[m], I: 각 부하전류[A], A: 전선의 단면적[mm²])

- 전압강하가 주어진 경우의 전선의 단면적

구분	단상 2선식	3상 3선식	단상 3선식, 3상 4선식
전선의 단면적	$A = \dfrac{35.6LI}{1,000e}$	$A = \dfrac{30.8LI}{1,000e}$	$A = \dfrac{17.8LI}{1,000e}$

연계이론 PHASE 36 전압강하와 전선의 단면적

13 다음 그림과 같이 중심선의 길이가 90[m]인 구부러진 복도에 제2종과 제3종 연기감지기를 각각 설치하려고 한다. 연기감지기의 그림기호를 이용하여 아래 도면에 그려 넣고, 복도 끝과 감지기 간 및 감지기 상호 간의 설치간격[m]을 도면상에 표기하시오. (6점)

(1) 제2종 연기감지기 설치 시
(2) 제3종 연기감지기 설치 시

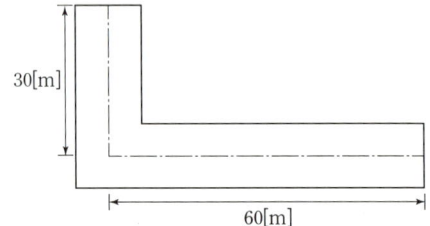

정 답

(1)
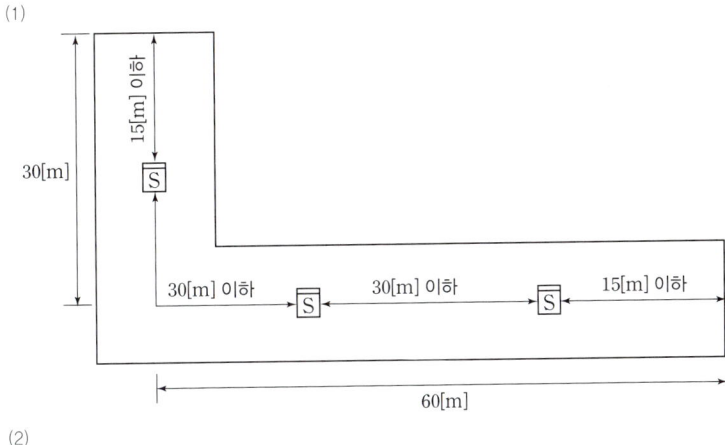

(2)
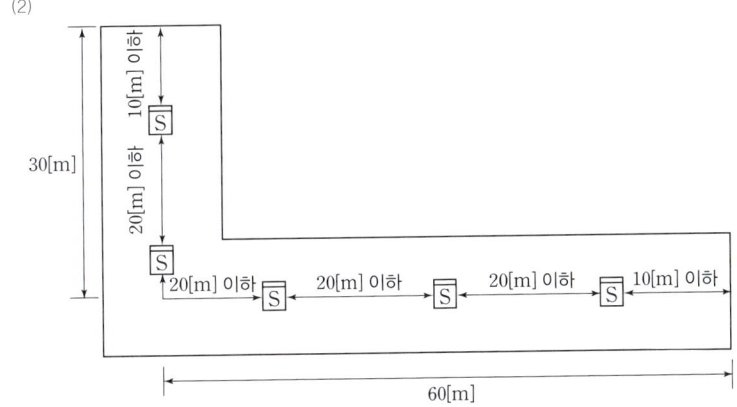

해 설

(1) 연기감지기 설치기준

설치장소	복도 및 통로		계단 및 경사로(에스컬레이터 경사로 포함)	
	1종, 2종	3종	1종, 2종	3종
설치거리	보행거리 30[m]	보행거리 20[m]	수직거리 15[m]	수직거리 10[m]

복도에서 연기감지기 2종은 보행거리 30[m] 이하마다 설치해야 하며 복도의 거리는 총 90[m]이므로 설치해야 할 감지기의 수량은 $\frac{90}{30}=3$개이다.

연기감지기 3개를 보행거리 30[m] 이내에 적당히 일정한 간격으로 설치하면 된다.

(2) 복도에서 연기감지기 3종은 보행거리 20[m] 이하마다 설치해야 하며 복도의 거리는 총 90[m]이므로 설치해야할 감지기의 수량은 $\frac{90}{20}=4.5 \rightarrow 5$개(소수점 절상)다.

연기감지기 5개를 보행거리 20[m] 이내에 적당히 일정한 간격으로 설치하면 된다.

연 계 이 론

PHASE 11 연기감지기

14 다음 각 물음에 답하시오. (10점)

(1) 다음 회로에서 램프 L의 작동을 주어진 타임차트(Time Chart)에 표시하시오. (단, PB: 누름버튼스위치, LS: 리미트스위치, X: 릴레이이다.)

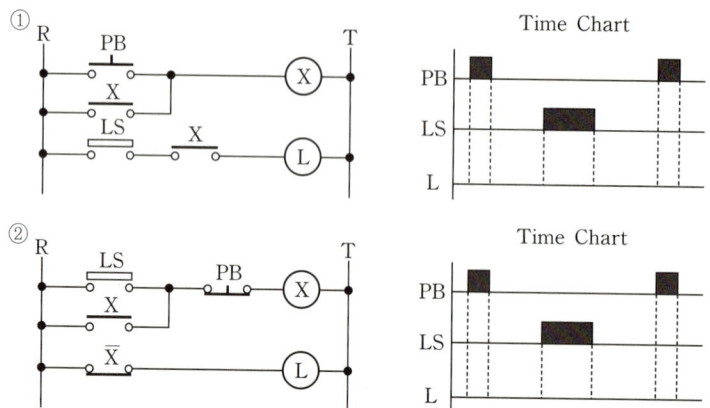

(2) 각 회로의 무접점회로를 그리시오.

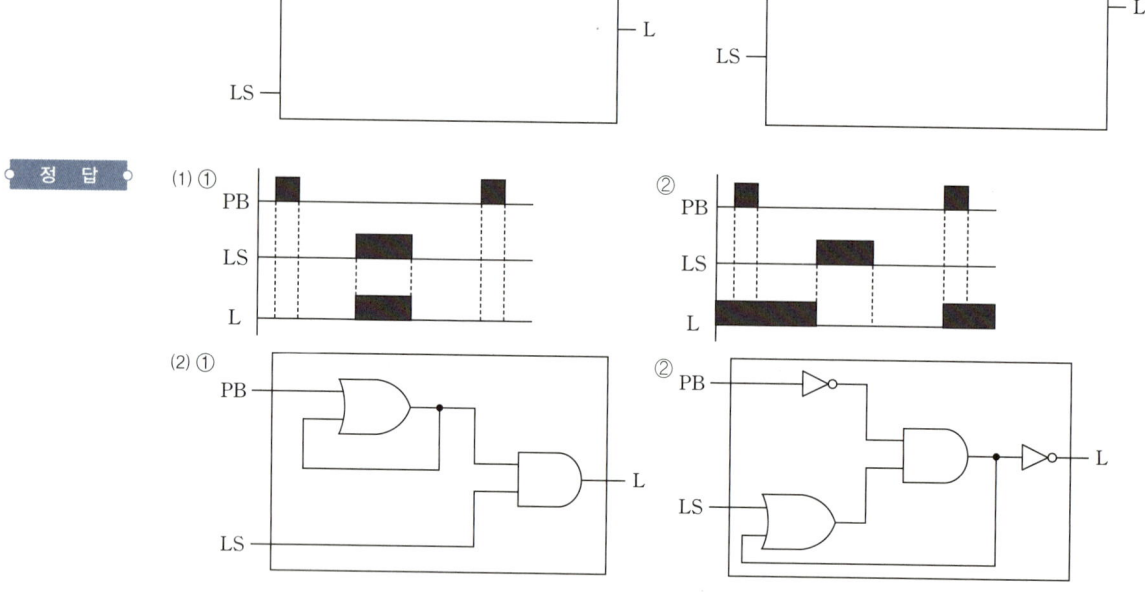

해 설

(1) PB 버튼을 누르면 릴레이 X가 동작하고 X-a접점에 의해 자기유지가 된다. 이때 리미트스위치(LS)가 닫힌 경우에만 램프 L이 동작한다.

(2) 처음에 회로는 동작하고 있지 않으므로 푸시버튼스위치와 관계없이 램프 L은 점등된 상태이다. 리미트스위치가 (LS)가 닫힌 순간 램프 L은 소등이 된다. 이후 푸시버튼스위치를 누르면 회로는 초기상태가 된다.

연 계 이 론 PHASE 40 시퀀스 회로

15 다음은 옥내소화전설비를 겸용한 자동화재탐지설비의 계통도이다. ㉮~㉺의 전선 가닥수를 주어진 표의 빈칸에 쓰시오. (단, 옥내소화전은 기동용 수압개폐장치를 이용하는 방식이다.) (5점)

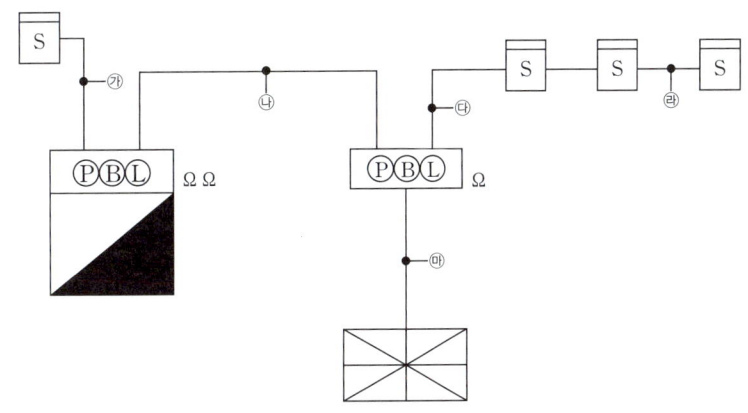

㉮	㉯	㉰	㉱	㉲

정답

㉮	㉯	㉰	㉱	㉲
4	9	4	4	10

해설

[감지기]

기호	가닥수	배선 용도
㉮	4	지구 2, 지구공통 2
㉰	4	지구 2, 지구공통 2
㉱	4	지구 2, 지구공통 2

㉮: 발신기에 종단저항이 2개가 있으므로 교차회로 방식으로 배선한 것으로 간주한다. 이 발신기에 연결된 감지기는 하나이므로 말단 감지기로 본다. 교차회로 방식의 루프 및 말단(㉮)은 4가닥, 기타 8가닥으로 배선한다.

㉰, ㉱: 발신기에 종단저항이 1개가 있으므로 송배선식으로 배선한 것으로 간주한다. 송배선식의 루프는 2가닥, 기타 (㉰, ㉱) 4가닥으로 배선한다.

[수신기 ↔ 발신기]

기호	가닥수	배선 용도
㉯	9	지구 2, 지구공통 1, 응답 1, 표시등 1, 경종 1, 경종표시등공통 1, 기동확인표시등 2
㉲	10	지구 3, 지구공통 1, 응답 1, 표시등 1, 경종 1, 경종표시등공통 1, 기동확인표시등 2

㉯: 수신기에서 가장 먼 발신기까지 가닥수는 기본 6가닥(지구 1, 지구공통 1, 응답 1, 표시등 1, 경종선 1, 경종표시등공통 1)이다. 여기서 발신기의 종단저항은 2개이므로 지구선은 2가닥이다. 오른쪽 그림과 같이 옥내소화전설비를 겸용한 경우 기동확인표시등선 2가닥을 추가해야 한다. 따라서 총 9가닥이 된다.

㉲: 종단저항은 총 3개이므로 지구선은 3가닥이 된다. 따라서 총 10가닥이 된다.

연계이론 PHASE 42 자동화재탐지설비 도면

16 다음과 같은 건물평면도의 경우 자동화재탐지설비의 최소 경계구역수를 구하시오. (6점)

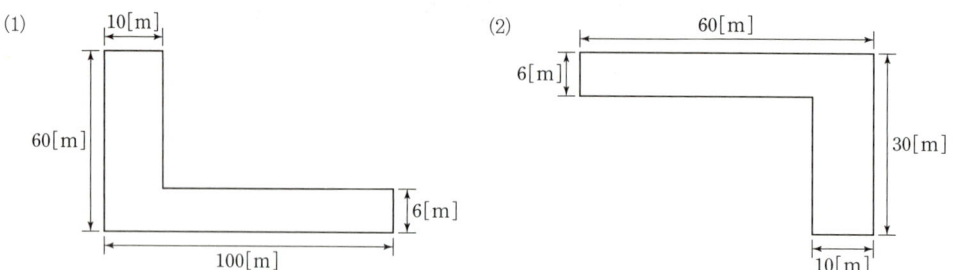

정 답 (1) 3개
(2) 2개

해 설 (1) 하나의 경계구역의 면적은 600[m²] 이하로 하고 한 변의 길이는 50[m] 이하로 해야 한다.

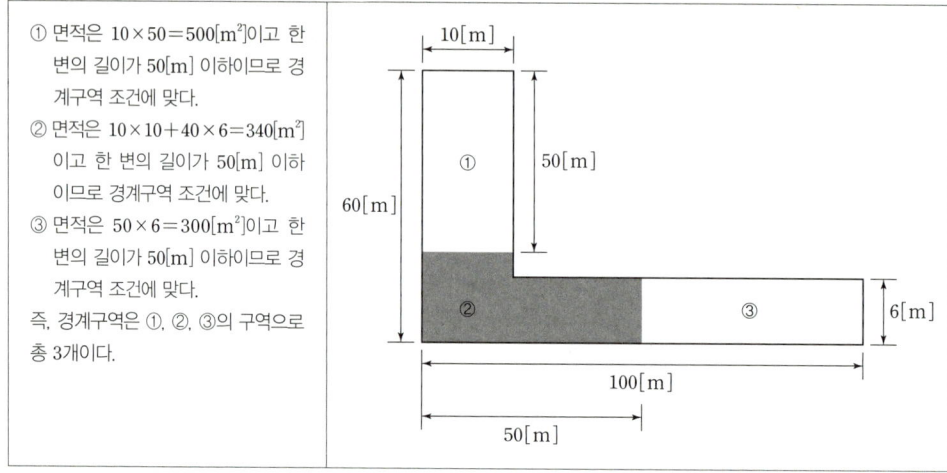

① 면적은 $10 \times 50 = 500[m^2]$이고 한 변의 길이가 50[m] 이하이므로 경계구역 조건에 맞다.
② 면적은 $10 \times 10 + 40 \times 6 = 340[m^2]$이고 한 변의 길이가 50[m] 이하이므로 경계구역 조건에 맞다.
③ 면적은 $50 \times 6 = 300[m^2]$이고 한 변의 길이가 50[m] 이하이므로 경계구역 조건에 맞다.
즉, 경계구역은 ①, ②, ③의 구역으로 총 3개이다.

(2) 하나의 경계구역의 면적은 600[m²] 이하로 하고 한 변의 길이는 50[m] 이하로 해야 한다.

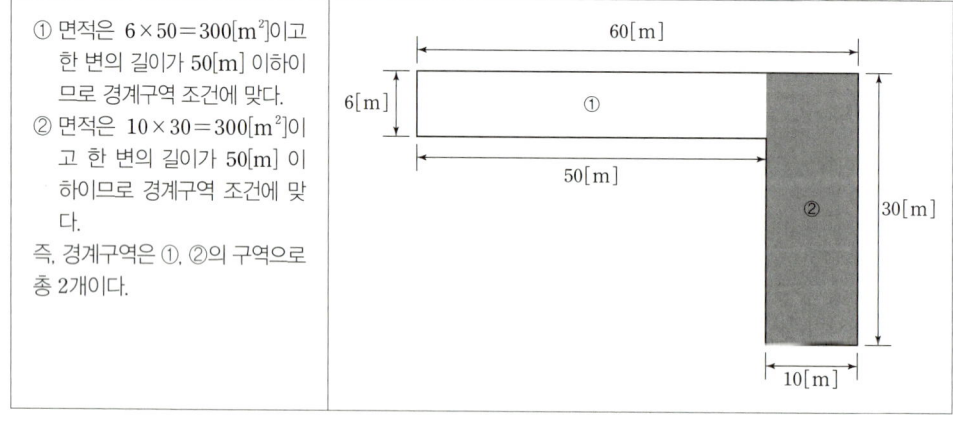

① 면적은 $6 \times 50 = 300[m^2]$이고 한 변의 길이가 50[m] 이하이므로 경계구역 조건에 맞다.
② 면적은 $10 \times 30 = 300[m^2]$이고 한 변의 길이가 50[m] 이하이므로 경계구역 조건에 맞다.
즉, 경계구역은 ①, ②의 구역으로 총 2개이다.

연계이론 PHASE 07 자동화재탐지설비(경계구역)

17 자동화재탐지설비의 중계기 설치기준 3가지를 쓰시오. (6점)

-
-
-

정답
- 수신기에서 직접 감지기회로의 도통시험을 행하지 않는 것에 있어서는 수신기와 감지기 사이에 설치할 것
- 조작 및 점검에 편리하고 화재 및 침수 등의 재해로 인한 피해를 받을 우려가 없는 장소에 설치할 것
- 수신기에 따라 감시되지 않는 배선을 통하여 전력을 공급받는 것에 있어서는 전원입력 측의 배선에 과전류 차단기를 설치하고 해당 전원의 정전이 즉시 수신기에 표시되는 것으로 하며, 상용전원 및 예비전원의 시험을 할 수 있도록 할 것

연계이론 PHASE 51 중계기

---

18 다음은 소방시설용 비상전원수전설비로서 특별고압 또는 고압으로 수전하는 경우 큐비클형의 설치기준이다. 다음 빈칸을 채우시오. (7점)

- (①) 또는 공용큐비클식으로 설치할 것
- 외함은 두께 (②)[mm] 이상의 강판과 이와 동등 이상의 강도와 (③)이 있는 것으로 제작해야 하며, 개구부에는 (④)방화문, (⑤)방화문 또는 (⑥)방화문으로 설치할 것
- 외함에 수납하는 수전설비, 변전설비 그 밖의 기기 및 배선은 다음 각 기준에 적합하게 설치할 것
  가. 외함 또는 프레임(Frame) 등에 견고하게 고정할 것
  나. 외함의 바닥에서 (⑦)[cm] (시험단자, 단자대 등의 충전부는 (⑧)[cm]) 이상의 높이에 설치할 것

정답 ① 전용큐비클 ② 2.3 ③ 내화성능 ④ 60분+ ⑤ 60분 ⑥ 30분 ⑦ 10 ⑧ 15

해설 특별고압 또는 고압으로 수전하는 경우 큐비클형의 설치기준
- 전용큐비클 또는 공용큐비클식으로 설치할 것
- 외함은 두께 2.3[mm] 이상의 강판과 이와 동등 이상의 강도와 내화성능이 있는 것으로 제작해야 하며, 개구부에는 60분+방화문, 60분 방화문 또는 30분 방화문으로 설치할 것
- 외함은 건축물의 바닥 등에 견고하게 고정할 것
- 외함에 수납하는 수전설비, 변전설비와 그 밖의 기기 및 배선은 다음의 기준에 적합하게 설치할 것
  - 외함 또는 프레임(Frame) 등에 견고하게 고정할 것
  - 외함의 바닥에서 10[cm](시험단자, 단자대 등의 충전부는 15[cm]) 이상의 높이에 설치할 것

연계이론 PHASE 28 비상전원수전설비

2022년 2회 기출문제

01
유도등의 비상전원에 대한 화재안전기술기준이다. 각 물음에 답하시오. (4점)

(1) 유도등의 비상전원 종류를 쓰시오.
(2) 다음 (   ) 안에 알맞은 답을 쓰시오.

> 유도등을 (①)분 이상 유효하게 작동시킬 수 있는 용량으로 할 것. 다만, 다음 각 목의 특정소방대상물의 경우에는 그 부분에서 피난층에 이르는 부분의 유도등을 (②)분 이상 유효하게 작동시킬 수 있는 용량으로 해야 한다.
> 가. 지하층을 제외한 층수가 11층 이상의 층
> 나. 지하층 또는 무창층으로서 용도가 도매시장·소매시장·여객자동차터미널·지하역사 또는 지하상가

정답
(1) 축전지
(2) ① 20
    ② 60

해설
유도등의 비상전원 설치기준
- 축전지로 할 것
- 유도등을 20분 이상 유효하게 작동시킬 수 있는 용량으로 할 것. 다만, 다음의 특정소방대상물의 경우에는 그 부분에서 피난층에 이르는 부분의 유도등을 60분 이상 유효하게 작동시킬 수 있는 용량으로 해야 한다.
  – 지하층을 제외한 층수가 11층 이상의 층
  – 지하층 또는 무창층으로서 용도가 도매시장·소매시장·여객자동차터미널·지하역사 또는 지하상가

연계이론 PHASE 27 전원

02
감지기의 교차회로 방식 적용설비 5가지를 쓰시오. (5점)

정답
- 분말소화설비
- 할론소화설비
- 이산화탄소소화설비
- 일제살수식 스프링클러설비
- 준비작동식 스프링클러설비

해설
교차회로 적용설비
- 분말소화설비
- 할론소화설비
- 이산화탄소소화설비
- 일제살수식 스프링클러설비
- 준비작동식 스프링클러설비
- 할로겐화합물 및 불활성기체소화설비

연계이론 PHASE 09 감지기

03

주어진 진리표를 보고 다음 물음에 답하시오. (8점)

A	B	C	Y_1	Y_2
0	0	0	1	0
0	0	1	0	1
0	1	0	1	1
0	1	1	0	1
1	0	0	1	0
1	0	1	0	1
1	1	0	0	1
1	1	1	0	1

(1) 가장 간략화된 논리식으로 표현하시오.
(2) (1)의 논리식을 무접점회로로 그리시오.
(3) (1)의 논리식을 유접점회로로 그리시오.

정답

(1) $Y_1 = \overline{C}(\overline{A}+\overline{B})$, $Y_2 = B+C$

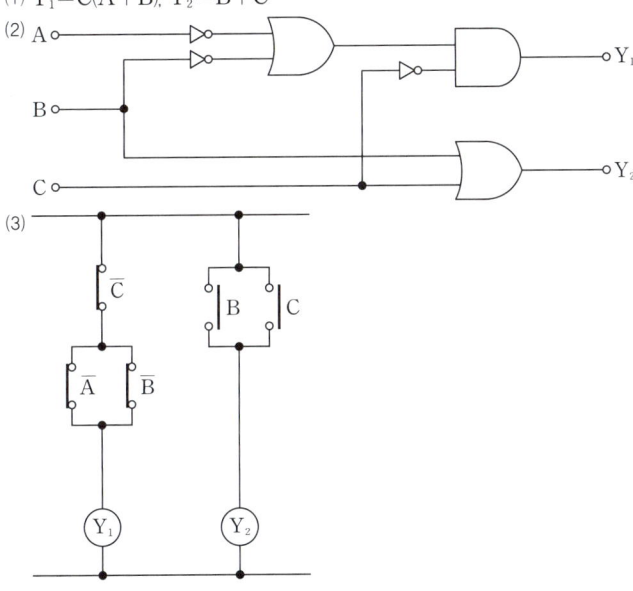

해설

(1) $Y_1 = \overline{A}\,\overline{B}\,\overline{C} + \overline{A}B\overline{C} + A\overline{B}\,\overline{C} = \overline{A}\,\overline{B}\,\overline{C} + \overline{A}B\overline{C} + \overline{A}\,\overline{B}\,\overline{C} + A\overline{B}\,\overline{C}$ (∵ 동일법칙 $A+A=A$, $A \cdot A = A$)
   $= \overline{A}\,\overline{C}(B+\overline{B}) + \overline{B}\,\overline{C}(A+\overline{A}) = \overline{A}\,\overline{C} + \overline{B}\,\overline{C} = \overline{C}(\overline{A}+\overline{B})$

   $Y_2 = \overline{A}\,\overline{B}C + \overline{A}B\overline{C} + \overline{A}BC + A\overline{B}C + AB\overline{C} + ABC$
   $= \overline{B}C(\overline{A}+A) + B\overline{C}(\overline{A}+A) + BC(\overline{A}+A) = \overline{B}C + B\overline{C} + BC$
   $= B(\overline{C}+C) + \overline{B}C = B + \overline{B}C = B+C$ (∵ 흡수법칙 $A + \overline{A} \cdot B = A+B$)

연계이론 PHASE 41 논리회로

04

다음과 같은 장소에 차동식 스포트형 감지기 2종을 설치하는 경우와 광전식 스포트형 2종을 설치하는 경우 최소 감지기 소요개수를 산정하시오. (단, 주요구조부는 내화구조, 감지기의 설치높이는 3[m]이다.) (6점)

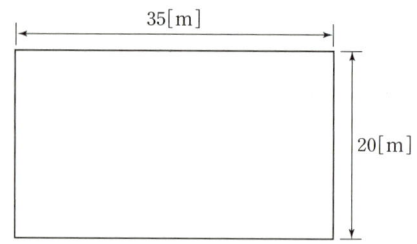

(1) 차동식 스포트형 감지기(2종) 소요개수
- 계산과정:
- 답:

(2) 광전식 스포트형 감지기(2종) 소요개수
- 계산과정:
- 답:

정답

(1) • 계산과정: $\dfrac{35 \times 20}{70} = 10$
- 답: 10개

(2) • 계산과정: $\dfrac{700}{150} = 4.67 \rightarrow 5$
- 답: 5개

해설

(1) 주어진 조건은 차동식 스포트형 감지기 2종, 내화구조, 설치높이 3[m]이므로 다음 표에서 바닥면적을 산정한다.

(단위: [m²])

부착높이 및 특정소방대상물의 구분		감지기의 종류						
		차동식 스포트형		보상식 스포트형		정온식 스포트형		
		1종	2종	1종	2종	특종	1종	2종
4[m] 미만	내화구조	90	70	90	70	70	60	20
	기타구조	50	40	50	40	40	30	15
4[m] 이상 8[m] 미만	내화구조	45	35	45	35	35	30	—
	기타구조	30	25	30	25	25	15	—

바닥면적 70[m²]이 산정되었으므로 감지기 개수는 $\dfrac{\text{전용면적[m}^2\text{]}}{70\text{[m}^2\text{]}} = \dfrac{700}{70} = 10$개가 필요하다.

※ 1경계구역당 면적 600[m²] 이하가 되어야 하지만, 이로 인해 전용면적을 분리하지 않아도 된다.

(2) 주어진 조건은 광전식 스포트형 감지기(연기감지기) 2종, 내화구조, 설치높이 3[m]이므로 다음 표에서 바닥면적을 산정한다.

부착높이	감지기의 종류	
	1종 및 2종	3종
4[m] 미만	150[m²]	50[m²]
4[m] 이상 20[m] 미만	75[m²]	

바닥면적 150[m²]이 산정되었으므로 감지기 개수는 $\dfrac{전용면적[m^2]}{150[m^2]} = \dfrac{700}{150} = 4.67 \to 5$개

연계이론 PHASE 11 연기감지기

05 P형 수신기와 감지기와의 배선회로에서 P형 수신기 종단저항은 11[kΩ], 배선(선로)저항은 40[Ω], 릴레이저항은 500[Ω], DC 24[V]일 때 다음 각 물음에 답하시오. (6점)

(1) 감시전류[mA]를 구하시오.
  • 계산과정:
  • 답:

(2) 동작전류[mA]를 구하시오.
  • 계산과정:
  • 답:

정답

(1) • 계산과정: $I = \dfrac{24}{500 + 40 + 11 \times 10^3} = 2.08 \times 10^{-3} = 2.08[\text{mA}]$
  • 답: 2.08[mA]

(2) • 계산과정: $I = \dfrac{24}{500 + 40} = 44.44 \times 10^{-3} = 44.44[\text{mA}]$
  • 답: 44.44[mA]

해설

(1) 감시상태인 경우

감시전류
$I = \dfrac{V}{R} = \dfrac{전압}{릴레이저항 + 배선(선로)저항 + 종단저항}[\text{A}]$
따라서 $I = \dfrac{24}{500 + 40 + 11 \times 10^3} = 2.08 \times 10^{-3}[\text{A}]$
$= 2.08[\text{mA}]$

(2) 동작상태인 경우

감지기 동작 시 전류는 종단저항으로 흐르지 않으므로
$I = \dfrac{전압}{릴레이저항 + 배선(선로)저항}[\text{A}]$이다.
따라서 $I = \dfrac{24}{500 + 40} = 44.44 \times 10^{-3}$
$= 44.44[\text{mA}]$

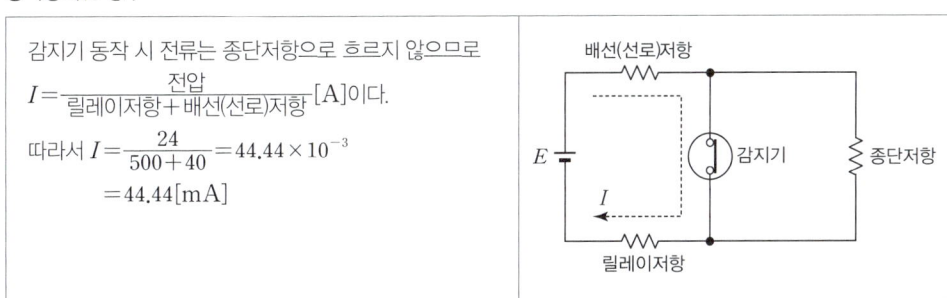

연계이론 PHASE 34 감지기회로의 전류

06

스프링클러설비에는 제어반을 설치하되, 감시제어반과 동력제어반으로 구분하여 설치해야 한다. 다만, 다음의 어느 하나에 해당하는 경우에는 감시제어반과 동력제어반으로 구분하여 설치하지 않을 수 있다. ( ) 안에 알맞은 답을 쓰시오. (6점)

- 지하층을 제외한 층수가 (①)층 이상으로서 연면적이 (②)[m²] 이상인 것
- 지하층의 바닥면적 합계가 (③)[m²] 이상인 것
- (④)에 따른 가압송수장치를 사용하는 경우
- (⑤)에 따른 가압송수장치를 사용하는 경우
- (⑥)에 따른 가압송수장치를 사용하는 경우

정답
① 7
② 2,000
③ 3,000
④ 내연기관
⑤ 고가수조
⑥ 가압수조

연계이론 PHASE 03 스프링클러설비

07

화재안전기술기준에서 정하는 비상방송설비의 용어를 설명한 것이다. 어떤 용어인지 쓰시오. (3점)

(1) 소리를 크게 하여 멀리까지 전달될 수 있도록 하는 장치로서 일명 스피커를 말한다.
(2) 가변저항을 이용하여 전류를 변화시켜 음량을 크게 하거나 작게 조절할 수 있는 장치를 말한다.
(3) 전압·전류의 진폭을 늘려 감도를 좋게 하고 미약한 음성전류를 커다란 음성전류로 변화시켜 소리를 크게 하는 장치를 말한다.

정답
(1) 확성기
(2) 음량조절기
(3) 증폭기

해설
비상방송설비의 용어
- 확성기: 소리를 크게 하여 멀리까지 전달될 수 있도록 하는 장치로서 일명 스피커를 말한다.
- 음량조절기: 가변저항을 이용하여 전류를 변화시켜 음량을 크게 하거나 작게 조절할 수 있는 장치를 말한다.
- 증폭기: 전압·선류의 진폭을 늘려 감도를 좋게 하고 미약한 음성전류를 커다란 음성전류로 변화시켜 소리를 크게 하는 장치를 말한다.
- 기동장치: 화재감지기, 발신기 등의 상태변화를 전송하는 장치를 말한다.
- 전원회로: 전기·통신, 기타 전기를 이용하는 장치 등에 전력을 공급하기 위하여 필요한 기기로 이루어지는 전기회로를 말한다.
- 조작부: 기기를 제어할 수 있도록 조작스위치, 지시계, 표시등 등을 집결시킨 부분을 말한다.
- 풀박스: 장거리 케이블 포설을 용이하게 하기 위해 전선관 중간에 설치하는 상자형 구조물 등을 말한다.

연계이론 PHASE 14 비상방송설비

08 주어진 도면은 유도전동기 기동·정지회로의 미완성 도면이다. 다음과 같이 주어진 기구를 이용하여 제어회로 부분의 미완성 회로를 완성하시오. (단, 기동 운전 시 자기유지가 되어야 하며, 기구의 개수 및 접점 등은 최소 개수를 사용하도록 한다.) (4점)

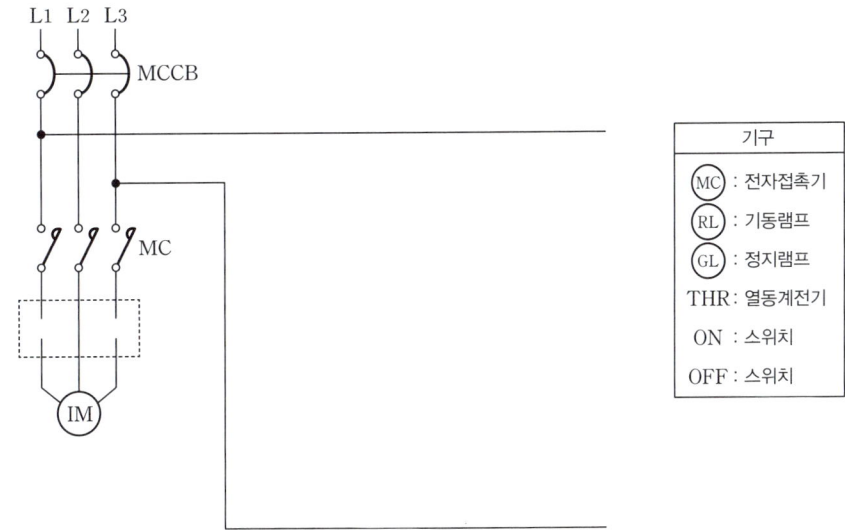

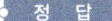 정 답

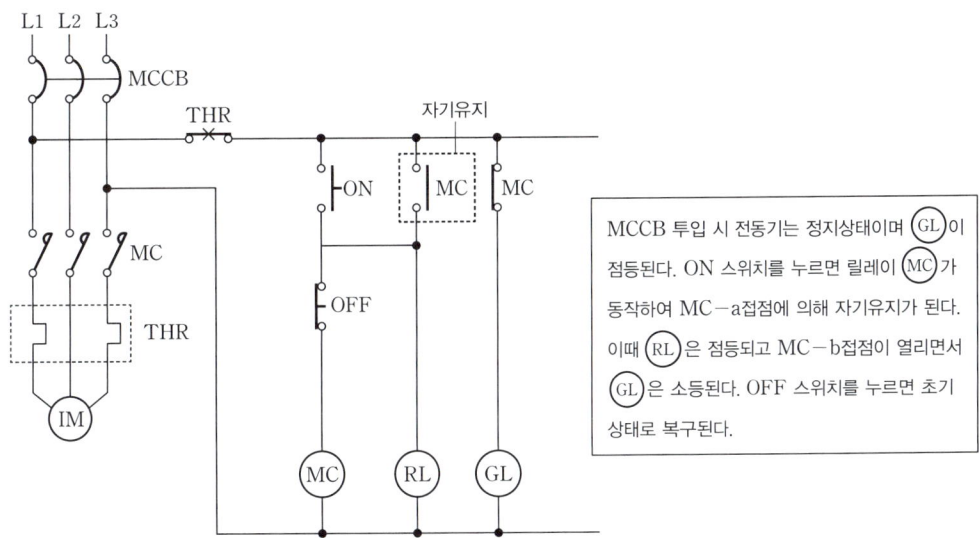

MCCB 투입 시 전동기는 정지상태이며 GL이 점등된다. ON 스위치를 누르면 릴레이 MC가 동작하여 MC-a접점에 의해 자기유지가 된다. 이때 RL은 점등되고 MC-b접점이 열리면서 GL은 소등된다. OFF 스위치를 누르면 초기 상태로 복구된다.

연계이론 **PHASE 40** 시퀀스 회로

09 옥내소화전설비의 화재안전기술기준에 대한 내용으로 다음 ( ) 안에 답하시오. (5점)

감시제어반의 기능은 다음 각 호의 기준에 적합하여야 한다.
- 각 펌프의 작동여부를 확인할 수 있는 (①) 및 (②) 기능이 있어야 할 것
- 각 펌프를 자동 및 수동으로 작동시키거나 중단시킬 수 있어야 할 것
- 비상전원을 설치한 경우에는 상용전원 및 비상전원의 공급 여부를 확인할 수 있어야 할 것
- 수조 또는 물올림수조가 (③)로 될 때 표시등 및 음향으로 경보할 것
- 각 확인회로(기동용수압개폐장치의 압력스위치회로·수조 또는 물올림수조의 감시회로를 말한다)마다 (④) 시험 및 (⑤)시험을 할 수 있어야 할 것
- 예비전원이 확보되고 예비전원의 적합 여부를 시험할 수 있도록 할 것

정답 ① 표시등 ② 음향경보 ③ 저수위 ④ 도통 ⑤ 작동

연계이론 PHASE 02 옥내소화전설비

10 건물 내부에 가압송수장치는 기동용 수압개폐장치를 사용하는 옥내소화전함과 발신기세트를 다음과 같이 설치하였다. 다음 각 물음에 답하시오. (11점)

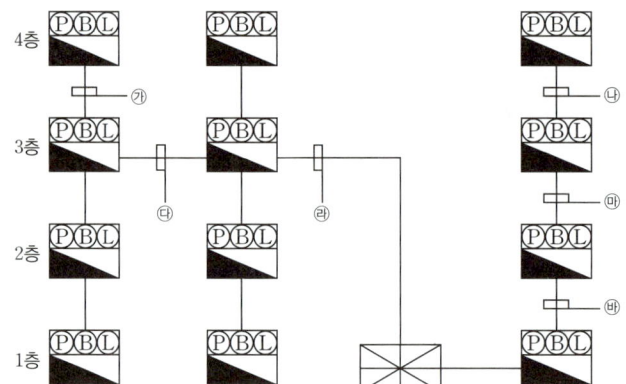

(1) "㉮"~"㉻"의 전선 가닥 수를 쓰시오. (단, 하나의 층의 지구음향장치 배선이 단락되어도 다른 층의 화재 통보에 지장이 없도록 유효한 조치를 한 경우이다)
(2) 감지기회로의 도통시험을 위한 종단저항의 설치기준 3가지를 쓰시오.
(3) 감지기회로의 전로저항은 몇 [Ω] 이하여야 하는가?
(4) 수신기의 각 회로별 종단에 설치되는 감지기에서 접속되는 배선의 전압은 감지기 정격전압의 몇 [%] 이상이어야 하는가?

정답 (1) ㉮ 8가닥 ㉯ 8가닥 ㉰ 11가닥 ㉱ 16가닥 ㉲ 9가닥 ㉳ 10가닥
(2) • 점검 및 관리가 쉬운 장소에 설치할 것
  • 전용함을 설치하는 경우 그 설치 높이는 바닥으로부터 1.5[m] 이내로 할 것
  • 감지기회로의 끝부분에 설치하며, 종단감지기에 설치할 경우에는 구별이 쉽도록 해당 감지기의 기판 및 감지기 외부 등에 별도의 표시를 할 것
(3) 50[Ω]
(4) 80[%]

해설

(1) 층수가 11층(공동주택의 경우에는 16층) 이상인 특정소방대상물의 경보방식은 우선경보방식을 적용하며 그 이외의 경우 일제경보방식을 적용한다. 이 공장은 11층 미만이므로 일제경보방식을 적용하며 이 경우 경종의 가닥수는 변하지 않고 1가닥으로 고정된다.

번호	가닥수	배선 용도
㉮	8	지구 1, 지구공통 1, 응답 1, 경종 1, 표시등 1, 기동표시등공통 1, 기동확인표시등 2
㉯	8	지구 1, 지구공통 1, 응답 1, 경종 1, 표시등 1, 기동표시등공통 1, 기동확인표시등 2
㉰	11	지구 4, 지구공통 1, 응답 1, 경종 1, 표시등 1, 기동표시등공통 1, 기동확인표시등 2
㉱	16	지구 8, 지구공통 2, 응답 1, 경종 1, 표시등 1, 기동표시등공통 1, 기동확인표시등 2
㉲	9	지구 2, 지구공통 1, 응답 1, 경종 1, 표시등 1, 기동표시등공통 1, 기동확인표시등 2
㉳	10	지구 3, 지구공통 1, 응답 1, 경종 1, 표시등 1, 기동표시등공통 1, 기동확인표시등 2

㉮ ~ ㉳의 발신기는 옥내소화전함을 내장하고 있으므로 기동확인표시등 2가닥이 추가로 필요하다.
※ 지구선이 매 7가닥을 초과할 때마다 지구공통선은 1가닥이 증가함에 유의한다.

(3) 자동화재탐지설비의 감지기회로의 전로저항은 50[Ω] 이하가 되도록 하여야 한다.

(4) 수신기의 각 회로별 종단저항에 설치되는 감지기에 접속되는 배선의 전압은 감지기 정격전압의 80[%] 이상이어야 한다.

연계이론 PHASE 42 자동화재탐지설비 도면

11 다음 소방시설 그림기호의 명칭을 쓰시오. (4점)

정답

① 사이렌　② 비상벨　③ 정온식 스포트형 감지기　④ 연기감지기

해설

도면 기호

명칭	기호	세부기호		명칭	기호	세부기호	
사이렌	◁	전자사이렌	Ⓢ◁	차동식 스포트형 감지기	∪	—	
		모터사이렌	Ⓜ◁				
비상벨	Ⓑ	—		보상식 스포트형 감지기	∪		
정온식 스포트형 감지기	∪	방수형	∪	연기감지기	Ⓢ	이온화식 스포트형	Ⓢ I
		내산형	∪			광전식 스포트형	Ⓢ P
		내알칼리형	∪			광전식 아날로그식	Ⓢ A
		방폭형	∪EX				

연계이론 PHASE 37 도면

12

유량이 2,400[lpm]이고, 양정이 100[m]인 스프링클러설비용 펌프 전동기 용량은 몇 [kW]인가?(단, 효율은 65[%]이고, 여유계수는 1.1이다.) (6점)

- 계산과정:
- 답:

정답

- 계산과정: $P = \dfrac{9.8 \times 2.4 \times 100 \times 1.1}{0.65 \times 60} = 66.34 [\text{kW}]$
- 답: 66.34[kW]

해설 전동기 용량

$$P = \dfrac{9.8QHK}{\eta t} [\text{kW}]$$

(단, Q: 양수량[m³], H: 전양정[m], K: 여유계수, η: 효율[%], t: 시간[s])

분당 양수량으로 주어졌으므로 $Q = 2,400[\text{lpm}] = 2.4[\text{m}^3]$, $t = 60[\text{s}]$를 적용한다.

따라서 전동기 용량 $P = \dfrac{9.8 \times 2.4 \times 100 \times 1.1}{0.65 \times 60} = 66.34[\text{kW}]$

※ [lpm] 단위는 분당 [L]를 의미하므로 양수량의 단위를 [m³]으로 변환해야 한다. (1,000[L] = 1[m³])

연계이론 PHASE 33 전동기 용량

13

그림과 같은 다음 각 건물의 경계구역 수를 구하시오. (6점)

(1)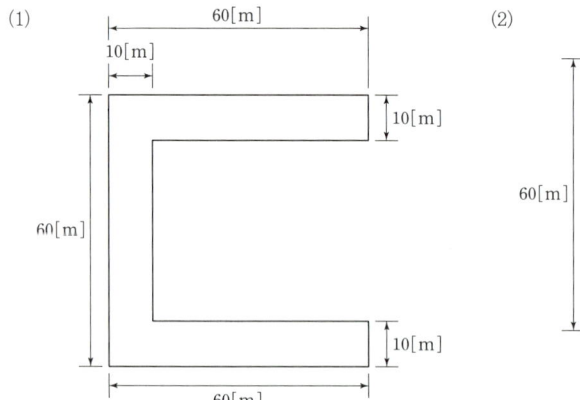

(2)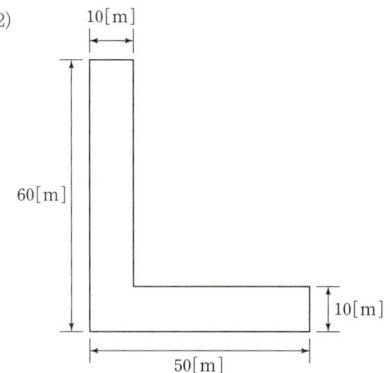

정답
(1) 4개
(2) 2개

(1) 하나의 경계구역의 면적은 600[m²] 이하로 하고 한 변의 길이는 50[m] 이하로 해야 한다.

① , ④ 면적은 $50 \times 10 = 500[m^2]$이고 한 변의 길이가 50[m] 이하이므로 경계구역 조건에 맞다.

② , ③ 면적은 $10 \times 30 = 300[m^2]$이고 한 변의 길이가 50[m] 이하이므로 경계구역 조건에 맞다.

즉, 경계구역은 ①, ②, ③, ④의 구역으로 총 4개다.

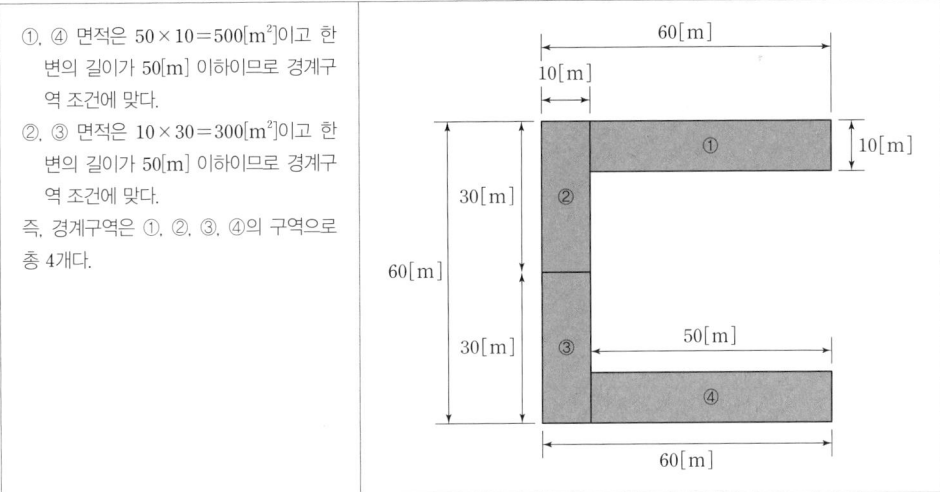

(2) 하나의 경계구역의 면적은 600[m²] 이하로 하고 한 변의 길이는 50[m] 이하로 해야 한다.

① 면적은 $10 \times 50 = 500[m^2]$이고 한 변의 길이가 50[m] 이하이므로 경계구역 조건에 맞다.

② 면적은 $50 \times 10 = 500[m^2]$이고 한 변의 길이가 50[m] 이하이므로 경계구역 조건에 맞다.

즉, 경계구역은 ①, ②의 구역으로 총 2개다.

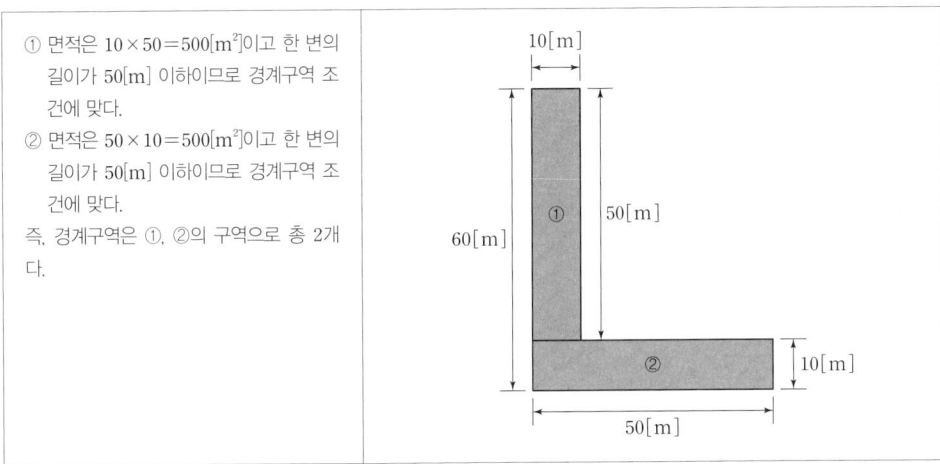

PHASE 07 자동화재탐지설비(경계구역)

14 3상 380[V], 15[kW] 스프링클러 펌프용 유도전동기의 역률이 85[%]일 때 전력용 콘덴서를 이용하여 역률을 95[%]로 개선할 경우 다음 각 물음에 답하시오. (7점)

(1) 전력용 콘덴서의 용량은 몇 [kVA]인가?
- 계산과정:
- 답:

(2) 주파수가 60[Hz]인 경우 1상의 콘덴서의 용량은 몇 [μF]인가? (단, Y결선인 경우이다.)
- 계산과정:
- 답:

정답

(1) • 계산과정: $Q_c = 15 \times \left(\dfrac{\sqrt{1-0.85^2}}{0.85} - \dfrac{\sqrt{1-0.95^2}}{0.95} \right) = 4.37 [kVA]$
- 답: 4.37[kVA]

(2) • 계산과정: $C = \dfrac{4.37 \times 10^3}{2\pi \times 60 \times 380^2} \times 10^{-6} = 80.28 [\mu F]$
- 답: 80.28[μF]

해설

(1) 전력용 콘덴서 용량 산정식

$$Q_c = P(\tan\theta_1 - \tan\theta_2) = P\left(\dfrac{\sin\theta_1}{\cos\theta_1} - \dfrac{\sin\theta_2}{\cos\theta_2}\right) = P\left(\dfrac{\sqrt{1-\cos^2\theta_1}}{\cos\theta_1} - \dfrac{\sqrt{1-\cos^2\theta_2}}{\cos\theta_2}\right) [kVA]$$
(단, P: 전동기 출력 전력[kW], $\cos\theta_1$: 개선 전 역률, $\cos\theta_2$: 개선 후 역률)

역률 개선 전 $\cos\theta_1 = 0.85$, 개선 후 $\cos\theta_2 = 0.95$이므로 전력용 콘덴서 용량은
$Q_c = 15 \times \left(\dfrac{\sqrt{1-0.85^2}}{0.85} - \dfrac{\sqrt{1-0.95^2}}{0.95} \right) = 4.37 [kVA]$이다.

(2) 3상 선로의 충전 용량

$$Q_c = 2\pi f C V^2 [VA]$$
(단, f: 주파수[Hz], C: 콘덴서 용량[F], V: 전압[V])

1상의 콘덴서 용량 $C = \dfrac{Q_c}{2\pi f V^2}$[F]이므로 $C = \dfrac{4.37 \times 10^3}{2\pi \times 60 \times 380^2} = 8.028 \times 10^{-5} [F] = 80.28 [\mu F]$
※ △결선인 경우 $Q_c = 3 \times 2\pi f C V^2 [VA]$로 계산한다.

연계이론 PHASE 32 역률 개선용 콘덴서 용량

15 수신기에서 60[m] 떨어진 곳에서의 소요전류가 400[mA]인 경우, 전압강하를 계산하시오. (배선의 직경은 1.5[mm]이다.) (4점)
- 계산과정:
- 답:

정답

• 계산과정: $e = \dfrac{35.6 \times 60 \times 0.4}{1{,}000 \times \dfrac{\pi \times 1.5^2}{4}} = 0.48 [V]$
- 답: 0.48[V]

해 설 전선은 일반적으로 원형의 단면적을 가지고 있으므로 $A = \dfrac{\pi d^2}{4}[\text{mm}^2] = \dfrac{\pi \times 1.5^2}{4}[\text{mm}^2]$이다.

수신기의 전원은 단상 2선식으로 공급되므로 $e = \dfrac{35.6LI}{1,000A}[\text{V}]$를 적용하면

전압강하 $e = \dfrac{35.6 \times 60 \times 0.4}{1,000 \times \dfrac{\pi \times 1.5^2}{4}} = 0.48[\text{V}]$이다.

더 알아보기

- 전선의 전압강하

구분	단상 2선식	3상 3선식	단상 3선식, 3상 4선식
전압강하	$e = \dfrac{35.6LI}{1,000A}$	$e = \dfrac{30.8LI}{1,000A}$	$e = \dfrac{17.8LI}{1,000A}$

(단, e: 전압강하[V], L: 선로의 길이[m], I: 각 부하전류[A], A: 전선의 단면적[mm²])

- 전압강하가 주어진 경우의 전선의 단면적

구분	단상 2선식	3상 3선식	단상 3선식, 3상 4선식
전선의 단면적	$A = \dfrac{35.6LI}{1,000e}$	$A = \dfrac{30.8LI}{1,000e}$	$A = \dfrac{17.8LI}{1,000e}$

연계이론 PHASE 36 전압강하와 전선의 단면적

16

P형 수신기의 예비전원을 시험하는 목적, 방법과 양부판단의 기준에 대하여 설명하시오. (5점)

(1) 시험방법
(2) 양부판단의 기준

정 답
(1) • 예비전원시험스위치를 누른다.
   • 전압계의 지시치가 지정치의 범위 내에 있는지 확인한다.
   • 교류전원을 개로하고 자동절환릴레이의 작동상황을 조사한다.
(2) • 예비전원의 전압이 정상일 것
   • 예비전원의 용량이 정상일 것
   • 예비전원의 절환여부가 정상일 것
   • 예비전원의 복구작동이 정상일 것

해 설

구분	시험 목적	양부판정기준
공통선시험	공통선이 담당하고 있는 경계구역의 정상 여부 확인	하나의 공통선이 담당하고 있는 경계구역의 수가 7 이하일 것
회로저항시험	감지기회로의 배선(선로)저항치가 수신기의 기능에 이상이 있는지 여부 확인	하나의 감지기회로의 합성저항치는 50[Ω] 이하로 할 것
지구음향장치 작동시험	화재신호와 연동하여 음향장치의 작동여부 확인	음량은 음향장치의 중심으로부터 1[m] 떨어진 위치에서 90[dB] 이상일 것
예비전원 시험	사고 등의 이유로 상용전원과 예비전원 간 자동 절환 여부 확인	• 예비전원의 전압이 정상일 것 • 예비전원의 용량이 정상일 것 • 예비전원의 절환여부가 정상일 것 • 예비전원의 복구작동이 정상일 것

연계이론 PHASE 50 수신기의 시험

17

다음은 비상방송설비에 대한 화재안전기술기준이다. 다음 (   ) 안에 알맞은 말 또는 수치를 쓰시오.

(5점)

- 확성기의 음성입력은 실내에 설치하는 것에 있어서는 (①)[W] 이상일 것
- 확성기는 각 층마다 설치하되, 그 층의 각 부분으로부터 하나의 확성기까지의 수평거리가 (②)[m] 이하가 되도록 할 것
- 음량조정기를 설치하는 경우 음량조정기의 배선은 (③)으로 할 것
- 조작부의 조작스위치는 바닥으로부터 (④)[m] 이상 (⑤)[m] 이하의 높이에 설치할 것

정답

① 1 ② 25 ③ 3선식 ④ 0.8 ⑤ 1.5

해설

비상방송설비의 설치기준

- 확성기의 음성입력은 3[W](실내에 설치하는 것에 있어서는 1[W]) 이상일 것
- 확성기는 각 층마다 설치하되, 그 층의 각 부분으로부터 하나의 확성기까지의 수평거리가 25[m] 이하가 되도록 하고, 해당층의 각 부분에 유효하게 경보를 발할 수 있도록 설치할 것
- 음량조정기를 설치하는 경우 음량조정기의 배선은 3선식으로 할 것
- 조작부의 조작스위치는 바닥으로부터 0.8[m] 이상 1.5[m] 이하의 높이에 설치할 것
- 조작부는 기동장치의 작동과 연동하여 해당 기동장치가 작동한 층 또는 구역을 표시할 수 있는 것으로 할 것
- 증폭기 및 조작부는 수위실 등 상시 사람이 근무하는 장소로서 점검이 편리하고 방화상 유효한 곳에 설치할 것
- 층수가 11층(공동주택의 경우에는 16층) 이상의 특정소방대상물은 다음에 따라 경보를 발할 수 있도록 해야 한다.

발화층	경보층
2층 이상 발화	발화층, 직상 4개층
1층 발화	발화층, 직상 4개층, 지하층
지하층 발화	발화층, 직상층, 기타의 지하층

- 다른 방송설비와 공용하는 것에 있어서는 화재 시 비상경보 외의 방송을 차단할 수 있는 구조로 할 것
- 다른 전기회로에 따라 유도장애가 생기지 않도록 할 것
- 하나의 특정소방대상물에 2 이상의 조작부가 설치되어 있는 때에는 각각의 조작부가 있는 장소 상호 간에 동시통화가 가능한 설비를 설치하고, 어느 조작부에서도 해당 특정소방대상물의 전 구역에 방송을 할 수 있도록 할 것
- 기동장치에 따른 화재신호를 수신한 후 필요한 음량으로 화재발생 상황 및 피난에 유효한 방송이 자동으로 개시될 때까지의 소요시간은 10초 이내로 할 것
- 음향장치는 다음 기준에 따른 구조 및 성능의 것으로 해야 한다.
    - 정격전압의 80[%] 전압에서 음향을 발할 수 있는 것을 할 것
    - 자동화재탐지설비의 작동과 연동하여 작동할 수 있는 것으로 할 것

연계이론

PHASE 14 비상방송설비

18 아래 도면과 같이 감지기가 설치되어 있을 때 배선도를 완성하시오. (5점)

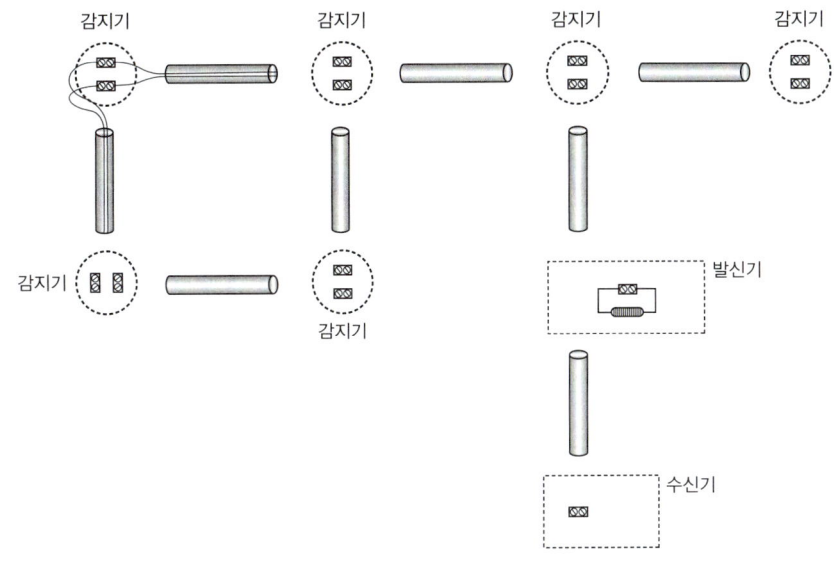

정 답

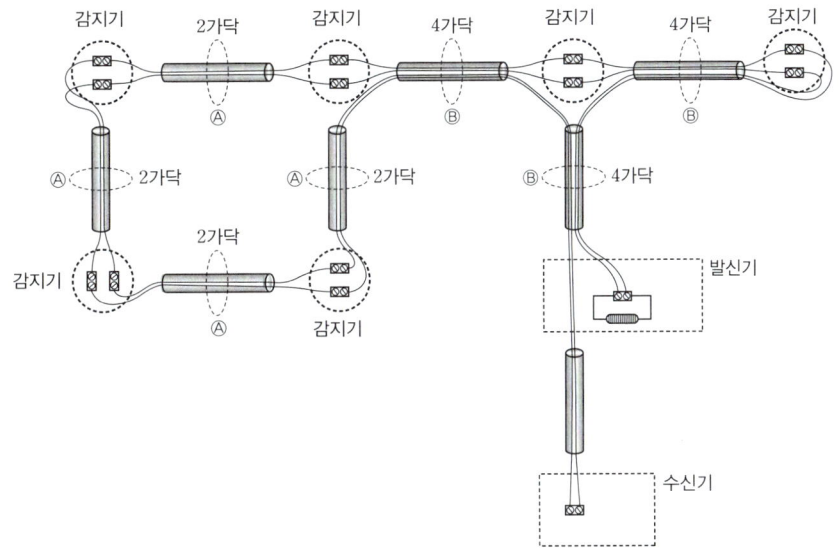

해 설 발신기에 종단저항이 1개만 있으므로 감지기는 송배선식으로 배선되어 있음을 알 수 있다. 송배선식의 루프(Ⓐ)는 2가닥, 그 외 나머지(Ⓑ)는 4가닥으로 배선한다.

연 계 이 론 PHASE 19 피난구유도등

2022년 4회 기출문제

01 그림은 10개의 접점을 가진 스위칭 회로이다. 이 회로의 접점수를 최소화하여 스위칭 회로를 완성하시오. (단, 주어진 스위칭 회로의 논리식을 최소화하는 과정을 모두 기술하고 최소화된 스위칭 회로를 그린다.) (5점)

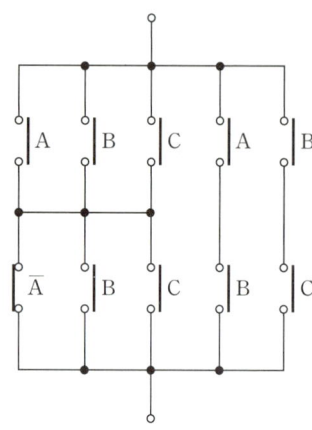

(1) 논리식

(2) 최소화한 스위칭 회로

정답

(1) 논리식: $(A+B+C) \cdot (\overline{A}+B+C) + AB + BC$
$= A\overline{A} + AB + AC + \overline{A}B + BB + BC + \overline{A}C + BC + CC + AB + BC$
$= AB + AC + \overline{A}B + B + BC + \overline{A}C + C$
$= (AB + \overline{A}B + B + BC) + (AC + \overline{A}C + C)$
$= B(A + \overline{A} + 1 + C) + C(A + \overline{A} + 1)$
$= B + C$

(2) 최소화한 스위칭 회로

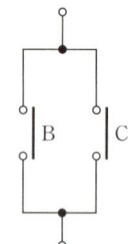

별해 $(A+B+C) \cdot (\overline{A}+B+C) + AB + BC$에서 $B+C=X$로 놓으면
$(A+X) \cdot (\overline{A}+X) + AB + BC$
$= A\overline{A} + X\overline{A} + AX + XX + AB + BC$
$= 0 + X(\overline{A} + A) + X + AB + BC = X + AB + BC = B + C + AB + BC$
$= B(1+A) + C(1+B) = B + C$

연계이론 PHASE 41 논리회로

02

주요구조부가 내화구조인 특정소방대상물에 자동화재탐지설비용 공기관식 차동식 분포형 감지기를 설치하려고 한다. 다음 각 물음에 답하시오. (5점)

① 공기관의 노출 부분은 감지구역마다 몇 [m] 이상이 되도록 해야 하는가?
② 공기관과 감지구역의 각 변과의 수평거리는 몇 [m] 이하가 되어야 하는가?
③ 하나의 검출 부분에 접속하는 공기관의 길이는 몇 [m] 이하로 해야 하는가?
④ 공기관 상호 간의 거리는 몇 [m] 이하이어야 하는가?
⑤ 검출부는 몇 도 이상 경사되지 않도록 부착해야 하는가?

정답 ① 20[m]   ② 1.5[m]   ③ 100[m]   ④ 9[m]   ⑤ 5

해설 **공기관식 차동식 분포형 감지기 설치기준**
- 공기관의 노출 부분은 감지구역마다 20[m] 이상이 되도록 해야 한다.
- 공기관과 감지구역의 각 변과의 수평거리는 1.5[m] 이하가 되도록 하고, 공기관 상호 간의 거리는 6[m](주요구조부가 내화구조로 된 특정소방대상물 또는 그 부분에 있어서는 9[m]) 이하가 되도록 해야 한다.
- 공기관은 도중에서 분기하지 않도록 해야 한다.
- 하나의 검출 부분에 접속하는 공기관의 길이는 100[m] 이하로 해야 한다.
- 검출부는 5° 이상 경사되지 않도록 부착해야 한다.
- 검출부는 바닥으로부터 0.8[m] 이상 1.5[m] 이하의 위치에 설치해야 한다.

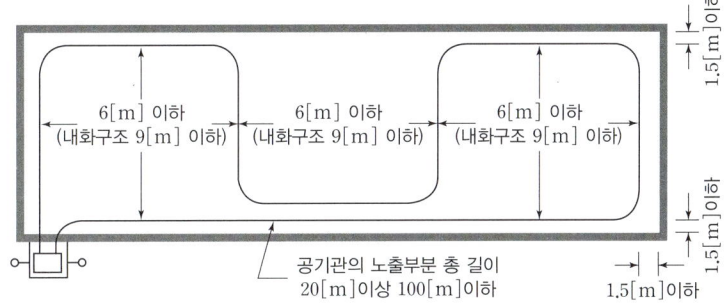

▲ 공기관식 차동식 분포형 설치기준

연계이론 PHASE 10 열감지기

03 아래의 그림은 이산화탄소소화설비의 간선계통도이다. 다음 각 물음에 답하시오. (단, 감지기공통선과 전원 공통선은 각각 분리해서 사용하는 조건이다.) (13점)

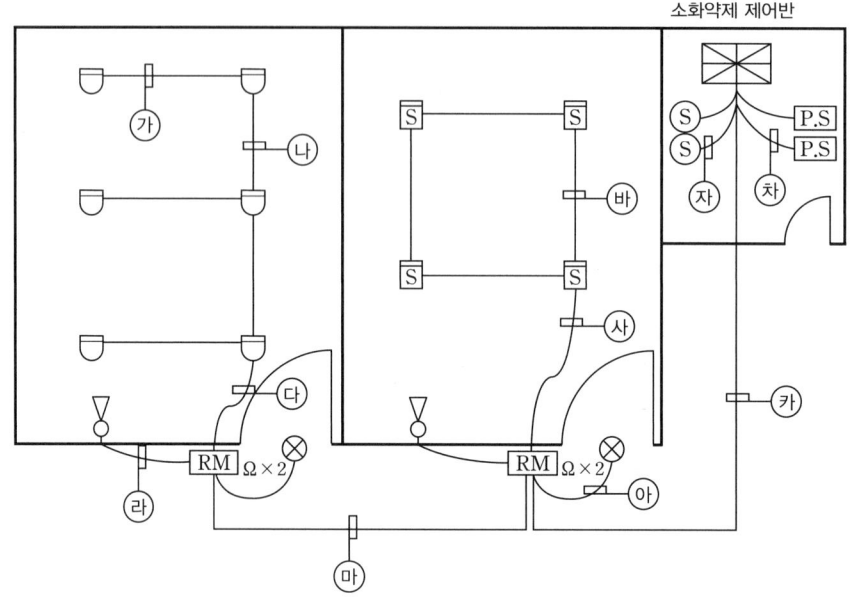

(1) ㉮~㉾의 배선 가닥수를 쓰시오.

기호	㉮	㉯	㉰	㉱	㉲	㉳	㉴	㉵	㉷	㉶	㉾
가닥수											

(2) ㉲의 배선별 용도를 쓰시오. (단, 해당 배선 가닥수까지만 기록)

번호	배선 용도	가닥수	번호	배선 용도	가닥수
1			6		
2			7		
3			8		
4			9		
5			10		

(3) ㉾의 배선 중 ㉲의 배선과 병렬로 접속하지 않고 추가해야 하는 배선의 용도는 무엇인가?

번호	배선 용도	번호	배선 용도
1		4	
2		5	
3			

정답

(1)
기호	㉮	㉯	㉰	㉱	㉲	㉳	㉴	㉵	㉶	㉷	㉮
가닥수	4	8	8	2	9	4	8	2	2	2	14

(2)
번호	배선 용도	가닥수	번호	배선 용도	가닥수
1	전원 ⊕	1	6	방출지연스위치	1
2	전원 ⊖	1	7	기동스위치	1
3	감지기 A	1	8	사이렌	1
4	감지기 B	1	9	방출표시등	1
5	감지기공통	1	10		

(3)
번호	배선 용도	번호	배선 용도
1	감지기 A	4	사이렌
2	감지기 B	5	방출표시등
3	기동스위치		

해설

(1), (2), (3)

이산화탄소 소화설비이므로 감지기는 교차회로 방식으로 배선한다. 교차회로 방식으로 배선하는 경우 배선이 루프(㉳)를 구성하거나 말단 배선(㉮)인 경우에는 4가닥이고 그 외(㉯, ㉰, ㉴)는 8가닥을 적용한다.

기호	가닥수	배선 내용
㉮	4	지구 2, 지구공통 2
㉯	8	지구 4, 지구공통 4
㉰	8	지구 4, 지구공통 4
㉱	2	사이렌 2
㉲	9	전원 ⊕, 전원 ⊖, 방출지연스위치 1, 감지기공통 1, 감지기 A 1, 감지기 B 1, 기동스위치 1, 사이렌 1, 방출표시등 1
㉳	4	지구 2, 지구공통 2
㉴	8	지구 4, 지구공통 4
㉵	2	방출표시등 2
㉶	2	솔레노이드밸브 2
㉷	2	압력스위치 2
㉮	14	전원 ⊕, 전원 ⊖, 방출지연스위치 1, 감지기공통 1, 감지기 A 2, 감지기 B 2, 기동스위치 2, 사이렌 2, 방출표시등 2

이산화탄소소화설비의 수신반에서 수동조작함까지의 배선은 기본 9가닥(전원 ⊕, 전원 ⊖, 방출지연스위치 1, 감지기공통 1, 감지기 A 1, 감지기 B 1, 기동스위치 1, 사이렌 1, 방출표시등 1)이다. 감지기공통선과 전원선을 분리하지 않는 경우라면 감지기공통 1선을 제외한 8가닥을 작성한다.

수동조작함이 2개가 있는 경우 (감지기 A 1, 감지기 B 1, 기동스위치 1, 사이렌 1, 방출표시등 1)의 5가닥이 추가된다.

연계이론

PHASE 49 이산화탄소소화설비 도면

04 아래 그림과 같이 방전 전류가 시간과 함께 감소하는 패턴의 축전지 용량을 계산하시오. (단, 용량환산시간계수 K는 아래 표와 같으며 보수율은 0.8을 적용한다.) (5점)

시간	10분	20분	30분	60분	100분	110분	120분	170분	180분	200분
용량환산시간계수 K	1.30	1.45	1.75	2.55	3.45	3.65	3.85	4.85	5.05	5.30

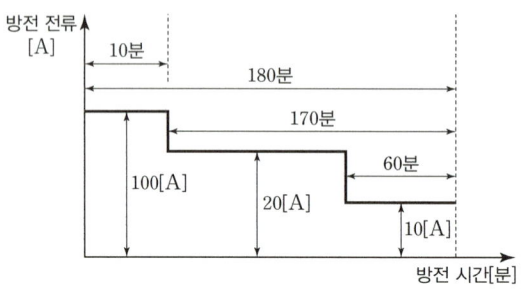

- 계산과정:
- 답:

정답

- 계산과정: $C_1 = \dfrac{1}{0.8} \times 1.3 \times 100 = 162.5 [\text{Ah}]$

$C_2 = \dfrac{1}{0.8}[3.85 \times 100 + 3.65 \times (20-100)] = 116.25 [\text{Ah}]$

$C_3 = \dfrac{1}{0.8}[5.05 \times 100 + 4.85 \times (20-100) + 2.55 \times (10-20)] = 114.38 [\text{Ah}]$

- 답: 162.5[Ah]

해설

축전지 용량 $C = \dfrac{1}{L}KI[\text{Ah}]$(단, L: 보수율(용량저하율), K: 용량환산시간계수, I: 방전전류[A])

방전전류가 시간에 따라 감소하는 경우라면 감소되는 구간마다 축전지 용량을 계산한다. 이때 그 계산값이 가장 큰 부분의 축전지 용량을 선정한다.

[10분 구간의 축전지 용량 C_1]

$K_1 = 1.30$, 방전전류 $I_1 = 100[\text{A}]$이므로

$C_1 = \dfrac{1}{L}K_1 I_1$

$= \dfrac{1}{0.8} \times 1.3 \times 100 = 162.5 [\text{Ah}]$

[120분 구간의 축전지 용량 C_2]

$K_1 = 3.85$, $K_2 = 3.65$
$I_1 = 100[A]$, $I_2 = 20[A]$이므로

$$C_2 = \frac{1}{L}[K_1 I_1 + K_2(I_2 - I_1)]$$
$$= \frac{1}{0.8} \times [3.85 \times 100 + 3.65 \times (20-100)]$$
$$= 116.25[Ah]$$

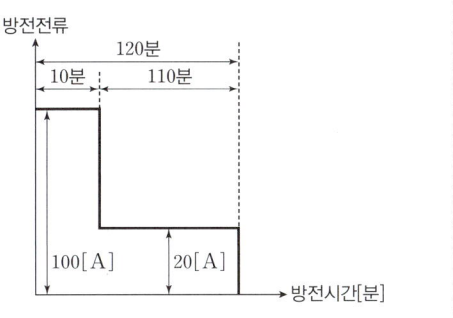

[180분 구간의 축전지 용량 C_3]

$K_1 = 5.05$, $K_2 = 4.85$, $K_3 = 2.55$
$I_1 = 100[A]$, $I_2 = 20[A]$, $I_3 = 10[A]$이므로

$$C_3 = \frac{1}{L}[K_1 I_1 + K_2(I_2 - I_1) + K_3(I_3 - I_2)]$$
$$= \frac{1}{0.8}[5.05 \times 100 + 4.85(20-100)$$
$$+ 2.55(10-20)]$$
$$= 114.38[Ah]$$

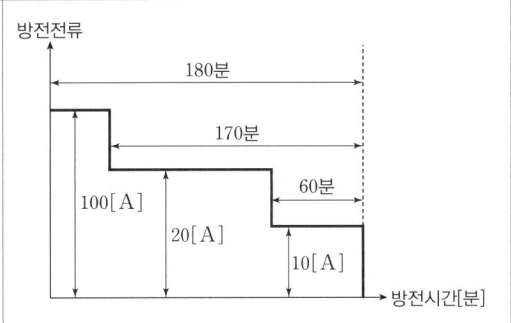

$C_1 = 162.5[Ah]$, $C_2 = 116.25[Ah]$, $C_3 = 114.38[Ah]$이므로 축전지 용량이 가장 큰 $162.5[Ah]$를 선정한다.

연계이론 PHASE 29 축전지

---

05 다음은 비상조명등의 설치기준에 관한 사항이다. 다음 (   ) 안을 완성하시오. (3점)

비상전원은 비상조명등을 (①)분 이상 유효하게 작동시킬 수 있는 용량으로 할 것. 다만, 다음의 특정소방대상물의 경우에는 그 부분에서 피난층에 이르는 부분의 비상조명등을 (②)분 이상 유효하게 작동시킬 수 있는 용량으로 하여야 한다.

가. 지하층을 제외한 층수가 (③)층 이상의 층
나. 지하층 또는 무창층으로서 용도가 도매시장·소매시장·여객자동차터미널·지하역사 또는 지하상가

정답
① 20
② 60
③ 11

해설 **비상조명등의 설치기준**

예비전원과 비상전원은 비상조명등을 20분 이상 유효하게 작동시킬 수 있는 용량으로 할 것. 다만, 다음의 특정소방대상물의 경우에는 그 부분에서 피난층에 이르는 부분의 비상조명등을 60분 이상 유효하게 작동시킬 수 있는 용량으로 해야 한다.
- 지하층을 제외한 층수가 11층 이상의 층
- 지하층 또는 무창층으로서 용도가 도매시장·소매시장·여객자동차터미널·지하역사 또는 지하상가

연계이론 PHASE 24 비상조명등

06

그림과 같이 구획된 철근 콘크리트 건물의 공장이 있다. 다음 표에 따라 자동화재 탐지설비의 감지기를 설치하고자 한다. 다음 각 물음에 답하시오. (10점)

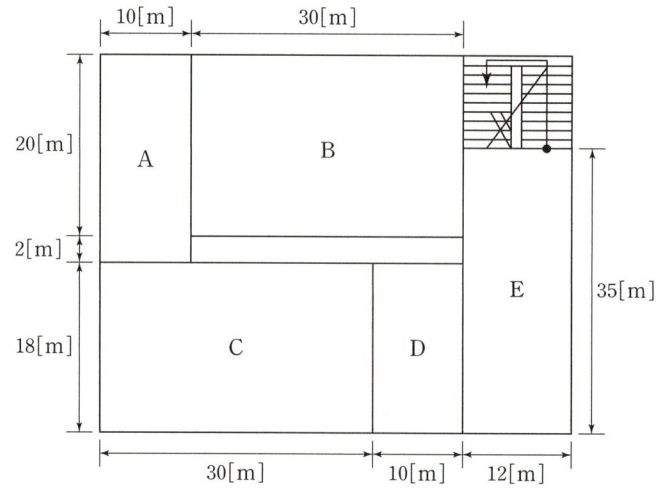

(1) 다음 표를 참고하여 감지기 개수를 산정하시오.

구역	설치높이[m]	감지기 종류	산출과정	설치수량(개)
A구역	3.5	연기감지기 2종		
B구역	3.5	연기감지기 2종		
C구역	4.5	연기감지기 2종		
D구역	3.8	정온식 스포트형 1종		
E구역	3.8	차동식 스포트형 2종		

(2) 해당 구역에 감지기를 그림으로 표시하시오.

정답

(1)

구역	설치높이[m]	감지기 종류	산출과정	설치수량(개)
A구역	3.5	연기감지기 2종	$\frac{10 \times (20+2)}{150} = 1.47$	2
B구역	3.5	연기감지기 2종	$\frac{30 \times 20}{150} = 4$	4
C구역	4.5	연기감지기 2종	$\frac{30 \times 18}{75} = 7.2$	8
D구역	3.8	정온식 스포트형 1종	$\frac{10 \times 18}{60} = 3$	3
E구역	3.8	차동식 스포트형 2종	$\frac{12 \times 35}{70} = 6$	6

(2)

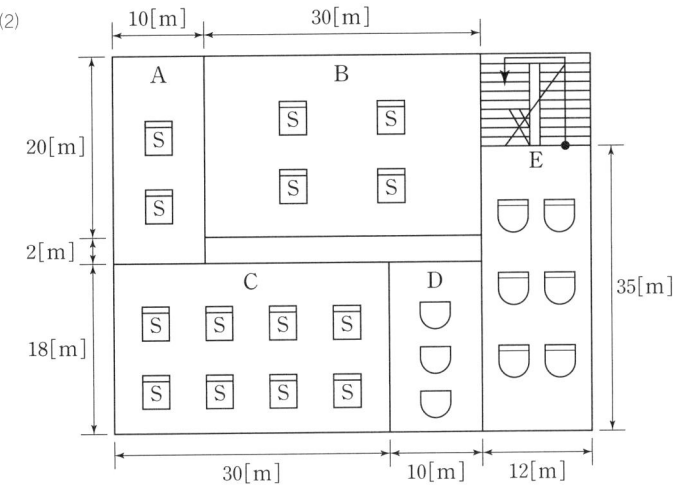

해설

[감지기 종류별 바닥면적 표] (단위: [m²])

부착높이 및 특정소방대상물의 구분		감지기의 종류						
		차동식 스포트형		보상식 스포트형		정온식 스포트형		
		1종	2종	1종	2종	특종	1종	2종
4[m] 미만	내화구조	90	70(ⓔ)	90	70	70	60(ⓓ)	20
	기타구조	50	40	50	40	40	30	15
4[m] 이상 8[m] 미만	내화구조	45	35	45	35	35	30	—
	기타구조	30	25	30	25	25	15	—

[연기감지기의 바닥면적 표]

부착높이	감지기의 종류	
	1종 및 2종	3종
4[m] 미만	150[m²](ⓐ, ⓑ)	50[m²]
4[m] 이상 20[m] 미만	75[m²](ⓒ)	—

ⓐ 설치높이가 3.5[m]인 경우 연기감지기 2종은 바닥면적 150[m²]마다 1개 이상 설치해야 한다.

따라서 감지기 개수는 $\dfrac{10\times(20+2)}{150}=1.47\to$ 2개 (소수점 절상)

ⓑ 설치높이가 3.5[m]인 경우 연기감지기 2종은 바닥면적 150[m²]마다 1개 이상 설치해야 한다.

따라서 감지기 개수는 $\dfrac{30\times20}{150}=4$개

ⓒ 설치높이가 4.5[m]인 경우 연기감지기 2종은 바닥면적 75[m²]마다 1개 이상 설치해야 한다.

따라서 감지기 개수는 $\dfrac{30\times18}{75}=7.2\to$ 8개 (소수점 절상)

ⓓ 설치높이가 3.8[m]인 경우 정온식 스포트형 감지기 1종은 바닥면적 60[m²]마다 1개 이상 설치해야 한다.

따라서 감지기 개수는 $\dfrac{10\times18}{60}=3$개

ⓔ 설치높이가 3.8[m]인 경우 정온식 스포트형 감지기 2종은 바닥면적 70[m²]마다 1개 이상 설치해야 한다.

따라서 감지기 개수는 $\dfrac{12\times35}{70}=6$개

(2) (1)에서 산출한 감지기 수를 각 실에 균일한 간격으로 배치한다.

연계이론 PHASE 11 연기감지기

07 아래의 그림과 같이 지하 1층에서 지상 5층까지 각 층의 평면이 동일하고, 각 층의 높이가 4[m]인 학원 건물에 자동화재탐지설비를 설치할 경우이다. 다음 물음에 답하시오. (7점)

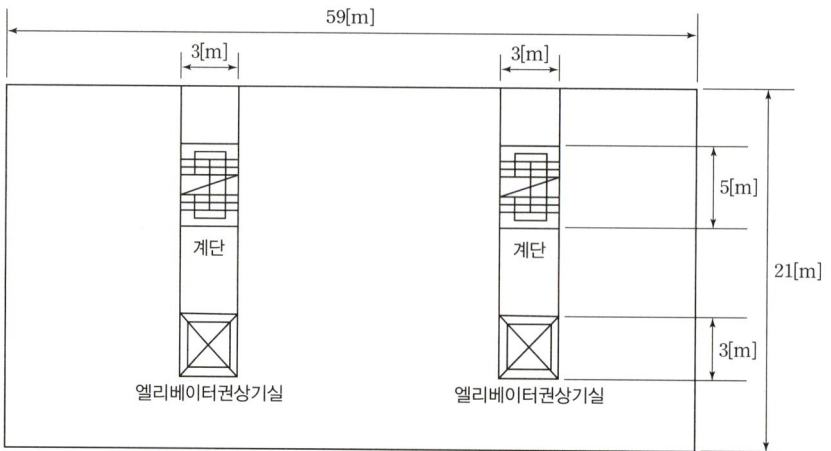

(1) 하나의 층에 대한 자동화재탐지설비의 수평경계구역은 몇 개로 구분해야 하는지 구하시오.
　• 계산과정:
　• 답:

(2) 본 소방대상물에 자동화재탐지설비의 수직 및 수평경계구역은 몇 개로 구분해야 하는지 구하시오.
　① 수직경계구역
　　• 계산과정:
　　• 답:
　② 수평경계구역
　　• 계산과정:
　　• 답:

(3) 본 건물에 설치해야 하는 발신기의 형별은 무엇인가?

(4) 계단감지기는 각각 몇 층에 설치해야 하는가?

(5) 엘리베이터 권상기실 상부에 설치해야 하는 감지기의 종류는?

> **정 답**
>
> (1) • 계산과정: $N=\dfrac{59\times 21-3\times 5\times 2-3\times 3\times 2}{600}=1.99 \to 2$개
>   • 답: 2개
>
> (2) ① 수직경계구역
>   • 계산과정: $N=\dfrac{4\times 6}{45}=0.53 \to 1$개, 엘리베이터 $N=1$
>   각 층에 계단과 엘리베이터가 2개씩 있으므로 경계구역수는 $1\times 2+1\times 2=4$
>   • 답: 4개
> ② 수평경계구역
>   • 계산과정: 2×6층$=12$개
>   • 답: 12개
>
> (3) P형 1급 발신기
>
> (4) 5층, 2층
>
> (5) 연기감지기

해설

(1) 수평경계구역에 해당하는 면적은 [바닥면적 − 수직경계구역에 해당하는 면적]이다.
엘리베이터 권상기실과 계단은 수직경계구역에 해당하므로 각각의 면적을 산출하여 그 값을 바닥면적에서 뺀다.

구분	계단	엘리베이터
면적	$3 \times 5 = 15[m^2]$	$3 \times 3 = 9[m^2]$
개수	2	2
한 층당 면적	$15 \times 2 = 30[m^2]$	$9 \times 2 = 18[m^2]$

한 층당 바닥면적은 $59 \times 21 = 1,239[m^2]$이고 수평경계구역을 뺀 면적은 $1,239 - 30 - 18 = 1,191[m^2]$이다.
따라서 한 층의 수평경계구역은 $\frac{1,191}{600} = 1.99 \rightarrow 2$개다.

(2) ① 수직경계구역은 계단과 엘리베이터 권상기실을 분리해서 산정한다.

구분	계단	엘리베이터
산정기준	45[m]마다 1경계구역	권상기실 하나당 1경계구역
경계구역 산정	$\frac{4[m] \times 6층}{45[m]} = 0.53 \rightarrow 1$개	1개
개수	2	2
경계구역 합계	$1 \times 2 = 2$개	$1 \times 2 = 2$개
총계	$2 + 2 = 4$개	

② 수평경계구역은 한 층당 2개이므로 총 $2 \times 6 = 12$개가 된다.

(4) 계단에서 연기감지기 2종은 수직거리 15[m] 마다 1개 이상 설치해야 한다.

설치장소	복도 및 통로		계단 및 경사로(에스컬레이터 경사로 포함)	
	1종, 2종	3종	1종, 2종	3종
설치거리	보행거리 30[m]	보행거리 20[m]	수직거리 15[m]	수직거리 10[m]

일반적으로 계단에 설치하는 연기감지기는 최상층(5층)에 설치한 후 수직거리 15[m] 이내에 설치하는 방법을 사용한다. 즉, 최상층인 5층에 연기감지기를 설치하고 15[m] 이내인 2층에도 설치하면 된다.

연계이론 PHASE 07 자동화재탐지설비(경계구역)

08

3상 380[V], 30[kW] 스프링클러 펌프용 유도전동기의 역률이 60[%]일 때, 역률을 90[%]로 개선할 수 있는 전력용 콘덴서의 용량은 몇 [kVA]이겠는가? (5점)

• 계산과정:

• 답:

정답

• 계산과정: $Q_c = 30 \times \left(\frac{\sqrt{1-0.6^2}}{0.6} - \frac{\sqrt{1-0.9^2}}{0.9} \right) = 25.47[kVA]$

• 답: 25.47[kVA]

해설 **전력용 콘덴서 용량 산정식**

$$Q_c = P(\tan\theta_1 - \tan\theta_2) = P\left(\frac{\sin\theta_1}{\cos\theta_1} - \frac{\sin\theta_2}{\cos\theta_2}\right) = P\left(\frac{\sqrt{1-\cos^2\theta_1}}{\cos\theta_1} - \frac{\sqrt{1-\cos^2\theta_2}}{\cos\theta_2}\right)[\text{kVA}]$$

(단, P: 전동기 출력 [kW], $\cos\theta_1$: 개선전 역률, $\cos\theta_2$: 개선후 역률)

역률 개선 전 $\cos\theta_1=0.6$, 개선 후 $\cos\theta_2=0.9$이므로 전력용 콘덴서 용량은
$Q_c = 30 \times \left(\frac{\sqrt{1-0.6^2}}{0.6} - \frac{\sqrt{1-0.9^2}}{0.9}\right) = 25.47[\text{kVA}]$이다.

연계이론 PHASE 32 역률 개선용 콘덴서 용량

09

소방용 케이블과 다른 용도의 케이블을 배선전용실에 함께 배선할 때 다음 각 물음에 답하시오. (4점)

(1) 소방용 케이블을 내화성능을 갖는 배선전용실 등의 내부에 소방용이 아닌 케이블과 함께 노출하여 배선할 때 소방용 케이블과 다른 용도 케이블 간의 피복과 피복 간 이격 거리는 몇 [cm] 이상이어야 하는가?
(2) 부득이하여 (1)과 같이 이격시킬 수 없어 불연성 격벽을 설치한 경우에 격벽의 높이는 굵은 케이블 지름의 몇 배 이상이어야 하는가?

정답
(1) 15[cm]
(2) 1.5배

해설 소방용 배선과 다른 설비용 배선을 배선전용실 등에 설치하는 경우

구분	이격거리	불연성 격벽 높이
그림	(15[cm] 이상, 점검구(갑종방화문), 배선전용실, 소방용 케이블, 다른 용도의 케이블)	(점검구(갑종방화문), 배선전용실, 불연성 격벽, 소방용 케이블, 다른 용도의 케이블)
특징	배선전용실 또는 배선용 샤프트·피트·덕트 등에 다른 설비의 배선이 있는 경우 이격거리는 15[cm] 이상일 것	소화설비의 배선과 이웃하는 다른 설비의 배선 사이에 배선지름(배선의 지름이 다른 경우 가장 큰 것을 기준)의 1.5배 이상의 높이의 불연성 격벽을 설치할 것

연계이론 PHASE 39 배선

10 다음 도면은 할론소화설비의 평면도를 나타낸 것이다. 주어진 도면을 이용하여 다음 각 물음에 답하시오. (5점)

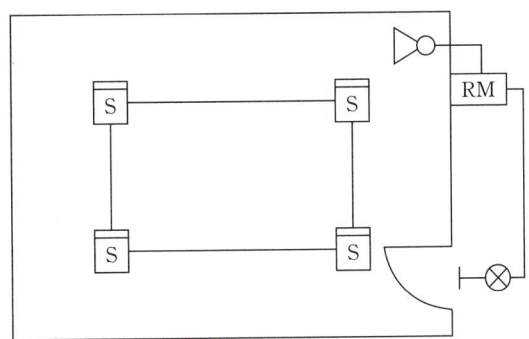

(1) 할론소화설비에 대한 부대 전기설비의 평면도를 그리고, 각 개소마다 전선의 가닥수 및 종단저항을 표시하시오.
(2) 수동조작함과 수신반 사이의 배선에 대한 전선의 명칭을 쓰시오.

 **정 답**

(1)
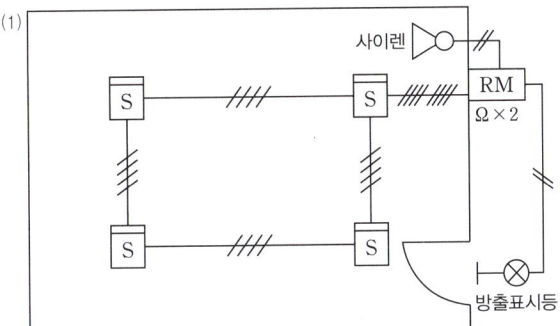

(2) 전원 ⊕·⊖, 기동스위치, 방출지연스위치, 방출표시등, 사이렌, 감지기 A·B

해 설

• 할론소화설비이므로 감지기는 <u>교차회로 방식</u>으로 배선한다. 교차회로 방식으로 배선하는 경우 배선이 루프(①)를 구성하거나 말단 배선인 경우에는 4가닥이고 그 외(②)는 8가닥을 적용한다.
• 수동조작함과 사이렌에 필요한 가닥수(③)는 2가닥이며 수동조작함과 방출표시등 사이에 필요한 가닥수(④)는 2가닥이다.

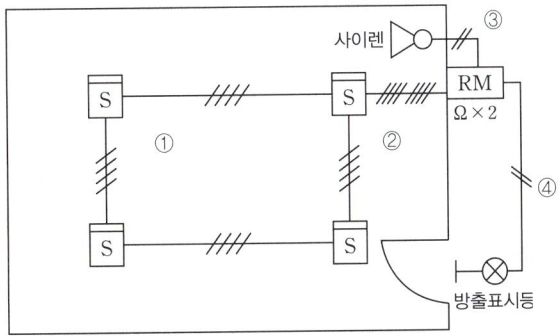

연계이론 PHASE 48 할론소화설비 도면

11 토출량 3,000[LPM], 양정이 80[m]인 스프링클러설비용 펌프의 전동기 모터 소요동력[kW]을 계산하시오. (단, 효율은 70[%], 전달 계수는 1.15이고 전동기는 축동력을 사용한다.) (4점)

- 계산과정:
- 답:

정답

- 계산과정: $P = \dfrac{9.8 \times 3 \times 80}{0.7 \times 60} \times 1.15 = 64.4[\text{kW}]$
- 답: 64.4[kW]

해설 전동기 용량

$$P = \dfrac{9.8QHK}{\eta t}[\text{kW}]$$

(Q: 양수량[m³], H: 전양정[m], K: 여유계수, η: 효율[%], t: 시간[s])

분당 양수량으로 주어졌으므로 $Q = 3,000[\text{L}] = 3[\text{m}^3]$, $t = 60[\text{s}]$를 적용한다.

따라서 전동기 용량 $P = \dfrac{9.8 \times 3 \times 80}{0.7 \times 60} \times 1.15 = 64.4[\text{kW}]$

※ [lpm] 단위는 분당 [L]를 의미하므로 양수량의 단위를 [m³]으로 변환해야 한다. (1,000[L]=1[m³])

연계이론 PHASE 33 전동기 용량

---

12 다음의 조건을 참고하여 배선을 그림기호로 나타내시오. (5점)

조건

① 배선: 천장은폐배선
② 전력선: 4가닥, 450/750[V] 저독성 난연 가교폴리올레핀 절연전선 2.5[mm²]
③ 전선관: 후강전선관 22[mm]

정답

―――////――――
HFIX 2.5(22)

해설 소방설비에 사용되는 전선 중 450/750[V] 저독성 난연 가교폴리올레핀 절연전선은 HFIX 전선이라고도 한다.
즉, HFIX 2.5(22)는 22[mm] 전선관에 2.5[mm²] 450/750[V] 저독성 난연 가교폴리올레핀 절연전선을 사용한다는 의미이다.

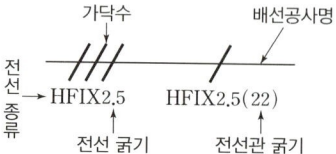

연계이론 PHASE 38 공사의 종류

13 다음과 같이 총길이가 2,800[m]인 지하구에 자동화재탐지설비를 설치하는 경우 다음 물음에 답하시오.
(5점)

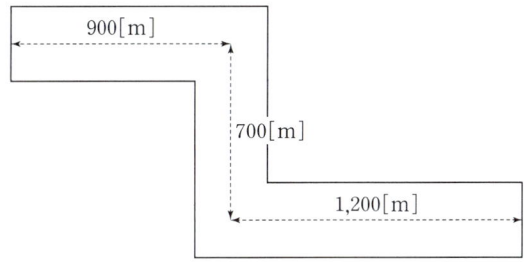

(1) 최소경계구역은 몇 개로 구분해야 하는지 계산하시오.
- 계산과정:
- 답:

(2) 지하구에 설치하는 감지기는 먼지, 습기 등의 영향을 받지 아니하고 (　　)을 1[m] 단위로 확인할 수 있는 감지기를 설치하여야 한다. (　　) 안에 알맞은 내용을 쓰시오.

(3) 지하공동구에 설치할 수 있는 감지기의 종류 3가지만 쓰시오.

정답

(1) • 계산과정: $N = \dfrac{2,800}{700} = 4$개
- 답: 4개

(2) 발화지점

(3) • 불꽃감지기
- 분포형감지기
- 아날로그식 감지기

해설

(1) 기존 지하구에 대한 특례 적용
특고압 케이블이 포설된 송·배전 전용의 지하구(공동구 제외)에는 온도 확인 기능 없이 최대 700[m]의 경계구역을 설정하여 발화지점을 확인할 수 있는 감지기를 설치할 수 있다.

즉, 지하구 700[m]마다 하나의 경계구역으로 설정이 가능하므로 최소경계구역은 $N = \dfrac{2,800}{700} = 4$개다.

※ 이 문제는 일반적인 법 조항을 적용하면 풀 수 없는 문제로 기존 지하구에 대한 특례 조항을 적용한다.

(2) 지하구에 설치하는 감지기는 먼지·습기 등의 영향을 받지 않고 발화지점(1[m] 단위)과 온도를 확인할 수 있는 것으로 설치할 것

(3) 지하구에 설치 가능한 감지기는 다음과 같다.
- 불꽃감지기
- 정온식 감지선형 감지기
- 분포형 감지기
- 아날로그식 감지기

14 다음 도면은 할론소화설비의 수동조작함에서 할론제어반까지의 결선도이다. 주어진 도면과 조건을 이용하여 다음 각 물음에 답하시오. (5점)

조건
- 전선의 가닥수는 최소 가닥수로 한다.
- 복구 스위치 및 도어 스위치는 없는 것으로 한다.

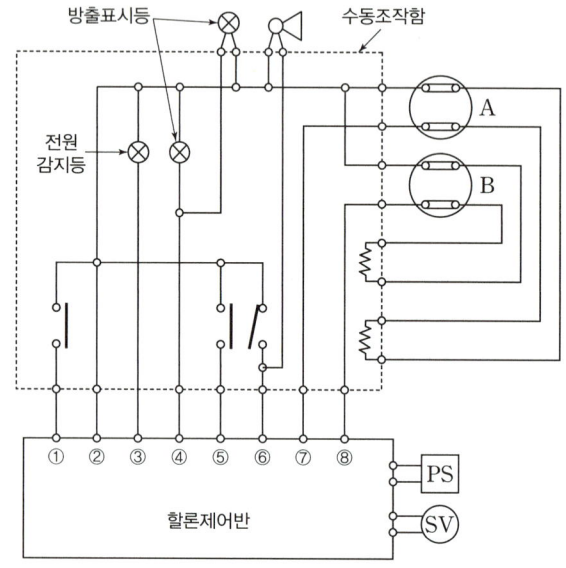

(1) ①~⑧의 전선 명칭을 쓰시오.

기호	①	②	③	④	⑤	⑥	⑦	⑧
명칭								

(2) PS 에 사용되는 배선의 굵기를 쓰시오.

정답

(1)

기호	①	②	③	④	⑤	⑥	⑦	⑧
명칭	방출지연스위치	전원 ⊖	전원 ⊕	방출표시등	기동스위치	사이렌	감지기 A	감지기 B

(2) 2.5[mm²]

해 설

(1)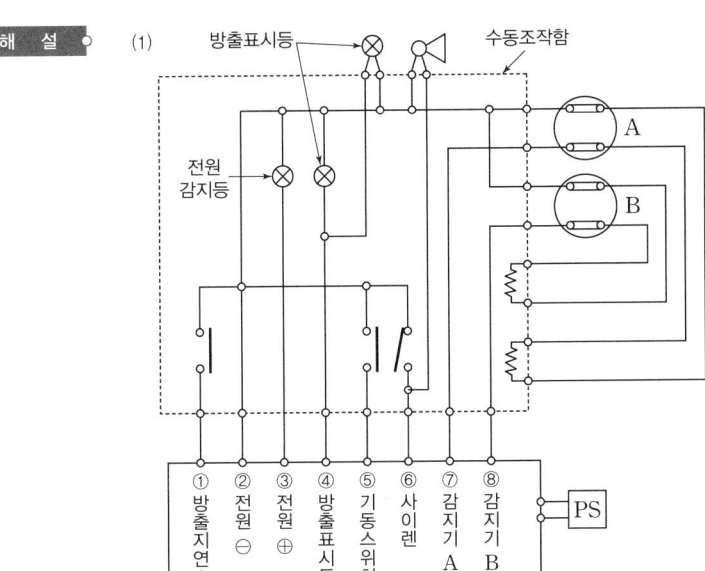

방출지연스위치와 기동스위치는 같은 a접점으로 구성으로 되어있으며 전원감시등에 연결된다. 문제에서 번호 표기가 없는 것이 방출지연스위치와 기동스위치의 내용이 특별히 언급이 없었으므로 ①, ⑤의 내용은 바뀌어도 된다.
③: 전원감시등에 연결되는 선은 전원 ⊕선이다.
④: 방출표시등에 연결된다.
⑥: 사이렌에 연결된다.
⑦, ⑧: 교차회로 방식의 감지기 배선이므로 감지기 A, 감지기 B에 연결된다.

(2) • 감지기 배선 시 전선 굵기: $1.5[\text{mm}^2]$
 • 일반 배선 시 전선 굵기: $2.5[\text{mm}^2]$
PS는 압력스위치로 감지기가 아니므로 $2.5[\text{mm}^2]$ 굵기의 전선을 사용한다.

연 계 이 론 **PHASE 48** 할론소화설비 도면

15 다음은 PB-on스위치를 ON한 후 일정시간이 지난 다음에 MC가 작동하여 전동기 M이 운전하는 회로를 나타낸 것이다. 여기에 사용한 타이머 ⓣ는 입력신호가 소멸했을 때 열려서 이탈되는 형식으로, 전동기가 회전하면 릴레이 ⓧ가 복구되어 타이머에 입력 신호가 소멸되고 전동기는 계속 회전할 수 있도록 이 시퀀스를 수정하시오. (5점)

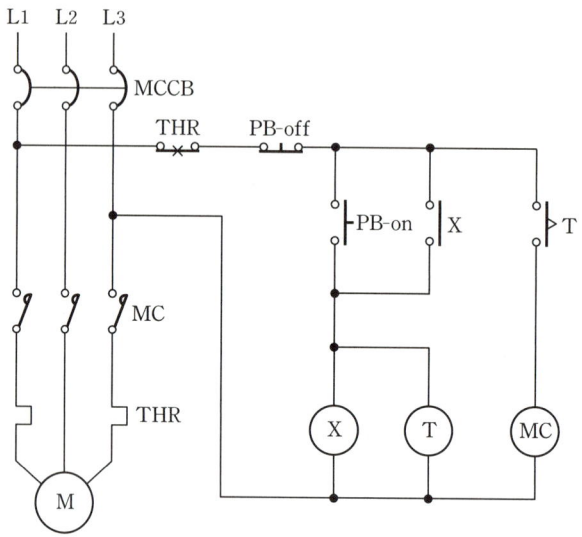

정답

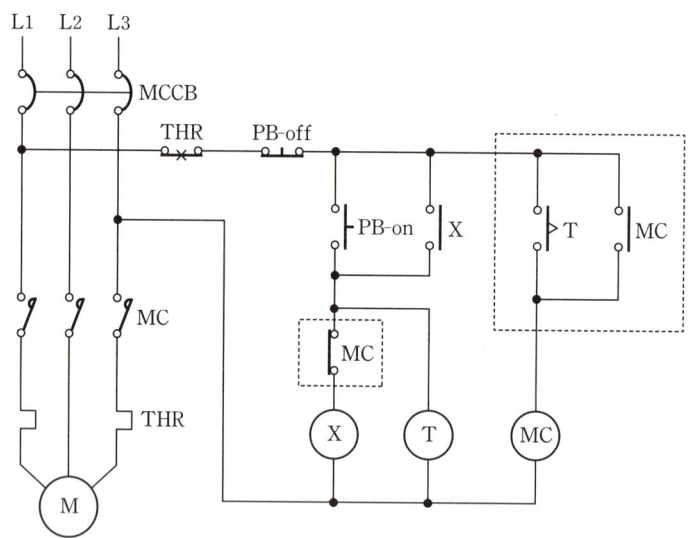

해설
- PB-on을 누르면 릴레이 X와 타이머 T가 동작한다. 이때 X-a접점에 의해 자기유지가 된다.
- 타이머 설정시간이 지난 뒤 T-a접점에 의해 릴레이 MC가 동작하고 전동기가 동작하게 된다. 이때 MC-a접점에 의해 자기유지가 되어 전동기는 계속 회전하게 되고 MC-b접점에 의해 릴레이 X는 소자(복구)된다.

연계이론 PHASE 40 시퀀스 회로

16 층수가 12층인 건축물에 비상방송설비를 설치하려고 한다. 비상방송설비의 설치기준에 관하여 다음 물음에 답하시오. (5점)

(1) 다음은 우선경보방식에 대한 조건이다. 괄호 안을 완성하시오.

> 층수가 (①)층(공동주택의 경우 (②)층) 이상의 특정소방대상물

(2) 발화층에 대한 경보층의 구체적인 경우를 3가지로 구분하여 쓰시오.

발화층	경보를 발하는 층
2층 이상	
1층	
지하층	

정답

(1) ① 11
② 16

(2)

발화층	경보를 발하는 층
2층 이상	발화층, 직상 4개층
1층	발화층, 직상 4개층, 지하층
지하층	발화층, 직상층, 기타의 지하층

해설

비상방송설비의 설치기준(우선경보방식)

층수가 11층(공동주택의 경우에는 16층) 이상의 특정소방대상물은 다음에 따라 경보를 발할 수 있도록 해야 한다.

발화층	경보층
2층 이상 발화	발화층, 직상 4개층
1층 발화	발화층, 직상 4개층, 지하층
지하층 발화	발화층, 직상층, 기타의 지하층

연계이론

PHASE 14 비상방송설비

17 화재 발생 시 화재를 검출하기 위하여 감지기를 설치한다. 이때 축적기능이 없는 감지기로 설치하여야 하는 경우 3가지만 쓰시오. (4점)

-
-
-

정답
- 교차회로방식에 사용되는 경우
- 급속한 연소 확대가 우려되는 장소
- 축적기능이 있는 수신기에 연결하여 사용하는 경우

해설 축적형 감지기는 일정농도 이상의 연기가 일정시간(공칭축적시간) 연속하는 것을 전기적으로 검출함으로써 작동하는 감지기로 축적기능의 유무에 따른 감지기의 설치장소는 다음과 같다.

구분	축적기능이 있는 감지기	축적기능이 없는 감지기
설치장소	• 특정소방대상물 또는 그 부분이 지하층·무창층으로 환기가 잘 되지 않는 장소 • 실내면적이 40[m²] 미만인 장소 • 감지기의 부착면과 실내 바닥과의 거리가 2.3[m] 이하인 장소로서 일시적으로 발생한 열·연기·먼지 등으로 인하여 감지기가 화재 신호를 발신할 우려가 있는 때	• 교차회로방식에 사용되는 경우 • 급속한 연소 확대가 우려되는 장소 • 축적기능이 있는 수신기에 연결하여 사용하는 경우

연계이론 PHASE 09 감지기

18 무선통신보조설비에 사용되는 무반사 종단저항의 설치 목적을 쓰시오. (5점)

정답 전자파가 전송로의 종단에서 반사되어 통신 유도장해를 일으키는 것을 막기 위함

연계이론 PHASE 26 무선통신보조설비

내가 꿈을 이루면
나는 누군가의 꿈이 된다.

– 이도준

여러분의 작은 소리 에듀윌은 크게 듣겠습니다.

본 교재에 대한 여러분의 목소리를 들려주세요.
공부하시면서 어려웠던 점, 궁금한 점,
칭찬하고 싶은 점, 개선할 점, 어떤 것이라도 좋습니다.

에듀윌은 여러분께서 나누어 주신 의견을
통해 끊임없이 발전하고 있습니다.

에듀윌 도서몰 book.eduwill.net
- 부가학습자료 및 정오표: 에듀윌 도서몰 → 도서자료실
- 교재 문의: 에듀윌 도서몰 → 문의하기 → 교재(내용, 출간) / 주문 및 배송

2025 에듀윌 소방설비기사 실기 전기

발 행 일	2025년 2월 27일 초판
저 자	손익희, 김윤수
펴 낸 이	양형남
개발책임	목진재
개 발	최윤석
펴 낸 곳	(주)에듀윌
I S B N	979-11-360-3624-7
등록번호	제25100-2002-000052호
주 소	08378 서울특별시 구로구 디지털로34길 55 코오롱싸이언스밸리 2차 3층

* 이 책의 무단 인용 · 전재 · 복제를 금합니다.

www.eduwill.net
대표전화 1600-6700

꿈을 현실로 만드는
에듀윌

DREAM

공무원 교육
- 선호도 1위, 신뢰도 1위! 브랜드만족도 1위!
- 합격자 수 2,100% 폭등시킨 독한 커리큘럼

자격증 교육
- 9년간 아무도 깨지 못한 기록 합격자 수 1위
- 가장 많은 합격자를 배출한 최고의 합격 시스템

직영학원
- 검증된 합격 프로그램과 강의
- 1:1 밀착 관리 및 컨설팅
- 호텔 수준의 학습 환경

종합출판
- 온라인서점 베스트셀러 1위!
- 출제위원급 전문 교수진이 직접 집필한 합격 교재

어학 교육
- 토익 베스트셀러 1위
- 토익 동영상 강의 무료 제공

콘텐츠 제휴 · B2B 교육
- 고객 맞춤형 위탁 교육 서비스 제공
- 기업, 기관, 대학 등 각 단체에 최적화된 고객 맞춤형 교육 및 제휴 서비스

부동산 아카데미
- 부동산 실무 교육 1위!
- 상위 1% 고소득 창업/취업 비법
- 부동산 실전 재테크 성공 비법

학점은행제
- 99%의 과목이수율
- 17년 연속 교육부 평가 인정 기관 선정

대학 편입
- 편입 교육 1위!
- 최대 200% 환급 상품 서비스

국비무료 교육
- '5년우수훈련기관' 선정
- K-디지털, 산대특 등 특화 훈련과정
- 원격국비교육원 오픈

에듀윌 교육서비스 **공무원 교육** 9급공무원/소방공무원/계리직공무원 **자격증 교육** 공인중개사/주택관리사/손해평가사/감정평가사/노무사/전기기사/경비지도사/검정고시/소방설비기사/소방시설관리사/사회복지사1급/대기환경기사/수질환경기사/건축기사/토목기사/직업상담사/전기기능사/산업안전기사/건설안전기사/위험물산업기사/위험물기능사/유통관리사/물류관리사/행정사/한국사능력검정/한경TESAT/매경TEST/KBS한국어능력시험/실용글쓰기/IT자격증/국제무역사/무역영어 **어학 교육** 토익 교재/토익 동영상 강의 **세무/회계** 전산세무회계/ERP정보관리사/재경관리사 **대학 편입** 편입 영어·수학/연고대/의약대/경찰대/논술/면접 **직영학원** 공무원학원/소방학원/공인중개사 학원/주택관리사 학원/전기기사 학원/편입학원 **종합출판** 공무원·자격증 수험교재 및 단행본 **학점은행제** 교육부 평가인정기관 원격평생교육원(사회복지사2급/경영학/CPA) **콘텐츠 제휴·B2B 교육** 콘텐츠 제휴/기업 맞춤 자격증 교육/대학취업역량 강화 교육 **부동산 아카데미** 부동산 창업CEO/부동산 경매 마스터/부동산 컨설팅 **주택취업센터** 실무 특강/실무 아카데미 **국비무료 교육(국비교육원)** 전기기능사/전기(산업)기사/소방설비(산업)기사/IT(빅데이터/자바프로그램/파이썬)/게임그래픽/3D프린터/실내건축디자인/웹퍼블리셔/그래픽디자인/영상편집(유튜브) 디자인/온라인 쇼핑몰광고 및 제작(쿠팡, 스마트스토어)/전산세무회계/컴퓨터활용능력/ITQ/GTQ/직업상담사

교육문의 **1600-6700** www.eduwill.net

• 2022 소비자가 선택한 최고의 브랜드 공무원·자격증 교육 1위 (조선일보) • 2023 대한민국 브랜드만족도 공무원·자격증·취업·학원·편입·부동산 실무 교육 1위 (한경비즈니스) • 2017/2022 에듀윌 공무원 과정 최종 환급자 수 기준 • 2023년 성인 자격증, 공무원 직영학원 기준 • YES24 공인중개사 부문, 2025 에듀윌 공인중개사 오시훈 합격서 부동산공법 (핵심이론+체계도) (2025년 1월 월별 베스트) 교보문고 취업/수험서 부문, 2020 에듀윌 농협은행 6급 NCS 직무능력평가+실전모의고사 4회 (2020년 1월 27일~2월 5일, 인터넷 주간 베스트) 그 외 다수 Yes24 컴퓨터활용능력 부문, 2024 컴퓨터활용능력 1급 필기 초단기끝장(2023년 10월 3~4주 주별 베스트) 그 외 다수 인터파크 자격서/수험서 부문, 에듀윌 한국사능력검정시험 2주끝장 심화 (1, 2, 3급) (2020년 6월 월간 베스트) 그 외 다수 • YES24 국어 외국어시전 영어 토익/TOEIC 기출문제/모의고사 분야 베스트셀러 1위 (에듀윌 토익 READING RC 4주끝장 리딩 종합서, 2022년 9월 4주 주별 베스트) • 에듀윌 토익 교재 입문~실전 인강 무료 제공 (2022년 최신 강좌 기준/109강) • 2024년 종강반 중 모든 평가항목 정상 참여자 기준, 99% (평생교육원 기준) • 2008년~2024년까지 234만 누적수강학점으로 과목 운영 (평생교육원 기준) • 에듀윌 국비교육원 구로센터 고용노동부 지정 '5년우수훈련기관' 선정 (2023~2027) • KRI 한국기록원 2016, 2017, 2019년 공인중개사 최다 합격자 배출 공식 인증 (2025년 현재까지 업계 최고 기록)

2023, 2022, 2021 대한민국 브랜드만족도 소방설비기사 교육 1위 (한경비즈니스)
2020, 2019 한국소비자만족지수 소방설비기사 교육 1위 (한경비즈니스, G밸리뉴스)

에듀윌 소방설비기사
실기 전기
1권(핵심이론+최신 3개년 기출), 2권(플러스 7개년 기출)

기출과 무관한 광범위 이론은 NO!
10개년 기출문제 해설과 초압축 핵심이론으로 마무리!

무작정 외우지 말고
시험에 출제될 핵심만 공부해서
초단기 실기합격

고객의 꿈, 직원의 꿈, 지역사회의 꿈을 실현한다

에듀윌 도서몰
book.eduwill.net
- 부가학습자료 및 정오표: 에듀윌 도서몰 > 도서자료실
- 교재 문의: 에듀윌 도서몰 > 문의하기 > 교재(내용, 출간) / 주문 및 배송

2025

에듀윌 소방설비기사
실기 전기

합격자 수가 선택의 기준!

플러스 7개년 기출
단답형 문제 100선(PDF)

최신 개정법령 완벽반영!

기출 기반 초압축 핵심이론
10개년 기출 3회독으로 초단기 합격!

eduwill

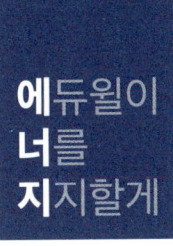

시작하는 방법은
말을 멈추고
즉시 행동하는 것이다.

– 월트 디즈니(Walt Disney)

에듀윌 소방설비기사

실기 전기

플러스 7개년 기출

차례 CONTENTS

핵심이론 + 최신 3개년 기출

01 핵심이론

CHAPTER 01 소화설비		014
CHAPTER 02 경보설비		019
CHAPTER 03 피난구조설비		039
CHAPTER 04 소화활동설비		046
CHAPTER 05 소방전기시설		051
CHAPTER 06 소방시설 시공		061
CHAPTER 07 제어 회로		067
CHAPTER 08 소방전기설비의 설계시공		074
CHAPTER 09 기타		095

02 최신 3개년 기출

2024년 기출문제	102
2023년 기출문제	144
2022년 기출문제	190

플러스 7개년 기출

03 플러스 7개년 기출

2021년 기출문제	008
2020년 기출문제	056
2019년 기출문제	138
2018년 기출문제	178
2017년 기출문제	224
2016년 기출문제	276
2015년 기출문제	330

03

Engineer Fire Protection System

플러스
7개년 기출

기출학습이 곧 합격의 지름길!
최신 기출문제로 출제 경향을 확인

시험 출제 경향 분석

2021년~2015년까지 출제된 기출문제는 단순암기를 요구하는 단답형 문제보다 도면을 보고 감지기 수를 산정하거나 가닥수를 산정하는 복합형 문제들이 많이 출제되었습니다. 최근에는 복합형 문제들이 줄어들었으나 꾸준히 출제되었던 만큼 과년도에 출제된 패턴을 확실하게 학습할 필요가 있습니다.

학습 가이드

단답형 문제	단답형 문제는 법령 내용을 그대로 물어보는 경향이 있습니다. 관련 내용을 모두 암기하기는 어려우므로 반복 출제된 문제들을 위주로 암기하는 것이 중요합니다.
계산형 문제	전동기 용량, 역률 개선용 전력용 콘덴서 용량, 경계구역수 산정, 감지기 수량 산정 등을 구하는 문제가 자주 출제되었습니다. 관련 공식과 특정 값을 암기하면 쉽게 풀이할 수 있으므로 확실하게 학습해야 합니다.
복합형 문제	자동화재탐지설비, 스프링클러설비, 제연설비 등 여러 소화설비에 관련된 문제가 많이 출제되었습니다. 각 설비별 특징을 이해하고 관련 가닥수 산정에 대한 내용을 확실하게 파악해야 문제를 쉽게 풀 수 있습니다.

2021년 1회 기출문제

01 다음은 어느 특정소방대상물의 평면도이다. 건축물의 구조는 비내화구조이고, 층간 높이는 3.8[m]일 때 다음 각 물음에 답하시오. (단, 설치하여야 할 감지기는 1종을 설치한다.) (7점)

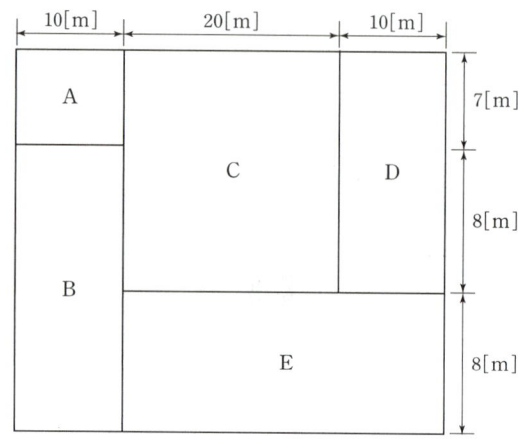

(1) 차동식 스포트형 감지기 1종을 설치할 경우 각 실에 설치되는 감지기의 개수는 약 몇 개인가?
  • A실:
  • B실:
  • C실:
  • D실:
  • E실:

(2) 해당 특정소방대상물의 경계구역수는 약 몇 개인가?
  • 계산과정:
  • 답:

정답

(1) • A실: $\dfrac{10 \times 7}{50} = 1.4 \rightarrow$ 2개(소수점 절상)

  • B실: $\dfrac{10 \times 16}{50} = 3.2 \rightarrow$ 4개(소수점 절상)

  • C실: $\dfrac{20 \times 15}{50} = 6$개

  • D실: $\dfrac{10 \times 15}{50} = 3$개

  • E실: $\dfrac{30 \times 8}{50} = 4.8 \rightarrow$ 5개(소수점 절상)

(2) • 계산과정: $\dfrac{(10+20+10) \times (7+8+8)}{600} = 1.53 \rightarrow$ 2개

  • 답: 2개

해설

(1) 비내화구조의 건물로서 천장높이가 3.8[m]이고 차동식 스포트형 1종 감지기를 설치하므로 다음 표에서 바닥면적을 산정한다.

(단위: [m²])

부착높이 및 특정소방대상물의 구분		감지기의 종류						
		차동식 스포트형		보상식 스포트형		정온식 스포트형		
		1종	2종	1종	2종	특종	1종	2종
4[m] 미만	내화구조	90	70	90	70	70	60	20
	기타구조	50	40	50	40	40	30	15
4[m] 이상 8[m] 미만	내화구조	45	35	45	35	35	30	—
	기타구조	30	25	30	25	25	15	—

바닥면적 50[m²]가 산정되었으므로 감지기 개수는 $\dfrac{전용면적[m^2]}{50[m^2]}$으로 산출한다.

- A실: $\dfrac{10 \times 7}{50} = 1.4 \to 2$개(소수점 절상)
- B실: $\dfrac{10 \times 16}{50} = 3.2 \to 4$개(소수점 절상)
- C실: $\dfrac{20 \times 15}{50} = 6$개
- D실: $\dfrac{10 \times 15}{50} = 3$개
- E실: $\dfrac{30 \times 8}{50} = 4.8 \to 5$개(소수점 절상)

(2) 1경계구역당 600[m²] 이하로 해야 하고 한 변의 길이는 50[m] 이하로 해야 한다.

전체 면적은 $(10+20+10) \times (7+8+8) = 920[m^2]$이므로 경계구역수는 $\dfrac{920}{600} = 1.53 \to 2$개(소수점 절상)이다.

연계이론 PHASE 09 감지기

---

02 비상콘센트설비를 설치해야 할 특정소방대상물 3가지를 쓰시오. (단, 위험물 저장 및 처리시설 중 가스시설 또는 지하구는 제외한다.) (6점)

-
-
-

정답
- 층수가 11층 이상인 특정소방대상물의 경우에는 11층 이상의 층
- 지하층의 층수가 3층 이상이고 지하층의 바닥면적의 합계가 1,000[m²] 이상인 것은 지하층의 모든 층
- 지하가 중 터널로서 길이가 500[m] 이상인 것

해설 **비상콘센트설비를 설치해야 하는 특정소방대상물**
- 층수가 11층 이상인 특정소방대상물의 경우에는 11층 이상의 층
- 지하층의 층수가 3층 이상이고 지하층의 바닥면적의 합계가 1,000[m²] 이상인 것은 지하층의 모든 층
- 지하가 중 터널로서 길이가 500[m] 이상인 것

연계이론 PHASE 25 비상콘센트설비

03

자동화재탐지설비의 배선의 공사방법 중 내화배선의 공사방법에 대하여 빈칸을 완성하시오. (7점)

> 금속관·(①) 또는 (②)에 수납하여 (③)로 된 벽 또는 바닥 등에 벽 또는 바닥의 표면으로부터 (④) 이상의 깊이로 매설해야 한다. 다만, 다음 기준에 적합하게 설치하는 경우에는 그렇지 않다.
> 1. 배선을 내화성능을 갖는 배선전용실 또는 배선용 샤프트·피트·덕트 등에 설치하는 경우
> 2. 배선전용실 또는 배선용 샤프트·피트·덕트 등에 다른 설비의 배선이 있는 경우에는 이로부터 15[cm] 이상 떨어지게 하거나 소화설비의 배선과 이웃하는 다른 설비의 배선 사이에 배선지름(배선의 지름이 다른 경우에는 가장 큰 것을 기준으로 한다.)의 1.5배 이상의 불연성 격벽을 설치하는 경우

정답
① 2종 금속제 가요전선관   ② 합성수지관   ③ 내화구조   ④ 25[mm]

해설
내화배선에 사용되는 전선과 공사방법

사용전선의 종류	공사방법
1. 450/750[V] 저독성 난연 가교 폴리올레핀 절연 전선 2. 0.6/1[kV] 가교 폴리에틸렌 절연 저독성 난연 폴리올레핀 시스 전력 케이블 3. 6/10[kV] 가교 폴리에틸렌 절연 저독성 난연 폴리올레핀 시스 전력용 케이블 4. 가교 폴리에틸렌 절연 비닐시스 트레이용 난연 전력케이블 5. 0.6/1[kV] EP 고무절연 클로로프렌 시스 케이블 6. 300/500[V] 내열성 실리콘 고무 절연전선 7. 내열성 에틸렌-비닐 아세테이트 고무절연 케이블 8. 버스덕트(Bus Duct) 9. 기타 「전기용품 및 생활용품 안전관리법」 및 「전기설비기술기준」에 따라 동등 이상의 내화성능이 있다고 주무부 장관이 인정하는 것	금속관·2종 금속제 가요전선관 또는 합성수지관에 수납하여 내화구조로 된 벽 또는 바닥 등에 벽 또는 바닥의 표면으로부터 25[mm] 이상의 깊이로 매설 [미적용 기준] • 배선을 내화성능을 갖는 배선전용실 또는 배선용 샤프트·피트·덕트 등에 설치하는 경우 • 배선전용실 또는 배선용 샤프트·피트·덕트 등에 다른 설비의 배선이 있는 경우에는 이로부터 15[cm] 이상 떨어지게 하거나 소화설비의 배선과 이웃하는 다른 설비의 배선 사이에 배선지름(배선의 지름이 다른 경우에는 가장 큰 것 기준)의 1.5배 이상의 높이의 불연성 격벽을 설치하는 경우
내화전선	케이블공사

연계이론 PHASE 39 배선

04

공기관식 차동식 분포형 감지기의 공기관 길이가 370[m]일 경우 검출부의 수량은 약 몇 개인가? (단, 하나의 검출부에 접속하는 공기관의 길이는 최대 길이를 적용한다.) (4점)

• 계산과정:
• 답:

정답
• 계산과정: $N = \dfrac{370}{100} = 3.7 \rightarrow 4$개
• 답: 4개

해설
공기관식 차동식 분포형 감지기에서 하나의 검출부에 접속하는 공기관의 최대 길이는 100[m]이다.
따라서 검출부의 수량은 $N = \dfrac{370}{100} = 3.7 \rightarrow 4$개이다.

연계이론 PHASE 10 열감지기

05 다음 그림은 스프링클러설비의 블록다이어그램을 나타낸 것이다. 각 구성요소 간 배선을 내화배선, 내열배선, 일반배선으로 구분하여 블록다이어그램을 완성하시오. (5점)

정 답

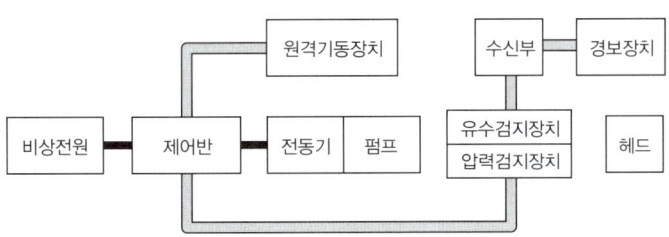

해 설 스프링클러설비의 배선
① 전원회로의 배선(전원 – 제어반 – 전동기)은 내화배선으로 한다.
② 만약, 감지기회로가 있는 경우 일반회로로 배선한다.
③ 그 외 나머지는 내열배선으로 한다.
※ 펌프와 헤드 사이는 전선관으로 연결되어 있다.

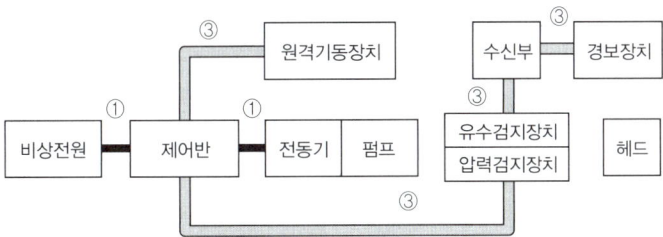

연계이론 PHASE 39 배선

06 20[W] 중형피난구유도등 30개가 AC 220[V]에서 점등되었다면 소요되는 전류는 몇 [A]인가? (단, 유도등의 역률은 70[%]이고 충전되지 않은 상태이다.) (4점)

- 계산과정:
- 답:

정 답
- 계산과정: $I = \dfrac{20 \times 30}{220 \times 0.7} = 3.9[\text{A}]$
- 답: 3.9[A]

해 설 단상 유효전력 $P = VI\cos\theta[\text{W}]$ (단, V: 전압[V], I: 전류[A], $\cos\theta$: 역률)
중형피난구유도등 30개의 합성전력 $P = 20 \times 30 = 600[\text{W}]$
전류 $I = \dfrac{P}{V\cos\theta}[\text{A}]$이므로 $I = \dfrac{600}{220 \times 0.7} = 3.9[\text{A}]$

07 3개의 입력 A, B, C가 주어졌을 때 출력 X_A, X_B, X_C의 논리식이 다음과 같이 주어져 있다. 주어진 논리식을 참고하여 다음 각 물음에 답하시오. (9점)

- $X_A = A \cdot \overline{X_B} \cdot \overline{X_C}$
- $X_B = B \cdot \overline{X_A} \cdot \overline{X_C}$
- $X_C = C \cdot \overline{X_A} \cdot \overline{X_B}$

(1) 논리식을 참고하여 동일한 동작이 되도록 유접점회로를 그리시오.
(2) 논리식을 참고하여 동일한 동작이 되도록 무접점회로를 그리시오.
(3) 논리식을 참고하여 타임차트를 완성하시오.

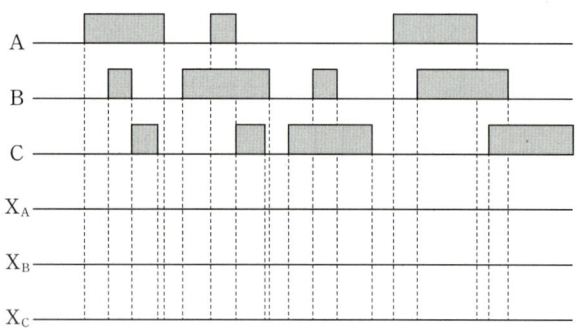

정답 (1)

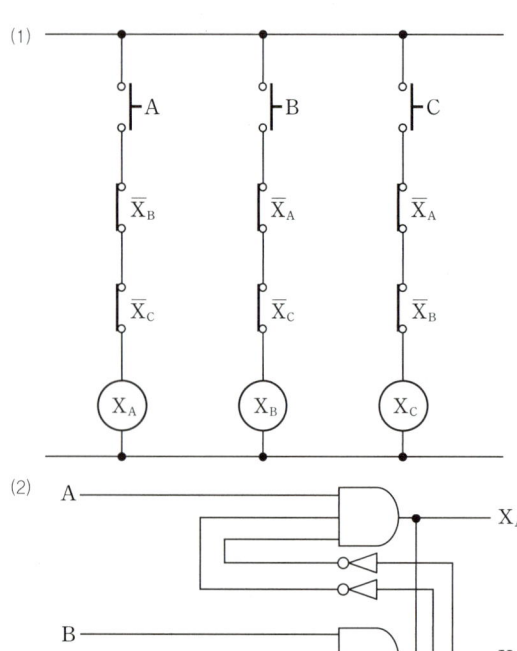

A, B, C는 입력이므로 유접점회로로 표현할 경우 푸시버튼스위치 또는 릴레이 접점으로 표시한다.

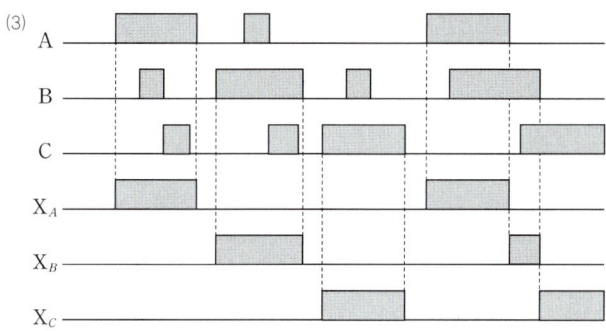

(3)

A가 ON인 경우 B와 C를 ON을 하여도 X_B와 X_C에 출력은 0이되고 X_A의 출력은 1로 유지된다.
입력 B와 C에 대해서도 동일한 특성을 보이며 이러한 회로를 인터록 회로라고 한다.

◆ 연계이론 ◆ PHASE 41 논리회로

08 P형 발신기를 손으로 눌러서 경보를 발생시킨 뒤 수신기에서 복구스위치를 눌렀는데도 화재신호가 복구되지 않았다. 그 원인과 해결방법을 쓰시오. (3점)

(1) 원인:

(2) 해결방법:

◆ 정 답 ◆
(1) 원인: 발신기의 경보 스위치를 복구하지 않았다.
(2) 해결방법: 발신기의 경보 스위치를 복구한다.

◆ 연계이론 ◆ PHASE 50 수신기의 시험

09 3상 380[V], 100[HP]인 스프링클러 펌프용 유도전동기가 있다. 전동기의 역률이 60[%]일 때 역률을 90[%]로 개선할 수 있는 전력용 콘덴서의 용량은 몇 [kVA]인지 구하시오. (4점)

• 계산과정:

• 답:

◆ 정 답 ◆
• 계산과정: $Q_c = 100 \times 0.746 \times \left(\dfrac{\sqrt{1-0.6^2}}{0.6} - \dfrac{\sqrt{1-0.9^2}}{0.9} \right) = 63.34[\text{kVA}]$
• 답: 63.34[kVA]

◆ 해 설 ◆ 전력용 콘덴서 용량 산정식

$$Q_c = P(\tan\theta_1 - \tan\theta_2) = P\left(\dfrac{\sin\theta_1}{\cos\theta_1} - \dfrac{\sin\theta_2}{\cos\theta_2}\right) = P\left(\dfrac{\sqrt{1-\cos^2\theta_1}}{\cos\theta_1} - \dfrac{\sqrt{1-\cos^2\theta_2}}{\cos\theta_2}\right)[\text{kVA}]$$
(단, P: 전동기 출력 [kW], $\cos\theta_1$: 개선 전 역률, $\cos\theta_2$: 개선 후 역률)

역률 개선 전 $\cos\theta_1 = 0.6$, 개선 후 $\cos\theta_2 = 0.9$이므로 전력용 콘덴서 용량은
$Q_c = 100 \times 0.746 \times \left(\dfrac{\sqrt{1-0.6^2}}{0.6} - \dfrac{\sqrt{1-0.9^2}}{0.9} \right) = 63.34[\text{kVA}]$이다.

※ 1마력(1[HP])은 0.746[kW]와 동일하므로 전동기 용량은 $100 \times 0.746 = 74.6[\text{kW}]$이다.

◆ 연계이론 ◆ PHASE 32 역률 개선용 콘덴서 용량

10 지상 31[m]가 되는 곳에 수조가 있다. 이 수조에 분당 12[m³]의 물을 양수하는 펌프용 전동기를 설치하여 3상 전력을 공급하려고 한다. 펌프 효율이 65[%]이고, 펌프 측 동력에 10[%]의 여유를 둔다고 할 때 다음 각 물음에 답하시오. (단, 펌프용 3상 농형 유도 전동기의 역률은 1로 가정한다.) (6점)

(1) 펌프용 전동기의 용량은 약 몇 [kW]인지 구하시오.
　• 계산과정:
　• 답:

(2) 3상 전력을 공급하고자 단상 변압기 2대를 V결선하여 이용하고자 한다. 단상 변압기 1대의 용량은 몇 [kVA]인지 구하시오.
　• 계산과정:
　• 답:

정답
(1) • 계산과정: $P=\dfrac{9.8\times12\times31\times1.1}{0.65\times60}=102.82[\text{kW}]$
　• 답: 102.82[kW]
(2) • 계산과정: $P_1=\dfrac{102.82}{\sqrt{3}\times1}=59.36[\text{kVA}]$
　• 답: 59.36[kVA]

해설
(1) 전동기 용량

$$P=\dfrac{9.8QHK}{\eta t}[\text{kW}]\text{이다.}$$
(Q: 양수량[m³], H: 전양정[m], K: 여유계수, η: 효율[%], t: 시간[s])

분당 양수량으로 주어졌으므로 $Q=12[\text{m}^3]$, $t=60[\text{s}]$를 적용한다.
따라서 전동기 용량 $P=\dfrac{9.8\times12\times31\times1.1}{0.65\times60}=102.82[\text{kW}]$

(2) V결선 시 공급가능한 용량은 변압기 1대의 용량의 $\sqrt{3}$배이므로
$P_v=\sqrt{3}P_1$에서 $P_1=\dfrac{P_v}{\sqrt{3}}=\dfrac{P}{\sqrt{3}}=\dfrac{102.82}{\sqrt{3}}=59.36[\text{kW}]$이고 역률이 1이므로 59.36[kVA]가 된다.

연계이론 PHASE 33 전동기 용량

---

11 화재안전기술기준에 따른 경계구역, 감지기, 시각경보장치의 용어의 정의에 대하여 쓰시오. (6점)

(1) 경계구역:

(2) 감지기:

(3) 시각경보장치:

정답
(1) 경계구역: 특정소방대상물 중 화재신호를 발신하고 그 신호를 수신 및 유효하게 제어할 수 있는 구역을 말한다.
(2) 감지기: 화재 시 발생하는 열, 연기, 불꽃 또는 연소생성물을 자동적으로 감지하여 수신기에 화재신호 등을 발신하는 장치를 말한다.
(3) 시각경보장치: 자동화재탐지설비에서 발하는 화재신호를 시각경보기에 전달하여 청각장애인에게 점멸 형태의 시각경보를 하는 것을 말한다.

연계이론 PHASE 15 시각경보장치

12 유도등에 대한 다음 각 물음에 답하시오. (4점)

(1) 거실통로유도등의 설치 높이를 바닥으로부터 1.5[m] 이하의 위치에 설치할 수 있는 경우에 대하여 쓰시오.

(2) 피난구유도등과 복도통로유도등의 표시면의 색은 무엇인지 쓰시오.
- 피난구유도등:
- 복도통로유도등:

정답

(1) 거실통로에 기둥이 설치된 경우 기둥 부분
(2) • 피난구유도등: 녹색 바탕, 백색 문자
    • 복도통로유도등: 백색 바탕, 녹색 문자

해설

(1) 통로유도등의 설치 장소

복도통로유도등	• 복도에 설치할 것 • 구부러진 모퉁이 및 보행거리 20[m]마다 설치할 것 • 바닥으로부터 높이 1[m] 이하의 위치에 설치할 것
거실통로유도등	• 거실의 통로에 설치할 것 • 구부러진 모퉁이 및 보행거리 20[m]마다 설치할 것 • 바닥으로부터 높이 1.5[m] 이상의 위치에 설치할 것 ※ 거실통로에 기둥이 설치된 경우에는 기둥 부분의 바닥으로부터 높이 1.5[m] 이하의 위치에 설치할 것
계단통로유도등	• 각 층의 경사로참 또는 계단참마다 설치할 것 • 바닥으로부터 높이 1[m] 이하의 위치에 설치할 것

(2) 통로유도등과 피난구유도등의 색상

구분	통로유도등	피난구유도등
색상	백색 바탕, 녹색 문자	녹색 바탕, 백색 문자
예시		

연계이론 PHASE 20 통로유도등

13 다음은 자동화재탐지설비의 계통도이다. 주어진 조건을 참조하여 다음 각 물음에 답하시오. (10점)

> **조건**
> (가) 설비의 설계는 경제성을 고려하여 산정한다.
> (나) 건물의 연면적은 5,000[m²]이다.
> (다) 감지기 공통선은 별도로 한다.
> (라) 하나의 층에 지구음향 장치 배선이 단락되어도 다른 층의 화재통보에 지장이 없도록 각 층 배선상 유효한 조치를 하였다.

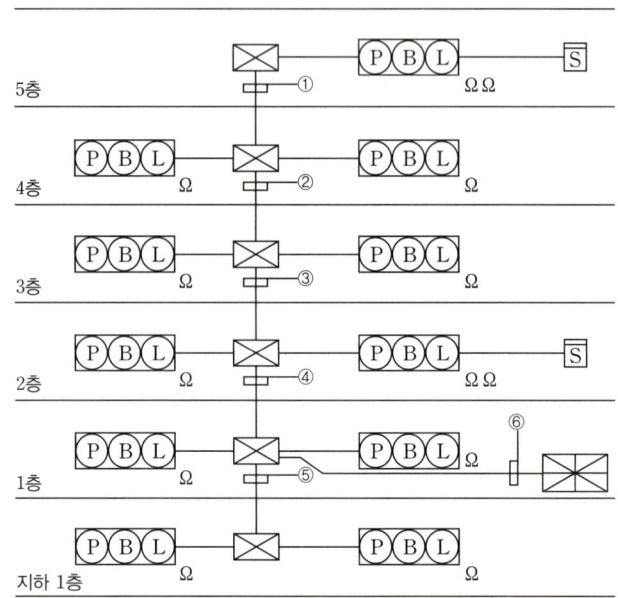

(1) 도면에서 ①~⑥의 전선 가닥수를 각각 구하시오.
　①:　　②:　　③:　　④:　　⑤:　　⑥:
(2) 발신기세트에 기동용 수압개폐장치를 사용하는 옥내소화전설비가 설치될 경우 추가되는 전선의 가닥수와 배선의 명칭을 쓰시오.
　• 가닥수:
　• 명칭:
(3) 발신기세트에 ON-OFF 방식의 옥내소화전이 설치될 경우 소요되는 가닥수는 총 몇 가닥인가?(단, 스위치 공통선과 표시등 공통선을 별도로 사용한다.)

정 답
(1) ① 7가닥
　② 9가닥
　③ 11가닥
　④ 15가닥
　⑤ 7가닥
　⑥ 19가닥
(2) • 가닥수: 2가닥
　　• 기동확인표시등
(3) 11가닥

해설

(1) 층수가 11층(공동주택의 경우에는 16층) 이상인 특정소방대상물의 경보방식은 우선경보방식을 적용하며 그 이외의 경우 일제경보방식을 적용한다. 문제의 건물은 5층이므로 일제경보방식을 적용해야 하고 이 방식은 층수에 따라 경종의 가닥수가 변하지 않고 1가닥으로 고정된다.

번호	가닥수	배선 용도
①	7	지구 2, 지구공통 1, 응답 1, 경종 1, 표시등 1, 표시등공통 1
②	9	지구 4, 지구공통 1, 응답 1, 경종 1, 표시등 1, 표시등공통 1
③	11	지구 6, 지구공통 1, 응답 1, 경종 1, 표시등 1, 표시등공통 1
④	15	지구 9, 지구공통 2, 응답 1, 경종 1, 표시등 1, 표시등공통 1
⑤	7	지구 2, 지구공통 1, 응답 1, 경종 1, 표시등 1, 표시등공통 1
⑥	19	지구 13, 지구공통 2, 응답 1, 경종 1, 표시등 1, 표시등공통 1

①: 종단저항수가 2개이므로 경계구역수는 2개이다. 따라서 지구선은 2가닥이다.
②: 종단저항수가 4개이므로 경계구역수는 4개이다. 따라서 지구선은 4가닥이다.
③: 종단저항수가 6개이므로 경계구역수는 6개이다. 따라서 지구선은 6가닥이다.
④: 종단저항수가 9개이므로 경계구역수는 9개이다. 따라서 지구선은 9가닥이다.
   지구선이 매 7가닥을 초과할 때마다 지구공통선 1가닥씩 추가하므로 지구공통선은 2가닥이다.
⑤: 종단저항수가 2개이므로 경계구역수는 2개이다. 따라서 지구선은 2가닥이다.
⑥: 종단저항수가 13개이므로 경계구역수는 13개이다. 따라서 지구선은 13가닥이다.
   지구선이 매 7가닥을 초과할 때마다 지구공통선 1가닥씩 추가하므로 지구공통선은 2가닥이다.

(2) 오른쪽 그림과 같이 옥내소화전설비가 발신기와 함께 있는 경우라면 기동확인표시등선 2가닥을 추가해야 한다.

(3) ON-OFF 방식은 수동방식으로 총 5가닥(공통 1, 기동 1, 정지 1, 기동확인표시등 2)이 별도로 필요하다. 따라서 발신기세트에 필요한 기본 6가닥을 합산하면 11가닥이 된다.

PHASE 42 자동화재탐지설비 도면

14

다음의 조건에서 설명하는 감지기의 명칭을 쓰시오. (단, 감지기의 종별은 무시한다.) (2점)

조건
(가) 공칭작동온도: 75[℃]
(나) 작동방식: 반전바이메탈식, 60[V], 0.1[A]
(다) 부착높이: 8[m] 미만

정답

정온식 스포트형 감지기

해설

정온식 스포트형 감지기
일국소의 주위온도가 일정한 온도 이상이 되는 경우에 작동하는 것으로서 외관이 전선으로 되어 있지 아니한 감지기로 주로 주방, 보일러실 등에 사용된다. 정온식 스포트형 감지기(방수형)의 특징은 다음과 같다.
- 공칭작동온도: 75[℃]
- 작동방식: 반전바이메탈식, 60[V], 0.1[A]
- 부착높이: 8[m] 미만

PHASE 10 열감지기

15 도면은 할론(Halon)소화설비의 수동조작함에서 할론제어반까지의 결선도 및 계통도(3 zone)이다. 주어진 도면과 조건을 이용하여 다음 각 물음에 답하시오. (8점)

조건
(가) 전선의 가닥수는 최소 가닥수로 한다.
(나) 복구스위치 및 도어스위치는 없는 것으로 한다.

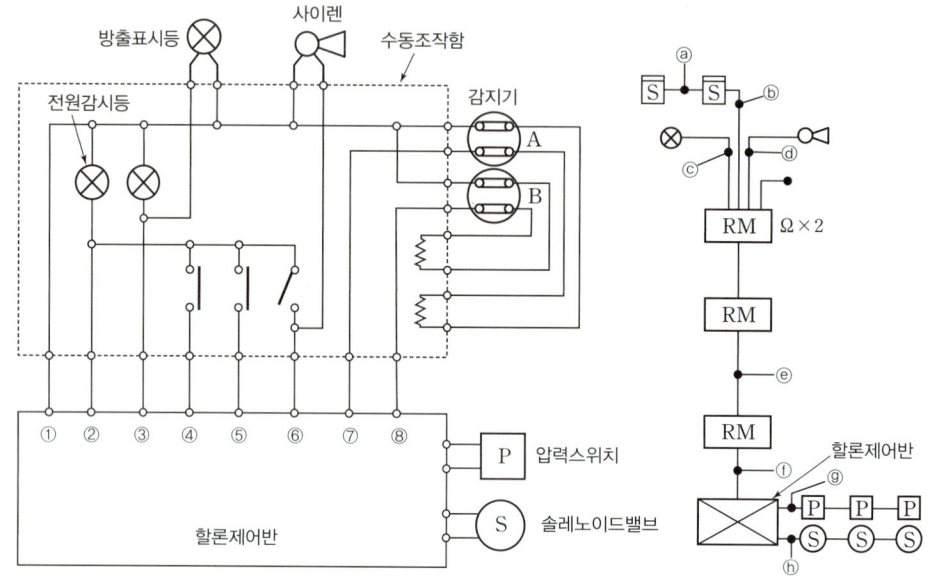

(1) ①~⑧의 전선명칭을 쓰시오.
  ①: ②: ③: ④: ⑤: ⑥: ⑦: ⑧:
(2) ⓐ~ⓗ의 전선 가닥수를 구하시오.
  ⓐ:   ⓑ:   ⓒ:   ⓓ:   ⓔ:   ⓕ:   ⓖ:   ⓗ:

정답
(1)

기호	①	②	③	④	⑤	⑥	⑦	⑧
명칭	전원 ⊖	전원 ⊕	방출표시등	방출지연스위치	기동스위치	사이렌	감지기 A	감지기 B

(2)

기호	ⓐ	ⓑ	ⓒ	ⓓ	ⓔ	ⓕ	ⓖ	ⓗ
가닥수	4	8	2	2	13	18	4	4

해 설

(1)

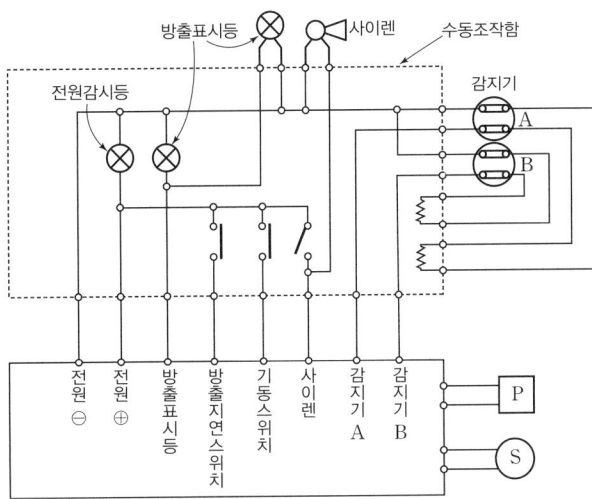

방출지연스위치와 기동스위치는 같은 a접점으로 구성되어 있으며 전원감시등에 연결된다. 문제에서 방출지연스위치와 기동스위치의 관한 내용이 언급이 없는 경우 ④, ⑤의 위치는 바뀌어도 된다.

②: 전원감시등에 연결되는 선은 전원 ⊕선이다.
③: 방출표시등에 연결된다.
⑥: 사이렌에 연결된다.
⑦, ⑧: 교차회로 방식의 감지기 배선이므로 감지기 A, 감지기 B에 연결된다.

(2) [감지기 배선]

할론소화설비의 감지기는 교차회로 방식으로 배선한다. 교차회로 방식의 루프 및 말단(ⓐ)은 4가닥, 기타(ⓑ) 8가닥으로 배선한다.

기호	가닥수	배선 내역
ⓐ	4	지구 2, 지구공통 2
ⓑ	8	지구 4, 지구공통 4

[할론제어반 ↔ 수동조작함]

수신반에서 수동조작함까지의 배선은 기본 9가닥(전원 ⊕·⊖, 방출지연스위치 1, 감지기공통 1, 감지기 A 1, 감지기 B 1, 기동스위치 1, 사이렌 1, 방출표시등 1)이다. 감지기공통선과 전원선을 분리하지 않는 경우라면 감지기공통 1선을 제외한 8가닥을 작성한다.

수동조작함이 2개가 있는 경우 (감지기 A 1, 감지기 B 1, 기동스위치 1, 사이렌 1, 방출표시등 1)의 5가닥이 추가된다.

기호	가닥수	배선 내역
ⓔ (2zone)	13	전원 ⊕·⊖, 방출지연스위치 1, (감지기 A 1, 감지기 B 1, 기동스위치 1, 사이렌 1, 방출표시등 1)×2
ⓕ (3zone)	18	전원 ⊕·⊖, 방출지연스위치 1, (감지기 A 1, 감지기 B 1, 기동스위치 1, 사이렌 1, 방출표시등 1)×3

[기타]

기호	가닥수	배선 내역
ⓒ	2	방출표시등 2
ⓓ	2	사이렌 2
ⓖ	4	압력스위치 3, 공통 1
ⓗ	4	솔레노이드밸브 3, 공통 1

16 다음은 Y-△기동에 대한 시퀀스 회로도이다. 그림을 보고 다음 각 물음에 답하시오. (5점)

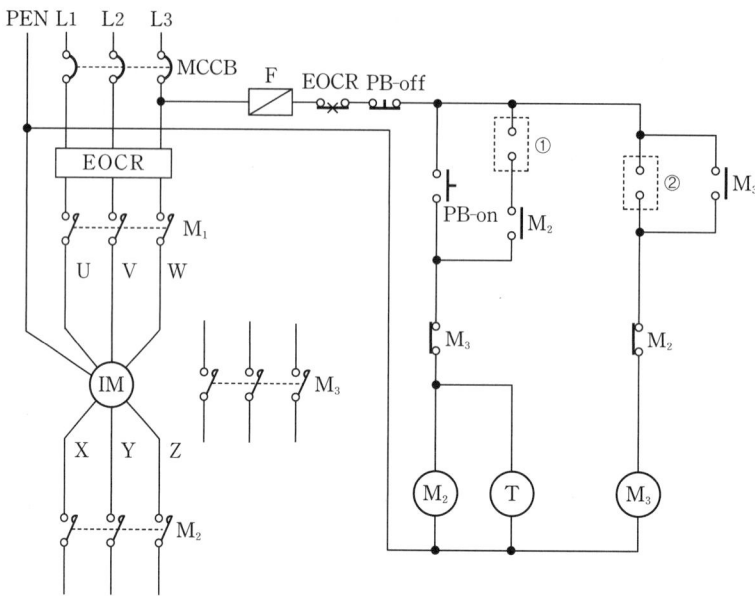

(1) 타이머를 이용한 미완성 Y-△기동회로를 완성하시오.
(2) 제어회로의 미완성 부분 ①, ②에 Y-△운전이 가능하도록 접점 및 접점기호를 표시하시오.
(3) ①, ②의 접점 명칭을 쓰시오.
   ①:
   ②:

정답

(1), (2)

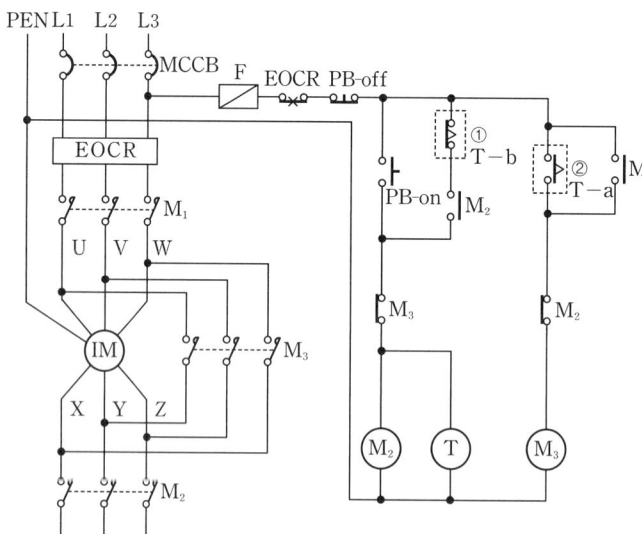

[동작사항]
PB-on 동작 시 릴레이 M_2가 동작하며 Y기동을 시작한다. 동시에 타이머 T가 동작하여 설정시간 뒤 M_2는 소자되고 M_3가 동작하게 되며 △기동으로 운전한다.

(3) ① 한시동작 순시복귀 타이머 b접점
   ② 한시동작 순시복귀 타이머 a접점

연계이론 PHASE 40 시퀀스 회로

17 도면은 타이머에 의한 전동기 M_1, M_2를 교대운전이 가능하도록 설계된 전동기의 시퀀스 회로이다. 이 도면을 이용해 다음 각 물음에 답하시오. (6점)

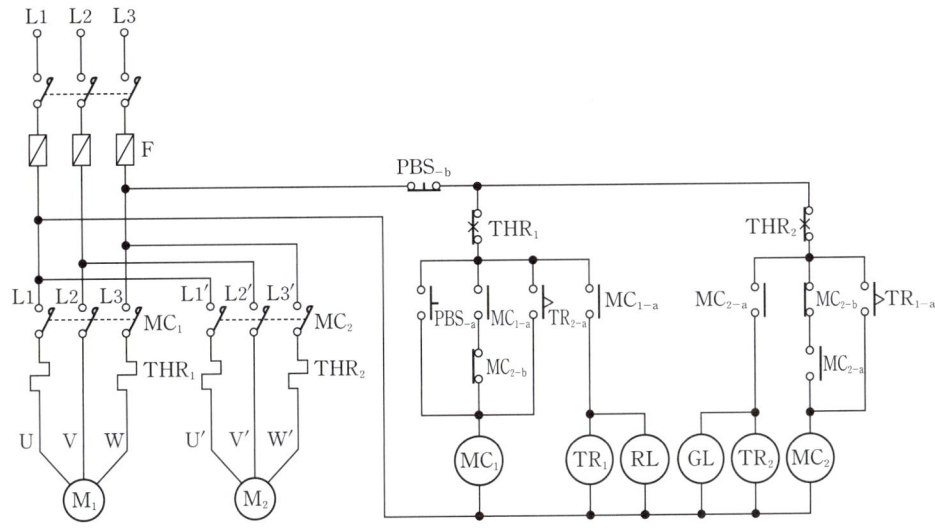

(1) 제어회로 중에 잘못된 부분을 지적하고 어떻게 고쳐야 하는지 쓰시오.
(2) 타이머 TR_1이 2시간, 타이머 TR_2가 4시간으로 각각 세팅이 되어 있다면 하루에 전동기 M_1과 M_2는 몇 시간씩 운전되는지 쓰시오.
 • M_1 :
 • M_2 :
(3) RL 표시등, GL 표시등의 용도에 대해 쓰시오.
 • RL 표시등 :
 • GL 표시등 :

정 답

(1)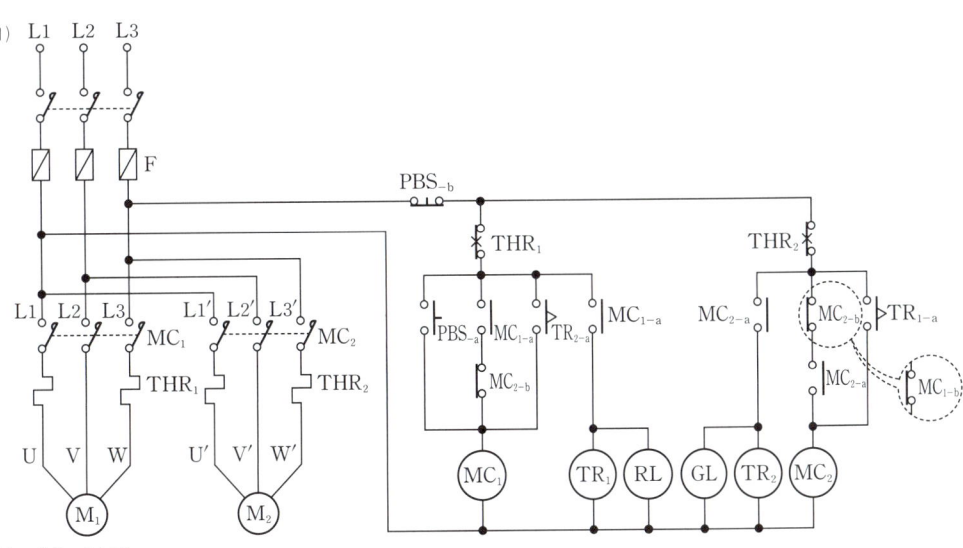

(2) • M_1 : 8시간
 • M_2 : 16시간
(3) • RL 표시등: M_1 전동기 운전표시등
 • GL 표시등: M_2 전동기 운전표시등

해설

(1) 전동기 M_1과 M_2가 교대로 움직이기 위해서 릴레이 MC_1이 여자될 때 MC_2가 소자되고 MC_1이 소자될 때 MC_2가 여자되어야 한다. 즉 MC_2-b 접점 자리에 MC_1-b 접점으로 교체하여 인터록 회로를 구성해야 한다.

(2) [동작사항]
- PBS를 누르면 릴레이 MC_1과 타이머 TR_1이 여자된다. 동시에 전동기 M_1이 작동하고 RL표시등이 점등된다.
- 타이머 TR_1의 설정시간 2시간이 지난 뒤 릴레이 MC_2와 타이머 TR_2가 여자된다. 동시에 전동기 M_1은 작동을 멈추고 RL 표시등은 소등되며 전동기 M_2가 작동하고 GL 표시등이 점등된다.
- 타이머 TR_2의 설정시간 4시간이 지난 뒤 릴레이 MC_1과 타이머 TR_1이 여자된다. (반복)

[기동시간]
- M_1 기동시간: $\dfrac{24}{(2+4)} \times 2 = 8$시간
- M_2 기동시간: $\dfrac{24}{(2+4)} \times 4 = 16$시간

연계이론 PHASE 40 시퀀스 회로

---

18 이산화탄소소화설비의 음향경보장치에 관한 내용이다. 다음 각 물음에 답하시오. (4점)

(1) 방호구역 또는 방호대상물이 있는 구획의 각 부분으로부터 하나의 확성기까지의 수평거리는 몇 [m] 이하로 하여야 하는가?

(2) 소화약제의 방출개시 후 몇 분 이상 경보를 발하여야 하는가?

정답

(1) 25[m]
(2) 1분

해설

- 이산화탄소소화설비의 음향경보장치는 다음의 기준에 따라 설치해야 한다.
  - 수동식 기동장치를 설치한 것은 그 기동장치의 조작과정에서, 자동식 기동장치를 설치한 것은 화재감지기와 연동하여 자동으로 경보를 발하는 것으로 할 것
  - 소화약제의 방출개시 후 1분 이상 경보를 계속할 수 있는 것으로 할 것
  - 방호구역 또는 방호대상물이 있는 구획 안에 있는 자에게 유효하게 경보할 수 있는 것으로 할 것
- 방송에 따른 경보장치를 설치할 경우에는 다음의 기준에 따라야 한다.
  - 증폭기 재생장치는 화재 시 연소의 우려가 없고, 유지관리가 쉬운 장소에 설치할 것
  - 방호구역 또는 방호대상물이 있는 구획의 각 부분으로부터 하나의 확성기까지의 수평거리는 25[m] 이하가 되도록 할 것
  - 제어반의 복구스위치를 조작하여도 경보를 계속 발할 수 있는 것으로 할 것

연계이론 PHASE 04 이산화탄소소화설비

2021년 2회 기출문제

01 브리지 정류회로(전파 정류회로)의 미완성회로도를 나타낸 것이다. 이 회로도의 미완성 부분을 작성하고, 정류회로에 $v(t)=100\sin(120\pi t)[\text{V}]$의 교류 전압이 입력되었을 때 출력 측 전압(V_{DC})의 파형을 작성하시오. (단, 변압기(TR)의 권수비는 1 : 1이고, 직류 측에 평활회로(필터)가 없는 정류회로이다.)

(6점)

(1) 브리지 회로를 완성하시오.

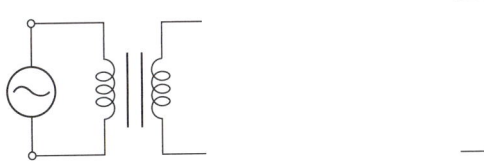

(2) 입력전압 $v(t)$에 대한 출력전압 V_{DC}의 파형을 작성하시오.

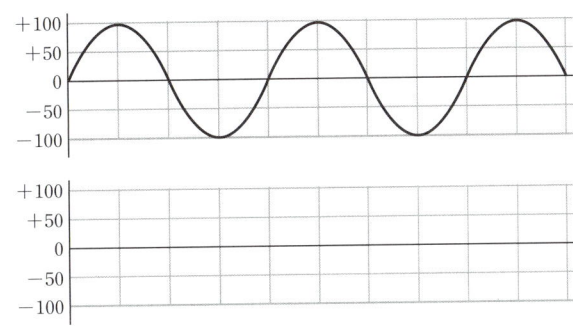

정답 (1) 브리지 회로

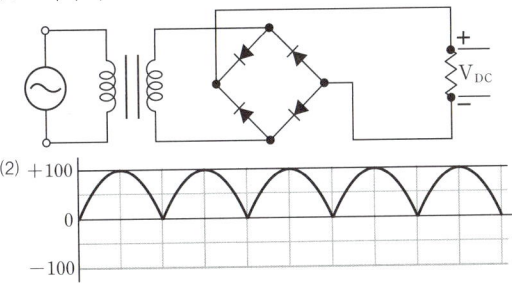

해설 (2) 전파 정류회로의 경우 출력전압은 입력전압의 (−) 부호 부분을 절대값을 취한 값이 된다.

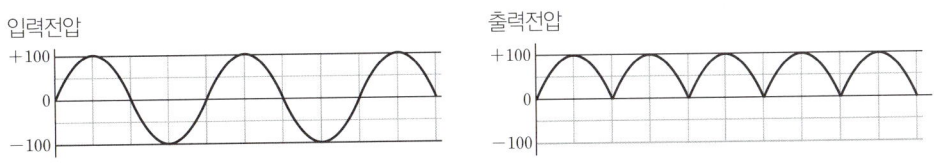

02 무선통신보조설비에 사용되는 무반사 종단저항의 설치 위치 및 설치 목적을 쓰시오. (5점)

(1) 설치 위치
(2) 설치 목적

정 답 (1) 설치 위치: 누설동축케이블의 끝부분(말단)
(2) 설치 목적: 전자파가 전송로의 종단에서 반사되어 통신 유도장해를 일으키는 것을 막기 위함

연 계 이 론 PHASE 26 무선통신보조설비

---

03 주어진 진리표를 보고 다음 각 물음에 답하시오. (10점)

A	B	C	Y_1	Y_2
0	0	0	1	0
0	0	1	0	1
0	1	0	1	1
0	1	1	0	1
1	0	0	1	0
1	0	1	0	1
1	1	0	0	1
1	1	1	0	1

(1) 가장 간략화된 논리식을 적으시오.
- $Y_1 =$
- $Y_2 =$

(2) 무접점 회로를 그리시오.

A

B Y_1

                     Y_2

C

(3) 유접점 회로를 그리시오.

정답

(1) · $Y_1=(\overline{A}+\overline{B})\cdot\overline{C}$
　　· $Y_2=B+C$

(2) 무접점 회로

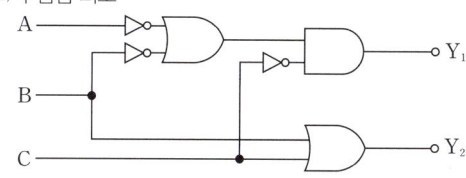

$$Y_1=(\overline{A}+\overline{B})\cdot\overline{C}$$
$$Y_2=B+C$$

(3) 유접점 회로

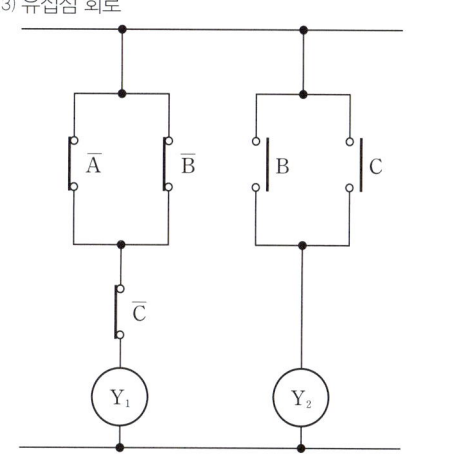

해설

(1) · $Y_1=\overline{A}\cdot\overline{B}\cdot\overline{C}+\overline{A}\cdot B\cdot\overline{C}+A\cdot\overline{B}\cdot\overline{C}$
$\quad=\overline{A}\cdot\overline{C}(\overline{B}+B)+A\cdot\overline{B}\cdot\overline{C}$
$\quad=\overline{A}\cdot\overline{C}+A\cdot\overline{B}\cdot\overline{C}=\overline{C}(\overline{A}+A\cdot\overline{B})$
$\quad=\overline{C}(\overline{A}+\overline{B})(\because \text{흡수법칙 } \overline{A}+A\cdot\overline{B}=\overline{A}+\overline{B})$

· $Y_2=\overline{A}\cdot\overline{B}\cdot C+\overline{A}\cdot B\cdot\overline{C}+\overline{A}\cdot B\cdot C+A\cdot\overline{B}\cdot C+A\cdot B\cdot\overline{C}+A\cdot B\cdot C$
$\quad=\overline{A}\cdot C\cdot(\overline{B}+B)+B\cdot\overline{C}\cdot(\overline{A}+A)+A\cdot C\cdot(\overline{B}+B)$
$\quad=\overline{A}\cdot C+B\cdot\overline{C}+A\cdot C=C\cdot(\overline{A}+A)+B\cdot\overline{C}=C+B\cdot\overline{C}$
$\quad=B+C(\because \text{흡수법칙 } C+\overline{C}\cdot B=C+B=B+C)$

(2), (3) 논리식과 논리회로

구분	논리식	논리회로	진리표		
			A	B	X
AND 회로	$X=A\cdot B$		0	0	0
			0	1	0
			1	0	0
			1	1	1
			A	B	X
OR 회로	$X=A+B$		0	0	0
			0	1	1
			1	0	1
			1	1	1

연계이론　PHASE 41 논리회로

04 화재안전기술기준상 비상방송설비의 설치기준에 대한 다음 각 물음에 답하시오. (5점)

(1) 기동장치에 따른 화재신고를 수신한 후 필요한 음량으로 화재발생 상황 및 피난에 유효한 방송이 자동으로 개시될 때까지의 소요시간은 몇 초 이내로 하여야 하는가?
(2) 지상 11층, 연면적 3,000[m²]를 초과하는 특정소방대상물에 5층에서 화재가 발생할 경우 경보를 발하여야 하는 층수를 적으시오.
(3) 실내에 설치하는 확성기는 몇 [W] 이상으로 하여야 하는가?
(4) 조작부의 조작스위치는 바닥으로부터 얼마의 높이에 설치하여야 하는가?
(5) 음향장치는 정격전압의 몇 [%] 전압에서 음향을 발할 수 있어야 하는가?

정답
(1) 10초
(2) 5~9층
(3) 1[W]
(4) 0.8[m] 이상 1.5[m] 이하
(5) 80[%]

해설

비상방송설비의 설치기준
- 확성기의 음성입력은 3[W](실내에 설치하는 것에 있어서는 1[W]) 이상일 것
- 확성기는 각 층마다 설치하되, 그 층의 각 부분으로부터 하나의 확성기까지의 수평거리가 25[m] 이하가 되도록 하고, 해당 층의 각 부분에 유효하게 경보를 발할 수 있도록 설치할 것
- 음량조정기를 설치하는 경우 음량조정기의 배선은 3선식으로 할 것
- 조작부의 조작스위치는 바닥으로부터 0.8[m] 이상 1.5[m] 이하의 높이에 설치할 것
- 조작부는 기동장치의 작동과 연동하여 해당 기동장치가 작동한 층 또는 구역을 표시할 수 있는 것으로 할 것
- 증폭기 및 조작부는 수위실 등 상시 사람이 근무하는 장소로서 점검이 편리하고 방화상 유효한 곳에 설치할 것
- 층수가 11층(공동주택의 경우에는 16층) 이상의 특정소방대상물은 다음에 따라 경보를 발할 수 있도록 해야 한다.

발화층	경보층
2층 이상 발화	발화층, 직상 4개층
1층 발화	발화층, 직상 4개층, 지하층
지하층 발화	발화층, 직상층, 기타의 지하층

- 다른 방송설비와 공용하는 것에 있어서는 화재 시 비상경보 외의 방송을 차단할 수 있는 구조로 할 것
- 다른 전기회로에 따라 유도장애가 생기지 않도록 할 것
- 하나의 특정소방대상물에 2 이상의 조작부가 설치되어 있는 때에는 각각의 조작부가 있는 장소 상호 간에 동시통화가 가능한 설비를 설치하고, 어느 조작부에서도 해당 특정소방대상물의 전 구역에 방송을 할 수 있도록 할 것
- 기동장치에 따른 화재신호를 수신한 후 필요한 음량으로 화재발생 상황 및 피난에 유효한 방송이 자동으로 개시될 때까지의 소요시간은 10초 이내로 할 것
- 음향장치는 다음 기준에 따른 구조 및 성능의 것으로 해야 한다.
  - 정격전압의 80[%] 전압에서 음향을 발할 수 있는 것으로 할 것
  - 자동화재탐지설비의 작동과 연동하여 작동할 수 있는 것으로 할 것

연계이론 PHASE 14 비상방송설비

05

P형 1급 수신기와 감지기와의 배선회로에서 P형 1급 수신기 종단저항은 11[kΩ], 감시전류는 2[mA], 릴레이저항은 950[Ω], DC 24[V]일 때 다음 각 물음에 답하시오. (6점)

(1) 배선(선로)저항[Ω]을 구하시오.
   - 계산과정:
   - 답:

(2) 감지기가 동작할 때(화재 시) 전류는 몇 [mA]인지 구하시오.
   - 계산과정:
   - 답:

정답

(1) • 계산과정: 배선(선로)저항을 $x[\Omega]$이라 하면 $\dfrac{24}{11\times 10^3+950+x}=2\times 10^{-3}[A]$

$\therefore x=50[\Omega]$

• 답: 50[Ω]

(2) • 계산과정: $I=\dfrac{24}{950+50}=0.024[A]=24[mA]$

• 답: 24[mA]

해설

(1) 감시상태의 경우

감시전류
$I=\dfrac{V}{R}=\dfrac{전압}{릴레이저항+배선(선로)저항+종단저항}[A]$

$I=\dfrac{24}{11\times 10^3+950+배선저항}=2[mA]$

∴ 배선저항 = 50[Ω]

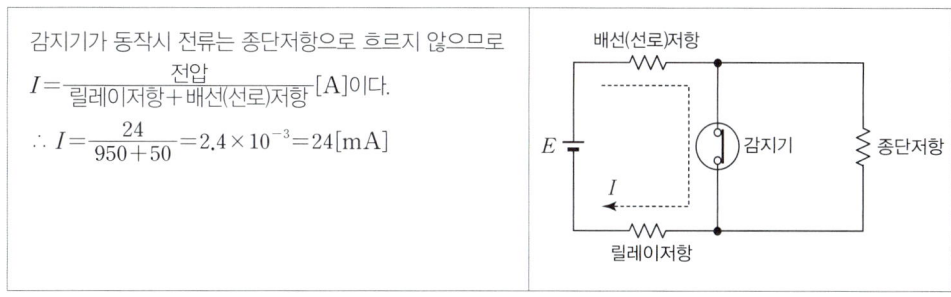

(2) 동작상태인 경우

감지기가 동작시 전류는 종단저항으로 흐르지 않으므로
$I=\dfrac{전압}{릴레이저항+배선(선로)저항}[A]$이다.

$\therefore I=\dfrac{24}{950+50}=2.4\times 10^{-3}=24[mA]$

연계이론 PHASE 34 감지기회로의 전류

06 단독경보형감지기의 설치기준이다. (　　) 안을 채우시오. (5점)

- 각 실마다 설치하되, 바닥면적 (　①　)[m²]를 초과하는 경우에는 (　①　)[m²]마다 1개 이상을 설치하여야 한다.
- 이웃하는 실내의 바닥면적이 각각 30[m²] 미만이고, 벽체의 상부의 전부 또는 일부가 개방되어 이웃하는 실내와 공기가 상호 유통되는 경우에는 이를 (　②　)개의 실로 본다.
- 계단실은 최상층의 (　③　)의 천장(외기가 상통하는 (　③　)의 경우 제외)에 설치할 것
- 건전지를 주전원으로 사용하는 단독경보형 감지기는 정상적인 (　④　)를 유지할 수 있도록 주기적으로 건전지를 교환할 것
- 사용전원을 주전원으로 사용하는 단독경보형 감지기의 (　⑤　)는 제품검사에 합격한 것을 사용할 것

정답 ① 150 ② 1 ③ 계단실 ④ 작동상태 ⑤ 2차전지

해설 **단독경보형감지기의 설치기준**
- 각 실(이웃하는 실내의 바닥면적이 각각 30[m²] 미만이고 벽체의 상부의 전부 또는 일부가 개방되어 이웃하는 실내와 공기가 상호 유통되는 경우에는 이를 1개의 실로 본다)마다 설치하되, 바닥면적이 150[m²]를 초과하는 경우에는 150[m²]마다 1개 이상 설치할 것
- 계단실은 최상층의 계단실의 천장(외기가 상통하는 계단실의 경우를 제외한다)에 설치할 것
- 건전지를 주전원으로 사용하는 단독경보형감지기는 정상적인 작동상태를 유지할 수 있도록 주기적으로 건전지를 교환할 것
- 상용전원을 주전원으로 사용하는 단독경보형감지기의 2차전지는 제품검사에 합격한 것을 사용할 것

연계이론 PHASE 13 단독경보형 감지기

07 청각장애인용 시각경보장치의 기준 3가지를 쓰시오. (6점)

-
-
-

정답
- 복도·통로·청각장애인용 객실 및 공용으로 사용하는 거실에 설치하며, 각 부분으로부터 유효하게 경보를 발할 수 있는 위치에 설치할 것
- 공연장·집회장·관람장 또는 이와 유사한 장소에 설치하는 경우에는 시선이 집중되는 무대부 부분 등에 설치할 것
- 설치 높이는 바닥으로부터 2[m] 이상 2.5[m] 이하의 장소에 설치할 것(다만, 천장의 높이가 2[m] 이하인 경우에는 천장으로부터 0.15[m] 이내의 장소에 설치할 것)

해설 **청각장애인용 시각경보장치의 설치기준**
- 복도·통로·청각장애인용 객실 및 공용으로 사용하는 거실(로비, 회의실, 강의실, 식당, 휴게실, 오락실, 대기실, 체력단련실, 접객실, 안내실, 전시실, 기타 이와 유사한 장소를 말함)에 설치하며, 각 부분으로부터 유효하게 경보를 발할 수 있는 위치에 설치할 것
- 공연장·집회장·관람장 또는 이와 유사한 장소에 설치하는 경우에는 시선이 집중되는 무대부 부분 등에 설치할 것
- 설치 높이는 바닥으로부터 2[m] 이상 2.5[m] 이하의 장소에 설치할 것. 다만, 천장의 높이가 2[m] 이하인 경우에는 천장으로부터 0.15[m] 이내의 장소에 설치하여야 한다.
- 시각경보장치의 광원은 전용의 축전지설비 또는 전기저장장치(외부 전기에너지를 저장해 두었다가 필요할 때 전기를 공급하는 장치)에 의하여 점등되도록 할 것. 다만, 시각경보기에 작동전원을 공급할 수 있도록 형식승인을 얻은 수신기를 설치한 경우에는 그렇지 않다.

연계이론 PHASE 15 시각경보장치

08

비상방송설비의 확성기(Speaker) 회로에 음량조정기를 설치하고자 한다. 결선도를 그리시오. (5점)

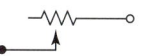
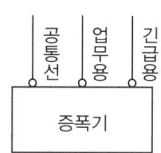

정답

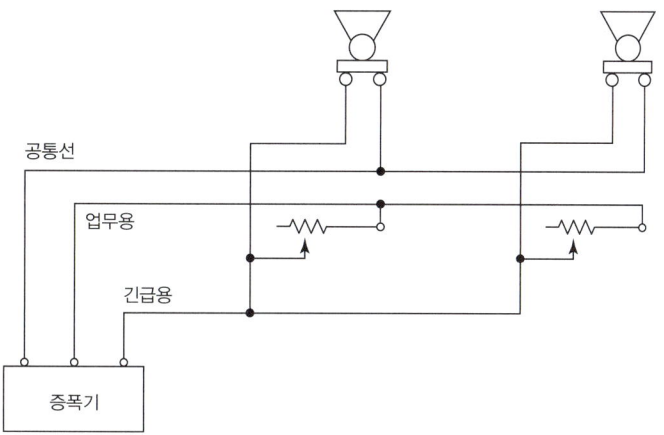

해설

- 업무용 배선은 음량 조정기를 거쳐서 확성기에 연결시켜야 한다.
- 긴급용 배선은 음량 조정기를 거치지 않고 확성기에 연결시켜야 한다.

연계이론 PHASE 14 비상방송설비

09

다음 도시기호를 보고 의미하는 바를 쓰시오. (4점)

(1)	(2)	(3)	(4)
─⊙─	⌓	▢	Ⓑ

정답

(1) 감지선
(2) 정온식 스포트형 감지기
(3) 중계기
(4) 비상벨

연계이론 PHASE 37 도면

10 다음은 어느 특정소방대상물의 평면도이다. 건축물의 구조는 내화구조이고, 층의 높이는 4.2[m]일 때 다음 각 물음에 답하시오. (단, 설치하여야 할 감지기는 차동식 스포트형 감지기 1종을 설치한다.) (8점)

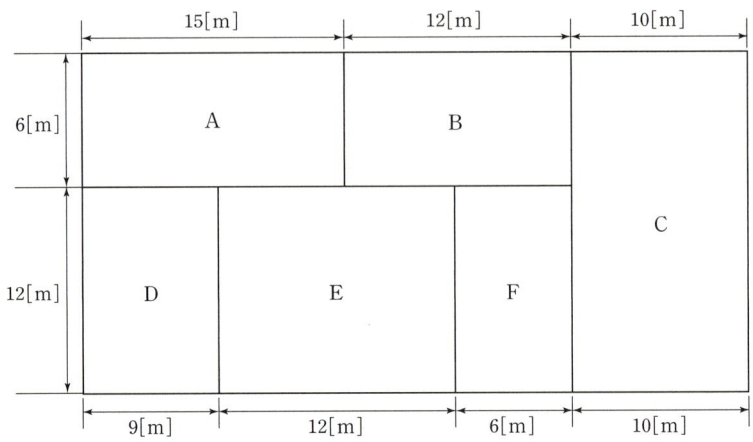

(1) 각 실별로 설치하여야 할 감지기의 개수는 몇 개인가?

구분	식	답
A		
B		
C		
D		
E		
F		

(2) 해당 특정소방대상물의 총 경계구역수는 몇 개인가?
- 계산과정:
- 답:

정답

(1)

구분	식	답
A	$\frac{15 \times 6}{45} = 2$	2개
B	$\frac{12 \times 6}{45} = 1.6$	2개
C	$\frac{10 \times 18}{45} = 4$	4개
D	$\frac{12 \times 9}{45} = 2.4$	3개
E	$\frac{12 \times 12}{45} = 3.2$	4개
F	$\frac{12 \times 6}{45} = 1.6$	2개

(2) • 계산과정: $\frac{(15+12+10) \times (6+12)}{600} = 1.11 \to 2$
- 답: 2개

해설

(1) 내화구조(철근콘크리트)의 건물로서 천장높이가 4.5[m]이고 차동식 스포트형 1종 감지기를 설치하므로 다음 표에서 바닥면적을 산정한다.

(단위: [m²])

부착높이 및 특정소방대상물의 구분		감지기의 종류						
		차동식 스포트형		보상식 스포트형		정온식 스포트형		
		1종	2종	1종	2종	특종	1종	2종
4[m] 미만	내화구조	90	70	90	70	70	60	20
	기타구조	50	40	50	40	40	30	15
4[m] 이상 8[m] 미만	내화구조	45	35	45	35	35	30	—
	기타구조	30	25	30	25	25	15	—

바닥면적 45[m²]가 산정되었으므로 감지기 개수는 $\frac{전용면적[m^2]}{45[m^2]}$으로 산출한다.

- A실: $\frac{15 \times 6}{45} = 2$
- B실: $\frac{12 \times 6}{45} = 1.6 \to 2$(소수점 절상)
- C실: $\frac{10 \times (12+6)}{45} = 4$
- D실: $\frac{9 \times 12}{45} = 2.4 \to 3$(소수점 절상)
- E실: $\frac{12 \times 12}{45} = 3.2 \to 4$(소수점 절상)
- F실: $\frac{6 \times 12}{45} = 1.6 \to 2$(소수점 절상)

(2) 1경계구역당 600[m²] 이하로 해야 하고 한 변의 길이는 50[m] 이하로 해야 한다.

전체 면적은 $(15+12+10) \times (6+12) = 666[m^2]$이므로 경계구역수는 $\frac{666}{600} = 1.11 \to 2$(소수점 절상)이다.

연계이론
PHASE 09 감지기

11
지상 31층 건물에 비상콘센트를 설치하려고 한다. 각 층에 하나의 비상콘센트설비를 설치한다면 최소 몇 회로가 필요한지 쓰시오. (4점)

- 계산과정:
- 답:

정답
- 계산과정: 비상콘센트는 층수가 11층 이상인 특정소방대상물의 경우에는 11층 이상의 층에 설치해야 하며 1개의 회로에는 10개의 비상콘센트를 설치할 수 있다.

  11층부터 31층까지 21개층이므로 비상콘센트 회로수는 $N = \frac{21}{10} = 2.1 \to 3$회로(소수점 절상)이다.

- 답: 3회로

해설
비상콘센트 설치대상
- 층수가 11층 이상인 특정소방대상물의 경우에는 11층 이상의 층
- 지하층의 층수가 3층 이상이고 지하층의 바닥면적 합계가 1,000[m²] 이상인 것은 지하층의 모든 층
- 지하가 중 터널로서 길이가 500[m] 이상인 것

연계이론
PHASE 25 비상콘센트설비

12 3개의 독립된 1층 건물에 P형 1급 발신기를 그림과 같이 설치하고, P형 1급 수신기는 경비실에 설치하였다. 경보방식은 동별 구분 경보방식을 적용하였으며, 옥내소화전의 가압송수장치는 기동용 수압개폐장치를 사용하는 방식을 사용한다. 다음 각 물음에 답하시오. (8점)

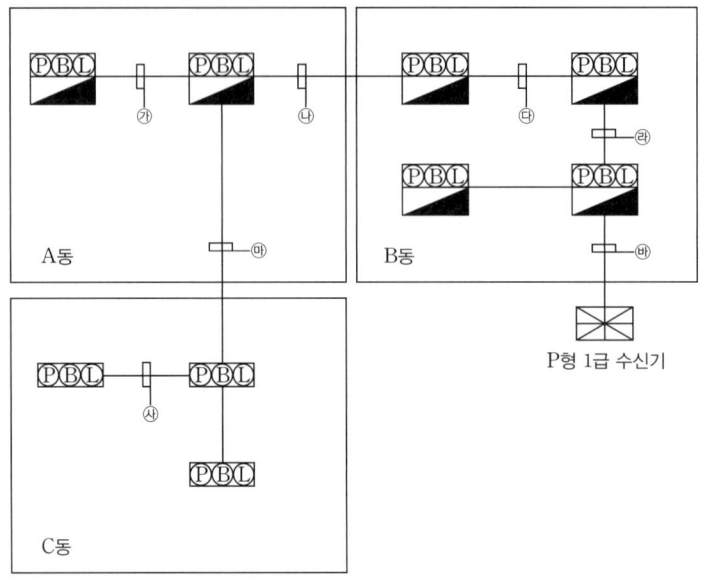

(1) ㉮~㉯까지의 필요한 전선 가닥수를 빈칸에 쓰시오.

기호	지구선	경종선	회로공통선	기호	지구선	경종선	회로공통선
㉮				㉰			
㉯				㉱			
㉲				㉳			
㉴							

(2) 자동화재탐지설비의 화재안전기술기준에서 정하는 수신기의 설치기준에 대하여 ( )에 알맞은 내용을 쓰시오.

> • 수신기가 설치된 장소에는 (①)를 비치할 것(다만, 모든 수신기와 연결되어 각 수신기의 상황을 감시하고 제어할 수 있는 수신기(주수신기)를 설치하는 경우에는 주수신기를 제외한 기타 수신기는 그렇지 않다.)
> • 수신기의 (②)는 그 음량 및 음색이 다른 기기의 소음 등과 명확히 구별될 수 있는 것으로 할 것
> • 수신기는 (③)·(④) 또는 (⑤)가 작동하는 경계구역을 표시할 수 있는 것으로 할 것

정답

(1)

기호	지구선	경종선	회로공통선	기호	지구선	경종선	회로공통선
㉮	1	1	1	㉰	3	1	1
㉯	5	2	1	㉱	9	3	2
㉲	6	3	1	㉳	1	1	1
㉴	7	3	1				

(2) ① 경계구역 일람도   ② 음향기구   ③ 감지기   ④ 중계기   ⑤ 발신기

[해 설]

(1) 동별 구분 경보방식은 동별로 경종이 구분되어 있으므로 수신기에서 동을 지날 때마다 경종선을 1가닥씩 추가해야 한다. 또한 옥내소화전설비가 발신기와 함께 있는 경우라면 기동확인표시등선 2가닥을 추가해야 한다.

기호	가닥수	배선 용도
㉮	8	지구 1, 회로공통 1, 응답 1, 표시등 1, 경종선 1, 경종표시등공통 1, 기동확인표시등 2
㉯	13	지구 5, 회로공통 1, 응답 1, 표시등 1, 경종선 2, 경종표시등공통 1, 기동확인표시등 2
㉰	15	지구 6, 회로공통 1, 응답 1, 표시등 1, 경종선 3, 경종표시등공통 1, 기동확인표시등 2
㉱	16	지구 7, 회로공통 1, 응답 1, 표시등 1, 경종선 3, 경종표시등공통 1, 기동확인표시등 2
㉲	8	지구 3, 회로공통 1, 응답 1, 표시등 1, 경종선 1, 경종표시등공통 1,
㉳	19	지구 9, 회로공통 2, 응답 1, 표시등 1, 경종선 3, 경종표시등공통 1, 기동확인표시등 2
㉴	6	지구 1, 회로공통 1, 응답 1, 표시등 1, 경종선 1, 경종표시등공통 1

- ㉮: 발신기가 1개이므로 경계구역은 1개이다. 따라서 지구선은 1개이다. ㉮선은 A동 외 다른 동을 통과하지 않으므로 경종선은 1개이다.
- ㉯: 발신기가 5개이므로 경계구역은 5개이다. 따라서 지구선은 5개이다. ㉯선은 A동과 C동을 통과하므로 경종선은 2개이다.
- ㉰: 발신기가 6개이므로 경계구역은 6개이다. 따라서 지구선은 6개이다. ㉰선은 A, B, C 동을 모두 통과하므로 경종선은 3개이다.
- ㉱: 발신기가 7개이므로 경계구역은 7개이다. 따라서 지구선은 6~7개이다. ㉱선은 A, B, C 동을 모두 통과하므로 경종은 3개이다.
- ㉲: 발신기가 3개이므로 경계구역은 3개이다. 따라서 지구선은 1개이다. ㉲선은 C동 외 다른 동을 통과하지 않으므로 경종선은 1개이다.
- ㉳: 발신기가 9개이므로 경계구역은 9개이다. 따라서 지구선은 9개이다. ㉳선은 A, B, C 동을 모두 통과하므로 경종은 3개이다. 지구선이 7가닥을 초과했으므로 지구공통선은 1가닥 추가하여 2가닥이 된다.
- ㉴: 발신기가 1개이므로 경계구역은 1개이다. 따라서 지구선은 1개이다. ㉴선은 C동 외 다른 동을 통과하지 않으므로 경종선은 1개이다.

※ A동과 B동의 발신기는 기동용 수압개폐장치를 사용하므로 기동확인표시등 2가닥이 추가로 필요하다.

(2) 수신기의 설치기준
- 수위실 등 상시 사람이 근무하는 장소에 설치할 것. 다만, 사람이 상시 근무하는 장소가 없는 경우에는 관계인이 쉽게 접근할 수 있고 관리가 용이한 장소에 설치할 수 있다.
- 수신기가 설치된 장소에는 경계구역 일람도를 비치할 것. 다만, 모든 수신기와 연결되어 각 수신기의 상황을 감시하고 제어할 수 있는 수신기(주수신기)를 설치하는 경우에는 주수신기를 제외한 기타 수신기는 그렇지 않다.
- 수신기의 음향기구는 그 음량 및 음색이 다른 기기의 소음 등과 명확히 구별될 수 있는 것으로 할 것
- 수신기는 감지기·중계기 또는 발신기가 작동하는 경계구역을 표시할 수 있는 것으로 할 것
- 화재·가스·전기 등에 대한 종합 방재반을 설치한 경우에는 해당 조작반에 수신기의 작동과 연동하여 감지기·중계기 또는 발신기가 작동하는 경계구역을 표시할 수 있는 것으로 할 것
- 하나의 경계구역은 하나의 표시등 또는 하나의 문자로 표시되도록 할 것
- 수신기의 조작스위치는 바닥으로부터의 높이가 0.8[m] 이상 1.5[m] 이하인 장소에 설치할 것
- 하나의 특정소방대상물에 2 이상의 수신기를 설치하는 경우에는 수신기를 상호 간 연동하여 화재발생 상황을 각 수신기마다 확인할 수 있도록 할 것
- 화재로 인하여 하나의 층의 지구음향장치 또는 배선이 단락되어도 다른 층의 화재통보에 지장이 없도록 각 층 배선 상에 유효한 조치를 할 것

[연 계 이 론] PHASE 42 자동화재탐지설비 도면

13 유도전동기의 운전을 현장 측과 제어실 측 어느 쪽에서도 기동 및 정지제어가 가능하도록 가장 간단하게 배선하시오. (단, 푸시버튼 스위치 기동용(PB-on) 2개, 정지용(PB-off) 2개, 전자접촉기 a접점 1개(자기유지용)를 사용한다.) (5점)

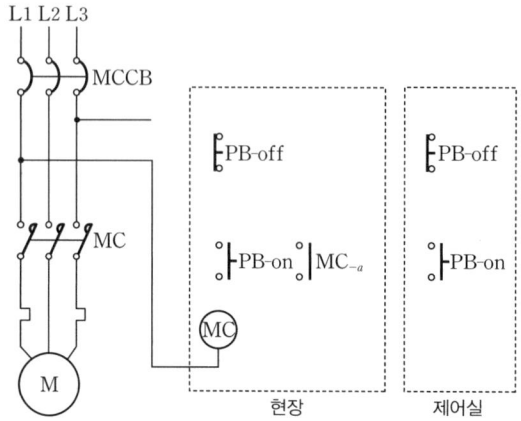

정답

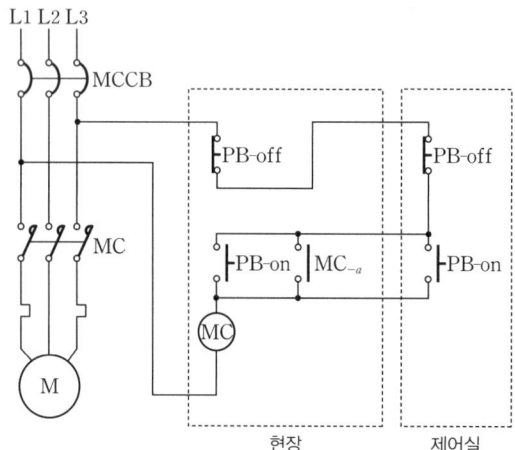

해설 제어실, 현장 중 하나의 곳에서 스위치(PB-on)를 눌렀을 경우 릴레이 MC 가 동작하게 되고 스위치를 복구시켜도 자기유지가 되도록 MC_{-a} 접점을 병렬로 연결한다.

연계이론 PHASE 40 시퀀스 회로

14 누전경보기에 관한 다음 물음에 답하시오. (6점)

(1) 1급 누전경보기와 2급 누전경보기를 구분하는 정격전류[A]의 기준에 대해 쓰시오.
(2) 전원은 분전반으로부터 전용회로로 하고 각 극에 각 극을 개폐할 수 있는 무엇을 설치하여야 하는지 쓰시오.
(3) 변류기 용어의 정의를 쓰시오.

정답
(1) 정격전류 60[A]
(2) 개폐기 및 15[A] 이하의 과전류차단기
(3) 경계전로의 누설전류를 자동적으로 검출하여 이를 누전경보기의 수신부에 송신하는 것

해설
(1) 누전경보기 설치방법
경계전로의 정격전류가 60[A]를 초과하는 전로에 있어서는 1급 누전경보기를, 60[A] 이하의 전로에 있어서는 1급 또는 2급 누전경보기를 설치할 것. 다만, 정격전류가 60[A]를 초과하는 경계전로가 분기되어 각 분기회로의 정격전류가 60[A] 이하로 되는 경우 당해 분기회로마다 2급 누전경보기를 설치한 때에는 당해 경계전로에 1급 누전경보기를 설치한 것으로 본다.

(2) 누전경보기의 전원
- 전원은 분전반으로부터 전용회로로 하고, 각 극에 개폐기 및 15[A] 이하의 과전류차단기(배선용차단기에 있어서는 20[A] 이하의 것으로 각 극을 개폐할 수 있는 것)를 설치할 것
- 전원을 분기할 때에는 다른 차단기에 따라 전원이 차단되지 않도록 할 것
- 전원의 개폐기에는 "누전경보기용"임을 표시한 표지를 할 것

(3) 변류기(영상 변류기): 경계전로의 누설전류를 자동적으로 검출하여 이를 누전경보기의 수신부에 송신하는 것을 말한다.

연계이론 PHASE 16 누전경보기

15

일시적으로 발생된 열·연기 또는 먼지 등으로 연기감지기가 화재신호를 발할 우려가 있는 곳에 축적 기능 등이 있는 자동화재탐지설비의 수신기를 설치하여야 한다. 이 경우에 해당하는 장소 3가지를 쓰시오. (단, 축적형 감지기가 설치되지 아니한 장소이다.) (5점)

-
-
-

정답
- 지하층·무창층으로 환기가 잘 되지 않는 장소
- 실내면적이 40[m²] 미만인 장소
- 감지기의 부착면과 실내 바닥과의 거리가 2.3[m] 이하인 장소

해설
축적형 감지기는 일정 농도 이상의 연기가 일정 시간(공칭축적시간) 연속하는 것을 전기적으로 검출함으로써 작동하는 감지기로 축적 기능의 유무에 따른 감지기의 설치장소는 다음과 같다.

구분	축적 기능이 있는 감지기	축적 기능이 없는 감지기
설치장소	• 특정소방대상물 또는 그 부분이 지하층·무창층으로 환기가 잘 되지 않는 장소 • 실내면적이 40[m²] 미만인 장소 • 감지기의 부착면과 실내 바닥과의 거리가 2.3[m] 이하인 장소로서 일시적으로 발생한 열·연기·먼지 등으로 인하여 감지기가 화재 신호를 발신할 우려가 있는 때	• 교차회로방식에 사용되는 경우 • 급속한 연소 확대가 우려되는 장소 • 축적기능이 있는 수신기에 연결하여 사용하는 경우

연계이론 PHASE 09 감지기

16 다음 전선관 부속품에 대한 용도를 간단하게 설명하시오. (3점)

(1) 부싱:

(2) 유니온 커플링:

(3) 유니버설 엘보:

정답

(1) 부싱: 전선의 피복을 보호하여 전선이 손상되지 않게 하는 것으로 금속관 끝에 취부
(2) 유니온 커플링: 금속관 상호 접속용으로 관이 고정되어 있어 돌려서 접속할 수 없을 때 사용
(3) 유니버설 엘보: 노출 배관 공사에서 금속관을 구부리거나 직각으로 굽히는 곳에 사용

해설

명칭	그림	용도
커플링		금속관을 상호 접속하는 경우에 사용
유니온 커플링		금속관 상호 접속용으로 관이 고정되어 있어 돌려서 접속할 수 없을 때 사용
로크너트		전선관과 박스 또는 고정물을 고정하는 데 사용
부싱		전선의 피복을 보호하여 전선이 손상되지 않게 하는 것으로 금속관 끝에 취부
새들		금속관을 조영재에 고정시키는 데 사용
링 리듀서		금속관을 아웃렛 박스 또는 노크 아웃에 취부할 때 로크너트만으로 고정하기 어려운 경우에 사용
노멀밴드		금속관을 직각으로 굽히는 곳에 사용하는 부품으로 주로 매입 배관 공사에서 사용
유니버설 엘보		노멀밴드와 비슷한 용도로 금속관을 구부리거나 직각으로 굽히는 곳에 사용하는 부품으로 노출 배관 공사에서 주로 사용

연계이론 PHASE 38 공사의 종류

17 자동화재탐지설비에 대한 설치대상 바닥면적 등의 기준을 적으시오. (5점)

(1) 근린생활시설(목욕장은 제외한다.)
(2) 근린생활시설 중 목욕장
(3) 의료시설(정신의료기관 및 요양병원은 제외한다.)
(4) 정신의료기관(창살 등은 설치되어 있지 않다.)
(5) 요양병원(의료재활시설은 제외한다.)

정답

(1) 연면적 600[m²] 이상
(2) 연면적 1,000[m²] 이상
(3) 연면적 600[m²] 이상
(4) 바닥면적의 합계가 300[m²] 이상인 것
(5) 전부 해당

해설 자동화재탐지설비를 설치해야 하는 대상

특정소방대상물	연면적 기준
근린생활시설(목욕장은 제외), 의료시설(정신의료기관 및 요양병원은 제외), 위락시설, 장례시설 및 복합건축물	연면적 600[m²] 이상
근린생활시설 중 목욕장, 문화 및 집회시설, 종교시설, 판매시설, 운수시설, 운동시설, 업무시설, 공장, 창고시설, 위험물 저장 및 처리 시설, 항공기 및 자동차 관련 시설, 교정 및 군사시설 중 국방·군사시설, 방송통신시설, 발전시설, 관광 휴게시설, 지하가(터널은 제외)	연면적 1,000[m²] 이상
교육연구시설(교육시설 내에 있는 기숙사 및 합숙소를 포함한다), 수련시설(수련시설 내에 있는 기숙사 및 합숙소를 포함하며, 숙박시설이 있는 수련시설은 제외), 동물 및 식물 관련 시설(기둥과 지붕만으로 구성되어 외부와 기류가 통하는 장소는 제외), 자원 순환 관련 시설, 교정 및 군사시설(국방·군사시설은 제외) 또는 묘지 관련 시설	연면적 2,000[m²] 이상
• 공동주택 중 아파트·기숙사 및 숙박시설 • 층수가 6층 이상인 건축물 • 판매시설 중 전통시장 • 지하구 • 근린생활시설 중 조산원 및 산후조리원 • 요양병원(의료재활시설 제외) • 노유자 생활시설	전부 해당
• 노유자 생활시설을 제외한 노유자시설	연면적 400[m²] 이상
• 정신의료기관 또는 의료재활시설(창살이 없는 경우)	바닥면적의 합계 300[m²] 이상
• 정신의료기관 또는 의료재활시설(창살이 있는 경우)	바닥면적의 합계 300[m²] 미만
• 지하가 중 터널	길이 1,000[m] 이상
• 숙박시설이 있는 수련시설	수용인원 100명 이상

연계이론 PHASE 06 자동화재탐지설비(개요)

18 감지기의 설치기준이다. 괄호 안에 들어갈 알맞은 내용을 쓰시오. (4점)

(1) 감지기(차동식 분포형의 것 제외)는 실내로의 공기유입구로부터 (①)[m] 이상 떨어진 위치에 설치할 것
(2) 보상식 스포트형 감지기는 정온점이 감지기 주위의 평상시 최고온도보다 (②)[℃] 이상 높은 것으로 설치할 것
(3) 정온식 감지기는 주방·보일러실 등으로서 다량의 화기를 취급하는 장소에 설치하되, 공칭작동온도가 최고주위온도보다 (③)[℃] 이상 높은 것으로 설치할 것
(4) 스포트형 감지기는 (④)° 이상 경사되지 아니하도록 부착할 것

정답 ① 1.5 ② 20 ③ 20 ④ 45

해설 감지기의 설치기준

- 감지기(차동식 분포형의 것을 제외한다)는 실내로의 공기유입구로부터 1.5[m] 이상 떨어진 위치에 설치할 것
- 감지기는 천장 또는 반자의 옥내에 면하는 부분에 설치할 것
- 보상식 스포트형 감지기는 정온점이 감지기 주위의 평상시 최고온도보다 20[℃] 이상 높은 것으로 설치할 것
- 정온식 감지기는 주방·보일러실 등으로서 다량의 화기를 취급하는 장소에 설치하되, 공칭작동온도가 최고주위온도보다 20[℃] 이상 높은 것으로 설치할 것
- 차동식 스포트형·보상식 스포트형 및 정온식 스포트형 감지기는 그 부착 높이 및 특정소방대상물에 따라 다음에 따른 바닥면적마다 1개 이상을 설치할 것

(단위: [m²])

부착높이 및 특정소방대상물의 구분		감지기의 종류						
		차동식 스포트형		보상식 스포트형		정온식 스포트형		
		1종	2종	1종	2종	특종	1종	2종
4[m] 미만	내화구조	90	70	90	70	70	60	20
	기타구조	50	40	50	40	40	30	15
4[m] 이상 8[m] 미만	내화구조	45	35	45	35	35	30	—
	기타구조	30	25	30	25	25	15	—

- 스포트형감지기는 45° 이상 경사되지 않도록 부착할 것

연계이론 PHASE 09 감지기

2021년 4회 기출문제

01 P형 수신기와 감지기 사이에 연결된 선로에 배선(선로)저항 10[Ω], 릴레이저항 950[Ω], 종단저항 10[kΩ]이고 감시전류가 2.4[mA]일 때, 수신기의 단자전압[V]과 동작전류[mA]를 구하시오. (6점)

(1) 수신기의 단자전압
- 계산과정:
- 답:

(2) 동작전류
- 계산과정:
- 답:

정답

(1) • 계산과정: $V = $ 감시전류 $\times$ (배선(선로)저항 + 릴레이저항 + 종단저항)
$= 2.4 \times 10^{-3} \times (10 + 950 + 10 \times 10^3) = 26.3$[V]
- 답: 26.3[V]

(2) • 계산과정: $I = \dfrac{26.3}{950 + 10} = 0.0274$[A] $= 27.4$[mA]
- 답: 27.4[mA]

해설

(1) 감시상태인 경우

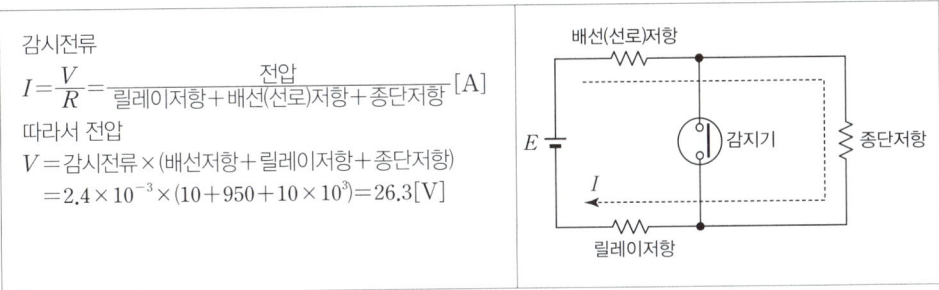

감시전류
$I = \dfrac{V}{R} = \dfrac{전압}{릴레이저항 + 배선(선로)저항 + 종단저항}$[A]
따라서 전압
$V = $ 감시전류 $\times$ (배선저항 + 릴레이저항 + 종단저항)
$= 2.4 \times 10^{-3} \times (10 + 950 + 10 \times 10^3) = 26.3$[V]

(2) 동작상태인 경우

감지기 동작 시 전류는 종단저항으로 흐르지 않으므로
$I = \dfrac{전압}{릴레이저항 + 배선(선로)저항}$[A]이다.

따라서 $I = \dfrac{26.3}{950 + 10} = 0.0274$[A]
$= 27.4$[mA]

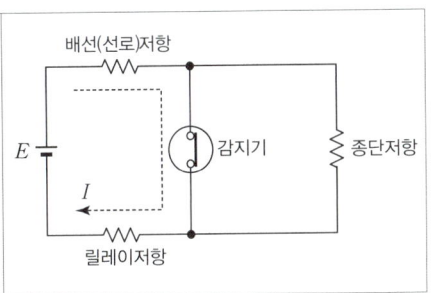

연계이론 PHASE 34 감지기회로의 전류

02 비상용 전원설비로서 축전지설비를 계획하고자 한다. 사용부하의 방전전류-시간 특성곡선이 다음 그림과 같을 때 다음 각 물음에 답하시오. (단, 축전지 개수는 83개이며, 단위 전지방전 종지전압은 1.06[V]로 하고 축전지 형식은 AH형을 채택하며 또한 축전지 용량은 다음과 같은 조건에 의하여 구한다.) (7점)

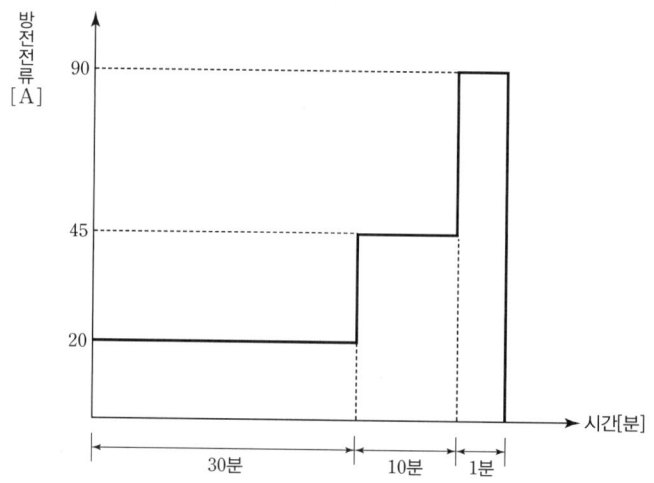

형식	최저허용전압 [V/cell]	0.1분	1분	5분	10분	20분	30분	60분	120분
AH	1.10	0.30	0.46	0.56	0.66	0.87	1.04	1.56	2.60
	1.06	0.24	0.33	0.45	0.53	0.70	0.85	1.40	2.45
	1.00	0.20	0.27	0.37	0.45	0.60	0.77	1.30	2.30

(1) 축전지 용량 C는 이론상 약 몇 [Ah] 이상의 것을 선정하여야 하는지 구하시오.
  • 계산과정:
  • 답:

(2) 부동충전방식에 대해서 그림으로 나타내시오. (정류기, 연축전지, 부하 포함)

(3) 축전지의 전해액이 변색되고, 충전 중이 아닌 정지 상태에서도 다량으로 가스가 발생하는 원인은 무엇인지 쓰시오.

정답

(1) • 계산과정: $C = \dfrac{1}{0.8}(0.85 \times 20 + 0.53 \times 45 + 0.33 \times 90) = 88.19[Ah]$

  • 답: 88.19[Ah]

(2)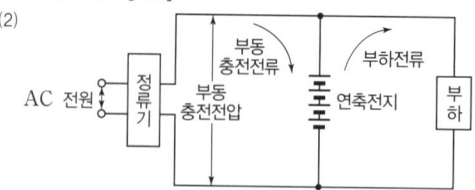

(3) 불순물이 혼합되었기 때문이다.

해 설

(1) 축전지 용량

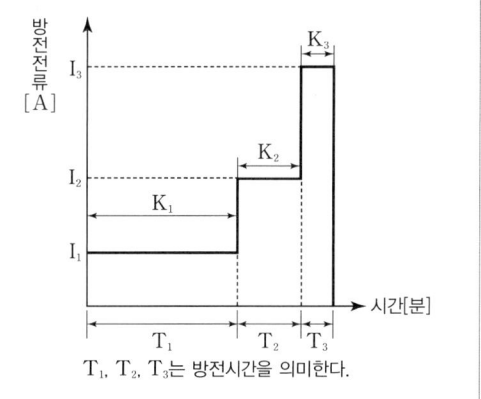

방전시간이 구간별로 있는 경우 축전지 용량을 구하는 공식은 다음과 같다.

$C = \dfrac{1}{L}(K_1 I_1 + K_2 I_2 + K_3 I_3)[\text{Ah}]$

(단, L : 보수율, K : 용량환산시간계수, I : 방전전류[A])

T_1, T_2, T_3는 방전시간을 의미한다.

위 공식을 적용하면 $K_1 = 0.85$, $K_2 = 0.53$, $K_3 = 0.33$이고 $I_1 = 20[\text{A}]$, $I_2 = 45[\text{A}]$, $I_3 = 90[\text{A}]$이므로
$C = \dfrac{1}{0.8}(0.85 \times 20 + 0.53 \times 45 + 0.33 \times 90) = 88.19[\text{Ah}]$

(2) 부동충전방식: 축전지의 자기방전을 보충함과 동시에 상용부하에 대한 전력 공급은 충전기가 부담하도록 하되, 충전기가 부담하기 어려운 일시적인 대전류 부하는 축전지로 하여금 부담하게 하는 충전방식

(3) 축전지의 고장과 원인

	현상	추정원인
초기 고장	전체 셀 전압의 불균형이 크고 비중이 낮음	사용개시 시의 충전 보충 부족
	전지 전압의 비중 저하, 전압계의 역전	역접속
사용 중 고장	전체 셀 전압의 불균형이 크고 비중이 낮음	충전부족으로 장시간 방치
	어떤 셀만의 전압, 비중이 극히 낮음	국부 단락
	• 전체 셀의 비중이 높음 • 전압의 정상	• 액면저하 • 보수시 묽은 황산의 혼입
	• 충전 중 비중이 낮고 전압은 높음 • 방전 중 전압은 낮고 용량이 감퇴	• 방전상태에서 장기간 방치 • 충전부족의 상태에서 장기간 사용 • 극판 노출 • 불순물 혼입
	전해액의 변색, 충전하지 않고 방치 중에도 다량으로 가스가 발생	불순물 혼입
	전해액의 감소가 빠름	• 충전접압이 높다 • 실온이 높다.
	축전지의 현저한 온도 상승, 또는 소손	• 충전장치의 고장 • 과충전 • 액면저하로 인한 극판의 노출 • 교류 전류의 유입이 크다.

연 계 이 론   PHASE 29 축전지

03 3선식 배선으로 상시 충전되는 유도등의 전기회로에 점멸기를 설치하는 경우 소등 상태에서 점등 상태로 되는 경우는 언제인지 그 설치기준 5가지를 쓰시오. (5점)

-
-
-
-
-

정 답
- 자동화재탐지설비의 감지기 또는 발신기가 작동되는 때
- 비상경보설비의 발신기가 작동되는 때
- 상용전원이 정전 또는 전원선이 단선되는 때
- 방재업무를 통제하는 곳 또는 전기실의 배전반에서 수동으로 점등하는 때
- 자동소화설비가 작동되는 때

연계이론 PHASE 18 유도등

04 두 입력상태가 같을 때 출력이 없고, 두 입력상태가 다를 때 출력이 생기는 회로를 배타적 논리합(Exclusive OR) 회로라 하는데, 다음 그림과 같은 배타적 논리합 회로에서 각 물음에 답하시오. (6점)

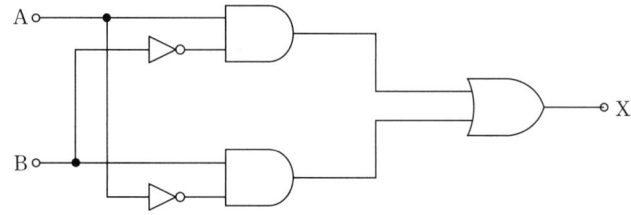

(1) 이 회로의 논리식을 작성하시오.
(2) 유접점 회로를 완성하시오.

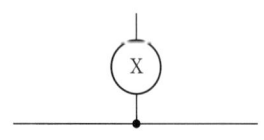

(3) 타임차트를 완성하시오.

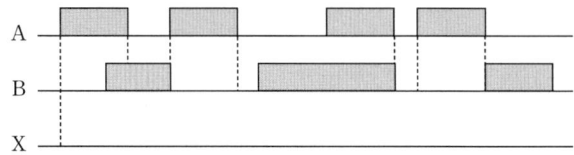

(4) 이 회로의 진리표를 완성하시오.

A	B	X

정답

(1) $X = A \cdot \overline{B} + \overline{A} \cdot B$

(2)

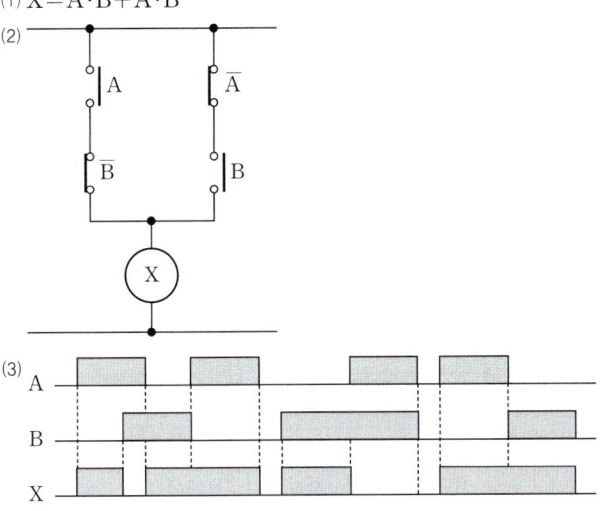

(3) 파형도

(4) 진리표

A	B	X
0	0	0
0	1	1
1	0	1
1	1	0

해설

XOR 회로

두 개의 입력이 같은 경우 출력 0이, 입력이 서로 다른 경우에 출력 1이 나타나는 회로이다.

구분	논리식	논리회로	진리표		
			A	B	X
XOR 회로	$X = A \oplus B = A \cdot \overline{B} + \overline{A} \cdot B$		0	0	0
			0	1	1
			1	0	1
			1	1	0

연계이론 PHASE 41 논리회로

05

이산화탄소소화설비의 비상경보장치 중 음향경보장치 및 방출표시등의 설치 위치와 설치 목적을 쓰시오. (4점)

(1) 음향경보장치
- 설치 위치:
- 설치 목적:

(2) 방출표시등
- 설치 위치:
- 설치 목적:

정답

(1) • 설치 위치: 방호구역 내
  • 설치 목적: 화재 발생 시 음향으로 경보하기 위함
(2) • 설치 위치: 방호구역 외부(출입구 근처)
  • 설치 목적: 소화약제 방출을 알리기 위함(접근금지)

연계이론 PHASE 04 이산화탄소소화설비

06

다음은 화재안전기술기준상 내화배선의 공사방법에 관한 사항이다. 빈칸에 들어갈 말을 쓰시오. (5점)

> 금속관·2종 금속제 가요전선관 또는 합성수지관에 수납하여 내화구조로 된 벽 또는 바닥 등에 벽 또는 바닥의 표면으로부터 (①) 이상의 깊이로 매설해야 한다. 다만, 다음 기준에 적합하게 설치하는 경우에는 그렇지 않다.
> - 배선을 (②)을 갖는 배선전용실 또는 배선용 샤프트·피트·덕트 등에 설치하는 경우
> - 다른 설비의 배선과 (③) 이상 떨어지게 할 것
> - 다른 설비의 배선 사이에 배선지름(배선의 지름이 다른 경우에는 가장 큰 것을 기준으로 한다.)의 (④) 이상 높이의 (⑤) 설치

정답

① 25[mm]　② 내화성능　③ 15[cm]　④ 1.5배　⑤ 불연성 격벽

해설

사용전선의 종류	공사방법
1. 450/750[V] 저독성 난연 가교 폴리올레핀 절연 전선 2. 0.6/1[kV] 가교 폴리에틸렌 절연 저독성 난연 폴리올레핀 시스 전력 케이블 3. 6/10[kV] 가교 폴리에틸렌 절연 저독성 난연 폴리올레핀 시스 전력용 케이블 4. 가교 폴리에틸렌 절연 비닐시스 트레이용 난연 전력케이블 5. 0.6/1[kV] EP 고무절연 클로로프렌 시스 케이블 6. 300/500[V] 내열성 실리콘 고무 절연전선 7. 내열성 에틸렌-비닐 아세테이트 고무절연 케이블 8. 버스덕트(Bus Duct) 9. 기타 [전기용품 및 생활용품 안전관리법] 및 [전기설비기술기준]에 따라 동등 이상의 내화성능이 있다고 주무부 장관이 인정하는 것	금속관·2종 금속제 가요전선관 또는 합성수지관에 수납하여 내화구조로 된 벽 또는 바닥 등에 벽 또는 바닥의 표면으로부터 25[mm] 이상의 깊이로 매설 [미적용 기준] • 배선을 내화성능을 갖는 배선전용실 또는 배선용 샤프트·피트·덕트 등에 설치하는 경우 • 배선전용실 또는 배선용 샤프트·피트·덕트 등에 다른 설비의 배선이 있는 경우에는 이로부터 15[cm] 이상 떨어지게 하거나 소화설비의 배선과 이웃하는 다른 설비의 배선 사이에 배선지름(배선의 지름이 다른 경우에는 가장 큰 것 기준)의 1.5배 이상 높이의 불연성 격벽을 설치하는 경우
내화전선	케이블공사

연계이론 PHASE 39 배선

07 다음은 Y-△기동에 대한 시퀀스 회로도이다. 그림을 보고 다음 각 물음에 답하시오. (7점)

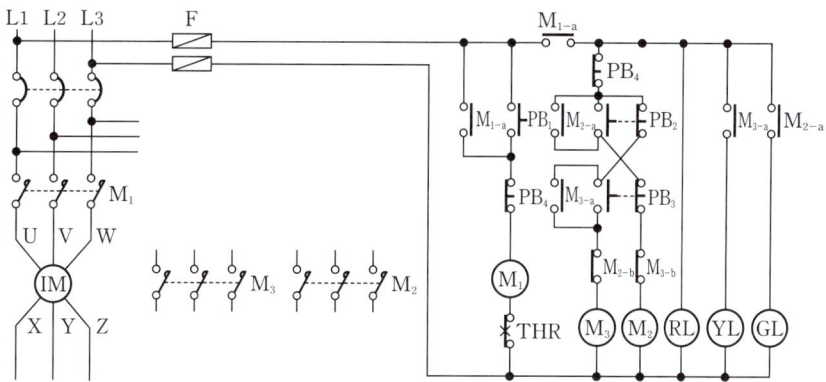

(1) 도면의 미완성 부분을 결선하고, 접점을 표시하시오.
(2) 회로에서 표시등 YL, RL, GL이 각각 점등되었을 때 어떤 상태를 나타내는지 쓰시오.
- YL:
- RL:
- GL:

정답

(1)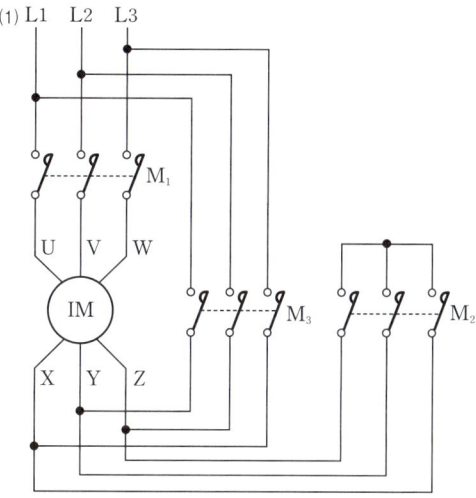

[참고]
조건에서 M_2, M_3의 동작 사항을 정확히 언급하지 않았으므로 M_2, M_3의 결선을 임의로 정하여 답안을 작성한다. 여기서는 M_2: Y결선, M_3: △결선으로 적용하였다.

(2) • YL: △ 운전
 • RL: 정지 상태
 • GL: Y 기동

해설

(2) • YL이 점등되는 경우는 릴레이 M_3이 동작한 경우로 PB_3을 누른 경우에 동작한다. 이때 전동기는 △결선으로 운전하게 된다.
 • RL이 점등되는 경우는 릴레이 M_1이 동작한 경우로 PB_1을 누른 경우에 동작한다. 이 램프는 전동기를 멈출 때까지 계속 점등 상태를 유지한다.
 • GL이 점등되는 경우는 릴레이 M_2가 동작한 경우로 PB_2를 누른 경우에 동작한다. 이때 전동기는 Y결선으로 운전하게 된다.

연계이론 PHASE 40 시퀀스 회로

08

다음은 지하 2층, 지상 4층 건물의 자동화재탐지설비의 도면이다. 조건을 참조하여 각 물음에 답하시오. (7점)

조건
(가) 각 층의 높이는 4[m]이다.
(나) 계단 및 수직경계구역의 면적은 계산과정에서 제외한다.

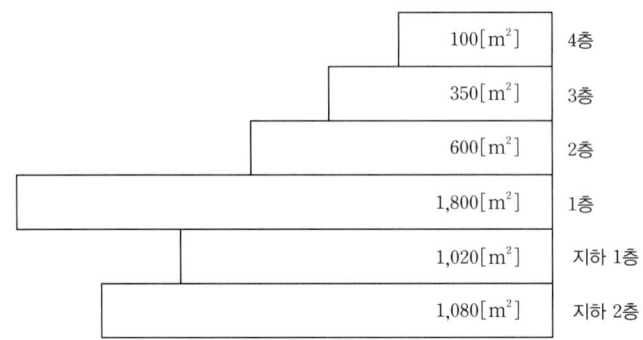

(1) 층별 바닥면적을 참고하여 각 층의 경계구역은 최소 몇 개로 구분하여야 하는지 산출내역과 경계구역수를 빈칸에 쓰시오. (단, 경계구역은 면적기준만을 적용하며 계단, 경사로 등의 수직경계구역의 면적을 제외한다.)

층수	산출내역	경계구역수
4층		
3층		
2층		
1층		
지하 1층		
지하 2층		
합계		

(2) 이 건물에 계단 및 엘리베이터가 각각 1개씩 설치되어 있을 경우 P형 수신기는 몇 회로 이상을 사용하여야 하는지 쓰시오.

정답

(1)

층수	산출내역	경계구역수
4층	$\dfrac{100+350}{500}=0.9$	1
3층		
2층	$\dfrac{600}{600}=1$	1
1층	$\dfrac{1,800}{600}=3$	3
지하 1층	$\dfrac{1,020}{600}=1.7$	2
지하 2층	$\dfrac{1,080}{600}=1.8$	2
합계		9

(2) 15회로

해설

(1) • 1경계구역당 면적 600[m²] 이하로 하되, 500[m²] 이하인 경우 2개의 층을 하나의 경계구역으로 할 수 있다. 3층과 4층의 면적의 합이 450[m²]이므로 경계구역수를 하나로 본다.

• 경계구역의 수는 $\dfrac{\text{전용면적[m}^2]}{600[\text{m}^2]}$ (소수점 절상)으로 구할 수 있다.

(2) [수평경계구역수]
층별 경계구역의 수는 9개이다.

[수직경계구역수]
계단과 엘리베이터는 각각 경계구역으로 별도 지정해야 하며, 계단의 경우 지상과 지하를 분리하여 설정해야 한다. 이때 계단 및 경사로는 높이 45[m] 이하마다 하나의 경계구역으로 한다.

구분		산출식	경계구역수
계단	지상	$\dfrac{4\times 4}{45}=0.36$	1
	지하	$\dfrac{2\times 4}{45}=0.18$	1
엘리베이터			1

따라서 수직경계구역수는 총 3개이다.

[회로 선정]
총 경계구역수는 12개이므로 12회로 이상의 수신기를 사용해야 한다. 만약 몇 회로용 수신기를 사용하는지 묻는 경우 P형 수신기는 일반적으로 5회로 단위로 산정하므로 12회로보다 많은 15회로를 선정한다.

연계이론 PHASE 07 자동화재탐지설비(경계구역)

09

3상 380[V]이고 사용하는 정격소비전력 100[kW]인 전기기구의 부하전류를 측정하기 위하여 변류비 300/5의 변류기를 사용하였다. 이때 2차 전류는 약 몇 [A]인지 구하여라. (단, 역률은 0.7, 효율은 1이다.) (4점)

• 계산과정:

• 답:

정답

• 계산과정

변류기 1차 전류 $I_1 = \dfrac{100\times 10^3}{\sqrt{3}\times 380\times 0.7\times 1} = 217.05[\text{A}]$

2차 전류 $I_2 = 217.05 \times \dfrac{5}{300} = 3.62[\text{A}]$

• 답: 3.62[A]

해설

3상 부하소비전력 $P=\sqrt{3}VI_1\cos\theta\times\eta$(효율이 있는 경우 효율을 고려)

전류 $I_1 = \dfrac{P}{\sqrt{3}V\cos\theta\times\eta} = \dfrac{100\times 10^3}{\sqrt{3}\times 380\times 0.7\times 1} = 217.05[\text{A}]$이다.

이 전류는 변류기의 1차 전류가 되므로 2차 전류는 변류비 300/5를 고려하면 다음과 같다.

$I_2 = I_1 \times \dfrac{5}{300} = 217.05 \times \dfrac{5}{300} = 3.62[\text{A}]$

10 다음은 유도등 및 유도표지의 설치장소에 따른 종류에 관한 내용이다. 알맞은 종류의 유도등을 쓰시오.
(5점)

설치장소	유도등의 종류
1. 공연장, 집회장(종교집회장 포함), 관람장, 운동시설	
2. 유흥주점영업시설(손님이 춤을 출 수 있는 무대가 설치된 카바레, 나이트클럽 또는 그 밖에 이와 비슷한 영업시설만 해당한다.)	
3. 위락시설, 판매시설, 운수시설, 관광숙박업, 의료시설, 장례식장, 방송통신시설, 전시장, 지하상가, 지하철역사	
4. 숙박시설(관광숙박업 외의 것), 오피스텔	
5. 지하층, 무창층 또는 층수가 11층 이상인 특정소방대상물	
6. 근린생활시설, 노유자시설, 업무시설, 발전시설, 종교시설(집회장 용도로 사용하는 부분 제외), 교육연구시설, 수련시설, 공장, 교정 및 군사시설(국방·군사시설 제외), 자동차정비공장, 운전학원 및 정비학원, 다중이용업소, 복합건축물, 아파트	

정답

설치장소	유도등의 종류
1. 공연장, 집회장(종교집회장 포함), 관람장, 운동시설	• 대형피난구유도등 • 통로유도등 • 객석유도등
2. 유흥주점영업시설(손님이 춤을 출 수 있는 무대가 설치된 카바레, 나이트클럽 또는 그 밖에 이와 비슷한 영업시설만 해당한다.)	• 대형피난구유도등 • 통로유도등 • 객석유도등
3. 위락시설, 판매시설, 운수시설, 관광숙박업, 의료시설, 장례식장, 방송통신시설, 전시장, 지하상가, 지하철역사	• 대형피난구유도등 • 통로유도등
4. 숙박시설(관광숙박업 외의 것), 오피스텔	• 중형피난구유도등 • 통로유도등
5. 지하층, 무창층 또는 층수가 11층 이상인 특정소방대상물	• 중형피난구유도등 • 통로유도등
6. 근린생활시설, 노유자시설, 업무시설, 발전시설, 종교시설(집회장 용도로 사용하는 부분 제외), 교육연구시설, 수련시설, 공장, 교정 및 군사시설(국방·군사시설 제외), 자동차정비공장, 운전학원 및 정비학원, 다중이용업소, 복합건축물, 아파트	• 소형피난구유도등 • 통로유도등

해설

유도등은 일반적으로 그 크기에 따라 대형, 중형, 소형피난구유도등을 설치해야 하며, 일반적으로 통로유도등은 공통적으로 설치한다.

연계이론

PHASE 18 유도등

11

피난유도선은 햇빛이나 전등불에 따라 축광하거나 전류에 따라 빛을 발하는 유도체로서 어두운 상태에서 피난을 유도할 수 있도록 띠 형태로 설치되는 피난유도 시설이다. 축광방식의 피난유도선 설치기준 3가지를 쓰시오. (5점)

-
-
-

정답
- 구획된 각 실로부터 주출입구 또는 비상구까지 설치
- 바닥으로부터 높이 50[cm] 이하의 위치 또는 바닥면에 설치
- 피난유도 표시부는 50[cm] 이내의 간격으로 연속되도록 설치
- 부착대에 의하여 견고하게 설치
- 외부의 빛 또는 조명장치에 의하여 상시조명이 제공되거나 비상조명등에 의한 조명이 제공되도록 설치

해설

구분	축광방식	광원점등방식
설치기준	• 구획된 각 실로부터 주출입구 또는 비상구까지 설치 • 바닥으로부터 높이 50[cm] 이하의 위치 또는 바닥면에 설치 • 피난유도 표시부는 50[cm] 이내의 간격으로 연속되도록 설치 • 부착대에 의하여 견고하게 설치 • 외부의 빛 또는 조명장치에 의하여 상시조명이 제공되거나 비상조명등에 의한 조명이 제공되도록 설치	• 구획된 각 실로부터 주출입구 또는 비상구까지 설치 • 피난유도 표시부는 바닥으로부터 높이 1[m] 이하의 위치 또는 바닥면에 설치 • 피난유도 표시부는 50[cm] 이내의 간격으로 연속되도록 설치하되 실내장식물 등으로 설치가 곤란할 경우 1[m] 이내로 설치 • 수신기로부터의 화재신호 및 수동조작에 의하여 광원이 점등되도록 설치 • 비상전원이 상시충전상태를 유지하도록 설치 • 바닥에 설치되는 피난유도 표시부는 매립하는 방식을 사용 • 피난유도제어부는 조직 및 관리가 용이하도록 바닥으로부터 0.8[m] 이상 1.5[m] 이하의 높이에 설치

연계이론 PHASE 23 피난유도선

12

어느 건물의 자동화재탐지설비의 P형 수신기를 보니 예비전원 표시등이 점등되어 있었다. 어떤 경우에 점등되어 있는지 그 원인을 4가지만 작성하시오. (4점)

-
-
-
-

정답
- 예비전원이 방전되어 아직 완전 충전에 도달하지 않은 경우
- 예비전원이 불량인 경우
- 예비전원 충전단자가 불량인 경우
- 예비전원 연결단자가 접촉 불량인 경우

연계이론 PHASE 50 수신기의 시험

13 다음과 같은 장소에 차동식 스포트형 감지기 2종을 설치하는 경우와 광전식 스포트형 감지기 2종을 설치하는 경우 최소 감지기 소요개수를 산정하시오. (단, 주요 구조부는 내화구조, 감지기의 설치높이는 6[m]이다.) (6점)

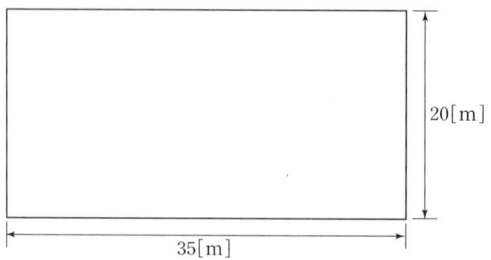

(1) 차동식 스포트형 감지기(2종) 소요개수:
(2) 광전식 스포트형 감지기(2종) 소요개수:

정답

(1) • 계산과정: $\dfrac{35 \times 20}{35} = 20$
 • 답: 20개

(2) • 계산과정: $\dfrac{700}{75} = 9.33 \rightarrow 10$
 • 답: 10개

해설

(1) 문제에 주어진 조건은 차동식 스포트형 감지기 2종, 내화구조, 설치높이 6[m]이므로 아래표에서 바닥면적을 산정한다.

(단위: [m²])

부착높이 및 특정소방대상물의 구분		감지기의 종류						
		차동식 스포트형		보상식 스포트형		정온식 스포트형		
		1종	2종	1종	2종	특종	1종	2종
4[m] 미만	내화구조	90	70	90	70	70	60	20
	기타구조	50	40	50	40	40	30	15
4[m] 이상 8[m] 미만	내화구조	45	35	45	35	35	30	—
	기타구조	30	25	30	25	25	15	—

바닥면적 35[m²]가 산정되었으므로 감지기 개수는 $\dfrac{전용면적[m^2]}{35[m^2]} = \dfrac{700}{35} = 20$개가 필요하다.

※ 1경계구역당 면적 600[m²] 이하가 되어야 하지만, 이로 인해 전용 면적을 분리하지 않아도 된다.

(2) 문제에 주어진 조건은 광전식 스포트형 감지기(연기감지기) 2종, 내화구조, 설치높이 6[m]이므로 아래표에서 바닥면적을 산정한다.

부착높이	감지기의 종류	
	1종 및 2종	3종
4[m] 미만	150[m²]	50[m²]
4[m] 이상 20[m] 미만	75[m²]	

바닥면적 75[m²]가 산정되었으므로 감지기 개수는 $\dfrac{전용면적[m^2]}{75[m^2]} = \dfrac{700}{75} = 9.33 \rightarrow 10$개

연계이론 PHASE 11 연기감지기

14 누전경보기의 공칭작동전류치의 정의에 대해 간략히 쓰고 공칭작동전류는 몇 [mA] 이하인지 쓰시오. (4점)

(1) 정의:

(2) 공칭작동전류:

정답

(1) 정의: 누전경보기를 작동시키기 위하여 필요한 누설전류의 값
(2) 공칭작동전류: 200[mA] 이하

해설

누전경보기의 공칭작동전류치(누전경보기를 작동시키기 위하여 필요한 누설전류의 값으로서 제조자에 의하여 표시된 값)는 200[mA] 이하이어야 한다.

연계이론 PHASE 16 누전경보기

---

15 그림과 같은 시퀀스회로에서 PB를 눌러 폐회로가 될 때 타이머 T_1(설정시간: t_1), T_2(설정시간: t_2), 릴레이 X_2, 신호등 PL에 대한 타임차트를 완성하시오. (단, t_1은 1초, t_2는 2초이며 설정시간 이외의 시간 지연은 없다고 본다.) (6점)

정답

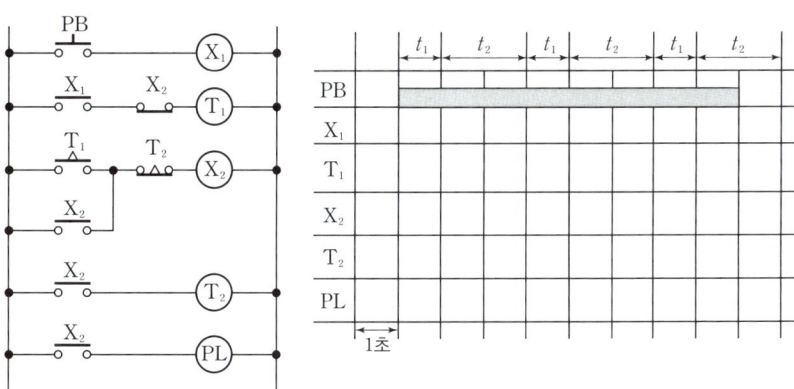

- PB를 누를경우 X_1 여자, T_1 여자
- t_1초 이후 X_2, T_2 여자, PL점등 및 T_1 소자
- t_2초 이후 X_2, T_2 소자, PL점등 및 T_1 여자
- 이후 위 과정을 반복

연계이론 PHASE 40 시퀀스 회로

16 다음 그림은 자동화재탐지설비의 평면을 나타낸 도면이다. 이 도면을 보고 각 물음에 답하시오. (단, 각 실은 이중천장이 없는 구조이며, 전선관은 16[mm] 후강스틸전선관을 사용하여 콘크리트 내 매입 시공한다.) (10점)

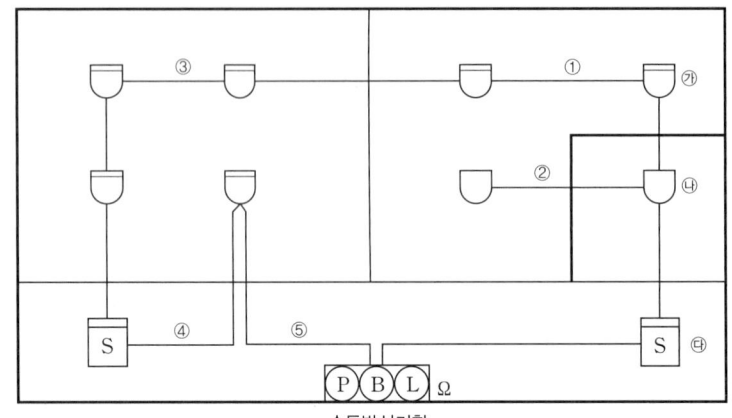

(1) 시공에 사용되는 부싱과 로크너트의 소요개수를 구하시오.
- 부싱:
- 로크너트:

(2) 각 감지기 간과 감지기와 수동발신기세트 간(①~⑤)에 배선되는 전선의 가닥수를 구하시오.
  ①: ②: ③: ④: ⑤:

(3) 도면에 그려진 심벌 ㉮, ㉯, ㉰의 명칭을 쓰시오.
  ㉮:   ㉯:   ㉰:

정답
(1) • 부싱: 22개
    • 로크너트: 44개
(2) ① 2가닥   ② 4가닥   ③ 2가닥   ④ 2가닥   ⑤ 2가닥
(3) ㉮ 차동식 스포트형 감지기   ㉯ 정온식 스포트형 감지기   ㉰ 연기감지기

해설
(1) ○: 부싱 표시

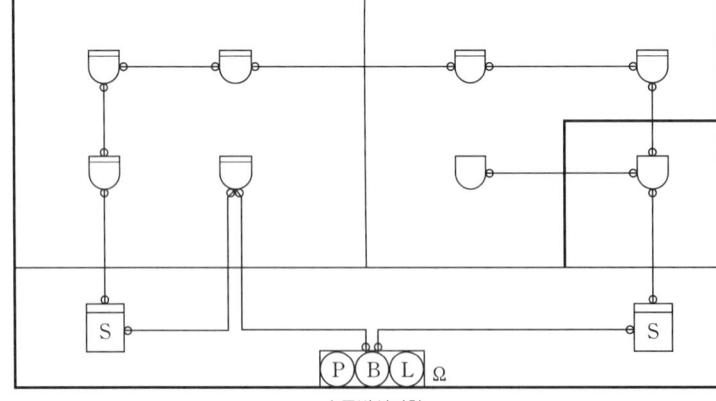

구분	박스	부싱
1방출	1	1
2방출	9	18
3방출	1	3
합계	11	22

※ 부싱은 [전선관 수의 합계 ×2]와 같으므로 11×2=22개이다.
※ 로크너트 수는 [부싱 수의 합계 ×2]와 같으므로 22×2=44개다.

(2) 자동화재탐지설비의 감지기는 송배선식으로 배선한다. 송배선식의 루프(①, ③, ④, ⑤)는 2가닥, 그 외 나머지(②)는 4가닥으로 배선한다.

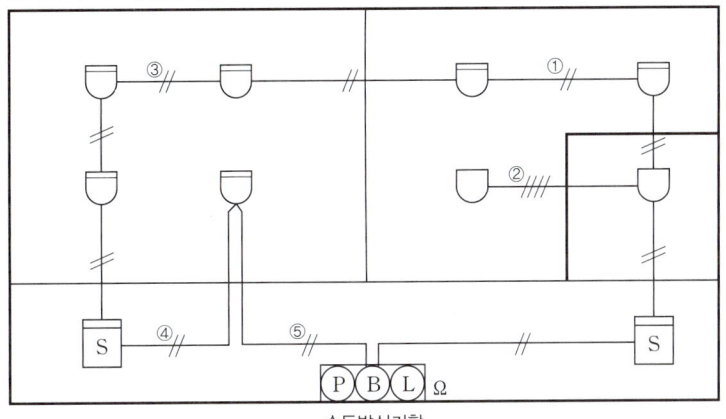

(3) 도면기호

명칭	기호	세부기호		명칭	기호	세부기호	
사이렌	◁	전자사이렌	Ⓢ◁	차동식 스포트형 감지기	⌒	—	
		모터사이렌	Ⓜ◁				
비상벨	Ⓑ	—	—	보상식 스포트형 감지기	⌒	—	
정온식 스포트형 감지기	⌒	방수형	⌒	연기감지기	Ⓢ	이온화식 스포트형	ⓈI
		내산형	⌒			광전식 스포트형	ⓈP
		내알칼리형	⌒			광전식 아날로그식	ⓈA
		방폭형	⌒EX				

연계이론 PHASE 42 자동화재탐지설비 도면

17 감지기회로의 도통시험을 위한 종단저항 설치기준 3가지를 작성하시오. (4점)

-
-
-

정답
- 점검 및 관리가 쉬운 장소에 설치할 것
- 전용함을 설치하는 경우 그 설치 높이는 바닥으로부터 1.5[m] 이내로 할 것
- 감지기회로의 끝부분에 설치하며, 종단감지기에 설치할 경우에는 구별이 쉽도록 해당 감지기의 기판 및 감지기 외부 등에 별도의 표시를 할 것

연계이론 PHASE 09 감지기

18 자동화재탐지설비의 경보방식이 우선경보방식일 경우 Diode Matrix를 완성하시오. (5점)

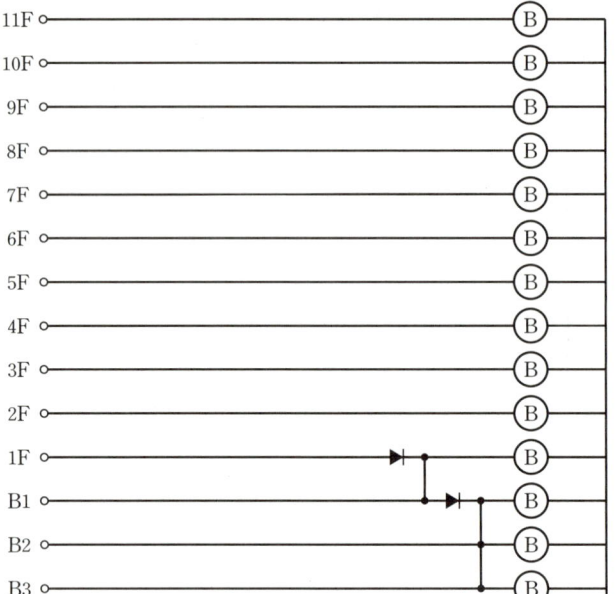

 정 답

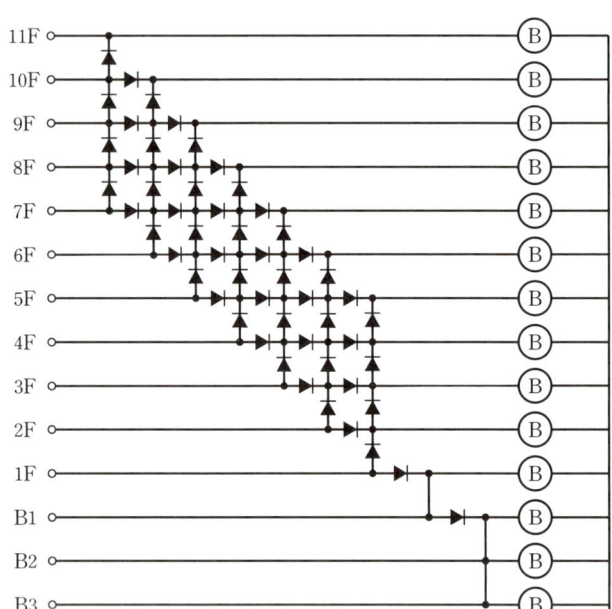

해 설

층수가 11층(공동주택의 경우에는 16층) 이상인 특정소방대상물의 경보방식은 우선경보방식을 적용하며 경보를 발하는 층은 다음과 같다.

발화층	경보를 발하는 층
2층 이상	발화층, 직상 4개층
1층	발화층, 직상 4개층, 지하층
지하층	발화층, 직상층, 기타의 지하층

즉, 지하 3층부터 지상 11층까지 경보층을 구분하면 다음과 같다.

발화층	경보를 발하는 층
11층	11층
10층	10층, 11층
9층	9층, 10층, 11층
8층	8층, 9층, 10층, 11층
7층	7층, 8층, 9층, 10층, 11층
6층	6층, 7층, 8층, 9층, 10층
5층	5층, 6층, 7층, 8층, 9층
4층	4층, 5층, 6층, 7층, 8층
3층	3층, 4층, 5층, 6층, 7층
2층	2층, 3층, 4층, 5층, 6층
1층	지하층(1~3층), 1층, 2층, 3층, 4층, 5층
지하 1층	지하층(1~3층), 1층
지하 2층	지하층(1~3층)
지하 3층	지하층(1~3층)

더 알아보기

다이오드의 특성

다이오드는 전류가 한방향(순방향)으로만 흐를수 있도록하는 소자이다. 다이오드를 사용하면 전류는 역방향으로 흐르지 않게 된다.	 전류의 방향

연 계 이 론

PHASE 14 비상방송설비

2020년 1회 기출문제

01 그림과 같은 논리회로를 보고 다음 각 물음에 답하시오. (9점)

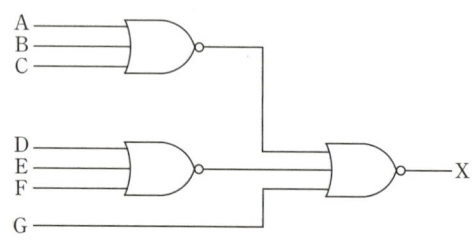

(1) 논리식으로 표현하시오.
(2) AND, OR, NOT 회로를 이용한 등가회로로 그리시오.
(3) 유접점(릴레이) 회로로 그리시오.

정답

(1) $X = (A+B+C) \cdot (D+E+F) \cdot \overline{G}$

(2)
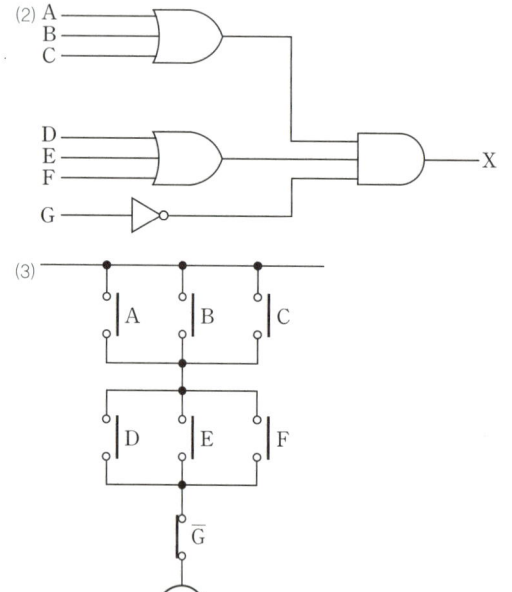

참고
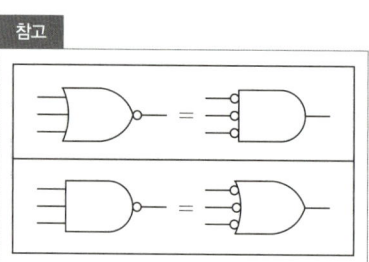

해설

(1) 논리식 $X = \overline{\overline{(A+B+C)} + \overline{(D+E+F)} + G}$
$= \overline{\overline{(A+B+C)}} \cdot \overline{\overline{(D+E+F)}} \cdot \overline{G}$
$= (A+B+C) \cdot (D+E+F) \cdot \overline{G}$

드 모르간 법칙에 의해 $\overline{(A+B+C)} = \overline{A} \cdot \overline{B} \cdot \overline{C}$, $\overline{A \cdot B \cdot C} = \overline{A} + \overline{B} + \overline{C}$ 을 만족한다.

(2) (1)에서 간략화된 논리식 $X = (A+B+C) \cdot (D+E+F) \cdot \overline{G}$ 를 이용하여 등가회로로 표현한다.

연계이론 PHASE 41 논리회로

02

누전경보기의 구성요소 4가지와 각각의 기능을 답란에 쓰시오. (4점)

구성요소	기능

정답

구성요소	기능
영상변류기	누설전류를 검출한다.
수신기	누설전류를 증폭한다.
차단기구	누설전류 감지 시 전원을 차단한다.
음향장치	누설전류 발생 시 경보를 발한다.

연계이론 PHASE 16 누전경보기

03

P형 수신기의 1경계구역에 대한 결선도를 답안지에 작성하시오. (5점)

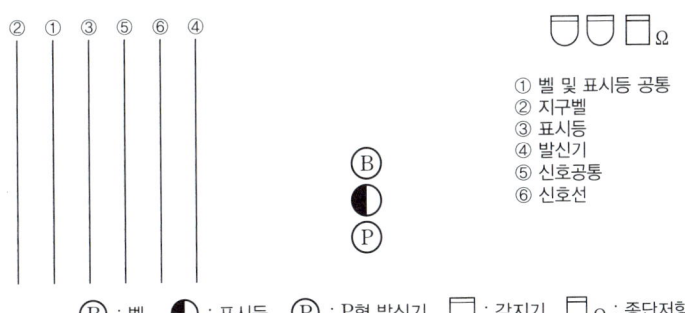

① 벨 및 표시등 공통
② 지구벨
③ 표시등
④ 발신기
⑤ 신호공통
⑥ 신호선

Ⓑ : 벨   ◐ : 표시등   Ⓟ : P형 발신기   ⌒ : 감지기   □Ω : 종단저항

정답

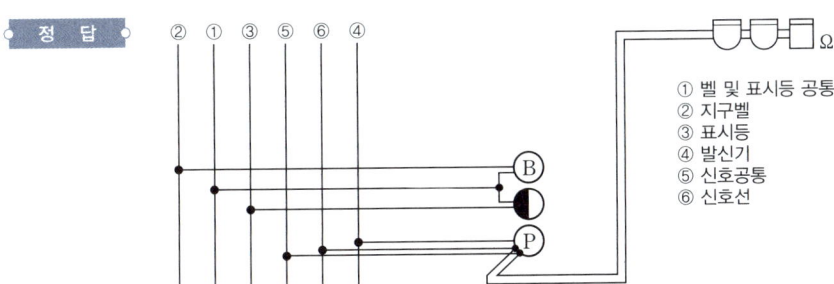

① 벨 및 표시등 공통
② 지구벨
③ 표시등
④ 발신기
⑤ 신호공통
⑥ 신호선

해설

Ⓑ : 경종을 의미하므로 경종, 경종공통 단자에 연결해야 한다.
◐ : 표시등을 의미하므로 표시등, 표시등공통 단자에 연결해야 한다.
⑤의 경우 회로와 회로공통이 이미 연결되어 있으므로 나머지 응답 단자에 연결해야 한다.
※ 종단저항을 연결하는 선은 신호(회로)선, 신호(회로)공통선이다.

연계이론 PHASE 42 자동화재탐지설비 도면

04 다음은 PB-on스위치를 ON한 후 일정시간이 지난 다음에 MC가 작동하여 전동기 M이 운전하는 회로를 나타낸 것이다. 여기에 사용한 타이머 ⓣ는 입력신호가 소멸했을 때 열려서 이탈되는 형식으로 전동기가 회전하면 릴레이 ⓧ가 복구되어 타이머에 입력 신호가 소멸되고 전동기는 계속 회전할 수 있도록 이 시퀀스를 수정하시오. (5점)

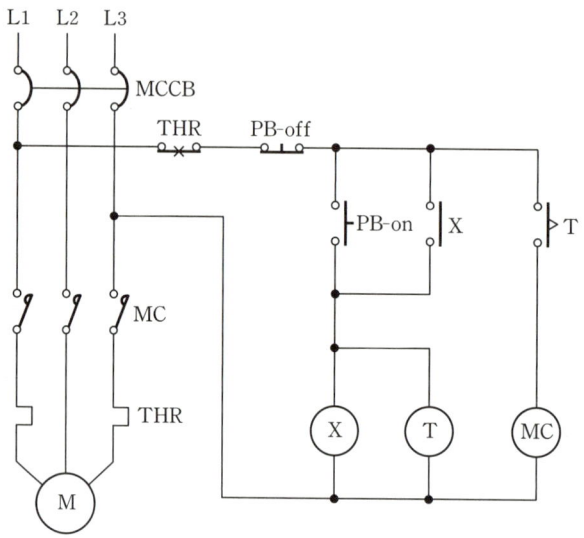

정답

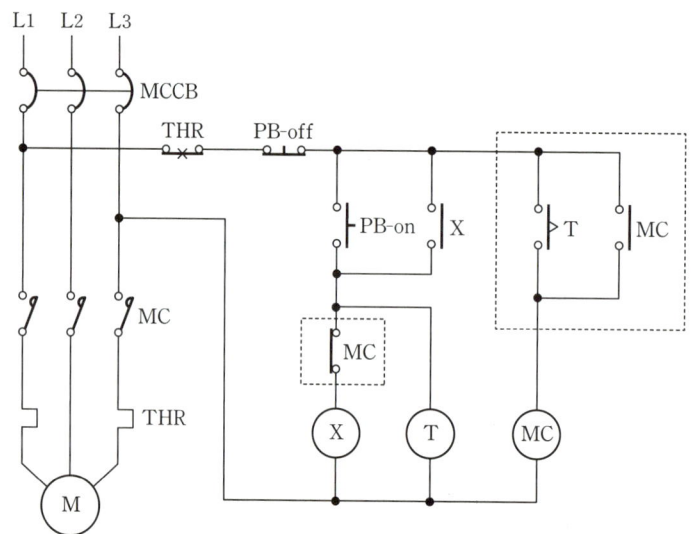

해설

동작설명

- PB-on 스위치를 누르면 릴레이 X와 타이머 T가 여자되고 X-a접점에 의해 자기유지가 된다.
- 타이머의 설정시간이 지나면 T-a접점이 작동하고 릴레이 MC가 여자된다. 이때 MC-a접점에 의해 자기유지가 되며 MC-b접점이 열리면서 릴레이 X가 복구된다.
- PB-off 스위치를 누르거나 THR이 동작할 경우 전동기 M은 멈추게 된다.

연계이론 PHASE 40 시퀀스 회로

05 감지기의 부착높이 및 특정소방대상물의 구분에 따른 설치면적기준이다. 다음 표의 ①~⑧에 해당되는 면적을 쓰시오. (6점)

(단위: [m²])

부착높이 및 특정소방대상물의 구분		감지기의 종류						
		차동식 스포트형		보상식 스포트형		정온식 스포트형		
		1종	2종	1종	2종	특종	1종	2종
4[m] 미만	주요구조부가 내화구조로 된 소방대상물 또는 그 부분	①	70	①	70	70	60	⑦
	기타구조의 소방대상물 또는 그 부분	②	③	②	③	40	30	⑧
4[m] 이상 8[m] 미만	주요구조부가 내화구조로 된 소방대상물 또는 그 부분	45	④	45	④	④	⑤	―
	기타구조의 소방대상물 또는 그 부분	30	25	30	25	25	⑥	―

①	②	③	④	⑤	⑥	⑦	⑧

정답

①	②	③	④	⑤	⑥	⑦	⑧
90	50	40	35	30	15	20	15

해설

(단위: [m²])

부착높이 및 특정소방대상물의 구분		감지기의 종류						
		차동식 스포트형		보상식 스포트형		정온식 스포트형		
		1종	2종	1종	2종	특종	1종	2종
4[m] 미만	내화구조	90(①)	70	90(①)	70	70	60	20(⑦)
	기타구조	50(②)	40(③)	50(②)	40(③)	40	30	15(⑧)
4[m] 이상 8[m] 미만	내화구조	45	35(④)	45	35(④)	35(④)	30(⑤)	―
	기타구조	30	25	30	25	25	15(⑥)	―

연계 이론

PHASE 09 감지기

06 어느 특정소방대상물에 자동화재탐지설비용 공기관식 차동식 분포형 감지기를 설치하려고 한다. 다음 각 물음에 답하시오. (5점)

(1) 감지구역마다 공기관의 노출 부분의 길이는 몇 [m] 이상이어야 하는가?
(2) 하나의 검출 부분에 접속하는 공기관의 길이는 몇 [m] 이하이어야 하는가?
(3) 공기관과 감지구역의 각 변과의 수평거리는 몇 [m] 이하이어야 하는가?
(4) 공기관 상호 간의 거리는 몇 [m] 이하이어야 하는가?(단, 주요구조부는 비내화구조인 경우로 한다.)
(5) 공기관의 두께 및 바깥지름은 몇 [mm] 이상이어야 하는가?
  • 공기관의 두께:
  • 공기관의 바깥지름:

정 답
(1) 20[m]
(2) 100[m]
(3) 1.5[m]
(4) 6[m]
(5) • 공기관의 두께: 0.3[mm]
    • 공기관의 바깥지름: 1.9[mm]

해 설
공기관식 차동식 분포형 감지기 설치기준
• 공기관의 노출 부분은 감지구역마다 20[m] 이상이 되도록 해야 한다.
• 공기관과 감지구역의 각 변의 수평거리는 1.5[m] 이하가 되도록 하고, 공기관 상호 간의 거리는 6[m](주요구조부가 내화구조로 된 특정소방대상물 또는 그 부분에 있어서는 9[m]) 이하가 되도록 해야 한다.
• 공기관은 도중에서 분기하지 않도록 해야 한다.
• 하나의 검출 부분에 접속하는 공기관의 길이는 100[m] 이하로 해야 한다.
• 검출부는 5° 이상 경사되지 않도록 부착해야 한다.
• 검출부는 바닥으로부터 0.8[m] 이상 1.5[m] 이하의 위치에 설치해야 한다.

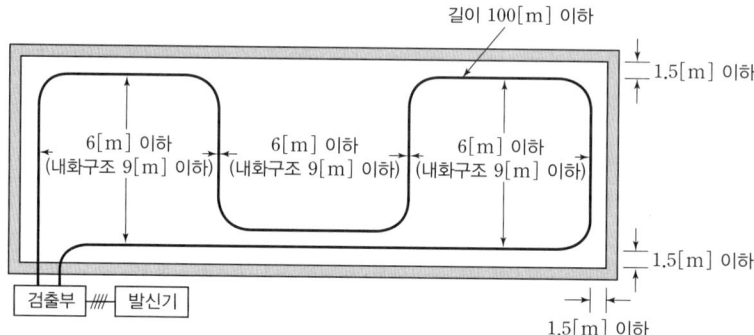

※ 공기관의 규격은 두께 0.3[mm] 이상, 바깥지름 1.9[mm] 이상이어야 하며, 공기관은 하나의 길이(이음매가 없는 것)가 20[m] 이상의 것으로 안지름 및 관의 두께가 일정하고 홈, 갈라짐 및 변형이 없어야 하며 부식되지 않아야 한다.

연 계 이 론 PHASE 10 열감지기

07 무선통신보조설비의 누설동축케이블 기호를 보고 빈칸을 채우시오. (6점)

$$(\underset{①}{\text{LCX}} - \underset{②}{\text{FR}} - \underset{③}{\text{SS}} - \underset{④}{20} \underset{⑤}{\text{D}} - \underset{⑥}{14}\ 6)$$

표 시	의 미
LCX	①
FR	②
SS	③
20	④
D	⑤
14	⑥
6	결합 손실

정답

표 시	의 미
LCX	누설동축케이블
FR	난연성(내열성)
SS	자기지지
20	절연체의 외경
D	특성 임피던스
14	사용주파수
6	결합 손실

연계이론 PHASE 26 무선통신보조설비

08

그림은 자동화재탐지설비와 준비작동식 스프링클러설비를 연동시키기 위한 간선계통도이다. 다음 각 물음에 답하시오. (8점)

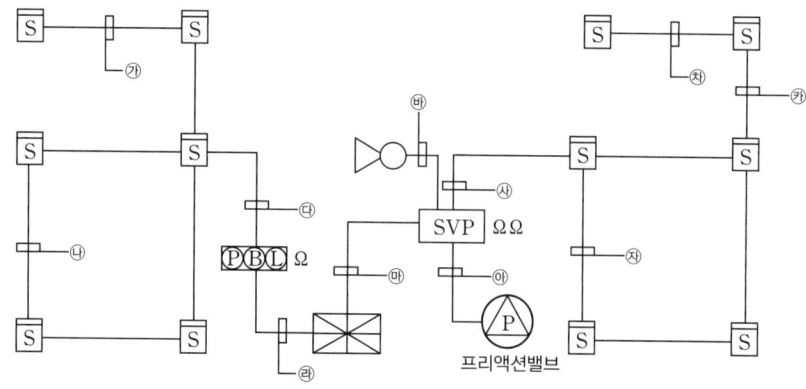

(1) ㉮~㉱까지의 배선 가닥수를 쓰시오. (단, 프리액션밸브용 감지기공통선과 전원공통선은 분리해서 사용하고, 프리액션밸브용 압력스위치, 탬퍼스위치 및 솔레노이드밸브용 공통선은 1가닥을 사용하는 조건이다.)

기호	㉮	㉯	㉰	㉱	㉲	㉳	㉴	㉵	㉶	㉷	㉸
가닥수											

(2) ㉲에 소요되는 배선의 용도를 쓰시오. (단, 해당 가닥수까지만 기록한다.)

정답

(1)
기호	㉮	㉯	㉰	㉱	㉲	㉳	㉴	㉵	㉶	㉷	㉸
가닥수	4	2	4	6	9	2	8	4	4	4	8

(2) 전원⊕·⊖, 감지기 A·B, 감지기공통, 압력스위치, 탬퍼스위치, 솔레노이드밸브, 사이렌

해설

[감지기 결선]

수신기를 기준으로 좌측은 자동화재탐지설비, 우측은 프리액션 스프링클러설비이다.
- 자동화재탐지설비의 감지기는 송배선식으로 배선한다. 송배선식의 루프(㉯)는 2가닥, 기타(㉮, ㉰) 4가닥으로 배선한다.
- 프리액션(준비작동식) 스프링클러설비의 감지기는 교차회로 방식으로 배선한다. 교차회로 방식의 루프(㉷) 및 말단(㉶)은 4가닥, 기타(㉵, ㉸) 8가닥으로 배선한다.

기호	가닥수	배선 내역
㉮	4	지구 2, 지구공통 2
㉯	2	지구 1, 지구공통 1
㉰	4	지구 2, 지구공통 2
㉵	8	지구 4, 지구공통 4
㉶	4	지구 2, 지구공통 2
㉷	4	지구 2, 지구공통 2
㉸	8	지구 4, 지구공통 4

[수신기 ↔ 발신기]

자동화재탐지설비의 경계구역이 하나이므로 기본 6가닥(지구 1, 지구공통 1, 응답 1, 경종 1, 표시등 1, 경종표시등공통 1)이다.

기호	가닥수	배선 내역
㉔	6	지구 1, 지구공통 1, 응답 1, 경종 1, 표시등 1, 경종표시등공통 1

[수신기 ↔ SVP]

일반적으로 감지기공통선과 전원⊖선을 분리할 경우 9가닥으로 산정하며, 배선용도는 (전원 ⊕·⊖, 감지기 공통, 감지기 A·B, 솔레노이드밸브 1, 탬퍼스위치 1, 압력스위치 1, 사이렌 1)이다. 감지기공통선과 전원 ⊖ 선을 구분하지 않는 경우 공용으로 사용할 수 있어 8가닥으로 볼 수 있는 점에 유의해야 한다.

기호	가닥수	배선 내역
㉕	9	전원 ⊕·⊖, 감지기공통, 감지기 A·B, 솔레노이드밸브 1, 탬퍼스위치 1, 압력스위치 1, 사이렌 1

[SVP 결선]

- 프리액션 밸브는 압력스위치, 탬퍼스위치, 솔레노이드밸브로 구성되어 있으며 공통선을 사용할 경우 4가닥(압력스위치 1, 탬퍼스위치 1, 솔레노이드밸브 1, 공통선 1)이며, 공통선을 사용하지 않을 경우 6가닥으로 산정한다(압력스위치 2, 탬퍼스위치 2, 솔레노이드밸브 2).
- SVP에서 사이렌 사이는 2가닥(사이렌 2)이 필요하다.

기호	가닥수	배선 내역
㉖	2	사이렌 2
㉕	4	압력스위치 1, 탬퍼스위치 1, 솔레노이드밸브 1, 공통선 1

연계이론 PHASE 47 스프링클러설비 도면

09 차동식 분포형 감지기의 종류 3가지를 쓰시오. (4점)

-
-
-

정답
- 공기관식
- 열전대식
- 열반도체식

해설 **차동식 분포형 감지기의 종류**
- 공기관식 차동식 분포형
- 열전대식 차동식 분포형
- 열반도체식 차동식 분포형

연계이론 PHASE 09 감지기

10 그림은 자동방화문설비의 자동방화문 결선도 및 계통도이다. 다음 물음에 답하시오. (6점)

조건
(가) 전선의 가닥수는 최소한으로 한다.
(나) 방화문 감지기회로는 본 문제에서 제외한다.
(다) 자동방화문설비는 층별로 구획되어 설치되어 있다.

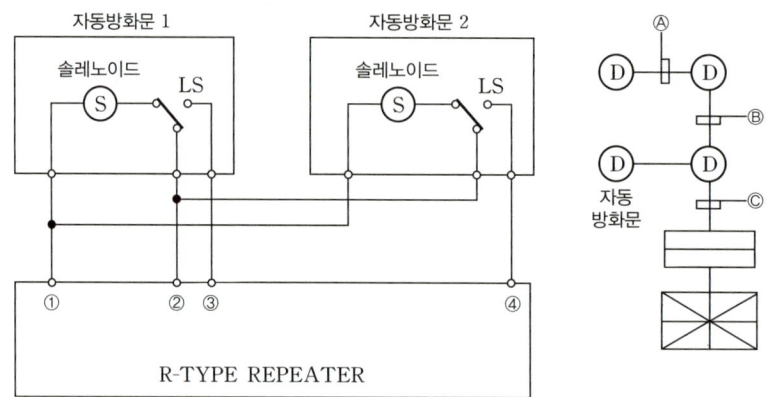

(1) ①~④까지 배선의 용도를 답란에 쓰시오.

①	②	③	④

(2) Ⓐ~ⓒ의 전선 가닥수와 배선의 용도를 답란에 쓰시오.

기호	전선 가닥수	배선 용도
Ⓐ		
Ⓑ		
ⓒ		

정답

(1)

①	②	③	④
기동	공통	기동확인 1	기동확인 2

(2)

기호	전선 가닥수	배선 용도
Ⓐ	3	기동 1, 기동확인 1, 공통 1
Ⓑ	4	기동 1, 기동확인 2, 공통 1
ⓒ	7	기동 2, 기동확인 4, 공통 1

해설

(1) 자동방화문설비에 필요한 배선은 총 3가닥(기동 1, 기동확인 1, 공통 1)이다. 자동방화문 수가 증가할 경우 기동확인선이 1가닥씩 추가된다. 즉, 결선도에 들어가야 할 내용은 '① 기동, ② 공통, ③ 기동확인 1, ④ 기동확인 2'이다.

(2) 자동방화문설비가 층별로 구획되어 설치되어 있고, 층별로 설치한 자동방화문 설비는 2개로 동일하므로 공통선을 제외한 가닥수가 2배로 증가한다. 한 층에 자동방화문이 2개 있는 경우(Ⓑ) 4가닥(기동 1, 기동확인 2, 공통 1)이 필요하고, 두 개의 층(ⓒ)이 있는 경우 총 7가닥((기동 1, 기동확인 2)×2, 공통 1)이 필요하다.

연계이론 PHASE 45 자동방화문 설비 도면

11 P형 1급 수신기와 감지기와의 배선회로 사이에 종단저항이 20[kΩ], 릴레이저항이 500[Ω], 회로의 전압이 DC 24[V]이며, 감시전류는 1.17[mA]이다. 감지기가 작동할 때 흐르는 전류는 몇 [mA]인가?

(5점)

- 계산과정:
- 답:

정 답

- 계산과정:
  배선(선로)저항을 $x[\Omega]$이라 하면
  $$\frac{24}{20 \times 10^3 + 500 + x} = 1.17 \times 10^{-3}[A] \quad \therefore x = 12.82[\Omega]$$
  감지기 동작 시 동작전류 $I = \frac{24}{500 + 12.82} = 0.0468[A] = 46.8[mA]$

- 답: 46.8[mA]

해 설

(1) 감시상태의 경우

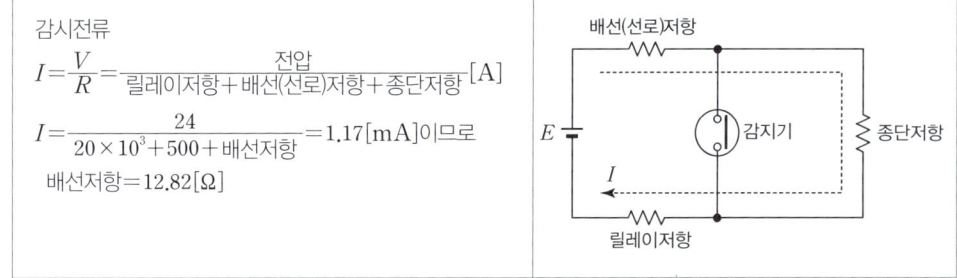

감시전류
$I = \frac{V}{R} = \frac{전압}{릴레이저항 + 배선(선로)저항 + 종단저항}[A]$

$I = \frac{24}{20 \times 10^3 + 500 + 배선저항} = 1.17[mA]$이므로

배선저항 = 12.82[Ω]

(2) 동작상태인 경우

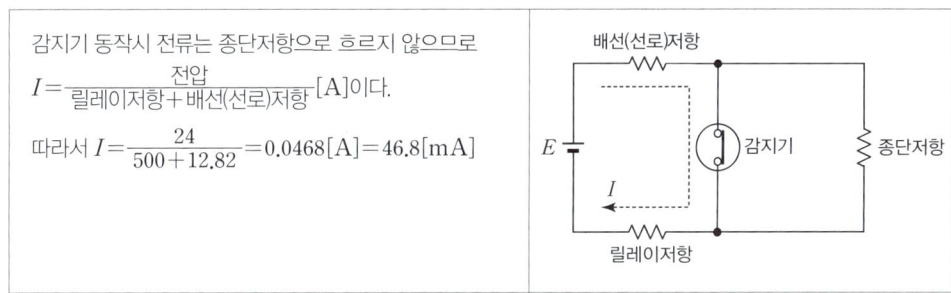

감지기 동작시 전류는 종단저항으로 흐르지 않으므로
$I = \frac{전압}{릴레이저항 + 배선(선로)저항}[A]$이다.

따라서 $I = \frac{24}{500 + 12.82} = 0.0468[A] = 46.8[mA]$

연계이론 PHASE 34 감지기회로의 전류

12 접지공사와 관련된 문제가 출제되었으나, 현행 법령상 적용되지 않는 문제이므로 삭제하였습니다.

13 연축전지가 여러 개 설치되어 그 정격용량이 200[Ah]인 축전지설비가 있다. 상시부하가 8[kW]이고, 표준 전압이 100[V]라고 할 때, 다음 각 물음에 답하시오. (단, 축전지의 방전율은 10시간율로 한다.) (6점)

(1) 연축전지는 몇 셀 정도 필요한가?
- 계산과정:
- 답:

(2) 충전 시에 발생하는 가스의 종류는?

(3) 충전이 부족할 때 극판에 발생하는 현상을 무엇이라고 하는가?

정 답

(1) • 계산과정: $\dfrac{100}{2} = 50$
- 답: 50[cell]

(2) 수소가스

(3) 설페이션 현상

해 설

(1) 연축전지와 알칼리축전지의 특징

구분	연축전지	알칼리축전지
공칭전압	2.0[V/cell]	1.2[V/cell]
방전율	10[h]	5[h]

(3) 축전지를 방전상태로 둘 경우 극판 표면에 유백색의 결정이 발생한다. 이 결정으로 인해 축전지의 기능이 저하되는데 이를 설페이션 현상이라 한다.

연계이론 PHASE 29 축전지

14 청각장애인용 시각경보장치의 설치기준을 3가지만 쓰시오. 단, 화재안전기술기준 각 호의 내용을 1가지로 본다. (6점)

-
-
-

정답
- 복도·통로·청각장애인용 객실 및 공용으로 사용하는 거실(로비, 회의실, 강의실, 식당, 휴게실, 오락실, 대기실, 체력단련실, 접객실, 안내실, 전시실, 기타 이와 유사한 장소를 말함)에 설치하며, 각 부분으로부터 유효하게 경보를 발할 수 있는 위치에 설치할 것
- 공연장·집회장·관람장 또는 이와 유사한 장소에 설치하는 경우에는 시선이 집중되는 무대부 부분 등에 설치할 것
- 설치 높이는 바닥으로부터 2[m] 이상 2.5[m] 이하의 장소에 설치할 것. 다만, 천장의 높이가 2[m] 이하인 경우에는 천장으로부터 0.15[m] 이내의 장소에 설치하여야 한다.

해설 **청각장애인용 시각경보장치의 설치기준**
- 복도·통로·청각장애인용 객실 및 공용으로 사용하는 거실(로비, 회의실, 강의실, 식당, 휴게실, 오락실, 대기실, 체력단련실, 접객실, 안내실, 전시실, 기타 이와 유사한 장소를 말함)에 설치하며, 각 부분으로부터 유효하게 경보를 발할 수 있는 위치에 설치할 것
- 공연장·집회장·관람장 또는 이와 유사한 장소에 설치하는 경우에는 시선이 집중되는 무대부 부분 등에 설치할 것
- 설치 높이는 바닥으로부터 2[m] 이상 2.5[m] 이하의 장소에 설치할 것. 다만, 천장의 높이가 2[m] 이하인 경우에는 천장으로부터 0.15[m] 이내의 장소에 설치하여야 한다.
- 시각경보장치의 광원은 전용의 축전지설비 또는 전기저장장치(외부 전기에너지를 저장해 두었다가 필요한 때 전기를 공급하는 장치)에 의하여 점등되도록 할 것. 다만, 시각경보기에 작동전원을 공급할 수 있도록 형식승인을 얻은 수신기를 설치한 경우에는 그렇지 않다.

연계이론 PHASE 15 시각경보장치

15 지상 1.6[m]가 되는 곳에 수조가 있다. 이 수조에 분당 80[m³]의 물을 양수하는 펌프용 전동기를 설치하여 3상 전력을 공급하려고 한다. 펌프 효율이 75[%]이고, 펌프 측 동력에 10[%]의 여유를 둔다고 할 때 펌프용 전동기의 용량은 약 몇 [kW]인지 구하시오. (5점)

- 계산과정:
- 답:

정답
- 계산과정: $P = \dfrac{9.8 \times 80 \times 1.6 \times 1.1}{0.75 \times 60} = 30.66 [\text{kW}]$
- 답: 30.66[kW]

해설 **전동기 용량**

$$P = \dfrac{9.8QHK}{\eta t}[\text{kW}]$$

(단, Q: 양수량[m³], H: 전양정[m], K: 여유계수, η: 효율[%], t: 시간[s])

분당 양수량으로 주어졌으므로 $Q=80[\text{m}^3]$, $t=60[\text{s}]$를 적용한다.

따라서 전동기 용량 $P = \dfrac{9.8 \times 80 \times 1.6 \times 1.1}{0.75 \times 60} = 30.66[\text{kW}]$ (여유계수=1+여유율=1.1)

연계이론 PHASE 33 전동기 용량

16 다음은 P형 1급 수동발신기의 내부결선을 나타낸 것이다. 단자의 명칭을 쓰고 내부결선을 완성하여 각 단자와 연결하시오. 또한 LED, 푸시버튼스위치의 기능을 간략하게 설명하시오. (8점)

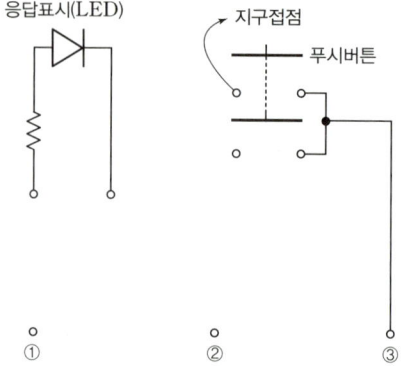

(1) ①~③의 명칭을 쓰시오.

(2) 내부결선을 완성하시오.

(3) 응답표시 LED, 푸시버튼스위치의 기능을 간략하게 설명하시오.

정답

(1) ① 응답단자
② 지구단자
③ 지구공통단자

(2)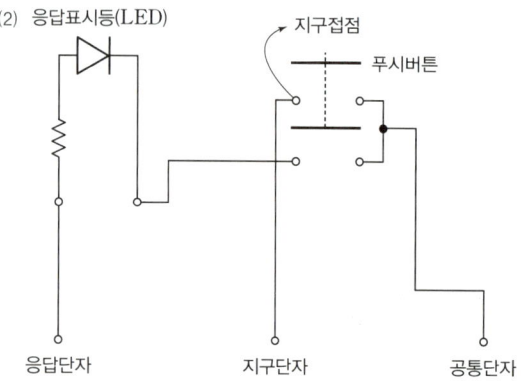

(3) ① 응답표시 LED: 발신된 신호를 수신기에서 수신이 되었는지 확인하는 응답 확인용 램프
② 푸시버튼스위치: 화재를 발견한 사람이 수동으로 화재신호를 발신하는 스위치

연계이론 PHASE 42 자동화재탐지설비 도면

17 그림과 같이 1개의 등을 2개소에서 점멸이 가능하도록 하려고 한다. 다음 각 물음에 답하시오. (5점)

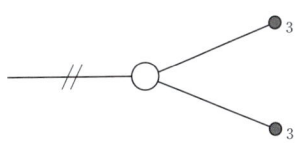

(1) ●의 명칭을 구체적으로 쓰시오.
(2) 배선에 배선 가닥수를 표시하시오.
(3) 전선 접속도(실제 배선도)를 그리시오.

정답

(1) 3로 스위치
(2)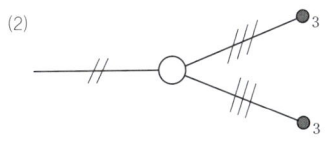
(3)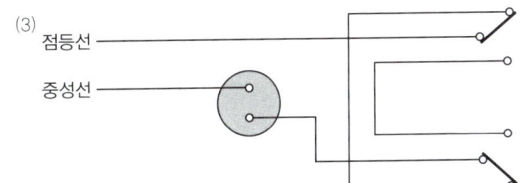

해설

3로 스위치 2개를 이용하면 1개의 등을 2개소에서 점등 및 소등이 가능하다. 다음 그림과 같은 회로에서 스위치 SW_1과 스위치 SW_2과 서로 같은 방향인 경우 점등이 되고 다른 방향인 경우 소등이된다.

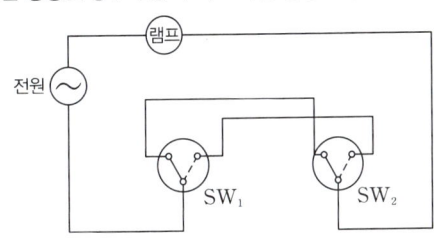

18 다음은 스프링클러설비의 음향장치의 구조 및 성능기준이다. ( ) 안에 답을 쓰시오. (3점)

> 정격전압의 ( )[%] 전압에서 음향을 발할 수 있는 것으로 할 것

정답 80

해설 **스프링클러설비 음향장치의 구조 및 성능기준**
- 정격전압의 80[%] 전압에서 음향을 발할 수 있는 것으로 할 것
- 음량은 부착된 음향장치의 중심으로부터 1[m] 떨어진 위치에서 90[dB] 이상이 되는 것으로 할 것

연계이론 **PHASE 03** 스프링클러설비

2020년 2회 기출문제

01
다음은 중계기의 설치기준이다. ( ) 안에 알맞은 내용을 쓰시오. (6점)

- 수신기에서 직접 감지기회로의 (①)을 행하지 않는 것에 있어서는 수신기와 감지기 사이에 설치할 것
- 수신기에 따라 감시되지 않는 배선을 통하여 전력을 공급받는 것에 있어서는 전원입력 측의 배선에 (②)를 설치하고 해당 전원의 정전이 즉시 수신기에 표시되는 것으로 하며, (③) 및 (④)의 시험을 할 수 있도록 할 것

정답
① 도통시험 ② 과전류차단기 ③ 상용전원 ④ 예비전원

해설
중계기의 설치기준
- 수신기에서 직접 감지기회로의 도통시험을 행하지 않는 것에 있어서는 수신기와 감지기 사이에 설치할 것
- 조작 및 점검에 편리하고 화재 및 침수 등의 재해로 인한 피해를 받을 우려가 없는 장소에 설치할 것
- 수신기에 따라 감시되지 않는 배선을 통하여 전력을 공급받는 것에 있어서는 전원입력 측의 배선에 과전류 차단기를 설치하고 해당 전원의 정전이 즉시 수신기에 표시되는 것으로 하며, 상용전원 및 예비전원의 시험을 할 수 있도록 할 것

연계이론 PHASE 51 중계기

02
전동기가 주파수 50[Hz]에서 극수 4일 때 회전속도가 1,440[rpm]이다. 주파수를 60[Hz]로 하면 회전 속도는 몇 [rpm]이 되는가?(단, 슬립은 일정하다.) (4점)

- 계산과정:
- 답:

정답
- 계산과정:

주파수가 50[Hz]인 경우 동기속도 $N_s = \dfrac{120f}{p} = \dfrac{120 \times 50}{4} = 1,500$[rpm]

회전속도 $N = (1-s)N_s = 1,440$[rpm] → 슬립 $s = \dfrac{N_s - N}{N_s} = \dfrac{1,500 - 1,440}{1,500} = \dfrac{60}{1,500} = 0.04$

주파수가 60[Hz]인 경우 $N'_s = \dfrac{120 \times 60}{4} = 1,800$[rpm]

슬립 $s = 0.04$이므로 $N' = (1-s)N'_s = (1-0.04) \times 1,800 = 1,728$[rpm]
- 답: 1,728[rpm]

해설
유도 전동기의 특성

- 동기속도 $N_s = \dfrac{120f}{p}$[rpm](단, f: 주파수[Hz], p: 극수)
- 회전속도 $N = (1-s)N_s$[rpm](단, s: 슬립)
- 슬립 $s = \dfrac{N_s - N}{N_s}$

연계이론 PHASE 31 유도전동기

03

유량 2,400[LPM], 양정 90[m]인 스프링클러설비용 펌프 전동기의 용량[kW]을 계산하시오. (단, 효율: 70[%], 전달계수: 1.1이다.) (4점)

- 계산과정:
- 답:

정답

- 계산과정: $P = \dfrac{9.8 \times 2.4 \times 90 \times 1.1}{0.7 \times 60} = 55.44[\text{kW}]$
- 답: 55.44[kW]

해설 전동기 용량

$$P = \dfrac{9.8QH}{\eta t}K\,[\text{kW}]$$

(단, Q: 양수량[m³], H: 전양정[m], K: 여유계수, η: 효율[%], t: 시간[s])

분당 양수량(유량)으로 주어졌으므로 $Q = 2,400[\text{L}] = 2.4[\text{m}^3]$, $t = 60[\text{s}]$를 적용한다.

따라서 전동기 용량 $P = \dfrac{9.8 \times 2.4 \times 90 \times 1.1}{0.7 \times 60} = 55.44[\text{kW}]$

※ [lpm] 단위는 분당 [L]를 의미하므로 단위를 [m³]으로 변환해야한다. (1,000[L]=1[m³])

연계이론 PHASE 33 전동기 용량

04

길이 18[m]의 통로에 객석유도등을 설치하려고 한다. 이때 필요한 객석유도등의 수량은 최소 몇 개인지 구하시오. (3점)

- 계산과정:
- 답:

정답

- 계산과정: $\dfrac{18}{4} - 1 = 3.5 \rightarrow 4$
- 답: 4개

해설 객석유도등의 설치개수는 $N = \dfrac{\text{객석통로의 직선부분의 길이[m]}}{4} - 1$(소수점 절상)이므로

$N = \dfrac{18}{4} - 1 = 3.5 \rightarrow 4$개

더 알아보기

구분	설치개수
객석유도등	$\dfrac{\text{객석통로의 직선부분의 길이[m]}}{4} - 1$(소수점 절상)
유도표지	$\dfrac{\text{구부러진 곳이 없는 부분의 보행거리[m]}}{15} - 1$(소수점 절상)
복도통로유도등, 거실통로유도등	$\dfrac{\text{구부러진 곳이 없는 부분의 보행거리[m]}}{20} - 1$(소수점 절상)

연계이론 PHASE 21 객석유도등

05

논리식 $Y=(A \cdot B \cdot C)+(A \cdot \overline{B} \cdot \overline{C})$에 대한 진리표를 완성하고 릴레이회로(유접점회로)와 논리회로(무접점회로)로 바꾸어 그리시오. (9점)

(1) 진리표

A	B	C	Y
0	0	0	
0	0	1	
0	1	0	
0	1	1	
1	0	0	
1	0	1	
1	1	0	
1	1	1	

(2) 릴레이회로(유접점회로)

(3) 논리회로(무접점회로)

정답

(1)

A	B	C	Y
0	0	0	0
0	0	1	0
0	1	0	0
0	1	1	0
1	0	0	1
1	0	1	0
1	1	0	0
1	1	1	1

(2)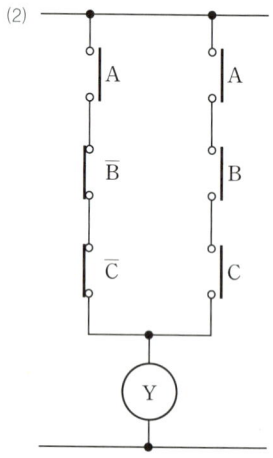

(3)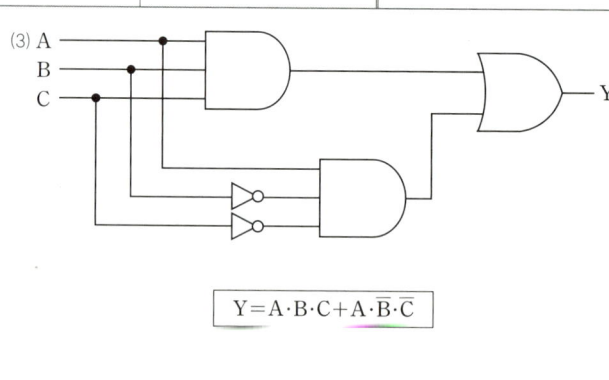

$Y=A \cdot B \cdot C + A \cdot \overline{B} \cdot \overline{C}$

해설 | 논리회로와 논리식

구분	논리식	논리회로	진리표
AND 회로	$X = A \cdot B$	A, B → X	A B X / 0 0 0 / 0 1 0 / 1 0 0 / 1 1 1
OR 회로	$X = A + B$	A, B → X	A B X / 0 0 0 / 0 1 1 / 1 0 1 / 1 1 1

연계이론 **PHASE 41 논리회로**

06 통로유도등의 설치 제외 장소 2가지를 쓰시오. (5점)

-
-

정답
- 구부러지지 아니한 복도 또는 통로로서 길이가 30[m] 미만인 복도 또는 통로
- 복도 또는 통로로서 보행거리가 20[m] 미만이고 그 복도 또는 통로와 연결된 출입구 또는 그 부속실의 출입구에 피난구유도등이 설치된 복도 또는 통로

해설 | 통로유도등의 설치 장소

복도통로유도등	• 복도에 설치할 것 • 구부러진 모퉁이 및 보행거리 20[m]마다 설치할 것 • 바닥으로부터 높이 1[m] 이하의 위치에 설치할 것
거실통로유도등	• 거실의 통로에 설치할 것 • 구부러진 모퉁이 및 보행거리 20[m]마다 설치할 것 • 바닥으로부터 높이 1.5[m] 이상의 위치에 설치할 것 ※ 거실통로에 기둥이 설치된 경우에는 기둥 부분의 바닥으로부터 높이 1.5[m] 이하의 위치에 설치할 것
계단통로유도등	• 각층의 경사로참 또는 계단참마다 설치할 것 • 바닥으로부터 높이 1[m] 이하의 위치에 설치할 것

통로유도등의 설치 제외 장소
- 구부러지지 아니한 복도 또는 통로로서 길이가 30[m] 미만인 복도 또는 통로
- 복도 또는 통로로서 보행거리가 20[m] 미만이고 그 복도 또는 통로와 연결된 출입구 또는 그 부속실의 출입구에 피난구유도등이 설치된 복도 또는 통로

연계이론 **PHASE 20 통로유도등**

07 도면은 어느 사무실 건물의 1층 자동화재탐지설비의 미완성 평면도를 나타낸 것이다. 이 건물은 지상 3층으로 연면적 2,000[m²]이다. 각 층의 평면은 1층과 동일하다고 할 경우 평면도 및 주어진 조건을 이용하여 다음 각 물음에 답하시오. (10점)

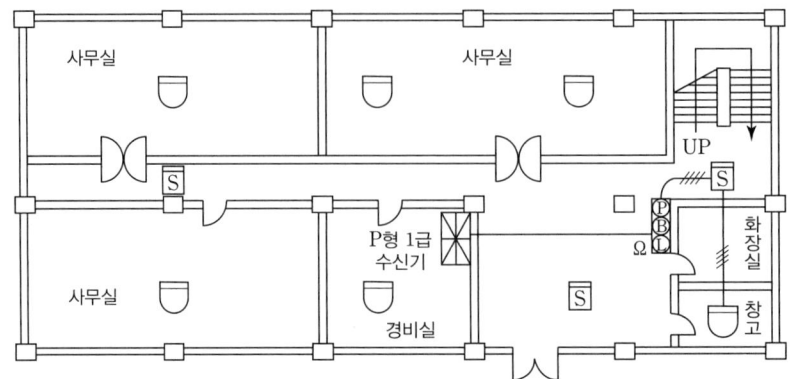

조건

(가) 계통도 작성 시 각 층의 수동발신기는 1개씩 설치하는 것으로 한다.
(나) 계단실의 감지기는 설치를 제외한다.
(다) 간선의 사용전선은 HFIX 전선 2.5[mm²]이며, 공통선은 발신기 공통 1선, 경종표시등 공통 1선을 각각 사용한다.
(라) 계통도 작성 시 전선수는 최소로 한다.
(마) 전선관 공사는 후강전선관으로 콘크리트 내 매입 시공한다.
(바) 각 실은 이중천장이 없는 구조이며, 천장에 감지기를 바로 취부한다.
(사) 각 실의 바닥에서 천장까지의 높이는 2.8[m]이다.
(아) 후강전선관의 굵기 표는 다음과 같다.

도체 단면적 [mm²]	전선본수									
	1	2	3	4	5	6	7	8	9	10
	전선관의 최소 굵기[mm]									
2.5	16	16	16	16	22	22	22	28	28	28
4	16	16	16	22	22	22	28	28	28	28
6	16	16	22	22	22	28	28	28	36	36
10	16	22	22	28	28	36	36	36	36	36

(1) 도면의 P형 1급 수신기는 최소 몇 회로용을 사용하여야 하는지 쓰시오.
(2) 수신기에서 발신기세트까지의 배선 가닥수는 몇 가닥이며, 여기에 사용되는 후강전선관은 몇 [mm]를 사용하는지 쓰시오.
　• 가닥수:
　• 후강전선관:
(3) 연기감지기를 매입인 것으로 사용할 경우 그림기호를 그리시오.
(4) 주어진 평면도에 배관 및 배선을 하여 자동화재탐지설비의 도면을 완성하시오. (단, 배선 가닥수도 표기하도록 하시오.)
(5) 본 설비에 대한 간선계통도를 그리시오. (단, 계통도에는 배선 가닥수도 표시하도록 하시오.)

정 답

(1) 5회로용

(2) • 전선 가닥수: 8가닥
 • 후강전선관: 28[mm]

(3)

(4)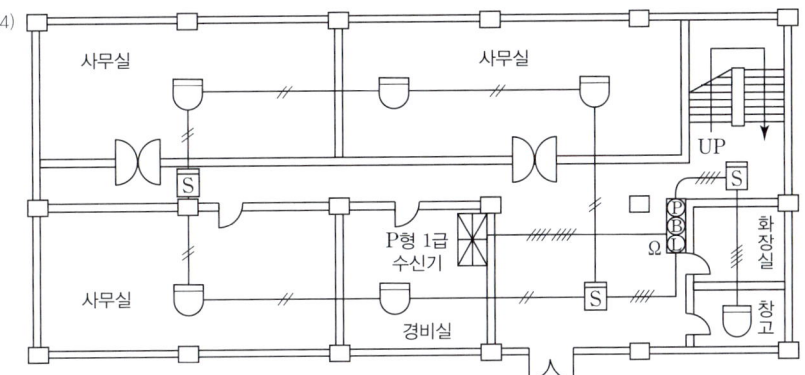

(5)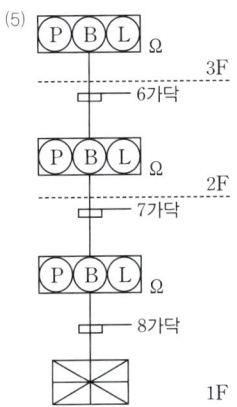

해 설

(1) 발신기에 종단저항이 한 개만 있으므로 경계구역수는 1개이다. 건물이 1층부터 3층까지 총 3층이 있으므로 경계구역수는 총 3개이다. 따라서 총 3회로가 필요하며, P형 수신기는 일반적으로 5회로 단위로 산정하므로 5회로용이 필요하다.

(2) 단면적 2.5[mm²]인 전선 8가닥을 후강전선관에 넣기 위해 다음 표에서 28[mm] 규격을 선정한다.

도체 단면적 [mm²]	전선본수									
	1	2	3	4	5	6	7	8	9	10
	전선관의 최소 굵기[mm]									
2.5	16	16	16	16	22	22	22	28	28	28
4	16	16	16	22	22	22	28	28	28	28
6	16	16	22	22	22	28	28	28	36	36
10	16	22	22	28	28	36	36	36	36	36

(4) 발신기에 연결된 종단저항이 1개이므로 감지기는 송배선식으로 배선한다. 송배선식의 루프는 2가닥, 그 외 나머지는 4가닥으로 배선한다.

(5) 층수가 11층(공동주택의 경우 16층) 이상인 특정소방대상물의 경보방식은 우선경보방식을 적용하며 그 이외의 경우 일제경보방식을 적용한다. 즉, 이 건물은 일제경보방식을 적용하고 있고 수신기가 1층에 있으므로 3층은 6가닥, 2층은 7가닥, 1층은 8가닥이 필요하다.

층수	가닥수	배선 용도
3층	6	지구 1, 지구공통 1, 응답 1, 경종 1, 표시등 1, 경종표시등공통 1
2층	7	지구 2, 지구공통 1, 응답 1, 경종 1, 표시등 1, 경종표시등공통 1
1층	8	지구 3, 지구공통 1, 응답 1, 경종 1, 표시등 1, 경종표시등공통 1

○ 연 계 이 론 ○   **PHASE 42** 자동화재탐지설비 도면

08

차동식 스포트형 감지기는 여러 환경에 따라 감지기의 동작특성이 달라진다. 리크구멍이 축소되었을 경우와 리크구멍이 확대되었을 경우에 나타나는 동작특성에 대하여 쓰시오. (4점)

(1) 리크구멍이 축소되었을 경우:

(2) 리크구멍이 확대되었을 경우:

○ 정 답 ○
(1) 감지기가 민감해져 동작이 빨라진다.
(2) 감지기가 둔감해져 동작이 느려진다.

○ 해 설 ○   **리크구멍**

리크구멍은 감지기의 오동작을 방지하기 위해 설치하며 다음과 같은 역할을 수행한다.
- 화재로 인해 공기관이 열을 받으면, 공기관 내의 공기가 팽창
- 팽창한 공기는 리크구멍을 통해 다이어프램을 팽창시켜 접점을 폐쇄하고, 화재 신호를 발함
- 온도가 서서히 상승할 경우, 감열실의 공기를 내보냄

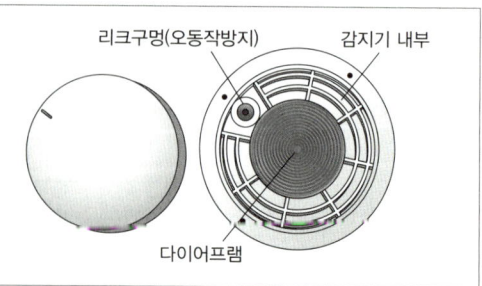

감지기의 동작이 빨라지는 경우	감지기의 동작이 느려지는 경우
• 리크구멍이 막힌 경우 • 리크저항이 높은 경우 • 리크구멍이 축소된 경우	• 리크구멍 주변이 파손된 경우 • 리크저항이 낮은 경우 • 리크구멍이 확대된 경우

○ 연 계 이 론 ○   **PHASE 10** 열감지기

09 다음은 자동화재탐지설비의 P형 1급 수신기의 미완성 결선도이다. 다음 각 물음에 답하시오. (6점)

(1) 수신기의 단자에 알맞게 각 기기장치를 연결하시오. (단, 발신기의 단자는 왼쪽으로부터 응답, 지구회로, 지구회로 공통이다.)

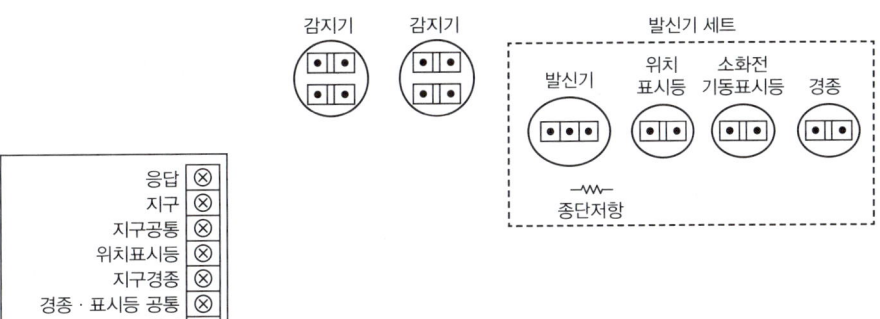

(2) 소화전 기동표시등의 색깔은?

(3) 발신기 위치표시등에 대한 다음 각 물음에 답하시오.
   ① 불빛의 식별범위:
   ② 표시등의 색깔:

정답

(1)
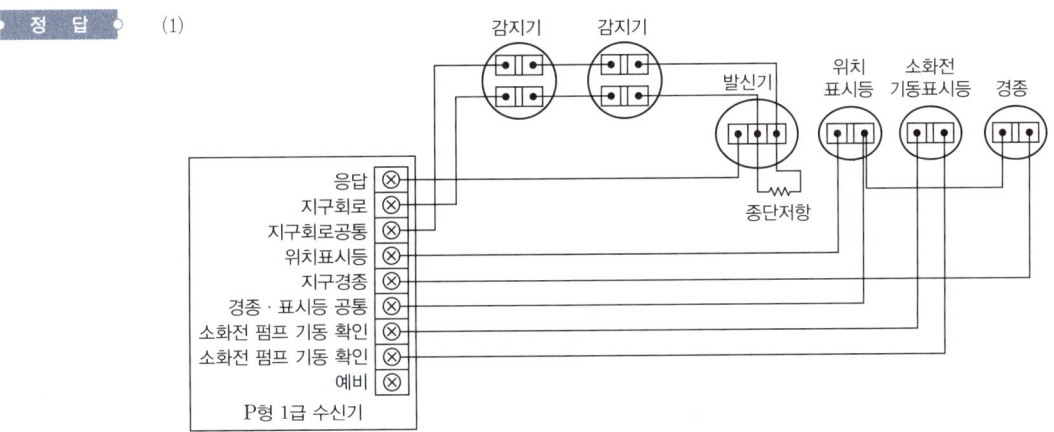

(2) 적색

(3) ① 부착면으로부터 15° 이상의 범위 안에서 부착지점으로부터 10[m] 이내의 어느 곳에서도 쉽게 식별할 수 있을 것
   ② 적색

해설

(1) 수신기 단자와 종단저항을 연결하는 선은 지구회로선, 지구회로공통선이다.

(3) 발신기의 위치를 표시하는 표시등은 함의 상부에 설치하되, 그 불빛은 부착면으로부터 15° 이상의 범위 안에서 부착지점으로부터 10[m] 이내의 어느 곳에서도 쉽게 식별할 수 있는 적색등으로 해야 한다.

연계이론 PHASE 42 자동화재탐지설비 도면

10 옥내소화전설비의 비상전원에 대한 다음 물음에 답하시오. (5점)

- 옥내소화전설비에 비상전원을 설치하여야 하는 경우이다. (　) 안에 알맞은 내용을 쓰시오.
  ① 층수가 7층 이상으로서 연면적이 (㉮)[m²] 이상인 것
  ② ①에 해당하지 않는 경우로서 지하층의 바닥면적의 합계가 (㉯)[m²] 이상인 것
- 다음은 옥내소화전설비 비상전원의 설치기준에 대한 사항이다. (　) 안에 알맞은 내용을 쓰시오.
  ① 옥내소화전설비를 유효하게 (㉰)분 이상 작동할 수 있어야 할 것
  ② 상용전원으로부터 전력의 공급이 중단된 때에는 (㉱)으로 비상전원으로부터 전력을 공급받을 수 있도록 할 것
  ③ 비상전원(내연기관의 기동 및 제어용 축전기 제외)의 설치장소는 다른 장소와 (㉲)할 것. 이 경우 그 장소에는 비상전원의 공급에 필요한 기구나 설비 외의 것(열병합발전설비에 필요한 기구나 설비 제외)을 두어서는 아니 된다.
  ④ 비상전원을 실내에 설치하는 때에는 그 실내에 (㉳)을 설치할 것

정답

㉮ 2,000
㉯ 3,000
㉰ 20
㉱ 자동
㉲ 방화구획
㉳ 비상조명등

해설

소방시설 비상전원 설치대상과 유효작동시간

구분	작동시간	비상전원의 종류	설치대상
옥내소화전	20분	• 자가발전설비 • 축전지설비 • 전기저장장치	• 층수가 7층 이상으로서 연면적이 2,000[m²] 이상인 것 • 그 외 특정소방대상물로서 지하층의 바닥면적 합계가 3,000[m²] 이상인 것

옥내소화전설비의 비상전원의 설치기준

- 점검에 편리하고 화재 및 침수 등의 재해로 인한 피해를 받을 우려가 없는 곳에 설치할 것
- 옥내소화전설비를 유효하게 20분 이상 작동할 수 있어야 할 것
- 상용전원으로부터 전력의 공급이 중단된 때에는 자동으로 비상전원으로부터 전력을 공급받을 수 있도록 할 것
- 비상전원(내연기관의 기동 및 제어용 축전기를 제외)의 설치장소는 다른 장소와 방화구획 할 것. 이 경우 그 장소에는 비상전원의 공급에 필요한 기구나 설비 외의 것(열병합발전설비에 필요한 기구나 설비는 제외)을 두지 않을 것
- 비상전원을 실내에 설치하는 때에는 그 실내에 비상조명등을 설치할 것

연계이론

PHASE 27 전원

11 예비전원설비에 대한 다음 각 물음에 답하시오. (6점)

(1) 부동충전방식에 대한 회로(개략적인 그림)을 간단히 그리시오.
(2) 축전지의 과방전 또는 방치상태에서 기능회복을 위하여 실시하는 충전방식을 무엇이라 하는가?
(3) 연축전지의 정격용량은 250[Ah]이고, 상시부하가 8[kW]이며 표준전압이 100[V]인 부동충전방식의 충전기 2차 충전전류는 몇 [A]인가? (단, 축전지의 방전율은 10시간율로 한다.)

• 계산과정:

• 답:

정답

(1)

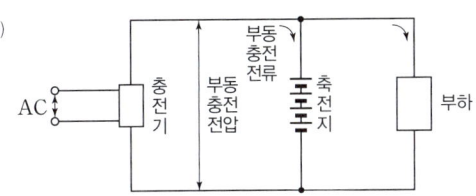

(2) 회복충전방식

(3) • 계산과정: $I = \dfrac{250}{10} + \dfrac{8 \times 10^3}{100} = 105[A]$

• 답: 105[A]

해설

(1), (2) 축전지의 충전방식

구분	의미
보통충전방식	정기적으로 표준시간율로 충전하는 방식
급속충전방식	일반 충전전류의 2~3배의 전류로 충전하는 방식
세류충전방식	자기방전량만 충전하는 방식
부동충전방식	축전지의 자기방전을 보충하면서 상용부하에 대한 전력공급은 충전기가 부담하되, 일시적인 대전류 부하에는 축전지가 부담하도록 하는 방식
회복충전방식	축전지의 과방전 및 방치상태, 가벼운 설페이션 현상 등이 생겼을 때 기능회복을 위하여 실시하는 충전방식

(3) 2차 충전전류 $I = \dfrac{\text{축전지의 정격용량}}{\text{축전지의 방전율}} + \dfrac{\text{상시부하}}{\text{표준전압}}$ [A]이고, 연축전지의 방전율은 10[h]이므로

$I = \dfrac{250}{10} + \dfrac{8 \times 10^3}{100} = 105[A]$이다.

구분	연축전지	알칼리축전지
공칭전압	2.0[V/cell]	1.2[V/cell]
방전율	10[h]	5[h]

연계이론

PHASE 29 축전지

12

주요구조부가 내화구조인 특정소방대상물에 자동화재탐지설비용 공기관식 차동식 분포형 감지기를 설치하려고 한다. 다음 각 물음에 답하시오. (8점)

(1) 공기관의 노출 부분은 감지구역마다 몇 [m] 이상이 되도록 하여야 하는가?
(2) 공기관과 감지구역의 각 변과의 수평거리는 몇 [m] 이하가 되어야 하는가?
(3) 하나의 검출 부분에 접속하는 공기관의 길이는 몇 [m] 이하로 하여야 하는가?
(4) 공기관 상호 간의 거리는 몇 [m] 이하이어야 하는가?
(5) 검출부는 몇 도 이상 경사되지 아니하도록 부착하여야 하는가?

정답

(1) 20[m]
(2) 1.5[m]
(3) 100[m]
(4) 9[m]
(5) 5°

해설 **공기관식 차동식 분포형 감지기 설치기준**

- 공기관의 노출 부분은 감지구역마다 20[m] 이상이 되도록 해야 한다.
- 공기관과 감지구역의 각 변과의 수평거리는 1.5[m] 이하가 되도록 하고, 공기관 상호 간의 거리는 6[m](주요구조부가 내화구조로 된 특정소방대상물 또는 그 부분에 있어서는 9[m]) 이하가 되도록 해야 한다.
- 공기관은 도중에서 분기하지 않도록 해야 한다.
- 하나의 검출 부분에 접속하는 공기관의 길이는 100[m] 이하로 해야 한다.
- 검출부는 5° 이상 경사되지 않도록 부착해야 한다.
- 검출부는 바닥으로부터 0.8[m] 이상 1.5[m] 이하의 위치에 설치해야 한다.

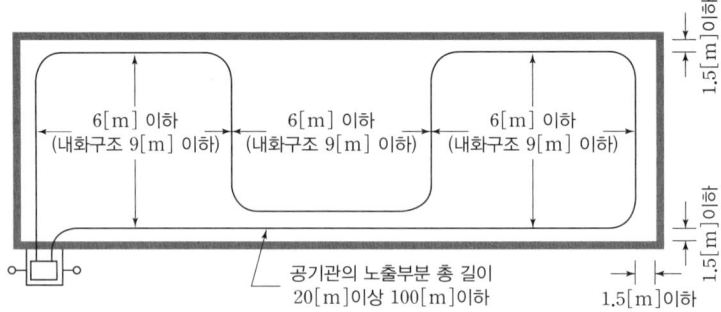

연계이론   PHASE 10 열감지기

13 지하 4층, 지상 11층의 건물에 비상콘센트를 설치하려고 한다. 다음 물음에 답하시오. (단, 지하 각 층의 바닥면적은 300[m²]이며 각 층의 출입구는 1개소이고, 계단에서 가장 먼 부분까지의 수평거리는 20[m]이다.) (6점)

(1) 비상콘센트의 설치대상에 관한 사항이다. (   ) 안에 알맞은 내용을 쓰시오.

> 지하층의 층수가 (①) 이상이고 지하층의 바닥면적의 합계가 (②)[m²] 이상인 것은 지하층의 모든 층

(2) 이 건물에 설치하여야 하는 비상콘센트의 설치개수를 쓰시오.

정답

(1) ① 3층
    ② 1,000
(2) 5개

해설

(1) 비상콘센트설비를 설치해야 하는 특정소방대상물
- 층수가 11층 이상인 특정소방대상물의 경우에는 11층 이상의 층
- 지하층의 층수가 3층 이상이고 지하층의 바닥면적의 합계가 1,000[m²] 이상인 것은 지하층의 모든 층
- 지하가 중 터널로서 길이가 500[m] 이상인 것

(2) 비상콘센트 설치기준(수평거리)

구분	설치간격
발신기, 음향장치, 지하상가 또는 지하층의 바닥면적의 합계가 3,000[m²] 이상인 경우	수평거리 25[m] 이하
기타	수평거리 50[m] 이하

[지상층]
- 지상 11층의 건물이므로 11층에 비상콘센트 1개를 설치한다.

[지하층]
- 지하층은 4개층으로 각 층의 바닥면적이 300[m²]이므로 총 바닥면적은 300×4=1,200[m²]이다. 즉, 지하층은 수평거리 50[m] 이하마다 하나의 비상콘센트를 설치해야 한다. 계단에서 가장 먼 부분까지의 수평거리는 20[m]라 하였으므로 각 층마다 설치해야 할 비상콘센트 수는 $N=\frac{20}{50}=0.4 \to$ 1개(소수점 절상)이고, 총 4개 층이 있으므로 4개를 설치해야 한다.

[비상콘센트 설치 수량]
- 비상콘센트는 지상층의 1개와 지하층의 4개를 합한 5개를 설치해야 한다.

연계이론

PHASE 25 비상콘센트설비

14 40[W] 중형피난구유도등이 AC 220[V] 상용전원에 연결되어 있다. 전원에 연결된 유도등은 10개이며, 유도등의 역률은 60[%]이다. 공급전류[A]를 계산하시오. (단, 유도등의 배터리 충전전류는 무시하며, 전원 공급방식은 단상 2선식이다.) (3점)

- 계산과정:
- 답:

정답

- 계산과정: $I = \dfrac{40 \times 10}{220 \times 0.6} = 3.03[A]$
- 답: 3.03[A]

해설

단상 유효전력 $P = VI\cos\theta [W]$ (단, V: 전압[V], I: 전류[A], $\cos\theta$: 역률)
중형피난구유도등 10개의 합성 전력 $P = 10 \times 40 = 400[W]$
전류 $I = \dfrac{P}{V\cos\theta}[A]$ 이므로 $I = \dfrac{400}{220 \times 0.6} = 3.03[A]$

---

15 다음 ( ) 안에 적합한 내용을 쓰시오. (4점)

> 자동화재속보설비의 절연된 (①)와 외함 간의 절연저항은 직류 500[V]의 절연저항계로 측정한 값이 (②)[MΩ] 이상이어야 하고 교류입력 측과 외함 간에는 (③)[MΩ] 이상이어야 한다. 그리고 절연된 선로 간의 절연저항은 직류 500[V]의 절연저항계로 측정한 값이 (④)[MΩ] 이상이어야 한다.

정답

① 충전부
② 5
③ 20
④ 20

해설

자동화재속보설비의 절연저항시험
- 절연된 충전부와 외함 간의 절연저항은 직류 500[V]의 절연저항계로 측정한 값이 5[MΩ](교류입력 측과 외함 간에는 20[MΩ]) 이상이어야 한다.
- 절연된 선로 간의 절연저항은 직류 500[V]의 절연저항계로 측정한 값이 20[MΩ] 이상이어야 한다.

연계이론 PHASE 35 절연저항

16

자동화재탐지설비의 경계구역의 설정기준이다. (   ) 안에 알맞은 내용을 쓰시오. (6점)

- 하나의 경계구역의 면적은 (①)[m²] 이하로 하고 한 변의 길이는 (②)[m] 이하로 할 것(단, 해당 특정소방대상물의 주된 출입구에서 그 내부 전체가 보이는 것에 있어서는 한 변의 길이가 (②)[m]의 범위 내에서 (③)[m²] 이하로 할 수 있다.)
- 하나의 경계구역이 2개 이상의 층에 미치지 않도록 할 것(다만, (④)[m²] 이하의 범위 안에서는 2개의 층을 하나의 경계구역으로 할 수 있다.)
- 스프링클러설비·물분무등소화설비 또는 (⑤)의 화재감지장치로서 화재감지기를 설치한 경우의 경계구역은 해당 소화설비의 방호구역 또는 (⑥)과 동일하게 설정할 수 있다.

정답

① 600
② 50
③ 1,000
④ 500
⑤ 제연설비
⑥ 제연구역

해설

경계구역의 설정기준

- 하나의 경계구역이 2개 이상의 건축물에 미치지 않도록 할 것
- 하나의 경계구역이 2개 이상의 층에 미치지 않도록 할 것. 다만, 500[m²] 이하의 범위 안에서는 2개의 층을 하나의 경계구역으로 할 수 있다.
- 하나의 경계구역의 면적은 600[m²] 이하로 하고 한 변의 길이는 50[m] 이하로 할 것. 다만, 해당 특정소방대상물의 주된 출입구에서 그 내부 전체가 보이는 것에 있어서는 한 변의 길이가 50[m]의 범위 내에서 1,000[m²] 이하로 할 수 있다.
- 계단(직통계단 외의 것에 있어서는 떨어져 있는 상하 계단의 상호 간의 수평거리가 5[m] 이하로서 서로 간에 구획되지 아니한 것)·경사로(에스컬레이터 경사로 포함)·엘리베이터 승강로(권상기실이 있는 경우에는 권상기실)·린넨슈트·파이프 피트 및 덕트 기타 이와 유사한 부분에 대하여는 별도로 경계구역을 설정하되, 하나의 경계구역은 높이 45[m] 이하(계단 및 경사로에 한함)로 하고, 지하층의 계단 및 경사로(지하층의 층수가 한 개 층일 경우는 제외)는 별도로 하나의 경계구역으로 하여야 한다.
- 외기에 면하여 상시 개방된 부분이 있는 차고·주차장·창고 등에 있어서는 외기에 면하는 각 부분으로부터 5[m] 미만의 범위 안에 있는 부분은 경계구역의 면적에 산입하지 않는다.
- 스프링클러설비·물분무등소화설비 또는 제연설비의 화재감지장치로서 화재감지기를 설치한 경우의 경계구역은 해당 소화설비의 방호 또는 제연구역과 동일하게 설정할 수 있다.

연계이론

PHASE 07 자동화재탐지설비(경계구역)

17 그림은 Y−△ 기동 제어회로의 미완성 도면이다. 주어진 조건을 이용하여 다음 각 물음에 답하시오.

(6점)

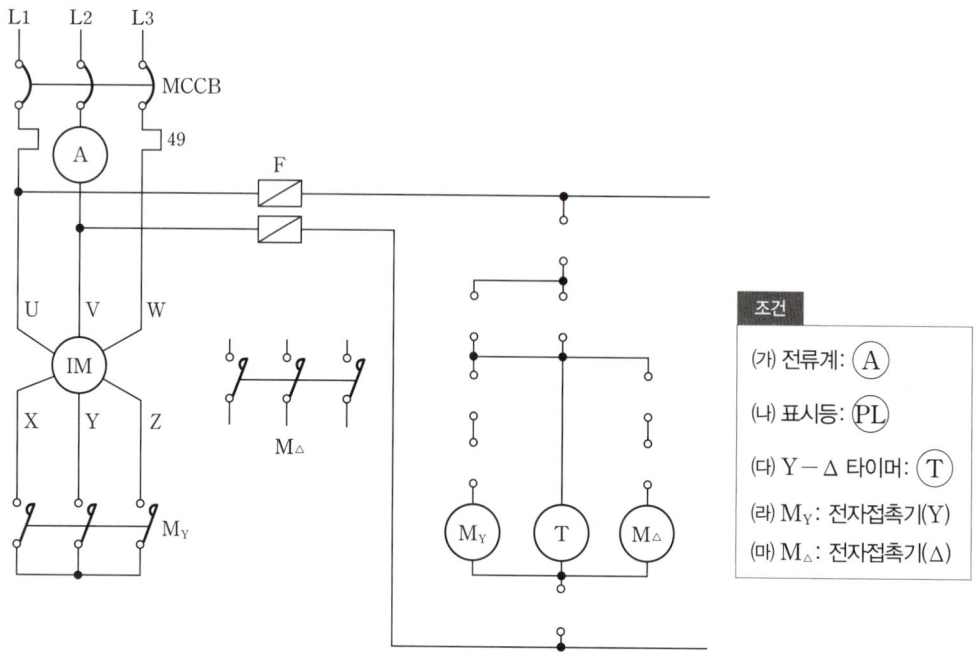

(1) Y−△ 운전이 가능하도록 주회로의 미완성 부분을 도면에 완성하시오.
(2) Y−△ 운전이 가능하도록 보조회로 미완성 부분을 도면에 완성하시오.
(3) MCCB를 투입하면 표시등이 점등되도록 미완성 도면에 회로를 추가하여 그리시오.

정 답 (1), (2), (3)

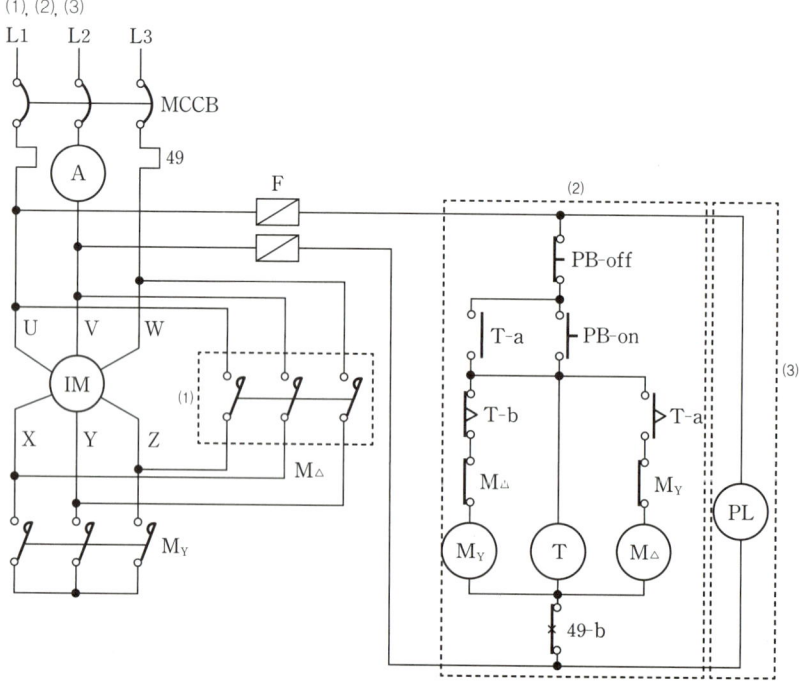

[해설]

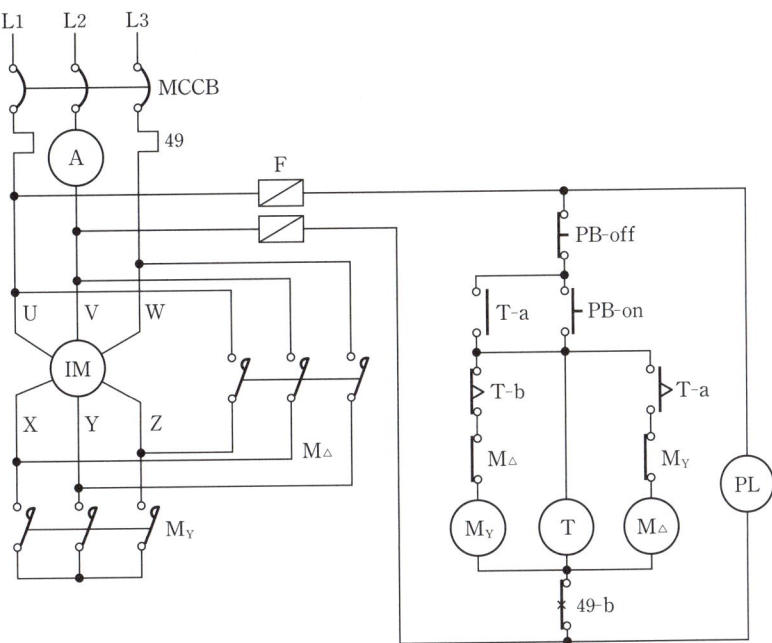

(1) △결선을 해야하므로 각 상을 다른 상에 접속시켜야 한다.

(2) • PB−on을 누르면 릴레이 M_Y와 타이머 T가 동작한다. 동시에 전동기는 Y기동을 하게 된다.
   • 타이머의 설정시간이 지나면 T−b접점에 의해 릴레이 M_Y는 복구가 되고 T−a접점에 의해 릴레이 $M_△$가 동작한다. 즉, Y기동을 멈추고 △기동이 시작된다.

(3) MCCB 투입 시 표시등 PL이 점등되도록 보조회로에 연결시킨다.

[연계이론] PHASE 40 시퀀스 회로

---

18 배선용 차단기의 심벌이다. 기호 ①~③가 의미하는 바를 쓰시오. (5점)

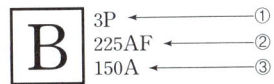

[정답]
① 극수(3극)
② 프레임의 정격용량(225 암페어 프레임)
③ 정격전류(150[A])

[해설] 배선용 차단기의 심벌과 의미

3P: 극수(3극)
225AF 프레임의 정격용량(225 암페어 프레임)
150A: 정격전류(150[A])

[연계이론] PHASE 37 도면

2020년 3회 기출문제

01 높이 20[m] 이상 되는 곳에 설치할 수 있는 감지기 두 가지를 쓰시오. (4점)

-
-

정답
- 불꽃감지기
- 광전식(분리형, 공기흡입형) 중 아날로그방식

해설

부착높이	감지기의 종류
4[m] 미만	차동식(스포트형, 분포형) 보상식 스포트형 정온식(스포트형, 감지선형) 이온화식 또는 광전식(스포트형, 분리형, 공기흡입형) 열복합형 연기복합형 열연기복합형 불꽃감지기
4[m] 이상 8[m] 미만	차동식(스포트형, 분포형) 보상식 스포트형 정온식(스포트형, 감지선형) 특종 또는 1종 이온화식 1종 또는 2종 광전식(스포트형, 분리형, 공기흡입형) 1종 또는 2종 열복합형 연기복합형 열연기복합형 불꽃감지기
8[m] 이상 15[m] 미만	차동식 분포형 이온화식 1종 또는 2종 광전식(스포트형, 분리형, 공기흡입형) 1종 또는 2종 연기복합형 불꽃감지기
15[m] 이상 20[m] 미만	이온화식 1종 광전식(스포트형, 분리형, 공기흡입형) 1종 연기복합형 불꽃감지기
20[m] 이상	불꽃감지기 광전식(분리형, 공기흡입형) 중 아날로그방식

연계이론 PHASE 09 감지기

02
다음 그림은 습식 스프링클러설비의 전기적 계통도이다. 그림을 보고 Ⓐ~Ⓔ의 배선수와 각 배선의 용도를 쓰시오. (8점)

> **조건**
> (가) 각 유수검지장치에는 밸브개폐감시용 스위치가 부착되어 있지 않다.
> (나) 사용전선은 HFIX 전선이다.

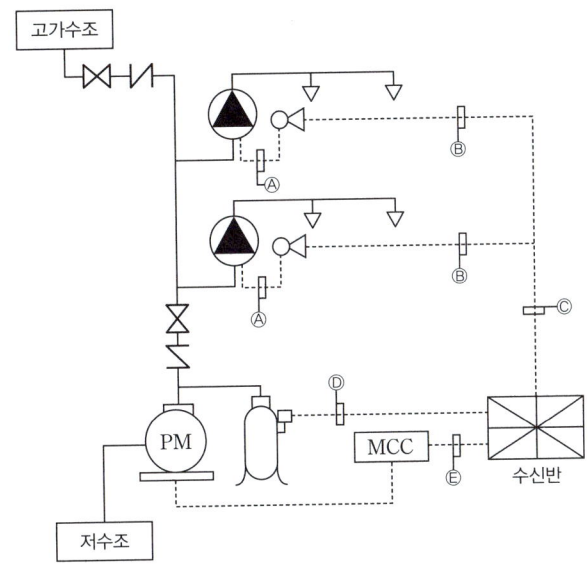

기호	배선수	배선의 용도
Ⓐ		
Ⓑ		
Ⓒ		
Ⓓ		
Ⓔ		

정 답

기호	배선수	배선의 용도
Ⓐ	2	유수검지스위치 2
Ⓑ	3	유수검지스위치 1, 사이렌 1, 공통 1
Ⓒ	5	유수검지스위치 2, 사이렌 2, 공통 1
Ⓓ	2	압력스위치 2
Ⓔ	5	기동 1, 정지 1, 공통 1, 전원표시등 1, 기동확인표시등 1

해 설
- 조건 (가)에서 각 유수검지장치에는 밸브개폐감시용 스위치가 부착되어 있지 않다고 하였으므로 습식스프링클러설비의 Ⓐ~Ⓒ 구간에서 밸브개방확인선은 산정하지 않는다.
- 습식 스프링클러설비의 구역이 증가하는 경우 유수검지스위치와 사이렌이 한 가닥씩 추가로 늘어난다. Ⓒ의 경우 2구역을 담당하므로 유수검지스위치 2, 사이렌 2, 공통 1로 총 5가닥이 된다.

연계이론 PHASE 47 스프링클러설비 도면

03 그림은 플로트스위치에 의한 펌프모터의 레벨제어에 관한 미완성 도면이다. 이 도면에 대하여 다음 각 물음에 답하시오. (7점)

조건
- 전원이 인가되면 ⓖⓛ램프가 점등된다.
- 자동일 경우 플로트스위치가 붙으면(동작하면) ⓡⓛ램프가 점등되고, 전자접촉기 ⑧⑧이 여자되어 ⓖⓛ램프가 소등되며, 펌프모터가 동작한다.
- 수동일 경우 누름버튼스위치 PB-on을 on시키면 전자접촉기 ⑧⑧이 여자되어 ⓡⓛ램프가 점등되고 ⓖⓛ램프가 소등되며, 펌프모터가 동작한다.
- 수동일 경우 누름버튼스위치 PB-off를 off시키거나 계전기 49가 동작하면 ⓡⓛ램프가 소등되고, ⓖⓛ램프가 점등되며, 펌프모터가 정지한다.

[기구 및 접점]

구분	개수
88-a 접점	1개
88-b 접점	1개
PB-on a 접점 스위치	1개
PB-off b 접점 스위치	1개
49-b 접점	1개
플로트스위치	1개

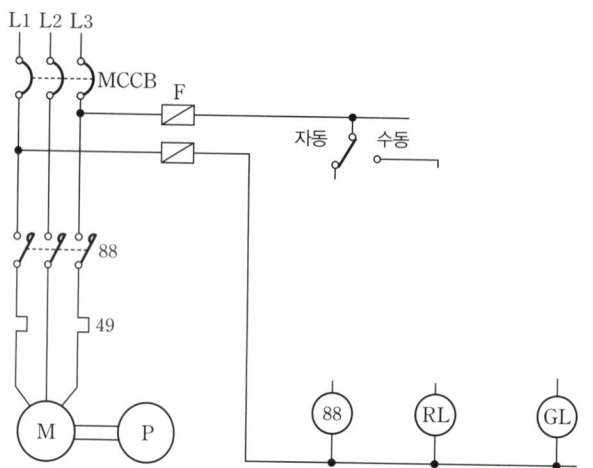

(1) 조건과 기구 및 접점 사용개수를 참고하여 미완성 도면을 완성하시오.
(2) 49와 MCCB의 우리말 명칭은 무엇인가?

정답

(1)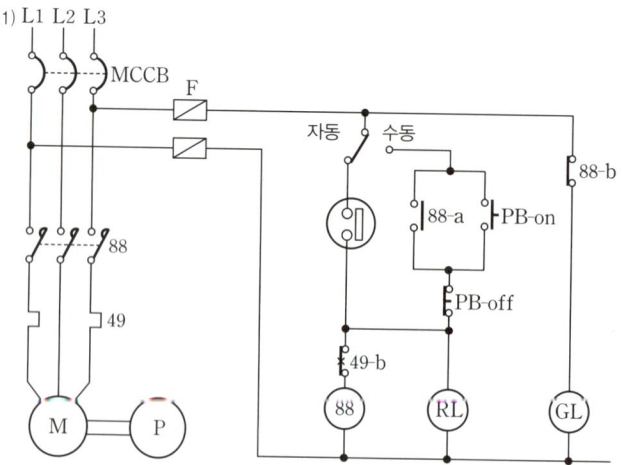

(2) • 49: 열동계전기(THR)
 • MCCB: 배선용 차단기

해설

(1) 플로트스위치는 액체의 상태(수면의 높낮이)를 감지하는 기기로 일반적으로 전극봉을 사용하여 수위를 감지하여 동작하는 스위치이다.

(2)

기호	명칭	용도
THR(49)	열동계전기	전동기의 과부하 보호용으로 사용하는 계전기로 운전 중 과부하가 걸릴 경우 THR−b접점이 열리면서 전동기를 정지시킨다.
MCCB	배선용 차단기	과전류로부터 보호를 위한 배선 보호용 차단기이다.

연계이론 PHASE 40 시퀀스 회로

04

어떤 건물의 사무실 바닥면적이 $700[m^2]$이고 천장 높이가 $4[m]$로서 내화구조이다. 이 사무실에 차동식 스포트형 2종 감지기를 설치하려고 한다. 최소 몇 개가 필요한지 구하시오. (4점)

- 계산과정:
- 답:

정답

- 계산과정: $\dfrac{700}{35} = 20$
- 답: 20개

해설

문제에 주어진 조건은 차동식 스포트형 감지기 2종, 내화구조, 설치높이 $4[m]$이므로 아래표에서 바닥면적을 산정한다.

(단위: $[m^2]$)

부착높이 및 특정소방대상물의 구분		감지기의 종류						
		차동식 스포트형		보상식 스포트형		정온식 스포트형		
		1종	2종	1종	2종	특종	1종	2종
4[m] 미만	내화구조	90	70	90	70	70	60	20
	기타구조	50	40	50	40	40	30	15
4[m] 이상 8[m] 미만	내화구조	45	35	45	35	35	30	—
	기타구조	30	25	30	25	25	15	—

바닥면적 $35[m^2]$이 산정되었으므로 감지기 개수는 $\dfrac{전용면적[m^2]}{35[m^2]} = \dfrac{700}{35} = 20$개가 필요하다.

※ 1경계구역당 면적 $600[m^2]$ 이하가 되어야 하지만, 이로 인해 전용 면적을 분리하지 않아도 된다.

연계이론 PHASE 09 감지기

05

소화전 가압펌프 용도로 적용된 3상 유도전동기가 있다. 이 유도전동기 구동을 위한 3상 전원 주파수는 60[Hz], 전동기 정격용량은 55[kW], 정상상태 슬립이 5[%], 극수가 4극일 경우, 정상상태 운전을 가정한 유도전동기의 동기속도와 회전속도를 구하시오. (4점)

(1) 동기속도는 몇 [rpm]인가?
- 계산과정:
- 답:

(2) 회전속도는 몇 [rpm]인가?
- 계산과정:
- 답:

정답

(1) • 계산과정: $N_s = \dfrac{120 \times 60}{4} = 1,800\,[\text{rpm}]$
- 답: 1,800[rpm]

(2) • 계산과정: $N = \dfrac{120 \times 60}{4} \times (1 - 0.05) = 1,710\,[\text{rpm}]$
- 답: 1,710[rpm]

해설

유도전동기의 특성

- 동기속도 $N_s = \dfrac{120f}{p}\,[\text{rpm}]$ (단, f: 주파수[Hz], p: 극수)
- 회전속도 $N = (1-s)N_s\,[\text{rpm}]$ (단, s: 슬립)
- 슬립 $s = \dfrac{N_s - N}{N_s}$

연계이론 PHASE 31 유도전동기

06

자동화재탐지설비 및 시각경보장치의 화재안전기술기준에서 배선의 설치기준에 관한 다음 각 물음에 답하시오. (6점)

(1) 감지기회로 및 부속회로의 전로와 대지 사이 및 배선 상호 간의 절연저항은 1경계구역마다 직류 250[V]의 절연저항측정기를 사용하여 측정한 절연저항이 몇 [MΩ] 이상이 되도록 하여야 하는가?

(2) P(P)형 수신기 및 지피(G.P)형 수신기의 감지기회로의 배선에 있어서 하나의 공통선에 접속할 수 있는 경계구역은 몇 개 이하로 하여야 하는가?

(3) 감지기회로의 도통시험을 위한 종단저항 설치기준 2가지를 쓰시오.
-
-

정답

(1) 0.1[MΩ]

(2) 7개

(3) • 점검 및 관리가 쉬운 장소에 설치할 것
- 전용함을 설치하는 경우 그 설치 높이는 바닥으로부터 1.5[m] 이내로 할 것

해 설

(1) 절연저항값에 따른 시험
  • 절연저항 0.1[MΩ] 이상

절연저항계	절연저항	대상
직류 250[V]	0.1[MΩ] 이상	1경계구역의 절연저항

  • 절연저항 5[MΩ] 이상

절연저항계	절연저항	대상
직류 500[V]	5[MΩ] 이상	• 누전경보기 • 가스누설경보기 • 수신기 • 자동화재속보설비 • 비상경보설비 • 유도등(교류입력 측과 외함 간 포함) • 비상조명등(교류입력 측과 외함 간 포함)

  • 절연저항 20[MΩ] 이상

절연저항계	절연저항	대상
직류 500[V]	20[MΩ] 이상	• 경종 • 발신기 • 중계기 • 비상콘센트 • 기기의 절연된 선로 간 • 기기의 충전부와 비충전부 간 • 기기의 교류입력 측과 외함 간(유도등, 비상조명등은 제외)

  • 절연저항 50[MΩ] 이상

절연저항계	절연저항	대상
직류 500[V]	50[MΩ] 이상	• 감지기(정온식 감지선형 감지기 제외) • 가스누설경보기 • 수신기

  • 절연저항 1,000[MΩ] 이상

절연저항계	절연저항	대상
직류 500[V]	1,000[MΩ] 이상	• 정온식 감지선형 감지기

(2) P형 수신기 및 G.P형 수신기의 감지기회로의 배선에 있어서 하나의 공통선에 접속할 수 있는 경계구역은 7개이다.

(3) 종단저항 설치기준
  • 점검 및 관리가 쉬운 장소에 설치할 것
  • 전용함을 설치하는 경우 그 설치 높이는 바닥으로부터 1.5[m] 이내로 할 것
  • 감지기회로의 끝부분에 설치하며, 종단감지기에 설치할 경우에는 구별이 쉽도록 해당 감지기의 기판 및 감지기 외부 등에 별도의 표시를 할 것

연 계 이 론 **PHASE 09 감지기**

07 다음 인터록 유접점 회로와 관련하여 물음에 답하시오. (9점)

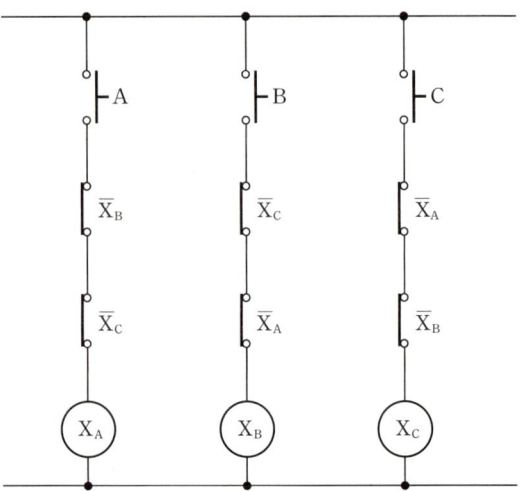

(1) 유접점 제어 회로도를 무접점으로 그리시오.
　　(단, AND, NOT 심벌로만 그린다. 기타는 틀린 것으로 한다.)
(2) 타임차트를 완성하시오.

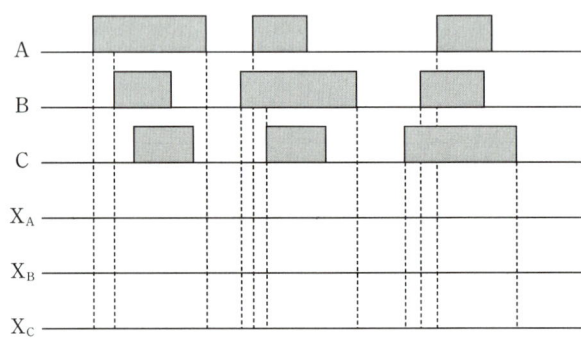

정답 (1)

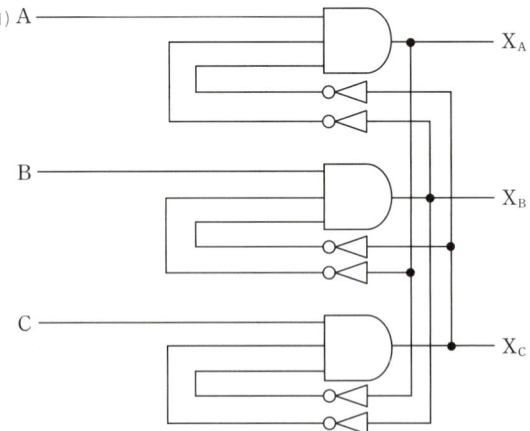

$X_A = A \cdot \overline{X_B} \cdot \overline{X_C}$
$X_B = B \cdot \overline{X_A} \cdot \overline{X_C}$
$X_C = C \cdot \overline{X_A} \cdot \overline{X_B}$

(2)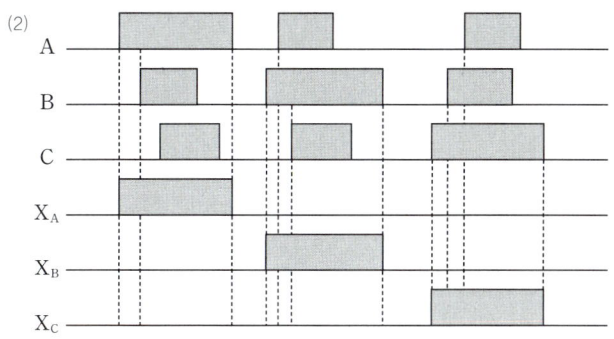

A가 ON인 경우 B와 C를 ON을 하여도 X_B와 X_C에 출력은 0이되고 X_A의 출력은 1로 유지된다. 입력 B와 C에 대해서도 동일한 특성을 보이며 이러한 회로를 인터록 회로라고 한다.

해설

(1) $X_A = A \cdot \overline{X_B} \cdot \overline{X_C}$
$X_B = B \cdot \overline{X_A} \cdot \overline{X_C}$
$X_C = C \cdot \overline{X_A} \cdot \overline{X_B}$

(2) • 푸시버튼스위치 A를 누르는 즉시 릴레이 A가 여자된다. 또한 인터록 회로로 인해 릴레이 B와 C는 동작하지 않게 된다. 푸시버튼스위치 A를 떼면 릴레이 A는 소자된다.
• 푸시버튼스위치 B를 누르는 즉시 릴레이 A가 여자된다. 또한 인터록 회로로 인해 릴레이 A와 C는 동작하지 않게 된다. 푸시버튼스위치 B를 떼면 릴레이 B는 소자된다.
• 푸시버튼스위치 C를 누르는 즉시 릴레이 C가 여자된다. 또한 인터록 회로로 인해 릴레이 A와 B는 동작하지 않게 된다. 푸시버튼스위치 C를 떼면 릴레이 C는 소자된다.

연계이론 PHASE 40 시퀀스 회로

08

지상 20[m]가 되는 곳에 500[m³]의 저수조가 있다. 이 저수조에 양수하기 위하여 15[kW]의 전동기를 사용한다면 약 몇 분 후에 저수조에 물이 가득 차겠는가? (단, 펌프효율은 70[%]이고, 여유계수 1.1이다.) (5점)

• 계산과정:
• 답:

정답

• 계산과정: $t = \dfrac{9.8 \times 500 \times 20 \times 1.1}{0.7 \times 15} \times \dfrac{1}{60} = 171.11$분

• 답: 171.11분

해설

전동기 용량 $P = \dfrac{9.8QHK}{\eta t}$[kW], 양수시간 $t = \dfrac{9.8QHK}{\eta P}$[s]
(단, Q: 양수량[m³], H: 전양정[m], K: 여유계수, η: 효율[%], t: 시간[s])

문제에서 [분] 단위로 물어보았으므로 저수조에 물이 가득 차는 데 필요한 시간은
$t = \dfrac{9.8QHK}{\eta \times P} \times \dfrac{1}{60} = \dfrac{9.8 \times 500 \times 20 \times 1.1}{0.7 \times 15} \times \dfrac{1}{60} = 171.11$분이다.

연계이론 PHASE 33 전동기 용량

09 비상용전원설비로 축전지를 설비하고자 한다. 사용부하의 방전전류-시간특성곡선이 그림과 같을 때, 다음 각 물음에 답하시오. (단, 용량환산시간값은 $K_1=0.85$(30분), $K_2=0.54$(10분), $K_3=0.7$(20분) 이다.) (6점)

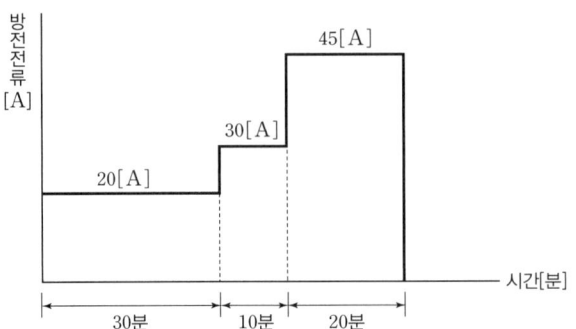

(1) 보수율의 의미를 설명하고 이 값은 보통 얼마로 하는지 쓰시오.
 • 의미:
 • 값:

(2) 연축전지와 알칼리축전지의 공칭전압을 쓰시오.
 • 연축전지:
 • 알칼리축전지:

(3) 다음 축전지의 용량을 계산하시오.
 • 계산과정:
 • 답:

정답

(1) • 의미: 보수율이란 사용연수의 경과나 사용조건의 변동에 의한 축전지 용량 변화의 보정 값을 의미한다.
 • 값: 0.8

(2) • 연축전지: 2.0[V/cell]
 • 알칼리축전지: 1.2[V/cell]

(3) • 계산과정: $C = \dfrac{1}{0.8}(0.85 \times 20 + 0.54 \times 30 + 0.7 \times 45) = 80.88$[Ah]
 • 답: 80.88[Ah]

해설

(1) 보수율이란 사용연수의 경과나 사용조건의 변동에 의한 축전지 용량 변화의 보정 값을 의미한다. 보수율을 용량 저하율이라고도 한다.

(2) 연축전지와 알칼리축전지의 특징

구분	연축전지	알칼리축전지
공칭전압	2.0[V/cell]	1.2[V/cell]
방전율	10[h]	5[h]

(3) 축전지 용량

$$C = \frac{1}{L}(K_1 I_1 + K_2 I_2 + K_3 I_3)[\text{Ah}]$$

(단, L: 보수율, K: 용량환산시간계수, I: 방전전류[A])

위 공식을 적용하면 $K_1=0.85$, $K_2=0.54$, $K_3=0.7$이고 $I_1=20[\text{A}]$, $I_2=30[\text{A}]$, $I_3=45[\text{A}]$이므로
$C = \frac{1}{0.8}(0.85 \times 20 + 0.54 \times 30 + 0.7 \times 45) = 80.88[\text{Ah}]$

○ 연계이론 ○ **PHASE 29** 축전지

10

지상 15층, 지하 5층 연면적 $7{,}000[\text{m}^2]$의 특정소방대상물에 자동화재탐지설비의 음향장치를 설치하고자 한다. 다음 각 물음에 답하시오. (6점)

(1) 11층에서 발화한 경우 경보를 발하여야 하는 층
(2) 1층에서 발화한 경우 경보를 발하여야 하는 층
(3) 지하 1층에서 발화한 경우 경보를 발하여야 하는 층

정답
(1) 지상 11층~15층
(2) 지하 1층~5층, 지상 1층 5층
(3) 지하 1층~5층, 지상 1층

해설
층수가 11층(공동주택의 경우에는 16층) 이상의 특정소방대상물은 우선경보방식을 적용하며 다음에 따라 경보를 발할 수 있도록 해야 한다.

발화층	경보층
2층 이상 발화	발화층, 직상 4개층
1층 발화	발화층, 직상 4개층, 지하층
지하층 발화	발화층, 직상층, 기타의 지하층

각 층별 경보구역은 다음과 같다.

발화층	경보층
11층	11층(발화층) 12층~15층(직상 4개층)
1층	1층(발화층), 2층~5층(직상 4개층), 지하 1층~5층(지하층)
지하 1층	지하 1층(발화층), 지상 1층(직상층), 지하 2층~5층(기타의 지하층)

○ 연계이론 ○ **PHASE 14** 비상방송설비

11 차동식 분포형 공기관식 감지기 시험방법에 대한 설명 중 ①와 ②에 알맞은 내용을 쓰시오. (4점)

- 검출부의 시험공 또는 공기관의 한 쪽 끝에 (①)을(를) 접속하고 시험코크 등을 유통시험 위치에 맞춘 후 다른 끝에 (②)을(를) 접속시킨다.
- (②)(으)로 공기를 주입하고 (①)의 수위를 눈금의 0점으로부터 100[mm] 상승시켜 수위를 정지시킨다.
- 시험코크 등에 의해 송기구를 개방하여 상승수위의 $\frac{1}{2}$까지 내려가는 시간(유통시간)을 측정한다.

정답
① 마노미터
② 테스트펌프

해설 **공기관식 차동식 분포형 감지기의 유통시험**

- 검출부 시험공 또는 공기관의 한 쪽 끝에 마노미터를 접속시키고, 다른 한 쪽 끝에 테스트펌프를 접속시킨다.
- 테스트펌프로 공기를 불어 넣어 마노미터의 수위를 약 100[mm]로 상승시키고 수위를 정지시킨다.
- 시험코크 또는 키를 접점수고치에 조정하고 테스트펌프로 적량의 공기를 서서히 불어 넣는다.
- 감지기의 접점이 닿았을 때 마노미터의 수위(반치)를 읽고 접점 수고치를 측정한다.

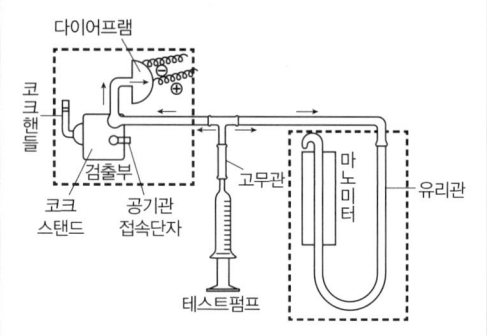

연계이론 PHASE 10 열감지기

---

12 복도통로유도등의 설치기준에 관한 사항이다. 다음 ( ) 안을 완성하시오. (6점)

- 구부러진 모퉁이 및 보행거리 (①)[m]마다 설치할 것
- 바닥으로부터 높이 (②)[m] 이하의 위치에 설치할 것

정답
① 20
② 1

해설 **복도통로유도등의 설치기준**

- 복도에 설치하되, 피난구유도등이 설치된 출입구의 맞은편 복도에는 입체형으로 설치하거나 바닥에 설치할 것
- 구부러진 모퉁이 및 보행거리 20[m]마다 설치할 것
- 바닥으로부터 높이 1[m] 이하의 위치에 설치할 것. 다만, 지하층 또는 무창층의 용도가 도매시장·소매시장·여객자동차터미널·지하역사 또는 지하상가인 경우에는 복도·통로 중앙부분의 바닥에 설치해야 한다.
- 바닥에 설치하는 통로유도등은 하중에 따라 파괴되지 않는 강도의 것으로 할 것

연계이론 PHASE 20 통로유도등

13 P형 1급 수신기와 감지기와의 배선회로에서 종단저항은 10[kΩ], 릴레이 저항은 10[Ω], 배선(선로)저항은 20[Ω], 회로전압이 DC 24[V]일 때, 다음 각 물음에 답하시오. (4점)

(1) 평상시 감시전류[mA]를 구하시오.
- 계산과정:
- 답:

(2) 감지기가 동작할 때(화재 시)의 전류[mA]를 구하시오.
- 계산과정:
- 답:

정답

(1) • 계산과정: $I = \dfrac{24}{10+20+10 \times 10^3} = 0.00239[A] = 2.39[mA]$

• 답: 2.39[mA]

(2) • 계산과정: $I = \dfrac{24}{10+20} = 0.8[A] = 800[mA]$

• 답: 800[mA]

해설

(1) 감시상태의 경우

감시전류
$I = \dfrac{V}{R} = \dfrac{전압}{릴레이저항 + 배선(선로)저항 + 종단저항}[A]$

따라서 $I = \dfrac{24}{10+20+10 \times 10^3} = 0.00239[A]$
$= 2.39[mA]$

(2) 동작상태인 경우

감지기 동작시 전류는 종단저항으로 흐르지 않으므로
$I = \dfrac{전압}{릴레이저항 + 배선(선로)저항}[A]$이다.

따라서 $I = \dfrac{24}{10+20} = 0.8[A] = 800[mA]$

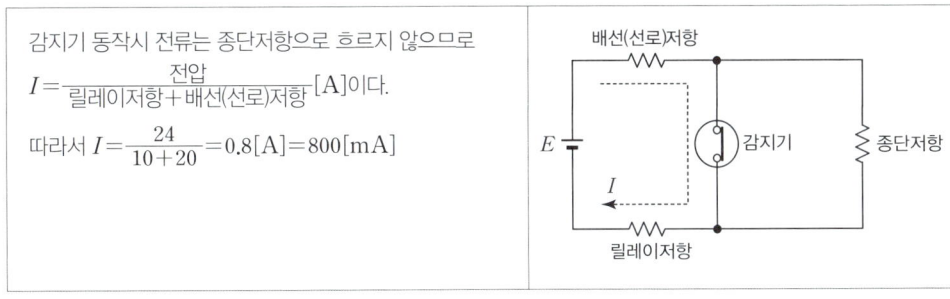

연계이론 **PHASE 34** 감지기회로의 전류

14

다음과 같은 자동화재탐지설비의 평면도에서 ㉮~㉲의 전선 가닥수를 쓰시오. (5점)

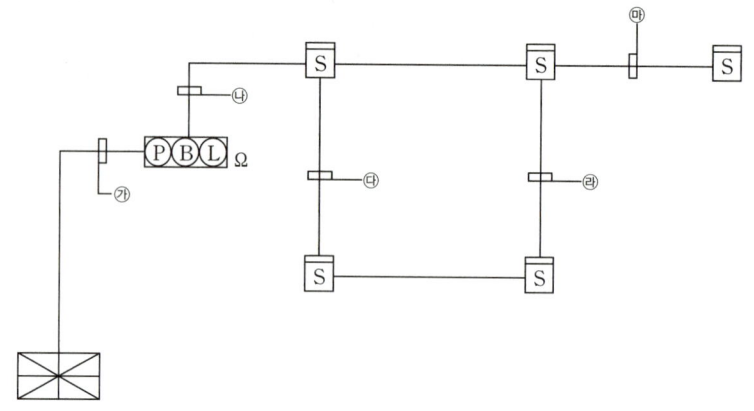

기호	㉮	㉯	㉰	㉱	㉲
가닥수					

정답

기호	㉮	㉯	㉰	㉱	㉲
가닥수	6	4	2	2	4

해설

기호	가닥수	내역
㉮	6	지구 1, 지구공통 1, 응답 1, 경종 1, 표시등 1, 경종표시등공통 1
㉯	4	지구 2, 공통 2
㉰	2	지구 1, 지구공통 1
㉱	2	지구 1, 지구공통 1
㉲	4	지구 2, 공통 2

- P형 수신기와 발신기 사이의 가닥수(㉮)로 기본 6가닥(지구 1, 지구공통 1, 응답 1, 경종 1, 표시등 1, 경종표시등공통 1)으로 구성되어 있다.
- 자동화재탐지설비의 감지기는 송배선식으로 배선한다. 송배선식의 루프(㉰, ㉱)는 2가닥, 그 외 나머지는(㉯, ㉲) 4가닥으로 배선한다.

연계이론

PHASE 42 자동화재탐지설비 도면

15

단상 교류 220[V]인 비상콘센트 플러그 접속기의 칼받이의 접지극에는 어떠한 접지공사를 하여야 하는가?

정답

보호접지

해설

비상콘센트는 접지형 2극 플러그접속기를 사용하여 보호접지를 해야 한다.
※ 현행 법령에 맞게 문제를 일부 변형하였습니다.

연계이론

PHASE 25 비상콘센트설비

16 구부러진 곳이 없는 부분의 보행거리가 35[m]일 때 유도표지의 최소 설치개수를 구하시오. (4점)

- 계산과정:
- 답:

정답

- 계산과정: $N = \dfrac{35}{15} - 1 = 1.33 \rightarrow 2개$
- 답: 2개

해설

유도표지의 설치개수 $N = \dfrac{\text{구부러진 곳이 없는 부분의 보행거리[m]}}{15} - 1$(소수점 절상)이므로

$N = \dfrac{35}{15} - 1 = 1.33 \rightarrow 2개$이다.

더 알아보기

구분	설치개수
객석유도등	$\dfrac{\text{객석통로의 직선부분의 길이[m]}}{4} - 1$(소수점 절상)
유도표지	$\dfrac{\text{구부러진 곳이 없는 부분의 보행거리[m]}}{15} - 1$(소수점 절상)
복도통로유도등, 거실통로유도등	$\dfrac{\text{구부러진 곳이 없는 부분의 보행거리[m]}}{20} - 1$(소수점 절상)

연계이론 PHASE 22 유도표지

---

17 휴대용 비상조명등을 설치해야 하는 특정소방대상물에 대한 사항이다. 소방시설 적용기준으로 알맞은 내용을 (   ) 안에 쓰시오. (6점)

- (①)시설
- 수용인원 (②)명 이상의 영화상영관, 판매시설 중 (③), 철도 및 도시철도 시설 중 지하역사, 지하가 중 (④)

정답

① 숙박
② 100
③ 대규모 점포
④ 지하상가

해설

휴대용 비상조명등의 설치대상
- 숙박시설
- 수용인원 100명 이상의 영화상영관, 판매시설 중 대규모 점포, 철도 및 도시철도 시설 중 지하역사, 지하가 중 지하상가

연계이론 PHASE 24 비상조명등

18 다음 그림은 3상 교류에 설치된 누전경보기의 결선도이다. 정상상태와 누전발생 시 a점, b점, c점에 키르히호프의 제 1법칙을 적용하여 다음 각 물음에 답하시오. (8점)

(1) 정상상태

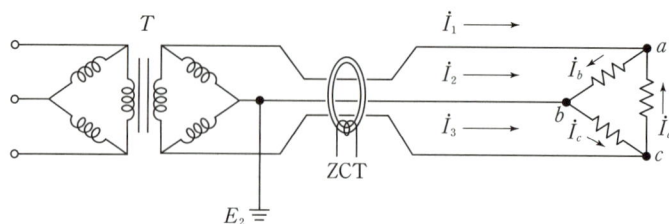

① 정상상태 시 선전류
  • a점 전류: $\dot{I}_1$=(　　　)　• b점 전류: $\dot{I}_2$=(　　　)　• c점 전류: $\dot{I}_3$=(　　　)
② 정상상태 시 선전류의 벡터 합
  $\dot{I}_1+\dot{I}_2+\dot{I}_3$=(　　　)

(2) 누전상태

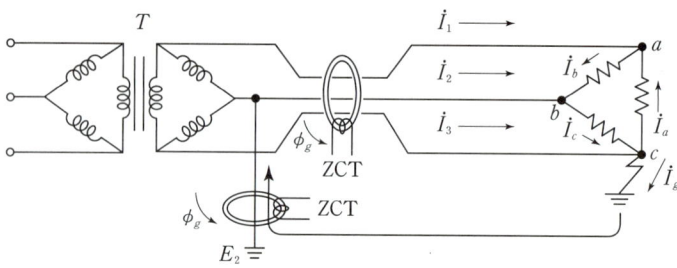

① 누전 시 선전류
  • a점 전류: $\dot{I}_1$=(　　　)　• b점 전류: $\dot{I}_2$=(　　　)　• c점 전류: $\dot{I}_3$=(　　　)
② 누전 시 선전류의 벡터 합
  $\dot{I}_1+\dot{I}_2+\dot{I}_3$=(　　　)

정답

(1) 정상상태
 ① 정상상태 시 선전류
  • a점의 전류: $\dot{I}_1=\dot{I}_b-\dot{I}_a$　• b점의 전류: $\dot{I}_2=\dot{I}_c-\dot{I}_b$　• c점의 전류: $\dot{I}_3=\dot{I}_a-\dot{I}_c$
 ② 정상상태 시 선전류의 벡터 합
  $\dot{I}_1+\dot{I}_2+\dot{I}_3=\dot{I}_b-\dot{I}_a+\dot{I}_c-\dot{I}_b+\dot{I}_a-\dot{I}_c=0$

(2) 누전상태
 ① 누전 시 선전류
  • a점 전류: $\dot{I}_1=\dot{I}_b-\dot{I}_a$　• b점 전류: $\dot{I}_2=\dot{I}_c-\dot{I}_b$　• c점 전류: $\dot{I}_3=\dot{I}_a-\dot{I}_c+\dot{I}_g$
 ② 누전 시 선전류의 벡터 합
  $\dot{I}_1+\dot{I}_2+\dot{I}_3=\dot{I}_b-\dot{I}_a+\dot{I}_c-\dot{I}_b+\dot{I}_a-\dot{I}_c+\dot{I}_g=\dot{I}_g$

해 설

(1) 정상상태에서 선전류는 각 상 전류의 벡터 합(또는 차)을 이용하여 구한다. 또한 정상상태 시 3선 전류의 벡터 합은 0이 되어 ZCT(영상변류기)에는 지락전류가 검출되지 않는다.

(2) 누전상태이어도 선전류는 각 상 전류의 벡터 합(또는 차)을 이용하여 구한다. 또한 누전 시 3선 전류의 벡터 합은 I_g가 되어 지락전류가 나타나게 되며, 이 전류가 ZCT(영상변류기)에서 검출이 된다.

연계이론 **PHASE 16 누전경보기**

2020년 4회 기출문제

01 지하 3층, 지상 11층인 건물에 표와 같이 화재가 발생했을 경우 우선적으로 경보하여야 하는 층을 표시하시오. (단, 공동주택이 아닌 건물이며, 경보표시는 ●를 사용한다.) (6점)

11층					
10층					
9층					
8층					
7층					
6층					
5층					
4층					
3층					
2층					화재(●)
1층				화재(●)	
지하 1층			화재(●)		
지하 2층		화재(●)			
지하 3층	화재(●)				

정답

11층					
10층					
9층					
8층					
7층					
6층					●
5층				●	●
4층				●	●
3층				●	●
2층				●	화재(●)
1층			●	화재(●)	
지하 1층	●	●	화재(●)	●	
지하 2층	●	화재(●)	●	●	
지하 3층	화재(●)	●	●	●	

해설

층수가 11층(공동주택의 경우에는 16층) 이상의 특정소방대상물은 우선경보방식을 적용하며 다음에 따라 경보를 발할 수 있도록 해야 한다.

발화층	경보층
2층 이상 발화	발화층, 직상 4개층
1층 발화	발화층, 직상 4개층, 지하층
지하층 발화	발화층, 직상층, 기타의 지하층

문제에서 각 층별 경보구역은 다음과 같다.

지하 3층 발화 시	지하 3층(발화층), 지하 2층(직상층), 지하 1층(기타의 지하층)
지하 2층 발화 시	지하 2층(발화층), 지하 1층(직상층), 지하 3층(기타의 지하층)
지하 1층 발화 시	지하 1층(발화층), 1층(직상층), 지하 2층~3층(기타의 지하층)
1층 발화 시	1층(발화층), 2층~5층(직상 4개층), 지하 1층~3층(지하층)
2층 발화 시	2층(발화층), 3층~6층(직상 4개층)

연계이론 PHASE 14 비상방송설비

---

02 길이 50[m]의 통로에 객석유도등을 설치하려고 한다. 이때 필요한 객석유도등의 수량은 최소 몇 개인가? (4점)

- 계산과정:
- 답:

정답

- 계산과정: $\dfrac{50}{4} - 1 = 11.5 \rightarrow 12$개
- 답: 12개

해설

객석유도등의 설치개수는 $N = \dfrac{\text{객석통로의 직선부분의 길이[m]}}{4} - 1$(소수점 절상)이므로

$N = \dfrac{50}{4} - 1 = 12.5 - 1 = 11.5 \rightarrow 12$개

더 알아보기

구분	설치개수
객석유도등	$\dfrac{\text{객석통로의 직선부분의 길이[m]}}{4} - 1$(소수점 절상)
유도표지	$\dfrac{\text{구부러진 곳이 없는 부분의 보행거리[m]}}{15} - 1$(소수점 절상)
복도통로유도등, 거실통로유도등	$\dfrac{\text{구부러진 곳이 없는 부분의 보행거리[m]}}{20} - 1$(소수점 절상)

연계이론 PHASE 21 객석유도등

03

비상조명등에 사용하는 비상전원의 종류 3가지를 쓰고 그 용량은 해당 비상조명등을 유효하게 몇 분 이상 작동시킬 수 있어야 하는지 쓰시오. (단, 지하상가인 경우이다.) (6점)

(1) 비상전원의 종류
-
-
-

(2) 용량

정답

(1) • 축전지설비
   • 자가발전설비
   • 전기저장장치
(2) 60분 이상

해설

- 소화설비의 비상전원 종류와 용량

설비	비상전원	비상전원 용량
스프링클러설비 미분무소화설비 포소화설비	자가발전설비 축전지설비 전기저장장치 비상전원수전설비	20분 이상
옥내소화전설비 물분무소화설비 할론소화설비 할로겐화합물 및 불활성기체소화설비 이산화탄소소화설비	자가발전설비 축전지설비 전기저장장치	

- 경보설비의 비상전원 종류와 용량

설비	비상전원	비상전원 용량
자동화재탐지설비 비상방송설비 비상경보설비	축전지설비 전기저장장치	10분 이상

- 피난구조설비의 비상전원 종류와 용량

설비	비상전원	비상전원 용량
유도등	축전지	20분 이상 단, 11층 이상(지하층 제외)이거나 지하층·무창층으로서 도매시장·소매시장·여객자동차터미널·지하역사·지하상가의 경우 60분 이상
비상조명등	자가발전설비 축전지설비 전기저장장치	

• 소화활동설비의 비상전원 종류와 용량

설비	비상전원	비상전원 용량
비상콘센트설비	자가발전설비 축전지설비 비상전원수전설비 전기저장장치	20분 이상
연결송수관설비 제연설비	자가발전설비 축전지설비 전기저장장치	

> 연계이론 PHASE 27 전원

04 자동화재탐지설비의 P형 수신기와 R형 수신기의 신호전달방식의 차이점을 설명하시오. (4점)

구분	P형 수신기	R형 수신기
신호전달방식		
신호의 종류		

> 정답

구분	P형 수신기	R형 수신기
신호전달방식	개별신호	다중전송
신호의 종류	공통신호	고유신호

> 해설 P형 수신기와 R형 수신기의 특징

구분	P형 수신기	R형 수신기
신호전달방식	개별신호	다중전송
신호의 종류	공통신호	고유신호
수신소요시간	5초 이내	5초 이내
유지관리	선로수가 많아 어려움	선로수가 적어 쉬움
화재표시기구	램프	액정표시장치

> 연계이론 PHASE 06 자동화재탐지설비(개요)

05

저항이 100[Ω]인 경동선의 온도가 20[℃]이고 이 온도에서 저항온도계수가 0.00393이다. 경동선의 온도가 100[℃]로 상승할 때 저항값[Ω]은 얼마인가? (4점)

- 계산과정:
- 답:

정답

- 계산과정: $R = 100 \times [1+0.00393 \times (100-20)] = 131.44[\Omega]$
- 답: 131.44[Ω]

해설

온도와 재질에 따른 도체의 저항

$$R' = R[1+\alpha(t_2-t_1)][\Omega]$$
(단, R': 온도가 변한 뒤의 저항[Ω], R: 초기 저항[Ω], α: 저항온도계수, t_2: 상승 후 온도[℃], t_1: 상승 전 온도[℃])

$R=100[\Omega]$이고, 상승 후 온도는 100[℃], 상승 전 온도는 20[℃], 저항온도계수는 0.00393이므로
$R' = 100 \times [1+0.00393 \times (100-20)] = 131.44[\Omega]$

06

수신기로부터 배선거리 90[m]의 위치에 사이렌이 접속되어 있다. 사이렌이 명동될 때의 사이렌의 단자전압을 구하시오. (단, 수신기의 정격전압은 26[V]라고 하고 전선은 2.5[mm²] HFIX 전선이며, 사이렌의 정격전류는 2[A]이며 전류변동에 의한 전압강하가 없다고 가정한다. 2.5[mm²] 동선의 [km]당 전기저항은 8[Ω]이라고 한다.) (6점)

- 계산과정:
- 답:

정답

- 계산과정:

  전압강하 $e = 2IR = 2 \times 2 \times \dfrac{90}{1,000} \times 8 = 2.88[V]$

  단자전압 $V = 26 - e = 26 - 2.88 = 23.12[V]$
- 답: 23.12[V]

해설

90[m]에 해당하는 저항 $R = \dfrac{90}{1,000} \times 8 = 0.72[\Omega]$이다.

단상 2선식의 전압강하 $e = 2IR = 2 \times 2 \times 0.72 = 2.88[V]$이므로, 사이렌의 단자전압 $V = 26 - 2.88 = 23.12[V]$이다.

연계이론 PHASE 36 전압강하와 전선의 단면적

07 다음은 자동화재탐지설비의 P형 1급 수신기의 미완성 결선도이다. 다음 각 물음에 답하시오. (8점)

(1) 수신기의 단자에 알맞게 각 기기장치를 연결하시오. (단, 발신기의 단자는 왼쪽으로부터 응답, 지구회로, 지구회로 공통이다.)

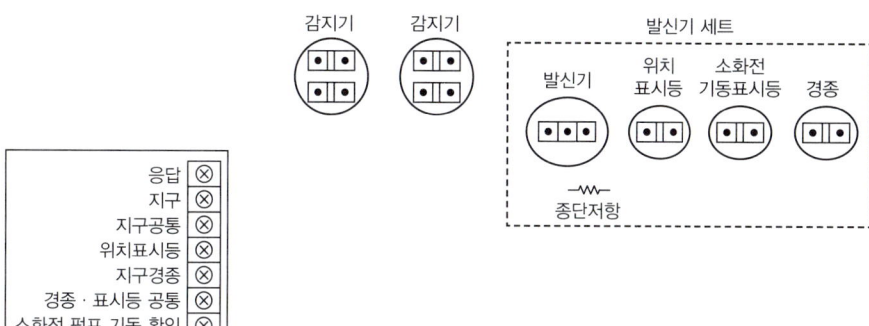

(2) 소화전 기동표시등의 색깔은?

(3) 발신기 위치표시등에 대한 다음 각 물음에 답하시오.
　① 불빛의 식별범위:
　② 표시등의 색깔:

정답

(1)

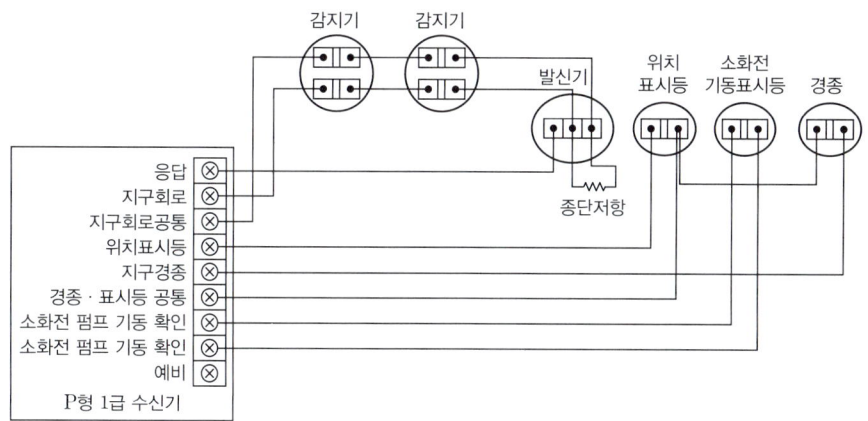

(2) 적색

(3) ① 부착면으로부터 15° 이상의 범위 안에서 부착지점으로부터 10[m] 이내의 어느 곳에서도 쉽게 식별할 수 있을 것
　② 적색

해설

(1) 수신기 단자와 종단저항을 연결하는 선은 지구회로선, 지구회로공통선이다.

(3) 발신기의 위치를 표시하는 표시등은 함의 상부에 설치하되, 그 불빛은 부착면으로부터 15° 이상의 범위 안에서 부착지점으로부터 10[m] 이내의 어느 곳에서도 쉽게 식별할 수 있는 적색등으로 해야 한다.

연계이론　PHASE 42 자동화재탐지설비 도면

08 굴곡이 심한 장소에 적합하게 구부러지기 쉽도록 된 전선관으로 굴곡장소가 많거나 전동기와 옥내배선을 연결할 경우, 조명기구의 인입선배관 등 비교적 짧은 거리에 적용되는 배선 공사방법을 쓰시오. (4점)

정답 가요전선관공사

해설 **가요전선관의 특징**

굴곡이 심한 장소에 적합하게 구부러지기 쉽도록 된 전선관으로 굴곡장소가 많거나 전동기와 옥내배선을 연결할 경우, 조명기구의 인입선배관 등 비교적 짧은 거리에 적용되는 배선 공사방법이다. 일반적으로 충격으로부터 강하고 화재에 강하지만 가격이 비싼편이다.

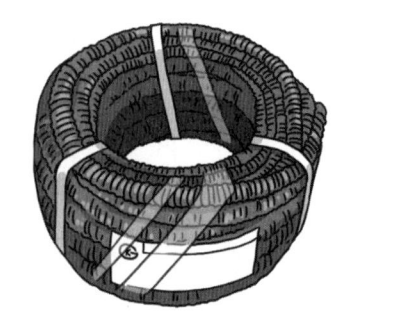

연계이론 PHASE 38 공사의 종류

09 공기관식 차동식 분포형 감지기의 설치도면이다. 다음 각 물음에 답하시오. (단, 주요구조부를 내화구조로 한 특정소방대상물인 경우이다.) (8점)

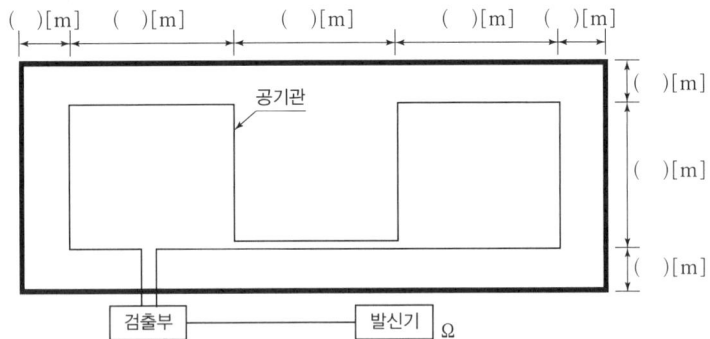

(1) 공기관의 노출부분의 길이는 몇 [m] 이상이 되어야 하는지 쓰시오.
(2) 종단저항을 발신기에 설치할 경우 차동식 분포형 감지기의 검출기와 발신기 간에 연결해야 하는 전선의 가닥수는 얼마인지 쓰시오.
(3) 검출부의 설치높이를 쓰시오.
(4) 검출부분에 접속하는 공기관의 길이는 몇 [m] 이하로 하여야 하는지 쓰시오.
(5) 공기관의 재질을 쓰시오.
(6) 검출부의 경사도는 몇 도 미만이어야 하는지 쓰시오.
(7) 내화구조일 경우의 공기관 상호 간의 거리와 감지구역의 각 변과의 거리는 몇 [m] 이하가 되도록 하여야 하는지 도면의 ( ) 안을 쓰시오.

정답

(1) 20[m]
(2) 4가닥
(3) 바닥에서 0.8[m] 이상 1.5[m] 이하
(4) 100[m]
(5) 중공동관
(6) 5°
(7)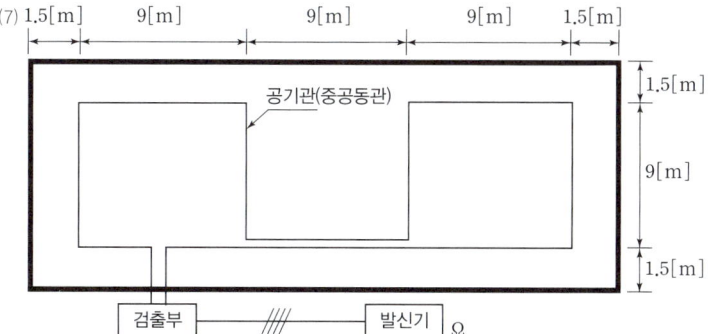

해설

공기관식 차동식 분포형 감지기의 설치기준

- 공기관의 노출부분은 감지구역마다 20[m] 이상이 되도록 할 것
- 공기관과 감지구역의 각 변과의 수평거리는 1.5[m] 이하가 되도록 하고, 공기관 상호 간의 거리는 6[m](주요 구조부를 내화구조로 한 특정소방대상물 또는 그 부분에 있어서는 9[m]) 이하가 되도록 할 것
- 공기관은 도중에서 분기하지 않도록 할 것
- 하나의 검출부에 접속하는 공기관의 길이는 100[m] 이하가 되도록 할 것
- 검출부는 5° 이상 경사지지 않도록 할 것
- 검출부는 바닥으로부터 0.8[m] 이상 1.5[m] 이하의 위치에 설치할 것
※ 발신기와 검출부 사이의 전선수는 4가닥이다.

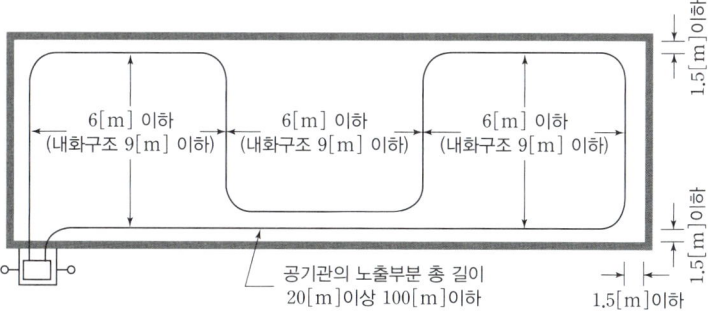

연계이론 PHASE 10 열감지기

10 광전식 분리형 감지기의 설치기준 3가지를 쓰시오. (6점)

-
-
-

정답
- 감지기의 수광면은 햇빛을 직접 받지 않도록 설치할 것
- 광축은 나란한 벽으로부터 0.6[m] 이상 이격하여 설치할 것
- 감지기의 송광부와 수광부는 설치된 뒷벽으로부터 1[m] 이내 위치에 설치할 것

해설 광전식 분리형 감지기의 설치기준

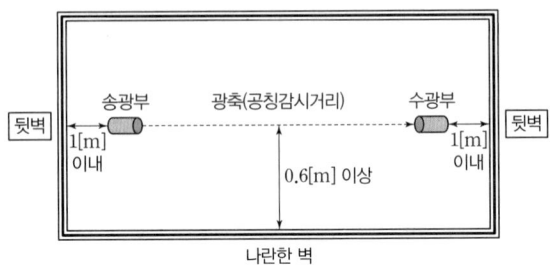

- 감지기의 수광면은 햇빛을 직접 받지 않도록 설치할 것
- 광축은 나란한 벽으로부터 0.6[m] 이상 이격하여 설치할 것
- 감지기의 송광부와 수광부는 설치된 뒷벽으로부터 1[m] 이내 위치에 설치할 것
- 광축의 높이는 천장 등 높이의 80[%] 이상일 것
- 감지기의 광축의 길이는 공칭감시거리 범위 이내일 것
- 그 밖의 설치기준은 형식승인 내용에 따르며 형식승인 사항이 아닌 것은 제조사의 시방서에 따라 설치할 것

연계이론 PHASE 11 연기감지기

11 지상 31[m]가 되는 곳에 수조가 있다. 이 수조에 분당 12[m³]의 물을 양수하는 펌프용 전동기를 설치하여 3상 전력을 공급하려고 한다. 펌프 효율이 65[%]이고, 펌프 측 동력에 10[%]의 여유를 둔다고 할 때 다음 각 물음에 답하시오. (단, 펌프용 3상 농형 유도 전동기의 역률은 1로 가정한다.) (6점)

(1) 펌프용 전동기의 용량은 약 몇 [kW]인지 구하시오.
- 계산과정:
- 답:

(2) 3상 전력을 공급하고자 단상 변압기 2대를 V결선하여 이용하고자 한다. 단상 변압기 1대의 용량은 몇 [kVA]인지 구하시오.
- 계산과정:
- 답:

정답

(1) • 계산과정: $P = \dfrac{9.8 \times 1.2 \times 31 \times 1.1}{0.65 \times 60} = 102.82 [\text{kW}]$

• 답: 102.82[kW]

(2) • 계산과정: $P_1 = \dfrac{102.82}{\sqrt{3} \times 1} = 59.36 [\text{kVA}]$

• 답: 59.36[kVA]

해설

(1) 전동기 용량

$$P = \dfrac{9.8 QHK}{\eta t} [\text{kW}]$$

(단, Q: 양수량[m³], H: 전양정[m], K: 여유계수, η: 효율[%], t: 시간[s])

분당 양수량으로 주어졌으므로 $Q = 1.2 [\text{m}^3]$, $t = 60[\text{s}]$를 적용한다.

따라서 전동기 용량 $P = \dfrac{9.8 \times 1.2 \times 31 \times 1.1}{0.65 \times 60} = 102.82 [\text{kW}]$ (여유계수 $K = 1 + $여유율$= 1.1$)

(2) V결선 시 공급가능한 용량은 변압기 1대의 용량의 $\sqrt{3}$배이므로

$P_v = \sqrt{3} P_1$에서 $P_1 = \dfrac{P_v}{\sqrt{3}} = \dfrac{P}{\sqrt{3}} = \dfrac{102.82}{\sqrt{3}} = 59.36 [\text{kW}]$이고 역률이 1이므로 59.36[kVA]가 된다.

연계이론 PHASE 33 전동기 용량

12 청각장애인용 시각경보장치의 설치기준에 대한 다음 괄호 안을 완성하시오. (4점)

- 공연장·집회장·관람장 또는 이와 유사한 장소에 설치하는 경우에는 시선이 집중되는 (①) 부분 등에 설치할 것
- 바닥으로부터 (②)[m] 이상 (③)[m] 이하의 장소에 설치할 것 (단, 천장의 높이가 2[m] 이하의 천장에서 (④)[m] 이내의 장소에 설치하여야 한다.)

정답

① 무대부　② 2　③ 2.5　④ 0.15

해설

청각장애인용 시각경보장치의 설치기준

- 복도·통로·청각장애인용 객실 및 공용으로 사용하는 거실(로비, 회의실, 강의실, 식당, 휴게실, 오락실, 대기실, 체력단련실, 접객실, 안내실, 전시실, 기타 이와 유사한 장소를 말함)에 설치하며, 각 부분으로부터 유효하게 경보를 발할 수 있는 위치에 설치할 것
- 공연장·집회장·관람장 또는 이와 유사한 장소에 설치하는 경우에는 시선이 집중되는 무대부 부분 등에 설치할 것
- 설치높이는 바닥으로부터 2[m] 이상 2.5[m] 이하의 장소에 설치할 것. 다만, 천장의 높이가 2[m] 이하인 경우에는 천장으로부터 0.15[m] 이내의 장소에 설치해야 한다.
- 시각경보장치의 광원은 전용의 축전지설비 또는 전기저장장치(외부 전기에너지를 저장해 두었다가 필요한 때 전기를 공급하는 장치)에 의하여 점등되도록 할 것. 다만, 시각경보기에 작동전원을 공급할 수 있도록 형식승인을 얻은 수신기를 설치한 경우에는 그렇지 않다.

연계이론 PHASE 15 시각경보장치

13 지하층·무창층 등으로서 환기가 잘 되지 아니하거나 감지기의 부착면과 실내바닥과의 거리가 2.3[m] 이하인 곳으로서 일시적으로 발생한 열·연기 또는 먼지 등으로 인하여 화재신호를 발신할 우려가 있는 장소에 설치 가능한 감지기(자동화재탐지설비에 설치하는 감지기) 5가지를 쓰시오. (5점)

정답

- 불꽃감지기
- 정온식 감지선형 감지기
- 분포형 감지기
- 복합형 감지기
- 광전식 분리형 감지기

해설

지하층·무창층 등으로서 환기가 잘 되지 아니하거나 실내면적이 40[m²] 미만인 장소, 감지기의 부착면과 실내바닥과의 거리가 2.3[m] 이하인 곳으로서 일시적으로 발생한 열·연기 또는 먼지 등으로 인하여 화재신호를 발신할 우려가 있는 장소에 설치가능한 감지기(교차회로 방식의 적용이 필요 없는 감지기)는 다음과 같다.

- 불꽃감지기
- 정온식 감지선형 감지기
- 분포형 감지기
- 복합형 감지기
- 광전식 분리형 감지기
- 아날로그방식의 감지기
- 다신호방식의 감지기
- 축적방식의 감지기

연계이론 PHASE 09 감지기

14 동작설명에 적합하도록 미완성된 제어회로를 완성하시오. (단, 기동운전 시 자기유지가 되어야 하고, 기구 및 접점 등을 최소개수를 사용하며, MC접점은 2개를 사용하고 각 접점 및 스위치에는 접점 명칭을 반드시 기입한다.) (7점)

동작설명
(가) 전원을 투입하면 표시램프 GL이 점등되도록 한다.
(나) 전동기 운전용 누름버튼 스위치인 PB−a를 누르면 전자접촉기 MC가 여자되어 전동기가 기동되며, 동시에 전자접촉기 보조 MC−a 접점에 의하여 자기 유지되면서, 전동기 운전등인 RL등이 점등된다. 이때 전자접촉기 MC−b접점에 의하여 GL등이 소등된다.
(다) 전동기가 정상운전 중 정지용 누름버튼 스위치 PB−b를 누르면 PB−a를 누르기 전의 상태로 된다.
(라) 전동기에 과전류가 흐르면 열동계전기 접점 THR이 떨어져서 전동기는 정지하고 모든 접점은 PB−a를 누르기 전의 상태로 복귀하며 부저(BZ)가 울린다.

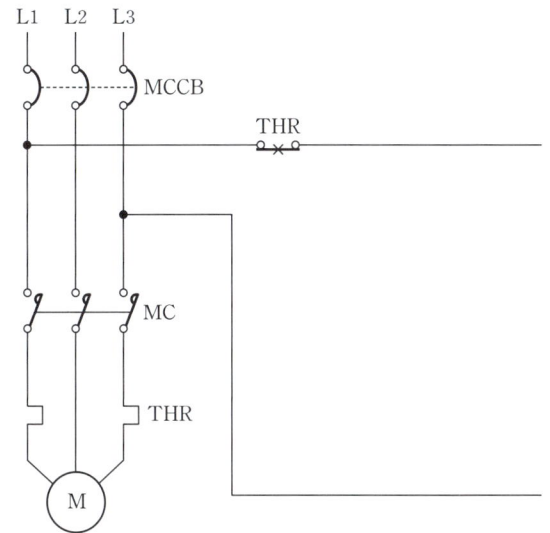
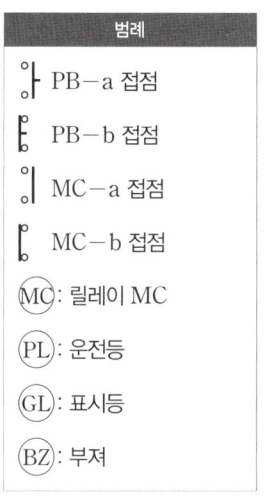

정답

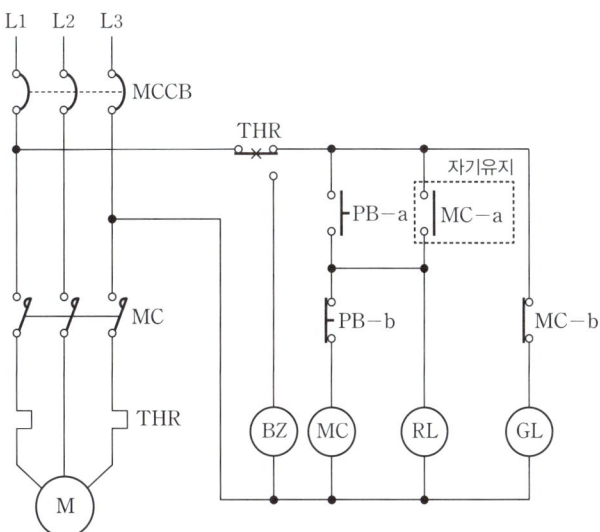

PHASE 40 시퀀스 회로

15 유접점 시퀀스 회로에 대해 다음 각 물음에 답하시오. (8점)

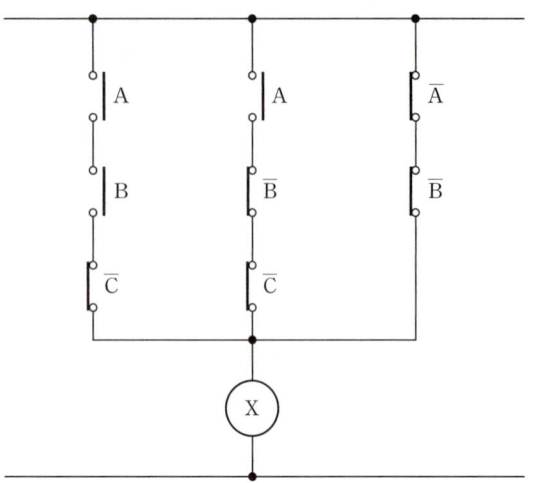

(1) 위 그림의 시퀀스도를 가장 간략화한 논리식으로 표현하시오. (단, 최초의 논리식을 쓰고 이것을 간략화하는 과정을 기술하시오.)
(2) (1)에서 가장 간략화한 논리식을 무접점 논리회로로 그리시오.
(3) 다음 타임차트를 완성하시오.

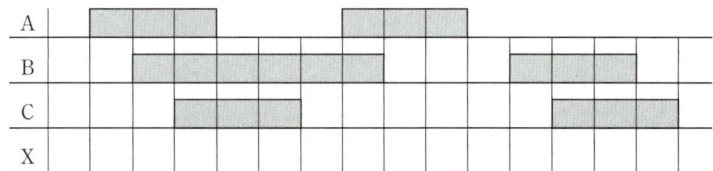

정 답

(1) $X = A \cdot \overline{C} + \overline{A} \cdot \overline{B}$

(2)

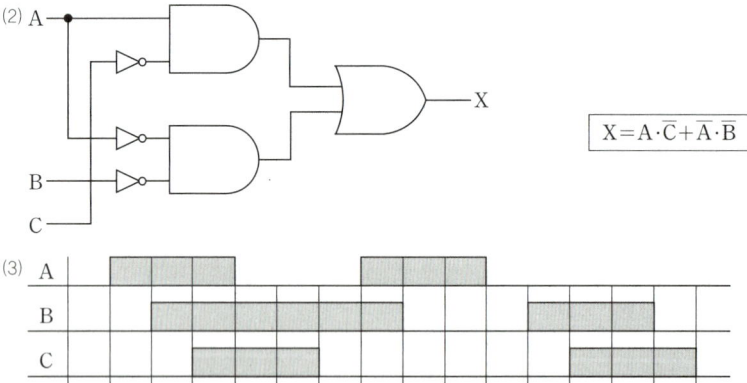

$X = A \cdot \overline{C} + \overline{A} \cdot \overline{B}$

해 설

(1) $X=(A \cdot B \cdot \overline{C})+(A \cdot \overline{B} \cdot \overline{C})+(\overline{A} \cdot \overline{B})=A \cdot \overline{C} \cdot (B+\overline{B})+(\overline{A} \cdot \overline{B})=A \cdot \overline{C}+\overline{A} \cdot \overline{B}$

(2) 논리회로와 진리표

구분	논리식	논리회로	진리표		
			A	B	X
AND 회로	$X=A \cdot B$	(AND gate)	0	0	0
			0	1	0
			1	0	0
			1	1	1
			A	B	X
OR 회로	$X=A+B$	(OR gate)	0	0	0
			0	1	1
			1	0	1
			1	1	1

(3) 진리표로 표현하면 다음과 같다.

A	B	C	X
0	0	0	1
0	0	1	1
0	1	0	0
0	1	1	0
1	0	0	1
1	0	1	0
1	1	0	1
1	1	1	0

타임차트상에서 입력 (A, B, C)가 (0, 0, 0), (0, 0, 1), (1, 0, 0), (1, 1, 0)인 경우에 X에 1이 출력된다.

연계이론 PHASE 41 논리회로

16

다음은 브리지 정류회로(전파정류회로)의 미완성 회로도이다. 정류 다이오드 4개를 이용하여 회로도를 완성하고 회로상의 콘덴서(C)의 역할을 쓰시오. (4점)

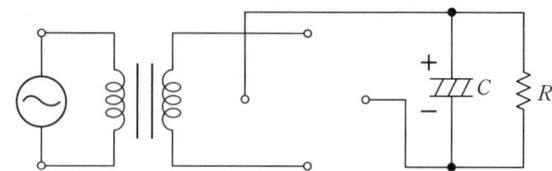

(1) 회로도
(2) 콘덴서의 역할

정답

(1)
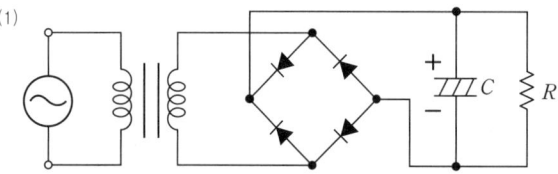

(2) 평활작용(직류전압을 일정하게 유지)

해설

(1) 브리지 정류회로
 [입력파형이 (+)인 구간]

 [입력파형이 (−)인 구간]

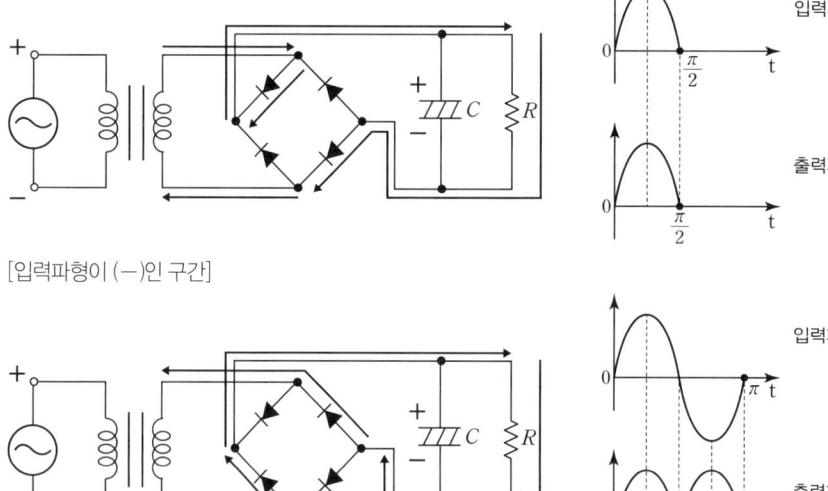

(2) 평활회로는 정류회로에 콘덴서가 병렬로 붙어있는 회로로 정류 시 콘덴서의 충·방전 특성을 이용하여 교류전압을 일정한 전압(직류전압)으로 바꾸어주는 역할을 수행한다.

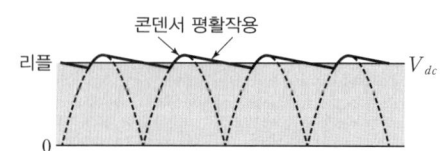

17 비상콘센트설비에 대한 다음 각 물음에 답하시오. (6점)

(1) 하나의 전용회로에 설치하는 비상콘센트가 7개 있다. 이 경우 전선의 용량은 비상콘센트 몇 개의 공급용량을 합한 용량 이상의 것으로 하여야 하는지 쓰시오. (단, 각 비상콘센트의 공급용량은 최소로 한다.)

(2) 비상 콘센트 설비의 전원부와 외함 사이의 절연저항을 500[V] 절연 저항계로 측정하였더니 30[MΩ]이었다. 이 설비에 대한 절연저항의 적합성 여부를 구분하고, 그 이유를 설명하시오.

정답

(1) 3개

(2) 적합여부: 적합하다.
　　이유: 비상콘센트의 전원부와 외함 사이의 절연저항을 500[V] 절연저항계로 측정할 경우 20[MΩ] 이상인 경우 적합하다고 볼 수 있다.

해설

(1) 하나의 전용회로에 설치하는 비상콘센트는 10개 이하로 할 것. 이 경우 전선의 용량은 각 비상콘센트(비상콘센트가 3개 이상인 경우에는 3개)의 공급용량을 합한 용량 이상의 것으로 해야 한다. 즉, 비상콘센트가 7개 있으므로 전선의 용량은 3개의 공급용량을 합한 용량 이상이어야 한다.

전원회로	전압[V]	공급용량[kVA]
단상교류	220[V]	1.5[kVA] 이상

(2) 비상콘센트설비의 절연저항 측정방법과 절연내력 시험방법
- 절연저항은 전원부와 외함 사이를 500[V] 절연저항계로 측정할 때 20[MΩ] 이상일 것
- 절연내력은 전원부와 외함 사이에 정격전압이 150[V] 이하인 경우에는 1,000[V]의 실효전압을, 정격전압이 150[V] 초과인 경우에는 그 정격전압에 2를 곱하여 1,000을 더한 실효전압을 가하는 시험에서 1분 이상 견디는 것으로 할 것

연계이론　PHASE 25 비상콘센트설비

18 비상콘센트를 11층 3개소, 12층 3개소, 13층 2개소를 설치하려고 한다. 전체 회로수를 산정하시오.

(4점)

정답 3회로

해설 비상콘센트는 일반적으로 수직으로 배선하며, 하나의 전용회로에 설치하는 비상콘센트는 10개 이하로 해야 한다.
11층 3개소, 12층 3개소, 13층 2개소에 비상콘센트를 설치하는 경우 다음 그림과 같이 3개 회로를 이용하여 설치가 가능하다.

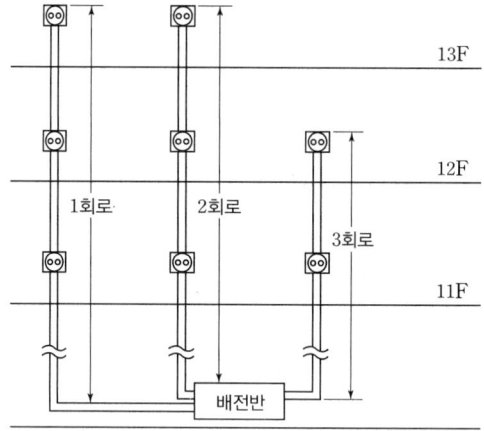

연계이론 PHASE 25 비상콘센트설비

2020년 5회 기출문제

01
무선통신보조설비의 설치기준에 관한 다음 물음에 답 또는 빈칸을 채우시오. (4점)

(1) 누설동축케이블의 끝부분에는 어떤 것을 견고하게 설치하여야 하는가?

(2) 증폭기에는 비상전원이 부착된 것으로 하고 해당 비상전원 용량은 무선통신보조설비를 유효하게 몇 분 이상 작동시킬 수 있는 것으로 하여야 하는가?

(3) 누설동축케이블 및 안테나는 고압의 전로부터 몇 [m] 이상 떨어진 위치에 설치하여야 하는가?

(4) 증폭기의 전면에는 주회로 전원의 정상 여부를 표시하는 (①) 및 (②)를 설치할 것

정답

(1) 무반사 종단저항
(2) 30분
(3) 1.5[m] 이상
(4) ① 표시등
　　② 전압계

해설

(1), (3) 누설동축케이블 설치기준
- 소방전용주파수대에서 전파의 전송 또는 복사에 적합한 것으로서 소방전용의 것으로 할 것. 다만, 소방대 상호 간의 무선 연락에 지장이 없는 경우에는 다른 용도와 겸용할 수 있다.
- 누설동축케이블과 이에 접속하는 안테나 또는 동축케이블과 이에 접속하는 안테나로 구성할 것
- 누설동축케이블 및 동축케이블은 불연 또는 난연성의 것으로서 습기 등의 환경조건에 따라 전기의 특성이 변질되지 않는 것으로 하고, 노출하여 설치한 경우에는 피난 및 통행에 장애가 없도록 할 것
- 누설동축케이블 및 동축케이블은 화재에 따라 해당 케이블의 피복이 소실된 경우에 케이블 본체가 떨어지지 않도록 4[m] 이내마다 금속제 또는 자기제 등의 지지금구로 벽·천장·기둥 등에 견고하게 고정할 것. 다만, 불연재료로 구획된 반자 안에 설치하는 경우에는 그렇지 않다.
- 누설동축케이블 및 안테나는 금속판 등에 따라 전파의 복사 또는 특성이 현저하게 저하되지 않는 위치에 설치할 것
- 누설동축케이블 및 안테나는 고압의 전로로부터 1.5[m] 이상 떨어진 위치에 설치할 것. 다만, 해당 전로에 정전기 차폐장치를 유효하게 설치한 경우에는 그렇지 않다.
- 누설동축케이블의 끝부분에는 무반사 종단저항을 견고하게 설치할 것

(2), (4) 증폭기 및 무선중계기의 설치기준
- 상용전원은 전기가 정상적으로 공급되는 축전지설비, 전기저장장치(외부 전기에너지를 저장해 두었다가 필요한 때 전기를 공급하는 장치) 또는 교류전압 옥내간선으로 하고, 전원까지의 배선은 전용으로 할 것
- 증폭기의 전면에는 주 회로의 전원의 정상 여부를 표시할 수 있는 표시등 및 전압계를 설치할 것
- 증폭기에는 비상전원이 부착된 것으로 하고 해당 비상전원 용량은 무선통신보조설비를 유효하게 30분 이상 작동시킬 수 있는 것으로 할 것
- 증폭기 및 무선중계기를 설치하는 경우에는 적합성평가를 받은 제품으로 설치하고 임의로 변경하지 않도록 할 것
- 디지털 방식의 무전기를 사용하는 데 지장이 없도록 설치할 것

연계이론 PHASE 26 무선통신보조설비

02 전실 제연설비의 계통도이다. ①~⑤까지 최소 가닥수를 산정하고, 용도를 표기하시오. (5점)

조건

(가) 모든 댐퍼는 모터구동방식이다.
(나) 수동기동확인은 각 층별로 한다.
(다) 배선은 최소 가닥수로 하며, 자동복구방식이다.
(라) MCC반에는 전원감시를 위한 전원표시등이 있다.

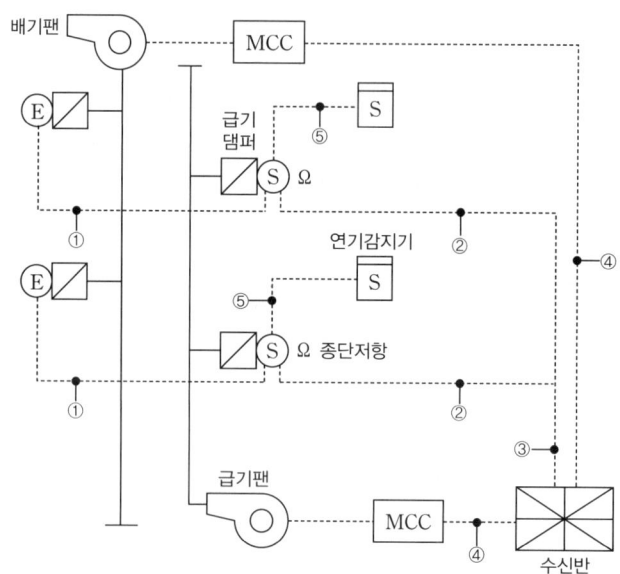

기호	구분	배선수	배선 내역
①	배기댐퍼 ↔ 급기댐퍼		
②	급기댐퍼 ↔ 수신반		
③	2 ZONE일 경우		
④	MCC ↔ 수신반		
⑤	급기댐퍼 ↔ 연기감지기		

○ 정 답 ○

기호	구분	배선수	배선 내역
①	배기댐퍼 ↔ 급기댐퍼	4	전원 ⊕·⊖, 기동 1, 배기댐퍼확인 1
②	급기댐퍼 ↔ 수신반	7	전원 ⊕·⊖, 기동 1, 배기댐퍼확인 1 급기댐퍼확인 1, 지구회로 1, 수동기동확인 1
③	2 ZONE일 경우	12	전원 ⊕·⊖, (기동 1, 배기댐퍼확인 1 급기댐퍼확인 1, 지구회로 1, 수동기동확인 1)×2
④	MCC ↔ 수신반	5	기동 1, 정지 1, 기동확인표시등 1, 전원표시감시등 1, 공통 1
⑤	급기댐퍼 ↔ 연기감지기	4	감지기회로 2, 감지기공통 2

해설

①: 급기댐퍼에서 배기댐퍼까지 필요한 가닥수는 4가닥으로 전원 2선(⊕, ⊖)과 댐퍼 기동선 1이 필요하고 배기댐퍼가 작동 중임을 알 수 있는 배기댐퍼확인선 1이 필요하다.

②: 수신반에서 급기댐퍼까지 필요한 가닥수는 6가닥으로 전원 2선(⊕, ⊖)과 댐퍼 기동선 1 및 감지기 회로 1과 배기댐퍼확인 1, 급기댐퍼확인 1이 각각 필요하다. 수동기동확인이 가능하므로, 수신반과 급기댐퍼 사이에 수동기동확인선 1가닥이 추가되어 총 7가닥이 된다.

③: 2 Zone일 경우 5가닥(기동 1, 배기댐퍼확인 1 급기댐퍼확인 1, 지구회로 1, 수동기동확인 1)이 추가되어 총 12가닥이 된다.

④: MCC와 수신반은 사이에는 총 5가닥(기동 1, 정지 1, 기동확인표시등 1, 전원표시감시등 1, 공통 1)이 필요하다.

⑤: 제연설비의 감지기는 교차회로 방식으로 배선한다. 교차회로 방식은 루프 및 말단(⑤)은 4가닥으로 배선한다.

연계이론 PHASE 44 전실 제연설비 도면

03 다음 회로는 인터록 회로를 그리고 있는 미완성 회로도이다. X_1과 X_2가 서로 동시에 투입되지 않도록 인터록 회로를 완성하시오. (단, X_1 b접점 1개와 X_2 b접점 1개를 사용하여 완성한다.) (5점)

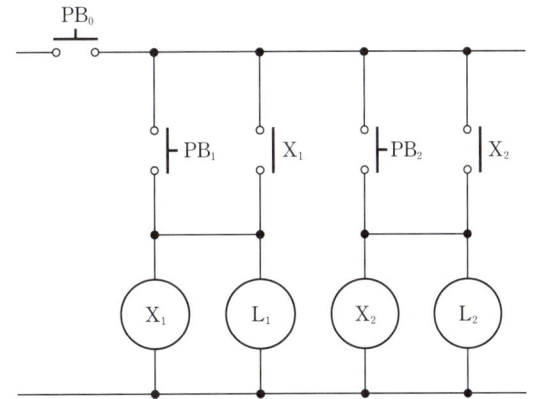

정답

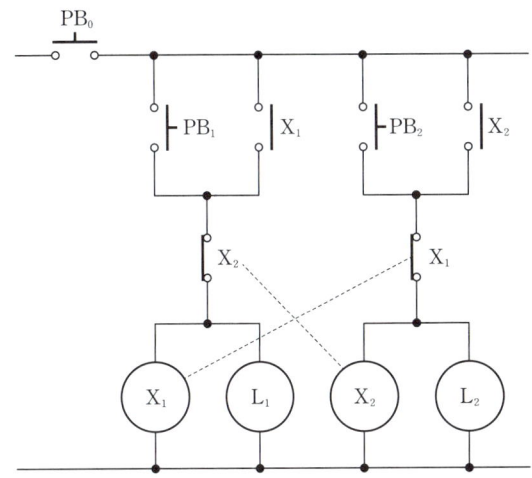

해설 X_1 릴레이가 있는 회로에는 X_2-b접점을, X_2 릴레이가 있는 회로에는 X_1-b접점을 삽입하면 두 릴레이가 동시에 투입되지 않게 된다. 이러한 회로를 인터록 회로라고 한다.

연계이론 PHASE 40 시퀀스 회로

04 비상방송설비의 설치기준에 대한 각 물음에 답하시오. (5점)

(1) 확성기의 음성입력은 실내에서 설치하는 것에 있어서는 몇 [W] 이상이어야 하는가?
(2) 음량조정기를 설치하는 경우 음량조정기의 배선은 몇 선식으로 하여야 하는가?
(3) 조작부의 조작 스위치는 바닥으로부터 몇 [m] 높이에 설치하여야 하는가?
(4) 확성기는 각 층마다 설치하되 그 층의 각 부분으로부터 하나의 확성기까지의 수평거리가 몇 [m] 이하가 되도록 하여야 하는가?
(5) 수위실 등 상시 사람이 근무하는 장소로서 점검이 편리하고 방화상 유효한 곳에 설치하여야 하는 것 2가지를 쓰시오.

  •
  •

정답

(1) 1[W]
(2) 3선식
(3) 0.8[m] 이상 1.5[m] 이하
(4) 25[m]
(5) • 증폭기
   • 조작부

해설

비상방송설비의 설치기준

- 확성기의 음성입력은 3[W](실내에 설치하는 것에 있어서는 1[W]) 이상일 것
- 확성기는 각 층마다 설치하되, 그 층의 각 부분으로부터 하나의 확성기까지의 수평거리가 25[m] 이하가 되도록 하고, 해당층의 각 부분에 유효하게 경보를 발할 수 있도록 설치할 것
- 음량조정기를 설치하는 경우 음량조정기의 배선은 3선식으로 할 것
- 조작부의 조작스위치는 바닥으로부터 0.8[m] 이상 1.5[m] 이하의 높이에 설치할 것
- 조작부는 기동장치의 작동과 연동하여 해당 기동장치가 작동한 층 또는 구역을 표시할 수 있는 것으로 할 것
- 증폭기 및 조작부는 수위실 등 상시 사람이 근무하는 장소로서 점검이 편리하고 방화상 유효한 곳에 설치할 것
- 층수가 11층(공동주택의 경우에는 16층) 이상의 특정소방대상물은 다음에 따라 경보를 발할 수 있도록 해야 한다.

발화층	경보 층
2층 이상 발화	발화층, 직상 4개층
1층 발화	발화층, 직상 4개층, 지하층
지하층 발화	발화층, 직상층, 기타의 지하층

- 다른 방송설비와 공용하는 것에 있어서는 화재 시 비상경보 외의 방송을 차단할 수 있는 구조로 할 것
- 다른 전기회로에 따라 유도장애가 생기지 않도록 할 것
- 하나의 특정소방대상물에 2 이상의 조작부가 설치되어 있는 때에는 각각의 조작부가 있는 장소 상호 간에 동시통화가 가능한 설비를 설치하고, 어느 조작부에서도 해당 특정소방대상물의 전 구역에 방송을 할 수 있도록 할 것
- 기동장치에 따른 화재신호를 수신한 후 필요한 음량으로 화재발생 상황 및 피난에 유효한 방송이 자동으로 개시될 때까지의 소요시간은 10초 이내로 할 것
- 음향장치는 다음 기준에 따른 구조 및 성능의 것으로 해야 한다.
   ─ 정격전압의 80[%] 전압에서 음향을 발할 수 있는 것으로 할 것
   ─ 자동화재탐지설비의 작동과 연동하여 작동할 수 있는 것으로 할 것

연계이론

PHASE 14 비상방송설비

05

건축물 가압송수장치를 기동용 수압개폐장치로 사용하는 옥내소화전함과 P형 1급 발신기세트를 다음과 같이 설치하였을 때 다음 각 물음에 답하시오. (9점)

(1) ㉮~㉱의 전선 가닥수를 쓰시오.

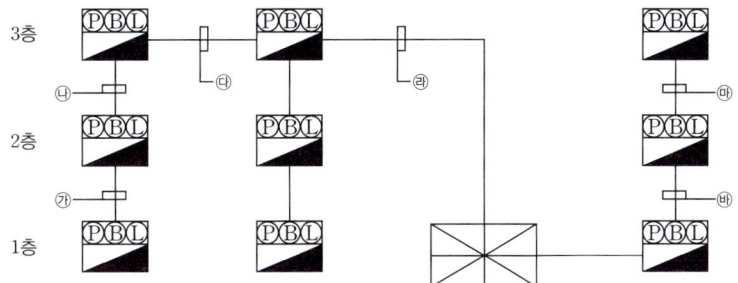

(2) 감지기회로에 종단저항을 설치하는 목적을 쓰시오.
(3) 감지기회로의 전로저항은 몇 [Ω] 이하이어야 하는지 쓰시오.
(4) 수신기의 각 회로별 종단에 설치되는 감지기에 접속되는 배선의 전압은 감지기 정격전압의 몇 [%] 이상이어야 하는지 쓰시오.

정답

(1) ㉮ 8가닥 ㉯ 9가닥 ㉰ 10가닥 ㉱ 13가닥 ㉲ 8가닥 ㉳ 9가닥
(2) 감지기회로의 도통시험을 용이하게 하기 위하여
(3) 50[Ω]
(4) 80[%]

해설

(1) 층수가 11층(공동주택의 경우에는 16층) 이상인 특정소방대상물의 경보방식은 우선경보방식을 적용하며, 그 이외의 경우 일제경보방식을 적용한다. 이 공장은 11층 미만이므로 일제경보방식을 적용하며 이 경우 경종의 가닥수는 변하지 않고 1가닥으로 고정된다.

번호	가닥수	배선 용도
㉮	8	지구 1, 지구공통 1, 응답 1, 경종 1, 표시등 1, 경종표시등공통 1, 기동확인표시등 2
㉯	9	지구 2, 지구공통 1, 응답 1, 경종 1, 표시등 1, 경종표시등공통 1, 기동확인표시등 2
㉰	10	지구 3, 지구공통 1, 응답 1, 경종 1, 표시등 1, 경종표시등공통 1, 기동확인표시등 2
㉱	13	지구 6, 지구공통 1, 응답 1, 경종 1, 표시등 1, 경종표시등공통 1, 기동확인표시등 2
㉲	8	지구 1, 지구공통 1, 응답 1, 경종 1, 표시등 1, 경종표시등공통 1, 기동확인표시등 2
㉳	9	지구 2, 지구공통 1, 응답 1, 경종 1, 표시등 1, 경종표시등공통 1, 기동확인표시등 2

㉮~㉳의 발신기는 옥내소화전을 내장하고 있으므로 기동확인표시등 2가닥이 추가로 필요하다.

(2) 감지기회로에 종단저항을 설치하는 이유는 감지기회로의 도통시험을 용이하게 하기 위해서이다.
(3) 자동화재탐지설비의 감지기회로의 전로저항은 50[Ω] 이하가 되도록 하여야 한다.
(4) 수신기의 각 회로별 종단저항에 설치되는 감지기에 접속되는 배선의 전압은 감지기 정격전압의 80[%] 이상이어야 한다.

연계이론 PHASE 42 자동화재탐지설비 도면

06

다음의 표는 어느 특정소방대상물의 자동화재탐지설비 공사에 소요되는 자재의 물량을 나타낸 것이다. 주어진 품셈표를 이용하여 내선전공의 노임요율과 공량의 빈칸을 채우고 인건비를 산출하시오. (10점)

조건
(가) 콘크리트박스는 매입을 원칙으로 하며, 박스커버의 내선전공은 적용하지 않는다.
(나) 공구손료는 인건비의 3[%], 내선전공의 M/D는 100,000원을 적용한다.
(다) 빈칸에 숫자를 적을 필요가 없을 때는 공란으로 둔다.

(1) 내선 전공의 노임요율 및 공량

품 명	규 격	단위	수량	노임요율	공량
수신기	P형 1급 5회로	[EA]	1		
발신기	P형 1급	[EA]	5		
경종	DC-24V	[EA]	5		
표시등	DC-24V	[EA]	5		
차동식감지기	스포트형	[EA]	60		
전선관(후강)	steel 16호	[m]	70		
전선관(후강)	steel 22호	[m]	100		
전선관(후강)	steel 28호	[m]	400		
전 선	1.5 [mm²]	[m]	10,000		
전 선	2.5 [mm²]	[m]	15,000		
콘크리트박스	4각	[EA]	5		
콘크리트박스	8각	[EA]	55		
박스커버	4각	[EA]	5		
박스커버	8각	[EA]	55		
계					

(2) 인건비

품 명	단 위	공 량	단가(원)	금액(원)
내선전공	인			
공구손료	식			
계				

[품셈표1] 옥내배선 ([m]당, 직종: 내선전공)

규격	관내배선	규격	관내배선
6[mm²] 이하	0.010	120[mm²] 이하	0.077
16[mm²] 이하	0.023	150[mm²] 이하	0.088
38[mm²] 이하	0.031	200[mm²] 이하	0.107
50[mm²] 이하	0.043	250[mm²] 이하	0.130
60[mm²] 이하	0.052	300[mm²] 이하	0.148
70[mm²] 이하	0.061	325[mm²] 이하	0.160
100[mm²] 이하	0.064	400[mm²] 이하	0.197

[품셈표2] 전선관 배관 ([m]당)

합성수지 전선관		금속(후강)전선관		금속가요전선관	
관의 호칭	내선전공	관의 호칭	내선전공	관의 호칭	내선전공
14	0.04	−	−	−	−
16	0.05	16	0.08	16	0.044
22	0.06	22	0.11	22	0.059
28	0.08	28	0.14	28	0.072
36	0.10	36	0.20	36	0.087
42	0.13	42	0.25	42	0.104
54	0.19	54	0.34	54	0.136
70	0.28	70	0.44	70	0.156

[품셈표3] 박스(BOX) 신설 (개당)

구분	내선전공
4각 콘크리트 박스	0.12
8각 콘크리트 박스	0.12
8각 아웃렛 박스	0.20
중형 4각 아웃렛 박스	0.20
대형 4각 아웃렛 박스	0.20
1개용 스위치 박스	0.20
23개용 스위치 박스	0.20
45개용 스위치 박스	0.25
노출형 박스(콘크리트 노출기준)	0.29
플로어박스	0.20

[품셈표4] 자동화재경보장치 설치

공종	단위	내선전공	비고
Spot형 감지기(차동식, 정온식, 보상식) 노출형	개	0.13	(1) 천장높이 4[m] 기준 1[m] 증가 시마다 5[%] 가산 (2) 매입형 또는 특수구조인 경우 조건에 따라 선정
시험기(공기관 포함)	개	0.15	(1) 상동 (2) 상동
분포형의 공기관	[m]	0.025	(1) 상동 (2) 상동
검출기	개	0.30	
공기관식의 Booster	개	0.10	
발신기 P형	개	0.30	
회로시험기	개	0.10	
수신기 P형(기본공수) (회선수 공수 산출 가산요)	대	6.0	[회선수에 대한 산정] 매1회선에 대해서 | 직종 \\ 형식 | 내선전공 | |---|---| | P-1 | 0.3 | | R형 | 0.2 |
부수신기(기본공수)	대	3.0	※ R형은 수신반 인입감시 회선수 기준 [참고] 산정예: P형의 10회분 기본공수는 6인, 회선당 할증수는 (10×0.3)=3 ∴ 6+3=9인
소화전 기동 릴레이	대	1.5	
경종	개	0.15	
표시등	개	0.20	
표지판	개	0.15	

정 답

(1)

품 명	규 격	단위	수량	노임요율	공량
수신기	P형 1급 5회로	[EA]	1	6+5×0.3=7.5	1×7.5=7.5
발신기	P형 1급	[EA]	5	0.3	5×0.3=1.5
경종	DC-24V	[EA]	5	0.15	5×0.15=0.75
표시등	DC-24V	[EA]	5	0.2	5×0.2=1.0
차동식감지기	스포트형	[EA]	60	0.13	60×0.13=7.8
전선관(후강)	steel 16호	[m]	70	0.08	70×0.08=5.6
전선관(후강)	steel 22호	[m]	100	0.11	100×0.01=11
전선관(후강)	steel 28호	[m]	400	0.14	400×0.14=56
전 선	1.5 [mm^2]	[m]	10,000	0.01	10,000×0.01=100
전 선	2.5 [mm^2]	[m]	15,000	0.01	15,000×0.01=150
콘크리트박스	4각	[EA]	5	0.12	5×0.12=0.6
콘크리트박스	8각	[EA]	55	0.12	55×0.12=6.6
박스커버	4각	[EA]	5		
박스커버	8각	[EA]	55		
계					348.35

(2)

품 명	단 위	공 량	단가(원)	금액(원)
내선전공	인	348.35	100,000	34,835,000
공구손료	식	3[%]	34,835,000	1,045,050
계				35,880,050

해 설

품 명	개수	노임요율	공량
수신기	1	발신기가 5개 있으므로 지구회로수는 5가닥이며, 회로당 추가 내선전공이 0.3이므로 수신기의 공량은 6+5×0.3=7.50이다.	7.5
발신기	5	내선전공 0.3이므로 5×0.3=1.5	1.5
경종	5	내선전공 0.15이므로 5×0.15=0.75	0.75
표시등	5	내선전공 0.2이므로 5×0.2=1.0	1.0
차동식감지기	60	내선전공 0.13이므로 60×0.13=7.8	7.8
전선관(후강)	70	내선전공 0.08이므로 70×0.08=5.6	5.6
전선관(후강)	100	내선전공 0.11이므로 100×0.11=11	11
전선관(후강)	400	내선전공 0.14이므로 400×0.14=56	56
전 선	10,000	내선전공 0.01이므로 10,000×0.01=100	100
전 선	15,000	내선전공 0.01이므로 15,000×0.01=150	150
콘크리트박스	5	내선전공 0.12이므로 5×0.12=0.6	0.6
콘크리트박스	55	내선전공 0.12이므로 55×0.12=6.6	6.6

07 자동화재탐지설비에 사용되는 감지기의 절연저항시험을 하려고 한다. 사용기기와 판정기준은 무엇인가? (단, 감지기에 절연된 단자 간의 절연저항 및 단자와 외함 간의 절연저항이며 정온식 감지선형 감지기는 제외한다.) (4점)

- 사용기기:
- 판정기준:

정답
- 사용기기: 직류 500[V] 절연저항계
- 판정기준: 감지기의 절연된 단자 간의 절연저항 및 단자와 외함 간의 절연저항은 직류 500[V]의 절연저항계로 측정한 값이 50[MΩ] 이상이어야 한다.

해설

절연저항값에 따른 시험

- 절연저항 0.1[MΩ] 이상

절연저항계	절연저항	대상
직류 250[V]	0.1[MΩ] 이상	1경계구역의 절연저항

- 절연저항 5[MΩ] 이상

절연저항계	절연저항	대상
직류 500[V]	5[MΩ] 이상	• 누전경보기 • 가스누설경보기 • 수신기 • 자동화재속보설비 • 비상경보설비 • 유도등(교류입력 측과 외함 간 포함) • 비상조명등(교류입력 측과 외함 간 포함)

- 절연저항 20[MΩ] 이상

절연저항계	절연저항	대상
직류 500[V]	20[MΩ] 이상	• 경종 • 발신기 • 중계기 • 비상콘센트 • 기기의 절연된 선로 간 • 기기의 충전부와 비충전부 간 • 기기의 교류입력 측과 외함 간(유도등, 비상조명등은 제외)

- 절연저항 50[MΩ] 이상

절연저항계	절연저항	대상
직류 500[V]	50[MΩ] 이상	• 감지기(정온식 감지선형 감지기 제외) • 가스누설경보기 • 수신기

- 절연저항 1,000[MΩ] 이상

절연저항계	절연저항	대상
직류 500[V]	1,000[MΩ] 이상	• 정온식 감지선형 감지기

연계이론 PHASE 35 절연저항

08 감지기 배선방식에 있어서 교차회로방식의 목적 및 동작원리를 쓰시오. (4점)

- 목적:
- 동작원리:

정답
- 목적: 자동소화설비의 오작동을 방지하기 위한 방식
- 동작원리: 하나의 담당구역 내에 2개 이상의 감지기를 설치하고 2개 이상의 감지기 회로가 동시에 작동하는 방식

해설

송배선식과 교차회로방식

구분	송배선식	교차회로 방식
배선도	(지구/수신기/공통 - 감지기 - 종단저항)	(A, B 회로 감지기 배선 - 제어반 A회로/B회로 종단저항, B회로/A회로 종단저항)
특징	감지기회로의 도통시험을 용이하게 하기 위해 배선하는 방식으로 배선 도중에 분기하지 않음.	하나의 담당구역 내에 2개 이상의 감지기를 설치하고 2개 이상의 감지기회로가 동시에 작동하는 방식(잦은 오작동 방지)

연계이론 PHASE 09 감지기

---

09 차동식 스포트형 감지기와 정온식 스포트형 감지기의 작동원리에 대하여 간단히 설명하시오. (4점)

(1) 차동식 스포트형 감지기:
(2) 정온식 스포트형 감지기:

정답
(1) 주위온도가 일정 상승률 이상이 될 때 작동하는 것으로 일국소에서의 열 효과에 의하여 작동
(2) 일국소의 주위온도가 일정온도 이상이 될 때 작동

연계이론 PHASE 10 열감지기

10 다음 논리회로를 보고 타임차트를 완성하시오. (5점)

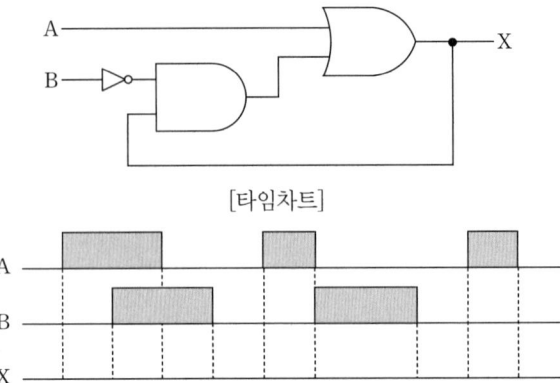

[타임차트]

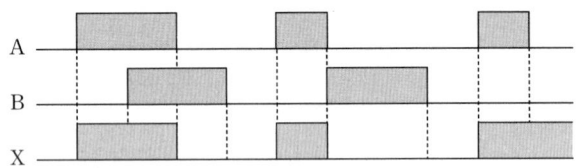

○ 정 답 ○

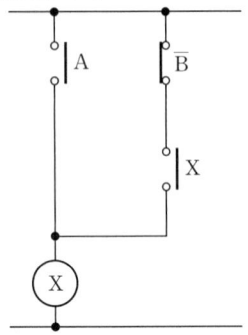

○ 해 설 ○ 논리식 $X = A + \overline{B} \cdot X$이므로 다음과 같이 진리표로 나타낼 수 있다.

A	B	X(입력)	X(출력)
0	0	0	0
0	0	1	1
0	1	0	0
0	1	1	0(error)
1	0	0	1(error)
1	0	1	1
1	1	0	1(error)
1	1	1	1

위 진리표 중 X 입력과 X 출력의 값이 다른 경우는 존재할 수 없는 상태이므로 나머지 입력에 대해서 출력값을 적용하면 된다.

[유접점 회로]

○ 연 계 이 론 ○ **PHASE 41** 논리회로

11 감지기의 부착높이 및 특정소방대상물의 구분에 따른 설치면적 기준이다. 다음 표의 ①~⑧에 해당되는 면적을 쓰시오. (8점)

(단위: [m²])

부착높이 및 특정소방대상물의 구분		감지기의 종류						
		차동식 스포트형		보상식 스포트형		정온식 스포트형		
		1종	2종	1종	2종	특종	1종	2종
4[m] 미만	내화구조	①	70	①	70	70	60	⑦
	기타구조	②	③	②	③	40	30	⑧
4[m] 이상 8[m] 미만	내화구조	45	④	45	④	④	⑤	—
	기타구조	30	25	30	25	25	⑥	—

①	②	③	④	⑤	⑥	⑦	⑧

정답

①	②	③	④	⑤	⑥	⑦	⑧
90	50	40	35	30	15	20	15

해설

(단위: [m²])

부착높이 및 특정소방대상물의 구분		감지기의 종류						
		차동식 스포트형		보상식 스포트형		정온식 스포트형		
		1종	2종	1종	2종	특종	1종	2종
4[m] 미만	내화구조	90(①)	70	90(①)	70	70	60	20(⑦)
	기타구조	50(②)	40(③)	50(②)	40(③)	40	30	15(⑧)
4[m] 이상 8[m] 미만	내화구조	45	35(④)	45	35(④)	35(④)	30(⑤)	—
	기타구조	30	25	30	25	25	15(⑥)	—

연계이론 PHASE 09 감지기

12 다음 논리식에 의하여 유접점 회로와 무접점 회로를 그리시오. (8점)

(1) $A \cdot B + \overline{A+B} = X$
- 릴레이회로:
- 논리회로:

(2) $(A+B) \cdot (\overline{A \cdot B}) = Z$
- 릴레이회로:
- 논리회로:

정답

(1) $A \cdot B + \overline{A+B} = A \cdot B + \overline{A} \cdot \overline{B} = X$ (∵ $\overline{A+B} = \overline{A} \cdot \overline{B}$ 드 모르간 법칙)

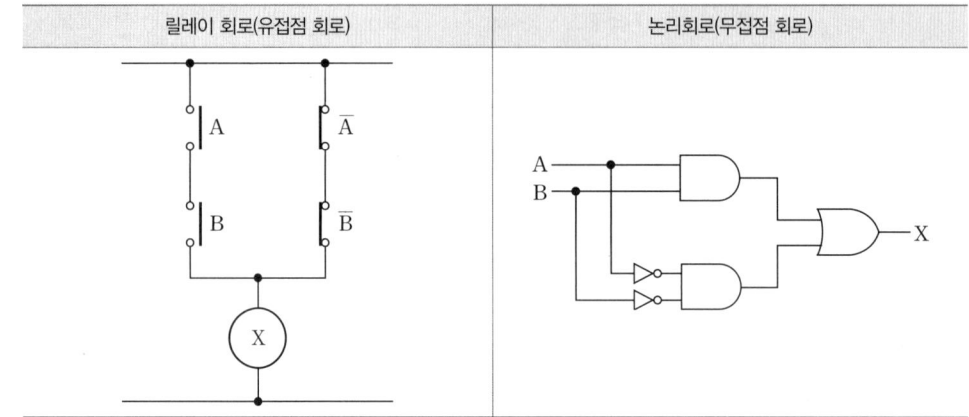

(2) $(A+B) \cdot (\overline{A \cdot B}) = (A+B) \cdot (\overline{A} + \overline{B}) = Z$ (∵ $\overline{A \cdot B} = \overline{A} + \overline{B}$ 드 모르간 법칙)

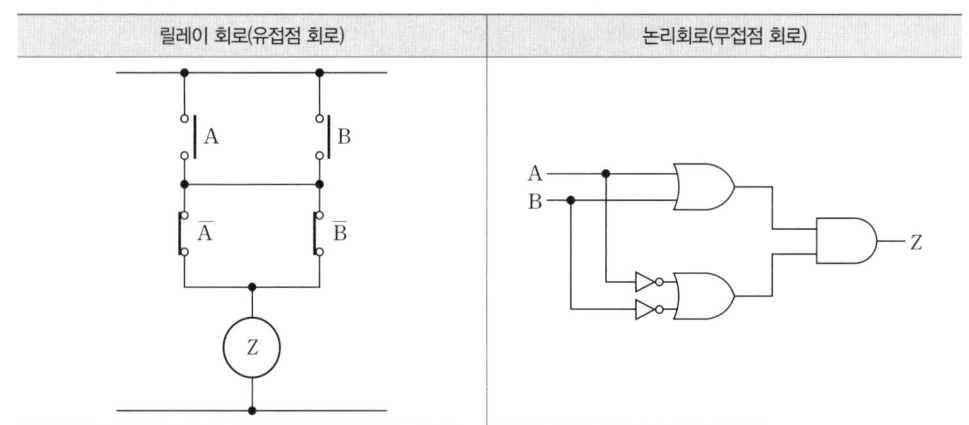

해설 논리회로의 경우 다음과 같이 나타낼 수도 있다.

(1) 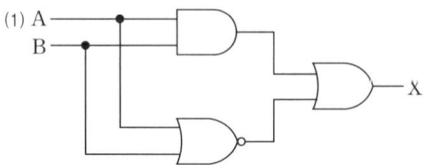   (2)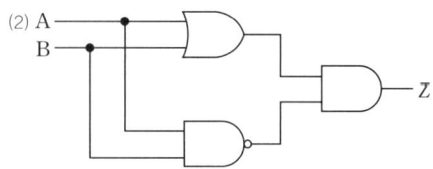

연계이론 PHASE 41 논리회로

13 가스누설경보기에 관한 다음 각 물음에 답하시오. (4점)

(1) 가스의 누설을 표시하는 표시등 및 가스가 누설된 경계구역의 위치를 표시하는 표시등은 등이 켜질 때 어떤 색으로 표시되어야 하는가?
(2) 경보기는 구조에 따라 무슨 형과 무슨 형으로 구분하는가?
(3) 가스누설경보 중 가스누설을 검지하여 중계기 또는 수신부의 가스누설의 신호를 발신하는 부분은 무엇인가?

정답
(1) 황색
(2) 단독형, 분리형
(3) 탐지부

해설
(1) 가스의 누설을 표시하는 표시등 및 가스가 누설된 경계구역의 위치를 표시하는 표시등은 등이 켜질 때 황색등으로 표시되어야 한다.
(2) • 분리형이란 탐지부와 수신부가 분리되어 있는 형태의 경보기를 말한다.
  • 단독형이란 탐지부와 수신부가 일체로 되어 있는 형태의 경보기를 말한다.
(3) 가스누설경보 중 가스누설을 검지하여 중계기 또는 수신부의 가스누설의 신호를 발신하는 부분을 탐지부라 한다.

연계이론 PHASE 17 가스누설경보기

14 자동화재탐지설비의 감지기 설치 제외 장소 4가지를 쓰시오. (6점)

•
•
•
•

정답
• 천장 또는 반자의 높이가 20[m] 이상인 장소. 다만, 감지기로서 부착높이에 따라 적응성이 있는 장소는 제외한다.
• 헛간 등 외부와 기류가 통하는 장소로서 감지기에 따라 화재발생을 유효하게 감지할 수 없는 장소
• 부식성 가스가 체류하고 있는 장소
• 고온도 및 저온도로서 감지기의 기능이 정지되기 쉽거나 감지기의 유지관리가 어려운 장소

해설
감지기의 설치 제외 장소
• 천장 또는 반자의 높이가 20[m] 이상인 장소. 다만, 감지기로서 부착높이에 따라 적응성이 있는 장소는 제외한다.
• 헛간 등 외부와 기류가 통하는 장소로서 감지기에 따라 화재발생을 유효하게 감지할 수 없는 장소
• 부식성 가스가 체류하고 있는 장소
• 고온도 및 저온도로서 감지기의 기능이 정지되기 쉽거나 감지기의 유지관리가 어려운 장소
• 목욕실·욕조나 샤워시설이 있는 화장실·기타 이와 유사한 장소
• 파이프덕트 등 그 밖의 이와 비슷한 것으로서 2개층마다 방화구획된 것이나 수평단면적이 5[m^2] 이하인 것
• 먼지·가루 또는 수증기가 다량으로 체류하는 장소 또는 주방 등 평상시 연기가 발생하는 장소(연기감지기에 한함)
• 프레스공장·주조공장 등 화재발생의 위험이 적은 장소로서 감지기의 유지관리가 어려운 장소

연계이론 PHASE 09 감지기

15

3상 380[V], 20[kW] 소방펌프용 유도전동기가 있다. 역률 60[%]를 90[%]로 개선하려고 할 때 전력용 콘덴서의 용량[kVA]과 일반적으로 사용하는 기동방식을 쓰시오. (4점)

(1) 전력용 콘덴서 용량
- 계산과정:
- 답:

(2) 기동방식:

정답

(1) · 계산과정: $Q_c = 20 \times \left(\dfrac{\sqrt{1-0.6^2}}{0.6} - \dfrac{\sqrt{1-0.9^2}}{0.9} \right) = 16.98 \text{[kVA]}$

· 답: 16.98[kVA]

(2) Y−△ 기동방식

해설

(1) 전력용 콘덴서 용량 산정식

$$Q_c = P(\tan\theta_1 - \tan\theta_2) = P\left(\dfrac{\sin\theta_1}{\cos\theta_1} - \dfrac{\sin\theta_2}{\cos\theta_2} \right) = P\left(\dfrac{\sqrt{1-\cos^2\theta_1}}{\cos\theta_1} - \dfrac{\sqrt{1-\cos^2\theta_2}}{\cos\theta_2} \right) \text{[kVA]}$$

(단, P: 전동기 출력 전력[kW], $\cos\theta_1$: 개선전 역률, $\cos\theta_2$: 개선후 역률)

역률 개선 전 $\cos\theta_1 = 0.6$, 개선 후 $\cos\theta_2 = 0.90$이므로 전력용 콘덴서 용량은
$Q_c = 20 \times \left(\dfrac{\sqrt{1-0.6^2}}{0.6} - \dfrac{\sqrt{1-0.9^2}}{0.9} \right) = 16.98 \text{[kVA]}$이다.

(2) 소방용 전동기의 기동방식은 일반적으로 Y−△ 기동방식을 채택한다.

연계이론 PHASE 32 역률 개선용 콘덴서 용량

16

피난구유도등을 설치해야 되는 장소의 기준 4가지를 쓰시오. (5점)

-
-
-
-

정답

- 옥내로부터 직접 지상으로 통하는 출입구 및 그 부속실의 출입구
- 직통계단·직통계단의 계단실 및 그 부속실의 출입구
- 출입구에 이르는 복도 또는 통로로 통하는 출입구
- 안전구획된 거실로 통하는 출입구

해설 피난구유도등의 설치 장소

- 옥내로부터 직접 지상으로 통하는 출입구 및 그 부속실의 출입구
- 직통계단·직통계단의 계단실 및 그 부속실의 출입구
- 출입구에 이르는 복도 또는 통로로 통하는 출입구
- 안전구획된 거실로 통하는 출입구

연계이론 PHASE 19 피난구유도등

17 광전식 스포트형 감지기와 광전식 분리형 감지기의 검출방식 작동원리를 설명하시오. (5점)

(1) 광전식 스포트형 감지기
- 검출방식:
- 작동원리:

(2) 광전식 분리형 감지기
- 검출방식:
- 작동원리:

정답

(1) • 검출방식: 산란광식
 • 작동원리: 화재발생 시 연기입자에 의해 난반사된 빛이 수광부 내로 들어오는 것을 감지하여 동작
(2) • 검출방식: 감광식
 • 작동원리: 화재발생 시 연기입자에 의해 수광부의 수광량이 감소하므로 이를 검출하여 동작

해설

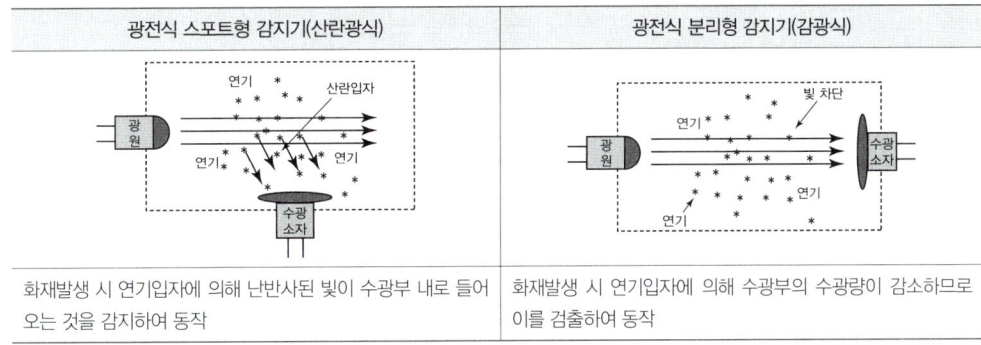

광전식 스포트형 감지기(산란광식)	광전식 분리형 감지기(감광식)
화재발생 시 연기입자에 의해 난반사된 빛이 수광부 내로 들어오는 것을 감지하여 동작	화재발생 시 연기입자에 의해 수광부의 수광량이 감소하므로 이를 검출하여 동작

연계이론 PHASE 11 연기감지기

18 다음은 자동화재탐지설비의 평면도이다. 도면의 각 배선에 전선 가닥수를 산정하시오. (단, 모든 배관은 슬래브 내 매입배관이며, 이중천장이 없는 구조이다.) (5점)

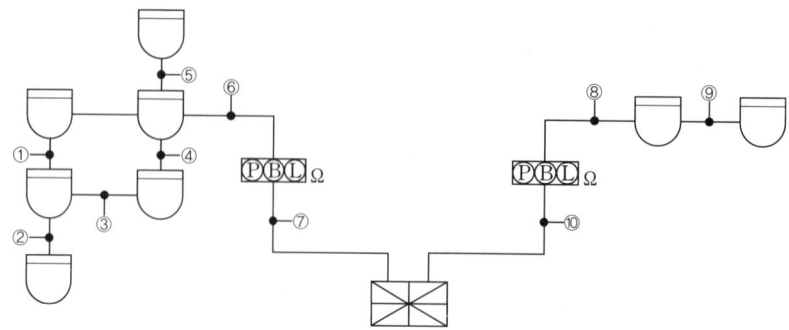

번호	①	②	③	④	⑤	⑥	⑦	⑧	⑨	⑩
가닥수										

정답

번호	①	②	③	④	⑤	⑥	⑦	⑧	⑨	⑩
가닥수	2	4	2	2	4	4	6	4	4	6

해설

[감지기 결선]
자동화재탐지설비의 감지기는 송배선식으로 배선한다. 송배선식의 루프(①, ③, ④)는 2가닥, 기타(②, ⑤, ⑥, ⑧, ⑨) 4가닥으로 배선한다.

번호	가닥수	배선내역
①	2	지구 1, 공통 1
②	4	지구 2, 공통 2
③	2	지구 1, 공통 1
④	2	지구 1, 공통 1
⑤	4	지구 2, 공통 2
⑥	4	지구 2, 공통 2
⑧	4	지구 2, 공통 2
⑨	4	지구 2, 공통 2

[수신기 ↔ 발신기]
수신기를 기준으로 좌측 발신기와 우측 발신기의 종단저항이 각각 1개이므로 각각의 가닥수는 기본 6가닥(지구 1, 지구공통 1, 응답 1, 경종 1, 표시등 1, 경종표시등공통 1)이다.

번호	가닥수	배선내역
⑦	6	지구 1, 지구공통 1, 응답 1, 경종 1, 표시등 1, 경종표시등공통 1
⑩	6	지구 1, 지구공통 1, 응답 1, 경종 1, 표시등 1, 경종표시등공통 1

연계이론

PHASE 42 자동화재탐지설비 도면

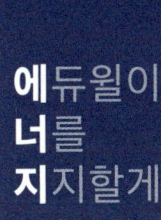

아는 세계에서 모르는 세계로 넘어가지 않으면
우리는 아무것도 배울 수 없다.

– 클로드 베르나르 (Claude Bernard)

2019년 1회 기출문제

01
비상콘센트설비 전원회로에 대한 다음 표를 완성하시오. (3점)

전원회로	전압[V]	공급용량[kVA]

정답

전원회로	전압[V]	공급용량[kVA]
단상교류	220[V]	1.5[kVA] 이상

해설

비상콘센트설비 전원회로의 설치기준
- 비상콘센트의 전원회로는 단상교류 220[V]인 것으로서, 그 공급용량은 1.5[kVA] 이상인 것
- 전원회로는 각 층에 2 이상이 되도록 설치할 것. 다만, 설치해야 할 층의 비상콘센트가 1개인 때에는 하나의 회로로 할 수 있다.
- 전원회로는 주 배전반에서 전용회로로 할 것. 다만, 다른 설비 회로의 사고에 따른 영향을 받지 않도록 되어 있는 것은 그렇지 않다.
- 전원으로부터 각 층의 비상콘센트에 분기되는 경우에는 분기배선용 차단기를 보호함 안에 설치할 것
- 콘센트마다 배선용 차단기를 설치하여야 하며, 충전부가 노출되지 않도록 할 것
- 개폐기에는 "비상콘센트"라고 표시한 표지를 할 것
- 비상콘센트용의 풀박스 등은 방청도장을 한 것으로서, 두께 1.6[mm] 이상의 철판으로 할 것
- 하나의 전용회로에 설치하는 비상콘센트는 10개 이하로 할 것. 이 경우 전선의 용량은 각 비상콘센트(비상콘센트가 3개 이상인 경우에는 3개)의 공급용량을 합한 용량 이상의 것으로 해야 한다.

연계이론 PHASE 25 비상콘센트설비

02
다음 빈칸에 알맞은 답을 작성하시오. (5점)

> 공사비 산출내역서 작성 시 표준품셈표에서 정하는 공구손료는 직접노무비의 (①)[%] 이내로 적용할 수 있고, 소모·잡자재비는 전선과 배관자재의 (②)[%] 이내로 적용할 수 있는지 쓰시오.

정답
① 3
② 2~5

해설
- 공구손료: 일반공구 및 시험용 계측기구류의 손료로서 공사중 상시 일반적으로 사용하는 것을 말하며, 인력품(직접노무비)의 3[%]까지 계상하며 특수 공구 및 검사용 특수계측기류의 손료는 별도로 계상한다.
- 잡재료 및 소모재료: 설계내역에 표시하여 계상하되 주재료비와 직접재료비의 2~5[%]까지 계상한다.

03

다음은 자동화재탐지설비 및 시각경보장치의 화재안전기술기준의 일부이다. 괄호 안에 알맞은 답을 쓰시오. (4점)

(1) 감지기(차동식 분포형은 제외)는 실내로의 공기유입구로부터 (①)[m] 이상 떨어진 위치에 설치하여야 한다.
(2) 보상식 스포트형 감지기는 정온점이 감지기 주위의 평상시 최고온도보다 (②)[℃] 이상 높은 것으로 설치하여야 한다.
(3) 스포트형 감지기는 (③) 이상 경사되지 않도록 부착하여야 한다.
(4) (④)는 주방, 보일러실 등으로서 다량의 화기를 취급하는 장소에 설치하되, 공칭작동온도가 최고주위온도보다 20[℃] 이상 높은 것으로 설치해야 한다.

정답

① 1.5
② 20
③ 45°
④ 정온식 감지기

해설

감지기의 설치기준

- 감지기(차동식 분포형의 것을 제외한다)는 실내로의 공기유입구로부터 1.5[m] 이상 떨어진 위치에 설치할 것
- 감지기는 천장 또는 반자의 옥내에 면하는 부분에 설치할 것
- 보상식 스포트형 감지기는 정온점이 감지기 주위의 평상시 최고온도보다 20[℃] 이상 높은 것으로 설치할 것
- 정온식 감지기는 주방·보일러실 등으로서 다량의 화기를 취급하는 장소에 설치하되, 공칭작동온도가 최고주위온도보다 20[℃] 이상 높은 것으로 설치할 것
- 차동식 스포트형·보상식 스포트형 및 정온식 스포트형 감지기는 그 부착 높이 및 특정소방대상물에 따라 다음에 따른 바닥면적마다 1개 이상을 설치할 것

(단위: [m²])

부착높이 및 특정소방대상물의 구분		감지기의 종류						
		차동식 스포트형		보상식 스포트형		정온식 스포트형		
		1종	2종	1종	2종	특종	1종	2종
4[m] 미만	내화구조	90	70	90	70	70	60	20
	기타구조	50	40	50	40	40	30	15
4[m] 이상 8[m] 미만	내화구조	45	35	45	35	35	30	—
	기타구조	30	25	30	25	25	15	—

- 스포트형 감지기는 45° 이상 경사되지 않도록 부착할 것

연계이론 PHASE 09 감지기

04

접지공사에 대한 다음 각 물음에 답하시오. (4점)

(1) 접지공사에서 접지봉과 접지선을 연결하는 방법 3가지를 쓰시오.
(2) (1)의 방법 중 내구성이 가장 높은 접지공사 방법은 무엇인가?

정답

(1) • 용융 접속
 • 납땜 접속
 • 전극 접지용 슬리브를 이용한 압착접속
(2) 용융 접속

05

다음은 화재안전기술기준에서 정하는 누전경보기의 용어 정의를 설명한 것이다. 다음 (   ) 안에 알맞은 용어를 쓰시오. (5점)

- (①)란 내화구조가 아닌 건축물로서 벽, 바닥 또는 천장의 전부나 일부를 불연재료 또는 준불연재료가 아닌 재료에 철망을 넣어 만든 건물의 전기설비로부터 누설전류를 탐지하여 경보를 발하는 기기로서 변류기와 수신부로 구성된 것을 말한다.
- (②)란 변류기로부터 검출된 신호를 수신하여 누전의 발생을 해당 특정소방대상물의 관계인에게 경보하여 주는 것(차단기구를 갖는 것을 포함)을 말한다.
- (③)란 경계전로의 누설전류를 자동적으로 검출하여 이를 누전경보기의 수신부에 송신하는 것을 말한다.

정답
① 누전경보기
② 수신부
③ 변류기

해설 누전경보기의 용어정의

> - 누전경보기: 내화구조가 아닌 건축물로서 벽, 바닥 또는 천장의 전부나 일부를 불연재료 또는 준불연재료가 아닌 재료에 철망을 넣어 만든 건물의 전기설비로부터 누설전류를 탐지하여 경보를 발하는 기기로서, 변류기와 수신부로 구성된 것을 말한다.
> - 수신부: 변류기로부터 검출된 신호를 수신하여 누전의 발생을 해당 특정소방대상물의 관계인에게 경보하여 주는 것(차단기구를 갖는 것을 포함한다)을 말한다.
> - 변류기: 경계전로의 누설전류를 자동적으로 검출하여 이를 누전경보기의 수신부에 송신하는 것을 말한다.
> - 경계전로: 누전경보기가 누설전류를 검출하는 대상 전선로를 말한다.

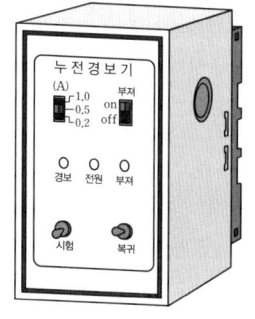

연계이론 PHASE 16 누전경보기

06

20[W] 중형피난구유도등 10개가 AC 220[V] 사용전원에 연결되어 점등되고 있다. 전원으로부터 공급되는 전류는 약 몇 [A]인지 구하시오. (단, 유도등의 역률은 0.5이며, 유도등 배터리의 충전전류는 무시한다.) (3점)

- 계산과정:
- 답:

정답
- 계산과정: $I = \dfrac{20 \times 10}{220 \times 0.5} = 1.82[\text{A}]$
- 답: 1.82[A]

해설 단상 유효전력 $P = VI\cos\theta[\text{W}]$(단, V: 전압[V], I: 전류[A], $\cos\theta$: 역률)
중형피난구유도등 10개의 합성 전력 $P = 20 \times 10 = 200[\text{W}]$
전류 $I = \dfrac{P}{V\cos\theta}[\text{A}]$이므로 $I = \dfrac{200}{220 \times 0.5} = 1.82[\text{A}]$

07

비상용 전원설비로 축전지설비를 하고자 한다. 이때 다음 각 물음에 답하시오. (6점)

(1) 연축전지의 정격용량이 100[Ah]이고, 상시부하가 15[kW], 표준전압 100[V]인 부동충전방식 충전기의 2차 충전전류값은 몇 [A]이겠는가? (단, 상시부하의 역률은 1로 본다.)
- 계산과정:
- 답:

(2) 축전지의 수명이 있고 또한 그 말기에 있어서도 부하를 만족하는 용량을 결정하기 위한 계수로서 보통 0.8로 하는 것을 무엇이라 하는가?

(3) 축전지의 과방전 및 방치상태, 가벼운 설페이션 현상 등이 생겼을 때 기능회복을 위하여 실시하는 충전방식은?

정답

(1) • 계산과정: $I = \dfrac{100}{10} + \dfrac{15,000}{100} = 160[A]$
- 답: 160[A]

(2) 보수율(용량저하율)

(3) 회복충전방식

해설

(1) 2차 충전전류 $I = \dfrac{\text{축전지의 정격 용량}}{\text{축전지의 방전율}} + \dfrac{\text{상시부하}}{\text{표준전압}}$ [A]이고, 연축전지의 방전율은 10[h]이므로

$I = \dfrac{100}{10} + \dfrac{15,000}{100} = 160[A]$ 이다.

구분	연축전지	알칼리축전지
공칭전압	2.0[V/cell]	1.2[V/cell]
방전율	10[h]	5[h]

(2) 보수율이란 사용연수의 경과나 사용조건의 변동에 의한 축전지 용량 변화의 보정값을 의미한다. 보수율을 용량저하율이라고도 한다.

(3) 축전지의 충전방식

구분	의미
보통충전방식	정기적으로 표준시간율로 충전하는 방식
급속충전방식	일반 충전전류의 2~3배의 전류로 충전하는 방식
세류충전방식	자기방전량만 상시 충전하는 방식
부동충전방식	축전지의 자기방전을 보충하면서 상용부하에 대한 전력공급은 충전기가 부담하되, 일시적인 대전류 부하에는 축전지가 부담하도록 하는 방식
회복충전방식	축전지의 과방전 및 방치상태, 가벼운 설페이션 현상 등이 생겼을 때 기능회복을 위하여 실시하는 충전방식

연계이론 PHASE 29 축전지

08 주어진 도면은 유도전동기 기동·정지회로의 미완성 도면이다. 다음 각 물음에 답하시오. (8점)

(1) 다음과 같이 주어진 기구를 이용하여 미완성 도면을 완성하시오. (단, 기구의 개수 및 접점을 최소로 한다.)

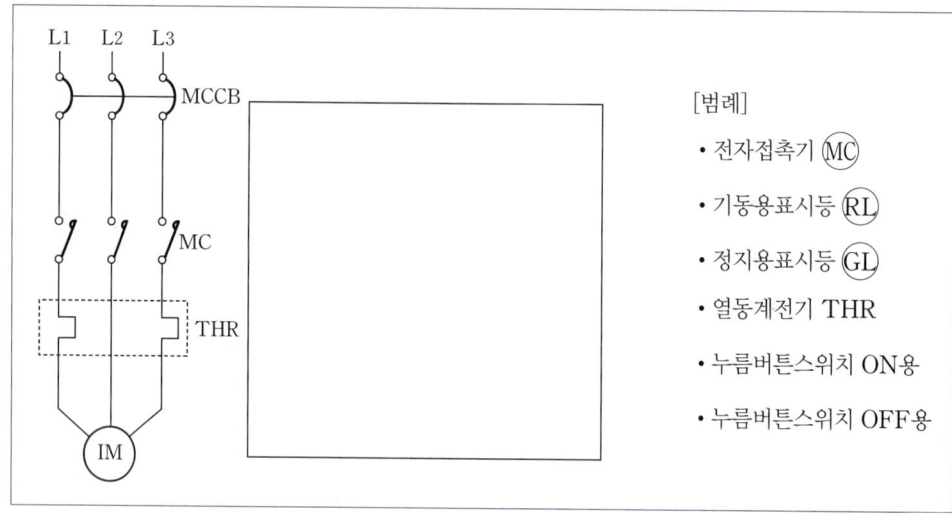

[범례]
- 전자접촉기 MC
- 기동용표시등 RL
- 정지용표시등 GL
- 열동계전기 THR
- 누름버튼스위치 ON용
- 누름버튼스위치 OFF용

(2) 주회로의 열동계전기(THR)가 작동되는 경우를 2가지만 쓰시오.
(3) 열동계전기(THR)가 동작되어 운전이 정지되는 경우 어떻게 하여야 다시 운전할 수 있겠는가?

정답

(1)

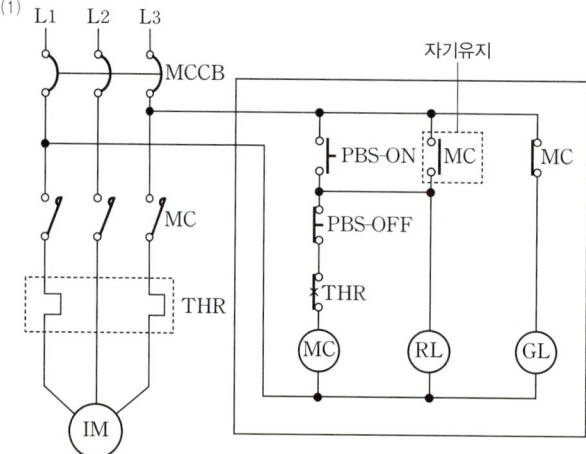

(2) • 전동기에 과부하가 걸릴 때
 • 열동계전기의 전류조정값을 정격전류보다 낮게 설정한 경우
(3) 열동계전기의 복구(리셋)버튼을 누른 뒤 PBS-ON 누름버튼을 누른다.

해설

동작사항

- PBS-ON을 누르면 전자접촉기 릴레이 MC가 여자된다. 이때 MC-a 접점에 의해 자기유지가 된다. 동시에 RL 램프가 점등되고 GL 램프는 소등된다.
- PBS-OFF를 누르면 전자접촉기 릴레이 MC가 소자되고 RL 램프가 소등된다. 이때 MC-b 접점에 의해 GL 램프가 점등된다.

연계이론

PHASE 40 시퀀스 회로

09 다음은 비상콘센트를 보호하기 위한 비상콘센트보호함의 설치기준이다. (   ) 안에 알맞은 내용을 쓰시오. (5점)

- 보호함에는 쉽게 개폐할 수 있는 (①)을(를) 설치할 것
- 보호함 (②)에 비상콘센트라고 표시한 표지를 할 것
- 보호함 상부에 (③)색의 (④)을(를) 설치할 것(다만, 비상콘센트보호함을 옥내소화전함 등과 접속하여 설치하는 경우에는 (⑤) 등의 표시등과 겸용할 수 있다.)

정답 ① 문   ② 표면   ③ 적   ④ 표시등   ⑤ 옥내소화전함

해설 **비상콘센트보호함의 설치기준**
- 보호함에는 쉽게 개폐할 수 있는 문을 설치할 것
- 보호함 표면에 "비상콘센트"라고 표시한 표지를 할 것
- 보호함 상부에 적색의 표시등을 설치할 것. 다만, 비상콘센트의 보호함을 옥내소화전함 등과 접속하여 설치하는 경우에는 옥내소화전함 등의 표시등과 겸용할 수 있다.

연계이론 PHASE 25 비상콘센트설비

10 비상경보용으로 방송설비를 설치할 때 음량조정기를 설치하는 경우에는 3선식으로 배선하여야 한다. 음량 조정기 3선식 배선도를 완성하시오. (5점)

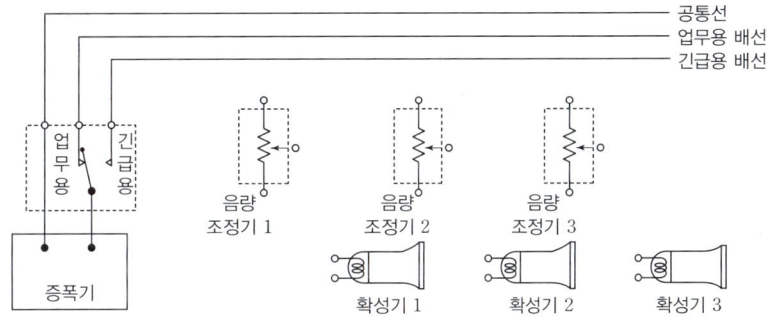

정답

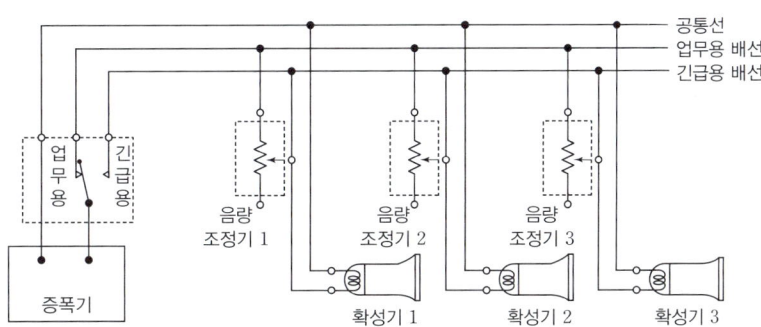

해설 업무용으로 사용 시: 업무용 배선 → 음량 조정기 → 확성기 → 공통선
긴급용으로 사용 시: 긴급용 배선 → 확성기 → 공통선

연계이론 PHASE 14 비상방송설비

11

비상콘센트설비에 대한 다음 각 물음에 답하시오. (단, 사용전압은 단상교류 220[V]이다.) (5점)

(1) 비상콘센트설비를 설치하는 목적을 쓰시오.
(2) 지상 11층인 건축물에 비상콘센트설비를 설치하고자 한다. 전원회로의 가닥수는 몇 가닥인지 쓰시오. (단, 접지선 1가닥을 포함한다.)
(3) 220[V] 전원에 1[kW] 송풍기를 연결하여 운전하는 경우 회로에 흐르는 전류[A]를 구하시오. (단, 역률은 90[%]이다.)
- 계산과정:
- 답:

정답

(1) 화재 시 소화활동 등에 필요한 전원을 전용회선으로 공급하기 위함
(2) 3가닥
(3) • 계산과정: $I = \dfrac{1 \times 10^3}{220 \times 0.9} = 5.05[A]$
 • 답: 5.05[A]

해설

(1) 비상콘센트설비는 화재 시 원활한 소화활동을 위해 조명설비 또는 소화활동설비의 장비에 전원을 공급하기 위한 설비이다.
(2) 일반적으로 접지선을 고려하지 않는 경우 2가닥을 작성하나, 접지선을 고려할 경우 1가닥을 추가하여 총 3가닥이 된다.
(3) 단상 유효전력 $P = VI\cos\theta[W]$(단, V: 전압[V], I: 전류[A], $\cos\theta$: 역률)
 전류 $I = \dfrac{P}{V\cos\theta}[A]$이므로 $I = \dfrac{1 \times 10^3}{220 \times 0.9} = 5.05[A]$

연계이론 PHASE 25 비상콘센트설비

12

11층, 연면적이 2,000[m²] 이상인 특정소방대상물에 옥내소화전설비를 설치하였다. 이 설비를 작동시키기 위한 전원 중 비상전원으로 설치할 수 있는 설비의 종류 3가지를 쓰시오. (4점)

-
-
-

정답

- 자가발전설비
- 축전지설비
- 전기저장장치

해설

소방시설 비상전원 설치대상과 유효작동시간

구분	작동시간	비상전원의 종류	설치대상
옥내소화전	20분	• 자가발전설비 • 축전지설비 • 전기저장장치	• 층수가 7층 이상으로서 연면적이 2,000[m²] 이상인 것 • 그 외 특정소방대상물로서 지하층의 바닥면적 합계가 3,000[m²] 이상인 것

연계이론 PHASE 27 전원

13. 자동화재탐지설비와 관련된 다음 물음의 ( )에 알맞은 내용을 쓰시오. (9점)

- (①)란 감지기 또는 발신기로부터 발하여지는 신호를 직접 또는 중계기를 통하여 공통신호로서 수신하여 화재의 발생을 당해 소방대상물의 관계자에게 경보하여 주는 것을 말한다.
- (②)란 감지기 또는 발신기로부터 발하여지는 신호를 직접 또는 중계기를 통하여 고유신호로서 수신하여 화재의 발생을 당해 소방대상물의 관계자에게 경보하여 주는 것을 말한다.
- (③)란 감지기, 발신기 또는 전기적인 접점 등의 작동에 따른 신호를 받아 이를 수신기에 전송하는 장치를 말한다.
- (④)란 자동화재탐지설비에서 발하는 화재신호를 시각경보기에 전달하여 청각장애인에게 점멸형태의 시각경보를 하는 것을 말한다.
- (⑤)란 감지기 또는 발신기로부터 발하여지는 신호를 직접 또는 중계기를 통하여 공통신호로서 수신하여 화재의 발생을 당해 소방대상물의 관계자에게 경보하여 주고 자동 또는 수동으로 옥내·외 소화전설비, 스프링클러 설비, 물분무소화설비, 포소화설비, 이산화탄소소화설비, 할로겐화물소화설비, 분말소화설비, 배연설비 등의 가압송수장치 또는 기동장치 등을 제어하는(이하 "제어기능"이라 함) 것을 말한다.
- (⑥)란 감지기 또는 발신기로부터 발하여지는 신호를 직접 또는 중계기를 통하여 고유신호로서 수신하여 화재의 발생을 당해 소방대상물의 관계자에게 경보하여 주고 제어기능을 수행하는 것을 말한다.
- (⑦)란 수동누름버튼 등의 작동으로 화재신호를 수신기에 발신하는 장치를 말한다.
- (⑧)란 화재 시 발생하는 열, 연기, 불꽃 또는 연소생성물을 자동적으로 감지하여 수신기에 화재신호 등을 발신하는 장치를 말한다.
- (⑨)은 특정소방대상물 중 화재신호를 발신하고 그 신호를 수신 및 유효하게 제어할 수 있는 구역을 말한다.

정답

① P형 수신기 ② R형 수신기 ③ 중계기 ④ 시각경보장치 ⑤ P형 복합식 수신기
⑥ R형 복합식 수신기 ⑦ 발신기 ⑧ 감지기 ⑨ 경계구역

해설

수신기의 종류

구분	P형 수신기	R형 수신기	P형 복합식 수신기	R형 복합식 수신기
역할	감지기 또는 발신기로부터 발하여지는 신호를 직접 또는 중계기를 통하여 수신하여 화재의 발생을 소방대상물의 관계자에게 경보함		• 감지기 또는 발신기로부터 발하여지는 신호를 직접 또는 중계기를 통하여 수신하여 화재의 발생을 소방대상물의 관계자에게 경보 • 제어기능(자동 또는 수동으로 옥내·외 소화전설비, 스프링클러설비 또는 기동장치를 제어)을 수행	
수신신호	공통신호	고유신호	공통신호	고유신호

용어의 정의

- 경계구역: 특정소방대상물 중 화재신호를 발신하고 그 신호를 수신 및 유효하게 제어할 수 있는 구역을 말한다.
- 수신기: 감지기나 발신기에서 발하는 화재신호를 직접 수신하거나 중계기를 통하여 수신하여 화재의 발생을 표시 및 경보하여 주는 장치를 말한다.
- 중계기: 감지기·발신기 또는 전기적인 접점 등의 작동에 따른 신호를 받아 이를 수신기에 전송하는 장치를 말한다.
- 감지기: 화재 시 발생하는 열, 연기, 불꽃 또는 연소생성물을 자동적으로 감지하여 수신기에 화재신호 등을 발신하는 장치를 말한다.
- 발신기: 수동누름버튼 등의 작동으로 화재 신호를 수신기에 발신하는 장치를 말한다.
- 시각경보장치: 자동화재탐지설비에서 발하는 화재신호를 시각경보기에 전달하여 청각장애인에게 점멸형태의 시각경보를 하는 것을 말한다.

연계이론

PHASE 06 자동화재탐지설비(개요)

14 옥내소화전설비의 전원에 대한 각 물음에 답하시오. (6점)

(1) 비상전원의 종류 3가지를 쓰시오.
(2) 비상전원은 옥내소화전설비를 유효하게 몇 분 이상 작동할 수 있어야 하는가?
(3) 비상전원을 실내에 설치하는 때에는 그 실내에 무엇을 설치하여야 하는가?
(4) 상용전원이 저압수전인 경우 어느 곳의 직후에서 분기하여 전용배선으로 하는가?

정답

(1) • 자가발전설비
    • 축전지설비
    • 전기저장장치
(2) 20분 이상
(3) 비상조명등
(4) 인입개폐기

해설

옥내소화전설비의 전원 설치기준

- 옥내소화전설비에는 그 특정소방대상물의 수전방식에 따라 다음 기준에 따른 상용전원회로의 배선을 설치해야 한다. 다만, 가압수조방식으로서 모든 기능이 20분 이상 유효하게 지속될 수 있는 경우에는 그렇지 않다.
  - 저압수전인 경우에는 인입개폐기의 직후에서 분기하여 전용배선으로 해야 하며, 전용의 전선관에 보호되도록 할 것
  - 특별고압수전 또는 고압수전일 경우에는 전력용 변압기 2차 측의 주차단기 1차 측에서 분기하여 전용배선으로 하되, 상용전원의 상시공급에 지장이 없을 경우에는 주차단기 2차 측에서 분기하여 전용배선으로 할 것
- 옥내소화전설비의 비상전원 설치기준

구분	작동시간	비상전원의 종류	설치대상
옥내소화전	20분	• 자가발전설비 • 축전지설비 • 전기저장장치	• 층수가 7층 이상으로서 연면적이 2,000[m²] 이상인 것 • 그 외 특정소방대상물로서 지하층의 바닥면적 합계가 3,000[m²] 이상인 것

- 자가발전설비, 축전지설비 또는 전기저장장치의 설치기준
  - 점검에 편리하고 화재 및 침수 등의 재해로 인한 피해를 받을 우려가 없는 곳에 설치할 것
  - 옥내소화전설비를 유효하게 20분 이상 작동할 수 있어야 할 것
  - 상용전원으로부터 전력의 공급이 중단된 때에는 자동으로 비상전원으로부터 전력을 공급받을 수 있도록 할 것
  - 비상전원(내연기관의 기동 및 제어용 축전기 제외)의 설치장소는 다른 장소와 방화구획 할 것. 이 경우 그 장소에는 비상전원의 공급에 필요한 기구나 설비 외의 것(열병합발전설비에 필요한 기구나 설비는 제외)을 두어서는 안 된다.
  - 비상전원을 실내에 설치하는 때에는 그 실내에 비상조명등을 설치할 것

연계이론 PHASE 27 전원

15 자동화재탐지설비의 P형 수신기 전면에 있는 스위치주의등에 대한 각 물음에 답하시오. (4점)

(1) 도통시험스위치 조작 시 스위치주의등 점등 여부
(2) 예비전원시험스위치 조작 시 스위치주의등 점등 여부

정답

(1) 점등
(2) 소등

> **해 설** 그림의 우측 하단의 스위치 버튼을 눌렀을 때 스위치주의등의 상태는 다음과 같다.

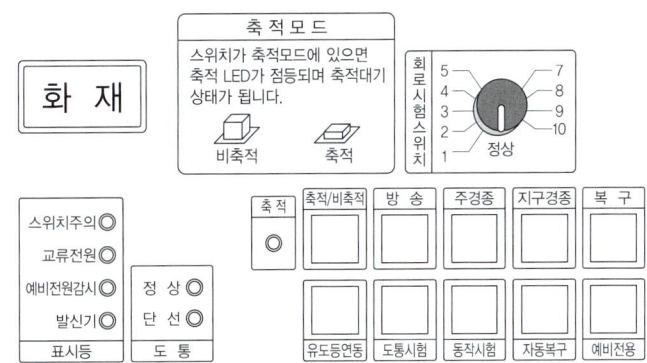

스위치주의등이 점등되는 경우	스위치주의등이 미점등 되는 경우
주경종 스위치 ON 지구경종 스위치 ON 도통시험 스위치 ON 동작시험 스위치 ON 자동복구스위치 ON	복구스위치 ON 예비전원스위치 ON

> **연 계 이 론** PHASE 50 수신기의 시험

16 화재안전기술기준에서 정하는 청각장애인용 시각경보장치의 설치기준 4가지를 쓰시오. (9점)

-
-
-
-

> **정 답**
> - 복도·통로·청각장애인용 객실 및 공용으로 사용하는 거실에 설치하며, 각 부분으로부터 유효하게 경보를 발할 수 있는 위치에 설치할 것
> - 공연장·집회장·관람장 또는 이와 유사한 장소에 설치하는 경우에는 시선이 집중되는 무대부 부분 등에 설치할 것
> - 설치높이는 바닥으로부터 2[m] 이상 2.5[m] 이하의 장소에 설치할 것(다만, 천장의 높이가 2[m] 이하인 경우에는 천장으로부터 0.15[m] 이내의 장소에 설치할 것)
> - 시각경보장치의 광원은 전용의 축전지설비 또는 전기저장장치에 의하여 점등되도록 할 것

> **해 설** **청각장애인용 시각경보장치의 설치기준**
> - 복도·통로·청각장애인용 객실 및 공용으로 사용하는 거실(로비, 회의실, 강의실, 식당, 휴게실, 오락실, 대기실, 체력단련실, 접객실, 안내실, 전시실, 기타 이와 유사한 장소를 말함)에 설치하며, 각 부분으로부터 유효하게 경보를 발할 수 있는 위치에 설치할 것
> - 공연장·집회장·관람장 또는 이와 유사한 장소에 설치하는 경우에는 시선이 집중되는 무대부 부분 등에 설치할 것
> - 설치높이는 바닥으로부터 2[m] 이상 2.5[m] 이하의 장소에 설치할 것. 다만, 천장의 높이가 2[m] 이하인 경우에는 천장으로부터 0.15[m] 이내의 장소에 설치하여야 한다.
> - 시각경보장치의 광원은 전용의 축전지설비 또는 전기저장장치(외부 전기에너지를 저장해 두었다가 필요한 때 전기를 공급하는 장치)에 의하여 점등되도록 할 것. 다만, 시각경보기에 작동전원을 공급할 수 있도록 형식승인을 얻은 수신기를 설치한 경우에는 그렇지 않다.

> **연 계 이 론** PHASE 15 시각경보장치

17 다음 도면은 지하 3층, 지상 7층(1개 층의 면적은 $500[m^2]$)인 건물에 자동화재탐지설비를 시설한 계통도이다. 도면을 보고 다음 각 물음에 답하시오. (단, 지상층 각 층의 높이는 $3[m]$이고, 지하층 각 층의 높이는 $3.1[m]$이다.) (7점)

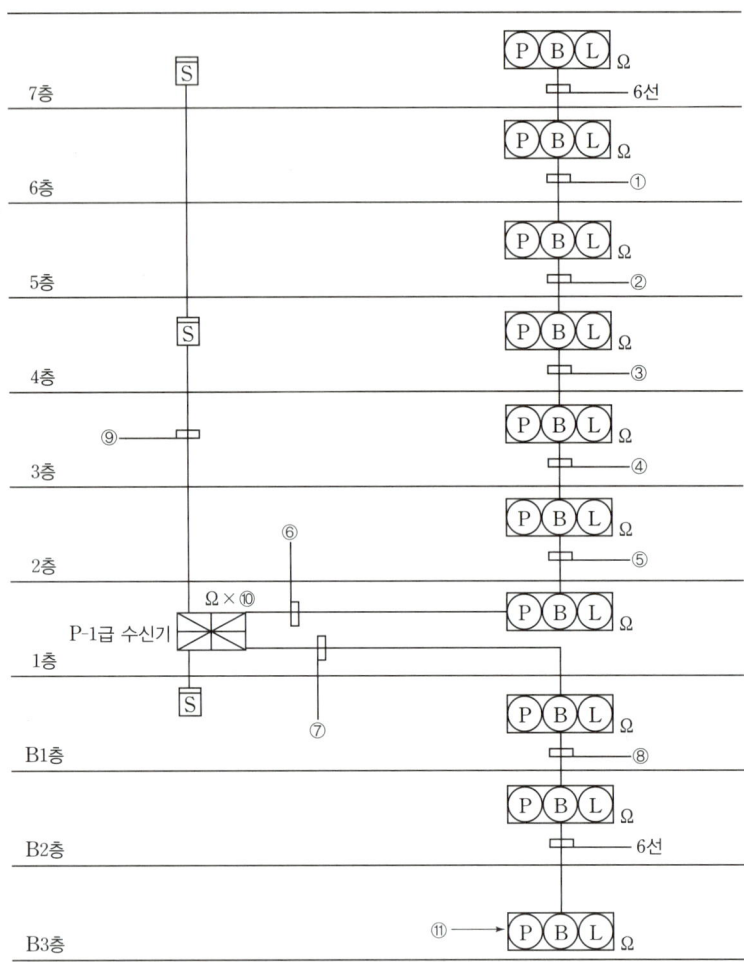

(1) ①~⑨까지의 배선 최소 가닥수를 구하시오.
(2) ⑩에는 종단저항이 몇 개가 필요한가?
(3) ⑪의 명칭은 무엇인가?

정답
(1) ① 7가닥 ② 8가닥 ③ 9가닥 ④ 10가닥 ⑤ 11가닥
    ⑥ 12가닥 ⑦ 8가닥 ⑧ 7가닥 ⑨ 4가닥
(2) 2개
(3) 발신기 세트

해 설

(1) 층수가 11층(공동주택의 경우에는 16층) 이상인 특정소방대상물의 경보방식은 우선경보방식을 적용하며 그 이외의 경우 일제경보방식을 적용한다. 이 건물은 지상 7층이므로 일제경보방식을 적용해야 한다. 즉, 층수에 따라 경종의 가닥수가 변하지 않고 1가닥으로 고정된다.

[지상층]
P형 수신기와 발신기 사이의 가닥수는 7층을 기준으로 기본 6가닥(지구회로 1, 지구회로공통 1, 응답 1, 경종 1, 표시등 1, 경종표시등공통 1)으로 구성되어 있다. 한층씩 내려올때마다 경계구역수가 증가하므로 지구선이 증가한다.

기호	가닥수	배선 용도
①	7	지구 2, 지구공통 1, 응답 1, 표시등 1, 경종선 1, 경종표시등공통 1
②	8	지구 3, 지구공통 1, 응답 1, 표시등 1, 경종선 1, 경종표시등공통 1
③	9	지구 4, 지구공통 1, 응답 1, 표시등 1, 경종선 1, 경종표시등공통 1
④	10	지구 5, 지구공통 1, 응답 1, 표시등 1, 경종선 1, 경종표시등공통 1
⑤	11	지구 6, 지구공통 1, 응답 1, 표시등 1, 경종선 1, 경종표시등공통 1
⑥	12	지구 7, 지구공통 1, 응답 1, 표시등 1, 경종선 1, 경종표시등공통 1

[지하층]
P형 수신기와 발신기 사이의 가닥수는 지하 3층을 기준으로 기본 6가닥(지구 1, 지구공통 1, 응답 1, 경종 1, 표시등 1, 경종표시등공통 1)으로 구성되어 있다. 한층씩 올라갈때마다 경계구역수가 증가하므로 지구선이 증가한다.

기호	가닥수	배선 용도
⑦	8	지구 3, 지구공통 1, 응답 1, 표시등 1, 경종선 1, 경종표시등공통 1
⑧	7	지구 2, 지구공통 1, 응답 1, 표시등 1, 경종선 1, 경종표시등공통 1

[감지기]
자동화재탐지설비의 감지기는 송배선식으로 배선한다. 송배선식의 루프는 2가닥, 그 외 나머지는(⑨) 4가닥으로 배선한다.

기호	가닥수	배선 용도
⑨	4	지구 2, 지구공통 2

(2) 1층의 수신기를 기준으로 경계구역은 지상층과 지하층으로 분리하여 설정하므로 2경계구역이 된다. 즉, 종단저항은 2개를 설치해야 한다.

(3) 발신기 세트 기호

ⓟⒷⓁ   P: Push(발신기), B: Bell(경종, 음향장치), L: Light(표시등)

연계이론 PHASE 42 자동화재탐지설비 도면

18 아래 도면은 전실(부속실) 제연설비를 나타낸 것이다. 다음 각 물음에 답하시오. (단, 기동방식은 모터식, 복구는 자동복구이고 자동기동과 수동기동에 대한 확인은 동시에 확인되며 감지기공통선은 전원 ⊖를 사용하는 것으로 한다.) (8점)

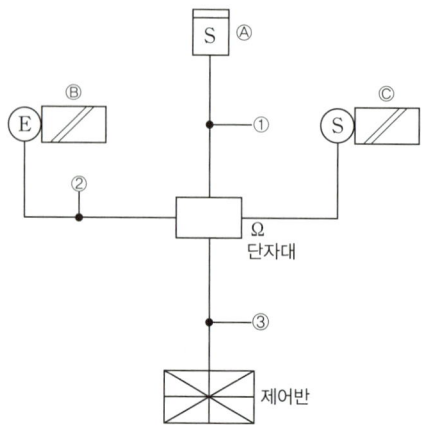

(1) Ⓐ, Ⓑ, Ⓒ의 명칭을 쓰시오.
(2) ①, ②, ③의 전선 가닥수를 쓰시오.
(3) 수동조작함의 설치높이는 얼마인가?

정답

(1) Ⓐ 연기감지기   Ⓑ 배기댐퍼   Ⓒ 급기댐퍼
(2) ① 4가닥   ② 4가닥   ③ 6가닥
(3) 바닥으로부터 0.8[m] 이상 1.5[m] 이하

해설

(1) 제연설비의 구성요소

기호	명칭	의미
S	연기감지기	연기를 감지하여 화재를 경보하는 감지기
E／	배기댐퍼	화재 시 배기댐퍼의 댐퍼가 작동하여 배기(배출)를 하는 장치
S／	급기댐퍼	화재 시 급기댐퍼의 댐퍼가 작동하여 급기(공급)를 하는 장치

(2)

번호	구간	가닥수	배선 용도
①	단자대 ↔ 감지기	4	지구 2, 지구공통 2
②	단자대 ↔ 배기댐퍼	4	전원 ⊕·⊖, 기동 1, 배기댐퍼확인 1
③	단자대 ↔ 제어반	6	전원 ⊕·⊖, 기동 1, 배기댐퍼확인 1, 급기댐퍼확인 1, 지구회로 1

- 전실 제연설비의 감지기는 송배선식으로 배선한다. 송배선식의 루프는 2가닥, 그 외 나머지는 ① 4가닥으로 배선한다.
- 단자대에서 배기댐퍼까지 필요한 가닥수는 4가닥으로 전원 2선(⊕·⊖)과 댐퍼 기동선 1이 필요하고 배기댐퍼가 작동 중임을 알 수 있는 확인선 1이 필요하다.
- 단자대에서 급기댐퍼까지 필요한 가닥수는 6가닥으로 전원 2선(⊕·⊖)과 댐퍼 기동선 1 및 지구회로 1과 배기댐퍼확인 1, 급기댐퍼확인 1이 각각 필요하다.
- 자동기동확인과 수동기동확인이 동시에 확인되는 조건이므로 수동기동확인에 대한 가닥수는 고려하지 않는다.

연계이론 PHASE 44 전실 제연설비 도면

2019년 2회 기출문제

01 피난구유도등의 2선식 배선과 3선식 배선의 미완성 결선도이다. 결선도를 완성하고, 배선방식의 차이점을 2가지만 쓰시오. (6점)

(1) 미완성 결선도

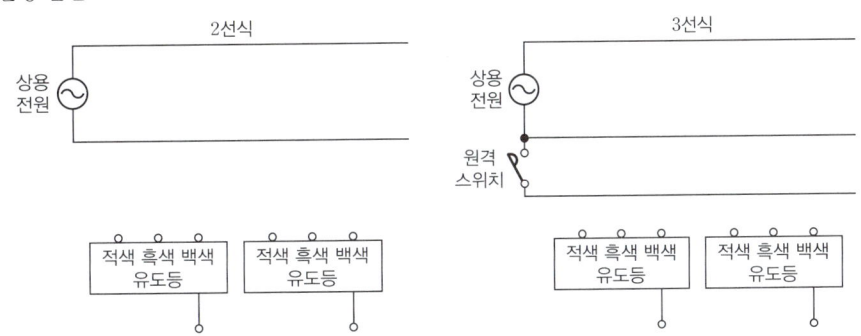

(2) 배선방식의 차이

구분	2선식	3선식
점등상태		
충전상태		

(1)

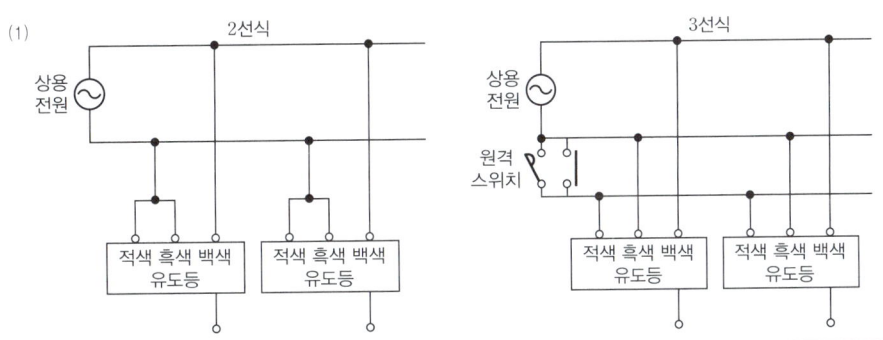

(2)

구분	2선식	3선식
점등상태	평상시 점등 화재 시 점등(예비전원 사용)	평상시 소등 화재 시 점등
충전상태	평상시 충전 화재 시 방전	평상시 충전 화재 시 방전

연계이론   **PHASE 19** 피난구유도등

02 화재안전기술기준에서 정하는 무선통신보조설비용 옥외안테나의 설치기준 3가지만 쓰시오. (6점)

-
-
-

정답
- 건축물, 지하가, 터널 또는 공동구의 출입구 및 출입구 인근에서 통신이 가능한 장소에 설치할 것
- 다른 용도로 사용되는 안테나로 인한 통신장애가 발생하지 않도록 설치할 것
- 옥외안테나는 견고하게 파손의 우려가 없는 곳에 설치하고 그 가까운 곳의 보기 쉬운 곳에 "무선통신보조설비 안테나"라는 표시와 함께 통신 가능거리를 표시한 표지를 설치할 것

해설 무선통신보조설비용 옥외안테나의 설치기준
- 건축물, 지하가, 터널 또는 공동구의 출입구 및 출입구 인근에서 통신이 가능한 장소에 설치할 것
- 다른 용도로 사용되는 안테나로 인한 통신장애가 발생하지 않도록 설치할 것
- 옥외안테나는 견고하게 파손의 우려가 없는 곳에 설치하고 그 가까운 곳의 보기 쉬운 곳에 "무선통신보조설비 안테나"라는 표시와 함께 통신 가능거리를 표시한 표지를 설치할 것
- 수신기가 설치된 장소 등 사람이 상시 근무하는 장소에는 옥외안테나의 위치가 모두 표시된 옥외안테나 위치표시도를 비치할 것

연계이론 PHASE 26 무선통신보조설비

03 이산화탄소소화설비의 제어반에서 수동으로 기동스위치를 조작하였으나 기동용기가 개방되지 않았다. 기동용기가 개방되지 않은 이유에 대하여 전기적 원인 4가지만 쓰시오. (단, 제어반의 회로기관은 정상이다.) (4점)

-
-
-
-

정답
- 제어반의 공급전원 차단
- 기동용 시한계전기(타이머)의 불량
- 기동용 솔레노이드의 절연 파괴
- 제어반에서 기동용 솔레노이드에 연결된 배선의 오접속

해설 기동스위치 조작에 의한 기동용기 미개방 원인
- 제어반의 공급전원 차단
- 기동스위치의 접점 불량
- 기동용 시한계전기(타이머)의 불량
- 기동용 솔레노이드의 코일 단선 또는 절연 파괴
- 제어반에서 기동용 솔레노이드에 연결된 배선의 오접속 또는 단선

연계이론 PHASE 04 이산화탄소소화설비

04 다음 그림은 습식 스프링클러설비의 전기적 계통도이다. 그림을 보고 Ⓐ~Ⓔ의 배선수와 각 배선의 용도를 쓰시오. (10점)

> **조건**
> (가) 각 유수검지장치에는 밸브개폐감시용 스위치가 부착되어 있지 않다.
> (나) 사용전선은 HFIX 전선이다.

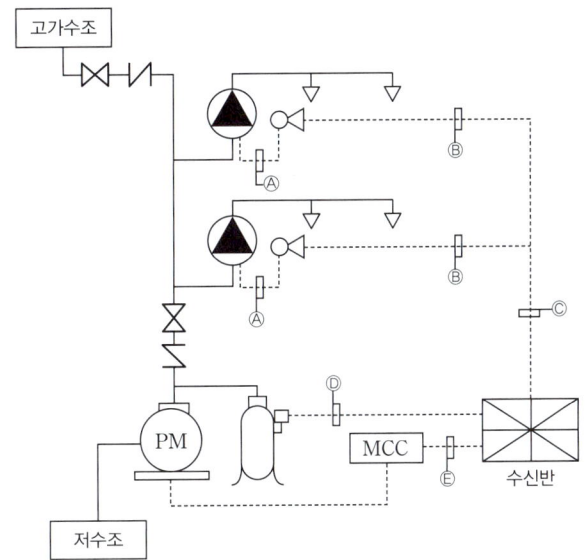

기호	배선수	배선의 용도
Ⓐ		
Ⓑ		
Ⓒ		
Ⓓ		
Ⓔ		

정답

기호	배선수	배선의 용도
Ⓐ	2	유수검지스위치 2
Ⓑ	3	유수검지스위치 1, 사이렌 1, 공통 1
Ⓒ	5	유수검지스위치 2, 사이렌 2, 공통 1
Ⓓ	2	압력스위치 2
Ⓔ	5	기동 1, 정지 1, 공통 1, 전원표시등 1, 기동확인표시등 1

해설

- 조건 (가)에서 각 유수검지장치에는 밸브개폐감시용 스위치가 부착되어 있지 않다고 하였으므로 습식 스프링클러설비의 Ⓐ~Ⓒ 구간에서 밸브개방확인선은 산정하지 않는다.
- 습식 스프링클러설비의 구역이 증가하는 경우 유수검지스위치와 사이렌이 한가닥씩 추가로 늘어난다. Ⓒ의 경우 2구역을 담당하므로 유수검지스위치 2, 사이렌 2, 공통 1로 총 5가닥이 된다.

연계이론 PHASE 47 스프링클러설비 도면

05 화재안전기술기준에서 정하는 불꽃감지기의 설치기준을 3가지만 쓰시오. (5점)

-
-
-

정답
- 공칭감시거리 및 공칭시야각은 형식승인 내용에 따를 것
- 감지기는 공칭감시거리와 공칭시야각을 기준으로 감시구역이 모두 포용될 수 있도록 설치할 것
- 감지기는 화재감지를 유효하게 감지할 수 있는 모서리 또는 벽 등에 설치할 것

해설

불꽃감지기 설치기준
- 공칭감시거리 및 공칭시야각은 형식승인 내용에 따를 것
- 감지기는 공칭감시거리와 공칭시야각을 기준으로 감시구역이 모두 포용될 수 있도록 설치할 것
- 감지기는 화재감지를 유효하게 감지할 수 있는 모서리 또는 벽 등에 설치할 것
- 감지기를 천장에 설치하는 경우에는 감지기는 바닥을 향하여 설치할 것
- 수분이 많이 발생할 우려가 있는 장소에는 방수형으로 설치할 것
- 그 밖의 설치기준은 형식승인 내용에 따르며 형식승인 사항이 아닌 것은 제조사의 시방에 따라 설치할 것

연계이론 PHASE 12 불꽃감지기

06 자동화재탐지설비의 음향장치에 대한 구조 및 성능기준을 2가지만 쓰시오. (4점)

-
-

정답
- 정격전압의 80[%] 전압에서 음향을 발할 수 있는 것으로 할 것
- 음향의 크기는 부착된 음향장치의 중심으로부터 1[m] 떨어진 위치에서 90[dB] 이상이 되는 것으로 할 것

해설

자동화재탐지설비의 음향장치 구조 및 성능
- 정격전압의 80[%] 전압에서 음향을 발할 수 있는 것으로 할 것. 다만, 건전지를 주전원으로 사용하는 음향장치는 그렇지 않다.
- 음향의 크기는 부착된 음향장치의 중심으로부터 1[m] 떨어진 위치에서 90[dB] 이상이 되는 것으로 할 것
- 감지기 및 발신기의 작동과 연동하여 작동할 수 있는 것으로 할 것

연계이론 PHASE 06 자동화재탐지설비(개요)

07 풍량이 $750[\text{m}^3/\text{min}]$이며, 풍압이 $100[\text{mmHg}]$인 제연설비용 팬을 설치할 경우 이 팬(FAN)을 운전하는 전동기의 소요용량은 약 몇 $[\text{kW}]$인가? (단, 팬의 효율은 $55[\%]$, 여유율은 $21[\%]$이다.) (4점)

- 계산과정:
- 답:

정답

- 계산과정: $P = \dfrac{100 \times \dfrac{10{,}332}{760} \times \dfrac{750}{60}}{102 \times 0.55} \times 1.21 = 366.52[\text{kW}]$
- 답: $366.52[\text{kW}]$

해설

제연설비용 송풍기의 전동기 용량

$$P = \dfrac{P_T Q}{102 \times \eta} \times K[\text{kW}]$$

(단, P_T: 전압(풍압)$[\text{mmAq}]$, Q: 풍량$[\text{m}^3/\text{s}]$, K: 여유계수, η: 효율$[\%]$)

- 풍압이 $[\text{mmHg}]$단위로 주어져 있으므로 $[\text{mmAq}]$단위로 환산한다.
  $760[\text{mmHg}] = 10{,}332[\text{mmAq}]$이므로 풍압 $P_T = 100 \times \dfrac{10{,}332}{760} = 1{,}359.47[\text{mmAq}]$이다.
- 풍량이 $[\text{m}^3/\text{min}]$으로 주어져 있으므로 $[\text{m}^3/\text{s}]$으로 단위 변환을 하면
  $Q = 750[\text{m}^3/\text{min}] = \dfrac{750}{60}[\text{m}^3/\text{s}]$

따라서 전동기 용량 $P = \dfrac{100 \times \dfrac{10{,}332}{760} \times \dfrac{750}{60}}{102 \times 0.55} \times 1.21 = 366.52[\text{kW}]$이다. (여유계수=1+여유율=1.21)

연계이론 PHASE 33 전동기 용량

---

08 옥내소화전펌프용 3상 유도전동기의 기동방식을 2가지만 쓰시오. (4점)

-
-

정답

- 직입 기동법(전전압 기동법)
- $Y-\triangle$ 기동법

해설

3상 유도전동기의 기동방식

- 직입기동법: 일반적인 기동방법으로 전동기에 정격 전압을 가해 기동하는 방식이다.
- $Y-\triangle$기동법: 기동 시 기동전류를 줄이기 위해 Y결선으로 기동하고 정격속도에 가까워지면 $\triangle$기동으로 교체운전하는 방식이다. 소방설비에 사용하는 전동기는 주로 $Y-\triangle$ 기동법을 사용한다.
- 리액터기동법: 리액터를 이용하여 기동 시 단자 전압을 감소시키고 시간이 지난 후에는 리액터를 단락하여 기동하는 방법이다.
- 기동보상기법: 3상 단권 변압기를 이용하여 기동전압을 낮추는 기동방법이다.

연계이론 PHASE 31 유도전동기

09 그림은 상용전원 정전 시 예비(비상)전원으로 전환하고 정전복구 시에는 상용전원으로 전환되도록 구성한 전동기 기동회로의 미완성 회로도이다. 아래의 시퀀스제어 조건을 참고하여 미완성 회로도를 완성하시오. (8점)

> **조건**
> - PB1을 누르면 전자개폐기 MC_1이 여자되고 ⓇⓁ이 점등되며 전자접촉기 보조접점 MC_{1-a}가 폐로되어 자기유지되면서 전자접촉기 MC_1의 주접점이 닫혀서 유도전동기는 상용전원으로 운전된다.
> - 상용전원으로 운전 중 PB_3를 누르면 MC_1이 소자되어 유도전동기는 정지하고 상용전원 운전표시등 ⓇⓁ은 소등된다.
> - 상용전원 정전 시 예비전원으로 전환하기 위하여 PB_2를 누르면 전자접촉기 MC_2가 여자되어 ⒼⓁ이 점등되며, 전자접촉기 보조접점 MC_{2-a}가 폐로되어 자기유지됨과 동시에 전자접촉기 MC_2의 주접점이 닫혀 유도전동기는 예비전원으로 운전된다.
> - 예비전원으로 운전 중 상용전원으로 전환하기 위하여 PB_4를 누르면 MC_2가 소자되어 유도전동기는 정지하고 예비전원 운전표시등 ⒼⓁ은 소등한다.
> - 열동계전기(THR_1, THR_2)가 동작하면 MC_1 또는 MC_2를 소자시켜 운전 중인 유도전동기는 정지한다.
> - 예비전원과 상용전원이 동시에 공급되지 않도록 인터록회로가 구성되어 있다.

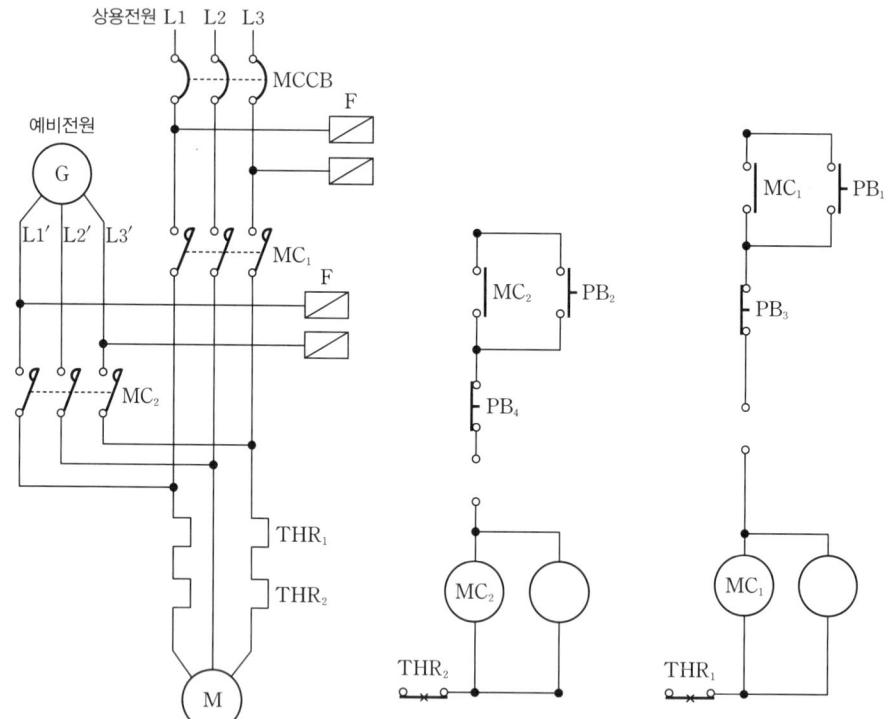

정답

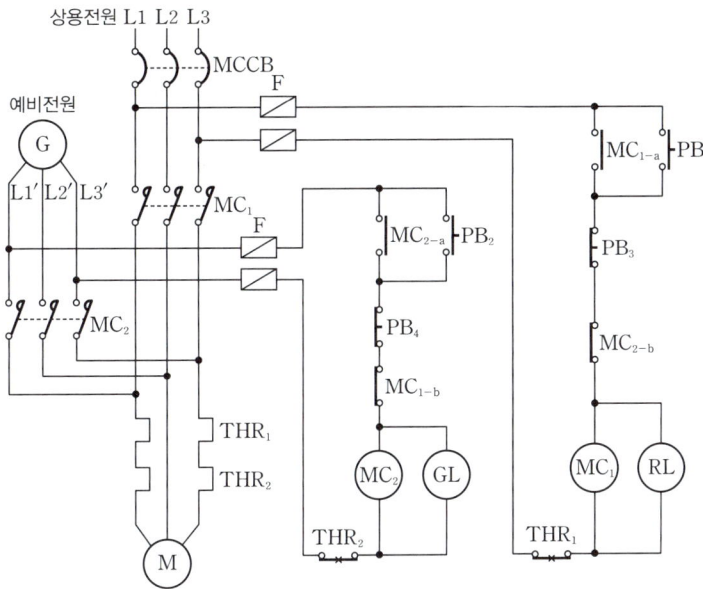

연계이론 PHASE 40 시퀀스 회로

10 철근콘크리트 구조의 건물로서 사무실 바닥면적이 $500[m^2]$이고, 천장높이가 $3.5[m]$이다. 이 사무실에 차동식 스포트형(2종) 감지기를 설치하려고 한다. 최소 몇 개가 필요한지 구하시오. (4점)

- 계산과정:
- 답:

정답
- 계산과정: $\dfrac{500}{70} = 7.14 \rightarrow 8$
- 답: 8개

해설 내화구조(철근콘크리트)의 건물로서 천장높이가 $3.5[m]$이고 차동식 스포트형 2종 감지기를 설치하므로 다음 표에서 바닥면적을 산정한다.

(단위: $[m^2]$)

부착높이 및 특정소방대상물의 구분		감지기의 종류						
		차동식 스포트형		보상식 스포트형		정온식 스포트형		
		1종	2종	1종	2종	특종	1종	2종
4[m] 미만	내화구조	90	70	90	70	70	60	20
	기타구조	50	40	50	40	40	30	15
4[m] 이상 8[m] 미만	내화구조	45	35	45	35	35	30	—
	기타구조	30	25	30	25	25	15	—

바닥면적 $70[m^2]$이 산정되었으므로 감지기 개수는 $\dfrac{\text{전용면적}[m^2]}{70[m^2]} = \dfrac{500}{70} = 7.14 \rightarrow 8$(소수점 절상)개가 필요하다.

연계이론 PHASE 09 감지기

11

광전식 분리형 감지기의 설치기준 중 (   ) 안에 알맞은 것을 쓰시오. (5점)

- 감지기의 (①)은 햇빛을 직접 받지 않도록 설치할 것
- 광축은 나란한 벽으로부터 (②) 이상 이격하여 설치할 것
- 감지기의 송광부와 수광부는 설치된 (③)으로부터 1[m] 이내 위치에 설치할 것
- 광축의 높이는 천장 등 높이의 (④) 이상일 것
- 감지기의 광축의 길이는 (⑤) 범위 이내일 것

정답 ① 수광면 ② 0.6[m] ③ 뒷벽 ④ 80[%] ⑤ 공칭감시거리

해설 광전식 분리형 감지기의 설치기준

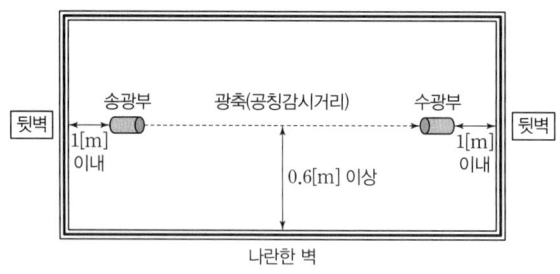

- 감지기의 수광면은 햇빛을 직접 받지 않도록 설치할 것
- 광축은 나란한 벽으로부터 0.6[m] 이상 이격하여 설치할 것
- 감지기의 송광부와 수광부는 설치된 뒷벽으로부터 1[m] 이내 위치에 설치할 것
- 광축의 높이는 천장 등 높이의 80[%] 이상일 것
- 감지기의 광축의 길이는 공칭감시거리 범위 이내일 것
- 그 밖의 설치기준은 형식승인 내용에 따르며 형식승인 사항이 아닌 것은 제조사의 시방서에 따라 설치할 것

연계이론 PHASE 11 연기감지기

12

자동화재탐지설비에서 R형 중계기에 대하여 다음의 빈칸을 채우시오. (4점)

구분	집합형	분산형
입력전원		
전원공급		
회로수용능력		

정답

구분	집합형	분산형
입력전원	교류 220[V]	직류 24[V]
전원공급	외부전원을 이용	수신기를 이용
회로수용능력	40회로 내외(대용량)	5회로 미만(소용량)

연계이론 PHASE 51 중계기

13 그림과 같은 시퀀스 회로를 보고 다음 각 물음에 답하시오. (8점)

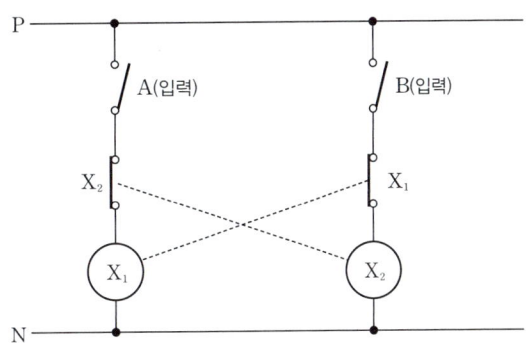

(1) 주어진 회로에 대한 논리회로를 그리시오.

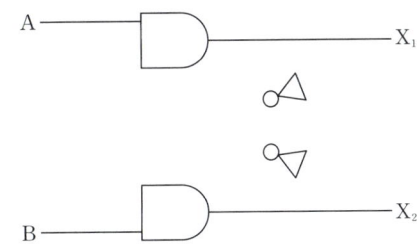

(2) 회로의 동작 사항을 타임차트로 그리시오.

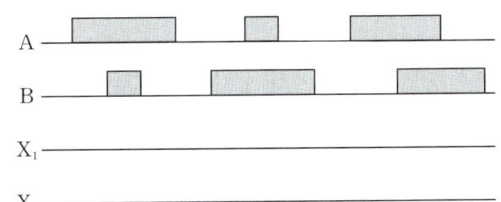

(3) 회로에서 접점 X_1과 X_2의 관계를 무엇이라 하는지 쓰시오.

정답

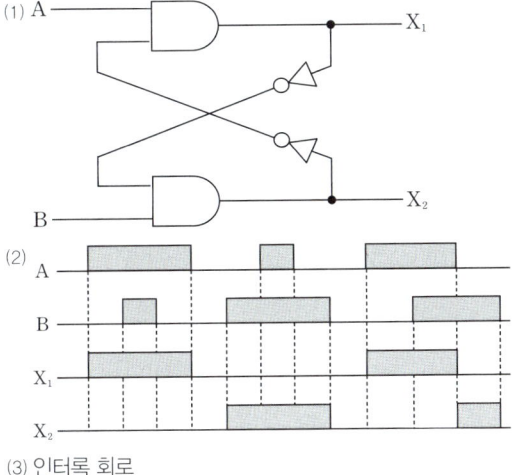

$X_1 = A \cdot \overline{X_2}$
$X_2 = B \cdot \overline{X_1}$

(3) 인터록 회로

[인터록 회로 동작 특성]
- A가 ON인 경우 B를 ON 하여도 X_2의 출력은 0이된다.
- B가 ON인 경우 A를 ON 하여도 X_1의 출력은 0이된다.

연계이론 PHASE 40 시퀀스 회로

14 다음은 어떤 현상을 설명한 것인지 쓰시오. (3점)

> - 전기제품 등에서 충전전극 간의 절연물 표면에 어떤 원인(경년변화, 먼지, 기타 오염 물질 부착, 습기, 수분의 영향)으로 탄화 도전로가 형성되어 결국은 지락, 단락으로 발전하여 발화하는 현상
> - 전기절연재료의 절연성능의 열화현상
> - 화재원인조사 시 전기기계기구에 의해 나타난 경우

정답 트래킹 현상

해설 **트래킹 현상**

> 전기제품 등에서 충전전극 간의 절연물 표면에 분진, 먼지, 수분 등으로 인해 누설전류가 흐르게 되는데 이 누설전류로 인해 탄화 도전로가 형성되어 결국은 지락, 단락으로 발전하여 발화하는 현상을 말한다.

15 지상 13층, 지하 2층인 업무용 빌딩의 비상방송설비 설치기준에 대한 각 물음에 답하시오. (단, 연면적 5,000[m²]이다.) (6점)

(1) 실외에 설치된 확성기의 음성입력은 몇 [W] 이상의 것을 설치하여야 하는가?
(2) 경보방식은 어떤 방식으로 하여야 하는지 그 방식을 쓰고, 2층 이상 발화, 1층 발화, 지하층 발화 시 경보를 하여야 하는 층을 쓰시오.

구분		경보층
경보방식		
발화층	2층 이상 발화	
	1층 발화	
	지하층 발화	

(3) 기동장치에 의해 화재신고를 수신한 후 필요한 음량으로 방송이 개시될 때까지의 소요시간은 몇 초 이내로 하여야 하는가?

정답
(1) 3[W]
(2)

구분		경보층
경보방식		우선경보방식
발화층	2층 이상 발화	발화층, 직상 4개층
	1층 발화	발화층, 직상 4개층, 지하층
	지하층 발화	발화층, 직상층, 기타의 지하층

(3) 10초

해설

비상방송설비의 설치기준
- 확성기의 음성입력은 3[W](실내에 설치하는 것에 있어서는 1[W]) 이상일 것
- 확성기는 각 층마다 설치하되, 그 층의 각 부분으로부터 하나의 확성기까지의 수평거리가 25[m] 이하가 되도록 하고, 해당층의 각 부분에 유효하게 경보를 발할 수 있도록 설치할 것
- 음량조정기를 설치하는 경우 음량조정기의 배선은 3선식으로 할 것
- 조작부의 조작스위치는 바닥으로부터 0.8[m] 이상 1.5[m] 이하의 높이에 설치할 것
- 조작부는 기동장치의 작동과 연동하여 해당 기동장치가 작동한 층 또는 구역을 표시할 수 있는 것으로 할 것
- 증폭기 및 조작부는 수위실 등 상시 사람이 근무하는 장소로서 점검이 편리하고 방화상 유효한 곳에 설치할 것
- 층수가 11층(공동주택의 경우에는 16층) 이상의 특정소방대상물은 다음에 따라 경보를 발할 수 있도록 해야 한다.

발화층	경보층
2층 이상 발화	발화층, 직상 4개층
1층 발화	발화층, 직상 4개층, 지하층
지하층 발화	발화층, 직상층, 기타의 지하층

- 다른 방송설비와 공용하는 것에 있어서는 화재 시 비상경보 외의 방송을 차단할 수 있는 구조로 할 것
- 다른 전기회로에 따라 유도장애가 생기지 않도록 할 것
- 하나의 특정소방대상물에 2 이상의 조작부가 설치되어 있는 때에는 각각의 조작부가 있는 장소 상호 간에 동시통화가 가능한 설비를 설치하고, 어느 조작부에서도 해당 특정소방대상물의 전 구역에 방송을 할 수 있도록 할 것
- 기동장치에 따른 화재신호를 수신한 후 필요한 음량으로 화재발생 상황 및 피난에 유효한 방송이 자동으로 개시될 때까지의 소요시간은 10초 이내로 할 것
- 음향장치는 다음 기준에 따른 구조 및 성능의 것으로 해야 한다.
  - 정격전압의 80[%] 전압에서 음향을 발할 수 있는 것으로 할 것
  - 자동화재탐지설비의 작동과 연동하여 작동할 수 있는 것으로 할 것

연계이론 PHASE 14 비상방송설비

---

16 상용전원으로부터 전력의 공급이 중단된 때에는 자동으로 비상전원으로부터 전력을 공급받을 수 있도록 자가발전설비, 축전지설비 또는 전기저장장치를 설치하여야 한다. 상용전원이 정전되어 비상전원이 자동으로 기동되는 경우, 옥내소화전설비 등과 같은 비상용 부하에 전력을 공급하기 위해 사용되는 스위치의 명칭을 쓰시오. (3점)

정답 자동절환스위치(ATS)

해설 자동절환스위치란 정전 시에 자동으로 비상용 발전전원으로 전환하는 전기장치로 수동으로 조작하지 않아도 되는 장점이 있다.

연계이론 PHASE 27 전원

17 매분 15[m³]의 물을 높이 18[m]인 물탱크에 양수하려고 한다. 주어진 조건을 이용하여 다음 각 물음에 답하시오. (5점)

> **조건**
> - 펌프와 전동기의 합성역률은 80[%]이다.
> - 전동기의 전부하 효율은 60[%]이다.
> - 펌프의 축동력은 15[%]의 여유를 둔다.

(1) 필요한 전동기의 용량은 약 몇 [kW]인가?
- 계산과정:
- 답:

(2) 부하용량은 약 몇 [kVA]인가?
- 계산과정:
- 답:

(3) 전력공급은 단상변압기 2대를 사용하여 V결선으로 공급한다면 변압기 1대의 용량은 약 몇 [kVA]인가?
- 계산과정:
- 답:

정답

(1) • 계산과정: $P = \dfrac{9.8 \times 15 \times 18 \times 1.15}{0.6 \times 60} = 84.53[\text{kW}]$
- 답: 84.53[kW]

(2) • 계산과정: $P_a = \dfrac{84.53}{0.8} = 105.66[\text{kVA}]$
- 답: 105.66[kVA]

(3) • 계산과정: $\dfrac{105.66}{\sqrt{3}} = 61[\text{kVA}]$
- 답: 61[kVA]

해설

(1) 전동기 용량

$$P = \dfrac{9.8 QHK}{\eta t}[\text{kW}]$$
(단, Q: 양수량[m³], H: 전양정[m], K: 여유계수, η: 효율[%], t: 시간[s])

분당 양수량으로 주어졌으므로 $Q = 15[\text{m}^3]$, $t = 60[\text{s}]$를 적용한다.
따라서 전동기 용량 $P = \dfrac{9.8 \times 15 \times 18 \times 1.15}{0.6 \times 60} = 84.53[\text{kW}]$

(2) 부하용량을 P_a라 하면 전동기 용량 $P = P_a \cos\theta[\text{kW}]$에서 $P_a = \dfrac{P}{\cos\theta}[\text{kVA}]$이다.
따라서 부하용량 $P_a = \dfrac{P}{\cos\theta} = \dfrac{84.53}{0.8} = 105.66[\text{kVA}]$이다.

(3) V결선 시 공급가능한 용량은 변압기 1대의 용량의 $\sqrt{3}$배이므로
$P_v = \sqrt{3} P_1$에서 $P_1 = \dfrac{P_v}{\sqrt{3}} = \dfrac{P_a}{\sqrt{3}} = \dfrac{105.66}{\sqrt{3}} = 61[\text{kVA}]$이다.

연계이론 PHASE 33 전동기 용량

18

저압옥내배선의 금속관공사에 있어서 금속관과 박스, 그 밖의 부속품은 다음에 의하여 시설하여야 한다. ( ) 안에 알맞은 내용을 쓰시오. (5점)

> - 금속관을 구부릴 때 금속관의 단면이 심하게 변형되지 않도록 구부려야 하며, 그 안측의 (①)은 관 안지름의 (②)배 이상이 되어야 한다.
> - 아웃렛박스(Outlet box) 사이 또는 전선인입구가 있는 기구 사이의 금속관은 (③)개소를 초과하는 직각 또는 직각에 가까운 굴곡 개소를 만들어서는 안 된다. 굴곡 개소가 많은 경우 또는 관의 길이가 (④)[m]를 넘는 경우에는 (⑤)를 설치하는 것이 바람직하다.

정답 ① 반지름 ② 6 ③ 3 ④ 30 ⑤ 풀박스

해설 **금속관공사의 시설**
- 금속관 상호 및 금속관과 박스 그 밖의 이에 유사한 것과의 접속은 견고하게 또한 전기적으로 완전하게 접속한다.
- 금속관을 구부릴 때 금속관의 단면이 심하게 변형되지 아니하도록 구부려야 하며, 그 안측의 반지름은 관 안지름의 6배 이상이 되어야 한다.
- 아웃렛박스 사이 또는 전선 인입구를 가지는 기구사이의 금속관에는 3개소를 초과하는 직각 또는 직각에 가까운 굴곡개소를 만들지 않는다. 굴곡개소가 많은 경우 또는 관의 길이가 30[m]를 초과하는 경우에는 풀박스를 설치한다.

연계이론 PHASE 38 공사의 종류

19

화재안전기술기준에서 정하는 비상조명등의 설치기준을 3가지만 쓰시오. (6점)

-
-
-

정답
- 특정소방대상물의 각 거실과 그로부터 지상에 이르는 복도·계단 및 그 밖의 통로에 설치할 것
- 조도는 비상조명등이 설치된 장소의 각 부분의 바닥에서 1[lx] 이상이 되도록 할 것
- 예비전원을 내장하는 비상조명등에는 평상시 점등 여부를 확인할 수 있는 점검스위치를 설치하고 해당 조명등을 유효하게 작동시킬 수 있는 용량의 축전지와 예비전원 충전장치를 내장할 것

연계이론 PHASE 24 비상조명등

2019년 4회 기출문제

01
감지기회로의 배선에 대한 다음 각 물음에 답하시오. (8점)

(1) 송배선식에 대하여 설명하시오.
(2) 교차회로방식에 대하여 설명하시오.
(3) 교차회로방식의 적용설비 5가지만 쓰시오.

정답

(1) 감지기회로의 도통시험을 용이하게 하기 위해 배선하는 방식
(2) 하나의 담당구역 내에 2개 이상의 감지기를 설치하고 2개 이상의 감지기회로가 동시에 작동하는 방식
(3) • 분말소화설비
　　• 할론소화설비
　　• 이산화탄소소화설비
　　• 일제살수식 스프링클러설비
　　• 준비작동식 스프링클러설비

해설

(1), (2) 송배선식과 교차회로방식

구분	송배선식	교차회로 방식
배선도	(지구수신기 공통 — 감지기 — R 종단저항)	(A, B 회로 제어반, A회로·B회로 종단저항)
특징	감지기회로의 도통시험을 용이하게 하기 위해 배선하는 방식으로 배선 도중에 분기하지 않음	하나의 담당구역 내에 2개 이상의 감지기를 설치하고 2개 이상의 감지기회로가 동시에 작동하는 방식(잦은 오작동 방지)

(3) 교차회로 적용설비
　• 분말소화설비
　• 할론소화설비
　• 이산화탄소소화설비
　• 일제살수식 스프링클러설비
　• 준비작동식 스프링클러설비
　• 할로겐화합물 및 불활성기체소화설비

연계이론 PHASE 09 감지기

02

그림은 자동화재탐지설비와 프리액션 스프링클러설비의 계통도이다. 그림을 보고 다음 각 물음에 답하시오. (단, 감지기공통선과 전원공통선은 분리해서 사용하고, 프리액션밸브용 압력스위치, 탬퍼스위치 및 솔레노이드밸브의 공통선은 1가닥을 사용한다.) (8점)

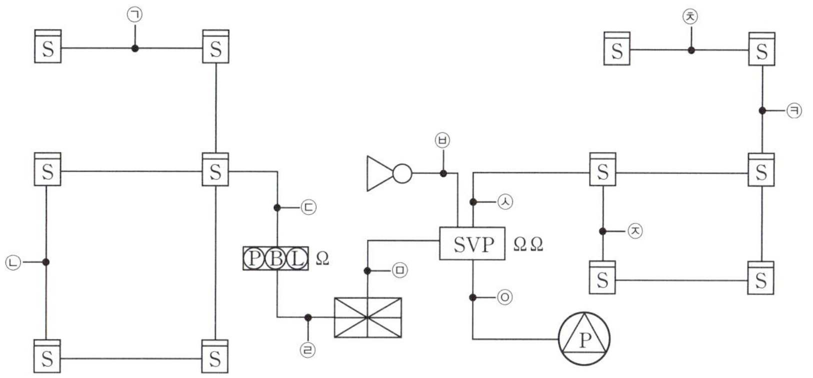

(1) 그림을 보고 ㉠~㉪까지의 가닥수를 쓰시오.

기호	㉠	㉡	㉢	㉣	㉤	㉥	㉦	㉧	㉨	㉩	㉪
가닥수											

(2) ㉤의 정확한 배선내역을 쓰시오.

정 답

(1)

기호	㉠	㉡	㉢	㉣	㉤	㉥	㉦	㉧	㉨	㉩	㉪
가닥수	4	2	4	6	9	2	8	4	4	4	8

(2) 전원 ⊕·⊖, 감지기공통, 감지기 A·B, 압력스위치 1, 탬퍼스위치 1, 솔레노이드밸브 1, 사이렌 1

해 설

[감지기 결선]

수신기를 기준으로 좌측은 자동화재탐지설비, 우측은 프리액션 스프링클러설비이다.

- 자동화재탐지설비의 감지기는 송배선식으로 배선한다. 송배선식의 루프(㉡)는 2가닥, 기타(㉠, ㉢) 4가닥으로 배선한다.
- 프리액션(준비작동식) 스프링클러설비의 감지기는 교차회로 방식으로 배선한다. 교차회로 방식의 루프(㉨) 및 말단(㉩)은 4가닥, 기타(㉦, ㉪) 8가닥으로 배선한다.

기호	가닥수	배선 내역
㉠	4	지구 2, 지구공통 2
㉡	2	지구 1, 지구공통 1
㉢	4	지구 2, 지구공통 2
㉦	8	지구 4, 지구공통 4
㉨	4	지구 2, 지구공통 2
㉩	4	지구 2, 지구공통 2
㉪	8	지구 4, 지구공통 4

[수신기 ↔ 발신기]

자동화재탐지설비의 경계구역이 하나이므로 기본 6가닥(지구 1, 지구공통 1, 응답 1, 경종 1, 표시등 1, 경종표시등공통 1)이다.

기호	가닥수	배선 내역
㉣	6	지구 1, 지구공통 1, 응답 1, 경종 1, 표시등 1, 경종표시등공통 1

[수신기 ↔ SVP]

일반적으로 감지기공통선과 전원 ⊖ 선을 분리할 경우 9가닥으로 산정하며, 배선용도는 (전원 ⊕·⊖, 감지기공통, 감지기 A·B, 솔레노이드밸브 1, 탬퍼스위치 1, 압력스위치 1, 사이렌 1)이다. 감지기공통선과 전원⊖선을 구분하지 않는 경우 공용으로 사용할 수 있어 8가닥으로 산정한다.

기호	가닥수	배선 내역
㉤	9	전원 ⊕·⊖, 감지기 공통, 감지기 A·B, 솔레노이드밸브 1, 탬퍼스위치 1, 압력스위치 1, 사이렌 1

[SVP 결선]

- 프리액션 밸브는 압력스위치, 탬퍼스위치, 솔레노이드밸브로 구성되어 있으며 공통선을 사용할 경우 4가닥(압력스위치 1, 탬퍼스위치 1, 솔레노이드밸브 1, 공통선 1)이며, 공통선을 사용하지 않을 경우 6가닥으로 산정한다. (압력스위치 2, 탬퍼스위치 2, 솔레노이드밸브 2)
- SVP에서 사이렌 사이는 2가닥(사이렌 2)이 필요하다.

기호	가닥수	배선 내역
㉥	2	사이렌 2
㉧	4	압력스위치 1, 탬퍼스위치 1, 솔레노이드밸브 1, 공통선 1

> 연계이론 **PHASE 47** 스프링클러설비 도면

03 다음을 영문약자로 나타내시오. (4점)

(1) 누전경보기:

(2) 누전차단기:

(3) 영상변류기:

(4) 전자접촉기:

정답

(1) ELD
(2) ELB
(3) ZCT
(4) MC

해설

(1) ELD(Electronic Leakage(leak) Detection system): 누전경보기의 영문약자이다.

(2) ELB(Earth Leakage Breaker): 누전차단기의 영문약자이다.

(3) ZCT(Zero phase Current Transformer): 영상변류기의 영문약자이다.

(4) MC(Magnetic Contactor): 전자접촉기의 영문약자이다.

04

다음은 비상조명등의 설치기준에 관한 사항이다. 다음 ( ) 안을 완성하시오. (5점)

- 예비전원을 내장하는 비상조명등에는 평상시 점등 여부를 확인할 수 있는 (①)를 설치하고 해당 조명등을 유효하게 작동시킬 수 있는 용량의 축전지와 예비전원 충전장치를 내장할 것
- 예비전원을 내장하지 않은 비상조명등의 비상전원은 자가발전설비, (②) 또는 (③)(외부 전기에너지를 저장해 두었다가 필요한 때 전기를 공급하는 장치)를 기준에 따라 설치할 것
- 비상전원은 비상조명등을 (④)분 이상 유효하게 작동시킬 수 있는 용량으로 할 것. 다만, 다음의 특정소방대상물의 경우에는 그 부분에서 피난층에 이르는 부분의 비상조명등을 (⑤)분 이상 유효하게 작동시킬 수 있는 용량으로 해야 한다.
  - 지하층을 제외한 층수가 11층 이상의 층
  - 지하층 또는 무창층으로서 용도가 도매시장·소매시장·여객자동차터미널·지하역사 또는 지하상가

정답
① 점검스위치
② 축전지설비
③ 전기저장장치
④ 20
⑤ 60

해설 **비상조명등의 설치기준**
- 특정소방대상물의 각 거실과 그로부터 지상에 이르는 복도·계단 및 그 밖의 통로에 설치할 것
- 조도는 비상조명등이 설치된 장소의 각 부분의 바닥에서 1[lx] 이상이 되도록 할 것
- 예비전원을 내장하는 비상조명등에는 평상시 점등 여부를 확인할 수 있는 점검스위치를 설치하고 해당 조명등을 유효하게 작동시킬 수 있는 용량의 축전지와 예비전원 충전장치를 내장할 것
- 예비전원을 내장하지 않은 비상조명등의 비상전원은 자가발전설비, 축전지설비 또는 전기저장장치(외부 전기에너지를 저장해 두었다가 필요한 때 전기를 공급하는 장치)를 다음 기준에 따라 설치해야 한다.
  - 점검에 편리하고 화재 및 침수 등의 재해로 인한 피해를 받을 우려가 없는 곳에 설치할 것
  - 상용전원으로부터 전력의 공급이 중단된 때에는 자동으로 비상전원으로부터 전력을 공급받을 수 있도록 할 것
  - 비상전원의 설치장소는 다른 장소와 방화구획할 것. 이 경우 그 장소에는 비상전원의 공급에 필요한 기구나 설비 외의 것(열병합발전설비에 필요한 기구나 설비는 제외)을 두어서는 안 된다.
  - 비상전원을 실내에 설치하는 때에는 그 실내에 비상조명등을 설치할 것
- 예비전원과 비상전원은 비상조명등을 20분 이상 유효하게 작동시킬 수 있는 용량으로 할 것. 다만, 다음의 특정소방대상물의 경우에는 그 부분에서 피난층에 이르는 부분의 비상조명등을 60분 이상 유효하게 작동시킬 수 있는 용량으로 해야 한다.
  - 지하층을 제외한 층수가 11층 이상의 층
  - 지하층 또는 무창층으로서 용도가 도매시장·소매시장·여객자동차터미널·지하역사 또는 지하상가

연계이론 PHASE 24 비상조명등

05

자동화재탐지설비 수신기의 동시작동시험의 목적을 쓰시오. (3점)

정답 감지기회로가 동시에 다수가 작동하더라도 수신기가 이상없이 신호를 수신하는지 여부를 확인하기 위함이다.

연계이론 PHASE 50 수신기의 시험

06 자동화재탐지설비의 P형 수신기와 R형 수신기의 차이점을 쓰시오. (4점)

구분	P형 수신기	R형 수신기
신호전달방식		
신호의 종류		

정답

구분	P형 수신기	R형 수신기
신호전달방식	개별신호	다중전송
신호의 종류	공통신호	고유신호

해설 P형 수신기와 R형 수신기의 특징

구분	P형 수신기	R형 수신기
신호전달방식	개별신호	다중전송
신호의 종류	공통신호	고유신호
수신소요시간	5초 이내	5초 이내
유지관리	선로수가 많아 어려움	선로수가 적어 쉬움
화재표시기구	램프	액정표시장치

연계이론 PHASE 06 자동화재탐지설비(개요)

07 광전식 공기흡입형 감지기에 대한 다음 물음에 답하시오. (6점)

(1) 공기흡입형 감지기의 동작원리를 설명하시오.
(2) 이 감지기에서 공기배관망에 설치된 가장 먼 공기흡입지점(말단공기흡입구)에서 감지부분(수신기)까지 몇 초 이내에 연기를 이송할 수 있어야 하는가?

정답

(1) 감지기 내부에 장착된 공기흡입장치로 감지하고자 하는 위치의 공기를 흡입하고 챔버 내의 압력을 변화시켜 응축하고 광전식 감지장치로 측정하여, 흡입된 공기에 일정한 농도의 연기가 포함된 경우 화재신호를 발신한다.
(2) 120초

08

자동화재탐지설비에 사용되는 감지기의 절연저항시험을 하려고 한다. 다음 물음에 답하시오. (단, 정온식 감지선형 감지기는 제외한다.) (6점)

(1) 절연저항 시험 시 사용되는 기기는 무엇인지 쓰시오.
(2) 절연저항의 판정기준을 쓰시오.
(3) 측정위치에 대해 쓰시오.

정답

(1) 직류 500[V] 절연 저항계
(2) 50[MΩ] 이상이어야 한다.
(3) 감지기의 절연된 단자 간 및 단자와 외함 간

해설

절연저항값에 따른 시험

- 절연저항 0.1[MΩ] 이상

절연저항계	절연저항	대상
직류 250[V]	0.1[MΩ] 이상	1경계구역의 절연저항

- 절연저항 5[MΩ] 이상

절연저항계	절연저항	대상
직류 250[V]	5[MΩ] 이상	• 누전경보기 • 가스누설경보기 • 수신기 • 자동화재속보설비 • 비상경보설비 • 유도등(교류입력 측과 외함 간 포함) • 비상조명등(교류입력 측과 외함 간 포함)

- 절연저항 20[MΩ] 이상

절연저항계	절연저항	대상
직류 500[V]	20[MΩ] 이상	• 경종 • 발신기 • 중계기 • 비상콘센트 • 기기의 절연된 선로 간 • 기기의 충전부와 비충전부 간 • 기기의 교류입력 측과 외함 간(유도등, 비상조명등은 제외)

- 절연저항 50[MΩ] 이상

절연저항계	절연저항	대상
직류 500[V]	50[MΩ] 이상	• 감지기(정온식 감지선형 감지기 제외) • 가스누설경보기 • 수신기

- 절연저항 1,000[MΩ] 이상

절연저항계	절연저항	대상
직류 500[V]	1,000[MΩ] 이상	• 정온식 감지선형 감지기

연계이론 PHASE 35 절연저항

09 차동식 스포트형 감지기의 구조에 관한 다음 그림에서 주어진 번호의 명칭을 쓰시오. (4점)

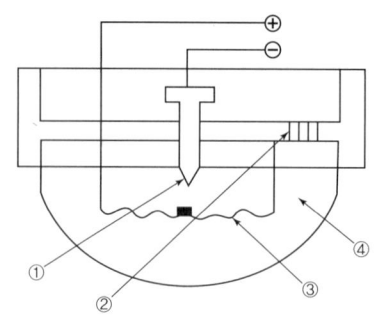

정답 ① 고정접점 ② 리크공 ③ 다이어프램 ④ 감열실

해설 차동식 스포트형 감지기의 구조

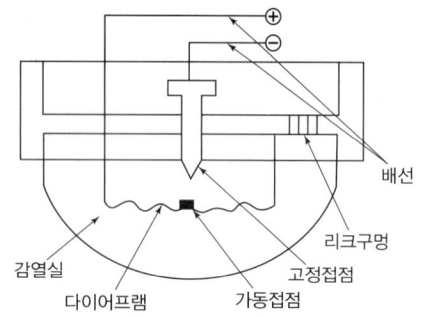

감열실	열을 유효하게 받는 곳
다이어프램	공기의 팽창에 의해 접점을 붙게 만드는 역할
가동접점	공기 팽창에 의해 움직이는 접점으로 고정접점과 접촉 시 화재신호를 발신
고정접점	가동접점과 접촉이 될 경우 화재신호를 발신
리크구멍	감지기의 오작동을 방지하기 위함

연계이론 PHASE 10 열감지기

---

10 3상 380[V], 30[kW] 스프링클러 펌프용 유도전동기의 역률이 60[%]일 때, 역률을 90[%]로 개선할 수 있는 전력용 콘덴서의 용량은 몇 [kVA]인가? (4점)

- 계산과정:
- 답:

정답
- 계산과정: $Q_c = 30 \times \left(\dfrac{\sqrt{1-0.6^2}}{0.6} - \dfrac{\sqrt{1-0.9^2}}{0.9} \right) = 25.47 [\text{kVA}]$
- 답: 25.47[kVA]

해설 전력용 콘덴서 용량 산정식

$$Q_c = P(\tan\theta_1 - \tan\theta_2) = P\left(\frac{\sin\theta_1}{\cos\theta_1} - \frac{\sin\theta_2}{\cos\theta_2}\right) = P\left(\frac{\sqrt{1-\cos^2\theta_1}}{\cos\theta_1} - \frac{\sqrt{1-\cos^2\theta_2}}{\cos\theta_2}\right)[\text{kVA}]$$
(단, P: 전동기 출력 전력[kW], $\cos\theta_1$: 개선전 역률, $\cos\theta_2$: 개선후 역률)

역률 개선 전 $\cos\theta_1 = 0.6$, 개선 후 $\cos\theta_2 = 0.9$이므로 전력용 콘덴서 용량은
$Q_c = 30 \times \left(\dfrac{\sqrt{1-0.6^2}}{0.6} - \dfrac{\sqrt{1-0.9^2}}{0.9} \right) = 25.47[\text{kVA}]$이다.

연계이론 PHASE 32 역률 개선용 콘덴서 용량

11 주어진 조건을 이용하여 자동화재탐지설비의 수동발신기 간 연결간선수를 구하고 각 선로의 용도를 표시하시오. (7점)

- 선로의 수는 최소로 하고 수동발신기공통선은 1선, 경종 및 표시등 공통선을 1선으로 하고 7 경계구역이 넘을 시 수동발신기공통선, 경종 및 표시등 공통선은 각각 1선씩 추가하는 것으로 한다.
- 건물의 규모는 지상 6층, 지하 2층으로, 연면적은 3,500[m²]인 것으로 한다.

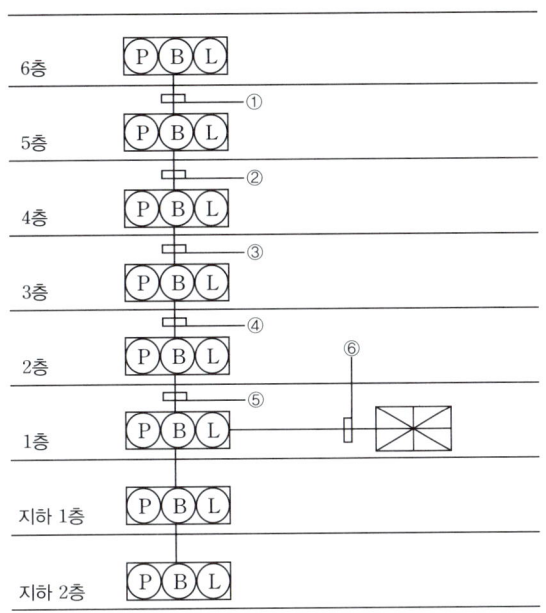

※답안작성 예시

번호	가닥수	배선 내역
⑩	11	지구선 6, 지구공통선 1, 응답선 1, 경종선 1, 표시등선 1, 경종 및 표시등 공통선 1

정답

번호	가닥수	배선 내역
①	6	지구선 1, 지구공통선 1, 응답선 1, 경종선 1, 표시등선 1, 경종 및 표시등 공통선 1
②	7	지구선 2, 지구공통선 1, 응답선 1, 경종선 1, 표시등선 1, 경종 및 표시등 공통선 1
③	8	지구선 3, 지구공통선 1, 응답선 1, 경종선 1, 표시등선 1, 경종 및 표시등 공통선 1
④	9	지구선 4, 지구공통선 1, 응답선 1, 경종선 1, 표시등선 1, 경종 및 표시등 공통선 1
⑤	10	지구선 5, 지구공통선 1, 응답선 1, 경종선 1, 표시등선 1, 경종 및 표시등 공통선 1
⑥	14	지구선 8, 지구공통선 2, 응답선 1, 경종선 1, 표시등선 1, 경종 및 표시등 공통선 1

해설

층수가 11층(공동주택의 경우에는 16층) 이상인 특정소방대상물의 경보방식은 우선경보방식을 적용하며, 그 이외의 경우 일제경보방식을 적용한다. 이 건물은 층수가 지상 6층으로 11층 미만의 건물에 해당하므로 일제경보방식을 적용하며 이 경우 경종의 가닥수가 변하지 않고 1가닥으로 고정된다.
수신기는 1층에 있고 가장 멀리 있는 경계구역(6층)의 발신기에 필요한 배선은 기본 6가닥이다.

번호	가닥수	배선 내역
①	6	지구선 1, 지구공통선 1, 응답선 1, 경종선 1, 표시등선 1, 경종 및 표시등 공통선 1
②	7	지구선 2, 지구공통선 1, 응답선 1, 경종선 1, 표시등선 1, 경종 및 표시등 공통선 1
③	8	지구선 3, 지구공통선 1, 응답선 1, 경종선 1, 표시등선 1, 경종 및 표시등 공통선 1
④	9	지구선 4, 지구공통선 1, 응답선 1, 경종선 1, 표시등선 1, 경종 및 표시등 공통선 1
⑤	10	지구선 5, 지구공통선 1, 응답선 1, 경종선 1, 표시등선 1, 경종 및 표시등 공통선 1

⑥: 발신기세트가 8개 있으므로 경계구역은 총 8개로 볼 수 있다. 따라서 지구선은 8가닥이 된다. 지구선이 매 7가닥을 초과할 때마다 지구공통선은 1가닥이 증가하므로 지구공통선은 2가닥이 된다.

번호	가닥수	배선 내역
⑥	14	지구선 8, 지구공통선 2, 응답선 1, 경종선 1, 표시등선 1, 경종 및 표시등 공통선 1

연계이론

PHASE 42 자동화재탐지설비 도면

---

12 무선통신보조설비에 사용되는 분배기, 분파기, 혼합기의 기능에 대하여 간단하게 설명하시오. (3점)

- 분배기:
- 분파기:
- 혼합기:

정답

- 분배기: 신호의 전송로가 분기되는 장소에 설치하는 것으로 임피던스 매칭과 신호 균등분배를 위해 사용하는 장치
- 분파기: 서로 다른 주파수의 합성된 신호를 분리하기 위해 사용하는 장치
- 혼합기: 두 개 이상의 입력신호를 원하는 비율로 조합한 출력이 발생하도록 하는 장치

해설

용어	의미
누설동축케이블	동축케이블의 외부도체에 가느다란 홈을 만들어서 전파가 외부로 새어나갈 수 있도록 한 케이블
분배기	신호의 전송로가 분기되는 장소에 설치하는 것으로 임피던스 매칭과 신호 균등분배를 위해 사용하는 장치
분파기	서로 다른 주파수의 합성된 신호를 분리하기 위해 사용하는 장치
혼합기	두 개 이상의 입력신호를 원하는 비율로 조합한 출력이 발생하도록 하는 장치
증폭기	전압·전류의 진폭을 늘려 감도 등을 개선하는 장치
무선중계기	안테나를 통해 수신된 무전기 신호를 증폭한 후 음영지역에 재방사하여 무전기 상호 간 송수신이 가능하도록 하는 장치
옥외안테나	감시제어반 등에 설치된 무선중계기의 입력과 출력포트에 연결되어 송수신 신호를 원활하게 방사·수신하기 위해 옥외에 설치하는 장치

연계이론

PHASE 26 무선통신보조설비

13 다음은 저압옥내배선공사의 금속관공사에 이용되는 부품이다. 명칭을 쓰시오. (6점)

(1) 금속전선관 상호 간을 연결할 때 쓰이는 배관부속자재
(2) 금속관과 박스를 고정시킬 때 쓰이는 배관부속자재
(3) 전선의 절연피복을 보호하기 위해 금속관 끝에 취부하는 것

정답

(1) 커플링
(2) 로크너트
(3) 부싱

해설

금속관공사에 이용되는 부품

명칭	그림	용도
커플링		금속관을 상호 접속하는 경우에 사용
로크너트		전선관과 박스 또는 고정물을 고정하는 데 사용
부싱		전선의 피복을 보호하여 전선이 손상되지 않게 하는 것으로 금속관 끝에 취부
새들		금속관을 조영재에 고정시키는 데 사용
링 리듀서		금속관을 아웃렛 박스 또는 노크 아웃에 취부할 때 로크너트만으로 고정하기 어려운 경우에 사용
노멀밴드		금속관을 직각으로 굽히는 곳에 사용하는 부품으로 주로 매입 배관 공사에서 사용
유니버설 엘보		노멀밴드와 비슷한 용도로 금속관을 구부리거나 직각으로 굽히는 곳에 사용하는 부품으로 노출 배관 공사에서 주로 사용

연계이론 PHASE 38 공사의 종류

14 옥내소화전설비의 배선기준을 다음의 그림에 표시하시오. (5점)

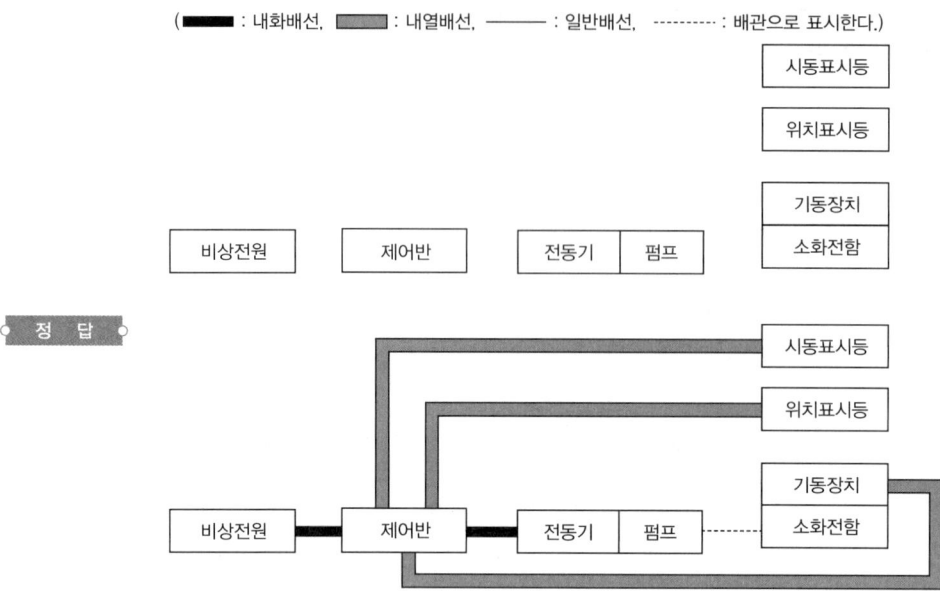

해설

옥내소화전설비의 배선

① 전원회로의 배선(전원 – 제어반 – 전동기)은 내화배선으로 한다.
② 만약, 감지기회로가 있는 경우 일반회로로 배선한다.
③ 그 외 나머지는 내열배선으로 한다.
※ 펌프와 소화전함 사이는 배관으로 한다.

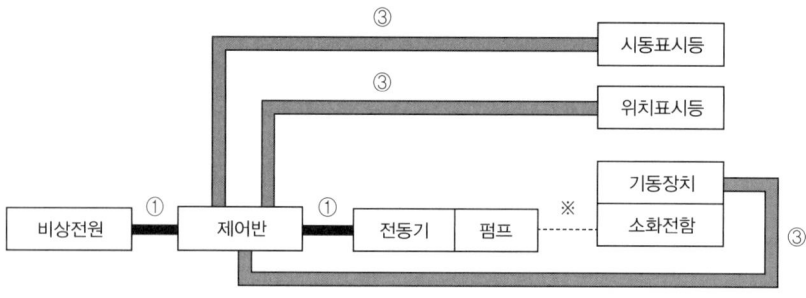

연계이론

PHASE 39 배선

15 그림은 플로트스위치에 의한 펌프모터의 레벨제어에 관한 미완성 도면이다. 이 도면에 대하여 다음 각 물음에 답하시오. (7점)

> **조건**
> - 전원이 인가되면 ⓖⓛ램프가 점등된다.
> - 자동일 경우 플로트스위치가 붙으면(동작하면) ⓡⓛ램프가 점등되고, 전자접촉기 88이 여자되어 ⓖⓛ램프가 소등되며, 펌프모터가 동작한다.
> - 수동일 경우 누름버튼스위치 PB-on을 on시키면 전자접촉기 88이 여자되어 ⓡⓛ램프가 점등되고 ⓖⓛ램프가 소등되며, 펌프모터가 동작한다.
> - 수동일 경우 누름버튼스위치 PB-off를 off시키거나 계전기 49가 동작하면 ⓡⓛ램프가 소등되고, ⓖⓛ램프가 점등되며, 펌프모터가 정지한다.

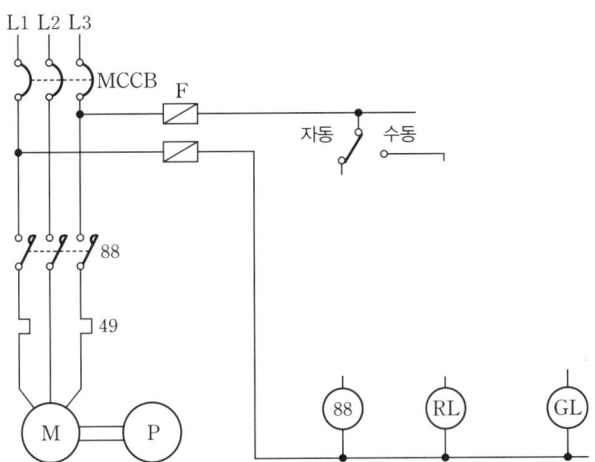

[기구 및 접점]

구분	개수
88-a 접점	1개
88-b 접점	1개
PB-on a 접점 스위치	1개
PB-off b 접점 스위치	1개
49-b 접점	1개
플로트스위치( )	1개

(1) 조건과 기구 및 접점 사용개수를 참고하여 미완성 도면을 완성하시오.
(2) 49와 MCCB의 우리말 명칭은 무엇인가?

정 답

(1)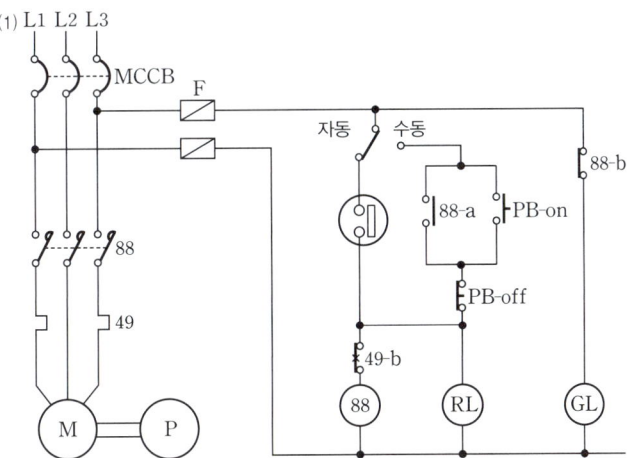

(2) • 49: 열동계전기(THR)
  • MCCB: 배선용 차단기

해 설

(1) 플로트스위치는 액체의 상태(수면의 높낮이)를 감지하는 기기로 일반적으로 전극봉을 사용하여 수위를 감지하여 동작하는 스위치이다.

(2)

기호	명칭	용도
THR(49)	열동계전기	전동기의 과부하 보호용으로 사용하는 계전기로 운전 중 과부하가 걸릴 경우 THR-b접점이 열리면서 전동기를 정지시킨다.
MCCB	배선용 차단기	과전류로부터 보호를 위한 배선 보호용 차단기이다.

연계이론 PHASE 40 시퀀스 회로

16 철근콘크리트 건물의 사무실이 있다. 자동화재탐지설비의 차동식 스포트형(1종) 감지기를 설치하고자 한다. 감지기의 최소 개수를 구하시오. (단, 사무실은 높이 4.5[m], 바닥면적은 500[m²]이다.) (10점)

- 계산과정:
- 답

정 답
- 계산과정: $\dfrac{500}{45} = 11.11 \to 12$
- 답: 12개

해 설
내화구조(철근콘크리트)의 건물로서 천장높이가 4.5[m]이고 차동식 스포트형 1종 감지기를 설치한다고 하였으므로 다음 표에서 바닥면적을 산정한다.

(단위: [m²])

부착높이 및 특정소방대상물의 구분		감지기의 종류						
		차동식 스포트형		보상식 스포트형		정온식 스포트형		
		1종	2종	1종	2종	특종	1종	2종
4[m] 미만	내화구조	90	70	90	70	70	60	20
	기타구조	50	40	50	40	40	30	15
4[m] 이상 8[m] 미만	내화구조	45	35	45	35	35	30	—
	기타구조	30	25	30	25	25	15	—

바닥면적 45[m²]가 산정되었으므로 감지기 개수 = $\dfrac{\text{전용면적[m²]}}{45[\text{m}^2]} = \dfrac{500}{45} = 11.11 \to 12$(소수점 절상)개가 필요하다.

연계이론 PHASE 09 감지기

17

자동화재탐지설비용 공기관식 차동식 분포형 감지기 설치기준으로 알맞은 답을 쓰시오. (5점)

- 공기관의 노출부분은 감지구역마다 (①)[m] 이상이 되도록 할 것
- 공기관은 도중에서 (②)하지 않도록 할 것
- 하나의 검출부분에 접속하는 공기관의 길이는 (③)[m] 이하로 할 것
- 검출부는 5° 이상 (④)되지 않도록 부착할 것
- 공기관과 감지구역의 각 변과의 수평거리는 (⑤)[m] 이하가 되도록 하고, 공기관 상호 간의 거리는 6[m] (주요구조부가 내화구조로 된 특정소방대상물 또는 그 부분에 있어서는 9[m]) 이하가 되도록 할 것

정답 ① 20   ② 분기   ③ 100   ④ 경사   ⑤ 1.5

해설 **공기관식 차동식 분포형 감지기 설치기준**
- 공기관의 노출부분은 감지구역마다 20[m] 이상이 되도록 해야 한다.
- 공기관과 감지구역의 각 변과의 수평거리는 1.5[m] 이하가 되도록 하고, 공기관 상호 간의 거리는 6[m](주요구조부가 내화구조로 된 특정소방대상물 또는 그 부분에 있어서는 9[m]) 이하가 되도록 해야 한다.
- 공기관은 도중에서 분기하지 않도록 해야 한다.
- 하나의 검출부분에 접속하는 공기관의 길이는 100[m] 이하로 해야 한다.
- 검출부는 5° 이상 경사되지 않도록 부착해야 한다.
- 검출부는 바닥으로부터 0.8[m] 이상 1.5[m] 이하의 위치에 설치해야 한다.

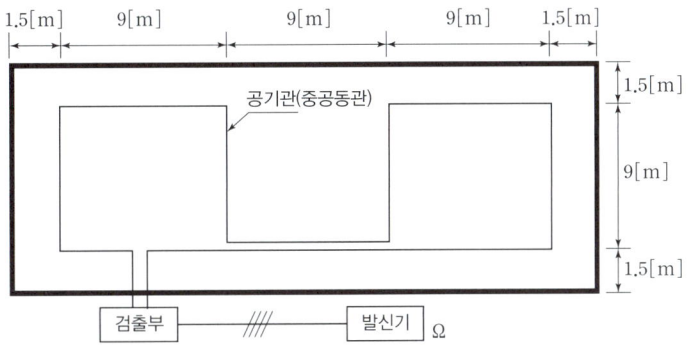

▲ 공기관식 차동식 분포형 감지기 설치기준

연계이론 PHASE 10 열감지기

18

자동화재탐지설비의 수신기에서 공통선을 시험하는 목적과 그 시험방법에 대해 쓰시오. (5점)

(1) 목적:

(2) 시험방법:

정답
(1) 목적: 공통선이 담당하고 있는 경계구역의 적정 여부 확인
(2) 시험방법: 수신기에 접속되어 있는 공통선 1선을 제거한 뒤 회로선택스위치를 차례로 회전시킨다. 각 회로별 전압계 또는 표시등을 확인하여 단선을 지시한 경계구역의 회선수를 확인한다.

연계이론 PHASE 50 수신기의 시험

2018년 1회 기출문제

01 자동화재탐지설비의 발신기에서 표시등 30[mA/개], 경종 50[mA/개]가 소모되며, 지하 1층, 지상 5층의 각 층별 2회로씩 총 12회로인 공장에서 P형 수신반 최말단 발신기까지 500[m] 떨어진 경우 다음 각 물음에 답하시오. (8점)

(1) 표시등 및 경종의 최대소요전류[A]와 총 소요전류[A]를 구하시오.
　① 표시등의 최대소요전류:
　② 경종의 최대소요전류:
　③ 총 소요전류:

(2) 2.5[mm²]의 전선을 사용한 경우 최말단 경종 동작 시 전압강하는 얼마인지 계산하시오.
　• 계산과정:
　• 답:

(3) (2)의 계산에 의한 경종 작동 여부를 설명하시오.

정답

(1) ① 0.36[A]
　② 0.6[A]
　③ 0.96[A]

(2) • 계산과정: $e = \dfrac{35.6 \times 500 \times 0.96}{1{,}000 \times 2.5} = 6.84[V]$
　• 답: 6.84[V]

(3) 작동하지 않음

해설

(1) ① 표시등이 필요한 층수는 6개(지하 1층~지상 5층)이고 각 층별 2회로씩 적용하므로 표시등의 소요전류는 $30 \times 6 \times 2 = 360[mA] = 0.36[A]$이다.
② 층수가 11층(공동주택의 경우 16층) 미만인 건물에 해당하므로 일제경보방식에 의해 경보를 하게 된다. 즉, 어떤 층에서 화재를 경보할 경우 항상 12개의 경종이 울리게 되므로 경종의 최대소요전류는 $50 \times 12 = 600[mA] = 0.6[A]$이다.
③ 총 소요전류 I = 표시등의 최대소요전류 + 경종의 최대소요전류 = 0.36[A] + 0.6[A] = 0.96[A]

(2) 단상 2선식의 전압강하 $e = \dfrac{35.6 LI}{1{,}000 A}$ [V]이고 최말단 경종이 울릴 경우 소요전류는 0.96[A]이므로
$e = \dfrac{35.6 \times 500 \times 0.96}{1{,}000 \times 2.5} = 6.84[V]$이다.

(3) 자동화재탐지설비의 음향장치는 정격전압(직류 24[V])의 80[%] 전압에서 음향을 발해야 한다. 즉, $24 \times 0.8 = 19.2[V]$ 이상인 경우에만 음향장치가 작동한다.
수신기의 입력전압은 24[V]이고 (2)의 전압강하를 고려하면 최종 출력전압은 $24 - 6.84 = 17.16[V]$이다. 이 전압은 19.2[V]보다 낮으므로 음향장치(경종)는 작동하지 않는다.

연계이론 PHASE 36 전압강하와 전선의 단면적

02

자동화재탐지설비의 P형 수신기에 연결되는 발신기와 감지기의 미완성 결선도이다. 수신기-발신기-감지기 간 회로와 경종, 표시등, 펌프기동확인 회로를 완성하시오. (6점)

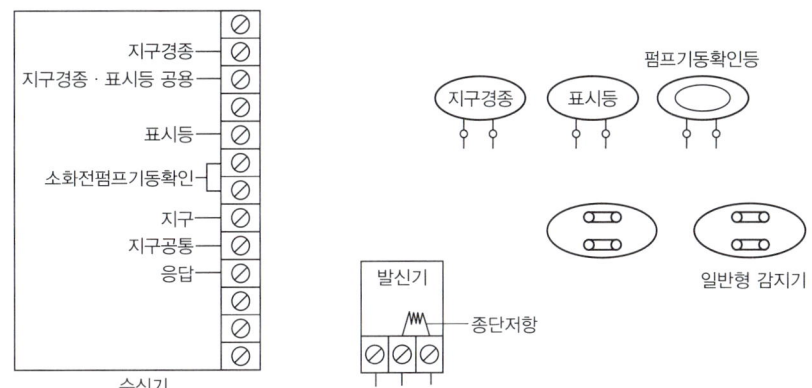

정 답

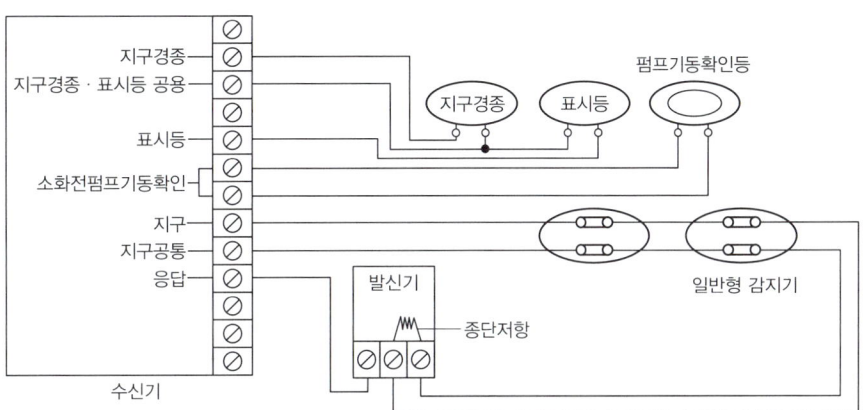

해 설
- 자동화재탐지설비의 감지기는 송배선식으로 연결하므로 감지기 간 분기되는 곳이 없게 연결한다.
- 발신기의 종단저항에는 지구(회로)선과 지구(회로)공통선을 연결해야 한다.
- 지구경종·표시등 공통선은 지구경종과 표시등에 공통으로 사용되는 선이다.

연계이론 PHASE 42 자동화재탐지설비 도면

03

자동화재탐지설비의 수신기에서 공통선시험을 하는 목적과 시험방법을 설명하시오. (6점)

(1) 목적:

(2) 시험방법:

정 답
(1) 목적: 공통선이 담당하고 있는 경계구역의 적정 여부 확인
(2) 시험방법: 수신기에 접속되어 있는 공통선 1선을 제거한 뒤 회로선택스위치를 차례로 회전시킨다. 각 회로별 전압계 또는 표시등을 확인하여 단선을 지시한 경계구역의 회선수를 확인한다.

연계이론 PHASE 50 수신기의 시험

04

비상부하용 연축전지가 그림과 같이 방전전류가 시간과 함께 감소하는 패턴의 축전지 용량을 계산하시오. 이때 용량환산시간계수 K는 아래표와 같으며 보수율은 0.85를 적용한다. (5점)

시간	10분	20분	30분	60분	100분	110분	120분	170분	180분	200분
용량환산 시간계수[K]	1.30	1.45	1.75	2.55	3.45	3.65	3.85	4.85	5.05	5.30

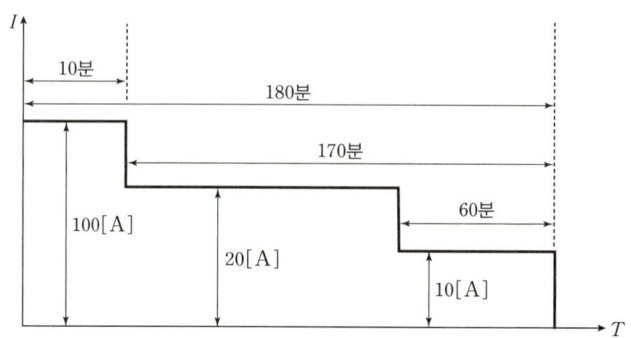

- 계산과정:
- 답:

정답

- 계산과정:

$$C_1 = \frac{1}{0.85} \times 1.3 \times 100 = 152.94 [Ah]$$

$$C_2 = \frac{1}{0.85} \times \{3.85 \times 100 + 3.65 \times (20-100)\} = 109.41 [Ah]$$

$$C_3 = \frac{1}{0.85} \{5.05 \times 100 + 4.85 \times (20-100) + 2.55 \times (10-20)\} = 107.65 [Ah]$$

- 답: 152.94[Ah]

해설

축전지 용량 $C = \frac{1}{L} KI [Ah]$ (단, L: 보수율(용량저하율), K: 용량환산시간계수, I: 방전전류[A])

이때 방전전류가 시간에 따라 감소하는 경우라면 감소되는 구간마다 축전지 용량을 계산한다. 그 계산값이 가장 큰 부분의 축전지 용량을 선정한다.

[10분 구간의 축전지 용량 C_1]

$K = 1.30$, 방전전류 $I = 100[A]$이므로

$$C_1 = \frac{1}{L} KH$$
$$= \frac{1}{0.85} \times 1.3 \times 100 = 152.94 [Ah]$$

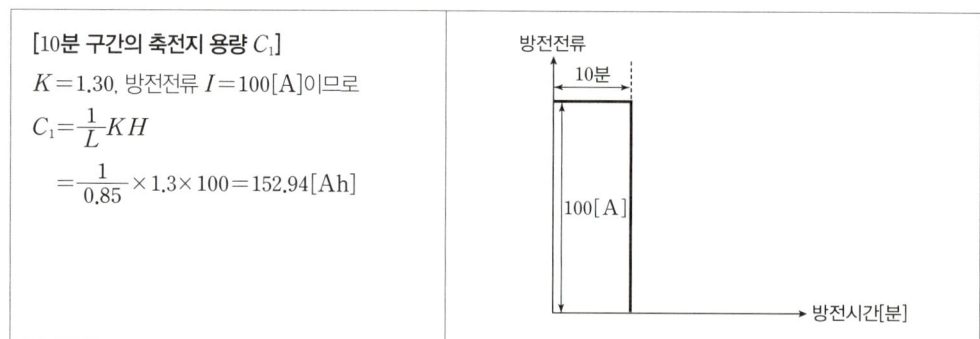

[120분 구간의 축전지 용량 C_2]

$K_1=3.85$, $K_2=3.65$
$I_1=100[A]$, $I_2=20[A]$이므로
$C_2=\dfrac{1}{L}[K_1I_1+K_2(I_2-I_1)]$
$=\dfrac{1}{0.85}\times[3.85\times100+3.65\times(20-100)]$
$=109.41[Ah]$

[180분 구간의 축전지 용량 C_3]

$K_1=5.05$, $K_2=4.85$, $K_3=2.55$
$I_1=100[A]$, $I_2=20[A]$, $I_3=10[A]$이므로
$C_3=\dfrac{1}{L}[K_1I_1+K_2(I_2-I_1)+K_3(I_3-I_2)]$
$=\dfrac{1}{0.85}\times[5.05\times100+$
$\quad 4.85\times(20-100)+2.55\times(10-20)]$
$=107.65[Ah]$

연계이론 PHASE 29 축전지

05 P형 수신기의 예비전원을 시험하는 방법과 양부판단의 기준에 대하여 설명하시오. (6점)

(1) 시험방법:

(2) 양부판단의 기준:

정답

(1) • 예비전원시험스위치를 누른다.
  • 전압계의 지시치가 지정치의 범위 내에 있는지 확인한다.
  • 교류전원을 개로하고 자동절환릴레이의 작동상황을 조사한다.
(2) • 예비전원의 전압이 정상일 것
  • 예비전원의 용량이 정상일 것
  • 예비전원의 절환여부가 정상일 것
  • 예비전원의 복구작동이 정상일 것

해설

구분	시험 목적	양부판정기준
공통선시험	공통선이 담당하고 있는 경계구역의 정상 여부 확인	하나의 공통선이 담당하고 있는 경계구역의 수가 7 이하일 것
회로저항시험	감지기회로의 배선(선로)저항치가 수신기의 기능에 이상을 가져오는지 여부 확인	하나의 감지기회로의 합성저항치는 $50[\Omega]$ 이하로 할 것
지구음향장치 작동시험	화재신호와 연동하여 음향장치의 작동 여부 확인	음량은 음향장치의 중심으로부터 $1[m]$ 떨어진 위치에서 $90[dB]$ 이상일 것
예비전원 시험	사고 등의 이유로 상용전원과 예비전원 간 자동 절환 여부 확인	• 예비전원의 전압이 정상일 것 • 예비전원의 용량이 정상일 것 • 예비전원의 절환여부가 정상일 것 • 예비전원의 복구작동이 정상일 것

연계이론 PHASE 50 수신기의 시험

06

다음은 배연창의 전기적 계통도이며 전동구동장치로 솔레노이드 방식을 이용한 설비이다. 조건과 계통도를 참고하여 답란의 Ⓐ~Ⓔ까지의 배선수와 배선의 용도를 쓰시오. (6점)

(가) 사용전선은 HFIX 전선이다.
(나) 배선수는 운전 조작상 필요한 최소의 전선수를 기입한다.
(다) 화재감지기가 작동되거나 수동조작함의 스위치를 ON 시키면 배연창이 동작되어 수신기에 동작상태를 표시하게 된다.
(라) 배연창은 별도의 기동방식으로 한다.

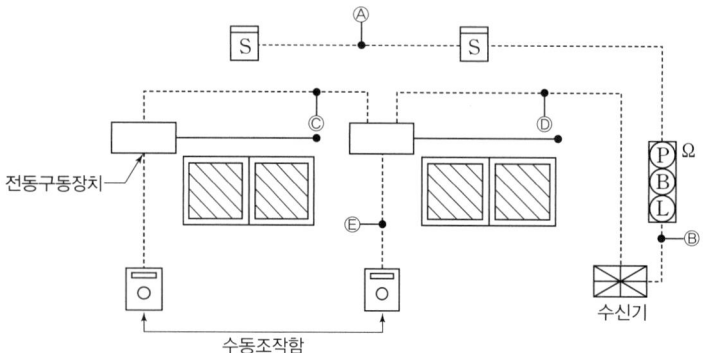

기호	구간	배선수	배선의 용도
Ⓐ	감지기 ↔ 감지기		
Ⓑ	발신기 ↔ 수신기		
Ⓒ	전동구동장치 ↔ 전동구동장치		
Ⓓ	전동구동장치 ↔ 수신기		
Ⓔ	전동구동장치 ↔ 수동조작함		

정답

기호	구간	배선수	배선의 용도
Ⓐ	감지기 ↔ 감지기	4	지구 2, 지구공통 2
Ⓑ	발신기 ↔ 수신기	6	지구 1, 지구공통 1, 응답 1, 경종 1, 표시등 1, 경종표시등 공통 1
Ⓒ	전동구동장치 ↔ 전동구동장치	3	기동 1, 기동확인 1, 공통 1
Ⓓ	전동구동장치 ↔ 수신기	5	기동 2, 기동확인 2, 공통 1
Ⓔ	전동구동장치 ↔ 수동조작함	3	기동 1, 기동확인 1, 공통 1

해 설 솔레노이드 방식의 배연창 설비 배선

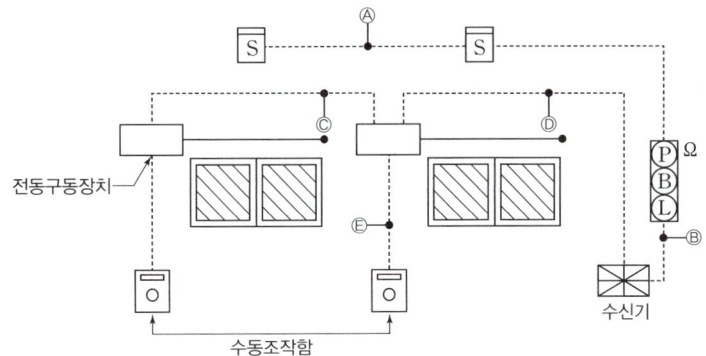

- 배연창설비의 감지기는 송배선식으로 배선한다. 송배선식의 루프는 2가닥, 그 외 나머지(Ⓐ)는 4가닥으로 배선한다.
- 수신기와 발신기 사이(Ⓑ)의 가닥수는 기본 6가닥(지구 1, 지구공통 1, 응답 1, 경종 1, 표시등 1, 경종표시등공통 1)으로 구성되어 있다.
- 수신기와 수신기를 기준으로 가장 멀리 있는 전동구동장치 사이(Ⓒ)의 가닥수는 기본 3가닥(기동 1, 기동확인 1, 공통 1)으로 구성되어 있다.
  - 전동구동장치가 증가할 경우 매 증가분마다 2가닥(기동 1, 기동확인 1)이 증가한다. 즉, Ⓓ 부분의 가닥수는 3+2=5가닥(기동2, 기동확인 2, 공통 1)이다.
- 수동조작함과 전동구동장치 사이(Ⓔ)의 가닥수는 기본 3가닥(기동 1, 기동확인 1, 공통 1)이다.

연계이론 PHASE 46 배연창설비 도면

---

07 특정소방대상물에 설치된 소방시설 등을 구성하는 전부 또는 일부를 개설, 이전 또는 정비하는 소방시설공사의 착공신고대상 3가지를 쓰시오. (단, 고장 또는 파손 등으로 인하여 작동시킬 수 없는 소방시설을 긴급히 교체하거나 보수하여야 하는 경우에는 신고하지 않을 수 있다.) (6점)

-
-
-

정 답
- 수신반
- 소화펌프
- 동력(감시)제어반

해 설 소방시설공사의 착공신고 대상은 특정소방대상물에 설치된 소방시설 등을 구성하는 다음에 해당하는 것의 전부 또는 일부를 개설, 이전 또는 정비하는 공사이다. 다만, 고장 또는 파손 등으로 인하여 작동시킬 수 없는 소방시설을 긴급히 교체하거나 보수하여야 하는 경우에는 신고하지 않을 수 있다.
- 수신반
- 소화펌프
- 동력(감시)제어반

연계이론 PHASE 38 공사의 종류

08

그림과 같은 강당(길이 36[m], 폭 15[m])의 중앙 및 좌우 객석의 통로에 객석유도등을 설치하고자 한다. 다음 각 물음에 답하시오. (6점)

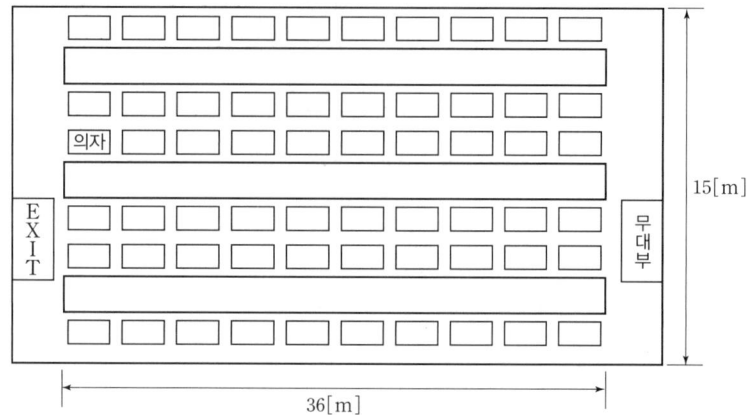

(1) 강당에 설치하여야 할 객석유도등의 최소 수량을 산출하시오.

  • 계산과정:

  • 답:

(2) (1)항에서 산출된 수량의 객석유도등을 도면 내에 배치하시오. (단, 설치하는 유도등의 표시는 ●으로 한다.)

정답

(1) • 계산과정:

  하나의 통로에 필요한 유도등 수 $\dfrac{36}{4}-1=9-1=8$개

  총 3개의 통로(좌, 우, 중앙)이 있으므로 객석유도등의 최소 수량은 $8\times3=24$개

  • 답: 24개

(2)

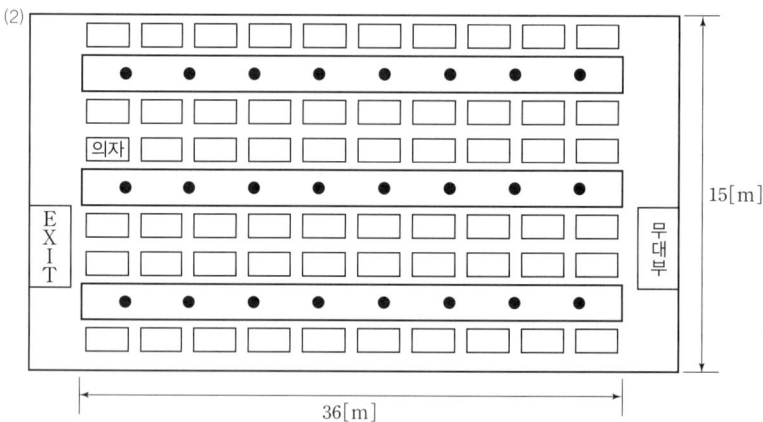

해설

(1) 객석유도등의 설치개수는 $N=\dfrac{\text{객석통로의 직선부분의 길이[m]}}{4}-1$(소수점 절상)이므로

  $N=\dfrac{36}{4}-1=9-1=8$개

  총 3개의 통로에 유도등을 설치해야 하므로 객석유도등의 최소 수량은 $8\times3=24$개이다.

(2) 하나의 통로의 8개의 유도등을 일정한 간격으로 배치한다.

> 더 알아보기

구분	설치개수
객석유도등	$\dfrac{\text{객석통로의 직선부분의 길이[m]}}{4} - 1$ (소수점 절상)
유도표지	$\dfrac{\text{구부러진 곳이 없는 부분의 보행거리[m]}}{15} - 1$ (소수점 절상)
복도통로유도등, 거실통로유도등	$\dfrac{\text{구부러진 곳이 없는 부분의 보행거리[m]}}{20} - 1$ (소수점 절상)

> 연계이론

PHASE 21 객석유도등

09 다음은 자동방화문설비의 자동방화문에서 R형 중계기까지의 결선도 및 계통도에 대한 것이다. 주어진 조건을 참조하여 각 물음에 답하시오. (7점)

> 조건
>
> (가) 전선 가닥수는 최소한으로 한다.
> (나) DOOR RELEASE 1에서 DOOR RELEASE 2의 확인선은 별도로 배선한다.
> (다) 방화문 감지기회로는 제외한다.

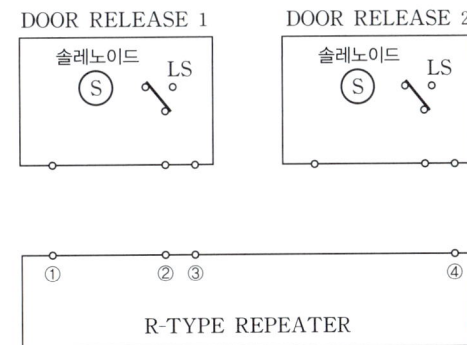

(1) DOOR RELEASE의 설치 목적을 쓰시오.

(2) 미완성 도면을 완성하시오.

(3) ①~④의 명칭을 쓰시오.

> 정답

(1) 연기가 계단 측으로 유입되는 것을 방지하기 위하여 화재 시 신호를 수신하여 방화문을 자동으로 폐쇄하는 장치

(2)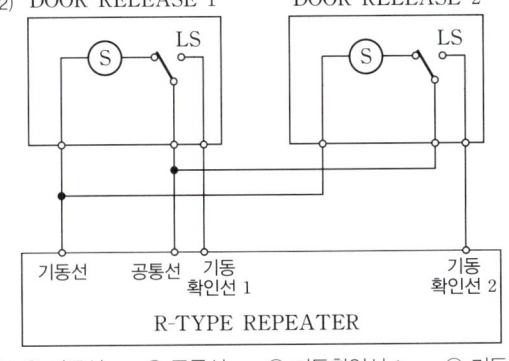

(3) ① 기동선 ② 공통선 ③ 기동확인선 1 ④ 기동확인선 2

> 연계이론

PHASE 45 자동방화문 설비 도면

10 가압송수장치를 기동용 수압개폐방식으로 사용하는 1층 공장 내부에 옥내소화전함과 자동화재탐지설비용 발신기를 다음과 같이 설치하였다. 다음 각 물음에 답하시오. (10점)

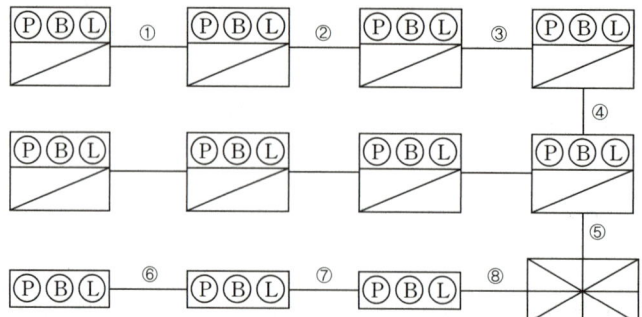

(1) ①~⑧의 전선 가닥수를 구하시오.

①	②	③	④	⑤	⑥	⑦	⑧

(2) 다음 표의 알맞은 답을 작성하시오.

기호	명칭	전면 부착기기 장치의 명칭
⊞PBL	①	②
PBL	③	④

(3) 발신기표시등의 색상과 식별조건을 쓰시오.
  ① 색상
  ② 식별조건

정답

(1)

①	②	③	④	⑤	⑥	⑦	⑧
8	9	10	11	16	6	7	8

(2)

기호	명칭	전면 부착기기 장치의 명칭
⊞PBL	발신기세트 옥내소화전 내장형	발신기, 경종, 표시등, 기동확인표시등
PBL	발신기세트 단독형	발신기, 경종, 표시등

(3) ① 적색
  ② 부착면으로부터 15° 이상의 범위 안에서 부착지점으로부터 10[m] 이내의 어느 곳에서도 쉽게 식별할 수 있을 것

해설

(1) 층수가 11층(공동주택의 경우에는 16층) 이상인 특정소방대상물의 경보방식은 우선경보방식을 적용하며 그 이외의 경우 일제경보방식을 적용한다. 이 공장은 11층 미만이므로 일제경보방식을 적용하며 이 경우 경종의 가닥수는 변하지 않고 1가닥으로 고정된다.

번호	가닥수	배선 용도
①	8	지구 1, 지구공통 1, 응답 1, 경종 1, 표시등 1, 경종표시등공통 1, 기동확인표시등 2
②	9	지구 2, 지구공통 1, 응답 1, 경종 1, 표시등 1, 경종표시등공통 1, 기동확인표시등 2
③	10	지구 3, 지구공통 1, 응답 1, 경종 1, 표시등 1, 경종표시등공통 1, 기동확인표시등 2
④	11	지구 4, 지구공통 1, 응답 1, 경종 1, 표시등 1, 경종표시등공통 1, 기동확인표시등 2
⑤	16	지구 8, 지구공통 2, 응답 1, 경종 1, 표시등 1, 경종표시등공통 1, 기동확인표시등 2
⑥	6	지구 1, 지구공통 1, 응답 1, 경종 1, 표시등 1, 경종표시등공통 1
⑦	7	지구 2, 지구공통 1, 응답 1, 경종 1, 표시등 1, 경종표시등공통 1
⑧	8	지구 3, 지구공통 1, 응답 1, 경종 1, 표시등 1, 경종표시등공통 1

- 지구선이 매 7가닥을 초과할 때마다 지구공통선은 1가닥이 증가한다. 즉, ⑤의 지구선은 7가닥을 초과하므로 지구공통선은 2가닥이 된다.
- ①~⑤의 발신기는 옥내소화전을 내장하고 있으므로 기동확인표시등 2가닥이 추가로 필요하다.

(3) 발신기의 위치를 표시하는 표시등은 함의 상부에 설치하되, 그 불빛은 부착면으로부터 15° 이상의 범위 안에서 부착지점으로부터 10[m] 이내의 어느 곳에서도 쉽게 식별할 수 있는 적색등으로 해야 한다.

연계이론 PHASE 42 자동화재탐지설비 도면

11

비상콘센트설비를 설치해야 할 특정소방대상물 3가지를 쓰시오. (단, 위험물 저장 및 처리 시설중 가스시설 및 지하구는 제외한다.) (6점)

-
-
-

정답
- 층수가 11층 이상인 특정소방대상물의 경우에는 11층 이상의 층
- 지하층의 층수가 3층 이상이고 지하층의 바닥면적 합계가 1,000[m²] 이상인 것은 지하층의 모든 층
- 지하가 중 터널로서 길이가 500[m] 이상인 것

해설 비상콘센트설비를 설치해야 하는 특정소방대상물
- 층수가 11층 이상인 특정소방대상물의 경우에는 11층 이상의 층
- 지하층의 층수가 3층 이상이고 지하층의 바닥면적의 합계가 1,000[m²] 이상인 것은 지하층의 모든 층
- 지하가 중 터널로서 길이가 500[m] 이상인 것

연계이론 PHASE 25 비상콘센트설비

12 지하 3층, 지상 11층인 건물에 표와 같이 화재가 발생했을 경우 우선적으로 경보하여야 하는 층을 표시하시오. (단, 공동주택이 아닌 건물이며, 경보표시는 ●를 사용한다.) (6점)

11층					
10층					
9층					
8층					
7층					
6층					
5층					
4층					
3층					
2층						화재(●)
1층					화재(●)	
지하 1층			화재(●)			
지하 2층		화재(●)				
지하 3층	화재(●)					

정답

11층					
10층					
9층					
8층					
7층					
6층					●
5층				●	●
4층				●	●
3층				●	●
2층				●	화재(●)
1층			●	화재(●)	
지하 1층	●	●	화재(●)	●	
지하 2층	●	화재(●)	●	●	
지하 3층	화재(●)	●	●	●	

| 해 설 | 층수가 11층(공동주택의 경우에는 16층) 이상의 특정소방대상물은 우선경보방식을 적용하며 다음에 따라 경보를 발할 수 있도록 해야 한다. |

발화층	경보층
2층 이상 발화	발화층, 직상 4개층
1층 발화	발화층, 직상 4개층, 지하층
지하층 발화	발화층, 직상층, 기타의 지하층

문제에서 각 층별 경보구역은 다음과 같다.

지하 3층 발화 시	지하 3층(발화층), 지하 2층(직상층), 지하 1층(기타의 지하층)
지하 2층 발화 시	지하 2층(발화층), 지하 1층(직상층), 지하 3층(기타의 지하층)
지하 1층 발화 시	지하 1층(발화층), 1층(직상층), 지하 2층~3층(기타의 지하층)
1층 발화 시	1층(발화층), 2층~5층(직상 4개층), 지하 1층~3층(지하층)
2층 발화 시	2층(발화층), 3층~6층(직상 4개층)

연 계 이 론   **PHASE 14** 비상방송설비

13 휴대용 비상조명등을 설치하여야 하는 특정소방대상물에 대한 사항이다. 소방시설 적용기준으로 알맞은 내용을 (   ) 안에 쓰시오. (6점)

- (①)시설
- 수용인원 (②)명 이상의 영화상영관, 판매시설 중 (③), 철도 및 도시철도시설 중 지하역사, 지하가 중 (④)

정 답
① 숙박
② 100
③ 대규모 점포
④ 지하상가

해 설   **휴대용 비상조명등의 설치대상**
- 숙박시설
- 수용인원 100명 이상의 영화상영관, 판매시설 중 대규모 점포, 철도 및 도시철도시설 중 지하역사, 지하가 중 지하상가

연 계 이 론   **PHASE 24** 비상조명등

14. 다음 그림은 자동화재탐지설비의 계통도이다. 주어진 조건을 참고하여 물음에 답하시오. (10점)

조건
- (가) 발신기세트에는 경종, 표시등, 발신기 등을 수용한다.
- (나) 경종은 일제경보방식이다.
- (다) 종단저항은 감지기 말단에 설치한 것으로 한다.
- (라) ①~⑮는 경계구역 번호를 의미한다.

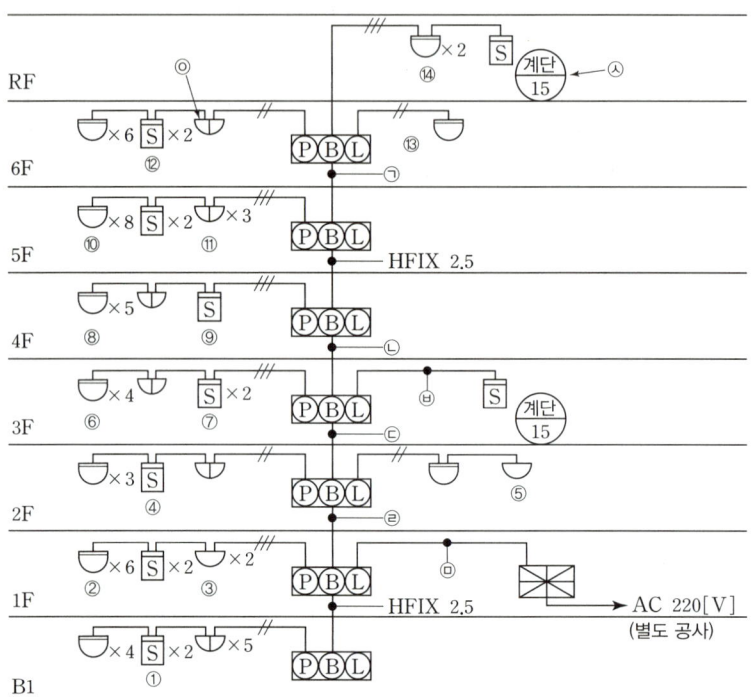

(1) ㉠~㉣ 개소에 해당되는 곳의 전선 가닥수를 쓰시오.
(2) ㉤ 개소의 전선 가닥수에 대한 상세내역을 쓰시오.
(3) ㉥ 개소의 전선 가닥수는 몇 가닥인가?
(4) ㉦의 의미를 상세하게 설명하시오.
(5) ㉧의 감지기는 어떤 종류의 감지기인지 그 명칭을 쓰시오.
(6) 본 도면의 설비의 대한 전체 회로수는 얼마인가?

정답

(1) ㉠ 9가닥 ㉡ 14가닥 ㉢ 16가닥 ㉣ 18가닥

(2)

기호	가닥수	배선 내역
㉤	22	지구선 15, 지구공통선 3, 경종선 1, 경종표시등공통선 1, 응답선 1, 표시등선 1

(3) 4가닥
(4) 경계구역의 번호가 15인 계단을 의미한다.
(5) 정온식 스포트형 감지기(방수형)
(6) 15회로

해 설

(1), (2), (3)
일제경보방식은 건물 내 화재가 발생한 경우 모든 층에 경보를 발하는 방식을 말한다. 즉, 층수에 따라 경종의 가닥수가 변하지 않고 1가닥으로 고정된다.
수신기는 1층에 있고 가장 멀리 있는 경계구역(6층)의 발신기까지 필요한 배선을 기본 6가닥 기준으로 하고, 경계구역의 수만큼 지구선을 산정한다.

기호	가닥수	배선 내역
㉠	9	지구 4, 지구공통 1, 응답 1, 표시등 1, 경종선 1, 경종표시등공통 1
㉡	14	지구 8, 지구공통 2, 응답 1, 표시등 1, 경종선 1, 경종표시등공통 1
㉢	16	지구 10, 지구공통 2, 응답 1, 표시등 1, 경종선 1, 경종표시등공통 1
㉣	18	지구 12, 지구공통 2, 응답 1, 표시등 1, 경종선 1, 경종표시등공통 1
㉤	22	지구 15, 지구공통 3, 응답 1, 표시등 1, 경종선 1, 경종표시등공통 1
㉥	4	지구 2, 지구공통 2

지구선이 매 7가닥을 초과할 때마다 지구공통선의 가닥수는 1씩 증가한다.

(4) $\dfrac{계단}{15}$ 은 경계구역의 번호가 15번인 계단임을 의미이다.

(5) 정온식 스포트형 감지기의 기호

구분	기호	세부기호	
정온식 스포트형 감지기	▽	방수형	▽
		내산형	▽
		내알칼리형	▽
		방폭형	▽EX

(6) 경계구역이 15개가 있으므로 수신기는 15회로용을 사용해야 한다.

연계이론   **PHASE 42** 자동화재탐지설비 도면

15 분말소화설비의 배관을 [범례]를 참고하여 그리시오. (6점)

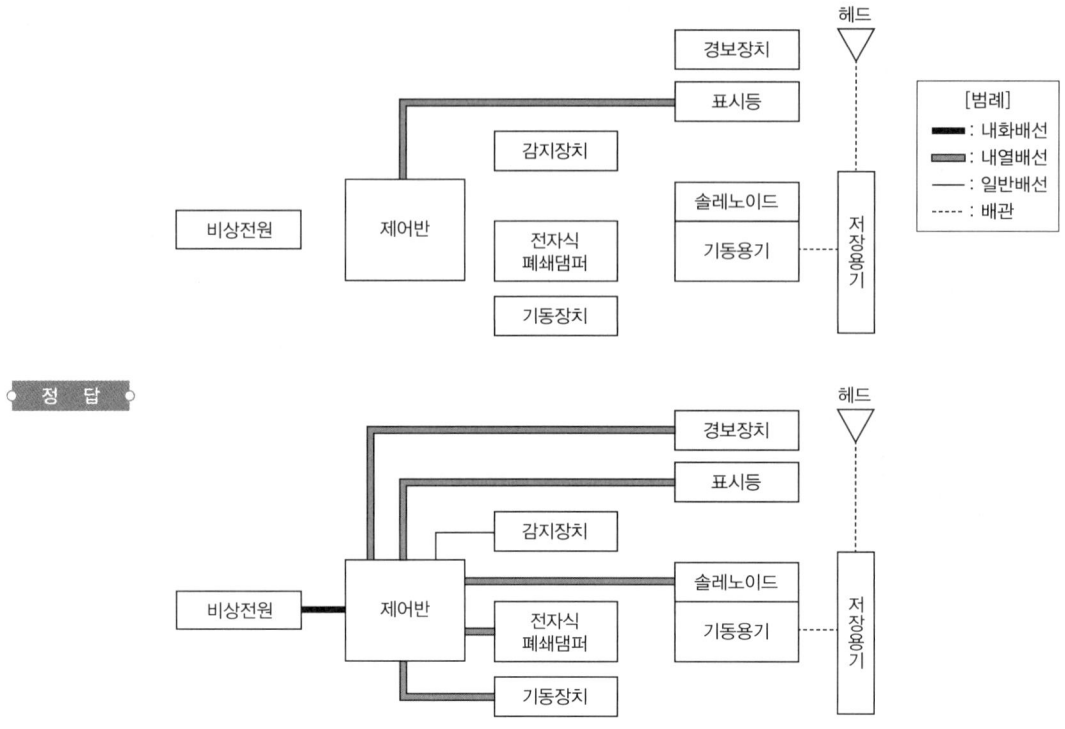

○ 정 답 ○

○ 해 설 ○ **분말소화설비의 배선**
① 전원회로의 배선은 내화배선으로 한다.
② 감지기로부터 수신기(제어반)에 이르는 감지기 회로의 배선은 일반회로 배선이다.
③ 그 외 배선은 내열배선으로 한다.

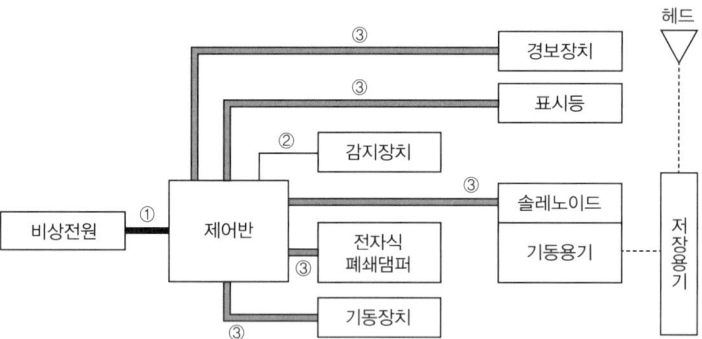

○ 연 계 이 론 ○ PHASE 39 배선

2018년 2회 기출문제

01 자동화재탐지설비의 감지기회로 및 음향장치에 대한 사항이다. 다음 각 물음에 답하시오. (5점)

(1) 자동화재탐지설비의 감지기회로의 전로저항은 몇 [Ω] 이하가 되도록 해야 하는가?
(2) P형 수신기 및 GP형 수신기의 감지기회로의 배선에 있어서 하나의 공통선이 담당하는 구역은 몇 개 이하로 해야 하는가?
(3) 지구음향장치의 시험방법 및 판정기준을 쓰시오.
  - 시험방법:
  - 판정기준:

정답
(1) 50[Ω]
(2) 7개 이하
(3) • 시험방법: 임의의 감지기 혹은 발신기를 작동시켜 음향장치의 작동여부를 확인
  • 판정기준: 음향장치의 중심으로부터 1[m] 떨어진 위치에서 90[dB] 이상이어야 한다.

해설
(1) 자동화재탐지설비의 감지기회로의 전로저항은 50[Ω] 이하가 되도록 하여야 한다.
(2) 피(P)형 수신기 및 지피(G.P.)형 수신기의 감지기 회로의 배선에 있어서 하나의 공통선에 접속할 수 있는 경계구역은 7개 이하로 할 것
(3) **지구음향장치의 시험방법 및 판정기준**
  - 특정소방대상물의 층마다 설치하되, 해당 층의 각 부분으로부터 하나의 음향장치까지의 수평거리가 25[m] 이하이어야 한다.
  - 정격전압의 80[%] 전압에서도 음향을 발할 수 있도록 해야 한다(건전지를 주전원으로 하는 경우 제외).
  - 음향의 크기는 부착된 음향장치의 중심으로부터 1[m] 떨어진 위치에서 음압이 90[dB] 이상이어야 한다.

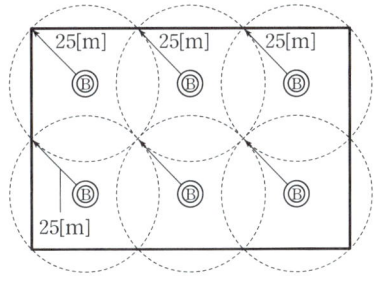
▲ 지구음향장치 수평거리 예

연계이론 PHASE 09 감지기

02 감지기회로의 도통시험을 위한 종단저항의 설치기준 3가지를 쓰시오. (4점)

  •
  •
  •

정답
• 점검 및 관리가 쉬운 장소에 설치할 것
• 전용함을 설치하는 경우 그 설치높이는 바닥으로부터 1.5[m] 이내로 할 것
• 감지기회로의 끝부분에 설치하며, 종단감지기에 설치할 경우에는 구별이 쉽도록 해당 감지기의 기판 및 감지기 외부 등에 별도의 표시를 할 것

연계이론 PHASE 09 감지기

03

그림과 같은 건축물의 평면도에 통로유도등을 설치하고자 한다. 조건에 맞게 각 물음에 답하시오. (6점)

조건
- 건축물은 사무실 용도로만 사용된다.
- 복도에만 통로유도등을 설치하는 것으로 한다.
- 출입구의 위치는 무시한다.

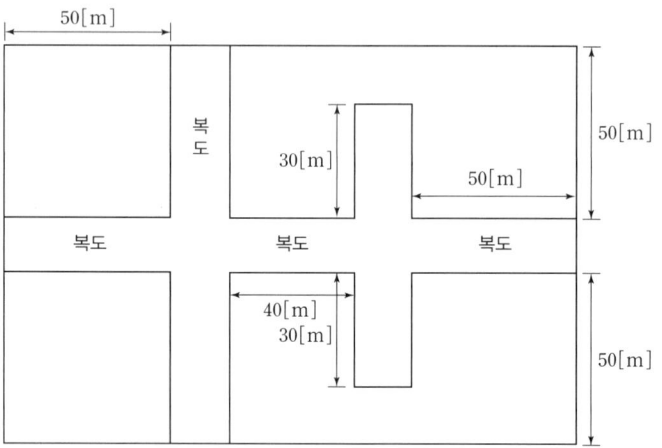

(1) 통로유도등을 설치하여야 할 곳을 작은 점(•)으로 표시하시오.
(2) 통로유도등은 총 몇 개가 필요한가?

정답

(1)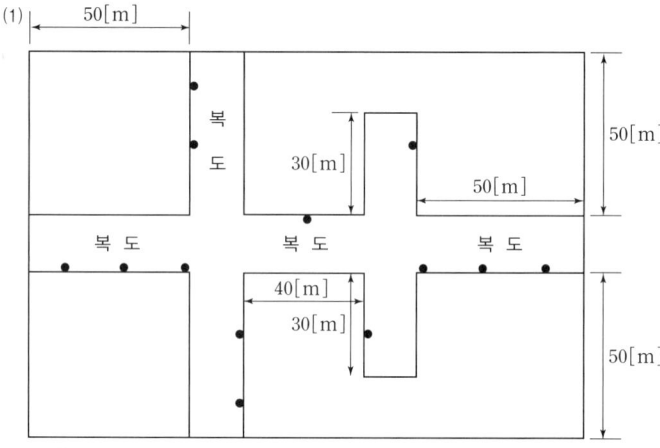

(2) 13개

해 설 (1), (2)

통로유도등의 설치개수를 구하기 위해 도면을 다음과 같이 구분한다.

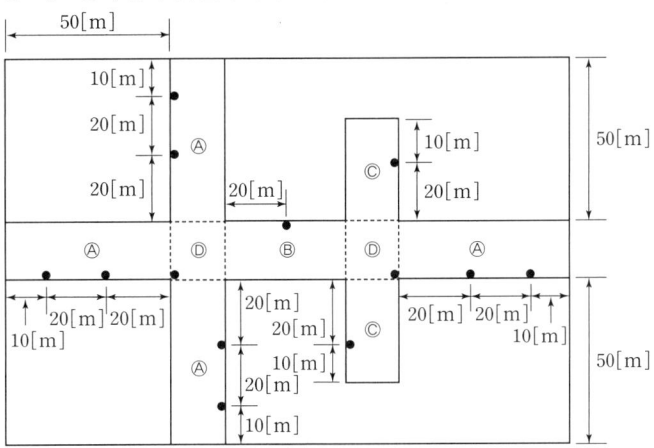

복도통로유도등은 다음 공식에 의해 설치개수를 산정한다.

$$N = \frac{구부러진\ 곳이\ 없는\ 부분의\ 보행거리[\text{m}]}{20} - 1(소수점\ 절상)$$

구부러진 모퉁이가 포함된 영역 ⓓ는 설치개수가 1개이며 2개소이므로 2개가 필요하다. ⓓ를 기준으로 영역 ⓐ, ⓑ, ⓒ 내 필요한 복도통로유도등을 구하면 다음과 같다.

ⓐ: $N = \frac{50}{20} - 1 = 1.5 \rightarrow 2$개(소수점 절상), 4개소이므로 $2 \times 4 = 8$개

ⓑ: $N = \frac{40}{20} - 1 = 1$, 1개소이므로 $1 \times 1 = 1$개

ⓒ: $N = \frac{30}{20} - 1 = 0.5 \rightarrow 1$(소수점 절상), 2개소이므로 $1 \times 2 = 2$개

따라서 복도통로유도등은 $8 + 1 + 2 + 2 = 13$개가 필요하며, 보행거리 20[m]마다 설치하면 다음과 같이 나타낼 수 있다.

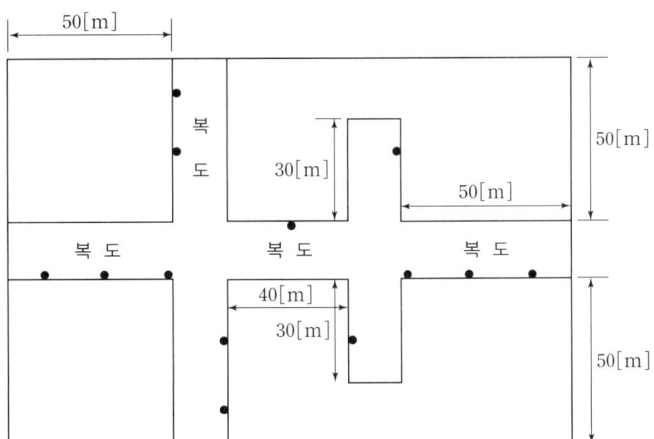

연계이론 PHASE 20 통로유도등

04

사무실(1동)과 공장(2동)으로 구분되어 있는 건물에 자동화재탐지설비의 P형 발신기세트와 습식스프링클러설비를 설치하고, 수신기는 경비실에 설치하였다. 경보방식은 동별 구분경보방식을 적용하였으며, 옥내 소화전의 가압송수장치는 기동용 수압개폐장치를 사용하는 방식인 경우에 다음 물음에 답하시오. (12점)

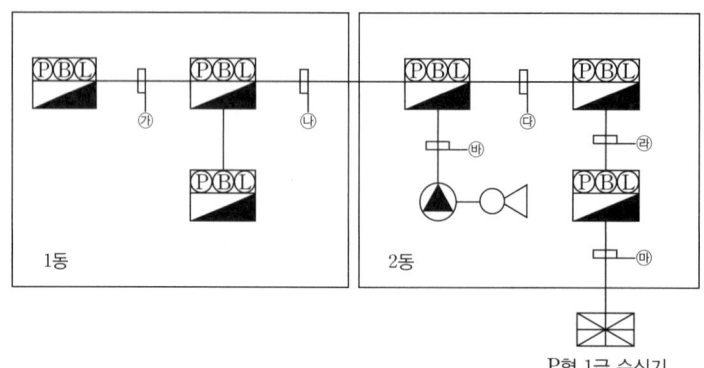

(1) 빈칸 ㉮, ㉰, ㉱, ㉲ 안에 전선 가닥수 및 전선의 용도를 쓰시오. (단, 스프링클러설비와 자동화재탐지설비의 공통선은 각각 별도로 사용하며, 전선은 최소 가닥수를 적용한다.)

번호	가닥수	자동화재탐지설비 배선 내역	스프링클러설비 배선 내역
㉮			
㉯	10	지구회로 3, 지구회로공통 1, 응답 1, 경종 1, 표시등 1, 경종표시등공통 1, 기동확인표시등 2	
㉰			
㉱			
㉲			
㉳	4		압력스위치 1, 탬퍼 스위치 1, 사이렌 1, 공통 1

(2) 공장동에 설치한 폐쇄형 헤드를 사용하는 습식스프링클러설비의 유수검지장치용 음향장치는 어떤 경우에 울리게 되는가?

(3) 습식스프링클러설비 유수검지장치용 음향장치는 담당구역의 각 부분으로부터 하나의 음향장치까지 수평거리는 몇 [m] 이하로 하여야 하는가?

정답

(1)

번호	가닥수	자동화재탐지설비 배선 내역	스프링클러설비 배선 내역
㉮	8	지구회로 1, 지구회로공통 1, 응답 1, 경종 1, 표시등 1, 경종표시등공통 1, 기동확인표시등 2	–
㉯	10	지구회로 3, 지구회로공통 1, 응답 1, 경종 1, 표시등 1, 경종표시등공통 1, 기동확인표시등 2	–
㉰	16	지구회로 4, 지구회로공통 1, 응답 1, 경종 2, 표시등 1, 경종표시등공통 1, 기동확인표시등 2	압력스위치 1, 탬퍼 스위치 1, 사이렌 1, 공통 1
㉱	17	지구회로 5, 지구회로공통 1, 응답 1, 경종 2, 표시등 1, 경종표시등공통 1, 기동확인표시등 2	압력스위치 1, 탬퍼 스위치 1, 사이렌 1, 공통 1
㉲	18	지구회로 6, 지구회로공통 1, 응답 1, 경종 2, 표시등 1, 경종표시등공통 1, 기동확인표시등 2	압력스위치 1, 탬퍼 스위치 1, 사이렌 1, 공통 1
㉳	4	–	압력스위치 1, 탬퍼 스위치 1, 사이렌 1, 공통 1

(2) 압력스위치가 작동하거나 헤드가 개방될 경우

(3) 25[m]

해설

(1) 동별 구분경보방식이므로 동별로 경종선을 1가닥씩 추가한다.
  ㉮: 자동화재탐지설비의 수신기에서 가장 멀리 있는 발신기세트(옥내소화전 내장형)까지 가닥수는 기본 6가닥(지구회로 1, 지구회로공통 1, 응답 1, 경종 1, 표시등 1, 경종표시등공통 1)에 기동확인표시등 2가닥을 합산한 8가닥이다.
  ㉯: 발신기세트가 3개고 지구회로의 가닥수가 3개이므로 총 10가닥이 된다.
  ㉰: 발신기세트가 4개고 지구회로의 가닥수는 4개가 되고 2개의 동을 지나가게 되므로 경종선이 2개로 늘어난다. 즉 자동화재탐지설비의 배선은 12가닥이 되며, 스프링클러설비의 배선 4가닥을 합산하면 총 16가닥이 된다.
  ㉱: 발신기세트가 5개고 지구회로의 가닥수는 5개가 되고 2개의 동을 지나가게 되므로 경종선이 2개로 늘어난다. 즉 자동화재탐지설비의 배선은 13가닥이 되며, 스프링클러설비의 배선 4가닥을 합산하면 총 17가닥이 된다.
  ㉲: 발신기세트가 6개고 지구회로의 가닥수는 6개가 되고 2개의 동을 지나가게 되므로 경종선이 2개로 늘어난다. 즉 자동화재탐지설비의 배선은 14가닥이 되며, 스프링클러설비의 배선 4가닥을 합산하면 총 18가닥이 된다.
  ㉳: 수신기와 스프링클러설비 간의 가닥수는 4가닥이다.

(2) 스프링클러설비의 음향장치 및 기동장치의 설치기준
  • 습식유수검지장치 또는 건식유수검지장치를 사용하는 설비에 있어서는 헤드가 개방되면 유수검지장치가 화재신호를 발신하고 그에 따라 음향장치가 경보되도록 할 것
  • 준비작동식 유수검지장치 또는 일제개방밸브를 사용하는 설비에는 화재감지기의 감지에 따라 음향장치가 경보되도록 할 것. 이 경우 화재감지기회로를 교차회로 방식으로 하는 때에는 하나의 화재감지기회로가 화재를 감지하는 때에도 음향장치가 경보되도록 해야 한다.

(3) 습식스프링클러설비 유수검지장치용 음향장치의 설치기준
음향장치는 유수검지장치 및 일제개방밸브 등의 담당구역마다 설치하되, 그 구역의 각 부분으로부터 하나의 음향장치까지의 수평거리는 25[m] 이하가 되도록 할 것

연계이론 PHASE 42 자동화재탐지설비 도면

05

비상용 조명부하가 40[W] 120등, 60[W] 50등이 있다. 방전시간은 30분이며 연축전지 HS형 54셀, 허용최저전압 90[V], 최저축전지온도 5[℃]일 때 예비전원설비로 이용되는 축전지에 대한 다음 각 물음에 답하시오. (6점)

형식	최저온도 [℃]	10분			30분		
		1.6[V]	1.7[V]	1.8[V]	1.6[V]	1.7[V]	1.8[V]
CS	25	0.90 0.80	1.15 1.06	1.60 1.42	1.41 1.34	1.60 1.55	2.00 1.88
	5	1.15 1.10	1.35 1.25	2.00 1.80	1.75 1.75	1.85 1.80	2.45 2.35
	-5	1.35 1.25	1.60 1.50	2.65 2.25	2.05 2.05	2.20 2.20	3.10 3.00
HS	25	0.58	0.70	0.93	1.03	1.14	1.38
	5	0.62	0.74	1.05	1.11	1.22	1.54
	-5	0.68	0.82	1.15	1.20	1.35	1.68

(1) 축전지 용량[Ah]을 구하시오. (단, 전압은 100[V]이며 보수율은 0.8이라고 한다.)
- 계산과정:
- 답:

(2) 자기방전량만을 항상 충전하는 방식을 무엇이라 하는가?

(3) 연축전지와 알칼리축전지의 공칭전압은 몇 [V/cell]인가?
- 연축전지:
- 알칼리축전지:

정답

(1) • 계산과정:
$$I = \frac{40 \times 120 + 60 \times 50}{100} = 78[A]$$

축전지의 공칭전압은 $\frac{90}{54} = 1.67 ≒ 1.7[V]$이므로 $K = 1.22$

$$\therefore C = \frac{1}{L}KI = \frac{1}{0.8} \times 1.22 \times 78 = 118.95[Ah]$$

- 답: 118.95[Ah]

(2) 세류충전방식

(3) • 연축전지: 2[V/cell]
   • 알칼리축전지: 1.2[V/cell]

해설

(1) 축전지의 공칭전압을 구하면 $\frac{90}{54}=1.67 ≒ 1.7[\text{V}]$이다. 주어진 표에서 방전시간 30분, 공칭전압 1.7[V], HS형, 최저축전지온도 5[°C]를 이용하여 K값을 선정한다.

형식	최저온도[°C]	10분			30분		
		1.6[V]	1.7[V]	1.8[V]	1.6[V]	1.7[V]	1.8[V]
CS	25	0.90 0.80	1.15 1.06	1.60 1.42	1.41 1.34	1.60 1.55	2.00 1.88
	5	1.15 1.10	1.35 1.25	2.00 1.80	1.75 1.75	1.85 1.80	2.45 2.35
	−5	1.35 1.25	1.60 1.50	2.65 2.25	2.05 2.05	2.20 2.20	3.10 3.00
HS	25	0.58	0.70	0.93	1.03	1.14	1.38
	5	0.62	0.74	1.05	1.11	1.22(K)	1.54
	−5	0.68	0.82	1.15	1.20	1.35	1.68

방전전류 $I = \frac{\text{부하전력의 합}}{\text{전압}} = \frac{40 \times 120 + 60 \times 50}{100} = 78[\text{A}]$이므로 축전지 용량을 구하면 다음과 같다.

$C = \frac{1}{L}KI = \frac{1}{0.8} \times 1.22 \times 78 = 118.95[\text{Ah}]$

(2) 축전지의 충전방식

구분	의미
보통충전방식	정기적으로 표준시간율로 충전하는 방식
급속충전방식	일반 충전전류의 2~3배의 전류로 충전하는 방식
세류충전방식	자기방전량만 상시 충전하는 방식
부동충전방식	축전지의 자기방전을 보충하면서 상용부하에 대한 전력공급은 충전기가 부담하되, 일시적인 대전류 부하에는 축전지가 부담하도록 하는 방식
회복충전방식	축전지의 과방전 및 방치상태, 가벼운 설페이션 현상 등이 생겼을 때 기능회복을 위하여 실시하는 충전방식

(3) 연축전지와 알칼리축전지의 특징

구분	연축전지	알칼리축전지
공칭전압	2.0[V/cell]	1.2[V/cell]
방전율	10[h]	5[h]

연계이론 PHASE 29 축전지

06 자동화재탐지설비에 대한 다음 각 물음에 답하시오. (8점)

(1) P형 5회로 수신기와 수동발신기, 경종, 표시등 사이를 결선하시오. (단, 방호대상물은 2,500[m²]인 지하 1층, 지상 3층 건물이다.)

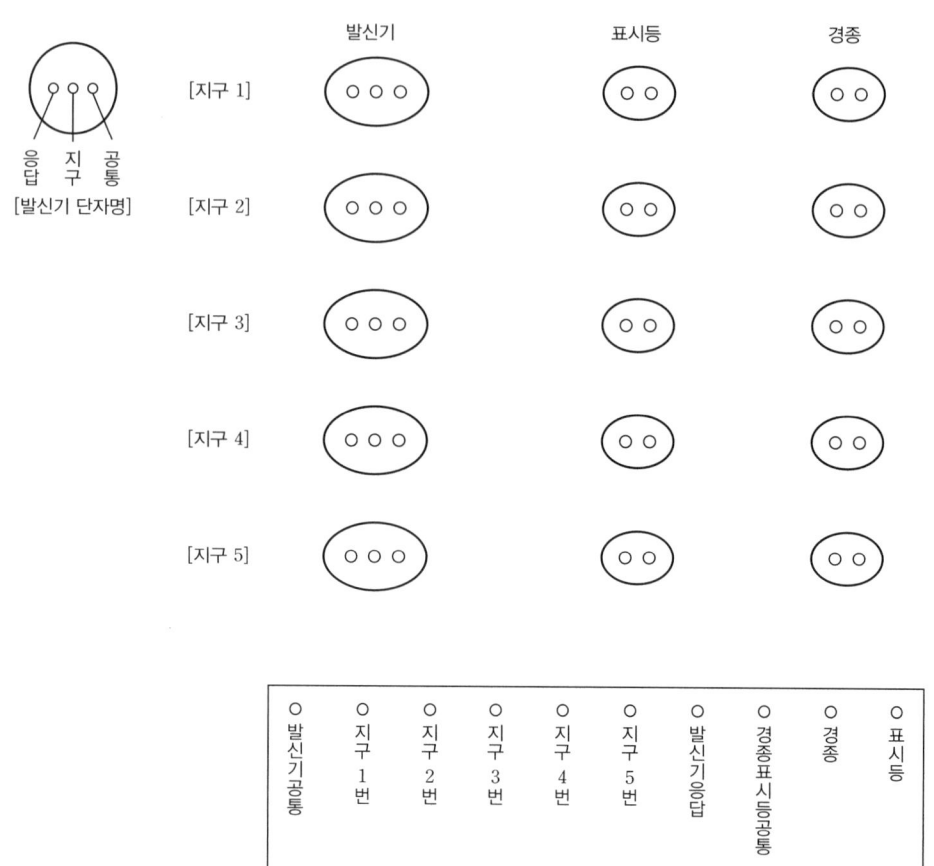

(2) 종단저항은 어느 선과 어느 선 사이에 연결하는가?
(3) 발신기창의 상부에 설치하는 표시등의 색깔은?
(4) 발신기표시등의 점멸상태는 어떻게 되어 있어야 하는지 그 상태를 설명하시오.
(5) 발신기표시등은 그 불빛의 부착면으로부터 몇 도 이상의 범위 안에서 몇 [m]의 거리에서 식별할 수 있어야 하는가?

정답 (1)

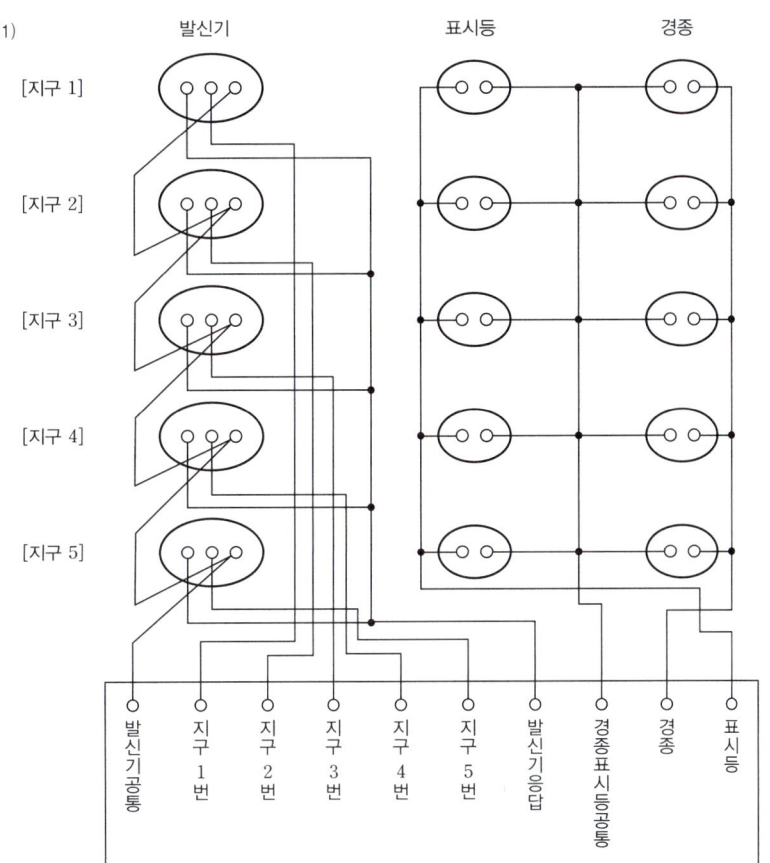

(2) 지구선과 발신기(지구)공통선
(3) 적색
(4) 항상 점등
(5) 15° 이상의 범위 안에서 10[m] 거리에서 식별

해설 (1) • 층수가 11층(공동주택의 경우에는 16층) 미만인 건물의 경우 일제경보방식을 적용한다. 즉, 층수에 따라 경종의 가닥수가 변하지 않고 1가닥으로 고정된다.
• 각 지구(회로)선은 지구(회로)번에 맞게 결선하고 발신기(지구)공통선은 1가닥을 공통으로 사용한다.
• 발신기 응답선과 표시등선, 경종표시등공통선은 1가닥을 이용하여 결선한다.

(2) 종단저항은 지구(회로)선과 발신기(지구)공통선 사이에 연결해야 한다.

(3), (4), (5) 발신기의 위치를 표시하는 표시등은 함의 상부에 설치하되, 그 불빛은 부착면으로부터 15° 이상의 범위 안에서 부착지점으로부터 10[m] 이내의 어느 곳에서도 쉽게 식별할 수 있는 적색등(항상 점등)으로 하여야 한다.

연계이론 PHASE 42 자동화재탐지설비 도면

07 피난구유도등의 설치 제외 장소에 대한 다음 ( ) 안을 완성하시오. (6점)

> - 바닥면적이 (①)[m²] 미만인 층으로서 옥내로부터 직접 지상으로 통하는 출입구(외부의 식별이 용이한 경우에 한한다.)
> - 거실 각 부분으로부터 하나의 출입구에 이르는 보행거리가 (②)[m] 이하이고 비상조명등과 유도표지가 설치된 거실의 출입구
> - 출입구가 3개소 이상 있는 거실로서 그 거실 각 부분으로부터 하나의 출입구에 이르는 보행거리가 (③)[m] 이하인 경우에는 주된 출입구 2개소 외의 출입구(유도표지가 부착된 출입구를 말한다). 다만, 공연장, 집회장, 관람장, 전시장, 판매시설, 운수시설, 숙박시설, 노유자시설, 의료시설, 장례시설의 경우에는 그렇지 않다.

정답
① 1,000
② 20
③ 30

해설 피난구유도등의 설치 제외 장소
- 바닥면적이 1,000[m²] 미만인 층으로서 옥내로부터 직접 지상으로 통하는 출입구(외부의 식별이 용이한 경우에 한한다)
- 대각선 길이가 15[m] 이내인 구획된 실의 출입구
- 거실 각 부분으로부터 하나의 출입구에 이르는 보행거리가 20[m] 이하이고 비상조명등과 유도표지가 설치된 거실의 출입구
- 출입구가 3개소 이상 있는 거실로서 그 거실 각 부분으로부터 하나의 출입구에 이르는 보행거리가 30[m] 이하인 경우에는 주된 출입구 2개소 외의 출입구(유도표지가 부착된 출입구를 말한다.). 다만, 공연장, 집회장, 관람장, 전시장, 판매시설, 운수시설, 숙박시설, 노유자시설, 의료시설, 장례식장의 경우에는 그렇지 않다.

연계이론 PHASE 19 피난구유도등

08 다음은 할론(Halon)소화설비의 평면도이다. 다음 각 물음에 답하시오. (13점)

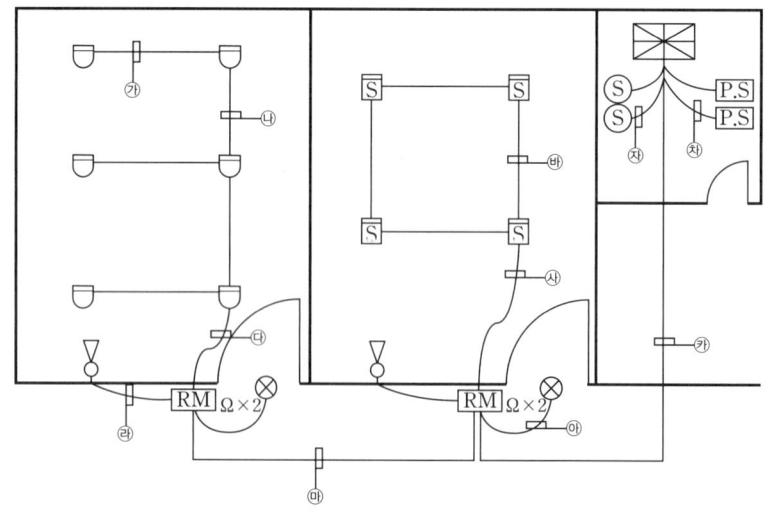

(1) ㉮~㉿의 배선 가닥수를 작성하시오.

기호	㉮	㉯	㉰	㉱	㉲	㉳	㉴	㉵	㉶	㉷	㉿
가닥수											

(2) ㉲의 배선 용도를 쓰시오.

(3) ㉿에서 Zone이 추가됨에 따라 추가되는 배선은 무엇인가?

정답

(1)

기호	㉮	㉯	㉰	㉱	㉲	㉳	㉴	㉵	㉶	㉷	㉿
가닥수	4	8	8	2	9	4	8	2	2	2	14

(2) 전원 ⊕·⊖, 방출지연스위치 1, 감지기공통 1, 감지기 A·B, 기동스위치 1, 사이렌 1, 방출표시등 1

(3) 감지기 A 1, 감지기 B 1, 기동스위치 1, 사이렌 1, 방출표시등 1

해설

(1) 할론소화설비이므로 감지기는 교차회로 방식으로 배선한다. 교차회로 방식으로 배선하는 경우 배선이 루프(㉳)를 구성하거나 말단(㉮)인 경우에는 4가닥이고 그 외(㉯, ㉰, ㉴)는 8가닥을 적용한다.

기호	가닥수	배선 내용
㉮	4	지구 2, 지구공통 2
㉯	8	지구 4, 지구공통 4
㉰	8	지구 4, 지구공통 4
㉱	2	사이렌 2
㉲	9	전원 ⊕·⊖ 방출지연스위치 1, 감지기공통 1, 감지기 A·B, 기동스위치 1, 사이렌 1, 방출표시등 1
㉳	4	지구 2, 지구공통 2
㉴	8	지구 4, 지구공통 4
㉵	2	방출표시등 2
㉶	2	솔레노이드밸브 2
㉷	2	압력스위치 2
㉿	14	전원 ⊕·⊖ 방출지연스위치 1, 감지기공통 1, 감지기 A 2, 감지기 B 2, 기동스위치 2, 사이렌 2, 방출표시등 2

(2), (3) 할론소화설비의 수신반에서 수동조작함까지의 배선은 기본 9가닥(전원 ⊕·⊖, 방출지연스위치 1, 감지기공통 1, 감지기 A·B, 기동스위치 1, 사이렌 1, 방출표시등 1)이다. 감지기공통선과 전원선을 분리하지 않는 경우라면 감지기공통 1선을 제외한 8가닥을 작성한다. 수동조작함이 2개가 있는 경우 (감지기 A 1, 감지기 B 1, 기동스위치 1, 사이렌 1, 방출표시등 1)의 5가닥이 추가된다.

연계이론

PHASE 48 할론소화설비 도면

09 지하 1층의 주차장에 준비작동식 스프링클러설비를 설치하고 차동식 스포트형 감지기 2종을 설치하여 소화설비와 연동하는 감지기 배선을 하려고 한다. 미완성 평면도를 참고하여 다음 각 물음에 답하시오. (단, 층고는 3.5[m]이며, 내화구조이다.) (5점)

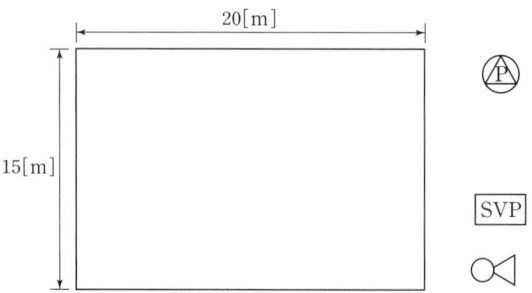

(1) 본 설비에 필요한 감지기 수량은 약 몇 개인가?
- 계산과정:
- 답:

(2) 감지기설비 배선도를 평면도에 작성하고 배선요구 가닥수를 표시하시오. (단, 프리액션밸브에 장착된 스위치 및 솔레노이드와 SVP 간을 연결하는 배선은 공통선을 각각 사용하는 조건이다.)

정답

(1) • 계산과정: $\dfrac{20 \times 15}{70} = 4.29 \rightarrow 5$개, 교차회로 방식 배선이므로 $5 \times 2 = 10$개
- 답: 10개

(2)

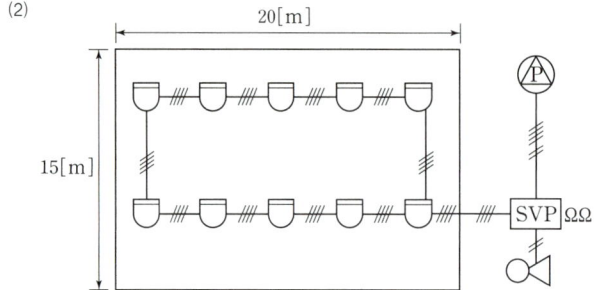

해설

(1) 높이 3.5[m], 내화구조인 주차장에 차동식 스포트형 감지기 2종을 설치하므로 다음 표에서 바닥면적 70[m²]을 선정한다.

(단위: [m²])

부착높이 및 특정소방대상물의 구분		감지기의 종류						
		차동식 스포트형		보상식 스포트형		정온식 스포트형		
		1종	2종	1종	2종	특종	1종	2종
4[m] 미만	내화구조	90	70	90	70	70	60	20
	기타구조	50	40	50	40	40	30	15
4[m] 이상 8[m] 미만	내화구조	45	35	45	35	35	30	—
	기타구조	30	25	30	25	25	15	—

따라서 감지기의 수량은 $\dfrac{\text{전용면적}[m^2]}{70[m^2]} = \dfrac{20 \times 15}{70} = 4.29 \rightarrow 5$개이고, 준비작동식 스프링클러설비의 감지기는 교차회로 방식으로 배선하므로 2배를 적용하면 $5 \times 2 = 10$개가 필요하다.

(2) • 준비작동식 스프링클러설비이므로 감지기는 교차회로 방식으로 배선한다. 교차회로 방식으로 배선하는 경우 배선이 루프(①)를 구성하거나 말단인 경우에는 4가닥이고 그 외(②)는 8가닥을 적용한다.
• 사이렌에 필요한 가닥수(③)는 2가닥이며 프리액션밸브와 SVP 간의 가닥수(④)는 공통선을 사용하지 않으므로 총 6가닥(밸브기동 2, 밸브개방확인 2, 밸브주의 2)이 필요하다. 공통선을 사용하는 경우에는 총 4가닥이 된다. (밸브기동 1, 밸브개방확인 1, 밸브주의 1, 공통 1)

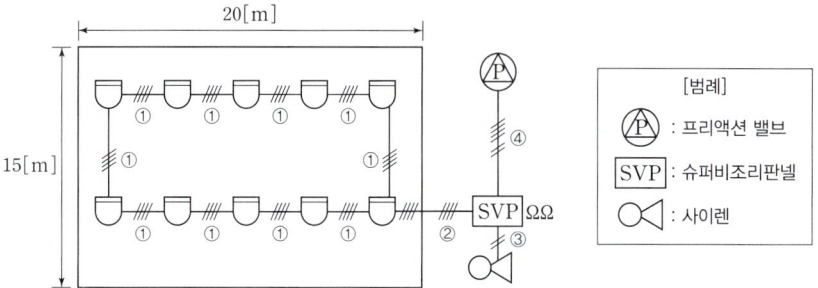

기호	구분	가닥수	배선 내역
①	감지기 ↔ 감지기	4	지구 2, 지구공통 2
②	감지기 ↔ SVP	8	지구 4, 지구공통 4
③	사이렌 ↔ SVP	2	사이렌 2
④	프리액션밸브 ↔ SVP	6	밸브기동 2, 밸브개방확인 2, 밸브주의 2

○ 연계이론 ○ **PHASE 09 감지기**

10 비상콘센트설비의 설치기준에 관해 다음 빈칸을 완성하시오. (5점)

- 전원회로는 각 층에 있어서 (①) 되도록 설치할 것. 다만, 설치해야 할 층의 비상콘센트가 1개인 때에는 하나의 회로로 할 수 있다.
- 전원회로는 (②)에서 전용회로로 할 것. 다만 다른 설비회로의 사고에 따른 영향을 받지 아니하도록 되어 있는 것은 그렇지 않다.
- 콘센트마다 (③)를 설치하여야 하며, (④)가 노출되지 아니하도록 할 것
- 하나의 전용회로에 설치하는 비상콘센트는 (⑤) 이하로 할 것

○ 정 답 ○ ① 2 이상 ② 주배전반 ③ 배선용 차단기 ④ 충전부 ⑤ 10개

○ 해 설 ○ **비상콘센트설비의 전원회로 설치기준**
- 비상콘센트설비의 전원회로는 단상교류 220[V]인 것으로서, 그 공급용량은 1.5[kVA] 이상인 것으로 할 것
- 전원회로는 각 층에 2 이상이 되도록 설치할 것. 다만, 설치해야 할 층의 콘센트가 1개인 때에는 하나의 회로로 할 수 있다.
- 전원회로는 주배전반에서 전용회로로 할 것. 다만, 다른 설비회로의 사고에 따른 영향을 받지 않도록 되어 있는 것은 그렇지 않다.
- 전원으로부터 각 층의 비상콘센트에 분기되는 경우에는 분기배선용 차단기를 보호함 안에 설치할 것
- 콘센트마다 배선용 차단기를 설치하여야 하며, 충전부가 노출되지 않도록 할 것
- 개폐기에는 '비상콘센트'라고 표시한 표지를 할 것
- 비상콘센트용의 풀박스 등은 방청도장을 한 것으로서, 두께 1.6[mm] 이상의 철판으로 할 것
- 하나의 전용회로에 설치하는 비상콘센트는 10개 이하로 할 것. 이 경우 전선의 용량은 각 비상콘센트(비상콘센트가 3개 이상인 경우에는 3개)의 공급용량을 합한 용량 이상의 것으로 해야 한다.

○ 연계이론 ○ **PHASE 25 비상콘센트설비**

11 그림은 준비작동식 스프링클러설비의 전기적 계통도이다. Ⓐ~Ⓕ까지에 대한 다음 표의 빈칸에 알맞은 배선수와 배선의 용도를 작성하시오. (단, 배선수는 운전조작상 필요한 최소전선수를 쓰도록 하시오.)

(12점)

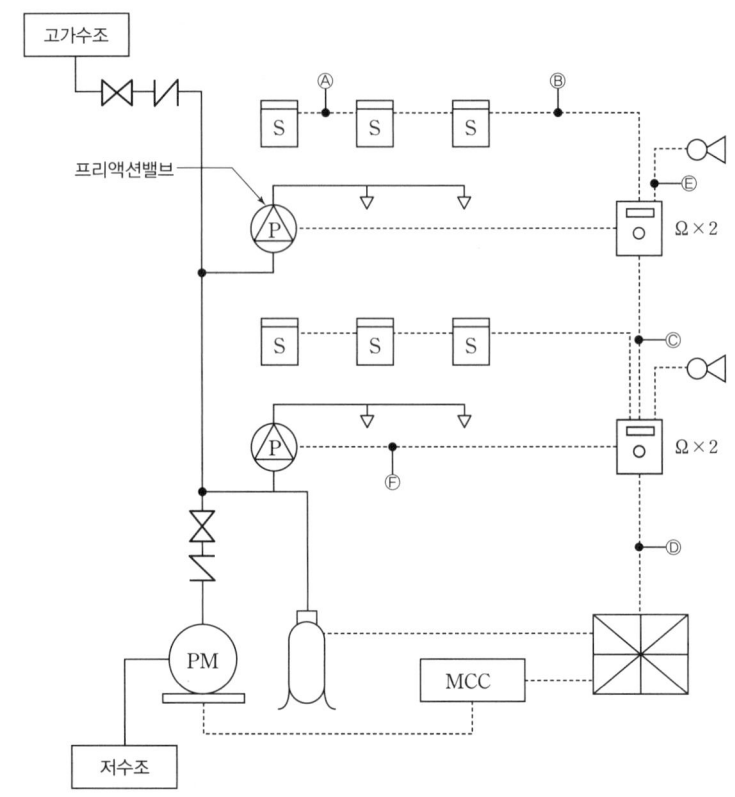

기호	구분	배선수	배선의 용도
Ⓐ	감지기 ↔ 감지기		
Ⓑ	감지기 ↔ SVP		
Ⓒ	SVP ↔ SVP		
Ⓓ	2 Zone일 경우		
Ⓔ	사이렌 ↔ SVP		
Ⓕ	프리액션밸브 ↔ SVP		

정답

기호	구분	배선수	배선의 용도
Ⓐ	감지기 ↔ 감지기	4	지구회로 2, 공통 2
Ⓑ	감지기 ↔ SVP	8	지구회로 4, 공통 4
Ⓒ	SVP ↔ SVP	8	전원 ⊕·⊖, 감지기 A·B, 밸브기동 1, 밸브개방확인 1, 밸브주의 1, 사이렌 1
Ⓓ	2 Zone일 경우	14	전원 ⊕·⊖, (감지기 A·B, 밸브기동 1, 밸브개방확인 1, 밸브주의 1, 사이렌 1)×2
Ⓔ	사이렌 ↔ SVP	2	사이렌 2
Ⓕ	프리액션밸브 ↔ SVP	4	밸브기동 1, 밸브개방확인 1, 밸브주의 1, 공통 1

해설
- 준비작동식 스프링클러설비의 감지기는 교차회로 방식으로 배선한다. 교차회로의 루프 및 말단(Ⓐ)은 4가닥, 그 외 나머지(Ⓑ)는 8가닥으로 배선한다.
- SVP 간 가닥수(Ⓒ)는 기본 8가닥(전원 ⊕·⊖, 감지기 A·B, 밸브기동 1, 밸브기동확인 1, 밸브주의 1, 사이렌 1)이다. 2 Zone(Ⓓ)인 경우 6가닥(감지기 A·B, 밸브기동 1, 밸브기동확인 1, 밸브주의 1, 사이렌 1)이 추가로 배선되어 총 14가닥이 된다.
- 사이렌에 필요한 가닥수(Ⓔ)는 2가닥이며 프리액션밸브와 SVP 간의 가닥수는 총 4가닥(밸브기동 1, 밸브개방확인 1, 밸브주의 1, 공통 1)이 필요하다. 공통선을 사용하지 않는 경우에는 총 6가닥이 된다. (밸브기동 2, 밸브개방확인 2, 밸브주의 2)

연계이론 PHASE 47 스프링클러설비 도면

12
다음은 광전식 분리형 감지기에 대한 설치기준이다. 각 물음에 답하시오. (5점)
- 감지기의 송광부는 설치된 뒷벽으로부터 (①)[m] 이내의 위치에 설치할 것
- 감지기의 광축길이는 (②) 범위 이내일 것
- 감지기의 수광부는 설치된 뒷벽으로부터 (③)[m] 이내의 위치에 설치할 것
- 광축의 높이는 천장 등 높이의 (④)[%] 이상일 것
- 광축은 나란한 벽으로부터 (⑤)[m] 이상 이격하여 설치할 것

정답
① 1
② 공칭감시거리
③ 1
④ 80
⑤ 0.6

해설 광전식 분리형 감지기의 설치기준

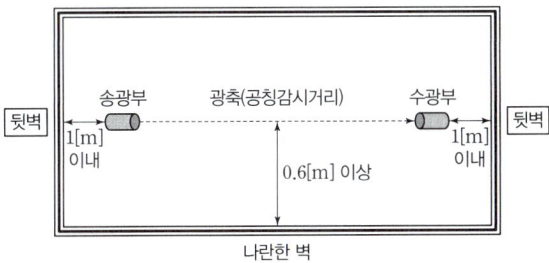

- 감지기의 수광면은 햇빛을 직접 받지 않도록 설치할 것
- 광축은 나란한 벽으로부터 0.6[m] 이상 이격하여 설치할 것
- 감지기의 송광부와 수광부는 설치된 뒷벽으로부터 1[m] 이내 위치에 설치할 것
- 광축의 높이는 천장 등 높이의 80[%] 이상일 것
- 감지기의 광축의 길이는 공칭감시거리 범위 이내일 것
- 그 밖의 설치기준은 형식승인 내용에 따르며 형식승인 사항이 아닌 것은 제조사의 시방서에 따라 설치할 것

연계이론 PHASE 11 연기감지기

13 어떤 건물에 대한 소방설비 배선도면을 보고 다음 각 물음에 답하시오. (단, 배선공사는 후강전선관을 사용한다.) (13점)

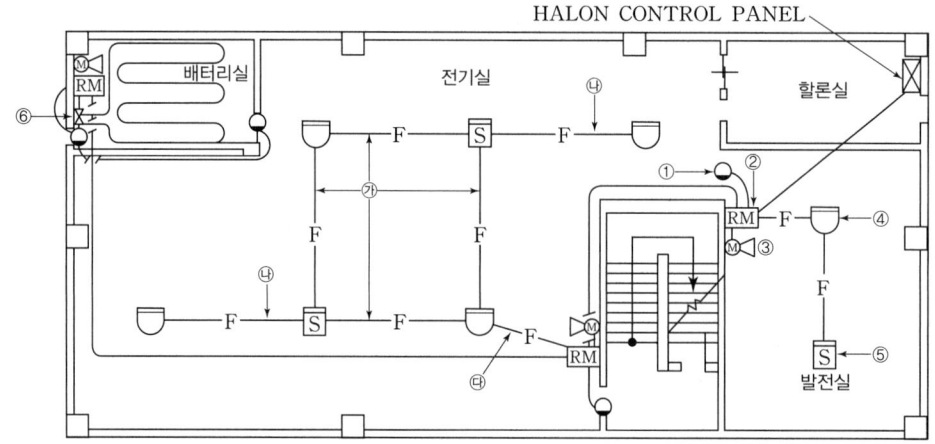

(1) 도면에 표시된 그림기호 ①~⑥의 명칭은 무엇인가?

번호	①	②	③	④	⑤	⑥
명칭						

(2) 도면에서 ㉮~㉰의 배선 가닥수는 몇 가닥인가?
(3) 도면에서 물량을 산출할 때 박스는 어떤 박스를 몇 개 사용하여야 하는지 구분하여 답하시오.
(4) 부싱은 몇 개가 소요되겠는가?

정 답

(1)

번호	①	②	③	④	⑤	⑥
명칭	방출표시등	수동조작함	모터사이렌	차동식 스포트형 감지기	연기감지기	차동식 분포형 감지기의 검출부

(2) ㉮ 4가닥
   ㉯ 4가닥
   ㉰ 8가닥
(3) • 4각박스: 4개
   • 8각박스: 16개
(4) 40개

해 설

(1) 옥내배선기호

기호	명칭	기호	명칭
◐	방출표시등	⌒	차동식 스포트형 감지기
RM	수동조작함	S	연기감지기
M	모터사이렌	⋈	차동식 분포형 감지기의 검출부

(2) 그림에서 할론실이 있으며 할론 제어반(Halon Control Panel)이 있으므로 소방설비는 할론소화설비임을 알 수 있다. 할론소화설비의 감지기 배선은 교차회로 방식으로 배선한다. 교차회로 방식으로 배선하는 경우 배선이 루프(㉮)를 구성하거나 말단(㉯)인 경우에는 4가닥이고, 그 외(㉰)는 8가닥을 적용한다.

번호	가닥수	배선 용도
㉮, ㉯	4	지구 2, 지구공통 2
㉰	8	지구 4, 지구공통 4

(3) 박스의 종류와 수량

구분	수량	설치 대상
4각 박스	4개	수동조작함(RM) 3개, 할론 제어반 1개
8각 박스	16개	감지기 8개, 모터 사이렌 3개, 방출표시등 4개, 차동식 분포형 감지기의 검출부 1개

(4) 부싱은 (3)에서 구한 박스의 총수량×2로 구할 수 있다. 즉, (4+16)×2=40개가 소요된다.

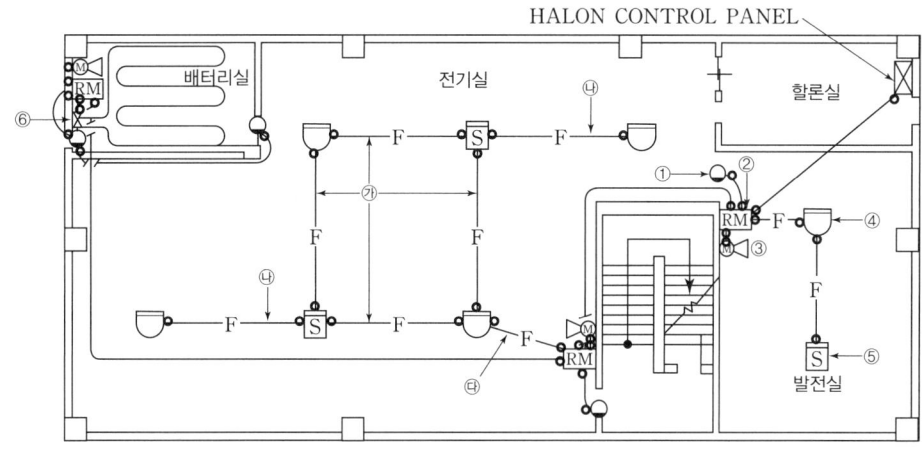

> 연계이론 **PHASE 48** 할론소화설비 도면

2018년 4회 기출문제

01 지상 20[m]가 되는 곳에 500[m³]의 저수조가 있다. 이 저수조에 양수하기 위하여 15[kW]의 전동기를 사용한다면 몇 분 후에 저수조에 물이 가득 차겠는가? (단, 펌프효율은 70[%]이고, 여유계수는 1.2이다.) (4점)

- 계산과정:
- 답:

정답
- 계산과정: $t = \dfrac{9.8 \times 500 \times 20 \times 1.2}{0.7 \times 15} \times \dfrac{1}{60} = 186.67[\text{분}]$
- 답: 186.67[분]

해설

$$\text{전동기 용량 } P = \dfrac{9.8QHK}{\eta t}[\text{kW}], \text{ 양수시간 } t = \dfrac{9.8QHK}{\eta P}[\text{s}]$$

(단, Q: 양수량[m³], H: 전양정[m], K: 여유계수, η: 효율[%], t: 시간[s])

문제에서 [분] 단위로 물어보았으므로 저수조에 물이 가득 차는 데 필요한 시간은

$t = \dfrac{9.8QHK}{\eta \times P} \times \dfrac{1}{60} = \dfrac{9.8 \times 500 \times 20 \times 1.2}{0.7 \times 15} \times \dfrac{1}{60} = 186.67$분이다.

연계이론 PHASE 33 전동기 용량

---

02 복도통로유도등의 설치기준을 4가지 쓰시오. (6점)

-
-
-
-

정답
- 복도에 설치하되, 피난구유도등이 설치된 출입구의 맞은편 복도에는 입체형으로 설치하거나 바닥에 설치할 것
- 구부러진 모퉁이 및 보행거리 20[m]마다 설치할 것
- 바닥으로부터 높이 1[m] 이하의 위치에 설치할 것
- 바닥에 설치하는 통로유도등은 하중에 따라 파괴되지 않는 강도의 것으로 할 것

해설 복도통로유도등의 설치기준
- 복도에 설치하되, 피난구유도등이 설치된 출입구의 맞은편 복도에는 입체형으로 설치하거나 바닥에 설치할 것
- 구부러진 모퉁이 및 보행거리 20[m]마다 설치할 것
- 바닥으로부터 높이 1[m] 이하의 위치에 설치할 것. 다만, 지하층 또는 무창층의 용도가 도매시장·소매시장·여객자동차터미널·지하역사 또는 지하상가인 경우에는 복도·통로 중앙부분의 바닥에 설치해야 한다.
- 바닥에 설치하는 통로유도등은 하중에 따라 파괴되지 않는 강도의 것으로 할 것

연계이론 PHASE 20 통로유도등

03 P형 1급 수신기와 감지기와의 배선회로에서 종단저항은 11[kΩ], 릴레이 저항은 550[Ω], 배선회로의 저항은 50[Ω]이다. (4점)

(1) 감시상태의 경우 감시전류는 몇 [mA]인가?
- 계산과정:
- 답:

(2) 감지기가 동작할 때의 전류는 몇 [mA]인가? (단, 감지기의 작동 시 배선(선로)저항은 무시한다.)
- 계산과정:
- 답:

정답

(1) • 계산과정: $I = \dfrac{24}{550 + 50 + 11 \times 10^3} = 2.07 \times 10^{-3} = 2.07 [\text{mA}]$
- 답: 2.07[mA]

(2) • 계산과정: $I = \dfrac{24}{550} = 43.64 \times 10^{-3} = 43.64 [\text{mA}]$
- 답: 43.64[mA]

해설

(1) 감시상태의 경우

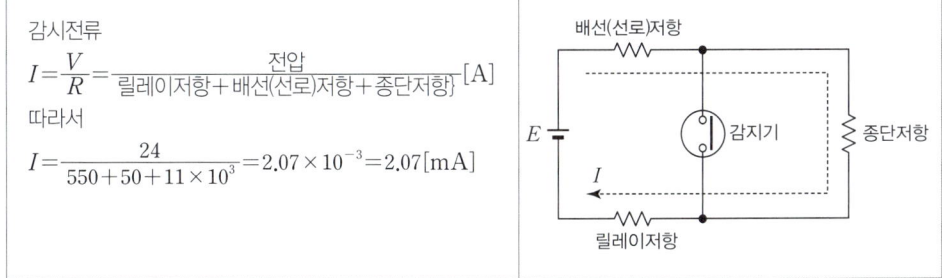

감시전류
$I = \dfrac{V}{R} = \dfrac{\text{전압}}{\text{릴레이저항} + \text{배선(선로)저항} + \text{종단저항}} [\text{A}]$

따라서
$I = \dfrac{24}{550 + 50 + 11 \times 10^3} = 2.07 \times 10^{-3} = 2.07 [\text{mA}]$

(2) 동작상태의 경우

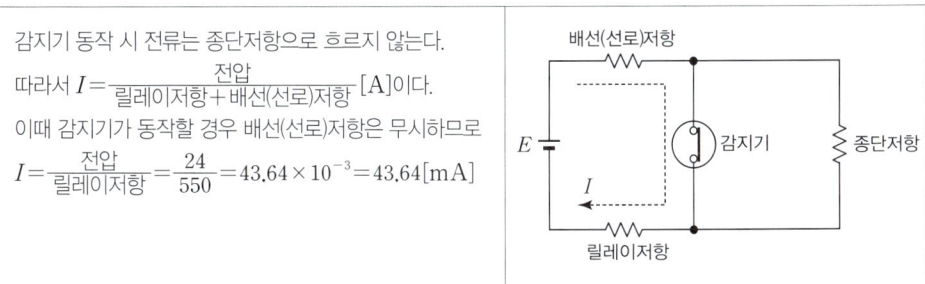

감지기 동작 시 전류는 종단저항으로 흐르지 않는다.
따라서 $I = \dfrac{\text{전압}}{\text{릴레이저항} + \text{배선(선로)저항}} [\text{A}]$이다.
이때 감지기가 동작할 경우 배선(선로)저항은 무시하므로
$I = \dfrac{\text{전압}}{\text{릴레이저항}} = \dfrac{24}{550} = 43.64 \times 10^{-3} = 43.64 [\text{mA}]$

연계이론 PHASE 34 감지기회로의 전류

04 무선통신보조설비의 분배기 설치기준에 대하여 3가지를 쓰시오. (6점)

-
-
-

정답
- 먼지·습기 및 부식 등에 따라 기능에 이상을 가져오지 않도록 할 것
- 임피던스는 50[Ω]의 것으로 할 것
- 점검에 편리하고 화재 등의 재해로 인한 피해의 우려가 없는 장소에 설치할 것

해설 분배기 등의 설치기기준
- 먼지·습기 및 부식 등에 따라 기능에 이상을 가져오지 않도록 할 것
- 임피던스는 50[Ω]의 것으로 할 것
- 점검에 편리하고 화재 등의 재해로 인한 피해의 우려가 없는 장소에 설치할 것

연계이론 PHASE 26 무선통신보조설비

05 도면은 Y-△ 기동회로의 미완성 회로이다. 이 회로를 보고 다음 각 물음에 답하시오. (10점)

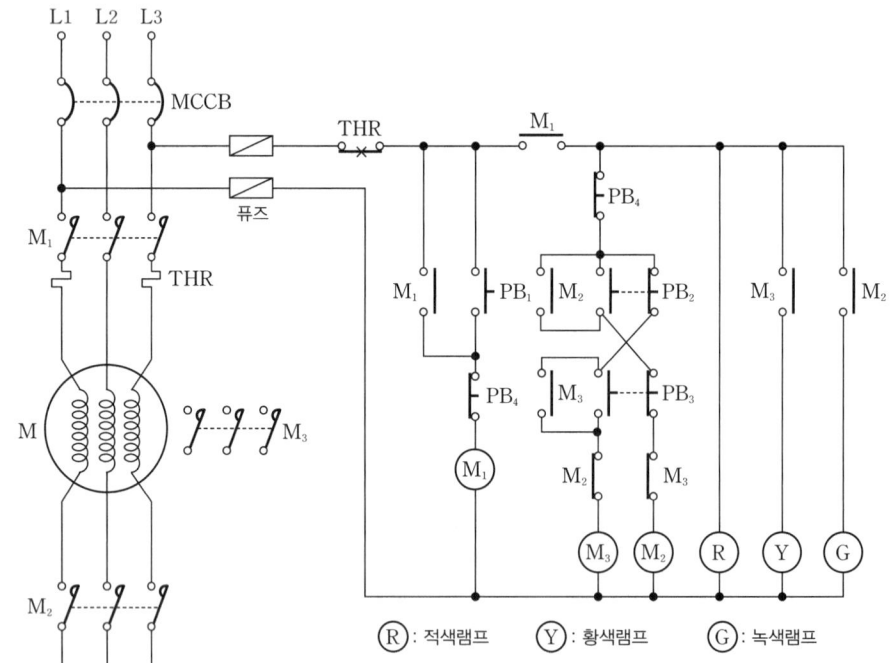

(1) 누름버튼스위치 PB_1을 누르면 어느 램프가 점등되는가?
(2) 전자개폐기 M_1이 동작되고 있는 상태에서 PB_2를 눌렀을 때 어느 램프가 점등되는가?
(3) 전자개폐기 M_1이 동작되고 있는 상태에서 PB_3를 눌렀을 때 어느 램프가 점등되는가?
(4) 제어회로의 THR은 무엇을 나타내는가?
(5) MCCB 명칭은?
(6) 주회로 부분의 미완성된 Y-△ 회로를 완성하시오.

정답

(1) Ⓡ 램프
(2) Ⓖ 램프
(3) Ⓨ 램프
(4) 열동계전기 b접점
(5) 배선용 차단기
(6)

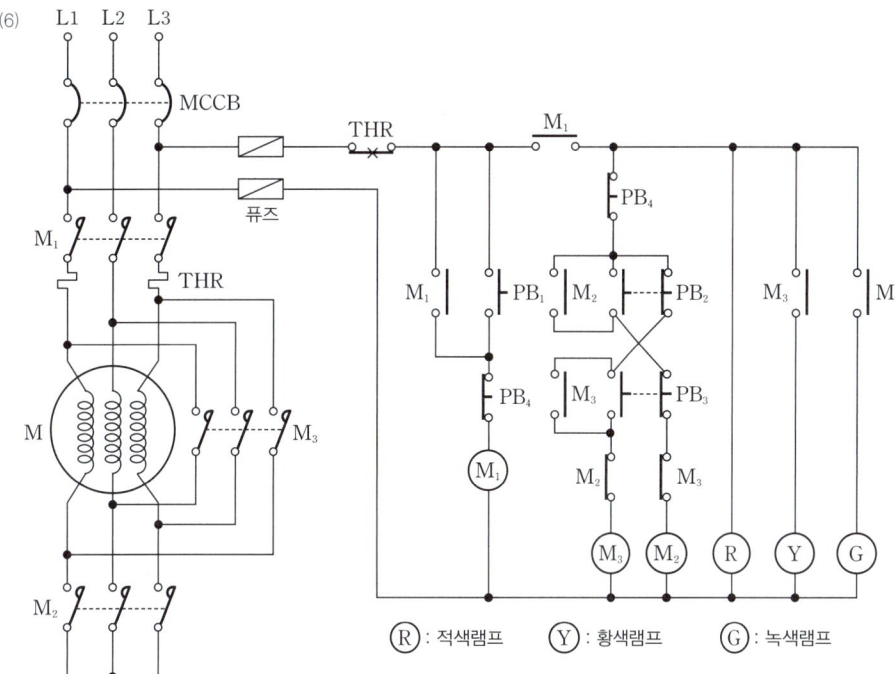

Ⓡ : 적색램프 Ⓨ : 황색램프 Ⓖ : 녹색램프

해설

(1), (2), (3)
- PB_1을 누르면 전자개폐기 M_1이 여자되고 M_1-a접점이 닫히면서 적색램프 R이 점등된다.
- PB_2를 누르면 전자개폐기 M_2가 여자되고 Y결선으로 전동기가 기동이 된다. 동시에 M_2-a접점이 닫히면서 녹색램프 G가 점등된다.
- PB_3를 누르면 전자개폐기 M_2가 소자되고 M_2-a접점이 열리면서 녹색램프 G가 소등된다. 동시에 전자개폐기 M_3가 여자되고 M_3-a접점이 닫히면서 황색램프 Y가 점등되며 △결선으로 전동기가 기동이 된다.
- PB_4를 누르면 전자개폐기 M_1과 M_3가 소자되며 적색램프 R과 황색램프 Y가 소등되면서 전동기는 정지하게 된다.

(4) 열동계전기는 전동기의 과부하 보호용으로 사용하는 계전기로 운전 중 과부하가 걸릴 경우 THR-b접점이 열리면서 전동기를 정지시킨다.

(5) 과거에는 전동기 기동 회로를 보호하기 위해 NFB(No Fuse Breaker)를 사용해 왔으나, 최근에는 MCCB(배선용 차단기, Molded Case Circuit Breaker)를 사용한다. 배선용 차단기는 과전류로부터 보호를 위한 배선 보호용 차단기를 의미한다.

연계이론 PHASE 40 시퀀스 회로

06
주어진 동작설명에 적합하도록 미완성된 시퀀스회로를 완성하시오. (단, 각 접점 및 스위치의 명칭을 기입하시오.) (9점)

- MCCB를 투입하면 표시램프 GL이 점등되도록 한다.
- 전동기 운전용 누름버튼스위치 PB-on을 누르면 전자접촉기 MC가 여자되고 MC-a접점에 의해 자기유지되며 전동기가 기동되고, 동시에 전자접촉기 보조 a접점인 MC-a접점에 의하여 전동기 운전등인 RL이 점등된다.
- 이때 전자접촉기 보조접점 MC-b에 의하여 GL이 소등된다.
- 전동기가 정상운전 중 정지용 누름버튼스위치 PB-off를 누르면 PB-on을 누르기 전의 상태로 된다.
- 전동기에 과전류가 흐르면 열동계전기 접점인 THR에 의하여 전동기는 정지하고 모든 접점은 최초의 상태로 복귀한다.

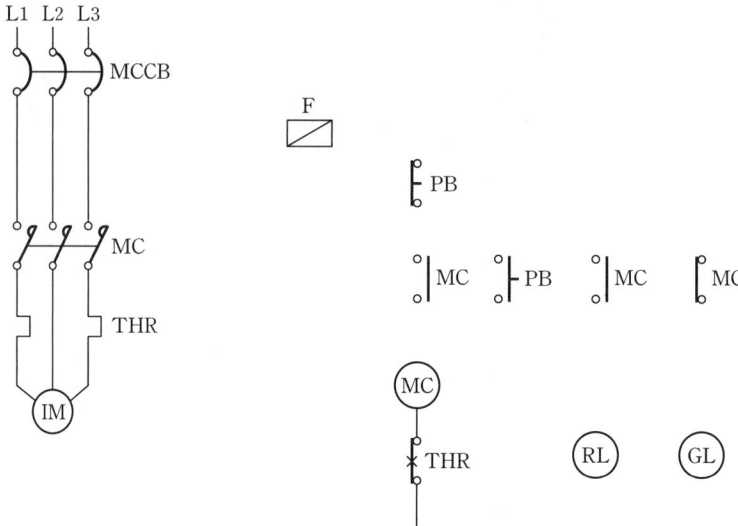

정 답

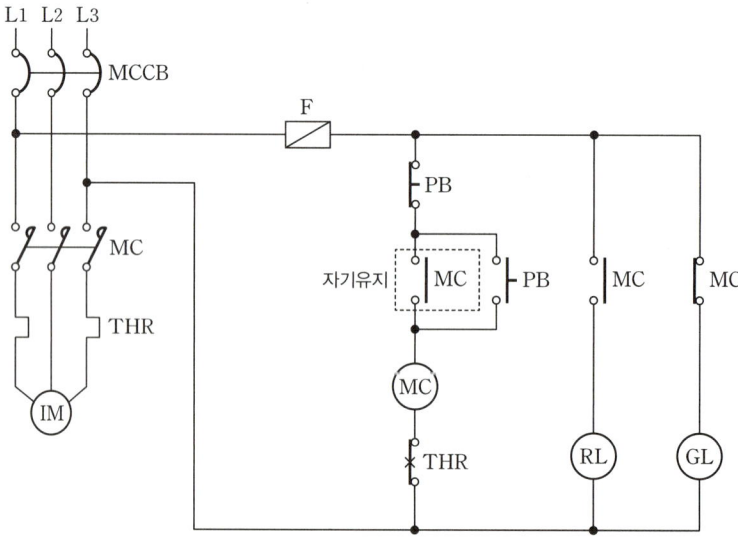

연계이론 PHASE 40 시퀀스 회로

07

화재에 의한 열, 연기 또는 불꽃(화염) 이외의 요인에 의하여 자동화재탐지설비가 작동하여 화재경보를 발하는 것을 "비화재보(Unwanted Alarm)"라 한다. 즉, 자동화재탐지설비가 정상적으로 작동하였다고 하더라도 화재가 아닌 경우의 경보를 "비화재보"라 하며 비화재보의 종류는 다음과 같이 구분할 수 있다. (9점)

> (1) 설비자체의 결함이나 오동작 등에 의한 경우(False Alarm)
>   ① 설비자체의 기능상 결함
>   ② 설비의 유지관리 불량
>   ③ 실수나 고의적인 행위가 있을 때
> (2) 주위상황이 대부분 순간적으로 화재와 같은 상태(실제 화재와 유사한 환경이나 상황)로 되었다가 정상상태로 복귀하는 경우(일과성 비화재보: Nuisance Alarm)

여기서 볼 수 있는 일과성 비화재보(Nuisance Alarm)에 대한 방지대책을 4가지만 쓰시오.

정답
- 비화재보에 적응성이 있는 감지기 사용
- 환경적응성이 있는 감지기 사용
- 경년 변화에 따른 유지 보수
- 감지기의 설치 수의 최소화

해설
일관성 비화재보 방지책
- 비화재보에 적응성이 있는 감지기 사용
- 설치장소 환경적응성이 있는 감지기 사용
- 경년변화에 따른 유지보수
- 감지기 설치 수의 최소화(감지기 수 제한)
- 연기감지기의 설치 제한(연기감지기 사용 억제)
- 아날로그감지기와 인텔리전트 수신기의 사용

연계이론 PHASE 08 자동화재탐지설비(비화재보)

08

소방관련법상 사용하는 비상전원의 종류 3가지를 쓰시오. (4점)

-
-
-

정답
- 자가발전설비
- 축전지 설비
- 비상전원수전설비

해설
비상전원의 종류
- 자가발전설비
- 축전지 설비
- 비상전원수전설비
- 전기저장장치

연계이론 PHASE 27 전원

09 3개의 독립된 1층 건물에 P형 1급 발신기를 그림과 같이 설치하고, P형 1급 수신기는 경비실에 설치하였다. 경보방식은 동별 구분 경보방식을 적용하였으며 옥내소화전의 가압송수장치는 기동용 수압개폐장치를 사용하는 방식을 사용할 경우 다음 물음에 답하시오. (13점)

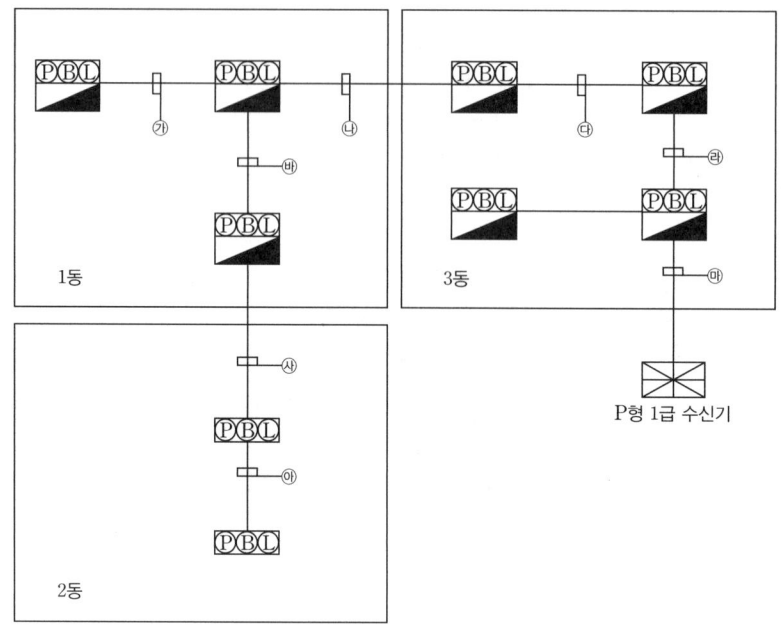

(1) ㉮의 작성 예시를 참고하여 ㉯~㉧의 전선 가닥수 및 전선의 용도를 쓰시오.

기호	가닥수	배선 용도
㉮	8	지구회로 1, 지구회로공통 1, 응답 1, 표시등 1, 경종선 1, 경종표시등공통 1, 기동확인표시등 2
㉯		
㉰		
㉱		
㉲		
㉳		
㉴		
㉵		

(2) 경비실에 설치하는 P형 1급 수신기는 몇 회선용을 사용해야 하는가? (단, 수신기의 예비회로는 실제 사용회로의 10[%]를 두는 조건이다.)

(3) P형 1급 수신기는 상시 사람이 근무하는 장소에 설치하여야 하는데 이 건물에 사람이 상시 근무하는 장소가 없는 경우 수신기는 어느 장소에 설치하여야 하는가?

(4) 수신기가 설치된 장소에 화재발생구역을 신속하게 확인하기 위하여 비치해야 하는 것은 무엇인가?

정답

(1)

기호	가닥수	배선 용도
㉮	8	지구 1, 지구공통 1, 응답 1, 표시등 1, 경종선 1, 경종표시등공통 1, 기동확인표시등 2
㉯	13	지구 5, 지구공통 1, 응답 1, 표시등 1, 경종선 2, 경종표시등공통 1, 기동확인표시등 2
㉰	15	지구 6, 지구공통 1, 응답 1, 표시등 1, 경종선 3, 경종표시등공통 1, 기동확인표시등 2
㉱	16	지구 7, 지구공통 1, 응답 1, 표시등 1, 경종선 3, 경종표시등공통 1, 기동확인표시등 2
㉲	19	지구 9, 지구공통 2, 응답 1, 표시등 1, 경종선 3, 경종표시등공통 1, 기동확인표시등 2
㉳	11	지구 3, 지구공통 1, 응답 1, 표시등 1, 경종선 2, 경종표시등공통 1, 기동확인표시등 2
㉴	7	지구 2, 지구공통 1, 응답 1, 표시등 1, 경종선 1, 경종표시등공통 1
㉵	6	지구 1, 지구공통 1, 응답 1, 표시등 1, 경종선 1, 경종표시등공통 1

(2) 10회로용
(3) 관계인이 쉽게 접근할 수 있고 관리가 용이한 장소
(4) 경계구역 일람도

해설

(1) 동별 구분 경보방식은 동별로 경종이 구분되어 있으므로 수신기에서 동을 지날때마다 경종선을 1가닥씩 추가해야 한다. 또한 오른쪽 그림과 같이 옥내소화전설비가 발신기와 함께 있는 경우라면 기동확인표시등선 2가닥을 추가해야 한다.

(2) 경계구역은 발신기세트의 수만큼 있으므로 수신기는 최소 9회선 이상을 사용해야 하며 사용회로의 10[%]를 예비회로로 둔다 하였으므로 총 $9+9 \times 0.1=9.9$의 가닥수가 필요하며 소수점 절상하여 10회로로 한다.

(3) 수신기의 설치기준
- 수위실 등 상시 사람이 근무하는 장소에 설치할 것. 다만, 사람이 상시 근무하는 장소가 없는 경우에는 관계인이 쉽게 접근할 수 있고 관리가 용이한 장소에 설치할 수 있다.
- 수신기가 설치된 장소에는 경계구역 일람도를 비치할 것. 다만, 모든 수신기와 연결되어 각 수신기의 상황을 감시하고 제어할 수 있는 수신기(주수신기)를 설치하는 경우에는 주수신기를 제외한 기타 수신기는 그렇지 않다.
- 수신기의 음향기구는 그 음량 및 음색이 다른 기기의 소음 등과 명확히 구별될 수 있는 것으로 할 것
- 수신기는 감지기·중계기 또는 발신기가 작동하는 경계구역을 표시할 수 있는 것으로 할 것
- 화재·가스·전기 등에 대한 종합 방재반을 설치한 경우에는 해당 조작반에 수신기의 작동과 연동하여 감지기·중계기 또는 발신기가 작동하는 경계구역을 표시할 수 있는 것으로 할 것
- 하나의 경계구역은 하나의 표시등 또는 하나의 문자로 표시되도록 할 것
- 수신기의 조작 스위치는 바닥으로부터의 높이가 0.8[m] 이상 1.5[m] 이하인 장소에 설치할 것
- 하나의 특정소방대상물에 2 이상의 수신기를 설치하는 경우에는 수신기를 상호 간 연동하여 화재발생상황을 각 수신기마다 확인할 수 있도록 할 것
- 화재로 인하여 하나의 층의 지구음향장치 또는 배선이 단락되어도 다른 층의 화재통보에 지장이 없도록 각 층 배선상에 유효한 조치를 할 것

연계이론

PHASE 42 자동화재탐지설비 도면

10 비상방송설비에 대한 설치기준으로 다음 ( ) 안에 알맞은 말 또는 수치를 쓰시오. (4점)

- 확성기의 음성입력은 실내에 설치하는 것에 있어서는 (①)[W] 이상일 것
- 음량조정기를 설치하는 경우 음량조정기의 배선은 (②)으로 할 것
- 조작부의 조작스위치는 바닥으로부터 (③)[m] 이상 (④)[m] 이하의 높이에 설치할 것
- 확성기는 각 층마다 설치하되, 그 층의 각 부분으로부터 하나의 확성기까지의 수평거리가 (⑤)[m] 이하가 되도록 할 것

정답 ① 1 ② 3선식 ③ 0.8 ④ 1.5 ⑤ 25

해설 **비상방송설비의 설치기준**
- 확성기의 음성입력은 3[W](실내에 설치하는 것에 있어서는 1[W]) 이상일 것
- 확성기는 각 층마다 설치하되, 그 층의 각 부분으로부터 하나의 확성기까지의 수평거리가 25[m] 이하가 되도록 하고, 해당층의 각 부분에 유효하게 경보를 발할 수 있도록 설치할 것
- 음량조정기를 설치하는 경우 음량조정기의 배선은 3선식으로 할 것
- 조작부의 조작스위치는 바닥으로부터 0.8[m] 이상 1.5[m] 이하의 높이에 설치할 것
- 조작부는 기동장치의 작동과 연동하여 해당 기동장치가 작동한 층 또는 구역을 표시할 수 있는 것으로 할 것
- 증폭기 및 조작부는 수위실 등 상시 사람이 근무하는 장소로서 점검이 편리하고 방화상 유효한 곳에 설치할 것
- 층수가 11층(공동주택의 경우에는 16층) 이상의 특정소방대상물은 다음에 따라 경보를 발할 수 있도록 해야 한다.

발화층	경보층
2층 이상 발화	발화층, 직상 4개층
1층 발화	발화층, 직상 4개층, 지하층
지하층 발화	발화층, 직상층, 기타의 지하층

- 다른 방송설비와 공용하는 것에 있어서는 화재 시 비상경보 외의 방송을 차단할 수 있는 구조로 할 것
- 다른 전기회로에 따라 유도장애가 생기지 않도록 할 것
- 하나의 특정소방대상물에 2 이상의 조작부가 설치되어 있는 때에는 각각의 조작부가 있는 장소 상호 간에 동시통화가 가능한 설비를 설치하고, 어느 조작부에서도 해당 특정소방대상물의 전 구역에 방송을 할 수 있도록 할 것
- 기동장치에 따른 화재신호를 수신한 후 필요한 음량으로 화재발생 상황 및 피난에 유효한 방송이 자동으로 개시될 때까지의 소요시간은 10초 이내로 할 것
- 음향장치는 다음 기준에 따른 구조 및 성능의 것으로 해야 한다.
  - 정격전압의 80[%] 전압에서 음향을 발할 수 있는 것으로 할 것
  - 자동화재탐지설비의 작동과 연동하여 작동할 수 있는 것으로 할 것

연계이론 PHASE 14 비상방송설비

11 누전경보기에 관해 다음 각 물음에 답하시오. (6점)

(1) 1급 누전경보기와 2급 누전경보기를 구분하는 전류의 기준은 몇 [A]인지 쓰시오.
(2) 전원은 분전반으로부터 전용회로로 하고 각 극에 각 극을 개폐할 수 있는 무엇을 설치해야 하는가? (단, 배선용 차단기는 제외한다.)
(3) ZCT의 명칭과 기능을 쓰시오.
  - 명칭:
  - 기능:

정답
(1) 60[A]
(2) 개폐기 및 15[A] 이하 과전류 차단기
(3) • 명칭: 영상변류기
　　• 기능: 누설전류를 검출

해설
(1) 누전경보기의 구분기준
경계전로의 정격전류가 60[A]를 초과하는 전로에 있어서는 1급 누전경보기를, 60[A] 이하의 전로에 있어서는 1급 또는 2급 누전경보기를 설치할 것. 다만, 정격전류가 60[A]를 초과하는 경계전로가 분기되어 각 분기회로의 정격전류가 60[A] 이하로 되는 경우 당해 분기회로마다 2급 누전경보기를 설치한 때에는 당해 경계전로에 1급 누전경보기를 설치한 것으로 본다.

(2) 누전경보기의 전원설치기준
• 전원은 분전반으로부터 전용회로로 하고, 각 극에 개폐기 및 15[A] 이하의 과전류 차단기(배선용 차단기에 있어서는 20[A] 이하의 것으로 각 극을 개폐할 수 있는 것)를 설치할 것
• 전원을 분기할 때에는 다른 차단기에 따라 전원이 차단되지 않도록 할 것
• 전원의 개폐기에는 누전경보기용임을 표시한 표지를 할 것

(3) 영상변류기(ZCT)
영상 변류기에 전선을 관통시켜 전류의 벡터적 합이 0으로 유지될 경우 동작하지 않고 차이가 발생할 경우 작동되는 특징이 있다. 즉, 누전경보기의 누설전류를 검출하기 위해 ZCT를 사용한다.

ZCT 기호

연계이론 PHASE 16 누전경보기

12

비상방송설비가 설치된 지하 2층, 지상 12층의 특정소방대상물이 있다. 다음의 층에서 화재가 발생했을 때 우선적으로 경보할 층을 쓰시오. (4점)

(1) 지상 2층
(2) 지하 1층

정답
(1) 지상 2층~6층
(2) 지하 1~2층, 지상 1층

해설
층수가 11층(공동주택의 경우에는 16층) 이상의 특정소방대상물은 우선경보방식을 적용하며 다음에 따라 경보를 발할 수 있도록 해야 한다.

발화층	경보층
2층 이상 발화	발화층, 직상 4개층
1층 발화	발화층, 직상 4개층, 지하층
지하층 발화	발화층, 직상층, 기타의 지하층

문제에서 각 층별 경보구역은 다음과 같다.

발화층	경보층
2층	2층(발화층), 3층~6층(직상 4개층)
지하 1층	지하 1층(발화층), 1층(직상층), 지하 2층(기타의 지하층)

연계이론 PHASE 14 비상방송설비

13

제1종 연기감지기의 설치기준에 대하여 다음 (　) 안을 채우시오. (4점)

- 계단 및 경사로에 있어서는 수직거리 (　①　)[m]마다 1개 이상으로 할 것
- 복도 및 통로에 있어서는 보행거리 (　②　)[m]마다 1개 이상으로 할 것
- 감지기는 벽 또는 보로부터 (　③　)[m] 이상 떨어진 곳에 설치할 것
- 천장 또는 반자 부근에 (　④　)가 있는 경우에는 그 부근에 설치할 것

정답 ① 15　② 30　③ 0.6　④ 배기구

해설

- 연기감지기의 부착높이에 따른 바닥면적 표

부착높이	감지기의 종류	
	1종 및 2종	3종
4[m] 미만	150[m²]	50[m²]
4[m] 이상 20[m] 미만	75[m²]	

- 감지기는 복도 및 통로에 있어서는 보행거리 30[m](3종에 있어서는 20[m])마다, 계단 및 경사로에 있어서는 수직거리 15[m](3종에 있어서는 10[m])마다 1개 이상으로 할 것
- 천장 또는 반자가 낮은 실내 또는 좁은 실내에 있어서는 출입구에 가까운 부분에 설치할 것
- 천장 또는 반자 부근에 배기구가 있는 경우에는 그 부근에 설치할 것
- 감지기는 벽 또는 보로부터 0.6[m] 이상 떨어진 곳에 설치할 것

연계이론 PHASE 11 연기감지기

14

감지기의 형식승인 및 제품검사의 기술기준에 따라 아날로그식 분리형 광전식 감지기에 대하여 다음 (　) 안을 완성하시오. (8점)

분리형의 경우 공칭감시거리는 (　①　)[m] 이상 (　②　)[m] 이하로 하며 (　③　)[m] 간격으로 한다.

정답
① 5
② 100
③ 5

해설 공칭감시거리는 감지기의 유효감시거리를 의미한다.

연계이론 PHASE 11 연기감지기

15

3선식 배선에 의해 상시 충전되는 유도등의 전기회로에 점멸기를 설치하는 경우에는 어느 때에 점등되도록 하여야 하는지 그 기준을 5가지 쓰시오. (5점)

-
-
-
-
-

정답
- 자동화재탐지설비의 감지기 또는 발신기가 작동되는 때
- 비상경보설비의 발신기가 작동되는 때
- 상용전원이 정전 또는 전원선이 단선되는 때
- 방재업무를 통제하는 곳 또는 전기실의 배전반에서 수동으로 점등하는 때
- 자동소화설비가 작동되는 때

연계이론 PHASE 18 유도등

16

길이 20[m]의 통로에 객석유도등을 설치하려고 한다. 이때 필요한 객석유도등의 수량은 최소 몇 개인가? (4점)

- 계산과정:
- 답:

정답
- 계산과정: $\frac{20}{4}-1=4$개
- 답: 4개

해설 객석유도등의 설치개수는 $N=\frac{\text{객석통로의 직선 부분의 길이}[m]}{4}-1$(소수점 절상)이므로

$N=\frac{20}{4}-1=5-1=4$

더 알아보기

구분	설치개수
객석유도등	$\frac{\text{객석통로의 직선부분의 길이}[m]}{4}-1$(소수점 절상)
유도표지	$\frac{\text{구부러진 곳이 없는 부분의 보행거리}[m]}{15}-1$(소수점 절상)
복도통로유도등, 거실통로유도등	$\frac{\text{구부러진 곳이 없는 부분의 보행거리}[m]}{20}-1$(소수점 절상)

연계이론 PHASE 21 객석유도등

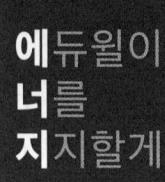

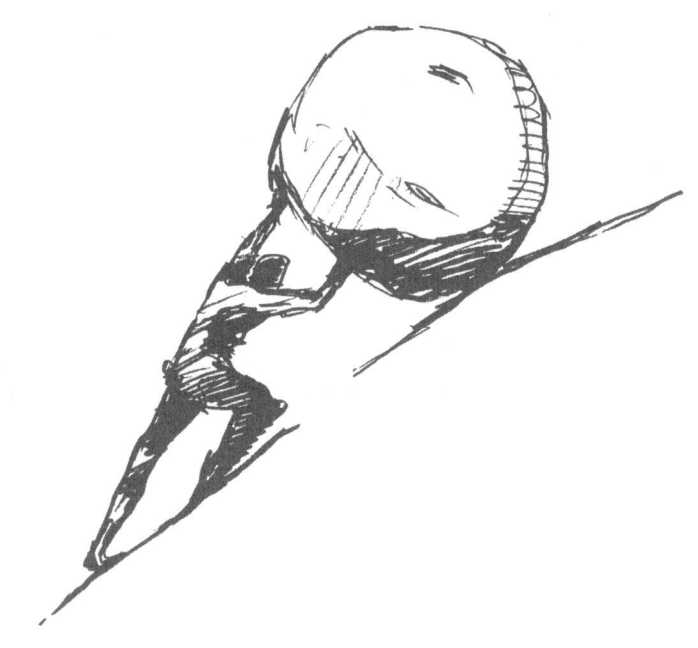

힘이 든다는 건,
앞으로 나아가고 있다는 거야.

– 안정은, 『오늘도 좋아하는 일을 하는 중이야』, 서랍의 날씨

2017년 1회 기출문제

01 그림은 배연창설비의 계통도에 대한 도면이다. 주어진 표를 이용하여 각 물음에 답하시오. (9점)

(가) 전원장치의 AC전원공급은 수신기에서 공급하지 않고 현장 분전반에서 공급한다.
(나) 화재감지기가 작동되거나 수동기동 스위치를 ON하면 배연창이 동작되어 수신기에 동작상태를 표시하게 된다.
(다) 전동구동장치는 MOTOR 방식이며, 사용전선은 HFIX전선을 사용한다.
(라) 배연창은 동시기동방식으로 한다.
(마) 배연창의 복구는 동시복구방식으로 한다.

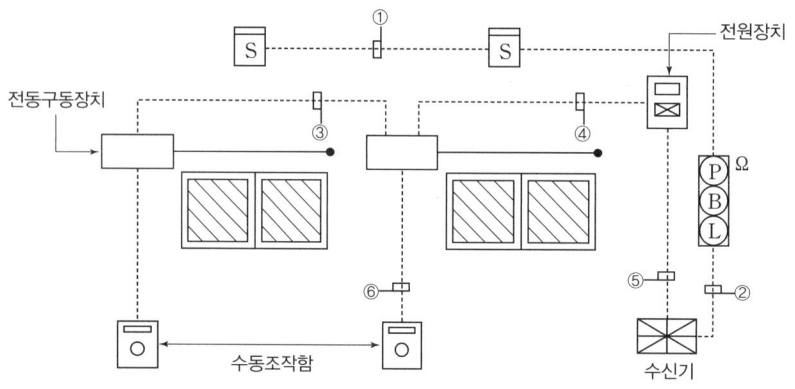

[후강전선관의 굵기 선정표]

도체 단면적 [mm²]	전선본수									
	1	2	3	4	5	6	7	8	9	10
	전선관의 최소 굵기[mm]									
1.5	16	16	16	16	16	16	22	28	28	28
2.5	16	16	16	16	22	22	22	28	28	28
4	16	16	16	22	22	22	28	28	28	28
6	16	16	22	22	22	28	28	28	36	36
10	16	22	22	28	28	36	36	36	36	36
16	16	22	28	28	36	36	36	42	42	42
25	22	28	28	36	36	42	54	54	54	54
35	22	28	36	42	54	54	54	70	70	70
50	22	36	54	54	70	70	70	82	82	82
70	28	42	54	54	70	70	70	82	82	82
95	28	54	54	70	70	82	82	92	92	104

[비고] 1. 전선 1본에 대한 숫자는 접지선 및 직류로의 전선에 적용한다.
2. 이 표는 실험결과와 경험을 토대로 하여 결정한 것이다.

(1) 이 설비는 일반적으로 몇 층 이상의 건물에 설치하는가?

(2) 도면에 표시된 ②와 ④~⑥의 내역 및 용도를 빈칸에 써넣으시오.

번호	내역	용도
①	16C(HFIX 1.5[mm^2]-4)	
②		
③	22C(HFIX 2.5[mm^2]-5)	
④		
⑤		
⑥		

정답

(1) 6층 이상

(2)

번호	내역	용도
①	16C(HFIX 1.5[mm^2]-4)	지구 2, 지구공통 2
②	22C(HFIX 2.5[mm^2]-6)	지구 1, 지구공통 1, 응답 1, 경종 1, 표시등 1, 경종표시등공통 1
③	22C(HFIX 2.5[mm^2]-5)	전원 ⊕·⊖, 기동 1, 복구 1, 동작확인 1
④	22C(HFIX 2.5[mm^2]-6)	전원 ⊕·⊖, 기동 1, 복구 1, 동작확인 2
⑤	22C(HFIX 2.5[mm^2]-6)	전원 ⊕·⊖, 기동 1, 복구 1, 동작확인 2
⑥	22C(HFIX 2.5[mm^2]-5)	전원 ⊕·⊖, 기동 1, 정지 1, 복구 1

해설

(1) 배연창설비는 **6층 이상**의 건축물에 시설하는 설비이다.

(2) **모터방식의 배연창 설비 배선**
- 배연창설비의 감지기는 송배선식으로 배선한다. 송배선식의 루프는 2가닥, 그 외 나머지(①)는 4가닥으로 배선한다.
- 수신기와 발신기 사이(②)의 가닥수는 기본 6가닥(지구회로 1, 지구회로공통 1, 응답 1, 경종 1, 표시등 1, 경종표시등공통 1)으로 구성되어 있다.
- 모터방식의 경우 전원 2선(⊕, ⊖)이 별도로 필요하다.
- 동시기동 및 동시복구방식이므로 배연창 수(③)가 증가해도 기동, 복구선은 항상 1가닥이며 동작(기동)확인선(④, ⑤)만 추가된다.
- 모터방식의 수동조작함(⑥)에는 전원 2선 외에도 기동선과 정지선, 복구선이 각각 1가닥씩 필요하므로 총 5가닥이 필요하다.

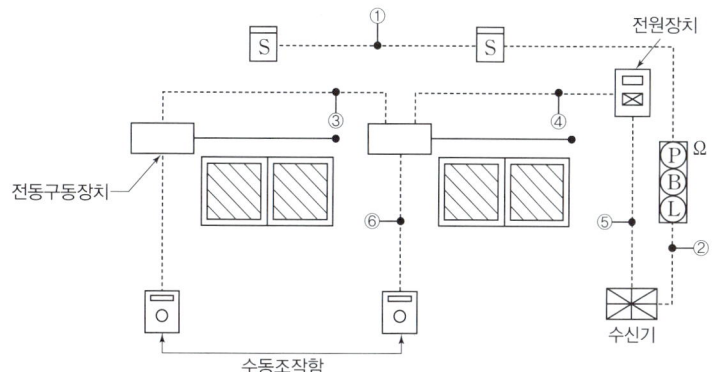

전선관 수량 선정

도체 단면적 [mm²]	전선본수									
	1	2	3	4	5	6	7	8	9	10
	전선관의 최소 굵기[mm]									
1.5	16	16	16	16(①)	16	16	22	28	28	28
2.5	16	16	16	22	22(③, ⑥)	22(②, ④, ⑤)	28	28	28	28
4	16	16	22	22	22	28	28	28	36	36

① : 감지기 회로이므로 HFIX 전선을 사용하고 4가닥이므로 전선관은 16C를 사용한다.
→ 16C(HFIX 1.5[mm²]−4)

②, ④, ⑤ : 감지기 외 전선은 HFIX 2.5 전선을 사용하고 6가닥이므로 전선관은 22C를 사용한다.
→ 22C(HFIX 2.5[mm²]−6)

③, ⑥ : 감지기 외 전선은 HFIX 2.5 전선을 사용하고 5가닥이므로 전선관은 22C를 사용한다.
→ 22C(HFIX 2.5[mm²]−5)

◇ 연계이론 ◇ **PHASE 46 배연창설비 도면**

02 스프링클러설비의 감시제어반에서 도통시험 및 작동시험을 할 수 있어야 하는 회로 5가지를 쓰시오.
(5점)

정답
- 기동용 수압개폐장치의 압력스위치회로
- 수조 또는 물올림수조의 저수위감시회로
- 유수검지장치 또는 일제개방밸브의 압력스위치회로
- 일제개방밸브를 사용하는 설비의 화재감지기회로
- 급수배관에 설치되어 있는 급수를 차단할 수 있는 개폐밸브의 폐쇄상태 확인회로

해설 스프링클러설비의 감시제어반에서 도통시험 및 작동시험을 할 수 있어야 하는 회로
- 기동용 수압개폐장치의 압력스위치회로
- 수조 또는 물올림수조의 저수위감시회로
- 유수검지장치 또는 일제개방밸브의 압력스위치회로
- 일제개방밸브를 사용하는 설비의 화재감지기회로
- 급수배관에 설치되어 있는 급수를 차단할 수 있는 개폐밸브의 폐쇄상태 확인회로

◇ 연계이론 ◇ **PHASE 03 스프링클러설비**

03 다음은 하나의 배선용 덕트에 소방용 배선과 다른 설비용 배선을 같이 수납한 경우이다. ( ) 안의 알맞은 말을 쓰시오. (4점)

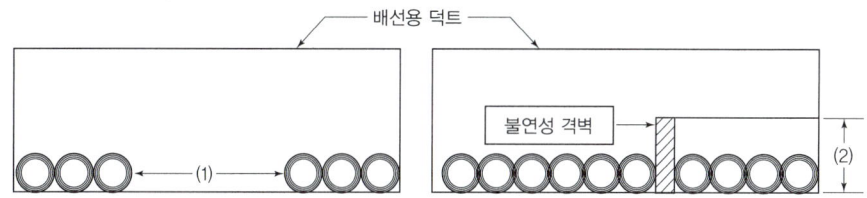

(1) 소방용 배선과 다른 설비용 배선의 이격거리는 (①)[cm] 이상일 것
(2) 불연성 격벽의 높이는 소방용 배선과 다른 용도의 배선 중 직경이 큰 배선직경의 (②) 이상 높이의 불연성 격벽을 설치할 것

정답

① 15[cm]
② 1.5배

해설 소방용 배선과 다른 설비용 배선을 배선전용실 등에 설치하는 경우

구분	이격거리	불연성 격벽 높이
그림	점검구(갑종방화문), 배선전용실, 15[cm] 이상, 소방용 케이블, 다른 용도의 케이블	점검구(갑종방화문), 배선전용실, 불연성 격벽, 소방용 케이블, 다른 용도의 케이블
특징	배선전용실 또는 배선용 샤프트·피트·덕트 등에 다른 설비의 배선이 있는 경우 이격거리는 15[cm] 이상일 것	소화설비의 배선과 이웃하는 다른 설비의 배선 사이에 배선지름(배선의 지름이 다른 경우 가장 큰 것을 기준)의 1.5배 이상 높이의 불연성 격벽을 설치할 것

연계이론 PHASE 39 배선

04 다음과 같은 자동화재탐지설비의 평면도에서 "㉮~㉯"의 전선가닥수를 주어진 표의 빈칸에 쓰시오.
(5점)

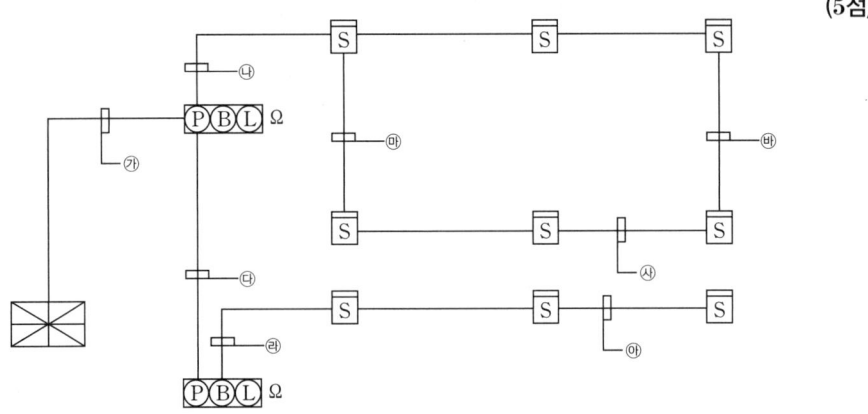

기호	㉮	㉯	㉰	㉱	㉲	㉳	㉴	㉵
가닥수								

정답

기호	㉮	㉯	㉰	㉱	㉲	㉳	㉴	㉵
가닥수	7	4	6	4	2	2	2	4

해설

평면도로 주어진 경우 경보방식은 일제경보방식으로 적용한다.

[수신기 ↔ 발신기]
㉮: 수신기에서 발신기 2개를 통과하므로 기본 6가닥에 지구회로 1가닥을 추가한다. (지구 2, 지구공통 1, 응답 1, 경종 1, 표시등 1, 경종표시등공통 1)
㉰: 수신기에서 가장 멀리 있는 발신기까지의 가닥수로 기본 6가닥을 적용한다. (지구 1, 지구공통 1, 응답 1, 경종 1, 표시등 1, 경종표시등공통 1)

구분	가닥수	배선 내역
㉮	7	지구 2, 지구공통 1, 응답 1, 경종 1, 표시등 1, 경종표시등공통 1
㉰	6	지구 1, 지구공통 1, 응답 1, 경종 1, 표시등 1, 경종표시등공통 1

[감지기]
자동화재탐지설비의 감지기는 송배선식으로 배선한다. 송배선식의 루프(㉲, ㉳, ㉴)는 2가닥, 그 외 나머지(㉯, ㉱, ㉵)는 4가닥으로 배선한다.

구분	가닥수	배선 내역
㉯	4	지구 2, 지구공통 2
㉱	4	지구 2, 지구공통 2
㉲	2	지구 1, 지구공통 1
㉳	2	지구 1, 지구공통 1
㉴	2	지구 1, 지구공통 1
㉵	4	지구 2, 지구공통 2

연계이론 PHASE 42 자동화재탐지설비 도면

05

어느 건물의 자동화재탐지설비의 수신기를 보니 스위치주의등이 점멸하고 있었다. 어떤 경우에 점멸하는지 그 원인을 2가지만 쓰시오. (4점)

-
-

정답
- 자동복구스위치 ON
- 지구경종 스위치 ON

해설
그림의 우측 하단의 스위치 버튼을 눌렀을 때 스위치주의등의 상태는 다음과 같다.

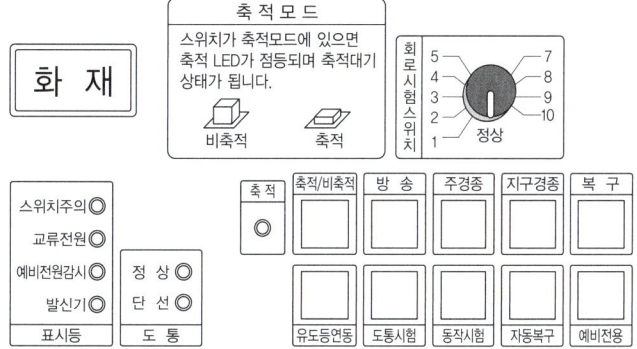

구분	스위치주의등이 점등되는 경우	스위치주의등이 미점등 되는 경우
스위치	주경종 스위치 ON 지구경종 스위치 ON 도통시험 스위치 ON 동작시험 스위치 ON 자동복구스위치 ON	복구스위치 ON 예비전원스위치 ON

연계이론 PHASE 50 수신기의 시험

06 그림은 자동방화문설비의 자동방화문 결선도 및 계통도이다. 다음 물음에 답하시오. (6점)

> **조건**
> - 전선의 가닥수는 최소한으로 한다.
> - 방화문 감지기회로는 본 문제에서 제외한다.
> - 자동방화문 설비는 층별로 구획되어 설치되어 있다.

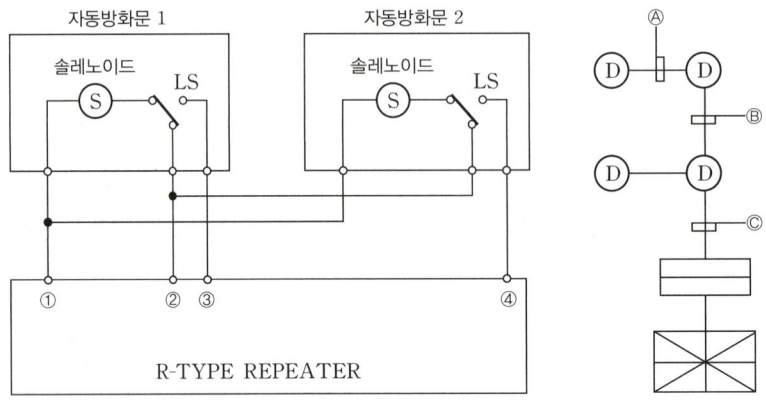

(1) ①~④까지 배선의 용도를 답란에 쓰시오.

①	②	③	④

(2) Ⓐ~ⓒ의 전선 가닥수와 배선의 용도를 답란에 쓰시오.

기호	전선 가닥수	용도
Ⓐ		
Ⓑ		
ⓒ		

정답

(1)

①	②	③	④
기동	공통	기동확인 1	기동확인 2

(2)

기호	전선 가닥수	용도
Ⓐ	3	기동 1, 기동확인 1, 공통 1
Ⓑ	4	기동 1, 기동확인 2, 공통 1
ⓒ	7	기동 2, 기동확인 4, 공통 1

해설

(1) 자동방화문설비에 필요한 배선은 총 3가닥(기동 1, 기동확인 1, 공통 1)이다. 자동방화문 수가 증가할 경우 기동확인선이 1가닥씩 추가된다. 즉, 결선도에 들어가야 할 내용은 ① 기동, ② 공통, ③ 기동확인 1, ④ 기동확인 2 이다.

(2) 자동방화문설비가 층별로 구획되어 설치되어 있고, 층별로 설치한 자동방화문설비는 2개로 동일하므로 공통선을 제외한 가닥수가 2배로 증가한다. 한 층에 자동방화문이 2개 있는 경우(Ⓑ) 4가닥(기동 1, 기동확인 2, 공통 1)이 필요하고, 두 개의 층(ⓒ)이 있는 경우 총 7가닥((기동 1, 기동확인 2)×2, 공통 1)이 필요하다.

연계이론 PHASE 45 자동방화문 설비 도면

07 비상방송을 할 때 자동화재탐지설비의 지구음향장치의 작동이 멈추어야 하므로 미완성 결선도를 도시기호 및 조건을 참조하여 완성하시오. (5점)

> **조건**
> (가) 발신기 스위치를 누르거나 화재에 의하여 감지기가 작동되면 계전기 R_1이 여자되어 자기유지되며, R_1-a 접점에 의해 경종이 작동된다.
> (나) 정지스위치를 누르면 계전기 R_1이 소자되고 경종의 작동이 멈춘다.
> (다) 발신기 스위치 또는 감지기에 의하여 경종 작동 중 절환 스위치를 비상방송설비 쪽으로 이동하면 계전기 R_2가 여자되고 R_2-b 접점에 의해 경종의 작동이 멈춘다.

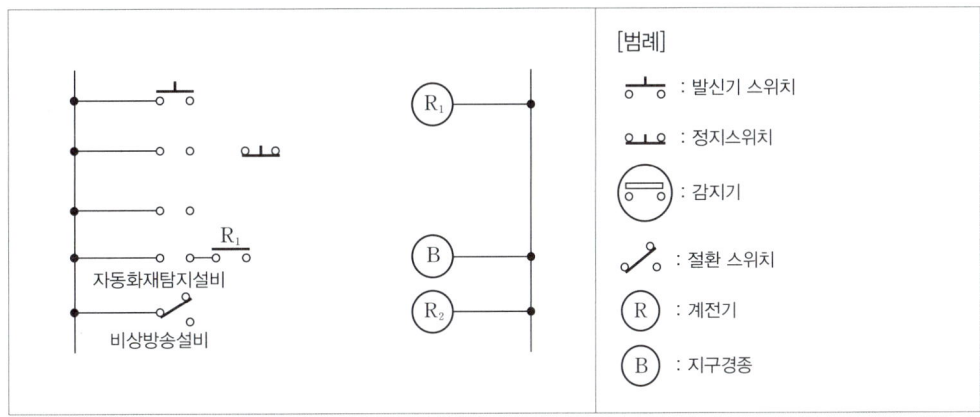

정답

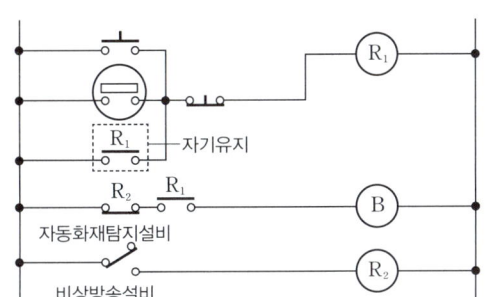

해설 R_1-a 접점은 자기유지를 위해 필요하며 발신기 스위치를 누른 뒤 떼더라도 계전기 R_1은 계속 여자상태가 된다.

연계이론 PHASE 40 시퀀스 회로

08

저압옥내배선의 금속관공사에 있어서 금속관과 박스 그 밖의 부속품은 다음에 의하여 시설하여야 한다. ( ) 안에 알맞은 말을 쓰시오. (6점)

- 저압옥내배선의 사용전압이 400[V] 이하인 경우 관에는 접지공사를 할 것(다만, 다음 중 하나에 해당 하는 경우에는 그러하지 아니하다.)
  - 관의 길이(2개 이상의 관을 접속하여 사용하는 경우에는 그 전체의 길이)가 (①)[m] 이하인 것을 건조한 장소에 시설하는 경우
  - 옥내배선의 사용전압이 직류 300[V] 또는 교류 대지전압 150[V] 이하인 경우에 그 전선을 넣는 관의 길이가 (②)[m] 이하인 것을 사람이 쉽게 접촉할 우려가 없도록 시설하는 때 또는 (③)한 장소에 시설하는 때

정답

① 4
② 8
③ 건조
※ 한국전기설비규정(KEC) 적용에 따라 법령에 맞게 변형한 문제입니다.

연계이론

PHASE 38 공사의 종류

09

다음의 도면은 준비작동식 스프링클러 소화설비에 사용되는 슈퍼 비조리(Super visory) 판넬의 결선 회로도의 미완성 도면이다. 다음 물음에 답하시오. (12점)

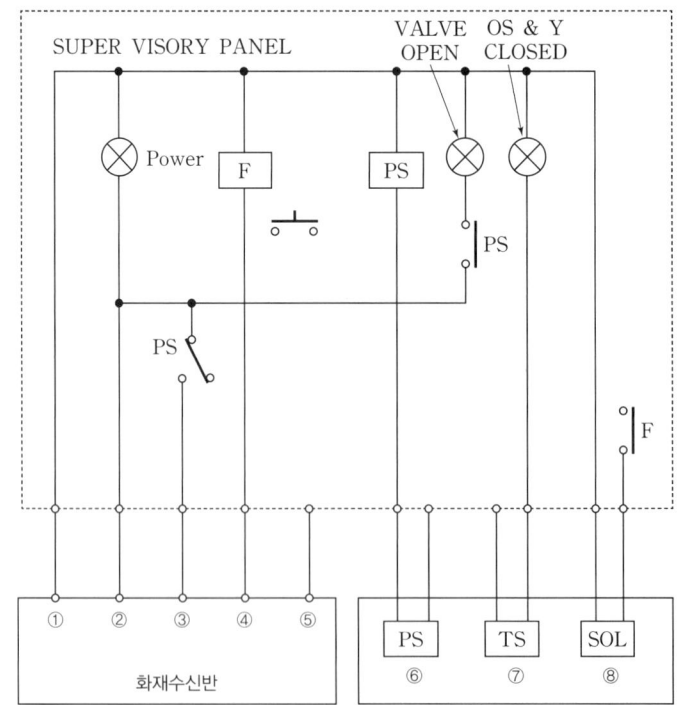

(1) ①~⑤ 단자의 단자명을 쓰시오.
(2) ⑥~⑧에 표기된 심벌은 무엇인지 쓰시오.
(3) 미완성 도면을 완성하시오.

정 답 (1) ① 전원 ⊖
② 전원 ⊕
③ 밸브개방확인
④ 밸브기동
⑤ 밸브주의
(2) ⑥ 압력스위치
⑦ 탬퍼스위치
⑧ 솔레노이드밸브
(3)

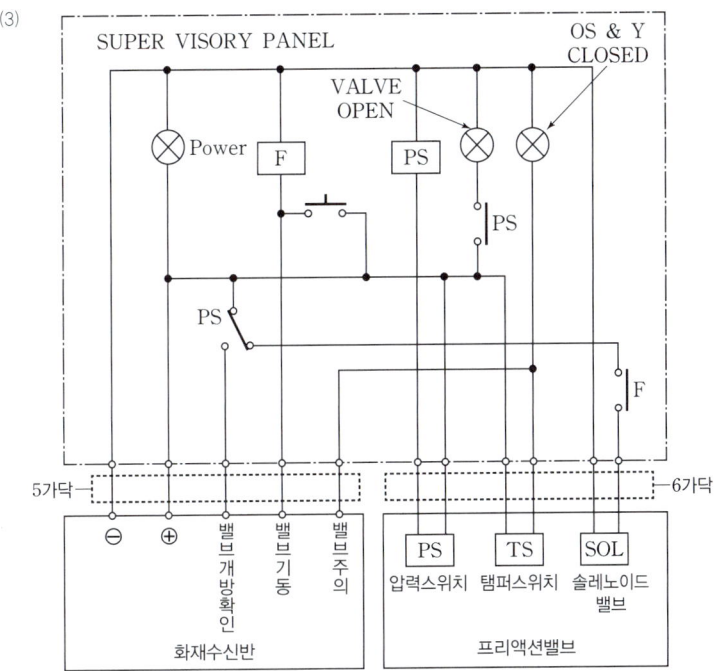

해 설
- 푸시버튼스위치를 누를 경우 릴레이 F(화재릴레이)가 동작하며 솔레노이드 밸브가 작동하여 기동을 시작한다.
- 프리액션 밸브가 개방되어 배관 내 압력이 떨어지면서 릴레이 PS(압력스위치)가 동작하며, 밸브개방확인등(Valve Open)을 점등시키고 밸브개방 확인신호를 보낸다.
- 평상시에 게이트밸브가 닫혀 있는 경우 TS(탬퍼스위치)가 폐로되어 밸브주의등(OS&Y Closed)이 점등된다.

연계이론 PHASE 47 스프링클러설비 도면

10 다음은 준비작동식 유수검지장치에 관한 배선연결 계통도이다. 물음에 답하시오. (단, SVP와 프리액션 밸브 사이의 공통선은 하나로 한다.) (10점)

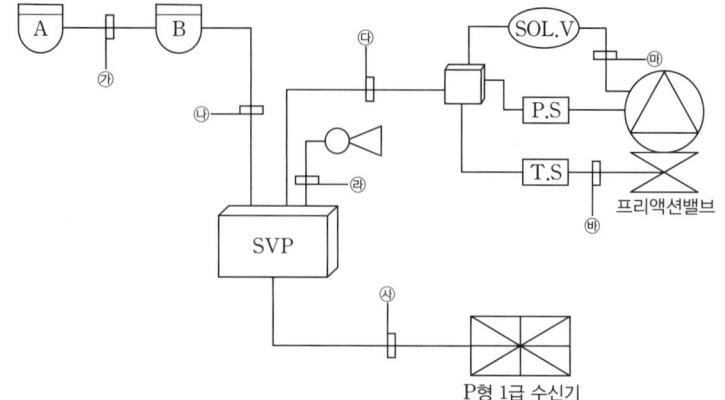

(1) ㉮~㉯까지의 배선 가닥수를 답란에 쓰시오.

기호	㉮	㉯	㉰	㉱	㉲	㉳	㉴
가닥수							

(2) ㉱의 음향장치는 어떤 경우에 울리게 되는지 쓰시오.
(3) 준비작동식 유수검지장치가 전기적으로 작동하게 되는 2가지 경우를 쓰시오.
(4) 준비작동식 유수검지장치 연동용 감지기 회로를 "A", "B" 회로로 구분하여 설치하는 이유와 이러한 회로방식의 명칭을 쓰시오.
  ① 구분하여 설치하는 이유:
  ② 회로방식의 명칭:
(5) 준비작동식 유수검지장치 연동용 감지기회로를 "A", "B" 회로로 구분하지 않고 하나의 회로로 구성하여도 무방한 감지기의 종류를 3가지만 쓰시오.

정답

(1)
기호	㉮	㉯	㉰	㉱	㉲	㉳	㉴
가닥수	4	8	4	2	2	2	8

(2) 감지기 A·B 중 1개 이상이 작동한 경우
(3) • 감지기 A·B가 동시에 작동한 경우
  • 수동기동 스위치를 조작한 경우
(4) ① 설비의 오작동을 방지하기 위함
  ② 교차회로 방식
(5) • 불꽃감지기
  • 분포형감지기
  • 다신호방식의 감지기

해 설

(1) [감지기]
준비작동식 스프링클러설비이므로 감지기는 교차회로 방식으로 배선한다. 교차회로 방식으로 배선하는 경우 배선이 루프를 구성하거나 말단(㉮)인 경우에는 4가닥이고, 그 외(㉯)는 8가닥을 적용한다.

구분	가닥수	배선 내역
㉮	4	지구 2, 지구공통 2
㉯	8	지구 4, 지구공통 4

[프리액션밸브 ↔ SVP]
프리액션밸브와 SVP 간의 가닥수는 4가닥(솔레노이드밸브 1, 압력스위치 1, 탬퍼스위치 1, 공통 1)으로 산정한다. 공통선을 하나로 보지 않고 따로 하는 경우 6가닥으로 산정한다. (솔레노이드밸브 2, 압력스위치 2, 탬퍼스위치 2)

구분	가닥수	배선 내역
㉰	4	솔레노이드밸브 1, 압력스위치 1, 탬퍼스위치 1, 공통 1
㉱	2	솔레노이드밸브 2
㉲	2	탬퍼스위치 2

[사이렌]
사이렌은 기본 2가닥이 필요하다.

구분	가닥수	배선 내역
㉳	2	사이렌 2

[SVP ↔ 수신기]
일반적으로 감지기공통선과 전원 ⊖선을 분리할 경우 9가닥으로 산정하며, 배선용도는 [전원 ⊕·⊖, 감지기 공통, 감지기 A·B, 솔레노이드밸브 1, 탬퍼스위치 1, 압력스위치 1, 사이렌 1]이다. 감지기공통선과 전원 ⊖선을 구분하지 않는 경우 공용으로 사용할 수 있으므로 8가닥으로 볼 수 있다.

구분	가닥수	배선 내역
㉴	8	전원 ⊕·⊖, 감지기 A·B, 솔레노이드밸브 1, 탬퍼스위치 1, 압력스위치 1, 사이렌 1

(2) 교차회로 방식으로 배선한 감지기는 둘 중 하나 이상이 작동하면 사이렌이 울리게 된다.

(5) 교차회로 방식으로 하지 않는 감지기의 종류
- 불꽃감지기
- 광전식분리형 감지기
- 아날로그방식의 감지기
- 복합형 감지기
- 분포형 감지기
- 다신호방식의 감지기
- 정온식감지선형 감지기
- 축적방식의 감지기

연계이론 PHASE 47 스프링클러설비 도면

11 다음은 자동화재탐지설비의 구성요소인 감지기의 개략적인 회로이다. 회로를 참고하여 다음 물음에 답하시오. (8점)

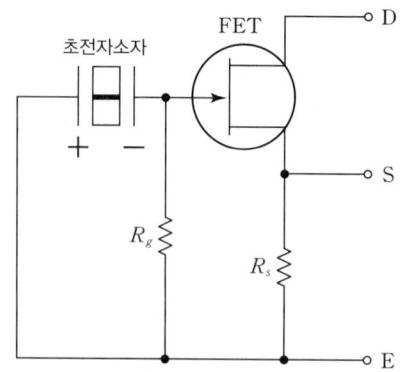

(1) 이와 같은 기본회로를 갖는 감지기의 구체적인 명칭을 쓰시오.
(2) 초전자소자는 상황화글리신(TGS), 세라믹의 티탄산납, 폴리플루오르화비닐(PVF_2)이 사용되고 있다. 이들 소자에서 발생되는 초전효과 또는 파이로(Pyro) 효과는 무엇인지 쓰시오.
(3) 상기 회로의 감지기는 어떤 화재성상에 민감한 응답특성을 가지고 있는지 쓰시오.
(4) 이와 같은 기본회로를 갖는 감지기의 설치기준으로 (   ) 안을 채우시오.
 • 감지기는 (①)와(과) (②)을(를) 기준으로 감시구역이 모두 포용될 수 있도록 설치할 것
 • 감지기는 화재감지를 유효하게 감지할 수 있는 (③) 또는 (④) 등에 설치할 것
 • 감지기를 (⑤)에 설치하는 경우에는 바닥을 향하여 설치할 것

정 답

(1) 불꽃감지기(광기전력 효과형)
(2) 초전자소자에 빛을 가하면 기전력이 발생되는 현상
(3) 불꽃 연소
(4) ① 공칭감시거리
  ② 공칭시야각
  ③ 모서리
  ④ 벽
  ⑤ 천장

해 설

(1) 광기전력 효과란 초전자 소자에 빛(광)을 가할 경우 소자의 전기적 저항값이 변하는 현상을 말한다. 이러한 효과를 이용한 감지기는 대표적으로 불꽃감지기(광기전력 효과형)가 있다.
(2) 초전효과란 특정 물질이 온도 변화를 겪을 때 그 물질의 분극이 변하고, 이로 인해 전압이 발생하는 현상을 말한다.
(4) **불꽃감지기의 설치기준**
 • 공칭감시거리 및 공칭시야각은 형식승인 내용에 따를 것
 • 감지기는 공칭감시거리와 공칭시야각을 기준으로 감시구역이 모두 포용될 수 있도록 설치할 것
 • 감지기는 화재감지를 유효하게 감지할 수 있는 모서리 또는 벽 등에 설치할 것
 • 감지기를 천장에 설치하는 경우에는 감시기는 바닥을 향하여 설치할 것
 • 수분이 많이 발생할 우려가 있는 장소에는 방수형으로 설치할 것

연 계 이 론 PHASE 12 불꽃감지기

12 비상용 자가발전기를 설치하려고 한다. 아래 조건을 참조하여 다음 각 물음에 답하시오. (4점)

> **조건**
> 기동용량은 500[kVA], 허용 전압강하는 15[%]까지 허용하며, 과도리액턴스는 20[%]이다.

(1) 발전기 정격용량은 이론상 약 몇 [kVA] 이상이어야 하는가?
  • 계산과정:
  • 답:

(2) 발전기용 차단기의 차단용량은 약 몇 [MVA] 이상인가?(단, 차단용량의 여유율은 25[%]로 계산한다.)
  • 계산과정:
  • 답:

◦ 정 답 ◦

(1) • 계산과정: $P_G = \left(\dfrac{1}{0.15} - 1\right) \times 0.2 \times 500 = 566.67 [\text{kVA}]$
  • 답: 566.67[kVA]

(2) • 계산과정: $P_s = \dfrac{566.67}{0.2} \times 1.25 \times 10^{-3} = 3.54 [\text{MVA}]$
  • 답: 3.54[MVA]

◦ 해 설 ◦

(1) 자가발전기의 정격용량을 구하는 공식은 다음과 같다. (일반적인 발전기 용량과 구하는 공식이 다름에 유의한다.)

$$P_G \geq \left(\dfrac{1}{e} - 1\right) \times X_L \times P [\text{kVA}]$$
(단, e: 허용 전압강하[%], X_L: 발전기 과도리액턴스[%], P: 발전기 기동용량[kVA])

기동용량은 500[kVA], 전압강하는 15[%]까지 허용하며, 과도리액턴스는 20[%]이므로
자가발전기의 정격용량 $P_G = \left(\dfrac{1}{0.15} - 1\right) \times 0.2 \times 500 = 566.67 [\text{kVA}]$이다.

(2) 자가발전기의 차단용량을 구하는 공식은 다음과 같다.

$$P_s = \dfrac{1}{X_L} \times P_G \times K [\text{kVA}]$$
(단, K: 여유계수)

(1)에서 구한 $P_G = 566.67[\text{kVA}]$이므로 차단용량 $P_s = \dfrac{566.67}{0.2} \times 1.25 \times 10^{-3} = 3.54 [\text{MVA}]$이다.

◦ 연 계 이 론 ◦ **PHASE 30** 자가발전설비

13 다음 회로는 타이머를 이용하여 기동 시 Y로 기동하고 t초 후 자동적으로 △ 운전되는 Y－△기동회로이다. 이 회로도를 보고 다음 각 물음에 답하시오. (9점)

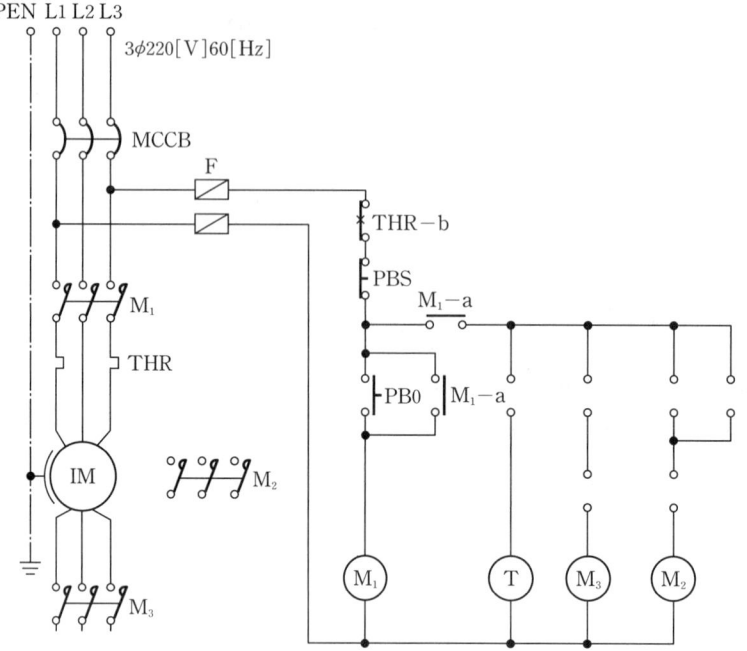

(1) 타이머를 이용한 Y－△ 미완성 기동회로를 완성하시오. (접점에는 M_2-a, M_3-b, $T-a$ 등 접점기호를 쓰도록 한다.)

(2) 유도전동기의 권선을 Y결선으로 하여 기동하고 기동 후 △ 결선으로 바꾸어 운전하는 이유에 대하여 쓰시오.

(3) 다음은 상기 회로도에 의한 유도전동기의 Y－△기동회로의 동작설명이다. ( ) 안에 알맞은 기호 또는 문자를 쓰시오.

- PB0를 누르면 (①)과(와) (②)가(이) 여자되어 주접점 M_1이 닫히면서 전동기가 Y 기동된다. PB0에서 손을 떼어도 계속 Y 기동된다. 동시에 타이머 코일도 여자된다.
- 타이머의 설정시간 t가 지나면 (③) 접점이 열려 (④)가(이) 소자되어 Y 기동이 정지되고, (⑤)가(이) 붙어 (⑥)가(이) 여자되면서 △ 운전으로 전환된다.
- (⑦)와(과) (⑧)는(은) 인터록이 유지되어 안전운전이 된다.
- 정지용 PBS를 누르거나 전동기에 과부하가 걸려 (⑨)이(가) 작동하면 운전 중인 전동기는 정지한다.

정 답

(1)

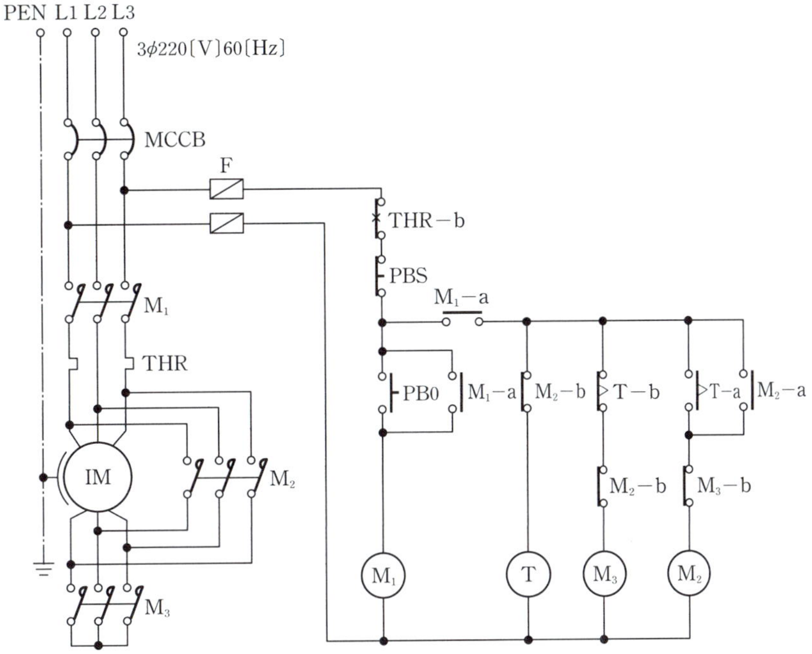

PEN L1 L2 L3
3ϕ220[V]60[Hz]
MCCB
F
THR－b
PBS
M₁－a
M₁
THR
PB0
M₁－a
M₂－b
T－b
T－a
M₂－a
IM
M₂
M₂－b
M₃－b
M₁
T
M₃
M₂
M₃

(2) Y결선 운전 시 △ 결선에 비해 기동전류를 $\frac{1}{3}$배로 경감할 수 있으므로

(3) ① M_1
② M_3
③ T－b
④ M_3
⑤ T－a
⑥ M_2
⑦ M_2－b
⑧ M_3－b
⑨ THR－b

해 설

(2) Y결선 운전 시 △결선 운전에 비해 기동전류를 $\frac{1}{3}$배로 경감이 가능하다. 즉, 기동 시에는 기동전류를 줄이는 Y 결선으로 운전을 하고 충분한 기동시간이 흐른 뒤에는 △ 결선으로 운행함이 목적이다.

연 계 이 론 PHASE 40 시퀀스 회로

14 다음과 같이 발신기, 수신기 및 감지기가 배치되어 있다고 할 때, 실제배선도를 그리시오. (5점)

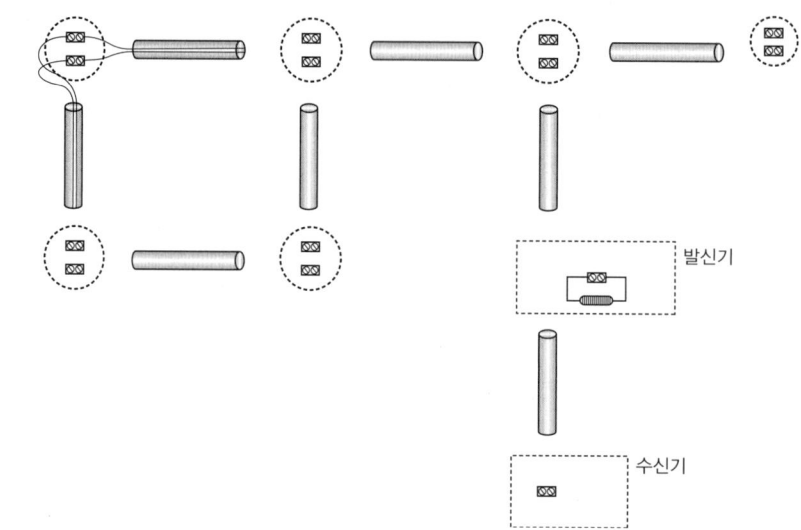

정답

해설 발신기에 종단저항이 1개만 있으므로 감지기는 송배선식으로 배선되어 있음을 알 수 있다. 송배선식의 루프는 2가닥, 그 외 나머지는 4가닥으로 배선한다.

연계이론 PHASE 09 감지기

15 축전지설비 기능점검 시 필요한 점검기구 4가지를 쓰시오. (8점)

-
-
-
-

정답
- 절연저항계
- 전류전압측정계
- 비중계
- 스포이트

해설 **축전지 점검기구**
- 절연저항계: 절연저항을 측정하는 기구이다.
- 전류전압측정계: 축전지설비의 전압과 전류를 측정하고 저항도 측정이 가능하다.
- 비중계: 비중을 측정하는 기구이다.
- 스포이트: 한 쪽 끝에 고무주머니가 달려있는 가느다란 유리관이다.

연계이론 **PHASE 29 축전지**

2017년 2회 기출문제

01 가스누설경보기에 관한 다음 각 물음에 답하시오. (8점)

(1) 가스의 누설을 표시하는 표시등 및 가스가 누설된 경계구역의 위치를 표시하는 표시등은 등이 켜질 때 어떤 색으로 표시되어야 하는지 쓰시오.

(2) 예비전원으로 사용하는 축전지의 종류를 쓰시오.

(3) 예비전원의 용량에 대하여 간단히 쓰시오.
- 1회선용:
- 2회로 이상:

(4) 경보기와 절연된 충전부와 외함 간 및 절연된 선로 간의 절연저항은 DC 500[V] 절연저항계로 측정한 값이 각각 몇 [MΩ] 이상이어야 하는지 쓰시오.
- 절연된 충전부와 외함 간:
- 절연된 선로 간:

정답

(1) 황색

(2) • 알칼리계 2차 축전지
　　• 리튬계 2차 축전지
　　• 무보수밀폐형 연축전지

(3) • 1회선용: 감시상태를 20분간 계속한 후 유효하게 작동되어 10분간 경보할 수 있는 용량
　　• 2회로 이상: 연결된 모든 회로에 대하여 감시상태를 10분간 계속한 후 2회선을 유효하게 작동시키고 10분간 경보할 수 있는 용량

(4) • 절연된 충전부와 외함 간: 5[MΩ] 이상
　　• 절연된 선로 간: 20[MΩ] 이상

해설

(1) 가스의 누설을 표시하는 표시등(누설등) 및 가스가 누설된 경계구역의 위치를 표시하는 표시등(지구등)은 등이 켜질때 황색으로 표시되어야 한다.

(2), (3) 예비전원의 종류와 용량

구분	예비전원의 용량	예비전원으로 사용하는 축전지
1회선용	감시상태 20분, 경보 10분	• 알칼리계 2차 축전지 • 리튬계 2차 축전지 • 무보수밀폐형 연축전지
2회로 이상	감시상태 10분, 경보 10분	

(4) 가스누설경보기의 절연저항
- 경보기의 절연된 충전부와 외함 간의 절연저항은 DC 500[V]의 절연저항계로 측정한 값이 5[MΩ](교류입력 측과 외함 간에는 20[MΩ]) 이상이어야 한다. 다만, 회신수가 10 이상인 것 또는 접속되는 중계기가 10 이상인 것은 교류입력 측과 외함 간을 제외하고는 1회선당 50[MΩ] 이상이어야 한다.
- 절연된 선로 간의 절연저항은 DC 500[V]의 절연저항계로 측정한 값이 20[MΩ] 이상이어야 한다.

연계이론

PHASE 17 가스누설경보기

02

도면과 같은 회로를 누름버튼스위치 PB_1 또는 PB_2 중 먼저 ON 조작된 측의 램프만 점등되는 병렬 우선회로가 되도록 고쳐서 그리시오. (단, PB_1 측의 계전기는 R_1, 램프는 L_1이며, PB_2 측의 계전기는 R_2, 램프는 L_2이다. 또한 추가되는 접점이 있을 경우에는 최소수만 사용하여 그리도록 한다.) (6점)

[기존 도면]

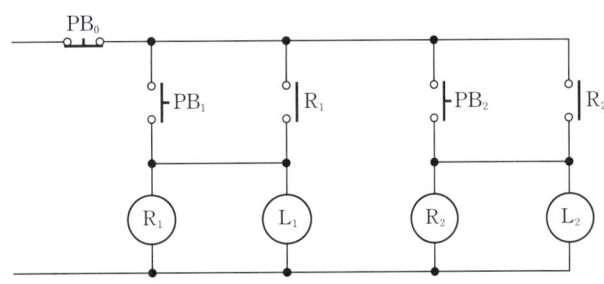

[병렬 우선회로]

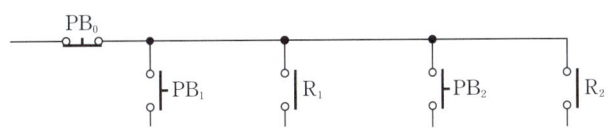

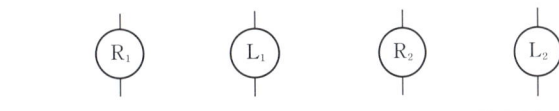

정답

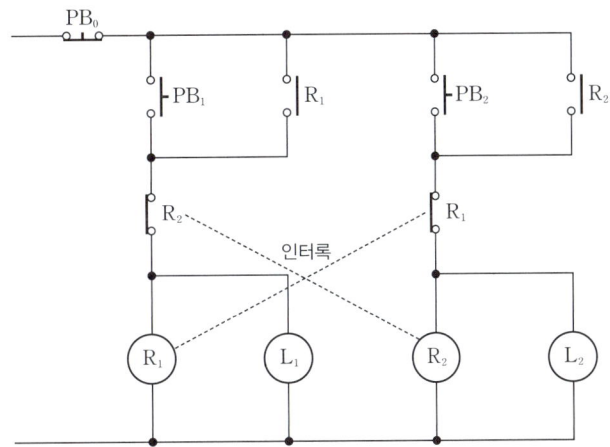

해설 인터록 회로란 두가지 이상의 동작이 동시에 일어나지 않게 하기 위한 회로이다. 이 문제에서는 릴레이 R_1과 릴레이 R_2가 R_2-b접점과 R_1-b접점에 의해 서로 인터록 관계에 있다.

연계이론 PHASE 40 시퀀스 회로

03 다음 옥내소화전의 계통도를 보고 물음에 답하시오. (9점)

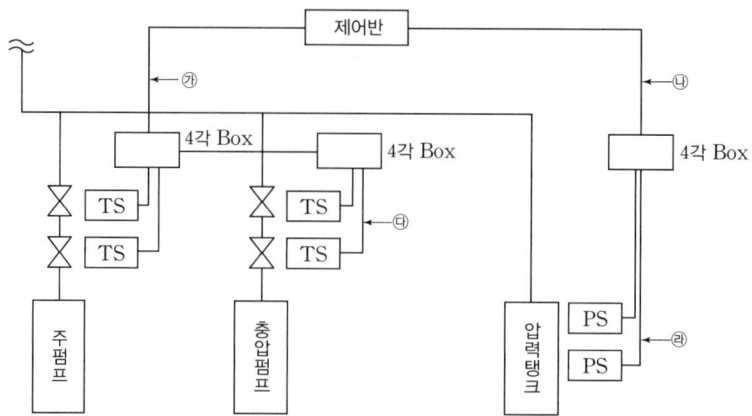

(1) 위 도면 ㉮~㉱의 기호에 해당되는 최소전선의 가닥수를 쓰시오.

(2) 옥내소화전설비에는 제어반을 설치하되, 감시제어반과 동력제어반으로 구분하여 설치하여야 한다. 다음 빈칸을 채우시오.
- 각 펌프의 작동 여부를 확인할 수 있는 (①) 및 (②) 기능이 있어야 할 것
- 각 펌프를 (③) 및 (④)으로 작동시키거나 작동을 중단시킬 수 있어야 할 것
- 비상전원을 설치한 경우에는 (⑤) 및 (⑥)의 공급 여부를 확인할 수 있을 것
- 수조 또는 물올림수조가 (⑦)로 될 때 표시등 및 음향으로 경보할 것
- 기동용 수압개폐장치의 압력스위치회로, 수조 또는 물올림수조의 감시회로마다 (⑧)시험 및 (⑨)시험 을 할 수 있어야 할 것

정 답

(1) ㉮ 5가닥 ㉯ 3가닥 ㉰ 2가닥 ㉱ 2가닥
(2) ① 표시등 ② 음향경보 ③ 자동 ④ 수동 ⑤ 상용전원 ⑥ 비상전원 ⑦ 저수위 ⑧ 도통 ⑨ 작동

해 설

(1) ㉮: 탬퍼스위치(TS) 4개를 담당하고 있으므로 탬퍼스위치 4가닥과 공통선 1가닥이 필요하다.
㉯: 압력스위치(PS) 2개를 담당하고 있으므로 압력스위치 2가닥과 공통선 1가닥이 필요하다.
㉰: 탬퍼스위치(TS) 1개를 담당하고 있으므로 탬퍼스위치 1가닥과 공통선 1가닥이 필요하다.
㉱: 압력스위치(PS) 1개를 담당하고 있으므로 압력스위치 1가닥과 공통선 1가닥이 필요하다.

구분	가닥수	배선 내역
㉮	5	탬퍼스위치 4, 공통 1
㉯	3	압력스위치 2, 공통 1
㉰	2	탬퍼스위치 1, 공통 1
㉱	2	압력스위치 1, 공통 1

(2) 감시제어반의 기능 적합 기준
- 각 펌프의 작동 여부를 확인할 수 있는 표시등 및 음향경보 기능이 있어야 할 것
- 각 펌프를 자동 및 수동으로 작동시키거나 중단시킬 수 있어야 할 것
- 비상전원을 설치한 경우에는 상용전원 및 비상전원의 공급 여부를 확인할 수 있어야 할 것
- 수조 또는 물올림수조가 저수위로 될 때 표시등 및 음향으로 경보할 것
- 다음의 각 확인회로마다 도통시험 및 작동시험을 할 수 있어야 할 것
  - 기동용 수압개폐장치의 압력스위치회로
  - 수조 또는 물올림수조의 저수위감시회로
  - 급수배관에 설치되어 있는 급수를 차단할 수 있는 개폐밸브의 폐쇄상태 확인회로
- 예비전원이 확보되고 예비전원의 적합 여부를 시험할 수 있어야 할 것

연계이론   PHASE 43 옥내 및 옥외소화전설비 도면

04 다음 그림을 보고 물음에 답하시오. (8점)

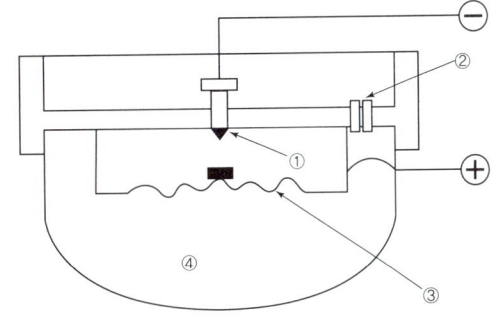

(1) 감지기의 명칭은 무엇인가?
(2) ①~③의 명칭과 역할에 대하여 간단하게 설명하시오.
(3) ④의 명칭은 무엇인가?

정답
(1) 차동식 스포트형 감지기(공기 팽창식)
(2) ① 고정접점: 가동접점과 접촉이 될 경우 화재신호를 발신
   ② 리크구멍: 감지기의 오작동을 방지
   ③ 다이어프램: 공기의 팽창에 의해 접점을 붙게 만드는 역할
(3) 감열실

해설

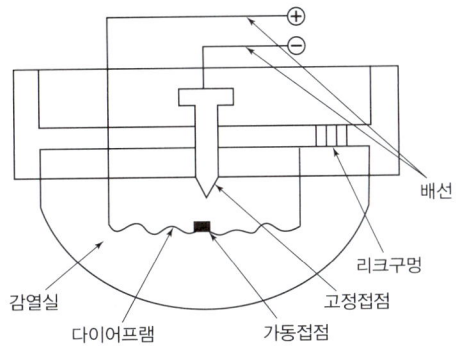

▲ 차동식 스포트형 감지기(공기팽창식) 구멍

감열실	열을 유효하게 받는 곳
다이어프램	공기의 팽창에 의해 접점을 붙게 만드는 역할
가동접점	공기 팽창에 의해 움직이는 접점으로 고정접점과 접촉 시 화재신호를 발신
고정접점	가동접점과 접촉이 될 경우 화재신호를 발신
리크구멍	감지기의 오작동을 방지하기 위함

연계이론   PHASE 10 열감지기

05

옥내소화전설비의 비상전원으로 자가발전설비 또는 축전지설비를 설치할 때 비상전원 설치기준 5가지를 쓰시오. (5점)

-
-
-
-
-

정답
- 점검에 편리하고 화재 및 침수 등의 재해로 인한 피해를 받을 우려가 없는 곳에 설치할 것
- 옥내소화전설비를 유효하게 20분 이상 작동할 수 있어야 할 것
- 상용전원으로부터 전력의 공급이 중단된 때에는 자동으로 비상전원으로부터 전력을 공급받을 수 있도록 할 것
- 비상전원의 설치장소는 다른 장소와 방화구획할 것
- 비상전원을 실내에 설치하는 때에는 그 실내에 비상조명등을 설치할 것

연계이론 PHASE 27 전원

06

다음은 자동화재탐지설비의 부대전기설비 계통도의 일부분이다. 조건을 보고 ①~⑦까지의 최소가닥수를 산정하시오. (6점)

> **조건**
> (가) 건물의 규모는 지하 3층, 지상 1층이며, 연면적은 4,000[m²]이다.
> (나) 선로의 수는 최소로 하고 공통선은 회로공통선과 경종표시등공통선을 분리한다.
> (다) 옥내소화전설비는 기동용 수압개폐장치를 이용한 자동기동방식으로 한다.
> (라) 옥내소화전설비에 해당하는 가닥수도 포함하여 산정한다.

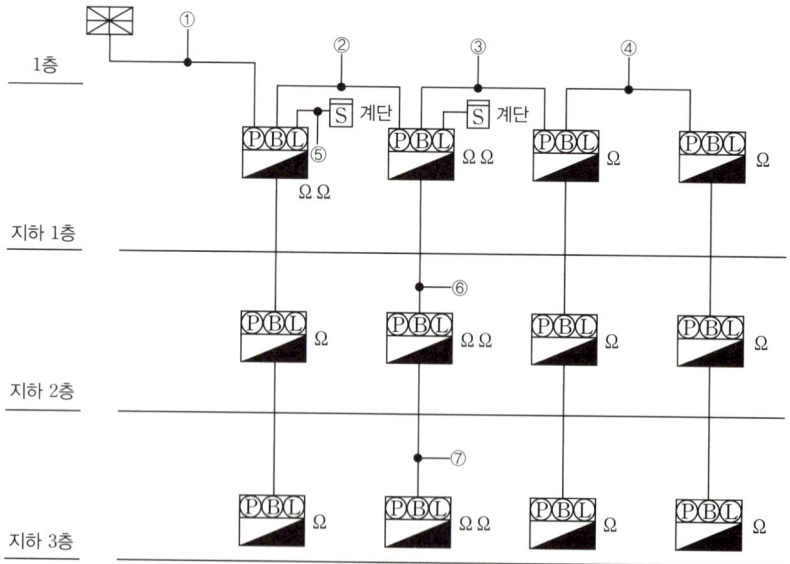

구분	①	②	③	④	⑤	⑥	⑦
가닥수							

정답

구분	①	②	③	④	⑤	⑥	⑦
가닥수	25	20	13	10	4	11	9

해설

자동화재탐지설비 가닥수

1층, 지하층만 있는 경우 일제경보방식을 적용한다. 즉, 층수에 따라 경종의 가닥수가 변하지 않고 1가닥으로 고정된다.
①: 발신기세트는 12개이며 종단저항이 16개이므로 지구선은 16가닥이다.
②: 발신기세트는 9개이며 종단저항은 12개이므로 지구선은 12가닥이다.
③: 발신기세트는 6개이며 종단저항도 6개이므로 지구선은 6가닥이다.
④: 발신기세트는 3개이며 종단저항도 3개이므로 지구선은 3가닥이다.
⑥: 발신기세트는 2개이며 종단저항이 4개이므로 지구선은 4가닥이다.
⑦: 발신기세트는 1개이며 종단저항이 2개이므로 지구선은 2가닥이다.

종류	가닥수	배선 내역
①	25	지구 16, 지구공통 3, 응답 1, 경종 1, 표시등 1, 경종표시등공통 1, 기동확인표시등 2
②	20	지구 12, 지구공통 2, 응답 1, 경종 1, 표시등 1, 경종표시등공통 1, 기동확인표시등 2
③	13	지구 6, 지구공통 1, 응답 1, 경종 1, 표시등 1, 경종표시등공통 1, 기동확인표시등 2
④	10	지구 3, 지구공통 1, 응답 1, 경종 1, 표시등 1, 경종표시등공통 1, 기동확인표시등 2
⑥	11	지구 4, 지구공통 1, 응답 1, 경종 1, 표시등 1, 경종표시등공통 1, 기동확인표시등 2
⑦	9	지구 2, 지구공통 1, 응답 1, 경종 1, 표시등 1, 경종표시등공통 1, 기동확인표시등 2

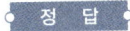

- 오른쪽 그림과 같이 옥내소화전설비가 발신기와 함께 있는 경우라면 기동확인표시등선 2가닥을 추가해야 한다.
- 지구회로선이 매 7가닥을 초과할 때마다 지구회로공통선은 1가닥이 증가함에 유의한다.

⑤: 발신기에 종단저항이 2개이므로 감지기는 교차회로 방식으로 배선해야 한다. 교차회로 방식의 경우 루프 및 말단(⑤)은 4가닥, 그 외 나머지는 8가닥이 된다.

종류	가닥수	배선 내역
⑤	4	지구 2, 지구공통 2

연계이론

PHASE 42 자동화재탐지설비 도면

07 다음은 통로유도등에 관한 사항이다. 다음 각 물음에 답하시오. (6점)

(1) ①~③에 알맞은 내용을 쓰시오.

구분	복도통로유도등	거실통로유도등	계단통로유도등
설치장소	복도	①	계단
설치방법	②	②	각 층의 경사로참 또는 계단참마다
설치높이	③	바닥으로부터 높이 1.5[m] 이상	③

(2) 계단통로유도등은 비상전원의 성능에 따라 유효점등시간 동안 등을 켠 후 주위조도가 0[lx]인 상태에서 조도의 측정방법과 조도기준에 대하여 쓰시오.

(3) 통로유도등 표시면의 바탕색은 무엇인지 쓰시오.

정답

(1) ① 거실의 통로
   ② 구부러진 모퉁이 및 보행거리 20[m]마다
   ③ 바닥으로부터 높이 1[m] 이하
(2) 바닥면 또는 디딤바닥면으로부터 높이 2.5[m]의 위치에 그 유도등을 설치하고 그 유도등의 바로 밑으로부터 수평거리로 10[m] 떨어진 위치에서의 법선조도가 0.5[lx] 이상
(3) 백색

해설

(1) 통로유도등의 설치 장소

복도통로유도등	• 복도에 설치할 것 • 구부러진 모퉁이 및 보행거리 20[m]마다 설치할 것 • 바닥으로부터 높이 1[m] 이하의 위치에 설치할 것
거실통로유도등	• 거실의 통로에 설치할 것 • 구부러진 모퉁이 및 보행거리 20[m]마다 설치할 것 • 바닥으로부터 높이 1.5[m] 이상의 위치에 설치할 것
계단통로유도등	• 각층의 경사로참 또는 계단참마다 설치할 것 • 바닥으로부터 높이 1[m] 이하의 위치에 설치할 것

(3) 통로유도등과 피난구유도등의 색상

구분	통로유도등	피난구 유도등
색상	백색 바탕, 녹색 문자	녹색 바탕, 백색 문자
예시	(백색/녹색 예시 이미지)	(녹색/백색 예시 이미지)

연계이론 PHASE 20 통로유도등

08

다음은 같은 장소에 차동식 스포트형 감지기 2종을 설치하는 경우와 광전식 스포트형 2종을 설치하는 경우 최소 감지기 소요개수를 산정하시오. (단, 주요구조부는 내화구조, 감지기의 설치높이는 3[m]이다.) (6점)

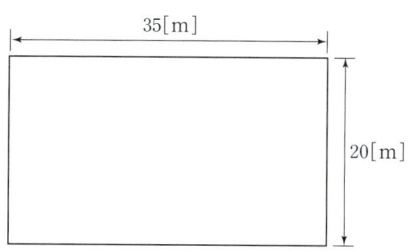

정답

(1) • 계산과정: $\dfrac{35 \times 20}{70} = 10$

• 답: 10개

(2) • 계산과정: $\dfrac{35 \times 20}{150} = 4.67 \to 5$

• 답: 5개

해설

(1) 주어진 조건은 차동식 스포트형 감지기 2종, 내화구조, 설치높이 3[m]이므로 다음표에서 바닥면적을 산정한다.

(단위: [m²])

부착높이 및 특정소방대상물의 구분		감지기의 종류						
		차동식 스포트형		보상식 스포트형		정온식 스포트형		
		1종	2종	1종	2종	특종	1종	2종
4[m] 미만	내화구조	90	70	90	70	70	60	20
	기타구조	50	40	50	40	40	30	15
4[m] 이상 8[m] 미만	내화구조	45	35	45	35	35	30	—
	기타구조	30	25	30	25	25	15	—

바닥면적 70[m²]이 산정되었으므로 감지기 개수는 $\dfrac{\text{전용면적}[m^2]}{70[m^2]} = \dfrac{700}{70} = 10$개가 필요하다.

※ 1경계구역당 면적 600[m²] 이하가 되어야 하지만, 이로 인해 전용 면적을 분리하지 않아도 된다.

(2) 문제에 주어진 조건은 광전식 스포트형 감지기(연기감지기) 2종, 내화구조, 설치높이 3[m]이므로 다음표에서 바닥면적을 산정한다.

부착높이	감지기의 종류	
	1종 및 2종	3종
4[m] 미만	150[m²]	50[m²]
4[m] 이상 20[m] 미만	75[m²]	

바닥면적 150[m²]이 산정되었으므로 감지기 개수는 $\dfrac{\text{전용면적}[m^2]}{150[m^2]} = \dfrac{35 \times 20}{150} = 4.67 \to 5$개

연계이론 PHASE 11 연기감지기

09

청각장애인용 시각경보장치의 설치기준에 대한 다음 (   ) 안을 완성하시오. (6점)

> - 복도·통로·청각장애인용 객실 및 공용으로 사용하는 (①)에 설치하며, 각 부분에서 유효하게 경보를 발할 수 있는 위치에 설치할 것
> - 공연장·집회장·관람장 또는 이와 유사한 장소에 설치하는 경우에는 시선이 집중되는 (②) 부분 등에 설치할 것
> - 바닥으로부터 (③)[m] 이상 (④)[m] 이하의 높이에 설치할 것. 다만, 천장높이가 2[m] 이하는 (⑤)에서 (⑥)[m] 이내의 장소에 설치해야 한다.

정답
① 거실
② 무대부
③ 2
④ 2.5
⑤ 천장
⑥ 0.15

해설

청각장애인용 시각경보장치의 설치기준
- 복도·통로·청각장애인용 객실 및 공용으로 사용하는 거실(로비, 회의실, 강의실, 식당, 휴게실, 오락실, 대기실, 체력단련실, 접객실, 안내실, 전시실, 기타 이와 유사한 장소를 말함)에 설치하며, 각 부분으로부터 유효하게 경보를 발할 수 있는 위치에 설치할 것
- 공연장·집회장·관람장 또는 이와 유사한 장소에 설치하는 경우에는 시선이 집중되는 무대부 부분 등에 설치할 것
- 설치 높이는 바닥으로부터 2[m] 이상 2.5[m] 이하의 장소에 설치할 것. 다만, 천장의 높이가 2[m] 이하인 경우에는 천장으로부터 0.15[m] 이내의 장소에 설치하여야 한다.
- 시각경보장치의 광원은 전용의 축전지설비 또는 전기저장장치(외부 전기에너지를 저장해 두었다가 필요한 때 전기를 공급하는 장치)에 의하여 점등되도록 할 것. 다만, 시각경보기에 작동전원을 공급할 수 있도록 형식승인을 얻은 수신기를 설치한 경우에는 그렇지 않다.

연계이론 PHASE 15 시각경보장치

10

소방용 케이블과 다른 용도의 케이블을 배선전용실에 함께 배선할 때 다음 각 물음에 답하시오. (4점)

(1) 소방용 케이블을 내화성능을 갖는 배선전용실 등의 내부에 소방용이 아닌 케이블과 함께 노출하여 배선할 때 소방용 케이블과 다른 용도 케이블 간의 피복과 피복 간 이격거리는 몇 [cm] 이상이어야 하는가?
(2) 부득이하여 (1)과 같이 이격시킬 수 없어 불연성 격벽을 설치한 경우에 격벽의 높이는 굵은 케이블 지름의 몇 배 이상이어야 하는가?

정답
(1) 15[cm]
(2) 1.5배

해설 소방용 배선과 다른 설비용 배선을 배선전용실 등에 설치하는 경우

구분	이격거리	불연성 격벽 높이
그림	(점검구(갑종방화문), 배선전용실, 15[cm] 이상, 소방용 케이블, 다른 용도의 케이블)	(점검구(갑종방화문), 배선전용실, 불연성 격벽, 소방용 케이블, 다른 용도의 케이블)
특징	배선전용실 또는 배선용 샤프트·피트·덕트 등에 다른 설비의 배선이 있는 경우 이격거리는 15[cm] 이상일 것	소화설비의 배선과 이웃하는 다른 설비의 배선 사이에 배선지름(배선의 지름이 다른 경우 가장 큰 것을 기준)의 1.5배 이상 높이의 불연성 격벽을 설치할 것

연계이론 PHASE 39 배선

11

수신기로부터 배선거리 100[m]의 위치에 모터사이렌이 접속되어 있다. 사이렌이 명동될 때의 사이렌의 단자전압을 구하시오. (단, 수신기는 정전압출력이라 하고 전선은 2.5[mm²] HFIX 전선이며, 사이렌의 정격 전력은 48[W]라고 가정한다. 전압변동에 의한 부하의 변동은 무시한다. 2.5[mm²] 동선의 전기저항은 8.75[Ω/km]라고 한다.) (5점)

- 계산과정:
- 답:

정답
- 계산과정:
  부하전류 $I=\dfrac{P}{V}=\dfrac{48}{24}=2[\text{A}]$, 부하저항 $R=\dfrac{100}{1,000}\times 8.75[\Omega]=0.875[\Omega]$
  단상 2선식 전압강하 $e=2\times 2\times 0.875=3.5[\text{V}]$이므로
  단자전압 $V=24-3.5=20.5[\text{V}]$
- 답: 20.5[V]

해설 단상 2선식 전압강하

$$e=2IR[\text{V}]$$
(단, I: 전류[A], R: 배선저항[Ω])

부하전류는 $I=\dfrac{P}{V}=\dfrac{48}{24}=2[\text{A}]$이고 전기저항은 1,000[m]당 8.75[Ω]이므로

저항 $R=\dfrac{100}{1,000}\times 8.75=0.875[\Omega]$이다.

즉, 전압강하는 $2IR=2\times 2\times 0.875=3.5[\text{V}]$이고, 수신기의 입력은 일반적으로 24[V]이므로 사이렌의 단자전압을 구하면 다음과 같다.
단자전압=수신기 입력-전압강하=24-3.5=20.5[V]

연계이론 PHASE 36 전압강하와 전선의 단면적

12 다음은 우선경보방식의 비상방송설비의 계통도를 보여주고 있다. 조건을 참고하여 각 층 사이의 ①~⑤까지의 배선수와 각 배선의 용도를 쓰시오. (단, 비상방송과 업무용 방송을 겸용하는 설비이다.) (10점)

> **조건**
> (가) 화재로 인하여 하나의 층의 확성기 또는 배선이 단락 또는 단선되어도 다른 층의 화재통보에 지장이 없도록 공통선을 추가 배선한다.
> (나) 배선의 용도는 공통선, 업무용, 긴급용으로 하고 예시처럼 작성한다.
> [예시] 업무용 1, 긴급용 1, 공통선 1

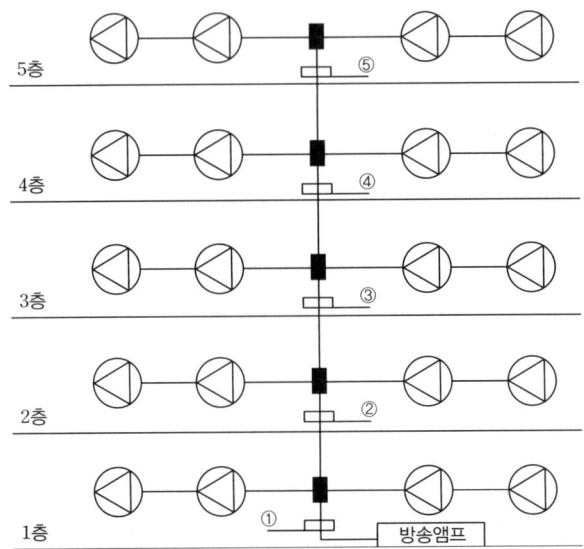

종류	가닥수	배선 내역
①		
②		
③		
④		
⑤		

정답

종류	가닥수	배선 내역
①	11	업무용 1, 긴급용 5, 공통선 5
②	9	업무용 1, 긴급용 4, 공통선 4
③	7	업무용 1, 긴급용 3, 공통선 3
④	5	업무용 1, 긴급용 2, 공통선 2
⑤	3	업무용 1, 긴급용 1, 공통선 1

해설 방송앰프에서 가장 멀리 있는 비상방송설비의 가닥수는 기본 3가닥(업무용 1, 긴급용 1, 공통선 1)이다.
비상방송설비는 화재로 인한 단락사고 등에 의해 경보를 할 수 없는 경우가 발생하면 안 된다. 따라서 공통선을 층별로 각각 배선해야 한다. 또한 매 층마다 긴급용 전선 1가닥을 추가한다.

연계이론 PHASE 14 비상방송설비

13 논리식 Z=(A+B+C)·(A·B·C+D)를 릴레이회로(유접점 회로)와 논리회로(무접점 회로)로 바꾸어 그리시오. (6점)

(1) 릴레이회로(유접점 회로)

(2) 논리회로(무접점 회로)

정답

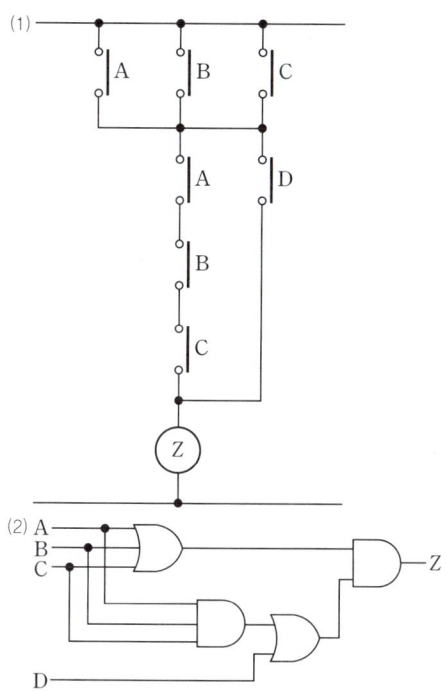

해설 (1) 다음과 같은 방법으로도 표현이 가능하다.

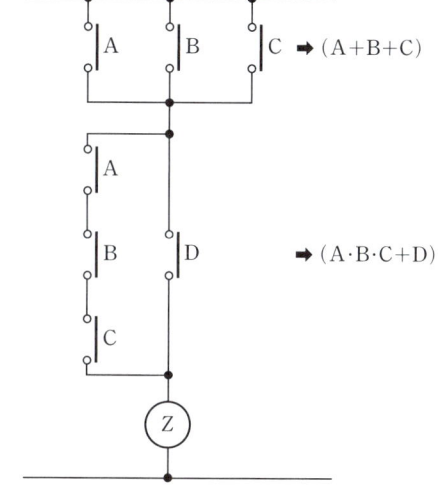

참고 입력이 3개인 경우의 유접점 회로와 무접점 회로

논리식	유접점 회로	무접점 회로
A+B+C (OR회로)		
A·B·C (AND회로)		

연계이론 PHASE 40 시퀀스 회로

14

소방시설용 비상전원수전설비에서 고압 또는 특별고압으로 수전하는 도면을 보고 다음 물음에 답하시오. (6점)

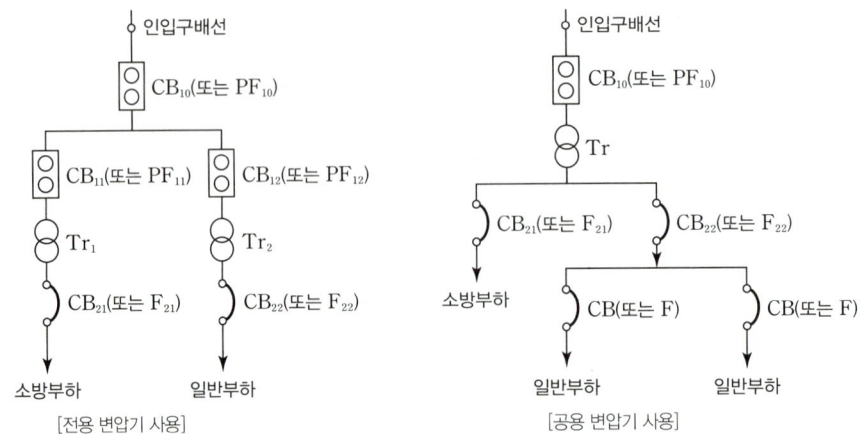

[전용 변압기 사용]   [공용 변압기 사용]

(1) 도면에 표시된 약호에 대한 명칭을 쓰시오.

약호	명칭
CB	
PF	
F	
Tr	

(2) 일반회로의 과부하 또는 단락사고 시에 CB_{10}(또는 PF_{10})이 어떤 기기보다 먼저 차단되어서는 안 되는지 쓰시오.

(3) CB_{11}(또는 PF_{11})은 어느 것과 동등 이상의 차단용량이어야 하는지 쓰시오.

정답

(1)

약호	명칭
CB	전력차단기
PF	전력퓨즈(고압 또는 특별고압용)
F	퓨즈(저압용)
Tr	전력용 변압기

(2) CB_{12}(또는 PF_{12}) 및 CB_{22}(또는 F_{22})

(3) CB_{12}(또는 PF_{12})

해 설 소방시설용 비상전원수전설비의 화재안전기술기준(고압 또는 특별고압 수전의 경우)

전용의 전력용변압기에서 소방부하에 전원을 공급하는 경우	공용의 전력용변압기에서 소방부하에 전원을 공급하는 경우
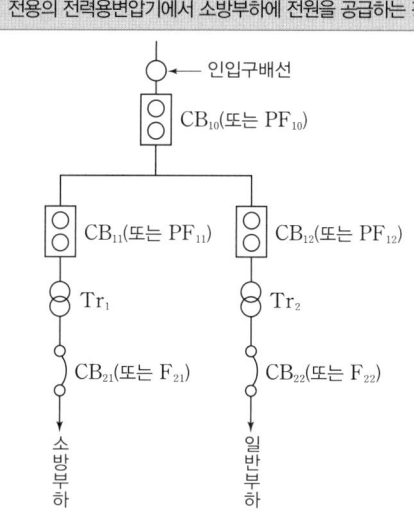	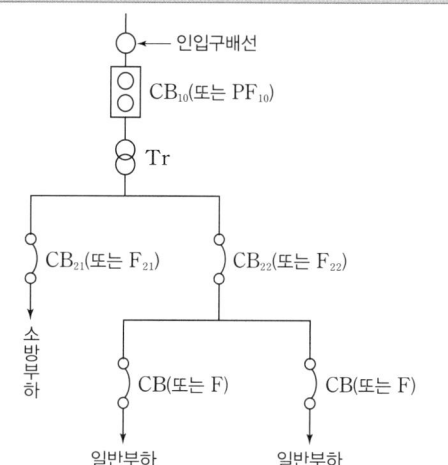
1. 일반회로의 과부하 또는 단락사고 시에 CB_{10}(또는 PF_{10})이 CB_{12}(또는 PF_{12}) 및 CB_{22}(또는 F_{22})보다 먼저 차단되어서는 아니된다. 2. CB_{11}(또는 PF_{11})은 CB_{12}(또는 PF_{12})와 동등 이상의 차단용량일 것	1. 일반회로의 과부하 또는 단락사고 시에 CB_{10}(또는 PF_{10})이 CB_{22}(또는 F_{22}) 및 CB(또는F)보다 먼저 차단되어서는 아니된다. 2. CB_{21}(또는 F_{21})은 CB_{22}(또는 F_{22})와 동등 이상의 차단용량일 것
약호 | 명칭 CB | 전력차단기 PF | 전력퓨즈(고압 또는 특별고압용) F | 퓨즈(저압용) Tr | 전력용 변압기	약호 | 명칭 CB | 전력차단기 PF | 전력퓨즈(고압 또는 특별고압용) F | 퓨즈(저압용) Tr | 전력용 변압기

연계이론 PHASE 28 비상전원수전설비

15 다음은 지하 1층, 지상 8층인 내화구조의 건물 지상 1층 평면도이다. 각 물음에 답하시오. (단, 계단 감지기는 수신기에 직접 배선, 배관하는 것으로 하고 건물의 층고는 3[m]이다.) (9점)

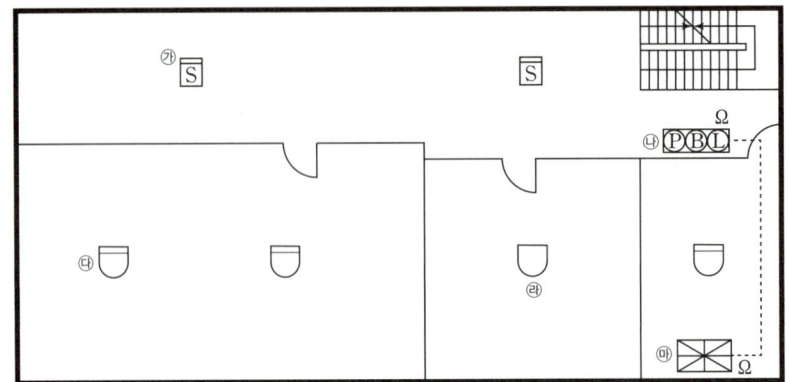

(1) 위의 도면상에 표시된 감지기를 루프식 배선방식을 사용하여 발신기에 연결하고 배선가닥수를 표시하시오.

(2) ㉮~㉲에 표기된 그림기호에 대한 명칭과 형별을 쓰시오.

종류	명칭	형별
㉮		
㉯	발신기	P형
㉰		
㉱		
㉲	수신기	P형

(3) 발신기와 수신기 사이 배관길이가 20[m]인 경우 전선은 몇 [m]가 필요한지 소요량을 산출하시오. (단, 전선의 할증률은 10[%]로 한다.)
 • 계산과정:
 • 답:

 (1)

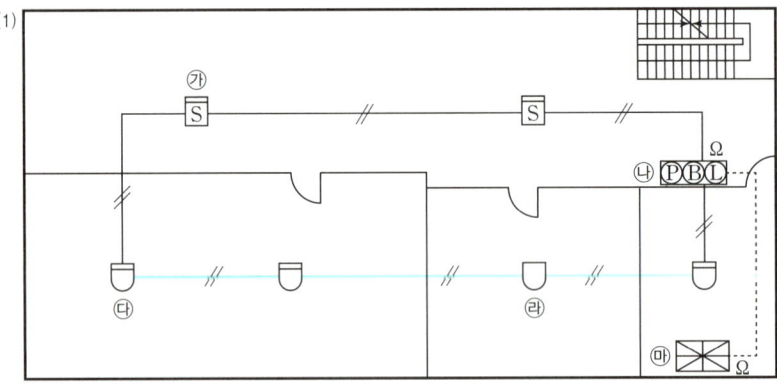

(2)

종류	명칭	형별
㉮	연기감지기	스포트형
㉯	발신기	P형
㉰	차동식 감지기	스포트형
㉱	정온식 감지기	스포트형
㉲	수신기	P형

(3) • 계산과정: $20 \times 15 \times 1.1 = 330 [m]$
   • 답: $330[m]$

해설

(1) 발신기에 종단저항이 1개이므로 감지기는 송배선식을 적용한다. 감지기를 루프식 배선방식을 사용하여 발신기에 연결하라고 하였으므로 발신기를 포함하여 루프를 형성할 수 있도록 배선한다. 송배선식의 루프는 2가닥, 기타 4가닥으로 배선한다.

(2) **도면기호**

명칭	기호	세부기호		명칭	기호	세부기호	
사이렌	◁	전자사이렌	Ⓢ◁	차동식 스포트형 감지기	⌒	–	
		모터사이렌	Ⓜ◁	보상식 스포트형 감지기	⌒	–	
비상벨	Ⓑ	–				이온화식 스포트형	SI
정온식 스포트형 감지기	⌒	방수형	⌒	연기감지기	S	광전식 스포트형	SP
		내산형	⌒				
		내알칼리형	⌒			광전식 아날로그식	SA
		방폭형	⌒EX				

(3) 발신기와 수신기 사이 배관 내 필요한 전선은 다음과 같이 구할 수 있다.
   • 층수가 11층(공동주택의 경우 16층) 미만인 건물은 일제경보방식으로 배선한다.
   • 지하 1층, 지상 8층인 건물의 경계구역수는 9개이다. 따라서 1층에서 필요한 선은 다음과 같다.

구분	가닥수	배선 내역
1층	15	지구 9, 지구공통 2, 응답 1, 경종 1, 표시등 1, 경종표시등공통 1

   • 지구선이 매 7가닥을 초과하는 경우에 지구공통선이 1가닥씩 추가되는 점에 유의한다. 즉, 배관 내에는 15개의 전선이 들어가므로 전선의 소요량은 다음과 같다.
   소요량=배관길이×가닥수×(1+할증률)=$20 \times 15 \times (1+0.1) = 330[m]$

연계이론 PHASE 42 자동화재탐지설비 도면

2017년 4회 기출문제

01 비상콘센트설비에 대한 다음 각 물음에 답하시오. (7점)

(1) 전원회로 및 공급용량에 대한 (   ) 안을 완성하시오.
- 전원회로는 (①)교류 (②)[V]인 것으로서, 그 공급용량은 (③)[kVA] 이상인 것으로 할 것

(2) 전원부와 외함 사이의 절연저항값과 절연내력의 방법에 대해 쓰시오.
- 절연저항값:
- 절연내력의 시험방법(정격전압 150[V] 초과):

정답

(1) ① 단상
  ② 220
  ③ 1.5
(2) • 절연저항값: 20[MΩ] 이상
  • 절연내력의 시험방법(정격전압 150[V] 초과): 정격전압에 2를 곱하여 1,000을 더한 실효전압을 1분 이상 가하여 견뎌야 한다.

해설

(1) 비상콘센트설비의 전원회로 설치기준
- 비상콘센트설비의 전원회로는 단상교류 220[V]인 것으로서, 그 공급용량은 1.5[kVA] 이상인 것으로 할 것
- 전원회로는 각 층에 2 이상이 되도록 설치할 것. 다만, 설치해야 할 층의 콘센트가 1개인 때에는 하나의 회로로 할 수 있다.
- 전원회로는 주배전반에서 전용회로로 할 것. 다만, 다른 설비회로의 사고에 따른 영향을 받지 않도록 되어 있는 것은 그렇지 않다.
- 전원으로부터 각 층의 비상콘센트에 분기되는 경우에는 분기배선용 차단기를 보호함 안에 설치할 것
- 콘센트마다 배선용 차단기를 설치하여야 하며, 충전부가 노출되지 않도록 할 것
- 개폐기에는 '비상콘센트'라고 표시한 표지를 할 것
- 비상콘센트용의 풀박스 등은 방청도장을 한 것으로서, 두께 1.6[mm] 이상의 철판으로 할 것
- 하나의 전용회로에 설치하는 비상콘센트는 10개 이하로 할 것. 이 경우 전선의 용량은 각 비상콘센트(비상콘센트가 3개 이상인 경우에는 3개)의 공급용량을 합한 용량 이상의 것으로 해야 한다.

(2) 비상콘센트설비의 절연저항 측정방법과 절연내력 시험방법
- 절연저항은 전원부와 외함 사이를 500[V] 절연저항계로 측정할 때 20[MΩ] 이상일 것
- 절연내력은 전원부와 외함 사이에 정격전압이 150[V] 이하인 경우에는 1,000[V]의 실효전압을, 정격전압이 150[V] 초과인 경우에는 그 정격전압에 2를 곱하여 1,000을 더한 실효전압을 가하는 시험에서 1분 이상 견디는 것으로 할 것

연계이론 PHASE 25 비상콘센트설비

02 비상전원의 배선사용기준 중 분말소화설비의 배선 기준을 그림에 직접 표하시오. (단, ──: 내화배선, —·—: 내열배선, ······: 일반배선으로 표시한다.) (5점)

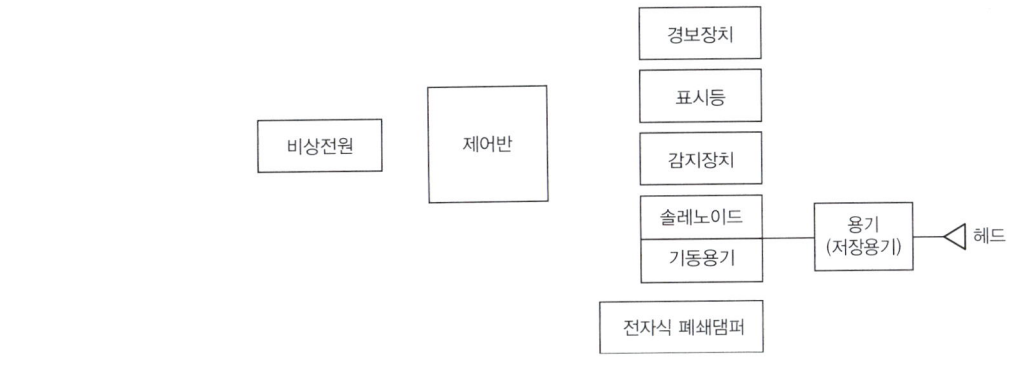

정 답

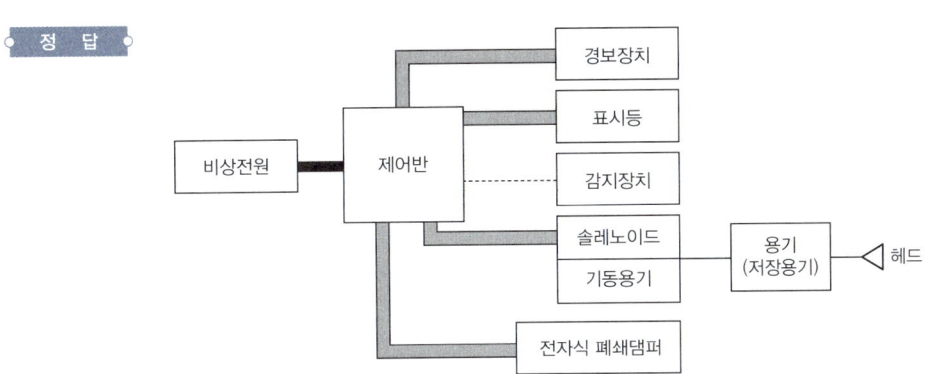

해 설 **분말소화설비의 배선**

① 전원회로의 배선(비상전원 – 제어반)은 내화배선으로 한다.
② 감지기회로가 있는 경우 일반회로로 배선한다.
③ 그 외 나머지는 내열배선으로 한다.

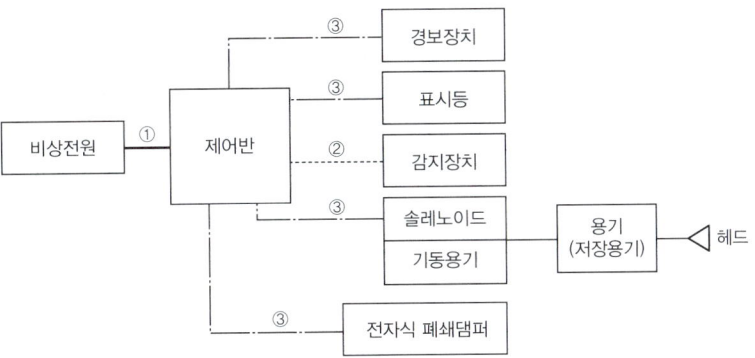

연계이론 PHASE 39 배선

03 다음은 할론(Halon) 소화설비의 수동조작함에서 할론제어반까지의 결선도 및 계통도(3zone)에 대한 것이다. 주어진 도면과 조건을 참조하여 각 물음에 답하시오. (8점)

조건
(가) 전선의 가닥수는 최소 가닥수로 한다.
(나) 복구스위치 및 도어스위치는 없는 것으로 한다.
(다) 번호표기가 없는 것은 방출지연스위치이다.

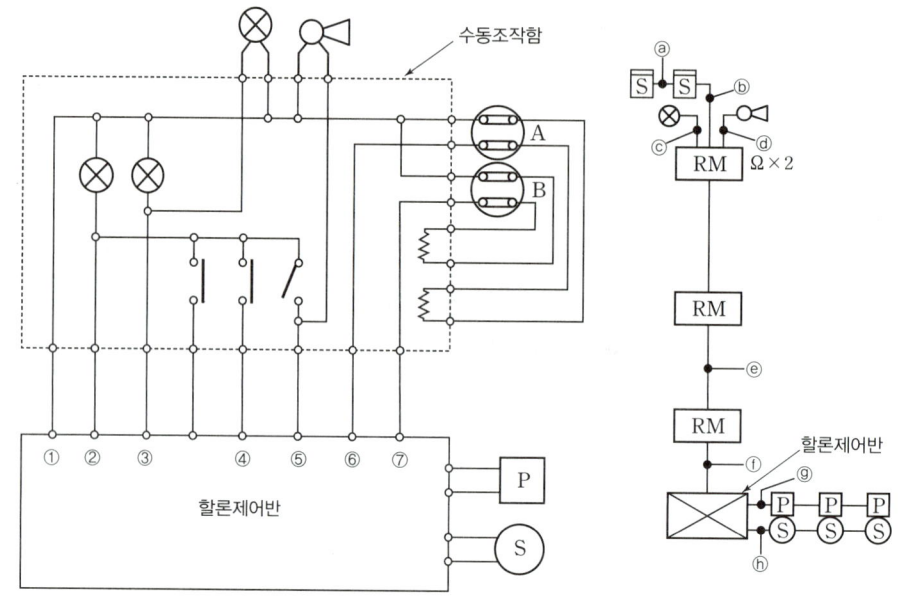

(1) ①~⑦의 전선 명칭을 쓰시오.

기호	①	②	③	④	⑤	⑥	⑦
명칭							

(2) ⓐ~ⓗ의 전선 가닥수를 쓰시오.

기호	ⓐ	ⓑ	ⓒ	ⓓ	ⓔ	ⓕ	ⓖ	ⓗ
가닥수								

정답

(1)

기호	①	②	③	④	⑤	⑥	⑦
명칭	전원 ⊖	전원 ⊕	방출표시등	기동스위치	사이렌	감지기 A	감지기 B

(2)

기호	ⓐ	ⓑ	ⓒ	ⓓ	ⓔ	ⓕ	ⓖ	ⓗ
가닥수	4	8	2	2	13	18	4	4

해 설

(1)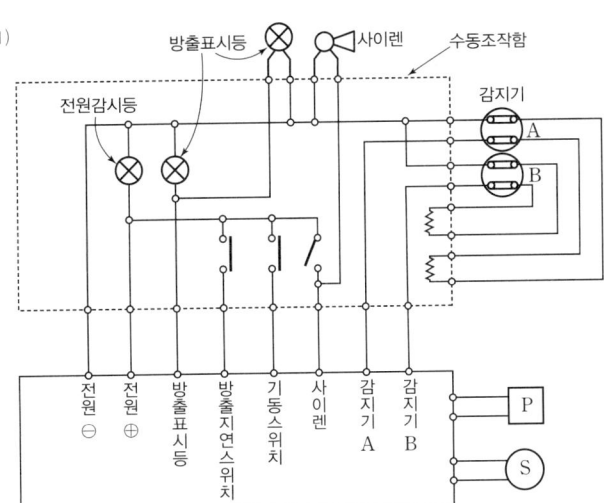

방출지연스위치단자와 기동스위치 단자는 특별한 언급이 없는 경우 바뀌어도 된다. 문제에서 번호 표기가 없는 것이 방출지연스위치이므로 ④는 기동스위치가 된다.

(2) [감지기 배선]
할론소화설비의 감지기는 교차회로 방식으로 배선한다. 교차회로 방식의 루프 및 말단(ⓐ)은 4가닥, 기타(ⓑ) 8가닥으로 배선한다.

기호	가닥수	배선 내역
ⓐ	4	지구 2, 지구공통 2
ⓑ	8	지구 4, 지구공통 4

[할론제어반 ↔ 수동조작함]
수신반에서 수동조작함까지의 배선은 기본 9가닥(전원 ⊕·⊖, 방출지연스위치 1, 감지기공통 1, 감지기 A 1, 감지기 B 1, 기동스위치 1, 사이렌 1, 방출표시등 1)이다. 감지기공통선과 전원선을 분리하지 않는 경우라면 감지기공통 1선을 제외한 8가닥을 작성한다.
수동조작함이 2개가 있는 경우 (감지기 A 1, 감지기 B 1, 기동스위치 1, 사이렌 1, 방출표시등 1)의 5가닥이 추가된다.

기호	가닥수	배선 내역
ⓔ (2zone)	13	전원 ⊕·⊖, 방출지연스위치 1, (감지기 A·B, 기동스위치 1, 사이렌 1, 방출표시등 1)×2
ⓕ (3zone)	18	전원 ⊕·⊖, 방출지연스위치 1, (감지기 A·B, 기동스위치 1, 사이렌 1, 방출표시등 1)×3

[기타]

기호	가닥수	배선 내역
ⓒ	2	방출표시등 2
ⓓ	2	사이렌 2
ⓖ	4	압력스위치 3, 공통 1
ⓗ	4	솔레노이드밸브 3, 공통 1

연계이론 PHASE 48 할론소화설비 도면

04 기동용 수압개폐장치를 사용하는 옥내소화전설비와 습식스프링클러 설비가 설치된 지상 6층인 호텔의 계통도를 보고 물음에 답하시오. (단, 연면적은 8,000[m²]이며, 일제경보방식이다.) (8점)

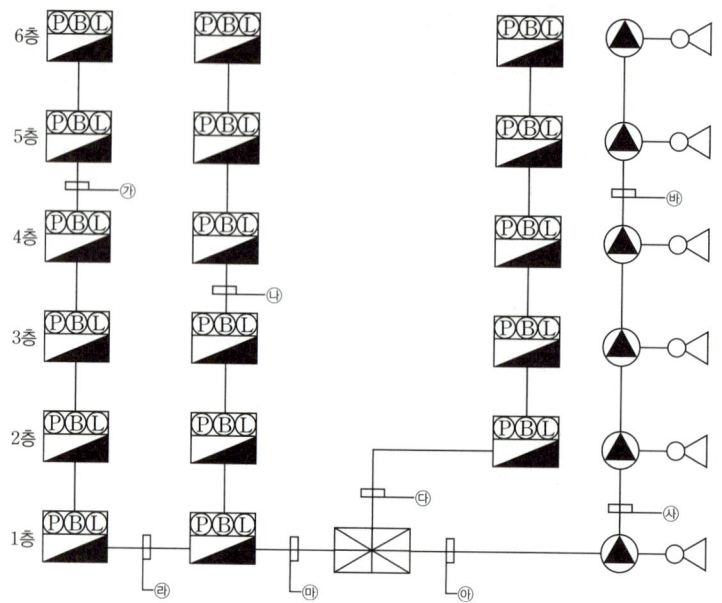

(1) ㉮~㉯까지의 최소 배선 가닥수를 쓰시오.

기호	㉮	㉯	㉰	㉱	㉲	㉳	㉴	㉵
가닥수								

(2) 발신기 간 배선 중 7경계구역이 넘는 경우 추가되는 배선의 명칭을 쓰시오.
(3) "㉲"에 필요한 지구선은 몇 가닥이 필요한지 쓰시오.
(4) "㉱"에 필요한 경종선은 몇 가닥이 필요한지 쓰시오.
(5) "㉲"에 필요한 경종선은 몇 가닥이 필요한지 쓰시오.

● 정 답 ●

(1)

기호	㉮	㉯	㉰	㉱	㉲	㉳	㉴	㉵
가닥수	9	10	12	13	20	7	16	19

(2) 지구회로공통선
(3) 12가닥
(4) 1가닥
(5) 1가닥

 층수가 11층(공동주택의 경우에는 16층) 미만인 건물의 경우 일제경보방식을 적용한다. 즉, 층수에 따라 경종의 가닥수가 변하지 않고 1가닥으로 고정된다.

[자동화재탐지설비]

기호	가닥수	배선 용도
㉮	9	지구 2, 지구공통 1, 응답 1, 표시등 1, 경종선 1, 경종표시등공통 1, 기동확인표시등 2
㉯	10	지구 3, 지구공통 1, 응답 1, 표시등 1, 경종선 1, 경종표시등공통 1, 기동확인표시등 2
㉰	12	지구 5, 지구공통 1, 응답 1, 표시등 1, 경종선 1, 경종표시등공통 1, 기동확인표시등 2
㉱	13	지구 6, 지구공통 1, 응답 1, 표시등 1, 경종선 1, 경종표시등공통 1, 기동확인표시등 2
㉲	20	지구 12, 지구공통 2, 응답 1, 표시등 1, 경종선 1, 경종표시등공통 1, 기동확인표시등 2

- 오른쪽 그림과 같이 옥내소화전설비가 발신기와 함께 있는 경우라면 기동확인표시등선 2가닥을 추가해야 한다.
- 지구회로선이 매 7가닥을 초과할 때마다 지구공통선은 1가닥이 증가함에 유의한다.
  ㉮: 발신기를 2개 통과하므로 지구선은 2가닥이다.
  ㉯: 발신기를 3개 통과하므로 지구선은 3가닥이다.
  ㉰: 발신기를 5개 통과하므로 지구선은 5가닥이다.
  ㉱: 발신기를 6개 통과하므로 지구선은 6가닥이다.
  ㉲: 발신기를 12개 통과하므로 지구선은 12가닥이다. 이때 지구선이 7가닥을 초과했으므로 지구공통선은 2가닥이 된다.

[습식스프링클러 설비]

기호	가닥수	배선 용도
㉳	7	압력스위치 2, 탬퍼스위치 2, 사이렌 2, 공통선 1
㉴	16	압력스위치 5, 탬퍼스위치 5, 사이렌 5, 공통선 1
㉵	19	압력스위치 6, 탬퍼스위치 6, 사이렌 6, 공통선 1

도면기호 ▲는 습식스프링클러설비의 알람밸브로 가닥수는 PS(압력스위치) 1, TS(탬퍼스위치) 1, 사이렌1, 공통선 1로 4가닥이 기본이며 밸브수에 따라 PS, TS, 사이렌이 한가닥씩 증가한다.
㉳: 밸브수가 2개이므로 총 7가닥이다.
㉴: 밸브수가 5개이므로 총 16가닥이다.
㉵: 밸브수가 6개이므로 총 19가닥이다.

연계이론 PHASE 47 스프링클러설비 도면

05
도면은 누전경보기에 설치하는 회로도이다. 이 회로를 보고 다음 각 물음에 답하시오. (단, 도면의 잘못된 부분은 모두 정상회로로 수정한 것으로 가정하고 답한다.) (10점)

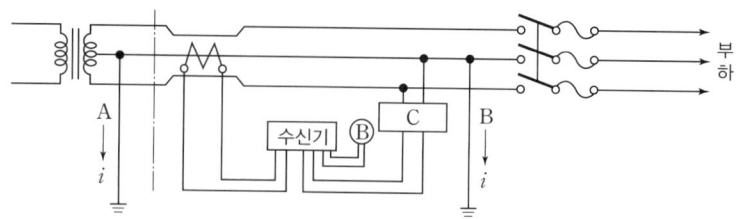

수신기: 1급, C: 과전류 차단기, B: 음향장치

(1) 회로에서 틀린 부분을 3가지를 표시하시오.
(2) A의 접지선에 접지하여야 할 접지의 종류는 무엇이며, 또 이때의 접지저항값의 계산식은 무엇인가?
  • 종류:
  • 계산식:
(3) 회로에서 1급 수신기는 경계전로의 전류가 몇 [A] 초과의 것이어야 하는가?
(4) 회로의 음향장치에서 음량은 장치의 중심으로부터 1[m] 떨어진 위치에서 몇 [dB] 이상이 되어야 하는가?
(5) 회로의 음향장치는 정격전압의 몇 [%] 전압에서 음향을 발할 수 있어야 하는가?
(6) 회로에서 C에 사용되는 과전류차단기의 용량은 몇 [A] 이하이어야 하는가?
(7) 회로에서 변류기의 절연저항을 측정하였을 경우 절연저항값은 몇 [MΩ] 이상이어야 하는가? (단, 1차 코일 또는 2차 코일과 외부 금속부와의 사이는 차단기의 개폐부에 DC 500[V] 절연저항계를 사용한다.)
(8) 누전경보기의 공칭작동전류치는 몇 [mA] 이하이어야 하는가?

정답

(1)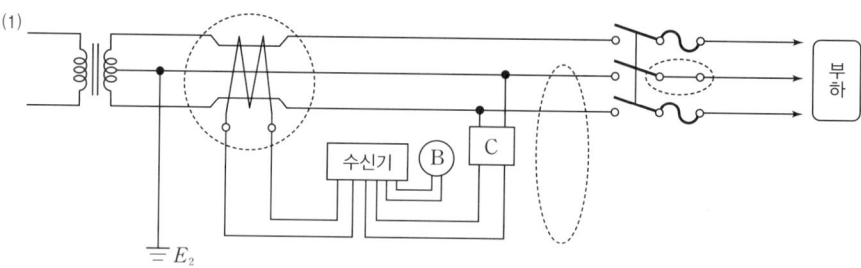

(2) • 종류: 변압기 중성점 접지공사
  • 계산식: $\dfrac{150}{1\text{선 지락전류의 값}}[\Omega]$ 이하
(3) 60[A]
(4) 70[dB]
(5) 80[%]
(6) 15[A]
(7) 5[MΩ]
(8) 200[mA]

(1)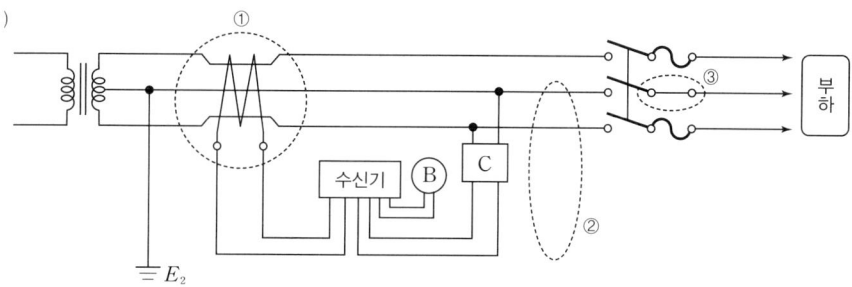

① 영상변류기는 3선 모두 통과되어야 한다.
② 영상변류기의 부하 측에 설치된 변압기 중성점 접지선을 제거한다.
③ 중성선에는 퓨즈를 제거한다.

(2) 변압기 중성점의 접지공사

구분	접지저항값
일반적인 경우	$\frac{150}{I_g}$[Ω] 이하
1초 초과, 2초 이내에 고압·특고압 전로를 자동차단하는 장치를 설치한 경우	$\frac{300}{I_g}$[Ω] 이하
1초 이내에 고압·특고압 전로를 자동차단하는 장치를 설치한 경우	$\frac{600}{I_g}$[Ω] 이하

※ I_g: 지락전류[A]

(3) 누전경보기 설치방법

경계전로의 정격전류가 60[A]를 초과하는 전로에 있어서는 1급 누전경보기를, 60[A] 이하의 전로에 있어서는 1급 또는 2급 누전경보기를 설치할 것. 다만, 정격전류가 60[A]를 초과하는 경계전로가 분기되어 각 분기회로의 정격전류가 60[A] 이하로 되는 경우 당해 분기회로마다 2급 누전경보기를 설치한 때에는 당해 경계전로에 1급 누전경보기를 설치한 것으로 본다.

(4), (5) 경보기구에 내장하는 음향장치
- 사용전압의 80[%]인 전압에서 소리를 내어야 한다.
- 사용전압에서의 음압은 무향실내에서 정위치에 부착된 음향장치의 중심으로부터 1[m] 떨어진 지점에서 누전경보기는 70[dB] 이상이어야 한다. 다만, 고장표시장치용 등의 음압은 60[dB] 이상이어야 한다.

(6) 누전경보기의 전원
- 전원은 분전반으로부터 전용회로로 하고, 각 극에 개폐기 및 15[A] 이하의 과전류차단기(배선용차단기에 있어서는 20[A] 이하의 것으로 각 극을 개폐할 수 있는 것)를 설치할 것
- 전원을 분기할 때에는 다른 차단기에 따라 전원이 차단되지 않도록 할 것
- 전원의 개폐기에는 "누전경보기용"임을 표시한 표지를 할 것

(7)

구분	시험전압	절연저항	시험위치
변류기	직류 500[V]	5[MΩ] 이상	• 절연된 1차 권선과 2차 권선 간의 절연저항 • 절연된 1차 권선과 외부금속부 간의 절연저항 • 절연된 2차 권선과 외부금속부 간의 절연저항

(8) 누전경보기의 공칭작동전류치(누전경보기를 작동시키기 위하여 필요한 누설전류의 값으로서 제조자에 의하여 표시된 값)는 200[mA] 이하이어야 한다.

연 계 이 론   PHASE 16 누전경보기

06 그림과 같이 구획된 철근콘크리트 건물의 공장이 있다. 설치높이가 5[m]인 곳에 자동화재탐지설비의 차동식 스포트형 1종 감지기를 설치하고자 한다. 다음 각 물음에 답하시오. (7점)

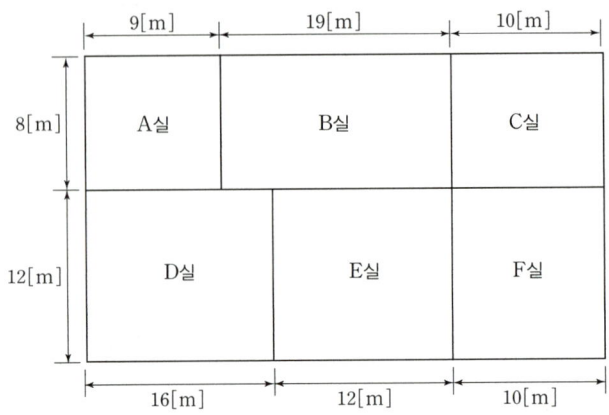

(1) 다음 표를 완성하여 감지기 개수를 구하시오.

구분	계산과정	설치수량[개]
A실		
B실		
C실		
D실		
E실		
F실		
합계		

(2) 이 건물의 경계구역수는 몇 개인가?
- 계산과정:
- 답:

정답

(1)

구분	계산과정	설치수량[개]
A실	$\frac{9 \times 8}{45} = 1.6 \to 2$	2개
B실	$\frac{19 \times 8}{45} = 3.38 \to 4$	4개
C실	$\frac{10 \times 8}{45} = 1.78 \to 2$	2개
D실	$\frac{16 \times 12}{45} = 4.27 \to 5$	5개
E실	$\frac{12 \times 12}{45} = 3.2 \to 4$	4개
F실	$\frac{10 \times 12}{45} = 2.67 \to 3$	3개
합계	2+4+2+5+4+3=20	20개

(2) • 계산과정: $\dfrac{(9+19+10)\times(8+12)}{600}=1.27 \to 2$

• 답: 2경계구역

해 설

(1) 내화구조(철근콘크리트)의 건물로서 천장높이가 5[m]이고 차동식 스포트형 1종 감지기를 설치하므로 다음 표에서 바닥면적을 산정한다.

(단위: [m²])

부착높이 및 특정소방대상물의 구분		감지기의 종류						
		차동식 스포트형		보상식 스포트형		정온식 스포트형		
		1종	2종	1종	2종	특종	1종	2종
4[m] 미만	내화구조	90	70	90	70	70	60	20
	기타구조	50	40	50	40	40	30	15
4[m] 이상 8[m] 미만	내화구조	45	35	45	35	35	30	—
	기타구조	30	25	30	25	25	15	—

바닥면적 45[m²]이 산정되었으므로 감지기 개수는 $\dfrac{\text{전용면적}[m^2]}{45[m^2]}$ 으로 산출한다.

• A실: $\dfrac{9\times 8}{45}=1.6 \to 2$(소수점 절상)

• B실: $\dfrac{19\times 8}{45}=3.38 \to 4$(소수점 절상)

• C실: $\dfrac{10\times 8}{45}=1.78 \to 2$(소수점 절상)

• D실: $\dfrac{16\times 12}{45}=4.27 \to 5$(소수점 절상)

• E실: $\dfrac{12\times 12}{45}=3.2 \to 4$(소수점 절상)

• F실: $\dfrac{10\times 12}{45}=2.67 \to 3$(소수점 절상)

따라서 총 감지기 설치 개수는 2+4+2+5+4+3=20개이다.

(2) 1경계구역당 600[m²] 이하로 해야하고 한 변의 길이는 50[m] 이하로 해야 한다.

전체 면적은 (9+19+10)×(8+12)=760[m²]이므로 경계구역수는 $\dfrac{760}{600}=1.27 \to 2$(소수점 절상)이다.

연계이론 PHASE 09 감지기

---

07 자동화재탐지설비의 수신기에서 공통선시험을 하는 목적과 시험방법을 설명하시오. (6점)

(1) 목적:

(2) 시험방법:

정 답

(1) 목적: 공통선이 담당하고 있는 경계구역의 적정 여부 확인
(2) 시험방법: 수신기에 접속되어 있는 공통선 1선을 제거한뒤 회로선택스위치를 차례로 회전시킨다. 각 회로별 전압계 또는 표시등을 확인하여 단선을 지시한 경계구역의 회선수를 확인한다.

연계이론 PHASE 50 수신기의 시험

08 다음 표는 소화설비별로 사용할 수 있는 비상전원의 종류를 나타낸 것이다. 각 소화설비별로 설치하여야 하는 비상전원을 찾아 빈칸에 ○표 하시오. (4점)

설비명	자가발전설비	축전지설비	비상전원수전설비
옥내소화전설비, 물분무소화설비, 이산화탄소소화설비, 할론소화설비, 비상조명등, 제연설비, 연결송수관설비			
스프링클러설비, 포소화설비			
자동화재탐지설비, 비상경보설비, 유도등, 비상방송설비			
비상콘센트설비			

정답

설비명	자가발전설비	축전지설비	비상전원수전설비
옥내소화전설비, 물분무소화설비, 이산화탄소소화설비, 할론소화설비, 비상조명등, 제연설비, 연결송수관설비	○	○	
스프링클러설비, 포소화설비	○	○	○
자동화재탐지설비, 비상경보설비, 유도등, 비상방송설비		○	
비상콘센트설비	○	○	○

해설

소화설비의 비상전원 종류와 용량

설비	비상전원	비상전원 용량
스프링클러설비 미분무소화설비 포소화설비	자가발전설비 축전지설비 전기저장장치 비상전원수전설비	20분 이상
옥내소화전설비 물분무소화설비 할론소화설비 할로겐화합물 및 불활성기체소화설비 이산화탄소소화설비	자가발전설비 축전지설비 전기저장장치	

경보설비의 비상전원 종류와 용량

설비	비상전원	비상전원 용량
자동화재탐지설비 비상방송설비 비상경보설비	축전지설비 전기저장장치	10분 이상

피난구조설비의 비상전원 종류와 용량

설비	비상전원	비상전원 용량
유도등	축전지	20분 이상 단, 11층 이상(지하층 제외)이거나 지하층·무창층으로서 도매시장·소매시장·여객자동차터미널·지하역사·지하상가의 경우 60분 이상
비상조명등	자가발전설비 축전지설비 전기저장장치	

소화활동설비의 비상전원 종류와 용량

설비	비상전원	비상전원 용량
비상콘센트설비	자가발전설비 축전지설비 비상전원수전설비 전기저장장치	20분 이상
연결송수관설비 제연설비	자가발전설비 축전지설비 전기저장장치	

연계이론   **PHASE 27** 전원

09 20[W] 중형 피난구유도등이 AC 220[V] 사용전원에 연결되어 있다. 전원에 연결된 유도등은 30개이며, 유도등의 역률은 70[%]이다. 공급전류[A]를 계산하시오. (단, 유도등의 배터리 충전전류는 무시하며, 전원공급방식은 단상 2선식이다.) (4점)

- 계산과정:
- 답:

정답
- 계산과정: $I = \dfrac{20 \times 30}{220 \times 0.7} = 3.9[\text{A}]$
- 답: 3.9[A]

해설
단상 유효전력 $P = VI\cos\theta[\text{W}]$이므로 전류 $I = \dfrac{P}{V\cos\theta}[\text{A}]$이다.
유효전력 $P = 20 \times 30 = 600[\text{W}]$이고 공급전압은 220[V], 역률은 70[%]이므로
$I = \dfrac{600}{220 \times 0.7} = 3.9[\text{A}]$

10

그림은 6층 이상의 사무실 건물에 시설하는 배연창설비의 전기적 계통도이다. 그림을 보고 답안지의 Ⓐ~Ⓔ까지의 배선수와 각 배선의 용도를 쓰시오. (10점)

조건
(가) 전원장치의 AC 전원 공급은 수신기에서 공급하지 않고 현장 분전반에서 공급한다.
(나) 사용전선은 HFIX 전선이다.
(다) 배선수는 운전 조작상 필요한 최소 전선수를 쓰도록 한다.
(라) 전동구동장치는 솔레노이드식이다.
(마) 화재감지가 작동되거나 수동조작함의 스위치를 ON 시키면 배연창이 동작되어 수신기에 동작 상태를 표시하게 된다.
(바) 배연창의 기동은 자동화재탐지설비의 화재감지기를 겸용으로 사용한다.

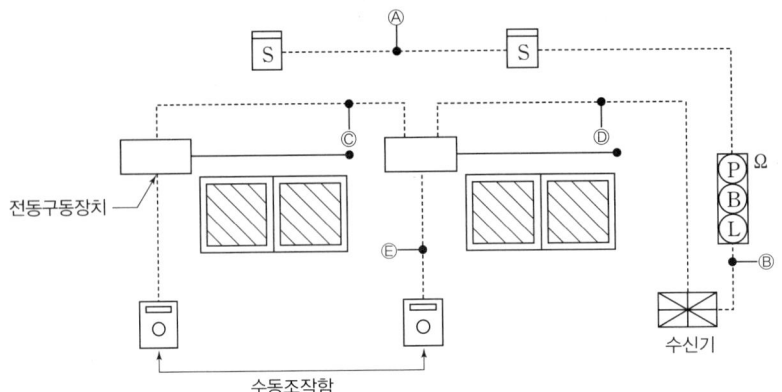

기호	구간	배선수	배선의 용도
Ⓐ	감지기 ↔ 감지기		
Ⓑ	발신기 ↔ 수신기		
Ⓒ	전동구동장치 ↔ 전동구동장치		
Ⓓ	전동구동장치 ↔ 수신기		
Ⓔ	전동구동장치 ↔ 수동조작함		기동 1, 기동확인 1, 공통 1

정답

기호	구간	배선수	배선의 용도
Ⓐ	감지기 ↔ 감지기	4	지구 2, 지구공통 2
Ⓑ	발신기 ↔ 수신기	6	지구 1, 지구공통 1, 응답 1, 경종 1, 표시등 1, 경종표시등공통 1
Ⓒ	전동구동장치 ↔ 전동구동장치	3	기동 1, 기동확인 1, 공통 1
Ⓓ	전동구동장치 ↔ 수신기	5	기동 2, 기동확인 2, 공통 1
Ⓔ	전동구동장치 ↔ 수동조작함	3	기동 1, 기동확인 1, 공통 1

| 해 설 | 솔레노이드 방식의 배연창 설비 배선

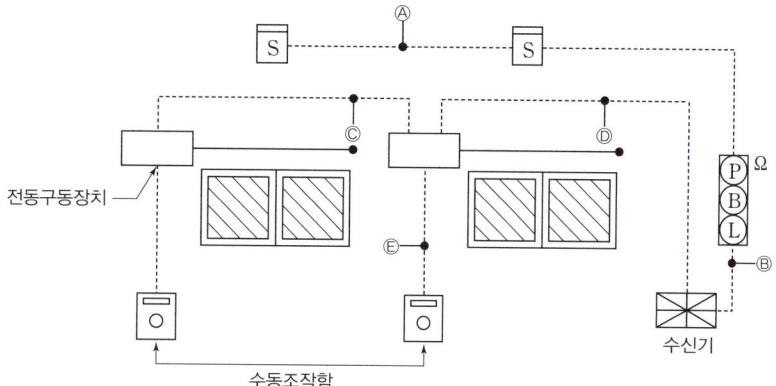

- 배연창설비의 감지기는 송배선식으로 배선한다. 송배선식의 루프는 2가닥, 그 외 나머지(Ⓐ)는 4가닥으로 배선한다.
- 수신기와 발신기 사이(Ⓑ)의 가닥수는 기본 6가닥(지구 1, 지구공통 1, 응답 1, 경종 1, 표시등 1, 경종표시등공통 1) 으로 구성되어 있다.
- 수신기와 수신기를 기준으로 가장 멀리 있는 전동구동장치 사이(Ⓒ)의 가닥수는 기본 3가닥(기동 1, 기동확인 1, 공통 1)으로 구성되어 있다.
  - 전동구동장치가 증가할 경우 매 증가분마다 2가닥(기동 1, 기동확인 1)이 증가한다. 즉, Ⓓ 부분의 가닥수는 3+2=5가닥(기동 2, 기동확인 2, 공통 1)이다.
- 수동조작함과 전동구동장치 사이(Ⓔ)의 가닥수는 기본 3가닥(기동 1, 기동확인 1, 공통 1)이다.

| 연 계 이 론 | PHASE 46 배연창설비 도면

11

자동화재탐지설비 P형 수신기의 화재표시작동시험 후 화재가 발생하지 않았는데도 화재표시등과 지구표시등이 점등되어 복구스위치를 눌렀으나 복구되지 않은 경우 3가지를 쓰시오. (단, 복구스위치를 누르면 OFF, 떼면 즉시 ON 되는 경우이다.) (5점)

| 정 답 |
- 복구스위치 배선 불량
- 릴레이 자체 불량
- 릴레이 배선 불량
- 화재표시등 및 지구표시등 배선 불량

| 연 계 이 론 | PHASE 50 수신기의 시험

12 도면은 어느 사무실 건물의 1층 자동화재탐지설비의 미완성 평면도를 나타낸 것이다. 이 건물은 지상 3층으로 연면적은 2,000[m²]이다. 각 층의 평면은 1층과 동일하다고 할 경우 평면도 및 주어진 조건을 이용하여 다음 각 물음에 답하시오. (10점)

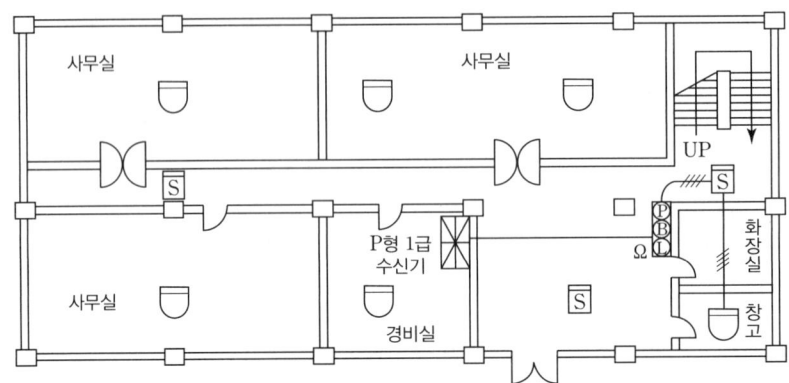

조건

(가) 계통도 작성 시 각 층의 수동발신기는 1개씩 설치하는 것으로 한다.
(나) 계단실의 감지기는 설치를 제외한다.
(다) 간선의 사용전선은 HFIX 전선 2.5[mm²]이며, 공통선은 발신기 공통 1선, 경종표시등 공통 1선을 각각 사용한다.
(라) 계통도 작성 시 전선수는 최소로 한다.
(마) 전선관 공사는 후강전선관으로 콘크리트 내 매입 시공한다.
(바) 각 실은 이중천장이 없는 구조이며, 천장에 감지기를 바로 취부한다.
(사) 각 실의 바닥에서 천장까지의 높이는 2.8[m]이다.
(아) 후강전선관의 굵기 표는 다음과 같다.

도체 단면적 [mm²]	전선본수									
	1	2	3	4	5	6	7	8	9	10
	전선관의 최소 굵기[mm]									
2.5	16	16	16	16	22	22	22	28	28	28
4	16	16	16	22	22	22	28	28	28	28
6	16	16	22	22	22	28	28	28	36	36
10	16	22	22	28	28	36	36	36	36	36

(1) 도면의 P형 1급 수신기는 최소 몇 회로용을 사용하여야 하는지 쓰시오.
(2) 수신기에서 발신기 세트까지의 배선 가닥수는 몇 가닥이며, 여기에 사용되는 후강전선관은 몇 [mm]를 사용하는지 쓰시오.
  • 전선 가닥수:
  • 후강전선관:
(3) 연기감지기를 매입인 것으로 사용할 경우 그림기호를 그리시오.
(4) 주어진 평면도에 배관 및 배선을 하여 자동화재탐지설비의 도면을 완성하시오. (단, 배선 가닥수도 표기하도록 하시오.)
(5) 본 설비에 대한 간선계통도를 그리시오. (단, 계통도에는 배선 가닥수도 표시하도록 하시오.)

정답

(1) 5회로용

(2) • 전선 가닥수: 8가닥
  • 후강전선관: 28[mm]

(3)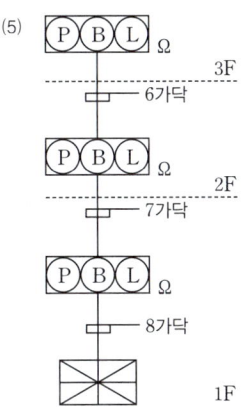

(4)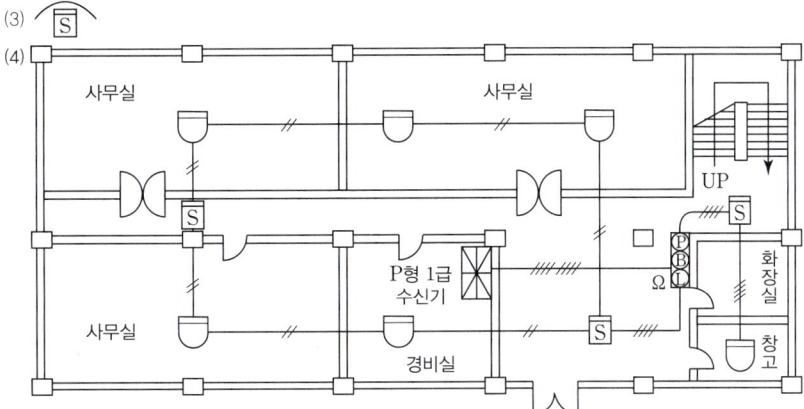

(5)

해설

(1) 발신기에 종단저항이 한 개만 있으므로 경계구역수는 1개이다. 건물이 1층부터 3층까지 총 3층이 있으므로 경계구역수는 총 3개이다. 따라서 총 3회로가 필요하며, P형 수신기는 일반적으로 5회로 단위로 산정하므로 5회로용이 필요하다.

(2) 단면적 2.5[mm²]인 전선 8가닥을 후강전선관에 넣기 위해 다음 표에서 28[mm] 규격을 선정한다.

도체 단면적 [mm²]	전선본수									
	1	2	3	4	5	6	7	8	9	10
	전선관의 최소 굵기[mm]									
2.5	16	16	16	16	22	22	22	28	28	28
4	16	16	16	22	22	22	28	28	28	28
6	16	16	22	22	22	28	28	28	36	36
10	16	22	22	28	28	36	36	36	36	36

(4) 발신기에 연결된 종단저항이 1개이므로 감지기는 송배선식으로 배선한다. 송배선식의 루프는 2가닥, 그 외 나머지는 4가닥으로 배선한다.

(5) 층수가 11층(공동주택의 경우 16층) 이상인 특정소방대상물의 경보방식은 우선경보방식을 적용하며 그 이외의 경우 일제경보방식을 적용한다. 이 건물은 일제경보방식을 적용하고 있고 수신기가 1층에 있으므로 3층은 6가닥, 2층은 7가닥, 1층은 8가닥이 필요하다.

층수	가닥수	배선 용도
3층	6	지구 1, 지구공통 1, 응답 1, 경종 1, 표시등 1, 경종표시등공통 1
2층	7	지구 2, 지구공통 1, 응답 1, 경종 1, 표시등 1, 경종표시등공통 1
1층	8	지구 3, 지구공통 1, 응답 1, 경종 1, 표시등 1, 경종표시등공통 1

> 연계이론 PHASE 42 자동화재탐지설비 도면

13
작동표시장치를 설치하지 않아도 되는 감지기 세 가지를 쓰시오. (6점)

-
-
-
-

> 정답
- 정온식 감지선형 감지기
- 차동식 분포형 감지기
- 방폭구조의 감지기
- 수신기에 작동한 내용이 표시되는 감지기

14 객석유도등을 설치하지 않아도 되는 경우를 두 가지 쓰시오. (4점)

-
-

정답
- 주간에만 사용하는 장소로서 채광이 충분한 객석
- 거실 등의 각 부분으로부터 하나의 거실출입구에 이르는 보행거리가 20[m] 이하인 객석의 통로로서 그 통로에 통로유도등이 설치된 객석

연계이론 PHASE 21 객석유도등

15 시각경보기를 설치해야 하는 특정소방대상물을 3가지 쓰시오. (6점)

-
-
-

정답
- 근린생활시설
- 운동시설
- 지하가 중 지하상가

해설 시각경보기를 설치해야 하는 특정소방대상물
- 근린생활시설, 문화 및 집회시설, 종교시설, 판매시설, 운수시설, 의료시설, 노유자 시설
- 운동시설, 업무시설, 숙박시설, 위락시설, 창고시설 중 물류터미널, 발전시설 및 장례시설
- 교육연구시설 중 도서관, 방송통신시설 중 방송국
- 지하가 중 지하상가

연계이론 PHASE 15 시각경보장치

2016년 1회 기출문제

01 각 층의 높이가 4[m]인 지하 2층, 지상 4층 소방대상물에 자동화재탐지설비의 경계구역을 설정하는 경우에 대하여 다음 물음에 답하시오. (7점)

(1) 층별 바닥면적이 그림과 같을 경우 자동화재탐지설비 경계구역은 최소 몇 개로 구분하여야 하는지 산출식과 경계구역 수를 빈칸에 쓰시오. (단, 경계구역은 면적기준만을 적용하며 계단, 경사로 및 피트 등의 수직경계구역의 면적을 제외한다.)

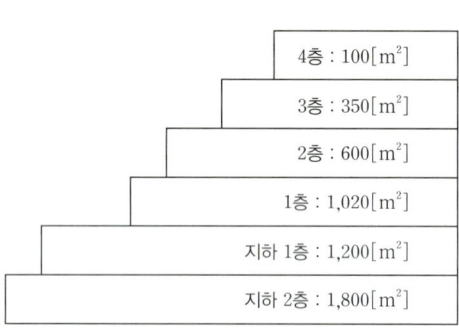

층수	산출식	경계구역 수
4층		
3층		
2층		
1층		
지하 1층		
지하 2층		
경계구역의 합계		

(2) 본 소방대상물에 계단과 엘리베이터가 각각 1개씩 설치되어 있는 경우 P형 수신기는 몇 회로용을 설치해야하는지 구하시오.

정답

(1)

층수	산출식	경계구역 수
4층	$\dfrac{100+350}{500}=0.9$	1
3층		
2층	$\dfrac{600}{600}=1$	1
1층	$\dfrac{1,020}{600}=1.7$	2
지하 1층	$\dfrac{1,200}{600}=2$	2
지하 2층	$\dfrac{1,800}{600}=3$	3
경계구역의 합계		9

(2) 15회로용

해설

(1) • 1경계구역당 면적 600[m²] 이하로 하되, 500[m²] 이하인 경우 2개의 층을 하나의 경계구역으로 할 수 있다. 3층과 4층의 면적의 합이 450[m²]이므로 경계구역수를 하나로 본다.
• 경계구역의 수는 $\dfrac{전용면적[m^2]}{600[m^2]}$(소수점 절상)으로 구할 수 있다.

(2) 수평 경계구역수
층별 경계구역의 수는 9개이다.

수직 경계구역수
계단과 엘리베이터는 각각 경계구역으로 별도 지정해야 하며, 계단의 경우 지상과 지하를 분리하여 설정해야 한다. 이때 계단 및 경사로는 높이 45[m] 이하마다 하나의 경계구역으로 한다.

구분		산출식	경계구역수
계단	지상	$\dfrac{4 \times 4}{45}=0.36$	1
	지하	$\dfrac{2 \times 4}{45}=0.18$	1
엘리베이터			1

따라서 수직 경계구역수는 총 3개이다.

회로 선정
총 경계구역수는 12개이므로 12회로 이상의 수신기를 사용해야 한다. 이때 P형 수신기는 일반적으로 5회로 단위로 산정하므로 12회로보다 많은 15회로를 선정한다.

○ 연 계 이 론 ○ **PHASE 07** 자동화재탐지설비(경계구역)

02 단독경보형감지기의 설치기준 중 (   ) 안에 알맞은 내용을 쓰시오. (6점)

- 각 실마다 설치하되, 바닥면적이 (①)[m²]를 초과하는 경우에는 (②)[m²]마다 1개 이상 설치하여야 한다.
- 이웃하는 실내의 바닥면적이 각각 (③)[m²] 미만이고, 벽체의 상부의 전부 또는 일부가 개방되어 이웃하는 실내와 공기가 상호유통되는 경우에는 이를 (④)개의 실로 본다.
- 상용전원을 주전원으로 사용 시 단독경보형감지기의 (⑤)는 제품검사에 합격한 것을 사용한다.

○ 정 답 ○
① 150
② 150
③ 30
④ 1
⑤ 2차전지

○ 해 설 ○ **단독경보형감지기의 설치기준**
- 각 실(이웃하는 실내의 바닥면적이 각각 30[m²] 미만이고 벽체의 상부의 전부 또는 일부가 개방되어 이웃하는 실내와 공기가 상호유통되는 경우에는 이를 1개의 실로 본다)마다 설치하되, 바닥면적이 150[m²]를 초과하는 경우에는 150[m²]마다 1개 이상 설치할 것
- 계단실은 최상층의 계단실의 천장(외기가 상통하는 계단실의 경우를 제외한다)에 설치할 것
- 건전지를 주전원으로 사용하는 단독경보형감지기는 정상적인 작동상태를 유지할 수 있도록 주기적으로 건전지를 교환할 것
- 상용전원을 주전원으로 사용하는 단독경보형감지기의 2차전지는 제품검사에 합격한 것을 사용할 것

○ 연 계 이 론 ○ **PHASE 13** 단독경보형 감지기

03 비상콘센트의 비상전원으로 자가발전설비나 비상전원수전설비를 설치하지 않아도 되는 경우 2가지를 쓰시오. (5점)

-
-

> **정 답**
> - 2 이상의 변전소에서 전력을 동시에 공급받을 수 있는 경우
> - 하나의 변전소에서 전력공급이 중단되는 때에는 자동으로 다른 변전소로부터 전력을 공급받을 수 있도록 상용전원을 설치한 경우

> **해 설**
> **비상콘센트설비의 비상전원 설치 제외**
> 2 이상의 변전소에서 전력을 동시에 공급받을 수 있거나 하나의 변전소로부터 전력의 공급이 중단되는 때에는 자동으로 다른 변전소로부터 전력을 공급받을 수 있도록 상용전원을 설치한 경우에는 비상전원을 설치하지 아니할 수 있다.

> **연 계 이 론**
> PHASE 25 비상콘센트설비

04 P형 5회로 수신기와 수동발신기, 경종, 표시등 사이를 연결하시오. (단, 연면적 2,500[m²]인 지하 1층, 지상 3층의 건물이다.) (8점)

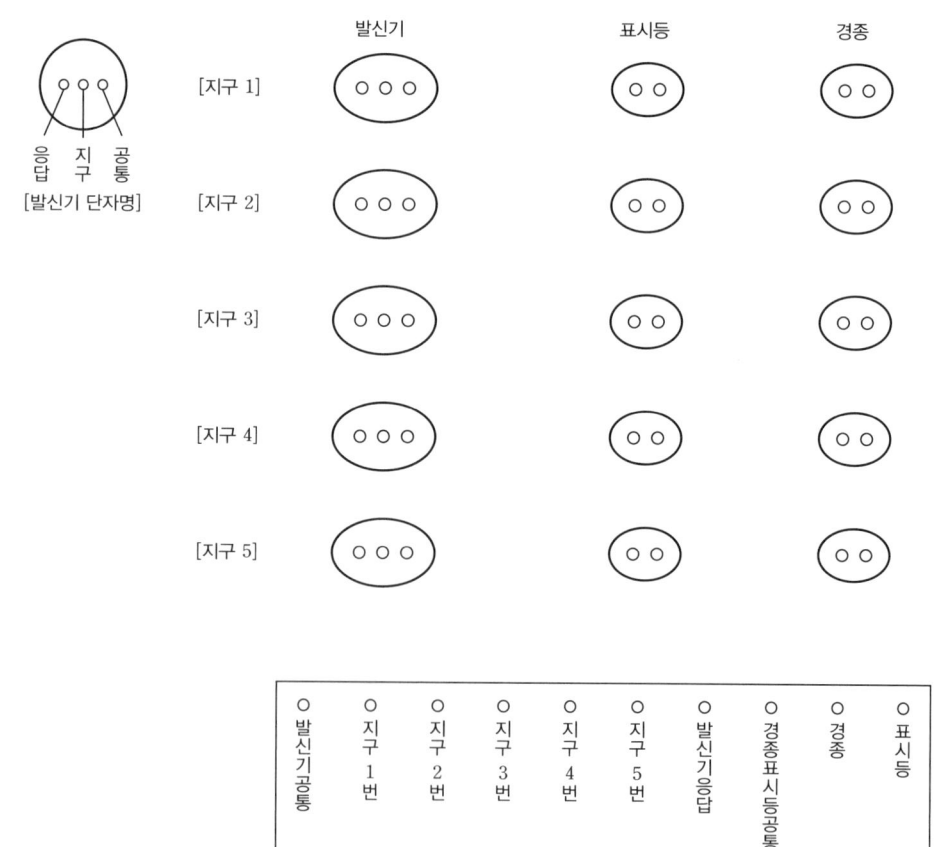

정 답

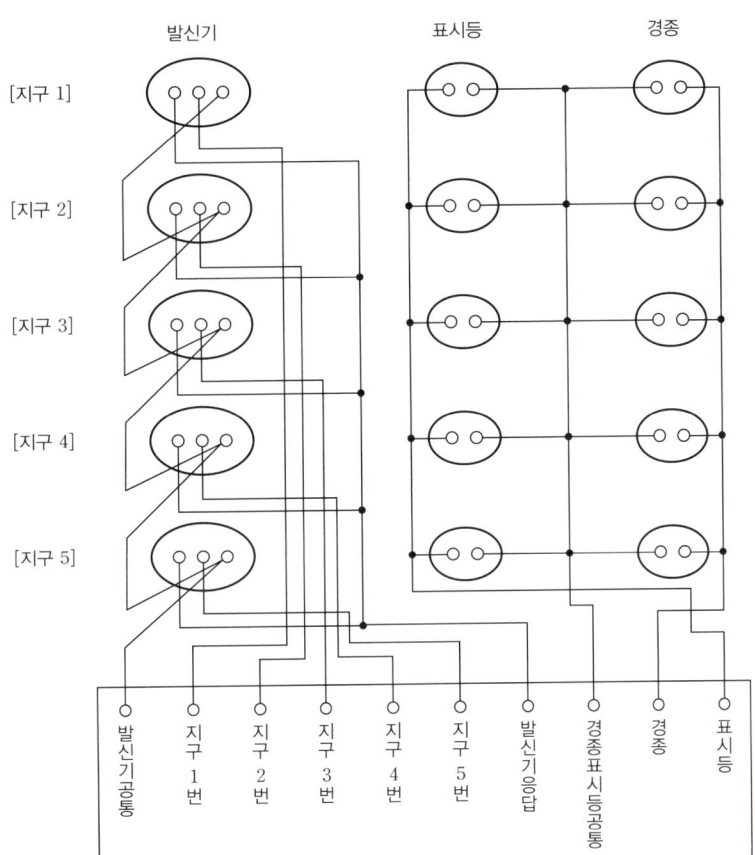

해 설
- 층수가 11층(공동주택의 경우에는 16층) 미만인 건물의 경우 일제경보방식을 적용한다. 즉, 층수에 따라 경종의 가닥수가 변하지 않고 1가닥으로 고정된다.
- 각 지구(회로)선은 지구(회로)선에 맞게 결선하고 지구회로(발신기)공통선은 1가닥을 공통으로 사용한다.
- 발신기 응답선과 표시등선, 경종표시등공통선은 1가닥을 이용하여 결선한다.

연계이론 PHASE 42 자동화재탐지설비 도면

05 정온식 감지선형 감지기는 외피에 공칭작동온도를 색상으로 나타내고 있다. 색상별 공칭작동온도를 쓰시오. (5점)

(1) 백색
(2) 청색
(3) 적색

정 답
(1) 80[℃]
(2) 80[℃] 이상 120[℃] 이하
(3) 120[℃] 이상

연계이론 PHASE 10 열감지기

06 다음 그림은 스프링클러설비의 블록다이어그램을 나타낸 것이다. 각 구성요소 간 배선을 내화배선, 내열배선, 일반배선으로 구분하여 블록다이어그램을 완성하시오. (5점)

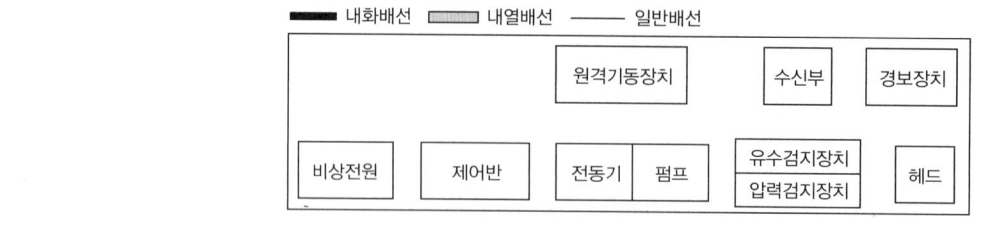

정 답

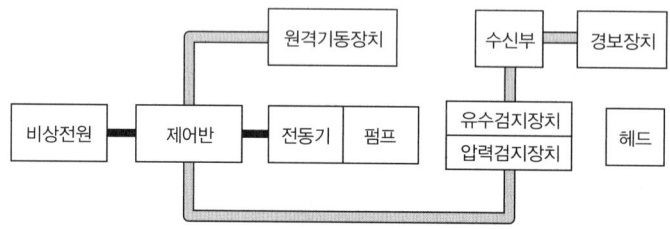

해 설 **스프링클러설비의 배선**
① 전원회로의 배선(전원 – 제어반 – 전동기)은 내화배선으로 한다.
② 만약, 감지기회로가 있는 경우 일반회로로 배선한다.
③ 그 외 나머지는 내열배선으로 한다.

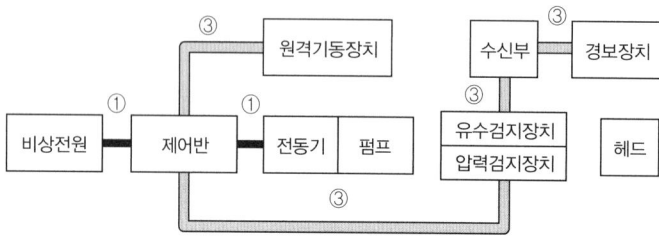

연계이론 PHASE 39 배선

07 감지기회로의 배선에 대한 다음 각 물음에 답하시오. (6점)

(1) 송배선식에 대하여 설명하시오.
(2) 송배선식의 적용설비 2가지만 쓰시오.
(3) 교차회로 방식에 대하여 설명하시오.
(4) 교차회로 방식의 적용설비 5가지만 쓰시오.

정답

(1) 감지기회로의 도통시험을 용이하게 하기 위해 배선하는 방식
(2) • 자동화재탐지설비
    • 제연설비
(3) 하나의 담당구역 내에 2개 이상의 감지기를 설치하고 2개 이상의 감지기회로가 동시에 작동하는 방식
(4) • 분말소화설비
    • 할론소화설비
    • 이산화탄소소화설비
    • 일제살수식 스프링클러설비
    • 준비작동식 스프링클러설비

해설

송배선식과 교차회로 방식

구분	송배선식	교차회로 방식
배선도	(지구수신기 공통 — 감지기 — R 종단저항)	(A, B 감지기회로 → 제어반 A회로, B회로 및 종단저항)
특징	감지기회로의 도통시험을 용이하게 하기 위해 배선하는 방식으로 배선 도중에 분기하지 않음	하나의 담당구역 내에 2개 이상의 감지기를 설치하고 2개 이상의 감지기회로가 동시에 작동하는 방식(잦은 오작동 방지)

연계이론 PHASE 09 감지기

---

08 자동화재탐지설비의 화재안전기술기준에서 감지기를 설치하지 않아도 되는 장소를 5가지만 쓰시오. (5점)

정답

• 천장 또는 반자의 높이가 20[m] 이상인 장소. 다만, 감지기로서 부착높이에 따라 적응성이 있는 장소는 제외한다.
• 헛간 등 외부와 기류가 통하는 장소로서 감지기에 따라 화재발생을 유효하게 감지할 수 없는 장소
• 부식성 가스가 체류하고 있는 장소
• 고온도 및 저온도로서 감지기의 기능이 정지되기 쉽거나 감지기의 유지관리가 어려운 장소
• 목욕실·욕조나 샤워시설이 있는 화장실·기타 이와 유사한 장소

해설

감지기의 설치 제외 장소

• 천장 또는 반자의 높이가 20[m] 이상인 장소. 다만, 감지기로서 부착높이에 따라 적응성이 있는 장소는 제외한다.
• 헛간 등 외부와 기류가 통하는 장소로서 감지기에 따라 화재발생을 유효하게 감지할 수 없는 장소
• 부식성 가스가 체류하고 있는 장소
• 고온도 및 저온도로서 감지기의 기능이 정지되기 쉽거나 감지기의 유지관리가 어려운 장소
• 목욕실·욕조나 샤워시설이 있는 화장실·기타 이와 유사한 장소
• 파이프덕트 등 그 밖의 이와 비슷한 것으로서 2개층마다 방화구획된 것이나 수평단면적이 5[m^2] 이하인 것
• 먼지·가루 또는 수증기가 다량으로 체류하는 장소 또는 주방 등 평상시 연기가 발생하는 장소(연기감지기에 한함)
• 프레스공장·주조공장 등 화재발생의 위험이 적은 장소로서 감지기의 유지관리가 어려운 장소

연계이론 PHASE 09 감지기

09

공장의 건축 평면도에 자동화재탐지설비를 설계하고자 한다. 주어진 조건을 이용하여 다음 각 물음에 답하시오. (8점)

조건

(가) 바닥으로부터 천장의 높이는 10[m]이다.
(나) 감지기 설치 시 천장에는 장애물이 없는 것으로 한다.
(다) 벽은 1[mm] 두께의 철판의 양측 사이에 보온재를 채운다.
(라) 공장 내와 방재실은 칸막이가 없으며, 감지기 설치 도면을 작성할 때 축척은 무시하고 작성한다.
(마) 하나의 경계구역은 600[m²] 이내로 한다.
(바) 방재실에 사용되는 감지기는 공장 내의 감지기와 연결한다.
(사) 각 수동발신기세트에 연결되는 공장 내의 감지기는 같은 수로 한다.
(아) 감지기는 연기감지기(2종)을 사용하고 그 심벌은 ⬚S⬚ 으로 표시한다.
(자) 전선 가닥수는 예와 같이 표시한다. 예) ─//// ─

[평면도]

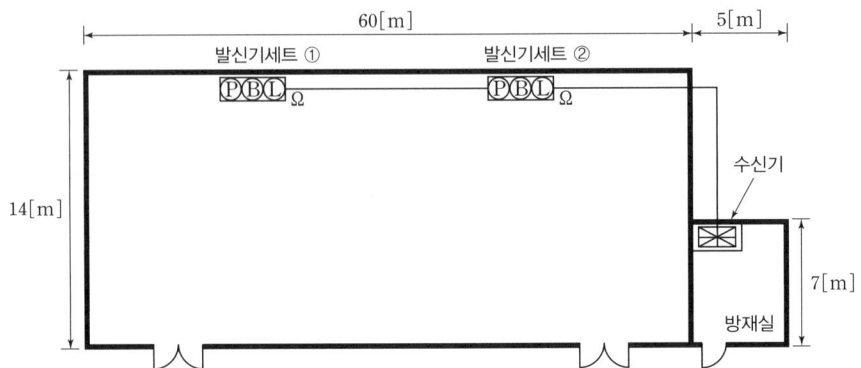

(1) 본 소방대상물에는 연기감지기를 제외하고 어떤 감지기를 사용할 수 있는지 사용 가능한 감지기를 2가지만 쓰시오.
(2) 본 건축 평면도에 설치하여야 할 연기감지기의 개수를 산정하시오. (단, 공장과 방재실에 필요한 수를 각각 산정한다.)
(3) 주어진 건축 평면도에 감지기를 그려 넣고, 감지기와 감지기 간, 감지기와 발신기 간, 발신기세트 ①과 발신기세트 ② 사이, 발신기세트 ②와 수신기 사이의 전선 가닥수를 명시하시오.

[정 답]

(1) • 차동식 분포형 감지기
   • 이온화식 1종 또는 2종 감지기
(2) • 공장: 12개
   • 방재실: 1개
(3)

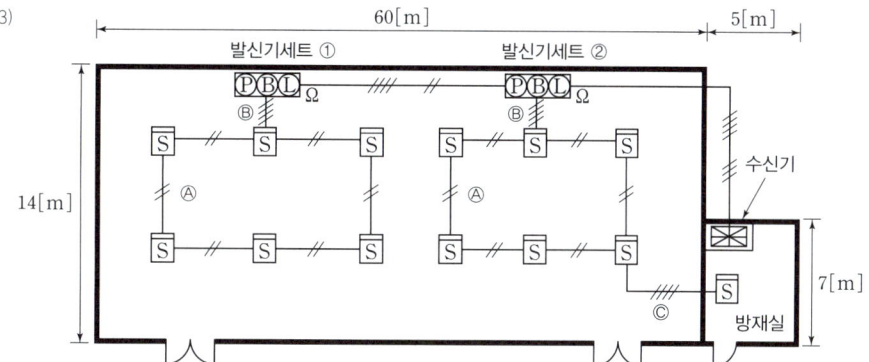

[해 설]

(1) 8[m] 이상 15[m] 미만의 높이에 설치 가능한 감지기의 종류
   • 차동식 분포형 감지기
   • 이온화식 1종 또는 2종 감지기
   • 광전식(스포트형, 분리형, 공기흡입형) 1종 또는 2종 감지기
   • 연기복합형 감지기
   • 불꽃감지기

(2) 연기감지기의 바닥면적 표

부착높이	감지기의 종류	
	1종 및 2종	3종
4[m] 미만	150[m²]	50[m²]
4[m] 이상 20[m] 미만	75[m²]	

• 공장에 필요한 감지기
  공장의 천장 높이는 10[m]이므로 연기감지기의 바닥면적 75[m²]를 선정한다.
  공장의 면적은 $60 \times 14 = 840[m^2]$이므로 감지기 설치개수는 $\frac{840}{75} = 11.2 \rightarrow 12$개(소수점 절상)이다.

• 방재실에 필요한 감지기
  방재실의 천장 높이는 10[m]이므로 연기감지기의 바닥면적 75[m²]를 선정한다.
  방재실의 면적은 $5 \times 7 = 35[m^2]$이므로 감지기 설치개수는 $\frac{35}{75} = 0.47 \rightarrow 1$개(소수점 절상)이다.

(3) • 발신기에 연결된 종단저항이 1개이므로 감지기는 송배선식으로 배선한다. 송배선식의 루프(Ⓐ)는 2가닥, 그 외 나머지(Ⓑ, Ⓒ)는 4가닥으로 배선한다.
   • 수신기와 발신기세트① 사이의 가닥수는 기본 6가닥(지구 1, 지구공통 1, 응답 1, 경종 1, 표시등 1, 경종표시등 공통 1)이며, 수신기와 발신기세트② 사이의 가닥수는 지구선이 1가닥 증가한 7가닥(지구 2, 지구공통 1, 응답 1, 경종 1, 표시등 1, 경종표시등공통 1)이다.

[연 계 이 론] PHASE 42 자동화재탐지설비 도면

10 다음은 전실 제연설비의 계통도를 나타낸 것이다. 아래표의 구분에 따른 사용전선의 배선수와 소요 명세 내역을 쓰시오. (단, 모든 댐퍼는 모터구동방식이며, 수전반에서 수동기동확인이 가능하고 배선은 운전 조작상 필요한 최소 전선수로 답하고, 별도의 복구선은 없는 것으로 한다.) (5점)

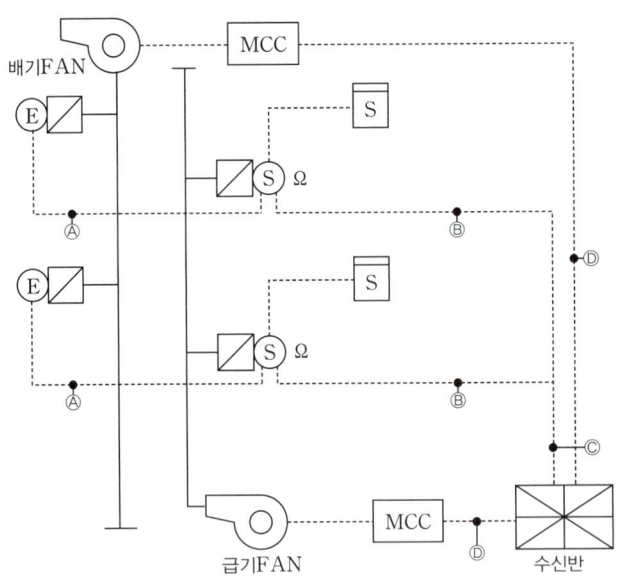

기호	구분	배선수	배선 내역
Ⓐ	배기댐퍼 ↔ 급기댐퍼		
Ⓑ	급기댐퍼 ↔ 수신반		
Ⓒ	2 ZONE일 경우		
Ⓓ	MCC ↔ 수신반		

정답

기호	구분	배선수	배선 내역
Ⓐ	배기댐퍼 ↔ 급기댐퍼	4	전원 ⊕·⊖, 기동 1, 배기댐퍼확인 1
Ⓑ	급기댐퍼 ↔ 수신반	7	전원 ⊕·⊖, 기동 1, 배기댐퍼확인 1, 급기댐퍼확인 1, 지구 1, 수동기동확인 1
Ⓒ	2 ZONE일 경우	12	전원 ⊕·⊖, (기동 1, 배기댐퍼확인 1 급기댐퍼확인 1, 지구 1, 수동기동확인 1)×2
Ⓓ	MCC ↔ 수신반	5	기동 1, 정지 1, 기동확인표시등 1, 전원표시감시등 1, 공통 1

해설

Ⓐ: 급기댐퍼에서 배기댐퍼까지 필요한 가닥수는 4가닥으로 전원 2선(⊕·⊖)과 댐퍼 기동선 1이 필요하고 배기댐퍼가 작동 중임을 알 수 있는 확인선 1이 필요하다.
Ⓑ: 수신반에서 급기댐퍼까지 필요한 가닥수는 6가닥으로 전원 2선(⊕·⊖)과 댐퍼 기동선 1 및 지구선 1과 배기댐퍼확인 1, 급기댐퍼확인 1이 각각 필요하다. 수동기동확인이 가능하므로, 수신반과 급기댐퍼 사이에 수동기동확인선 1가닥이 추가되어 총 7가닥이 된다.
Ⓒ: 2 Zone일 경우 5가닥(기동 1, 배기댐퍼확인 1, 급기댐퍼확인 1, 지구 1, 수동기동확인 1)이 추가되어 총 12가닥이 된다.
Ⓓ: MCC와 수신반은 사이에는 총 5가닥(기동 1, 정지 1, 기동확인표시등 1, 전원표시감시등 1, 공통 1)이 필요하다.

연계이론 PHASE 44 전실 제연설비 도면

11 건축물 가압송수장치를 기동용 수압개폐장치로 사용하는 옥내소화전함과 P형 1급 발신기세트를 다음과 같이 설치하였을 때 다음 각 물음에 답하시오. (9점)

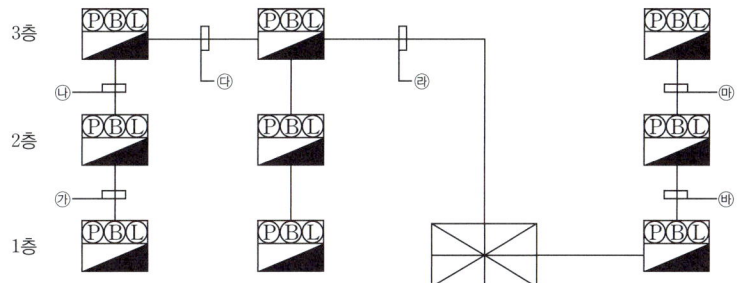

(1) ㉮~㉯의 전선 가닥수를 쓰시오.
(2) 감지기회로에 종단저항을 설치하는 목적을 쓰시오.
(3) 감지기회로의 전로저항은 몇 [Ω] 이하이어야 하는지 쓰시오.
(4) 수신기의 각 회로별 종단에 설치되는 감지기에 접속되는 배선의 전압은 감지기 정격전압의 몇 [%] 이상이어야 하는지 쓰시오.

정답

(1) ㉮ 8가닥 ㉯ 9가닥 ㉰ 10가닥 ㉱ 13가닥 ㉲ 8가닥 ㉳ 9가닥
(2) 감지기회로의 도통시험을 용이하게 하기 위하여
(3) 50[Ω]
(4) 80[%]

해설

(1) 층수가 11층(공동주택의 경우에는 16층) 이상인 특정소방대상물의 경보방식은 우선경보방식을 적용하며, 그 이외의 경우 일제경보방식을 적용한다. 이 공장은 11층 미만이므로 일제경보방식을 적용하며 이 경우 경종의 가닥수는 변하지 않고 1가닥으로 고정된다.

번호	가닥수	배선 용도
㉮	8	지구 1, 지구공통 1, 응답 1, 경종 1, 표시등 1, 표시등공통 1, 기동확인표시등 2
㉯	9	지구 2, 지구공통 1, 응답 1, 경종 1, 표시등 1, 표시등공통 1, 기동확인표시등 2
㉰	10	지구 3, 지구공통 1, 응답 1, 경종 1, 표시등 1, 표시등공통 1, 기동확인표시등 2
㉱	13	지구 6, 지구공통 1, 응답 1, 경종 1, 표시등 1, 표시등공통 1, 기동확인표시등 2
㉲	8	지구 1, 지구공통 1, 응답 1, 경종 1, 표시등 1, 표시등공통 1, 기동확인표시등 2
㉳	9	지구 2, 지구공통 1, 응답 1, 경종 1, 표시등 1, 표시등공통 1, 기동확인표시등 2

㉮ ~ ㉳의 발신기는 옥내소화전을 내장하고 있으므로 기동확인표시등 2가닥이 추가로 필요하다.

(2) 감지기회로에 종단저항을 설치하는 이유는 감지기회로의 도통시험을 용이하게 하기 위해서이다.
(3) 자동화재탐지설비의 감지기회로의 전로저항은 50[Ω] 이하가 되도록 하여야 한다.
(4) 수신기의 각 회로별 종단저항에 설치되는 감지기에 접속되는 배선의 전압은 감지기 정격전압의 80[%] 이상이어야 한다.

연계이론 PHASE 42 자동화재탐지설비 도면

12

예비전원설비로 이용되는 축전지에 대한 다음 각 물음에 답하시오. (6점)

(1) 자기방전량만을 항상 충전하는 부동충전방식의 명칭은?

(2) 비상용조명부하가 200[V]용, 50[W] 80등과 30[W] 70등이 있다. 방전시간은 30분이고, 축전지는 HS형 110셀이며, 허용최저전압은 190[V], 최저 축전지 온도가 5[℃]일 때 축전지 용량[Ah]을 구하시오. (단, 경년용량저하율은 0.8, 용량환산시간은 1.2[h]이다.)
- 계산과정:
- 답:

(3) 연축전기와 알칼리축전지의 공칭전압[V]을 쓰시오.
- 연축전지:
- 알칼리축전지:

정답

(1) 세류충전방식

(2) • 계산과정: $I = \dfrac{50 \times 80 + 30 \times 70}{200} = 30.5[A]$

• 답: $C = \dfrac{1}{0.8} \times 1.2 \times 30.5 = 45.75[Ah]$

(3) • 연축전지: 2[V/cell]
• 알칼리축전지: 1.2[V/cell]

해설

(1) 축전지의 충전방식

구분	의미
보통충전방식	정기적으로 표준시간율로 충전하는 방식
급속충전방식	일반 충전전류의 2~3배의 전류로 충전하는 방식
세류충전방식	자기방전량만 상시 충전하는 방식
부동충전방식	축전지의 자기방전을 보충하면서 상용부하에 대한 전력공급은 충전기가 부담하되, 일시적인 대전류 부하에는 축전지가 부담하도록 하는 방식
회복충전방식	축전지의 과방전 및 방치상태, 가벼운 설페이션 현상 등이 생겼을 때 기능회복을 위하여 실시하는 충전방식

(2) 축전지 용량

$$C = \dfrac{1}{L} KI[Ah]$$

(단, L: 보수율(용량저하율), K: 용량환산시간계수, I: 방전전류[A])

(3) 연축전지와 알칼리축전지의 특징

구분	연축전지	알칼리축전지
공칭전압	2.0[V/cell]	1.2[V/cell]
방전율	10[h]	5[h]

연계이론

PHASE 29 축전지

13

그림과 같은 유접점 시퀀스회로에 대해 다음 각 물음에 답하시오. (6점)

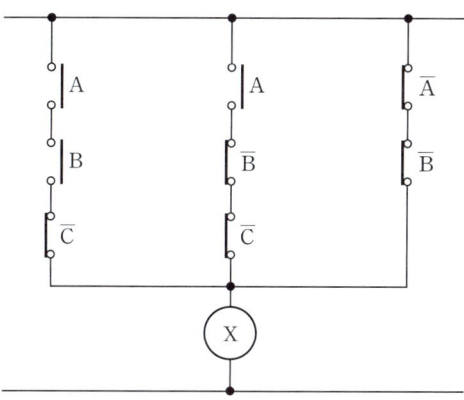

(1) 상기 그림의 시퀀스도를 가장 간략화한 논리식으로 표현하시오. (단, 최초의 논리식을 쓰고 이것을 간략화하는 과정을 기술하시오.)
(2) (1)항에서 가장 간략화한 논리식을 무접점 논리회로로 그리시오.

정답

(1) $X = A \cdot B \cdot \overline{C} + A \cdot \overline{B} \cdot \overline{C} + \overline{A} \cdot B = A \cdot \overline{C}(B + \overline{B}) + \overline{A} \cdot B = A \cdot \overline{C} + \overline{A} \cdot B$

(2) 논리회로

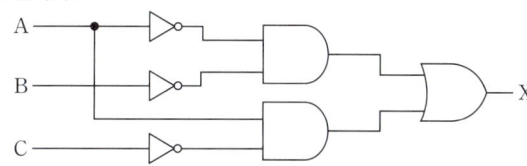

해설

(2)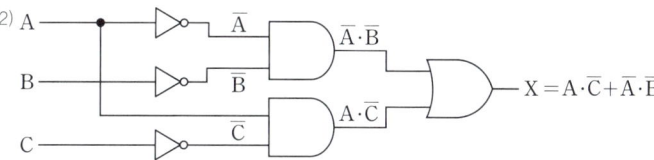

연계이론 PHASE 41 논리회로

14

지상 15층, 지하 5층, 연면적 $7,000[m^2]$의 특정소방대상물에 자동화재탐지설비의 음향장치를 설치하고자 한다. 다음 각 물음에 답하시오. (5점)

(1) 11층에서 발화한 경우 경보를 발하여야 하는 층
(2) 1층에서 발화한 경우 경보를 발하여야 하는 층
(3) 지하 1층에서 발화한 경우 경보를 발하여야 하는 층

정답

(1) 지상 11층 ~ 15층
(2) 지하 1층 ~ 5층, 지상 1층 ~ 5층
(3) 지하 1층 ~ 5층, 지상 1층

> **해 설** 층수가 11층(공동주택의 경우에는 16층) 이상의 특정소방대상물은 우선경보방식을 적용하며 다음에 따라 경보를 발할 수 있도록 해야 한다.

발화층	경보층
2층 이상 발화	발화층, 직상 4개층
1층 발화	발화층, 직상 4개층, 지하층
지하층 발화	발화층, 직상층, 기타의 지하층

문제에서 각 층별 경보구역은 다음과 같다.

발화층	경보층
11층	11층(발화층) 12층~15층(직상 4개층),
1층	1층(발화층), 2층~5층(직상 4개층), 지하 1층~5층(지하층)
지하 1층	지하 1층(발화층), 지상 1층(직상층), 지하 2~5층(기타의 지하층)

> **연계이론** PHASE 14 비상방송설비

15 자동화재탐지설비의 평면도를 보고 다음 각 물음에 답하시오. (9점)

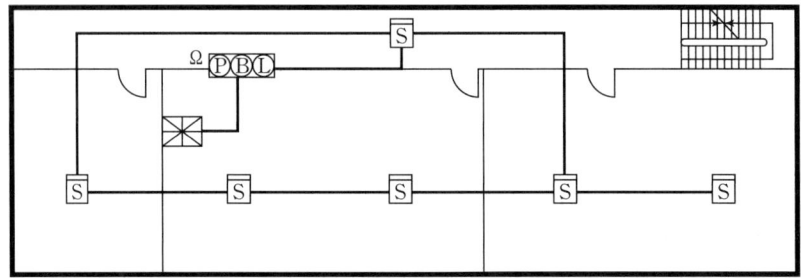

(1) 각 기기장치 사이를 연결하는 배선의 가닥수를 평면도상에 표기하시오.
(2) 주어진 표준품셈을 적용하여 아래의 도표상에 명시한 자재를 시공하는 데 필요한 노무비를 산출하시오.
   (단, 노무비는 수량, 공량, 노임단가의 빈칸을 채우고 산출하며, 층고는 3.5[m]이고, 내선전공의 노임단가는 100,000원을 적용한다.)

품명	규격	단위	수량	공량	노임단가(원)	노무비(원)
감지기	연기감지기	개				
발신기	P형 1급	개				
표시등	DC 24[V]	개				
경종	DC 24[V]	개				
전선관	16C	[m]	76	0.08		
전선관	28C	[m]	7	0.14		
전선	HFIX 1.5[mm²]	[m]	208	0.01		
전선	HFIX 2.5[mm²]	[m]	77	0.01		
P형 1급 수신기	5회로	대				
		합계				

공종	단위	내선전공	비고
연기감지기	개	0.13	(1) 천장높이 4[m] 기준 1[m] 증가 시마다 5[%] 가산 (2) 매입형 또는 특수구조인 경우 조건에 따라 선정
시험기(공기관 포함)	개	0.15	(1) 상동 (2) 상동
분포형의 공기관	[m]	0.025	(1) 상동 (2) 상동
검출기	개	0.30	
공기관식의 Booster	개	0.10	
발신기 P-1 발신기 P-2 발신기 P-3	개	0.30 0.30 0.20	1급(방수형) 2급(보통형) 3급(푸시버튼만으로 응답확인이 없는 것)
회로시험기	개	0.10	
수신기 P-1(기본공수) (회선수 공수 산출 가산요)	대	6.0	[회선수에 대한 산정] 매 1회선에 대해서 <table><tr><td>형식 \ 직종</td><td>내선전공</td></tr><tr><td>P-1</td><td>0.3</td></tr><tr><td>R형</td><td>0.2</td></tr></table>
부수신기(기본공수)	대	3.0	※ R형은 수신반 인입감시 회선수 기준 [참고] 산정 예: [P-1의 10회분 기본공수는 6인, 회선당 할증수는 (10×0.3)=3] ∴ 6+3=9인
소화전 기동 릴레이	대	1.5	
경종	개	0.15	
표시등	개	0.20	
표지판	개	0.15	

정답

(1)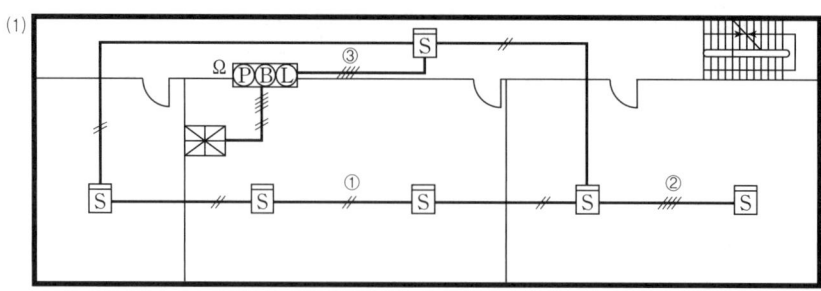

(2)

품명	규격	단위	수량	공량	노임단가(원)	노무비(원)
감지기	연기감지기	개	6	0.13	100,000	6×0.13×100,000=78,000
발신기	P형 1급	개	1	0.30	100,000	1×0.3×100,000=30,000
표시등	DC 24[V]	개	1	0.20	100,000	1×0.2×100,000=20,000
경종	DC 24[V]	개	2	0.15	100,000	2×0.15×100,000=30,000
전선관	16C	[m]	76	0.08	100,000	76×0.08×100,000=608,000
전선관	28C	[m]	7	0.14	100,000	7×0.14×100,000=98,000
전선	HFIX 1.5[mm²]	[m]	208	0.01	100,000	208×0.01×100,000=208,000
전선	HFIX 2.5[mm²]	[m]	77	0.01	100,000	77×0.01×100,000=77,000
P형 1급 수신기	5회로	대	1	6.3	100,000	1×6.3×100,000=630,000
합계						1,779,000

해설

(1) • 발신기에 연결된 종단저항이 1개이므로 감지기는 송배선식으로 배선한다. 송배선식의 루프(①)는 2가닥, 그 외 나머지(②, ③)는 4가닥으로 배선한다.
  • 수신기와 발신기 사이의 가닥수는 기본 6가닥(지구회로 1, 지구회로공통 1, 응답 1, 경종 1, 표시등 1, 경종표시등공통 1)으로 구성되어 있다.

(2) • 연기감지기는 총 6개가 있다.
  • 발신기는 총 1개가 있다.
  • 표시등은 총 1개가 있다.
  • 경종은 총 2개가 있다. (지구경종 1, 주경종 1)
  • P형 1급 수신기의 기본공수는 6인이고 1회로가 있으므로 할증을 고려하면 6.3인이 된다.

연계이론

PHASE 42 자동화재탐지설비 도면

16 P형 1급 수신기와 감지기와의 배선회로의 종단저항은 10[kΩ], 릴레이저항은 750[Ω], 배선회로의 저항은 50[Ω]이며 회로전압이 DC 24[V]일 때 다음 각 물음에 답하시오. (5점)

(1) 평상시 감시전류[mA]를 구하시오.
 • 계산과정:
 • 답:

(2) 감지기가 동작할 때(화재 시)의 전류[mA]를 구하시오.
 • 계산과정:
 • 답:

정답

(1) • 계산과정: $I = \dfrac{24}{750 + 50 + 10 \times 10^3} = 2.22 \times 10^{-3}[A] = 2.22[mA]$
 • 답: 2.22[mA]

(2) • 계산과정: $\dfrac{24}{750 + 50} = 0.03[A] = 30[mA]$
 • 답: 30[mA]

해설

(1) 감시상태의 경우

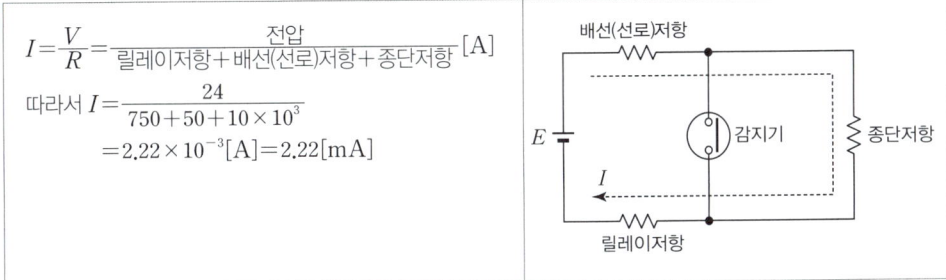

(2) 동작상태의 경우

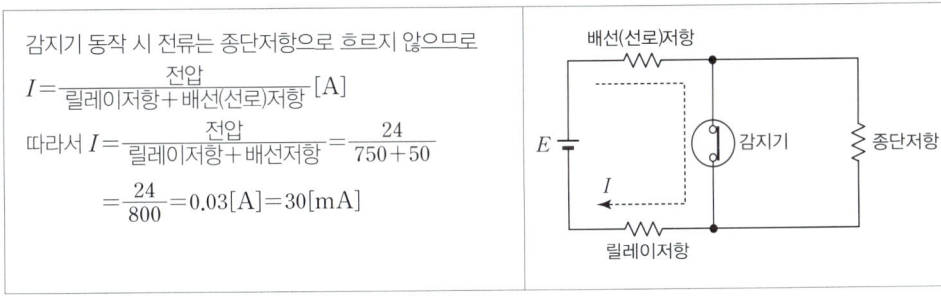

연계이론 PHASE 34 감지기회로의 전류

2016년 2회 기출문제

01 하나의 단지 내에 다수동이 존재하는 경우 자동화재탐지설비의 효율적 관리와 감시를 위해 통신망을 구성하여 중앙집중관리시스템을 구성하고자 한다. 통신망의 위상(Topology)에 따른 망의 개요와 장점 및 단점을 각각 3가지만 쓰시오. (6점)

망의 종류 구 분	스타(STAR)형	링(RING)형
망의 개요		
장점	• • •	• • •
단점	• • •	• • •

정답

망의 종류 구 분	스타(STAR)형	링(RING)형
망의 개요	중앙의 제어 모드가 모든 제어를 담당하는 구조	각 링크가 단방향으로 되어 있어 단방향으로만 데이터 전송이 가능한 구조
장점	• 제어가 간단하다. • 네트워크 구현이 쉽다. • 유지·보수가 용이하다.	• 각 노드 사이의 연결이 최소이다. • 전송속도가 빠르다. • 설치가 간단하다.
단점	• 통신회선이 많이 필요하다. • 중앙전송제어장치가 고장 날 경우 전체가 고장이 난다. • 통신량이 많을 경우 전송지연이 발생할 수 있다.	• 한 노드에 문제 발생 시 전체 네트워크가 고장난다. • 노드의 추가가 어렵다. • 제어가 어렵다.

해설

토폴로지의 종류(망의 종류)

구분	스타형	링형
그림	(스타형 도식)	(링형 도식)
특징	모든 노드들이 중앙에 위치한 노드를 중심으로 직접 연결되어 있다.	모든 노드들이 원형으로 연결되어 있다.

02 다음은 상가 매장에 설치되어 있는 제연설비의 전기적인 계통도를 나타낸 것이다. 표의 빈칸에 Ⓐ~Ⓕ까지의 배선수와 각 배선의 용도를 쓰시오. (10점)

조건
(가) 모든 댐퍼는 기동, 수동복구형 댐퍼방식이다.
(나) 배선수는 운전조작상 필요한 최소전선수를 쓰도록 한다.

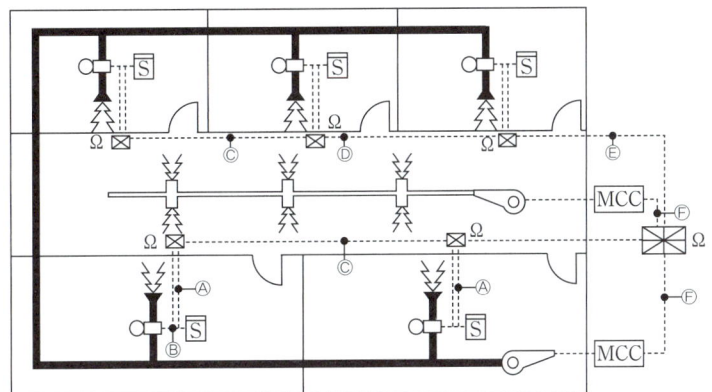

기호	구간	가닥수	배선규격	배선 용도
Ⓐ	감지기 ↔ 수동조작함		1.5[mm²]	
Ⓑ	댐퍼 ↔ 수동조작함		2.5[mm²]	
Ⓒ	수동조작함 ↔ 수동조작함		2.5[mm²]	
Ⓓ	수동조작함 ↔ 수동조작함		2.5[mm²]	
Ⓔ	수동조작함 ↔ 수신반		2.5[mm²]	
Ⓕ	MCC ↔ 수신반	5	2.5[mm²]	기동, 정지, 공통, 운전표시, 정지표시

정답

기호	구간	가닥수	배선규격	배선 용도
Ⓐ	감지기 ↔ 수동조작함	4	1.5[mm²]	지구회로 2, 지구공통회로 2
Ⓑ	댐퍼 ↔ 수동조작함	5	2.5[mm²]	전원⊕·⊖, 복구 1, 기동 1, 확인 1
Ⓒ	수동조작함 ↔ 수동조작함	6	2.5[mm²]	전원⊕·⊖, 복구 1, 기동 1, 확인 1, 지구회로 1
Ⓓ	수동조작함 ↔ 수동조작함	9	2.5[mm²]	전원⊕·⊖, 복구 1, 기동 2, 확인 2, 지구회로 2
Ⓔ	수동조작함 ↔ 수신반	12	2.5[mm²]	전원⊕·⊖, 복구 1, 기동 3, 확인 3, 지구회로 3
Ⓕ	MCC ↔ 수신반	5	2.5[mm²]	기동 1, 정지 1, 공통 1, 운전표시 1, 정지표시 1

해설
- 소규모 점포 등이 있는 상가의 제연설비는 밀폐형으로 급기만 설치한다.
- 제연설비의 감지기는 송배선식으로 배선한다. 송배선식의 루프는 2가닥, 그 외 나머지(Ⓐ)는 4가닥으로 배선한다.
- 댐퍼와 수동조작함 간 배선(Ⓑ)은 기본 5가닥 (전원⊕·⊖, 복구 1, 기동 1, 확인 1)이다.
- 수동조작함 간 배선(Ⓒ)은 기본 6가닥(전원 ⊕·⊖, 복구 1, 기동 1, 확인 1, 지구회로 1)이 필요하다. 2 Zone(Ⓓ)인 경우 3가닥(기동 1, 확인 1, 지구회로 1)이 증가하여 9가닥이 된다.
- 3 Zone(Ⓔ)인 경우 2 Zone인 경우에 비해 3가닥(기동 1, 확인 1, 지구회로 1)이 증가하여 12가닥이 된다.
- MCC와 수신반 사이에는 총 5가닥(기동 1, 정지 1, 공통 1, 운전표시 1, 정지표시 1)이 필요하다.

03

자동화재탐지설비의 발신기에서 표시등 40[mA/개], 경종 50[mA/개]가 소모되며, 지하 1층. 지상 5층의 각 층별 2회로씩 총 12회로인 공장에서 P형 수신반 최말단 발신기까지 500[m] 떨어진 경우 다음 각 물음에 답하시오. (10점)

(1) 표시등 및 경종의 최대 소요전류[A]와 총 소요전류[A]를 계산하시오.
  ① 표시등의 최대 소요전류:
  ② 경종의 최대 소요전류:
  ③ 총 소요전류:

(2) 2.5[mm²]의 전선을 사용한 경우, 최말단 경종 동작 시 전압강하[V]는 약 얼마인가?
  • 계산과정:
  • 답:

(3) 사용전선의 종류를 쓰시오.

(4) (2)의 계산에 의한 경종의 작동 여부를 설명하시오.

(5) 직상층 우선경보방식을 설치할 수 있는 특정소방대상물의 범위는 어떻게 되는가?

정답

(1) ① 0.48[A]
  ② 0.6[A]
  ③ 1.08[A]

(2) • 계산과정: $e = \dfrac{35.6 \times 500 \times 1.08}{1,000 \times 2.5} = 7.69[V]$
  • 답: 7.69[V]

(3) HFIX 전선

(4) 작동하지 않는다.

(5) 층수가 11층(공동주택의 경우에는 16층) 이상인 특정소방대상물

해설

(1) ① 표시등이 필요한 층수는 6개(지하 1층 ~ 지상 5층)이고 각 층별 2회로씩 적용하므로 표시등의 소요전류는 $40 \times 6 \times 2 = 480[mA] = 0.48[A]$이다.
  ② 층수가 11층(공동주택의 경우 16층) 미만인 건물에 해당하므로 일제경보방식에 의해 경보를 하게 된다. 즉, 어떤 층에서 화재를 경보할 경우 항상 12개의 경종이 울리게 되므로 경종의 최대 소요전류는 $50 \times 12 = 600[mA] = 0.6[A]$이다.
  ③ 총 소요전류 I = 표시등의 최대소요전류 + 경종의 최대소요전류 = 0.48[A] + 0.6[A] = 1.08[A]

(2) 단상 2선식의 전압강하 $e = \dfrac{35.6 LI}{1,000 A}[V]$이고 최말단 경종이 울릴 경우 소요전류는 1.08[A]이므로
$e = \dfrac{35.6 \times 500 \times 1.08}{1,000 \times 2.5} = 7.69[V]$이다.

(3) 표시등에 사용되는 전선은 HFIX 전선(450/750[V] 저독성 난연 가교폴리올레핀 절연전선)이다.

(4) 자동화재탐지설비의 음향장치는 정격전압(직류 24[V])의 80[%] 전압에서 음향을 발해야 한다.
즉, $24 \times 0.8 = 19.2[V]$ 이상인 경우에만 음향장치가 작동한다.
수신기의 입력전압은 24[V]이고 (2)의 전압강하를 고려하면 최종 출력전압은 $24 - 7.69 = 16.31[V]$이다. 이 전압은 19.2[V]보다 낮으므로 음향장치(경종)는 작동하지 않는다.

(5) 층수가 11층(공동주택의 경우에는 16층) 이상의 특정소방대상물은 다음에 따라 경보를 발할 수 있도록 해야 한다.

발화층	경보층
2층 이상	발화층. 직상 4개층
1층	발화층. 직상 4개층. 지하층
지하층	발화층. 직상층. 기타의 지하층

연계이론 PHASE 36 전압강하와 전선의 단면적

04

자동화재탐지설비의 수신기에 대한 비상전원 축전지의 용량을 산출하고자 한다. 주어진 조건에 대하여 다음 각 물음에 답하시오. (5점)

> (가) 경년용량저하율은 0.8이다.
> (나) 감시시간에 대한 용량환산시간계수는 1.8이다.
> (다) 작동시간에 대한 용량환산시간계수는 0.5이다.
> (라) 감시전류는 0.1[A]이다.
> (마) 2회선 작동전류 및 다른 회선 감시 시의 전류는 0.7[A]이다.

(1) 60분간 감시 후 2회선이 10분간 작동하는 경우의 축전지의 용량[Ah]을 구하시오.
- 계산과정:
- 답:

(2) 1분간 2회선 작동함과 동시에 다른 회선을 감시하는 경우 및 10분간 2회선 작동함과 동시에 다른 회선을 감시하는 경우의 용량[Ah]은 약 얼마인가?
- 계산과정:
- 답:

정답

(1) • 계산과정: $\dfrac{1}{0.8}\{1.8 \times 0.1 + 0.5 \times (0.7 - 0.1)\} = 0.6[\text{Ah}]$
- 답: 0.6[Ah]

(2) • 계산과정: $\dfrac{1}{0.8} \times 0.5 \times 0.7 = 0.44[\text{Ah}]$
- 답: 0.44[Ah]

해설

(1), (2) 축전지 용량

$$C = \dfrac{1}{L}KI[\text{Ah}]$$
(단, L: 보수율(용량저하율), K: 용량환산시간계수, I: 방전전류[A])

- 감시시간에 대한 용량환산시간계수 $K_1 = 1.8$이고 작동시간에 대한 용량환산시간계수 $K_2 = 0.5$이다. 경년 용량저하율(보수율)은 0.8이므로
  축전지 용량 $C = \dfrac{1}{0.8}\{K_1 I_1 + K_2(I_2 - I_1)\} = \dfrac{1}{0.8}\{1.8 \times 0.1 + 0.5 \times (0.7 - 0.1)\} = 0.6[\text{Ah}]$이다.
- 2회선이 작동하는 경우 시간과 관계없이 용량환산시간 계수는 0.5로 고정이므로
  축전지 용량 $C = \dfrac{1}{0.8}(0.5 \times 0.7) = 0.44[\text{Ah}]$

연계이론 PHASE 29 축전지

05

다음 기계기구와 운전조건을 이용하여 옥상의 소방용 고가수조에 물을 올릴 때 사용되는 양수펌프에 대한 자동 및 수동운전을 할 수 있도록 주회로와 제어회로를 완성하시오. (단, 회로 작성에 필요한 접점수는 최소수만 사용하며, 접점기호와 약호를 기입하시오.) (5점)

기계기구

- 운전용 누름버튼스위치(PB-on) 1개
- 정지용 누름버튼스위치(PB-off) 1개
- 자동·수동 전환 스위치(S/S) 1개
- 배선용 차단기(MCCB) 1개
- 열동계전기(THR) 1개
- 퓨즈(제어회로용) 2개
- 전자접촉기(MC) 1개
- 플로우트 스위치(FS) 1개
- 3상 유도전동기 1대

운전 조건

(가) 자동운전과 수동운전이 가능하도록 하여야 한다.
(나) 자동운전은 플로우트 스위치(만수위 검출)에 의하여 이루어지도록 한다.
(다) 수동운전인 경우에는 다음과 같이 동작되도록 한다.
- 운전용 누름버튼스위치에 의하여 전자접촉기가 여자되어 전동기가 운전되도록 한다.
- 정지용 누름버튼스위치에 의하여 전자접촉기가 소자되어 전동기가 정지되도록 한다.
- 전동기 운전 중 과부하 또는 과열이 발생되면 열동계전기가 동작되어 전동기가 정지되도록 한다. (자동운전 시에도 열동계전기가 동작하면 전동기가 정지되도록 한다.)

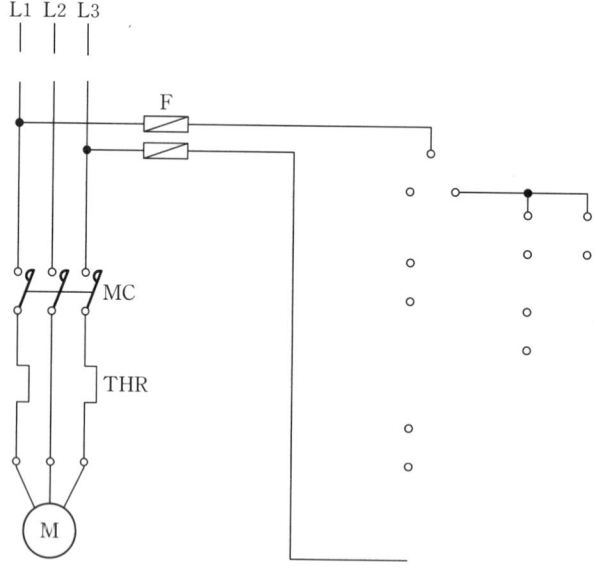

정답

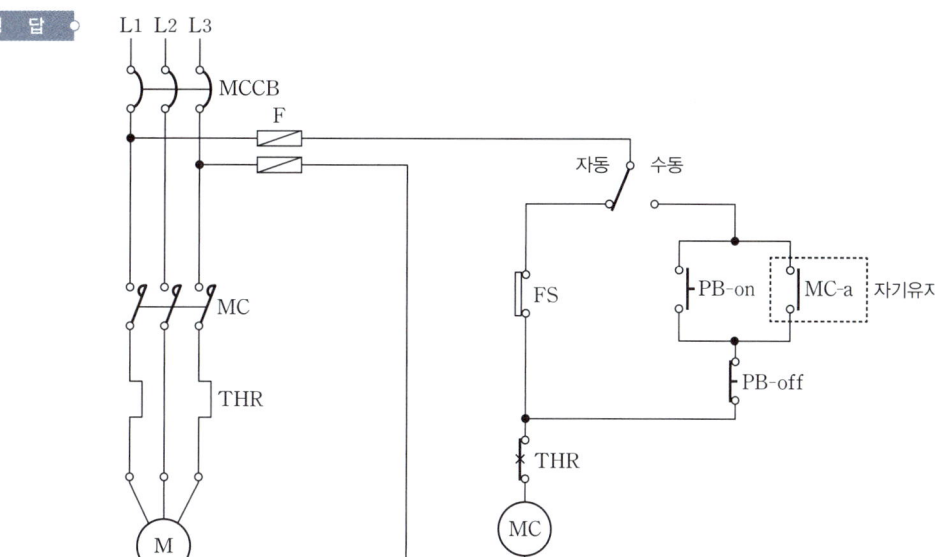

연계이론　PHASE 40 시퀀스 회로

06 청각장애인용 시각경보장치의 설치기준을 3가지만 쓰시오. (단, 화재안전기술기준 각 호의 내용을 한가지로 본다.) (5점)

-
-
-

정답
- 복도·통로·청각장애인용 객실 및 공용으로 사용하는 거실에 설치하며, 각 부분으로부터 유효하게 경보를 발할 수 있는 위치에 설치할 것
- 공연장·집회장·관람장 또는 이와 유사한 장소에 설치하는 경우에는 시선이 집중되는 무대부 부분 등에 설치할 것
- 설치높이는 바닥으로부터 2[m] 이상 2.5[m] 이하의 장소에 설치할 것(다만, 천장의 높이가 2[m] 이하인 경우에는 천장으로부터 0.15[m] 이내의 장소에 설치할 것)

해설 **청각장애인용 시각경보장치의 설치기준**
- 복도·통로·청각장애인용 객실 및 공용으로 사용하는 거실(로비, 회의실, 강의실, 식당, 휴게실, 오락실, 대기실, 체력단련실, 접객실, 안내실, 전시실, 기타 이와 유사한 장소를 말함)에 설치하며, 각 부분으로부터 유효하게 경보를 발할 수 있는 위치에 설치할 것
- 공연장·집회장·관람장 또는 이와 유사한 장소에 설치하는 경우에는 시선이 집중되는 무대부 부분 등에 설치할 것
- 설치높이는 바닥으로부터 2[m] 이상 2.5[m] 이하의 장소에 설치할 것. 다만, 천장의 높이가 2[m] 이하인 경우에는 천장으로부터 0.15[m] 이내의 장소에 설치하여야 한다.
- 시각경보장치의 광원은 전용의 축전지설비 또는 전기저장장치(외부 전기에너지를 저장해 두었다가 필요한 때 전기를 공급하는 장치)에 의하여 점등되도록 할 것. 다만, 시각경보기에 작동전원을 공급할 수 있도록 형식승인을 얻은 수신기를 설치한 경우에는 그렇지 않다.

연계이론　PHASE 15 시각경보장치

07 중형피난구유도등(소비전력 22[W]) 24개가 교류 220[V] 상용전원에 연결되어 점등되고 있다. 이때 전원으로부터의 공급전류[A]는? (단, 유도등의 역률 0.8, 유도등 축전지의 충전전류는 무시한다.) (4점)

- 계산과정:
- 답:

정답

- 계산과정: $I = \dfrac{22 \times 24}{220 \times 0.8} = 3[A]$
- 답: 3[A]

해설

단상 유효전력 $P = VI \cos\theta [W]$ (단, V: 전압[V], I: 전류[A], $\cos\theta$: 역률)
중형피난구유도등 24개의 합성 전력 $P = 22 \times 24 = 528[W]$
전류 $I = \dfrac{P}{V\cos\theta}[A]$이므로 $I = \dfrac{528}{220 \times 0.8} = 3[A]$

08 그림은 자동화재탐지설비와 준비작동식 스프링클러설비를 연동시키기 위한 간선계통도이다. 다음 각 물음에 답하시오. (8점)

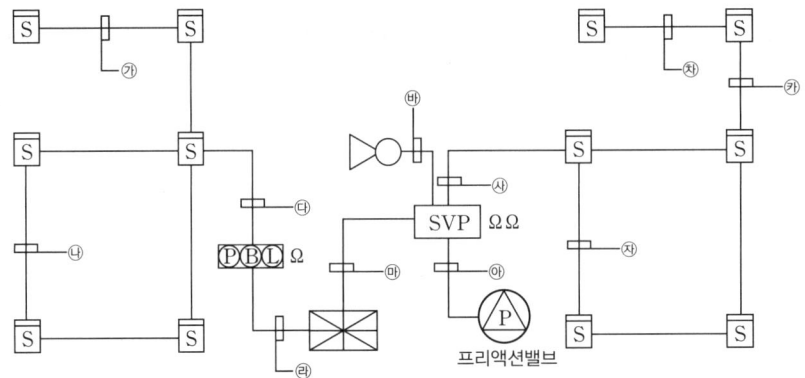

(1) ㉮ ~ ㉰까지의 배선 가닥수를 쓰시오. (단, 프리액션밸브용 감지기공통선과 전원공통선은 분리해서 사용하고, 프리액션밸브용 압력스위치, 탬퍼스위치 및 솔레노이드밸브용 공통선은 1가닥을 사용하는 조건이다.)

기호	㉮	㉯	㉰	㉱	㉲	㉳	㉴	㉵	㉶	㉷	㉸
가닥수											

(2) ㉲에 소요되는 배선의 용도를 쓰시오.

정답

(1)
기호	㉮	㉯	㉰	㉱	㉲	㉳	㉴	㉵	㉶	㉷	㉸
가닥수	4	2	4	6	9	2	8	4	4	4	8

(2) 전원 ⊕·⊖, 감지기공통, 감지기 A·B, 압력스위치 1, 탬퍼스위치 1, 솔레노이드밸브 1, 사이렌 1

해설

[감지기 결선]

수신기를 기준으로 좌측은 자동화재탐지설비, 우측은 준비작동식 스프링클러설비이다.

- 자동화재탐지설비의 감지기는 송배선식으로 배선한다. 송배선식의 루프(㉯)는 2가닥, 기타(㉮, ㉰) 4가닥으로 배선한다.
- 프리액션(준비작동식) 스프링클러설비의 감지기는 교차회로 방식으로 배선한다. 교차회로 방식의 루프(㉱) 및 말단(㉲)은 4가닥, 기타(㉯, ㉷) 8가닥으로 배선한다.

기호	가닥수	배선 내역
㉮	4	지구 2, 지구공통 2
㉯	2	지구 1, 지구공통 1
㉰	4	지구 2, 지구공통 2
㉱	8	지구 4, 지구공통 4
㉲	4	지구 2, 지구공통 2
㉳	4	지구 2, 지구공통 2
㉴	8	지구 4, 지구공통 4

[수신기 ↔ 발신기]

자동화재탐지설비의 경계구역이 하나이므로 기본 6가닥(지구 1, 지구공통 1, 응답 1, 경종 1, 표시등 1, 경종표시등공통 1)이다.

기호	가닥수	배선 내역
㉵	6	지구 1, 지구공통 1, 응답 1, 경종 1, 표시등 1, 경종표시등공통 1

[수신기 ↔ SVP]

일반적으로 감지기공통선과 전원 ⊖선을 분리할 경우 9가닥으로 산정하며, 배선용도는 (전원 ⊕·⊖, 감지기공통, 감지기 A·B, 솔레노이드밸브 1, 탬퍼스위치 1, 압력스위치 1, 사이렌 1)이다. 감지기공통선과 전원 ⊖선을 구분하지 않는 경우 공용으로 사용할 수 있어 8가닥으로 볼 수 있는 점에 유의해야 한다.

기호	가닥수	배선 내역
㉶	9	전원 ⊕·⊖, 감지기공통 1, 감지기 A·B, 압력스위치 1, 솔레노이드밸브 1, 탬퍼스위치 1, 사이렌 1

[SVP 결선]

- 프리액션 밸브는 압력스위치, 탬퍼스위치, 솔레노이드밸브로 구성되어 있으며 공통선을 사용할 경우 4가닥(압력스위치 1, 탬퍼스위치 1, 솔레노이드밸브 1, 공통선 1)이며, 공통선을 사용하지 않을 경우 6가닥으로 산정한다. (압력스위치 2, 탬퍼스위치 2, 솔레노이드밸브 2)
- SVP에서 사이렌 사이는 2가닥(사이렌 2)이 필요하다.

기호	가닥수	배선 내역
㉷	2	사이렌 2
㉸	4	압력스위치 1, 탬퍼스위치 1, 솔레노이드밸브 1, 공통선 1

연계이론

PHASE 47 스프링클러설비 도면

09

저압옥내배선의 금속관공사에 있어서 금속관과 박스, 그 밖의 부속품은 다음에 의하여 시설하여야 한다. ( ) 안에 알맞은 내용을 쓰시오. (5점)

(1) 금속관을 구부릴 때 금속관의 단면이 심하게 변형되지 아니하도록 구부려야 하며, 그 안측의 (①)은 관 안지름의 (②)배 이상이 되어야 한다.
(2) 아웃렛박스(outlet box) 사이 또는 전선인입구가 있는 기구 사이의 금속관은 (③)개소를 초과하는 직각 또는 직각에 가까운 굴곡 개소를 만들어서는 아니된다. 굴곡 개소가 많은 경우 또는 관의 길이가 (④)[m]를 넘는 경우에는 (⑤)를 설치하는 것이 바람직하다.

정답 ① 반지름 ② 6배 ③ 3 ④ 30 ⑤ 풀박스

연계이론 PHASE 38 공사의 종류

10

감지기의 부착높이 및 특정소방대상물의 구분에 따른 설치면적 기준이다. 다음 표의 ①~⑧에 해당되는 면적을 쓰시오. (8점)

(단위: [m²])

부착높이 및 특정소방대상물의 구분		감지기의 종류						
		차동식 스포트형		보상식 스포트형		정온식 스포트형		
		1종	2종	1종	2종	특종	1종	2종
4[m] 미만	내화구조	①	70	①	70	70	60	⑦
	기타구조	②	③	②	③	40	30	⑧
4[m] 이상 8[m] 미만	내화구조	45	④	45	④	④	⑤	—
	기타구조	30	25	30	25	25	⑥	—

①	②	③	④	⑤	⑥	⑦	⑧

정답

①	②	③	④	⑤	⑥	⑦	⑧
90	50	40	35	30	15	20	15

해설 감지기의 바닥면적 표

(단위: [m²])

부착높이 및 특정소방대상물의 구분		감지기의 종류						
		차동식 스포트형		보상식 스포트형		정온식 스포트형		
		1종	2종	1종	2종	특종	1종	2종
4[m] 미만	내화구조	90(①)	70	90(①)	70	70	60	20(⑦)
	기타구조	50(②)	40(③)	50(②)	40(③)	40	30	15(⑧)
4[m] 이상 8[m] 미만	내화구조	45	35(④)	45	35(④)	35(④)	30(⑤)	—
	기타구조	30	25	30	25	25	15(⑥)	—

연계이론 PHASE 09 감지기

11 유도전동기 부하에 사용할 비상용 자가발전설비를 구매하려고 한다. 아래의 발전기 조건을 보고 다음 각 물음에 답하시오. (5점)

> **조건**
> (가) 기동용량: 700[kVA]
> (나) 기동 시 전압강하: 20[%]까지 허용
> (다) 과도리액턴스: 25[%]

(1) 발전기 용량은 몇 [kVA] 이상의 것을 선정하여야 하는가?
 • 계산과정:
 • 답:

(2) 발전기용 차단기의 차단용량은 몇 [MVA] 이상이어야 하는가? (단, 차단용량의 여유율은 25[%]로 한다.)
 • 계산과정:
 • 답:

정답

(1) • 계산과정: $P_G = \left(\dfrac{1}{0.2} - 1\right) \times 0.25 \times 700 = 700[\text{kVA}]$
 • 답: 700[kVA]

(2) • 계산과정: $P_s = \dfrac{700}{0.25} \times 1.25 \times 10^{-3} = 3.5[\text{MVA}]$
 • 답: 3.5[MVA]

해설

(1) 자기발전기의 정격용량을 구하는 공식은 다음과 같다. (일반적인 발전기 용량과 구하는 공식이 다름에 유의한다.)

$$P_G \geq \left(\dfrac{1}{e} - 1\right) \times X_L \times P[\text{kVA}]$$

(단, e: 허용 전압강하[%], X_L: 발전기 과도리액턴스[%], P: 발전기 기동용량[kVA])

기동용량은 700[kVA], 전압강하는 20[%]까지 허용하며, 과도리액턴스는 25[%]이므로
자가발전기의 정격용량 $P_G = \left(\dfrac{1}{0.2} - 1\right) \times 0.25 \times 700 = 700[\text{kVA}]$이다.

(2) 자기발전기의 차단용량을 구하는 공식은 다음과 같다.

$$P_s = \dfrac{1}{X_L} \times P_G \times K[\text{kVA}]$$

(단, K: 여유계수)

(1)에서 구한 $P_G = 700[\text{kVA}]$이므로 차단용량 $P_s = \dfrac{1}{0.25} \times 700 \times 1.25 = 3,500[\text{kVA}] = 3.5[\text{MVA}]$이다.

연계이론 PHASE 30 자가발전설비

12 아래의 그림과 같이 지하 1층에서 지상 5층까지 각 층의 평면이 동일하고, 각 층의 높이가 4[m]인 학원 건물에 자동화재탐지설비를 설치할 경우이다. 다음 물음에 답하시오. (7점)

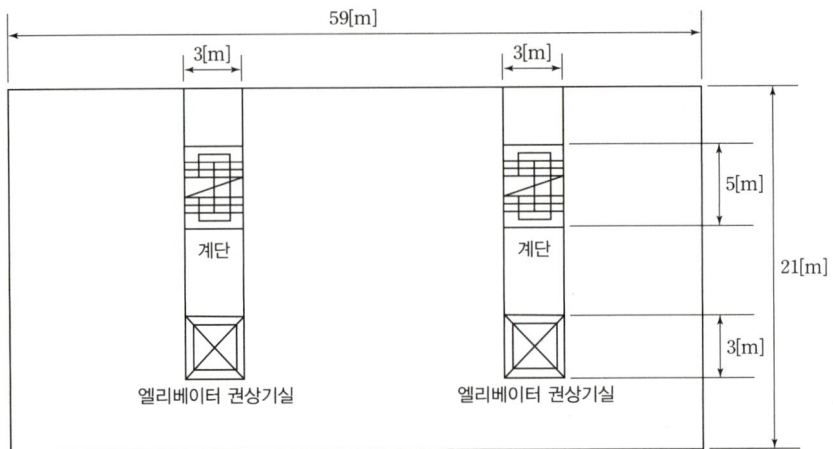

(1) 하나의 층에 대한 자동화재탐지설비의 수평경계구역은 약 몇 개로 구분해야 하는지 구하시오.
　　• 계산과정:
　　• 답:

(2) 본 소방대상물에 자동화재탐지설비의 수직 및 수평경계구역은 약 몇 개로 구분해야 하는지 구하시오.
　　① 수직경계구역
　　　• 계산과정:
　　　• 답:
　　② 수평경계구역
　　　• 계산과정:
　　　• 답:

(3) 본 건물에 설치해야 하는 발신기의 형별은 무엇인가?
(4) 계단감지기는 각각 몇 층에 설치해야 하는가?
(5) 엘리베이터 권상기실 상부에 설치해야 하는 감지기의 종류는?

정 답

(1) • 계산과정: $N = \dfrac{59 \times 21 - 3 \times 5 \times 2 - 3 \times 3 \times 2}{600} = 1.99 \to 2개$
　　• 답: 2개

(2) ① 수직경계구역
　　• 계산과정: 계단 $N = \dfrac{4 \times 6}{45} = 0.53 \to 1개$, 엘리베이터 $N=1$
　　　각 층에 계단과 엘리베이터가 2개씩 있으므로 경계구역 수는 $1 \times 2 + 1 \times 2 = 4$
　　• 답: 4개

② 수평경계구역
　　• 계산과정: $2 \times 6층 = 12개$
　　• 답: 12개

(3) P형 1급 발신기
(4) 5층, 2층
(5) 연기감지기

해설

(1) 수평경계구역에 해당하는 면적은 [바닥면적 − 수직경계구역에 해당하는 면적]이다.
엘리베이터 권상기실과 계단은 수직경계구역에 해당하므로 각각의 면적을 산출하여 그 값을 바닥면적에서 뺀다.

구분	계단	엘리베이터
면적	$3 \times 5 = 15[m^2]$	$3 \times 3 = 9[m^2]$
개수	2	2
한 층당 면적	$15 \times 2 = 30[m^2]$	$9 \times 2 = 18[m^2]$

한 층당 바닥면적은 $59 \times 21 = 1,239[m^2]$이고 수평경계구역을 뺀 면적은 $1,239 - 30 - 18 = 1,191[m^2]$이다.

따라서 한 층의 수평경계구역은 $\frac{1,191}{600} = 1.99 \to 2$개이다.

(2) ① 수직경계구역은 계단과 엘리베이터권상기실을 분리해서 산정한다.

구분	계단	엘리베이터
산정기준	45[m]마다 1경계구역	권상기실 하나당 1경계구역
경계구역 산정	$\frac{4[m] \times 6층}{45[m]} = 0.53 \to 1$개	1개
개수	2	2
경계구역 합계	$1 \times 2 = 2$개	$1 \times 2 = 2$개
총계	$2 + 2 = 4$개	

② 수평경계구역은 한 층당 2개이므로 총 $2 \times 6 = 12$개가 된다.

(4) 계단에서 연기감지기 2종은 수직거리 15[m]마다 1개 이상 설치해야 한다.

설치장소	복도 및 통로		계단 및 경사로(에스컬레이터 경사로 포함)	
	1종, 2종	3종	1종, 2종	3종
설치거리	보행거리 30[m]	보행거리 20[m]	수직거리 15[m]	수직거리 10[m]

일반적으로 계단에 설치하는 연기감지기는 최상층(5층)에 설치한 후 수직거리 15[m] 이내에 설치하는 방법을 사용한다. 즉, 최상층인 5층에 연기감지기를 설치하고 15[m] 이내인 2층에도 설치하면 된다.

연계이론 PHASE 07 자동화재탐지설비(경계구역)

13 초고층빌딩이나 고층아파트 등에 사용되는 R형 수신기용 신호선으로 사용하는 차폐선(쉴드선)에 대한 다음 각 물음에 답하시오. (5점)

(1) 신호선을 쉴드선으로 사용하는 이유를 설명하시오.
(2) 쉴드선을 접지하는 이유를 설명하시오.
(3) 신호선을 서로 꼬아서 사용하는 이유를 설명하시오.

정답
(1) 전자파 방해를 방지하기 위해 사용
(2) 사고 시 이상전류를 대지로 방전시키기 위해
(3) 자계를 상쇄시켜 외부 노이즈로부터 보호하기 위해

연계이론 PHASE 06 자동화재탐지설비(개요)

14 내화구조인 지하 1층, 지상 5층인 건물의 지상 1층 평면도를 나타낸 것이다. 각 층의 층고는 4.3[m], 천장과 반자 사이의 높이는 0.5[m]이다. 각 실에는 반자가 설치되어 있고, 계단감지기는 3층과 5층에 설치되어 있다. 다음의 각 물음에 답하시오. (단, 경보방식은 일제경보방식이다.) (7점)

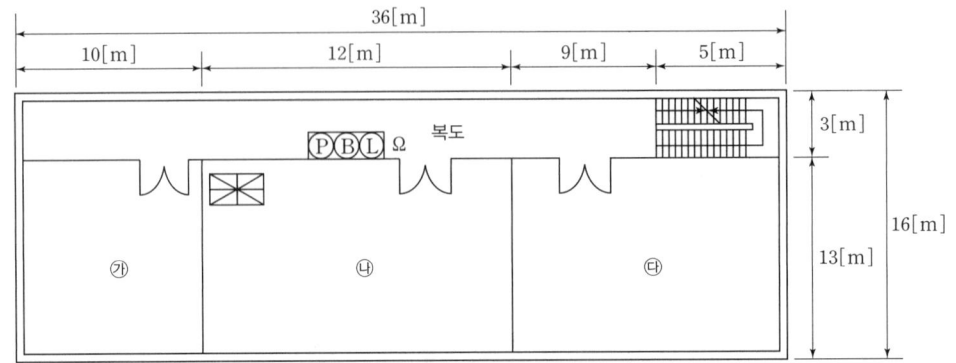

(1) 아래의 빈칸에 개소별로 설치하여야 하는 감지기의 수량과 산출식을 쓰시오.

개소	적용 감지기	산출식	수량(개)
㉮	차동식 스포트형 2종		
㉯	연기감지기 2종		
㉰	정온식 스포트형 1종		
복도	연기감지기 2종		

(2) (1)에서 구한 감지기 수량을 위 평면도상에 각 감지기의 도시기호를 이용하여 그려 넣고 각 기기 간의 배선수를 명시하시오. (배선수의 명시 예: ―//―)

정 답

(1)

개소	적용 감지기	산출식	수량(개)
㉮	차동식 스포트형 2종	$\dfrac{10 \times 13}{70} = 1.86$	2
㉯	연기감지기 2종	$\dfrac{12 \times 13}{150} = 1.04$	2
㉰	정온식 스포트형 1종	$\dfrac{(5+9) \times 13}{60} = 3.03$	4
복도	연기감지기 2종	$\dfrac{10+12+9}{30} = 1.03$	2

(2)
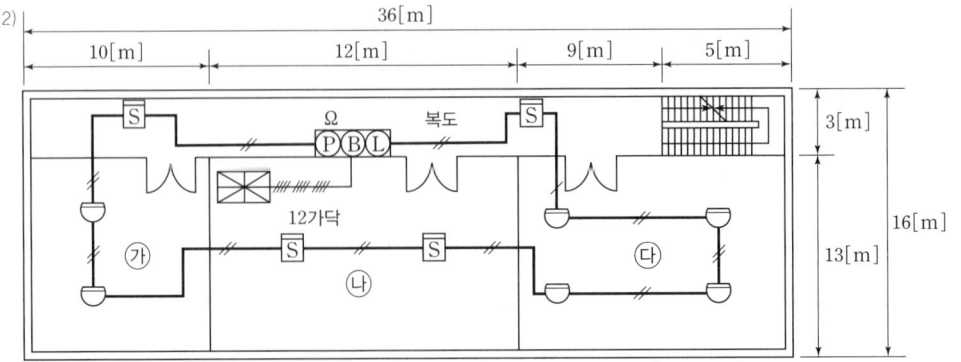

해 설

(1) [감지기 바닥면적 표]

(단위: [m²])

부착높이 및 특정소방대상물의 구분		감지기의 종류						
		차동식 스포트형		보상식 스포트형		정온식 스포트형		
		1종	2종	1종	2종	특종	1종	2종
4[m] 미만	내화구조	90	70(㉮)	90	70	70	60(㉯)	20
	기타구조	50	40	50	40	40	30	15
4[m] 이상 8[m] 미만	내화구조	45	35	45	35	35	30	—
	기타구조	30	25	30	25	25	15	—

※ 감지기 설치높이는 (층고－반자 사이 높이)＝4.3－0.5＝3.8[m]임에 유의한다.

㉮: 내화구조, 차동식 스포트형 2종, 설치높이 3.8[m]이므로 바닥면적 70[m²]를 선정한다.

감지기 개수 $\dfrac{\text{전용 면적[m}^2\text{]}}{70[\text{m}^2]} = \dfrac{10 \times 13}{70} = 1.86 \rightarrow$ 2개(소수점 절상)이다.

㉯: 내화구조, 정온식 스포트형 1종, 설치높이 3.8[m]이므로 바닥면적 60[m²]를 선정한다.

감지기 개수 $\dfrac{\text{전용 면적[m}^2\text{]}}{60[\text{m}^2]} = \dfrac{(5+9) \times 13}{60} = 3.03 \rightarrow$ 4개(소수점 절상)이다.

[연기감지기 바닥면적 표]

부착높이	감지기의 종류	
	1종 및 2종	3종
4[m] 미만	150[m²](㉰)	50[m²]
4[m] 이상 20[m] 미만	75[m²]	

㉰: 연기감지기 2종, 설치높이 3.8[m]이므로 바닥면적 150[m²]를 선정한다.

감지기 개수 $\dfrac{\text{전용 면적[m}^2\text{]}}{150[\text{m}^2]} = \dfrac{12 \times 13}{150} = 1.04 \rightarrow$ 2개(소수점 절상)이다.

[복도]

복도에서 연기감지기 2종은 보행거리 30[m]마다 1개 이상 설치해야 한다.

설치장소	복도 및 통로		계단 및 경사로(에스컬레이터 경사로 포함)	
	1종, 2종	3종	1종, 2종	3종
설치거리	보행거리 30[m]	보행거리 20[m]	수직거리 15[m]	수직거리 10[m]

감지기 개수 $\dfrac{\text{보행거리[m]}}{30[\text{m}]} = \dfrac{10+12+9}{30} = 1.03 \rightarrow$ 2개(소수점 절상)이다.

(2) [감지기]

자동화재탐지설비의 감지기는 송배선식으로 배선한다. 송배선식의 루프는 2가닥, 기타 4가닥으로 배선한다.

[수평 경계구역]

계단을 제외한 한 층의 면적은 $36 \times 16 - 5 \times 3 = 576 - 15 = 561[\text{m}^2]$으로 층별로 경계구역은 하나로 볼 수 있다. 건물은 지하 1층부터 지상 5층까지 총 6층이므로 6개의 경계구역이 있다.

[수직 경계구역]

계단은 45[m]마다 1경계구역으로 산정한다. 층고가 4.3[m]이고 층수는 6층이므로 이 건물의 높이는 $4.3 \times 6 = 25.8[\text{m}]$이다. 따라서 경계구역수는 $\dfrac{25.8}{45} = 0.57 \rightarrow$ 1개(소수점 절상)이다.

※ 지하 2층 이상인 건물의 경우 지상층과 지하층의 경계구역을 분리하여 설정해야 한다.

[수신기-발신기 간 가닥수]
- 수신기와 발신기 간 가닥수는 기본 6가닥(지구 1, 지구공통 1, 응답 1, 경종 1, 표시등 1, 경종표시등공통 1)이고, 경계구역수에 따라 지구회로 가닥수가 변한다.
- 경계구역수는 (수평 경계구역수 + 수직 경계구역수) = 6 + 1 = 7개이다.
- 따라서 수신기와 발신기 간 가닥수는 총 12가닥(지구 7, 지구공통 1, 응답 1, 경종 1, 표시등 1, 경종표시등공통 1)이다.

연계이론 PHASE 42 자동화재탐지설비 도면

15
1층 경비실에 있는 수신기를 지하 1층의 방재센터로 이설하고자 할 때, 수신기의 전원은 배선전용실인 EPS실을 이용하여 시공하고자 한다. 다음 물음에 답하시오. (5점)

(1) 수신기의 전원을 수납하는 배선의 종류와 전선관의 종류에 대해 쓰시오.
- 배선의 종류:
- 전선관의 종류:

(2) 배선전용실을 이용하여 전원선을 시공하고자 할 경우 관련된 기준을 3가지 쓰시오.
-
-
-

정답
(1)
- 배선의 종류: 내화배선
- 전선관의 종류: 금속관, 2종 금속제 가요전선관, 합성수지관

(2)
- 배선은 내화성능을 갖는 것으로 할 것
- 다른 설비의 배선과 15[cm] 이상 떨어질 것
- 다른 설비의 배선 사이에 배선지름(배선의 지름이 다른 경우에는 가장 큰 것)의 1.5배 이상 높이의 불연성 격벽을 설치할 것

해설 소방용 배선과 다른 설비용 배선을 배선전용실 등에 설치하는 경우

구분	이격거리	불연성 격벽 높이
그림	(점검구(갑종방화문), 배선전용실, 15[cm] 이상, 소방용 케이블, 다른 용도의 케이블)	(점검구(갑종방화문), 배선전용실, 불연성 격벽, 소방용 케이블, 다른 용도의 케이블)
특징	배선전용실 또는 배선용 샤프트·피트·덕트 등에 다른 설비의 배선이 있는 경우 이격거리는 15[cm] 이상일 것	소화설비의 배선과 이웃하는 다른 설비의 배선 사이에 배선지름(배선의 지름이 다른 경우 가장 큰 것을 기준)의 1.5배 이상 높이의 불연성 격벽을 설치할 것

연계이론 PHASE 39 배선

16

광전식 분리형 감지기의 설치기준 중 (　) 안에 알맞은 것을 쓰시오. (5점)

- 감지기의 (①)은 햇빛을 직접 받지 않도록 설치할 것
- 광축은 나란한 벽으로부터 (②) 이상 이격하여 설치할 것
- 감지기의 송광부와 수광부는 설치된 (③)으로부터 1[m] 이내 위치에 설치할 것
- 광축의 높이는 천장 등 높이의 (④) 이상일 것
- 감지기의 광축의 길이는 (⑤) 범위 이내일 것

①	②	③	④	⑤

정답

①	②	③	④	⑤
수광면	0.6[m]	뒷벽	80[%]	공칭감시거리

해설

광전식 분리형 감지기의 설치기준

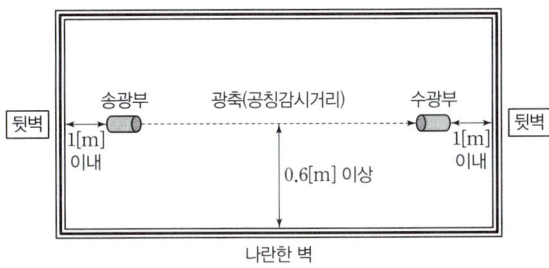

- 감지기의 수광면은 햇빛을 직접 받지 않도록 설치할 것
- 광축은 나란한 벽으로부터 0.6[m] 이상 이격하여 설치할 것
- 감지기의 송광부와 수광부는 설치된 뒷벽으로부터 1[m] 이내 위치에 설치할 것
- 광축의 높이는 천장 등 높이의 80[%] 이상일 것
- 감지기의 광축의 길이는 공칭감시거리 범위 이내일 것
- 그 밖의 설치기준은 형식승인 내용에 따르며 형식승인 사항이 아닌 것은 제조사의 시방서에 따라 설치할 것

연계이론 PHASE 11 연기감지기

2016년 4회 기출문제

01 비상용 조명설비의 부하가 30[W] 120등, 60[W] 60등이 있다. 방전시간은 30분이며 연축전지 HS형 54셀, 허용최저전압 90[V], 최저축전지온도 5[℃]일 때, 다음 각 물음에 답하시오. 단, 전압은 100[V]이며 연축전지의 용량환산시간 K는 표와 같고, 보수율은 0.8이라고 한다. (상단은 900[Ah]~2,000[Ah], 하단은 900[Ah]이다.) (6점)

형식	최저온도 [℃]	10분			30분		
		1.6[V]	1.7[V]	1.8[V]	1.6[V]	1.7[V]	1.8[V]
CS	25	0.90 0.80	1.15 1.06	1.60 1.42	1.41 1.34	1.60 1.55	2.00 1.88
	5	1.15 1.10	1.35 1.25	2.00 1.80	1.75 1.75	1.85 1.80	2.45 2.35
	−5	1.35 1.25	1.60 1.50	2.65 2.25	2.05 2.05	2.20 2.20	3.10 3.00
HS	25	0.58	0.70	0.93	1.03	1.14	1.38
	5	0.62	0.74	1.05	1.11	1.22	1.54
	−5	0.68	0.82	1.15	1.20	1.35	1.68

(1) 필요한 축전지의 용량[Ah]

　• 계산과정:

　• 답:

(2) 연축전지에서 CS형과 HS형의 방전상태는 어떻게 구분되는지 쓰시오.

　• CS형:

　• HS형:

정답

(1) • 계산과정:

$$I = \frac{30 \times 120 + 60 \times 60}{100} = 72[A]$$

축전지의 공칭전압은 $\frac{90}{54} = 1.67 ≒ 1.7[V]$이므로 $K = 1.22$

$$\therefore C = \frac{1}{0.8} \times 1.22 \times 72 = 109.8[Ah]$$

• 답: 109.8[Ah]

(2) • CS형: 보통 방전
　• HS형: 급속 방전

해설 (1) 축전지의 공칭전압을 구하면 $\frac{90}{54}=1.67≒1.7[V]$이다. 주어진 표에서 방전시간 30분, 공칭전압 1.7[V], HS형, 최저축전지온도 5[℃]를 이용하여 K값을 선정한다.

형식	최저온도 [℃]	10분			30분		
		1.6[V]	1.7[V]	1.8[V]	1.6[V]	1.7[V]	1.8[V]
CS	25	0.90	1.15	1.60	1.41	1.60	2.00
		0.80	1.06	1.42	1.34	1.55	1.88
	5	1.15	1.35	2.00	1.75	1.85	2.45
		1.10	1.25	1.80	1.75	1.80	2.35
	−5	1.35	1.60	2.65	2.05	2.20	3.10
		1.25	1.50	2.25	2.05	2.20	3.00
HS	25	0.58	0.70	0.93	1.03	1.14	1.38
	5	0.62	0.74	1.05	1.11	1.22(K)	1.54
	−5	0.68	0.82	1.15	1.20	1.35	1.68

방전전류 $I=\frac{\text{부하전력의 합}}{\text{전압}}=\frac{30×120+60×60}{100}=72[A]$이므로 축전지 용량을 구하면 다음과 같다.

$C=\frac{1}{L}KI=\frac{1}{0.8}×1.22×72=109.8[Ah]$

(2) 연축전지의 종류
- CS형 (클래드식): 보통 방전형으로 오래 방전 가능
- HS형 (페이스트식): 급속 방전형으로 단기간, 대전류 부하용에 사용

연계이론 PHASE 29 축전지

02 공기관식 차동식 분포형 감지기 시험방법에 대한 설명 중 ①, ②에 알맞은 내용을 쓰시오. (4점)

- 검출부의 시험공 또는 공기관의 한 쪽 끝에 (①)을(를) 접속하고 시험코크 등을 유통시험 위치에 맞춘 후 다른 끝에 (②)을(를) 접속시킨다.
- (②)(으)로 공기를 주입하고 (①)의 수위를 눈금의 영점으로부터 100[mm]까지 상승시켜 수위를 정지시킨다.
- 시험코크 등에 의해 송기구를 개방하여 상승수위의 $\frac{1}{2}$까지 내려가는 시간(유통시간)을 측정한다.

정답 ① 마노미터 ② 테스트펌프

해설 공기관식 차동식 분포형 감지기의 유통시험

- 검출부 시험공 또는 공기관의 한 쪽 끝에 마노미터를 접속시키고, 다른 한 쪽 끝에 테스트펌프를 접속시킨다.
- 테스트펌프로 공기를 불어 넣어 마노미터의 수위를 약 100[mm]로 상승시키고 수위를 정지시킨다.
- 시험코크 또는 키를 접점수고치에 조정하고 테스트펌프로 적량의 공기를 서서히 불어 넣는다.
- 감지기의 접점이 닿았을 때 마노미터의 수위(반치)를 읽고 접점 수고치를 측정한다.

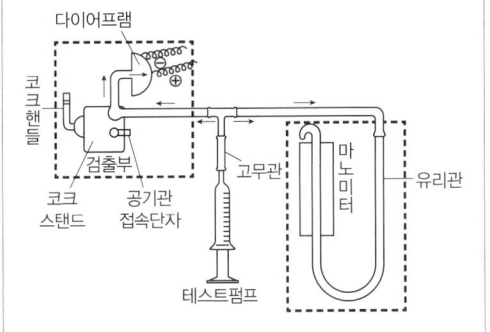

연계이론 PHASE 10 열감지기

03

공기관식 차동식 분포형 감지기의 3정수시험 중 접점수고(간격)시험 시 수고치가 다음에 해당하는 경우에 각각 나타나는 현상을 쓰시오. (5점)

(1) 비정상적인 경우
(2) 낮은 경우
(3) 높은 경우

정답
(1) 감지기가 동작하지 않는다.
(2) 감지기 감도가 예민해져 비화재보가 발생한다.
(3) 감지기 감도가 둔감해져 지연 동작이 발생한다.

연계이론 PHASE 10 열감지기

04

지하 3층 및 지상 14층, 각 층의 높이가 3.3[m]인 다음과 같은 특정소방대상물에 수직경계구역을 설정할 경우 다음 각 물음에 답하시오. (10점)

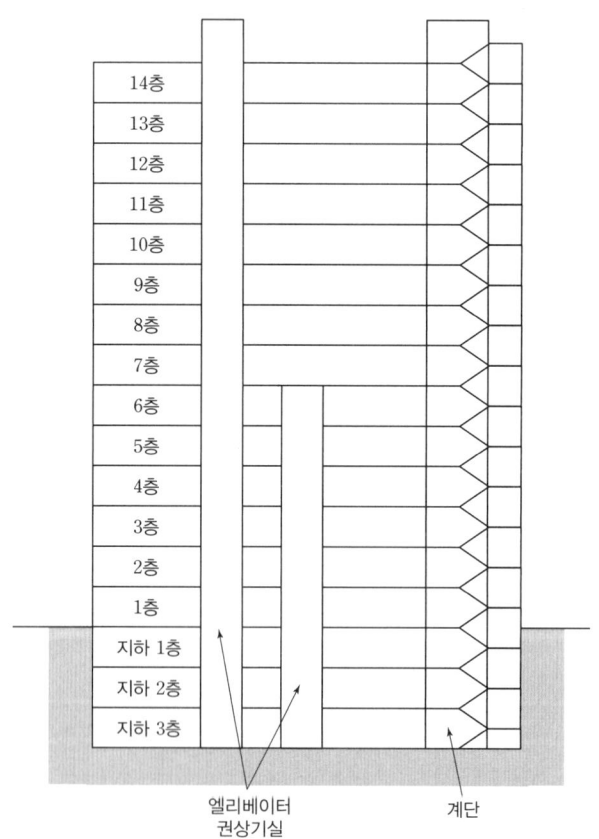

(1) 상기의 건축물 단면도상에 표기된 엘리베이터 권상기실과 계단실에 감지기를 설치해야 하는 위치를 찾아 연기감지기의 그림기호를 이용하여 도면에 그려 넣으시오.
(2) 본 소방대상물에 자동화재탐지설비의 수직경계구역은 총 몇 개의 회로로 구분해야 하는지 쓰시오.
 • 엘리베이터 권상기실 (　　)회로＋계단 (　　)회로＝합계 (　　)회로
(3) 연기가 멀리 이동해서 감지기에 도달하는 장소에 설치하는 연기감지기의 종류를 1가지 쓰시오.

정 답 (1)

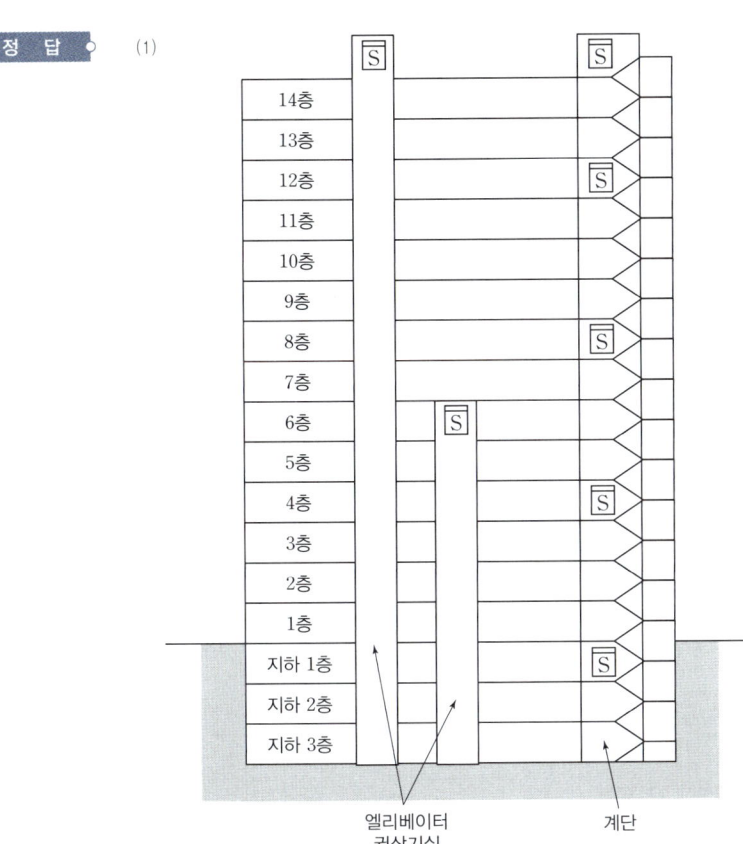

엘리베이터 권상기실   계단

(2) 엘리베이터 권상기실 2회로 + 계단 3회로 = 5회로
(3) 광전식 스포트형 감지기

해 설 (1) 연기감지기는 엘리베이터 권상기실마다 한 개씩 설치해야 하며, 계단의 경우 수직거리 15[m]마다 1개 이상을 설치해야 한다.

설치장소	복도 및 통로		계단 및 경사로(에스컬레이터 경사로 포함)	
	1종, 2종	3종	1종, 2종	3종
설치거리	보행거리 30[m]	보행거리 20[m]	수직거리 15[m]	수직거리 10[m]

- 엘리베이터 : 권상기실이 2개이므로 연기감지기 2개 설치
- 계단 : 지하 2층 이상인 건물의 경우 지상층과 지하층의 경계구역을 분리하므로 감지기를 따로 설치해야 한다.

계단 구분	높이	개수
지상	$3.3 \times 14 = 46.2$[m]	$\frac{46.2}{15} = 3.08 \rightarrow$ 4개
지하	$3.3 \times 3 = 9.9$[m]	$\frac{9.9}{15} = 0.66 \rightarrow$ 1개

따라서 필요한 연기감지기는 엘리베이터 2개 + 지상 4개 + 지하 1개 = 7개이다.

(2) 수직경계구역

엘리베이터 권상기실과 계단은 다음과 같이 경계구역을 구분한다.

구분	계단	엘리베이터
산정기준	45[m]마다 1경계구역	권상기실 하나당 1경계구역
경계구역 산정	지상: $\frac{46.2}{45}=1.03 \rightarrow 2개$ 지하: $\frac{9.9}{45}=0.22 \rightarrow 1개$	$1 \times 2 = 2개$

따라서 전체 경계구역수는 엘리베이터 권상기실 2회로+계단 3회로=5회로이다.

(3) 광전식 스포트형 감지기의 적응장소

환경상태	적응장소
흡연에 의해 연기가 체류하며 환기가 되지 않는 장소	회의실, 응접실, 휴게실, 노래연습실, 오락실, 다방, 음식점, 대합실, 카바레 등의 객실, 집회장, 연회장 등
취침시설로 사용하는 장소	호텔 객실, 여관, 수면실 등
연기 이외의 미분이 떠다니는 장소	복도, 통로 등
바람에 영향을 받기 쉬운 장소	로비, 교회, 관람장, 옥탑에 있는 기계실
연기가 멀리 이동해서 감지기에 도달하는 장소	계단, 경사로
훈소화재의 우려가 있는 장소	전화기기실, 통신기기실, 전산실, 기계 제어실

> 연계이론
> PHASE 07 자동화재탐지설비(경계구역)

05 보상식과 열복합형 감지기를 상호 비교하는 다음 항목을 채우시오. (4점)

구분	보상식 감지기	열복합형 감지기
동작방식		
신호출력		
목적		
적응성		

정답

구분	보상식 감지기	열복합형 감지기
동작방식	OR회로	AND회로
신호출력	차동식과 정온식 특성 중 한 개의 특성이 동작하는 경우 동작	차동식과 정온식 특성 중 두 개의 특성이 동시에 동작하는 경우 동작
목적	실보 방지	비화재보 방지
적응성	심부화재의 우려가 있는 곳	지하층, 무창층으로서 환기가 잘 되지 않는 장소

06 옥내소화전설비의 배선기준을 다음의 그림에 표시하시오. (5점)

(■■■ : 내화배선, ▭ : 내열배선, ── : 일반배선, ---- : 배관으로 표시한다.)

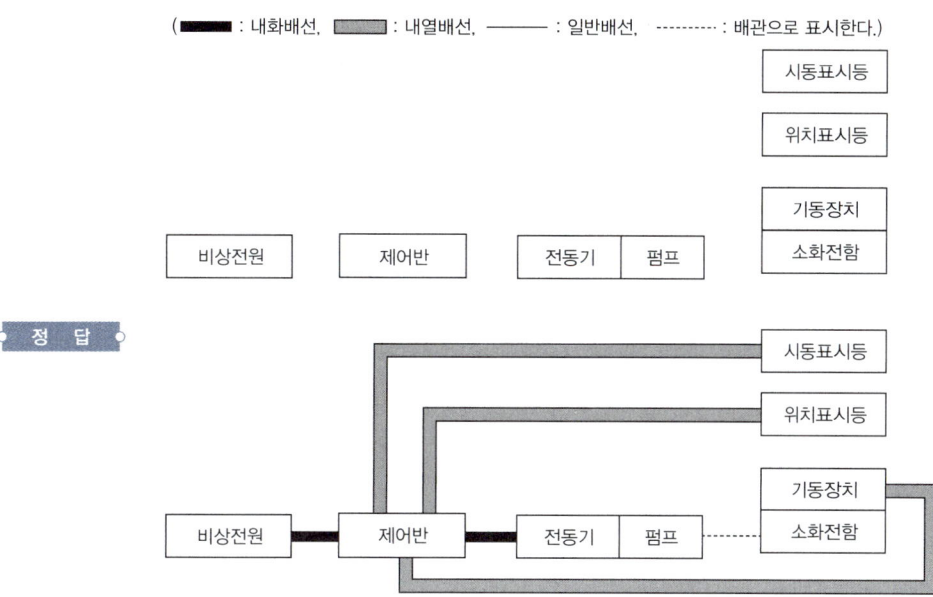

정답

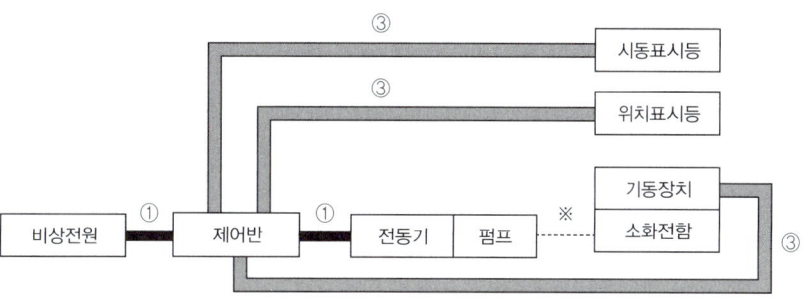

해설 옥내소화전설비의 배선
① 전원회로의 배선(전원 – 제어반 – 전동기)은 내화배선으로 한다.
② 만약, 감지기회로가 있는 경우 일반회로로 배선한다.
③ 그 외 나머지는 내열배선으로 한다.
※ 펌프와 소화전함은 배관으로 한다.

연계이론 PHASE 39 배선

07

다음의 표는 어느 특정소방대상물의 자동화재탐지설비 공사에 소요되는 자재의 물량을 나타낸 것이다. 주어진 품셈표를 이용하여 내선전공의 노임요율과 공량의 빈칸을 채우고 인건비를 산출하시오. (10점)

> **조건**
> (가) 콘크리트박스는 매입을 원칙으로 하며, 박스커버의 내선전공은 적용하지 않는다.
> (나) 공구손료는 인건비의 3[%], 내선전공의 M/D는 100,000원을 적용한다.
> (다) 빈칸에 숫자를 적을 필요가 없을 때에는 공란으로 둔다.

(1) 내선 전공의 노임요율 및 공량

품명	규격	단위	수량	노임요율	공량
수신기	P형 1급 5회로	[EA]	1		
발신기	P형 1급	[EA]	5		
경종	DC−24V	[EA]	5		
표시등	DC−24V	[EA]	5		
차동식감지기	스포트형	[EA]	60		
전선관(후강)	steel 16호	[m]	70		
전선관(후강)	steel 22호	[m]	100		
전선관(후강)	steel 28호	[m]	400		
전선	1.5[mm^2]	[m]	10,000		
전선	2.5[mm^2]	[m]	15,000		
콘크리트박스	4각	[EA]	5		
콘크리트박스	8각	[EA]	55		
박스커버	4각	[EA]	5		
박스커버	8각	[EA]	55		
계					

(2) 인건비

품명	단위	공량	단가(원)	금액(원)
내선전공	인			
공구손료	식			
계				

[품셈표 1] 옥내배선

([m]당, 직종: 내선전공)

규격	관내배선	규격	관내배선
6[mm^2] 이하	0.010	120[mm^2] 이하	0.077
16[mm^2] 이하	0.023	150[mm^2] 이하	0.088
38[mm^2] 이하	0.031	200[mm^2] 이하	0.107
50[mm^2] 이하	0.043	250[mm^2] 이하	0.130
60[mm^2] 이하	0.052	300[mm^2] 이하	0.148
70[mm^2] 이하	0.061	325[mm^2] 이하	0.160
100[mm^2] 이하	0.064	400[mm^2] 이하	0.197

[품셈표 2] 전선관 배관

([m]당)

합성수지 전선관		금속(후강)전선관		금속가요전선관	
관의 호칭	내선전공	관의 호칭	내선전공	관의 호칭	내선전공
14	0.04	—	—	—	—
16	0.05	16	0.08	16	0.044
22	0.06	22	0.11	22	0.059
28	0.08	28	0.14	28	0.072
36	0.10	36	0.20	36	0.087
42	0.13	42	0.25	42	0.104
54	0.19	54	0.34	54	0.136
70	0.28	70	0.44	70	0.156

[품셈표 3] 박스(BOX) 신설

(개당)

구분	내선전공
4각 콘크리트 박스	0.12
8각 콘크리트 박스	0.12
8각 아웃렛 박스	0.20
중형 4각 아웃렛 박스	0.20
대형 4각 아웃렛 박스	0.20
1개용 스위치 박스	0.20
2~3개용 스위치 박스	0.20
4~5개용 스위치 박스	0.25
노출형 박스(콘크리트 노출기준)	0.29
플로어박스	0.20

[품셈표 4] 자동화재경보장치 설치

공종	단위	내선전공	비고
Spot형 감지기(차동식, 정온식, 보상식) 노출형	개	0.13	(1) 천장높이 4[m] 기준 1[m] 증가 시마다 5[%] 가산 (2) 매입형 또는 특수구조인 경우 조건에 따라 선정
시험기(공기관 포함)	개	0.15	(1) 상동 (2) 상동
분포형의 공기관	[m]	0.025	(1) 상동 (2) 상동
검출기	개	0.30	
공기관식의 Booster	개	0.10	
발신기 P형	개	0.30	
회로시험기	개	0.10	
수신기 P형(기본공수) (회선수 공수 산출 가산요)	대	6.0	[회선수에 대한 산정] 매 1회선에 대해 | 형식 \\ 직종 | 내선전공 | |---|---| | P−1 | 0.3 | | R 형 | 0.2 | ※ R형은 수신반 인입감시 회선수 기준 [참고] 산정예: P형의 10회분 기본공수는 6인, 회선당 할증수는 (10×0.3)=3 ∴ 6+3=9인
부수신기(기본공수)	대	3.0	
소화전 기동 릴레이	대	1.5	
경종	개	0.15	
표시등	개	0.20	
표지판	개	0.15	

정답

(1) 내선전공의 노임요율 및 공량

품명	규격	단위	수량	노임요율	공량
수신기	P형 1급 5회로	[EA]	1	$6+5\times0.3=7.5$	$1\times7.5=7.5$
발신기	P형 1급	[EA]	5	0.3	$5\times0.3=1.5$
경종	DC−24V	[EA]	5	0.15	$5\times0.15=0.75$
표시등	DC−24V	[EA]	5	0.2	$5\times0.2=1.0$
차동식감지기	스포트형	[EA]	60	0.13	$60\times0.13=7.8$
전선관(후강)	steel 16호	[m]	70	0.08	$70\times0.08=5.6$
전선관(후강)	steel 22호	[m]	100	0.11	$100\times0.11=11$
전선관(후강)	steel 28호	[m]	400	0.14	$400\times0.14=56$
전선	1.5[mm^2]	[m]	10,000	0.01	$10,000\times0.01=100$
전선	2.5[mm^2]	[m]	15,000	0.01	$15,000\times0.01=150$
콘크리트박스	4각	[EA]	5	0.12	$5\times0.12=0.6$
콘크리트박스	8각	[EA]	55	0.12	$55\times0.12=6.6$
박스커버	4각	[EA]	5		
박스커버	8각	[EA]	55		
계					348.35

(2)

품명	단위	공량	단가(원)	금액(원)
내선전공	인	348.35	100,000	34,835,000
공구손료	식	3[%]	34,835,000	1,045,050
계				35,880,050

해설

품명	개수	산출방법	공량
수신기	1	발신기가 5개 있으므로 지구회로수는 5가닥이며, 회로당 추가 내선전공이 0.3이므로 수신기의 공량은 $6+5\times0.3=7.50$이다.	7.5
발신기	5	내선전공 0.30이므로 $5\times0.3=1.5$	1.5
경종	5	내선전공 0.150이므로 $5\times0.15=0.75$	0.75
표시등	5	내선전공 0.20이므로 $5\times0.2=1.0$	1.0
차동식감지기	60	내선전공 0.130이므로 $60\times0.13=7.8$	7.8
전선관(후강)	70	내선전공 0.080이므로 $70\times0.08=5.6$	5.6
전선관(후강)	100	내선전공 0.110이므로 $100\times0.11=11$	11
전선관(후강)	400	내선전공 0.140이므로 $400\times0.14=56$	56
전선	10,000	내선전공 0.010이므로 $10,000\times0.01=100$	100
전선	15,000	내선전공 0.010이므로 $15,000\times0.01=150$	150
콘크리트박스	5	내선전공 0.120이므로 $5\times0.12=0.6$	0.6
콘크리트박스	55	내선전공 0.120이므로 $55\times0.12=6.6$	6.6

08 준비작동식 스프링클러설비의 계통도를 나타낸 것이다. 다음 각 물음에 답하시오. (10점)

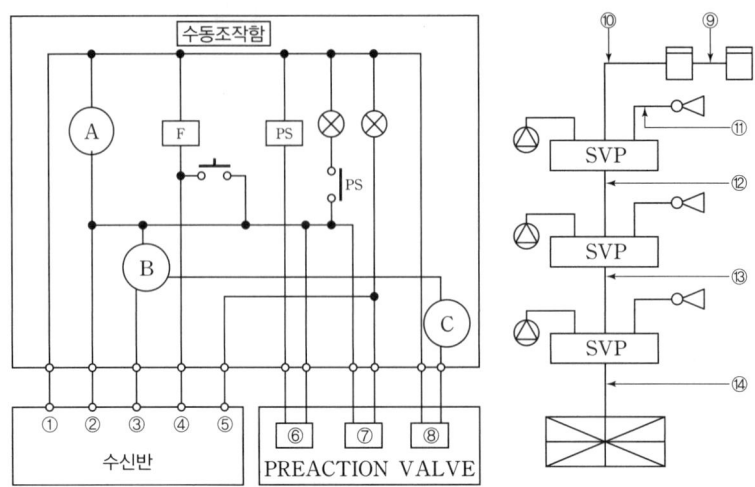

(1) 계통도에 표시된 ①~⑧까지의 명칭을 아래의 답란에 쓰시오.

번호	명칭	번호	명칭
①		⑤	
②		⑥	
③		⑦	
④		⑧	

(2) A, B, C 에 들어가야 하는 적당한 그림기호를 표시하시오.

• A: • B: • C:

(3) ⑨~⑭까지의 전선 가닥수를 쓰시오. (단, 최소 가닥수로 답한다.)

번호	⑨	⑩	⑪	⑫	⑬	⑭
가닥수						

정 답

(1)

번호	명칭	번호	명칭
①	전원 ⊖	⑤	밸브주의
②	전원 ⊕	⑥	압력스위치(PS)
③	밸브개방확인	⑦	탬퍼스위치(TS)
④	밸브기동	⑧	솔레노이드밸브(SOL)

(2) A : ⊗   B : PS (스위치기호)   C : F (푸시버튼기호)

(3)

번호	⑨	⑩	⑪	⑫	⑬	⑭
가닥수	4	8	2	8	14	20

해 설

(1), (2)

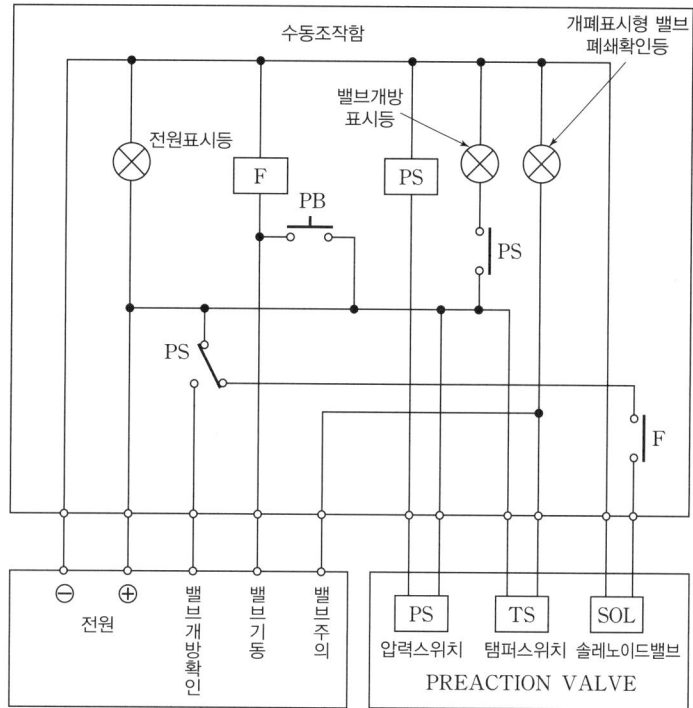

- 푸시버튼스위치를 누를 경우 릴레이 F(화재릴레이)가 동작하며 솔레노이드 밸브가 작동하여 기동을 시작한다.
- 프리액션 밸브가 개방되어 배관 내 압력이 떨어지면서 릴레이 PS(압력스위치)가 동작하며, 밸브개방확인등(Valve Open)을 점등시키고 밸브개방 확인신호를 보낸다.
- 평상시에 게이트밸브가 닫혀 있는 경우 TS(탬퍼스위치)가 폐로되어 밸브주의등(OS&Y Closed)이 점등된다.

(3)

번호	가닥수	배선 용도
⑨	4	지구 2, 지구공통 2
⑩	8	지구 4, 지구공통 4
⑪	2	사이렌 2
⑫	8	전원 ⊕·⊖, 감지기 A·B, 밸브기동 1, 밸브개방확인 1, 밸브주의 1, 사이렌 1
⑬	14	전원 ⊕·⊖, (감지기 A·B, 밸브기동 1, 밸브개방확인 1, 밸브주의 1, 사이렌 1)×2
⑭	20	전원 ⊕·⊖, (감지기 A·B, 밸브기동 1, 밸브개방확인 1, 밸브주의 1, 사이렌 1)×3

- 준비작동식 스프링클러설비의 감지기는 교차회로 방식으로 배선한다. 교차회로의 루프 및 말단(⑨)은 4가닥, 그 외 나머지(⑩)는 8가닥으로 배선한다.
- SVP 간 가닥수(⑫)는 기본 8가닥(전원 ⊕·⊖, 감지기 A·B, 밸브기동 1, 밸브개방확인 1, 밸브주의 1, 사이렌 1)이다.
  - 2Zone(⑬)인 경우 6가닥(감지기 A·B, 밸브기동 1, 밸브개방확인 1, 밸브주의 1, 사이렌 1)이 추가로 배선되어 총 14가닥이 된다.
  - 3Zone(⑭)인 경우 2Zone에서 6가닥(감지기 A·B, 밸브기동 1, 밸브개방확인 1, 밸브주의 1, 사이렌 1)이 추가로 배선되어 총 20가닥이 된다.
- 사이렌에 필요한 가닥수(⑪)는 2가닥이다.

연계이론 **PHASE 47** 스프링클러설비 도면

09 다음 그림은 3상 교류에 설치된 누전경보기의 결선도이다. 정상상태와 누전 발생 시 a점, b점 및 c점에 키르히호프의 제1법칙을 적용하여 다음의 각 물음에 답하시오. (8점)

(1) 정상상태

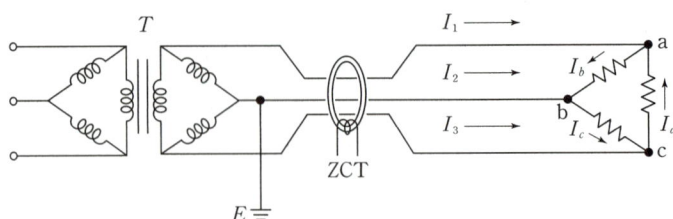

① 정상상태 시 선전류
  • a점 전류: $\dot{I}_1=(\quad)$ • b점 전류: $\dot{I}_2=(\quad)$ • c점 전류: $\dot{I}_3=(\quad)$
② 정상상태 시 선전류의 벡터 합
  • $\dot{I}_1+\dot{I}_2+\dot{I}_3=(\quad)$

(2) 누전상태

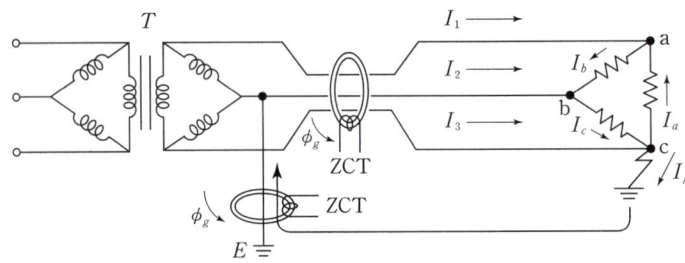

① 누전 시 선전류
  • a점 전류: $\dot{I}_1=(\quad)$ • b점 전류: $\dot{I}_2=(\quad)$ • c점 전류: $\dot{I}_3=(\quad)$
② 누전 시 선전류의 벡터 합
  • $\dot{I}_1+\dot{I}_2+\dot{I}_3=(\quad)$

정답

(1) 정상상태
  ① 정상상태 시 선전류
    • a점의 전류: $\dot{I}_1=\dot{I}_b-\dot{I}_a$ • b점의 전류: $\dot{I}_2=\dot{I}_c-\dot{I}_b$ • c점의 전류: $\dot{I}_3=\dot{I}_a-\dot{I}_c$
  ② 정상상태 시 선전류의 벡터 합
    $\dot{I}_1+\dot{I}_2+\dot{I}_3=0$
(2) 누전상태
  ① 누전 시 선전류
    • a점 전류: $\dot{I}_1=\dot{I}_b-\dot{I}_a$ • b점 전류: $\dot{I}_2=\dot{I}_c-\dot{I}_b$ • c점 전류: $\dot{I}_3=\dot{I}_a-\dot{I}_c+\dot{I}_g$
  ② 누전 시 선전류의 벡터 합
    $\dot{I}_1+\dot{I}_2+\dot{I}_3=\dot{I}_g$

해설

(1) 정상상태에서 선전류는 각 상 전류의 벡터 합(또는 차)을 이용하여 구한다. 또한 정상상태 시 3선 전류의 벡터 합은 0이 되어 ZCT(영상변류기)에는 지락전류가 검출되지 않는다.
(2) 누전상태이어도 선전류는 각 상 전류의 벡터 합(또는 차)을 이용하여 구한다. 또한 누전 시 3선 전류의 벡터합은 I_g가 되어 지락전류가 나타나게 되며, 이 전류가 ZCT(영상변류기)에서 검출이 된다.

연계 이론 PHASE 16 누전경보기

10 경비실에서 400[m] 떨어진 공장에 각 층별로 발신기가 2개씩 설치되고, 일제경보방식으로 작동한다. 1층에서 화재가 발생하였을 경우 아래의 조건을 참고하여 경종, 표시등의 공통선에 대한 소요전류 및 전압강하를 계산하시오. (4점)

> **조건**
> (가) 공장은 지상 6층, 지하 1층의 규모
> (나) 사용전선: HFIX 2.5[mm²]
> (다) 발신기의 소비전류: 경종 50[mA]/개, 표시등 30[mA]/개

(1) 소요전류
　① 표시등의 최대소요전류:
　② 경종의 최대소요전류:
　③ 총 소요전류:

(2) 전압강하
　• 계산과정:
　• 답:

정답

(1) ① 0.42[A]
　② 0.7[A]
　③ 1.12[A]

(2) • 계산과정: $e = \dfrac{35.6 \times 400 \times 1.12}{1,000 \times 2.5} = 6.38[V]$
　• 답: 6.38[V]

해설

(1) ① 표시등이 필요한 층수는 7개(지하 1층~지상 6층)이고 각 층별 2회로씩 적용하므로 표시등의 최대소요전류는 $30 \times 7 \times 2 = 420[mA] = 0.42[A]$이다.
② 층수가 11층(공동주택의 경우 16층)미만인 건물에 해당하므로 일제경보방식에 의해 경보를 하게 된다. 즉, 어떤 층에서 화재를 경보할 경우 항상 14개의 경종이 울리게 되므로 경종의 최대소요전류는 $50 \times 14 = 700[mA] = 0.7[A]$이다.
③ 총 소요전류 $I = $ 표시등의 최대소요전류 + 경종의 최대소요전류 $= 0.42 + 0.7 = 1.12[A]$

(2) 단상 2선식의 전압강하 $e = \dfrac{35.6 LI}{1,000 A}[V]$이고 최말단 경종이 울릴 경우 소요전류는 1.12[A]이므로
$e = \dfrac{35.6 \times 400 \times 1.12}{1,000 \times 2.5} = 6.38[V]$이다.

연계이론 PHASE 36 전압강하와 전선의 단면적

11 그림은 10개의 접점을 가진 스위칭 회로이다. 이 회로의 접점수를 최소화하여 스위칭 회로를 완성하시오. (단, 주어진 스위칭 회로의 논리식을 최소화하는 과정을 모두 기술하고 최소화된 스위칭 회로를 그린다.) (5점)

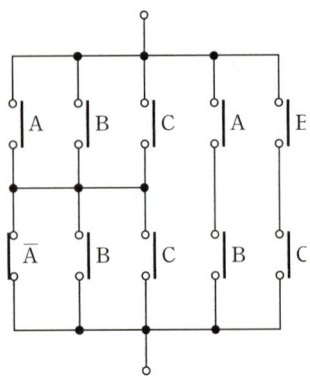

(1) 논리식

(2) 최소화한 스위칭 회로

정답

(1) $(A+B+C) \cdot (\overline{A}+B+C) + AB + BC$
$= A \cdot \overline{A} + A \cdot B + A \cdot C + \overline{A} \cdot B + B \cdot B + B \cdot C + \overline{A} \cdot C + B \cdot C + C \cdot C + A \cdot B + B \cdot C$
$= A \cdot B + A \cdot C + \overline{A} \cdot B + B + B \cdot C + \overline{A} \cdot C + C$
$= (A \cdot B + \overline{A} \cdot B + B + B \cdot C) + (A \cdot C + \overline{A} \cdot C + C) = B(A + \overline{A} + 1 + C) + C(A + \overline{A} + 1)$
$= B + C$

(2)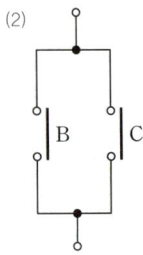

해설 불대수의 정리

정리	논리합	논리곱
항등 법칙	$0+A=A$, $1+A=1$	$0 \times A=0$, $1 \times A=A$
동일 법칙	$A+A=A$	$A \cdot A=A$
보수 법칙	$A+\overline{A}=1$	$A \cdot \overline{A}=0$
복원 법칙	$\overline{\overline{A}}=A$	
교환 법칙	$A+B=B+A$	$A \cdot B=B \cdot A$
결합 법칙	$A+(B+C)=(A+B)+C$	$A \cdot (B \cdot C)=(A \cdot B) \cdot C$
분배 법칙	$A \cdot (B+C)=A \cdot B+A \cdot C$	$A+B \cdot C=(A+B) \cdot (A+C)$
흡수 법칙	$A+\overline{A} \cdot B=A+B$ $\overline{A}+A \cdot B=\overline{A}+B$ $A+A \cdot B=A$	

연계 이론 PHASE 41 논리회로

12 공기관식 차동식 분포형 감지기의 설치도면이다. 다음 각 물음에 답하시오. (단, 주요구조부를 내화구조로 한 소방대상물인 경우이다.) (8점)

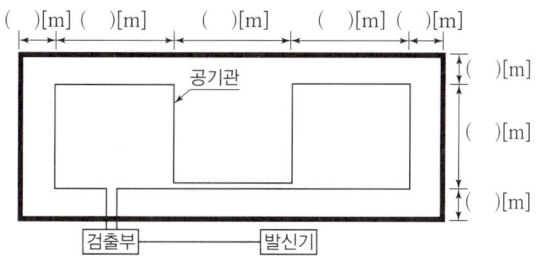

(1) 내화구조일 경우의 공기관 상호 간의 거리와 감지구역의 각 변과의 거리는 몇 [m] 이하가 되도록 해야 하는지 도면의 (   ) 안에 쓰시오.
(2) 공기관의 노출부분의 길이는 몇 [m] 이상이 되어야 하는지 쓰시오.
(3) 종단저항을 발신기에 설치할 경우 차동식 분포형 감지기의 검출기와 발신기 간에 연결해야 하는 전선의 가닥수를 쓰시오.
(4) 검출부의 설치높이를 쓰시오.
(5) 검출부분에 접속하는 공기관의 길이는 몇 [m] 이하로 하여야 하는지 쓰시오.
(6) 공기관의 재질을 쓰시오.
(7) 검출부의 경사도는 몇 도 이하이어야 하는지 쓰시오.

정답

(1), (3)

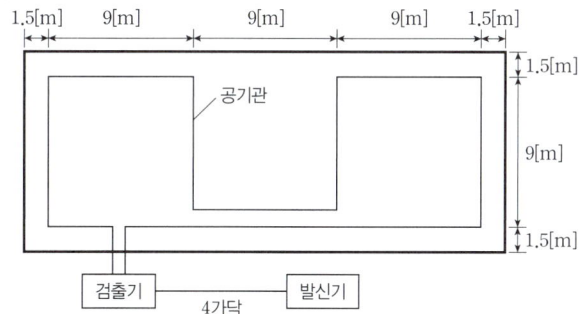

(2) 20[m]
(4) 바닥에서 0.8[m] 이상 1.5[m] 이하
(5) 100[m]
(6) 중공동관
(7) 5도

해설

공기관식 차동식 분포형 감지기 설치기준
- 공기관의 노출부분은 감지구역마다 20[m] 이상이 되도록 해야 한다.
- 공기관과 감지구역의 각 변과의 수평거리는 1.5[m] 이하가 되도록 하고, 공기관 상호 간의 거리는 6[m](주요구조부가 내화구조로 된 특정소방대상물 또는 그 부분에 있어서는 9[m]) 이하가 되도록 해야 한다.
- 공기관은 도중에서 분기하지 않도록 해야 한다.
- 하나의 검출부분에 접속하는 공기관의 길이는 100[m] 이하로 해야 한다.
- 검출부는 5° 이상 경사되지 않도록 부착해야 한다.
- 검출부는 바닥으로부터 0.8[m] 이상 1.5[m] 이하의 위치에 설치해야 한다.

연계이론 PHASE 10 열감지기

13 다음 도면을 보고 각 물음에 답하시오. (6점)

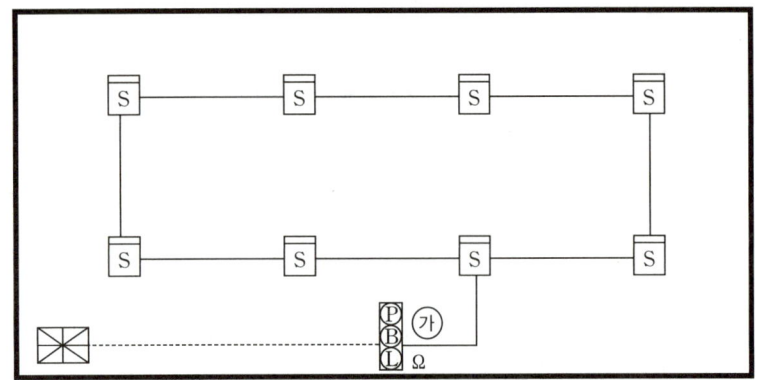

(1) ㉮는 수동으로 화재신호를 발신하는 P형 1급 발신기세트이다. 발신기세트와 수신기 간의 배선 길이가 15[m]라면 전선은 총 몇 [m]가 필요한지 산출하시오. (단, 층고, 할증 및 여유율 등은 고려하지 않는다.)
  • 계산과정:
  • 답:

(2) 상기 건물에 설치된 감지기가 2종이라 할 때 8개의 감지기가 최대로 감지할 수 있는 감지구역의 바닥면적[m²]의 합계를 구하시오. (단, 천장높이는 5[m]인 경우이다.)
  • 계산과정:
  • 답:

(3) 감지기와 감지기 간, 감지기와 P형 1급 발신기세트 간의 길이가 각각 10[m]일 때, 전선관 및 전선의 물량을 산출과정과 함께 쓰시오. (단, 층고, 할증 및 여유율 등은 고려하지 않는다.)

품명	규격	산출과정	물량
전선관	16C		
전선	2.5[mm²]		

정답
(1) • 계산과정: 15×6=90[m]
    • 답: 90[m]
(2) • 계산과정: 8×75=600[m²]
    • 답: 600[m²]
(3)

품명	규격	산출과정	물량
전선관	16C	10×9=90[m]	90[m]
전선	2.5[mm²]	10×8×2+10×1×4=200[m]	200[m]

[해 설]

(1) P형 수신기와 발신기 사이의 가닥수는 기본 6가닥(지구회로 1, 지구회로공통 1, 응답 1, 경종 1, 표시등 1, 경종표시등공통 1)으로 구성되어 있다. 즉, 배선길이가 15[m]인 전선이 6가닥이 필요하므로 전선은 15×6=90[m]만큼 필요하다.

(2) 연기감지기의 부착높이에 따른 바닥면적 표

부착높이	감지기의 종류	
	1종 및 2종	3종
4[m] 미만	150[m²]	50[m²]
4[m] 이상 20[m] 미만	75[m²]	

천장이 5[m]라 하였으므로 연기감지기는 바닥면적 75[m²]마다 1개 이상 설치해야 한다. 즉, 1개의 연기감지기가 감지할 수 있는 구역은 75[m²]이므로 최대 75[m²]×8=600[m²]의 면적을 감지할 수 있다.

(3) [전선관]
- 발신기~감지기 간 거리: 10[m]
- 감지기~감지기 간 거리: 10[m]×8= 80[m]

따라서 전선관은 10+80=90[m]가 필요하다.

[전선]
- 자동화재탐지설비의 감지기는 송배선식으로 배선한다. 송배선식의 루프(①)는 2가닥, 그 외 나머지(②)는 4가닥으로 그림과 같이 배선한다.

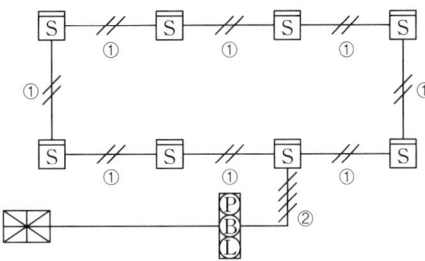

- 루프: 10×2×8=160[m]
- 그 외: 10×4×1=40[m]

따라서 전선은 총 160+40=200[m]가 필요하다.

[연계이론] PHASE 42 자동화재탐지설비 도면

14 다음 회로에서 램프 L의 작동을 주어진 타임차트(Time Chart)에 표시하시오. (단, PB: 누름버튼스위치, LS: 리미트스위치, X: 릴레이이다.) (5점)

(1)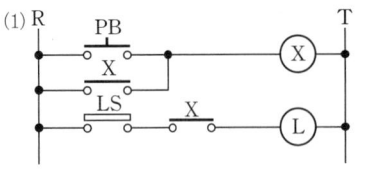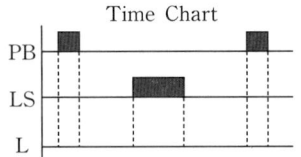

(2)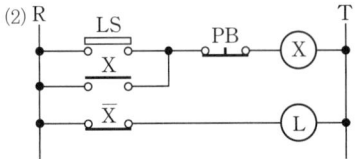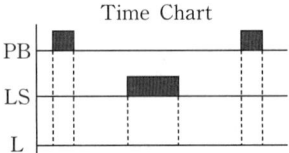

정답

(1) 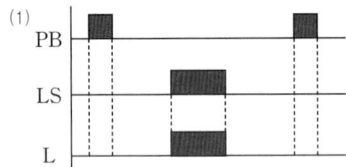   (2)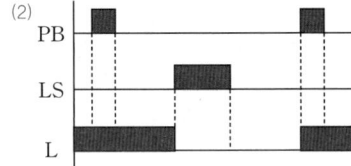

해설

(1) • PB(누름버튼스위치)를 누르면 릴레이 X가 여자된다.
  • X-a접점에 의해 릴레이 X는 자기유지가 된다.
  • 이 상태에서 리미트 스위치가 동작할 경우 램프 L은 점등되고 리미트 스위치가 동작하지 않을 경우 램프 L이 소등된다.

(2) • 평상시에 릴레이 X가 동작하고 있지 않으므로 X-b접점에 의해 램프 L은 점등상태이다.
  • L이 점등상태일 때 PB 버튼을 누르더라도 변하는 것은 없다.
  • 리미트스위치가 동작할 경우 릴레이 X가 여자되고 X-a접점에 의해 릴레이 X는 자기유지가 된다. 이때 X-b접점에 의해 램프 L은 소등된다.
  • 이 상태에서 PB(누름버튼스위치)를 누르면 초기화가 된다.

연계이론 PHASE 40 시퀀스 회로

15 연기감지기를 설치할 수 없는 경우 차동식 분포형 감지기 1·2종 모두 적응성이 있는 환경상태 5가지를 쓰시오. (5점)

정답
- 먼지 또는 미분 등이 다량으로 체류하는 장소
- 부식성 가스가 발생할 우려가 있는 장소
- 배기가스가 다량으로 체류하는 장소
- 연기가 다량으로 유입할 우려가 있는 장소
- 물방울이 발생하는 장소

해설 연기감지기를 설치할 수 없는 경우 차동식 분포형 감지기 1·2종 모두 적응성이 있는 환경상태
- 먼지 또는 미분 등이 다량으로 체류하는 장소
- 부식성 가스가 발생할 우려가 있는 장소
- 배기가스가 다량으로 체류하는 장소
- 연기가 다량으로 유입할 우려가 있는 장소
- 물방울이 발생하는 장소

16 다음은 금속관공사로서 노출배관을 나타낸 그림이다. 다음 각 물음에 답하시오. (5점)

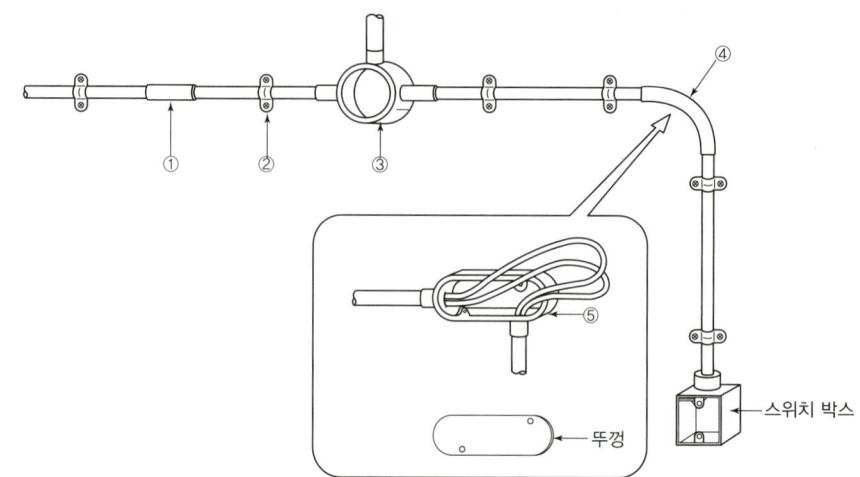

(1) 그림에 표시된 ①~④의 자재 명칭을 아래의 답란에 기재하시오.

①	②	③	④

(2) 그림에서 ④ 대신 ⑤에 그려진 자재를 활용한다고 할 때, ⑤의 명칭은 무엇인가?

정답

(1)

①	②	③	④
커플링	새들	환형 3방출 정크션 박스	노멀밴드

(2) 유니버설 엘보

해설

명칭	그림	용도
커플링		금속관을 상호 접속하는 경우에 사용
로크너트		전선관과 박스 또는 고정물을 고정하는 데 사용
부싱		전선의 피복을 보호하여 전선이 손상되지 않게 하는 것으로 금속관 끝에 취부
새들		금속관을 조영재에 고정시키는 데 사용

링 리듀서		금속관을 아웃렛 박스 또는 노크 아웃에 취부할 때 로크너트만으로 고정하기 어려운 경우에 사용
노멀밴드		금속관을 직각으로 굽히는 곳에 사용하는 부품으로 주로 매입 배관 공사에서 사용

※ 환형 3방출 정크션 박스: 원형 모양의 정크션 박스로 전기 배선을 연결하고 보호하기 위해 사용하는 부속품이다. 그림에서 3방향으로 분기되므로 환형 3방출 정크션 박스라고 한다.

(2) 유니버설 엘보

노멀밴드와 비슷한 용도로 금속관을 구부리거나 직각으로 굽히는 곳에 사용하는 부품으로 노출 배관 공사에서 주로 사용	

⊙ 연계이론 ⊙ **PHASE 38** 공사의 종류

2015년 1회 기출문제

01 아래 그림과 같은 △-Y 등가회로에서 Y결선회로의 A, B, C의 저항값을 계산하시오. (3점)

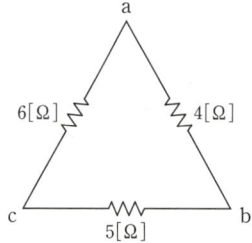 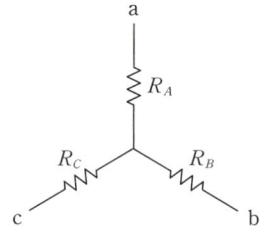

(1) R_A :

(2) R_B :

(3) R_C :

정답

(1) $R_A = \dfrac{4 \times 6}{4+5+6} = \dfrac{24}{15} = 1.6[\Omega]$

(2) $R_B = \dfrac{5 \times 4}{4+5+6} = \dfrac{20}{15} = 1.33[\Omega]$

(3) $R_C = \dfrac{6 \times 5}{4+5+6} = \dfrac{30}{15} = 2[\Omega]$

해설 △-Y 저항 등가변환

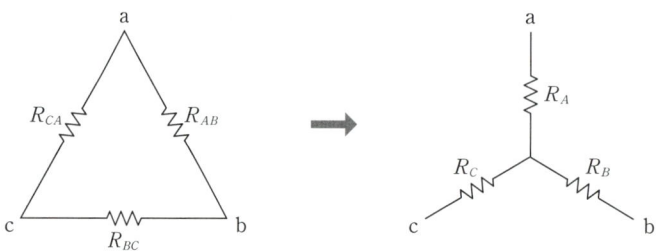

(1) $R_A = \dfrac{R_{AB} \times R_{CA}}{R_{AB}+R_{BC}+R_{CA}} = \dfrac{4 \times 6}{4+5+6} = 1.6[\Omega]$

(2) $R_B = \dfrac{R_{BC} \times R_{AB}}{R_{AB}+R_{BC}+R_{CA}} = \dfrac{5 \times 4}{4+5+6} = 1.33[\Omega]$

(3) $R_C = \dfrac{R_{CA} \times R_{BC}}{R_{AB}+R_{BC}+R_{CA}} = \dfrac{6 \times 5}{4+5+6} = 2[\Omega]$

02 경계구역이 5회로인 자동화재탐지설비의 간선계통도를 그리고, 간선계통도상에 최소 전선수를 표시하시오. (단, 경보방식은 일제경보방식이며 수신기형은 P형 1급 5회로용이다.) (7점)

정답

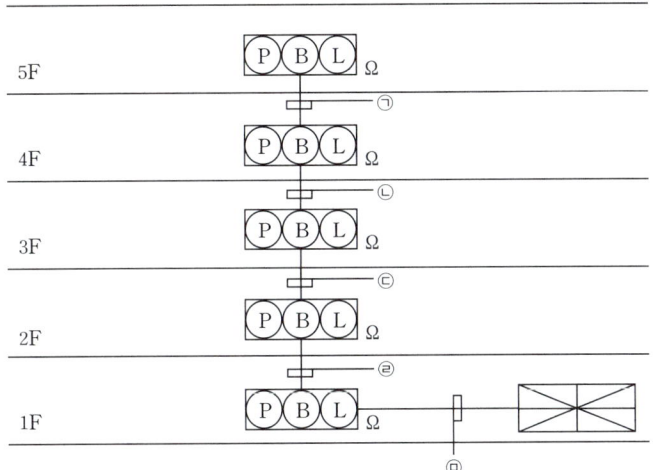

해설

일제경보방식은 건물 내 화재가 발생한 경우 모든 층에 경보를 발하는 방식을 말한다. 즉, 층수에 따라 경종의 가닥수가 변하지 않고 1가닥으로 고정된다.
수신기는 1층에 있고 가장 멀리 있는 경계구역(5층)의 발신기에 필요한 배선을 기본 6가닥 기준으로 한다.

층수	가닥수	배선 용도
5층	6	지구 1, 지구공통 1, 응답 1, 경종 1, 표시등 1, 경종표시등공통 1
4층	7	지구 2, 지구공통 1, 응답 1, 경종 1, 표시등 1, 경종표시등공통 1
3층	8	지구 3, 지구공통 1, 응답 1, 경종 1, 표시등 1, 경종표시등공통 1
2층	9	지구 4, 지구공통 1, 응답 1, 경종 1, 표시등 1, 경종표시등공통 1
1층	10	지구 5, 지구공통 1, 응답 1, 경종 1, 표시등 1, 경종표시등공통 1

연계이론 PHASE 42 자동화재탐지설비 도면

03 관련 법령 내용이 변경되어 더 이상 성립되지 않는 문제입니다.

04 도면은 지하 1층, 지상 9층으로 연면적이 4,500[m²]인 건물에 설치된 자동화재탐지설비의 계통도이다. 간선의 전선 가닥수와 각 전선의 용도 및 가닥수를 답안작성 예시처럼 작성하시오. (단, 자동화재탐지설비를 운용하기 위한 최소 전선수를 사용한다.) (10점)

[답안작성 예시]

번호	가닥수	배선 용도
⑪	12	응답선 2, 지구선 2, 지구공통선 2, 경종선 2, 표시등선 2, 경종 및 표시등 공통선 2

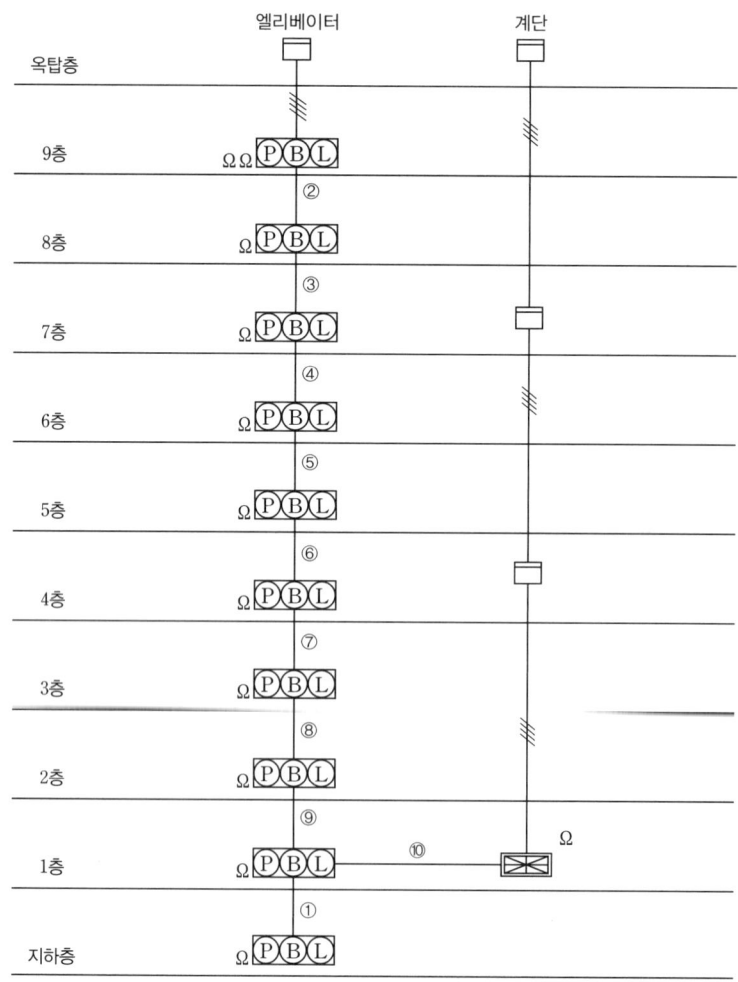

정답

번호	가닥수	배선 용도
①	6	응답선 1, 지구선 1, 지구공통선 1, 경종선 1, 표시등선 1, 경종 및 표시등 공통선 1
②	7	응답선 1, 지구선 2, 지구공통선 1, 경종선 1, 표시등선 1, 경종 및 표시등 공통선 1
③	8	응답선 1, 지구선 3, 지구공통선 1, 경종선 1, 표시등선 1, 경종 및 표시등 공통선 1
④	9	응답선 1, 지구선 4, 지구공통선 1, 경종선 1, 표시등선 1, 경종 및 표시등 공통선 1
⑤	10	응답선 1, 지구선 5, 지구공통선 1, 경종선 1, 표시등선 1, 경종 및 표시등 공통선 1
⑥	11	응답선 1, 지구선 6, 지구공통선 1, 경종선 1, 표시등선 1, 경종 및 표시등 공통선 1
⑦	12	응답선 1, 지구선 7, 지구공통선 1, 경종선 1, 표시등선 1, 경종 및 표시등 공통선 1
⑧	14	응답선 1, 지구선 8, 지구공통선 2, 경종선 1, 표시등선 1, 경종 및 표시등 공통선 1
⑨	15	응답선 1, 지구선 9, 지구공통선 2, 경종선 1, 표시등선 1, 경종 및 표시등 공통선 1
⑩	17	응답선 1, 지구선 11, 지구공통선 2, 경종선 1, 표시등선 1, 경종 및 표시등 공통선 1

해설

- 층수가 11층(공동주택의 경우에는 16층) 이상인 특정소방대상물의 경보방식은 우선경보방식을 적용하며 그 이외의 경우 일제경보방식을 적용한다. 이 건물은 9층이므로 일제경보방식을 적용해야 하고 이 방식은 층수에 따라 경종의 가닥수가 변하지 않고 1가닥으로 고정된다.
- ⑧ ~ ⑩까지의 지구선은 7가닥을 초과하므로 지구공통선은 2가닥이 된다.

연계이론

PHASE 42 자동화재탐지설비 도면

05

길이 50[m]의 통로에 객석유도등을 설치하려고 한다. 이때 필요한 객석유도등의 수량은 최소 몇 개인가? (4점)

- 계산과정:
- 답:

정답

- 계산과정: $\dfrac{50}{4} - 1 = 11.5 \rightarrow 12$개
- 답: 12개

해설

객석유도등의 설치개수는 $N = \dfrac{\text{객석통로의 직선 부분의 길이[m]}}{4} - 1$(소수점 절상)이므로

$N = \dfrac{50}{4} - 1 = 12.5 - 1 = 11.5 \rightarrow 12$(소수점 절상)

더 알아보기

구분	설치개수
객석유도등	$\dfrac{\text{객석통로의 직선부분의 길이[m]}}{4} - 1$(소수점 절상)
유도표지	$\dfrac{\text{구부러진 곳이 없는 부분의 보행거리[m]}}{15} - 1$(소수점 절상)
복도통로유도등, 거실통로유도등	$\dfrac{\text{구부러진 곳이 없는 부분의 보행거리[m]}}{20} - 1$(소수점 절상)

연계이론

PHASE 21 객석유도등

06 다음은 준비작동식 스프링클러설비의 평면도를 나타낸 것이다. 다음 각 물음에 답하시오. (6점)

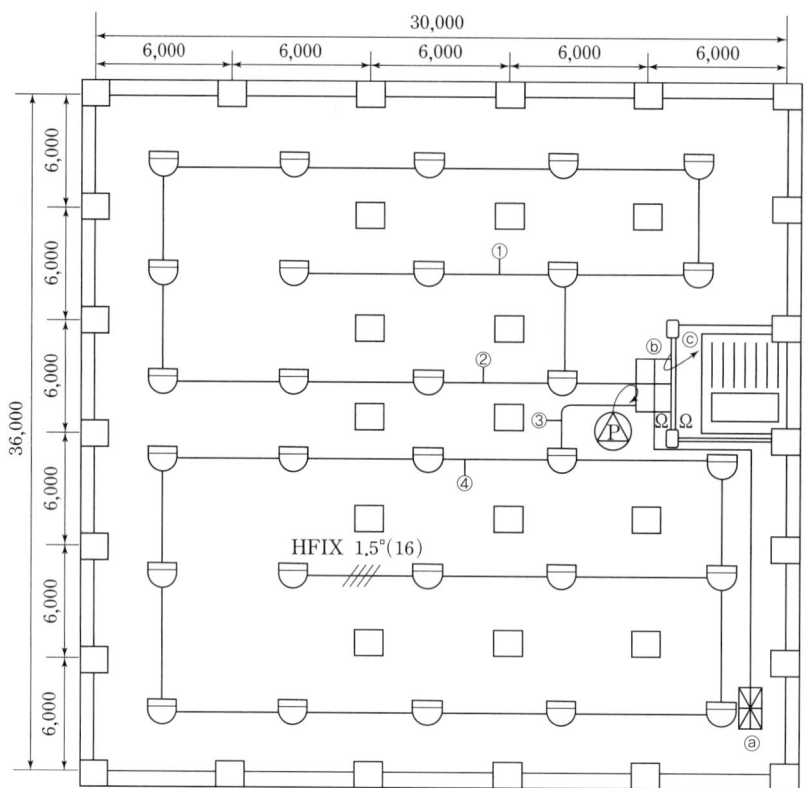

(1) ①~④까지의 최소 가닥수를 쓰시오.
  ①
  ②
  ③
  ④

(2) ⓐ~ⓒ의 명칭을 쓰시오.
  ⓐ
  ⓑ
  ⓒ

(3) 3층 건물로 가정할 때 간선계통도를 답안지에 그리시오.

- **정답**

(1) ① 8가닥
② 4가닥
③ 8가닥
④ 4가닥

(2) ⓐ 수신반(감시제어반)
ⓑ 슈퍼비조리 판넬(SVP)
ⓒ 상승

(3) 간선계통도

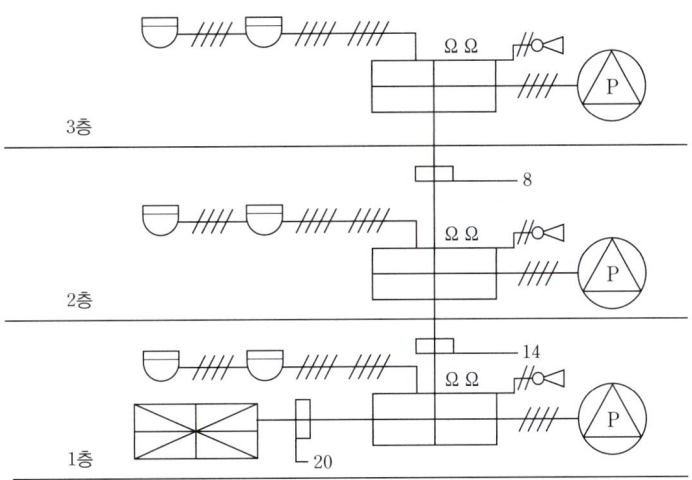

- **해설**

(1) 준비작동식 스프링클러설비이므로 감지기는 교차회로 방식으로 배선한다. 교차회로 방식으로 배선하는 경우 배선이 루프(②, ④)를 구성하거나 말단인 경우에는 4가닥이고, 그 외(①, ③)는 8가닥을 적용한다.

번호	가닥수	배선 용도
②, ④	4	지구회로 2, 회로공통 2
①, ③	8	지구회로 4, 회로공통 4

(2)

배선기호	명칭	의미
↗	상승	기준 층보다 높은 층으로 배선
↷	인하	기준 층보다 낮은 층으로 배선
↗	소통	층간 배선 시 결선이 없는 방법으로 배선

(3) 간선계통도 가닥수(3층)

층수	가닥수	배선 용도
3층	8	전원 ⊕·⊖, 감지기 A·B, 솔레노이드밸브 1, 밸브주의 1, 밸브개방확인 1, 사이렌 1
2층	14	전원 ⊕·⊖, [감지기 A·B, 솔레노이드밸브 1, 밸브주의 1, 밸브개방확인 1, 사이렌 1]×2
1층	20	전원 ⊕·⊖, [감지기 A·B, 솔레노이드밸브 1, 밸브주의 1, 밸브개방확인 1, 사이렌 1]×3

준비작동식 스프링클러설비는 경계구역별로 전원 2선(⊕·⊖)을 제외한 [감지기 A·B, 솔레노이드밸브, 밸브주의, 밸브개방확인, 사이렌]의 6가닥이 증가함에 유의한다.

- **연계이론**   **PHASE 47** 스프링클러설비 도면

07 제어백 효과를 이용하면 열전대식 감지기의 작동원리를 설명할 수 있다. 이 원리에 대해 설명하시오. (4점)

정답 서로 다른 금속체를 접합시키고 접합 극단에 열 차이를 줄 경우 열기전력에 의해 전류가 흐르는 현상

해설 열전효과

제어백 효과	서로 다른 금속체를 접합시키고 접합 극단에 열 차이를 줄 경우 열기전력에 의해 전류가 흐르는 현상
펠티어 효과	서로 다른 금속체를 접합시키고 전류를 통할 때 전류의 방향에 따라 그 접합부가 뜨거워지거나 냉각되는 현상
톰슨 효과	서로 같은 종류이면서 부분적으로 온도가 다른 금속에 전류를 흐르게 할 때 온도가 바뀌는 부분에서 발열과 흡열이 일어나는 현상

연계이론 PHASE 10 열감지기

08 어떤 건물에 대한 소방설비 배선도면을 보고 다음 각 물음에 답하시오. (단, 배선공사는 후강전선관을 사용한다.) (12점)

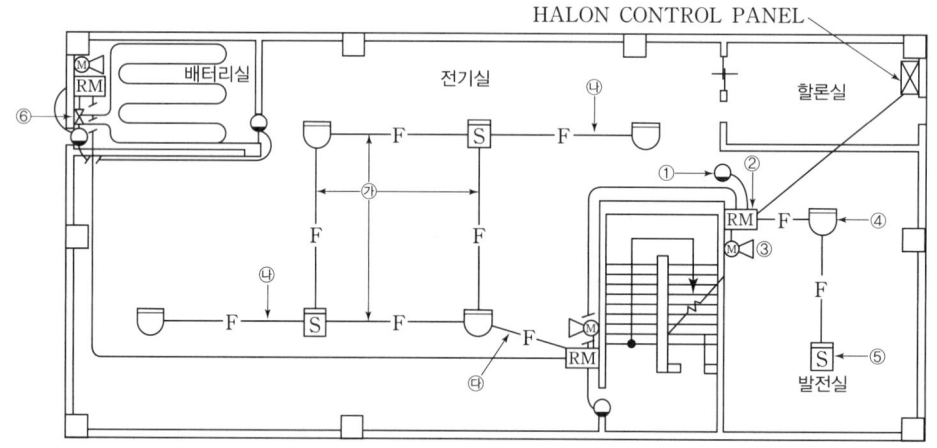

(1) 도면에 표시된 그림기호 ①~⑥의 명칭은 무엇인가?

번호	①	②	③	④	⑤	⑥
명칭						

(2) 도면에서 ㉮~㉰의 배선 가닥수는 몇 가닥인가?
(3) 도면에서 물량을 산출할 때 박스는 어떤 박스를 몇 개 사용하여야 하는지 구분하여 답하시오.
(4) 부싱은 몇 개가 소요되겠는가?

정답

(1)
번호	①	②	③	④	⑤	⑥
명칭	방출표시등	수동조작함	모터사이렌	차동식 스포트형 감지기	연기감지기	차동식 분포형 감지기의 검출부

(2) ㉮ 4가닥, ㉯ 4가닥, ㉰ 8가닥
(3) 4각 박스: 4개
    8각 박스: 16개
(4) 40개

해설

(1) 옥내배선기호

기호	명칭	기호	명칭
●	방출표시등	∪	차동식 스포트형 감지기
RM	수동조작함	S	연기감지기
M◁	모터사이렌	⋈	차동식 분포형 감지기의 검출부

(2) 그림에서 할론실이 있고, 할론 제어반(Halon Control Panel)이 있으므로 소방설비는 할론소화설비임을 알 수 있다. 할론소화설비의 감지기 배선은 교차회로 방식으로 배선한다. 교차회로 방식으로 배선하는 경우 배선이 루프(㉮)를 구성하거나 말단 배선(㉯)인 경우에는 4가닥이고, 그 외(㉰)는 8가닥을 적용한다.

번호	가닥수	배선 용도
㉮, ㉯	4	지구회로 2, 공통 2
㉰	8	지구회로 4, 공통 4

(3) 박스의 종류와 수량

구분	수량	설치 대상
4각 박스	4개	수동조작함 3개, 할론 제어반 1개
8각 박스	16개	감지기 8개, 모터 사이렌 3개, 방출표시등 4개, 차동식 분포형 감지기의 검출부 1개

(4) 부싱은 (3)에서 구한 [박스의 총 수량×2]로 구할 수 있다. 즉, (4+16)×2=40개가 소요된다.

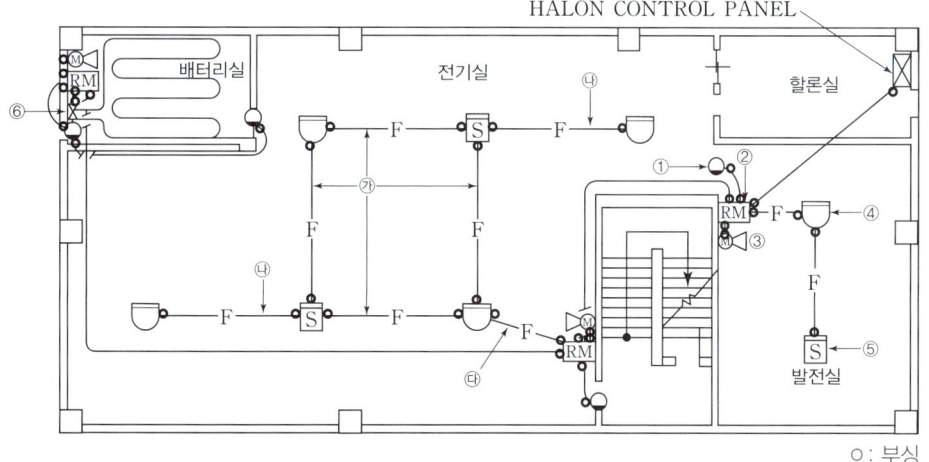

○: 부싱

PHASE 48 할론소화설비 도면

09 무선통신보조설비의 설치기준에 관한 다음 물음에 답하거나 빈칸을 채우시오. (8점)

(1) 누설동축케이블의 끝부분에는 어떤 것을 견고하게 설치하여야 하는가?
(2) 누설동축케이블 및 안테나는 고압의 전로로부터 (　　)[m] 이상 떨어진 위치에 설치할 것
(3) 분배기·분파기 및 혼합기의 임피던스는 (　　)[Ω]의 것으로 할 것
(4) 증폭기의 전면에는 주회로 전원의 정상 여부를 표시할 수 있는 (　　) 및 (　　)를 설치할 것

정답

(1) 무반사 종단저항
(2) 1.5
(3) 50
(4) 표시등, 전압계

해설

(1), (2) 누설동축케이블 설치기준
- 소방전용주파수대에서 전파의 전송 또는 복사에 적합한 것으로서 소방전용의 것으로 할 것. 다만, 소방대 상호 간의 무선 연락에 지장이 없는 경우에는 다른 용도와 겸용할 수 있다.
- 누설동축케이블과 이에 접속하는 안테나 또는 동축케이블과 이에 접속하는 안테나로 구성할 것
- 누설동축케이블 및 동축케이블은 불연 또는 난연성의 것으로서 습기 등의 환경조건에 따라 전기의 특성이 변질되지 않는 것으로 하고, 노출하여 설치한 경우에는 피난 및 통행에 장애가 없도록 할 것
- 누설동축케이블 및 동축케이블은 화재에 따라 해당 케이블의 피복이 소실된 경우에 케이블 본체가 떨어지지 않도록 4[m] 이내마다 금속제 또는 자기제 등의 지지금구로 벽·천장·기둥 등에 견고하게 고정할 것. 다만, 불연재료로 구획된 반자 안에 설치하는 경우에는 그렇지 않다.
- 누설동축케이블 및 안테나는 금속판 등에 따라 전파의 복사 또는 특성이 현저하게 저하되지 않는 위치에 설치할 것
- 누설동축케이블 및 안테나는 고압의 전로로부터 1.5[m] 이상 떨어진 위치에 설치할 것. 다만, 해당 전로에 정전기 차폐장치를 유효하게 설치한 경우에는 그렇지 않다.
- 누설동축케이블의 끝부분에는 무반사 종단저항을 견고하게 설치할 것

(3) 분배기·분파기 및 혼합기 등의 설치기준
- 먼지·습기 및 부식 등에 따라 기능에 이상을 가져오지 않도록 할 것
- 임피던스는 50[Ω]의 것으로 할 것
- 점검에 편리하고 화재 등의 재해로 인한 피해의 우려가 없는 장소에 설치할 것

(4) 증폭기 및 무선중계기의 설치기준
- 상용전원은 전기가 정상적으로 공급되는 축전지설비, 전기저장장치(외부 전기에너지를 저장해 두었다가 필요한 때 전기를 공급하는 장치) 또는 교류전압 옥내간선으로 하고, 전원까지의 배선은 전용으로 할 것
- 증폭기의 전면에는 주 회로의 전원의 정상 여부를 표시할 수 있는 표시등 및 전압계를 설치할 것
- 증폭기에는 비상전원이 부착된 것으로 하고 해당 비상전원 용량은 무선통신보조설비를 유효하게 30분 이상 작동시킬 수 있는 것으로 할 것
- 증폭기 및 무선중계기를 설치하는 경우에는 적합성평가를 받은 제품으로 설치하고 임의로 변경하지 않도록 할 것
- 디지털 방식의 무전기를 사용하는 데 지장이 없도록 설치할 것

연계이론

PHASE 26 무선통신보조설비

10 차동식 스포트형, 보상식 스포트형, 정온식 스포트형 감지기는 부착높이 및 특정소방대상물에 따라 다음 표에 따른 바닥면적마다 1개 이상을 설치하여야 한다. 표의 빈칸에 해당되는 면적기준을 쓰시오. (6점)

(단위: [m²])

부착높이 및 특정소방대상물의 구분		감지기의 종류						
		차동식 스포트형		보상식 스포트형		정온식 스포트형		
		1종	2종	1종	2종	특종	1종	2종
4[m] 미만	내화구조	90	70	①	70	②	60	20
	기타구조	③	40	50	④	40	30	15
4[m] 이상 8[m] 미만	내화구조	45	⑤	45	35	35	⑥	−
	기타구조	30	25	30	⑦	25	⑧	−

정답 ① 90 ② 70 ③ 50 ④ 40 ⑤ 35 ⑥ 30 ⑦ 25 ⑧ 15

해설 감지기의 바닥면적표

(단위: [m²])

부착높이 및 특정소방대상물의 구분		감지기의 종류						
		차동식 스포트형		보상식 스포트형		정온식 스포트형		
		1종	2종	1종	2종	특종	1종	2종
4[m] 미만	내화구조	90	70	90(①)	70	70(②)	60	20
	기타구조	50(③)	40	50	40(④)	40	30	15
4[m] 이상 8[m] 미만	내화구조	45	35(⑤)	45	35	35	30(⑥)	−
	기타구조	30	25	30	25(⑦)	25	15(⑧)	−

연계이론 PHASE 09 감지기

11

보충량 12,000[CMH], 누설량 10[m³/min], 전압 30[mmAq]인 제연설비용 송풍기의 전동기 용량은 약 몇 [kW]인가? (단, 효율은 60[%], 전달계수는 1.1이다.) (8점)

- 계산과정:
- 답:

정답
- 계산과정: $P = \dfrac{30 \times (200+10)}{102 \times 60 \times 0.6} \times 1.1 = 1.89[kW]$
- 답: 1.89[kW]

해설 제연설비용 송풍기의 전동기 용량

$$P = \dfrac{P_T Q}{102 \times \eta} \times K [\text{kW}]$$

(단, P_T: 전압(풍압)[mmAq], Q: 풍량[m³/s], K: 여유계수, η: 효율[%])

풍량 Q = 누설량 + 보충량 $Q = \dfrac{12,000}{60} + 10 = 200 + 10 = 210[\text{m}^3/\text{min}] = \dfrac{210}{60}[\text{m}^3/\text{s}]$

따라서 송풍기의 전동기 용량은 $P = \dfrac{30 \times (200+10)}{102 \times 60 \times 0.6} \times 1.1 = 1.89[\text{kW}]$

※ [CMH] = [m³/h]이다.

연계이론 PHASE 33 전동기 용량

12 R형 수신기와 준비작동식밸브의 간선도이다. 도면을 참고하여 가닥수 및 배선 용도를 작성하시오. (8점)

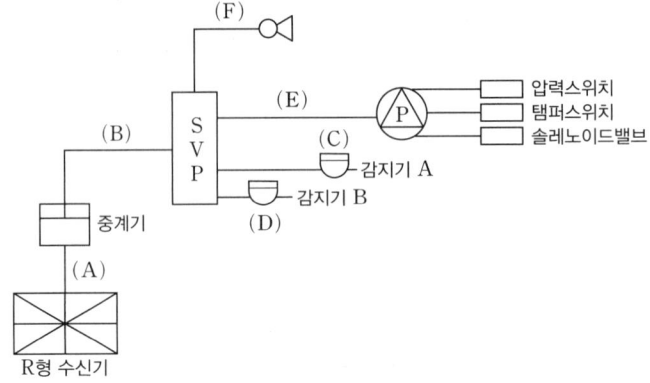

번호	가닥수	배선 용도
A		
B	8	
C		
D		
E		
F		

정답

번호	가닥수	배선 용도
A	4	전원 ⊕·⊖, 신호선 2
B	8	전원 ⊕·⊖, 감지기 A·B, 솔레노이드밸브 1, 탬퍼스위치 1, 압력스위치 1, 사이렌 1
C	4	(감지기 A)×2, 공통선 2
D	4	(감지기 B)×2, 공통선 2
E	4	압력스위치 1, 탬퍼스위치 1, 솔레노이드밸브 1, 공통선 1
F	2	사이렌 2

해설

A: 수신기와 중계기 사이에는 전원선 2가닥과 신호선 2가닥이 필요하다.
B: 중계기와 슈퍼비조리판넬(SVP) 사이는 8가닥으로 주어져 있으므로 배선 용도는 [전원 ⊕·⊖, 감지기 A·B, 솔레노이드밸브 1, 탬퍼스위치 1, 압력스위치 1, 사이렌1]이다. 일반적으로 감지기공통선 1가닥을 추가하여 총 9가닥으로 볼 수도 있으나 전원⊖선과 공용으로 사용할 수 있어 8가닥으로 볼 수 있는 점에 유의해야 한다.
C: 준비작동식밸브의 감지기는 교차회로 방식으로 배선한다. C는 말단 감지기이므로 총 4가닥이 필요하다.
D: 준비작동식밸브의 감지기는 교차회로 방식으로 배선한다. D는 말단 감지기이므로 총 4가닥이 필요하다.
E: 압력스위치, 탬퍼스위치, 솔레노이드밸브의 공통선은 겸용으로 사용할 수 있으므로 3+1=4가닥이 된다. 공통선을 따로 사용한다는 조건이 주어진다면, 3+3=6가닥이 된다.

연계이론 PHASE 47 스프링클러설비 도면

13 이산화탄소소화설비의 화재안전기술기준에서 정하는 화재감지기회로는 교차회로 방식으로 한다. 이 경우 교차회로 방식을 적용하지 않아도 되는 감지기의 종류 5가지를 쓰시오. (5점)

-
-
-
-
-

정답
- 불꽃감지기
- 정온식 감지선형 감지기
- 분포형 감지기
- 복합형 감지기
- 광전식 분리형 감지기

해설 교차회로 방식을 적용하지 않아도 되는 감지기
- 불꽃감지기
- 정온식 감지선형 감지기
- 분포형 감지기
- 복합형 감지기
- 광전식 분리형 감지기
- 아날로그방식의 감지기
- 다신호방식의 감지기
- 축적방식의 감지기

연계이론 PHASE 09 감지기

---

14 유량 2,400[L/min], 양정 100[m]인 스프링클러설비용 펌프전동기의 용량[kW]을 계산하시오. (단, 펌프의 효율은 0.6이고, 전달 계수는 1.1이다.) (5점)

- 계산과정:
- 답:

정답
- 계산과정: $P = \dfrac{9.8 \times 2.4 \times 100}{0.6 \times 60} \times 1.1 = 71.87 [kW]$
- 답: 71.87[kW]

해설 전동기 용량

$$P = \dfrac{9.8 QH}{\eta t} K \, [kW]$$

(단, Q: 양수량[m³], H: 전양정[m], K: 여유(전달)계수, η: 효율[%], t: 시간[s])

분당 양수량(유량)으로 주어졌으므로 $Q = 2,400[L] = 2.4[m^3]$, $t = 60[s]$를 적용한다.

따라서 전동기 용량 $P = \dfrac{9.8 \times 2.4 \times 100}{0.6 \times 60} \times 1.1 = 71.87 [kW]$

※ $1[L] = 10^{-3}[m^3]$이므로 $2,400[L] = 2.4[m^3]$이다.

연계이론 PHASE 33 전동기 용량

15 직류전원설비에 대한 다음 각 물음에 답하시오. (6점)

(1) 축전지에는 수명이 있고 또한 그 말기에 있어서도 부하를 만족하는 용량을 결정하기 위한 계수로서 보통 0.8로 하는 것을 무엇이라 하는가?

(2) 전지 개수를 결정할 때 셀 수를 N, 1셀당 축전지의 공칭전압을 V_B[V/cell], 부하의 정격전압을 V[V], 축전지의 용량을 C[Ah]라 하면 셀 수 N은 어떻게 표현되는가?

(3) 그림과 같이 구성되는 충전방식은 무슨 충전방식인가?

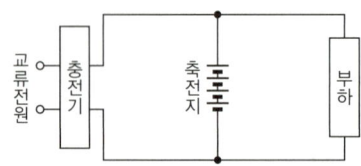

정답

(1) 보수율

(2) $N = \dfrac{V}{V_B}$

(3) 부동충전방식

해설

(1) 보수율이란 사용연수의 경과나 사용조건의 변동에 의한 축전지 용량 변화의 보정값을 의미한다.

(2) $N = \dfrac{\text{부하의 정격전압}}{\text{축전지의 공칭전압}}$

(3) 부동충전방식이란 축전지의 자기방전을 보충함과 동시에 상용부하에 대한 전력 공급은 충전기가 부담하도록 하되, 충전기가 부담하기 어려운 일시적인 대전류 부하는 축전지로 하여금 부담하게 하는 충전방식이다.

연계이론 PHASE 29 축전지

16 비상방송설비에서 AMP와 스피커 간 임피던스 매칭을 하기 위한 순서 3단계를 쓰시오. (6점)

정답
- 스피커의 임피던스 및 음성입력 선정
- 스피커의 임피던스 및 음성입력에 따른 AMP 출력 선정
- AMP의 출력모드 설정

2015년 2회 기출문제

01 다음과 같은 자동화재탐지설비의 평면도에서 ㉠~㉤의 전선 가닥수를 주어진 표에 작성하시오. (5점)

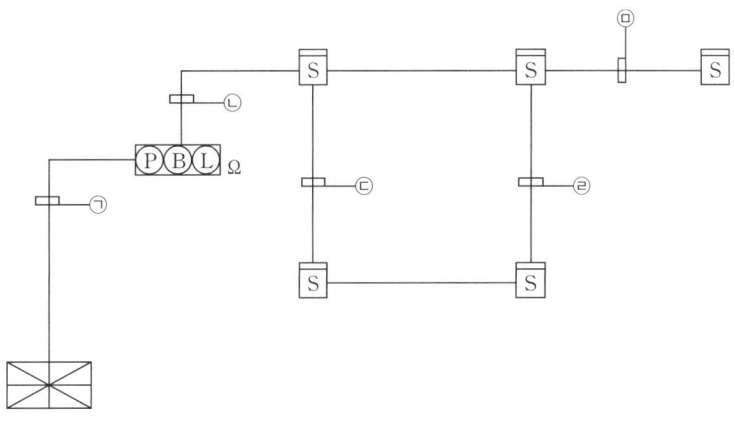

기호	㉠	㉡	㉢	㉣	㉤
가닥수					

정답

기호	㉠	㉡	㉢	㉣	㉤
가닥수	6	4	2	2	4

해설

기호	가닥수	배선 내역
㉠	6	지구 1, 지구공통 1, 응답 1, 경종 1, 표시등 1, 경종표시등공통 1
㉡	4	지구 2, 지구공통 2
㉢	2	지구 1, 지구공통 1
㉣	2	지구 1, 지구공통 1
㉤	4	지구 2, 지구공통 2

- P형 수신기와 발신기 사이의 가닥수(㉠)로 기본 6가닥(지구 1, 지구공통 1, 응답 1, 경종 1, 표시등 1, 경종표시등공통 1)으로 구성되어 있다.
- 자동화재탐지설비의 감지기는 송배선식으로 배선한다. 송배선식의 루프(㉢, ㉣)는 2가닥, 그 외 나머지는(㉡, ㉤) 4가닥으로 배선한다.

연계이론 PHASE 42 자동화재탐지설비 도면

02

다음 도면은 내화구조 철근 콘크리트로 된 건축물이다. 다음 각 물음에 답하시오. (10점)

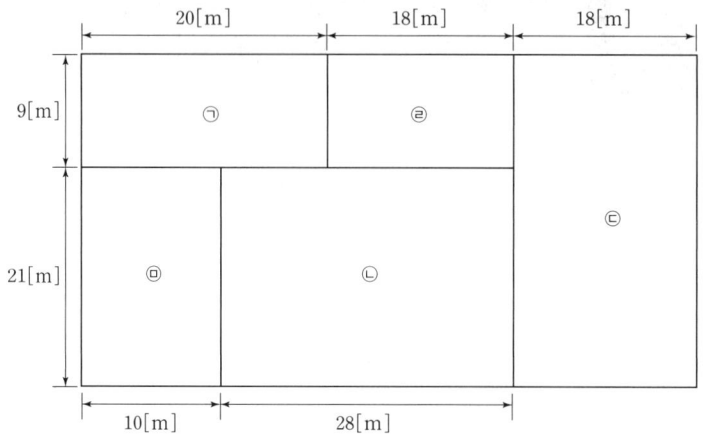

(1) 각 실마다 설치해야 하는 감지기의 최소 수량은?

기호	적용감지기	설치높이[m]	계산과정	설치수량
㉠	연기감지기 2종	3.5		
㉡	연기감지기 2종	3.5		
㉢	연기감지기 2종	4.5		
㉣	정온식 스포트형 감지기 1종	3.8		
㉤	차동식 스포트형 감지기 2종	5.5		

(2) 각 실별로 산출한 감지기를 평면도에 배치하시오.

정답

(1)

기호	적용감지기	설치높이[m]	계산과정	설치수량
㉠	연기감지기 2종	3.5	$\frac{20 \times 9}{150} = 1.2$	2
㉡	연기감지기 2종	3.5	$\frac{28 \times 21}{150} = 3.92$	4
㉢	연기감지기 2종	4.5	$\frac{18 \times 30}{75} = 7.2$	8
㉣	정온식 스포트형 감지기 1종	3.8	$\frac{18 \times 9}{60} = 2.7$	3
㉤	차동식 스포트형 감지기 2종	5.5	$\frac{10 \times 21}{35} = 6$	6

(2)

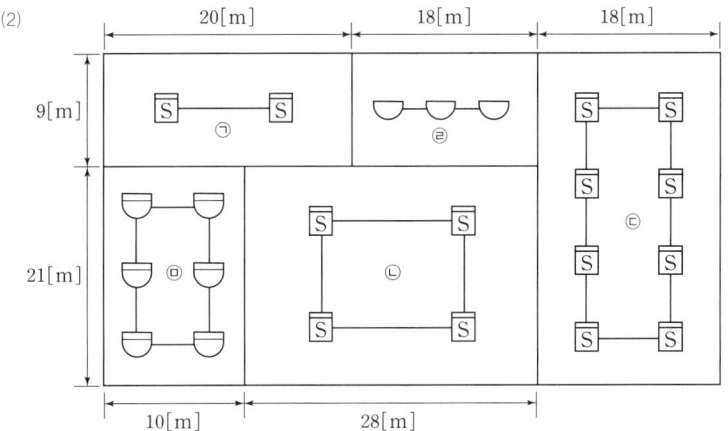

해 설

(1) 연기감지기의 바닥면적 표

부착높이	감지기의 종류	
	1종 및 2종	3종
4[m] 미만	150[m²](㉠, ㉡)	50[m²]
4[m] 이상 20[m] 미만	75[m²](㉢)	

㉠ 설치높이가 3.5[m]인 경우 연기감지기 2종은 바닥면적 150[m²]마다 1개 이상 설치해야 한다.

따라서 감지기 개수는 $\frac{20 \times 9}{150} = 1.2 \rightarrow$ 2개이다. (소수점 절상)

㉡ 설치높이가 3.5[m]인 경우 연기감지기 2종은 바닥면적 150[m²]마다 1개 이상 설치해야 한다.

따라서 감지기 개수는 $\frac{28 \times 21}{150} = 3.92 \rightarrow$ 4개이다. (소수점 절상)

㉢ 설치높이가 4.5[m]인 경우 연기감지기 2종은 바닥면적 75[m²]마다 1개 이상 설치해야 한다.

따라서 감지기 개수는 $\frac{18 \times 30}{75} = 7.2 \rightarrow$ 8개이다. (소수점 절상)

감지기 종류별 바닥면적 표

(단위: [m²])

부착높이 및 특정소방대상물의 구분		감지기의 종류						
		차동식 스포트형		보상식 스포트형		정온식 스포트형		
		1종	2종	1종	2종	특종	1종	2종
4[m] 미만	내화구조	90	70	90	70	70	60(㉣)	20
	기타구조	50	40	50	40	40	30	15
4[m] 이상 8[m] 미만	내화구조	45	35(㉤)	45	35	35	30	—
	기타구조	30	25	30	25	25	15	—

㉣ 설치높이가 3.8[m]인 경우 정온식 스포트형 감지기 1종은 바닥면적 60[m²]마다 1개 이상 설치해야 한다.

따라서 감지기 개수는 $\frac{18 \times 9}{60} = 2.7 \rightarrow$ 3개이다. (소수점 절상)

㉤ 설치높이가 5.5[m]인 경우 차동식 스포트형 감지기 2종은 바닥면적 35[m²]마다 1개 이상 설치해야 한다.

따라서 감지기 개수는 $\frac{10 \times 21}{35} = 6$개이다.

연 계 이 론   **PHASE 11 연기감지기**

03 다음 표를 보고 각 설비에서 해당되는 비상전원에 ○ 표시를 하시오. (4점)

구분	자가발전설비	축전지	비상전원수전설비
옥내소화전설비, 제연설비, 연결송수관설비			
비상콘센트설비			
자동화재탐지설비, 유도등, 무선통신보조설비			
스프링클러설비			

정답

구분	자가발전설비	축전지	비상전원수전설비
옥내소화전설비, 제연설비, 연결송수관설비	○	○	
비상콘센트설비	○	○	○
자동화재탐지설비, 유도등, 무선통신보조설비		○	
스프링클러설비	○	○	○

해설

소화설비의 비상전원 종류와 용량

설비	비상전원	비상전원 용량
스프링클러설비 미분무소화설비 포소화설비	자가발전설비 축전지설비 전기저장장치 비상전원수전설비	20분 이상
옥내소화전설비 물분무소화설비 할론소화설비 할로겐화합물 및 불활성기체소화설비 이산화탄소소화설비	자가발전설비 축전지설비 전기저장장치	

경보설비의 비상전원 종류와 용량

설비	비상전원	비상전원 용량
자동화재탐지설비 비상방송설비 비상경보설비	축전지설비 전기저장장치	10분 이상

피난구조설비의 비상전원 종류와 용량

설비	비상전원	비상전원 용량
유도등	축전지	20분 이상
비상조명등	자가발전설비 축전지설비 전기저장장치	단, 11층 이상(지하층 제외)이거나 지하층·무창층으로서 도매시장·소매시장·여객자동차터미널·지하역사·지하상가의 경우 60분 이상

소화활동설비의 비상전원 종류와 용량

설비	비상전원	비상전원 용량
비상콘센트설비	자가발전설비 축전지설비 비상전원수전설비 전기저장장치	20분 이상
연결송수관설비 제연설비	자가발전설비 축전지설비 전기저장장치	

연계이론 PHASE 27 전원

04 청각장애인용 시각경보장치의 설치기준에 대한 다음 ( ) 안을 완성하시오. (3점)

- 공연장·집회장·관람장 또는 이와 유사한 장소에 설치하는 경우에는 시선이 집중되는 (①) 등에 설치할 것
- 바닥으로부터 (②)의 높이에 설치할 것. 다만, 천장높이가 2[m] 이하는 천장에서 (③) 이내의 장소에 설치하여야 한다.

정답
① 무대부 부분
② 2[m] 이상 2.5[m] 이하
③ 0.15[m]

해설 **청각장애인용 시각경보장치의 설치기준**
- 복도·통로·청각장애인용 객실 및 공용으로 사용하는 거실(로비, 회의실, 강의실, 식당, 휴게실, 오락실, 대기실, 체력단련실, 접객실, 안내실, 전시실, 기타 이와 유사한 장소를 말함)에 설치하며, 각 부분으로부터 유효하게 경보를 발할 수 있는 위치에 설치할 것
- 공연장·집회장·관람장 또는 이와 유사한 장소에 설치하는 경우에는 시선이 집중되는 무대부 부분 등에 설치할 것
- 설치높이는 바닥으로부터 2[m] 이상 2.5[m] 이하의 장소에 설치할 것. 다만, 천장의 높이가 2[m] 이하인 경우에는 천장으로부터 0.15[m] 이내의 장소에 설치해야 한다.
- 시각경보장치의 광원은 전용의 축전지설비 또는 전기저장장치(외부 전기에너지를 저장해 두었다가 필요한 때 전기를 공급하는 장치)에 의하여 점등되도록 할 것. 다만, 시각경보기에 작동전원을 공급할 수 있도록 형식승인을 얻은 수신기를 설치한 경우에는 그렇지 않다.

연계이론 PHASE 15 시각경보장치

05

3개의 독립된 1층 건물에 P형 1급 발신기를 그림과 같이 설치하고, P형 1급 수신기는 경비실에 설치하였다. 경보방식은 동별 구분 경보방식을 적용하였으며 옥내소화전의 가압송수장치는 기동용 수압개폐장치를 사용하는 방식을 사용할 경우 다음 물음에 답하시오. (13점)

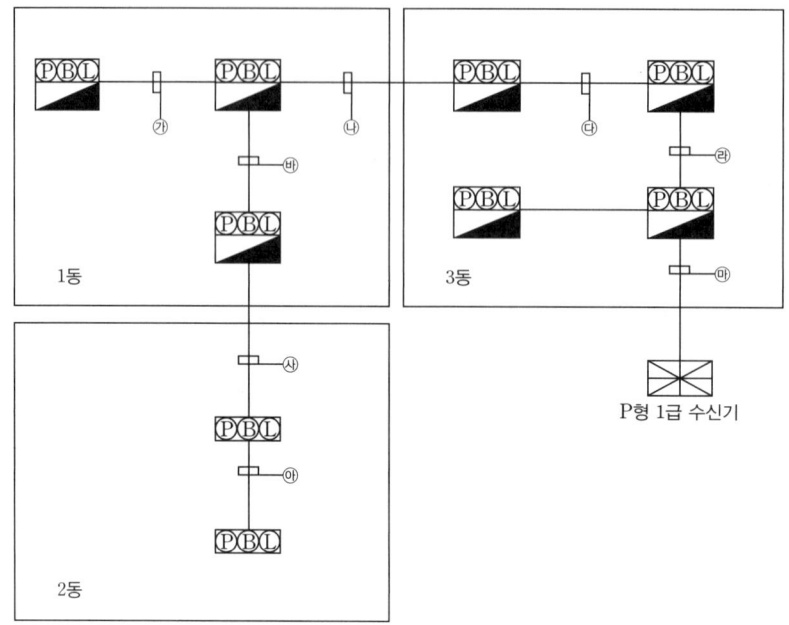

(1) ㉠의 작성 예시를 참고하여 ㉡ ~ ㉣의 전선 가닥수 및 전선의 용도를 쓰시오.

기호	가닥수	배선 용도
㉠	8	지구회로 1, 지구회로공통 1, 응답 1, 표시등 1, 경종선 1, 경종표시등공통 1, 기동확인표시등 2
㉡		
㉢		
㉣		
㉤		
㉥		
㉦		
㉧		

(2) 경비실에 설치하는 P형 1급 수신기는 몇 회선용을 사용해야 하는가? (단, 수신기의 예비회로는 실제 사용회로의 10[%]를 두는 조건이다.)

(3) P형 1급 수신기는 상시 사람이 근무하는 장소에 설치하여야 하는데 이 건물에 사람이 상시 근무하는 장소가 없는 경우 수신기는 어느 장소에 설치하여야 하는가?

(4) 수신기가 설치된 장소에 화재발생구역을 신속하게 확인하기 위하여 비치해야 하는 것은 무엇인가?

정답

(1)

기호	가닥수	배선 용도
㉮	8	지구회로 1, 지구회로공통 1, 응답 1, 표시등 1, 경종선 1, 경종표시등공통 1, 기동확인표시등 2
㉯	13	지구회로 5, 지구회로공통 1, 응답 1, 표시등 1, 경종선 2, 경종표시등공통 1, 기동확인표시등 2
㉰	15	지구회로 6, 지구회로공통 1, 응답 1, 표시등 1, 경종선 3, 경종표시등공통 1, 기동확인표시등 2
㉱	16	지구회로 7, 지구회로공통 1, 응답 1, 표시등 1, 경종선 3, 경종표시등공통 1, 기동확인표시등 2
㉲	19	지구회로 9, 지구회로공통 2, 응답 1, 표시등 1, 경종선 3, 경종표시등공통 1, 기동확인표시등 2
㉳	11	지구회로 3, 지구회로공통 1, 응답 1, 표시등 1, 경종선 2, 경종표시등공통 1, 기동확인표시등 2
㉴	7	지구회로 2, 지구회로공통 1, 응답 1, 표시등 1, 경종선 1, 경종표시등공통 1
㉵	6	지구회로 1, 지구회로공통 1, 응답 1, 표시등 1, 경종선 1, 경종표시등공통 1

(2) 10회로용
(3) 관계인이 쉽게 접근할 수 있고 관리가 용이한 장소
(4) 경계구역 일람도

해설

(1) 동별 구분 경보방식은 동별로 경종이 구분되어 있으므로 수신기에서 동을 지날 때마다 경종선을 1가닥씩 추가해야 한다. 또한 오른쪽 그림과 같이 옥내소화전설비가 발신기와 함께 있는 경우라면 기동확인표시등선 2가닥을 추가해야 한다.

(2) 경계구역은 발신기세트의 수만큼 있으므로 수신기는 최소 9회선 이상을 사용해야 하며, 사용회로의 10[%]를 예비회로로 둔다면 총 $9+9\times0.1=9.9$의 가닥수가 필요하므로 소수점 절상하여 10회로로 한다.

(3), (4) **수신기의 설치기준**
- 수위실 등 상시 사람이 근무하는 장소에 설치할 것. 다만, 사람이 상시 근무하는 장소가 없는 경우에는 관계인이 쉽게 접근할 수 있고 관리가 용이한 장소에 설치할 수 있다.
- 수신기가 설치된 장소에는 경계구역 일람도를 비치할 것. 다만, 모든 수신기와 연결되어 각 수신기의 상황을 감시하고 제어할 수 있는 수신기(주수신기)를 설치하는 경우에는 주수신기를 제외한 기타 수신기는 그렇지 않다.
- 수신기의 음향 기구는 그 음량 및 음색이 다른 기기의 소음 등과 명확히 구별될 수 있는 것으로 할 것
- 수신기는 감지기·중계기 또는 발신기가 작동하는 경계구역을 표시할 수 있는 것으로 할 것
- 화재·가스·전기 등에 대한 종합 방재반을 설치한 경우에는 해당 조작반에 수신기의 작동과 연동하여 감지기·중계기 또는 발신기가 작동하는 경계구역을 표시할 수 있는 것으로 할 것
- 하나의 경계구역은 하나의 표시등 또는 하나의 문자로 표시되도록 할 것
- 수신기의 조작 스위치는 바닥으로부터의 높이가 0.8[m] 이상 1.5[m] 이하인 장소에 설치할 것
- 하나의 특정소방대상물에 2 이상의 수신기를 설치하는 경우에는 수신기를 상호 간 연동하여 화재발생 상황을 각 수신기마다 확인할 수 있도록 할 것
- 화재로 인하여 하나의 층의 지구음향장치 또는 배선이 단락되어도 다른 층의 화재통보에 지장이 없도록 각 층 배선 상에 유효한 조치를 할 것

연계이론 **PHASE 42 자동화재탐지설비 도면**

06

특정소방대상물에 설치된 소방시설 등을 구성하는 전부 또는 일부를 개설, 이전 또는 정비하는 소방시설공사의 착공신고대상 3가지를 쓰시오. (단, 고장 또는 파손 등으로 인하여 작동시킬 수 없는 소방시설을 긴급히 교체하거나 보수하여야 하는 경우에는 신고하지 않을 수 있다.) (6점)

정답
- 수신반
- 소화펌프
- 동력(감시)제어반

해설
소방시설공사의 착공신고대상은 특정소방대상물에 설치된 소방시설 등을 구성하는 다음에 해당하는 것의 전부 또는 일부를 개설, 이전 또는 정비하는 공사이다. 다만, 고장 또는 파손 등으로 인하여 작동시킬 수 없는 소방시설을 긴급히 교체하거나 보수하여야 하는 경우에는 신고하지 않을 수 있다.
- 수신반
- 소화펌프
- 동력(감시)제어반

연계이론 PHASE 38 공사의 종류

07

배선의 공사방법 중 내화배선의 공사방법에 대한 다음 ( )를 완성하시오. (7점)

> 금속관·2종 금속제 (①) 또는 (②)에 수납하여 (③)로 된 벽 또는 바닥 등에 벽 또는 바닥의 표면으로부터 (④)의 깊이로 매설하여야 한다.

정답
① 가요전선관
② 합성수지관
③ 내화구조
④ 25[mm] 이상

해설
내화배선의 공사방법

사용전선의 종류	공사방법
1. 450/750[V] 저독성 난연 가교 폴리올레핀 절연 전선 2. 0.6/1[kV] 가교 폴리에틸렌 절연 저독성 난연 폴리올레핀 시스 전력 케이블 3. 6/10[kV] 가교 폴리에틸렌 절연 저독성 난연 폴리올레핀 시스 전력용 케이블 4. 가교 폴리에틸렌 절연 비닐시스 트레이용 난연 전력 케이블 5. 0.6/1[kV] EP 고무절연 클로로프렌 시스 케이블 6. 300/500[V] 내열성 실리콘 고무 절연전선 7. 내열성 에틸렌 비닐 아세테이트 고무절연 케이블 8. 버스 덕트(Bus Duct) 9. 기타 [전기용품 및 생활용품 안전관리법] 및 [전기설비기술기준]에 따라 동등 이상의 내화성능이 있다고 주무부 장관이 인정하는 것	금속관·2종 금속제 가요전선관 또는 합성수지관에 수납하여 내화구조로 된 벽 또는 바닥 등에 벽 또는 바닥의 표면으로부터 25[mm] 이상의 깊이로 매설 [미적용 기준] • 배선을 내화성능을 갖는 배선전용실 또는 배선용 샤프트·피트·덕트 등에 설치하는 경우 • 배선전용실 또는 배선용 샤프트·피트·덕트 등에 다른 설비의 배선이 있는 경우에는 이로부터 15[cm] 이상 떨어지게 하거나 소화설비의 배선과 이웃하는 다른 설비의 배선 사이에 배선지름(배선의 지름이 다른 경우에는 가장 큰 것 기준)의 1.5배 이상의 높이의 불연성 격벽을 설치하는 경우
내화전선	케이블공사

연계이론 PHASE 38 공사의 종류

08 휴대용비상조명등의 적합설치기준에 대한 다음 (   ) 안을 완성하시오. (8점)

- 다음 장소에 설치할 것
  - 숙박시설 또는 다중이용업소에는 객실 또는 영업장 안의 구획된 실마다 잘 보이는 곳(외부에 설치 시 출입문 손잡이로부터 (①)[m] 이내 부분)에 1개 이상 설치
  - 「유통산업발전법」 제2조 제3호에 따른 대규모점포(지하상가 및 지하역사는 제외)와 영화상영관에는 보행거리 (②)[m] 이내마다 (③)개 이상 설치
  - 지하상가 및 지하역사에는 보행거리 (④)[m] 이내마다 (⑤)개 이상 설치
- 설치높이는 바닥으로부터 (⑥)[m] 이상 (⑦)[m] 이하의 높이에 설치할 것
- 사용 시 (⑧)으로 점등되는 구조일 것
- 건전지 및 충전식 배터리의 용량은 (⑨)분 이상 유효하게 사용할 수 있는 것으로 할 것

정답 ① 1   ② 50   ③ 3   ④ 25   ⑤ 3   ⑥ 0.8   ⑦ 1.5   ⑧ 자동   ⑨ 20

해설 휴대용비상조명등의 설치기준
- 다음 장소에 설치해야 한다.
  - 숙박시설 또는 다중이용업소에는 객실 또는 영업장 안의 구획된 실마다 잘 보이는 곳(외부에 설치 시 출입문 손잡이로부터 1[m] 이내 부분)에 1개 이상 설치
  - 「유통산업발전법」 제2조 제3호에 따른 대규모점포(지하상가 및 지하역사는 제외)와 영화상영관에는 보행거리 50[m] 이내마다 3개 이상 설치
  - 지하상가 및 지하역사에는 보행거리 25[m] 이내마다 3개 이상 설치
- 설치높이는 바닥으로부터 0.8[m] 이상 1.5[m] 이하의 높이에 설치할 것
- 어둠 속에서 위치를 확인할 수 있도록 할 것
- 사용 시 자동으로 점등되는 구조일 것
- 외함은 난연성능이 있을 것
- 건전지를 사용하는 경우에는 방전 방지조치를 해야 하고, 충전식 배터리의 경우에는 상시 충전되도록 할 것
- 건전지 및 충전식 배터리의 용량은 20분 이상 유효하게 사용할 수 있는 것으로 할 것

연계이론 PHASE 24 비상조명등

09

그림은 6층 이상의 사무실 건물에 시설하는 배연창설비의 전기적 계통도이다. 그림을 보고 답안지의 Ⓐ~Ⓔ까지의 배선수와 각 배선의 용도를 작성하시오. (6점)

(가) 사용전선은 HFIX이다.
(나) 배선수는 운전 조작상 필요한 최소 전선수를 사용한다.
(다) 전동구동장치는 솔레노이드식이다.
(라) 화재감지기가 작동되거나 수동조작함의 스위치를 ON 시키면 배연창이 동작되어 수신기에 동작상태를 표시하게 된다.
(마) 배연창은 별도 기동방식으로 한다.

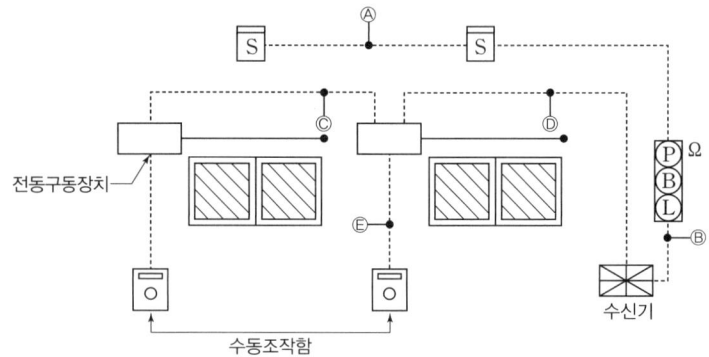

기호	구간	배선수	배선굵기	배선 용도
Ⓐ	감지기 ↔ 감지기		1.5[mm²]	
Ⓑ	발신기 ↔ 수신기		2.5[mm²]	
Ⓒ	전동구동장치 ↔ 전동구동장치		2.5[mm²]	
Ⓓ	전동구동장치 ↔ 수신기		2.5[mm²]	
Ⓔ	전동구동장치 ↔ 수동조작함		2.5[mm²]	

정답

기호	구간	배선수	배선굵기	배선 용도
Ⓐ	감지기 ↔ 감지기	4	1.5[mm²]	지구 2, 지구공통 2
Ⓑ	발신기 ↔ 수신기	6	2.5[mm²]	지구 1, 지구공통 1, 응답 1, 경종 1, 표시등 1, 경종표시등공통 1
Ⓒ	전동구동장치 ↔ 전동구동장치	3	2.5[mm²]	기동 1, 기동확인 1, 공통 1
Ⓓ	전동구동장치 ↔ 수신기	5	2.5[mm²]	기동 2, 기동확인 2, 공통 1
Ⓔ	전동구동장치 ↔ 수동조작함	3	2.5[mm²]	기동 1, 기동확인 1, 공통 1

| 해 설 | 솔레노이드 방식의 배연창 설비 배선

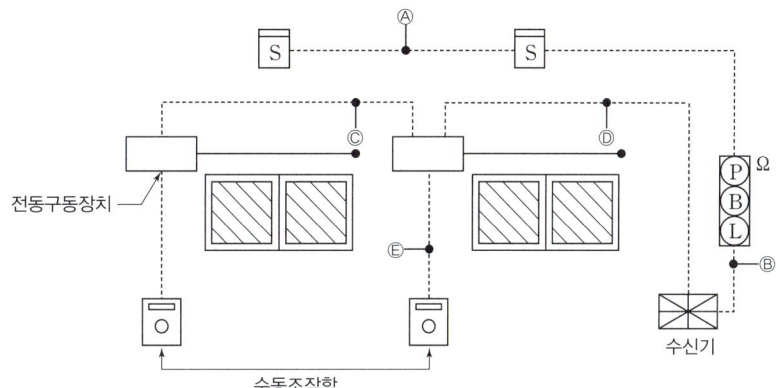

- 배연창설비의 감지기는 송배선식으로 배선한다. 송배선식의 루프는 2가닥, 그 외 나머지(Ⓐ)는 4가닥으로 배선한다.
- 수신기와 발신기 사이(Ⓑ)의 가닥수로 기본 6가닥(지구 1, 지구공통 1, 응답 1, 경종 1, 표시등 1, 경종표시등공통 1)으로 구성되어 있다.
- 수신기와 수신기를 기준으로 가장 멀리 있는 전동구동장치 사이(Ⓒ)의 가닥수는 기본 3가닥(기동 1, 기동확인 1, 공통 1)으로 구성되어 있다.
  - 전동구동장치가 증가할 경우 매 증가분마다 2가닥(기동 1, 기동확인 1)이 증가한다. 즉, Ⓓ 부분의 가닥수는 3+2=5가닥(기동 2, 기동확인 2, 공통 1)이다.
- 수동조작함과 전동구동장치 사이(Ⓔ)의 가닥수는 기본 3가닥(기동 1, 기동확인 1, 공통 1)이다.

| 연계이론 | PHASE 46 배연창설비 도면

10

지하층·무창층 등으로서 환기가 잘 되지 아니하거나 감지기의 부착면과 실내바닥과의 거리가 2.3[m] 이하인 곳으로서 일시적으로 발생한 열·연기 또는 먼지 등으로 인하여 화재신호를 발신할 우려가 있는 장소 에 설치가능한 감지기(교차회로 방식의 적용이 필요 없는 감지기) 5가지를 쓰시오. (5점)

| 정 답 |
- 불꽃감지기
- 정온식 감지선형 감지기
- 분포형 감지기
- 복합형 감지기
- 광전식 분리형 감지기

| 해 설 | 지하층·무창층 등으로서 환기가 잘 되지 아니하거나 실내면적이 40[m²] 미만인 장소, 감지기의 부착면과 실내바닥과의 거리가 2.3[m] 이하인 곳으로서 일시적으로 발생한 열·연기 또는 먼지 등으로 인하여 화재신호를 발신할 우려가 있는 장소에 설치가능한 감지기(교차회로 방식의 적용이 필요 없는 감지기)는 다음과 같다.
- 불꽃감지기
- 정온식 감지선형 감지기
- 분포형 감지기
- 복합형 감지기
- 광전식 분리형 감지기
- 아날로그방식의 감지기
- 다신호방식의 감지기
- 축적방식의 감지기

| 연계이론 | PHASE 09 감지기

11 다음 조건에서 설명하는 감지기의 명칭을 쓰시오. (단, 감지기의 종별은 무시한다.) (2점)

> **조건**
> (가) 공칭작동온도: 75[°C]
> (나) 작동방식: 반전바이메탈식, 60[V], 0.1[A]
> (다) 부착높이: 8[m] 미만

정 답 정온식 스포트형 감지기

해 설 **정온식 스포트형 감지기**
일국소의 주위온도가 일정한 온도 이상이 되는 경우에 작동하는 것으로서 외관이 전선으로 되어 있지 아니한 감지기로 주로 주방, 보일러실 등에 사용된다. 정온식 스포트형 감지기(방수형)의 특징은 다음과 같다.
- 공칭작동온도: 75[°C]
- 작동방식: 반전바이메탈식, 60[V], 0.1[A]
- 부착높이: 8[m] 미만
※ 정온식 스포트형 감지기는 다량의 화기를 취급하는 장소에 설치하며 공칭작동온도가 최고 주위온도보다 20[°C] 이상 높은 것으로 설치할 것

연계이론 **PHASE 10 열감지기**

---

12 그림은 상용전원 정전 시 예비(비상)전원으로 전환하고 정전복구 시에는 상용전원으로 전환되도록 구성한 전동기 기동 회로의 미완성 회로도이다. 다음 물음에 답하시오. (6점)

(1) 도면에서 MCCB의 우리말 명칭을 쓰시오.
(2) 미완성 회로를 완성하시오.

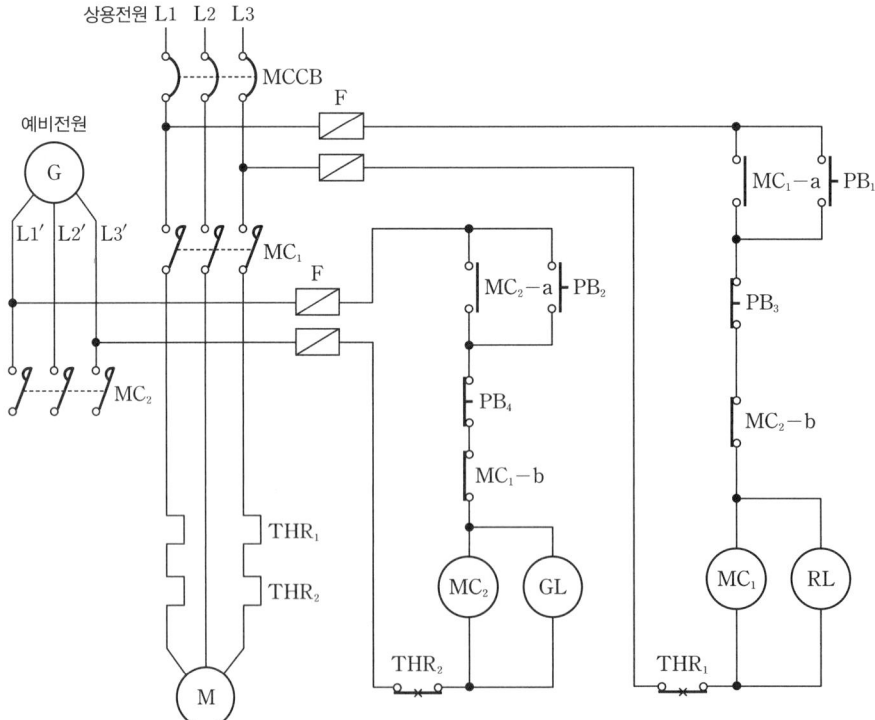

정답

(1) 배선용 차단기
(2) 회로도

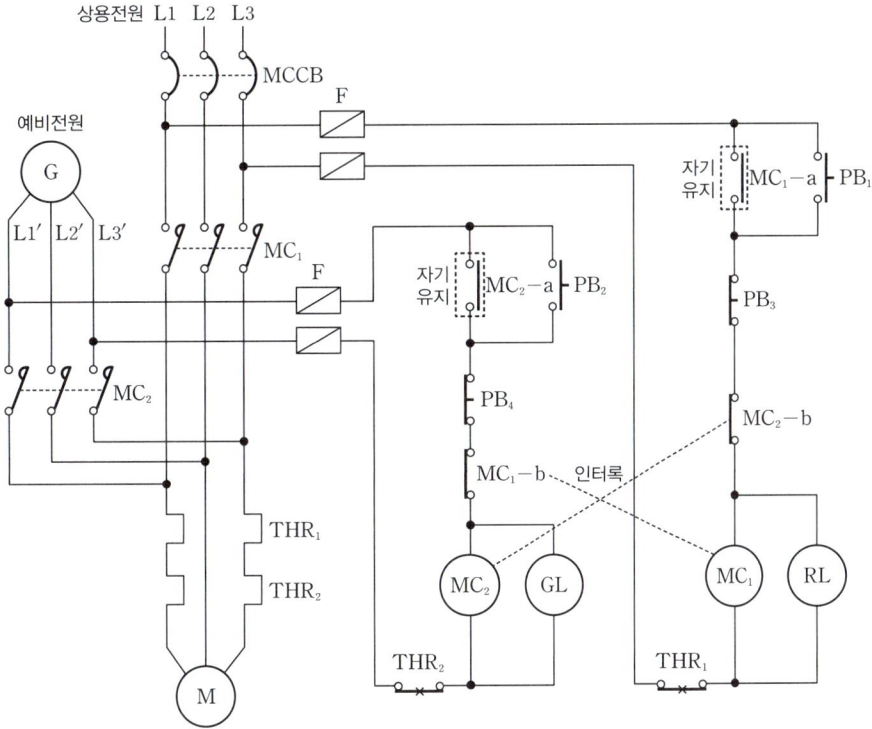

해설

(1) 과거에는 전동기 기동 회로를 보호하기 위해 NFB(No Fuse Breaker)를 사용해 왔으나, 최근에는 MCCB(배선용 차단기, Molded Case Circuit Breaker)를 사용한다. 배선용 차단기는 과전류로부터 보호를 위한 배선 보호용 차단기를 의미한다.

(2) 동작사항
- PB_1을 누르면 MC_1 릴레이가 여자되고 RL 등이 점등된다.
- MC_1-a접점이 닫히면서 자기유지가 되고 MC_1의 주접점이 닫혀 전동기는 상용전원으로 운전된다.
- 운전 중 PB_3를 누르면 MC_1이 소자되어 전동기가 정지하고, RL이 소등된다.
- PB_2를 누를 경우 MC_2 릴레이가 여자되고 GL이 점등된다.
- MC_2-a접점이 닫히면서 자기유지가 되고 MC_2의 주접점이 닫혀 전동기는 예비전원으로 운전된다.
- 예비전원으로 운전 중 PB_4를 누를 경우 MC_2가 소자되어 전동기는 정지되고 GL은 소등된다.

연계이론 PHASE 40 시퀀스 회로

13 어떤 소화설비에서 자동식 기동장치의 화재감지기를 설치하였다. 감지기 A, B를 교차회로 방식으로 구성하는 경우 다음 각 물음에 답하시오. (3점)

(1) 작동신호 출력을 X라 했을 경우 논리식을 쓰시오.
(2) (1)에서 구한 논리식에 대응하는 논리회로를 쓰시오.
(3) (1)에서 구한 논리식의 진리표를 작성하시오.

입력신호		출력신호
A	B	X

정답

(1) $X = A \cdot B$

(2) A ─┐
       ├─── X
    B ─┘ (AND 게이트)

(3)

입력신호		출력신호
A	B	X
0	0	0
0	1	0
1	0	0
1	1	1

해설

(1) 화재감지기를 교차회로 방식으로 구성할 경우 화재 경보는 감지기 A, B 중 두 개가 모두 동작해야 소화설비가 작동한다. 즉 감지기 A, B를 입력단자라 본다면 AND 게이트로 표현할 수 있다. 따라서 논리식은 $X = A \cdot B$가 된다.

(2), (3) 논리회로와 진리표

논리 회로	논리식	무접점 회로	진리표			
			A	B	X	
AND 회로	$X = A \cdot B$	A, B → X (AND)	0	0	0	
			0	1	0	
			1	0	0	
			1	1	1	
			A	B	X	
OR 회로	$X = A + B$	A, B → X (OR)	0	0	0	
			0	1	1	
			1	0	1	
			1	1	1	

연계이론 PHASE 41 논리회로

14 P형 1급 수신기와 감지기와의 배선회로에서 종단저항은 11[kΩ], 릴레이 저항은 550[Ω], 배선회로의 저항은 50[Ω]이다. 다음 각 물음에 답하시오. (4점)

(1) 감시상태의 경우 감시전류는 몇 [mA]인가?
- 계산과정:
- 답:

(2) 감지기가 동작할 때의 전류는 몇 [mA]인가? (단, 감지기의 작동 시 배선(선로)저항은 무시한다.)
- 계산과정:
- 답:

정답

(1) • 계산과정: $I = \dfrac{24}{550+50+11\times 10^3} = 2.07 \times 10^{-3} = 2.07 [\text{mA}]$
- 답: 2.07[mA]

(2) • 계산과정: $I = \dfrac{24}{550} = 43.64 \times 10^{-3} = 43.64 [\text{mA}]$
- 답: 43.64[mA]

해설

(1) 감시상태의 경우

감시전류
$I = \dfrac{V}{R} = \dfrac{\text{전압}}{\text{릴레이저항} + \text{배선(선로)저항} + \text{종단저항}} [\text{A}]$
따라서
$I = \dfrac{24}{550+50+11\times 10^3} = 2.07 \times 10^{-3}$
$= 2.07 [\text{mA}]$

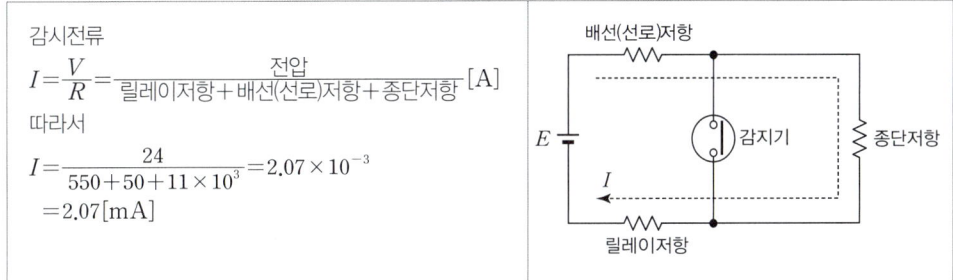

(2) 동작상태의 경우

감지기 동작 시 전류는 종단저항으로 흐르지 않으므로
$I = \dfrac{\text{전압}}{\text{릴레이저항} + \text{배선(선로)저항}} [\text{A}]$이다.
이때 감지기가 동작할 경우 배선(선로)저항은 무시하므로
$I = \dfrac{\text{전압}}{\text{릴레이저항}} = \dfrac{24}{550} = 43.64 \times 10^{-3}$
$= 43.64 [\text{mA}]$

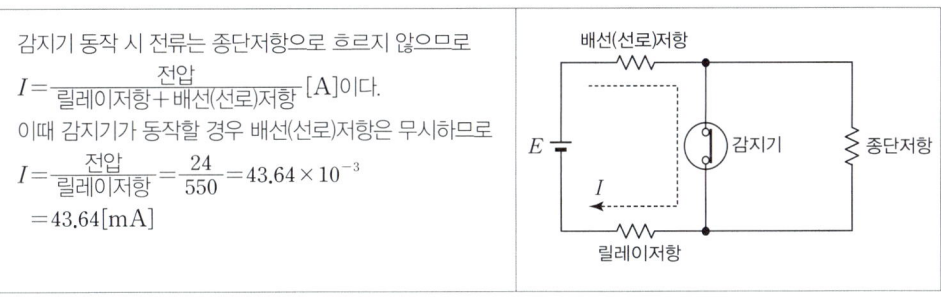

연계이론 PHASE 34 감지기회로의 전류

15 다음은 P형 1급 수동발신기의 내부결선의 그림이다. 다음 각 물음에 답하시오. (8점)

(1) 단자 ①~③의 명칭을 쓰시오.
(2) 내부 결선을 완성하여 각 단자와 연결하시오.
(3) 응답표시 LED, 누름버튼 스위치의 기능을 간략하게 설명하시오.

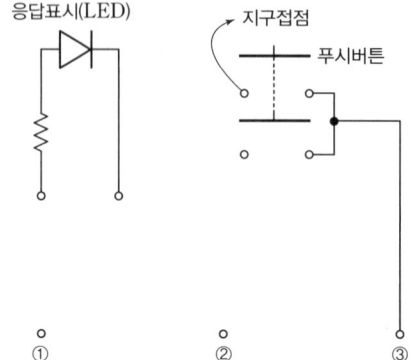

정답

(1) ① 응답단자
　　② 지구단자
　　③ 지구공통단자

(2) 완성 결선도

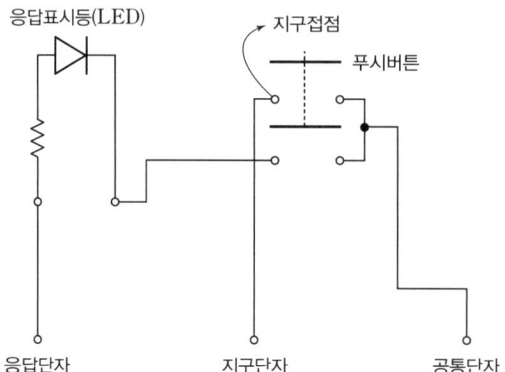

(3) ① 응답표시 LED: 발신된 신호를 수신기에서 수신이 되었는지 확인하는 응답 확인용 램프
　　② 누름버튼 스위치: 화재를 발견한 사람이 수동으로 화재신호를 발신하는 스위치

연계이론　PHASE 42 자동화재탐지설비 도면

16 다음은 자동화재탐지설비의 평면도이다. 조건을 참고하여 다음 각 물음에 답하시오. (7점)

> 층고는 3.5[m]이며, 반자는 없는 조건이고 발신기와 수신기는 바닥으로부터 1.2[m]의 높이에 설치한다. 배관 할증은 5[%], 배선의 할증은 10[%]를 적용한다.

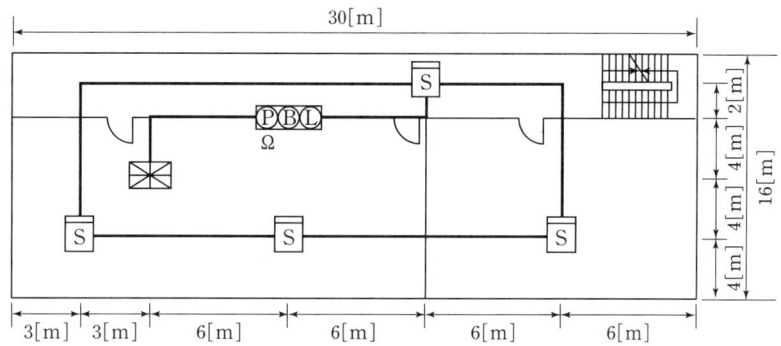

(1) 감지기와 감지기 사이, 감지기와 발신기 사이에 대한 전선관과 전선의 물량을 아래표에 작성하시오.

품명	규격	산출식	수량[m]
전선관	16[mm]		
전선	1.5[mm²]		

(2) 수신기와 발신기 사이에 대한 전선관과 전선의 물량을 아래표에 작성하시오.

품명	규격	산출식	수량[m]
전선관	22[mm]		
전선	2.5[mm²]		

정답

(1)

품명	규격	산출식		수량[m]
전선관	16[mm]	감지기 ↔ 감지기	$(16+12+9+25) \times 1.05 = 65.1$[m]	75.915
		감지기 ↔ 발신기	$\{6+2+(3.5-1.2)\} \times 1.05 = 10.815$[m]	
전선	1.5[mm²]	감지기 ↔ 감지기	$62 \times 2 \times 1.1 = 136.4$[m]	181.72
		감지기 ↔ 발신기	$10.3 \times 4 \times 1.1 = 45.32$[m]	

(2)

품명	규격	산출식		수량[m]
전선관	22[mm]	수신기 ↔ 발신기	$\{6+4+(3.5-1.2) \times 2\} \times 1.05 = 15.33$[m]	15.33
전선	2.5[mm²]	수신기 ↔ 발신기	$14.6 \times 7 \times 1.1 = 112.42$[m]	112.42

해설
- 수신기에서 천장까지 배관: $3.5 - 1.2 = 2.3$[m]
- 발신기에서 천장까지 배관: $3.5 - 1.2 = 2.3$[m]

연계이론 PHASE 42 자동화재탐지설비 도면

17 연축전지의 정격용량이 100[Ah]이고, 상시부하가 13[kW], 표준전압이 100[V]인 부동충전방식 충전기의 2차 충전전류값은 몇 [A]이겠는가? (3점)

- 계산과정:
- 답:

정 답
- 계산과정: $I = \dfrac{100}{10} + \dfrac{13 \times 10^3}{100} = 10 + 130 = 140[A]$
- 답: 140[A]

해 설
2차 충전전류 $I = \dfrac{축전지의\ 정격용량}{축전지의\ 방전율} + \dfrac{상시부하}{표준전압}[A]$

더 알아보기

구분	연축전지	알칼리축전지
공칭전압	2.0[V/cell]	1.2[V/cell]
방전율	10[h]	5[h]

연계이론 PHASE 29 축전지

2015년 4회 기출문제

01 피난구유도등의 2선식 배선과 3선식 배선의 미완성 결선도이다. 결선도를 완성하고, 배선방식의 차이점을 2가지만 쓰시오. (6점)

(1) 미완성 결선도

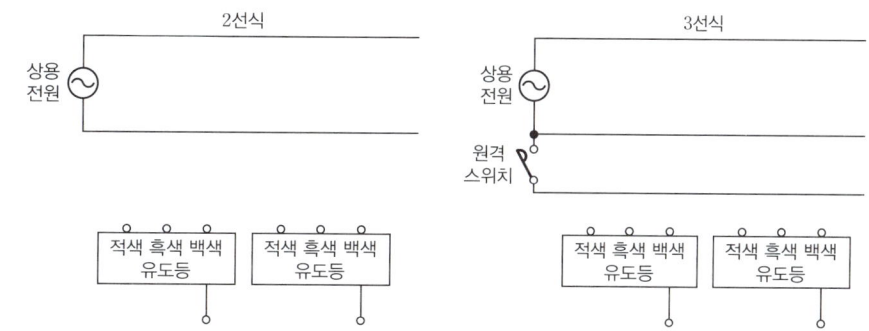

(2) 배선방식의 차이

구분	2선식	3선식
점등상태		
충전상태		

정답

(1)

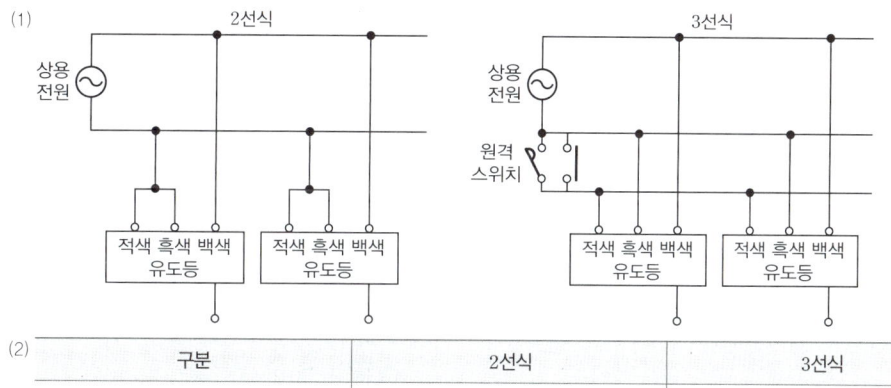

(2)

구분	2선식	3선식
점등상태	평상시 점등 화재 시 점등(예비전원 사용)	평상시 소등 화재 시 점등
충전상태	평상시 충전 화재 시 방전	평상시 충전 화재 시 방전

연계이론 PHASE 18 유도등

02 수신기의 화재표시 작동시험 시 확인사항을 3가지만 쓰시오. (6점)

정답
- 각 회로의 릴레이 정상작동 유무
- 화재표시등 정상작동 유무
- 음향장치의 정상작동 유무

연계이론 PHASE 50 수신기의 시험

03 그림은 Y−△ 기동 제어회로의 미완성 도면이다. 주어진 조건을 따라 다음 물음에 답하시오. (6점)

조건
(가) 배출기 주덕트(흡입, 배출 측 포함)의 폭은 1,000[mm]이다.
(나) 제연구역의 설계풍량은 43,200[m³/h]이다.
(다) 배출기는 원심식 터보형 송풍기를 사용한다.
(라) [19−1]의 의미는 전자접촉기(Y형)이다.
(마) [19−2]의 의미는 전자접촉기(△형)이다.
(바) 상기 조건 외 나머지는 무시한다.

[범례]
전류계: Ⓐ
표시등: ㉿
타이머: Ⓣ

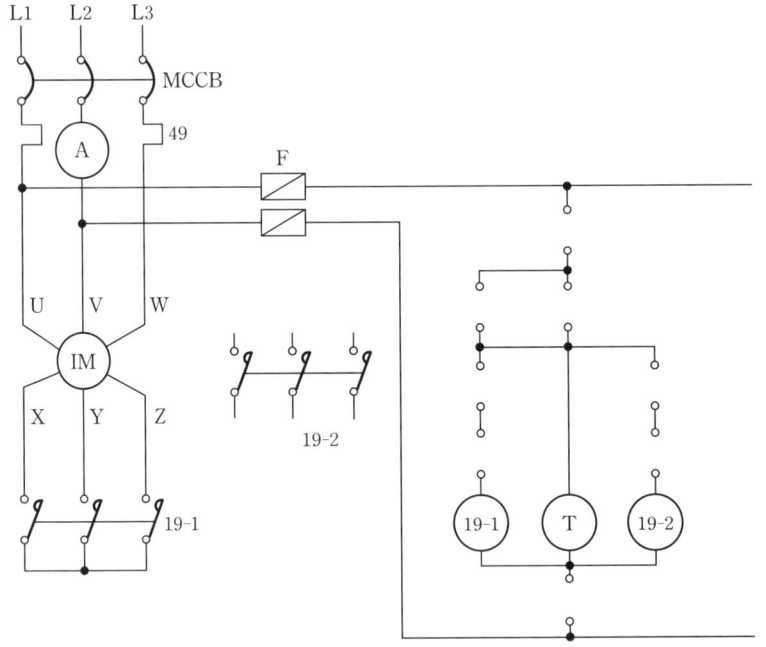

(1) Y−△ 운전이 가능하도록 주회로 부분의 미완성 부분을 완성하시오.
(2) Y−△ 운전이 가능하도록 보조회로 부분의 미완성 부분을 완성하시오.
(3) MCCB를 투입하면 표시등 ㉿이 점등되도록 미완성 도면에 회로를 추가하시오.
(4) Y 결선에서 각 상의 권선에 가해지는 전압은 정격전압의 몇 배인가?
(5) Y 결선에서의 기동전류는 △결선에 비해 얼마 정도로 경감되는가?

정답

(1), (2), (3)

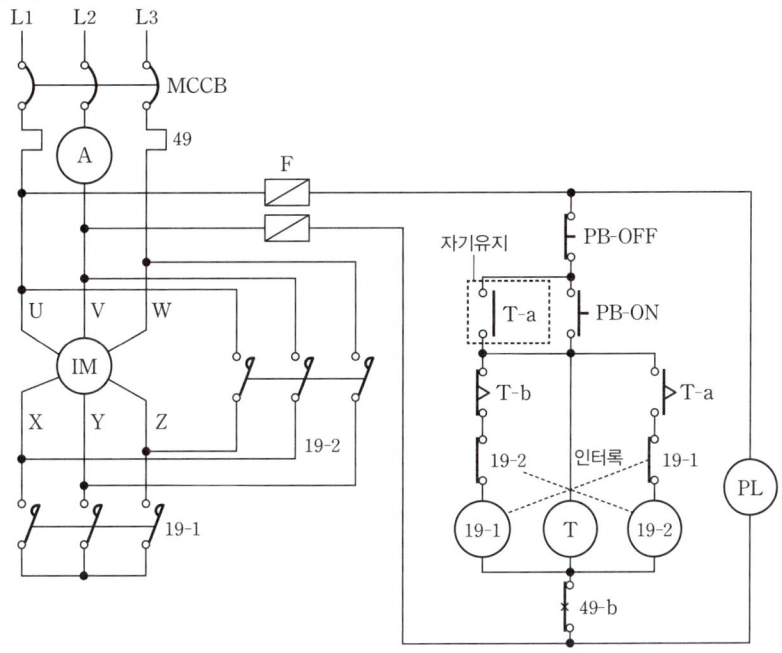

(4) $\dfrac{1}{\sqrt{3}}$ 배

(5) $\dfrac{1}{3}$

해설

[동작사항]
- MCCB를 투입하면 표시등 PL이 점등된다.
- PB-ON을 누르면 릴레이 19-1과 타이머가 동시에 여자되고 릴레이 T-a접점이 닫혀 자기유지가 된다. 이때 전동기는 Y기동을 시작한다.
- 설정시간이 지난 후 한시동작 T-b접점이 열려 릴레이 19-1은 소자된다. 동시에 한시동작 T-a접점이 닫히면서 릴레이 19-2가 여자된다. 이때 전동기는 △기동으로 운전한다.
- 열동계전기가 동작하거나 PB-OFF를 누를 경우 전동기는 초기상태가 된다.

(4) Y결선의 각 상전압은 선간전압(정격전압)의 $\dfrac{1}{\sqrt{3}}$ 배이다.

(5) $\dfrac{I_Y}{I_\triangle} = \dfrac{\dfrac{1}{\sqrt{3}} \times \dfrac{V}{Z}}{\sqrt{3} \times \dfrac{V}{Z}} = \dfrac{1}{3}$

Y결선 시 기동 전류는 △결선의 $\dfrac{1}{3}$ 배가 된다.

연계이론 PHASE 40 시퀀스 회로

04 P형 수신기 점검 시 다음 시험의 양부판정기준을 쓰시오. (6점)

(1) 공통선시험 양부판정기준
(2) 회로저항시험 양부판정기준
(3) 지구음향장치 작동시험 양부판정기준

정답
(1) 하나의 공통선이 담당(부담)하고 있는 경계구역수가 7 이하일 것
(2) 하나의 감지기회로의 회로저항(합성저항)치는 50[Ω] 이하일 것
(3) 음량은 음향장치의 중심으로부터 1[m] 떨어진 위치에서 90[dB] 이상일 것

해설

구분	시험 목적	양부판정기준
공통선시험	공통선이 담당하고 있는 경계구역의 정상 여부 확인	하나의 공통선이 담당하고 있는 경계구역의 수가 7 이하일 것
회로저항시험	감지기회로의 배선(선로)저항치가 수신기의 기능에 이상을 가져오는지 여부 확인	하나의 감지기회로의 합성저항치는 50[Ω] 이하로 할 것
지구음향장치 작동시험	화재신호와 연동하여 음향장치의 작동여부 확인	음량은 음향장치의 중심으로부터 1[m] 떨어진 위치에서 90[dB] 이상일 것
예비전원 시험	사고 등의 이유로 상용전원과 예비전원 간 자동 절환 여부 확인	• 예비전원의 전압이 정상일 것 • 예비전원의 용량이 정상일 것 • 예비전원의 절환 여부가 정상일 것 • 예비전원의 복구작동이 정상일 것

연계이론 PHASE 50 수신기의 시험

05 화재 발생 시 화재를 검출하기 위하여 감지기를 설치한다. 이때 축적기능이 없는 감지기로 설치하여야 하는 경우 3가지만 쓰시오. (6점)

-
-
-

정답
• 교차회로 방식에 사용되는 경우
• 급속한 연소 확대가 우려되는 장소
• 축적기능이 있는 수신기에 연결하여 사용하는 경우

해설
축적형 감지기는 일정 농도 이상의 연기가 일정 시간(공칭축적시간) 연속하는 것을 전기적으로 검출함으로써 작동하는 감지기로, 축적기능의 유무에 따른 감지기의 설치장소는 다음과 같다.

구분	축적기능이 있는 감지기	축적기능이 없는 감지기
설치장소	• 특정소방대상물 또는 그 부분이 지하층·무창층으로 환기가 잘 되지 않는 장소 • 실내면적이 40[m²] 미만인 장소 • 감지기의 부착면과 실내 바닥과의 거리가 2.3[m] 이하인 장소로서 일시적으로 발생한 열·연기·먼지 등으로 인하여 감지기가 화재 신호를 발신할 우려가 있는 때	• 교차회로방식에 사용되는 경우 • 급속한 연소 확대가 우려되는 장소 • 축적기능이 있는 수신기에 연결하여 사용하는 경우

연계이론 PHASE 09 감지기

06

다음은 자동화재탐지설비의 금속관 공사방법을 설명한 것이다. 다음 (   ) 안에 알맞은 용어를 기입하시오. (7점)

> • 금속관 공사에는 조영재 표면에 금속관을 노출하여 부착하는 (①) 공사, 콘크리트 속에 부설하는 (②) 공사, 이중 천장 속에 배관하는 (③) 공사 등이 있으며, 금속관의 종류에는 후강전선관과 박강전선관이 있다. (④)전선관의 크기는 내경에 가까울수록 짝수로, (⑤)전선관의 크기는 외경에 가까운 홀수를 나타낸다.
> • 금속관 공사 시 유의사항은 다음과 같다.
>   (⑥)전선을 사용하여야 한다. 관내에서 전선의 (⑦)이 없어야 한다.

정답
① 노출배관   ② 매입배관   ③ 천장은폐   ④ 후강   ⑤ 박강   ⑥ 절연   ⑦ 접속

연계이론 PHASE 38 공사의 종류

07

다음 소방시설 그림기호의 명칭을 쓰시오. (4점)

①	②	③	④
⊲	Ⓑ	∪	S

정답
① 사이렌
② 비상벨
③ 정온식 스포트형 감지기
④ 연기감지기

해설 소방시설 그림기호

명칭	기호	세부기호		명칭	기호	세부기호	
사이렌	⊲	전자사이렌	Ⓢ⊲	차동식 스포트형 감지기	∪	—	
		모터사이렌	Ⓜ⊲				
비상벨	Ⓑ	—		보상식 스포트형 감지기	∪	—	
정온식 스포트형 감지기	∪	방수형	∪	연기감지기	S	이온화식 스포트형	S I
		내산형	∪			광전식 스포트형	S P
		내알칼리형	∪			광전식 아날로그식	S A
		방폭형	∪ EX				

연계이론 PHASE 37 도면

08

그림은 옥내소화전설비의 전기적 계통도이다. 그림을 보고 Ⓐ와 Ⓑ의 배선수와 각 배선의 용도를 쓰시오. (단, 사용 전선은 HFIX 전선이며 배선수는 운전 조작상 필요한 최소 전선수를 쓰도록 한다.) (6점)

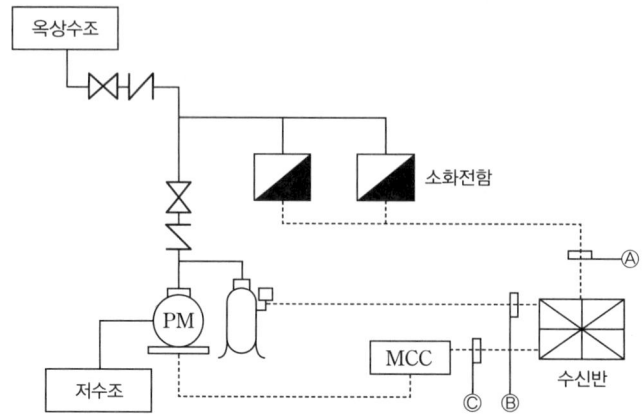

기호	구분		배선수	배선 용도
Ⓐ	소화전함 ↔ 수신반	ON, OFF식		
		수압개폐식		
Ⓑ	압력탱크 ↔ 수신반			
Ⓒ	MCC ↔ 수신반		5	ON, OFF, 공통, 운전표시, 정지표시

정답

기호	구분		배선수	배선 용도
Ⓐ	소화전함 ↔ 수신반	ON, OFF식	5	기동, 정지, 공통, 기동확인표시등 2
		수압개폐식	2	기동확인표시등 2
Ⓑ	압력탱크 ↔ 수신반		2	압력스위치 2
Ⓒ	MCC ↔ 수신반		5	ON, OFF, 공통, 운전표시, 정지표시

해설
- ON, OFF식 소화전함의 경우 기동선, 정지선, 공통선이 각각 1개씩 필요하며, 기동확인을 위한 기동확인표시등선 2가닥이 필요하다.
- 수압개폐식 소화전함의 경우 별도의 선이 필요하지 않으며, 기동확인을 위한 기동확인표시등선 2가닥이 필요하다.

연계이론 PHASE 43 옥내 및 옥외소화전설비 도면

09

수신기에서 60[m] 떨어진 장소의 감지기가 작동할 때 소모된 전류는 400[mA]이다. 이때의 전압강하[V]를 구하시오. (단, 전선의 굵기는 1.6[mm]이다.) (5점)

- 계산과정:
- 답:

정답

- 계산과정: $e = \dfrac{35.6LI}{1,000A} = \dfrac{35.6 \times 60 \times 400 \times 10^{-3}}{1,000 \times \dfrac{\pi \times 1.6^2}{4}} = 0.424 ≒ 0.42[V]$

- 답: 0.42[V]

[해설] 전선은 일반적으로 원형의 단면적을 가지고 있으므로 $A=\dfrac{\pi d^2}{4}[\text{mm}^2]=\dfrac{\pi \times 1.6^2}{4}[\text{mm}^2]$이다. ($d$: 지름[mm])

수신기의 전원은 단상 2선식으로 공급되므로 $e=\dfrac{35.6LI}{1,000A}[\text{V}]$를 적용하면

전압강하 $e=\dfrac{35.6\times 60\times 400\times 10^{-3}}{1,000\times \dfrac{\pi \times 1.6^2}{4}}=0.42[\text{V}]$이다.

[더 알아보기] 전선의 전압강하

구분	단상 2선식	3상 3선식	단상 3선식, 3상 4선식
전압강하	$e=\dfrac{35.6LI}{1,000A}$	$e=\dfrac{30.8LI}{1,000A}$	$e=\dfrac{17.8LI}{1,000A}$

(단, e: 전압강하[V], L: 선로의 길이[m], I: 각 부하전류[A], A: 전선의 단면적[mm^2])

전압강하가 주어진 경우의 전선의 단면적

구분	단상 2선식	3상 3선식	단상 3선식, 3상 4선식
전선의 단면적	$A=\dfrac{35.6LI}{1,000e}$	$A=\dfrac{30.8LI}{1,000e}$	$A=\dfrac{17.8LI}{1,000e}$

[연계이론] PHASE 49 이산화탄소소화설비 도면

---

10 다음과 같은 전원설비 도면에서 ①과 ②의 명칭은 무엇인가? (6점)

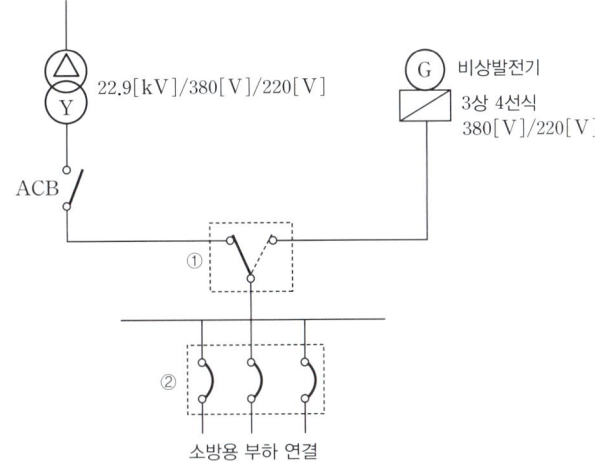

[정답]
① 자동절환스위치(ATS)
② 배선용 차단기(MCCB)

[해설]
① 자동절환스위치: ATS(Auto Transfer Swich)로 불리는 자동절환스위치는 전원상태를 감지하여 상용전원 또는 예비전원으로 자동으로 절환시켜주는 장치로, 자동전환스위치라고도 한다.
② 배선용 차단기: MCCB(Molded Case Circuit Breaker)로 불리는 배선용 차단기는 과전류로부터 보호를 위한 배선 보호용 차단기를 의미한다.

[연계이론] PHASE 42 자동화재탐지설비 도면

11 아래의 그림은 이산화탄소소화설비의 간선계통도이다. 다음 각 물음에 답하시오. (단, 감지기공통선과 전원 공통선은 각각 분리해서 사용하는 조건이다.) (13점)

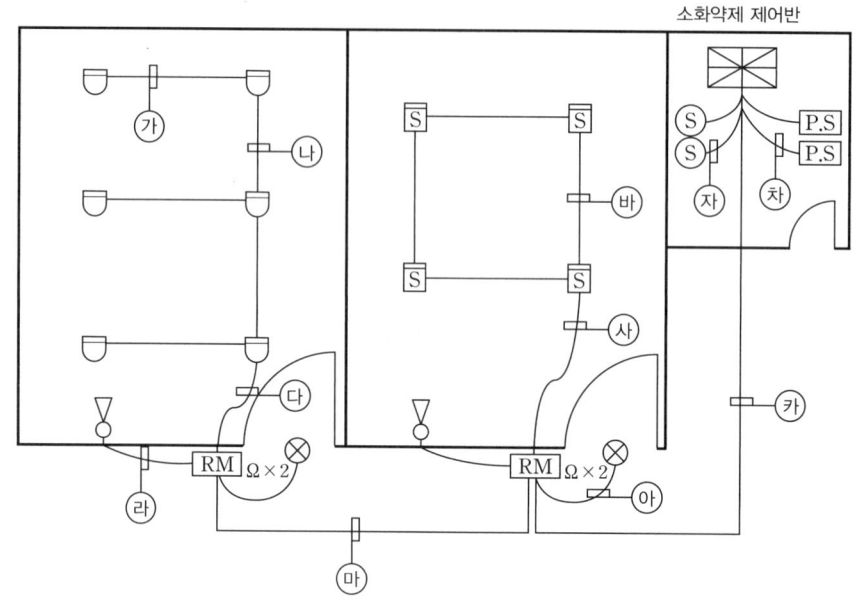

(1) ㉮~㉿의 배선 가닥수를 작성하시오.

기호	㉮	㉯	㉰	㉱	㉲	㉳	㉴	㉵	㉶	㉷	㉸
가닥수											

(2) ㉲의 배선별 용도를 가닥수를 포함하여 작성하시오.

번호	배선 용도	가닥수	번호	배선 용도	가닥수
1			4		
2			5		
3			6		
7			8		
9			10		

(3) ㉮의 배선 중 ㉲의 배선과 병렬로 접속하지 않고 추가해야 하는 배선의 용도는 무엇인가?

번호	배선 용도	번호	배선 용도
1		4	
2		5	
3			

정답

(1)

기호	㉮	㉯	㉰	㉱	㉲	㉳	㉴	㉵	㉶	㉷	㉸
가닥수	4	8	8	2	9	4	8	2	2	2	14

(2)

번호	배선 용도	가닥수	번호	배선 용도	가닥수
1	전원 ⊕	1	6	방출지연스위치	1
2	전원 ⊖	1	7	기동스위치	1
3	감지기 A	1	8	사이렌	1
4	감지기 B	1	9	방출표시등	1
5	감지기공통	1	10		

(3)

번호	배선 용도	번호	배선 용도
1	감지기 A	4	사이렌
2	감지기 B	5	방출표시등
3	기동스위치		

해설

(1), (2), (3)
이산화탄소소화설비이므로 감지기는 교차회로 방식으로 배선한다. 교차회로 방식으로 배선하는 경우 배선이 루프(㉳)를 구성하거나 말단(㉮)인 경우에는 4가닥이고, 그 외(㉯, ㉰, ㉴)는 8가닥을 적용한다.

기호	가닥수	배선 내용
㉮	4	지구 2, 지구공통 2
㉯	8	지구 4, 지구공통 4
㉰	8	지구 4, 지구공통 4
㉱	2	사이렌 2
㉲	9	전원 ⊕·⊖, 방출지연스위치 1, 감지기공통 1, 감지기 A 1, 감지기 B 1, 기동스위치 1, 사이렌 1, 방출표시등 1
㉳	4	지구 2, 지구공통 2
㉴	8	지구 4, 지구공통 4
㉵	2	방출표시등 2
㉶	2	솔레노이드밸브 2
㉷	2	압력스위치 2
㉸	14	전원 ⊕·⊖, 방출지연스위치 1, 감지기공통 1, 감지기 A 2, 감지기 B 2, 기동스위치 2, 사이렌 2, 방출표시등 2

(2), (3) 이산화탄소 소화설비의 수신반에서 수동조작함까지의 배선은 기본 9가닥(전원 ⊕·⊖, 방출지연스위치 1, 감지기공통 1, 감지기 A 1, 감지기 B 1, 기동스위치 1, 사이렌 1, 방출표시등 1)이다. 감지기 공통선과 전원선을 분리하지 않는 경우라면 감지기공통 1선을 제외한 8가닥을 작성한다. 수동조작함이 2개가 있는 경우 (감지기 A 1, 감지기 B 1, 기동스위치 1, 사이렌 1, 방출표시등 1)의 5가닥이 추가된다.

연계이론 PHASE 49 이산화탄소소화설비 도면

12

다음 그림은 자동화재탐지설비의 계통도이다. 주어진 조건을 참고하여 물음에 답하시오. (10점)

조건
(가) 발신기세트에는 경종, 표시등, 발신기 등을 수용한다.
(나) 경종은 일제경보방식이다.
(다) 종단저항은 감지기 말단에 설치한 것으로 한다.
(라) ①~⑮는 경계구역의 번호이다.

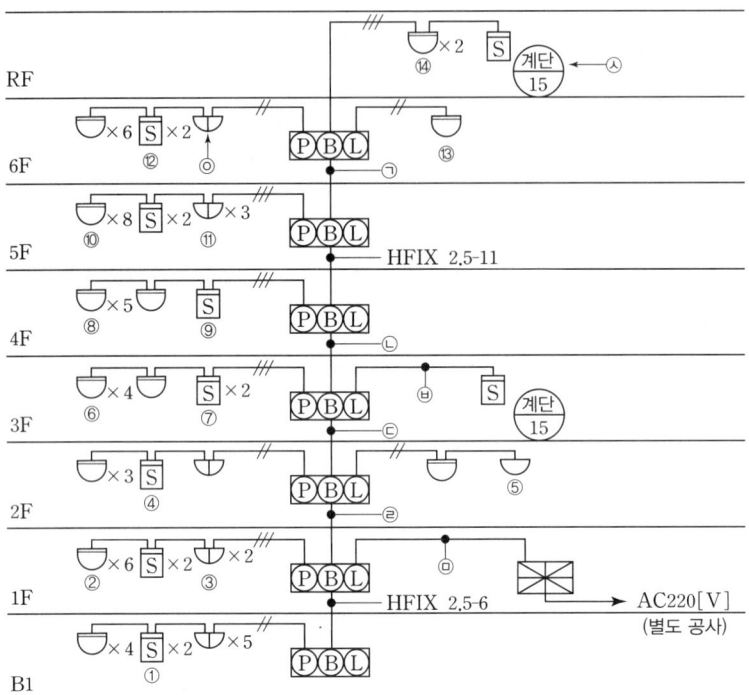

(1) ㉠~㉣ 개소에 해당되는 곳의 전선 가닥수를 쓰시오
(2) ㉤ 개소의 전선 가닥수에 대한 상세내역을 쓰시오.
(3) ㉥ 개소의 전선 가닥수는 몇 가닥인가?
(4) ㉦의 의미를 상세하게 설명하시오.
(5) ㉧의 감지기는 어떤 종류의 감지기인지 그 명칭을 쓰시오.
(6) 수신기는 몇 회로용을 사용해야 하는가?

정답

(1) ㉠ 9가닥 ㉡ 14가닥 ㉢ 16가닥 ㉣ 18가닥

(2)
기호	가닥수	배선 내역
㉤	22가닥	지구 15, 지구공통 3, 응답 1, 표시등 1, 경종 1, 경종표시등공통 1

(3) 4가닥
(4) 경계구역의 번호가 15인 계단을 의미한다.
(5) 정온식 스포트형 감지기(방수형)
(6) 15회로

해설

(1), (2), (3)
일제경보방식은 건물 내 화재가 발생한 경우 모든 층에 경보를 발하는 방식을 말한다. 즉, 층수에 따라 경종의 가닥수가 변하지 않고 1가닥으로 고정된다.
수신기는 1층에 있고 가장 멀리 있는 경계구역(6층)의 발신기까지 필요한 배선을 기본 6가닥 기준으로 하고, 경계구역의 수만큼 지구선을 산정한다.

기호	가닥수	배선 내역
㉠	9	지구 4, 지구공통 1, 응답 1, 표시등 1, 경종선 1, 경종표시등공통 1
㉡	14	지구 8, 지구공통 2, 응답 1, 표시등 1, 경종선 1, 경종표시등공통 1
㉢	16	지구 10, 지구공통 2, 응답 1, 표시등 1, 경종선 1, 경종표시등공통 1
㉣	18	지구 12, 지구공통 2, 응답 1, 표시등 1, 경종선 1, 경종표시등공통 1
㉤	22	지구 15, 지구공통 3, 응답 1, 표시등 1, 경종선 1, 경종표시등공통 1
㉥	4	지구 2, 지구공통 2

지구선이 매 7가닥을 초과할 때마다 지구공통선의 가닥수는 1가닥씩 증가한다.

(4) 계단/15 은 경계구역의 번호가 15번인 계단임을 의미한다.

(5) 정온식 스포트형 감지기의 기호

구분	기호	세부기호	
정온식 스포트형 감지기	(반원)	방수형	(반원)
		내산형	(반원)
		내알칼리형	(반원)
		방폭형	(반원) EX

(6) 경계구역이 15개가 있으므로 수신기는 15회로용을 사용해야 한다.

연계이론 PHASE 42 자동화재탐지설비 도면

13

거실의 높이 20[m] 이상 되는 곳에 설치할 수 있는 감지기를 2가지 쓰시오. (3점)

-
-

정답
- 불꽃감지기
- 광전식(분리형, 공기흡입형) 중 아날로그방식

해설 높이에 따른 감지기의 설치기준

부착높이	감지기의 종류
4[m] 미만	차동식(스포트형, 분포형) 보상식 스포트형 정온식(스포트형, 감지선형) 이온화식 또는 광전식(스포트형, 분리형, 공기흡입형) 열복합형 연기복합형 열연기복합형 불꽃감지기
4[m] 이상 8[m] 미만	차동식(스포트형, 분포형) 보상식 스포트형 정온식(스포트형, 감지선형) 특종 또는 1종 이온화식 1종 또는 2종 광전식(스포트형, 분리형, 공기흡입형) 1종 또는 2종 열복합형 연기복합형 열연기복합형 불꽃감지기
8[m] 이상 15[m] 미만	차동식 분포형 이온화식 1종 또는 2종 광전식(스포트형, 분리형, 공기흡입형) 1종 또는 2종 연기복합형 불꽃감지기
15[m] 이상 20[m] 미만	이온화식 1종 광전식(스포트형, 분리형, 공기흡입형) 1종 연기복합형 불꽃감지기
20[m] 이상	불꽃감지기 광전식(분리형, 공기흡입형) 중 아날로그방식

연계이론 PHASE 09 감지기

14 차동식 스포트형 감지기의 구조를 나타낸 그림이다. 다음 각 물음에 답하시오. (6점)

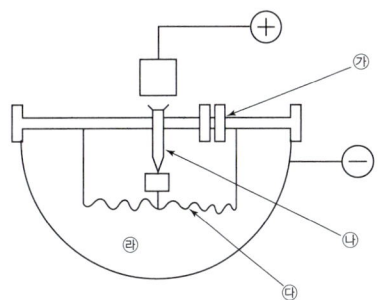

(1) ㉮~㉱의 명칭을 작성하시오.
(2) ㉮의 기능에 대해 설명하시오.

정답

(1) ㉮ 리크구멍
  ㉯ 고정접점
  ㉰ 다이어프램
  ㉱ 감열실
(2) 감지기의 오작동을 방지

해설 차동식 스포트형 감지기의 구조

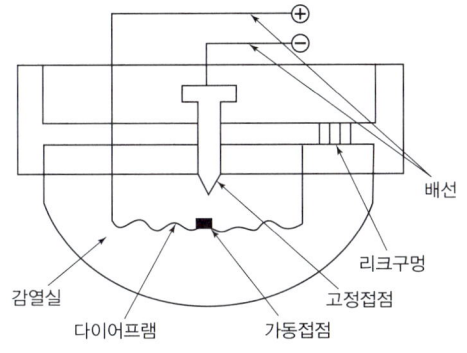

감열실	열을 유효하게 받는 곳
다이어프램	공기의 팽창에 의해 접점을 붙게 만드는 역할
가동접점	공기 팽창에 의해 움직이는 접점으로 고정접점과 접촉 시 화재신호를 발신
고정접점	가동접점과 접촉이 될 경우 화재신호를 발신
리크구멍	감지기의 오작동을 방지하기 위함

연계이론 PHASE 10 열감지기

15 아래의 평면도를 보고 다음 각 물음에 답하시오. (6점)

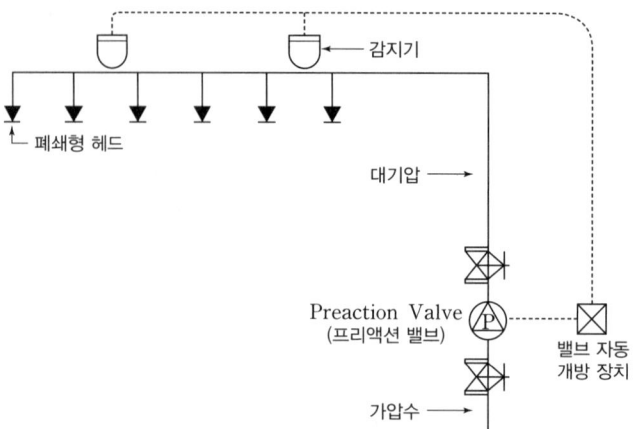

(1) 이 설비의 명칭은 무엇인가?
(2) 이 설비의 동작 시퀀스를 쓰시오.

정 답

(1) 준비작동식 스프링클러설비
(2) 동작 시퀀스 설명
   ① 교차회로 방식의 감지기 작동(2개 모두 작동) 또는 SVP 수동 기동
   ② 화재신호 수신
   ③ 솔레노이드밸브 작동
   ④ 준비작동식밸브(프리액션 밸브) 작동
   ⑤ 배관 압력이 저하되어 압력스위치 작동
   ⑥ 스프링클러펌프 기동 및 소화수 공급

연 계 이 론 PHASE 03 스프링클러설비

16 감지기회로의 배선방식에는 송배선식과 교차회로 방식이 있다. 이와 같이 배선하는 주 이유를 각각 쓰시오. (4점)

(1) 송배선식:

(2) 교차회로 방식:

정답

(1) 송배선식: 감지기회로의 도통시험을 용이하게 하기 위해 배선하는 방식
(2) 교차회로 방식: 감지기의 잦은 오작동을 방지하기 위해 교차로 배선하는 방식

해설

송배선식과 교차회로 방식

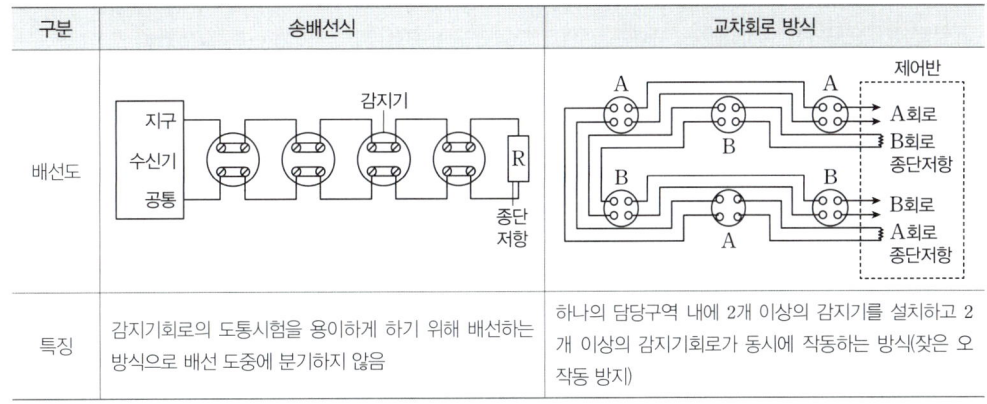

구분	송배선식	교차회로 방식
배선도		
특징	감지기회로의 도통시험을 용이하게 하기 위해 배선하는 방식으로 배선 도중에 분기하지 않음	하나의 담당구역 내에 2개 이상의 감지기를 설치하고 2개 이상의 감지기회로가 동시에 작동하는 방식(잦은 오작동 방지)

연계이론 PHASE 09 감지기

에듀윌이
너를
지지할게

ENERGY

삶의 순간순간이
아름다운 마무리이며
새로운 시작이어야 한다.

– 법정 스님

에듀윌과 함께 시작하면,
당신도 합격할 수 있습니다!

대학 졸업 후 취업을 위해 바쁜 시간을 쪼개며
소방설비기사 자격시험을 준비하는 취준생

비전공자이지만 소방 분야로 진로를 정하고
소방설비기사에 도전하는 수험생

낮에는 현장에서 일하면서도 더 나은 미래를 위해
소방설비기사 교재를 펼치는 주경야독 직장인

누구나 합격할 수 있습니다.
시작하겠다는 '다짐' 하나면 충분합니다.

마지막 페이지를 덮으면,

에듀윌과 함께
소방설비기사 합격이 시작됩니다.

소방설비기사 1위

꿈을 실현하는 에듀윌
Real 합격 스토리

이○웅, 소방 쌍기사 4개월 초단기 동차합격

4개월 만에 소방 쌍기사 취득, 에듀윌의 전문 교수진 덕분

우연한 계기로 소방 분야에 관심을 갖게 돼서 소방 쌍기사를 취득했습니다. 커뮤니티와 SNS에서 추천 받은 에듀윌에서 공부를 시작했습니다. 에듀윌의 가장 큰 장점은 교수진이라고 생각합니다. 강의에서 다뤄지는 내용, 상세한 이야기들이 다른 인터넷 강의와는 분명한 차이가 있다고 생각했습니다.

김○균, 5개월 단기 동차합격

에듀윌이라 가능했던 5개월 단기 합격

약 5개월 만에 소방설비기사 전기분야 자격증을 취득했습니다. 소방설비기사를 준비해야겠다는 생각과 동시에 에듀윌이 생각났고, 그래서 별다른 고민 없이 선택했습니다. 에듀윌에서 진행한 모의고사를 진짜 시험이라고 생각하고 준비했습니다. 모의고사를 통해 저의 실력을 확인하고 부족한 과목은 좀 더 신경 써서 공부했습니다.

이○환, 소방설비기사 취득 후 재취업 성공

나를 합격으로 이끌어 준 에듀윌 소방설비기사

제2의 인생을 준비하는 시점에서 소방설비기사 자격을 취득하고 재취업에 성공했습니다. 유튜브에서 에듀윌 샘플 강의를 몇 개 찾아보고 모두 들어보니 만족도가 컸습니다. 실제로 등록하고 강의를 들었는데, 에듀윌의 시간관리 시스템 덕분에 지치지 않고 꾸준히 공부할 수 있었습니다.

다음 합격의 주인공은 당신입니다!

더 많은 합격 비법

* 2023 대한민국 브랜드만족도 소방설비기사 교육 1위(한경비즈니스)

소방설비기사 1위

이제 국비무료 교육도
에듀윌

수강생을 반겨주는 에듀윌의 환한 복도 (구로)

언제나 전문 학습 매니저와 상담이 가능한 안내데스크 (부평)

고품질 영상 및 음향 장비를 갖춘 최고의 강의실 (구로)

재충전을 위한 카페 분위기의 아늑한 휴게실 (부평)

다용도로 활용이 가능한 휴게실 (성남)

전기/소방/건축/쇼핑몰/회계/컴활 자격증 취득
국민내일배움카드제

에듀윌 국비교육원 대표전화

서울 구로	02)6482-0600	구로디지털단지역 2번 출구
경기 성남	031)604-0600	모란역 5번 출구
인천 부평	032)262-0600	부평역 5번 출구
인천 부평2관	032)263-2900	부평역 5번 출구

국비교육원 바로가기

* 2023 대한민국 브랜드만족도 소방설비기사 교육 1위(한경비즈니스)

에듀윌이
너를
지지할게

ENERGY

시작하는 방법은
말을 멈추고
즉시 행동하는 것이다.

– 월트 디즈니(Walt Disney)

에듀윌 소방설비기사

실기 기계

핵심이론 + 최신 5개년 기출

WHY?
에듀윌 교재를 선택해야 하는 이유?

01   2권 분권으로 편리한 학습

학습 순서에 따라 1권(핵심이론 + 최신 5개년 기출문제)과 2권(플러스 7개년 기출)으로 분권하였으며 각 권별 학습전략을 제시하였습니다. 이제 학습진도에 맞춰 필요한 교재만 들고 다니세요.

학습전략

1권
핵심이론을 학습 후 **최신 5개년 기출문제**를 풀어보면서 시험 출제경향을 가늠 할 수 있습니다.

2권
핵심이론 + 최신 5개년 기출문제로 선행학습이 완료한 뒤 **플러스 7개년 기출문제**로 본격적인 기출문제 학습을 할 수 있습니다.

02   가독성을 높인 시원한 내용 구성

시원한 느낌을 위해 큰 글씨와 여유 있는 여백으로 가독성을 높였습니다. 더 이상 눈살 찌푸리며 학습하지 마세요.

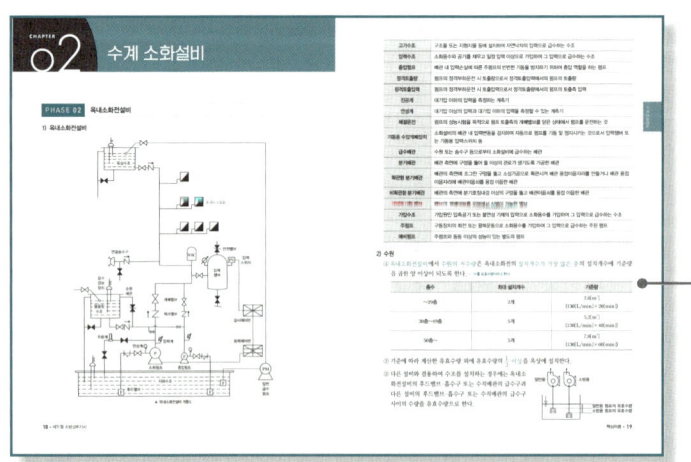

풍부한 시각자료로 이해력 UP
교재 곳곳에 내용과 연계되는 다양한 시각자료를 활용하여 이해를 도왔습니다. 시각자료를 통해 합격에 한발 더 가까워지세요.

03 합격을 완성하는 12개년 기출문제

기출문제가 곧 시험문제

소방설비기사 실기 시험은 역대 기출문제에서 재출제되는 경향이 매우 높습니다. 기출문제 학습을 통해 출제 경향을 빠르게 파악할 수 있고, 이는 곧 합격으로 가는 지름길이 됩니다.

최적의 학습 분량

많은 분량의 학습을 하면 한번에 시험에 합격할 가능성이 높아지는 것은 사실입니다. 그러나 실기 시험의 특성상 전략적으로 학습분량을 설정한다면 단기간에 충분히 합격이 가능합니다. 12개년의 기출문제 분량은 단기합격에 가장 최적화된 분량입니다.

읽기 쉬운 해설

학습자가 쉽고 빠르게 이해할 수 있도록 모든 문제에 자세하게 해설을 작성하였습니다. 소방에 관한 지식이 없는 분이라고 할지라도 해설만으로도 의문이 생기는 부분이 없도록 관련 내용을 최대한 자세히 작성하였습니다.

> **가장 빠른 합격으로의 지름길!**
> **12개년 기출문제**만으로도 가능합니다.

Contents
이 책의 구성

STEP 01　핵심 PHASE로 정리한 이론편

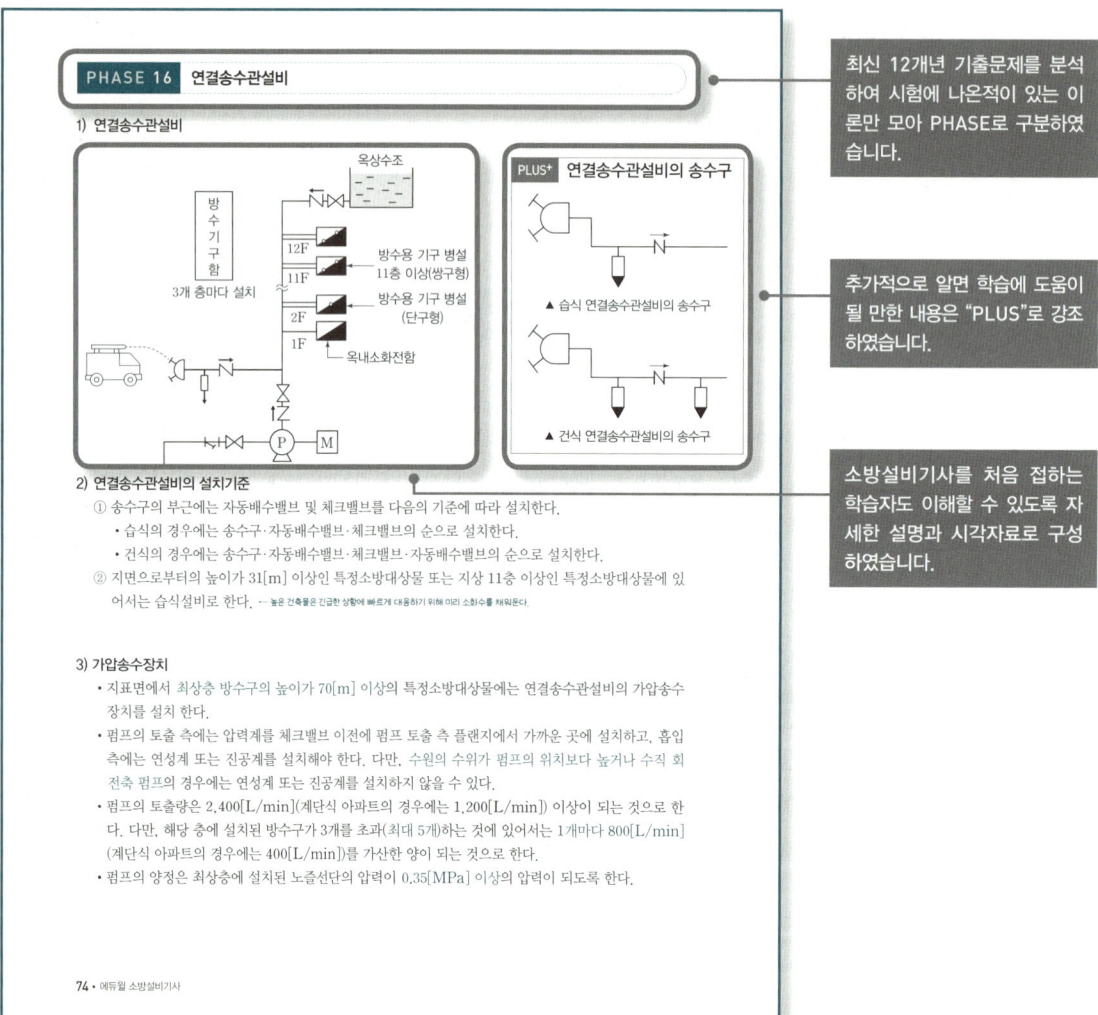

- 최신 12개년 기출문제를 분석하여 시험에 나온적이 있는 이론만 모아 PHASE로 구분하였습니다.

- 추가적으로 알면 학습에 도움이 될 만한 내용은 "PLUS"로 강조하였습니다.

- 소방설비기사를 처음 접하는 학습자도 이해할 수 있도록 자세한 설명과 시각자료로 구성하였습니다.

> ## 출제된 적 있는 내용만으로 구성하여
> ## 학습량을 줄여주는 효율적 압축이론

STEP 02   최신 12개년 기출문제 3회독으로 확실한 마무리

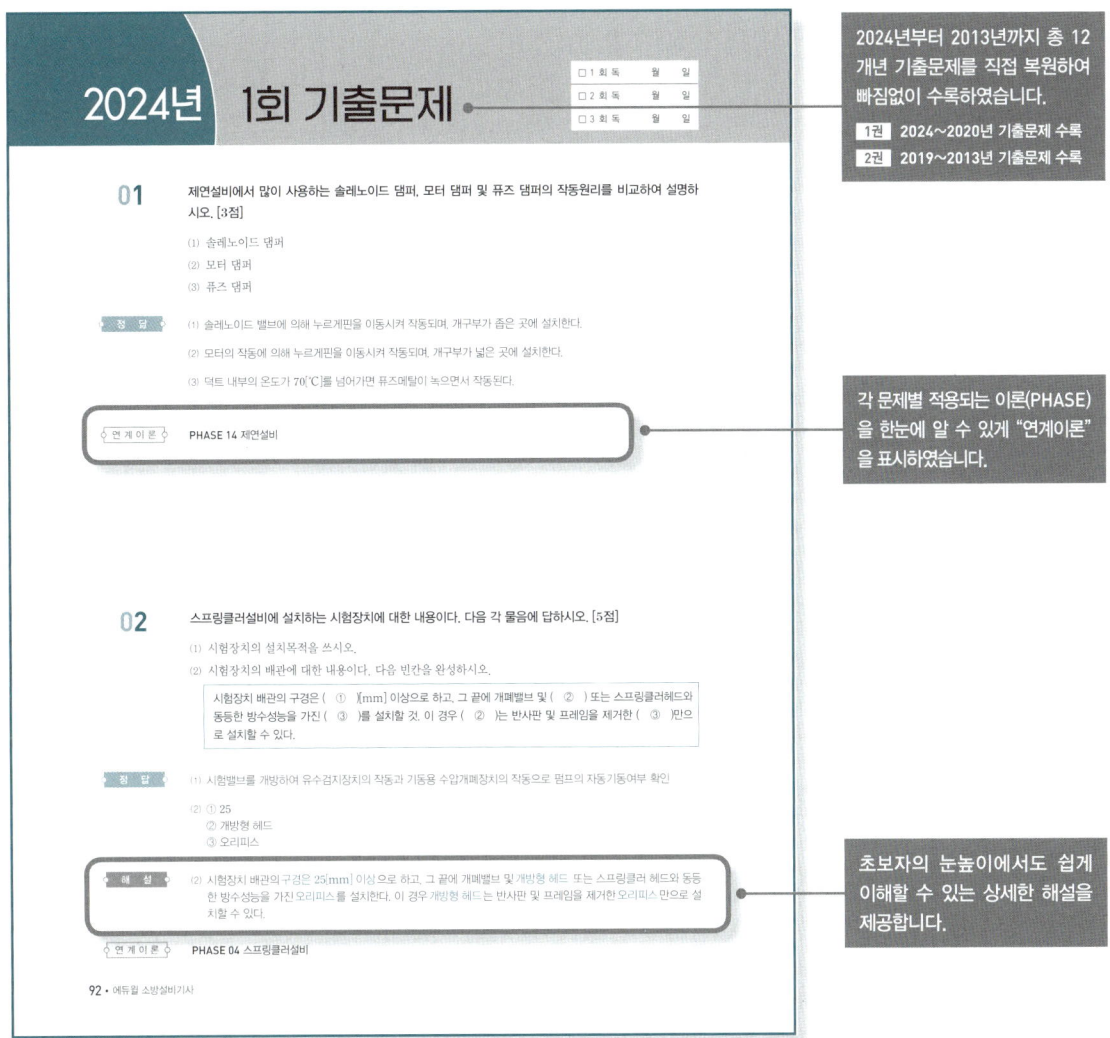

> ## 최신 12개년 기출문제 풀이로
> ## 필요한 내용만 쉽고 빠르게 학습

Contents
이 책의 구성

STEP 03　소방 기계 공식 모음집으로 더욱 확실하게

다운로드 경로
에듀윌 도서몰(book.eduwill.net) → 도서자료실 → 부가학습자료 → "소방설비기사" 검색

소방 기계 공식
모음집(PDF)

About
소방설비기사 시험 정보

2025 소방설비기사 시험 일정

구분	필기원서접수 (휴일 제외)	필기시험	필기합격 (예정자) 발표	실기원서접수 (휴일 제외)	실기시험	최종합격 발표
제1회	1.13~1.16	2.7~3.4	3.12	3.24~3.27	4.19~5.9	6.13
제2회	4.14~4.17	5.10~5.30	6.11	6.23~6.26	7.19~8.6	9.12
제3회	7.21~7.24	8.9~9.1	9.10	9.22~9.25	11.1~11.21	12.24

※ 정확한 시험 일정은 큐넷(www.q-net.or.kr) 사이트 참조 요망

- 원서접수 시간은 원서접수 첫 날 10:00부터 마지막 날 18:00까지
- 필기시험 합격(예정)자 및 최종합격자 발표시간은 해당 발표일 09:00

시험시간 & 합격기준

① 시험시간: 3시간(필답형, 100점 만점)
② 합격기준: 100점을 만점으로 60점 이상

최근 5년간 실기시험 응시현황

연도	소방설비기사 전기분야			소방설비기사 기계분야		
	응시	합격	합격률(%)	응시	합격	합격률(%)
2024	24,518	10,134	41.3	18,587	4,493	24.2
2023	20,843	8,679	41.6	20,510	5,458	26.6
2022	21,427	9,075	42.4	15,080	2,346	15.6
2021	19,311	6,687	34.6	17,709	5,753	32.5
2020	19,248	8,991	46.7	15,862	3,076	19.4

차례 CONTENTS

Volume 1 핵심이론 + 최신 5개년 기출

01 핵심이론

CHAPTER 01 소화기구	014
CHAPTER 02 수계 소화설비	018
CHAPTER 03 가스계 소화설비	041
CHAPTER 04 분말 소화설비	055
CHAPTER 05 기타 소화설비	060

02 최신 5개년 기출

2024년 기출문제	092
2023년 기출문제	156
2022년 기출문제	230
2021년 기출문제	306
2020년 기출문제	372

플러스 7개년 기출

03 플러스 7개년 기출

2019년 기출문제	008
2018년 기출문제	068
2017년 기출문제	128
2016년 기출문제	184
2015년 기출문제	234
2014년 기출문제	286
2013년 기출문제	336

01

Engineer Fire Protection System

핵심이론

소방설비기사 문제 풀이에 꼭 필요한
핵심만 담은 이론서

학 습 전 략

CHAPTER 01 소화기구	소화기구별 설치기준에 대한 문제와 소화기구의 설치개수를 계산하는 문제가 주로 출제되므로 각 소방대상물에 어떤 기준이 적용되는지 알아두도록 합니다.
CHAPTER 02 수계 소화설비	펌프와 배관에 관련된 문제가 수계 소화설비에서 공통적으로 자주 출제됩니다. 소화설비별 공통점과 차이점을 명확하게 구분하는 것이 중요합니다.
CHAPTER 03 가스계 소화설비	소화약제의 저장량과 방출량을 계산하는 문제가 가스계 소화설비에서 공통적으로 자주 출제됩니다. 소화설비별 저장량 기준을 혼동하지 않는 것이 중요합니다.
CHAPTER 04 분말 소화설비	가스계 소화설비와 비슷하게 출제되지만 저장용기나 가압용 가스 등 각종 설치기준을 묻는 문제가 자주 출제되므로 암기에 시간을 충분히 사용하도록 합니다.
CHAPTER 05 기타 소화설비	피난기구 등 법령에서 정하는 소화설비와 유체역학적인 풀이를 요구하는 문제가 매 회 출제되므로 핵심이론에 수록된 내용은 확실하게 이해하도록 합니다.

CHAPTER 01 소화기구

PHASE 01 소화기구 및 자동소화장치

1) 용어의 정의

소화약제	소화기구 및 자동소화장치에 사용되는 소화성능이 있는 고체·액체 및 기체의 물질
소화기	물이나 소화약제를 압력에 따라 방사하는 기구로서 사람이 수동으로 조작하여 소화하는 장치
가압식 소화기	소화약제의 방출원이 되는 가압가스를 소화기 본체용기와는 별도의 전용용기에 충전하여 장치하고 조작에 의해 방출되는 가스의 압력으로 소화약제를 방출하는 방식의 소화기
축압식 소화기	소화약제와 함께 소화약제의 방출원이 되는 압축가스를 봉입한 방식의 소화기
소형소화기	능력단위가 1단위 이상이고 대형소화기의 능력단위 미만인 소화기
대형소화기	화재 시 사람이 운반할 수 있도록 운반대와 바퀴가 설치되어 있고 능력단위가 A급 10단위 이상, B급 20단위 이상인 소화기
자동소화장치	소화약제를 자동으로 방사하는 고정된 소화장치로서 형식승인이나 성능인증을 받은 유효설비 범위(설계방호체적, 최대설치높이, 방호면적 등) 이내에 설치하여 소화하는 장치
주거용 주방자동소화장치	주거용 주방에 설치된 열발생 조리기구의 사용으로 인한 화재 발생 시 열원(전기 또는 가스)을 자동으로 차단하며 소화약제를 방출하는 소화장치
상업용 주방자동소화장치	상업용 주방에 설치된 열발생 조리기구의 사용으로 인한 화재 발생 시 열원(전기 또는 가스)을 자동으로 차단하며 소화약제를 방출하는 소화장치
캐비닛형 자동소화장치	열, 연기 또는 불꽃 등을 감지하여 소화약제를 방사하여 소화하는 캐비닛형태의 소화장치
가스자동소화장치	열, 연기 또는 불꽃 등을 감지하여 가스계 소화약제를 방사하여 소화하는 소화장치
분말자동소화장치	열, 연기 또는 불꽃 등을 감지하여 분말의 소화약제를 방사하여 소화하는 소화장치
고체에어로졸 자동소화장치	열, 연기 또는 불꽃 등을 감지하여 에어로졸의 수화약제를 방사하여 소화하는 소화장치
거실	거주·집무·작업·집회·오락 그 밖에 이와 유사한 목적을 위하여 사용하는 방(공간)
능력단위	법률로 정하는 소화능력시험을 거쳐 인정받은 소화능력을 나타내는 수치 소화기 및 소화약제에 따른 간이소화용구에 있어서는 법률에 따라 형식승인 된 수치 소화약제 외의 것을 이용한 간이소화용구에 있어서는 다음에 따른 수치

간이소화용구		능력단위
1. 마른모래	삽을 상비한 50[L] 이상의 것 1포	0.5 단위
2. 팽창질석 또는 팽창진주암	삽을 상비한 80[L] 이상의 것 1포	

2) 소화기구의 설치기준

① 소화기구의 특정소방대상물별 능력단위

특정소방대상물	소화기구의 능력단위
1. 위락시설	해당 용도의 바닥면적 30[m²]마다 능력단위 1단위 이상
2. 공연장·집회장·관람장·문화재·장례식장 및 의료시설	해당 용도의 바닥면적 50[m²]마다 능력단위 1단위 이상
3. 근린생활시설·판매시설·운수시설·숙박시설·노유자시설·전시장·공동주택·업무시설·방송통신시설·공장·창고시설·항공기 및 자동차 관련 시설 및 관광휴게시설	해당 용도의 바닥면적 100[m²]마다 능력단위 1단위 이상
4. 그 밖의 것	해당 용도의 바닥면적 200[m²]마다 능력단위 1단위 이상

소화기구의 능력단위를 산출할 때 건축물의 주요구조부가 내화구조이고, 벽 및 반자의 실내에 면하는 부분이 불연재료·준불연재료 또는 난연재료로 된 특정소방대상물의 경우 위 기준의 2배를 기준면적으로 한다.

② 부속용도별 추가해야 할 소화기구 및 자동소화장치

용도별	소화기구의 능력단위
1. 다음 각 목의 시설. 다만, 스프링클러설비·간이스프링클러설비·물분무등소화설비 또는 상업용 주방자동소화장치가 설치된 경우 자동확산소화기를 설치하지 않을 수 있다. 가. 보일러실·건조실·세탁소·대량화기취급소 나. 음식점(지하가의 음식점 포함)·다중이용업소·호텔·기숙사·노유자시설·의료시설·업무시설·공장·장례식장·교육연구시설·교정 및 군사시설의 주방. 다만, 의료시설·업무시설 및 공장의 주방은 공동취사를 위한 것에 한함 다. 관리자의 출입이 곤란한 변전실·송전실·변압기실 및 배전반실(불연재료로 된 상자 안에 장치된 것 제외)	1. 해당 용도의 바닥면적 25[m²]마다 능력단위 1단위 이상의 소화기로 할 것. 이 경우 나목의 주방에 설치하는 소화기 중 1개 이상은 주방화재용 소화기(K급)로 설치해야 한다. 2. 자동확산소화기는 해당 용도의 바닥면적을 기준으로 10[m²] 이하는 1개, 10[m²] 초과는 2개 이상을 설치하되, 보일러, 조리기구, 변전설비 등 방호대상에 유효하게 분사될 수 있는 위치에 배치될 수 있는 수량으로 설치할 것
2. 발전실·변전실·송전실·변압기실·배전반실·통신기기실·전산기기실·기타 이와 유사한 시설이 있는 장소. 다만, 제1호 다목의 장소 제외	해당 용도의 바닥면적 50[m²]마다 적응성이 있는 소화기 1개 이상 또는 유효설치방호체적 이내의 가스·분말·고체에어로졸 자동소화장치, 캐비닛형 자동소화장치(다만, 통신기기실·전자기기실을 제외한 장소에 있어서는 교류 600[V] 또는 직류 750[V] 이상의 것에 한함
3. 위험물안전관리법에 따른 지정수량의 1/5 이상 지정수량 미만의 위험물을 저장 또는 취급하는 장소	능력단위 2단위 이상 또는 유효설치방호체적 이내의 가스·분말·고체에어로졸 자동소화장치, 캐비닛형 자동소화장치

3) 소화기의 설치기준
① 특정소방대상물의 각 층마다 설치한다.
② 각 층이 2 이상의 거실로 구획된 경우 각 층마다 설치하는 것 외에 바닥면적이 33[m²] 이상인 각 거실에도 배치한다.
③ 특정소방대상물의 각 부분으로부터 1개의 소화기까지의 보행거리가 소형소화기의 경우 20[m] 이내, 대형소화기의 경우 30[m] 이내가 되도록 배치한다.
④ 가연성 물질이 없는 작업장의 경우 작업장의 실정에 맞게 보행거리를 완화하여 배치할 수 있다.

4) 자동소화장치의 설치기준
① 주거용 주방자동소화장치의 설치기준
- 소화약제 방출구는 환기구의 청소부분과 분리되어 있어야 한다.
- 소화약제 방출구는 형식승인 받은 유효설치 높이 및 방호면적에 따라 설치한다.
- 감지부는 형식승인 받은 유효한 높이 및 위치에 설치한다.
- 차단장치(전기 또는 가스)는 상시 확인 및 점검이 가능하도록 설치한다.
- 가스용 주방자동소화장치를 사용하는 경우 탐지부는 수신부와 분리하여 설치하되, 공기보다 가벼운 가스를 사용하는 경우 천장면으로부터 30[cm] 이하의 위치에 설치하고, 공기보다 무거운 가스를 사용하는 장소에는 바닥면으로부터 30[cm] 이하의 위치에 설치한다.
- 수신부는 주위의 열기류 또는 습기 등과 주위온도에 영향을 받지 않고 사용자가 상시 볼 수 있는 장소에 설치한다.

② 상업용 주방자동소화장치의 설치기준
- 소화장치는 조리기구의 종류별로 성능인증을 받은 설계 매뉴얼에 적합하게 설치한다.
- 감지부는 성능인증을 받은 유효높이 및 위치에 설치한다.
- 차단장치(전기 또는 가스)는 상시 확인 및 점검이 가능하도록 설치한다.
- 후드에 설치되는 분사헤드는 후드의 가장 긴 변의 길이까지 방출될 수 있도록 소화약제의 방출 방향 및 거리를 고려하여 설치한다.
- 덕트에 설치되는 분사헤드는 성능인증을 받은 길이 이내로 설치한다.

> **PLUS⁺ 주방자동소화장치를 설치해야 하는 장소**
> 후드 및 덕트가 설치되어 있는 주방에 자동소화장치를 설치한다.
> ① 주거용 주방자동소화장치
>   ㉠ 아파트 및 오피스텔의 모든 층
> ② 상업용 주방자동소화장치
>   ㉡ 판매시설 중 대규모점포에 입점해 있는 일반음식점
>   ㉢ 식품위생법에 따른 집단급식소

③ 캐비닛형 자동소화장치의 설치기준
- 분사헤드(방출구)의 설치 높이는 방호구역의 바닥으로부터 형식승인을 받은 범위 내에서 유효하게 소화약제를 방출시킬 수 있는 높이에 설치한다.
- 화재감지기는 방호구역 내의 천장 또는 옥내에 면하는 부분에 설치한다.
- 방호구역 내의 화재감지기의 감지에 따라 작동되도록 한다.
- 화재감지기의 회로는 교차회로방식으로 설치한다.
- 개구부 및 통기구를 설치한 것에 있어서 소화약제가 방출되기 전에 해당 개구부 및 통기구를 자동으로 폐쇄할 수 있도록 한다.
- 작동에 지장이 없도록 견고하게 고정한다.
- 구획된 장소의 방호체적 이상을 방호할 수 있는 소화성능이 있어야 한다.

5) 소방시설 도시기호

명칭	도시기호	명칭	도시기호
후드밸브	⊠	프레져 프로포셔너	
선택밸브		라인 프로포셔너	
편심레듀셔		프레져사이드 프로포셔너	
원심레듀셔		Y형 스트레이너	
분말 · 탄산가스 · 할론헤드		맹플랜지	—¦
송수구		압력계	
자동배수밸브		연성계	
체크밸브		유량계	Ⓜ
물분무배관	—WS—	포헤드(평면도)	
플러그	←⊢	가스체크밸브	
경보밸브(습식)	—●—	옥외소화전	

CHAPTER 02 수계 소화설비

PHASE 02 옥내소화전설비

1) 옥내소화전설비

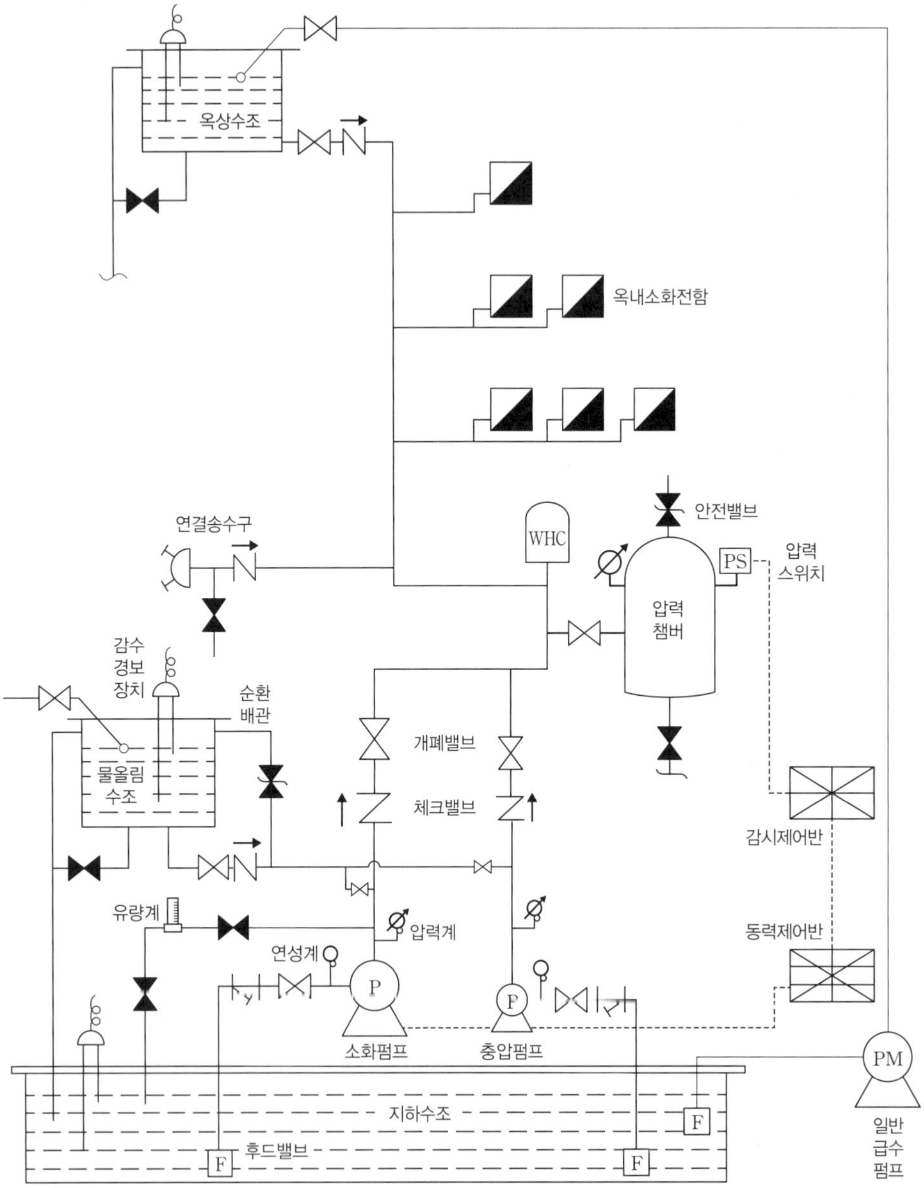

▲ 옥내소화전설비 계통도

고가수조	구조물 또는 지형지물 등에 설치하여 자연낙차의 압력으로 급수하는 수조
압력수조	소화용수와 공기를 채우고 일정 압력 이상으로 가압하여 그 압력으로 급수하는 수조
충압펌프	배관 내 압력손실에 따른 주펌프의 빈번한 기동을 방지하기 위하여 충압 역할을 하는 펌프
정격토출량	펌프의 정격부하운전 시 토출량으로서 정격토출압력에서의 펌프의 토출량
정격토출압력	펌프의 정격부하운전 시 토출압력으로서 정격토출량에서의 펌프의 토출측 압력
진공계	대기압 이하의 압력을 측정하는 계측기
연성계	대기압 이상의 압력과 대기압 이하의 압력을 측정할 수 있는 계측기
체절운전	펌프의 성능시험을 목적으로 펌프 토출측의 개폐밸브를 닫은 상태에서 펌프를 운전하는 것
기동용 수압개폐장치	소화설비의 배관 내 압력변동을 검지하여 자동으로 펌프를 기동 및 정지시키는 것으로서 압력챔버 또는 기동용 압력스위치 등
급수배관	수원 또는 송수구 등으로부터 소화설비에 급수하는 배관
분기배관	배관 측면에 구멍을 뚫어 둘 이상의 관로가 생기도록 가공한 배관
확관형 분기배관	배관의 측면에 조그만 구멍을 뚫고 소성가공으로 확관시켜 배관 용접이음자리를 만들거나 배관 용접이음자리에 배관이음쇠를 용접 이음한 배관
비확관형 분기배관	배관의 측면에 분기호칭내경 이상의 구멍을 뚫고 배관이음쇠를 용접 이음한 배관
개폐표시형 밸브	밸브의 개폐여부를 외부에서 식별이 가능한 밸브
가압수조	가압원인 압축공기 또는 불연성 기체의 압력으로 소화용수를 가압하여 그 압력으로 급수하는 수조
주펌프	구동장치의 회전 또는 왕복운동으로 소화용수를 가압하여 그 압력으로 급수하는 주된 펌프
예비펌프	주펌프와 동등 이상의 성능이 있는 별도의 펌프

2) 수원

① 옥내소화전설비에서 수원의 저수량은 옥내소화전의 설치개수가 가장 많은 층의 설치개수에 기준량을 곱한 양 이상이 되도록 한다. ← 이를 유효수량이라고 한다.

층수	최대 설치개수	기준량
~29층	2개	$2.6[m^3]$ $(130[L/min] \times 20[min])$
30층~49층	5개	$5.2[m^3]$ $(130[L/min] \times 40[min])$
50층~	5개	$7.8[m^3]$ $(130[L/min] \times 60[min])$

② 기준에 따라 계산한 유효수량 외에 유효수량의 $\frac{1}{3}$ 이상을 옥상에 설치한다.

③ 다른 설비와 겸용하여 수조를 설치하는 경우에는 옥내소화전설비의 후드밸브·흡수구 또는 수직배관의 급수구과 다른 설비의 후드밸브·흡수구 또는 수직배관의 급수구 사이의 수량을 유효수량으로 한다.

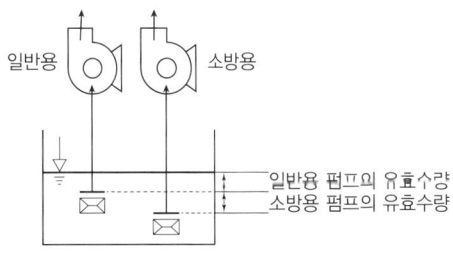

3) 가압송수장치

① 특정소방대상물의 어느 층에서 해당 층의 옥내소화전을 동시에 사용할 경우 각 소화전의 노즐선단에서의 방수압력이 0.17[MPa] 이상이고, 방수량이 130[L/min] 이상으로 한다.

② 옥내소화전설비에 설치된 가압송수장치(펌프)의 전양정은 다음과 같다.

$$H = h_1 + h_2 + h_3 + 17$$

H : 전양정[m], h_1 : 실양정(흡입양정+토출양정)[m], h_2 : 호스의 마찰손실수두[m],
h_3 : 배관 및 관부속의 마찰손실수두[m], 17 : 노즐선단에서의 방사압력수두[m]

③ 펌프의 성능은 체절운전 시 정격토출압력의 140[%]를 초과하지 않고, 정격토출량의 150[%]로 운전 시 정격토출압력의 65[%] 이상이 되어야 하며, 펌프의 성능을 시험할 수 있는 성능시험배관을 설치한다.
← 충압펌프의 경우에는 그렇지 않다.

④ 기동용 수압개폐장치 중 압력챔버를 사용하는 경우 그 용적은 100[L] 이상의 것으로 한다. 압력챔버는 다음의 기능이 있다.
- 배관의 압력 저하 시 펌프의 기동 및 정지
- 수격작용으로부터 완충 및 방지
- 순간적인 압력변동에서 안정적인 압력 검지

⑤ 수원의 수위가 펌프보다 낮은 위치에 있는 가압송수장치에는 물올림장치를 다음의 기준에 따라 설치한다.
- 물올림장치에는 전용의 수조를 설치한다.
- 수조의 유효수량은 100[L] 이상으로 하고, 구경 15[mm] 이상의 급수배관에 따라 해당 수조에 물이 계속 보급되도록 한다.

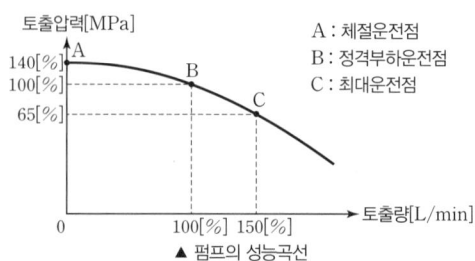

▲ 펌프의 성능곡선

PLUS⁺ 펌프의 성능시험

① 체절압력시험: 펌프의 토출량이 0일 때 토출압력이 정격토출압력의 140[%]를 초과하지 않아야 한다.
② 정격부하시험: 펌프의 토출량이 정격토출량일 때 토출압력이 정격토출압력의 100[%] 이상이어야 한다.
③ 과부하시험: 펌프의 토출량이 정격토출량의 150[%]일 때 토출압력이 정격토출압력의 65[%] 이상이어야 한다.

PLUS⁺ 펌프의 성능시험배관

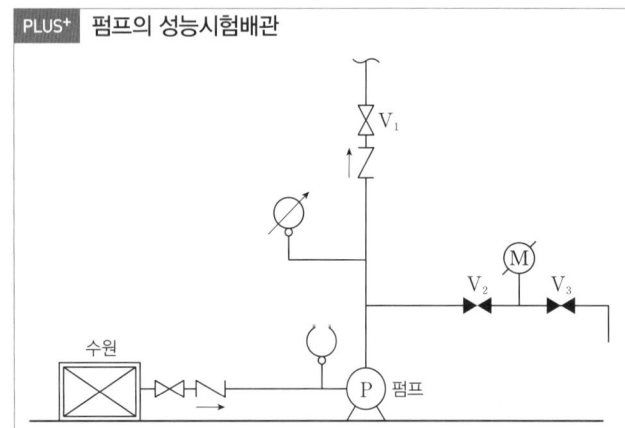

평상시: 주배관의 개폐밸브(V_1) 개방
성능시험배관의 개폐밸브(V_2) 폐쇄
유량조절밸브(V_3) 폐쇄

성능시험 시: 주배관의 개폐밸브(V_1) 폐쇄
성능시험배관의 개폐밸브(V_2) 개방
유량조절밸브(V_3)를 조절하며 시험

4) 배관의 종류

① 배관 내 사용압력이 1.2[MPa] 미만인 경우
- 배관용 탄소 강관(KS D 3507)
- 이음매 없는 구리 및 구리합금관(KS D 5301) ← 습식의 배관인 경우에만 사용한다.
- 배관용 스테인리스 강관(KS D 3576) 또는 일반배관용 스테인리스 강관(KS D 3595)
- 덕타일 주철관(KS D 4311)

② 배관 내 사용압력이 1.2[MPa] 이상인 경우
- 압력 배관용 탄소 강관(KS D 3562)
- 배관용 아크용접 탄소강 강관(KS D 3583)

③ 소방용 합성수지배관으로 사용할 수 있는 경우
- 배관을 지하에 매설하는 경우
- 다른 부분과 내화구조로 구획된 덕트 또는 피트의 내부에 설치하는 경우
- 천장과 반자를 불연재료 또는 준불연재료로 설치하고 소화배관 내부에 항상 소화수가 채워진 상태로 설치하는 경우

5) 배관의 설치기준

① 펌프의 토출 측 배관은 다음의 기준에 따라 설치한다.
- 펌프의 토출 측 주배관의 구경은 유속이 4[m/s] 이하가 될 수 있는 크기 이상으로 한다.
- 옥내소화전 방수구와 연결되는 가지배관의 구경은 40[mm] 이상으로 한다.
- 주배관 중 수직배관의 구경은 50[mm] 이상으로 한다.

② 연결송수관설비의 배관과 겸용할 경우 주배관은 100[mm] 이상으로 한다.

③ 연결송수관설비의 배관과 겸용할 경우 방수구로 연결되는 배관의 구경은 65[mm] 이상으로 한다.

④ 펌프의 성능시험배관은 다음의 기준에 따라 설치한다.
- 성능시험배관은 펌프의 토출 측에 설치된 개폐밸브 이전에서 분기하여 직선으로 설치한다.
- 유량측정장치를 기준으로 전단 직관부에는 개폐밸브를, 후단 직관부에는 유량조절밸브를 설치한다.
  ← 주배관 쪽에는 개폐밸브를, 바깥 쪽에는 유량조절밸브를 설치한다.
- 성능시험배관의 호칭지름은 유량측정장치의 호칭지름에 따라 정한다.
- 유량측정장치는 펌프 정격토출량의 175[%] 이상까지 측정할 수 있는 성능이 있어야 한다.

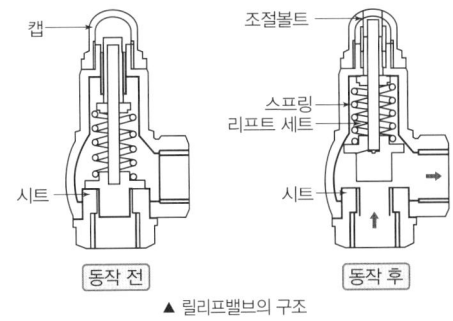

▲ 릴리프밸브의 구조

⑤ 가압송수장치의 체절운전 시 수온의 상승을 방지하기 위하여 체크밸브와 펌프 사이에서 분기한 구경 20[mm] 이상의 배관에 체절압력 미만에서 개방되는 릴리프밸브를 설치한다.
⑥ 급수배관에 설치되어 급수를 차단할 수 있는 개폐밸브는 개폐표시형으로 한다.
⑦ 펌프의 흡입측 배관에는 버터플라이밸브 외의 개폐표시형 밸브를 설치한다.
⑧ 직경이 D인 배관에서 압력 P와 유량 Q는 다음과 같은 관계를 갖는다.

$$Q = 0.653 D^2 \sqrt{10P}$$

Q: 유량[L/min], D: 배관의 직경[mm], P: 압력[MPa]

> **PLUS+ 버터플라이 밸브**
>
> 개방 상태의 밸브 내에 유체의 흐름을 방해하는 구조물이 남아 마찰손실이 증가하게 되고, 유효흡입수두가 감소하여 캐비테이션이 발생할 위험이 크다.

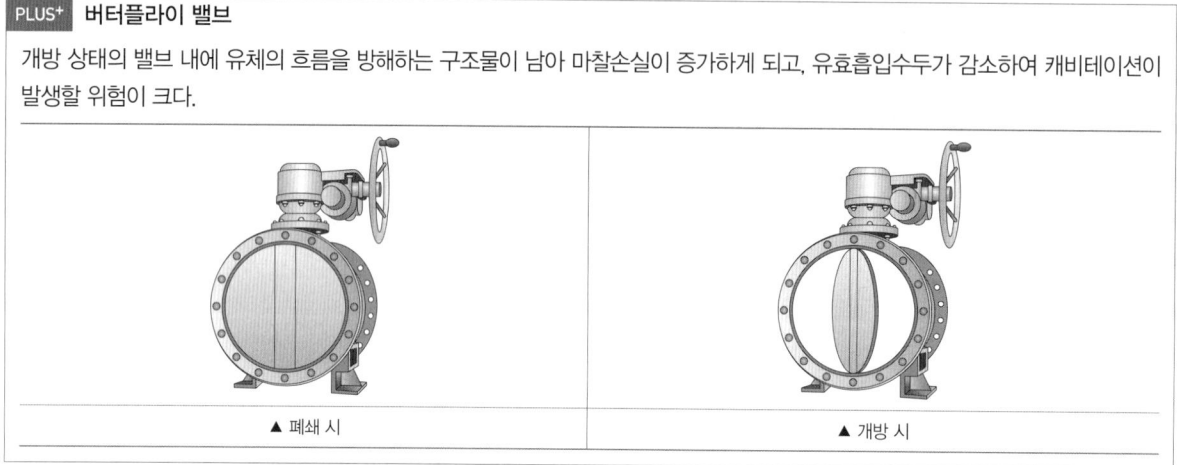

▲ 폐쇄 시 　　　　　▲ 개방 시

6) 수원 및 가압송수장치(펌프)의 겸용

① 옥내소화전설비의 수원을 스프링클러설비·간이 스프링클러설비·화재조기진압용 스프링클러설비·물분무 소화설비·포 소화설비 및 옥외소화전설비의 수원과 겸용하여 설치하는 경우의 저수량은 각 소화설비에 필요한 저수량을 합한 양 이상이 되도록 한다.

② 옥내소화전설비의 가압송수장치로 사용하는 펌프를 스프링클러설비·간이 스프링클러설비·화재조기진압용 스프링클러설비·물분무 소화설비·포 소화설비 및 옥외소화전설비의 가압송수장치와 겸용하여 설치하는 경우의 펌프의 토출량은 각 소화설비에 해당하는 토출량을 합한 양 이상이 되도록 한다.

> **PLUS+ 체크밸브**
>
> | 스윙형 체크밸브 | 리프트형 체크밸브 |
> |---|---|
> | 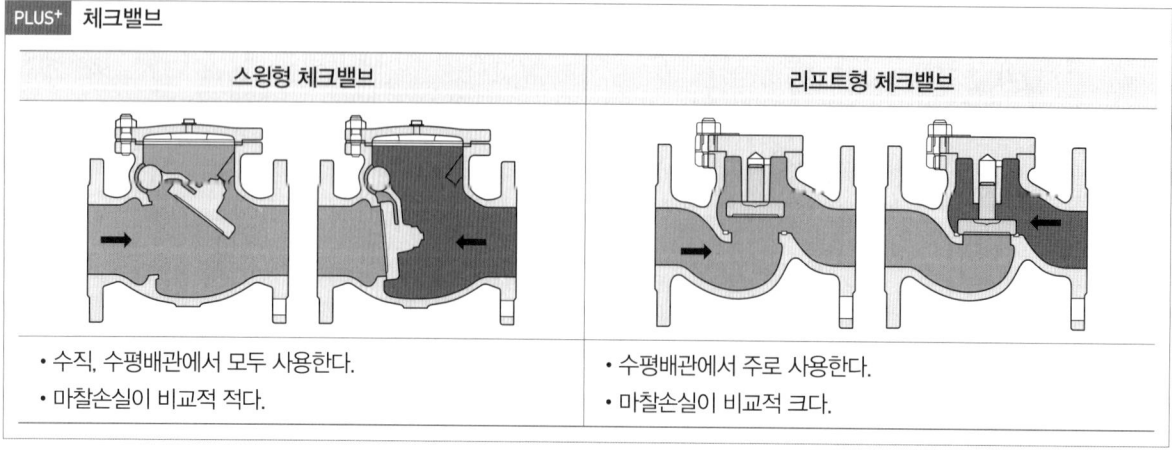 | |
> | • 수직, 수평배관에서 모두 사용한다.
• 마찰손실이 비교적 적다. | • 수평배관에서 주로 사용한다.
• 마찰손실이 비교적 크다. |

PHASE 03 옥외소화전설비

1) 옥외소화전설비

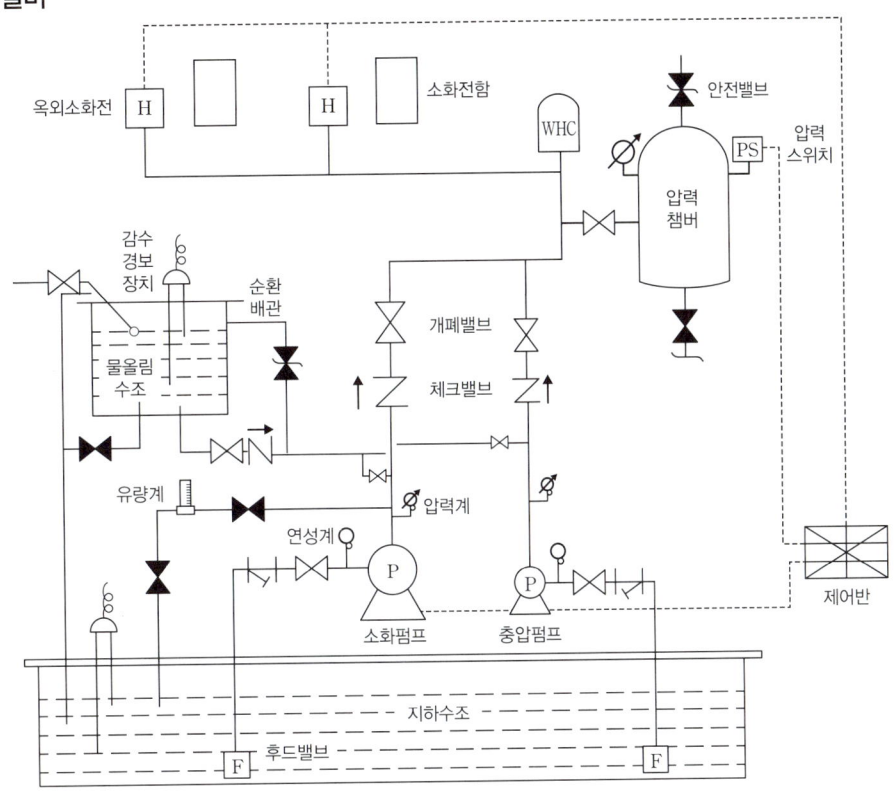

2) 수원

옥외소화전설비에서 수원의 저수량은 옥외소화전의 설치개수(최대 2개)에 7[m³]를 곱한 양 이상이 되도록 한다.

3) 가압송수장치

① 특정소방대상물의 옥외소화전을 동시에 사용할 경우(최대 2개) 각 소화전의 노즐선단에서의 방수압력이 0.25[MPa] 이상이고, 방수량이 350[L/min] 이상으로 한다.
② 옥외소화전설비에 설치된 가압송수장치(펌프)의 전양정은 다음과 같다.

$$H = h_1 + h_2 + h_3 + 25$$

H : 전양정[m], h_1 : 실양정(흡입양정+토출양정)[m], h_2 : 호스의 마찰손실수두[m],
h_3 : 배관 및 관부속의 마찰손실수두[m], 25 : 노즐선단에서의 방사압력수두[m]

4) 배관

호스접결구는 지면으로부터의 높이가 0.5[m] 이상 1[m] 이하의 위치에 설치하고 특정소방대상물의 각 부분으로부터 하나의 호스접결구까지의 수평거리가 40[m] 이하가 되도록 설치한다.

← 하나의 옥외소화전이 담당할 수 있는 범위는 직경 80[m] 이내의 범위이다.

PHASE 04 스프링클러설비

1) 스프링클러설비

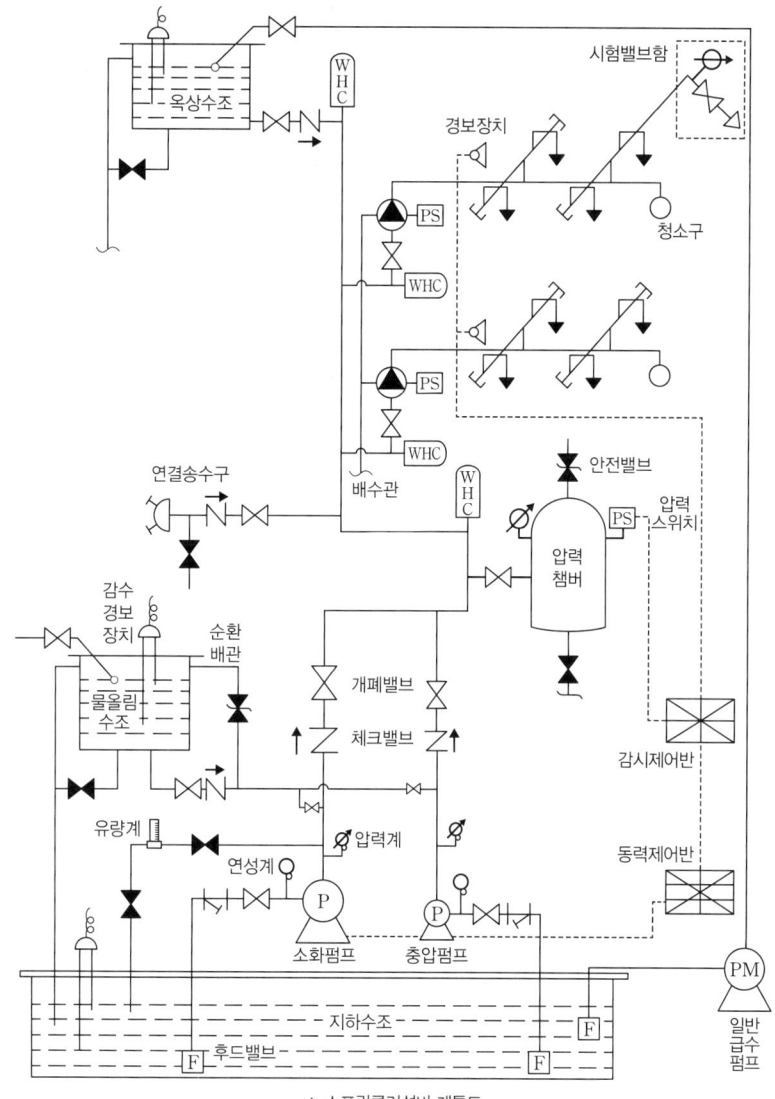

▲ 스프링클러설비 계통도

개방형 스프링클러헤드	감열체 없이 방수구가 항상 열려져 있는 헤드
폐쇄형 스프링클러헤드	정상상태에서 방수구를 막고 있는 감열체가 일정온도에서 자동적으로 파괴·용융 또는 이탈됨으로써 방수구가 개방되는 헤드
조기반응형 스프링클러헤드	표준형 스프링클러헤드보다 기류온도 및 기류속도에 빠르게 반응하는 헤드
측벽형 스프링클러헤드	가압된 물이 분사될 때 헤드의 축심을 중심으로 한 반원상에 균일하게 분산시키는 헤드

건식 스프링클러헤드	물과 오리피스가 분리되어 동파를 방지할 수 있는 스프링클러헤드	
유수검지장치	유수현상을 자동적으로 검지하여 신호 또는 경보를 발하는 장치	
일제개방밸브	일제살수식 스프링클러설비에 설치되는 유수검지장치	
가지배관	헤드가 설치되어 있는 배관	
교차배관	가지배관에 급수하는 배관	
주배관	가압송수장치 또는 송수구 등과 직접 연결되어 소화수를 이송하는 주된 배관	
신축배관	가지배관과 스프링클러헤들르 연결하는 구부림이 용이하고 유연성을 가진 배관	
습식 스프링클러설비	가압송수장치에서 폐쇄형 스프링클러헤드까지 배관 내에 항상 물이 가압되어 있다가 화재로 인한 열로 폐쇄형 스프링클러헤드가 개방되면 배관 내에 유수가 발생하여 습식 유수검지장치가 작동하게 되는 스프링클러설비	
부압식 스프링클러설비	가압송수장치에서 준비작동식 유수검지장치의 1차 측까지는 항상 정압의 물이 가압되고, 2차 측 폐쇄형 스프링클러헤드까지는 소화수가 부압으로 되어 있다가 화재 시 감지기의 작동에 의해 정압으로 변하여 유수가 발생하면 작동하는 스프링클러설비	
준비작동식 스프링클러설비	가압송수장치에서 준비작동식 유수검지장치 1차 측까지 배관 내에 항상 물이 가압되어 있고, 2차 측에서 폐쇄형 스프링클러헤드까지 대기압 또는 저압으로 있다가 화재발생 시 감지기의 작동으로 준비작동식밸브가 개방되면 폐쇄형 스프링클러헤드까지 소화수가 송수되고, 폐쇄형 스프링클러헤드가 열에 의해 개방되면 방수가 되는 방식의 스프링클러설비	
건식 스프링클러설비	건식 유수검지장치 2차 측에 압축공기 또는 질소 등의 기체로 충전된 배관에 폐쇄형 스프링클러헤드가 부착된 스프링클러설비로서, 폐쇄형 스프링클러헤드가 개방되어 배관 내의 압축공기 등이 방출되면 건식 유수검지장치 1차 측의 수압에 의하여 건식 유수검지장치가 작동하게 되는 스프링클러설비	
일제살수식 스프링클러설비	가압송수장치에서 일제개방밸브 1차 측까지 배관 내에 항상 물이 가압되어 있고 2차 측에서 개방형 스프링클러헤드까지 대기압으로 있다가 화재 시 자동감지장치 또는 수동식 기동장치의 작동으로 일제개방밸브가 개방되면 스프링클러헤드까지 소화수가 송수되는 방식의 스프링클러설비	
반사판(디플렉터)	스프링클러헤드의 방수구에서 유출되는 물을 세분시키는 작용을 하는 것	
연소할 우려가 있는 개구부	각 방화구획을 관통하는 컨베이어 · 에스컬레이터 또는 이와 유사한 시설의 주위로서 방화구획을 할 수 없는 부분	
소방부하	소방시설 및 방화 · 피난 · 소화활동을 위한 시설의 전력부하	
소방전원 보존형 발전기	소방부하 및 소방부하 이외의 부하(비상부하) 겸용의 비상발전기로서, 상용전원 중단 시에는 소방부하 및 비상부하에 비상전원이 동시에 공급되고, 화재 시 과부하에 접근될 경우 비상부하의 일부 또는 전부를 자동적으로 차단하는 제어장치를 구비하여, 소방부하에 비상전원을 연속 공급하는 자가발전설비	
건식 유수검지장치	건식 스프링클러설비에 설치되는 유수검지장치	
습식 유수검지장치	습식 스프링클러설비 또는 부압식 스프링클러설비에 설치되는 유수검지장치	
준비작동식 유수검지장치	준비작동식 스프링클러설비에 설치되는 유수검지장치	
패들형 유수검지장치	소화수의 흐름에 의하여 패들이 움직이고 접점이 형성되면 신호를 발하는 유수검지장치	
리타딩 챔버	스프링클러설비의 누수로 인한 유수검지장치의 오작동을 방지하기 위한 목적으로 설치하는 장치	

2) 저수량의 산정기준

① 폐쇄형 스프링클러헤드를 사용하는 경우 다음의 표에 따른 기준개수에 1.6[m³]를 곱한 양 이상이 되도록 한다. ← 이를 유효수량이라고 한다.

스프링클러설비의 설치장소		기준개수
아파트		10
지하층을 제외한 10층 이하인 특정소방대상물	헤드의 높이가 8[m] 미만인 것	10
	헤드의 높이가 8[m] 이상인 것	20
	판매시설이 없는 근린생활시설·운수시설·복합건축물	20
	특수가연물을 취급하지 않는 공장	20
	판매시설 또는 판매시설이 있는 복합건축물	30
	특수가연물을 저장·취급하는 공장	30
지하층을 제외한 11층 이상인 특정소방대상물		30
지하가 또는 지하역사		30

- 스프링클러헤드의 설치개수가 가장 많은 층에 설치된 헤드의 개수가 기준개수보다 적은 경우에는 그 설치개수는 기준개수로 한다.
- 아파트의 경우 설치개수가 가장 많은 세대를 기준으로 한다.
- 하나의 소방대상물이 2 이상의 설치장소에 해당하는 경우 기준개수가 많은 것을 기준으로 한다.

② 개방형 스프링클러헤드를 사용하는 스프링클러설비의 수원은 최대 방수구역에 설치된 스프링클러헤드의 개수가 30개 이하일 경우 설치헤드 수에 1.6[m³]를 곱한 양 이상으로 하고, 30개를 초과하는 경우에는 수리계산에 따른다. ← 이를 유효수량이라고 한다.

③ 기준에 따라 계산한 유효수량 외에 유효수량의 3분의 1 이상을 옥상에 설치한다.

④ 다른 설비와 겸용하여 수조를 설치하는 경우에는 스프링클러설비의 풋밸브·흡수구 또는 수직배관의 급수구와 다른 설비의 풋밸브·흡수구 또는 수직배관의 급수구 사이의 수량을 유효수량으로 한다.

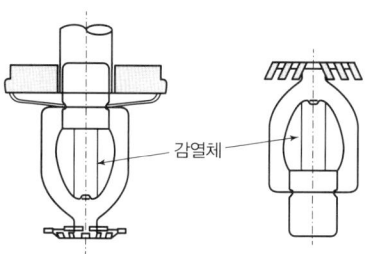

▲ 폐쇄형 스프링클러헤드

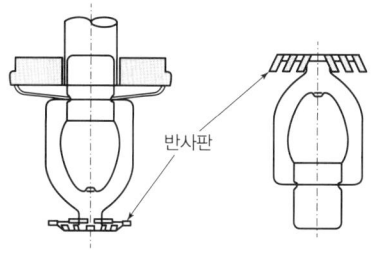

▲ 개방형 스프링클러헤드

3) 가압송수장치

① 스프링클러설비의 송수량은 0.1[MPa] 방수압력 기준으로 80[L/min] 이상의 방수성능을 가진 기준개수의 모든 헤드로부터의 방수량을 충족시킬 수 있는 양 이상으로 한다.

② 스프링클러설비에 설치된 가압송수장치(펌프)의 전양정은 다음과 같다.

$$H = h_1 + h_2 + 10$$

H: 전양정[m], h_1: 실양정(흡입양정＋토출양정)[m], h_2: 배관 및 관부속의 마찰손실수두[m], 10: 헤드선단에서의 방사압력수두[m]

③ 스프링클러 헤드에서 압력 P와 유량 Q는 다음과 같은 관계를 갖는다.

$$Q = K\sqrt{10P}$$

Q: 방수량[L/min], K: 방출계수, P: 방수압[MPa]

4) 폐쇄형 스프링클러설비의 방호구역 및 유수검지장치 설치기준

① 하나의 방호구역의 바닥면적은 3,000[m²]를 초과하지 않도록 한다.
② 하나의 방호구역에는 1개 이상의 유수검지장치를 설치하고, 화재 시 접근이 쉽고 점검하기 편리한 장소에 설치한다.
③ 하나의 방호구역은 2개 층에 미치지 않도록 한다.
④ 1개 층에 설치되는 스프링클러헤드의 수가 10개 이하이거나 복층형 구조의 공동주택에는 방호구역을 3개 층 이내로 할 수 있다.
⑤ 유수검지장치는 실내에 설치하거나 보호용 철망 등으로 구획하여 바닥으로부터 0.8[m] 이상 1.5[m] 이하의 위치에 설치하고, 그 실에는 가로 0.5[m] 이상 세로 1[m] 이상의 출입문(개구부)을 설치한다. ← 출입문 상단에는 "유수검지장치실"이라고 표시한 표지를 한다.
⑥ 유수검지장치를 기계실(공조용 기계실 포함) 안에 설치하는 경우 별도의 실 또는 보호용 철망을 설치하지 않을 수 있다. ← 출입문 상단에는 "유수검지장치실"이라고 표시한 표지를 한다.
⑦ 스프링클러헤드에 공급되는 물은 유수검지장치를 지나도록 한다. ← 송수구를 통하여 공급되는 물은 그렇지 않다.
⑧ 자연낙차에 따른 압력수가 흐르는 배관 상에 설치된 유수검지장치는 화재 시 물의 흐름을 검지할 수 있는 최소한의 압력이 얻어질 수 있도록 수조의 하단으로부터 낙차를 두고 설치한다.
⑨ 조기반응형 스프링클러헤드를 설치하는 경우 습식 유수검지장치 또는 부압식 스프링클러설비를 설치한다.

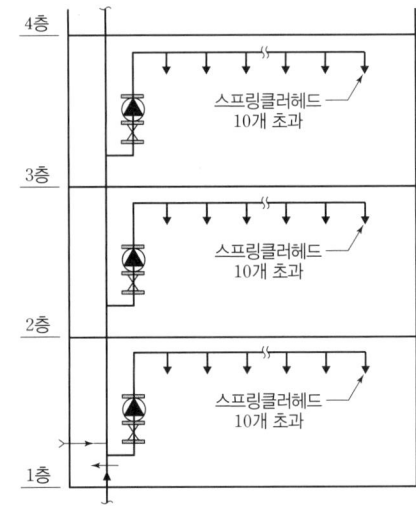

▲ 유수검지장치의 담당 방호구역

5) 배관의 설치기준

① 급수배관의 구경을 수리계산에 따르는 경우 가지배관의 유속은 6[m/s], 그 밖의 배관의 유속은 10[m/s]를 초과하지 않도록 한다.

② 교차배관은 가지배관과 수평으로 설치하거나 또는 가지배관 밑에 설치하고, 최소구경이 40[mm] 이상이 되도록 한다.

③ 습식 유수검지장치 또는 건식 유수검지장치를 사용하는 스프링클러설비와 부압식 스프링클러설비에는 동 장치를 시험할 수 있는 시험장치를 다음의 기준에 따라 설치한다.

- 습식 스프링클러설비 및 부압식 스프링클러설비에는 유수검지장치 2차 측 배관에 연결하여 설치하고 건식 스프링클러설비인 경우 유수검지장치에서 가장 먼 거리에 위치한 가지배관의 끝으로부터 연결하여 설치한다.
- 건식 스프링클러설비의 시험장치 중 유수검지장치 2차 측 설비의 내용적이 2,840[L]를 초과하는 경우 개폐밸브를 완전 개방 후 1분 이내에 물이 방사되어야 한다.
- 시험장치 배관의 구경은 25[mm] 이상으로 하고, 그 끝에 개폐밸브 및 개방형 헤드 또는 스프링클러헤드와 동등한 방수성능을 가진 오리피스를 설치한다.
  ← 개방형 헤드는 반사판 및 프레임을 제거한 오리피스만으로 설치할 수 있다.
- 시험배관의 끝에는 물받이 통 및 배수관을 설치하여 시험 중 방사된 물이 바닥에 흘러내리지 않도록 한다. ← 목욕실·화장실 등 배수처리가 쉬운 장소에 시험배관을 설치한 경우 제외

> **PLUS+ 보온재의 구비조건**
> ① 열전도율이 작아야 한다.
> ② 설치 및 유지관리가 용이해야 한다.
> ③ 습기에 강하고 흡습성이 낮아야 한다.
> ④ 기계적 강도가 높아 외부 충격에 강해야 한다.
> ⑤ 장기간에도 외관 및 성질이 변하지 않아야 한다.
> ⑥ 가벼워야 한다.
> ⑦ 가격이 저렴해야 한다.

6) 헤드의 설치기준

① 스프링클러 헤드는 특정소방대상물의 천장·반자·천장과 반자 사이·덕트·선반·기타 이와 유사한 부분(폭이 1.2[m] 초과하는 것 限)에 설치한다.

② 폭이 9[m] 이하인 실내에는 측벽에 설치할 수 있다.

③ 무대부 또는 연소할 우려가 있는 개구부에는 개방형 스프링클러 헤드를 설치한다.

← 개방형 스프링클러 헤드는 감열체가 없어 가압송수장치의 작동에 따라 소화수가 방출되므로 일제살수식 스프링클러설비에서 사용한다.

④ 폐쇄형 스프링클러 헤드는 그 설치장소의 평상시 최고 주위온도에 따라 다음의 표에 따른 표시온도의 것으로 설치한다.

← 높이가 4[m] 이상인 공장 및 창고(랙식 창고 포함)에는 주위온도와 관계없이 표시온도 121[℃] 이상의 것으로 할 수 있다.

> **PLUS+ 건식 스프링클러 소화설비**
>
> 건식 스프링클러 소화설비는 건식 밸브 1차 측의 소화수가 넘어오지 못하도록 2차 측은 압축공기로 가압되어 있다. 헤드 개방 시 1차 측 소화수의 가압 만으로는 규정된 시간 내에 방수하기 어렵다. 이때 2차 측 압축공기를 밸브에 마련된 별도의 챔버로 보내는 장치를 '액셀러레이터', 2차 측 압축공기를 대기로 방출시키는 장치를 '익져스터'라고 한다.

> **PLUS+ 일제개방밸브의 개방방식**
>
> ① 가압개방식: 실린더실의 가압으로 피스톤이 밀려 일제개방밸브를 개방하는 방식
> ② 감압개방식: 실린더실의 감압으로 피스톤이 당겨져 일제개방밸브를 개방하는 방식

설치장소의 최고 주위온도	표시온도
39[℃] 미만	79[℃] 미만
39[℃] 이상 64[℃] 미만	79[℃] 이상 121[℃] 미만
64[℃] 이상 106[℃] 미만	121[℃] 이상 162[℃] 미만
106[℃] 이상	162[℃] 이상

7) 간이 헤드의 설치기준

① 폐쇄형 간이 헤드를 사용한다.
② 천장·반자·천장과 반자 사이·덕트·선반 등의 각 부분으로부터 간이 헤드까지의 수평거리는 2.3[m] 이하가 되도록 한다.
③ 천장 또는 반자의 경사·보·조명장치 등에 따라 살수장애의 영향을 받지 않도록 설치한다.
④ 특정소방대상물의 보와 가장 가까운 간이 헤드는 다음 표의 기준에 따라 설치한다.

헤드의 반사판 중심과 보의 수평거리[m]	헤드의 반사판 높이와 보의 하단 높이의 수직거리[m]
0.75 미만	보의 하단보다 낮을 것
0.75 이상 1 미만	0.1 미만
1 이상 1.5 미만	0.15 미만
1.5 이상	0.3 미만

8) 헤드의 방사범위

① 천장·반자·천장과 반자 사이·덕트·선반 등의 각 부분으로부터 하나의 스프링클러헤드까지의 수평거리는 다음의 표에 따른 거리 이하가 되도록 한다.

소방대상물	수평거리
무대부 · 특수가연물을 저장 또는 취급하는 장소	1.7[m]
비내화구조 특정소방대상물	2.1[m]
내화구조 특정소방대상물	2.3[m]
아파트 세대 내	2.6[m]

> **PLUS+ 헤드의 구조**
> ① 프레임(frame): 스프링클러헤드의 나사부분과 반사판을 연결하는 이음쇠 부분
> ② 디플렉터(deflector): 헤드에서 방출되는 물방울 입자의 크기와 방출각도를 조절하는 부분
> ③ 유리벌브(glass bulb): 감열체 중 유리구 안에 액체 등을 넣어 봉한 것
> ④ 퓨지블링크(fusible link): 감열체 중에서 이융성 금속으로 융착되거나 이융성 물질에 의해 조립된 것

② 헤드를 정방형으로 배치하는 경우 헤드 상호 간의 거리는 다음의 식에 따라 산정한 수치 이하가 되도록 한다. ← 대각선에 위치한 헤드까지의 거리가 방사범위 R의 2배가 되도록 해야 한다.

$$S = 2 \times r \times \cos 45°$$

S: 헤드 상호 간의 거리[m], r: 유효반경

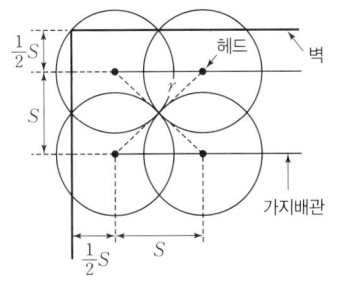

> **PLUS+ 반응시간지수**
> 기류의 온도·속도 및 작동시간에 대하여 스프링클러 헤드의 반응을 예상한 지수를 의미한다.
>
> 반응시간지수 = $\gamma \sqrt{u}$
>
> γ: 감열체의 시간상수[s], u: 기류속도[m/s]

9) 감시제어반과 동력제어반으로 구분하여 설치하지 않는 경우

① 지하층을 제외한 층수가 7층 미만이거나 연면적이 2,000[m²] 미만인 특정소방대상물에 설치하는 경우
② 지하층의 바닥면적 합계가 3,000[m²] 미만인 특정소방대상물에 설치하는 경우
③ 내연기관에 따른 가압송수장치를 사용하는 경우
④ 고가수조에 따른 가압송수장치를 사용하는 경우
⑤ 가압수조에 따른 가압송수장치를 사용하는 경우

> **PLUS+ 드라이 펜던트 헤드**
> 건식 스프링클러설비에서 하향식 헤드를 설치하는 경우 가지배관의 소화수를 배출하더라도 헤드 노즐에는 고여있어 동파의 우려가 있다. 따라서 노즐에 기체를 충전하여 소화수가 고이지 못하도록 하는데 이를 드라이 펜던트 헤드라고 한다.

PHASE 05 물분무 소화설비

1) 물분무 소화설비

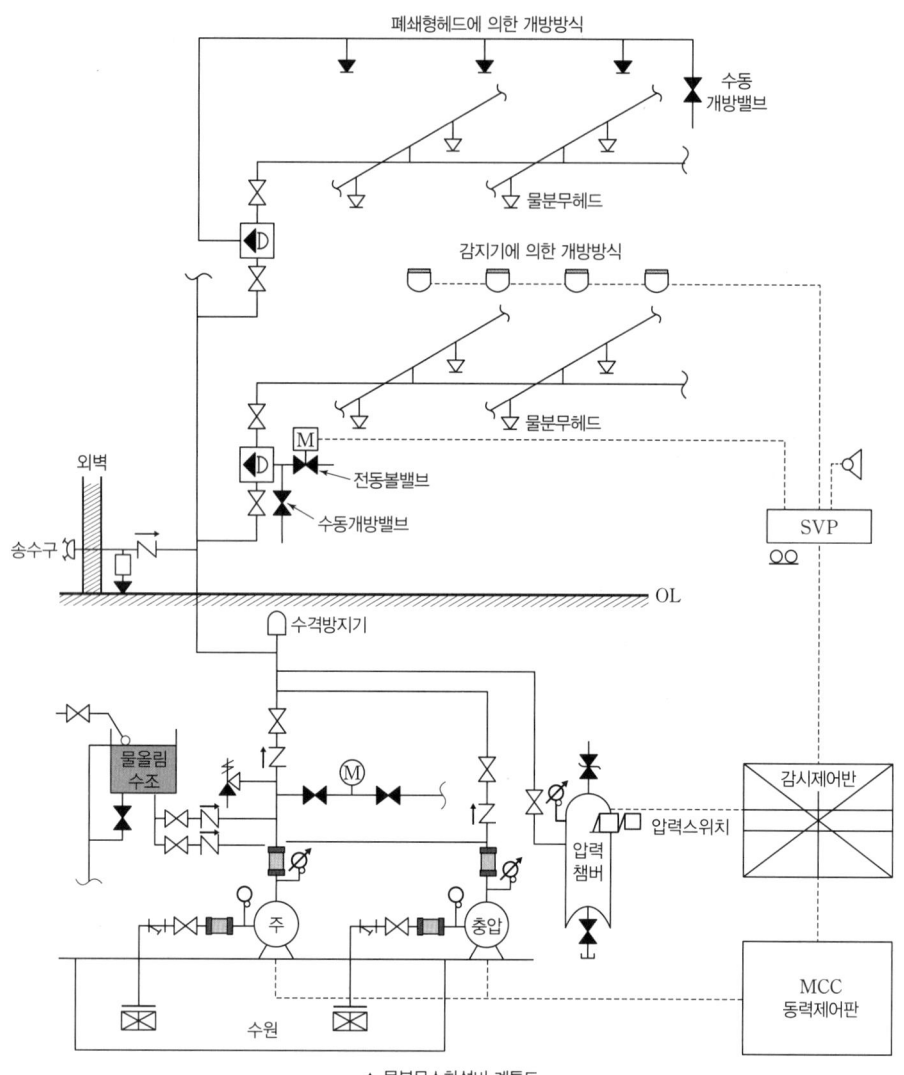

▲ 물분무소화설비 계통도

물분무 헤드	화재 시 직선류 또는 나선류의 물을 충돌·확산시켜 미립상태로 분무함으로써 소화하는 헤드
미분무 소화설비	가압된 물이 헤드 통과 후 미세한 입자로 분무됨으로써 소화성능을 가지는 설비
미분무	헤드로부터 방출되는 물입자 중 99[%]의 누적체적분포가 400[μm] 이하로 분무되고 A, B, C급 화재에 적응성을 갖는 것
미분무헤드	하나 이상의 오리피스를 가지고 미분무소화설비에 사용되는 헤드
개방형 미분무헤드	감열체 없이 방수구가 항상 열려져 있는 헤드
폐쇄형 미분무헤드	정상상태에서 방수구를 막고 있는 감열체가 일정온도에서 자동적으로 파괴·용융 또는 이탈됨으로써 방수구가 개방되는 헤드
저압 미분무소화설비	최고사용압력이 1.2[MPa] 이하인 미분무소화설비
중압 미분무소화설비	사용압력이 1.2[MPa]을 초과하고 3.5[MPa] 이하인 미분무소화설비
고압 미분무소화설비	최저사용압력이 3.5[MPa]을 초과하는 미분무소화설비
폐쇄형 미분무소화설비	배관 내에 항상 물 또는 공기 등이 가압되어 있다가 화재로 인한 열로 폐쇄형 미분무헤드가 개방되면서 소화수를 방출하는 방식의 미분무소화설비
개방형 미분무소화설비	화재감지기의 신호를 받아 가압송수장치를 동작시켜 미분무수를 방출하는 방식의 미분무소화설비

2) 저수량의 산정기준

물분무 소화설비에서 가압송수장치(펌프)의 1분 당 토출량은 다음의 기준에 따라 설치한다.

← 물분무 소화설비의 방수시간은 20분 이상이다.

대상	1분 당 토출량
특수가연물을 저장·취급하는 특정소방대상물	바닥면적(최소 50[m^2]) 1[m^2] 당 10[L] 이상
차고 또는 주차장	바닥면적(최소 50[m^2]) 1[m^2] 당 20[L] 이상
절연유 봉입 변압기	바닥을 제외한 표면적 1[m^2] 당 10[L] 이상
케이블트레이, 케이블덕트	투영된 바닥면적 1[m^2] 당 12[L] 이상
콘베이어 벨트	벨트 부분의 바닥면적 1[m^2] 당 10[L] 이상

3) 배관

① 소방용 합성수지배관으로 사용할 수 있는 경우
- 배관을 지하에 매설하는 경우
- 다른 부분과 내화구조로 구획된 덕트 또는 피트의 내부에 설치하는 경우
- 천장과 반자를 불연재료 또는 준불연재료로 설치하고 소화배관 내부에 항상 소화수가 채워진 상태로 설치하는 경우

4) 차고 또는 주차장의 배수설비 설치기준

- 차량이 주차하는 장소의 적당한 곳에 높이 10[cm] 이상의 경계턱으로 배수구를 설치할 것
- 배수구에는 새어 나온 기름을 모아 소화할 수 있도록 길이 40[m] 이하마다 집수관·소화핏트 등 기름분리장치를 설치할 것
- 차량이 주차하는 바닥은 배수구를 향하여 100분의 2 이상의 기울기를 유지할 것
- 배수설비는 가압송수장치의 최대송수능력의 수량을 유효하게 배수할 수 있는 크기 및 기울기로 할 것

PHASE 06 포 소화설비

1) 용어의 정의

전역방출방식	소화약제 공급장치에 배관 및 분사헤드 등을 고정 설치하여 밀폐 방호구역 내에 소화약제를 방출하는 방식
국소방출방식	소화약제 공급장치에 배관 및 분사헤드를 설치하여 직접 화점에 소화약제를 방출하는 방식
팽창비	최종 발생한 포 체적을 포 발생 전의 포 수용액의 체적으로 나눈 값
포워터 스프링클러설비	포워터 스프링클러헤드를 사용하는 포소화설비
고정포 방출설비	고정포 방출구를 사용하는 설비
호스릴 포소화설비	호스릴 포방수구·호스릴 및 이동식 포노즐을 사용하는 설비
포소화전설비	포소화전방수구·호스 및 이동식 포노즐을 사용하는 설비
송액관	수원으로부터 포헤드·고정포 방출구 또는 이동식 포노즐 등에 급수하는 배관
압축공기포소화설비	압축공기 또는 압축질소를 일정비율로 포수용액에 강제 주입하여 혼합하는 방식
호스릴	원형의 형태를 유지하고 있는 소방호스를 수납장치에 감아 정리한 것

2) 종류

① 고정포 방출설비
② 포워터 스프링클러설비
③ 포헤드 설비
④ 압축공기포 소화설비

3) 특정소방대상물별 포 소화설비의 적응성

특정소방대상물	적응성이 있는 포소화설비
특수가연물을 저장·취급하는 공장 또는 창고	포워터스프링클러설비 포헤드설비 고정포방출설비 압축공기포소화설비
차고 또는 주차장	
항공기격납고	
발전기실, 엔진펌프실, 변압기, 전기케이블실, 유압설비	고정식 압축공기포소화설비 (바닥면적의 합계 300[m²] 미만인 장소 限)

① 차고 또는 주차장에는 다음에 해당하는 경우 호스릴포소화설비 또는 포소화전설비를 설치할 수 있다.
  • 완전 개방된 옥상주차장 또는 고가 밑의 주차장 중 주된 벽이 없고 기둥 뿐이거나 주위가 위해방지용 철주 등으로 둘러싸인 부분
  • 지상 1층으로서 지붕이 없는 부분
② 항공기격납고의 바닥면적 합계가 1,000[m²] 이상이고 항공기의 격납위치가 한정되어 있는 경우에는 그 한정된 장소 외의 부분에 대해서 호스릴포소화설비를 설치할 수 있다.

4) 저장량의 산정기준

① 고정포 방출구 방식에서 포 소화약제 저장량은 고정포 방출구에서 방출하기 위하여 필요한 양, 보조 포 소화전에서 방출하기 위하여 필요한 양, 가장 먼 탱크까지의 송액관(내경 75[mm] 이하 제외)에 충전하기 위하여 필요한 양의 합으로 한다.

  • 고정포 방출구에서 방출하기 위하여 필요한 양

$$Q = A \times Q_1 \times T \times S$$

  Q: 포 소화약제의 양[L], A: 저장탱크의 액표면적[m²], Q_1: 단위 포 소화수용액의 양[L/m²·min],
  T: 방출시간[min], S: 포 소화약제의 사용농도[%]

  • 보조 소화전에서 방출하기 위하여 필요한 양

$$Q = N \times S \times 8,000[L]$$

  Q: 포 소화약제의 양[L], N: 호스 접결구 개수(최대 3개), S: 포 소화약제의 사용농도[%]

  • 가장 먼 탱크까지의 송액관에 충전하기 위하여 필요한 양 ← 송액관의 내경이 75[mm] 이하인 경우 무시한다.

$$Q = V \times S \times 1,000[L/m^3]$$

  Q: 포 소화약제의 양[L], V: 송액관 내부의 체적[m³], S: 포 소화약제의 사용농도[%]

② 포헤드방식 및 압축공기포 소화설비는 하나의 방사구역 안에 설치된 포헤드를 동시에 개방하여 표준방사량으로 10분간 방사할 수 있는 양 이상으로 한다.

5) 혼합장치

포 소화약제의 혼합장치는 포 소화약제의 사용농도에 적합한 수용액으로 혼합할 수 있도록 다음에 해당하는 방식으로 한다.

- 펌프 프로포셔너 방식

  펌프의 토출관과 흡입관 사이의 배관 도중에 설치한 흡입기에 펌프에서 토출된 물의 일부를 보내고, 농도 조정밸브에서 조정된 포 소화약제의 필요량을 포 소화약제 저장탱크에서 펌프 흡입측으로 보내어 이를 혼합하는 방식

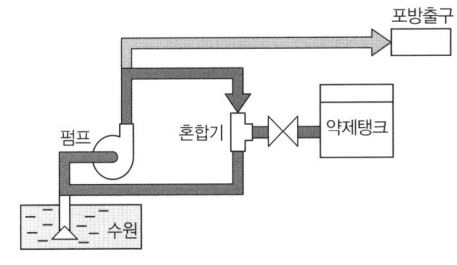

▲ 펌프 프로포셔너방식

- 프레셔 프로포셔너 방식

  펌프와 발포기의 중간에 설치된 벤추리관의 벤추리작용과 펌프 가압수의 포 소화약제 저장탱크에 대한 압력에 따라 포 소화약제를 흡입·혼합하는 방식

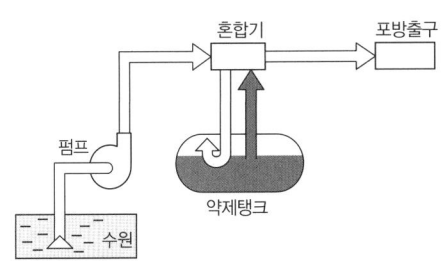

▲ 프레셔 프로포셔너방식

- 라인 프로포셔너 방식

  펌프와 발포기의 중간에 설치된 벤추리관의 벤추리작용에 따라 포 소화약제를 흡입·혼합하는 방식

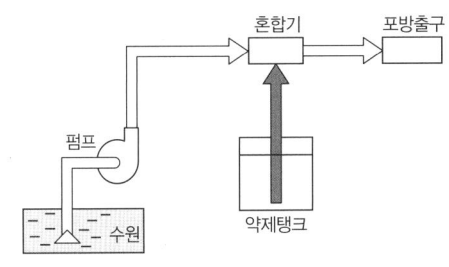

▲ 라인 프로포셔너방식

- 프레셔사이드 프로포셔너 방식

  펌프의 토출관에 압입기를 설치하여 포 소화약제 압입용 펌프로 포 소화약제를 압입시켜 혼합하는 방식

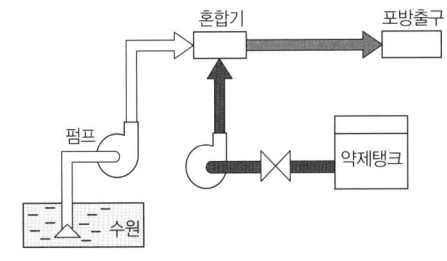

▲ 프레셔사이드 프로포셔너방식

- 압축공기포 믹싱챔버 방식

  물, 포소화약제 및 공기를 믹싱챔버로 강제주입시켜 챔버 내에서 포수용액을 생성한 후 포를 방사하는 방식

6) 수동식 기동장치의 설치기준

① 직접조작 또는 원격조작에 따라 가압송수장치·수동식 개방밸브 및 소화약제 혼합장치를 기동할 수 있는 것으로 한다.
② 2 이상의 방사구역을 가진 포소화설비에는 방사구역을 선택할 수 있는 구조로 한다.
③ 기동장치의 조작부는 화재 시 쉽게 접근할 수 있는 곳에 설치하되, 바닥으로부터 0.8[m] 이상 1.5[m] 이하의 위치에 설치하고, 유효한 보호장치를 설치한다.
④ 기동장치의 조작부 및 호스 접결구에는 가까운 곳의 보기 쉬운 곳에 각각 "기동장치의 조작부" 및 "접결구"라고 표시한 표지를 한다.
⑤ 차고 또는 주차장에 설치하는 포소화설비의 수동식 기동장치는 방사구역마다 1개 이상 설치한다.
⑥ 항공기 격납고에 설치하는 포소화설비의 수동식 기동장치는 각 방사구역마다 2개 이상을 설치하되, 그 중 1개는 각 방사구역으로부터 가장 가까운 곳 또는 조작에 편리한 장소에 설치하고, 1개는 화재감지기의 수신기를 설치한 감시실 등에 설치한다.

7) 방사량의 산정기준

① 포의 팽창비율에 따른 포의 종류는 다음과 같다.

팽창비율에 따른 포의 종류	포 방출구의 종류
팽창비가 20 이하인 것 (저발포)	포워터 스프링클러 포헤드 압축공기포
팽창비가 80 이상 1,000 미만인 것 (고발포)	고정포 방출구

② 포워터 스프링클러헤드는 특정소방대상물의 천장 또는 반자에 설치하고, 바닥면적 8[m²]마다 1개 이상으로 하여 해당 방호대상물의 화재를 유효하게 소화할 수 있도록 한다.
③ 포헤드는 특정소방대상물의 천장 또는 반자에 설치하고, 바닥면적 9[m²]마다 1개 이상으로 하여 해당 방호대상물의 화재를 유효하게 소화할 수 있도록 한다.
  ← 바닥면적 9[m²]마다 1개 이상의 헤드가 필요하므로 헤드 1개가 방호할 수 있는 최대 면적은 9[m²]이다.
④ 포헤드는 특정소방대상물별로 그에 사용되는 포 소화약제에 따라 1분당 방사량이 다음의 표에 따른 양 이상이 되는 것으로 한다.

소방대상물	포 소화약제의 종류	바닥면적 1[m²]당 방사량
차고·주차장 및 항공기격납고	수성막포 소화약제	3.7[L] 이상
	단백포 소화약제	6.5[L] 이상
	합성계면활성제포 소화약제	8.0[L] 이상
특수가연물을 저장·취급하는 소방대상물	수성막포 소화약제	6.5[L] 이상
	단백포 소화약제	6.5[L] 이상
	합성계면활성제포 소화약제	6.5[L] 이상

⑤ 특정소방대상물에서 보가 있는 부분의 포헤드는 다음의 표에 따른 기준에 따라 설치한다.

포헤드와 보의 하단 사이 수직거리	포헤드와 보의 수평거리
0[m]	0.75[m] 미만
0.1[m] 미만	0.75[m] 이상 1[m] 미만
0.1[m] 이상 0.15[m] 미만	1[m] 이상 1.5[m] 미만
0.15[m] 이상 0.3[m] 미만	1.5[m] 이상

⑥ 포헤드 상호 간에는 다음의 기준에 따른 거리를 둔다.
- 정방형으로 배치한 경우 다음의 식에 따라 산정한 수치 이하가 되도록 한다.

$$S = 2 \times r \times \cos 45°$$

S: 포헤드 상호 간의 거리[m], r: 유효반경(2.1[m])

- 장방형으로 배치한 경우 그 대각선의 길이가 다음의 식에 따라 산정한 수치 이하가 되도록 한다.

$$pt = 2 \times r$$

pt: 대각선의 길이[m], r: 유효반경(2.1[m])

⑦ 포헤드와 벽 방호구역의 경계선은 ⑥에 따른 상호 간 기준거리의 $\frac{1}{2}$ 이하의 거리를 둔다.

⑧ 압축공기포 소화설비의 분사헤드는 천장 또는 반자에 설치하고, 방호대상물에 따라 측벽에 설치할 수 있으며 유류탱크 주위에는 바닥면적 13.9[m²]마다 1개 이상, 특수가연물저장소에는 바닥면적 9.3[m²]마다 1개 이상으로 방호대상물의 화재를 유효하게 소화할 수 있도록 한다.

방호대상물	방호면적 1[m²]에 대한 1분당 방출량
특수가연물	2.3[L]
기타의 것	1.63[L]

> **PLUS⁺ 수성막포**
>
> | 성분 | 불소계 계면활성제가 주성분으로 탄화불소계 계면활성제의 소수기에 붙어있는 수소원자의 일부나 전부를 불소 원자로 치환한 계면활성제가 주체이다. |
> | --- | --- |
> | 적응 화재 | 유류화재(B급 화재) |
> | 장점 | • 초기 소화속도가 빠르다.
• 분말 소화약제와 함께 소화작업을 할 수 있다.
• 장기 보존이 가능하다.
• 포·막의 차단효과로 재연방지에 효과가 있다.
• 기름에 오염되지 않아 탱크 하부에서 주입할 수 있다. ← 표면하주입방식 |
> | 단점 | • 내열성이 약해 윤화(Ring Fire)현상이 일어날 수 있다.
• 표면장력이 적어 금속 및 페인트칠에 대한 부식성이 크다. |

⑨ 전역방출방식의 고발포용 고정포 방출구는 다음의 기준에 따라 설치한다.
- 개구부에 자동폐쇄장치를 설치한다. ← 외부로 새는 양 이상의 포수용액을 유효하게 추가 방출하는 설비가 있는 경우에는 그렇지 않다.
- 고정포 방출구는 특정소방대상물 및 포의 팽창비에 따라 해당 방호구역의 관포체적 $1[m^3]$에 대하여 1분 당 방출량이 다음의 표에 따른 양 이상이 되도록 한다.
  ← 관포체적이란 방호대상물의 높이보다 0.5[m] 높은 위치까지의 체적을 말한다.

소방대상물	포의 팽창비	$1[m^3]$, 1분 당 포수용액 방출량
항공기 격납고	80 이상 250 미만	2.00[L]
	250 이상 500 미만	0.50[L]
	500 이상 1,000 미만	0.29[L]
차고 또는 주차장	80 이상 250 미만	1.11[L]
	250 이상 500 미만	0.28[L]
	500 이상 1,000 미만	0.16[L]
특수가연물을 저장 또는 취급하는 소방대상물	80 이상 250 미만	1.25[L]
	250 이상 500 미만	0.31[L]
	500 이상 1,000 미만	0.18[L]

- 고정포 방출구는 바닥면적 $500[m^2]$마다 1개 이상으로 하여 방호대상물의 화재를 유효하게 소화할 수 있도록 한다.
- 고정포 방출구는 방호대상물의 최고부분보다 높은 위치에 설치한다.
  ← 밀어올리는 능력을 가진 것은 방호대상물과 같은 높이로 할 수 있다.

⑩ 국소방출방식의 고발포용 고정포 방출구는 다음의 기준에 따라 설치한다.
- 방호대상물이 서로 인접하여 불이 쉽게 붙을 우려가 있는 경우 불이 옮겨붙을 우려가 있는 범위 내의 방호대상물을 하나의 방호대상물로 하여 설치한다.
- 고정포 방출구는 방호대상물의 구분에 따라 해당 방호대상물의 높이의 3배(최저 $1[m]$)의 거리를 수평으로 연장한 선으로 둘러쌓인 부분의 면적 $1[m^2]$에 대하여 1분 당 방출량이 다음의 표에 따른 양 이상이 되도록 한다.

방호대상물	$1[m^3]$, 1분 당 포수용액 방출량
특수가연물	3[L]
기타	2[L]

> **PLUS⁺ 배액밸브**
> 송액관은 포의 방출 종료 후 배관 안의 액을 배출하기 위하여 적당한 기울기를 유지하도록 하고 그 낮은 부분에 배액밸브를 설치해야 한다.

CHAPTER 03 가스계 소화설비

PHASE 07 이산화탄소 소화설비

1) 이산화탄소 소화설비

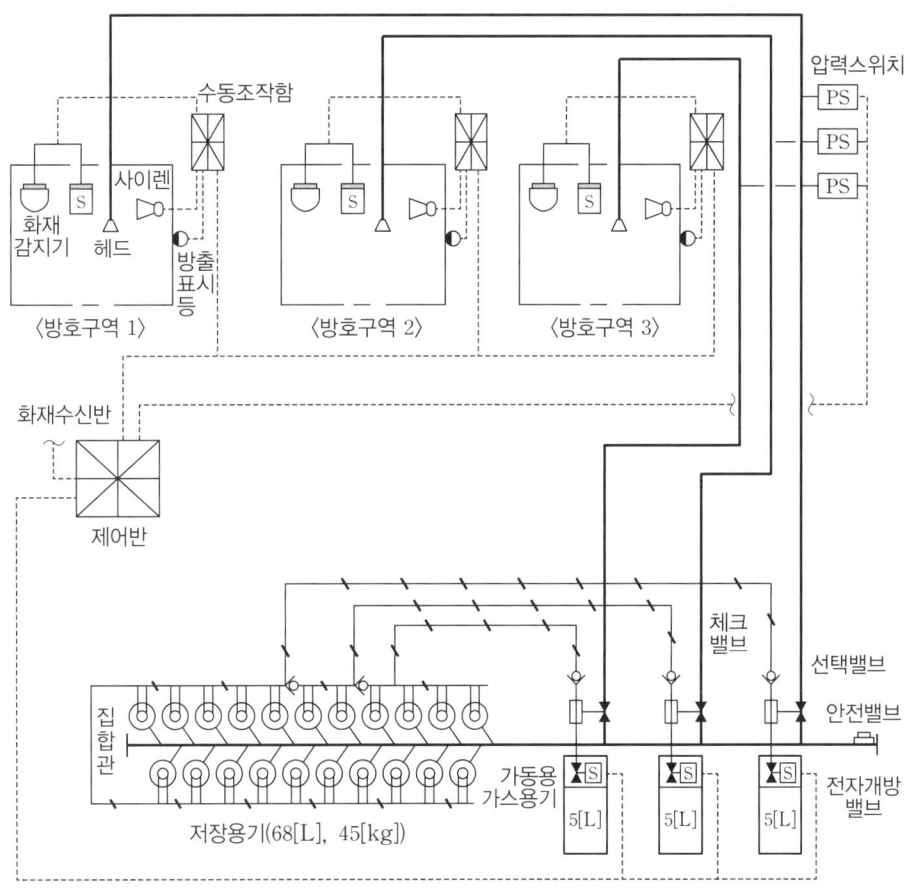

▲ 이산화탄소 소화설비 계통도

전역방출방식	소화약제 공급장치에 배관 및 분사헤드 등을 설치하여 밀폐 방호구역 내에 소화약제를 방출하는 방식
국소방출방식	소화약제 공급장치에 배관 및 분사헤드를 설치하여 직접 화점에 분말소화약제를 방출하는 방식
호스릴방식	소화수 또는 소화약제 저장용기 등에 연결된 호스릴을 이용하여 사람이 직접 화점에 소화수 또는 소화약제를 방출하는 방식
충전비	소화약제 저장용기의 내부 용적과 소화약제의 중량과의 비(용적[L]/중량[kg])를 말한다.
심부화재	종이 · 목재 · 석탄 · 섬유류 및 합성수지류와 같은 고체가연물에서 발생하는 화재형태로서 가연물 내부에서 연소하는 화재
표면화재	가연성액체 및 가연성가스 등 가연성물질의 표면에서 연소하는 화재
교차회로방식	하나의 방호구역 내에 2 이상의 화재감지기회로를 설치하고 인접한 2 이상의 화재감지기에 화재가 감지되는 때에 소화설비가 작동하는 방식
방화문	건축법에 따른 60분+ 방화문, 60분 방화문 또는 30분 방화문
방호구역	소화설비의 소화범위 내에 포함된 영역
선택밸브	2 이상의 방호구역 또는 방호대상물이 있어 소화수 또는 소화약제를 해당하는 방호구역 또는 방호대상물에 선택적으로 방출되도록 제어하는 밸브
설계농도	방호대상물 또는 방호구역의 소화약제 저장량을 산출하기 위한 농도로서 소화농도에 안전율을 고려하여 설정한 농도
소화농도	규정된 실험 조건의 화재를 소화하는데 필요한 소화약제의 농도
호스릴	원형의 소방호스를 원형의 수납장치에 감아 정리한 것

2) 저장용기의 설치장소

① 방호구역 외의 장소에 설치한다.
② 방호구역 내에 설치할 경우 피난 및 조작이 용이하도록 피난구 부근에 설치한다.
③ 온도가 40[℃] 이하이고, 온도 변화가 작은 곳에 설치한다.
④ 직사광선 및 빗물이 침투할 우려가 없는 곳에 설치한다.
⑤ 방화문으로 방화구획 된 실에 설치한다.
⑥ 용기의 설치장소에는 해당 용기가 설치된 곳임을 표시하는 표지를 한다.
⑦ 용기 간의 간격은 점검에 지장이 없도록 3[cm] 이상의 간격을 유지한다.
⑧ 저장용기와 집합관을 연결하는 연결배관에는 체크밸브를 설치한다. ← 저장용기가 하나의 방호구역만을 담당하는 경우 제외

3) 저장용기의 설치기준

① 저장용기의 충전비는 고압식은 1.5 이상 1.9 이하, 저압식은 1.1 이상 1.4 이하로 한다.
② 저압식 저장용기에는 내압시험압력의 0.64배 이상 0.8배 이하의 압력에서 작동하는 안전밸브를 설치한다.
③ 저압식 저장용기에는 내압시험압력의 0.8배 이상 1배 이하의 압력에서 작동하는 봉판을 설치한다.
④ 저압식 저장용기에는 액면계 및 압력계와 2.3[MPa] 이상 1.9[MPa] 이하의 압력에서 작동하는 압력경보장치를 설치한다.
⑤ 저압식 저장용기에는 용기 내부의 온도가 $-18[℃]$ 이하에서 $2.1[MPa]$의 압력을 유지할 수 있는 자동냉동장치를 설치한다.
⑥ 고압식 저장용기는 25[MPa] 이상, 저압식 저장용기는 3.5[MPa] 이상의 내압시험압력에 합격한 것으로 한다.
⑦ 저장용기의 개방밸브는 전기식·가스압력식 또는 기계식에 따라 자동으로 개방되고 수동으로도 개방되는 것으로서 안전장치가 부착된 것으로 한다.
⑧ 저장용기와 선택밸브 또는 개폐밸브 사이에는 내압시험압력의 0.8배에서 작동하는 안전장치를 설치한다.
⑨ 저장용기의 개방밸브는 전기식·가스압력식 또는 기계식에 따라 자동으로 개방되고 수동으로도 개방되는 것으로서 안전장치가 부착된 것으로 해야 한다.

4) 소화약제 저장량의 최소기준 ← 최소기준이므로 산출한 양 이상으로 갖추어야 한다.

① 전역방출방식(표면화재)
표면화재 전역방출방식의 경우 소화약제의 저장량은 방호구역의 체적과 개구부의 면적에 따라 산출한 값의 합으로 한다.
- 방호구역의 체적 $1[m^3]$마다 다음의 기준에 따른 양

방호구역의 체적	소화약제의 양 $[kg/m^3]$	소화약제 저장량의 최저한도 $[kg]$
$45[m^3]$ 미만	1.00	45
$45[m^3]$ 이상 $150[m^3]$ 미만	0.90	45
$150[m^3]$ 이상 $1,450[m^3]$ 미만	0.80	135
$1,450[m^3]$ 이상	0.75	1,125

- 설계농도가 34[%] 이상인 방호대상물의 소화약제량은 ㉠에 따라 산출한 기본 소화약제량에 보정계수를 곱하여 산출한다.
- 방호구역의 개구부(창문·출입구) $1[m^2]$마다 5[kg]을 가산해야 한다.(자동폐쇄장치가 없는 경우 限) ← 개구부의 면적은 방호구역 전체 표면적의 3[%] 이하로 한다.

② 전역방출방식(심부화재)

심부화재 전역방출방식의 경우 소화약제의 저장량은 방호구역의 체적과 개구부의 면적에 따라 산출한 값의 합으로 한다.

- 방호구역의 체적 1[m³]마다 다음의 기준에 따른 양

  ← 불연재료나 내열성의 재료로 밀폐된 구조물이 있는 경우 그 체적은 제외한다.

방호대상물	소화약제의 양[kg/m³]	설계농도[%]
유압기기를 제외한 전기설비, 케이블실	1.3	50
체적 55[m³] 미만의 전기설비	1.6	50
서고, 전자제품창고, 목재가공품창고, 박물관	2.0	65
고무류·면화류 창고, 모피창고, 석탄창고, 집진설비	2.7	75

- 방호구역의 개구부(창문·출입구) 1[m²]마다 10[kg]을 가산해야 한다.(자동폐쇄장치가 없는 경우에 限) ← 개구부의 면적은 방호구역 전체 표면적의 3[%] 이하로 한다.

③ 국소방출방식

- 윗면이 개방된 용기에 저장하는 경우이거나 화재 시 연소면이 한 면에 한정되고 가연물이 비산할 우려가 없는 경우 표면적 1[m²]마다 13[kg]으로 하고 고압식은 1.4, 저압식은 1.1을 곱하여 산출한다.

	소화약제의 양[kg/m²]
고압식	13×1.4=18.2
저압식	13×1.1=14.3

- 그 외의 경우 소화약제의 저장량은 다음의 식에 따라 산출할 수 있다.

$$Q = \left(8 - 6 \times \frac{a}{A}\right) \times V \times K$$

Q: 소화약제의 양[kg], a: 방호대상물 주변 실제 벽면적의 합계[m²],
A: 방호공간 벽면적의 합계[m²], V: 방호공간의 부피[m³], K: 1.4(고압식) 또는 1.1(저압식)

PLUS⁺ 국소방출방식 저장량 산출방법

이와 같은 크기의 방호대상물에 국소방출방식 이산화탄소 소화약제의 저압식 저장량을 산출하는 방법은 다음과 같다.

방호대상물 주변의 실제 벽은 4면 중 2면에만 있으므로
$a = (2[m] \times 1[m]) + (1[m] \times 1[m]) = 3[m²]$

방호공간의 벽면적은 4면 중 2면은 벽으로 막혀있으므로
$A = (2[m] + 0.6[m]) \times (1[m] + 0.6[m]) \times 2 + (1[m] + 0.6[m]) \times (1[m] + 0.6[m]) \times 2 = 13.44[m²]$

따라서 소화약제의 저장량은
$Q = \left(8 - 6 \times \left(\frac{3}{13.44}\right)\right) \times (2.6 \times 1.6 \times 1.6) \times 1.1 ≒ 48.77[kg]$

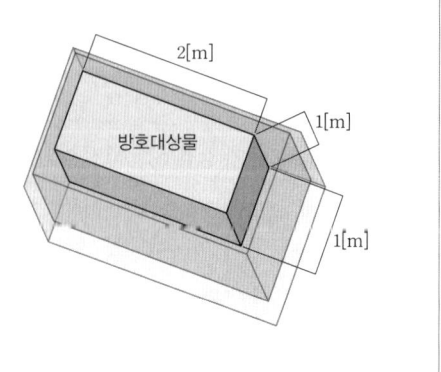

> **PLUS+ 방호공간**
>
> 국소방출방식의 경우 화재가 발생한 거실 전체가 아닌 일정한 공간에 대해서만 소화약제를 방출하므로 그 일정한 공간을 방호공간이라고 한다.
> 일반적으로 화재가 발생한 물체(방호대상물)로부터 0.6[m] 떨어진 범위를 방호공간이라고 하는데 바닥이나 벽은 열이 전달될 뿐 화재가 옮겨붙지 않을 가능성이 높으므로 방호공간에서 제외한다.

5) 분사헤드의 설치기준

① 전역방출방식의 분사헤드
- 방출된 소화약제가 방호구역의 전역에 균일하고 신속하게 확산할 수 있도록 한다.
- 분사헤드의 방출압력은 2.1[MPa](저압식은 1.05[MPa]) 이상으로 한다.
- 기준저장량의 소화약제를 다음의 표에 따른 시간 이내에 방출할 수 있는 것으로 한다.

방호구역	소화약제의 방출시간
표면화재(가연성 액체, 가연성 가스)	1분
심부화재(종이, 목재, 석탄, 섬유류, 합성수지류)	7분

② 국소방출방식의 분사헤드
- 소화약제의 방출에 따라 가연물이 비산하지 않는 장소에 설치한다.
- 방출된 소화약제가 방호대상물에 균일하고 신속하게 확산할 수 있도록 한다.
- 분사헤드의 방출압력은 2.1[MPa](저압식은 1.05[MPa]) 이상으로 한다.
- 기준저장량의 소화약제를 30초 이내에 방출할 수 있는 것으로 한다.

③ 음향경보장치는 소화약제의 방출개시 후 1분 이상 경보를 계속할 수 있는 것으로 한다.

6) 분사헤드의 설치제외 장소

① 방재실, 제어실 등 사람이 상시 근무하는 장소
② 니트로셀룰로스, 셀룰로이드제품 등 자기 연소성 물질을 저장·취급하는 장소
③ 나트륨, 칼륨, 칼슘 등 활성 금속 물질을 저장·취급하는 장소
④ 전시장 등의 관람을 위하여 다수인이 출입 통행하는 통로 및 전시실 등

> **PLUS+ 토너먼트 방식**
>
> 배관이 두 갈래로 반복해서 나누어지는 방식을 토너먼트 방식이라고 한다. 주로 가스계 소화설비에 사용된다.
>
> | | 장점 | ① 방호구역 전체에 동일한 방사압으로 균등하게 방사할 수 있다.
② 모든 방출구에 마찰손실이 동일하게 유지된다. |
> |---|---|---|
> | | 단점 | ① 유체의 마찰손실이 너무 커져 각 헤드의 방사량과 방사압을 동일하게 유지하기 어렵다.
② 수격작용이 발생하여 배관을 파손시킬 우려가 있다. |

PHASE 08 할론 소화설비

1) 할론 소화설비

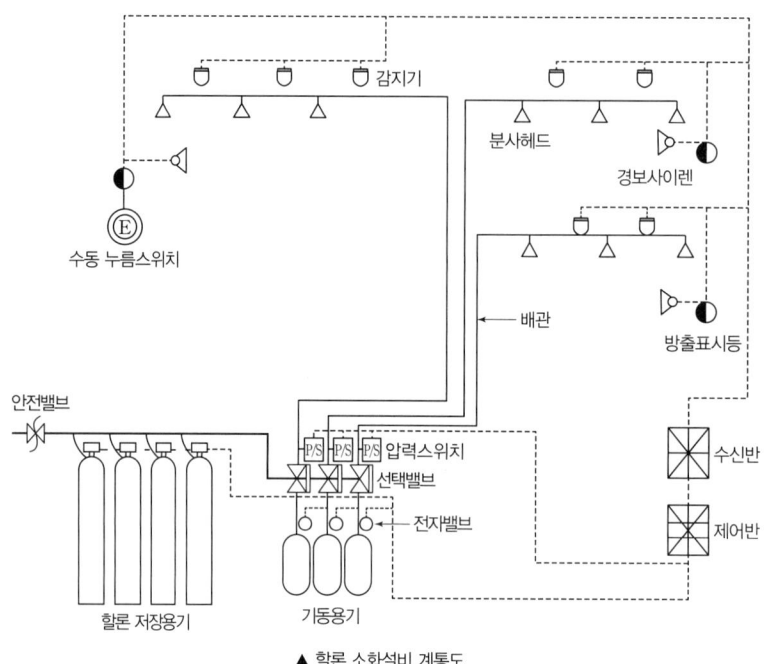

▲ 할론 소화설비 계통도

전역방출방식	소화약제 공급장치에 배관 및 분사헤드 등을 설치하여 밀폐 방호구역 내에 소화약제를 방출하는 방식
국소방출방식	소화약제 공급장치에 배관 및 분사헤드를 설치하여 직접 화점에 분말소화약제를 방출하는 방식
호스릴방식	소화수 또는 소화약제 저장용기 등에 연결된 호스릴을 이용하여 사람이 직접 화점에 소화수 또는 소화약제를 방출하는 방식
충전비	소화약제 저장용기의 내부 용적과 소화약제의 중량과의 비(용적[L]/중량[kg])를 말한다.
교차회로방식	하나의 방호구역 내에 2 이상의 화재감지기회로를 설치하고 인접한 2 이상의 화재감지기에 화재가 감지되는 때에 소화설비가 작동하는 방식
방화문	건축법에 따른 60분＋ 방화문, 60분 방화문 또는 30분 방화문
방호구역	소화설비의 소화범위 내에 포함된 영역
별도 독립방식	소화약제 저장용기와 배관을 방호구역별로 독립적으로 설치하는 방식
선택밸브	2 이상의 방호구역 또는 방호대상물이 있어 소화수 또는 소화약제를 해당하는 방호구역 또는 방호대상물에 선택적으로 방출되도록 제어하는 밸브
집합관	개별 소화약제(가압용 가스 포함) 저장용기의 방출관이 접속되어 있는 관
호스릴	원형의 소방호스를 원형의 수납장치에 감아 정리한 것
소화농도	규정된 실험 조건의 화재를 소화하는데 필요한 소화약제의 농도

2) 저장용기의 설치기준

① 축압식 저장용기의 압력은 온도 20[℃]에서 할론 1211을 저장하는 것은 1.1[MPa] 또는 2.5[MPa], 할론 1301을 저장하는 것은 2.5[MPa] 또는 4.2[MPa]이 되도록 질소가스로 축압한다.

② 저장용기의 충전비는 다음의 표에 따른 기준으로 한다.

소화약제의 종류		충전비
할론 1301		0.9 이상 1.6 이하
할론 1211		0.7 이상 1.4 이하
할론 2402	가압식	0.51 이상 0.67 미만
	축압식	0.67 이상 2.75 이하

③ 동일 집합관에 접속되는 저장용기의 소화약제 충전량은 동일 충전비로 한다.

④ 가압용 가스용기는 질소가스가 충전된 것으로 하고, 그 압력은 21[℃]에서 2.5[MPa] 또는 4.2[MPa]이 되도록 한다.

⑤ 저장용기의 개방밸브는 전기식·가스압력식 또는 기계식에 따라 자동으로 개방되고 수동으로도 개방되는 것으로서 안전장치가 부착된 것으로 한다.

⑥ 가압식 저장용기에는 2.0[MPa] 이하의 압력으로 조정할 수 있는 압력조정장치를 설치한다.

⑦ 하나의 방호구역을 담당하는 소화약제 저장용기의 소화약제량의 체적합계보다 그 소화약제 방출 시 방출경로가 되는 배관(집합관 포함)의 내용적의 비율이 1.5배 이상일 경우 해당 방호구역에 대한 설비는 별도 독립방식으로 한다.

3) 소화약제 저장량의 최소기준 ← 최소기준이므로 산출한 양 이상으로 갖추어야 한다.

① 전역방출방식

전역방출방식의 경우 소화약제의 저장량은 방호구역의 체적과 개구부의 면적에 따라 산출한 값의 합으로 한다.

- 방호구역의 체적 $1[m^3]$마다 다음의 기준에 따른 양

소방대상물		소화약제의 종류	소화약제의 양 $[kg/m^3]$
차고·주차장·전기실·통신기기실·전산실·전기설비가 설치된 부분		할론 1301	0.32 이상 0.64 이하
특수가연물	가연성고체류·가연성액체류	할론 1301	0.32 이상 0.64 이하
		할론 1211	0.36 이상 0.71 이하
		할론 2402	0.40 이상 1.10 이하
	면화류·나무껍질 및 대팻밥·넝마 및 종이 부스러기·사류·볏짚류·목재가공품 및 나무 부스러기를 저장·취급하는 것	할론 1301	0.52 이상 0.64 이하
		할론 1211	0.60 이상 0.71 이하
	합성수지류를 저장·취급하는 것	할론 1301	0.32 이상 0.64 이하
		할론 1211	0.36 이상 0.71 이하

- 방호구역의 개구부(창문·출입구) $1[m^2]$마다 다음의 기준에 따른 양(자동폐쇄장치가 없는 경우 限)

소방대상물		소화약제의 종류	소화약제의 양 $[kg/m^3]$
차고·주차장·전기실·통신기기실·전산실·전기설비가 설치된 부분		할론 1301	2.4
특수가연물	가연성고체류·가연성액체류	할론 1301	2.4
		할론 1211	2.7
		할론 2402	3.0
	면화류·나무껍질 및 대팻밥·넝마 및 종이 부스러기·사류·볏짚류·목재가공품 및 나무 부스러기를 저장·취급하는 것	할론 1301	3.9
		할론 1211	4.5
	합성수지류를 저장·취급하는 것	할론 1301	2.4
		할론 1211	2.7

② 국소방출방식
- 윗면이 개방된 용기에 저장하는 경우이거나 화재 시 연소면이 한 면에 한정되고 가연물이 비산할 우려가 없는 경우 표면적 $1[m^2]$마다 다음의 표에 따른 양 이상이 되는 것으로 한다.

소화약제의 종류	소화약제의 양[kg/m²]
할론 1301	$6.8 \times 1.25 = 8.5$
할론 1211	$7.6 \times 1.1 = 8.36$
할론 2402	$8.8 \times 1.1 = 9.68$

- 그 외의 경우 소화약제의 저장량은 다음의 식에 따라 산출할 수 있다.

$$Q = \left(X - Y \times \left(\frac{a}{A}\right)\right) \times V \times K$$

Q: 소화약제의 양[kg], a: 방호대상물 주변 실제 벽면적의 합계[m²],
A: 방호공간 벽면적의 합계[m²], V: 방호공간의 부피[m³], X, Y, K: 표에 따른 수치

소화약제의 종류	X	Y	K
할론 1301	4.0	3.0	1.25
할론 1211	4.4	3.3	1.1
할론 2402	5.2	3.9	1.1

> **PLUS⁺ 국소방출방식 저장량 산출방법**
>
> 이와 같은 크기의 방호대상물에 국소방출방식 할론 1301 소화약제의 저장량을 산출하는 방법은 다음과 같다.
> 방호대상물 주변의 실제 벽은 4면 중 2면에만 있으므로
> $a = (2[m] \times 1[m]) + (1[m] \times 1[m]) = 3[m^2]$
> 방호공간의 벽면적은 4면 중 2면은 벽으로 막혀있으므로
> $A = (2[m] + 0.6[m]) \times (1[m] + 0.6[m]) \times 2 + (1[m] + 0.6[m]) \times$
> $\quad (1[m] + 0.6[m]) \times 2 = 13.44[m^2]$
> 따라서 소화약제의 저장량은
> $Q = \left(4 - 3 \times \left(\frac{3}{13.44}\right)\right) \times (2.6 \times 1.6 \times 1.6) \times 1.25 ≒ 27.71[kg]$

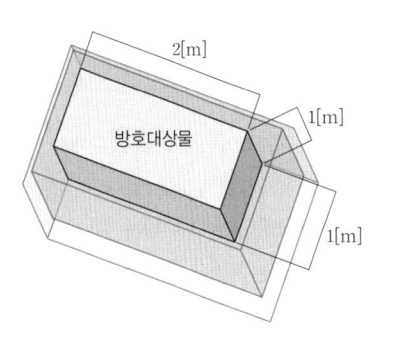

> **PLUS⁺ 설계농도 유지시간(Soaking time)**
>
> 가스계 소화약제를 방사한 후 재발화를 방지하기 위해 유지해야 하는 시간

4) 분사헤드의 설치기준

① 전역방출방식의 분사헤드
- 방출된 소화약제가 방호구역의 전역에 균일하고 신속하게 확산할 수 있도록 한다.
- 할론 2402를 방출하는 분사헤드는 소화약제가 무상으로 분무되는 것으로 한다.
- 분사헤드의 방출압력은 다음의 표에 따른 압력 이상으로 한다.

소화약제의 종류	분사헤드의 방출압력[MPa]
할론 1301	0.9
할론 1211	0.2
할론 2402	0.1

- 기준저장량의 소화약제를 10초 이내에 방출할 수 있는 것으로 한다.

② 국소방출방식의 분사헤드
- 소화약제의 방출에 따라 가연물이 비산하지 않는 장소에 설치한다.
- 할론 2402를 방출하는 분사헤드는 소화약제가 무상으로 분무되는 것으로 한다.
- 분사헤드의 방출압력은 다음의 표에 따른 압력 이상으로 한다.

소화약제의 종류	분사헤드의 방출압력[MPa]
할론 1301	0.9
할론 1211	0.2
할론 2402	0.1

- 기준저장량의 소화약제를 10초 이내에 방출할 수 있는 것으로 한다.

PLUS⁺ 방호구역의 소화약제 농도계산

방호구역에 가스계 소화약제가 방출되었을 때 상대적으로 산소(O_2)의 농도는 낮아지고, 소화약제의 농도는 높아지게 된다.
이때 방호구역의 부피(체적)는 일정하고 농도는 단위부피당 입자(몰) 수이므로 입자 수를 기준으로 전체 공기의 양을 100으로 두고 풀이할 수 있다.

예 산소 21[%]의 공기에 가스계 소화약제를 방사하는 경우

소화약제 방사 전 산소농도: $\dfrac{21}{100}$ ← 산소의 분자수 / 공기의 분자수가 100일 때

소화약제 방사 후 산소농도: $\dfrac{21}{100+x}$ ← 산소의 분자수 / 공기의 분자수에 소화약제의 분자수 추가

따라서 소화약제의 방사 후 15[%]의 산소농도가 요구된다면 다음과 같은 식으로 소화약제량을 구할 수 있다.

$\dfrac{21}{100+x} = \dfrac{15}{100}$ ∴ $x = 40$ ← 공학용 계산기의 SOLVE 기능을 활용하면 편리하다.

다음과 같은 식으로 공기 중 소화약제의 농도를 구할 수 있다.

$\dfrac{x}{100+x} = \dfrac{40}{100+40} ≒ 0.2857 = 28.57[\%]$

결론적으로 가스계 소화약제를 농도 0[%]에서 28.57[%]가 될 때까지 방사하면 공기 중 산소의 농도가 21[%]에서 15[%]로 감소하고 질식소화에 의해 화재가 진압된다고 해석할 수 있다.

PHASE 09 할로겐화합물 및 불활성기체 소화설비

1) 용어의 정의

할로겐화합물 및 불활성기체 소화약제	할로겐화합물(할론 1301, 할론 2402, 할론 1211 제외) 및 불활성기체로서 전기적으로 비전도성이며 휘발성이 있거나 증발 후 잔여물을 남기지 않는 소화약제
할로겐화합물 소화약제	불소, 염소, 브롬 또는 요오드 중 하나 이상의 원소를 포함하고 있는 유기화합물을 기본성분으로 하는 소화약제
불활성기체 소화약제	헬륨, 네온, 아르곤 또는 질소가스 중 하나 이상의 원소를 기본성분으로 하는 소화약제
충전밀도	소화약제의 중량과 소화약제 저장용기의 내부 용적과의 비(중량/용적)
방화문	건축법에 따른 60분+ 방화문, 60분 방화문 또는 30분 방화문
교차회로방식	하나의 방호구역 내에 2 이상의 화재감지기회로를 설치하고 인접한 2 이상의 화재감지기에 화재가 감지되는 때에 소화설비가 작동하는 방식
방호구역	소화설비의 소화범위 내에 포함된 영역
별도 독립방식	소화약제 저장용기와 배관을 방호구역별로 독립적으로 설치하는 방식
선택밸브	2 이상의 방호구역 또는 방호대상물이 있어 소화수 또는 소화약제를 해당하는 방호구역 또는 방호대상물에 선택적으로 방출되도록 제어하는 밸브
설계농도	방호대상물 또는 방호구역의 소화약제 저장량을 산출하기 위한 농도로서 소화농도에 안전율을 고려하여 설정한 농도
소화농도	규정된 실험 조건의 화재를 소화하는 데 필요한 소화약제의 농도(형식승인대상의 소화약제는 형식승인된 소화농도)
집합관	개별 소화약제(가압용 가스 포함) 저장용기의 방출관이 접속되어 있는 관
최대허용 설계농도	사람이 상주하는 곳에 적용하는 소화약제의 설계농도로서, 인체의 안전에 영향을 미치지 않는 농도

> **PLUS+ 혼합가스의 폭발한계**
>
> 가연성 가스가 혼합되었을 때 '르 샤틀리에의 법칙'으로 혼합가스의 폭발한계를 계산할 수 있다.
>
> $$\frac{V_1+V_2+\cdots+V_n}{L} = \frac{V_1}{L_1} + \frac{V_2}{L_2} + \cdots + \frac{V_n}{L_n} \rightarrow L = \frac{V_1+V_2+\cdots+V_n}{\frac{V_1}{L_1} + \frac{V_2}{L_2} + \cdots + \frac{V_n}{L_n}}$$
>
> L: 혼합가스의 연소한계[vol%], L_n: 가연성 가스의 연소한계[vol%], V_n: 가연성 가스의 농도[vol%]

2) 저장용기의 설치기준

① 저장용기는 약제명·저장용기의 자체중량과 총중량·충전일시·충전압력 및 약제의 체적을 표시한다.
② 동일 집합관에 접속되는 저장용기는 동일한 내용적을 가진 것으로 충전량 및 충전압력이 같도록 한다.
③ 저장용기에 충전량 및 충전압력을 확인할 수 있는 장치를 하는 경우에는 해당 소화약제에 적합한 구조로 한다.
④ 저장용기의 약제량 손실이 5[%]를 초과하거나 압력손실이 10[%]를 초과하는 경우에는 재충전하거나 저장용기를 교체해야 한다.
⑤ 불활성기체 소화약제 저장용기의 경우에는 압력손실이 5[%]를 초과하는 경우 재충전하거나 저장용기를 교체해야 한다.

3) 소화약제 저장량의 최소기준 ← 최소기준이므로 산출한 양 이상으로 갖추어야 한다.

① 할로겐화합물 소화약제의 저장량 최소기준은 다음과 같다.

$$W = \frac{1}{S} \times \left(\frac{C}{100-C}\right) \times V$$

W: 소화약제의 질량[kg], S: 소화약제별 선형상수($K_1 + K_2 \times T$)[m³/kg],
T: 방호구역의 기준온도[℃], C: 설계농도(소화농도×안전계수)[%], V: 방호구역의 부피[m³]

② 불활성기체 소화약제의 저장량 최소기준은 다음과 같다.

$$X = 2.303 \times \frac{V_S}{S} \times \log\left(\frac{100}{100-C}\right) \times V$$

X: 소화약제의 부피[m³], V_S: 20[℃]에서 소화약제의 비체적[m³/kg],
S: 소화약제별 선형상수($K_1 + K_2 \times T$)[m³/kg], T: 방호구역의 기준온도[℃]
C: 설계농도(소화농도×안전계수)[%], V: 방호구역의 부피[m³]

③ 부피에 따른 소화약제의 설계농도[%]는 소화농도[%]에 화재별 안전계수를 곱한 값 이상으로 한다.

화재종류	A급(일반화재)	B급(유류화재)	C급(전기화재)
안전계수	1.2	1.3	1.35

> **PLUS+** 할로겐화합물 및 불활성기체 소화약제 구비조건
> ① 오존파괴지수가 낮아야 한다.
> ② 지구온난화지수가 낮아야 한다.
> ③ 소화성능이 우수해야 한다.
> ④ 독성이 낮아야 한다.
> ⑤ 가격이 낮아야 한다.
> ⑥ 저장성이 좋아야 한다.

4) 수동식 기동장치의 설치기준

① 수동식 기동장치의 부근에는 소화약제의 방출을 지연시킬 수 있는 방출지연스위치를 설치한다.
    ← 방출지연스위치는 자동복귀형 스위치로 수동식 기동장치의 타이머를 순간 정지시키는 기능의 스위치를 말한다.
② 방호구역마다 설치한다.
③ 해당 방호구역의 출입구 부근 등 조작을 하는 자가 쉽게 피난할 수 있는 장소에 설치한다.
④ 기동장치의 조작부는 바닥으로부터 0.8[m] 이상 1.5[m] 이하의 위치에 설치하고, 보호판 등에 따른 보호장치를 설치한다.
⑤ 기동장치 인근의 보기 쉬운 곳에 "할로겐화합물 및 불활성기체소화설비 수동식 기동장치"라는 표지를 한다.
⑥ 전기를 사용하는 기동장치에는 전원표시등을 설치한다.
⑦ 기동장치의 방출용 스위치는 음향경보장치와 연동하여 조작될 수 있는 것으로 한다.
⑧ 50[N] 이하의 힘을 가하여 기동할 수 있는 구조로 한다.
⑨ 기동장치에는 보호장치를 설치해야 하며, 보호장치를 개방하는 경우 기동방치에 설치된 부저 도는 벨 등에 의하여 경고음을 발하는 것으로 한다.
⑩ 기동장치를 옥외에 설치하는 경우 빗물 또는 외부 충격의 영향을 받지 않도록 설치한다.

5) 자동식 기동장치의 설치기준

① 자동화재탐지설비의 감지기의 작동과 연동하는 것으로 한다.
② 자동식 기동장치는 수동으로도 기동할 수 있는 구조로 한다.
③ 전기식 기동장치로서 7병 이상의 저장용기를 동시에 개방하는 설비는 2병 이상의 저장용기에 전자개방밸브를 부착한다.
④ 가스압력식 기동장치는 다음의 기준에 따른다.
- 기동용 가스용기 및 해당 용기에 사용하는 밸브는 25[MPa] 이상의 압력에 견딜 수 있는 것으로 한다.
- 기동용 가스용기에는 내압시험압력의 0.8배부터 내압시험압력 이하에서 작동하는 안전장치를 설치한다.
- 질소나 비활성기체를 사용하는 경우 기동용 가스용기의 체적은 5[L] 이상으로 하고, 6.0[MPa] (21[℃] 기준) 이상의 압력으로 충전한다.
- 이산화탄소를 사용하는 경우 기동용 가스용기의 체적은 1[L] 이상으로 하고, 해당 용기에 저장하는 양은 0.6[kg] 이상으로 하며, 충전비는 1.5 이상 1.9 이하로 한다.
- 질소나 비활성기체 기동용 가스용기에는 충전 여부를 확인할 수 있는 압력게이지를 설치한다.

⑤ 기계식 기동장치는 저장용기를 쉽게 개방할 수 있는 구조로 한다.

6) 배관

① 배관 두께의 관계식은 다음과 같다.

$$t = \frac{PD}{2SE} + A$$

t: 배관의 두께[mm], P: 최대허용압력[MPa], D: 배관의 바깥지름[mm], SE: 최대허용응력[MPa], A: 허용값[mm]

- 배관의 최대허용응력은 다음과 같다.

$$SE = \sigma \times 배관이음효율 \times 1.2$$

SE: 최대허용응력[MPa], σ: 인장강도의 1/4값과 항복점의 2/3값 중 작은값

- 배관이음효율은 다음과 같다.

이음매 없는 배관	1.0
전지저항 용접배관	0.85
가열맞대기 용접배관	0.6

② 배관의 구경은 소화약제의 방출시간과 방출량을 다음의 기준에 충족하도록 한다.

소화약제		방출시간	방출량
할로겐화합물		10초 이내	각 방호구역 최소설계농도의 95[%] 이상
불활성기체	A급	2분 이내	
	B급	1분 이내	
	C급	2분 이내	

7) 분사헤드의 설치기준

① 분사헤드의 설치 높이는 방호구역의 바닥으로부터 최소 0.2[m] 이상 최대 3.7[m] 이하로 해야 하며 천장높이가 3.7[m]를 초과할 경우에는 추가로 다른 열의 분사헤드를 설치한다.
② 분사헤드의 개수는 방호구역에 배관의 기준에 따른 방출시간이 충족되도록 설치한다.
③ 분사헤드에는 부식방지조치를 해야 하며 오리피스의 크기, 제조일자, 제조업체가 표시되도록 한다.
④ 분사헤드의 방출률 및 방출압력은 제조업체에서 정한 값으로 한다.
⑤ 분사헤드의 오리피스의 면적은 분사헤드가 연결되는 배관구경 면적의 70[%] 이하가 되도록 한다.

CHAPTER 04 분말 소화설비

PHASE 10 분말 소화설비

1) 분말 소화설비

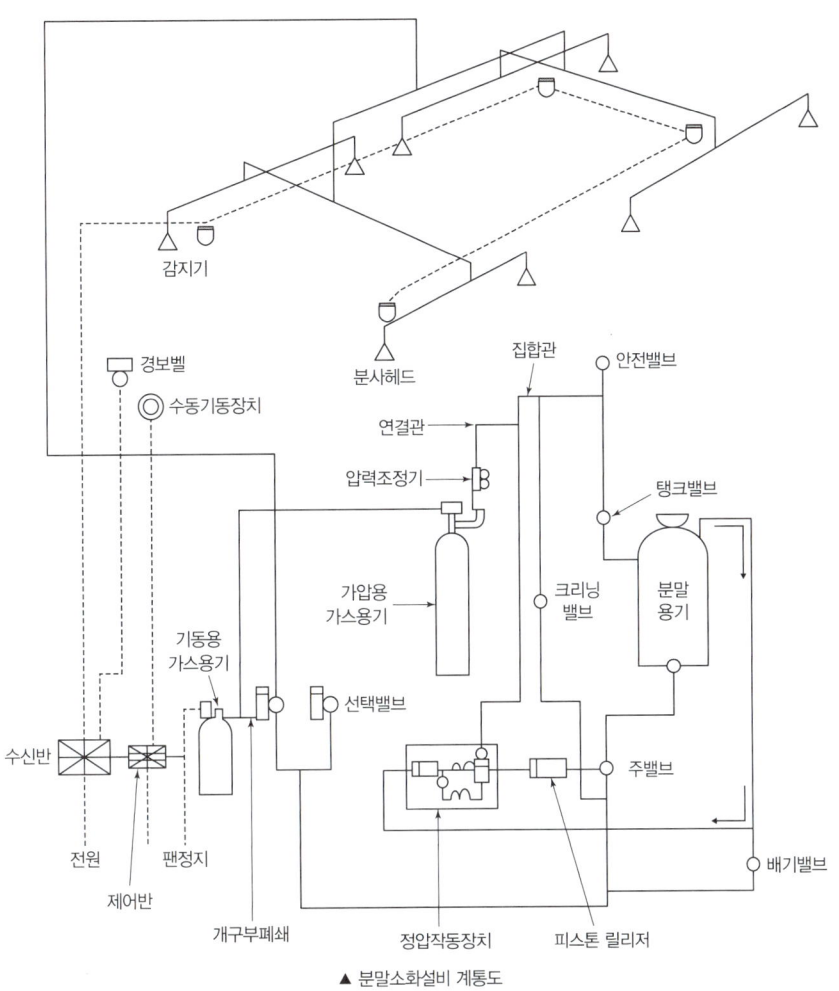

▲ 분말소화설비 계통도

전역방출방식	소화약제 공급장치에 배관 및 분사헤드 등을 설치하여 밀폐 방호구역 내에 소화약제를 방출하는 방식
국소방출방식	소화약제 공급장치에 배관 및 분사헤드를 설치하여 직접 화점에 분말소화약제를 방출하는 방식
호스릴방식	소화수 또는 소화약제 저장용기 등에 연결된 호스릴을 이용하여 사람이 직접 화점에 소화수 또는 소화약제를 방출하는 방식
충전비	소화약제 저장용기의 내부 용적과 소화약제의 중량과의 비(용적[L]/중량[kg])를 말한다.
집합관	개별 소화약제(가압용 가스 포함) 저장용기의 방출관이 접속되어 있는 관
분기배관	배관 측면에 구멍을 뚫어 둘 이상의 관로가 생기도록 가공한 배관
확관형 분기배관	배관의 측면에 조그만 구멍을 뚫고 소성가공으로 확관시켜 배관 용접이음자리를 만들거나 배관 용접이음자리에 배관이음쇠를 용접 이음한 배관
비확관형 분기배관	배관의 측면에 분기호칭내경 이상의 구멍을 뚫고 배관이음쇠를 용접 이음한 배관
교차회로방식	하나의 방호구역 내에 2 이상의 화재감지기회로를 설치하고 인접한 2 이상의 화재감지기에 화재가 감지되는 때에 소화설비가 작동하는 방식
방화문	건축법에 따른 60분+ 방화문, 60분 방화문 또는 30분 방화문
방호구역	소화설비의 소화범위 내에 포함된 영역
선택밸브	2 이상의 방호구역 또는 방호대상물이 있어 소화수 또는 소화약제를 해당하는 방호구역 또는 방호대상물에 선택적으로 방출되도록 제어하는 밸브
호스릴	원형의 소방호스를 원형의 수납장치에 감아 정리한 것
제1종 분말	탄산수소나트륨($NaHCO_3$)을 주성분으로 한 분말소화약제
제2종 분말	탄산수소칼륨($KHCO_3$)을 주성분으로 한 분말소화약제
제3종 분말	인산염(PO_4^{3-})을 주성분으로 한 분말소화약제
제4종 분말	탄산수소칼륨($KHCO_3$)과 요소($CO(NH_2)_2$)가 화합된 분말소화약제

2) 저장용기의 설치장소

① 방호구역 외의 장소에 설치한다.
② 방호구역 내에 설치할 경우 피난 및 조작이 용이하도록 피난구 부근에 설치한다.
③ 온도가 40[℃] 이하이고, 온도 변화가 작은 곳에 설치한다.
④ 직사광선 및 빗물이 침투할 우려가 없는 곳에 설치한다.
⑤ 방화문으로 방화구획 된 실에 설치한다.
⑥ 용기의 설치장소에는 해당 용기가 설치된 곳임을 표시하는 표지를 한다.
⑦ 용기 간의 간격은 점검에 지장이 없도록 3[cm] 이상의 간격을 유지한다.
⑧ 저장용기와 집합관을 연결하는 연결배관에는 체크밸브를 실치한다.
  ← 저장용기가 하나의 방호구역만을 담당하는 경우 제외

> **PLUS+ 정압작동장치**
> 분말 소화약제의 저장용기의 주밸브를 일정한 시간이 경과한 후에 개방시키는 장치. 가압용 가스가 분말 소화약제 탱크에 도입된 후, 약제가 유동하여 설정방출압력에 도달될 때까지 약 15~20초의 시간이 소요되며, 압력스위치방식, 기계식 및 시한릴레이방식이 있다.

3) 저장용기의 설치기준

① 저장용기의 내용적은 다음과 같다. ← ④에서 충전비[L/kg]는 0.8 이상이므로 표의 기준 이상이어야 한다.

소화약제의 종류	소화약제 1[kg] 당 저장용기의 내용적[L/kg]
제1종 분말	0.8
제2종 분말	1.0
제3종 분말	1.0
제4종 분말	1.25

② 저장용기에는 가압식의 경우 최고사용압력의 1.8배 이하, 축압식의 경우 내압시험압력의 0.8배 이하의 압력에서 작동하는 안전밸브를 설치한다.
③ 저장용기에는 저장용기의 내부압력이 설정압력으로 되었을 때 주밸브를 개방하는 정압작동장치를 설치한다.
④ 저장용기의 충전비는 0.8 이상으로 한다.
⑤ 저장용기 및 배관에는 잔류 소화약제를 처리할 수 있는 청소장치를 설치한다.
⑥ 축압식 저장용기에는 사용압력 범위를 표시한 지시압력계를 설치한다.

4) 가압용 가스용기의 설치기준

① 분말소화약제의 가스용기는 분말소화약제의 저장용기에 접속하여 설치한다.
② 분말소화약제의 가압용 가스용기를 3병 이상 설치한 경우에는 2개 이상의 용기에 전자개방밸브를 부착한다.
③ 분말소화약제의 가압용 가스용기에는 2.5[MPa] 이하의 압력에서 조정이 가능한 압력조정기를 설치한다.

5) 가압용 가스의 설치기준

① 가압용 가스 또는 축압용 가스는 질소가스 또는 이산화탄소로 한다.
② 가압용 가스의 소요량
  • 질소가스를 사용하는 경우 질소가스는 소화약제 1[kg]마다 40[L](35[℃]에서 1기압의 압력상태로 환산한 것) 이상으로 한다.
  • 이산화탄소를 사용하는 경우 이산화탄소는 소화약제 1[kg]마다 20[g]과 배관의 청소에 추가적으로 필요한 양 이상으로 한다.
③ 축압용 가스의 소요량
  • 질소가스를 사용하는 경우 질소가스는 소화약제 1[kg]마다 10[L](35[℃]에서 1기압의 압력상태로 환산한 것) 이상으로 한다.
  • 이산화탄소를 사용하는 경우 이산화탄소는 소화약제 1[kg]마다 20[g]과 배관의 청소에 추가적으로 필요한 양 이상으로 한다.
④ 배관의 청소에 필요한 가스는 별도의 용기에 저장한다.

PLUS+ **가압용·축압용 가스의 소요량**

구분	질소	이산화탄소
가압용 가스	40[L]	20[g]+청소에 필요한 양
축압용 가스	10[L]	20[g]+청소에 필요한 양

6) 소화약제 저장량의 최소기준 ← 최소기준이므로 산출한 양 이상으로 갖추어야 한다.

① 전역방출방식

전역방출방식의 경우 소화약제의 저장량은 방호구역의 체적과 개구부의 면적에 따라 산출한 값의 합으로 한다.

• 방호구역의 체적 1[m³]마다 다음의 기준에 따른 양

소화약제의 종류	소화약제의 양[kg/m³]
제1종 분말	0.60
제2종 분말	0.36
제3종 분말	0.36
제4종 분말	0.24

• 방호구역의 개구부(창문·출입구) 1[m²]마다 다음의 기준에 따른 양(자동폐쇄장치가 없는 경우 限)

소화약제의 종류	소화약제의 양[kg/m²]
제1종 분말	4.5
제2종 분말	2.7
제3종 분말	2.7
제4종 분말	1.8

② 국소방출방식

국소방출방식의 경우 소화약제의 저장량은 다음의 식에 따라 산출할 수 있다.

$$Q = \left(X - Y \times \left(\frac{a}{A}\right)\right) \times V \times 1.1$$

Q: 소화약제의 양[kg], a: 방호대상물 주변 실제 벽면적의 합계[m²],
A: 방호공간 벽면적의 합계[m²], V: 방호공간의 부피[m³], X, Y, K: 표에 따른 수치

소화약제의 종류	X	Y
제1종 분말	5.2	3.9
제2종 분말	3.2	2.4
제3종 분말	3.2	2.4
제4종 분말	2.0	1.5

> **PLUS+** 국소방출방식 저장량 산출방법
>
> 이와 같은 크기의 방호대상물에 국소방출방식 제2종 분말소화약제의 저장량을 산출하는 방법은 다음과 같다.
> 방호대상물 주변의 실제 벽은 4면 중 2면에만 있으므로
> a = (2[m] × 1[m]) + (1[m] × 1[m]) = 3[m²]
> 방호공간의 벽면적은 4면 중 2면은 벽으로 막혀있으므로
> A = (2[m] + 0.6[m]) × (1[m] + 0.6[m]) × 2 + (1[m] + 0.6[m]) ×
>   (1[m] + 0.6[m]) × 2 = 13.44[m²]
> 따라서 소화약제의 저장량은
> $Q = \left(3.2 - 2.4 \times \left(\frac{3}{13.44}\right)\right) \times (2.6 \times 1.6 \times 1.6) \times 1.1 ≒ 19.5[kg]$

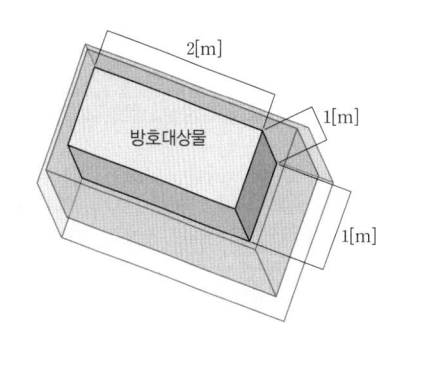

7) 분사헤드

① 전역방출방식의 분사헤드
- 방출된 소화약제가 방호구역의 전역에 균일하고 신속하게 확산할 수 있도록 한다.
- 기준저장량의 소화약제를 30초 이내에 방출할 수 있는 것으로 한다.

② 국소방출방식의 분사헤드
- 소화약제의 방출에 따라 가연물이 비산하지 않는 장소에 설치한다.
- 기준저장량의 소화약제를 30초 이내에 방출할 수 있는 것으로 한다.

③ 호스릴방식 분말소화설비의 설치장소 ← 차고 또는 주차장은 제외
- 화재 시 현저하게 연기가 찰 우려가 없는 장소에 설치한다.
- 지상 1층 및 피난층에 있는 부분으로서 지상에서 수동 또는 원격조작에 따라 개방할 수 있는 개구부의 유효면적의 합계가 바닥면적의 15[%] 이상이 되는 부분에 설치한다.
  ← 바닥면적의 15[%] 이상에 해당하는 창문·출입구를 개방할 수 있는 경우를 말한다.
- 전기설비가 설치되어 있는 부분 또는 다량의 화기를 사용하는 부분의 바닥면적이 해당 설비가 설치되어 있는 구획의 바닥면적의 5분의 1 미만이 되는 부분에 설치한다.
  ← 전체 공간(면적) 중 화재 발생 위험이 있는 부분(면적)이 $\frac{1}{5}$ 미만이 되는 경우를 말한다.

④ 호스릴방식 분말소화설비의 설치기준
- 방호대상물의 각 부분으로부터 하나의 호스접결구까지의 수평거리는 15[m] 이하로 한다.
- 소화약제 저장용기의 개방밸브는 호스릴의 설치장소에서 수동으로 개폐할 수 있는 것으로 한다.
- 소화약제 저장용기는 호스릴을 설치하는 장소마다 설치한다.
- 노즐은 하나의 노즐마다 1분 당 다음의 표에 따른 양을 방출할 수 있는 것으로 한다.

소화약제의 종류	소화약제의 양[kg]
제1종 분말	45
제2종 분말	27
제3종 분말	27
제4종 분말	18

- 소화약제 저장용기의 가장 가까운 곳의 보기 쉬운 곳에 적색의 표시등을 설치하고, 호스릴방식의 분말소화설비가 있다는 뜻을 표시한 표지를 한다.

CHAPTER 05 기타 소화설비

PHASE 11 피난기구

1) 용어의 정의

완강기	사용자의 몸무게에 따라 자동적으로 내려올 수 있는 기구 중 사용자가 교대하여 연속적으로 사용할 수 있는 것
간이완강기	사용자의 몸무게에 따라 자동적으로 내려올 수 있는 기구 중 사용자가 연속적으로 사용할 수 없는 것
공기안전매트	화재 발생 시 사람이 건축물 내에서 외부로 긴급히 뛰어내릴 때 충격을 흡수하여 안전하게 지상에 도달할 수 있도록 포지에 공기 등을 주입하는 구조로 되어 있는 것
구조대	포지 등을 사용하여 자루 형태로 만든 것으로서 화재 시 사용자가 그 내부에 들어가서 내려옴으로써 대피할 수 있는 것
승강식 피난기	사용자의 몸무게에 의하여 자동으로 하강하고 내려서면 스스로 상승하여 연속적으로 사용할 수 있는 무동력 승강식 기기
하향식 피난구용 내림식사다리	하향식 피난구 해치에 격납하여 보관하고 사용 시에는 사다리 등이 소방대상물과 접촉되지 않는 내림식 사다리
피난사다리	화재 시 긴급대피를 위해 사용하는 사다리
다수인피난장비	화재 시 2인 이상의 피난자가 동시에 해당 층에서 지상 또는 피난층으로 하강하는 피난기구
미끄럼대	사용자가 미끄럼식으로 신속하게 지상 또는 피난층으로 이동할 수 있는 피난기구
피난교	인근 건축물 또는 피난층과 연결된 다리 형태의 피난기구
피난용트랩	화재 층과 직상 층을 연결하는 계단형태의 피난기구

2) 수용인원의 산정 방법

①

특정소방대상물	용도	수용인원의 산정
숙박시설	침대가 있는 숙박시설	종사자 수＋침대수(2인용은 2개)
	침대가 없는 숙박시설	종사자 수＋(바닥면적 합계/3$[m^2]$)
그 외 특정소방대상물	강의실, 교무실, 상담실, 실습실, 휴게실	바닥면적 합계/1.9$[m^2]$
	강당, 문화 및 집회시설, 운동시설, 종교시설	바닥면적 합계/4.6$[m^2]$ 관람석의 경우: 고정식 의자 수 긴 의자의 경우: 의자 정면 너비/0.45$[m]$
	그 밖의 특정소방대상물	바닥면적 합계/3$[m^2]$

② 바닥면적을 산정할 때에는 복도, 계단 및 화장실의 바닥면적을 포함하지 않는다.
③ 계산 결과 소수점 이하의 수는 반올림한다.

3) 설치장소별 피난기구의 적응성

설치장소별 \ 층별	1층	2층	3층	4층 이상 10층 이하
노유자시설	• 미끄럼대 • 구조대 • 피난교 • 다수인 피난장비 • 승강식 피난기	• 미끄럼대 • 구조대 • 피난교 • 다수인피난장비 • 승강식 피난기	• 미끄럼대 • 구조대 • 피난교 • 다수인피난장비 • 승강식 피난기	• 구조대 • 피난교 • 다수인피난장비 • 승강식 피난기
의료시설·근린생활시설 중 입원실이 있는 의원·접골원·조산원			• 미끄럼대 • 구조대 • 피난교 • 피난용트랩 • 다수인피난장비 • 승강식 피난기	• 구조대 • 피난교 • 피난용트랩 • 다수인피난장비 • 승강식 피난기
4층 이하 다중이용업소		• 미끄럼대 • 피난사다리 • 구조대 • 완강기 • 다수인피난장비 • 승강식 피난기	• 미끄럼대 • 피난사다리 • 구조대 • 완강기 • 다수인피난장비 • 승강식 피난기	• 미끄럼대 • 피난사다리 • 구조대 • 완강기 • 다수인피난장비 • 승강식 피난기
그 밖의 것			• 미끄럼대 • 피난사다리 • 구조대 • 완강기 • 피난교 • 피난용트랩 • 간이완강기 • 공기안전매트 • 다수인피난장비 • 승강식 피난기	• 피난사다리 • 구조대 • 완강기 • 피난교 • 간이완강기 • 공기안전매트 • 다수인피난장비 • 승강식 피난기

4) 피난기구의 설치개수

① 층마다 설치한다.
② 숙박시설·노유자시설 및 의료시설로 사용되는 층에는 그 층의 바닥면적 $500[m^2]$마다 1개 이상 설치한다.
③ 위락시설·문화집회 및 운동시설·판매시설로 사용되는 층 또는 복합용도의 층에는 그 층의 바닥면적 $800[m^2]$마다 1개 이상 설치한다.
④ 계단실형 아파트에는 각 세대마다 1개 이상 설치한다.
⑤ 그 밖의 용도의 층에는 그 층의 바닥면적 $1,000[m^2]$마다 1개 이상 설치한다.
⑥ 숙박시설(휴양콘도미니엄 제외)의 경우 객실마다 완강기 또는 2 이상의 간이완강기를 추가로 설치한다.
⑦ 4층 이상의 층에 설치된 노유자시설 중 장애인 관련 시설로서 주된 사용자 중 스스로 피난이 불가한 사람이 있는 경우 층마다 구조대를 1개 이상 추가로 설치한다.

5) 피난기구의 설치기준

① 피난기구는 계단·피난구·기타 피난시설로부터 적당한 거리에 있는 안전한 구조로 된 피난 또는 소화활동 상 유효한 개구부에 고정하여 설치하거나 필요한 때에 신속하고 유효하게 설치할 수 있는 상태에 둔다.
② 개구부는 가로 $0.5[m]$ 이상 세로 $1[m]$ 이상으로 한다.
③ 개구부 하단이 바닥에서 $1.2[m]$ 이상이면 발판 등을 설치하고, 밀폐된 창문은 쉽게 파괴할 수 있는 파괴장치를 비치한다.
④ 피난기구를 설치하는 개구부는 서로 동일직선상이 아닌 위치에 있어야 한다.
⑤ 피난기구는 특정소방대상물의 기둥·바닥·보·기타 구조상 견고한 부분에 볼트조임·매입·용접·기타의 방법으로 견고하게 부착한다.
⑥ 4층 이상의 층에 피난사다리(하향식 피난구용 내림식 사다리 제외)를 설치하는 경우 금속성 고정사다리를 설치하고, 고정사다리에는 쉽게 피난할 수 있는 구조의 노대를 설치한다.
⑦ 완강기는 강하 시 로프가 건축물 또는 구조물 등과 접촉하여 손상되지 않도록 하고, 로프의 길이는 부착위치에서 지면 또는 기타 피난상 유효한 착지 면까지의 길이로 한다.
⑧ 미끄럼대는 안전한 강하속도를 유지하도록 하고, 전락방지를 위한 안전조치를 한다.
⑨ 구조대의 길이는 피난 상 지장이 없고 안정한 강하속도를 유지할 수 있는 길이로 한다.

6) 피난기구의 설치제외

① 다음의 기준에 적합한 특정소방대상물 또는 그 부분에는 피난기구를 설치하지 않을 수 있다.
- 주요구조부가 내화구조로 되어 있어야 한다.
- 실내의 면하는 부분의 마감이 불연재료·준불연재료 또는 난연재료로 되어 있고 방화구획이 건축법의 규정에 적합하게 구획되어 있어야 한다.
- 거실의 각 부분으로부터 직접 복도로 쉽게 통할 수 있어야 한다.
- 복도에 2 이상의 피난계단 또는 특별피난계단이 건축법에 적합하게 설치되어 있어야 한다.
- 복도의 어느부분에서도 2 이상의 방향으로 각각 다른 계단에 도달할 수 있어야 한다.

7) 피난기구 설치의 감소

① 다음의 기준에 적합한 층에는 피난기구의 2분의 1을 감소할 수 있다. (소수점 이하 절상)
- 주요구조부가 내화구조로 되어 있어야 한다.
- 직통계단인 피난계단 또는 특별피난계단이 2 이상 설치되어 있어야 한다.

8) 승강식 피난기 및 하향식 피난구용 내림식사다리의 설치기준

① 승강식 피난기 및 하향식 피난구용 내림식사다리는 설치경로가 설치 층에서 피난층까지 연계될 수 있는 구조로 설치한다. ← 건축물의 구조 및 설치 여건 상 불가피한 경우 그렇지 않다.
② 대피실의 면적은 $2[m^2]$(2세대 이상인 경우 $3[m^2]$) 이상으로 하고, 하강구(개구부) 규격은 직경 $60[cm]$ 이상으로 한다. ← 외기와 개방된 장소에는 그렇지 않다.
③ 하강구 내측에는 기구의 연결 금속구 등이 없어야 하며 전개된 피난기구는 하강구 수평투영면적 공간 내의 범위를 침범하지 않는 구조로 한다.
  ← 직경 60[cm] 크기의 범위를 벗어난 경우, 직하층의 바닥 면으로부터 높이 50[cm] 이하의 범위 제외
④ 대피실의 출입문은 60분+ 방화문 또는 60분 방화문으로 설치하고, 피난방향에서 식별할 수 있는 위치에 "대피실" 표지판을 부착한다. ← 외기와 개방된 장소에는 그렇지 않다.
⑤ 착지점과 하강구는 상호 수평거리 $15[cm]$ 이상의 간격을 둔다.
⑥ 대피실 내에는 비상조명등을 설치한다.
⑦ 대피실에는 층의 위치표시와 피난기구 사용설명서 및 주의사항 표지판을 부착한다.
⑧ 대피실 출입문이 개방되거나, 피난기구 작동 시 해당층 및 직하층 거실에 설치된 표시등 및 경보장치가 작동되고, 감시 제어반에서는 피난기구의 작동을 확인할 수 있어야 한다.
⑨ 사용 시 기울거나 흔들리지 않도록 설치한다.
⑩ 승강식 피난기는 한국소방산업기술원 또는 성능시험기관으로 지정받은 기관에서 그 성능을 검증받은 것으로 설치한다.

PHASE 12 인명구조기구

1) 용어의 정의

방열복	고온의 복사열에 가까이 접근하여 소방활동을 수행할 수 있는 내열피복
공기호흡기	소화활동 시에 화재로 인하여 발생하는 각종 유독가스 중에서 일정시간 사용할 수 있도록 제조된 압축공기식 개인호흡장비(보조마스크를 포함한다)
인공소생기	호흡 부전 상태인 사람에게 인공호흡을 시켜 환자를 보호하거나 구급하는 기구
방화복	화재진압 등의 소방활동을 수행할 수 있는 피복
인명구조기구	화열, 화염, 유해성가스 등으로부터 인명을 보호하거나 구조하는데 사용되는 기구
축광식표지	평상시 햇빛 또는 전등불 등의 빛에너지를 축적하여 화재 등의 비상시 어두운 상황에서도 도안·문자 등이 쉽게 식별될 수 있는 표지

2) 인명구조기구의 설치기준

① 특정소방대상물의 용도 및 장소별 설치해야 할 인명구조기구

특정소방대상물	인명구조기구	설치 수량
• 지하층을 포함하는 층수가 7층 이상인 관광호텔 • 5층 이상인 병원	• 방열복 또는 방화복(안전모, 보호장갑 및 안전화 포함) • 공기호흡기 • 인공소생기	각 2개 이상(병원의 경우 인공소생기 생략 가능)
• 수용인원 100명 이상의 영화상영관 • 대규모 점포 • 지하역사 • 지하상가	• 공기호흡기	층마다 2개 이상
• 물분무 소화설비 중 이산화탄소 소화설비를 설치해야하는 특정소방대상물	• 공기호흡기	이산화탄소 소화설비가 설치된 장소의 출입구 외부 인근에 1개 이상

② 화재 시 쉽게 반출 사용할 수 있는 장소에 비치한다.
③ 인명구조기구를 설치한 장소에는 가까운 곳의 보기 쉬운 곳에 "인명구조기구"라는 축광식표지와 그 사용방법을 표시한 표지를 부착한다.
④ 축광식표지는 소방청장이 정하여 고시한 기준에 적합한 것으로 한다.
⑤ 방열복은 소방청장이 정하여 고시한 기준에 적합한 것으로 한다.
⑥ 방화복(안전모, 보호장갑 및 안전화 포함)은 표준규격에 적합한 것으로 한다.

PHASE 13 　소화수조 및 저수조

1) 용어의 정의

소화수조	소화용수의 전용 수조
저수조	소화용수와 일반 생활용수의 겸용 수조
채수구	소방차의 소방호스와 접결되는 흡입구
흡수관투입구	소방차의 흡수관이 투입될 수 있도록 소화수조 또는 저수조에 설치된 원형 또는 사각형의 투입구

2) 소화수조 및 저수조의 설치기준

① 채수구 또는 흡수관투입구는 소방차가 2[m] 이내의 지점까지 접근할 수 있는 위치에 설치한다.
② 저수량은 소방대상물의 연면적을 다음의 표에 따른 기준면적으로 나누어 얻은 수(소수점 이하 절상)에 20[m³]을 곱한 양 이상으로 한다.

소방대상물의 구분	기준면적[m²]
1층 및 2층의 바닥면적 합계가 15,000[m²] 이상	7,500
그 밖의 소방대상물	12,500

③ 지하에 설치하는 소화용수설비의 흡수관투입구는 한 변이 0.6[m] 이상이거나 직경이 0.6[m] 이상으로 한다.

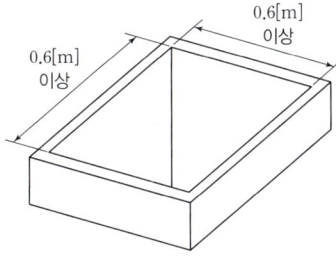
▲ 한 변이 0.6[m] 이상인 흡수관투입구

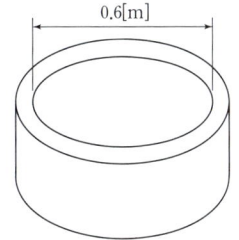
▲ 직경이 0.6[m] 이상인 흡수관투입구

④ 흡수관투입구는 다음의 표에 따른 소요수량에 따라 설치하고, "흡수관투입구"라고 표시한 표지를 한다.

소요수량[m³]	채수구의 수(개)
80 미만	1개 이상
80 이상	2개 이상

⑤ 채수구는 다음의 표에 따른 소요수량에 따라 설치한다.

소요수량[m³]	채수구의 수(개)
20 이상 40 미만	1
40 이상 100 미만	2
100 이상	3

⑥ 채수구는 지면으로부터 높이가 0.5[m] 이상 1[m] 이하의 위치에 설치하고, "채수구"라고 표시한 표지를 한다.

⑦ 소화용수설비를 설치해야 할 특정소방대상물에서 유수의 양이 0.8[m³/min] 이상인 유수를 사용할 수 있는 경우에는 소화수조를 설치하지 않을 수 있다.

3) 가압송수장치의 설치기준

① 소화수조 또는 저수조가 지표면으로부터 깊이(수조 내부바닥)가 4.5[m] 이상인 지하에 있는 경우 다음의 표에 따라 가압송수장치를 설치한다.

← 충분한 저수량을 지표면으로부터 4.5[m]이하인 지하에서 확보할 수 있는 경우 가압송수장치를 설치하지 않을 수 있다.

소요수량[m³]	가압송수장치의 1분 당 양수량[L/min]
20 이상 40 미만	1,100 이상
40 이상 100 미만	2,200 이상
100 이상	3,300 이상

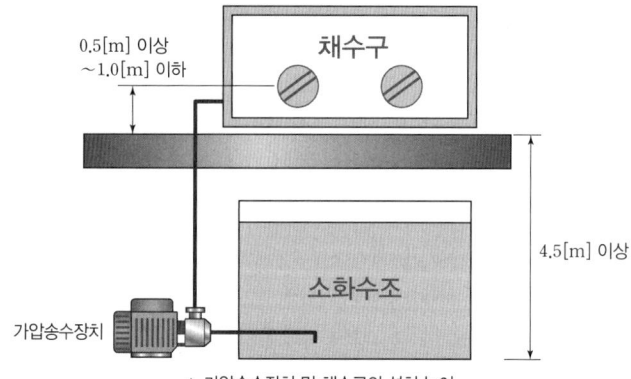

▲ 가압송수장치 및 채수구의 설치 높이

② 소화수조가 옥상 또는 옥탑의 부분에 설치된 경우 지상에 설치된 채수구에서의 압력은 0.15[MPa] 이상으로 한다.

PHASE 14 제연설비

1) 용어의 정의

제연구역	제연경계에 의해 구획된 건물 내의 공간
제연경계	연기를 예상제연구역 내에 가두거나 이동을 억제하기 위한 보 또는 제연경계벽 등
제연경계벽	제연경계가 되는 가동형 또는 고정형의 벽
제연경계의 폭	제연경계가 면한 천장 또는 반자로부터 그 제연경계의 수직하단 끝부분까지의 거리
수직거리	제연경계의 하단 끝으로부터 그 수직한 하부 바닥면까지의 거리
예상제연구역	화재 시 연기의 제어가 요구되는 제연구역
공동예상제연구역	2개 이상의 예상제연구역을 동시에 제연하는 구역
통로배출방식	거실 내 연기를 직접 옥외로 배출하지 않고 거실에 면한 통로의 연기를 옥외로 배출하는 방식
보행중심선	통로 폭의 한 가운데 지점을 연장한 선
방화문	건축법에 따른 60분+ 방화문, 60분 방화문 또는 30분 방화문
유입풍도	예상제연구역으로 공기를 유입하도록 하는 풍도
배출풍도	예상제연구역의 공기를 외부로 배출하도록 하는 풍도
불연재료	불에 타지 않는 성질을 가진 재료
난연재료	불에 잘 타지 않는 성능을 가진 재료

2) 제연방식

자연 제연방식		출입구, 창문 계단 등을 통해 자연적으로 연기가 배출되는 방식
기계 제연방식	제1종 기계 제연방식	급기와 배기 모두 송풍기와 배연기를 활용하여 기계적으로 이루어지는 방식
	제2종 기계 제연방식	급기만 송풍기를 활용하여 기계적으로 이루어지는 방식(자연배기)
	제3종 기계 제연방식	배기만 배연기를 활용하여 기계적으로 이루어지는 방식(자연급기)
밀폐 제연방식		발화점으로부터 개구부를 차단하여 밀폐시킨 후 연기의 유출을 막는 방식
스모크타워 제연방식		천장에 설치된 루프모니터를 통해 연기를 배출시키는 방식

> **PLUS+ 연돌효과(Stack Effect)**
> 건축물 내부의 온도가 외부 온도보다 높고 기체의 밀도가 낮을 때 압력 차로 인하여 내부의 공기가 아래쪽에서 위쪽으로 이동하는 흐름을 연돌효과라고 한다.
> 자연적인 힘에 의해 연기가 외부로 배출되므로 제연설비의 부담이 낮아지고 효과가 커진다.

3) 제연설비

① 제연구역의 구획기준
- 하나의 제연구역의 면적은 1,000[m²] 이내로 한다.
- 거실과 통로(복도 포함)는 각각 제연구획 한다.
- 통로상의 제연구역은 보행중심선의 길이가 60[m]를 초과하지 않는다.
- 하나의 제연구역은 직경 60[m] 원 내에 들어갈 수 있어야 한다.
- 하나의 제연구역은 2 이상의 층에 미치지 않도록 한다.
- 층의 구분이 불분명한 부분은 그 부분을 다른 부분과 별도로 제연구획 한다.

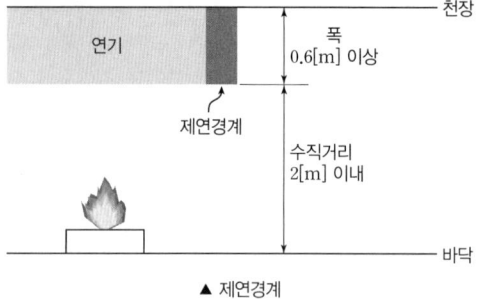

▲ 제연경계

4) 배출량의 산정기준

① 예상제연구역(통로 제외)의 바닥면적이 400[m²] 미만인 경우
- 바닥면적 1[m²] 당 1[m³/min] 이상으로 하고, 최소 배출량은 5,000[m³/hr] 이상으로 한다.
- 통로와 인접하고 바닥면적이 50[m²] 미만인 예상제연구역을 통로배출방식으로 하는 경우 통로보행중심선의 길이 및 수직거리에 따라 다음의 표에서 정하는 배출량 이상으로 한다.

통로보행중심선의 길이[m]	수직거리[m]	배출량[m³/h]
40 이하	2 이하	25,000 이상
	2 초과 2.5 이하	30,000 이상
	2.5 초과 3 이하	35,000 이상
	3 초과	45,000 이상
40 초과 60 이하	2 이하	30,000 이상
	2 초과 2.5 이하	35,000 이상
	2.5 초과 3 이하	40,000 이상
	3 초과	50,000 이상

② 예상제연구역(통로 제외)의 바닥면적이 400[m²] 이상인 경우
- 예상제연구역이 직경 40[m]인 원의 범위 안에 있을 경우 최소 배출량은 40,000[m³/h] 이상으로 한다.
- 예상제연구역이 직경 40[m]인 원의 범위를 초과하는 경우 최소 배출량은 45,000[m³/h] 이상으로 한다.

• 예상제연구역이 제연경계로 구획된 경우 그 수직거리에 따라 다음의 표에서 정하는 배출량 이상으로 한다.

예상제연구역의 범위[m]	수직거리[m]	배출량[m³/h]
직경 40 이내	2 이하	40,000 이상
	2 초과 2.5 이하	45,000 이상
	2.5 초과 3 이하	50,000 이상
	3 초과	60,000 이상
직경 40 초과	2 이하	45,000 이상
	2 초과 2.5 이하	50,000 이상
	2.5 초과 3 이하	55,000 이상
	3 초과	65,000 이상

③ 예상제연구역이 통로인 경우 배출량은 45,000[m³/h] 이상으로 한다.
④ 통로가 제연경계로 구획된 경우 배출량은 예상제연구역이 직경 40[m]인 범위를 초과하는 기준에 준하여 정한다.

> **PLUS+ 배연방식**
> ① 공동배연방식: 2 이상의 예상제연구역에서 함께 연기를 배출하는 방식
> ② 독립배연방식: 하나의 예상제연구역에서 독립적으로 연기를 배출하는 방식

5) 공기유입방식 및 유입구

① 예상제연구역에 대한 공기유입은 유입풍도를 경유한 강제유입 또는 자연유입방식으로 하거나, 인접한 제연구역 또는 통로에 유입되는 공기가 해당구역으로 유입되는 방식으로 할 수 있다.
② 바닥면적 400[m²] 미만의 거실인 예상제연구역(제연경계에 따른 구획을 제외)에 대해서는 공기유입구와 배출구 간의 직선거리는 5[m] 이상 또는 구획된 실의 장변의 2분의 1 이상으로 할 것. 다만, 공연장·집회장·위락시설의 용도로 사용되는 부분의 바닥면적이 200[m²]를 초과하는 경우의 공기유입구는 다음의 기준에 따른다.
③ 바닥면적이 400[m²] 이상의 거실인 예상제연구역(제연경계에 따른 구획을 제외)에 대해서는 바닥으로부터 1.5[m] 이하의 높이에 설치하고 그 주변은 공기의 유입에 장애가 없도록 한다.

> **PLUS+ 댐퍼**
> 방화구역과 통하는 풍도, 개구부 등에 열, 연기, 불꽃 등을 차단하기 위해 설치하는 장치
> ① 솔레노이드 댐퍼: 솔레노이드 밸브에 의해 누르게핀을 이동시켜 작동되며, 개구부가 좁은 곳에 설치한다.
> ② 모터 댐퍼: 모터의 작동에 의해 누르게핀을 이동시켜 작동되며, 개구부가 넓은 곳에 설치한다.
> ③ 퓨즈 댐퍼: 덕트 내부의 온도가 70[°C]를 넘어가면 퓨즈메탈이 녹으면서 작동된다.

6) 배출풍도의 설치기준
① 아연도금강판 또는 이와 동등 이상의 내식성·내열성이 있는 것으로 한다.
② 건축법에 따른 불연재료(석면 제외)인 단열재로 풍도 외부에 유효한 단열 처리를 한다.
③ 강판의 두께는 배출풍도의 크기에 따라 다음의 표에 따른 기준 이상으로 한다.

← 유입풍도의 강판 두께도 동일하다.

풍도 단면의 긴변 또는 직경의 크기[mm]	강판 두께[mm]
450 이하	0.5
450 초과 750 이하	0.6
750 초과 1,500 이하	0.8
1,500 초과 2,250 이하	1.0
2,250 초과	1.2

④ 배출기의 흡입 측 풍도 안의 풍속은 15[m/s] 이하로 하고 배출 측 풍속은 20[m/s] 이하로 한다.

7) 유입풍도의 설치기준
① 유입풍도는 아연도금강판 또는 이와 동등 이상의 내식성·내열성이 있는 것으로 한다.
② 유입풍도 안의 풍속은 20[m/s] 이하로 하고 풍도의 강판 두께는 배출풍도의 기준에 따라 설치한다.
③ 옥외에 면하는 배출구 및 공기유입구는 비 또는 눈 등이 들어가지 않도록 하고, 배출된 연기가 공기유입구로 순환유입 되지 않도록 한다.

8) 제연설비의 설치제외
① 제연설비를 설치해야 할 특정소방대상물 중 화장실·목욕실·주차장·발코니를 설치한 숙박시설(가족호텔 및 휴양콘도미니엄)의 객실과 사람이 상주하지 않는 기계실·전기실·공조실·50[m²] 미만의 창고 등으로 사용되는 부분에 대하여는 배출구·공기유입구의 설치 및 배출량 산정에서 이를 제외 할 수 있다.

PLUS+ 연기의 유출속도

연기의 유출속도는 다음의 공식을 이용해 구할 수 있다.

$$u_i = \sqrt{2gh\left(\frac{\rho_o}{\rho_i}-1\right)}$$

u_i: 연기의 유출속도[m/s], g: 중력가속도[m/s²], h: 높이 차이[m],
ρ_o: 외부의 공기밀도[kg/m³], ρ_i: 화재실의 공기밀도[kg/m³]

외부의 공기속도는 다음의 공식을 이용해 구할 수 있다.

$$\frac{u_i}{u_o} = \sqrt{\frac{\rho_i}{\rho_o}}$$

u_o: 외부 기체의 확산속도[m/s], u_i: 외부 기체의 확산속도[m/s],
ρ_o: 내부 기체의 밀도[kg/m³], ρ_i: 외부 기체의 밀도[kg/m³]

PHASE 15 특별피난계단의 계단실 및 부속실 제연설비

1) 용어의 정의

제연구역	제연하고자 하는 계단실, 부속실 또는 비상용승강기의 승강장
방연풍속	옥내로부터 제연구역 내로 연기의 유입을 유효하게 방지할 수 있는 풍속
급기량	제연구역에 공급해야 할 공기의 양
누설량	틈새를 통하여 제연구역으로부터 흘러나가는 공기량
보충량	방연풍속을 유지하기 위하여 제연구역에 보충해야 할 공기량
플랩댐퍼	제연구역의 압력이 설정압력범위를 초과하는 경우 제연구역의 압력을 배출하여 설정압력 범위를 유지하게 하는 과압방지장치
유입공기	제연구역으로부터 옥내로 유입하는 공기로서 차압에 따라 누설하는 것과 출입문의 개방에 따라 유입하는 것 등
거실제연설비	제연설비의 화재안전성능·기술기준에 따른 옥내의 제연설비
자동차압급기댐퍼	제연구역과 옥내 사이의 차압을 압력센서 등으로 감지하여 제연구역에 공급되는 풍량의 조절로 제연구역의 차압 유지를 자동으로 제어할 수 있는 댐퍼
자동폐쇄장치	제연구역의 출입문 등에 설치하는 것으로서 화재 시 화재감지기의 작동과 연동하여 출입문을 자동적으로 닫히게 하는 장치
과압방지장치	제연구역의 압력이 설정압력을 초과하는 경우 자동으로 압력을 조절하여 과압을 방지하는 장치
굴뚝효과	건물 내부와 외부 또는 두 내부 공간 상하간의 온도 차이에 의한 밀도 차로 발생하는 건물 내부의 수직 기류
기밀상태	일정한 공간에 있는 유체가 누설되지 않는 밀폐 상태
누설틈새면적	가압 또는 감압된 공간과 인접한 공간 사이에 공기의 흐름이 가능한 틈새의 면적
송풍기	공기의 흐름을 발생시키는 기기
수직풍도	건축물의 층간에 수직으로 설치된 풍도
외기취입구	옥외로부터 옥내로 외기를 취입하는 개구부
제어반	각종 기기의 작동 여부 확인과 자동 또는 수동 기동 등이 가능한 장치
차압측정공	제연구역과 비제연구역과의 압력 차를 측정하기 위해 제연구역과 비제연구역 사이의 출입문 등에 설치된 공기가 흐를 수 있는 관통형 통로
계단실	특별피난계단의 계단실
부속실	비상용승강기의 승강장과 겸용하는 것 또는 비상용승강기·피난용승강기의 승강장

2) 제연설비의 설치기준

① 제연구역에 옥외의 신선한 공기를 공급하여 제연구역의 기압을 제연구역 이외의 옥내보다 높게 하고 일정한 기압의 차이(차압)를 유지하게 하여 옥내로부터 제연구역 내로 연기가 침투하지 못하도록 한다. ← 제연구역을 통해 화재 시 피난해야 하므로 연기가 들어와서는 안된다.

② 피난을 위하여 제연구역의 출입문이 일시적으로 개방되는 경우 방연풍속을 유지하도록 옥외의 공기를 제연구역 내로 보충 공급하도록 한다.

③ 출입문이 닫히는 경우 제연구역의 과압을 방지할 수 있는 유효한 조치를 하여 차압을 유지한다.

3) 제연구역의 선정

① 계단실 및 그 부속실을 동시에 제연하는 것
② 부속실을 단독으로 제연하는 것
③ 계단실을 단독으로 제연하는 것

4) 차압

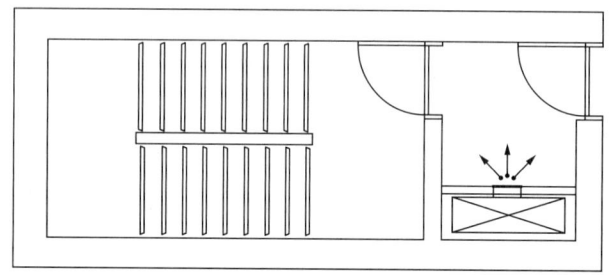

▲ 부속실 급기가압 제연설비의 예

① 제연구역의 기압을 제연구역 이외의 옥내보다 높게 하고 일정한 기압의 차이를 유지해야 하는 최소 차압은 40[Pa] 이상으로 한다.
② 옥내에 스프링클러설비가 설치된 경우 최소 차압은 12.5[Pa] 이상으로 한다.
③ 제연설비가 가동되었을 경우 출입문의 개방에 필요한 힘은 110[N] 이하로 한다.
④ 피난을 위하여 제연구역의 출입문이 일시적으로 개방되는 경우 개방되지 않은 제연구역과 옥내와의 차압은 ①과 ②의 70[%] 이상이어야 한다.
⑤ 계단실과 부속실을 동시에 제연하는 경우 부속실의 기압은 계단실과 같게 하거나 계단실의 기압보다 낮게 할 경우에는 부속실과 계단실의 압력 차이는 5[Pa] 이하가 되도록 한다.

5) 출입문의 개방에 필요한 힘

$$F = F_{dc} + \frac{K_d W A \Delta P}{2(W-d)}$$

F: 문 개방에 필요한 힘[N], F_{dc}: 도어체크의 저항력[N], K_d: 출입문의 마찰계수, W: 문의 가로폭[m], A: 문의 면적[m²], ΔP: 내부와 외부의 압력차(차압)[Pa], d: 문 손잡이에서 문의 끝까지의 거리[m]

① 문 개방에 필요한 힘이 110[N]보다 큰 경우 플랩 댐퍼를 설치해야 한다.

6) 방연풍속

①

제연구역		방연풍속
계단실 및 그 부속실을 동시에 제연하는 것 또는 계단실만 단독으로 제연하는 것		0.5[m/s] 이상
부속실만 단독으로 제연하는 것 또는 비상용승강기의 승강장만 단독으로 제연하는 것	부속실 또는 승강장이 면하는 옥내가 거실인 경우	0.7[m/s] 이상
	부속실 또는 승강장이 면하는 옥내가 복도로서 그 구조가 방화구조(내화시간이 30분 이상인 구조를 포함)인 것	0.5[m/s] 이상

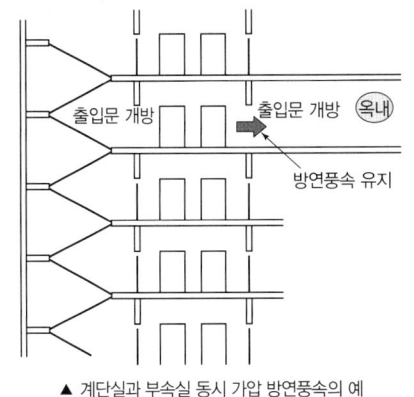

▲ 계단실과 부속실 동시 가압 방연풍속의 예

② 개폐기의 개구면적[m^2]은 다음 식에 따라 산출한 수치 이상으로 한다.

$$A_O = \frac{Q_N}{2.5}$$

A_O: 개폐기의 개구면적[m^2], Q_N: 제연구역의 출입문 1개의 면적[m^2] × 방연풍속[m/s]

7) 문의 틈새면적과 누출량

① 문의 틈새를 통해 빠져나가는 공기의 양은 다음과 같이 구할 수 있다.

$$Q = 0.827 A \sqrt{P}$$

Q: 누출되는 공기의 양[m^3/s], A: 문의 틈새면적[m^2], P: 문을 경계로 한 실내외 기압차[Pa]

② 여러 개의 문이 직렬 또는 병렬구조로 연결된 경우 전체 틈새면적은 다음과 같이 구할 수 있다.

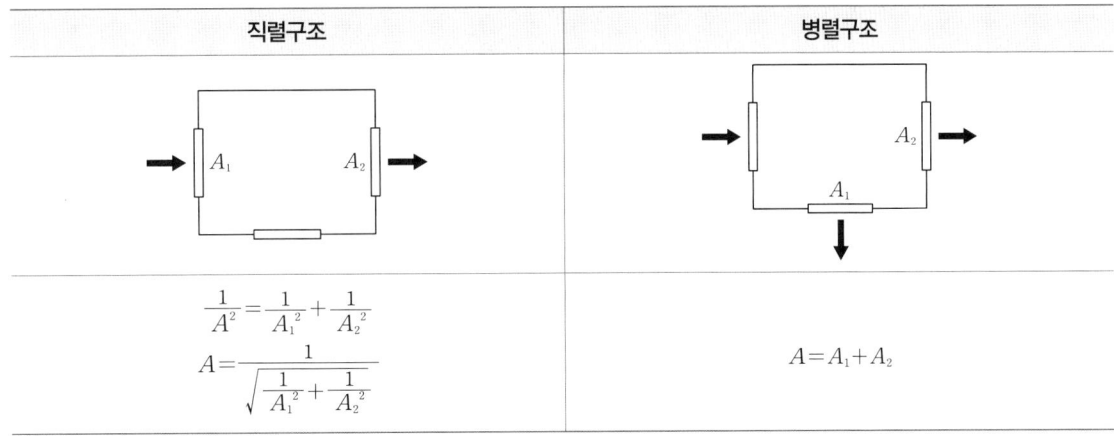

직렬구조	병렬구조
$\dfrac{1}{A^2} = \dfrac{1}{A_1^2} + \dfrac{1}{A_2^2}$ $A = \dfrac{1}{\sqrt{\dfrac{1}{A_1^2} + \dfrac{1}{A_2^2}}}$	$A = A_1 + A_2$

PHASE 16 연결송수관설비

1) 연결송수관설비

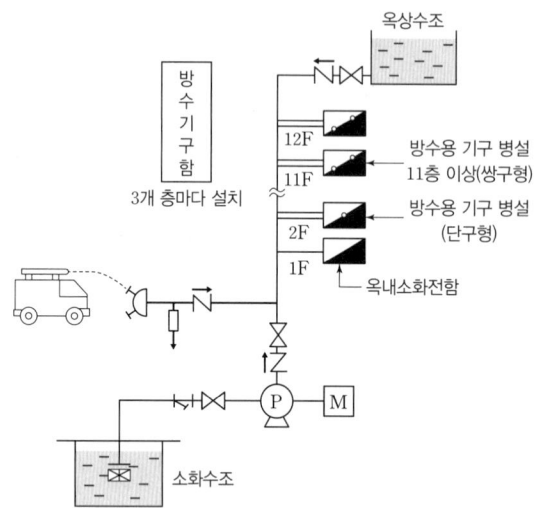
▲ 습식 연결송수관설비 계통도

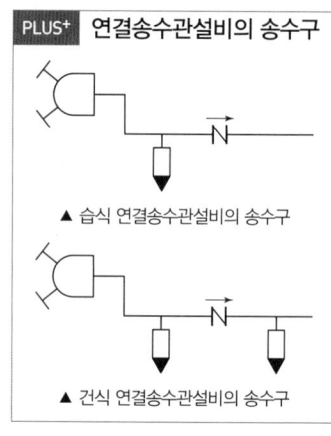
PLUS⁺ 연결송수관설비의 송수구
▲ 습식 연결송수관설비의 송수구
▲ 건식 연결송수관설비의 송수구

2) 연결송수관설비의 설치기준
① 송수구의 부근에는 자동배수밸브 및 체크밸브를 다음의 기준에 따라 설치한다.
- 습식의 경우에는 송수구·자동배수밸브·체크밸브의 순으로 설치한다.
- 건식의 경우에는 송수구·자동배수밸브·체크밸브·자동배수밸브의 순으로 설치한다.

② 지면으로부터의 높이가 31[m] 이상인 특정소방대상물 또는 지상 11층 이상인 특정소방대상물에 있어서는 습식설비로 한다. ← 높은 건축물은 긴급한 상황에 빠르게 대응하기 위해 미리 소화수를 채워둔다.

3) 가압송수장치
- 지표면에서 최상층 방수구의 높이가 70[m] 이상의 특정소방대상물에는 연결송수관설비의 가압송수장치를 설치 한다.
- 펌프의 토출 측에는 압력계를 체크밸브 이전에 펌프 토출 측 플랜지에서 가까운 곳에 설치하고, 흡입 측에는 연성계 또는 진공계를 설치해야 한다. 다만, 수원의 수위가 펌프의 위치보다 높거나 수직 회전축 펌프의 경우에는 연성계 또는 진공계를 설치하지 않을 수 있다.
- 펌프의 토출량은 2,400[L/min](계단식 아파트의 경우에는 1,200[L/min]) 이상이 되는 것으로 한다. 다만, 해당 층에 설치된 방수구가 3개를 초과(최대 5개)하는 것에 있어서는 1개마다 800[L/min](계단식 아파트의 경우에는 400[L/min])를 가산한 양이 되는 것으로 한다.
- 펌프의 양정은 최상층에 설치된 노즐선단의 압력이 0.35[MPa] 이상의 압력이 되도록 한다.

PHASE 17 연결살수설비

1) 헤드의 설치기준
① 연결살수설비의 헤드는 연결살수설비 전용헤드 또는 스프링클러 헤드로 설치한다.
② 천장 또는 반자의 실내에 면하는 부분에 설치한다.
③ 천장 또는 반자의 각 부분으로부터 하나의 헤드까지 수평거리를 다음의 기준에 따라 설치한다.

연결살수설비 전용헤드	3.7[m] 이하
스프링클러 헤드	2.3[m] 이하

④ 살수헤드의 부착면과 바닥과의 높이가 2.1[m] 이하인 부분은 살수헤드의 살수분포에 따른 거리로 할 수 있다.

2) 배관의 설치기준
① 연결살수설비 전용헤드를 사용하는 경우 다음의 표에 따른 구경 이상으로 한다.

하나의 배관에 부착하는 전용헤드의 개수	배관의 구경[mm]
1개	32
2개	40
3개	50
4개 또는 5개	65
6개 이상 10개 이하	80

PHASE 18 지하구

1) 지하구
① "지하구"란 전력·통신용의 전선이나 가스·냉난방용의 배관 또는 이와 비슷한 것을 집합 수용하기 위하여 설치한 지하 인공구조물로서 사람이 점검 또는 보수를 하기 위하여 출입이 가능한 것 중 다음의 어느 하나에 해당하는 것을 말한다.
- 전력 또는 통신사업용 지하 인공구조물로서 전력구(케이블 접속부가 없는 경우는 제외) 또는 통신구 방식으로 설치된 것
- 이외의 지하 인공구조물로서 폭이 1.8[m] 이상이고 높이가 2[m] 이상이며 길이가 50[m] 이상인 것

2) 연소방지설비

① 배관의 설치기준
- 배관용 탄소강관(KS D 3507) 또는 압력배관용 탄소강관(KS D 3562)이나 이와 같은 수준 이상의 강도·내부식성 및 내열성을 가진 것으로 한다.
- 급수배관은 전용으로 한다.
- 연소방지설비 전용헤드를 사용하는 경우 다음의 표에 따른 구경 이상으로 한다.

하나의 배관에 부착하는 전용헤드의 개수	배관의 구경[mm]
1개	32
2개	40
3개	50
4개 또는 5개	65
6개 이상	80

- 개방형 스프링클러 헤드를 사용하는 경우 스프링클러설비의 화재안전기준에 따른다.
- 교차배관은 가지배관과 수평으로 설치하거나 가지배관 밑에 설치하고, 최소구경은 40[mm] 이상으로 한다.

② 연소방지설비 헤드의 설치기준
- 천장 또는 벽면에 설치한다.
- 헤드 간의 수평거리는 연소방지설비 전용헤드의 경우 2[m] 이하, 개방형 스프링클러헤드의 경우 1.5[m] 이하로 한다.
- 소방대원의 출입이 가능한 환기구·작업구마다 지하구의 양쪽방향으로 살수헤드를 설치하고, 한쪽 방향의 살수구역의 길이는 3[m] 이상으로 한다.
- 환기구 사이의 간격이 700[m]를 초과하는 경우 700[m] 이내마다 살수구역을 설정한다.
    ← 지하구의 구조를 고려하여 방화벽을 설치한 경우 그렇지 않다.

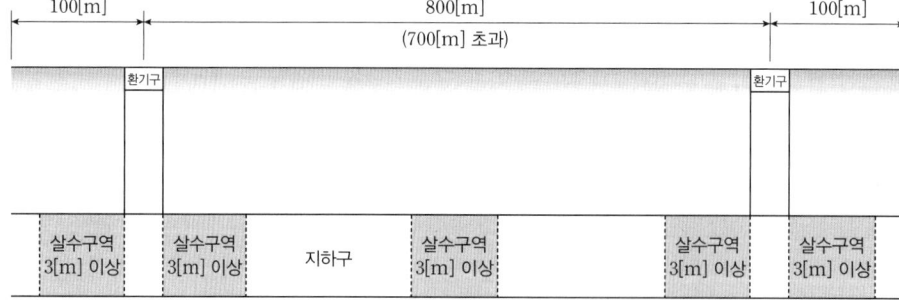

PHASE 19   유체가 가지는 에너지

1) 베르누이 정리의 의미
① 흐르는 유체에 대해 에너지 보존의 법칙을 적용하여 유체가 흐르는 상태를 나타낸다.
② 흐르는 유체에서 압력이 가지는 에너지, 유속이 가지는 에너지, 위치가 가지는 에너지의 합은 일정하다.
③ 베르누이 정리를 적용하기 위해서는 다음의 조건을 만족시켜야 한다.
    • 비압축성 유체이다.
    • 정상상태의 흐름이다.
    • 마찰이 없는 흐름이다.
    • 임의의 두 점은 같은 흐름선 상에 있다.

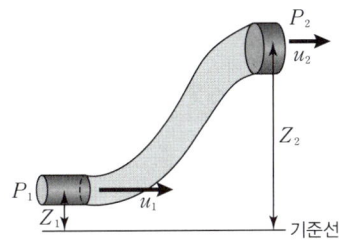

2) 베르누이 방정식

$$\frac{P}{\gamma}+\frac{u^2}{2g}+Z=\text{일정}$$

P: 압력[N/m²], γ: 비중량[N/m³], u: 유속[m/s], g: 중력가속도[m/s²], Z: 높이[m]

① 베르누이 정리에서 $\frac{P}{\gamma}$를 압력수두, $\frac{u^2}{2g}$를 속도수두, Z를 위치수두라고 한다.
② 압력수두를 정압, 속도수두를 동압, 정압과 동압의 합을 전압이라고 한다.
③ 유체가 가진 에너지는 보존되므로 두 지점을 비교하는 방정식은 다음과 같다.

$$\frac{P_1}{\gamma}+\frac{u_1^2}{2g}+Z_1=\frac{P_2}{\gamma}+\frac{u_2^2}{2g}+Z_2$$

④ 기체의 경우 위치수두는 다른 에너지에 비해 훨씬 작으므로 무시할 수 있다.

3) 수정 베르누이 방정식
① 유체가 흐르며 손실이 발생하는 경우 발생한 손실은 배관 통과 후 상태에 반영할 수 있다.

$$\frac{P_1}{\gamma}+\frac{u_1^2}{2g}+Z_1=\frac{P_2}{\gamma}+\frac{u_2^2}{2g}+Z_2+H$$

P: 압력[N/m²], γ: 비중량[N/m³], u: 유속[m/s], g: 중력가속도[m/s²], Z: 높이[m], H: 손실수두[m]

② 펌프를 통과하는 유체의 경우 펌프로부터 유체가 이동할 수 있는 에너지를 부여받았으므로 펌프의 전양정은 펌프 통과 전 상태에 반영할 수 있다.

$$\frac{P_1}{\gamma}+\frac{u_1^2}{2g}+Z_1+H_P=\frac{P_2}{\gamma}+\frac{u_2^2}{2g}+Z_2$$

P: 압력[N/m²], γ: 비중량[N/m³], u: 유속[m/s], g: 중력가속도[m/s²], Z: 높이[m], H_P: 펌프의 전양정[m]

PHASE 20 유체유동

1) 유체의 연속방정식
① 의미
- 흐르는 유체에 대해 유체의 연속적인 흐름을 기술하는 식을 말한다.
- 일정한 시간 동안 같은 부피 또는 같은 질량의 유체가 흐르면 유체가 통과하는 단면적과 그 유속의 관계를 알 수 있다.

② 부피유량

$$Q = Au$$

Q: 부피유량[m³/s], A: 유체의 단면적[m²], u: 유속[m/s]

- 비압축성 유체인 경우 흐름의 시작 지점과 끝 지점을 통과하는 유량은 항상 일정($Q_1 = Q_2$)하다.
- 따라서 시작 지점과 끝 지점의 단면적과 유속은 다음과 같은 관계를 갖는다.

$$A_1 u_1 = A_2 u_2$$

③ 질량유량

$$M = \rho A u$$

M: 질량유량[kg/s], ρ: 밀도[kg/m³], A: 유체의 단면적[m²], u: 유속[m/s]

④ 무게유량

$$G = \rho g A u$$

G: 무게유량[N/s], ρ: 밀도[kg/m³], g: 중력가속도[m/s²], A: 유체의 단면적[m²], u: 유속[m/s]

2) 유체유동의 측정
① 벤투리미터

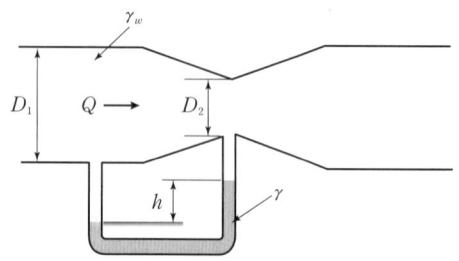

> **PLUS+ 유량 측정장치**
> ① 벤투리미터
> ② 피토관
> ③ 오리피스: 배관 중간에 설치하는 작은 구멍으로 압력 차이를 이용하여 유량을 측정하는 장치이다.
> ④ 로터미터: 부재(float)의 오르내림을 활용하여 배관 내의 유량을 측정하는 장치이다.

$$Q = CA_2 \sqrt{2g\left(\frac{P_1 - P_2}{\gamma_w}\right)} = CA_2 \sqrt{2g\left(\frac{\gamma - \gamma_w}{\gamma_w}\right)h}$$

Q: 유량[m³/s], C: 유량계수, A_2: 좁은 면적[m²], g: 중력가속도[m/s²], P: 압력[N/m²], γ_w: 벤투리관 유체의 비중량[N/m³], γ: 액주계 유체의 비중량[N/m³], h: 액주계의 높이 차이[m]

- 배관 중 좁아지는 구간에서 유속이 증가하고 압력이 낮아지는 점에서 착안하여 압력 차이를 통해 유량을 측정하는 장치이다.
- 베르누이 방정식을 통해 유도할 수 있다.
- 이론유량과 실제유량은 차이가 있으므로 유량계수 C를 곱해 그 차이를 보정한다.
- 유량계수 C와 속도계수 C_v의 관계는 다음과 같다.

$$C = \frac{C_v}{\sqrt{1-\left(\frac{A_2}{A_1}\right)^2}}$$

C: 유량계수, C_v: 속도계수, $\frac{A_2}{A_1}$: 개구비

3) 유체의 운동

① 유체가 평판과 수직으로 충돌하는 경우 평판은 다음과 같은 힘을 받게 된다.

$$F = ma = \rho Qu = \rho A u^2$$

F: 유체가 평판에 가하는 힘[N], m: 질량[kg], a: 가속도[m/s²],
ρ: 유체의 밀도[kg/m³], Q: 유량[m³/s], u: 유속[m/s],
A: 유체의 단면적[m²]

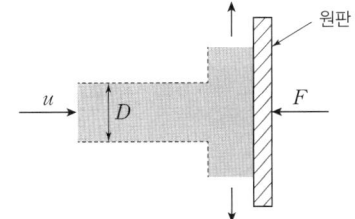

- 뉴턴의 운동법칙에 의해 힘은 물체의 운동을 변화시키는 근원이므로 $F=ma$로 나타낼 수 있다.
- 유체의 흐름은 연속적이므로 질량이나 부피를 고정적으로 기술하는 것은 어렵다. 따라서 시간당 물리량으로 표현하기 위해 질량 m을 밀도 ρ와 유량 Q의 곱으로 나타내 준다.
- 유량은 유체의 단면적 A와 단면적을 통과하는 유속 u의 곱으로 나타낼 수 있다.

② 유체가 기울어진 평판과 충돌하는 경우 평판은 다음과 같은 힘을 받게 된다.

$$F = F_0 \sin\theta = ma \sin\theta = \rho Qu \sin\theta = \rho A u^2 \sin\theta$$

F: 유체가 평판에 가하는 힘[N], F_0: 초기 유체가 가진 힘[N],
θ: 초기 유체의 운동방향과 작용하는 방향 사이의 각

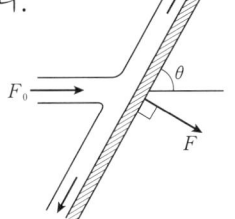

- 유체의 운동방향 F_0는 기울어진 평판을 기준으로 두 개의 성분으로 분리할 수 있다.
- 기울어진 평판과 수직이 되는 성분은 평판에 유효하게 힘을 가한다.
- 기울어진 평판과 수평이 되는 성분은 평판에 힘을 가할 수 없다.

③ 플랜지 볼트에 작용하는 힘

$$F = \frac{\gamma Q^2 A_1}{2g}\left(\frac{A_1 - A_2}{A_1 A_2}\right)^2$$

F: 플랜지 볼트에 작용하는 힘[N], γ: 비중량[N/m³],
Q: 유량[m³/s], A_1: 배관의 단면적[m²],
A_2: 노즐의 단면적[m²], g: 중력가속도[m/s²]

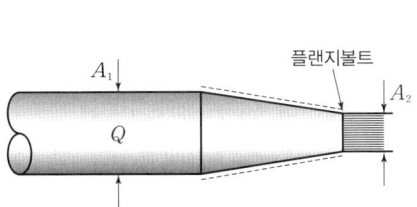

PHASE 21 배관

1) 배관의 스케줄 수
① 배관이 견딜 수 있는 압력을 나타내는 수로 일반적으로 배관의 두께와 강도를 의미한다.
② 예를들어 스케줄 40은 4[MPa]의 압력을 견딜 수 있다는 배관의 사양을 나타낸다.
③ 배관의 스케줄 수는 다음과 같이 구할 수 있다.

$$\text{스케줄 수} = \frac{\text{최고사용압력[MPa]}}{\text{재료의 허용응력[MPa]}} \times 1{,}000$$

④ 재료의 허용응력은 다음과 같이 구할 수 있다.

$$\text{재료의 허용응력} = \frac{\text{인장강도}}{\text{안전율}}$$

PHASE 22 배관의 마찰손실

1) 배관 단면의 확대 및 축소에 의한 손실
① 부차적 손실이 발생했을 때 이를 반영하는 계수를 부차적 손실계수 K라고 한다.
② 확대관에서 발생하는 손실

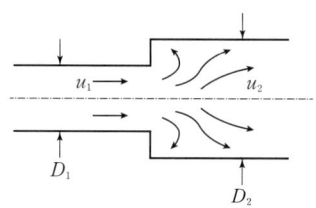

$$H = \frac{(u_1 - u_2)^2}{2g} = K\frac{u_1^2}{2g}$$

$$K = \left(1 - \frac{A_1}{A_2}\right)^2 = \left(1 - \frac{D_1^2}{D_2^2}\right)^2$$

H: 마찰손실수두[m], u_1: 좁은 배관의 유속[m/s], u_2: 넓은 배관의 유속[m/s], g: 중력가속도[m/s²], K: 부차적 손실계수

③ 축소관에서 발생하는 손실

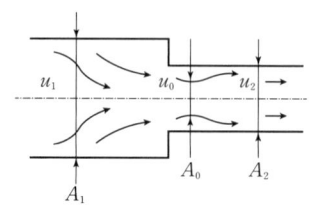

$$H = \frac{(u_0 - u_2)^2}{2g} = K\frac{u_2^2}{2g}$$

$$K = \left(\frac{A_2}{A_0} - 1\right)^2$$

H: 마찰손실수두[m], u_0: 좁은 흐름의 유속[m/s], u_2: 좁은 배관의 유속[m/s], g: 중력가속도[m/s²], K: 부차적 손실계수

> **PLUS+ 부차적 손실**
> ① 배관 입구와 출구에서의 손실
> ② 배관 단면의 확대 및 축소에 의한 손실
> ③ 배관부품(엘보, 티, 리듀서, 밸브 등)에서 발생하는 손실
> ④ 곡선인 배관에서의 손실

2) 달시 – 바이스바하 방정식

$$H = \frac{\Delta P}{\gamma} = \frac{flu^2}{2gD}$$

H: 마찰손실수두[m], ΔP: 압력 차이[kPa], γ: 비중량[kN/m³], f: 마찰손실계수,
l: 배관의 길이[m], u: 유속[m/s], g: 중력가속도[m/s²], D: 배관의 직경[m]

① 일정한 양의 비압축성 유체가 일정한 속도로 흐를 때 유체의 물리적 성질과 배관의 특성에 의한 에너지 손실을 설명하는 방정식이다.
② 층류와 난류 모두에서 적용이 가능하다.
③ 층류일 때 마찰계수 f는 $\dfrac{64}{Re}$로 구할 수 있다.

3) 레이놀즈 수

$$Re = \frac{\rho u D}{\mu} = \frac{uD}{\nu}$$

Re: 레이놀즈 수, ρ: 밀도[kg/m³], u: 유속[m/s], D: 직경[m], μ: 점성계수(점도)[kg/m·s],
ν: 동점성계수(동점도)[m²/s]

① 유체의 관성력과 점성력의 비를 나타내는 수로 크기에 따라 클수록 난류, 작을수록 층류로 판단하는 척도가 된다.

4) 하젠 – 윌리엄즈 방정식

$$\Delta P = \frac{6.053 \times 10^4 \times Q^{1.85}}{C^{1.85} \times d^{4.87}} \times L$$

ΔP: 배관의 마찰손실압력[MPa], Q: 유량[L/min],
C: 조도, d: 배관의 내경[mm], L: 배관의 길이[m]

① 물과 배관의 물리적 특성 사이의 관계를 설명하는 방정식이다.

PHASE 23 펌프의 특성

1) 펌프
① 유체에 에너지를 가해 원하는 위치까지 이동시키는 장치를 펌프라고 한다.
② 펌프를 작동시키기 위해 에너지를 공급하는 장치가 필요하며 일반적으로 전기에너지를 이용하는 전동기가 주로 사용된다.
③ 펌프의 특성(성능)곡선과 시스템 곡선의 교점에서 운전한다. ← 효율성, 안정성 등 운전조건이 최적화되는 지점이다.

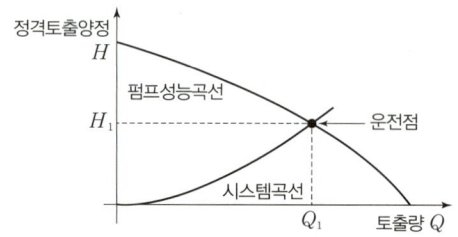

2) 송풍기
① 기체에 에너지를 가해 원하는 위치까지 이동시키는 장치를 송풍기라고 한다.
② 주로 제연설비에서 공기의 유입과 연기의 배출에 사용된다.
③ 송풍기의 종류와 그에 따른 성능은 다음과 같다.

종류	성능(압력 차이)
압축기(Compressor)	100[kPa] 이상
블로어(Blower)	10[kPa] 이상 100[kPa] 미만
팬(Fan)	10[kPa] 미만

3) 펌프 및 송풍기의 동력
① 수동력
- 유체를 원하는 위치까지 이동시키는데 필요한 에너지를 수동력이라고 한다.

$$P = \gamma Q H$$

P: 수동력[kW], γ: 유체의 비중량[kN/m³], Q: 유량[m³/s], H: 전양정[m]

- 소화수로 물을 사용하기 때문에 물의 비중량인 $9.8[\text{kN/m}^3]$이 주로 사용된다.
- 펌프가 유체에 전달해야 하는 에너지이다.

② 축동력
- 펌프 내부에서 발생하는 손실을 감안하여 유체를 원하는 위치까지 이동시키는 데 필요한 에너지를 축동력이라고 한다.

$$P = \frac{\gamma Q H}{\eta}$$

P: 축동력[kW], γ: 유체의 비중량[kN/m³], Q: 유량[m³/s], H: 전양정[m], η: 효율

- 유체가 펌프를 통과하며 발생하는 마찰, 압축 등에 의해 손실이 발생한다. 이때 고려할 수 있는 효율은 수력효율, 체적효율, 기계효율이 있으며, 세 가지 효율의 곱이 펌프에서 발생하는 전효율이다.

전효율＝수력효율×체적효율×기계효율

- 모터가 펌프에 전달해야 하는 에너지이다.

③ 전동력
- 모터에서 펌프로 에너지를 전달하며 발생하는 손실을 감안하여 모터를 작동시키는 데 필요한 에너지를 전동력이라고 한다.

$$P = \frac{\gamma Q H}{\eta} K$$

P: 전동력[kW], γ: 유체의 비중량[kN/m³], Q: 유량[m³/s], H: 전양정[m], η: 효율, K: 전달계수

- 외부에서 모터에 전달해야 하는 에너지이다

④ 송풍기
- 송풍기의 동력은 다음과 같다.

$$P = \frac{P_T Q}{\eta} K$$

P: 송풍기의 동력[kW], P_T: 바람의 압력[kPa], Q: 유량[m³/s], H: 전양정[m], η: 효율, K: 전달계수

- 송풍기의 흡입구와 배출구의 압력 차이가 바람의 압력 P_T[kPa]이고 이는 유체의 비중량 γ[kN/m³]과 전양정 H[m]의 곱과 같으므로 위 공식은 펌프의 동력 공식과 근본적으로 같다.

4) 펌프의 상사법칙

① 기하학적으로 비슷한 두 물체의 운동이 역학적으로도 비슷해지도록 하는 조건을 나타내는 법칙을 말한다.
② 펌프의 동력 공식을 구성하는 요소인 유량, 양정, 축동력으로 두 펌프의 조건을 비교할 수 있다.
③ 펌프의 유량

$$\frac{Q_2}{Q_1} = \left(\frac{N_2}{N_1}\right)\left(\frac{D_2}{D_1}\right)^3$$

Q: 유량, N: 펌프의 회전수, D: 직경

④ 펌프의 양정

$$\frac{H_2}{H_1} = \left(\frac{N_2}{N_1}\right)^2\left(\frac{D_2}{D_1}\right)^2$$

H: 양정, N: 펌프의 회전수, D: 직경

⑤ 펌프의 축동력

$$\frac{P_2}{P_1} = \left(\frac{N_2}{N_1}\right)^3\left(\frac{D_2}{D_1}\right)^5$$

P: 축동력, N: 펌프의 회전수, D: 직경

5) 펌프의 운전

① 펌프의 직렬연결
- 펌프를 직렬로 연결하면 유체는 펌프를 여러 번 통과하게 된다.
- 펌프 하나를 통과할 수 있는 유량은 일정하므로 여러 펌프를 직렬로 연결하더라도 유량은 일정하다.
- 이미 동력을 전달받은 유체가 한 번 더 동력을 받으므로 직렬로 연결하면 양정은 증가한다.

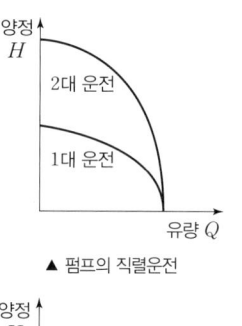

▲ 펌프의 직렬운전

② 펌프의 병렬연결
- 펌프를 병렬로 연결하면 더 많은 유체가 동시에 펌프를 통과한다.
- 여러 개의 펌프가 동시에 유체를 토출하므로 유량은 증가한다.
- 유체 분자는 동력을 한 번만 전달받으므로 병렬로 연결하면 양정은 변하지 않는다.

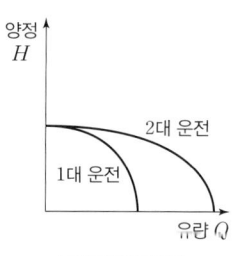

▲ 펌프의 병렬운전

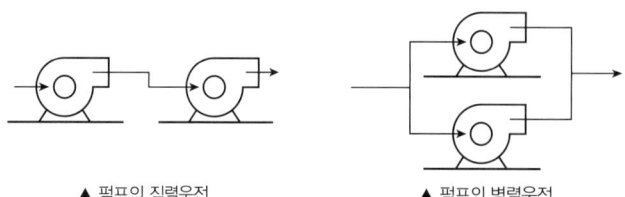

▲ 펌프의 직렬운전　　▲ 펌프의 병렬운전

6) NPSH

① 펌프가 흡입하는 압력을 수두로 나타낸 수치를 NPSH(Net positive suction head)라고 한다.
② 공동현상의 발생을 예상하는 척도가 된다. ← 펌프에 어느 정도 닿을 수 있어야 펌프도 흡입할 수 있다.
③ 유효흡입수두($NPSH_{av}$)와 필요흡입수두($NPSH_{re}$)로 나뉘어진다.

$NPSH_{av} > NPSH_{re}$	공동현상이 발생하지 않는다.
$NPSH_{av} < NPSH_{re}$	공동현상이 발생한다.

④ 유효흡입수두($NPSH_{av}$) ← 펌프에 닿을 수 있는 수준이다.
- 펌프의 흡입 측에 제공되는 압력 조건을 나타낸다.
- 유효흡입수두를 구성하는 조건은 다음과 같다.

$$NPSH_{av} = H_a \pm H_z - H_f - H_v$$

$NPSH_{av}$: 유효흡입수두, H_a: 유체에 작용하는 절대압,
H_z: 유체 표면에서 펌프 중심까지의 높이, H_f: 마찰손실수두, H_v: 포화증기압수두

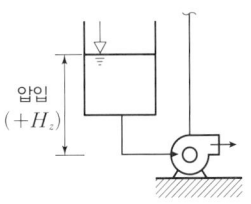
▲ 압입양정

⑤ 필요흡입수두($NPSH_{re}$) ← 펌프가 흡입할 수 있는 수준이다.
- 펌프가 가진 고유한 성능을 나타낸다.

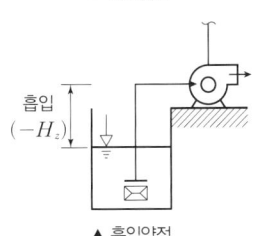
▲ 흡입양정

7) 비교회전도(비속도)

① 의미
- 유량 및 양정을 이용하여 적합한 펌프를 선택하기 위한 무차원수를 비교회전도(비속도)라고 한다.
- 유량 1[m³/min]을 1[m] 이동시키는 데 필요한 회전수를 비교회전도(비속도)라고 한다.
- 비교회전도(비속도)를 구하는 공식은 다음과 같다.

$$N_s = \frac{NQ^{\frac{1}{2}}}{\left(\frac{H}{n}\right)^{\frac{3}{4}}}$$

N_s: 비교회전도[m³/min, m, rpm], N: 회전수[rpm], Q: 유량[m³/min], H: 양정[m], n: 단수

② 비교회전도에 따른 펌프의 선택

비교회전도	100~300	400	800~1,000	1,200 이상
펌프	편흡입 볼류트	양흡입 볼류트	사류	축류

8) 수격현상

① 배관 속 유체의 흐름이 갑자기 변화할 때 압력파에 의해 충격과 이상음이 발생하는 현상을 말한다.
② 주로 배관 구경이 감소하거나 밸브가 닫히는 경우 유체가 압축 및 이완하면서 충격파를 발생시킨다.
③ 소음과 진동이 발생하며 배관과 밸브 등 주변 부속들이 파손된다.
④ Water hammering이라고 한다.

9) 맥동현상

① 펌프 압력계의 지침이 흔들리며 토출량이 주기적으로 변동하며 진동하는 현상을 말한다.
② 펌프의 $H-Q$곡선이 상승하는 조건에서 운전하는 경우 발생한다.

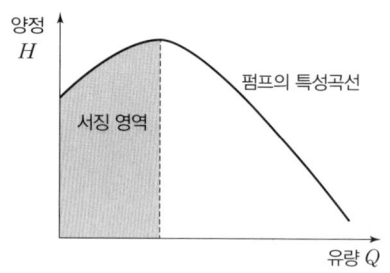

③ 배관 중 공기가 유입되는 경우 펌프의 부하가 변동하면서 맥동현상이 발생할 수 있다.
④ Surging(서징)이라고 한다.
⑤ 방지대책
  - 펌프 내 양수량을 증가시킨다.
  - 임펠러의 회전 수를 증가시킨다.
  - 배관 내의 잔류공기를 제거한다.
  - 펌프의 양정곡선($Q-H$)의 상승부에서 운전하는 것을 피한다.
  - 배관 중 불필요한 수조를 제거한다.
  - 유량조절밸브를 배관 중 수조의 위치 전방에 설치한다.

10) 공동현상

① 배관 내 흐르는 유체에서 압력이 증기압보다 낮아져 기포가 발생하는 현상을 말한다.
② 유체의 속도가 빨라지면 상대적으로 압력이 감소하게 되는데 이때 압력이 증기압보다 낮아지게 되면 기화가 일어나면서 배관 내 빈 공간(공동)이 발생한다.
③ Cavitation(캐비테이션)이라고 한다.
④ 발생원인과 방지대책

발생원인	방지대책
펌프의 설치 위치가 높아 유효흡입수두가 낮아진다.	펌프의 설치 위치를 낮게 한다.
펌프의 회전수가 커서 회전력이 약해진다.	펌프의 회전수를 작게 한다.
펌프의 흡입 관경이 작아 빠른 유속으로 인한 마찰손실이 커진다.	펌프의 흡입 관경을 크게 한다.
단흡입펌프 사용 시 적은 유량으로 인해 성능이 저하한다.	단흡입펌프보다 양흡입펌프를 사용한다.

PHASE 24 이상기체

1) 이상기체의 상태방정식 ← 실제기체는 매우 높은 온도와 낮은 압력에서 이상기체와 유사하다.

- 보일의 법칙, 샤를의 법칙, 아보가드로의 법칙을 적용하여 상수를 (분자 수)×(기체상수)의 형태로 나타내면 다음의 식을 얻을 수 있다.

$$\frac{PV}{T}=C=nR \rightarrow PV=nRT$$

P: 압력, V: 부피, T: 절대온도[K], C: 상수, n: 분자 수[mol], R: 기체상수

- 위의 식에 0[℃], 1[atm], 22.4[L], 1[mol]의 조건을 대입하면 기체상수 R을 구할 수 있다.

$$R=\frac{1[\text{atm}]\times 22.4[\text{L}]}{1[\text{mol}]\times 273[\text{K}]}=0.08206[\text{atm}\cdot\text{L/mol}\cdot\text{K}]$$

- 1기압은 1[atm]=101,325[Pa]=101,325[N/m^2]이고, 22.4[L]는 0.0224[m^3]이므로 다음과 같은 단위의 기체상수 R을 구할 수 있다.

$$R=\frac{101,325[\text{N/m}^2]\times 0.0224[\text{m}^3]}{1[\text{mol}]\times 273[\text{K}]}=8.3145[\text{J/mol}\cdot\text{K}]$$

2) 특정 조건의 이상기체 상태방정식

- [kmol] 단위의 분자수 n은 질량 m[kg]과 분자량 M[kg/kmol]으로 나타낼 수 있다.

$$PV=\frac{m}{M}RT=m\overline{R}T$$

P: 압력[atm], V: 부피[m^3], m: 질량[kg], M: 분자량[kg/kmol], R: 기체상수(0.08206)[atm·m^3/kmol·K], T: 절대온도[K]

- 분자량 M은 고정된 상수이므로 기체상수 R에 반영하여 특정기체상수 $\overline{R}$로 나타낼 수 있다. 이때 분자는 이상기체와 같은 특성을 보여야 한다.
- 실제기체와 이상기체의 물리적 성질이 다른 점을 비교하기 위해 압축성 인자 Z를 사용한다. 기체의 압력이 매우 낮고, 온도가 매우 높은 경우 압축성 인자 Z는 1에 수렴하여 이상기체와 비슷한 거동을 보인다.

$$PV=ZnRT$$

P: 압력[atm], V: 부피[m^3], Z: 압축성 인자, n: 분자수[kmol], R: 기체상수(0.08206)[atm·m^3/kmol·K], T: 절대온도[K]

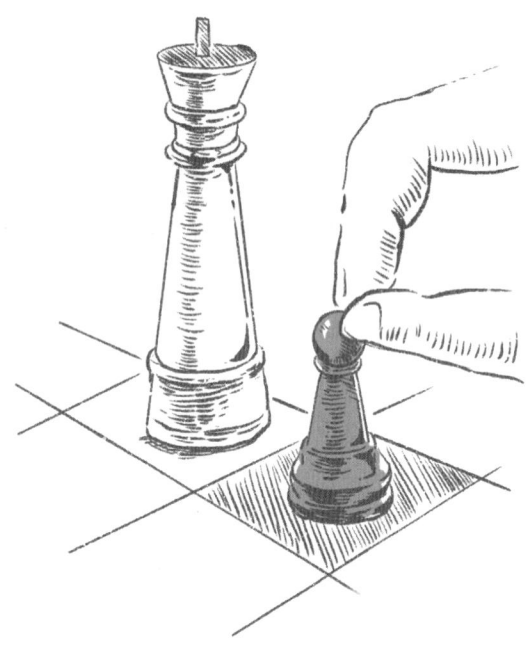

작은 기회로부터 종종
위대한 업적이 시작된다.

— 데모스테네스(Demosthenes)

02

Engineer Fire Protection System

최신
5개년 기출

기출학습이 곧 합격의 지름길!
최신 기출문제로 출제 경향을 확인

시험 출제 경향 분석

소방설비기사 기계분야 실기시험에는 단답형 문제, 계산형 문제, 복합형 문제가 골고루 출제됩니다. 과거 단답형으로 출제되었던 문제들이 최근 시험으로 갈수록 상황을 가정한 복합형 문제로 점점 고도화되고 있으며, 둘 이상의 소화설비를 연계하여 펌프의 성능이나 수조의 조건을 묻는 형태로 출제되고 있습니다. 따라서 조그만 실수로 전체 문제에서 감점되지 않도록 주의할 필요가 있습니다.

학습 가이드

단답형 문제	법령에서 정하는 설치기준을 빈칸 형태로 물어보는 문제와 설비별 가지는 특징 등을 그대로 서술하도록 하는 문제가 자주 출제됩니다. 특히 법령은 매년 조금씩 개정되므로 시험 전 틈틈이 개정사항을 확인해 보는 것이 좋습니다.
계산형 문제	유체역학적 지식으로 주어진 상황의 유속, 유량 등을 계산하는 문제가 매 회 출제됩니다. 유사한 문제라도 문제에서 묻는 물리량이 무엇인지, 단위가 무엇인지 꼼꼼하게 확인하는 습관이 필요합니다.
복합형 문제	각 설비마다 법령에서 정하는 기준을 적용하여 설비에 맞는 물리량을 정하고 펌프의 성능과 배관의 크기 등을 계산하는 문제가 매 회 출제됩니다. 특히 소문항 하나에서 실수하게 되면 그 이후의 계산이 모두 어긋나 대량 실점으로 이어질 수 있으니 주어진 조건을 놓치지 않도록 주의하여야 합니다.

2024년 1회 기출문제

01 제연설비에서 많이 사용하는 솔레노이드 댐퍼, 모터 댐퍼 및 퓨즈 댐퍼의 작동원리를 비교하여 설명하시오. [3점]

(1) 솔레노이드 댐퍼
(2) 모터 댐퍼
(3) 퓨즈 댐퍼

정답

(1) 솔레노이드 밸브에 의해 누르게핀을 이동시켜 작동되며, 개구부가 좁은 곳에 설치한다.
(2) 모터의 작동에 의해 누르게핀을 이동시켜 작동되며, 개구부가 넓은 곳에 설치한다.
(3) 덕트 내부의 온도가 70[℃]를 넘어가면 퓨즈메탈이 녹으면서 작동된다.

연계이론 PHASE 14 제연설비

---

02 스프링클러설비에 설치하는 시험장치에 대한 내용이다. 다음 각 물음에 답하시오. [5점]

(1) 시험장치의 설치목적을 쓰시오.
(2) 시험장치의 배관에 대한 내용이다. 다음 빈칸을 완성하시오.

> 시험장치 배관의 구경은 (①)[mm] 이상으로 하고, 그 끝에 개폐밸브 및 (②) 또는 스프링클러헤드와 동등한 방수성능을 가진 (③)를 설치할 것. 이 경우 (②)는 반사판 및 프레임을 제거한 (③)만으로 설치할 수 있다.

정답

(1) 시험밸브를 개방하여 유수검지장치의 작동과 기동용 수압개폐장치의 작동으로 펌프의 자동기동여부 확인
(2) ① 25
② 개방형 헤드
③ 오리피스

해설

(2) 시험장치 배관의 구경은 25[mm] 이상으로 하고, 그 끝에 개폐밸브 및 개방형 헤드 또는 스프링클러 헤드와 동등한 방수성능을 가진 오리피스를 설치한다. 이 경우 개방형 헤드는 반사판 및 프레임을 제거한 오리피스만으로 설치할 수 있다.

연계이론 PHASE 04 스프링클러설비

03

가로 5[m], 세로 8[m]인 주차장에 물분무 소화설비를 설치하려고 한다. 다음 각 물음에 답하시오. [4점]

(1) 펌프의 최소 토출량[L/min]을 구하시오.
(2) 법정 수원의 양[m³]을 구하시오.

정답

(1) • 계산과정: $20 \times 50 = 1,000$
 • 답: 1,000[L/min]

(2) • 계산과정: $1,000 \times 20 = 20,000[L] = 20[m^3]$
 • 답: 20[m³]

해설

(1) 화재안전기준에 따라 물분무 소화설비에서 가압송수장치(펌프)의 1분 당 토출량은 다음의 기준에 따라 설치한다.
 ← 물분무 소화설비의 방수시간은 20분 이상이다.

대상	1분 당 토출량
특수가연물을 저장·취급하는 특정소방대상물	바닥면적(최소 50[m²]) 1[m²] 당 10[L] 이상
차고 또는 주차장	바닥면적(최소 50[m²]) 1[m²] 당 20[L] 이상
절연유 봉입 변압기	바닥을 제외한 표면적 1[m²] 당 10[L] 이상
케이블트레이, 케이블덕트	투영된 바닥면적 1[m²] 당 12[L] 이상
콘베이어 벨트	벨트 부분의 바닥면적 1[m²] 당 10[L] 이상

가압송수장치(펌프)의 1분 당 토출량은 주차장의 경우 바닥면적(최소 50[m²]) 1[m²] 당 20[L] 이상으로 한다.
주차장의 바닥면적은 다음과 같다.
 $5[m] \times 8[m] = 40[m^2]$ ← 최저한도인 50[m²]보다 큰지 확인한다.
따라서 펌프의 최소 토출량은
 최소 토출량 $= 20[L/m^2 \cdot min] \times 50[m^2] = 1,000[L/min]$

(2) 물분무 소화설비의 방수시간은 20분 이상이다.
 $Q = 1,000[L/min] \times 20[min] = 20,000[L] = 20[m^3]$

연계이론

PHASE 05 물분무 소화설비

04

다음은 위험물 옥외저장탱크에 포 소화설비를 설치한 도면이다. 도면 및 [조건]을 참고하여 다음 물음에 답하시오. [9점]

조건

(가) 원유 저장탱크는 플루팅 루프 탱크이며 탱크 직경은 12[m], 탱크 내 측면과 굽도리판(Foam Dam) 사이의 거리는 1.2[m], 특형 방출구이다.
(나) 등유 저장탱크는 콘루프 탱크이며 탱크의 직경은 25[m], Ⅱ형 방출구이다.
(다) 포 약제는 3[%]형 수성막포이다.
(라) 각 탱크별 포 수용액의 방수량 및 방사시간은 아래와 같다.

구분	원유저장탱크	등유저장탱크
방수량[L/m²·min]	8	4
방사시간[min]	30	30

(마) 보조 포 소화전은 4개이다.
(바) 송액관에 필요한 소화약제량은 72.07[L]이다.
(사) 화재는 저장탱크 2개에서 동시에 발생하는 경우는 없다.

(1) 각 옥외저장탱크에 필요한 포 수용액의 양[L/min]은 얼마인가?
(2) 보조 포 소화전에 필요한 포 수용액의 양[L/min]은 얼마인가?
(3) 각 옥외저장탱크에 필요한 포 원액의 양[L]은 얼마인가?
(4) 보조 포 소화전에 필요한 포 원액의 양[L]은 얼마인가?
(5) 포 소화설비에 필요한 포 소화약제의 양[L]은 얼마인가?

정답

(1) • 원유탱크
  — 계산과정: $8 \times \frac{\pi}{4} \times (12^2 - 9.6^2) \fallingdotseq 325.720$
  — 답: 325.72[L/min]
 • 등유탱크
  — 계산과정: $4 \times \frac{\pi}{4} \times 25^2 \fallingdotseq 1,963.495$
  — 답: 1,963.50[L/min]

(2) • 계산과정: $3 \times 400 = 1,200$
 • 답: 1,200[L/min]

(3) • 원유탱크
  — 계산과정: $8 \times \frac{\pi}{4} \times (12^2 - 9.6^2) \times 30 \times 0.03 \fallingdotseq 293.148$
  — 답: 293.15[L]
 • 등유탱크
  — 계산과정: $4 \times \frac{\pi}{4} \times 25^2 \times 30 \times 0.03 \fallingdotseq 1,767.146$
  — 답: 1,767.15[L]

(4) • 계산과정: $3 \times 0.03 \times 8,000 = 720$
 • 답: 720[L]

(5) • 계산과정: $1,767.15 + 720 + 72.07 = 2,559.22$
 • 답: 2,559.22[L]

해 설

(1) 위험물 저장탱크에 발생하는 화재는 유류 표면에서 발생하므로 위험물이 드러나거나 증발 가능한 면적이 화재 발생면적이자 소화면적이 된다.

원유탱크의 고정포 방출구에 필요한 포 수용액의 양은 다음과 같다.
$$Q = 8[L/m^2 \cdot min] \times \frac{\pi}{4} \times (12^2 - 9.6^2)[m^2] ≒ 325.720[L/min]$$

등유탱크의 고정포 방출구에 필요한 포 수용액의 양은 다음과 같다.
$$Q = 4[L/m^2 \cdot min] \times \frac{\pi}{4} \times (25[m])^2 ≒ 1,963.495[L/min]$$

(2) 보조 포 소화전에 필요한 포 수용액의 양은 다음과 같다.
$$Q = N \times 400[L/min]$$

Q: 보조 포 소화전의 유량[L/min], N: 방출구의 개수(최대 3개)

보조 포 소화전에 필요한 포 수용액량은
$$Q = 3 \times 400[L/min] = 1,200[L/min]$$

(3) 포 소화약제는 3[%]의 수성막포를 사용하므로 원유탱크에 필요한 포 원액량[L]은 다음과 같다.
$$Q = 8[L/m^2 \cdot min] \times \frac{\pi}{4} \times (12^2 - 9.6^2)[m^2] \times 30[min] \times 0.03 ≒ 293.148[L]$$

등유탱크에 필요한 포 원액량[L]은 다음과 같다.
$$Q = 4[L/m^2 \cdot min] \times \frac{\pi}{4} \times (25[m])^2 \times 30[min] \times 0.03 ≒ 1,767.146[L]$$

(4) 보조 포 소화전에 필요한 포 소화약제의 양은 다음과 같다.
$$Q = N \times S \times 8,000[L]$$

Q: 보조 포 소화전의 유량[L], N: 방출구의 개수(최대 3개), S: 소화약제의 농도[%]

보조 포 소화전에 필요한 포 소화약제의 양은
$$Q = 3 \times 0.03 \times 8,000[L] = 720[L]$$

(5) 소화약제의 양은 고정포 방출구에서 방출하기 위하여 필요한 양, 보조 포 소화전에서 방출하기 위하여 필요한 양, 가장 먼 탱크까지의 송액관(내경 75[mm] 이하 제외)에 충전하기 위하여 필요한 양의 합으로 한다.
$$Q = 1,767.15[L] + 720[L] + 72.07[L] = 2,559.22[L]$$

연계이론 PHASE 06 포 소화설비

---

05 옥내·외소화전설비, 스프링클러설비의 펌프 흡입측 배관에 개폐밸브를 설치할 때 버터플라이 밸브를 사용하지 않아야 하는 이유를 2가지 쓰시오. [4점]

정 답
- 개방 상태의 밸브 내에 유체의 흐름을 방해하는 구조물이 남아 마찰손실이 증가하기 때문
- 유효흡입수두가 감소하여 캐비테이션이 발생할 위험이 증가하기 때문

연계이론 PHASE 02 옥내소화전설비

06

다음은 인명구조기구에 대한 내용이다. 다음 각 물음에 답하시오. [9점]

조건
- ㉠ 지하 2층, 지상 5층인 관광호텔
- ㉡ 바닥면적이 500[m²]인 영화상영관
- ㉢ 물분무 소화설비 중 할로겐화합물 및 불활성기체 소화설비만 설치된 특정소방대상물

(1) ㉡의 수용인원을 산출하시오. (단, 소방시설 설치 및 안전관리에 관한 법령을 근거로 하고, 고정식 의자와 긴 의자는 고려하지 않는다.)

(2) 다음 조건을 참고하여 각 특정소방대상물별로 설치해야 할 인명구조기구와 설치수량을 구하시오.

조건
- (가) 설치해야 할 인명구조기구를 모두 쓰도록 한다.
- (나) 설치해야 할 인명구조기구가 없는 경우에는 인명구조기구란에만 "X" 표시를 한다.
- (다) (1)항에서 구한 값을 기준으로 ㉡항의 값을 구한다.

특정소방대상물	인명구조기구	설치수량
㉠		
㉡		
㉢		

정답

(1) • 계산과정: $\dfrac{500}{4.6} ≒ 108.69$

  • 답: 109명

(2)

특정소방대상물	인명구조기구	설치수량
㉠	방열복 또는 방화복(안전모, 보호장갑 및 안전화를 포함), 공기호흡기, 인공소생기	각 2개 이상
㉡	공기호흡기	2개 이상
㉢	X	

해설

(1) 문화 및 집회시설의 수용인원은 해당 특정소방대상물 바닥면적의 합계를 4.6[m²]로 나누어 얻은 수의 합이다.

특정소방대상물	용도	수용인원의 산정
숙박시설	침대가 있는 숙박시설	종사자 수 + 침대수 (2인용은 2개)
	침대가 없는 숙박시설	종사자 수 + (바닥면적 합계/3[m²])
그 외 특정소방대상물	강의실, 교무실, 상담실, 실습실, 휴게실	바닥면적 합계/1.9[m²]
	강당, 문화 및 집회시설, 운동시설, 종교시설	바닥면적 합계/4.6[m²] 관람석의 경우: 고정식 의자 수 긴 의자의 경우: 의자 정면 너비/0.45[m]
	그 밖의 특정소방대상물	바닥면적 합계/3[m²]

바닥면적을 산정할 때에는 복도, 계단 및 화장실의 바닥면적을 포함하지 않는다.
계산 결과 소수점 이하의 수는 반올림한다.

$$\dfrac{500[m^2]}{4.6[m^2]} ≒ 108.69[명] = 109[명]$$

(2)

특정소방대상물	인명구조기구	설치 수량
• 지하층을 포함하는 층수가 7층 이상인 관광호텔 및 5층 이상인 병원	방열복 또는 방화복(안전모, 보호장갑 및 안전화를 포함), 공기호흡기, 인공소생기	각 2개 이상 비치할 것. 다만, 병원의 경우에는 인공소생기를 설치하지 않을 수 있다.
• 문화 및 집회시설 중 수용인원 100명 이상의 영화상영관 • 판매시설 중 대규모 점포 • 운수시설 중 지하역사 • 지하가 중 지하상가	공기호흡기	층마다 2개 이상 비치할 것. 다만, 각 층마다 갖추어 두어야 할 공기호흡기 중 일부를 직원이 상주하는 인근 사무실에 갖추어 둘 수 있다.
• 물분무등 소화설비 중 이산화탄소 소화설비를 설치해야 하는 특정소방대상물	공기호흡기	이산화탄소 소화설비가 설치된 장소의 출입구 외부 인근에 1개 이상 비치할 것

◇ 연계이론 ◇ **PHASE 12** 인명구조기구

07 할로겐화합물 및 불활성기체 소화설비의 화재안전기술기준에 따른 다음 각 물음에 답하시오. [8점]

(1) 할로겐화합물 및 불활성기체 소화약제의 방사시간과 방사량 기준에 대해 아래 표를 완성하시오.

소화약제		방출시간	방출량
할로겐화합물		( )초 이내	각 방호구역 최소설계농도의 ( ) 이상
불활성기체	A급	( )분 이내	
	B급	( )분 이내	
	C급	( )분 이내	

(2) 불활성기체 소화약제보다 할로겐화합물 소화약제의 방사시간이 더 짧은 이유에 대해 설명하시오.

◇ 정 답 ◇ (1)

소화약제		방출시간	방출량
할로겐화합물		(10)초 이내	각 방호구역 최소설계농도의 (95[%]) 이상
불활성기체	A급	(2)분 이내	
	B급	(1)분 이내	
	C급	(2)분 이내	

(2) 소화약제 화학반응의 부산물인 독성물질의 발생량을 최소화하기 위해

◇ 연계이론 ◇ **PHASE 09** 할로겐화합물 및 불활성기체 소화설비

08 그림과 같이 6층 업무시설(철근 콘크리트 건물)에 1층부터 6층까지 각층에 1개씩 옥내소화전을 설치하려고 한다. 이 그림과 주어진 조건을 이용하여 다음 각 물음에 답하시오. [12점]

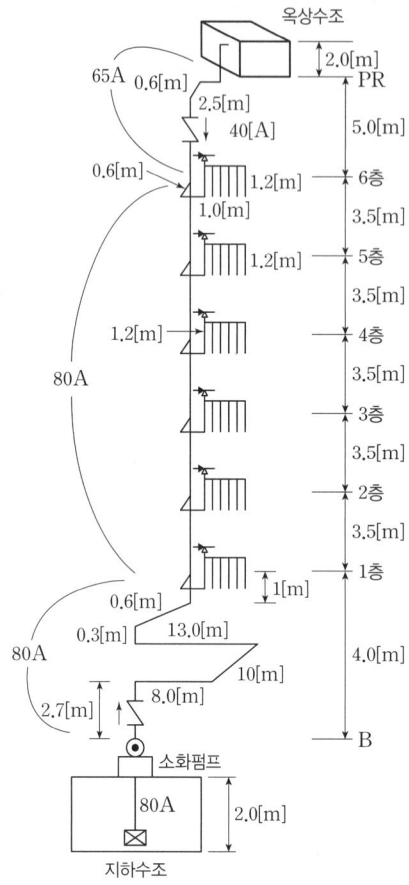

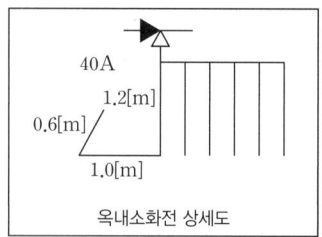

옥내소화전 상세도

조건

(가) 소화펌프에서 옥내소화전 바닥(티)까지의 거리는 다음과 같다. (위 그림 참조)
  — 수직거리: 2.7+0.3+1=4[m]
  — 수평거리: 8+10+13+0.6=31.6[m]
(나) 옥내소화전 바닥(티)에서 옥내소화전 바닥(티)까지의 거리는 3.5[m]이다. (위 그림 참조)
(다) 엘보는 모두 90° 엘보를 사용한다.
(라) 펌프의 효율은 55[%]이며 전달계수는 100[%]로 한다.
(마) 호스의 길이 15[m], 구경 40A의 마호스 2개를 사용한다.
(바) 티 (80×80×40A)에서 분류되어 40A 배관에 연결할 때는 레듀서 (80×40A)를 사용한다.

(사) 배관의 마찰손실은 다음 표를 참조할 것

[배관의 마찰손실 (100[m]당)]

유량[L/min]	130	260	390	520
40A	14.7[m]	—	—	—
50A	5.1[m]	18.4[m]	—	—
65A	1.72[m]	6.20[m]	13.2[m]	—
80A	0.71[m]	2.57[m]	5.47[m]	9.20[m]

(아) 관이음 및 밸브 등의 등가길이는 다음 표를 이용할 것

[관이음 및 밸브 등의 등가길이]

구경	90°엘보	45°엘보	90°티(분류)	90°티(직류)	게이트밸브	글로브밸브	앵글밸브 체크밸브 후드밸브
				등가길이[m]			
40A	1.5	0.9	2.1	0.45	0.30	13.5	6.5
50A	2.1	1.2	3.0	0.60	0.39	16.5	8.4
65A	2.4	1.5	3.6	0.75	0.48	19.5	10.2
80A	3.0	1.8	4.5	0.90	0.60	24.0	12.0
100A	4.2	2.4	6.3	1.20	0.81	37.5	16.5
125A	5.1	3.0	7.5	1.50	0.99	42.0	21.0
150A	6.0	3.6	9.0	1.80	1.20	49.5	24.0

(자) 호스의 마찰손실수두는 다음 표를 이용할 것

[호스의 마찰손실수두 (100[m]당)]

40A		50A	
마호스	고무내장호스	마호스	고무내장호스
26[m]	12[m]	7[m]	3[m]

(1) 펌프의 토출량[L/min]은 얼마인가?
(2) 수원(옥상수조 포함)의 저수량[m^3]은 얼마인가?
(3) 다음 단계에 따라 전양정을 구하시오.
- 낙차 실양정
- 호스의 마찰손실수두
- 배관(관부속품은 제외)의 마찰손실수두
- 관부속품의 마찰손실수두
- 전양정
(4) 펌프의 소요출력[kW]을 구하시오.

정 답

(1) • 계산과정: $1 \times 130 = 130$
  • 답: $130[\text{L/min}]$

(2) • 계산과정: $(1 \times 2.6) + (1 \times 2.6) \times \dfrac{1}{3} \fallingdotseq 3.467$
  • 답: $3.47[\text{m}^3]$

(3) • 계산과정: $2 + 4 + 3.5 + 3.5 + 3.5 + 3.5 + 3.5 + 1.2 = 24.7$

$$2 \times 15 \times \dfrac{26}{100} = 7.8$$

$$2 + 2.7 + 8 + 10 + 13 + 0.3 + 0.6 + 1 + (5 \times 3.5) = 55.1$$

$$0.6 + 1 + 1.2 = 2.8$$

$$55.1 \times \dfrac{0.71}{100} + 2.8 \times \dfrac{14.7}{100} = 0.803$$

$$12 + 12 + 18 + 4.5 + 4.5 = 51$$

$$3 + 6.5 = 9.5$$

$$51 \times \dfrac{0.71}{100} + 9.5 \times \dfrac{14.7}{100} = 1.7586$$

$$24.7 + 7.8 + 0.803 + 1.759 + 17 = 52.062$$

  • 답: $52.06[\text{m}]$

(4) • 계산과정: $130[\text{L/min}] = \dfrac{0.13}{60}[\text{m}^3/\text{s}]$

$$\dfrac{9.8 \times \dfrac{0.13}{60} \times 52.06}{0.55} \times 1 \fallingdotseq 2.009$$

  • 답: $2.01[\text{kW}]$

해 설

(1) 화재안전기준에 따라 옥내소화전설비에서 가압송수장치(펌프)는 특정소방대상물의 어느 층에서 해당 층의 옥내소화전을 동시에 사용할 경우(최대 2개, 30층 이상인 경우 최대 5개) 각 소화전의 노즐 선단에서의 방수량은 $130[\text{L/min}]$ 이상으로 한다.

정격토출량 $= 1[\text{개}] \times 130[\text{L/min}] = 130[\text{L/min}]$

(2) 화재안전기준에 따라 옥내소화전설비에서 수원의 저수량은 옥내소화전의 설치개수가 가장 많은 층의 설치개수에 기준량을 곱한 양 이상이 되도록 한다.

층수	최대 설치개수	기준량
~29층	2개	$2.6[\text{m}^3](130[\text{L/min}] \times 20[\text{min}])$
30층~49층	5개	$5.2[\text{m}^3](130[\text{L/min}] \times 40[\text{min}])$
50층~	5개	$7.8[\text{m}^3](130[\text{L/min}] \times 60[\text{min}])$

기준에 따라 계산한 유효수량 외에 유효수량의 $\dfrac{1}{3}$ 이상을 옥상에 설치한다.

$$Q = (1[\text{개}] \times 2.6[\text{m}^3]) + (1[\text{개}] \times 2.6[\text{m}^3]) \times \dfrac{1}{3} \fallingdotseq 3.467[\text{m}^3]$$

(3) 화재안전기준에 따라 옥내소화전설비에 설치된 가압송수장치(펌프)의 전양정은 다음과 같다.

$$H = h_1 + h_2 + h_3 + 17$$

H: 전양정[m], h_1: 실양정(흡입양정+토출양정)[m], h_2: 호스의 마찰손실수두[m], h_3: 배관 및 관부속의 마찰손실수두[m], 17: 노즐선단에서의 방사압력수두[m]

펌프의 후드밸브로부터 최고위 옥내소화전 앵글밸브까지의 수직거리인 실양정 h_1는 다음과 같다.
$h_1 = 2[m] + 4[m] + 3.5[m] + 3.5[m] + 3.5[m] + 3.5[m] + 3.5[m] + 1.2[m] = 24.7[m]$

소방호스의 길이가 15[m]이고, 호스 100[m] 당 26[m]의 마찰손실이 발생하므로 호스의 마찰손실수두 h_2는 다음과 같다.
$h_2 = 2 \times 15[m] \times \dfrac{26}{100} = 7.8[m]$

배관의 마찰손실은 다음과 같다.
80A: $2[m] + 2.7[m] + 8[m] + 10[m] + 13[m] + 0.3[m] + 0.6[m] + 1[m] + (5 \times 3.5[m]) = 55.1[m]$
40A: $0.6[m] + 1[m] + 1.2[m] = 2.8[m]$
합계: $55.1[m] \times \dfrac{0.71}{100} + 2.8[m] \times \dfrac{14.7}{100} = 0.803[m]$

관부속의 마찰손실은 다음과 같다.

80A	후드밸브: 12[m]	$12[m]+12[m]+18[m]+4.5[m]+4.5[m]=51[m]$
	체크밸브: 12[m]	$51[m] \times \dfrac{0.71}{100} = 0.3621[m]$
	90° 엘보 (80A): $6 \times 3[m] = 18[m]$	
	90° 티(직류): $5 \times 0.9[m] = 4.5[m]$	
	90° 티(분류): 4.5[m]	
40A	90° 엘보 (40A): $2 \times 1.5[m] = 3[m]$	$3[m] + 6.5[m] = 9.5[m]$
	앵글밸브: 6.5[m]	$9.5[m] \times \dfrac{14.7}{100} = 1.3965[m]$
합계		$0.3621[m] + 1.3965[m] = 1.7586[m]$

배관 및 관부속의 마찰손실수두 h_3는 다음과 같다.
$h_3 = 0.803[m] + 1.759[m] = 2.562[m]$

따라서 옥내소화전설비 펌프의 전양정 H는
$H = h_1 + h_2 + h_3 + 17 = 24.7[m] + 7.8[m] + 2.562[m] + 17 = 52.062[m]$

(4) 펌프의 출력은 다음의 식을 통해 구할 수 있다.

$$P = \dfrac{\gamma Q H}{\eta} K$$

P: 펌프의 출력[kW], γ: 유체의 비중량[kN/m³], Q: 유량[m³/s], H: 전양정[m], η: 효율, K: 전달계수

유체는 물이므로 물의 비중량은 9.8[kN/m³]이다.

펌프의 토출량은 130[L/min]이므로 단위를 변환하면 $\dfrac{0.13}{60}$[m³/s]이다.

따라서 주어진 조건을 공식에 대입하면 전동기의 용량 P는

$$P = \dfrac{9.8[kN/m^3] \times \dfrac{0.13}{60}[m^3/s] \times 52.06[m]}{0.55} \times 1 \fallingdotseq 2.009[kW]$$

> 연계이론 **PHASE 02** 옥내소화전설비

09 다음 도면은 스프링클러설비의 계통도이다. [조건]에 따라 다음 물음에 답하시오. [7점]

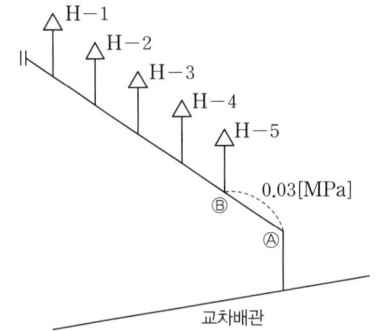

조건

(가) H-1 헤드의 방사압력: 0.1[MPa], 방수량: 80[L/min]
(나) 각 헤드 간의 압력차이: 0.02[MPa]
(다) 배관의 구경은 40[mm]이고, 가지배관의 유속은 6[m/s]이다.

(1) A지점에서 필요한 최소압력[MPa]은 얼마인가?
(2) 각 헤드(H-1~H-5)간의 방수량[L/min]은 각각 얼마인가?
(3) A~B 구간의 유량[L/min]은 얼마인가?
(4) A~B 구간의 최소 배관 내경[mm]은 얼마로 하여야 하는가?

정답

(1) • 계산과정: $0.18 + 0.03 = 0.21$
 • 답: 0.21[MPa]

(2)

	계산과정	방수량[L/min]
H-1		80
H-2	$80\sqrt{10 \times 0.12} \fallingdotseq 87.636$	87.64
H-3	$80\sqrt{10 \times 0.14} \fallingdotseq 94.657$	94.66
H-4	$80\sqrt{10 \times 0.16} \fallingdotseq 101.193$	101.19
H-5	$80\sqrt{10 \times 0.18} \fallingdotseq 107.331$	107.33

(3) • 계산과정: $80 + 87.64 + 94.66 + 101.19 + 107.33 = 470.82$
 • 답: 470.82[L/min]

(4) • 계산과정: $470.82[\text{L/min}] = \dfrac{0.47082}{60}[\text{m}^3/\text{s}]$

$$\sqrt{\dfrac{4 \times \dfrac{0.47082}{60}}{\pi \times 6}} \fallingdotseq 0.040807[\text{m}] = 40.807[\text{mm}]$$

 • 답: 40.81[mm]

(1) 조건 (나)에 의해 각 헤드마다 방수압력 차이는 0.02[MPa]이므로 H−5 헤드의 방수압력은 0.18[MPa]이다.
그림 의해 A−B 구간의 마찰손실압은 0.03[MPa]이므로 A지점의 압력은 다음과 같다.
$$0.18[\text{MPa}] + 0.03[\text{MPa}] = 0.21[\text{MPa}]$$

(2) 스프링클러 헤드에서 압력 P와 유량 Q는 다음과 같은 관계를 갖는다.
$$Q = K\sqrt{10P}$$

Q: 방수량[L/min], K: 방출계수, P: 방수압[MPa]

방수량 Q가 80[L/min]이고, 방수압 P가 0.1[MPa]일 때 방출계수 K는 다음과 같다.
$$K = \frac{Q}{\sqrt{10P}} = \frac{80[\text{L/min}]}{\sqrt{10 \times 0.1[\text{MPa}]}} = 80$$

따라서 주어진 조건을 공식에 대입하면 각 헤드별 방수량 Q는
$Q_2 = 80\sqrt{10 \times 0.12[\text{MPa}]} ≒ 87.636[\text{L/min}]$
$Q_3 = 80\sqrt{10 \times 0.14[\text{MPa}]} ≒ 94.657[\text{L/min}]$
$Q_4 = 80\sqrt{10 \times 0.16[\text{MPa}]} ≒ 101.193[\text{L/min}]$
$Q_5 = 80\sqrt{10 \times 0.18[\text{MPa}]} ≒ 107.331[\text{L/min}]$

(3) A−B 구간에는 H−1~H−5 헤드의 방수에 필요한 유량이 모두 흐른다.
80[L/min] + 87.64[L/min] + 94.66[L/min] + 101.19[L/min] + 107.33[L/min] = 470.82[L/min]

(4) 부피유량 공식 $Q = Au$에 의해 유량 Q와 유속 u를 알면 배관의 직경 D를 다음과 같이 구할 수 있다.
$$Q = \frac{\pi}{4}D^2 u, \quad D = \sqrt{\frac{4Q}{\pi u}}$$

D: 배관의 직경[m], Q: 유량[m³/s], u: 유속[m/s]

유량이 470.82[L/min]이므로 단위를 변환하면 $\frac{0.47082}{60}[\text{m}^3/\text{s}]$이다.

따라서 주어진 조건을 공식에 대입하면 배관의 직경 D는
$$D = \sqrt{\frac{4 \times \frac{0.47082}{60}[\text{m}^3/\text{s}]}{\pi \times 6[\text{m/s}]}} ≒ 0.040807[\text{m}] = 40.807[\text{mm}]$$

연계이론 PHASE 04 스프링클러설비

10

다음과 같은 루프형 배관에 폐쇄형 스프링클러 헤드 1개를 설치하였을 때 다음 조건을 참고하여 Q_1과 Q_2의 값을 각각 구하시오. [6점]

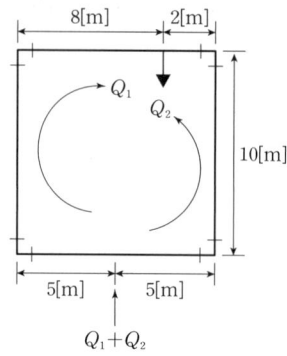

조건

(가) 헤드의 규정 방사압과 방수량은 화재안전기술기준에 따른다.
(나) 90° 엘보의 등가길이는 1[m]로 하고 다른 부속품은 고려하지 않는다.
(다) 루프배관의 구경은 모두 동일하다.
(라) 배관의 마찰손실압력은 다음의 하젠-윌리엄의 식으로 산정한다.

$$\Delta P = \frac{6 \times 10^4 \times Q^2}{100^2 \times d^5}$$

ΔP: 1[m]당 배관의 마찰손실압력[MPa/m], Q: 유량[L/min], d: 배관의 내경[mm]

정답

- 답: $Q_1 = 37.26$[L/min]
  $Q_2 = 42.74$[L/min]

해설

들어온 물의 일부는 시계 방향 (1)으로 돌아 헤드로 나가고, 나머지는 반시계 방향 (2)으로 돌아 헤드로 나간다. 이 때 두 경로의 마찰손실은 같다. ← 다른 경우 마찰손실이 작은 쪽으로 유량이 점점 증가하여 마찰손실도 증가하고 결국 평형을 이룬다.

화재안전기준에 따라 스프링클러설비에서 가압송수장치(펌프)의 송수량은 기준개수에 80[L/min]를 곱한 양 이상으로 한다.

$Q_1 + Q_2 = 80$[L/min]

$$\frac{6 \times 10^4 \times Q_1^2}{100^2 \times d^5} \times (5+1+10+1+8)[\text{m}] = \frac{6 \times 10^4 \times Q_2^2}{100^2 \times d^5} \times (5+1+10+1+2)[\text{m}]$$

$25Q_1^2 = 19Q_2^2$

$Q_1 = \dfrac{80[\text{L/min}]}{1+\sqrt{\dfrac{25}{19}}} \fallingdotseq 37.259$[L/min]

$Q_2 = 80$[L/min] $- Q_1 = 42.741$[L/min]

연계이론 PHASE 22 배관의 마찰손실

11 펌프의 토출량을 측정하기 위하여 수은 마노미터를 통하여 측정한 결과 수은주의 높이가 25[mm]이다. 펌프의 토출량[L/min]을 구하시오. (단, $D_1=100$[mm] $D_2=50$[mm], 개구비를 고려, 수은의 비중은 13.6, 중력가속도 9.8[m/s^2]이다.) [5점]

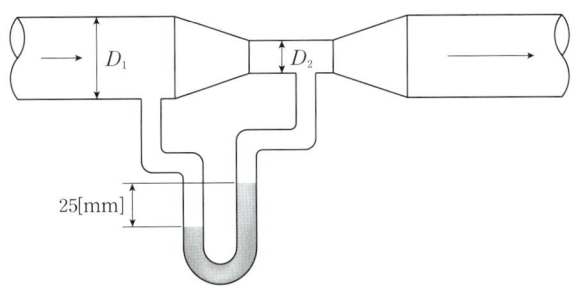

정 답

• 계산과정: $\dfrac{\dfrac{\pi}{4}\times 0.05^2}{\sqrt{1-\left(\dfrac{0.05}{0.1}\right)^4}}\sqrt{2\times 9.8\times\left(\dfrac{13.6-1}{1}\right)\times 0.025}≒0.0050388[\text{m}^3/\text{s}]=302.328[\text{L/min}]$

• 답: 302.33[L/min]

해 설

오리피스를 통과하는 유량 Q와 액주계의 높이 차이 h의 관계식은 다음과 같다.

$$Q=\dfrac{A_2}{\sqrt{1-\left(\dfrac{D_2}{D_1}\right)^4}}\sqrt{2g\left(\dfrac{\gamma-\gamma_w}{\gamma_w}\right)h}$$

Q: 유량[m^3/s], A_2: 좁은 면적[m^2], D: 내경[m], g: 중력가속도[m/s^2], γ: 액주계 유체의 비중량[N/m^3], γ_w: 벤투리관 유체의 비중량[N/m^3], h: 액주계의 높이 차이[m]

수은의 비중이 13.6이므로 수은의 비중량은 $13.6\gamma_w$이다.
따라서 주어진 조건을 공식에 대입하면 벤투리미터를 통과하는 유량 Q는

$$Q=\dfrac{\dfrac{\pi}{4}\times(0.05[\text{m}])^2}{\sqrt{1-\left(\dfrac{0.05[\text{m}]}{0.1[\text{m}]}\right)^4}}\sqrt{2\times 9.8[\text{m/s}^2]\times\left(\dfrac{13.6\gamma_w-\gamma_w}{\gamma_w}\right)\times 0.025[\text{m}]}$$

$≒0.0050388[\text{m}^3/\text{s}]=302.328[\text{L/min}]$

연계이론 PHASE 20 유체유동

12 그림은 어느 실들의 평면도이다. 이 실들 중 A실을 급기 가압하고자 한다. [조건]을 참고하여 다음 물음에 답하시오. [6점]

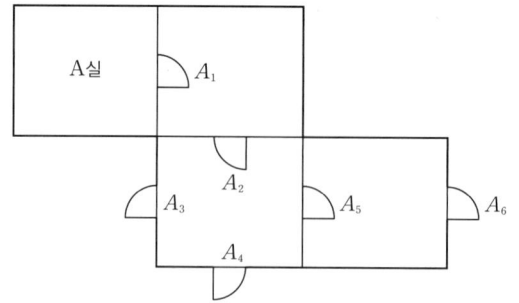

조건
- (가) 실외부 대기의 기압은 절대압력으로 101.3[kPa]로서 일정하다.
- (나) A실에 유지하고자 하는 기압은 절대압력으로 101.4[kPa]이다.
- (다) 각 실의 문(Door)들의 틈새면적은 0.01[m²]이다.
- (라) 어느 실을 급기 가압할 때 그 실의 문 틈새를 통하여 누출되는 공기의 양은 다음의 식을 따른다.

$$Q = 0.827 A P^{\frac{1}{2}}$$

Q: 누출되는 공기의 양[m³/s], A: 문의 틈새면적[m²], P: 문을 경계로 한 실내외 기압채[Pa]

(1) 총 누설틈새면적[m²]은 얼마인가? (단, 소수점 다섯째 자리까지 계산)

(2) A실에 유입시켜야 할 풍량[m³/s]은 얼마인가? (단, 소수점 넷째 자리까지 계산)

정답

(1) • 답: 0.00684[m²]

(2) • 계산과정: $0.827 \times 0.00684 \times (101,400 - 101,300)^{\frac{1}{2}} ≒ 0.05657$
  • 답: 0.0566[m³/s]

해설

(1) A_5, A_6는 직렬관계이다.

$$A_{5\sim6} = \frac{1}{\sqrt{\frac{1}{(0.01[m^2])^2} + \frac{1}{(0.01[m^2])^2}}} ≒ 0.007071[m^2]$$

A_3, A_4, $A_{5\sim6}$는 병렬관계이다.

$A_{3\sim6} = 0.01[m^2] + 0.01[m^2] + 0.007071[m^2] = 0.027071[m^2]$

A_2, $A_{3\sim6}$는 직렬관계이다.

$$A_{2\sim6} = \frac{1}{\sqrt{\frac{1}{(0.01[m^2])^2} + \frac{1}{(0.027071[m^2])^2}}} ≒ 0.009380[m^2]$$

A_1, $A_{2\sim6}$는 직렬관계이다.

$$A_{1\sim6} = \frac{1}{\sqrt{\frac{1}{(0.01[m^2])^2} + \frac{1}{(0.00938[m^2])^2}}} ≒ 0.006841[m^2]$$

(2) 어떤 틈새면적 A가 있고, 틈새를 경계로 한 양쪽의 기압차 P가 있을 때, 그 간격을 통과하는 유량 Q는 다음과 같은 관계를 갖는다.

$$Q = 0.827 A P^{\frac{1}{2}}$$

외부의 기압과 A실 내부 기압의 차이는 $(101,400 - 101,300)[Pa]$이고, 문의 틈새면적 A는 $0.00684[m^2]$이므로 주어진 조건을 공식에 대입하면 틈새면적을 통과하는 유량 Q는

$$Q = 0.827 \times 0.00684[m^2] \times (101,400[Pa] - 101,300[Pa])^{\frac{1}{2}}$$
$$\fallingdotseq 0.05657[m^3/s]$$

▷ 연계이론 ◁ **PHASE 15** 특별피난계단의 계단실 및 부속실 제연설비

13

45[kg]의 액화 이산화탄소가 20[°C]의 표준대기압 상태에서 공간에 방출되었을 때 다음 각 물음에 답하시오. [5점]

(1) 이산화탄소의 부피[m³]를 구하시오.
(2) 방호구역 체적이 90[m³]인 공간에 방출되었을 때 이산화탄소의 농도[vol%]를 구하시오.

▷ 정답 ◁

(1) • 계산과정: $1 \times V = \frac{45}{44} \times 0.08206 \times (273 + 20)$
  $V = 24.590[m^3]$
 • 답: $24.59[m^3]$

(2) • 계산과정: $\frac{24.59}{90 + 24.59} + 24.59 \fallingdotseq 0.21459 = 21.459[\%]$
 • 답: $21.46[\%]$

▷ 해설 ◁

(1) 이상기체 상태방정식을 활용하여 이산화탄소의 질량[kg]을 부피[m³]로 변환해준다.

$$PV = \frac{m}{M}RT$$

P: 압력[atm], V: 부피[m³], m: 질량[kg], M: 분자량[kg/kmol],
R: 기체상수[atm·m³/kmol·K], T: 절대온도[K]

주어진 조건을 공식에 대입하면 45[kg]에 해당하는 이산화탄소의 부피는 다음과 같다.

$$1[atm] \times V[m^3] = \frac{45[kg]}{44[kg/kmol]} \times 0.08206[atm \cdot m^3/kmol \cdot K] \times (273 + 20)[K]$$
$$V = 24.590[m^3]$$

(2) 체적 90[m³]인 소방대상물에 24.59[m³]의 이산화탄소가 추가되었을 때 이산화탄소의 농도는

$$\frac{24.59[m^3]}{90[m^3] + 24.59[m^3]} \fallingdotseq 0.21459 = 21.459[\%]$$

▷ 연계이론 ◁ **PHASE 08** 밀폐 소화설비

14 전력통신 배선전용 지하구(폭 2.5[m], 높이 2[m], 길이 1,000[m])에 연소방지설비를 화재안전기준에 따라 설치하고자 할 때 다음 각 물음에 답하시오. [5점]

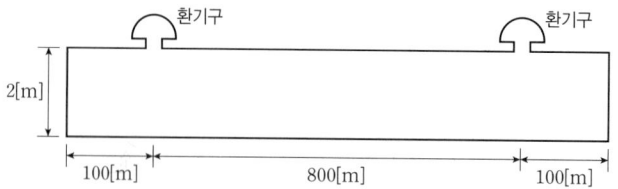

조건
- (가) 소방대원의 출입이 가능한 환기구는 지하구 양쪽 끝에서 100[m]지점에 설치한다.
- (나) 지하구에는 방화벽이 설치되지 않았다.
- (다) 환기구마다 지하구의 양쪽방향으로 살수헤드를 설정한다.
- (라) 헤드는 연소방지설비 전용헤드를 사용한다.

(1) 살수구역은 최소 몇 개 이상 설치되어야 하는가?
(2) 1구역에 설치되는 헤드의 최소 설치개수를 구하시오.
(3) 1구역에 (2)에서 구한 헤드의 최소 개수를 설치하는 경우, 연소방지설비의 최소 배관구경[mm]은 얼마 이상이어야 하는지 구하시오. (단, 수평주행배관은 제외한다.)

정답

(1) • 답: 5개 이상

(2) • 답: 2개

(3) • 답: 40[mm]

해설

(1) 소방대원의 출입이 가능한 환기구·작업구마다 지하구의 양쪽방향으로 살수헤드를 설치하고, 한쪽 방향의 살수구역의 길이는 3[m] 이상으로 한다.

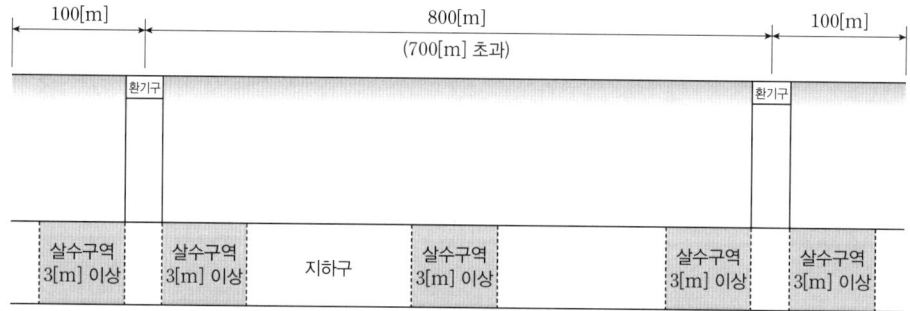

2개의 환기구 양쪽 방향으로 살수구역을 설정한다. → 4구역
환기구 사이의 간격이 700[m]를 초과하는 경우 700[m] 이내마다 살수구역을 설정한다. → 1구역
따라서 설치해야하는 살수구역은 총 5구역이다.

(2) 연소방지설비의 헤드는 천장 또는 벽면에 설치한다.
헤드 간의 수평거리는 연소방지설비 전용헤드의 경우 2[m] 이하, 개방형 스프링클러 헤드의 경우 1.5[m] 이하로 한다.
- 천장에 설치하는 경우

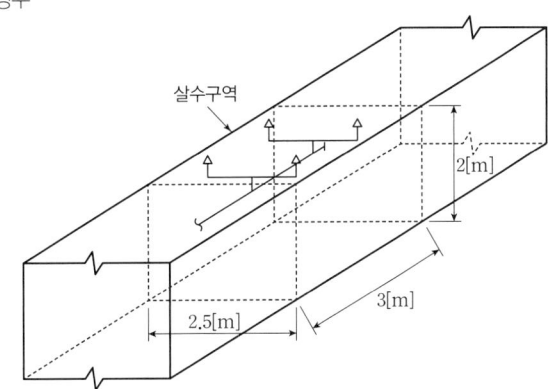

천장의 가로 길이가 2.5[m]이므로 가로 방향으로 2개 이상, 세로 길이가 3[m]이므로 세로 방향으로 2개 이상 설치한다. → 4개
- 벽면에 설치하는 경우

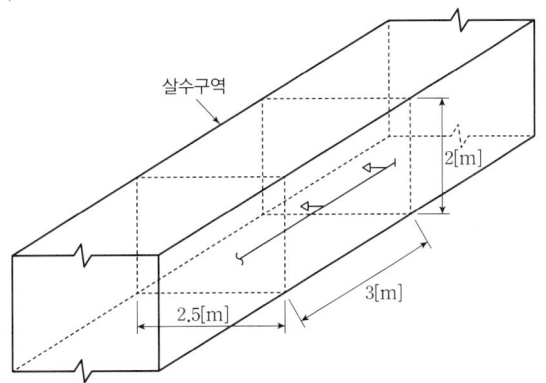

벽면의 가로 길이가 3[m]이므로 가로 방향으로 2개 이상, 세로 길이가 2[m]이므로 세로 방향으로 1개 이상 설치한다. → 2개
따라서 하나의 살수구역에는 벽면에 2개의 전용헤드를 설치한다.

(3) 연소방지설비 전용헤드를 사용하는 경우 다음의 표에 따른 구경 이상으로 한다.

하나의 배관에 부착하는 전용헤드의 개수	배관의 구경[mm]
1개	32
2개	40
3개	50
4개 또는 5개	65
6개 이상	80

○ 연계이론 ○ **PHASE 18** 지하구

15

그림은 어느 공장을 방호하기 위한 옥외소화전설비의 평면도이다. 다음 각 물음에 답하시오. [6점]

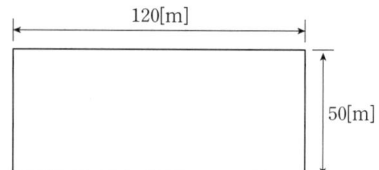

조건

(가) 가로 120[m], 폭 50[m]이며 2층 구조이다.
(나) 층당 바닥면적은 6,000[m²]이고 연면적은 12,000[m²]이다.

(1) 특정소방대상물의 각 부분으로부터 하나의 호스접결구까지의 수평거리 몇 [m] 이하이며, 옥외소화전의 최소 설치 개수는 몇 개인지 구하시오.
(2) 펌프의 토출량[L/min]을 구하시오.
(3) 수원의 저수량[m³]을 구하시오.

정답

(1) • 수평거리: 40[m]
 • 계산과정: $\dfrac{120+50+120+50}{80} = 4.25$
 • 답: 5개

(2) • 계산과정: $2 \times 350 = 700$
 • 답: 700[L/min]

(3) • 계산과정: $2 \times 7 = 14$
 • 답: 14[m³]

해설

(1) 특정소방대상물의 둘레 각 지점으로부터 40[m] 이내의 범위에 옥외소화전이 있어야 하므로 하나의 옥외소화전이 담당할 수 있는 범위는 직경 80[m] 이내의 범위이다.
$$\dfrac{120[m]+50[m]+120[m]+50[m]}{80[m]} = 4.25[개] = 5[개] \text{ (절상)}$$

(2) 화재안전기준에 따라 옥외소화전설비에서 가압송수장치(펌프)는 특정소방대상물에 설치된 옥외소화전을 동시에 사용할 경우(최대 2개) 각 소화전의 노즐선단에서의 방수량은 350[L/min] 이상으로 한다.
정격토출량 = 2[개] × 350[L/min] = 700[L/min]

(3) 화재안전기준에 따라 옥외소화전설비에서 수원의 저수량은 옥외소화전의 설치개수(최대 2개)에 7[m³]를 곱한 양 이상이 되도록 한다.
옥외소화전설비의 저수량 = 2[개] × 7[m³] = 14[m³] ← 옥외소화전설비에는 유효수량의 1/3을 옥상에 설치하지 않는다.

연계이론 PHASE 03 옥외소화전설비

16 다음은 주거용 주방자동소화장치의 설치기준이다. (   )에 들어갈 내용 [보기]에서 골라 적으시오. [6점]

> **보기**
>
> 차단장치, 감지부, 제어부, 방출구, 수신부, 천장, 바닥, 10, 20, 30, 50

(1) (①)은(는) 상시 확인 및 점검이 가능하도록 설치할 것

(2) 소화약제 (②)은(는) 환기구의 청소부분과 분리되어 있어야 할 것

(3) 가스용 주방자동소화장치를 사용하는 경우 탐지부는 (③)와(과) 분리하여 설치하되, 공기보다 가벼운 가스를 사용하는 경우에는 (④)면으로부터 (⑤)[cm] 이하의 위치에 설치하고, 공기보다 무거운 가스를 사용하는 장소에는 (⑥)면으로부터 (⑤)[cm] 이하의 위치에 설치할 것

정답

(1) ① 차단장치

(2) ② 방출구

(3) ③ 수신부
    ④ 천장
    ⑤ 30
    ⑥ 바닥

해설

(1) 차단장치(전기 또는 가스)는 상시 확인 및 점검이 가능하도록 설치할 것

(2) 소화약제 방출구는 환기구(주방에서 발생하는 열기류 등을 밖으로 배출하는 장치)의 청소부분과 분리되어 있어야 하며, 형식승인 받은 유효설치 높이 및 방호면적에 따라 설치할 것

(3) 가스용 주방자동소화장치를 사용하는 경우 탐지부는 수신부와 분리하여 설치하되, 공기보다 가벼운 가스를 사용하는 경우에는 천장면으로부터 30[cm] 이하의 위치에 설치하고, 공기보다 무거운 가스를 사용하는 장소에는 바닥면으로부터 30[cm] 이하의 위치에 설치할 것

연계이론

PHASE 01 소화기구 및 자동소화장치

2024년 2회 기출문제

01 숙박시설인 특정소방대상물의 바닥면적이 $500[m^2]$인 경우 소화기구의 능력단위는 얼마 이상인지 구하시오. (단, 특정소방대상물의 주요구조부는 비내화구조이다.) [3점]

정답
- 계산과정: $\dfrac{500}{100}=5$
- 답: 5단위

해설
화재의 발생을 예방하기 위해 특정소방대상물별로 능력단위에 따른 소화기구 또는 자동소화장치를 설치하며, 부속용도에 따라 기준개수의 소화기구 또는 자동소화장치를 추가로 설치한다.

소화기구의 특정소방대상물별 능력단위

설치장소의 최고주위온도	표시온도
1. 위락시설	해당 용도의 바닥면적 $30[m^2]$마다 능력단위 1단위 이상
2. 공연장·집회장·관람장·문화재·장례식장 및 의료시설	해당 용도의 바닥면적 $50[m^2]$마다 능력단위 1단위 이상
3. 근린생활시설·판매시설·운수시설·숙박시설·노유자시설·전시장·공동주택·업무시설·방송통신시설·공장·창고시설·항공기 및 자동차 관련 시설 및 관광휴게시설	해당 용도의 바닥면적 $100[m^2]$마다 능력단위 1단위 이상
4. 그 밖의 것	해당 용도의 바닥면적 $200[m^2]$마다 능력단위 1단위 이상

소화기구의 능력단위를 산출할 때 건축물의 주요구조부가 내화구조이고, 벽 및 반자의 실내에 면하는 부분이 불연재료·준불연재료 또는 난연재료로 된 특정소방대상물의 경우 위 기준의 2배를 기준면적으로 한다.

특정소방대상물인 숙박시설에 필요한 소화기구의 능력단위는 다음과 같다.

$$숙박시설의\ 능력단위 = \dfrac{바닥면적[m^2]}{기준면적[m^2]} = \dfrac{500[m^2]}{100[m^2]} = 5단위$$

연계이론 PHASE 01 소화기구 및 자동소화장치

02

위험물의 옥외탱크에 Ⅰ형 고정포 방출구로 포 소화설비를 설치하고자 할 때 [조건]을 보고 다음 물음에 답하시오. [6점]

조건

(가) 탱크의 지름: 12[m]
(나) 사용약제는 6[%] 수성막포로 단위 포 소화 수용액의 양은 2.27[L/m²·min]이며 방수시간은 30[min]이다.
(다) 보조 포 소화전은 1개가 설치되어 있다.
(라) 배관의 길이는 20[m](포 원액 탱크에서 포 방출구까지), 관내경은 150[mm], 기타의 조건은 무시한다.

(1) 포 원액량[L]은 얼마인가?
(2) 전용 수원의 양[m³]은 얼마인가?

정답

(1) • 계산과정: $2.27 \times \frac{\pi}{4} \times 12^2 \times 30 \times 0.06 ≒ 462.116$
$1 \times 0.06 \times 8,000 = 480$
$\frac{\pi}{4} \times 0.15^2 \times 20 \times 0.06 ≒ 0.021206[m^3] = 21.206[L]$
$462.116 + 480 + 21.206 = 963.322$
• 답: 963.32[L]

(2) • 계산과정: $963.32 \times \frac{0.94}{0.06} ≒ 15,092[L] = 15.092[m^3]$
• 답: 15.09[m³]

해설

(1) 포 소화약제 저장량은 고정포 방출구에서 방출하기 위하여 필요한 양, 보조 포 소화전에서 방출하기 위하여 필요한 양, 가장 먼 탱크까지의 송액관(내경 75[mm] 이하 제외)에 충전하기 위하여 필요한 양의 합으로 한다.

위험물 저장탱크에 발생하는 화재는 유류 표면에서 발생하므로 위험물이 드러나거나 증발 가능한 면적이 화재 발생면적이자 소화면적이 된다.

탱크의 고정포 방출구에 필요한 포 소화약제의 양은 다음과 같다.

$$Q = 2.27[L/m^2·min] \times \frac{\pi}{4} \times (12[m])^2 \times 30[min] \times 0.06 ≒ 462.116[L]$$

보조 포 소화전에 필요한 포 소화약제의 양은 다음과 같다.

$$Q = N \times S \times 8,000[L]$$

Q: 보조 포 소화전의 유량[L/min], N: 방출구의 개수(최대 3개), S: 소화약제의 농도[%]

보조 포 소화전에 필요한 포 소화약제의 양은
$Q = 1 \times 0.06 \times 8,000[L] = 480[L]$

송액관은 직경이 75[mm]를 초과할 때 가장 먼 탱크까지의 거리만큼 보정량을 더한다.

$$Q = \frac{\pi}{4} \times (0.15[m])^2 \times 20[m] \times 0.06 ≒ 0.021206[m^3] = 21.206[L]$$

포 소화설비에 필요한 소화약제의 총량[L]은
$Q = 462.116[L] + 480[L] + 21.206[L] = 963.322[L]$

(2) 포 수용액은 6[%]의 소화약제와 94[%]의 물로 구성되어 있다. 따라서 수원의 저수량은 다음과 같다.

수원의 저수량 = 포 소화약제량 $\times \frac{0.94}{0.06} = 963.32[L] \times \frac{0.94}{0.06} ≒ 15,092[L] = 15.092[m^3]$

연계이론 PHASE 06 포 소화설비

03 수계소화설비에서 동일한 지점에서의 압력이 다르면 방출압력과 방수량을 보정하여야 한다. 물분무 헤드를 그림과 같이 6개 설치했을 때, 조건을 참고하여 다음 각 물음에 답하시오. [9점]

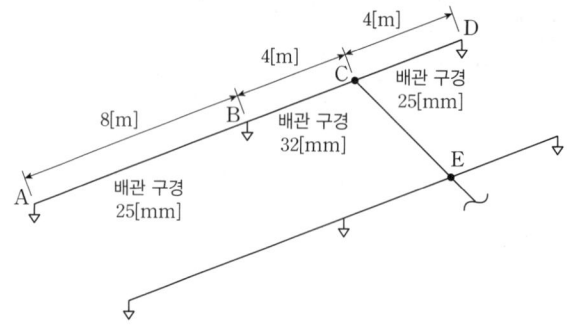

조건

(가) 모든 헤드의 방출계수는 동일하다.
(나) A헤드와 D헤드의 방수량은 60[L/min]이고, 방출압력은 350[kPa]이다.
(다) 소화설비의 배관 길이와 배관 구경은 다음과 같다.

구간	A-B	B-C	C-D
배관의 길이	8[m]	4[m]	4[m]
배관의 구경	25[mm]	32[mm]	25[mm]

(라) 기타 관부속품의 마찰손실은 무시한다.
(마) 배관마찰손실 압력은 하젠-윌리엄스 공식을 따르되 계산의 편의상 다음 식과 같다고 가정한다.

$$\Delta P = 6.053 \times 10^7 \times \frac{Q^{1.85}}{100^{1.85} \times d^{4.87}} \times L$$

ΔP: 마찰손실압력[kPa], Q: 배관 내의 유수량[L/min], d: 배관의 안지름[mm], L: 배관의 길이[m]

(1) A지점 헤드에서 시작하여 C지점까지의 경로로 계산 시
  ① A-B 구간의 마찰손실압력[MPa]을 구하시오.
  ② B헤드의 압력[kPa]과 방수량[L/min]을 구하시오.
  ③ B-C 구간의 유량[L/min]과 마찰손실압력[kPa]을 구하시오.
  ④ C지점의 압력[kPa]을 구하시오.

(2) D지점 헤드에서 시작하여 C지점까지의 경로로 계산 시
  ① C-D 구간의 마찰손실압력[kPa]을 구하시오.
  ② C지점의 압력[kPa]을 구하시오.

(3) D헤드의 방출압력이 380[kPa]이면 C지점의 압력이 동일한지의 여부를 판정을 하시오.(단, C지점의 동일 압력 기준의 오차 범위는 ±5[kPa]이다.)

정 답

(1) ① • 계산과정: $6.053 \times 10^7 \times \dfrac{60^{1.85}}{100^{1.85} \times 25^{4.87}} \times 8 ≒ 29.287$

　　• 답: 29.29[kPa]

② • 계산과정: $350 + 29.29 = 379.29$

$$\dfrac{60}{\sqrt{10 \times 0.35}} ≒ 32.071$$

$$32.071 \times \sqrt{10 \times 0.37929} ≒ 62.459$$

　　• 답: 379.29[kPa], 62.46[L/min]

③ • 계산과정: $60 + 62.46 = 122.46$

$$6.053 \times 10^7 \times \dfrac{122.46^{1.85}}{100^{1.85} \times 32^{4.87}} \times 4 ≒ 16.472$$

　　• 답: 122.46[L/min], 16.47[kPa]

④ • 계산과정: $379.29 + 16.47 = 395.76$

　　• 답: 395.76[kPa]

(2) ① • 계산과정: $6.053 \times 10^7 \times \dfrac{60^{1.85}}{100^{1.85} \times 25^{4.87}} \times 4 ≒ 14.643$

　　• 답: 14.64[kPa]

② • 계산과정: $350 + 14.64 = 364.64$

　　• 답: 364.64[kPa]

(3) • 답: D헤드의 방출압력이 380[kPa]가 되면 C지점에서 압력이 395.76[kPa]과 395.801[kPa]로 오차범위 ±5[kPa] 이내이므로 동일한 압력을 만족한다.

해 설

(1) ① A-B 구간의 유량은 60[L/min]이고, 배관 구경은 25[mm]이므로 이 구간의 마찰손실압력은 다음과 같다.

$$\varDelta P = 6.053 \times 10^7 \times \dfrac{(60[\text{L/min}])^{1.85}}{100^{1.85} \times (25[\text{mm}])^{4.87}} \times 8[\text{m}] ≒ 29.287[\text{kPa}]$$

② A헤드의 방출압력이 350[kPa]이고, A-B 구간의 손실압력이 29.29[kPa]이므로 B헤드의 방출압력은 다음과 같다.

$$350[\text{kPa}] + 29.29[\text{kPa}] = 379.29[\text{kPa}]$$

헤드에서 압력 P와 유량 Q는 다음과 같은 관계를 갖는다.

$$Q = K\sqrt{10P}$$

Q: 방수량[L/min], K: 방출계수, P: 방수압[MPa]

방수량 Q가 60[L/min]이고, 방수압 P가 0.35[MPa]일 때 방출계수 K는 다음과 같다.

$$K = \dfrac{Q}{\sqrt{10P}} = \dfrac{60[\text{L/min}]}{\sqrt{10 \times 0.35[\text{MPa}]}} ≒ 32.071$$

따라서 방수압 P가 0.37929[MPa]인 경우 방수량 Q는 다음과 같다.

$$Q = 32.071 \times \sqrt{10 \times 0.37929[\text{MPa}]} ≒ 62.459[\text{L/min}]$$

③ B-C 구간의 유량은 A헤드와 B헤드의 방수량의 합과 같다.

$$60[\text{L/min}] + 62.46[\text{L/min}] = 122.46[\text{L/min}]$$

B-C 구간의 유량은 122.46[L/min]이고, 배관 구경은 32[mm]이므로 이 구간의 마찰손실압력은 다음과 같다.

$$\varDelta P = 6.053 \times 10^7 \times \dfrac{(122.46[\text{L/min}])^{1.85}}{100^{1.85} \times (32[\text{mm}])^{4.87}} \times 4[\text{m}] ≒ 16.472[\text{kPa}]$$

④ B헤드의 방출압력이 379.29[kPa]이고, B-C 구간의 손실압력이 16.472[kPa]이므로 C지점의 압력은 다음과 같다.

$$379.29[\text{kPa}] + 16.47[\text{kPa}] = 395.76[\text{kPa}]$$

(2) ① D−C 구간의 유량은 60[L/min]이고, 배관 구경은 25[mm]이므로 이 구간의 마찰손실압력은 다음과 같다.
$$\Delta P = 6.053 \times 10^7 \times \frac{(60[L/min])^{1.85}}{100^{1.85} \times (25[mm])^{4.87}} \times 4[m] \fallingdotseq 14.643[kPa]$$

② D헤드의 방출압력이 350[kPa]이고, D−C 구간의 손실압력이 14.64[kPa]이므로 C지점의 압력은 다음과 같다.
$$350[kPa] + 14.64[kPa] = 364.64[kPa]$$

(3) D헤드의 방수압 P가 0.38[MPa]인 경우 방수량 Q는 다음과 같다.
$$Q = 32.071 \times \sqrt{10 \times 0.38[MPa]} \fallingdotseq 62.518[L/min]$$

이때 D−C구간의 유량은 62.518[L/min]이고, 배관 구경은 25[mm]이므로 이 구간의 마찰손실압력은 다음과 같다.
$$\Delta P = 6.053 \times 10^7 \times \frac{(62.518[L/min])^{1.85}}{100^{1.85} \times (25[mm])^{4.87}} \times 4[m] \fallingdotseq 15.801[kPa]$$

D헤드의 방출압력이 380[kPa]이고, D−C 구간의 손실압력이 15.801[kPa]이므로 C지점의 압력은 다음과 같다.
$$380[kPa] + 15.801[kPa] = 395.801[kPa]$$

연계이론

PHASE 05 물분무 소화설비

04

다음은 수계소화설비의 성능시험배관에 대한 내용이다. 조건을 이용하여 각 물음에 답하시오. [9점]

조건
(가) 토출측 배관에는 플렉시블 조인트를 설치할 것
(나) 성능시험배관의 밸브는 상시 폐쇄상태일 것
(다) 소방시설 자체점검사항 등에 관한 고시에 명시된 소방시설도시기호를 사용할 것

(1) 펌프의 토출측 배관(개폐밸브까지)과 성능시험배관을 관부속류 및 계측기를 사용하여 완성하시오.

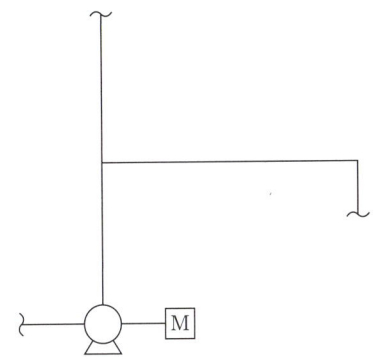

(2) 시험의 명칭과 판정기준을 각각 3가지씩 작성하시오. (단, 판정기준은 토출압력과 토출량을 기준으로 작성할 것)

정답

(1)

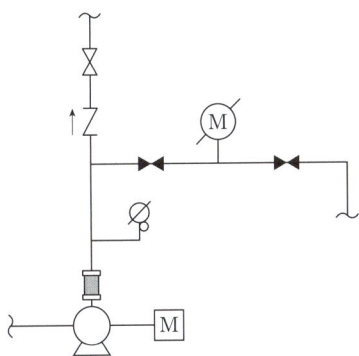

(2) • 체절압력시험: 펌프의 토출량이 0일 때 토출압력이 정격토출압력의 140[%]를 초과하지 않아야 한다.
• 정격부하시험: 펌프의 토출량이 정격토출량일 때 토출압력이 정격토출압력의 100[%] 이상이어야 한다.
• 과부하시험: 펌프의 토출량이 정격토출량의 150[%]일 때 토출압력이 정격토출압력의 65[%] 이상이어야 한다.

연계이론

PHASE 02 옥내소화전설비

05

특정소방대상물에 옥외소화전이 7개 설치되어 있다. 다음 각 물음에 답하시오. [4점]

(1) 지하 수원의 수량[m³]을 구하시오.
(2) 펌프의 토출량[L/min]을 구하시오.
(3) 옥외소화전 호스접결구에 대한 내용이다. 빈칸에 알맞은 말을 넣으시오.

> 호스접결구는 지면으로부터의 높이가 (①)[m] 이상 (②)[m] 이하의 위치에 설치하고 특정소방대상물의 각 부분으로부터 하나의 호스접결구까지의 수평거리가 (③)[m] 이하가 되도록 설치해야 한다.

정답

(1) • 계산과정: $2 \times 7 = 14$
   • 답: 14[m³]

(2) • 계산과정: $2 \times 350 = 700$
   • 답: 700[L/min]

(3) ① 0.5
   ② 1
   ③ 40

해설

(1) 화재안전기준에 따라 옥외소화전설비에서 수원의 저수량은 옥외소화전의 설치개수(최대 2개)에 7[m³]를 곱한 양 이상이 되도록 한다.
   옥외소화전설비의 저수량=2[개]×7[m³]=14[m³] ← 옥외소화전설비에는 유효수량의 1/3을 옥상에 설치하지 않는다.

(2) 화재안전기준에 따라 옥외소화전설비에서 가압송수장치(펌프)는 특정소방대상물에 설치된 옥외소화전을 동시에 사용할 경우(최대 2개) 각 소화전의 노즐선단에서의 방수량은 350[L/min] 이상으로 한다.
   정격토출량=2[개]×350[L/min]=700[L/min]

(3) 호스접결구는 지면으로부터의 높이가 0.5[m] 이상 1[m] 이하의 위치에 설치하고 특정소방대상물의 각 부분으로부터 하나의 호스접결구까지의 수평거리가 40[m] 이하가 되도록 설치해야 한다.

연계이론

PHASE 03 옥외소화전설비

06

펌프가 수원보다 1[m] 높은 위치에서 0.3[m³/min]의 물을 이송하고 있다. 흡입관과 토출관의 구경이 각각 100[mm], 토출관의 압력계가 0.1[MPa]일 때 공동현상이 발생하는지 여부를 판별하시오. 이때 흡입측 손실수두가 0.5[m]이고, 대기압은 표준대기압, 물의 온도는 20[℃]이다. 포화증기압이 2,340[Pa], 비중량이 9,789[N/m³], 필요흡입양정은 11[m]이다. [5점]

정답

(1) • 계산과정: $\dfrac{101,325}{9,789} - 1 - 0.5 - \dfrac{2,340}{9,789} ≒ 8.612$

  • 답: 6.74[m]

(2) 필요흡입수두 $NPSH_{re}$(11[m])보다 유효흡입수두 $NPSH_{av}$(8.61[m])가 작기 때문에 공동현상(cavitation)이 발생한다.

해설

유효흡입양정 $NPSH_{av}$를 구성하는 조건은 다음과 같다.

$$NPSH_{av} = H_a \pm H_z - H_f - H_v$$

$NPSH_{av}$: 유효흡입양정, H_a: 유체 표면에 작용하는 절대압,
H_z: 유체 표면에서 펌프 중심까지의 높이, H_f: 마찰손실수두, H_v: 포화증기압수두

압력[Pa]과 수두[m]의 관계식은 다음과 같다.

$$H = \dfrac{P}{\gamma} = \dfrac{P}{\rho g}$$

H: 수두[m], P: 압력[Pa], γ: 비중량[N/m³], ρ: 밀도[kg/m³], g: 중력가속도[m/s²]

따라서 유효흡입수두 $NPSH_{av}$는

$$NPSH_{av} = \dfrac{101,325[Pa]}{9,789[N/m^3]} - 1[m] - 0.5[m] - \dfrac{2,340[Pa]}{9,789[N/m^3]} ≒ 8.612[m]$$

연계이론 PHASE 23 펌프의 특성

07 다음은 이산화탄소 소화설비에 대한 평면도를 나타낸 것이다. 각 물음에 답하시오. [12점]

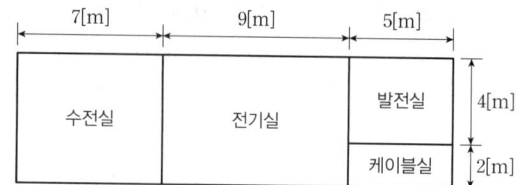

조건

(가) 층고는 4.5[m]이다.
(나) 개구부의 면적은 다음과 같다. (단, 수전실에만 자동폐쇄장치가 설치되어 있다.)
  － 수전실: 5[m^2], 전기실: 7[m^2], 발전실: 3.5[m^2], 케이블실: 개구부 없음
(다) 전역방출방식이며 표면화재를 기준으로 한다.
(라) 배관 구경은 20[mm]이고, 방사헤드 1개당 방출량은 50[kg/min]이다.
(마) 저장용기 1병당 충전량은 45[kg]이다.
(바) 가스 저장용기는 공용으로 한다.
(사) 설계농도는 34[%]이고, 보정계수는 무시한다.
(아) (1), (2)의 소화약제량은 저장용기의 개수와 관계없이 화재안전기준에 따라 산출하고, (4)의 소화약제량은 저장용기 개수 기준에 따라 산출한다.

[참고자료]

방호구역 체적에 따른 소화약제 및 최저한도의 양

방호구역 체적	방호구역의 체적 1[m^3]에 대한 소화약제의 양	소화약제 저장량의 최저한도의 양
45[m^3] 미만	1.00[kg]	45[kg]
45[m^3] 이상 150[m^3] 미만	0.90[kg]	45[kg]
150[m^3] 이상 1,450[m^3] 미만	0.80[kg]	135[kg]
1,450[m^3] 이상	0.75[kg]	1,125[kg]

(1) 각 방호구역에 필요한 소화약제의 양을 구하시오. (단, 개구부 가산량이 적용되지 않는 경우에는 "－"표시를 할 것)

방호구역	체적[m^3]	체적당 가스량 [kg/m^3]	소화약제량 [kg]	개구부 면적 [m^2]	개구부 가산량 [kg/m^2]	총 소화약제량 [kg]
수전실				5		
전기실				7		
발전실				3.5		
케이블실				－	－	

(2) 각 방호구역에 필요한 소화약제 저장용기의 수를 구하시오.

방호구역	소화약제량[kg]	1병당 저장량	용기수[병]
수전실		45[kg]	
전기실		45[kg]	
발전실		45[kg]	
케이블실		45[kg]	

(3) 방호구역 전체에 필요한 저장용기수[병]를 구하시오.

(4) 각 방호구역에 설치하는 헤드의 개수를 구하시오.

방호구역	소화약제량[kg]	1병당 저장량	용기수[병]
수전실		50[kg/min]	
전기실		50[kg/min]	
발전실		50[kg/min]	
케이블실		50[kg/min]	

(5) 이산화탄소 소화설비의 계통도를 완성하시오. (단, 소화약제 저장용기를 추가로 도시하고 기동배관 (동관)은 점선으로 표시한다. 또한 소방시설도시기호에 맞게 가스 체크밸브를 도시하도록 한다.)

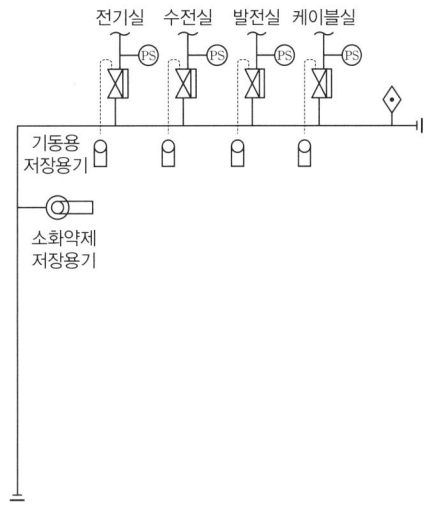

정답

(1)

방호구역	체적[m³]	체적당 가스량 [kg/m³]	소화약제량 [kg]	개구부 면적 [m²]	개구부 가산량 [kg/m²]	총 소화약제량 [kg]
수전실	189	0.80	151.2	5	—	151.2
전기실	243	0.80	194.4	7	5	229.4
발전실	90	0.90	81	3.5	5	98.5
케이블실	45	0.90	45	—	—	45

(2)

방호구역	소화약제량[kg]	1병당 저장량	용기수[병]
수전실	151.2	45[kg]	4
전기실	229.4	45[kg]	6
발전실	98.5	45[kg]	3
케이블실	45	45[kg]	1

(4)

방호구역	소화약제량[kg]	1병당 저장량	용기수[병]
수전실	180	50[kg/min]	4
전기실	270	50[kg/min]	6
발전실	135	50[kg/min]	3
케이블실	45	50[kg/min]	1

(5)

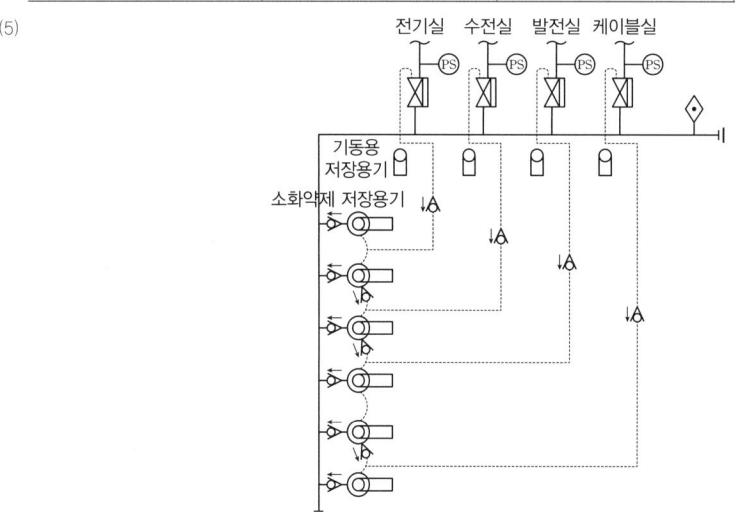

연계이론   **PHASE 07** 이산화탄소 소화설비

08

다음 그림과 같은 벤투리관에 유량이 5.6[m³/min]으로 물이 흐르고 있다. 내경이 360[mm]인 본관에 내경이 130[mm]인 벤투리미터가 설치되어 있다. 압력차($P_1 - P_2$)[kPa]를 구하시오. (단, 벤투리관의 유량계수는 0.86이다.) [5점]

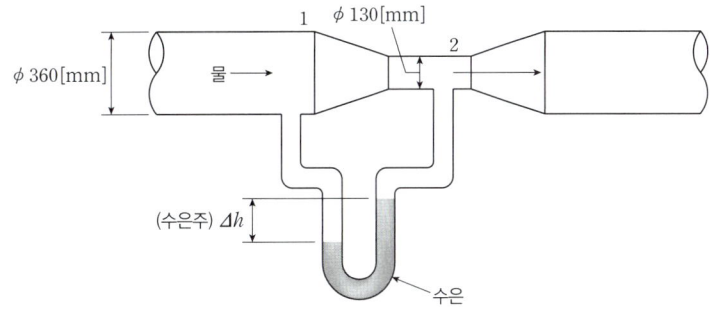

정답

- 계산과정: $\left(\dfrac{\frac{5.6}{60}}{0.86 \times \frac{\pi}{4} \times 0.13^2}\right)^2 \times \dfrac{9.8}{2 \times 9.8} \fallingdotseq 33.427$

- 답: 33.43[kPa]

해설

배관 중 좁아지는 구간에서 유속이 증가하고 압력이 낮아지는 점에서 착안하여 압력 차이를 통해 유량을 측정하는 장치를 벤투리미터라고 한다.

벤투리미터를 통과하는 유량 Q와 액주계의 높이 차이 h의 관계식은 다음과 같다.

$$Q = CA_2 \sqrt{2g\left(\dfrac{P_1 - P_2}{\gamma_w}\right)}$$

Q: 유량[m³/s], C: 유량계수, A_2: 좁은 면적[m²], g: 중력가속도[m/s²],
P: 압력[kN/m²], γ_w: 벤투리관 유체의 비중량[kN/m³]

유량이 5.6[m³/min]이므로 단위를 변환하면 $\dfrac{5.6}{60}$[m³/s]이다.

따라서 주어진 조건을 공식에 대입하면 압력 차이 $P_1 - P_2$는 다음과 같다.

$$P_1 - P_2 = \left(\dfrac{Q}{CA_2}\right)^2 \times \dfrac{\gamma_w}{2g} = \left(\dfrac{\frac{5.6}{60}[\text{m}^3/\text{s}]}{0.86 \times \frac{\pi}{4} \times (0.13[\text{m}])^2}\right)^2 \times \dfrac{9.8[\text{kN/m}^3]}{2 \times 9.8[\text{m/s}^2]}$$
$$\fallingdotseq 33.427[\text{kPa}]$$

연계이론 PHASE 20 유체유동

09 [조건]을 참고하여 제연설비에 대하여 다음 물음에 답하시오. [8점]

조건

(가) 거실 바닥면적은 390[m²]이고 경유 거실이다.
(나) Duct의 길이는 80[m]이고, Duct 저항은 1.96[Pa/m]이다.
(다) 배출구 저항은 78[Pa], 그릴 저항은 29[Pa], 부속류 저항은 Duct 저항의 50[%]이다.
(라) 송풍기는 Sirocco Fan을 선정하고 효율은 55[%], 전동기 전달계수 $K = 1.1$이다.

(1) 예상제연구역에 필요한 배출량[m³/h]은 얼마인가?
(2) 송풍기에 필요한 정압[Pa]은 얼마인가?
(3) 송풍기의 전동기 동력[kW]은 얼마인가?
(4) 회전수가 1,750[rpm]일 때 이 송풍기의 정압을 1.2배로 높이려면 증가시켜야 하는 회전수는 얼마인가?

정답

(1) • 계산과정: $390 \times 60 = 23,400$
 • 답: 23,400[m³/hr]

(2) • 계산과정: $\left(80 \times \dfrac{1.96}{1}\right) + 78 + 29 + \left(80 \times \dfrac{1.96}{1}\right) \times 0.5 = 342.2$
 • 답: 342.2[Pa]

(3) • 계산과정: $23,400[\text{m}^3/\text{h}] = \dfrac{23,400}{3,600}[\text{m}^3/\text{s}]$

$$\dfrac{0.3432 \times \dfrac{23,400}{3,600}}{0.55} \times 1.1 \fallingdotseq 4.449$$

 • 답: 4.45[kW]

(4) • 계산과정: $1,750 \times \sqrt{\dfrac{1.2H_1}{H_1}} \fallingdotseq 1,917.029$
 • 답: 1,917.03[rpm]

해설

(1) 바닥면적이 400[m²] 미만인 경우 바닥면적 1[m²] 당 1[m³/min] 이상으로 하고, 최소 배출량은 5,000[m³/hr] 이상으로 한다.

$$390[\text{m}^3/\text{min}] \times 60[\text{min/hr}] = 23,400[\text{m}^3/\text{hr}]$$

(2) 소요전압은 배연덕트를 통과하며 발생하는 모든 저항의 합과 같다.

$$\left(80[\text{m}] \times \frac{1.96[\text{Pa}]}{1[\text{m}]}\right) + 78[\text{Pa}] + 29[\text{Pa}] + \left(80[\text{m}] \times \frac{1.96[\text{Pa}]}{1[\text{m}]}\right) \times 0.5 = 342.2[\text{Pa}]$$

(3) 송풍기의 동력은 다음의 식을 통해 구할 수 있다.

$$P = \frac{P_T Q}{\eta} K$$

P: 송풍기의 동력[kW], P_T: 전압(풍압)[kPa], Q: 풍량[m³/s], η: 효율, K: 전달계수

송풍기의 배출량은 23,400[m³/h]이므로 단위를 변환하면 $\frac{23,400}{3,600}$[m³/s]이다.

따라서 주어진 조건을 공식에 대입하면 송풍기의 동력 P는

$$P = \frac{0.3432[\text{kPa}] \times \frac{23,400}{3,600}[\text{m}^3/\text{s}]}{0.55} \times 1.1 \fallingdotseq 4.449[\text{kW}]$$

(4) 기하학적으로 비슷한 두 물체의 운동이 역학적으로도 비슷해지도록 하는 조건을 나타내는 법칙을 상사법칙이라고 한다.

펌프의 회전수를 변화시키고 크기(직경)이 일정하다면 상사법칙에 따라 축동력이 변화한다.

$$\frac{H_2}{H_1} = \left(\frac{N_2}{N_1}\right)^2 \left(\frac{D_2}{D_1}\right)^2$$

H: 양정, N: 펌프의 회전수, D: 직경

동일한 송풍기이므로 직경 D는 같고, 상태1의 정압이 H_1, 회전수 N_1이 1,750[rpm]이며, 상태2의 정압 H_2가 $1.2H_1$이므로 회전수 N_2은 다음과 같다.

← 양정[m]과 비중량[N/m³]을 곱하면 압력[N/m²]이 되므로 펌프를 통과하는 유체가 동일하다면 양정의 비는 압력의 비와 같다.

$$N_2 = N_1 \sqrt{\frac{H_2}{H_1}} = 1,750[\text{rpm}] \times \sqrt{\frac{1.2H_1}{H_1}} \fallingdotseq 1,917.029[\text{rpm}]$$

연계이론

PHASE 14 제연설비

PHASE 23 펌프의 특성

10 관 내에서 발생하는 맥동현상(surging)의 정의와 방지법 2가지를 쓰시오. [4점]

(1) 정의

(2) 방지법

정답

(1) 정의: 펌프 압력계의 지침이 흔들리며 토출량이 주기적으로 변동하며 진동하는 현상

(2) 방지법: 다음 6가지 중 2가지를 선택하여 작성한다.
- 펌프 내 양수량을 증가시킨다.
- 임펠러의 회전 수를 증가시킨다.
- 배관 내의 잔류공기를 제거한다.
- 펌프의 양정곡선($Q-H$)의 상승부에서 운전하는 것을 피한다.
- 배관 중 불필요한 수조를 제거한다.
- 유량조절밸브를 배관 중 수조의 위치 전방에 설치한다.

연계이론 PHASE 23 펌프의 특성

11

특수가연물을 저장 또는 취급하는 랙크식 창고에 스프링클러 헤드를 설치하고자 한다. [조건]을 참고하여 랙크식 창고에 필요한 스프링클러 헤드의 총 소요개수를 구하시오. [5점]

> **조건**
> (가) 헤드는 폐쇄형 스프링클러헤드를 정방형으로 설치한다.
> (나) 랙크식 창고의 크기는 가로 15[m], 세로 26[m], 높이 8[m]이다.
> (다) 화재조기진압용 스프링클러설비는 적용하지 않는다.

정답

- 계산과정: $2 \times 1.7 \times \cos 45° ≒ 2.404$

$$\frac{15}{2.404} ≒ 6.24$$

$$\frac{26}{2.404} ≒ 10.82$$

$$\frac{8}{3} ≒ 2.67$$

$$7 \times 11 = 77$$

$$3 \times 77 = 231$$

- 답: 231개

해설

스프링클러설비의 헤드는 천장·반자·천장과 반자 사이·덕트·선반 등의 각 부분으로부터 하나의 헤드까지 수평거리를 다음의 기준에 따라 설치한다.

소방대상물	수평거리[m]
무대부 · 특수가연물을 저장 또는 취급하는 장소	1.7
비내화구조 특정소방대상물	2.1
내화구조 특정소방대상물	2.3
아파트 세대 내	2.6

헤드를 정방형으로 배치한 경우 다음의 식에 따라 산정한 수치 이하가 되도록 한다.

$$S = 2 \times r \times \cos 45°$$

S: 헤드 상호 간의 거리[m], r: 유효반경

헤드 간 최대 거리는 다음과 같다.
 $S = 2 \times 1.7[\text{m}] \times \cos 45° ≒ 2.404[\text{m}]$

방호대상물의 길이가 가로 15[m], 세로 26[m]이므로 방향별 배치해야 하는 헤드의 최소 개수는 다음과 같다.

$\dfrac{15[\text{m}]}{2.404[\text{m}]} ≒ 6.24[개] = 7[개]$ (절상), $\dfrac{26[\text{m}]}{2.404[\text{m}]} ≒ 10.82[개] = 11[개]$ (절상)

랙크식 창고의 경우 스프링클러 헤드를 랙 높이 3[m] 이하마다 설치한다.

$\dfrac{8[\text{m}]}{3[\text{m}]} ≒ 2.67[열] = 3[열]$ (절상)

따라서 방호대상물에 배치해야 하는 헤드의 개수는 다음과 같다.
 1개 열: 7[개] × 11[개] = 77[개]
 전체 열: 3[열] × 77[개] = 231[개]

연계이론

PHASE 04 스프링클러설비

12 지상 6층 건물에 옥내소화전을 설치하려고 한다. 각 층에 옥내소화전 5개씩을 배치하며 이때 낙차는 24[m], 배관의 마찰손실수두는 8[m], 호스의 마찰손실수두가 7.8[m], 펌프 효율이 55[%], 여유율은 10[%]일 때 다음 물음에 답하시오. [6점]

(1) 수원의 최소 저수량[m³]은 얼마인가?
(2) 전양정[m]은 얼마인가?
(3) 펌프의 최소 토출량[m³/min]은 얼마인가?
(4) 펌프 모터의 최소 동력[kW]은 얼마인가?

정답

(1) • 계산과정: $(2 \times 2.6) + (2 \times 2.6) \times \dfrac{1}{3} ≒ 6.933$
  • 답: 6.93[m³]

(2) • 계산과정: $24 + 7.8 + 8 + 17 = 56.8$
  • 답: 56.8[m]

(3) • 계산과정: $2 \times 130 = 260\text{[L/min]} = 0.26\text{[m}^3\text{/min]}$
  • 답: 0.26[m³/min]

(4) • 계산과정: $0.26\text{[m}^3\text{/min]} = \dfrac{0.26}{60}\text{[m}^3\text{/s]}$

$$\dfrac{9.8 \times \dfrac{0.26}{60} \times 56.8}{0.55} \times 1.1 ≒ 4.824$$

  • 답: 4.82[kW]

해 설

(1) 화재안전기준에 따라 옥내소화전설비에서 수원의 저수량은 옥내소화전의 설치개수가 가장 많은 층의 설치개수에 기준량을 곱한 양 이상이 되도록 한다.

층수	최대 설치개수	기준량
~29층	2개	$2.6[\text{m}^3]$ $(130[\text{L/min}] \times 20[\text{min}])$
30층~49층	5개	$5.2[\text{m}^3]$ $(130[\text{L/min}] \times 40[\text{min}])$
50층~	5개	$7.8[\text{m}^3]$ $(130[\text{L/min}] \times 60[\text{min}])$

기준에 따라 계산한 유효수량 외에 유효수량의 $\frac{1}{3}$ 이상을 옥상에 설치한다.

$$Q = (2[\text{개}] \times 2.6[\text{m}^3]) + (2[\text{개}] \times 2.6[\text{m}^3]) \times \frac{1}{3} \fallingdotseq 6.933[\text{m}^3]$$

(2) 화재안전기준에 따라 옥내소화전설비에 설치된 가압송수장치(펌프)의 전양정은 다음과 같다.

$$H = h_1 + h_2 + h_3 + 17$$

H: 전양정[m], h_1: 실양정(흡입양정+토출양정)[m], h_2: 호스의 마찰손실수두[m],
h_3: 배관 및 관부속의 마찰손실수두[m], 17: 노즐선단에서의 방사압력수두[m]

펌프의 후드밸브로부터 최고위 옥내소화전 앵글밸브까지의 수직거리인 실양정 h_1은 24[m]이다.
  $h_1 = 24[\text{m}]$
호스의 마찰손실수두 h_2는 7.8[m]이다.
  $h_2 = 7.8[\text{m}]$
배관 및 관부속의 마찰손실수두 h_3는 8[m]이다.
  $h_3 = 8[\text{m}]$
따라서 옥내소화전설비 펌프의 전양정 H는
  $H = h_1 + h_2 + h_3 + 17 = 24[\text{m}] + 7.8[\text{m}] + 8[\text{m}] + 17 = 56.8[\text{m}]$

(3) 화재안전기준에 따라 옥내소화전설비에서 가압송수장치(펌프)는 특정소방대상물의 어느 층에서 해당 층의 옥내소화전을 동시에 사용할 경우(최대 2개, 30층 이상인 경우 최대 5개) 각 소화전의 노즐 선단에서의 방수량은 130[L/min] 이상으로 한다.
  정격토출량 $= 2[\text{개}] \times 130[\text{L/min}] = 260[\text{L/min}] = 0.26[\text{m}^3/\text{min}]$

(4) 모터의 동력은 다음의 식을 통해 구할 수 있다.

$$P = \frac{\gamma Q H}{\eta} K$$

P: 모터의 동력[kW], γ: 유체의 비중량[kN/m³], Q: 유량[m³/s], H: 전양정[m], η: 효율, K: 전달계수

유체는 물이므로 물의 비중량은 9.8[kN/m³]이다.
펌프의 토출량은 0.26[m³/min]이므로 단위를 변환하면 $\frac{0.26}{60}[\text{m}^3/\text{s}]$이다.

따라서 주어진 조건을 공식에 대입하면 전동기의 출력 P는

$$P = \frac{9.8[\text{kN/m}^3] \times \frac{0.26}{60}[\text{m}^3/\text{s}] \times 56.8[\text{m}]}{0.55} \times 1.1 \fallingdotseq 4.824[\text{kW}]$$

연 계 이 론   **PHASE 02** 옥내소화전설비

13 제3종 분말을 사용하며 전역방출방식을 사용하는 분말 소화설비에 있어서 방호구역이 가로 10[m], 세로 20[m], 높이 4[m]일 때 다음 물음에 답하시오. (단, 방호구역에 설치된 분사헤드 1개의 1분 당 방사량은 20[kg/min·개]이다.) [5점]

(1) 필요 약제 저장량[kg]은 얼마인가?
(2) 필요 분사 헤드 수는 몇 개인가?
(3) 가압용 가스로 질소가스를 사용할 경우 필요한 질소가스의 소요량[L](35[℃], 1[atm]의 압력상태로 환산)은 얼마인가? (단, 약제용기와 가압용가스 용기는 각각 분리 설치되어 있다.)

정답

(1) • 계산과정: $10 \times 20 \times 4 = 800$
   $0.36 \times 800 = 288$
  • 답: 288[kg]

(2) • 계산과정: $288 = 20 \times 0.5 \times$ 헤드 수
   헤드 수 $= \dfrac{288}{20 \times 0.5} ≒ 28.8$
  • 답: 29개

(3) • 계산과정: $40 \times 288 = 11,520$
  • 답: 11,520[L]

해설

(1) 전역방출방식 분말 소화약제의 저장량 기준은 다음과 같다.

소화약제의 종류	소화약제의 양[kg/m³]	개구부 가산량[kg/m²]
제1종 분말	0.60	4.5
제2종 분말	0.36	2.7
제3종 분말	0.36	2.7
제4종 분말	0.24	1.8

방호구역의 체적(가로×세로×높이)은 다음과 같다.
$V = 10[\text{m}] \times 20[\text{m}] \times 4[\text{m}] = 800[\text{m}^3]$
제3종 분말 소화약제를 사용하므로 소화약제의 양은 체적 1[m³] 당 0.36[kg/m³]을 적용한다.
소화약제의 양 $= 0.36[\text{kg/m}^3] \times 800[\text{m}^3] = 288[\text{kg}]$

(2) 분말 소화설비의 분사헤드는 소화약제 저장량을 30초 이내에 방출할 수 있어야 하므로 필요한 헤드 수는
$288[\text{kg}] = 20[\text{kg/min} \cdot \text{개}] \times 0.5[\text{min}] \times$ 헤드 수
헤드 수 $= \dfrac{288[\text{kg}]}{20[\text{kg/min}] \times 0.5[\text{min}]} ≒ 28.8[\text{개}] = 29[\text{개}]$ (절상)

(3) 가압용 가스에 질소가스를 사용하는 경우 질소가스는 소화약제 1[kg] 마다 40[L](35[℃]에서 1기압의 압력상태로 환산한 것) 이상으로 한다.
가압용 가스의 양 $= 40[\text{L/kg}] \times 288[\text{kg}] = 11,520[\text{L}]$

연계이론 PHASE 10 분말 소화설비

14 소방시설 설치 및 관리에 관한 법률에 따라 자동소화장치를 설치해야 하는 특정소방대상물 중 주거용 주방자동소화장치에 대한 내용이다. 빈칸에 알맞은 답을 쓰시오. [3점]

(1) 자동소화장치를 설치해야 하는 특정소방대상물은 다음의 어느 하나에 해당하는 특정소방대상물 중 (①) 및 덕트가 설치되어 있는 주방이 있는 특정소방대상물로 한다. 이 경우 해당 주방에 자동소화장치를 설치해야 한다.
(2) 주거용 주방자동소화장치를 설치해야 하는 것: (②) 및 (③)의 모든층

정답
(1) ① 후드
(2) ② 아파트등
    ③ 오피스텔

해설
(1) 자동소화장치를 설치해야 하는 특정소방대상물은 다음의 어느 하나에 해당하는 특정소방대상물 중 후드 및 덕트가 설치되어 있는 주방이 있는 특정소방대상물로 한다. 이 경우 해당 주방에 자동소화장치를 설치해야 한다.
(2) 주거용 주방자동소화장치를 설치해야 하는 것: 아파트등 및 오피스텔의 모든 층

연계이론 PHASE 01 소화기구 및 자동소화장치

---

15 거실제연 시 제1종 기계제연방식, 제2종 기계제연방식, 제3종 기계제연방식의 제연방법에 대해 설명하시오. [6점]

(1) 제1종 기계제연방식
(2) 제2종 기계제연방식
(3) 제3종 기계제연방식

정답
(1) 급기와 배기 모두 송풍기와 배연기를 활용하여 기계적으로 이루어지는 방식
(2) 급기만 송풍기를 활용하여 기계적으로 이루어지는 방식(자연배기)
(3) 배기만 배연기를 활용하여 기계적으로 이루어지는 방식(자연급기)

해설
기계제연방식에는 다음 3종류의 제연방식이 있다.

제1종 기계제연방식	급기와 배기 모두 송풍기와 배연기를 활용하여 기계적으로 이루어지는 방식
제2종 기계제연방식	급기만 송풍기를 활용하여 기계적으로 이루어지는 방식(자연배기)
제3종 기계제연방식	배기만 배연기를 활용하여 기계적으로 이루어지는 방식(자연급기)

연계이론 PHASE 14 제연설비

16 다음은 업무시설과 슈퍼마켓(판매시설)에 설치하는 스프링클러설비에 대한 단면도와 평면도를 나타낸 것이다. 문제의 조건을 참조하여 각 물음에 답하시오. [10점]

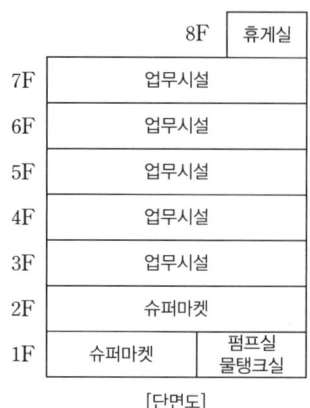

[단면도]

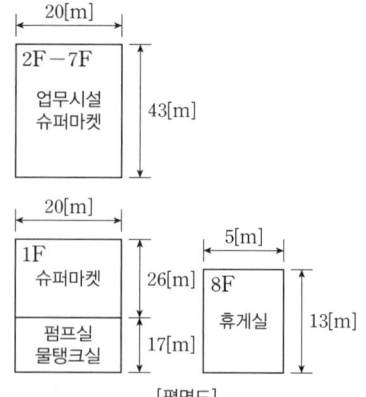

[평면도]

조건
(가) 건축물은 내화구조이며 지상층(지상 1층~지상 8층)의 단면도와 평면도는 위의 그림과 같다.
(나) 폐쇄형 헤드이고 정방형으로 배치한다.
(다) 주배관은 헤드가 가장 많이 설치된 유수검지장치를 기준으로 한다.

(1) 지상층에 설치된 스프링클러 헤드의 총 개수는 몇 개인지 구하시오.
(2) 다음의 표를 참고하여 헤드 개수에 따른 유수검지장치의 규격과 수량을 구하시오.

헤드 수	2	3	5	10	30	60	80	100	160	161 이상
급수관의 구경	25	32	40	50	65	80	90	100	125	150

구분	유수검지장치의 규격[mm]	필요 수량
지상 1층		( )개
지상 2층 ~ 지상 7층		각층 ( )개, 총개수 ( )개
지상 8층		( )개

(3) 주배관의 유속[m/s]을 구하시오.

정답

(1) • 계산과정: $2 \times 2.3 \times \cos 45° ≒ 3.253$

$\dfrac{20}{3.253} ≒ 6.15, \dfrac{26}{3.253} ≒ 7.99$

$7 \times 8 = 56$

$\dfrac{20}{3.253} ≒ 6.15, \dfrac{43}{3.253} ≒ 13.22$

$6 \times 7 \times 14 = 588$

$\dfrac{5}{3.253} ≒ 1.54, \dfrac{13}{3.253} ≒ 3.99$

$2 \times 4 = 8$

$56 + 588 + 8 = 652$

• 답: 652개

(2)

구분	유수검지장치의 규격[mm]	필요 수량
지상 1층	80	(1)개
지상 2층~지상 7층	100	각층 (1)개, 총개수 (6)개
지상 8층	50	(1)개

(3) • 계산과정: $30 \times 80 = 2,400$

$$2,400[\text{L/min}] = \frac{2.4}{60}[\text{m}^3/\text{s}]$$

$$\frac{4 \times \frac{2.4}{60}}{\pi \times 0.1^2} \fallingdotseq 5.093[\text{m/s}]$$

• 답: 5.09[m/s]

[해 설]

(1) 스프링클러설비의 헤드는 천장·반자·천장과 반자 사이·덕트·선반 등의 각 부분으로부터 하나의 헤드까지 수평거리를 다음의 기준에 따라 설치한다.

소방대상물	수평거리[m]
무대부·특수가연물을 저장 또는 취급하는 장소	1.7
비내화구조 특정소방대상물	2.1
내화구조 특정소방대상물	2.3
아파트 세대 내	2.6

헤드를 정방형으로 배치한 경우 다음의 식에 따라 산정한 수치 이하가 되도록 한다.

$$S = 2 \times r \times \cos 45°$$

S: 헤드 상호 간의 거리[m], r: 유효반경

헤드 간 최대 거리는 다음과 같다.
$S = 2 \times 2.3[\text{m}] \times \cos 45° \fallingdotseq 3.253[\text{m}]$

지상 1층의 방호대상물 길이가 가로 20[m], 세로 26[m]이므로 방향별 배치해야 하는 헤드의 최소 개수는 다음과 같다. ← 펌프실과 물탱크실은 스프링클러 헤드를 설치하지 않을 수 있다.

$\frac{20[\text{m}]}{3.253[\text{m}]} \fallingdotseq 6.15[\text{개}] = 7[\text{개}]$ (절상), $\frac{26[\text{m}]}{3.253[\text{m}]} \fallingdotseq 7.99[\text{개}] = 8[\text{개}]$ (절상)

지상 2층부터 지상 7층까지의 방호대상물 길이가 가로 20[m], 세로 43[m]이므로 방향별 배치해야 하는 헤드의 최소 개수는 다음과 같다.

$\frac{20[\text{m}]}{3.253[\text{m}]} \fallingdotseq 6.15[\text{개}] = 7[\text{개}]$ (절상), $\frac{43[\text{m}]}{3.253[\text{m}]} \fallingdotseq 13.22[\text{개}] = 14[\text{개}]$ (절상)

지상 8층의 방호대상물 길이가 가로 5[m], 세로 13[m]이므로 방향별 배치해야 하는 헤드의 최소 개수는 다음과 같다.

$\frac{5[\text{m}]}{3.253[\text{m}]} \fallingdotseq 1.54[\text{개}] = 2[\text{개}]$ (절상), $\frac{13[\text{m}]}{3.253[\text{m}]} \fallingdotseq 3.99[\text{개}] = 4[\text{개}]$ (절상)

따라서 방호대상물에 배치해야 하는 헤드의 개수는 다음과 같다.
지상 1층: 7[개]×8[개]=56[개]
지상 2층~지상 7층: 6[층]×7[개]×14[개]=588[개]
지상 8층: 2[개]×4[개]=8[개]
전체 층: 56[개]+588[개]+8[개]=652[개]

(2) 폐쇄형 스프링클러 헤드를 사용하는 설비의 방호구역 및 유수검지장치는 다음의 기준에 적합해야 한다.
- 하나의 방호구역의 바닥면적은 3,000[m²]를 초과하지 않도록 한다.
- 하나의 방호구역에는 1개 이상의 유수검지장치를 설치하고, 화재 시 접근이 쉽고 점검하기 편리한 장소에 설치한다.
- 하나의 방호구역은 2개 층에 미치지 않도록 한다.

20[m]×43[m]=860[m²]으로 1개 층의 바닥면적이 3,000[m²]을 초과하지 않으므로, 각 층별로 하나의 방호구역을 설정하고 1개의 유수검지장치를 설치한다.

(3) 부피유량 공식 $Q=Au$에 의해 유량 Q와 배관의 직경 D를 알면 유속 u를 다음과 같이 구할 수 있다.

$$Q=\frac{\pi}{4}D^2u,\ u=\frac{4Q}{\pi D^2}$$

u: 유속[m/s], Q: 유량[m³/s], D: 배관의 직경[m]

화재안전기준에 따라 스프링클러설비에서 가압송수장치(펌프)의 송수량은 기준개수에 80[L/min]를 곱한 양 이상으로 한다. ← 설치개수가 기준개수보다 적은 경우 설치개수에 따른다.

스프링클러설비의 설치장소		기준개수
아파트		10
지하층을 제외한 10층 이하인 특정소방대상물	헤드의 높이가 8[m] 미만인 것	10
	헤드의 높이가 8[m] 이상인 것	20
	판매시설이 없는 근린생활시설·운수시설·복합건축물	20
	특수가연물을 취급하지 않는 공장	20
	판매시설 또는 판매시설이 있는 복합건축물	30
	특수가연물을 저장·취급하는 공장	30
지하층을 제외한 11층 이상인 특정소방대상물		30
지하가 또는 지하역사		30

정격토출량=30[개]×80[L/min]=2,400[L/min]

유량은 2,400[L/min]이므로 단위를 변환하면 $\frac{2.4}{60}$[m³/s]이다.

헤드가 가장 많이 설치된 유수검지장치의 규격은 100[mm]이다.

따라서 주어진 조건을 공식에 대입하면 주배관의 유속 u는

$$u=\frac{4\times\frac{2.4}{60}[\text{m}^3/\text{s}]}{\pi\times(0.1[\text{m}])^2}≒5.093[\text{m/s}]$$

◊ 연계이론 ◊ **PHASE 04** 스프링클러설비

2024년 3회 기출문제

01 다음은 펌프의 성능시험에 대한 계통도를 나타내고 있다. 체절운전, 정격부하운전, 최대부하운전의 성능시험방법을 쓰시오.(단, $V_1 \sim V_3$ 밸브의 개폐 및 폐쇄상태를 포함하여 작성하도록 한다.) [6점]

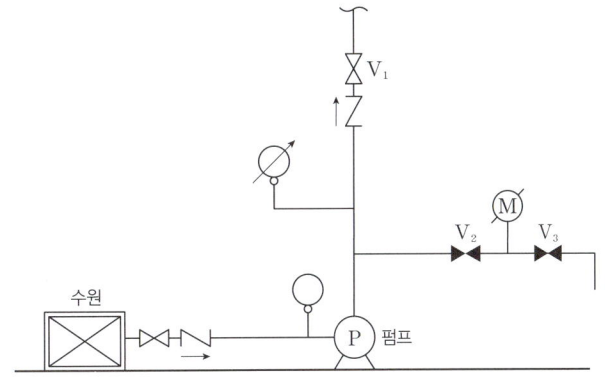

(1) 체절운전

(2) 정격부하운전

(3) 최대부하운전

정답

(1) ① 주배관의 개폐밸브 V_1 폐쇄
② 제어반에서 충압펌프 기동 정지
③ 주펌프 수동 기동
④ 정격토출압력의 140[%] 미만에서 릴리프밸브가 개방되는지 확인
⑤ 주펌프 수동 정지

(2) ① 성능시험배관 개폐밸브 V_2 개방
② 주펌프 수동 기동
③ 유량조절밸브 V_3를 서서히 개방하면서 유량계를 확인하여 정격토출량의 100[%]가 되도록 조정
④ 압력계를 확인하여 정격토출압력의 100[%] 이상이 되는지 확인

(3) ① 성능시험배관 개폐밸브 V_2 개방
② 주펌프 수동 기동
③ 유량조절밸브 V_3를 서서히 개방하면서 유량계를 확인하여 정격토출량의 150[%]가 되도록 조정
④ 압력계를 확인하여 정격토출압력의 65[%] 이상이 되는지 확인

연계이론 PHASE 02 옥내소화전설비

02

[조건]을 참고하여 거실 제연설비에 제연을 하기 위한 배연기의 이론 소요동력[kW]을 구하시오. [5점]

조건

(가) 배연 Duct의 길이는 165[m]이고 Duct의 저항은 1[m]당 0.2[mmAq]이다.
(나) 배출구 저항은 7.5[mmAq], 배기그릴 저항은 3[mmAq], 관부속품의 저항은 Duct 저항의 55[%]이다.
(다) 효율은 50[%]이고, 여유율은 10[%]로 한다.
(라) 예상제연구역의 바닥면적은 850[m²]이고, 직경은 50[m], 수직거리는 2.7[m]이다.
(마) 예상제연구역의 배출량 기준

수직거리[m]	배출량[m³/h]
2 이하	45,000 이상
2 초과 2.5 이하	50,000 이상
2.5 초과 3 이하	55,000 이상
3 초과	65,000 이상

정답

- 계산과정: $\left(165[m] \times \dfrac{0.2[mmAq]}{1[m]}\right) + 7.5 + 3 + \left(165[m] \times \dfrac{0.2[mmAq]}{1[m]}\right) \times 0.55 = 61.65$

$61.65[mmAq] \times \dfrac{101.325[kPa]}{10,332[mmAq]} ≒ 0.6046[kPa]$

$55,000[m^3/h] = \dfrac{55,000}{3,600}[m^3/s]$

$\dfrac{0.6046 \times \dfrac{55,000}{3,600}}{0.5} \times 1.1 ≒ 20.321$

- 답: 20.32[kW]

해 설

배연기의 동력은 다음의 식을 통해 구할 수 있다.

$$P = \frac{P_T Q}{\eta} K$$

P: 배연기의 동력[kW], P_T: 전압(풍압)[kPa], Q: 풍량[m³/s], η: 효율, K: 전달계수

소요전압은 배연덕트를 통과하며 발생하는 모든 저항의 합과 같다.

$$\left(165[\text{m}] \times \frac{0.2[\text{mmAq}]}{1[\text{m}]}\right) + 7.5[\text{mmAq}] + 3[\text{mmAq}] + \left(165[\text{m}] \times \frac{0.2[\text{mmAq}]}{1[\text{m}]}\right) \times 0.55$$
$$= 61.65[\text{mmAq}]$$

전압은 61.65[mmAq]이므로 단위를 변환하면 다음과 같다.

$$61.65[\text{mmAq}] \times \frac{101.325[\text{kPa}]}{10,332[\text{mmAq}]} \fallingdotseq 0.6046[\text{kPa}]$$

바닥면적이 400[m²] 이상인 경우 배출량은 다음과 같다. ← 제연경계가 아닌 벽으로 구획된 경우 수직거리는 0[m]

	제연경계의 하단으로부터 바닥까지의 수직거리[m]	배출량[m³/h]
직경 40[m]인 원의 범위 안에 있는 경우	2 이하	40,000 이상
	2 초과 2.5 이하	45,000 이상
	2.5 초과 3 이하	50,000 이상
	3 초과	60,000 이상
직경 40[m]인 원의 범위를 초과하는 경우	2 이하	45,000 이상
	2 초과 2.5 이하	50,000 이상
	2.5 초과 3 이하	55,000 이상
	3 초과	65,000 이상

배연기의 배출량은 55,000[m³/h]이므로 단위를 변환하면 $\frac{55,000}{3,600}$[m³/s]이다.

따라서 주어진 조건을 공식에 대입하면 배연기의 동력 P는

$$P = \frac{0.6046[\text{kPa}] \times \frac{55,000}{3,600}[\text{m}^3/\text{s}]}{0.5} \times 1.1 \fallingdotseq 20.321[\text{kW}]$$

연 계 이 론

PHASE 14 제연설비

03 지름이 40[mm]인 소방호스에 노즐구경이 13[mm]인 노즐팁이 부착되어 있고, 300[L/min]의 물을 대기 중으로 방수할 경우 다음 물음에 답하시오. (단, 유동에는 마찰이 없다.) [6점]

(1) 소방호스의 평균유속[m/s]은 얼마인가?
(2) 소방호스에 연결된 방수노즐의 평균유속[m/s]은 얼마인가?
(3) 운동량 때문에 발생하는 반발력[N]은 얼마인가?

정답

(1) • 계산과정: $300[L/min] = \frac{0.3}{60}[m^3/s]$

$$\frac{4 \times \frac{0.3}{60}}{\pi \times 0.04^2} \fallingdotseq 3.979$$

• 답: 3.98[m/s]

(2) • 계산과정: $\frac{4 \times \frac{0.3}{60}}{\pi \times 0.013^2} \fallingdotseq 37.669$

• 답: 37.67[m/s]

(3) • 계산과정: $1,000 \times \frac{0.3}{60} \times 3.98 = 19.9$

$1,000 \times \frac{0.3}{60} \times 37.67 = 188.35$

$188.35 - 19.9 = 168.45$

• 답: 168.45[N]

해 설

(1) 부피유량 공식 $Q=Au$에 의해 유량 Q와 배관의 직경 D를 알면 유속 u를 다음과 같이 구할 수 있다.

$$Q=\frac{\pi}{4}D^2u, \ u=\frac{4Q}{\pi D^2}$$

u: 유속[m/s], Q: 유량[m³/s], D: 배관의 직경[m]

유량은 300[L/min]이므로 단위를 변환하면 $\frac{0.3}{60}$[m³/s]이다.

따라서 주어진 조건을 공식에 대입하면 소방호스에 흐르는 물의 속도 u는

$$u=\frac{4\times\frac{0.3}{60}[\text{m}^3/\text{s}]}{\pi\times(0.04[\text{m}])^2}≒3.979[\text{m/s}]$$

(2) 주어진 조건을 공식에 대입하면 노즐에 흐르는 물의 속도 u는

$$u=\frac{4\times\frac{0.3}{60}[\text{m}^3/\text{s}]}{\pi\times(0.013[\text{m}])^2}≒37.669[\text{m/s}]$$

(3) 유체가 노즐에 가하는 힘은 다음과 같다.

$$F=\rho Qu$$

F: 유체가 노즐에 가하는 힘[N], ρ: 유체의 밀도[kg/m³], Q: 유량[m³/s], u: 유속[m/s]

물의 밀도는 1,000[kg/m³]이므로 호스를 통과하는 유체가 가진 힘은 다음과 같다.

$$F_1=1,000[\text{kg/m}^3]\times\frac{0.3}{60}[\text{m}^3/\text{s}]\times3.98[\text{m/s}]=19.9[\text{N}]$$

노즐을 통해 빠져나가는 유체가 가진 힘은 다음과 같다.

$$F_2=1,000[\text{kg/m}^3]\times\frac{0.3}{60}[\text{m}^3/\text{s}]\times37.67[\text{m/s}]=188.35[\text{N}]$$

힘의 차이만큼 유체와 반대방향으로 노즐과 호스는 힘을 받게되고 그 크기는 사람이 받는 반발력과 같다.

$$F_2-F_1=188.35[\text{N}]-19.9[\text{N}]=168.45[\text{N}]$$

연계이론   PHASE 20 유체유동

04 그림은 위험물을 저장하는 플루팅 루프 탱크 포 소화설비의 계통도이다. 그림과 [조건]을 참고하여 다음 각 물음에 답하시오. [12점]

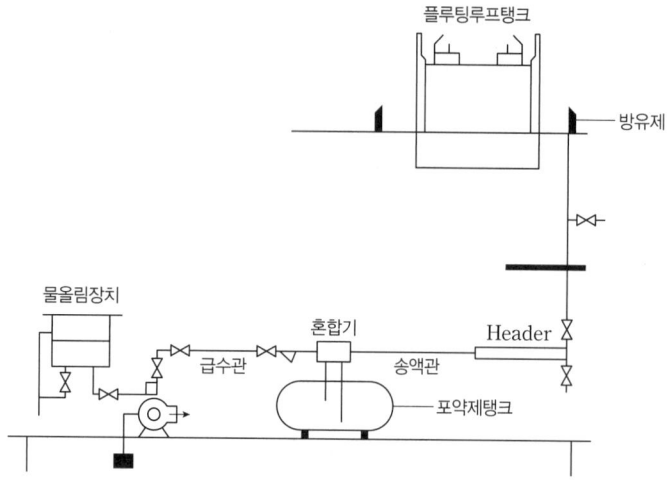

조건
- (가) 탱크의 안지름: 50[m]
- (나) 보조 포 소화전: 7개
- (다) 포 소화약제 사용농도: 6[%]
- (라) 굽도리판과 탱크벽과의 이격거리: 1.2[m]
- (마) 송액관 안지름: 100[mm], 송액관 길이: 200[m]
- (바) 고정포 방출구의 방출률: 8[L/m²·min], 방사시간: 30분
- (사) 보조 포 소화전의 방출률: 400[L/min], 방사시간: 20분
- (아) 조건에 제시되지 않은 사항은 무시한다.

(1) 고정포 방출구의 종류를 쓰시오.
(2) 소화펌프의 토출량[L/min]을 구하시오.
(3) 수원의 용량[L]을 구하시오.
(4) 포 소화약제의 저장량[L]을 구하시오.
(5) 탱크에 설치된 포 소화약제 혼합방식의 명칭을 쓰시오.

정 답

(1) 특형 포 방출구

(2) • 계산과정: $8 \times \dfrac{\pi}{4} \times (50^2 - 47.6^2) ≒ 1,471.773$

　　　　　　$3 \times 400 = 1,200$

　　　　　　$1,471.773 + 1,200 = 2,671.773$

　• 답: 2,671.77[L/min]

(3) • 계산과정: $8 \times \dfrac{\pi}{4} \times (50^2 - 47.6^2) \times 30 \times (1 - 0.06) ≒ 41,504.008$

　　　　　　$3 \times 400 \times 20 \times (1 - 0.06) = 22,560$

　　　　　　$\dfrac{\pi}{4} \times 0.1^2 \times 200 \times (1 - 0.06) ≒ 1.476549[\text{m}^3] = 1,476.549[\text{L}]$

　　　　　　$41,504.008 + 22,560 + 1,476.549 = 65,540.557$

　• 답: 65,540.56[L]

(4) • 계산과정: $8 \times \dfrac{\pi}{4} \times (50^2 - 47.6^2) \times 30 \times 0.06 ≒ 2,649.192$

　　　　　　$3 \times 400 \times 20 \times 0.06 = 1,440$

　　　　　　$\dfrac{\pi}{4} \times 0.1^2 \times 200 \times 0.06 ≒ 0.094248[\text{m}^3] = 94.248[\text{L}]$

　　　　　　$2,649.192 + 1,440 + 94.248 = 4,183.440$

　• 답: 4,183.44[L]

(5) 프레셔 프로포셔너 방식

해 설

(1) 플루팅 루프 탱크에 설치하는 포 방출구의 종류는 특형이다.

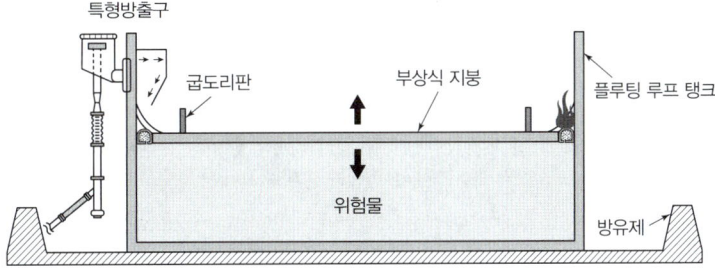

특형 방출구는 방출구 전면에 반사판이 설치된 형태로 포 수용액이 방출된 후 굽도리판과 탱크 벽 사이에 가두어지도록 설계되므로 플루팅 루프 탱크에 적합한 포 방출구이다.

(2) 위험물 저장탱크에 발생하는 화재는 유류 표면에서 발생하므로 위험물이 드러나거나 증발 가능한 면적이 화재 발생면적이자 소화면적이 된다.

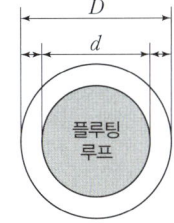

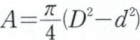

A: 화재면적[m²], D: 탱크의 직경[m], d: 탱크 내면과 굽도리판의 간격[m]

소화펌프의 토출량[L/min]은 고정포 방출구에서 방출하는 양, 보조 포 소화전에서 방출하는 양의 합으로 한다.

고정포 방출구의 방출률은 8[L/m²·min]이므로 고정포 방출구에 필요한 포 수용액량은 다음과 같다.

　$Q = 8[\text{L/m}^2 \cdot \text{min}] \times \dfrac{\pi}{4} \times (50^2 - 47.6^2)[\text{m}^2] ≒ 1,471.773[\text{L/min}]$

보조 포 소화전의 방출률은 400[L/min]이고 최대 3개에 적용하므로 보조 포 소화전에 필요한 포 수용액량은 다음과 같다.

　$Q = 3 \times 400[\text{L/min}] = 1,200[\text{L/min}]$

포 소화설비에 필요한 소화펌프의 토출량[L/min]은

　$Q = 1,471.773[\text{L/min}] + 1,200[\text{L/min}] = 2,671.773[\text{L/min}]$

(3) 수원의 양은 고정포 방출구에서 방출하기 위하여 필요한 양, 보조 포 소화전에서 방출하기 위하여 필요한 양, 가장 먼 탱크까지의 송액관(내경 75[mm] 이하 제외)에 충전하기 위하여 필요한 양의 합으로 한다.

고정포 방출구에 필요한 수원의 양은 다음과 같다.
$$Q = 8[L/m^2 \cdot min] \times \frac{\pi}{4} \times (50^2 - 47.6^2)[m^2] \times 30[min] \times (1-0.06) ≒ 41,504.008[L]$$

보조 포 소화전에 필요한 수원의 양은 다음과 같다.
$$Q = 3 \times 400[L/min] \times 20[min] \times (1-0.06) = 22,560[L]$$

송액관은 직경이 75[mm]를 초과할 때 가장 먼 탱크까지의 거리만큼 보정량을 더한다.
$$Q = \frac{\pi}{4} \times (0.1[m])^2 \times 200[m] \times (1-0.06) ≒ 1.476549[m^3] = 1,476.549[L]$$

포 소화설비에 필요한 수원의 양[L]은
$$Q = 41,504.008[L] + 22,560[L] + 1,476.549[L] = 65,540.557[L]$$

(4) 포 소화약제 저장량은 고정포 방출구에서 방출하기 위하여 필요한 양, 보조 포 소화전에서 방출하기 위하여 필요한 양, 가장 먼 탱크까지의 송액관(내경 75[mm] 이하 제외)에 충전하기 위하여 필요한 양의 합으로 한다.

고정포 방출구에 필요한 소화약제의 양은 다음과 같다.
$$Q = 8[L/m^2 \cdot min] \times \frac{\pi}{4} \times (50^2 - 47.6^2)[m^2] \times 30[min] \times 0.06 ≒ 2,649.192[L]$$

보조 포 소화전에 필요한 소화약제의 양은 다음과 같다.
$$Q = 3 \times 400[L/min] \times 20[min] \times 0.06 = 1,440[L]$$

송액관은 직경이 75[mm]를 초과할 때 가장 먼 탱크까지의 거리만큼 보정량을 더한다.
$$Q = \frac{\pi}{4} \times (0.1[m])^2 \times 200[m] \times 0.06 ≒ 0.094248[m^3] = 94.248[L]$$

포 소화설비에 필요한 소화약제의 양[L]은
$$Q = 2,649.192[L] + 1,440[L] + 94.248[L] = 4,183.440[L]$$

(5) 펌프와 발포기의 중간에 설치된 벤추리관의 벤추리작용과 펌프 가압수의 포 소화약제 저장탱크에 대한 압력에 따라 포 소화약제를 흡입·혼합하는 방식을 프레셔 프로포셔너 방식이라고 한다.

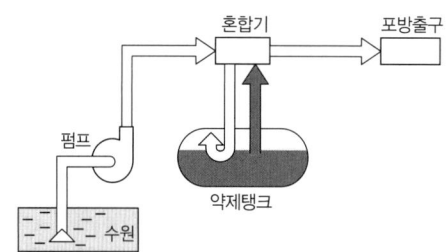

▲ 프레셔 프로포셔너방식

펌프 가압수가 포 소화약제 탱크로 유입되며 소화약제를 밀어올리므로 혼합기와 탱크 사이에 2개의 배관이 설치된다.

연계이론 PHASE 06 포 소화설비

05

상수도 소화용수설비를 설치해야 하는 특정소방대상물의 대지 경계선으로부터 180[m] 이내에 지름 75[mm] 이상인 상수도용 배수관이 설치되지 않아 소화수조를 설치하려고 한다. 건물은 지상 1층부터 4층까지 사무실 건물로 사용하고 있고 각 층당 바닥면적은 6,000[m²]이다. 다음 각 물음에 답하시오. (단, 소화수조는 지표면으로부터의 깊이가 5[m]인 곳에 설치되어 있다.) [6점]

(1) 소화용수의 저수량[m³]은 얼마인가?
(2) 흡수관 투입구의 수는 몇 개 이상으로 하여야 하는가?
(3) 가압송수장치의 1분당 양수량은 몇 [L] 이상으로 하여야 하는가?

정답

(1) • 계산과정: $\dfrac{24,000}{12,500} = 1.92$
    $2 \times 20 = 40$
  • 답: 40[m³]

(2) • 답: 1개

(3) • 답: 2,200[L/min] 이상

해설

(1) 저수량은 소방대상물의 연면적을 다음의 표에 따른 기준면적으로 나누어 얻은 수(소수점 이하 절상)에 20[m³]을 곱한 양 이상으로 한다.

소방대상물의 구분	기준면적[m²]
1층 및 2층의 바닥면적 합계가 15,000[m²] 이상인 소방대상물	7,500
그 밖의 소방대상물	12,500

$\dfrac{24,000[m^2]}{12,500[m^2]} = 1.92 = 2$ (절상)
$2 \times 20[m^3] = 40[m^3]$

(2) 흡수관 투입구는 다음의 표에 따른 소요수량에 따라 설치한다.

소요수량[m³]	흡수관 투입구의 수
80 미만	1개 이상
80 이상	2개 이상

저수량이 40[m³]이므로 흡수관 투입구를 통한 소요수량도 40[m³]이고, 흡수관 투입구는 1개 이상 설치해야 한다.

(3) 가압송수장치의 1분 당 양수량은 다음의 표에 따른 소요수량에 따라 설치한다.

← 저수량을 지표면으로부터 4.5[m] 이하인 지하에서 확보할 수 있는 경우 가압송수장치를 설치하지 않을 수 있다.

소요수량[m³]	가압송수장치의 1분 당 양수량[L/min]
20 이상 40 미만	1,100 이상
40 이상 100 미만	2,200 이상
100 이상	3,300 이상

저수량이 40[m³]이므로 가압송수장치를 통한 소요수량도 40[m³]이고, 1분 당 양수량은 2,200[L/min] 이상으로 한다.

연계이론

PHASE 13 소화수조 및 저수조

06

지하 1층, 지상 9층인 백화점 건물에 화재안전기준에 따라 아래 조건과 같이 스프링클러설비를 설계하려고 한다. 다음 각 물음에 답하시오. [8점]

조건

(가) 펌프는 지하 1층에 설치되어 있고, 펌프에서 최상층 헤드까지의 수직거리는 50[m]이다.
(나) 배관의 마찰손실수두는 자연낙차의 20[%]이다.
(다) 펌프 흡입 측의 연성계의 눈금은 300[mmHg]이다.
(라) 각 층당 스프링클러 헤드(폐쇄형)는 80개씩 설치되어 있다.
(마) 스프링클러 헤드의 방사압력은 0.11[MPa]이고, 오리피스 안지름은 11[mm]이다.
(바) 펌프의 효율은 68[%]이다.

(1) 전양정[m]은 얼마인가?
(2) 펌프의 최소유량[L/min]은 얼마인가? (단, 조건 (마)의 내용을 참고하여 계산할 것)
(3) 수원의 양[m³]은 얼마인가? (옥상수조는 제외한다.)
(4) 펌프의 축동력[kW]은 얼마인가?

정답

(1) • 계산과정: $300[\text{mmHg}] \times \dfrac{10.332[\text{m}]}{760[\text{mmHg}]} \fallingdotseq 4.078[\text{m}]$

$4.078 + 50 = 54.078$
$50 \times 0.2 = 10$
$0.11[\text{MPa}] \times \dfrac{10[\text{m}]}{0.1[\text{MPa}]} = 11[\text{m}]$
$54.078 + 10 + 11 = 75.078$

• 답: 75.08[m]

(2) • 계산과정: $0.653 \times 11^2 \times \sqrt{10 \times 0.11} \fallingdotseq 82.8695$
$30 \times 82.8695 = 2,486.085$

• 답: 2,486.09[L/min]

(3) • 계산과정: $30 \times 82.87 \times 20 = 49,722[\text{L}] = 49.722[\text{m}^3]$

• 답: 49.72[m³]

(4) • 계산과정: $\dfrac{9.8 \times \dfrac{2.48609}{60} \times 75.08}{0.68} \fallingdotseq 44.834$

• 답: 44.83[kW]

해설

(1) 화재안전기준에 따라 스프링클러설비에 설치된 가압송수장치(펌프)의 전양정은 다음과 같다.

$$H = h_1 + h_2 + h_3$$

H: 전양정[m], h_1: 실양정(흡입양정+토출양정)[m],
h_2: 배관 및 관부속의 마찰손실수두[m], h_3: 헤드선단에서의 방사압력수두[m]

펌프의 후드밸브로부터 최고위 옥내소화전 앵글밸브까지의 수직거리인 실양정 h_1는 다음과 같다.
흡입양정은 연성계에서 측정된 압력과 같다.

$300[\text{mmHg}] \times \dfrac{10.332[\text{m}]}{760[\text{mmHg}]} \fallingdotseq 4.078[\text{m}]$

$h_1 = 4.078[\text{m}] + 50[\text{m}] = 54.078[\text{m}]$

배관의 마찰손실은 자연낙차의 20[%]이므로 배관 및 관부속의 마찰손실수두 h_2는 다음과 같다.

$h_2 = 50[\text{m}] \times 0.2 = 10[\text{m}]$

헤드의 방사압력은 0.11[MPa]이므로 헤드선단에서의 방사압력수두 h_3는 다음과 같다.

$$h_3 = 0.11[\text{MPa}] \times \frac{10[\text{m}]}{0.1[\text{MPa}]} = 11[\text{m}]$$

따라서 스프링클러설비 펌프의 전양정 H는

$$H = h_1 + h_2 + h_3 = 54.078[\text{m}] + 10[\text{m}] + 11[\text{m}] = 75.078[\text{m}]$$

(2) 화재안전기준에 따라 스프링클러설비에서 가압송수장치(펌프)의 송수량은 기준개수에 80[L/min]를 곱한 양 이상으로 한다. ← 설치개수가 기준개수보다 적은 경우 설치개수에 따른다.

스프링클러설비의 설치장소		기준개수
아파트		10
지하층을 제외한 10층 이하인 특정소방대상물	헤드의 높이가 8[m] 미만인 것	10
	헤드의 높이가 8[m] 이상인 것	20
	판매시설이 없는 근린생활시설·운수시설·복합건축물	20
	특수가연물을 취급하지 않는 공장	20
	판매시설 또는 판매시설이 있는 복합건축물	30
	특수가연물을 저장·취급하는 공장	30
지하층을 제외한 11층 이상인 특정소방대상물		30
지하가 또는 지하역사		30

직경이 D인 배관에서 압력 P와 유량 Q는 다음과 같은 관계를 갖는다.

$$Q = 0.653 D^2 \sqrt{10P}$$

Q: 유량[L/min], D: 배관의 직경[mm], P: 압력[MPa]

주어진 조건을 공식에 대입하면 유량은 다음과 같다.

$$Q = 0.653 \times (11[\text{mm}])^2 \times \sqrt{10 \times 0.11[\text{MPa}]} \fallingdotseq 82.8695[\text{L/min}]$$
$$\text{정격토출량} = 30[\text{개}] \times 82.8695[\text{L/min}] = 2,486.085[\text{L/min}]$$

(3) 화재안전기준에 따라 스프링클러설비에서 수원의 저수량은 기준개수에 1.6[m³]를 곱한 양 이상이 되도록 한다.
← 설치개수가 기준개수보다 적은 경우 설치개수에 따른다.

$$Q = 30[\text{개}] \times 82.87[\text{L/min}] \times 20[\text{min}] = 49,722[\text{L}] = 49.722[\text{m}^3]$$

(4) 펌프의 축동력은 다음의 식을 통해 구할 수 있다.

$$P = \frac{\gamma Q H}{\eta}$$

P: 펌프의 축동력[kW], γ: 유체의 비중량[kN/m³], Q: 유량[m³/s], H: 전양정[m], η: 효율

유체는 물이므로 물의 비중량은 9.8[kN/m³]이다.

유량이 2,486.09[L/min]이므로 단위를 변환하면 $\frac{2.48609}{60}$[m³/s]이다.

따라서 주어진 조건을 공식에 대입하면 펌프의 축동력 P는

$$P = \frac{9.8[\text{kN/m}^3] \times \frac{2.48609}{60}[\text{m}^3/\text{s}] \times 75.08[\text{m}]}{0.68} \fallingdotseq 44.834[\text{kW}]$$

← 축동력을 구할 때는 전달계수를 고려하지 않는다.

연계이론 **PHASE 04** 스프링클러설비

07 다음은 소화기구에 대한 내용이다. 조건을 참고하여 각 물음에 답하시오. [10점]

조건

(가) 주요구조부는 내화구조이고 실내마감은 난연재료이다.
(나) 지상 1층은 단설 유치원(아동 관련 시설), 지상 2~3층은 한의원(근린생활시설)에 해당한다.
(다) 각 층의 바닥면적은 30[m]×40[m]이다.
(라) 각 층에 A급 3단위 소화기를 화재안전기준에 맞게 설치한다.
(마) 간이 소화용구는 A급 1단위를 설치하고 간이 소화용구는 지상 1층에만 설치하며 지상 1층 소화기 소화능력 단위의 2분의 1로 한다.
(바) 소화기구 외의 타 소화설비 및 부속용도별 추가해야 하는 소화기구는 제외한다.

(1) 지상 1~3층의 소화기구의 능력단위를 구하시오.
(2) 지상 1층 단설 유치원에 설치해야 하는 간이 소화용구의 개수를 구하시오.
(3) 지상 2~3층 한의원에 설치해야 하는 소화기의 개수를 구하시오.
(4) 간이 소화용구의 종류 4가지를 쓰시오.

정답

(1) • 계산과정: $\dfrac{30 \times 40}{2 \times 100} = 6$

    $6 + 6 + 6 = 18$

   • 답: 18단위

(2) • 계산과정: $6 \times \dfrac{1}{2} = 3$

    $\dfrac{3}{1} = 3$개

   • 답: 3개

(3) • 계산과정: $\dfrac{12}{3} = 4$

   • 답: 4개

(4) • 에어로졸식 소화용구
   • 투척용 소화용구
   • 소공간용 소화용구
   • 소화약제 외의 것을 이용한 간이 소화용구

해설

화재의 발생을 예방하기 위해 특정소방대상물별로 능력단위에 따른 소화기구 또는 자동소화장치를 설치하며, 부속용도에 따라 기준개수의 소화기구 또는 자동소화장치를 추가로 설치한다.

소화기구의 특정소방대상물별 능력단위

특정소방대상물	소화기구의 능력단위
1. 위락시설	해당 용도의 바닥면적 30[m²] 마다 능력단위 1단위 이상
2. 공연장 · 집회장 · 관람장 · 문화재 · 장례식장 및 의료시설	해당 용도의 바닥면적 50[m²] 마다 능력단위 1단위 이상
3. 근린생활시설 · 판매시설 · 운수시설 · 숙박시설 · 노유자시설 · 전시장 · 공동주택 · 업무시설 · 방송통신시설 · 공장 · 창고시설 · 항공기 및 자동차 관련 시설 및 관광휴게시설	해당 용도의 바닥면적 100[m²] 마다 능력단위 1단위 이상
4. 그 밖의 것	해당 용도의 바닥면적 200[m²] 마다 능력단위 1단위 이상

※ 소화기구의 능력단위를 산출할 때 건축물의 주요구조부가 내화구조이고, 벽 및 반자의 실내에 면하는 부분이 불연재료 · 준불연재료 또는 난연재료로 된 특정소방대상물의 경우 위 기준의 2배를 기준면적으로 한다.

(1) 지상 1층은 30[m]×40[m]의 유치원(노유자시설)이므로 특정소방대상물인 노유자시설에 필요한 소화기구의 능력단위는 다음과 같다.

$$유치원의\ 능력단위 = \frac{바닥면적[m^2]}{기준면적[m^2]} = \frac{30[m] \times 40[m]}{2 \times 100[m^2]} = 6단위$$

지상 2층과 3층은 30[m]×40[m]의 한의원(근린생활시설)이므로 특정소방대상물인 근린생활시설에 필요한 소화기구의 능력단위는 다음과 같다.

$$한의원의\ 능력단위 = \frac{바닥면적[m^2]}{기준면적[m^2]} = \frac{30[m] \times 40[m]}{2 \times 100[m^2]} = 6단위$$

따라서 지상 1~3층의 소화기 소화능력단위의 합은
6단위 + 6단위 + 6단위 = 18단위

(2) 지상 1층 소화기 소화능력단위는 6단위이므로 지상 1층 단설 유치원에 설치해야하는 간이 소화용구의 개수는 다음과 같다.

$$6단위 \times \frac{1}{2} = 3단위$$

$$유치원의\ 간이\ 소화용구\ 개수 = \frac{3단위}{1단위} = 3개$$

(3) 특정소방대상물인 한의원에 능력단위에 따른 소화기를 설치한다.

$$한의원의\ 소화기\ 개수 = \frac{12단위}{3단위} = 4개$$

연계이론

PHASE 01 소화기구 및 자동소화장치

08

방호구역의 체적이 500[m³]인 특정소방대상물에 전역방출방식의 할론 1301 소화약제를 방사 후 방호구역 내 산소농도가 15[vol%]이었다. 조건을 참고하여 할론 1301 소화약제의 양[kg]을 구하시오. [5점]

조건

(가) 할론 1301의 분자량: 148.9[kg/kmol]
(나) 기체상수: 0.082[m³·atm/K·kmol]
(다) 실내온도: 15[℃]
(라) 실내압력: 1.2[atm](절대압력)
(마) 소화약제를 방사하기 전과 후의 대기 구성은 동일하다.

정답

- 계산과정: $\dfrac{21}{100+x} = \dfrac{15}{100}$

   $500 \times \dfrac{40}{100} = 200$

   $1.2 \times 200 = \dfrac{m}{148.9} \times 0.082 \times (273+15)$

   $m = 1,513.211$

- 답: 1,513.21[kg]

해설

산소 21[%], 할론 1301 0[%]인 공기에 할론 1301이 추가되어 산소의 농도는 15[%]가 되어야 한다.

$\dfrac{21}{100+x} = \dfrac{15}{100}$ ← 분모의 x는 공학용 계산기의 SOLVE 기능을 활용하면 쉽다.

따라서 추가된 할론 1301의 양 x는 40이다.

방호구역의 체적이 100일 때, 추가된 할론 1301의 양이 40이므로 방출된 할론 1301의 양[m³]은 다음과 같다.

$V = 500[\text{m}^3] \times \dfrac{40}{100} = 200[\text{m}^3]$

문제에서 방출된 할론 1301의 양[kg]을 요구하므로 이상기체 상태방정식을 활용하여 할론 1301의 부피[m³]를 질량[kg]으로 변환해준다.

$$PV = \dfrac{m}{M}RT$$

P: 압력[atm], V: 부피[m³], m: 질량[kg], M: 분자량[kg/kmol],
R: 기체상수[atm·m³/kmol·K], T: 절대온도[K]

주어진 조건을 공식에 대입하면 200[m³]에 해당하는 이산화탄소의 질량은 다음과 같다.

$1.2[\text{atm}] \times 200[\text{m}^3] = \dfrac{m[\text{kg}]}{148.9[\text{kg/kmol}]} \times 0.082[\text{atm} \cdot \text{m}^3/\text{kmol} \cdot \text{K}] \times (273+15)[\text{K}]$

$m = 1,513.211[\text{kg}]$

연계이론 PHASE 08 할론 소화설비

09 소화배관에 사용되는 강관의 인장강도는 240[MPa], 안전율은 5, 최고사용압력은 3.6[MPa]이다. 이 배관의 스케줄 수(Schedule No)를 구하시오. (단, Sch No.는 10, 20, 30, 40, 50, 60, 80, 100 중에서 최소규격으로 산정한다.) [4점]

정답

- 계산과정: $\dfrac{3.6[\text{MPa}]}{\dfrac{240[\text{MPa}]}{5}} \times 1{,}000 = 75$
- 답: 80

해설

배관의 스케줄 수는 다음과 같이 구할 수 있다.

$$\text{스케줄 수} = \dfrac{\text{최고사용압력[MPa]}}{\text{재료의 허용응력[MPa]}} \times 1{,}000$$

$$\text{재료의 허용응력} = \dfrac{\text{인장강도}}{\text{안전율}}$$

따라서 배관의 스케줄 수는

$$\dfrac{3.6[\text{MPa}]}{\dfrac{240[\text{MPa}]}{5}} \times 1{,}000 = 75$$

연계이론 PHASE 21 배관

10 동일성능의 소화펌프 2대를 병렬로 연결하여 운전하였을 경우 펌프운전 특성곡선을 1대의 특성곡선과 비교하여 다음 그래프 위에 나타내시오. [5점]

> **조건**
> (가) 관로 저항곡선을 포함하도록 한다.
> (나) 저항곡선을 이용하여 펌프 1대 특성곡선과 2대 병렬 특성곡선의 유량을 Q_1, Q_2로 표기하고, 양정은 H_1, H_2로 표기하도록 한다.
> (다) 특성곡선과 저항곡선에는 "1대 특성곡선", "2대 병렬 특성곡선", "저항곡선"이라는 명칭을 적도록 한다.
>
>

정답

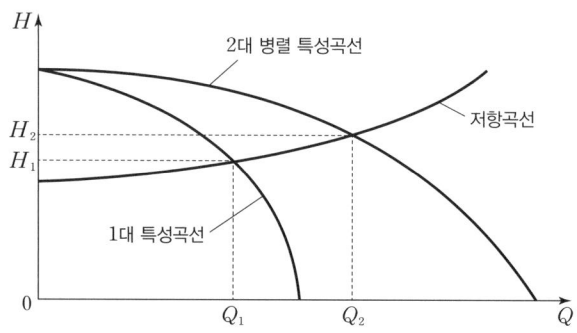

연계이론 PHASE 23 펌프의 특성

11 습식 배관의 동파를 방지하기 위해서 보온재로 피복할 때 보온재의 구비조건 4가지를 쓰시오. (단, 경제적 측면은 작성하지 않을 것) [4점]

정답

다음 6가지 중 4가지를 선택하여 작성한다.
- 열전도율이 작아야 한다.
- 설치 및 유지관리가 용이해야 한다.
- 습기에 강하고 흡습성이 낮아야 한다.
- 기계적 강도가 높아 외부 충격에 강해야 한다.
- 장기간에도 외관 및 성질이 변하지 않아야 한다.
- 가벼워야 한다.

12 다음은 토너먼트 배관방식에 대한 내용이다. 각 물음에 답하시오. [7점]

(1) 토너먼트방식으로 설치해서는 안 되는 이유
(2) 토너먼트방식으로 설치할 수 있는 소화설비 (단, 할로겐화합물 및 불활성기체 소화설비는 제외하고, 화재안전기술기준에서 사용하는 용어로 작성한다.)

정답

(1) • 유체의 마찰손실이 너무 커져 각 헤드의 방사량과 방사압을 동일하게 유지하기 어렵다.
    • 수격작용이 발생하여 배관을 파손시킬 우려가 있다.

(2) 가스계 소화설비
    • 이산화탄소 소화설비
    • 할론 소화설비
    • 분말 소화설비

연계이론 PHASE 07 이산화탄소 소화설비

13

지상 5층의 특정소방대상물에 옥내소화전설비를 화재안전기준 및 [조건]에 따라 설치하였을 때 다음 물음에 답하시오. [10점]

조건

(가) 옥내소화전은 각 층마다 6개씩 설치되어 있다.
(나) 실양정은 20[m]이고 배관상 마찰손실(소방용 호스 제외)은 40[m]이다.
(다) 소방용 호스의 마찰손실은 100[m]당 26[m]이고 호스는 아마호스 (40[mm]×15[m])를 2개 사용한다.
(라) 기타의 조건은 국가화재안전기준에 따른다.

(1) 옥상수조에 저장하여야 할 최소 유효저수량[m³]은 얼마인가?
(2) 펌프의 최소 토출량[L/min]은 얼마인가?
(3) 전양정[m]은 얼마인가?
(4) 펌프의 성능은 정격토출량의 150[%]로 운전할 경우 정격토출압력[MPa]은 최소 얼마 이상이어야 하는가?
(5) 펌프의 토출 측 수직 주배관의 최소구경을 [보기]에서 고르시오.

보기

25[mm], 32[mm], 40[mm], 50[mm], 65[mm], 80[mm], 100[mm]

정답

(1) • 계산과정: $2 \times 2.6 \times \frac{1}{3} \fallingdotseq 1.733$
 • 답: 1.73[m³]

(2) • 계산과정: $2 \times 130 = 260$
 • 답: 260[L/min]

(3) • 계산과정: $20 + 7.8 + 40 + 17 = 84.8$
 • 답: 84.8[m]

(4) • 계산과정: $0.65 \times 84.8 \times \frac{0.1}{10} = 0.5512$
 • 답: 0.55[MPa]

(5) • 계산과정: $260[L/min] = \frac{0.26}{60}[m^3/s]$

$$\sqrt{\frac{4 \times \frac{0.26}{60}}{\pi \times 4}} \fallingdotseq 0.0371[m] = 37.1[mm]$$

 • 답: 50[mm]

해설

(1) 화재안전기준에 따라 옥내소화전설비에서 수원의 저수량은 옥내소화전의 설치개수가 가장 많은 층의 설치개수에 기준량을 곱한 양 이상이 되도록 한다.

층수	최대 설치개수	기준량
~29층	2개	2.6[m³] (130[L/min] × 20[min])
30층~49층	5개	5.2[m³] (130[L/min] × 40[min])
50층~	5개	7.8[m³] (130[L/min] × 60[min])

기준에 따라 계산한 유효수량 외에 유효수량의 $\frac{1}{3}$ 이상을 옥상에 설치한다.

$$Q = 2[\text{개}] \times 2.6[\text{m}^3] \times \frac{1}{3} \fallingdotseq 1.733[\text{m}^3]$$

(2) 화재안전기준에 따라 옥내소화전설비에서 가압송수장치(펌프)는 특정소방대상물의 어느 층에서 해당 층의 옥내소화전을 동시에 사용할 경우(최대 2개, 30층 이상인 경우 최대 5개) 각 소화전의 노즐 선단에서의 방수량은 130[L/min] 이상으로 한다.

$$\text{정격토출량} = 2[\text{개}] \times 130[\text{L/min}] = 260[\text{L/min}]$$

(3) 화재안전기준에 따라 옥내소화전설비에 설치된 가압송수장치(펌프)의 전양정은 다음과 같다.

$$H = h_1 + h_2 + h_3 + 17$$

H: 전양정[m], h_1: 실양정(흡입양정+토출양정)[m], h_2: 호스의 마찰손실수두[m],
h_3: 배관 및 관부속의 마찰손실수두[m], 17: 노즐선단에서의 방사압력수두[m]

펌프의 후드밸브로부터 최고위 옥내소화전 앵글밸브까지의 수직거리인 실양정 h_1는 다음과 같다.
$h_1 = 20[\text{m}]$
소방호스의 길이가 15[m]이고, 호스 100[m] 당 26[m]의 마찰손실이 발생하므로 호스의 마찰손실수두 h_2는 다음과 같다.

$$h_2 = 2 \times 15[\text{m}] \times \frac{26}{100} = 7.8[\text{m}]$$

배관 및 관부속의 마찰손실수두 h_3는 40[m]이다.
$h_3 = 40[\text{m}]$
따라서 옥내소화전설비 펌프의 전양정 H는
$H = h_1 + h_2 + h_3 + 17 = 20[\text{m}] + 7.8[\text{m}] + 40[\text{m}] + 17 = 84.8[\text{m}]$

(4) 펌프의 성능은 체절운전 시 정격토출압력의 140[%]를 초과하지 않고, 정격토출량의 150[%]로 운전 시 정격토출압력의 65[%] 이상이 되어야 한다.

$$0.65 \times 84.8[\text{m}] \times \frac{0.1[\text{MPa}]}{10[\text{m}]} = 0.5512[\text{MPa}]$$

(5) 펌프의 토출 측 배관은 다음의 기준에 따라 설치한다.
- 펌프의 토출 측 주배관의 구경은 유속이 4[m/s] 이하가 될 수 있는 크기 이상으로 한다.
- 옥내소화전방수구와 연결되는 가지배관의 구경은 40[mm] 이상으로 한다.
- 주배관 중 수직배관의 구경은 50[mm] 이상으로 한다.

부피유량 공식 $Q = Au$에 의해 유량 Q와 유속 u를 알면 배관의 직경 D를 다음과 같이 구할 수 있다.

$$Q = \frac{\pi}{4} D^2 u, \quad D = \sqrt{\frac{4Q}{\pi u}}$$

D: 배관의 직경[m], Q: 유량[m³/s], u: 유속[m/s]

정격토출량 260[L/min]의 단위를 변환해주면 $\frac{0.26}{60}$[m³/s]이 되고, 유속 4[m/s]와 함께 공식에 대입해주면 배관의 직경 D는 다음과 같다.

$$D = \sqrt{\frac{4 \times \frac{0.26}{60}[\text{m}^3/\text{s}]}{\pi \times 4[\text{m/s}]}} \fallingdotseq 0.0371[\text{m}] = 37.1[\text{mm}]$$

유속 4[m/s] 이하인 조건을 만족시키는 배관의 직경은 37.1[mm] 이상이며, 수직 배관이므로 50[mm] 이상이어야 한다.

연계이론 **PHASE 02** 옥내소화전설비

14 이산화탄소 소화설비의 화재안전기술기준에서 분사헤드를 설치하지 않아도 되는 장소 기준에 관하여 ( ) 안에 알맞은 답을 쓰시오. [4점]

> **보기**
> 상시 근무하는, 없는, 인화성 액체, 자기 연소성 물질, 산화성 고체, 활성 금속 물질, 전시장, 변전소

- 방재실, 제어실 등 사람이 (①) 장소
- 니트로셀룰로스, 셀룰로이드제품 등 (②)을(를) 저장·취급하는 장소
- 나트륨·칼륨·칼슘 등 (③)을(를) 저장·취급하는 장소
- (④) 등의 관람을 위하여 다수인이 출입 통행하는 통로 및 전시실 등

정답
① 상시 근무하는
② 자기 연소성 물질
③ 활성 금속 물질
④ 전시장

해설 이산화탄소 소화설비의 분사헤드는 다음의 장소에 설치해서는 안된다.
- 방재실, 제어실 등 사람이 상시 근무하는 장소
- 니트로셀룰로스, 셀룰로이드제품 등 자기 연소성 물질을 저장·취급하는 장소
- 나트륨, 칼륨, 칼슘 등 활성 금속 물질을 저장·취급하는 장소
- 전시장 등의 관람을 위하여 다수인이 출입 통행하는 통로 및 전시실 등

연계이론 PHASE 07 이산화탄소 소화설비

---

15 표의 빈칸에 소방시설 도시기호와 명칭을 쓰시오. [4점]

명칭		선택밸브	편심레듀서	
도시기호	⌧			⊐―⊏

정답

명칭	후드밸브	선택밸브	편심레듀서	라인 프로포셔너
도시기호	⌧	⋈	◁	⊐―⊏

16 지상 10층, 각 층의 바닥면적 4,000[m²]인 사무실 건물에 완강기를 설치하고자 한다. 건물에는 직통계단인 2 이상의 특별피난계단이 적합하게 설치되어 있다. 또한, 주요구조부는 내화구조로 되어 있다. 완강기의 최소 개수를 구하시오. [4점]

정답

- 계산과정: $\dfrac{4,000}{1,000}=4$

$$8\times 4\times \dfrac{1}{2}=16$$

- 답: 16개

해설

피난기구는 다음의 기준에 따른 개수 이상을 설치한다.

특정소방대상물	설치 기준
숙박시설 · 노유자시설 및 의료시설	바닥면적 500[m²] 마다
위락시설 · 문화집회 및 운동시설 · 판매시설	바닥면적 800[m²] 마다
계단실형 아파트	각 세대 마다
그 밖의 용도	바닥면적 1,000[m²] 마다

설치장소별 피난기구의 적응성은 다음과 같다.

설치장소별 \ 층별	1층	2층	3층	4층 이상 10층 이하
그 밖의 것			• 미끄럼대 • 피난사다리 • 구조대 • 완강기 • 피난교 • 피난용트랩 • 간이완강기 • 공기안전매트 • 다수인피난장비 • 승강식 피난기	• 피난사다리 • 구조대 • 완강기 • 피난교 • 간이완강기 • 공기안전매트 • 다수인피난장비 • 승강식 피난기

사무실에는 바닥면적 1,000[m²] 마다 피난기구를 1개 이상 설치한다.
완강기는 3층부터 10층까지 8개층에 설치한다.
주요구조부가 내화구조이고 직통계단인 피난계단 또는 특별피난계단이 2 이상 설치되어 있는 특정소방대상물에는 피난기구의 $\dfrac{1}{2}$을 감소할 수 있다.

$$\text{바닥면적에 따른 피난기구 개수}=\dfrac{\text{바닥면적[m}^2]}{\text{기준면적[m}^2]}=\dfrac{4,000[\text{m}^2]}{1,000[\text{m}^2]}=4[\text{개}]$$

따라서 사무실에 필요한 피난기구의 개수는

$$8\text{층}\times 4[\text{개}]\times \dfrac{1}{2}=16[\text{개}]$$

연계이론

PHASE 11 피난기구

2023년 1회 기출문제

01
송풍기와 관련된 내용으로 [조건]을 참고하여 다음 각 물음에 답하시오. [6점]

조건
- (가) 펌프의 크기(직경): 1[m]
- (나) 정압(Static Pressure): 50[mmAq]
- (다) 전압(Total Pressure): 80[mmAq]
- (라) 회전수: 1,750[rpm]
- (마) 효율: 75[%]
- (바) 유량: 750[m³/min]
- (사) 소요동력: 100[kW]

(1) 회전수를 2,000[rpm]으로 변경 시 유량[m³/min]은 얼마인가? (단, 펌프의 크기는 1[m]로 유지한다.)
(2) 펌프의 크기를 1.2[m]로 변경 시 동력[kW]은 얼마인가? (단, 회전수는 1,750[rpm]으로 유지한다.)
(3) 펌프의 크기를 1.2[m]로 변경 시 정압[mmAq]은 얼마인가? (단, 회전수는 1,750[rpm]으로 유지한다.)

정답

(1) • 계산과정: $750 \times \left(\dfrac{2,000}{1,750}\right) \fallingdotseq 857.143$
  • 답: 857.14[m³/min]

(2) • 계산과정: $100 \times \left(\dfrac{1.2}{1}\right)^5 = 248.832$
  • 답: 248.83[kW]

(3) • 계산과정: $50 \times \left(\dfrac{1.2}{1}\right)^2 = 72$
  • 답: 72[mmAq]

해 설 기하학적으로 비슷한 두 물체의 운동이 역학적으로도 비슷해지도록 하는 조건을 나타내는 법칙을 상사법칙이라고 한다.

(1) 펌프의 회전수를 변화시키면 동일한 펌프이므로 상사법칙에 따라 유량이 변화한다.

$$\frac{Q_2}{Q_1} = \left(\frac{N_2}{N_1}\right)\left(\frac{D_2}{D_1}\right)^3$$

Q: 유량, N: 펌프의 회전수, D: 직경

동일한 펌프이므로 직경 D는 같고, 상태1의 유량 Q_1가 750[m³/min], 회전수 N_1이 1,750[rpm]이며, 상태2의 회전수 N_2이 2,000[rpm]이므로 유량 Q_2는 다음과 같다.

$$Q_2 = Q_1\left(\frac{N_2}{N_1}\right) = 750[\text{m}^3/\text{min}] \times \left(\frac{2,000[\text{rpm}]}{1,750[\text{rpm}]}\right) ≒ 857.143[\text{m}^3/\text{min}]$$

(2) 펌프의 크기(직경)를 변화시키고 회전수가 일정하다면 상사법칙에 따라 축동력이 변화한다.

$$\frac{P_2}{P_1} = \left(\frac{N_2}{N_1}\right)^3\left(\frac{D_2}{D_1}\right)^5$$

P: 축동력, N: 펌프의 회전수, D: 직경

회전수 N이 일정하고, 상태1의 소요동력 P_1가 100[kW], 직경 D_1가 1[m]이며, 상태2의 직경 D_2가 1.2[m]이므로 소요동력 P_2는 다음과 같다.

← 소요동력은 축동력에 전달계수가 곱해진 동력이지만 전달계수의 변화가 주어지지 않았으므로 같다고 가정한다.

$$P_2 = P_1\left(\frac{D_2}{D_1}\right)^5 = 100[\text{kW}] \times \left(\frac{1.2[\text{m}]}{1[\text{m}]}\right)^5 = 248.832[\text{kW}]$$

(3) 펌프의 크기(직경)를 변화시키고 회전수가 일정하다면 상사법칙에 따라 양정이 변화한다.

$$\frac{H_2}{H_1} = \left(\frac{N_2}{N_1}\right)^2\left(\frac{D_2}{D_1}\right)^2$$

H: 양정, N: 펌프의 회전수, D: 직경

회전수 N이 일정하고, 상태1의 정압 H_1가 50[mmAq], 직경 D_1가 1[m]이며, 상태2의 직경 D_2가 1.2[m]이므로 정압 H_2는 다음과 같다.

← 양정[m]과 비중량[N/m³]을 곱하면 압력[N/m²]이 되므로 펌프를 통과하는 유체가 동일하다면 양정의 비는 압력의 비와 같다.

$$H_2 = H_1\left(\frac{D_2}{D_1}\right)^2 = 50[\text{mmAq}] \times \left(\frac{1.2[\text{m}]}{1[\text{m}]}\right)^2 = 72[\text{mmAq}]$$

연 계 이 론 **PHASE 23** 펌프의 특성

02

사무실 건물의 지하층에 있는 발전기실에 화재안전기준과 다음 [조건]에 따라 전역방출방식 이산화탄소 소화설비를 설치하려고 한다. 다음 각 물음에 답하시오. [6점]

> **조건**
> ㈎ 소화설비는 고압식으로 한다.
> ㈏ 발전기실의 크기: 가로 10[m], 세로 7[m], 높이 5[m]
>   발전기실의 개구부의 크기: 1.8[m]×3[m]×2개소(자동폐쇄장치 있음)
> ㈐ 가스용기 1본 당 충전량: 45[kg]
> ㈑ 표면화재를 기준으로 한다.
> ㈒ 설계농도에 따른 보정계수는 고려하지 않는다.

(1) 가스용기는 몇 본이 필요한가?
(2) 선택밸브 직후의 유량[kg/s]을 구하시오.
(3) 음향경보장치는 약제 방사개시 후 몇 분 동안 경보를 계속할 수 있어야 하는지 쓰시오.
(4) 가스용기의 개방밸브는 작동방식에 따라 3가지로 분류된다. 그 명칭을 쓰시오.

정 답

(1) • 계산과정: $10 \times 7 \times 5 = 350$
$0.8 \times 350 = 280$
$\dfrac{280}{45} ≒ 6.22$

• 답: 7본

(2) • 계산과정: $\dfrac{7 \times 45}{60} = 5.25$

• 답: 5.25[kg/s]

(3) 1분 이상

(4) • 전기식
• 가스압력식
• 기계식

해 설

(1) 가스용기 1본 당 이산화탄소 소화약제의 충전량은 45[kg]이므로 발전기실에 필요한 소화약제의 양을 계산한다. 표면화재이고 전역방출방식인 이산화탄소 소화약제의 저장량 최소기준은 다음과 같다.

방호구역의 체적	소화약제의 양[kg/m³]	소화약제 저장량의 최저한도[kg]
45[m³] 미만	1.00	45
45[m³] 이상 150[m³] 미만	0.90	45
150[m³] 이상 1,450[m³] 미만	0.80	135
1,450[m³] 이상	0.75	1,125

방호구역의 개구부(창문·출입구) 1[m²]마다 5[kg]을 가산한다. ← 자동폐쇄장치가 없는 경우에만 적용한다.

발전기실의 체적(가로×세로×높이)은 다음과 같다.
$V = 10[m] \times 7[m] \times 5[m] = 350[m^3]$

방호구역의 체적이 150[m³] 이상 1,450[m³] 미만이므로 소화약제의 양은 체적 1[m³] 당 0.80[kg/m³]을 적용한다.

소화약제의 양 $= 0.80[kg/m^3] \times 350[m^3] = 280[kg]$ ← 최저한도인 135[kg]보다 큰지 확인한다.

가스용기 1본 당 소화약제의 충전량은 45[kg]이므로 전체 소화약제의 양을 저장하기 위해 필요한 가스용기의 개수는

$$\frac{280[kg]}{45[kg/본]} ≒ 6.22[본] = 7[본] \text{ (절상)}$$

(2) 선택밸브란 가스용기에서 배출된 소화약제가 적절한 방호구역으로 운반될 수 있도록 선택적으로 배관을 개폐시키는 밸브를 말한다.

발전기실에 이산화탄소 소화약제를 방사하는 경우 7본의 저장용기에서 일제히 소화약제가 방출되므로 방출량은 다음과 같다.
$7[본] \times 45[kg/본] = 315[kg]$

이산화탄소 소화설비의 소화약제 방출시간은 다음과 같다.

방출방식		기준시간
전역방출방식	표면화재	1분 이내
	심부화재	7분 이내
국소방출방식		30초 이내

따라서 선택밸브 직후의 유량[kg/s]은
$$\frac{7[본] \times 45[kg/본]}{1[min]} = \frac{315[kg]}{60[s]} = 5.25[kg/s]$$

(3) 이산화탄소 소화설비의 음향경보장치는 소화약제의 방출개시 후 1분 이상 경보를 계속할 수 있는 것으로 해야 한다.

(4) 이산화탄소 소화약제 저장용기의 개방밸브는 전기식·가스압력식 또는 기계식에 따라 자동으로 개방되고 수동으로도 개방되는 것으로서 안전장치가 부착된 것으로 해야 한다.

연계이론 PHASE 07 이산화탄소 소화설비

03 옥내소화전설비의 계통도이다. 다음 각 물음에 답하시오. [7점]

(1) 도면에서 표시한 번호의 부품 또는 설비의 명칭을 쓰시오.

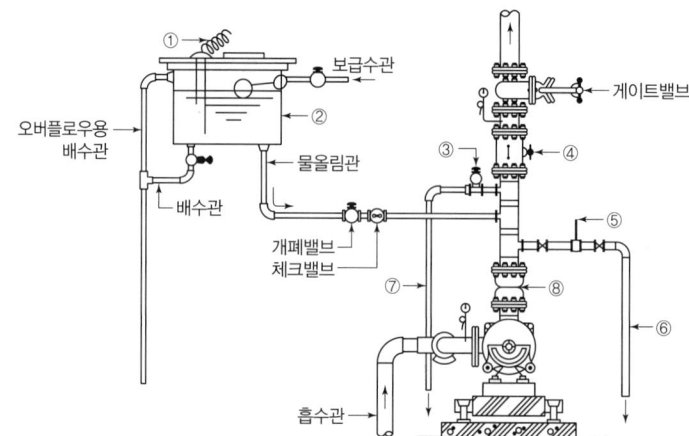

번호	부품명칭	번호	부품명칭
①		⑤	
②		⑥	
③		⑦	순환배관
④	체크밸브	⑧	

(2) 펌프의 정격토출압력이 1[MPa]일 때 ③ 부품의 작동압력은 최대 몇 [MPa]로 해야 하는가?
(3) ②에 연결된 보급수관(급수배관)의 최소구경[mm]은?
(4) ②의 용량[L]은 얼마 이상으로 해야 하는가?

정 답

(1)

번호	부품명칭	번호	부품명칭
①	감수경보장치	⑤	유량계
②	물올림수조	⑥	성능시험배관
③	릴리프밸브	⑦	순환배관
④	체크밸브	⑧	플렉시블 조인트

(2) • 계산과정: $1 \times 1.4 = 1.4$
 • 답: 1.4[MPa]

(3) 15[mm]

(4) 100[L]

해설

(2) • 가압송수장치의 체절운전 시 수온의 상승을 방지하기 위하여 체크밸브와 펌프 사이에서 분기한 구경 20[mm] 이상의 배관에 체절압력 미만에서 개방되는 릴리프밸브를 설치한다.
• 펌프의 성능은 체절운전 시 정격토출압력의 140[%]를 초과하지 않아야 한다.
릴리프밸브는 펌프 정격토출압력의 140[%] 미만에서 개방되어야 하므로 정격토출압력이 1[MPa]일 때 릴리프밸브의 최대 작동압력은
$$1[\text{MPa}] \times 1.4 = 1.4[\text{MPa}]$$

(3), (4) 수원의 수위가 펌프보다 낮은 위치에 있는 가압송수장치에는 다음의 기준에 따른 물올림장치를 설치한다.
• 물올림장치에는 전용의 수조를 설치한다.
• 수조의 유효수량은 100[L] 이상으로 하되, 구경 15[mm] 이상의 급수배관에 따라 해당 수조에 물이 계속 보급되도록 한다.

연계이론 PHASE 02 옥내소화전설비

04

관 내에서 발생하는 맥동현상(surging)의 정의와 방지법 2가지를 쓰시오. [6점]

(1) 정의

(2) 방지법

정답

(1) 정의: 펌프 압력계의 지침이 흔들리며 토출량이 주기적으로 변동하며 진동하는 현상
(2) 방지법: 다음 6가지 중 2가지를 선택하여 작성한다.
　　• 펌프 내 양수량을 증가시킨다.
　　• 임펠러의 회전 수를 증가시킨다.
　　• 배관 내의 잔류공기를 제거한다.
　　• 펌프의 양정곡선($Q-H$)의 상승부에서 운전하는 것을 피한다.
　　• 배관 중 불필요한 수조를 제거한다.
　　• 유량조절밸브를 배관 중 수조의 위치 전방에 설치한다.

연계이론 PHASE 23 펌프의 특성

05 지상 15층 건물에 연결송수관설비를 설치하려고 한다. 다음 각 물음에 답하시오. [5점]

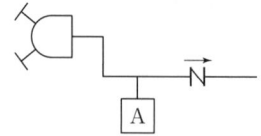

(1) 해당 연결송수관설비는 습식, 건식 중 어떤 것에 해당하는가?
(2) A부분의 명칭과 도시기호를 그리시오.

명칭	도시기호

(3) A의 설치목적을 쓰시오.

정답

(1) 습식

(2)

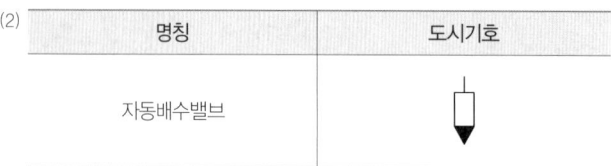

명칭	도시기호
자동배수밸브	▽

(3) 송수구와 체크밸브 사이에 물이 남아있는 경우 배관의 동파 또는 부식의 우려가 있으므로 이를 방지하기 위해 자동배수밸브를 설치한다.

해설

(1) 송수구의 부근에는 자동배수밸브 및 체크밸브를 다음의 기준에 따라 설치한다.
 • 습식의 경우에는 송수구·자동배수밸브·체크밸브의 순으로 설치한다.
 • 건식의 경우에는 송수구·자동배수밸브·체크밸브·자동배수밸브의 순으로 설치한다.
 지면으로부터의 높이가 31[m] 이상인 특정소방대상물 또는 지상 11층 이상인 특정소방대상물에 있어서는 습식설비로 한다. ← 높은 건축물은 긴급한 상황에 빠르게 대응하기 위해 미리 소화수를 채워둔다.

(2) 습식 연결송수관설비에서 송수구와 체크밸브 사이에 설치해야하는 설비는 자동배수밸브이다.

(3) 자동배수밸브는 배관에 남아있는 소화수를 배출시키는 장치로 배관의 동파 또는 부식을 방지하는 역할을 한다. 체크밸브는 역류를 방지하는 장치이므로 건식 설비의 경우 체크밸브 이후로도 자동배수밸브를 설치하여 소화수를 배출시킨다.

> **PLUS+** 연결송수관설비의 송수구
>
>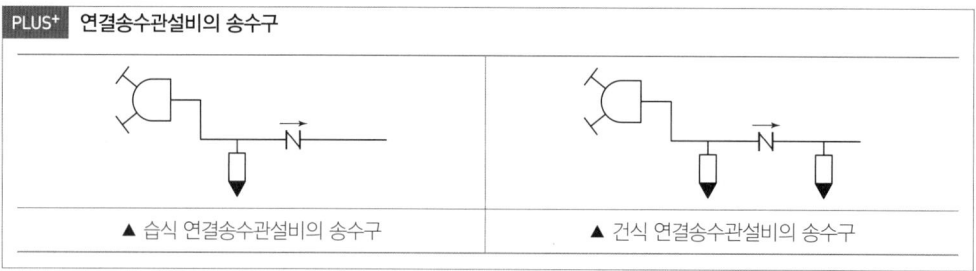
>
> ▲ 습식 연결송수관설비의 송수구 　　　▲ 건식 연결송수관설비의 송수구

연계이론 PHASE 16 연결송수관설비

06

연소속도가 빠르고, 화재하중이 큰 무대부 또는 연소할 우려가 있는 개구부에 설치하는 스프링클러의 형식과 스프링클러 헤드는 무엇인가? [3점]

- 형식
- 헤드

정답

- 형식: 일제살수식 스프링클러
- 헤드: 개방형 스프링클러 헤드

해설

무대부 또는 연소할 우려가 있는 개구부에 있어서는 개방형 스프링클러 헤드를 설치해야 한다.
개방형 스프링클러 헤드는 감열체가 없어 가압송수장치의 작동에 따라 소화수가 방출되므로 일제살수식 스프링클러 설비에서 사용한다.

연계이론 PHASE 04 스프링클러설비

07

다음은 피난기구의 화재안전기술기준(NFTC 301) 중 승강식 피난기 및 하향식 피난구용 내림식사다리의 설치기준이다. (   ) 안에 알맞은 답을 쓰시오. [6점]

(1) 대피실의 면적은 (①)(2세대 이상일 경우에는 3[m²]) 이상으로 하고, 「건축법 시행령」 규정에 적합하여야 하며 하강구(개구부) 규격은 직경 (②) 이상일 것
(2) 대피실의 출입문은 (③) 또는 (④)으로 설치하고, 피난방향에서 식별할 수 있는 위치에 "대피실" 표지판을 부착할 것
(3) 착지점과 하강구는 상호 수평거리 (⑤) 이상의 간격을 둘 것
(4) 승강식 피난기는 (⑥) 또는 성능시험기관으로 지정받은 기관에서 그 성능을 검증받은 것으로 설치할 것

정답

(1) ① 2[m²]
② 60[cm]

(2) ③ 60분+ 방화문
④ 60분 방화문

(3) ⑤ 15[cm]

(4) ⑥ 한국소방산업기술원

해설

(1) 대피실의 면적은 2[m²](2세대 이상일 경우에는 3[m²]) 이상으로 하고, 「건축법 시행령」 규정에 적합하여야 하며 하강구(개구부) 규격은 직경 60[cm] 이상일 것
(2) 대피실의 출입문은 60분+ 방화문 또는 60분 방화문으로 설치하고, 피난방향에서 식별할 수 있는 위치에 "대피실" 표지판을 부착할 것. 다만, 외기와 개방된 장소에는 그렇지 않다.
(3) 착지점과 하강구는 상호 수평거리 15[cm] 이상의 간격을 둘 것
(4) 승강식 피난기는 한국소방산업기술원 또는 성능시험기관으로 지정받은 기관에서 그 성능을 검증받은 것으로 설치할 것

연계이론 PHASE 11 피난기구

08 가로 20[m], 세로 8[m], 높이 3[m]인 발전기실에 불활성기체 소화약제 중 IG-100을 사용할 경우 [조건]을 참고하여 다음 각 물음에 답하시오. [10점]

조건

(가) IG-100의 소화농도는 35.85[%]이다.
(나) 소화약제량 산정 시 선형상수를 이용하도록 하며 방사 시 기준온도는 10[℃]이다.

소화약제	K_1	K_2
IG-100	0.7997	0.00293

(다) 화재는 전기화재로 가정한다.
(라) IG-100의 충전밀도는 1.5[kg/m^3]이며, 충전량은 100[kg]이다.

(1) IG-100의 저장량은 몇 [m^3]인지 구하시오.
(2) 저장용기의 1병 당 충전량[m^3]을 구하시오.
(3) IG-100의 저장용기 수는 최소 몇 병인지 구하시오.
(4) 배관구경 산정조건에 따라 IG-100의 약제량 방사 시 유량은 몇 [m^3/s]인지 구하시오.

정답

(1) • 계산과정: $0.7997 + 0.00293 \times 20 = 0.8583$
$0.7997 + 0.00293 \times 10 = 0.829$
$35.85 \times 1.35 = 48.3975$
$2.303 \times \dfrac{0.8583}{0.829} \times \log\left(\dfrac{100}{100 - 48.3975}\right) \times 480 ≒ 328.8513$
• 답: 328.85[m^3]

(2) • 계산과정: $\dfrac{100}{1.5} ≒ 66.667$
• 답: 66.67[m^3]

(3) • 계산과정: $\dfrac{328.85}{66.67} ≒ 4.93$
• 답: 5병

(4) • 계산과정: $48.3975 \times 0.95 ≒ 45.9776$
$2.303 \times \dfrac{0.8583}{0.829} \times \log\left(\dfrac{100}{100 - 45.9776}\right) \times 480 ≒ 306.072$
$\dfrac{306.072}{120} ≒ 2.5506$
• 답: 2.55[m^3/s]

해 설

(1) 화재안전기준에 따른 불활성기체 소화약제의 저장량 최소기준은 다음과 같다.

$$X = 2.303 \times \frac{V_S}{S} \times \log\left(\frac{100}{100-C}\right) \times V$$

X: 소화약제의 부피[m³], V_S: 20[℃]에서 소화약제의 비체적[m³/kg],
S: 소화약제별 선형상수$(K_1+K_2 \times T)$[m³/kg], T: 방호구역의 기준온도[℃]
C: 설계농도(소화농도×안전계수)[%], V: 방호구역의 부피[m³]

20[℃]에서 소화약제의 비체적 V_S는 다음과 같다.
$$V_S = K_1 + K_2 \times 20 = 0.7997 + 0.00293 \times 20 = 0.8583 [\text{m}^3/\text{kg}]$$
기준온도가 10[℃]이므로 소화약제별 선형상수 S는 다음과 같다.
$$S = K_1 + K_2 \times T = 0.7997 + 0.00293 \times 10 = 0.829 [\text{m}^3/\text{kg}]$$
설계농도 C는 소화농도와 안전계수의 곱이며, 전기화재인 C급 화재의 안전계수는 1.35이므로 설계농도 C는 다음과 같다.
$$C = \text{소화농도} \times \text{안전계수} = 35.85 \times 1.35 = 48.3975[\%]$$
방호구역인 발전기실의 부피(가로×세로×높이)는 다음과 같다.
$$V = 20[\text{m}] \times 8[\text{m}] \times 3[\text{m}] = 480[\text{m}^3]$$

따라서 소화약제 IG-100의 부피 X는
$$X = 2.303 \times \frac{0.8583[\text{m}^3/\text{kg}]}{0.829[\text{m}^3/\text{kg}]} \times \log\left(\frac{100}{100-48.3975[\%]}\right) \times 480[\text{m}^3] \fallingdotseq 328.8513[\text{m}^3]$$

(2) 가스용기 1병 당 소화약제 IG-100의 충전량[kg]은 100[kg]이고, 충전밀도는 1.5[kg/m³]이므로 1병에 충전할 수 있는 소화약제의 부피[m³]는
$$\frac{100[\text{kg}]}{1.5[\text{kg/m}^3]} \fallingdotseq 66.667[\text{m}^3]$$

(3) 가스용기 1병 당 소화약제 IG-100의 충전량[m³]은 66.67[m³]이므로 전체 소화약제의 양을 저장하기 위해 발전기실에 필요한 가스용기의 개수는
$$\frac{328.85[\text{m}^3]}{66.67[\text{m}^3/\text{병}]} \fallingdotseq 4.93[\text{병}] = 5[\text{병}] \text{ (절상)}$$

(4) 방호구역인 발전기실에 불활성기체 소화약제를 방사하는 경우 화재안전기준에 따라 C급 화재의 경우 2분 이내에 최소설계농도의 95[%] 이상을 방출해야 한다.
설계농도 C는 48.3975[%]이므로 0.95를 곱하여 구한다.
$$48.3975[\%] \times 0.95 \fallingdotseq 45.9776[\%]$$

따라서 2분 이내에 방출해야 하는 소화약제 IG-100의 부피 X는 다음과 같다.
$$X = 2.303 \times \frac{0.8583[\text{m}^3/\text{kg}]}{0.829[\text{m}^3/\text{kg}]} \times \log\left(\frac{100}{100-45.9776[\%]}\right) \times 480[\text{m}^3] \fallingdotseq 306.072[\text{m}^3]$$

2분 이내에 306.072[m³]의 소화약제 IG-100을 방출해야 하므로 방사유량[m³/s]은
$$\frac{306.072[\text{m}^3]}{2[\text{min}] \times 60[\text{s/min}]} \fallingdotseq 2.5506[\text{m}^3/\text{s}]$$

연 계 이 론   **PHASE 09** 할로겐화합물 및 불활성기체 소화약제

09 A실을 0.1[m³/s]로 급기 가압하였을 경우 다음 [조건]을 참고하여 외부와 A실의 차압[Pa]을 구하시오.

[6점]

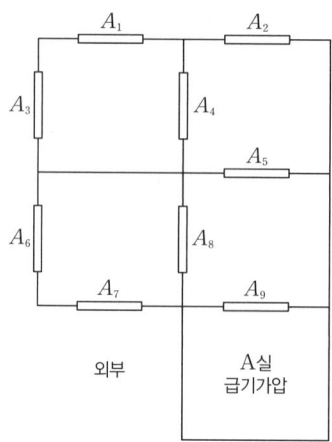

조건

(가) 어느 실을 급기 가압할 때 그 실의 문의 틈새를 통하여 누출되는 공기의 양은 다음의 식을 따른다.

$$Q = 0.827 A\sqrt{P}$$

Q: 급기량[m³/s], A: 문의 틈새면적[m²], P: 문을 경계로 한 실내·외 기압채[Pa]

(나) $A_1, A_2 = 0.005[\text{m}^2]$이고, $A_3 \sim A_9 = 0.02[\text{m}^2]$이다.

정답
- 답: 50.61[Pa]

해설

어떤 틈새면적 A가 있고, 틈새를 경계로 한 양쪽의 기압차 P가 있을 때, 그 간격을 통과하는 유량 Q는 다음과 같은 관계를 갖는다.

$$Q = 0.827A\sqrt{P}$$

틈새면적의 합은 다음의 두 가지 방법을 이용하여 계산한다.

직렬구조	병렬구조
$\dfrac{1}{A^2} = \dfrac{1}{A_1^2} + \dfrac{1}{A_2^2}$ $A = \dfrac{1}{\sqrt{\dfrac{1}{A_1^2} + \dfrac{1}{A_2^2}}}$	$A = A_1 + A_2$

A_1, A_3는 병렬관계이다.
$$A_{1,3} = 0.005[\text{m}^2] + 0.02[\text{m}^2] = 0.025[\text{m}^2]$$
$A_{1,3}$, A_4는 직렬관계이다.
$$A_{1,3,4} = \frac{1}{\sqrt{\frac{1}{(0.025[\text{m}^2])^2} + \frac{1}{(0.02[\text{m}^2])^2}}} \fallingdotseq 0.01562[\text{m}^2]$$
A_6, A_7는 병렬관계이다.
$$A_{6,7} = 0.02[\text{m}^2] + 0.02[\text{m}^2] = 0.04[\text{m}^2]$$
$A_{6,7}$, A_8는 직렬관계이다.
$$A_{6\sim8} = \frac{1}{\sqrt{\frac{1}{(0.04[\text{m}^2])^2} + \frac{1}{(0.02[\text{m}^2])^2}}} \fallingdotseq 0.01789[\text{m}^2]$$
$A_{1,3,4}$, A_2는 병렬관계이다.
$$A_{1\sim4} = 0.01562[\text{m}^2] + 0.005[\text{m}^2] = 0.02062[\text{m}^2]$$
$A_{1\sim4}$, A_5는 직렬관계이다.
$$A_{1\sim5} = \frac{1}{\sqrt{\frac{1}{(0.02062[\text{m}^2])^2} + \frac{1}{(0.02[\text{m}^2])^2}}} \fallingdotseq 0.01436[\text{m}^2]$$
$A_{1\sim5}$, $A_{6\sim8}$는 병렬관계이다.
$$A_{1\sim8} = 0.01436[\text{m}^2] + 0.01789[\text{m}^2] = 0.03225[\text{m}^2]$$
$A_{1\sim8}$, A_9는 직렬관계이다.
$$A_{1\sim9} = \frac{1}{\sqrt{\frac{1}{(0.03225[\text{m}^2])^2} + \frac{1}{(0.02[\text{m}^2])^2}}} \fallingdotseq 0.016997[\text{m}^2]$$
따라서 문의 틈새면적 A는 $0.016997[\text{m}^2]$이다.
유량 Q는 $0.1[\text{m}^3/\text{s}]$이므로 A실과 외부의 기압차 P는
$$Q = 0.827 A \sqrt{P}$$
$$P = \left(\frac{Q}{0.827 A}\right)^2 = \left(\frac{0.1[\text{m}^3/\text{s}]}{0.827 \times 0.016997[\text{m}^2]}\right)^2 = 50.61[\text{Pa}]$$

> 연계이론 **PHASE 15** 특별피난계단의 계단실 및 부속실 제연설비

10 다음 도면은 어느 폐쇄형 습식 스프링클러설비에 대한 계통도이다. 이 설비에서 ⓐ헤드만 개방되었을 경우 다음 [조건]을 참조하여 각 물음에 답하시오. [12점]

(단위: [m])

조건

(가) 설치된 헤드의 방출계수 K는 모두 80이다.
(나) 가지배관으로부터 헤드까지의 마찰손실은 무시한다. (단, 구경 25A에서의 손실만 고려한다.)
(다) 배관 내의 유수에 따른 마찰손실압력은 Hazen-Williams 공식을 적용하되 계산 편의 상 공식은 다음과 같다고 가정한다.

$$\Delta P = 6 \times 10^4 \times \frac{Q^2 \times L}{C^2 \times D^5}$$

ΔP: 배관의 마찰손실압력[MPa], Q: 배관 내의 유수량[L/min], C: 조도 (120)
D: 배관의 내경[mm], L: 배관의 길이[m]

(라) 티와 엘보는 동경만 사용하고, 티와 엘보를 사용하는 구간의 구경이 다르면 큰 구경에 따르고 관경이 다른 곳은 리듀서로 연결한다.
(마) 고가수조에서 ⓑ지점까지의 배관 및 관부속류의 규격은 100A를 적용한다.
(바) 배관의 내경은 호칭별로 다음과 같다고 가정한다.

호칭구경	25A	32A	40A	50A	65A	80A	100A
내경[mm]	27	33	42	53	66	79	102

(사) 배관 부속 및 밸브류의 등가길이[m]는 다음 표와 같으며, 이 표에 없는 부속 또는 밸브류의 등가길이는 무시해도 좋다.

호칭구경	25A	32A	40A	50A	65A	80A	100A
90° 엘보	0.6	0.9	1.8	2.1	2.4	2.7	3.0
분류티	1.7	2.2	2.5	3.2	4.1	4.9	6.0
경보밸브	—	—	—	—	—	—	8.7
체크밸브							0.7
게이트밸브	—	—	—	—	—	—	0.7

(아) 물의 비중량은 9.8[kN/m³]이다.
(자) 경보밸브, 체크밸브, 게이트밸브의 길이는 0.3[m]이다.

(1) 호칭구경별 등가길이[m]를 구하시오.

호칭경	계산식	등가길이[m]
25A		
32A		
50A		
65A		
100A		

(2) Ⓐ점 헤드에서 고가수조까지의 낙차[m]를 구하시오.

(3) Ⓐ헤드의 낙차압[MPa]을 구하시오.

(4) 배관 1[m] 당 마찰손실압력[MPa]을 구하시오. (단, 마찰손실압력 계산 시 $\triangle.\triangle\triangle\triangle \times 10^n \times Q^2$형태로 작성한다.)

호칭경	계산식	마찰손실압력[MPa/m]
25A		( ) $\times Q^2$
32A		( ) $\times Q^2$
50A		( ) $\times Q^2$
65A		( ) $\times Q^2$
100A		( ) $\times Q^2$

(5) 고가수조에서 Ⓐ헤드의 분당 방수량[L/min]을 구하시오.

정답

(1)

호칭경	계산식	등가길이[m]
25A	배관: 3.5[m]+3.5[m]=7[m] 90° 엘보: 3[개]×0.6[m]=1.8[m]	7+1.8=8.8[m]
32A	배관: 0.5[m]+3[m] 90° 엘보: 1[개]×0.9[m]=0.9[m] ← 티를 직류로 통과하는 경우는 조건에 없으므로 무시한다.	3.5+0.9=4.4[m]
50A	배관: 3[m]+3[m]=6[m]	6[m]
65A	배관: 3[m]+2[m]=5[m]	5[m]
100A	배관: 2[m]+2[m]+1.2[m]+6[m]+45[m]+2[m]+0.5[m] =58.7[m] 90° 엘보: 4[개]×3[m]=12[m] 분류티: 6[m] 경보밸브: 8.7[m] 게이트밸브: 2[개]×0.7[m]=1.4[m] 체크밸브: 8.7[m]	58.7+12+6+8.7+1.4+8.7 =95.5[m]

(2) • 계산과정: 45−(1.2+0.3+0.3+2)=41.2
  • 답: 41.2[m]

(3) • 계산과정: $41.2 \times 9.8 \times 10^{-3} = 0.40376$
  • 답: 0.4[MPa]

(4)

호칭경	계산식	마찰손실압력[MPa/m]
25A	$6\times 10^4 \times \dfrac{Q^2}{120^2 \times 27^5}$	(2.904×10^{-7}) $\times Q^2$
32A	$6\times 10^4 \times \dfrac{Q^2}{120^2 \times 33^5}$	(1.065×10^{-7}) $\times Q^2$
50A	$6\times 10^4 \times \dfrac{Q^2}{120^2 \times 53^5}$	(9.963×10^{-9}) $\times Q^2$
65A	$6\times 10^4 \times \dfrac{Q^2}{120^2 \times 66^5}$	(3.327×10^{-9}) $\times Q^2$
100A	$6\times 10^4 \times \dfrac{Q^2}{120^2 \times 102^5}$	(3.774×10^{-10}) $\times Q^2$

(5) • 계산과정: $(2.904\times 10^{-7}\times Q^2 \times 8.8) + (1.065\times 10^{-7}\times Q^2 \times 4.4) + (9.963\times 10^{-9}\times Q^2 \times 6)$
  $+ (3.327\times 10^{-9}\times Q^2 \times 5) + (3.774\times 10^{-10}\times Q^2 \times 95.5) = 3.13657\times 10^{-6}\times Q^2$
  $Q = 80\sqrt{10\times(0.4 - 3.13657\times 10^{-6}\times Q^2)}$
  $Q ≒ 146.0143$

• 답: 146.01[MPa]

해설

(2) 고가수조의 높이[m]와 스프링클러 헤드의 높이[m]를 비교하여 낙차[m]를 구할 수 있다.
가장 낮은 배관을 기준으로 고가수조는 45[m]의 높이에, 스프링클러 헤드는
3.8[m](1.2[m]+0.3[m]+0.3[m]+2[m])의 높이에 위치한다.
따라서 낙차[m]는
  $45[\text{m}] - 3.8[\text{m}] = 41.2[\text{m}]$

(3) 낙차수두[m]에 비중량 γ[kN/m³]를 곱해주면 압력[kN/m²]을 구할 수 있다.
  $41.2[\text{m}] \times 9.8[\text{kN/m}^3] = 403.76[\text{kN/m}^2] = 403.76[\text{kPa}] = 0.40376[\text{MPa}]$

(5) 스프링클러 헤드에서 압력 P와 유량 Q는 다음과 같은 관계를 갖는다.

$$Q = K\sqrt{10P}$$

Q: 방수량[L/min], K: 방출계수, P: 방수압[MPa]

Ⓐ헤드에 가해지는 방수압은 고가수조와 Ⓐ헤드의 높이 차이에서 발생하는 낙차압에서 소화수가 배관을 통과하며 발생하는 마찰손실압력을 뺀 값으로 구할 수 있다.
마찰손실압력은 각 호칭별 배관의 단위길이 당 마찰손실압력[MPa/m]에 배관의 길이[m]를 곱하여 구한다. 고가수조에서 Ⓐ헤드까지의 배관을 통과하며 발생하는 총 마찰손실압력[MPa]은 다음과 같다.

호칭경	단위길이 당 마찰손실압력[MPa/m]	등가길이[m]	총 마찰손실압력[MPa]
25A	$2.904\times 10^{-7}\times Q^2$	8.8[m]	$2.55552\times 10^{-6}\times Q^2$
32A	$1.065\times 10^{-7}\times Q^2$	4.4[m]	$4.686\times 10^{-7}\times Q^2$
50A	$9.963\times 10^{-9}\times Q^2$	6[m]	$5.9778\times 10^{-8}\times Q^2$
65A	$3.327\times 10^{-9}\times Q^2$	5[m]	$1.6635\times 10^{-8}\times Q^2$
100A	$3.774\times 10^{-10}\times Q^2$	95.5[m]	$3.60417\times 10^{-8}\times Q^2$
합계			$3.13657\times 10^{-6}\times Q^2$

Ⓐ헤드에 가해지는 방수압 P는 다음과 같다.
  $P = 0.4 - 3.13657\times 10^{-6}\times Q^2$
따라서 A헤드의 방수량 Q는
  $Q = 80\sqrt{10\times(0.4 - 3.13657\times 10^{-6}\times Q^2)}$ ← 공학용 계산기의 SOLVE 기능을 활용하면 계산이 쉽다.
  $Q ≒ 146.01[\text{L/min}]$

연계이론 PHASE 04 스프링클러설비

11 전역방출방식의 할론 1301 소화설비를 전기실에 설계 시 [조건]을 참고하여 다음 각 물음에 답하시오.

[6점]

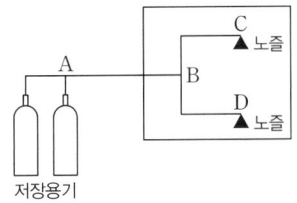

조건

(가) 방호구역의 체적은 420[m³]이다. (출입구에 자동폐쇄장치 설치)
(나) 소방대상물 및 소화약제의 종류에 따른 소화약제의 양

소방대상물	소화약제의 종류	방호구역의 체적 1[m³]당 소화약제의 양
차고·주차장·전기실·통신기기실·전산실	할론 1301	0.32[kg] 이상 0.64[kg] 이하

(다) 초기 압력강하는 1.5[MPa]이다.
(라) 고저에 따른 압력강하는 0.06[MPa]이다.
(마) A−B 간의 마찰저항에 따른 압력손실은 0.06[MPa]이다.
(바) B−C, B−D 간의 각 압력손실은 0.03[MPa]이다.
(사) 저장용기 내 소화약제 저장압력은 4.2[MPa]이다.
(아) 저장용기 1병 당 충전량은 45[kg]이다.
(자) 작동 10초 이내에 약제 전량이 방출된다.

(1) 필요한 소화약제 저장용기의 수[병]를 최소로 구하시오.
(2) 소화설비가 작동하였을 때 A−B 간의 배관 내를 흐르는 소화약제의 유량[kg/s]을 구하시오. (단, (1)에서 구한 저장용기 수를 기준으로 계산한다.)
(3) C점 노즐에서 방출되는 소화약제의 방사압력[MPa]을 구하시오. (단, D점에서의 방사압력도 같다.)
(4) C점에서 설치된 분사헤드에서의 방출률이 3.75[kg/cm²·s]일 때 분사헤드의 등가 분구면적[cm²]을 구하시오.

정답

(1) • 계산과정: $0.32 \times 420 = 134.4$

$$\frac{134.4}{45} ≒ 2.99$$

• 답: 3병

(2) • 계산과정: $\frac{3 \times 45}{10} = 13.5$

• 답: 13.5[kg/s]

(3) • 계산과정: $4.2 - 1.5 - 0.06 - 0.06 - 0.03 = 2.55$
• 답: 2.55[MPa]

(4) • 계산과정: $\frac{13.5}{2} = 6.75$

$$\frac{6.75}{3.75} = 1.8$$

• 답: 1.8[cm²]

해설

(1) 가스용기 1병 당 할론 소화약제의 충전량은 45[kg]이므로 전기실에 필요한 소화약제의 양을 계산한다.
전역방출방식 할론 소화약제의 저장량 기준은 다음과 같다.

소방대상물		소화약제의 종류	소화약제의 양 [kg/m³]	개구부 가산량 [kg/m²]
차고 · 주차장 · 전기실 · 통신기기실 · 전산실 · 전기설비가 설치된 부분		할론 1301	0.32 이상 0.64 이하	2.4
특수가연물	가연성고체류 · 가연성액체류	할론 1301	0.32 이상 0.64 이하	2.4
		할론 1211	0.36 이상 0.71 이하	2.7
		할론 2402	0.40 이상 1.10 이하	3.0
	면화류 · 나무껍질 및 대팻밥 · 넝마 및 종이부스러기 · 사류 · 볏짚류 · 목재가공품 및 나무부스러기를 저장 · 취급하는 것	할론 1301	0.52 이상 0.64 이하	3.9
		할론 1211	0.60 이상 0.71 이하	4.5
	합성수지류를 저장 · 취급하는 것	할론 1301	0.32 이상 0.64 이하	2.4
		할론 1211	0.36 이상 0.71 이하	2.7

방호구역의 개구부(창문 · 출입구)에 자동폐쇄장치가 설치되었으므로 가산량은 적용하지 않는다.
전기실에 필요한 소화약제의 최솟값을 구하여야 하므로 소화약제의 양은 체적 1[m³] 당 0.32[kg/m³]을 적용한다.
소화약제의 양 = 0.32[kg/m³] × 420[m³] = 134.4[kg]

저장용기 1병 당 소화약제의 충전량은 45[kg]이므로 전체 소화약제의 양을 저장하기 위해 필요한 가스용기의 개수는

$$\frac{134.4[\text{kg}]}{45[\text{kg/병}]} ≒ 2.99[\text{병}] = 3\text{병 (절상)}$$

(2) 전기실에 할론 소화약제를 방사하는 경우 3병의 저장용기에서 일제히 소화약제가 방출되므로 방출량은 다음과 같다.

$3[병] \times 45[kg/병] = 135[kg]$

할론 소화설비의 소화약제 방출시간은 다음과 같다.

방출방식	기준시간
전역방출방식	10초 이내
국소방출방식	10초 이내

따라서 소화설비가 작동하였을 때 A−B 간의 배관 내를 흐르는 소화약제의 유량[kg/s]은

$$\frac{3[병] \times 45[kg/병]}{10[s]} = \frac{135[kg]}{10[s]} = 13.5[kg/s]$$

(3) 저장용기에서 배출되기 직전의 소화약제 압력은 4.2[MPa]이다.
저장용기에서 배출되면서 발생하는 압력손실은 1.5[MPa]이다.
소화약제가 천장에 설치된 분사헤드까지 위치가 높아지며 발생하는 압력손실은 0.06[MPa]이다.
A−B 사이의 배관을 지나며 발생하는 압력손실은 0.06[MPa]이다.
B−C 사이의 배관(C 헤드로 배출되는 경우), B−D 사이의 배관(D 헤드로 배출되는 경우)을 지나며 발생하는 압력손실은 각각 0.03[MPa]이다.
따라서 C점 노즐에서 방출되는 소화약제의 방사압력[MPa]은

$4.2[MPa] - 1.5[MPa] - 0.06[MPa] - 0.06[MPa] - 0.03[MPa] = 2.55[MPa]$

(4) B−C 사이의 배관과 B−D 사이의 배관에서 압력손실이 동일하므로 C 헤드와 D 헤드에서 방출되는 소화약제의 양[kg/s]은 각각 $\frac{13.5}{2} = 6.75[kg/s]$로 일정하다.

분사헤드의 단위면적[cm²] 당 소화약제의 양[kg/s]인 방출률[kg/cm²·s]이 일정하므로 소화약제의 양을 전체 면적으로 나누어 주면 방출률을 알 수 있다.

$$방출률[kg/cm^2 \cdot s] = \frac{소화약제의양[kg/s]}{전체면적[cm^2]}$$

$$전체면적[cm^2] = \frac{6.75[kg/s]}{3.75[kg/cm^2 \cdot s]} = 1.8[cm^2]$$

> 연계이론

PHASE 08 할론 소화설비

12 지상 5층인 건물에 연결송수관설비가 겸용된 옥내소화전설비가 설치되어 있다. [조건]을 참고하여 다음 각 물음에 답하시오. [10점]

조건

(가) 옥내소화전이 5층에 7개, 그 외 층에는 4개씩 설치되어 있다.
(나) 펌프의 후드밸브로부터 최고위 옥내소화전 앵글밸브까지의 수직거리는 20[m]이다.
(다) 배관 마찰손실수두는 실양정의 20[%]이며, 관부속품의 마찰손실수두는 배관 마찰손실수두의 50[%]로 한다.
(라) 소방호스의 길이는 15[m]이며, 마찰손실수두값은 호스 100[m] 당 26[m]이다.
(마) 호칭경에 따른 배관의 구경

호칭구경	15A	20A	25A	32A	40A	50A	65A	80A	100A
내경[mm]	16.4	21.9	27.5	36.2	42.1	53.2	69	81	105.3

(바) 펌프의 전달계수는 1.2이고, 효율은 0.6이다.

(1) 펌프의 전양정[m]을 구하시오.
(2) 펌프의 성능곡선을 참고하여 펌프의 적합성 여부를 판정하시오.

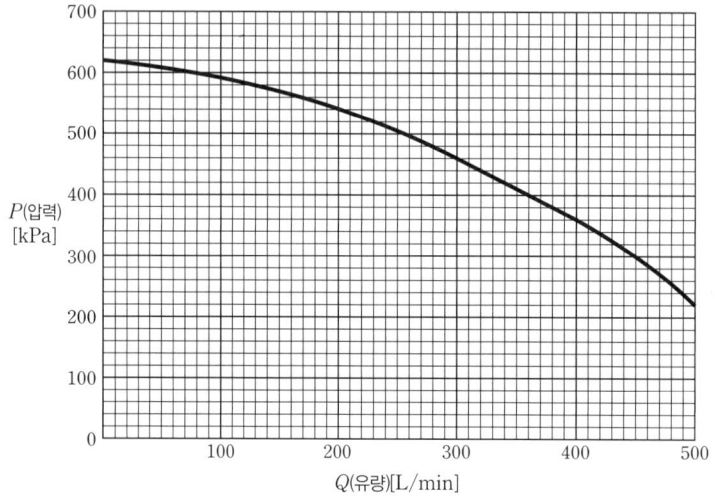

(3) 펌프의 성능시험을 위한 유량측정장치의 최대측정유량[L/min]을 구하시오.
(4) 토출측 주배관에서 배관의 호칭구경[A]을 구하시오.
(5) 펌프의 동력[kW]은 얼마인가?

정답

(1) • 계산과정: $20+\left(15\times\dfrac{26}{100}\right)+(20\times0.2)+(20\times0.2)\times0.5+17=46.9$
  • 답: 46.9[m]

(2) • 계산과정: $469\times1.4=656.6$
      $260\times1.5=390$
      $469\times0.65=304.85$
  • 답: 체절운전 시 토출압력은 약 620[kPa]로 정격토출압력의 140[%]인 656.6[kPa]를 초과하지 않고, 정격토출량의 150[%]인 390[L/min]로 운전하였을 때 토출압력은 약 370[kPa]로 정격토출압력의 65[%]인 304.85[kPa] 이상이므로 이 펌프는 적합하다.

(3) • 계산과정: $260\times1.75=455$
  • 답: 455[L/min]

(4) • 계산과정: $\sqrt{\dfrac{4 \times \dfrac{0.26}{60}}{\pi \times 4}} ≒ 0.0371[m] = 37.1[mm]$

• 답: 100A

(5) • 계산과정: $\dfrac{9.8 \times \dfrac{0.26}{60} \times 46.9}{0.6} \times 1.2 ≒ 3.983$

• 답: 3.98[kW]

해 설

(1) 화재안전기준에 따라 옥내소화전설비에 설치된 가압송수장치(펌프)의 전양정은 다음과 같다.

$$H = h_1 + h_2 + h_3 + 17$$

H: 전양정[m], h_1: 실양정(흡입양정＋토출양정)[m], h_2: 호스의 마찰손실수두[m], h_3: 배관 및 관부속의 마찰손실수두[m], 17: 노즐선단에서의 방사압력수두[m]

펌프의 후드밸브로부터 최고위 옥내소화전 앵글밸브까지의 수직거리인 실양정 h_1는 20[m]이다.
$h_1 = 20[m]$

소방호스의 길이가 15[m]이고, 호스 100[m] 당 26[m]의 마찰손실이 발생하므로 호스의 마찰손실수두 h_2는 다음과 같다.
$h_2 = 15[m] \times \dfrac{26}{100} = 3.9[m]$

배관의 마찰손실수두는 실양정의 20[%]이고, 관부속의 마찰손실수두는 배관 마찰손실수두의 50[%]이므로 배관 및 관부속의 마찰손실수두 h_3는 다음과 같다.
$h_3 = (20[m] \times 0.2) + (20[m] \times 0.2) \times 0.5 = 6[m]$

따라서 펌프의 전양정 H는
$H = h_1 + h_2 + h_3 + 17 = 20[m] + 3.9[m] + 6[m] + 17 = 46.9[m]$

(2) 펌프의 성능은 체절운전 시 정격토출압력의 140[%]를 초과하지 않고, 정격토출량의 150[%]로 운전 시 정격토출압력의 65[%] 이상이 되어야 한다.

펌프의 정격토출압력은 전양정 H를 압력으로 환산한 값으로 한다.

정격토출압력 $= 46.9[m] \times \dfrac{100[kPa]}{10[m]} = 469[kPa]$

펌프의 정격토출량은 화재안전기준에 따라 산출한 값으로 한다.
화재안전기준에 따라 옥내소화전설비에서 가압송수장치(펌프)는 특정소방대상물의 어느 층에서 해당 층의 옥내소화전을 동시에 사용할 경우(최대 2개, 30층 이상인 경우 최대 5개) 각 소화전의 노즐 선단에서의 방수량은 130[L/min] 이상으로 한다.

정격토출량 $= 2[개] \times 130[L/min] = 260[L/min]$

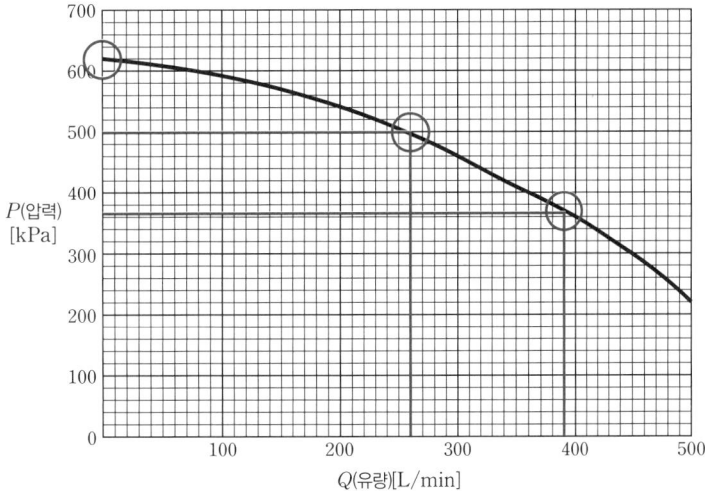

	토출량	토출압력기준	적합여부
체절운전	0[L/min]	469[kPa]×1.4=656.6[kPa]	적합
정격운전	260[L/min]	469[kPa]	적합
최대운전	260[L/min]×1.5=390[L/min]	469[kPa]×0.65=304.85[kPa]	적합

체절운전 시 토출압력은 약 620[kPa]로 정격토출압력의 140[%]인 656.6[kPa]를 초과하지 않고, 정격토출량의 150[%]인 390[L/min]로 운전하였을 때 토출압력은 약 370[kPa]로 정격토출압력의 65[%]인 304.85[kPa] 이상이므로 이 펌프는 적합하다.

(3) 유량측정장치는 펌프 정격토출량의 175[%] 이상까지 측정할 수 있는 성능이 있어야 한다.
260[L/min]×1.75=455[L/min]

(4) 펌프의 토출측 배관은 다음의 기준에 따라 설치한다.
- 펌프의 토출측 주배관의 구경은 유속이 4[m/s] 이하가 될 수 있는 크기 이상으로 한다.
- 옥내소화전방수구와 연결되는 가지배관의 구경은 40[mm] 이상으로 한다.
- 주배관 중 수직배관의 구경은 50[mm] 이상으로 한다.

연결송수관설비의 배관과 겸용할 경우의 주배관은 구경 100[mm] 이상으로 한다.
방수구로 연결되는 배관의 구경은 65[mm] 이상으로 한다.

부피유량 공식 $Q=Au$에 의해 유량 Q와 유속 u를 알면 배관의 직경 D를 다음과 같이 구할 수 있다.

$$D=\sqrt{\frac{4Q}{\pi u}}$$

D: 배관의 직경[m], Q: 유량[m³/s], u: 유속[m/s]

정격토출량 260[L/min]의 단위를 변환해주면 $\frac{0.26}{60}$[m³/s]이 되고, 유속 4[m/s]와 함께 공식에 대입해주면 배관의 직경 D는 다음과 같다.

$$D=\sqrt{\frac{4\times\frac{0.26}{60}[\text{m}^3/\text{s}]}{\pi\times 4[\text{m/s}]}} ≒ 0.0371[\text{m}]=37.1[\text{mm}]$$

유속 4[m/s] 이하인 조건을 만족시키는 배관의 직경은 37.1[mm] 이상인 40A이며, 연결송수관설비와 겸용이므로 100[mm] 이상인 100A를 선택하여야 한다.

(5) 펌프의 동력은 다음의 식을 통해 구할 수 있다.

$$P=\frac{\gamma QH}{\eta}K$$

P: 펌프의 동력[kW], γ: 유체의 비중량[kN/m³], Q: 유량[m³/s], H: 전양정[m], η: 효율, K: 전달계수

유체는 물이므로 물의 비중량은 9.8[kN/m³]이다.

펌프의 토출량은 260[L/min]이므로 단위를 변환하면 $\frac{0.26}{60}$[m³/s]이다.

따라서 주어진 조건을 공식에 대입하면 펌프의 동력 P는

$$P=\frac{9.8[\text{kN/m}^3]\times\frac{0.26}{60}[\text{m}^3/\text{s}]\times 46.9[\text{m}]}{0.6}\times 1.2 ≒ 3.983[\text{kW}]$$

○ 연계이론 ○　PHASE 02 옥내소화전설비
　　　　　　　PHASE 16 연결송수관설비

13

분말 소화설비에서 분말약제 저장용기와 연결 설치되는 정압작동장치에 대한 다음 각 물음에 답하시오. [4점]

(1) 정압작동장치의 기능이 무엇인지 쓰시오.
(2) 정압작동장치의 종류 중 압력스위치 방식에 대해 설명하시오.

정답

(1) 저장용기 내에 들어가 적정 방출압력이 될 때까지 두 밸브를 폐쇄하고 있다가 가압용 가스가 소화약제를 유동화하여 설정치의 방출압력이 되었을 때 주밸브를 개방한다.
(2) 분말약제 저장용기에 유입된 가스압력에 의하여 설정된 압력이 되면 스위치가 닫혀 전자밸브를 개방시켜 주밸브를 개방한다.

해설

(1) 정압작동장치(Constant Pressure-Operated Device; Release & Delay Cabinet)
분말소화약제의 저장용기의 주밸브를 일정한 시간이 경과한 후에 개방시키는 장치. 가압용 가스가 분말소화약제 탱크에 도입된 후, 약제가 유동하여 설정방출압력에 도달될 때까지 약 15~20초의 시간이 소요되며, 압력스위치 방식, 기계식 및 시한릴레이방식이 있다.

(2) 가스압식(압력스위치 방식)
분말약제 저장용기에 유입된 가스압력이 설정압력에 도달하였을 때 압력스위치가 작동하여 전자밸브를 작동시킨다. 전자밸브의 동작에 의해 주밸브 개방용가스를 이송시켜 피스톤릴리져를 움직여 주밸브를 개방한다.

연계이론

PHASE 10 분말 소화설비

14 다음 소방대상물 각 층에 A급 3단위 소화기를 국가화재안전기준에 맞도록 설치하고자 한다. 다음 [조건]을 참고하여 건물의 각 층별 최소 소화기수를 구하시오. [4점]

> **조건**
> (1) 각 층의 바닥면적은 층마다 2,000[m²]이다.
> (2) 지하 1층은 전체가 주차장 용도로 이용되며, 지하 2층의 150[m²] 면적은 보일러실로 사용되고, 나머지는 주차장으로 사용된다.
> (3) 지상 1층에서 3층까지는 업무시설이다.
> (4) 전 층에 소화설비가 없는 것으로 가정한다.
> (5) 건물구조는 전체적으로 내화구조가 아니다.
> (6) 자동확산소화기는 계산에 고려하지 않는다.

(1) 지하 2층

(2) 지하 1층

(3) 지상 1층

정답

(1) • 계산과정: $\dfrac{2,000}{100}=20$, $\dfrac{20}{3}≒6.67$

　　　　$\dfrac{150}{25}=6$, $\dfrac{6}{3}=2$

　　　　$7+2=9$

　• 답: 9개

(2) • 계산과정: $\dfrac{2,000}{100}=20$, $\dfrac{20}{3}≒6.67$

　• 답: 7개

(3) • 계산과정: $\dfrac{2,000}{100}=20$, $\dfrac{20}{3}≒6.67$

　• 답: 7개

해설

화재의 발생을 예방하기 위해 특정소방대상물별로 능력단위에 따른 소화기구 또는 자동소화장치를 설치하며, 부속용도에 따라 기준개수의 소화기구 또는 자동소화장치를 추가로 설치한다.

소화기구의 특정소방대상물별 능력단위

특정소방대상물	소화기구의 능력단위
1. 위락시설	해당 용도의 바닥면적 30[m²]마다 능력단위 1단위 이상
2. 공연장·집회장·관람장·문화재·장례식장 및 의료시설	해당 용도의 바닥면적 50[m²]마다 능력단위 1단위 이상
3. 근린생활시설·판매시설·운수시설·숙박시설·노유자시설·전시장·공동주택·업무시설·방송통신시설·공장·창고시설·항공기 및 자동차 관련 시설 및 관광휴게시설	해당 용도의 바닥면적 100[m²]마다 능력단위 1단위 이상
4. 그 밖의 것	해당 용도의 바닥면적 200[m²]마다 능력단위 1단위 이상

※ 소화기구의 능력단위를 산출할 때 건축물의 주요구조부가 내화구조이고, 벽 및 반자의 실내에 면하는 부분이 불연재료·준불연재료 또는 난연재료로 된 특정소방대상물의 경우 위 기준의 2배를 기준면적으로 한다.

부속용도별로 추가하여야 할 소화기구 및 자동소화장치

용도별	소화기구의 능력단위
1. 다음 각 목의 시설. 다만, 스프링클러설비·간이스프링클러설비·물분무등소화설비 또는 상업용 주방자동소화장치가 설치된 경우 자동확산소화기를 설치하지 않을 수 있다. 가. 보일러실·건조실·세탁소·대량화기취급소 나. 음식점(지하가의 음식점 포함)·다중이용업소·호텔·기숙사·노유자시설·의료시설·업무시설·공장·장례식장·교육연구시설·교정 및 군사시설의 주방. 다만, 의료시설·업무시설 및 공장의 주방은 공동취사를 위한 것에 한한다. 관리자의 출입이 곤란한 변전실·송전실·변압기실 및 배전반실(불연재료로 된 상자 안에 장치된 것 제외)	1. 해당 용도의 바닥면적 25[m²]마다 능력단위 1단위 이상의 소화기로 할 것. 이 경우 나목의 주방에 설치하는 소화기 중 1개 이상은 주방화재용 소화기(K급)로 설치해야 한다. 2. 자동확산소화기는 해당 용도의 바닥면적을 기준으로 10[m²] 이하는 1개, 10[m²] 초과는 2개 이상을 설치하되, 보일러, 조리기구, 변전설비 등 방호대상에 유효하게 분사될 수 있는 위치에 배치될 수 있는 수량으로 설치할 것
2. 발전실·변전실·송전실·변압기실·배전반실·통신기기실·전산기기실·기타 이와 유사한 시설이 있는 장소. 다만, 제1호 다목의 장소 제외	해당 용도의 바닥면적 50[m²]마다 적응성이 있는 소화기 1개 이상 또는 유효설치방호체적 이내의 가스·분말·고체에어로졸 자동소화장치, 캐비닛형 자동소화장치(다만, 통신기기실·전자기기실을 제외한 장소에 있어서는 교류 600[V] 또는 직류 750[V] 이상의 것에 한함
3. 위험물안전관리법에 따른 지정수량의 1/5 이상 지정수량 미만의 위험물을 저장 또는 취급하는 장소	능력단위 2단위 이상 또는 유효설치방호체적 이내의 가스·분말·고체에어로졸 자동소화장치, 캐비닛형 자동소화장치

(1) 지하 2층은 2,000[m²]의 주차장이며, 그 중 150[m²]의 면적은 보일러실로 사용되므로 특정소방대상물인 주차장에 능력단위에 따른 소화기를 설치하고, 부속용도인 보일러실에 기준개수의 소화기를 추가로 설치한다.

$$\text{주차장의 능력단위} = \frac{\text{바닥면적[m}^2\text{]}}{\text{기준면적[m}^2\text{]}} = \frac{2,000[\text{m}^2]}{100[\text{m}^2]} = 20\text{단위}$$

$$\text{주차장의 소화기 개수} = \frac{20\text{단위}}{3\text{단위}} ≒ 6.67\text{개} = 7\text{개 (절상)}$$

$$\text{보일러실의 능력단위} = \frac{\text{바닥면적[m}^2\text{]}}{\text{기준면적[m}^2\text{]}} = \frac{150[\text{m}^2]}{25[\text{m}^2]} = 6\text{단위}$$

$$\text{보일러실의 소화기 개수} = \frac{6\text{단위}}{3\text{단위}} = 2\text{개}$$

7개 + 2개 = 9개

(2) 지하 1층은 2,000[m²]의 주차장이므로 특정소방대상물인 주차장에 능력단위에 따른 소화기를 설치한다.

$$\text{주차장의 능력단위} = \frac{\text{바닥면적[m}^2\text{]}}{\text{기준면적[m}^2\text{]}} = \frac{2,000[\text{m}^2]}{100[\text{m}^2]} = 20\text{단위}$$

$$\text{주차장의 소화기 개수} = \frac{20\text{단위}}{3\text{단위}} ≒ 6.67\text{개} = 7\text{개 (절상)}$$

(3) 지상 1층은 2,000[m²]의 업무시설이므로 특정소방대상물인 업무시설에 능력단위에 따른 소화기를 설치한다.

$$\text{업무시설의 능력단위} = \frac{\text{바닥면적[m}^2\text{]}}{\text{기준면적[m}^2\text{]}} = \frac{2,000[\text{m}^2]}{100[\text{m}^2]} = 20\text{단위}$$

$$\text{업무시설의 소화기 개수} = \frac{20\text{단위}}{3\text{단위}} ≒ 6.67\text{개} = 7\text{개 (절상)}$$

> 연계이론

PHASE 01 소화기구 및 자동소화장치

15 가로 30[m], 세로 10[m], 높이 4[m]인 방호구역에 포헤드를 설치하려고 한다. [조건]을 참고하여 포헤드의 설치개수와 배관의 구경을 구하시오. [4점]

조건

(가) 감지방식: 스프링클러헤드
(나) 헤드의 개수에 따른 배관의 구경

헤드 수	2	3	5	10	30	60	80	100	160	161 이상
구경[mm]	25	32	40	50	65	80	90	100	125	150

(1) 포헤드 개수
(2) 배관 구경

정답

(1) • 계산과정: $\dfrac{30 \times 10}{9} ≒ 33.33$
  • 답: 34개

(2) 80[mm]

해설

(1) 포헤드는 특정소방대상물의 천장 또는 반자에 설치하되, 바닥면적 9[m²]마다 1개 이상으로 하여 해당 방호대상물의 화재를 유효하게 소화할 수 있도록 한다. ← 포워터 스프링클러 헤드의 경우 바닥면적 8[m²]마다 1개 이상, 스프링클러 헤드의 경우 바닥면적 20[m²]마다 1개 이상

포헤드 개수 = $\dfrac{30[\text{m}] \times 10[\text{m}]}{9[\text{m}^2/\text{개}]} ≒ 33.33[\text{개}] = 34[\text{개}]$ (절상)

(2) 포헤드 개수가 30개 초과 60개 이하인 경우 배관의 구경은 80[mm]를 선택한다.

연계이론 PHASE 06 포 소화설비

16

그림과 같은 벤투리미터(venturi-meter)에서 관 속에 흐르는 물의 유량[L/s]을 구하시오. (단, 수은의 비중은 13.6, 속도계수(벤투리계수, C_v) 0.97, 수은주의 높이 차이는 500[mm], 중력가속도는 9.81[m/s²]이다.) [5점]

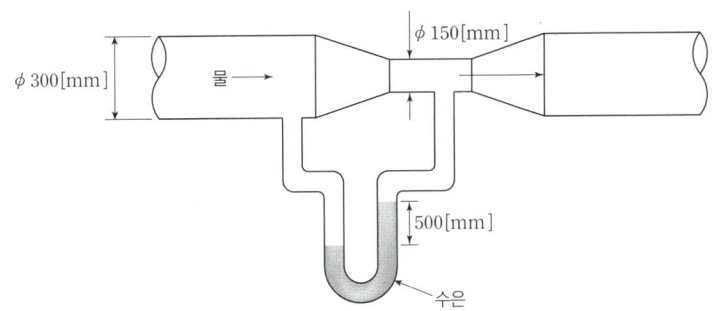

정답

- 계산과정: $\dfrac{0.97 \times \dfrac{\pi}{4} \times 0.15^2}{\sqrt{1-\left(\dfrac{0.15}{0.3}\right)^4}} \sqrt{2 \times 9.81 \times \left(\dfrac{13.6-1}{1}\right) \times 0.5} ≒ 0.196824$

- 답: 196.82[L/s]

해설

배관 중 좁아지는 구간에서 유속이 증가하고 압력이 낮아지는 점에서 착안하여 압력 차이를 통해 유량을 측정하는 장치를 벤투리미터라고 한다.
벤투리미터를 통과하는 유량 Q와 액주계의 높이 차이 h의 관계식은 다음과 같다.

$$Q = CA_2\sqrt{2g\left(\dfrac{\gamma-\gamma_w}{\gamma_w}\right)h} = \dfrac{C_v A_2}{\sqrt{1-\left(\dfrac{D_2}{D_1}\right)^4}}\sqrt{2g\left(\dfrac{\gamma-\gamma_w}{\gamma_w}\right)h}$$

Q: 유량[m³/s], C: 유량계수, A_2: 좁은 면적[m²], g: 중력가속도[m/s²], γ: 액주계 유체의 비중량[N/m³], γ_w: 벤투리관 유체의 비중량[N/m³], h: 액주계의 높이 차이[m], C_v: 속도계수, D: 내경[m]

수은의 비중이 13.6이므로 수은의 비중량은 $13.6\gamma_w$이다.
따라서 주어진 조건을 공식에 대입하면 벤투리미터를 통과하는 유량 Q는

$$Q = \dfrac{0.97 \times \dfrac{\pi}{4} \times (0.15[\text{m}])^2}{\sqrt{1-\left(\dfrac{0.15[\text{m}]}{0.3[\text{m}]}\right)^4}} \times \sqrt{2 \times 9.81[\text{m/s}^2] \times \left(\dfrac{13.6\gamma_w-\gamma_w}{\gamma_w}\right) \times 0.5[\text{m}]}$$

$≒ 0.196824[\text{m}^3/\text{s}] = 196.82[\text{L/s}]$

연계이론 PHASE 20 유체유동

2023년 2회 기출문제

01 다음 [조건]을 참조하여 해발 1,000[m]에 설치된 펌프의 유효흡입수두(NPSH$_{av}$)[m]를 구하고 이 펌프에서 공동현상(cavitation)이 발생하는지 여부를 판단하시오. (단, 중력가속도는 반드시 9.8[m/s^2]를 적용할 것) [5점]

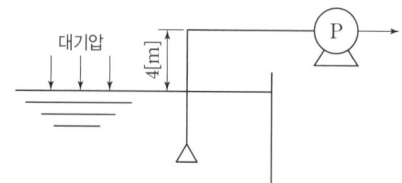

조건

(가) 대기압 $=1.033\times10^5$[Pa](해발 0[m]에서)
$=0.901\times10^5$[Pa](해발 1,000[m]에서)
(나) 배관의 마찰손실수두는 0.5[m]이고, 수위의 변화는 없다.
(다) 펌프 제조사에서 제시한 필요흡입수두는 4.5[m]이다.
(라) 동일온도에서 포화수증기압은 2.334[kPa]이다.
(마) 중력가속도는 반드시 9.8[m/s^2]으로 계산한다.

(1) 펌프의 유효흡입수두 NPSH$_{av}$[m]를 구하시오.
(2) 공동현상(Cavitation)의 발생 여부를 설명하시오.

정답

(1) • 계산과정: $\dfrac{0.901\times10^5}{9,800}-4-0.5-\dfrac{2.334}{9.8}\fallingdotseq 4.456$

• 답: 4.46[m]

(2) 필요흡입수두 NPSH$_{re}$(4.5[m])보다 유효흡입수두 NPSH$_{av}$(4.46[m])가 작기 때문에 공동현상(cavitation)이 발생한다.

해설

(1) 유효흡입수두(NPSH$_{av}$)를 구성하는 조건은 다음과 같다.

$$\text{NPSH}_{av}=H_a\pm H_z-H_f-H_v$$

NPSH$_{av}$: 유효흡입수두, H_a: 유체 표면에 작용하는 절대압, H_z: 유체 표면에서 펌프 중심까지의 높이, H_f: 마찰손실수두, H_v: 포화증기압수두

압력[Pa]과 수두[m]의 관계식은 다음과 같다.

$$H=\dfrac{P}{\gamma}=\dfrac{P}{\rho g}$$

H: 수두[m], P: 압력[Pa], γ: 비중량[N/m^3], ρ: 밀도[kg/m^3], g: 중력가속도[m/s^2]

따라서 유효흡입수두 NPSH$_{av}$는

$\text{NPSH}_{av}=\dfrac{0.901\times10^5[\text{Pa}]}{9,800[\text{N/m}^3]}-4[\text{m}]-0.5[\text{m}]-\dfrac{2.334[\text{kPa}]}{9.8[\text{kN/m}^3]}\fallingdotseq 4.456[\text{m}]$

(2) 필요흡입수두 NPSH$_{re}$(4.5[m])보다 유효흡입수두 NPSH$_{av}$(4.46[m])가 작기 때문에 공동현상(cavitation)이 발생한다.
필요흡입수두 NPSH$_{re}$는 펌프가 가진 고유한 성능을 의미하며 수원의 표면으로부터 펌프의 중심까지 4.5[m]의 수두를 필요로 함을 의미한다.
유효흡입수두 NPSH$_{av}$는 수원의 유체가 흡입관을 따라 펌프에 가 닿을 수 있는 수준을 의미하며 흡입관이 진공이 되었을 때 수원의 표면을 누르는 대기압, 흡입관의 마찰손실, 표면과 펌프 중심의 실제 높이차 등을 모두 종합한 것을 의미한다.

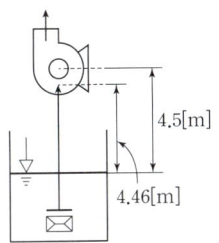

PLUS+ 공동현상의 발생여부

NPSH$_{av}$ > NPSH$_{re}$	공동현상이 발생하지 않아 펌프 사용 가능
NPSH$_{av}$ ≤ NPSH$_{re}$	공동현상이 발생하여 펌프 사용 불가

연계이론 PHASE 23 펌프의 특성

---

02 물분무 소화설비의 화재안전기술기준에 따라 소방용 배관 이외의 소방용 합성수지 배관의 성능인증 및 제품검사의 기술기준에 적합한 소방용 합성수지 배관으로 설치할 수 있는 경우에 대한 내용으로 [보기]에서 골라 빈칸에 넣으시오. [6점]

보기

지상, 지하, 내화구조, 방화구조, 단열구조, 소화수, 천장, 벽, 반자, 바닥, 불연재료, 난연재료

(1) 배관을 (①)에 매설하는 경우
(2) 다른 부분과 (②)로 구획된 덕트 또는 피트의 내부에 설치하는 경우
(3) (③)과 (④)를 (⑤) 또는 준(⑤)로 설치하고, 소화배관 내부에 항상 (⑥)가 채워진 상태로 설치하는 경우

정답

(1) ① 지하

(2) ② 내화구조

(3) ③ 천장
④ 반자
⑤ 불연재료
⑥ 소화수

해설

(1) 배관을 지하에 매설하는 경우

(2) 다른 부분과 내화구조로 구획된 덕트 또는 피트의 내부에 설치하는 경우

(3) 천장과 반자를 불연재료 또는 준불연재료로 설치하고 소화배관 내부에 항상 소화수가 채워진 상태로 설치하는 경우

연계이론 PHASE 05 물분무 소화설비

03 다음 그림은 어느 스프링클러설비의 계통도이다. 이 도면과 [조건]을 참고하여 스프링클러헤드 A만을 개방하였을 때 다음 각 물음에 답하시오. [12점]

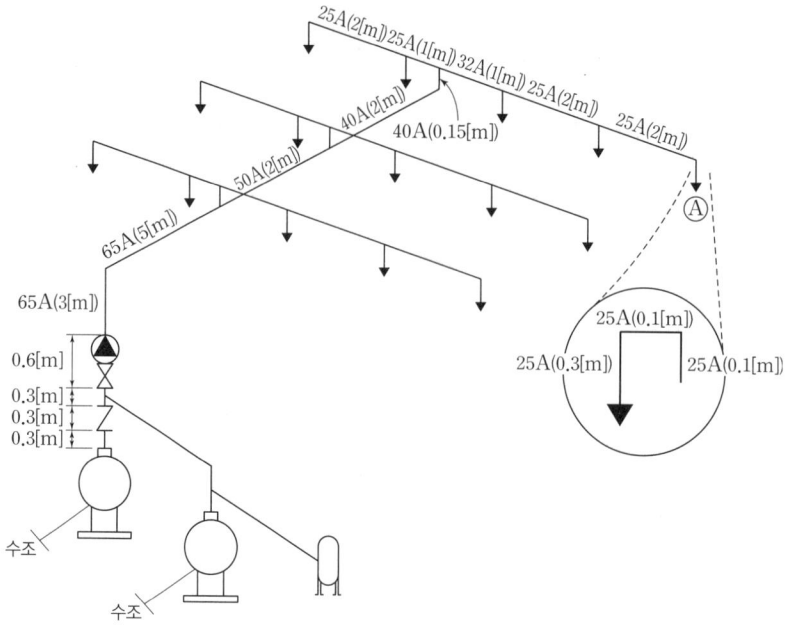

> **조건**
>
> (가) 펌프의 양정은 토출량에 관계없이 일정하다고 가정한다.
> (나) 헤드의 방출계수 K는 80이다.
> (다) 티와 엘보는 동일 구경을 사용하고 티 혹은 엘보의 구경이 다를 경우에는 큰 구경쪽을 따른다. 또한, 구경이 변경되는 곳에는 레듀셔를 사용한다.
> (라) 배관 마찰손실압력은 하젠–윌리엄스의 공식을 따르되 계산의 편의상 다음 식과 같다고 가정한다.
>
> $$\Delta P = \frac{6 \times 10^4 \times Q^2}{120^2 \times D^5}$$
>
> ΔP: 1[m]당 배관 마찰손실압력[MPa/m], Q: 유량[L/min], D: 안지름[mm]
>
> (마) 배관의 호칭구경별 안지름은 다음과 같다.
>
> | 호칭구경 | 25A | 32A | 40A | 50A | 65A | 80A | 100A |
> |---|---|---|---|---|---|---|---|
> | 내경[mm] | 28 | 37 | 43 | 54 | 69 | 81 | 107 |
>
> (바) 배관부속 및 밸브류의 등가길이[m]는 아래 표와 같으며 이 표에 없는 부속 또는 밸브류의 등가길이는 무시한다.
>
> | 호칭구경 | 25A | 32A | 40A | 50A | 65A | 80A | 100A |
> |---|---|---|---|---|---|---|---|
> | 90° 엘보 | 0.8 | 1.1 | 1.3 | 1.6 | 2.0 | 2.4 | 3.2 |
> | 티(측류) | 1.7 | 2.2 | 2.5 | 3.2 | 4.1 | 4.9 | 6.3 |
> | 게이트밸브 | 0.2 | 0.2 | 0.3 | 0.3 | 0.4 | 0.5 | 0.7 |
> | 체크밸브 | 2.3 | 3.0 | 3.5 | 4.4 | 5.6 | 6.7 | 8.7 |
> | 경보밸브 | — | — | — | — | — | — | 8.7 |
>
> (사) 펌프의 토출측부터 경보밸브 상단까지는 호칭구경이 100A이다.
> (아) 펌프의 토출압력은 0.5[MPa]이다.

(1) 다음 표의 빈칸을 채우시오. (단, 배관의 마찰손실압력은 Q에 대한 함수로 나타내고, 답은 △.△△△ $\times 10^△$와 같이 유효숫자가 4개인 형식으로 작성한다. 또한, 등가길이 및 배관의 마찰손실압력은 호칭구경 25A와 같이 구하도록 한다.)

호칭구경	등가길이[m]	배관의 마찰손실압력[MPa]
25A	• 직관: 2+2+0.1+0.1+0.3=4.5[m] • 90° 엘보: 3개×0.8=2.4[m] 소계: 6.9[m]	• 계산과정: (생략) • 답: $1.671 \times 10^{-6} \times Q^2$
32A		
40A		
50A		
65A		
100A		

(2) 배관의 총 마찰손실압력[MPa]을 구하시오.
(3) 펌프의 토출측에서 A헤드까지의 수직거리[m]를 구하시오.
(4) A헤드의 방수량[L/min]을 구하시오.
(5) A헤드의 방수압[MPa]을 구하시오.

정 답

(1)

호칭구경	등가길이[m]	배관의 마찰손실압력[MPa]
25A	− 직관: 2+2+0.1+0.1+0.3=4.5 − 90° 엘보: 3개×0.8=2.4 소계: 6.9[m]	• 계산과정: (생략) • 답: $1.671 \times 10^{-6} \times Q^2$
32A	− 직관: 1 소계: 1[m] ← 티를 직류로 통과하는 경우는 조건에 없으므로 무시한다.	• 계산과정: $\dfrac{6 \times 10^4 \times Q^2}{120^2 \times 37^5} \times 1$ • 답: $6.009 \times 10^{-8} \times Q^2$
40A	− 직관: 2+0.15=2.15 − 90° 엘보: 1개×1.3=1.3 − 티(측류): 1개×2.5=2.5 소계: 5.95[m]	• 계산과정: $\dfrac{6 \times 10^4 \times Q^2}{120^2 \times 43^5} \times 5.95$ • 답: $1.686 \times 10^{-7} \times Q^2$
50A	− 직관: 2 소계: 2[m] ← 티를 직류로 통과하는 경우는 조건에 없으므로 무시한다.	• 계산과정: $\dfrac{6 \times 10^4 \times Q^2}{120^2 \times 54^5} \times 2$ • 답: $1.815 \times 10^{-8} \times Q^2$
65A	− 직관: 3+5=8 − 90° 엘보: 1개×2=2 소계: 10[m]	• 계산과정: $\dfrac{6 \times 10^4 \times Q^2}{120^2 \times 69^5} \times 10$ • 답: $2.664 \times 10^{-8} \times Q^2$
100A	− 직관: 0.3+0.3=0.6 − 체크밸브: 1개×8.7=8.7 − 게이트밸브: 1개×0.7=0.7 − 경보밸브: 1개×8.7=8.7 소계: 18.7[m]	• 계산과정: $\dfrac{6 \times 10^4 \times Q^2}{120^2 \times 107^5} \times 18.7$ • 답: $5.556 \times 10^{-9} \times Q^2$

(2) • 계산과정: $1.671 \times 10^{-6} \times Q^2 + 6.009 \times 10^{-8} \times Q^2 + 1.686 \times 10^{-7} \times Q^2 + 1.815 \times 10^{-8} \times Q^2$
$\quad + 2.664 \times 10^{-8} \times Q^2 + 5.556 \times 10^{-9} \times Q^2 ≒ 1.950 \times 10^{-6} \times Q^2$
• 답: $1.950 \times 10^{-6} \times Q^2$[MPa]

(3) • 계산과정: 0.3+0.3+0.3+0.6+3+0.15+0.1−0.3=4.45
• 답: 4.45[m]

(4) • 계산과정: $P = 0.5[\text{MPa}] - 1.950 \times 10^{-6} \times Q^2[\text{MPa}] - 0.0445[\text{MPa}]$
$\quad Q = 80\sqrt{10 \times (0.4555 - 1.950 \times 10^{-6} \times Q^2)}$
• 답: 160.99[L/min]

(5) • 계산과정: $P = 0.4555 - 1.950 \times 10^{-6} \times 160.99^2 ≒ 0.404$
• 답: 0.40[MPa]

해 설

(2) 전체 배관의 총 마찰손실압력[MPa]은 각 구경 별 배관의 마찰손실압력[MPa]의 합과 같다.

$$1.671 \times 10^{-6} \times Q^2 + 6.009 \times 10^{-8} \times Q^2 + 1.686 \times 10^{-7} \times Q^2$$
$$+ 1.815 \times 10^{-8} \times Q^2 + 2.664 \times 10^{-8} \times Q^2 + 5.556 \times 10^{-9} \times Q^2$$
$$\fallingdotseq 1.950 \times 10^{-6} \times Q^2 [\text{MPa}]$$

(4) 스프링클러 헤드에서 압력 P와 유량 Q는 다음과 같은 관계를 갖는다.

$$Q = K\sqrt{10P}$$

Q: 방수량[L/min], K: 방출계수, P: 방수압[MPa]

A헤드에 가해지는 방수압 P는 펌프의 토출압 P_1에서 소화수가 배관을 통과하며 발생하는 마찰손실압력 P_2를 뺀 값, 펌프와 헤드 사이 수직거리의 환산압력 P_3를 뺀 값으로 구할 수 있다.

$$P_1 = P + P_2 + P_3$$
$$P = P_1 - P_2 - P_3$$

P: 헤드의 방수압[MPa], P_1: 펌프의 토출압력[MPa],
P_2: 배관 및 관부속품의 마찰손실압력[MPa], P_3: 낙차의 환산압력[MPa]

조건 (아)에 의해 펌프의 토출압력 P_1는 0.5[MPa]이다.
$P_1 = 0.5 [\text{MPa}]$
소문항 (2)에 의해 배관 및 관부속품의 마찰손실압력 P_2는 $1.950 \times 10^{-6} \times Q^2 [\text{MPa}]$이다.
$P_2 = 1.950 \times 10^{-6} \times Q^2 [\text{MPa}]$
소문항 (3)에 의해 낙차의 환산압력 P_3는 다음과 같다.
$$P_3 = 4.45[\text{m}] \times \frac{0.1[\text{MPa}]}{10[\text{m}]} \fallingdotseq 0.0445[\text{MPa}]$$

A헤드에 가해지는 방수압 P는 다음과 같다.
$$P = 0.5[\text{MPa}] - 1.950 \times 10^{-6} \times Q^2[\text{MPa}] - 0.0445[\text{MPa}]$$
$$\fallingdotseq (0.4555 - 1.950 \times 10^{-6} \times Q^2)[\text{MPa}]$$

따라서 A헤드의 방수량 Q는
$$Q = 80\sqrt{10 \times (0.4555 - 1.950 \times 10^{-6} \times Q^2)} \quad \leftarrow \text{공학용 계산기의 SOLVE 기능을 활용하면 계산이 쉽다.}$$
$$Q \fallingdotseq 160.989[\text{L/min}]$$

(5) A헤드에 가해지는 방수압 P는 다음과 같다.
$$P = (0.4555 - 1.950 \times 10^{-6} \times (160.99[\text{L/min}])^2)[\text{MPa}]$$
$$P \fallingdotseq 0.404[\text{MPa}]$$

연계이론 PHASE 05 물분무 소화설비

04

바닥면적 500[m²], 높이 3.2[m]인 전기실(유압기기는 없음)에 이산화탄소 소화설비를 설치할 때 저장용기 (80[L]/45[kg])에 저장된 약제량을 표준대기압, 온도 20[℃]인 방호구역 내에 전부 방사한다고 할 때 다음을 구하시오. [6점]

> **조건**
> (가) 방호구역 내에는 3[m²]인 출입문이 있으며, 이 문은 자동폐쇄장치가 설치되어 있지 않다.
> (나) 심부화재이고, 전역방출방식을 적용하였다.
> (다) 이산화탄소의 분자량은 44이고, 이상기체상수는 8.3143[kJ/kmol·K]이다.
> (라) 선택밸브 내의 온도와 압력조건은 방호구역의 온도 및 압력과 동일하다고 가정한다.
> (마) 이산화탄소 저장용기는 한 병당 45[kg]의 이산화탄소가 저장되어 있다.

(1) 이산화탄소 최소 저장용기수[병]를 구하시오.
(2) 최소 저장용기를 기준으로 이산화탄소를 모두 방사할 때 선택밸브 1차 측 배관에서의 최소 유량[m³/min]을 구하시오.

정답

(1) • 계산과정: $1.3 \times (500 \times 3.2) + 10 \times 3 = 2,110$

$$\frac{2,110}{45} \fallingdotseq 46.88$$

• 답: 47병

(2) • 계산과정: $47 \times 45 = 2,115$

$$101.325 \times V = \frac{2,115}{44} \times 8.3143 \times 293$$

$$V = 1,155.671$$

$$\frac{1,155.671}{7} \fallingdotseq 165.096$$

• 답: 165.1[m³/min]

해설

(1) 저장용기 1병 당 이산화탄소 소화약제의 충전량은 45[kg]이므로 전기실에 필요한 소화약제의 양을 계산한다.
심부화재이고 전역방출방식인 이산화탄소 소화약제의 저장량 최소기준은 다음과 같다.

방호대상물	소화약제의 양[kg/m³]
유압기기를 제외한 전기설비, 케이블실	1.3
체적 55[m³] 미만의 전기설비	1.6
서고, 전자제품 창고, 목재가공품 창고, 박물관	2.0
고무류·면화류 창고, 모피 창고, 석탄 창고, 집진설비	2.7

방호구역의 개구부(창문·출입구) 1[m²]마다 10[kg]을 가산한다. ← 자동폐쇄장치가 없는 경우에만 적용한다.

전기실의 체적(가로 × 세로 × 높이)은 다음과 같다.
$V = 500[\text{m}^2] \times 3.2[\text{m}] = 1,600[\text{m}^3]$
방호구역은 유압기기가 없는 전기실이므로 소화약제의 양은 체적 1[m³] 당 1.3[kg/m³]을 적용한다.
개구부(창문·출입구)에 자동폐쇄장치가 없으므로 개구부 면적 1[m²] 당 10[kg/m²]을 가산한다.
소화약제의 양 $= (1.3[\text{kg/m}^3] \times 1,600[\text{m}^3]) + (10[\text{kg/m}^2] \times 3[\text{m}^2]) = 2,110[\text{kg}]$

저장용기 1병 당 소화약제의 충전량은 45[kg]이므로 전체 소화약제의 양을 저장하기 위해 필요한 가스용기의 개수는

$$\frac{2,110[\text{kg}]}{45[\text{kg/병}]} \fallingdotseq 46.88[\text{병}] = 47병 \text{ (절상)}$$

(2) 선택밸브란 가스용기에서 배출된 소화약제가 적절한 방호구역으로 운반될 수 있도록 선택적으로 배관을 개폐시키는 밸브를 말한다.

전기실에 이산화탄소 소화약제를 방사하는 경우 47병의 저장용기에서 일제히 소화약제가 방출되므로 방출량은 다음과 같다.

$$47[병] \times 45[kg/병] = 2,115[kg]$$

문제에서 부피유량[m³/min]을 요구하므로 이상기체 상태방정식을 활용하여 이산화탄소의 질량유량[kg/min]을 부피유량[m³/min]으로 변환해준다.

$$PV = \frac{m}{M}RT$$

P: 압력[kPa], V: 부피[m³], m: 질량[kg], M: 분자량[kg/kmol],
R: 기체상수[kJ/kmol·K], T: 절대온도[K]

주어진 조건을 공식에 대입하면 2,115[kg]에 해당하는 이산화탄소의 부피는 다음과 같다.

$$101.325[kPa] \times V[m^3] = \frac{2,115[kg]}{44[kg/kmol]} \times 8.3143[kJ/kmol \cdot K] \times (273+20)[℃]$$

$$V = 1,155.671[m^3]$$

이산화탄소 소화설비의 소화약제 방출시간은 다음과 같다.

방출방식		기준시간
전역방출방식	표면화재	1분 이내
	심부화재	7분 이내
국소방출방식		30초 이내

따라서 선택밸브 1차측 배관의 최소 유량[m³/min]은

$$\frac{47[병] \times 45[kg/병]}{7[min]} = \frac{2,115[kg]}{7[min]} = \frac{1,155.671[m^3]}{7[min]} ≒ 165.096[m^3/min]$$

연계이론 PHASE 07 이산화탄소 소화설비

---

05 자동 스프링클러설비 중 일제살수식 스프링클러설비에 사용하는 일제개방밸브의 개방방식은 2가지로 구분한다. 2가지 방식의 종류 및 작동원리에 대하여 다음 표에 작성하시오. [6점]

방식	작동원리

정답

방식	작동원리
가압개방방식	실린더실의 가압으로 피스톤이 밀려 일제개방밸브를 개방하는 방식
감압개방방식	실린더실의 감압으로 피스톤이 당겨져 일제개방밸브를 개방하는 방식

연계이론 PHASE 04 스프링클러설비

06 다음은 할론 1301 소화설비 배치도의 일부이다. 저장용기의 필요수량은 A실이 5개, B실이 3개이며 가스체크밸브 3개를 사용해서 저장용기와 선택밸브 사이를 점선으로 연결하시오. (단, 선택밸브는 왼쪽이 A실, 오른쪽이 B실이다.) [5점]

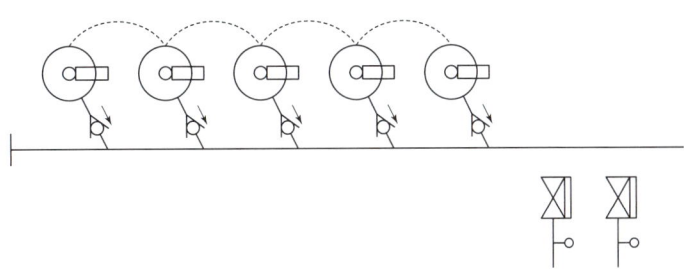

 정 답

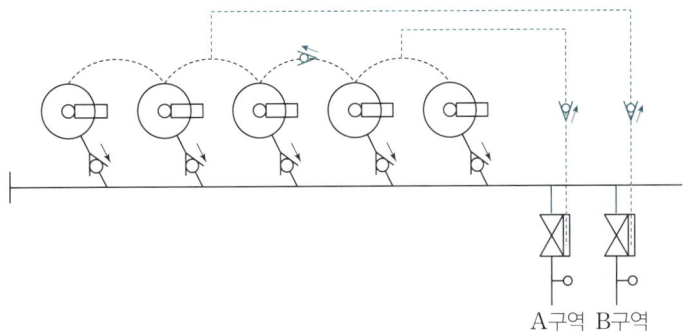

연계이론   PHASE 08 할론 소화설비

07 다음은 어느 실들의 평면도이다. 이 중 X실을 급기가압하고자 할 때 주어진 [조건]을 이용하여 다음을 구하시오. [6점]

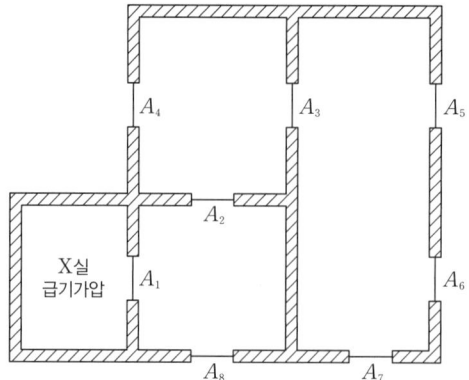

조건

(가) 실 외부대기의 기압은 101.38[kPa]로서 일정하다.
(나) X실에 유지하고자 하는 기압은 101.55[kPa]이다.
(다) 각 실 문의 틈새면적은 $A_1 = A_2 = A_3 = 0.01[m^2]$, $A_4 = A_5 = A_6 = A_7 = A_8 = 0.02[m^2]$이다.
(라) 어느 실을 급기가압할 때 그 실의 문 틈새를 통하여 누출되는 공기의 양은 다음의 식에 따른다.

$$Q = 0.827 \times A \times P^{\frac{1}{2}}$$

Q: 누출되는 공기의 양[m^3/s], A: 문의 전체 누설틈새면적[m^2],
P: 문을 경계로 한 기압차[Pa]

(1) 전체 누설틈새면적[m^2]을 구하시오. (단, 소수점 아래 6째자리에서 반올림하여 소수점 아래 5째자리까지 나타내시오.)

(2) X실에 유입해야 할 풍량[m^3/s]을 구하시오. (단, 소수점 아래 4째자리에서 반올림하여 소수점 아래 3째자리까지 나타내시오.)

정답

(1) • 답: 0.00947[m^2]

(2) • 계산과정: $0.827 \times 0.00947 \times (101,550 - 101,380)^{\frac{1}{2}} ≒ 0.1021$
 • 답: 0.102[m^3/s]

해 설

(1) A_5, A_6, A_7는 병렬관계이다.
$$A_{5\sim7}=0.02[\text{m}^2]+0.02[\text{m}^2]+0.02[\text{m}^2]=0.06[\text{m}^2]$$
A_3, $A_{5\sim7}$는 직렬관계이다.
$$A_{3,\,5\sim7}=\cfrac{1}{\sqrt{\cfrac{1}{(0.01[\text{m}^2])^2}+\cfrac{1}{(0.06[\text{m}^2])^2}}}\fallingdotseq 0.009864[\text{m}^2]$$
A_4, $A_{3,\,5\sim7}$는 병렬관계이다.
$$A_{3\sim7}=0.02[\text{m}^2]+0.009864[\text{m}^2]=0.029864[\text{m}^2]$$
A_2, $A_{3\sim7}$는 직렬관계이다.
$$A_{2\sim7}=\cfrac{1}{\sqrt{\cfrac{1}{(0.01[\text{m}^2])^2}+\cfrac{1}{(0.029864[\text{m}^2])^2}}}\fallingdotseq 0.029483[\text{m}^2]$$

오타 주의: 실제로는

$A_{2\sim7}$, A_8는 병렬관계이다.
$$A_{2\sim8}=0.009483[\text{m}^2]+0.02[\text{m}^2]=0.029483[\text{m}^2]$$
A_1, $A_{2\sim8}$는 직렬관계이다.
$$A_{1\sim8}=\cfrac{1}{\sqrt{\cfrac{1}{(0.01[\text{m}^2])^2}+\cfrac{1}{(0.029483[\text{m}^2])^2}}}\fallingdotseq 0.009470[\text{m}^2]$$

(2) 어떤 틈새면적 A가 있고, 틈새를 경계로 한 양쪽의 기압차 P가 있을 때, 그 간격을 통과하는 유량 Q는 다음과 같은 관계를 갖는다.
$$Q=0.827AP^{\frac{1}{2}}$$
외부의 기압과 X실 내부 기압의 차이는 $(101{,}550-101{,}380)[\text{Pa}]$이고, 문의 틈새면적 A는 $0.00947[\text{m}^2]$이므로 주어진 조건을 공식에 대입하면 틈새면적을 통과하는 유량 Q는
$$Q=0.827\times 0.00947[\text{m}^2]\times(101{,}550[\text{Pa}]-101{,}380[\text{Pa}])^{\frac{1}{2}}$$
$$\fallingdotseq 0.1021[\text{m}^3/\text{s}]$$

연 계 이 론

PHASE 15 특별피난계단의 계단실 및 부속실 제연설비

08

분말 소화설비의 화재안전기술기준에 따른 분말 소화약제 저장용기에 대한 설치기준이다. 주어진 보기에서 골라 빈 칸에 알맞은 말을 넣으시오. [5점]

> **보기**
> 방호구역 내, 방호구역 외, 1, 2, 3, 4, 8, 10, 20, 30, 40, 50, 60, 70, 게이트, 글로브, 체크, 감압

(1) (①)의 장소에 설치할 것. 다만, (②)에 설치하는 경우에는 피난 및 조작이 용이하도록 피난구 부근에 설치해야 한다.
(2) 온도가 (③)[℃] 이하이고, 온도 변화가 작은 곳에 설치할 것
(3) 용기 간의 간격은 점검에 지장이 없도록 (④)[cm] 이상의 간격을 유지할 것
(4) 저장용기와 집합관을 연결하는 연결배관에는 (⑤)밸브를 설치할 것. 다만, 저장용기가 하나의 방호구역만을 담당하는 경우에는 그렇지 않다.

정답

(1) ① 방호구역 외
    ② 방호구역 내

(2) ③ 40

(3) ④ 3

(4) ⑤ 체크

해설

(1) 방호구역 외의 장소에 설치할 것. 다만, 방호구역 내에 설치하는 경우에는 피난 및 조작이 용이하도록 피난구 부근에 설치해야 한다.
(2) 온도가 40[℃] 이하이고, 온도 변화가 작은 곳에 설치할 것
(3) 용기 간의 간격은 점검에 지장이 없도록 3[cm] 이상의 간격을 유지할 것
(4) 저장용기와 집합관을 연결하는 연결배관에는 체크밸브를 설치할 것. 다만, 저장용기가 하나의 방호구역만을 담당하는 경우에는 그렇지 않다.

연계이론 PHASE 10 분말 소화설비

09

35층의 복합건축물에 옥내소화전설비와 옥외소화전설비를 설치하려고 한다. [조건]을 참고하여 다음 각 물음에 답하시오. [10점]

조건

(가) 옥내소화전은 지상 1층과 2층에 10개, 3층~35층까지 각 층당 2개씩 설치하였다.
(나) 옥외소화전은 건물 외곽으로 5개를 설치하였다.
(다) 옥내소화전 펌프와 옥외소화전 펌프는 겸용으로 사용한다.
(라) 옥내소화전설비의 호스 마찰손실압은 0.1[MPa], 배관 및 관부속의 마찰손실압은 0.05[MPa], 실양정 환산수두압력은 0.4[MPa]이다.
(마) 옥외소화전설비의 호스 마찰손실압은 0.15[MPa], 배관 및 관부속의 마찰손실압은 0.04[MPa], 실양정 환산수두압력은 0.5[MPa]이다.

(1) 옥내소화전 펌프의 최소토출량[L/min]을 구하시오.
(2) 옥외소화전 펌프의 최소토출량[L/min]을 구하시오.
(3) 저수조의 수원[m^3]을 구하시오. (단, 옥상수조는 제외한다.)
(4) 펌프의 토출압력[MPa]을 구하시오.

정답

(1) • 계산과정: $5 \times 130 = 650$
  • 답: 650[L/min]

(2) • 계산과정: $2 \times 350 = 700$
  • 답: 700[L/min]

(3) • 계산과정: $5 \times 5.2 = 26$
  $2 \times 7 = 14$
  $26 + 14 = 40$
  • 답: 40[m^3]

(4) • 계산과정: $0.4 + 0.1 + 0.05 + 0.17 = 0.72$
  $0.5 + 0.15 + 0.04 + 0.25 = 0.94$
  • 답: 0.94[MPa]

해설

(1) 화재안전기준에 따라 옥내소화전설비에서 가압송수장치(펌프)는 특정소방대상물의 어느 층에서 해당 층의 옥내소화전을 동시에 사용할 경우(최대 2개, 30층 이상인 경우 최대 5개) 각 소화전의 노즐 선단에서의 방수량은 130[L/min] 이상으로 한다.
  정격토출량 = 5[개] × 130[L/min] = 650[L/min]

(2) 화재안전기준에 따라 옥외소화전설비에서 가압송수장치(펌프)는 특정소방대상물에 설치된 옥외소화전을 동시에 사용할 경우(최대 2개) 각 소화전의 노즐선단에서의 방수량은 350[L/min] 이상으로 한다.
  정격토출량 = 2[개] × 350[L/min] = 700[L/min]

(3) 화재안전기준에 따라 옥내소화전설비에서 수원의 저수량은 옥내소화전의 설치개수가 가장 많은 층의 설치개수에 기준량을 곱한 양 이상이 되도록 한다.

층수	최대 설치개수	기준량
~29층	2개	$2.6[m^3]$ $(130[L/min] \times 20[min])$
30층~49층	5개	$5.2[m^3]$ $(130[L/min] \times 40[min])$
50층~	5개	$7.8[m^3]$ $(130[L/min] \times 60[min])$

옥내소화전설비의 저수량 = 5[개] × 5.2[m³] = 26[m³]

화재안전기준에 따라 옥외소화전설비에서 수원의 저수량은 옥외소화전의 설치개수(최대 2개)에 7[m³]를 곱한 양 이상이 되도록 한다.

옥외소화전설비의 저수량 = 2[개] × 7[m³] = 14[m³]

옥내소화전설비와 옥외소화전설비의 펌프를 겸용하므로(수원도 겸용) 각 소화설비에 필요한 저수량을 합한 양 이상이 되도록 한다. ← 두 설비를 동시에 사용하는 경우 그만큼 저수량이 충분해야 하므로 값을 더해준다.

수원의 최소 저수량 = 26[m³] + 14[m³] = 40[m³]

(4) 화재안전기준에 따라 옥내소화전설비에 설치된 가압송수장치(펌프)의 토출압력은 다음과 같다.

$$P = P_1 + P_2 + P_3 + 0.17$$

P: 정격토출압력[MPa], P_1: 낙차의 환산압력[MPa], P_2: 호스의 마찰손실압력[MPa], P_3: 배관 및 관부속의 마찰손실압력[MPa], 0.17: 노즐선단에서의 방사압력[MPa]

따라서 옥내소화전설비에 필요한 펌프의 토출압력 P는
$P = 0.4[MPa] + 0.1[MPa] + 0.05[MPa] + 0.17[MPa] = 0.72[MPa]$

화재안전기준에 따라 옥외소화전설비에 설치된 가압송수장치(펌프)의 토출압력은 다음과 같다.

$$P = P_1 + P_2 + P_3 + 0.25$$

P: 정격토출압력[MPa], P_1: 낙차의 환산압력[MPa], P_2: 호스의 마찰손실압력[MPa], P_3: 배관 및 관부속의 마찰손실압력[MPa], 0.25: 노즐선단에서의 방사압력[MPa]

따라서 옥외소화전설비에 필요한 펌프의 토출압력 P는
$P = 0.5[MPa] + 0.15[MPa] + 0.04[MPa] + 0.25[MPa] = 0.94[MPa]$

옥외소화전설비에 필요한 토출압력 (0.94[MPa])은 옥내소화전설비에 필요한 토출압력 (0.72[MPa])을 만족하므로 둘 중에 큰 값인 0.94[MPa]을 선택한다. ← 토출압력은 펌프의 성능에 관한 문제로 옥외소화전설비에 적합하면 옥내소화전설비에도 문제를 일으키지 않는다.

○ 연계이론 ○
PHASE 02 옥내소화전설비
PHASE 03 옥외소화전설비

10 다음 그림은 옥내소화전설비의 계통도를 나타낸 것이다. [보기]를 참고하여 계통도 상에 잘못된 곳을 4가지 찾아 바르게 고치시오. [5점]

> **보기**
> (가) 도면상에 ( ) 안의 수치는 배관 구경을 나타낸다.
> (나) 가까운 곳에 있는 부분을 수정할 때는 다음 예시와 같이 작성하도록 한다.
> - 옳은 예
>
> | 틀린 부분 | 수정방법 |
> |---|---|
> | xx의 A와 B | 위치를 변경하여 설치 |
>
> - 잘못된 예 (1가지만 정답으로 인정)
>
> | 틀린 부분 | 수정방법 |
> |---|---|
> | xx의 A | B |
> | xx의 B | A |

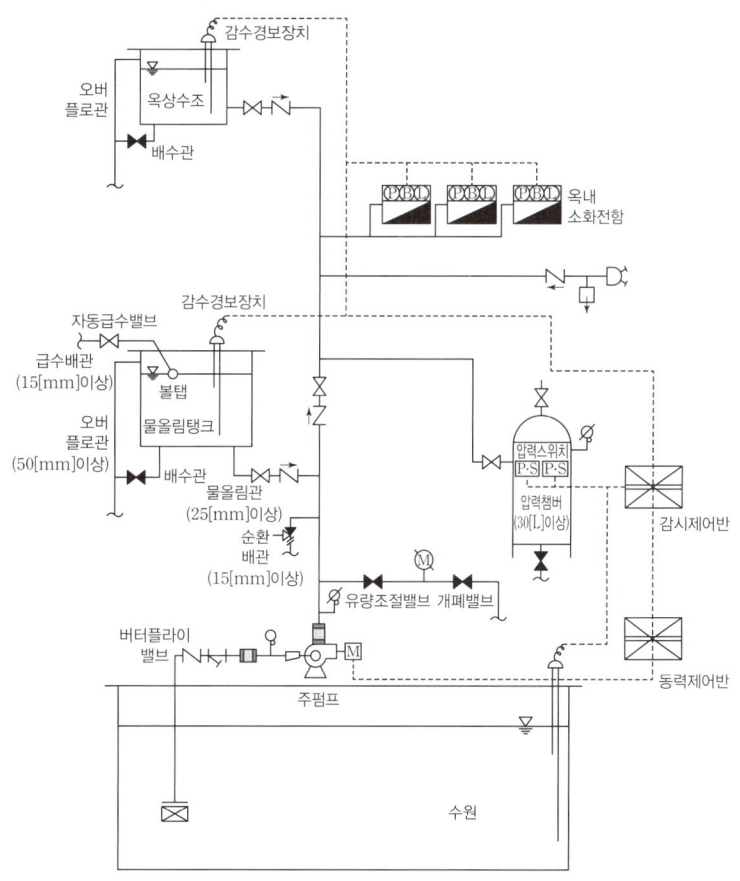

정답

	틀린 부분	수정방법
(1)	압력챔버의 용량	100[L] 이상으로 변경
(2)	성능시험배관의 밸브 위치	주배관으로부터 개폐밸브, 유량측정장치, 유량조절밸브 순으로 배치
(3)	순환배관의 구경	20[mm] 이상으로 변경
(4)	펌프 흡입측 배관의 버터플라이 밸브	개폐표시형 개폐밸브로 변경

해 설

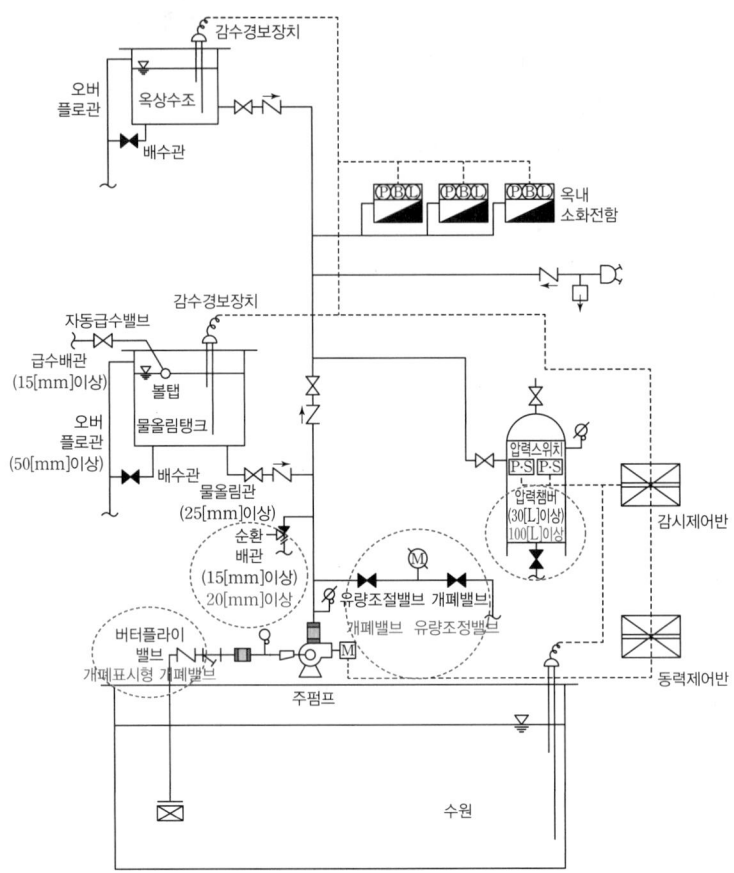

(1) 기동용 수압개폐장치 중 압력챔버를 사용하는 경우 그 용적은 100[L] 이상의 것으로 한다.

(2) 성능시험배관은 펌프의 토출 측에 설치된 개폐밸브 이전에서 분기하여 직선으로 설치하고, 유량측정장치를 기준으로 전단 직관부에는 개폐밸브를, 후단 직관부에는 유량조절밸브를 설치한다.

(3) 가압송수장치의 체절운전 시 수온의 상승을 방지하기 위하여 체크밸브와 펌프 사이에서 분기한 구경 20[mm] 이상의 배관(순환배관)에 체절압력 미만에서 개방되는 릴리프밸브를 설치한다.

(4) 급수배관에 설치되어 급수를 차단할 수 있는 개폐밸브는 개폐표시형으로 한다. 이 경우 펌프 흡입측 배관에는 버터플라이 밸브 외의 개폐표시형 밸브를 설치한다.

연계이론

PHASE 02 옥내소화전설비

11 발전기실에 IG-541이 충전된 불활성기체 소화설비를 설치하고자 한다. [조건]과 국가화재안전기준을 참고하여 다음 물음에 답하시오. [6점]

> **조건**
> (가) 방호구역의 체적은 가로 10[m], 세로 15[m], 높이 5[m]이다.
> (나) 방호구역의 온도는 상온 15[℃]이다.
> (다) IG-541 저장용기는 80[L]용을 적용하며, 충전압력은 15[MPa](게이지압력)이다.
> (라) IG-541의 소화농도는 23[%]이다.
> (마) 선형상수는 $K_1=0.65799$, $K_2=0.002239$이다.
> (바) 전기화재에 적합하게 설계하도록 한다.

(1) IG-541의 저장량은 몇 [m³]인지 구하시오.
(2) IG-541의 저장용기 수는 최소 몇 병인지 구하시오. (단, 보일의 법칙을 이용한다.)
(3) IG-541의 약제량 방사 시 유량은 몇 [m³/s]인지 구하시오.

정 답

(1) • 계산과정: $0.65799+(0.00239\times20)=0.70579$
$0.65799+(0.00239\times15)=0.69384$
$23\times1.35=31.05$
$10\times15\times5=750$
$2.303\times\dfrac{0.70579}{0.69384}\times\log\left(\dfrac{100}{100-31.05}\right)\times750≒283.695$

• 답: 283.7[m³]

(2) • 계산과정: $\dfrac{0.101325}{(15+0.101325)}\times283.7≒1.9035$
$\dfrac{1.9035}{0.08}≒23.79$

• 답: 24병

(3) • 계산과정: $31.05\times0.95=29.4975$
$2.303\times\dfrac{0.70579}{0.69384}\times\log\left(\dfrac{100}{100-29.4975}\right)\times750≒266.704$
$\dfrac{266.704}{120}≒2.223$

• 답: 2.22[m³/s]

해 설

(1) 화재안전기준에 따른 불활성기체 소화약제의 저장량 최소기준은 다음과 같다.

$$X = 2.303 \times \frac{V_S}{S} \times \log\left(\frac{100}{100-C}\right) \times V$$

X: 소화약제의 부피[m³], V_S: 20[℃]에서 소화약제의 비체적[m³/kg],
S: 소화약제별 선형상수$(K_1+K_2 \times T)$[m³/kg], T: 방호구역의 기준온도[℃]
C: 설계농도(소화농도×안전계수)[%], V: 방호구역의 부피[m³]

20[℃]에서 소화약제의 비체적 V_S는 다음과 같다.
　　$V_S = K_1 + K_2 \times 20 = 0.65799 + 0.00239 \times 20 = 0.70579$[m³/kg]
기준온도가 15[℃]이므로 소화약제별 선형상수 S는 다음과 같다.
　　$S = K_1 + K_2 \times T = 0.65799 + 0.00239 \times 15 = 0.69384$[m³/kg]
설계농도 C는 소화농도와 안전계수의 곱이며, 전기화재인 C급 화재의 안전계수는 1.35이므로 설계농도 C는 다음과 같다.
　　C = 소화농도×안전계수 = $23 \times 1.35 = 31.05$[%]
방호구역인 발전기실의 부피(가로×세로×높이)는 다음과 같다.
　　$V = 10$[m]$\times 15$[m]$\times 5$[m]$= 750$[m³]
따라서 소화약제 IG-541의 부피 X는
$$X = 2.303 \times \frac{0.70579[\text{m}^3/\text{kg}]}{0.69384[\text{m}^3/\text{kg}]} \times \log\left(\frac{100}{100-31.05[\%]}\right) \times 750[\text{m}^3] \fallingdotseq 283.695[\text{m}^3]$$

(2) 보일의 법칙에 의해 온도와 기체의 양이 일정할 때 부피와 압력은 반비례 관계에 있다.

$$P_1 V_1 = C = P_2 V_2$$

P: 압력, V: 부피, C: 상수

대기압 상태(1)에서 절대압력으로 0.101325[MPa], 부피가 283.7[m³]이고, 저장용기 내부(2)에서 절대압력으로 (15+0.101325)[MPa]이므로 저장용기에 저장되는 소화약제의 양 V_2는 다음과 같다.
$$V_2 = \frac{P_1}{P_2} \times V_1 = \frac{0.101325[\text{MPa}]}{(15+0.101325)[\text{MPa}]} \times 283.7[\text{m}^3] \fallingdotseq 1.9035[\text{m}^3]$$
저장용기 1병 당 소화약제 IG-541의 충전량[L]은 80[L]이므로 전체 소화약제의 양을 저장하기 위해 발전기실에 필요한 가스용기의 개수는
$$\frac{1.9035[\text{m}^3]}{80[\text{L}]} = \frac{1.9035[\text{m}^3]}{0.08[\text{m}^3]} \fallingdotseq 23.79[\text{병}] = 24[\text{병}] \text{ (절상)}$$

(3) 방호구역인 발전기실에 불활성기체 소화약제를 방사하는 경우 화재안전기준에 따라 C급 화재의 경우 2분 이내에 최소설계농도의 95[%] 이상을 방출해야 한다.
설계농도 C는 31.05[%]이므로 0.95를 곱하여 구한다.
　　$31.05[\%] \times 0.95 = 29.4975[\%]$
따라서 2분 이내에 방출해야 하는 소화약제 IG-541의 부피 X는 다음과 같다.
$$X = 2.303 \times \frac{0.70579[\text{m}^3/\text{kg}]}{0.69384[\text{m}^3/\text{kg}]} \times \log\left(\frac{100}{100-29.4975[\%]}\right) \times 750[\text{m}^3] \fallingdotseq 266.704[\text{m}^3]$$
2분 이내에 266.704[m³]의 소화약제 IG-541을 방출해야 하므로 방사유량[m³/s]은
$$\frac{266.704[\text{m}^3]}{2[\text{min}] \times 60[\text{s/min}]} \fallingdotseq 2.223[\text{m}^3/\text{s}]$$

연계이론　PHASE 09 할로겐화합물 및 불활성기체 소화설비

12

특수가연물을 저장·취급하는 창고(가로 20[m], 세로 10[m])에 압축공기포 소화설비를 설치할 때 압축공기포 헤드는 저발포용이고 최대 발포율을 적용할 때 발포 후 체적[m³]을 구하시오. (단, 수원의 양은 포수용액의 양과 같다고 본다.) [4점]

정답

- 계산과정: $20 \times 10 \times 2.3 \times 10 \times 20 = 92{,}000$
- 답: $92[\text{m}^3]$

해설

압축공기포 소화설비에서 방호대상물별 분사헤드의 방출량은 다음과 같다.

방호대상물	방호면적 1[m²]에 대한 1분당 방출량
특수가연물	$2.3[\text{L/m}^2 \cdot \text{min}]$
기타의 것	$1.63[\text{L/m}^2 \cdot \text{min}]$

압축공기포 소화설비를 설치하는 경우 방수량은 설계 사양에 따라 방호구역에 최소 10분 간 방사할 수 있어야 한다. 포헤드 및 고정포방출구의 종류는 포의 팽창비율에 따라 다음과 같다.

팽창비율에 따른 포의 종류	포방출구의 종류
팽창비가 20 이하인 것(저발포)	포워터 스프링클러 포헤드 압축공기포
팽창비가 80 이상 1,000 미만인 것(고발포)	고발포용 고정포 방출구

따라서 발포 후 체적 V는
$$V = (20[\text{m}] \times 10[\text{m}]) \times 2.3[\text{L/m}^2 \cdot \text{min}] \times 10[\text{min}] \times 20 = 92{,}000[\text{L}] = 92[\text{m}^3]$$

연계이론 PHASE 06 포 소화설비

13

건식 스프링클러 소화설비는 건식밸브 2차 측이 압축공기나 압축 질소가스로 채워져 있어 설비 작동 시 습식 설비보다 물을 방수하는 데 시간이 걸린다. 이를 방지하기 위해 설치하는 기구의 명칭을 2가지 쓰시오. [3점]

정답

- 액셀러레이터(accelerator)
- 익져스터(exhauster)

해설

건식 스프링클러 소화설비는 건식 밸브 1차 측의 소화수가 넘어오지 못하도록 2차 측은 압축공기로 가압되어 있다. 헤드 개방 시 1차 측 소화수의 가압 만으로는 규정된 시간 내에 방수하기 어렵다.
이때 2차 측 압축공기를 밸브에 마련된 별도의 챔버로 보내는 장치를 '액셀러레이터', 2차 측 압축공기를 대기로 방출시키는 장치를 '익져스터'라고 한다.

연계이론 PHASE 04 스프링클러설비

14 다음 그림과 같은 벤투리관을 설치하여 배관의 유속을 측정하고자 한다. 액주계에는 비중 s_{Hg}가 13.6인 수은이 들어 있고 액주계에서 수은의 높이 차가 30[cm]일 때 배관에 흐르는 물의 속도 V_1는 몇 [m/s]인가? (단, 피토정압관의 유량계수 C는 0.92이며, 중력가속도는 9.8[m/s²]이다.) [6점]

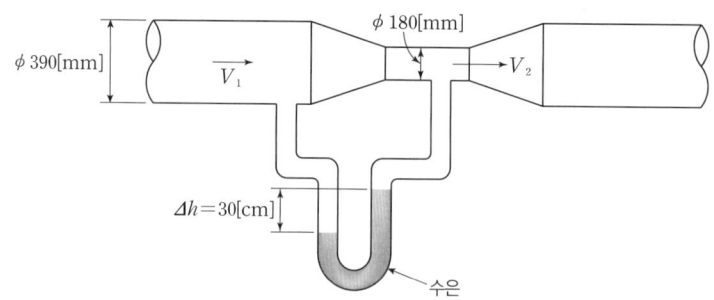

정답

- 계산과정: $0.92 \times \dfrac{\pi}{4} \times 0.18^2 \times \sqrt{2 \times 9.8 \times \left(\dfrac{13.6-1}{1}\right) \times 0.3} \fallingdotseq 0.20151$

$\dfrac{4 \times 0.20151}{\pi \times 0.39^2} \fallingdotseq 1.687$

- 답: 1.69[m/s]

해설

배관 중 좁아지는 구간에서 유속이 증가하고 압력이 낮아지는 점에서 착안하여 압력 차이를 통해 유량을 측정하는 장치를 벤투리미터라고 한다.

벤투리미터를 통과하는 유량 Q와 액주계의 높이 차이 h의 관계식은 다음과 같다.

$$Q = CA_2 \sqrt{2g\left(\dfrac{\gamma - \gamma_w}{\gamma_w}\right)h}$$

Q: 유량[m³/s], C: 유량계수, A_2: 좁은 면적[m²], g: 중력가속도[m/s²], γ: 액주계 유체의 비중량[N/m³], γ_w: 벤투리관 유체의 비중량[N/m³], h: 액주계의 높이 차이[m]

수은의 비중이 13.6이므로 수은의 비중량은 $13.6\gamma_w$이다.
따라서 주어진 조건을 공식에 대입하면 벤투리미터를 통과하는 유량 Q는 다음과 같다.

$$Q = 0.92 \times \dfrac{\pi}{4} \times (0.18[\text{m}])^2 \times \sqrt{2 \times 9.8[\text{m/s}^2] \times \left(\dfrac{13.6\gamma_w - \gamma_w}{\gamma_w}\right) \times 0.3[\text{m}]} \fallingdotseq 0.20151[\text{m}^3/\text{s}]$$

부피유량 공식 $Q = Au$에 의해 유량 Q와 배관의 직경 D를 알면 유속 u를 다음과 같이 구할 수 있다.

$$Q = \dfrac{\pi}{4}D^2 u, \quad u = \dfrac{4Q}{\pi D^2}$$

u: 유속[m/s], Q: 유량[m³/s], D: 배관의 직경[m]

따라서 주어진 조건을 공식에 대입하면 배관에 흐르는 물의 속도 V_1는

$$V_1 = \dfrac{4 \times 0.20151[\text{m}^3/\text{s}]}{\pi \times (0.39[\text{m}])^2} \fallingdotseq 1.687[\text{m/s}]$$

연계이론 PHASE 20 유체유동

15 인화점이 10[°C]인 제4류 위험물(비수용성)을 저장하는 옥외저장탱크가 있다. 주어진 [조건]을 참고하여 다음 각 물음에 답하시오. [8점]

조건

(가) 탱크 형태: 플루팅 루프 탱크(탱크 내면과 굽도리판의 간격: 0.3[m])
(나) 탱크의 크기 및 수량: (직경 15[m], 높이 15[m]) 1기, (직경 10[m], 높이 10[m]) 1기
(다) 옥외 보조 포 소화전: 지상식 단구형 2개
(라) 포 소화약제의 종류: 수성막포 3[%]
(마) 송액관: 80A − 50[m](80[mm]로 계산), 100A − 50[m](100[mm]로 계산)
(바) 탱크 2대에서의 동시 화재는 없는 것으로 가정한다.
(사) 탱크 직경과 포 방출구의 종류에 따른 포 방출구의 개수는 다음과 같다.

탱크 직경	포 방출구의 종류 Ⅲ형 또는 Ⅳ형	특형	탱크 직경	포 방출구의 종류 Ⅲ형 또는 Ⅳ형	특형
13[m] 미만		2	60[m] 이상 67[m] 미만	10	10
13[m] 이상 19[m] 미만	1	3	67[m] 이상 73[m] 미만	12	12
19[m] 이상 24[m] 미만		4	73[m] 이상 79[m] 미만	14	
24[m] 이상 35[m] 미만	2	5	79[m] 이상 85[m] 미만	16	14
35[m] 이상 42[m] 미만	3	6	85[m] 이상 90[m] 미만	18	
42[m] 이상 46[m] 미만	4	7	90[m] 이상 95[m] 미만	20	16
46[m] 이상 53[m] 미만	6	8	95[m] 이상 99[m] 미만	22	
53[m] 이상 60[m] 미만	8	10	99[m] 이상	24	18

(아) 고정포 방출구의 방출량 및 방사시간은 다음과 같다.

포방출구의 종류 / 위험물의 구분	Ⅰ형 포수용액량 [L/m²]	Ⅰ형 방출률 [L/m²·min]	Ⅲ형 포수용액량 [L/m²]	Ⅲ형 방출률 [L/m²·min]	Ⅳ형 포수용액량 [L/m²]	Ⅳ형 방출률 [L/m²·min]	특형 포수용액량 [L/m²]	특형 방출률 [L/m²·min]
제4류 위험물 중 인화점이 21[°C] 미만인 것	120	4	220	4	220	4	240	8
제4류 위험물 중 인화점이 21[°C] 이상 70[°C] 미만인 것	80	4	120	4	120	4	160	8
제4류 위험물 중 인화점이 70[°C] 이상인 것	60	4	100	4	100	4	120	8

(1) 포 방출구의 종류와 포 방출구의 개수를 구하시오.
- 포 방출구의 종류:
- 포 방출구의 개수:

(2) 각 탱크에 필요한 포 수용액의 양[L/min]을 구하시오.
- 직경 15[m] 탱크:
- 직경 10[m] 탱크:
- 보조 포 소화전:

(3) 포 소화설비에 필요한 소화약제의 총량[L]을 구하시오.

정답

(1) • 포 방출구의 종류: 특형
• 포 방출구의 개수: 5개

(2) • 직경 15[m] 탱크
— 계산과정: $8 \times \frac{\pi}{4}(15^2 - 14.4^2) \fallingdotseq 110.835$
— 답: 110.84[L/min]

• 직경 10[m] 탱크:
— 계산과정: $8 \times \frac{\pi}{4}(10^2 - 9.4^2) \fallingdotseq 73.136$
— 답: 73.14[L/min]

• 보조 포 소화전:
— 계산과정: $2 \times 400 = 800$
— 답: 800[L/min]

(3) • 계산과정: $110.84 \times 30 \times 0.03 = 99.756$
$800 \times 20 \times 0.03 = 480$
$\frac{\pi}{4} \times 0.08^2 \times 50 \times 0.03 + \frac{\pi}{4} \times 0.1^2 \times 50 \times 0.03 \fallingdotseq 0.01932[m^3] = 19.32[L]$
$99.756 + 480 + 19.32 = 599.076$
• 답: 599.08[L]

해설

(1) 플루팅 루프 탱크에 설치하는 포 방출구의 종류는 특형이다.

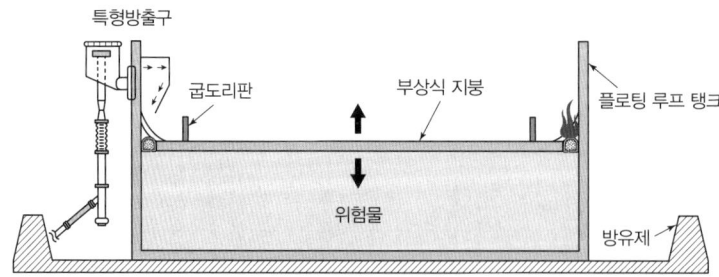

특형 방출구는 방출구 전면에 반사판이 설치된 형태로 포 수용액이 방출된 후 굽도리판과 탱크 벽 사이에 가두어 지도록 설계되므로 플루팅 루프 탱크에 적합한 포 방출구이다.

탱크의 직경에 따라 포 방출구의 개수가 정해진다. 1기(직경 15[m], 높이 15[m])는 직경이 '13[m] 이상 19[m] 미만'의 범위에 해당하므로 3개의 방출구가 필요하고, 나머지 1기(직경 10[m], 높이 10[m])는 직경이 '13[m] 미만'의 범위에 해당하므로 2개의 방출구가 필요하다.
3개+2개=5개

(2) 위험물 저장탱크에 발생하는 화재는 유류 표면에서 발생하므로 위험물이 드러나거나 증발 가능한 면적이 화재 발생면적이자 소화면적이 된다.

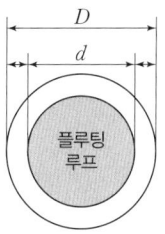

$$A = \frac{\pi}{4}(D^2 - d^2)$$

A: 화재면적[m²], D: 탱크의 직경[m], d: 탱크 내면과 굽도리판의 간격[m]

인화점이 21[℃] 미만이고, 특형 포 방출구의 포 방출률은 8[L/m²·min]이므로 두 기의 위험물 저장탱크에 필요한 포 수용액량은

- 직경 15[m] 탱크

$$Q = 8[L/m^2 \cdot min] \times \frac{\pi}{4}(15^2 - 14.4^2)[m^2] ≒ 110.835[L/min]$$

- 직경 10[m] 탱크

$$Q = 8[L/m^2 \cdot min] \times \frac{\pi}{4}(10^2 - 9.4^2)[m^2] ≒ 73.136[L/min]$$

보조 포 소화전에 필요한 포 수용액의 양은 다음과 같다.

$$Q = N \times 400[L/min]$$

Q: 보조 포 소화전의 유량[L/min], N: 방출구의 개수(최대 3개)

따라서 보조 포 소화전에 필요한 포 수용액량은

$$Q = 2 \times 400[L/min] = 800[L/min]$$

(3) 포 수용액(소화약제) 저장량은 고정포 방출구에서 방출하기 위하여 필요한 양, 보조 포 소화전에서 방출하기 위하여 필요한 양, 가장 먼 탱크까지의 송액관(내경 75[mm] 이하 제외)에 충전하기 위하여 필요한 양의 합으로 한다. 포 소화설비의 작동시간은 조건에서 주어진 값으로 하며, 주어지지 않는 경우 화재안전기준에서 정하는 20분 이상을 적용한다.

인화점이 21[℃] 미만이고, 특형 포 방출구의 단위면적 당 포 수용액량은 240[L/m²]이고, 포 방출률은 8[L/m²·min]이므로 고정포 방출구의 방출시간은 30[min]이다.

$$240[L/m^2] \div 8[L/m^2 \cdot min] = 30[min]$$

탱크 2기에서 동시 화재는 없으므로 고정포 방출구의 포 소화약제량은 큰 탱크(직경 15[m])를 기준으로 한다.

$$Q = 110.84[L/min] \times 30[min] \times 0.03 = 99.756[L]$$

보조 포 소화전의 작동시간은 조건에서 주어지지 않았으므로 20분 이상으로 한다.

$$Q = 800[L/min] \times 20[min] \times 0.03 = 480[L]$$

송액관은 직경이 75[mm]를 초과할 때 가장 먼 탱크까지의 거리만큼 보정량을 더한다.

$$Q = \frac{\pi}{4} \times (0.08[m])^2 \times 50[m] \times 0.03 + \frac{\pi}{4} \times (0.1[m])^2 \times 50[m] \times 0.03 ≒ 0.01932[m^3] = 19.32[L]$$

포 소화설비에 필요한 소화약제의 총량[L]은

$$Q = 99.756[L] + 480[L] + 19.32[L] = 599.076[L]$$

연계이론 **PHASE 06 포 소화설비**

16

특별피난계단의 부속실에 설치하는 제연설비에 관한 내용으로 [조건]을 참조하여 다음 각 물음에 답하시오. [7점]

> **조건**
> (가) 옥내의 압력은 740[mmHg]이다.
> (나) 옥내에 스프링클러설비가 설치되지 아니한 경우이다.
> (다) 부속실만 단독으로 제연하는 방식이다.
> (라) 부속실이 면하는 옥내가 복도로서 그 구조가 방화구조이다.
> (마) 제연구역에는 옥내와 면하는 2개의 출입문이 있으며 각 출입문의 크기는 가로 1[m], 세로 2[m]이다.
> (바) 유입공기의 배출은 배출구에 따른 배출방식으로 한다.

(1) 부속실에 유지해야 할 최소압력[kPa]을 구하시오.

(2) 개폐기의 개구면적[m²]을 구하시오.

정답

(1) • 계산과정: $740 \times \dfrac{101,325}{760} + 40 ≒ 98,698.55[Pa]$

• 답: 98.7[kPa]

(2) • 계산과정: $\dfrac{(1 \times 2) \times 0.5}{2.5} = 0.4$

• 답: 0.4[m²]

해설

(1) 제연구역과 옥내와의 사이에 유지해야 하는 최소차압은 40[Pa] 이상으로 해야 한다.
← 옥내에 스프링클러설비가 설치된 경우에는 12.5[Pa] 이상으로 한다.
제연구역(부속실, 계단실)의 기압이 옥내보다 높아야 연기를 차단하고 피난 및 소화활동을 원활하게 할 수 있다.

$$\Delta P = 740[\text{mmHg}] \times \dfrac{101,325[\text{Pa}]}{760[\text{mmHg}]} + 40[\text{Pa}] ≒ 98,698.55[\text{Pa}] = 98.7[\text{kPa}]$$

(2) 개폐기의 개구면적[m²]은 다음 식에 따라 산출한 수치 이상으로 한다.

$$A_O = \dfrac{Q_N}{2.5}$$

A_O: 개폐기의 개구면적[m²], Q_N: 제연구역의 출입문 1개의 면적[m²] × 방연풍속[m/s]

방연풍속은 제연구역의 선정방식에 따라 다음 표의 기준에 적합하게 한다.

제연구역		방연풍속
계단실 및 그 부속실을 동시에 제연하는 것 또는 계단실만 단독으로 제연하는 것		0.5[m/s] 이상
부속실만 단독으로 제연하는 것	부속실 또는 승강장이 면하는 옥내가 거실인 경우	0.7[m/s] 이상
	부속실이 면하는 옥내가 복도로서 그 구조가 방화구조인 것	0.5[m/s] 이상

따라서 개폐기의 개구면적 A_O는

$$A_O = \dfrac{Q_N}{2.5} = \dfrac{(1[\text{m}] \times 2[\text{m}]) \times 0.5[\text{m/s}]}{2.5} = 0.4[\text{m}^2]$$

연계이론 PHASE 15 특별피난계단의 계단실 및 부속실 제연설비

2023년 4회 기출문제

01 할로겐화합물 및 불활성기체 소화설비에서 할로겐화합물 및 불활성기체 소화약제 저장용기의 기준에 관한 설명이다. (   ) 안에 알맞은 내용을 쓰시오. [4점]

> **보기**
> 3, 5, 10, 20, 30, 할로겐화합물, 불활성기체

저장용기의 약제량 손실이 (①)[%]를 초과하거나 압력손실이 (②)[%]를 초과하는 경우에는 재충전하거나 저장용기를 교체할 것. 다만, (③) 소화약제 저장용기의 경우에는 압력손실이 (④)[%]를 초과하는 경우 재충전하거나 저장용기를 교체해야 한다.

정답
① 5
② 10
③ 불활성기체
④ 5

해설 저장용기의 약제량 손실이 5[%]를 초과하거나 압력손실이 10[%]를 초과하는 경우에는 재충전하거나 저장용기를 교체할 것. 다만, 불활성기체 소화약제 저장용기의 경우에는 압력손실이 5[%]를 초과하는 경우 재충전하거나 저장용기를 교체해야 한다.

연계이론 PHASE 09 할로겐화합물 및 불활성기체 소화설비

02

900[L/min]의 유체가 구경 30[cm]인 3,000[m] 강관 속을 흐르고 있다. 비중이 0.85, 점성계수가 0.103[N·s/m²]일 때 다음 각 물음에 답하시오. [5점]

(1) 유속[m/s]

(2) 레이놀즈 수와 유동 분류
   • 레이놀즈 수:
   • 유동(층류 /난류):

(3) Darcy-Weisbach 식을 이용한 마찰손실수두[m]

정답

(1) • 계산과정: $\dfrac{4 \times \dfrac{0.9}{60}}{\pi \times 0.3^2} \fallingdotseq 0.2122$

   • 답: 0.21[m/s]

(2) • 레이놀즈 수
   - 계산과정: $\dfrac{0.85 \times 1,000 \times 0.21 \times 0.3}{0.103} \fallingdotseq 519.903$
   - 답: 519.903
   • 유동(층류 /난류): 층류

(3) • 계산과정: $\dfrac{64}{519.903} \fallingdotseq 0.1231$

   $\dfrac{0.1231 \times 3,000 \times 0.21^2}{2 \times 9.8 \times 0.3} \fallingdotseq 2.7698$

   • 답: 2.77[m]

해설

(1) 부피유량 공식 $Q=Au$에 의해 유량 Q와 배관의 직경 D를 알면 유속 u는 다음과 같이 구할 수 있다.

$$u = \frac{Q}{A} = \frac{Q}{\frac{\pi}{4}D^2} = \frac{4Q}{\pi D^2}$$

u: 유속[m/s], Q: 유량[m³/s], A: 배관의 단면적[m²], D: 배관의 직경[m]

유량이 900[L/min]이므로 단위를 변환하면 $\dfrac{0.9}{60}$[m³/s]이다.

따라서 주어진 조건을 공식에 대입하면 유속 u는

$$u = \frac{4 \times \frac{0.9}{60}[\text{m}^3/\text{s}]}{\pi \times (0.3[\text{m}])^2} \fallingdotseq 0.2122[\text{m/s}]$$

(2) 레이놀즈 수는 다음과 같다.

$$Re = \frac{\rho u D}{\mu}$$

Re: 레이놀즈 수, ρ: 밀도[kg/m³], u: 유속[m/s], D: 배관의 직경[m], μ: 점성계수(점도)[N·s/m²]

유체의 비중이 0.85이므로 유체의 밀도는 다음과 같다.

$$s = \frac{\rho}{\rho_w}$$

s: 비중, ρ: 비교물질의 밀도[kg/m³], ρ_w: 물의 밀도[kg/m³]

$\rho = s\rho_w = 0.85 \times 1,000[\text{kg/m}^3]$

따라서 주어진 조건을 공식에 대입하면 레이놀즈 수 Re는

$$Re = \frac{0.85 \times 1,000[\text{kg/m}^3] \times 0.21[\text{m/s}] \times 0.3[\text{m}]}{0.103[\text{N}\cdot\text{s/m}^2]} \fallingdotseq 519.903$$

레이놀즈 수가 2,100 이하이므로 유체의 흐름은 층류이다.

(3) 일정한 양의 비압축성 유체가 일정한 속도로 흐를 때 배관에서의 마찰손실은 달시-바이스바하 방정식으로 구할 수 있다.

$$H = \frac{\Delta P}{\gamma} = \frac{flu^2}{2gD}$$

H: 마찰손실수두[m], ΔP: 압력 차이[kPa], γ: 비중량[kN/m³], f: 마찰손실계수, l: 배관의 길이[m], u: 유속[m/s], g: 중력가속도[m/s²], D: 배관의 직경[m]

층류일 때 마찰손실계수 f는 $\frac{64}{Re}$이므로 마찰손실계수 f는 다음과 같다.

$$f = \frac{64}{Re} = \frac{64}{519.903} \fallingdotseq 0.1231$$

따라서 주어진 조건을 대입하면 마찰손실수두 H는

$$H = \frac{0.1231 \times 3,000[\text{m}] \times (0.21[\text{m/s}])^2}{2 \times 9.8[\text{m/s}^2] \times 0.3[\text{m}]} \fallingdotseq 2.7698[\text{m}]$$

PHASE 22 배관의 마찰손실

---

03 옥외소화전설비의 화재안전기술기준에 따라 [보기]를 참고하여 다음 각 물음에 답하시오. [4점]

> **보기**
> 80, 130, 350, 0.1, 0.17, 0.25, 0.5, 1, 1.5, 20, 40, 60

(1) 노즐선단에서의 방수량[L/min]
(2) 노즐선단에서의 방수압력[MPa]
(3) 호스접결구의 설치높이(지면으로부터의 높이)[m]
(4) 하나의 호스접결구까지의 최대 수평거리[m]

정답
(1) 350
(2) 0.25
(3) 0.5 이상 1 이하
(4) 40

해설
(1), (2) 특정소방대상물에 설치된 옥외소화전(최대 2개)을 동시에 사용할 경우 각 옥외소화전의 노즐선단에서의 방수압력이 0.25[MPa] 이상이고, 방수량이 350[L/min] 이상이 되는 성능의 것으로 해야 한다.

(3), (4) 호스접결구는 지면으로부터의 높이가 0.5[m] 이상 1[m] 이하의 위치에 설치하고 특정소방대상물의 각 부분으로부터 하나의 호스접결구까지의 수평거리가 40[m] 이하가 되도록 설치해야 한다.

PHASE 03 옥외소화전설비

04

탱크의 내부직경이 50[m]인 부상지붕구조(floating roof tank)에 포 소화설비를 설치하여 방호하려고 할 때 다음 각 물음에 답하시오. [7점]

> **조건**
>
> (가) 탱크 내면과 굽도리판의 간격은 1[m]로 한다.
> (나) 소화약제는 3[%]의 단백포를 사용하며, 수용액의 분당 방출량은 8[L/m²·min]이고, 방사시간은 30분으로 한다.
> (다) 펌프 효율은 65[%]이며, 전양정은 80[m]이다.
> (라) 포 소화약제의 혼합장치로는 라인 프로포셔너 방식을 사용한다.
> (마) 물의 비중량은 9.8[kN/m³]이다.

(1) 포 소화설비에 필요한 탱크의 액표면적[m²]을 구하시오.
(2) 포 소화설비에 필요한 포 수용액량[L]을 구하시오.
(3) 포 소화설비에 필요한 포 원액량[L]을 구하시오.
(4) 포 소화설비에 필요한 수원의 양[L]을 구하시오.
(5) 수원을 공급하기 위한 펌프의 동력[kW]을 구하시오.

정답

(1) • 계산과정: $\dfrac{\pi}{4}(50^2 - 48^2) ≒ 153.938$
  • 답: 153.94[m²]

(2) • 계산과정: $8 \times 153.94 \times 30 = 36,945.6$
  • 답: 36,945.6[L]

(3) • 계산과정: $36,945.6 \times 0.03 = 1,108.368$
  • 답: 1,108.37[L]

(4) • 계산과정: $36,945.6 \times 0.97 = 35,837.232$
  • 답: 35,837.23[L]

(5) • 계산과정: $8 \times 153.94 = 1,231.52[L/min] = \dfrac{1.23152}{60}[m^3/s]$

  $\dfrac{9.8 \times \dfrac{1.23152}{60} \times 80}{0.65} \times 1 ≒ 24.757$

  • 답: 24.76[kW]

해설

(1) 위험물 저장탱크에 발생하는 화재는 유류 표면에서 발생하므로 위험물이 드러나거나 증발 가능한 면적이 화재 발생면적이자 소화면적이 된다.

$$A = \frac{\pi}{4}(D^2 - d^2)$$

A: 화재면적[m²], D: 탱크의 직경[m], d: 탱크 내면과 굽도리판의 간격[m]

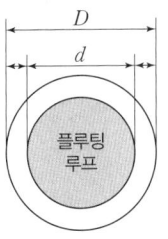

탱크의 직경 D가 50[m]이고, 탱크 내면과 굽도리판의 간격이 1[m]이므로 탱크의 액표면적 A는 다음과 같다.

$$A = \frac{\pi}{4}(50^2 - 48^2)[m^2] ≒ 153.938[m^2]$$

(2) 포 수용액의 분당 방출량은 8[L/m²·min]이고, 방사시간은 30분이므로 필요한 포 수용액량[L]은 다음과 같다.
$Q = 8[L/m^2 \cdot min] \times 153.94[m^2] \times 30[min] = 36,945.6[L]$

(3) 포 소화약제는 3[%]의 단백포를 사용하므로 필요한 포 원액량[L]은 다음과 같다.
$Q = 36,945.6[L] \times 0.03 = 1,108.368[L]$

(4) 포 소화약제가 3[%]의 단백포이므로 수원(물)의 농도는 97[%]이다.
$Q = 36,945.6[L] \times 0.97 = 35,837.232[L]$

(5) 펌프의 동력은 다음의 식을 통해 구할 수 있다.

$$P = \frac{\gamma Q H}{\eta} K$$

P: 펌프의 동력[kW], γ: 유체의 비중량[kN/m³], Q: 유량[m³/s], H: 전양정[m], η: 효율, K: 전달계수

포 수용액의 분당 방출량은 8[L/m²·min]이고, 탱크의 액표면적은 153.94[m²]이므로 펌프의 분당 토출량은 $8[L/m^2 \cdot min] \times 153.94[m^2] = 1,231.52[L/min]$이다. 단위를 변환하면 $\frac{1.23152}{60}[m^3/s]$이 된다.

따라서 주어진 조건을 공식에 대입하면 펌프의 동력 P는

$$P = \frac{9.8[kN/m^3] \times \frac{1.23152}{60}[m^3/s] \times 80[m]}{0.65} \times 1 ≒ 24.757[kW]$$

← 펌프의 동력(전동력)을 물었지만 전달계수가 주어지지 않았으므로 1로 둔다.

연계이론 **PHASE 06 포 소화설비**

05

무대부에 개방형 스프링클러설비를 설치할 때 다음 그림과 [조건]을 참조하여 각 물음에 답하시오. [7점]

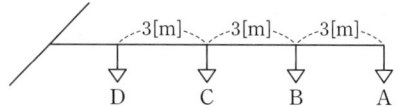

조건

(가) 말단헤드 A의 방수압력은 0.1[MPa](계기)이고 방수량은 100[L/min]이다.
(나) 방출계수 K는 100이다.
(다) 배관의 마찰손실압은 다음의 공식에 따른다. (헤드의 마찰손실은 무시한다.)

$$\Delta P = 6.0 \times 10^4 \times \frac{Q^2}{100^2 \times d^5}$$

ΔP: 배관 1[m] 당 마찰손실압[MPa], Q: 배관 내 유량[L/min], d: 배관 구경[mm]

(라) 각 배관별 구경은 다음과 같다.
  • A~B: 25[mm]
  • B~C: 32[mm]
  • C~D: 40[mm]

(1) 헤드 B의 방수량[L/min]
(2) 헤드 C의 방수량[L/min]
(3) 헤드 D의 방수량[L/min]
(4) 펌프의 토출량[L/min]

정답

(1) • 계산과정: $0.1 + 6.0 \times 10^4 \times \dfrac{100^2}{100^2 \times 25^5} \times 3 ≒ 0.1184$
$100\sqrt{10 \times 0.1184} ≒ 108.812$
• 답: 108.81[L/min]

(2) • 계산과정: $0.1184 + 6.0 \times 10^4 \times \dfrac{208.81^2}{100^2 \times 32^5} \times 3 ≒ 0.1418$
$100\sqrt{10 \times 0.1418} ≒ 119.0798$
• 답: 119.08[L/min]

(3) • 계산과정: $0.1418 + 6.0 \times 10^4 \times \dfrac{327.89^2}{100^2 \times 40^5} \times 3 ≒ 0.1607$
$100\sqrt{10 \times 0.1607} ≒ 126.768$
• 답: 126.77[L/min]

(4) • 계산과정: $100 + 108.81 + 119.08 + 126.77 = 454.66$
• 답: 454.66[L/min]

해 설

(1) 스프링클러 헤드에서 압력 P와 유량 Q는 다음과 같은 관계를 갖는다.

$$Q = K\sqrt{10P}$$

Q : 방수량[L/min], K : 방출계수, P : 방수압[MPa]

헤드 B의 방수압력 P_B는 헤드 A의 방수압력 P_A와 두 헤드 간 가지배관의 마찰손실압 ΔP_{B-A}의 합으로 구할 수 있다.

$$P_B = P_A + \Delta P_{B-A}$$

배관 내 유량 Q는 100[L/min]이고, 배관의 구경 d는 25[mm]이므로 마찰손실압 ΔP_{B-A}는 다음과 같다.

$$\Delta P_{B-A} = 6.0 \times 10^4 \times \frac{(100[\text{L/min}])^2}{100^2 \times (25[\text{mm}])^5} \times 3[\text{m}] \fallingdotseq 0.0184[\text{MPa}]$$

헤드 B의 방수압력 P_B는 다음과 같다.

$$P_B = 0.1[\text{MPa}] + 0.0184[\text{MPa}] = 0.1184[\text{MPa}]$$

따라서 주어진 조건을 공식에 대입하면 헤드 B의 방수량 Q_B는

$$Q_B = 100\sqrt{10 \times 0.1184[\text{MPa}]} \fallingdotseq 108.812[\text{L/min}]$$

(2) 배관 내 유량 Q는 (100+108.81)[L/min]이고, 배관의 구경 d는 32[mm]이므로 마찰손실압 ΔP_{C-B}는 다음과 같다.

$$\Delta P_{C-B} = 6.0 \times 10^4 \times \frac{(208.81[\text{L/min}])^2}{100^2 \times (32[\text{mm}])^5} \times 3[\text{m}] \fallingdotseq 0.0234[\text{MPa}]$$

헤드 C의 방수압력 P_C는 다음과 같다.

$$P_C = 0.1184[\text{MPa}] + 0.0234[\text{MPa}] = 0.1418[\text{MPa}]$$

따라서 주어진 조건을 공식에 대입하면 헤드 C의 방수량 Q_C는

$$Q_C = 100\sqrt{10 \times 0.1418[\text{MPa}]} \fallingdotseq 119.0798[\text{L/min}]$$

(3) 배관 내 유량 Q는 (208.81+119.08)[L/min]이고, 배관의 구경 d는 40[mm]이므로 마찰손실압 ΔP_{D-C}는 다음과 같다.

$$\Delta P_{D-C} = 6.0 \times 10^4 \times \frac{(327.89[\text{L/min}])^2}{100^2 \times (40[\text{mm}])^5} \times 3[\text{m}] \fallingdotseq 0.0189[\text{MPa}]$$

헤드 D의 방수압력 P_D는 다음과 같다.

$$P_D = 0.1418[\text{MPa}] + 0.0189[\text{MPa}] = 0.1607[\text{MPa}]$$

따라서 주어진 조건을 공식에 대입하면 헤드 D의 방수량 Q_D는

$$Q_D = 100\sqrt{10 \times 0.1607[\text{MPa}]} \fallingdotseq 126.768[\text{L/min}]$$

(4) 펌프의 토출량은 헤드 A~D의 방수량의 합과 같다.

$$Q_A + Q_B + Q_C + Q_D = 100[\text{L/min}] + 108.81[\text{L/min}] + 119.08[\text{L/min}] + 126.77[\text{L/min}]$$
$$= 454.66[\text{L/min}]$$

연계이론 **PHASE 04** 스프링클러설비

06

침대가 없는 숙박시설의 바닥면적이 $600[m^2]$(복도 $30[m^2]$ 포함)일 때 수용 가능한 인원은 몇 명인지 구하시오. (단, 복도는 불연재료 이상의 벽으로 바닥부터 천장까지 구획되어 있다.) [3점]

정답
- 계산과정: $\dfrac{600-30}{3}=190$
- 답: 190명

해설

침대가 없는 숙박시설의 수용인원은 해당 특정소방대상물의 종사자 수와 숙박시설 바닥면적의 합계를 $3[m^2]$로 나누어 얻은 수의 합이다.

특정소방대상물	용도	수용인원의 산정
숙박시설	침대가 있는 숙박시설	종사자 수+침대수 (2인용은 2개)
	침대가 없는 숙박시설	종사자 수+(바닥면적 합계 /$3[m^2]$)
그 외 특정소방대상물	강의실, 교무실, 상담실, 실습실, 휴게실	바닥면적 합계/$1.9[m^2]$
	강당, 문화 및 집회시설, 운동시설, 종교시설	바닥면적 합계/$4.6[m^2]$ 관람석의 경우: 고정식 의자 수 긴 의자의 경우: 의자 정면 너비 /$0.45[m]$
	그 밖의 특정소방대상물	바닥면적 합계/$3[m^2]$

바닥면적을 산정할 때에는 복도, 계단 및 화장실의 바닥면적을 포함하지 않는다.
계산 결과 소수점 이하의 수는 반올림한다.

종사자 수에 대한 언급이 없으므로 전체 면적 ($600[m^2]$)에서 복도의 바닥면적 ($30[m^2]$)을 제외한 면적에 $3[m^2]$을 나누어 구한다.

$$\dfrac{600[m^2]-30[m^2]}{3[m^2]}=190[명]$$

연계이론 **PHASE 11** 피난기구

07 제연설비의 예상제연구역에 대한 문제이다. 도면과 [조건]을 참고하여 다음 각 물음에 답하시오. [8점]

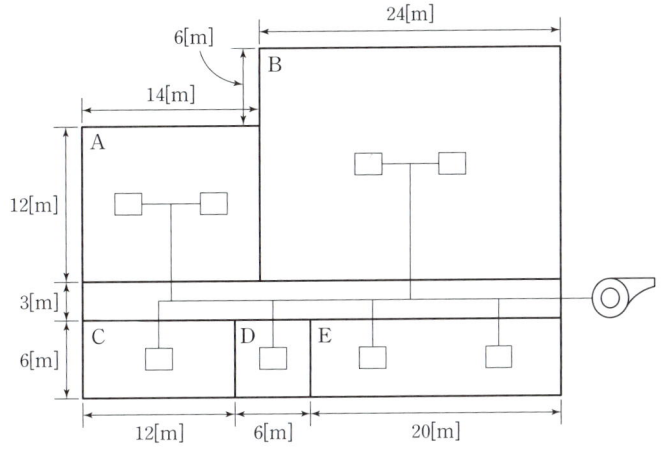

조건
- (가) 건물의 주요구조부는 모두 내화구조이다.
- (나) 각 실은 불연성 구조물로 구획되어 있다.
- (다) 통로의 내부면은 모두 불연재이고 통로 내에 가연물은 없다.
- (라) 각 실에 대한 연기배출방식은 공동배출구역방식이 아니다.
- (마) 각 실은 제연경계로 구획되어 있지 않다.
- (바) 펌프의 효율은 60[%], 전압 40[mmAq], 동력전달계수는 1.1이다.

(1) 각 실별 최소배출량[m³/hr]

실	계산식	배출량
A실		
B실		
C실		
D실		
E실		

(2) 도면에 배출댐퍼의 위치를 표시하시오.(단, 댐퍼의 표기는 ⓜ의 모양으로 한다.)
(3) 송풍기의 동력[kW]을 구하시오.

정답

(1)

실	계산식	배출량
A실	$14 \times 12 = 168[m^2]$ $168[m^3/min] \times 60[min/hr] = 10,080[m^3/hr]$	10,080[m³/hr]
B실	$24 \times 18 = 432[m^2]$ $\sqrt{24^2 + 18^2} = 30 \leq 40$	40,000[m³/hr]
C실	$12 \times 6 = 72[m^2]$ $72[m^3/min] \times 60[min/hr] = 4,320[m^3/hr]$	5,000[m³/hr]
D실	$6 \times 6 = 36[m^2]$ $36[m^3/min] \times 60[min/hr] = 2,160[m^3/hr]$	5,000[m³/hr]
E실	$20 \times 6 = 120[m^2]$ $120[m^3/min] \times 60[min/hr] = 7,200[m^3/hr]$	7,200[m³/hr]

(2)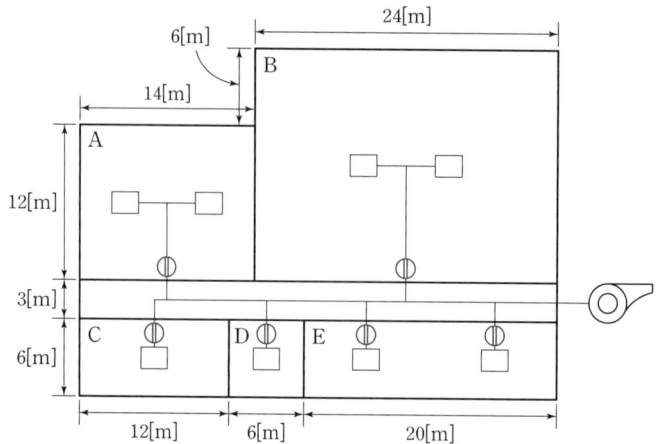

(3) • 계산과정: $40 \times \dfrac{101.325}{10.332} ≒ 0.3923[\text{kPa}]$

$$40,000[\text{m}^3/\text{hr}] = \dfrac{40,000}{3,600}[\text{m}^3/\text{s}]$$

$$\dfrac{0.3923 \times \dfrac{40,000}{3,600}}{0.6} \times 1.1 ≒ 7.991$$

• 답: 7.99[kW]

해 설

(1) 바닥면적이 400[m²] 미만인 경우 바닥면적 1[m²] 당 1[m³/min] 이상으로 하고, 최소 배출량은 5,000[m³/hr] 이상으로 한다.
바닥면적이 400[m²] 이상인 경우 배출량은 다음과 같다. ← 제연경계가 아닌 벽으로 구획된 경우 수직거리는 0[m]

	제연경계의 하단으로부터 바닥까지의 수직거리[m]	배출량[m³/h]
직경 40[m]인 원의 범위 안에 있는 경우	2 이하	40,000 이상
	2 초과 2.5 이하	45,000 이상
	2.5 초과 3 이하	50,000 이상
	3 초과	60,000 이상
직경 40[m]인 원의 범위를 초과하는 경우	2 이하	45,000 이상
	2 초과 2.5 이하	50,000 이상
	2.5 초과 3 이하	55,000 이상
	3 초과	65,000 이상

(2) 각 실은 독립배연방식이므로 각 실별로 배출댐퍼를 설치해야 한다.
← 각 실에 하나의 댐퍼만 설치해야 하는 것은 아니고 일제히 동작하는 2 이상의 댐퍼도 가능하다.

(3) 송풍기의 동력은 다음의 식을 통해 구할 수 있다.

$$P = \dfrac{P_T Q}{\eta} K$$

P: 송풍기의 동력[kW], P_T: 전압(풍압)[kPa], Q: 풍량[m³/s], η: 효율, K: 전달계수

전압은 송풍기의 흡입구와 배출구의 압력 차이를 의미하며 40[mmAq]이므로 단위를 변환하면 다음과 같다.

$$40[\text{mmAq}] \times \dfrac{101.325[\text{kPa}]}{10.332[\text{mmAq}]} ≒ 0.3923[\text{kPa}]$$

각 실은 독립배연방식이므로 배출량은 각 실의 배출량 중 최대인 40,000[m³/hr]로 한다.

$$40,000[\text{m}^3/\text{hr}] = \frac{40,000}{3,600}[\text{m}^3/\text{s}]$$

따라서 주어진 조건을 공식에 대입하면 송풍기의 동력 P는

$$P = \frac{0.3923[\text{kPa}] \times \frac{40,000}{3,600}[\text{m}^3/\text{s}]}{0.6} \times 1.1 = 7.991[\text{kW}]$$

○ 연계이론 ○ **PHASE 14** 제연설비

08

할론 소화설비의 화재안전기술기준에 따른 '별도독립방식'에 대한 내용이다. 다음 각 물음에 답하시오. [5점]

(1) 별도 독립방식의 정의
(2) 다음 빈 칸에 알맞은 말을 넣으시오.

> 하나의 방호구역을 담당하는 소화약제 저장용기의 소화약제량의 체적합계보다 그 소화약제 방출 시 방출경로가 되는 배관(집합관을 포함한다.)의 내용적의 비율이 (　　　)배 이상일 경우에는 해당 방호구역에 대한 설비는 별도 독립방식으로 해야 한다.

정답
(1) 소화약제 저장용기와 배관을 방호구역 별로 독립적으로 설치하는 방식

(2) 1.5

해설
(1) "별도 독립방식"이란 소화약제 저장용기와 배관을 방호구역별로 독립적으로 설치하는 방식을 말한다.

(2) 하나의 방호구역을 담당하는 소화약제 저장용기의 소화약제량의 체적합계보다 그 소화약제 방출 시 방출경로가 되는 배관(집합관 포함)의 내용적의 비율이 1.5배 이상일 경우에는 해당 방호구역에 대한 설비는 별도 독립방식으로 해야 한다.

○ 연계이론 ○ **PHASE 08** 할론 소화설비

09 습식 유수검지장치를 사용하는 스프링클러설비에서 유수검지장치의 작동 여부를 확인하기 위하여 시험장치를 설치한다. 다음 각 물음에 답하시오. [7점]

(1) 시험장치는 어떤 배관에 연결하여 설치하는가?
(2) 시험배관의 최소구경[mm]은 얼마인가?
(3) 다음의 미완성된 계통도(입면도)를 완성하시오. (단, 배관을 포함하여 오리피스, 압력계, 밸브를 반드시 포함한다.)

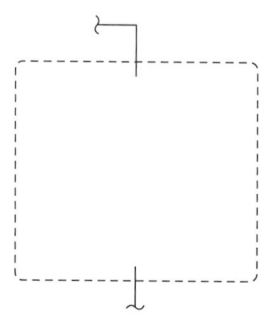

정 답

(1) 유수검지장치 2차 측 배관

(2) 25[mm]

(3)
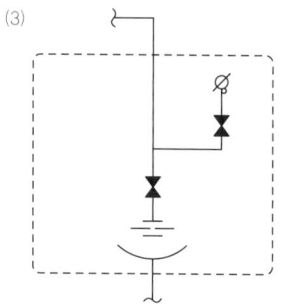

해 설

(1) 스프링클러설비의 시험장치는 다음의 배관에 연결하여 설치한다.

습식 스프링클러설비	유수검지장치 2차 측 배관
부압식 스프링클러설비	
건식 스프링클러설비	유수검지장치에서 가장 먼 가지배관의 끝

(2) 시험장치 배관의 구경은 25[mm] 이상으로 하고, 그 끝에 개폐밸브 및 개방형 헤드 또는 스프링클러 헤드와 동등한 방수성능을 가진 오리피스를 설치한다.

연계이론

PHASE 04 스프링클러설비

10 그림과 같은 위험물 탱크(높이 2[m])에 국소방출방식으로 이산화탄소 소화설비를 설치하려고 한다. 다음 물음에 답하시오. (단, 고압식이며, 방호대상물 주위에는 방호대상물과 크기가 같은 2개의 벽을 설치한다.)

[8점]

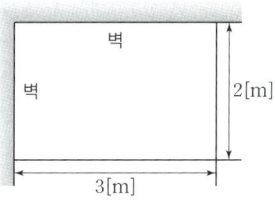

(1) 방호공간의 체적[m³]은 얼마인가?
(2) 소화약제의 저장량[kg]은 얼마인가?
(3) 소화약제의 방사량[kg/s]은 얼마인가?

정답

(1) • 계산과정: $3.6 \times 2.6 \times 2.6 = 24.336$
 • 답: $24.34[m^3]$

(2) • 계산과정: $3 \times 2 + 2 \times 2 = 10$
    $3.6 \times 2.6 \times 2 + 2.6 \times 2.6 \times 2 = 32.24$
    $\left(8 - 6 \times \dfrac{10}{32.24}\right) \times 24.34 \times 1.4 ≒ 209.191$
 • 답: $209.19[kg]$

(3) • 계산과정: $\dfrac{209.19}{30} = 6.973$
 • 답: $6.97[kg/s]$

해설

(1) 방호공간이란 방호대상물의 각 부분으로부터 0.6[m]의 거리에 따라 둘러싸인 공간을 말한다.
방호대상물(위험물 탱크)의 6면 중 3면은 벽으로 막혀있으므로 개방된 부분으로부터 0.6[m]의 거리까지 계산한다.
$V = (3 + 0.6)[m] \times (2 + 0.6)[m] \times (2 + 0.6)[m] = 24.336[m^3]$

(2) 국소방출방식인 이산화탄소 소화약제의 저장량 최소기준은 다음과 같다.

$$Q = \left(8 - 6\dfrac{a}{A}\right) V \times K$$

Q: 소화약제의 양[kg], a: 방호대상물 주변 실제 벽면적의 합계[m²], A: 방호공간 벽면적의 합계[m²], V: 방호공간의 부피[m³], K: 1.4(고압식) 또는 1.1(저압식)

방호대상물 주변의 실제 벽은 4면 중 2면에만 있으므로 실제 벽면적 a는 다음과 같다.
$a = (3[m] \times 2[m]) + (2[m] \times 2[m]) = 10[m^2]$
방호공간의 벽면적은 4면 중 2면이 벽으로 막혀있으므로 방호공간의 벽면적 A는 다음과 같다.
$A = (3[m] + 0.6[m]) \times (2[m] + 0.6[m]) \times 2 + (2[m] + 0.6[m]) \times (2[m] + 0.6[m]) \times 2 = 32.24[m^2]$
따라서 주어진 조건을 공식에 대입하면 소화약제의 양 Q는
$Q = \left(8 - 6 \times \dfrac{10}{32.24}\right) \times 24.34 \times 1.4 ≒ 209.191[kg]$

(3) 이산화탄소 소화설비의 소화약제 방출시간은 다음과 같다.

방출방식		기준시간
전역방출방식	표면화재	1분 이내
	심부화재	7분 이내
국소방출방식		30초 이내

따라서 소화약제의 방사량[kg/s]은
$\dfrac{209.19[kg]}{30[s]} = 6.973[kg/s]$

연계이론 PHASE 07 이산화탄소 소화설비

11 그림과 같은 관에 유량이 100[L/s]로 40[℃]의 물이 흐르고 있다. ②점에서 공동현상이 발생하지 않도록 하기 위한 ①점에서의 최소 절대압력[kPa]을 구하시오. (단, 관의 손실은 무시하고 40[℃] 물의 증기압은 55.324[mmHg](절대압)이다.) [5점]

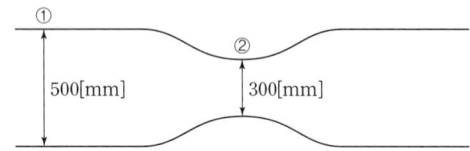

정답
- 답: 8.25[kPa]

해설
②점을 통과하기 전후의 압력과 속도의 관계식은 베르누이 방정식을 통해 구할 수 있다.

$$\frac{P_1}{\gamma}+\frac{u_1^2}{2g}+Z_1=\frac{P_2}{\gamma}+\frac{u_2^2}{2g}+Z_2+\Delta H$$

P: 압력[kPa], γ: 비중량[kN/m³], u: 유속[m/s], g: 중력가속도[m/s²], Z: 높이[m], ΔH: 마찰손실수두[m]

부피유량 공식 $Q=Au$에 의해 유량 Q와 배관의 직경 D를 알면 유속 u를 다음과 같이 구할 수 있다.

$$Q=\frac{\pi}{4}D^2 u,\ u=\frac{4Q}{\pi D^2}$$

u: 유속[m/s], Q: 유량[m³/s], D: 배관의 직경[m]

높이의 변화가 없고, 관의 손실은 무시하므로 방정식을 다음과 같이 정리할 수 있다.

$$\frac{P_1}{\gamma}+\frac{u_1^2}{2g}=\frac{P_2}{\gamma}+\frac{u_2^2}{2g}$$

$$P_1=\gamma\left(\frac{u_2^2-u_1^2}{2g}\right)+P_2=\frac{\gamma}{2g}\times\frac{16Q^2}{\pi^2}\left(\frac{1}{D_2^4}-\frac{1}{D_1^4}\right)+P_2$$

$$=\frac{9.8[\text{kN/m}^3]}{2\times 9.8[\text{m/s}^2]}\times\frac{16\times(0.1[\text{m}^3/\text{s}])^2}{\pi^2}\left(\frac{1}{(0.3[\text{m}])^4}-\frac{1}{(0.5[\text{m}])^4}\right)+P_2$$

$$=0.871[\text{kN/m}^2]+P_2$$

P_2의 압력이 물의 증기압보다 커야 공동현상이 발생하지 않으므로 P_1의 압력은

$$P_1=0.871[\text{kN/m}^2]+55.324[\text{mmHg}]\times\frac{101.325[\text{kPa}]}{760[\text{mmHg}]}\fallingdotseq 8.247[\text{kN/m}^2]$$

연계이론 PHASE 19 유체가 가지는 에너지

12 할론 소화설비에서 그림의 방출방식 종류 명칭을 쓰고, 해당 방식에 대하여 설명하시오. [5점]

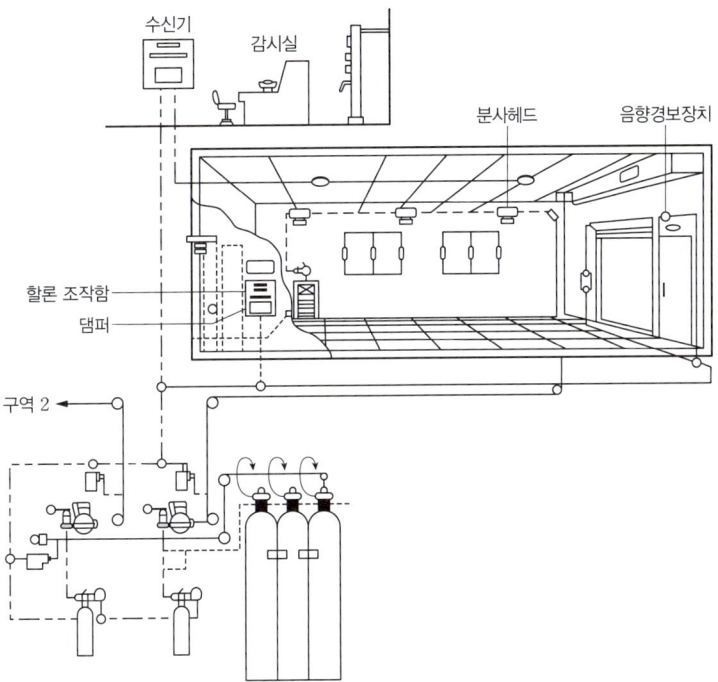

(1) 명칭

(2) 설명

정 답

(1) 전역방출방식

(2) 소화약제 공급장치에 배관 및 분사헤드 등을 설치하여 밀폐 방호구역 전체에 소화약제를 방출하는 방식

해 설

"전역방출방식"이란 소화약제 공급장치에 배관 및 분사헤드 등을 설치하여 밀폐 방호구역 전체에 소화약제를 방출하는 방식을 말한다.

연계이론 PHASE 08 할론 소화설비

13 다음은 어느 실들의 평면도이다. 이 중 A실을 급기가압하고자 할 때 주어진 [조건]을 이용하여 구하시오.
[7점]

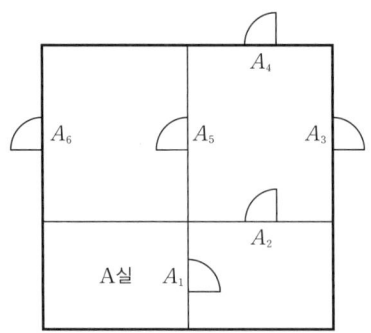

조건

(가) 실외부 대기의 기압은 절대압력으로 101,300[Pa]로서 일정하다.
(나) A실에 유지하고자 하는 기압은 절대압력으로 101,500[Pa]이다.
(다) 각 실의 문들의 틈새면적은 0.01[m²]이다.
(라) 어느 실을 급기가압할 때 그 실의 문 틈새를 통하여 누출되는 공기의 양은 다음의 식에 다른다.

$$Q = 0.827 A P^{\frac{1}{2}}$$

Q: 누출되는 공기의 양[m³/s], A: 문의 전체 누설틈새면적[m²], P: 문을 경계로 한 기압차[Pa]

(1) A실의 전체 누설틈새면적[m²]을 구하시오. (단, 소수점 아래 6째자리에서 반올림하여 소수점 아래 5째 자리까지 나타내시오.)
(2) A실에 유입해야 할 풍량[L/s]을 구하시오. (단, 소수점 아래는 반올림하여 정수로 나타내시오.)

정답

(1) · 답: $0.00684[m^2]$

(2) · 계산과정: $0.827 \times 0.00684 \times (101,500 - 101,300)^{\frac{1}{2}} ≒ 0.079998[m^3/s] = 79.998[L/s]$
 · 답: $80[L/s]$

해설

(1) A_5, A_6는 직렬관계이다.

$$A_{5\sim6} = \frac{1}{\sqrt{\frac{1}{(0.01[m^2])^2} + \frac{1}{(0.01[m^2])^2}}} ≒ 0.007071[m^2]$$

A_3, A_4, $A_{5\sim6}$는 병렬관계이다.
$$A_{3\sim6} = 0.01[m^2] + 0.01[m^2] + 0.007071[m^2] = 0.027071[m^2]$$

A_2, $A_{3\sim6}$는 직렬관계이다.

$$A_{2\sim6} = \frac{1}{\sqrt{\frac{1}{(0.01[m^2])^2} + \frac{1}{(0.027071[m^2])^2}}} ≒ 0.009380[m^2]$$

A_1, $A_{2\sim6}$는 직렬관계이다.

$$A_{1\sim6} = \frac{1}{\sqrt{\frac{1}{(0.01[m^2])^2} + \frac{1}{(0.00938[m^2])^2}}} ≒ 0.006841[m^2]$$

(2) 어떤 틈새면적 A가 있고, 틈새를 경계로 한 양쪽의 기압차 P가 있을 때, 그 간격을 통과하는 유량 Q는 다음과 같은 관계를 갖는다.

$$Q = 0.827 AP^{\frac{1}{2}}$$

외부의 기압과 A실 내부 기압의 차이는 (101,500−101,300)[Pa]이고, 문의 틈새면적 A는 0.00684[m²]이므로 주어진 조건을 공식에 대입하면 틈새면적을 통과하는 유량 Q는

$$Q = 0.827 \times 0.00684[\text{m}^2] \times (101{,}500[\text{Pa}] - 101{,}300[\text{Pa}])^{\frac{1}{2}}$$
$$\fallingdotseq 0.079998[\text{m}^3/\text{s}] = 79.998[\text{L/s}]$$

> **연계이론** PHASE 15 특별피난계단의 계단실 및 부속실 제연설비

14

스프링클러설비에 사용되는 개방형 헤드와 폐쇄형 헤드의 기능상 차이점 1가지와 헤드별 적용 가능한 설비의 종류를 쓰시오. [6점]

구분	개방형 헤드	폐쇄형 헤드
차이점	•	•
적용설비	•	• • •

> **정답**

구분	개방형 헤드	폐쇄형 헤드
차이점	감열체가 없으므로 가압송수장치의 작동에 의해 소화수를 방출한다.	열을 감지하는 감열체가 있어 화재를 감지하고 감열체가 파열되면 그때부터 소화수를 방출한다.
적용설비	• 일제살수식 스프링클러설비	• 습식 스프링클러설비 • 건식 스프링클러설비 • 준비작동식 스프링클러설비

> **연계이론** PHASE 04 스프링클러설비

15

옥내소화전설비와 스프링클러설비가 설치된 아파트에서 [조건]을 참고하여 다음 각 물음에 답하시오.

[10점]

조건

(가) 계단식형 아파트로서 지하 2층(주차장), 지상 12층(아파트 각 층별로 2세대)인 건축물이다.
(나) 각 층에 옥내소화전 및 스프링클러설비가 설치되어 있다.
(다) 지하층에는 옥내소화전 방수구가 층마다 3개씩, 지상층에는 옥내소화전 방수구가 층마다 1개씩 설치되어 있다.
(라) 아파트의 각 세대별로 설치된 스프링클러 헤드의 설치수량은 12개이다.
(마) 각 설비가 설치되어 있는 장소는 방화벽과 방화문으로 구획되어 있지 않고, 저수조, 펌프 및 입상배관은 겸용으로 설치되어 있다.
(바) 옥내소화전설비의 경우 실양정 50[m], 배관마찰손실은 실양정의 15[%], 호스의 마찰손실수두는 실양정의 30[%]를 적용한다.
(사) 스프링클러설비의 경우 실양정 52[m], 배관마찰손실은 실양정의 35[%]를 적용한다.
(아) 펌프의 효율은 체적효율 90[%], 기계효율 80[%], 수력효율 75[%]이다.
(자) 펌프 작동에 요구되는 동력전달계수는 1.1을 적용한다.

(1) 주펌프의 최소 전양정[m]을 구하시오. (단, 최소 전양정을 산출할 때 옥내소화전설비와 스프링클러설비를 모두 고려하고, 계산한 값 중 큰 값으로 정한다.)

(2) 옥상수조를 포함하여 두 설비에 필요한 총 수원의 양[m^3]을 구하시오.

(3) 두 설비에 필요한 최소 펌프 토출량[L/min]을 구하시오.

(4) 펌프 작동에 필요한 전동기의 최소 동력[kW]을 구하시오.

(5) 스프링클러설비에는 감시제어반과 동력제어반으로 구분하여 설치하여야 하는데, 구분하여 설치하지 않아도 되는 경우 중 (   ) 안에 들어갈 설비 3가지를 쓰시오.

(   )에 따른 가압송수장치를 사용하는 경우

정 답

(1) • 계산과정: $50 + 50 \times 0.3 + 50 \times 0.15 + 17 = 89.5$
　　　　　　　$52 + 52 \times 0.35 + 10 = 80.2$
• 답: 89.5[m]

(2) • 계산과정: $(2 \times 2.6) + (2 \times 2.6) \times \frac{1}{3} \fallingdotseq 6.93$
　　　　　　　$(10 \times 1.6) + (10 \times 1.6) \times \frac{1}{3} \fallingdotseq 21.33$
　　　　　　　$6.93 + 21.33 = 28.26$
• 답: 28.3[m^3]

(3) • 계산과정: $2 \times 130 = 260$
　　　　　　　$10 \times 80 = 800$
　　　　　　　$260 + 800 = 1,060$
• 답: 1,060[L/min]

(4) • 계산과정: $1,060[L/min] = \frac{1.06}{60}[m^3/s]$
　　　　　　　$0.75 \times 0.9 \times 0.8 = 0.54$
　　　　　　　$\dfrac{9.8 \times \dfrac{1.06}{60} \times 89.5}{0.54} \times 1.1 \fallingdotseq 31.5647$
• 답: 31.56[kW]

(5) • 내연기관
　　• 고가수조
　　• 가압수조

해 설

(1) 화재안전기준에 따라 옥내소화전설비에 설치된 가압송수장치(펌프)의 전양정은 다음과 같다.

$$H = h_1 + h_2 + h_3 + 17$$

H: 전양정[m], h_1: 실양정(흡입양정 + 토출양정)[m], h_2: 호스의 마찰손실수두[m], h_3: 배관 및 관부속의 마찰손실수두[m], 17: 노즐선단에서의 방사압력수두[m]

펌프의 후드밸브로부터 최고위 옥내소화전 앵글밸브까지의 수직거리인 실양정 h_1는 50[m]이다.
$h_1 = 50[m]$
호스의 마찰손실은 실양정의 30[%]이므로 호스의 마찰손실수두 h_2는 다음과 같다.
$h_2 = 50[m] \times 0.3 = 15[m]$
배관의 마찰손실은 실양정의 15[%]이므로 배관 및 관부속의 마찰손실수두 h_3는 다음과 같다.
$h_3 = 50[m] \times 0.15 = 7.5[m]$
따라서 옥내소화전설비 펌프의 전양정 H는
$H = h_1 + h_2 + h_3 + 17 = 50[m] + 15[m] + 7.5[m] + 17 = 89.5[m]$

화재안전기준에 따라 스프링클러설비에 설치된 가압송수장치(펌프)의 전양정은 다음과 같다.

$$H = h_1 + h_2 + 10$$

H: 전양정[m], h_1: 실양정(흡입양정+토출양정)[m], h_2: 배관 및 관부속의 마찰손실수두[m], 10: 헤드선단에서의 방사압력수두[m]

펌프의 후드밸브로부터 최고위 스프링클러 헤드까지의 수직거리인 실양정 h_1는 52[m]이다.
$h_1 = 52[m]$
배관의 마찰손실은 실양정의 35[%]이므로 배관 및 관부속의 마찰손실수두 h_2는 다음과 같다.
$h_2 = 52[m] \times 0.35 = 18.2[m]$
따라서 스프링클러설비 펌프의 전양정 H는
$H = h_1 + h_2 + 10 = 52[m] + 18.2[m] + 10 = 80.2[m]$

둘 중 큰 값인 89.5[m]를 선택한다.

(2) 화재안전기준에 따라 옥내소화전설비에서 수원의 저수량은 옥내소화전의 설치개수가 가장 많은 층의 설치개수에 기준량을 곱한 양 이상이 되도록 한다.

층수	최대 설치개수	기준량
~29층	2개	$2.6[m^3]$ ($130[L/min] \times 20[min]$)
30층~49층	5개	$5.2[m^3]$ ($130[L/min] \times 40[min]$)
50층~	5개	$7.8[m^3]$ ($130[L/min] \times 60[min]$)

기준에 따라 계산한 유효수량 외에 유효수량의 $\frac{1}{3}$ 이상을 옥상에 설치한다.

$Q = (2[개] \times 2.6[m^3]) + (2[개] \times 2.6[m^3]) \times \frac{1}{3} \fallingdotseq 6.93[m^3]$

화재안전기준에 따라 스프링클러설비에서 수원의 저수량은 기준개수에 $1.6[m^3]$를 곱한 양 이상이 되도록 한다.
← 설치개수가 기준개수보다 적은 경우 설치개수에 따른다.

스프링클러설비의 설치장소		기준개수
아파트		10
지하층을 제외한 10층 이하인 특정소방대상물	헤드의 높이가 8[m] 미만인 것	10
	헤드의 높이가 8[m] 이상인 것	20
	판매시설이 없는 근린생활시설·운수시설·복합건축물	20
	특수가연물을 취급하지 않는 공장	20
	판매시설 또는 판매시설이 있는 복합건축물	30
	특수가연물을 저장·취급하는 공장	30
지하층을 제외한 11층 이상인 특정소방대상물		30
지하가 또는 지하역사		30

기준에 따라 계산한 유효수량 외에 유효수량의 $\frac{1}{3}$ 이상을 옥상에 설치한다.

$$Q = (10[개] \times 1.6[m^3]) + (10[개] \times 1.6[m^3]) \times \frac{1}{3} ≒ 21.33[m^3]$$

옥내소화전설비의 수원을 스프링클러설비의 수원과 겸용하여 설치하는 경우의 저수량은 각 소화설비에 필요한 저수량을 합한 양 이상이 되도록 한다. ← 두 설비를 동시에 사용하는 경우 그만큼 저수량이 충분해야 하므로 값을 더해준다.

수원의 최소 저수량 $= 6.93[m^3] + 21.33[m^3] = 28.26[m^3]$

(3) 화재안전기준에 따라 옥내소화전설비에서 가압송수장치(펌프)는 특정소방대상물의 어느 층에서 해당 층의 옥내소화전을 동시에 사용할 경우(최대 2개, 30층 이상인 경우 최대 5개) 각 소화전의 노즐 선단에서의 방수량은 $130[L/min]$ 이상으로 한다.

정격토출량 $= 2[개] \times 130[L/min] = 260[L/min]$

화재안전기준에 따라 스프링클러설비에서 가압송수장치(펌프)의 송수량은 기준개수에 $80[L/min]$를 곱한 양 이상으로 한다. ← 설치개수가 기준개수보다 적은 경우 설치개수에 따른다.

정격토출량 $= 10[개] \times 80[L/min] = 800[L/min]$

옥내소화전설비의 가압송수장치(펌프)를 스프링클러설비의 가압송수장치(펌프)와 겸용하여 설치하는 경우의 펌프의 토출량은 각 소화설비에 해당하는 토출량을 합한 양 이상이 되도록 한다. ← 두 설비를 동시에 사용하는 경우 그만큼 토출량이 충분해야 하므로 값을 더해준다.

펌프의 최소 토출량 $= 260[L/min] + 800[L/min] = 1,060[L/min]$

(4) 전동기의 동력은 다음의 식을 통해 구할 수 있다.

$$P = \frac{\gamma QH}{\eta} K$$

P: 전동기의 동력[kW], γ: 유체의 비중량[kN/m³], Q: 유량[m³/s], H: 전양정[m], η: 효율, K: 전달계수

유체는 물이므로 물의 비중량은 $9.8[kN/m^3]$이다.

펌프의 토출량은 $1,060[L/min]$이므로 단위를 변환하면 $\frac{1.06}{60}[m^3/s]$이다.

펌프의 전효율은 다음과 같다.

전효율 = 수력효율 × 체적효율 × 기계효율 $= 0.75 \times 0.9 \times 0.8 = 0.54[\%]$
따라서 주어진 조건을 공식에 대입하면 전동기의 동력 P는

$$P = \frac{9.8[kN/m^3] \times \frac{1.06}{60}[m^3/s] \times 89.5[m]}{0.54} \times 1.1 ≒ 31.5647[kW]$$

(5) 스프링클러설비에는 제어반을 설치하되, 감시제어반과 동력제어반으로 구분하여 설치한다. 다만, 다음에 해당하는 경우에는 감시제어반과 동력제어반으로 구분하여 설치하지 않을 수 있다.
- 지하층을 제외한 층수가 7층 이상으로서 연면적이 $2,000[m^2]$ 이상인 특정소방대상물에 설치하는 경우
- 지하층의 바닥면적 합계가 $3,000[m^2]$ 이상인 특정소방대상물에 설치하는 경우
- 내연기관에 따른 가압송수장치를 사용하는 경우
- 고가수조에 따른 가압송수장치를 사용하는 경우
- 가압수조에 따른 가압송수장치를 사용하는 경우

> 연계이론

PHASE 02 옥내소화전설비
PHASE 04 스프링클러설비

16

전기실에 제1종 분말 소화약제를 사용한 분말 소화설비를 전역방출방식의 가압식으로 설치하려고 한다. 다음 [조건]을 참조하여 각 물음에 답하시오. [9점]

조건
- ㉮ 소방대상물의 크기는 가로 11[m], 세로 9[m], 높이 4.5[m]인 내화구조로 되어 있다.
- ㉯ 소방대상물의 중앙에 가로 1[m], 세로 1[m]의 기둥이 있고, 기둥을 중심으로 가로, 세로 보가 교차되어 있으며, 보는 천장으로부터 0.6[m], 너비 0.4[m]의 크기이고, 보와 기둥은 내열성 재료이다.
- ㉰ 전기실에는 0.7[m]×1.0[m], 1.2[m]×0.8[m]인 개구부가 각각 1개씩 설치되어 있으며, 1.2[m]×0.8[m]인 개구부에는 자동폐쇄장치가 설치되어 있다.
- ㉱ 방호공간에 내화구조 또는 내열성 밀폐재료가 설치된 경우에는 방호공간에서 제외할 수 있다.
- ㉲ 방사헤드의 방출률은 $7.82[kg/mm^2 \cdot min \cdot 개]$이다.
- ㉳ 약제 저장용기 1개의 내용적은 50[L]이다.
- ㉴ 방사헤드 1개의 오리피스(방출구) 면적은 $0.45[cm^2]$이다.
- ㉵ 소화약제 종류에 따른 소화약제의 양과 개구부 가산량은 다음과 같다.

소화약제의 종류	방호구역의 체적 $1[m^3]$에 대한 소화약제의 양	가산량(개구부의 면적 $1[m^2]$에 대한 소화약제의 양)
제1종 분말	0.6[kg]	4.5[kg]

- ㉶ 소화약제 산정기준 및 기타 필요한 사항은 국가화재안전기준에 준한다.

(1) 저장에 필요한 제1종 분말 소화약제의 최소 양[kg]
(2) 저장에 필요한 약제 저장용기의 수[병]
(3) 설치에 필요한 방사헤드의 최소 개수[개] (단, 소화약제의 양은 (2)에서 구한 저장용기 수의 소화약제 양으로 한다.)
(4) (3)에서 구한 소화약제 양을 기준으로 헤드의 방출률[kg/s]

정답

(1) • 계산과정: $11 \times 9 \times 4.5 = 445.5$
$1 \times 1 \times 4.5 = 4.5$
$0.4 \times (5+5+4+4) \times 0.6 = 4.32$
$445.5 - 4.5 - 4.32 = 436.68$
$(0.60 \times 436.68) + (4.5 \times (0.7 \times 1.0)) = 265.158$
• 답: 265.16[kg]

(2) • 계산과정: $\dfrac{50}{0.8} = 62.5$
$\dfrac{265.16}{62.5} ≒ 4.25$
• 답: 5병

(3) • 계산과정: $5 \times 62.5 = 312.5$
$0.45[cm^2] = 45[mm^2]$
$312.5 = 7.82 \times 45 \times 0.5 \times$ 헤드 수
헤드 수 $= \dfrac{312.5}{7.82 \times 45 \times 0.5} ≒ 1.776$
• 답: 2개

(4) • 계산과정: $\dfrac{312.5}{2 \times 30} ≒ 5.208$
• 답: 5.21[kg/s]

해설

(1) 전역방출방식 분말 소화약제의 저장량 기준은 다음과 같다.

소화약제의 종류	소화약제의 양[kg/m³]	개구부 가산량[kg/m²]
제1종 분말	0.60	4.5
제2종 분말	0.36	2.7
제3종 분말	0.36	2.7
제4종 분말	0.24	1.8

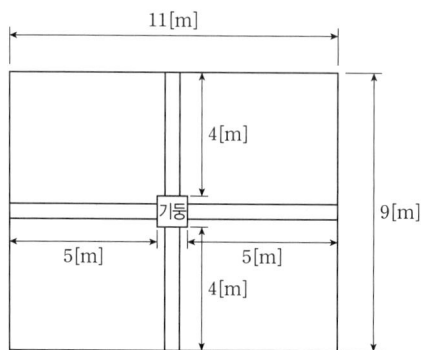

전기실의 체적(가로×세로×높이)은 다음과 같다.
$V_1 = 11[m] \times 9[m] \times 4.5[m] = 445.5[m^3]$
기둥의 체적은 다음과 같다.
$V_2 = 1[m] \times 1[m] \times 4.5[m] = 4.5[m^3]$
보의 체적은 다음과 같다.
$V_3 = 0.4[m] \times (5[m]+5[m]+4[m]+4[m]) \times 0.6[m] = 4.32[m^3]$
따라서 방호구역의 체적은 다음과 같다.
$V = V_1 - V_2 - V_3 = 445.5[m^3] - 4.5[m^3] - 4.32[m^3] = 436.68[m^3]$

제1종 분말 소화약제를 사용하므로 소화약제의 양은 체적 $1[m^3]$ 당 $0.60[kg/m^3]$을 적용한다.
개구부(창문·출입구)에 자동폐쇄장치가 없으므로 개구부 면적 $1[m^2]$ 당 $4.5[kg/m^2]$을 가산한다.

소화약제의 양 $= (0.60[kg/m^3] \times 436.68[m^3]) + (4.5[kg/m^2] \times (0.7[m] \times 1.0[m])) = 265.158[kg]$

(2) 분말 소화약제의 저장용기 기준은 다음과 같다.

소화약제의 종류	소화약제 1[kg] 당 저장용기의 내용적[L/kg]
제1종 분말	0.8
제2종 분말	1.0
제3종 분말	1.0
제4종 분말	1.25

제1종 분말 소화약제를 사용하므로 50[L] 저장용기 1병 당 소화약제의 충전량은 다음과 같다.

$$\frac{50[L/병]}{0.8[L/kg]} = 62.5[kg/병]$$

따라서 전체 소화약제의 양을 저장하기 위해 필요한 저장용기의 개수는

$$\frac{265.16[kg]}{62.5[kg/병]} ≒ 4.25[병] = 5[병] \text{ (절상)}$$

(3) 방출해야하는 소화약제의 양은 다음과 같다.

$5[병] \times 62.5[kg/병] = 312.5[kg]$

방사헤드의 방출률은 $7.82[kg/mm^2 \cdot min \cdot 개]$이고, 방사헤드 1개의 방출구 면적은 $0.45[cm^2](=45[mm^2])$이다.
분말 소화설비의 분사헤드는 소화약제 저장량을 30초 이내에 방출할 수 있어야 하므로 필요한 헤드 수는

$312.5[kg] = 7.82[kg/mm^2 \cdot min \cdot 개] \times 45[mm^2] \times 0.5[min] \times \text{헤드 수}$

$$\text{헤드 수} = \frac{312.5[kg]}{7.82[kg/mm^2 \cdot min \cdot 개] \times 45[mm^2] \times 0.5[min]} ≒ 1.776[개] = 2[개] \text{ (절상)}$$

(4) 2개의 헤드에서 312.5[kg]의 소화약제가 30초 동안 방출되므로 헤드의 방출률[kg/s]은

$$\text{헤드의 방출률} = \frac{312.5[kg]}{2[개] \times 30[s]} ≒ 5.208[kg/s]$$

연계이론 **PHASE 10 분말 소화설비**

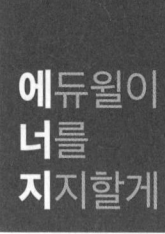

나침반 바늘은 정확한 방향을 가리키기 전에 항상 흔들린다.
인생도 마찬가지다.
그러므로 지금 흔들리고 있는 것을 걱정할 필요가 없다.
언젠가는 바른 방향을 가리키게 될 것이기 때문이다.

– 김은주, 『달팽이 안에 달』 中

2022년 1회 기출문제

01 피난기구에 대한 다음 각 물음에 답하시오. [6점]

(1) 3층 및 4층 이상 10층 이하의 의료시설에 설치해야 할 피난기구를 쓰시오.
- 3층:
- 4층 이상 10층 이하:

(2) 피난기구 설치 시 개구부에 관련되는 사항으로 ( ) 안에 알맞은 답을 쓰시오.

> 피난기구는 계단·피난구 기타 피난시설로부터 적당한 거리에 있는 안전한 구조로 된 피난 또는 소화활동 상 유효한 개구부(가로 (①)[m] 이상 세로 (②)[m] 이상인 것을 말한다. 이 경우 개구부 하단이 바닥에서 (③)[m] 이상이면 발판 등을 설치하여야 하고, 밀폐된 창문은 쉽게 파괴할 수 있는 파괴장치를 비치하여야 한다.)에 고정하여 설치하거나 필요한 때에 신속하고 유효하게 설치할 수 있는 상태에 둘 것

정답

(1)
- 3층: 미끄럼대, 구조대, 피난교, 피난용트랩, 다수인피난장비, 승강식 피난기
- 4층 이상 10층 이하: 구조대, 피난교, 피난용트랩, 다수인피난장비, 승강식 피난기

(2) ① 0.5[m]
② 1[m]
③ 1.2[m]

해설

(1)

층별 설치장소별	1층	2층	3층	4층 이상 10층 이하
의료시설·근린생활시설 중 입원실이 있는 의원·접골원·조산원			• 미끄럼대 • 구조대 • 피난교 • 피난용트랩 • 다수인피난장비 • 승강식 피난기	• 구조대 • 피난교 • 피난용트랩 • 다수인피난장비 • 승강식 피난기

(2) 피난기구는 계단·피난구 기타 피난시설로부터 적당한 거리에 있는 안전한 구조로 된 피난 또는 소화 활동상 유효한 개구부(가로 0.5[m] 이상 세로 1[m] 이상인 것을 말한다. 이 경우 개구부 하단이 바닥에서 1.2[m] 이상이면 발판 등을 설치하여야 하고, 밀폐된 창문은 쉽게 파괴할 수 있는 파괴장치를 비치해야 한다.)에 고정하여 설치하거나 필요한 때에 신속하고 유효하게 설치할 수 있는 상태에 둘 것

연계이론

PHASE 11 피난기구

02

다음과 같은 특정소방대상물에 소화수조 및 저수조를 설치하고자 한다. 다음 각 물음에 답하시오. [5점]

구분	지하 2층	지하 1층	지상 1층	지상 2층	지상 3층
바닥면적[m²]	2,500	2,500	13,500	13,500	6,500

(1) 소화용수의 저수량은 몇 [m³]인가?
(2) 흡수관투입구 및 채수구는 몇 개 이상으로 설치해야 하는가?
(3) 가압송수장치의 양수량은 몇 [L/min] 이상으로 해야 하는가?

정 답

(1) • 계산과정: $2,500+2,500+13,500+13,500+6,500=38,500$

$$\frac{38,500}{7,500} ≒ 5.13 = 6$$

$$6 \times 20 = 120$$

• 답: $120[m^3]$

(2) • 흡수관투입구: 2개
• 채수구: 3개

(3) • 답: 3,300[L/min]

해 설

(1) 저수량은 소방대상물의 연면적을 다음의 표에 따른 기준면적으로 나누어 얻은 수(소수점 이하 절상)에 20[m³]을 곱한 양 이상으로 한다.

소방대상물의 구분	기준면적[m²]
1층 및 2층의 바닥면적 합계가 15,000[m²] 이상	7,500
그 밖의 소방대상물	12,500

연면적 $= 2,500[m^2] + 2,500[m^2] + 13,500[m^2] + 13,500[m^2] + 6,500[m^2] = 38,500[m^2]$

$$\frac{38,500[m^2]}{7,500[m^2]} ≒ 5.13 = 6 \text{ (절상)}$$

$$6 \times 20[m^3] = 120[m^3]$$

(2) 흡수관투입구는 다음의 표에 따른 소요수량에 따라 설치한다.

소요수량[m³]	흡수관투입구의 수
80 미만	1개 이상
80 이상	2개 이상

저수량이 120[m³]이므로 흡수관투입구를 통한 소요수량도 120[m³]이고, 흡수관투입구는 2개 이상 설치해야 한다.

채수구는 다음의 표에 따른 소요수량에 따라 설치한다.

소요수량[m³]	채수구의 수
20 이상 40 미만	1
40 이상 100 미만	2
100 이상	3

저수량이 120[m³]이므로 채수구를 통한 소요수량도 120[m³]이고, 채수구는 3개 설치해야 한다.

(3) 가압송수장치의 1분 당 양수량은 다음의 표에 따른 소요수량에 따라 설치한다.

← 저수량을 지표면으로부터 4.5[m] 이하인 지하에서 확보할 수 있는 경우 가압송수장치를 설치하지 않을 수 있다.

소요수량[m³]	가압송수장치의 1분 당 양수량[L/min]
20 이상 40 미만	1,100 이상
40 이상 100 미만	2,200 이상
100 이상	3,300 이상

저수량이 120[m³]이므로 가압송수장치를 통한 소요수량도 120[m³]이고, 1분 당 양수량은 3,300[L/min] 이상으로 한다.

> 연계이론 PHASE 13 소화수조 및 저수조

03 다음 소방시설의 도시기호에 대한 명칭을 쓰시오. [6점]

명칭						
도시기호	—WS—	←⊣	▲	⊕	▷	H

> 정답

명칭	물분무배관	플러그	경보밸브(습식)	포헤드(평면도)	가스체크밸브	옥외소화전
도시기호	—WS—	←⊣	▲	⊕	▷	H

04 그림과 같이 바닥면이 자갈로 되어 있는 절연유 봉입 변압기에 물분무 소화설비를 설치하고자 한다. 물분무 소화설비의 화재안전기술기준(NFTC 104)을 참고하여 다음 각 물음에 답하시오. [5점]

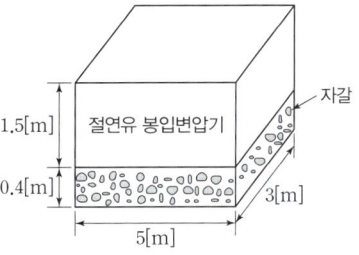

(1) 소화펌프의 최소토출량[L/min]을 구하시오.
(2) 필요한 최소 수원의 양[m³]을 구하시오.

정답

(1) • 계산과정: $(5 \times 1.5) \times 2 + (3 \times 1.5) \times 2 + (5 \times 3) = 39$
$10 \times 39 = 390$
• 답: 390[L/min]

(2) • 계산과정: $390 \times 20 = 7,800[L] = 7.8[m^3]$
• 답: 7.8[m³]

해설

(1) 화재안전기준에 따라 물분무 소화설비에서 가압송수장치(펌프)의 1분 당 토출량은 다음의 기준에 따라 설치한다.
← 물분무 소화설비의 방수시간은 20분 이상이다.

대상	1분 당 토출량
특수가연물을 저장·취급하는 특정소방대상물	바닥면적(최소 50[m²]) 1[m²] 당 10[L] 이상
차고 또는 주차장	바닥면적(최소 50[m²]) 1[m²] 당 20[L] 이상
절연유 봉입 변압기	바닥을 제외한 표면적 1[m²] 당 10[L] 이상
케이블트레이, 케이블덕트	투영된 바닥면적 1[m²] 당 12[L] 이상
콘베이어 벨트	벨트 부분의 바닥면적 1[m²] 당 10[L] 이상

가압송수장치(펌프)의 1분 당 토출량은 절연유 봉입 변압기의 경우 바닥을 제외한 표면적 1[m²] 당 10[L] 이상으로 한다.
바닥을 제외한 표면적 A는 다음과 같다.
$A = (5[m] \times 1.5[m]) \times 2 + (3[m] \times 1.5[m]) \times 2 + (5[m] \times 3[m]) = 39[m^2]$
정격토출량 $= 10[L/m^2 \cdot min] \times 39[m^2] = 390[L/min]$

(2) 물분무 소화설비의 방수시간은 20분 이상이다.
$Q = 390[L/min] \times 20[min] = 7,800[L] = 7.8[m^3]$

연계이론 PHASE 05 물분무 소화설비

05 그림은 어느 판매장의 무창층에 대한 제연설비 중 연기배출풍도와 배출 FAN을 나타내고 있는 평면도이다. 주어진 [조건]을 이용하여 풍도에 설치되어야 할 제어댐퍼를 가장 적합한 지점에 표기한 다음 물음에 답하시오. [7점]

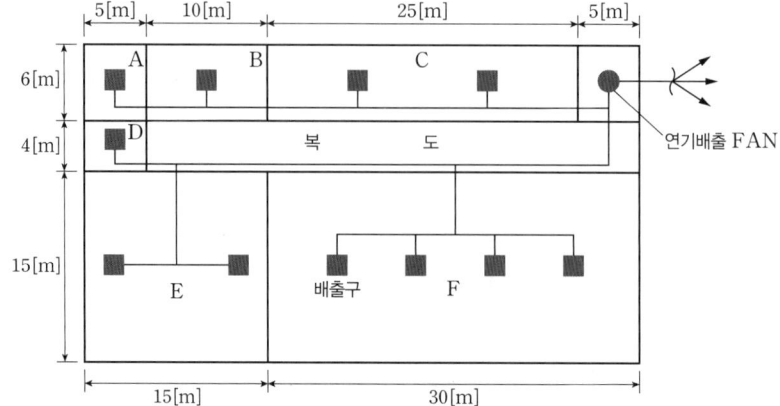

조건

(가) 건물의 주요구조부는 모두 내화구조이다.
(나) 각 실은 불연성 구조물로 구획되어 있다.
(다) 복도의 내부면은 모두 불연재이고, 복도 내에 가연물을 두는 일은 없다.
(라) 각 실에 대한 연기배출방식에서 공동배출구역방식은 없다.
(마) 이 판매장에는 음식점은 없다.

(1) 제어댐퍼의 설치를 그림에 표시하시오. (단, 댐퍼의 표기는 ⦸의 모양으로 할 것)
(2) 각 실(A, B, C, D, E, F)의 최소 소요배출량[m³/h]은 얼마인가?

실	계산식	배출량
A실		
B실		
C실		
D실		
E실		
F실		

(3) 배출 FAN의 최소 소요배출용량[m³/h]은 얼마인가?
(4) C실에 화재가 발생하였을 경우 제어댐퍼의 작동상황(개폐 여부)이 어떻게 되어야 하는지 설명하시오.

정답

(1)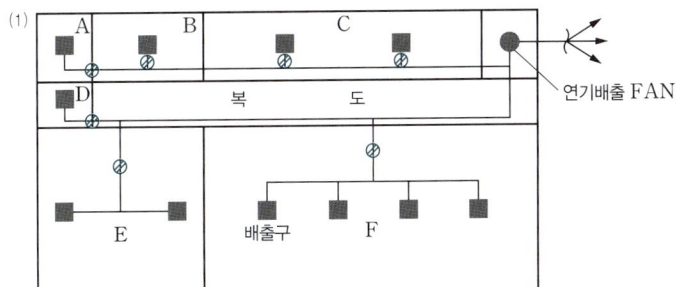

(2)

실	계산식	배출량
A실	$5 \times 6 = 30[m^2]$ $30[m^3/min] \times 60[min/h] = 1,800[m^3/h]$	$5,000[m^3/h]$
B실	$10 \times 6 = 60[m^2]$ $60[m^3/min] \times 60[min/h] = 3,600[m^3/h]$	$5,000[m^3/h]$
C실	$25 \times 6 = 150[m^2]$ $150[m^3/min] \times 60[min/h] = 9,000[m^3/h]$	$9,000[m^3/h]$
D실	$5 \times 4 = 20[m^2]$ $20[m^3/min] \times 60[min/h] = 1,200[m^3/h]$	$5,000[m^3/h]$
E실	$15 \times 15 = 225[m^2]$ $225[m^3/min] \times 60[min/h] = 13,500[m^3/h]$	$13,500[m^3/h]$
F실	$30 \times 15 = 450[m^2]$ $\sqrt{30^2 + 15^2} \fallingdotseq 33.54[m] \leq 40[m]$	$40,000[m^3/h]$

(3) $40,000[m^3/h]$

(4) C실에 화재 발생 시 C실의 배기 제어댐퍼만 개방되고 그 외의 모든 제어댐퍼는 폐쇄되어야 한다.

해설

(1) 각 실은 독립배연방식이므로 각 실별로 배출댐퍼를 설치해야 한다. ← 각 실에 하나의 댐퍼만 설치해야 하는 것은 아니고 일제히 동작하는 2 이상의 댐퍼도 가능하다.

(2) 바닥면적이 $400[m^2]$ 미만인 경우 바닥면적 $1[m^2]$ 당 $1[m^3/min]$ 이상으로 하고, 최소 배출량은 $5,000[m^3/hr]$ 이상으로 한다.
바닥면적이 $400[m^2]$ 이상인 경우 배출량은 다음과 같다. ← 제연경계가 아닌 벽으로 구획된 경우 수직거리는 0[m]

	제연경계의 하단으로부터 바닥까지의 수직거리[m]	배출량[m^3/h]
직경 40[m]인 원의 범위 안에 있는 경우	2 이하	40,000 이상
	2 초과 2.5 이하	45,000 이상
	2.5 초과 3 이하	50,000 이상
	3 초과	60,000 이상
직경 40[m]인 원의 범위를 초과하는 경우	2 이하	45,000 이상
	2 초과 2.5 이하	50,000 이상
	2.5 초과 3 이하	55,000 이상
	3 초과	65,000 이상

(3) 공동예상제연구역 안에 설치된 예상제연구역이 각각 제연경계로 구획된 경우에 배출량은 각 예상제연구역의 배출량 중 최대의 것으로 한다.

연계이론 PHASE 14 제연설비

06 아래와 같은 [조건]으로 전역방출방식의 이산화탄소 소화설비를 설치하였을 경우 각 물음에 답하시오.

[8점]

조건

(가) 방호구역의 크기는 가로 10[m], 세로 20[m], 높이 5[m]이다.
(나) 개구부의 조건

개구부의 크기	자동폐쇄장치 설치여부
가로 2.4[m]×세로 1.8[m]	미설치
가로 1.2[m]×세로 0.8[m]	설치

(다) 개구부의 상태에 따라 개구부 면적 1[m²] 당 가산하는 소화약제의 양은 5[kg]으로 한다.
(라) 설치된 분사헤드의 방사율은 1개 당 1.05[kg/mm²·min]으로 하며 CO_2 방출시간은 1분을 기준으로 한다.
(마) CO_2 저장용기는 내용적으로 68[L], 충전량으로 45[kg]용의 것을 사용하는 것으로 한다.
(바) 분사헤드의 분구면적은 1개당 51[mm²]이다.
(사) 표면화재를 기준으로 한다.
(아) 소화약제의 산정기준 및 기타 필요한 사항은 국가화재안전기술기준에 따른다.

(1) 필요한 소화약제의 양은 몇 [kg]인지 산출하시오.
(2) 용기저장소에 저장해야 할 소화약제의 용기수는 얼마인가?
(3) 선택밸브 직후의 유량은 몇 [kg/s]인가?
(4) 설치해야 할 헤드 수는 모두 몇 개인지 구하시오. (단, 실제방출 병 수로 계산한다.)

정답

(1) • 계산과정: $10 \times 20 \times 5 = 1,000$
$(0.80 \times 1,000) + (5 \times (2.4 \times 1.8)) = 821.6$
• 답: 821.6[kg]

(2) • 계산과정: $\frac{821.6}{45} ≒ 18.258$
• 답: 19병

(3) • 계산과정: $\frac{19 \times 45}{60} = 14.25$
• 답: 14.25[kg/s]

(4) • 계산과정: $19 \times 45 = 855$
$855[kg] = 1.05[kg/mm^2 \cdot min \cdot 개] \times 51[mm^2] \times 1[min] \times$ 헤드 수
헤드 수 $= \frac{855}{1.05 \times 51 \times 1} ≒ 15.966$
• 답: 16개

해 설

(1) 표면화재이고 전역방출방식인 이산화탄소 소화약제의 저장량 최소기준은 다음과 같다.

방호구역의 체적	소화약제의 양[kg/m³]	소화약제 저장량의 최저한도[kg]
45[m³] 미만	1.00	45
45[m³] 이상 150[m³] 미만	0.90	45
150[m³] 이상 1,450[m³] 미만	0.80	135
1,450[m³] 이상	0.75	1,125

방호구역의 개구부(창문·출입구) 1[m²]마다 5[kg]을 가산한다. ← 자동폐쇄장치가 없는 경우에만 적용한다.

방호구역의 체적(가로×세로×높이)은 다음과 같다.
$$V = 10[m] \times 20[m] \times 5[m] = 1{,}000[m^3]$$
방호구역의 체적이 150[m³] 이상 1,450[m³] 미만이므로 소화약제의 양은 체적 1[m³] 당 0.80[kg/m³]을 적용한다.
개구부(창문·출입구)에 자동폐쇄장치가 없으므로 개구부 면적 1[m²] 당 5[kg/m²]을 가산한다.
$$\text{소화약제의 양} = (0.80[kg/m^3] \times 1{,}000[m^3]) + (5[kg/m^2] \times (2.4[m] \times 1.8[m])) = 821.6[kg]$$

(2) 저장용기 1개 당 소화약제의 충전량은 45[kg]이므로 전체 소화약제의 양을 저장하기 위해 필요한 저장용기의 개수는
$$\frac{821.6[kg]}{45[kg/\text{병}]} \approx 18.258[\text{병}] = 19[\text{병}] \text{ (절상)}$$

(3) 선택밸브란 가스용기에서 배출된 소화약제가 적절한 방호구역으로 운반될 수 있도록 선택적으로 배관을 개폐시키는 밸브를 말한다.

발전기실에 이산화탄소 소화약제를 방사하는 경우 19병의 저장용기에서 일제히 소화약제가 방출되므로 방출량은 다음과 같다.
$$19[\text{병}] \times 45[kg/\text{병}] = 855[kg]$$
이산화탄소 소화설비의 소화약제 방출시간은 다음과 같다.

방출방식		기준시간
전역방출방식	표면화재	1분 이내
	심부화재	7분 이내
국소방출방식		30초 이내

따라서 선택밸브 직후의 유량[kg/s]은
$$\frac{19[\text{병}] \times 45[kg/\text{병}]}{1[min]} = \frac{855[kg]}{60[s]} = 14.25[kg/s]$$

(4) 방출해야하는 소화약제의 양은 다음과 같다.
$$19[\text{병}] \times 45[kg/\text{병}] = 855[kg]$$

분사헤드의 방출률은 1.05[kg/mm²·min·개]이고, 분사헤드 1개의 방출구 면적은 51[mm²]이다.
표면화재이고 전역방출방식인 이산화탄소 소화설비의 분사헤드는 소화약제 저장량을 1분 이내에 방출할 수 있어야 하므로 필요한 헤드 수는
$$855[kg] = 1.05[kg/mm^2 \cdot min \cdot \text{개}] \times 51[mm^2] \times 1[min] \times \text{헤드 수}$$
$$\text{헤드 수} = \frac{855[kg]}{1.05[kg/mm^2 \cdot min \cdot \text{개}] \times 51[mm^2] \times 1[min]} \approx 15.966[\text{개}] = 16[\text{개}] \text{ (절상)}$$

연 계 이 론 **PHASE 07** 이산화탄소 소화설비

07

아래 제연설비의 [조건]을 참고하여 다음 물음에 답하시오. [7점]

조건
- (가) 국가화재안전기준에 따른 제연설비를 설치한다.
- (나) 주덕트의 높이 제한은 600[mm]이다. (단, 강판두께, 덕트플랜지 및 보온두께는 고려하지 않는다.)
- (다) 예상제연구역의 설계풍량은 45,000[m³/h]이다.
- (라) 배출기는 원심식 다익형이다.
- (마) 기타 조건은 무시한다.

(1) 배출기의 흡입 측 주덕트의 최소폭[m]을 구하시오.
(2) 배출기의 배출 측 주덕트의 최소폭[m]을 구하시오.
(3) 준공 후 풍량시험을 한 결과 풍량은 36,000[m³/h], 회전수 600[rpm], 축동력 7.5[kW]로 측정되었다. 배출량 45,000[m³/h]를 만족시키기 위한 배출기의 회전수[rpm]를 계산하시오.
(4) 회전수를 높여서 배출량을 만족시킬 경우의 예상축동력[kW]을 계산하시오.

정답

(1) • 계산과정: $\dfrac{\frac{45,000}{3,600}}{15} \fallingdotseq 0.833$

$\dfrac{0.833}{0.6} \fallingdotseq 1.388$

• 답: 1.39[m]

(2) • 계산과정: $\dfrac{\frac{45,000}{3,600}}{20} = 0.625$

$\dfrac{0.625}{0.6} \fallingdotseq 1.042$

• 답: 1.04[m]

(3) • 계산과정: $600 \times \left(\dfrac{45,000}{36,000}\right) = 750$

• 답: 750[rpm]

(4) • 계산과정: $7.5 \times \left(\dfrac{750}{600}\right)^3 \fallingdotseq 14.648$

• 답: 14.65[kW]

해 설

(1) 배출기의 흡입 측 풍도 안의 풍속은 15[m/s] 이하로 한다.
부피유량 공식 $Q = Au$에 의해 유량 Q와 유속 u를 알면 덕트의 단면적 A를 다음과 같이 구할 수 있다.

$$A = \frac{Q}{u}$$

A: 덕트의 단면적[m²], Q: 유량[m³/s], u: 유속[m/s]

유량 45,000[m³/h]의 단위를 변환해주면 $\frac{45,000}{3,600}$[m³/s]이 되고, 유속 15[m/s]와 함께 공식에 대입해주면 덕트의 단면적 A는 다음과 같다.

$$A = \frac{\frac{45,000}{3,600}[\text{m}^3/\text{s}]}{15[\text{m/s}]} \fallingdotseq 0.833[\text{m}^2]$$

주덕트의 최대 높이 H가 0.6[m]이므로 최소 폭 W는

$$W = \frac{A}{H} = \frac{0.833[\text{m}^2]}{0.6[\text{m}]} \fallingdotseq 1.388[\text{m}]$$

(2) 배출기의 배출 측 풍속은 20[m/s] 이하로 한다.
유속 20[m/s]와 함께 공식에 대입해주면 덕트의 단면적 A는 다음과 같다.

$$A = \frac{\frac{45,000}{3,600}[\text{m}^3/\text{s}]}{20[\text{m/s}]} = 0.625[\text{m}^2]$$

주덕트의 최대 높이 H가 0.6[m]이므로 최소 폭 W는

$$W = \frac{A}{H} = \frac{0.625[\text{m}^2]}{0.6[\text{m}]} \fallingdotseq 1.042[\text{m}]$$

(3) 기하학적으로 비슷한 두 물체의 운동이 역학적으로도 비슷해지도록 하는 조건을 나타내는 법칙을 상사법칙이라고 한다.
배출기의 회전수를 변화시키면 동일한 배출기이므로 상사법칙에 따라 유량이 변화한다.

$$\frac{Q_2}{Q_1} = \left(\frac{N_2}{N_1}\right)\left(\frac{D_2}{D_1}\right)^3$$

Q: 유량, N: 펌프의 회전수, D: 직경

동일한 배출기이므로 직경 D는 같고, 상태1의 유량 Q_1가 36,000[m³/h], 회전수 N_1이 600[rpm]이며, 상태2의 유량 Q_2가 45,000[m³/h]이므로 회전수 N_2는 다음과 같다.

$$N_2 = N_1\left(\frac{Q_2}{Q_1}\right) = 600[\text{rpm}] \times \left(\frac{45,000[\text{m}^3/\text{h}]}{36,000[\text{m}^3/\text{h}]}\right) = 750[\text{rpm}]$$

(4) 배출기의 회전수를 변화시키면 동일한 배출기이므로 상사법칙에 따라 축동력이 변화한다.

$$\frac{P_2}{P_1} = \left(\frac{N_2}{N_1}\right)^3\left(\frac{D_2}{D_1}\right)^5$$

P: 축동력, N: 펌프의 회전수, D: 직경

동일한 배출기이므로 직경 D는 같고, 상태1의 소요동력 P_1가 7.5[kW], 회전수 N_1이 600[rpm]이며, 상태2의 회전수 N_2이 750[rpm]이므로 축동력 P_2는 다음과 같다.

$$P_2 = P_1\left(\frac{N_2}{N_1}\right)^3 = 7.5[\text{kW}] \times \left(\frac{750[\text{rpm}]}{600[\text{rpm}]}\right)^3 \fallingdotseq 14.648[\text{kW}]$$

연계이론 **PHASE 14** 제연설비

08 습식 스프링클러설비를 아래의 조건을 이용하여 그림과 같이 8층의 백화점 건물에 시공할 경우 다음 물음에 답하시오. [8점]

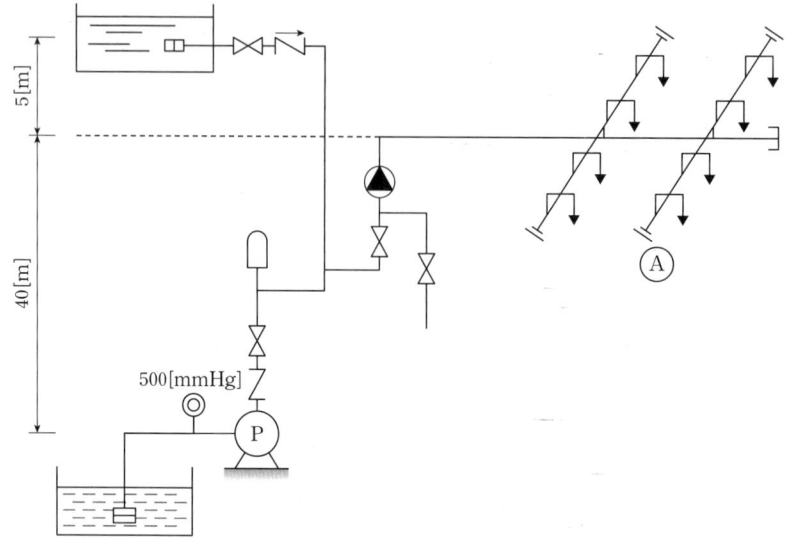

> **조건**
> (가) 배관 및 부속류의 총 마찰손실은 펌프 자연 낙차압의 40[%]이다.
> (나) 펌프의 진공계 눈금은 500[mmHg]이다.
> (다) 펌프의 체적효율 η_v는 0.95, 기계효율 η_m는 0.85, 수력효율 η_h는 0.75이다.
> (라) 전동기의 전달계수 K는 1.2이다.

(1) 주펌프의 양정[m]을 구하시오.
(2) 주펌프의 토출량[L/min]을 구하시오. (단, 스프링클러 헤드는 최대 기준개수 이상 설치되는 기준이다.)
(3) 주펌프의 전효율[%]을 구하시오.
(4) 주펌프의 모터동력[kW]을 구하시오.
(5) 폐쇄형 스프링클러 헤드의 선정은 설치장소의 최고주위온도와 선정된 헤드의 표시온도를 고려해야 한다. 다음 표의 설치장소의 최고주위온도에 대한 표시온도를 쓰시오.

설치장소의 최고주위온도	표시온도
39[℃] 미만	79[℃] 미만
39[℃] 이상 64[℃] 미만	
64[℃] 이상 106[℃] 미만	
106[℃] 이상	162[℃] 이상

정 답

(1) • 계산과정: $500 \times \dfrac{10.332}{760} + 40 \fallingdotseq 46.797$

$45 \times 0.4 = 18$

$46.797 + 18 + 10 = 74.797$

• 답: 74.8[m]

(2) • 계산과정: $30 \times 80 = 2,400$

• 답: 2,400[L/min]

(3) • 계산과정: $0.75 \times 0.95 \times 0.85 \fallingdotseq 0.6056$

• 답: 60.56[%]

(4) • 계산과정: $2,400[\text{L/min}] = \dfrac{2.4}{60}[\text{m}^3/\text{s}]$

$\dfrac{9.8 \times \dfrac{2.4}{60} \times 74.8}{0.6056} \times 1.2 \fallingdotseq 58.101$

• 답: 58.1[kW]

(5)

설치장소의 최고주위온도	표시온도
39[℃] 미만	79[℃] 미만
39[℃] 이상 64[℃] 미만	79[℃] 이상 121[℃] 미만
64[℃] 이상 106[℃] 미만	121[℃] 이상 162[℃] 미만
106[℃] 이상	162[℃] 이상

해 설

(1) 화재안전기준에 따라 스프링클러설비에 설치된 가압송수장치(펌프)의 전양정은 다음과 같다.

$$H = h_1 + h_2 + 10$$

H: 전양정[m], h_1: 실양정(흡입양정＋토출양정)[m],
h_2: 배관 및 관부속의 마찰손실수두[m], 10: 헤드선단에서의 방사압력수두[m]

펌프의 후드밸브로부터 펌프 중심까지의 양정은 진공계의 압력 500[mmHg]와 같고, 펌프 중심에서 최고위 스프링클러 헤드까지의 수직거리는 40[m]이므로 실양정 h_1는 다음과 같다.

$h_1 = 500[\text{mmHg}] \times \dfrac{10.332[\text{m}]}{760[\text{mmHg}]} + 40[\text{m}] \fallingdotseq 46.797[\text{m}]$

배관 및 부속류의 총 마찰손실은 펌프 자연 낙차압의 40[%]이므로 배관 및 관부속의 마찰손실수두 h_2는 다음과 같다.

$h_2 = (40+5)[\text{m}] \times 0.4 = 18[\text{m}]$

따라서 펌프의 전양정 H는

$H = h_1 + h_2 + 10 = 46.797[\text{m}] + 18[\text{m}] + 10 = 74.797[\text{m}]$

(2) 화재안전기준에 따라 스프링클러설비에서 가압송수장치(펌프)의 송수량은 기준개수에 80[L/min]를 곱한 양 이상으로 한다. ← 설치개수가 기준개수보다 적은 경우 설치개수에 따른다.

스프링클러설비의 설치장소		기준개수
아파트		10
지하층을 제외한 10층 이하인 특정소방대상물	헤드의 높이가 8[m] 미만인 것	10
	헤드의 높이가 8[m] 이상인 것	20
	판매시설이 없는 근린생활시설·운수시설·복합건축물	20
	특수가연물을 취급하지 않는 공장	20
	판매시설 또는 판매시설이 있는 복합건축물	30
	특수가연물을 저장·취급하는 공장	30
지하층을 제외한 11층 이상인 특정소방대상물		30
지하가 또는 지하역사		30

정격토출량 = 30[개] × 80[L/min] = 2,400[L/min]

(3) 펌프의 전효율은 다음과 같다.

전효율 = 수력효율 × 체적효율 × 기계효율 = 0.75 × 0.95 × 0.85 ≒ 0.6056

(4) 전동기의 동력은 다음의 식을 통해 구할 수 있다.

$$P = \frac{\gamma QH}{\eta} K$$

P: 전동기의 동력[kW], γ: 유체의 비중량[kN/m³], Q: 유량[m³/s],
H: 전양정[m], η: 효율, K: 전달계수

유체는 물이므로 물의 비중량은 9.8[kN/m³]이다.

펌프의 토출량은 2,400[L/min]이므로 단위를 변환하면 $\frac{2.4}{60}$[m³/s]이다.

따라서 주어진 조건을 공식에 대입하면 전동기의 동력 P는

$$P = \frac{9.8[\text{kN/m}^3] \times \frac{2.4}{60}[\text{m}^3/\text{s}] \times 74.8[\text{m}]}{0.6056} \times 1.2 ≒ 58.101[\text{kW}]$$

(5) 폐쇄형 스프링클러 헤드는 그 설치장소의 평상시 최고 주위온도에 따라 다음의 표에 따른 표시온도의 것으로 설치한다. ← 높이가 4[m] 이상인 공장 및 창고(랙식 창고 포함)에는 주위온도와 관계없이 표시온도 121[℃] 이상의 것으로 할 수 있다.

설치장소의 최고주위온도	표시온도
39[℃] 미만	79[℃] 미만
39[℃] 이상 64[℃] 미만	79[℃] 이상 121[℃] 미만
64[℃] 이상 106[℃] 미만	121[℃] 이상 162[℃] 미만
106[℃] 이상	162[℃] 이상

○ 연계이론 ○ PHASE 04 스프링클러설비

09 다음 그림과 같은 벤투리관에 유량이 5.6[m³/min]으로 물이 흐르고 있다. 내경이 360[mm]인 본관에 내경이 130[mm]인 벤투리미터가 설치되어 있다. 압력차(P_1-P_2)[kPa]를 구하시오. (단, 벤투리관의 유량계수는 0.86이다.) [5점]

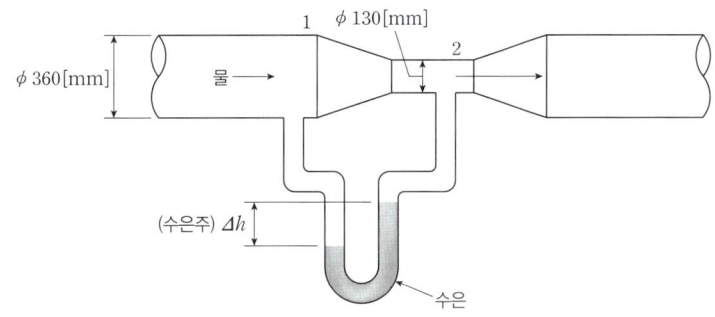

정답

- 계산과정: $\left(\dfrac{\frac{5.6}{60}}{0.86 \times \frac{\pi}{4} \times 0.13^2}\right)^2 \times \dfrac{9.8}{2 \times 9.8} ≒ 33.427$

- 답: 33.43[kPa]

해설

배관 중 좁아지는 구간에서 유속이 증가하고 압력이 낮아지는 점에서 착안하여 압력 차이를 통해 유량을 측정하는 장치를 벤투리미터라고 한다.

벤투리미터를 통과하는 유량 Q와 액주계의 높이 차이 h의 관계식은 다음과 같다.

$$Q = CA_2\sqrt{2g\left(\dfrac{P_1-P_2}{\gamma_w}\right)}$$

Q: 유량[m³/s], C: 유량계수, A_2: 좁은 면적[m²], g: 중력가속도[m/s²], P: 압력[kN/m²], γ_w: 벤투리관 유체의 비중량[kN/m³]

유량이 5.6[m³/min]이므로 단위를 변환하면 $\dfrac{5.6}{60}$[m³/s]이다.

따라서 주어진 조건을 공식에 대입하면 압력 차이 P_1-P_2는 다음과 같다.

$$P_1-P_2 = \left(\dfrac{Q}{CA_2}\right)^2 \times \dfrac{\gamma_w}{2g} = \left(\dfrac{\frac{5.6}{60}[\text{m}^3/\text{s}]}{0.86 \times \frac{\pi}{4} \times (0.13[\text{m}])^2}\right)^2 \times \dfrac{9.8[\text{kN/m}^3]}{2 \times 9.8[\text{m/s}^2]}$$

$≒ 33.427[\text{kPa}]$

연계이론 PHASE 20 유체유동

10 할로겐화합물 및 불활성기체 소화설비에 압력배관용 탄소강관(KS D 3562)을 사용할 때 다음 [조건]을 참조하여 관의 두께[mm]를 계산하시오. [4점]

> **조건**
> (가) 압력배관용 탄소강관(KS D 3562)의 인장강도는 400[MPa], 항복점은 인장강도의 80[%]이다.
> (나) 최대허용압력은 15[MPa]이다.
> (다) 배관이음효율은 가열맞대기 용접배관을 적용한다.
> (라) 배관의 최대허용응력 SE는 배관재질 인장강도의 1/4값과 항복점의 2/3값 중 작은 값 σ을 기준으로 다음의 식을 적용한다.
> $SE = \sigma \times$ 배관이음효율 $\times 1.2$
> (마) 적용되는 배관의 바깥지름은 65[mm]이다.
> (바) 나사이음, 홈이음 등의 허용 값[mm](헤드설치부분은 제외)은 무시한다.

정답

- 계산과정: $400 \times \dfrac{1}{4} = 100$

  $400 \times 0.8 \times \dfrac{2}{3} ≒ 213.33$

  $100 \times 0.6 \times 1.2 = 72$

  $\dfrac{15 \times 65}{2 \times 72} ≒ 6.771$

- 답: 6.77[mm]

해설

배관 두께의 관계식은 다음과 같다.

$$t = \dfrac{PD}{2SE} + A$$

t: 배관의 두께[mm], P: 최대허용압력[MPa], D: 배관의 바깥지름[mm], SE: 최대허용응력[MPa], A: 허용값[mm]

인장강도는 400[MPa]이므로 1/4값인 100[MPa]과 항복점은 인장강도의 80[%]인 320[MPa]이므로 2/3값인 213.33[MPa] 중 작은 값인 100[MPa]를 σ로 선택한다.

$400[\text{MPa}] \times \dfrac{1}{4} = 100[\text{MPa}]$

$400[\text{MPa}] \times 0.8 \times \dfrac{2}{3} ≒ 213.33[\text{MPa}]$

배관이음효율은 다음과 같다.

이음매 없는 배관	1.0
전지저항 용접배관	0.85
가열맞대기 용접배관	0.6

따라서 배관의 최대허용응력 SE는 아래와 같이 구할 수 있다.

$SE = 100[\text{MPa}] \times 0.6 \times 1.2 = 72[\text{MPa}]$

주어진 조건을 공식에 대입하면 배관의 두께 t는

$t = \dfrac{15[\text{MPa}] \times 65[\text{mm}]}{2 \times 72[\text{MPa}]} + 0 ≒ 6.771[\text{mm}]$

연계이론 PHASE 09 할로겐화합물 및 불활성기체 소화설비

11 다음은 포 소화설비의 수동식 기동장치의 설치기준이다. (   ) 안에 알맞은 답을 쓰시오. [6점]

(1) 직접조작 또는 원격조작에 따라 (①)·수동식개방밸브 및 소화약제 혼합장치를 기동할 수 있는 것으로 할 것
(2) 2 이상의 (②)을 가진 포 소화설비에는 방사구역을 선택할 수 있는 구조로 할 것
(3) 기동장치의 조작부는 화재 시 쉽게 접근할 수 있는 곳에 설치하되, 바닥으로부터 (③)[m] 이상 (④)[m] 이하의 위치에 설치하고, 유효한 보호장치를 설치할 것
(4) 기동장치의 조작부 및 호스접결구에는 가까운 곳의 보기 쉬운 곳에 각각 "기동장치의 조작부" 및 "(⑤)"라고 표시한 표지를 설치할 것
(5) 항공기격납고에 설치하는 포 소화설비의 수동식 기동장치는 각 방사구역마다 2개 이상 설치하되, 그 중 1개는 각 방사구역으로부터 가장 가까운 곳 또는 조작에 편리한 장소에 설치하고, 1개는 화재감지기의 (⑥)를 설치한 감시실 등에 설치할 것

정답

(1) ① 가압송수장치
(2) ② 방사구역
(3) ③ 0.8
    ④ 1.5
(4) ⑤ 접결구
(5) ⑥ 수신기

해설

(1) 직접조작 또는 원격조작에 따라 가압송수장치·수동식 개방밸브 및 소화약제 혼합장치를 기동할 수 있는 것으로 할 것
(2) 2 이상의 방사구역을 가진 포 소화설비에는 방사구역을 선택할 수 있는 구조로 할 것
(3) 기동장치의 조작부는 화재 시 쉽게 접근할 수 있는 곳에 설치하되, 바닥으로부터 0.8[m] 이상 1.5[m] 이하의 위치에 설치하고, 유효한 보호장치를 설치할 것
(4) 기동장치의 조작부 및 호스 접결구에는 가까운 곳의 보기 쉬운 곳에 각각 "기동장치의 조작부" 및 "접결구"라고 표시한 표지를 설치할 것
(5) 항공기격납고에 설치하는 포 소화설비의 수동식 기동장치는 각 방사구역마다 2개 이상을 설치하되, 그 중 1개는 각 방사구역으로부터 가장 가까운 곳 또는 조작에 편리한 장소에 설치하고, 1개는 화재감지기의 수신기를 설치한 감시실 등에 설치할 것

연계이론

PHASE 06 포 소화설비

12 다음과 같이 휘발유탱크 1기와 경유탱크 1기를 1개의 방유제에 설치하는 옥외탱크저장소에 대하여 각 물음에 답하시오. [10점]

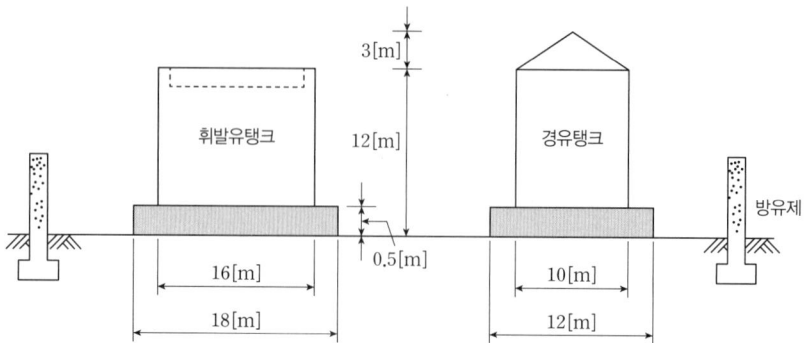

> 조건

(가) 탱크용량 및 형태
 - 휘발유탱크: 2,000[m³](지정수량의 10,000배) 부상지붕구조의 플루팅 루프탱크(탱크 내 측면과 굽도리판(foam dam) 사이의 거리는 0.6[m]이다.)
 - 경유탱크: 콘루프탱크
(나) 고정포 방출구
 - 휘발유탱크: 특형
 - 경유탱크: Ⅱ형
(다) 포 소화약제의 종류: 수성막포 3[%]
(라) 보조 포 소화전: 쌍구형 2개
(마) 포 소화약제 저장탱크의 종류: 700[L], 750[L], 800[L], 900[L], 1,000[L], 1,200[L] (단, 포 소화약제의 저장탱크의 용량은 포 소화약제의 저장량을 말한다.)
(바) 옥외탱크저장소의 보유공지

저장 또는 취급하는 위험물의 최대수량	공지의 너비
지정수량의 500배 이하	3[m] 이상
지정수량의 500배 초과 1,000배 이하	5[m] 이상
지정수량의 1,000배 초과 2,000배 이하	9[m] 이상
지정수량의 2,000배 초과 3,000배 이하	12[m] 이상
지정수량의 3,000배 초과 4,000배 이하	15[m] 이상
지정수량의 4,000배 초과	해당 탱크 수평단면의 최대지름(가로형인 경우에는 긴 변)과 높이 중 큰 것과 같은 거리 이상. 다만, 30[m] 초과의 경우에는 30[m] 이상으로 할 수 있고, 15[m] 미만의 경우는 15[m] 이상으로 해야 한다.

(사) 고정포 방출구의 포 수용액량 및 방출률

포방출구의 종류 위험물의 구분	Ⅰ형		Ⅱ형		특형		Ⅲ형		Ⅳ형	
	포 수 용액량 [L/m²]	방출률 [L/m²·min]	포 수 용액량 [L/m²]	방출률 [L/m²·min]	포 수 용액량 [L/m²]	방출률 [L/m²·min]	포 수 용액량 [L/m²]	방출률 [L/m²·min]	포 수 용액량 [L/m²]	방출률 [L/m²·min]
제4류 위험물 중 인화점이 21 [℃] 미만인 것	120	4	220	4	240	8	220	4	220	4
제4류 위험물 중 인화점이 21 [℃] 이상 70 [℃] 미만인 것	80	4	120	4	160	8	120	4	120	4
제4류 위험물 중 인화점이 70 [℃] 이상인 것	60	4	100	4	120	8	100	4	100	4

(아) 동시화재는 없는 것으로 가정한다.

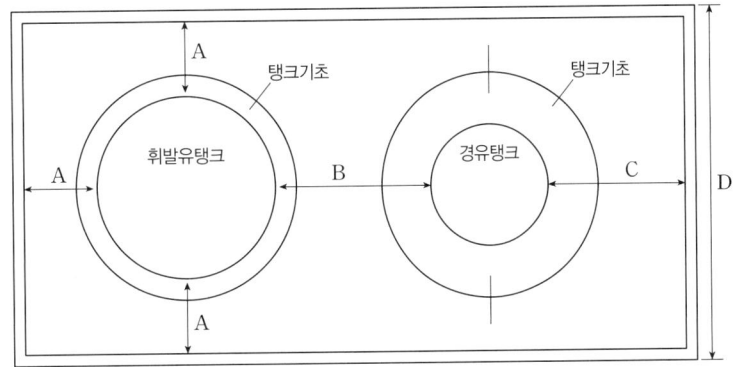

(1) 휘발유탱크 측판과 방유제 내측(A)의 최소 거리[m]를 구하시오.
(2) 휘발유탱크 측판과 경유탱크 측판 사이(B)의 최소 거리[m]를 구하시오. (단, 휘발유탱크는 적합한 물분무 설비로 방호조치 되어있다.)
(3) 경유탱크 측판과 방유제 내측(C)의 최소 거리[m]를 구하시오.
(4) 방유제 세로 길이(D)의 최소 거리[m]를 구하시오.
(5) 포 저장탱크의 용량[L]을 구하시오. (단, 75A 이상인 배관의 길이는 50[m]이고, 배관 크기는 100A이다.)
(6) 수원의 저수량[m³]을 구하시오. (단, 소수점 이하는 반올림하여 정수로 나타낸다.)
(7) 펌프의 유량[L/min]을 구하시오.
(8) 포 소화약제의 혼합방식은 펌프와 발포기 중간에 설치된 벤투리관의 벤투리 작용과 펌프 가압수의 포 소화약제 저장탱크에 대한 압력에 의하여 포 소화약제를 흡입·혼합하는 방식이다. 포 소화약제의 혼합방식 명칭을 쓰시오.

정 답

(1) • 계산과정: $12 \times \dfrac{1}{2} = 6$
　　• 답: 6[m]

(2) • 계산과정: $16 \times \dfrac{1}{2} = 8$
　　　　　　　$\dfrac{\pi}{4} \times 10^2 \times 11.5 ≒ 903.21$
　　• 답: 8[m]

(3) • 계산과정: $12 \times \dfrac{1}{3} = 4$
　　• 답: 4[m]

(4) • 계산과정: $6 + 16 + 6 = 28$
　　• 답: 28[m]

(5) • 계산과정: $240 \times \dfrac{\pi}{4} \times (16^2 - 14.8^2) \times 0.03 ≒ 209.004$
　　　　　　　$120 \times \dfrac{\pi}{4} \times 10^2 \times 0.03 ≒ 282.743$
　　　　　　　$3 \times 0.03 \times 8{,}000 = 720$
　　　　　　　$\dfrac{\pi}{4} \times 0.1^2 \times 50 \times 0.03 ≒ 0.011781[\text{m}^3] = 11.78[\text{L}]$
　　　　　　　$282.74 + 720 + 11.78 = 1{,}014.52$
　　• 답: 1,200[L]

(6) • 계산과정: $1{,}014.52[\text{L}] \times \dfrac{0.97}{0.03} ≒ 32{,}802[\text{L}] = 32.802[\text{m}^3]$
　　• 답: 33[m³]

(7) • 계산과정: $4 \times \dfrac{\pi}{4} \times 10^2 ≒ 314.159$
　　　　　　　$3 \times 400 = 1{,}200$
　　　　　　　$314.159 + 1{,}200 = 1{,}514.159$
　　• 답: 1,514.16[L/min]

(8) 프레셔 프로포셔너 방식

해 설

(1) 방유제는 옥외저장탱크의 지름에 따라 그 탱크의 옆판으로부터 다음의 표에 따른 거리를 유지한다.

지름이 15[m] 미만인 경우	탱크 높이의 $\frac{1}{3}$ 이상
지름이 15[m] 이상인 경우	탱크 높이의 $\frac{1}{2}$ 이상

휘발유탱크의 지름은 16[m]이므로 방유제로부터 탱크 높이 $\frac{1}{2}$ 이상의 거리를 유지한다.

$$12[m] \times \frac{1}{2} = 6[m]$$

(2) 옥외저장탱크의 주위에는 저장하는 위험물의 최대수량에 따라 기준에 따른 공지를 보유한다.

휘발유탱크의 용량은 2,000[m³]으로 지정수량의 10,000배이므로 조건 (ㅂ)에 의해 최대지름과 높이 중 큰 값인 16[m] 이상의 거리를 공지로 보유하여야 한다.

조건 (ㅂ)에도 불구하고 적합한 물분무 소화설비로 방호조치가 된 경우 기준에 따른 보유공지의 $\frac{1}{2}$ 이상으로 할 수 있으므로 휘발유탱크가 보유하여야 하는 공지는 다음과 같다.

$$16[m] \times \frac{1}{2} = 8[m]$$

경유탱크의 용량은 조건에 주어져 있지 않으므로 탱크의 부피를 기준으로 계산한다.

$$V = \frac{\pi}{4}D^2 h = \frac{\pi}{4} \times (10[m])^2 \times 11.5[m] \fallingdotseq 903.21[m^3]$$

경유의 지정수량은 1,000[L]이므로 경유탱크는 지정수량의 903.21배이다. 따라서 조건 (ㅂ)에 의해 5[m] 이상의 거리를 공지로 보유하여야 한다.

따라서 더 큰 값인 8[m]를 공지의 너비로 한다.

(3) 방유제는 옥외저장탱크의 지름에 따라 그 탱크의 옆판으로부터 다음의 표에 따른 거리를 유지한다.

지름이 15[m] 미만인 경우	탱크 높이의 $\frac{1}{3}$ 이상
지름이 15[m] 이상인 경우	탱크 높이의 $\frac{1}{2}$ 이상

경유탱크의 지름은 10[m]이므로 방유제로부터 탱크 높이 $\frac{1}{3}$ 이상의 거리를 유지한다.

$$12[m] \times \frac{1}{3} = 4[m] \leftarrow \text{콘루프의 높이는 적용하지 않는다.}$$

(4) 방유제의 세로 길이는 휘발유탱크의 직경과 그로부터 방유제까지의 거리(A)로 계산할 수 있다.

$$6[m] + 16[m] + 6[m] = 28[m]$$

(5) 포 소화약제 저장량은 고정포 방출구에서 방출하기 위하여 필요한 양, 보조 포 소화전에서 방출하기 위하여 필요한 양, 가장 먼 탱크까지의 송액관(내경 75[mm] 이하 제외)에 충전하기 위하여 필요한 양의 합으로 한다.
위험물 저장탱크에 발생하는 화재는 유류 표면에서 발생하므로 위험물이 드러나거나 증발 가능한 면적이 화재발생면적이자 소화면적이 된다.

휘발유탱크의 고정포 방출구에 필요한 포 소화약제의 양은 다음과 같다. ← 휘발유는 인화점이 21[℃] 미만이다.

$$Q = 240[L/m^2] \times \frac{\pi}{4} \times (16^2 - 14.8^2)[m^2] \times 0.03 ≒ 209.004[L]$$

경유탱크의 고정포 방출구에 필요한 포 소화약제의 양은 다음과 같다. ← 경유는 인화점이 21[℃] 이상 70[℃] 미만이다.

$$Q = 120[L/m^2] \times \frac{\pi}{4} \times 10^2[m^2] \times 0.03 ≒ 282.743[L]$$

탱크 2기에서 동시 화재는 없으므로 고정포 방출구의 포 소화약제량은 필요량이 많은 경유탱크를 기준으로 한다.

보조 포 소화전에 필요한 포 소화약제의 양은 다음과 같다.

$$Q = N \times S \times 8,000[L]$$

Q: 보조 포 소화전의 유량[L/min], N: 방출구의 개수(최대 3개), S: 소화약제의 농도[%]

보조 포 소화전에 필요한 포 소화약제의 양은
$$Q = 3 \times 0.03 \times 8,000[L] = 720[L/min]$$ ← 쌍구형이 2개이므로 방출구의 수는 4개이다.

송액관은 직경이 75[mm]를 초과할 때 가장 먼 탱크까지의 거리만큼 보정량을 더한다.

$$Q = \frac{\pi}{4} \times (0.1[m])^2 \times 50[m] \times 0.03 ≒ 0.011781[m^3] = 11.78[L]$$ ← 추가 설명이 없다면 100A는 100[mm]로 계산한다.

포 소화설비에 필요한 소화약제의 총량[L]은
$$Q = 282.74[L] + 720[L] + 11.78[L] = 1,014.52[L]$$

따라서 필요한 소화약제의 총량보다 큰 1,200[L]의 저장탱크가 필요하다.

(6) 포 수용액은 3[%]의 소화약제와 97[%]의 물로 구성되어 있다. 따라서 수원의 저수량은 다음과 같다.

$$수원의\ 저수량 = 포\ 소화약제량 \times \frac{0.97}{0.03} = 1,014.52[L] \times \frac{0.97}{0.03} ≒ 32,802[L] = 32.802[m^3]$$

(7) 인화점이 21[℃] 이상 70[℃] 미만이고, Ⅱ형 포 방출구의 포 방출률은 4[L/m²·min]이므로 고정포 방출구에 필요한 포 수용액량은

$$Q = 4[L/m^2 \cdot min] \times \frac{\pi}{4} \times (10[m])^2 ≒ 314.159[L/min]$$

보조 포 소화전에 필요한 포 수용액의 양은 다음과 같다.

$$Q = N \times 400[L/min]$$

Q: 보조 포 소화전의 유량[L/min], N: 방출구의 개수(최대 3개)

보조 포 소화전에 필요한 포 수용액량은
$$Q = 3 \times 400[L/min] = 1,200[L/min]$$ ← 쌍구형이 2개이므로 방출구의 수는 4개이다.

따라서 펌프의 토출량은 다음과 같다.
$$Q = 314.159[L/min] + 1,200[L/min] = 1,514.159[L/min]$$

○ 연계이론 ○   **PHASE 06 포 소화설비**

13 그림과 같은 배관을 통하여 유량이 80[L/s]로 흐르고 있다. B, C배관의 마찰손실수두는 서로 동일하고 B배관의 유량은 30[L/s]이며, 배관의 구경은 196[mm]일 때 아래 [조건]을 참조하여 C배관의 구경 [mm]을 계산하시오. [5점]

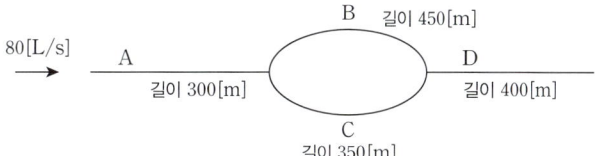

조건

(가) 하젠-윌리엄스의 공식은 다음과 같다.

$$\Delta P = \frac{6.053 \times 10^4 \times Q^{1.85}}{C^{1.85} \times D^{4.87}}$$

ΔP: 배관 1[m] 당 마찰손실압력[MPa], Q: 배관 내 유수량[L/min], C: 조도, D: 구경[mm]

정답
- 답: 203.5[mm]

해설

B배관과 C배관의 마찰손실수두가 동일하므로 마찰손실압력도 동일하다.

$\Delta P_B = \Delta P_C$

$$\frac{6.053 \times 10^4 \times Q_B^{1.85}}{C^{1.85} \times D_B^{4.87}} \times L_B = \frac{6.053 \times 10^4 \times Q_C^{1.85}}{C^{1.85} \times D_C^{4.87}} \times L_C$$

B배관의 유량 Q_B와 C배관의 유량 Q_C의 합은 80[L/s]이므로 Q_C는 다음과 같다.

$Q_C = 80[L/s] - Q_B = 80[L/s] - 30[L/s] = 50[L/s]$

단위를 변환하면 $Q_B = 30[L/s] = 1,800[L/min]$, $Q_C = 50[L/s] = 3,000[L/min]$

따라서 C배관의 구경 D_C는

$$D_C^{4.87} = D_B^{4.87} \times \frac{Q_C^{1.85}}{Q_B^{1.85}} \times \frac{L_C}{L_B} = (196[mm])^{4.87} \times \frac{(3,000[L/min])^{1.85}}{(1,800[L/min])^{1.85}} \times \frac{350[m]}{450[m]}$$

$D_C = 203.501[mm]$

연계이론 PHASE 22 배관의 마찰손실

14 다음 그림은 어느 건축물의 평면도이다. 이 실들 중 A실에 급기가압을 하고 문 A_4, A_5, A_6는 외기와 접해있을 경우 [조건]을 참조하여 각 물음에 답하시오. [5점]

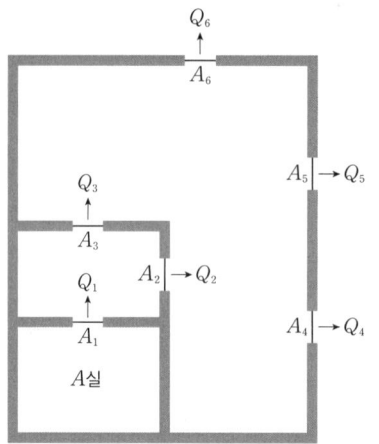

조건
(가) 모든 개구부 틈새면적은 0.01[m²]로 동일하다.
(나) 각 실은 출입문 이외의 틈새는 없다.
(다) 임의의 어느 실에 대한 급기량 Q[m³/s]와 얻고자 하는 기압차[Pa]의 관계식은 다음과 같다.

$$Q = 0.827 \times A \times \sqrt{P}$$

Q: 급기량[m³/s], A: 틈새면적[m²], P: 기압차[Pa]

(1) A실을 기준으로 외기와의 유효개구부 틈새면적을 소수점 5째 자리까지 구하시오.
(2) A실과 외부간에 270[Pa]의 기압차를 얻기 위하여 A실에 급기시켜야 할 풍량[m³/s]은 얼마가 되겠는가?

정답
(1) • 답: 0.00857[m²]
(2) • 계산과정: $0.827 \times 0.00857 \times \sqrt{270} ≒ 0.116$
 • 답: 0.12[m³/s]

해설

(1) 틈새면적의 합은 다음의 두 가지 방법을 이용하여 계산한다.

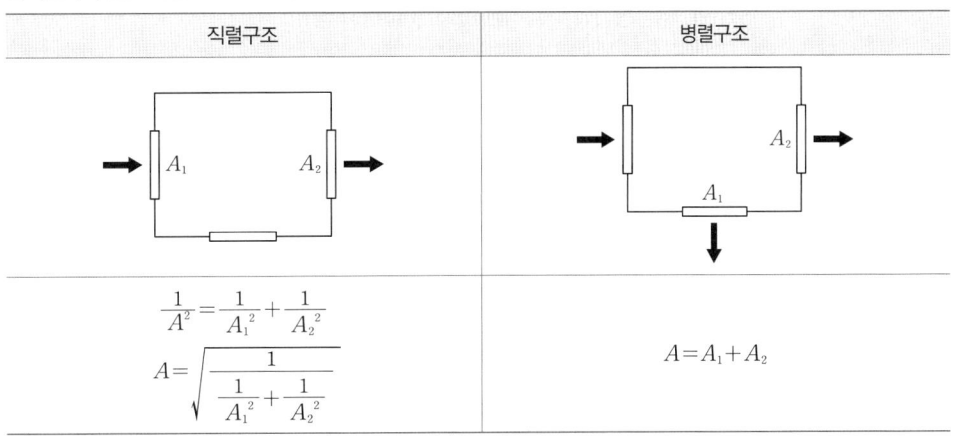

직렬구조	병렬구조
$\dfrac{1}{A^2} = \dfrac{1}{A_1^2} + \dfrac{1}{A_2^2}$ $A = \sqrt{\dfrac{1}{\dfrac{1}{A_1^2} + \dfrac{1}{A_2^2}}}$	$A = A_1 + A_2$

A_4, A_5, A_6는 병렬관계이다.
$A_{4\sim6} = 0.01[\text{m}^2] + 0.01[\text{m}^2] + 0.01[\text{m}^2] = 0.03[\text{m}^2]$

A_2, A_3는 병렬관계이다.
$A_{2\sim3} = 0.01[\text{m}^2] + 0.01[\text{m}^2] = 0.02[\text{m}^2]$

$A_{2\sim3}$, $A_{4\sim6}$는 직렬관계이다.
$A_{2\sim6} = \dfrac{1}{\sqrt{\dfrac{1}{(0.02[\text{m}^2])^2} + \dfrac{1}{(0.03[\text{m}^2])^2}}} ≒ 0.01664[\text{m}^2]$

A_1, $A_{2\sim6}$는 직렬관계이다.
$A_{1\sim6} = \dfrac{1}{\sqrt{\dfrac{1}{(0.01[\text{m}^2])^2} + \dfrac{1}{(0.01664[\text{m}^2])^2}}} ≒ 0.008571[\text{m}^2]$

따라서 문의 틈새면적 A는 $0.00857[\text{m}^2]$이다.

(2) A실과 외부의 기압차 P는 $270[\text{Pa}]$이므로 유량 Q는
$Q = 0.827 \times 0.00857[\text{m}^2] \times \sqrt{270[\text{Pa}]} ≒ 0.116[\text{m}^3/\text{s}]$

연계이론

PHASE 15 특별피난계단의 계단실 및 부속실 제연설비

15 가로 15[m], 세로 12[m], 높이 5[m]인 전산실에 할론 소화설비를 설치할 경우 다음 각 물음에 답하시오. (단, 저장용기의 내용적은 68[L]이다.) [6점]

(1) 전산실에 가장 적합한 할론 소화약제를 적으시오.
(2) 전산실에 필요한 최소 약제소요량은 몇 [kg]인가?
(3) 1병 당 최대로 저장할 수 있는 약제량은 몇 [kg]인가?
(4) 필요한 최소 저장용기 수를 구하시오.

정답

(1) 할론 1301

(2) • 계산과정: $15 \times 12 \times 5 = 900$
$0.32 \times 900 = 288$
• 답: 288[kg]

(3) • 계산과정: $\dfrac{68}{0.9} ≒ 75.556$
• 답: 75.56[kg]

(4) • 계산과정: $\dfrac{288}{75.56} ≒ 3.812$
• 답: 4병

해설

(1) 차고 · 주차장 · 전기실 · 통신기기실 · 전산실 기타 이와 유사한 전기설비가 설치되어 있는 부분에는 할론 1301을 사용하여 소화한다.

(2) 전역방출방식 할론 소화약제의 저장량 기준은 다음과 같다.

소방대상물		소화약제의 종류	소화약제의 양 [kg/m³]	개구부 가산량 [kg/m²]
차고 · 주차장 · 전기실 · 통신기기실 · 전산실 · 전기설비가 설치된 부분		할론 1301	0.32 이상 0.64 이하	2.4
특수가연물	가연성고체류 · 가연성액체류	할론 1301	0.32 이상 0.64 이하	2.4
		할론 1211	0.36 이상 0.71 이하	2.7
		할론 2402	0.40 이상 1.10 이하	3.0
	면화류 · 나무껍질 및 대팻밥 · 넝마 및 종이부스러기 · 사류 · 볏짚류 · 목재가공품 및 나무부스러기를 저장 · 취급하는 것	할론 1301	0.52 이상 0.64 이하	3.9
		할론 1211	0.60 이상 0.71 이하	4.5
	합성수지류를 저장 · 취급하는 것	할론 1301	0.32 이상 0.64 이하	2.4
		할론 1211	0.36 이상 0.71 이하	2.7

방호구역의 개구부(창문 · 출입구)에 대한 조건이 없으므로 가산량은 적용하지 않는다.

전산실의 체적(가로×세로×높이)은 다음과 같다.
$V = 15[m] \times 12[m] \times 5[m] = 900[m^3]$
전산실에 필요한 소화약제의 최소값을 구하여야 하므로 소화약제의 양은 체적 1[m³] 당 0.32[kg/m³]을 적용한다.
소화약제의 양 $= 0.32[kg/m^3] \times 900[m^3] = 288[kg]$

(3) 할론 소화약제 저장용기의 충전비는 다음의 표에 따른 기준으로 한다.

소화약제의 종류		충전비[L/kg]
할론 1301		0.9 이상 1.6 이하
할론 1211		0.7 이상 1.4 이하
할론 2402	가압식	0.51 이상 0.67 미만
	축압식	0.67 이상 2.75 이하

저장용기의 내용적이 68[L]이므로 한 병 당 저장할 수 있는 할론 1301의 양[kg]은 다음과 같다.

$$\frac{68[L]}{1.6[L/kg]} \leq 저장량[kg] \leq \frac{68[L]}{0.9[L/kg]}$$

$42.5[kg] \leq 저장량[kg] \leq 75.556[kg]$

따라서 한 병 당 최대로 저장할 수 있는 약제량은 75.556[kg]이다.

(4) 저장용기 1병 당 소화약제의 충전량은 최대 75.56[kg]이고, 충전량이 최대일 때 필요한 저장용기의 수가 최소이므로, 전체 소화약제의 양을 저장하기 위해 필요한 저장용기의 최소 개수는

$$\frac{288[kg]}{75.56[kg/병]} ≒ 3.812[병] = 4병 \text{ (절상)}$$

○ 연 계 이 론 ○ **PHASE 08** 할론 소화설비

16

지상 4층인 높이 16[m]의 건축물에 옥내소화전설비를 설치하려고 한다. [조건]을 참조하여 물음에 답하시오. [7점]

조건

(가) 각 층 당 옥내소화전은 3개씩 설치되어 있다.
(나) 소화펌프의 후드밸브에서 최상층 소화전 방수구까지의 수직거리는 18[m]이다.
(다) 배관 및 관부속품의 마찰손실수두는 실양정의 25[%]이다.
(라) 소방용 호스의 길이는 15[m]이고, 호스의 총 마찰손실수두는 1[m]이다.

(1) 펌프의 양정은 몇 [m]인가?
(2) 펌프의 최소유량은 몇 [L/min]인가?
(3) 다음의 펌프 성능시험곡선(유량−양정 곡선)을 참고하여, 해당 펌프 사용 시 적합여부를 판정하시오. (단, 판정과정을 나타내고 "적합" 또는 "부적합"으로 쓰시오.)

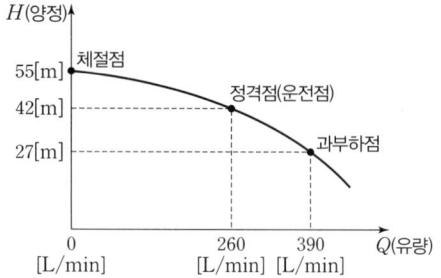

(4) 펌프 토출 측 수직 주배관의 호칭구경[mm]을 선정하시오. (단, 호칭구경의 계산과 선정은 화재안전기준에 따른다.)

정답

(1) • 계산과정: $18 + 1 + (18 \times 0.25) + 17 = 40.5$
 • 답: 40.5[m]

(2) • 계산과정: $2 \times 130 = 260$
 • 답: 260[L/min]

(3) • 판정과정: $40.5 \times 1.4 = 56.7$
  $260 \times 1.5 = 390$
  $40.5 \times 0.65 = 26.325$
 • 답: 체절운전 시 토출양정은 55[m]로 정격토출양정의 140[%]인 56.7[m]를 초과하지 않고, 정격토출량의 150[%]인 390[L/min]로 운전하였을 때 토출양정은 27[m]로 정격토출양정의 65[%]인 26.325[m] 이상이므로 이 펌프는 적합하다.

(4) • 계산과정: $\sqrt{\dfrac{4 \times \dfrac{0.26}{60}}{\pi \times 4}} \fallingdotseq 0.0371[m] = 37.1[mm]$
 • 답: 50[mm]

[해 설]

(1) 화재안전기준에 따라 옥내소화전설비에 설치된 가압송수장치(펌프)의 전양정은 다음과 같다.

$$H = h_1 + h_2 + h_3 + 17$$

H: 전양정[m], h_1: 실양정(흡입양정+토출양정)[m], h_2: 호스의 마찰손실수두[m], h_3: 배관 및 관부속의 마찰손실수두[m], 17: 노즐선단에서의 방사압력수두[m]

펌프의 후드밸브로부터 최고위 옥내소화전 앵글밸브까지의 수직거리인 실양정 h_1는 18[m]이다.
$h_1 = 18[m]$
호스의 마찰손실수두 h_2는 다음과 같다.
$h_2 = 1[m]$
배관의 마찰손실은 실양정의 25[%]이므로 배관 및 관부속의 마찰손실수두 h_3는 다음과 같다.
$h_3 = 18[m] \times 0.25 = 4.5[m]$
따라서 옥내소화전설비 펌프의 전양정 H는
$H = h_1 + h_2 + h_3 + 17 = 18[m] + 1[m] + 4.5[m] + 17 = 40.5[m]$

(2) 화재안전기준에 따라 옥내소화전설비에서 가압송수장치(펌프)는 특정소방대상물의 어느 층에서 해당 층의 옥내소화전을 동시에 사용할 경우(최대 2개, 30층 이상인 경우 최대 5개) 각 소화전의 노즐 선단에서의 방수량은 130[L/min] 이상으로 한다.
정격토출량 = 2[개] × 130[L/min] = 260[L/min]

(3) 펌프의 성능은 체절운전 시 정격토출압력의 140[%]를 초과하지 않고, 정격토출량의 150[%]로 운전 시 정격토출압력의 65[%] 이상이 되어야 한다.

펌프의 정격토출압력은 전양정 H로 한다.
정격토출압력 = 40.5[m]
펌프의 정격토출량은 화재안전기준에 따라 산출한 값으로 한다.
정격토출량 = 2[개] × 130[L/min] = 260[L/min]

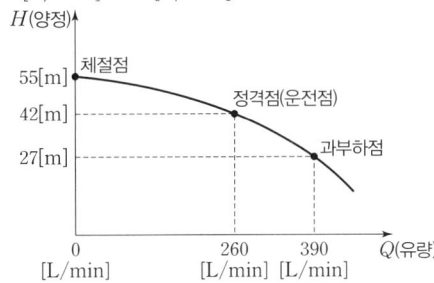

	토출량	토출압력기준	적합여부
체절운전	0[L/min]	40.5[m] × 1.4 = 56.7[m]	적합
정격운전	260[L/min]	40.5[m]	적합
최대운전	260[L/min] × 1.5 = 390[L/min]	40.5[m] × 0.65 = 26.325[m]	적합

체절운전 시 토출양정은 55[m]로 정격토출양정의 140[%]인 56.7[m]를 초과하지 않고, 정격토출량의 150[%]인 390[L/min]로 운전하였을 때 토출양정은 27[m]로 정격토출양정의 65[%]인 26.325[m] 이상이므로 이 펌프는 적합하다.

(4) 펌프의 토출측 배관은 다음의 기준에 따라 설치한다.
- 펌프의 토출측 주배관의 구경은 유속이 4[m/s] 이하가 될 수 있는 크기 이상으로 한다.
- 옥내소화전방수구와 연결되는 가지배관의 구경은 40[mm] 이상으로 한다.
- 주배관 중 수직배관의 구경은 50[mm] 이상으로 한다.

부피유량 공식 $Q=Au$에 의해 유량 Q와 유속 u를 알면 배관의 직경 D를 다음과 같이 구할 수 있다.

$$Q = \frac{\pi}{4}D^2 u,\ D = \sqrt{\frac{4Q}{\pi u}}$$

D: 배관의 직경[m], Q: 유량[m³/s], u: 유속[m/s]

정격토출량 260[L/min]의 단위를 변환해주면 $\frac{0.26}{60}$[m³/s]이 되고, 유속 4[m/s]와 함께 공식에 대입해주면 배관의 직경 D는 다음과 같다.

$$D = \sqrt{\frac{4 \times \frac{0.26}{60}[\text{m}^3/\text{s}]}{\pi \times 4[\text{m/s}]}} ≒ 0.0371[\text{m}] = 37.1[\text{mm}]$$

유속 4[m/s] 이하인 조건을 만족시키는 배관의 직경은 37.1[mm] 이상이며, 수직배관이므로 50[mm] 이상이어야 한다.

─ 연계이론 ─ **PHASE 02 옥내소화전설비**

2022년 2회 기출문제

01 소화약제를 자동으로 방사하는 고정된 소화장치로서 형식승인이나 성능인증을 받은 유효설치 범위 이내에 설치하여 소화하는 자동소화장치의 종류를 5가지 쓰시오. [5점]

정답

다음 6가지 중 5가지를 선택하여 작성한다.
- 주거용 주방자동소화장치
- 상업용 주방자동소화장치
- 캐비닛형 자동소화장치
- 가스 자동소화장치
- 분말 자동소화장치
- 고체 에어로졸 자동소화장치

해설

주거용 주방자동소화장치	주거용 주방에 설치된 열발생 조리기구의 사용으로 인한 화재 발생 시 열원(전기 또는 가스)을 자동으로 차단하며 소화약제를 방출하는 소화장치를 말한다.
상업용 주방자동소화장치	상업용 주방에 설치된 열발생 조리기구의 사용으로 인한 화재 발생 시 열원(전기 또는 가스)을 자동으로 차단하며 소화약제를 방출하는 소화장치를 말한다.
캐비닛형 자동소화장치	열, 연기 또는 불꽃 등을 감지하여 소화약제를 방사하여 소화하는 캐비닛 형태의 소화장치를 말한다.
가스 자동소화장치	열, 연기 또는 불꽃 등을 감지하여 가스계 소화약제를 방사하여 소화하는 소화장치를 말한다.
분말 자동소화장치	열, 연기 또는 불꽃 등을 감지하여 분말 소화약제를 방사하여 소화하는 소화장치를 말한다.
고체 에어로졸 자동소화장치	열, 연기 또는 불꽃 등을 감지하여 에어로졸의 소화약제를 방사하여 소화하는 소화장치를 말한다.

연계이론 PHASE 01 소화기구 및 자동소화장치

02 수계소화설비 가압송수장치의 펌프성능시험을 하려고 한다. 양정이 80[m], 토출량이 800[L/min]일 때 다음 각 물음에 답하시오. [4점]

(1) 체절운전 시 양정[m]을 구하시오.
(2) 150[%]로 운전 시 양정[m]을 구하시오.
(3) 펌프성능곡선을 그리시오. (체절점, 100[%] 운전점, 150[%] 운전점 표기)

정답

(1) • 계산과정: $80 \times 1.4 = 112$
   • 답: 112[m]

(2) • 계산과정: $80 \times 0.65 = 52$
   • 답: 52[m]

(3)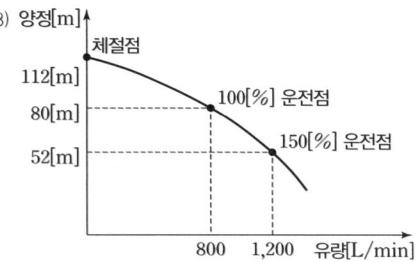

해설

펌프의 성능은 체절운전 시 정격토출압력의 140[%]를 초과하지 않고, 정격토출량의 150[%]로 운전 시 정격토출압력의 65[%] 이상이 되어야 한다.

(1) 체절운전 시 양정[m]은 정격토출양정의 140[%] 이하이어야 하므로 그 값은 다음과 같다.
   $80[m] \times 1.4 = 112[m]$

(2) 최대운전 시 양정[m]은 정격토출양정의 65[%] 이하이어야 하므로 그 값은 다음과 같다.
   $80[m] \times 0.65 = 52[m]$

연계이론 PHASE 02 옥내소화전설비

03

아래 [조건]과 같은 배관의 A지점에서 B지점으로 50[N/s]의 소화수가 흐를 때 A, B 각 지점에서 평균 속도가 몇 [m/s]인지 계산하시오. (단, [조건]에 없는 내용은 고려하지 않으며 계산과정을 쓰고 답은 소수점 넷째자리에서 반올림하여 셋째자리까지 구하시오.) [5점]

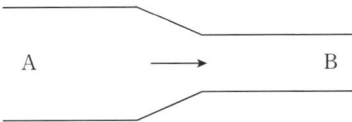

조건
- (가) 배관의 재질: 배관용 탄소강관(KS D 3507)
- (나) A지점: 호칭지름 100A, 바깥지름: 114.3[mm], 두께: 4.5[mm]
- (다) B지점: 호칭지름 80A, 바깥지름: 89.1[mm], 두께: 4.05[mm]
- (라) 유체의 비중: 1.2

- A지점의 평균속도
- B지점의 평균속도

정답

- A지점의 평균속도
  - 계산과정: $\dfrac{4 \times 50}{1.2 \times 9,800 \times \pi \times 0.1053^2} \fallingdotseq 0.4882$
  - 답: 0.488[m/s]
- B지점의 평균속도
  - 계산과정: $\dfrac{4 \times 50}{1.2 \times 9,800 \times \pi \times 0.081^2} \fallingdotseq 0.8251$
  - 답: 0.825[m/s]

해설

무게유량 공식 $G = \rho g A u$에 의해 무게유량 G와 배관의 직경 D를 알면 유속 u를 다음과 같이 구할 수 있다.

$$u = \dfrac{4G}{\gamma \pi D^2}$$

u: 유속[m/s], G: 무게유량[N/s], γ: 비중량[N/m³], D: 배관의 직경[m]

유체의 비중이 1.2이므로 유체의 비중량은 다음과 같다.

$\gamma = s\gamma_w = 1.2 \times 9,800 [\text{N/m}^3]$

배관의 바깥지름은 안지름과 두께의 합으로 이루어져 있고, 유체의 형태는 배관의 안지름에 의해 결정되므로 A, B 지점의 안지름은 다음과 같다.

$D_A = 114.3[\text{mm}] - (2 \times 4.5[\text{mm}]) = 105.3[\text{mm}] = 0.1053[\text{m}]$
$D_B = 89.1[\text{mm}] - (2 \times 4.05[\text{mm}]) = 81[\text{mm}] = 0.081[\text{m}]$

따라서 주어진 조건을 공식에 대입하면 각 지점에서 배관에 흐르는 물의 속도 u는

$u_A = \dfrac{4 \times 50[\text{N/s}]}{1.2 \times 9,800[\text{N/m}^3] \times \pi \times (0.1053[\text{m}])^2} \fallingdotseq 0.4882[\text{m/s}]$

$u_B = \dfrac{4 \times 50[\text{N/s}]}{1.2 \times 9,800[\text{N/m}^3] \times \pi \times (0.081[\text{m}])^2} \fallingdotseq 0.8251[\text{m/s}]$

연계이론 PHASE 20 유체유동

04

다음은 미분무 소화설비의 화재안전기술기준에서 사용하는 용어의 정의이다. ( ) 안에 알맞은 답을 쓰시오. [4점]

> "미분무"란 물만을 사용하여 소화하는 방식으로 최소설계압력에서 헤드로부터 방출되는 물입자 중 99[%]의 누적체적분포가 (①)[μm] 이하로 분무되고 (②)화재에 적응성을 갖는 것을 말한다.

정답
① 400
② A, B, C급

해설
"미분무"란 물만을 사용하여 소화하는 방식으로 최소설계압력에서 헤드로부터 방출되는 물입자 중 99[%]의 누적체적분포가 400[μm] 이하로 분무되고 A, B, C급 화재에 적응성을 갖는 것을 말한다.

연계이론 PHASE 05 물분무 소화설비

05

특별피난계단의 계단실 및 부속실 제연설비의 제연구역에 과압의 우려가 있는 경우 과압 방지를 위하여 해당 제연구역에 플랩 댐퍼를 설치하고자 한다. 다음 각 물음에 답하시오. [7점]

(1) 옥내에 스프링클러설비가 설치되어 있고 급기가압에 따른 50[Pa]의 차압이 걸려 있는 실의 문의 크기가 1[m]×2.5[m]일 때 문 개방에 필요한 힘[N]을 구하시오. (단, 자동폐쇄장치나 경첩 등을 극복할 수 있는 힘은 50[N]이고, 문의 손잡이는 문 가장자리에서 100[mm] 위치에 있다.)
(2) 플랩 댐퍼의 설치 유무를 답하고 그 이유를 설명하시오. (단, 플랩 댐퍼에 붙어 있는 경첩을 움직이는 힘은 50[N]이다.)

정답
(1) • 계산과정: $50 + \dfrac{1 \times 1 \times (1 \times 2.5) \times 50}{2(1-0.1)} \fallingdotseq 119.444$
• 답: 119.44[N]

(2) 문 개방에 필요한 힘 F는 119.44[N]으로 110[N]보다 크기 때문에 플랩 댐퍼를 설치해야 한다.

해설
(1) 문 개방에 필요한 힘은 다음과 같다.

$$F = F_{dc} + \dfrac{K_d W A \Delta P}{2(W-d)}$$

F: 문 개방에 필요한 힘[N], F_{dc}: 도어체크의 저항력[N], K_d: 출입문의 마찰계수, W: 문의 가로폭[m], A: 문의 면적[m²], ΔP: 내부와 외부의 압력차(차압)[Pa], d: 문 손잡이에서 문의 끝까지의 거리[m]

따라서 주어진 조건을 공식에 대입하면 문 개방에 필요한 힘 F는
$$F = 50[N] + \dfrac{1 \times 1[m] \times (1[m] \times 2.5[m]) \times 50[Pa]}{2(1[m] - 0.1[m])} \fallingdotseq 119.444[N]$$

(2) 제연설비가 가동되었을 경우 출입문의 개방에 필요한 힘은 110[N] 이하로 해야 한다.
문 개방에 필요한 힘 F는 119.44[N]으로 110[N]보다 크기 때문에 플랩 댐퍼를 설치해야 한다.

연계이론 PHASE 15 특별피난계단의 계단실 및 부속실 제연설비

06

다음 그림은 위험물 저장탱크에 국소방출방식의 이산화탄소 소화설비를 설치한 것이다. 각 물음에 답하시오. (단, 고압식이며 방호대상물 주위에 설치된 벽은 없다고 가정한다.) [6점]

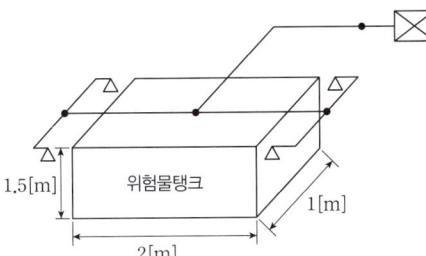

(1) 방호공간의 체적[m³]은 얼마인가?
(2) 소화약제 최소저장량[kg]은 얼마인가?
(3) 하나의 분사헤드에 대한 방출량[kg/s]은 얼마인가?

정답

(1) • 계산과정: $(0.6+2+0.6) \times (0.6+1+0.6) \times (1.5+0.6) = 14.784$
 • 답: $14.78[m^3]$

(2) • 계산과정: $\left(8 - 6 \times \dfrac{0}{A}\right) \times 14.78 \times 1.4 = 165.536$
 • 답: $165.54[kg]$

(3) • 계산과정: $\dfrac{165.54}{4 \times 30} = 1.3795$
 • 답: $1.38[kg/s]$

해설

(1) 방호공간이란 방호대상물의 각 부분으로부터 0.6[m]의 거리에 따라 둘러싸인 공간을 말한다.
방호대상물(위험물 탱크)의 아래는 바닥으로 막혀있으므로 개방된 부분으로부터 0.6[m]의 거리까지 계산한다.
$$V = (0.6+2+0.6)[m] \times (0.6+1+0.6)[m] \times (1.5+0.6)[m] = 14.784[m^3]$$

(2) 국소방출방식인 이산화탄소 소화약제의 저장량 최소기준은 다음과 같다.

$$Q = \left(8 - 6\dfrac{a}{A}\right) \times V \times K$$

Q: 소화약제의 양[kg], a: 방호대상물 주변 실제 벽면적의 합계[m²], A: 방호공간 벽면적의 합계[m²], V: 방호공간의 부피[m³], K: 1.4(고압식) 또는 1.1(저압식)

방호대상물 주변의 실제 벽은 4면 중 없으므로 실제 벽면적 a는 0이다.
따라서 주어진 조건을 공식에 대입하면 소화약제의 양 Q는
$$Q = \left(8 - 6 \times \dfrac{0}{A}\right) \times 14.78 \times 1.4 = 165.536[kg]$$

(3) 이산화탄소 소화설비의 소화약제 방출시간은 다음과 같다.

방출방식		기준시간
전역방출방식	표면화재	1분 이내
	심부화재	7분 이내
국소방출방식		30초 이내

헤드가 4개이므로 1개의 헤드에서 소화약제의 방사량[kg/s]은
$$\dfrac{165.54[kg]}{4 \times 30[s]} = 1.3795[kg/s]$$

연계이론

PHASE 07 이산화탄소 소화설비

07

가로 15[m], 세로 14[m], 높이 3.5[m]인 전산실에 할로겐화합물 및 불활성기체 소화약제 중 HFC−23과 IG−541을 사용할 경우 아래 [조건]을 참고하여 다음 물음에 답하시오. [9점]

조건

㈎ HFC−23의 소화농도는 A, C급 화재 38[%], B급 화재 35[%]이다.
㈏ HFC−23의 저장용기는 68[L]이며 충전밀도는 720.8[kg/m³]이다.
㈐ IG−541의 소화농도는 33[%]이다.
㈑ IG−541의 저장용기는 80[L]용 15.8[m³/병]을 적용하며, 충전압력은 19.996[MPa]이다.
㈒ 소화약제량 산정 시 선형상수를 이용하도록 하며 방사 시 기준온도는 30[℃]이다.

소화약제	K_1	K_2
HFC−23	0.3164	0.0012
IG−541	0.65799	0.00239

(1) HFC−23의 저장량은 최소 몇 [kg]인지 구하시오.
(2) HFC−23의 저장용기 수는 최소 몇 병인지 구하시오.
(3) 배관구경 산정조건에 따라 HFC−23의 약제량 방사 시 유량은 몇 [kg/s]인지 구하시오.
(4) IG−541의 저장량은 몇 [m³]인지 구하시오.
(5) IG−541의 저장용기 수는 최소 몇 병인지 구하시오.
(6) 배관구경 산정조건에 따라 IG−541의 약제량 방사 시 유량은 몇 [m³/s]인지 구하시오.

정답

(1) • 계산과정: $0.3164 + (0.0012 \times 30) = 0.3524$
   $38 \times 1.35 = 51.3$
   $15 \times 14 \times 3.5 = 735$
   $\dfrac{1}{0.3524} \times \left(\dfrac{51.3}{100 - 51.3}\right) \times 735 ≒ 2,197.049$
 • 답: 2,197.05[kg]

(2) • 계산과정: $\dfrac{2,197.05}{0.068 \times 720.8} ≒ 44.82$
 • 답: 45병

(3) • 계산과정: $51.3 \times 0.95 = 48.735$
   $\dfrac{1}{0.3524} \times \left(\dfrac{48.735}{100 - 48.735}\right) \times 735 ≒ 1,982.766$
   $\dfrac{1,982.766}{10} ≒ 198.277$
 • 답: 198.28[kg/s]

(4) • 계산과정: $0.65799 + (0.00239 \times 20) = 0.70579$
   $0.65799 + (0.00239 \times 30) = 0.72969$
   $33 \times 1.35 = 44.55$
   $15 \times 14 \times 3.5 = 735$
   $2.303 \times \dfrac{0.70579}{0.72969} \times \log\left(\dfrac{100}{100 - 44.55}\right) \times 735 ≒ 419.300$
 • 답: 419.3[m³]

(5) • 계산과정: $\dfrac{419.3}{15.8} \fallingdotseq 26.54$

  • 답: 27병

(6) • 계산과정: $44.55 \times 0.95 = 42.3225$

  $2.303 \times \dfrac{0.70579}{0.72969} \times \log\left(\dfrac{100}{100-42.3225}\right) \times 735 \fallingdotseq 391.295$

  $\dfrac{391.295}{120} \fallingdotseq 3.261$

  • 답: $3.26[\text{m}^3/\text{s}]$

해 설

(1) 화재안전기준에 따른 할로겐화합물 소화약제의 저장량 최소기준은 다음과 같다.

$$W = \dfrac{1}{S} \times \left(\dfrac{C}{100-C}\right) \times V$$

W: 소화약제의 질량[kg], S: 소화약제별 선형상수($K_1 + K_2 \times T$)[m^3/kg],
C: 설계농도(소화농도×안전계수)[%], V: 방호구역의 부피[m^3]

기준온도가 30[℃]이므로 소화약제별 선형상수 S는 다음과 같다.
  $S = K_1 + K_2 \times T = 0.3164 + (0.0012 \times 30) = 0.3524[\text{m}^3/\text{kg}]$
설계농도 C는 소화농도와 안전계수의 곱이며, 전기화재인 C급 화재의 안전계수는 1.35이므로 설계농도 C는 다음과 같다.
  $C = $ 소화농도 × 안전계수 $= 38 \times 1.35 = 51.3[\%]$
방호구역인 전산실의 부피(가로×세로×높이)는 다음과 같다.
  $V = 15[\text{m}] \times 14[\text{m}] \times 3.5[\text{m}] = 735[\text{m}^3]$
따라서 소화약제 HFC-23의 질량 W는
  $W = \dfrac{1}{0.3524[\text{m}^3/\text{kg}]} \times \left(\dfrac{51.3[\%]}{100-51.3[\%]}\right) \times 735[\text{m}^3] \fallingdotseq 2,197.049[\text{kg}]$

(2) 저장용기 1병 당 소화약제 HFC-23의 충전량[L]은 68[L]이고, 충전밀도는 720.8[kg/m^3]이므로 전체 소화약제의 양을 저장하기 위해 전산실에 필요한 저장용기의 개수는

  $\dfrac{2,197.05[\text{kg}]}{0.068[\text{m}^3] \times 720.8[\text{kg}/\text{m}^3]} \fallingdotseq 44.82[\text{병}] = 45[\text{병}]$ (절상)

(3) 방호구역인 전산실에 할로겐화합물 소화약제를 방사하는 경우 화재안전기준에 따라 10초 이내에 최소설계농도의 95[%] 이상을 방출해야 한다.
설계농도 C는 51.3[%]이므로 0.95를 곱하여 구한다.
  $51.3[\%] \times 0.95 = 48.735[\%]$
따라서 10초 이내에 방출해야 하는 소화약제 HFC-23의 질량 W는 다음과 같다.
  $W = \dfrac{1}{0.3524[\text{m}^3/\text{kg}]} \times \left(\dfrac{48.735[\%]}{100-48.735[\%]}\right) \times 735[\text{m}^3] \fallingdotseq 1,982.766[\text{kg}]$
10초 이내에 1,982.766[kg]의 소화약제 HFC-23을 방출해야 하므로 방사유량[kg/s]은
  $\dfrac{1,982.766[\text{kg}]}{10[\text{s}]} \fallingdotseq 198.277[\text{kg/s}]$

(4) 화재안전기준에 따른 불활성기체 소화약제의 저장량 최소기준은 다음과 같다.

$$X = 2.303 \times \frac{V_S}{S} \times \log\left(\frac{100}{100-C}\right) \times V$$

X: 소화약제의 부피[m³], V_S: 20[℃]에서 소화약제의 비체적[m³/kg],
S: 소화약제별 선형상수($K_1+K_2 \times T$)[m³/kg], T: 방호구역의 기준온도[℃],
C: 설계농도(소화농도×안전계수)[%], V: 방호구역의 부피[m³]

20[℃]에서 소화약제의 비체적 V_S는 다음과 같다.
$V_S = K_1 + K_2 \times 20 = 0.65799 + (0.00239 \times 20) = 0.70579$[m³/kg]
기준온도가 30[℃]이므로 소화약제별 선형상수 S는 다음과 같다.
$S = K_1 + K_2 \times T = 0.65799 + (0.00239 \times 30) = 0.72969$[m³/kg]
설계농도 C는 소화농도와 안전계수의 곱이며, 전기화재인 C급 화재의 안전계수는 1.35이므로 설계농도 C는 다음과 같다.
C = 소화농도×안전계수 = 33×1.35 = 44.55[%]
방호구역인 전산실의 부피(가로×세로×높이)는 다음과 같다.
$V = 15$[m]$\times 14$[m]$\times 3.5$[m] = 735[m³]
따라서 소화약제 IG-541의 부피 X는
$X = 2.303 \times \frac{0.70579[\text{m}^3/\text{kg}]}{0.72969[\text{m}^3/\text{kg}]} \times \log\left(\frac{100}{100-44.55[\%]}\right) \times 735[\text{m}^3] ≒ 419.300[\text{m}^3]$

(5) 저장용기 1병 당 소화약제 IG-541의 충전량[m³]은 15.8[m³]이므로 전체 소화약제의 양을 저장하기 위해 전산실에 필요한 저장용기의 개수는
$\frac{419.3[\text{m}^3]}{15.8[\text{m}^3/\text{병}]} ≒ 26.54[\text{병}] = 27[\text{병}]$ (절상)

(6) 방호구역인 전산실에 불활성기체 소화약제를 방사하는 경우 화재안전기준에 따라 C급 화재의 경우 2분 이내에 최소설계농도의 95[%] 이상을 방출해야 한다.
설계농도 C는 44.55[%]이므로 0.95를 곱하여 구한다.
44.55[%]×0.95 = 42.3225[%]
따라서 2분 이내에 방출해야 하는 소화약제 IG-541의 부피 X는 다음과 같다.
$X = 2.303 \times \frac{0.70579[\text{m}^3/\text{kg}]}{0.72969[\text{m}^3/\text{kg}]} \times \log\left(\frac{100}{100-42.3225[\%]}\right) \times 735[\text{m}^3] ≒ 391.295[\text{m}^3]$
2분 이내에 391.295[m³]의 소화약제 IG-541을 방출해야 하므로 방사유량[m³/s]은
$\frac{391.295[\text{m}^3]}{2[\text{min}] \times 60[\text{s/min}]} ≒ 3.261[\text{m}^3/\text{s}]$

◇ 연계이론 ◇ **PHASE 09** 할로겐화합물 및 불활성기체 소화설비

08 폐쇄형 헤드를 사용한 스프링클러설비에서 나타난 스프링클러 헤드 중 A점에 설치된 헤드 1개만이 개방되었을 때 다음 각 물음에 답하시오. [7점]

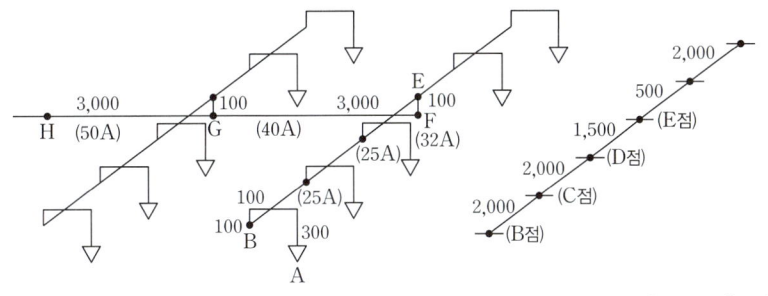

(배관길이: [mm])

조건

㉮ 급수관 중 H점에서의 가압수 압력은 0.15[MPa]로 계산한다.
㉯ 티 및 엘보는 직경이 다른 티 및 엘보는 사용하지 않는다.
㉰ 스프링클러 헤드는 15A 헤드가 설치된 것으로 한다.
㉱ 100[m] 당 직관마찰손실(A점에서의 헤드 방수량은 80[L/min]이다.)

호칭구경	25A	32A	40A	50A
직관마찰손실[m]	39.82	11.38	5.40	1.68

㉲ 마찰손실에 해당하는 상당길이 (단위: [m])

구분	25A	32A	40A	50A
엘보 (90°)	0.9	1.20	1.50	2.10
리듀서	(25A×15A) 0.54	(32A×25A) 0.72	(40A×32A) 0.90	(50A×40A) 1.20
티(직류)	0.27	0.36	0.45	0.60
티(분류)	1.50	1.80	2.10	3.00

㉳ 방사압력 산정에 필요한 계산과정을 상세하게 쓰고, 방사압력을 소수점 4자리까지 구하시오.
㉴ 물의 비중량은 9,800[N/m³]으로 한다.
㉵ 구간 별 관경은 다음과 같다.

구간	A~D	D~E	E~G	G~H
관경	25A	32A	40A	50A

(1) H~A까지의 배관 마찰손실수두[m]를 구하시오. (단, 소수점 넷째 자리까지 나타내시오.)

(2) H점은 A점보다 몇 [m] 높은 위치에 있는가?

(3) A점에서 방사압력은 몇 [kPa]인가? (단, 소수점 넷째 자리까지 나타내시오.)

정답

(1) • 계산과정

호칭경	계산식	등가길이[m]	마찰손실수두[m]
25A	리듀서: 0.54[m] 배관: 0.3[m]+0.1[m]+0.1[m]+2[m] +2[m]=4.5[m] 90° 엘보: 3[개]×0.9[m]=2.7[m] 티(직류): 0.27[m]	0.54+4.5+2.7+0.27 =8.01	$8.01 \times \dfrac{39.82}{100} = 3.1896$
32A	리듀서: 0.72[m] 티(직류): 0.36[m] 배관: 1.5[m]	0.72+0.36+1.5 =2.58	$2.58 \times \dfrac{11.38}{100} = 0.2936$
40A	리듀서: 0.90[m] 티(분류): 2.10[m] 90° 엘보: 1.50[m] 배관: 0.1[m]+3[m]=3.1[m]	0.9+2.1+1.5+3.1 =7.6	$7.6 \times \dfrac{5.4}{100} = 0.4104$
50A	리듀서: 1.20[m] 티(직류): 0.60[m] 배관: 3[m]	1.2+0.6+3 =4.8	$4.8 \times \dfrac{1.68}{100} = 0.0806$
합계			3.1896+0.2936+0.4104 +0.0806=3.9742

• 답: 3.97[m]

(2) • 계산과정: $0.3 - 0.1 - 0.1 = 0.1$
  • 답: 0.1[m]

(3) • 계산과정: $150 - 3.97 \times 9.8 + 0.1 \times 9.8 ≒ 112.074$
  • 답: 112.07[kPa]

해설

(2) A점으로부터 B점까지 배관은 0.3[m] 상승 후 0.1[m] 하락하였으며, B점과 같은 높이인 E점으로부터 H점과 같은 높이인 F점까지 배관은 0.1[m] 하락하였으므로 H점은 A점보다 $(0.3-0.1-0.1)=0.1$[m] 높은 위치에 있다.

(3) A점에서의 방사압력은 H점에서의 가압수 압력에서 배관의 마찰손실압과 낙차압을 뺀 값과 같다.
$$P_A = 150[\text{kPa}] - 3.97[\text{m}] \times 9.8[\text{kN/m}^3] - (-0.1[\text{m}]) \times 9.8[\text{kN/m}^3] ≒ 112.074[\text{kPa}]$$
← 양정[m]과 비중량[kN/m³]을 곱하면 압력[kN/m²]이 된다. 조건에서 비중량이 주어졌으므로 이를 활용하여 계산한다.

연계이론

PHASE 04 스프링클러설비

09 그림은 위험물을 저장하는 플루팅 루프 탱크 포 소화설비의 계통도이다. 그림과 [조건]을 참고하여 다음 각 물음에 답하시오. [9점]

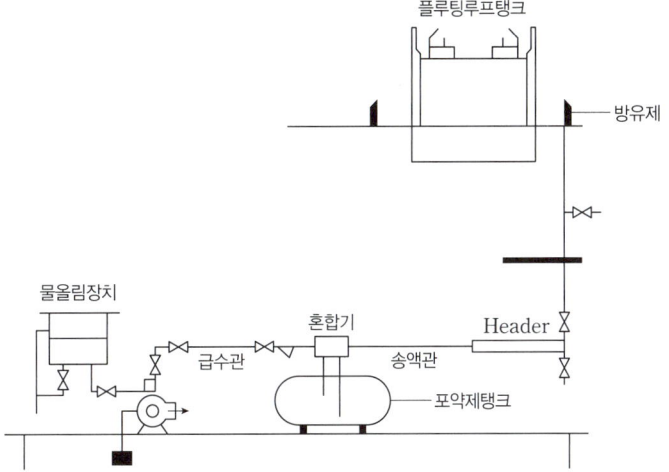

조건

㈎ 탱크의 안지름: 50[m]
㈏ 보조 포 소화전: 7개
㈐ 포 소화약제 사용농도: 6[%]
㈑ 굽도리판과 탱크벽과의 이격거리: 1.4[m]
㈒ 송액관 안지름: 100[mm], 송액관 길이: 150[m]
㈓ 고정포 방출구의 방출률: 8[L/m²·min], 방사시간: 30분
㈔ 보조 포 소화전의 방출률: 400[L/min], 방사시간: 20분
㈕ 조건에 제시되지 않은 사항은 무시한다.

(1) 소화펌프의 토출량[L/min]을 구하시오.
(2) 수원의 용량[L]을 구하시오.
(3) 포 소화약제의 저장량[L]을 구하시오.
(4) 탱크에 설치되는 고정포 방출구의 종류와 설치된 포 소화약제 혼합방식의 명칭을 쓰시오.

• 고정포 방출구의 종류:
• 포 소화약제 혼합방식:

정답

(1) • 계산과정: $8 \times \dfrac{\pi}{4} \times (50^2 - 47.2^2) ≒ 1,710.032$

　　　　　$3 \times 400 = 1,200$

　　　　　$1,710.032 + 1,200 = 2,910.032$

• 답: 2,910.03[L/min]

(2) • 계산과정: $8 \times \dfrac{\pi}{4} \times (50^2 - 47.2^2) \times 30 \times (1-0.06) ≒ 48,222.894$

　　　　　$3 \times 400 \times 20 \times (1-0.06) = 22,560$

　　　　　$\dfrac{\pi}{4} \times 0.1^2 \times 150 \times (1-0.06) ≒ 1.107411 [\text{m}^3] = 1,107.411[\text{L}]$

　　　　　$48,222.894 + 22,560 + 1,107.411 = 71,890.305$

• 답: 71,890.31[L]

(3) • 계산과정: $8 \times \dfrac{\pi}{4} \times (50^2 - 47.2^2) \times 30 \times 0.06 ≒ 3,078.057$

　　　　　$3 \times 400 \times 20 \times 0.06 = 1,440$

　　　　　$\dfrac{\pi}{4} \times 0.1^2 \times 150 \times 0.06 ≒ 0.070686 [\text{m}^3] = 70.686[\text{L}]$

　　　　　$3,078.057 + 1,440 + 70.686 = 4,588.743$

• 답: 4,588.74[L]

(4) • 고정포 방출구의 종류: 특형 포 방출구
• 포 소화약제 혼합방식: 프레셔 프로포셔너 방식

해설

(1) 위험물 저장탱크에 발생하는 화재는 유류 표면에서 발생하므로 위험물이 드러나거나 증발 가능한 면적이 화재 발생면적이자 소화면적이 된다.

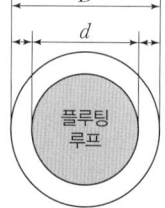

$$A = \dfrac{\pi}{4}(D^2 - d^2)$$

A: 화재면적[m²], D: 탱크의 직경[m],
d: 탱크 내면과 굽도리판의 간격[m]

소화펌프의 토출량[L/min]은 고정포 방출구에서 방출하는 양, 보조 포 소화전에서 방출하는 양의 합으로 한다. 고정포 방출구의 방출률은 8[L/m²·min]이므로 고정포 방출구에 필요한 포 수용액량은 다음과 같다.

$Q = 8[\text{L/m}^2\cdot\text{min}] \times \dfrac{\pi}{4} \times (50^2 - 47.2^2)[\text{m}^2] ≒ 1,710.032[\text{L/min}]$

보조 포 소화전의 방출률은 400[L/min]이고 최대 3개에 적용하므로 보조 포 소화전에 필요한 포 수용액량은 다음과 같다.

$Q = 3 \times 400[\text{L/min}] = 1,200[\text{L/min}]$ ← 방출구의 수는 최소 7개 이다.

포 소화설비에 필요한 소화펌프의 토출량[L/min]은

$Q = 1,710.032[\text{L/min}] + 1,200[\text{L/min}] = 2,910.032[\text{L/min}]$

(2) 수원의 양은 고정포 방출구에서 방출하기 위하여 필요한 양, 보조 포 소화전에서 방출하기 위하여 필요한 양, 가장 먼 탱크까지의 송액관(내경 75[mm] 이하 제외)에 충전하기 위하여 필요한 양의 합으로 한다.

고정포 방출구에 필요한 수원의 양은 다음과 같다.

$Q = 8[\text{L/m}^2\cdot\text{min}] \times \dfrac{\pi}{4} \times (50^2 - 47.2^2)[\text{m}^2] \times 30[\text{min}] \times (1-0.06) ≒ 48,222.894[\text{L}]$

보조 포 소화전에 필요한 수원의 양은 다음과 같다.

$Q = 3 \times 400[\text{L/min}] \times 20[\text{min}] \times (1-0.06) = 22,560[\text{L}]$

송액관은 직경이 75[mm]를 초과할 때 가장 먼 탱크까지의 거리만큼 보정량을 더한다.

$Q = \dfrac{\pi}{4} \times (0.1[\text{m}])^2 \times 150[\text{m}] \times (1-0.06) ≒ 1.107411[\text{m}^3] = 1,107.411[\text{L}]$

포 소화설비에 필요한 수원의 양[L]은

$Q = 48,222.894[\text{L}] + 22,560[\text{L}] + 1,107.411[\text{L}] = 71,890.305[\text{L}]$

(3) 포 소화약제 저장량은 고정포 방출구에서 방출하기 위하여 필요한 양, 보조 포 소화전에서 방출하기 위하여 필요한 양, 가장 먼 탱크까지의 송액관(내경 75[mm] 이하 제외)에 충전하기 위하여 필요한 양의 합으로 한다.

고정포 방출구에 필요한 소화약제의 양은 다음과 같다.
$$Q = 8[L/m^2 \cdot min] \times \frac{\pi}{4} \times (50^2 - 47.2^2)[m^2] \times 30[min] \times 0.06 ≒ 3,078.057[L]$$

보조 포 소화전에 필요한 소화약제의 양은 다음과 같다.
$$Q = 3 \times 400[L/min] \times 20[min] \times 0.06 = 1,440[L]$$

송액관은 직경이 75[mm]를 초과할 때 가장 먼 탱크까지의 거리만큼 보정량을 더한다.
$$Q = \frac{\pi}{4} \times (0.1[m])^2 \times 150[m] \times 0.06 ≒ 0.070686[m^3] = 70.686[L]$$

포 소화설비에 필요한 소화약제의 양[L]은
$$Q = 3,078.057[L] + 1,440[L] + 70.686[L] = 4,588.743[L]$$

(4) 플루팅 루프 탱크에 설치하는 포 방출구의 종류는 특형이다.

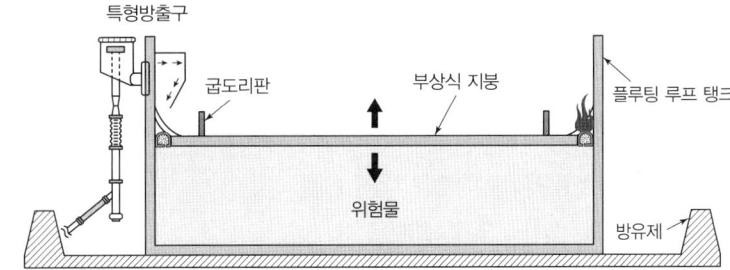

특형 방출구는 방출구 전면에 반사판이 설치된 형태로 포 수용액이 방출된 후 굽도리판과 탱크 벽 사이에 가두어 지도록 설계되므로 플루팅 루프 탱크에 적합한 포 방출구이다.

펌프와 발포기의 중간에 설치된 벤추리관의 벤추리작용과 펌프 가압수의 포 소화약제 저장탱크에 대한 압력에 따라 포 소화약제를 흡입·혼합하는 방식을 프레셔 프로포셔너 방식이라고 한다.

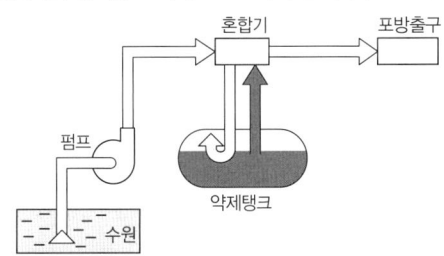

▲ 프레셔 프로포셔너방식

펌프 가압수가 포 소화약제 탱크로 유입되며 소화약제를 밀어올리므로 혼합기와 탱크 사이에 2개의 배관이 설치된다.

연계이론   PHASE 06 포 소화설비

10

아래의 소방대상물에 수동식 분말소화기를 설치하고자 한다. 분말소화기 1개의 능력단위가 A급 화재기준으로 2단위인 경우 최저로 필요한 소요 소화기 개수를 구하시오. (단, 건축물의 주요구조부가 내화구조가 아니고, 벽 및 반자의 실내에 면하는 부분이 불연재료·준불연재료 또는 난연재료가 아닌 특정소방대상물이다.) [5점]

(1) 바닥면적이 400[m²]인 문화재
(2) 바닥면적이 950[m²]인 전시장

정답

(1) • 계산과정: $\dfrac{400}{50}=8$, $\dfrac{8}{2}=4$
  • 답: 4개

(2) • 계산과정: $\dfrac{950}{100}=9.5$, $\dfrac{9.5}{2}=4.75$
  • 답: 5개

해설

화재의 발생을 예방하기 위해 특정소방대상물별로 능력단위에 따른 소화기구 또는 자동소화장치를 설치하며, 부속용도에 따라 기준개수의 소화기 또는 자동소화장치를 추가로 설치한다.

소화기구의 특정소방대상물별 능력단위

특정소방대상물	소화기구의 능력단위
1. 위락시설	해당 용도의 바닥면적 30[m²]마다 능력단위 1단위 이상
2. 공연장·집회장·관람장·문화재·장례식장 및 의료시설	해당 용도의 바닥면적 50[m²]마다 능력단위 1단위 이상
3. 근린생활시설·판매시설·운수시설·숙박시설·노유자시설·전시장·공동주택·업무시설·방송통신시설·공장·창고시설·항공기 및 자동차 관련 시설 및 관광휴게시설	해당 용도의 바닥면적 100[m²]마다 능력단위 1단위 이상
4. 그 밖의 것	해당 용도의 바닥면적 200[m²]마다 능력단위 1단위 이상

소화기구의 능력단위를 산출할 때 건축물의 주요구조부가 내화구조이고, 벽 및 반자의 실내에 면하는 부분이 불연재료·준불연재료 또는 난연재료로 된 특정소방대상물의 경우 위 기준의 2배를 기준면적으로 한다.

(1) 특정소방대상물인 문화재에 능력단위에 따른 소화기를 설치한다.

$$\text{문화재의 능력단위}=\dfrac{\text{바닥면적}[m^2]}{\text{기준면적}[m^2]}=\dfrac{400[m^2]}{50[m^2]}=8\text{단위}$$

$$\text{문화재의 소화기 개수}=\dfrac{8\text{단위}}{2\text{단위}}=4\text{개}$$

(2) 특정소방대상물인 전시장에 능력단위에 따른 소화기를 설치한다.

$$\text{전시장의 능력단위}=\dfrac{\text{바닥면적}[m^2]}{\text{기준면적}[m^2]}=\dfrac{950[m^2]}{100[m^2]}=9.5\text{단위}$$

$$\text{전시장의 소화기 개수}=\dfrac{9.5\text{단위}}{2\text{단위}}=4.75\text{개}=5\text{개 (절상)}$$

연계이론

PHASE 01 소화기구 및 자동소화장치

11

기동용 수압개폐장치인 압력챔버의 기능을 3가지만 적으시오. [3점]

정답

- 배관의 압력 저하 시 펌프의 기동 및 정지
- 수격작용으로부터 완충 및 방지
- 순간적인 압력변동에서 안정적인 압력 검지

연계이론 PHASE 02 옥내소화전설비

12

다음은 제연설비에 대한 설명이다. ( ) 안에 알맞은 답을 적으시오. [3점]

(1) 하나의 제연구역의 면적은 (①)[m²] 이내로 하고 거실과 통로(복도를 포함)는 상호 제연구획 해야 한다.
(2) 예상제연구역의 각 부분으로부터 하나의 배출구까지의 수평거리는 (②)[m] 이내가 되도록 해야 한다.
(3) 유입풍도안의 풍속은 (③)[m/s] 이하로 해야 한다.

정답

(1) ① 1,000

(2) ② 10

(3) ③ 20

해설

(1) • 하나의 제연구역의 면적은 1,000[m²] 이내로 해야 한다.
   • 거실과 통로(복도 포함)는 각각 제연구획 해야 한다.

(2) 예상제연구역의 각 부분으로부터 하나의 배출구까지의 수평거리는 10[m] 이내가 되도록 해야 한다.

(3) 유입풍도는 아연도금강판 또는 이와 동등 이상의 내식성·내열성이 있는 것으로 하며, 풍도 안의 풍속은 20[m/s] 이하로 하고 풍도의 강판 두께는 다음의 기준에 따라 설치해야 한다.

풍도 단면의 긴변 또는 직경의 크기	450[mm] 이하	450[mm] 초과 750[mm] 이하	750[mm] 초과 1,500[mm] 이하	1,500[mm] 초과 2,250[mm] 이하	2,250[mm] 초과
강판 두께	0.5[mm]	0.6[mm]	0.8[mm]	1.0[mm]	1.2[mm]

연계이론 PHASE 14 제연설비

13 그림과 같은 배관에 물이 흐를 경우 배관 ①, ②, ③에 흐르는 각각의 유량[L/min]을 구하시오. (단, A, B 사이의 배관 ①, ②, ③의 마찰손실수두는 각각 10[m]로 동일하며 마찰손실 계산은 다음의 Hazen-Williams식을 사용한다. 그리고 계산결과는 소수점 이하를 반올림하여 반드시 정수로 나타내시오.)

[7점]

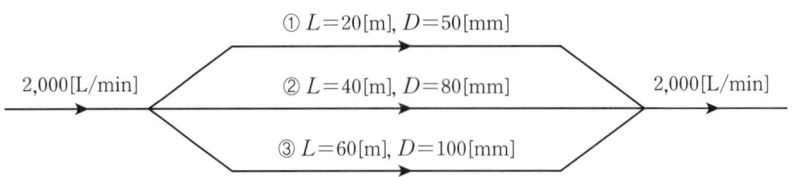

조건

(가) 하젠-윌리엄스 공식은 다음과 같다.

$$\Delta P = \frac{6.053 \times 10^4 \times Q^{1.85}}{C^{1.85} \times D^{4.87}}$$

ΔP: 배관 1[m]당 마찰손실압력[MPa], Q: 배관 내 유수량[L/min], C: 조도, D: 구경[mm]

정답

- 답: $Q_1 = 294.41[\text{L/min}]$
  $Q_2 = 697.53[\text{L/min}]$
  $Q_3 = 1,008.06[\text{L/min}]$

해설

배관 ①, ②, ③의 마찰손실수두가 동일하므로 마찰손실압력도 동일하다.

$\Delta P_1 = \Delta P_2 = \Delta P_3$

$$\frac{6.053 \times 10^4 \times Q_1^{1.85}}{C^{1.85} \times D_1^{4.87}} \times L_1 = \frac{6.053 \times 10^4 \times Q_2^{1.85}}{C^{1.85} \times D_2^{4.87}} \times L_2 = \frac{6.053 \times 10^4 \times Q_3^{1.85}}{C^{1.85} \times D_3^{4.87}} \times L_3$$

주어진 조건을 공식에 대입하면 관계식은 다음과 같다.

$$\frac{Q_1^{1.85}}{(50[\text{mm}])^{4.87}} \times 20[\text{m}] = \frac{Q_2^{1.85}}{(80[\text{mm}])^{4.87}} \times 40[\text{m}] = \frac{Q_3^{1.85}}{(100[\text{mm}])^{4.87}} \times 60[\text{m}]$$

$29.2426 Q_1^{1.85} = 5.929 Q_2^{1.85} = 3 Q_3^{1.85}$

배관 ①, ②, ③의 유량의 합은 2,000[L/min]이므로 관계식은 다음과 같다.

$Q_1 + Q_2 + Q_3 = 2,000[\text{L/min}]$

따라서 위 식을 연립하면 각 배관의 유량 Q는

$Q_1 + \sqrt[1.85]{\frac{29.2426}{5.929}} Q_1 + \sqrt[1.85]{\frac{29.2426}{3}} Q_1 = 2,000[\text{L/min}]$

$Q_1 ≒ 294.408[\text{L/min}]$

$\sqrt[1.85]{\frac{5.929}{29.2426}} Q_2 + Q_2 + \sqrt[1.85]{\frac{5.929}{3}} Q_2 = 2,000[\text{L/min}]$

$Q_2 ≒ 697.529[\text{L/min}]$

$\sqrt[1.85]{\frac{3}{29.2426}} Q_3 + \sqrt[1.85]{\frac{3}{5.929}} Q_3 + Q_3 = 2,000[\text{L/min}]$

$Q_3 ≒ 1,008.062[\text{L/min}]$

연계이론 PHASE 22 배관의 마찰손실

14 다음 [조건] 및 그림을 참조하여 각 물음에 답하시오. [10점]

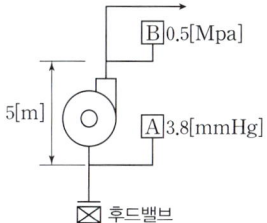

> **조건**
> ㈎ 옥내소화전은 각 층마다 2개씩 설치되어 있다.
> ㈏ 흡입배관의 내경은 65[mm], 토출배관의 내경은 100[mm]이다.
> ㈐ 연성계의 지시압력은 3.8[mmHg]이고, 압력계의 지시압력은 0.5[MPa]이다.
> ㈑ 물의 비중량은 9.8[kN/m³]로 한다.

(1) A, B의 도시기호를 그리고 지시압력범위를 쓰시오.

	도시기호	지시압력범위
A		
B		

(2) 흡입배관 및 토출측 배관 내 유속은 몇 [m/s]인가?
(3) 전양정은 몇 [m]인가?
(4) 펌프의 수동력은 몇 [kW]인가?

● 정 답 ●

(1)

	도시기호	지시압력범위
A		대기압 이상 및 이하
B		대기압 이상

(2) • 계산과정: $\dfrac{4 \times \dfrac{0.26}{60}}{\pi \times 0.065^2} \fallingdotseq 1.306$

$\dfrac{4 \times \dfrac{0.26}{60}}{\pi \times 0.1^2} \fallingdotseq 0.552$

• 답: 흡입 측: 1.31[m/s], 토출 측: 0.55[m/s]

(3) • 계산과정: $\dfrac{500 - \left(-3.8 \times \dfrac{101.325}{760}\right)}{9.8} + \dfrac{0.55^2 - 1.31^2}{2 \times 9.8} + 5 \fallingdotseq 55.999$

• 답: 56[m]

(4) • 계산과정: $9.8 \times \dfrac{0.26}{60} \times 56 \fallingdotseq 2.378$

• 답: 2.38[kW]

해 설

(2) 부피유량 공식 $Q=Au$에 의해 유량 Q와 배관의 직경 D를 알면 유속 u를 다음과 같이 구할 수 있다.

$$Q=\frac{\pi}{4}D^2u,\ u=\frac{4Q}{\pi D^2}$$

u: 유속[m/s], Q: 유량[m³/s], D: 배관의 직경[m]

화재안전기준에 따라 옥내소화전설비에서 가압송수장치(펌프)는 특정소방대상물의 어느 층에서 해당 층의 옥내소화전을 동시에 사용할 경우(최대 2개, 30층 이상인 경우 최대 5개) 각 소화전의 노즐 선단에서의 방수량은 130[L/min] 이상으로 한다.

정격토출량=2[개]×130[L/min]=260[L/min]

펌프의 토출량은 260[L/min]이므로 단위를 변환하면 $\frac{0.26}{60}$[m³/s]이다.

따라서 주어진 조건을 공식에 대입하면 배관에 흐르는 물의 속도 u는

$$u_1=\frac{4\times\frac{0.26}{60}[\text{m}^3/\text{s}]}{\pi\times(0.065[\text{m}])^2}\fallingdotseq 1.306[\text{m/s}]$$

$$u_2=\frac{4\times\frac{0.26}{60}[\text{m}^3/\text{s}]}{\pi\times(0.1[\text{m}])^2}\fallingdotseq 0.552[\text{m/s}]$$

(3) 펌프를 통과하기 전후의 압력과 속도의 관계식은 베르누이 방정식을 통해 구할 수 있다.

$$\frac{P_1}{\gamma}+\frac{u_1^2}{2g}+Z_1+H_P=\frac{P_2}{\gamma}+\frac{u_2^2}{2g}+Z_2$$

P: 압력[kN/m²], γ: 비중량[N/m³], u: 유속[m/s], g: 중력가속도[m/s²], Z: 높이[m], H_P: 전양정[m]

수은기둥 760[mmHg]는 101.325[kPa]와 같으므로 연성계(진공계) 3.8[mmHg]에 해당하는 압력 P_1는 다음과 같다.

$$P_1=-3.8[\text{mmHg}]\times\frac{101.325[\text{kPa}]}{760[\text{mmHg}]}$$

$P_2=0.5[\text{MPa}]=500[\text{kPa}]$

주어진 조건을 공식에 대입하면 펌프의 전양정 H_P는

$$H_P=\frac{P_2-P_1}{\gamma}+\frac{u_2^2-u_1^2}{2g}+(Z_2-Z_1)$$

$$=\frac{500[\text{kPa}]-\left(-3.8[\text{mmHg}]\times\frac{101.325[\text{kPa}]}{760[\text{mmHg}]}\right)}{9.8[\text{N/m}^3]}+\frac{(0.55[\text{m/s}])^2-(1.31[\text{m/s}])^2}{2\times9.8[\text{m/s}^2]}+5[\text{m}]$$

$\fallingdotseq 55.999[\text{m}]$

(4) 펌프의 수동력은 다음의 식을 통해 구할 수 있다.

$$P=\gamma QH$$

P: 펌프의 동력[kW], γ: 유체의 비중량[kN/m³], Q: 유량[m³/s], H: 전양정[m]

주어진 조건을 공식에 대입하면 펌프의 수동력 P는

$$P=9.8[\text{kN/m}^3]\times\frac{0.26}{60}[\text{m}^3/\text{s}]\times 56[\text{m}]\fallingdotseq 2.378[\text{kW}]$$

연계이론 PHASE 02 옥내소화전설비

15 다음의 [조건]과 같이 이산화탄소 소화설비를 설치하고자 한다. 주어진 [조건]을 참조하여 각 물음에 답하시오. [10점]

조건

(가) 설비는 전역방출방식으로 하며 설치장소는 케이블실, 박물관, 일산화탄소 저장실이다.
(나) 모든 실의 개구부에는 자동폐쇄장치가 설치되어 있다.
(다) 각 실별 방호구역의 체적은 다음과 같다.

실의 명칭	케이블실	박물관	일산화탄소 저장실
방호구역 체적[m^3]	400	240	32

(라) 일산화탄소 저장실은 표면화재이며 설계농도가 34[%] 이상으로서 보정계수는 1.9로 한다.
(마) 저장용기의 내용적은 68[L]이며, 충전비는 1.7로 동일 충전비를 가진다.

(1) 각 실별 약제소요량[kg]을 구하시오.
  - 케이블실:
  - 박물관:
  - 일산화탄소 저장실:
(2) 저장용기 1병 당 약제저장량은 몇 [kg]인가?
(3) 각 실별 소요병수[병]를 구하시오.
  - 케이블실:
  - 박물관:
  - 일산화탄소 저장실:
(4) 방호구역 내의 산소농도가 14[%]인 경우 이산화탄소의 농도는 몇 [%]인가?
(5) 케이블실과 박물관에 이산화탄소 소화약제를 방사하였을 경우 방사된 이산화탄소의 체적은 몇 [m^3]인가? (단, 표준상태 (0[℃], 1[atm])를 기준으로 한다.)

정답

(1) • 케이블실
　　　— 계산과정: $1.3 \times 400 = 520$
　　　— 답: 520[kg]
　• 박물관
　　　— 계산과정: $2.0 \times 240 = 480$
　　　— 답: 480[kg]
　• 일산화탄소 저장실
　　　— 계산과정: $1.00 \times 32 = 32$
　　　　　　　　　$45 \times 1.9 = 85.5$
　　　— 답: 85.5[kg]

(2) • 계산과정: $\dfrac{68}{1.7} = 40$
　• 답: 40[kg]

(3) • 케이블실
　　　— 계산과정: $\dfrac{520}{40} = 13$
　　　— 답: 13병
　• 박물관
　　　— 계산과정: $\dfrac{480}{40} = 12$
　　　— 답: 12병
　• 일산화탄소 저장실
　　　— 계산과정: $\dfrac{85.5}{40} = 2.1375$
　　　— 답: 3병

(4) • 계산과정: $\dfrac{21}{100+x} = \dfrac{14}{100}$
　　　　　　　$\dfrac{x}{100+x} = \dfrac{50}{100+50} \fallingdotseq 0.33333$
　• 답: 33.33[%]

(5) • 계산과정: $520 + 480 = 1{,}000$
　　　　　　　$\dfrac{1{,}000}{44} \fallingdotseq 22.727$
　　　　　　　$22.4 : 1 = x : 22.727$
　　　　　　　$x = 22.4 \times 22.727 = 509.0848$
　• 답: 509.08[m³]

해설

(1) 심부화재이고 전역방출방식인 이산화탄소 소화약제의 저장량 최소기준은 다음과 같다.

방호대상물	소화약제의 양[kg/m³]
유압기기를 제외한 전기설비, 케이블실	1.3
체적 55[m³] 미만의 전기설비	1.6
서고, 전자제품 창고, 목재가공품 창고, 박물관	2.0
고무류 · 면화류 창고, 모피 창고, 석탄 창고, 집진설비	2.7

방호구역의 개구부(창문 · 출입구) 1[m²]마다 10[kg]을 가산한다. ← 자동폐쇄장치가 없는 경우에만 적용한다.

케이블실의 소화약제의 양은 체적 1[m³] 당 1.3[kg/m³]을 적용한다.
　소화약제의 양 = (1.3[kg/m³] × 400[m³]) = 520[kg]
박물관의 소화약제의 양은 체적 1[m³] 당 2.0[kg/m³]을 적용한다.
　소화약제의 양 = (2.0[kg/m³] × 240[m³]) = 480[kg]

표면화재이고 전역방출방식인 이산화탄소 소화약제의 저장량 최소기준은 다음과 같다.

방호구역의 체적	소화약제의 양[kg/m³]	소화약제 저장량의 최저한도[kg]
45[m³] 미만	1.00	45
45[m³] 이상 150[m³] 미만	0.90	45
150[m³] 이상 1,450[m³] 미만	0.80	135
1,450[m³] 이상	0.75	1,125

방호구역의 개구부(창문·출입구) 1[m²]마다 5[kg]을 가산한다. ← 자동폐쇄장치가 없는 경우에만 적용한다.

일산화탄소 저장실의 체적이 45[m³] 미만이므로 소화약제의 양은 체적 1[m³] 당 1.00[kg/m³]을 적용한다.
  소화약제의 양=1.00[kg/m³]×32[m³]=32[kg] ← 최저한도인 45[kg]보다 큰지 확인한다.
소화약제 저장량의 최저한도인 45[kg]을 선택한다.
설계농도가 34[%] 이상이므로 체적에 따라 구한 소화약제의 양에 보정계수를 곱한다.
  ← 개구부 가산량에는 곱하지 않는다.
  소화약제의 양=45[kg]×1.9=85.5[kg]

(2) 저장용기 1병 당 소화약제의 저장량[L]은 68[L]이고, 충전비는 1.7[L/kg]이므로 소화약제의 저장량[kg]은
$$\frac{68[L]}{1.7[L/kg]}=40[kg]$$

(3) 저장용기 1병 당 소화약제의 저장량은 40[kg]이므로 케이블실에 필요한 소화약제의 양을 저장하기 위해 필요한 저장용기의 개수는 다음과 같다.
$$\frac{520[kg]}{40[kg/병]}=13[병]$$
박물관에 필요한 저장용기의 개수는 다음과 같다.
$$\frac{480[kg]}{40[kg/병]}=12[병]$$
일산화탄소 저장실에 필요한 저장용기의 개수는 다음과 같다.
$$\frac{85.5[kg]}{40[kg/병]}=2.1375[병]=3[병] (절상)$$

(4) 산소 21[%], 이산화탄소 0[%]인 공기에 이산화탄소 소화약제가 추가되어 산소의 농도는 14[%]가 되어야 한다.
$$\frac{21}{100+x}=\frac{14}{100}$$ ← 공학용 계산기의 SOLVE 기능을 활용하면 계산이 쉽다.
따라서 추가된 이산화탄소 소화약제의 양 x는 50이며, 이 때 전체 중 이산화탄소의 농도는
$$\frac{x}{100+x}=\frac{50}{100+50}≒0.33333=33.333[\%]$$

(5) 케이블실과 박물관에 방사된 이산화탄소의 양[kg]은 다음과 같다.
  520[kg]+480[kg]=1,000[kg]
이산화탄소의 분자량은 44[kg/kmol]이므로 방사된 이산화탄소의 양을 몰수로 나타내면 다음과 같다.
$$\frac{1,000[kg]}{44[kg/kmol]}≒22.727[kmol]$$
0[℃] 1기압에서 22.4[m³]의 기체 속에는 1[kmol]의 기체분자가 들어있다. 따라서 0[℃] 1기압, 22.727[kmol]의 기체가 차지하는 부피는
  22.4[m³] : 1[kmol]=x[m³] : 22.727[kmol]
  x=22.4×22.727=509.0848[m³]

◇ 연계이론 ◇ **PHASE 07** 이산화탄소 소화설비

16 다음 [조건]을 참조하여 각 물음에 답하시오. [6점]

조건
(가) 스프링클러설비이며 헤드의 기준개수는 20개를 적용한다.
(나) 준공 후 소화펌프의 시험결과 양정은 80[m], 회전수는 1,500[rpm]이었다.
(다) 펌프의 효율은 60[%], 전달계수는 1.1로 한다.
(라) 물의 비중량은 9.8[kN/m³]로 한다.

(1) 현재의 펌프 토출량에 20[%]의 여유를 두는 경우 임펠러의 회전수는 몇 [rpm]으로 변경해야 하는가?
(2) 임펠러의 회전수를 변경하면 양정은 몇 [m]로 변경해야 하는가?
(3) 펌프의 동력이 50[kW]로 설치되었다면 펌프 토출량에 20[%]의 여유를 두는 경우 적합 여부를 쓰시오.

정 답

(1) • 계산과정: $1,500 \times 1.2 = 1,800$
 • 답: 1,800[rpm]

(2) • 계산과정: $80 \times 1.2^2 = 115.2$
 • 답: 115.2[m]

(3) 펌프에 필요한 동력이 66.23[kW]로 50[kW]의 펌프는 적합하지 않다.

해설

기하학적으로 비슷한 두 물체의 운동이 역학적으로도 비슷해지도록 하는 조건을 나타내는 법칙을 상사법칙이라고 한다.

(1) 펌프의 회전수를 변화시키면 동일한 펌프이므로 상사법칙에 따라 유량이 변화한다.

$$\frac{Q_2}{Q_1} = \left(\frac{N_2}{N_1}\right)\left(\frac{D_2}{D_1}\right)^3$$

Q: 유량, N: 펌프의 회전수, D: 직경

동일한 펌프이므로 직경 D는 같고, 상태1의 유량이 Q_1, 회전수 N_1이 1,500[rpm]이며, 상태2의 유량 Q_2가 $1.2Q_1$이므로 회전수 N_2는 다음과 같다.

$$N_2 = N_1\left(\frac{Q_2}{Q_1}\right) = 1,500[\text{rpm}] \times \left(\frac{1.2Q_1}{Q_1}\right) = 1,800[\text{rpm}]$$

(2) 펌프의 회전수를 변화시키고 크기(직경)이 일정하다면 상사법칙에 따라 양정이 변화한다.

$$\frac{H_2}{H_1} = \left(\frac{N_2}{N_1}\right)^2\left(\frac{D_2}{D_1}\right)^2$$

H: 양정, N: 펌프의 회전수, D: 직경

직경 D가 일정하고, 상태1의 양정 H_1가 80[m], 회전수 N_1이 1,500[rpm]이며, 상태2의 회전수 N_2이 1,800[rpm]이므로 양정 H_2는 다음과 같다.

$$H_2 = H_1\left(\frac{N_2}{N_1}\right)^2 = 80[\text{m}] \times \left(\frac{1,800[\text{rpm}]}{1,500[\text{rpm}]}\right)^2 = 115.2[\text{m}]$$

(3) 펌프의 동력은 다음의 식을 통해 구할 수 있다.

$$P = \frac{\gamma Q H}{\eta} K$$

P: 펌프의 동력[kW], γ: 유체의 비중량[kN/m³], Q: 유량[m³/s], H: 전양정[m], η: 효율, K: 전달계수

화재안전기준에 따라 스프링클러설비에서 가압송수장치(펌프)의 송수량은 기준개수에 80[L/min]를 곱한 양 이상으로 한다. ← 설치개수가 기준개수보다 적은 경우 설치개수에 따른다.

정격토출량 = 20[개] × 80[L/min] = 1,600[L/min]

펌프의 토출량은 1,600[L/min] × 1.2이고, 단위를 변환하면 $\left(\frac{1.6}{60} \times 1.2\right)$[m³/s]이다.

따라서 주어진 조건을 공식에 대입하면 펌프의 동력 P는

$$P = \frac{9.8[\text{kN/m}^3] \times \left(\frac{1.6}{60} \times 1.2\right)[\text{m}^3/\text{s}] \times 115.2[\text{m}]}{0.6} \times 1.1 ≒ 66.232[\text{kW}]$$

연계이론

PHASE 04 스프링클러설비

PHASE 23 펌프의 특성

2022년 4회 기출문제

01 다음 [조건]에 따라 제1종 분말 소화설비를 전역방출방식으로 설치하려고 한다. [조건]을 참고하여 각 물음에 답하시오. [8점]

조건
- (가) 특정소방대상물의 크기는 가로 20[m], 세로 10[m], 높이 3[m]인 내화구조로 되어 있다.
- (나) 헤드의 배치는 정방형으로 하고, 헤드와 벽과의 간격은 헤드 간격의 1/2 이하로 한다.
- (다) 방사헤드 1개의 방사량은 1.5[kg/s]이고 방사시간기준은 30초이다.
- (라) 배관은 최단거리 토너먼트 배관방식을 적용한다.

(1) 필요한 소화약제의 최소 소요량은 몇 [kg]인가?
(2) 가압용 가스(질소)의 최소 필요량 (35[℃], 1기압 환산)은 몇 [L]인가?
(3) 필요한 분사헤드의 최소 개수는 몇 개인가?
(4) 헤드의 배치도 및 개략적인 배관도를 작성하시오. (단, 눈금 1개의 간격은 1[m]이고, 헤드 간의 간격 및 벽과의 간격을 표시해야 하며 분말 배관 연결지점은 상부 중간에서 분기한다.)

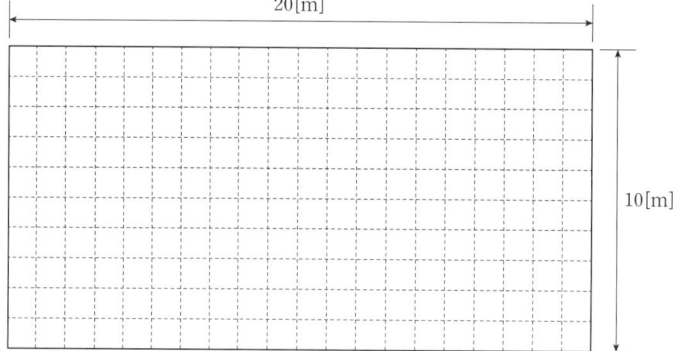

정답

(1) • 계산과정: $20 \times 10 \times 3 = 600$
$0.60 \times 600 = 360$
• 답: 360[kg]

(2) • 계산과정: $40 \times 360 = 14,400$
• 답: 14,400[L]

(3) • 계산과정: $360 = 1.5 \times 30 \times $ 헤드 수
헤드 수 $= \dfrac{360}{1.5 \times 30} = 8$
• 답: 8개

(4)

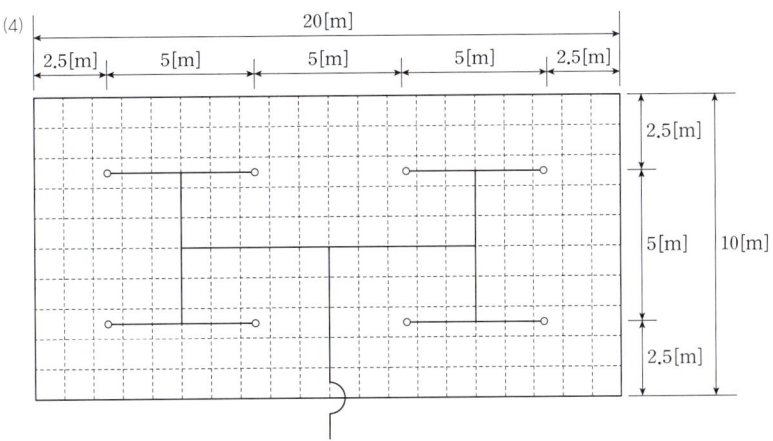

해설

(1) 전역방출방식 분말 소화약제의 저장량 기준은 다음과 같다.

소화약제의 종류	소화약제의 양[kg/m³]	개구부 가산량[kg/m²]
제1종 분말	0.60	4.5
제2종 분말	0.36	2.7
제3종 분말	0.36	2.7
제4종 분말	0.24	1.8

방호구역의 체적(가로×세로×높이)은 다음과 같다.
$V = 20[m] \times 10[m] \times 3[m] = 600[m^3]$
제1종 분말 소화약제를 사용하므로 소화약제의 양은 체적 1[m³] 당 0.60[kg/m³]을 적용한다.
소화약제의 양 $= 0.60[kg/m^3] \times 600[m^3] = 360[kg]$

(2) 가압용 가스에 질소가스를 사용하는 경우 질소가스는 소화약제 1[kg] 마다 40[L](35[℃]에서 1기압의 압력상태로 환산한 것) 이상으로 한다.
가압용 가스의 양 $= 40[L/kg] \times 360[kg] = 14,400[L]$

(3) 분말 소화설비의 분사헤드는 소화약제 저장량을 30초 이내에 방출할 수 있어야 하므로 필요한 헤드 수는
$360[kg] = 1.5[kg/s] \times 30[s] \times $ 헤드 수
헤드 수 $= \dfrac{360[kg]}{1.5[kg/s] \times 30[s]} = 8[개]$

연계이론 PHASE 10 분말 소화설비

02 다음은 제연설비의 공기유입방식 및 유입구에 관한 화재안전기술기준이다. (   ) 안에 알맞은 답을 적으시오. [5점]

(1) 예상제연구역에 대한 공기유입은 유입풍도를 경유한 (①) 또는 (②)방식으로 하거나, 인접한 제연구역 또는 통로에 유입되는 공기가 해당구역으로 유입되는 방식으로 할 수 있다.

(2) 예상제연구역에 설치되는 공기유입구는 다음의 기준에 적합해야 한다.
- 바닥면적 400[m²] 미만의 거실인 예상제연구역에 대해서는 공기유입구와 배출구 간의 직선거리는 (③)[m] 이상 또는 구획된 실의 장변의 2분의 1 이상으로 할 것. 다만, 공연장·집회장·위락시설의 용도로 사용되는 부분의 바닥면적이 (④)[m²]를 초과하는 경우의 공기유입구는 다음의 기준에 따른다.
- 바닥면적이 400[m²] 이상의 거실인 예상제연구역에 대해서는 바닥으로부터 (⑤)[m] 이하의 높이에 설치하고 그 주변은 공기의 유입에 장애가 없도록 한다.

정답

(1) ① 강제유입
② 자연유입

(2) ③ 5
④ 200
⑤ 1.5

해설

(1) 예상제연구역에 대한 공기유입은 유입풍도를 경유한 강제유입 또는 자연유입방식으로 하거나, 인접한 제연구역 또는 통로에 유입되는 공기(가압의 결과를 일으키는 경우를 포함)가 해당구역으로 유입되는 방식으로 할 수 있다.

(2) 예상제연구역에 설치되는 공기유입구는 다음의 기준에 적합해야 한다.
- 바닥면적 400[m²] 미만의 거실인 예상제연구역(제연경계에 따른 구획을 제외)에 대해서는 공기유입구와 배출구 간의 직선거리는 5[m] 이상 또는 구획된 실의 장변의 2분의 1 이상으로 할 것. 다만, 공연장·집회장·위락시설의 용도로 사용되는 부분의 바닥면적이 200[m²]를 초과하는 경우의 공기유입구는 다음의 기준에 따른다.
- 바닥면적이 400[m²] 이상의 거실인 예상제연구역(제연경계에 따른 구획을 제외)에 대해서는 바닥으로부터 1.5[m] 이하의 높이에 설치하고 그 주변은 공기의 유입에 장애가 없도록 한다.

연계이론

PHASE 14 제연설비

03

아래 도면은 용도가 교육연구시설인 학교의 강의실에 대한 도면이다. 설치하는 소화기는 능력단위가 A급 화재 기준으로 3단위인 경우 각 물음에 답하시오. (단, 강의실 출입문은 중앙에 위치하고 있다고 가정한다.) [6점]

|← 20[m] →|← 20[m] →|← 20[m] →|
| 1 | 2 | 3 | 7[m]
| 복도 | | | 3[m]
| | | 4 | 10[m]

(1) 바닥면적을 기준으로 필요한 소화기의 개수를 구하시오. (단, 통로는 제외하며 보행거리 기준은 고려하지 않는다.)
(2) 보행거리에 따른 통로에 설치해야 할 소화기의 개수를 구하시오. (단, 복도 끝부분에 소화기를 배치한다.)
(3) (1)과 (2)를 고려하였을 때 필요한 소화기의 최소 개수를 구하시오.

정답

(1) • 계산과정: $\dfrac{620}{200} = 3.1$

$\dfrac{3.1}{3} ≒ 1.03 = 2$개

강의실마다 배치하는 소화기 개수 = 4개

2개 + 4개 = 6개

• 답: 6개

(2) • 답: 4개

(3) • 계산과정: 6개 + 4개 = 10개

• 답: 10개

해설

화재의 발생을 예방하기 위해 특정소방대상물별로 능력단위에 따른 소화기구 또는 자동소화장치를 설치하며, 부속용도에 따라 기준개수의 소화기구 또는 자동소화장치를 추가로 설치한다.

소화기구의 특정소방대상물별 능력단위

특정소방대상물	소화기구의 능력단위
1. 위락시설	해당 용도의 바닥면적 30[m²] 마다 능력단위 1단위 이상
2. 공연장·집회장·관람장·문화재·장례식장 및 의료시설	해당 용도의 바닥면적 50[m²] 마다 능력단위 1단위 이상
3. 근린생활시설·판매시설·운수시설·숙박시설·노유자시설·전시장·공동주택·업무시설·방송통신시설·공장·창고시설·항공기 및 자동차 관련 시설 및 관광휴게시설	해당 용도의 바닥면적 100[m²] 마다 능력단위 1단위 이상
4. 그 밖의 것	해당 용도의 바닥면적 200[m²] 마다 능력단위 1단위 이상

※ 소화기구의 능력단위를 산출할 때 건축물의 주요구조부가 내화구조이고, 벽 및 반자의 실내에 면하는 부분이 불연재료·준불연재료 또는 난연재료로 된 특정소방대상물의 경우 위 기준의 2배를 기준면적으로 한다.

(1) 전체는 $(20[m] \times 7[m]) + (20[m] \times 7[m]) + (20[m] \times 7[m]) + (20[m] \times 10[m]) = 620[m^2]$의 강의실로 사용되므로 능력단위에 따른 소화기를 설치한다.

$$강의실의 능력단위 = \frac{바닥면적[m^2]}{기준면적[m^2]} = \frac{620[m^2]}{200[m^2]} = 3.1단위$$

$$능력단위에 따른 소화기 개수 = \frac{3.1단위}{3단위} ≒ 1.03[개] = 2[개] (절상)$$

특정소방대상물의 각 층이 2 이상의 거실로 구획된 경우에는 바닥면적이 33[m²] 이상으로 구획된 각 거실에도 추가로 배치한다.
각 강의실의 바닥면적이 33[m²] 이상이므로 각 강의실마다 하나씩 배치한다.
  강의실의 바닥면적에 따른 소화기 개수 = 4[개]
따라서 강의실에 필요한 소화기의 개수는
  2[개] + 4[개] = 6[개]

(2) 특정소방대상물의 각 부분으로부터 1개의 소화기까지의 보행거리가 소형소화기의 경우에는 20[m] 이내, 대형소화기의 경우에는 30[m] 이내가 되도록 배치한다. ← 능력단위가 3단위이므로 소형소화기이다.
아래의 그림과 같이 복도 끝부분에 소화기를 배치하고 이로부터 20[m]마다 소화기를 추가로 배치한다.

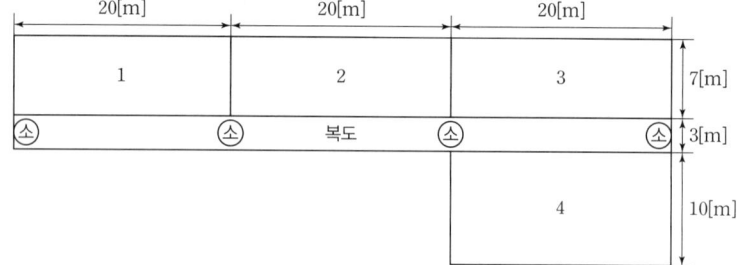

○ 연계이론 ○ **PHASE 01** 소화기구 및 자동소화장치

04 포 소화약제 중 수성막포의 장점과 단점을 각각 2가지씩 쓰시오. [4점]

(1) 장점

(2) 단점

정답

(1) 다음 4가지 중 2가지를 선택하여 작성한다.
  • 초기 소화속도가 빠르다.
  • 분말 소화약제와 함께 소화작업을 할 수 있다.
  • 장기 보존이 가능하다
  • 포·막의 차단효과로 재연방지에 효과가 있다.

(2) 다음 3가지 중 2가지를 선택하여 작성한다.
  • 내열성이 약해 윤화(Ring Fire) 현상이 일어날 수 있다.
  • 표면장력이 작아 금속 및 페인트칠에 대한 부식성이 크다.
  • 가격이 높다.

○ 연계이론 ○ **PHASE 06** 포 소화설비

05 아래의 도면과 같은 방호대상물에 고압식 이산화탄소 소화설비를 설계하려고 한다. [조건]을 참조하여 다음 각 물음에 답하시오. [7점]

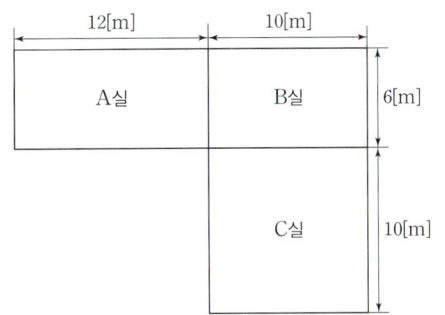

조건
- (가) 건물의 층고(높이)는 4[m]이다.
- (나) 약제 방출방식은 전역방출방식이다.
- (다) 개구부는 자동폐쇄장치가 설치되어 있다.
- (라) 약제저장용기는 1병 당 45[kg]이 충전되어 있다.

(1) 각 실의 소요 용기수는 몇 병인가?
- A실
- B실
- C실

(2) 아래 도면을 이용하여 계통도를 그리시오. (단, 모든 배관은 직선으로 표기한다.)

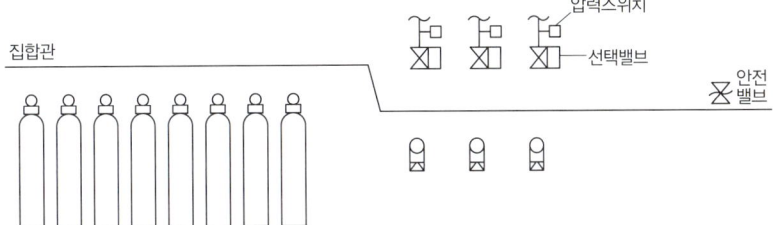

정답

(1) • A실
  — 계산과정: $12 \times 6 \times 4 = 288$
  $0.80 \times 288 = 230.4$
  $\dfrac{230.4}{45} = 5.12$
  — 답: 6병

• B실
  — 계산과정: $10 \times 6 \times 4 = 240$
  $0.80 \times 240 = 192$
  $\dfrac{192}{45} ≒ 4.27$
  — 답: 5병

• C실
  — 계산과정: $10 \times 10 \times 4 = 400$
  $0.80 \times 400 = 320$
  $\dfrac{320}{45} ≒ 7.11$
  — 답: 8병

(2)

해 설

(1) 저장용기 1병 당 이산화탄소 소화약제의 충전량은 45[kg]이므로 각 실에 필요한 소화약제의 양을 계산한다.

표면화재이고 전역방출방식인 이산화탄소 소화약제의 저장량 최소기준은 다음과 같다.

방호구역의 체적	소화약제의 양[kg/m^3]	소화약제 저장량의 최저한도[kg]
45[m^3] 미만	1.00	45
45[m^3] 이상 150[m^3] 미만	0.90	45
150[m^3] 이상 1,450[m^3] 미만	0.80	135
1,450[m^3] 이상	0.75	1,125

방호구역의 개구부(창문·출입구) 1[m^2]마다 5[kg]을 가산한다. ← 자동폐쇄장치가 없는 경우에만 적용한다.

각 실의 체적(가로×세로×높이)은 다음과 같다.
  A실 = 12[m] × 6[m] × 4[m] = 288[m^3]
  B실 = 10[m] × 6[m] × 4[m] = 240[m^3]
  C실 = 10[m] × 10[m] × 4[m] = 400[m^3]

방호구역의 체적이 150[m^3] 이상 1,450[m^3] 미만이므로 소화약제의 양은 체적 1[m^3] 당 0.80[kg/m^3]을 적용한다.
  A실 = 0.80[kg/m^3] × 288[m^3] = 230.4[kg]
  B실 = 0.80[kg/m^3] × 240[m^3] = 192[kg] ← 최저한도인 135[kg]보다 큰지 확인한다.
  C실 = 0.80[kg/m^3] × 400[m^3] = 320[kg]

저장용기 1병 당 소화약제의 충전량은 45[kg]이므로 각 실별 소화약제의 양을 저장하기 위해 필요한 가스용기의 개수는

  A실: $\frac{230.4[kg]}{45[kg/병]}$ = 5.12[병] = 6[병] (절상)

  B실: $\frac{192[kg]}{45[kg/병]}$ ≒ 4.27[병] = 5[병] (절상)

  C실: $\frac{320[kg]}{45[kg/병]}$ ≒ 7.11[병] = 8[병] (절상)

연세이론 **PHASE 07** 이산화탄소 소화설비

06 다음은 10층 건물에 설치한 옥내소화전설비의 계통도이다. 각 물음에 답하시오. [8점]

> **조건**
> (가) 배관의 마찰손실수두는 40[m](소방호스, 관 부속품의 마찰손실수두 포함)이다.
> (나) 펌프의 효율은 65[%]이다.
> (다) 펌프의 여유율은 10[%]를 적용한다.

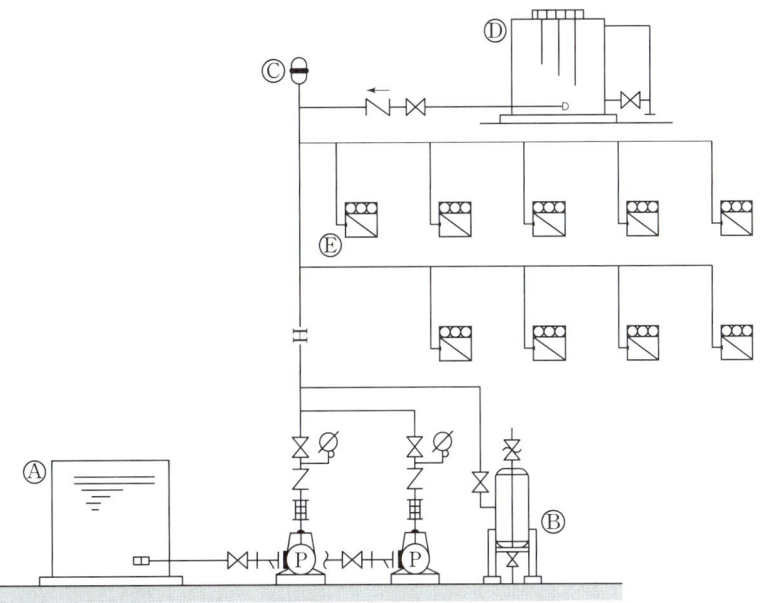

(1) Ⓐ~Ⓔ의 명칭을 쓰시오.
(2) Ⓓ에 보유해야 할 최소 유효저수량[m³]은?
(3) Ⓑ의 주된 기능은?
(4) Ⓒ의 설치목적은 무엇인가?
(5) Ⓔ항의 문의 면적[m²]은 얼마 이상이어야 하는가?
(6) 펌프의 전동기 용량[kW]을 계산하시오.

정답

(1) Ⓐ: 소화수조 Ⓑ: 압력챔버 Ⓒ: 수격방지기 Ⓓ: 옥상수조 Ⓔ: 옥내소화전

(2) • 계산과정: $2 \times 2.6 \times \dfrac{1}{3} ≒ 1.733$

　• 답: 1.73[m³]

(3) 순간적인 압력변동을 검지하여 수격작용 등의 이상현상을 방지한다.

(4) 수격작용 방지

(5) 0.5[m²]

(6) • 계산과정: $2 \times 130 = 260[\text{L/min}] = \dfrac{0.26}{60}[\text{m}^3/\text{s}]$

　　　$40 + 17 = 57$

　　　$\dfrac{9.8 \times \dfrac{0.26}{60} \times 57}{0.65} \times 1.1 ≒ 4.096$

　• 답: 4.1[kW]

해 설

(2) 화재안전기준에 따라 옥내소화전설비에서 수원의 저수량은 옥내소화전의 설치개수가 가장 많은 층의 설치개수에 기준량을 곱한 양 이상이 되도록 한다.

층수	최대 설치개수	기준량
~29층	2개	2.6[m³] (130[L/min]×20[min])
30층~49층	5개	5.2[m³] (130[L/min]×40[min])
50층~	5개	7.8[m³] (130[L/min]×60[min])

기준에 따라 계산한 유효수량 외에 유효수량의 $\frac{1}{3}$ 이상을 옥상에 설치한다.

따라서 옥상수조에 보유해야 하는 최소 유효저수량[m³]은

$$Q = 2[개] \times 2.6[m^3] \times \frac{1}{3} ≒ 1.733[m^3]$$

(3) 압력챔버는 다음과 같은 기능을 가진다.
- 배관의 압력 저하 시 펌프의 기동 및 정지
- 수격작용으로부터 완충 및 방지
- 순간적인 압력변동에서 안정적인 압력 검지

(5) 소화전함 문의 면적은 0.5[m²] 이상이어야 한다.

(6) 전동기의 용량은 다음의 식을 통해 구할 수 있다.

$$P = \frac{\gamma QH}{\eta} K$$

P: 전동기의 용량[kW], γ: 유체의 비중량[kN/m³], Q: 유량[m³/s], H: 전양정[m], η: 효율, K: 전달계수

유체는 물이므로 물의 비중량은 9.8[kN/m³]이다.

화재안전기준에 따라 옥내소화전설비에서 가압송수장치(펌프)는 특정소방대상물의 어느 층에서 해당 층의 옥내소화전을 동시에 사용할 경우(최대 2개, 30층 이상인 경우 최대 5개) 각 소화전의 노즐 선단에서의 방수량은 130[L/min] 이상으로 한다.

정격토출량=2[개]×130[L/min]=260[L/min]

펌프의 토출량은 260[L/min]이므로 단위를 변환하면 $\frac{0.26}{60}$[m³/s]이다.

화재안전기준에 따라 옥내소화전설비에 설치된 가압송수장치(펌프)의 전양정은 다음과 같다.

$$H = h_1 + h_2 + h_3 + 17$$

H: 전양정[m], h_1: 실양정(흡입양정+토출양정)[m], h_2: 호스의 마찰손실수두[m], h_3: 배관 및 관부속의 마찰손실수두[m], 17: 노즐선단에서의 방사압력수두[m]

모든 마찰손실의 합($h_1+h_2+h_3$)은 40[m]이므로 펌프의 전양정 H는
$H = h_1 + h_2 + h_3 + 17 = 40[m] + 17 = 57[m]$

따라서 주어진 조건을 공식에 대입하면 전동기의 동력 P는

$$P = \frac{9.8[kN/m^3] \times \frac{0.26}{60}[m^3/s] \times 57[m]}{0.65} \times 1.1 ≒ 4.096[kW]$$

연 계 이 론 PHASE 02 옥내소화전설비

07 가로 20[m], 세로 10[m]인 특수가연물을 저장하는 창고에 포 소화설비를 설치하고자 한다. 주어진 [조건]을 참고하여 다음 각 물음에 답하시오. [10점]

> **조건**
> (가) 포 원액은 수성막포 3[%]를 사용하며, 포 헤드를 설치한다.
> (나) 펌프의 전양정은 35[m]이다.
> (다) 펌프의 효율은 65[%]이며, 전동기 전달계수는 1.1이다.

(1) 헤드를 정방형으로 배치할 때 포워터 스프링클러 헤드의 설치개수를 구하시오.
(2) 수원의 저수량[m³]을 구하시오.
(3) 포 원액의 최소 소요량[L]을 구하시오.
(4) 펌프의 토출량[L/min]을 구하시오.
(5) 펌프의 최소 소요동력[kW]을 구하시오.

정답

(1) • 계산과정: $2 \times 2.1 \times \cos 45° ≒ 2.97$

$$\frac{20}{2.97} ≒ 6.76$$

$$\frac{10}{2.97} ≒ 3.37$$

$7 \times 4 = 28$

• 답: 28개

(2) • 계산과정: $6.5 \times 200 \times 10 \times 0.97 = 12{,}610[L] = 12.61[m^3]$
• 답: $12.61[m^3]$

(3) • 계산과정: $6.5 \times 200 \times 10 \times 0.03 = 390$
• 답: 390[L]

(4) • 계산과정: $6.5 \times 200 = 1{,}300$
• 답: 1,300[L/min]

(5) • 계산과정: $1{,}300[L/min] = \frac{1.3}{60}[m^3/s]$

$$\frac{9.8 \times \frac{1.3}{60} \times 35}{0.65} \times 1.1 ≒ 12.577$$

• 답: 12.58[kW]

해설

(1) 포 헤드를 정방형으로 배치한 경우 다음의 식에 따라 산정한 수치 이하가 되도록 한다.

$$S = 2 \times r \times \cos 45°$$

S: 포 헤드 상호 간의 거리[m], r: 유효반경 (2.1[m])

포 헤드 간 최대 거리는 다음과 같다.
$S = 2 \times 2.1[m] \times \cos 45° ≒ 2.97[m]$

방호대상물의 길이가 가로 20[m], 세로 10[m]이므로 방향별 배치해야 하는 헤드의 최소 개수는 다음과 같다.
$\frac{20[m]}{2.97[m]} ≒ 6.76[개] = 7[개]$ (절상), $\frac{10[m]}{2.97[m]} ≒ 3.37[개] = 4[개]$ (절상)

따라서 방호대상물에 배치해야 하는 헤드의 개수는
$7[개] \times 4[개] = 28[개]$

(2) 포 헤드는 특정소방대상물별로 그에 사용되는 포 소화약제에 따라 1분 당 방사량이 다음의 표에 따른 양 이상이 되는 것으로 한다.

소방대상물	포 소화약제의 종류	바닥면적 1[m²] 당 방사량
차고 · 주차장 및 항공기격납고	수성막포 소화약제	3.7[L] 이상
	단백포 소화약제	6.5[L] 이상
	합성계면활성제포 소화약제	8.0[L] 이상
특수가연물을 저장 · 취급하는 소방대상물	수성막포 소화약제	6.5[L] 이상
	단백포 소화약제	6.5[L] 이상
	합성계면활성제포 소화약제	6.5[L] 이상

포 헤드 방식 및 압축공기포 소화설비에 있어서는 하나의 방사구역 안에 설치된 포 헤드를 동시에 개방하여 표준 방사량으로 10분 간 방사할 수 있는 양 이상으로 한다.

포 소화약제는 3[%]의 수성막포를 사용하며, 포 소화약제의 분당 방출량은 6.5[L/m²·min]이고, 방사시간은 10분이므로 필요한 수원(물)의 양[m³]은

$$Q = 6.5[\text{L/m}^2 \cdot \text{min}] \times (20[\text{m}] \times 10[\text{m}]) \times 10[\text{min}] \times (1-0.03) = 12,610[\text{L}] = 12.61[\text{m}^3]$$

(3) 포 소화약제는 3[%]의 수성막포를 사용하므로 필요한 포 원액량[L]은 다음과 같다.

$$Q = 6.5[\text{L/m}^2 \cdot \text{min}] \times (20[\text{m}] \times 10[\text{m}]) \times 10[\text{min}] \times 0.03 = 390[\text{L}]$$

(4) 포 소화약제의 분당 방출량은 6.5[L/m²·min]이고, 방호대상물의 바닥면적은 (20[m]×10[m])이므로 펌프의 토출량은

$$Q = 6.5[\text{L/m}^2 \cdot \text{min}] \times (20[\text{m}] \times 10[\text{m}]) = 1,300[\text{L/min}]$$

(5) 펌프의 동력은 다음의 식을 통해 구할 수 있다.

$$P = \frac{\gamma Q H}{\eta} K$$

P: 펌프의 동력[kW], γ: 유체의 비중량[kN/m³], Q: 유량[m³/s], H: 전양정[m], η: 효율, K: 전달계수

유체는 물이므로 물의 비중량은 9.8[kN/m³]이다.

펌프의 토출량은 1,300[L/min]이므로 단위를 변환하면 $\frac{1.3}{60}[\text{m}^3/\text{s}]$이다.

따라서 주어진 조건을 공식에 대입하면 펌프의 동력 P는

$$P = \frac{9.8[\text{kN/m}^3] \times \frac{1.3}{60}[\text{m}^3/\text{s}] \times 35[\text{m}]}{0.65} \times 1.1 ≒ 12.577[\text{kW}]$$

연계이론 **PHASE 06 포 소화설비**

08

내경이 10[cm]인 소방용 호스에 내경이 3[cm]인 노즐이 부착되어 있다. 0.3[m³/s]의 방수량으로 대기 중에 방사할 경우 플랜지 볼트에 작용하는 힘은 몇 [kN]인가? [5점]

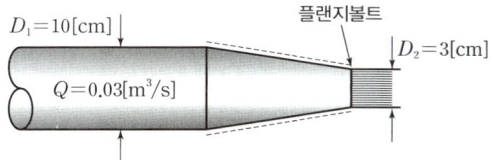

정 답

- 답: 5.86[kN]

해 설

플랜지 볼트에 작용하는 힘은 다음과 같다.

$$F = \frac{\gamma Q^2 A_1}{2g}\left(\frac{1}{A_2} - \frac{1}{A_1}\right)^2$$

F: 플랜지 볼트에 작용하는 힘[N], γ: 비중량[N/m³], Q: 유량[m³/s], A_1: 배관의 단면적[m²], A_2: 노즐의 단면적[m²], g: 중력가속도[m/s²]

유체는 물이므로 물의 비중량은 9.8[kN/m³]이다.

배관은 지름이 D인 원형이므로 배관의 단면적은 다음과 같다.

$$A = \frac{\pi}{4}D^2$$

A: 단면적[m²], D: 직경[m]

따라서 주어진 조건을 공식에 대입하면 플랜지 볼트에 작용하는 힘 F는

$$F = \frac{9.8[\text{kN/m}^3] \times (0.03[\text{m}^3/\text{s}])^2 \times \frac{\pi}{4} \times (0.1[\text{m}])^2}{2 \times 9.8[\text{m/s}^2]} \left(\frac{1}{\frac{\pi}{4} \times (0.03[\text{m}])^2} - \frac{1}{\frac{\pi}{4} \times (0.1[\text{m}])^2}\right)^2$$

$\fallingdotseq 5.857[\text{kN}]$

연계이론 PHASE 20 유체유동

09

다음 그림은 어느 건축물의 평면도이다. 이 실들 중 A실에 급기가압을 하고 문 A_4, A_5, A_6는 외기와 접해있을 경우 A실을 기준으로 외기와의 유효 개구부 틈새 면적을 구하시오. [4점]

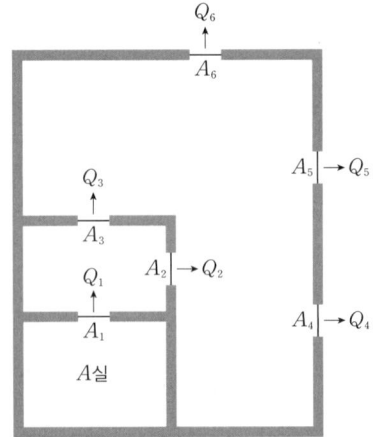

조건

(가) 개구부 틈새 면적은 A_1, A_2, A_3가 각각 0.015[m²]이며 A_4, A_5, A_6가 각각 0.01[m²]이다.
(나) 각 실은 출입문 이외의 틈새는 없다.
(다) 틈새면적은 소수점 5째 자리까지 나타내시오.

정답

- 답: 0.01225[m²]

해설

A_4, A_5, A_6는 병렬관계이다.
$$A_{4\sim6} = 0.01[m^2] + 0.01[m^2] + 0.01[m^2] = 0.03[m^2]$$

A_2, A_3는 병렬관계이다.
$$A_{2\sim3} = 0.015[m^2] + 0.015[m^2] = 0.03[m^2]$$

$A_{2\sim3}$, $A_{4\sim6}$는 직렬관계이다.
$$A_{2\sim6} = \frac{1}{\sqrt{\frac{1}{(0.03[m^2])^2} + \frac{1}{(0.03[m^2])^2}}} \fallingdotseq 0.02121[m^2]$$

A_1, $A_{2\sim6}$는 직렬관계이다.
$$A_{1\sim6} = \frac{1}{\sqrt{\frac{1}{(0.015[m^2])^2} + \frac{1}{(0.02121[m^2])^2}}} \fallingdotseq 0.012247[m^2]$$

따라서 문의 틈새면적 A는 0.01225[m²]이다.

연계이론

PHASE 15 특별피난계단의 계단실 및 부속실 제연설비

10 지하층으로서 가로 20[m], 세로 10[m]인 부분에 연결살수설비의 전용헤드를 정방형으로 설치하는 경우 다음 각 물음에 답하시오. [5점]

(1) 헤드의 최소 소요개수를 구하시오.
(2) 배관의 최소구경은 몇 [mm]인가?

정답

(1) • 계산과정: $2 \times 3.7 \times \cos 45° ≒ 5.233$

$$\frac{20}{5.233} ≒ 3.82$$

$$\frac{10}{5.233} ≒ 1.91$$

$$4 \times 2 = 8$$

• 답: 8개

(2) • 답: 80[mm]

해설

(1) 연결살수설비의 헤드는 천장 또는 반자의 각 부분으로부터 하나의 살수헤드까지 수평거리를 다음의 기준에 따라 설치한다.

연결살수설비 전용헤드	3.7[m] 이하
스프링클러 헤드	2.3[m] 이하

헤드를 정방형으로 배치한 경우 다음의 식에 따라 산정한 수치 이하가 되도록 한다.

$$S = 2 \times r \times \cos 45°$$

S: 헤드 상호 간의 거리[m], r: 유효반경[m]

헤드 간 최대 거리는 다음과 같다.
$S = 2 \times 3.7[\text{m}] \times \cos 45° ≒ 5.233[\text{m}]$
방호대상물의 길이가 가로 20[m], 세로 10[m]이므로 방향별 배치해야 하는 헤드의 최소 개수는 다음과 같다.

$\frac{20[\text{m}]}{5.233[\text{m}]} ≒ 3.82[개] = 4[개]$ (절상), $\frac{10[\text{m}]}{5.233[\text{m}]} ≒ 1.91[개] = 2[개]$ (절상)

따라서 방호대상물에 배치해야 하는 헤드의 개수는
4[개] × 2[개] = 8[개]

(2) 연결살수설비 전용헤드를 사용하는 경우 다음의 표에 따른 구경 이상으로 한다.

하나의 배관에 부착하는 전용헤드의 개수	배관의 구경[mm]
1개	32
2개	40
3개	50
4개 또는 5개	65
6개 이상 10개 이하	80

연계이론 PHASE 17 연결살수설비

11 도면은 어느 전기실, 발전기실, 방재반실 및 배터리실을 방호하기 위한 할론 1301의 배관평면도이다. 도면과 [조건]을 참고하여 다음 각 물음에 답하시오. [9점]

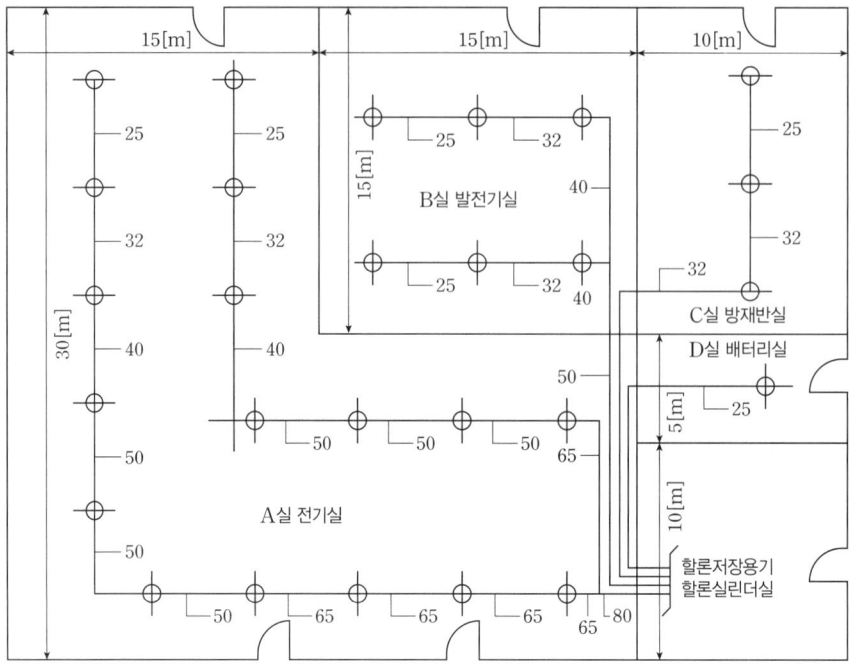

조건

(가) 약제용기는 고압식이다.
(나) 용기의 내용적은 68[L], 약제 충전량은 50[kg]이다.
(다) 용기실 내의 수직배관을 포함한 각 실에 대한 배관 내용적은 다음과 같다.

A실(전기실)	B실(발전기실)	C실(방재반실)	D실(배터리실)
198[L]	78[L]	28[L]	10[L]

(라) A실에 대한 할론 집합관의 내용적은 88[L]이다.
(마) 할론 용기밸브와 집합관 간의 연결관에 대한 내용적은 무시한다.
(바) 설비의 설계기준온도는 20[℃]이다.
(사) 액화 할론 1301의 비중은 20[℃]에서 1.6이다.
(아) 각 실의 개구부는 없다고 가정한다.
(자) 약제소요량 산출 시 각 실의 내부 기둥 및 내용물의 체적은 무시한다.
(차) 각 실의 층고(바닥으로부터 천장까지 높이)는 각각 다음과 같다.
　・A실 및 B실: 5[m]
　・C실 및 D실: 3[m]

(1) A실(전기실)에 필요한 약제 저장용기의 수[병]
(2) B실(발전기실)에 필요한 약제 저장용기의 수[병]
(3) C실(방재반실)에 필요한 약제 저장용기의 수[병]
(4) D실(배터리실)에 필요한 약제 저장용기의 수[병]
(5) 각 실에 대한 설비를 별도 독립방식으로 해야 하는지 판단하시오.

정　답

(1) • 계산과정: $(30 \times 30 - 15 \times 15) \times 5 = 3,375$

$0.32 \times 3,375 = 1,080$

$\dfrac{1,080}{50} = 21.6$

• 답: 22병

(2) • 계산과정: $15 \times 15 \times 5 = 1,125$

$0.32 \times 1,125 = 360$

$\dfrac{360}{50} = 7.2$

• 답: 8병

(3) • 계산과정: $10 \times 15 \times 3 = 450$

$0.32 \times 450 = 144$

$\dfrac{144}{50} = 2.88$

• 답: 3병

(4) • 계산과정: $10 \times 5 \times 3 = 150$

$0.32 \times 150 = 48$

$\dfrac{48}{50} = 0.96$

• 답: 1병

(5) D실의 경우 별도 독립방식으로 해야 한다.

해　설

(1) 저장용기 1병 당 할론 소화약제의 충전량은 50[kg]이므로 전기실에 필요한 소화약제의 양을 계산한다.
전역방출방식 할론 소화약제의 저장량 기준은 다음과 같다.

소방대상물		소화약제의 종류	소화약제의 양 [kg/m³]	개구부 가산량 [kg/m²]
차고 · 주차장 · 전기실 · 통신기기실 · 전산실 · 전기설비가 설치된 부분		할론 1301	0.32 이상 0.64 이하	2.4
특수가연물	가연성고체류 · 가연성액체류	할론 1301	0.32 이상 0.64 이하	2.4
		할론 1211	0.36 이상 0.71 이하	2.7
		할론 2402	0.40 이상 1.10 이하	3.0
	면화류 · 나무껍질 및 대팻밥 · 넝마 및 종이부스러기 · 사류 · 볏짚류 · 목재가공품 및 나무부스러기를 저장 · 취급하는 것	할론 1301	0.52 이상 0.64 이하	3.9
		할론 1211	0.60 이상 0.71 이하	4.5
	합성수지류를 저장 · 취급하는 것	할론 1301	0.32 이상 0.64 이하	2.4
		할론 1211	0.36 이상 0.71 이하	2.7

방호구역의 개구부(창문 · 출입구)는 없으므로 가산량은 적용하지 않는다.

전기실의 체적(가로 × 세로 × 높이)은 다음과 같다.

$V = (30[m] \times 30[m] - 15[m] \times 15[m]) \times 5[m] = 3,375[m^3]$ ← 발전기실의 체적은 제외한다.

전기실에 필요한 소화약제의 최솟값을 구하여야 하므로 소화약제의 양은 체적 1[m³] 당 0.32[kg/m³]을 적용한다.

소화약제의 양 $= 0.32[kg/m^3] \times 3,375[m^3] = 1,080[kg]$

저장용기 1병 당 소화약제의 충전량은 50[kg]이므로 전체 소화약제의 양을 저장하기 위해 필요한 저장용기의 개수는

$\dfrac{1,080[kg]}{50[kg/병]} = 21.6[병] = 22병$ (절상)

(2) 발전기실의 체적(가로×세로×높이)은 다음과 같다.
$$V = 15[\text{m}] \times 15[\text{m}] \times 5[\text{m}] = 1,125[\text{m}^3]$$
발전기실(전기설비가 설치된 부분)에 필요한 소화약제의 최소값을 구하여야 하므로 소화약제의 양은 체적 $1[\text{m}^3]$ 당 $0.32[\text{kg}/\text{m}^3]$을 적용한다.
소화약제의 양 $= 0.32[\text{kg}/\text{m}^3] \times 1,125[\text{m}^3] = 360[\text{kg}]$
저장용기 1병 당 소화약제의 충전량은 50[kg]이므로 전체 소화약제의 양을 저장하기 위해 필요한 저장용기의 개수는
$$\frac{360[\text{kg}]}{50[\text{kg}/\text{병}]} = 7.2[\text{병}] = 8\text{병 (절상)}$$

(3) 방재반실의 체적(가로×세로×높이)은 다음과 같다.
$$V = 10[\text{m}] \times 15[\text{m}] \times 3[\text{m}] = 450[\text{m}^3]$$
방재반실(통신기기실)에 필요한 소화약제의 최소값을 구하여야 하므로 소화약제의 양은 체적 $1[\text{m}^3]$ 당 $0.32[\text{kg}/\text{m}^3]$을 적용한다.
소화약제의 양 $= 0.32[\text{kg}/\text{m}^3] \times 450[\text{m}^3] = 144[\text{kg}]$
저장용기 1병 당 소화약제의 충전량은 50[kg]이므로 전체 소화약제의 양을 저장하기 위해 필요한 저장용기의 개수는
$$\frac{144[\text{kg}]}{50[\text{kg}/\text{병}]} = 2.88[\text{병}] = 3\text{병 (절상)}$$

(4) 배터리실의 체적(가로×세로×높이)은 다음과 같다.
$$V = 10[\text{m}] \times 5[\text{m}] \times 3[\text{m}] = 150[\text{m}^3]$$
배터리실(전기설비가 설치된 부분)에 필요한 소화약제의 최소값을 구하여야 하므로 소화약제의 양은 체적 $1[\text{m}^3]$ 당 $0.32[\text{kg}/\text{m}^3]$을 적용한다.
소화약제의 양 $= 0.32[\text{kg}/\text{m}^3] \times 150[\text{m}^3] = 48[\text{kg}]$
저장용기 1병 당 소화약제의 충전량은 50[kg]이므로 전체 소화약제의 양을 저장하기 위해 필요한 저장용기의 개수는
$$\frac{48[\text{kg}]}{50[\text{kg}/\text{병}]} = 0.96[\text{병}] = 1\text{병 (절상)}$$

(5) 하나의 방호구역을 담당하는 소화약제 저장용기의 소화약제량의 체적합계보다 그 소화약제 방출 시 방출경로가 되는 배관(집합관 포함)의 내용적의 비율이 1.5배 이상일 경우 해당 방호구역에 대한 설비는 별도 독립방식으로 한다. ← 각 실로 향하는 배관의 부피가 소화약제량[L]의 1.5배 이상인 경우 별도 독립방식이다.

할론 1301의 비중이 1.6이므로 소화약제의 밀도는 다음과 같다.
$$\gamma = s\gamma_w = 1.6 \times 1[\text{kg}/\text{L}] = 1.6[\text{kg}/\text{L}]$$

각 실별 소화약제량[L]과 배관 내용적[L]은 다음과 같다.

	소화약제량[L]	배관 내용적[L]	배관내용적[L]/소화약제량[L]	별도 독립방식 여부
A실	$\frac{1,080[\text{kg}]}{1.6[\text{kg}/\text{L}]} = 675[\text{L}]$	$198 + 88 = 286[\text{L}]$	$\frac{286[\text{L}]}{675[\text{L}]} \fallingdotseq 0.424$	×
B실	$\frac{360[\text{kg}]}{1.6[\text{kg}/\text{L}]} = 225[\text{L}]$	$78 + 88 = 166[\text{L}]$	$\frac{166[\text{L}]}{225[\text{L}]} \fallingdotseq 0.738$	×
C실	$\frac{144[\text{kg}]}{1.6[\text{kg}/\text{L}]} = 90[\text{L}]$	$28 + 88 = 116[\text{L}]$	$\frac{116[\text{L}]}{90[\text{L}]} \fallingdotseq 1.289$	×
D실	$\frac{48[\text{kg}]}{1.6[\text{kg}/\text{L}]} = 30[\text{L}]$	$10 + 88 = 98[\text{L}]$	$\frac{98[\text{L}]}{30[\text{L}]} \fallingdotseq 3.267$	○

◇ 연계이론 ◇ **PHASE 08 할론 소화설비**

12 옥외소화전설비에서 펌프의 소요양정이 $50[\text{m}]$이고 말단 방수노즐의 방수압력이 $0.15[\text{MPa}]$이었다. 관련 법에 맞게 방수압력을 $0.25[\text{MPa}]$로 증가시키고자 할 때 [조건]을 참고하여 토출측 유량[L/min]과 펌프의 양정을 구하시오. [4점]

> **조건**
>
> (가) 배관의 마찰손실은 하젠 − 윌리엄스 공식을 이용한다.
>
> $$\Delta P = \frac{6.053 \times 10^4 \times Q^{1.85}}{C^{1.85} \times D^{4.87}}$$
>
> ΔP: 배관 1[m] 당 마찰손실압력[MPa], Q: 배관 내 유수량[L/min], C: 조도, D: 구경[mm]
>
> (나) 유량 $Q = K\sqrt{10P}$를 적용하며 이때 K는 100이다.

(1) 토출측 유량[L/min]

(2) 펌프의 양정[m]

정답

(1) • 계산과정: $100\sqrt{10 \times 0.25} ≒ 158.114$
 • 답: $158.11[\text{L/min}]$

(2) • 계산과정: $0.34 : 122.474^{1.85} = \Delta P_2 : 158.114^{1.85}$

$$0.34 \times \left(\frac{158.114}{122.474}\right)^{1.85} ≒ 0.545$$

$$(0.545 + 0.25) \times \frac{10.332}{0.101325} = 81.065$$

 • 답: $81.07[\text{m}]$

해설

(1) 방수노즐에서 압력 P와 유량 Q는 다음과 같은 관계를 갖는다.

$$Q = K\sqrt{10P}$$

Q: 방수량[L/min], K: 방출계수, P: 방수압[MPa]

방수압 P_1가 $0.15[\text{MPa}]$일 때 방수량 Q_1는
 $Q_1 = 100\sqrt{10 \times 0.15[\text{MPa}]} ≒ 122.474[\text{L/min}]$
방수압 P_2가 $0.25[\text{MPa}]$일 때 방수량 Q_2는
 $Q_2 = 100\sqrt{10 \times 0.25[\text{MPa}]} ≒ 158.114[\text{L/min}]$

(2) 펌프의 방수압력 수두가 $50[\text{m}]$일 때 일부는 배관의 마찰에 의해 손실되고 $0.15[\text{MPa}]$의 압력으로 방수되었다. 이때 마찰손실압력 ΔP_1는 다음과 같다.

$$\Delta P_1 = 50[\text{m}] \times \frac{0.101325[\text{MPa}]}{10.332[\text{m}]} - 0.15[\text{MPa}] ≒ 0.34[\text{MPa}]$$

방수압력을 $0.25[\text{MPa}]$로 상승시키면 마찰손실압력 ΔP_2도 따라서 상승하게 되고, 배관의 조도 C와 구경 D는 일정하므로 다음과 같은 비례식을 세울 수 있다.

$\Delta P_1 : Q_1^{1.85} = \Delta P_2 : Q_2^{1.85}$
$0.34[\text{MPa}] : (122.474[\text{L/min}])^{1.85} = \Delta P_2 : (158.114[\text{L/min}])^{1.85}$
$\Delta P_2 = 0.34[\text{MPa}] \times \left(\frac{158.114[\text{L/min}]}{122.474[\text{L/min}]}\right)^{1.85} ≒ 0.545[\text{MPa}]$

따라서 $0.25[\text{MPa}]$의 압력으로 방수하기 위해 필요한 펌프의 방수압력 수두는

$$H = (0.545[\text{MPa}] + 0.25[\text{MPa}]) \times \frac{10.332[\text{m}]}{0.101325[\text{MPa}]} = 81.065[\text{m}]$$

연계이론 PHASE 03 옥외소화전설비

13 폐쇄형 헤드를 사용한 스프링클러설비의 말단배관 중 K점에 필요한 압력수의 수압을 주어진 [조건]을 이용하여 산정하시오. [8점]

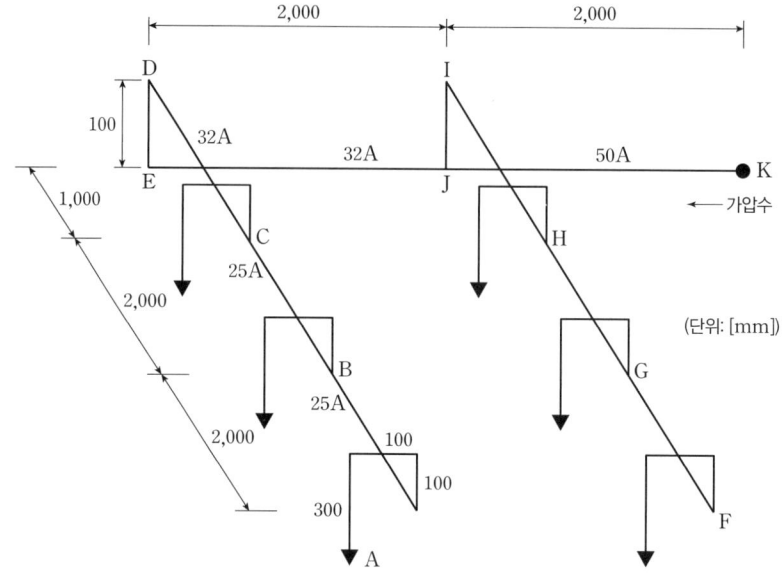

조건

(가) 직관 마찰손실수두 (100[m] 당)

개수	유량 [L/min]	25A[m]	32A[m]	40A[m]	50A[m]
1	80	39.82	11.38	5.40	1.68
2	160	150.42	42.84	20.29	6.32
3	240	307.77	87.66	41.51	12.93
4	320	521.92	148.66	70.40	21.93
5	400	789.04	224.75	106.31	32.99
6	480	1,183.56	321.55	152.26	47.43

(나) 관이음쇠 및 마찰손실에 해당하는 직관길이 구분

구분	25A[m]	32A[m]	40A[m]	50A[m]
엘보 (90°)	0.9	1.20	1.50	2.10
리듀서	0.54	0.72	0.90	1.20
티(직류)	0.27	0.36	0.45	0.60
티(분류)	1.50	1.80	2.10	3.00

(다) 관 이음쇠 및 마찰손실에 해당하는 직관길이 산출 시 호칭구경이 큰 쪽에 따른다.
(라) 직류방향과 분류방향이 같은 크기의 분류량(구경)일 때 티는 직류로 계산한다.
(마) 헤드 나사는 PT 1/2(15A) 기준
(바) 헤드 방사압은 0.1[MPa] 기준

(1) 수압 산정에 필요한 계산과정을 상세히 작성하시오.
- A~B 구간의 마찰손실수두[m]를 산출하시오.
- B~C 구간의 마찰손실수두[m]를 산출하시오.
- C~J 구간의 마찰손실수두[m]를 산출하시오.
- J~K 구간의 마찰손실수두[m]를 산출하시오.

(2) 낙차수두[m]를 구하시오.

(3) 헤드 선단의 최소 방수압력을 수두[m]로 구하시오.

(4) K점에 필요한 방수압[kPa]을 구하시오.

정답

(1)

구간	계산식	등가길이[m]	마찰손실수두[m]
A~B	리듀서: 0.54[m] 배관: 0.3[m]+0.1[m]+0.1[m]+2[m]=2.5[m] 90° 엘보: 3[개]×0.9[m]=2.7[m]	0.54+2.5+2.7=5.74	$5.74 \times \dfrac{39.82}{100} \fallingdotseq 2.29$
B~C	티(직류): 0.27[m] 배관: 2[m]	0.27+2=2.27	$2.27 \times \dfrac{150.42}{100} \fallingdotseq 3.41$
C~J	리듀서: 0.72[m] 티(분류): 1.80[m] 배관: 1[m]+0.1[m]+2[m]=3.1[m] 90° 엘보: 2[개]×1.2[m]=2.4[m]	0.72+1.8+3.1+2.4 =8.02	$8.02 \times \dfrac{87.66}{100} \fallingdotseq 7.03$
J~K	리듀서: 1.20[m] 티(분류): 3.00[m] 배관: 2[m]	1.2+3+2=6.2	$6.2 \times \dfrac{47.43}{100} \fallingdotseq 2.94$
합계			2.29+3.41+7.03+2.94 =15.67

(2) • 계산과정: 0.1+0.1−0.3=−0.1
   • 답: −0.1[m]

(3) • 답: 10[m]

(4) • 계산과정: 100+15.67×9.8−0.1×9.8=252.586
   • 답: 252.59[kPa]

해설

(2) E점은 K점으로부터 같은 높이이고, D점은 K점으로부터 0.1[m] 높은 위치에 있다. B점은 D점으로부터 같은 높이이고, A점은 B점으로부터 0.1[m] 상승 후 0.3[m] 하락하였으므로 A점은 K점으로부터 (0.1+0.1−0.3)=−0.1[m]의 위치에 있다.

(3) 화재안전기준에 따라 스프링클러설비에 설치된 가압송수장치의 정격토출압력은 하나의 헤드선단에 0.1[MPa] 이상 1.2[MPa] 이하의 방수압력이 될 수 있게 한다.
   0.1[MPa]=10[m]

(4) K점에서의 방수압은 A점에서의 방수 압력에서 배관의 마찰손실압과 낙차압을 더한 값과 같다.
   $P_K = 100[\text{kPa}] + 15.67[\text{m}] \times 9.8[\text{kN/m}^3] + (-0.1[\text{m}]) \times 9.8[\text{kN/m}^3] = 252.586[\text{kPa}]$
   ← 양정[m]과 비중량[kN/m³]을 곱하면 압력[kN/m²]이 된다.

연계이론 PHASE 04 스프링클러설비

14 그림과 같은 직사각형 주철 관로망에서 A지점에서 $0.6[m^3/s]$ 유량으로 물이 들어와서 B와 C 지점에서 각각 $0.2[m^3/s]$와 $0.4[m^3/s]$의 유량으로 물이 나갈 때 관 내에서 흐르는 물의 유량 Q_1, Q_2, Q_3는 각각 몇 $[m^3/s]$인가? (단, 관 마찰손실 이외의 손실은 무시하고 d_1, d_2 관의 관 마찰계수 λ_1는 0.025, d_3, d_4 관의 관 마찰계수 λ_2는 0.028이다. 그리고 각각의 관의 내경은 $d_1=0.4[m]$, $d_2=0.4[m]$, $d_3=0.322[m]$, $d_4=0.322[m]$이며, 달시-바이스바하 방정식을 이용하여 유량을 구한다.) [7점]

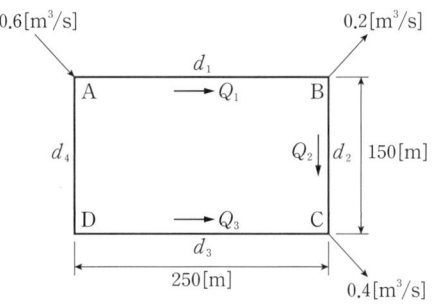

정답

- 답: $Q_1=0.41[m^3/s]$
  $Q_2=0.21[m^3/s]$
  $Q_3=0.19[m^3/s]$

해설

일정한 양의 비압축성 유체가 일정한 속도로 흐를 때 배관에서의 마찰손실수두는 달시-바이스바하 방정식으로 구할 수 있다.

$$H = \frac{\Delta P}{\gamma} = \frac{flu^2}{2gD}$$

H: 마찰손실수두[m], ΔP: 압력 차이[kPa], γ: 비중량[kN/m³], f: 마찰손실계수, l: 배관의 길이, u: 유속[m/s], g: 중력가속도[m/s²], D: 배관의 직경[m]

A점으로 들어온 물의 일부는 B점을 거쳐 C점으로 나가고, 나머지는 D점을 거쳐 C점으로 나간다. 이때 두 경로의 마찰손실은 같다. ← 다른 경우 마찰손실이 작은 쪽으로 유량이 점점 증가하여 마찰손실도 증가하고 결국 평형을 이룬다.

$0.6[m^3/s] = Q_1 + Q_3$
$Q_1 = Q_2 + 0.2[m^3/s]$
$H_1 + H_2 = H_3 + H_4$

부피유량 공식 $Q=Au$에 의해 유량 Q와 배관의 직경 D를 알면 유속 u를 다음과 같이 구할 수 있다.

$$Q = \frac{\pi}{4}D^2 u, \quad u = \frac{4Q}{\pi D^2}$$

u: 유속[m/s], Q: 유량[m³/s], D: 배관의 직경[m]

달시-바이스바하 방정식을 이용하여 각 배관별 마찰손실의 관계를 구하면 다음과 같다.

$$\frac{f_1 l_1 u_1^2}{2gD_1} + \frac{f_2 l_2 u_2^2}{2gD_2} = \frac{f_3 l_3 u_3^2}{2gD_3} + \frac{f_4 l_4 u_4^2}{2gD_4}$$

$$\frac{0.025 \times 250[\text{m}] \times \left(\frac{4 \times Q_1}{\pi \times (0.4[\text{m}])^2}\right)^2}{2 \times 9.8[\text{m/s}^2] \times 0.4[\text{m}]} + \frac{0.025 \times 150[\text{m}] \times \left(\frac{4 \times Q_2}{\pi \times (0.4[\text{m}])^2}\right)^2}{2 \times 9.8[\text{m/s}^2] \times 0.4[\text{m}]}$$

$$= \frac{0.028 \times 250[\text{m}] \times \left(\frac{4 \times Q_3}{\pi \times (0.322[\text{m}])^2}\right)^2}{2 \times 9.8[\text{m/s}^2] \times 0.322[\text{m}]} + \frac{0.028 \times 150[\text{m}] \times \left(\frac{4 \times Q_3}{\pi \times (0.322[\text{m}])^2}\right)^2}{2 \times 9.8[\text{m/s}^2] \times 0.322[\text{m}]}$$

$$50.48Q_1^2 + 30.29Q_2^2 = 267.61Q_3^2$$

주어진 관계식을 연립하여 Q_1에 관한 식으로 나타내면 다음과 같다.

$$50.48Q_1^2 + 30.29(Q_1 - 0.2)^2 = 267.61(0.6 - Q_1)^2$$
$$186.84Q_1^2 - 309.016Q_1 + 95.128 = 0 \leftarrow \text{공학용 계산기의 SOLVE 기능을 활용하면 계산이 쉽다.}$$
$$Q_1 ≒ 0.409[\text{m}^3/\text{s}]$$
$$Q_2 = Q_1 - 0.2 = 0.209[\text{m}^3/\text{s}]$$
$$Q_3 = 0.6 - Q_1 = 0.191[\text{m}^3/\text{s}]$$

◇ 연계이론 ◇ **PHASE 22** 배관의 마찰손실

15 다음은 제연설비 중 배출구와 공기유입구의 설치 및 배출량 산정에서 이를 제외할 수 있는 경우이다. 다음 (   ) 안에 알맞은 답을 적으시오. [4점]

> 제연설비를 설치해야 할 특정소방대상물 중 화장실·목욕실·(①)·(②)를 설치한 숙박시설(가족호텔 및 (③)에 한한다.)의 객실과 사람이 상주하지 않는 기계실·전기실·공조실·(④)[m²] 미만의 창고 등으로 사용되는 부분에 대해서는 배출구와 공기유입구의 설치 및 배출량 산정에서 이를 제외할 수 있다.

◇ 정 답 ◇
① 주차장
② 발코니
③ 휴양 콘도미니엄
④ 50

◇ 해 설 ◇ 제연설비를 설치해야 할 특정소방대상물 중 화장실·목욕실·주차장·발코니를 설치한 숙박시설(가족호텔 및 휴양 콘도미니엄에 한함)의 객실과 사람이 상주하지 않는 기계실·전기실·공조실·50[m²] 미만의 창고 등으로 사용되는 부분에 대하여는 배출구·공기유입구의 설치 및 배출량 산정에서 이를 제외할 수 있다.

◇ 연계이론 ◇ **PHASE 14** 제연설비

16

바닥면적이 $100[m^2]$이고 높이 $3.5[m]$인 발전기실에 할로겐화합물 소화약제 중 HFC-125를 사용할 경우 아래 [조건]을 참조하여 다음 각 물음에 답하시오. [6점]

조건

(가) HFC-125의 설계농도는 8[%]이며 방호구역의 최소예상온도는 20[℃]로 한다.
(나) HFC-125의 용기는 내용적이 90[L]이며, 충전량은 60[kg]으로 한다.
(다) HFC-125의 선형상수는 아래 표와 같다.

소화약제	K_1	K_2
HFC-125	0.1825	0.0007

(라) 사용하는 배관은 압력배관용 탄소강관(SPPS 250)으로 항복점은 250[MPa], 인장강도는 410[MPa]이다. 이 배관의 호칭지름은 DN400이며 이음매 없는 배관이고 이 배관의 바깥지름과 스케줄에 따른 두께는 아래 표와 같다.

호칭지름	바깥지름 [mm]	배관두께[mm]					
		스케줄 10	스케줄 20	스케줄 30	스케줄 40	스케줄 60	스케줄 80
DN400	406.4	6.4	7.9	9.5	12.7	16.7	21.4

(1) HFC-125의 저장용기의 수는 최소 몇 병인가?
(2) 배관의 최대허용압력이 6.1[MPa]일 때 이를 만족하는 배관의 최소 스케줄번호를 구하시오.

정답

(1) • 계산과정: $0.1825 + (0.0007 \times 20) = 0.1965$

$$100 \times 3.5 = 350$$

$$\frac{1}{0.1965} \times \left(\frac{8}{100-8}\right) \times 350 ≒ 154.884$$

$$\frac{154.884}{60} ≒ 2.58$$

• 답: 3병

(2) • 계산과정: $410 \times \frac{1}{4} = 102.5$

$$250 \times \frac{2}{3} ≒ 166.67$$

$$102.5 \times 1.0 \times 1.2 = 123$$

$$\frac{6.1 \times 406.4}{2 \times 123} ≒ 10.077$$

• 답: 스케줄 40

해 설

(1) 저장용기 1병 당 할로겐화합물 소화약제의 충전량은 60[kg]이므로 발전기실에 필요한 소화약제의 양을 계산한다.

화재안전기준에 따른 할로겐화합물 소화약제의 저장량 최소기준은 다음과 같다.

$$W = \frac{1}{S} = \left(\frac{C}{100-C}\right) \times V$$

W: 소화약제의 질량[kg], S: 소화약제별 선형상수($K_1 + K_2 \times T$)[m³/kg],
T: 방호구역의 기준온도[℃], C: 설계농도(소화농도×안전계수)[%], V: 방호구역의 부피[m³]

기준온도가 20[℃]이므로 소화약제별 선형상수 S는 다음과 같다.
$S = K_1 + K_2 \times T = 0.1825 + (0.0007 \times 20) = 0.1965[m^3/kg]$
방호구역인 발전기실의 부피(가로×세로×높이)는 다음과 같다.
$V = 100[m^2] \times 3.5[m] = 350[m^3]$
소화약제 HFC-125의 질량 W는 다음과 같다.
$W = \frac{1}{0.1965[m^3/kg]} \times \left(\frac{8[\%]}{100-8[\%]}\right) \times 350[m^3] ≒ 154.884[kg]$
따라서 전체 소화약제의 양을 저장하기 위해 발전기실에 필요한 저장용기의 개수는

$\frac{154.884[kg]}{60[kg]} ≒ 2.58[병] = 3[병]$ (절상)

(2) 배관 두께의 관계식은 다음과 같다.

$$t = \frac{PD}{2SE} + A$$

t: 배관의 두께[mm], P: 최대허용압력[MPa], D: 배관의 바깥지름[mm],
SE: 최대허용응력[MPa], A: 허용값[mm]

배관 최대허용응력의 관계식은 다음과 같다.

$$SE = \sigma \times 배관이음효율 \times 1.2$$

SE: 최대허용응력[MPa], σ: 인장강도의 1/4값과 항복점의 2/3값 중 작은값

인장강도는 410[MPa]이므로 1/4값인 102.5[MPa]과 항복점은 250[MPa]이므로 2/3값인 166.67[MPa] 중 작은 값인 102.5[MPa]를 σ로 선택한다.

$410[MPa] \times \frac{1}{4} = 102.5[MPa]$

$250[MPa] \times \frac{2}{3} ≒ 166.67[MPa]$

배관이음효율은 다음과 같다.

이음매 없는 배관	1.0
전기저항 용접배관	0.85
가열맞대기 용접배관	0.6

따라서 배관의 최대허용응력 SE는 아래와 같이 구할 수 있다.
$SE = 102.5[MPa] \times 1.0 \times 1.2 = 123[MPa]$

주어진 조건을 공식에 대입하면 배관의 두께 t는
$t = \frac{6.1[MPa] \times 406.4[mm]}{2 \times 123[MPa]} + 0 ≒ 10.077[mm]$
스케줄 번호는 배관의 두께가 10.077[mm]보다 큰 값 중 가장 작은 스케줄 40을 선택한다.

연계이론 PHASE 09 할로겐화합물 및 불활성기체 소화설비

2021년 1회 기출문제

☐ 1 회 독   월   일
☐ 2 회 독   월   일
☐ 3 회 독   월   일

01 원심펌프가 회전수 3,600[rpm]으로 회전할 때의 전양정은 128[m]이고, 1.228[m³/min]의 유량을 가진다. 비속도의 범위가 200~260[rpm·m^0.75/min^0.5]인 펌프를 설정할 때 몇 단 펌프가 되는지 구하시오. [5점]

정답
- 답: 3

해설
유량 및 양정을 이용하여 적합한 펌프를 선택하기 위한 수를 비교회전도(비속도)라고 한다.

$$N_s = \frac{NQ^{\frac{1}{2}}}{\left(\frac{H}{n}\right)^{\frac{3}{4}}}$$

N_s: 비교회전도[m³/min, m, rpm], N: 회전수[rpm], Q: 유량[m³/min], H: 양정[m], n: 단수

주어진 조건을 공식에 대입하면 단수의 범위는 다음과 같다.

$$200 < \frac{3,600 \times 1.228^{\frac{1}{2}}}{\left(\frac{128}{n}\right)^{\frac{3}{4}}} < 260$$

$$\left(\frac{200 \times 128^{\frac{3}{4}}}{3,600 \times 1.228^{\frac{1}{2}}}\right)^{\frac{4}{3}} < n < \left(\frac{260 \times 128^{\frac{3}{4}}}{3,600 \times 1.228^{\frac{1}{2}}}\right)^{\frac{4}{3}}$$

$2.366 < n < 3.357$

단수 n은 정수이므로 가능한 값은 3이다.

연계이론 PHASE 23 펌프의 특성

02

소방배관에는 배관용 탄소강관, 이음매없는 구리 및 구리합금관, 배관용 스테인리스강관을 사용하는데 옥내소화전설비에서 소방용 합성수지배관으로 설치할 수 있는 경우 3가지를 쓰시오. [5점]

정답
- 배관을 지하에 매설하는 경우
- 다른 부분과 내화구조로 구획된 덕트 또는 피트의 내부에 설치하는 경우
- 천장과 반자를 불연재료 또는 준불연 재료로 설치하고 소화배관 내부에 항상 소화수가 채워진 상태로 설치하는 경우

해설
다음의 어느 하나에 해당하는 장소에는 소방청장이 정하여 고시한 기준에 적합한 소방용 합성수지배관으로 설치할 수 있다.
- 배관을 지하에 매설하는 경우
- 다른 부분과 내화구조로 구획된 덕트 또는 피트의 내부에 설치하는 경우
- 천장과 반자를 불연재료 또는 준불연 재료로 설치하고 소화배관 내부에 항상 소화수가 채워진 상태로 설치하는 경우

연계이론 PHASE 02 옥내소화전설비

03

체크밸브의 종류 중 스윙형과 리프트형의 특징을 2가지씩 쓰시오. [4점]

(1) 스윙형 체크밸브
(2) 리프트형 체크밸브

정답
(1)
- 수직, 수평배관에서 모두 사용한다.
- 마찰손실이 비교적 적다.

(2)
- 수평배관에서 주로 사용한다.
- 마찰손실이 비교적 크다.

해설

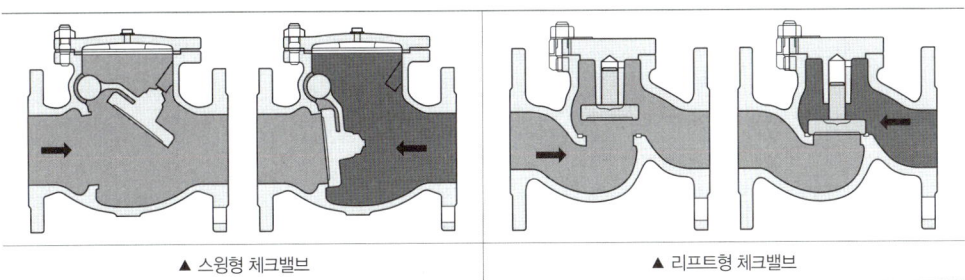

▲ 스윙형 체크밸브　　　　　▲ 리프트형 체크밸브

연계이론 PHASE 02 옥내소화전설비

04

지하 2층 지상 11층인 사무소 건축물에 아래와 같은 조건에서 스프링클러설비를 설계하고자 할 때 다음 각 물음에 답하시오. [6점]

조건

(가) 건축물은 내화구조이며 기준층(1~11층)의 평면도는 다음과 같다.

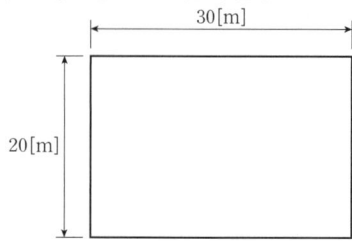

(나) 펌프의 후드밸브로부터 최상단 헤드까지의 실양정은 48[m]이고, 배관 및 관부속품에 대한 마찰손실수두는 12[m]이다.
(다) 모든 규격치는 최소량을 적용한다.
(라) 펌프의 효율은 65[%]이며, 전달계수는 10[%]로 한다.

(1) 지상층에 설치된 스프링클러 헤드의 개수는 몇 개인지 구하시오. (단, 헤드는 정방형으로 배치한다.)
(2) 펌프의 전양정[m]을 구하시오.
(3) 펌프의 전동기 용량[kW]을 구하시오.

정답

(1) • 계산과정: $2 \times 2.3 \times \cos 45° ≒ 3.253$

$\dfrac{30}{3.253} ≒ 9.22$

$\dfrac{20}{3.253} ≒ 6.15$

$10 \times 7 = 70$

$11 \times 70 = 770$

• 답: 770개

(2) • 계산과정: $48 + 12 + 10 = 70$
• 답: 70[m]

(3) • 계산과정: $30 \times 80 = 2,400$

$2,400[L/min] = \dfrac{2.4}{60}[m^3/s]$

$\dfrac{9.8 \times \dfrac{2.4}{60} \times 70}{0.65} \times 1.1 ≒ 46.437$

• 답: 46.44[kW]

해설

(1) 스프링클러설비의 헤드는 천장·반자·천장과 반자 사이·덕트·선반 등의 각 부분으로부터 하나의 헤드까지 수평거리를 다음의 기준에 따라 설치한다.

소방대상물	수평거리[m]
무대부·특수가연물을 저장 또는 취급하는 장소	1.7
비내화구조 특정소방대상물	2.1
내화구조 특정소방대상물	2.3
아파트 세대 내	2.6

헤드를 정방형으로 배치한 경우 다음의 식에 따라 산정한 수치 이하가 되도록 한다.
$$S = 2 \times r \times \cos 45°$$
S: 헤드 상호 간의 거리[m], r: 유효반경

헤드 간 최대 거리는 다음과 같다.
$$S = 2 \times 2.3[\text{m}] \times \cos 45° ≒ 3.253[\text{m}]$$
방호대상물의 길이가 가로 30[m], 세로 20[m]이므로 방향별 배치해야 하는 헤드의 최소 개수는 다음과 같다.
$$\frac{30[\text{m}]}{3.253[\text{m}]} ≒ 9.22[개] = 10[개] \text{ (절상)}, \quad \frac{20[\text{m}]}{3.253[\text{m}]} ≒ 6.15[개] = 7[개] \text{ (절상)}$$
따라서 방호대상물에 배치해야 하는 헤드의 개수는 다음과 같다.
1개 층: 10[개]×7[개]=70[개]
전 층: 11[층]×70[개]=770[개]

(2) 화재안전기준에 따라 스프링클러설비에 설치된 가압송수장치(펌프)의 전양정은 다음과 같다.
$$H = h_1 + h_2 + 10$$
H: 전양정[m], h_1: 실양정(흡입양정+토출양정)[m],
h_2: 배관 및 관부속의 마찰손실수두[m], 10: 헤드선단에서의 방사압력수두[m]

스프링클러설비 펌프의 전양정 H는
$$H = h_1 + h_2 + 10 = 48[\text{m}] + 12[\text{m}] + 10 = 70[\text{m}]$$

(3) 전동기의 용량은 다음의 식을 통해 구할 수 있다.
$$P = \frac{\gamma QH}{\eta} K$$
P: 전동기의 용량[kW], γ: 유체의 비중량[kN/m³], Q: 유량[m³/s], H: 전양정[m], η: 효율, K: 전달계수

유체는 물이므로 물의 비중량은 9.8[kN/m³]이다.
화재안전기준에 따라 스프링클러설비에서 가압송수장치(펌프)의 송수량은 기준개수에 80[L/min]를 곱한 양 이상으로 한다. ← 설치개수가 기준개수보다 적은 경우 설치개수에 따른다.

스프링클러설비의 설치장소		기준개수
아파트		10
지하층을 제외한 10층 이하인 특정소방대상물	헤드의 높이가 8[m] 미만인 것	10
	헤드의 높이가 8[m] 이상인 것	20
	판매시설이 없는 근린생활시설·운수시설·복합건축물	20
	특수가연물을 취급하지 않는 공장	20
	판매시설 또는 판매시설이 있는 복합건축물	30
	특수가연물을 저장·취급하는 공장	30
지하층을 제외한 11층 이상인 특정소방대상물		30
지하가 또는 지하역사		30

정격토출량=30[개]×80[L/min]=2,400[L/min]
펌프의 토출량은 2,400[L/min]이므로 단위를 변환하면 $\frac{2.4}{60}$[m³/s]이다.
따라서 주어진 조건을 공식에 대입하면 전동기의 동력 P는
$$P = \frac{9.8[\text{kN/m}^3] \times \frac{2.4}{60}[\text{m}^3/\text{s}] \times 70[\text{m}]}{0.65} \times 1.1 ≒ 46.437[\text{kW}]$$

연계이론 PHASE 04 스프링클러설비

05

경유를 저장하는 위험물 옥외저장탱크의 높이가 7[m], 직경 10[m]인 콘루프탱크(Cone Roof Tank)에 II형 포 방출구 및 옥외 보조 포 소화전 2개가 설치되어 있다. 조건을 참조하여 다음 각 물음에 답하시오. [8점]

> **조건**
> (가) 배관 및 관 부속품의 낙차수두와 마찰손실수두의 합은 55[m]이다.
> (나) 폼 챔버의 방출압력은 0.3[MPa]이며, 보조 포 소화전의 압력수두는 무시한다.
> (다) 펌프의 효율은 65[%](전동기와 펌프 직결)이고, 전달계수 K는 1.1이다.
> (라) 포 소화약제는 3[%] 수성막포를 사용하며, 포수용액의 비중이 물의 비중과 같다고 가정한다.
> (마) 배관의 송액량은 무시한다.
> (바) 고정포 방출구의 방출률 및 방사시간

포방출구의 종류 위험물의 구분	I형 방출률 [L/min·m²]	I형 방사시간 [min]	II형 방출률 [L/min·m²]	II형 방사시간 [min]	특형 방출률 [L/min·m²]	특형 방사시간 [min]
제4류 위험물(수용성의 것 제외) 중 인화점이 21[°C] 미만인 것	4	30	4	55	12	30
제4류 위험물(수용성의 것 제외) 중 인화점이 21[°C] 이상 70[°C] 미만인 것	4	20	4	30	12	20
제4류 위험물(수용성의 것 제외) 중 인화점이 70[°C] 이상인 것	4	15	4	25	12	15
제4류 위험물 중 수용성의 것	8	20	8	30	—	—

(1) 포 소화약제량[L]을 구하시오.
(2) 펌프의 동력[kW]을 구하시오.

정답

(1) • 계산과정: $4 \times 30 \times \frac{\pi}{4} \times 10^2 \times 0.03 ≒ 282.743$
  $2 \times 0.03 \times 8,000 = 480$
  $282.743 + 480 = 762.743$
 • 답: 762.74[L]

(2) • 계산과정: $4 \times \frac{\pi}{4} \times 10^2 ≒ 314.159$
  $2 \times 400 = 800$
  $314.159 + 800 = 1,114.159 [\text{L/min}] = \frac{1.114}{60} [\text{m}^3/\text{s}]$
  $0.3[\text{MPa}] \times \frac{10[\text{m}]}{0.1[\text{MPa}]} + 55[\text{m}] = 85[\text{m}]$
  $\frac{9.8 \times \frac{1.114}{60} \times 85}{0.65} \times 1.1 ≒ 26.173$
 • 답: 26.17[kW]

해 설

(1) 포 소화약제 저장량은 고정포 방출구에서 방출하기 위하여 필요한 양, 보조 포 소화전에서 방출하기 위하여 필요한 양, 가장 먼 탱크까지의 송액관(내경 75[mm] 이하 제외)에 충전하기 위하여 필요한 양의 합으로 한다.

위험물 저장탱크에 발생하는 화재는 유류 표면에서 발생하므로 위험물이 드러나거나 증발 가능한 면적이 화재 발생면적이자 소화면적이 된다.

경유탱크의 고정포 방출구에 필요한 포 소화약제의 양은 다음과 같다. ← 경유는 인화점이 21[℃] 이상 70[℃] 미만이다.

$$Q = 4[\text{L/min} \cdot \text{m}^2] \times \frac{\pi}{4} \times (10[\text{m}])^2 \times 30[\text{min}] \times 0.03 ≒ 282.743[\text{L}]$$

보조 포 소화전에 필요한 포 소화약제의 양은 다음과 같다.

$$Q = N \times S \times 8{,}000[\text{L}]$$

Q: 보조 포 소화전의 유량[L/min], N: 방출구의 개수(최대 3개), S: 소화약제의 농도[%]

보조 포 소화전에 필요한 포 소화약제의 양은 다음과 같다.

$$Q = 2 \times 0.03 \times 8{,}000[\text{L}] = 480[\text{L/min}]$$

포 소화설비에 필요한 소화약제의 총량[L]은 ← 배관의 송액량을 무시한다.

$$Q = 282.743[\text{L}] + 480[\text{L}] = 762.743[\text{L}]$$

(2) 펌프의 동력은 다음의 식을 통해 구할 수 있다.

$$P = \frac{\gamma Q H}{\eta} K$$

P: 펌프의 동력[kW], γ: 유체의 비중량[kN/m³], Q: 유량[m³/s], H: 전양정[m], η: 효율, K: 전달계수

유체는 물이므로 물의 비중량은 9.8[kN/m³]이다.

경유탱크의 고정포 방출구에 필요한 포 수용액의 유량은 다음과 같다.

$$Q = 4[\text{L/min} \cdot \text{m}^2] \times \frac{\pi}{4} \times 10^2[\text{m}^2] ≒ 314.159[\text{L/min}]$$

보조 포 소화전에 필요한 포 수용액의 유량은 다음과 같다.

$$Q = N \times 400[\text{L/min}]$$

Q: 보조 포 소화전의 유량[L/min], N: 방출구의 개수(최대 3개)

따라서 보조 포 소화전에 필요한 포 수용액량은

$$Q = 2 \times 400[\text{L/min}] = 800[\text{L/min}]$$

펌프의 토출량은 (314.159[L/min]+800[L/min])=1,114.159[L/min]이므로 단위를 변환하면 $\frac{1.114}{60}$[m³/s]이다.

포 수용액은 0.3[MPa]의 압력으로 방출되었고, 낙차수두와 배관 및 관 부속품 마찰손실수두의 합은 55[m]이므로 필요한 펌프의 방수압력 수두(전양정)는 다음과 같다.

$$H = 0.3[\text{MPa}] \times \frac{10[\text{m}]}{0.1[\text{MPa}]} + 55[\text{m}] = 85[\text{m}]$$

따라서 주어진 조건을 공식에 대입하면 펌프의 동력 P는

$$P = \frac{9.8[\text{kN/m}^3] \times \frac{1.114}{60}[\text{m}^3/\text{s}] \times 85[\text{m}]}{0.65} \times 1.1 ≒ 26.173[\text{kW}]$$

연계이론 PHASE 06 포 소화설비

06 소화배관에 0.2[m³/s]의 유량이 흐르고 있다가 A, B의 분기관으로 나뉘어 흐르다 다시 합쳐진다. 다음 각 물음에 답하시오. [6점]

조건
- (가) A, B 분기관의 관마찰계수는 0.02이다.
- (나) A 분기관의 길이는 1,000[m]이고, 직경은 200[mm]이다.
- (다) B 분기관의 길이는 300[m]이고, 직경은 150[mm]이다.

(1) 배관 A와 배관 B의 유속[m/s]을 구하시오.

(2) 배관 A와 배관 B의 유량[m³/s]을 구하시오.

정답

(1) • 계산과정: $\frac{\pi}{4}D_A^2 u_A + \frac{\pi}{4}D_B^2 u_B = 0.2$

$$\frac{1,000 \times u_A^2}{0.2} = \frac{300 \times u_B^2}{0.15}$$

$$5u_A^2 = 2u_B^2$$

$$\frac{\pi}{4} \times 0.2^2 \times u_A + \frac{\pi}{4} \times 0.15^2 \times \sqrt{\frac{5}{2}} u_A = 0.2$$

$$u_A = 3.369$$

$$u_B = \sqrt{\frac{5}{2}} u_A = 5.327$$

• 답: $u_A = 3.37[\text{m/s}]$, $u_B = 5.33[\text{m/s}]$

(2) • 계산과정: $\frac{\pi}{4} \times 0.2^2 \times 3.37 ≒ 0.1059$

$$0.2 - 0.1059 = 0.0941$$

• 답: $Q_A = 0.11[\text{m}^3/\text{s}]$, $Q_B = 0.09[\text{m}^3/\text{s}]$

해설

일정한 양의 비압축성 유체가 일정한 속도로 흐를 때 배관에서의 마찰손실수두는 달시-바이스바하 방정식으로 구할 수 있다.

$$H = \frac{\Delta P}{\gamma} = \frac{flu^2}{2gD}$$

H: 마찰손실수두[m], ΔP: 압력 차이[kPa], γ: 비중량[kN/m³], f: 마찰손실계수,
l: 배관의 길이, u: 유속[m/s], g: 중력가속도[m/s²], D: 배관의 직경[m]

(1) A 분기관의 유량 Q_A와 B 분기관의 유량 Q_B의 합은 0.2[m³/s]로 일정하다.
$Q_A + Q_B = 0.2[\text{m}^3/\text{s}]$

부피유량 공식 $Q = Au$에 의해 각 분기관의 유속 관계는 다음과 같다.

$$\frac{\pi}{4}D_A^2 u_A + \frac{\pi}{4}D_B^2 u_B = 0.2[\text{m}^3/\text{s}]$$

A 분기관과 B 분기관의 마찰손실은 같다. ← 다른 경우 마찰손실이 작은 쪽으로 유량이 점점 증가하여 마찰손실도 증가하고 결국 평형을 이룬다.

$H_A = H_B$

$$\frac{fl_A u_A^2}{2gD_A} = \frac{fl_B u_B^2}{2gD_B}$$

$$\frac{1{,}000[\text{m}] \times u_A^2}{0.2[\text{m}]} = \frac{300[\text{m}] \times u_B^2}{0.15[\text{m}]}$$

$5u_A^2 = 2u_B^2$

주어진 관계식을 연립하여 u_A에 관한 식으로 나타내면 다음과 같다.

$$\frac{\pi}{4} \times (0.2[\text{m}])^2 \times u_A + \frac{\pi}{4} \times (0.15[\text{m}])^2 \times \sqrt{\frac{5}{2}} u_A = 0.2[\text{m}^3/\text{s}]$$

$u_A = 3.369[\text{m/s}]$

$u_B = \sqrt{\dfrac{5}{2}} u_A = 5.327[\text{m/s}]$

(2) 부피유량 공식 $Q = Au$에 의해 각 분기관의 유량은 다음과 같다.

$Q_A = \dfrac{\pi}{4}D_A^2 u_A = \dfrac{\pi}{4} \times (0.2[\text{m}])^2 \times 3.37[\text{m/s}] \fallingdotseq 0.1059[\text{m}^3/\text{s}]$

$Q_B = 0.2[\text{m}^3/\text{s}] - Q_A = 0.2[\text{m}^3/\text{s}] - 0.1059[\text{m}^3/\text{s}] = 0.0941[\text{m}^3/\text{s}]$

연계이론

PHASE 22 배관의 마찰손실

07

다음의 각 특정소방대상물에 피난기구를 설치하고자 한다. 다음 물음에 답하시오. [6점]

> **조건**
> (가) 각 특정소방대상물의 용도 및 구조는 다음과 같다.
>   ㉠ 바닥면적은 1,200[m²]이며, 주요구조부가 내화구조이고 거실의 각 부분으로 직접 복도로 이어진 4층의 학교(강의실 용도)
>   ㉡ 바닥면적은 800[m²]이며, 옥상층으로서 5층의 객실수가 6개인 숙박시설
>   ㉢ 바닥면적은 1,000[m²]이며, 주요구조부가 내화구조이고 피난계단이 2개소 설치된 8층의 병원
> (나) 피난기구는 완강기를 설치하며, 간이완강기는 설치하지 않는 것으로 가정한다.
> (다) 기타 조건 이외의 감소되거나 면제되는 조건은 없다.

(1) ㉠, ㉡, ㉢의 특정소방대상물에 설치하여야 할 피난기구의 개수를 각각 구하시오.

(2) ㉡의 경우 적응성 있는 피난기구를 3가지 쓰시오. (단, 완강기와 간이완강기는 제외할 것)

정답

(1) ㉠: 0개
   ㉡: 8개
   ㉢: 1개

(2) 다음 6가지 중 3가지를 선택하여 작성한다.
- 피난사다리
- 구조대
- 피난교
- 공기안전매트
- 다수인피난장비
- 승강식 피난기

해설

(1) 피난기구는 다음의 기준에 따른 개수 이상을 설치한다.

특정소방대상물	설치 기준
숙박시설·노유자시설 및 의료시설	바닥면적 500[m²] 마다
위락시설·문화집회 및 운동시설·판매시설	바닥면적 800[m²] 마다
계단실형 아파트	각 세대 마다
그 밖의 용도	바닥면적 1,000[m²] 마다

㉠ 주요구조부가 내화구조이고 거실의 각 부분으로부터 직접 복도로 쉽게 통할 수 있는 특정소방대상물에는 피난기구를 설치하지 않을 수 있다.

㉡ 숙박시설에는 바닥면적 500[m²] 마다 피난기구를 1개 이상 설치하고, 객실마다 완강기를 추가로 설치한다.

$$\text{바닥면적에 따른 피난기구 개수} = \frac{\text{바닥면적}[m^2]}{\text{기준면적}[m^2]} = \frac{800[m^2]}{500[m^2]} = 1.6[\text{개}] = 2[\text{개}] \text{ (절상)}$$

객실 수에 따른 피난기구 개수 = 6[개]
따라서 숙박시설에 필요한 피난기구의 개수는
  2[개] + 6[개] = 8[개]

㉢ 주요구조부가 내화구조이고 직통계단인 피난계단 또는 특별피난계단이 2 이상 설치되어 있는 특정소방대상물에는 피난기구의 $\frac{1}{2}$를 감소할 수 있다.

$$\text{바닥면적에 따른 피난기구 개수} = \frac{\text{바닥면적}[m^2]}{\text{기준면적}[m^2]} = \frac{1,000[m^2]}{500[m^2]} = 2[\text{개}]$$

따라서 병원에 필요한 피난기구의 개수는
  $2[\text{개}] \times \frac{1}{2} = 1[\text{개}]$

(2)

층별 설치장소별	1층	2층	3층	4층 이상 10층 이하
그 밖의 것			• 미끄럼대 • 피난사다리 • 구조대 • 완강기 • 피난교 • 피난용트랩 • 간이완강기 • 공기안전매트 • 다수인피난장비 • 승강식 피난기	• 피난사다리 • 구조대 • 완강기 • 피난교 • 간이완강기 • 공기안전매트 • 다수인피난장비 • 승강식 피난기

연계이론 PHASE 11 피난기구

08

실의 크기가 가로 20[m], 세로 15[m], 높이 5[m]인 공간에서 커다란 화염의 화재가 발생하여 t초 시간이 지난 후의 청결층 높이 y[m]의 값이 1.8[m]가 되었다. 다음의 식을 이용하여 각 물음에 답하시오. [4점]

조건

$$Q = \frac{A(H-y)}{t}$$

Q: 연기의 발생량[m³/min], A: 바닥면적[m²], H: 층고[m], y: 청결층 높이[m], t: 발화 시간[min]

(가) 위 식에서 시간 t(초)는 다음의 Hinkley식을 만족한다.

$$t = \frac{20A}{P_f \times \sqrt{g}} \times \left(\frac{1}{\sqrt{y}} - \frac{1}{\sqrt{H}}\right)$$

단, g는 중력가속도 (9.81[m/s²])이고, P_f는 화재경계의 길이로서 큰 화염의 경우 12[m], 중간 화염의 경우 6[m], 작은 화염의 경우 4[m]를 적용한다.

(나) 연기생성률(M[kg/s])은 다음과 같다.

$$M = 0.188 \times P_f \times y^{\frac{3}{2}}$$

(1) 상부의 배연구로부터 몇 [m³/min]의 연기를 배출해야 이 청결층의 높이가 유지되는지 계산하시오.
(2) 연기의 생성률[kg/s]을 구하시오.

정답

(1) • 계산과정: $\dfrac{20 \times 15 \times (5-1.8)}{\dfrac{20 \times 20 \times 15}{12 \times \sqrt{9.81}} \times \left(\dfrac{1}{\sqrt{1.8}} - \dfrac{1}{\sqrt{5}}\right)} ≒ 20.1703[\text{m}^3/\text{s}]$

$20.1703 \times 60 = 1{,}210.218[\text{m}^3/\text{min}]$

• 답: $1{,}210.22[\text{m}^3/\text{min}]$

(2) • 계산과정: $0.188 \times 12 \times 1.8^{\frac{3}{2}} ≒ 5.448$

• 답: $5.45[\text{kg/s}]$

연계이론 PHASE 14 제연설비

09 할론 소화설비에서 그림의 방출방식에 대한 종류(명칭)를 쓰고, 해당 방식에 대하여 설명하시오. [4점]

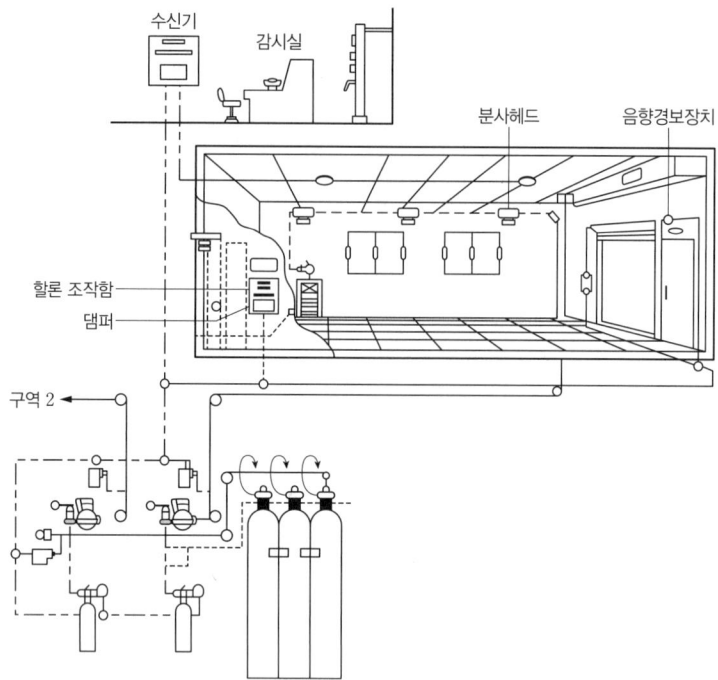

(1) 종류(명칭)

(2) 설명

정 답

(1) 전역방출방식

(2) 소화약제 공급장치에 배관 및 분사헤드 등을 설치하여 밀폐 방호구역 전체에 소화약제를 방출하는 방식

해 설

"전역방출방식"이란 소화약제 공급장치에 배관 및 분사헤드 등을 설치하여 밀폐 방호구역 전체에 소화약제를 방출하는 방식을 말한다.

연계이론 PHASE 08 할론 소화설비

10 다음은 옥내소화전설비의 가압송수방식 중 하나인 압력수조에 따른 설계도이다. 다음 각 물음에 답하시오. (단, 배관, 관부속품 및 호스의 마찰손실수두는 6.5[m]이다.) [6점]

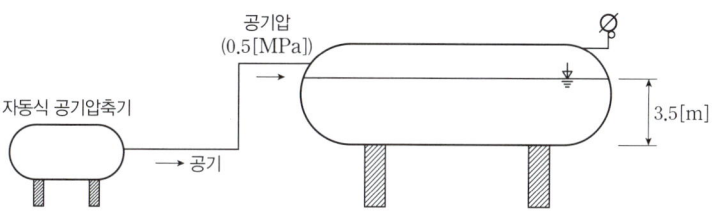

(1) 탱크의 바닥압력[MPa]을 구하시오.
(2) 화재안전기준에 의한 규정방수압력에 적합하도록 설계할 수 있는 건축물의 높이[m]를 구하시오.
(3) 자동식 공기압축기의 설치목적에 대하여 설명하시오.

정답

(1) • 계산과정: $3.5 \times \dfrac{0.1}{10} + 0.5 = 0.535$

 • 답: 0.54[MPa]

(2) • 계산과정: $54 - 6.5 - 17 = 30.5$
 • 답: 30.5[m]

(3) • 답: 압력수조의 토출압력이 일정 수준을 유지할 수 있도록 수조 내부에 압축공기를 보충

해설

(1) 탱크의 바닥면에 작용하는 압력은 압력수조의 물이 누르는 압력과 표면에 작용하는 공기압의 합과 같다.

$$P = 3.5[\text{m}] \times \dfrac{0.1[\text{MPa}]}{10[\text{m}]} + 0.5[\text{MPa}] = 0.535[\text{MPa}]$$

(2) 화재안전기준에 따라 옥내소화전설비에 설치된 가압송수장치(압력수조)의 전양정은 다음과 같다.

$$H = h_1 + h_2 + h_3 + 17$$

H: 전양정[m], h_1: 실양정(흡입양정+토출양정)[m], h_2: 호스의 마찰손실수두[m], h_3: 배관 및 관부속의 마찰손실수두[m], 17: 노즐선단에서의 방사압력수두[m]

압력수조로부터 토출압력 P는 0.54[MPa]이고, 양정으로 나타내면 다음과 같다.

$$0.54[\text{MPa}] \times \dfrac{10[\text{m}]}{0.1[\text{MPa}]} = 54[\text{m}]$$

배관, 관부속품 및 호스의 마찰손실수두 $h_2 + h_3$는 6.5[m]이므로 실양정 h_1는

$$h_1 = H - (h_2 + h_3 + 17) = 54[\text{m}] - (6.5[\text{m}] + 17) = 30.5[\text{m}]$$

연계이론 PHASE 02 옥내소화전설비

11 다음의 덕트 설계도 및 조건, 별표를 참고하여 제연설비의 설계과정을 작성하시오. [12점]

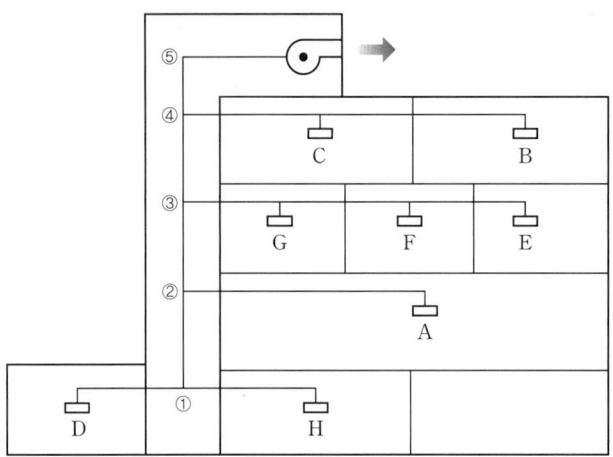

> **조건**
> (가) A~H는 각 거실의 명칭(제연구획)이다.
> (나) ①~④지점은 메인덕트와 분기덕트의 분기지점이다.
> (다) Q_A~Q_H는 각 거실의 설계배연풍량[m³/min]이다.
> (라) 배출풍도 계통 중 한 부분의 통과 풍량은 같은 분기덕트에 속하는 말단에 있는 배연구의 해당 풍량 가운데 최대 풍량의 2배가 통과할 수 있게 한다.
> (마) 각 풍속은 분기덕트 10[m/s], 메인덕트 15[m/s]로 한다.
> (바) 각 제연구역의 용적의 크기는 A > B > C > D > E > F > G > H 이다.
> (사) 덕트의 관경은 [별표]의 그래프를 참고하여 아래의 보기에서 선정한다.
>
> ─── | 보기 | ───
> 32[cm], 42[cm], 50[cm], 62[cm], 70[cm],
> 80[cm], 92[cm], 108[cm], 115[cm], 130[cm]
>
> (아) 각 거실의 설계배출풍량은 다음 표와 같다.

구분	Q_A	Q_B	Q_C	Q_D	Q_E	Q_F	Q_G	Q_H
배출풍량[m³/min]	400	300	250	200	180	150	100	80

[별표] 덕트의 마찰손실

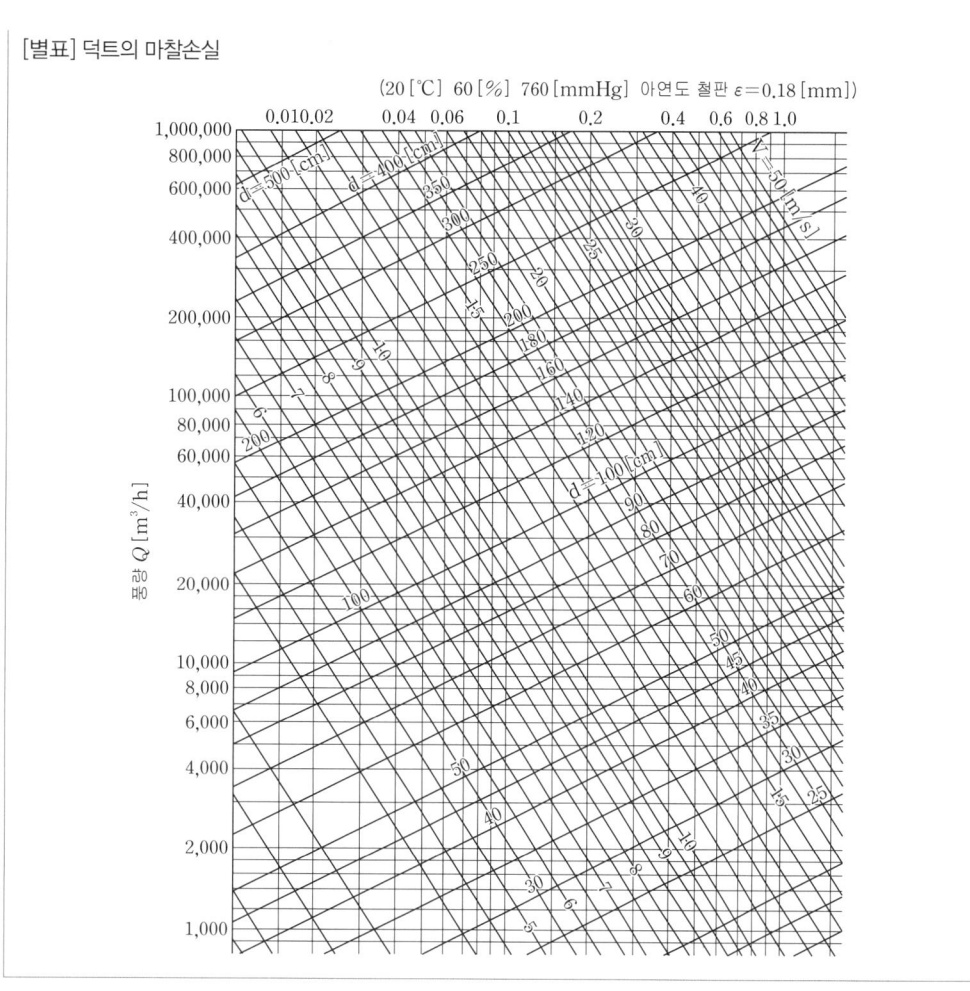

(1) 다음 ㉠~㉧을 구하시오.

배출풍도의 부분	통과풍량[m³/min]	덕트의 직경[cm]
D~①	Q_D (200)	70
H~①	Q_H (80)	42
①~②	$2Q_D$ (400)	㉤
A~②	Q_A (400)	108
②~③	$2Q_A$ (800)	108
E~F	Q_E (180)	㉥
F~G	$2Q_E$ (360)	92
G~③	㉠	㉦
③~④	㉡	108
B~C	Q_B (300)	80
C~④	㉢	115
④~⑤	㉣	㉧

(2) 이 덕트의 소요전압이 19.98[mmAq]이고, 배출기는 터보형 원심송풍기를 사용하려고 한다. 이 배출기의 이론 소요동력[kW]을 구하시오. (단, 송풍기의 효율은 50[%]이며, 여유율은 고려하지 않는다.)

정 답

(1)

㉠	$2Q_E(360)$	㉤	80
㉡	$2Q_A(800)$	㉥	62
㉢	$2Q_B(600)$	㉦	92
㉣	$2Q_A(800)$	㉧	108

(2) • 계산과정: $19.98 \times \dfrac{101.325}{10,332} ≒ 0.1959$

$$800[\text{m}^3/\text{min}] = \dfrac{800}{60}[\text{m}^3/\text{s}]$$

$$P = \dfrac{0.1959 \times \dfrac{800}{60}}{0.5} \times 1 ≒ 5.224[\text{kW}]$$

• 답: 5.22[kW]

해 설

(1)

배출풍도의 부분	풍도를 공유하는 배연구	통과풍량 [m³/min]	통과풍량 [m³/h]	풍속 [m/s]	덕트의 직경 [cm]
D~①		Q_D (200)			70
H~①		Q_H (80)			42
①~②		$2Q_D$ (400)	24,000	15	80
A~②		Q_A (400)			108
②~③		$2Q_A$ (800)			108
E~F		Q_E (180)	10,800	10	62
F~G		$2Q_E$ (360)			92
G~③	E, F, G	$2Q_E$ (360)	21,600	10	92
③~④	A, D, E, F, G, H	$2Q_A$ (800)			108
B~C		Q_B (300)			80
C~④	B, C	$2Q_B$ (600)			115
④~⑤	A, B, C, D, E, F, G	$2Q_A$ (800)	48,000	15	108

㉠~㉣: 2 이상의 배연구가 공유하는 풍도의 풍량은 각 배연구 풍량 중 최대값의 2배로 한다.

ⓜ~ⓞ: 풍량선(가로선)과 풍속선(사선)의 교점에 해당하는 덕트의 직경을 선택한다.

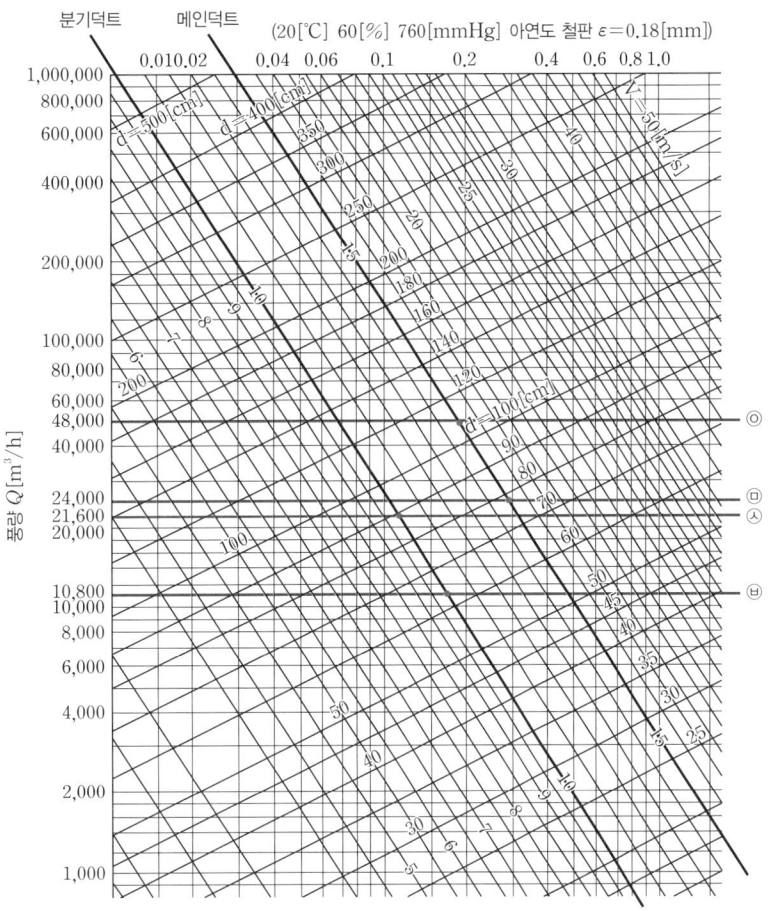

(2) 송풍기의 동력은 다음의 식을 통해 구할 수 있다.

$$P = \frac{P_T Q}{\eta} K$$

P: 송풍기의 동력[kW], P_T: 전압(풍압)[kPa], Q: 풍량[m³/s], η: 효율, K: 전달계수

전압은 송풍기의 흡입구와 배출구의 압력 차이를 의미하며 19.98[mmAq]이므로 단위를 변환하면 다음과 같다.

$$19.98[\text{mmAq}] \times \frac{101.325[\text{kPa}]}{10,332[\text{mmAq}]} ≒ 0.1959[\text{kPa}]$$

배출량은 각 풍도의 풍량 중 최대인 800[m³/min]로 한다.

$$800[\text{m}^3/\text{min}] = \frac{800}{60}[\text{m}^3/\text{s}]$$

따라서 주어진 조건을 공식에 대입하면 송풍기의 동력 P는

$$P = \frac{0.1959[\text{kPa}] \times \frac{800}{60}[\text{m}^3/\text{s}]}{0.5} \times 1 ≒ 5.224[\text{kW}] \leftarrow \text{여유율은 고려하지 않으므로 전달계수는 1로 둔다.}$$

◯ 연계이론 ◯ **PHASE 14** 제연설비

12 그림은 일제개방형 스프링클러설비의 계통을 나타내는 Isometric Diagram이다. [조건]을 참조하여 이 설비가 작동되었을 경우 표의 유량, 구간손실, 손실계 등을 답란의 요구순서대로 수리계산하여 산출하시오. [12점]

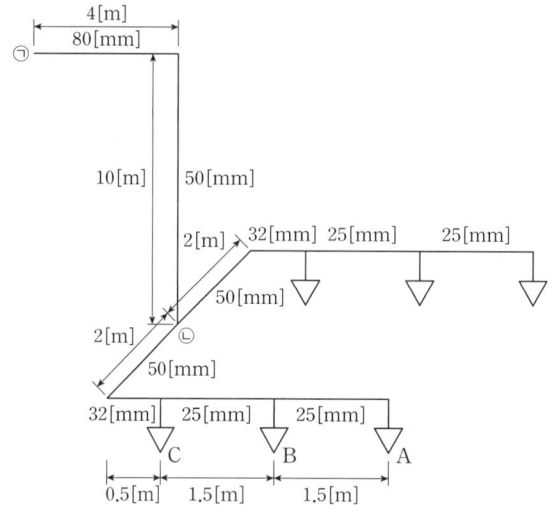

조건

(가) 설치된 노즐 A의 유량은 100[L/min], 방수압은 0.25[MPa]이다.
(나) 배관 부속 및 밸브류의 마찰손실은 무시한다.
(다) 수리계산 시 속도수두는 무시한다.
(라) 필요한 압력은 노즐에서의 방사압과 배관 끝에서의 압력을 별도로 구한다.

구간	유량[L/min]	길이[m]	1[m]당 마찰손실[MPa]	구간손실[MPa]	낙차[m]	손실계[MPa]
노즐 A	100	—	—	—	—	0.25
A~B	100	1.5	0.02	0.03	0	①
노즐 B	②	—	—	—	—	—
B~C	③	1.5	0.04	④	0	⑤
노즐 C	⑥	—	—	—	—	—
C~ⓒ	⑦	2.5	0.06	⑧	0	⑨
ⓒ~㉠	⑩	14	0.01	⑪	−10	⑫

정답

①	0.28	⑤	0.34	⑨	0.49
②	105.83	⑥	116.62	⑩	644.9
③	205.83	⑦	322.45	⑪	0.14
④	0.06	⑧	0.15	⑫	0.53

해설

구간	유량[L/min]	길이[m]	1[m]당 마찰손실[MPa]	구간손실MPa	낙차[m]	손실계[MPa]
노즐 A	100	—	—	—	—	0.25
A~B	100	1.5	0.02	0.03	0	0.25+0.03 =0.28
노즐 B	$63.246 \times \sqrt{10 \times 0.28}$ ≒105.831	—	—	—	—	—
B~C	100+105.831 =205.831	1.5	0.04	1.5×0.04 =0.06	0	0.28+0.06 =0.34
노즐 C	$63.246 \times \sqrt{10 \times 0.34}$ ≒116.619	—	—	—	—	—
C~ⓒ	205.831+116.619 =322.45	2.5	0.06	2.5×0.06 =0.15	0	0.34+0.15 =0.49
ⓒ~ⓘ	2×322.45 =644.9	14	0.01	14×0.01 =0.14	−10	0.49+0.14−0.1 =0.53

방수노즐에서 압력 P와 유량 Q는 다음과 같은 관계를 갖는다.

$$Q = K\sqrt{10P}$$

Q: 방수량[L/min], K: 방출계수, P: 방수압[MPa]

방수량 Q가 100[L/min]이고, 방수압 P가 0.25[MPa]일 때 방출계수 K는 다음과 같다.

$$K = \frac{Q}{\sqrt{10P}} = \frac{100[\text{L/min}]}{\sqrt{10 \times 0.25[\text{MPa}]}} ≒ 63.246$$

연계이론

PHASE 04 스프링클러설비

13 가로 12[m], 세로 18[m], 높이 3[m]인 전기실에 이산화탄소 소화설비가 작동하여 화재가 진압되었다. 개구부에 자동폐쇄장치가 설치되어 있을 경우 [조건]을 이용하여 다음 물음에 답하시오. [10점]

> **조건**
> (가) 공기 중 산소의 부피농도는 21[%]이며, 이산화탄소 방출 후 산소의 농도는 15[%]이다.
> (나) 대기압은 760[mmHg]이고, 이산화탄소 소화약제의 방출 후 실내기압은 800[mmHg]이다.
> (다) 저장용기의 충전비는 1.6이고, 내용적은 80[L]이다.
> (라) 실내온도는 18[℃]이며, 기체상수 R은 0.082[atm·L/mol·K]로 계산한다.

(1) CO_2의 농도[%]를 구하시오.
(2) CO_2의 방출량[m³]을 구하시오.
(3) 방출된 CO_2의 양[kg]을 구하시오.
(4) 저장용기의 병수[병]을 구하시오.
(5) 심부화재일 경우 선택밸브 직후의 유량[kg/min]을 구하시오.

정답

(1) • 계산과정: $\dfrac{21}{100+x} = \dfrac{15}{100}$

  $x = 40$

  $\dfrac{x}{100+x} = \dfrac{40}{100+40} \fallingdotseq 0.28571$

  • 답: 28.57[%]

(2) • 계산과정: $12 \times 18 \times 3 \times \dfrac{40}{100} = 259.2$

  • 답: 259.2[m³]

(3) • 계산과정: $\dfrac{800}{760} \times 259.2 = \dfrac{m}{44} \times 0.082 \times 291$

  $m = 503.103$

  • 답: 503.1[kg]

(4) • 계산과정: $\dfrac{80}{1.6} = 50$

  $\dfrac{503.103}{50} \fallingdotseq 10.06$

  • 답: 11병

(5) • 계산과정: $\dfrac{11 \times 50}{7} \fallingdotseq 78.571$

  • 답: 78.57[kg/min]

해설

(1) 산소 21[%], 이산화탄소 0[%]인 공기에 이산화탄소 소화약제가 추가되어 산소의 농도는 15[%]가 되어야 한다.

$\dfrac{21}{100+x} = \dfrac{15}{100}$ ← 분모의 x는 공학용 계산기의 SOLVE 기능을 활용하면 쉽다.

따라서 추가된 이산화탄소 소화약제의 양 x는 40이며, 이 때 전체 중 이산화탄소의 농도는

$\dfrac{x}{100+x} = \dfrac{40}{100+40} \fallingdotseq 0.28571 = 28.57[\%]$

(2) 방호구역의 체적(가로×세로×높이)이 100일 때, 추가된 이산화탄소 소화약제의 양이 40이므로 방출된 이산화탄소의 양[m³]은 다음과 같다.
$$V = (12[m] \times 18[m] \times 3[m]) \times \frac{40}{100} = 259.2[m^3]$$

(3) 문제에서 방출된 이산화탄소의 양[kg]을 요구하므로 이상기체 상태방정식을 활용하여 이산화탄소의 부피[m³]를 질량[kg]으로 변환해준다.
$$PV = \frac{m}{M}RT$$

P: 압력[atm], V: 부피[m³], m: 질량[kg], M: 분자량[kg/kmol], R: 기체상수[atm·m³/kmol·K], T: 절대온도[K]

이산화탄소의 방출 후 압력은 800[mmHg]이므로 단위를 변환하면 다음과 같다.
$$P = 800[mmHg] \times \frac{1[atm]}{760[mmHg]} \fallingdotseq \frac{800}{760}[atm]$$

주어진 조건을 공식에 대입하면 259.2[m³]에 해당하는 이산화탄소의 질량은 다음과 같다.
$$\frac{800}{760}[atm] \times 259.2[m^3] = \frac{m[kg]}{44[kg/kmol]} \times 0.082[atm \cdot m^3/kmol \cdot K] \times (273+18)[K]$$
$$m = 503.103[kg]$$

(4) 저장용기 1병 당 소화약제의 저장량[L]은 80[L]이고, 충전비는 1.6[L/kg]이므로 소화약제의 저장량[kg]은
$$\frac{80[L]}{1.6[L/kg]} = 50[kg]$$

저장용기 1병 당 소화약제의 저장량은 50[kg]이므로 전기실에 필요한 소화약제의 양을 저장하기 위해 필요한 저장용기의 개수는
$$\frac{503.103[kg]}{50[kg/병]} \fallingdotseq 10.06[병] = 11[병] \text{ (절상)}$$

(5) 선택밸브란 가스용기에서 배출된 소화약제가 적절한 방호구역으로 운반될 수 있도록 선택적으로 배관을 개폐시키는 밸브를 말한다.

전기실에 이산화탄소 소화약제를 방사하는 경우 11병의 저장용기에서 일제히 소화약제가 방출되므로 방출량은 다음과 같다.
$$11[병] \times 50[kg/병] = 550[kg]$$

이산화탄소 소화설비의 소화약제 방출시간은 다음과 같다.

방출방식		기준시간
전역방출방식	표면화재	1분 이내
	심부화재	7분 이내
국소방출방식		30초 이내

따라서 선택밸브 직후의 유량[kg/min]은
$$\frac{11[병] \times 50[kg/병]}{7[min]} = \frac{550[kg]}{7[min]} \fallingdotseq 78.571[kg/min]$$

> 연계이론 **PHASE 07** 이산화탄소 소화설비

14 흡입측 배관의 마찰손실수두가 2[m]일 때 공동현상이 일어나지 않을 수원의 수면으로부터 소화펌프까지의 설치 높이는 몇 [m] 미만으로 해야 하는지 구하시오. (단, 펌프의 필요흡입수두($NPSH_{re}$)는 7.5[m], 흡입관의 속도수두는 무시하고 대기압은 표준대기압, 물의 온도는 20[℃]이고, 이때의 포화수증기압은 2,340[Pa], 비중량은 9,800[N/m³]이다.) [5점]

정답

- 계산과정: $10.332 - H_z - 2 - \dfrac{2,340}{9,800} > 7.5$

  $H_z < 0.593$

- 답: 0.59[m]

해설

유효흡입수두 $NPSH_{av}$를 구성하는 조건은 다음과 같다.

$$NPSH_{av} = H_a \pm H_z - H_f - H_v$$

$NPSH_{av}$: 유효흡입수두, H_a: 유체 표면에 작용하는 절대압,
H_z: 유체 표면에서 펌프 중심까지의 높이, H_f: 마찰손실수두, H_v: 포화증기압수두

압력[Pa]과 수두[m]의 관계식은 다음과 같다.

$$H = \dfrac{P}{\gamma} = \dfrac{P}{\rho g}$$

H: 수두[m], P: 압력[Pa], γ: 비중량[N/m³], ρ: 밀도[kg/m³], g: 중력가속도[m/s²]

공동현상(Cavitation)이 발생하지 않기 위해서는 유효흡입수두 $NPSH_{av}$가 필요흡입수두 $NPSH_{re}$보다 커야한다.

　　$NPSH_{av} > NPSH_{re}$

유체 표면이 펌프 중심보다 아래에 있는 경우 H_z는 음수(−)를 갖는다.
주어진 조건을 공식에 대입하면 수원의 수면으로부터 소화펌프까지의 설치높이는

$NPSH_{av} = 10.332[\text{m}] - H_z - 2[\text{m}] - \dfrac{2,340[\text{Pa}]}{9,800[\text{N/m}^3]} > 7.5[\text{m}] = NPSH_{re}$

$H_z < 10.332[\text{m}] - 2[\text{m}] - \dfrac{2,340[\text{Pa}]}{9,800[\text{N/m}^3]} - 7.5[\text{m}]$

$H_z < 0.593[\text{m}]$

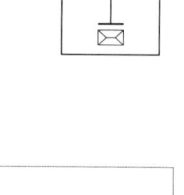

PLUS+ 공동현상의 발생여부

$NPSH_{av} > NPSH_{re}$	공동현상이 발생하지 않는다.
$NPSH_{av} < NPSH_{re}$	공동현상이 발생한다.

연계이론 PHASE 23 펌프의 특성

15 스프링클러설비의 반응시간지수(Response Time index)에 대하여 식을 포함해서 설명하시오. [4점]

(1) 설명
(2) 식

정답

(1) 기류의 온도·속도 및 작동시간에 대하여 스프링클러 헤드의 반응을 예상한 지수

(2) 반응시간지수 $= \gamma\sqrt{u}$
  γ: 감열체의 시간상수[s], u: 기류속도[m/s]

연계이론 PHASE 04 스프링클러설비

---

16 분말 소화설비의 전역방출방식에 있어서 방호구역의 체적이 400[m³]일 때 설치되는 최소 분사헤드의 수는 몇 개인지 구하시오. (단, 분말은 제3종이며, 분사헤드 1개당 방사량은 10[kg/min]이다.) [3점]

정답

- 계산과정: $0.36 \times 400 = 144$
  $144 = 10 \times 0.5 \times$ 헤드 수
  헤드 수 $= \dfrac{144}{10 \times 0.5} = 28.8$
- 답: 29개

해설

전역방출방식 분말 소화약제의 저장량 기준은 다음과 같다.

소화약제의 종류	소화약제의 양[kg/m³]	개구부 가산량[kg/m²]
제1종 분말	0.60	4.5
제2종 분말	0.36	2.7
제3종 분말	0.36	2.7
제4종 분말	0.24	1.8

제3종 분말 소화약제를 사용하므로 소화약제의 양은 체적 1[m³]당 0.36[kg/m³]을 적용한다.
  소화약제의 양 $= 0.36[\text{kg/m}^3] \times 400[\text{m}^3] = 144[\text{kg}]$

분말 소화설비의 분사헤드는 소화약제 저장량을 30초 이내에 방출할 수 있어야 하므로 필요한 헤드 수는
  $144[\text{kg}] = 10[\text{kg/min}] \times 0.5[\text{min}] \times$ 헤드 수
  헤드 수 $= \dfrac{144[\text{kg}]}{10[\text{kg/min}] \times 0.5[\text{min}]} = 28.8[\text{개}] = 29[\text{개}]$ (절상)

연계이론 PHASE 10 분말 소화설비

2021년 2회 기출문제

01 스프링클러설비 배관의 안지름을 수리계산에 의하여 선정하고자 한다. 그림에서 B~C 구간의 유량을 165[L/min], E~F 구간의 유량을 330[L/min]이라고 가정할 때 다음을 구하시오. (단, 화재안전기준에서 정하는 유속기준을 만족하도록 하여야 한다.) [4점]

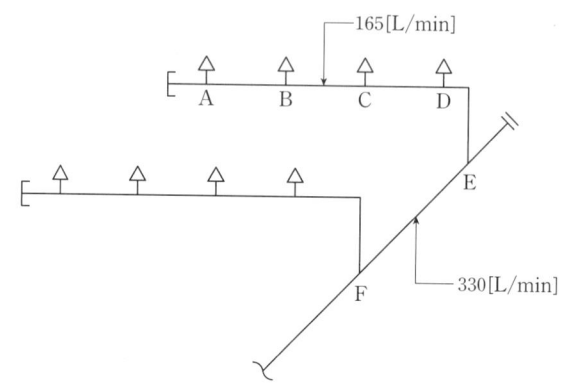

(1) B~C 구간의 배관 안지름[mm]의 최솟값을 구하시오.
(2) E~F 구간의 배관 안지름[mm]의 최솟값을 구하시오.

정답

(1) • 계산과정 : $\sqrt{\dfrac{4 \times \dfrac{0.165}{60}}{\pi \times 6}} ≒ 0.024157[m] = 24.157[mm]$
• 답 : 24.16[mm]

(2) • 계산과정 : $\sqrt{\dfrac{4 \times \dfrac{0.33}{60}}{\pi \times 10}} ≒ 0.026463[m] = 26.463[mm]$
• 답 : 40[mm]

해 설 부피유량 공식 $Q=Au$에 의해 유량 Q와 유속 u를 알면 배관의 직경 D를 다음과 같이 구할 수 있다.

$$Q=\frac{\pi}{4}D^2u,\ D=\sqrt{\frac{4Q}{\pi u}}$$

D: 배관의 직경[m], Q: 유량[m³/s], u: 유속[m/s]

급수배관의 구경을 수리계산에 따르는 경우 가지배관의 유속은 6[m/s], 그 밖의 배관의 유속은 10[m/s]를 초과하지 않도록 한다.

(1) 유량이 165[L/min]이므로 단위를 변환하면 $\frac{0.165}{60}$[m³/s]이다.

따라서 주어진 조건을 공식에 대입하면 배관의 직경 D는

$$D=\sqrt{\frac{4\times\frac{0.165}{60}[\text{m}^3/\text{s}]}{\pi\times 6[\text{m/s}]}}≒0.024157[\text{m}]=24.157[\text{mm}]$$

(2) 유량이 330[L/min]이므로 단위를 변환하면 $\frac{0.33}{60}$[m³/s]이다.

따라서 주어진 조건을 공식에 대입하면 배관의 직경 D는 다음과 같다.

$$D=\sqrt{\frac{4\times\frac{0.33}{60}[\text{m}^3/\text{s}]}{\pi\times 10[\text{m/s}]}}≒0.026463[\text{m}]=26.463[\text{mm}]$$

교차배관은 가지배관과 수평으로 설치하거나 가지배관 밑에 설치하고, 최소구경은 40[mm] 이상으로 한다.
따라서 E~F구간의 배관 안지름은 40[mm] 이상이어야 한다.

연계이론 **PHASE 04 스프링클러설비**

02 평상시에는 공조설비의 급기로 사용하고 화재 시에만 배연에 이용하는 배출기가 도면과 같이 설치되어 있다. 다음 물음에 답하시오. [5점]

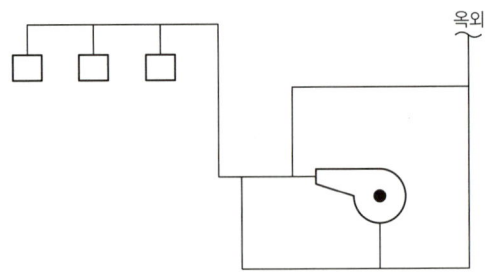

(1) 화재 시 유효하게 배연할 수 있도록 다음 도면의 필요한 곳에 절환댐퍼를 나타내시오. (단, 절환댐퍼는 4개로 설치하고, 댐퍼는 ⓛD_1, ⓛD_2 등으로 표시한다.)
(2) 평상시와 화재 시를 구분하여 각 절환댐퍼의 상태(○, ×)를 설명하시오.

구분	D_1	D_2	D_3	D_4
평상시				
화재 시				

정답

(1)
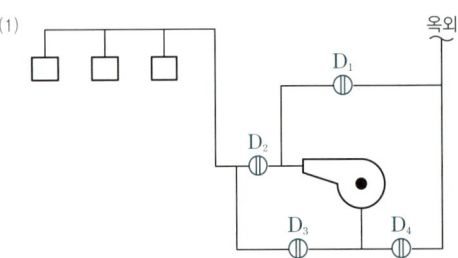

(2)
구분	D_1	D_2	D_3	D_4
평상시	×	○	×	○
화재 시	○	×	○	×

해설

(2)
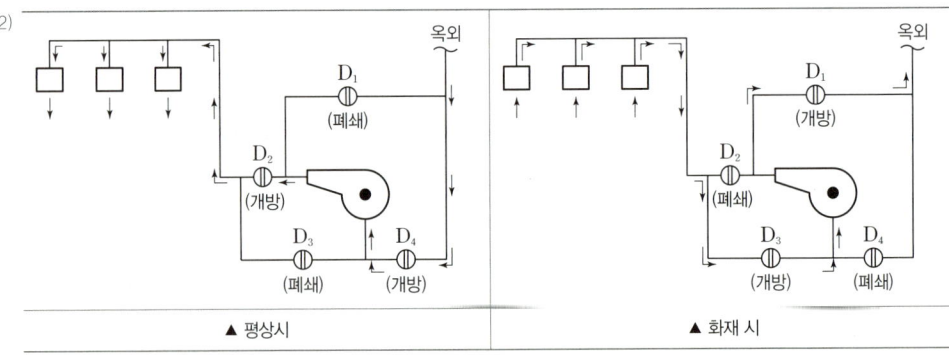

▲ 평상시 　　　　　　　　　▲ 화재 시

연계이론 PHASE 14 제연설비

03

다음은 지하구의 화재안전기준 중 일부이다. 다음 물음에 답하시오. [4점]

(1) 다음은 지하구의 정의이다. ( ) 안에 들어갈 내용으로 적합한 것을 쓰시오.

> 전력·통신용의 전선이나 가스·냉난방용의 배관 또는 이와 비슷한 것을 집합 수용하기 위하여 설치한 지하 인공구조물로서 사람이 점검 또는 보수를 하기 위하여 출입이 가능한 것 중 다음의 어느 하나에 해당하는 것
> 1) 전력 또는 통신사업용 지하 인공구조물로서 전력구(케이블 접속부가 없는 경우는 제외) 또는 통신구 방식으로 설치된 것
> 2) 1) 외의 지하 인공구조물로서 폭이 (①)이고 높이가 (②)이며 길이가 (③)인 것

(2) 연소방지설비의 교차배관의 최소 구경[mm] 기준을 쓰시오.

정답

(1) ① 1.8[m] 이상
② 2[m] 이상
③ 50[m] 이상

(2) • 답: 40[mm]

해설

(1) "지하구"란 전력·통신용의 전선이나 가스·냉난방용의 배관 또는 이와 비슷한 것을 집합 수용하기 위하여 설치한 지하 인공구조물로서 사람이 점검 또는 보수를 하기 위하여 출입이 가능한 것 중 다음의 어느 하나에 해당하는 것을 말한다.
1) 전력 또는 통신사업용 지하 인공구조물로서 전력구(케이블 접속부가 없는 경우는 제외) 또는 통신구 방식으로 설치된 것
2) 1) 외의 지하 인공구조물로서 폭이 1.8[m] 이상이고 높이가 2[m] 이상이며 길이가 50[m] 이상인 것

(2) 연소방지설비의 교차배관은 최소구경이 40[mm] 이상이 되도록 한다.

연계이론

PHASE 18 지하구

04 다음 그림은 내화구조로 된 15층 업무시설의 1층 평면도이다. 이 건물의 1층에 정방형으로 습식 폐쇄형 스프링클러 헤드를 설치하려고 한다. 다음 물음에 답하시오. [5점]

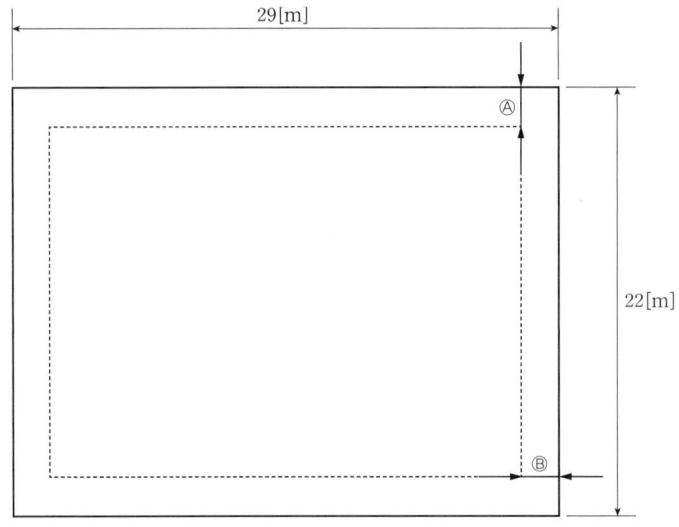

(1) 스프링클러 헤드의 최소 소요개수[개]를 구하시오.
(2) 주어진 도면에 헤드를 배치하시오. (단, 헤드 배치 시에는 배치의 위치를 치수로서 표시하여야 하며, 헤드 간 거리는 최대로 배치하고, Ⓐ, Ⓑ 간 거리는 최소치로 한 쪽으로 치우치지 않게 그리시오.)

정 답

(1) • 계산과정: $2 \times 2.3[m] \times \cos 45° ≒ 3.253[m]$

$$\frac{29}{3.253} ≒ 8.91$$

$$\frac{22}{3.253} ≒ 6.76$$

$$9 \times 7 = 63$$

• 답: 63개

(2)

해 설

(1) 스프링클러설비의 헤드는 천장·반자·천장과 반자 사이·덕트·선반 등의 각 부분으로부터 하나의 헤드까지 수평거리를 다음의 기준에 따라 설치한다.

소방대상물	수평거리[m]
무대부·특수가연물을 저장 또는 취급하는 장소	1.7
비내화구조 특정소방대상물	2.1
내화구조 특정소방대상물	2.3
아파트 세대 내	2.6

헤드를 정방형으로 배치한 경우 다음의 식에 따라 산정한 수치 이하가 되도록 한다.

$$S = 2 \times r \times \cos 45°$$

S: 헤드 상호 간의 거리[m], r: 유효반경

헤드 간 최대 거리는 다음과 같다.
$$S = 2 \times 2.3[\text{m}] \times \cos 45° ≒ 3.253[\text{m}]$$

방호대상물의 길이가 가로 29[m], 세로 22[m]이므로 방향별 배치해야 하는 헤드의 최소 개수는 다음과 같다.

$$\frac{29[\text{m}]}{3.253[\text{m}]} ≒ 8.91[\text{개}] = 9[\text{개}] \text{ (절상)}, \quad \frac{22[\text{m}]}{3.253[\text{m}]} ≒ 6.76[\text{개}] = 7[\text{개}] \text{ (절상)}$$

따라서 방호대상물에 배치해야 하는 헤드의 개수는 다음과 같다.
$$9[\text{개}] \times 7[\text{개}] = 63[\text{개}]$$

(2) 헤드 간 거리는 최대인 3.25[m]로 두고 헤드와 벽 사이의 거리를 균등하게 분배한다.

연 계 이 론

PHASE 04 스프링클러설비

05
다음 [조건]을 기준으로 전역방출방식 이산화탄소 소화설비의 심부화재에 대한 물음에 답하시오. [11점]

조건

(가) 특정소방대상물의 천장까지의 높이는 3[m]이고, 방호구역의 크기와 용도는 다음과 같다.

전기실 3[m]×8[m] 개구부 1[m]×2[m] (자동폐쇄장치 미설치)	모피창고 10[m]×3[m] 개구부 1[m]×2[m] (자동폐쇄장치 미설치)
	서고 10[m]×7[m] 개구부 1[m]×2[m] (자동폐쇄장치 설치)
케이블실 3[m]×4[m] 개구부 1[m]×2[m] (자동폐쇄장치 설치)	저장용기실

(나) 소화약제는 고압저장방식으로 하고, 약제방출방식은 전역방출방식이다.
(다) 저장용기의 내용적은 68[L]이고, 충전비는 1.511이다.
(라) 유압기기가 설치된 실은 없으며, 케이블실과 전기실은 약제가 동시에 방출된다고 가정한다.
(마) 헤드의 방사율은 $1.3[kg/mm^2 \cdot min \cdot 개]$이며, 헤드 당 분구면적은 $10[mm^2]$이다.
(바) 주어진 조건 외에는 소방관련법규 및 화재안전기준을 따른다.

(1) 저장용기 1병 당 저장량[kg]을 구하시오.
(2) 집합관의 저장용기 수[병]를 구하시오.
(3) 모피창고에 설치되는 헤드의 개수[개]를 구하시오.
(4) 선택밸브의 개수[개]를 구하시오.
(5) 서고의 선택밸브 직후의 유량[kg/min]을 구하시오.

정 답

(1) • 계산과정: $\dfrac{68}{1.511} ≒ 45.003$

　　• 답: 45[kg]

(2) • 계산과정: $3×(8+4)×3=108$

　　　　　　　$(1.3×108)+(10×1×2)=160.4$

　　　　　　　$\dfrac{160.4}{45} ≒ 3.56$

　　　　　　　$10×3×3=90$

　　　　　　　$(2.7×90)+(10×1×2)=263$

　　　　　　　$\dfrac{263}{45} ≒ 5.84$

　　　　　　　$10×7×3=210$

　　　　　　　$2.0×210=420$

　　　　　　　$\dfrac{420}{45} ≒ 9.33$

　　• 답: 10병

(3) • 계산과정: $6×45=270$

　　　　　　　$270=1.3×10×7×$헤드 수

　　　　　　　헤드 수$=\dfrac{270}{1.3×10×7} ≒ 2.97$

　　• 답: 3개

(4) • 답: 3개

(5) • 계산과정: $\dfrac{10×45}{7}=64.286$

　　• 답: 64.29[kg/min]

해 설

(1) 저장용기 1병 당 소화약제의 저장량[L]은 68[L]이고, 충전비는 1.511[L/kg]이므로 소화약제의 저장량[kg]은
$\dfrac{68[\text{L}]}{1.511[\text{L/kg}]} ≒ 45.003[\text{kg}]$

(2) 심부화재이고 전역방출방식인 이산화탄소 소화약제의 저장량 최소기준은 다음과 같다.

방호대상물	소화약제의 양[kg/m³]
유압기기를 제외한 전기설비, 케이블실	1.3
체적 55[m³] 미만의 전기설비	1.6
서고, 전자제품 창고, 목재가공품 창고, 박물관	2.0
고무류·면화류 창고, 모피 창고, 석탄 창고, 집진설비	2.7

방호구역의 개구부(창문·출입구) 1[m²]마다 10[kg]을 가산한다. ← 자동폐쇄장치가 없는 경우에만 적용한다.

전기실과 케이블실의 체적(가로×세로×높이)은 다음과 같다.
　　$V=3[\text{m}]×(8[\text{m}]+4[\text{m}])×3[\text{m}]=108[\text{m}^3]$
전기실과 케이블실의 소화약제의 양은 체적 1[m³] 당 1.3[kg/m³]을 적용한다.
개구부(창문·출입구)에 자동폐쇄장치가 없으므로 개구부 면적 1[m²] 당 10[kg/m²]을 가산한다.
　　소화약제의 양 $=(1.3[\text{kg/m}^3]×108[\text{m}^3])+(10[\text{kg/m}^2]×1[\text{m}]×2[\text{m}])=160.4[\text{kg}]$
저장용기 1병 당 소화약제의 충전량은 45[kg]이므로 전체 소화약제의 양을 저장하기 위해 필요한 저장용기의 개수는
　　$\dfrac{160.4[\text{kg}]}{45[\text{kg/병}]} ≒ 3.56[\text{병}] = 4[\text{병}]$ (절상)

모피 창고의 체적(가로×세로×높이)은 다음과 같다.
$$V = 10[m] \times 3[m] \times 3[m] = 90[m^3]$$
모피 창고의 소화약제의 양은 체적 $1[m^3]$ 당 $2.7[kg/m^3]$을 적용한다.
개구부(창문·출입구)에 자동폐쇄장치가 없으므로 개구부 면적 $1[m^2]$ 당 $10[kg/m^2]$을 가산한다.
$$소화약제의 양 = (2.7[kg/m^3] \times 90[m^3]) + (10[kg/m^2] \times 1[m] \times 2[m]) = 263[kg]$$
저장용기 1병 당 소화약제의 충전량은 $45[kg]$이므로 전체 소화약제의 양을 저장하기 위해 필요한 저장용기의 개수는

$$\frac{263[kg]}{45[kg/병]} ≒ 5.84[병] = 6[병] \text{ (절상)}$$

서고의 체적(가로×세로×높이)은 다음과 같다.
$$V = 10[m] \times 7[m] \times 3[m] = 210[m^3]$$
서고의 소화약제의 양은 체적 $1[m^3]$ 당 $2.0[kg/m^3]$을 적용한다.
$$소화약제의 양 = 2.0[kg/m^3] \times 210[m^3] = 420[kg]$$
저장용기 1병 당 소화약제의 충전량은 $45[kg]$이므로 전체 소화약제의 양을 저장하기 위해 필요한 저장용기의 개수는

$$\frac{420[kg]}{45[kg/병]} ≒ 9.33[병] = 10[병] \text{ (절상)}$$

(3) 모피창고에 방출해야 하는 소화약제의 양은 다음과 같다.
$$6[병] \times 45[kg/병] = 270[kg]$$
분사헤드의 방출률은 $1.3[kg/mm^2 \cdot min \cdot 개]$이고, 분사헤드 1개의 방출구 면적은 $10[mm^2]$이다.

이산화탄소 소화설비의 소화약제 방출시간은 다음과 같다.

방출방식		기준시간
전역방출방식	표면화재	1분 이내
	심부화재	7분 이내
국소방출방식		30초 이내

따라서 필요한 헤드 수는
$$270[kg] = 1.3[kg/mm^2 \cdot min \cdot 개] \times 10[mm^2] \times 7[min] \times 헤드 수$$

$$헤드 수 = \frac{270[kg]}{1.3[kg/mm^2 \cdot min \cdot 개] \times 10[mm^2] \times 7[min]} ≒ 2.97[개] = 3[개] \text{ (절상)}$$

(4) 선택밸브란 가스용기에서 배출된 소화약제가 적절한 방호구역으로 운반될 수 있도록 선택적으로 배관을 개폐시키는 밸브를 말한다.
따라서 방호구역의 수 만큼 선택밸브가 필요하다. ← 전기실과 케이블실에 1개, 모피창고에 1개, 서고에 1개

(5) 서고에 이산화탄소 소화약제를 방사하는 경우 10병의 저장용기에서 일제히 소화약제가 방출되므로 방출량은 다음과 같다.
$$10[병] \times 45[kg/병] = 450[kg]$$
심부화재이고 전역방출방식인 이산화탄소 소화설비의 분사헤드는 소화약제 저장량을 7분 이내에 방출할 수 있어야 하므로 선택밸브 직후의 유량$[kg/s]$은
$$\frac{10[병] \times 45[kg/병]}{7[min]} = \frac{450[kg]}{7[min]} = 64.286[kg/min]$$

연계이론   **PHASE 07** 이산화탄소 소화설비

06 아래의 표는 분말 소화설비에 관한 것이다. 빈칸에 적당한 답을 쓰시오. [8점]

	소화약제 주성분	기타		
제1종		안전밸브 작동압력	가압식	
제2종			축압식	
제3종		충전비		
제4종		가압용 가스용기를 3병 이상 설치한 경우 전자개방 밸브 수		

정답

	소화약제 주성분	기타		
제1종	탄산수소나트륨 (NaHCO$_3$)	안전밸브 작동압력	가압식	최고사용압력의 1.8배 이하
제2종	탄산수소칼륨 (KHCO$_3$)		축압식	내압시험압력의 0.8배 이하
제3종	제1인산암모늄 (NH$_4$H$_2$PO$_4$)	충전비		0.8배 이상
제4종	탄산수소칼륨 + 요소 (KHCO$_3$+CO(NH$_2$)$_2$)	가압용 가스용기를 3병 이상 설치한 경우 전자개방 밸브 수		2개 이상

연계이론 PHASE 10 분말 소화설비

07 펌프가 수원보다 3[m] 높은 위치에서 0.3[m³/min]의 물을 이송하고 있다. 대기압은 표준대기압이고, 중력가속도는 9.8[m/s²]이고, 흡입측 배관의 마찰손실은 3.5[kPa]이며, 포화수증기압은 2.33[kPa] (수온 20[℃])이다. 다음 물음에 답하시오. [5점]

(1) 유효흡입양정[m]을 구하시오.
(2) 필요흡입양정이 5[m]일 때, 공동현상이 발생하는지 여부를 판별하시오.

정답

(1) • 계산과정: $\dfrac{101,325}{9,800} - 3 - \dfrac{3.5}{9.8} - \dfrac{2.33}{9.8} ≒ 6.744$

• 답: 6.74[m]

(2) 필요흡입수두 $NPSH_{re}$(5[m])보다 유효흡입수두 $NPSH_{av}$(6.74[m])가 크기 때문에 공동현상(cavitation)이 발생하지 않는다.

해설

(1) 유효흡입양정 $NPSH_{av}$를 구성하는 조건은 다음과 같다.

$$NPSH_{av} = H_a \pm H_z - H_f - H_v$$

$NPSH_{av}$: 유효흡입양정, H_a: 유체 표면에 작용하는 절대압,
H_z: 유체 표면에서 펌프 중심까지의 높이, H_f: 마찰손실수두, H_v: 포화증기압수두

압력[Pa]과 수두[m]의 관계식은 다음과 같다.

$$H = \dfrac{P}{\gamma} = \dfrac{P}{\rho g}$$

H: 수두[m], P: 압력[Pa], γ: 비중량[N/m³], ρ: 밀도[kg/m³], g: 중력가속도[m/s²]

유체 표면이 펌프 중심보다 아래에 있는 경우 H_z는 음수(−)를 갖는다.
따라서 유효흡입수두 $NPSH_{av}$는

$$NPSH_{av} = \dfrac{101,325[Pa]}{9,800[N/m^3]} - 3[m] - \dfrac{3.5[kPa]}{9.8[kN/m^3]} - \dfrac{2.33[kPa]}{9.8[kN/m^3]} ≒ 6.744[m]$$

연계이론 PHASE 23 펌프의 특성

08

안지름이 각각 300[mm]와 450[mm]의 원관이 직접 연결되어 있다. 안지름이 작은 관에서 큰 관 방향으로 매초 230[L]의 물이 흐르고 있을 때 돌연 확대 부분에서의 손실[m]을 구하시오. (단, 중력가속도는 9.8[m/s²]이다.) [6점]

정 답

- 계산과정: $\dfrac{1}{2 \times 9.8}\left(\dfrac{4 \times 0.23}{\pi \times 0.3^2} - \dfrac{4 \times 0.23}{\pi \times 0.45^2}\right)^2 ≒ 0.167$
- 답: 0.17[m]

해 설

확대관에서 발생하는 손실은 다음과 같다.

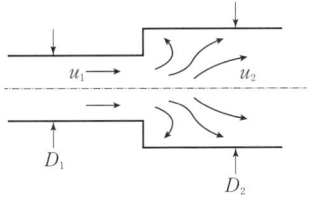

$$H = \dfrac{(u_1 - u_2)^2}{2g} = K\dfrac{u_1^2}{2g}$$

H: 마찰손실수두[m], u_1: 좁은 배관의 유속[m/s], u_2: 넓은 배관의 유속[m/s], g: 중력가속도[m/s²], K: 부차적 손실계수

부피유량 공식 $Q = Au$에 의해 유량 Q와 배관의 직경 D를 알면 유속 u를 다음과 같이 구할 수 있다.

$$Q = \dfrac{\pi}{4}D^2 u, \; u = \dfrac{4Q}{\pi D^2}$$

u: 유속[m/s], Q: 유량[m³/s], D: 배관의 직경[m]

유량은 230[L/s]이므로 단위를 변환하면 0.23[m³/s]이다.
따라서 주어진 조건을 공식에 대입하면 돌연 확대 부분에서의 손실 H는

$$H = \dfrac{1}{2g}\left(\dfrac{4Q}{\pi D_1^2} - \dfrac{4Q}{\pi D_2^2}\right)^2 = \dfrac{1}{2 \times 9.8[\text{m/s}^2]}\left(\dfrac{4 \times 0.23[\text{m}^3/\text{s}]}{\pi \times (0.3[\text{m}])^2} - \dfrac{4 \times 0.23[\text{m}^3/\text{s}]}{\pi \times (0.45[\text{m}])^2}\right)^2 ≒ 0.167[\text{m}]$$

연계 이론

PHASE 22 배관의 마찰손실

09

소화배관에 1,500[L/min]의 유량이 흐르고 있다가 Q_1, Q_2, Q_3의 분기배관으로 나누어 흐르다가 다시 합쳐져 있다. 다음 [조건]을 참고하여 각 배관에 흐르는 유량 Q_1, Q_2, Q_3[L/min]을 구하시오. (단, 최종 답안은 정수로 나타내시오.) [8점]

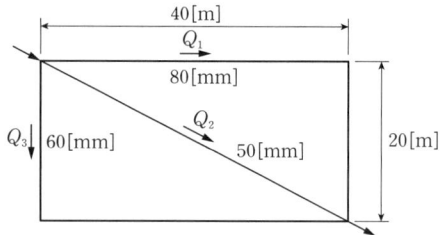

조건

(가) 각 분기관에서의 마찰손실은 10[m]로 모두 동일하며, 배관의 마찰손실은 다음의 하젠-윌리엄의 식으로 산정한다.

$$\Delta P = 6.053 \times 10^4 \times \frac{Q^{1.85}}{C^{1.85} \times d^{4.87}}$$

ΔP: 1[m] 당 배관의 마찰손실압력[MPa/m], Q: 유량[L/min], C: 조도, d: 배관의 내경[mm]

(나) 배관의 조도는 모두 동일하며, 비중량은 9.8[kN/m³]이다.

정 답

- 답: $Q_1 = 829$[L/min]
  $Q_2 = 282$[L/min]
  $Q_3 = 389$[L/min]

해 설

배관 ①, ②, ③의 마찰손실수두가 동일하므로 마찰손실압력도 동일하다.
$\Delta P_1 = \Delta P_2 = \Delta P_3$

$$\frac{6.053 \times 10^4 \times Q_1^{1.85}}{C^{1.85} \times D_1^{4.87}} \times L_1 = \frac{6.053 \times 10^4 \times Q_2^{1.85}}{C^{1.85} \times D_2^{4.87}} \times L_2 = \frac{6.053 \times 10^4 \times Q_3^{1.85}}{C^{1.85} \times D_3^{4.87}} \times L_3$$

주어진 조건을 공식에 대입하면 관계식은 다음과 같다.

$$\frac{Q_1^{1.85}}{(80[mm])^{4.87}} \times 60[m] = \frac{Q_2^{1.85}}{(50[mm])^{4.87}} \times 20\sqrt{5}[m] = \frac{Q_3^{1.85}}{(60[mm])^{4.87}} \times 60[m]$$

$3.2367 Q_1^{1.85} = 23.7975 Q_2^{1.85} = 13.1388 Q_3^{1.85}$

배관 ①, ②, ③의 유량의 합은 1,500[L/min]이므로 관계식은 다음과 같다.
$Q_1 + Q_2 + Q_3 = 1,500$[L/min]

따라서 위 식을 연립하면 각 배관의 유량 Q는

$Q_1 + \sqrt[1.85]{\frac{3.2367}{23.7975}} Q_1 + \sqrt[1.85]{\frac{3.2367}{13.1388}} Q_1 = 1,500$[L/min]

$Q_1 ≒ 829.155$[L/min]

$\sqrt[1.85]{\frac{23.7975}{3.2367}} Q_2 + Q_2 + \sqrt[1.85]{\frac{23.7975}{13.1388}} Q_2 = 1,500$[L/min]

$Q_2 ≒ 282.030$[L/min]

$\sqrt[1.85]{\frac{13.1388}{3.2367}} Q_3 + \sqrt[1.85]{\frac{13.1388}{23.7975}} Q_3 + Q_3 = 1,500$[L/min]

$Q_3 ≒ 388.814$[L/min]

연계이론 PHASE 22 배관의 마찰손실

10

특별피난계단의 계단실 및 부속실 제연설비에 대하여 주어진 [조건]을 참고하여 다음 각 물음에 답하시오. [6점]

> **조건**
> (가) 거실과 부속실의 출입문 개방에 필요한 힘 F_1=60[N]이다.
> (나) 화재 시 거실과 부속실의 출입문 개방에 필요한 힘 F_2=110[N]이다.
> (다) 출입문 폭 W는 1[m]이고, 높이 H는 2.4[m]이다.
> (라) 손잡이는 출입문 끝에 있다고 가정한다.
> (마) 스프링클러설비는 설치되어 있지 않다.

(1) 제연구역의 선정기준을 3가지 쓰시오.
(2) 제시된 조건을 이용하여 부속실과 거실 사이의 차압[Pa]을 구하고, 국가화재안전기준에 따른 최소차압 기준과 비교하여 적합여부를 설명하시오.

정답

(1) • 계단실 및 그 부속실을 동시에 제연하는 것
 • 부속실을 단독으로 제연하는 것
 • 계단실을 단독으로 제연하는 것

(2) • 계산과정: $110[N] = 60[N] + \dfrac{1 \times 1[m] \times (1[m] \times 2.4[m]) \times \Delta P}{2 \times (1[m] - 0)}$

$\Delta P = (110[N] - 60[N]) \times \dfrac{2[m]}{2.4[m^3]} ≒ 41.667[Pa]$

 • 답: 41.67[Pa], 차압이 40[Pa] 이상이므로 적합

해설

(2) 화재 시 문 개방에 필요한 힘은 다음과 같다.

$$F = F_{dc} + \dfrac{K_d W A \Delta P}{2(W-d)}$$

F: 문 개방에 필요한 힘[N], F_{dc}: 도어체크의 저항력[N], K_d: 출입문의 마찰계수, W: 문의 가로폭[m], A: 문의 면적[m^2], ΔP: 내부와 외부의 압력차(차압)[Pa], d: 문 손잡이에서 문의 끝까지의 거리[m]

따라서 주어진 조건을 공식에 대입하면 부속실과 거실 사이의 차압 ΔP는
$110[N] = 60[N] + \dfrac{1 \times 1[m] \times (1[m] \times 2.4[m]) \times \Delta P}{2 \times (1[m] - 0)}$

$\Delta P = (110[N] - 60[N]) \times \dfrac{2[m]}{2.4[m^3]} ≒ 41.667[Pa]$

제연구역과 옥내와의 사이에 유지해야 하는 최소차압은 40[Pa] 이상으로 해야 한다.
← 옥내에 스프링클러설비가 설치된 경우에는 12.5[Pa] 이상으로 한다.

연계이론

PHASE 15 특별피난계단의 계단실 및 부속실 제연설비

11

지하 1층의 판매시설로서 해당 용도로 사용하는 바닥면적은 $3,000[m^2]$이다. 판매시설에 능력단위가 A급 3단위인 분말소화기를 설치할 경우 소화기의 최소 개수를 구하시오. [3점]

정답

- 계산과정: $\dfrac{3,000}{100}=30$, $\dfrac{30}{3}=10$
- 답: 10개

해설

화재의 발생을 예방하기 위해 특정소방대상물별로 능력단위에 따른 소화기구 또는 자동소화장치를 설치하며, 부속 용도에 따라 기준개수의 소화기구 또는 자동소화장치를 추가로 설치한다.

소화기구의 특정소방대상물별 능력단위

특정소방대상물	소화기구의 능력단위
1. 위락시설	해당 용도의 바닥면적 $30[m^2]$ 마다 능력단위 1단위 이상
2. 공연장 · 집회장 · 관람장 · 문화재 · 장례식장 및 의료시설	해당 용도의 바닥면적 $50[m^2]$ 마다 능력단위 1단위 이상
3. 근린생활시설 · 판매시설 · 운수시설 · 숙박시설 · 노유자시설 · 전시장 · 공동주택 · 업무시설 · 방송통신시설 · 공장 · 창고시설 · 항공기 및 자동차 관련 시설 및 관광휴게시설	해당 용도의 바닥면적 $100[m^2]$ 마다 능력단위 1단위 이상
4. 그 밖의 것	해당 용도의 바닥면적 $200[m^2]$ 마다 능력단위 1단위 이상

※ 소화기구의 능력단위를 산출할 때 건축물의 주요구조부가 내화구조이고, 벽 및 반자의 실내에 면하는 부분이 불연재료 · 준불연재료 또는 난연재료로 된 특정소방대상물의 경우 위 기준의 2배를 기준면적으로 한다.

지하 1층은 $3,000[m^2]$의 판매시설이므로 특정소방대상물인 판매시설에 능력단위에 따른 소화기를 설치한다.

판매시설의 능력단위 $= \dfrac{\text{바닥면적}[m^2]}{\text{기준면적}[m^2]} = \dfrac{3,000[m^2]}{100[m^2]} = 30$단위

능력단위에 따른 소화기 개수 $= \dfrac{30단위}{3단위} = 10[개]$

연계이론

PHASE 01 소화기구 및 자동소화장치

12

다음 [조건]에 따라 각 물음에 답하시오. [6점]

조건
- (가) 항공기격납고로서 전역방출방식의 고발포용 고정포 방출구가 설치되어 있다.
- (나) 격납고의 크기는 20[m]×10[m]×2[m](높이)이다.
- (다) 개구부 등에는 자동폐쇄장치가 설치되어 있다.
- (라) 방호대상물의 높이는 1.8[m]이다.
- (마) 합성 계면활성제포 3[%]를 사용한다.
- (바) 포의 팽창비는 500이며, 1[m³]에 대한 분당 포수용액 방출량은 0.29[L]이다.

(1) 고정포 방출구의 개수[개]를 산정하시오.
(2) 포 수용액의 양[m³]을 구하시오.
(3) 합성 계면활성제 소화약제량[L]을 구하시오.

정답

(1) • 계산과정: $\dfrac{20 \times 10}{500} ≒ 0.4$
  • 답: 1개

(2) • 계산과정: $20 \times 10 \times (1.8+0.5) = 460$
  $0.29 \times 460 \times 10 = 1,334[L] = 1.334[m^3]$
  • 답: $1.33[m^3]$

(3) • 계산과정: $1,334 \times 0.03 = 40.02$
  • 답: $40.02[L]$

해설

(1) 고발포용 고정포 방출구는 바닥면적 500[m²]마다 1개 이상으로 하여 방호대상물의 화재를 유효하게 소화할 수 있도록 한다.
$$\dfrac{20[m] \times 10[m]}{500[m^2]} ≒ 0.4[개] = 1[개] \text{ (절상)}$$

(2) 고발포용 고정포 방출구는 특정소방대상물 및 포의 팽창비에 따라 해당 방호구역의 관포체적 1[m³]에 대하여 1분 당 방출량이 기준량 이상이 되도록 한다. ← 관포체적이란 방호대상물의 높이보다 0.5[m] 높은 위치까지의 체적을 말한다.
관포체적 = $(20[m] \times 10[m] \times (1.8+0.5)[m]) = 460[m^3]$

고정포 방출구가 가장 많이 설치된 항공기격납고의 고정포 방출구에서 동시에 표준방사량으로 10분 간 방사할 수 있는 양 이상으로 한다.

포 수용액의 분당 방출량은 $0.29[L/m^3 \cdot min]$이고, 방사시간은 10분이므로 필요한 포 수용액량[L]은 다음과 같다.
$$Q = 0.29[L/m^3 \cdot min] \times 460[m^3] \times 10[min] = 1,334[L] = 1.334[m^3]$$

(3) 포 소화약제가 3[%]의 합성 계면활성제포이므로 포 원액량[L]은 다음과 같다.
$$Q = 1,334[L] \times 0.03 = 40.02[L]$$

연계이론 PHASE 06 포 소화설비

13

다음과 같이 옥내소화전을 설치하고자 한다. 다음 물음에 답하시오. [9점]

조건

(가) 지표면으로부터 최상층 방수구까지의 거리는 28[m]이고, 소방펌프는 지표면으로부터 3.5[m] 아래에 설치되어 있으며, 흡입고는 1.5[m]이다.
(나) 직관의 마찰손실은 6[m], 호스의 마찰손실은 6.5[m], 관부속품의 마찰손실은 8[m]이다.
(다) 소화전의 설치개수는 1층 2개소, 2~4층까지 각 4개소씩, 5~6층에 각 3개소, 옥상층에는 시험용 소화전을 설치하였다.
(라) 수원의 양은 옥상수조의 양을 포함하여 산정한다.
(마) 수원의 양 및 가압펌프의 토출량은 15[%] 가산한 양으로 한다. (단, 중복 가산하지 않는다.)

(1) 전용 수원의 용량[m^3]을 구하시오.
(2) 옥내소화전 가압송수장치의 펌프토출량[L/min]을 구하시오.
(3) 펌프의 양정[m]을 구하시오.
(4) 가압송수장치의 전동기 용량[kW]을 구하시오. (단, 효율은 65[%], 전달계수는 1.1이다.)

정답

(1) • 계산과정: $(2 \times 2.6) + (2 \times 2.6) \times \frac{1}{3} ≒ 6.933$

　　　　　　$6.933 \times 1.15 = 7.973$
• 답: 7.97[m^3]

(2) • 계산과정: $2 \times 130 = 260$

　　　　　　$260 \times 1.15 = 299$
• 답: 299[L/min]

(3) • 계산과정: $(28 + 3.5 + 1.5) + 6.5 + (6 + 8) = 70.5$
• 답: 70.5[m]

(4) • 계산과정: $299[L/min] = \frac{0.299}{60}[m^3/s]$

$$\frac{9.8 \times \frac{0.299}{60} \times 70.5}{0.65} \times 1.1 ≒ 5.827[kW]$$

• 답: 5.83[kW]

해 설

(1) 화재안전기준에 따라 옥내소화전설비에서 수원의 저수량은 옥내소화전의 설치개수가 가장 많은 층의 설치개수에 기준량을 곱한 양 이상이 되도록 한다.

층수	최대 설치개수	기준량
~29층	2개	$2.6[m^3]$($130[L/min] \times 20[min]$)
30층~49층	5개	$5.2[m^3]$($130[L/min] \times 40[min]$)
50층~	5개	$7.8[m^3]$($130[L/min] \times 60[min]$)

기준에 따라 계산한 유효수량 외에 유효수량의 $\frac{1}{3}$ 이상을 옥상에 설치한다.

$$Q = (2[개] \times 2.6[m^3]) + (2[개] \times 2.6[m^3]) \times \frac{1}{3} ≒ 6.933[m^3]$$

조건 ㈜에 의해 최소 수원의 양에 15[%]를 가산한다.

$$Q = 6.933[m^3] \times 1.15 = 7.973[m^3]$$

(2) 화재안전기준에 따라 옥내소화전설비에서 가압송수장치(펌프)는 특정소방대상물의 어느 층에서 해당 층의 옥내소화전을 동시에 사용할 경우(최대 2개, 30층 이상인 경우 최대 5개) 각 소화전의 노즐 선단에서의 방수량은 130[L/min] 이상으로 한다.

정격토출량 $= 2[개] \times 130[L/min] = 260[L/min]$

조건 ㈜에 의해 최소 토출량에 15[%]를 가산한다.

$$Q = 260[L/min] \times 1.15 ≒ 299[L/min]$$

(3) 화재안전기준에 따라 옥내소화전설비에 설치된 가압송수장치(펌프)의 전양정은 다음과 같다.

$$H = h_1 + h_2 + h_3 + 17$$

H: 전양정[m], h_1: 실양정(흡입양정+토출양정)[m], h_2: 호스의 마찰손실수두[m],
h_3: 배관 및 관부속의 마찰손실수두[m], 17: 노즐선단에서의 방사압력수두[m]

펌프의 후드밸브로부터 최고위 옥내소화전 앵글밸브까지의 수직거리인 실양정 h_1는 다음과 같다.

$$h_1 = 28[m] + 3.5[m] + 1.5[m] = 33[m]$$

호스의 마찰손실수두 h_2는 다음과 같다.

$$h_2 = 6.5[m]$$

배관 및 관부속의 마찰손실수두 h_3는 다음과 같다.

$$h_3 = 6[m] + 8[m] = 14[m]$$

따라서 옥내소화전설비 펌프의 전양정 H는

$$H = h_1 + h_2 + h_3 + 17 = 33[m] + 6.5[m] + 14[m] + 17 = 70.5[m]$$

(4) 전동기의 용량은 다음의 식을 통해 구할 수 있다.

$$P = \frac{\gamma Q H}{\eta} K$$

P: 전동기의 용량[kW], γ: 유체의 비중량[kN/m³], Q: 유량[m³/s], H: 전양정[m], η: 효율, K: 전달계수

유체는 물이므로 물의 비중량은 $9.8[kN/m^3]$이다.

펌프의 토출량은 $299[L/min]$이므로 단위를 변환하면 $\frac{0.299}{60}[m^3/s]$이다.

따라서 주어진 조건을 공식에 대입하면 전동기의 용량 P는

$$P = \frac{9.8[kN/m^3] \times \frac{0.299}{60}[m^3/s] \times 70.5[m]}{0.65} \times 1.1 ≒ 5.827[kW]$$

연계이론 PHASE 02 옥내소화전설비

14 그림에서 A실을 급기 가압하여 옥외와의 압력차가 50[Pa]이 유지되도록 하려고 한다. 다음 물음에 답하시오. [6점]

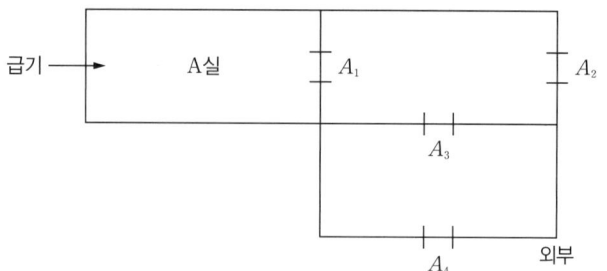

조건

(가) 급기량 Q는 다음과 같다.

$$Q = 0.827 \times A \times \sqrt{P_1 - P_2}$$

Q: 급기량[m³/s], A: 틈새면적[m²], P_1: A실 내부의 기압[Pa], P_2: 외부의 기압[Pa]

(나) 그림에서 A_1, A_2, A_3, A_4는 닫힌 출입문으로 공기누설 틈새면적은 모두 0.01[m²]로 한다.

(1) 실의 전체 누설틈새면적[m²]을 구하시오. (단, 소수점 아래 5째자리까지 나타내시오.)
(2) 유입해야 할 풍량[m³/min]을 구하시오.

정답

(1) • 답: 0.00863[m²]
(2) • 계산과정: $0.827 \times 0.00863 \times \sqrt{50} ≒ 0.0505[m^3/s] = 3.028[m^3/min]$
     • 답: 3.03[m³/min]

해설

(1) 틈새면적의 합은 다음의 두 가지 방법을 이용하여 계산한다.

직렬구조	병렬구조
(그림)	(그림)
$\dfrac{1}{A^2} = \dfrac{1}{A_1^2} + \dfrac{1}{A_2^2}$ $A = \sqrt{\dfrac{1}{\dfrac{1}{A_1^2} + \dfrac{1}{A_2^2}}}$	$A = A_1 + A_2$

A_3, A_4는 직렬관계이다.

$$A_{3\sim4} = \frac{1}{\sqrt{\frac{1}{(0.01[\text{m}^2])^2} + \frac{1}{(0.01[\text{m}^2])^2}}} \fallingdotseq 0.00707[\text{m}^2]$$

A_2, $A_{3\sim4}$는 병렬관계이다.

$$A_{2\sim4} = 0.01[\text{m}^2] + 0.00707[\text{m}^2] = 0.01707[\text{m}^2]$$

A_1, $A_{2\sim4}$는 직렬관계이다.

$$A_{1\sim4} = \frac{1}{\sqrt{\frac{1}{(0.01[\text{m}^2])^2} + \frac{1}{(0.01707[\text{m}^2])^2}}} \fallingdotseq 0.008628[\text{m}^2]$$

따라서 문의 틈새면적 A는 $0.00863[\text{m}^2]$이다.

(2) A실과 외부의 기압차 P는 $50[\text{Pa}]$이므로 유량 Q는

$$Q = 0.827 \times 0.00863[\text{m}^2] \times \sqrt{50[\text{Pa}]} \fallingdotseq 0.05047[\text{m}^3/\text{s}] = 3.028[\text{m}^3/\text{min}]$$

연계이론 PHASE 15 특별피난계단의 계단실 및 부속실 제연설비

15

다음은 스프링클러설비의 구성요소 중 시험장치에 관한 내용이다. 다음 각 물음에 답하시오. [6점]

(1) 습식 및 부압식 스프링클러설비의 경우 시험장치의 설치위치를 쓰시오.
(2) 건식 스프링클러설비의 경우 시험장치의 설치위치를 쓰시오.
(3) 시험장치 배관 끝부분에 설치하는 구성요소 2가지를 쓰시오.

정답

(1) 유수검지장치 2차 측 배관

(2) 유수검지장치에서 가장 먼 가지배관의 끝

(3) • 개폐밸브
 • 헤드와 동등한 방수성능을 가진 오리피스

해설

(1), (2) 스프링클러설비의 시험장치는 다음의 배관에 연결하여 설치한다.

습식 스프링클러설비	유수검지장치 2차 측 배관
부압식 스프링클러설비	
건식 스프링클러설비	유수검지장치에서 가장 먼 가지배관의 끝

(3) 시험장치 배관의 끝에 개폐밸브 및 개방형 헤드 또는 스프링클러 헤드와 동등한 방수성능을 가진 오리피스를 설치한다.

연계이론 PHASE 04 스프링클러설비

16 아래의 [표]를 참조하여 화재안전기준에 따라 할로겐화합물 및 불활성기체 소화설비를 설치하려고 할 때 다음을 구하시오. [8점]

압력배관용 탄소강관 SPPS 380[KS D 3562(Sch 40)]의 규격

호칭지름	25A	32A	40A	50A	65A	100A
바깥지름[mm]	34.0	42.7	48.6	60.5	76.3	114.3
관 두께[mm]	3.4	3.6	3.7	3.9	5.2	6.0

(1) 호칭지름이 32A인 압력배관용 탄소강관(Sch 40)에 분사헤드가 접속되어 있다. 이때 분사헤드 오리피스의 최대구경[mm]을 구하시오.

(2) 호칭구경이 65A인 압력배관용 탄소강관(Sch 40)을 사용하여 용접이음으로 배관을 접합할 경우 배관에 적용할 수 있는 최대허용압력[MPa]을 구하시오. (단, 인장강도는 380[MPa], 항복점은 220[MPa]이며, 이 배관에 전기저항 용접배관을 함에 따라 배관이음효율은 0.85이다.)

정답

(1) • 계산과정: $42.7 - 3.6 - 3.6 = 35.5[\text{mm}] = 0.0355[\text{m}]$

$$\frac{\pi}{4}D^2 = \frac{\pi}{4} \times 0.0355^2 \times 0.7$$

$$\sqrt{0.0355^2 \times 0.7} ≒ 0.029701[\text{m}] = 29.701[\text{mm}]$$

• 답: 29.7[mm]

(2) • 계산과정: $380 \times \dfrac{1}{4} = 95$

$220 \times \dfrac{2}{3} ≒ 146.67$

$95 \times 0.85 \times 1.2 = 96.9$

$5.2 \times \dfrac{2 \times 96.9}{76.3} ≒ 13.208$

• 답: 13.21[MPa]

해설

(1) 분사헤드 오리피스의 면적은 분사헤드가 연결되는 배관구경 면적의 70[%] 이하가 되도록 한다.
배관구경 면적은 유체가 흐를 수 있는 단면적을 의미하므로 안지름을 기준으로 한다.
$D = 42.7[\text{mm}] - 3.6[\text{mm}] - 3.6[\text{mm}] = 35.5[\text{mm}] = 0.0355[\text{m}]$
배관은 지름이 D인 원형이므로 배관의 단면적 A는 다음과 같다.
$A = \dfrac{\pi}{4}D^2 = \dfrac{\pi}{4} \times (0.0355[\text{m}])^2$
오리피스의 면적은 배관 면적의 70[%] 이하이므로 오리피스의 최대구경 D_o는
$\dfrac{\pi}{4}D_o^2 = \dfrac{\pi}{4} \times (0.0355[\text{m}])^2 \times 0.7$
$D_o = \sqrt{(0.0355[\text{m}])^2 \times 0.7} ≒ 0.029701[\text{m}] = 29.701[\text{mm}]$

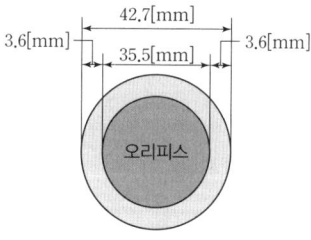

(2) 배관 두께의 관계식은 다음과 같다.

$$t = \frac{PD}{2SE} + A$$

t: 배관의 두께[mm], P: 최대허용압력[MPa], D: 배관의 바깥지름[mm], SE: 최대허용응력[MPa], A: 허용값[mm]

배관 최대허용응력의 관계식은 다음과 같다.

$$SE = \sigma \times 배관이음효율 \times 1.2$$

SE: 최대허용응력[MPa], σ: 인장강도의 1/4값과 항복점의 2/3값 중 작은값

인장강도는 380[MPa]이므로 1/4값인 95[MPa]과 항복점은 220[MPa]이므로 2/3값인 146.67[MPa] 중 작은 값인 95[MPa]를 σ로 선택한다.

$$380[MPa] \times \frac{1}{4} = 95[MPa]$$

$$220[MPa] \times \frac{2}{3} ≒ 146.67[MPa]$$

배관이음효율은 다음과 같다.

이음매 없는 배관	1.0
전지저항 용접배관	0.85
가열맞대기 용접배관	0.6

따라서 배관의 최대허용응력 SE는 아래와 같이 구할 수 있다.
$$SE = 95[MPa] \times 0.85 \times 1.2 = 96.9[MPa]$$

주어진 조건을 공식에 대입하면 배관의 두께 P는

$$5.2[mm] = \frac{P \times 76.3[mm]}{2 \times 96.9[MPa]} + 0$$

$$P = 5.2[mm] \times \frac{2 \times 96.9[MPa]}{76.3[mm]} ≒ 13.208[MPa]$$

◇ 연 계 이 론 ◇ **PHASE 09** 할로겐화합물 및 불활성기체 소화설비

2021년 4회 기출문제

01

그림은 어느 특정소방대상물을 방호하기 위한 옥외소화전설비의 평면도이다. 다음 각 물음에 답하시오. [8점]

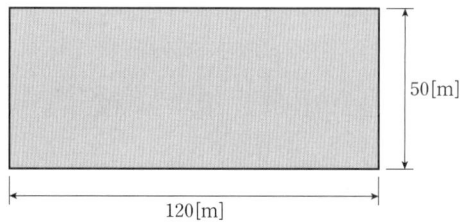

(1) 특정소방대상물의 각 부분으로부터 하나의 호스접결구까지의 수평거리는 몇 [m] 이하인지 쓰시오.
(2) 해당 특정소방대상물에 설치하여야 할 옥외소화전의 수량[개]을 산출하시오.
(3) 옥외소화전설비의 토출량[L/min]을 구하시오.
(4) 옥외소화전설비의 수원의 양[m³]을 구하시오.

정답

(1) • 답: 40[m]

(2) • 계산과정: $\dfrac{120+50+120+50}{80} = 4.25$
    • 답: 5개

(3) • 계산과정: $2 \times 350 = 700$
    • 답: 700[L/min]

(4) • 계산과정: $2 \times 7 = 14$
    • 답: 14[m³]

해설

(1) 호스접결구는 특정소방대상물의 각 부분으로부터 하나의 호스접결구까지의 수평거리가 40[m] 이하가 되도록 설치해야 한다.

(2) 특정소방대상물의 둘레 각 지점으로부터 40[m] 이내의 범위에 옥외소화전이 있어야 하므로 하나의 옥외소화전이 담당할 수 있는 범위는 직경 80[m] 이내의 범위이다.
$\dfrac{120[m]+50[m]+120[m]+50[m]}{80[m]} = 4.25[개] = 5[개]$ (절상)

(3) 화재안전기준에 따라 옥외소화전설비에서 가압송수장치(펌프)는 특정소방대상물에 설치된 옥외소화전을 동시에 사용할 경우(최대 2개) 각 소화전의 노즐선단에서의 방수량은 350[L/min] 이상으로 한다.
정격토출량 $= 2[개] \times 350[L/min] = 700[L/min]$

(4) 화재안전기준에 따라 옥외소화전설비에서 수원의 저수량은 옥외소화전의 설치개수(최대 2개)에 7[m³]를 곱한 양 이상이 되도록 한다.
옥외소화전설비의 저수량 $= 2[개] \times 7[m³] = 14[m³]$ ← 옥외소화전설비에는 유효수량의 1/3을 옥상에 설치하지 않는다.

연계이론 PHASE 03 옥외소화전설비

02

그림은 어느 배관의 평면도에서 화살표 방향으로 물이 흐르고 있다. 주어진 [조건]을 참조하여 Q_a, Q_b [L/min]의 값을 각각 구하시오. [7점]

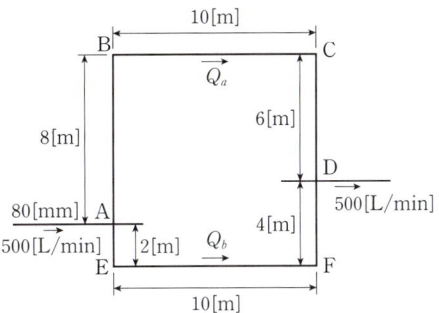

조건

(가) 호칭 50[mm] 배관의 안지름은 54[mm]이다.
(나) 호칭 50[mm] 엘보의 등가길이는 1.4[m]이며, A 및 D점에 있는 티의 마찰손실은 무시한다.
(다) 루프배관 BCDFEAB의 호칭구경은 50[mm]이다.
(라) 배관의 마찰손실압력은 다음의 하젠-윌리엄의 식으로 산정한다.

$$\Delta P = \frac{6 \times 10^4 \times Q^2}{100^2 \times d^5}$$

ΔP : 1[m] 당 배관의 마찰손실압력[MPa/m], Q : 유량[L/min], d : 배관의 내경[mm]

정답

• 답: $Q_a = 227.90$[L/min]
$Q_b = 272.10$[L/min]

해설

A점으로 들어온 물의 일부는 B점, C점을 거쳐 D점으로 나가고, 나머지는 E점, F점을 거쳐 D점으로 나간다. 이 때 두 경로의 마찰손실은 같다. ← 다른 경우 마찰손실이 작은 쪽으로 유량이 점점 증가하여 마찰손실도 증가하고 결국 평형을 이룬다.

$Q_a + Q_b = 500$[L/min]

$$\frac{6 \times 10^4 \times Q_a^2}{100^2 \times 54^5} \times (8+1.4+10+1.4+6)[m] = \frac{6 \times 10^4 \times Q_b^2}{100^2 \times 54^5} \times (2+1.4+10+1.4+4)[m]$$

$26.8 Q_a^2 = 18.8 Q_b^2$

$Q_a = \dfrac{500[\text{L/min}]}{1+\sqrt{\dfrac{26.8}{18.8}}} \fallingdotseq 227.899$[L/min]

$Q_b = 500$[L/min] $- Q_a = 272.101$[L/min]

연계이론

PHASE 22 배관의 마찰손실

03 그림의 스프링클러설비 가지배관에서의 구성부품과 규격 및 수량을 산출하여 다음 답란을 완성하시오.

[6점]

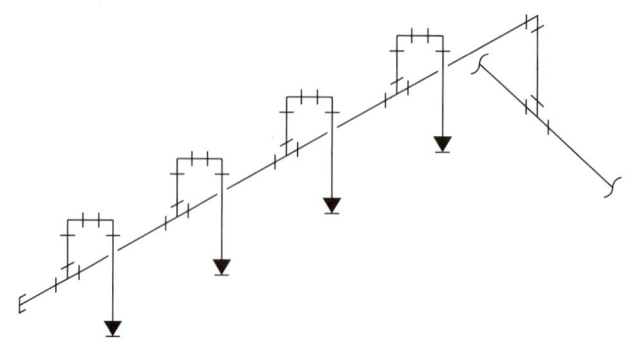

조건

(가) 티는 모두 동일 구경을 사용하고 배관이 축소되는 부분은 반드시 리듀서를 사용한다.
(나) 교차배관은 제외한다.
(다) 구경에 따른 헤드의 개수는 다음과 같다.

25[mm]	32[mm]	40[mm]	50[mm]
2개	3개	5개	10개

구성부품	규격	수량
헤드	15[mm]	4개
캡		
티		
90° 엘보		
레듀서		

정답

구성부품	규격	수량
헤드	15[mm]	4개
캡	25[mm]	1개
티	25[mm]×25[mm]×25[mm]	2개
티	32[mm]×32[mm]×32[mm]	1개
티	40[mm]×40[mm]×40[mm]	1개
90° 엘보	25[mm]	8개
90° 엘보	40[mm]	1개
레듀서	15[mm]×25[mm]	4개
레듀서	25[mm]×32[mm]	2개
레듀서	25[mm]×40[mm]	1개
레듀서	32[mm]×40[mm]	1개

해설

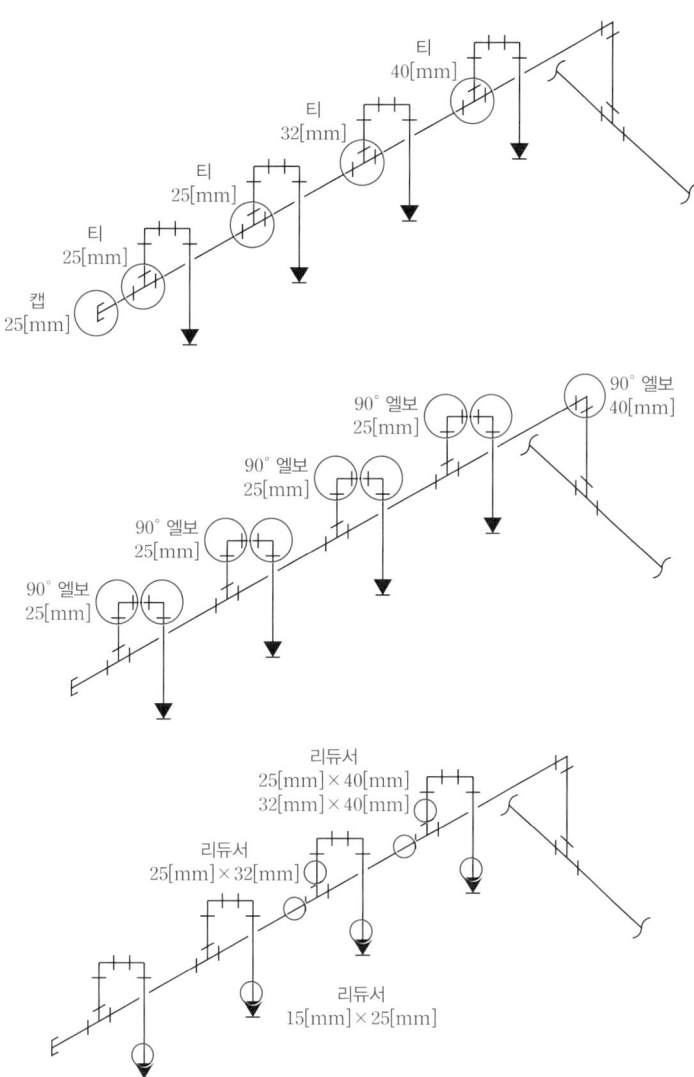

연계이론 PHASE 04 스프링클러설비

04 다음 그림은 어느 실들의 평면도이다. 이 실들 중 A실을 급기 가압하고자 할 때 주어진 [조건]을 이용하여 다음을 구하시오. [7점]

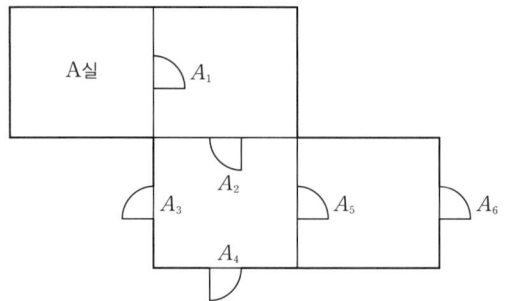

조건
(가) 실외부 대기의 기압은 절대압력으로 101,300[Pa]로서 일정하다.
(나) A실에 유지하고자 하는 기압은 절대압력으로 101,500[Pa]이다.
(다) 각 실의 문들의 틈새면적은 0.01[m²]이다.
(라) 급기량 Q는 다음과 같다.

$$Q = 0.827 \times A \times \sqrt{P_1 - P_2}$$

Q: 급기량[m³/s], A: 틈새면적[m²], P_1: A실 내부의 기압[Pa], P_2: 외부의 기압[Pa]

(1) A실의 전체 누설틈새면적[m²]을 구하시오. (단, 소수점 아래 6째자리에서 반올림하여 소수점 5째자리까지 나타내시오.)
(2) A실에 유입하여야 할 풍량[L/s]을 구하시오.

정답
(1) • 답: 0.00684[m²]
(2) • 계산과정: $0.827 \times 0.00684 \times (101{,}500 - 101{,}300)^{\frac{1}{2}} ≒ 0.079997[m^3/s] = 79.997[L/s]$
    • 답: 80[L/s]

해설

(1) A_5, A_6는 직렬관계이다.

$$A_{5\sim 6}=\frac{1}{\sqrt{\frac{1}{(0.01[\mathrm{m}^2])^2}+\frac{1}{(0.01[\mathrm{m}^2])^2}}}\fallingdotseq 0.007071[\mathrm{m}^2]$$

A_3, A_4, $A_{5\sim 6}$는 병렬관계이다.

$$A_{3\sim 6}=0.01[\mathrm{m}^2]+0.01[\mathrm{m}^2]+0.007071[\mathrm{m}^2]=0.027071[\mathrm{m}^2]$$

A_2, $A_{3\sim 6}$는 직렬관계이다.

$$A_{2\sim 6}=\frac{1}{\sqrt{\frac{1}{(0.01[\mathrm{m}^2])^2}+\frac{1}{(0.027071[\mathrm{m}^2])^2}}}\fallingdotseq 0.009380[\mathrm{m}^2]$$

A_1, $A_{2\sim 6}$는 직렬관계이다.

$$A_{1\sim 6}=\frac{1}{\sqrt{\frac{1}{(0.01[\mathrm{m}^2])^2}+\frac{1}{(0.00938[\mathrm{m}^2])^2}}}\fallingdotseq 0.006841[\mathrm{m}^2]$$

(2) 어떤 틈새면적 A가 있고, 틈새를 경계로 한 양쪽의 기압차 P가 있을 때, 그 간격을 통과하는 유량 Q는 다음과 같은 관계를 갖는다.

$$Q=0.827AP^{\frac{1}{2}}$$

외부의 기압과 A실 내부 기압의 차이는 $(101,500-101,300)[\mathrm{Pa}]$이고, 문의 틈새면적 A는 $0.00684[\mathrm{m}^2]$이므로 주어진 조건을 공식에 대입하면 틈새면적을 통과하는 유량 Q는

$$Q=0.827\times 0.00684[\mathrm{m}^2]\times(101,500[\mathrm{Pa}]-101,300[\mathrm{Pa}])^{\frac{1}{2}}$$
$$\fallingdotseq 0.079997[\mathrm{m}^3/\mathrm{s}]=79.997[\mathrm{L/s}]$$

연계이론 PHASE 15 특별피난계단의 계단실 및 부속실 제연설비

05
다음은 물올림장치의 설치기준에 대한 사항이다. ( ) 안을 채우시오. [5점]

(1) 물올림장치에는 전용의 (①)를 설치할 것
(2) (②)의 유효수량은 (③) 이상으로 하되, 구경 (④) 이상의 (⑤)에 따라 해당 수조에 물이 계속 보급되도록 할 것

정답

(1) ① 수조

(2) ② 수조
③ 100[L]
④ 15[mm]
⑤ 급수배관

해설

수원의 수위가 펌프보다 낮은 위치에 있는 가압송수장치에는 다음의 기준에 따른 물올림장치를 설치한다.

(1) 물올림장치에는 전용의 수조를 설치할 것

(2) 수조의 유효수량은 100[L] 이상으로 하되, 구경 15[mm] 이상의 급수배관에 따라 해당 수조에 물이 계속 보급되도록 할 것

연계이론 PHASE 02 옥내소화전설비

06

15[m]×20[m]×5[m]의 경유를 연료로 사용하는 발전기실에 2가지의 할로겐화합물 및 불활성기체 소화설비를 설치하고자 한다. 다음 [조건]과 화재안전기준을 참고하여 다음 물음에 답하시오. [8점]

조건

(가) 방사 시 발전기실의 최소예상온도는 20[℃]이다.
(나) HCFC BLEND A 용기의 내용적은 60[L]용 50[kg]이고, IG-541 용기는 80[L]용 12.4[m³]를 적용한다.
(다) 할로겐화합물 및 불활성기체 소화약제의 소화농도는 다음과 같으며, 최대허용설계농도는 무시한다.

소화약제	상품명	소화농도[%]	
		A급 화재	B급 화재
HCFC BLEND A	NAFS-III	7.2	10
IG-541	Inergen	31.25	31.25

(라) 각 할로겐화합물 및 불활성기체 소화약제에 대한 선형상수를 구하기 위한 요소는 다음과 같다.

소화약제	K_1	K_2
HCFC BLEND A	0.2413	0.00088
IG-541	0.65799	0.00239

(1) 발전기실에 필요한 HCFC BLEND A의 최소 약제량[kg]을 구하시오.
(2) 발전기실에 필요한 HCFC BLEND A의 최소 약제용기의 개수[병]를 구하시오.
(3) 발전기실에 필요한 IG-541의 최소 약제량[m³]을 구하시오.
(4) 발전기실에 필요한 IG-541의 최소 약제용기의 개수[병]을 구하시오.

정답

(1) • 계산과정: $0.2413+(0.00088 \times 20)=0.2589$
  $10 \times 1.3 = 13$
  $15 \times 20 \times 5 = 1,500$
  $\dfrac{1}{0.2589} \times \left(\dfrac{13}{100-13}\right) \times 1,500 ≒ 865.732$
  • 답: 865.73[kg]

(2) • 계산과정: $\dfrac{865.73}{50} ≒ 17.31$
  • 답: 18병

(3) • 계산과정: $31.25 \times 1.3 = 40.625$
  $2.303 \times \log\left(\dfrac{100}{100-40.625}\right) \times 1,500 ≒ 782.086$
  • 답: 782.09[m³]

(4) • 계산과정: $\dfrac{782.09}{12.4} ≒ 63.07$
  • 답: 64병

해 설

(1) 화재안전기준에 따른 할로겐화합물 소화약제의 저장량 최소기준은 다음과 같다.

$$W = \frac{1}{S} \times \left(\frac{C}{100-C}\right) \times V$$

W: 소화약제의 질량[kg], S: 소화약제별 선형상수($K_1 + K_2 \times T$)[m³/kg],
T: 방호구역의 기준온도[℃], C: 설계농도(소화농도×안전계수)[%], V: 방호구역의 부피[m³]

기준온도가 20[℃]이므로 HCFC BLEND A의 소화약제별 선형상수 S는 다음과 같다.
$S = K_1 + K_2 \times T = 0.2413 + (0.00088 \times 20) = 0.2589$[m³/kg]

설계농도 C는 소화농도와 안전계수의 곱이며, 유류화재인 B급 화재의 소화농도는 10[%]이고, 안전계수는 1.3이므로 설계농도 C는 다음과 같다.
C = 소화농도×안전계수 = $10 \times 1.3 = 13$[%]

방호구역인 발전기실의 부피(가로×세로×높이)는 다음과 같다.
$V = 15$[m]$\times 20$[m]$\times 5$[m] = $1,500$[m³]

따라서 소화약제 HCFC BLEND A의 질량 W는

$$W = \frac{1}{0.2589[\text{m}^3/\text{kg}]} \times \left(\frac{13[\%]}{100-13[\%]}\right) \times 1,500[\text{m}^3] ≒ 865.732[\text{kg}]$$

(2) 약제용기 1병 당 소화약제 HCFC BLEND A의 충전량[kg]은 50[kg]이므로 전체 소화약제의 양을 저장하기 위해 필요한 저장용기의 개수는

$$\frac{865.73[\text{kg}]}{50[\text{kg}/\text{병}]} ≒ 17.31[\text{병}] = 18[\text{병}] \text{ (절상)}$$

(3) 화재안전기준에 따른 불활성기체 소화약제의 저장량 최소기준은 다음과 같다.

$$X = 2.303 \times \frac{V_S}{S} \times \log\left(\frac{100}{100-C}\right) \times V$$

X: 소화약제의 부피[m³], V_S: 20[℃]에서 소화약제의 비체적[m³/kg],
S: 소화약제별 선형상수($K_1 + K_2 \times T$)[m³/kg], T: 방호구역의 기준온도[℃]
C: 설계농도(소화농도×안전계수)[%], V: 방호구역의 부피[m³]

기준온도가 20[℃]이므로 소화약제의 비체적 V_S와 소화약제별 선형상수 S는 같다.
$V_S = S$

설계농도 C는 소화농도와 안전계수의 곱이며, 유류화재인 B급 화재의 소화농도는 31.25[%]이고, 안전계수는 1.3이므로 설계농도 C는 다음과 같다.
C = 소화농도×안전계수 = $31.25 \times 1.3 = 40.625$[%]

따라서 소화약제 IG-541의 부피 X는

$$X = 2.303 \times \log\left(\frac{100}{100-40.625[\%]}\right) \times 1,500[\text{m}^3] ≒ 782.086[\text{m}^3]$$

(4) 약제용기 1병 당 소화약제 IG-541의 충전량[m³]은 12.4[m³]이므로 전체 소화약제의 양을 저장하기 위해 전산실에 필요한 저장용기의 개수는

$$\frac{782.09[\text{m}^3]}{12.4[\text{m}^3/\text{병}]} ≒ 63.07[\text{병}] = 64[\text{병}] \text{ (절상)}$$

연 계 이 론

PHASE 09 할로겐화합물 및 불활성기체 소화설비

07 제연설비에 대하여 다음 도면을 보고 다음 각 물음에 답하시오. (단, 각 실은 독립제연방식이다.) [8점]

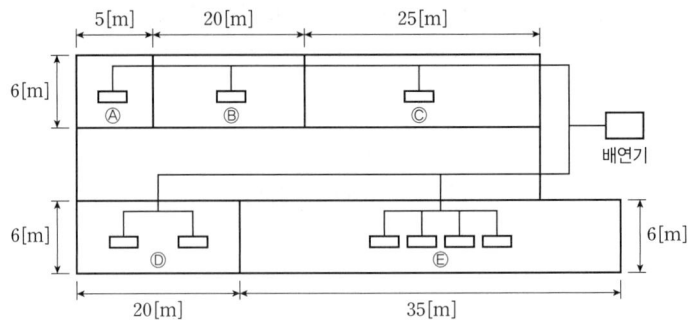

(1) 제연댐퍼를 설치하시오. (단, 댐퍼의 표기는 ⊘의 모양으로 할 것)
(2) 각 실(A, B, C, D, E)의 최소 소요배출량은 얼마인가?

실	계산식	배출량
A실		
B실		
C실		
D실		
E실		

(3) 배연기의 소요 최소배출량[m^3/h]은 얼마인가?

정 답 (1)

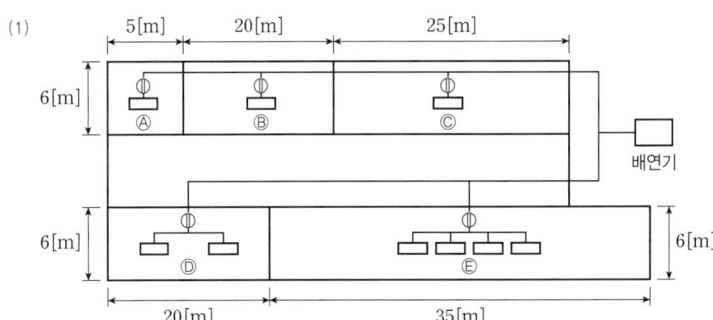

(2)

실	계산식	배출량[m³/hr]
A실	5×6=30[m²] 30[m³/min]×60[min/hr]=1,800[m³/hr]	5,000
B실	20×6=120[m²] 120[m³/min]×60[min/hr]=7,200[m³/hr]	7,200
C실	25×6=150[m²] 150[m³/min]×60[min/hr]=9,000[m³/hr]	9,000
D실	20×6=120[m²] 120[m³/min]×60[min/hr]=7,200[m³/hr]	7,200
E실	35×6=210[m²] 210[m³/min]×60[min/hr]=12,600[m³/hr]	12,600

(3) • 답: 12,600[m³/hr]

해설

(1) 각 실은 독립배연방식이므로 각 실별로 배출댐퍼를 설치해야 한다.
　← 각 실에 하나의 댐퍼만 설치해야 하는 것은 아니고 일제히 동작하는 2 이상의 댐퍼도 가능하다.

(2) 바닥면적이 400[m²] 미만인 경우 바닥면적 1[m²] 당 1[m³/min] 이상으로 하고, 최소 배출량은 5,000[m³/hr] 이상으로 한다.

(3) 각 실은 독립배연방식이므로 배출량은 각 실의 배출량 중 최대인 12,600[m³/hr]로 한다.

연계이론 PHASE 14 제연설비

---

08 제연설비에서 많이 사용하는 솔레노이드 댐퍼, 모터 댐퍼 및 퓨즈 댐퍼의 작동원리를 비교하여 설명하시오. [3점]

(1) 솔레노이드 댐퍼
(2) 모터 댐퍼
(3) 퓨즈 댐퍼

정답

(1) 솔레노이드 밸브에 의해 누르게핀을 이동시켜 작동되며, 개구부가 좁은 곳에 설치한다.
(2) 모터의 작동에 의해 누르게핀을 이동시켜 작동되며, 개구부가 넓은 곳에 설치한다.
(3) 덕트 내부의 온도가 70[℃]를 넘어가면 퓨즈메탈이 녹으면서 작동된다.

연계이론 PHASE 14 제연설비

09 소화펌프가 임펠러 직경 150[mm], 회전수 1,770[rpm], 유량 4,000[L/min], 양정 50[m]로 가압송수하고 있다. 이 펌프와 상사법칙을 만족하는 펌프가 임펠러 직경 200[mm], 회전수 1,170[rpm]으로 운전하면 유량[L/min]과 양정[m]을 각각 구하시오. [4점]

(1) 유량[L/min]

(2) 양정[m]

정답

(1) • 계산과정: $4,000 \times \left(\dfrac{1,170}{1,770}\right) \times \left(\dfrac{200}{150}\right)^3 ≒ 6,267.419$

• 답: 6,267.42[L/min]

(2) • 계산과정: $50 \times \left(\dfrac{1,170}{1,770}\right)^2 \times \left(\dfrac{200}{150}\right)^2 ≒ 38.839$

• 답: 38.84[m]

해설

기하학적으로 비슷한 두 물체의 운동이 역학적으로도 비슷해지도록 하는 조건을 나타내는 법칙을 상사법칙이라고 한다.

(1) 펌프의 회전수와 직경을 변화시키면 상사법칙에 따라 유량이 변화한다.

$$\dfrac{Q_2}{Q_1} = \left(\dfrac{N_2}{N_1}\right)\left(\dfrac{D_2}{D_1}\right)^3$$

Q: 유량, N: 펌프의 회전수, D: 직경

상태1의 유량 Q_1가 4,000[L/min], 회전수 N_1이 1,770[rpm], 직경 D_1가 150[mm]이며, 상태2의 회전수 N_2이 1,170[rpm], 직경 D_2가 200[mm]이므로 유량 Q_2는 다음과 같다.

$$Q_2 = Q_1\left(\dfrac{N_2}{N_1}\right)\left(\dfrac{D_2}{D_1}\right)^3 = 4,000[\text{L/min}] \times \left(\dfrac{1,170[\text{rpm}]}{1,770[\text{rpm}]}\right) \times \left(\dfrac{200[\text{mm}]}{150[\text{mm}]}\right)^3 ≒ 6,267.419[\text{L/min}]$$

(2) 펌프의 회전수와 직경을 변화시키면 상사법칙에 따라 양정이 변화한다.

$$\dfrac{H_2}{H_1} = \left(\dfrac{N_2}{N_1}\right)^2\left(\dfrac{D_2}{D_1}\right)^2$$

H: 양정, N: 펌프의 회전수, D: 직경

상태1의 양정 H_1가 50[m], 회전수 N_1이 1,770[rpm], 직경 D_1가 150[mm]이며, 상태2의 회전수 N_2이 1,170[rpm], 직경 D_2가 200[mm]이므로 양정 H_2는 다음과 같다.

$$H_2 = H_1\left(\dfrac{N_2}{N_1}\right)^2\left(\dfrac{D_2}{D_1}\right)^2 = 50[\text{m}] \times \left(\dfrac{1,170[\text{rpm}]}{1,770[\text{rpm}]}\right)^2 \times \left(\dfrac{200[\text{mm}]}{150[\text{mm}]}\right)^2 ≒ 38.839[\text{m}]$$

연계이론

PHASE 23 펌프의 특성

10 다음은 인명구조기구의 설치대상이다. (　　) 안에 알맞은 내용을 쓰시오. [6점]

특정소방대상물	인명구조기구의 종류	설치수량
• 지하층을 포함한 층수가 7층 이상인 (①) • 지하층을 포함한 층수가 5층 이상인 병원	• 방열복 또는 방화복(안전헬멧, 보호장갑 및 안전화 포함) • (②) • (③)	각 (④) 이상 비치 단, 병원의 경우 (③)를 설치하지 아니할 수 있음
• 수용인원이 (⑤) 이상인 영화상영관 • 판매시설 중 대규모점포 • 운수시설 중 지하역사 • 지하가 중 지하상가	• (②)	층마다 (⑥) 이상 비치 단, 각 층마다 갖추어 두어야 할 (②) 중 일부를 직원이 상주하는 인근 사무실에 갖추어 둘 수 있음

정답

① 관광호텔
② 공기호흡기
③ 인공소생기
④ 2개
⑤ 100명
⑥ 2개

해설

특정소방대상물	인명구조기구	설치 수량
• 지하층을 포함하는 층수가 7층 이상인 관광호텔 및 5층 이상인 병원	방열복 또는 방화복(안전모, 보호장갑 및 안전화를 포함), 공기호흡기, 인공소생기	각 2개 이상 비치할 것. 다만, 병원의 경우에는 인공소생기를 설치하지 않을 수 있다.
• 문화 및 집회시설 중 수용인원 100명 이상의 영화상영관 • 판매시설 중 대규모 점포 • 운수시설 중 지하역사 • 지하가 중 지하상가	공기호흡기	층마다 2개 이상 비치할 것. 다만, 각 층마다 갖추어 두어야 할 공기호흡기 중 일부를 직원이 상주하는 인근 사무실에 갖추어 둘 수 있다.
• 물분무등 소화설비 중 이산화탄소 소화설비를 설치해야 하는 특정소방대상물	공기호흡기	이산화탄소 소화설비가 설치된 장소의 출입구 외부 인근에 1개 이상 비치할 것

연계이론 PHASE 12 인명구조기구

11 18층의 복도식 아파트 1동에 아래와 같은 [조건]으로 습식 스프링클러설비를 설치하고자 한다. 다음의 물음에 답하시오. [6점]

> **조건**
> (가) 모터의 실양정은 65[m]이며, 배관 및 관부속품의 총 마찰손실수두는 25[m]이다.
> (나) 헤드의 방사압력은 0.1[MPa]이다.
> (다) 모터의 효율은 60[%]이다.

(1) 펌프의 정격토출량[L/min]을 구하시오.
(2) 수조의 저수량[m³]을 구하시오.
(3) 모터의 최소 동력[kW]을 구하시오.

정답

(1) • 계산과정: $10 \times 80 = 800$
  • 답: 800[L/min]

(2) • 계산과정: $(10 \times 1.6) + (10 \times 1.6) \times \dfrac{1}{3} ≒ 21.333$
  • 답: 21.33[m³]

(3) • 계산과정: $800[L/min] = \dfrac{0.8}{60}[m^3/s]$

  $65 + 25 + 10 = 100$

  $\dfrac{9.8 \times \dfrac{0.8}{60} \times 100}{0.6} \times 1 ≒ 21.778$

  • 답: 21.78[kW]

해설

(1) 화재안전기준에 따라 스프링클러설비에서 가압송수장치(펌프)의 송수량은 기준개수에 80[L/min]를 곱한 양 이상으로 한다. ← 설치개수가 기준개수보다 적은 경우 설치개수에 따른다.

스프링클러설비의 설치장소		기준개수
아파트		10
지하층을 제외한 10층 이하인 특정소방대상물	헤드의 높이가 8[m] 미만인 것	10
	헤드의 높이가 8[m] 이상인 것	20
	판매시설이 없는 근린생활시설 · 운수시설 · 복합건축물	20
	특수가연물을 취급하지 않는 공장	20
	판매시설 또는 판매시설이 있는 복합건축물	30
	특수가연물을 저장 · 취급하는 공장	30
지하층을 제외한 11층 이상인 특정소방대상물		30
지하가 또는 지하역사		30

정격토출량 $= 10[개] \times 80[L/min] = 800[L/min]$

(2) 화재안전기준에 따라 스프링클러설비에서 수원의 저수량은 기준개수에 1.6[m³]를 곱한 양 이상이 되도록 한다. ← 설치개수가 기준개수보다 적은 경우 설치개수에 따른다.

기준에 따라 계산한 유효수량 외에 유효수량의 $\dfrac{1}{3}$ 이상을 옥상에 설치한다.

$Q = (10[개] \times 1.6[m^3]) + (10[개] \times 1.6[m^3]) \times \dfrac{1}{3} ≒ 21.333[m^3]$

(3) 모터의 동력은 다음의 식을 통해 구할 수 있다.

$$P = \frac{\gamma Q H}{\eta} K$$

P: 모터의 동력[kW], γ: 유체의 비중량[kN/m³], Q: 유량[m³/s], H: 전양정[m], η: 효율, K: 전달계수

유체는 물이므로 물의 비중량은 9.8[kN/m³]이다.

펌프의 토출량은 800[L/min]이므로 단위를 변환하면 $\frac{0.8}{60}$[m³/s]이다.

화재안전기준에 따라 스프링클러설비에 설치된 가압송수장치(펌프)의 전양정은 다음과 같다.

$$H = h_1 + h_2 + 10$$

H: 전양정[m], h_1: 실양정(흡입양정＋토출양정)[m],
h_2: 배관 및 관부속의 마찰손실수두[m], 10: 헤드선단에서의 방사압력수두[m]

따라서 스프링클러설비 펌프의 전양정 H는
$H = h_1 + h_2 + 10 = 65[\text{m}] + 25[\text{m}] + 10 = 100[\text{m}]$

따라서 주어진 조건을 공식에 대입하면 모터의 동력 P는

$$P = \frac{9.8[\text{kN/m}^3] \times \frac{0.8}{60}[\text{m}^3/\text{s}] \times 100[\text{m}]}{0.6} \times 1 \fallingdotseq 21.778[\text{kW}]$$ ← 모터의 최소 동력(전동력)을 물었으므로 전달계수는 최소값인 1로 둔다.

⟐ 연계이론 ⟐ **PHASE 04 스프링클러설비**

12 할론 소화설비에서 사용하는 Soaking time에 대하여 설명하시오. [4점]

⟐ 정 답 ⟐ • 답: 가스계 소화약제를 방사한 후 재발화를 방지하기 위해 유지해야 하는 시간(설계농도 유지시간)

⟐ 연계이론 ⟐ **PHASE 08 할론 소화설비**

13 체적이 150[m³]인 밀폐된 전기실에 이산화탄소 소화설비를 전역방출방식으로 적용하고자 한다. 저장용기의 내용적은 68[L]이고 충전비는 1.8[L/kg]으로 할 경우 다음 각 물음에 답하시오. [5점]

(1) 이산화탄소 소화약제의 양[kg]을 구하시오.
(2) 저장용기의 개수[병]를 구하시오.
(3) 해당 이산화탄소 소화설비는 고압식인지 저압식인지 쓰시오.
(4) 저장용기의 내압시험압력의 합격기준[MPa]을 쓰시오.

정답

(1) • 계산과정: $1.3 \times 150 = 195$
 • 답: 195[kg]

(2) • 계산과정: $\dfrac{68}{1.8} ≒ 37.778$

   $\dfrac{195}{37.778} ≒ 5.16$

 • 답: 6병

(3) • 답: 고압식

(4) • 답: 25[MPa] 이상

해설

(1) 심부화재이고 전역방출방식인 이산화탄소 소화약제의 저장량 최소기준은 다음과 같다.

방호대상물	소화약제의 양[kg/m³]
유압기기를 제외한 전기설비, 케이블실	1.3
체적 55[m³] 미만의 전기설비	1.6
서고, 전자제품 창고, 목재가공품 창고, 박물관	2.0
고무류·면화류 창고, 모피 창고, 석탄 창고, 집진설비	2.7

방호구역의 개구부(창문·출입구) 1[m²]마다 10[kg]을 가산한다. ← 자동폐쇄장치가 없는 경우에만 적용한다.

방호구역은 체적이 55[m³] 이상인 전기실이므로 소화약제의 양은 체적 1[m³] 당 1.3[kg/m³]을 적용한다.
 소화약제의 양 = 1.3[kg/m³] × 150[m³] = 195[kg]

(2) 저장용기 1병 당 소화약제의 저장량[L]은 68[L]이고, 충전비는 1.8[L/kg]이므로 소화약제의 저장량[kg]은 다음과 같다.

$\dfrac{68[L]}{1.8[L/kg]} ≒ 37.778[kg]$

저장용기 1병 당 소화약제의 저장량[kg]은 37.778[kg]이므로 전기실에 필요한 소화약제의 양을 저장하기 위해 필요한 저장용기의 개수는

$\dfrac{195[kg]}{37.778[kg/병]} ≒ 5.16[병] = 6[병]$ (절상)

(3) 저장용기의 충전비는 고압식은 1.5 이상 1.9 이하, 저압식은 1.1 이상 1.4 이하로 한다.

(4) 고압식 저장용기는 25[MPa] 이상, 저압식 저장용기는 3.5[MPa] 이상의 내압시험압력에 합격한 것으로 한다.

연계이론 PHASE 07 이산화탄소 소화설비

14 다음 [조건]과 그림을 보고 물음에 답하시오. [5점]

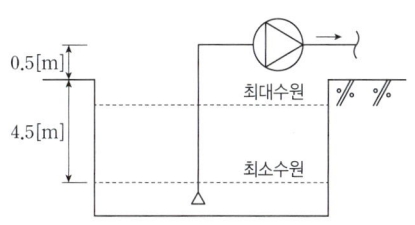
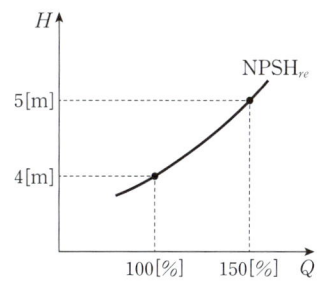

조건

(가) 대기압은 0.1[MPa]이다.
(나) 물의 온도는 20[℃]이고, 포화수증기압은 2.45[kPa]이다.
(다) 물의 비중량은 9.8[kN/m³]을 적용하여야 한다.
(라) 배관 내 마찰손실수두는 0.3[m]이다.

(1) 유효흡입수두($NPSH_{av}$)[m]를 구하시오.
(2) 필요흡입수두($NPSH_{re}$) 그래프를 보고 펌프의 사용가능여부와 그 이유를 설명하시오.
- 100[%] 운전 시:
- 150[%] 운전 시:

정답

(1) • 계산과정: $\dfrac{100}{9.8} - 5 - 0.3 - \dfrac{2.45}{9.8} \fallingdotseq 4.654$
 • 답: 4.65[m]

(2) • 100[%] 운전 시: 필요흡입수두 $NPSH_{re}$(4[m])보다 유효흡입수두 $NPSH_{av}$(4.65[m])가 크기 때문에 공동현상(cavitation)이 발생하지 않는다. 펌프 사용 가능
 • 150[%] 운전 시: 필요흡입수두 $NPSH_{re}$(5[m])보다 유효흡입수두 $NPSH_{av}$(4.65[m])가 작기 때문에 공동현상(cavitation)이 발생한다. 펌프 사용 불가능

해설

(1) 유효흡입수두 $NPSH_{av}$를 구성하는 조건은 다음과 같다.

$$NPSH_{av} = H_a \pm H_z - H_f - H_v$$

$NPSH_{av}$: 유효흡입수두, H_a: 유체 표면에 작용하는 절대압,
H_z: 유체 표면에서 펌프 중심까지의 높이, H_f: 마찰손실수두, H_v: 포화증기압수두

압력[Pa]과 수두[m]의 관계식은 다음과 같다.

$$H = \dfrac{P}{\gamma} = \dfrac{P}{\rho g}$$

H: 수두[m], P: 압력[Pa], γ: 비중량[N/m³], ρ: 밀도[kg/m³], g: 중력가속도[m/s²]

따라서 유효흡입수두 $NPSH_{av}$는
$$NPSH_{av} = \dfrac{100[kPa]}{9.8[kN/m^3]} - 5[m] - 0.3[m] - \dfrac{2.45[kPa]}{9.8[kN/m^3]} \fallingdotseq 4.654[m]$$

연계이론 PHASE 23 펌프의 특성

15

다음은 수원 및 펌프가 중앙집결방식으로 설치된 A, B, C구역에 대한 설명이다. 다음 [조건]을 보고 물음에 답하시오. [8점]

A구역	해당 구역에는 옥내소화전설비가 2개 설치되어 있고, 스프링클러설비는 헤드가 10개 설치되어 있다.
B구역	옥외소화전설비가 3개 설치되어 있고, 차고에 물분무 소화설비가 설치되어 있으며 토출량은 $20[L/min \cdot m^2]$으로 하고, 최소 바닥면적은 $50[m^2]$을 적용하도록 한다.
C구역	옥외에 완전 개방된 주차장에 설치하는 포 소화전설비는 포 소화전 방수구가 8개 설치되어 있다. 또한, 포 원액의 농도는 무시하고 산출한다. 단, 포 소화전설비를 설치한 1개층의 바닥면적은 $200[m^2]$를 초과한다.

조건

(가) 펌프·배관과 소화수 또는 소화약제를 최종 방출하는 방출구가 고정된 고정식 소화설비가 2개 설치되어 있다.
(나) 각 구역의 소화설비가 설치된 부분이 방화벽과 구획되어 있으며, 각 소화설비에 지장이 없다.
(다) 옥상수조는 제외한다.

(1) 모터의 최소 정격토출량$[m^3/min]$을 구하시오.
(2) 최소 수원의 양$[m^3]$을 구하시오.

정답

(1) • 계산과정: $2 \times 130 = 260$
$10 \times 80 = 800$
$260 + 800 = 1,060[L/min] = 1.06[m^3/min]$
$2 \times 350 = 700$
$20 \times 50 = 1,000$
$700 + 1,000 = 1,700[L/min] = 1.7[m^3/min]$
$5 \times 300 = 1,500[L/min] = 1.5[m^3/min]$
• 답: $1.7[m^3/min]$

(2) • 계산과정: $2 \times 7 = 14$
$20 \times 50 \times 20 = 20,000[L] = 20[m^3]$
$14 + 20 = 34$
• 답: $34[m^3]$

해설

(1) 고정식 소화설비가 2 이상 설치되어 있고, 방화벽과 방화문으로 구획되어 있으며 각 소화설비에 지장이 없으므로 모터의 정격토출량은 각 구역의 정격토출량 중 최대의 것으로 한다.

A구역
화재안전기준에 따라 옥내소화전설비에서 가압송수장치(펌프)는 특정소방대상물의 어느 층에서 해당 층의 옥내소화전을 동시에 사용할 경우(최대 2개, 30층 이상인 경우 최대 5개) 각 소화전의 노즐 선단에서의 방수량은 $130[L/min]$ 이상으로 한다.
정격토출량$=2[개] \times 130[L/min] = 260[L/min]$

화재압전기준에 따라 스프링클러설비에서 가압송수장치(펌프)의 송수량은 기준개수에 $80[L/min]$를 곱한 양 이상으로 한다. ← 설치개수가 기준개수보다 적은 경우 설치개수에 따른다.
정격토출량$=10[개] \times 80[L/min] = 800[L/min]$

옥내소화전설비와 스프링클러설비의 펌프를 겸용하므로 각 소화설비에 필요한 토출량을 합한 양 이상이 되도록 한다. ← 두 설비를 동시에 사용하는 경우 그만큼 토출량이 충분해야 하므로 값을 더해준다.
A구역의 정격토출량$=260[L/min] + 800[L/min] = 1,060[L/min] = 1.06[m^3/min]$

B구역

화재안전기준에 따라 옥외소화전설비에서 가압송수장치(펌프)는 특정소방대상물에 설치된 옥외소화전을 동시에 사용할 경우(최대 2개) 각 소화전의 노즐선단에서의 방수량은 350[L/min] 이상으로 한다.

정격토출량 = 2[개] × 350[L/min] = 700[L/min]

화재안전기준에 따라 물분무 소화설비에서 가압송수장치(펌프)의 1분 당 토출량은 다음의 기준에 따라 설치한다.
← 물분무 소화설비의 방수시간은 20분 이상이다.

대상	1분 당 토출량
특수가연물을 저장·취급하는 특정소방대상물	바닥면적(최소 50[m²]) 1[m²] 당 10[L] 이상
차고 또는 주차장	바닥면적(최소 50[m²]) 1[m²] 당 20[L] 이상
절연유 봉입 변압기	바닥을 제외한 표면적 1[m²] 당 10[L] 이상
케이블트레이, 케이블덕트	투영된 바닥면적 1[m²] 당 12[L] 이상
컨베이어 벨트	벨트 부분의 바닥면적 1[m²] 당 10[L] 이상

가압송수장치(펌프)의 1분 당 토출량은 차고의 경우 바닥면적 1[m2] 당 20[L] 이상으로 한다.

정격토출량 = 20[L/m²·min] × 50[m²] = 1,000[L/min]

옥외소화전설비와 물분무 소화설비의 펌프를 겸용하므로 각 소화설비에 필요한 토출량을 합한 양 이상이 되도록 한다. ← 두 설비를 동시에 사용하는 경우 그만큼 토출량이 충분해야 하므로 값을 더해준다.

B구역의 정격토출량 = 700[L/min] + 1,000[L/min] = 1,700[L/min] = 1.7[m³/min]

C구역

화재안전기준에 따라 차고·주차장에 설치하는 포 소화전설비에서 가압송수장치(펌프)는 특정소방대상물의 어느 층에서 해당 층의 포 소화전 방수구를 동시에 사용할 경우(최대 5개) 각 소화전의 포 노즐 선단에서의 방수량은 300[L/min] 이상(1개 층의 바닥면적이 200[m2] 이하인 경우 230[L/min] 이상)으로 한다.

C구역의 정격토출량 = 5[개] × 300[L/min] = 1,500[L/min] = 1.5[m³/min]

따라서 모터의 정격토출량은 A, B, C구역 중 최대인 B구역의 토출량과 같다.

정격토출량 = 1.7[m³/min]

(2) 고정식 소화설비가 2 이상 설치되어 있고, 방화벽과 방화문으로 구획되어 있으며 각 소화설비에 지장이 없으므로 저수량은 각 구역의 저수량 중 최대의 것으로 한다.
B구역의 토출량이 가장 크며 모든 구역의 토출시간은 20분으로 동일하므로 B구역의 저수량을 선택한다.

화재안전기준에 따라 옥외소화전설비에서 수원의 저수량은 옥외소화전의 설치개수(최대 2개)에 7[m³]를 곱한 양 이상이 되도록 한다.

옥외소화전설비의 저수량 = 2[개] × 7[m³] = 14[m³]

물분무 소화설비의 방수시간은 20분 이상이다.

물분무 소화설비의 저수량 = 20[L/m²·min] × 50[m²] × 20[min] = 20,000[L] = 20[m³]

따라서 수원의 양은 다음과 같다.

수원의 양 = 14[m³] + 20[m³] = 34[m³]

연계이론

PHASE 02 옥내소화전설비

PHASE 03 옥외소화전설비

PHASE 04 스프링클러설비

PHASE 05 물분무 소화설비

PHASE 06 포 소화설비

16 제1석유류(비수용성) 45,000[L]를 저장하는 위험물 옥외탱크저장소가 있다. 해당 콘루프탱크(Cone roof tank)는 직경 12[m], 높이 40[m]이고, II형 고정포 방출구가 설치되어 있다. [조건]을 참고하여 다음 각 물음에 답하시오. [10점]

조건
- (가) 배관 및 관부속품의 총 마찰손실수두는 30[m]이다.
- (나) 포 방출구의 압력은 350[kPa]이다.
- (다) 고정포 방출구의 방출량은 4.2[L/m²·min]이고, 방사시간은 30분이다.
- (라) 보조 포 소화전은 1개(호스 접결구의 수: 1개) 설치되어 있다.
- (마) 포 소화약제의 농도는 6[%]이다.
- (바) 송액관의 직경은 100[mm]이고, 배관의 길이는 30[m]이다.
- (사) 펌프의 효율은 60[%]이고, 전달계수 K는 1.1이다.
- (아) 포 수용액의 비중이 물의 비중과 같다고 가정한다.

(1) 포 소화약제의 원액량[L]을 구하시오.
(2) 수원의 양[m³]을 구하시오.
(3) 펌프의 전양정[m]을 구하시오. (단, 낙차는 탱크의 높이로 한다.)
(4) 펌프의 정격토출량[m³/min]을 구하시오.
(5) 펌프의 최소 동력[kW]을 구하시오.

정답

(1) • 계산과정: $4.2 \times 30 \times \dfrac{\pi}{4} \times 12^2 \times 0.06 ≒ 855.016$

$1 \times 0.06 \times 8,000 = 480$

$\dfrac{\pi}{4} \times 0.1^2 \times 30 \times 0.06 ≒ 0.014137[m^3] = 14.137[L]$

$855.016 + 480 + 14.137 = 1,349.153$

• 답: 1,349.15[L]

(2) • 계산과정: $1,349.15 \times \dfrac{0.94}{0.06} ≒ 22,136.68[L] = 22.137[m^3]$

• 답: 22.14[m³]

(3) • 계산과정: $350 \times \dfrac{10}{100} = 35$

$40 + 30 + 35 = 105$

• 답: 105[m]

(4) • 계산과정: $4.2 \times \dfrac{\pi}{4} \times 12^2 ≒ 475.009$

$1 \times 400 = 400$

$475.009 + 400 = 875.009[L/min] = 0.875[m^3/min]$

• 답: 0.88[m³/min]

(5) • 계산과정: $0.88[m^3/min] = \dfrac{0.88}{60}[m^3/s]$

$\dfrac{9.8 \times \dfrac{0.88}{60} \times 105}{0.6} \times 1.1 ≒ 27.669$

• 답: 27.67[kW]

해 설

(1) 포 소화약제 저장량은 고정포 방출구에서 방출하기 위하여 필요한 양, 보조 포 소화전에서 방출하기 위하여 필요한 양, 가장 먼 탱크까지의 송액관(내경 75[mm] 이하 제외)에 충전하기 위하여 필요한 양의 합으로 한다.

위험물 저장탱크에 발생하는 화재는 유류 표면에서 발생하므로 위험물이 드러나거나 증발 가능하나 면적이 화재발생면적이자 소화면적이 된다.

탱크의 고정포 방출구에 필요한 포 소화약제의 양은 다음과 같다.

$$Q = 4.2[\text{L/m}^2\cdot\text{min}] \times 30[\text{min}] \times \frac{\pi}{4} \times (12[\text{m}])^2 \times 0.06 ≒ 855.016[\text{L}]$$

보조 포 소화전에 필요한 포 소화약제의 양은 다음과 같다.

$$Q = N \times S \times 8{,}000[\text{L}]$$

Q: 보조 포 소화전의 유량[L/min], N: 방출구의 개수(최대 3개), S: 소화약제의 농도[%]

보조 포 소화전에 필요한 포 소화약제의 양은
$$Q = 1 \times 0.06 \times 8{,}000[\text{L}] = 480[\text{L/min}]$$

송액관은 직경이 75[mm]를 초과할 때 가장 먼 탱크까지의 거리만큼 보정량을 더한다.

$$Q = \frac{\pi}{4} \times (0.1[\text{m}])^2 \times 30[\text{m}] \times 0.06 ≒ 0.014137[\text{m}^3] = 14.137[\text{L}]$$

포 소화설비에 필요한 소화약제의 총량[L]은
$$Q = 855.016[\text{L}] + 480[\text{L}] + 14.137[\text{L}] = 1{,}349.153[\text{L}]$$

(2) 포 소화약제의 농도가 6[%]이므로 수원(물)의 비율은 94[%]이다.

$$Q = 1{,}349.15[\text{L}] \times \frac{0.94}{0.06} ≒ 22{,}136.68[\text{L}] = 22.137[\text{m}^3]$$

(3) 화재안전기준에 따라 포 소화설비에 설치된 가압송수장치(펌프)의 전양정은 다음과 같다.

$$H = h_1 + h_2 + h_3$$

H: 전양정[m], h_1: 실양정(흡입양정+토출양정)[m], h_2: 배관 및 관부속의 마찰손실수두[m], h_3: 방출구의 설계압력 환산수두[m]

탱크의 높이인 실양정 h_1는 40[m]이다.
$h_1 = 40[\text{m}]$
배관 및 관부속품의 총 마찰손실수두 h_2는 30[m]이다.
$h_2 = 30[\text{m}]$
포 방출구의 방출압력은 350[kPa]로 환산수두 h_3는 다음과 같다.
$$h_3 = 350[\text{kPa}] \times \frac{10[\text{m}]}{100[\text{kPa}]} = 35[\text{m}]$$
따라서 펌프의 전양정 H는
$$H = 40[\text{m}] + 30[\text{m}] + 35[\text{m}] = 105[\text{m}]$$

(4) 탱크의 고정포 방출구에 필요한 포 수용액의 유량은 다음과 같다.

$$Q = 4.2[\text{L/min}^2 \cdot \text{min}] \times \frac{\pi}{4} \times (12[\text{m}])^2 ≒ 475.009[\text{L/min}]$$

보조 포 소화전에 필요한 포 수용액의 유량은 다음과 같다.

$$Q = N \times 400[\text{L/min}]$$

Q: 보조 포 소화전의 유량[L/min], N: 방출구의 개수(최대 3개)

따라서 보조 포 소화전에 필요한 포 수용액량은
$Q = 1 \times 400[\text{L/min}] = 400[\text{L/min}]$

펌프의 토출량은 $(475.009[\text{L/min}] + 400[\text{L/min}]) = 875.009[\text{L/min}] = 0.875[\text{m}^3/\text{min}]$이다.

(5) 펌프의 동력은 다음의 식을 통해 구할 수 있다.

$$P = \frac{\gamma Q H}{\eta} K$$

P: 펌프의 동력[kW], γ: 유체의 비중량[kN/m³], Q: 유량[m³/s], H: 전양정[m], η: 효율, K: 전달계수

유체는 물이므로 물의 비중량은 $9.8[\text{kN/m}^3]$이다.

유량이 $0.88[\text{m}^3/\text{min}]$이므로 단위를 변환하면 $\frac{0.88}{60}[\text{m}^3/\text{s}]$이다.

따라서 주어진 조건을 공식에 대입하면 펌프의 동력 P는

$$P = \frac{9.8[\text{kN/m}^3] \times \frac{0.88}{60}[\text{m}^3/\text{s}] \times 105[\text{m}]}{0.6} \times 1.1 ≒ 27.669[\text{kW}]$$

연계이론   **PHASE 06 포 소화설비**

에듀윌이
너를
지지할게

ENERGY

걱정을 해서
걱정이 없어지면
걱정이 없겠네.

– 티베트 속담

2020년 1회 기출문제

01 다음은 피난기구의 화재안전기술기준(NFTC 301) 중 승강식 피난기 및 하향식 피난구용 내림식사다리의 설치기준이다. ( ) 안에 알맞은 답을 쓰시오. [5점]

(1) 대피실의 면적은 (①)(2세대 이상일 경우에는 3[m²]) 이상으로 하고, 「건축법 시행령」 규정에 적합하여야 하며 하강구(개구부) 규격은 직경 (②) 이상일 것
(2) 대피실의 출입문은 (③)으로 설치하고, 피난방향에서 식별할 수 있는 위치에 "대피실" 표지판을 부착할 것
(3) 착지점과 하강구는 상호 수평거리 (④) 이상의 간격을 둘 것
(4) 승강식 피난기는 (⑤) 또는 성능시험기관으로 지정받은 기관에서 그 성능을 검증받은 것으로 설치할 것

정답
(1) ① 2[m²]
　　② 60[cm]
(2) ③ 60분+ 방화문 또는 60분 방화문
(3) ④ 15[cm]
(4) ⑤ 한국소방산업기술원

해설
(1) 대피실의 면적은 2[m²](2세대 이상일 경우에는 3[m²]) 이상으로 하고, 「건축법 시행령」 규정에 적합하여야 하며 하강구(개구부) 규격은 직경 60[cm] 이상일 것
(2) 대피실의 출입문은 60분+ 방화문 또는 60분 방화문으로 설치하고, 피난방향에서 식별할 수 있는 위치에 "대피실" 표지판을 부착할 것. 다만, 외기와 개방된 장소에는 그렇지 않다.
(3) 착지점과 하강구는 상호 수평거리 15[cm] 이상의 간격을 둘 것
(4) 승강식 피난기는 한국소방산업기술원 또는 성능시험기관으로 지정받은 기관에서 그 성능을 검증받은 것으로 설치할 것

연계이론 PHASE 11 피난기구

02

다음은 소화기구 및 자동소화장치의 화재안전기준 중 주거용 주방자동소화장치의 설치기준이다. (   ) 안에 알맞은 답을 쓰시오. [7점]

> - 소화약제 방출구는 (①)(주방에서 발생하는 열기류 등을 밖으로 배출하는 장치)의 청소부분과 분리되어 있어야 하며, 형식승인 받은 유효설치 높이 및 (②)에 따라 설치할 것
> - 감지부는 형식승인 받은 유효한 (③) 및 위치에 설치할 것
> - 차단장치(전기 또는 가스)는 상시 확인 및 점검이 가능하도록 설치할 것
> - 가스용 주방자동소화장치를 사용하는 경우 탐지부는 수신부와 분리하여 설치하되, 공기보다 가벼운 가스를 사용하는 경우에는 (④)면으로부터 (⑤)[cm] 이하의 위치에 설치하고, 공기보다 무거운 가스를 사용하는 장소에는 (⑥)면으로부터 (⑦)[cm] 이하의 위치에 설치할 것

정답

① 환기구
② 방호면적
③ 높이
④ 천장
⑤ 30
⑥ 바닥
⑦ 30

해설

- 소화약제 방출구는 환기구(주방에서 발생하는 열기류 등을 밖으로 배출하는 장치)의 청소부분과 분리되어 있어야 하며, 형식승인 받은 유효설치 높이 및 방호면적에 따라 설치할 것
- 감지부는 형식승인 받은 유효한 높이 및 위치에 설치할 것
- 차단장치(전기 또는 가스)는 상시 확인 및 점검이 가능하도록 설치할 것
- 가스용 주방자동소화장치를 사용하는 경우 탐지부는 수신부와 분리하여 설치하되, 공기보다 가벼운 가스를 사용하는 경우에는 천장면으로부터 30[cm] 이하의 위치에 설치하고, 공기보다 무거운 가스를 사용하는 장소에는 바닥면으로부터 30[cm] 이하의 위치에 설치할 것

연계이론

PHASE 01 소화기구 및 자동소화장치

03

포 소화설비의 포 소화약제 혼합방식의 종류를 4가지 쓰시오. [4점]

정답

다음 5가지 중 4가지를 선택하여 작성한다.
- 펌프 프로포셔너 방식
- 프레셔 프로포셔너 방식
- 라인 프로포셔너 방식
- 프레셔사이드 프로포셔너 방식
- 압축공기포 믹싱챔버방식

해설

펌프 프로포셔너 방식	펌프의 토출관과 흡입관 사이의 배관도중에 설치한 흡입기에 펌프에서 토출된 물의 일부를 보내고, 농도 조정밸브에서 조정된 포 소화약제의 필요량을 포 소화약제 저장탱크에서 펌프 흡입측으로 보내어 이를 혼합하는 방식
프레셔 프로포셔너 방식	펌프와 발포기의 중간에 설치된 벤추리관의 벤추리작용과 펌프 가압수의 포 소화약제 저장탱크에 대한 압력에 따라 포 소화약제를 흡입·혼합하는 방식
라인 프로포셔너 방식	펌프와 발포기의 중간에 설치된 벤추리관의 벤추리작용에 따라 포 소화약제를 흡입·혼합하는 방식
프레셔사이드 프로포셔너 방식	펌프의 토출관에 압입기를 설치하여 포 소화약제 압입용펌프로 포 소화약제를 압입시켜 혼합하는 방식
압축공기포 믹싱챔버방식	물, 포 소화약제 및 공기를 믹싱챔버로 강제주입시켜 챔버 내에서 포수용액을 생성한 후 포를 방사하는 방식

연계이론 PHASE 06 포 소화설비

04

그림과 같은 직사각형 주철 관로망에서 A지점에서 $0.6[\text{m}^3/\text{s}]$ 유량으로 물이 들어와서 B와 C 지점에서 각각 $0.2[\text{m}^3/\text{s}]$와 $0.4[\text{m}^3/\text{s}]$의 유량으로 물이 나갈 때 관 내에서 흐르는 물의 유량 Q_1, Q_2, Q_3는 각각 몇 $[\text{m}^3/\text{s}]$인가? (단, 관 마찰손실 이외의 손실은 무시하고 d_1, d_2 관의 관 마찰계수 λ_1은 0.025, d_3, d_4 관의 관 마찰계수 λ_2는 0.028이다. 그리고 각각의 관의 내경은 $d_1=0.4[\text{m}]$, $d_2=0.4[\text{m}]$, $d_3=0.322[\text{m}]$, $d_4=0.322[\text{m}]$이며, 달시-바이스바하 방정식을 이용하여 유량을 구한다.) [7점]

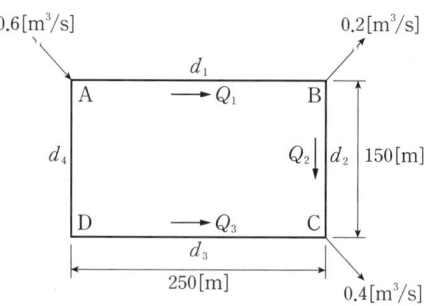

정답

- 답: $Q_1 = 0.41[\text{m}^3/\text{s}]$
  $Q_2 = 0.21[\text{m}^3/\text{s}]$
  $Q_3 = 0.19[\text{m}^3/\text{s}]$

해설

일정한 양의 비압축성 유체가 일정한 속도로 흐를 때 배관에서의 마찰손실수두는 달시-바이스바하 방정식으로 구할 수 있다.

$$H = \frac{\Delta P}{\gamma} = \frac{flu^2}{2gD}$$

H: 마찰손실수두[m], ΔP: 압력 차이[kPa], γ: 비중량[kN/m³], f: 마찰손실계수, l: 배관의 길이, u: 유속[m/s], g: 중력가속도[m/s²], D: 배관의 직경[m]

A점으로 들어온 물의 일부는 B점을 거쳐 C점으로 나가고, 나머지는 D점을 거쳐 C점으로 나간다. 이때 두 경로의 마찰손실은 같다. ← 다른 경우 마찰손실이 작은 쪽으로 유량이 점점 증가하여 마찰손실도 증가하고 결국 평형을 이룬다.

$0.6[\text{m}^3/\text{s}] = Q_1 + Q_3$
$Q_1 = Q_2 + 0.2[\text{m}^3/\text{s}]$
$H_1 + H_2 = H_3 + H_4$

부피유량 공식 $Q = Au$에 의해 유량 Q와 배관의 직경 D를 알면 유속 u를 다음과 같이 구할 수 있다.

$$Q = \frac{\pi}{4}D^2 u, \quad u = \frac{4Q}{\pi D^2}$$

u: 유속[m/s], Q: 유량[m³/s], D: 배관의 직경[m]

달시-바이스바하 방정식을 이용하여 각 배관별 마찰손실의 관계를 구하면 다음과 같다.

$$\frac{f_1 l_1 u_1^2}{2gD_1} + \frac{f_2 l_2 u_2^2}{2gD_2} = \frac{f_3 l_3 u_3^2}{2gD_3} + \frac{f_4 l_4 u_4^2}{2gD_4}$$

$$= \frac{0.025 \times 250[\text{m}] \times \left(\frac{4 \times Q_1}{\pi \times (0.4[\text{m}])^2}\right)^2}{2 \times 9.8[\text{m/s}^2] \times 0.4[\text{m}]} + \frac{0.025 \times 150[\text{m}] \times \left(\frac{4 \times Q_2}{\pi \times (0.4[\text{m}])^2}\right)^2}{2 \times 9.8[\text{m/s}^2] \times 0.4[\text{m}]}$$

$$= \frac{0.028 \times 250[\text{m}] \times \left(\frac{4 \times Q_3}{\pi \times (0.322[\text{m}])^2}\right)^2}{2 \times 9.8[\text{m/s}^2] \times 0.322[\text{m}]} + \frac{0.028 \times 150[\text{m}] \times \left(\frac{4 \times Q_3}{\pi \times (0.322[\text{m}])^2}\right)^2}{2 \times 9.8[\text{m/s}^2] \times 0.322[\text{m}]}$$

$50.48Q_1^2 + 30.29Q_2^2 = 267.61Q_3^2$

주어진 관계식을 연립하여 Q_1에 관한 식으로 나타내면 다음과 같다.

$50.48Q_1^2 + 30.29(Q_1 - 0.2)^2 = 267.61(0.6 - Q_1)^2$
$186.84Q_1^2 - 309.016Q_1 + 95.128 = 0$ ← 공학용 계산기의 SOLVE 기능을 활용하면 계산이 쉽다.
$Q_1 \approx 0.409[\text{m}^3/\text{s}]$
$Q_2 = Q_1 - 0.2 = 0.209[\text{m}^3/\text{s}]$
$Q_3 = 0.6 - Q_1 = 0.191[\text{m}^3/\text{s}]$

연계이론

PHASE 22 배관의 마찰손실

05

전기실에 제3종 분말 소화약제를 사용하는 분말 소화설비를 전역방출방식의 가압식으로 설치하고자 한다. [조건]을 참고하여 다음 물음에 답하시오. [5점]

조건

(가) 전기실의 크기는 가로 20[m], 세로 20[m], 높이 3[m]이고, 개구부는 없는 기준이다.
(나) 헤드 1개의 방사량은 2.7[kg/s]이다.
(다) 약제저장량은 10초 이내에 방사한다.

(1) 소화설비에 필요한 약제저장량[kg]은 얼마인가?
(2) 가압용가스로 질소를 사용할 때 필요한 양[L]은 얼마 이상인가?
(3) 가압용가스로 이산화탄소를 사용할 때 필요한 양[g]은 얼마 이상인가? (단, 배관청소에 필요한 양은 제외한다.)
(4) 소화설비에 필요한 분사헤드의 수는 몇 개인가?
(5) 분사헤드의 수를 화재안전기준에 맞게 도면에 그리시오.

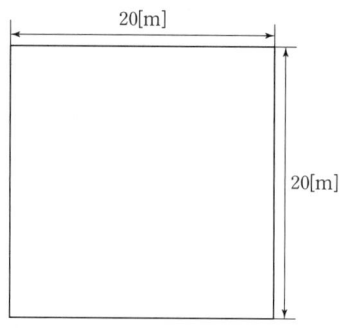

정답

(1) • 계산과정: $20 \times 20 \times 3 = 1{,}200$
    $0.36 \times 1{,}200 = 432$
  • 답: 432[kg]

(2) • 계산과정: $40 \times 432 = 17{,}280$
  • 답: 17,280[L]

(3) • 계산과정: $20 \times 432 = 8{,}640$
  • 답: 8,640[g]

(4) • 계산과정: $432[\text{kg}] = 2.7[\text{kg/s}] \times 10[\text{s}] \times$ 헤드 수
    헤드 수 $= \dfrac{432[\text{kg}]}{2.7[\text{kg/s}] \times 10[\text{s}]} = 16$
  • 답: 16개

(5)

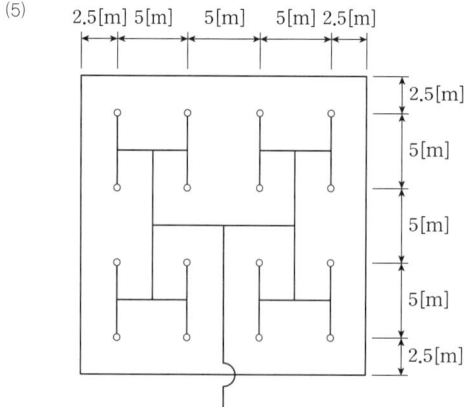

해 설

(1) 전역방출방식 분말 소화약제의 저장량 기준은 다음과 같다.

소화약제의 종류	소화약제의 양[kg/m³]	개구부 가산량[kg/m²]
제1종 분말	0.60	4.5
제2종 분말	0.36	2.7
제3종 분말	0.36	2.7
제4종 분말	0.24	1.8

방호구역의 체적(가로×세로×높이)은 다음과 같다.
$$V = 20[m] \times 20[m] \times 3[m] = 1,200[m^3]$$

제3종 분말 소화약제를 사용하므로 소화약제의 양은 체적 $1[m^3]$ 당 $0.36[kg/m^3]$을 적용한다.
소화약제의 양 $= 0.36[kg/m^3] \times 1,200[m^3] = 432[kg]$

(2) 가압용 가스에 질소가스를 사용하는 경우 질소가스는 소화약제 1[kg] 마다 40[L](35[℃]에서 1기압의 압력상태로 환산한 것) 이상으로 한다.
가압용 가스의 양 $= 40[L/kg] \times 432[kg] = 17,280[L]$

(3) 가압용 가스에 이산화탄소를 사용하는 경우 이산화탄소는 소화약제 1[kg] 마다 20[g]에 청소에 필요한 양 이상으로 한다.
가압용 가스의 양 $= 20[g/kg] \times 432[kg] = 8,640[g]$

PLUS⁺ 가압용·축압용 가스의 소요량

	질소	이산화탄소
가압용 가스	40[L]	20[g]+청소에 필요한 양
축압용 가스	10[L]	20[g]+청소에 필요한 양

(4) 분말 소화설비의 분사헤드는 소화약제 저장량을 10초 이내에 방출할 수 있어야 하므로 필요한 헤드 수는
← 화재안전기준에서 정하는 기준은 30초 이내이다.
$$432[kg] = 2.7[kg/s] \times 10[s] \times 헤드 수$$
$$헤드 수 = \frac{432[kg]}{2.7[kg/s] \times 10[s]} = 16[개]$$

연계이론 PHASE 10 분말 소화설비

06

어떤 지하상가에 제연설비를 화재안전기준과 [조건]에 따라 설치하려고 한다. 다음 물음에 답하시오. [4점]

조건
(가) 전압은 80[mmAq]이다.
(나) 배출기의 풍량은 24,000[m³/h], 효율은 60[%], 여유율은 10[%]이다.

(1) 배출기의 축동력[kW]은 얼마인가?
(2) 준공 후 풍량 시험을 한 결과 풍량은 18,000[m³/h], 회전수는 600[rpm]으로 측정되었다. 배출량 24,000[m³/h]를 만족시키기 위한 배출기 회전수[rpm]은 얼마인가?

정답

(1) • 계산과정: $80[\text{mmAq}] \times \dfrac{101.325[\text{kPa}]}{10.332[\text{mmAq}]} \fallingdotseq 0.7846[\text{kPa}]$

$$24,000[\text{m}^3/\text{h}] = \dfrac{24,000}{3,600}[\text{m}^3/\text{s}]$$

$$\dfrac{0.7846 \times \dfrac{24,000}{3,600}}{0.6} \fallingdotseq 8.718$$

• 답: 8.72[kW]

(2) • 계산과정: $600 \times \left(\dfrac{24,000}{18,000}\right) = 800$

• 답: 800[rpm]

해설

(1) 배출기의 축동력은 다음의 식을 통해 구할 수 있다.

$$P = \dfrac{P_T Q}{\eta}$$

P: 배출기의 축동력[kW], P_T: 전압(풍압)[kPa], Q: 풍량[m³/s], η: 효율

전압은 배출기의 흡입구와 배출구의 압력 차이를 의미하며 80[mmAq]이므로 단위를 변환하면 다음과 같다.

$$80[\text{mmAq}] \times \dfrac{101.325[\text{kPa}]}{10.332[\text{mmAq}]} \fallingdotseq 0.7846[\text{kPa}]$$

배출량이 24,000[m³/h]이므로 단위를 변환하면 $\dfrac{24,000}{3,600}[\text{m}^3/\text{s}]$이다.

따라서 주어진 조건을 공식에 대입하면 배출기의 축동력 P는

$$P = \dfrac{0.7846[\text{kPa}] \times \dfrac{24,000}{3,600}[\text{m}^3/\text{s}]}{0.6} \fallingdotseq 8.718[\text{kW}]$$ ← 축동력을 구할 때는 여유율을 고려하지 않는다.

(2) 기하학적으로 비슷한 두 물체의 운동이 역학적으로도 비슷해지도록 하는 조건을 나타내는 법칙을 상사법칙이라고 한다.
배출기의 회전수를 변화시키면 동일한 배출기이므로 상사법칙에 따라 유량이 변화한다.

$$\dfrac{Q_2}{Q_1} = \left(\dfrac{N_2}{N_1}\right)\left(\dfrac{D_2}{D_1}\right)^3$$

Q: 유량, N: 펌프의 회전수, D: 직경

동일한 배출기이므로 직경 D는 같고, 상태1의 유량 Q_1가 18,000[m³/h], 회전수 N_1이 600[rpm]이며, 상태2의 유량 Q_2가 24,000[m³/h]이므로 회전수 N_2는 다음과 같다.

$$N_2 = N_1\left(\dfrac{Q_2}{Q_1}\right) = 600[\text{rpm}] \times \left(\dfrac{24,000[\text{m}^3/\text{h}]}{18,000[\text{m}^3/\text{h}]}\right) = 800[\text{rpm}]$$

연계이론 PHASE 14 제연설비

07

그림은 어느 스프링클러설비의 배관계통도이다. [조건]을 참고하여 다음 물음에 답하시오. [14점]

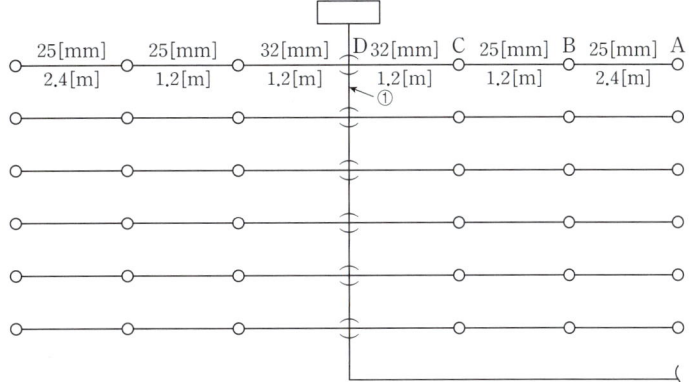

조건

(가) 배관 마찰손실압력은 하젠 – 윌리엄스의 공식을 따르되 계산의 편의상 다음 식과 같다고 가정한다.

$$\Delta P = 6 \times 10^4 \times \frac{Q^2}{C^2 \times d^5} \times L$$

ΔP: 마찰손실압력[MPa], Q: 유량[L/min], C: 조도, D: 내경[mm], L: 배관길이[m]

(나) 배관 호칭구경과 내경은 같다.
(다) 관부속 마찰손실은 무시한다.
(라) 헤드는 개방형이고 조도 C는 100이다.
(마) 배관의 호칭구경[mm]은 15, 20, 25, 32, 40, 50, 65, 80, 100이다.
(바) A헤드의 방수압은 0.1[MPa], 방수량은 80[L/min]이다.

(1) B헤드의 방수압[MPa]은 얼마인가?
(2) B헤드의 방수량[L/min]은 얼마인가?
(3) C헤드의 방수압[MPa]은 얼마인가?
(4) C헤드의 방수량[L/min]은 얼마인가?
(5) D지점의 압력[MPa]은 얼마인가?
(6) ①지점의 유량[L/min]은 얼마인가?
(7) ①지점의 배관 최소 호칭구경을 선택하시오.

정답

(1) • 계산과정: $6.0 \times 10^4 \times \dfrac{80^2}{100^2 \times 25^5} \times 2.4 \fallingdotseq 0.009437$

　　　　　　$0.1 + 0.009437 = 0.109437$

• 답: 0.11[MPa]

(2) • 계산과정: $\dfrac{80}{\sqrt{10 \times 0.1}} = 80$

　　　　　　$80\sqrt{10 \times 0.11} \fallingdotseq 83.904$

• 답: 83.90[L/min]

(3) • 계산과정: $6.0 \times 10^4 \times \dfrac{163.9^2}{100^2 \times 25^5} \times 1.2 \fallingdotseq 0.01981$

　　　　　　$0.11 + 0.01981 = 0.12981$

• 답: 0.13[MPa]

(4) • 계산과정: $80\sqrt{10 \times 0.13} \fallingdotseq 91.214$

• 답: 91.21[L/min]

(5) • 계산과정: $6.0 \times 10^4 \times \dfrac{255.11^2}{100^2 \times 32^5} \times 1.2 \fallingdotseq 0.01396$

　　　　　　$0.13 + 0.01396 = 0.14396$

• 답: 0.14[MPa]

(6) • 계산과정: $(80 + 83.9 + 91.21) \times 2 = 510.22$

• 답: 510.22[L/min]

(7) • 계산과정: $510.22[\text{L/min}] = \dfrac{0.51022}{60}[\text{m}^3/\text{s}]$

$\sqrt{\dfrac{4 \times \dfrac{0.51022}{60}}{\pi \times 10}} \fallingdotseq 0.03290[\text{m}] = 32.90[\text{mm}]$

• 답: 40[mm]

해설

(1) 헤드 B의 방수압력 P_B는 헤드 A의 방수압력 P_A와 두 헤드 간 가지배관의 마찰손실압 ΔP_{B-A}의 합으로 구할 수 있다.

$$P_B = P_A + \Delta P_{B-A}$$

배관 내 유량 Q는 80[L/min]이고, 배관의 구경 d는 25[mm]이므로 마찰손실압 ΔP_{B-A}는 다음과 같다.

$$\Delta P_{B-A} = 6.0 \times 10^4 \times \dfrac{(80[\text{L/min}])^2}{100^2 \times (25[\text{mm}])^5} \times 2.4[\text{m}] \fallingdotseq 0.009437[\text{MPa}]$$

헤드 B의 방수압력 P_B는 다음과 같다.

$$P_B = 0.1[\text{MPa}] + 0.009437[\text{MPa}] = 0.109437[\text{MPa}]$$

(2) 스프링클러 헤드에서 압력 P와 유량 Q는 다음과 같은 관계를 갖는다.

$$Q = K\sqrt{10P}$$

Q: 방수량[L/min]　K: 방출계수, P: 방수압[MPa]

방수량 Q가 80[L/min]이고, 방수압 P가 0.1[MPa]일 때 방출계수 K는 다음과 같다.

$$K = \dfrac{Q}{\sqrt{10P}} = \dfrac{80[\text{L/min}]}{\sqrt{10 \times 0.1[\text{MPa}]}} = 80$$

따라서 주어진 조건을 공식에 대입하면 헤드 B의 방수량 Q_B는

$$Q_B = 80\sqrt{10 \times 0.11[\text{MPa}]} \fallingdotseq 83.904[\text{L/min}]$$

⑶ 배관 내 유량 Q는 $(80+83.9)$[L/min]이고, 배관의 구경 d는 25[mm]이므로 마찰손실압 ΔP_{C-B}는 다음과 같다.
$$\Delta P_{C-B} = 6.0 \times 10^4 \times \frac{(163.9[\text{L/min}])^2}{100^2 \times (25[\text{mm}])^5} \times 1.2[\text{m}] \fallingdotseq 0.01981[\text{MPa}]$$

헤드 C의 방수압력 P_C는 다음과 같다.
$$P_C = 0.11[\text{MPa}] + 0.01981[\text{MPa}] = 0.12981[\text{MPa}]$$

⑷ 주어진 조건을 공식에 대입하면 헤드 C의 방수량 Q_C는
$$Q_C = 80\sqrt{10 \times 0.13[\text{MPa}]} \fallingdotseq 91.214[\text{L/min}]$$

⑸ 배관 내 유량 Q는 $(163.9+91.21)$[L/min]이고, 배관의 구경 d는 32[mm]이므로 마찰손실압 ΔP_{D-C}는 다음과 같다.
$$\Delta P_{D-C} = 6.0 \times 10^4 \times \frac{(255.11[\text{L/min}])^2}{100^2 \times (32[\text{mm}])^5} \times 1.2[\text{m}] \fallingdotseq 0.01396[\text{MPa}]$$

D지점의 압력 P_D는 다음과 같다.
$$P_D = 0.13[\text{MPa}] + 0.01396[\text{MPa}] = 0.14396[\text{MPa}]$$

⑹ D지점을 거쳐 6개의 헤드에 방수되므로 D지점의 유량은
$$Q_D = (80[\text{L/min}] + 83.9[\text{L/min}] + 91.21[\text{L/min}]) \times 2 = 510.22[\text{L/min}]$$

⑺ 부피유량 공식 $Q=Au$에 의해 유량 Q와 유속 u를 알면 배관의 직경 D를 다음과 같이 구할 수 있다.
$$Q = \frac{\pi}{4}D^2 u,\ D = \sqrt{\frac{4Q}{\pi u}}$$

D: 배관의 직경[m], Q: 유량[m³/s], u: 유속[m/s]

급수배관의 구경을 수리계산에 따르는 경우 가지배관의 유속은 6[m/s], 그 밖의 배관의 유속은 10[m/s]를 초과하지 않도록 한다.

유량이 510.22[L/min]이므로 단위를 변환하면 $\frac{0.51022}{60}$[m³/s]이다.

따라서 주어진 조건을 공식에 대입하면 배관의 직경 D는 다음과 같다.
$$D = \sqrt{\frac{4 \times \frac{0.51022}{60}[\text{m}^3/\text{s}]}{\pi \times 10[\text{m/s}]}} \fallingdotseq 0.03290[\text{m}] = 32.90[\text{mm}]$$

교차배관은 가지배관과 수평으로 설치하거나 가지배관 밑에 설치하고, 최소구경은 40[mm] 이상으로 한다.
따라서 ①지점의 배관 안지름은 40[mm] 이상이어야 한다.

연계이론   **PHASE 04** 스프링클러설비

08

위험물 옥외저장탱크에 Ⅰ형 포 방출구로 포 소화설비를 설치하였다. [조건]을 참고하여 다음 물음에 답하시오. [6점]

조건
- (가) 탱크의 내부 직경은 12[m]이다.
- (나) 소화약제는 6[%]의 수성막포를 사용하며 분당 방출량은 2.27[L/m²·min], 방사시간은 30[min]이다.
- (다) 보조포 소화전은 1개 설치되어 있으며, 방출률은 400[L/min], 방사시간은 20[min]이다.
- (라) 포 원액탱크에서 포 방출구까지의 배관 길이는 20[m], 배관 내경은 150[mm]이다.
- (마) 기타의 조건은 무시한다.

(1) 포 원액의 양[L]은 얼마인가?

(2) 수원의 양[m³]은 얼마인가?

정답

(1) • 계산과정: $2.27 \times \dfrac{\pi}{4} \times 12^2 \times 30 \times 0.06 ≒ 462.116$

$1 \times 400 \times 20 \times 0.06 = 480$

$\dfrac{\pi}{4} \times 0.15^2 \times 20 \times 0.06 ≒ 0.021206[m^3] = 21.206[L]$

$462.116 + 480 + 21.206 = 963.322$

• 답: 963.32[L]

(2) • 계산과정: $963.32 \times \dfrac{0.94}{0.06} ≒ 15,092.013[L] = 15.092[m^3]$

• 답: 15.09[m³]

해설

(1) 포 소화약제 저장량은 고정포 방출구에서 방출하기 위하여 필요한 양, 보조 포 소화전에서 방출하기 위하여 필요한 양, 가장 먼 탱크까지의 송액관(내경 75[mm] 이하 제외)에 충전하기 위하여 필요한 양의 합으로 한다.

위험물 저장탱크에 발생하는 화재는 유류 표면에서 발생하므로 위험물이 드러나거나 증발 가능한 면적이 화재 발생면적이자 소화면적이 된다.

탱크의 고정포 방출구에 필요한 포 소화약제의 양은 다음과 같다.
$$Q = 2.27[L/m^2 \cdot min] \times \dfrac{\pi}{4} \times (12[m])^2 \times 30[min] \times 0.06 ≒ 462.116[L]$$

보조 포 소화전에 필요한 포 소화약제의 양은 다음과 같다.
$$Q = 1 \times 400[L/min] \times 20[min] \times 0.06 = 480[L/min]$$

송액관은 직경이 75[mm]를 초과할 때 가장 먼 탱크까지의 거리만큼 보정량을 더한다.
$$Q = \dfrac{\pi}{4} \times (0.15[m])^2 \times 20[m] \times 0.06 ≒ 0.021206[m^3] = 21.206[L]$$

포 소화설비에 필요한 소화약제의 총량[L]은
$$Q = 462.116[L] + 480[L] + 21.206[L] = 963.322[L]$$

(2) 포 소화약제의 농도가 6[%]이므로 수원(물)의 비율은 94[%]이다.
$$Q = 963.32[L] \times \dfrac{0.94}{0.06} ≒ 15,092.013[L] = 15.092[m^3]$$

연계이론 PHASE 06 포 소화설비

09 다음은 옥외소화전에 대한 그림이다. [조건]을 참고하여 다음 물음에 답하시오. [5점]

조건
(가) 옥외소화전 방수구의 안지름은 65[mm]이다.
(나) 지면으로부터 방수구까지의 높이는 800[mm]이다.
(다) 자유낙하운동을 고려하여 산출한다.

(1) 방수구에서 지면 도달거리가 16[m]일 경우 방수량[m³/s]은 얼마인가?
(2) 화재안전기준에 따른 규정 방수량을 만족하려면 물이 도달하는 거리 x의 최소거리[m]는 얼마인가?

정답

(1) • 계산과정: $x = ut$, $y = \dfrac{1}{2}gt^2$

$$x = u \times \sqrt{\dfrac{2y}{g}}$$

$$u = x \times \sqrt{\dfrac{g}{2y}} = 16 \times \sqrt{\dfrac{9.8}{2 \times 0.8}} ≒ 39.598$$

$$\dfrac{\pi}{4} \times 0.065^2 \times 39.598 ≒ 0.131$$

• 답: 0.13[m³/s]

(2) • 계산과정: $350[\text{L/min}] = \dfrac{0.35}{60}[\text{m}^3/\text{s}]$

$$x = u \times \sqrt{\dfrac{2y}{g}} = \dfrac{4Q}{\pi D^2} \times \sqrt{\dfrac{2y}{g}} = \dfrac{4 \times \dfrac{0.35}{60}}{\pi \times 0.065^2} \times \sqrt{\dfrac{2 \times 0.8}{9.8}} ≒ 0.7103$$

• 답: 0.71[m]

해설

(1) 방수구에서 분출한 물은 x방향으로 등속도 운동을 하며, y방향으로 자유낙하 운동을 한다.
따라서 각 방향으로 이동한 거리는 다음과 같다.

$x = ut$, $y = \dfrac{1}{2}gt^2$

두 방향으로 이동하는 시간 t는 같으므로 두 식을 연립하여 주어진 조건을 공식에 대입하면 방수구에서 분출속도 u는 다음과 같다.

$$x = u \times \sqrt{\dfrac{2y}{g}}$$

$$u = x \times \sqrt{\dfrac{g}{2y}} = 16[\text{m}] \times \sqrt{\dfrac{9.8[\text{m/s}^2]}{2 \times 0.8[\text{m}]}} ≒ 39.598[\text{m/s}]$$

부피유량 공식 $Q = Au$에 의해 방수구의 방수량 Q는

$$Q = \dfrac{\pi}{4} \times (0.065[\text{m}])^2 \times 39.598[\text{m/s}] ≒ 0.131[\text{m}^3/\text{s}]$$

(2) 화재안전기준에 따라 옥외소화전설비에서 가압송수장치(펌프)는 특정소방대상물에 설치된 옥외소화전을 동시에 사용할 경우(최대 2개) 각 소화전의 노즐선단에서의 방수량은 350[L/min] 이상으로 한다.

$$Q = 350[\text{L/min}] = \frac{0.35}{60}[\text{m}^3/\text{s}]$$

부피유량 공식 $Q=Au$에 의해 유량 Q와 배관의 직경 D를 알면 유속 u를 다음과 같이 구할 수 있다.

$$u = \frac{4Q}{\pi D^2}$$

u: 유속[m/s], Q: 유량[m³/s], D: 배관의 직경[m]

주어진 조건을 공식에 대입하면 물이 도달하는 거리 x는

$$x = u \times \sqrt{\frac{2y}{g}} = \frac{4Q}{\pi D^2} \times \sqrt{\frac{2y}{g}} = \frac{4 \times \frac{0.35}{60}[\text{m}^3/\text{s}]}{\pi \times (0.065[\text{m}])^2} \times \sqrt{\frac{2 \times 0.8[\text{m}]}{9.8[\text{m/s}^2]}} \fallingdotseq 0.7103[\text{m}]$$

◇ 연계이론 ◇ **PHASE 03 옥외소화전설비**

---

10 다음 그림은 어느 건축물의 평면도이다. 이 실들 중 A실에 급기가압을 하고 문 A_4, A_5, A_6는 외기와 접해있을 경우 [조건]을 참고하여 다음 물음에 답하시오. [7점]

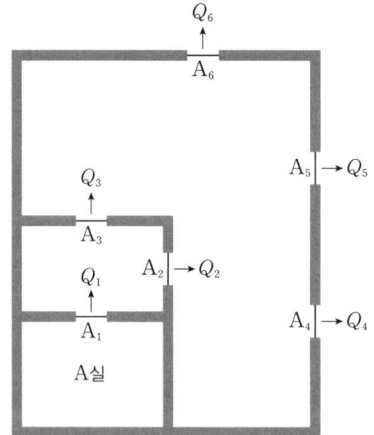

조건

(가) 모든 개구부 틈새면적은 $0.02[\text{m}^2]$으로 동일하다.
(나) 각 실은 출입문 이외의 틈새는 없다.
(다) 임의의 어느 실에 대한 급기량과 얻고자 하는 기압차의 관계식은 다음과 같다.

$$Q = 0.827A\sqrt{P}$$

Q: 급기량[m³/s], A: 누설틈새면적[m²], P: 기압차[Pa]

(1) A실을 기준으로 외기와의 유효개구부 틈새면적[m²]을 소수점 다섯째 자리까지 구하시오.
(2) A실과 외부 간에 0.1[kPa]의 기압차를 얻기 위하여 A실에 급기시켜야 할 풍량[L/s]은 얼마가 되겠는가?

정답

(1) • 답: $0.01714[m^2]$

(2) • 계산과정: $0.827 \times 0.01714 \times \sqrt{100} ≒ 0.141748[m^3/s] = 141.748[L/s]$
 • 답: $141.75[L/s]$

해설

(1) 틈새면적의 합은 다음의 두 가지 방법을 이용하여 계산한다.

직렬구조	병렬구조
$\dfrac{1}{A^2} = \dfrac{1}{A_1^{\,2}} + \dfrac{1}{A_2^{\,2}}$ $A = \sqrt{\dfrac{1}{\dfrac{1}{A_1^{\,2}} + \dfrac{1}{A_2^{\,2}}}}$	$A = A_1 + A_2$

A_4, A_5, A_6는 병렬관계이다.
 $A_{4\sim6} = 0.02[m^2] + 0.02[m^2] + 0.02[m^2] = 0.06[m^2]$

A_2, A_3는 병렬관계이다.
 $A_{2\sim3} = 0.01[m^2] + 0.01[m^2] = 0.02[m^2]$

$A_{2\sim3}$, $A_{4\sim6}$는 직렬관계이다.
$$A_{2\sim6} = \dfrac{1}{\sqrt{\dfrac{1}{(0.04[m^2])^2} + \dfrac{1}{(0.06[m^2])^2}}} ≒ 0.03328[m^2]$$

A_1, $A_{2\sim6}$는 직렬관계이다.
$$A_{1\sim6} = \dfrac{1}{\sqrt{\dfrac{1}{(0.02[m^2])^2} + \dfrac{1}{(0.03328[m^2])^2}}} ≒ 0.017143[m^2]$$

따라서 문의 틈새면적 A는 $0.01714[m^2]$이다.

(2) A실과 외부의 기압차 P는 $270[Pa]$이므로 유량 Q는
 $Q = 0.827 \times 0.01714[m^2] \times \sqrt{100[Pa]} ≒ 0.141748[m^3/s] = 141.748[L/s]$

연계이론

PHASE 15 특별피난계단의 계단실 및 부속실 제연설비

11 어느 특정소방대상물에 전역방출방식으로 할론 1301 소화설비를 설계하려 한다. [설계조건]을 참고하여 다음 물음에 답하시오. [10점]

설계조건

(가) 약제 저장용기는 50[kg/병]이다.
(나) 방호구역의 크기 및 개구부 면적은 다음과 같다.

방호구역명	크기		개구부 상태	개구부 면적[m²]
	면적[m²]	높이[m]		
전산실	10×8	3	5	자동폐쇄 불가
통신기기실	12×20	3	5	자동폐쇄 불가
전기실	12×20	3	5	자동폐쇄 가능

(1) 방호구역 상 필요한 저장용기의 수량은 각 실 별로 몇 병인지 구하시오.
  • 전산실
  • 통신기기실
  • 전기실
(2) 분사 헤드의 방사압력[MPa]은 얼마인가?
(3) 전기실에 저장된 약제가 전량 방출되었을 경우 할론 1301의 농도[%]는 얼마가 되겠는가? (단, 할론 1301의 분자량은 149, 표준상태=0[℃], 1[atm] 기준이다.)

정답

(1) • 전산실
   — 계산과정: 10×8×3=240
     (0.32×240)+(2.4×5)=88.8
     $\frac{88.8}{50}=1.776$
   — 답: 2병
 • 통신기기실
   — 계산과정: 12×20×3=720
     (0.32×720)+(2.4×5)=242.4
     $\frac{242.4}{50}=4.848$
   — 답: 5병
 • 전기실
   — 계산과정: 12×20×3=720
     0.32×720=230.4
     $\frac{230.4}{50}=4.608$
   — 답: 5병

(2) • 답: 0.9[MPa]

(3) • 계산과정: 5×50=250
   $1 \times V = \frac{250}{149} \times 0.08206 \times 273$
   $V=37.588$
   $\frac{37.588}{(12 \times 20 \times 3)+37.588} \fallingdotseq 0.04962$
 • 답: 4.96[%]

해 설

(1) 저장용기 1병 당 할론 소화약제의 충전량은 50[kg]이므로 전산실에 필요한 소화약제의 양을 계산한다.
전역방출방식 할론 소화약제의 저장량 기준은 다음과 같다.

소방대상물		소화약제의 종류	소화약제의 양 [kg/m³]	개구부 가산량 [kg/m²]
차고·주차장·전기실·통신기기실·전산실·전기설비가 설치된 부분		할론 1301	0.32 이상 0.64 이하	2.4
특수가연물	가연성고체류·가연성액체류	할론 1301	0.32 이상 0.64 이하	2.4
		할론 1211	0.36 이상 0.71 이하	2.7
		할론 2402	0.40 이상 1.10 이하	3.0
	면화류·나무껍질 및 대팻밥·넝마 및 종이부스러기·사류·볏짚류·목재가공품 및 나무부스러기를 저장·취급하는 것	할론 1301	0.52 이상 0.64 이하	3.9
		할론 1211	0.60 이상 0.71 이하	4.5
	합성수지류를 저장·취급하는 것	할론 1301	0.32 이상 0.64 이하	2.4
		할론 1211	0.36 이상 0.71 이하	2.7

전산실의 체적(가로×세로×높이)은 다음과 같다.
$$V = 10[\text{m}] \times 8[\text{m}] \times 3[\text{m}] = 240[\text{m}^3]$$
전산실에 필요한 소화약제의 최솟값을 구하여야 하므로 소화약제의 양은 체적 1[m³] 당 0.32[kg/m³]을 적용한다.
개구부(창문·출입구) 1[m²]마다 2.4[kg]을 가산한다. ← 자동폐쇄장치가 없는 경우에만 적용한다.
소화약제의 양 = $(0.32[\text{kg/m}^3] \times 240[\text{m}^3]) + (2.4[\text{kg/m}^2] \times 5[\text{m}^2]) = 88.8[\text{kg}]$
저장용기 1병 당 소화약제의 충전량은 50[kg]이므로 전체 소화약제의 양을 저장하기 위해 필요한 저장용기의 개수는

$$\frac{88.8[\text{kg}]}{50[\text{kg/병}]} = 1.776[\text{병}] = 2[\text{병}] \text{ (절상)}$$

통신기기실의 체적(가로×세로×높이)은 다음과 같다.
$$V = 12[\text{m}] \times 20[\text{m}] \times 3[\text{m}] = 720[\text{m}^3]$$
통신기기실에 필요한 소화약제의 최솟값을 구하여야 하므로 소화약제의 양은 체적 1[m³] 당 0.32[kg/m³]을 적용한다.
개구부(창문·출입구) 1[m²]마다 2.4[kg]을 가산한다. ← 자동폐쇄장치가 없는 경우에만 적용한다.
소화약제의 양 = $(0.32[\text{kg/m}^3] \times 720[\text{m}^3]) + (2.4[\text{kg/m}^2] \times 5[\text{m}^2]) = 242.4[\text{kg}]$
저장용기 1병 당 소화약제의 충전량은 50[kg]이므로 전체 소화약제의 양을 저장하기 위해 필요한 저장용기의 개수는

$$\frac{242.4[\text{kg}]}{50[\text{kg/병}]} = 4.848[\text{병}] = 5[\text{병}] \text{ (절상)}$$

전기실의 체적(가로×세로×높이)은 다음과 같다.
$$V = 12[\text{m}] \times 20[\text{m}] \times 3[\text{m}] = 720[\text{m}^3]$$
전기실에 필요한 소화약제의 최솟값을 구하여야 하므로 소화약제의 양은 체적 1[m³] 당 0.32[kg/m³]을 적용한다.
방호구역의 개구부(창문·출입구)에 자동폐쇄장치가 설치되었으므로 가산량은 적용하지 않는다.
소화약제의 양 = $0.32[\text{kg/m}^3] \times 720[\text{m}^3] = 230.4[\text{kg}]$
저장용기 1병 당 소화약제의 충전량은 50[kg]이므로 전체 소화약제의 양을 저장하기 위해 필요한 저장용기의 개수는

$$\frac{230.4[\text{kg}]}{50[\text{kg/병}]} = 4.608[\text{병}] = 5[\text{병}] \text{ (절상)}$$

(2) 할론 소화설비의 분사헤드 방출압력은 다음의 표에 따른 압력 이상으로 한다.

소화약제의 종류	분사헤드의 방출압력[MPa]
할론 1301	0.9
할론 1211	0.2
할론 2402	0.1

(3) 전기실에 방출된 할론 소화약제의 농도[%]를 요구하므로 이상기체 상태방정식을 활용하여 방출된 할론 1301의 부피[m^3]를 계산한다.

$$PV = \frac{m}{M}RT$$

P: 압력[atm], V: 부피[m^3], m: 질량[kg], M: 분자량[kg/kmol],
R: 기체상수[atm·m^3/kmol·K], T: 절대온도[K]

전기실에 할론 소화약제를 방사하는 경우 5병의 저장용기에서 일제히 소화약제가 방출되므로 방출량은 다음과 같다.

5[병]×50[kg/병]=250[kg]

주어진 조건을 공식에 대입하면 250[kg]에 해당하는 할론 1301의 부피는 다음과 같다.

$$1[\text{atm}] \times V[m^3] = \frac{250[\text{kg}]}{149[\text{kg/kmol}]} \times 0.08206[\text{atm} \cdot m^3/\text{kmol} \cdot \text{K}] \times 273[\text{K}]$$

$V = 37.588[m^3]$

따라서 추가된 할론 소화약제의 양은 37.588[m^3]이며, 이 때 전체 중 할론 소화약제의 농도는

$$\frac{37.588[m^3]}{(12 \times 20 \times 3)[m^3] + 37.588[m^3]} ≒ 0.04962 = 4.962[\%]$$

연계이론 PHASE 08 할론 소화설비

12 건식 스프링클러설비에 하향식 헤드를 부착하는 경우 드라이 펜던트 헤드를 사용한다. 그 목적을 설명하시오. [3점]

정답
- 답: 하향식 헤드 입구쪽에 기체를 충전하여 헤드의 동파를 방지한다.

연계이론 PHASE 04 스프링클러설비

13 [조건]을 참고하여 할로겐화합물 소화설비의 **10초 동안 방사된 소화약제량[kg]**을 구하시오. [4점]

> **조건**
> (가) 10초 동안 약제가 방사될 시 설계농도의 95[%]에 해당하는 약제가 방출된다.
> (나) 방호구역의 크기는 가로 4[m], 세로 5[m], 높이 4[m]이다.
> (다) $K_1=0.2413$, $K_2=0.00088$, 실온은 20[℃]이다.
> (라) C급 화재가 발생한 장소로 소화농도는 8.5[%]이다.

정답

- 계산과정: $0.2413+(0.00088\times20)=0.2589$
  $8.5\times1.35=11.475$
  $11.475\times0.95≒10.9$
  $4\times5\times4=80$
  $\dfrac{1}{0.2589}\times\left(\dfrac{10.9}{100-10.9}\right)\times80≒37.801$

- 답: 37.80[kg]

해설

화재안전기준에 따른 할로겐화합물 소화약제의 저장량 최소기준은 다음과 같다.

$$W=\dfrac{1}{S}\times\left(\dfrac{C}{100-C}\right)\times V$$

W: 소화약제의 질량[kg], S: 소화약제별 선형상수($K_1+K_2\times T$)[m³/kg],
T: 방호구역의 기준온도[℃], C: 설계농도(소화농도×안전계수)[%], V: 방호구역의 부피[m³]

기준온도가 20[℃]이므로 소화약제별 선형상수 S는 다음과 같다.
  $S=K_1+K_2\times T=0.2413+(0.00088\times20)=0.2589[m^3/kg]$
설계농도 C는 소화농도와 안전계수의 곱이며, 전기화재인 C급 화재의 안전계수는 1.35이므로 설계농도 C는 다음과 같다.
  $C=$소화농도×안전계수$=8.5\times1.35=11.475[\%]$
설계농도 C는 11.475[%]이므로 0.95를 곱하여 구한다.
  $11.475[\%]\times0.95≒10.9[\%]$
방호구역의 부피(가로×세로×높이)는 다음과 같다.
  $V=4[m]\times5[m]\times4[m]=80[m^3]$

따라서 10초 이내에 방출해야 하는 할로겐화합물 소화약제의 질량 W는
  $W=\dfrac{1}{0.2589[m^3/kg]}\times\left(\dfrac{10.9[\%]}{100-10.9[\%]}\right)\times80[m^3]≒37.801[kg]$

연계이론 PHASE 09 할로겐화합물 및 불활성기체 소화설비

14 그림은 CO_2 소화설비의 소화약제 저장용기 주위의 배관 계통도이다. 방호구역은 A, B 두 부분으로 나누어지고, 각 구역의 소요 약제량은 A 구역은 2B/T, B 구역은 5B/T이라 할 때 그림을 보고 다음 물음에 답하시오. [5점]

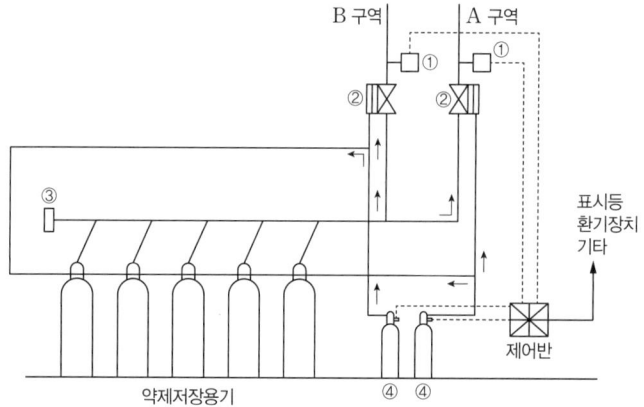

(1) 각 방호구역에 소요 약제량을 방출할 수 있게 조작관에 설치할 체크밸브의 위치를 나타내시오. (단, 저장용기와 집합관 사이 연결배관에서의 표시는 제외한다.)
(2) ①, ②, ③, ④ 기구의 명칭은 무엇인가?

정답

(1)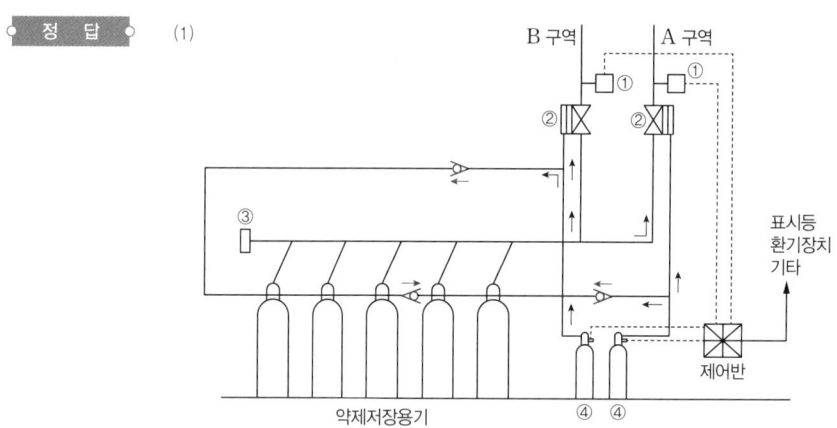

(2) ① 압력스위치
② 선택밸브
③ 안전밸브
④ 기동용 가스용기

연계이론 PHASE 07 이산화탄소 소화설비

15 운전 중인 급수펌프의 유량이 2.3[m³/min], 동력이 12[kW]이며 흡입관에서의 게이지 압력이 -40[kPa], 송출관에서의 게이지 압력이 200[kPa]이다. 흡입관경과 송출관경이 같고 송출관의 압력 측정장치는 흡입관의 압력 측정장치의 설치 위치보다 50[cm] 높게 설치가 되었을 때, 펌프의 효율[%]을 구하시오. [6점]

정답

- 계산과정: $2.3[\text{m}^3/\text{min}] = \frac{2.3}{60}[\text{m}^3/\text{s}]$

$$\frac{200-(-40)}{9.8}+0.5 ≒ 24.989$$

$$12 = \frac{9.8 \times \frac{2.3}{60} \times 24.989}{\eta} \times 1$$

$$\eta = \frac{9.8 \times \frac{2.3}{60} \times 24.989}{12} ≒ 0.78229$$

- 답: 78.23[%]

해설

펌프의 동력은 다음의 식을 통해 구할 수 있다.

$$P = \frac{\gamma Q H}{\eta} K$$

P: 펌프의 동력[kW], γ: 유체의 비중량[kN/m³], Q: 유량[m³/s], H: 전양정[m], η: 효율, K: 전달계수

유체는 물이므로 물의 비중량은 9.8[kN/m³]이다.

펌프의 토출량은 2.3[m³/min]이므로 단위를 변환하면 $\frac{2.3}{60}$[m³/s]이다.

펌프를 통과하기 전후의 압력과 위치의 관계식은 베르누이 방정식을 통해 구할 수 있다.

$$\frac{P_1}{\gamma}+\frac{u_1^2}{2g}+Z_1+H_P = \frac{P_2}{\gamma}+\frac{u_2^2}{2g}+Z_2$$

P: 압력[kN/m²], γ: 비중량[N/m³], u: 유속[m/s], g: 중력가속도[m/s²], Z: 높이[m], H_P: 전양정[m]

흡입관의 구경 D_1와 송출관의 구경 D_2가 같으므로 두 배관의 유속도 같다.
$u_1 = u_2$

주어진 조건을 공식에 대입하면 펌프의 전양정 H_P는

$$H_P = \frac{P_2-P_1}{\gamma}+\frac{u_2^2-u_1^2}{2g}+(Z_2-Z_1)$$

$$= \frac{200[\text{kPa}]-(-40[\text{kPa}])}{9.8[\text{kN/m}^3]}+\frac{0-0}{2g}+0.5[\text{m}]$$

$$≒ 24.989[\text{m}]$$

따라서 펌프의 효율 η는

$$12[\text{kW}] = \frac{9.8[\text{kN/m}^3] \times \frac{2.3}{60}[\text{m}^3/\text{s}] \times 24.989[\text{m}]}{\eta} \times 1 \leftarrow \text{전달계수가 주어지지 않았으므로 1로 둔다.}$$

$$\eta = \frac{9.8[\text{kN/m}^3] \times \frac{2.3}{60}[\text{m}^3/\text{s}] \times 24.989[\text{m}]}{12[\text{kW}]} ≒ 0.78229 = 78.229[\%]$$

연계이론 PHASE 19 유체가 가지는 에너지

16 그림과 같은 옥내소화전설비를 [조건]에 따라 설치하려고 한다. 다음 물음에 답하시오. [8점]

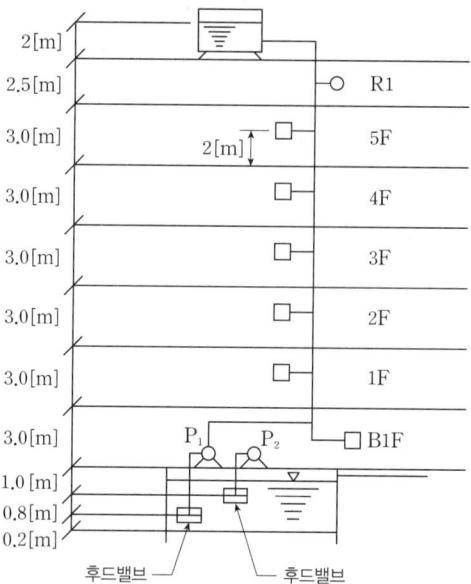

조건

(가) P_1 : 옥내소화전 펌프
(나) P_2 : 잡용수 양수펌프
(다) 펌프의 후드밸브로부터 5층 옥내소화전함 호스접결구까지의 마찰손실 및 저항손실수두는 실양정의 30[%]로 한다.
(라) 펌프의 효율은 65[%]이다.
(마) 옥내소화전의 개수는 각층에 3개씩이다.
(바) 소방호스의 마찰손실수두는 6[m]이다.

(1) 펌프의 최소유량[L/min]은 얼마인가?
(2) 수원의 최소 유효저수량[m³]은 얼마인가?
(3) 펌프의 양정[m]은 얼마인가?
(4) 펌프의 축동력[kW]은 얼마인가?

정답

(1) • 계산과정: $2 \times 130 = 260$
 • 답: 260[L/min]

(2) • 계산과정: $(2 \times 2.6) + (2 \times 2.6) \times \dfrac{1}{3} ≒ 6.933 [m^3]$
 • 답: 6.93[m³]

(3) • 계산과정: $0.8 + 1.0 + 3.0 + 3.0 + 3.0 + 3.0 + 3.0 + 2.0 = 18.8$
  $18.8 \times 0.3 = 5.64$
  $18.8 + 6 + 5.64 + 17 = 47.44$
 • 답: 47.44[m]

(4) • 계산과정: $260[L/min] = \dfrac{0.26}{60}[m^3/s]$

  $\dfrac{9.8 \times \dfrac{0.26}{60} \times 47.44}{0.65} ≒ 3.099$

 • 답: 3.10[kW]

해 설

(1) 화재안전기준에 따라 옥내소화전설비에서 가압송수장치(펌프)는 특정소방대상물의 어느 층에서 해당 층의 옥내소화전을 동시에 사용할 경우(최대 2개, 30층 이상인 경우 최대 5개) 각 소화전의 노즐 선단에서의 방수량은 130[L/min] 이상으로 한다.

정격토출량 = 2[개] × 130[L/min] = 260[L/min]

(2) 화재안전기준에 따라 옥내소화전설비에서 수원의 저수량은 옥내소화전의 설치개수가 가장 많은 층의 설치개수에 기준량을 곱한 양 이상이 되도록 한다.

층수	최대 설치개수	기준량
~29층	2개	$2.6[m^3](130[L/min] \times 20[min])$
30층~49층	5개	$5.2[m^3](130[L/min] \times 40[min])$
50층~	5개	$7.8[m^3](130[L/min] \times 60[min])$

기준에 따라 계산한 유효수량 외에 유효수량의 $\frac{1}{3}$ 이상을 옥상에 설치한다.

$$Q = (2[개] \times 2.6[m^3]) + (2[개] \times 2.6[m^3]) \times \frac{1}{3} ≒ 6.933[m^3]$$

(3) 화재안전기준에 따라 옥내소화전설비에 설치된 가압송수장치(펌프)의 전양정은 다음과 같다.

$$H = h_1 + h_2 + h_3 + 17$$

H: 전양정[m], h_1: 실양정(흡입양정+토출양정)[m], h_2: 호스의 마찰손실수두[m], h_3: 배관 및 관부속의 마찰손실수두[m], 17: 노즐선단에서의 방사압력수두[m]

펌프의 후드밸브로부터 최고위 옥내소화전 앵글밸브까지의 수직거리인 실양정 h_1은 다음과 같다.
$h_1 = 0.8[m] + 1.0[m] + 3.0[m] + 3.0[m] + 3.0[m] + 3.0[m] + 3.0[m] + 2.0[m] = 18.8[m]$
호스의 마찰손실수두 h_2는 다음과 같다.
$h_2 = 6[m]$
배관의 마찰손실 및 저항손실수두는 실양정의 30[%]이므로 배관 및 관부속의 마찰손실수두 h_3는 다음과 같다.
$h_3 = 18.8[m] \times 0.3 = 5.64[m]$
따라서 옥내소화전설비 펌프의 전양정 H는
$H = h_1 + h_2 + h_3 + 17 = 18.8[m] + 6[m] + 5.64[m] + 17 = 47.44[m]$

(4) 펌프의 축동력은 다음의 식을 통해 구할 수 있다.

$$P = \frac{\gamma Q H}{\eta}$$

P: 펌프의 축동력[kW], γ: 유체의 비중량[kN/m³], Q: 유량[m³/s], H: 전양정[m], η: 효율

유체는 물이므로 물의 비중량은 $9.8[kN/m^3]$이다.

펌프의 토출량은 260[L/min]이므로 단위를 변환하면 $\frac{0.26}{60}[m^3/s]$이다.

따라서 주어진 조건을 공식에 대입하면 펌프의 축동력 P는

$$P = \frac{9.8[kN/m^3] \times \frac{0.26}{60}[m^3/s] \times 47.44[m]}{0.65} ≒ 3.099[kW]$$ ← 축동력을 구할 때는 전달계수를 고려하지 않는다.

연 계 이 론 PHASE 02 옥내소화전설비

2020년 2회 기출문제

01
연결송수설비에 대한 다음 물음에 답하시오. [10점]

(1) 가압송수장치를 설치하여야 하는 것은 지표면에서 최상층 방수구의 높이[m]가 얼마 이상인지 쓰시오.
(2) 펌프의 흡입측에 연성계 또는 진공계를 설치하지 아니할 수 있는 경우를 2가지 쓰시오.
(3) 해당 층에 설치된 방수구가 6개인 경우 펌프의 최소 토출량[L/min]은 얼마인가?
(4) 펌프의 양정은 최상층에 설치된 노즐선단의 압력[MPa]이 얼마 이상이 되도록 하여야 하는가?
(5) 11층 이상의 부분에 설치하는 방수구를 단구형으로 설치할 수 있는 경우를 2가지 쓰시오.

정답

(1) 70[m]

(2) • 수원의 수위가 펌프의 위치보다 높은 경우
  • 수직 회전축 펌프를 사용하는 경우

(3) • 계산과정: $5 \times 800 = 4,000$
  • 답: 4,000[L/min]

(4) 0.35[MPa]

(5) • 아파트의 용도로 사용되는 층
  • 스프링클러설비가 유효하게 설치되어 있고 방수구가 2개소 이상 설치된 층

해설

(1) 지표면에서 최상층 방수구의 높이가 70[m] 이상의 특정소방대상물에는 연결송수관설비의 가압송수장치를 설치한다.

(2) 펌프의 토출 측에는 압력계를 체크밸브 이전에 펌프 토출 측 플랜지에서 가까운 곳에 설치하고, 흡입 측에는 연성계 또는 진공계를 설치해야 한다. 다만, 수원의 수위가 펌프의 위치보다 높거나 수직 회전축 펌프의 경우에는 연성계 또는 진공계를 설치하지 않을 수 있다.

(3) 펌프의 토출량은 2,400[L/min](계단식 아파트의 경우에는 1,200[L/min]) 이상이 되는 것으로 한다. 다만, 해당 층에 설치된 방수구가 3개를 초과(최대 5개)하는 것에 있어서는 1개마다 800[L/min](계단식 아파트의 경우에는 400[L/min])를 가산한 양이 되는 것으로 한다.
  $5 \times 800[\text{L/min}] = 4,000[\text{L/min}]$

(4) 펌프의 양정은 최상층에 설치된 노즐선단의 압력이 0.35[MPa] 이상의 압력이 되도록 한다.

(5) 11층 이상의 부분에 설치하는 방수구는 쌍구형으로 할 것. 다만, 다음의 어느 하나에 해당하는 층에는 단구형으로 설치할 수 있다.
  • 아파트의 용도로 사용되는 층
  • 스프링클러설비가 유효하게 설치되어 있고 방수구가 2개소 이상 설치된 층

연계이론 PHASE 16 연결송수관설비

02

표는 각 물질의 인화점, 연소 하한계, 연소 상한계 및 혼합가스의 조성농도를 나타낸 것이다. 다음 물음에 답하시오. [3점]

물질	인화점[°F]	LFL[%]	UFL[%]	조성농도[%]
수소	가스	4	75	5
메테인	−306	5	15	10
프로페인	가스	2.1	9.5	5
아세톤	가스	2.5	13	10
공기	−	−	−	70
합계	−	−	−	100

(1) 혼합물질의 연소 상한계[%]는 얼마인가?
(2) 혼합물질의 연소 하한계[%]는 얼마인가?
(3) 혼합가스의 연소 가능 여부를 판단하고, 그 이유를 설명하시오.

정답

(1) • 계산과정: $U = \dfrac{5+10+5+10}{\dfrac{5}{75}+\dfrac{10}{15}+\dfrac{5}{9.5}+\dfrac{10}{13}} ≒ 14.786$

  • 답: 14.79[%]

(2) • 계산과정: $L = \dfrac{5+10+5+10}{\dfrac{5}{4}+\dfrac{10}{5}+\dfrac{5}{2.1}+\dfrac{10}{2.1}} ≒ 3.114$

  • 답: 3.11[%]

(3) • 답: 연소 불가능. 공기 중 가연성 가스의 농도는 30[%]로 폭발범위 (3.11[%]~14.79[%]) 밖에 있다.

> **PLUS⁺ 혼합가스의 폭발한계**
>
> 가연성 가스가 혼합되었을 때 '르 샤틀리에의 법칙'으로 혼합가스의 폭발한계를 계산할 수 있다.
>
> $$\dfrac{V_1+V_2+\cdots+V_n}{L} = \dfrac{V_1}{L_1}+\dfrac{V_2}{L_2}+\cdots+\dfrac{V_n}{L_n} \rightarrow L = \dfrac{V_1+V_2+\cdots+V_n}{\dfrac{V_1}{L_1}+\dfrac{V_2}{L_2}+\cdots+\dfrac{V_n}{L_n}}$$
>
> L: 혼합가스의 연소한계[vol%], L_n: 가연성 가스의 연소한계[vol%], V_n: 가연성 가스의 농도[vol%]

연계 이론 PHASE 09 할로겐화합물 및 불활성기체 소화설비

03

할로겐화합물 및 불활성기체 소화약제 중 HFC-23과 IG-541을 사용하여 소화설비를 설치하고자 한다. [조건]을 참고하여 다음 물음에 답하시오. [6점]

조건

(가) HFC-23의 소화농도는 7.3[%]이다.
(나) IG-541의 소화농도는 31.25[%]이다.
(다) 발전기실의 연료는 경유를 사용한다.
(라) 방호구역의 체적은 1,400[m³]이다.
(마) 소화약제량 산출시 선형상수를 이용하며 방사 시 기준온도는 20[℃]이다.

소화약제	K_1	K_2
HFC-23	0.3164	0.0012
IG-541	0.65799	0.00239

(1) HFC-23의 최소 저장량[kg]은 얼마인가?
(2) IG-541의 최소 저장량[m³]은 얼마인가?

정답

(1) • 계산과정: $0.3164 + (0.0012 \times 20) = 0.3404$
  $7.3 \times 1.3 = 9.49$
  $\dfrac{1}{0.3404} \times \left(\dfrac{9.49}{100-9.49}\right) \times 1,400 ≒ 431.229$

• 답: 431.23[kg]

(2) • 계산과정: $31.25 \times 1.3 = 40.625$
  $2.303 \times \log\left(\dfrac{100}{100-40.625}\right) \times 1,400 = 729.947$

• 답: 729.95[m³]

해설

(1) 화재안전기준에 따른 할로겐화합물 소화약제의 저장량 최소기준은 다음과 같다.

$$W = \dfrac{1}{S} \times \left(\dfrac{C}{100-C}\right) \times V$$

W: 소화약제의 질량[kg], S: 소화약제별 선형상수($K_1 + K_2 \times T$)[m³/kg],
T: 방호구역의 기준온도[℃], C: 설계농도(소화농도×안전계수)[%], V: 방호구역의 부피[m³]

기준온도가 20[℃]이므로 소화약제별 선형상수 S는 다음과 같다.
  $S = K_1 + K_2 \times T = 0.3164 + (0.0012 \times 20) = 0.3404[m³/kg]$
설계농도 C는 소화농도와 안전계수의 곱이며, 유류화재인 B급 화재의 안전계수는 1.3이므로 설계농도 C는 다음과 같다.
  $C = $ 소화농도 $\times$ 안전계수 $= 7.3 \times 1.3 = 9.49[\%]$

따라서 소화약제 HFC-23의 질량 W는
  $W = \dfrac{1}{0.3404[m³/kg]} \times \left(\dfrac{9.49[\%]}{100-9.49[\%]}\right) \times 1,400[m³] ≒ 431.229[kg]$

(2) 화재안전기준에 따른 불활성기체 소화약제의 저장량 최소기준은 다음과 같다.

$$X = 2.303 \times \frac{V_S}{S} \times \log\left(\frac{100}{100-C}\right) \times V$$

X: 소화약제의 부피[m³], V_S: 20[℃]에서 소화약제의 비체적[m³/kg],
S: 소화약제별 선형상수($K_1 + K_2 \times T$)[m³/kg], T: 방호구역의 기준온도[℃]
C: 설계농도(소화농도×안전계수)[%], V: 방호구역의 부피[m³]

기준온도가 20[℃]이므로 소화약제의 비체적 V_S와 소화약제별 선형상수 S는 같다.
   $V_S = S$
설계농도 C는 소화농도와 안전계수의 곱이며, 유류화재인 B급 화재의 안전계수는 1.3이므로 설계농도 C는 다음과 같다.
   $C = $ 소화농도×안전계수 $= 31.25 \times 1.3 = 40.625[\%]$
따라서 소화약제 IG-541의 부피 X는
   $X = 2.303 \times \log\left(\dfrac{100}{100-40.625[\%]}\right) \times 1{,}400[\text{m}^3] \fallingdotseq 729.947[\text{m}^3]$

PHASE 09 할로겐화합물 및 불활성기체 소화설비

---

04 아래의 소방시설 도시기호에 대한 명칭을 쓰시오. [4점]

명칭				
도시기호	△	⊠	┼─╲┼	─┤

정답

명칭	분말·탄산가스·할론헤드	선택밸브	Y형 스트레이너	맹플랜지
도시기호	△	⊠	┼─╲┼	─┤

PHASE 01 소화기구 및 자동소화장치

05

각종 제연방식 중 자연 제연방식에 대한 내용이다. [조건]을 참고하여 다음 물음에 답하시오. [10점]

조건
- (가) 연기층과 공기층의 높이 차이는 3[m]이다.
- (나) 화재실의 온도는 707[℃]이고, 외부온도는 27[℃]이다.
- (다) 공기의 평균분자량은 28이고, 연기의 평균분자량은 29이다.
- (라) 화재실 및 실외의 기압은 1[atm]이다.
- (마) 중력가속도는 9.8[m/s²]이다.

(1) 연기의 유출속도[m/s]는 얼마인가?
(2) 외부풍속[m/s]은 얼마인가?
(3) 자연 제연방식을 변경하여 화재실 상부에 배연기(배풍기)를 설치하여 연기를 배출하는 형식으로 한다면 그 방식은 무엇인가?
(4) 일반적으로 가장 많이 이용하고 있는 제연방식을 3가지 쓰시오.
(5) 화재실의 바닥면적이 300[m²]이고 fan의 효율은 60[%], 전압 70[mmAq], 여유율 10[%]로 할 경우 설비의 풍량을 송풍할 수 있는 배출기의 최소동력[kW]은 얼마인가?

정답

(1) • 계산과정: $\sqrt{2 \times 9.8 \times 3 \times \left(\dfrac{\frac{28}{(273+27)}}{\frac{29}{(273+707)}} - 1\right)} \fallingdotseq 11.254$

• 답: 11.25[m/s]

(2) • 계산과정: $11.25 \times \sqrt{\dfrac{\frac{29}{(273+707)}}{\frac{28}{(273+27)}}} \fallingdotseq 6.334$

• 답: 6.33[m/s]

(3) • 답: 제3종 기계제연방식

(4) 다음 4가지 중 3가지를 선택하여 작성한다.
• 밀폐 제연방식
• 자연 제연방식
• 스모크타워 제연방식
• 기계 제연방식

(5) • 계산과정: $70[\text{mmAq}] \times \dfrac{101.325[\text{kPa}]}{10,332[\text{mmAq}]} \fallingdotseq 0.6865[\text{kPa}]$

$300[\text{m}^3/\text{min}] \times 60[\text{min/hr}] = 18,000[\text{m}^3/\text{hr}]$

$18,000[\text{m}^3/\text{hr}] = \dfrac{18,000}{3,600}[\text{m}^3/\text{s}]$

$\dfrac{0.6865 \times \frac{18,000}{3,600}}{0.6} \times 1.1 \fallingdotseq 6.293$

• 답: 6.29[kW]

해설

(1) 연기의 유출속도는 다음의 공식을 이용해 구할 수 있다.

$$u_i = \sqrt{2gh\left(\dfrac{\rho_o}{\rho_i} - 1\right)}$$

u_i: 연기의 유출속도[m/s], g: 중력가속도[m/s²], h: 높이 차이[m],
ρ_o: 외부의 공기밀도[kg/m³], ρ_i: 화재실의 공기밀도[kg/m³]

밀도는 질량을 부피로 나눈 값이므로 $\rho=\dfrac{m}{V}$이다. 질량과 이상기체 상수로 이루어진 이상기체의 상태방정식은 다음과 같다.

$$PV=\dfrac{m}{M}RT$$

P: 압력[atm], V: 부피[m³], m: 질량[kg], M: 분자량[kg/kmol],
R: 기체상수[atm·m³/kmol·K], T: 절대온도[K]

$$\rho=\dfrac{m}{V}=\dfrac{PM}{RT}$$

따라서 주어진 조건을 공식에 대입하면 연기의 유출속도 u_i는

$$u_i=\sqrt{2\times 9.8[\text{m/s}^2]\times 3[\text{m}]\times\left(\dfrac{\dfrac{28[\text{kg/kmol}]}{(273+27)[\text{K}]}}{\dfrac{29[\text{kg/kmol}]}{(273+707)[\text{K}]}}-1\right)}\fallingdotseq 11.254[\text{m/s}]$$

(2) 외부의 공기속도는 다음의 공식을 이용해 구할 수 있다.

$$\dfrac{u_o}{u_i}=\sqrt{\dfrac{\rho_i}{\rho_o}}$$

u_o: 외부 기체의 확산속도[m/s], u_i: 내부 기체의 확산속도[m/s],
ρ_o: 외부 기체의 밀도[kg/m³], ρ_i: 내부 기체의 밀도[kg/m³]

$$u_o=u_i\sqrt{\dfrac{\rho_i}{\rho_o}}=11.25[\text{m/s}]\times\sqrt{\dfrac{\dfrac{29[\text{kg/kmol}]}{(273+707)[\text{K}]}}{\dfrac{28[\text{kg/kmol}]}{(273+27)[\text{K}]}}}\fallingdotseq 6.334[\text{m/s}]$$

(3) 기계제연방식에는 다음 3종류의 제연방식이 있다.

제1종 기계제연방식	급기와 배기 모두 송풍기와 배연기를 활용하여 기계적으로 이루어지는 방식
제2종 기계제연방식	급기만 송풍기를 활용하여 기계적으로 이루어지는 방식(자연배기)
제3종 기계제연방식	배기만 배연기를 활용하여 기계적으로 이루어지는 방식(자연급기)

(5) 송풍기의 동력은 다음의 식을 통해 구할 수 있다.

$$P=\dfrac{P_T Q}{\eta}K$$

P: 송풍기의 동력[kW], P_T: 전압(풍압)[kPa], Q: 풍량[m³/s], η: 효율, K: 전달계수

전압은 송풍기의 흡입구와 배출구의 압력 차이를 의미하며 70[mmAq]이므로 단위를 변환하면 다음과 같다.

$$70[\text{mmAq}]\times\dfrac{101.325[\text{kPa}]}{10,332[\text{mmAq}]}\fallingdotseq 0.6865[\text{kPa}]$$

바닥면적이 400[m²] 미만인 경우 바닥면적 1[m²] 당 1[m³/min] 이상으로 하고, 최소 배출량은 5,000[m³/hr] 이상으로 한다.

$$300[\text{m}^3/\text{min}]\times 60[\text{min/hr}]=18,000[\text{m}^3/\text{hr}]\geq 5,000[\text{m}^3/\text{hr}]$$

팬의 배출량은 18,000[m³/hr]이므로 단위를 변환하면 $\dfrac{18,000}{3,600}$[m³/s]이다.

따라서 주어진 조건을 공식에 대입하면 송풍기의 동력 P는

$$P=\dfrac{0.6865[\text{kPa}]\times\dfrac{18,000}{3,600}[\text{m}^3/\text{s}]}{0.6}\times 1.1\fallingdotseq 6.293[\text{kW}]$$

연계이론 PHASE 14 제연설비

06 그림은 가로 20[m], 세로 10[m]인 직사각형 형태의 실의 평면도이다. 이 실의 내부에는 기둥이 없고 실내 상부는 반자로 고르게 마감되어 있다. 이 실내에 스프링클러 헤드를 직사각형 형태로 설치하고자 할 때, 다음 물음에 답하시오. (단, 내화구조이며 반자 속에는 헤드를 설치하지 아니하며 전등 또는 공조용 디퓨져 등의 모듈(module)은 무시한다.) [6점]

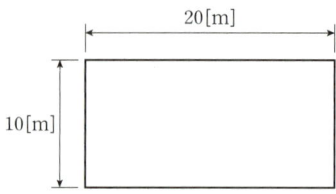

(1) 헤드 간 최대 대각선의 길이[m]는 얼마인가?
(2) 표는 가로열 설치 헤드의 수와 세로열 설치 헤드의 수를 나타낸 것이다. 헤드 간 대각선의 길이를 이용하여 표의 ( ) 안에 알맞은 답을 쓰시오.

가로열 설치 헤드의 수[개]	5	6	7	8
세로열 설치 헤드의 수[개]	(①)	(②)	(③)	(④)
총 설치 헤드의 수[개]	(⑤)	(⑥)	(⑦)	(⑧)

(3) (2)의 표를 참고하였을 때, 실의 평면도에 설치 가능한 최소 헤드의 개수는 몇 개인가?

정답

(1) • 계산과정: $2 \times 2.3 = 4.6$
  • 답: 4.6[m]

(2)

가로열 설치 헤드의 수[개]	5	6	7	8
세로열 설치 헤드의 수[개]	(5)	(4)	(3)	(3)
총 설치 헤드의 수[개]	(25)	(24)	(21)	(24)

(3) • 답: 21개

해설

(1) 헤드의 살수직경은 원이므로 헤드의 방사범위가 누락되지 않도록 대각선에 위치한 헤드의 살수직경과 접하도록 배치해야 한다.

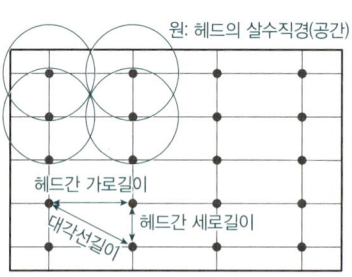

스프링클러설비의 헤드는 천장·반자·천장과 반자 사이·덕트·선반 등의 각 부분으로부터 하나의 헤드까지 수평거리를 다음의 기준에 따라 설치한다.

소방대상물	수평거리[m]
무대부·특수가연물을 저장 또는 취급하는 장소	1.7
비내화구조 특정소방대상물	2.1
내화구조 특정소방대상물	2.3
아파트 세대 내	2.6

따라서 헤드 간 최대 대각선의 길이는 다음과 같다.
$2R = 2 \times 2.3[m] = 4.6[m]$

(2) 가로열 설치 헤드의 수가 5개일 때 헤드 간 가로길이는 다음과 같다.
$$\frac{20[m]}{5} = 4[m]$$
헤드 간 세로길이는 다음과 같다.
$$\sqrt{(4.6[m])^2 - (4[m])^2} \fallingdotseq 2.272[m]$$
따라서 세로열 설치 헤드의 수와 총 설치 헤드의 수는 다음과 같다.
$$\frac{10[m]}{2.272[m]} \fallingdotseq 4.401[개] = 5[개]\ (절상)$$
$$5[개] \times 5[개] = 25[개]$$

가로열 설치 헤드의 수가 6개일 때 헤드 간 가로길이는 다음과 같다.
$$\frac{20[m]}{6} \fallingdotseq 3.333[m]$$
헤드 간 세로길이는 다음과 같다.
$$\sqrt{(4.6[m])^2 - (3.333[m])^2} \fallingdotseq 3.170[m]$$
따라서 세로열 설치 헤드의 수와 총 설치 헤드의 수는 다음과 같다.
$$\frac{10[m]}{3.170[m]} \fallingdotseq 3.154[개] = 4[개]\ (절상)$$
$$6[개] \times 4[개] = 24[개]$$

가로열 설치 헤드의 수가 7개일 때 헤드 간 가로길이는 다음과 같다.
$$\frac{20[m]}{7} \fallingdotseq 2.857[m]$$
헤드 간 세로길이는 다음과 같다.
$$\sqrt{(4.6[m])^2 - (2.857[m])^2} \fallingdotseq 3.605[m]$$
따라서 세로열 설치 헤드의 수와 총 설치 헤드의 수는 다음과 같다.
$$\frac{10[m]}{3.605[m]} \fallingdotseq 2.774[개] = 3[개]\ (절상)$$
$$7[개] \times 3[개] = 21[개]$$

가로열 설치 헤드의 수가 8개일 때 헤드 간 가로길이는 다음과 같다.
$$\frac{20[m]}{8} = 2.5[m]$$
헤드 간 세로길이는 다음과 같다.
$$\sqrt{(4.6[m])^2 - (2.5[m])^2} \fallingdotseq 3.861[m]$$
따라서 세로열 설치 헤드의 수와 총 설치 헤드의 수는 다음과 같다.
$$\frac{10[m]}{3.861[m]} \fallingdotseq 2.590[개] = 3[개]\ (절상)$$
$$8[개] \times 3[개] = 24[개]$$

연 계 이 론   **PHASE 04 스프링클러설비**

07 할로겐화합물 및 불활성기체 소화약제의 구비조건을 4가지 쓰시오. [4점]

정답 다음 6가지 중 4가지를 선택하여 작성한다.
- 오존파괴지수가 낮다.
- 지구온난화지수가 낮다.
- 소화성능이 우수하다.
- 독성이 낮다.
- 가격이 낮다.
- 저장성이 좋다.

연계이론 PHASE 09 할로겐화합물 및 불활성기체 소화설비

08 지상 5층의 특정소방대상물에 옥내소화전설비를 화재안전기준 및 [조건]에 따라 설치하였을 때 다음 물음에 답하시오. [12점]

> **조건**
> (가) 옥내소화전은 각 층마다 6개씩 설치되어 있다.
> (나) 실양정은 20[m]이고 배관상 마찰손실(소방용 호스 제외)은 40[m]이다.
> (다) 소방용 호스의 마찰손실은 100[m]당 26[m]이고 호스의 길이는 15[m], 수량은 2개이다.
> (라) 기타의 조건은 국가화재안전기준에 따른다.

(1) 옥상수조에 저장하여야 할 최소 유효저수량[m³]은 얼마인가?
(2) 펌프의 최소 토출량[L/min]은 얼마인가?
(3) 전양정[m]은 얼마인가?
(4) 펌프의 성능은 정격토출량의 150[%]로 운전할 경우 정격토출압력[MPa]은 최소 얼마 이상이어야 하는가?
(5) 펌프의 토출 측 수직 주배관의 최소구경을 [보기]에서 고르시오.
  | 보기 |
  25[mm], 32[mm], 40[mm], 50[mm], 65[mm], 80[mm], 100[mm]
(6) 옥내소화전의 방수량이 200[L/min]일 때 방수압력이 0.2[MPa]이었다. 방수압력을 0.4[MPa]로 방수하였을 경우 방수량[L/min]은 얼마가 되겠는가?
(7) (6)에서 산정한 방수압과 방수량을 기준으로 노즐의 구경[mm]은 얼마인가?

정답

(1) • 계산과정: $2 \times 2.6 \times \dfrac{1}{3} ≒ 1.733$
 • 답: $1.73[\text{m}^3]$

(2) • 계산과정: $2 \times 130 = 260$
 • 답: $260[\text{L/min}]$

(3) • 계산과정: $20 + 7.8 + 40 + 17 = 84.8$
 • 답: $84.8[\text{m}]$

(4) • 계산과정: $0.65 \times 84.8 \times \dfrac{0.1}{10} = 0.5512$
 • 답: $0.55[\text{MPa}]$

(5) • 계산과정: $260[\text{L/min}] = \dfrac{0.26}{60}[\text{m}^3/\text{s}]$

$$\sqrt{\dfrac{4 \times \dfrac{0.26}{60}}{\pi \times 4}} ≒ 0.0371[\text{m}] = 37.1[\text{mm}]$$

 • 답: $50[\text{mm}]$

(6) • 계산과정: $\dfrac{200}{\sqrt{10 \times 0.2}} ≒ 141.42$

$141.42 \times \sqrt{10 \times 0.4} = 282.84$

 • 답: $282.84[\text{L/min}]$

(7) • 계산과정: $\dfrac{P_1}{\gamma} = \dfrac{u_2^2}{2g}$

$$\dfrac{P}{\gamma} = \dfrac{1}{2g}\left(\dfrac{4Q}{\pi D^2}\right)^2 = \dfrac{1}{2g} \times \dfrac{16Q^2}{\pi^2 D^4}$$

$$\dfrac{400}{9.8} = \dfrac{1}{2 \times 9.8} \times \dfrac{16 \times \left(\dfrac{0.28284}{60}\right)^2}{\pi^2 \times D^4}$$

$$\sqrt[4]{\dfrac{1}{2 \times 9.8} \times \dfrac{16 \times \left(\dfrac{0.28284}{60}\right)^2}{\pi^2} \times \dfrac{9.8}{400}} ≒ 0.014567[\text{m}] = 14.567[\text{mm}]$$

 • 답: $14.57[\text{mm}]$

해설

(1) 화재안전기준에 따라 옥내소화전설비에서 수원의 저수량은 옥내소화전의 설치개수가 가장 많은 층의 설치개수에 기준량을 곱한 양 이상이 되도록 한다.

층수	최대 설치개수	기준량
~29층	2개	$2.6[\text{m}^3]$ ($130[\text{L/min}] \times 20[\text{min}]$)
30층~49층	5개	$5.2[\text{m}^3]$ ($130[\text{L/min}] \times 40[\text{min}]$)
50층~	5개	$7.8[\text{m}^3]$ ($130[\text{L/min}] \times 60[\text{min}]$)

기준에 따라 계산한 유효수량 외에 유효수량의 $\dfrac{1}{3}$ 이상을 옥상에 설치한다.

$$Q = 2[\text{개}] \times 2.6[\text{m}^3] \times \dfrac{1}{3} ≒ 1.733[\text{m}^3]$$

(2) 화재안전기준에 따라 옥내소화전설비에서 가압송수장치(펌프)는 특정소방대상물의 어느 층에서 해당 층의 옥내소화전을 동시에 사용할 경우(최대 2개, 30층 이상인 경우 최대 5개) 각 소화전의 노즐 선단에서의 방수량은 130[L/min] 이상으로 한다.

정격토출량＝2[개]×130[L/min]＝260[L/min]

(3) 화재안전기준에 따라 옥내소화전설비에 설치된 가압송수장치(펌프)의 전양정은 다음과 같다.

$$H = h_1 + h_2 + h_3 + 17$$

H: 전양정[m], h_1: 실양정(흡입양정＋토출양정)[m], h_2: 호스의 마찰손실수두[m], h_3: 배관 및 관부속의 마찰손실수두[m], 17: 노즐선단에서의 방사압력수두[m]

펌프의 후드밸브로부터 최고위 옥내소화전 앵글밸브까지의 수직거리인 실양정 h_1은 다음과 같다.

$h_1 = 20[m]$

소방호스의 길이가 15[m]이고, 호스 100[m] 당 26[m]의 마찰손실이 발생하므로 호스의 마찰손실수두 h_2는 다음과 같다.

$$h_2 = 2 \times 15[m] \times \frac{26}{100} = 7.8[m]$$

배관 및 관부속의 마찰손실수두 h_3는 40[m]이다.

$h_3 = 40[m]$

따라서 옥내소화전설비 펌프의 전양정 H는

$H = h_1 + h_2 + h_3 + 17 = 20[m] + 7.8[m] + 40[m] + 17 = 84.8[m]$

(4) 펌프의 성능은 체절운전 시 정격토출압력의 140[%]를 초과하지 않고, 정격토출량의 150[%]로 운전 시 정격토출압력의 65[%] 이상이 되어야 한다.

$$0.65 \times 84.8[m] \times \frac{0.1[MPa]}{10[m]} = 0.5512[MPa]$$

(5) 펌프의 토출 측 배관은 다음의 기준에 따라 설치한다.
- 펌프의 토출 측 주배관의 구경은 유속이 4[m/s] 이하가 될 수 있는 크기 이상으로 한다.
- 옥내소화전방수구와 연결되는 가지배관의 구경은 40[mm] 이상으로 한다.
- 주배관 중 수직배관의 구경은 50[mm] 이상으로 한다.

부피유량 공식 $Q = Au$에 의해 유량 Q와 유속 u를 알면 배관의 직경 D를 다음과 같이 구할 수 있다.

$$Q = \frac{\pi}{4} D^2 u, \quad D = \sqrt{\frac{4Q}{\pi u}}$$

D: 배관의 직경[m], Q: 유량[m³/s], u: 유속[m/s]

정격토출량 260[L/min]의 단위를 변환해주면 $\frac{0.26}{60}$[m³/s]이 되고, 유속 4[m/s]와 함께 공식에 대입해주면 배관의 직경 D는 다음과 같다.

$$D = \sqrt{\frac{4 \times \frac{0.26}{60}[m^3/s]}{\pi \times 4[m/s]}} \fallingdotseq 0.0371[m] = 37.1[mm]$$

유속 4[m/s] 이하인 조건을 만족시키는 배관의 직경은 37.1[mm] 이상이며, 수직 배관이므로 50[mm] 이상이어야 한다.

(6) 방수구에서 압력 P와 유량 Q는 다음과 같은 관계를 갖는다.

$$Q = K\sqrt{10P}$$

Q: 방수량[L/min], K: 방출계수, P: 방수압[MPa]

방수량 Q가 200[L/min]이고, 방수압 P가 0.2[MPa]일 때 방출계수 K는 다음과 같다.

$$K = \frac{Q}{\sqrt{10P}} = \frac{200[\text{L/min}]}{\sqrt{10 \times 0.2[\text{MPa}]}} \fallingdotseq 141.42$$

따라서 방수압 P가 0.4[MPa]인 경우 방수량 Q는

$$Q = 141.42 \times \sqrt{10 \times 0.4[\text{MPa}]} \fallingdotseq 282.84[\text{L/min}]$$

(7) 노즐을 통과하기 전 후의 압력과 속도의 관계식은 베르누이 방정식을 통해 구할 수 있다.

$$\frac{P_1}{\gamma} + \frac{u_1^2}{2g} + Z_1 = \frac{P_2}{\gamma} + \frac{u_2^2}{2g} + Z_2 + H$$

P: 압력[kN/m²], γ: 비중량[kN/m³], u: 유속[m/s], g: 중력가속도[m/s²], Z: 높이[m], H: 마찰손실수두[m]

배관(1)의 유속 u_1은 0 노즐을 통과한 후(2) 압력 P_2는 대기압이므로 0, 높이 차이는 없으므로 $Z_1 = Z_2$로 두면 방정식은 다음과 같다.

$$\frac{P_1}{\gamma} = \frac{u_2^2}{2g}$$

부피유량 공식 $Q = Au$에 의해 유량 Q와 배관의 직경 D를 알면 유속 u를 다음과 같이 구할 수 있다.

$$u = \frac{4Q}{\pi D^2}$$

u: 유속[m/s], Q: 유량[m³/s], D: 배관의 직경[m]

$$\frac{P}{\gamma} = \frac{1}{2g}\left(\frac{4Q}{\pi D^2}\right)^2 = \frac{1}{2g} \times \frac{16Q^2}{\pi^2 D^4}$$

방수량은 282.84[L/min]이므로 단위를 변환하면 $\frac{0.28284}{60}$[m³/s]이다.

따라서 주어진 조건을 공식에 대입하면 노즐의 구경 D는

$$\frac{400[\text{kPa}]}{9.8[\text{kN/m}^3]} = \frac{1}{2 \times 9.8[\text{m/s}^2]} \times \frac{16 \times \left(\frac{0.28284}{60}[\text{m}^3/\text{s}]\right)^2}{\pi^2 \times D^4}$$

$$D = \sqrt[4]{\frac{1}{2 \times 9.8[\text{m/s}^2]} \times \frac{16 \times \left(\frac{0.28284}{60}\right)^2}{\pi^2} \times \frac{9.8[\text{kN/m}^3]}{400[\text{kPa}]}} \fallingdotseq 0.014567[\text{m}] = 14.567[\text{mm}]$$

> **PLUS+ 노즐의 구경**
>
> 베르누이 방정식을 통해 노즐의 구경을 구하는 경우 다음과 같이 간략화하여 암기할 수 있다.
>
> $$Q = 0.653D^2\sqrt{10P}$$
>
> Q: 방수량[L/min], D: 노즐의 구경[mm], P: 방수압[MPa]

◇ 연계이론 ◇ **PHASE 02 옥내소화전설비**

09

그림은 화살표 방향으로 물이 흐르는 배관평면도이다. [조건]을 참고하여 Q_1, Q_2의 유량[L/min]을 각각 구하시오. [6점]

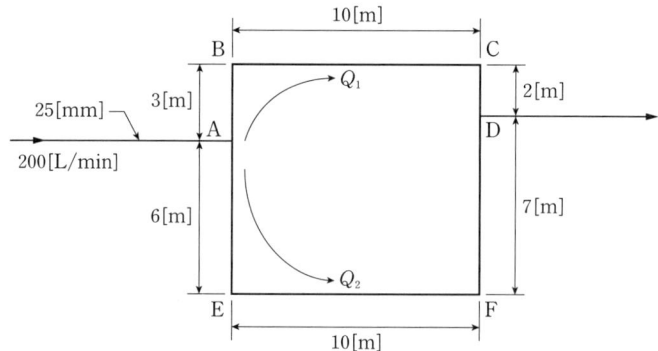

조건

(가) 하젠-윌리엄즈 공식은 다음과 같다.

$$\Delta P = \frac{6.053 \times 10^4 \times Q^{1.85}}{C^{1.85} \times d^{4.87}}$$

ΔP: 1[m]당 배관의 마찰손실압력[MPa], Q: 유량[L/min], C: 조도, d: 배관의 내경[mm]

(나) 호칭 25[mm] 배관의 안지름은 27[mm]이다.
(다) 호칭 25[mm] 엘보 (90°)의 등가길이는 1[m]이다.
(라) 배관은 아연도강관이다.
(마) A 및 D점에 있는 티(Tee)의 마찰손실은 무시한다.

정답

- 답: $Q_1 = 109.61$[L/min]
  $Q_2 = 90.39$[L/min]

해설

A점으로 들어온 물의 일부는 B점, C점을 거쳐 D점으로 나가고, 나머지는 E점, F점을 거쳐 D점으로 나간다. 이 때 두 경로의 마찰손실은 같다. ← 다른 경우 마찰손실이 작은 쪽으로 유량이 점점 증가하여 마찰손실도 증가하고 결국 평형을 이룬다.

$Q_1 + Q_2 = 200$[L/min]

$$\frac{6.053 \times 10^4 \times Q_1^{1.85}}{C^{1.85} \times 27^{4.87}} \times (3+1+10+1+2)[m] = \frac{6.053 \times 10^4 \times Q_2^{1.85}}{C^{1.85} \times 27^{4.87}} \times (6+1+10+1+7)[m]$$

$17Q_1^2 = 25Q_2^2$

$Q_1 = \dfrac{200[L/min]}{1+\sqrt{\dfrac{17}{25}}} \fallingdotseq 109.612$[L/min]

$Q_2 = 200$[L/min] $- Q_1 = 90.388$[L/min]

연계이론

PHASE 22 배관의 마찰손실

10

위험물을 저장하는 5[m](가로)×6[m](세로)×4[m](높이)의 방호대상물에 국소방출방식으로 제4종 분말 소화약제를 사용하는 분말 소화설비를 설치하려고 한다. [조건]을 참고하여 필요한 소화약제의 최소 저장량[kg]을 구하시오. [4점]

조건

(가) 국소방출방식의 계산식에서 방호공간에 대한 분말 소화약제의 양을 산출하기 위한 X 및 Y의 값은 다음 표에 따른다.

소화약제의 종별	X	Y
제1종 분말	5.2	3.9
제2종 분말 또는 제3종 분말	3.2	2.4
제4종 분말	2.0	1.5

(나) 방호대상물의 주위에는 동일한 크기의 벽이 설치되어 있으며 바닥면적을 제외하고 5면을 기준으로 계산한다.

정답

- 계산과정: $(5\times4)+(6\times4)+(5\times4)+(6\times4)=88$
  $(5\times4.6)+(6\times4.6)+(5\times4.6)+(6\times4.6)=101.2$
  $5\times6\times(4+0.6)=138$
  $\left(2.0-1.5\times\dfrac{88}{101.2}\right)\times138\times1.1=105.6$

- 답: 105.6[kg]

해설

국소방출방식인 분말 소화약제의 저장량 최소기준은 다음과 같다.

$$Q=\left(X-Y\times\dfrac{a}{A}\right)\times V\times1.1$$

Q: 소화약제의 양[kg], a: 방호대상물 주변 실제 벽면적의 합계[m²],
A: 방호공간 벽면적의 합계[m²], V: 방호공간의 부피[m³], X, Y: 표에 따른 수치

방호대상물 주변의 실제 벽은 방호대상물과 동일한 크기이므로 실제 벽면적 a는 다음과 같다.
$a=(5[m]\times4[m])+(6[m]\times4[m])+(5[m]\times4[m])+(6[m]\times4[m])=88[m^2]$
방호대상물 주변에 실제 벽이 존재하므로 방호공간은 높이 방향으로 0.6[m] 늘어나고 방호공간 벽면적의 합계 A는 다음과 같다.
$A=(5[m]\times4.6[m])+(6[m]\times4.6[m])+(5[m]\times4.6[m])+(6[m]\times4.6[m])=101.2[m^2]$
방호공간의 체적(가로×세로×높이)은 다음과 같다.
$V=5[m]\times6[m]\times(4+0.6)[m]=138[m^3]$ ← 방호대상물이 아닌 방호공간의 부피를 구해야 한다.

따라서 주어진 조건을 공식에 대입하면 소화약제의 양 Q는
$Q=\left(2.0-1.5\times\dfrac{88[m^2]}{101.2[m^2]}\right)\times138[m^3]\times1.1=105.6[kg]$

연계이론

PHASE 10 분말 소화설비

11 모형 펌프의 시험 운전을 기준으로 원형 펌프를 설계하고자 한다. [조건]을 참고하여 원형 펌프의 유량 [m³/s]과 축동력[MW]을 구하시오. (단, 모형 펌프와 원형 펌프는 서로 상사한다.) [6점]

> **조건**
> - 모형 펌프: (가) 축동력: 16.5[kW] (나) 임펠러의 직경: 42[cm]
>   (다) 양정: 5.64[m] (라) 회전수: 374[rpm]
>   (마) 효율: 89.3[%]
> - 원형 펌프: (가) 임펠러의 직경: 409[cm] (나) 양정: 55[m]

(1) 유량[m³/s]

(2) 축동력[MW]

정답

(1) • 계산과정: $16.5 = \dfrac{9.8 \times Q \times 5.64}{0.893}$

$Q = 16.5 \times \dfrac{0.893}{9.8 \times 5.64} \fallingdotseq 0.267$

$374 \times \sqrt{\dfrac{55}{5.64}} \times \dfrac{42}{409} \fallingdotseq 119.93$

$0.267 \times \left(\dfrac{119.93}{374}\right) \left(\dfrac{409}{42}\right)^3 \fallingdotseq 79.066$

• 답: 79.07[m³/s]

(2) • 계산과정: $16.5 \times \left(\dfrac{119.93}{374}\right)^3 \left(\dfrac{409}{42}\right)^5 \fallingdotseq 47.646[kW] = 47.646[MW]$

• 답: 47.65[MW]

해설

(1) 펌프의 유량은 다음의 식을 통해 구할 수 있다.

$$P = \dfrac{\gamma Q H}{\eta}$$

P: 펌프의 축동력[kW], γ: 유체의 비중량[kN/m³], Q: 유량[m³/s], H: 전양정[m], η: 효율

유체는 물이므로 물의 비중량은 9.8[kN/m³]이다.
따라서 주어진 조건을 공식에 대입하면 펌프의 유량 Q는

$16.5[kW] = \dfrac{9.8[kN/m^3] \times Q \times 5.64[m]}{0.893}$

$Q = 16.5[kW] \times \dfrac{0.893}{9.8[kN/m^3] \times 5.64[m]} \fallingdotseq 0.267[m^3/s]$

기하학적으로 비슷한 두 물체의 운동이 역학적으로도 비슷해지도록 하는 조건을 나타내는 법칙을 상사법칙이라고 한다.

펌프의 회전수와 직경을 변화시키면 상사법칙에 따라 양정이 변화한다.

$$\dfrac{H_2}{H_1} = \left(\dfrac{N_2}{N_1}\right)^2 \left(\dfrac{D_2}{D_1}\right)^2$$

H: 양정, N: 펌프의 회전수, D: 직경

상태1의 양정 H_1가 5.64[m], 회전수 N_1이 374[rpm], 직경 D_1가 42[cm]이며, 상태2의 양정 H_2이 55[m], 직경 D_2가 409[cm]이므로 회전수 N_2는 다음과 같다.

$N_2 = N_1 \sqrt{\dfrac{H_2}{H_1}} \dfrac{D_1}{D_2} \fallingdotseq 374[rpm] \times \sqrt{\dfrac{55[m]}{5.64[m]}} \times \dfrac{42[cm]}{409[cm]} \fallingdotseq 119.93[rpm]$

펌프의 회전수와 직경을 변화시키면 상사법칙에 따라 유량이 변화한다.

$$\frac{Q_2}{Q_1}=\left(\frac{N_2}{N_1}\right)\left(\frac{D_2}{D_1}\right)^3$$

Q: 유량, N: 펌프의 회전수, D: 직경

상태1의 유량 Q_1가 $0.267[\text{m}^3/\text{s}]$, 회전수 N_1이 $374[\text{rpm}]$, 직경 D_1가 $42[\text{cm}]$이며, 상태2의 회전수 N_2이 $119.93[\text{rpm}]$, 직경 D_2가 $409[\text{cm}]$이므로 유량 Q_2는 다음과 같다.

$$Q_2=Q_1\left(\frac{N_2}{N_1}\right)\left(\frac{D_2}{D_1}\right)^3=0.267[\text{m}^3/\text{s}]\times\left(\frac{119.93[\text{rpm}]}{374[\text{rpm}]}\right)\left(\frac{409[\text{cm}]}{42[\text{cm}]}\right)^3≒79.066[\text{m}^3/\text{s}]$$

(2) 펌프의 회전수와 직경을 변화시키면 상사법칙에 따라 축동력이 변화한다.

$$\frac{P_2}{P_1}=\left(\frac{N_2}{N_1}\right)^3\left(\frac{D_2}{D_1}\right)^5$$

P: 축동력, N: 펌프의 회전수, D: 직경

상태1의 축동력 P_1가 $16.5[\text{kW}]$, 회전수 N_1이 $374[\text{rpm}]$, 직경 D_1가 $42[\text{cm}]$이며, 상태2의 회전수 N_2이 $119.93[\text{rpm}]$, 직경 D_2가 $409[\text{cm}]$이므로 축동력 P_2는 다음과 같다.

$$P_2=P_1\left(\frac{N_2}{N_1}\right)^3\left(\frac{D_2}{D_1}\right)^5=16.5[\text{kW}]\times\left(\frac{119.93[\text{rpm}]}{374[\text{rpm}]}\right)^3\left(\frac{409[\text{cm}]}{42[\text{cm}]}\right)^5≒47,646[\text{kW}]=47.646[\text{MW}]$$

연계이론 PHASE 23 펌프의 특성

12 포 소화설비 중 배액밸브를 설치하는 목적과 설치 위치에 대하여 설명하시오. [4점]

(1) 설치 목적

(2) 설치 위치

정답
(1) 포의 방출 종료 후 배관 안의 액을 배출하기 위하여
(2) 송액관은 적당한 기울기를 유지하도록 하고 그 낮은 부분에 설치

해설 송액관은 포의 방출 종료 후 배관 안의 액을 배출하기 위하여 적당한 기울기를 유지하도록 하고 그 낮은 부분에 배액 밸브를 설치해야 한다.

연계이론 PHASE 06 포 소화설비

13

에탄을 저장하는 창고에 이산화탄소 소화설비를 설치하려고 할 때 [조건]을 참고하여 다음 물음에 답하시오. [10점]

조건
- (가) 전역방출방식(고압식)이며 표면화재 방호대상물로 간주한다.
- (나) 저장창고의 방호구역 체적은 125[m³]이다.
- (다) 이산화탄소의 설계농도는 40[%]이며 보정계수는 1.2이다.
- (라) 개구부는 2[m]×1[m] 크기의 1개소이며 자동폐쇄장치가 설치되어 있지 않다.
- (마) 약제 저장용기는 충전비가 1.9이며 내용적은 68[L]이다.
- (바) 기타의 조건은 화재안전기준을 적용한다.

(1) 필요한 이산화탄소 소화약제의 양[kg]은 얼마인가?

(2) 방호구역 내에 이산화탄소가 설계농도로 유지될 때의 산소의 농도[%]는 얼마인가?

(3) 필요한 소화약제의 저장용기는 몇 병인가?

(4) 다음은 이산화탄소 소화설비의 화재안전기준에 관한 내용이다. (   ) 안에 알맞은 답을 쓰시오.
- 고압식의 경우 분사헤드의 방사압력이 (①)[MPa] 이상의 것으로 할 것
- 전역방출방식에 있어서 가연성 액체 또는 가연성 가스 등 표면화재 방호대상물의 경우에는 이산화탄소의 소요량이 (②)분 이내에 방사되어야 한다.
- 이산화탄소 소화약제의 저장용기실의 온도는 (③)[℃] 이하가 되어야 한다.
- 이산화탄소 소화설비의 배관은 강관을 사용하는 경우 (④)(저압식은 스케줄 40) 이상의 것

정답

(1) • 계산과정: $0.90 \times 125 = 112.5$
$(112.5 \times 1.2) + (5 \times 1 \times (2 \times 1)) = 145$
• 답: 145[kg]

(2) • 계산과정: $\dfrac{x}{100+x} = \dfrac{40}{100}$
$\dfrac{21}{100+x} = \dfrac{21}{100+66.67} \fallingdotseq 0.12599$
• 답: 12.60[%]

(3) • 계산과정: $\dfrac{68}{1.9} = 35.789$
$\dfrac{145}{35.789} \fallingdotseq 4.05$
• 답: 5병

(4) ① 2.1
② 1
③ 40
④ 압력배관용 탄소강관 중 스케줄 80

해 설

(1) 표면화재이고 전역방출방식인 이산화탄소 소화약제의 저장량 최소기준은 다음과 같다.

방호구역의 체적	소화약제의 양[kg/m³]	소화약제 저장량의 최저한도[kg]
45[m³] 미만	1.00	45
45[m³] 이상 150[m³] 미만	0.90	45
150[m³] 이상 1,450[m³] 미만	0.80	135
1,450[m³] 이상	0.75	1,125

방호구역의 개구부(창문·출입구) 1[m²]마다 5[kg]을 가산한다. ← 자동폐쇄장치가 없는 경우에만 적용한다.

방호구역의 체적이 45[m³] 이상 150[m³] 미만이므로 소화약제의 양은 체적 1[m³] 당 0.90[kg/m³]을 적용한다.
 소화약제의 양 $= 0.90[\text{kg/m}^3] \times 125[\text{m}^3] = 112.5[\text{kg}]$ ← 최저한도인 45[kg]보다 큰지 확인한다.
설계농도가 34[%] 이상이므로 체적에 따라 구한 소화약제의 양에 보정계수를 곱한다.
← 개구부 가산량에는 곱하지 않는다.
개구부(창문·출입구)에 자동폐쇄장치가 없으므로 개구부 면적 1[m²] 당 5[kg/m²]을 가산한다.
 소화약제의 양 $= (112.5[\text{kg}] \times 1.2) + (5[\text{kg/m}^2] \times 1 \times (2[\text{m}] \times 1[\text{m}])) = 145[\text{kg}]$

(2) 산소 21[%], 이산화탄소 0[%]인 공기에 이산화탄소 소화약제가 추가되어 이산화탄소의 농도는 40[%]가 되어야 한다.

$$\frac{x}{100+x} = \frac{40}{100}$$ ← 분모의 x는 공학용 계산기의 SOLVE 기능을 활용하면 쉽다.

따라서 추가된 이산화탄소 소화약제의 양 x는 66.67이며, 이 때 전체 중 산소의 농도는

$$\frac{21}{100+x} = \frac{21}{100+66.67} \fallingdotseq 0.12599 = 12.60[\%]$$

(3) 저장용기 1병 당 소화약제의 저장량[L]은 68[L]이고, 충전비는 1.9[L/kg]이므로 소화약제의 저장량[kg]은 다음과 같다.

$$\frac{68[\text{L}]}{1.9[\text{L/kg}]} = 35.789[\text{kg}]$$

저장용기 1병 당 소화약제의 저장량은 35.789[kg]이므로 저장창고에 필요한 소화약제의 양을 저장하기 위해 필요한 저장용기의 개수는

$$\frac{145[\text{kg}]}{35.789[\text{kg/병}]} \fallingdotseq 4.05[\text{병}] = 5[\text{병}] \text{ (절상)}$$

(4) • 전역방출방식의 이산화탄소 소화설비의 분사헤드는 방출압력이 2.1[MPa](저압식은 1.05[MPa]) 이상의 것으로 한다.
• 배관의 구경은 이산화탄소 소화약제의 소요량이 전역방출방식에 있어서 가연성 액체 또는 가연성 가스 등 표면화재 방호대상물의 경우에는 1분 이내에 방출될 수 있는 것으로 한다.
• 이산화탄소 소화약제의 저장용기는 온도가 40[℃] 이하이고, 온도 변화가 작은 곳에 설치한다.
• 이산화탄소 소화설비의 배관은 강관을 사용하는 경우 압력배관용 탄소강관 중 스케줄 80(저압식은 스케줄 40) 이상의 것으로 한다.

연계이론 PHASE 07 이산화탄소 소화설비

14 그림 및 [조건]을 참조하여 노즐에서의 유속[m/s]을 구하시오. [6점]

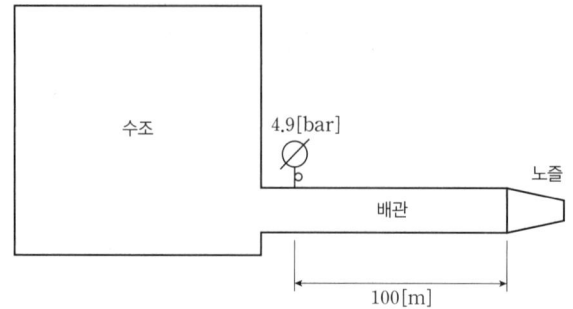

조건
- (가) 배관의 내경은 60[mm]이다.
- (나) 노즐의 내경은 20[mm]이다.
- (다) 배관에서 마찰손실계수는 0.025이다.
- (라) 노즐의 마찰손실은 무시한다.

정답
- 답: 25.54[m/s]

해설

노즐을 통과하기 전 후의 압력과 속도의 관계식은 베르누이 방정식을 통해 구할 수 있다.

$$\frac{P_1}{\gamma}+\frac{u_1^2}{2g}+Z_1=\frac{P_2}{\gamma}+\frac{u_2^2}{2g}+Z_2+H$$

P: 압력[kN/m²], γ: 비중량[kN/m³], u: 유속[m/s], g: 중력가속도[m/s²], Z: 높이[m], H: 마찰손실수두[m]

배관(1)의 압력 P_1는 4.9[bar]이므로 단위를 변환하면 다음과 같다.

$$4.9[\text{bar}]\times\frac{101.325[\text{kPa}]}{1.01325[\text{bar}]}=490[\text{kPa}]$$

노즐을 통과한 후(2) 압력 P_2는 대기압이므로 0이다.

유량은 일정하므로 부피유량 공식 $Q=Au$에 의해 유량 Q와 노즐의 직경 D를 알면 유속은 다음과 같이 구할 수 있다.

$$Q=A_1u_1=A_2u_2=\frac{\pi}{4}D_1^2u_1=\frac{\pi}{4}D_2^2u_2$$

$$\frac{\pi}{4}\times(0.06[\text{m}])^2\times u_1=\frac{\pi}{4}\times(0.02[\text{m}])^2\times u_2$$

$$9u_1=u_2$$

높이 차이는 없으므로 $Z_1=Z_2$로 두면 방정식은 다음과 같다.

$$\frac{P_1}{\gamma}+\frac{u_1^2}{2g}=\frac{u_2^2}{2g}+H$$

일정한 양의 비압축성 유체가 일정한 속도로 흐를 때 배관에서의 마찰손실은 달시-바이스바하 방정식으로 구할 수 있다.

$$H=\frac{\Delta P}{\gamma}=\frac{flu^2}{2gD}$$

H: 마찰손실수두[m], ΔP: 압력 차이[kPa], γ: 비중량[kN/m³], f: 마찰손실계수,
l: 배관의 길이[m], u: 유속[m/s], g: 중력가속도[m/s²], D: 배관의 직경[m]

따라서 방정식을 u_1에 대하여 정리하면 다음과 같다.

$$\frac{P_1}{\gamma} = \frac{80u_1^2}{2g} + \frac{flu_1^2}{2gD}$$

$$\frac{P_1}{\gamma} = \left(\frac{80}{2g} + \frac{fl}{2gD}\right)u_1^2$$

$$u_1 = \sqrt{\frac{\dfrac{P_1}{\gamma}}{\dfrac{80}{2g} + \dfrac{fl}{2gD}}}$$

주어진 조건을 공식에 대입하면 노즐의 분출속도 u_2는

$$u_i = \sqrt{\frac{\dfrac{490[\text{kPa}]}{9.8[\text{kN/m}^3]}}{\dfrac{80}{2 \times 9.8[\text{m/s}^2]} + \dfrac{0.025 \times 100[\text{m}]}{2 \times 9.8[\text{m/s}^2] \times 0.06[\text{m}]}}} \fallingdotseq 2.838[\text{m/s}]$$

$$u_2 = 9u_1 = 25.542[\text{m/s}]$$

◇ 연계이론 ◇ **PHASE 19** 유체가 가지는 에너지

---

15 바닥면적이 $350[\text{m}^2]$이고 다른 거실의 피난을 위한 경유 거실에 제연설비를 설치하고자 한다. 배출기의 흡입 측 풍도의 풍속을 $15[\text{m/s}]$ 이하가 되도록 하고자 할 때 흡입 측 덕트의 최소 폭[mm]을 구하시오. (단, 덕트의 높이제한은 $600[\text{mm}]$이며 강판 두께, 덕트 플랜지 및 보온 두께는 고려하지 않는다.) [3점]

◇ 정답 ◇
- 답: $648.33[\text{mm}]$

◇ 해설 ◇

바닥면적이 $400[\text{m}^2]$ 미만인 경우 바닥면적 $1[\text{m}^2]$ 당 $1[\text{m}^3/\text{min}]$ 이상으로 하고, 최소 배출량은 $5,000[\text{m}^3/\text{hr}]$ 이상으로 한다.

$$350[\text{m}^3/\text{min}] \times 60[\text{min/hr}] = 21,000[\text{m}^3/\text{hr}]$$

배출기의 흡입 측 풍도 안의 풍속은 $15[\text{m/s}]$ 이하로 한다.
부피유량 공식 $Q = Au$에 의해 유량 Q와 유속 u를 알면 덕트의 단면적 A를 다음과 같이 구할 수 있다.

$$A = \frac{Q}{u}$$

A: 덕트의 단면적$[\text{m}^2]$, Q: 유량$[\text{m}^3/\text{s}]$, u: 유속$[\text{m/s}]$

유량 $21,000[\text{m}^3/\text{h}]$의 단위를 변환해주면 $\dfrac{21,000}{3,600}[\text{m}^3/\text{s}]$이 되고, 유속 $15[\text{m/s}]$와 함께 공식에 대입해주면 덕트의 단면적 A는 다음과 같다.

$$A = \frac{\dfrac{21,000}{3,600}[\text{m}^3/\text{s}]}{15[\text{m/s}]} \fallingdotseq 0.389[\text{m}^2]$$

덕트의 최대 높이 H가 $0.6[\text{m}]$이므로 최소 폭 W는

$$W = \frac{A}{H} = \frac{0.389[\text{m}^2]}{0.6[\text{m}]} \fallingdotseq 0.648333[\text{m}] = 648.333[\text{mm}]$$

◇ 연계이론 ◇ **PHASE 14** 제연설비

16

특정소방대상물별 바닥면적이 20[m]×30[m]일 때 아래의 용도에 따른 소화기구의 능력단위를 구하시오. [6점]

(1) 전시장(주요구조부가 내화구조이고 벽 및 반자의 실내에 면하는 부분이 불연재료이다.)
(2) 위락시설(주요구조부가 내화구조가 아닌 경우)
(3) 집회장(주요구조부가 내화구조가 아닌 경우)

정답

(1) • 계산과정: $\dfrac{600}{2 \times 100} = 3$
   • 답: 3단위

(2) • 계산과정: $\dfrac{600}{30} = 20$
   • 답: 20단위

(3) • 계산과정: $\dfrac{600}{50} = 12$
   • 답: 12단위

해설

화재의 발생을 예방하기 위해 특정소방대상물별로 능력단위에 따른 소화기구 또는 자동소화장치를 설치하며, 부속 용도에 따라 기준개수의 소화기구 또는 자동소화장치를 추가로 설치한다.

소화기구의 특정소방대상물별 능력단위

특정소방대상물	소화기구의 능력단위
1. 위락시설	해당 용도의 바닥면적 30[m²] 마다 능력단위 1단위 이상
2. 공연장·집회장·관람장·문화재·장례식장 및 의료시설	해당 용도의 바닥면적 50[m²] 마다 능력단위 1단위 이상
3. 근린생활시설·판매시설·운수시설·숙박시설·노유자시설·전시장·공동주택·업무시설·방송통신시설·공장·창고시설·항공기 및 자동차 관련 시설 및 관광휴게시설	해당 용도의 바닥면적 100[m²] 마다 능력단위 1단위 이상
4. 그 밖의 것	해당 용도의 바닥면적 200[m²] 마다 능력단위 1단위 이상

※ 소화기구의 능력단위를 산출할 때 건축물의 주요구조부가 내화구조이고, 벽 및 반자의 실내에 면하는 부분이 불연재료·준불연재료 또는 난연재료로 된 특정소방대상물의 경우 위 기준의 2배를 기준면적으로 한다.

(1) 특정소방대상물인 전시장에 필요한 소화기구의 능력단위는 다음과 같다.

$$\text{전시장의 능력단위} = \dfrac{\text{바닥면적}[m^2]}{\text{기준면적}[m^2]} = \dfrac{600[m^2]}{2 \times 100[m^2]} = 3단위$$

(2) 특정소방대상물인 위락시설에 필요한 소화기구의 능력단위는 다음과 같다.

$$\text{위락시설의 능력단위} = \dfrac{\text{바닥면적}[m^2]}{\text{기준면적}[m^2]} = \dfrac{600[m^2]}{30[m^2]} = 20단위$$

(3) 특정소방대상물인 집회장에 필요한 소화기구의 능력단위는 다음과 같다.

$$\text{집회장의 능력단위} = \dfrac{\text{바닥면적}[m^2]}{\text{기준면적}[m^2]} = \dfrac{600[m^2]}{50[m^2]} = 12단위$$

연계이론

PHASE 01 소화기구 및 자동소화장치

2020년 3회 기출문제

01 다음 그림과 같이 직육면체(단면적 $36[m^2]$)의 물탱크에서 밸브를 완전히 개방하였을 때 최저유효수면($10[m]$)까지 물이 배수되는 소요시간[min]을 구하시오. (단, 토출 측 관의 안지름은 $80[mm]$이고 수조 수면의 하강 속도가 변화하는 것을 고려한다.) [4점]

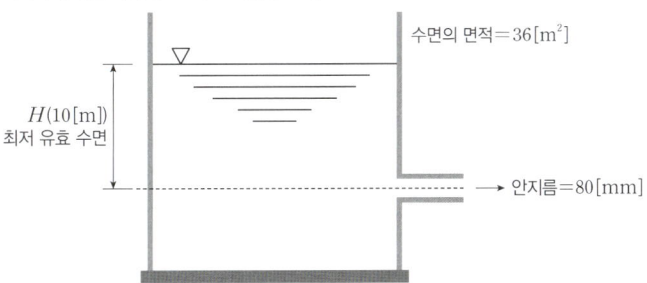

정답
- 답: 170.52[min]

해설

수면을 상태1이라고 할 때 수면의 하강 속도 u_1는 다음과 같다.

$h=10[m]-u_1 t$

$u_1=-\dfrac{dh}{dt}$

토출 측 배관을 상태2라고 할 때 물의 배수 속도 u_2는 다음과 같다.

$h=\dfrac{u_2^2}{2g}$

$u_2=\sqrt{2gh}$

탱크에서 줄어든 물의 양과 배수된 물의 양은 동일하므로 부피유량 공식 $Q=Au$에 의해 관계식을 다음과 같이 구할 수 있다.

$Q=A_1 u_1=A_2 u_2$

$-A_1\dfrac{dh}{dt}=A_2\sqrt{2gh}$

$-A_1\dfrac{1}{\sqrt{h}}dh=A_2\sqrt{2g}\,dt$

양 변을 적분해주면 수면의 높이 h가 10[m]에서 0[m]까지 변하는 동안의 시간을 구할 수 있다.

$-A_1\left[2\sqrt{h}\right]_{h_1}^{h_2}=A_2\sqrt{2g}\left[t\right]_{t_1}^{t_2}$

$-A_1(2\sqrt{h_2}-2\sqrt{h_1})=A_2\sqrt{2g}(t_2-t_1)$

$-36[m^2]\times(2\sqrt{0}-2\sqrt{10[m]})=\dfrac{\pi}{4}\times(0.08[m])^2\times\sqrt{2\times 9.8[m/s^2]}\times(t-0)[s]$

$t=\dfrac{36[m^2]\times 2\sqrt{10[m]}}{\dfrac{\pi}{4}\times(0.08[m])^2\times\sqrt{2\times 9.8[m/s^2]}}≒10,231[s]=\dfrac{10,231}{60}[min]≒170.517[min]$

연계이론   PHASE 20 유체유동

02 아래 그림은 지하 1층, 지상 10층인 특정소방대상물에 습식 스프링클러설비를 설치한 펌프 주변 상세도이다. [조건]을 참고하여 다음 물음에 답하시오. [14점]

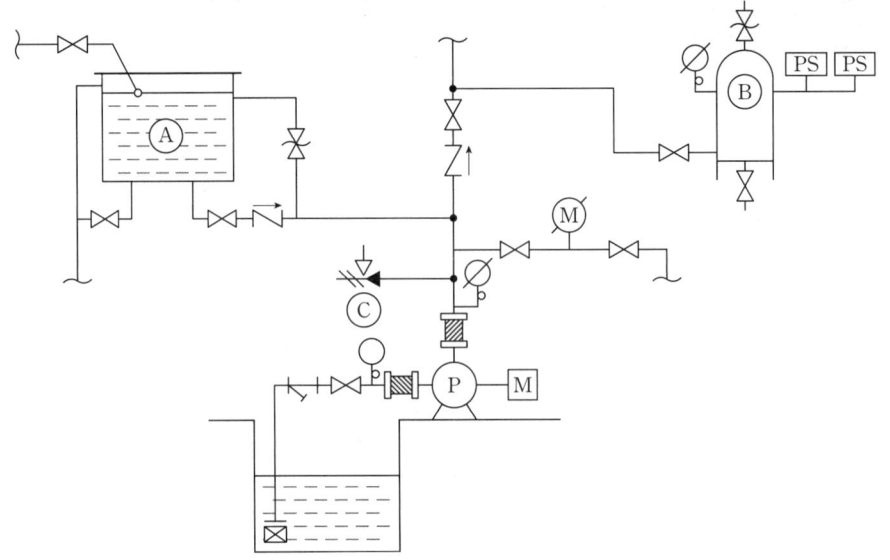

조건
- (가) 특정소방대상물의 지하층은 주차장으로 지상층은 업무시설로 사용한다.
- (나) 특정소방대상물은 내화구조이고 연면적 20,000[m²]이며 층 당 헤드의 부착 높이는 4[m]이다.
- (다) 특정소방대상물은 동결의 우려가 없으며 스프링클러 헤드는 총 200개가 설치되어 있다.
- (라) 펌프의 효율은 65[%]이며 전달계수는 1.1이다.
- (마) 실양정은 52[m]이고 배관의 마찰손실은 실양정의 30[%]이다.
- (바) 스프링클러 헤드의 방수압력은 0.1[MPa]이다.

(1) 헤드의 설치 간격[m]은 얼마인가? (단, 헤드는 정방형으로 설치한다.)
(2) 펌프의 전동기 용량[kW]은 얼마인가?
(3) 수원의 최소 유효저수량[m³]은 얼마인가? (단, 옥상수조를 포함한다.)
(4) 기호 Ⓐ의 명칭과 최소용량[L]은 얼마인가?
(5) 기호 Ⓑ의 명칭과 그 기능을 쓰시오.
(6) 기호 Ⓒ의 명칭과 작동압력범위를 쓰시오.
(7) 기호 Ⓐ 급수관의 최소구경[mm]은 얼마인가?

정답

(1) • 계산과정: $2 \times 2.3 \times \cos 45° ≒ 3.253$
 • 답: 3.25[m]

(2) • 계산과정: $10 \times 80 = 800$

$$800[\text{L/min}] = \frac{0.8}{60}[\text{m}^3/\text{s}]$$

$$52 + (52 \times 0.3) + 10 = 77.6$$

$$\frac{9.8 \times \frac{0.8}{60} \times 77.6}{0.65} \times 1.1 ≒ 17.159$$

 • 답: 17.16[kW]

(3) • 계산과정: $(10 \times 1.6) + (10 \times 1.6) \times \frac{1}{3} ≒ 21.333$
 • 답: 21.33[m³]

(4) • 답: 물올림수조, 100[L] 이상

(5) • 답: 압력챔버, 순간적인 압력변동을 검지하여 수격작용 등의 이상현상을 방지한다.

(6) • 답: 릴리프밸브, 체절압력 미만

(7) • 답: 15[mm]

해설

(1) 스프링클러설비의 헤드는 천장·반자·천장과 반자 사이·덕트·선반 등의 각 부분으로부터 하나의 헤드까지 수평거리를 다음의 기준에 따라 설치한다.

소방대상물	수평거리[m]
무대부·특수가연물을 저장 또는 취급하는 장소	1.7
비내화구조 특정소방대상물	2.1
내화구조 특정소방대상물	2.3
아파트 세대 내	2.6

헤드를 정방형으로 배치한 경우 다음의 식에 따라 산정한 수치 이하가 되도록 한다.

$$S = 2 \times r \times \cos 45°$$

S: 헤드 상호 간의 거리[m], r: 유효반경

헤드 간 최대 거리는 다음과 같다.
 $S = 2 \times 2.3[\text{m}] \times \cos 45° ≒ 3.253[\text{m}]$

(2) 전동기의 용량은 다음의 식을 통해 구할 수 있다.

$$P = \frac{\gamma Q H}{\eta} K$$

P: 전동기의 용량[kW], γ: 유체의 비중량[kN/m³], Q: 유량[m³/s], H: 전양정[m], η: 효율, K: 전달계수

유체는 물이므로 물의 비중량은 9.8[kN/m³]이다.

화재안전기준에 따라 스프링클러설비에서 가압송수장치(펌프)의 송수량은 기준개수에 80[L/min]를 곱한 양 이상으로 한다. ← 설치개수가 기준개수보다 적은 경우 설치개수에 따른다.

스프링클러설비의 설치장소		기준개수
아파트		10
지하층을 제외한 10층 이하인 특정소방대상물	헤드의 높이가 8[m] 미만인 것	10
	헤드의 높이가 8[m] 이상인 것	20
	판매시설이 없는 근린생활시설 · 운수시설 · 복합건축물	20
	특수가연물을 취급하지 않는 공장	20
	판매시설 또는 판매시설이 있는 복합건축물	30
	특수가연물을 저장 · 취급하는 공장	30
지하층을 제외한 11층 이상인 특정소방대상물		30
지하가 또는 지하역사		30

정격토출량 = 10[개] × 80[L/min] = 800[L/min]

펌프의 토출량은 800[L/min]이므로 단위를 변환하면 $\frac{0.8}{60}$[m³/s]이다.

화재안전기준에 따라 스프링클러설비에 설치된 가압송수장치(펌프)의 전양정은 다음과 같다.

$$H = h_1 + h_2 + 10$$

H: 전양정[m], h_1: 실양정(흡입양정 + 토출양정)[m], h_2: 배관 및 관부속의 마찰손실수두[m], 10: 헤드선단에서의 방사압력수두[m]

스프링클러설비 펌프의 전양정 H는
$H = h_1 + h_2 + 10 = 52[m] + (52[m] \times 0.3) + 10 = 77.6[m]$
따라서 주어진 조건을 공식에 대입하면 전동기의 동력 P는

$$P = \frac{9.8[kN/m^3] \times \frac{0.8}{60}[m^3/s] \times 77.6[m]}{0.65} \times 1.1 ≒ 17.159[kW]$$

(3) 화재안전기준에 따라 스프링클러설비에서 수원의 저수량은 기준개수에 1.6[m³]를 곱한 양 이상이 되도록 한다.
← 설치개수가 기준개수보다 적은 경우 설치개수에 따른다.

기준에 따라 계산한 유효수량 외에 유효수량의 $\frac{1}{3}$ 이상을 옥상에 설치한다.

$$Q = (10[개] \times 1.6[m^3]) + \left(10[개] \times 1.6[m^3]\right) \times \frac{1}{3} ≒ 21.333[m^3]$$

(4), (7) 물올림 장치에는 전용의 수조를 설치하고 수조의 유효수량은 100[L] 이상으로 하되, 구경 15[mm] 이상의 급수배관에 따라 해당 수조에 물이 계속 보급되도록 한다.

(5) 압력챔버는 다음과 같은 기능을 가진다.
- 배관의 압력 저하 시 펌프의 기동 및 정지
- 수격작용으로부터 완충 및 방지
- 순간적인 압력변동에서 안정적인 압력 검지

(6) • 가압송수장치의 체절운전 시 수온의 상승을 방지하기 위하여 체크밸브와 펌프 사이에서 분기한 구경 20[mm] 이상의 배관에 체절압력 미만에서 개방되는 릴리프밸브를 설치한다.
• 펌프의 성능은 체절운전 시 정격토출압력의 140[%]를 초과하지 않아야 한다.
펌프의 체절운전 시 성능에 이상이 있어 정격토출압력의 140[%]에 도달하는 경우 설비에 손상이 발생할 수 있으므로 체절압력(정격토출압력의 140[%])에 도달하기 전(미만) 개방되는 릴리프밸브를 설치한다.

연계이론 **PHASE 04** 스프링클러설비

03

다음 그림은 어느 실들의 평면도이다. 이 실들 중 A실을 급기 가압하고자 한다. [조건]을 참고하여 다음 물음에 답하시오. [4점]

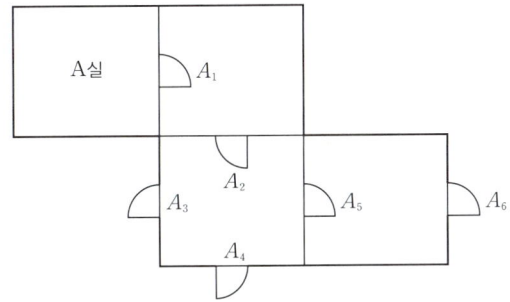

조건

(가) 실외부 대기의 기압은 절대압력으로 101,300[Pa]로서 일정하다.
(나) A실에 유지하고자 하는 기압은 절대압력으로 101,500[Pa]이다.
(다) 각 실의 문(Door)들의 틈새면적은 0.01[m²]이다.
(라) 어느 실을 급기 가압할 때 그 실의 문의 틈새를 통하여 누출되는 공기의 양은 다음의 식을 따른다.

$$Q = 0.827 \times A \times P^{\frac{1}{2}}$$

Q: 누출되는 공기의 양[m³/s], A: 문의 틈새면적[m²], P: 차압[Pa]

(1) 각 실의 문의 틈새면적 합계[m²]는 얼마인가? (단, 소수점 다섯째 자리까지 계산한다.)
(2) A실에 유입시켜야 할 풍량[L/s]은 얼마인가? (단, 소수점 아래에서 반올림한다.)

정답

(1) • 답: 0.00684[m²]

(2) • 계산과정: $0.827 \times 0.00684 \times (101,500 - 101,300)^{\frac{1}{2}} ≒ 0.079997 [m^3/s] = 79.997 [L/s]$
  • 답: 80[L/s]

해설

(1) A_5, A_6는 직렬관계이다.

$$A_{5\sim6} = \frac{1}{\sqrt{\frac{1}{(0.01[m^2])^2} + \frac{1}{(0.01[m^2])^2}}} ≒ 0.007071[m^2]$$

A_3, A_4, $A_{5\sim6}$는 병렬관계이다.
$A_{3\sim6} = 0.01[m^2] + 0.01[m^2] + 0.007071[m^2] = 0.027071[m^2]$

A_2, $A_{3\sim6}$는 직렬관계이다.

$$A_{2\sim6} = \frac{1}{\sqrt{\frac{1}{(0.01[m^2])^2} + \frac{1}{(0.027071[m^2])^2}}} ≒ 0.009380[m^2]$$

A_1, $A_{2\sim6}$는 직렬관계이다.

$$A_{1\sim6} = \frac{1}{\sqrt{\frac{1}{(0.01[m^2])^2} + \frac{1}{(0.00938[m^2])^2}}} ≒ 0.006841[m^2]$$

(2) 주어진 조건을 공식에 대입하면 틈새면적을 통과하는 유량 Q는
$Q = 0.827 \times 0.00684[m^2] \times (101,500[Pa] - 101,300[Pa])^{\frac{1}{2}}$
$≒ 0.079997[m^3/s] = 79.997[L/s]$

연계이론 PHASE 15 특별피난계단의 계단실 및 부속실 제연설비

04 그림은 어느 물계통의 소화펌프 계통도를 나타내고 있다. 그림과 [조건]을 참조하여 다음 물음에 답하시오. [8점]

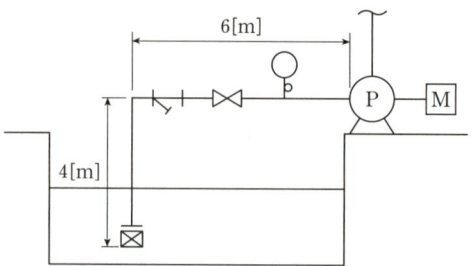

조건
- (가) 펌프의 흡입 측 배관에 설치된 관 부속품에 대한 등가길이는 15[m]이다.
- (나) 대기압 수두는 10.3[m]이며 물의 포화수증기압 수두는 0.2[m]이다.
- (다) 펌프의 유량은 144[m³/h]이고 흡입 배관의 내경은 125[mm]이다.
- (라) 펌프의 필요흡입양정은 4.5[m]이다.
- (마) 배관의 마찰손실수두는 다음의 공식을 따르되 펌프 운전 시 배관에서의 속도수두는 무시한다.

$$H = 6 \times 10^6 \times \frac{Q^2}{120^2 \times d^5} \times L$$

H: 배관의 마찰손실수두[m], Q: 배관 내의 유량[L/min], d: 배관의 내경[mm], L: 배관의 길이[m]

(1) 펌프의 흡입 측 배관의 마찰손실수두[m]는 얼마인가?
(2) 펌프의 유효흡입양정[m]은 얼마인가?
(3) 펌프의 사용 가능 여부를 판정하시오.
(4) 펌프로 흡입이 안 되는 경우 흡입 배관에 대한 개선대책을 2가지 쓰시오.

정답

(1) • 계산과정: $144[\text{m}^3/\text{h}] = \frac{144{,}000}{60}[\text{L/min}]$

$4 + 6 + 15 = 25$

$6 \times 10^6 \times \dfrac{\left(\dfrac{144{,}000}{60}\right)^2}{120^2 \times 125^5} \times 25 ≒ 1.966$

• 답: 1.97[m]

(2) • 계산과정: $10.3 - 4 - 1.97 - 0.2 = 4.13$
• 답: 4.13[m]

(3) 사용할 수 없다.

(4) 다음 4가지 중 2가지를 선택하여 작성한다.
- 흡입 관경을 크게 한다.
- 흡입 배관의 마찰손실을 작게 한다.
- 펌프의 설치위치를 낮춘다.
- 펌프의 흡입 수두를 작게 한다.

해설

(1) 펌프의 유량은 144[m³/h]이므로 단위를 변환하면 $\dfrac{144,000}{60}$[L/min]이다.

펌프의 후드밸브로부터 펌프 중심까지 배관의 길이 L은 실제 배관의 길이와 관 부속품 등가길이의 합과 같다.
$L = 4[m] + 6[m] + 15[m] = 25[m]$

펌프 흡입 측 배관의 마찰손실수두 H는

$$H = 6 \times 10^6 \times \dfrac{\left(\dfrac{144,000}{60}[L/min]\right)^2}{120^2 \times (125[mm])^5} \times 25[m] \fallingdotseq 1.966[m]$$

(2) 유효흡입양정 $NPSH_{av}$를 구성하는 조건은 다음과 같다.

$$NPSH_{av} = H_a \pm H_z - H_f - H_v$$

$NPSH_{av}$: 유효흡입수두, H_a: 유체 표면에 작용하는 절대압,
H_z: 유체 표면에서 펌프 중심까지의 높이, H_f: 마찰손실수두, H_v: 포화증기압수두

따라서 유효흡입수두 $NPSH_{av}$는
$NPSH_{av} = 10.3[m] - 4[m] - 1.97[m] - 0.2[m] = 4.13[m]$

(3) 필요흡입수두 $NPSH_{re}$(4.5[m])보다 유효흡입수두 $NPSH_{av}$(4.13[m])가 작기 때문에 공동현상(cavitation)이 발생한다.

연계이론 PHASE 23 펌프의 특성

05

전역방출방식의 할론 소화설비의 분사헤드 설치기준을 3가지 쓰시오. [3점]

정답

다음 4가지 중 3가지를 선택하여 작성한다.
- 방출된 소화약제가 방호구역의 전역에 균일하고 신속하게 확산할 수 있도록 할 것
- 할론 2402를 방출하는 분사헤드는 해당 소화약제가 무상으로 분무되는 것으로 할 것
- 분사헤드의 방출압력은 할론 2402를 방출하는 것은 0.1[MPa] 이상, 할론 1211을 방출하는 것은 0.2[MPa] 이상, 할론 1301을 방출하는 것은 0.9[MPa] 이상으로 할 것
- 기준저장량의 소화약제를 10초 이내에 방출할 수 있는 것으로 할 것

연계이론 PHASE 08 할론 소화설비

06

경유를 저장하는 탱크의 내부 직경이 40[m]인 플루팅 루프(Floating Roof) 탱크에 포 소화설비의 특형 방출구를 설치하여 방출하려고 할 때, 다음 물음에 답하시오. [10점]

조건

(가) 소화약제는 3[%]의 단백포를 사용하며 수용액의 분당 방출량은 12[L/m²·min]이고 방사시간은 20[min]이다.
(나) 탱크 내면과 굽도리판의 간격은 2.5[m]이다.
(다) 펌프의 효율은 60[%], 전동기의 전달계수는 1.2이다.

(1) 상기 탱크의 특형 방출구에 의하여 소화하는 데 필요한 수용액의 양[m³], 수원의 양[m³], 포 원액의 양[m³]은 각각 몇 이상이어야 하는가?
(2) 가압송수장치의 최소 분당 토출량[L/min]은 얼마인가?
(3) 펌프의 전양정이 100[m]일 때, 전동기의 최소 출력량[kW]은 얼마 이상인가? (단, 포 수용액의 비중은 물의 비중과 동일하다고 가정한다.)
(4) 팽창비를 구하는 식, 고발포의 팽창비 범위, 저발포의 팽창비 범위를 쓰시오.
(5) 포 소화약제의 종류를 5가지 쓰시오.

정답

(1) • 수용액의 양[m³]
  — 계산과정: $12 \times \frac{\pi}{4} \times (40^2 - 35^2) \times 20 ≒ 70,686[L] = 70.686[m^3]$
  — 답: 70.69[m³]
• 수원의 양[m³]
  — 계산과정: $70.686 \times 0.97 ≒ 68.565$
  — 답: 68.57[m³]
• 포 원액의 양[m³]
  — 계산과정: $70.686 \times 0.03 ≒ 2.121$
  — 답: 2.12[m³]

(2) • 계산과정: $12 \times \frac{\pi}{4} \times (40^2 - 35^2) ≒ 3,534.292$
  • 답: 3,534.29[L/min]

(3) • 계산과정: $3,534.29[L/min] = \frac{3.53429}{60}[m^3/s]$

  $$\frac{9.8 \times \frac{3.53429}{60} \times 100}{0.6} \times 1.2 ≒ 115.453$$

  • 답: 115.45[kW]

(4) • 답: 팽창비 $= \frac{\text{최종발생한포체적}}{\text{포수용액체적}}$

  고발포: 팽창비가 80 이상 1,000 미만인 것
  저발포: 팽창비가 20 이하인 것

(5) • 단백포
  • 합성계면활성제포
  • 수성막포
  • 내알콜형포
  • 불화단백포

해 설

(1) 위험물 저장탱크에 발생하는 화재는 유류 표면에서 발생하므로 위험물이 드러나거나 증발 가능한 면적이 화재 발생면적이자 소화면적이 된다.

경유탱크의 고정포 방출구에 필요한 포 수용액의 양은 다음과 같다.
$$Q = 12[\text{L/m}^2 \cdot \text{min}] \times \frac{\pi}{4} \times (40^2 - 35^2)[\text{m}^2] \times 20[\text{min}] \fallingdotseq 70,686[\text{L}] = 70.686[\text{m}^3]$$

포 소화약제가 3[%]의 단백포이므로 수원(물)의 비율은 97[%]이다.
$$Q = 70.686[\text{m}^3] \times 0.97 \fallingdotseq 68.565[\text{m}^3]$$

포 소화약제는 3[%]의 단백포를 사용하므로 필요한 포 원액량[m^3]은 다음과 같다.
$$Q = 70.686[\text{m}^3] \times 0.03 \fallingdotseq 2.121[\text{m}^3]$$

(2) 고정포 방출구의 방출률은 $12[\text{L/m}^2 \cdot \text{min}]$이므로 고정포 방출구의 유량은 다음과 같다.
$$Q = 12[\text{L/m}^2 \cdot \text{min}] \times \frac{\pi}{4} \times (40^2 - 35^2)[\text{m}^2] \fallingdotseq 3,534.292[\text{L/min}]$$

(3) 전동기의 동력은 다음의 식을 통해 구할 수 있다.
$$P = \frac{\gamma Q H}{\eta} K$$

P: 전동기의 용량[kW], γ: 유체의 비중량[kN/m^3], Q: 유량[m^3/s], H: 전양정[m], η: 효율, K: 전달계수

유체는 물이므로 물의 비중량은 $9.8[\text{kN/m}^3]$이다.

펌프의 토출량은 $3,534.29[\text{L/min}]$이므로 단위를 변환하면 $\frac{3.53429}{60}[\text{m}^3/\text{s}]$이다.

따라서 주어진 조건을 공식에 대입하면 전동기의 동력 P는
$$P = \frac{9.8[\text{kN/m}^3] \times \frac{3.53429}{60}[\text{m}^3/\text{s}] \times 100[\text{m}]}{0.6} \times 1.2 \fallingdotseq 115.453[\text{kW}]$$

(4) "팽창비"란 최종 발생한 포 체적을 원래 포 수용액 체적으로 나눈 값을 말한다.

포헤드 및 고정포방출구의 종류는 포의 팽창비율에 따라 다음과 같다.

팽창비율에 따른 포의 종류	포방출구의 종류
팽창비가 20 이하인 것(저발포)	포헤드, 압축공기포 헤드
팽창비가 80 이상 1,000 미만인 것(고발포)	고발포용 고정포 방출구

연계이론 PHASE 06 포 소화설비

07 가로 10[m], 세로 15[m], 높이 4[m]인 전기실에 화재안전기준과 [조건]에 따라 전역방출방식의 이산화탄소 소화설비를 설치하려고 한다. [조건]을 참고하여 다음 물음에 답하시오. [9점]

> **조건**
> (가) 공기 중 산소의 부피농도는 21[%]이고 이산화탄소 소화약제를 방사한 후 방호구역의 산소농도를 측정한 결과 부피농도는 14[%]이다.
> (나) 대기압은 760[mmHg]이고 이산화탄소 소화약제 방출 후 방호구역의 압력은 770[mmHg]이다.
> (다) 방호구역의 기준온도는 20[℃]이다.
> (라) 개구부는 자동폐쇄장치가 설치되어 있다.

(1) 이산화탄소 소화약제를 방사한 후 이산화탄소의 부피농도[%]는 얼마인가?
(2) 방호구역에 방사된 이산화탄소의 양[kg]은 얼마인가?
(3) 약제용기는 내용적이 68[L]이고 충전비가 1.7인 경우 필요한 용기 수는 몇 병인가?
(4) 다음은 이산화탄소 소화설비의 분사헤드 설치제외 장소이다. ( ) 안에 알맞은 답을 쓰시오.
  • 방재실, 제어실 등 사람이 (①)하는 장소
  • 니트로셀룰로스, 셀룰로이드제품 등 (②)을 저장·취급하는 장소
  • 나트륨, 칼륨, 칼슘 등 (③)을 저장·취급하는 장소
  • 전시장 등의 관람을 위하여 다수인이 출입 통행하는 통로 및 전시실 등

정답

(1) • 계산과정: $\dfrac{21}{100+x} = \dfrac{14}{100}$

$\dfrac{x}{100+x} = \dfrac{50}{100+50} \fallingdotseq 0.33333$

 • 답: 33.33[%]

(2) • 계산과정: $(10 \times 15 \times 4) \times \dfrac{50}{100} = 300$

$\dfrac{770}{760} \times 300 = \dfrac{m}{44} \times 0.08206 \times (273+20)$

$m = 556.227$

 • 답: 556.23[kg]

(3) • 계산과정: $\dfrac{68[\text{L}]}{1.7[\text{L/kg}]} = 40[\text{kg}]$

$\dfrac{556.23}{40} \fallingdotseq 13.906$

 • 답: 14병

(4) ① 상시 근무
  ② 자기 연소성 물질
  ③ 활성 금속 물질

해 설

(1) 산소 21[%], 이산화탄소 0[%]인 공기에 이산화탄소 소화약제가 추가되어 산소의 농도는 14[%]가 되어야 한다.

$$\frac{21}{100+x} = \frac{14}{100}$$ ← 분모의 x는 공학용 계산기의 SOLVE 기능을 활용하면 쉽다.

따라서 추가된 이산화탄소 소화약제의 양 x는 50이며, 이 때 전체 중 이산화탄소의 농도는

$$\frac{x}{100+x} = \frac{50}{100+50} \fallingdotseq 0.33333 = 33.33[\%]$$

(2) 방호구역의 체적(가로×세로×높이)이 100일 때, 추가된 이산화탄소 소화약제의 양이 50이므로 방출된 이산화탄소의 양[m³]은 다음과 같다.

$$V = (10[m] \times 15[m] \times 4[m]) \times \frac{50}{100} = 300[m^3]$$

문제에서 방출된 이산화탄소의 양[kg]을 요구하므로 이상기체 상태방정식을 활용하여 이산화탄소의 부피[m³]를 질량[kg]으로 변환해준다.

$$PV = \frac{m}{M}RT$$

P: 압력[atm], V: 부피[m³], m: 질량[kg], M: 분자량[kg/kmol],
R: 기체상수[atm·m³/kmol·K], T: 절대온도[K]

이산화탄소의 방출 후 압력은 770[mmHg]이므로 단위를 변환하면 다음과 같다.

$$P = 770[mmHg] \times \frac{1[atm]}{760[mmHg]} = \frac{770}{760}[atm]$$

주어진 조건을 공식에 대입하면 300[m³]에 해당하는 이산화탄소의 질량은 다음과 같다.

$$\frac{770}{760}[atm] \times 300[m^3] = \frac{m[kg]}{44[kg/kmol]} \times 0.08206[atm \cdot m^3/kmol \cdot K] \times (273+20)[K]$$

$$m = 556.227[kg]$$

(3) 약제용기 1병 당 소화약제의 저장량[L]은 68[L]이고, 충전비는 1.7[L/kg]이므로 소화약제의 저장량[kg]은

$$\frac{68[L]}{1.7[L/kg]} = 40[kg]$$

약제용기 1병 당 소화약제의 저장량은 40[kg]이므로 전기실에 필요한 소화약제의 양을 저장하기 위해 필요한 약제용기의 개수는

$$\frac{556.23[kg]}{40[kg/병]} \fallingdotseq 13.906[병] = 14[병] \text{ (절상)}$$

(4) 이산화탄소 소화설비의 분사헤드는 다음의 장소에 설치해서는 안된다.
- 방재실, 제어실 등 사람이 상시 근무하는 장소
- 니트로셀룰로스, 셀룰로이드제품 등 자기 연소성 물질을 저장·취급하는 장소
- 나트륨, 칼륨, 칼슘 등 활성 금속 물질을 저장·취급하는 장소
- 전시장 등의 관람을 위하여 다수인이 출입 통행하는 통로 및 전시실 등

연계이론   **PHASE 07** 이산화탄소 소화설비

08

물분무 소화설비를 설치하는 차고 또는 주차장에는 배수설비를 하여야 한다. 다음 물음에 답하시오. [6점]

(1) 배수구의 설치기준을 쓰시오.
(2) 기름분리장치의 설치기준을 쓰시오.
(3) 기울기에 대한 기준을 쓰시오.

정답

(1) 10[cm] 이상의 경계턱으로 설치

(2) 길이 40[m] 이하마다 설치

(3) $\dfrac{2}{100}$ 이상 유지

해설

물분무 소화설비를 설치하는 차고 또는 주차장에는 다음의 기준에 따라 배수설비를 해야 한다.
(1) 차량이 주차하는 장소의 적당한 곳에 10[cm] 이상의 경계턱으로 배수구를 설치할 것
(2) 배수구에서 새어 나온 기름을 모아 소화할 수 있도록 길이 40[m] 이하마다 집수관·소화핏트 등 기름분리장치를 설치할 것
(3) 차량이 주차하는 바닥에는 배수구를 향하여 100분의 2 이상의 기울기를 유지할 것

연계이론 PHASE 05 물분무 소화설비

09

분말 소화설비에 설치하는 정압작동장치의 기능과 압력스위치 방식에 대하여 설명하시오. [4점]

(1) 정압작동장치의 기능
(2) 압력스위치 방식

정답

(1) 저장용기 내에 들어가 적정 방출압력이 될 때까지 두 밸브를 폐쇄하고 있다가 가압용 가스가 소화약제를 유동화하여 설정치의 방출압력이 되었을 때 주밸브를 개방한다.

(2) 분말약제 저장용기에 유입된 가스압력에 의하여 설정된 압력이 되면 스위치가 닫혀 전자밸브를 개방시켜 주밸브를 개방한다.

해설

(1) 정압작동장치(Constant Pressure-Operated Device; Release & Delay Cabinet)
분말소화약제의 저장용기의 주밸브를 일정한 시간이 경과한 후에 개방시키는 장치, 가압용 가스가 분말소화약제 탱크에 도입된 후, 약제가 유동하여 설정방출압력에 도달될 때까지 약 15~20초의 시간이 소요되며, 압력스위치 방식, 기계식 및 시한릴레이방식이 있다.

(2) 가스압식(압력스위치 방식)
분말약제 저장용기에 유입된 가스압력이 설정압력에 도달하였을 때 압력스위치가 작동하여 전자밸브를 작동시킨다. 전자밸브의 동작에 의해 주밸브 개방용가스를 이송시켜 피스톤릴리저를 움직여 주밸브를 개방한다.

연계이론 PHASE 10 분말 소화설비

10

다음은 지하구의 화재안전기준에 관한 설치기준이다. ( ) 안에 알맞은 답을 쓰시오. [7점]

- 연소방지설비 전용헤드를 사용하는 경우 하나의 배관에 부착하는 살수헤드의 개수가 4개 또는 5개인 경우 배관의 구경은 (①)[mm] 이상의 것으로 할 것
- 소방대원의 출입이 가능한 (②)·(③)마다 지하구의 양쪽 방향으로 살수헤드를 설정하되, 한쪽 방향의 살수구역의 길이는 (④)[m] 이상으로 할 것. 다만, 환기구 사이의 간격이 (⑤)[m]를 초과할 경우에는 (⑤)[m] 이내마다 살수구역을 설정할 것
- 방수 헤드 간의 수평거리는 연소방지설비 전용헤드의 경우에는 (⑥)[m] 이하, 스프링클러헤드의 경우에는 (⑦)[m] 이하로 할 것

정답

① 65
② 환기구
③ 작업구
④ 3
⑤ 700
⑥ 2
⑦ 1.5

해설

- 연소방지설비 전용헤드를 사용하는 경우 다음의 표에 따른 구경 이상으로 한다.

하나의 배관에 부착하는 전용헤드의 개수	배관의 구경[mm]
1개	32
2개	40
3개	50
4개 또는 5개	65
6개 이상	80

- 소방대원의 출입이 가능한 환기구·작업구마다 지하구의 양쪽방향으로 살수헤드를 설치하고, 한쪽 방향의 살수구역의 길이는 3[m] 이상으로 한다.
- 환기구 사이의 간격이 700[m]를 초과하는 경우 700[m] 이내마다 살수구역을 설정한다.
- 헤드 간의 수평거리는 연소방지설비 전용헤드의 경우 2[m] 이하, 개방형 스프링클러 헤드의 경우 1.5[m] 이하로 한다.

연계이론 PHASE 18 지하구

11

4층 이상 10층 이하의 의료시설에 설치하여야 할 피난기구를 3가지 쓰시오. [3점]

정답

다음 5가지 중 3가지를 선택하여 작성한다.
- 구조대
- 피난교
- 피난용트랩
- 다수인피난장비
- 승강식 피난기

해설

설치장소별 \ 층별	1층	2층	3층	4층 이상 10층 이하
의료시설·근린생활시설 중 입원실이 있는 의원·접골원·조산원			• 미끄럼대 • 구조대 • 피난교 • 피난용트랩 • 다수인피난장비 • 승강식 피난기	• 구조대 • 피난교 • 피난용트랩 • 다수인피난장비 • 승강식 피난기

연계이론 PHASE 11 피난기구

12

초고층 건물에 심하게 발생하는 연돌효과(Stack Effect)를 간략하게 설명하고, 제연설비에 미치는 영향은 무엇인지 쓰시오. [4점]

(1) 연돌효과(Stack Effect)

(2) 제연설비에 미치는 영향

정답

(1) 건축물 내부의 온도가 외부 온도보다 높고 기체의 밀도가 낮을 때 압력 차로 인하여 내부의 공기가 아래쪽에서 위쪽으로 이동하는 흐름이다.

(2) 자연적인 힘에 의해 연기가 외부로 배출되므로 제연설비의 부담이 낮아지고 효과가 커진다.

연계이론 PHASE 14 제연설비

13

소화설비에서 배관 내경이 100[mm]인 수평배관에 물이 350[L/min]의 유량으로 흐르고 있다. 직관의 길이는 150[m], 레이놀즈 수는 1,800일 때 배관의 출발점 압력이 0.75[MPa]이라면 배관 끝점의 압력[MPa]을 구하시오. [3점]

정답

- 답: 0.74[MPa]

해설

일정한 양의 비압축성 유체가 일정한 속도로 흐를 때 배관에서의 마찰손실은 달시-바이스바하 방정식으로 구할 수 있다.

$$H = \frac{\Delta P}{\gamma} = \frac{flu^2}{2gD}$$

H: 마찰손실수두[m], ΔP: 압력 차이[kPa], γ: 비중량[kN/m³], f: 마찰손실계수,
l: 배관의 길이, u: 유속[m/s], g: 중력가속도[m/s²], D: 배관의 직경[m]

레이놀즈 수가 2,100 이하이므로 유체의 흐름은 층류이다.

층류일 때 마찰계수 f는 $\frac{64}{Re}$이므로 마찰계수 f는 다음과 같다.

$$f = \frac{64}{Re} = \frac{64}{1,800}$$

부피유량 공식 $Q=Au$에 의해 유량 Q와 배관의 직경 D를 알면 유속 u는 다음과 같이 구할 수 있다.

$$u = \frac{4Q}{\pi D^2}$$

u: 유속[m/s], Q: 유량[m³/s], D: 배관의 직경[m]

유량은 350[L/min]이므로 단위를 변환하면 $\frac{0.35}{60}$[m³/s]이다.

주어진 조건을 대입하면 압력 차이 ΔP는 다음과 같다.

$$\Delta P = \gamma \times \frac{fl}{2gD}\left(\frac{4Q}{\pi D^2}\right)^2 = 9.8[kN/m^3] \times \frac{\frac{64}{1,800} \times 150[m]}{2 \times 9.8[m/s^2] \times 0.1[m]} \times \left(\frac{4 \times \frac{0.35}{60}[m^3/s]}{\pi \times (0.1[m])^2}\right)^2$$

$$\approx 14.710[kPa] = 0.0147[MPa]$$

따라서 배관 끝점의 압력은
0.75[MPa] − 0.0147[MPa] = 0.7353[MPa]

연계이론

PHASE 22 배관의 마찰손실

14 펌프의 성능시험에 관한 내용이다. 다음 물음에 답하시오. [11점]

(1) 체절운전에 대하여 설명하시오.
(2) 정격운전에 대하여 설명하시오.
(3) 최대운전(피크운전)에 대하여 설명하시오.
(4) 펌프의 성능특성곡선을 그리고 체절운전점, 설계점, 운전점을 표시하시오.
(5) 옥내소화전설비에 설치된 펌프의 성능시험표이다. 표의 ( ) 안에 알맞은 답을 쓰시오.

구분	체절운전	정격운전	최대운전
유량 Q[L/min]	0	520	(②)
압력 P[MPa]	(①)	0.7	(③)

정답

(1) 펌프의 성능시험을 목적으로 펌프 토출측의 개폐밸브를 닫은 상태에서 펌프를 운전하는 것으로 정격토출량의 0[%]로 운전할 때 압력이 정격토출압력의 140[%]를 초과하지 않아야 한다.

(2) 정격토출량과 정격토출압력으로 펌프를 운전하는 것으로 정격토출량의 100[%]로 운전할 때 압력이 정격토출압력의 100[%] 이상이어야 한다.

(3) 펌프의 성능을 시험하는 기준으로 정격토출량의 150[%]로 운전할 때 압력이 정격토출압력의 65[%] 이상이어야 한다.

(4)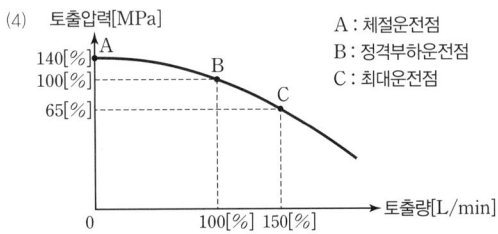

A : 체절운전점
B : 정격부하운전점
C : 최대운전점

(5)

구분	체절운전	정격운전	최대운전
유량 Q[L/min]	0	520	($520 \times 1.5 = 780$)
압력 P[MPa]	($0.7 \times 1.4 = 0.98$)	0.7	($0.7 \times 0.65 ≒ 0.46$)

연계이론

PHASE 02 옥내소화전설비

15

할로겐화합물 및 불활성기체 소화설비에 압력배관용 탄소강관(KS D 3562)을 사용할 때, [조건]을 참고하여 최대허용압력[MPa]을 구하시오. [3점]

조건

(가) 압력배관용 탄소강관(KS D 3562)의 인장강도는 420[MPa], 항복점은 250[MPa]이다.
(나) 배관이음효율은 0.85이다.
(다) 배관의 최대허용응력 SE는 배관재질 인장강도의 $\frac{1}{4}$값과 항복점의 $\frac{2}{3}$값 중 작은 값(σ)을 기준으로 다음의 식을 적용한다.

$$SE = \sigma \times 배관이음효율 \times 1.2$$

(라) 적용되는 배관의 바깥지름은 114.3[mm]이고 두께는 6.0[mm]이다.
(마) 나사이음, 홈이음 등의 허용값[mm](헤드설치부분 제외)은 무시한다.

정답

- 계산과정: $420 \times \frac{1}{4} = 105$

  $250 \times \frac{2}{3} ≒ 166.67$

  $105 \times 0.85 \times 1.2 = 107.1$

  $6 = \frac{P \times 114.3}{2 \times 107.1} + 0$

  $P = 6 \times \frac{2 \times 107.1}{114.3} ≒ 11.244$

- 답: 11.24[MPa]

해설

배관 두께의 관계식은 다음과 같다.

$$t = \frac{PD}{2SE} + A$$

t: 배관의 두께[mm], P: 최대허용압력[MPa], D: 배관의 바깥지름[mm], SE: 최대허용응력[MPa], A: 허용값[mm]

배관 최대허용응력의 관계식은 다음과 같다.

$$SE = \sigma \times 배관이음효율 \times 1.2$$

SE: 최대허용응력[MPa], σ: 인장강도의 1/4값과 항복점의 2/3값 중 작은값

인장강도는 420[MPa]이므로 1/4값인 105[MPa]과 항복점은 250[MPa]이므로 2/3값인 166.67[MPa] 중 작은 값인 105[MPa]를 σ로 선택한다.

$420[\text{MPa}] \times \frac{1}{4} = 105[\text{MPa}]$

$250[\text{MPa}] \times \frac{2}{3} ≒ 166.67[\text{MPa}]$

따라서 배관의 최대허용응력 SE는 아래와 같이 구할 수 있다.

$SE = 105[\text{MPa}] \times 0.85 \times 1.2 = 107.1[\text{MPa}]$

주어진 조건을 공식에 대입하면 배관의 최대허용압력 P는

$6[\text{mm}] = \frac{P \times 114.3[\text{mm}]}{2 \times 107.1[\text{MPa}]} + 0$

$P = 6[\text{mm}] \times \frac{2 \times 107.1[\text{MPa}]}{114.3[\text{mm}]} ≒ 11.244[\text{MPa}]$

연계이론 PHASE 09 할로겐화합물 및 불활성기체 소화설비

16 그림은 공장에 설치된 지하매설 소화용 배관도이다. 가마까지의 각각의 옥외소화전의 측정수압이 표와 같을 때, 다음 물음에 답하시오. [7점]

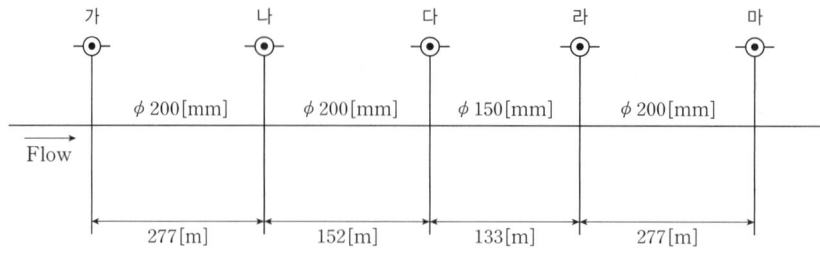

위치 압력	가	나	다	라	마
정압[MPa]	0.557	0.517	0.572	0.586	0.552
방사압력[MPa]	0.490	0.379	0.296	0.172	0.069

※ 방사압력은 소화전의 노즐 캡을 열고 소화전 본체 직근에서 측정한 잔류전압(Residual pressure)을 말한다.

(1) 다음은 동수경사선(hydraulic gradient)을 작성하기 위한 과정이다. 주어진 자료를 활용하여 표의 ( ) 안에 알맞은 답을 쓰시오. (단, 계산과정을 서술하시오.)

항목 소화전	구경 [mm]	실관장 [m]	측정압력[MPa]		펌프로부터 각 소화전까지 전마찰손실[MPa]	소화전 간의 배관마찰손실 [MPa]	Gauge Elevation [MPa]	경사선의 Elevation [MPa]
			정압	방사압력				
가	–	–	0.557	0.490	(①)	–	0.029	0.519
나	200	277	0.517	0.379	(②)	(⑤)	0.069	(⑩)
다	200	152	0.572	0.296	(③)	0.138	(⑧)	0.310
라	150	133	0.586	0.172	0.414	(⑥)	0	(⑪)
마	200	277	0.552	0.069	(④)	(⑦)	(⑨)	(⑫)

(단, 기준 elevation으로부터의 정압은 0.586[MPa]이다.)

(2) (1)에서 완성된 표를 자료로 하여 답안지의 동수경사선과 Pipe profile을 완성하시오.

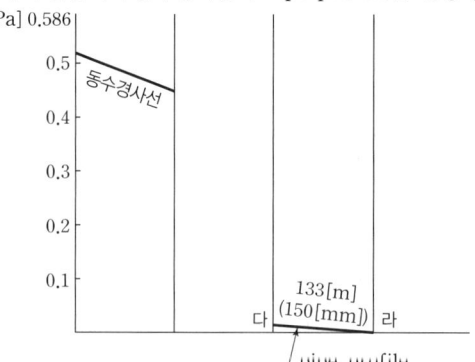

[정답]

(1)

항목 소화전	구경 [mm]	실관장 [m]	측정압력[MPa]		펌프로부터 각 소화전까지 전마찰손실[MPa]	소화전 간의 배관마찰손실 [MPa]	Gauge Elevation [MPa]	경사선의 Elevation [MPa]
			정압	방사압력				
가	—	—	0.557	0.490	(0.557−0.49 =0.067)	—	0.029	0.519
나	200	277	0.517	0.379	(0.517−0.379 =0.138)	(0.138−0.067 =0.071)	0.069	(0.379+0.069 =0.448)
다	200	152	0.572	0.296	(0.572−0.296 =0.276)	0.138	(0.586−0.572 =0.014)	0.310
라	150	133	0.586	0.172	0.414	(0.414−0.276 =0.138)	0	(0.172+0 =0.172)
마	200	277	0.552	0.069	(0.552−0.069 =0.483)	(0.483−0.414 =0.069)	(0.586−0.552 =0.034)	(0.069+0.034 =0.103)

(2)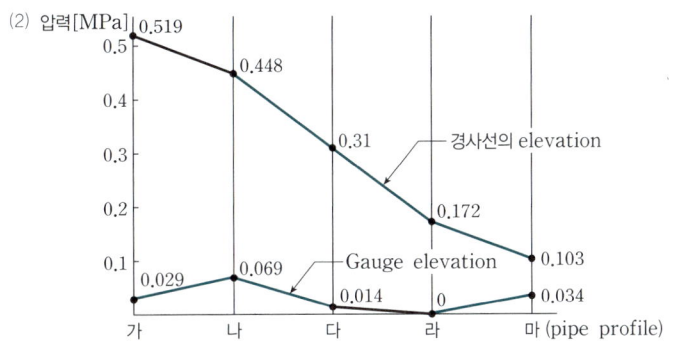

연계이론 PHASE 03 옥외소화전설비

2020년 4회 기출문제

01 아래의 도면과 같은 방호대상물에 전역방출방식으로 할론 1301 소화설비를 설계하려 한다. 각 실에 설치된 분사 노즐 당 설계방출량[kg/s]을 구하시오. [8점]

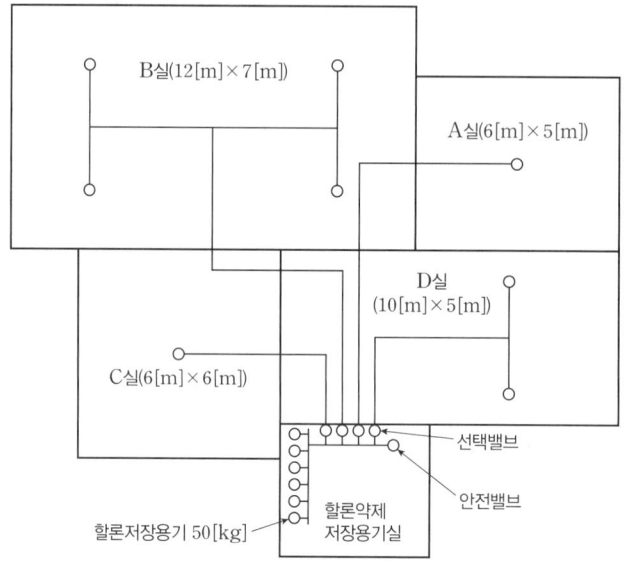

조건

(가) 각 실의 바닥으로부터 천장까지 높이(층고)는 5[m]이다.
(나) 할론 저장용기는 고압식으로 병당 약제저장량은 50[kg]이다.
(다) 분사 헤드의 수는 도면에 설치된 수량을 기준으로 한다.
(라) 각 실의 방호구역 체적[m^3] 당 필요한 약제소요량[kg]은 아래 표와 같다.

A실	B실	C실	D실
0.33[kg/m^3]	0.52[kg/m^3]	0.33[kg/m^3]	0.52[kg/m^3]

(마) 방호구역은 4개 구역이며 각 구역별 개구부는 무시한다.
(바) 약제저장용기의 개방방식은 가스압력식이다.
(사) 각 실의 분사노즐당 설계 방출량은 약제저장용기의 저장량을 기준으로 한다.

(1) A실
(2) B실
(3) C실
(4) D실

정답

(1) • 계산과정: $0.33 \times (6 \times 5 \times 5) = 49.5$

$$\frac{49.5}{50} = 0.99$$

$$\frac{1 \times 50}{10 \times 1} = \frac{50}{10} = 5$$

• 답: 5[kg/s]

(2) • 계산과정: $0.52 \times (12 \times 7 \times 5) = 218.4$

$$\frac{218.4}{50} = 4.368$$

$$\frac{5 \times 50}{10 \times 4} = 6.25$$

• 답: 6.25[kg/s]

(3) • 계산과정: $0.33 \times (6 \times 6 \times 5) = 59.4$

$$\frac{59.4}{50} = 1.188$$

$$\frac{2 \times 50}{10 \times 1} = 10$$

• 답: 10[kg/s]

(4) • 계산과정: $0.52 \times (10 \times 5 \times 5) = 130$

$$\frac{130}{50} = 2.6$$

$$\frac{3 \times 50}{10 \times 2} = 7.5$$

• 답: 7.5[kg/s]

해설

(1) A실에 필요한 소화약제의 양은 체적 $1[m^3]$ 당 $0.33[kg/m^3]$을 적용한다.

소화약제의 양 $= 0.33[kg/m^3] \times (6[m] \times 5[m] \times 5[m]) = 49.5[kg]$

저장용기 1병 당 소화약제의 저장량은 50[kg]이므로 전체 소화약제의 양을 저장하기 위해 필요한 저장용기의 개수는

$$\frac{49.5[kg]}{50[kg/병]} = 0.99[병] = 1[병] \text{ (절상)}$$

A실에 할론 소화약제를 방사하는 경우 1병의 저장용기에서 일제히 소화약제가 방출되므로 방출량은 다음과 같다.

$1[병] \times 50[kg/병] = 50[kg]$

할론 소화설비의 소화약제 방출시간은 다음과 같다.

방출방식	기준시간
전역방출방식	10초 이내
국소방출방식	10초 이내

따라서 소화설비가 작동하였을 때 노즐 당 방출되는 소화약제의 유량[kg/s]은

$$\frac{1[병] \times 50[kg/병]}{10[s] \times 1} = \frac{50[kg]}{10[s]} = 5[kg/s]$$

(2) B실에 필요한 소화약제의 양은 체적 $1[m^3]$ 당 $0.52[kg/m^3]$을 적용한다.

소화약제의 양 $= 0.52[kg/m^3] \times (12[m] \times 7[m] \times 5[m]) = 218.4[kg]$

$$\frac{218.4[kg]}{50[kg/병]} = 4.368[병] = 5[병] \text{ (절상)}$$

따라서 소화설비가 작동하였을 때 노즐 당 방출되는 소화약제의 유량[kg/s]은

$$\frac{5[병] \times 50[kg/병]}{10[s] \times 4} = \frac{250[kg]}{10[s] \times 4} = 6.25[kg/s]$$

(3) C실에 필요한 소화약제의 양은 체적 $1[m^3]$ 당 $0.33[kg/m^3]$을 적용한다.

소화약제의 양 $= 0.33[kg/m^3] \times (6[m] \times 6[m] \times 5[m]) = 59.4[kg]$

$\dfrac{59.4[kg]}{50[kg/병]} = 1.188[병] = 2[병]$ (절상)

따라서 소화설비가 작동하였을 때 노즐 당 방출되는 소화약제의 유량[kg/s]은

$\dfrac{2[병] \times 50[kg/병]}{10[s] \times 1} = \dfrac{100[kg]}{10[s] \times 1} = 10[kg/s]$

(4) D실에 필요한 소화약제의 양은 체적 $1[m^3]$ 당 $0.52[kg/m^3]$을 적용한다.

소화약제의 양 $= 0.52[kg/m^3] \times (10[m] \times 5[m] \times 5[m]) = 130[kg]$

$\dfrac{130[kg]}{50[kg/병]} = 2.6[병] = 3[병]$ (절상)

따라서 소화설비가 작동하였을 때 노즐 당 방출되는 소화약제의 유량[kg/s]은

$\dfrac{3[병] \times 50[kg/병]}{10[s] \times 2} = \dfrac{150[kg]}{10[s] \times 2} = 7.5[kg/s]$

> 연계이론 **PHASE 08 할론 소화설비**

02 파이프(배관)시스템 설계 시 Moody 차트에서 배관 길이에 대한 마찰손실 이외에 소위 부차적 손실을 고려하게 된다. 부차적 손실은 주로 어떠한 부분에 발생하는지 3가지를 설명하시오. [3점]

> 정답 다음 4가지 중 3가지를 선택하여 작성한다.
- 배관 입구와 출구에서의 손실
- 배관 단면의 확대 및 축소에 의한 손실
- 배관부품(엘보, 티, 리듀서, 밸브 등)에서 발생하는 손실
- 곡선인 배관에서의 손실

> 연계이론 **PHASE 22 배관의 마찰손실**

03

가로 9[m], 세로 10[m], 높이 9[m]인 전기실에 불활성기체 소화약제인 IG-541을 사용할 경우, [조건]을 참고하여 필요한 IG-541의 최소저장량[m³]을 구하시오. [6점]

조건

(가) 방호구역의 예상온도는 50[℃]이며 20[℃]에서의 IG-541의 비체적은 0.697[m³/kg]이다.
(나) IG-541의 설계농도는 37[%]이다.
(다) IG-541의 저장용기는 80[L]용 12.5[m³/병]을 적용한다.
(라) 소화약제량 산정 시 선형상수를 이용하며 방사 시 기준온도는 50[℃]이다.

K_1	K_2
0.65799	0.00239

정답

- 계산과정: $0.65799 + 0.00239 \times 50 = 0.77749$

  $9 \times 10 \times 9 = 810$

  $2.303 \times \dfrac{0.697}{0.77749} \times \log\left(\dfrac{100}{100-37}\right) \times 810 ≒ 335.564$

- 답: 335.56[m³]

해설

화재안전기준에 따른 불활성기체 소화약제의 저장량 최소기준은 다음과 같다.

$$X = 2.303 \times \dfrac{V_S}{S} \times \log\left(\dfrac{100}{100-C}\right) \times V$$

X: 소화약제의 부피[m³], V_S: 20[℃]에서 소화약제의 비체적[m³/kg],
S: 소화약제별 선형상수($K_1 + K_2 \times T$)[m³/kg], T: 방호구역의 기준온도[℃]
C: 설계농도(소화농도×안전계수)[%], V: 방호구역의 부피[m³]

기준온도가 50[℃]이므로 소화약제별 선형상수 S는 다음과 같다.
  $S = K_1 + K_2 \times 50 = 0.65799 + 0.00239 \times 50 = 0.77749[m³/kg]$
방호구역인 전기실의 부피(가로×세로×높이)는 다음과 같다.
  $V = 9[m] \times 10[m] \times 9[m] = 810[m³]$

따라서 소화약제 IG-541의 부피 X는
  $X = 2.303 \times \dfrac{0.697[kg/m³]}{0.77749[kg/m³]} \times \log\left(\dfrac{100}{100-37[\%]}\right) \times 810[m³] ≒ 335.564[m³]$

연계이론

PHASE 09 할로겐화합물 및 불활성기체 소화설비

04

경유를 저장하는 탱크의 내부직경이 50[m]인 플루팅 루프(Floating Roof) 탱크에 포 소화설비의 특형 방출구를 설치하여 방출하려고 할 때 [조건]을 참고하여 다음 물음에 답하시오. [6점]

> **조건**
> (가) 소화약제는 3[%]용의 단백포를 사용하며 수용액의 분당 방출량은 8[L/m²·min]이고 방사시간은 30[min]이다.
> (나) 탱크 옆판의 내측으로부터 굽도리판의 간격은 1[m]이다.
> (다) 펌프의 효율은 65[%]이다.

(1) 탱크의 액표면적[m²]은 얼마인가?

(2) 고정포 방출구를 통해 소화하는 데 필요한 수용액의 양[L], 수원의 양[L], 포 원액의 양[L]은 각각 얼마 이상이어야 하는가?

(3) 전동기의 축동력[kW]은 얼마 이상이어야 하는가? (단, 포 수용액의 비중은 물의 비중과 동일하며 전양정은 81.95[m]이다.)

정답

(1) • 계산과정: $\frac{\pi}{4} \times (50^2 - 48^2) = 153.938$
   • 답: 153.94[m²]

(2) • 수용액의 양[L]
   — 계산과정: $8 \times 153.94 \times 30 ≒ 36,945.6$
   — 답: 36,945.6[L]
   • 수원의 양[L]
   — 계산과정: $36,945.6 \times 0.97 = 35,837.232$
   — 답: 35,837.23[L]
   • 포 원액의 양[L]
   — 계산과정: $36,945.6 \times 0.03 = 1,108.368$
   — 답: 1,108.37[L]

(3) • 계산과정: $8 \times 153.94 = 1,231.52[\text{L/min}] = \frac{1.23152}{60}[\text{m}^3/\text{s}]$

$$\frac{9.8 \times \frac{1.23152}{60} \times 81.95}{0.65} ≒ 25.360$$

   • 답: 25.36[kW]

해설

(1) 위험물 저장탱크에 발생하는 화재는 유류 표면에서 발생하므로 위험물이 드러나거나 증발 가능한 면적이 화재발생면적이자 소화면적이 된다.

$$A = \frac{\pi}{4}(D^2 - d^2)$$

A: 화재면적[m²], D: 탱크의 직경[m], d: 탱크 내면과 굽도리판의 간격[m]

따라서 탱크의 액표면적 A는
$A = \frac{\pi}{4} \times (50^2 - 48^2)[\text{m}^2] = 153.938[\text{m}^2]$

(2) 경유탱크의 고정포 방출구에 필요한 포 수용액의 양은 다음과 같다.
$Q = 8[\text{L/m}^2 \cdot \text{min}] \times 153.94[\text{m}^2] \times 30[\text{min}] ≒ 36,945.6[\text{L}]$
포 소화약제가 3[%]의 단백포이므로 수원(물)의 비율은 97[%]이다.
$Q = 36,945.6[\text{L}] \times 0.97 = 35,837.232[\text{L}]$
포 소화약제는 3[%]의 단백포를 사용하므로 필요한 포 원액량[L]은 다음과 같다.
$Q = 36,945.6[\text{L}] \times 0.03 = 1,108.368[\text{L}]$

(3) 전동기의 축동력은 다음의 식을 통해 구할 수 있다.

$$P = \frac{\gamma QH}{\eta}$$

P: 전동기의 축동력[kW], γ: 유체의 비중량[kN/m³], Q: 유량[m³/s], H: 전양정[m], η: 효율

유체는 물이므로 물의 비중량은 9.8[kN/m³]이다.
고정포 방출구의 방출률은 8[L/m²·min]이므로 고정포 방출구의 유량은 다음과 같다.

$$Q = 8[\text{L/m}^2 \cdot \text{min}] \times 153.94[\text{m}^2] = 1,231.52[\text{L/min}] = \frac{1.23152}{60}[\text{m}^3/\text{s}]$$

따라서 주어진 조건을 공식에 대입하면 전동기의 축동력 P는

$$P = \frac{9.8[\text{kN/m}^3] \times \frac{1.23152}{60}[\text{m}^3/\text{s}] \times 81.95[\text{m}]}{0.65} \fallingdotseq 25.360[\text{kW}] \leftarrow \text{축동력을 구할 때는 전달계수를 고려하지 않는다.}$$

연계이론 **PHASE 06 포 소화설비**

---

05 다음은 물분무 소화설비의 배수설비 설치기준이다. (   ) 안에 알맞은 답을 쓰시오. [3점]

- 차량이 주차하는 장소의 적당한 곳에 (①)[cm] 이상의 경계턱으로 배수구를 설치할 것
- 배수구에는 새어나온 기름을 모아 소화할 수 있도록 길이 (②)[m] 이하마다 집수관, 소화핏트 등 기름분리 장치를 설치할 것
- 차량이 주차하는 바닥은 배수구를 향하여 (③) 이상의 기울기를 유지할 것
- 배수설비는 가압송수장치의 최대송수능력의 수량을 유효하게 배수할 수 있는 크기 및 기울기로 할 것

정답
① 10
② 40[m]
③ $\frac{2}{100}$

해설 물분무 소화설비를 설치하는 차고 또는 주차장에는 다음의 기준에 따라 배수설비를 해야 한다.
(1) 차량이 주차하는 장소의 적당한 곳에 10[cm] 이상의 경계턱으로 배수구를 설치할 것
(2) 배수구에서 새어 나온 기름을 모아 소화할 수 있도록 길이 40[m] 이하마다 집수관·소화핏트 등 기름분리장치를 설치할 것
(3) 차량이 주차하는 바닥에는 배수구를 향하여 100분의 2 이상의 기울기를 유지할 것

연계이론 **PHASE 05 물분무 소화설비**

06 아래 그림과 같이 물이 흐르는 배관의 ⓐ지점은 직경 50[mm], 압력 12[kPa], ⓑ지점은 직경 50[mm], 압력 11.5[kPa], ⓒ지점은 직경 30[mm], 압력 10.5[kPa]이며 유량은 5[L/s]이다. 다음 물음에 답하시오. [8점]

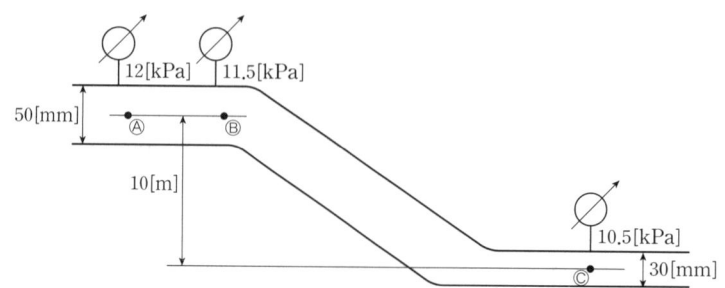

(1) ⓐ지점에서의 유속[m/s]은 얼마인가?
(2) ⓒ지점에서의 유속[m/s]은 얼마인가?
(3) ⓐ지점과 ⓑ지점 간의 마찰손실[m]은 얼마인가?
(4) ⓐ지점과 ⓒ지점 간의 마찰손실[m]은 얼마인가?

정 답

(1) • 계산과정: 5[L/s]=0.005[m³/s]

$$\frac{4 \times 0.005}{\pi \times 0.05^2} ≒ 2.546$$

• 답: 2.55[m/s]

(2) • 계산과정: $\frac{4 \times 0.005}{\pi \times 0.03^2} ≒ 7.074[m/s]$

• 답: 7.07[m/s]

(3) • 계산과정: $\frac{12-11.5}{9.8} ≒ 0.051$

• 답: 0.05[m]

(4) • 계산과정: $\frac{12-10.5}{9.8} + \frac{2.55^2 - 7.07^2}{2 \times 9.8} + 10 ≒ 7.934$

• 답: 7.93[m]

해설

(1) 부피유량 공식 $Q=Au$에 의해 유량 Q와 배관의 직경 D를 알면 유속 u를 다음과 같이 구할 수 있다.

$$u=\frac{4Q}{\pi D^2}$$

u: 유속[m/s], Q: 유량[m³/s], D: 배관의 직경[m]

유량은 5[L/s]이므로 단위를 변환하면 0.005[m³/s]이다.
따라서 주어진 조건을 공식에 대입하면 A지점의 유속 u는

$$u=\frac{4\times 0.005[\text{m}^3/\text{s}]}{\pi\times(0.05[\text{m}])^2}\fallingdotseq 2.546[\text{m/s}]$$

(2) 주어진 조건을 공식에 대입하면 C지점의 유속 u는

$$u=\frac{4\times 0.005[\text{m}^3/\text{s}]}{\pi\times(0.03[\text{m}])^2}\fallingdotseq 7.074[\text{m/s}]$$

(3) 점성이 있는 유체이므로 배관에서의 마찰손실은 수정 베르누이 방정식으로 구할 수 있다.

$$\frac{P_1}{\gamma}+\frac{u_1^2}{2g}+Z_1=\frac{P_2}{\gamma}+\frac{u_2^2}{2g}+Z_2+H$$

P: 압력[kN/m²], γ: 비중량[kN/m³], u: 유속[m/s], g: 중력가속도[m/s²], Z: 높이[m], H: 마찰손실수두[m]

유체는 물이므로 물의 비중량은 9.8[kN/m³]이다.
A지점과 B지점은 구경이 일정한 배관이므로 유속 u는 같다.
높이 차이는 없으므로 $Z_1=Z_2$로 두면 관계식은 다음과 같다.

$$H=\frac{P_1-P_2}{\gamma}$$

따라서 유체가 A지점에서 B지점으로 이동하며 발생한 마찰손실 H는

$$H=\frac{12[\text{kPa}]-11.5[\text{kPa}]}{9.8[\text{kN/m}^3]}\fallingdotseq 0.051[\text{m}]$$

(4) 높이 차이는 10[m]이므로 유체가 A지점에서 C지점으로 이동하며 발생한 마찰손실 H는

$$\begin{aligned}H&=\frac{P_1-P_2}{\gamma}+\frac{u_1^2-u_2^2}{2g}+(Z_1-Z_2)\\&=\frac{12[\text{kPa}]-10.5[\text{kPa}]}{9.8[\text{kN/m}^3]}+\frac{(2.55[\text{m}])^2-(7.07[\text{m}])^2}{2\times 9.8[\text{m/s}^2]}+10[\text{m}]\fallingdotseq 7.934[\text{m}]\end{aligned}$$

연계이론 PHASE 19 유체가 가지는 에너지

07 그림과 같은 옥내소화전설비를 [조건]과 화재안전기준 등에 따라 설치하려고 한다. 다음 물음에 답하시오.
(단, 후드밸브는 지하수조 바닥으로부터 0.2 [m] 높이에 있다.) [8점]

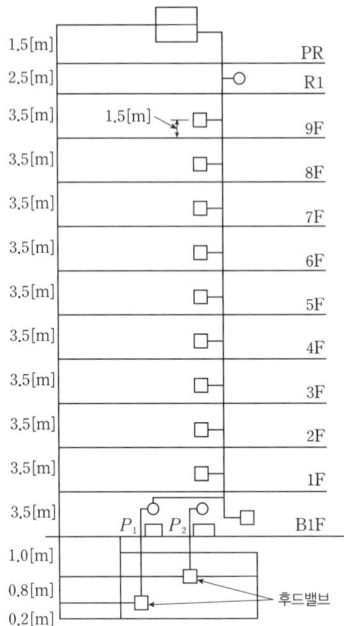

조건

(가) P_1: 옥내소화전 펌프
(나) P_2: 잡용수 양수펌프
(다) 펌프의 후드밸브로부터 9층 옥내소화전함의 호스접속구까지 마찰손실 및 저항손실수두는 실양정의 25[%]이다.
(라) 펌프의 효율은 70[%]이다.
(마) 옥내소화전의 개수는 각 층당 2개씩이다.
(바) 소방호스의 마찰손실수두는 7.8[m]이다.

(1) 펌프의 최소 토출량 [L/min]은 얼마인가?
(2) 수원의 최소 유효저수량[m³]은 얼마인가?
(3) 펌프의 최소 토출압력[kPa]는 얼마인가?
(4) 펌프의 최소 축동력[kW]은 얼마인가?

정답

(1) • 계산과정: $2 \times 130 = 260$
 • 답: 260[L/min]

(2) • 계산과정: $(2 \times 2.6) + (2 \times 2.6) \times \frac{1}{3} ≒ 6.933 [m^3]$
 • 답: 6.93[m³]

(3) • 계산과정: $0.8 + 1.0 + 3.5 + 3.5 + 3.5 + 3.5 + 3.5 + 3.5 + 3.5 + 3.5 + 1.5 = 34.8$
  $34.8 \times 0.25 = 8.7$
  $34.8 + 7.8 + 8.7 + 17 = 68.3$
  $\frac{68.3[m] \times 100[kPa]}{10[m]} = 683[kPa]$
 • 답: 683[kPa]

(4) • 계산과정: $260[L/min] = \frac{0.26}{60}[m^3/s]$, $\frac{9.8 \times \frac{0.26}{60} \times 68.3}{0.7} ≒ 4.144$
 • 답: 4.14[kW]

해 설

(1) 화재안전기준에 따라 옥내소화전설비에서 가압송수장치(펌프)는 특정소방대상물의 어느 층에서 해당 층의 옥내소화전을 동시에 사용할 경우(최대 2개, 30층 이상인 경우 최대 5개) 각 소화전의 노즐 선단에서의 방수량은 130[L/min] 이상으로 한다.

정격토출량 = 2[개] × 130[L/min] = 260[L/min]

(2) 화재안전기준에 따라 옥내소화전설비에서 수원의 저수량은 옥내소화전의 설치개수가 가장 많은 층의 설치개수에 기준량을 곱한 양 이상이 되도록 한다.

층수	최대 설치개수	기준량
~29층	2개	$2.6[m^3]$ (130[L/min] × 20[min])
30층~49층	5개	$5.2[m^3]$ (130[L/min] × 40[min])
50층~	5개	$7.8[m^3]$ (130[L/min] × 60[min])

기준에 따라 계산한 유효수량 외에 유효수량의 $\frac{1}{3}$ 이상을 옥상에 설치한다.

$Q = (2[개] \times 2.6[m^3]) + (2[개] \times 2.6[m^3]) \times \frac{1}{3} ≒ 6.933[m^3]$

(3) 화재안전기준에 따라 옥내소화전설비에 설치된 가압송수장치(펌프)의 전양정은 다음과 같다.

$$H = h_1 + h_2 + h_3 + 17$$

H: 전양정[m], h_1: 실양정(흡입양정+토출양정)[m], h_2: 호스의 마찰손실수두[m], h_3: 배관 및 관부속의 마찰손실수두[m], 17: 노즐선단에서의 방사압력수두[m]

펌프의 후드밸브로부터 최고위 옥내소화전 앵글밸브까지의 수직거리인 실양정 h_1는 다음과 같다.

$h_1 = 0.8[m] + 1.0[m] + 3.5[m] + 3.5[m] + 3.5[m] + 3.5[m] + 3.5[m] + 3.5[m] + 3.5[m] + 3.5[m]$
$\quad + 3.5[m] + 1.5[m] = 34.8[m]$

호스의 마찰손실수두 h_2는 다음과 같다.

$h_2 = 7.8[m]$

배관의 마찰손실 및 저항손실수두는 실양정의 25[%]이므로 배관 및 관부속의 마찰손실수두 h_3는 다음과 같다.

$h_3 = 34.8[m] \times 0.25 = 8.7[m]$

따라서 옥내소화전설비 펌프의 최소 토출압력은

$H = h_1 + h_2 + h_3 + 17 = 34.8[m] + 7.8[m] + 8.7[m] + 17 = 68.3[m]$

$68.3[m] \times \frac{100[kPa]}{10[m]} = 683[kPa]$

(4) 펌프의 축동력은 다음의 식을 통해 구할 수 있다.

$$P = \frac{\gamma Q H}{\eta}$$

P: 펌프의 축동력[kW], γ: 유체의 비중량[kN/m³], Q: 유량[m³/s], H: 전양정[m], η: 효율

유체는 물이므로 물의 비중량은 $9.8[kN/m^3]$이다.

유량은 260[L/min]이므로 단위를 변환하면 $\frac{0.26}{60}[m^3/s]$이다.

따라서 주어진 조건을 공식에 대입하면 펌프의 축동력 P는

$P = \dfrac{9.8[kN/m^3] \times \dfrac{0.26}{60}[m^3/s] \times 68.3[m]}{0.7} ≒ 4.144[kW]$ ← 축동력을 구할 때는 전달계수를 고려하지 않는다.

PHASE 02 옥내소화전설비

08 지하 2층, 지상 12층의 사무소 건물에 있어서 11층 이상에 화재안전기준과 [조건]에 따라 스프링클러설비를 설치하려고 한다. 다음 물음에 답하시오. [13점]

조건
- (가) 11층 및 12층에 설치하는 폐쇄형 스프링클러 헤드의 수량은 각각 80개이다.
- (나) 입상관의 내경은 150[mm]이고 배관길이는 40[m]이다.
- (다) 펌프의 후드밸브로부터 최상층 스프링클러 헤드까지의 실고는 50[m]이다.
- (라) 입상관의 마찰손실수두를 제외한 펌프의 후드밸브로부터 최상층, 가장 먼 스프링클러 헤드까지의 마찰 및 저항손실수두는 15[m]이다.
- (마) 모든 규격치는 최소량을 적용한다.
- (바) 펌프의 효율은 65[%]이다.

(1) 펌프의 최소 토출량[L/min]은 얼마인가?
(2) 수원의 최소 유효저수량[m³]은 얼마인가? (단, 옥상수조는 제외한다.)
(3) 입상배관에서의 마찰손실수두[m]를 구하시오. (단, 배관은 수직관으로 간주하고, Darcy-Weisbach의 식을 사용하며, 마찰손실계수는 0.02로 한다.)
(4) 펌프의 최소양정[m]은 얼마인가?
(5) 펌프의 축동력[kW]은 얼마인가?
(6) 불연재료로 된 천장에 헤드를 아래 그림과 같이 정방형으로 배치하려고 한다. A 및 B의 최대길이[m]는 각각 얼마인가? (단, 건물은 내화구조이다.)

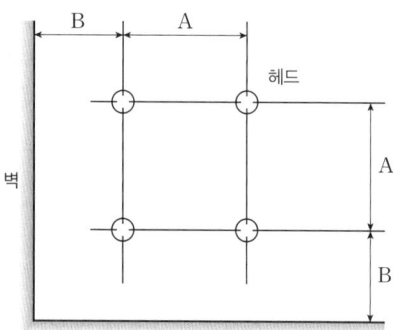

정답

(1) • 계산과정: $30 \times 80 = 2,400$
   • 답: 2,400[L/min]

(2) • 계산과정: $30 \times 1.6 = 48$
   • 답: 48[m³]

(3) • 계산과정: $2,400[\text{L/min}] = \frac{2.4}{60}[\text{m}^3/\text{s}]$

   $$\frac{0.02 \times 40}{2 \times 9.8 \times 0.15} \times \left(\frac{4 \times \frac{2.4}{60}}{\pi \times 0.15^2}\right)^2 ≒ 1.394$$

   • 답: 1.39[m]

(4) • 계산과정: $50 + (1.39 + 15) + 10 = 76.39$
   • 답: 76.39[m]

(5) • 계산과정: $\dfrac{9.8 \times \frac{2.4}{60} \times 76.39}{0.65} ≒ 46.069[\text{kW}]$

   • 답: 46.07[kW]

(6) • 계산과정: $2 \times 2.3 \times \cos 45° ≒ 3.253$

   $3.25 \times \dfrac{1}{2} = 1.625$

   • 답: A = 3.25[m], B = 1.63[m]

해 설

(1) 화재안전기준에 따라 스프링클러설비에서 가압송수장치(펌프)의 송수량은 기준개수에 80[L/min]를 곱한 양 이상으로 한다. ← 설치개수가 기준개수보다 적은 경우 설치개수에 따른다.

스프링클러설비의 설치장소		기준개수
아파트		10
지하층을 제외한 10층 이하인 특정소방대상물	헤드의 높이가 8[m] 미만인 것	10
	헤드의 높이가 8[m] 이상인 것	20
	판매시설이 없는 근린생활시설·운수시설·복합건축물	20
	특수가연물을 취급하지 않는 공장	20
	판매시설 또는 판매시설이 있는 복합건축물	30
	특수가연물을 저장·취급하는 공장	30
지하층을 제외한 11층 이상인 특정소방대상물		30
지하가 또는 지하역사		30

정격토출량 = 30[개] × 80[L/min] = 2,400[L/min]

(2) 화재안전기준에 따라 스프링클러설비에서 수원의 저수량은 기준개수에 1.6[m³]를 곱한 양 이상이 되도록 한다. ← 설치개수가 기준개수보다 적은 경우 설치개수에 따른다.

기준에 따라 계산한 유효수량 외에 유효수량의 $\frac{1}{3}$ 이상을 옥상에 설치한다.

$Q = 30[개] \times 1.6[m^3] = 48[m^3]$

(3) 일정한 양의 비압축성 유체가 일정한 속도로 흐를 때 배관에서의 마찰손실은 달시-바이스바하 방정식으로 구할 수 있다.

$$H = \frac{\Delta P}{\gamma} = \frac{flu^2}{2gD}$$

H: 마찰손실수두[m], ΔP: 압력 차이[kPa], γ: 비중량[kN/m³], f: 마찰손실계수,
l: 배관의 길이, u: 유속[m/s], g: 중력가속도[m/s²], D: 배관의 직경[m]

부피유량 공식 $Q = Au$에 의해 유량 Q와 배관의 직경 D를 알면 유속 u를 다음과 같이 구할 수 있다.

$$Q = \frac{\pi}{4}D^2 u, \ u = \frac{4Q}{\pi D^2}$$

u: 유속[m/s], Q: 유량[m³/s], D: 배관의 직경[m]

유량은 2,400[L/min]이므로 단위를 변환하면 $\frac{2.4}{60}$[m³/s]이다.

따라서 주어진 조건을 대입하면 마찰손실수두 H는

$$H = \frac{fl}{2gD}\left(\frac{4Q}{\pi D^2}\right)^2 = \frac{0.02 \times 40[m]}{2 \times 9.8[m/s^2] \times 0.15[m]} \times \left(\frac{4 \times \frac{2.4}{60}[m^3/s]}{\pi \times (0.15[m])^2}\right)^2 ≒ 1.394[m]$$

(4) 화재안전기준에 따라 스프링클러설비에 설치된 가압송수장치(펌프)의 전양정은 다음과 같다.

$$H = h_1 + h_2 + 10$$

H: 전양정[m], h_1: 실양정(흡입양정+토출양정)[m],
h_2: 배관 및 관부속의 마찰손실수두[m], 10: 헤드선단에서의 방사압력수두[m]

펌프의 후드밸브로부터 최고위 스프링클러 헤드까지의 수직거리인 실양정 h_1는 50[m]이다.
 $h_1 = 50[m]$
배관의 마찰손실은 입상관을 포함한 펌프의 후드밸브로부터 최상층, 가장 먼 스프링클러 헤드까지의 마찰 및 저항손실이므로 배관 및 관부속의 마찰손실수두 h_2는 다음과 같다.
 $h_2 = 1.39[m] + 15[m] = 16.39[m]$

따라서 스프링클러설비 펌프의 전양정 H는
 $H = h_1 + h_2 + 10 = 50[m] + 16.39[m] + 10 = 76.39[m]$

(5) 펌프의 축동력은 다음의 식을 통해 구할 수 있다.

$$P = \frac{\gamma Q H}{\eta}$$

P: 펌프의 축동력[kW], γ: 유체의 비중량[kN/m³], Q: 유량[m³/s], H: 전양정[m], η: 효율

유체는 물이므로 물의 비중량은 9.8[kN/m³]이다.

따라서 주어진 조건을 공식에 대입하면 펌프의 축동력 P는

$$P = \frac{9.8[kN/m^3] \times \frac{2.4}{60}[m^3/s] \times 76.39[m]}{0.65} \fallingdotseq 46.069[kW]$$ ← 축동력을 구할 때는 여유율을 고려하지 않는다.

(6) 스프링클러설비의 헤드는 천장·반자·천장과 반자 사이·덕트·선반 등의 각 부분으로부터 하나의 헤드까지 수평거리를 다음의 기준에 따라 설치한다.

소방대상물	수평거리[m]
무대부·특수가연물을 저장 또는 취급하는 장소	1.7
비내화구조 특정소방대상물	2.1
내화구조 특정소방대상물	2.3
아파트 세대 내	2.6

헤드를 정방형으로 배치한 경우 다음의 식에 따라 산정한 수치 이하가 되도록 한다.

$$S = 2 \times r \times \cos 45°$$

S: 헤드 상호 간의 거리[m], r: 유효반경

헤드 간 최대 거리는 다음과 같다.
 $S = 2 \times 2.3[m] \times \cos 45° \fallingdotseq 3.253[m]$
헤드와 벽간 최대 거리는 다음과 같다.
 $3.25[m] \times \frac{1}{2} = 1.625[m]$

연계이론   PHASE 04 스프링클러설비

09

특별피난계단의 계단실 및 부속실 제연설비에 대하여 다음 물음에 답하시오. [8점]

(1) 화재실의 바닥면적이 350[m²], FAN의 효율 65[%], 전압이 75[mmAq]일 때 제연FAN을 구동하기 위한 전동기의 최소 소요동력[kW]은 얼마인가? (단, 전동기의 여유율은 10[%]이다.)

(2) 제연구역의 선정기준을 3가지 쓰시오.

(3) 방연풍속은 제연구역의 선정방식에 따라 다음 표의 기준에 따라야 한다. 표의 (   ) 안에 알맞은 답을 쓰시오.

제연구역		방연풍속[m/s]
• 계단실 및 그 부속실을 동시에 제연하는 것 • 계단실만 단독으로 제연하는 것		(①) 이상
• 부속실만 단독으로 제연하는 것 • 비상용승강기의 승강장만 단독으로 제연하는 것	부속실 또는 승강장이 면하는 옥내가 거실인 경우	(②) 이상
	부속실 또는 승강장이 면하는 옥내가 복도로서 그 구조가 방화구조(내화시간 30분 이상인 구조를 포함)인 것	(③) 이상

정답

(1) • 계산과정: $75[mmAq] \times \dfrac{101.325[kPa]}{10,332[mmAq]} ≒ 0.7355[kPa]$

$350[m^3/min] \times 60[min/hr] = 21,000[m^3/hr]$

$21,000[m^3/hr] = \dfrac{21,000}{3,600}[m^3/s]$

$P = \dfrac{0.7355 \times \dfrac{21,000}{3,600}}{0.65} \times 1.1 ≒ 7.261[kW]$

• 답: 7.26[kW]

(2) • 계단실 및 그 부속실을 동시에 제연하는 것
• 부속실을 단독으로 제연하는 것
• 계단실을 단독으로 제연하는 것

(3) ① 0.5 ② 0.7 ③ 0.5

해설

(1) 전동기의 동력은 다음의 식을 통해 구할 수 있다.

$$P = \dfrac{P_T Q}{\eta} K$$

P: 전동기의 동력[kW], P_T: 전압(풍압)[kPa], Q: 풍량[m³/s], η: 효율, K: 전달계수

전압은 팬의 흡입구와 배출구의 압력 차이를 의미하며 75[mmAq]이므로 단위를 변환하면 다음과 같다.

$75[mmAq] \times \dfrac{101.325[kPa]}{10,332[mmAq]} ≒ 0.7355[kPa]$

바닥면적이 400[m²] 미만인 경우 바닥면적 1[m²] 당 1[m³/min] 이상으로 하고, 최소 배출량은 5,000[m³/hr] 이상으로 한다.

$350[m^3/min] \times 60[min/hr] = 21,000[m^3/hr]$

팬의 배출량은 21,000[m³/hr]이므로 단위를 변환하면 $\dfrac{21,000}{3,600}[m^3/s]$이다.

따라서 주어진 조건을 공식에 대입하면 전동기의 동력 P는

$P = \dfrac{0.7355[kPa] \times \dfrac{21,000}{3,600}[m^3/s]}{0.65} \times 1.1 ≒ 7.261[kW]$

연계이론

PHASE 15 특별피난계단의 계단실 및 부속실 제연설비

10 도면은 어느 특정소방대상물에 옥외소화전 2개가 설치된 것이다. [조건]과 도면을 참고하여 다음 물음에 답하시오. [8점]

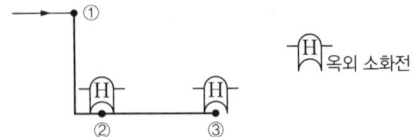

조건

(가) ①~② 구간의 배관 길이는 100[m]이며 배관 내경은 120[mm]이다.
(나) ②~③ 구간의 배관 길이는 200[m]이며 배관 내경은 85[mm]이다.
(다) 배관 부속 및 소방용 호스의 마찰손실은 무시한다.
(라) 소화전 방수구는 유입 수평배관보다 1[m] 위에 있다.
(마) 배관 마찰손실압력은 하젠-윌리엄스 공식을 따르되 계산의 편의상 다음의 식을 적용한다.

$$\Delta P = 6.174 \times 10^4 \times \frac{Q^{1.85}}{C^{1.85} \times d^{4.87}} \times L$$

ΔP: 마찰손실압력[MPa], Q: 유량[L/min], C: 조도 (120), D: 내경[mm], L: 배관 길이[m]

(1) ①~② 구간의 배관 마찰손실수두[m]는 얼마인가?
(2) ②~③ 구간의 배관 마찰손실수두[m]는 얼마인가?
(3) 펌프의 최소토출압력[kPa]은 얼마인가?
(4) 소화전의 방수량이 350[L/min]일 때 방수압을 측정해보니 0.25[MPa]이었다. 이때 방수량을 500[L/min]으로 변경하였을 경우 방수압[kPa]은 얼마인가?

정답

(1) • 계산과정: $2 \times 350 = 700$

$$6.174 \times 10^4 \times \frac{700^{1.85}}{120^{1.85} \times 120^{4.87}} \times 100 \fallingdotseq 0.01208[\text{MPa}]$$

$$0.01208[\text{MPa}] \times \frac{10[\text{m}]}{0.1[\text{MPa}]} \fallingdotseq 1.208[\text{m}]$$

• 답: 1.21[m]

(2) • 계산과정: $1 \times 350 = 350$

$$6.174 \times 10^4 \times \frac{350^{1.85}}{120^{1.85} \times 85^{4.87}} \times 200 \fallingdotseq 0.03592[\text{MPa}]$$

$$0.03592[\text{MPa}] \times \frac{10[\text{m}]}{0.1[\text{MPa}]} \fallingdotseq 3.592[\text{m}]$$

• 답: 3.59[m]

(3) • 계산과정: $\left(1[\text{m}] \times \frac{0.1[\text{MPa}]}{10[\text{m}]}\right) + 0 + (0.01208 + 0.03592) + 0.25 = 0.308[\text{MPa}] = 308[\text{kPa}]$

• 답: 308[kPa]

(4) • 계산과정: $\frac{350}{\sqrt{10 \times 0.25}} \fallingdotseq 221.359$

$$500 = 221.359 \times \sqrt{10 \times P}$$

$$P = \frac{1}{10} \times \left(\frac{500}{221.359}\right)^2 \fallingdotseq 0.510206[\text{MPa}] = 510.206[\text{kPa}]$$

• 답: 510.21[kPa]

해 설

(1) 화재안전기준에 따라 옥외소화전설비에서 가압송수장치(펌프)는 특정소방대상물에 설치된 옥외소화전을 동시에 사용할 경우(최대 2개) 각 소화전의 노즐선단에서의 방수량은 350[L/min] 이상으로 한다.
① ~ ② 구간의 유량 = 2[개] × 350[L/min] = 700[L/min]
② ~ ③ 구간의 유량 = 1[개] × 350[L/min] = 350[L/min]

① ~ ② 구간의 배관 마찰손실은 다음과 같다.

$$\Delta P = 6.174 \times 10^4 \times \frac{(700[\text{L/min}])^{1.85}}{120^{1.85} \times (120[\text{mm}])^{4.87}} \times 100[\text{m}] \fallingdotseq 0.01208[\text{MPa}]$$

$$0.01208[\text{MPa}] \times \frac{10[\text{m}]}{0.1[\text{MPa}]} \fallingdotseq 1.208[\text{m}]$$

(2) ② ~ ③ 구간의 배관 마찰손실은 다음과 같다.

$$\Delta P = 6.174 \times 10^4 \times \frac{(350[\text{L/min}])^{1.85}}{120^{1.85} \times (85[\text{mm}])^{4.87}} \times 200[\text{m}] \fallingdotseq 0.03592[\text{MPa}]$$

$$0.03592[\text{MPa}] \times \frac{10[\text{m}]}{0.1[\text{MPa}]} \fallingdotseq 3.592[\text{m}]$$

(3) 화재안전기준에 따라 옥외소화전설비에 설치된 가압송수장치(펌프)의 토출압력은 다음과 같다.

$$P = P_1 + P_2 + P_3 + 0.25$$

P: 정격토출압력[MPa], P_1: 낙차의 환산압력[MPa], P_2: 호스의 마찰손실압력[MPa],
P_3: 배관 및 관부속의 마찰손실압력[MPa], 0.25: 노즐선단에서의 방사압력[MPa]

따라서 옥외소화전설비에 필요한 펌프의 토출압력 P는

$$P = \left(1[\text{m}] \times \frac{0.1[\text{MPa}]}{10[\text{m}]}\right) + 0[\text{MPa}] + (0.01208 + 0.03592)[\text{MPa}] + 0.25[\text{MPa}] = 0.308[\text{MPa}]$$
$$= 308[\text{kPa}]$$

(4) 방수구에서 압력 P와 유량 Q는 다음과 같은 관계를 갖는다.

$$Q = K\sqrt{10P}$$

Q: 방수량[L/min], K: 방출계수, P: 방수압[MPa]

방수량 Q가 350[L/min]이고, 방수압 P가 0.25[MPa]일 때 방출계수 K는 다음과 같다.

$$K = \frac{Q}{\sqrt{10P}} = \frac{350[\text{L/min}]}{\sqrt{10 \times 0.25[\text{MPa}]}} \fallingdotseq 221.359$$

따라서 방수량 Q가 500[L/min]인 경우 방수압 P는
$500[\text{L/min}] = 221.359 \times \sqrt{10 \times P}$

$$P = \frac{1}{10} \times \left(\frac{500[\text{L/min}]}{221.359}\right)^2 \fallingdotseq 0.510206[\text{MPa}] = 510.206[\text{kPa}]$$

연계이론 PHASE 03 옥외소화전설비

11 도면은 어느 특정소방대상물에 거실제연설비를 설치한 것이다. 도면 및 [조건]을 참고하여 다음 물음에 답하시오. [6점]

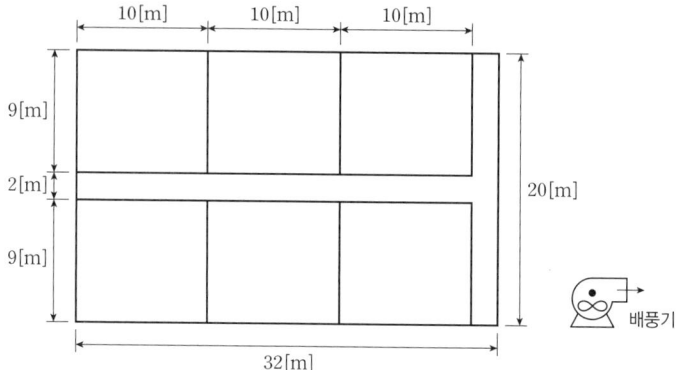

조건
(가) 각 실은 공동예상제연구역으로 칸막이(벽)로 구획되어 있다.
(나) 각 거실은 배기를 복도통로는 급기를 실시한다.
(다) 바닥으로부터 천장까지의 높이는 2.3[m]이다.
(라) 각 실은 경유거실이 없는 경우이다.

(1) 배출FAN의 최소 소요배출량[m³/h]은 얼마인가?
(2) 배출기의 흡입측 주덕트의 최소면적[m²]은 얼마인가?
(3) 배출기의 배출측 주덕트의 최소면적[m²]은 얼마인가?

정답

(1) • 계산과정: $10 \times 9 = 90$
$90 \times 60 = 5,400$
$6 \times 5,400 = 32,400$
 • 답: $32,400 [\text{m}^3/\text{h}]$

(2) • 계산과정: $32,400 [\text{m}^3/\text{h}] = \dfrac{32,400}{3,600} [\text{m}^3/\text{s}]$

$\dfrac{\frac{32,400}{3,600}}{15} = 0.6$
 • 답: $0.6 [\text{m}^2]$

(3) • 계산과정: $\dfrac{\frac{32,400}{3,600}}{20} = 0.45$
 • 답: $0.45 [\text{m}^2]$

해 설

(1) 바닥면적이 400[m²] 미만인 경우 바닥면적 1[m²] 당 1[m³/min] 이상으로 하고, 최소 배출량은 5,000[m³/hr] 이상으로 한다.

공동예상제연구역 안에 설치된 예상제연구역이 각각 벽으로 구획된 경우 각 예상제연구역의 배출량을 합한 것 이상으로 한다.

$$10[m] \times 9[m] = 90[m^2]$$
$$90[m^3/min] \times 60[min/hr] = 5,400[m^3/hr]$$
$$6 \times 5,400[m^3/hr] = 32,400[m^3/hr]$$

(2) 배출기의 흡입 측 풍도 안의 풍속은 15[m/s] 이하로 한다.
부피유량 공식 $Q = Au$에 의해 유량 Q와 유속 u를 알면 덕트의 단면적 A를 다음과 같이 구할 수 있다.

$$A = \frac{Q}{u}$$

A: 덕트의 단면적[m²], Q: 유량[m³/s], u: 유속[m/s]

유량 32,400[m³/h]의 단위를 변환해주면 $\frac{32,400}{3,600}$[m³/s]이 되고, 유속 15[m/s]와 함께 공식에 대입해주면 덕트의 단면적 A는

$$A = \frac{\frac{32,400}{3,600}[m^3/s]}{15[m/s]} = 0.6[m^2]$$

(3) 배출기의 배출 측 풍속은 20[m/s] 이하로 한다.
유속 20[m/s]와 함께 공식에 대입해주면 덕트의 단면적 A는 다음과 같다.

$$A = \frac{\frac{32,400}{3,600}[m^3/s]}{20[m/s]} = 0.45[m^2]$$

연계이론 **PHASE 14** 제연설비

12

표는 이산화탄소 소화설비의 전역방출방식에 있어서 가연성 액체 또는 가연성 가스 등 표면화재 방호대상물의 경우에 방호구역에 대한 소화약제의 양이다. 표의 (   ) 안에 알맞은 답을 쓰시오. [4점]

방호구역 체적[m³]	방호구역 체적 1[m³]에 대한 소화약제의 양[kg]	소화약제 저장량의 최저한도의 양 [kg]
45 미만	(①)	(③)
45 이상 150 미만	0.90	
150 이상 1,450 미만	(②)	135
1,540 이상	0.75	(④)

정답

① 1.00
② 0.80
③ 45
④ 1,125

해설

표면화재이고 전역방출방식인 이산화탄소 소화약제의 저장량 최소기준은 다음과 같다.

방호구역 체적[m³]	방호구역 체적 1[m³]에 대한 소화약제의 양[kg]	소화약제 저장량의 최저한도의 양 [kg]
45[m³] 미만	1.00	45
45[m³] 이상 150[m³] 미만	0.90	45
150[m³] 이상 1,450[m³] 미만	0.80	135
1,450[m³] 이상	0.75	1,125

방호구역의 개구부(창문·출입구) 1[m²]마다 5[kg]을 가산한다. ← 자동폐쇄장치가 없는 경우에만 적용한다.

연계이론

PHASE 07 이산화탄소 소화설비

13

특수가연물을 저장 또는 취급하는 랙크식 창고에 스프링클러 헤드를 설치하고자 한다. [조건]을 참고하여 랙크식 창고에 필요한 스프링클러 헤드의 총 소요개수를 구하시오. [6점]

> **조건**
> (가) 헤드는 폐쇄형 스프링클러헤드를 정방형으로 설치한다.
> (나) 랙크식 창고의 크기는 가로 15[m], 세로 26[m], 높이 7[m]이다.
> (다) 화재조기진압용 스프링클러설비는 적용하지 않는다.

정답

- 계산과정: $2 \times 1.7 \times \cos 45° ≒ 2.404$

$$\frac{15}{2.404} ≒ 6.24$$

$$\frac{26}{2.404} ≒ 10.82$$

$$\frac{7}{3} ≒ 2.33$$

$$7 \times 11 = 77$$

$$3 \times 77 = 231$$

- 답: 231개

해설

스프링클러설비의 헤드는 천장·반자·천장과 반자 사이·덕트·선반 등의 각 부분으로부터 하나의 헤드까지 수평거리를 다음의 기준에 따라 설치한다.

소방대상물	수평거리[m]
무대부·특수가연물을 저장 또는 취급하는 장소	1.7
비내화구조 특정소방대상물	2.1
내화구조 특정소방대상물	2.3
아파트 세대 내	2.6

헤드를 정방형으로 배치한 경우 다음의 식에 따라 산정한 수치 이하가 되도록 한다.

$$S = 2 \times r \times \cos 45°$$

S: 헤드 상호 간의 거리[m], r: 유효반경

헤드 간 최대 거리는 다음과 같다.
$$S = 2 \times 1.7[\text{m}] \times \cos 45° ≒ 2.404[\text{m}]$$

방호대상물의 길이가 가로 15[m], 세로 26[m]이므로 방향별 배치해야 하는 헤드의 최소 개수는 다음과 같다.

$$\frac{15[\text{m}]}{2.404[\text{m}]} ≒ 6.24[\text{개}] = 7[\text{개}] \text{ (절상)}, \quad \frac{26[\text{m}]}{2.404[\text{m}]} ≒ 10.82[\text{개}] = 11[\text{개}] \text{ (절상)}$$

랙크식 창고의 경우 스프링클러 헤드를 랙 높이 3[m] 이하마다 설치한다.

$$\frac{7[\text{m}]}{3[\text{m}]} ≒ 2.33[\text{열}] = 3[\text{열}] \text{ (절상)}$$

따라서 방호대상물에 배치해야 하는 헤드의 개수는 다음과 같다.
1개 열: 7[개] × 11[개] = 77[개]
전체 열: 3[열] × 77[개] = 231[개]

연계이론 PHASE 04 스프링클러설비

14

[조건]을 참고하여 특별피난계단의 계단실 및 부속실 제연설비에 대한 제연구역과 옥내와의 차압[Pa]을 구하시오. [5점]

조건
(가) 출입문 개방에 필요한 전체 힘은 화재안전기준으로 한다.
(나) 출입문의 폭 W는 0.9[m], 높이 H는 2.1[m]이다.
(다) 자동폐쇄장치 및 경첩에 의해 폐쇄되는 힘은 30[N]이다.
(라) 문의 손잡이와 문의 끝까지(모서리까지)의 거리는 0.1[m]이다.
(마) K_d(상수)=1.0이다.
(바) 차압에 의한 방화문에 미치는 힘은 다음과 같이 계산한다.

$$F_P = \frac{K_d W A \Delta P}{2(W-d)}$$

F_P: 차압에 의한 방화문에 미치는 힘[N], K_d: 상수, W: 출입문의 폭[m], A: 출입문의 면적[m²], ΔP: 제연구역과 옥내와의 차압[Pa], d: 문의 손잡이와 문의 끝까지(모서리까지)의 거리[m]

● 정 답 ●

- 계산과정: $110 = 30 + \dfrac{1.0 \times 0.9 \times (0.9 \times 2.1) \times \Delta P}{2(0.9-0.1)}$

$$\Delta P = \frac{(110-30) \times 2(0.9-0.1)}{1.0 \times 0.9 \times (0.9 \times 2.1)} \fallingdotseq 75.249$$

- 답: 75.25[Pa]

● 해 설 ●

문 개방에 필요한 힘은 다음과 같다.

$$F = F_{dc} + \frac{K_d W A \Delta P}{2(W-d)}$$

F: 문 개방에 필요한 힘[N], F_{dc}: 도어체크의 저항력[N], K_d: 출입문의 마찰계수, W: 문의 가로폭[m], A: 문의 면적[m²], ΔP: 내부와 외부의 압력차(차압)[Pa], d: 문 손잡이에서 문의 끝까지의 거리[m]

제연설비가 가동되었을 경우 출입문의 개방에 필요한 힘은 110[N] 이하로 해야 한다.

따라서 주어진 조건을 공식에 대입하면 내부와 외부의 압력차(차압) ΔP는

$$110[\text{N}] = 30[\text{N}] + \frac{1.0 \times 0.9[\text{m}] \times (0.9[\text{m}] \times 2.1[\text{m}]) \times \Delta P}{2(0.9[\text{m}] - 0.1[\text{m}])}$$

$$\Delta P = \frac{(110[\text{N}] - 30[\text{N}]) \times 2(0.9[\text{m}] - 0.1[\text{m}])}{1.0 \times 0.9[\text{m}] \times (0.9[\text{m}] \times 2.1[\text{m}])} \fallingdotseq 75.249[\text{Pa}]$$

● 연 계 이 론 ● PHASE 15 특별피난계단의 계단실 및 부속실 제연설비

15 준공 후 소화펌프의 시험결과 유량 240[m³/h], 양정 80[m], 회전수 1,565[rpm]으로 측정되었다. 규정 방수압력을 유지하기 위하여 펌프의 토출양정이 20[m] 부족하다면 소화펌프의 토출양정을 20[m] 올리기 위해 필요한 임펠러의 회전수[rpm]를 구하시오. [4점]

정답

- 계산과정: $1,565 \times \sqrt{\dfrac{100}{80}} \fallingdotseq 1,749.723$
- 답: 1,749.72[rpm]

해설

기하학적으로 비슷한 두 물체의 운동이 역학적으로도 비슷해지도록 하는 조건을 나타내는 법칙을 상사법칙이라고 한다.
펌프의 회전수를 변화시키고 크기(직경)이 일정하다면 상사법칙에 따라 양정이 변화한다.

$$\frac{H_2}{H_1} = \left(\frac{N_2}{N_1}\right)^2 \left(\frac{D_2}{D_1}\right)^2$$

H: 양정, N: 펌프의 회전수, D: 직경

직경 D가 일정하고, 상태1의 양정 H_1가 80[m], 회전수 N_1이 1,565[rpm]이며, 상태2의 양정 H_2가 (80+20)[m]이므로 회전수 N_2는 다음과 같다.

$$N_2 = N_1 \sqrt{\frac{H_2}{H_1}} = 1,565[\text{rpm}] \times \sqrt{\frac{100[\text{m}]}{80[\text{m}]}} \fallingdotseq 1,749.723[\text{rpm}]$$

연계이론 PHASE 23 펌프의 특성

16

주차장에 제3종 분말 소화약제를 사용한 분말 소화설비를 전역방출방식으로 설치하고자 한다. [조건]을 참고하여 다음 물음에 답하시오. [4점]

> **조건**
> (가) 주차장의 바닥면적은 600[m²]이고 층고는 4[m]이다.
> (나) 자동폐쇄장치가 없는 개구부의 크기는 10[m²]이다.

(1) 소화설비에 필요한 약제저장량[kg]은 얼마인가?
(2) 축압용 가스로 질소를 사용할 때 필요한 질소가스의 양[m³]은 얼마 이상인가?

정답

(1) • 계산과정: $600 \times 4 = 2,400$
$(0.36 \times 2,400) + (2.7 \times 10) = 891$
• 답: 891[kg]

(2) • 계산과정: $10 \times 891 = 8,910[L] = 8.91[m^3]$
• 답: 8.91[m³]

해설

(1) 전역방출방식 분말 소화약제의 저장량 기준은 다음과 같다.

소화약제의 종류	소화약제의 양[kg/m³]	개구부 가산량[kg/m²]
제1종 분말	0.60	4.5
제2종 분말	0.36	2.7
제3종 분말	0.36	2.7
제4종 분말	0.24	1.8

방호구역의 체적(가로×세로×높이)은 다음과 같다.
$V = 600[m^2] \times 4[m] = 2,400[m^3]$

제3종 분말 소화약제를 사용하므로 소화약제의 양은 체적 1[m³] 당 0.36[kg/m³]을 적용한다.
개구부(창문·출입구)에 자동폐쇄장치가 없으므로 개구부 면적 1[m²] 당 2.7[kg/m²]을 가산한다.
소화약제의 양 $= (0.36[kg/m^3] \times 2,400[m^3]) + (2.7[kg/m^2] \times 10[m^2]) = 891[kg]$

(2) 축압용 가스에 질소가스를 사용하는 경우 질소가스는 소화약제 1[kg] 마다 10[L](35[℃]에서 1기압의 압력상태로 환산한 것) 이상으로 한다.
축압용 가스의 양 $= 10[L/kg] \times 891[kg] = 8,910[L] = 8.91[m^3]$

PLUS⁺ 가압용·축압용 가스의 소요량

	질소	이산화탄소
가압용 가스	40[L]	20[g]+청소에 필요한 양
축압용 가스	10[L]	20[g]+청소에 필요한 양

연계이론 PHASE 10 분말 소화설비

2020년 5회 기출문제

01
지상 12층, 각 층의 바닥면적 4,000[m²]인 사무실 건물에 완강기를 설치하고자 한다. 건물에는 직통계단인 2 이상의 특별피난계단이 적합하게 설치되어 있다. 또한, 주요구조부는 내화구조로 되어 있다. 완강기의 최소 개수를 구하시오. [4점]

정답

- 계산과정: $\dfrac{4,000}{1,000}=4$

  $8 \times 4 \times \dfrac{1}{2}=16$

- 답: 16개

해설

피난기구는 다음의 기준에 따른 개수 이상을 설치한다.

특정소방대상물	설치 기준
숙박시설 · 노유자시설 및 의료시설	바닥면적 500[m²] 마다
위락시설 · 문화집회 및 운동시설 · 판매시설	바닥면적 800[m²] 마다
계단실형 아파트	각 세대 마다
그 밖의 용도	바닥면적 1,000[m²] 마다

설치장소별 피난기구의 적응성은 다음과 같다.

설치장소별 \ 층별	1층	2층	3층	4층 이상 10층 이하
그 밖의 것			• 미끄럼대 • 피난사다리 • 구조대 • 완강기 • 피난교 • 피난용트랩 • 간이완강기 • 공기안전매트 • 다수인피난장비 • 승강식 피난기	• 피난사다리 • 구조대 • 완강기 • 피난교 • 간이완강기 • 공기안전매트 • 다수인피난장비 • 승강식 피난기

사무실에는 바닥면적 1,000[m²] 마다 피난기구를 1개 이상 설치한다.
완강기는 3층부터 10층까지 8개층에 설치한다.
주요구조부가 내화구조이고 직통계단인 피난계단 또는 특별피난계단이 2 이상 설치되어 있는 특정소방대상물에는 피난기구의 $\dfrac{1}{2}$ 를 감소할 수 있다.

$$\text{바닥면적에 따른 피난기구 개수} = \dfrac{\text{바닥면적[m²]}}{\text{기준면적[m²]}} = \dfrac{4,000[\text{m}^2]}{1,000[\text{m}^2]} = 4[\text{개}]$$

따라서 사무실에 필요한 피난기구의 개수는

$$8\text{층} \times 4[\text{개}] \times \dfrac{1}{2} = 16[\text{개}]$$

연계이론 PHASE 11 피난기구

02

연결송수관설비가 겸용된 옥내소화전설비가 설치된 어느 건물이 있다. 옥내소화전이 2층에 3개, 3층에 4개, 4층에 5개일 때 [조건]을 참고하여 다음 물음에 답하시오. [8점]

> **조건**
> (가) 실양정은 20[m], 배관의 마찰손실수두는 실양정의 20[%], 관 부속품의 마찰손실수두는 배관 마찰손실수두의 50[%]이다.
> (나) 소방호스의 마찰손실수두값은 호스 100[m]당 26[m]이며, 호스길이는 15[m]이다.
> (다) 성능시험배관의 배관직경 산정기준은 정격토출량의 150[%]로 운전 시 정격토출압력의 65[%] 기준으로 계산한다.

(1) 펌프의 전양정[m]은 얼마인가?
(2) 성능시험배관의 관경[mm]은 얼마인가?
(3) 펌프의 성능시험을 위한 유량측정장치의 최대 측정유량[L/min]은 얼마인가?
(4) 토출측 주배관에서 배관의 최소 구경[mm]은 얼마인가? (단, 유속은 최대 유속을 적용한다.)

정답

(1) • 계산과정: $15 \times \dfrac{26}{100} = 3.9$
$(20 \times 0.2) + (20 \times 0.2) \times 0.5 = 6$
$20 + 3.9 + 6 + 17 = 46.9$
• 답: 46.9[m]

(2) • 계산과정: $2 \times 130 = 260$
$46.9[\text{m}] \times \dfrac{0.1[\text{MPa}]}{10[\text{m}]} = 0.469[\text{MPa}]$
$1.5 \times 260 = 0.653 D^2 \sqrt{10 \times 0.65 \times 0.469}$
$\sqrt{\dfrac{1.5 \times 260}{0.653\sqrt{10 \times 0.65 \times 0.469}}} \fallingdotseq 18.494$
• 답: 18.49[mm]

(3) • 계산과정: $1.75 \times 260 = 455$
• 답: 455[L/min]

(4) • 계산과정: $260[\text{L/min}] = \dfrac{0.26}{60}[\text{m}^3/\text{s}]$
$\sqrt{\dfrac{4 \times \dfrac{0.26}{60}}{\pi \times 4}} \fallingdotseq 0.0371[\text{m}] = 37.1[\text{mm}]$
• 답: 100[mm]

해설

(1) 화재안전기준에 따라 옥내소화전설비에 설치된 가압송수장치(펌프)의 전양정은 다음과 같다.

$$H = h_1 + h_2 + h_3 + 17$$

H: 전양정[m], h_1: 실양정(흡입양정 + 토출양정)[m], h_2: 호스의 마찰손실수두[m], h_3: 배관 및 관부속의 마찰손실수두[m], 17: 노즐선단에서의 방사압력수두[m]

펌프의 후드밸브로부터 최고위 옥내소화전 앵글밸브까지의 수직거리인 실양정 h_1는 20[m]이다.
$h_1 = 20[\text{m}]$
소방호스의 길이가 15[m]이고, 호스 100[m] 당 26[m]의 마찰손실이 발생하므로 호스의 마찰손실수두 h_2는 다음과 같다.
$h_2 = 15[\text{m}] \times \dfrac{26}{100} = 3.9[\text{m}]$

배관의 마찰손실수두는 실양정의 20[%]이고, 관부속의 마찰손실수두는 배관 마찰손실수두의 50[%]이므로 배관 및 관부속의 마찰손실수두 h_3는 다음과 같다.

$$h_3 = (20[\text{m}] \times 0.2) + (20[\text{m}] \times 0.2) \times 0.5 = 6[\text{m}]$$

따라서 펌프의 전양정 H는

$$H = h_1 + h_2 + h_3 + 17 = 20[\text{m}] + 3.9[\text{m}] + 6[\text{m}] + 17 = 46.9[\text{m}]$$

(2) 직경이 D인 배관에서 압력 P와 유량 Q는 다음과 같은 관계를 갖는다.

$$Q = 0.653 D^2 \sqrt{10P}$$

Q: 유량[L/min], D: 배관의 직경[mm], P: 압력[MPa]

화재안전기준에 따라 옥내소화전설비에서 가압송수장치(펌프)는 특정소방대상물의 어느 층에서 해당 층의 옥내소화전을 동시에 사용할 경우(최대 2개, 30층 이상인 경우 최대 5개) 각 소화전의 노즐 선단에서의 방수량은 130[L/min] 이상으로 한다.

정격토출량 = 2[개] × 130[L/min] = 260[L/min]

성능시험배관은 펌프의 토출 측에 설치된 개폐밸브 이전에서 분기하므로 펌프의 토출압력이 성능시험배관의 압력이 된다.

$$46.9[\text{m}] \times \frac{0.1[\text{MPa}]}{10[\text{m}]} = 0.469[\text{MPa}]$$

배관직경 산정기준은 정격토출량의 150[%]로 운전 시 정격토출압력의 65[%] 기준으로 계산하므로 조건을 공식에 대입하면 배관의 직경 D는

$$1.5 \times 260[\text{L/min}] = 0.653 D^2 \sqrt{10 \times 0.65 \times 0.469[\text{MPa}]}$$

$$D = \sqrt{\frac{1.5 \times 260[\text{L/min}]}{0.653 \sqrt{10 \times 0.65 \times 0.469[\text{MPa}]}}} \fallingdotseq 18.494[\text{mm}]$$

(3) 유량측정장치는 펌프의 정격토출량의 175[%] 이상까지 측정할 수 있어야 하므로

최대 측정유량 = 1.75 × 260[L/min] = 455[L/min]

(4) 펌프의 토출측 배관은 다음의 기준에 따라 설치한다.
- 펌프의 토출측 주배관의 구경은 유속이 4[m/s] 이하가 될 수 있는 크기 이상으로 한다.
- 옥내소화전방수구와 연결되는 가지배관의 구경은 40[mm] 이상으로 한다.
- 주배관 중 수직배관의 구경은 50[mm] 이상으로 한다.

부피유량 공식 $Q = Au$에 의해 유량 Q와 유속 u를 알면 배관의 직경 D를 다음과 같이 구할 수 있다.

$$D = \sqrt{\frac{4Q}{\pi u}}$$

D: 배관의 직경[m], Q: 유량[m³/s], u: 유속[m/s]

정격토출량 260[L/min]의 단위를 변환해주면 $\frac{0.26}{60}$[m³/s]이 되고, 유속 4[m/s]와 함께 공식에 대입해주면 배관의 직경 D는 다음과 같다.

$$D = \sqrt{\frac{4 \times \frac{0.26}{60}[\text{m}^3/\text{s}]}{\pi \times 4[\text{m/s}]}} \fallingdotseq 0.0371[\text{m}] = 37.1[\text{mm}]$$

연결송수관설비의 배관과 겸용할 경우의 주배관은 구경 100[mm] 이상으로 하여야 하므로 배관의 구경은 100[mm]를 선택한다.

◇ 연계이론 ◇ **PHASE 02** 옥내소화전설비
PHASE 16 연결송수관설비

03 할론 1301 소화설비를 설계 시 [조건]을 참고하여 다음 물음에 답하시오. [8점]

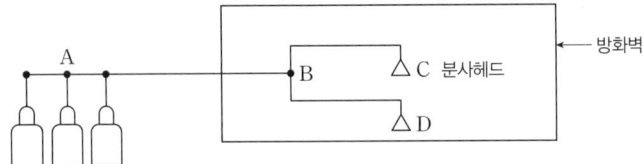

조건
- (가) 약제소요량은 130[kg]이다. (출입구에 자동폐쇄장치 설치)
- (나) 초기 압력강하는 1.5[MPa]이다.
- (다) 고저에 따른 압력손실은 0.06[MPa]이다.
- (라) A−B 간의 마찰저항에 따른 압력손실은 0.06[MPa]이다.
- (마) B−C, B−D 간의 압력손실은 각각 0.03[MPa]이다.
- (바) 저장용기 내 소화약제 저장압력은 4.2[MPa]이다.
- (사) 작동 30초 이내에 약제 전량이 방출된다.

(1) 설비가 작동하였을 때 A−B 간의 배관 내를 흐르는 소화약제의 유량[kg/s]은 얼마인가?

(2) B−C 간의 소화약제의 유량[kg/s]은 얼마인가? (단, B−D 간의 소화약제의 유량도 같다.)

(3) C점 노즐에서 방출되는 소화약제의 방사압력[MPa]는 얼마인가? (단, D점에서의 방사압력도 같다.)

(4) C점에서 설치된 분사헤드에서의 방출률이 2.5[kg/cm²·s]이면 분사헤드의 등가 분구면적[cm²]은 얼마인가?

정답

(1) • 계산과정: $\dfrac{130}{30} ≒ 4.333$
 • 답: 4.33[kg/s]

(2) • 계산과정: $4.33 \times \dfrac{1}{2} = 2.165$
 • 답: 2.17[kg/s]

(3) • 계산과정: $4.2 - 1.5 - 0.06 - 0.06 - 0.03 = 2.55$
 • 답: 2.55[MPa]

(4) • 계산과정: $\dfrac{2.17}{2.5} = 0.868$
 • 답: 0.87[cm²]

해설

(1) 소화설비가 작동하였을 때 A−B 간의 배관 내를 흐르는 소화약제의 유량[kg/s]은
$\dfrac{130[\text{kg}]}{30[\text{s}]} ≒ 4.333[\text{kg/s}]$

(2) B−C 간의 유량과 B−D 간의 유량이 동일하므로 A−B 간의 유량에서 $\dfrac{1}{2}$씩 분배한다.
$4.33[\text{kg/s}] \times \dfrac{1}{2} = 2.165[\text{kg/s}]$

(3) 저장용기에서 배출되기 직전의 소화약제 압력은 4.2[MPa]이다.
저장용기에서 배출되면서 발생하는 압력손실은 1.5[MPa]이다.
소화약제가 천장에 설치된 분사헤드까지 위치가 높아지며 발생하는 압력손실은 0.06[MPa]이다.
A−B 사이의 배관을 지나며 발생하는 압력손실은 0.06[MPa]이다.
B−C 사이의 배관(C 헤드로 배출되는 경우), B−D 사이의 배관(D 헤드로 배출되는 경우)을 지나며 발생하는 압력손실은 각각 0.03[MPa]이다.
따라서 C점 노즐에서 방출되는 소화약제의 방사압력[MPa]은
4.2[MPa]−1.5[MPa]−0.06[MPa]−0.06[MPa]−0.03[MPa]=2.55[MPa]

(4) 분사헤드의 단위면적[cm²] 당 소화약제의 양[kg/s]인 방출률[kg/cm²·s]이 일정하므로 소화약제의 양을 전체 면적으로 나누어 주면 방출률을 알 수 있다.

$$방출률[kg/cm^2 \cdot s] = \frac{소화약제의양[kg/s]}{전체면적[cm^2]}$$

$$전체면적[cm^2] = \frac{2.17[kg/s]}{2.5[kg/cm^2 \cdot s]} = 0.868[cm^2]$$

> 연계이론 PHASE 08 할론 소화설비

04
소화설비의 급수배관에 사용하는 개폐표시형 밸브 중 버터플라이밸브 외의 밸브를 꼭 사용하여야 하는 배관의 이름과 그 이유를 한 가지만 쓰시오. [3점]

(1) 배관 이름
(2) 이유

> 정답
(1) 펌프의 흡입배관
(2) 개방 상태의 밸브 내에 유체의 흐름을 방해하는 구조물이 남아 마찰손실이 증가하고, 유효흡입수두가 감소하여 캐비테이션이 발생할 위험이 증가하기 때문

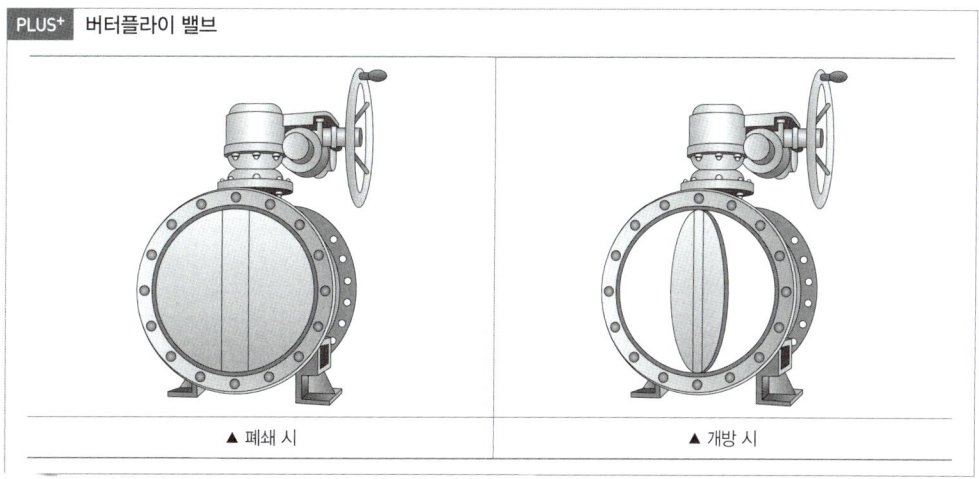

PLUS⁺ 버터플라이 밸브
▲ 폐쇄 시   ▲ 개방 시

> 연계이론 PHASE 02 옥내소화전설비

05

어떤 지하상가에 제연설비를 화재안전기준과 [조건]에 따라 설치하려고 한다. 다음 물음에 답하시오. [10점]

조건
- (가) 주덕트의 높이제한은 1,000[mm]이다. (강판두께, 덕트플랜지 및 보온두께는 고려하지 않는다.)
- (나) 배출기는 원심다익형이다.
- (다) 각종 효율은 무시한다.
- (라) 예상제연구역의 설계배출량은 43,200[m³/h]이다.

(1) 배출기의 배출측 주덕트의 최소 폭[m]은 얼마인가?

(2) 배출기의 흡입측 주덕트의 최소 폭[m]은 얼마인가?

(3) 준공 후 풍량시험을 한 결과 풍량은 36,000[m³/h], 회전수는 650[rpm], 축동력은 7.5[kW]로 측정되었다. 배출량 43,200[m³/h]를 만족시키기 위한 배출기 회전수[rpm]는 얼마인가?

(4) 풍량이 36,000[m³/h]일 때 전압이 50[mmH₂O]이다. 풍량을 43,200[m³/h]으로 변경할 때 전압[mmH₂O]은 얼마인가?

(5) (3)에서 회전수를 높여서 배출량을 만족시킬 경우의 예상축동력[kW]은 얼마인가?

정답

(1) • 계산과정: $\dfrac{\frac{43,200}{3,600}}{15} = 0.8$

$\dfrac{0.8}{1} = 0.8$

• 답: 0.8[m]

(2) • 계산과정: $\dfrac{\frac{43,200}{3,600}}{20} = 0.6$

$\dfrac{0.6}{1} = 0.6$

• 답: 0.6[m]

(3) • 계산과정: $650 \times \left(\dfrac{43,200}{36,000}\right) = 780$

• 답: 780[rpm]

(4) • 계산과정: $50 \times \left(\dfrac{43,200}{36,000}\right)^2 = 72$

• 답: 72[mmH₂O]

(5) • 계산과정: $7.5 \times \left(\dfrac{780}{650}\right)^3 = 12.96$

• 답: 12.96[kW]

해설

(1) 배출기의 흡입 측 풍도 안의 풍속은 15[m/s] 이하로 한다.
부피유량 공식 $Q = Au$에 의해 유량 Q와 유속 u를 알면 덕트의 단면적 A를 다음과 같이 구할 수 있다.

$$A = \dfrac{Q}{u}$$

A: 덕트의 단면적[m²], Q: 유량[m³/s], u: 유속[m/s]

유량 43,200[m³/h]의 단위를 변환해주면 $\dfrac{43,200}{3,600}$[m³/s]이 되고, 유속 15[m/s]와 함께 공식에 대입해주면 덕트의 단면적 A는 다음과 같다.

$$A = \dfrac{\dfrac{43,200}{3,600}[\text{m}^3/\text{s}]}{15[\text{m/s}]} \fallingdotseq 0.8[\text{m}^2]$$

덕트의 최대 높이 H가 0.6[m]이므로 최소 폭 W는

$$W = \dfrac{A}{H} = \dfrac{0.8[\text{m}^2]}{1[\text{m}]} = 0.8[\text{m}]$$

(2) 배출기의 배출 측 풍속은 20[m/s] 이하로 한다.
유속 20[m/s]와 함께 공식에 대입해주면 덕트의 단면적 A는 다음과 같다.

$$A = \dfrac{\dfrac{43,200}{3,600}[\text{m}^3/\text{s}]}{20[\text{m/s}]} \fallingdotseq 0.6[\text{m}^2]$$

주덕트의 최대 높이 H가 0.6[m]이므로 최소 폭 W는

$$W = \dfrac{A}{H} = \dfrac{0.6[\text{m}^2]}{1[\text{m}]} = 0.6[\text{m}]$$

(3) 기하학적으로 비슷한 두 물체의 운동이 역학적으로도 비슷해지도록 하는 조건을 나타내는 법칙을 상사법칙이라고 한다.
배출기의 회전수를 변화시키면 동일한 배출기이므로 상사법칙에 따라 유량이 변화한다.

$$\dfrac{Q_2}{Q_1} = \left(\dfrac{N_2}{N_1}\right)\left(\dfrac{D_2}{D_1}\right)^3$$

Q: 유량, N: 펌프의 회전수, D: 직경

동일한 배출기이므로 직경 D는 같고, 상태1의 유량 Q_1가 36,000[m³/h], 회전수 N_1이 650[rpm]이며, 상태2의 유량 Q_2가 43,200[m³/h]이므로 회전수 N_2는 다음과 같다.

$$N_2 = N_1\left(\dfrac{Q_2}{Q_1}\right) = 650[\text{rpm}] \times \left(\dfrac{43,200[\text{m}^3/\text{h}]}{36,000[\text{m}^3/\text{h}]}\right) = 780[\text{rpm}]$$

(4) 배출기의 회전수를 변화시키면 동일한 배출기이므로 상사법칙에 따라 양정이 변화한다.

$$\dfrac{H_2}{H_1} = \left(\dfrac{N_2}{N_1}\right)^2\left(\dfrac{D_2}{D_1}\right)^2$$

H: 양정, N: 펌프의 회전수, D: 직경

동일한 배출기이므로 직경 D는 같고, 상태1의 전압 H_1가 50[mmH₂O], 유량 Q_1가 36,000[m³/h]이며, 상태2의 유량 Q_2가 43,200[m³/h]이므로 전압 H_2는 다음과 같다.

← 양정[m]과 비중량[N/m²]을 곱하면 압력[N/m²]이 되므로 펌프를 통과하는 유체가 동일하다면 양정의 비는 압력의 비와 같다.

$$\dfrac{H_2}{H_1} = \left(\dfrac{N_2}{N_1}\right)^2 = \left(\dfrac{Q_2}{Q_1}\right)^2$$

$$H_2 = H_1\left(\dfrac{Q_2}{Q_1}\right)^2 = 50[\text{mmH}_2\text{O}] \times \left(\dfrac{43,200[\text{m}^3/\text{h}]}{36,000[\text{m}^3/\text{h}]}\right)^2 = 72[\text{mmH}_2\text{O}]$$

(5) 배출기의 회전수를 변화시키면 동일한 배출기이므로 상사법칙에 따라 축동력이 변화한다.

$$\dfrac{P_2}{P_1} = \left(\dfrac{N_2}{N_1}\right)^3\left(\dfrac{D_2}{D_1}\right)^5$$

P: 축동력, N: 펌프의 회전수, D: 직경

동일한 배출기이므로 직경 D는 같고, 상태1의 회전수 N_1이 650[rpm], 축동력 P_1가 7.5[kW]이며, 상태2의 회전수 N_2이 780[rpm]이므로 축동력 P_2는 다음과 같다.

$$P_2 = P_1\left(\dfrac{N_2}{N_1}\right)^3 = 7.5[\text{kW}] \times \left(\dfrac{780[\text{rpm}]}{650[\text{rpm}]}\right)^3 = 12.96[\text{kW}]$$

○ 연계이론 ○ PHASE 14 제연설비

06 지름이 10[cm]인 소방호스에 노즐구경이 3[cm]인 노즐팁이 부착되어 있고, 1.5[m³/min]의 물을 대기 중으로 방수할 경우 다음 물음에 답하시오. (단, 유동에는 마찰이 없다.) [6점]

(1) 소방호스의 평균유속[m/s]은 얼마인가?
(2) 소방호스에 연결된 방수노즐의 평균유속[m/s]은 얼마인가?
(3) 노즐(Nozzle)을 소방호스에 부착시키기 위한 플랜지 볼트에 작용하고 있는 힘[N]은 얼마인가?

정답

(1) • 계산과정: $1.5[m^3/min] = \frac{1.5}{60}[m^3/s]$

$$\frac{4 \times \frac{1.5}{60}}{\pi \times 0.1^2} \fallingdotseq 3.183$$

• 답: 3.18[m/s]

(2) • 계산과정: $\frac{4 \times \frac{1.5}{60}}{\pi \times 0.03^2} \fallingdotseq 35.368$

• 답: 35.37[m/s]

(3) • 계산과정: $\frac{9,800 \times \left(\frac{1.5}{60}\right)^2 \times \frac{\pi}{4} \times 0.1^2}{2 \times 9.8} \left(\frac{1}{\frac{\pi}{4} \times 0.03^2} - \frac{1}{\frac{\pi}{4} \times 0.1^2}\right)^2$

• 답: 4,067.78[N]

해설

(1) 부피유량 공식 $Q = Au$에 의해 유량 Q와 배관의 직경 D를 알면 유속 u를 다음과 같이 구할 수 있다.

$$Q = \frac{\pi}{4}D^2 u, \quad u = \frac{4Q}{\pi D^2}$$

u: 유속[m/s], Q: 유량[m³/s], D: 배관의 직경[m]

유량은 1.5[m³/min]이므로 단위를 변환하면 $\frac{1.5}{60}$[m³/s]이다.

따라서 주어진 조건을 공식에 대입하면 소방호스에 흐르는 물의 속도 u는

$$u = \frac{4 \times \frac{1.5}{60}[m^3/s]}{\pi \times (0.1[m])^2} \fallingdotseq 3.183[m/s]$$

(2) 주어진 조건을 공식에 대입하면 노즐에 흐르는 물의 속도 u는

$$u = \frac{4 \times \frac{1.5}{60}[m^3/s]}{\pi \times (0.03[m])^2} \fallingdotseq 35.368[m/s]$$

(3) 플랜지 볼트에 작용하는 힘은 다음과 같다.

$$F = \frac{\gamma Q^2 A_1}{2g}\left(\frac{1}{A_2} - \frac{1}{A_1}\right)^2$$

F: 플랜지 볼트에 작용하는 힘[N], γ: 비중량[N/m³], Q: 유량[m³/s],
A_1: 배관의 단면적[m²], A_2: 노즐의 단면적[m²], g: 중력가속도[m/s²]

유체는 물이므로 물의 비중량은 9.8[kN/m³]이다.
배관은 지름이 D인 원형이므로 배관의 단면적은 다음과 같다.

$$A = \frac{\pi}{4}D^2$$

A: 단면적[m²], D: 직경[m]

따라서 주어진 조건을 공식에 대입하면 플랜지 볼트에 작용하는 힘 F는

$$F = \frac{9.8[\text{kN/m}^3] \times \left(\frac{1.5}{60}[\text{m}^3/\text{s}]\right)^2 \times \frac{\pi}{4} \times (0.1[\text{m}])^2}{2 \times 9.8[\text{m/s}^2]} \left(\frac{1}{\frac{\pi}{4} \times (0.03[\text{m}])^2} - \frac{1}{\frac{\pi}{4} \times (0.1[\text{m}])^2}\right)^2$$

$\fallingdotseq 4{,}067.784[\text{N}]$

연계이론   **PHASE 20 유체유동**

---

07 연결송수관설비의 화재안전기준에 대한 다음 물음에 답하시오. [4점]

(1) 11층 이상 건축물의 송수구를 단구형으로도 설치할 수 있는 경우를 2가지 쓰시오.
(2) 배관을 습식 설비로 하여야 하는 특정소방대상물을 쓰시오.

정답
(1) • 아파트의 용도로 사용되는 층
 • 스프링클러설비가 유효하게 설치되어 있고 방수구가 2개소 이상 설치된 층

(2) • 지면으로부터의 높이가 31[m] 이상인 특정소방대상물 또는 지상 11층 이상인 특정소방대상물에 있어서는 습식 설비로 할 것

해설
(1) 11층 이상의 부분에 설치하는 방수구는 쌍구형으로 한다. 다만, 다음의 어느 하나에 해당하는 층에는 단구형으로 설치할 수 있다.
 • 아파트의 용도로 사용되는 층
 • 스프링클러설비가 유효하게 설치되어 있고 방수구가 2개소 이상 설치된 층

(2) 연결송수관설비의 배관은 다음의 기준에 따라 설치한다.
 • 주배관의 구경은 100[mm] 이상의 것으로 한다. 다만, 주배관의 구경이 100[mm] 이상인 옥내소화전설비의 배관과는 겸용할 수 있다.
 • 지면으로부터의 높이가 31[m] 이상인 특정소방대상물 또는 지상 11층 이상인 특정소방대상물에 있어서는 습식설비로 한다.

연계이론   **PHASE 16 연결송수관설비**

08 헤드 H−1의 방수압력이 0.1[MPa]이고 방수량이 80[L/min]인 폐쇄형 스프링클러설비의 수리계산에 대하여 [조건]을 참고하여 다음 물음에 답하시오. [8점]

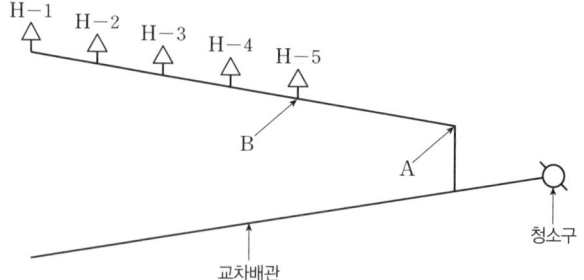

조건

(가) 헤드 H−1에서 H−5까지의 각 헤드마다 방수압력 차이는 0.01[MPa]이다. (단, 헤드와 가지배관 사이의 배관에서의 마찰손실은 무시한다.)
(나) A−B 구간의 마찰손실압은 0.04[MPa]이다.
(다) H−1 헤드에서의 방수량은 80[L/min]이다.

(1) A지점에서의 필요 최소 압력[MPa]은 얼마인가?
(2) 각 헤드에서의 방수량[L/min]은 얼마인가?

	계산과정	방수량[L/min]
H−1		
H−2		
H−3		
H−4		
H−5		

(3) A−B 구간에서의 유량[L/min]은 얼마인가?
(4) A−B 구간에서의 최소 내경[mm]은 얼마인가?

정답

(1) • 계산과정: 0.14+0.04=0.18
 • 답: 0.18[MPa]

(2)

	계산과정	방수량[L/min]
H−1		80
H−2	$80\sqrt{10 \times 0.11} ≒ 83.905$	83.91
H−3	$80\sqrt{10 \times 0.12} ≒ 87.636$	87.64
H−4	$80\sqrt{10 \times 0.13} ≒ 91.214$	91.21
H−5	$80\sqrt{10 \times 0.14} ≒ 94.657$	94.66

(3) • 계산과정: 80+83.91+87.64+91.21+94.66=437.42
 • 답: 437.42[L/min]

(4) • 계산과정: $437.42[\text{L/min}] = \dfrac{0.43742}{60}[\text{m}^3/\text{s}]$

$$D = \sqrt{\dfrac{4 \times \dfrac{0.43742}{60}}{\pi \times 6}} \fallingdotseq 0.039333[\text{m}] = 39.333[\text{mm}]$$

• 답: 39.33[mm]

해설

(1) 조건 (개)에 의해 각 헤드마다 방수압력 차이는 0.01[MPa]이므로 H−5 헤드의 방수압력은 0.14[MPa]이다.
조건 (내)에 의해 A−B 구간의 마찰손실압은 0.04[MPa]이므로 A지점의 압력은 다음과 같다.
$0.14[\text{MPa}] + 0.04[\text{MPa}] = 0.18[\text{MPa}]$

(2) 스프링클러 헤드에서 압력 P와 유량 Q는 다음과 같은 관계를 갖는다.
$$Q = K\sqrt{10P}$$

Q: 방수량[L/min], K: 방출계수, P: 방수압[MPa]

방수량 Q가 80[L/min]이고, 방수압 P가 0.1[MPa]일 때 방출계수 K는 다음과 같다.
$$K = \dfrac{Q}{\sqrt{10P}} = \dfrac{80[\text{L/min}]}{\sqrt{10 \times 0.1[\text{MPa}]}} = 80$$

따라서 주어진 조건을 공식에 대입하면 각 헤드별 방수량 Q는
$Q_2 = 80\sqrt{10 \times 0.11[\text{MPa}]} \fallingdotseq 83.905[\text{L/min}]$
$Q_3 = 80\sqrt{10 \times 0.12[\text{MPa}]} \fallingdotseq 87.636[\text{L/min}]$
$Q_4 = 80\sqrt{10 \times 0.13[\text{MPa}]} \fallingdotseq 91.214[\text{L/min}]$
$Q_5 = 80\sqrt{10 \times 0.14[\text{MPa}]} \fallingdotseq 94.657[\text{L/min}]$

(3) A−B 구간에는 H−1H−5 헤드의 방수에 필요한 유량이 모두 흐른다.
$80[\text{L/min}] + 83.91[\text{L/min}] + 87.64[\text{L/min}] + 91.21[\text{L/min}] + 94.66[\text{L/min}] = 437.42[\text{L/min}]$

(4) 부피유량 공식 $Q = Au$에 의해 유량 Q와 유속 u를 알면 배관의 직경 D를 다음과 같이 구할 수 있다.
$$Q = \dfrac{\pi}{4}D^2 u, \quad D = \sqrt{\dfrac{4Q}{\pi u}}$$

D: 배관의 직경[m], Q: 유량[m³/s], u: 유속[m/s]

급수배관의 구경을 수리계산에 따르는 경우 가지배관의 유속은 6[m/s], 그 밖의 배관의 유속은 10[m/s]를 초과하지 않도록 한다.

유량이 437.42[L/min]이므로 단위를 변환하면 $\dfrac{0.43742}{60}[\text{m}^3/\text{s}]$이다.
따라서 주어진 조건을 공식에 대입하면 배관의 직경 D는
$$D = \sqrt{\dfrac{4 \times \dfrac{0.43742}{60}[\text{m}^3/\text{s}]}{\pi \times 6[\text{m/s}]}} \fallingdotseq 0.039333[\text{m}] = 39.333[\text{mm}]$$

연계이론 **PHASE 04 스프링클러설비**

09 어떤 실에 이산화탄소 소화설비를 설치하고자 한다. [조건]을 참고하여 다음 물음에 답하시오. [8점]

조건

(가) 방호구역은 가로 10[m], 세로 5[m], 높이 3[m]이고 개구부는 2곳 있으며 개구부는 각각 가로 3[m], 세로 1[m]이며 자동폐쇄장치가 설치되어 있지 않다.
(나) 개구부 가산량은 5[kg/m²]이다.
(다) 표면화재를 기준으로 하며, 설계농도는 34[%]이고, 보정계수는 1.1이다.
(라) 분사 헤드의 방사율은 1.05[kg/mm²·min]이다.
(마) 저장용기는 45[kg]이며, 내용적은 68[L]이다.
(바) 분사 헤드의 분구면적은 0.52[cm²]이다.

(1) 실에 필요한 소화약제의 양[kg]은 얼마인가?
(2) 저장용기의 수는 몇 병인가?
(3) 저장용기의 충전비는 얼마인가?
(4) 저장용기의 내압시험압력[MPa]는 얼마인가?

정답

(1) • 계산과정: $10 \times 5 \times 3 = 150$
        $0.80 \times 150 = 120$
        $(135 \times 1.1) + (5 \times 2 \times (3 \times 1)) = 178.5$
   • 답: 178.5[kg]

(2) • 계산과정: $\dfrac{178.5}{45} ≒ 3.97$
   • 답: 4병

(3) • 계산과정: $\dfrac{68}{45} ≒ 1.511$
   • 답: 1.51

(4) • 답: 25[MPa]

해설

(1) 표면화재이고 전역방출방식인 이산화탄소 소화약제의 저장량 최소기준은 다음과 같다.

방호구역의 체적	소화약제의 양[kg/m³]	소화약제 저장량의 최저한도[kg]
45[m³] 미만	1.00	45
45[m³] 이상 150[m³] 미만	0.90	45
150[m³] 이상 1,450[m³] 미만	0.80	135
1,450[m³] 이상	0.75	1,125

방호구역의 개구부(창문·출입구) 1[m²]마다 5[kg]을 가산한다. ← 자동폐쇄장치가 없는 경우에만 적용한다.
방호구역의 체적(가로×세로×높이)은 다음과 같다.
   $V = 10[m] \times 5[m] \times 3[m] = 150[m^3]$
방호구역의 체적이 150[m³] 이상 1,450[m³] 미만이므로 소화약제의 양은 체적 1[m³] 당 0.80[kg/m³]을 적용한다.
   소화약제의 양 $= 0.80[kg/m^3] \times 150[m^3] = 120[kg]$ ← 최저한도인 135[kg]보다 큰지 확인한다.
설계농도가 34[%] 이상이므로 체적에 따라 구한 소화약제의 양에 보정계수를 곱한다.
← 개구부 가산량에는 곱하지 않는다.
개구부(창문·출입구)에 자동폐쇄장치가 없으므로 개구부 면적 1[m²] 당 5[kg/m²]을 가산한다.
   소화약제의 양 $=(135[kg] \times 1.1) + (5[kg/m^2] \times 2 \times (3[m] \times 1[m])) = 178.5[kg]$

(2) 저장용기 1병 당 소화약제의 충전량은 45[kg]이므로 전체 소화약제의 양을 저장하기 위해 필요한 저장용기의 개수는

$$\frac{178.5[\text{kg}]}{45[\text{kg/병}]} ≒ 3.97[\text{병}] = 4[\text{병}] \text{ (절상)}$$

(3) 저장용기 1병 당 소화약제의 저장량[kg]은 45[kg]이고, 내용적은 68[L]이므로 충전비[L/kg]는 다음과 같다.

$$\frac{68[\text{L}]}{45[\text{kg}]} ≒ 1.511[\text{L/kg}]$$

(4) 저장용기의 충전비는 고압식은 1.5 이상 1.9 이하, 저압식은 1.1 이상 1.4 이하로 한다.
고압식 저장용기는 25[MPa] 이상, 저압식 저장용기는 3.5[MPa] 이상의 내압시험압력에 합격한 것으로 한다.

연계이론 **PHASE 07 이산화탄소 소화설비**

---

10 할로겐화합물 및 불활성기체 소화설비의 수동식 기동장치의 설치기준이다. ( )에 알맞은 말을 쓰시오. [7점]

- (①)마다 설치
- 해당 방호구역의 출입구 부근 등 조작을 하는 자가 쉽게 (②)할 수 있는 장소에 설치할 것
- 기동장치의 조작부는 바닥으로부터 (③)의 위치에 설치하고, 보호판 등에 따른 (④)를 설치할 것
- 전기를 사용하는 기동장치에는 (⑤)을 설치할 것
- 기동장치의 방출용 스위치는 (⑥)와 연동하여 조작될 수 있는 것으로 할 것
- (⑦) 이하의 힘을 가하여 기동할 수 있는 구조로 설치

정답
① 방호구역
② 피난
③ 0.8[m] 이상 1.5[m] 이하
④ 보호장치
⑤ 전원표시등
⑥ 음향경보장치
⑦ 50[N]

해설
- 방호구역마다 설치한다.
- 해당 방호구역의 출입구 부근 등 조작을 하는 자가 쉽게 피난할 수 있는 장소에 설치한다.
- 기동장치의 조작부는 바닥으로부터 0.8[m] 이상 1.5[m] 이하의 위치에 설치하고, 보호판 등에 따른 보호장치를 설치한다.
- 전기를 사용하는 기동장치에는 전원표시등을 설치한다.
- 기동장치의 방출용 스위치는 음향경보장치와 연동하여 조작될 수 있는 것으로 한다.
- 50[N] 이하의 힘을 가하여 기동할 수 있는 구조로 한다.

연계이론 **PHASE 09 할로겐화합물 및 불활성기체 소화설비**

11 [조건]을 참고하여 제연설비에 대한 다음 물음에 답하시오. [4점]

조건
(가) 배연 Duct의 길이는 181[m]이고 Duct의 저항은 1[m]당 0.2[mmAq]이다.
(나) 배출구 저항은 8[mmAq], 배기그릴 저항은 4[mmAq], 관부속품의 저항은 Duct 저항의 55[%]이다.
(다) 효율은 50[%]이고, 여유율은 10[%]로 한다.
(라) 예상제연구역의 바닥면적은 900[m²]이고, 직경은 55[m], 수직거리는 2.3[m]이다.
(마) 예상제연구역의 배출량 기준

수직거리[m]	배출량[m³/h]
2 이하	45,000
2 초과 2.5 이하	50,000
2.5 초과 3 이하	55,000
3 초과	65,000

(1) 배연기의 소요전압[mmAq]은 얼마인가?
(2) 배연기의 이론 소요동력[kW]은 얼마인가?

정답

(1) • 계산과정: $\left(181[m] \times \dfrac{0.2[mmAq]}{1[m]}\right) + 8 + 4 + \left(181[m] \times \dfrac{0.2[mmAq]}{1[m]}\right) \times 0.55 ≒ 68.11$
 • 답: 68.11[mmAq]

(2) • 계산과정: $68.11[mmAq] \times \dfrac{101.325[kPa]}{10,332[mmAq]} ≒ 0.6679[kPa]$

$50,000[m^3/h] = \dfrac{50,000}{3,600}[m^3/s]$

$\dfrac{0.6679 \times \dfrac{50,000}{3,600}}{0.5} \times 1.1 ≒ 20.408$

 • 답: 20.41[kW]

해설

(1) 소요전압은 배연덕트를 통과하며 발생하는 모든 저항의 합과 같다.

$\left(181[m] \times \dfrac{0.2[mmAq]}{1[m]}\right) + 8[mmAq] + 4[mmAq] + \left(181[m] \times \dfrac{0.2[mmAq]}{1[m]}\right) \times 0.55$
$≒ 68.11[mmAq]$

(2) 배연기의 동력은 다음의 식을 통해 구할 수 있다.

$$P = \dfrac{P_T Q}{\eta} K$$

P: 배연기의 동력[kW], P_T: 전압(풍압)[kPa], Q: 풍량[m³/s], η: 효율, K: 전달계수

전압은 68.11[mmAq]이므로 단위를 변환하면 다음과 같다.
$68.11[mmAq] \times \dfrac{101.325[kPa]}{10,332[mmAq]} ≒ 0.6679[kPa]$

바닥면적이 400[m²] 이상인 경우 배출량은 다음과 같다. ← 제연경계가 아닌 벽으로 구획된 경우 수직거리는 0[m]

	제연경계의 하단으로부터 바닥까지의 수직거리[m]	배출량[m³/h]
직경 40[m]인 원의 범위를 초과하는 경우	2 이하	45,000 이상
	2 초과 2.5 이하	50,000 이상
	2.5 초과 3 이하	55,000 이상
	3 초과	65,000 이상

배연기의 배출량은 50,000[m³/h]이므로 단위를 변환하면 $\frac{50,000}{3,600}$[m³/s]이다.

따라서 주어진 조건을 공식에 대입하면 배연기의 동력 P는

$$P = \frac{0.6679[\text{kPa}] \times \frac{50,000}{3,600}[\text{m}^3/\text{s}]}{0.5} \times 1.1 ≒ 20.408[\text{kW}]$$

○ 연 계 이 론 ○ **PHASE 14** 제연설비

12 간이 스프링클러설비의 화재안전기준에서 소방대상물의 보와 가장 가까운 간이헤드를 그림과 같이 설치한다. 그림에서 ( )에 알맞은 거리를 구하시오. (단, 천장면에서 보의 하단까지의 길이가 55[cm]를 초과하고 보의 하단 측면 끝부분으로부터 간이헤드까지의 거리가 간이헤드 상호간 거리의 $\frac{1}{2}$ 이하가 되는 경우에는 간이헤드와 그 부착면과의 거리를 55[cm] 이하로 할 수 있다.) [4점]

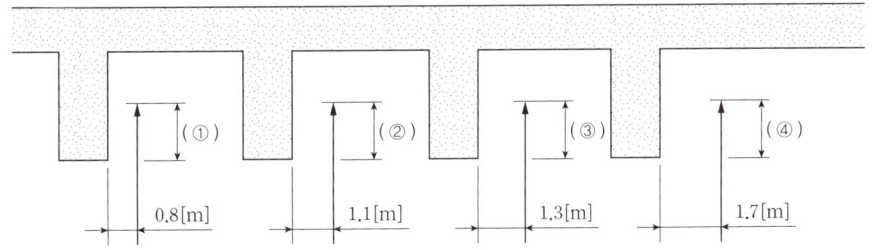

○ 정 답 ○
- 답: ① 0.1[m] 미만
  ② 0.15[m] 미만
  ③ 0.15[m] 미만
  ④ 0.3[m] 미만

○ 해 설 ○ 특정소방대상물의 보와 가장 가까운 스프링클러 헤드는 다음의 표에 따른 거리 미만이 되도록 한다.

헤드의 반사판 중심과 보의 수평거리[m]	헤드의 반사판 높이와 보의 하단 높이의 수직거리[m]
0.75 미만	보의 하단보다 낮을 것
0.75 이상 1 미만	0.1 미만
1 이상 1.5 미만	0.15 미만
1.5 이상	0.3 미만

○ 연 계 이 론 ○ **PHASE 04** 스프링클러설비

13 지하 1층, 지상 25층의 계단실형 APT에 옥외소화전과 스프링클러설비를 설치할 경우 [조건]을 참고하여 다음 물음에 답하시오. [6점]

> **조건**
> (가) 옥외소화전의 설치개수는 3개이다.
> (나) 스프링클러설비의 각 층의 폐쇄형 스프링클러 헤드는 각각 30개씩 설치되어 있다.
> (다) 소화펌프는 옥외소화전설비와 스프링클러설비를 겸용으로 사용한다.
> (라) 옥상수조는 없는 것으로 간주한다.

(1) 펌프의 토출량[L/min]은 얼마인가?
(2) 수원의 저수량[m³]은 얼마인가?

정답

(1) • 계산과정: $2 \times 350 = 700$
　　　　　　　$10 \times 80 = 800$
　　　　　　　$700 + 800 = 1,500$
　• 답: 1,500[L/min]

(2) • 계산과정: $2 \times 7 = 14$
　　　　　　　$10 \times 1.6 = 16$
　　　　　　　$14 + 16 = 30$
　• 답: 30[m³]

해설

(1) 화재안전기준에 따라 옥외소화전설비에서 가압송수장치(펌프)는 특정소방대상물에 설치된 옥외소화전을 동시에 사용할 경우(최대 2개) 각 소화전의 노즐선단에서의 방수량은 350[L/min] 이상으로 한다.
정격토출량 = 2[개] × 350[L/min] = 700[L/min]

화재안전기준에 따라 스프링클러설비에서 가압송수장치(펌프)의 송수량은 기준개수에 80[L/min]를 곱한 양 이상으로 한다. ← 설치개수가 기준개수보다 적은 경우 설치개수에 따른다.

스프링클러설비의 설치장소		기준개수
아파트		10
지하층을 제외한 10층 이하인 특정소방대상물	헤드의 높이가 8[m] 미만인 것	10
	헤드의 높이가 8[m] 이상인 것	20
	판매시설이 없는 근린생활시설·운수시설·복합건축물	20
	특수가연물을 취급하지 않는 공장	20
	판매시설 또는 판매시설이 있는 복합건축물	30
	특수가연물을 저장·취급하는 공장	30
지하층을 제외한 11층 이상인 특정소방대상물		30
지하가 또는 지하역사		30

정격토출량 = 10[개] × 80[L/min] = 800[L/min]

옥외소화전설비의 가압송수장치(펌프)를 스프링클러설비의 가압송수장치(펌프)와 겸용하여 설치하는 경우의 펌프의 토출량은 각 소화설비에 해당하는 토출량을 합한 양 이상이 되도록 한다.
← 두 설비를 동시에 사용하는 경우 그만큼 토출량이 충분해야 하므로 값을 더해준다.
펌프의 최소 토출량 = 700[L/min] + 800[L/min] = 1,500[L/min]

(2) 화재안전기준에 따라 옥외소화전설비에서 수원의 저수량은 옥외소화전의 설치개수(최대 2개)에 7[m³]를 곱한 양 이상이 되도록 한다.

옥외소화전설비의 저수량＝2[개]×7[m³]＝14[m³]

화재안전기준에 따라 스프링클러설비에서 수원의 저수량은 기준개수에 1.6[m³]를 곱한 양 이상이 되도록 한다.

스프링클러설비의 저수량＝10[개]×1.6[m³]≒16[m³]

옥외소화전설비의 수원을 스프링클러설비의 수원과 겸용하여 설치하는 경우의 저수량은 각 소화설비에 필요한 저수량을 합한 양 이상이 되도록 한다. ← 두 설비를 동시에 사용하는 경우 그만큼 저수량이 충분해야 하므로 값을 더해준다.

수원의 최소 저수량＝14[m³]＋16[m³]＝30[m³]

연계이론

PHASE 03 옥외소화전설비

PHASE 04 스프링클러설비

14

아래 그림과 같은 Loop 배관에 직결된 살수노즐로부터 300[L/min]의 물이 방사되고 있다. 화살표의 방향으로 흐르는 유량 q_1, q_2[L/min]를 각각 구하시오. [4점]

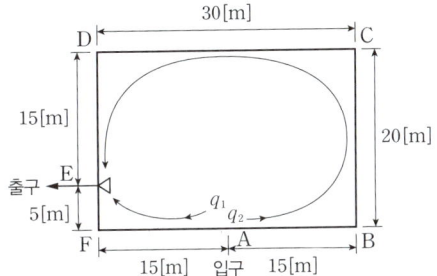

조건

(가) 배관부속의 등가길이는 모두 무시한다.

(나) 계산 시의 마찰손실공식은 하젠－윌리엄스식을 사용하되 계산 편의상 다음과 같다고 가정한다.

$$\Delta P = \frac{6 \times 10^4 \times Q^2}{100^2 \times d^5}$$

ΔP: 배관길이 1[m] 당 마찰손실압력[MPa], Q: 유량[L/min], d: 관의 안지름[mm]

(다) 모든 배관의 직경은 같다.

정답

- 답: $q_1 = 200$[L/min]
  $q_2 = 100$[L/min]

해설

A점으로 들어온 물의 일부는 B점, C점, D점을 거쳐 E점으로 나가고, 나머지는 F점을 거쳐 E점으로 나간다. 이 때 두 경로의 마찰손실은 같다. ← 다른 경우 마찰손실이 작은 쪽으로 유량이 점점 증가하여 마찰손실도 증가하고 결국 평형을 이룬다.

$q_1 + q_2 = 300$[L/min]

$$\frac{6 \times 10^4 \times q_1^2}{100^2 \times d^5} \times (15+5)[m] = \frac{6 \times 10^4 \times q_2^2}{100^2 \times d^5} \times (15+20+30+15)[m]$$

$20q_1^2 = 80q_2^2$

$q_1 = \dfrac{300[L/min]}{1+\dfrac{1}{2}} \fallingdotseq 200$[L/min]

$q_2 = 300$[L/min] $- q_1 = 100$[L/min]

연계이론

PHASE 22 배관의 마찰손실

15

전기실에 제1종 분말 소화약제를 사용한 분말 소화설비를 전역방출방식의 가압식으로 설치하려고 한다. [조건]을 참고하여 다음 물음에 답하시오. [12점]

조건

(가) 소방대상물의 크기는 가로 11[m], 세로 9[m], 높이 4.5[m]인 내화구조로 되어 있다.
(나) 소방대상물의 중앙에 가로 1[m], 세로 1[m]의 기둥이 있고, 기둥을 중심으로 가로, 세로 보가 교차되어 있으며, 보는 천장으로부터 높이 0.6[m], 너비 0.4[m]의 크기이고, 보와 기둥은 내열성 재료이다.
(다) 전기실에는 0.7[m]×1.0[m], 1.2[m]×0.8[m]인 개구부가 각각 1개씩 설치되어 있으며, 1.2[m]×0.8[m]인 개구부에는 자동폐쇄장치가 설치되어 있다.
(라) 방호공간에 내화구조 또는 내열성 밀폐재료가 설치된 경우에는 방호공간에서 제외할 수 있다.
(마) 방사헤드의 방출률은 7.82[kg/mm²·min·개]이다.
(바) 약제 저장용기 1개의 내용적은 50[L]이다.
(사) 방사헤드 1개의 오리피스(방출구)면적은 0.45[cm²]이다.
(아) 소화약제 산정기준 및 기타 필요한 사항은 국가화재안전기준에 준한다.

(1) 저장에 필요한 제1종 분말 소화약제의 최소 양[kg]은 얼마인가?
(2) 저장에 필요한 약제 저장용기의 수는 몇 병인가?
(3) 설치에 필요한 방사헤드는 최소 몇 개인가? (단, 소화약제의 양은 문항 (2)에서 구한 저장용기 수의 소화약제 양으로 한다.)
(4) 설치에 필요한 전체 방사헤드의 오리피스 면적[mm²]은 얼마인가?
(5) 방사헤드 1개의 방사량[kg/min]은 얼마인가?
(6) (2)에서 산출한 저장용기 수의 소화약제가 방출되어 모두 열분해 시 발생한 CO_2의 양[kg]과 이때 CO_2의 부피[m³]는 얼마인가? (단, 방호구역 내의 압력은 120[kPa], 기체상수는 8.314[kJ/kmol·K], 주위온도는 500[℃]이고, 제1종 분말 소화약제 주성분에 대한 각 원소의 원자량은 다음과 같으며, 이상기체 상태방정식을 따른다.)

원소기호	Na	H	C	O
원자량	23	1	12	16

정답

(1) • 계산과정: $11 \times 9 \times 4.5 = 445.5$
$1 \times 1 \times 4.5 = 4.5$
$0.4 \times (5+5+4+4) \times 0.6 = 4.32$
$445.5 - 4.5 - 4.32 = 436.68$
$(0.60 \times 436.68) + (4.5 \times (0.7 \times 1.0)) = 265.158$
• 답: 265.16[kg]

(2) • 계산과정: $\dfrac{50}{0.8} = 62.5$
$\dfrac{265.16}{62.5} ≒ 4.25$
• 답: 5병

(3) • 계산과정: $5 \times 62.5 = 312.5$
$0.45[cm^2] = 45[mm^2]$
$312.5[kg] = 7.82[kg/mm^2 \cdot min \cdot 개] \times 45[mm^2] \times 0.5[min] \times$ 헤드 수
헤드 수 $= \dfrac{312.5}{7.82 \times 45 \times 0.5} ≒ 1.776$
• 답: 2개

(4) • 계산과정: $2 \times 0.45 = 0.9[cm^2] = 90[mm^2]$
• 답: $90[mm^2]$

(5) • 계산과정: $\dfrac{312.5}{2 \times 0.5} = 312.5$
• 답: $312.5[kg/min]$

(6) • 계산과정: $(23+1+12+3 \times 16) = 84$

$\dfrac{312.5[kg]}{84[kg/kmol]} ≒ 3.720[kmol]$

$(12+2 \times 16) = 44$

$44[kg/kmol] \times \dfrac{3.720[kmol]}{2} = 81.84[kg]$

$120 \times V = \dfrac{81.84}{44} \times 8.314 \times (273+500)$

$V = 99.614$

• 답: $81.84[kg]$, $99.61[m^3]$

해 설

(1) 전역방출방식 분말 소화약제의 저장량 기준은 다음과 같다.

소화약제의 종류	소화약제의 양[kg/m³]	개구부 가산량[kg/m²]
제1종 분말	0.60	4.5
제2종 분말	0.36	2.7
제3종 분말	0.36	2.7
제4종 분말	0.24	1.8

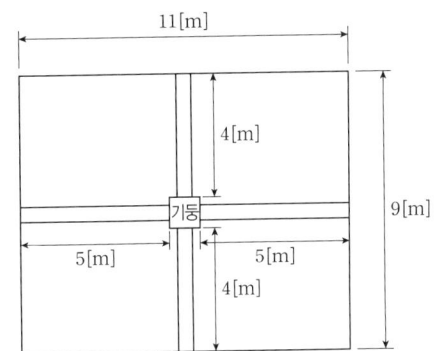

전기실의 체적(가로×세로×높이)은 다음과 같다.
$V_1 = 11[m] \times 9[m] \times 4.5[m] = 445.5[m^3]$
기둥의 체적은 다음과 같다.
$V_2 = 1[m] \times 1[m] \times 4.5[m] = 4.5[m^3]$
보의 체적은 다음과 같다.
$V_3 = 0.4[m] \times (5[m]+5[m]+4[m]+4[m]) \times 0.6[m] = 4.32[m^3]$
따라서 방호구역의 체적은 다음과 같다.
$V = V_1 - V_2 - V_3 = 445.5[m^3] - 4.5[m^3] - 4.32[m^3] = 436.68[m^3]$

제1종 분말 소화약제를 사용하므로 소화약제의 양은 체적 $1[m^3]$ 당 $0.60[kg/m^3]$을 적용한다.
개구부(창문·출입구)에 자동폐쇄장치가 없으므로 개구부 면적 $1[m^2]$ 당 $4.5[kg/m^2]$을 가산한다.
소화약제의 양 $= (0.60[kg/m^3] \times 436.68[m^3]) + (4.5[kg/m^2] \times (0.7[m] \times 1.0[m])) = 265.158[kg]$

(2) 분말 소화약제의 저장용기 기준은 다음과 같다.

소화약제의 종류	소화약제 1[kg] 당 저장용기의 내용적[L/kg]
제1종 분말	0.8
제2종 분말	1.0
제3종 분말	1.0
제4종 분말	1.25

제1종 분말 소화약제를 사용하므로 50[L] 저장용기 1병 당 소화약제의 충전량은 다음과 같다.

$$\frac{50[L/병]}{0.8[L/kg]} = 62.5[kg/병]$$

따라서 전체 소화약제의 양을 저장하기 위해 필요한 저장용기의 개수는

$$\frac{265.16[kg]}{62.5[kg/병]} ≒ 4.25[병] = 5[병] \text{ (절상)}$$

(3) 방출해야하는 소화약제의 양은 다음과 같다.

$$5[병] \times 62.5[kg/병] = 312.5[kg]$$

방사헤드의 방출률은 7.82[kg/mm²·min·개]이고, 방사헤드 1개의 방출구 면적은 0.45[cm²](=45[mm²])이다. 분말 소화설비의 분사헤드는 소화약제 저장량을 30초 이내에 방출할 수 있어야 하므로 필요한 헤드 수는

$$312.5[kg] = 7.82[kg/mm^2·min·개] \times 45[mm^2] \times 0.5[min] \times \text{헤드 수}$$

$$\text{헤드 수} = \frac{312.5[kg]}{7.82[kg/mm^2·min·개] \times 45[mm^2] \times 0.5[min]} ≒ 1.776[개] = 2[개] \text{ (절상)}$$

(4) 전체 방사헤드의 오리피스 면적은 필요한 방사헤드의 개수와 하나의 방사헤드 면적의 곱으로 구할 수 있다.

$$2[개] \times 0.45[cm^2] = 0.9[cm^2] = 90[mm^2]$$

(5) 2개의 헤드에서 312.5[kg]의 소화약제가 30초 동안 방출되므로 헤드의 방사량[kg/min]은

$$\text{헤드의 방사량} = \frac{312.5[kg]}{2[개] \times 0.5[min]} = 312.5[kg/min]$$

(6) 제1종 분말 소화약제인 탄산수소나트륨 $NaHCO_3$의 열분해 반응식은 다음과 같다.

$$2NaHCO_3 \rightarrow Na_2CO_3 + CO_2 + H_2O$$

반응계수에 따라 2분자의 $NaHCO_3$가 열분해 시 1분자의 CO_2가 발생한다.
$NaHCO_3$의 분자량은 $(23+1+12+3\times16)=84[kg/kmol]$이므로 방출된 소화약제의 분자수는 다음과 같다.

$$\frac{312.5[kg]}{84[kg/kmol]} ≒ 3.720[kmol]$$

CO_2의 분자량은 $(12+2\times16)=44[kg/kmol]$이므로 열분해 시 발생한 CO_2의 양[kg]은 다음과 같다.

$$44[kg/kmol] \times \frac{3.720[kmol]}{2} = 81.84[kg]$$

문제에서 부피[m³]를 요구하므로 이상기체 상태방정식을 활용하여 이산화탄소의 질량[kg]을 부피[m³]로 변환해 준다.

$$PV = \frac{m}{M}RT$$

P: 압력[kPa], V: 부피[m³], m: 질량[kg], M: 분자량[kg/kmol], R: 기체상수[kJ/kmol·K], T: 절대온도[K]

주어진 조건을 공식에 대입하면 81.84[kg]에 해당하는 이산화탄소의 부피는 다음과 같다.

$$120[kPa] \times V[m^3] = \frac{81.84[kg]}{44[kg/kmol]} \times 8.314[kJ/kmol·K] \times (273+500)[K]$$

$$V = 99.614[m^3]$$

연계이론 **PHASE 10** 분말 소화설비

16 펌프성능시험을 하기 위하여 오리피스를 통하여 시험한 결과 수은주의 높이가 25[mm]이다. 이 오리피스가 통과하는 유량[L/min]을 구하시오. (단, 수은의 비중은 13.6, 중력가속도는 9.8[m/s²]이다.) [4점]

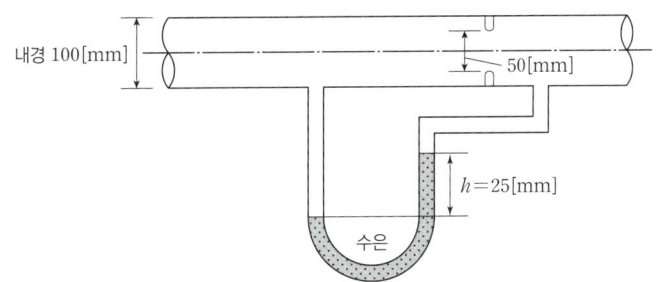

정 답

- 계산과정: $\dfrac{\frac{\pi}{4} \times 0.05^2}{\sqrt{1-\left(\frac{0.05}{0.1}\right)^4}} \sqrt{2 \times 9.8 \times \left(\dfrac{13.6-1}{1}\right) \times 0.025} ≒ 0.0050388[\text{m}^3/\text{s}] = 302.328[\text{L/min}]$

- 답: 302.33[L/min]

해 설

오리피스를 통과하는 유량 Q와 액주계의 높이 차이 h의 관계식은 다음과 같다.

$$Q = \dfrac{A_2}{\sqrt{1-\left(\dfrac{D_2}{D_1}\right)^4}} \sqrt{2g\left(\dfrac{\gamma-\gamma_w}{\gamma_w}\right)h}$$

Q: 유량[m³/s], A_2: 좁은 면적[m²], D: 내경[m], g: 중력가속도[m/s²], γ: 액주계 유체의 비중량[N/m³], γ_w: 벤투리관 유체의 비중량[N/m³], h: 액주계의 높이 차이[m]

수은의 비중이 13.6이므로 수은의 비중량은 $13.6\gamma_w$이다.

따라서 주어진 조건을 공식에 대입하면 벤투리미터를 통과하는 유량 Q는

$$Q = \dfrac{\frac{\pi}{4} \times (0.05[\text{m}])^2}{\sqrt{1-\left(\dfrac{0.05[\text{m}]}{0.1[\text{m}]}\right)^4}} \sqrt{2 \times 9.8[\text{m/s}^2] \times \left(\dfrac{13.6\gamma_w - \gamma_w}{\gamma_w}\right) \times 0.025[\text{m}]}$$

$≒ 0.0050388[\text{m}^3/\text{s}] = 302.328[\text{L/min}]$

연계이론 PHASE 20 유체유동

에듀윌이 너를 지지할게

ENERGY

풍랑은 영원하지 않습니다.
터널은 무한하지 않습니다.
견디면 다 지나갑니다.

지나고 보면 그 시간이 유익입니다.

− 조정민, 『고난이 선물이다』, 두란노

**여러분의 작은 소리
에듀윌은 크게 듣겠습니다.**

본 교재에 대한 여러분의 목소리를 들려주세요.
공부하시면서 어려웠던 점, 궁금한 점,
칭찬하고 싶은 점, 개선할 점, 어떤 것이라도 좋습니다.

에듀윌은 여러분께서 나누어 주신 의견을
통해 끊임없이 발전하고 있습니다.

에듀윌 도서몰 book.eduwill.net
- 부가학습자료 및 정오표: 에듀윌 도서몰 → 도서자료실
- 교재 문의: 에듀윌 도서몰 → 문의하기 → 교재(내용, 출간) / 주문 및 배송

꿈을 현실로 만드는
에듀윌

DREAM

공무원 교육
- 선호도 1위, 신뢰도 1위!
  브랜드만족도 1위!
- 합격자 수 2,100% 폭등시킨
  독한 커리큘럼

자격증 교육
- 9년간 아무도 깨지 못한 기록
  합격자 수 1위
- 가장 많은 합격자를 배출한
  최고의 합격 시스템

직영학원
- 검증된 합격 프로그램과 강의
- 1:1 밀착 관리 및 컨설팅
- 호텔 수준의 학습 환경

종합출판
- 온라인서점 베스트셀러 1위!
- 출제위원급 전문 교수진이
  직접 집필한 합격 교재

어학 교육
- 토익 베스트셀러 1위
- 토익 동영상 강의 무료 제공

콘텐츠 제휴 · B2B 교육
- 고객 맞춤형 위탁 교육 서비스 제공
- 기업, 기관, 대학 등 각 단체에 최적화된
  고객 맞춤형 교육 및 제휴 서비스

부동산 아카데미
- 부동산 실무 교육 1위!
- 상위 1% 고소득 창업/취업 비법
- 부동산 실전 재테크 성공 비법

학점은행제
- 99%의 과목이수율
- 17년 연속 교육부 평가 인정 기관 선정

대학 편입
- 편입 교육 1위!
- 최대 200% 환급 상품 서비스

국비무료 교육
- '5년우수훈련기관' 선정
- K-디지털, 산대특 등 특화 훈련과정
- 원격국비교육원 오픈

에듀윌 교육서비스 **공무원 교육** 9급공무원/소방공무원/계리직공무원 **자격증 교육** 공인중개사/주택관리사/손해평가사/감정평가사/노무사/전기기사/경비지도사/검정고시/소방설비기사/소방시설관리사/사회복지사1급/대기환경기사/수질환경기사/건축기사/토목기사/직업상담사/전기기능사/산업안전기사/건설안전기사/위험물산업기사/위험물기능사/유통관리사/물류관리사/행정사/한국사능력검정/한경TESAT/매경TEST/KBS한국어능력시험·실용글쓰기/IT자격증/국제무역사/무역영어 **어학 교육** 토익 교재/토익 동영상 강의 **세무/회계** 전산세무회계/ERP정보관리사/재경관리사 **대학 편입** 편입 영어·수학/연고대/의약대/경찰대/논술/면접 **직영학원** 공무원학원/소방학원/공인중개사 학원/주택관리사 학원/전기기사 학원/편입학원 **종합출판** 공무원·자격증 수험교재 및 단행본 **학점은행제** 교육부 평가인정기관 원격평생교육원(사회복지사2급/경영학/CPA) **콘텐츠 제휴·B2B 교육** 교육 콘텐츠 제휴/기업 맞춤 자격증 교육/대학취업역량 강화 교육 **부동산 아카데미** 부동산 창업CEO/부동산 경매 마스터/부동산 컨설팅 **주택취업센터** 실무 특강/실무 아카데미 **국비무료 교육(국비교육원)** 전기기능사/전기(산업)기사/소방설비(산업)기사/IT(빅데이터/자바프로그램/파이썬)/게임그래픽/3D프린터/실내건축디자인/웹퍼블리셔/그래픽디자인/영상편집(유튜브) 디자인/온라인 쇼핑몰광고 및 제작(쿠팡, 스마트스토어)/전산세무회계/컴퓨터활용능력/ITQ/GTQ/직업상담사

교육문의 1600-6700 www.eduwill.net

· 2022 소비자가 선택한 최고의 브랜드 공무원·자격증 교육 1위 (조선일보) · 2023 대한민국 브랜드만족도 공무원·자격증·취업·학원·편입·부동산 실무 교육 1위 (한경비즈니스) · 2017/2022 에듀윌 공무원 과정 최종 환급자 수 기준 · 2023년 성인 자격증, 공무원 직영학원 기준 · YES24 공인중개사 부문, 2025 에듀윌 공인중개사 오시훈 합격서 부동산공법 (핵심이론+체계도) (2025년 1월 월별 베스트) 교보문고 취업/수험서 부문, 2020 에듀윌 농협은행 6급 NCS 직무능력평가+실전모의고사 4회 (2020년 1월 27일~2월 5일, 인터넷 주간 베스트) 그 외 다수 Yes24 컴퓨터활용능력 부문, 2024 컴퓨터활용능력 1급 필기 초단기끝장(2023년 10월 3~4주 수별 베스트) 그 외 나수 인터파크 사서4/수험서 부문, 에듀윌 한국사능력검정시험 2주끝장 심화 (1, 2, 3급) (2020년 6~8월 월간 베스트) 그 외 다수 · YES24 국어 외국어사전 영어 토익/TOEIC 기출문제/모의고사 분야 베스트셀러 1위 (에듀윌 토익 READING RC 4주끝장 리딩 종합서, 2022년 9월 4주 주별 베스트) · 에듀윌 토익 교재 입문~실전 인강 무료 제공 (2022년 최신 강좌 기준/109강) · 2024년 종강반 중 모든 평가항목 정상 참여자 기준, 99% (평생교육원 기준) · 2008년~2024년까지 234만 누적수강학점으로 과목 운영 (평생교육원 기준) · 에듀윌 국비교육원 구로센터 고용노동부 지정 '5년우수훈련기관' 선정 (2023~2027) · KRI 한국기록원 2016, 2017, 2019년 공인중개사 최다 합격자 배출 공식 인증 (2025년 현재까지 업계 최고 기록)

5년 연속 1위

2023, 2022, 2021 대한민국 브랜드만족도 소방설비기사 교육 1위 (한경비즈니스)
2020, 2019 한국소비자만족지수 소방설비기사 교육 1위 (한경비즈니스, G밸리뉴스)

에듀윌 소방설비기사
실기 기계

1권(핵심이론+최신 5개년 기출), 2권(플러스 7개년 기출)

기출과 무관한 광범위 이론은 NO!
12개년 기출문제 해설과 초압축 핵심이론으로 마무리!

무작정 외우지 말고
시험에 출제될 핵심만 공부해서
초단기 실기합격

고객의 꿈, 직원의 꿈, 지역사회의 꿈을 실현한다

| 에듀윌 도서몰
book.eduwill.net | • 부가학습자료 및 정오표: 에듀윌 도서몰 > 도서자료실
• 교재 문의: 에듀윌 도서몰 > 문의하기 > 교재(내용, 출간) / 주문 및 배송 |

2025

에듀윌
소방설비기사
실기 기계

합격자 수가 선택의 기준!

플러스 7개년 기출
소방 기계 공식 모음집(PDF)

최신 개정법령 완벽반영!

기출 기반 초압축 핵심이론
12개년 기출 3회독으로 초단기 합격!

eduwill

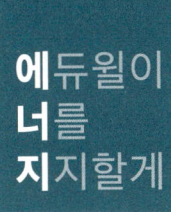

에듀윌이
너를
지지할게
ENERGY

시작하라. 그 자체가 천재성이고,
힘이며, 마력이다.

– 요한 볼프강 폰 괴테(Johann Wolfgang von Goethe)

에듀윌 소방설비기사

실기 기계
플러스 7개년 기출

차례 CONTENTS

Volume 1 핵심이론 + 최신 5개년 기출

01 핵심이론

CHAPTER 01 소화기구	014
CHAPTER 02 수계 소화설비	018
CHAPTER 03 가스계 소화설비	041
CHAPTER 04 분말 소화설비	055
CHAPTER 05 기타 소화설비	060

02 최신 5개년 기출

2024년 기출문제	092
2023년 기출문제	156
2022년 기출문제	230
2021년 기출문제	306
2020년 기출문제	372

플러스 7개년 기출

03 플러스 7개년 기출

2019년 기출문제	008
2018년 기출문제	068
2017년 기출문제	128
2016년 기출문제	184
2015년 기출문제	234
2014년 기출문제	286
2013년 기출문제	336

03

Engineer Fire Protection System

플러스
7개년 기출

기출학습이 곧 합격의 지름길!
추가 7개년 기출문제로 확실한 합격

시험 출제 경향 분석

소방설비기사 기계분야 실기시험에는 단답형 문제, 계산형 문제, 복합형 문제가 골고루 출제됩니다. 과거 단답형으로 출제되었던 문제들이 최근 시험으로 갈수록 상황을 가정한 복합형 문제로 점점 고도화되고 있으며, 둘 이상의 소화설비를 연계하여 펌프의 성능이나 수조의 조건을 묻는 형태로 출제되고 있습니다. 따라서 조그만 실수로 전체 문제에서 감점되지 않도록 주의할 필요가 있습니다.

학습 가이드

단답형 문제	법령에서 정하는 설치기준을 빈칸 형태로 물어보는 문제와 설비별 가지는 특징 등을 그대로 서술하도록 하는 문제가 자주 출제됩니다. 특히 법령은 매년 조금씩 개정되므로 시험 전 틈틈이 개정사항을 확인해 보는 것이 좋습니다.
계산형 문제	유체역학적 지식으로 주어진 상황의 유속, 유량 등을 계산하는 문제가 매 회 출제됩니다. 유사한 문제라도 문제에서 묻는 물리량이 무엇인지, 단위가 무엇인지 꼼꼼하게 확인하는 습관이 필요합니다.
복합형 문제	각 설비마다 법령에서 정하는 기준을 적용하여 설비에 맞는 물리량을 정하고 펌프의 성능과 배관의 크기 등을 계산하는 문제가 매 회 출제됩니다. 특히 소문항 하나에서 실수하게 되면 그 이후의 계산이 모두 어긋나 대량 실점으로 이어질 수 있으니 주어진 조건을 놓치지 않도록 주의하여야 합니다.

2019년 1회 기출문제

01 가로 10[m], 세로 8[m], 높이가 4[m]인 발전기실에 할로겐화합물 소화약제인 FK-5-1-12를 설치하려고 한다. [조건]을 참고하여 다음 물음에 답하시오. [6점]

조건
- (가) 방사 시 온도는 21[℃]이다.
- (나) 선형상수는 $K_1 = 0.0664$, $K_2 = 0.0002741$이다.
- (다) 발전실에 경유를 사용하고 설계농도는 12[%]이다.
- (라) 저장용기는 68[L] 용기에 45[kg]을 저장한다.

(1) 발전기실에 필요한 소화약제량[kg]은 얼마인가?
(2) 발전기실에 필요한 저장용기는 몇 병인가?

정답

(1) • 계산과정: $0.0664 + (0.0002741 \times 21) = 0.0721561$
$10 \times 8 \times 4 = 320$
$\dfrac{1}{0.0721561} \times \left(\dfrac{12}{100-12}\right) \times 320 ≒ 604.749$
• 답: 604.75[kg]

(2) • 계산과정: $\dfrac{604.75}{45} ≒ 13.44$
• 답: 14병

해설

(1) 화재안전기준에 따른 할로겐화합물 소화약제의 저장량 최소기준은 다음과 같다.

$$W = \dfrac{1}{S} \times \left(\dfrac{C}{100-C}\right) \times V$$

W: 소화약제의 질량[kg], S: 소화약제별 선형상수($K_1 + K_2 \times T$)[m³/kg],
T: 방호구역의 기준온도[℃], C: 설계농도(소화농도×안전계수)[%], V: 방호구역의 부피[m³]

기준온도가 21[℃]이므로 소화약제별 선형상수 S는 다음과 같다.
$S = K_1 + K_2 \times T = 0.0664 + (0.0002741 \times 21) = 0.0721561$[m³/kg]
방호구역의 부피(가로 × 세로 × 높이)는 다음과 같다.
$V = 10[m] \times 8[m] \times 4[m] = 320[m^3]$

따라서 소화약제 FK-5-1-12의 질량 W는
$W = \dfrac{1}{0.0721561[m^3/kg]} \times \left(\dfrac{12[\%]}{100-12[\%]}\right) \times 320[m^3] ≒ 604.749[kg]$

(2) 저장용기 1병 당 소화약제의 저장량은 45[kg]이므로 발전기실에 필요한 소화약제의 양을 저장하기 위해 필요한 저장용기의 개수는
$\dfrac{604.75[kg]}{45[kg/병]} ≒ 13.44[병] = 14[병]$ (절상)

연계이론 PHASE 09 할로겐화합물 및 불활성기체 소화설비

02

가로 10[m], 세로 15[m], 높이 4[m]인 전기실에 화재안전기준과 [조건]에 따라 전역방출방식의 이산화탄소 소화설비를 설치하려고 한다. [조건]을 참조하여 다음 물음에 답하시오. [6점]

조건

(가) 대기압은 760[mmHg]이고, CO_2 방출 후 방호구역 내 압력은 770[mmHg]이며 기준 온도는 20[℃]이다.
(나) CO_2의 분자량은 44이고 기체상수 R = 0.082[atm·m³/kmol·K]이다.
(다) 개구부는 자동폐쇄장치가 설치되어 있다.

(1) 이산화탄소 소화약제를 방사 후 방호구역 내 산소농도가 14[%]이었다. 방호구역 내 이산화탄소 농도[%]는 얼마인가?

(2) 방사된 이산화탄소의 양[kg]은 얼마인가?

정답

(1) • 계산과정: $\dfrac{21}{100+x} = \dfrac{14}{100}$

$\dfrac{x}{100+x} = \dfrac{50}{100+50} ≒ 0.33333$

• 답: 33.33[%]

(2) • 계산과정: $(10 \times 15 \times 4) \times \dfrac{50}{100} = 300$

$\dfrac{770}{760} \times 300 = \dfrac{m}{44} \times 0.08206 \times (273+20)$

$m = 556.227$

• 답: 556.23[kg]

해설

(1) 산소 21[%], 이산화탄소 0[%]인 공기에 이산화탄소 소화약제가 추가되어 산소의 농도는 14[%]가 되어야 한다.

$\dfrac{21}{100+x} = \dfrac{14}{100}$ ← 분모의 x는 공학용 계산기의 SOLVE 기능을 활용하면 쉽다.

따라서 추가된 이산화탄소 소화약제의 양 x는 50이며, 이 때 전체 중 이산화탄소의 농도는

$\dfrac{x}{100+x} = \dfrac{50}{100+50} ≒ 0.33333 = 33.33[\%]$

(2) 방호구역의 체적(가로×세로×높이)이 100일 때, 추가된 이산화탄소 소화약제의 양이 50이므로 방출된 이산화탄소의 양[m³]은 다음과 같다.

$V = (10[m] \times 15[m] \times 4[m]) \times \dfrac{50}{100} = 300[m^3]$

문제에서 방출된 이산화탄소의 양[kg]을 요구하므로 이상기체 상태방정식을 활용하여 이산화탄소의 부피[m³]를 질량[kg]으로 변환해준다.

$$PV = \dfrac{m}{M}RT$$

P: 압력[atm], V: 부피[m³], m: 질량[kg], M: 분자량[kg/kmol],
R: 기체상수[atm·m³/kmol·K], T: 절대온도[K]

이산화탄소의 방출 후 압력은 770[mmHg]이므로 단위를 변환하면 다음과 같다.

$P = 770[mmHg] \times \dfrac{1[atm]}{760[mmHg]} ≒ \dfrac{770}{760}[atm]$

주어진 조건을 공식에 대입하면 300[m³]에 해당하는 이산화탄소의 질량은 다음과 같다.

$\dfrac{770}{760}[atm] \times 300[m^3] = \dfrac{m[kg]}{44[kg/kmol]} \times 0.08206[atm·m^3/kmol·K] \times (273+20)[K]$

$m = 556.227[kg]$

연계이론

PHASE 07 이산화탄소 소화설비

03

그림은 어느 옥내소화전설비의 계통을 나타내는 Isometric Diagram이다. 이 설비에서 펌프의 정격 토출량이 200[L/min]일 때 [조건]을 이용하여 다음 물음에 답하시오. [20점]

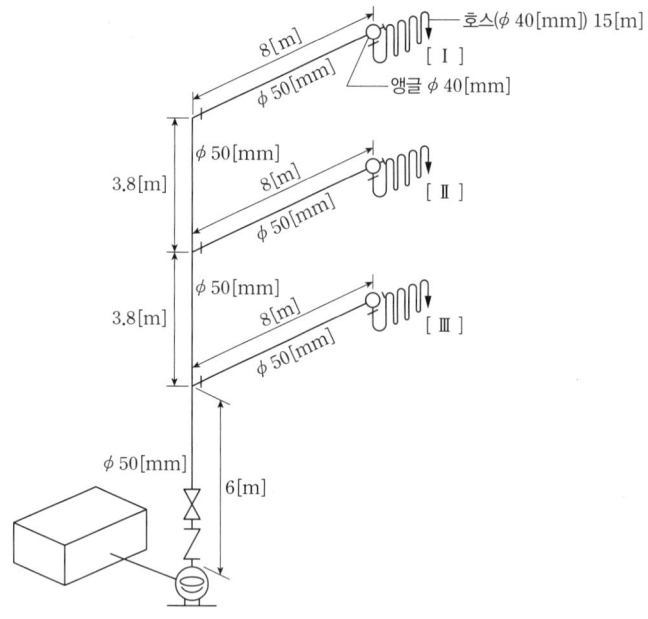

조건

(가) 옥내소화전 Ⅰ에서 호스 관창 선단의 방수압과 방수량은 각각 0.17[MPa], 130[L/min]이다.
(나) 호스길이 100[m] 당 130[L/min]의 유량에서 마찰손실수두는 15[m]이다.
(다) 각 밸브와 배관부속의 등가길이는 다음과 같다.

관부속품[mm]	등가길이[m]	관부속품[mm]	등가길이[m]
앵글밸브(40)	10	엘보(50)	1
게이트밸브(50)	1	분류티(50)	4
체크밸브(50)	5		

(라) 배관의 마찰손실압은 다음의 공식을 따른다.

$$\Delta P = \frac{6 \times 10^4 \times Q^2}{120^2 \times d^5}$$

ΔP: 배관길이 1[m] 당 마찰손실압력[MPa/m], Q: 유량[L/min], d: 관의 내경[mm]

(∅50 배관의 경우 내경은 53[mm], ∅40 배관의 경우 내경은 42[mm]로 한다.)

(마) 펌프의 양정은 토출량에 관계없이 일정하다.
(바) 정답을 산출할 때 펌프 흡입 측의 마찰손실수두, 정압, 동압 등은 일체 계산에 포함시키지 않는다.
(사) 본 조건에 자료가 제시되지 아니한 것은 계산에 포함되지 아니한다.

(1) 소방호스의 마찰손실수두[m]는 얼마인가?
(2) 최고위 앵글밸브에서의 마찰손실압력[kPa]은 얼마인가?
(3) 최고위 앵글밸브의 인입구로부터 펌프 토출구까지 배관의 총 등가길이[m]는 얼마인가?
(4) 최고위 앵글밸브의 인입구로부터 펌프 토출구까지의 마찰손실압력[kPa]은 얼마인가?
(5) 펌프 전동기의 소요동력[kW]은 얼마인가? (단, 펌프의 효율은 0.6, 전달계수는 1.1이다.)

(6) 옥내소화전 Ⅲ을 조작하여 방수하였을 때의 방수량을 $q[\text{L/min}]$라고 할 때 다음을 구하시오.
- 이 소화전 호스를 통하여 일어나는 마찰손실압력[MPa]
  (단, q는 기호 그대로 사용하고, 마찰손실의 크기는 유량의 제곱에 정비례한다.)
- 해당 앵글밸브 인입구로부터 펌프 토출구까지의 마찰손실압력[MPa]
  (단, q는 기호 그대로 사용한다.)
- 해당 앵글밸브의 마찰손실압력[MPa]
  (단, q는 기호 그대로 사용한다.)
- 호스 관창선단의 방수량[L/min]
- 호스 관창선단의 방수압[MPa]

정 답

(1) • 계산과정: $15 \times \dfrac{15}{100} = 2.25$
- 답: 2.25[m]

(2) • 계산과정: $\dfrac{6 \times 10^4 \times 130^2}{120^2 \times 42^5} \times 10 ≒ 0.005388[\text{MPa}] = 5.388[\text{kPa}]$
- 답: 5.39[kPa]

(3) • 계산과정: $6 + 3.8 + 3.8 + 8 = 21.6$
  $21.6 + 5 + 1 + 1 = 28.6$
- 답: 28.6[m]

(4) • 계산과정: $\dfrac{6 \times 10^4 \times 130^2}{120^2 \times 53^5} \times 28.6 ≒ 0.004816[\text{MPa}] = 4.816[\text{kPa}]$
- 답: 4.82[kPa]

(5) • 계산과정: $200[\text{L/min}] = \dfrac{0.2}{60}[\text{m}^3/\text{s}]$

  $6 + 3.8 + 3.8 = 13.6$

  $(5.39[\text{kPa}] + 4.82[\text{kPa}]) \times \dfrac{10[\text{m}]}{100[\text{kPa}]} = 1.021[\text{m}]$

  $13.6 + 2.25 + 1.021 + 17 = 33.871$

  $\dfrac{9.8 \times \dfrac{0.2}{60} \times 33.871}{0.6} \times 1.1 ≒ 2.028$

- 답: 2.03[kW]

(6) • 호스의 마찰손실압력
  - 계산과정: $\Delta P : q^2 = 2.25[\text{m}] : 130^2$
    $\Delta P = 2.25[\text{m}] \times \dfrac{q^2}{130^2} ≒ 1.33 \times 10^{-4}[\text{m}] \times q^2$
    $1.33 \times 10^{-4}[\text{m}] \times q^2 \times \dfrac{0.1[\text{kPa}]}{10[\text{m}]} = 1.33 \times 10^{-6} \times q^2[\text{MPa}]$
  - 답: $1.33 \times 10^{-6} \times q^2[\text{MPa}]$

• 앵글밸브 인입구로부터 펌프 토출구까지의 마찰손실압력
  - 계산과정: $6 + 8 = 14$
    $14 + 5 + 1 + 4 = 24$
    $\dfrac{6 \times 10^4 \times q^2}{120^2 \times 53^5} \times 24 ≒ 2.391 \times 10^{-7} \times q^2[\text{MPa}]$
  - 답: $2.39 \times 10^{-7} \times q^2[\text{MPa}]$

- 앵글밸브의 마찰손실압력
  - 계산과정: $\dfrac{6\times 10^4 \times q^2}{120^2 \times 42^5} \times 10 \fallingdotseq 3.188 \times 10^{-7} \times q^2 [\text{MPa}]$
  - 답: $3.19 \times 10^{-7} \times q^2 [\text{MPa}]$
- 호스 관창선단의 방수량
  - 답: 152.737[L/min]
- 호스 관창선단의 방수압
  - 답: 0.235[MPa]

해설

(1) 소방호스의 길이가 15[m]이고, 호스 100[m]당 15[m]의 마찰손실이 발생하므로 호스의 마찰손실수두 h는 다음과 같다.

$$h = 15[\text{m}] \times \dfrac{15}{100} = 2.25[\text{m}]$$

(2) 앵글밸브의 유량 Q는 130[L/min], 내경 d는 42[mm], 등가 길이 L은 10[m]이므로 마찰손실압력 ΔP는

$$\dfrac{6\times 10^4 \times (130[\text{L/min}])^2}{120^2 \times (42[\text{mm}])^5} \times 10[\text{m}] \fallingdotseq 0.005388[\text{MPa}] = 5.388[\text{kPa}]$$

(3) 최고위 앵글밸브의 인입구로부터 펌프 토출구까지 배관 각 부속의 등가길이는 다음과 같다.

직관: $6[\text{m}] + 3.8[\text{m}] + 3.8[\text{m}] + 8[\text{m}] = 21.6[\text{m}]$ ← 각 부속품이 차지하는 높이는 무시한다.
체크밸브: 5[m]
게이트밸브: 1[m]
90° 엘보: 1[m]   합계: $21.6[\text{m}] + 5[\text{m}] + 1[\text{m}] + 1[\text{m}] = 28.6[\text{m}]$

(4) 배관의 유량 Q는 130[L/min], 내경 d는 53[mm], 등가 길이 L은 28.6[m]이므로 마찰손실압력 ΔP는

$$\dfrac{6\times 10^4 \times (130[\text{L/min}])^2}{120^2 \times (53[\text{mm}])^5} \times 28.6[\text{m}] \fallingdotseq 0.004816[\text{MPa}] = 4.816[\text{kPa}]$$

(5) 전동기의 동력은 다음의 식을 통해 구할 수 있다.

$$P = \dfrac{\gamma Q H}{\eta} K$$

P: 전동기의 용량[kW], γ: 유체의 비중량[kN/m³], Q: 유량[m³/s], H: 전양정[m], η: 효율, K: 전달계수

유체는 물이므로 물의 비중량은 9.8[kN/m³]이다.

펌프의 토출량은 200[L/min]이므로 단위를 변환하면 $\dfrac{0.2}{60}[\text{m}^3/\text{s}]$이다.

화재안전기준에 따라 옥내소화전설비에 설치된 가압송수장치(펌프)의 전양정은 다음과 같다.

$$H = h_1 + h_2 + h_3 + 17$$

H: 전양정[m], h_1: 실양정(흡입양정＋토출양정)[m], h_2: 호스의 마찰손실수두[m],
h_3: 배관 및 관부속의 마찰손실수두[m], 17: 노즐선단에서의 방사압력수두[m]

펌프의 후드밸브로부터 최고위 옥내소화전 앵글밸브까지의 수직거리인 실양정 h_1는 다음과 같다.
$h_1 = 6[\text{m}] + 3.8[\text{m}] + 3.8[\text{m}] = 13.6[\text{m}]$
호스의 마찰손실수두 h_2는 2.25[m]이다.
$h_2 = 2.25[\text{m}]$
배관 및 관부속의 마찰손실수두 h_3는 다음과 같다.
$h_3 = (5.39[\text{kPa}] + 4.82[\text{kPa}]) \times \dfrac{10[\text{m}]}{100[\text{kPa}]} = 1.021[\text{m}]$

펌프의 전양정 H는
$H = h_1 + h_2 + h_3 + 17 = 13.6[\text{m}] + 2.25[\text{m}] + 1.021[\text{m}] + 17 = 33.871[\text{m}]$
따라서 주어진 조건을 공식에 대입하면 전동기의 동력 P는

$$P = \dfrac{9.8[\text{kN/m}^3] \times \dfrac{0.2}{60}[\text{m}^3/\text{s}] \times 33.871[\text{m}]}{0.6} \times 1.1 \fallingdotseq 2.028[\text{kW}]$$

(6) 마찰손실의 크기 ΔP는 유량의 제곱 q^2에 비례하므로 유량이 130[L/min]일 때의 마찰손실수두 2.25[m]를 활용하여 계산한다.

$$\Delta P : q^2 = 2.25[m] : (130[L/min])^2$$

$$\Delta P = 2.25[m] \times \frac{q^2}{(130[L/min])^2} \fallingdotseq 1.33 \times 10^{-4}[m] \times q^2$$

$$1.33 \times 10^{-4}[m] \times q^2 \times \frac{0.1[MPa]}{10[m]} = 1.33 \times 10^{-6} \times q^2 [MPa]$$

옥내소화전 Ⅲ의 앵글밸브 인입구로부터 펌프 토출구까지 배관 각 부속의 등가길이는 다음과 같다.

　　직관: 6[m]+8[m]=14[m] ← 각 부속품이 차지하는 높이는 무시한다.
　　체크밸브: 5[m]
　　게이트밸브: 1[m]
　　분류티: 4[m]　　　　　　　　　　　　　　　　　　합계: 14[m]+5[m]+1[m]+4[m]=24[m]

배관의 유량은 q, 내경 d는 53[mm], 등가 길이 L은 24[m]이므로 마찰손실압력 ΔP는

$$\frac{6 \times 10^4 \times q^2}{120^2 \times (53[mm])^5} \times 24[m] \fallingdotseq 2.391 \times 10^{-7} \times q^2 [MPa]$$

앵글밸브의 유량은 q, 내경 d는 42[mm], 등가 길이 L은 10[m]이므로 마찰손실압력 ΔP는

$$\frac{6 \times 10^4 \times q^2}{120^2 \times (42[mm])^5} \times 10[m] \fallingdotseq 3.188 \times 10^{-7} \times q^2 [MPa]$$

화재안전기준에 따라 옥내소화전설비에 설치된 가압송수장치(펌프)의 토출압력은 다음과 같다.

$$P = P_1 + P_2 + P_3 + P_4$$

　　P: 정격토출압력[MPa], P_1: 낙차의 환산압력[MPa], P_2: 호스의 마찰손실압력[MPa],
　　P_3: 배관 및 관부속의 마찰손실압력[MPa], P_4: 노즐선단에서의 방사압력[MPa]

펌프의 토출압력 P는 (5)에서 구한 33.871[m]와 같다.

$$P = 33.871[m] \times \frac{0.1[MPa]}{10[m]} = 0.33871[MPa]$$

낙차의 환산압력 P_1는 다음과 같다.

$$P_1 = 6[m] \times \frac{0.1[MPa]}{10[m]} = 0.06[MPa]$$

호스의 마찰손실압력 P_2는 다음과 같다.

$$P_2 = 1.33 \times 10^{-6} \times q^2 [MPa]$$

배관 및 관부속의 마찰손실압력 P_3는 다음과 같다.

$$P_3 = 2.391 \times 10^{-7} \times q^2 [MPa] + 3.188 \times 10^{-7} \times q^2 [MPa] = 5.579 \times 10^{-7} \times q^2 [MPa]$$

따라서 옥내소화전 Ⅲ의 노즐선단에서 방사압력 P_4는 다음과 같다.

$$\begin{aligned} P_4 &= P - P_1 - P_2 - P_3 \\ &= 0.33871[MPa] - 0.06[MPa] - 1.33 \times 10^{-6} \times q^2 [MPa] - 5.579 \times 10^{-7} \times q^2 [MPa] \\ &= 0.27871 - 1.8879 \times 10^{-6} \times q^2 [MPa] \end{aligned}$$

방수노즐에서 압력 P와 유량 Q는 다음과 같은 관계를 갖는다.

$$Q = K\sqrt{10P}$$

　　Q: 방수량[L/min], K: 방출계수, P: 방수압[MPa]

방수량 Q가 130[L/min]이고, 방수압 P가 0.17[MPa]일 때 방출계수 K는 다음과 같다.

$$K = \frac{Q}{\sqrt{10P}} = \frac{130[L/min]}{\sqrt{10 \times 0.17[MPa]}} \fallingdotseq 99.705$$

따라서 옥내소화전 Ⅲ의 노즐선단에서 방수량 q는

$$q = 99.705 \times \sqrt{10 \times (0.27871 - 1.8879 \times 10^{-6} \times q^2)}$$ ← 공학용 계산기의 SOLVE 기능을 활용하면 계산이 쉽다.

$$q \fallingdotseq 152.737[L/min]$$

옥내소화전 Ⅲ의 노즐선단에서 방사압력 P는

$$P = 0.27871 - 1.8879 \times 10^{-6} \times (152.737[L/min])^2 \fallingdotseq 0.235[MPa]$$

04 지하 2층이고 지상 3층인 [조건]의 특정소방대상물의 각 층의 바닥면적은 $1,500[m^2]$이다. 이때 비치하여야 하는 소화기의 수를 구하시오. (단, 주요구조부가 내화구조가 아니고 소화기의 능력단위는 3단위이다.) [6점]

> **조건**
> (가) 지하 2층: 보일러실 $100[m^2]$
> (나) 지하 1층, 지하 2층: 주차장
> (다) 지상 1층에서 지상 3층: 업무시설

(1) 지하 2층
(2) 지하 1층
(3) 지상 1층

정답

(1) • 계산과정: $\dfrac{1,500}{100}=15$, $\dfrac{15}{3}=5$
  $\dfrac{100}{25}=4$, $\dfrac{4}{3}≒1.33=2$
  $5+2=7$
 • 답: 7개

(2) • 계산과정: $\dfrac{1,500}{100}=15$, $\dfrac{15}{3}=5$
 • 답: 5개

(3) • 계산과정: $\dfrac{1,500}{100}=15$, $\dfrac{15}{3}=5$
 • 답: 5개

해설

화재의 발생을 예방하기 위해 특정소방대상물별로 능력단위에 따른 소화기구 또는 자동소화장치를 설치하며, 부속용도에 따라 기준개수의 소화기구 또는 자동소화장치를 추가로 설치한다.

소화기구의 특정소방대상물별 능력단위

특정소방대상물	소화기구의 능력단위
1. 위락시설	해당 용도의 바닥면적 $30[m^2]$마다 능력단위 1단위 이상
2. 공연장·집회장·관람장·문화재·장례식장 및 의료시설	해당 용도의 바닥면적 $50[m^2]$마다 능력단위 1단위 이상
3. 근린생활시설·판매시설·운수시설·숙박시설·노유자시설·전시장·공동주택·업무시설·방송통신시설·공장·창고시설·항공기 및 자동차 관련 시설 및 관광휴게시설	해당 용도의 바닥면적 $100[m^2]$마다 능력단위 1단위 이상
4. 그 밖의 것	해당 용도의 바닥면적 $200[m^2]$마다 능력단위 1단위 이상

※ 소화기구의 능력단위를 산출할 때 건축물의 주요구조부가 내화구조이고, 벽 및 반자의 실내에 면하는 부분이 불연재료·준불연재료 또는 난연재료로 된 특정소방대상물의 경우 위 기준의 2배를 기준면적으로 한다.

부속용도별 추가해야 할 소화기구 및 자동소화장치

용도별	소화기구의 능력단위
1. 다음 각 목의 시설. 다만, 스프링클러설비·간이스프링클러설비·물분무등소화설비 또는 상업용 주방자동소화장치가 설치된 경우 자동확산소화기를 설치하지 않을 수 있다. 가. 보일러실·건조실·세탁소·대량화기취급소 나. 음식점(지하가의 음식점 포함)·다중이용업소·호텔·기숙사·노유자시설·의료시설·업무시설·공장·장례식장·교육연구시설·교정 및 군사시설의 주방. 다만, 의료시설·업무시설 및 공장의 주방은 공동취사를 위한 것에한함. 관리자의 출입이 곤란한 변전실·송전실·변압기실 및 배전반실(불연재료로 된 상자 안에 장치된 것 제외)	1. 해당 용도의 바닥면적 25[m²]마다 능력단위 1단위 이상의 소화기로 할 것. 이 경우 나목의 주방에 설치하는 소화기 중 1개 이상은 주방화재용 소화기(K급)로 설치해야 한다. 2. 자동확산소화기는 해당 용도의 바닥면적을 기준으로 10[m²] 이하는 1개, 10[m²] 초과는 2개 이상을 설치하되, 보일러, 조리기구, 변전설비 등 방호대상에 유효하게 분사될 수 있는 위치에 배치될 수 있는 수량으로 설치할 것
2. 발전실·변전실·송전실·변압기실·배전반실·통신기기실·전산기기실·기타 이와 유사한 시설이 있는 장소. 다만, 제1호 다목의 장소 제외	해당 용도의 바닥면적 50[m²]마다 적응성이 있는 소화기 1개 이상 또는 유효설치방호체적 이내의 가스·분말·고체에어로졸 자동소화장치, 캐비닛형 자동소화장치(다만, 통신기기실·전자기기실을 제외한 장소에 있어서는 교류 600[V] 또는 직류 750[V] 이상의 것에 한함
3. 위험물안전관리법에 따른 지정수량의 $\frac{1}{5}$ 이상 지정수량 미만의 위험물을 저장 또는 취급하는 장소	능력단위 2단위 이상 또는 유효설치방호체적 이내의 가스·분말·고체에어로졸 자동소화장치, 캐비닛형 자동소화장치

(1) 지하 2층은 1,500[m²]의 주차장이며, 그 중 100[m²]의 면적은 보일러실로 사용되므로 특정소방대상물인 주차장에 능력단위에 따른 소화기를 설치하고, 부속용도인 보일러실에 기준개수의 소화기를 추가로 설치한다.

주차장의 능력단위 $= \dfrac{\text{바닥면적}[m^2]}{\text{기준면적}[m^2]} = \dfrac{1,500[m^2]}{100[m^2]} = 15$단위

주차장의 소화기 개수 $= \dfrac{15단위}{3단위} = 5$개

보일러실의 능력단위 $= \dfrac{\text{바닥면적}[m^2]}{\text{기준면적}[m^2]} = \dfrac{100[m^2]}{25[m^2]} = 4$단위

보일러실의 소화기 개수 $= \dfrac{4단위}{3단위} ≒ 1.33개 = 2$개 (절상)

5개 + 2개 = 7개

(2) 지하 1층은 1,500[m²]의 주차장이므로 특정소방대상물인 주차장에 능력단위에 따른 소화기를 설치한다.

주차장의 능력단위 $= \dfrac{\text{바닥면적}[m^2]}{\text{기준면적}[m^2]} = \dfrac{1,500[m^2]}{100[m^2]} = 15$단위

주차장의 소화기 개수 $= \dfrac{15단위}{3단위} = 5$개

(3) 지상 1층은 1,500[m²]의 업무시설이므로 특정소방대상물인 업무시설에 능력단위에 따른 소화기를 설치한다.

업무시설의 능력단위 $= \dfrac{\text{바닥면적}[m^2]}{\text{기준면적}[m^2]} = \dfrac{1,500[m^2]}{100[m^2]} = 15$단위

업무시설의 소화기 개수 $= \dfrac{15단위}{3단위} = 5$개

연계이론 **PHASE 01** 소화기구 및 자동소화장치

05 그림은 어느 판매장의 무창층에 대한 제연설비 중 연기배출풍도와 배출 FAN을 나타내고 있는 평면도이다. 주어진 [조건]을 이용하여 풍도에 설치되어야 할 제어댐퍼를 가장 적합한 지점에 표기한 다음 물음에 답하시오. [11점]

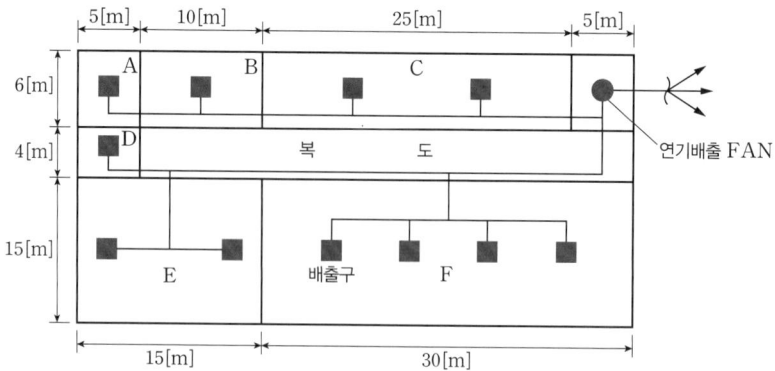

조건
(가) 건물의 주요구조부는 모두 내화구조이다.
(나) 각 실은 불연성 구조물로 구획되어 있다.
(다) 복도의 내부면은 모두 불연재이고, 복도 내에 가연물을 두는 일은 없다.
(라) 각 실에 대한 연기배출방식에서 공동배출구역방식은 없다.
(마) 이 판매장에는 음식점은 없다.

(1) 제어댐퍼의 설치를 그림에 표시하시오. (단, 댐퍼의 표기는 ⊘의 모양으로 할 것)
(2) 각 실(A, B, C, D, E, F)의 최소 소요배출량[m³/h]은 얼마인가?

실	계산식	배출량
A실		
B실		
C실		
D실		
E실		
F실		

(3) 배출 FAN의 최소 소요배출용량[m³/h]은 얼마인가?
(4) C실에 화재가 발생하였을 경우 제어댐퍼의 작동상황(개폐 여부)이 어떻게 되어야 하는지 설명하시오.

정답

(1)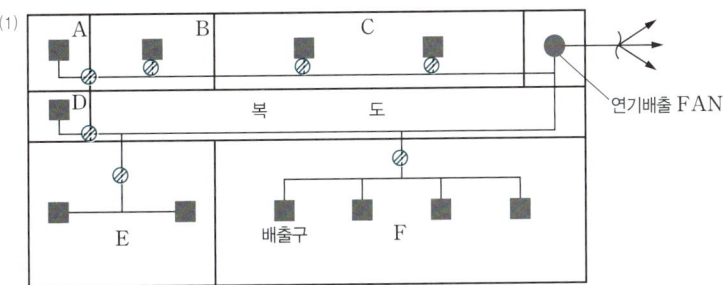

(2)

실	계산식	배출량
A실	$5 \times 6 = 30[m^2]$ $30[m^3/min] \times 60[min/h] = 1,800[m^3/h]$	$5,000[m^3/h]$
B실	$10 \times 6 = 60[m^2]$ $60[m^3/min] \times 60[min/h] = 3,600[m^3/h]$	$5,000[m^3/h]$
C실	$25 \times 6 = 150[m^2]$ $150[m^3/min] \times 60[min/h] = 9,000[m^3/h]$	$9,000[m^3/h]$
D실	$5 \times 4 = 20[m^2]$ $20[m^3/min] \times 60[min/h] = 1,200[m^3/h]$	$5,000[m^3/h]$
E실	$15 \times 15 = 225[m^2]$ $225[m^3/min] \times 60[min/h] = 13,500[m^3/h]$	$13,500[m^3/h]$
F실	$30 \times 15 = 450[m^2]$ $\sqrt{30^2 + 15^2} \approx 33.54[m] \leq 40[m]$	$40,000[m^3/h]$

(3) $40,000[m^3/h]$

(4) C실에 화재 발생 시 C실의 배기 제어댐퍼만 개방되고 그 외의 모든 제어댐퍼는 폐쇄되어야 한다.

해설

(1) 각 실은 독립배연방식이므로 각 실별로 배출댐퍼를 설치해야 한다. ← 각 실에 하나의 댐퍼만 설치해야 하는 것은 아니고 일제히 동작하는 2 이상의 댐퍼도 가능하다.

(2) 바닥면적이 $400[m^2]$ 미만인 경우 바닥면적 $1[m^2]$ 당 $1[m^3/min]$ 이상으로 하고, 최소 배출량은 $5,000[m^3/hr]$ 이상으로 한다.
바닥면적이 $400[m^2]$ 이상인 경우 배출량은 다음과 같다. ← 제연경계가 아닌 벽으로 구획된 경우 수직거리는 0[m]

	제연경계의 하단으로부터 바닥까지의 수직거리[m]	배출량[m^3/h]
직경 40[m]인 원의 범위 안에 있는 경우	2 이하	40,000 이상
	2 초과 2.5 이하	45,000 이상
	2.5 초과 3 이하	50,000 이상
	3 초과	60,000 이상
직경 40[m]인 원의 범위를 초과하는 경우	2 이하	45,000 이상
	2 초과 2.5 이하	50,000 이상
	2.5 초과 3 이하	55,000 이상
	3 초과	65,000 이상

(3) 공동예상제연구역 안에 설치된 예상제연구역이 각각 제연경계로 구획된 경우에 배출량은 각 예상제연구역의 배출량 중 최대의 것으로 한다.

연계이론 PHASE 14 제연설비

06 경유를 저장하는 탱크의 내부 직경이 50[m]인 플루팅 루프탱크(Floating Roof Tank)에 포 소화설비의 특형 방출구를 설치하여 방호하려고 할 때 다음 물음에 답하시오. [10점]

> **조건**
> (가) 소화약제는 3[%]의 단백포를 사용하며 수용액의 분당 방출량은 $8[L/m^2 \cdot min]$, 방사시간은 20[min]이다.
> (나) 탱크 내면과 굽도리판의 간격은 1.4[m]이다.
> (다) 탱크의 효율은 60[%], 전동기의 전달계수는 1.1이다.

(1) 상기 탱크의 특형 고정포방출구에 의하여 소화하는 데 필요한 수용액의 양$[m^3]$, 수원의 양$[m^3]$, 포 소화약제 원액의 양$[m^3]$은 각각 얼마 이상이어야 하는가?
(2) 수원을 공급하는 가압송수장치(펌프)의 분당 토출량$[m^3/min]$은 얼마 이상이어야 하는가?
(3) 펌프의 전양정이 80[m]라고 할 때 전동기의 출력[kW]은 얼마 이상이어야 하는가?
(4) 이 설비의 고정포 방출구의 종류는 무엇인가?

정답

(1) • 수용액의 양$[m^3]$
  — 계산과정: $8 \times \dfrac{\pi}{4} \times (50^2 - 47.2^2) \times 20 ≒ 34{,}201[L] = 34.201[m^3]$
  — 답: $34.20[m^3]$
 • 수원의 양$[m^3]$
  — 계산과정: $34.201 \times 0.97 ≒ 33.174$
  — 답: $33.17[m^3]$
 • 포 원액의 양$[m^3]$
  — 계산과정: $34.201 \times 0.03 ≒ 1.026$
  — 답: $1.03[m^3]$

(2) • 계산과정: $8 \times \dfrac{\pi}{4} \times (50^2 - 47.2^2) ≒ 1{,}710.0[L/min] = 1.710[m^3/min]$
 • 답: $1.71[m^3/min]$

(3) • 계산과정: $1.71[m^3/min] = \dfrac{1.71}{60}[m^3/s]$

  $\dfrac{9.8 \times \dfrac{1.71}{60} \times 80}{0.6} \times 1.1 = 40.964$
 • 답: $40.96[kW]$

(4) • 답: 특형 포방출구

[해 설]

(1) 위험물 저장탱크에 발생하는 화재는 유류 표면에서 발생하므로 위험물이 드러나거나 증발 가능한 면적이 화재 발생면적이자 소화면적이 된다.

경유탱크의 고정포 방출구에 필요한 포 수용액의 양은 다음과 같다.

$$Q = 8[L/m^2 \cdot min] \times \frac{\pi}{4} \times (50^2 - 47.2^2)[m^2] \times 20[min] ≒ 34,201[L] = 34.201[m^3]$$

포 소화약제가 3[%]의 단백포이므로 수원(물)의 비율은 97[%]이다.
$$Q = 34.201[m^3] \times 0.97 ≒ 33.174[m^3]$$
포 소화약제는 3[%]의 단백포를 사용하므로 필요한 포 원액량[m^3]은 다음과 같다.
$$Q = 34.201[m^3] \times 0.03 ≒ 1.026[m^3]$$

(2) 고정포 방출구의 방출률은 8[$L/m^2 \cdot min$]이므로 고정포 방출구의 유량은 다음과 같다.

$$Q = 8[L/m^2 \cdot min] \times \frac{\pi}{4} \times (50^2 - 47.2^2)[m^2] ≒ 1,710.0[L/min] = 1.710[m^3/min]$$

(3) 전동기의 동력은 다음의 식을 통해 구할 수 있다.

$$P = \frac{\gamma QH}{\eta} K$$

P: 전동기의 용량[kW], γ: 유체의 비중량[kN/m^3], Q: 유량[m^3/s], H: 전양정[m], η: 효율, K: 전달계수

유체는 물이므로 물의 비중량은 9.8[kN/m^3]이다.

펌프의 토출량은 1.71[m^3/min]이므로 단위를 변환하면 $\frac{1.71}{60}[m^3/s]$이다.

따라서 주어진 조건을 공식에 대입하면 전동기의 동력 P는

$$P = \frac{9.8[kN/m^3] \times \frac{1.71}{60}[m^3/s] \times 80[m]}{0.6} \times 1.1 = 40.964[kW]$$

(4) 플루팅 루프 탱크에 설치하는 포 방출구의 종류는 특형이다.

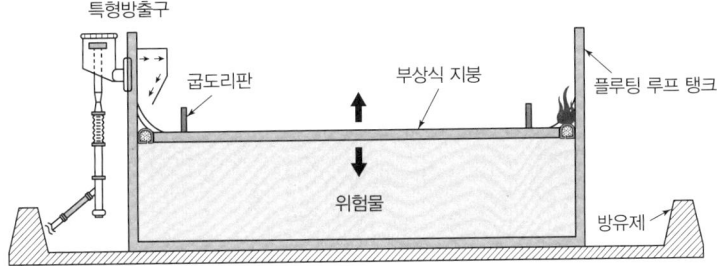

특형 방출구는 방출구 전면에 반사판이 설치된 형태로 포 수용액이 방출된 후 굽도리판과 탱크 벽 사이에 가두어 지도록 설계되므로 플루팅 루프 탱크에 적합한 포 방출구이다.

[연계 이론] PHASE 06 포 소화설비

07 가로 5[m], 세로 3[m], 바닥면으로부터 높이가 1.5[m]인 절연유 봉입 변압기에 물분무 소화설비를 설치하고자 한다. 화재안전기준을 참고하여 다음 물음에 답하시오. [7점]

(1) 소화펌프의 최소 토출량[L/min]은 얼마인가?
(2) 필요한 최소 수원의 양[m³]은 얼마인가?
(3) 다음은 고압의 전기기기가 있는 장소의 물분무 헤드와 전기기기의 이격기준이다. (   )에 알맞은 수를 쓰시오.

전압[kV]	거리[cm]	전압[kV]	거리[cm]
66 이하	(①) 이상	154 초과 181 이하	180 이상
66 초과 77 이하	80 이상	181 초과 220 이하	(③) 이상
77 초과 110 이하	(②) 이상	220 초과 275 이하	260 이하
110 초과 154 이하	150 이상		

정답

(1) • 계산과정: $(5 \times 1.5) \times 2 + (3 \times 1.5) \times 2 + (5 \times 3) = 39$
$10 \times 39 = 390$
• 답: 390[L/min]

(2) • 계산과정: $390 \times 20 = 7,800[L] = 7.8[m^3]$
• 답: 7.8[m³]

(3) ① 70
② 110
③ 210

해설

(1) 화재안전기준에 따라 물분무 소화설비에서 가압송수장치(펌프)의 1분 당 토출량은 다음의 기준에 따라 설치한다.
← 물분무 소화설비의 방수시간은 20분 이상이다.

대상	1분 당 토출량
특수가연물을 저장·취급하는 특정소방대상물	바닥면적(최소 50[m²]) 1[m²] 당 10[L] 이상
차고 또는 주차장	바닥면적(최소 50[m²]) 1[m²] 당 20[L] 이상
절연유 봉입 변압기	바닥을 제외한 표면적 1[m²] 당 10[L] 이상
케이블트레이, 케이블덕트	투영된 바닥면적 1[m²] 당 12[L] 이상
콘베이어 벨트	벨트 부분의 바닥면적 1[m²] 당 10[L] 이상

가압송수장치(펌프)의 1분 당 토출량은 절연유 봉입 변압기의 경우 바닥을 제외한 표면적 1[m²] 당 10[L] 이상으로 한다.

바닥을 제외한 표면적 A는 다음과 같다.
$A = (5[m] \times 1.5[m]) \times 2 + (3[m] \times 1.5[m]) \times 2 + (5[m] \times 3[m]) = 39[m^2]$
정격토출량 $= 10[L/m^2 \cdot min] \times 39[m^2] = 390[L/min]$

(2) 물분무 소화설비의 방수시간은 20분 이상이다.
$Q = 390[L/min] \times 20[min] = 7,800[L] = 7.8[m^3]$

(3) 고압의 전기기기가 있는 장소는 전기의 절연을 위하여 전기기기와 물분무 헤드 사이에 다음의 표에 따른 거리를 둔다.

전압[kV]	거리[cm]	전압[kV]	거리[cm]
66 이하	70 이상	154 초과 181 이하	180 이상
66 초과 77 이하	80 이상	181 초과 220 이하	210 이상
77 초과 110 이하	110 이상	220 초과 275 이하	260 이하
110 초과 154 이하	150 이상		

> **연계이론** PHASE 05 물분무 소화설비

08

주차장에 할론 소화설비(Halon 1031)를 설치하였다. 방호구역 $1[m^3]$에 대한 소화약제량이 $0.52[kg]$이라 할 때 약제량에 해당하는 소화약제의 농도[%]를 구하시오. (단, 무유출(No efflux) 상태로 적용하여 농도 계산을 하고, Halon 1301의 비체적은 $0.162[m^3/kg]$이다.) [6점]

> **정답**
> - 계산과정: $0.52 \times 0.162 = 0.08424$
>
> $$\frac{0.08424}{1+0.08424} ≒ 0.07769 = 7.769[\%]$$
>
> - 답: $7.77[\%]$

> **해설**
> 방호구역의 체적 $1[m^3]$ 당 $0.52[kg]$의 할론 소화약제가 방출되므로 비체적을 활용하여 질량[kg]을 부피$[m^3]$로 변환해준다.
>
> $$0.52[kg] \times 0.162[m^3/kg] = 0.08424[m^3]$$
>
> 따라서 방호구역 $1[m^3]$마다 $0.08424[m^3]$의 할론 소화약제가 방출되며
> 이때 전체 중 할론 소화약제의 농도는
>
> $$\frac{0.08424[m^3]}{1[m^3]+0.08424[m^3]} ≒ 0.07769 = 7.769[\%]$$

> **연계이론** PHASE 08 할론 소화설비

09 지상 10층인 백화점 건물에 화재안전기준에 따라 [조건]과 같이 스프링클러설비를 설계하려고 한다. 다음 물음에 답하시오. [8점]

조건
- (가) 펌프는 지하층에 설치되어 있고 펌프 중심에서 최상층 헤드까지 수직거리는 50[m]이다.
- (나) 배관 및 관부속 마찰손실수두는 펌프 중심에서 최상층 헤드까지 자연낙차의 20[%]이다.
- (다) 펌프의 흡입측 배관에 설치된 연성계는 300[mmHg]를 지시하고 있다.
- (라) 모든 규격치는 최소량을 적용한다.
- (마) 펌프는 체적효율 95[%], 기계효율 90[%], 수력효율 80[%]이다.
- (바) 펌프의 전달계수 $K=1.1$이다.

(1) 전양정[m]은 얼마인가?
(2) 펌프의 최소유량[L/min]은 얼마인가?
(3) 펌프의 효율[%]은 얼마인가?
(4) 펌프의 축동력[kW]은 얼마인가?

정답

(1) • 계산과정: $300[mmHg] \times \dfrac{10.332[m]}{760[mmHg]} ≒ 4.078[m]$

$4.078 + 50 = 54.078$
$50 \times 0.2 = 10$
$54.078 + 10 + 10 = 74.078$

• 답: 74.08[m]

(2) • 계산과정: $30 \times 80 = 2,400$
• 답: 2,400[L/min]

(3) • 계산과정: $0.8 \times 0.9 \times 0.95 = 0.684$
• 답: 68.4[%]

(4) • 계산과정: $2,400[L/min] = \dfrac{2.4}{60}[m^3/s]$

$\dfrac{9.8 \times \dfrac{2.4}{60} \times 74.08}{0.684} ≒ 42.455$

• 답: 42.46[kW]

[해 설]

(1) 화재안전기준에 따라 스프링클러설비에 설치된 가압송수장치(펌프)의 전양정은 다음과 같다.

$$H = h_1 + h_2 + 10$$

H : 전양정[m], h_1 : 실양정(흡입양정+토출양정)[m],
h_2 : 배관 및 관부속의 마찰손실수두[m], 10 : 헤드선단에서의 방사압력수두[m]

펌프의 후드밸브로부터 최고위 옥내소화전 앵글밸브까지의 수직거리인 실양정 h_1는 다음과 같다.
흡입양정은 연성계에서 측정된 압력과 같다.

$$300[\text{mmHg}] \times \frac{10.332[\text{m}]}{760[\text{mmHg}]} \approx 4.078[\text{m}]$$

$$h_1 = 4.078[\text{m}] + 50[\text{m}] = 54.078[\text{m}]$$

배관의 마찰손실은 자연낙차의 20[%]이므로 배관 및 관부속의 마찰손실수두 h_2는 다음과 같다.

$$h_2 = 50[\text{m}] \times 0.2 = 10[\text{m}]$$

따라서 스프링클러설비 펌프의 전양정 H는

$$H = h_1 + h_2 + 10 = 54.078[\text{m}] + 10[\text{m}] + 10 = 74.078[\text{m}]$$

(2) 화재안전기준에 따라 스프링클러설비에서 가압송수장치(펌프)의 송수량은 기준개수에 80[L/min]를 곱한 양 이상으로 한다. ← 설치개수가 기준개수보다 적은 경우 설치개수에 따른다.

스프링클러설비의 설치장소		기준개수
아파트		10
지하층을 제외한 10층 이하인 특정소방대상물	헤드의 높이가 8[m] 미만인 것	10
	헤드의 높이가 8[m] 이상인 것	20
	판매시설이 없는 근린생활시설·운수시설·복합건축물	20
	특수가연물을 취급하지 않는 공장	20
	판매시설 또는 판매시설이 있는 복합건축물	30
	특수가연물을 저장·취급하는 공장	30
지하층을 제외한 11층 이상인 특정소방대상물		30
지하가 또는 지하역사		30

정격토출량 = 30[개] × 80[L/min] = 2,400[L/min]

(3) 펌프의 전효율은 다음과 같다.

전효율 = 수력효율 × 체적효율 × 기계효율 = 0.8 × 0.9 × 0.95 = 0.684

(4) 펌프의 축동력은 다음의 식을 통해 구할 수 있다.

$$P = \frac{\gamma Q H}{\eta}$$

P : 펌프의 축동력[kW], γ : 유체의 비중량[kN/m³], Q : 유량[m³/s], H : 전양정[m], η : 효율

유체는 물이므로 물의 비중량은 9.8[kN/m³]이다.

유량이 2,400[L/min]이므로 단위를 변환하면 $\frac{2.4}{60}$[m³/s]이다.

따라서 주어진 조건을 공식에 대입하면 펌프의 축동력 P는

$$P = \frac{9.8[\text{kN/m}^3] \times \frac{2.4}{60}[\text{m}^3/\text{s}] \times 74.08[\text{m}]}{0.684} \approx 42.455[\text{kW}]$$ ← 축동력을 구할 때는 전달계수를 고려하지 않는다.

[연계 이론] PHASE 04 스프링클러설비

10 방호대상물 규격이 가로 4[m], 세로 3[m], 높이 2[m]인 특수가연물 제1종이 있다. 화재 시 비산할 우려가 있어 밀폐된 용기에 저장하였다. 이산화탄소 소화설비 국소방출방식으로 설계할 때, 고압식의 경우 약제 저장량[kg]은 얼마인지 구하시오. (단, 소방대상물 주위에 고정벽은 설치되어 있지 않다.) [5점]

정답
- 계산과정: $(0.6+4+0.6) \times (0.6+3+0.6) \times (2+0.6) = 56.784$

$$Q = \left(8 - 6 \times \frac{0}{A}\right) \times 56.784 \times 1.4 = 635.981$$

- 답: 635.98[kg]

해설 국소방출방식인 이산화탄소 소화약제의 저장량 최소기준은 다음과 같다.

$$Q = \left(8 - 6 \times \frac{a}{A}\right) V \times K$$

Q: 소화약제의 양[kg], a: 방호대상물 주변 실제 벽면적의 합계[m^2], A: 방호공간 벽면적의 합계[m^2], V: 방호공간의 부피[m^3], K: 1.4(고압식) 또는 1.1(저압식)

방호대상물 주변의 실제 벽은 4면 중 없으므로 실제 벽면적 a는 0이다.

방호공간이란 방호대상물의 각 부분으로부터 0.6[m]의 거리에 따라 둘러싸인 공간을 말한다.
방호대상물(특수가연물)의 아래는 바닥으로 막혀있으므로 개방된 부분으로부터 0.6[m]의 거리까지 계산한다.
$V = (0.6+4+0.6)[m] \times (0.6+3+0.6)[m] \times (2+0.6)[m] = 56.784[m^3]$

따라서 주어진 조건을 공식에 대입하면 소화약제의 양 Q는
$$Q = \left(8 - 6 \times \frac{0}{A}\right) \times 56.784[m^3] \times 1.4 = 635.981[kg]$$

연계이론 PHASE 07 이산화탄소 소화설비

11 포 소화설비 중 배액밸브를 설치하는 목적과 설치 위치에 대하여 설명하시오. [4점]

(1) 설치 목적
(2) 설치 위치

정답
(1) 포의 방출 종료 후 배관 안의 액을 배출하기 위하여
(2) 송액관은 적당한 기울기를 유지하도록 하고 그 낮은 부분에 설치

해설 송액관은 포의 방출 종료 후 배관 안의 액을 배출하기 위하여 적당한 기울기를 유지하도록 하고 그 낮은 부분에 배액밸브를 설치해야 한다.

연계이론 PHASE 06 포 소화설비

12 수계소화설비의 펌프의 성능곡선을 그리고 화재안전기준에 의하여 펌프의 성능시험배관 설치기준을 2가지 쓰시오. [8점]

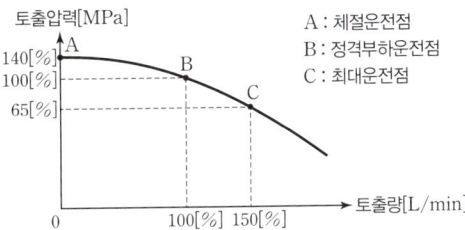

- A : 체절운전점
- B : 정격부하운전점
- C : 최대운전점

- 성능시험배관은 펌프의 토출 측에 설치된 개폐밸브 이전에서 분기하여 직선으로 설치하고, 유량측정장치를 기준으로 전단 직관부에는 개폐밸브를, 후단 직관부에는 유량조절밸브를 설치한다.
- 유량측정장치는 펌프 정격토출량의 175[%] 이상까지 측정할 수 있는 성능이 있어야 한다.

PHASE 23 펌프의 특성

13 제연설비 설치장소의 제연구역 구획기준을 3가지 쓰시오. [3점]

다음 6가지 중 3가지를 선택하여 작성한다.
- 하나의 제연구역의 면적은 1,000[m²] 이내로 한다.
- 거실과 통로(복도 포함)는 각각 제연구획 한다.
- 통로상의 제연구역은 보행중심선의 길이가 60[m]를 초과하지 않는다.
- 하나의 제연구역은 직경 60[m] 원 내에 들어갈 수 있어야 한다.
- 하나의 제연구역은 2 이상의 층에 미치지 않도록 한다.
- 층의 구분이 불분명한 부분은 그 부분을 다른 부분과 별도로 제연구획 한다.

PHASE 14 제연설비

2019년 2회 기출문제

01 폐쇄형 헤드를 사용한 스프링클러설비에서 나타난 스프링클러 헤드 중 A점에 설치된 헤드 1개만이 개방되었을 때 다음 각 물음에 답하시오. [6점]

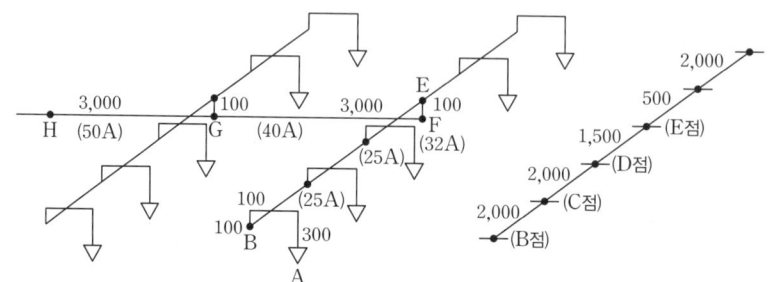

(배관길이: [mm])

조건

(가) 급수관 중 H점에서의 가압수 압력은 0.15[MPa]로 계산한다.
(나) 티 및 엘보는 직경이 다른 티 및 엘보는 사용하지 않는다.
(다) 스프링클러 헤드는 15A 헤드가 설치된 것으로 한다.
(라) 100[m] 당 직관마찰손실(A점에서의 헤드 방수량은 80[L/min]이다.)

호칭구경	25A	32A	40A	50A
직관마찰손실[m]	39.82	11.38	5.40	1.68

(마) 마찰손실에 해당하는 상당길이 (단위: [m])

구분	25A	32A	40A	50A
엘보 (90°)	0.9	1.20	1.50	2.10
리듀서	(25A×15A) 0.54	(32A×25A) 0.72	(40A×32A) 0.90	(50A×40A) 1.20
티(직류)	0.27	0.36	0.45	0.60
티(분류)	1.50	1.80	2.10	3.00

(바) 방사압력 산정에 필요한 계산과정을 상세하게 쓰고, 방사압력을 소수점 4자리까지 구하시오.
(사) 물의 비중량은 9,800[N/m³]으로 한다.
(아) 구간 별 관경은 다음과 같다.

구간	A~D	D~E	E~G	G~H
관경	25A	32A	40A	50A

(1) H~A까지의 배관 마찰손실수두[m]를 구하시오. (단, 소수점 넷째 자리까지 나타내시오.)
(2) H점은 A점보다 몇 [m] 높은 위치에 있는가?
(3) A점에서 방사압력은 몇 [kPa]인가? (단, 소수점 넷째 자리까지 나타내시오.)

정답

(1) • 계산과정

호칭경	계산식	등가길이[m]	마찰손실수두[m]
25A	리듀서: 0.54[m] 배관: 0.3[m]+0.1[m]+0.1[m]+2[m]+2[m]=4.5[m] 90° 엘보: 3[개]×0.9[m]=2.7[m] 티(직류): 0.27[m]	0.54+4.5+2.7+0.27 =8.01	$8.01 \times \dfrac{39.82}{100} = 3.1896$
32A	리듀서: 0.72[m] 티(직류): 0.36[m] 배관: 1.5[m]	0.72+0.36+1.5 =2.58	$2.58 \times \dfrac{11.38}{100} = 0.2936$
40A	리듀서: 0.90[m] 티(분류): 2.10[m] 90° 엘보: 1.50[m] 배관: 0.1[m]+3[m]=3.1[m]	0.9+2.1+1.5+3.1 =7.6	$7.6 \times \dfrac{5.4}{100} = 0.4104$
50A	리듀서: 1.20[m] 티(직류): 0.60[m] 배관: 3[m]	1.2+0.6+3 =4.8	$4.8 \times \dfrac{1.68}{100} = 0.0806$
합계			3.1896+0.2936+0.4104 +0.0806=3.9742

• 답: 3.97[m]

(2) • 계산과정: 0.3−0.1−0.1=0.1
  • 답: 0.1[m]

(3) • 계산과정: 150−3.97×9.8+0.1×9.8≒112.074
  • 답: 112.07[kPa]

해설

(2) A점으로부터 B점까지 배관은 0.3[m] 상승 후 0.1[m] 하락하였으며, B점과 같은 높이인 E점으로부터 H점과 같은 높이인 F점까지 배관은 0.1[m] 하락하였으므로 H점은 A점보다 (0.3−0.1−0.1)=0.1[m] 높은 위치에 있다.

(3) A점에서의 방사압력은 H점에서의 가압수 압력에서 배관의 마찰손실압과 낙차압을 뺀 값과 같다.
$P_A = 150[\text{kPa}] - 3.97[\text{m}] \times 9.8[\text{kN/m}^3] - (-0.1[\text{m}]) \times 9.8[\text{kN/m}^3] \fallingdotseq 112.074[\text{kPa}]$
← 양정[m]과 비중량[kN/m³]을 곱하면 압력[kN/m²]이 된다. 조건에서 비중량이 주어졌으므로 이를 활용하여 계산한다.

연계이론

PHASE 04 스프링클러설비

02 20층인 아파트에 화재안전기준에 따라 [조건]과 같이 옥내소화전설비와 스프링클러설비를 겸용하여 설계하고자 한다. 다음 물음에 답하시오. [10점]

> **조건**
> (가) 펌프로부터 최상층의 스프링클러 헤드까지의 수직거리는 60[m]이다.
> (나) 옥내소화전은 각 층당 3개 설치되어 있다.
> (다) 배관의 마찰손실수두는 펌프의 실양정의 30[%]이다.
> (라) 펌프의 흡입 측 배관에 설치된 연성계는 325[mmHg]를 나타내고 있다.
> (마) 건축물의 층고는 3[m]이다.
> (바) 펌프의 효율은 60[%]이고, 전달계수는 1.1이다.
> (사) 소방호스의 마찰손실수두는 3[m]이다.
> (아) 최고위 헤드의 방사압력은 0.10[MPa]이다.

(1) 펌프의 전양정[m]은 얼마인가?
(2) 이 소화설비의 토출량[L/min]은 얼마인가?
(3) 이 소화설비의 수원의 양[m³]은 얼마인가?
(4) 펌프의 축동력[kW]은 얼마인가?
(5) 옥내소화전설비의 감시제어반과 동력제어반을 구분하여 설치하지 않아도 되는 경우를 쓰시오.

정답

(1) • 계산과정: $325[\text{mmHg}] \times \dfrac{10.332[\text{m}]}{760[\text{mmHg}]} \fallingdotseq 4.418[\text{m}]$

　　　　$4.418 + 60 = 64.418$
　　　　$64.418 \times 0.3 \fallingdotseq 19.325$
　　　　$64.418 + 3 + 19.325 + 17 = 103.743$
　　　　$64.418 + 19.325 + 10 = 93.743$

• 답: 103.74[m]

(2) • 계산과정: $2 \times 130 = 260$
　　　　　　$10 \times 80 = 800$
　　　　　　$260 + 800 = 1,060$

• 답: 1,060[L/min]

(3) • 계산과정: $(2 \times 2.6) + (2 \times 2.6) \times \dfrac{1}{3} \fallingdotseq 6.933$

　　　　　　$(10 \times 1.6) + (10 \times 1.6) \times \dfrac{1}{3} \fallingdotseq 21.333$

　　　　　　$6.933 + 21.333 = 28.266$

• 답: 28.27[m³]

(4) • 계산과정: $1,060[\text{L/min}] = \dfrac{1.06}{60}[\text{m}^3/\text{s}]$

　　　　　　$\dfrac{9.8 \times \dfrac{1.06}{60} \times 103.74}{0.6} \fallingdotseq 29.934$

• 답: 29.93[kW]

(5) • 내연기관에 따른 가압송수장치를 사용하는 경우
　　• 고가수조에 따른 가압송수장치를 사용하는 경우
　　• 가압수조에 따른 가압송수장치를 사용하는 경우

해 설

(1) 화재안전기준에 따라 옥내소화전설비에 설치된 가압송수장치(펌프)의 전양정은 다음과 같다.

$$H = h_1 + h_2 + h_3 + 17$$

H: 전양정[m], h_1: 실양정(흡입양정＋토출양정)[m], h_2: 호스의 마찰손실수두[m],
h_3: 배관 및 관부속의 마찰손실수두[m], 17: 노즐선단에서의 방사압력수두[m]

펌프의 후드밸브로부터 최고위 옥내소화전 앵글밸브까지의 수직거리인 실양정 h_1는 다음과 같다.
흡입양정은 연성계에서 측정된 압력과 같다.

$$325[\text{mmHg}] \times \frac{10.332[\text{m}]}{760[\text{mmHg}]} ≒ 4.418[\text{m}]$$

토출양정은 펌프로부터 최상층에 설치된 옥내소화전 방수구까지의 높이이지만 조건에 주어지지 않으므로 최상층 스프링클러 헤드까지의 높이로 한다.

$h_1 = 4.418[\text{m}] + 60[\text{m}] = 64.418[\text{m}]$

호스의 마찰손실수두 h_2는 3[m]이다.

$h_2 = 3[\text{m}]$

배관의 마찰손실은 실양정의 30[%]이므로 배관 및 관부속의 마찰손실수두 h_3는 다음과 같다.

$h_3 = 64.418[\text{m}] \times 0.3 ≒ 19.325[\text{m}]$

따라서 옥내소화전설비 펌프의 전양정 H는

$H = h_1 + h_2 + h_3 + 17 = 64.418[\text{m}] + 3[\text{m}] + 19.325[\text{m}] + 17 = 103.743[\text{m}]$

화재안전기준에 따라 스프링클러설비에 설치된 가압송수장치(펌프)의 전양정은 다음과 같다.

$$H = h_1 + h_2 + 10$$

H: 전양정[m], h_1: 실양정(흡입양정＋토출양정)[m],
h_2: 배관 및 관부속의 마찰손실수두[m], 10: 헤드선단에서의 방사압력수두[m]

펌프의 후드밸브로부터 최고위 스프링클러 헤드까지의 수직거리인 실양정 h_1는 64.418[m]이다.

$h_1 = 64.418[\text{m}]$

배관의 마찰손실은 실양정의 30[%]이므로 배관 및 관부속의 마찰손실수두 h_2는 다음과 같다.

$h_2 = 64.418[\text{m}] \times 0.3 ≒ 19.325[\text{m}]$

따라서 스프링클러설비 펌프의 전양정 H는

$H = h_1 + h_2 + 10 = 64.418[\text{m}] + 19.325[\text{m}] + 10 = 93.743[\text{m}]$ ← 조건 (아)에 따라 +10은 바뀔 수도 있다.

(2) 화재안전기준에 따라 옥내소화전설비에서 가압송수장치(펌프)는 특정소방대상물의 어느 층에서 해당 층의 옥내소화전을 동시에 사용할 경우(최대 2개, 30층 이상인 경우 최대 5개) 각 소화전의 노즐 선단에서의 방수량은 130[L/min] 이상으로 한다.

정격토출량 = 2[개] × 130[L/min] = 260[L/min]

화재안전기준에 따라 스프링클러설비에서 가압송수장치(펌프)의 송수량은 기준개수에 80[L/min]를 곱한 양 이상으로 한다. ← 설치개수가 기준개수보다 적은 경우 설치개수에 따른다.

스프링클러설비의 설치장소		기준개수
아파트		10
지하층을 제외한 10층 이하인 특정소방대상물	헤드의 높이가 8[m] 미만인 것	10
	헤드의 높이가 8[m] 이상인 것	20
	판매시설이 없는 근린생활시설 · 운수시설 · 복합건축물	20
	특수가연물을 취급하지 않는 공장	20
	판매시설 또는 판매시설이 있는 복합건축물	30
	특수가연물을 저장 · 취급하는 공장	30
지하층을 제외한 11층 이상인 특정소방대상물		30
지하가 또는 지하역사		30

정격토출량 = 10[개] × 80[L/min] = 800[L/min]

옥내소화전설비의 가압송수장치(펌프)를 스프링클러설비의 가압송수장치(펌프)와 겸용하여 설치하는 경우의 펌프의 토출량은 각 소화설비에 해당하는 토출량을 합한 양 이상이 되도록 한다.
← 두 설비를 동시에 사용하는 경우 그만큼 토출량이 충분해야 하므로 값을 더해준다.

펌프의 최소 토출량 $= 260[\text{L/min}] + 800[\text{L/min}] = 1,060[\text{L/min}]$

(3) 화재안전기준에 따라 옥내소화전설비에서 수원의 저수량은 옥내소화전의 설치개수가 가장 많은 층의 설치개수에 기준량을 곱한 양 이상이 되도록 한다.

층수	최대 설치개수	기준량
~29층	2개	$2.6[\text{m}^3]$ $(130[\text{L/min}] \times 20[\text{min}])$
30층~49층	5개	$5.2[\text{m}^3]$ $(130[\text{L/min}] \times 40[\text{min}])$
50층~	5개	$7.8[\text{m}^3]$ $(130[\text{L/min}] \times 60[\text{min}])$

기준에 따라 계산한 유효수량 외에 유효수량의 $\frac{1}{3}$ 이상을 옥상에 설치한다.

$$Q = (2[\text{개}] \times 2.6[\text{m}^3]) + (2[\text{개}] \times 2.6[\text{m}^3]) \times \frac{1}{3} \fallingdotseq 6.933[\text{m}^3]$$

화재안전기준에 따라 스프링클러설비에서 수원의 저수량은 기준개수에 $1.6[\text{m}^3]$를 곱한 양 이상이 되도록 한다.
← 설치개수가 기준개수보다 적은 경우 설치개수에 따른다.

기준에 따라 계산한 유효수량 외에 유효수량의 $\frac{1}{3}$ 이상을 옥상에 설치한다.

$$Q = (10[\text{개}] \times 1.6[\text{m}^3]) + (10[\text{개}] \times 1.6[\text{m}^3]) \times \frac{1}{3} \fallingdotseq 21.333[\text{m}^3]$$

옥내소화전설비의 수원을 스프링클러설비의 수원과 겸용하여 설치하는 경우의 저수량은 각 소화설비에 필요한 저수량을 합한 양 이상이 되도록 한다. ← 두 설비를 동시에 사용하는 경우 그만큼 저수량이 충분해야 하므로 값을 더해준다.

수원의 최소 저수량 $= 6.933[\text{m}^3] + 21.333[\text{m}^3] = 28.266[\text{m}^3]$

(4) 펌프의 축동력은 다음의 식을 통해 구할 수 있다.

$$P = \frac{\gamma Q H}{\eta}$$

P: 펌프의 축동력[kW], γ: 유체의 비중량[kN/m³], Q: 유량[m³/s], H: 전양정[m], η: 효율

유체는 물이므로 물의 비중량은 $9.8[\text{kN/m}^3]$이다.

유량이 $1,060[\text{L/min}]$이므로 단위를 변환하면 $\frac{1.06}{60}[\text{m}^3/\text{s}]$이다.

따라서 주어진 조건을 공식에 대입하면 펌프의 축동력 P는

$$P = \frac{9.8[\text{kN/m}^3] \times \frac{1.06}{60}[\text{m}^3/\text{s}] \times 103.74[\text{m}]}{0.6} \fallingdotseq 29.934[\text{kW}]$$ ← 축동력을 구할 때는 전달계수를 고려하지 않는다.

(5) 옥내소화전설비에는 제어반을 설치하되, 감시제어반과 동력제어반으로 구분하여 설치한다. 다만, 다음에 해당하는 경우에는 감시제어반과 동력제어반으로 구분하여 설치하지 않을 수 있다.
- 층수가 7층 미만이거나 연면적이 $2,000[\text{m}^2]$ 미만인 특정소방대상물에 설치하는 경우
- 지하층의 바닥면적 합계가 $3,000[\text{m}^2]$ 미만인 특정소방대상물에 설치하는 경우
- 내연기관에 따른 가압송수장치를 사용하는 경우
- 고가수조에 따른 가압송수장치를 사용하는 경우
- 가압수조에 따른 가압송수장치를 사용하는 경우

> 연계이론
PHASE 02 옥내소화전설비
PHASE 04 스프링클러설비

03

어떤 소방대상물에 옥외소화전 5개를 화재안전기준과 [조건]에 따라 설치하려고 한다. 다음 물음에 답하시오. [6점]

> **조건**
> (가) 옥외소화전은 지상용 A형을 사용한다.
> (나) 펌프에서 첫째 옥외소화전까지의 직관길이는 150[m], 관의 내경은 100[mm]이다.
> (다) 모든 규격치는 최소량을 적용한다.

(1) 수원의 최소 유효저수량[m³]은 얼마인가?
(2) 펌프의 최소 유량[m³/min]은 얼마인가?
(3) 소화전 설치개수에 따른 옥외소화전함의 설치기준을 쓰시오.

정답

(1) • 계산과정: $2 \times 7 = 14$
 • 답: $14[m^3]$

(2) • 계산과정: $2 \times 350 = 700[L/min] = 0.7[m^3/min]$
 • 답: $0.7[m^3/min]$

(3) • 답: 옥외소화전마다 5[m] 이내의 장소에 1개 이상의 소화전함을 설치

해설

(1) 화재안전기준에 따라 옥외소화전설비에서 수원의 저수량은 옥외소화전의 설치개수(최대 2개)에 7[m³]를 곱한 양 이상이 되도록 한다.
   옥외소화전설비의 저수량 = 2[개] × 7[m³] = 14[m³]

(2) 화재안전기준에 따라 옥외소화전설비에서 가압송수장치(펌프)는 특정소방대상물에 설치된 옥외소화전을 동시에 사용할 경우(최대 2개) 각 소화전의 노즐선단에서의 방수량은 350[L/min] 이상으로 한다.
   정격토출량 = 2[개] × 350[L/min] = 700[L/min] = 0.7[m³/min]

(3) 옥외소화전설비에는 옥외소화전마다 그로부터 5[m] 이내의 장소에 소화전함을 다음의 기준에 따라 설치한다.
 • 옥외소화전이 10개 이하로 설치된 경우 옥외소화전마다 5[m] 이내의 장소에 1개 이상의 소화전함을 설치한다.
 • 옥외소화전이 11개 이상 30개 이하로 설치된 경우 11개 이상의 소화전함을 각각 분산하여 설치한다.
 • 옥외소화전이 31개 이상으로 설치된 경우 옥외소화전 3개마다 1개 이상의 소화전함을 설치한다.

연계이론

PHASE 03 옥외소화전설비

04 지상 10층의 백화점 건물에 옥내소화전설비가 화재안전기준 및 [조건]에 따라 설치되었을 때 그림을 참조하여 다음 물음에 답하시오. [19점]

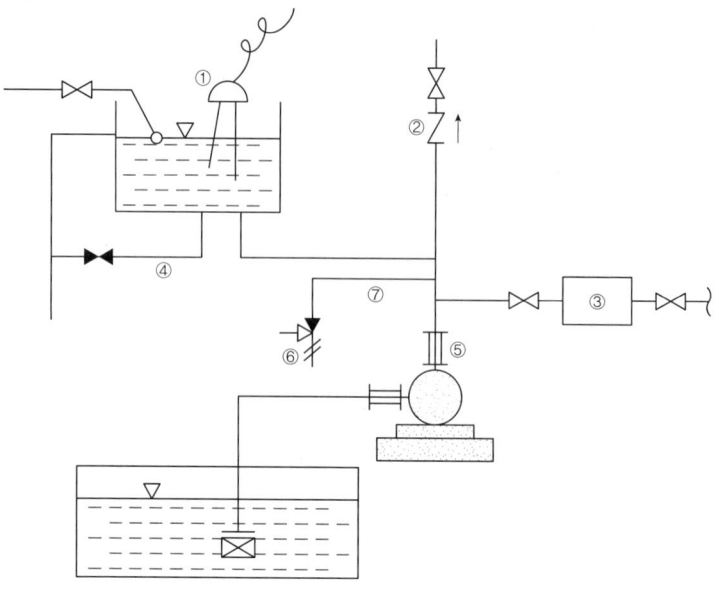

조건

(가) 옥내소화전은 1층부터 5층까지는 각 층에 7개, 6층부터 10층까지는 각 층에 5개가 설치되었다.
(나) 펌프의 후드밸브에서 10층의 옥내소화전 방수구까지 수직거리는 40[m]이고 배관 상 마찰손실(소방용 호스 제외)은 20[m]이다.
(다) 소방용 호스의 마찰손실은 100[m] 당 26[m]이고 호스 길이는 15[m], 수량은 2개이다.
(라) 계산 과정상 $\pi = 3.14$로 한다.

(1) 펌프의 최소 토출량[m³/min]은 얼마인가?
(2) 수원의 최소 유효저수량[m³]은 얼마인가? (단, 옥상수조를 포함한다.)
(3) 펌프의 모터동력[kW]은 얼마 이상인가? (단, 펌프의 효율은 60[%]이고, 전달계수는 1.1이다.)
(4) 소방용 호스 노즐의 내경은 13[mm]이었고, 방사압력을 측정한 결과 0.25[MPa]이었다. 10분간 방사 시 방사량[L]은 얼마인가?
(5) 그림에서 각 번호의 명칭을 쓰시오.

번호	부품명칭	번호	부품명칭
①		⑤	
②		⑥	
③		⑦	
④			

(6) 그림에서 ⑤번을 설치하는 이유를 설명시오.
(7) 그림에서 ⑦번 배관을 설치하는 이유를 설명하시오.

정 답

(1) • 계산과정: $2 \times 130 = 260[L/min] = 0.26[m^3/min]$
  • 답: $0.26[m^3/min]$

(2) • 계산과정: $(2 \times 2.6) + (2 \times 2.6) \times \dfrac{1}{3} ≒ 6.933[m^3]$
  • 답: $6.93[m^3]$

(3) • 계산과정: $0.26[m^3/min] = \dfrac{0.26}{60}[m^3/s]$

  $2 \times 15 \times \dfrac{26}{100} = 7.8$

  $40 + 7.8 + 20 + 17 = 84.8$

  $\dfrac{9.8 \times \dfrac{0.26}{60} \times 84.8}{0.6} \times 1.1 ≒ 6.602$

  • 답: $6.60[kW]$

(4) • 계산과정: $0.653 \times 13^2 \times \sqrt{10 \times 0.25} ≒ 174.4897$
  $174.4897 \times 10 = 1,744.897$
  • 답: $1,744.90[L]$

(5)

번호	부품명칭	번호	부품명칭
①	감수경보장치	⑤	플렉시블 조인트
②	체크밸브	⑥	릴리프밸브
③	유량계	⑦	순환배관
④	배수관		

(6) • 답: 펌프의 작동 시 진동을 흡수하여 충격을 완화

(7) • 답: 체절운전 시 수온의 방승을 방지

해 설

(1) 화재안전기준에 따라 옥내소화전설비에서 가압송수장치(펌프)는 특정소방대상물의 어느 층에서 해당 층의 옥내소화전을 동시에 사용할 경우(최대 2개, 30층 이상인 경우 최대 5개) 각 소화전의 노즐 선단에서의 방수량은 $130[L/min]$ 이상으로 한다.
  정격토출량 $= 2[개] \times 130[L/min] = 260[L/min] = 0.26[m^3/min]$

(2) 화재안전기준에 따라 옥내소화전설비에서 수원의 저수량은 옥내소화전의 설치개수가 가장 많은 층의 설치개수에 기준량을 곱한 양 이상이 되도록 한다.

층수	최대 설치개수	기준량
~29층	2개	$2.6[m^3]$ ($130[L/min] \times 20[min]$)
30층~49층	5개	$5.2[m^3]$ ($130[L/min] \times 40[min]$)
50층~	5개	$7.8[m^3]$ ($130[L/min] \times 60[min]$)

기준에 따라 계산한 유효수량 외에 유효수량의 $\dfrac{1}{3}$ 이상을 옥상에 설치한다.

$Q = (2[개] \times 2.6[m^3]) + (2[개] \times 2.6[m^3]) \times \dfrac{1}{3} ≒ 6.933[m^3]$

(3) 펌프의 동력은 다음의 식을 통해 구할 수 있다.

$$P = \frac{\gamma QH}{\eta} K$$

P: 펌프의 동력[kW], γ: 유체의 비중량[kN/m³], Q: 유량[m³/s], H: 전양정[m], η: 효율, K: 전달계수

유체는 물이므로 물의 비중량은 9.8[kN/m³]이다.

펌프의 토출량은 0.26[m³/min]이므로 단위를 변환하면 $\frac{0.26}{60}$[m³/s]이다.

화재안전기준에 따라 옥내소화전설비에 설치된 가압송수장치(펌프)의 전양정은 다음과 같다.

$$H = h_1 + h_2 + h_3 + 17$$

H: 전양정[m], h_1: 실양정(흡입양정+토출양정)[m], h_2: 호스의 마찰손실수두[m], h_3: 배관 및 관부속의 마찰손실수두[m], 17: 노즐선단에서의 방사압력수두[m]

펌프의 후드밸브로부터 최고위 옥내소화전 앵글밸브까지의 수직거리인 실양정 h_1는 40[m]이다.
$h_1 = 40$[m]
소방호스의 길이가 15[m]이고, 호스 100[m] 당 26[m]의 마찰손실이 발생하므로 호스의 마찰손실수두 h_2는 다음과 같다.
$$h_2 = 2 \times 15[\text{m}] \times \frac{26}{100} = 7.8[\text{m}]$$
배관 및 관부속의 마찰손실수두 h_3는 20[m]이다.
$h_3 = 20$[m]
따라서 옥내소화전설비 펌프의 전양정 H는
$H = h_1 + h_2 + h_3 + 17 = 40[\text{m}] + 7.8[\text{m}] + 20[\text{m}] + 17 = 84.8[\text{m}]$

따라서 주어진 조건을 공식에 대입하면 펌프의 동력 P는

$$P = \frac{9.8[\text{kN/m}^3] \times \frac{0.26}{60}[\text{m}^3/\text{s}] \times 84.8[\text{m}]}{0.6} \times 1.1 \fallingdotseq 6.602[\text{kW}]$$

(4) 직경이 D인 배관에서 압력 P와 유량 Q는 다음과 같은 관계를 갖는다.

$$Q = 0.653 D^2 \sqrt{10P}$$

Q: 유량[L/min], D: 배관의 직경[mm], P: 압력[MPa]

주어진 조건을 공식에 대입하면 유량은 다음과 같다.
$Q = 0.653 \times (13[\text{mm}])^2 \times \sqrt{10 \times 0.25[\text{MPa}]} \fallingdotseq 174.4897[\text{L/min}]$
따라서 10분 간 방사량은
$174.4897[\text{L/min}] \times 10[\text{min}] = 1,744.897[\text{L}]$

> 연계이론 **PHASE 02 옥내소화전설비**

05 병원 화재 시 사용할 수 있는 피난기구를 층별로 쓰시오. [6점]

(1) 3층
(2) 4층~10층

정답

(1) 미끄럼대, 구조대, 피난교, 피난용트랩, 다수인피난장비, 승강식 피난기
(2) 구조대, 피난교, 피난용트랩, 다수인피난장비, 승강식 피난기

해설

설치장소별 \ 층별	1층	2층	3층	4층 이상 10층 이하
의료시설·근린생활시설 중 입원실이 있는 의원·접골원·조산원			• 미끄럼대 • 구조대 • 피난교 • 피난용트랩 • 다수인피난장비 • 승강식 피난기	• 구조대 • 피난교 • 피난용트랩 • 다수인피난장비 • 승강식 피난기

연계이론 PHASE 11 피난기구

06 포 소화설비의 포 소화약제 혼합방식의 종류를 4가지 쓰시오. [4점]

정답

다음 5가지 중 4가지를 선택하여 작성한다.
- 펌프 프로포셔너 방식
- 프레셔 프로포셔너 방식
- 라인 프로포셔너 방식
- 프레셔사이드 프로포셔너 방식
- 압축공기포 믹싱챔버방식

해설

펌프 프로포셔너 방식	펌프의 토출관과 흡입관 사이의 배관도중에 설치한 흡입기에 펌프에서 토출된 물의 일부를 보내고, 농도 조정밸브에서 조정된 포 소화약제의 필요량을 포 소화약제 저장탱크에서 펌프 흡입측으로 보내어 이를 혼합하는 방식
프레셔 프로포셔너 방식	펌프와 발포기의 중간에 설치된 벤추리관의 벤추리작용과 펌프 가압수의 포 소화약제 저장탱크에 대한 압력에 따라 포 소화약제를 흡입·혼합하는 방식
라인 프로포셔너 방식	펌프와 발포기의 중간에 설치된 벤추리관의 벤추리작용에 따라 포 소화약제를 흡입·혼합하는 방식
프레셔사이드 프로포셔너 방식	펌프의 토출관에 압입기를 설치하여 포 소화약제 압입용펌프로 포 소화약제를 압입시켜 혼합하는 방식
압축공기포 믹싱챔버방식	물, 포 소화약제 및 공기를 믹싱챔버로 강제주입시켜 챔버 내에서 포수용액을 생성한 후 포를 방사하는 방식

연계이론 PHASE 06 포 소화설비

07 할론 소화설비에 대하여 다음 물음에 답하시오. [6점]

(1) 헤드 1개 당 분구면적이 $1[cm^2]$, 헤드 방출률이 $2[kg/cm^2 \cdot s]$, 헤드 개수가 5개일 때 약제소요량[kg]은 얼마인가?

(2) 소화배관에 사용되는 강관의 인장강도는 $200[N/mm^2]$, 안전율은 4, 최고사용압력은 $4[MPa]$이다. 이 배관의 스케줄 수(Schedule No)는 얼마인가?

정답

(1) • 계산과정: $2 \times 1 \times 5 \times 10 = 100$
 • 답: 100[kg]

(2) • 계산과정: $\dfrac{4[MPa]}{\dfrac{200[N/mm^2]}{4}} \times 1{,}000 = 80$
 • 답: 80

해설

(1) 할론 소화설비의 소화약제 방출시간은 다음과 같다.

방출방식	기준시간
전역방출방식	10초 이내
국소방출방식	10초 이내

따라서 소화설비가 작동하였을 때 약제소요량은
$2[kg/cm^2 \cdot s] \times 1[cm^2] \times 5[개] \times 10[s] = 100[kg]$

(2) 배관의 스케줄 수는 다음과 같이 구할 수 있다.

$$\text{스케줄 수} = \dfrac{\text{최고사용압력}[MPa]}{\text{재료의허용응력}[MPa]} \times 1{,}000$$

$$\text{재료의 허용응력} = \dfrac{\text{인장강도}}{\text{안전율}}$$

따라서 배관의 스케줄 수는

$$\dfrac{4[MPa]}{\dfrac{200[N/mm^2]}{4}} \times 1{,}000 = 80$$

연계이론 PHASE 08 할론 소화설비

08 [조건]을 참고하여 제연설비에 대하여 다음 물음에 답하시오. [8점]

조건

(가) 거실 바닥면적은 390[m²]이고 경유 거실이다.
(나) Duct의 길이는 80[m]이고, Duct 저항은 0.2[mmAq/m]이다.
(다) 배출구 저항은 8[mmAq], 그릴 저항은 3[mmAq], 부속류 저항은 Duct 저항의 50[%]이다.
(라) 송풍기는 Sirocco Fan을 선정하고 효율은 50[%], 전동기 전달계수 $K = 1.1$이다.

(1) 예상제연구역에 필요한 배출량[m³/h]은 얼마인가?
(2) 송풍기에 필요한 정압[mmAq]은 얼마인가?
(3) 송풍기의 전동기 동력[kW]은 얼마인가?
(4) 회전수가 1,750[rpm]일 때 이 송풍기의 정압을 1.2배로 높이려면 증가시켜야 하는 회전수는 얼마인가?

정답

(1) • 계산과정: $390 \times 60 = 23,400$
 • 답: 23,400[m³/hr]

(2) • 계산과정: $\left(80 \times \dfrac{0.2}{1}\right) + 8 + 3 + \left(80 \times \dfrac{0.2}{1}\right) \times 0.5 = 35$
 • 답: 35[mmAq]

(3) • 계산과정: $35[\text{mmAq}] \times \dfrac{101.325[\text{kPa}]}{10,332[\text{mmAq}]} \fallingdotseq 0.3432[\text{kPa}]$

 $23,400[\text{m}^3/\text{h}] = \dfrac{23,400}{3,600}[\text{m}^3/\text{s}]$

 $\dfrac{0.3432 \times \dfrac{23,400}{3,600}}{0.5} \times 1.1 \fallingdotseq 4.908$

 • 답: 4.91[kW]

(4) • 계산과정: $1,750 \times \sqrt{\dfrac{1.2H_1}{H_1}} \fallingdotseq 1,917.029$
 • 답: 1,917.03[rpm]

해설

(1) 바닥면적이 400[m²] 미만인 경우 바닥면적 1[m²] 당 1[m³/min] 이상으로 하고, 최소 배출량은 5,000[m³/hr] 이상으로 한다.

$$390[\text{m}^3/\text{min}] \times 60[\text{min/hr}] = 23,400[\text{m}^3/\text{hr}]$$

(2) 소요전압은 배연덕트를 통과하며 발생하는 모든 저항의 합과 같다.

$$\left(80[\text{m}] \times \frac{0.2[\text{mmAq}]}{1[\text{m}]}\right) + 8[\text{mmAq}] + 3[\text{mmAq}] + \left(80[\text{m}] \times \frac{0.2[\text{mmAq}]}{1[\text{m}]}\right) \times 0.5 = 35[\text{mmAq}]$$

(3) 송풍기의 동력은 다음의 식을 통해 구할 수 있다.

$$P = \frac{P_T Q}{\eta} K$$

P: 송풍기의 동력[kW], P_T: 전압(풍압)[kPa], Q: 풍량[m³/s], η: 효율, K: 전달계수

전압은 35[mmAq]이므로 단위를 변환하면 다음과 같다.

$$35[\text{mmAq}] \times \frac{101.325[\text{kPa}]}{10,332[\text{mmAq}]} \fallingdotseq 0.3432[\text{kPa}]$$

송풍기의 배출량은 23,400[m³/h]이므로 단위를 변환하면 $\frac{23,400}{3,600}$[m³/s]이다.

따라서 주어진 조건을 공식에 대입하면 송풍기의 동력 P는

$$P = \frac{0.3432[\text{kPa}] \times \frac{23,400}{3,600}[\text{m}^3/\text{s}]}{0.5} \times 1.1 \fallingdotseq 4.908[\text{kW}]$$

(4) 기하학적으로 비슷한 두 물체의 운동이 역학적으로도 비슷해지도록 하는 조건을 나타내는 법칙을 상사법칙이라고 한다.

펌프의 회전수를 변화시키고 크기(직경)이 일정하다면 상사법칙에 따라 축동력이 변화한다.

$$\frac{H_2}{H_1} = \left(\frac{N_2}{N_1}\right)^2 \left(\frac{D_2}{D_1}\right)^2$$

H: 양정, N: 펌프의 회전수, D: 직경

동일한 송풍기이므로 직경 D는 같고, 상태1의 정압이 H_1, 회전수 N_1이 1,750[rpm]이며, 상태2의 정압 H_2가 $1.2H_1$이므로 회전수 N_2은 다음과 같다.

← 양정[m]과 비중량[N/m³]을 곱하면 압력[N/m²]이 되므로 펌프를 통과하는 유체가 동일하다면 양정의 비는 압력의 비와 같다.

$$N_2 = N_1 \sqrt{\frac{H_2}{H_1}} = 1,750[\text{rpm}] \times \sqrt{\frac{1.2H_1}{H_1}} \fallingdotseq 1,917.029[\text{rpm}]$$

연계이론

PHASE 14 제연설비
PHASE 23 펌프의 특성

09 직경이 30[cm]인 소화배관에 0.2[m³/s]의 유량으로 흐르고 있다. 이 관의 직경은 15[cm], 길이는 300[m]인 Ⓑ배관과 직경이 20[cm], 길이가 600[m]인 Ⓐ배관이 그림과 같이 평행하게 연결되었다가 다시 30[cm]로 합쳐 있다. 각 배관에서의 관마찰계수는 0.022라 할 때 Ⓐ배관 및 Ⓑ배관의 유량[m³/s]을 구하시오. (단, Darcy Weisbach식을 사용한다.) [6점]

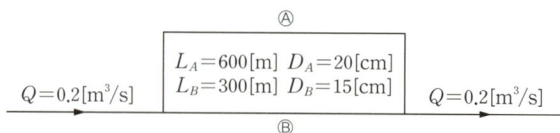

정답
- 답: Q_A: 0.12[m³/s], Q_B: 0.08[m³/s]

해설
일정한 양의 비압축성 유체가 일정한 속도로 흐를 때 배관에서의 마찰손실수두는 달시-바이스바하 방정식으로 구할 수 있다.

$$H = \frac{\Delta P}{\gamma} = \frac{flu^2}{2gD}$$

H: 마찰손실수두[m], ΔP: 압력 차이[kPa], γ: 비중량[kN/m³], f: 마찰손실계수, l: 배관의 길이, u: 유속[m/s], g: 중력가속도[m/s²], D: 배관의 직경[m]

Ⓐ배관의 유량 Q_A와 Ⓑ배관의 유량 Q_B의 합은 0.2[m³/s]로 일정하다.
$$Q_A + Q_B = 0.2[\text{m}^3/\text{s}]$$
부피유량 공식 $Q = Au$에 의해 각 배관의 유속 관계는 다음과 같다.
$$\frac{\pi}{4}D_A^2 u_A + \frac{\pi}{4}D_B^2 u_B = 0.2[\text{m}^3/\text{s}]$$
Ⓐ배관과 Ⓑ배관의 마찰손실은 같다. ← 다른 경우 마찰손실이 작은 쪽으로 유량이 점점 증가하여 마찰손실도 증가하고 결국 평형을 이룬다.
$$H_A = H_B$$
$$\frac{fl_A u_A^2}{2gD_A} = \frac{fl_B u_B^2}{2gD_B}$$
$$\frac{600[\text{m}] \times u_A^2}{0.2[\text{m}]} = \frac{300[\text{m}] \times u_B^2}{0.15[\text{m}]}$$
$$3u_A^2 = 2u_B^2$$
주어진 관계식을 연립하여 u_A에 관한 식으로 나타내면 다음과 같다.
$$\frac{\pi}{4} \times (0.2[\text{m}])^2 \times u_A + \frac{\pi}{4} \times (0.15[\text{m}])^2 \times \sqrt{\frac{3}{2}} u_A = 0.2[\text{m}^3/\text{s}]$$
$$u_A = 3.769[\text{m/s}]$$
$$u_B = \sqrt{\frac{3}{2}} u_A = 4.617[\text{m/s}]$$

부피유량 공식 $Q = Au$에 의해 각 분기관의 유량은 다음과 같다.
$$Q_A = \frac{\pi}{4}D_A^2 u_A = \frac{\pi}{4} \times (0.2[\text{m}])^2 \times 3.769[\text{m/s}] ≒ 0.1184[\text{m}^3/\text{s}]$$
$$Q_B = 0.2[\text{m}^3/\text{s}] - Q_A = 0.2[\text{m}^3/\text{s}] - 0.1184[\text{m}^3/\text{s}] = 0.0816[\text{m}^3/\text{s}]$$

연계이론 PHASE 22 배관의 마찰손실

10 소화설비의 배관 상에 설치하는 계기류 중 압력계, 진공계, 연성계의 설치위치와 지시압력범위를 쓰시오.
[6점]

(1) 압력계
- 설치위치:
- 측정범위:

(2) 진공계
- 설치위치:
- 측정범위:

(3) 연성계
- 설치위치:
- 측정범위:

정답

(1) - 설치위치: 펌프의 토출 측
- 측정범위: 대기압 이상의 압력

(2) - 설치위치: 펌프의 흡입 측
- 측정범위: 대기압 이하의 압력

(3) - 설치위치: 펌프의 흡입 측
- 측정범위: 대기압 이상과 이하의 압력

11

[조건]을 참고하여 이산화탄소 소화설비에 대한 다음 물음에 답하시오. [15점]

조건

(가) 특정소방대상물의 천장까지의 높이는 3[m]이고 방호구역의 크기와 용도는 다음과 같다.

통신기기실 가로 12[m]×세로 10[m] 자동폐쇄장치 설치	전자제품 창고 가로 20[m]×세로 10[m] 개구부 2[m]×2[m]
위험물 저장창고 가로 32[m]×세로 10[m] 자동폐쇄장치 설치	

(나) 소화약제는 고압저장방식으로 하고 충전량은 45[kg]이다.
(다) 통신기기실과 전자제품 창고는 전역방출방식으로 설치하고 위험물 저장창고에는 국소방출방식을 적용한다.
(라) 개구부 가산량은 10[kg/m²], 사용하는 CO_2는 순도 99.5[%], 헤드의 방사율은 1.3[kg/mm²·min·개]이다.
(마) 위험물 저장창고에는 가로, 세로가 각각 5[m], 높이가 2[m]인 개방된 용기에 제4류 위험물을 저장한다.
(바) 주어진 조건 외에 소방관련법규 및 화재안전기준에 준한다.

(1) 각 방호구역에 필요한 약제저장량[kg]은 얼마 이상인가?
- 통신기기실
- 전자제품 창고
- 위험물 저장창고

(2) 각 방호구역별 약제저장용기는 몇 병인가?
- 통신기기실
- 전자제품 창고
- 위험물 저장창고

(3) 통신기기실 헤드의 방사압력[MPa]은 얼마인가?
(4) 통신기기실에서 설계농도에 도달하는 시간[min]은 얼마 이내이어야 하는가?
(5) 전자제품 창고의 헤드 수를 14개로 할 때 헤드의 분구 면적[mm²]은 얼마인가?
(6) 약제저장용기의 내압시험압력[MPa]은 얼마 이상이어야 하는가?
(7) 전자제품 창고에 저장된 약제가 모두 분사되었을 때 CO_2의 체적[m³]은 얼마인가? (단, 온도는 25[°C]이다.)
(8) 소화설비용으로 강관을 사용할 때의 다음 (   ) 안에 알맞은 답을 쓰시오.

강관을 사용하는 경우의 배관은 압력배관용 탄소강관(KS D 3562) 중 스케줄 (①) 이상의 것 또는 이와 동등 이상의 강도를 가진 것으로 (②) 등으로 방식처리된 것을 사용할 것. 다만, 배관의 호칭구경이 20[mm] 이하인 경우에는 스케줄 40 이상인 것을 사용할 수 있다.

정 답

(1) • 통신기기실
　　　－ 계산과정: $12 \times 10 \times 3 = 360$
　　　　　　　　$1.3 \times 360 = 468$
　　　－ 답: 468[kg]
　• 전자제품 창고
　　　－ 계산과정: $20 \times 10 \times 3 = 600$
　　　　　　　　$(2.0 \times 600) + (10 \times 2 \times 2) = 1,240$
　　　－ 답: 1,240[kg]
　• 위험물 저장창고
　　　－ 계산과정: $5 \times 5 \times 13 \times 1.4 = 455$
　　　－ 답: 455[kg]

(2) • 통신기기실
　　　－ 계산과정: $\dfrac{468}{45} = 10.4$
　　　－ 답: 11병
　• 전자제품 창고
　　　－ 계산과정: $\dfrac{1,240}{45} \fallingdotseq 27.56$
　　　－ 답: 28병
　• 위험물 저장창고
　　　－ 계산과정: $\dfrac{455}{45} \fallingdotseq 10.11$
　　　－ 답: 11병

(3) • 답: 2.1[MPa]

(4) • 답: 7분 이내

(5) • 계산과정: $28 \times 45 = 1,260$
　　　　　　$\dfrac{1,260}{0.995} = 1.3 \times 분구\ 면적 \times 7 \times 14$
　　　　　　$분구\ 면적 = \dfrac{\dfrac{1,260}{0.995}}{1.3 \times 7 \times 14} \fallingdotseq 9.939$
　• 답: 9.94[mm²]

(6) • 답: 25[MPa]

(7) • 계산과정: $101.325 \times V = \dfrac{1,260}{44} \times 8.3145 \times (273 + 25)$
　　　　　　$V = 700.251[\text{m}^3]$
　• 답: 700.25[m³]

(8) ① 80(저압식은 스케줄 40)
　　② 아연도금

해 설

(1) 심부화재이고 전역방출방식인 이산화탄소 소화약제의 저장량 최소기준은 다음과 같다.

방호대상물	소화약제의 양[kg/m³]
유압기기를 제외한 전기설비, 케이블실	1.3
체적 55[m³] 미만의 전기설비	1.6
서고, 전자제품 창고, 목재가공품 창고, 박물관	2.0
고무류 · 면화류 창고, 모피 창고, 석탄 창고, 집진설비	2.7

방호구역의 개구부(창문 · 출입구) 1[m²]마다 10[kg]을 가산한다. ← 자동폐쇄장치가 없는 경우에만 적용한다.

통신기기실의 체적(가로×세로×높이)은 다음과 같다.
$$V = 12[m] \times 10[m] \times 3[m] = 360[m^3]$$
방호구역은 유압기기를 제외한 전기설비이므로 소화약제의 양은 체적 1[m³] 당 1.3[kg/m³]을 적용한다.
$$소화약제의\ 양 = 1.3[kg/m^3] \times 360[m^3] = 468[kg]$$

전자제품 창고의 체적(가로×세로×높이)은 다음과 같다.
$$V = 20[m] \times 10[m] \times 3[m] = 600[m^3]$$
전자제품 창고의 소화약제의 양은 체적 1[m³] 당 2.0[kg/m³]을 적용한다.
개구부(창문 · 출입구)에 자동폐쇄장치가 없으므로 개구부 면적 1[m²] 당 10[kg/m²]을 가산한다.
$$소화약제의\ 양 = (2.0[kg/m^3] \times 600[m^3]) + (10[kg/m^2] \times 2[m] \times 2[m]) = 1,240[kg]$$

국소방출방식인 이산화탄소 소화약제의 저장량은 윗면이 개방된 용기에 저장하는 경우 표면적 1[m²]마다 13[kg/m²]으로 하고 고압식은 1.4, 저압식은 1.1을 곱하여 산출한다.
따라서 위험물 저장창고에 필요한 소화약제의 양은
$$소화약제의\ 양 = 5[m] \times 5[m] \times 13[kg/m^2] \times 1.4 = 455[kg]$$

(2) 저장용기 1병 당 소화약제의 저장량[kg]은 45[kg]이므로 통신기기실에 필요한 소화약제의 양을 저장하기 위해 필요한 저장용기의 개수는
$$\frac{468[kg]}{45[kg/병]} = 10.4[병] = 11[병]\ (절상)$$

전자제품 창고에 필요한 소화약제의 양을 저장하기 위해 필요한 저장용기의 개수는
$$\frac{1,240[kg]}{45[kg/병]} ≒ 27.56[병] = 28[병]\ (절상)$$

위험물 저장창고에 필요한 소화약제의 양을 저장하기 위해 필요한 저장용기의 개수는
$$\frac{455[kg]}{45[kg/병]} ≒ 10.11[병] = 11[병]\ (절상)$$

(3) 전역방출방식의 이산화탄소 소화설비의 분사헤드는 방출압력이 2.1[MPa](저압식은 1.05[MPa]) 이상의 것으로 한다.

(4) 이산화탄소 소화설비의 소화약제 방출시간은 다음과 같다.

방출방식		기준시간
전역방출방식	표면화재	1분 이내
	심부화재	7분 이내
국소방출방식		30초 이내

전역방출방식에 있어서 종이, 목재, 석탄, 섬유류, 합성수지류 등 심부화재 방호대상물의 경우 7분 내에 방출한다. 이 경우 설계농도가 2분 이내에 30[%]에 도달해야 한다.

(5) 전자제품 창고에서 방출해야하는 소화약제의 양은 다음과 같다.

28[병]×45[kg/병]=1,260[kg]

심부화재이고 전역방출방식인 이산화탄소 소화설비의 분사헤드는 소화약제 저장량을 7분 이내에 방출할 수 있어야 하므로 필요한 헤드의 분구 면적은

$$\frac{1,260[kg]}{0.995} = 1.3[kg/mm^2 \cdot min \cdot 개] \times 분구\ 면적[mm^2] \times 7[min] \times 14[개]$$

$$분구\ 면적[mm^2] = \frac{\frac{1,260[kg]}{0.995}}{1.3[kg/mm^2 \cdot min \cdot 개] \times 7[min] \times 14[개]} ≒ 9.939[mm^2]$$

(6) 고압식 저장용기는 25[MPa] 이상, 저압식 저장용기는 3.5[MPa] 이상의 내압시험압력에 합격한 것으로 한다.

(7) 전자제품 창고에 이산화탄소 소화약제를 방사하는 경우 28병의 저장용기에서 일제히 소화약제가 방출되므로 방출량은 다음과 같다.

28[병]×45[kg/병]=1,260[kg]

문제에서 부피[m³]를 요구하므로 이상기체 상태방정식을 활용하여 이산화탄소의 질량[kg]을 부피[m³]로 변환해 준다.

$$PV = \frac{m}{M}RT$$

P: 압력[atm], V: 부피[m³], m: 질량[kg], M: 분자량[kg/kmol],
R: 기체상수[atm·m³/kmol·K], T: 절대온도[K]

주어진 조건을 공식에 대입하면 1,260[kg]에 해당하는 이산화탄소의 부피는 다음과 같다.

$$101.325[kPa] \times V[m^3] = \frac{1,260[kg]}{44[kg/kmol]} \times 8.3145[kJ/kmol \cdot K] \times (273+25)[K]$$

$$V = 700.251[m^3]$$

(8) 이산화탄소 소화설비의 배관은 강관을 사용하는 경우 압력배관용 탄소강관 중 스케줄 80(저압식은 스케줄 40) 이상의 것 또는 이와 동등 이상의 강도를 가진 것으로 아연도금 등으로 방식 처리된 것을 사용한다. 다만, 배관의 호칭구경이 20[mm] 이하인 경우에는 스케줄 40 이상인 것을 사용할 수 있다.

연계이론   **PHASE 07** 이산화탄소 소화설비

12

다음 그림과 같이 직육면체(바닥면적 $6[m] \times 6[m]$)의 물탱크에서 밸브를 완전히 개방하였을 때 최저유효수면 ($10[m]$)까지 물이 배수되는 소요시간[min]을 구하시오. (단, 토출 측 관의 안지름은 $80[mm]$이고 수조 수면의 하강 속도가 변화하는 것을 고려한다.) [4점]

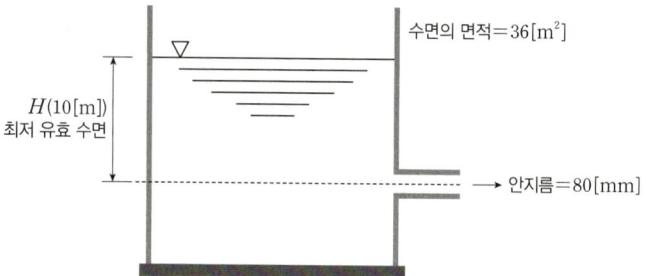

정 답

- 답: 170.52[min]

해 설

수면을 상태1이라고 할 때 수면의 하강 속도 u_1는 다음과 같다.

$$h = 10[m] - u_1 t$$

$$u_1 = -\frac{dh}{dt}$$

토출 측 배관을 상태2라고 할 때 물의 배수 속도 u_2는 다음과 같다.

$$h = \frac{u_2^2}{2g}$$

$$u_2 = \sqrt{2gh}$$

탱크에서 줄어든 물의 양과 배수된 물의 양은 동일하므로 부피유량 공식 $Q = Au$에 의해 관계식을 다음과 같이 구할 수 있다.

$$Q = A_1 u_1 = A_2 u_2$$

$$-A_1 \frac{dh}{dt} = A_2 \sqrt{2gh}$$

$$-A_1 \frac{1}{\sqrt{h}} dh = A_2 \sqrt{2g}\, dt$$

양 변을 적분해주면 수면의 높이 h가 10[m]에서 0[m]까지 변하는 동안의 시간을 구할 수 있다.

$$-A_1 \left[2\sqrt{h} \right]_{h_1}^{h_2} = A_2 \sqrt{2g} \left[t \right]_{t_1}^{t_2}$$

$$-A_1 (2\sqrt{h_2} - 2\sqrt{h_1}) = A_2 \sqrt{2g}(t_2 - t_1)$$

$$-36[m^2] \times (2\sqrt{0} - 2\sqrt{10[m]}) = \frac{\pi}{4} \times (0.08[m])^2 \times \sqrt{2 \times 9.8[m/s^2]} \times (t - 0)[s]$$

$$t = \frac{36[m^2] \times 2\sqrt{10[m]}}{\frac{\pi}{4} \times (0.08[m])^2 \times \sqrt{2 \times 9.8[m/s^2]}} ≒ 10,231[s] = \frac{10,231}{60}[min] ≒ 170.517[min]$$

연 계 이 론   PHASE 20 유체유동

13 제연 TAB(Testing Adjusting Balancing)과정에서 제연설비에 대하여 [조건]을 보고 제연설비 작동 중에 거실에서 부속실로 통하는 출입문 개방에 필요한 힘[N]을 구하시오. [4점]

조건
- (가) 지하 2층, 지상 20층 공동주택
- (나) 부속실과 거실 사이의 차압: 50[Pa]
- (다) 제연설비 작동 전 거실에서 부속실로 통하는 출입문 개방에 필요한 힘: 60[N]
- (라) 출입문 높이: 2.1[m], 폭: 1.1[m]
- (마) 문의 손잡이에서 문의 모서리까지의 거리: 0.1[m]
- (바) K_d: 상수 (1.0)

정답

- 계산과정: $60 + \dfrac{1 \times 1.1 \times (1.1 \times 2.1) \times 50}{2(1.1-0.1)} = 123.525$
- 답: 123.53[N]

해설

문 개방에 필요한 힘은 다음과 같다.

$$F = F_{dc} + \dfrac{K_d W A \Delta P}{2(W-d)}$$

F: 문 개방에 필요한 힘[N], F_{dc}: 도어체크의 저항력[N], K_d: 출입문의 마찰계수, W: 문의 가로폭[m], A: 문의 면적[m²], ΔP: 내부와 외부의 압력차(차압)[Pa], d: 문 손잡이에서 문의 끝까지의 거리[m]

따라서 주어진 조건을 공식에 대입하면 문 개방에 필요한 힘 F는

$$F = 60[\text{N}] + \dfrac{1 \times 1.1[\text{m}] \times (1.1[\text{m}] \times 2.1[\text{m}]) \times 50[\text{Pa}]}{2(1.1[\text{m}] - 0.1[\text{m}])} = 123.525[\text{N}]$$

연계이론 PHASE 15 특별피난계단의 계단실 및 부속실 제연설비

2019년 4회 기출문제

01 가로 15[m], 세로 14[m], 높이 3.5[m]인 전산실에 불활성기체 소화약제 중 IG-541을 사용할 경우 [조건]을 참조하여 다음 물음에 답하시오. [6점]

조건

(가) IG-541의 소화농도는 33[%]이다.
(나) IG-541의 저장용기는 80[L]용 15.9[m³/병]을 적용한다.
(다) 소화약제량 산정 시 선형상수를 이용하도록 하며 방사 시 기준온도는 30[병]이다.

소화약제	K_1	K_2
IG-541	0.65799	0.00239

(1) IG-541의 최소 저장량[m³]은 얼마인가?
(2) IG-541의 최소 저장용기 수는 몇 병인가?
(3) 배관 구경 산정 조건에 따라 IG-541의 약제량 방사 시 주배관의 방사유량[m³/s]은 얼마 이상인가?

정답

(1) • 계산과정: $0.65799 + 0.00239 \times 20 = 0.70579$
   $0.65799 + 0.00239 \times 30 = 0.72969$
   $33 \times 1.35 = 44.55$
   $15 \times 14 \times 3.5 = 735$
   $2.303 \times \dfrac{0.70579}{0.72969} \times \log\left(\dfrac{100}{100-44.55}\right) \times 735 ≒ 419.300$
   • 답: 419.30[m³]

(2) • 계산과정: $\dfrac{419.3}{15.9} ≒ 26.37$
   • 답: 27병

(3) • 계산과정: $44.55 \times 0.95 = 42.3225$
   $2.303 \times \dfrac{0.70579}{0.72969} \times \log\left(\dfrac{100}{100-42.3225}\right) \times 735 ≒ 391.295$
   $\dfrac{391.295[\text{m}^3]}{2[\text{min}] \times 60[\text{s/min}]} ≒ 3.261[\text{m}^3/\text{s}]$
   • 답: 3.26[m³/s]

[해 설]

(1) 화재안전기준에 따른 불활성기체 소화약제의 저장량 최소기준은 다음과 같다.

$$X = 2.303 \times \frac{V_S}{S} \times \log\left(\frac{100}{100-C}\right) \times V$$

X: 소화약제의 부피[m³], V_S: 20[℃]에서 소화약제의 비체적[m³/kg],
S: 소화약제별 선형상수($K_1 + K_2 \times T$)[m³/kg], T: 방호구역의 기준온도[℃]
C: 설계농도(소화농도×안전계수)[%], V: 방호구역의 부피[m³]

20[℃]에서 소화약제의 비체적 V_S는 다음과 같다.
$$V_S = K_1 + K_2 \times 20 = 0.65799 + 0.00239 \times 20 = 0.70579[\text{m}^3/\text{kg}]$$
기준온도가 30[℃]이므로 소화약제별 선형상수 S는 다음과 같다.
$$S = K_1 + K_2 \times 30 = 0.65799 + 0.00239 \times 30 = 0.72969[\text{m}^3/\text{kg}]$$
설계농도 C는 소화농도와 안전계수의 곱이며, 전기화재인 C급 화재의 안전계수는 1.35이므로 설계농도 C는 다음과 같다.
$$C = \text{소화농도} \times \text{안전계수} = 33 \times 1.35 = 44.55[\%]$$
방호구역인 전산실의 부피(가로×세로×높이)는 다음과 같다.
$$V = 15[\text{m}] \times 14[\text{m}] \times 3.5[\text{m}] = 735[\text{m}^3]$$
따라서 소화약제 IG-541의 부피 X는
$$X = 2.303 \times \frac{0.70579[\text{m}^3/\text{kg}]}{0.72969[\text{m}^3/\text{kg}]} \times \log\left(\frac{100}{100-44.55[\%]}\right) \times 735[\text{m}^3] \fallingdotseq 419.300[\text{m}^3]$$

(2) 저장용기 1병 당 소화약제 IG-541의 충전량[m³]은 15.9[m³]이므로 전체 소화약제의 양을 저장하기 위해 전산실에 필요한 저장용기의 개수는
$$\frac{419.3[\text{m}^3]}{15.9[\text{m}^3/\text{병}]} \fallingdotseq 26.37[\text{병}] = 27[\text{병}] \text{ (절상)}$$

(3) 방호구역인 전산실에 불활성기체 소화약제를 방사하는 경우 화재안전기준에 따라 C급 화재의 경우 2분 이내에 최소설계농도의 95[%] 이상을 방출해야 한다.
설계농도 C는 44.55[%]이므로 0.95를 곱하여 구한다.
$$44.55[\%] \times 0.95 = 42.3225[\%]$$
따라서 2분 이내에 방출해야 하는 소화약제 IG-541의 부피 X는 다음과 같다.
$$X = 2.303 \times \frac{0.70579[\text{m}^3/\text{kg}]}{0.72969[\text{m}^3/\text{kg}]} \times \log\left(\frac{100}{100-42.3225[\%]}\right) \times 735[\text{m}^3] \fallingdotseq 391.295[\text{m}^3]$$
2분 이내에 391.295[m³]의 소화약제 IG-541을 방출해야 하므로 방사유량[m³/s]은
$$\frac{391.295[\text{m}^3]}{2[\text{min}] \times 60[\text{s/min}]} \fallingdotseq 3.261[\text{m}^3/\text{s}]$$

[연계이론] PHASE 09 할로겐화합물 및 불활성기체 소화설비

02 사무소 건물의 지하층에 있는 방호구역에 화재안전기준과 [조건]에 따라 전역방출방식(표면화재) 이산화탄소 소화설비를 설치하려고 한다. 다음 물음에 답하시오. [10점]

> **조건**
> (가) 소화설비는 고압식으로 한다.
> (나) 통신기기실의 크기: 가로 7[m]×세로 10[m]×높이 5[m]
>   통신기기실의 개구부 크기: 1.8[m]×3[m]×2개소(자동폐쇄장치 있음)
> (다) 전기실의 크기: 가로 10[m]×세로 10[m]×높이 5[m]
>   전기실의 개구부 크기: 1.8[m]×3[m]×2개소(자동폐쇄장치 없음)
> (라) 저장용기 1병당 충전량: 45[kg]
> (마) 소화약제의 양은 0.8[kg/m³], 개구부 가산량 5[kg/m²]을 기준으로 산출한다.

(1) 각 방호구역의 저장용기는 몇 병인가?
(2) 각 방호구역 별 선택밸브 개방 직후의 유량[kg/s]은 얼마인가?
(3) 이 설비의 집합관에 필요한 용기는 몇 병인가?
(4) 통신기기실의 분사헤드의 방사압력[MPa]은 얼마인가?
(5) 약제 저장용기의 개방밸브는 작동방식에 따라 3가지로 분류된다. 그 명칭을 쓰시오.

[정답]

(1) • 통신기기실
  − 계산과정: $7 \times 10 \times 5 = 350$
   $0.80 \times 350 = 280$
   $\dfrac{280}{45} ≒ 6.22$
  − 답: 7병
 • 전기실
  − 계산과정: $10 \times 10 \times 5 = 500$
   $0.80 \times 500 = 400$
   $400 + (5 \times 2 \times (1.8 \times 3)) = 454$
   $\dfrac{454}{45} ≒ 10.09$
  − 답: 11병

(2) • 통신기기실
  − 계산과정: $\dfrac{7 \times 45}{60} = 5.25$
  − 답: 5.25[kg/s]
 • 전기실
  − 계산과정: $\dfrac{11 \times 45}{60} = 8.25$
  − 답: 8.25[kg/s]

(3) • 답: 11병

(4) • 답: 2.1[MPa]

(5) • 전기식
 • 가스압력식
 • 기계식

해 설

(1) 표면화재이고 전역방출방식인 이산화탄소 소화약제의 저장량 최소기준은 다음과 같다.

방호구역의 체적	소화약제의 양[kg/m³]	소화약제 저장량의 최저한도[kg]
45[m³] 미만	1.00	45
45[m³] 이상 150[m³] 미만	0.90	45
150[m³] 이상 1,450[m³] 미만	0.80	135
1,450[m³] 이상	0.75	1,125

방호구역의 개구부(창문·출입구) 1[m²]마다 5[kg]을 가산한다. ← 자동폐쇄장치가 없는 경우에만 적용한다.

통신기기실의 체적(가로×세로×높이)은 다음과 같다.
$$V = 7[m] \times 10[m] \times 5[m] = 350[m^3]$$
통신기기실의 체적이 150[m³] 이상 1,450[m³] 미만이므로 소화약제의 양은 체적 1[m³] 당 0.80[kg/m³]을 적용한다.
$$소화약제의\ 양 = 0.80[kg/m^3] \times 350[m^3] = 280[kg]\ ←\ 최저한도인\ 135[kg]보다\ 큰지\ 확인한다.$$
저장용기 1병 당 소화약제의 충전량은 45[kg]이므로 전체 소화약제의 양을 저장하기 위해 필요한 저장용기의 개수는
$$\frac{280[kg]}{45[kg/병]} ≒ 6.22[병] = 7[병]\ (절상)$$

전기실의 체적(가로×세로×높이)은 다음과 같다.
$$V = 10[m] \times 10[m] \times 5[m] = 500[m^3]$$
전기실의 체적이 150[m³] 이상 1,450[m³] 미만이므로 소화약제의 양은 체적 1[m³] 당 0.80[kg/m³]을 적용한다.
$$소화약제의\ 양 = 0.80[kg/m^3] \times 500[m^3] = 400[kg]\ ←\ 최저한도인\ 135[kg]보다\ 큰지\ 확인한다.$$
개구부(창문·출입구)에 자동폐쇄장치가 없으므로 개구부 면적 1[m²] 당 5[kg/m²]을 가산한다.
$$소화약제의\ 양 = 400[kg] + (5[kg/m^2] \times 2 \times (1.8[m] \times 3[m])) = 454[kg]$$
저장용기 1병 당 소화약제의 충전량은 45[kg]이므로 전체 소화약제의 양을 저장하기 위해 필요한 저장용기의 개수는
$$\frac{454[kg]}{45[kg/병]} ≒ 10.09[병] = 11[병]\ (절상)$$

(2) 선택밸브란 가스용기에서 배출된 소화약제가 적절한 방호구역으로 운반될 수 있도록 선택적으로 배관을 개폐시키는 밸브를 말한다.

통신기기실에 이산화탄소 소화약제를 방사하는 경우 7병의 저장용기에서 일제히 소화약제가 방출되므로 방출량은 다음과 같다.
$$7[병] \times 45[kg/병] = 315[kg]$$
이산화탄소 소화설비의 소화약제 방출시간은 다음과 같다.

방출방식		기준시간
전역방출방식	표면화재	1분 이내
	심부화재	7분 이내
국소방출방식		30초 이내

따라서 통신기기실에서 선택밸브 직후의 유량[kg/s]은
$$\frac{7[병] \times 45[kg/병]}{1[min]} = \frac{315[kg]}{60[s]} = 5.25[kg/s]$$
전기실에 이산화탄소 소화약제를 방사하는 경우 11병의 저장용기에서 일제히 소화약제가 방출되므로 방출량은 다음과 같다.
$$11[병] \times 45[kg/병] = 495[kg]$$
따라서 전기실에서 선택밸브 직후의 유량[kg/s]은
$$\frac{11[병] \times 45[kg/병]}{1[min]} = \frac{495[kg]}{60[s]} = 8.25[kg/s]$$

(3) 집합관에 소요되는 저장용기의 수는 방호구역 중 가장 많이 필요한 저장용기의 수와 같다.

(4) 전역방출방식의 이산화탄소 소화설비의 분사헤드는 방출압력이 2.1[MPa](저압식은 1.05[MPa]) 이상의 것으로 한다.

(5) 이산화탄소 소화약제 저장용기의 개방밸브는 전기식·가스압력식 또는 기계식에 따라 자동으로 개방되고 수동으로도 개방되는 것으로서 안전장치가 부착된 것으로 해야 한다.

> 연계이론   **PHASE 07** 이산화탄소 소화설비

03 포 소화약제 중 수성막포의 장점과 단점을 각각 2가지씩 쓰시오. [4점]

(1) 장점

(2) 단점

> 정답

(1) 다음 4가지 중 2가지를 선택하여 작성한다.
  - 초기 소화속도가 빠르다.
  - 분말 소화약제와 함께 소화작업을 할 수 있다.
  - 장기 보존이 가능하다.
  - 포·막의 차단효과로 재연방지에 효과가 있다.

(2) 다음 3가지 중 2가지를 선택하여 작성한다.
  - 내열성이 약해 윤화(Ring Fire) 현상이 일어날 수 있다.
  - 표면장력이 작아 금속 및 페인트칠에 대한 부식성이 크다.
  - 가격이 높다.

> 연계이론   **PHASE 06** 포 소화설비

04

그림은 서로 직렬된 2개의 실 I, II의 평면도로서 A_1, A_2는 출입문이며, 각 실은 출입문 이외의 틈새가 없다고 한다. 출입문이 닫힌 상태에서 실 I을 급기 가압하여 실 I과 외부 간에 50[Pa]의 기압차를 얻기 위하여 실 I에 급기 시켜야 할 풍량[m³/s]을 구하시오. (단, 닫힌 문 A_1, A_2에 의해 공기가 유통될 수 있는 틈새의 면적은 각각 $0.02[\text{m}^2]$이며, 임의의 어느 실에 대한 급기량 $Q[\text{m}^3/\text{s}]$와 얻고자 하는 기압차 [Pa]의 관계식은 $Q = 0.827 A \times P^{\frac{1}{2}}$이다.) [5점]

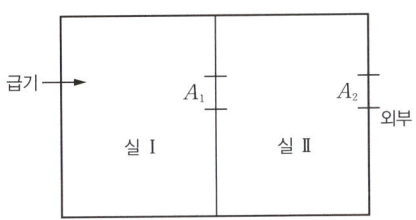

정답

- 계산과정: $0.827 \times 0.01414 \times \sqrt{50} ≒ 0.082$
- 답: $0.08[\text{m}^3/\text{s}]$

해설

틈새면적의 합은 다음의 두 가지 방법을 이용하여 계산한다.

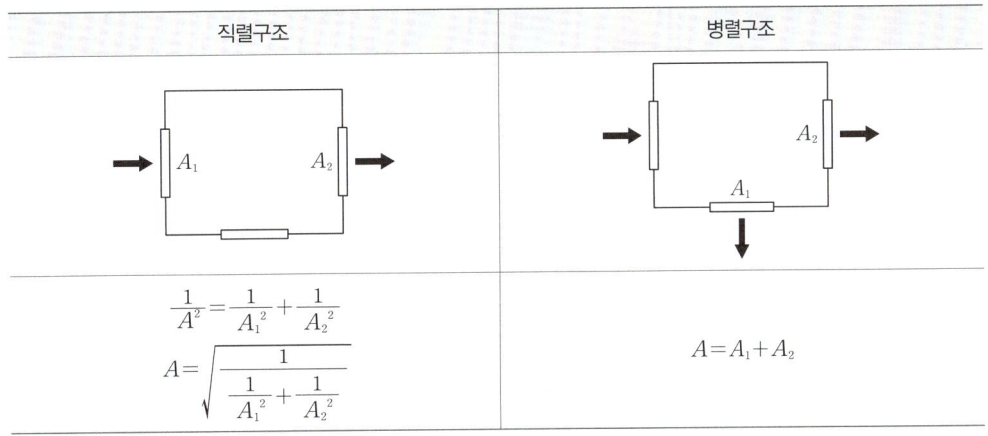

A_1, A_2는 직렬관계이다.

$$A_{1\sim 2} = \frac{1}{\sqrt{\frac{1}{(0.02[\text{m}^2])^2} + \frac{1}{(0.02[\text{m}^2])^2}}} ≒ 0.01414[\text{m}^2]$$

따라서 문의 틈새면적 A는 $0.01414[\text{m}^2]$이다.

실 I과 외부의 기압차 P는 50[Pa]이므로 유량 Q는

$$Q = 0.827 \times 0.01414[\text{m}^2] \times \sqrt{50[\text{Pa}]} ≒ 0.082[\text{m}^3/\text{s}]$$

연계이론 PHASE 15 특별피난계단의 계단실 및 부속실 제연설비

05 옥내소화전에 관한 설계 시 [조건]을 읽고 다음 물음에 답하시오. (단, 소수점 이하는 반올림하여 정수만 나타내시오.) [13점]

> **조건**
> (가) 건물규모: 3층×각 층의 바닥면적 1,200[m²]
> (나) 옥내소화전 수량: 총 12개(각 층당 4개 설치)
> (다) 소화펌프에서 최상층 소화전호스접결구까지 수직거리: 15[m]
> (라) 소방호스: φ40[mm]×15[m](고무내장)
> (마) 호스의 마찰손실수두값(호스 100[m] 당)
>
> | 구분 유량[L/min] | 호스의 호칭구경[mm] | | | | | |
> |---|---|---|---|---|---|---|
> | | 40 | | 50 | | 65 | |
> | | 아마호스 | 고무내장호스 | 아마호스 | 고무내장호스 | 아마호스 | 고무내장호스 |
> | 130 | 26[m] | 12[m] | 7[m] | 3[m] | — | — |
> | 350 | — | — | — | — | 10[m] | 4[m] |
>
> (바) 배관 및 관부속품의 마찰손실수두 합계: 30[m]
> (사) 배관 내경
>
> | 호칭구경 | 15A | 20A | 25A | 32A | 40A | 50A | 65A | 80A | 100A |
> |---|---|---|---|---|---|---|---|---|---|
> | 내경[mm] | 16.4 | 21.9 | 27.5 | 36.2 | 42.1 | 53.2 | 69 | 81 | 105.3 |
>
> (아) 펌프의 동력전달계수
>
> | 동력전달형식 | 전달계수 |
> |---|---|
> | 전동기 | 1.1 |
> | 전동기 이외의 것 | 1.2 |
>
> (자) 펌프의 구경에 따른 효율(단, 펌프의 구경은 펌프의 토출측 주배관의 구경과 같다.)
>
> | 펌프의 구경[mm] | 40 | 50~65 | 80 | 100 | 125~150 |
> |---|---|---|---|---|---|
> | 펌프의 효율 | 0.45 | 0.55 | 0.60 | 0.65 | 0.70 |

(1) 펌프의 정격유량[L/min]은 얼마인가?
(2) 펌프의 정격양정[m]은 얼마인가? (단, 흡입 양정은 무시한다.)
(3) 펌프의 토출 측 수직배관의 최소 관경은 얼마인가?
(4) 펌프를 디젤엔진으로 구동 시 디젤엔진의 동력[kW]은 얼마인가?
(5) 펌프의 성능시험에 관한 설명이다. 다음 (   ) 안에 알맞은 답을 쓰시오.

> 펌프의 성능은 체절운전 시 정격토출압력의 (①)[%]를 초과하지 아니하고, 유량측정장치는 성능시험배관의 직관부에 설치하되, 펌프의 정격토출량의 (②)[%] 이상 측정할 수 있는 성능이 있어야 한다.

(6) 만일 펌프로부터 제일 먼 옥내소화전 노즐과 가장 가까운 곳의 옥내소화전 노즐의 방수압력 차이가 0.4[MPa]이며 펌프로부터 제일 먼 거리에 있는 옥내소화전 노즐의 방수압력이 0.17[MPa], 방수유량이 130[L/min]인 경우 가장 가까운 소화전의 방수유량[L/min]은 얼마인가?
(7) 옥상에 저장하여야 할 소화용수량[m³]은 얼마인가?

정 답

(1) • 계산과정: $2 \times 130 = 260$
  • 답: 260[L/min]

(2) • 계산과정: $15 \times \dfrac{12}{100} = 1.8$
  $15 + 1.8 + 30 + 17 = 63.8$
  • 답: 64[m]

(3) • 계산과정: $\sqrt{\dfrac{4 \times \dfrac{0.26}{60}}{\pi \times 4}} \fallingdotseq 0.0371[\text{m}] = 37.1[\text{mm}]$
  • 답: 50A

(4) • 계산과정: $260[\text{L/min}] = \dfrac{0.26}{60}[\text{m}^3/\text{s}]$
  $\dfrac{9.8 \times \dfrac{0.26}{60} \times 64}{0.55} \times 1.2 \fallingdotseq 5.929$
  • 답: 6[kW]

(5) ① 140
  ② 175

(6) • 계산과정: $\dfrac{130}{\sqrt{10 \times 0.17}} = 99.7$
  $0.4 + 0.17 = 0.57$
  $99.7 \times \sqrt{10 \times 0.57} \fallingdotseq 238.030$
  • 답: 238[L/min]

(7) • 계산과정: $2 \times 2.6 \times \dfrac{1}{3} \fallingdotseq 1.733$
  • 답: 2[m³]

해 설

(1) 화재안전기준에 따라 옥내소화전설비에서 가압송수장치(펌프)는 특정소방대상물의 어느 층에서 해당 층의 옥내소화전을 동시에 사용할 경우(최대 2개, 30층 이상인 경우 최대 5개) 각 소화전의 노즐 선단에서의 방수량은 130[L/min] 이상으로 한다.

정격토출량 = 2[개] × 130[L/min] = 260[L/min]

(2) 화재안전기준에 따라 옥내소화전설비에 설치된 가압송수장치(펌프)의 전양정은 다음과 같다.

$$H = h_1 + h_2 + h_3 + 17$$

H: 전양정[m], h_1: 실양정(흡입양정+토출양정)[m], h_2: 호스의 마찰손실수두[m], h_3: 배관 및 관부속의 마찰손실수두[m], 17: 노즐선단에서의 방사압력수두[m]

펌프의 후드밸브로부터 최고위 옥내소화전 앵글밸브까지의 수직거리인 실양정 h_1는 15[m]이다.

$h_1 = 15[m]$

소방호스의 길이가 15[m]이고, 호스 100[m] 당 12[m]의 마찰손실이 발생하므로 호스의 마찰손실수두 h_2는 다음과 같다.

$$h_2 = 15[m] \times \frac{12}{100} = 1.8[m]$$

배관 및 관부속의 마찰손실수두 h_3는 30[m]이다.

$h_3 = 30[m]$

따라서 옥내소화전설비 펌프의 전양정 H는

$H = h_1 + h_2 + h_3 + 17 = 15[m] + 1.8[m] + 30[m] + 17 = 63.8[m]$

(3) 펌프의 토출 측 배관은 다음의 기준에 따라 설치한다.
- 펌프의 토출 측 주배관의 구경은 유속이 4[m/s] 이하가 될 수 있는 크기 이상으로 한다.
- 옥내소화전방수구와 연결되는 가지배관의 구경은 40[mm] 이상으로 한다.
- 주배관 중 수직배관의 구경은 50[mm] 이상으로 한다.

부피유량 공식 $Q = Au$에 의해 유량 Q와 유속 u를 알면 배관의 직경 D를 다음과 같이 구할 수 있다.

$$D = \sqrt{\frac{4Q}{\pi u}}$$

D: 배관의 직경[m], Q: 유량[m³/s], u: 유속[m/s]

정격토출량 260[L/min]의 단위를 변환해주면 $\frac{0.26}{60}$[m³/s]이 되고, 유속 4[m/s]와 함께 공식에 대입해주면 배관의 직경 D는 다음과 같다.

$$D = \sqrt{\frac{4 \times \frac{0.26}{60}[m^3/s]}{\pi \times 4[m/s]}} \fallingdotseq 0.0371[m] = 37.1[mm]$$

유속 4[m/s] 이하인 조건을 만족시키는 배관의 직경은 37.1[mm] 이상이며, 수직 배관이므로 50[mm] 이상이어야 한다.

따라서 내경 50[mm]를 만족하는 호칭구경은 50A이다.

(4) 펌프의 동력은 다음의 식을 통해 구할 수 있다.

$$P = \frac{\gamma Q H}{\eta} K$$

P: 펌프의 동력[kW], γ: 유체의 비중량[kN/m³], Q: 유량[m³/s], H: 전양정[m], η: 효율, K: 전달계수

펌프의 토출량은 260[L/min]이고, 단위를 변환하면 $\frac{0.26}{60}$[m³/s]이다.
펌프의 토출 측 배관의 구경은 50A이므로 펌프의 효율은 0.55이다.
펌프는 디젤엔진으로 구동하므로 전달계수는 1.2이다.
따라서 주어진 조건을 공식에 대입하면 펌프의 동력 P는

$$P = \frac{9.8[\text{kN/m}^3] \times \frac{0.26}{60}[\text{m}^3/\text{s}] \times 64[\text{m}]}{0.55} \times 1.2 \fallingdotseq 5.929[\text{kW}]$$

(5) 펌프의 성능은 체절운전 시 정격토출압력의 140[%]를 초과하지 않고, 정격토출량의 150[%]로 운전 시 정격토출압력의 65[%] 이상이 되어야 한다.
유량측정장치는 펌프 정격토출량의 175[%] 이상까지 측정할 수 있는 성능이 있어야 한다.

(6) 방수구에서 압력 P와 유량 Q는 다음과 같은 관계를 갖는다.

$$Q = K\sqrt{10P}$$

Q: 방수량[L/min], K: 방출계수, P: 방수압[MPa]

방수량 Q가 130[L/min]이고, 방수압 P가 0.17[MPa]일 때 방출계수 K는 다음과 같다.

$$K = \frac{Q}{\sqrt{10P}} = \frac{130[\text{L/min}]}{\sqrt{10 \times 0.17[\text{MPa}]}} = 99.7$$

가장 가까운 소화전의 방수압 P는 다음과 같다.
$P = 0.4[\text{MPa}] + 0.17[\text{MPa}] = 0.57[\text{MPa}]$
따라서 주어진 조건을 공식에 대입하면 가장 가까운 소화전의 방수량 Q는
$Q = 99.7 \times \sqrt{10 \times 0.57[\text{MPa}]} \fallingdotseq 238.030[\text{L/min}]$

(7) 화재안전기준에 따라 옥내소화전설비에서 수원의 저수량은 옥내소화전의 설치개수가 가장 많은 층의 설치개수에 기준량을 곱한 양 이상이 되도록 한다.

층수	최대 설치개수	기준량
~29층	2개	2.6[m³] (130[L/min]×20[min])
30층~49층	5개	5.2[m³] (130[L/min]×40[min])
50층~	5개	7.8[m³] (130[L/min]×60[min])

기준에 따라 계산한 유효수량 외에 유효수량의 $\frac{1}{3}$ 이상을 옥상에 설치한다.
따라서 옥상수조에 보유해야 하는 최소 유효저수량[m³]은

$$Q = 2[\text{개}] \times 2.6[\text{m}^3] \times \frac{1}{3} \fallingdotseq 1.733[\text{m}^3]$$

─ 연계이론 ─ **PHASE 02 옥내소화전설비**

06 할론 소화설비에 관한 다음 각 물음에 답하시오. [10점]

(1) 할론 소화약제의 구성원소 4가지를 기호로 쓰시오.
(2) 할론 소화약제 중 상온에서 기체이며 염소계통의 유독가스를 발생하지 않는 약제는 어떤 약제인지 그 종류를 쓰시오.
(3) 가압용 가스용기는 질소가스가 충전된 것으로 하고, 그 압력은 21[℃]에서 몇 [MPa] 또는 몇 [MPa]이 되어야 하는지 쓰시오.
(4) 가압식 저장용기에는 몇 [MPa] 이하의 압력으로 조정할 수 있는 압력조정장치를 설치하여야 하는지 쓰시오.
(5) 하나의 구역을 담당하는 소화약제 저장용기의 소화약제량의 체적 합계보다 그 소화약제 방출 시 방출경로가 되는 배관(집합관 포함)의 내용적이 몇 배 이상일 경우 해당 방호구역에 대한 설비를 별도독립방식으로 하여야 하는지 쓰시오.

정답

(1) F, Cl, Br, I

(2) 할론 1301

(3) 2.5[MPa] 또는 4.2[MPa]

(4) 2.0[MPa]

(5) 1.5배

해설

(2) 할론 104, 할론 2402는 상온에서 액체이며, 할론 1211은 염소를 포함한다.
(3) 가압용 가스용기는 질소가스가 충전된 것으로 하고, 그 압력은 21[℃]에서 2.5[MPa] 또는 4.2[MPa]이 되도록 한다.
(4) 가압식 저장용기에는 2.0[MPa] 이하의 압력으로 조정할 수 있는 압력조정장치를 설치한다.
(5) 하나의 방호구역을 담당하는 소화약제 저장용기의 소화약제량의 체적합계보다 그 소화약제 방출 시 방출경로가 되는 배관(집합관 포함)의 내용적의 비율이 1.5배 이상일 경우에는 해당 방호구역에 대한 설비는 별도 독립방식으로 해야 한다.

연계이론

PHASE 08 할론 소화설비

07 제연설비 제연구획 ①실, ②실의 소요풍량 합계[m³/min]와 축동력[kW]을 각각 구하시오. (단, 이때 송풍기의 전압은 100[mmAq], 전압효율은 50[%]이다.) [4점]

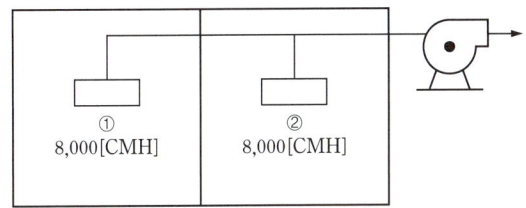

(1) 소요풍량 합계[m³/min]

(2) 축동력[kW]

정답

(1) • 계산과정: $8{,}000 + 8{,}000 = 16{,}000$

$$\frac{16{,}000[\text{m}^3/\text{h}]}{60[\text{min/h}]} \fallingdotseq 266.667[\text{m}^3/\text{min}]$$

• 답: $266.67[\text{m}^3/\text{min}]$

(2) • 계산과정: $100[\text{mmAq}] \times \dfrac{101.325[\text{kPa}]}{10{,}332[\text{mmAq}]} \fallingdotseq 0.9807[\text{kPa}]$

$$16{,}000[\text{m}^3/\text{h}] = \frac{16{,}000}{3{,}600}[\text{m}^3/\text{s}]$$

$$\frac{0.9807 \times \dfrac{16{,}000}{3{,}600}}{0.5} \fallingdotseq 8.717$$

• 답: $8.72[\text{kW}]$

해설

(1) 공동예상제연구역 안에 설치된 예상제연구역이 각각 벽으로 구획된 경우에는 각 예상제연구역의 배출량을 합한 것 이상으로 한다.

$8{,}000[\text{m}^3/\text{h}] + 8{,}000[\text{m}^3/\text{h}] = 16{,}000[\text{m}^3/\text{h}]$ ← [CMH]는 Cubic meter per hour의 약자로 1시간 당 m³을 의미한다.

$$\frac{16{,}000[\text{m}^3/\text{h}]}{60[\text{min/h}]} \fallingdotseq 266.667[\text{m}^3/\text{min}]$$

(2) 송풍기의 축동력은 다음의 식을 통해 구할 수 있다.

$$P = \frac{P_T Q}{\eta}$$

P: 송풍기의 축동력[kW], P_T: 전압(풍압)[kPa], Q: 풍량[m³/s], η: 효율

전압은 송풍기의 흡입구와 배출구의 압력 차이를 의미하며 100[mmAq]이므로 단위를 변환하면 다음과 같다.

$$100[\text{mmAq}] \times \frac{101.325[\text{kPa}]}{10{,}332[\text{mmAq}]} \fallingdotseq 0.9807[\text{kPa}]$$

배출량이 $16{,}000[\text{m}^3/\text{h}]$이므로 단위를 변환하면 $\dfrac{16{,}000}{3{,}600}[\text{m}^3/\text{s}]$이다.

따라서 주어진 조건을 공식에 대입하면 송풍기의 축동력 P는

$$P = \frac{0.9807[\text{kPa}] \times \dfrac{16{,}000}{3{,}600}[\text{m}^3/\text{s}]}{0.5} \fallingdotseq 8.717[\text{kW}]$$ ← 축동력을 구할 때는 여유율을 고려하지 않는다.

연계이론 PHASE 14 제연설비

08

1층 바닥면적이 7,500[m²]이고 전체 5층인 건물의 총 바닥면적의 합계가 30,000[m²]인 건축물에 소화용수설비가 설치되어 있다. 다음 물음에 답하시오. (단, 2층5층의 바닥면적은 모두 같다.) [8점]

(1) 소화용수의 저수량[m³]은 얼마인가?
(2) 흡수관 투입구의 수는 몇 개 이상으로 하여야 하는가?
(3) 설치하여야 하는 채수구는 몇 개인가?
(4) 가압송수장치의 1분당 양수량[L]은 얼마 이상으로 하여야 하는가? (단, 저수조의 지면으로부터의 깊이는 4.5[m] 이상이다.)

정답

(1) • 계산과정: $30,000 - 7,500 = 22,500$

$$\frac{22,500}{4} = 5,625$$

$$\frac{30,000}{12,500} = 2.4$$

$$3 \times 20 = 60$$

• 답: 60[m³]

(2) • 답: 1개 이상

(3) • 답: 2개

(4) • 답: 2,200[L/min] 이상

해설

(1) 저수량은 소방대상물의 연면적을 다음의 표에 따른 기준면적으로 나누어 얻은 수(소수점 이하 절상)에 20[m³]을 곱한 양 이상으로 한다.

소방대상물의 구분	기준면적[m²]
1층 및 2층의 바닥면적 합계가 15,000[m²] 이상인 소방대상물	7,500
그 밖의 소방대상물	12,500

1층 바닥면적이 7,500[m²]이고 2층~5층의 바닥면적은 모두 같으므로 각 층의 바닥면적은 다음과 같다.

$$30,000[m^2] - 7,500[m^2] = 22,500[m^2]$$

$$\frac{22,500[m^2]}{4} = 5,625[m^2]$$

1층과 2층의 바닥면적 합계가 15,000[m²] 미만이므로 기준면적은 12,500[m²]이다.
따라서 저수량은

$$\frac{30,000[m^2]}{12,500[m^2]} = 2.4 = 3 \,(절상)$$

$$3 \times 20[m^3] = 60[m^3]$$

(2) 흡수관 투입구는 다음의 표에 따른 소요수량에 따라 설치한다.

소요수량[m³]	흡수관 투입구의 수
80 미만	1개 이상
80 이상	2개 이상

저수량이 60[m³]이므로 흡수관 투입구를 통한 소요수량도 60[m³]이고, 흡수관 투입구는 1개 이상 설치해야 한다.

(3) 채수구는 다음의 표에 따른 소요수량에 따라 설치한다.

소요수량[m³]	채수구의 수
20 이상 40 미만	1
40 이상 100 미만	2
100 이상	3

저수량이 60[m³]이므로 채수구를 통한 소요수량도 60[m³]이고, 채수구는 2개 설치해야 한다.

(4) 가압송수장치의 1분 당 양수량은 다음의 표에 따른 소요수량에 따라 설치한다.
← 저수량을 지표면으로부터 4.5[m] 이하인 지하에서 확보할 수 있는 경우 가압송수장치를 설치하지 않을 수 있다.

소요수량[m³]	가압송수장치의 1분 당 양수량[L/min]
20 이상 40 미만	1,100 이상
40 이상 100 미만	2,200 이상
100 이상	3,300 이상

저수량이 60[m³]이므로 가압송수장치를 통한 소요수량도 60[m³]이고, 1분 당 양수량은 2,200[L/min] 이상으로 한다.

연계이론 **PHASE 13** 소화수조 및 저수조

09

식용유 및 지방질유 화재에는 분말 소화약제 중 중탄산나트륨 분말 약제가 효과가 있다고 한다. 이때 비누화 현상과 효과에 대하여 설명하시오. [5점]

정답

제1종 분말 소화약제인 탄산수소나트륨($NaHCO_3$)을 지방 또는 기름(식용유) 화재에 사용할 때 기름의 지방산과 탄산수소나트륨($NaHCO_3$)의 나트륨 이온(Na^+)이 비누로 되면서 연료물질인 기름을 포위하거나 연소생성물에서 발생하는 가스에 의해 폼(Foam)을 형성하기도 하여 소화작용을 돕게 되는 데 이를 분말 소화약제의 비누화 현상이라 한다.

연계이론 **PHASE 10** 분말 소화설비

10 어떤 소방대상물에 옥외소화전 5개를 화재안전기준과 [조건]에 따라 설치하려고 한다. 다음 물음에 답하시오. [6점]

> **조건**
> (가) 옥외소화전은 지상용 A형을 사용한다.
> (나) 펌프에서 첫째 옥외소화전까지의 직관 길이는 150[m], 관의 내경은 100[mm]이다.
> (다) 모든 규격치는 최소량을 적용한다.

(1) 수원의 최소 유효저수량[m³]은 얼마인가?
(2) 펌프의 최소유량[m³/min]은 얼마인가?
(3) 직관 부분에서의 마찰손실수두[m]는 얼마인가? (단, Darcy Weisbach의 식을 사용하고 마찰손실계수는 0.02이다.)

정답

(1) • 계산과정: $2 \times 7 = 14$
  • 답: 14[m³]

(2) • 계산과정: $2 \times 350 = 700[\text{L/min}] = 0.7[\text{m}^3/\text{min}]$
  • 답: 0.7[m³/min]

(3) • 계산과정: $0.7[\text{m}^3/\text{min}] = \dfrac{0.7}{60}[\text{m}^3/\text{s}]$

$$\dfrac{4 \times \dfrac{0.7}{60}}{\pi \times 0.1^2} \fallingdotseq 1.485$$

$$\dfrac{0.02 \times 150 \times 1.485^2}{2 \times 9.8 \times 0.1} \fallingdotseq 3.375$$

  • 답: 3.38[m]

해설

(1) 화재안전기준에 따라 **옥외소화전설비**에서 수원의 저수량은 옥외소화전의 설치개수(최대 2개)에 7[m³]를 곱한 양 이상이 되도록 한다.
  2[개] × 7[m³] = 14[m³]

(2) 화재안전기준에 따라 **옥외소화전설비**에서 가압송수장치(펌프)는 특정소방대상물에 설치된 옥외소화전을 동시에 사용할 경우(최대 2개) 각 소화전의 노즐선단에서의 방수량은 350[L/min] 이상으로 한다.
  2[개] × 350[L/min] = 700[L/min] = 0.7[m³/min]

(3) 일정한 양의 비압축성 유체가 일정한 속도로 흐를 때 배관에서의 마찰손실은 달시-바이스바하 방정식으로 구할 수 있다.

$$H = \dfrac{\Delta P}{\gamma} = \dfrac{flu^2}{2gD}$$

H: 마찰손실수두[m], ΔP: 압력 차이[kPa], γ: 비중량[kN/m³], f: 마찰손실계수, l: 배관의 길이, u: 유속[m/s], g: 중력가속도[m/s²], D: 배관의 직경[m]

부피유량 공식 $Q = Au$에 의해 유량 Q와 배관의 직경 D를 알면 유속 u는 다음과 같이 구할 수 있다.

$$Q = \dfrac{\pi}{4}D^2 u, \quad u = \dfrac{4Q}{\pi D^2}$$

u: 유속[m/s], Q: 유량[m³/s], A: 배관의 단면적[m²], D: 배관의 직경[m]

유량이 0.7[m³/min]이므로 단위를 변환하면 $\dfrac{0.7}{60}$[m³/s]이다.

따라서 주어진 조건을 공식에 대입하면 유속 u는

$$u = \frac{4 \times \frac{0.7}{60}[\text{m}^3/\text{s}]}{\pi \times (0.1[\text{m}])^2} \fallingdotseq 1.485[\text{m/s}]$$

따라서 주어진 조건을 대입하면 마찰손실수두 H는

$$H = \frac{0.02 \times 150[\text{m}] \times (1.485[\text{m/s}])^2}{2 \times 9.8[\text{m/s}^2] \times 0.1[\text{m}]} \fallingdotseq 3.375[\text{m}]$$

PHASE 03 옥외소화전설비

11

가로 19[m], 세로 9[m]인 무대부에 정방형으로 스프링클러 헤드를 설치하려고 할 때 필요한 최소 헤드의 수는 몇 개인지 구하시오. [4점]

정답

- 계산과정: $2 \times 1.7 \times \cos 45° \fallingdotseq 2.404$

  $\dfrac{19}{2.404} \fallingdotseq 7.90$

  $\dfrac{9}{2.404} \fallingdotseq 3.74$

  $8 \times 4 = 32$

- 답: 32개

해설

스프링클러설비의 헤드는 천장·반자·천장과 반자 사이·덕트·선반 등의 각 부분으로부터 하나의 헤드까지 수평거리를 다음의 기준에 따라 설치한다.

소방대상물	수평거리[m]
무대부 · 특수가연물을 저장 또는 취급하는 장소	1.7
비내화구조 특정소방대상물	2.1
내화구조 특정소방대상물	2.3
아파트 세대 내	2.6

헤드를 정방형으로 배치한 경우 다음의 식에 따라 산정한 수치 이하가 되도록 한다.

$$S = 2 \times r \times \cos 45°$$

S: 헤드 상호 간의 거리[m], r: 유효반경

헤드 간 최대 거리는 다음과 같다.

$S = 2 \times 1.7[\text{m}] \times \cos 45° \fallingdotseq 2.404[\text{m}]$

방호대상물의 길이가 가로 19[m], 세로 9[m]이므로 방향별 배치해야 하는 헤드의 최소 개수는 다음과 같다.

$\dfrac{19[\text{m}]}{2.404[\text{m}]} \fallingdotseq 7.90[\text{개}] = 8[\text{개}]$ (절상)

$\dfrac{9[\text{m}]}{2.404[\text{m}]} \fallingdotseq 3.74[\text{개}] = 4[\text{개}]$ (절상)

PHASE 04 스프링클러설비

12 연결송수관설비에 가압송수장치가 높이 120[m]의 건물에 설치되어 있다. 다음 물음에 답하시오. [6점]

(1) 가압송수장치의 설치 기준을 간단히 설명하시오.
(2) 가압송수장치 펌프의 토출량[m³/min]은 얼마 이상이어야 하는가? (단, 계단식 아파트가 아니고, 해당 층에 설치된 방수구가 3개 이하이다.)
(3) 최상층 노즐 선단의 방수압력[MPa]은 얼마 이상이어야 하는가?

정 답

(1) 최상층 방수구의 높이가 70[m] 이상인 특정소방대상물
(2) 2.4[m³/min]
(3) 0.35[MPa]

해 설

(1) 지표면에서 최상층 방수구의 높이가 70[m] 이상의 특정소방대상물에는 연결송수관설비의 가압송수장치를 설치한다.
(2) 펌프의 토출량은 2,400[L/min](계단식 아파트의 경우에는 1,200[L/min]) 이상이 되는 것으로 한다. 다만, 해당 층에 설치된 방수구가 3개를 초과(최대 5개)하는 것에 있어서는 1개마다 800[L/min](계단식 아파트의 경우에는 400[L/min])를 가산한 양이 되는 것으로 한다.
(3) 펌프의 양정은 최상층에 설치된 노즐선단의 압력이 0.35[MPa] 이상의 압력이 되도록 한다.

연 계 이 론   PHASE 16 연결송수관설비

13 이산화탄소 소화설비의 분사헤드를 설치하지 않아도 되는 장소이다. 다음 (   ) 안에 알맞은 답을 쓰시오. [2점]

- 방재실·제어실 등 사람이 상시 근무하는 장소
- 니트로셀룰로스·셀룰로이드 제품 등 (①   )을 저장·취급하는 장소
- 나트륨·칼륨·칼슘 등 (②   )을 저장·취급하는 장소
- 전시장 등의 관람을 위하여 다수인이 출입·통행하는 통로 및 전시실 등

정답
① 자기 연소성 물질
② 활성 금속 물질

해설
이산화탄소 소화설비의 분사헤드는 다음의 장소에 설치해서는 안된다.
- 방재실, 제어실 등 사람이 상시 근무하는 장소
- 니트로셀룰로스, 셀룰로이드제품 등 자기 연소성 물질을 저장·취급하는 장소
- 나트륨, 칼륨, 칼슘 등 활성 금속 물질을 저장·취급하는 장소
- 전시장 등의 관람을 위하여 다수인이 출입 통행하는 통로 및 전시실 등

연계이론 PHASE 07 이산화탄소 소화설비

14 스프링클러설비의 수원은 유효수량 외에 유효수량의 $\frac{1}{3}$을 옥상에 설치하여야 하는데 설치하지 않아도 되는 경우 4가지를 쓰시오. [4점]

정답
다음 6가지 중 4가지를 선택하여 작성한다.
- 지하층만 있는 건축물
- 자연낙차압력을 이용한 고가수조를 가압송수장치로 설치한 경우
- 수원을 건축물의 최상층에 설치된 방수구보다 높은 위치에 설치한 경우
- 건축물의 높이가 지표면으로부터 10[m] 이하인 경우
- 주펌프와 동등 이상의 성능이 있는 별도의 펌프를 내연기관의 기동과 연동하여 작동하거나 비상전원을 연결하여 설치한 경우
- 가압수조를 가압송수장치로 설치한 경우

연계이론 PHASE 04 스프링클러설비

15 소방 배관을 통해 50톤의 소화수를 1시간 30분 동안 방수하려고 한다. 관 마찰계수가 0.03, 배관의 길이가 350[m], 관 안지름이 155[mm]일 때 다음을 구하시오. [4점]

(1) 소화수의 유속[m/s]을 구하시오.

(2) 배관의 압력 차이[kPa]를 구하시오. (단, 달시-바이스바하 방정식을 사용한다.)

정답

(1) • 계산과정: $\dfrac{50[m^3]}{1.5[h] \times 3,600[s/h]} = \dfrac{50[m^3]}{5,400[s]}$

$\dfrac{4 \times \dfrac{50}{5,400}}{\pi \times 0.155^2} \fallingdotseq 0.491$

• 답: 0.49[m/s]

(2) • 계산과정: $9.8 \times \dfrac{0.03 \times 350 \times 0.49^2}{2 \times 9.8 \times 0.155} \fallingdotseq 8.132$

• 답: 8.13[kPa]

해설

(1) 50톤의 소화수를 1시간 30분 동안 방수하므로 유량은 다음과 같다.

$\dfrac{50[m^3]}{1.5[h] \times 3,600[s/h]} = \dfrac{50[m^3]}{5,400[s]}$ ← 물 1[L]는 1[kg]이고, 1[m³]은 1[ton]이다.

부피유량 공식 $Q = Au$에 의해 유량 Q와 배관의 직경 D를 알면 유속 u는 다음과 같이 구할 수 있다.

$$u = \dfrac{Q}{A} = \dfrac{Q}{\dfrac{\pi}{4}D^2} = \dfrac{4Q}{\pi D^2}$$

u: 유속[m/s], Q: 유량[m³/s], A: 배관의 단면적[m²], D: 배관의 직경[m]

따라서 주어진 조건을 공식에 대입하면 유속 u는

$$u = \dfrac{4 \times \dfrac{50}{5,400}[m^3/s]}{\pi \times (0.155[m])^2} \fallingdotseq 0.491[m/s]$$

(2) 일정한 양의 비압축성 유체가 일정한 속도로 흐를 때 배관에서의 마찰손실은 달시-바이스바하 방정식으로 구할 수 있다.

$$H = \dfrac{\Delta P}{\gamma} = \dfrac{flu^2}{2gD}$$

H: 마찰손실수두[m], ΔP: 압력 차이[kPa], γ: 비중량[kN/m³], f: 마찰손실계수, l: 배관의 길이, u: 유속[m/s], g: 중력가속도[m/s²], D: 배관의 직경[m]

따라서 주어진 조건을 대입하면 압력 차이 ΔP는

$$\Delta P = \gamma \dfrac{flu^2}{2gD} = 9.8[kN/m^3] \times \dfrac{0.03 \times 350[m] \times (0.49[m/s])^2}{2 \times 9.8[m/s^2] \times 0.155[m]} \fallingdotseq 8.132[kPa]$$

연계이론 PHASE 22 배관의 마찰손실

16 발전기실에 할로겐화합물 및 불활성기체 소화설비를 설치하고자 한다. 국가화재안전기준을 참고하여 다음 물음에 답하시오. [9점]

(1) (   ) 안을 완성하시오.

> - (①)란 불소, 염소, 브롬 또는 요오드 중 하나 이상의 원소를 포함하고 있는 유기화합물을 기본성분으로 하는 소화약제를 말한다.
> - (②)란 헬륨, 네온, 아르곤 또는 질소가스 중 하나 이상의 원소를 기본성분으로 하는 소화약제를 말한다.

(2) 설계농도가 42.9[%]인 할로겐화합물 소화약제의 소화농도[%]를 구하시오.

(3) 할로겐화합물 및 불활성기체 소화설비의 설치 제외장소 2가지를 쓰시오.

(4) 할로겐화합물 및 불활성기체 소화약제 저장용기의 재충전 및 교체 기준에 대한 설명이다. 다음 (   ) 안에 알맞은 내용을 쓰시오.

> 할로겐화합물 및 불활성기체 소화약제 저장용기의 (④)을(를) 초과하거나 (⑤)을(를) 초과할 경우에는 재충전하거나 저장용기를 교체하여야 한다. 다만, 불활성기체 소화약제 저장용기의 경우에는 (⑥)을(를) 초과할 경우 재충전하거나 저장용기를 교체하여야 한다.

정 답

(1) ① 할로겐화합물 소화약제
② 불활성기체 소화약제

(2) • 계산과정: $\dfrac{42.9}{1.35} ≒ 31.778$

• 답: 31.78[%]

(3) • 사람이 상주하는 곳으로서 최대허용 설계농도를 초과하는 장소
• 제3류 위험물 및 제5류 위험물을 저장·보관·사용하는 장소

(4) ④ 약제량 손실이 5[%]
⑤ 압력 손실이 10[%]
⑥ 압력 손실이 5[%]

해 설

(1) • "할로겐화합물 및 불활성기체 소화약제"란 할로겐화합물(할론 1301, 할론 2402, 할론 1211 제외) 및 불활성기체로서 전기적으로 비전도성이며 휘발성이 있거나 증발 후 잔여물을 남기지 않는 소화약제를 말한다.
• "할로겐화합물 소화약제"란 불소, 염소, 브롬 또는 요오드 중 하나 이상의 원소를 포함하고 있는 유기화합물을 기본성분으로 하는 소화약제를 말한다.
• "불활성기체 소화약제"란 헬륨, 네온, 아르곤 또는 질소가스 중 하나 이상의 원소를 기본성분으로 하는 소화약제를 말한다.

(2) 설계농도 C는 소화농도와 안전계수의 곱이며, 전기화재인 C급 화재의 안전계수는 1.35이므로 소화농도는 다음과 같다.

$$42.9[\%] = 소화농도 \times 1.35$$

$$소화농도 = \dfrac{42.9[\%]}{1.35} ≒ 31.778[\%]$$

(4) 저장용기의 약제량 손실이 5[%]를 초과하거나 압력 손실이 10[%]를 초과할 경우에는 재충전하거나 저장용기를 교체할 것. 다만, 불활성기체 소화약제 저장용기의 경우에는 압력 손실이 5[%]를 초과할 경우 재충전하거나 저장용기를 교체해야 한다.

연계이론 PHASE 09 할로겐화합물 및 불활성기체 소화설비

2018년 1회 기출문제

01 실의 크기가 가로 20[m]×세로 15[m]×높이 5[m]인 공간에서 커다란 화염의 화재가 발생하여 t초 시간이 지난 후의 청결층 높이 y[m]의 값이 1.8[m]가 되었다. [조건]을 이용하여 다음 물음에 답하시오.

[5점]

조건

(가)
$$Q = \frac{A(H-y)}{t}$$

Q: 연기의 발생량[m³/min], A: 바닥면적[m²], H: 층고[m], t: 시간[min]

위 식에서 시간 t[s]는 다음의 Hinkley식을 만족한다.

$$t = \frac{20A}{P_f \times \sqrt{g}} \times \left(\frac{1}{\sqrt{y}} - \frac{1}{\sqrt{H}}\right)$$

(단, g는 중력가속도 (9.81[m/s²])이고, P_f는 화재경계의 길이로서 큰 화염의 경우 12[m], 중간화염의 경우 6[m], 작은 화염의 경우 4[m]를 적용한다.)

(나) 연기 생성률 M은 다음과 같다.

$$M = 0.188 P_f \times y^{\frac{3}{2}}$$

(1) 청결층의 높이가 유지되기 위하여 상부의 배연구로부터 배출해야 하는 배출량[m³/min]은 얼마인가?
(2) 연기의 생성률[kg/s]은 얼마인가?

정답

(1) • 계산과정: $\dfrac{20 \times 15 \times (5-1.8)}{\dfrac{20 \times 20 \times 15}{12 \times \sqrt{9.81}} \times \left(\dfrac{1}{\sqrt{1.8}} - \dfrac{1}{\sqrt{5}}\right)} ≒ 20.1703[\text{m}^3/\text{s}]$

$20.1703 \times 60 = 1,210.218[\text{m}^3/\text{min}]$

• 답: 1,210.22[m³/min]

(2) • 계산과정: $0.188 \times 12 \times 1.8^{\frac{3}{2}} ≒ 5.448$
• 답: 5.45[kg/s]

02

그림과 같이 스프링클러설비의 가압송수장치를 고가수조방식으로 설치할 경우 다음 물음에 답하시오. (단, 중력가속도는 $9.8[m/s^2]$이다.) [6점]

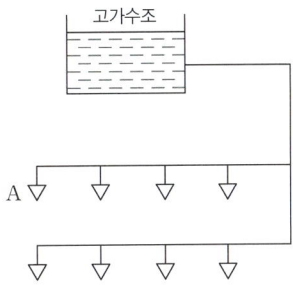

(1) 고가수조에서 최상부층 말단 스프링클러 헤드 A까지의 낙차가 15[m]이고, 배관의 마찰손실압력이 0.04[MPa]일 때 최상층 말단 스프링클러 헤드 선단에서의 방수압력[MPa]은 얼마인가?

(2) (1)에서 A헤드 선단에서의 방수압력을 0.12[MPa] 이상으로 나오게 하려면 현재 위치에 고가수조를 몇 [m] 더 높여야 하는가? (단, 배관의 마찰손실압력은 0.04[MPa]이다.)

정답

(1) • 계산과정: $15 \times 9.8 \times \dfrac{1[MPa]}{1,000[kPa]} = 0.04 + P_2$

$P_2 = 0.107$

• 답: 0.11[MPa]

(2) • 계산과정: $0.04 + 0.12 = 0.16$

$\dfrac{0.16[MPa]}{9.8[kN/m^3]} \times \dfrac{1,000[kPa]}{1[MPa]} ≒ 16.327[m]$

$16.327[m] - 15[m] = 1.327[m]$

• 답: 1.33[m]

해설

(1) 화재안전기준에 따라 스프링클러설비에 설치된 가압송수장치(고가수조)의 낙차압은 다음과 같다.

$$P = P_1 + P_2$$

P: 낙차압[MPa], P_1: 배관 및 관부속의 마찰손실압[MPa], P_2: 헤드선단에서의 방사압력[MPa]

압력[kPa]과 수두[m]의 관계식은 다음과 같다.

$$H = \dfrac{P}{\gamma}$$

H: 수두[m], P: 압력[kPa], γ: 비중량[kN/m³]

유체는 물이므로 물의 비중량은 $9.8[kN/m^3]$이다.

따라서 헤드 선단에서의 방수압 P_2는

$15[m] \times 9.8[kN/m^3] \times \dfrac{1[MPa]}{1,000[kPa]} = 0.04[MPa] + P_2$

$P_2 = 0.107[MPa]$

(2) 방수압이 0.12[MPa]일 때 낙차수두는 다음과 같다.

$P = 0.04[MPa] + 0.12[MPa] = 0.16[MPa]$

$\dfrac{0.16[MPa]}{9.8[kN/m^3]} \times \dfrac{1,000[kPa]}{1[MPa]} ≒ 16.327[m]$

따라서 더 높여야 하는 고가수조의 높이는 $16.327[m] - 15[m] = 1.327[m]$

연계이론 PHASE 04 스프링클러설비

03

그림은 어느 습식 스프링클러설비에서 배관의 일부를 나타내는 평면도이다. 점선 내에 필요한 관 부속품의 개수를 표의 ( ) 안에 쓰시오. [10점]

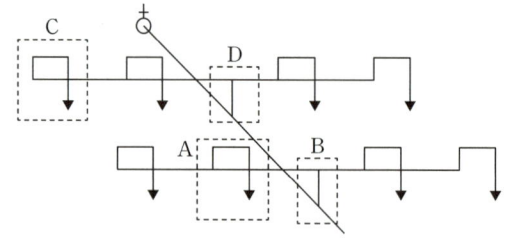

지점	관부속	규격	수량	지점	관부속	규격	수량
A	티	25×25×25A	(　　)	B	티	50×50×40A	(　　)
	엘보	25A	(　　)		티	40×40×40A	(　　)
	리듀서	25×15A	(　　)		리듀서	40×25A	(　　)
					리듀서	50×40A	(　　)
C	엘보	25A	(　　)				
	리듀서	25×15A	(　　)	D	티	40×40×40A	(　　)
					리듀서	40×25A	(　　)

정답

지점	관부속	규격	수량	지점	관부속	규격	수량
A	티	25×25×25A	(1)	B	티	50×50×40A	(1)
	엘보	25A	(2)		티	40×40×40A	(1)
	리듀서	25×15A	(1)		리듀서	40×25A	(2)
					리듀서	50×40A	(1)
C	엘보	25A	(3)				
	리듀서	25×15A	(1)	D	티	40×40×40A	(2)
					리듀서	40×25A	(2)

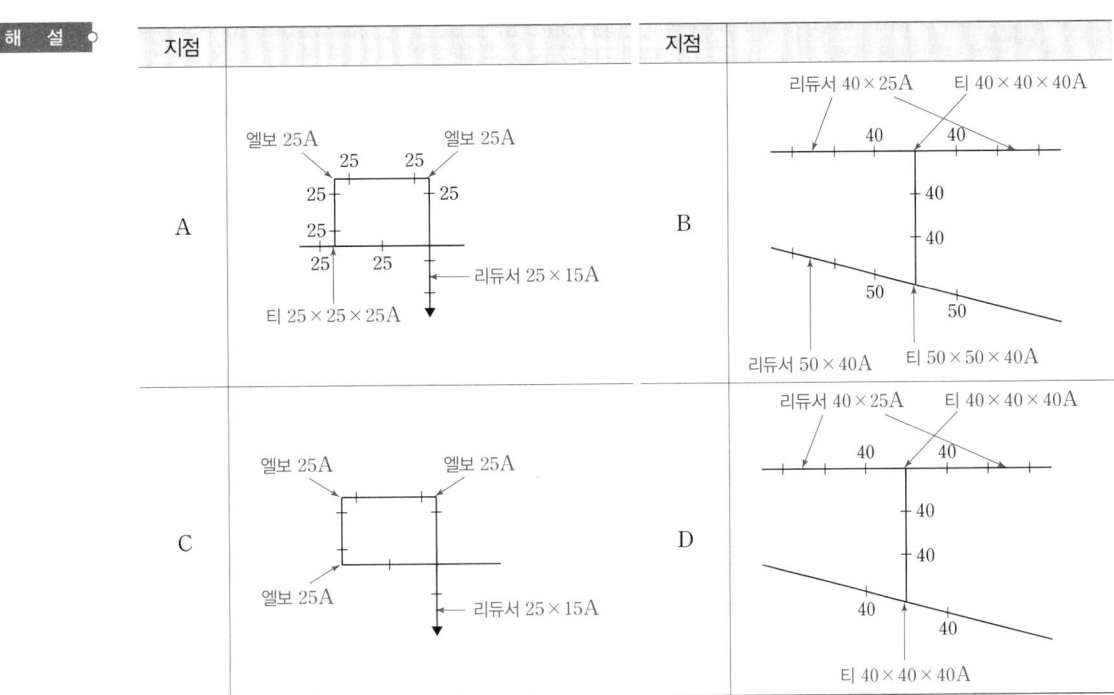

> 연계이론 **PHASE 04** 스프링클러설비

04

바닥면적이 1층 7,500[m²], 2층 7,500[m²]이고, 연면적이 32,500[m²]인 건축물에 소화용수설비가 설치되어 있다. 다음 물음에 답하시오. [6점]

(1) 소화용수의 저수량[m³]은 얼마인가?
(2) 흡수관 투입구의 수는 몇 개 이상이어야 하는가?
(3) 설치하여야 하는 채수구는 몇 개인가?
(4) 가압송수장치의 1분당 양수량[L]은 얼마 이상이어야 하는가?

정답

(1) • 계산과정: $\dfrac{32,500}{7,500} ≒ 4.33$
   $5 \times 20 = 100$
   • 답: 100[m³]
(2) • 답: 2개
(3) • 답: 3개
(4) • 답: 3,300[L/min] 이상

해설

(1) 저수량은 소방대상물의 연면적을 다음의 표에 따른 기준면적으로 나누어 얻은 수(소수점 이하 절상)에 20[m³]을 곱한 양 이상으로 한다.

소방대상물의 구분	기준면적[m²]
1층 및 2층의 바닥면적 합계가 15,000[m²] 이상인 소방대상물	7,500
그 밖의 소방대상물	12,500

$\dfrac{32,500[m^2]}{7,500[m^2]} ≒ 4.33 = 5$ (절상)

$5 \times 20[m^3] = 100[m^3]$

(2) 흡수관 투입구는 다음의 표에 따른 소요수량에 따라 설치한다.

소요수량[m³]	흡수관 투입구의 수
80 미만	1개 이상
80 이상	2개 이상

저수량이 100[m³]이므로 흡수관 투입구를 통한 소요수량도 100[m³]이고, 흡수관 투입구는 2개 이상 설치해야 한다.

(3) 채수구는 다음의 표에 따른 소요수량에 따라 설치한다.

소요수량[m³]	채수구의 수
20 이상 40 미만	1
40 이상 100 미만	2
100 이상	3

저수량이 100[m³]이므로 채수구를 통한 소요수량도 100[m³]이고, 채수구는 3개 설치해야 한다.

(4) 가압송수장치의 1분 당 양수량은 다음의 표에 따른 소요수량에 따라 설치한다.

← 저수량을 지표면으로부터 4.5[m] 이하인 지하에서 확보할 수 있는 경우 가압송수장치를 설치하지 않을 수 있다.

소요수량[m³]	가압송수장치의 1분 당 양수량[L/min]
20 이상 40 미만	1,100 이상
40 이상 100 미만	2,200 이상
100 이상	3,300 이상

저수량이 100[m³]이므로 가압송수장치를 통한 소요수량도 100[m³]이고, 1분 당 양수량은 3,300[L/min] 이상으로 한다.

◆ 연계이론 ◆ **PHASE 13 소화수조 및 저수조**

05

면적 600[m²], 높이 4[m]인 주차장에 제3종 분말 소화약제를 전역방출방식으로 설치하려고 한다. 이곳에서 자동폐쇄장치가 설치되어 있지 않는 개구부의 면적이 10[m²]일 때 다음 물음에 답하시오. [6점]

(1) 분말 소화약제 저장량[kg]은 얼마 이상인가?
(2) 축압용 가스에 질소가스를 사용하는 경우 질소가스의 양[m³]은 얼마인가?

◆ 정 답 ◆
(1) • 계산과정: $(0.36 \times (600 \times 4)) + (2.7 \times 10) = 891$
 • 답: 891[kg]

(2) • 계산과정: $10 \times 891 = 8,910[L] = 8.91[m^3]$
 • 답: 8.91[m³]

◆ 해 설 ◆
(1) 전역방출방식 분말 소화약제의 저장량 기준은 다음과 같다.

소화약제의 종류	소화약제의 양[kg/m³]	개구부 가산량[kg/m²]
제1종 분말	0.60	4.5
제2종 분말	0.36	2.7
제3종 분말	0.36	2.7
제4종 분말	0.24	1.8

제3종 분말 소화약제를 사용하므로 소화약제의 양은 체적 1[m³] 당 0.36[kg/m³]을 적용한다.
개구부(창문·출입구)에 자동폐쇄장치가 없으므로 개구부 면적 1[m²] 당 2.7[kg/m²]을 가산한다.
 소화약제의 양 $= (0.36[kg/m^3] \times (600[m] \times 4[m])) + (2.7[kg/m^2] \times 10[m^2]) = 891[kg]$

(2) 축압용 가스에 질소가스를 사용하는 경우 질소가스는 소화약제 1[kg] 마다 10[L](35[℃]에서 1기압의 압력상태로 환산한 것) 이상으로 한다.
 축압용 가스의 양 $= 10[L/kg] \times 891[kg] = 8,910[L] = 8.91[m^3]$

◆ 연계이론 ◆ **PHASE 10 분말 소화설비**

06

경유를 저장하는 위험물 옥외저장탱크의 높이가 7[m], 직경 10[m]인 콘루프탱크(Con Roof Tank)에 II형 포 방출구 및 옥외 보조 포 소화전 2개가 설치되었다. 다음 물음에 답하시오. [8점]

조건
- (가) 배관의 낙차수두와 마찰손실수두의 합은 55[m]이다.
- (나) 폼 챔버 압력수두로 양정계산(그림 참고, 보조 포 소화전 압력수두는 무시)한다.
- (다) 펌프의 효율은 65[%]이고, 전달계수는 1.1이다.
- (라) 배관의 송액량은 제외한다.

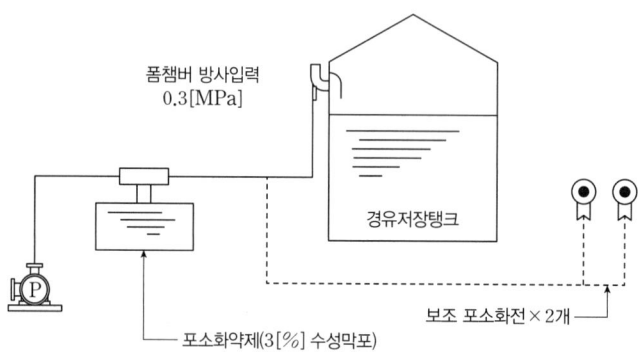

고정포 방출구의 포 수용액량 및 방출률

위험물의 구분 \ 포방출구의 종류	I형 포수용액량 [L/m²]	I형 방출률 [L/m²·min]	II형 포수용액량 [L/m²]	II형 방출률 [L/m²·min]	특형 포수용액량 [L/m²]	특형 방출률 [L/m²·min]	III형 포수용액량 [L/m²]	III형 방출률 [L/m²·min]	IV형 포수용액량 [L/m²]	IV형 방출률 [L/m²·min]
제4류 위험물 중 인화점이 21[℃] 미만인 것	120	4	220	4	240	8	220	4	220	4
제4류 위험물 중 인화점이 21[℃] 이상 70[℃] 미만인 것	80	4	120	4	160	8	120	4	120	4
제4류 위험물 중 인화점이 70[℃] 이상인 것	60	4	100	4	120	8	100	4	100	4

(1) 포 소화약제의 양[L]은 얼마인가?
- 고정포 방출구의 포 소화약제량(Q_1)
- 옥외 보조 포 소화전 약제량(Q_2)

(2) 펌프 동력[kW]은 얼마인가?

정답

(1) • 고정포 방출구의 포 소화약제량(Q_1)
- 계산과정: $4 \times \dfrac{\pi}{4} \times 10^2 \times 30 \times 0.03 ≒ 282.743$
- 답: 282.74[L]

• 옥외 보조 포 소화전 약제량(Q_2)
- 계산과정: $2 \times 0.03 \times 8,000 = 480$
- 답: 480[L]

(2) • 계산과정: $4 \times \dfrac{\pi}{4} \times 10^2 ≒ 314.159$

$2 \times 400 = 800$

$314.159 + 800 = 1,114.159 [\text{L/min}] = \dfrac{1.114}{60} [\text{m}^3/\text{s}]$

$0.3[\text{MPa}] \times \dfrac{10[\text{m}]}{0.1[\text{MPa}]} + 55[\text{m}] = 85[\text{m}]$

$\dfrac{9.8 \times \dfrac{1.114}{60} \times 85}{0.65} \times 1.1 ≒ 26.173$

• 답: 26.17[kW]

해설

(1) 위험물 저장탱크에 발생하는 화재는 유류 표면에서 발생하므로 위험물이 드러나거나 증발 가능한 면적이 화재 발생면적이자 소화면적이 된다.

탱크의 고정포 방출구에 필요한 포 소화약제의 양은 다음과 같다. ← 경유는 인화점이 21[℃]이상 70[℃]미만이다.

$Q = 4[\text{L/m}^2 \cdot \text{min}] \times \dfrac{\pi}{4} \times (10[\text{m}])^2 \times 30[\text{min}] \times 0.03 ≒ 282.743[\text{L}]$

보조 포 소화전에 필요한 포 소화약제의 양은 다음과 같다.

$$Q = N \times S \times 8,000[\text{L}]$$

Q: 보조 포 소화전의 유량[L/min], N: 방출구의 개수(최대 3개), S: 소화약제의 농도[%]

보조 포 소화전에 필요한 포 소화약제의 양은
$Q = 2 \times 0.03 \times 8,000[\text{L}] = 480[\text{L}]$

(2) 펌프의 동력은 다음의 식을 통해 구할 수 있다.

$$P = \dfrac{\gamma Q H}{\eta} K$$

P: 펌프의 동력[kW], γ: 유체의 비중량[kN/m³], Q: 유량[m³/s], H: 전양정[m], η: 효율, K: 전달계수

유체는 물이므로 물의 비중량은 9.8[kN/m³]이다.

경유탱크의 고정포 방출구에 필요한 포 수용액의 유량은 다음과 같다.
$$Q = 4[\text{L/min} \cdot \text{m}^2] \times \frac{\pi}{4} \times (10[\text{m}])^2 \fallingdotseq 314.159[\text{L/min}]$$
보조 포 소화전에 필요한 포 수용액의 유량은 다음과 같다.

$$Q = N \times 400[\text{L/min}]$$

Q: 보조 포 소화전의 유량[L/min], N: 방출구의 개수(최대 3개)

따라서 보조 포 소화전에 필요한 포 수용액량은
$$Q = 2 \times 400[\text{L/min}] = 800[\text{L/min}]$$

펌프의 토출량은 $(314.159[\text{L/min}] + 800[\text{L/min}]) = 1{,}114.159[\text{L/min}]$이므로 단위를 변환하면 $\frac{1.114}{60}[\text{m}^3/\text{s}]$이다.

포 수용액은 0.3[MPa]의 압력으로 방출되었고, 낙차수두와 배관 및 관 부속품 마찰손실수두의 합은 55[m]이므로 필요한 펌프의 방수압력 수두(전양정)는 다음과 같다.
$$H = 0.3[\text{MPa}] \times \frac{10[\text{m}]}{0.1[\text{MPa}]} + 55[\text{m}] = 85[\text{m}]$$
따라서 주어진 조건을 공식에 대입하면 펌프의 동력 P는
$$P = \frac{9.8[\text{kN/m}^3] \times \frac{1.114}{60}[\text{m}^3/\text{s}] \times 85[\text{m}]}{0.65} \times 1.1 \fallingdotseq 26.173[\text{kW}]$$

연계이론 PHASE 06 포 소화설비

07 스프링클러설비의 화재안전기준에서 조기반응형 스프링클러 헤드를 설치하여야 하는 대상물을 쓰시오.
[5점]

정답
- 공동주택과 노유자시설의 거실
- 오피스텔과 숙박시설의 침실
- 병원과 의원의 입원실

연계이론 PHASE 04 스프링클러설비

08

액화 이산화탄소 45[kg]을 20[℃] 대기 중(표준 대기압)에 방출하였을 경우 다음 물음에 답하시오. [10점]

(1) 이산화탄소의 부피[m³]는 얼마가 되겠는가?

(2) 방호구역 공간의 체적이 90[m³]인 곳에 약제를 방출하였다면 CO_2의 농도[%]는 얼마가 되겠는가?

정답

(1) • 계산과정: $101.325 \times V = \dfrac{45}{44} \times 8.3145 \times (273+20)$

$$V = 24.589$$

• 답: 24.59[m³]

(2) • 계산과정: $\dfrac{24.59}{90+24.59} \fallingdotseq 0.21459 = 21.459[\%]$

• 답: 21.46[%]

해설

(1) 이상기체 상태방정식을 활용하여 이산화탄소의 질량[kg]을 부피[m³]로 변환해준다.

$$PV = \dfrac{m}{M}RT$$

P: 압력[atm], V: 부피[m³], m: 질량[kg], M: 분자량[kg/kmol],
R: 기체상수[atm·m³/kmol·K], T: 절대온도[K]

주어진 조건을 공식에 대입하면 45[kg]에 해당하는 이산화탄소의 부피는 다음과 같다.

$$101.325[\text{kPa}] \times V[\text{m}^3] = \dfrac{45[\text{kg}]}{44[\text{kg/kmol}]} \times 8.3145[\text{kJ/kmol·K}] \times (273+20)[\text{K}]$$

$$V = 24.589[\text{m}^3]$$

(2) 추가된 이산화탄소 소화약제의 양은 24.589[m³]이며, 이 때 전체 중 이산화탄소의 농도는

$$\dfrac{24.59[\text{m}^3]}{90[\text{m}^3] + 24.59[\text{m}^3]} \fallingdotseq 0.21459 = 21.459[\%]$$

연계이론

PHASE 24 이상기체

09 [조건]을 참조하여 거실 제연설비에 대하여 다음 물음에 답하시오. [16점]

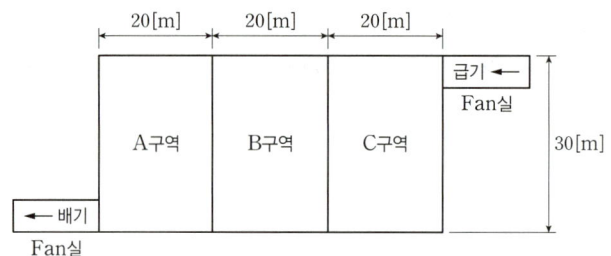

조건
(가) 제연방식은 상호제연방식으로 공동예상제연구역이 각각 제연경계로 구획되어 있다.
(나) 덕트는 단선으로 표시한다.
(다) 급기덕트의 풍속은 15[m/s], 배기덕트의 풍속은 20[m/s]이다.
(라) Fan의 전압은 40[mmAq]로 한다.
(마) 천장 높이는 2[m]이다.

(1) 예상제연구역의 배출기의 배출량[m³/h]은 얼마 이상으로 하여야 하는가?
(2) Fan의 동력[kW]은 얼마인가? (단, 효율 55[%], 여유율 10[%]이다.)
(3) [설계조건] 및 물음에 따라 [조건]을 참고하여 다음을 설계하시오. (단, 도면 포함)

설계조건
(가) 덕트의 크기: 각형 덕트로 하되 높이는 400[mm]로 한다.
(나) 급기구 및 배기구의 크기(정사각형): 구역당 배기구 4개소, 급기구 3개소로 한다.
(다) 크기는 급기/배기량[m³/min] 당 35[cm²] 이상으로 한다.
(라) 덕트는 실선으로 표시한다.
(마) 댐퍼의 작동 여부는 표의 빈칸에 표기한다.
(바) 효율은 무시한다.

① 아래 도면과 같이 급기구 및 배기구를 설치할 경우 도면을 완성하시오.

② 급기구와 배기구로 구분하여 필요한 개소별 풍량, 덕트의 단면적, 덕트의 크기를 설계하시오. (단, 풍량, 덕트의 단면적, 덕트의 크기는 소수점 이하 첫째 자리에서 반올림하여 정수로 나타내시오.)

덕트의 구분		풍량[CMH]	덕트의 단면적[mm²]	덕트의 크기 (가로[mm]×세로[mm])
배기덕트	A	①	⑦	⑬
배기덕트	B	②	⑧	⑭
배기덕트	C	③	⑨	⑮
급기덕트	A	④	⑩	⑯
급기덕트	B	⑤	⑪	⑰
급기덕트	C	⑥	⑫	⑱

③ 배기댐퍼와 급기댐퍼의 작동상태를 표시하시오. (댐퍼 작동상태 ○ : open, ● : close)

덕트의 구분	배기댐퍼			급기댐퍼		
	A구역	B구역	C구역	A구역	B구역	C구역
A구역 화재시						
B구역 화재시						
C구역 화재시						

정 답

(1) • 답 : 40,000[m³/h]

(2) • 계산과정 : $40 \times \dfrac{101.325}{10.332} ≒ 0.3923$

$$40,000[m^3/hr] = \dfrac{40,000}{3,600}[m^3/s]$$

$$\dfrac{0.3923 \times \dfrac{40,000}{3,600}}{0.55} \times 1.1 ≒ 8.718[kW]$$

• 답 : 8.72[kW]

(3) ①

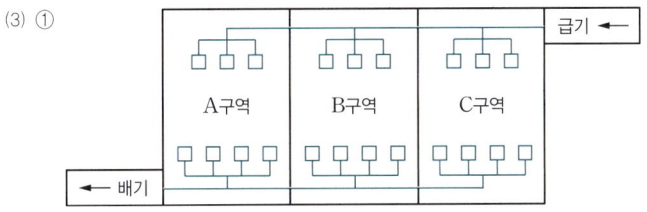

②

덕트의 구분		풍량[CMH]	덕트의 단면적[mm²]	덕트의 크기 (가로[mm]×세로[mm])
배기덕트	A	40,000	555,556	1,389×400
배기덕트	B	40,000	555,556	1,389×400
배기덕트	C	40,000	555,556	1,389×400
급기덕트	A	20,000	370,370	926×400
급기덕트	B	20,000	370,370	926×400
급기덕트	C	20,000	370,370	926×400

③

덕트의 구분	배기댐퍼			급기댐퍼		
	A구역	B구역	C구역	A구역	B구역	C구역
A구역 화재시	○	●	●	●	○	○
B구역 화재시	●	○	●	○	●	○
C구역 화재시	●	●	○	○	○	●

해 설

(1) 공동예상제연구역 안에 설치된 예상제연구역이 각각 제연경계로 구획된 경우에는 각 예상제연구역의 배출량 중 최대의 것으로 한다. 이 경우 거실일 때에는 바닥면적 1,000[m²] 이하, 직경 40[m] 원 안에 들어가도록 한다.

$20[m] \times 30[m] = 600[m^2]$

$\sqrt{(20[m])^2 + (30[m])^2} \fallingdotseq 36.06[m]$

바닥면적이 400[m²] 이상인 경우 배출량은 다음과 같다. ← 제연경계가 아닌 벽으로 구획된 경우 수직거리는 0[m]

	제연경계의 하단으로부터 바닥까지의 수직거리[m]	배출량[m³/h]
직경 40[m]인 원의 범위 안에 있는 경우	2 이하	40,000 이상
	2 초과 2.5 이하	45,000 이상
	2.5 초과 3 이하	50,000 이상
	3 초과	60,000 이상
직경 40[m]인 원의 범위를 초과하는 경우	2 이하	45,000 이상
	2 초과 2.5 이하	50,000 이상
	2.5 초과 3 이하	55,000 이상
	3 초과	65,000 이상

(2) Fan의 동력은 다음의 식을 통해 구할 수 있다.

$$P = \frac{P_T Q}{\eta} K$$

P: 배연기의 동력[kW], P_T: 전압(풍압)[kPa], Q: 풍량[m³/s], η: 효율, K: 전달계수

전압은 Fan의 흡입구와 배출구의 압력 차이를 의미하며 40[mmAq]이므로 단위를 변환하면 다음과 같다.

$40[mmAq] \times \dfrac{101.325[kPa]}{10,332[mmAq]} \fallingdotseq 0.3923[kPa]$

배출량은 40,000[m³/hr]이므로 단위를 변환하면 $\dfrac{40,000}{3,600}[m^3/s]$이다.

따라서 주어진 조건을 공식에 대입하면 Fan의 동력 P는

$P = \dfrac{0.3923[kPa] \times \dfrac{40,000}{3,600}[m^3/s]}{0.55} \times 1.1 \fallingdotseq 8.718[kW]$

(3) ① 구역마다 급기구는 3개씩, 배기구는 4개씩 설치한다.

② 배출기의 배출 측 풍속은 20[m/s] 이하로 한다.

부피유량 공식 $Q = Au$에 의해 유량 Q와 유속 u를 알면 덕트의 단면적 A를 다음과 같이 구할 수 있다.

$$A = \frac{Q}{u}$$

A: 덕트의 단면적[m²], Q: 유량[m³/s], u: 유속[m/s]

유량 40,000[m³/h]의 단위를 변환해주면 $\dfrac{40,000}{3,600}[m^3/s]$이 되고, 유속 20[m/s]와 함께 공식에 대입해주면 덕트의 단면적 A는

$A = \dfrac{\dfrac{40,000}{3,600}[m^3/s]}{20[m/s]} \fallingdotseq 0.55555556[m^2] = 555,555.6[mm^2]$

배출기의 흡입 측 풍도 안의 풍속은 15[m/s] 이하로 한다.

유량 20,000[m³/h]의 단위를 변환해주면 $\frac{20,000}{3,600}$[m³/s]이 되고, 유속 15[m/s]와 함께 공식에 대입해주면

덕트의 단면적 A는

$$A = \frac{\frac{20,000}{3,600}[\text{m}^3/\text{s}]}{15[\text{m/s}]} = 0.3703704[\text{m}^2] = 370,370.4[\text{mm}^2]$$

덕트의 높이 H가 400[mm]이므로 폭 W는

$$W = \frac{A}{H} = \frac{555,556[\text{mm}^2]}{400[\text{mm}]} = 1,388.89[\text{mm}]$$

$$W = \frac{A}{H} = \frac{370,370[\text{mm}^2]}{400[\text{mm}]} = 925.925[\text{mm}]$$

③ 화재가 발생한 구역에서는 배기, 나머지 구역에서는 급기가 이루어진다.
← 반대의 경우 연기가 화재실 외부로 퍼져나간다.

연계이론 PHASE 14 제연설비

10

옥외소화전설비의 배관에 물을 송수하고 있다. 배관 중의 A지점과 B지점의 압력을 각각 측정하니, A지점은 0.45[MPa]이고, B지점은 0.4[MPa]이었다. 만일 유량을 2배로 증가시켰을 경우 두 지점의 압력차[MPa]를 구하시오. (단, A, B지점 간의 배관관경 및 유량계수는 동일하며, 하젠-윌리엄즈 공식을 이용한다.) [5점]

하젠-윌리엄즈 공식

$$\Delta P = 6.174 \times 10^4 \times \frac{Q^{1.85}}{C^{1.85} \times D^{4.87}}$$

ΔP: 단위길이 당 압력손실[MPa/m], Q: 유량[L/min], C: 조도, D: 관내경[mm]

정답 • 답: 0.18[MPa]

해설 유량이 Q인 경우 압력차이 ΔP_1는 다음과 같다.

$$\Delta P_1 = 6.174 \times 10^4 \times \frac{Q^{1.85}}{C^{1.85} \times D^{4.87}} \times L = 0.45[\text{MPa}] - 0.4[\text{MPa}] = 0.05[\text{MPa}]$$

유량이 $2Q$인 경우 나머지 조건은 모두 동일하므로 압력차이 ΔP_2는 다음과 같다.

$$\Delta P_2 = 6.174 \times 10^4 \times \frac{(2Q)^{1.85}}{C^{1.85} \times D^{4.87}} \times L = 2^{1.85} \times \Delta P_1 = 0.180[\text{MPa}]$$

연계이론 PHASE 03 옥외소화선설비

11 연결살수설비의 종합정밀점검에서 송수구의 점검항목을 쓰시오. [5점]

정답
- 송수구에서 주배관 상 연결배관 개폐밸브 설치 여부
- 자동배수밸브 및 체크밸브 설치 순서 적정 여부
- 1개 송수구역 설치 살수헤드 수량 적정 여부(개방형 헤드의 경우)

해설

연결살수설비 작동점검표

번호	점검항목	점검결과
송수구		
001	○ 설치장소 적정 여부	
002	○ 송수구 구경(65[mm]) 및 형태(쌍구형) 적정 여부	
003	○ 송수구역 별 호스 접결구 설치 여부(개방형 헤드의 경우)	
004	○ 설치 높이 적정 여부	
005	● 송수구에서 주배관 상 연결배관 개폐밸브 설치 여부	
006	○ "연결살수설비 송수구" 표지 및 송수구역 일람표 설치 여부	
007	○ 송수구 마개 설치 여부	
008	○ 송수구의 변형 또는 손상 여부	
009	● 자동배수밸브 및 체크밸브 설치 순서 적정 여부	
010	○ 자동배수밸브 설치 상태 적정 여부	
011	● 1개 송수구역 설치 살수헤드 수량 적정 여부(개방형 헤드의 경우)	

※ 점검항목 중 "●"는 종합점검의 경우에만 해당한다.

연계이론 PHASE 17 연결살수설비

12 다음은 아파트의 각 세대별로 주방에 설치하는 주거용 주방자동소화장치의 설치기준이다. 다음의 ( ) 안에 알맞은 답을 쓰시오. [5점]

(1) 소화약제 방출구는 (①)의 청소부분과 분리되어 있어야 한다.
(2) 탐지부는 수신부와 분리하여 설치하되 공기보다 가벼운 가스를 사용하는 경우에는 천장면으로부터 (②)의 위치에 설치하고 공기보다 무거운 가스를 사용하는 장소에는 바닥면으로부터 (③)의 위치에 설치할 것

정답
(1) ① 환기구
(2) ② 30[cm] 이하
③ 30[cm] 이하

해설
주거용 주방자동소화장치는 다음의 기준에 따라 설치한다.
- 소화약제 방출구는 환기구의 청소부분과 분리되어 있어야 한다.
- 소화약제 방출구는 형식승인 받은 유효설치 높이 및 방호면적에 따라 설치한다.
- 감지부는 형식승인 받은 유효한 높이 및 위치에 설치한다.
- 차단장치(전기 또는 가스)는 상시 확인 및 점검이 가능하도록 설치한다.
- 가스용 주방자동소화장치를 사용하는 경우 탐지부는 수신부와 분리하여 설치하되, 공기보다 가벼운 가스를 사용하는 경우 천장면으로부터 30[cm] 이하의 위치에 설치하고, 공기보다 무거운 가스를 사용하는 장소에는 바닥면으로부터 30[cm] 이하의 위치에 설치한다.

연계이론 PHASE 01 소화기구 및 자동소화장치

13 건식 스프링클러설비의 가압송수장치(펌프방식)의 성능시험을 실시하고자 한다. 도면을 참고로 성능시험순서 및 시험결과 판정기준을 쓰시오. [5점]

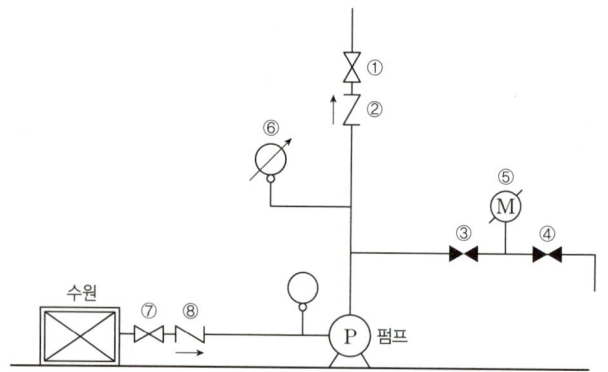

(1) 성능시험 순서
(2) 성능시험 판정기준

정 답

(1) 1. 주배관의 개폐밸브 ① 폐쇄
2. 제어반에서 충압펌프 기동 정지
3. 압력챔버의 배수밸브를 개방하여 주펌프 기동 후 폐쇄
4. 개폐밸브 ③ 개방
5. 유량조절밸브 ④를 서서히 개방하면서 유량계 ⑤를 확인하여 정격토출량의 150[%]가 되도록 조정
6. 압력계 ⑥을 확인하여 정격토출압력의 65[%] 이상이 되는지 확인
7. 개폐밸브 ③ 폐쇄 및 개폐밸브 ① 개방
8. 제어반에서 충압펌프 기동중지 해제

(2) 펌프의 성능은 체절운전 시 정격토출압력의 140[%]를 초과하지 않고, 정격토출량의 150[%]로 운전 시 정격토출압력의 65[%] 이상이 되어야 한다.

연 계 이 론 PHASE 02 옥내소화전설비

14 그림은 국소방출방식의 이산화탄소 소화설비이다. 다음 물음에 답하시오. (단, 고압식이며 방호대상물은 제1종 가연물이고, 가연물이 비산할 우려가 있는 경우이다.) [8점]

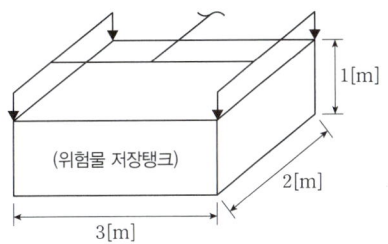

(1) 방호공간의 체적[m³]은 얼마인가?
(2) 소화약제 최소저장량[kg]은 얼마인가?
(3) 헤드 1개의 방출량[kg/s]은 얼마인가?

정답

(1) • 계산과정: $(0.6+3+0.6) \times (0.6+2+0.6) \times (1+0.6) = 21.504$
    • 답: 21.50[m³]

(2) • 계산과정: $\left(8-6 \times \dfrac{0}{A}\right) \times 21.50 \times 1.4 = 240.8$
    • 답: 240.8[kg]

(3) • 계산과정: $\dfrac{240.8}{4 \times 30} ≒ 2.007$
    • 답: 2.01[kg/s]

해설

(1) 방호공간이란 방호대상물의 각 부분으로부터 0.6[m]의 거리에 따라 둘러싸인 공간을 말한다.
방호대상물(위험물 탱크)의 아래는 바닥으로 막혀있으므로 개방된 부분으로부터 0.6[m]의 거리까지 계산한다.
$V = (0.6+3+0.6)[m] \times (0.6+2+0.6)[m] \times (1+0.6)[m] = 21.504[m^3]$

(2) 국소방출방식인 이산화탄소 소화약제의 저장량 최소기준은 다음과 같다.

$$Q = \left(8 - 6 \times \dfrac{a}{A}\right) V \times K$$

Q: 소화약제의 양[kg], a: 방호대상물 주변 실제 벽면적의 합계[m²], A: 방호공간 벽면적의 합계[m²], V: 방호공간의 부피[m³], K: 1.4(고압식) 또는 1.1(저압식)

방호대상물 주변의 실제 벽은 4면 중 없으므로 실제 벽면적 a는 0이다.
따라서 주어진 조건을 공식에 대입하면 소화약제의 양 Q는
$Q = (8 - 6 \times 0/A) \times 21.50 \times 1.4 = 240.8[kg]$

(3) 이산화탄소 소화설비의 소화약제 방출시간은 다음과 같다.

방출방식		기준시간
전역방출방식	표면화재	1분 이내
	심부화재	7분 이내
국소방출방식		30초 이내

따라서 1개의 헤드에서 소화약제의 방사량[kg/s]은
$\dfrac{240.8[kg]}{4 \times 30[s]} ≒ 2.007[kg/s]$

연계이론 PHASE 07 이산화탄소 소화설비

2018년 2회 기출문제

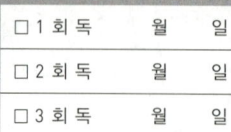

01 그림은 어느 특정소방대상물을 방호하기 위한 옥외소화전 설비의 평면도이다. 다음 물음에 답하시오. [6점]

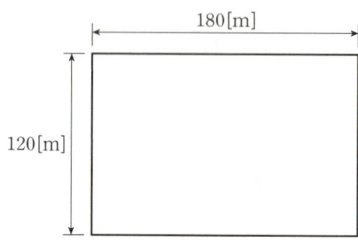

(1) 옥외소화전의 최소 설치개수는 몇 개인가?
(2) 수원의 저수량[m³]은 얼마인가?
(3) 가압송수장치의 토출량[Lpm]은 얼마인가?

정답

(1) • 계산과정: $\dfrac{180+120+180+120}{80}=7.5$
   • 답: 8개

(2) • 계산과정: $2 \times 7 = 14$
   • 답: 14[m³]

(3) • 계산과정: $2 \times 350 = 700$
   • 답: 700[L/min]

해설

(1) 특정소방대상물의 둘레 각 지점으로부터 40[m] 이내의 범위에 옥외소화전이 있어야 하므로 하나의 옥외소화전이 담당할 수 있는 범위는 직경 80[m] 이내의 범위이다.
$$\dfrac{180[m]+120[m]+180[m]+120[m]}{80[m]}=7.5[개]=8[개]\ (절상)$$

(2) 화재안전기준에 따라 옥외소화전설비에서 수원의 저수량은 옥외소화전의 설치개수(최대 2개)에 7[m³]를 곱한 양 이상이 되도록 한다.
옥외소화전설비의 저수량 $=2[개] \times 7[m^3] = 14[m^3]$ ← 옥외소화전설비에는 유효수량의 $\dfrac{1}{3}$ 을 옥상에 설치하지 않는다.

(3) 화재안전기준에 따라 옥외소화전설비에서 가압송수장치(펌프)는 특정소방대상물에 설치된 옥외소화전을 동시에 사용할 경우(최대 2개) 각 소화전의 노즐선단에서의 방수량은 350[L/min] 이상으로 한다.
정격토출량 $=2[개] \times 350[L/min] = 700[L/min]$

연계이론 PHASE 03 옥외소화전설비

02

그림과 같은 옥내소화전설비를 [조건]에 따라 설치하려고 한다. 다음 물음에 답하시오. [14점]

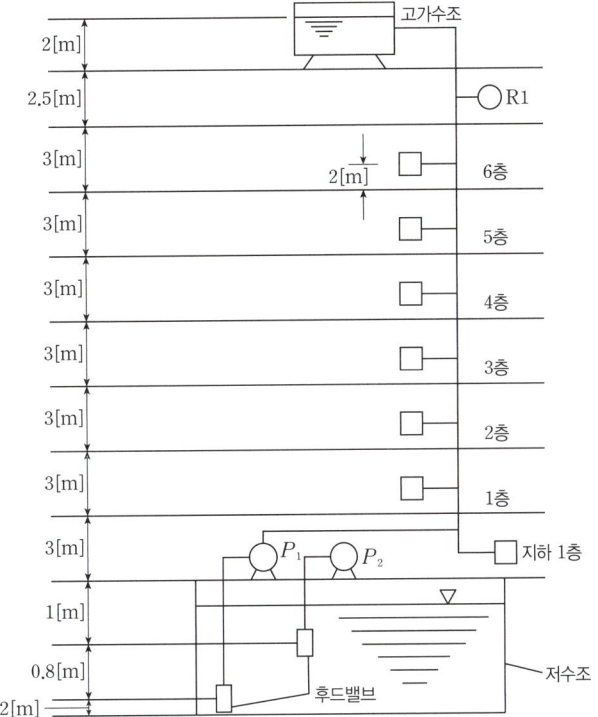

조건

- (가) P_1: 옥내소화전 펌프
- (나) P_2: 잡용수 양수펌프
- (다) 펌프의 후드밸브로부터 6층 옥내소화전함 호스접결구까지의 마찰손실 및 저항손실수두는 실양정의 30[%]로 한다.
- (라) 펌프의 효율은 60[%]이다.
- (마) 옥내소화전의 개수는 각층에 5개씩이다.
- (바) 소방호스의 마찰손실수두는 7[m]이고 전동기 전달계수 $K = 1.2$이다.

(1) 펌프의 최소유량[L/min]은 얼마인가?

(2) 수원의 최소 유효저수량[m³]은 얼마인가?

(3) 옥상에 설치하여야 하는 수원의 양[m³]은 얼마인가?

(4) 펌프의 양정[m]은 얼마인가?

(5) 펌프의 수동력, 축동력, 모터동력은 각각 몇[kW]인가?

(6) 노즐에서 방수압력이 0.7[MPa]을 초과할 경우 감압하는 방법을 3가지 쓰시오.

(7) 노즐 선단에서 봉상 방수의 경우 방수압 측정 요령을 쓰시오.

정답

(1) • 계산과정: $2 \times 130 = 260$
   • 답: 260[L/min]

(2) • 계산과정: $(2 \times 2.6) + (2 \times 2.6) \times \dfrac{1}{3} \fallingdotseq 6.933[m^3]$
   • 답: 6.93[m³]

(3) • 계산과정: $2 \times 2.6 \times \dfrac{1}{3} ≒ 1.733 [m^3]$

• 답: $1.73 [m^3]$

(4) • 계산과정: $0.8 + 1.0 + 3.0 + 3.0 + 3.0 + 3.0 + 3.0 + 3.0 + 2.0 = 21.8$
$21.8 \times 0.3 = 6.54$
$21.8 + 7 + 6.54 + 17 = 52.34$

• 답: $52.34 [m]$

(5) • 수동력
 — 계산과정: $260 [L/min] = \dfrac{0.26}{60} [m^3/s]$

$9.8 \times \dfrac{0.26}{60} \times 52.34 ≒ 2.223$

 — 답: $2.22 [kW]$

• 축동력

 — 계산과정: $\dfrac{9.8 \times \dfrac{0.26}{60} \times 52.34}{0.6} ≒ 3.704$

 — 답: $3.70 [kW]$

• 모터동력

 — 계산과정: $\dfrac{9.8 \times \dfrac{0.26}{60} \times 52.34}{0.6} \times 1.2 ≒ 4.445$

 — 답: $4.45 [kW]$

(6) 다음 5가지 중 3가지를 선택하여 작성한다.
• 고가수조에 따른 방법
• 배관계통에 따른 방법
• 중계펌프 설치
• 감압밸브 또는 오리피스 설치
• 감압기능이 있는 소화전 개폐밸브 설치

(7) 직사형 노즐로부터 노즐직경의 $0.5D$(내경)만큼 떨어진 지점에서 피토계로 측정하여 압력을 구한다.

해 설

(1) 화재안전기준에 따라 옥내소화전설비에서 가압송수장치(펌프)는 특정소방대상물의 어느 층에서 해당 층의 옥내소화전을 동시에 사용할 경우(최대 2개, 30층 이상인 경우 최대 5개) 각 소화전의 노즐 선단에서의 방수량은 $130 [L/min]$ 이상으로 한다.

정격토출량 $= 2[개] \times 130 [L/min] = 260 [L/min]$

(2), (3) 화재안전기준에 따라 옥내소화전설비에서 수원의 저수량은 옥내소화전의 설치개수가 가장 많은 층의 설치개수에 기준량을 곱한 양 이상이 되도록 한다.

층수	최대 설치개수	기준량
~29층	2개	$2.6 [m^3]$ ($130 [L/min] \times 20 [min]$)
30층~49층	5개	$5.2 [m^3]$ ($130 [L/min] \times 40 [min]$)
50층~	5개	$7.8 [m^3]$ ($130 [L/min] \times 60 [min]$)

기준에 따라 계산한 유효수량 외에 유효수량의 $\dfrac{1}{3}$ 이상을 옥상에 설치한다.

$Q = (2[개] \times 2.6 [m^3]) + (2[개] \times 2.6 [m^3]) \times \dfrac{1}{3} ≒ 6.933 [m^3]$

(4) 화재안전기준에 따라 옥내소화전설비에 설치된 가압송수장치(펌프)의 전양정은 다음과 같다.

$$H = h_1 + h_2 + h_3 + 17$$

H: 전양정[m], h_1: 실양정(흡입양정＋토출양정)[m], h_2: 호스의 마찰손실수두[m],
h_3: 배관 및 관부속의 마찰손실수두[m], 17: 노즐선단에서의 방사압력수두[m]

펌프의 후드밸브로부터 최고위 옥내소화전 앵글밸브까지의 수직거리인 실양정 h_1는 다음과 같다.
$h_1 = 0.8[\text{m}] + 1.0[\text{m}] + 3.0[\text{m}] + 3.0[\text{m}] + 3.0[\text{m}] + 3.0[\text{m}] + 3.0[\text{m}] + 3.0[\text{m}] + 2.0[\text{m}] = 21.8[\text{m}]$

호스의 마찰손실수두 h_2는 다음과 같다.
$h_2 = 7[\text{m}]$

배관의 마찰손실 및 저항손실수두는 실양정의 30[%]이므로 배관 및 관부속의 마찰손실수두 h_3는 다음과 같다.
$h_3 = 21.8[\text{m}] \times 0.3 = 6.54[\text{m}]$

따라서 옥내소화전설비 펌프의 전양정 H는
$H = h_1 + h_2 + h_3 + 17 = 21.8[\text{m}] + 7[\text{m}] + 6.54[\text{m}] + 17 = 52.34[\text{m}]$

(5) 펌프의 동력은 다음의 식을 통해 구할 수 있다.

$$P = \frac{\gamma Q H}{\eta} K$$

P: 펌프의 동력[kW], γ: 유체의 비중량[kN/m³], Q: 유량[m³/s], H: 전양정[m], η: 효율, K: 전달계수

유체는 물이므로 물의 비중량은 9.8[kN/m³]이다.

유량이 260[L/min]이므로 단위를 변환하면 $\frac{0.26}{60}$[m³/s]이다.

따라서 주어진 조건을 공식에 대입하면 펌프의 수동력 P는 다음과 같다.

$P = 9.8[\text{kN/m}^3] \times \frac{0.26}{60}[\text{m}^3/\text{s}] \times 52.34[\text{m}] \fallingdotseq 2.223[\text{kW}]$ ← 수동력을 구할 때는 효율과 전달계수를 고려하지 않는다.

펌프의 축동력 P는 다음과 같다.

$P = \dfrac{9.8[\text{kN/m}^3] \times \dfrac{0.26}{60}[\text{m}^3/\text{s}] \times 52.34[\text{m}]}{0.6} \fallingdotseq 3.704[\text{kW}]$ ← 축동력을 구할 때는 전달계수를 고려하지 않는다.

펌프의 동력 P는 다음과 같다.

$P = \dfrac{9.8[\text{kN/m}^3] \times \dfrac{0.26}{60}[\text{m}^3/\text{s}] \times 52.34[\text{m}]}{0.6} \times 1.2 \fallingdotseq 4.445[\text{kW}]$

(6) 방수압력을 감압하는 방법은 다음과 같다.

감압방법	방법
고가수조에 따른 방법	저층용과 고층용 고가수조를 분리하여 설치한다.
배관계통에 따른 방법	저층용과 고층용 펌프를 분리하여 설치한다.
중계펌프 설치	중계펌프를 설치하여 압력을 한번 더 조정한다.
감압밸브 또는 오리피스 설치	방수구에 감압밸브 또는 오리피스를 설치한다.
감압기능이 있는 소화전 개폐밸브 설치	감압기능이 있는 개폐밸브를 설치한다.

◇ 연계이론 ◇ **PHASE 02 옥내소화전설비**

03 도면은 어느 전기실, 발전기실, 방재반실 및 배터리실을 방호하기 위한 할론 1301의 배관평면도이다. 도면과 [조건]을 참고하여 다음 각 물음에 답하시오. [10점]

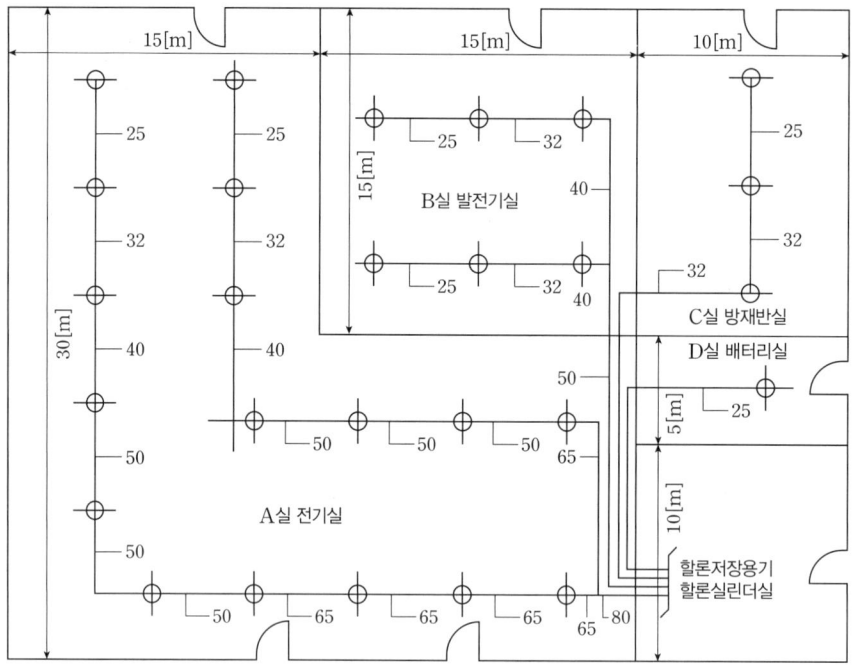

조건

(가) 약제용기는 고압식이다.
(나) 용기의 내용적은 68[L], 약제 충전량은 50[kg]이다.
(다) 용기실 내의 수직배관을 포함한 각 실에 대한 배관 내용적은 다음과 같다.

A실(전기실)	B실(발전기실)	C실(방재반실)	D실(배터리실)
198[L]	78[L]	28[L]	10[L]

(라) A실에 대한 할론 집합관의 내용적은 88[L]이다.
(마) 할론 용기밸브와 집합관 간의 연결관에 대한 내용적은 무시한다.
(바) 설비의 설계기준온도는 20[℃]이다.
(사) 액화 할론 1301의 비중은 20[℃]에서 1.6이다.
(아) 각 실의 개구부는 없다고 가정한다.
(자) 약제소요량 산출 시 각 실의 내부 기둥 및 내용물의 체적은 무시한다.
(차) 각 실의 층고(바닥으로부터 천장까지 높이)는 각각 다음과 같다.
 • A실 및 B실: 5[m]
 • C실 및 D실: 3[m]

(1) A실(전기실)에 필요한 약제 저장용기의 수[병]
(2) B실(발전기실)에 필요한 약제 저장용기의 수[병]
(3) C실(방재반실)에 필요한 약제 저장용기의 수[병]
(4) D실(배터리실)에 필요한 약제 저장용기의 수[병]
(5) 각 실에 대한 설비를 별도 독립방식으로 해야 하는지 판단하시오.

정답

(1) • 계산과정: $(30 \times 30 - 15 \times 15) \times 5 = 3,375$
$0.32 \times 3,375 = 1,080$
$\dfrac{1,080}{50} = 21.6$
• 답: 22병

(2) • 계산과정: $15 \times 15 \times 5 = 1,125$
$0.32 \times 1,125 = 360$
$\dfrac{360}{50} = 7.2$
• 답: 8병

(3) • 계산과정: $10 \times 15 \times 3 = 450$
$0.32 \times 450 = 144$
$\dfrac{144}{50} = 2.88$
• 답: 3병

(4) • 계산과정: $10 \times 5 \times 3 = 150$
$0.32 \times 150 = 48$
$\dfrac{48}{50} = 0.96$
• 답: 1병

(5) D실의 경우 별도 독립방식으로 해야 한다.

해설

(1) 저장용기 1병 당 할론 소화약제의 충전량은 50[kg]이므로 전기실에 필요한 소화약제의 양을 계산한다.

소방대상물		소화약제의 종류	소화약제의 양 [kg/m³]	개구부 가산량 [kg/m²]
차고 · 주차장 · 전기실 · 통신기기실 · 전산실 · 전기설비가 설치된 부분		할론 1301	0.32 이상 0.64 이하	2.4
특수가연물	가연성고체류 · 가연성액체류	할론 1301	0.32 이상 0.64 이하	2.4
		할론 1211	0.36 이상 0.71 이하	2.7
		할론 2402	0.40 이상 1.10 이하	3.0
	면화류 · 나무껍질 및 대팻밥 · 넝마 및 종이부스러기 · 사류 · 볏짚류 · 목재가공품 및 나무부스러기를 저장 · 취급하는 것	할론 1301	0.52 이상 0.64 이하	3.9
		할론 1211	0.60 이상 0.71 이하	4.5
	합성수지류를 저장 · 취급하는 것	할론 1301	0.32 이상 0.64 이하	2.4
		할론 1211	0.36 이상 0.71 이하	2.7

방호구역의 개구부(창문 · 출입구)는 없으므로 가산량은 적용하지 않는다.
전기실의 체적(가로 × 세로 × 높이)은 다음과 같다.
$V = (30[\text{m}] \times 30[\text{m}] - 15[\text{m}] \times 15[\text{m}]) \times 5[\text{m}] = 3,375[\text{m}^3]$ ← 발전기실의 체적은 제외한다.
전기실에 필요한 소화약제의 최소값을 구하여야 하므로 소화약제의 양은 체적 1[m³] 당 0.32[kg/m³]을 적용한다.
소화약제의 양 = $0.32[\text{kg/m}^3] \times 3,375[\text{m}^3] = 1,080[\text{kg}]$
저장용기 1병 당 소화약제의 충전량은 50[kg]이므로 전체 소화약제의 양을 저장하기 위해 필요한 저장용기의 개수는
$\dfrac{1,080[\text{kg}]}{50[\text{kg/병}]} = 21.6[\text{병}] = 22\text{병 (절상)}$

(2) 발전기실의 체적(가로×세로×높이)은 다음과 같다.
$$V=15[m]\times15[m]\times5[m]=1,125[m^3]$$
발전기실(전기설비가 설치된 부분)에 필요한 소화약제의 최소값을 구하여야 하므로 소화약제의 양은 체적 $1[m^3]$ 당 $0.32[kg/m^3]$을 적용한다.
$$소화약제의 양=0.32[kg/m^3]\times1,125[m^3]=360[kg]$$
저장용기 1병 당 소화약제의 충전량은 50[kg]이므로 전체 소화약제의 양을 저장하기 위해 필요한 저장용기의 개수는
$$\frac{360[kg]}{50[kg/병]}=7.2[병]=8병\ (절상)$$

(3) 방재반실의 체적(가로×세로×높이)은 다음과 같다.
$$V=10[m]\times15[m]\times3[m]=450[m^3]$$
방재반실(통신기기실)에 필요한 소화약제의 최소값을 구하여야 하므로 소화약제의 양은 체적 $1[m^3]$ 당 $0.32[kg/m^3]$을 적용한다.
$$소화약제의 양=0.32[kg/m^3]\times450[m^3]=144[kg]$$
저장용기 1병 당 소화약제의 충전량은 50[kg]이므로 전체 소화약제의 양을 저장하기 위해 필요한 저장용기의 개수는
$$\frac{144[kg]}{50[kg/병]}=2.88[병]=3병\ (절상)$$

(4) 배터리실의 체적(가로×세로×높이)은 다음과 같다.
$$V=10[m]\times5[m]\times3[m]=150[m^3]$$
배터리실(전기설비가 설치된 부분)에 필요한 소화약제의 최소값을 구하여야 하므로 소화약제의 양은 체적 $1[m^3]$ 당 $0.32[kg/m^3]$을 적용한다.
$$소화약제의 양=0.32[kg/m^3]\times150[m^3]=48[kg]$$
저장용기 1병 당 소화약제의 충전량은 50[kg]이므로 전체 소화약제의 양을 저장하기 위해 필요한 저장용기의 개수는
$$\frac{48[kg]}{50[kg/병]}=0.96[병]=1병\ (절상)$$

(5) 하나의 방호구역을 담당하는 소화약제 저장용기의 소화약제량의 체적합계보다 그 소화약제 방출 시 방출경로가 되는 배관(집합관 포함)의 내용적의 비율이 1.5배 이상일 경우 해당 방호구역에 대한 설비는 별도 독립방식으로 한다. ← 각 실로 향하는 배관의 부피가 소화약제량의 1.5배 이상인 경우 별도 독립방식이다.

할론 1301의 비중이 1.6이므로 소화약제의 밀도는 다음과 같다.
$$\gamma=s\gamma_w=1.6\times1[kg/L]=1.6[kg/L]$$

각 실별 소화약제량[L]과 배관 내용적[L]은 다음과 같다.

	소화약제량[L]	배관 내용적[L]	$\frac{배관내용적[L]}{소화약제량[L]}$	별도 독립방식 여부
A실	$\frac{1,080[kg]}{1.6[kg/L]}=675[L]$	$198+88=286[L]$	$\frac{286[L]}{675[L]}≒0.424$	×
B실	$\frac{360[kg]}{1.6[kg/L]}=225[L]$	$78+88=166[L]$	$\frac{166[L]}{225[L]}≒0.738$	×
C실	$\frac{144[kg]}{1.6[kg/L]}=90[L]$	$28+88=116[L]$	$\frac{116[L]}{90[L]}≒1.289$	×
D실	$\frac{48[kg]}{1.6[kg/L]}=30[L]$	$10+88=98[L]$	$\frac{98[L]}{30[L]}≒3.267$	○

연계이론   **PHASE 08** 할론 소화설비

04

소화설비의 급수배관에 사용하는 개폐표시형 밸브 중 버터플라이밸브 외의 밸브를 꼭 사용하여야 하는 배관의 이름과 그 이유를 한 가지만 쓰시오. [4점]

(1) 배관 이름

(2) 이유

정답

(1) 펌프의 흡입배관

(2) 개방 상태의 밸브 내에 유체의 흐름을 방해하는 구조물이 남아 마찰손실이 증가하고, 유효흡입수두가 감소하여 캐비테이션이 발생할 위험이 증가하기 때문

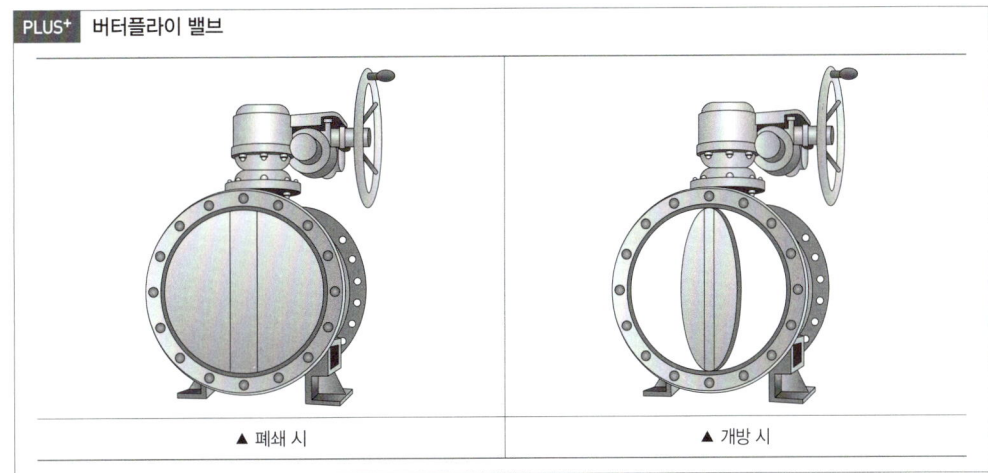

PLUS⁺ 버터플라이 밸브

▲ 폐쇄 시 　　　　▲ 개방 시

연계이론 PHASE 02 옥내소화전설비

05 그림은 어느 스프링클러설비의 Isometric Diagram이다. 이 도면과 [조건]에 의하여 헤드 A만을 개방하였을 때 다음 물음에 답하시오. [14점]

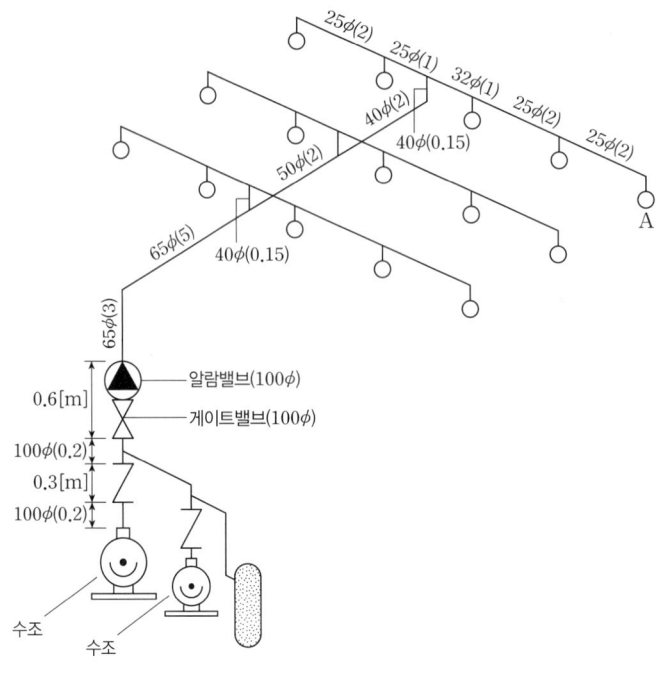

*( ) 안은 배관의 길이[m]   ISOMETRIC 계통도(축적: 없음)

조건

(가) 펌프의 양정은 토출량에 관계없이 일정하다. (펌프 토출압: 0.3[MPa])
(나) 헤드의 방출계수 $K = 90$이다.
(다) 배관의 마찰손실은 하젠-윌리엄즈 공식을 따르되 계산의 편의상 다음과 같다고 가정한다.

$$\Delta P = \frac{6 \times 10^4 \times Q^2}{120^2 \times d^5}$$

ΔP: 배관 1[m]당 마찰손실압력[MPa/m], Q: 배관 내 유수량[L/min], d: 배관의 안지름[mm]

(라) 배관의 호칭구경별 안지름은 다음과 같다.

호칭구경	25φ	32φ	40φ	50φ	65φ	80φ	100φ
내경[mm]	28	37	43	54	69	81	107

(마) 배관부속 및 밸브류의 등가길이[m]는 표와 같으며 표에 없는 부속 또는 밸브류의 등가길이는 무시한다.

호칭구경	25φ	32φ	40φ	50φ	65φ	80φ	100φ
90° 엘보	0.8	1.1	1.3	1.6	2.0	2.4	3.2
티측류	1.7	2.2	2.5	3.2	4.1	4.9	6.3
게이트밸브	0.2	0.2	0.3	0.3	0.4	0.5	0.7
체크밸브	2.3	3.0	3.5	4.4	5.6	6.7	8.7
알람밸브	—	—	—	—	—	—	8.7

(바) 가지간과 헤드 간의 마찰손실은 무시한다.
(사) 배관의 마찰손실, 등가길이, 마찰손실압력은 호칭구경 25φ와 같이 구한다.

[산출근거]

호칭구경	배관의 마찰손실[MPa]	등가길이	마찰손실압력[MPa]
25φ	$\Delta P = 2.421 \times 10^{-7} \times Q^2$	직관: 2[m]+2[m]=4[m] 90° 엘보: 1×0.8[m]=0.8[m] 계: 4.8[m]	$1.162 \times 10^{-6} \times Q^2$
32φ			
40φ			
50φ			
65φ			
100φ			

(1) 배관의 총마찰손실[MPa]은 얼마인가?
(2) 실층고 환산 낙차수두[m]는 얼마인가?
(3) A점의 방수량[L/min]은 얼마인가?
(4) A점의 방수압[MPa]는 얼마인가?

정답

(1)

호칭구경	배관의 마찰손실[MPa]	등가길이	마찰손실압력[MPa]
25φ	$\Delta P = 2.421 \times 10^{-7} \times Q^2$	— 직관: 2[m]+2[m]=4[m] — 90° 엘보: 1×0.8[m]=0.8[m] 계: 4.8[m]	$1.162 \times 10^{-6} \times Q^2$
32φ	$\Delta P = \dfrac{6 \times 10^4 \times Q^2}{120^2 \times 37^5}$ $\fallingdotseq 6.009 \times 10^{-8} \times Q^2$	— 직관: 1[m] 소계: 1[m]	$6.009 \times 10^{-8} \times Q^2 \times 1[m]$ $\fallingdotseq 6.009 \times 10^{-8} \times Q^2$
40φ	$\Delta P = \dfrac{6 \times 10^4 \times Q^2}{120^2 \times 43^5}$ $\fallingdotseq 2.834 \times 10^{-8} \times Q^2$	— 직관: 2[m]+0.15[m]=2.15[m] — 90° 엘보: 1×1.3[m]=1.3[m] — 티측류: 2.5[m] 소계: 5.95[m]	$2.834 \times 10^{-8} \times Q^2 \times 5.95[m]$ $\fallingdotseq 1.686 \times 10^{-7} \times Q^2$
50φ	$\Delta P = \dfrac{6 \times 10^4 \times Q^2}{120^2 \times 54^5}$ $\fallingdotseq 9.074 \times 10^{-9} \times Q^2$	— 직관: 2[m] 소계: 2[m]	$9.074 \times 10^{-9} \times Q^2 \times 2[m]$ $\fallingdotseq 1.815 \times 10^{-8} \times Q^2$
65φ	$\Delta P = \dfrac{6 \times 10^4 \times Q^2}{120^2 \times 69^5}$ $\fallingdotseq 2.664 \times 10^{-9} \times Q^2$	— 직관: 3[m]+5[m]=8[m] — 90° 엘보: 1×2.0[m]=2.0[m] 소계: 10[m]	$2.664 \times 10^{-9} \times Q^2 \times 10[m]$ $\fallingdotseq 2.664 \times 10^{-8} \times Q^2$
100φ	$\Delta P = \dfrac{6 \times 10^4 \times Q^2}{120^2 \times 107^5}$ $\fallingdotseq 2.971 \times 10^{-10} \times Q^2$	— 직관: 0.2[m]+0.2[m]=0.4[m] — 체크밸브: 8.7[m] — 게이트밸브: 0.7[m] — 알람밸브: 8.7[m] 소계: 18.5[m]	$2.971 \times 10^{-10} \times Q^2 \times 18.5[m]$ $\fallingdotseq 5.496 \times 10^{-9} \times Q^2$
총합			$1.441 \times 10^{-6} \times Q^2$

(2) • 계산과정: $0.2+0.3+0.2+0.6+3+0.15=4.45$
 • 답: $4.45[m]$

(3) • 계산과정: $4.45[m] \times \dfrac{0.1[MPa]}{10[m]} = 0.0445[MPa]$

$$P=0.3-0.0445-1.441 \times 10^{-6} \times Q^2 = 0.2555 - 1.441 \times 10^{-6} \times Q^2$$
$$Q=90 \times \sqrt{10 \times (0.2555 - 1.441 \times 10^{-6} \times Q^2)}$$
$$Q \fallingdotseq 136.134$$

 • 답: $136.13[L/min]$

(4) • 계산과정: $0.2555 - 1.441 \times 10^{-6} \times 136.134^2 \fallingdotseq 0.229$
 • 답: $0.23[MPa]$

해 설

(1) 전체 배관의 총 마찰손실압력[MPa]은 각 구경 별 배관의 마찰손실압력[MPa]의 합과 같다.
$1.162 \times 10^{-6} \times Q^2 + 6.009 \times 10^{-8} \times Q^2 + 1.686 \times 10^{-7} \times Q^2$
$+ 1.815 \times 10^{-8} \times Q^2 + 2.664 \times 10^{-8} \times Q^2 + 5.496 \times 10^{-9} \times Q^2$
$\fallingdotseq 1.441 \times 10^{-6} \times Q^2 [MPa]$

(2) 실층고 환산 낙차수두는 펌프의 토출측에서 A헤드까지의 수직거리를 의미한다.

(3), (4) 화재안전기준에 따라 스프링클러설비에 설치된 가압송수장치(펌프)의 토출압력은 다음과 같다.

$$P = P_1 + P_2 + P_3$$

P: 정격토출압력[MPa], P_1: 낙차의 환산압력[MPa],
P_2: 배관 및 관부속의 마찰손실압력[MPa], P_3: 헤드의 방사압력[MPa]

낙차의 환산압력 P_1는 다음과 같다.
$$P_1 = 4.45[m] \times \dfrac{0.1[MPa]}{10[m]} = 0.0445[MPa]$$

배관 및 관부속의 마찰손실압력 P_2는 다음과 같다.
$$P_2 = 1.441 \times 10^{-6} \times Q^2 [MPa]$$

따라서 A헤드의 방사압력 P_3는 다음과 같다.
$P_3 = P - P_1 - P_2 = 0.3[MPa] - 0.0445[MPa] - 1.441 \times 10^{-6} \times Q^2 [MPa]$
$= 0.2555[MPa] - 1.441 \times 10^{-6} \times Q^2 [MPa]$

방수노즐에서 압력 P와 유량 Q는 다음과 같은 관계를 갖는다.

$$Q = K\sqrt{10P}$$

Q: 방수량[L/min], K: 방출계수, P: 방수압[MPa]

따라서 A헤드의 방수량 Q는
$Q = 90 \times \sqrt{10 \times (0.2555 - 1.441 \times 10^{-6} \times Q^2)}$ ← 공학용 계산기의 SOLVE 기능을 활용하면 계산이 쉽다.
$Q \fallingdotseq 136.134[L/min]$

A헤드의 방사압력 P는
$P = 0.2555 - 1.441 \times 10^{-6} \times (136.134[L/min])^2 \fallingdotseq 0.229[MPa]$

연 계 이 론 PHASE 04 스프링클러설비

06 이산화탄소 소화설비의 종합정밀점검 항목에서 수동식 기동장치의 점검항목을 쓰시오. [5점]

정답

- 방호구역별 또는 방호대상별 기동장치 설치 여부

해설

연결살수설비 작동점검표

번호	점검항목	점검결과
기동장치		
001	○ 방호구역별 출입구 부근 소화약제 방출표시등 설치 및 정상 작동 여부	
011	[수동식 기동장치] ○ 수동장치 부근에 비상스위치 설치 여부	
012	● 방호구역별 또는 방호대상별 기동장치 설치 여부	
013	○ 기동장치 설치 적정(출입구 부근 등, 높이, 보호장치, 표지, 전원표시등) 여부	
014	○ 방출용 스위치 음향경보장치 연동 여부	
021	[자동식 기동장치] ○ 감지기 작동과의 연동 및 수동기동 가능 여부	
022	● 저장용기 수량에 따른 전자 개방밸브 수량 적정 여부(전기식 기동장치의 경우)	
023	○ 기동용 가스용기의 용적, 충전압력 적정 여부(가스압력식 기동장치의 경우)	
024	● 기동용 가스용기의 안전장치, 압력게이지 설치 여부(가스압력식 기동장치의 경우)	
025	● 저장용기 개방구조 적정 여부(기계식 기동장치의 경우)	

※ 점검항목 중 "●"는 종합점검의 경우에만 해당한다.

연계이론

PHASE 07 이산화탄소 소화설비

07 경유를 연료로 사용하는 바닥면적이 $100[m^2]$이고 높이가 $3.5[m]$인 발전기실에 할로겐화합물 및 불활성기체 소화설비를 설치하고자 한다. [조건]을 이용하여 다음 물음에 답하시오. [7점]

조건

(가) IG-541의 A, B급 소화농도는 32[%]이다.
(나) IG-541의 저장용기는 80[L]용 $12.4[m^3/병]$으로 적용한다.
(다) 선형상수를 이용하도록 하며 방사 시 기준온도는 20[°C]이다.

소화약제	K_1	K_2
IG-541	0.65799	0.00239

(라) 불활성기체 약제 저장량 $X[m^3/m^3]$은 다음과 같다.

$$X = 2.303 \times \frac{V_S}{S} \times \log\left(\frac{100}{100-C}\right)$$

X: 공간체적 당 더해진 소화약제의 부피$[m^3/m^3]$, V_S: 비체적 (20[°C]에서 $V_S = S)[m^3/kg]$, S: 소화약제의 비체적$[m^3/kg]$, C: 설계농도[%]

(1) 발전기실에 필요한 IG-541의 최소 용기수는 몇 병인가?
(2) 할로겐화합물 및 불활성기체 소화약제의 구비조건을 5가지 쓰시오.

정답

(1) • 계산과정: $32 \times 1.3 = 41.6$

$$2.303 \times \frac{V_S}{S} \times \log\left(\frac{100}{100-41.6}\right) \times (100 \times 3.5) ≒ 188.283$$

$$\frac{188.283}{12.4} ≒ 15.18$$

• 답: 16병

(2) 다음 6가지 중 5가지를 선택하여 작성한다.
• 오존파괴지수가 낮다.
• 지구온난화지수가 낮다.
• 소화성능이 우수하다.
• 독성이 낮다.
• 가격이 낮다.
• 저장성이 좋다.

해설

(1) 화재안전기준에 따른 불활성기체 소화약제의 저장량 최소기준은 다음과 같다.

$$X = 2.303 \times \frac{V_S}{S} \times \log\left(\frac{100}{100-C}\right) \times V$$

X: 소화약제의 부피[m³], V_S: 20[℃]에서 소화약제의 비체적[m³/kg],
S: 소화약제별 선형상수($K_1+K_2 \times T$)[m³/kg], T: 방호구역의 기준온도[℃]
C: 설계농도(소화농도×안전계수)[%], V: 방호구역의 부피[m³]

기준온도가 20[℃]이므로 소화약제의 비체적 V_S와 소화약제별 선형상수 S는 같다.
  $V_S = S$
설계농도 C는 소화농도와 안전계수의 곱이며, 유류화재인 B급 화재의 안전계수는 1.3이므로 설계농도 C는 다음과 같다.
  $C = $ 소화농도 × 안전계수 $= 32 \times 1.3 = 41.6[\%]$
방호구역인 발전기실의 부피(가로×세로×높이)는 다음과 같다.
  $V = 100[\text{m}^2] \times 3.5[\text{m}] = 350[\text{m}^3]$

따라서 소화약제 IG-541의 부피 X는
  $X = 2.303 \times \frac{V_S}{S} \times \log\left(\frac{100}{100-41.6[\%]}\right) \times 350[\text{m}^3] ≒ 188.283[\text{m}^3]$

약제용기 1병 당 소화약제 IG-541의 충전량[m³]은 12.4[m³]이므로 전체 소화약제의 양을 저장하기 위해 발전기실에 필요한 저장용기의 개수는

$\dfrac{188.283[\text{m}^3]}{12.4[\text{m}^3/병]} ≒ 15.18[병] = 16[병]$ (절상)

연계이론 PHASE 09 할로겐화합물 및 불활성기체 소화설비

08

건식 스프링클러에 하향식 헤드를 부착하는 경우 드라이 펜던트(건식형)의 헤드를 사용한다. 사용목적과 구조 및 기능에 대하여 간단히 설명하시오. [4점]

(1) 사용목적
(2) 구조 및 기능

정답

(1) 하향식 헤드 입구쪽에 기체를 충전하여 헤드의 동파를 방지한다.
(2) 배관 안에 부동액 또는 질소를 봉입해 하향식 헤드가 감열되어 개방되는 경우 부동액 및 질소가 방사된 후에 물이 방사될 수 있도록 한다.

연계이론 PHASE 04 스프링클러설비

09 가로 20[m], 세로 10[m]인 특수가연물을 저장하는 창고에 포 소화설비를 설치하고자 한다. [조건]에 따라 다음 물음에 답하시오. [10점]

> **조건**
> (가) 포헤드를 정방형으로 설치한다.
> (나) 포 원액은 3[%] 수성막포이다.
> (다) 전양정은 35[m], 효율은 65[%], 여유율은 10[%]이다.

(1) 포헤드의 수량은 몇 개인가?
(2) 수원의 저장량[m³]은 얼마 이상으로 하여야 하는가?
(3) 포 원액의 양[L]은 얼마 이상으로 하여야 하는가?
(4) 전동기의 출력[kW]은 얼마인가?

정답

(1) • 계산과정: $2 \times 2.1 \times \cos 45° ≒ 2.97$

$\dfrac{20}{2.97} ≒ 6.76$

$\dfrac{10}{2.97} ≒ 3.37$

$7 \times 4 = 28$

• 답: 28개

(2) • 계산과정: $6.5 \times 200 \times 10 \times 0.97 = 12,610[L] = 12.61[m^3]$
• 답: 12.61[m³]

(3) • 계산과정: $6.5 \times 200 \times 10 \times 0.03 = 390$
• 답: 390[L]

(4) • 계산과정: $1,300[L/min] = \dfrac{1.3}{60}[m^3/s]$

$\dfrac{9.8 \times \dfrac{1.3}{60} \times 35}{0.65} \times 1.1 ≒ 12.577$

• 답: 12.58[kW]

[해 설]

(1) 포 헤드를 정방형으로 배치한 경우 다음의 식에 따라 산정한 수치 이하가 되도록 한다.

$$S = 2 \times r \times \cos 45°$$

S: 포 헤드 상호 간의 거리[m], r: 유효반경 (2.1[m])

포 헤드 간 최대 거리는 다음과 같다.

$$S = 2 \times 2.1[\text{m}] \times \cos 45° ≒ 2.97[\text{m}]$$

방호대상물의 길이가 가로 20[m], 세로 10[m]이므로 방향별 배치해야 하는 헤드의 최소 개수는 다음과 같다.

$$\frac{20[\text{m}]}{2.97[\text{m}]} ≒ 6.76[개] = 7[개] (절상), \quad \frac{10[\text{m}]}{2.97[\text{m}]} ≒ 3.37[개] = 4[개] (절상)$$

따라서 방호대상물에 배치해야 하는 헤드의 개수는

$$7[개] \times 4[개] = 28[개]$$

(2) 포 헤드는 특정소방대상물별로 그에 사용되는 포 소화약제에 따라 1분 당 방사량이 다음의 표에 따른 양 이상이 되는 것으로 한다.

소방대상물	포 소화약제의 종류	바닥면적 1[m²] 당 방사량
차고·주차장 및 항공기격납고	수성막포 소화약제	3.7[L] 이상
	단백포 소화약제	6.5[L] 이상
	합성계면활성제포 소화약제	8.0[L] 이상
특수가연물을 저장·취급하는 소방대상물	수성막포 소화약제	6.5[L] 이상
	단백포 소화약제	6.5[L] 이상
	합성계면활성제포 소화약제	6.5[L] 이상

포 헤드 방식 및 압축공기포 소화설비에 있어서는 하나의 방사구역 안에 설치된 포 헤드를 동시에 개방하여 표준 방사량으로 10분 간 방사할 수 있는 양 이상으로 한다.

포 소화약제는 3[%]의 수성막포를 사용하며, 포 소화약제의 분당 방출량은 6.5[L/m²·min]이고, 방사시간은 10분이므로 필요한 수원(물)의 양[m³]은

$$Q = 6.5[\text{L/m}^2 \cdot \text{min}] \times (20[\text{m}] \times 10[\text{m}]) \times 10[\text{min}] \times (1 - 0.03) = 12,610[\text{L}] = 12.61[\text{m}^3]$$

(3) 포 소화약제는 3[%]의 수성막포를 사용하므로 필요한 포 원액량[L]은 다음과 같다.

$$Q = 6.5[\text{L/m}^2 \cdot \text{min}] \times (20[\text{m}] \times 10[\text{m}]) \times 10[\text{min}] \times 0.03 = 390[\text{L}]$$

(4) 전동기의 동력은 다음의 식을 통해 구할 수 있다.

$$P = \frac{\gamma Q H}{\eta} K$$

P: 전동기의 용량[kW], γ: 유체의 비중량[kN/m³], Q: 유량[m³/s], H: 전양정[m], η: 효율, K: 전달계수

유체는 물이므로 물의 비중량은 9.8[kN/m³]이다.
포 소화약제의 분당 방출량은 6.5[L/m²·min]이고, 방호대상물의 바닥면적은 (20[m]×10[m])이므로 펌프의 토출량은

$$Q = 6.5[\text{L/m}^2 \cdot \text{min}] \times (20[\text{m}] \times 10[\text{m}]) = 1,300[\text{L/min}]$$

펌프의 토출량은 1,300[L/min]이므로 단위를 변환하면 $\frac{1.3}{60}$[m³/s]이다.

따라서 주어진 조건을 공식에 대입하면 펌프의 동력 P는

$$P = \frac{9.8[\text{kN/m}^3] \times \frac{1.3}{60}[\text{m}^3/\text{s}] \times 35[\text{m}]}{0.65} \times 1.1 ≒ 12.577[\text{kW}]$$

◇ 연계이론 ◇ **PHASE 06 포 소화설비**

10 경유를 저장하는 위험물 옥외저장탱크의 높이가 7[m], 직경 10[m]인 콘루프탱크(Con Roof Tank)에 II형 포 방출구 및 옥외 보조 포 소화전 2개가 설치되었다. 다음 물음에 답하시오. [8점]

> **조건**
> (가) 배관의 낙차수두와 마찰손실수두의 합은 55[m]이다.
> (나) 폼 챔버 압력수두로 양정계산(그림 참고, 보조 포 소화전 압력수두는 무시)한다.
> (다) 펌프의 효율은 65[%]이고, 전달계수는 1.1이다.
> (라) 배관의 송액량은 제외한다.

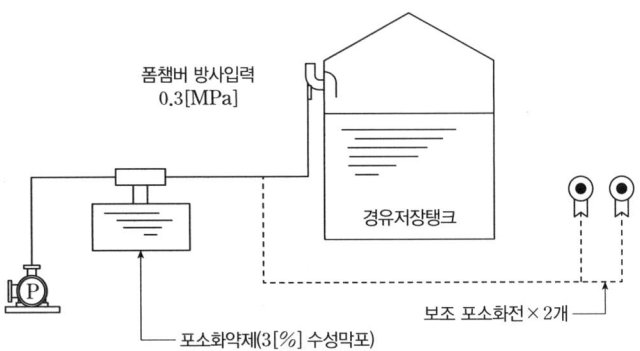

고정포 방출구의 포 수용액량 및 방출률

포방출구의 종류 위험물의 구분	I형 포수용액량 [L/m²]	I형 방출률 [L/m²·min]	II형 포수용액량 [L/m²]	II형 방출률 [L/m²·min]	특형 포수용액량 [L/m²]	특형 방출률 [L/m²·min]	III형 포수용액량 [L/m²]	III형 방출률 [L/m²·min]	IV형 포수용액량 [L/m²]	IV형 방출률 [L/m²·min]
제4류 위험물 중 인화점이 21[℃] 미만인 것	120	4	220	4	240	8	220	4	220	4
제4류 위험물 중 인화점이 21[℃] 이상 70[℃] 미만인 것	80	4	120	4	160	8	120	4	120	4
제4류 위험물 중 인화점이 70[℃] 이상인 것	60	4	100	4	120	8	100	4	100	4

(1) 포 소화약제의 양[L]은 얼마인가?
  • 고정포 방출구의 포 소화약제량(Q_1)
  • 옥외 보조 포 소화전 약제량(Q_2)

(2) 펌프 동력[kW]은 얼마인가?

정답

(1) • 고정포 방출구의 포 소화약제량(Q_1)
  – 계산과정: $4 \times \dfrac{\pi}{4} \times 10^2 \times 30 \times 0.03 ≒ 282.743$
  – 답: 282.74[L]
 • 옥외 보조 포 소화전 약제량(Q_2)
  – 계산과정: $2 \times 0.03 \times 8,000 = 480$
  – 답: 480[L]

(2) • 계산과정: $4 \times \dfrac{\pi}{4} \times 10^2 ≒ 314.159$

  $2 \times 400 = 800$

  $314.159 + 800 = 1,114.159[\text{L/min}] = \dfrac{1.114}{60}[\text{m}^3/\text{s}]$

  $0.3[\text{MPa}] \times \dfrac{10[\text{m}]}{0.1[\text{MPa}]} + 55[\text{m}] = 85[\text{m}]$

  $\dfrac{9.8 \times \dfrac{1.114}{60} \times 85}{0.65} \times 1.1 ≒ 26.173$

 • 답: 26.17[kW]

해설

(1) 위험물 저장탱크에 발생하는 화재는 유류 표면에서 발생하므로 위험물이 드러나거나 증발 가능한 면적이 화재 발생면적이자 소화면적이 된다.

탱크의 고정포 방출구에 필요한 포 소화약제의 양은 다음과 같다. ← 경유는 인화점이 21[℃]이상 70[℃]미만이다.

$Q = 4[\text{L/m}^2 \cdot \text{min}] \times \dfrac{\pi}{4} \times (10[\text{m}])^2 \times 30[\text{min}] \times 0.03 ≒ 282.743[\text{L}]$

보조 포 소화전에 필요한 포 소화약제의 양은 다음과 같다.

$$Q = N \times S \times 8,000[\text{L}]$$

Q: 보조 포 소화전의 유량[L/min], N: 방출구의 개수(최대 3개), S: 소화약제의 농도[%]

보조 포 소화전에 필요한 포 소화약제의 양은
 $Q = 2 \times 0.03 \times 8,000[\text{L}] = 480[\text{L}]$

(2) 펌프의 동력은 다음의 식을 통해 구할 수 있다.

$$P = \dfrac{\gamma Q H}{\eta} K$$

P: 펌프의 동력[kW], γ: 유체의 비중량[kN/m³], Q: 유량[m³/s], H: 전양정[m], η: 효율, K: 전달계수

유체는 물이므로 물의 비중량은 9.8[kN/m³]이다.

경유탱크의 고정포 방출구에 필요한 포 수용액의 유량은 다음과 같다.

$$Q = 4[\text{L/min} \cdot \text{m}^2] \times \frac{\pi}{4} \times (10[\text{m}])^2 ≒ 314.159[\text{L/min}]$$

보조 포 소화전에 필요한 포 수용액의 유량은 다음과 같다.

$$Q = N \times 400[\text{L/min}]$$

Q: 보조 포 소화전의 유량[L/min], N: 방출구의 개수(최대 3개)

따라서 보조 포 소화전에 필요한 포 수용액량은
$$Q = 2 \times 400[\text{L/min}] = 800[\text{L/min}]$$

펌프의 토출량은 $(314.159[\text{L/min}] + 800[\text{L/min}]) = 1{,}114.159[\text{L/min}]$이므로 단위를 변환하면 $\frac{1.114}{60}[\text{m}^3/\text{s}]$ 이다.

포 수용액은 0.3[MPa]의 압력으로 방출되었고, 낙차수두와 배관 및 관 부속품 마찰손실수두의 합은 55[m]이므로 필요한 펌프의 방수압력 수두(전양정)는 다음과 같다.

$$H = 0.3[\text{MPa}] \times \frac{10[\text{m}]}{0.1[\text{MPa}]} + 55[\text{m}] = 85[\text{m}]$$

따라서 주어진 조건을 공식에 대입하면 펌프의 동력 P는

$$P = \frac{9.8[\text{kN/m}^3] \times \frac{1.114}{60}[\text{m}^3/\text{s}] \times 85[\text{m}]}{0.65} \times 1.1 ≒ 26.173[\text{kW}]$$

연계이론 **PHASE 06 포 소화설비**

11

옥내소화전설비의 가압송수장치의 체절운전의 시험방법을 설명하시오. [6점]

정답

1. 동력제어반에서 충압펌프의 운전스위치를 수동(정지)으로 조작한다.
2. 펌프의 토출 측 주밸브를 폐쇄한다.
3. 성능시험배관 상에 설치된 개폐밸브가 폐쇄되었는지 확인한다.
4. 주펌프를 수동으로 기동시킨다.
5. 릴리프밸브가 개방되는 순간의 압력을 압력계를 통해 확인하고 그 값이 체절압력 미만인지 비교한다.

연계이론 **PHASE 02 옥내소화전설비**

12

특별피난계단의 계단실 및 부속실 제연설비의 제연구역에 과압의 우려가 있는 경우 과압방지를 위하여 해당 제연구역에 플랩댐퍼를 설치하고자 한다. 다음 물음에 답하시오. [4점]

(1) 옥내에 스프링클러설비가 설치되어 있고 급기가압에 따른 17[Pa]의 차압이 걸려 있는 실의 문의 크기가 1[m]×2[m]일 때 문 개방에 필요한 힘[N]은 얼마인가? (단, 자동폐쇄장치나 경첩문 등을 극복할 수 있는 힘은 40[N]이고, 문의 손잡이는 문 가장자리에서 101[mm]위치에 있다.)

(2) 플랩댐퍼의 설치 유무를 답하고 그 이유를 설명하시오. (단, 플랩댐퍼에 붙어있는 경첩을 움직이는 힘은 40[N]이다.)

정답

(1) • 계산과정: $40 + \dfrac{1 \times 1 \times (1 \times 2) \times 17}{2(1-0.101)} ≒ 58.909$

• 답: 58.91[N]

(2) 문 개방에 필요한 힘 F는 58.91[N]으로 110[N]보다 작기 때문에 플랩 댐퍼를 설치할 필요가 없다.

해설

(1) 문 개방에 필요한 힘은 다음과 같다.

$$F = F_{dc} + \dfrac{K_d W A \Delta P}{2(W-d)}$$

F: 문 개방에 필요한 힘[N], F_{dc}: 도어체크의 저항력[N], K_d: 출입문의 마찰계수, W: 문의 가로폭[m], A: 문의 면적[m²], ΔP: 내부와 외부의 압력차(차압)[Pa], d: 문 손잡이에서 문의 끝까지의 거리[m]

따라서 주어진 조건을 공식에 대입하면 문 개방에 필요한 힘 F는

$$F = 40[N] + \dfrac{1 \times 1[m] \times (1[m] \times 2[m]) \times 17[Pa]}{2(1[m] - 0.101[m])} ≒ 58.909[N]$$

(2) 제연설비가 가동되었을 경우 출입문의 개방에 필요한 힘은 110[N] 이하로 해야 한다.
문 개방에 필요한 힘 F는 58.91[N]으로 110[N]보다 작기 때문에 플랩 댐퍼를 설치할 필요가 없다.

연계이론

PHASE 15 특별피난계단의 계단실 및 부속실 제연설비

13 이산화탄소 소화설비의 과압배출구를 설치할 때 검토하여야 하는 사항을 두 가지 쓰시오 [4점]

정답   다음 4가지 중 2가지를 선택하여 작성한다.
- 방호구역 누설면적
- 방호구역의 최대허용압력
- 소화약제 방출 시의 최고압력
- 소화농도 유지시간

해설   이산화탄소 소화설비의 방호구역에는 소화약제 방출 시 발생하는 과압 또는 부압으로 인한 구조물 등의 손상을 방지하기 위해 다음의 내용을 검토하여 과압배출구를 설치해야 한다.
- 방호구역 누설면적
- 방호구역의 최대허용압력
- 소화약제 방출 시의 최고압력
- 소화농도 유지시간

연계이론   **PHASE 07** 이산화탄소 소화설비

14 건식 스프링클러설비에 쓰이는 건식 밸브의 기능을 평상시와 화재 시를 구분하여 작성하시오. [4점]

(1) 평상시
(2) 화재 시

정 답

(1) 체크밸브 기능
(2) 자동경보 기능

해 설

(1) 평상시 건식 밸브는 1차 측의 가압수가 2차 측으로 넘어가지 못하도록 방지하는 체크밸브의 기능을 한다.
(2) 화재 시 건식 밸브는 개방되면서 1차 측의 가압수가 2차 측으로 흐르게 되는데, 밸브 측면의 가느다란 배관을 가압하여 자동으로 경보를 발하는 기능을 한다.

연계이론 PHASE 04 스프링클러설비

01 그림은 어느 실들의 평면도이다. 이 실들 중 A실을 급기 가압하고자 한다. [조건]을 참고하여 다음 물음에 답하시오. [8점]

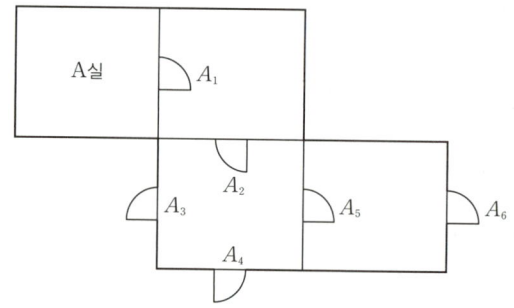

조건
- (가) 실외부 대기의 기압은 절대압력으로 101.3[kPa]로서 일정하다.
- (나) A실에 유지하고자 하는 기압은 절대압력으로 101.4[kPa]이다.
- (다) 각 실의 문(Door)들의 틈새면적은 0.01[m^2]이다.
- (라) 어느 실을 급기 가압할 때 그 실의 문 틈새를 통하여 누출되는 공기의 양은 다음의 식을 따른다.

$$Q = 0.827 AP^{\frac{1}{2}}$$

Q: 누출되는 공기의 양[m^3/s], A: 문의 틈새면적[m^2], P: 문을 경계로 한 실내외 기압차[Pa]

(1) 총 누설틈새면적[m^2]은 얼마인가? (단, 답은 소수점 다섯째 자리까지 나타낸다.)
(2) A실에 유입시켜야 할 풍량[m^3/s]은 얼마인가? (단, 소수점 넷째 자리까지 계산)

정답
(1) · 답: 0.00684[m^2]
(2) · 계산과정: $0.827 \times 0.00684 \times (101,400 - 101,300)^{\frac{1}{2}} ≒ 0.05657$
　　· 답: 0.0566[m^3/s]

해 설

(1) A_5, A_6는 직렬관계이다.
$$A_{5\sim 6} = \cfrac{1}{\sqrt{\cfrac{1}{(0.01[\text{m}^2])^2} + \cfrac{1}{(0.01[\text{m}^2])^2}}} \fallingdotseq 0.007071[\text{m}^2]$$

A_3, A_4, $A_{5\sim 6}$는 병렬관계이다.
$$A_{3\sim 6} = 0.01[\text{m}^2] + 0.01[\text{m}^2] + 0.007071[\text{m}^2] = 0.027071[\text{m}^2]$$

A_2, $A_{3\sim 6}$는 직렬관계이다.
$$A_{2\sim 6} = \cfrac{1}{\sqrt{\cfrac{1}{(0.01[\text{m}^2])^2} + \cfrac{1}{(0.027071[\text{m}^2])^2}}} \fallingdotseq 0.009380[\text{m}^2]$$

A_1, $A_{2\sim 6}$는 직렬관계이다.
$$A_{1\sim 6} = \cfrac{1}{\sqrt{\cfrac{1}{(0.01[\text{m}^2])^2} + \cfrac{1}{(0.00938[\text{m}^2])^2}}} \fallingdotseq 0.006841[\text{m}^2]$$

(2) 어떤 틈새면적 A가 있고, 틈새를 경계로 한 양쪽의 기압차 P가 있을 때, 그 간격을 통과하는 유량 Q는 다음과 같은 관계를 갖는다.
$$Q = 0.827 A P^{\frac{1}{2}}$$

외부의 기압과 A실 내부 기압의 차이는 $(101,400 - 101,300)[\text{Pa}]$이고, 문의 틈새면적 A는 $0.00684[\text{m}^2]$이므로 주어진 조건을 공식에 대입하면 틈새면적을 통과하는 유량 Q는
$$Q = 0.827 \times 0.00684[\text{m}^2] \times (101,400[\text{Pa}] - 101,300[\text{Pa}])^{\frac{1}{2}}$$
$$\fallingdotseq 0.05657[\text{m}^3/\text{s}]$$

연 계 이 론 PHASE 15 특별피난계단의 계단실 및 부속실 제연설비

02
피난구조설비는 피난기구와 인명구조기구로 나눈다. 이때 인명구조기구의 종류를 3가지 쓰시오. [3점]

정 답
- 방열복, 방화복(안전모, 보호장갑 및 안전화 포함)
- 공기호흡기
- 인공소생기

연 계 이 론 PHASE 12 인명구조기구

03 그림과 같이 바닥면이 자갈로 되어 있는 절연유 봉입 변압기에 물분무 소화설비를 설치하려고 한다. 화재안전기준을 참고하여 다음 물음에 답하시오. (단, 자갈이 쌓인 높이는 0.3[m]이다.) [10점]

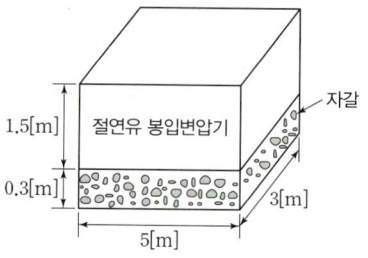

(1) 소화펌프의 최소토출량[L/min]은 얼마인가?
(2) 필요한 최소 수원의 양[m³]은 얼마인가?
(3) 다음은 고압의 전기기기가 있는 장소의 물분무헤드와 전기기기의 이격기준이다. 표의 (   )에 알맞은 답을 쓰시오.

전압[kV]	거리[cm]	전압[kV]	거리[cm]
66 이하	(①) 이상	154 초과 181 이하	180 이상
66 초과 77 이하	80 이상	181 초과 220 이하	(②) 이상
77 초과 110 이하	110 이상	220 초과 275 이하	260 이하
110 초과 154 이하	150 이상	—	—

정답

(1) • 계산과정: $(5 \times 1.5) \times 2 + (3 \times 1.5) \times 2 + (5 \times 3) = 39$
    $10 \times 39 = 390$
• 답: 390[L/min]

(2) • 계산과정: $390 \times 20 = 7,800[L] = 7.8[m^3]$
• 답: 7.8[m³]

(3) ① 70
    ② 210

해설

(1) 화재안전기준에 따라 물분무 소화설비에서 가압송수장치(펌프)의 1분 당 토출량은 다음의 기준에 따라 설치한다.
← 물분무 소화설비의 방수시간은 20분 이상이다.

대상	1분 당 토출량
특수가연물을 저장·취급하는 특정소방대상물	바닥면적(최소 50[m²]) 1[m²] 당 10[L] 이상
차고 또는 주차장	바닥면적(최소 50[m²]) 1[m²] 당 20[L] 이상
절연유 봉입 변압기	바닥을 제외한 표면적 1[m²] 당 10[L] 이상
케이블트레이, 케이블덕트	투영된 바닥면적 1[m²] 당 12[L] 이상
컨베이어 벨트	벨트 부분의 바닥면적 1[m²] 당 10[L] 이상

가압송수장치(펌프)의 1분 당 토출량은 절연유 봉입 변압기의 경우 바닥을 제외한 표면적 1[m²] 당 10[L] 이상으로 한다.
바닥을 제외한 표면적 A는 다음과 같다.
$A = (5[m] \times 1.5[m]) \times 2 + (3[m] \times 1.5[m]) \times 2 + (5[m] \times 3[m]) = 39[m^2]$
정격토출량 $= 10[L/m^2 \cdot min] \times 39[m^2] = 390[L/min]$

(2) 물분무 소화설비의 방수시간은 20분 이상이다.
$$Q = 390[\text{L/min}] \times 20[\text{min}] = 7,800[\text{L}] = 7.8[\text{m}^3]$$

(3) 고압의 전기기기가 있는 장소는 전기의 절연을 위하여 전기기기와 물분무 헤드 사이에 다음의 표에 따른 거리를 둔다.

전압[kV]	거리[cm]	전압[kV]	거리[cm]
66 이하	70 이상	154 초과 181 이하	180 이상
66 초과 77 이하	80 이상	181 초과 220 이하	210 이상
77 초과 110 이하	110 이상	220 초과 275 이하	260 이하
110 초과 154 이하	150 이상		

연계이론 PHASE 05 물분무 소화설비

04

다음 ( )에 알맞은 답을 쓰시오. [3점]

"미분무"란 물만을 사용하여 소화하는 방식으로 최소설계압력에서 헤드로부터 방출되는 물입자 중 (①)[%]의 누적체적분포가 (②)[μm] 이하로 분무되고 (③) 화재에 적응성을 갖는 것을 말한다.

정답
① 99
② 400
③ A, B, C급

해설 "미분무"란 물만을 사용하여 소화하는 방식으로 최소설계압력에서 헤드로부터 방출되는 물입자 중 99[%]의 누적체적분포가 400[μm] 이하로 분무되고 A, B, C급 화재에 적응성을 갖는 것을 말한다.

연계이론 PHASE 05 물분무 소화설비

05 제연설비의 설치장소는 제연구역으로 구획하도록 명시하고 있다. (   ) 안에 알맞은 답을 쓰시오. [5점]

- 하나의 제연구역의 면적은 (①)[m^2] 이내로 할 것
- 거실과 통로(복도를 포함한다)는 (②) 할 것
- 통로상의 제연구역은 보행중심선의 길이가 (③)[m]를 초과하지 아니할 것
- 하나의 제연구역은 직경 (④)[m] 원 내에 들어갈 수 있을 것
- 하나의 제연구역은 (⑤) 이상 층에 미치지 아니하도록 할 것. 다만, 층의 구분이 불분명한 부분은 그 부분을 다른 부분과 별도로 제연구획 하여야 한다.

정 답
① 1,000
② 각각 제연구획
③ 60
④ 60
⑤ 2

해 설
- 하나의 제연구역의 면적은 1,000[m^2] 이내로 한다.
- 거실과 통로(복도 포함)는 각각 제연구획 한다.
- 통로상의 제연구역은 보행중심선의 길이가 60[m]를 초과하지 않는다.
- 하나의 제연구역은 직경 60[m] 원 내에 들어갈 수 있어야 한다.
- 하나의 제연구역은 2 이상의 층에 미치지 않도록 한다.
- 층의 구분이 불분명한 부분은 그 부분을 다른 부분과 별도로 제연구획 한다.

연 계 이 론 PHASE 14 제연설비

06

다음은 지하구의 화재안전기준이다. (   ) 에 알맞은 답을 쓰시오. [6점]

- 천장 또는 벽면에 설치할 것
- 헤드간의 수평거리는 연소방지설비 전용헤드의 경우에는 (①)[m] 이하, 스프링클러헤드의 경우에는 (②)[m] 이하로 할 것
- 소방대원의 출입이 가능한 환기구·작업구마다 지하구의 양쪽방향으로 살수헤드를 설정하되, 한쪽 방향의 살수구역의 길이는 (③)[m] 이상으로 할 것. 다만, 환기구 사이의 간격이 (④)[m]를 초과할 경우에는 (⑤)[m] 이내마다 살수구역을 설정하되, 지하구의 구조를 고려하여 방화벽을 설치한 경우에는 그러하지 아니하다.

정답

① 2
② 1.5
③ 3
④ 700
⑤ 700

해설

연소방지설비의 헤드는 다음의 기준에 따라 설치한다.
- 천장 또는 벽면에 설치할 것
- 헤드 간의 수평거리는 연소방지설비 전용헤드의 경우 2[m] 이하, 개방형 스프링클러 헤드의 경우 1.5[m] 이하로 한다.
- 소방대원의 출입이 가능한 환기구·작업구마다 지하구의 양쪽방향으로 살수헤드를 설치하고, 한쪽 방향의 살수구역의 길이는 3[m] 이상으로 한다.
- 환기구 사이의 간격이 700[m]를 초과하는 경우 700[m] 이내마다 살수구역을 설정한다.

연계이론

PHASE 18 지하구

07 용도가 근린생활시설인 특정소방대상물에 옥내소화전이 각 층에 4개씩 설치되어 있다. 다음 물음에 답하시오. (단, 유속은 4[m/s]이다.) [10점]

(1) 펌프의 토출량[L/min]은 얼마 이상으로 하여야 하는가?
(2) 펌프 토출 측 수직 배관의 최소 호칭구경을 표에서 고르시오.

호칭구경	40A	50A	65A	80A	100A
내경[mm]	42	53	69	81	105

(3) 펌프의 성능시험배관상에 설치하는 유량측정장치의 최대 측정유량[L/min]은 얼마인가?
(4) 배관의 마찰손실 및 소방용 호스의 마찰손실수두가 10[m]이고 실양정이 25[m]일 경우 펌프를 정격토출량의 150[%]로 운전 시 정격토출압력[MPa]은 얼마 이상이 되어야 하는가?
(5) 중력가속도가 9.8[m/s²]일 경우 체절압력[MPa]은 얼마인가?
(6) 펌프의 성능시험배관에서 전단 직관부 및 후단 직관부에 설치하는 밸브의 명칭을 쓰시오.

정 답

(1) • 계산과정: $2 \times 130 = 260$
 • 답: 260[L/min]

(2) • 계산과정: $\sqrt{\dfrac{4 \times \dfrac{0.26}{60}}{\pi \times 4}} \fallingdotseq 0.0371[m] = 37.1[mm]$
 • 답: 50A

(3) • 계산과정: $1.75 \times 260 = 455$
 • 답: 455[L/min]

(4) • 계산과정: $25 + 10 + 17 = 52$
   $52[m] \times \dfrac{0.1[MPa]}{10[m]} = 0.52[MPa]$
   $0.52 \times 0.65 = 0.338$
 • 답: 0.34[MPa]

(5) • 계산과정: $52 \times 1{,}000 \times 9.8 \times 1.4 = 713{,}440[Pa] \fallingdotseq 0.713[MPa]$
 • 답: 0.71[MPa]

(6) • 전단 직관부: 개폐밸브
 • 후단 직관부: 유량조절밸브

해 설

(1) 화재안전기준에 따라 옥내소화전설비에서 가압송수장치(펌프)는 특정소방대상물의 어느 층에서 해당 층의 옥내소화전을 동시에 사용할 경우(최대 2개, 30층 이상인 경우 최대 5개) 각 소화전의 노즐 선단에서의 방수량은 130[L/min] 이상으로 한다.
   정격토출량 = 2[개] × 130[L/min] = 260[L/min]

(2) 펌프의 토출 측 배관은 다음의 기준에 따라 설치한다.
 • 펌프의 토출 측 주배관의 구경은 유속이 4[m/s] 이하가 될 수 있는 크기 이상으로 한다.
 • 옥내소화전방수구와 연결되는 가지배관의 구경은 40[mm] 이상으로 한다.
 • 주배관 중 수직배관의 구경은 50[mm] 이상으로 한다.

부피유량 공식 $Q = Au$에 의해 유량 Q와 유속 u를 알면 배관의 직경 D를 다음과 같이 구할 수 있다.

$$Q = \dfrac{\pi}{4}D^2 u, \quad D = \sqrt{\dfrac{4Q}{\pi u}}$$

D: 배관의 직경[m], Q: 유량[m³/s], u: 유속[m/s]

정격토출량 260[L/min]의 단위를 변환해주면 $\frac{0.26}{60}$[m³/s]이 되고, 유속 4[m/s]와 함께 공식에 대입해주면 배관의 직경 D는 다음과 같다.

$$D = \sqrt{\frac{4 \times \frac{0.26}{60}[\text{m}^3/\text{s}]}{\pi \times 4[\text{m/s}]}} \fallingdotseq 0.0371[\text{m}] = 37.1[\text{mm}]$$

유속 4[m/s] 이하인 조건을 만족시키는 배관의 직경은 37.1[mm] 이상이며, 수직 배관이므로 50[mm] 이상이어야 한다.

(3) 유량측정장치는 펌프 정격토출량의 175[%] 이상까지 측정할 수 있는 성능이 있어야 하므로
   최대 측정유량 = 1.75 × 260[L/min] = 455[L/min]

(4) 펌프의 성능은 체절운전 시 정격토출압력의 140[%]를 초과하지 않고, 정격토출량의 150[%]로 운전 시 정격토출압력의 65[%] 이상이 되어야 한다.

화재안전기준에 따라 옥내소화전설비에 설치된 가압송수장치(펌프)의 전양정은 다음과 같다.

$$H = h_1 + h_2 + h_3 + 17$$

H : 전양정[m], h_1 : 실양정(흡입양정+토출양정)[m], h_2 : 호스의 마찰손실수두[m],
h_3 : 배관 및 관부속의 마찰손실수두[m], 17 : 노즐선단에서의 방사압력수두[m]

펌프의 후드밸브로부터 최고위 옥내소화전 앵글밸브까지의 수직거리인 실양정 h_1는 25[m]이다.
$h_1 = 25$[m]
호스의 마찰손실수두 h_2와 배관 및 관부속의 마찰손실수두 h_3의 합은 10[m]이다.
$h_2 + h_3 = 10$[m]

따라서 옥내소화전설비 펌프의 전양정 H는 다음과 같다.
$H = h_1 + h_2 + h_3 + 17 = 25[\text{m}] + 10[\text{m}] + 17 = 52[\text{m}]$

펌프의 정격토출압력은 전양정 H를 압력으로 환산한 값으로 한다.
정격토출압력 = $52[\text{m}] \times \frac{0.1[\text{MPa}]}{10[\text{m}]} = 0.52[\text{MPa}]$

펌프를 정격토출량의 150[%]로 운전 시 정격토출압력[MPa]은 65[%] 이상이 되어야 하므로
0.52[MPa] × 0.65 = 0.338[MPa]

(5) 압력[Pa]과 수두[m]의 관계식은 다음과 같다.

$$H = \frac{P}{\gamma} = \frac{P}{\rho g}$$

H : 수두[m], P : 압력[Pa], γ : 비중량[N/m³], ρ : 밀도[kg/m³], g : 중력가속도[m/s²]

체절압력은 정격토출압력의 140[%]이므로
체절압력 = 52[m] × 1,000[kg/m³] × 9.8[m/s²] × 1.4 = 713,440[Pa] ≒ 0.713[MPa]

(6) 성능시험배관은 펌프의 토출 측에 설치된 개폐밸브 이전에서 분기하여 직선으로 설치하고, 유량측정장치를 기준으로 전단 직관부에는 개폐밸브를, 후단 직관부에는 유량조절밸브를 설치한다.

◇ 연계이론 ◇　**PHASE 02 옥내소화전설비**

08 다음 도면은 스프링클러설비의 계통도이다. [조건]에 따라 다음 물음에 답하시오. [12점]

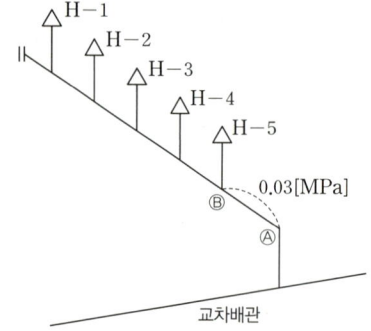

조건

㈎ H-1 헤드의 방사압력: 0.1[MPa], 방수량: 80[L/min]
㈏ 각 헤드 간의 압력차이: 0.02[MPa]
㈐ 배관의 구경은 40[mm]이고, 가지배관의 유속은 6[m/s]이다.

⑴ A지점에서 필요한 최소압력[MPa]은 얼마인가?
⑵ 각 헤드(H-1~H-5)간의 방수량[L/min]은 각각 얼마인가?
⑶ A~B 구간의 유량[L/min]은 얼마인가?
⑷ A~B 구간의 최소 배관 내경[mm]은 얼마로 하여야 하는가?

정 답

⑴ • 계산과정: $0.18+0.03=0.21$
  • 답: 0.21[MPa]

⑵

	계산과정	방수량[L/min]
H-1		80
H-2	$80\sqrt{10\times 0.12}≒87.636$	87.64
H-3	$80\sqrt{10\times 0.14}≒94.657$	94.66
H-4	$80\sqrt{10\times 0.16}≒101.193$	101.19
H-5	$80\sqrt{10\times 0.18}≒107.331$	107.33

⑶ • 계산과정: $80+87.64+94.66+101.19+107.33=470.82$
  • 답: 470.82[L/min]

⑷ • 계산과정: $470.82[\text{L/min}]=\dfrac{0.47082}{60}[\text{m}^3/\text{s}]$

  $\sqrt{\dfrac{4\times\dfrac{0.47082}{60}}{\pi\times 6}}≒0.040807[\text{m}]=40.807[\text{mm}]$

  • 답: 40.81[mm]

(1) 조건 (나)에 의해 각 헤드마다 방수압력 차이는 0.02[MPa]이므로 H-5 헤드의 방수압력은 0.18[MPa]이다.
그림 의해 A-B 구간의 마찰손실압은 0.03[MPa]이므로 A지점의 압력은 다음과 같다.
$$0.18[\text{MPa}] + 0.03[\text{MPa}] = 0.21[\text{MPa}]$$

(2) 스프링클러 헤드에서 압력 P와 유량 Q는 다음과 같은 관계를 갖는다.

$$Q = K\sqrt{10P}$$

Q: 방수량[L/min], K: 방출계수, P: 방수압[MPa]

방수량 Q가 80[L/min]이고, 방수압 P가 0.1[MPa]일 때 방출계수 K는 다음과 같다.
$$K = \frac{Q}{\sqrt{10P}} = \frac{80[\text{L/min}]}{\sqrt{10 \times 0.1[\text{MPa}]}} ≒ 80$$
따라서 주어진 조건을 공식에 대입하면 각 헤드별 방수량 Q는
$$Q_2 = 80\sqrt{10 \times 0.12[\text{MPa}]} ≒ 87.636[\text{L/min}]$$
$$Q_3 = 80\sqrt{10 \times 0.14[\text{MPa}]} ≒ 94.657[\text{L/min}]$$
$$Q_4 = 80\sqrt{10 \times 0.16[\text{MPa}]} ≒ 101.193[\text{L/min}]$$
$$Q_5 = 80\sqrt{10 \times 0.18[\text{MPa}]} ≒ 107.331[\text{L/min}]$$

(3) A-B 구간에는 H-1~H-5 헤드의 방수에 필요한 유량이 모두 흐른다.
$$80[\text{L/min}] + 87.64[\text{L/min}] + 94.66[\text{L/min}] + 101.19[\text{L/min}] + 107.33[\text{L/min}] = 470.82[\text{L/min}]$$

(4) 부피유량 공식 $Q = Au$에 의해 유량 Q와 유속 u를 알면 배관의 직경 D를 다음과 같이 구할 수 있다.

$$D = \sqrt{\frac{4Q}{\pi u}}$$

D: 배관의 직경[m], Q: 유량[m³/s], u: 유속[m/s]

유량이 470.82[L/min]이므로 단위를 변환하면 $\frac{0.47082}{60}[\text{m}^3/\text{s}]$이다.

따라서 주어진 조건을 공식에 대입하면 배관의 직경 D는
$$D = \sqrt{\frac{4 \times \frac{0.47082}{60}[\text{m}^3/\text{s}]}{\pi \times 6[\text{m/s}]}} ≒ 0.040807[\text{m}] = 40.807[\text{mm}]$$

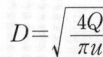 **PHASE 04** 스프링클러설비

09 다음은 위험물 옥외저장탱크에 포 소화설비를 설치한 도면이다. 도면 및 [조건]을 참고하여 다음 물음에 답하시오. [14점]

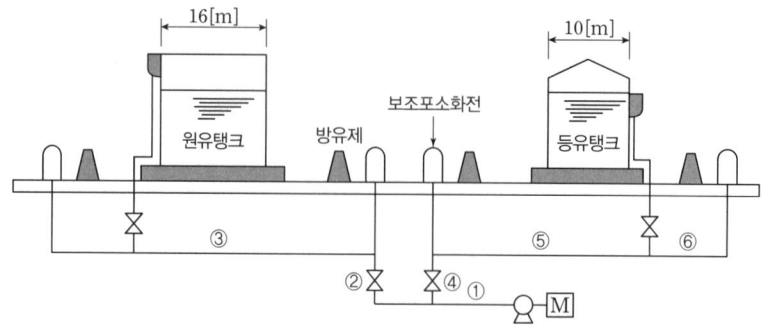

조건

(가) 원유 저장탱크는 플루팅 루프 탱크이며 탱크 직경은 16[m], 탱크 내 측면과 굽도리판(Foam Dam) 사이의 거리는 0.6[m], 특형 방출구 수는 2개이다.
(나) 등유 저장탱크는 콘루프 탱크이며 탱크의 직경은 10[m], I형 방출구 수는 2개이다.
(다) 포 약제는 3[%]형 단백포이다.
(라) 각 탱크별 포 수용액의 방수량 및 방사시간은 아래와 같다.

구분	원유저장탱크	등유저장탱크
방수량[L/m²·min]	8	4
방사시간[min]	30	30

(마) 보조포소화전은 4개이다.
(바) 구간별 배관의 길이는 다음과 같다.

번호	①	②	③	④	⑤	⑥
배관길이[m]	20	10	50	100	20	150

(사) 송액배관의 내경 산출은 $D=2.66\sqrt{Q}$ 공식을 이용한다.
(아) 송액배관 내의 유속은 3[m/s]로 한다.
(자) 화재는 저장탱크 2개에서 동시에 발생하는 경우는 없다.

(1) 각 옥외저장탱크에 필요한 방사량[L/min]은 얼마인가?
(2) 각 옥외저장탱크에 필요한 포 원액의 양[L]은 얼마인가?
(3) 보조 포 소화전에 필요한 포 수용액의 양[L/min]은 얼마인가?
(4) 보조 포 소화전에 필요한 포 원액의 양[L]은 얼마인가?
(5) 번호별로 각 송액배관의 구경[mm]은 얼마인가?
(6) 송액배관에 필요한 포 소화약제의 양[L]은 얼마인가?
(7) 포 소화설비에 필요한 포 소화약제의 양[L]은 얼마인가?

정답

(1) • 원유탱크
  - 계산과정: $8 \times \frac{\pi}{4} \times (16^2 - 14.8^2) ≒ 232.227$
  - 답: 232.23[L/min]
 • 등유탱크
  - 계산과정: $4 \times \frac{\pi}{4} \times 10^2 ≒ 314.159$
  - 답: 314.16[L/min]

(2) • 원유탱크
  - 계산과정: $8 \times \frac{\pi}{4} \times (16^2 - 14.8^2) \times 30 \times 0.03 ≒ 209.004$
  - 답: 209.00[L]
 • 등유탱크
  - 계산과정: $4 \times \frac{\pi}{4} \times 10^2 \times 30 \times 0.03 ≒ 282.743$
  - 답: 282.74[L]

(3) • 계산과정: $3 \times 400 = 1,200$
 • 답: 1,200[L/min]

(4) • 계산과정: $3 \times 0.03 \times 8,000 = 720$
 • 답: 720[L]

(5)

	계산과정	답
①	$Q = 314.16[\text{L/min}] + 1,200[\text{L/min}] = 1,514.16[\text{L/min}]$ $D = 2.66\sqrt{1,514.16[\text{L/min}]} ≒ 103.506[\text{mm}]$	103.51[mm]
②	$Q = 232.23[\text{L/min}] + 800[\text{L/min}] = 1,032.23[\text{L/min}]$ $D = 2.66\sqrt{1,032.23[\text{L/min}]} ≒ 85.461[\text{mm}]$	85.46[mm]
③	$Q = 232.23[\text{L/min}] + 400[\text{L/min}] = 632.23[\text{L/min}]$ $D = 2.66\sqrt{632.23[\text{L/min}]} ≒ 66.884[\text{mm}]$	66.89[mm]
④	$Q = 314.16[\text{L/min}] + 800[\text{L/min}] = 1,114.16[\text{L/min}]$ $D = 2.66\sqrt{1,114.16[\text{L/min}]} ≒ 88.788[\text{mm}]$	88.79[mm]
⑤	$Q = 314.16[\text{L/min}] + 400[\text{L/min}] = 714.16[\text{L/min}]$ $D = 2.66\sqrt{714.16[\text{L/min}]} ≒ 71.085[\text{mm}]$	71.09[mm]
⑥	$Q = 400[\text{L/min}]$ $D = 2.66\sqrt{400[\text{L/min}]} = 53.2[\text{mm}]$	53.2[mm]

(6) • 계산과정: $\frac{\pi}{4} \times 0.10351^2 \times 20 \times 0.03 + \frac{\pi}{4} \times 0.08546^2 \times 10 \times 0.03 + \frac{\pi}{4} \times 0.08879^2 \times 100 \times 0.03$
  $≒ 0.025345[\text{m}^3] = 25.345[\text{L}]$
 • 답: 25.35[L]

(7) • 계산과정: $282.74 + 720 + 25.35 = 1,028.09$
 • 답: 1,028.09[L]

해설

(1) 위험물 저장탱크에 발생하는 화재는 유류 표면에서 발생하므로 위험물이 드러나거나 증발 가능한 면적이 화재 발생면적이자 소화면적이 된다.

원유탱크의 고정포 방출구에 필요한 포 수용액의 양은 다음과 같다.

$$Q = 8[\text{L/m}^2 \cdot \text{min}] \times \frac{\pi}{4} \times (16^2 - 14.8^2)[\text{m}^2] \fallingdotseq 232.227[\text{L/min}]$$

등유탱크의 고정포 방출구에 필요한 포 수용액의 양은 다음과 같다.

$$Q = 4[\text{L/m}^2 \cdot \text{min}] \times \frac{\pi}{4} \times (10[\text{m}])^2 \fallingdotseq 314.159[\text{L/min}]$$

(2) 포 소화약제는 3[%]의 단백포를 사용하므로 원유탱크에 필요한 포 원액량[L]은 다음과 같다.

$$Q = 8[\text{L/m}^2 \cdot \text{min}] \times \frac{\pi}{4} \times (16^2 - 14.8^2)[\text{m}^2] \times 30[\text{min}] \times 0.03 \fallingdotseq 209.004[\text{L}]$$

등유탱크에 필요한 포 원액량[L]은 다음과 같다.

$$Q = 4[\text{L/m}^2 \cdot \text{min}] \times \frac{\pi}{4} \times (10[\text{m}])^2 \times 30[\text{min}] \times 0.03 \fallingdotseq 282.743[\text{L}]$$

(3) 보조 포 소화전에 필요한 포 수용액의 양은 다음과 같다.

$$Q = N \times 400[\text{L/min}]$$

Q: 보조 포 소화전의 유량[L/min], N: 방출구의 개수(최대 3개)

보조 포 소화전에 필요한 포 수용액량은
$Q = 3 \times 400[\text{L/min}] = 1{,}200[\text{L/min}]$

(4) 보조 포 소화전에 필요한 포 소화약제의 양은 다음과 같다.

$$Q = N \times S \times 8{,}000[\text{L}]$$

Q: 보조 포 소화전의 유량[L/min], N: 방출구의 개수(최대 3개), S: 소화약제의 농도[%]

보조 포 소화전에 필요한 포 소화약제의 양은
$Q = 3 \times 0.03 \times 8{,}000[\text{L}] = 720[\text{L}]$

(5) 각 송액관에 흐르는 유량은 각 탱크의 고정포 방출구에 필요한 유량과 보조 포 소화전에 필요한 유량의 합과 같다.

(6) 송액관은 직경이 75[mm]를 초과할 때 가장 먼 탱크까지의 거리만큼 보정량을 더한다.
조건에서 펌프로부터 가장 먼 탱크가 어느 것인지 확실하지 않으므로 직경이 75[mm]를 초과하는 배관(①, ②, ④)만 선택하여 계산해준다.

$$Q = \frac{\pi}{4} \times (0.10351[\text{m}])^2 \times 20[\text{m}] \times 0.03 + \frac{\pi}{4} \times (0.08546[\text{m}])^2 \times 10[\text{m}] \times 0.03$$
$$+ \frac{\pi}{4} \times (0.08879[\text{m}])^2 \times 100[\text{m}] \times 0.03$$
$$\fallingdotseq 0.025345[\text{m}^3] = 25.345[\text{L}]$$

(7) 소화약제의 양은 고정포 방출구에서 방출하기 위하여 필요한 양, 보조 포 소화전에서 방출하기 위하여 필요한 양, 가장 먼 탱크까지의 송액관(내경 75[mm] 이하 제외)에 충전하기 위하여 필요한 양의 합으로 한다.
$Q = 282.74[\text{L}] + 720[\text{L}] + 25.35[\text{L}] = 1{,}028.09[\text{L}]$

연계이론 PHASE 06 포 소화설비

10 분말 소화설비에 설치하는 정압작동장치의 기능과 압력스위치 방식에 대하여 설명하시오. [4점]

(1) 정압작동장치의 기능

(2) 압력스위치 방식

정답

(1) 저장용기 내에 들어가 적정 방출압력이 될 때까지 두 밸브를 폐쇄하고 있다가 가압용 가스가 소화약제를 유동화하여 설정치의 방출압력이 되었을 때 주밸브를 개방한다.

(2) 분말약제 저장용기에 유입된 가스압력에 의하여 설정된 압력이 되면 스위치가 닫혀 전자밸브를 개방시켜 주밸브를 개방한다.

해설

(1) 정압작동장치(Constant Pressure-Operated Device; Release & Delay Cabinet)
분말소화약제의 저장용기의 주밸브를 일정한 시간이 경과한 후에 개방시키는 장치. 가압용 가스가 분말소화약제 탱크에 도입된 후, 약제가 유동하여 설정방출압력에 도달될 때까지 약 15~20초의 시간이 소요되며, 압력스위치 방식, 기계식 및 시한릴레이방식이 있다.

(2) 가스압식(압력스위치 방식)
분말약제 저장용기에 유입된 가스압력이 설정압력에 도달하였을 때 압력스위치가 작동하여 전자밸브를 작동시킨다. 전자밸브의 동작에 의해 주밸브 개방용가스를 이송시켜 피스톤릴리져를 움직여 주밸브를 개방한다.

연계이론

PHASE 10 분말 소화설비

11 펌프의 이상운전 중 공동현상(cavitation)의 발생원인 및 방지대책을 각각 4가지씩 설명하시오. [8점]

(1) 발생원인
(2) 방지대책

정답

(1) • 펌프의 설치 위치가 높아 유효흡입수두가 낮아진다.
 • 펌프의 회전수가 커서 회전력이 약해진다.
 • 펌프의 흡입 관경이 작아 빠른 유속으로 인한 마찰손실이 커진다.
 • 단흡입펌프 사용 시 적은 유량으로 인해 성능이 저하된다.

(2) • 펌프의 설치 위치를 낮게 한다.
 • 펌프의 회전수를 작게 한다.
 • 펌프의 흡입 관경을 크게 한다.
 • 단흡입펌프보다 양흡입펌프를 사용한다.

연계이론 PHASE 23 펌프의 특성

---

12 스프링클러설비에 사용되는 개방형 헤드와 폐쇄형 헤드의 기능상 차이점 1가지와 헤드별 적용 가능한 설비의 종류를 쓰시오. [6점]

구분	개방형 헤드	폐쇄형 헤드
차이점	•	•
적용설비	•	• • •

정답

구분	개방형 헤드	폐쇄형 헤드
차이점	감열체가 없으므로 가압송수장치의 작동에 의해 소화수를 방출한다.	열을 감지하는 감열체가 있어 화재를 감지하고 감열체가 파열되면 그때부터 소화수를 방출한다.
적용설비	• 일제살수식 스프링클러설비	• 습식 스프링클러설비 • 건식 스프링클러설비 • 준비작동식 스프링클러설비

연계이론 PHASE 04 스프링클러설비

13 체적이 120[m³]인 집진설비에 이산화탄소 소화설비를 설치하려고 한다. 이 설비에 저장하여야 할 용기의 병 수를 구하시오. (단, 내용적은 68[L], 충전비는 1.36이고, 개구부는 4.0[m²]이고 자동폐쇄장치는 설치되어 있다.) [5점]

정답

- 계산과정: $\dfrac{68[L]}{1.36[L/kg]} = 50[kg]$

  $2.7 \times 120 = 324$

  $\dfrac{324}{50} = 6.48$

- 답: 7병

해설

저장용기 1병 당 소화약제의 저장량[L]은 68[L]이고, 충전비는 1.36[L/kg]이므로 소화약제의 저장량[kg]은

$\dfrac{68[L]}{1.36[L/kg]} = 50[kg]$

심부화재이고 전역방출방식인 이산화탄소 소화약제의 저장량 최소기준은 다음과 같다.

방호대상물	소화약제의 양[kg/m³]
유압기기를 제외한 전기설비, 케이블실	1.3
체적 55[m³] 미만의 전기설비	1.6
서고, 전자제품 창고, 목재가공품 창고, 박물관	2.0
고무류·면화류 창고, 모피 창고, 석탄 창고, 집진설비	2.7

방호구역의 개구부(창문·출입구) 1[m²]마다 10[kg]을 가산한다. ← 자동폐쇄장치가 없는 경우에만 적용한다.

집진설비의 소화약제의 양은 체적 1[m³] 당 2.7[kg/m³]을 적용한다.
  소화약제의 양 = 2.7[kg/m³] × 120[m³] = 324[kg]

저장용기 1병 당 소화약제의 충전량은 50[kg]이므로 전체 소화약제의 양을 저장하기 위해 필요한 저장용기의 개수는

$\dfrac{324[kg]}{50[kg/병]} = 6.48[병] = 7[병]$ (절상)

연계이론 PHASE 07 이산화탄소 소화설비

14 18층의 복도식 아파트 1동에 아래와 같은 [조건]으로 습식 스프링클러 소화설비를 설치하고자 한다. 다음 물음에 답하시오. [6점]

조건
- (가) 층별 방호면적: 990[m²]
- (나) 실양정: 65[m], 마찰손실수두: 25[m]
- (다) 헤드의 방사압력: 0.1[MPa], 펌프의 효율: 60[%]
- (라) 배관 내의 유속: 2.0[m/s]

(1) 본 소화설비의 주 펌프의 토출량[L/min]은 얼마인가? (단, 헤드 적용 수량은 최대 기준 개수를 적용한다.)
(2) 전용 수원의 확보량[m³]은 얼마인가? (단, 옥상수조는 제외한다.)
(3) 소화펌프의 축동력[kW]은 얼마인가?

정답

(1) • 계산과정: $10 \times 80 = 800$
 • 답: 800[L/min]

(2) • 계산과정: $10 \times 1.6 = 16$
 • 답: 16[m³]

(3) • 계산과정: $800[\text{L/min}] = \dfrac{0.8}{60}[\text{m}^3/\text{s}]$

$65 + 25 + 10 = 100$

$\dfrac{9.8 \times \dfrac{0.8}{60} \times 100}{0.6} \fallingdotseq 21.778$

 • 답: 21.78[kW]

해 설

(1) 화재안전기준에 따라 스프링클러설비에서 가압송수장치(펌프)의 송수량은 기준개수에 80[L/min]를 곱한 양 이상으로 한다. ← 설치개수가 기준개수보다 적은 경우 설치개수에 따른다.

스프링클러설비의 설치장소		기준개수
아파트		10
지하층을 제외한 10층 이하인 특정소방대상물	헤드의 높이가 8[m] 미만인 것	10
	헤드의 높이가 8[m] 이상인 것	20
	판매시설이 없는 근린생활시설·운수시설·복합건축물	20
	특수가연물을 취급하지 않는 공장	20
	판매시설 또는 판매시설이 있는 복합건축물	30
	특수가연물을 저장·취급하는 공장	30
지하층을 제외한 11층 이상인 특정소방대상물		30
지하가 또는 지하역사		30

$$\text{정격토출량} = 10[\text{개}] \times 80[\text{L/min}] = 800[\text{L/min}]$$

(2) 화재안전기준에 따라 스프링클러설비에서 수원의 저수량은 기준개수에 1.6[m³]를 곱한 양 이상이 되도록 한다.
← 설치개수가 기준개수보다 적은 경우 설치개수에 따른다.

$$Q = 10[\text{개}] \times 1.6[\text{m}^3] = 16[\text{m}^3]$$

(3) 펌프의 축동력은 다음의 식을 통해 구할 수 있다.

$$P = \frac{\gamma Q H}{\eta}$$

P: 펌프의 축동력[kW], γ: 유체의 비중량[kN/m³], Q: 유량[m³/s], H: 전양정[m], η: 효율

유체는 물이므로 물의 비중량은 9.8[kN/m³]이다.

펌프의 토출량은 800[L/min]이므로 단위를 변환하면 $\frac{0.8}{60}$[m³/s]이다.

화재안전기준에 따라 스프링클러설비에 설치된 가압송수장치(펌프)의 전양정은 다음과 같다.

$$H = h_1 + h_2 + 10$$

H: 전양정[m], h_1: 실양정(흡입양정＋토출양정)[m],
h_2: 배관 및 관부속의 마찰손실수두[m], 10: 헤드선단에서의 방사압력수두[m]

따라서 스프링클러설비 펌프의 전양정 H는
$$H = h_1 + h_2 + 10 = 65[\text{m}] + 25[\text{m}] + 10 = 100[\text{m}]$$ ← 조건 (다)에 따라+10은 바뀔 수도 있다.

따라서 주어진 조건을 공식에 대입하면 펌프의 축동력 P는

$$P = \frac{9.8[\text{kN/m}^3] \times \frac{0.8}{60}[\text{m}^3/\text{s}] \times 100[\text{m}]}{0.6} ≒ 21.778[\text{kW}]$$ ← 축동력을 구할 때는 전달계수를 고려하지 않는다.

연계이론 **PHASE 04 스프링클러설비**

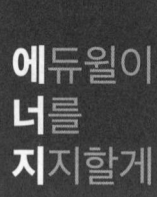

길이 가깝다고 해도
가지 않으면 도달하지 못하며,
일이 작다고 해도
행하지 않으면 성취되지 않는다.

- 순자(荀子)

2017년 1회 기출문제

01 스프링클러설비의 배관 방식 중 그리드 방식(Gridded System)과 루프 방식(Looped System)의 대표적인 구성을 간단히 그림으로 나타내시오. [6점]

(1) 그리드 방식

(2) 루프 방식

정답

(1)

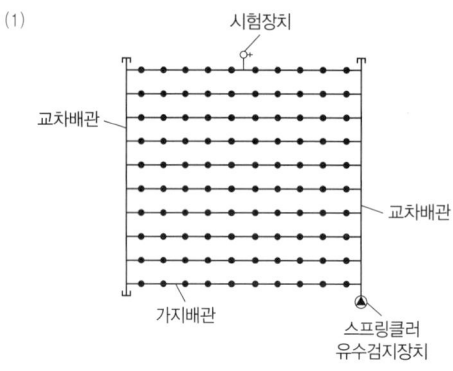

(2)

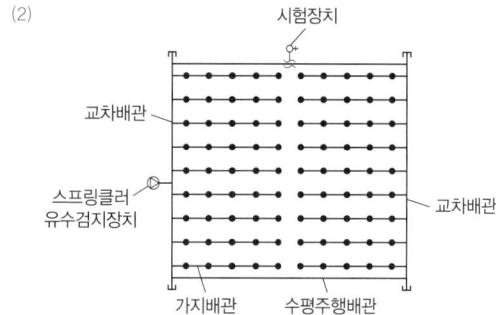

해설

(1) 그리드 방식은 가지배관의 양 끝에 교차배관이 연결되어 양 방향에서 급수가 이루어지는 방식을 말한다.

(2) 루프 방식은 교차배관 사이를 별도의 배관(수평주행배관)으로 연결하여 둘 이상의 배관에서 물이 공급되는 방식을 말한다.

연계이론 PHASE 04 스프링클러설비

02

표는 각 물질의 인화점, 연소 하한계, 연소 상한계 및 혼합가스의 조성농도를 나타낸 것이다. 다음 물음에 답하시오. [6점]

물질	인화점[°F]	LFL[%]	UFL[%]	조성농도[%]
수소	가스	4	75	5
메테인	-306	5	15	10
프로페인	가스	2.1	9.5	5
아세톤	가스	2.5	13	10
공기	-	-	-	70
합계	-	-	-	100

(1) 혼합물질의 연소 상한계[%]는 얼마인가?
(2) 혼합물질의 연소 하한계[%]는 얼마인가?
(3) 혼합가스의 연소 가능 여부를 판단하고, 그 이유를 설명하시오.

정답

(1) • 계산과정: $U = \dfrac{5+10+5+10}{\dfrac{5}{75}+\dfrac{10}{15}+\dfrac{5}{9.5}+\dfrac{10}{13}} \fallingdotseq 14.786$

• 답: 14.79[%]

(2) • 계산과정: $L = \dfrac{5+10+5+10}{\dfrac{5}{4}+\dfrac{10}{5}+\dfrac{5}{2.1}+\dfrac{10}{2.1}} \fallingdotseq 3.114$

• 답: 3.11[%]

(3) • 답: 연소 불가능. 공기 중 가연성 가스의 농도범위는 30[%]로 폭발범위 (3.11[%]~14.79[%]) 밖에 있다.

PLUS+ 혼합가스의 폭발한계

가연성 가스가 혼합되었을 때 '르 샤틀리에의 법칙'으로 혼합가스의 폭발한계를 계산할 수 있다.

$$\frac{V_1+V_2+\cdots+V_n}{L} = \frac{V_1}{L_1}+\frac{V_2}{L_2}+\cdots+\frac{V_n}{L_n} \rightarrow L = \frac{V_1+V_2+\cdots+V_n}{\dfrac{V_1}{L_1}+\dfrac{V_2}{L_2}+\cdots+\dfrac{V_n}{L_n}}$$

L: 혼합가스의 연소한계[vol%], L_n: 가연성 가스의 연소한계[vol%], V_n: 가연성 가스의 농도[vol%]

연계이론 PHASE 09 할로겐화합물 및 불활성기체 소화설비

03 교육연구시설(연구소)에 스프링클러설비를 설치하고자 한다. [조건]을 참고하여 다음 물음에 답하시오.

[12점]

조건

(가) 건물의 층별 높이는 다음과 같으며 지상층은 모두 창문이 있는 건축물이다.

구분	지하2층	지하1층	지상1층	지상2층	지상3층	지상4층	지상5층
층높이[m]	5.5	4.5	4.5	4.5	4	4	4
반자높이[m] (헤드 설치시)	5.0	4.0	4.0	4.0	3.5	3.5	3.5
바닥면적[m²]	2,500	2,500	2,000	2,000	2,000	1,800	900

(나) 지상 1층에 있는 국제회의실은 바닥으로부터 반자(헤드 부착면)까지의 높이가 4.3[m]이다.
(다) 지하 2층에 있는 물탱크의 저수조에는 바닥으로부터 3[m] 높이에 후드 밸브가 설치되어 있으며 이 높이까지 항상 물이 차 있다.
(라) 저수조는 일반급수용과 소방용을 겸용하여 내부 크기는 가로 8[m], 세로 5[m], 높이 4[m]이다.
(마) 스프링클러 헤드 설치 시 반자(헤드 부착면) 높이는 위 표에 따른다.
(바) 배관 및 관 부속의 마찰손실수두는 실양정의 30[%]이다.
(사) 펌프의 효율은 60[%], 전달계수는 1.1이다.
(아) 산출량은 최소치를 적용한다.
(자) 소방관련법령 및 화재안전기준을 적용한다.

(1) 이 건축물에서 스프링클러설비를 설치하여야 하는 층은 몇 층인가?
(2) 일반용 급수펌프의 흡수구와 소방용 급수펌프 흡수구 사이의 수직거리[m]는 얼마인가?
(3) 옥상수조를 설치할 경우 옥상수조에 보유하여야 할 저수량[m³]은 얼마인가?
(4) 소방용 펌프의 정격토출량[L/min]은 얼마인가?
(5) 소방용 펌프의 전양정[m]은 얼마인가?
(6) 소방용 펌프의 전동기 동력[kW]은 얼마인가?

정 답

(1) • 답: 지하 2층, 지하 1층, 지상 4층

(2) • 계산과정: $10 \times 1.6 = 16$
$8 \times 5 \times h = 16$
$h = \dfrac{16}{8 \times 5} = 0.4$
• 답: 0.4[m]

(3) • 계산과정: $10 \times 1.6 \times \dfrac{1}{3} ≒ 5.333$
• 답: 5.33[m³]

(4) • 계산과정: $10 \times 80 = 800$
• 답: 800[L/min]

(5) • 계산과정: $(5.5 - 3 + 0.4) + 4.5 + 4.5 + 4.5 + 4 + 3.5 = 23.9$
$23.9 \times 0.3 = 7.17$
$23.9 + 7.17 + 10 = 41.07$
• 답: 41.07[m]

(6) • 계산과정: $800[\text{L/min}] = \dfrac{0.8}{60}[\text{m}^3/\text{s}]$

$$\dfrac{9.8 \times \dfrac{0.8}{60} \times 41.07}{0.6} \times 1.1 ≒ 9.839$$

• 답: $9.84[\text{kW}]$

해 설

(1) 특정소방대상물의 지하층·무창층 또는 층수가 4층 이상인 층으로서 바닥면적이 $1{,}000[\text{m}^2]$ 이상인 층에 스프링클러설비를 설치한다.

(2) 일반용 펌프와 소화용 펌프가 저수조를 겸용하여 사용하는 경우 각 펌프의 유효수량은 다음과 같다.

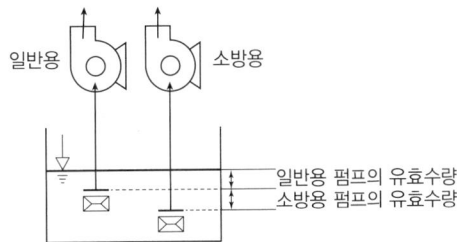

화재안전기준에 따라 스프링클러설비에서 수원의 저수량은 기준개수에 $1.6[\text{m}^3]$를 곱한 양 이상이 되도록 한다.
← 설치개수가 기준개수보다 적은 경우 설치개수에 따른다.

스프링클러설비의 설치장소		기준개수
아파트		10
지하층을 제외한 10층 이하인 특정소방대상물	헤드의 높이가 $8[\text{m}]$ 미만인 것	10
	헤드의 높이가 $8[\text{m}]$ 이상인 것	20
	판매시설이 없는 근린생활시설·운수시설·복합건축물	20
	특수가연물을 취급하지 않는 공장	20
	판매시설 또는 판매시설이 있는 복합건축물	30
	특수가연물을 저장·취급하는 공장	30
지하층을 제외한 11층 이상인 특정소방대상물		30
지하가 또는 지하역사		30

$Q = 10[\text{개}] \times 1.6[\text{m}^3] = 16[\text{m}^3]$

저수조의 바닥면적이 가로 $8[\text{m}]$, 세로 $5[\text{m}]$이므로 일반용 급수펌프의 흡수구와 소방용 급수펌프 흡수구 사이의 수직거리 h는

$8[\text{m}] \times 5[\text{m}] \times h = 16[\text{m}^3]$

$h = \dfrac{16[\text{m}^3]}{8[\text{m}] \times 5[\text{m}]} = 0.4[\text{m}]$

(3) 옥상수조에는 기준에 따라 계산한 유효수량 외에 유효수량의 $\dfrac{1}{3}$ 이상을 옥상에 설치한다.

$Q = 10[\text{개}] \times 1.6[\text{m}^3] \times \dfrac{1}{3} ≒ 5.333[\text{m}^3]$

(4) 화재안전기준에 따라 스프링클러설비에서 가압송수장치(펌프)의 송수량은 기준개수에 $80[\text{L/min}]$를 곱한 양 이상으로 한다. ← 설치개수가 기준개수보다 적은 경우 설치개수에 따른다.
정격토출량 $= 10[\text{개}] \times 80[\text{L/min}] = 800[\text{L/min}]$

(5) 화재안전기준에 따라 스프링클러설비에 설치된 가압송수장치(펌프)의 전양정은 다음과 같다.

$$H = h_1 + h_2 + 10$$

H: 전양정[m], h_1: 실양정(흡입양정＋토출양정)[m],
h_2: 배관 및 관부속의 마찰손실수두[m], 10: 헤드선단에서의 방사압력수두[m]

펌프의 후드밸브로부터 최고위 스프링클러 헤드까지의 수직거리인 실양정 h_1는 다음과 같다.
지하 2층에는 저수조의 바닥에서부터 3[m]의 높이에 일반용 펌프의 후드밸브가 설치되어 있고, 이로부터 0.4[m] 아래의 위치에 소방용 펌프의 후드밸브가 위치하고 있다.
지상 4층에는 바닥으로부터 3.5[m]의 위치에 스프링클러 헤드가 위치하고 있다.
$h_1 = (5.5 - 3 + 0.4)[\text{m}] + 4.5[\text{m}] + 4.5[\text{m}] + 4.5[\text{m}] + 4[\text{m}] + 3.5[\text{m}] = 23.9[\text{m}]$
배관의 마찰손실은 실양정의 30[%]이므로 배관 및 관부속의 마찰손실수두 h_2는 다음과 같다.
$h_2 = 23.9[\text{m}] \times 0.3 = 7.17[\text{m}]$

따라서 스프링클러설비 펌프의 전양정 H는
$H = h_1 + h_2 + 10 = 23.9[\text{m}] + 7.17[\text{m}] + 10 = 41.07[\text{m}]$

(6) 전동기의 동력은 다음의 식을 통해 구할 수 있다.

$$P = \frac{\gamma Q H}{\eta} K$$

P: 전동기의 용량[kW], γ: 유체의 비중량[kN/m³], Q: 유량[m³/s], H: 전양정[m], η: 효율, K: 전달계수

유체는 물이므로 물의 비중량은 9.8[kN/m³]이다.
펌프의 토출량은 800[L/min]이므로 단위를 변환하면 $\frac{0.8}{60}$[m³/s]이다.
따라서 주어진 조건을 공식에 대입하면 전동기의 동력 P는

$$P = \frac{9.8[\text{kN/m}^3] \times \frac{0.8}{60}[\text{m}^3/\text{s}] \times 41.07[\text{m}]}{0.6} \times 1.1 \fallingdotseq 9.839[\text{kW}]$$

연계이론 PHASE 04 스프링클러설비

04 유리벌브형 스프링클러 헤드의 주요 구성요소를 3가지 쓰시오. [6점]

정답
- 프레임
- 반사판(디플렉터)
- 유리벌브

해설 유리벌브형 스프링클러 헤드란 헤드의 감열체가 유리벌브로 이루어진 헤드를 말하며 헤드 내부에 밀봉된 유체가 가열 시 팽창하며 유리를 깨트리는 원리를 이용한다.

연계이론 PHASE 04 스프링클러설비

05

화재안전기준에 따라 설치된 연결송수관설비의 송수구에 대하여 (   ) 안에 알맞은 답을 쓰시오. [6점]

(1) 지면으로부터 높이가 (①)[m] 이상 (②)[m] 이하의 위치에 설치할 것
(2) 송수구의 구경은 (③)[mm]의 (④)으로 할 것
(3) 송수구는 연결송수관의 수직배관마다 (⑤)개 이상을 설치할 것. 다만, 하나의 건축물에 설치된 각 수직배관이 중간에 (⑥)가 설치되지 아니한 배관으로 상호 연결되어 있는 경우에는 건축물마다 1개씩 설치할 수 있다.

정답

(1) ① 0.5
    ② 1

(2) ③ 65
    ④ 쌍구형

(3) ⑤ 1
    ⑥ 개폐밸브

해설

연결송수관설비의 송수구는 다음의 기준에 따라 설치한다.
- 지면으로부터 높이가 0.5[m] 이상 1[m] 이하의 위치에 설치한다.
- 구경 65[mm]의 쌍구형으로 한다.
- 송수구는 연결송수관의 수직배관마다 1개 이상을 설치한다. 다만, 하나의 건축물에 설치된 각 수직배관이 중간에 개폐밸브가 설치되지 아니한 배관으로 상호 연결되어 있는 경우에는 건축물마다 1개씩 설치할 수 있다.

연계이론 PHASE 16 연결송수관설비

06

소방시설 중 앵글밸브를 사용하는 소방시설의 종류를 3가지 쓰시오. [3점]

정답

다음 4가지 중 3가지를 선택하여 작성한다.
- 옥내소화전설비의 방수구
- 연결송수관설비의 방수구
- 스프링클러설비의 배수밸브
- 스프링클러설비의 교차배관 끝 청소구

07 스프링클러 가압송수장치의 성능시험을 위하여 오리피스로 시험한 결과 그림과 같이 수은주의 높이차가 500[mm]로 측정되었다. 이 오리피스를 통과하는 유량[L/s]을 구하시오. (단, 수은의 비중은 13.6, 속도계수 $C_v=0.94$, 중력가속도 $g=9.8[m/s^2]$이다.) [5점]

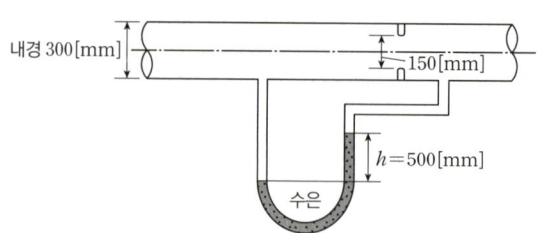

정 답

- 계산과정: $\dfrac{0.94 \times \dfrac{\pi}{4} \times 0.15^2}{\sqrt{1-\left(\dfrac{0.15}{0.3}\right)^4}} \sqrt{2 \times 9.8 \times \left(\dfrac{13.6-1}{1}\right) \times 0.5} \fallingdotseq 0.190639[m^3/s] = 190.639[L/s]$

- 답: 190.639[L/s]

해 설

오리피스를 통과하는 유량 Q와 액주계의 높이 차이 h의 관계식은 다음과 같다.

$$Q = \dfrac{C_v A_2}{\sqrt{1-\left(\dfrac{D_2}{D_1}\right)^4}} \sqrt{2g\left(\dfrac{\gamma - \gamma_w}{\gamma_w}\right)h}$$

Q: 유량[m³/s], C_v: 속도계수, A_2: 좁은 면적[m²], D: 내경[m], g: 중력가속도[m/s²], γ: 액주계 유체의 비중량[N/m³], γ_w: 벤투리관 유체의 비중량[N/m³], h: 액주계의 높이 차이[m]

수은의 비중이 13.6이므로 수은의 비중량은 $13.6\gamma \times w$이다.
따라서 주어진 조건을 공식에 대입하면 벤투리미터를 통과하는 유량 Q는

$$Q = \dfrac{0.94 \times \dfrac{\pi}{4} \times (0.15[m])^2}{\sqrt{1-\left(\dfrac{0.15[m]}{0.3[m]}\right)^4}} \sqrt{2 \times 9.8[m/s^2] \times \left(\dfrac{13.6\gamma - \gamma_w}{\gamma_w}\right) \times 0.5[m]}$$
$$\fallingdotseq 0.190639[m^3/s] = 190.639[L/s]$$

연계이론 PHASE 20 유체유동

08

지하 1층의 용도가 판매시설로서 본 용도로 사용하는 바닥면적이 $3,000[\text{m}^2]$일 경우 이 장소에 분말소화기 1개의 소화능력단위가 A급 화재 기준으로 3단위의 소화기를 설치할 경우 본 판매시설에 필요한 소화능력단위 수와 분말소화기의 수는 각각 최소 몇 개가 필요한지 구하시오. (단, 설명되지 않은 기타 조건은 무시한다.) [6점]

(1) 소화능력단위

(2) 소화기 수

정답

(1) • 계산과정: $\dfrac{3,000}{100} = 30$

　　• 답: 30단위

(2) • 계산과정: $\dfrac{30}{3} = 10$

　　• 답: 10개

해설

화재의 발생을 예방하기 위해 특정소방대상물별로 능력단위에 따른 소화기구 또는 자동소화장치를 설치하며, 부속용도에 따라 기준개수의 소화기구 또는 자동소화장치를 추가로 설치한다.

특정소방대상물	소화기구의 능력단위
1. 위락시설	해당 용도의 바닥면적 $30[\text{m}^2]$ 마다 능력단위 1단위 이상
2. 공연장·집회장·관람장·문화재·장례식장 및 의료시설	해당 용도의 바닥면적 $50[\text{m}^2]$ 마다 능력단위 1단위 이상
3. 근린생활시설·판매시설·운수시설·숙박시설·노유자시설·전시장·공동주택·업무시설·방송통신시설·공장·창고시설·항공기 및 자동차 관련 시설 및 관광휴게시설	해당 용도의 바닥면적 $100[\text{m}^2]$ 마다 능력단위 1단위 이상
4. 그 밖의 것	해당 용도의 바닥면적 $200[\text{m}^2]$ 마다 능력단위 1단위 이상

※ 소화기구의 능력단위를 산출할 때 건축물의 주요구조부가 내화구조이고, 벽 및 반자의 실내에 면하는 부분이 불연재료·준불연재료 또는 난연재료로 된 특정소방대상물의 경우 위 기준의 2배를 기준면적으로 한다.

(1), (2) 지하 1층은 $3,000[\text{m}^2]$의 판매시설이므로 특정소방대상물인 판매시설에 능력단위에 따른 소화기를 설치한다.

$$\text{판매시설의 능력단위} = \dfrac{\text{바닥면적}[\text{m}^2]}{\text{기준면적}[\text{m}^2]} = \dfrac{3,000[\text{m}^2]}{100[\text{m}^2]} = 30단위$$

$$\text{판매시설의 소화기 개수} = \dfrac{30단위}{3단위} = 10개$$

연계이론

PHASE 01 소화기구 및 자동소화장치

09 소화설비의 급수배관에 사용하는 개폐표시형 밸브 중 버터플라이(볼 형식 이외) 외의 밸브를 꼭 사용하여야 하는 배관의 이름과 그 이유를 설명하시오. [4점]

(1) 배관의 이름

(2) 이유

정 답

(1) 펌프의 흡입배관

(2) 개방 상태의 밸브 내에 유체의 흐름을 방해하는 구조물이 남아 마찰손실이 증가하고, 유효흡입수두가 감소하여 캐비테이션이 발생할 위험이 증가하기 때문

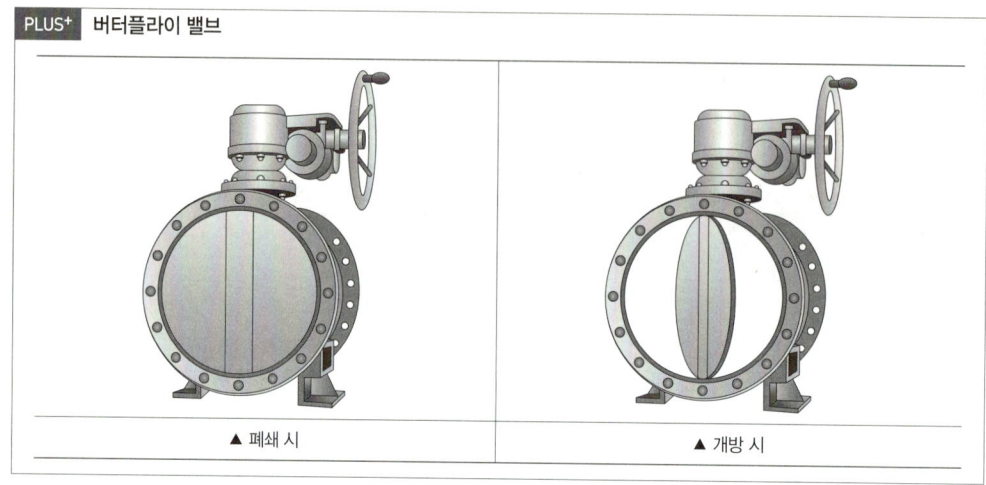

PLUS+ 버터플라이 밸브

▲ 폐쇄 시   ▲ 개방 시

연계이론 PHASE 02 옥내소화전설비

10 원심펌프의 회전속도가 1,800[rpm], 양정은 30[m], 토출량은 2,400[LPM]이었다. 만약 펌프의 회전속도를 3,600[rpm]으로 변경하였을 경우, 다음 물음에 답하시오. [5점]

(1) 전양정[m]은 얼마인가?
(2) 전동기 동력은 처음 동력의 몇 배인가?

정답

(1) • 계산과정: $30 \times \left(\dfrac{3,600}{1,800}\right)^2 = 120$
  • 답: 120[m]

(2) • 계산과정: $P_1 \times \left(\dfrac{3,600}{1,800}\right)^3 = 8P_1$
  • 답: 8배

해설

기하학적으로 비슷한 두 물체의 운동이 역학적으로도 비슷해지도록 하는 조건을 나타내는 법칙을 상사법칙이라고 한다.

(1) 펌프의 회전수를 변화시키면 동일한 펌프이므로 상사법칙에 따라 양정이 변화한다.

$$\dfrac{H_2}{H_1} = \left(\dfrac{N_2}{N_1}\right)^2 \left(\dfrac{D_2}{D_1}\right)^2$$

H: 양정, N: 펌프의 회전수, D: 직경

직경 D가 일정하고, 상태1의 양정 H_1가 30[m], 회전수 N_1이 1,800[rpm]이며, 상태2의 회전수 N_2이 3,600[rpm]이므로 양정 H_2는 다음과 같다.

$$H_2 = H_1 \left(\dfrac{N_2}{N_1}\right)^2 = 30[\text{m}] \times \left(\dfrac{3,600[\text{rpm}]}{1,800[\text{rpm}]}\right)^2 = 120[\text{m}]$$

(2) 펌프의 회전수를 변화시키면 동일한 펌프이므로 상사법칙에 따라 동력이 변화한다.

$$\dfrac{P_2}{P_1} = \left(\dfrac{N_2}{N_1}\right)^3 \left(\dfrac{D_2}{D_1}\right)^5$$

P: 축동력, N: 펌프의 회전수, D: 직경

동일한 펌프이므로 직경 D는 같고, 상태1의 회전수 N_1이 1,800[rpm]이며, 상태2의 회전수 N_2이 3,600[rpm]이므로 축동력 P_2는 다음과 같다.

$$P_2 = P_1 \left(\dfrac{N_2}{N_1}\right)^3 = P_1 \times \left(\dfrac{3,600[\text{rpm}]}{1,800[\text{rpm}]}\right)^3 = 8P_1$$

연계이론 PHASE 23 펌프의 특성

11 경유를 저장하는 탱크의 내부 직경이 40[m]인 플루팅 루프(Floating Roof) 탱크에 포 소화설비의 특형 방출구를 설치하여 방출하려고 할 때 다음 물음에 답하시오. [10점]

> **조건**
> (가) 소화약제는 3[%]용의 단백포를 사용하며, 수용액의 분당 방출량은 $10[L/m^2 \cdot min]$이고 방사시간은 20[min]이다.
> (나) 탱크 내면과 굽도리판의 간격은 2[m]이다.
> (다) 펌프의 효율은 65[%], 전동기 전달계수는 1.2이다.

(1) 탱크의 특형 방출구에 의하여 소화하는 데 필요한 수용액의 양, 수원의 양, 포소화약제 원액의 양은 각각 얼마 이상이어야 하는가? (단, 단위는 $[m^3]$)
(2) 수원을 공급하는 가압송수장치의 분당 토출량$[m^3/min]$은 얼마 이상이어야 하는가?
(3) 펌프의 정격 전양정이 120[m]라고 할 때 전동기의 출력[kW]은 얼마 이상이어야 하는가?

정 답

(1) • 수용액의 양$[m^3]$
  – 계산과정: $10 \times \frac{\pi}{4} \times (40^2 - 36^2) \times 20 ≒ 47,752[L] = 47.752[m^3]$
  – 답: $47.75[m^3]$
 • 수원의 양$[m^3]$
  – 계산과정: $47.752 \times 0.97 ≒ 46.319$
  – 답: $46.32[m^3]$
 • 포 원액의 양$[m^3]$
  – 계산과정: $47.752 \times 0.03 ≒ 1.433$
  – 답: $1.43[m^3]$

(2) • 계산과정: $10 \times \frac{\pi}{4} \times (40^2 - 36^2) ≒ 2,387[L/min] = 2.387[m^3/min]$
 • 답: $2.39[m^3/min]$

(3) • 계산과정: $2.39[m^3/min] = \frac{2.39}{60}[m^3/s]$

$$\frac{9.8 \times \frac{2.39}{60} \times 120}{0.65} \times 1.2 ≒ 86.481$$

 • 답: $86.48[kW]$

해 설

(1) 위험물 저장탱크에 발생하는 화재는 유류 표면에서 발생하므로 위험물이 드러나거나 증발 가능한 면적이 화재 발생면적이자 소화면적이 된다.

경유탱크의 고정포 방출구에 필요한 포 수용액의 양은 다음과 같다.

$$Q = 10[L/m^2 \cdot min] \times \frac{\pi}{4} \times (40^2 - 36^2)[m^2] \times 20[min] ≒ 47,752[L] = 47.752[m^3]$$

포 소화약제가 3[%]의 단백포이므로 수원(물)의 비율은 97[%]이다.

$$Q = 47.752[m^3] \times 0.97 ≒ 46.319[m^3]$$

포 소화약제는 3[%]의 단백포를 사용하므로 필요한 포 원액량[m^3]은 다음과 같다.

$$Q = 47.752[m^3] \times 0.03 ≒ 1.433[m^3]$$

(2) 고정포 방출구의 방출률은 10[L/m^2·min]이므로 고정포 방출구의 유량은 다음과 같다.

$$Q = 10[L/m^2 \cdot min] \times \frac{\pi}{4} \times (40^2 - 36^2)[m^2] ≒ 2,387[L/min] = 2.387[m^3/min]$$

(3) 전동기의 출력은 다음의 식을 통해 구할 수 있다.

$$P = \frac{\gamma Q H}{\eta} K$$

P: 전동기의 출력[kW], γ: 유체의 비중량[kN/m^3], Q: 유량[m^3/s], H: 전양정[m], η: 효율, K: 전달계수

유체는 물이므로 물의 비중량은 9.8[kN/m^3]이다.

펌프의 토출량은 2.39[m^3/min]이므로 단위를 변환하면 $\frac{2.39}{60}$[m^3/s]이다.

따라서 주어진 조건을 공식에 대입하면 전동기의 출력 P는

$$P = \frac{9.8[kN/m^3] \times \frac{2.39}{60}[m^3/s] \times 120[m]}{0.65} \times 1.2 ≒ 86.481[kW]$$

연 계 이 론　**PHASE 06 포 소화설비**

12

판매장에 제연설비를 [조건]과 같이 설치할 때 전동기의 최소 출력[kW]을 구하시오. [5점]

조건

(가) 팬(FAN)의 풍량은 50,000[CMH]이다.
(나) 덕트의 길이는 120[m], 단위 길이당 덕트 저항은 0.2[mmAq/m]로 한다.
(다) 배기구 저항은 8[mmAq], 배기그릴 저항은 4[mmAq], 부속류의 저항은 덕트 저항의 40[%]이다.
(라) 송풍기 효율은 50[%]이고, 전달계수 K는 1.1이다.

정답

- 계산과정: $\left(120 \times \dfrac{0.2}{1}\right) + 8 + 4 + \left(120 \times \dfrac{0.2}{1}\right) \times 0.40 ≒ 45.6$

$$45.6[\text{mmAq}] \times \dfrac{101.325[\text{kPa}]}{10,332[\text{mmAq}]} ≒ 0.4472[\text{kPa}]$$

$$50,000[\text{m}^3/\text{h}] = \dfrac{50,000}{3,600}[\text{m}^3/\text{s}]$$

$$\dfrac{0.4472 \times \dfrac{50,000}{3,600}}{0.5} \times 1.1 ≒ 13.664$$

- 답: 13.66[kW]

해설

송풍기의 출력은 다음의 식을 통해 구할 수 있다.

$$P = \dfrac{P_T Q}{\eta} K$$

P: 송풍기의 출력[kW], P_T: 전압(풍압)[kPa], Q: 풍량[m³/s], η: 효율, K: 전달계수

소요전압은 배연덕트를 통과하며 발생하는 모든 저항의 합과 같다.

$$\left(120[\text{m}] \times \dfrac{0.2[\text{mmAq}]}{1[\text{m}]}\right) + 8[\text{mmAq}] + 4[\text{mmAq}] + \left(120[\text{m}] \times \dfrac{0.2[\text{mmAq}]}{1[\text{m}]}\right) \times 0.40$$
$$≒ 45.6[\text{mmAq}]$$

전압은 45.6[mmAq]이므로 단위를 변환하면 다음과 같다.

$$45.6[\text{mmAq}] \times \dfrac{101.325[\text{kPa}]}{10,332[\text{mmAq}]} ≒ 0.4472[\text{kPa}]$$

송풍기의 배출량은 50,000[m³/h]이므로 단위를 변환하면 $\dfrac{50,000}{3,600}$[m³/s]이다.

← [CMH]는 Cubic meter per hour의 약자로 1시간 당 m³을 의미한다.

따라서 주어진 조건을 공식에 대입하면 송풍기의 출력 P는

$$P = \dfrac{0.4472[\text{kPa}] \times \dfrac{50,000}{3,600}[\text{m}^3/\text{s}]}{0.5} \times 1.1 ≒ 13.664[\text{kW}]$$

연계이론

PHASE 23 펌프의 특성

13 그림은 서로 직렬된 2개의 실 I, II의 평면도로서 A_1, A_2는 출입문이며, 각 실은 출입문 이외의 틈새가 없다고 한다. 출입문이 닫힌 상태에서 실 I을 급기 가압하여 실 I과 외부 간에 50[Pa]의 기압차를 얻기 위하여 실 I에 급기 시켜야 할 풍량[m³/s]을 구하시오. (단, 닫힌 문 A_1, A_2에 의해 공기가 유통될 수 있는 틈새의 면적은 각각 $0.02[m^2]$이며, 임의의 어느 실에 대한 급기량 $Q[m^3/s]$와 얻고자 하는 기압차 [Pa]의 관계식은 $Q=0.827A \times P^{\frac{1}{2}}$이다.) [6점]

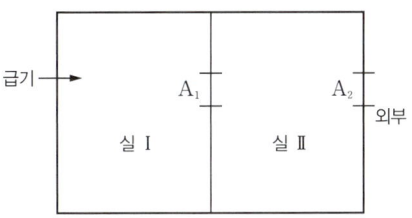

정답
- 계산과정: $0.827 \times 0.01414 \times \sqrt{50} ≒ 0.082$
- 답: $0.08[m^3/s]$

해설

틈새면적의 합은 다음의 두 가지 방법을 이용하여 계산한다.

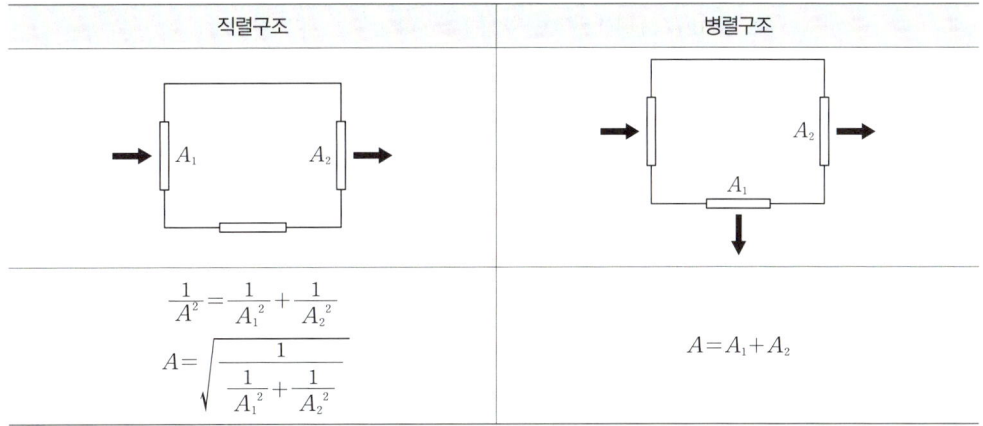

직렬구조	병렬구조
$\dfrac{1}{A^2} = \dfrac{1}{A_1^2} + \dfrac{1}{A_2^2}$ $A = \sqrt{\dfrac{1}{\dfrac{1}{A_1^2} + \dfrac{1}{A_2^2}}}$	$A = A_1 + A_2$

A_1, A_2는 직렬관계이다.

$$A_{1\sim2} = \dfrac{1}{\sqrt{\dfrac{1}{(0.02[m^2])^2} + \dfrac{1}{(0.02[m^2])^2}}} ≒ 0.01414[m^2]$$

따라서 문의 틈새면적 A는 $0.01414[m^2]$이다.

실 I과 외부의 기압차 P는 50[Pa]이므로 유량 Q는
$$Q = 0.827 \times 0.01414[m^2] \times \sqrt{50[Pa]} ≒ 0.082[m^3/s]$$

연계이론 PHASE 15 특별피난계단의 계단실 및 부속실 제연설비

14 그림과 같은 루프(Loop) 배관에 직접 연결된 살수헤드에서 200[L/min]의 유량으로 물이 방수되고 있다. 화살표 방향으로 흐르는 Q_1 및 Q_2의 유량[L/min]을 구하시오. [10점]

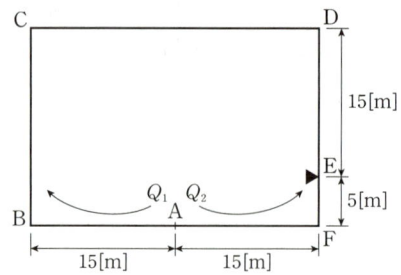

조건

(가) 배관 마찰손실은 하젠-윌리엄즈 공식을 사용하되 계산 편의상 다음과 같다고 가정한다.

$$\Delta P = \frac{6 \times 10^4 \times Q^2}{100^2 \times d^5} \times l$$

ΔP: 배관의 마찰손실압력[MPa], Q: 배관 내 유수량[L/min], d: 배관의 안지름[mm], l: 배관의 길이[m]

(나) 루프(Loop) 배관의 안지름은 40[mm]이다.
(다) 배관 부속품의 등가길이는 전부 무시한다.

정답

- 답: $Q_1 = 66.67$[L/min]
  $Q_2 = 133.33$[L/min]

해설

A점으로 들어온 물의 일부는 B점, C점, D점을 거쳐 E점으로 나가고, 나머지는 F점을 거쳐 E점으로 나간다. 이 때 두 경로의 마찰손실은 같다. ← 다른 경우 마찰손실이 작은 쪽으로 유량이 점점 증가하여 마찰손실도 증가하고 결국 평형을 이룬다.

$Q_1 + Q_2 = 200$[L/min]

$$\frac{6 \times 10^4 \times Q_1^2}{100^2 \times d^5} \times (15 + 20 + 30 + 15)[m] = \frac{6 \times 10^4 \times Q_2^2}{100^2 \times d^5} \times (15 + 5)[m]$$

$80Q_1^2 = 20Q_2^2$

$Q_1 = \dfrac{200[L/min]}{1+2} \fallingdotseq 66.667$[L/min]

$Q_2 = 200$[L/min] $- Q_1 = 133.333$[L/min]

연계이론 PHASE 22 배관의 마찰손실

15 다음은 할론 소화설비의 배치도이다. [조건]을 만족하도록 체크밸브를 그리시오. [10점]

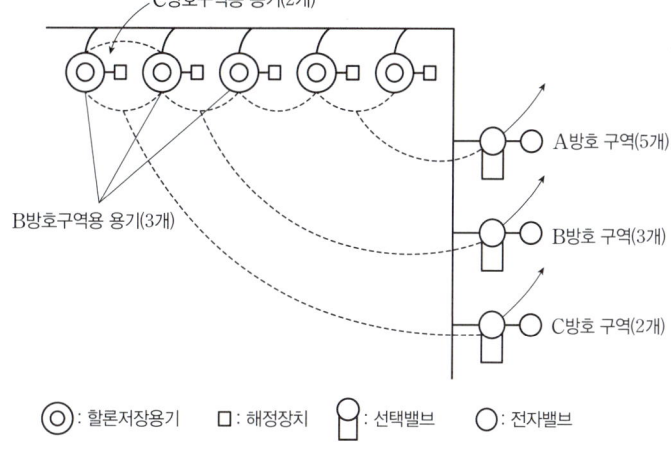

조건

체크밸브 10개를 사용하여 도시기호 ⫷과 ⫸을 사용할 것

정답

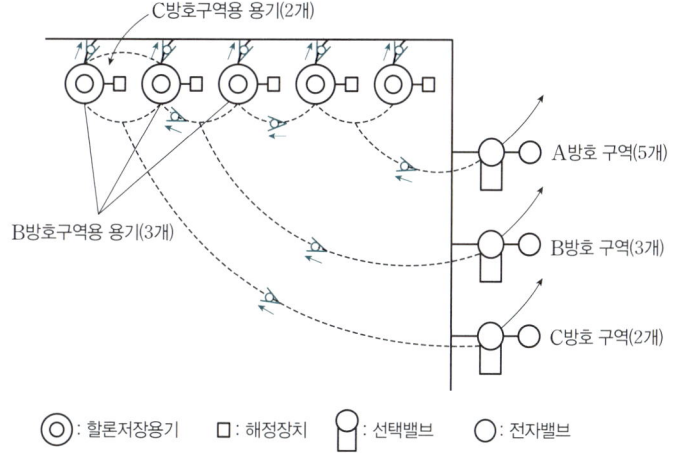

연계이론 PHASE 08 할론 소화설비

2017년 2회 기출문제

01 옥내소화전설비 제어반의 종합정밀점검을 실시하고자 한다. 이때 점검항목을 세 가지 쓰시오. [3점]

정답

다음 7가지 중 3가지를 선택하여 작성한다.
- 겸용 감시·동력 제어반 성능 적정 여부(겸용으로 설치된 경우)
- 펌프 별 수동기동 및 수동중단 기능 정상작동 여부
- 상용전원 및 비상전원 공급 확인 가능 여부(비상전원 있는 경우)
- 수조·물올림탱크 저수위 표시등 및 음향경보장치 정상작동 여부
- 감시제어반 전용실 적정 설치 및 관리 여부
- 기계·기구 또는 시설 등 제어 및 감시설비 외 설치 여부
- 소방전원보존형발전기는 이를 식별할 수 있는 표지 설치 여부

해설

옥내소화전설비 작동점검표

번호	점검항목	점검결과
제어반		
001	● 겸용 감시·동력 제어반 성능 적정 여부(겸용으로 설치된 경우)	
	[감시제어반]	
011	○ 펌프 작동 여부 확인 표시등 및 음향경보장치 정상작동 여부	
012	○ 펌프 별 자동·수동 전환스위치 정상작동 여부	
013	● 펌프 별 수동기동 및 수동중단 기능 정상작동 여부	
014	● 상용전원 및 비상전원 공급 확인 가능 여부(비상전원 있는 경우)	
015	● 수조·물올림탱크 저수위 표시등 및 음향경보장치 정상작동 여부	
016	○ 각 확인회로 별 도통시험 및 작동시험 정상작동 여부	
017	○ 예비전원 확보 유무 및 시험 적합 여부	
018	● 감시제어반 전용실 적정 설치 및 관리 여부	
019	● 기계·기구 또는 시설 등 제어 및 감시설비 외 설치 여부	
021	[동력제어반] ○ 앞면은 적색으로 하고, "옥내소화전설비용 동력제어반" 표지 설치 여부	
031	[발전기제어반] ● 소방전원보존형발전기는 이를 식별할 수 있는 표지 설치 여부	

※ 점검항목 중 "●"는 종합점검의 경우에만 해당한다.

연계이론 PHASE 02 옥내소화전설비

02

옥내소화전설비의 봉상방수할 경우 노즐 선단에서 방수압을 측정하려고 한다. 측정방법을 간단히 설명하시오. [4점]

정답 직사형 노즐로부터 노즐 직경의 $0.5D$(내경)만큼 떨어진 지점에서 피토계로 측정하여 압력을 구한다.

연계이론 PHASE 02 옥내소화전설비

03

관부속품에 대한 다음 물음에 답하시오. [5점]

(1) 물올림장치의 순환배관에 설치하는 안전밸브를 쓰시오.
(2) 설비된 배관 내의 이물질 제거(여과) 기능을 하는 것을 쓰시오.
(3) 관 내 유체의 흐름방향을 변경시킬 때 사용되는 밸브를 쓰시오.
(4) 밸브의 개폐상태 여부를 용이하게 육안 판별하기 위한 밸브를 쓰시오.
(5) 성능시험배관의 유량계의 후단에 설치하여야 하는 밸브를 쓰시오.

정답
(1) 릴리프밸브
(2) 스트레이너
(3) 앵글밸브
(4) 개폐표시형 밸브
(5) 유량조절밸브

04 가로 15[m], 세로 14[m], 높이 3.5[m]인 전산실에 할로겐화합물 및 불활성기체 소화약제 중 HFC−23과 IG−541을 사용할 경우 아래 [조건]을 참고하여 다음 물음에 답하시오. [12점]

> **조건**
> (가) HFC−23의 소화농도는 A, C급 화재 38[%], B급 화재 35[%]이다.
> (나) HFC−23의 저장용기는 68[L]이며 충전밀도는 720.8[kg/m³]이다.
> (다) IG−541의 소화농도는 33[%]이다.
> (라) IG−541의 저장용기는 80[L]용 15.8[m³/병]을 적용하며, 충전압력은 19.996[MPa]이다.
> (마) 소화약제량 산정 시 선형상수를 이용하도록 하며 방사 시 기준온도는 30[℃]이다.
>
> | 소화약제 | K_1 | K_2 |
> |---|---|---|
> | HFC−23 | 0.3164 | 0.0012 |
> | IG−541 | 0.65799 | 0.00239 |

(1) HFC−23의 저장량은 최소 몇 [kg]인지 구하시오.
(2) HFC−23의 저장용기 수는 최소 몇 병인지 구하시오.
(3) 배관구경 산정조건에 따라 HFC−23의 약제량 방사 시 유량은 몇 [kg/s]인지 구하시오.
(4) IG−541의 저장량은 몇 [m³]인지 구하시오.
(5) IG−541의 저장용기 수는 최소 몇 병인지 구하시오.
(6) 배관구경 산정조건에 따라 IG−541의 약제량 방사 시 유량은 몇 [m³/s]인지 구하시오.

정답

(1) • 계산과정: $0.3164+(0.0012\times30)=0.3524$
   $38\times1.35=51.3$
   $15\times14\times3.5=735$
   $\dfrac{1}{0.3524}\times\left(\dfrac{51.3}{100-51.3}\right)\times735≒2,197.049$
   • 답: 2,197.05[kg]

(2) • 계산과정: $\dfrac{2,197.05}{0.068\times720.8}≒44.82$
   • 답: 45병

(3) • 계산과정: $51.3\times0.95=48.735$
   $\dfrac{1}{0.3524}\times\left(\dfrac{48.735}{100-48.735}\right)\times735≒1,982.766$
   $\dfrac{1,982.766}{10}≒198.277$
   • 답: 198.28[kg/s]

(4) • 계산과정: $0.65799+(0.00239\times20)=0.70579$
   $0.65799+(0.00239\times30)=0.72969$
   $33\times1.35=44.55$
   $15\times14\times3.5=735$
   $2.303\times\dfrac{0.70579}{0.72969}\times\log\left(\dfrac{100}{100-44.55}\right)\times735≒419.300$
   • 답: 419.3[m³]

(5) • 계산과정: $\dfrac{419.3}{15.8} ≒ 26.54$

• 답: 27병

(6) • 계산과정: $44.55 \times 0.95 = 42.3225$

$$2.303 \times \dfrac{0.70579}{0.72969} \times \log\left(\dfrac{100}{100-42.3225}\right) \times 735 ≒ 391.295$$

$$\dfrac{391.295}{120} ≒ 3.261$$

• 답: $3.26[\text{m}^3/\text{s}]$

해 설

(1) 화재안전기준에 따른 할로겐화합물 소화약제의 저장량 최소기준은 다음과 같다.

$$W = \dfrac{1}{S} \times \left(\dfrac{C}{100-C}\right) \times V$$

W: 소화약제의 질량[kg], S: 소화약제별 선형상수$(K_1 + K_2 \times T)[\text{m}^3/\text{kg}]$,
T: 방호구역의 기준온도[℃], C: 설계농도(소화농도 × 안전계수)[%], V: 방호구역의 부피[m^3]

기준온도가 30[℃]이므로 소화약제별 선형상수 S는 다음과 같다.
$$S = K_1 + K_2 \times T = 0.3164 + (0.0012 \times 30) = 0.3524[\text{m}^3/\text{kg}]$$
설계농도 C는 소화농도와 안전계수의 곱이며, 전기화재인 C급 화재의 안전계수는 1.35이므로 설계농도 C는 다음과 같다.
$$C = 소화농도 \times 안전계수 = 38 \times 1.35 = 51.3[\%]$$
방호구역인 전산실의 부피(가로 × 세로 × 높이)는 다음과 같다.
$$V = 15[\text{m}] \times 14[\text{m}] \times 3.5[\text{m}] = 735[\text{m}^3]$$
따라서 소화약제 HFC-23의 질량 W는
$$W = \dfrac{1}{0.3524[\text{m}^3/\text{kg}]} \times \left(\dfrac{51.3[\%]}{100-51.3[\%]}\right) \times 735[\text{m}^3] ≒ 2,197.049[\text{kg}]$$

(2) 저장용기 1병 당 소화약제 HFC-23의 충전량[L]은 68[L]이고, 충전밀도는 720.8[kg/m^3]이므로 전체 소화약제의 양을 저장하기 위해 전산실에 필요한 저장용기의 개수는
$$\dfrac{2,197.05[\text{kg}]}{0.068[\text{m}^3] \times 720.8[\text{kg/m}^3]} ≒ 44.82[병] = 45[병] (절상)$$

(3) 방호구역인 전산실에 할로겐화합물 소화약제를 방사하는 경우 화재안전기준에 따라 10초 이내에 최소설계농도의 95[%] 이상을 방출해야 한다.
설계농도 C는 51.3[%]이므로 0.95를 곱하여 구한다.
$$51.3[\%] \times 0.95 = 48.735[\%]$$

따라서 10초 이내에 방출해야 하는 소화약제 HFC-23의 질량 W는 다음과 같다.
$$W = \dfrac{1}{0.3524[\text{m}^3/\text{kg}]} \times \left(\dfrac{48.735[\%]}{100-48.735[\%]}\right) \times 735[\text{m}^3] ≒ 1,982.766[\text{kg}]$$

10초 이내에 1,982.766[kg]의 소화약제 HFC-23을 방출해야 하므로 방사유량[kg/s]은
$$\dfrac{1,982.766[\text{kg}]}{10[\text{s}]} ≒ 198.277[\text{kg/s}]$$

(4) 화재안전기준에 따른 불활성기체 소화약제의 저장량 최소기준은 다음과 같다.

$$X = 2.303 \times \frac{V_S}{S} \times \log\left(\frac{100}{100-C}\right) \times V$$

X: 소화약제의 부피[m³], V_S: 20[℃]에서 소화약제의 비체적[m³/kg],
S: 소화약제별 선형상수($K_1 + K_2 \times T$)[m³/kg], T: 방호구역의 기준온도[℃]
C: 설계농도(소화농도×안전계수)[%], V: 방호구역의 부피[m³]

20[℃]에서 소화약제의 비체적 V_S는 다음과 같다.
$$V_S = K_1 + K_2 \times 20 = 0.65799 + (0.00239 \times 20) = 0.70579 [m^3/kg]$$
기준온도가 30[℃]이므로 소화약제별 선형상수 S는 다음과 같다.
$$S = K_1 + K_2 \times T = 0.65799 + (0.00239 \times 30) = 0.72969 [m^3/kg]$$

설계농도 C는 소화농도와 안전계수의 곱이며, 전기화재인 C급 화재의 안전계수는 1.35이므로 설계농도 C는 다음과 같다.
$$C = 소화농도 \times 안전계수 = 33 \times 1.35 = 44.55[\%]$$
방호구역인 전산실의 부피(가로×세로×높이)는 다음과 같다.
$$V = 15[m] \times 14[m] \times 3.5[m] = 735[m^3]$$

따라서 소화약제 IG-541의 부피 X는
$$X = 2.303 \times \frac{0.70579[m^3/kg]}{0.72969[m^3/kg]} \times \log\left(\frac{100}{100-44.55[\%]}\right) \times 735[m^3] \fallingdotseq 419.300[m^3]$$

(5) 저장용기 1병 당 소화약제 IG-541의 충전량[m³]은 15.8[m³]이므로 전체 소화약제의 양을 저장하기 위해 전산실에 필요한 저장용기의 개수는
$$\frac{419.3[m^3]}{15.8[m^3/병]} \fallingdotseq 26.54[병] = 27[병] (절상)$$

(6) 방호구역인 전산실에 불활성기체 소화약제를 방사하는 경우 화재안전기준에 따라 C급 화재의 경우 2분 이내에 최소설계농도의 95[%] 이상을 방출해야 한다.
설계농도 C는 44.55[%]이므로 0.95를 곱하여 구한다.
$$44.55[\%] \times 0.95 = 42.3225[\%]$$

따라서 2분 이내에 방출해야 하는 소화약제 IG-541의 부피 X는 다음과 같다.
$$X = 2.303 \times \frac{0.70579[m^3/kg]}{0.72969[m^3/kg]} \times \log\left(\frac{100}{100-42.3225[\%]}\right) \times 735[m^3] \fallingdotseq 391.295[m^3]$$

2분 이내에 391.295[m³]의 소화약제 IG-541을 방출해야 하므로 방사유량[m³/s]은
$$\frac{391.295[m^3]}{2[min] \times 60[s/min]} \fallingdotseq 3.261[m^3/s]$$

> 연계이론 **PHASE 09** 할로겐화합물 및 불활성기체 소화설비

05

특별피난계단의 계단실 및 부속실 제연설비의 화재안전기준에서 차압에 대하여 (   ) 안에 알맞은 답을 쓰시오. [5점]

(1) 제연구역과 옥내와의 사이에 유지하여야 하는 최소차압은 (①)[Pa](옥내에 스프링클러설비가 설치된 경우에는 (②)[Pa] 이상으로 하여야 한다.
(2) 제연설비가 가동되었을 경우 출입문의 개방에 필요한 힘은 (③)[N] 이하로 하여야 한다.
(3) 출입문이 일시적으로 개방되는 경우 개방되지 아니하는 제연구역과 옥내와의 차압은 (1)의 기준에 불구하고 (1)의 기준에 따른 차압의 (④)[%] 미만이 되어서는 아니 된다.
(4) 계단실과 부속실을 동시에 제연하는 경우 부속실의 기압은 계단실과 같게 하거나 계단실의 기압보다 낮게 할 경우에는 부속실과 계단실의 압력 차이는 (⑤)[Pa] 이하가 되도록 하여야 한다.

정답

(1) ① 40
    ② 12.5

(2) ③ 110

(3) ④ 70

(4) ⑤ 5

해설

- 제연구역의 기압을 제연구역 이외의 옥내보다 높게 하고 일정한 기압의 차이를 유지해야 하는 최소 차압은 40[Pa] 이상으로 한다.
- 옥내에 스프링클러설비가 설치된 경우 최소 차압은 12.5[Pa] 이상으로 한다.
- 제연설비가 가동되었을 경우 출입문의 개방에 필요한 힘은 110[N] 이하로 한다.
- 피난을 위하여 제연구역의 출입문이 일시적으로 개방되는 경우 개방되지 않은 제연구역과 옥내와의 차압은 기준의 70[%] 이상이어야 한다.
- 계단실과 부속실을 동시에 제연하는 경우 부속실의 기압은 계단실과 같게 하거나 계단실의 기압보다 낮게 할 경우에는 부속실과 계단실의 압력 차이는 5[Pa] 이하가 되도록 한다.

연계이론

PHASE 15 특별피난계단의 계단실 및 부속실 제연설비

06 7층인 건축물에 연결송수관설비와 옥내소화전설비의 배관을 겸용으로 사용하고 있다. [조건]을 참고하여 다음 물음에 답하시오. [8점]

> **조건**
> (가) 층당 소화전은 5개이다.
> (나) 실양정은 20[m]이다.
> (다) 배관의 마찰손실은 실양정의 20[%]이다.
> (라) 관부속류의 마찰손실은 배관 마찰손실의 50[%]이다.
> (마) 소방용호스 마찰손실수두는 3.9[m]이다.

(1) 전양정[m]은 얼마인가?
(2) 성능시험배관의 구경[mm]은 얼마인가?
(3) 유량측정장치의 최대정격토출량[L/min]은 얼마인가?
(4) 배관을 겸용할 경우 주 배관의 규격[mm]은 얼마 이상으로 하여야 하는가?

정답

(1) • 계산과정: $(20 \times 0.2) + (20 \times 0.2) \times 0.5 = 6$
　　　　　　$20 + 3.9 + 6 + 17 = 46.9$
• 답: 46.9[m]

(2) • 계산과정: $2 \times 130 = 260$
　　　　$46.9[\text{m}] \times \dfrac{0.1[\text{MPa}]}{10[\text{m}]} = 0.469[\text{MPa}]$
　　　　$1.5 \times 260 = 0.653 D^2 \sqrt{10 \times 0.65 \times 0.469}$
　　　　$\sqrt{\dfrac{1.5 \times 260}{0.653\sqrt{10 \times 0.65 \times 0.469}}} \fallingdotseq 18.494$
• 답: 18.49[mm]

(3) • 계산과정: $1.75 \times 260 = 455$
• 답: 455[L/min]

(4) • 계산과정: $260[\text{L/min}] = \dfrac{0.26}{60}[\text{m}^3/\text{s}]$
　　　　$\sqrt{\dfrac{4 \times \dfrac{0.26}{60}}{\pi \times 4}} \fallingdotseq 0.0371[\text{m}] = 37.1[\text{mm}]$
• 답: 100[mm]

해설

(1) 화재안전기준에 따라 옥내소화전설비에 설치된 가압송수장치(펌프)의 전양정은 다음과 같다.

$$H = h_1 + h_2 + h_3 + 17$$

H: 전양정[m], h_1: 실양정(흡입양정+토출양정)[m], h_2: 호스의 마찰손실수두[m],
h_3: 배관 및 관부속의 마찰손실수두[m], 17: 노즐선단에서의 방사압력수두[m]

펌프의 후드밸브로부터 최고위 옥내소화전 앵글밸브까지의 수직거리인 실양정 h_1는 20[m]이다.
　　$h_1 = 20[\text{m}]$
호스의 마찰손실수두 h_2는 3.9[m]이다.
　　$h_2 = 3.9[\text{m}]$
배관의 마찰손실수두는 실양정의 20[%]이고, 관부속의 마찰손실수두는 배관 마찰손실수두의 50[%]이므로 배관 및 관부속의 마찰손실수두 h_3는 다음과 같다.
　　$h_3 = (20[\text{m}] \times 0.2) + (20[\text{m}] \times 0.2) \times 0.5 = 6[\text{m}]$
따라서 펌프의 전양정 H는
　　$H = h_1 + h_2 + h_3 + 17 = 20[\text{m}] + 3.9[\text{m}] + 6[\text{m}] + 17 = 46.9[\text{m}]$

(2) 직경이 D인 배관에서 압력 P와 유량 Q는 다음과 같은 관계를 갖는다.

$$Q = 0.653 D^2 \sqrt{10P}$$

Q: 유량[L/min], D: 배관의 직경[mm], P: 압력[MPa]

화재안전기준에 따라 옥내소화전설비에서 가압송수장치(펌프)는 특정소방대상물의 어느 층에서 해당 층의 옥내소화전을 동시에 사용할 경우(최대 2개, 30층 이상인 경우 최대 5개) 각 소화전의 노즐 선단에서의 방수량은 130[L/min] 이상으로 한다.

$$정격토출량 = 2[개] \times 130[L/min] = 260[L/min]$$

성능시험배관은 펌프의 토출 측에 설치된 개폐밸브 이전에서 분기하므로 펌프의 토출압력이 성능시험배관의 압력이 된다.

$$46.9[m] \times \frac{0.1[MPa]}{10[m]} = 0.469[MPa]$$

배관직경 산정기준은 정격토출량의 150[%]로 운전 시 정격토출압력의 65[%] 기준으로 계산하므로 조건을 공식에 대입하면 배관의 직경 D는

$$1.5 \times 260[L/min] = 0.653 D^2 \sqrt{10 \times 0.65 \times 0.469[MPa]}$$

$$D = \sqrt{\frac{1.5 \times 260[L/min]}{0.653\sqrt{10 \times 0.65 \times 0.469[MPa]}}} \approx 18.494[mm]$$

(3) 유량측정장치는 펌프의 정격토출량의 175[%] 이상까지 측정할 수 있어야 하므로

$$최대\ 측정유량 = 1.75 \times 260[L/min] = 455[L/min]$$

(4) 펌프의 토출측 배관은 다음의 기준에 따라 설치한다.
- 펌프의 토출측 주배관의 구경은 유속이 4[m/s] 이하가 될 수 있는 크기 이상으로 한다.
- 옥내소화전방수구와 연결되는 가지배관의 구경은 40[mm] 이상으로 한다.
- 주배관 중 수직배관의 구경은 50[mm] 이상으로 한다.

부피유량 공식 $Q = Au$에 의해 유량 Q와 유속 u를 알면 배관의 직경 D를 다음과 같이 구할 수 있다.

$$D = \sqrt{\frac{4Q}{\pi u}}$$

D: 배관의 직경[m], Q: 유량[m³/s], u: 유속[m/s]

정격토출량 260[L/min]의 단위를 변환해주면 $\frac{0.26}{60}$[m³/s]이 되고, 유속 4[m/s]와 함께 공식에 대입해주면 배관의 직경 D는 다음과 같다.

$$D = \sqrt{\frac{4 \times \frac{0.26}{60}[m^3/s]}{\pi \times 4[m/s]}} \approx 0.0371[m] = 37.1[mm]$$

연결송수관설비의 배관과 겸용할 경우의 주배관은 구경 100[mm] 이상으로 하여야 하므로 배관의 구경은 100[mm]를 선택한다.

연계이론

PHASE 02 옥내소화전설비

PHASE 16 연결송수관설비

07 그림은 10층 건물에 설치한 옥내소화전설비의 계통도이다. 다음 물음에 답하시오. [15점]

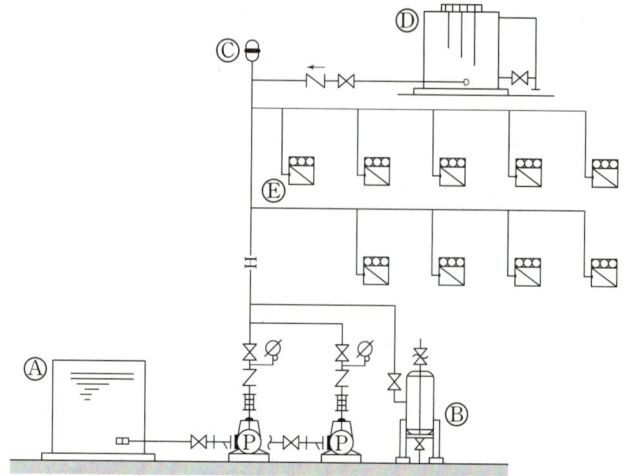

조건

(가) 배관의 마찰손실수두는 40[m](소방호스, 관 부속품의 마찰손실수두 포함)이다.
(나) 펌프의 효율은 65[%]이다.
(다) 펌프의 여유율은 10[%]이다.

(1) Ⓐ~Ⓔ의 명칭을 쓰시오.
(2) Ⓓ에 보유하여야 할 최소 유효저수량[m³]은 얼마인가?
(3) Ⓑ의 주된 기능은 무엇인가?
(4) Ⓒ의 설치목적은 무엇인가?
(5) Ⓔ항의 문짝의 면적[m²]은 얼마 이상이어야 하는가?
(6) 펌프의 전동기 용량[kW]은 얼마인가?

정 답

(1) Ⓐ: 소화수조
　　Ⓑ: 압력챔버
　　Ⓒ: 수격방지기
　　Ⓓ: 옥상수조
　　Ⓔ: 옥내소화전

(2) • 계산과정: $2 \times 2.6 \times \dfrac{1}{3} ≒ 1.733$

　　• 답: 1.73[m³]

(3) 순간적인 압력변동을 검지하여 수격작용 등의 이상현상을 방지한다.

(4) 수격작용 방지

(5) 0.5[m²]

(6) • 계산과정: $2 \times 130 = 260[\text{L/min}] = \dfrac{0.26}{60}[\text{m}^3/\text{s}]$

　　$40 + 17 = 57$

　　$\dfrac{9.8 \times \dfrac{0.26}{60} \times 40}{0.65} \times 1.1 ≒ 4.096$

　　• 답: 4.10[kW]

해 설

(2) 화재안전기준에 따라 옥내소화전설비에서 수원의 저수량은 옥내소화전의 설치개수가 가장 많은 층의 설치개수에 기준량을 곱한 양 이상이 되도록 한다.

층수	최대 설치개수	기준량
~29층	2개	$2.6[m^3]$ ($130[L/min] \times 20[min]$)
30층~49층	5개	$5.2[m^3]$ ($130[L/min] \times 40[min]$)
50층~	5개	$7.8[m^3]$ ($130[L/min] \times 60[min]$)

기준에 따라 계산한 유효수량 외에 유효수량의 $\frac{1}{3}$ 이상을 옥상에 설치한다.

따라서 옥상수조에 보유해야 하는 최소 유효저수량$[m^3]$은

$$Q = 2[개] \times 2.6[m^3] \times \frac{1}{3} ≒ 1.733[m^3]$$

(3) 압력챔버는 다음과 같은 기능을 가진다.
  • 배관의 압력 저하 시 펌프의 기동 및 정지
  • 수격작용으로부터 완충 및 방지
  • 순간적인 압력변동에서 안정적인 압력 검지

(5) 소화전함 문의 면적은 $0.5[m^2]$ 이상이어야 한다.

(6) 전동기의 용량은 다음의 식을 통해 구할 수 있다.

$$P = \frac{\gamma Q H}{\eta} K$$

P: 전동기의 용량$[kW]$, γ: 유체의 비중량$[kN/m^3]$, Q: 유량$[m^3/s]$, H: 전양정$[m]$, η: 효율, K: 전달계수

유체는 물이므로 물의 비중량은 $9.8[kN/m^3]$이다.

화재안전기준에 따라 옥내소화전설비에서 가압송수장치(펌프)는 특정소방대상물의 어느 층에서 해당 층의 옥내소화전을 동시에 사용할 경우(최대 2개, 30층 이상인 경우 최대 5개) 각 소화전의 노즐 선단에서의 방수량은 $130[L/min]$ 이상으로 한다.

정격토출량 $= 2[개] \times 130[L/min] = 260[L/min]$

펌프의 토출량은 $260[L/min]$이므로 단위를 변환하면 $\frac{0.26}{60}[m^3/s]$이다.

화재안전기준에 따라 옥내소화전설비에 설치된 가압송수장치(펌프)의 전양정은 다음과 같다.

$$H = h_1 + h_2 + h_3 + 17$$

H: 전양정$[m]$, h_1: 실양정(흡입양정+토출양정)$[m]$, h_2: 호스의 마찰손실수두$[m]$, h_3: 배관 및 관부속의 마찰손실수두$[m]$, 17: 노즐선단에서의 방사압력수두$[m]$

모든 마찰손실의 합($h_1 + h_2 + h_3$)은 $40[m]$이므로 펌프의 전양정 H는
$H = h_1 + h_2 + h_3 + 17 = 40[m] + 17 = 57[m]$

따라서 주어진 조건을 공식에 대입하면 전동기의 용량 P는

$$P = \frac{9.8[kN/m^3] \times \frac{0.26}{60}[m^3/s] \times 40[m]}{0.65} \times 1.1 ≒ 4.096[kW]$$

연계이론   **PHASE 02 옥내소화전설비**

08 옥외소화전 방수 시의 그림에서 안지름이 65[mm]이고, 방수구의 높이(y)가 800[mm]일 때, 다음 물음에 답하시오. (단, 그림에서 y는 지면에서 방수구의 중심 간 거리이고, x는 방수구에서 물이 도달하는 부분의 중심 간 거리이다.) [5점]

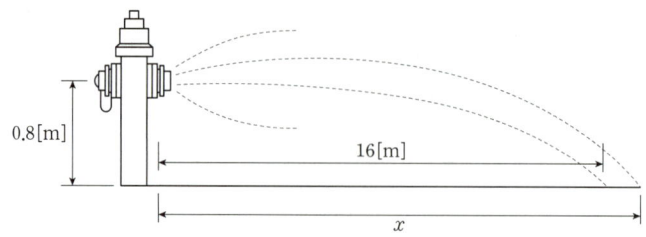

(1) 방수된 물이 지면에 도달하는 거리(x)가 16[m]일 때 방수량 Q[m³/s]은 얼마인가?

(2) 방수구에 화재안전기준의 방수량을 만족하기 위해서는 방출된 물이 지면에 도달하는 거리(x)가 몇 [m] 이상이어야 하는가?

정답

(1) • 계산과정: $x = ut$, $y = \frac{1}{2}gt^2$

$$x = u \times \sqrt{\frac{2y}{g}}$$

$$u = x \times \sqrt{\frac{g}{2y}} = 16 \times \sqrt{\frac{9.8}{2 \times 0.8}} \fallingdotseq 39.598$$

$$\frac{\pi}{4} \times 0.065^2 \times 39.598 \fallingdotseq 0.131$$

• 답: 0.13[m³/s]

(2) • 계산과정: $350[\text{L/min}] = \frac{0.35}{60}[\text{m}^3/\text{s}]$

$$x = u \times \sqrt{\frac{2y}{g}} = \frac{4Q}{\pi D^2} \times \sqrt{\frac{2y}{g}} = \frac{4 \times \frac{0.35}{60}}{\pi \times 0.065^2} \times \sqrt{\frac{2 \times 0.8}{9.8}} \fallingdotseq 0.7103$$

• 답: 0.71[m]

해설

(1) 방수구에서 분출한 물은 x방향으로 등속도 운동을 하며, y방향으로 자유낙하 운동을 한다.
따라서 각 방향으로 이동한 거리는 다음과 같다.

$$x = ut, \quad y = \frac{1}{2}gt^2$$

두 방향으로 이동하는 시간 t는 같으므로 두 식을 연립하여 주어진 조건을 공식에 대입하면 방수구에서 분출속도 u는 다음과 같다.

$$x = u \times \sqrt{\frac{2y}{g}}$$

$$u = x \times \sqrt{\frac{g}{2y}} = 16[\text{m}] \times \sqrt{\frac{9.8[\text{m/s}^2]}{2 \times 0.8[\text{m}]}} \fallingdotseq 39.598[\text{m/s}]$$

부피유량 공식 $Q = Au$에 의해 방수구의 방수량 Q는

$$Q = \frac{\pi}{4} \times (0.065[\text{m}])^2 \times 39.598[\text{m/s}] \fallingdotseq 0.131[\text{m}^3/\text{s}]$$

(2) 화재안전기준에 따라 옥외소화전설비에서 가압송수장치(펌프)는 특정소방대상물에 설치된 옥외소화전을 동시에 사용할 경우(최대 2개) 각 소화전의 노즐선단에서의 방수량은 350[L/min] 이상으로 한다.

$$Q = 350[\text{L/min}] = \frac{0.35}{60}[\text{m}^3/\text{s}]$$

부피유량 공식 $Q=Au$에 의해 유량 Q와 배관의 직경 D를 알면 유속 u를 다음과 같이 구할 수 있다.

$$Q = \frac{\pi}{4}D^2 u, \quad D = \sqrt{\frac{4Q}{\pi u}}$$

u: 유속[m/s], Q: 유량[m³/s], D: 배관의 직경[m]

주어진 조건을 공식에 대입하면 물이 도달하는 거리 x는

$$x = u \times \sqrt{\frac{2y}{g}} = \frac{4Q}{\pi D^2} \times \sqrt{\frac{2y}{g}} = \frac{4 \times \frac{0.35}{60}[\text{m}^3/\text{s}]}{\pi \times (0.065[\text{m}])^2} \times \sqrt{\frac{2 \times 0.8[\text{m}]}{9.8[\text{m/s}^2]}} \fallingdotseq 0.7103[\text{m}]$$

연계이론 PHASE 03 옥외소화전설비

09

옥내소화전설비에 설치하는 충압펌프가 수시로 기동 및 정지를 반복한다. 그 원인으로 생각되는 사항을 4가지 쓰시오. [4점]

정답 다음 6가지 중 4가지를 선택하여 작성한다.
- 설비의 배관 및 밸브 등에서 누수가 발생하는 경우
- 유수검지장치의 배수밸브가 완전히 폐쇄되지 않아 누수가 발생하는 경우
- 스모렌스키 체크밸브의 바이패스 밸브의 개방
- 옥상수조의 배관 상 체크밸브가 완전히 폐쇄되지 않은 경우
- 압력챔버의 압력스위치가 불량인 경우
- 펌프 토출측 체크밸브의 균열로 소화수가 역류하는 경우

연계이론 PHASE 02 옥내소화전설비

10

그림은 공장에 설치된 지하매설 소화용 배관도이다. 가마까지의 각각의 옥외소화전의 측정수압이 표와 같을 때, 다음 물음에 답하시오. [14점]

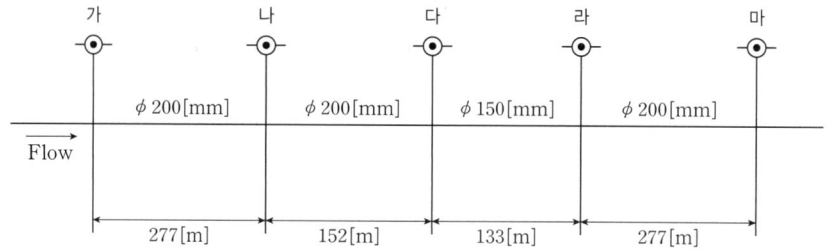

위치 압력	가	나	다	라	마
정압[MPa]	0.557	0.517	0.572	0.586	0.552
방사압력[MPa]	0.490	0.379	0.296	0.172	0.069

※ 방사압력은 소화전의 노즐 캡을 열고 소화전 본체 직근에서 측정한 잔류전압(Residual pressure)을 말한다.

(1) 다음은 동수경사선(hydraulic gradient)을 작성하기 위한 과정이다. 주어진 자료를 활용하여 표의 ( ) 안에 알맞은 답을 쓰시오. (단, 계산과정을 서술하시오.)

항목 소화전	구경 [mm]	실관장 [m]	측정압력[MPa] 정압	측정압력[MPa] 방사압력	펌프로부터 각 소화전까지 전마찰손실[MPa]	소화전 간의 배관마찰손실 [MPa]	Gauge Elevation [MPa]	경사선의 Elevation [MPa]
가	-	-	0.557	0.490	(①)	-	0.029	0.519
나	200	277	0.517	0.379	(②)	(⑤)	0.069	(⑩)
다	200	152	0.572	0.296	(③)	0.138	(⑧)	0.310
라	150	133	0.586	0.172	0.414	(⑥)	0	(⑪)
마	200	277	0.552	0.069	(④)	(⑦)	(⑨)	(⑫)

(단, 기준 elevation으로부터의 정압은 0.586[MPa]이다.)

(2) (1)에서 완성된 표를 자료로 하여 답안지의 동수경사선과 Pipe profile을 완성하시오.

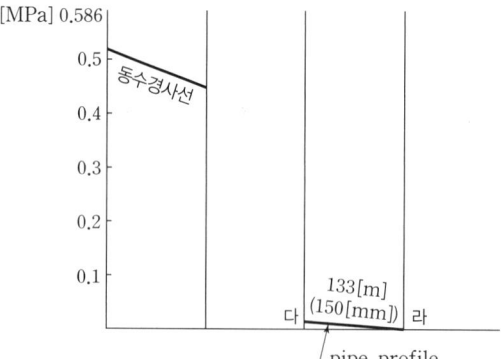

정 답

(1)

항목 소화전	구경 [mm]	실관장 [m]	측정압력[MPa]		펌프로부터 각 소화전까지 전마찰손실[MPa]	소화전 간의 배관마찰손실 [MPa]	Gauge Elevation [MPa]	경사선의 Elevation [MPa]
			정압	방사압력				
가	−	−	0.557	0.490	(0.557−0.49 =0.067)	−	0.029	0.519
나	200	277	0.517	0.379	(0.517−0.379 =0.138)	(0.138−0.067 =0.071)	0.069	(0.379+0.069 =0.448)
다	200	152	0.572	0.296	(0.572−0.296 =0.276)	0.138	(0.586−0.572 =0.014)	0.310
라	150	133	0.586	0.172	0.414	(0.414−0.276 =0.138)	0	(0.172+0 =0.172)
마	200	277	0.552	0.069	(0.552−0.069 =0.483)	(0.483−0.414 =0.069)	(0.586−0.552 =0.034)	(0.069+0.034 =0.103)

(2)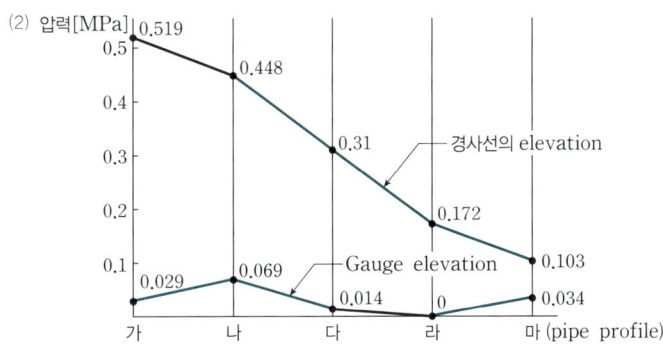

연계이론 PHASE 03 옥외소화전설비

11 그림은 내화구조로 된 15층 건물의 1층 평면도이다. 이 건물 1층에 폐쇄형 스프링클러헤드를 정방형으로 설치하고자 한다. 스프링클러헤드의 최소 소요수를 계산하고 배치도를 완성하시오. (단, 헤드 배치 시에는 헤드 배치의 위치를 치수로서 표시하여야 한다.) [5점]

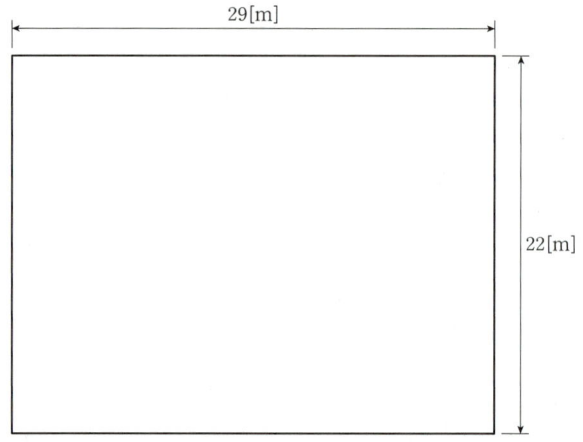

(1) 스프링클러 헤드의 최소 소요개수[개]를 구하시오.
(2) 주어진 도면에 헤드를 배치하시오. (단, 헤드 배치 시에는 배치의 위치를 치수로서 표시하여야 하며, 헤드 간 거리는 최대로 배치하고, Ⓐ, Ⓑ 간 거리는 최소치로 한 쪽으로 치우지지 않게 그리시오.)

정답

(1) • 계산과정: $2 \times 2.3[m] \times \cos 45° ≒ 3.253[m]$

$$\frac{29}{3.253} ≒ 8.91$$

$$\frac{22}{3.253} ≒ 6.76$$

$$9 \times 7 = 63$$

• 답: 63개

(2)

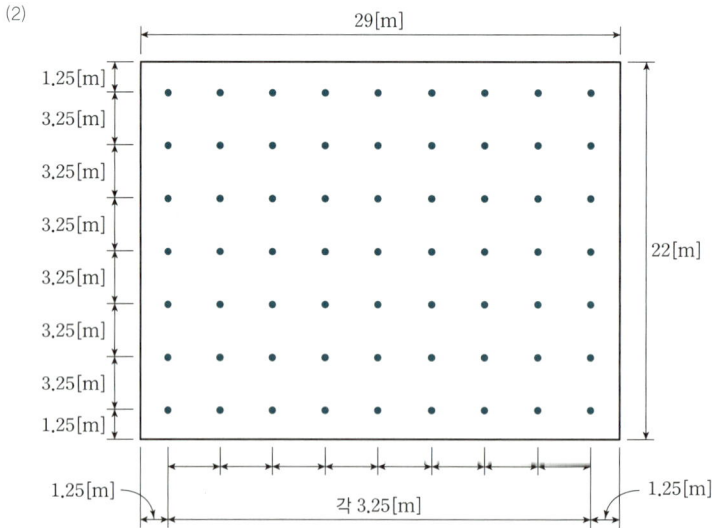

해설

(1) 스프링클러설비의 헤드는 천장·반자·천장과 반자 사이·덕트·선반 등의 각 부분으로부터 하나의 헤드까지 수평거리를 다음의 기준에 따라 설치한다.

소방대상물	수평거리[m]
무대부·특수가연물을 저장 또는 취급하는 장소	1.7
비내화구조 특정소방대상물	2.1
내화구조 특정소방대상물	2.3
아파트 세대 내	2.6

헤드를 정방형으로 배치한 경우 다음의 식에 따라 산정한 수치 이하가 되도록 한다.

$$S = 2 \times r \times \cos 45°$$

S: 헤드 상호 간의 거리[m], r: 유효반경

헤드 간 최대 거리는 다음과 같다.
$S = 2 \times 2.3 [\text{m}] \times \cos 45° ≒ 3.253 [\text{m}]$
방호대상물의 길이가 가로 29[m], 세로 22[m]이므로 방향별 배치해야 하는 헤드의 최소 개수는 다음과 같다.
$\frac{29[\text{m}]}{3.253[\text{m}]} ≒ 8.91[개] = 9[개]$ (절상), $\frac{22[\text{m}]}{3.253[\text{m}]} ≒ 6.76[개] = 7[개]$ (절상)
따라서 방호대상물에 배치해야 하는 헤드의 개수는 다음과 같다.
$9[개] \times 7[개] = 63[개]$

(2) 헤드 간 거리는 최대인 3.25[m]로 두고 헤드와 벽 사이의 거리를 균등하게 분배한다.

연계이론 PHASE 04 스프링클러설비

12 알람체크밸브가 설치된 습식 스프링클러설비에서 시험밸브 개방 시 알람경보가 울리지 않는 원인을 2가지 쓰시오. [2점]

정답
- 리타딩챔버 상단의 압력스위치 불량
- 리타딩챔버 하단의 오리피스 불량

연계이론 PHASE 04 스프링클러설비

13 할로겐화합물 및 불활성기체 소화설비에 [조건]과 같은 압력배관용 탄소강관(KS D 3562)을 사용할 때 최대허용압력[MPa]을 구하시오. [4점]

> **조건**
> (가) 압력배관용 탄소강관(KS D 3562)의 인장강도는 420[MPa]이고 항복점은 인장강도의 85[%] 이다.
> (나) 용접이음에 따른 허용값[mm]은 무시한다.
> (다) 가열맞대기 용접배관을 한다.
> (라) 배관의 최대허용응력(SE)은 배관재질 인장강도의 $\frac{1}{4}$과 항복점의 $\frac{2}{3}$ 중 작은 값($\sigma \times t$)을 기준으로 다음의 식을 적용한다.
> $$SE = \sigma \times 배관이음효율 \times 1.2$$
> (마) 적용되는 배관 바깥지름은 114.3[mm]이고, 두께는 6.0[mm]이다.
> (바) 헤드 설치부분은 제외한다.

정답

- 계산과정: $420 \times \dfrac{1}{4} = 105$

    $420 \times 0.85 \times \dfrac{2}{3} \fallingdotseq 238$

    $105 \times 0.6 \times 1.2 = 75.6$

    $6 = \dfrac{P \times 114.3}{2 \times 75.6} + 0$

    $P = 6 \times \dfrac{2 \times 75.6}{114.3} \fallingdotseq 7.937$

- 답: 7.94[MPa]

해설

배관 두께의 관계식은 다음과 같다.
$$t = \dfrac{PD}{2SE} + A$$

t: 배관의 두께[mm], P: 최대허용압력[MPa], D: 배관의 바깥지름[mm], SE: 최대허용응력[MPa], A: 허용값[mm]

배관 최대허용응력의 관계식은 다음과 같다.
$$SE = \sigma \times 배관이음효율 \times 1.2$$

SE: 최대허용응력[MPa], σ: 인장강도의 1/4값과 항복점의 2/3값 중 작은값

인장강도는 420[MPa]이므로 1/4값인 105[MPa]과 항복점은 420[MPa]의 85[%]인 357[MPa]이므로 2/3값인 238[MPa] 중 작은 값인 105[MPa]를 σ로 선택한다.

$420[\text{MPa}] \times \dfrac{1}{4} = 105[\text{MPa}]$

$420[\text{MPa}] \times 0.85 \times \dfrac{2}{3} \fallingdotseq 238[\text{MPa}]$

이음매 없는 배관	1.0
전지저항 용접배관	0.85
가열맞대기 용접배관	0.6

따라서 배관의 최대허용응력 SE는 아래와 같이 구할 수 있다.

$SE = 105[\text{MPa}] \times 0.6 \times 1.2 = 75.6[\text{MPa}]$

주어진 조건을 공식에 대입하면 배관의 최대허용압력 P는

$$6[\text{mm}] = \frac{P \times 114.3[\text{mm}]}{2 \times 75.6[\text{MPa}]} + 0$$

$$P = 6[\text{mm}] \times \frac{2 \times 75.6[\text{MPa}]}{114.3[\text{mm}]} ≒ 7.937[\text{MPa}]$$

연계이론 **PHASE 09** 할로겐화합물 및 불활성기체 소화설비

---

14 건식 스프링클러설비의 가압송수장치(펌프방식)의 성능시험을 실시하고자 한다. 도면을 참고로 성능시험순서 및 시험결과 판정기준을 쓰시오. [5점]

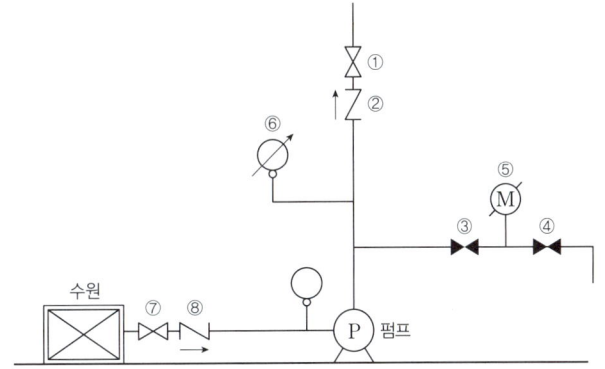

(1) 성능시험 순서

(2) 성능시험 판정기준

정답

(1) 1. 주배관의 개폐밸브 ① 폐쇄
2. 제어반에서 충압펌프 기동 정지
3. 압력챔버의 배수밸브를 개방하여 주펌프 기동 후 폐쇄
4. 개폐밸브 ③ 개방
5. 유량조절밸브 ④를 서서히 개방하면서 유량계 ⑤를 확인하여 정격토출량의 150[%]가 되도록 조정
6. 압력계 ⑥을 확인하여 정격토출압력의 65[%] 이상이 되는지 확인
7. 개폐밸브 ③ 폐쇄 및 개폐밸브 ① 개방
8. 제어반에서 충압펌프 기동중지 해제

(2) 펌프의 성능은 체절운전 시 정격토출압력의 140[%]를 초과하지 않고, 정격토출량의 150[%]로 운전 시 정격토출압력의 65[%] 이상이 되어야 한다.

연계이론 **PHASE 02** 옥내소화전설비

15

그림은 일제개방형 스프링클러설비 계통도의 일부를 나타낸 것이다. [조건]을 참고하여 구간별 유량 및 손실압력을 구하시오. [9점]

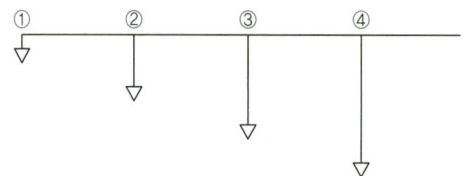

조건

(가) 배관 마찰손실 압력은 하젠-윌리엄스 공식을 따르되 계산의 편의상 다음 식과 같다고 가정한다.

$$\Delta P = \frac{6 \times 10^4 \times Q^2}{100^2 \times d^5}$$

ΔP: 배관의 길이 1[m] 당 마찰손실압력[MPa/m], Q: 배관 내의 유수량[L/min], d: 배관의 내경[mm]

(나) 헤드는 개방형 헤드이고 각 헤드의 방출계수 K는 동일하며, 방수압력 변화와 관계없이 일정하고 그 값은 $K=100$이다.
(다) 가지관과 헤드 간의 마찰손실은 무시한다.
(라) 각 헤드의 방수량은 서로 다르다.
(마) 배관 내경은 32[mm]로 일정하다.
(바) 구간별 배관의 등가길이는 3[m]로 일정하다.
(사) 유량은 소수점 둘째 자리까지 손실압력은 소수점 다섯째 자리까지 나타내시오.
(아) 살수 시 최저방수압이 되는 헤드에서의 방수압은 0.1[MPa]이다.

정답

구간	유량[L/min]	손실압력[MPa]
①	100	0.1
①~②	100	0.00536
②~③	202.65	0.02203
③~④	315.52	0.05340

해설

구간	유량[L/min]	손실압력[MPa]
①	100	0.1
①~②	100	$\dfrac{6\times 10^4 \times (100[\text{L/min}])^2}{100^2 \times (32[\text{mm}])^5}\times 3[\text{m}]$ $\fallingdotseq 0.005364$
②	$100\sqrt{10\times 0.10536[\text{MPa}]}$ $\fallingdotseq 102.645$	
②~③	$100+102.645$ $=202.645$	$\dfrac{6\times 10^4 \times (202.65[\text{L/min}])^2}{100^2 \times (32[\text{mm}])^5}\times 3[\text{m}]$ $\fallingdotseq 0.022030$
③	$100\sqrt{10\times 0.12739[\text{MPa}]}$ $\fallingdotseq 112.867$	
③~④	$202.65+112.867=315.517$	$\dfrac{6\times 10^4 \times (315.52[\text{L/min}])^2}{100^2 \times (32[\text{mm}])^5}\times 3[\text{m}]$ $\fallingdotseq 0.053404$

연계이론

PHASE 04 스프링클러설비

2017년 4회 기출문제

01 분말 소화설비에 설치하는 정압작동장치의 기능과 압력스위치 방식에 대하여 설명하시오. [4점]

(1) 정압작동장치의 기능
(2) 압력스위치 방식

정답

(1) 저장용기 내에 들어가 적정 방출압력이 될 때까지 두 밸브를 폐쇄하고 있다가 가압용 가스가 소화약제를 유동화하여 설정치의 방출압력이 되었을 때 주밸브를 개방한다.

(2) 분말약제 저장용기에 유입된 가스압력에 의하여 설정된 압력이 되면 스위치가 닫혀 전자밸브를 개방시켜 주밸브를 개방한다.

해설

(1) 정압작동장치(Constant Pressure-Operated Device; Release & Delay Cabinet)
분말소화약제의 저장용기의 주밸브를 일정한 시간이 경과한 후에 개방시키는 장치. 가압용 가스가 분말소화약제 탱크에 도입된 후, 약제가 유동하여 설정방출압력에 도달될 때까지 약 15~20초의 시간이 소요되며, 압력스위치 방식, 기계식 및 시한릴레이방식이 있다.

(2) 가스압식(압력스위치 방식)
분말약제 저장용기에 유입된 가스압력이 설정압력에 도달하였을 때 압력스위치가 작동하여 전자밸브를 작동시킨다. 전자밸브의 동작에 의해 주밸브 개방용가스를 이송시켜 피스톤릴리져를 움직여 주밸브를 개방한다.

연계이론

PHASE 10 분말 소화설비

02

제연설비의 설치장소는 제연구역으로 구획하도록 명시하고 있다. ( ) 안에 알맞은 답을 쓰시오. [5점]

- 하나의 제연구역의 면적은 (①)[m²] 이내로 할 것
- 거실과 통로(복도를 포함한다)는 (②) 할 것
- 통로상의 제연구역은 보행중심선의 길이가 (③)[m]를 초과하지 아니할 것
- 하나의 제연구역은 직경 (④)[m] 원 내에 들어갈 수 있을 것
- 하나의 제연구역은 (⑤) 이상 층에 미치지 아니하도록 할 것. 다만, 층의 구분이 불분명한 부분은 그 부분을 다른 부분과 별도로 제연구획 하여야 한다.

정답

① 1,000
② 각각 제연구획
③ 60
④ 60
⑤ 2

해설

- 하나의 제연구역의 면적은 1,000[m²] 이내로 한다.
- 거실과 통로(복도 포함)는 각각 제연구획 한다.
- 통로상의 제연구역은 보행중심선의 길이가 60[m]를 초과하지 않는다.
- 하나의 제연구역은 직경 60[m] 원 내에 들어갈 수 있어야 한다.
- 하나의 제연구역은 2 이상의 층에 미치지 않도록 한다.
- 층의 구분이 불분명한 부분은 그 부분을 다른 부분과 별도로 제연구획 한다.

연계이론 PHASE 14 제연설비

03 그림과 같이 바닥면이 자갈로 되어 있는 절연유 봉입 변압기에 물분무 소화설비를 설치하려고 한다. 화재안전기준을 참고하여 다음 물음에 답하시오. (단, 자갈이 쌓인 높이는 $0.3[m]$이다.) [12점]

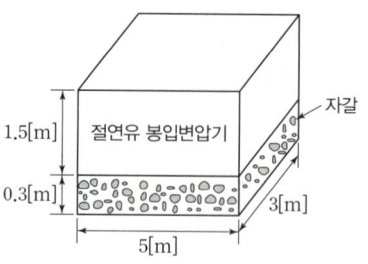

(1) 소화펌프의 최소토출량[L/min]은 얼마인가?
(2) 필요한 최소 수원의 양[m³]은 얼마인가?
(3) 다음은 고압의 전기기기가 있는 장소의 물분무헤드와 전기기기의 이격기준이다. 표의 (   )에 알맞은 답을 쓰시오.

전압[kV]	거리[cm]	전압[kV]	거리[cm]
66 이하	(①) 이상	154 초과 181 이하	180 이상
66 초과 77 이하	80 이상	181 초과 220 이하	(③) 이상
77 초과 110 이하	(②) 이상	220 초과 275 이하	260 이하
110 초과 154 이하	150 이상	—	—

정 답

(1) • 계산과정: $(5 \times 1.5) \times 2 + (3 \times 1.5) \times 2 + (5 \times 3) = 39$
         $10 \times 39 = 390$
   • 답: 390[L/min]

(2) • 계산과정: $390 \times 20 = 7,800[L] = 7.8[m^3]$
   • 답: $7.8[m^3]$

(3) ① 70
    ② 110
    ③ 210

해 설 (1) 화재안전기준에 따라 물분무 소화설비에서 가압송수장치(펌프)의 1분 당 토출량은 다음의 기준에 따라 설치한다.
← 물분무 소화설비의 방수시간은 20분 이상이다.

대상	1분 당 토출량
특수가연물을 저장·취급하는 특정소방대상물	바닥면적(최소 50[m²]) 1[m²] 당 10[L] 이상
차고 또는 주차장	바닥면적(최소 50[m²]) 1[m²] 당 20[L] 이상
절연유 봉입 변압기	바닥을 제외한 표면적 1[m²] 당 10[L] 이상
케이블트레이, 케이블덕트	투영된 바닥면적 1[m²] 당 12[L] 이상
콘베이어 벨트	벨트 부분의 바닥면적 1[m²] 당 10[L] 이상

가압송수장치(펌프)의 1분 당 토출량은 절연유 봉입 변압기의 경우 바닥을 제외한 표면적 1[m²] 당 10[L] 이상으로 한다.
바닥을 제외한 표면적 A는 다음과 같다.
$$A=(5[m]\times 1.5[m])\times 2+(3[m]\times 1.5[m])\times 2+(5[m]\times 3[m])=39[m^2]$$
$$정격토출량=10[L/m^2\cdot min]\times 39[m^2]=390[L/min]$$

(2) 물분무 소화설비의 방수시간은 20분 이상이다.
$$Q=390[L/min]\times 20[min]=7,800[L]=7.8[m^3]$$

(3) 고압의 전기기기가 있는 장소는 전기의 절연을 위하여 전기기기와 물분무 헤드 사이에 다음의 표에 따른 거리를 둔다.

전압[kV]	거리[cm]	전압[kV]	거리[cm]
66 이하	70 이상	154 초과 181 이하	180 이상
66 초과 77 이하	80 이상	181 초과 220 이하	210 이상
77 초과 110 이하	110 이상	220 초과 275 이하	260 이하
110 초과 154 이하	150 이상		

연계이론 PHASE 05 물분무 소화설비

04 다음 ( )에 알맞은 답을 쓰시오. [3점]

"미분무"란 물만을 사용하여 소화하는 방식으로 최소설계압력에서 헤드로부터 방출되는 물입자 중 (①)[%]의 누적체적분포가 (②)[μm] 이하로 분무되고 (③) 화재에 적응성을 갖는 것을 말한다.

정답

① 99
② 400
③ A, B, C급

해설

"미분무"란 물만을 사용하여 소화하는 방식으로 최소설계압력에서 헤드로부터 방출되는 물입자 중 99[%]의 누적체적분포가 400[μm] 이하로 분무되고 A, B, C급 화재에 적응성을 갖는 것을 말한다.

연계이론

PHASE 05 물분무 소화설비

05 소방시설의 가압송수장치에서 주로 사용하는 펌프로 볼류트 펌프와 터빈 펌프가 있다. 이들 펌프의 특징을 비교하여 다음 표의 빈칸에 유, 무, 대, 소, 고, 저 등으로 쓰시오. [6점]

구분 \ 종류	볼류트 펌프	터빈 펌프
임펠러에 안내날개(유, 무)		
송출 유량(대, 소)		
송수 압력(고, 저)		

｜정 답｜

구분 \ 종류	볼류트 펌프	터빈 펌프
임펠러에 안내날개(유, 무)	무	유
송출 유량(대, 소)	대	소
송수 압력(고, 저)	저	고

｜해 설｜

구분 \ 종류	볼류트 펌프	터빈 펌프
임펠러에 안내날개(유, 무)	무	유
송출 유량(대, 소)	대	소
송수 압력(고, 저)	저 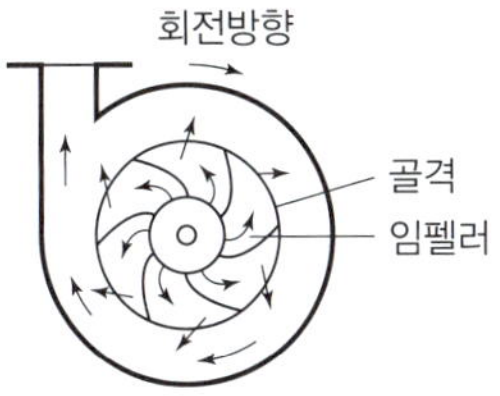	고 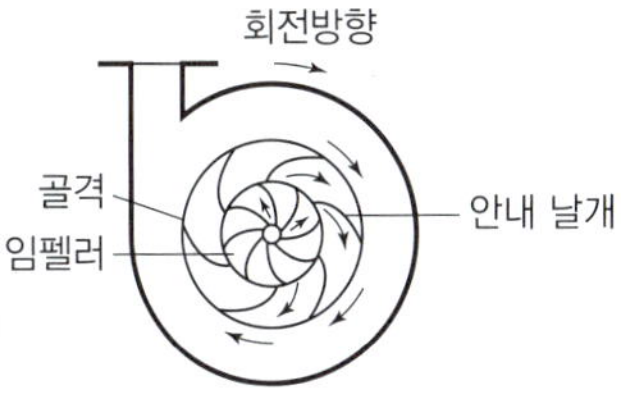

｜연계이론｜ PHASE 23 펌프의 특성

06 그림은 어느 실들의 평면도이다. 이 실들 중 A실을 급기 가압하고자 한다. [조건]을 참고하여 다음 물음에 답하시오. [8점]

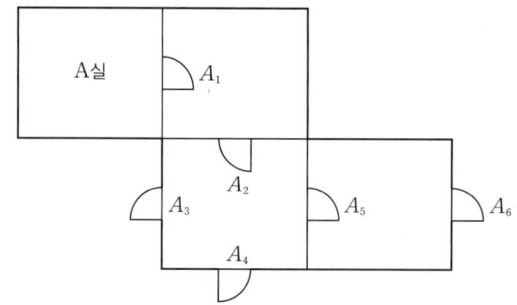

조건
(가) 실외부 대기의 기압은 절대압력으로 101.3[kPa]로서 일정하다.
(나) A실에 유지하고자 하는 기압은 절대압력으로 101.4[kPa]이다.
(다) 각 실의 문(Door)들의 틈새면적은 0.01[m²]이다.
(라) 어느 실을 급기 가압할 때 그 실의 문 틈새를 통하여 누출되는 공기의 양은 다음의 식을 따른다.

$$Q = 0.827 A P^{\frac{1}{2}}$$

Q: 누출되는 공기의 양[m³/s], A: 문의 틈새면적[m²], P: 문을 경계로 한 실내외 기압차[Pa]

(1) 총 틈새면적[m²]은 얼마인가? (단, 답은 소수점 다섯째 자리까지 나타낸다.)
(2) A실에 유입시켜야 할 풍량[m³/s]은 얼마인가? (단, 소수점 넷째 자리까지 계산)

정답

(1) • 답: 0.00684[m²]

(2) • 계산과정: $0.827 \times 0.00684 \times (101,400 - 101,300)^{\frac{1}{2}} ≒ 0.05657$
   • 답: 0.0566[m³/s]

해 설

(1) A_5, A_6는 직렬관계이다.

$$A_{5\sim 6} = \cfrac{1}{\sqrt{\cfrac{1}{(0.01[\text{m}^2])^2} + \cfrac{1}{(0.01[\text{m}^2])^2}}} \approx 0.007071[\text{m}^2]$$

A_3, A_4, $A_{5\sim 6}$는 병렬관계이다.

$$A_{3\sim 6} = 0.01[\text{m}^2] + 0.01[\text{m}^2] + 0.007071[\text{m}^2] = 0.027071[\text{m}^2]$$

A_2, $A_{3\sim 6}$는 직렬관계이다.

$$A_{2\sim 6} = \cfrac{1}{\sqrt{\cfrac{1}{(0.01[\text{m}^2])^2} + \cfrac{1}{(0.027071[\text{m}^2])^2}}} \approx 0.009380[\text{m}^2]$$

A_1, $A_{2\sim 6}$는 직렬관계이다.

$$A_{1\sim 6} = \cfrac{1}{\sqrt{\cfrac{1}{(0.01[\text{m}^2])^2} + \cfrac{1}{(0.00938[\text{m}^2])^2}}} \approx 0.006841[\text{m}^2]$$

(2) 어떤 틈새면적 A가 있고, 틈새를 경계로 한 양쪽의 기압차 P가 있을 때, 그 간격을 통과하는 유량 Q는 다음과 같은 관계를 갖는다.

$$Q = 0.827 A P^{\frac{1}{2}}$$

외부의 기압과 A실 내부 기압의 차이는 $(101,400 - 101,300)[\text{Pa}]$이고, 문의 틈새면적 A는 $0.00684[\text{m}^2]$이므로 주어진 조건을 공식에 대입하면 틈새면적을 통과하는 유량 Q는

$$Q = 0.827 \times 0.00684[\text{m}^2] \times (101,400[\text{Pa}] - 101,300[\text{Pa}])^{\frac{1}{2}}$$
$$\approx 0.05657[\text{m}^3/\text{s}]$$

연계이론 PHASE 15 특별피난계단의 계단실 및 부속실 제연설비

07
피난구조설비는 피난기구와 인명구조기구로 나눈다. 이때 인명구조기구의 종류를 3가지 쓰시오. [3점]

정 답
- 방열복, 방화복(안전모, 보호장갑 및 안전화 포함)
- 공기호흡기
- 인공소생기

연계이론 PHASE 12 인명구조기구

08

용도가 근린생활시설인 특정소방대상물에 옥내소화전이 각 층에 4개씩 설치되어 있다. 다음 물음에 답하시오. (단, 유속은 4[m/s]이다.) [12점]

(1) 펌프의 토출량[L/min]은 얼마 이상으로 하여야 하는가?
(2) 펌프 토출 측 수직 배관의 최소 호칭구경을 표에서 고르시오.

호칭구경	40A	50A	65A	80A	100A
내경[mm]	42	53	69	81	105

(3) 펌프의 성능시험배관상에 설치하는 유량측정장치의 최대 측정유량[L/min]은 얼마인가?
(4) 배관의 마찰손실 및 소방용 호스의 마찰손실수두가 10[m]이고 실양정이 25[m]일 경우 펌프를 정격토출량의 150[%]로 운전 시 정격토출압력[MPa]은 얼마 이상이 되어야 하는가?
(5) 중력가속도가 9.8[m/s^2]일 경우 체절압력[MPa]은 얼마인가?
(6) 펌프의 성능시험배관에서 전단 직관부 및 후단 직관부에 설치하는 밸브의 명칭을 쓰시오.

정답

(1) • 계산과정: $2 \times 130 = 260$
 • 답: 260[L/min]

(2) • 계산과정: $\sqrt{\dfrac{4 \times \dfrac{0.26}{60}}{\pi \times 4}} ≒ 0.0371[m] = 37.1[mm]$
 • 답: 50A

(3) • 계산과정: $1.75 \times 260 = 455$
 • 답: 455[L/min]

(4) • 계산과정: $25 + 10 + 17 = 52$
  $52[m] \times \dfrac{0.1[MPa]}{10[m]} = 0.52[MPa]$
  $0.52 \times 0.65 = 0.338$
 • 답: 0.34[MPa]

(5) • 계산과정: $52 \times 1,000 \times 9.8 \times 1.4 = 713,440[Pa] ≒ 0.713[MPa]$
 • 답: 0.71[MPa]

(6) • 전단 직관부: 개폐밸브
 • 후단 직관부: 유량조절밸브

해설

(1) 화재안전기준에 따라 옥내소화전설비에서 가압송수장치(펌프)는 특정소방대상물의 어느 층에서 해당 층의 옥내소화전을 동시에 사용할 경우(최대 2개, 30층 이상인 경우 최대 5개) 각 소화전의 노즐 선단에서의 방수량은 130[L/min] 이상으로 한다.
  정격토출량 = 2[개] × 130[L/min] = 260[L/min]

(2) 펌프의 토출 측 배관은 다음의 기준에 따라 설치한다.
 • 펌프의 토출 측 주배관의 구경은 유속이 4[m/s] 이하가 될 수 있는 크기 이상으로 한다.
 • 옥내소화전방수구와 연결되는 가지배관의 구경은 40[mm] 이상으로 한다.
 • 주배관 중 수직배관의 구경은 50[mm] 이상으로 한다.

부피유량 공식 $Q=Au$에 의해 유량 Q와 유속 u를 알면 배관의 직경 D를 다음과 같이 구할 수 있다.

$$Q=\frac{\pi}{4}D^2u, \ D=\sqrt{\frac{4Q}{\pi u}}$$

D: 배관의 직경[m], Q: 유량[m³/s], u: 유속[m/s]

정격토출량 260[L/min]의 단위를 변환해주면 $\frac{0.26}{60}$[m³/s]이 되고, 유속 4[m/s]와 함께 공식에 대입해주면 배관의 직경 D는 다음과 같다.

$$D=\sqrt{\frac{4 \times \frac{0.26}{60}[\text{m}^3/\text{s}]}{\pi \times 4[\text{m/s}]}} ≒ 0.0371[\text{m}]=37.1[\text{mm}]$$

유속 4[m/s] 이하인 조건을 만족시키는 배관의 직경은 37.1[mm] 이상이며, 수직 배관이므로 50[mm] 이상이어야 한다.

(3) 유량측정장치는 펌프 정격토출량의 175[%] 이상까지 측정할 수 있는 성능이 있어야 하므로
최대 측정유량 = $1.75 \times 260[\text{L/min}] = 455[\text{L/min}]$

(4) 펌프의 성능은 체절운전 시 정격토출압력의 140[%]를 초과하지 않고, 정격토출량의 150[%]로 운전 시 정격토출압력의 65[%] 이상이 되어야 한다.

화재안전기준에 따라 옥내소화전설비에 설치된 가압송수장치(펌프)의 전양정은 다음과 같다.

$$H = h_1 + h_2 + h_3 + 17$$

H: 전양정[m], h_1: 실양정(흡입양정+토출양정)[m], h_2: 호스의 마찰손실수두[m],
h_3: 배관 및 관부속의 마찰손실수두[m], 17: 노즐선단에서의 방사압력수두[m]

펌프의 후드밸브로부터 최고위 옥내소화전 앵글밸브까지의 수직거리인 실양정 h_1은 25[m]이다.
$h_1 = 25[\text{m}]$
호스의 마찰손실수두 h_2와 배관 및 관부속의 마찰손실수두 h_3의 합은 10[m]이다.
$h_2 + h_3 = 10[\text{m}]$
따라서 옥내소화전설비 펌프의 전양정 H는 다음과 같다.
$H = h_1 + h_2 + h_3 + 17 = 25[\text{m}] + 10[\text{m}] + 17 = 52[\text{m}]$

펌프의 정격토출압력은 전양정 H를 압력으로 환산한 값으로 한다.

정격토출압력 = $52[\text{m}] \times \frac{0.1[\text{MPa}]}{10[\text{m}]} = 0.52[\text{MPa}]$

펌프를 정격토출량의 150[%]로 운전 시 정격토출압력[MPa]은 65[%] 이상이 되어야 하므로
$0.52[\text{MPa}] \times 0.65 = 0.338[\text{MPa}]$

(5) 압력[Pa]과 수두[m]의 관계식은 다음과 같다.

$$H = \frac{P}{\gamma} = \frac{P}{\rho g}$$

H: 수두[m], P: 압력[Pa], γ: 비중량[N/m³], ρ: 밀도[kg/m³], g: 중력가속도[m/s²]

체절압력은 정격토출압력의 140[%]이므로
체절압력 = $52[\text{m}] \times 1,000[\text{kg/m}^3] \times 9.8[\text{m/s}^2] \times 1.4 = 713,440[\text{Pa}] ≒ 0.713[\text{MPa}]$

(6) 성능시험배관은 펌프의 토출 측에 설치된 개폐밸브 이전에서 분기하여 직선으로 설치하고, 유량측정장치를 기준으로 전단 직관부에는 개폐밸브를, 후단 직관부에는 유량조절밸브를 설치한다.

연계이론 PHASE 02 옥내소화전설비

09 다음은 위험물 옥외저장탱크에 포 소화설비를 설치한 도면이다. 도면 및 [조건]을 참고하여 다음 물음에 답하시오. [14점]

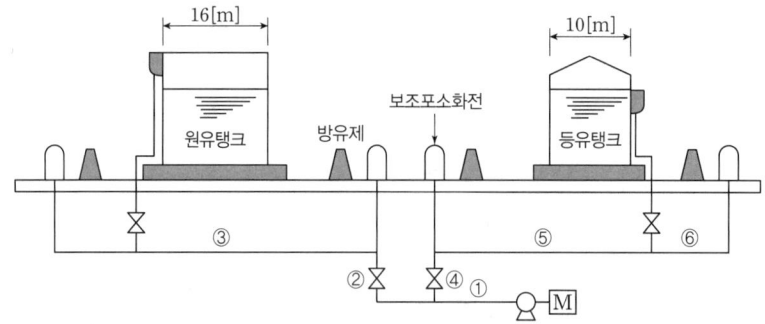

조건

(가) 원유 저장탱크는 플루팅 루프 탱크이며 탱크 직경은 16[m], 탱크 내 측면과 굽도리판(Foam Dam) 사이의 거리는 0.6[m], 특형 방출구 수는 2개이다.
(나) 등유 저장탱크는 콘루프 탱크이며 탱크의 직경은 10[m], I형 방출구 수는 2개이다.
(다) 포 약제는 3[%]형 단백포이다.
(라) 각 탱크별 포 수용액의 방수량 및 방사시간은 아래와 같다.

구분	원유저장탱크	등유저장탱크
방수량[L/m²·min]	8	4
방사시간[min]	30	30

(마) 보조포소화전은 4개이다.
(바) 구간별 배관의 길이는 다음과 같다.

번호	①	②	③	④	⑤	⑥
배관길이[m]	20	10	50	100	20	150

(사) 송액배관의 내경 산출은 $D = 2.66\sqrt{Q}$ 공식을 이용한다.
(아) 송액배관 내의 유속은 3[m/s]로 한다.
(자) 화재는 저장탱크 2개에서 동시에 발생하는 경우는 없다.

(1) 각 옥외저장탱크에 필요한 방사량[L/min]은 얼마인가?
(2) 각 옥외저장탱크에 필요한 포 원액의 양[L]은 얼마인가?
(3) 보조 포 소화전에 필요한 포 수용액의 양[L/min]은 얼마인가?
(4) 보조 포 소화전에 필요한 포 원액의 양[L]은 얼마인가?
(5) 번호별로 각 송액배관의 구경[mm]은 얼마인가?
(6) 송액배관에 필요한 포 소화약제의 양[L]은 얼마인가?
(7) 포 소화설비에 필요한 포 소화약제의 양[L]은 얼마인가?

정답

(1) • 원유탱크
- 계산과정: $8 \times \dfrac{\pi}{4} \times (16^2 - 14.8^2) \fallingdotseq 232.227$
- 답: 232.23[L/min]

• 등유탱크
- 계산과정: $4 \times \dfrac{\pi}{4} \times 10^2 \fallingdotseq 314.159$
- 답: 314.16[L/min]

(2) • 원유탱크
- 계산과정: $8 \times \dfrac{\pi}{4} \times (16^2 - 14.8^2) \times 30 \times 0.03 \fallingdotseq 209.004$
- 답: 209.00[L]

• 등유탱크
- 계산과정: $4 \times \dfrac{\pi}{4} \times 10^2 \times 30 \times 0.03 \fallingdotseq 282.743$
- 답: 282.74[L]

(3) • 계산과정: $3 \times 400 = 1{,}200$
• 답: 1,200[L/min]

(4) • 계산과정: $3 \times 0.03 \times 8{,}000 = 720$
• 답: 720[L]

(5)

	계산과정	답
①	$Q = 314.16[\text{L/min}] + 1{,}200[\text{L/min}] = 1{,}514.16[\text{L/min}]$ $D = 2.66\sqrt{1{,}514.16[\text{L/min}]} \fallingdotseq 103.506[\text{mm}]$	103.51[mm]
②	$Q = 232.23[\text{L/min}] + 800[\text{L/min}] = 1{,}032.23[\text{L/min}]$ $D = 2.66\sqrt{1{,}032.23[\text{L/min}]} \fallingdotseq 85.461[\text{mm}]$	85.46[mm]
③	$Q = 232.23[\text{L/min}] + 400[\text{L/min}] = 632.23[\text{L/min}]$ $D = 2.66\sqrt{632.23[\text{L/min}]} \fallingdotseq 66.884[\text{mm}]$	66.89[mm]
④	$Q = 314.16[\text{L/min}] + 800[\text{L/min}] = 1{,}114.16[\text{L/min}]$ $D = 2.66\sqrt{1{,}114.16[\text{L/min}]} \fallingdotseq 88.788[\text{mm}]$	88.79[mm]
⑤	$Q = 314.16[\text{L/min}] + 400[\text{L/min}] = 714.16[\text{L/min}]$ $D = 2.66\sqrt{714.16[\text{L/min}]} \fallingdotseq 71.085[\text{mm}]$	71.09[mm]
⑥	$Q = 400[\text{L/min}]$ $D = 2.66\sqrt{400[\text{L/min}]} = 53.2[\text{mm}]$	53.2[mm]

(6) • 계산과정: $\dfrac{\pi}{4} \times 0.10351^2 \times 20 \times 0.03 + \dfrac{\pi}{4} \times 0.08546^2 \times 10 \times 0.03 + \dfrac{\pi}{4} \times 0.08879^2 \times 100 \times 0.03$
$\fallingdotseq 0.025345[\text{m}^3] = 25.345[\text{L}]$
• 답: 25.35[L]

(7) • 계산과정: $282.74 + 720 + 25.35 = 1{,}028.09$
• 답: 1,028.09[L]

해 설

(1) 위험물 저장탱크에 발생하는 화재는 유류 표면에서 발생하므로 위험물이 드러나거나 증발 가능한 면적이 화재 발생면적이자 소화면적이 된다.

원유탱크의 고정포 방출구에 필요한 포 수용액의 양은 다음과 같다.

$$Q=8[\text{L/m}^2\cdot\text{min}]\times\frac{\pi}{4}\times(16^2-14.8^2)[\text{m}^2]\fallingdotseq 232.227[\text{L/min}]$$

등유탱크의 고정포 방출구에 필요한 포 수용액의 양은 다음과 같다.

$$Q=4[\text{L/m}^2\cdot\text{min}]\times\frac{\pi}{4}\times(10[\text{m}])^2\fallingdotseq 314.159[\text{L/min}]$$

(2) 포 소화약제는 3[%]의 단백포를 사용하므로 원유탱크에 필요한 포 원액량[L]은 다음과 같다.

$$Q=8[\text{L/m}^2\cdot\text{min}]\times\frac{\pi}{4}\times(16^2-14.8^2)[\text{m}^2]\times 30[\text{min}]\times 0.03\fallingdotseq 209.004[\text{L}]$$

등유탱크에 필요한 포 원액량[L]은 다음과 같다.

$$Q=4[\text{L/m}^2\cdot\text{min}]\times\frac{\pi}{4}\times(10[\text{m}])^2\times 30[\text{min}]\times 0.03\fallingdotseq 282.743[\text{L}]$$

(3) 보조 포 소화전에 필요한 포 수용액의 양은 다음과 같다.

$$Q=N\times 400[\text{L/min}]$$

Q: 보조 포 소화전의 유량[L/min], N: 방출구의 개수(최대 3개)

보조 포 소화전에 필요한 포 수용액량은
$$Q=3\times 400[\text{L/min}]=1,200[\text{L/min}]$$

(4) 보조 포 소화전에 필요한 포 소화약제의 양은 다음과 같다.

$$Q=N\times S\times 8,000[\text{L}]$$

Q: 보조 포 소화전의 유량[L/min], N: 방출구의 개수(최대 3개), S: 소화약제의 농도[%]

보조 포 소화전에 필요한 포 소화약제의 양은
$$Q=3\times 0.03\times 8,000[\text{L}]=720[\text{L}]$$

(5) 각 송액관에 흐르는 유량은 각 탱크의 고정포 방출구에 필요한 유량과 보조 포 소화전에 필요한 유량의 합과 같다.

(6) 송액관은 직경이 75[mm]를 초과할 때 가장 먼 탱크까지의 거리만큼 보정량을 더한다.
조건에서 펌프로부터 가장 먼 탱크가 어느 것인지 확실하지 않으므로 직경이 75[mm]를 초과하는 배관(①, ②, ④)만 선택하여 계산해준다.

$$Q=\frac{\pi}{4}\times(0.10351[\text{m}])^2\times 20[\text{m}]\times 0.03+\frac{\pi}{4}\times(0.08546[\text{m}])^2\times 10[\text{m}]\times 0.03$$
$$+\frac{\pi}{4}\times(0.08879[\text{m}])^2\times 100[\text{m}]\times 0.03$$
$$\fallingdotseq 0.025345[\text{m}^3]=25.345[\text{L}]$$

(7) 소화약제의 양은 고정포 방출구에서 방출하기 위하여 필요한 양, 보조 포 소화전에서 방출하기 위하여 필요한 양, 가장 먼 탱크까지의 송액관(내경 75[mm] 이하 제외)에 충전하기 위하여 필요한 양의 합으로 한다.
$$Q=282.74[\text{L}]+720[\text{L}]+25.35[\text{L}]=1,028.09[\text{L}]$$

연계이론 PHASE 06 포 소화설비

10 스프링클러설비의 개방형 헤드와 폐쇄형 헤드의 기능과 설치장소를 쓰시오. [6점]

구분	개방형 헤드	폐쇄형 헤드
기능		
설치장소		

정답

구분	개방형 헤드	폐쇄형 헤드
기능	감열체가 없으므로 가압송수장치의 작동에 의해 소화수를 방출한다.	열을 감지하는 감열체가 있어 화재를 감지하고 감열체가 파열되면 그때부터 소화수를 방출한다.
설치장소	• 무대부 • 연소할 우려가 있는 개구부 • 천장이 높은 장소 • 화재가 급격히 확산될 수 있는 장소	• 공장 또는 창고(랙크식 창고 포함) • 근린생활시설 • 판매시설 • 운수시설 • 복합건축물 • 아파트

연계이론 PHASE 04 스프링클러설비

11

지하 1층, 지상 9층인 백화점에 스프링클러설비가 설치되어 있다. [조건]을 참고하여 다음 물음에 답하시오. [6점]

> **조건**
> (가) 펌프는 지하 1층에 설치되어 있다.
> (나) 펌프에서 최상층 헤드까지 수직거리 45[m]이다.
> (다) 배관의 마찰손실수두는 자연낙차의 20[%]이다.
> (라) 펌프 흡입 측의 진공계의 눈금은 350[mmHg]이다.
> (마) 설치된 헤드수는 80개이고, 펌프의 효율은 68[%]이다.

(1) 이 펌프의 체절압력[kPa]은 얼마인가?

(2) 이 펌프의 축동력[kW]은 얼마인가?

정답

(1) • 계산과정: $350[\text{mmHg}] \times \dfrac{10.332[\text{m}]}{760[\text{mmHg}]} + 45[\text{m}] \fallingdotseq 49.758[\text{m}]$

$45 \times 0.2 = 9$
$49.758 + 9 + 10 = 68.758$
$68.758 \times 9.8 \times 1.4 = 943.359$

• 답: 943.36[kPa]

(2) • 계산과정: $30 \times 80 = 2,400$

$2,400[\text{L/min}] = \dfrac{2.4}{60}[\text{m}^3/\text{s}]$

$\dfrac{9.8 \times \dfrac{2.4}{60} \times 68.758}{0.68} \fallingdotseq 39.636$

• 답: 39.64[kW]

해설

(1) 화재안전기준에 따라 스프링클러설비에 설치된 가압송수장치(펌프)의 전양정은 다음과 같다.

$$H = h_1 + h_2 + 10$$

H: 전양정[m], h_1: 실양정(흡입양정＋토출양정)[m], h_2: 배관 및 관부속의 마찰손실수두[m], 10: 헤드선단에서의 방사압력수두[m]

펌프의 후드밸브로부터 펌프 중심까지의 양정은 진공계의 압력 350[mmHg]와 같고, 펌프 중심에서 최고위 스프링클러 헤드까지의 수직거리는 45[m]이므로 실양정 h_1는 다음과 같다.

$h_1 = 350[\text{mmHg}] \times \dfrac{10.332[\text{m}]}{760[\text{mmHg}]} + 45[\text{m}] \fallingdotseq 49.758[\text{m}]$

배관 및 부속류의 총 마찰손실은 펌프 자연 낙차압의 20[%]이므로 배관 및 관부속의 마찰손실수두 h_2는 다음과 같다.

$h_2 = 45[\text{m}] \times 0.2 = 9[\text{m}]$

따라서 펌프의 전양정 H는

$H = h_1 + h_2 + 10 = 49.758[\text{m}] + 9[\text{m}] + 10 = 68.758[\text{m}]$

압력[kPa]과 수두[m]의 관계식은 다음과 같다.

$$H = \dfrac{P}{\gamma}$$

H: 수두[m], P: 압력[kPa], γ: 비중량[kN/m^3]

유체는 물이므로 물의 비중량은 9.8[kN/m^3]이다.
체절압력은 정격토출압력의 140[%]이므로

체절압력 $= 68.758[\text{m}] \times 9.8[\text{kN/m}^3] \times 1.4 = 943.359[\text{kPa}]$

(2) 펌프의 축동력은 다음의 식을 통해 구할 수 있다.

$$P = \frac{\gamma QH}{\eta}$$

P: 펌프의 축동력[kW], γ: 유체의 비중량[kN/m³], Q: 유량[m³/s], H: 전양정[m], η: 효율

화재안전기준에 따라 스프링클러설비에서 가압송수장치(펌프)의 송수량은 기준개수에 80[L/min]를 곱한 양 이상으로 한다. ← 설치개수가 기준개수보다 적은 경우 설치개수에 따른다.

스프링클러설비의 설치장소		기준개수
아파트		10
지하층을 제외한 10층 이하인 특정소방대상물	헤드의 높이가 8[m] 미만인 것	10
	헤드의 높이가 8[m] 이상인 것	20
	판매시설이 없는 근린생활시설 · 운수시설 · 복합건축물	20
	특수가연물을 취급하지 않는 공장	20
	판매시설 또는 판매시설이 있는 복합건축물	30
	특수가연물을 저장 · 취급하는 공장	30
지하층을 제외한 11층 이상인 특정소방대상물		30
지하가 또는 지하역사		30

정격토출량 = 30[개] × 80[L/min] = 2,400[L/min]

펌프의 토출량은 2,400[L/min]이므로 단위를 변환하면 $\frac{2.4}{60}$[m³/s]이다.

따라서 주어진 조건을 공식에 대입하면 펌프의 축동력 P는

$$P = \frac{9.8[\text{kN/m}^3] \times \frac{2.4}{60}[\text{m}^3/\text{s}] \times 68.758[\text{m}]}{0.68} ≒ 39.636[\text{kW}]$$ ← 축동력을 구할 때는 전달계수를 고려하지 않는다.

○ 연계이론 ○ **PHASE 04** 스프링클러설비

12 운전 중인 펌프의 압력계를 측정하였더니 흡입측 진공계의 눈금이 150[mmHg], 토출측 압력계는 0.294[MPa]이었다. 펌프의 전양정[m]을 구하시오. (단, 토출측 압력계는 흡입측 진공계보다 50[cm] 높은 곳에 있고, 직경은 동일하다.) [5점]

정답

- 계산과정: $\dfrac{294[\text{kPa}] - \left(-150[\text{mmHg}] \times \dfrac{101.325[\text{kPa}]}{760[\text{mmHg}]}\right)}{9.8[\text{N/m}^3]} + 0.5 \fallingdotseq 32.568$

- 답: 32.57[m]

해설

펌프를 통과하기 전후의 압력과 속도의 관계식은 베르누이 방정식을 통해 구할 수 있다.

$$\frac{P_1}{\gamma} + \frac{u_1^2}{2g} + Z_1 + H_P = \frac{P_2}{\gamma} + \frac{u_2^2}{2g} + Z_2$$

P: 압력[kN/m²], γ: 비중량[N/m³], u: 유속[m/s], g: 중력가속도[m/s²], Z: 높이[m], H_P: 전양정[m]

수은기둥 760[mmHg]는 101.325[kPa]와 같으므로 연성계(진공계) 150[mmHg]에 해당하는 압력 P_1는 다음과 같다.

$$P_1 = -150[\text{mmHg}] \times \frac{101.325[\text{kPa}]}{760[\text{mmHg}]}$$

흡입배관과 토출배관의 직경이 동일하므로 유속도 동일하다.
$u_1 = u_2$
주어진 조건을 공식에 대입하면 펌프의 전양정 H_P는

$$H_P = \frac{P_2 - P_1}{\gamma} + \frac{u_2^2 - u_1^2}{2g} + (Z_2 - Z_1)$$

$$= \frac{294[\text{kPa}] - \left(-150[\text{mmHg}] \times \dfrac{101.325[\text{kPa}]}{760[\text{mmHg}]}\right)}{9.8[\text{kN/m}^3]} + \frac{u^2 - u^2}{2 \times 9.8[\text{m/s}^2]} + 0.5[\text{m}]$$

$\fallingdotseq 32.568[\text{m}]$

연계이론 PHASE 19 유체가 가지는 에너지

13

다음은 지하구의 화재안전기준이다. (   ) 에 알맞은 답을 쓰시오. [5점]

- 천장 또는 벽면에 설치할 것
- 헤드간의 수평거리는 연소방지설비 전용헤드의 경우에는 (①)[m] 이하, 스프링클러헤드의 경우에는 (②)[m] 이하로 할 것
- 소방대원의 출입이 가능한 환기구·작업구마다 지하구의 양쪽방향으로 살수헤드를 설정하되, 한쪽 방향의 살수구역의 길이는 (③)[m] 이상으로 할 것. 다만, 환기구 사이의 간격이 (④)[m]를 초과할 경우에는 (⑤)[m] 이내마다 살수구역을 설정하되, 지하구의 구조를 고려하여 방화벽을 설치한 경우에는 그러하지 아니하다.

정답

① 2
② 1.5
③ 3
④ 700
⑤ 700

해설

연소방지설비의 헤드는 다음의 기준에 따라 설치한다.
- 천장 또는 벽면에 설치할 것
- 헤드 간의 수평거리는 연소방지설비 전용헤드의 경우 2[m] 이하, 개방형 스프링클러 헤드의 경우 1.5[m] 이하로 한다.
- 소방대원의 출입이 가능한 환기구·작업구마다 지하구의 양쪽방향으로 살수헤드를 설치하고, 한쪽 방향의 살수구역의 길이는 3[m] 이상으로 한다.
- 환기구 사이의 간격이 700[m]를 초과하는 경우 700[m] 이내마다 살수구역을 설정한다.

연계이론

PHASE 18 지하구

14 헤드 H−1의 방수압력이 0.1[MPa]이고 방수량이 80[L/min]인 폐쇄형 스프링클러설비의 수리계산에 대하여 [조건]을 참고하여 다음 물음에 답하시오. [11점]

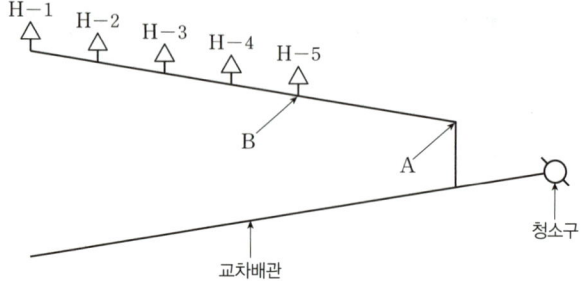

조건
- ㈎ 헤드 H−1에서 H−5까지의 각 헤드마다 방수압력 차이는 0.01[MPa]이다. (단, 헤드와 가지배관 사이의 배관에서의 마찰손실은 무시한다.)
- ㈏ A−B 구간의 마찰손실압은 0.04[MPa]이다.
- ㈐ H−1 헤드에서의 방수량은 80[L/min]이다.

(1) A지점에서의 필요 최소 압력[MPa]은 얼마인가?

(2) 각 헤드에서의 방수량[L/min]은 얼마인가?

	계산과정	방수량[L/min]
H−1		
H−2		
H−3		
H−4		
H−5		

(3) A−B 구간에서의 유량[L/min]은 얼마인가?

(4) A−B 구간에서의 최소 내경[mm]은 얼마인가?

정답

(1) • 계산과정: 0.14+0.04=0.18
   • 답: 0.18[MPa]

(2)

	계산과정	방수량[L/min]
H−1		80
H−2	$80\sqrt{10 \times 0.11} \fallingdotseq 83.905$	83.91
H−3	$80\sqrt{10 \times 0.12} \fallingdotseq 87.636$	87.64
H−4	$80\sqrt{10 \times 0.13} \fallingdotseq 91.214$	91.21
H−5	$80\sqrt{10 \times 0.14} \fallingdotseq 94.657$	94.66

(3) • 계산과정: 80+83.91+87.64+91.21+94.66=437.42
   • 답: 437.42[L/min]

(4) • 계산과정: $437.42[\text{L/min}] = \dfrac{0.43742}{60}[\text{m}^3/\text{s}]$

$$\sqrt{\dfrac{4 \times \dfrac{0.43742}{60}}{\pi \times 6}} \fallingdotseq 0.039333[\text{m}] = 39.333[\text{mm}]$$

• 답: 39.33[mm]

해설

(1) 조건 (가)에 의해 각 헤드마다 방수압력 차이는 0.01[MPa]이므로 H−5 헤드의 방수압력은 0.14[MPa]이다. 조건 (나)에 의해 A−B 구간의 마찰손실압은 0.04[MPa]이므로 A지점의 압력은 다음과 같다.

$0.14[\text{MPa}] + 0.04[\text{MPa}] = 0.18[\text{MPa}]$

(2) 스프링클러 헤드에서 압력 P와 유량 Q는 다음과 같은 관계를 갖는다.

$$Q = K\sqrt{10P}$$

Q: 방수량[L/min], K: 방출계수, P: 방수압[MPa]

방수량 Q가 80[L/min]이고, 방수압 P가 0.1[MPa]일 때 방출계수 K는 다음과 같다.

$$K = \dfrac{Q}{\sqrt{10P}} = \dfrac{80[\text{L/min}]}{\sqrt{10 \times 0.1[\text{MPa}]}} = 80$$

따라서 주어진 조건을 공식에 대입하면 각 헤드별 방수량 Q는

$Q_2 = 80\sqrt{10 \times 0.11[\text{MPa}]} \fallingdotseq 83.905[\text{L/min}]$
$Q_3 = 80\sqrt{10 \times 0.12[\text{MPa}]} \fallingdotseq 87.636[\text{L/min}]$
$Q_4 = 80\sqrt{10 \times 0.13[\text{MPa}]} \fallingdotseq 91.214[\text{L/min}]$
$Q_5 = 80\sqrt{10 \times 0.14[\text{MPa}]} \fallingdotseq 94.657[\text{L/min}]$

(3) A−B 구간에는 H−1~H−5 헤드의 방수에 필요한 유량이 모두 흐른다.

$80[\text{L/min}] + 83.91[\text{L/min}] + 87.64[\text{L/min}] + 91.21[\text{L/min}] + 94.66[\text{L/min}] = 437.42[\text{L/min}]$

(4) 부피유량 공식 $Q = Au$에 의해 유량 Q와 유속 u를 알면 배관의 직경 D를 다음과 같이 구할 수 있다.

$$Q = \dfrac{\pi}{4}D^2 u, \quad D = \sqrt{\dfrac{4Q}{\pi u}}$$

D: 배관의 직경[m], Q: 유량[m³/s], u: 유속[m/s]

급수배관의 구경을 수리계산에 따르는 경우 가지배관의 유속은 6[m/s], 그 밖의 배관의 유속은 10[m/s]를 초과하지 않도록 한다.

유량이 437.42[L/min]이므로 단위를 변환하면 $\dfrac{0.43742}{60}[\text{m}^3/\text{s}]$이다.

따라서 주어진 조건을 공식에 대입하면 배관의 직경 D는

$$D = \sqrt{\dfrac{4 \times \dfrac{0.43742}{60}[\text{m}^3/\text{s}]}{\pi \times 6[\text{m/s}]}} \fallingdotseq 0.039333[\text{m}] = 39.333[\text{mm}]$$

연계이론

PHASE 04 스프링클러설비

2016년 1회 기출문제

01

절연유 봉입 변압기에 물분무 소화설비를 그림과 같이 적용하고자 한다. 바닥부분을 제외한 변압기의 표면적을 $100[m^2]$라고 할 때 다음 물음에 답하시오. (단, 표준방사량은 $1[m^2]$당 $10[LPM]$이고, 물분무 헤드의 방사압력은 $0.4[MPa]$이다.) [6점]

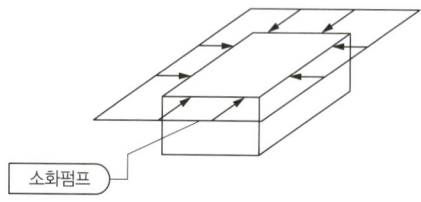

(1) 헤드 한 개당 방사량[L/min]은 얼마인가?
(2) 소화수로 저장하여야 할 저장량$[m^3]$은 얼마인가?

정답

(1) • 계산과정: $10 \times 100 = 1,000$

$$\frac{1,000}{8} = 125$$

• 답: $125[L/min]$

(2) • 계산과정: $1,000 \times 20 = 20,000[L] = 20[m^3]$
• 답: $20[m^3]$

해설

(1) 화재안전기준에 따라 물분무 소화설비에서 가압송수장치(펌프)의 1분 당 토출량은 다음의 기준에 따라 설치한다.
← 물분무 소화설비의 방수시간은 20분 이상이다.

대상	1분 당 토출량
특수가연물을 저장·취급하는 특정소방대상물	바닥면적(최소 $50[m^2]$) $1[m^2]$ 당 $10[L]$ 이상
차고 또는 주차장	바닥면적(최소 $50[m^2]$) $1[m^2]$ 당 $20[L]$ 이상
절연유 봉입 변압기	바닥을 제외한 표면적 $1[m^2]$ 당 $10[L]$ 이상
케이블트레이, 케이블덕트	투영된 바닥면적 $1[m^2]$ 당 $12[L]$ 이상
콘베이어 벨트	벨트 부분의 바닥면적 $1[m^2]$ 당 $10[L]$ 이상

가압송수장치(펌프)의 1분 당 토출량은 절연유 봉입 변압기의 경우 바닥을 제외한 표면적 $1[m^2]$ 당 $10[L]$ 이상으로 한다.

정격토출량 $=10[L/m^2 \cdot min] \times 100[m^2] = 1,000[L/min]$

총 8개의 헤드에서 소화수가 방출되므로 헤드 한 개당 방사량은

$$\frac{1,000[L/min]}{8} = 125[L/min]$$

(2) 물분무 소화설비의 방수시간은 20분 이상이다.

$Q = 1,000[L/min] \times 20[min] = 20,000[L] = 20[m^3]$

연계이론 PHASE 05 물분무 소화설비

02

소화용 펌프가 유량 4,000[L/min], 임펠러 직경 150[mm], 회전수 1,770[rpm], 양정 50[m]로 송수하고 있을 때 펌프를 교환하여 임펠러 직경 200[mm], 회전수 1,170[rpm]으로 운전하면 유량[L/min]과 양정[m]은 각각 얼마로 변하는지 구하시오. [4점]

(1) 유량

(2) 양정

정답

(1) • 계산과정: $4{,}000 \times \left(\dfrac{1{,}170}{1{,}770}\right)\left(\dfrac{200}{150}\right)^3 \fallingdotseq 6{,}267.419$

• 답: 6,267.42[L/min]

(2) • 계산과정: $50 \times \left(\dfrac{1{,}170}{1{,}770}\right)^2 \left(\dfrac{200}{150}\right)^2 \fallingdotseq 38.839$

• 답: 38.84[m]

해설

기하학적으로 비슷한 두 물체의 운동이 역학적으로도 비슷해지도록 하는 조건을 나타내는 법칙을 상사법칙이라고 한다.

(1) 펌프의 회전수와 직경을 변화시키면 상사법칙에 따라 유량이 변화한다.

$$\dfrac{Q_2}{Q_1} = \left(\dfrac{N_2}{N_1}\right)\left(\dfrac{D_2}{D_1}\right)^3$$

Q: 유량, N: 펌프의 회전수, D: 직경

상태1의 유량 Q_1가 4,000[L/min], 회전수 N_1이 1,770[rpm], 직경 D_1가 150[mm]이며, 상태2의 회전수 N_2이 1,170[rpm], 직경 D_2가 200[mm]이므로 유량 Q_2는 다음과 같다.

$$Q_2 = Q_1 \left(\dfrac{N_2}{N_1}\right)\left(\dfrac{D_2}{D_1}\right)^3 = 4{,}000[\text{L/min}] \times \left(\dfrac{1{,}170[\text{rpm}]}{1{,}770[\text{rpm}]}\right)\left(\dfrac{200[\text{mm}]}{150[\text{mm}]}\right)^3 \fallingdotseq 6{,}267.419[\text{L/min}]$$

(2) 펌프의 회전수와 직경을 변화시키면 상사법칙에 따라 양정이 변화한다.

$$\dfrac{H_2}{H_1} = \left(\dfrac{N_2}{N_1}\right)^2 \left(\dfrac{D_2}{D_1}\right)^2$$

H: 양정, N: 펌프의 회전수, D: 직경

상태1의 양정 H_1가 50[m], 회전수 N_1이 1,770[rpm], 직경 D_1가 150[mm]이며, 상태2의 회전수 N_2이 1,170[rpm], 직경 D_2가 200[mm]이므로 양정 H_2는 다음과 같다.

$$H_2 = H_1 \left(\dfrac{N_2}{N_1}\right)^2 \left(\dfrac{D_2}{D_1}\right)^2 = 50[\text{m}] \times \left(\dfrac{1{,}170[\text{rpm}]}{1{,}770[\text{rpm}]}\right)^2 \left(\dfrac{200[\text{mm}]}{150[\text{mm}]}\right)^2 \fallingdotseq 38.839[\text{m}]$$

연계이론

PHASE 23 펌프의 특성

03 전기실에 제1종 분말 소화약제를 사용한 분말 소화설비를 전역방출방식의 가압식으로 설치하려고 한다. [조건]을 참고하여 다음 물음에 답하시오. [12점]

> **조건**
> (가) 소방대상물의 크기는 가로 11[m], 세로 9[m], 높이 4.5[m]인 내화구조로 되어 있다.
> (나) 소방대상물의 중앙에 가로 1[m], 세로 1[m]의 기둥이 있고, 기둥을 중심으로 가로, 세로 보가 교차되어 있으며, 보는 천장으로부터 높이 0.6[m], 너비 0.4[m]의 크기이고, 보와 기둥은 내열성 재료이다.
> (다) 전기실에는 0.7[m]×1.0[m], 1.2[m]×0.8[m]인 개구부가 각각 1개씩 설치되어 있으며, 1.2[m]×0.8[m]인 개구부에는 자동폐쇄장치가 설치되어 있다.
> (라) 방호공간에 내화구조 또는 내열성 밀폐재료가 설치된 경우에는 방호공간에서 제외할 수 있다.
> (마) 방사헤드의 방출률은 7.82[kg/mm²·min·개]이다.
> (바) 약제 저장용기 1개의 내용적은 50[L]이다.
> (사) 방사헤드 1개의 오리피스(방출구)면적은 0.45[cm²]이다.
> (아) 소화약제 산정기준 및 기타 필요한 사항은 국가화재안전기준에 준한다.

(1) 저장에 필요한 제1종 분말 소화약제의 최소 양[kg]은 얼마인가?

(2) 저장에 필요한 약제 저장용기의 수는 몇 병인가?

(3) 설치에 필요한 방사헤드는 최소 몇 개인가? (단, 소화약제의 양은 문항 (2)에서 구한 저장용기 수의 소화약제 양으로 한다.)

(4) 설치에 필요한 전체 방사헤드의 오리피스 면적[mm²]은 얼마인가?

(5) 방사헤드 1개의 방사량[kg/min]은 얼마인가?

(6) (2)에서 산출한 저장용기 수의 소화약제가 방출되어 모두 열분해 시 발생한 CO_2의 양[kg]과 이때 CO_2의 부피[m³]는 얼마인가? (단, 방호구역 내의 압력은 120[kPa], 기체상수는 8.314[kJ/kmol·K], 주위온도는 500[℃]이고, 제1종 분말 소화약제 주성분에 대한 각 원소의 원자량은 다음과 같으며, 이상기체 상태방정식을 따른다.)

원소기호	Na	H	C	O
원자량	23	1	12	16

정 답

(1) • 계산과정: $11 \times 9 \times 4.5 = 445.5$
  $1 \times 1 \times 4.5 = 4.5$
  $0.4 \times (5+5+4+4) \times 0.6 = 4.32$
  $445.5 - 4.5 - 4.32 = 436.68$
  $(0.60 \times 436.68) + (4.5 \times (0.7 \times 1.0)) = 265.158$
• 답: 265.16[kg]

(2) • 계산과정: $\dfrac{50}{0.8} = 62.5$

  $\dfrac{265.16}{62.5} ≒ 4.25$

• 답: 5병

(3) • 계산과정: $5 \times 62.5 = 312.5$
  $0.45[cm^2] = 45[mm^2]$
  $312.5 = 7.82 \times 45 \times 0.5 \times$ 헤드 수
  헤드 수 $= \dfrac{312.5}{7.82 \times 45 \times 0.5} ≒ 1.776$

• 답: 2개

(4) • 계산과정: $2 \times 0.45 = 0.9[\text{cm}^2] = 90[\text{mm}^2]$
• 답: $90[\text{mm}^2]$

(5) • 계산과정: $\dfrac{312.5}{2 \times 0.5} = 312.5$
• 답: $312.5[\text{kg/min}]$

(6) • 계산과정: $(23 + 1 + 12 + 3 \times 16) = 84$

$$\dfrac{312.5}{84} \fallingdotseq 3.720$$

$$(12 + 2 \times 16) = 44$$

$$44 \times \dfrac{3.720}{2} = 81.84$$

$$120 \times V = \dfrac{81.84}{44} \times 8.314 \times (273 + 500)$$

$$V = 99.614$$

• 답: $81.84[\text{kg}]$, $99.61[\text{m}^3]$

해 설

(1) 전역방출방식 분말 소화약제의 저장량 기준은 다음과 같다.

소화약제의 종류	소화약제의 양[kg/m³]	개구부 가산량[kg/m²]
제1종 분말	0.60	4.5
제2종 분말	0.36	2.7
제3종 분말	0.36	2.7
제4종 분말	0.24	1.8

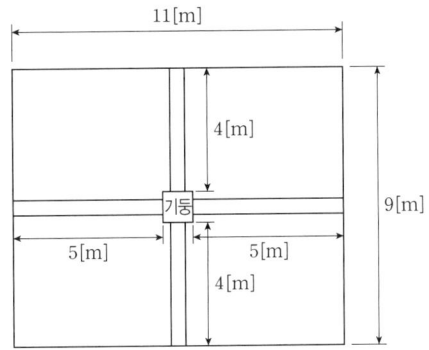

전기실의 체적(가로×세로×높이)은 다음과 같다.
$$V_1 = 11[\text{m}] \times 9[\text{m}] \times 4.5[\text{m}] = 445.5[\text{m}^3]$$
기둥의 체적은 다음과 같다.
$$V_2 = 1[\text{m}] \times 1[\text{m}] \times 4.5[\text{m}] = 4.5[\text{m}^3]$$
보의 체적은 다음과 같다.
$$V_3 = 0.4[\text{m}] \times (5[\text{m}] + 5[\text{m}] + 4[\text{m}] + 4[\text{m}]) \times 0.6[\text{m}] = 4.32[\text{m}^3]$$
따라서 방호구역의 체적은 다음과 같다.
$$V = V_1 - V_2 - V_3 = 445.5[\text{m}^3] - 4.5[\text{m}^3] - 4.32[\text{m}^3] = 436.68[\text{m}^3]$$

제1종 분말 소화약제를 사용하므로 소화약제의 양은 체적 $1[\text{m}^3]$ 당 $0.60[\text{kg/m}^3]$을 적용한다.
개구부(창문·출입구)에 자동폐쇄장치가 없으므로 개구부 면적 $1[\text{m}^2]$ 당 $4.5[\text{kg/m}^2]$을 가산한다.
$$\text{소화약제의 양} = (0.60[\text{kg/m}^3] \times 436.68[\text{m}^3]) + (4.5[\text{kg/m}^2] \times (0.7[\text{m}] \times 1.0[\text{m}])) = 265.158[\text{kg}]$$

(2) 분말 소화약제의 저장용기 기준은 다음과 같다.

소화약제의 종류	소화약제 1[kg] 당 저장용기의 내용적[L/kg]
제1종 분말	0.8
제2종 분말	1.0
제3종 분말	1.0
제4종 분말	1.25

제1종 분말 소화약제를 사용하므로 50[L] 저장용기 1병 당 소화약제의 충전량은 다음과 같다.

$$\frac{50[\text{L/병}]}{0.8[\text{L/kg}]} = 62.5[\text{kg/병}]$$

따라서 전체 소화약제의 양을 저장하기 위해 필요한 저장용기의 개수는

$$\frac{265.16[\text{kg}]}{62.5[\text{kg/병}]} ≒ 4.25[\text{병}] = 5[\text{병}] \text{ (절상)}$$

(3) 방출해야하는 소화약제의 양은 다음과 같다.

$$5[\text{병}] \times 62.5[\text{kg/병}] = 312.5[\text{kg}]$$

방사헤드의 방출률은 $7.82[\text{kg/mm}^2 \cdot \text{min} \cdot \text{개}]$이고, 방사헤드 1개의 방출구 면적은 $0.45[\text{cm}^2](=45[\text{mm}^2])$이다. 분말 소화설비의 분사헤드는 소화약제 저장량을 30초 이내에 방출할 수 있어야 하므로 필요한 헤드 수는

$$312.5[\text{kg}] = 7.82[\text{kg/mm}^2 \cdot \text{min} \cdot \text{개}] \times 45[\text{mm}^2] \times 0.5[\text{min}] \times \text{헤드 수}$$

$$\text{헤드 수} = \frac{312.5[\text{kg}]}{7.82[\text{kg/mm}^2 \cdot \text{min} \cdot \text{개}] \times 45[\text{mm}^2] \times 0.5[\text{min}]} ≒ 1.776[\text{개}] = 2[\text{개}] \text{ (절상)}$$

(4) 전체 방사헤드의 오리피스 면적은 필요한 방사헤드의 개수와 하나의 방사헤드 면적의 곱으로 구할 수 있다.

$$2[\text{개}] \times 0.45[\text{cm}^2] = 0.9[\text{cm}^2] = 90[\text{mm}^2]$$

(5) 2개의 헤드에서 312.5[kg]의 소화약제가 30초 동안 방출되므로 헤드의 방사량[kg/min]은

$$\text{헤드의 방사량} = \frac{312.5[\text{kg}]}{2[\text{개}] \times 0.5[\text{min}]} = 312.5[\text{kg/min}]$$

(6) 제1종 분말 소화약제인 탄산수소나트륨 $NaHCO_3$의 열분해 반응식은 다음과 같다.

$$2NaHCO_3 \rightarrow Na_2CO_3 + CO_2 + H_2O$$

반응계수에 따라 2분자의 $NaHCO_3$가 열분해 시 1분자의 CO_2가 발생한다. $NaHCO_3$의 분자량은 $(23+1+12+3 \times 16) = 84[\text{kg/kmol}]$이므로 방출된 소화약제의 분자수는 다음과 같다.

$$\frac{312.5[\text{kg}]}{84[\text{kg/kmol}]} ≒ 3.720[\text{kmol}]$$

CO_2의 분자량은 $(12+2 \times 16) = 44[\text{kg/kmol}]$이므로 열분해 시 발생한 CO_2의 양[kg]은 다음과 같다.

$$44[\text{kg/kmol}] \times \frac{3.720[\text{kmol}]}{2} = 81.84[\text{kg}]$$

문제에서 부피[m³]를 요구하므로 이상기체 상태방정식을 활용하여 이산화탄소의 질량[kg]을 부피[m³]로 변환해 준다.

$$PV = \frac{m}{M}RT$$

P: 압력[kPa], V: 부피[m³], m: 질량[kg], M: 분자량[kg/kmol], R: 기체상수[kJ/kmol·K], T: 절대온도[K]

주어진 조건을 공식에 대입하면 81.84[kg]에 해당하는 이산화탄소의 부피는 다음과 같다.

$$120[\text{kPa}] \times V[\text{m}^3] = \frac{81.84[\text{kg}]}{44[\text{kg/kmol}]} \times 8.314[\text{kJ/kmol} \cdot \text{K}] \times (273+500)[\text{K}]$$

$$V = 99.614[\text{m}^3]$$

○ 연계이론 ○ **PHASE 10 분말 소화설비**

04 다음은 저압식 이산화탄소 소화설비 계통도이다. 항상 닫혀 있는 밸브와 열려 있는 밸브의 번호를 나열하시오. [9점]

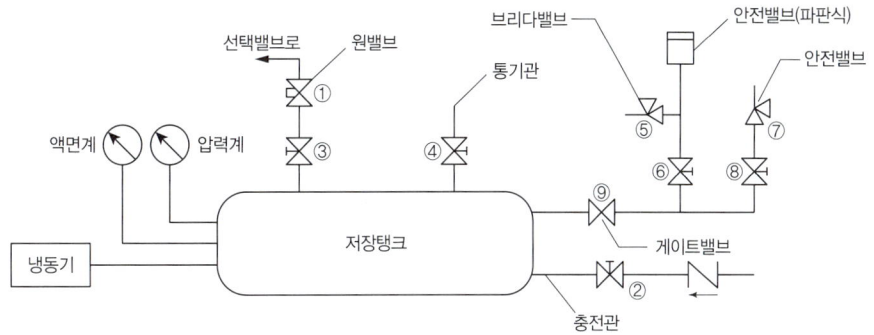

(1) 항상 닫혀 있는 밸브
(2) 항상 열려 있는 밸브

정 답
(1) ①, ②, ④, ⑤, ⑦

(2) ③, ⑥, ⑧, ⑨

해 설
(1) ① 원밸브(메인밸브): 약제 방출 시 개방된다.
② 개폐밸브: 저장탱크에 소화약제를 충전할 때 개방된다.
④ 개폐밸브: 저장탱크에 공기를 주입할 때 개방된다.
⑤ 브리다밸브: 압력 과다 시 안전밸브(⑦)보다 먼저 개방되어 저장탱크를 보호한다.
⑦ 안전밸브: 압력 과다 시 개방되어 저장탱크를 보호한다.

(2) ③ 수동개폐밸브: 헤드나 메인밸브의 점검 및 교체 시 폐쇄된다.
⑥ 개폐밸브: 브리다밸브나 안전밸브(파판식)의 점검 및 교체 시 폐쇄된다.
⑧ 개폐밸브: 안전밸브(⑦)의 점검 및 교체 시 폐쇄된다.
⑨ 게이트밸브: 개폐밸브나 안전밸브의 점검 및 교체 시 폐쇄된다.

연 계 이 론 **PHASE 07** 이산화탄소 소화설비

05

지하 1층, 지상 9층의 백화점 건물에 화재안전기준에 따라 [조건]과 같이 스프링클러설비를 설계하려고 한다. 다음 물음에 답하시오. [8점]

조건

(가) 펌프는 지하층에 설치되어 있고 펌프로부터 최상층 스프링클러헤드까지 수직거리는 50[m]이다.
(나) 배관 및 관부속 마찰손실수두는 펌프 중심에서 최상층 헤드까지 자연낙차의 20[%]이다.
(다) 펌프의 흡입측 배관에 설치된 연성계는 300[mmHg]를 지시하고 있다.
(라) 각 층에 설치하는 헤드 수는 80개이다.
(마) 모든 규격치는 최소량을 적용한다.
(바) 펌프는 체적효율 95[%], 기계효율 90[%], 수력효율 80[%]이다.
(사) 펌프의 전달계수 $K = 1.1$이다.

(1) 전양정[m]은 얼마인가?
(2) 펌프의 최소유량[L/min]은 얼마인가?
(3) 펌프의 효율[%]을 산출하시오.
(4) 펌프의 축동력[kW]을 산출하시오.

정 답

(1) • 계산과정: $300[\text{mmHg}] \times \dfrac{10.332[\text{m}]}{760[\text{mmHg}]} \fallingdotseq 4.078[\text{m}]$

$4.078 + 50 = 54.078$
$50 \times 0.2 = 10$
$54.078 + 10 + 10 = 74.078$

• 답: 74.08[m]

(2) • 계산과정: $30 \times 80 = 2,400$
• 답: 2,400[L/min]

(3) • 계산과정: $0.8 \times 0.9 \times 0.95 = 0.684$
• 답: 68.4[%]

(4) • 계산과정: $2,400[\text{L/min}] = \dfrac{2.4}{60}[\text{m}^3/\text{s}]$

$\dfrac{9.8 \times \dfrac{2.4}{60} \times 74.08}{0.684} \fallingdotseq 42.455$

• 답: 42.46[kW]

해 설

(1) 화재안전기준에 따라 스프링클러설비에 설치된 가압송수장치(펌프)의 전양정은 다음과 같다.

$$H = h_1 + h_2 + 10$$

H: 전양정[m], h_1: 실양정(흡입양정+토출양정)[m],
h_2: 배관 및 관부속의 마찰손실수두[m], 10: 헤드선단에서의 방사압력수두[m]

펌프의 후드밸브로부터 최고위 옥내소화전 앵글밸브까지의 수직거리인 실양정 h_1는 다음과 같다.
흡입양정은 연성계에서 측정된 압력과 같다.

$300[\text{mmHg}] \times \dfrac{10.332[\text{m}]}{760[\text{mmHg}]} \fallingdotseq 4.078[\text{m}]$

$h_1 = 4.078[\text{m}] + 50[\text{m}] = 54.078[\text{m}]$
배관의 마찰손실은 자연낙차의 20[%]이므로 배관 및 관부속의 마찰손실수두 h_2는 다음과 같다.
$h_2 = 50[\text{m}] \times 0.2 = 10[\text{m}]$
따라서 스프링클러설비 펌프의 전양정 H는
$H = h_1 + h_2 + 10 = 54.078[\text{m}] + 10[\text{m}] + 10 = 74.078[\text{m}]$

(2) 화재안전기준에 따라 스프링클러설비에서 가압송수장치(펌프)의 송수량은 기준개수에 80[L/min]를 곱한 양 이상으로 한다. ← 설치개수가 기준개수보다 적은 경우 설치개수에 따른다.

스프링클러설비의 설치장소		기준개수
아파트		10
지하층을 제외한 10층 이하인 특정소방대상물	헤드의 높이가 8[m] 미만인 것	10
	헤드의 높이가 8[m] 이상인 것	20
	판매시설이 없는 근린생활시설·운수시설·복합건축물	20
	특수가연물을 취급하지 않는 공장	20
	판매시설 또는 판매시설이 있는 복합건축물	30
	특수가연물을 저장·취급하는 공장	30
지하층을 제외한 11층 이상인 특정소방대상물		30
지하가 또는 지하역사		30

정격토출량 = 30[개] × 80[L/min] = 2,400[L/min]

(3) 펌프의 전효율은 다음과 같다.

전효율 = 수력효율 × 체적효율 × 기계효율 = 0.8 × 0.9 × 0.95 = 0.684

(4) 펌프의 축동력은 다음의 식을 통해 구할 수 있다.

$$P = \frac{\gamma Q H}{\eta}$$

P: 펌프의 축동력[kW], γ: 유체의 비중량[kN/m³], Q: 유량[m³/s], H: 전양정[m], η: 효율

유체는 물이므로 물의 비중량은 9.8[kN/m³]이다.

유량이 2,400[L/min]이므로 단위를 변환하면 $\frac{2.4}{60}$[m³/s]이다.

따라서 주어진 조건을 공식에 대입하면 펌프의 축동력 P는

$$P = \frac{9.8[\text{kN/m}^3] \times \frac{2.4}{60}[\text{m}^3/\text{s}] \times 74.08[\text{m}]}{0.684} ≒ 42.455[\text{kW}]$$ ← 축동력을 구할 때는 전달계수를 고려하지 않는다.

연계이론 **PHASE 04 스프링클러설비**

06

폐쇄형 헤드를 사용한 스프링클러설비의 일부 배관 계통도이다. [조건]을 참고하여 다음 물음에 답하시오. [12점]

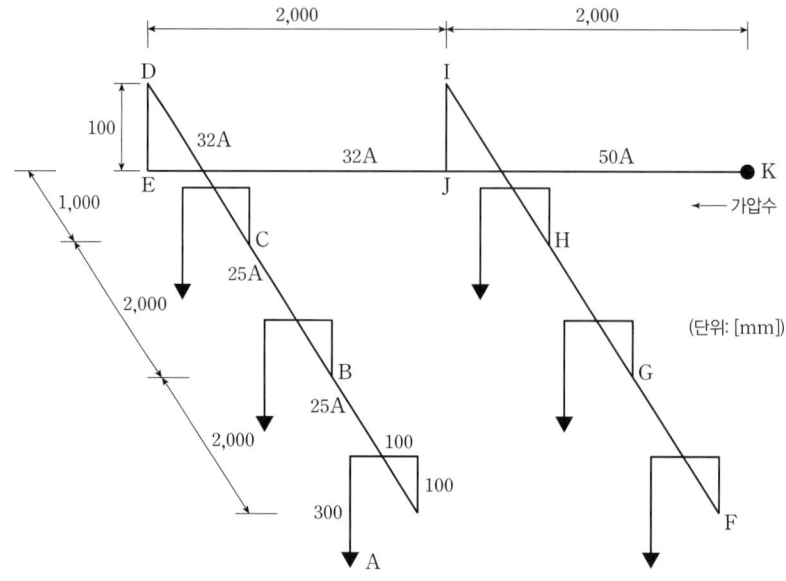

조건

(가) 직관 마찰손실수두 (100[m] 당)

개수	유량 [L/min]	25A[m]	32A[m]	40A[m]	50A[m]
1	80	39.82	11.38	5.40	1.68
2	160	150.42	42.84	20.29	6.32
3	240	307.77	87.66	41.51	12.93
4	320	521.92	148.66	70.40	21.93
5	400	789.04	224.75	106.31	32.99
6	480	1,183.56	321.55	152.26	47.43

(나) 관이음쇠 및 마찰손실에 해당하는 직관길이 구분

구분	25A	32A	40A	50A
엘보 (90°)	0.9	1.20	1.50	2.10
리듀서	0.54	0.72	0.90	1.20
티(직류)	0.27	0.36	0.45	0.60
티(분류)	1.50	1.80	2.10	3.00

(다) 관이음쇠 및 마찰손실에 해당하는 직관길이 산출 시 호칭구경이 큰 쪽에 따른다.
(라) 직류방향가 분류방향이 같은 크기의 분류량(구경)일 때 티는 직류로 계산한다.
(마) 헤드나사는 PT 1/2(15A) 기준
(바) 헤드방사압은 0.1[MPa] 기준

(1) 각 구간의 마찰손실수두[m]를 구하시오.

구간	A~B	B~C	C~J	J~K
마찰손실수두[m]				

(2) 낙차수두[m]는 얼마인가?
(3) 배관상 총 마찰손실수두[m]는 얼마인가?
(4) 전양정[m]은 얼마인가?
(5) K점에 필요한 압력수의 수압[MPa]은 얼마인가?

정답

(1)

구간	A~B	B~C	C~J	J~K
마찰손실수두[m]	2.29	3.41	7.03	2.94

(2) • 계산과정: $0.1 + 0.1 - 0.3 = -0.1$
 • 답: -0.1[m]

(3) • 계산과정: $2.29 + 3.41 + 7.03 + 2.94 = 15.67$
 • 답: 15.67[m]

(4) • 계산과정: $-0.1[m] + 15.67[m] + 10 = 25.57[m]$
 • 답: 25.57[m]

(5) • 계산과정: $100 + 15.67 \times 9.8 - 0.1 \times 9.8 = 252.586$
 • 답: 252.59[kPa]

해설

(1)

구간	계산식	등가길이[m]	마찰손실수두[m]
A~B	리듀서: 0.54[m] 배관: 0.3[m]+0.1[m]+0.1[m]+2[m]=2.5[m] 90° 엘보: 3[개]×0.9[m]=2.7[m]	0.54+2.5+2.7 =5.74	$5.74 \times \dfrac{39.82}{100} \fallingdotseq 2.29$
B~C	티(직류): 0.27[m] 배관: 2[m]	0.27+2=2.27	$2.27 \times \dfrac{150.42}{100} \fallingdotseq 3.41$
C~J	리듀서: 0.72[m] 티(분류): 1.80[m] 배관: 1[m]+0.1[m]+2[m]=3.1[m] 90° 엘보: 2[개]×1.2[m]=2.4[m]	0.72+1.8+3.1+2.4 =8.02	$8.02 \times \dfrac{87.66}{100} \fallingdotseq 7.03$
J~K	리듀서: 1.20[m] 티(분류): 3.00[m] 배관: 2[m]	1.2+3+2 =6.2	$6.2 \times \dfrac{47.43}{100} \fallingdotseq 2.94$
합계			2.29+3.41+7.03+2.94 =15.67

(2) E점은 K점으로부터 같은 높이이고, D점은 K점으로부터 0.1[m] 높은 위치에 있다. B점은 D점으로부터 같은 높이이고, A점은 B점으로부터 0.1[m] 상승 후 0.3[m] 하락하였으므로 A점은 K점으로부터 (0.1+0.1-0.3)= -0.1[m]의 위치에 있다.

(4) 화재안전기준에 따라 스프링클러설비의 전양정은 다음과 같다.

$$H = h_1 + h_2 + 10$$

H: 전양정[m], h_1: 실양정(흡입양정+토출양정)[m],
h_2: 배관 및 관부속의 마찰손실수두[m], 10: 헤드선단에서의 방사압력수두[m]

실양정 h_1는 다음과 같다.
$$h_1 = -0.1[\text{m}]$$
배관 및 관부속의 마찰손실수두 h_2는 다음과 같다.
$$h_2 = 15.67[\text{m}]$$
따라서 펌프의 전양정 H는
$$H = h_1 + h_2 + 10 = -0.1[\text{m}] + 15.67[\text{m}] + 10 = 25.57[\text{m}]$$

(5) K점에서의 방수압은 A점에서의 방수 압력에서 배관의 마찰손실압과 낙차압을 더한 값과 같다.
$$P_K = 100[\text{kPa}] + 15.67[\text{m}] \times 9.8[\text{kN/m}^3] + (-0.1[\text{m}]) \times 9.8[\text{kN/m}^3] = 252.586[\text{kPa}]$$
← 양정[m]과 비중량[kN/m³]을 곱하면 압력[kN/m²]이 된다.

연계이론 PHASE 04 스프링클러설비

07

길이가 800[m]인 관로 속에 2.5[m/s]의 속도로 물이 흐르고 있다. 출구의 밸브를 1.3초 후에 잠갔을 때 상승압력[kPa]을 구하시오. (단, 압력파의 전파속도 $a = 1,000[\text{m/s}]$이다.) [5점]

정답
- 계산과정: $\dfrac{9.8 \times 1,000 \times 2.5}{9.8} = 2,500$
- 답: 2,500[kPa]

해설 압력상승과 압력파의 속도의 관계식은 다음과 같다.

$$\Delta P = \frac{\gamma a u}{g}$$

ΔP: 상승압력[kPa], γ: 비중량[kN/m³], a: 압력파의 전파속도[m/s], u: 유속[m/s], g: 중력가속도[m/s²]

따라서 압력파의 전파속도 a가 1,000[m/s]일 때 상승압력 ΔP는
$$\Delta P = \frac{9.8[\text{kN/m}^3] \times 1,000[\text{m/s}] \times 2.5[\text{m/s}]}{9.8[\text{m/s}^2]} = 2,500[\text{kPa}]$$

08 수계소화설비에서 펌프의 성능시험인 체절운전시험, 정격운전시험, 최대운전시험을 나타내는 펌프의 성능곡선을 그리시오. [6점]

정답

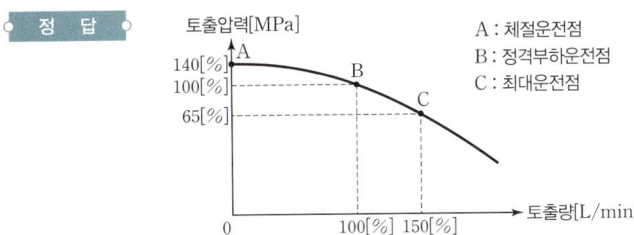

A : 체절운전점
B : 정격부하운전점
C : 최대운전점

연계이론   PHASE 02 옥내소화전설비

09 할로겐화합물 및 불활성기체 소화설비의 저장용기의 기준에 관한 설명이다. (   ) 안에 알맞은 답을 쓰시오. [3점]

> 저장용기의 약제량 손실이 (①)[%]를 초과하거나 압력손실이 (②)[%]를 초과할 경우에는 재충전하거나 저장용기를 교체할 것. 다만, 불활성기체 소화약제 저장용기의 경우에는 압력손실이 (③)[%]를 초과할 경우 재충전하거나 저장용기를 교체하여야 한다.

정답
① 5
② 10
③ 5

해설   저장용기의 약제량 손실이 5[%]를 초과하거나 압력 손실이 10[%]를 초과할 경우에는 재충전하거나 저장용기를 교체할 것. 다만, 불활성기체 소화약제 저장용기의 경우에는 압력 손실이 5[%]를 초과할 경우 재충전하거나 저장용기를 교체해야 한다.

연계이론   PHASE 09 할로겐화합물 및 불활성기체 소화설비

10 지하 2층이고 지상 3층인 특정소방대상물의 각 층의 바닥면적이 1,500[m²]일 때 비치하여야 하는 소화기의 개수를 구하시오. (단, 주요구조부가 내화구조가 아니고 소화기의 능력단위는 3단위이다.) [6점]

> **조건**
> (가) 지하 2층: 바닥면적이 주차장은 1,500[m²], 보일러실은 100[m²]이다.
> (나) 지하 1층: 주차장이다.
> (다) 지상 1층에서 지상 3층: 업무시설이다.

(1) 지하 2층
(2) 지하 1층
(3) 지상 1층

정답

(1) • 계산과정: $\dfrac{1,500}{100}=15$, $\dfrac{15}{3}=5$

$\dfrac{100}{25}=4$, $\dfrac{4}{3}≒1.33=2$

$5+2=7$

• 답: 7개

(2) • 계산과정: $\dfrac{1,500}{100}=15$, $\dfrac{15}{3}=5$

• 답: 5개

(3) • 계산과정: $\dfrac{1,500}{100}=15$, $\dfrac{15}{3}=5$

• 답: 5개

해설

화재의 발생을 예방하기 위해 특정소방대상물별로 능력단위에 따른 소화기구 또는 자동소화장치를 설치하며, 부속용도에 따라 기준개수의 소화기구 또는 자동소화장치를 추가로 설치한다.

소화기구의 특정소방대상물별 능력단위

특정소방대상물	소화기구의 능력단위
1. 위락시설	해당 용도의 바닥면적 30[m²]마다 능력단위 1단위 이상
2. 공연장·집회장·관람장·문화재·장례식장 및 의료시설	해당 용도의 바닥면적 50[m²]마다 능력단위 1단위 이상
3. 근린생활시설·판매시설·운수시설·숙박시설·노유자시설·전시장·공동주택·업무시설·방송통신시설·공장·창고시설·항공기 및 자동차 관련 시설 및 관광휴게시설	해당 용도의 바닥면적 100[m²]마다 능력단위 1단위 이상
4. 그 밖의 것	해당 용도의 바닥면적 200[m²]마다 능력단위 1단위 이상

※ 소화기구의 능력단위를 산출할 때 건축물의 주요구조부가 내화구조이고, 벽 및 반자의 실내에 면하는 부분이 불연재료·준불연재료 또는 난연재료로 된 특정소방대상물의 경우 위 기준의 2배를 기준면적으로 한다.

부속용도별 추가해야 할 소화기구 및 자동소화장치

용도별	소화기구의 능력단위
1. 다음 각 목의 시설. 다만, 스프링클러설비·간이스프링클러설비·물분무등소화설비 또는 상업용 주방자동소화장치가 설치된 경우 자동확산소화기를 설치하지 않을 수 있다. 가. 보일러실·건조실·세탁소·대량화기취급소 나. 음식점(지하가의 음식점 포함)·다중이용업소·호텔·기숙사·노유자시설·의료시설·업무시설·공장·장례식장·교육연구시설·교정 및 군사시설의 주방. 다만, 의료시설·업무시설 및 공장의 주방은 공동취사를 위한 것에한함. 관리자의 출입이 곤란한 변전실·송전실·변압기실 및 배전반실(불연재료로 된 상자 안에 장치된 것 제외)	1. 해당 용도의 바닥면적 25[m²]마다 능력단위 1단위 이상의 소화기로 할 것. 이 경우 나목의 주방에 설치하는 소화기 중 1개 이상은 주방화재용 소화기(K급)로 설치해야 한다. 2. 자동확산소화기는 해당 용도의 바닥면적을 기준으로 10[m²] 이하는 1개, 10[m²] 초과는 2개 이상을 설치하되, 보일러, 조리기구, 변전설비 등 방호대상에 유효하게 분사될 수 있는 위치에 배치될 수 있는 수량으로 설치할 것
2. 발전실·변전실·송전실·변압기실·배전반실·통신기기실·전산기기실·기타 이와 유사한 시설이 있는 장소. 다만, 제1호 다목의 장소 제외	해당 용도의 바닥면적 50[m²]마다 적응성이 있는 소화기 1개 이상 또는 유효설치방호체적 이내의 가스·분말·고체에어로졸 자동소화장치, 캐비닛형 자동소화장치(다만, 통신기기실·전자기기실을 제외한 장소에 있어서는 교류 600[V] 또는 직류 750[V] 이상의 것에 한함
3. 위험물안전관리법에 따른 지정수량의 $\frac{1}{5}$ 이상 지정수량 미만의 위험물을 저장 또는 취급하는 장소	능력단위 2단위 이상 또는 유효설치방호체적 이내의 가스·분말·고체에어로졸 자동소화장치, 캐비닛형 자동소화장치

(1) 지하 2층은 1,500[m²]의 주차장이며, 그 중 100[m²]의 면적은 보일러실로 사용되므로 특정소방대상물인 주차장에 능력단위에 따른 소화기를 설치하고, 부속용도인 보일러실에 기준개수의 소화기를 추가로 설치한다.

$$주차장의 능력단위 = \frac{바닥면적[m^2]}{기준면적[m^2]} = \frac{1,500[m^2]}{100[m^2]} = 15단위$$

$$주차장의 소화기 개수 = \frac{15단위}{3단위} = 5개$$

$$보일러실의 능력단위 = \frac{바닥면적[m^2]}{기준면적[m^2]} = \frac{100[m^2]}{25[m^2]} = 4단위$$

$$보일러실의 소화기 개수 = \frac{4단위}{3단위} ≒ 1.33개 = 2개 (절상)$$

5개 + 2개 = 7개

(2) 지하 1층은 1,500[m²]의 주차장이므로 특정소방대상물인 주차장에 능력단위에 따른 소화기를 설치한다.

$$주차장의 능력단위 = \frac{바닥면적[m^2]}{기준면적[m^2]} = \frac{1,500[m^2]}{100[m^2]} = 15단위$$

$$주차장의 소화기 개수 = \frac{15단위}{3단위} = 5개$$

(3) 지상 1층은 1,500[m²]의 업무시설이므로 특정소방대상물인 업무시설에 능력단위에 따른 소화기를 설치한다.

$$업무시설의 능력단위 = \frac{바닥면적[m^2]}{기준면적[m^2]} = \frac{1,500[m^2]}{100[m^2]} = 15단위$$

$$업무시설의 소화기 개수 = \frac{15단위}{3단위} = 5개$$

연계이론   **PHASE 01** 소화기구 및 자동소화장치

11 그림에서 실을 급기 가압하여 옥외와의 압력차가 50[Pa]이 유지되도록 하려고 한다. 급기량[m³/min]을 구하시오. [6점]

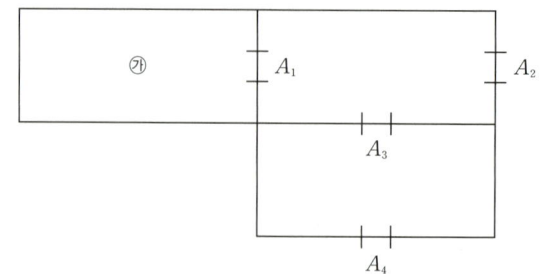

조건

(가) 급기량(Q)은 다음과 같다.

$$Q = 0.827 \times A \times \sqrt{P_1 - P_2}$$

Q: 급기량[m³/s], A: 틈새면적[m²], P_1: A실 내부의 기압[Pa], P_2: 외부의 기압[Pa]

(나) 그림에서 A_1, A_2, A_3, A_4는 닫힌 출입문으로 공기누설 틈새면적은 모두 $0.01[m^2]$이다.

(1) 실의 전체 누설틈새면적[m²]은 얼마인가? (단, 소수점 아래 다섯째 자리까지 나타내시오.)
(2) 유입해야 할 풍량[m³/min]은 얼마인가?

정답

(1) • 답: 0.00863[m²]

(2) • 계산과정: $0.827 \times 0.00863 \times \sqrt{50} ≒ 0.05047[m^3/s] = 3.028[m^3/min]$
 • 답: 3.03[m³/min]

해설

(1) 틈새면적의 합은 다음의 두 가지 방법을 이용하여 계산한다.

직렬구조	병렬구조
$\dfrac{1}{A^2} = \dfrac{1}{A_1^2} + \dfrac{1}{A_2^2}$ $A = \sqrt{\dfrac{1}{\dfrac{1}{A_1^2} + \dfrac{1}{A_2^2}}}$	$A = A_1 + A_2$

A_3, A_4는 직렬관계이다.
$$A_{3\sim4}=\cfrac{1}{\sqrt{\cfrac{1}{(0.01[\text{m}^2])^2}+\cfrac{1}{(0.01[\text{m}^2])^2}}}≒0.00707[\text{m}^2]$$

A_2, $A_{3\sim4}$는 병렬관계이다.
$$A_{2\sim4}=0.01[\text{m}^2]+0.00707[\text{m}^2]=0.01707[\text{m}^2]$$

A_1, $A_{2\sim4}$는 직렬관계이다.
$$A_{1\sim4}=\cfrac{1}{\sqrt{\cfrac{1}{(0.01[\text{m}^2])^2}+\cfrac{1}{(0.01707[\text{m}^2])^2}}}≒0.008628[\text{m}^2]$$

따라서 문의 틈새면적 A는 $0.00863[\text{m}^2]$이다.

(2) A실과 외부의 기압차 P는 $50[\text{Pa}]$이므로 유량 Q는
$$Q=0.827×0.00863[\text{m}^2]×\sqrt{50[\text{Pa}]}≒0.05047[\text{m}^3/\text{s}]≒3.028[\text{m}^3/\text{min}]$$

연계이론 PHASE 15 특별피난계단의 계단실 및 부속실 제연설비

---

12 스프링클러설비에 설치하는 기동용 수압개폐장치인 압력챔버의 역할과 압력챔버에 설치되는 안전밸브의 작동범위를 쓰시오. [4점]

(1) 압력챔버의 역할
(2) 압력챔버에 설치하는 안전밸브의 작동압력범위

정답
(1) 순간적인 압력변동에서 안정적인 압력 검지
(2) 호칭압력과 호칭압력의 1.3배

해설
(1) 압력챔버의 기능은 다음과 같다.
- 배관의 압력 저하 시 펌프의 기동 및 정지
- 수격작용으로부터 완충 및 방지
- 순간적인 압력변동에서 안정적인 압력 검지

연계이론 PHASE 04 스프링클러설비

13 내경이 100[mm]인 소방용 호스에 내경이 30[mm]인 노즐이 부착되어 있다. 1.5[m³/min]의 방수량으로 대기 중에 방사할 경우 다음 물음에 답하시오. (단, 마찰손실은 무시한다.) [9점]

(1) 소방용 호스의 평균유속[m/s]은 얼마인가?
(2) 소방용 호스에 부착된 노즐의 평균유속[m/s]은 얼마인가?
(3) 소방용 호스에 부착된 Flange Volt(플랜지 볼트)에 작용하는 힘[N]은 얼마인가?

정답

(1) • 계산과정: $1.5[\text{m}^3/\text{min}] = \dfrac{1.5}{60}[\text{m}^3/\text{s}]$

$$\dfrac{4 \times \dfrac{1.5}{60}}{\pi \times 0.1^2} \fallingdotseq 3.183$$

• 답: 3.18[m/s]

(2) • 계산과정: $\dfrac{4 \times \dfrac{1.5}{60}}{\pi \times 0.03^2} \fallingdotseq 35.368$

• 답: 35.37[m/s]

(3) • 계산과정: $\dfrac{9,800 \times \left(\dfrac{1.5}{60}\right)^2 \times \dfrac{\pi}{4} \times 0.1^2}{2 \times 9.8} \left(\dfrac{1}{\dfrac{\pi}{4} \times 0.03^2} - \dfrac{1}{\dfrac{\pi}{4} \times 0.1^2}\right)^2$

• 답: 4,067.78[N]

해설

(1) 부피유량 공식 $Q = Au$에 의해 유량 Q와 배관의 직경 D를 알면 유속 u를 다음과 같이 구할 수 있다.

$$Q = \dfrac{\pi}{4} D^2 u, \quad u = \dfrac{4Q}{\pi D^2}$$

u: 유속[m/s], Q: 유량[m³/s], D: 배관의 직경[m]

유량은 1.5[m³/min]이므로 단위를 변환하면 $\dfrac{1.5}{60}$[m³/s]이다.

따라서 주어진 조건을 공식에 대입하면 소방호스에 흐르는 물의 속도 u는

$$u = \dfrac{4 \times \dfrac{1.5}{60}[\text{m}^3/\text{s}]}{\pi \times (0.1[\text{m}])^2} \fallingdotseq 3.183[\text{m/s}]$$

(2) 주어진 조건을 공식에 대입하면 노즐에 흐르는 물의 속도 u는

$$u = \dfrac{4 \times \dfrac{1.5}{60}[\text{m}^3/\text{s}]}{\pi \times (0.03[\text{m}])^2} \fallingdotseq 35.368[\text{m/s}]$$

(3) 플랜지 볼트에 작용하는 힘은 다음과 같다.

$$F = \dfrac{\gamma Q^2 A_1}{2g} \left(\dfrac{1}{A_2} - \dfrac{1}{A_1}\right)^2$$

F: 플랜지 볼트에 작용하는 힘[N], γ: 비중량[N/m³], Q: 유량[m³/s], A_1: 배관의 단면적[m²], A_2: 노즐의 단면적[m²], g: 중력가속도[m/s²]

유체는 물이므로 물의 비중량은 9,800[N/m³]이다.

배관은 지름이 D인 원형이므로 배관의 단면적은 다음과 같다.

$$A = \frac{\pi}{4} D^2$$

A: 단면적[m²], D: 직경[m]

따라서 주어진 조건을 공식에 대입하면 플랜지 볼트에 작용하는 힘 F는

$$F = \frac{9,800[\text{N/m}^3] \times \left(\frac{1.5}{60}[\text{m}^3/\text{s}]\right)^2 \times \frac{\pi}{4} \times (0.1[\text{m}])^2}{2 \times 9.8[\text{m/s}^2]} \left(\frac{1}{\frac{\pi}{4} \times (0.03[\text{m}])^2} - \frac{1}{\frac{\pi}{4} \times (0.1[\text{m}])^2} \right)^2$$

$$\fallingdotseq 4,067.784[\text{N}]$$

연계이론   PHASE 20 유체유동

14

스프링클러설비의 가지배관 시공 시 배관방식을 토너먼트방식으로 해서는 안 되는 이유 2가지와 토너먼트방식으로 설치할 수 있는 소화설비의 종류를 4가지 쓰시오. [6점]

(1) 토너먼트방식으로 설치해서는 안 되는 이유
(2) 토너먼트방식으로 설치할 수 있는 소화설비

정답
(1) • 유체의 마찰손실이 너무 커져 각 헤드의 방사량과 방사압을 동일하게 유지하기 어렵다.
    • 수격작용이 발생하여 배관을 파손시킬 우려가 있다.

(2) 가스계 소화설비
    • 이산화탄소 소화설비
    • 할론 소화설비
    • 할로겐화합물 및 불활성기체 소화설비
    • 분말 소화설비

연계이론   PHASE 04 스프링클러설비

15 도면에서 ①, ②, ③, ④의 배관명칭을 쓰시오. [4점]

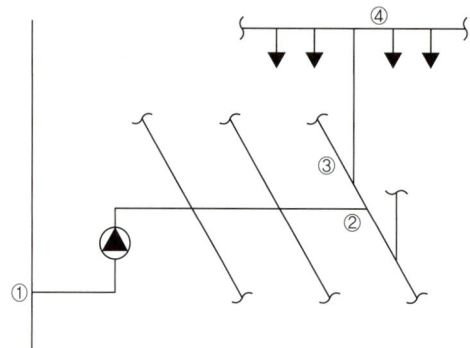

정답
① 주배관
② 수평주행배관
③ 교차배관
④ 가지배관

해설
- 주배관: 각 층을 수직으로 관통하는 수직배관
- 수평주행배관: 직접 또는 입상관을 통하여 가지배관에 급수하는 배관
- 교차배관: 직접 또는 수직배관을 통하여 가지배관에 급수하는 배관
- 가지배관: 스프링클러 헤드가 설치되는 배관

연계이론 PHASE 04 스프링클러설비

2016년 2회 기출문제

01 관로를 유동하는 물의 유속을 측정하고자 그림과 같은 장치를 설치하였다. U자관의 읽음이 20[cm]일 때 유속[m/s]을 구하시오. (단, 수은의 비중은 13.6, 속도계수는 1이다.) [5점]

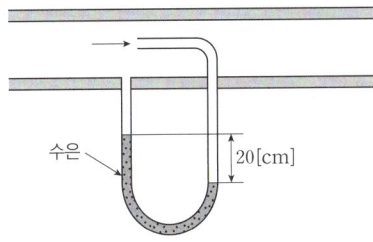

정답

- 계산과정: $\sqrt{2 \times 9.8 \times \left(\dfrac{13.6-1}{1}\right) \times 0.2} ≒ 7.028$
- 답: 7.03[m/s]

해설

유속 u와 액주계의 높이 차이 h의 관계식은 다음과 같다.

$$u = \sqrt{2g\left(\dfrac{\gamma - \gamma_w}{\gamma_w}\right)h}$$

u: 유속[m/s], g: 중력가속도[m/s²], γ: U자관 유체의 비중량[N/m³],
γ_w: 관로 유체의 비중량[N/m³], h: U자관의 높이 차이[m]

수은의 비중이 13.6이므로 수은의 비중량은 $13.6\gamma_w$이다.
따라서 주어진 조건을 공식에 대입하면 관로의 유속 u는

$$u = \sqrt{2 \times 9.8[\text{m/s}^2] \times \left(\dfrac{13.6\gamma_w - \gamma_w}{\gamma_w}\right) \times 0.2[\text{m}]} ≒ 7.028[\text{m/s}]$$

연계이론 PHASE 20 유체유동

02 그림은 어느 거실에 대한 급기 및 배출풍도와 급기 및 배출 FAN을 나타내고 있는 평면도이다. 동일실 제연과 인접구역 상호 제연시 댐퍼의 개방 및 폐쇄여부를 표에 (   ) 안에 열림 또는 닫힘으로 나타내시오. (단, 표시는 댐퍼를 의미한다.) [10점]

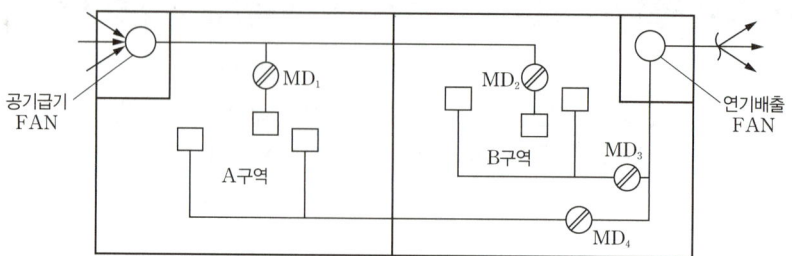

(1) 동일실 제연방식

제연구역	급기댐퍼	배기댐퍼
A구역 화재 시	MD₁ ( )	MD₄ ( )
	MD₂ ( )	MD₃ ( )
B구역 화재 시	MD₂ ( )	MD₃ ( )
	MD₁ ( )	MD₄ ( )

(2) 인접구역 상호제연방식

제연구역	급기댐퍼	배기댐퍼
A구역 화재 시	MD₂ ( )	MD₄ ( )
	MD₁ ( )	MD₃ ( )
B구역 화재 시	MD₁ ( )	MD₃ ( )
	MD₂ ( )	MD₄ ( )

정답

(1) 동일실 제연방식

제연구역	급기댐퍼	배기댐퍼
A구역 화재 시	MD₁ (열림)	MD₄ (열림)
	MD₂ (닫힘)	MD₃ (닫힘)
B구역 화재 시	MD₂ (열림)	MD₃ (열림)
	MD₁ (닫힘)	MD₄ (닫힘)

(2) 인접구역 상호제연방식

제연구역	급기댐퍼	배기댐퍼
A구역 화재 시	MD₂ (열림)	MD₄ (열림)
	MD₁ (닫힘)	MD₃ (닫힘)
B구역 화재 시	MD₁ (열림)	MD₃ (열림)
	MD₂ (닫힘)	MD₄ (닫힘)

해설

(1) 동일실 제연방식에서는 화재가 발생한 구역에서 배기와 급기가 모두 이루어진다. 따라서 인접구역의 배기와 급기는 모두 폐쇄된다.

(2) 인접구역 상호제연방식에서는 화재가 발생한 구역에서는 배기, 나머지 구역에서는 급기가 이루어진다.
← 반대의 경우 연기가 화재실 외부로 퍼져나간다.

연계이론

PHASE 14 제연설비

03

체적이 $600[m^3]$인 밀폐된 통신기기실에 설계농도 $5[\%]$의 할론 1301 소화설비를 전역방출방식으로 적용하였다. $68[L]$의 내용적을 가진 축압식 저장용기 수를 3병으로 할 경우 저장용기의 충전비를 구하시오. [5점]

정답

- 계산과정: $0.32 \times 600 = 192$

$$\frac{192}{3} = 64$$

$$\frac{68[L]}{64[kg]} = 1.0625$$

- 답: 1.06

해설

전역방출방식 할론 소화약제의 저장량 기준은 다음과 같다.

소방대상물		소화약제의 종류	소화약제의 양 [kg/m³]	개구부 가산량 [kg/m²]
차고·주차장·전기실·통신기기실·전산실·전기설비가 설치된 부분		할론 1301	0.32 이상 0.64 이하	2.4
특수가연물	가연성고체류·가연성액체류	할론 1301	0.32 이상 0.64 이하	2.4
		할론 1211	0.36 이상 0.71 이하	2.7
		할론 2402	0.40 이상 1.10 이하	3.0
	면화류·나무껍질 및 대팻밥·넝마 및 종이부스러기·사류·볏짚류·목재가공품 및 나무부스러기를 저장·취급하는 것	할론 1301	0.52 이상 0.64 이하	3.9
		할론 1211	0.60 이상 0.71 이하	4.5
	합성수지류를 저장·취급하는 것	할론 1301	0.32 이상 0.64 이하	2.4
		할론 1211	0.36 이상 0.71 이하	2.7

방호구역의 개구부(창문·출입구)에 대한 조건이 없으므로 가산량은 적용하지 않는다.
통신기기실에 필요한 소화약제의 최솟값을 구하여야 하므로 소화약제의 양은 체적 $1[m^3]$ 당 $0.32[kg/m^3]$을 적용한다.

소화약제의 양 $= 0.32[kg/m^3] \times 600[m^3] = 192[kg]$

3병의 저장용기에 소화약제를 충전해야 하므로 저장용기 1병 당 소화약제의 충전량은 다음과 같다.

$$\frac{192[kg]}{3} = 64[kg]$$

저장용기 1병 당 소화약제의 저장량은 $68[L]$, $64[kg]$이므로 충전비는

$$\frac{68[L]}{64[kg]} = 1.0625$$

연계이론

PHASE 08 할론 소화설비

04

지상 18층의 아파트에 스프링클러설비를 화재안전기준과 [조건]에 따라 설계하려고 한다. 다음 물음에 답하시오. [7점]

조건
- (가) 전양정은 76[m]이다.
- (나) 펌프의 효율은 65[%]이다.
- (다) 모든 규격치는 최소량을 적용한다.
- (라) 옥상수조는 없는 건축물이다.

(1) 펌프의 최소유량[L/min]은 얼마인가?
(2) 수원의 최소유효저수량[m³]은 얼마인가?
(3) 펌프의 축동력[kW]은 얼마인가?
(4) 옥상수조를 철거할 경우 추가되는 설비를 쓰시오.

정답

(1) • 계산과정: $10 \times 80 = 800$
   • 답: 800[L/min]

(2) • 계산과정: $10 \times 1.6 = 16$
   • 답: 16[m³]

(3) • 계산과정: $800[\text{L/min}] = \dfrac{0.8}{60}[\text{m}^3/\text{s}]$

$$\dfrac{9.8 \times \dfrac{0.8}{60} \times 76}{0.65} ≒ 15.278$$

   • 답: 15.28[kW]

(4) • 내연기관의 기동과 연동되는 펌프
   • 비상전원을 연결하여 설치한 펌프

해설

(1) 화재안전기준에 따라 스프링클러설비에서 가압송수장치(펌프)의 송수량은 기준개수에 80[L/min]를 곱한 양 이상으로 한다. ← 설치개수가 기준개수보다 적은 경우 설치개수에 따른다.

스프링클러설비의 설치장소		기준개수
아파트		10
지하층을 제외한 10층 이하인 특정소방대상물	헤드의 높이가 8[m] 미만인 것	10
	헤드의 높이가 8[m] 이상인 것	20
	판매시설이 없는 근린생활시설·운수시설·복합건축물	20
	특수가연물을 취급하지 않는 공장	20
	판매시설 또는 판매시설이 있는 복합건축물	30
	특수가연물을 저장·취급하는 공장	30
지하층을 제외한 11층 이상인 특정소방대상물		30
지하가 또는 지하역사		30

정격토출량 = 10[개] × 80[L/min] = 800[L/min]

(2) 화재안전기준에 따라 스프링클러설비에서 수원의 저수량은 기준개수에 1.6[m³]를 곱한 양 이상이 되도록 한다.
← 설치개수가 기준개수보다 적은 경우 설치개수에 따른다.
$Q = 10[\text{개}] \times 1.6[\text{m}^3] = 16[\text{m}^3]$

(3) 펌프의 축동력은 다음의 식을 통해 구할 수 있다.

$$P = \frac{\gamma Q H}{\eta}$$

P : 펌프의 축동력[kW], γ : 유체의 비중량[kN/m³], Q : 유량[m³/s], H : 전양정[m], η : 효율

유체는 물이므로 물의 비중량은 9.8[kN/m³]이다.

유량이 800[L/min]이므로 단위를 변환하면 $\frac{0.8}{60}$[m³/s]이다.

따라서 주어진 조건을 공식에 대입하면 펌프의 축동력 P는

$$P = \frac{9.8[\text{kN/m}^3] \times \frac{0.8}{60}[\text{m}^3/\text{s}] \times 76[\text{m}]}{0.65} ≒ 15.278[\text{kW}]$$ ← 축동력을 구할 때는 전달계수를 고려하지 않는다.

(4) 스프링클러설비의 옥상수조는 다음에 해당하는 경우 설치하지 않을 수 있다.
- 지하층만 있는 건축물
- 자연낙차압력을 이용한 고가수조를 가압송수장치로 설치한 경우
- 수원을 건축물의 최상층에 설치된 방수구보다 높은 위치에 설치한 경우
- 건축물의 높이가 지표면으로부터 10[m] 이하인 경우
- 주펌프와 동등 이상의 성능이 있는 별도의 펌프를 내연기관의 기동과 연동하여 작동하거나 비상전원을 연결하여 설치한 경우
- 가압수조를 가압송수장치로 설치한 경우

> 연계이론   PHASE 04 스프링클러설비

05

소방대상물에 스프링클러설비를 설치하는 경우 적용대상에 따라 개방형 헤드 또는 폐쇄형 헤드를 설치한다. 폐쇄형 헤드 설치 시 유수검지장치에서 가장 먼 가지배관 끝부분에 설비의 작동상태를 확인할 수 있는 장치를 설치한다. 장치에 대한 다음 물음에 답하시오. [6점]

(1) 장치의 명칭
(2) 장치의 구성요소
(3) 장치의 설치목적

> 정답
(1) 시험장치
(2) 개폐밸브, 반사판 및 프레임을 제거한 개방형 헤드
(3) 시험밸브를 개방하여 유수검지장치의 작동과 기동용 수압개폐장치의 작동으로 펌프의 자동기동여부 확인

> 연계이론   PHASE 04 스프링클러설비

06 [조건]을 참고하여 제연설비에 대한 다음 물음에 답하시오. [10점]

조건
- (가) 거실 바닥면적은 390[m²]이고 경유 거실이다.
- (나) Duct의 길이는 80[m]이고, Duct 저항은 0.2[mmAq/m]이다.
- (다) 배출구 저항은 8[mmAq], 그릴 저항은 3[mmAq], 부속류 저항은 Duct 저항의 50[%]이다.
- (라) 송풍기는 Sirocco Fan을 선정하고 효율은 50[%]이고 전동기 전달계수 $K=1.1$이다.

(1) 예상제연구역에 필요한 배출량[m³/h]은 얼마인가?
(2) 송풍기에 필요한 정압[mmAq]은 얼마인가?
(3) 송풍기의 전동기 동력[kW]은 얼마인가?
(4) 바닥면적 400[m²] 미만의 거실에서 최저배출량은 5,000[m³/h] 이상으로 규정하고 있다. 그 이유를 설명하시오.
(5) 다익(multiblade)형 Fan의 특징을 2가지 쓰시오.

정답

(1) • 계산과정: $390 \times 60 = 23,400$
 • 답: 23,400[m³/hr]

(2) • 계산과정: $\left(80[m] \times \dfrac{0.2[mmAq]}{1[m]}\right) + 8 + 3 + \left(80[m] \times \dfrac{0.2[mmAq]}{1[m]}\right) \times 0.5 = 35$
 • 답: 35[mmAq]

(3) • 계산과정: $35[mmAq] \times \dfrac{101.325[kPa]}{10.332[mmAq]} \fallingdotseq 0.3432[kPa]$

$$23,400[m^3/h] = \dfrac{23,400}{3,600}[m^3/s]$$

$$\dfrac{0.3432 \times \dfrac{23,400}{3,600}}{0.5} \times 1.1 \fallingdotseq 4.908$$

 • 답: 4.91[kW]

(4) 배출량이 적으면 송풍기의 영향 범위가 좁아져 예상제연구역을 충분히 제연할 수 없다. 따라서 좁은 구역에서도 효과적으로 제연하기 위해 최저배출량을 규정하고 있다.

(5) 다음 6가지 중 2가지를 선택하여 작성한다.
 • 풍량이 크다.
 • 풍압의 차이가 적다.
 • 같은 용량에서 Fan의 크기가 작다.
 • 설치 면적이 작다.
 • 풍량을 만족시키는데 필요한 회전수가 적다.
 • 운전과 점검이 쉽다.

해설

(1) 바닥면적이 400[m²] 미만인 경우 바닥면적 1[m²] 당 1[m³/min] 이상으로 하고, 최소 배출량은 5,000[m³/hr] 이상으로 한다.

$$390[\text{m}^3/\text{min}] \times 60[\text{min/hr}] = 23,400[\text{m}^3/\text{hr}]$$

(2) 소요전압은 배연덕트를 통과하며 발생하는 모든 저항의 합과 같다.

$$\left(80[\text{m}] \times \frac{0.2[\text{mmAq}]}{1[\text{m}]}\right) + 8[\text{mmAq}] + 3[\text{mmAq}] + \left(80[\text{m}] \times \frac{0.2[\text{mmAq}]}{1[\text{m}]}\right) \times 0.5 = 35[\text{mmAq}]$$

(3) 전동기의 동력은 다음의 식을 통해 구할 수 있다.

$$P = \frac{P_T Q}{\eta} K$$

P: 전동기의 동력[kW], P_T: 전압(풍압)[kPa], Q: 풍량[m³/s], η: 효율, K: 전달계수

전압은 35[mmAq]이므로 단위를 변환하면 다음과 같다.

$$35[\text{mmAq}] \times \frac{101.325[\text{kPa}]}{10,332[\text{mmAq}]} \fallingdotseq 0.3432[\text{kPa}]$$

송풍기의 배출량은 23,400[m³/h]이므로 단위를 변환하면 $\frac{23,400}{3,600}$[m³/s]이다.

따라서 주어진 조건을 공식에 대입하면 전동기의 동력 P는

$$P = \frac{0.3432[\text{kPa}] \times \frac{23,400}{3,600}[\text{m}^3/\text{s}]}{0.5} \times 1.1 \fallingdotseq 4.908[\text{kW}]$$

연계이론 PHASE 14 제연설비

---

07 배관방식 중 토너먼트 배관방식을 일반적으로 적용하기 유리한 소화설비의 종류를 4가지 쓰시오. [4점]

정답
- 이산화탄소 소화설비
- 할론 소화설비
- 할로겐화합물 및 불활성기체 소화설비
- 분말 소화설비

해설 토너먼트 배관방식을 사용하였을 때 발생하는 문제점은 소화수를 공급하며 발생하는 문제점이므로 가스계 소화설비에서는 해당사항이 없다.

08

할론 1301의 소화설비를 설계하는 데 아래와 같은 [조건]이 주어질 때, 다음 물음에 답하시오. [10점]

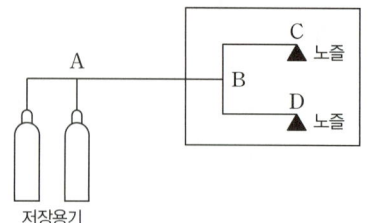

조건

(가) 약제소요량: 120[kg](출입구 자동폐쇄장치 설치)
(나) 초기 압력강하: 1.6[MPa]
(다) 고저에 의한 압력손실: 0.04[MPa]
(라) A−B 간의 마찰저항에 의한 압력손실: 0.04[MPa]
(마) B−C, B−D 간의 압력손실: 각각 0.02[MPa]
(바) 약제 저장압력: 4.2[MPa]
(사) 작동 30초 이내에 약제 전량이 방출된다.

(1) 소화설비가 작동하였을 때 A−B 간의 배관 내를 흐르는 유량[kg/s]은 얼마인가?
(2) B−C 간 약제의 유량[kg/s]은 얼마인가? (단, B−D 간 약제의 유량과 같다.)
(3) C점 노즐에서 방출되는 약제의 압력[MPa]은 얼마인가?
(4) 노즐 1개의 방사량[kg/개]은 얼마인가?
(5) C점 노즐에서의 방출률이 2.5[kg/cm²·s]이면 헤드의 등가분구면적[cm²]은 얼마인가?

정답

(1) • 계산과정: $\dfrac{120}{30}=4$
 • 답: 4[kg/s]

(2) • 계산과정: $4\times\dfrac{1}{2}=2$
 • 답: 2[kg/s]

(3) • 계산과정: $4.2-1.6-0.04-0.04-0.02=2.5$
 • 답: 2.5[MPa]

(4) • 계산과정: $\dfrac{120}{2}=60$
 • 답: 60[kg/개]

(5) • 계산과정: $\dfrac{2}{2.5}=0.8$
 • 답: 0.8[cm²]

해 설

(1) 소화설비가 작동하였을 때 A−B 간의 배관 내를 흐르는 소화약제의 유량[kg/s]은

$$\frac{120[\text{kg}]}{30[\text{s}]}=4[\text{kg/s}]$$

(2) B−C 간의 유량과 B−D 간의 유량이 동일하므로 A−B 간의 유량에서 $\frac{1}{2}$씩 분배한다.

$$4[\text{kg/s}]\times\frac{1}{2}=2[\text{kg/s}]$$

(3) 저장용기에서 배출되기 직전의 소화약제 압력은 4.2[MPa]이다.
저장용기에서 배출되면서 발생하는 압력손실은 1.6[MPa]이다.
소화약제가 천장에 설치된 분사헤드까지 위치가 높아지며 발생하는 압력손실은 0.04[MPa]이다.
A−B 사이의 배관을 지나며 발생하는 압력손실은 0.04[MPa]이다.
B−C 사이의 배관(C 헤드로 배출되는 경우), B−D 사이의 배관(D 헤드로 배출되는 경우)을 지나며 발생하는 압력손실은 각각 0.02[MPa]이다.

따라서 C점 노즐에서 방출되는 소화약제의 방사압력[MPa]은
4.2[MPa]−1.6[MPa]−0.04[MPa]−0.04[MPa]−0.02[MPa]=2.5[MPa]

(4) 120[kg]의 소화약제가 방사되는 노즐은 C점과 D점 2개이므로 노즐 1개의 방사량[kg/개]은

$$\frac{120[\text{kg}]}{2[\text{개}]}=60[\text{kg/개}]$$

(5) 분사헤드의 단위면적[cm²] 당 소화약제의 양[kg/s]인 방출률[kg/cm²·s]이 일정하므로 소화약제의 양을 전체 면적으로 나누어 주면 방출률을 알 수 있다.

$$\text{방출률}[\text{kg/cm}^2\cdot\text{s}]=\frac{\text{소화약제의양}[\text{kg/s}]}{\text{전체면적}[\text{cm}^2]}$$

$$\text{전체면적}[\text{cm}^2]=\frac{2[\text{kg/s}]}{2.5[\text{kg/cm}^2\cdot\text{s}]}=0.8[\text{cm}^2]$$

연 계 이 론   **PHASE 08 할론 소화설비**

09 방호구역의 체적이 $500[m^3]$인 소방대상물에 이산화탄소 소화설비를 설치하였다. 이곳에 CO_2 $100[kg]$을 방사하였을 때 CO_2의 농도[%]를 구하시오. (단, 실내압력은 $121.59[kPa]$, 실내온도는 $25[℃]$이다.) [5점]

정답

- 계산과정: $121.59 \times V = \dfrac{100}{44} \times 8.3145 \times (273+25)$

  $V = 46.313$

  $\dfrac{46.313}{500 + 46.313} ≒ 0.08477$

- 답: $8.48[\%]$

해설

이산화탄소의 농도를 구하기 위해 부피$[m^3]$가 필요하므로 이상기체 상태방정식을 활용하여 이산화탄소의 질량$[kg]$을 부피$[m^3]$로 변환해준다.

$$PV = \dfrac{m}{M}RT$$

P: 압력[atm], V: 부피$[m^3]$, m: 질량[kg], M: 분자량[kg/kmol], R: 기체상수$[atm \cdot m^3/kmol \cdot K]$, T: 절대온도[K]

주어진 조건을 공식에 대입하면 $100[kg]$에 해당하는 이산화탄소의 부피는 다음과 같다.

$121.59[kPa] \times V[m^3] = \dfrac{100[kg]}{44[kg/kmol]} \times 8.3145[kJ/kmol \cdot K] \times (273+25)[K]$

$V = 46.313[m^3]$

따라서 체적 $500[m^3]$인 소방대상물에 $46.313[m^3]$의 이산화탄소가 추가되었을 때 이산화탄소의 농도는

$\dfrac{46.313[m^3]}{500[m^3] + 46.313[m^3]} ≒ 0.08477 = 8.477[\%]$

연계이론 PHASE 07 이산화탄소 소화설비

10 아래의 표는 분말 소화설비에 관한 것이다. 빈칸에 적당한 답을 쓰시오. [8점]

	소화약제 주성분	기타		
제1종		안전밸브 작동압력	가압식	
제2종			축압식	
제3종		충전비		
제4종		가압용 가스용기를 3병 이상 설치한 경우 전자개방 밸브 수		

정답

	소화약제 주성분	기타		
제1종	탄산수소나트륨 (NaHCO$_3$)	안전밸브 작동압력	가압식	최고사용압력의 1.8배 이하
제2종	탄산수소칼륨 (KHCO$_3$)		축압식	내압시험압력의 0.8배 이하
제3종	제1인산암모늄 (NH$_4$H$_2$PO$_4$)	충전비		0.8배 이상
제4종	탄산수소칼륨 + 요소 (KHCO$_3$+CO(NH$_2$)$_2$)	가압용 가스용기를 3병 이상 설치한 경우 전자개방 밸브 수		2개 이상

연계이론 PHASE 10 분말 소화설비

11 그림은 어느 실들의 평면도이다. 이 중 A실을 급기 가압하고자 한다. [조건]을 이용하여 A실에 유입시켜야 할 풍량[L/s]을 구하시오. [9점]

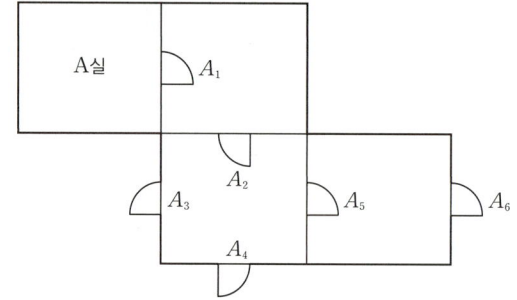

조건
(가) 실외부 대기의 기압은 절대압력으로 101,300[Pa]로 일정하다.
(나) A실에 유지하고자 하는 기압은 절대압력으로 101,400[Pa]이다.
(다) 각 실에 문(Door)들의 틈새면적은 0.01[m²]이다.
(라) 어느 실을 급기 가압할 때 그 실의 문의 틈새를 통하여 누출되는 공기의 양은 다음의 식을 따른다.

$$Q = 0.827 AP^{\frac{1}{2}}$$

Q: 누출되는 공기의 양[m³/s], A: 문의 틈새면적[m²], P: 문을 경계로 한 실내외 기압차[Pa]

(1) 총 누설틈새면적[m²]은 얼마인가? (단, 답은 소수점 다섯째 자리까지 나타낸다.)
(2) A실에 유입시켜야 할 풍량[m³/s]은 얼마인가? (단, 소수점 넷째 자리까지 계산)

정답

(1) • 답: 0.00684[m²]

(2) • 계산과정: $0.827 \times 0.00684 \times (101,400 - 101,300)^{\frac{1}{2}} ≒ 0.05657$
 • 답: 0.0566[m³/s]

해설

(1) A_5, A_6는 직렬관계이다.

$$A_{5\sim6} = \frac{1}{\sqrt{\frac{1}{(0.01[m^2])^2} + \frac{1}{(0.01[m^2])^2}}} ≒ 0.007071[m^2]$$

A_3, A_4, $A_{5\sim6}$는 병렬관계이다.
$A_{3\sim6} = 0.01[m^2] + 0.01[m^2] + 0.007071[m^2] = 0.027071[m^2]$

A_2, $A_{3\sim6}$는 직렬관계이다.

$$A_{2\sim6} = \frac{1}{\sqrt{\frac{1}{(0.01[m^2])^2} + \frac{1}{(0.027071[m^2])^2}}} ≒ 0.009380[m^2]$$

A_1, $A_{2\sim6}$는 직렬관계이다.

$$A_{1\sim6} = \frac{1}{\sqrt{\frac{1}{(0.01[m^2])^2} + \frac{1}{(0.00938[m^2])^2}}} ≒ 0.006841[m^2]$$

(2) 어떤 틈새면적 A가 있고, 틈새를 경계로 한 양쪽의 기압차 P가 있을 때, 그 간격을 통과하는 유량 Q는 다음과 같은 관계를 갖는다.

$$Q = 0.827 A P^{\frac{1}{2}}$$

외부의 기압과 A실 내부 기압의 차이는 $(101,400 - 101,300)[\text{Pa}]$이고, 문의 틈새면적 A는 $0.00684[\text{m}^2]$이므로 주어진 조건을 공식에 대입하면 틈새면적을 통과하는 유량 Q는

$$Q = 0.827 \times 0.00684[\text{m}^2] \times (101,400[\text{Pa}] - 101,300[\text{Pa}])^{\frac{1}{2}}$$
$$\fallingdotseq 0.05657[\text{m}^3/\text{s}]$$

○ 연계이론 ○ **PHASE 15** 특별피난계단의 계단실 및 부속실 제연설비

12 아래 도면은 준비작동식 스프링클러설비의 계통도를 나타낸 것이다. 화재발생 시 수신반, 감지기, 압력스위치, 전자밸브, 준비작동밸브 등 상호간의 작동 연계성(Operation Sequence)을 간단히 쓰시오.

[5점]

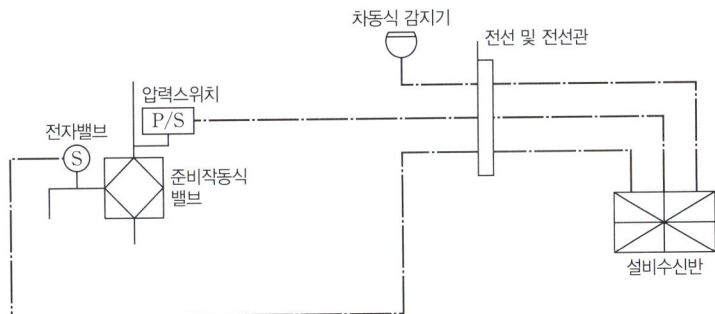

○ 정 답 ○
1. 화재 발생
2. 감지기 A · B 작동
3. 수신반에 신호
4. 화재표시등 및 지구표시등 점등
5. 전자밸브(솔레노이드 밸브) 작동
6. 준비작동식 밸브 작동
7. 압력스위치 작동
8. 수신반에 기동표시등 및 밸브개방표시등 점등
9. 소화펌프 기동

○ 연계이론 ○ **PHASE 04** 스프링클러설비

13

다음은 물올림장치의 설치기준에 대한 사항이다. ( ) 안을 채우시오. [5점]

(1) 물올림장치에는 전용의 (①)를 설치할 것
(2) (②)의 유효수량은 (③) 이상으로 하되, 구경 (④) 이상의 (⑤)에 따라 해당 탱크에 물이 계속 보급되도록 할 것

정답

(1) ① 수조

(2) ② 수조
③ 100[L]
④ 15[mm]
⑤ 급수배관

해설

수원의 수위가 펌프보다 낮은 위치에 있는 가압송수장치에는 다음의 기준에 따른 물올림장치를 설치한다.
(1) 물올림장치에는 전용의 수조를 설치할 것
(2) 수조의 유효수량은 100[L] 이상으로 하되, 구경 15[mm] 이상의 급수배관에 따라 해당 수조에 물이 계속 보급되도록 할 것

연계이론 PHASE 02 옥내소화전설비

14

배관 내의 유체온도 및 외부온도의 변화에 따라 배관이 팽창 또는 수축하므로 배관, 기구의 파손이나 굽힘을 방지하기 위하여 배관 도중에 신축이음을 사용한다. 이때 사용되는 신축이음의 종류를 5가지 쓰시오. [5점]

정답

- 벨로즈형 이음
- 슬리브형 이음
- 루프형 이음
- 스위블형 이음
- 볼 조인트

해설

종류	특징
벨로즈형 이음	신축성이 있는 주름관에 의한 이음으로 중·저압에 적당하다.
슬리브형 이음	슬리브의 슬라이딩으로 신축하는 형태로 흡수량이 크고 설치공간이 작다.
루프형 이음	배관을 루프형으로 굽힌 형태로 고온, 고압에 적당하나 설치공간이 크다.
스위블형 이음	여러 개의 엘보를 사용하여 신축하는 형태로 흡수량이 작고 굴곡부 압력강하가 크다.
볼 조인트	배관 속에 볼이 움직일 수 있도록 조인트를 설치하여 외부의 영향을 흡수하는 방식이다.

15

[조건]을 참고하여 펌프의 $NPSH_{av}$(유효흡입양정)을 구하고, 캐비테이션의 발생유무를 쓰시오. [6점]

> **조건**
> (가) 흡입수두: 3[m]
> (나) 물의 포화증기압: 2.33[kPa]
> (다) 흡입배관 마찰손실수두: 3.5[kPa]
> (라) $NPSH_{re}$: 5[m]
> (마) 수조가 펌프보다 낮은 경우이다.

(1) $NPSH_{av}$(유효흡입양정)

(2) 캐비테이션 발생 유무

[정답]

(1) • 계산과정: $\dfrac{101,325}{9,800} - 3 - \dfrac{3.5}{9.8} - \dfrac{2.33}{9.8} \fallingdotseq 6.744$

 • 답: 6.74[m]

(2) 필요흡입수두 $NPSH_{re}$(5[m])보다 유효흡입수두 $NPSH_{av}$(6.74[m])가 크기 때문에 공동현상(cavitation)이 발생하지 않는다.

[해설]

(1) 유효흡입양정 $NPSH_{av}$를 구성하는 조건은 다음과 같다.

$$NPSH_{av} = H_a \pm H_z - H_f - H_v$$

$NPSH_{av}$: 유효흡입수두, H_a: 유체 표면에 작용하는 절대압,
H_z: 유체 표면에서 펌프 중심까지의 높이, H_f: 마찰손실수두, H_v: 포화증기압수두

압력[Pa]과 수두[m]의 관계식은 다음과 같다.

$$H = \dfrac{P}{\gamma} = \dfrac{P}{\rho g}$$

H: 수두[m], P: 압력[Pa], γ: 비중량[N/m³], ρ: 밀도[kg/m³], g: 중력가속도[m/s²]

따라서 유효흡입수두 $NPSH_{av}$는

$$NPSH_{av} = \dfrac{101,325[Pa]}{9,800[N/m^3]} - 3[m] - \dfrac{3.5[kPa]}{9.8[kN/m^3]} - \dfrac{2.33[kPa]}{9.8[kN/m^3]} \fallingdotseq 6.744[m]$$

2016년 4회 기출문제

01 그림은 어느 실의 평면도로서 A_1, A_2는 출입문이며, 출입문 외의 틈새가 없다고 한다. 출입문이 닫힌 상태에서 실을 가압하여 실과 외부간 $50[\text{Pa}]$의 기압차를 유지하려고 한다. 다음 물음에 답하시오. (단, 닫힌 문 A_1, A_2에 의해 공기가 유통될 수 있는 틈새의 면적은 각각 $0.01[\text{m}^2]$이다.) [5점]

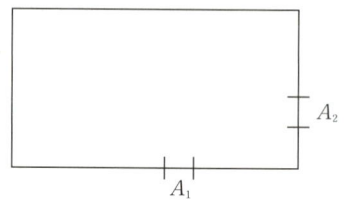

정답
- 계산과정: $0.827 \times 0.02 \times 50^{\frac{1}{2}} ≒ 0.117$
- 답: $0.12[\text{m}^3/\text{s}]$

해설
어떤 틈새면적 A가 있고, 틈새를 경계로 한 양쪽의 기압차 P가 있을 때, 그 간격을 통과하는 유량 Q는 다음과 같은 관계를 갖는다.
$$Q = 0.827 A P^{\frac{1}{2}}$$
외부의 기압과 A실 내부 기압의 차이는 $50[\text{Pa}]$이고, 문의 틈새면적 A는 $(0.01[\text{m}^2] + 0.01[\text{m}^2]) = 0.02[\text{m}^2]$이므로 주어진 조건을 공식에 대입하면 틈새면적을 통과하는 유량 Q는
$$Q = 0.827 \times 0.02[\text{m}^2] \times (50[\text{Pa}])^{\frac{1}{2}} ≒ 0.117[\text{m}^3/\text{s}]$$

연계이론 PHASE 15 특별피난계단의 계단실 및 부속실 제연설비

---

02 포 소화설비 중 배액밸브를 설치하는 목적과 설치 위치에 대하여 설명하시오. [4점]

(1) 설치 목적
(2) 설치 위치

정답
(1) 포의 방출 종료 후 배관 안의 액을 배출하기 위하여
(2) 송액관은 적당한 기울기를 유지하도록 하고 그 낮은 부분에 설치

해설
송액관은 포의 방출 종료 후 배관 안의 액을 배출하기 위하여 적당한 기울기를 유지하도록 하고 그 낮은 부분에 배액밸브를 설치해야 한다.

연계이론 PHASE 06 포 소화설비

03

스프링클러설비 배관의 안지름을 수리계산에 의하여 선정하고자 한다. 그림에서 B~C 구간의 유량을 165[L/min], E~F 구간의 유량을 330[L/min]이라고 가정할 때 다음을 구하시오. (단, 화재안전기준에서 정하는 유속기준을 만족하도록 하여야 한다. [6점]

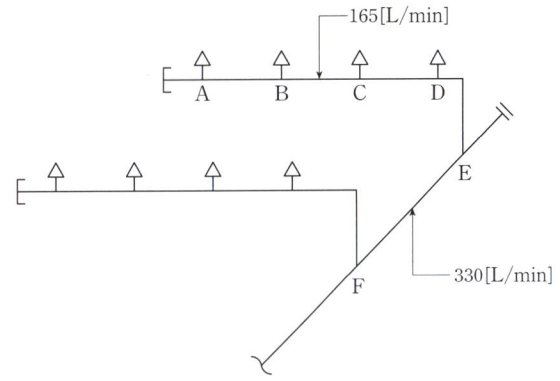

(1) B~C 구간의 배관 안지름[mm]의 최솟값을 구하시오.

(2) E~F 구간의 배관 안지름[mm]의 최솟값을 구하시오.

정답

(1) • 계산과정: $\sqrt{\dfrac{4 \times \dfrac{0.165}{60}}{\pi \times 6}} \fallingdotseq 0.024157[m] = 24.157[mm]$

• 답: 24.16[mm]

(2) • 계산과정: $\sqrt{\dfrac{4 \times \dfrac{0.33}{60}}{\pi \times 10}} \fallingdotseq 0.026463[m] = 26.463[mm]$

• 답: 40[mm]

해설

부피유량 공식 $Q = Au$에 의해 유량 Q와 유속 u를 알면 배관의 직경 D를 다음과 같이 구할 수 있다.

$$Q = \frac{\pi}{4}D^2 u, \ D = \sqrt{\frac{4Q}{\pi u}}$$

D: 배관의 직경[m], Q: 유량[m³/s], u: 유속[m/s]

급수배관의 구경을 수리계산에 따르는 경우 가지배관의 유속은 6[m/s], 그 밖의 배관의 유속은 10[m/s]를 초과하지 않도록 한다.

(1) 유량이 165[L/min]이므로 단위를 변환하면 $\dfrac{0.165}{60}$[m³/s]이다.

따라서 주어진 조건을 공식에 대입하면 배관의 직경 D는

$$D = \sqrt{\dfrac{4 \times \dfrac{0.165}{60}[m^3/s]}{\pi \times 6[m/s]}} \fallingdotseq 0.024157[m] = 24.157[mm]$$

(2) 유량이 330[L/min]이므로 단위를 변환하면 $\dfrac{0.33}{60}$[m³/s]이다.

따라서 주어진 조건을 공식에 대입하면 배관의 직경 D는 다음과 같다.

$$D = \sqrt{\dfrac{4 \times \dfrac{0.33}{60}[m^3/s]}{\pi \times 10[m/s]}} \fallingdotseq 0.026463[m] = 26.463[mm]$$

교차배관은 가지배관과 수평으로 설치하거나 가지배관 밑에 설치하고, 최소구경은 40[mm] 이상으로 한다. 따라서 E~F구간의 배관 안지름은 40[mm] 이상이어야 한다.

연계이론 PHASE 04 스프링클러설비

04 바닥면적 440[m²], 높이 3.5[m]인 발전기실에 할로겐화합물 및 불활성기체 소화설비를 설치하려고 한다. [조건]을 참고하여 다음 물음에 답하시오. [10점]

조건

(가) HCFC BLEND A의 A급 소화농도는 7.2[%], B급 소화농도는 10[%]이다.
(나) IG-541의 A급 및 B급 소화농도는 32[%]로 한다.
(다) 선형상수를 이용하여 풀이한다. (단, HCFC Blend A의 K_1은 0.2413, K_2는 0.00088을 적용하고, IG-541의 K_1은 0.65799, K_2는 0.00239을 적용한다.)
(라) 방사시 온도는 20[℃]를 기준으로 한다.
(마) HCFC Blend A의 용기는 68[L]용 50[kg]으로 하며, IG-541의 용기는 80[L]용 12.4[m³]로 적용한다.
(바) 발전기실의 연료는 유류를 사용한다.
(사) IG-541의 비체적은 0.707[m³/kg]이다.

(1) 발전기실에 필요한 HCFC BLEND A의 최소 약제량[kg]을 구하시오.
(2) 발전기실에 필요한 HCFC BLEND A의 최소 약제용기의 개수[병]를 구하시오.
(3) 발전기실에 필요한 IG-541의 최소 약제량[m³]을 구하시오.
(4) 발전기실에 필요한 IG-541의 최소 약제용기의 개수[병]을 구하시오.

정답

(1) • 계산과정: $0.2413 + (0.00088 \times 20) = 0.2589$
   $10 \times 1.3 = 13$
   $440 \times 3.5 = 1,540$
   $\dfrac{1}{0.2589} \times \left(\dfrac{13}{100-13}\right) \times 1,540 ≒ 888.818$
   • 답: 888.82[kg]

(2) • 계산과정: $\dfrac{888.82}{50} ≒ 17.78$
   • 답: 18병

(3) • 계산과정: $32 \times 1.3 = 41.6$
   $2.303 \times \log\left(\dfrac{100}{100-41.6}\right) \times 1,540 ≒ 828.444$
   • 답: 828.44[m³]

(4) • 계산과정: $\dfrac{828.44}{12.4} ≒ 66.81$
   • 답: 67병

해설

(1) 화재안전기준에 따른 할로겐화합물 소화약제의 저장량 최소기준은 다음과 같다.

$$W = \frac{1}{S} \times \left(\frac{C}{100-C}\right) \times V$$

W: 소화약제의 질량[kg], S: 소화약제별 선형상수$(K_1+K_2 \times T)$[m³/kg],
T: 방호구역의 기준온도[℃], C: 설계농도(소화농도×안전계수)[%], V: 방호구역의 부피[m³]

기준온도가 20[℃]이므로 소화약제별 선형상수 S는 다음과 같다.
$S = K_1 + K_2 \times T = 0.2413 + (0.00088 \times 20) = 0.2589 [\text{m}^3/\text{kg}]$

설계농도 C는 소화농도와 안전계수의 곱이며, 유류화재인 B급 화재의 안전계수는 1.3이므로 설계농도 C는 다음과 같다.
$C = $ 소화농도 × 안전계수 $= 10 \times 1.3 = 13[\%]$

방호구역인 발전기실의 부피(가로×세로×높이)는 다음과 같다.
$V = 440[\text{m}^2] \times 3.5[\text{m}] = 1,540[\text{m}^3]$

따라서 소화약제 HCFC BLEND A의 질량 W는

$$W = \frac{1}{0.2589[\text{m}^3/\text{kg}]} \times \left(\frac{13[\%]}{100-13[\%]}\right) \times 1,540[\text{m}^3] ≒ 888.818[\text{kg}]$$

(2) 약제용기 1병 당 소화약제 HCFC BLEND A의 충전량[kg]은 50[kg]이므로 전체 소화약제의 양을 저장하기 위해 필요한 저장용기의 개수는

$$\frac{888.82[\text{kg}]}{50[\text{kg/병}]} ≒ 17.78[\text{병}] = 18[\text{병}] \text{ (절상)}$$

(3) 화재안전기준에 따른 불활성기체 소화약제의 저장량 최소기준은 다음과 같다.

$$X = 2.303 \times \frac{V_S}{S} \times \log\left(\frac{100}{100-C}\right) \times V$$

X: 소화약제의 부피[m³], V_S: 20[℃]에서 소화약제의 비체적[m³/kg],
S: 소화약제별 선형상수$(K_1+K_2 \times T)$[m³/kg], T: 방호구역의 기준온도[℃]
C: 설계농도(소화농도×안전계수)[%], V: 방호구역의 부피[m³]

기준온도가 20[℃]이므로 소화약제의 비체적 V_S와 소화약제별 선형상수 S는 같다.
$V_S = S$

설계농도 C는 소화농도와 안전계수의 곱이며, 유류화재인 B급 화재의 안전계수는 1.3이므로 설계농도 C는 다음과 같다.
$C = $ 소화농도 × 안전계수 $= 32 \times 1.3 = 41.6[\%]$

따라서 소화약제 IG-541의 부피 X는

$$X = 2.303 \times \log\left(\frac{100}{100-41.6[\%]}\right) \times 1,540[\text{m}^3] ≒ 828.444[\text{m}^3]$$

(4) 약제용기 1병 당 소화약제 IG-541의 충전량[m³]은 12.4[m³]이므로 전체 소화약제의 양을 저장하기 위해 필요한 저장용기의 개수는

$$\frac{828.44[\text{m}^3]}{12.4[\text{m}^3/\text{병}]} ≒ 66.81[\text{병}] = 67[\text{병}] \text{ (절상)}$$

연계이론 **PHASE 09** 할로겐화합물 및 불활성기체 소화설비

05

그림은 일제개방형 스프링클러소화설비 계통도의 일부를 나타낸 것이다. [조건]을 참고하여 표의 빈칸에 알맞은 답을 쓰시오. [10점]

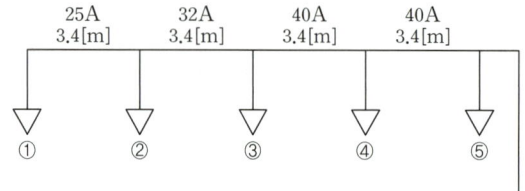

조건

(가) 배관마찰손실 압력은 하젠-윌리엄스 공식을 따르되 계산의 편의상 다음 식과 같다고 가정한다.

$$\Delta P = 6 \times 10^4 \times \frac{Q^2}{120^2 \times d^5}$$

ΔP: 배관 1[m] 당 마찰손실압력[MPa/m], Q: 배관 내의 유수량[L/min], d: 배관의 안지름[mm]

(나) 헤드는 개방형 헤드이며 각 헤드의 방출계수 K는 동일하며 방수압력 변화와 관계없이 일정하고 그 값은 $K=80$이다.
(다) 가지배관과 헤드 간의 마찰손실은 무시한다.
(라) 각 헤드의 방수량은 서로 다르다.
(마) 배관 내경은 호칭경과 같다고 가정한다.
(바) 배관부속은 무시한다.
(사) 방수량은 소수점 둘째 자리까지 방수압력은 소수점 다섯째 자리까지 나타내시오.
(아) 헤드번호 ①의 방수압은 법적인 방수압력이다.

헤드번호	방수압[MPa]	방수량[L/min]
①	—	80
②		
③		
④		
⑤		

정답

헤드번호	방수압[MPa]	방수량[L/min]
①	—	80
②	0.10928	83.63
③	0.12058	87.85
④	0.12933	90.98
⑤	0.14556	96.52

해 설

구간	유량[L/min]	손실압력[MPa]
구간	손실압력[MPa]	유량[L/min]
①	0.1	80
①~②	$6\times10^4 \times \dfrac{(80[\text{L/min}])^2}{120^2 \times (25[\text{mm}])^5} \times 3.4[\text{m}] ≒ 0.009284$	80
②	$0.1+0.009284=0.109284$	$80\sqrt{10\times0.10928[\text{MPa}]}≒83.629$
②~③	$6\times10^4 \times \dfrac{(163.63[\text{L/min}])^2}{120^2 \times (32[\text{mm}])^5} \times 3.4[\text{m}] ≒ 0.011304$	$80+83.63=163.63$
③	$0.10928+0.011304=0.120584$	$80\sqrt{10\times0.12058[\text{MPa}]}≒87.847$
③~④	$6\times10^4 \times \dfrac{(251.48[\text{L/min}])^2}{120^2 \times (40[\text{mm}])^5} \times 3.4[\text{m}] ≒ 0.008749$	$163.63+87.85=251.48$
④	$0.12058+0.008749=0.129329$	$80\sqrt{10\times0.12933[\text{MPa}]}≒90.979$
④~⑤	$6\times10^4 \times \dfrac{(342.46[\text{L/min}])^2}{120^2 \times (40[\text{mm}])^5} \times 3.4[\text{m}] ≒ 0.016225$	$251.48+90.98=342.46$
⑤	$0.12933+0.016225=0.145555$	$80\sqrt{10\times0.14556[\text{MPa}]}≒96.519$

연계이론 PHASE 04 스프링클러설비

06

( ) 안에 알맞은 밸브류 및 관부속품을 쓰시오. [5점]

(1) (　　　): 펌프의 흡입측에 설치하여 배관 내의 이물질을 제거하는 기능
(2) (　　　): 90°로 각진 부분의 배관 연결용 관이음쇠
(3) (　　　): 직경이 서로 다른 배관을 연결하는 데 사용되는 관이음쇠
(4) (　　　): 옥내·외소화전의 방수구를 개폐하는 밸브
(5) (　　　): 체절운전시 펌프를 보호하기 위하여 설치하는 것으로 펌프와 체크밸브 사이에서 분기한 순환배관상에 체절압력 미만에서 개방되는 밸브

정 답 (1) 스트레이너   (2) 90° 엘보   (3) 리듀서   (4) 앵글밸브   (5) 릴리프밸브

07

(1) A실
   - 방호구역 체적: $6 \times 5 \times 5 = 150\,[m^3]$
   - 약제소요량: $150 \times 0.33 = 49.5\,[kg]$
   - 저장용기 수: $49.5 / 50 = 0.99 \rightarrow 1\,[병]$
   - 저장량: $1 \times 50 = 50\,[kg]$
   - 노즐당 설계방출량: $\dfrac{50}{1 \times 10} = 5\,[kg/s]$

(2) B실
   - 방호구역 체적: $12 \times 7 \times 5 = 420\,[m^3]$
   - 약제소요량: $420 \times 0.52 = 218.4\,[kg]$
   - 저장용기 수: $218.4 / 50 = 4.37 \rightarrow 5\,[병]$
   - 저장량: $5 \times 50 = 250\,[kg]$
   - 노즐당 설계방출량: $\dfrac{250}{4 \times 10} = 6.25\,[kg/s]$

(3) C실
   - 방호구역 체적: $6 \times 6 \times 5 = 180\,[m^3]$
   - 약제소요량: $180 \times 0.33 = 59.4\,[kg]$
   - 저장용기 수: $59.4 / 50 = 1.19 \rightarrow 2\,[병]$
   - 저장량: $2 \times 50 = 100\,[kg]$
   - 노즐당 설계방출량: $\dfrac{100}{1 \times 10} = 10\,[kg/s]$

(4) D실
   - 방호구역 체적: $10 \times 5 \times 5 = 250\,[m^3]$
   - 약제소요량: $250 \times 0.52 = 130\,[kg]$
   - 저장용기 수: $130 / 50 = 2.6 \rightarrow 3\,[병]$
   - 저장량: $3 \times 50 = 150\,[kg]$
   - 노즐당 설계방출량: $\dfrac{150}{2 \times 10} = 7.5\,[kg/s]$

정 답

(1) • 계산과정: $0.33 \times (6 \times 5 \times 5) = 49.5$

$$\frac{49.5}{50} = 0.99$$

$$\frac{1 \times 50}{10 \times 1} = \frac{50}{10} = 5$$

• 답: 5[kg/s]

(2) • 계산과정: $0.52 \times (12 \times 7 \times 5) = 218.4$

$$\frac{218.4}{50} = 4.368$$

$$\frac{5 \times 50}{10 \times 4} = \frac{250}{10 \times 4} = 6.25$$

• 답: 6.25[kg/s]

(3) • 계산과정: $0.33 \times (6 \times 6 \times 5) = 59.4$

$$\frac{59.4}{50} = 1.188$$

$$\frac{2 \times 50}{10 \times 1} = \frac{100}{10 \times 1} = 10$$

• 답: 10[kg/s]

(4) • 계산과정: $0.52 \times (10 \times 5 \times 5) = 130$

$$\frac{130}{50} = 2.6$$

$$\frac{3 \times 50}{10 \times 2} = \frac{150}{10 \times 2} = 7.5$$

• 답: 7.5[kg/s]

해 설

(1) A실에 필요한 소화약제의 양은 체적 1[m³] 당 0.33[kg/m³]을 적용한다.
  소화약제의 양 = 0.33[kg/m³] × (6[m] × 5[m] × 5[m]) = 49.5[kg]

저장용기 1병 당 소화약제의 저장량은 50[kg]이므로 전체 소화약제의 양을 저장하기 위해 필요한 저장용기의 개수는

$$\frac{49.5[\text{kg}]}{50[\text{kg/병}]} = 0.99[\text{병}] = 1[\text{병}] \text{ (절상)}$$

A실에 할론 소화약제를 방사하는 경우 1병의 저장용기에서 일제히 소화약제가 방출되므로 방출량은 다음과 같다.
  1[병] × 50[kg/병] = 50[kg]

할론 소화설비의 소화약제 방출시간은 다음과 같다.

방출방식	기준시간
전역방출방식	10초 이내
국소방출방식	10초 이내

따라서 소화설비가 작동하였을 때 노즐 당 방출되는 소화약제의 유량[kg/s]은

$$\frac{1[\text{병}] \times 50[\text{kg/병}]}{10[\text{s}] \times 1} = \frac{50[\text{kg}]}{10[\text{s}]} = 5[\text{kg/s}]$$

(2) B실에 필요한 소화약제의 양은 체적 1[m³] 당 0.52[kg/m³]을 적용한다.
  소화약제의 양 = 0.52[kg/m³] × (12[m] × 7[m] × 5[m]) = 218.4[kg]

$$\frac{218.4[\text{kg}]}{50[\text{kg/병}]} = 4.368[\text{병}] = 5[\text{병}] \text{ (절상)}$$

따라서 소화설비가 작동하였을 때 노즐 당 방출되는 소화약제의 유량[kg/s]은

$$\frac{5[\text{병}] \times 50[\text{kg/병}]}{10[\text{s}] \times 4} = \frac{250[\text{kg}]}{10[\text{s}] \times 4} = 6.25[\text{kg/s}]$$

(3) C실에 필요한 소화약제의 양은 체적 1[m³] 당 0.33[kg/m³]을 적용한다.
소화약제의 양 = 0.33[kg/m³]×(6[m]×6[m]×5[m]) = 59.4[kg]

$$\frac{59.4[kg]}{50[kg/병]} = 1.188[병] = 2[병] \text{ (절상)}$$

따라서 소화설비가 작동하였을 때 노즐 당 방출되는 소화약제의 유량[kg/s]은

$$\frac{2[병] \times 50[kg/병]}{10[s] \times 1} = \frac{100[kg]}{10[s] \times 1} = 10[kg/s]$$

(4) D실에 필요한 소화약제의 양은 체적 1[m³] 당 0.52[kg/m³]을 적용한다.
소화약제의 양 = 0.52[kg/m³]×(10[m]×5[m]×5[m]) = 130[kg]

$$\frac{130[kg]}{50[kg/병]} = 2.6[병] = 3[병] \text{ (절상)}$$

따라서 소화설비가 작동하였을 때 노즐 당 방출되는 소화약제의 유량[kg/s]은

$$\frac{3[병] \times 50[kg/병]}{10[s] \times 2} = \frac{150[kg]}{10[s] \times 2} = 7.5[kg/s]$$

> 연계이론   **PHASE 08** 할론 소화설비

08 옥내소화전설비의 감시제어반의 기능을 5가지 쓰시오. [5점]

> 정답

다음 6가지 중 5가지를 선택하여 작성한다.
- 각 펌프의 작동여부를 확인할 수 있는 표시등 및 음향경보기능이 있어야 한다.
- 각 펌프를 자동 및 수동으로 작동시키거나 중단시킬 수 있어야 한다.
- 비상전원을 설치한 경우에는 상용전원 및 비상전원의 공급여부를 확인할 수 있어야 한다.
- 수조 또는 물올림수조가 저수위로 될 때 표시등 및 음향으로 경보한다.
- 각 확인회로(기동용 수압개폐장치의 압력스위치 회로·수조 또는 물올림수조의 저수위 감시회로·급수배관에 설치되어 있는 개폐밸브의 폐쇄상태 확인회로)마다 도통시험 및 작동시험을 할 수 있어야 한다.
- 예비전원이 확보되고 예비전원의 적합여부를 시험할 수 있어야 한다.

> 연계이론   **PHASE 02** 옥내소화전설비

09

어떤 제연설비에서 풍량이 $16,000[m^3/h]$이고 소요전압이 $100[mmAq]$일 때 배출기는 사일런트팬을 사용하려고 한다. 이때 배출기의 이론 소요동력$[kW]$을 구하시오. (단, 효율은 $50[\%]$이고 여유율은 없다.) [5점]

정답

- 계산과정: $100[mmAq] \times \dfrac{101.325[kPa]}{10,332[mmAq]} \fallingdotseq 0.9807[kPa]$

$$16,000[m^3/h] = \dfrac{16,000}{3,600}[m^3/s]$$

$$\dfrac{0.9807 \times \dfrac{16,000}{3,600}}{0.5} \times 1 \fallingdotseq 8.717$$

- 답: $8.72[kW]$

해설

배출기의 동력은 다음의 식을 통해 구할 수 있다.

$$P = \dfrac{P_T Q}{\eta} K$$

P: 배출기의 동력$[kW]$, P_T: 전압(풍압)$[kPa]$, Q: 풍량$[m^3/s]$, η: 효율, K: 전달계수

전압은 송풍기의 흡입구와 배출구의 압력 차이를 의미하며 $100[mmAq]$이므로 단위를 변환하면 다음과 같다.

$$100[mmAq] \times \dfrac{101.325[kPa]}{10,332[mmAq]} \fallingdotseq 0.9807[kPa]$$

풍량은 $16,000[m^3/h]$이므로 단위를 변환하면 $\dfrac{16,000}{3,600}[m^3/s]$이다.

따라서 주어진 조건을 공식에 대입하면 배출기의 동력 P는

$$P = \dfrac{0.9807[kPa] \times \dfrac{16,000}{3,600}[m^3/s]}{0.5} \times 1 \fallingdotseq 8.717[kW]$$

연계이론 PHASE 23 펌프의 특성

10

소방배관에는 배관용 탄소강관, 이음매 없는 구리 및 구리합금관, 배관용 스테인리스강관을 사용하는데 소방용 합성수지배관으로 설치할 수 있는 경우를 3가지 쓰시오. [6점]

정답

- 배관을 지하에 매설하는 경우
- 다른 부분과 내화구조로 구획된 덕트 또는 피트의 내부에 설치하는 경우
- 천장과 반자를 불연재료 또는 준불연재료로 설치하고 소화배관 내부에 항상 소화수가 채워진 상태로 설치하는 경우

연계이론 PHASE 02 옥내소화전설비

11 그림과 같이 양정 50[m] 성능을 갖는 펌프가 운전 중 노즐에서 방수압을 측정하여 보니 0.15[MPa]이었다. 노즐의 방수압을 0.25[MPa]으로 증가하고자 할 때, [조건]을 참고하여 펌프가 요구하는 양정[m]을 구하시오. [10점]

조건
(가) 배관의 마찰손실은 하젠-윌리엄즈 공식을 이용한다.
(나) 노즐의 방출계수 $K=100$이다.
(다) 펌프의 특성곡선은 토출유량과 무관하다.
(라) 펌프와 노즐은 수평관계이다.

정답

• 계산과정: $50[m] \times \dfrac{0.101325[MPa]}{10.332[m]} - 0.15[MPa] \fallingdotseq 0.34[MPa]$

$100\sqrt{10 \times 0.15} \fallingdotseq 122.474$

$100\sqrt{10 \times 0.25} \fallingdotseq 158.114$

$0.34 : 122.474^{1.85} = \Delta P_2 : 158.114^{1.85}$

$0.34 \times \left(\dfrac{158.114}{122.474}\right)^{1.85} \fallingdotseq 0.545$

$(0.545+0.25) \times \dfrac{10.332}{0.101325} \fallingdotseq 81.065$

• 답: 81.07[m]

해설

펌프의 방수압력 수두가 50[m]일 때 일부는 배관의 마찰에 의해 손실되고 0.15[MPa]의 압력으로 방수되었다. 이때 마찰손실압력 ΔP_1는 다음과 같다.

$$\Delta P_1 = 50[m] \times \dfrac{0.101325[MPa]}{10.332[m]} - 0.15[MPa] \fallingdotseq 0.34[MPa]$$

방수노즐에서 압력 P와 유량 Q는 다음과 같은 관계를 갖는다.

$$Q = K\sqrt{10P}$$

Q: 방수량[L/min], K: 방출계수, P: 방수압[MPa]

방수압 P_1가 0.15[MPa]일 때 방수량 Q_1는
$Q_1 = 100\sqrt{10 \times 0.15[MPa]} \fallingdotseq 122.474[L/min]$
방수압 P_2가 0.25[MPa]일 때 방수량 Q_2는
$Q_2 = 100\sqrt{10 \times 0.25[MPa]} \fallingdotseq 158.114[L/min]$

방수압력을 0.25[MPa]로 상승시키면 마찰손실압력 ΔP_2도 따라서 상승하게 되고, 배관의 조도 C와 구경 D는 일정하므로 다음과 같은 비례식을 세울 수 있다.

$\Delta P_1 : Q_1^{1.85} = \Delta P_2 : Q_2^{1.85}$
$0.34[MPa] : (122.474[L/min])^{1.85} = \Delta P_2 : (158.114[L/min])^{1.85}$
$\Delta P_2 = 0.34[MPa] \times \left(\dfrac{158.114[L/min]}{122.474[L/min]}\right)^{1.85} \fallingdotseq 0.545[MPa]$

따라서 0.25[MPa]의 압력으로 방수하기 위해 필요한 펌프의 방수압력 수두는
$H = (0.545[MPa] + 0.25[MPa]) \times \dfrac{10.332[m]}{0.101325[MPa]} = 81.065[m]$

연계이론 PHASE 04 스프링클러설비

12 할로겐화합물 및 불활성기체 소화설비에 압력배관용 탄소강관(KS D 3562)을 사용할 때, [조건]을 참고하여 최대허용압력[MPa]을 구하시오. [6점]

> **조건**
> (가) 압력배관용 탄소강관(KS D 3562)의 인장강도는 420[MPa], 항복점은 250[MPa]이다.
> (나) 배관이음효율은 0.85이다.
> (다) 배관의 최대허용응력 SE는 배관재질 인장강도의 $\frac{1}{4}$값과 항복점의 $\frac{2}{3}$값 중 작은값(σ)을 기준으로 다음의 식을 적용한다.
>
> $$SE = \sigma \times 배관이음효율 \times 1.2$$
>
> (라) 적용되는 배관의 바깥지름은 114.3[mm]이고 두께는 6.0[mm]이다.
> (마) 나사이음, 홈이음 등의 허용값[mm](헤드설치부분 제외)은 무시한다.

정 답

- 계산과정: $420 \times \frac{1}{4} = 105$

  $250 \times \frac{2}{3} ≒ 166.67$

  $105 \times 0.85 \times 1.2 = 107.1$

  $6 = \dfrac{P \times 114.3}{2 \times 107.1} + 0$

  $P = 6 \times \dfrac{2 \times 107.1}{114.3} ≒ 11.244$

- 답: 11.24[MPa]

해 설

배관 두께의 관계식은 다음과 같다.

$$t = \frac{PD}{2SE} + A$$

t: 배관의 두께[mm], P: 최대허용압력[MPa], D: 배관의 바깥지름[mm], SE: 최대허용응력[MPa], A: 허용값[mm]

배관 최대허용응력의 관계식은 다음과 같다.

$$SE = \sigma \times 배관이음효율 \times 1.2$$

SE: 최대허용응력[MPa], σ: 인장강도의 1/4값과 항복점의 2/3값 중 작은값

인장강도는 420[MPa]이므로 1/4값인 105[MPa]과 항복점은 250[MPa]이므로 2/3값인 166.67[MPa] 중 작은 값인 105[MPa]를 σ로 선택한다.

$420[\text{MPa}] \times \dfrac{1}{4} = 105[\text{MPa}]$

$250[\text{MPa}] \times \dfrac{2}{3} ≒ 166.67[\text{MPa}]$

따라서 배관의 최대허용응력 SE는 아래와 같이 구할 수 있다.

$SE = 105[\text{MPa}] \times 0.85 \times 1.2 = 107.1[\text{MPa}]$

주어진 조건을 공식에 대입하면 배관의 최대허용압력 P는

$6[\text{mm}] = \dfrac{P \times 114.3[\text{mm}]}{2 \times 107.1[\text{MPa}]} + 0$

$P = 6[\text{mm}] \times \dfrac{2 \times 107.1[\text{MPa}]}{114.3[\text{mm}]} ≒ 11.244[\text{MPa}]$

연계이론 PHASE 09 할로겐화합물 및 불활성기체 소화설비

13

위험물의 옥외탱크에 Ⅰ형 고정포 방출구로 포 소화설비를 설치하고자 할 때 [조건]을 보고 다음 물음에 답하시오. [8점]

> **조건**
> ㈎ 탱크의 지름: 12[m]
> ㈏ 사용약제는 6[%] 수성막포로 단위 포 소화 수용액의 양은 2.27[L/m²·min]이며 방수시간은 30[min]이다.
> ㈐ 보조 포 소화전은 1개가 설치되어 있다.
> ㈑ 배관의 길이는 20[m](포 원액 탱크에서 포 방출구까지), 관내경은 150[mm], 기타의 조건은 무시한다.

(1) 포 원액량[L]은 얼마인가?

(2) 전용 수원의 양[m³]은 얼마인가?

정답

(1) • 계산과정: $2.27 \times \dfrac{\pi}{4} \times 12^2 \times 30 \times 0.06 ≒ 462.116$

$1 \times 0.06 \times 8{,}000 = 480$

$\dfrac{\pi}{4} \times 0.15^2 \times 20 \times 0.06 ≒ 0.021206[\text{m}^3] = 21.206[\text{L}]$

$462.116 + 480 + 21.206 = 963.322$

• 답: 963.32[L]

(2) • 계산과정: $963.32 \times \dfrac{0.94}{0.06} ≒ 15{,}092[\text{L}] = 15.092[\text{m}^3]$

• 답: 15.09[m³]

해설

(1) 포 소화약제 저장량은 고정포 방출구에서 방출하기 위하여 필요한 양, 보조 포 소화전에서 방출하기 위하여 필요한 양, 가장 먼 탱크까지의 송액관(내경 75[mm] 이하 제외)에 충전하기 위하여 필요한 양의 합으로 한다.

위험물 저장탱크에 발생하는 화재는 유류 표면에서 발생하므로 위험물이 드러나거나 증발 가능한 면적이 화재 발생면적이자 소화면적이 된다.

탱크의 고정포 방출구에 필요한 포 소화약제의 양은 다음과 같다.

$$Q = 2.27[\text{L/m}^2\cdot\text{min}] \times \dfrac{\pi}{4} \times (12[\text{m}])^2 \times 30[\text{min}] \times 0.06 ≒ 462.116[\text{L}]$$

보조 포 소화전에 필요한 포 소화약제의 양은 다음과 같다.

$$Q = N \times S \times 8{,}000[\text{L}]$$

Q: 보조 포 소화전의 유량[L/min], N: 방출구의 개수(최대 3개), S: 소화약제의 농도[%]

보조 포 소화전에 필요한 포 소화약제의 양은
$Q = 1 \times 0.06 \times 8{,}000[\text{L}] = 480[\text{L}]$

송액관은 직경이 75[mm]를 초과할 때 가장 먼 탱크까지의 거리만큼 보정량을 더한다.
$Q = \dfrac{\pi}{4} \times (0.15[\text{m}])^2 \times 20[\text{m}] \times 0.06 ≒ 0.021206[\text{m}^3] = 21.206[\text{L}]$

포 소화설비에 필요한 소화약제의 총량[L]은
$Q = 462.116[\text{L}] + 480[\text{L}] + 21.206[\text{L}] = 963.322[\text{L}]$

(2) 포 수용액은 6[%]의 소화약제와 94[%]의 물로 구성되어 있다. 따라서 수원의 저수량은 다음과 같다.

수원의 저수량 = 포 소화약제량 $\times \dfrac{0.94}{0.06} = 963.32[\text{L}] \times \dfrac{0.94}{0.06} ≒ 15{,}092[\text{L}] = 15.092[\text{m}^3]$

연계이론

PHASE 06 포 소화설비

14 펌프가 수원보다 1[m] 높은 위치에서 0.3[m³/min]의 물을 이송하고 있다. 흡입관과 토출관의 구경이 각각 100[mm], 토출관의 압력계가 0.1[MPa]일 때 공동현상이 발생하는지 여부를 판별하시오. 이때 흡입측 손실수두가 0.5[m]이고, 대기압은 표준대기압, 물의 온도는 20[℃]이다. 포화증기압이 2,340[Pa], 비중량이 9,789[N/m³], 필요흡입양정은 11[m]이다. [4점]

정답

(1) • 계산과정: $\dfrac{101,325}{9,789} - 1 - 0.5 - \dfrac{2,340}{9,789} ≒ 8.612$

 • 답: 6.74[m]

(2) 필요흡입수두 NPSH_{re}(11[m])보다 유효흡입수두 NPSH_{av}(8.61[m])가 작기 때문에 공동현상(cavitation)이 발생한다.

해설

유효흡입양정 NPSH_{av}를 구성하는 조건은 다음과 같다.

$$\text{NPSH}_{av} = H_a \pm H_z - H_f - H_v$$

NPSH_{av}: 유효흡입양정, H_a: 유체 표면에 작용하는 절대압,
H_z: 유체 표면에서 펌프 중심까지의 높이, H_f: 마찰손실수두, H_v: 포화증기압수두

압력[Pa]과 수두[m]의 관계식은 다음과 같다.

$$H = \dfrac{P}{\gamma} = \dfrac{P}{\rho g}$$

H: 수두[m], P: 압력[Pa], γ: 비중량[N/m³], ρ: 밀도[kg/m³], g: 중력가속도[m/s²]

따라서 유효흡입수두 NPSH_{av}는

$$\text{NPSH}_{av} = \dfrac{101,325[\text{Pa}]}{9,789[\text{N/m}^3]} - 1[\text{m}] - 0.5[\text{m}] - \dfrac{2,340[\text{Pa}]}{9,789[\text{N/m}^3]} ≒ 8.612[\text{m}]$$

연계이론 PHASE 23 펌프의 특성

---

15 스프링클러설비 급수배관의 개폐밸브에 설치하는 탬퍼스위치(Tamper Switch)의 설치목적과 실제 설치위치 4개소를 적으시오. [4점]

(1) 설치목적

(2) 설치위치

정답

(1) 급수배관의 밸브 개폐상태 확인

(2) • 주펌프의 흡입측에 설치된 개폐밸브
 • 주펌프의 토출측에 설치된 개폐밸브
 • 유수검지장치의 1,2차측 개폐밸브
 • 일제개방밸브의 1,2차측 개폐밸브

연계이론 PHASE 04 스프링클러설비

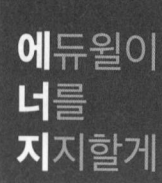

자신의 능력을 믿어야 한다.
그리고 끝까지 굳세게 밀고 나가라.

– 엘리너 로절린 스미스 카터(Eleanor Rosalynn Smith carter)

2015년 1회 기출문제

01 그림은 스프링클러설비의 송수구 주위 배관을 나타낸 것이다. 다음 물음에 답하시오. [8점]

① 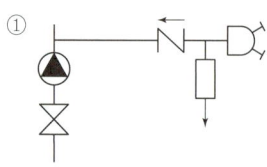   ②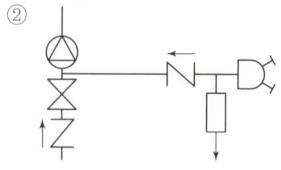

③ 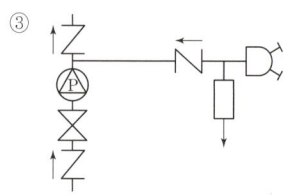   ④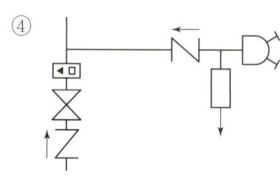

(1) 그림을 보고 번호에 따른 스프링클러설비의 종류를 쓰시오.
(2) 각 번호에 따른 유수검지장치의 밸브명칭을 쓰시오.

정답

(1) ① 습식 스프링클러설비
② 건식 스프링클러설비
③ 준비작동식 스프링클러설비
④ 일제살수식 스프링클러설비

(2) ① 습식 유수검지장치
② 건식 유수검지장치
③ 준비작동식 유수검지장치
④ 일제개방밸브

연계이론 PHASE 04 스프링클러설비

02

체적이 $600[m^3]$인 밀폐된 통신기기실에 설계농도 $5[\%]$의 할론 1301 소화설비를 전역방출방식으로 적용하였다. $68[L]$의 내용적을 가진 축압식 저장용기 수를 3병으로 할 경우 저장용기의 충전비를 구하시오. [5점]

정답

- 계산과정: $0.32 \times 600 = 192$

$$\frac{192}{3} = 64$$

$$\frac{68[L]}{64[kg]} = 1.0625$$

- 답: 1.06

해설

전역방출방식 할론 소화약제의 저장량 기준은 다음과 같다.

소방대상물		소화약제의 종류	소화약제의 양 $[kg/m^3]$	개구부 가산량 $[kg/m^2]$
차고·주차장·전기실·통신기기실·전산실· 전기설비가 설치된 부분		할론 1301	0.32 이상 0.64 이하	2.4
특수가연물	가연성고체류·가연성액체류	할론 1301	0.32 이상 0.64 이하	2.4
		할론 1211	0.36 이상 0.71 이하	2.7
		할론 2402	0.40 이상 1.10 이하	3.0
	면화류·나무껍질 및 대팻밥·넝마 및 종이부스러기·사류·볏짚류·목재가공품 및 나무부스러기를 저장·취급하는 것	할론 1301	0.52 이상 0.64 이하	3.9
		할론 1211	0.60 이상 0.71 이하	4.5
	합성수지류를 저장·취급하는 것	할론 1301	0.32 이상 0.64 이하	2.4
		할론 1211	0.36 이상 0.71 이하	2.7

방호구역의 개구부(창문·출입구)에 대한 조건이 없으므로 가산량은 적용하지 않는다.
통신기기실에 필요한 소화약제의 최소값을 구하여야 하므로 소화약제의 양은 체적 $1[m^3]$ 당 $0.32[kg/m^3]$을 적용한다.

소화약제의 양 $= 0.32[kg/m^3] \times 600[m^3] = 192[kg]$

3병의 저장용기에 소화약제를 충전해야 하므로 저장용기 1병 당 소화약제의 충전량은 다음과 같다.

$$\frac{192[kg]}{3} = 64[kg]$$

저장용기 1병 당 소화약제의 저장량은 $68[L]$, $64[kg]$이므로 충전비는

$$\frac{68[L]}{64[kg]} = 1.0625$$

연계이론 PHASE 08 할론 소화설비

03 다음과 같이 옥외소화전이 설치된 소방대상물에서 옥외소화전함의 설치수량을 쓰시오. [3점]

(1) 옥외소화전 7개 설치시
(2) 옥외소화전 17개 설치시
(3) 옥외소화전 37개 설치시

정답
(1) 7개 이상
(2) 11개 이상
(3) 13개 이상

해설
옥외소화전설비에는 옥외소화전마다 그로부터 5[m] 이내의 장소에 소화전함을 다음의 기준에 따라 설치한다.
- 옥외소화전이 10개 이하로 설치된 경우 옥외소화전마다 5[m] 이내의 장소에 1개 이상의 소화전함을 설치한다.
- 옥외소화전이 11개 이상 30개 이하로 설치된 경우 11개 이상의 소화전함을 각각 분산하여 설치한다.
- 옥외소화전이 31개 이상으로 설치된 경우 옥외소화전 3개마다 1개 이상의 소화전함을 설치한다.

(1) 옥외소화전이 10개 이하이므로 옥외소화전마다 하나 이상 설치해야 한다.
(3) $\frac{37}{3} ≒ 12.33 = 13$[개] (절상)

연계이론 PHASE 03 옥외소화전설비

04 스프링클러설비의 개방형 헤드와 폐쇄형 헤드의 기능과 설치장소를 쓰시오. [5점]

구분	개방형 헤드	폐쇄형 헤드
기능		
설치장소		

정답

구분	개방형 헤드	폐쇄형 헤드
기능	감열체가 없으므로 가압송수장치의 작동에 의해 소화수를 방출한다.	열을 감지하는 감열체가 있어 화재를 감지하고 감열체가 파열되면 그때부터 소화수를 방출한다.
설치장소	• 무대부 • 연소할 우려가 있는 개구부 • 천장이 높은 장소 • 화재가 급격히 확산될 수 있는 장소	• 공장 또는 창고(랙크식 창고 포함) • 근린생활시설 • 판매시설 • 운수시설 • 복합건축물 • 아파트

연계이론 PHASE 04 스프링클러설비

05 그림은 어느 실의 평면도로서 A_1, A_2는 출입문이며, 출입문 외의 틈새가 없다고 한다. 출입문이 닫힌 상태에서 실을 가압하여 실과 외부간 $50[\text{Pa}]$의 기압차를 유지하려고 한다. 다음 물음에 답하시오. (단, 닫힌 문 A_1, A_2에 의해 공기가 유통될 수 있는 틈새의 면적은 각각 $0.01[\text{m}^2]$이다.) [5점]

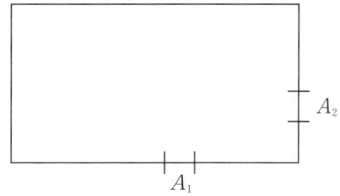

정답
- 계산과정: $0.827 \times 0.02 \times 50^{\frac{1}{2}} \fallingdotseq 0.117$
- 답: $0.12[\text{m}^3/\text{s}]$

해설
어떤 틈새면적 A가 있고, 틈새를 경계로 한 양쪽의 기압차 P가 있을 때, 그 간격을 통과하는 유량 Q는 다음과 같은 관계를 갖는다.
$$Q = 0.827 A P^{\frac{1}{2}}$$
외부의 기압과 A실 내부 기압의 차이는 $50[\text{Pa}]$이고, 문의 틈새면적 A는 $(0.01[\text{m}^2] + 0.01[\text{m}^2]) = 0.02[\text{m}^2]$이므로 주어진 조건을 공식에 대입하면 틈새면적을 통과하는 유량 Q는
$$Q = 0.827 \times 0.02[\text{m}^2] \times (50[\text{Pa}])^{\frac{1}{2}} \fallingdotseq 0.117[\text{m}^3/\text{s}]$$

연계이론 PHASE 15 특별피난계단의 계단실 및 부속실 제연설비

---

06 그림과 같이 연결송수구와 체크밸브 사이에 자동배수장치를 설치하는 이유에 대하여 설명하시오. [3점]

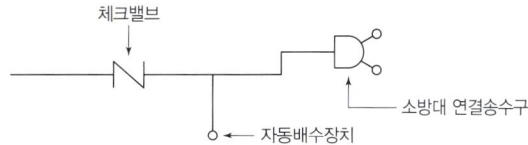

정답 송수구와 체크밸브 사이에 물이 남아있는 경우 배관의 동파 또는 부식의 우려가 있으므로 이를 방지하기 위해 자동배수밸브를 설치한다.

연계이론 PHASE 16 연결송수관설비

07

다음은 각종 제연방식 중 자연제연방식에 대한 내용이다. [조건]을 참고하여 다음 물음에 답하시오. [6점]

조건
(가) 연기층과 공기층의 높이 차이는 3[m]이다.
(나) 화재실의 온도는 22[℃]이고, 외부온도는 0[℃]이다.
(다) 공기 평균분자량은 28이고, 연기 평균분자량은 29이다.
(라) 내부 및 외부의 기압은 1[atm]이다.
(마) 중력가속도는 9.8[m/s²]이다.

(1) 연기의 유출속도[m/s]는 얼마인가?
(2) 외부풍속[m/s]은 얼마인가?

정답

(1) • 계산과정: $\sqrt{2 \times 9.8 \times 3 \times \left(\dfrac{\dfrac{28}{(273+0)}}{\dfrac{29}{(273+22)}} - 1 \right)} \fallingdotseq 1.596[m/s]$

• 답: 1.60[m/s]

(2) • 계산과정: $1.60[m/s] \times \sqrt{\dfrac{\dfrac{29}{(273+22)}}{\dfrac{28}{(273+0)}}} \fallingdotseq 1.566[m/s]$

• 답: 1.57[m/s]

해설

(1) 연기의 유출속도는 다음의 공식을 이용해 구할 수 있다.

$$u_i = \sqrt{2gh\left(\dfrac{\rho_o}{\rho_i} - 1\right)}$$

u_i: 연기의 유출속도[m/s], g: 중력가속도[m/s²], h: 높이 차이[m],
ρ_o: 외부의 공기밀도[kg/m³], ρ_i: 화재실의 공기밀도[kg/m³]

밀도는 질량을 부피로 나눈 값이므로 $\rho = \dfrac{m}{V}$ 이다. 질량과 이상기체 상수로 이루어진 이상기체의 상태방정식은 다음과 같다.

$$PV = \dfrac{m}{M}RT$$

P: 압력[atm], V: 부피[m³], m: 질량[kg], M: 분자량[kg/kmol],
R: 기체상수[atm·m³/kmol·K], T: 절대온도[K]

$$\rho = \dfrac{m}{V} = \dfrac{PM}{RT}$$

따라서 주어진 조건을 공식에 대입하면 연기의 유출속도 u_i는

$$u_i = \sqrt{2 \times 9.8[m/s^2] \times 3[m] \times \left(\dfrac{\dfrac{28[kg/kmol]}{(273+0)[K]}}{\dfrac{29[kg/kmol]}{(273+22)[K]}} - 1 \right)} \fallingdotseq 1.596[m/s]$$

(2) 외부의 공기속도는 다음의 공식을 이용해 구할 수 있다.

$$\frac{u_o}{u_i} = \sqrt{\frac{\rho_i}{\rho_o}}$$

u_o: 외부 기체의 확산속도[m/s], u_i: 내부 기체의 확산속도[m/s],
ρ_o: 외부 기체의 밀도[kg/m³], ρ_i: 내부 기체의 밀도[kg/m³]

$$u_o = u_i \sqrt{\frac{\rho_i}{\rho_o}} = 1.60[\text{m/s}] \times \sqrt{\frac{\frac{29[\text{kg/kmol}]}{(273+22)[\text{K}]}}{\frac{28[\text{kg/kmol}]}{(273+0)[\text{K}]}}} \fallingdotseq 1.566[\text{m/s}]$$

> 연계이론   **PHASE 14 제연설비**

08

지름 200[mm]인 원형관 속을 0.15[kg/s]의 질량유량으로 공기가 흐르고 있다. 관속 공기의 압력은 0.2[MPa], 온도는 20[℃]일 때 관속을 흐르는 공기의 평균속도[m/s]를 구하시오. (단, 공기의 기체상수는 0.287[kJ/kg·K]이다.) [5점]

> 정답

- 계산과정: $\dfrac{0.287 \times (273+20)}{200} \times \dfrac{0.15}{\frac{\pi}{4} \times 0.2^2} \fallingdotseq 2.008$

- 답: 2.01[m/s]

> 해설

질량유량과 유속의 관계식은 다음과 같다.

$$M = \rho A u$$

M: 질량유량[kg/s], ρ: 밀도[kg/m³], A: 유체의 단면적[m²], u: 유속[m/s]

밀도는 질량을 부피로 나눈 값이므로 $\rho = \dfrac{m}{V}$이다. 질량과 이상기체 상수로 이루어진 이상기체의 상태방정식은 다음과 같다.

$$PV = m\overline{R}T$$

P: 압력[kPa], V: 부피[m³], m: 질량[kg], $\overline{R}$: 특정기체상수[kJ/kg·K], T: 절대온도[K]

$$\rho = \frac{m}{V} = \frac{P}{RT}$$

따라서 주어진 조건을 공식에 대입하면 관속을 흐르는 공기의 평균속도 u는

$$u = \frac{M}{\rho A} = \frac{\overline{R}T}{P} = \frac{M}{A} = \frac{0.287[\text{kJ/kg·K}] \times (273+20)[\text{K}]}{200[\text{kPa}]} \times \frac{0.15[\text{kg/s}]}{\frac{\pi}{4} \times (0.2[\text{m}])^2} \fallingdotseq 2.008[\text{m/s}]$$

> 연계이론   **PHASE 20 유체유동**

09 그림의 스프링클러설비 가지배관에서의 구성부품과 규격 및 수량을 산출하여 다음 답란을 완성하시오.

[8점]

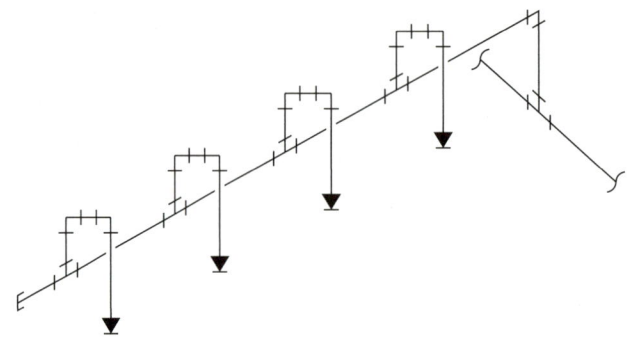

조건

(가) 티는 모두 동일 구경을 사용하고 배관이 축소되는 부분은 반드시 리듀서를 사용한다.
(나) 교차배관은 제외한다.
(다) 구경에 따른 헤드의 개수는 다음과 같다.

25[mm]	32[mm]	40[mm]	50[mm]
2개	3개	5개	10개

구성부품	규격	수량
헤드	15[mm]	4개
캡		
티		
90° 엘보		
레듀셔		

정답

구성부품	규격	수량
헤드	15[mm]	4개
캡	25[mm]	1개
티	25[mm]×25[mm]×25[mm]	2개
	32[mm]×32[mm]×32[mm]	1개
	40[mm]×40[mm]×40[mm]	1개
90° 엘보	25[mm]	8개
	40[mm]	1개
레듀셔	15[mm]×25[mm]	4개
	25[mm]×32[mm]	2개
	25[mm]×40[mm]	1개
	32[mm]×40[mm]	1개

해 설

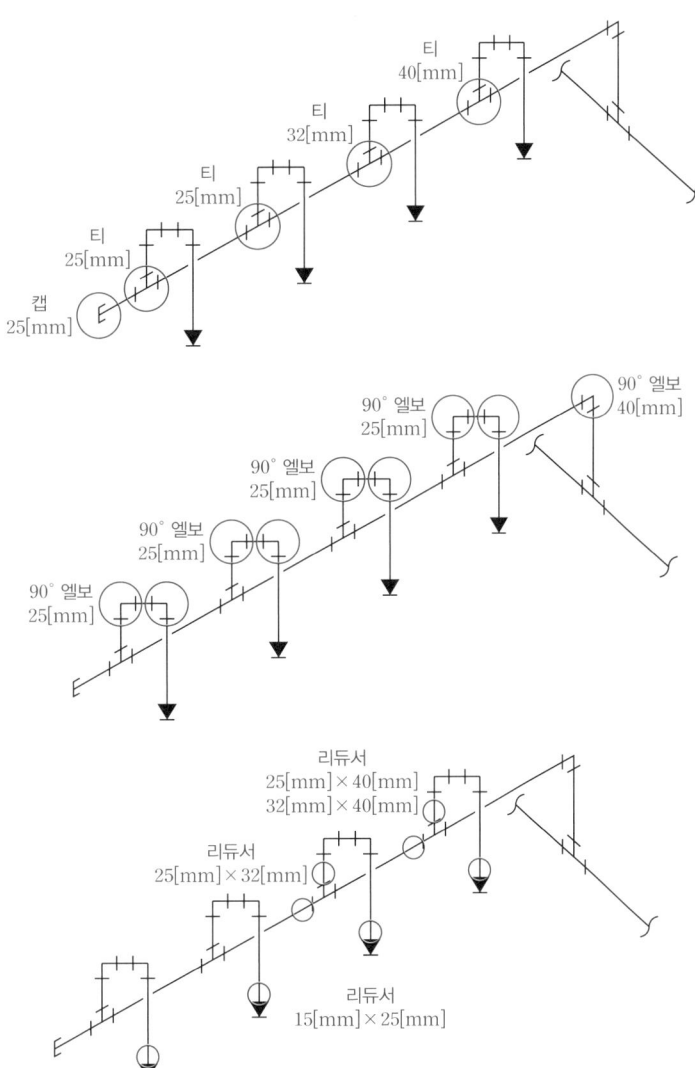

연계이론 PHASE 04 스프링클러설비

10 업무시설의 지하층 전기설비 등에 다음과 같이 이산화탄소 소화설비를 설치하고자 한다. [조건]에 알맞게 다음 물음에 답하시오. [12점]

조건
- (가) 설비는 전역방출방식으로 하며 설치장소는 전기설비실, 케이블실, 서고, 모피창고이다.
- (나) 전기설비실과 모피 창고에는 가로 1[m]×세로 2[m]의 자동폐쇄장치가 설치되지 않은 개구부가 각각 1개씩 설치된다.
- (다) 저장용기의 내용적은 68[L]이며, 충전비는 1.511으로 동일 충전비를 갖는다.
- (라) 소화약제 방출시간은 모두 7분이다.
- (마) 각 실에 설치할 헤드의 방사량은 각 헤드 1개당 10[kg/min]이다.
- (바) 각 실의 평면도는 다음과 같다. (각 실의 층고는 모두 3[m]이다.)

(1) 모피 창고의 실제 소요가스량[kg]은 얼마인가?
(2) 저장용기 1병에 충전되는 가스량[kg]은 얼마인가?
(3) 저장용기실에 설치할 저장용기의 수는 몇 병인가?
(4) 설치하여야 할 선택밸브의 수는 몇 개인가?
(5) 모피 창고에 설치할 헤드 수는 모두 몇 개인가? (단, 실제 방출 병수로 계산하시오.)
(6) 서고의 선택밸브 주배관의 유량[kg/min]은 얼마인가? (단, 실제 방출 병수로 계산하시오.)

정 답

(1) • 계산과정: $10 \times 3 \times 3 = 90$
　　　　　　$(2.7 \times 90) + (10 \times 1 \times 2) = 263$
　• 답: 263[kg]

(2) • 계산과정: $\dfrac{68}{1.511} ≒ 45.003$
　• 답: 45[kg]

(3) • 계산과정: $8 \times 6 \times 3 = 144$
　　　　　　$(1.3 \times 144) + (10 \times 1 \times 2) = 207.2$
　　　　　　$\dfrac{207.2}{45} ≒ 4.60$
　　　　　　$2 \times 6 \times 3 = 36$
　　　　　　$1.3 \times 36 = 46.8$
　　　　　　$\dfrac{46.8}{45} = 1.04$
　　　　　　$10 \times 7 \times 3 = 210$
　　　　　　$2.0 \times 210 = 420$
　　　　　　$\dfrac{420}{45} ≒ 9.33$
　　　　　　$\dfrac{263}{45} ≒ 5.84$
　• 답: 10병

(4) • 답: 4개

(5) • 계산과정: $6 \times 45 = 270$
$$270[kg] = 10[kg/min \cdot 개] \times 7[min] \times 헤드 수$$
$$헤드 수 = \frac{270}{10 \times 7} ≒ 3.86$$
• 답: 4개

(6) • 계산과정: $\frac{10 \times 45}{7} = 64.286$
• 답: 64.29[kg/min]

해 설

(1) 심부화재이고 전역방출방식인 이산화탄소 소화약제의 저장량 최소기준은 다음과 같다.

방호대상물	소화약제의 양[kg/m³]
유압기기를 제외한 전기설비, 케이블실	1.3
체적 55[m³] 미만의 전기설비	1.6
서고, 전자제품 창고, 목재가공품 창고, 박물관	2.0
고무류 · 면화류 창고, 모피 창고, 석탄 창고, 집진설비	2.7

방호구역의 개구부(창문 · 출입구) 1[m²]마다 10[kg]을 가산한다. ← 자동폐쇄장치가 없는 경우에만 적용한다.

모피 창고의 체적(가로×세로×높이)은 다음과 같다.
$$V = 10[m] \times 3[m] \times 3[m] = 90[m^3]$$

모피 창고의 소화약제의 양은 체적 1[m³] 당 2.7[kg/m³]을 적용한다.
개구부(창문 · 출입구)에 자동폐쇄장치가 없으므로 개구부 면적 1[m²] 당 10[kg/m²]을 가산한다.
$$소화약제의 양 = (2.7[kg/m^3] \times 90[m^3]) + (10[kg/m^2] \times 1[m] \times 2[m]) = 263[kg]$$

(2) 저장용기 1병 당 소화약제의 저장량[L]은 68[L]이고, 충전비는 1.511[L/kg]이므로 소화약제의 저장량[kg]은
$$\frac{68[L]}{1.511[L/kg]} ≒ 45.003[kg]$$

(3) 전기설비실의 체적(가로×세로×높이)은 다음과 같다.
$$V = 8[m] \times 6[m] \times 3[m] = 144[m^3]$$

전기설비실의 소화약제의 양은 체적 1[m³] 당 1.3[kg/m³]을 적용한다.
개구부(창문 · 출입구)에 자동폐쇄장치가 없으므로 개구부 면적 1[m²] 당 10[kg/m²]을 가산한다.
$$소화약제의 양 = (1.3[kg/m^3] \times 144[m^3]) + (10[kg/m^2] \times 1[m] \times 2[m]) = 207.2[kg]$$

저장용기 1병 당 소화약제의 충전량은 45[kg]이므로 전체 소화약제의 양을 저장하기 위해 필요한 저장용기의 개수는

$$\frac{207.2[kg]}{45[kg/병]} ≒ 4.60[병] = 5[병] (절상)$$

케이블실의 체적(가로×세로×높이)은 다음과 같다.
$$V = 2[m] \times 6[m] \times 3[m] = 36[m^3]$$

케이블실의 소화약제의 양은 체적 1[m³] 당 1.3[kg/m³]을 적용한다.
$$소화약제의 양 = 1.3[kg/m^3] \times 36[m^3] = 46.8[kg]$$

저장용기 1병 당 소화약제의 충전량은 45[kg]이므로 전체 소화약제의 양을 저장하기 위해 필요한 저장용기의 개수는

$$\frac{46.8[kg]}{45[kg/병]} = 1.04[병] = 2[병] (절상)$$

서고의 체적(가로×세로×높이)은 다음과 같다.
$$V = 10[m] \times 7[m] \times 3[m] = 210[m^3]$$

서고의 소화약제의 양은 체적 $1[m^3]$ 당 $2.0[kg/m^3]$을 적용한다.
$$소화약제의\ 양 = 2.0[kg/m^3] \times 210[m^3] = 420[kg]$$

저장용기 1병 당 소화약제의 충전량은 45[kg]이므로 전체 소화약제의 양을 저장하기 위해 필요한 저장용기의 개수는
$$\frac{420[kg]}{45[kg/병]} ≒ 9.33[병] = 10[병]\ (절상)$$

저장용기 1병 당 소화약제의 충전량은 45[kg]이므로 전체 소화약제의 양을 저장하기 위해 모피창고에 필요한 저장용기의 개수는
$$\frac{263[kg]}{45[kg/병]} ≒ 5.84[병] = 6[병]\ (절상)$$

⑷ 선택밸브란 가스용기에서 배출된 소화약제가 적절한 방호구역으로 운반될 수 있도록 선택적으로 배관을 개폐시키는 밸브를 말한다.
따라서 방호구역의 수 만큼 선택밸브가 필요하다.

⑸ 방출해야하는 소화약제의 양은 다음과 같다.
$$6[병] \times 45[kg/병] = 270[kg]$$

이산화탄소 소화설비의 소화약제 방출시간은 다음과 같다.

방출방식		기준시간
전역방출방식	표면화재	1분 이내
	심부화재	7분 이내
국소방출방식		30초 이내

따라서 필요한 헤드 수는
$$270[kg] = 10[kg/min \cdot 개] \times 7[min] \times 헤드\ 수$$
$$헤드\ 수 = \frac{270[kg]}{10[kg/min \cdot 개] \times 7[min]} ≒ 3.86[개] = 4[개]\ (절상)$$

⑹ 서고에 이산화탄소 소화약제를 방사하는 경우 10병의 저장용기에서 일제히 소화약제가 방출되므로 방출량은 다음과 같다.
$$10[병] \times 45[kg/병] = 450[kg]$$

심부화재이고 전역방출방식인 이산화탄소 소화설비의 분사헤드는 소화약제 저장량을 7분 이내에 방출할 수 있어야 하므로 선택밸브 직후의 유량[kg/s]은
$$\frac{10[병] \times 45[kg/병]}{7[min]} = \frac{450[kg]}{7[min]} = 64.286[kg/min]$$

⟡ 연 계 이 론 ⟡   **PHASE 07 이산화탄소 소화설비**

11 그림과 같이 양정 50[m] 성능을 갖는 펌프가 운전 중 노즐에서 방수압을 측정하여 보니 0.15[MPa]이었다. 노즐의 방수압을 0.25[MPa]으로 증가하고자 할 때, [조건]을 참고하여 펌프가 요구하는 양정[m]을 구하시오. [10점]

조건
(가) 배관의 마찰손실은 하젠-윌리엄즈 공식을 이용한다.
(나) 노즐의 방출계수 $K=100$이다.
(다) 펌프의 특성곡선은 토출유량과 무관하다.
(라) 펌프와 노즐은 수평관계이다.

정답

- 계산과정: $50[\text{m}] \times \dfrac{0.101325[\text{MPa}]}{10.332[\text{m}]} - 0.15[\text{MPa}] \fallingdotseq 0.34[\text{MPa}]$

$100\sqrt{10 \times 0.15} \fallingdotseq 122.474$

$100\sqrt{10 \times 0.25} \fallingdotseq 158.114$

$0.34 : 122.474^{1.85} = \Delta P_2 : 158.114^{1.85}$

$0.34 \times \left(\dfrac{158.114}{122.474}\right)^{1.85} \fallingdotseq 0.545$

$(0.545 + 0.25) \times \dfrac{10.332}{0.101325} = 81.065$

- 답: 81.07[m]

해설

펌프의 방수압력 수두가 50[m]일 때 일부는 배관의 마찰에 의해 손실되고 0.15[MPa]의 압력으로 방수되었다. 이때 마찰손실압력 ΔP_1는 다음과 같다.

$\Delta P_1 = 50[\text{m}] \times \dfrac{0.101325[\text{MPa}]}{10.332[\text{m}]} - 0.15[\text{MPa}] \fallingdotseq 0.34[\text{MPa}]$

방수노즐에서 압력 P와 유량 Q는 다음과 같은 관계를 갖는다.

$$Q = K\sqrt{10P}$$

Q: 방수량[L/min], K: 방출계수, P: 방수압[MPa]

방수압 P_1가 0.15[MPa]일 때 방수량 Q_1는
$Q_1 = 100\sqrt{10 \times 0.15[\text{MPa}]} \fallingdotseq 122.474[\text{L/min}]$
방수압 P_2가 0.25[MPa]일 때 방수량 Q_2는
$Q_2 = 100\sqrt{10 \times 0.25[\text{MPa}]} \fallingdotseq 158.114[\text{L/min}]$

방수압력을 0.25[MPa]로 상승시키면 마찰손실압력 ΔP_2도 따라서 상승하게 되고, 배관의 조도 C와 구경 D는 일정하므로 다음과 같은 비례식을 세울 수 있다.

$\Delta P_1 : Q_1^{1.85} = \Delta P_2 : Q_2^{1.85}$
$0.34[\text{MPa}] : (122.474[\text{L/min}])^{1.85} = \Delta P_2 : (158.114[\text{L/min}])^{1.85}$
$\Delta P_2 = 0.34[\text{MPa}] \times \left(\dfrac{158.114[\text{L/min}]}{122.474[\text{L/min}]}\right)^{1.85} \fallingdotseq 0.545[\text{MPa}]$

따라서 0.25[MPa]의 압력으로 방수하기 위해 필요한 펌프의 방수압력 수두는
$H = (0.545[\text{MPa}] + 0.25[\text{MPa}]) \times \dfrac{10.332[\text{m}]}{0.101325[\text{MPa}]} = 81.065[\text{m}]$

연계이론 PHASE 04 스프링클러설비

12 아래 제연설비의 [조건]을 참고하여 다음 물음에 답하시오. [8점]

> **조건**
> (가) 화재안전기술기준에 따른 제연설비를 설치한다.
> (나) 주덕트의 높이 제한은 600[mm]이다. (단, 강판두께, 덕트플랜지 및 보온두께는 고려하지 않는다.)
> (다) 예상제연구역의 설계풍량은 45,000[m³/h]이다.
> (라) 배출기는 원심식 다익형이다.
> (마) 기타 조건은 무시한다.

(1) 배출기의 흡입측 주덕트의 최소 폭[m]은 얼마인가?
(2) 배출기의 배출측 주덕트의 최소 폭[m]은 얼마인가?
(3) 준공 후 풍량시험을 한 결과 풍량은 36,000[m³/h], 회전수 600[rpm], 축동력 7.5[kW]로 측정되었다. 배출량 45,000[m³/h]를 만족시키기 위한 배출기의 회전수[rpm]는 얼마인가?
(4) (3)에서 회전수를 높여서 배출량을 만족시킬 경우의 예상축동력[kW]은 얼마인가?

● 정 답 ●

(1) • 계산과정: $\dfrac{\frac{45,000}{3,600}}{15} ≒ 0.833$

$\dfrac{0.833}{0.6} ≒ 1.388$

• 답: 1.39[m]

(2) • 계산과정: $\dfrac{\frac{45,000}{3,600}}{20} = 0.625$

$\dfrac{0.625}{0.6} ≒ 1.042$

• 답: 1.04[m]

(3) • 계산과정: $600 × \left(\dfrac{45,000}{36,000}\right) = 750$

• 답: 750[rpm]

(4) • 계산과정: $7.5 × \left(\dfrac{750}{600}\right)^3 ≒ 14.648$

• 답: 14.65[kW]

● 해 설 ●

(1) 배출기의 흡입 측 풍도 안의 풍속은 15[m/s] 이하로 한다.
부피유량 공식 $Q = Au$에 의해 유량 Q와 유속 u를 알면 덕트의 단면적 A를 다음과 같이 구할 수 있다.

$$A = \dfrac{Q}{u}$$

A: 덕트의 단면적[m²], Q: 유량[m³/s], u: 유속[m/s]

유량 45,000[m³/h]의 단위를 변환해주면 $\dfrac{45,000}{3,600}$[m³/s]이 되고, 유속 15[m/s]와 함께 공식에 대입해주면 덕트의 단면적 A는 다음과 같다.

$$A = \dfrac{\frac{45,000}{3,600}[m^3/s]}{15[m/s]} ≒ 0.833[m^2]$$

주덕트의 최대 높이 H가 0.6[m]이므로 최소 폭 W는

$$W = \dfrac{A}{H} = \dfrac{0.8339[m^2]}{0.6[m]} ≒ 1.388[m]$$

(2) 배출기의 배출 측 풍속은 20[m/s] 이하로 한다.
  유속 20[m/s]와 함께 공식에 대입해주면 덕트의 단면적 A는 다음과 같다.

$$A = \frac{\frac{45,000}{3,600}[\text{m}^3/\text{s}]}{20[\text{m/s}]} = 0.625[\text{m}^2]$$

주덕트의 최대 높이 H가 0.6[m]이므로 최소 폭 W는

$$W = \frac{A}{H} = \frac{0.625[\text{m}^2]}{0.6[\text{m}]} ≒ 1.042[\text{m}]$$

(3) 기하학적으로 비슷한 두 물체의 운동이 역학적으로도 비슷해지도록 하는 조건을 나타내는 법칙을 상사법칙이라고 한다.
  배출기의 회전수를 변화시키면 동일한 배출기이므로 상사법칙에 따라 유량이 변화한다.

$$\frac{Q_2}{Q_1} = \left(\frac{N_2}{N_1}\right)\left(\frac{D_2}{D_1}\right)^3$$

Q: 유량, N: 펌프의 회전수, D: 직경

동일한 배출기이므로 직경 D는 같고, 상태1의 유량 Q_1가 36,000[m³/h], 회전수 N_1이 600[rpm]이며, 상태2의 유량 Q_2가 45,000[m³/h]이므로 회전수 N_2는 다음과 같다.

$$N_2 = N_1\left(\frac{Q_2}{Q_1}\right) = 600[\text{rpm}] \times \left(\frac{45,000[\text{m}^3/\text{h}]}{36,000[\text{m}^3/\text{h}]}\right) = 750[\text{rpm}]$$

(4) 배출기의 회전수를 변화시키면 동일한 배출기이므로 상사법칙에 따라 축동력이 변화한다.

$$\frac{P_2}{P_1} = \left(\frac{N_2}{N_1}\right)^3\left(\frac{D_2}{D_1}\right)^5$$

P: 축동력, N: 펌프의 회전수, D: 직경

동일한 배출기이므로 직경 D는 같고, 상태1의 회전수 N_1이 600[rpm], 축동력 P_1가 7.5[kW]이며, 상태2의 회전수 N_2이 750[rpm]이므로 축동력 P_2는 다음과 같다.

$$P_2 = P_1\left(\frac{N_2}{N_1}\right)^3 = 7.5[\text{kW}] \times \left(\frac{750[\text{rpm}]}{600[\text{rpm}]}\right)^3 = 14.648[\text{kW}]$$

◇ 연계이론 ◇ **PHASE 14** 제연설비

13 다음 도면은 스프링클러설비의 계통도이다. [조건]에 따라 다음 물음에 답하시오. [12점]

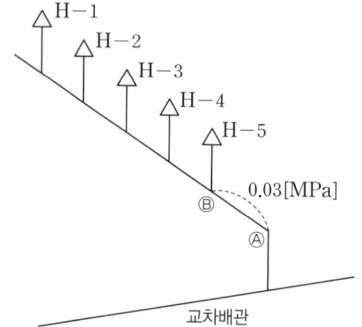

조건

(가) H-1 헤드의 방사압력: 0.1[MPa], 방수량: 80[L/min]
(나) 각 헤드 간의 압력차이: 0.02[MPa]
(다) 배관의 구경은 40[mm]이고, 가지배관의 유속은 6[m/s]이다.

(1) A지점에서 필요한 최소압력[MPa]은 얼마인가?
(2) 각 헤드(H-1~H-5)간의 방수량[L/min]은 각각 얼마인가?
(3) A~B 구간의 유량[L/min]은 얼마인가?
(4) A~B 구간의 최소 배관 내경[mm]은 얼마로 하여야 하는가?

정답

(1) • 계산과정: $0.18 + 0.03 = 0.21$
 • 답: 0.21[MPa]

(2)

	계산과정	방수량[L/min]
H-1		80
H-2	$80\sqrt{10 \times 0.12} ≒ 87.636$	87.64
H-3	$80\sqrt{10 \times 0.14} ≒ 94.657$	94.66
H-4	$80\sqrt{10 \times 0.16} ≒ 101.193$	101.19
H-5	$80\sqrt{10 \times 0.18} ≒ 107.331$	107.33

(3) • 계산과정: $80 + 87.64 + 94.66 + 101.19 + 107.33 = 470.82$
 • 답: 470.82[L/min]

(4) • 계산과정: $470.82[\text{L/min}] = \dfrac{0.47082}{60}[\text{m}^3/\text{s}]$

$\sqrt{\dfrac{4 \times \dfrac{0.47082}{60}}{\pi \times 6}} ≒ 0.040807[\text{m}] = 40.807[\text{mm}]$

 • 답: 40.81[mm]

해설

(1) 조건 (나)에 의해 각 헤드마다 방수압력 차이는 0.02[MPa]이므로 H-5 헤드의 방수압력은 0.18[MPa]이다. 그림 의해 A-B 구간의 마찰손실압은 0.03[MPa]이므로 A지점의 압력은 다음과 같다.
 $0.18[\text{MPa}] + 0.03[\text{MPa}] = 0.21[\text{MPa}]$

(2) 스프링클러 헤드에서 압력 P와 유량 Q는 다음과 같은 관계를 갖는다.

$$Q = K\sqrt{10P}$$

Q: 방수량[L/min], K: 방출계수, P: 방수압[MPa]

방수량 Q가 80[L/min]이고, 방수압 P가 0.1[MPa]일 때 방출계수 K는 다음과 같다.

$$K = \frac{Q}{\sqrt{10P}} = \frac{80[\text{L/min}]}{\sqrt{10 \times 0.1[\text{MPa}]}} \fallingdotseq 80$$

따라서 주어진 조건을 공식에 대입하면 각 헤드별 방수량 Q는

$Q_2 = 80\sqrt{10 \times 0.12[\text{MPa}]} \fallingdotseq 87.636[\text{L/min}]$

$Q_3 = 80\sqrt{10 \times 0.14[\text{MPa}]} \fallingdotseq 94.657[\text{L/min}]$

$Q_4 = 80\sqrt{10 \times 0.16[\text{MPa}]} \fallingdotseq 101.193[\text{L/min}]$

$Q_5 = 80\sqrt{10 \times 0.18[\text{MPa}]} \fallingdotseq 107.331[\text{L/min}]$

(3) A−B 구간에는 H−1~H−5 헤드의 방수에 필요한 유량이 모두 흐른다.

80[L/min] + 87.64[L/min] + 94.66[L/min] + 101.19[L/min] + 107.33[L/min] = 470.82[L/min]

(4) 부피유량 공식 $Q = Au$에 의해 유량 Q와 유속 u를 알면 배관의 직경 D를 다음과 같이 구할 수 있다.

$$Q = \frac{\pi}{4}D^2 u, \quad D = \sqrt{\frac{4Q}{\pi u}}$$

D: 배관의 직경[m], Q: 유량[m³/s], u: 유속[m/s]

유량이 470.82[L/min]이므로 단위를 변환하면 $\frac{0.47082}{60}$[m³/s]이다.

따라서 주어진 조건을 공식에 대입하면 배관의 직경 D는

$$D = \sqrt{\frac{4 \times \frac{0.47082}{60}[\text{m}^3/\text{s}]}{\pi \times 6[\text{m/s}]}} \fallingdotseq 0.040807[\text{m}] = 40.807[\text{mm}]$$

> 연계이론   **PHASE 04** 스프링클러설비

14

할론 소화설비에서 그림의 방출방식에 대한 종류(명칭)를 쓰고, 해당 방식에 대하여 설명하시오. [4점]

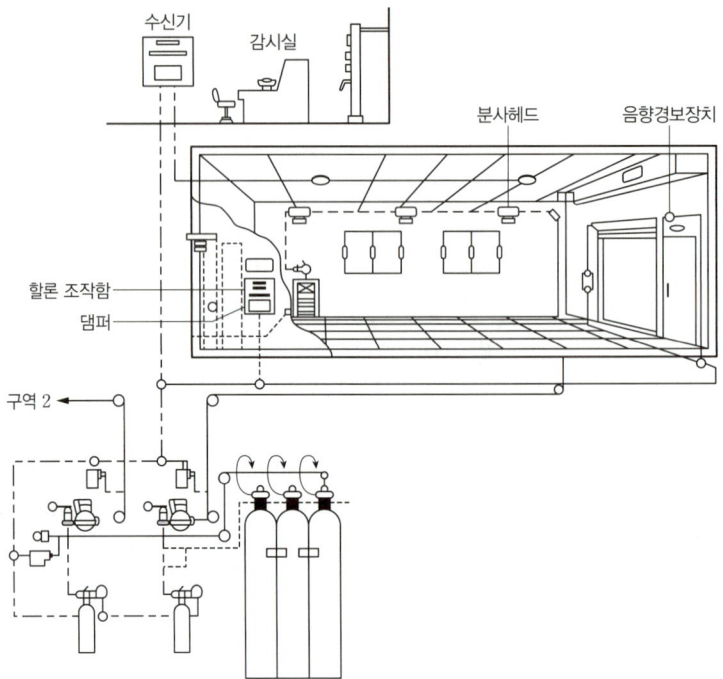

(1) 종류(명칭)
(2) 설명

정답

(1) 전역방출방식
(2) 소화약제 공급장치에 배관 및 분사헤드 등을 설치하여 밀폐 방호구역 전체에 소화약제를 방출하는 방식

해설

"전역방출방식"이란 소화약제 공급장치에 배관 및 분사헤드 등을 설치하여 밀폐 방호구역 전체에 소화약제를 방출하는 방식을 말한다.

연계이론

PHASE 08 할론 소화설비

15 그림과 같이 스프링클러설비의 가압송수장치를 고가수조방식으로 설치할 경우 다음 물음에 답하시오.
(단, 중력가속도는 $9.8[m/s^2]$이다.) [6점]

(1) 고가수조에서 최상부층 말단 스프링클러 A헤드까지의 낙차가 15[m]이고, 배관의 마찰손실압력이 0.04[MPa]일 때 최상층 말단 스프링클러 헤드 선단에서의 방수압력[MPa]은 얼마인가?

(2) (1)에서 A헤드 선단에서의 방수압력을 0.12[MPa] 이상으로 나오게 하려면 현재 위치에 고가수조를 몇 [m] 더 높여야 하는가? (단, 배관의 마찰손실압력은 0.04[MPa]이다.)

정답

(1) • 계산과정: $15 \times 9.8 \times \dfrac{1[MPa]}{1,000[kPa]} = 0.04 + P_2$

$P_2 = 0.107$

• 답: 0.11[MPa]

(2) • 계산과정: $0.04 + 0.12 = 0.16$

$\dfrac{0.16[MPa]}{9.8[kN/m^3]} \times \dfrac{1,000[kPa]}{1[MPa]} ≒ 16.327[m]$

$16.327 - 15 = 1.327$

• 답: 1.33[m]

해설

(1) 화재안전기준에 따라 스프링클러설비에 설치된 가압송수장치(고가수조)의 낙차압은 다음과 같다.

$$P = P_1 + P_2$$

P: 낙차압[MPa], P_1: 배관 및 관부속의 마찰손실압[MPa], P_2: 헤드선단에서의 방사압력[MPa]

압력[kPa]과 수두[m]의 관계식은 다음과 같다.

$$H = \dfrac{P}{\gamma}$$

H: 수두[m], P: 압력[kPa], γ: 비중량[kN/m³]

유체는 물이므로 물의 비중량은 $9.8[kN/m^3]$이다.

따라서 헤드 선단에서의 방수압 P_2는

$15[m] \times 9.8[kN/m^3] \times \dfrac{1[MPa]}{1,000[kPa]} = 0.04[MPa] + P_2$

$P_2 = 0.107[MPa]$

(2) 방수압이 0.12[MPa]일 때 낙차수두는 다음과 같다.

$P = 0.04[MPa] + 0.12[MPa] = 0.16[MPa]$

$\dfrac{0.16[MPa]}{9.8[kN/m^3]} \times \dfrac{1,000[kPa]}{1[MPa]} ≒ 16.327[m]$

따라서 더 높여야 하는 고가수조의 높이는

$16.327[m] - 15[m] = 1.327[m]$

연계이론 PHASE 04 스프링클러설비

2015년 2회 기출문제

01 어떤 특정소방대상물에 제연설비를 설치하였다. 제연구의 면적은 $2[m^2]$, 유속은 $2[m/s]$이고 전압이 $30[mmAq]$, 온도가 $20[℃]$일 때, 다음 물음에 답하시오. (단, 여유율 $10[\%]$, 효율 $60[\%]$이다.) [6점]

(1) 배출기의 풍량$[m^3/min]$은 얼마인가?
(2) 배출기의 동력$[kW]$은 얼마인가?

정답

(1) • 계산과정: $2 \times 2 \times 60 = 240$
 • 답: $240[m^3/min]$

(2) • 계산과정: $30[mmAq] \times \dfrac{101.325[kPa]}{10,332[mmAq]} \fallingdotseq 0.2942[kPa]$

$240[m^3/min] = \dfrac{240}{60}[m^3/s]$

$\dfrac{0.2942 \times \dfrac{240}{60}}{0.6} \times 1.1 \fallingdotseq 2.157$

 • 답: $2.16[kW]$

해설

(1) 부피유량 공식 $Q = Au$에 의해 배출기의 풍량은
$Q = 2[m^2] \times 2[m/s] \times 60[s/min] = 240[m^3/min]$

(2) 배출기의 동력은 다음의 식을 통해 구할 수 있다.

$$P = \dfrac{P_T Q}{\eta} K$$

P: 배출기의 동력$[kW]$, P_T: 전압(풍압)$[kPa]$, Q: 풍량$[m^3/s]$, η: 효율, K: 전달계수

전압은 배출기의 흡입구와 배출구의 압력 차이를 의미하며 $30[mmAq]$이므로 단위를 변환하면 다음과 같다.
$30[mmAq] \times \dfrac{101.325[kPa]}{10,332[mmAq]} \fallingdotseq 0.2942[kPa]$

배출량은 $240[m^3/min]$이므로 단위를 변환하면 $\dfrac{240}{60}[m^3/s]$이다.

따라서 주어진 조건을 공식에 대입하면 배출기의 동력 P는

$P = \dfrac{0.2942[kPa] \times \dfrac{240}{60}[m^3/s]}{0.6} \times 1.1 \fallingdotseq 2.157[kW]$

연계이론 PHASE 14 제연설비

02

면적 600[m²], 높이가 4[m]인 주차장에 제3종 분말 소화약제를 전역방출방식으로 설치하려고 한다. 이곳에서 자동폐쇄장치가 설치되어 있지 않은 개구부의 면적이 10[m²]일 때 다음 물음에 답하시오. [6점]

(1) 분말 소화약제 저장량[kg]은 얼마 이상인가?
(2) 축압용 가스에 질소가스를 사용하는 경우 질소가스의 양[m³]은 얼마인가?

정답

(1) • 계산과정: $600 \times 4 = 2,400$
  $(0.36 \times 2,400) + (2.7 \times 10) = 891$
 • 답: 891[kg]

(2) • 계산과정: $10 \times 891 = 8,910[L] = 8.91[m^3]$
 • 답: 8.91[m³]

해설

(1) 전역방출방식 분말 소화약제의 저장량 기준은 다음과 같다.

소화약제의 종류	소화약제의 양[kg/m³]	개구부 가산량[kg/m²]
제1종 분말	0.60	4.5
제2종 분말	0.36	2.7
제3종 분말	0.36	2.7
제4종 분말	0.24	1.8

방호구역의 체적(가로×세로×높이)은 다음과 같다.
  $V = 600[m^2] \times 4[m] = 2,400[m^3]$

제3종 분말 소화약제를 사용하므로 소화약제의 양은 체적 1[m³] 당 0.36[kg/m³]을 적용한다.
개구부(창문·출입구)에 자동폐쇄장치가 없으므로 개구부 면적 1[m²] 당 2.7[kg/m²]을 가산한다.
  소화약제의 양 $= (0.36[kg/m^3] \times 2,400[m^3]) + (2.7[kg/m^2] \times 10[m^2]) = 891[kg]$

(2) 축압용 가스에 질소가스를 사용하는 경우 질소가스는 소화약제 1[kg] 마다 10[L](35[℃]에서 1기압의 압력상태로 환산한 것) 이상으로 한다.
  축압용 가스의 양 $= 10[L/kg] \times 891[kg] = 8,910[L] = 8.91[m^3]$

PLUS+ 가압용·축압용 가스의 소요량

	질소	이산화탄소
가압용 가스	40[L]	20[g]+청소에 필요한 양
축압용 가스	10[L]	20[g]+청소에 필요한 양

연계이론 PHASE 10 분말 소화설비

03

경유를 저장하는 탱크의 내부직경이 40[m]인 플루팅 루프(Floating Roof) 탱크에 포 소화설비의 특형 방출구를 설치하여 방출하려고 할 때, 다음 물음에 답하시오. [15점]

조건

㈎ 소화약제는 3[%]용의 단백포를 사용하며, 수용액의 분당 방출량은 12[L/m²·min]이고 방사시간은 20[min]이다.
㈏ 탱크내면과 굽도리판의 간격은 2.5[m]이다.
㈐ 펌프의 효율은 60[%], 전동기 전달계수는 1.2이다.

(1) 소화하는 데 필요한 수용액의 양[L]은 얼마인가?
(2) 소화하는 데 필요한 수원의 양[L]은 얼마인가?
(3) 소화하는 데 필요한 포 소화약제의 양[L]은 얼마인가?
(4) 팽창비를 구하는 식을 쓰고, 고발포와 저발포를 구분하시오.
(5) 저발포 소화약제에 사용하는 소화약제를 5가지 쓰시오.
(6) 25[%] 환원시간에 대하여 설명하시오.

정답

(1) • 계산과정: $12 \times \frac{\pi}{4} \times (40^2 - 35^2) \times 20 ≒ 70,685.834$
  • 답: 70,685.83[L]

(2) • 계산과정: $70,685.834 \times 0.97 ≒ 68,565.259$
  • 답: 68,565.26[L]

(3) • 계산과정: $70,685.834 \times 0.03 ≒ 2,120.575$
  • 답: 2,120.58[L]

(4) • 답: 팽창비 = $\frac{최종발생한포체적}{포수용액체적}$

   고발포: 팽창비가 80 이상 1,000 미만인 것
   저발포: 팽창비가 20 이하인 것

(5) • 단백포
   • 수성막포
   • 내알코올포
   • 불화단백포
   • 합성계면활성제포

(6) • 답: 발포 후 포 수용액의 25[wt%]가 환원되는데 걸리는 시간

해설

(1) 위험물 저장탱크에 발생하는 화재는 유류 표면에서 발생하므로 위험물이 드러나거나 증발 가능한 면적이 화재 발생면적이자 소화면적이 된다.
경유탱크의 고정포 방출구에 필요한 포 수용액의 양은 다음과 같다.

$$Q = 12[\text{L/m}^2 \cdot \text{min}] \times \frac{\pi}{4} \times (40^2 - 35^2)[\text{m}^2] \times 20[\text{min}] ≒ 70,685.834[\text{L}]$$

(2) 포 소화약제가 3[%]의 단백포이므로 수원(물)의 비율은 97[%]이다.
$$Q = 70,685.834[\text{L}] \times 0.97 ≒ 68,565.259[\text{L}]$$

(3) 포 소화약제는 3[%]의 단백포를 사용하므로 필요한 포 원액량[m^3]은 다음과 같다.
$$Q = 70,685.834[\text{L}] \times 0.03 ≒ 2,120.575[\text{L}]$$

(4) "팽창비"란 최종 발생한 포 체적을 원래 포 수용액 체적으로 나눈 값을 말한다.
포헤드 및 고정포방출구의 종류는 포의 팽창비율에 따라 다음과 같다.

팽창비율에 따른 포의 종류	포방출구의 종류
팽창비가 20 이하인 것(저발포)	포헤드, 압축공기포 헤드
팽창비가 80 이상 1,000 미만인 것(고발포)	고발포용 고정포 방출구

연계이론 PHASE 06 포 소화설비

04

건식 스프링클러 소화설비는 건식밸브 2차 측이 압축공기나 압축 질소가스로 채워져 있어 설비 작동 시 습식 설비보다 물을 방수하는 데 시간이 걸린다. 이를 방지하기 위해 설치하는 기구의 명칭을 2가지 쓰시오. [4점]

정답
- 액셀러레이터(accelerator)
- 익져스터(exhauster)

해설 건식 스프링클러 소화설비는 건식 밸브 1차 측의 소화수가 넘어오지 못하도록 2차 측은 압축공기로 가압되어 있다. 헤드 개방 시 1차 측 소화수의 가압 만으로는 규정된 시간 내에 방수하기 어렵다.
이때 2차 측 압축공기를 밸브에 마련된 별도의 챔버로 보내는 장치를 '액셀러레이터', 2차 측 압축공기를 대기로 방출시키는 장치를 '익져스터'라고 한다.

연계이론 PHASE 04 스프링클러설비

05 다음 그림은 어느 실들의 평면도이다. 이 실들 중 A실을 급기 가압하고자 한다. [조건]을 이용하여 다음 물음에 답하시오. [10점]

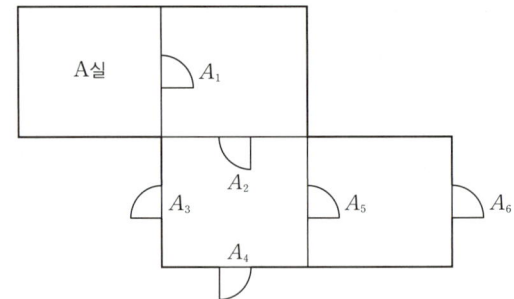

> **조건**
> ㈎ 실외부 대기의 기압은 절대압력으로 101.3[kPa]로서 일정하다.
> ㈏ A실에 유지하고자 하는 기압은 절대압력으로 101.5[kPa]이다.
> ㈐ 각 실 문(Door)들의 틈새면적은 0.01[m²]이다.
> ㈑ 어느 실을 가압할 때 그 실의 문의 틈새를 통하여 누출되는 공기의 양은 다음의 식을 따른다.
> $$Q = 0.827 A P^{\frac{1}{2}}$$
> Q: 누출되는 공기의 양[m³/s], A: 문의 틈새면적[m²], P: 문을 경계로 한 실내외 기압차[Pa]

(1) 총 틈새면적[m²]은 얼마인가?
(2) A실에 유입시켜야 할 풍량[L/s]

정답

(1) • 답: 0.00684[m²]

(2) • 계산과정: $0.827 \times 0.00684 \times (101,500 - 101,300)^{\frac{1}{2}} ≒ 0.079998 [m^2/s] = 79.998 [L/s]$
  • 답: 80[L/s]

해설

(1) A_5, A_6는 직렬관계이다.
$$A_{5\sim6} = \frac{1}{\sqrt{\frac{1}{(0.01[m^2])^2} + \frac{1}{(0.01[m^2])^2}}} ≒ 0.007071[m^2]$$

A_3, A_4, $A_{5\sim6}$는 병렬관계이다.
$$A_{3\sim6} = 0.01[m^2] + 0.01[m^2] + 0.007071[m^2] = 0.027071[m^2]$$

A_2, $A_{3\sim6}$는 직렬관계이다.
$$A_{2\sim6} = \frac{1}{\sqrt{\frac{1}{(0.01[m^2])^2} + \frac{1}{(0.027071[m^2])^2}}} ≒ 0.009380[m^2]$$

A_1, $A_{2\sim6}$는 직렬관계이다.
$$A_{1\sim6} = \frac{1}{\sqrt{\frac{1}{(0.01[m^2])^2} + \frac{1}{(0.00938[m^2])^2}}} ≒ 0.006841[m^2]$$

(2) 어떤 틈새면적 A가 있고, 틈새를 경계로 한 양쪽의 기압차 P가 있을 때, 그 간격을 통과하는 유량 Q는 다음과 같은 관계를 갖는다.

$$Q = 0.827AP^{\frac{1}{2}}$$

외부의 기압과 A실 내부 기압의 차이는 $(101,500-101,300)[\text{Pa}]$이고, 문의 틈새면적 A는 $0.00684[\text{m}^2]$이므로 주어진 조건을 공식에 대입하면 틈새면적을 통과하는 유량 Q는

$$Q = 0.827 \times 0.00684[\text{m}^2] \times (101,500[\text{Pa}] - 101,300[\text{Pa}])^{\frac{1}{2}}$$
$$\fallingdotseq 0.079998[\text{m}^3/\text{s}] = 79.998[\text{L/s}]$$

> 연계이론

PHASE 15 특별피난계단의 계단실 및 부속실 제연설비

06

스프링클러설비에서 헤드의 방사압력이 $0.3[\text{MPa}]$이고, 표준형 헤드를 설치하였다면 헤드에서의 방사량[LPM]을 구하시오. [6점]

> 정답

- 계산과정: $\dfrac{80}{\sqrt{10 \times 0.1}} = 80$

    $80\sqrt{10 \times 0.3} \fallingdotseq 138.564[\text{L/min}]$
- 답: $138.56[\text{L/min}]$

> 해설

스프링클러 헤드에서 압력 P와 유량 Q는 다음과 같은 관계를 갖는다.

$$Q = K\sqrt{10P}$$

Q: 방수량[L/min], K: 방출계수, P: 방수압[MPa]

표준형 헤드는 방수량 Q가 $80[\text{L/min}]$일 때 방수압 P가 $0.1[\text{MPa}]$를 만족한다.
따라서 표준형 헤드에서 방출계수 K는 다음과 같다.

$$K = \frac{Q}{\sqrt{10P}} = \frac{80[\text{L/min}]}{\sqrt{10 \times 0.1[\text{MPa}]}} = 80$$

방수압 P가 $0.3[\text{MPa}]$일 때 방수량 Q는

$$Q = 80\sqrt{10 \times 0.3[\text{MPa}]} \fallingdotseq 138.564[\text{L/min}]$$

> 연계이론

PHASE 04 스프링클러설비

07 그림과 같은 배관에 물이 흐를 경우 배관 ①, ②, ③에 흐르는 각각의 유량[L/min]을 구하시오. (단, A, B 사이의 배관 ①, ②, ③의 마찰손실수두는 각각 10[m]로 동일하며 마찰손실 계산은 다음의 Hazen-Williams식을 사용한다. 그리고 계산결과는 소수점 이하를 반올림하여 반드시 정수로 나타내시오.)

[8점]

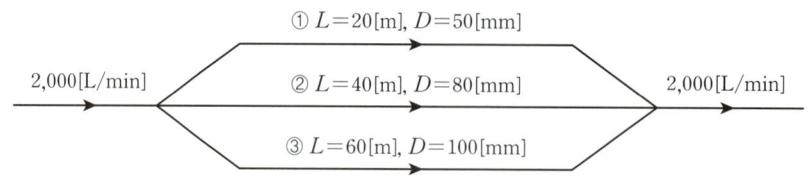

조건

(가) 하젠-윌리엄스 공식은 다음과 같다.

$$\Delta P = \frac{6.053 \times 10^4 \times Q^{1.85}}{C^{1.85} \times D^{4.87}}$$

ΔP: 배관 1[m]당 마찰손실압력[MPa], Q: 배관 내 유수량[L/min], C: 조도, D: 구경[mm]

정답

- 답: $Q_1 = 294.41$[L/min]
  $Q_2 = 697.53$[L/min]
  $Q_3 = 1,008.06$[L/min]

해설

배관 ①, ②, ③의 마찰손실수두가 동일하므로 마찰손실압력도 동일하다.

$\Delta P_1 = \Delta P_2 = \Delta P_3$

$$\frac{6.053 \times 10^4 \times Q_1^{1.85}}{C^{1.85} \times D_1^{4.87}} \times L_1 = \frac{6.053 \times 10^4 \times Q_2^{1.85}}{C^{1.85} \times D_2^{4.87}} \times L_2 = \frac{6.053 \times 10^4 \times Q_3^{1.85}}{C^{1.85} \times D_3^{4.87}} \times L_3$$

주어진 조건을 공식에 대입하면 관계식은 다음과 같다.

$$\frac{Q_1^{1.85}}{(50[mm])^{4.87}} \times 20[m] = \frac{Q_2^{1.85}}{(80[mm])^{4.87}} \times 40[m] = \frac{Q_3^{1.85}}{(100[mm])^{4.87}} \times 60[m]$$

$29.2426 \times Q_1^{1.85} = 5.929 \times Q_2^{1.85} = 3 \times Q_3^{1.85}$

배관 ①, ②, ③의 유량의 합은 2,000[L/min]이므로 관계식은 다음과 같다.

$Q_1 + Q_2 + Q_3 = 2,000$[L/min]

따라서 위 식을 연립하면 각 배관의 유량 Q는

$$Q_1 + \sqrt[1.85]{\frac{29.2426}{5.929}} Q_1 + \sqrt[1.85]{\frac{29.2426}{3}} Q_1 = 2,000[L/min]$$

$Q_1 \fallingdotseq 294.408$[L/min]

$$\sqrt[1.85]{\frac{5.929}{29.2426}} Q_2 + Q_2 + \sqrt[1.85]{\frac{5.929}{3}} Q_2 = 2,000[L/min]$$

$Q_2 \fallingdotseq 697.529$[L/min]

$$\sqrt[1.85]{\frac{3}{29.2426}} Q_3 + \sqrt[1.85]{\frac{3}{5.929}} Q_3 + Q_3 = 2,000[L/min]$$

$Q_3 \fallingdotseq 1,008.062$[L/min]

연계이론

PHASE 22 배관의 마찰손실

08

부압식 스프링클러설비에서 준비작동식 밸브의 1차 측과 2차 측의 상태와 동작원리를 설명하시오. [4점]

(1) 1차 측과 2차 측의 상태
(2) 동작원리

정답

(1) 1차 측: 가압수
    2차 측: 부압

(2) 밸브로부터 스프링클러 헤드까지는 부압 상태로 있다가 화재 시 감지기의 신호에 따라 부압을 형성하던 펌프가 멈추고 2차 측이 정압이 되면서 헤드로 가압수가 흐르게 된다.

연계이론 PHASE 04 스프링클러설비

09

수계 소화설비에서 발생하는 맥동현상 방지대책을 5가지 쓰시오. [5점]

정답

다음 6가지 중 5가지를 선택하여 작성한다.
- 펌프 내 양수량을 증가시킨다.
- 임펠러의 회전 수를 증가시킨다.
- 배관 내의 잔류공기를 제거한다.
- 펌프의 양정곡선($Q-H$)의 상승부에서 운전하는 것을 피한다.
- 배관 중 불필요한 수조를 제거한다.
- 유량조절밸브를 배관 중 수조의 위치 전방에 설치한다.

해설 펌프 압력계의 지침이 흔들리며 토출량이 주기적으로 변동하며 진동하는 현상을 맥동현상이라고 한다.

연계이론 PHASE 23 펌프의 특성

10 방호구역의 체적 200[m³]인 전기실에 전역방출방식으로 이산화탄소 소화설비를 설치하려고 한다. [조건]을 참고하여 용기의 병수를 구하시오. [6점]

> **조건**
> ㈎ 방출률은 1.6[kg/m³], 개구부 가산량은 5[kg/m²]이다.
> ㈏ 용기는 68[L], 충전비는 1.9이다.
> ㈐ 자동폐쇄장치가 설치되어 있다.

정답

- 계산과정: $\dfrac{68}{1.9} ≒ 35.789$

  $1.6 \times 200 = 320$

  $\dfrac{320}{35.789} ≒ 8.94$

- 답: 9병

해설

저장용기 1병 당 소화약제의 저장량[L]은 68[L]이고, 충전비는 1.9[L/kg]이므로 소화약제의 저장량[kg]은 다음과 같다.

$$\dfrac{68[L]}{1.9[L/kg]} ≒ 35.789[kg]$$

방출률이 1.6[kg/m³]이고, 방호구역의 체적이 200[m³]이므로 전기실에 필요한 소화약제의 양은 다음과 같다.
 소화약제의 양 $= 1.6[kg/m^3] \times 200[m^3] = 320[kg]$

저장용기 1병 당 소화약제의 저장량은 35.789[kg]이므로 전기실에 필요한 소화약제의 양을 저장하기 위해 필요한 저장용기의 개수는 다음과 같다.

$$\dfrac{320[kg]}{35.789[kg/병]} ≒ 8.94[병] = 9[병] \text{ (절상)}$$

연계이론 PHASE 07 이산화탄소 소화설비

11 특정소방대상물에 지진이 발생할 경우 소방시설이 정상적으로 작동될 수 있도록 내진설계에 맞게 설치하여야 하는 소방시설의 종류를 쓰시오. [3점]

정답
- 옥내소화전설비
- 스프링클러설비
- 물분무등 소화설비

12

어떤 물분무 소화설비의 배관에 물이 흐르고 있다. 두 지점에 흐르는 물의 압력을 측정해 보니 각각 0.5[MPa], 0.42[MPa]이었다. 만약 유량을 2배로 송수하였다면 두 지점 간의 압력차[MPa]를 구하시오. (단, 배관의 마찰손실압력은 하젠-윌리엄즈 공식을 이용하시오.) [8점]

정답
- 답: 0.29[MPa]

해설

하젠-윌리엄스의 공식은 다음과 같다.

$$\Delta P = 6.174 \times 10^4 \times \frac{Q^{1.85}}{C^{1.85} \times D^{4.87}}$$

ΔP: 단위길이 당 압력손실[MPa/m], Q: 유량[L/min], C: 조도, D: 관내경[mm]

유량이 Q인 경우 압력차이 ΔP_1는 다음과 같다.

$$\Delta P_1 = 6.174 \times 10^4 \times \frac{Q^{1.85}}{C^{1.85} \times D^{4.87}} \times L = 0.5[\text{MPa}] - 0.42[\text{MPa}] = 0.08[\text{MPa}]$$

유량이 $2Q$인 경우 나머지 조건은 모두 동일하므로 압력차이 ΔP_2는 다음과 같다.

$$\Delta P_2 = 6.174 \times 10^4 \times \frac{(2Q)^{1.85}}{C^{1.85} \times D^{4.87}} \times L = 2^{1.85} \times \Delta P_1 \fallingdotseq 0.288[\text{MPa}]$$

연계이론 PHASE 22 배관의 마찰손실

13

옥내소화전설비의 가압송수장치의 체절운전의 시험방법을 설명하시오. [6점]

정답
1. 동력제어반에서 충압펌프의 운전스위치를 수동(정지)으로 조작한다.
2. 펌프의 토출 측 주밸브를 폐쇄한다.
3. 성능시험배관 상에 설치된 개폐밸브가 폐쇄되었는지 확인한다.
4. 주펌프를 수동으로 기동시킨다.
5. 릴리프밸브가 개방되는 순간의 압력을 압력계를 통해 확인하고 그 값이 체절압력 미만인지 비교한다.

연계이론 PHASE 02 옥내소화전설비

14 사무소 건물의 지하층에 있는 발전기실에 화재안전기술기준과 [조건]에 따라 전역방출방식(표면화재) 이산화탄소 소화설비를 설치하려고 한다. 다음 물음에 답하시오. [9점]

> **조건**
> (가) 소화설비는 고압식으로 한다.
> (나) 발전기실의 크기: 가로 7[m]×세로 10[m]×높이 5[m]
> (다) 가스용기 1병당 충전량: 45[kg]
> (라) 소화약제의 양은 0.8[kg/m³], 개구부 가산량은 5[kg/m²]이다.

(1) 필요한 가스용기는 몇 병인가?
(2) 개방밸브 직후의 유량[kg/s]은 얼마인가?
(3) 음향경보장치는 약제방출 개시 후 얼마동안 경보를 계속할 수 있어야 하는가?
(4) 약제저장용기의 개방밸브는 작동방식에 따라 3가지로 분류된다. 그 명칭을 쓰시오.

정답

(1) • 계산과정: $7 \times 10 \times 5 = 350$
  $0.80 \times 350 = 280$
  $\dfrac{280}{45} ≒ 6.22$
  • 답: 7병

(2) • 계산과정: $\dfrac{45}{60} = 0.75$
  • 답: 0.75[kg/s]

(3) 1분 이상

(4) • 전기식
  • 가스압력식
  • 기계식

해설

(1) 표면화재이고 전역방출방식인 이산화탄소 소화약제의 저장량 최소기준은 다음과 같다.

방호구역의 체적	소화약제의 양[kg/m³]	소화약제 저장량의 최저한도[kg]
45[m³] 미만	1.00	45
45[m³] 이상 150[m³] 미만	0.90	45
150[m³] 이상 1,450[m³] 미만	0.80	135
1,450[m³] 이상	0.75	1,125

방호구역의 개구부(창문·출입구) 1[m²]마다 5[kg]을 가산한다. ← 자동폐쇄장치가 없는 경우에만 적용한다.

발전기실의 체적(가로×세로×높이)은 다음과 같다.
$V = 7[m] \times 10[m] \times 5[m] = 350[m^3]$

발전기실의 체적이 150[m³] 이상 1,450[m³] 미만이므로 소화약제의 양은 체적 1[m³] 당 0.80[kg/m³]을 적용한다.
소화약제의 양 = $0.80[kg/m^3] \times 350[m^3] = 280[kg]$ ← 최저한도인 135[kg]보다 큰지 확인한다.
저장용기 1병 당 소화약제의 충전량은 45[kg]이므로 전체 소화약제의 양을 저장하기 위해 필요한 저장용기의 개수는
$\dfrac{280[kg]}{45[kg/병]} ≒ 6.22[병] = 7[병]$ (절상)

(2) 개방밸브란 하나의 가스용기를 개방시키는 밸브를 말한다. ← 선택밸브는 방호구역별로 다르다.

이산화탄소 소화설비의 소화약제 방출시간은 다음과 같다.

방출방식		기준시간
전역방출방식	표면화재	1분 이내
	심부화재	7분 이내
국소방출방식		30초 이내

따라서 발전기실에서 개방밸브 직후의 유량[kg/s]은
$$\frac{45[kg/병]}{1[min]} = \frac{45[kg]}{60[s]} = 0.75[kg/s]$$

(3) 이산화탄소 소화설비의 음향경보장치는 소화약제의 방출개시 후 1분 이상 경보를 계속할 수 있는 것으로 해야 한다.

(4) 이산화탄소 소화약제 저장용기의 개방밸브는 전기식·가스압력식 또는 기계식에 따라 자동으로 개방되고 수동으로도 개방되는 것으로서 안전장치가 부착된 것으로 해야 한다.

> 연계이론 **PHASE 07** 이산화탄소 소화설비

---

15 수계 소화설비에 사용하는 기동용 수압개폐장치(압력챔버)에 설치된 압력스위치의 RANGE와 DIFF의 의미를 설명하시오. [4점]

(1) RANGE

(2) DIFF

> 정답
> (1) 펌프의 작동정지점
> (2) 펌프의 작동정지점에서 기동점과의 압력차이

2015년 4회 기출문제

01
각종 제연방식 중 자연 제연방식에 대한 내용이다. [조건]을 참고하여 다음 물음에 답하시오. [10점]

조건
- (가) 연기층과 공기층의 높이 차이는 3[m]이다.
- (나) 화재실의 온도는 707[℃]이고, 외부온도는 27[℃]이다.
- (다) 공기의 평균분자량은 28이고, 연기의 평균분자량은 29이다.
- (라) 화재실 및 실외의 기압은 1[atm]이다.
- (마) 중력가속도는 9.8[m/s²]이다.

(1) 연기의 유출속도[m/s]는 얼마인가?
(2) 외부풍속[m/s]은 얼마인가?
(3) 자연 제연방식을 변경하여 화재실 상부에 배연기(배풍기)를 설치하여 연기를 배출하는 형식으로 한다면 그 방식은 무엇인가?
(4) 일반적으로 가장 많이 이용하고 있는 제연방식을 3가지 쓰시오.
(5) 화재실의 바닥면적이 300[m²]이고 fan의 효율은 60[%], 전압 70[mmAq], 여유율 10[%]로 할 경우 설비의 풍량을 송풍할 수 있는 배출기의 최소동력[kW]은 얼마인가?

정답

(1) • 계산과정: $\sqrt{2 \times 9.8 \times 3 \times \left(\dfrac{\frac{28}{(273+27)}}{\frac{29}{(273+707)}} - 1\right)} \fallingdotseq 11.254$

  • 답: 11.25[m/s]

(2) • 계산과정: $11.25 \times \sqrt{\dfrac{\frac{29}{(273+707)}}{\frac{28}{(273+27)}}} \fallingdotseq 6.334[m/s]$

  • 답: 6.33[m/s]

(3) • 답: 제3종 기계제연방식

(4) 다음 4가지 중 3가지를 선택하여 작성한다.
  • 밀폐 제연방식
  • 자연 제연방식
  • 스모크타워 제연방식
  • 기계 제연방식

(5) • 계산과정: $70[\text{mmAq}] \times \dfrac{101.325[\text{kPa}]}{10,332[\text{mmAq}]} \fallingdotseq 0.6865[\text{kPa}]$

  $300[\text{m}^3/\text{min}] \times 60[\text{min}/\text{hr}] = 18,000[\text{m}^3/\text{hr}]$

  $18,000[\text{m}^3/\text{hr}] = \dfrac{18,000}{3,600}[\text{m}^3/\text{s}]$

  $\dfrac{0.6865 \times \frac{18,000}{3,600}}{0.6} \times 1.1 \fallingdotseq 6.293$

  • 답: 6.29[kW]

해 설

(1) 연기의 유출속도는 다음의 공식을 이용해 구할 수 있다.

$$u_i = \sqrt{2gh\left(\frac{\rho_o}{\rho_i} - 1\right)}$$

u_i: 연기의 유출속도[m/s], g: 중력가속도[m/s²], h: 높이 차이[m],
ρ_o: 외부의 공기밀도[kg/m³], ρ_i: 화재실의 공기밀도[kg/m³]

밀도는 질량을 부피로 나눈 값이므로 $\rho = \frac{m}{V}$ 이다. 질량과 이상기체 상수로 이루어진 이상기체의 상태방정식은 다음과 같다.

$$PV = \frac{m}{M}RT$$

P: 압력[atm], V: 부피[m³], m: 질량[kg], M: 분자량[kg/kmol],
R: 기체상수[atm·m³/kmol·K], T: 절대온도[K]

$$\rho = \frac{m}{V} = \frac{PM}{RT}$$

따라서 주어진 조건을 공식에 대입하면 연기의 유출속도 u_i는

$$u_i = \sqrt{2 \times 9.8[\text{m/s}^2] \times 3[\text{m}] \times \left(\frac{\frac{28[\text{kg/kmol}]}{(273+27)[\text{K}]}}{\frac{29[\text{kg/kmol}]}{(273+707)[\text{K}]}} - 1\right)} \fallingdotseq 11.254[\text{m/s}]$$

(2) 외부의 공기속도는 다음의 공식을 이용해 구할 수 있다.

$$\frac{u_o}{u_i} = \sqrt{\frac{\rho_i}{\rho_o}}$$

u_o: 외부 기체의 확산속도[m/s], u_i: 내부 기체의 확산속도[m/s],
ρ_o: 외부 기체의 밀도[kg/m³], ρ_i: 내부 기체의 밀도[kg/m³]

$$u_o = u_i \sqrt{\frac{\rho_i}{\rho_o}} = 11.25[\text{m/s}] \times \sqrt{\frac{\frac{29[\text{kg/kmol}]}{(273+707)[\text{K}]}}{\frac{28[\text{kg/kmol}]}{(273+27)[\text{K}]}}} \fallingdotseq 6.334[\text{m/s}]$$

(3) 기계제연방식에는 다음 3종류의 제연방식이 있다.

제1종 기계제연방식	급기와 배기 모두 송풍기와 배연기를 활용하여 기계적으로 이루어지는 방식
제2종 기계제연방식	급기만 송풍기를 활용하여 기계적으로 이루어지는 방식(자연배기)
제3종 기계제연방식	배기만 배연기를 활용하여 기계적으로 이루어지는 방식(자연급기)

(5) 송풍기의 동력은 다음의 식을 통해 구할 수 있다.

$$P = \frac{P_T Q}{\eta} K$$

P: 송풍기의 동력[kW], P_T: 전압(풍압)[kPa], Q: 풍량[m³/s], η: 효율, K: 전달계수

전압은 송풍기의 흡입구와 배출구의 압력 차이를 의미하며 70[mmAq]이므로 단위를 변환하면 다음과 같다.

$$70[\text{mmAq}] \times \frac{101.325[\text{kPa}]}{10,332[\text{mmAq}]} \fallingdotseq 0.6865[\text{kPa}]$$

바닥면적이 400[m²] 미만인 경우 바닥면적 1[m²] 당 1[m³/min] 이상으로 하고, 최소 배출량은 5,000[m³/hr] 이상으로 한다.

$$300[\text{m}^3/\text{min}] \times 60[\text{min/hr}] = 18,000[\text{m}^3/\text{hr}]$$

팬의 배출량은 18,000[m³/hr]이므로 단위를 변환하면 $\frac{18,000}{3,600}$[m³/s]이다.

따라서 주어진 조건을 공식에 대입하면 전동기의 동력 P는

$$P = \frac{0.6865[\text{kPa}] \times \frac{18,000}{3,600}[\text{m}^3/\text{s}]}{0.6} \times 1.1 \fallingdotseq 6.293[\text{kW}]$$

◇ 연계이론 ◇ **PHASE 14** 제연설비

02

가스압력식 기동장치가 설치된 이산화탄소 소화설비의 전자개방밸브 작동방법을 5가지 쓰시오. [5점]

정답
- 방호구역 내 감지기 2개 회로 동작
- 수동조작함의 수동조작스위치 동작
- 제어반의 동작시험스위치와 회로선택스위치 동작
- 제어반의 수동스위치 동작
- 솔레노이드 밸브의 수동조작 버튼 작동

◇ 연계이론 ◇ **PHASE 07** 이산화탄소 소화설비

03 그림과 [조건]을 참고하여 펌프의 유효흡입양정(NPSH$_{av}$)을 구하시오. (단, 대기압은 1[atm]이다.) [4점]

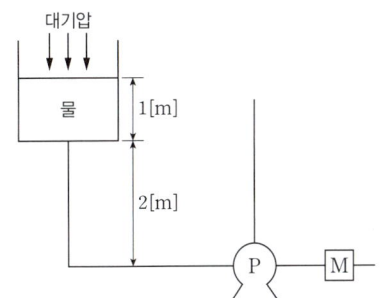

조건
(가) 물의 온도는 20[°C]이며, 증기압은 0.015[MPa]이다.
(나) 배관마찰손실은 2[m]이다.

정 답

- 계산과정: $\dfrac{101{,}325}{9{,}800}+3-2-\dfrac{15}{9.8}\fallingdotseq 9.809$
- 답: 9.81[m]

해 설

유효흡입양정 NPSH$_{av}$를 구성하는 조건은 다음과 같다.

$$\text{NPSH}_{av}=H_a\pm H_z-H_f-H_v$$

NPSH$_{av}$: 유효흡입수두, H_a: 유체 표면에 작용하는 절대압,
H_z: 유체 표면에서 펌프 중심까지의 높이, H_f: 마찰손실수두, H_v: 포화증기압수두

압력[Pa]과 수두[m]의 관계식은 다음과 같다.

$$H=\dfrac{P}{\gamma}=\dfrac{P}{\rho g}$$

H: 수두[m], P: 압력[Pa], γ: 비중량[N/m^3], ρ: 밀도[kg/m^3], g: 중력가속도[m/s^2]

따라서 유효흡입수두 NPSH$_{av}$는

$$\text{NPSH}_{av}=\dfrac{101{,}325[\text{Pa}]}{9{,}800[\text{N/m}^3]}+3[\text{m}]-2[\text{m}]-\dfrac{15[\text{kPa}]}{9.8[\text{kN/m}^3]}\fallingdotseq 9.809[\text{m}]$$

연 계 이 론 PHASE 23 펌프의 특성

04

경유를 저장하는 위험물 옥외저장탱크의 높이가 7[m], 직경 10[m]인 콘루프탱크(Con Roof Tank)에 II형 포 방출구 및 옥외 보조 포 소화전 2개가 설치되었다. 다음 물음에 답하시오. [8점]

조건

(가) 배관의 낙차수두와 마찰손실수두의 합은 55[m]이다.
(나) 폼 챔버 압력수두로 양정계산(그림 참고, 보조 포 소화전 압력수두는 무시)한다.
(다) 펌프의 효율은 65[%]이고, 전달계수는 1.1이다.
(라) 배관의 송액량은 제외한다.

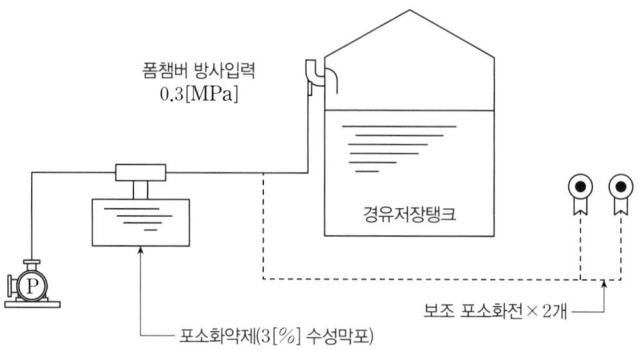

고정포 방출구의 포 수용액량 및 방출률

포방출구의 종류 위험물의 구분	I형		II형		특형		III형		IV형	
	포수용액량 [L/m²]	방출률 [L/m²·min]	포수용액량 [L/m²]	방출률 [L/m²·min]	포수용액량 [L/m²]	방출률 [L/m²·min]	포수용액량 [L/m²]	방출률 [L/m²·min]	포수용액량 [L/m²]	방출률 [L/m²·min]
제4류 위험물 중 인화점이 21[℃] 미만인 것	120	4	220	4	240	8	220	4	220	4
제4류 위험물 중 인화점이 21[℃] 이상 70[℃] 미만인 것	80	4	120	4	160	8	120	4	120	4
제4류 위험물 중 인화점이 70[℃] 이상인 것	60	4	100	4	120	8	100	4	100	4

(1) 포 소화약제의 양[L]은 얼마인가?
  • 고정포 방출구의 포 소화약제량(Q_1)
  • 옥외 보조 포 소화전 약제량(Q_2)
(2) 펌프 동력[kW]은 얼마인가?

정답

(1) • 고정포 방출구의 포 소화약제량(Q_1)
  - 계산과정: $4 \times \dfrac{\pi}{4} \times 10^2 \times 30 \times 0.03 ≒ 282.743$
  - 답: 282.74[L]
• 옥외 보조 포 소화전 약제량(Q_2)
  - 계산과정: $2 \times 0.03 \times 8{,}000 = 480$
  - 답: 480[L]

(2) • 계산과정: $4 \times \dfrac{\pi}{4} \times 10^2 ≒ 314.159$

$2 \times 400 = 800$

$314.159 + 800 = 1{,}114.159[\text{L/min}] = \dfrac{1.114}{60}[\text{m}^3/\text{s}]$

$0.3[\text{MPa}] \times \dfrac{10[\text{m}]}{0.1[\text{MPa}]} + 55[\text{m}] = 85[\text{m}]$

$\dfrac{9.8 \times \dfrac{1.114}{60} \times 85}{0.65} \times 1.1 ≒ 26.173$

• 답: 26.17[kW]

해설

(1) 위험물 저장탱크에 발생하는 화재는 유류 표면에서 발생하므로 위험물이 드러나거나 증발 가능한 면적이 화재 발생면적이자 소화면적이 된다.

탱크의 고정포 방출구에 필요한 포 소화약제의 양은 다음과 같다. ← 경유는 인화점이 21[℃] 이상 70[℃] 미만이다.

$$Q = 4[\text{L/m}^2 \cdot \text{min}] \times \dfrac{\pi}{4} \times (10[\text{m}])^2 \times 30[\text{min}] \times 0.03 ≒ 282.743[\text{L}]$$

보조 포 소화전에 필요한 포 소화약제의 양은 다음과 같다.

$$Q = N \times S \times 8{,}000[\text{L}]$$

Q: 보조 포 소화전의 유량[L/min], N: 방출구의 개수(최대 3개), S: 소화약제의 농도[%]

보조 포 소화전에 필요한 포 소화약제의 양은
$Q = 2 \times 0.03 \times 8{,}000[\text{L}] = 480[\text{L}]$

(2) 펌프의 동력은 다음의 식을 통해 구할 수 있다.

$$P = \dfrac{\gamma Q H}{\eta} K$$

P: 펌프의 동력[kW], γ: 유체의 비중량[kN/m³], Q: 유량[m³/s], H: 전양정[m], η: 효율, K: 전달계수

유체는 물이므로 물의 비중량은 9.8[kN/m³]이다.
경유탱크의 고정포 방출구에 필요한 포 수용액의 유량은 다음과 같다.

$Q = 4[\text{L/min} \cdot \text{m}^2] \times \dfrac{\pi}{4} \times (10[\text{m}])^2 ≒ 314.159[\text{L/min}]$

보조 포 소화전에 필요한 포 수용액의 유량은 다음과 같다.

$$Q = N \times 400[\text{L/min}]$$

Q: 보조 포 소화전의 유량[L/min], N: 방출구의 개수(최대 3개)

따라서 보조 포 소화전에 필요한 포 수용액량은
$Q = 2 \times 400[\text{L/min}] = 800[\text{L/min}]$

펌프의 토출량은 (314.159[L/min]+800[L/min])=1,114.159[L/min]이므로 단위를 변환하면 $\dfrac{1.114}{60}$[m³/s]이다.

포 수용액은 0.3[MPa]의 압력으로 방출되었고, 낙차수두와 배관 및 관 부속품 마찰손실수두의 합은 55[m]이므로 필요한 펌프의 방수압력 수두(전양정)는 다음과 같다.

$$H = 0.3[\text{MPa}] \times \dfrac{10[\text{m}]}{0.1[\text{MPa}]} + 55[\text{m}] = 85[\text{m}]$$

따라서 주어진 조건을 공식에 대입하면 펌프의 동력 P는

$$P = \dfrac{9.8[\text{kN/m}^3] \times \dfrac{1.114}{60}[\text{m}^3/\text{s}] \times 85[\text{m}]}{0.65} \times 1.1 \fallingdotseq 26.173[\text{kW}]$$

〔연계이론〕 **PHASE 06 포 소화설비**

---

05 가스 계통의 소화설비에 사용되는 할론 소화약제는 환경에 미치는 영향 때문에 할로겐화합물 및 불활성기체 소화설비로 대체되는 과정에 있다. 다음 물음에 답하시오. [5점]

(1) 할론 소화약제를 방사 시 지구촌에 미치는 영향을 2가지 쓰시오.
(2) 할로겐화합물 및 불활성기체 소화약제는 방사시간을 10초 이내로 제한하고 있는데, 그 이유를 쓰시오.

〔정답〕
(1) • 지구온난화
    • 오존층 파괴
(2) 소화약제 화학반응의 부산물인 독성물질의 발생량을 최소화하기 위해

〔연계이론〕 **PHASE 08 할론 소화설비**

06

옥내소화전설비의 펌프 토출 측 주배관의 구경을 선정하려 한다. 주배관 내의 유량이 650[L/min], 유속이 4[m/s]일 경우 배관 관경을 아래 표에서 고르시오. [5점]

| 급수관의 구경[mm] | 25 | 32 | 40 | 50 | 65 | 80 | 90 | 100 |

정답

- 계산과정: $\sqrt{\dfrac{4 \times \dfrac{0.65}{60}}{\pi \times 4}} \fallingdotseq 0.0587[\text{m}] = 58.7[\text{mm}]$
- 답: 65[mm]

해설

펌프의 토출측 배관은 다음의 기준에 따라 설치한다.
- 펌프의 토출측 주배관의 구경은 유속이 4[m/s] 이하가 될 수 있는 크기 이상으로 한다.
- 옥내소화전방수구와 연결되는 가지배관의 구경은 40[mm] 이상으로 한다.
- 주배관 중 수직배관의 구경은 50[mm] 이상으로 한다.

부피유량 공식 $Q = Au$에 의해 유량 Q와 유속 u를 알면 배관의 직경 D를 다음과 같이 구할 수 있다.

$$Q = \dfrac{\pi}{4} D^2 u, \quad D = \sqrt{\dfrac{4Q}{\pi u}}$$

D: 배관의 직경[m], Q: 유량[m³/s], u: 유속[m/s]

유량 650[L/min]의 단위를 변환해주면 $\dfrac{0.65}{60}$[m³/s]이 되고, 유속 4[m/s]와 함께 공식에 대입해주면 배관의 직경 D는 다음과 같다.

$$D = \sqrt{\dfrac{4 \times \dfrac{0.65}{60}[\text{m}^3/\text{s}]}{\pi \times 4[\text{m/s}]}} \fallingdotseq 0.0587[\text{m}] = 58.7[\text{mm}]$$

수리계산을 만족하는 급수관의 구경은 65[mm]이다.

연계이론 PHASE 02 옥내소화전설비

07 그림은 일제개방형 스프링클러소화설비 계통도의 일부를 나타낸 것이다. [조건]을 참고하여 표의 빈칸에 알맞은 답을 쓰시오. [10점]

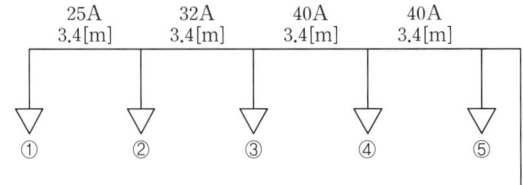

조건

(가) 배관마찰손실 압력은 하젠-윌리엄스 공식을 따르되 계산의 편의상 다음 식과 같다고 가정한다.

$$\Delta P = 6 \times 10^4 \times \frac{Q^2}{120^2 \times d^5}$$

ΔP: 배관 1[m] 당 마찰손실압력[MPa/m], Q: 배관 내의 유수량[L/min], d: 배관의 안지름[mm]

(나) 헤드는 개방형 헤드이며 각 헤드의 방출계수 K는 동일하며 방수압력 변화와 관계없이 일정하고 그 값은 $K=80$이다.
(다) 가지배관과 헤드 간의 마찰손실은 무시한다.
(라) 각 헤드의 방수량은 서로 다르다.
(마) 배관 내경은 호칭경과 같다고 가정한다.
(바) 배관부속은 무시한다.
(사) 방수량은 소수점 둘째 자리까지 방수압력은 소수점 다섯째 자리까지 나타내시오.
(아) 헤드번호 ①의 방수압은 법적인 방수압력이다.

헤드번호	방수압[MPa]	방수량[L/min]
①	—	80
②		
③		
④		
⑤		

정답

헤드번호	방수압[MPa]	방수량[L/min]
①	—	80
②	0.10928	83.63
③	0.12058	87.85
④	0.12933	90.98
⑤	0.14556	96.52

해설

구간	유량[L/min]	손실압력[MPa]
구간	손실압력[MPa]	유량[L/min]
①	0.1	80
①~②	$6 \times 10^4 \times \dfrac{(80[\text{L/min}])^2}{120^2 \times (25[\text{mm}])^5} \times 3.4[\text{m}] ≒ 0.009284$	80
②	$0.1 + 0.009284 = 0.109284$	$80\sqrt{10 \times 0.10928[\text{MPa}]} ≒ 83.629$
②~③	$6 \times 10^4 \times \dfrac{(163.63[\text{L/min}])^2}{120^2 \times (32[\text{mm}])^5} \times 3.4[\text{m}] ≒ 0.011304$	$80 + 83.63 = 163.63$
③	$0.10928 + 0.011304 = 0.120584$	$80\sqrt{10 \times 0.12058[\text{MPa}]} ≒ 87.847$
③~④	$6 \times 10^4 \times \dfrac{(251.48[\text{L/min}])^2}{120^2 \times (40[\text{mm}])^5} \times 3.4[\text{m}] ≒ 0.008749$	$163.63 + 87.85 = 251.48$
④	$0.12058 + 0.008749 = 0.129329$	$80\sqrt{10 \times 0.12933[\text{MPa}]} ≒ 90.979$
④~⑤	$6 \times 10^4 \times \dfrac{(342.46[\text{L/min}])^2}{120^2 \times (40[\text{mm}])^5} \times 3.4[\text{m}] ≒ 0.016225$	$251.48 + 90.98 = 342.46$
⑤	$0.12933 + 0.016225 = 0.145555$	$80\sqrt{10 \times 0.14556[\text{MPa}]} ≒ 96.519$

연계이론 PHASE 04 스프링클러설비

08

제연설비에서 많이 사용하는 솔레노이드 댐퍼, 모터 댐퍼의 기능을 비교, 설명하시오. [6점]

(1) 솔레노이드 댐퍼
(2) 모터 댐퍼

정답
(1) 솔레노이드 밸브에 의해 누르게핀을 이동시켜 작동되며, 개구부가 좁은 곳에 설치한다.
(2) 모터의 작동에 의해 누르게핀을 이동시켜 작동되며, 개구부가 넓은 곳에 설치한다.

연계이론 PHASE 14 제연설비

09

그림과 같은 옥내소화전설비를 [조건]에 따라 설치하려고 한다. 다음 물음에 답하시오. [9점]

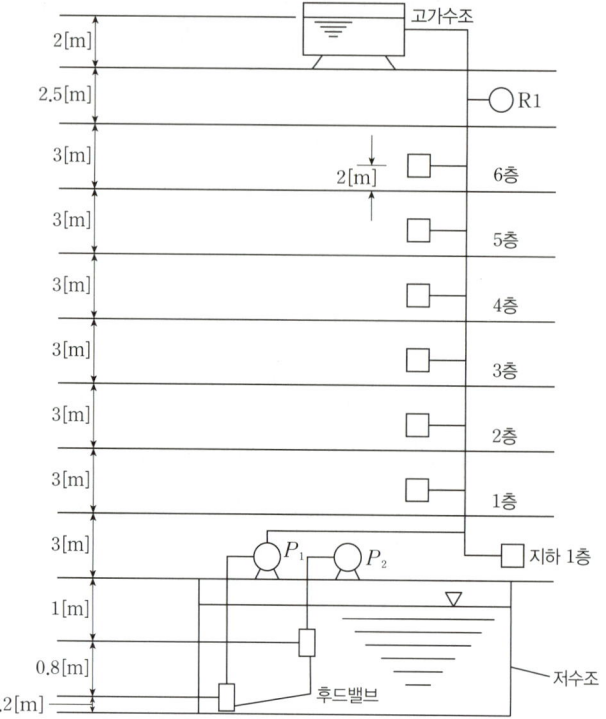

조건

(가) P_1: 옥내소화전 펌프
(나) P_2: 잡용수 양수펌프
(다) 펌프의 후드밸브로부터 6층 옥내소화전함 호스접결구까지의 마찰손실 및 저항손실수두는 실양정의 30[%]로 한다.
(라) 펌프의 효율은 60[%]이다.
(마) 옥내소화전의 개수는 각층에 5개씩이다.
(바) 소방호스의 마찰손실수두는 7[m]이고 전동기 전달계수 $K=1.2$이다.

(1) 펌프의 최소유량[L/min]은 얼마인가?
(2) 수원의 최소 유효저수량[m³]은 얼마인가?
(3) 옥상에 설치하여야 하는 수원의 양[m³]은 얼마인가?
(4) 펌프의 양정[m]은 얼마인가?
(5) 펌프의 수동력, 축동력, 모터동력은 각각 몇[kW]인가?
(6) 노즐에서 방수압력이 0.7[MPa]을 초과할 경우 감압하는 방법을 3가지 쓰시오.
(7) 노즐 선단에서 봉상 방수의 경우 방수압 측정 요령을 쓰시오.

정답

(1) • 계산과정: $2 \times 130 = 260$
 • 답: 260[L/min]

(2) • 계산과정: $(2 \times 2.6) + (2 \times 2.6) \times \dfrac{1}{3} ≒ 6.933[m^3]$
 • 답: 6.93[m³]

(3) • 계산과정: $2 \times 2.6 \times \dfrac{1}{3} ≒ 1.733[\text{m}^3]$

　　• 답: $1.73[\text{m}^3]$

(4) • 계산과정: $0.8+1.0+3.0+3.0+3.0+3.0+3.0+3.0+2.0=21.8$
　　　　　　　$21.8 \times 0.3 = 6.54$
　　　　　　　$21.8+7+6.54+17=52.34$

　　• 답: $52.34[\text{m}]$

(5) • 수동력
　　－ 계산과정: $260[\text{L/min}] = \dfrac{0.26}{60}[\text{m}^3/\text{s}]$

　　　　　　　$9.8 \times \dfrac{0.26}{60} \times 52.34 ≒ 2.223$

　　－ 답: $2.22[\text{kW}]$

　• 축동력
　　－ 계산과정: $P = \dfrac{9.8 \times \dfrac{0.26}{60} \times 52.34}{0.6} ≒ 3.704$

　　－ 답: $3.70[\text{kW}]$

　• 모터동력
　　－ 계산과정: $P = \dfrac{9.8 \times \dfrac{0.26}{60} \times 52.34}{0.6} \times 1.2 ≒ 4.445$

　　－ 답: $4.45[\text{kW}]$

(6) 다음 5가지 중 3가지를 선택하여 작성한다.
　　• 고가수조에 따른 방법
　　• 배관계통에 따른 방법
　　• 중계펌프 설치
　　• 감압밸브 또는 오리피스 설치
　　• 감압기능이 있는 소화전 개폐밸브 설치

(7) 직사형 노즐로부터 노즐직경의 $0.5D$(내경)만큼 떨어진 지점에서 피토계로 측정하여 압력을 구한다.

(1) 화재안전기준에 따라 옥내소화전설비에서 가압송수장치(펌프)는 특정소방대상물의 어느 층에서 해당 층의 옥내소화전을 동시에 사용할 경우(최대 2개, 30층 이상인 경우 최대 5개) 각 소화전의 노즐 선단에서의 방수량은 $130[\text{L/min}]$ 이상으로 한다.
　　정격토출량 $= 2[\text{개}] \times 130[\text{L/min}] = 260[\text{L/min}]$

(2), (3) 화재안전기준에 따라 옥내소화전설비에서 수원의 저수량은 옥내소화전의 설치개수가 가장 많은 층의 설치개수에 기준량을 곱한 양 이상이 되도록 한다.

층수	최대 설치개수	기준량
～29층	2개	$2.6[\text{m}^3]$ ($130[\text{L/min}] \times 20[\text{min}]$)
30층～49층	5개	$5.2[\text{m}^3]$ ($130[\text{L/min}] \times 40[\text{min}]$)
50층～	5개	$7.8[\text{m}^3]$ ($130[\text{L/min}] \times 60[\text{min}]$)

기준에 따라 계산한 유효수량 외에 유효수량의 $\dfrac{1}{3}$ 이상을 옥상에 설치한다.

$Q = (2[\text{개}] \times 2.6[\text{m}^3]) + (2[\text{개}] \times 2.6[\text{m}^3]) \times \dfrac{1}{3} ≒ 6.933[\text{m}^3]$

(4) 화재안전기준에 따라 옥내소화전설비에 설치된 가압송수장치(펌프)의 전양정은 다음과 같다.

$$H = h_1 + h_2 + h_3 + 17$$

H: 전양정[m], h_1: 실양정(흡입양정+토출양정)[m], h_2: 호스의 마찰손실수두[m],
h_3: 배관 및 관부속의 마찰손실수두[m], 17: 노즐선단에서의 방사압력수두[m]

펌프의 후드밸브로부터 최고위 옥내소화전 앵글밸브까지의 수직거리인 실양정 h_1는 다음과 같다.
$h_1 = 0.8[m] + 1.0[m] + 3.0[m] + 3.0[m] + 3.0[m] + 3.0[m] + 3.0[m] + 3.0[m] + 2.0[m] = 21.8[m]$
호스의 마찰손실수두 h_2는 다음과 같다.
$h_2 = 7[m]$
배관의 마찰손실 및 저항손실수두는 실양정의 30[%]이므로 배관 및 관부속의 마찰손실수두 h_3는 다음과 같다.
$h_3 = 21.8[m] \times 0.3 = 6.54[m]$
따라서 옥내소화전설비 펌프의 전양정 H는
$H = h_1 + h_2 + h_3 + 17 = 21.8[m] + 7[m] + 6.54[m] + 17 = 52.34[m]$

(5) 펌프의 동력은 다음의 식을 통해 구할 수 있다.

$$P = \frac{\gamma Q H}{\eta} K$$

P: 펌프의 축동력[kW], γ: 유체의 비중량[kN/m³], Q: 유량[m³/s], H: 전양정[m], η: 효율, K: 전달계수

유체는 물이므로 물의 비중량은 9.8[kN/m³]이다.
유량이 260[L/min]이므로 단위를 변환하면 $\frac{0.26}{60}$[m³/s]이다.
따라서 주어진 조건을 공식에 대입하면 펌프의 수동력 P는 다음과 같다.
$P = 9.8[kN/m^3] \times \frac{0.26}{60}[m^3/s] \times 52.34[m] ≒ 2.223[kW]$ ← 수동력을 구할 때는 효율과 전달계수를 고려하지 않는다.

펌프의 축동력 P는 다음과 같다.
$P = \dfrac{9.8[kN/m^3] \times \frac{0.26}{60}[m^3/s] \times 52.34[m]}{0.6} ≒ 3.704[kW]$ ← 축동력을 구할 때는 전달계수를 고려하지 않는다.

펌프의 동력 P는 다음과 같다.
$P = \dfrac{9.8[kN/m^3] \times \frac{0.26}{60}[m^3/s] \times 52.34[m]}{0.6} \times 1.2 ≒ 4.445[kW]$

(6) 방수압력을 감압하는 방법은 다음과 같다.

감압방법	방법
고가수조에 따른 방법	저층용과 고층용 고가수조를 분리하여 설치한다.
배관계통에 따른 방법	저층용과 고층용 펌프를 분리하여 설치한다.
중계펌프 설치	중계펌프를 설치하여 압력을 한번 더 조정한다.
감압밸브 또는 오리피스 설치	방수구에 감압밸브 또는 오리피스를 설치한다.
감압기능이 있는 소화전 개폐밸브 설치	감압기능이 있는 개폐밸브를 설치한다.

◇ 연계이론 ◇ PHASE 02 옥내소화전설비

10 특별피난계단 및 비상용승강기 승강장에 설치하는 급기가압방식인 제연설비에 대하여 다음 물음에 답하시오. [6점]

(1) 제연구역의 선정기준을 쓰시오.

(2) 제연구역과 옥내 사이의 압력차[Pa]는 얼마이어야 하는가?
- 옥내에 스프링클러설비 설치시
- 옥내에 스프링클러설비 미 설치시

정답

(1) • 계단실 및 그 부속실을 동시에 제연하는 것
   • 부속실을 단독으로 제연하는 것
   • 계단실을 단독으로 제연하는 것

(2) • 옥내에 스프링클러설비가 설치된 경우 최소 차압은 12.5[Pa] 이상으로 한다.
   • 옥내에 스프링클러설비가 설치되지 않은 경우 최소 차압은 40[Pa] 이상으로 한다.

연계이론 PHASE 15 특별피난계단의 계단실 및 부속실 제연설비

11 지하 1층, 지상 9층인 백화점에 스프링클러설비가 설치되어 있다. [조건]을 참고하여 다음 물음에 답하시오. [7점]

> **조건**
> (가) 펌프는 지하 1층에 설치되어 있다.
> (나) 펌프에서 최상층 헤드까지 수직거리 45[m]이다.
> (다) 배관의 마찰손실수두는 자연낙차의 20[%]이다.
> (라) 펌프 흡입 측의 진공계의 눈금은 350[mmHg]이다.
> (마) 설치된 헤드수는 80개이고, 펌프의 효율은 68[%]이다.

(1) 이 펌프의 체절압력[kPa]은 얼마인가?

(2) 이 펌프의 축동력[kW]은 얼마인가?

정답

(1) • 계산과정: $350[\text{mmHg}] \times \dfrac{10.332[\text{m}]}{760[\text{mmHg}]} + 45[\text{m}] ≒ 49.758[\text{m}]$

$45 \times 0.2 = 9$

$49.758 + 9 + 10 = 68.758$

$68.758 \times 9.8 \times 1.4 = 943.359$

• 답: 943.36[kPa]

(2) • 계산과정: $30 \times 80 = 2,400$

$2,400[\text{L/min}] = \dfrac{2.4}{60}[\text{m}^3/\text{s}]$

$\dfrac{9.8 \times \dfrac{2.4}{60} \times 68.758}{0.68} ≒ 39.636$

• 답: 39.64[kW]

해설

(1) 화재안전기준에 따라 스프링클러설비에 설치된 가압송수장치(펌프)의 전양정은 다음과 같다.

$$H = h_1 + h_2 + 10$$

H: 전양정[m], h_1: 실양정(흡입양정+토출양정)[m], h_2: 배관 및 관부속의 마찰손실수두[m], 10: 헤드선단에서의 방사압력수두[m]

펌프의 후드밸브로부터 펌프 중심까지의 양정은 진공계의 압력 350[mmHg]와 같고, 펌프 중심에서 최고위 스프링클러 헤드까지의 수직거리는 45[m]이므로 실양정 h_1는 다음과 같다.

$h_1 = 350[\text{mmHg}] \times \dfrac{10.332[\text{m}]}{760[\text{mmHg}]} + 45[\text{m}] ≒ 49.758[\text{m}]$

배관 및 부속류의 총 마찰손실은 펌프 자연 낙차압의 20[%]이므로 배관 및 관부속의 마찰손실수두 h_2는 다음과 같다.

$h_2 = 45[\text{m}] \times 0.2 = 9[\text{m}]$

따라서 펌프의 전양정 H는

$H = h_1 + h_2 + 10 = 49.758[\text{m}] + 9[\text{m}] + 10 = 68.758[\text{m}]$

압력[kPa]과 수두[m]의 관계식은 다음과 같다.

$$H = \dfrac{P}{\gamma}$$

H: 수두[m], P: 압력[kPa], γ: 비중량[kN/m³]

유체는 물이므로 물의 비중량은 9.8[kN/m³]이다.
체절압력은 정격토출압력의 140[%]이므로

체절압력 $= 68.758[\text{m}] \times 9.8[\text{kN/m}^3] \times 1.4 = 943.359[\text{kPa}]$

(2) 펌프의 축동력은 다음의 식을 통해 구할 수 있다.

$$P = \frac{\gamma Q H}{\eta}$$

P: 펌프의 축동력[kW], γ: 유체의 비중량[kN/m³], Q: 유량[m³/s], H: 전양정[m], η: 효율

화재안전기준에 따라 스프링클러설비에서 가압송수장치(펌프)의 송수량은 기준개수에 80[L/min]를 곱한 양 이상으로 한다. ← 설치개수가 기준개수보다 적은 경우 설치개수에 따른다.

스프링클러설비의 설치장소		기준개수
아파트		10
지하층을 제외한 10층 이하인 특정소방대상물	헤드의 높이가 8[m] 미만인 것	10
	헤드의 높이가 8[m] 이상인 것	20
	판매시설이 없는 근린생활시설·운수시설·복합건축물	20
	특수가연물을 취급하지 않는 공장	20
	판매시설 또는 판매시설이 있는 복합건축물	30
	특수가연물을 저장·취급하는 공장	30
지하층을 제외한 11층 이상인 특정소방대상물		30
지하가 또는 지하역사		30

정격토출량 = 30[개] × 80[L/min] = 2,400[L/min]

펌프의 토출량은 2,400[L/min]이므로 단위를 변환하면 $\frac{2.4}{60}$[m³/s]이다.

따라서 주어진 조건을 공식에 대입하면 펌프의 축동력 P는

$$P = \frac{9.8[\text{kN/m}^3] \times \frac{2.4}{60}[\text{m}^3/\text{s}] \times 68.758[\text{m}]}{0.68} \fallingdotseq 39.636[\text{kW}]$$ ← 축동력을 구할 때는 전달계수를 고려하지 않는다.

연계이론 PHASE 04 스프링클러설비

12 업무시설의 지하층 전기설비 등에 다음과 같이 이산화탄소 소화설비를 설치하고자 한다. [조건]에 알맞게 다음 물음에 답하시오. [12점]

조건
㉮ 설비는 전역방출방식으로 하며 설치장소는 전기설비실, 케이블실, 서고, 모피창고이다.
㉯ 전기설비실과 모피 창고에는 가로 1[m]×세로 2[m]의 자동폐쇄장치가 설치되지 않은 개구부가 각각 1개씩 설치된다.
㉰ 저장용기의 내용적은 68[L]이며, 충전비는 1.511으로 동일 충전비를 갖는다.
㉱ 소화약제 방출시간은 모두 7분이다.
㉲ 각 실에 설치할 노즐의 방사량은 각 노즐 1개당 10[kg/min]이다.
㉳ 각 실의 평면도는 다음과 같다. (각 실의 층고는 모두 3[m]이다.)

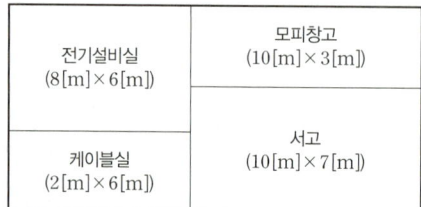

(1) 모피 창고의 실제 소요가스량[kg]은 얼마인가?
(2) 저장용기 1병에 충전되는 가스량[kg]은 얼마인가?
(3) 저장용기실에 설치할 저장용기의 수는 몇 병인가?
(4) 설치하여야 할 선택밸브의 수는 몇 개인가?
(5) 모피 창고에 설치할 헤드 수는 모두 몇 개인가? (단, 실제 방출 병수로 계산하시오.)
(6) 서고의 선택밸브 주배관의 유량[kg/min]은 얼마인가? (단, 실제 방출 병수로 계산하시오.)

정 답

(1) • 계산과정: $10 \times 3 \times 3 = 90$
$(2.7 \times 90) + (10 \times 1 \times 2) = 263$
• 답: 263[kg]

(2) • 계산과정: $\dfrac{68}{1.511} ≒ 45.003$
• 답: 45[kg]

(3) • 계산과정: $8 \times 6 \times 3 = 144$
$(1.3 \times 144) + (10 \times 1 \times 2) = 207.2$
$\dfrac{207.2}{45} ≒ 4.60$
$2 \times 6 \times 3 = 36$
$1.3 \times 36 = 46.8$
$\dfrac{46.8}{45} ≒ 1.04$
$10 \times 7 \times 3 = 210$
$2.0 \times 210 = 420$
$\dfrac{420}{45} ≒ 9.33$
$\dfrac{263}{45} ≒ 5.84$
• 답: 10병

(4) • 답: 4개

(5) • 계산과정: $6 \times 45 = 270$

$270[\text{kg}] = 10[\text{kg/min} \cdot \text{개}] \times 7[\text{min}] \times$ 헤드 수

헤드 수 $= \dfrac{270}{10 \times 7} ≒ 3.86$

• 답: 4개

(6) • 계산과정: $\dfrac{10 \times 45}{7} = 64.286$

• 답: $64.29[\text{kg/min}]$

해 설

(1) 심부화재이고 전역방출방식인 이산화탄소 소화약제의 저장량 최소기준은 다음과 같다.

방호대상물	소화약제의 양$[\text{kg/m}^3]$
유압기기를 제외한 전기설비, 케이블실	1.3
체적 $55[\text{m}^3]$ 미만의 전기설비	1.6
서고, 전자제품 창고, 목재가공품 창고, 박물관	2.0
고무류·면화류 창고, 모피 창고, 석탄 창고, 집진설비	2.7

방호구역의 개구부(창문·출입구) $1[\text{m}^2]$마다 $10[\text{kg}]$을 가산한다. ← 자동폐쇄장치가 없는 경우에만 적용한다.

모피 창고의 체적(가로×세로×높이)은 다음과 같다.
$V = 10[\text{m}] \times 3[\text{m}] \times 3[\text{m}] = 90[\text{m}^3]$

모피 창고의 소화약제의 양은 체적 $1[\text{m}^3]$ 당 $2.7[\text{kg/m}^3]$을 적용한다.
개구부(창문·출입구)에 자동폐쇄장치가 없으므로 개구부 면적 $1[\text{m}^2]$ 당 $10[\text{kg/m}^2]$을 가산한다.
소화약제의 양 $= (2.7[\text{kg/m}^3] \times 90[\text{m}^3]) + (10[\text{kg/m}^2] \times 1[\text{m}] \times 2[\text{m}]) = 263[\text{kg}]$

(2) 저장용기 1병 당 소화약제의 저장량$[\text{L}]$은 $68[\text{L}]$이고, 충전비는 $1.511[\text{L/kg}]$이므로 소화약제의 저장량$[\text{kg}]$은

$\dfrac{68[\text{L}]}{1.511[\text{L/kg}]} ≒ 45.003[\text{kg}]$

(3) 전기설비실의 체적(가로×세로×높이)은 다음과 같다.
$V = 8[\text{m}] \times 6[\text{m}] \times 3[\text{m}] = 144[\text{m}^3]$

전기설비실의 소화약제의 양은 체적 $1[\text{m}^3]$ 당 $1.3[\text{kg/m}^3]$을 적용한다.
개구부(창문·출입구)에 자동폐쇄장치가 없으므로 개구부 면적 $1[\text{m}^2]$ 당 $10[\text{kg/m}^2]$을 가산한다.
소화약제의 양 $= (1.3[\text{kg/m}^3] \times 144[\text{m}^3]) + (10[\text{kg/m}^2] \times 1[\text{m}] \times 2[\text{m}]) = 207.2[\text{kg}]$

저장용기 1병 당 소화약제의 충전량은 $45[\text{kg}]$이므로 전체 소화약제의 양을 저장하기 위해 필요한 저장용기의 개수는

$\dfrac{207.2[\text{kg}]}{45[\text{kg/병}]} ≒ 4.60[\text{병}] = 5[\text{병}]$ (절상)

케이블실의 체적(가로×세로×높이)은 다음과 같다.
$V = 2[\text{m}] \times 6[\text{m}] \times 3[\text{m}] = 36[\text{m}^3]$

케이블실의 소화약제의 양은 체적 $1[\text{m}^3]$ 당 $1.3[\text{kg/m}^3]$을 적용한다.
소화약제의 양 $= 1.3[\text{kg/m}^3] \times 36[\text{m}^3] = 46.8[\text{kg}]$

저장용기 1병 당 소화약제의 충전량은 $45[\text{kg}]$이므로 전체 소화약제의 양을 저장하기 위해 필요한 저장용기의 개수는

$\dfrac{46.8[\text{kg}]}{45[\text{kg/병}]} = 1.04[\text{병}] = 2[\text{병}]$ (절상)

서고의 체적(가로×세로×높이)은 다음과 같다.
$$V = 10[m] \times 7[m] \times 3[m] = 210[m^3]$$

서고의 소화약제의 양은 체적 $1[m^3]$ 당 $2.0[kg/m^3]$을 적용한다.
$$소화약제의 양 = 2.0[kg/m^3] \times 210[m^3] = 420[kg]$$

저장용기 1병 당 소화약제의 충전량은 $45[kg]$이므로 전체 소화약제의 양을 저장하기 위해 필요한 저장용기의 개수는

$$\frac{420[kg]}{45[kg/병]} ≒ 9.33[병] = 10[병] \text{ (절상)}$$

저장용기 1병 당 소화약제의 충전량은 $45[kg]$이므로 전체 소화약제의 양을 저장하기 위해 모피창고에 필요한 저장용기의 개수는

$$\frac{263[kg]}{45[kg/병]} ≒ 5.84[병] = 6[병] \text{ (절상)}$$

(4) 선택밸브란 가스용기에서 배출된 소화약제가 적절한 방호구역으로 운반될 수 있도록 선택적으로 배관을 개폐시키는 밸브를 말한다.
따라서 방호구역의 수 만큼 선택밸브가 필요하다.

(5) 방출해야하는 소화약제의 양은 다음과 같다.
$$6[병] \times 45[kg/병] = 270[kg]$$
이산화탄소 소화설비의 소화약제 방출시간은 다음과 같다.

방출방식		기준시간
전역방출방식	표면화재	1분 이내
	심부화재	7분 이내
국소방출방식		30초 이내

따라서 필요한 헤드 수는
$$270[kg] = 10[kg/min \cdot 개] \times 7[min] \times 헤드 수$$
$$헤드 수 = \frac{270[kg]}{10[kg/min \cdot 개] \times 7[min]} ≒ 3.86[개] = 4[개] \text{ (절상)}$$

(6) 서고에 이산화탄소 소화약제를 방사하는 경우 10병의 저장용기에서 일제히 소화약제가 방출되므로 방출량은 다음과 같다.
$$10[병] \times 45[kg/병] = 450[kg]$$

심부화재이고 전역방출방식인 이산화탄소 소화설비의 분사헤드는 소화약제 저장량을 7분 이내에 방출할 수 있어야 하므로 선택밸브 직후의 유량$[kg/s]$은
$$\frac{10[병] \times 45[kg/병]}{7[min]} = \frac{450[kg]}{7[min]} = 64.286[kg/min]$$

─ 연 계 이 론 ─ **PHASE 07** 이산화탄소 소화설비

13 다음은 펌프의 기동용 수압개폐장치(압력챔버)와 그 주변과의 연관성을 나타내는 그림이다. 기동용 압력 챔버 공기를 재충전하려고 할 때의 조작순서를 요약하여 쓰시오. (단, 현재 펌프는 작동중지 상태이다.)

[5점]

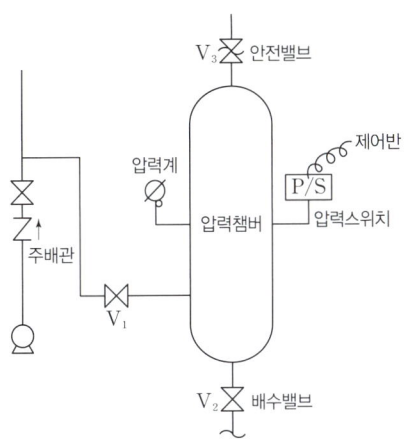

정답

1. 동력제어반에서 주펌프 및 충압펌프의 선택스위치를 "수동" 또는 "정지" 위치로 한다. (작업 중 펌프의 자동기동 방지)
2. V_1를 잠근다.
3. V_2, V_3를 개방하고 탱크 내의 물을 완전히 배수한다.
4. V_3를 잠근다.
5. V_2를 잠근다.
6. V_1를 서서히 개방하고, 충압펌프를 "자동"위치로 한다. 이때 펌프는 자동으로 기동되며 설정압력에 도달하면 자동정지한다.
7. 주 배관의 가압수가 압력챔버로 유입되게 한다.
8. 일정 압력이 되면 보조펌프는 자동정지한다.
9. 펌프 동력 제어반에서 주펌프를 "자동" 위치로 한다.

14 옥내소화전 노즐(관창)의 방수압력을 피토게이지를 사용하여 측정하니 $0.25[\text{MPa}]$이었다. 이때 노즐을 통하여 방수되는 물의 순간 유출속도[m/s]를 구하시오. [4점]

정답

- 계산과정: $\sqrt{2 \times 9.8 \times \dfrac{250}{9.8}} \fallingdotseq 22.361[\text{m/s}]$
- 답: $22.36[\text{m/s}]$

해설

노즐을 통과하기 전 후의 압력과 속도의 관계식은 베르누이 방정식을 통해 구할 수 있다.

$$\frac{P_1}{\gamma} + \frac{u_1^2}{2g} + Z_1 = \frac{P_2}{\gamma} + \frac{u_2^2}{2g} + Z_2$$

P: 압력$[\text{kN/m}^2]$, γ: 비중량$[\text{kN/m}^3]$, u: 유속$[\text{m/s}]$, g: 중력가속도$[\text{m/s}^2]$, Z: 높이$[\text{m}]$

노즐 (1)의 유속 u_1은 0 노즐을 통과한 후 (2) 압력 P_2는 대기압이므로 0, 높이 차이는 없으므로 $Z_1 = Z_2$로 두면 방정식은 다음과 같다.

$$\frac{P_1}{\gamma} = \frac{u_2^2}{2g}$$

$$u = \sqrt{2g \times \frac{P_1}{\gamma}}$$

따라서 주어진 조건을 공식에 대입하면 방수되는 물의 순간 유출속도 u는

$$u = \sqrt{2 \times 9.8[\text{m/s}^2] \times \frac{250[\text{kPa}]}{9.8[\text{kN/m}^3]}} \fallingdotseq 22.361[\text{m/s}]$$

연계이론 PHASE 19 유체가 가지는 에너지

15 옥내소화전설비가 3층 5개, 4층 3개가 설치되어 있다. 펌프의 성능시험배관의 구경을 구하시오. (단, 실양정 30[m], 펌프토출압 0.4[MPa]이다.) [4점]

정 답

- 계산과정: $2 \times 130 = 260$

$$1.5 \times 260 = 0.653 D^2 \sqrt{10 \times 0.65 \times 0.4}$$

$$D = \sqrt{\frac{1.5 \times 260}{0.653\sqrt{10 \times 0.65 \times 0.4}}} \fallingdotseq 19.246$$

- 답: 19.25[mm]

해 설

직경이 D인 배관에서 압력 P와 유량 Q는 다음과 같은 관계를 갖는다.

$$Q = 0.653 D^2 \sqrt{10P}$$

Q: 유량[L/min], D: 배관의 직경[mm], P: 압력[MPa]

화재안전기준에 따라 옥내소화전설비에서 가압송수장치(펌프)는 특정소방대상물의 어느 층에서 해당 층의 옥내소화전을 동시에 사용할 경우(최대 2개, 30층 이상인 경우 최대 5개) 각 소화전의 노즐 선단에서의 방수량은 130[L/min] 이상으로 한다.

정격토출량 $= 2$[개] $\times 130$[L/min] $= 260$[L/min]

성능시험배관은 펌프의 토출 측에 설치된 개폐밸브 이전에서 분기하므로 펌프의 토출압력이 성능시험배관의 압력이 된다.

배관직경 산정기준은 정격토출량의 150[%]로 운전 시 정격토출압력의 65[%] 기준으로 계산하므로 조건을 공식에 대입하면 배관의 직경 D는

$$1.5 \times 260[\text{L/min}] = 0.653 D^2 \sqrt{10 \times 0.65 \times 0.4}[\text{MPa}]$$

$$D = \sqrt{\frac{1.5 \times 260[\text{L/min}]}{0.653\sqrt{10 \times 0.65 \times 0.4}[\text{MPa}]}} \fallingdotseq 19.246[\text{mm}]$$

연계이론 PHASE 02 옥내소화전설비

2014년 1회 기출문제

01 13층의 백화점에 폐쇄형 습식 스프링클러설비를 설치하려고 한다. 스프링클러를 작동하는 펌프의 전양정은 89[m]이며, 전동기의 효율은 60[%]일 때 다음 물음에 답하시오. (단, Sprinkler Head 설치개수는 각 층별로 50개씩이고, 전동기의 동력전달계수는 1.1이다.) [9점]

(1) 펌프의 최소 토출량[m³/min]은 얼마인가?
(2) 수원의 양[m³]은 얼마인가?
(3) 전동기의 최소 동력[kW]은 얼마인가?

정 답

(1) • 계산과정: $30 \times 80 = 2,400[\text{L/min}] = 2.4[\text{m}^3/\text{min}]$
 • 답: 2.4[m³/min]

(2) • 계산과정: $30 \times 1.6 = 48$
 • 답: 48[m³]

(3) • 계산과정: $2.4[\text{m}^3/\text{min}] = \frac{2.4}{60}[\text{m}^3/\text{s}]$

$$\frac{9.8 \times \frac{2.4}{60} \times 89}{0.6} \times 1.1 ≒ 63.961$$

 • 답: 63.96[kW]

해 설

(1) 화재안전기준에 따라 스프링클러설비에서 가압송수장치(펌프)의 송수량은 기준개수에 80[L/min]를 곱한 양 이상으로 한다. ← 설치개수가 기준개수보다 적은 경우 설치개수에 따른다.

스프링클러설비의 설치장소		기준개수
아파트		10
지하층을 제외한 10층 이하인 특정소방대상물	헤드의 높이가 8[m] 미만인 것	10
	헤드의 높이가 8[m] 이상인 것	20
	판매시설이 없는 근린생활시설·운수시설·복합건축물	20
	특수가연물을 취급하지 않는 공장	20
	판매시설 또는 판매시설이 있는 복합건축물	30
	특수가연물을 저장·취급하는 공장	30
지하층을 제외한 11층 이상인 특정소방대상물		30
지하가 또는 지하역사		30

정격토출량 = 30[개] × 80[L/min] = 2,400[L/min] = 2.4[m³/min]

(2) 화재안전기준에 따라 스프링클러설비에서 수원의 저수량은 기준개수에 1.6[m³]를 곱한 양 이상이 되도록 한다.
← 설치개수가 기준개수보다 적은 경우 설치개수에 따른다.
$Q = 30[\text{개}] \times 1.6[\text{m}^3] = 48[\text{m}^3]$

(3) 펌프의 축동력은 다음의 식을 통해 구할 수 있다.

$$P = \frac{\gamma QH}{\eta} K$$

P: 전동기의 동력[kW], γ: 유체의 비중량[kN/m³], Q: 유량[m³/s], H: 전양정[m], η: 효율, K: 전달계수

유체는 물이므로 물의 비중량은 9.8[kN/m³]이다.

펌프의 토출량은 2.4[m³/min]이므로 단위를 변환하면 $\frac{2.4}{60}$[m³/s]이다.

따라서 주어진 조건을 공식에 대입하면 전동기의 동력 P는

$$P = \frac{9.8[\text{kN/m}^3] \times \frac{2.4}{60}[\text{m}^3/\text{s}] \times 89[\text{m}]}{0.6} \times 1.1 ≒ 63.961[\text{kW}]$$

─ 연계이론 ─ **PHASE 04 스프링클러설비**

---

02 할론 소화설비가 환경에 미치는 영향 때문에 할로겐화합물 및 불활성기체 소화설비로 대체되고 있는데 이와 관련하여 다음 물음에 답하시오. [6점]

(1) 할론 소화약제가 지구환경에 미치는 악영향을 2가지 쓰시오.
(2) 할로겐화합물 및 불활성기체 소화약제 중에서 연쇄반응 억제효과가 있는 소화약제는 방출시간을 10초 이내로 규정하고 있는데 이는 화재를 신속히 소화하기 위한 이유 이외에 다른 이유가 있다. 그 중 하나를 쓰시오.

─ 정답 ─
(1) • 지구온난화
 • 오존층 파괴
(2) 소화약제 화학반응의 부산물인 독성물질의 발생량을 최소화하기 위해

─ 연계이론 ─ **PHASE 08 할론 소화설비**
PHASE 09 할로겐화합물 및 불활성기체 소화설비

03 플루팅 루프 탱크(Floating Roof Tank)의 직경(내경)이 50[m]이며, 이 위험물 탱크에 [조건]에 따라서 포 소화설비를 설치할 경우 다음 물음에 답하시오. [10점]

> **조건**
> (가) 굽도리판(Foam Dam)과 탱크 내벽의 간격은 1[m]이다.
> (나) 사용약제는 단백포 3[%], 분당 방출량은 8[L/m²·min], 방사시간은 30[min]이다.
> (다) 수원을 공급하는 펌프의 효율은 65[%]이고, 필요 전양정은 80[m]이다.
> (라) 포 혼합방식은 라인 프로포셔너방식이며, 기타 사항은 화재안전기술기준에 준한다.

(1) 탱크의 환상면적[m²]은 얼마인가?
(2) 포 수용액량[L]은 얼마인가?
(3) 포 원액량[L]은 얼마인가?
(4) 수원의 양[L]은 얼마인가?
(5) 수원을 공급하는 펌프의 전동기 동력[kW]은 얼마인가?

정답

(1) • 계산과정: $\frac{\pi}{4} \times (50^2 - 48^2) = 153.938$
   • 답: 153.94[m²]

(2) • 계산과정: $8 \times 153.94 \times 30 = 36{,}945.6$
   • 답: 36,945.6[L]

(3) • 계산과정: $36{,}945.6 \times 0.03 = 1{,}108.368$
   • 답: 1,108.37[L]

(4) • 계산과정: $36{,}945.6 \times 0.97 = 35{,}837.232$
   • 답: 35,837.23[L]

(5) • 계산과정: $8 \times 153.94 = 1{,}231.52$

   $$1{,}231.52[\text{L/min}] = \frac{1.23152}{60}[\text{m}^3/\text{s}]$$

   $$\frac{9.8 \times \frac{1.23152}{60} \times 80}{0.65} \times 1 \fallingdotseq 24.757$$

   • 답: 24.76[kW]

해설

(1) 위험물 저장탱크에 발생하는 화재는 유류 표면에서 발생하므로 위험물이 드러나거나 증발 가능한 면적이 화재 발생면적이자 소화면적이 된다.

$$A = \frac{\pi}{4}(D^2 - d^2)$$

A: 화재면적[m²], D: 탱크의 직경[m], d: 탱크 내면과 굽도리판의 간격[m]

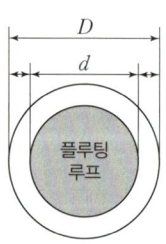

따라서 탱크의 환상면적 A는
$$A = \frac{\pi}{4} \times (50^2 - 48^2)[\text{m}^2] = 153.938[\text{m}^2]$$

(2) 경유탱크의 고정포 방출구에 필요한 포 수용액의 양은 다음과 같다.
$$Q = 8[\text{L/m}^2 \cdot \text{min}] \times 153.94[\text{m}^2] \times 30[\text{min}] = 36{,}945.6[\text{L}]$$

(3) 포 소화약제는 3[%]의 단백포를 사용하므로 필요한 포 원액량[L]은 다음과 같다.
$$Q = 36{,}945.6[\text{L}] \times 0.03 = 1{,}108.368[\text{L}]$$

⑷ 포 소화약제가 3[%]의 단백포이므로 수원(물)의 비율은 97[%]이다.
$$Q = 36,945.6[L] \times 0.97 = 35,837.232[L]$$

⑸ 전동기의 동력은 다음의 식을 통해 구할 수 있다.

$$P = \frac{\gamma QH}{\eta} K$$

P: 전동기의 동력[kW], γ: 유체의 비중량[kN/m³], Q: 유량[m³/s], H: 전양정[m], η: 효율, K: 전달계수

유체는 물이므로 물의 비중량은 9.8[kN/m³]이다.
고정포 방출구의 방출률은 8[L/m²·min]이므로 고정포 방출구의 유량은 다음과 같다.
$$Q = 8[L/m^2 \cdot min] \times 153.94[m^2] = 1,231.52[L/min]$$

펌프의 토출량은 1,231.52[L/min]이므로 단위를 변환하면 $\frac{1.23152}{60}$[m³/s]이다.

따라서 주어진 조건을 공식에 대입하면 전동기의 동력 P는

$$P = \frac{9.8[kN/m^3] \times \frac{1.23152}{60}[m^3/s] \times 80[m]}{0.65} \times 1 ≒ 24.757[kW]$$

← 펌프의 동력(전동력)을 물었지만 전달계수가 주어지지 않았으므로 1로 둔다.

연계이론 PHASE 06 포 소화설비

04 표의 빈칸에 소방시설 도시기호의 명칭을 쓰시오. [5점]

명칭					
도시기호	─┤├─	─┤╤├─	─▷─	⌂	⊕

정답

명칭	유니온	라인프로포셔너	가스체크밸브	옥외소화전	포헤드(평면도)
도시기호	─┤├─	─┤╤├─	─▷─	⌂	⊕

05 이산화탄소 소화설비의 화재안전기술기준에서 분사헤드를 설치하지 않아도 되는 장소 기준에 관하여 ( ) 안에 알맞은 답을 쓰시오. [4점]

- 방재실, 제어실 등 (①)(하)는 장소
- 니트로셀룰로스, 셀룰로이드제품 등 (②)을(를) 저장 · 취급하는 장소
- 나트륨 · 칼륨 · 칼슘 등 (③)을(를) 저장 · 취급하는 장소
- 전시장 등의 관람을 위하여 (④)(하)는 통로 및 전시실 등

정답
① 사람이 상시 근무
② 자기 연소성 물질
③ 활성 금속 물질
④ 다수인이 출입 통행

해설 이산화탄소 소화설비의 분사헤드는 다음의 장소에 설치해서는 안된다.
- 방재실, 제어실 등 사람이 상시 근무하는 장소
- 니트로셀룰로스, 셀룰로이드제품 등 자기 연소성 물질을 저장 · 취급하는 장소
- 나트륨, 칼륨, 칼슘 등 활성 금속 물질을 저장 · 취급하는 장소
- 전시장 등의 관람을 위하여 다수인이 출입 통행하는 통로 및 전시실 등

연계이론 PHASE 07 이산화탄소 소화설비

06 특별피난계단의 계단실 및 부속실 제연설비에서 제연구역의 선정기준을 3가지 쓰시오. [3점]

정답
- 계단실 및 그 부속실을 동시에 제연하는 것
- 부속실을 단독으로 제연하는 것
- 계단실을 단독으로 제연하는 것

연계이론 PHASE 15 특별피난계단의 계단실 및 부속실 제연설비

07 스프링클러설비 배관의 안지름을 수리계산에 의하여 선정하고자 한다. 그림에서 B~C 구간의 유량을 165[L/min], E~F 구간의 유량을 330[L/min]이라고 가정할 때 다음을 구하시오. (단, 화재안전기준에서 정하는 유속기준을 만족하도록 하여야 한다. [6점]

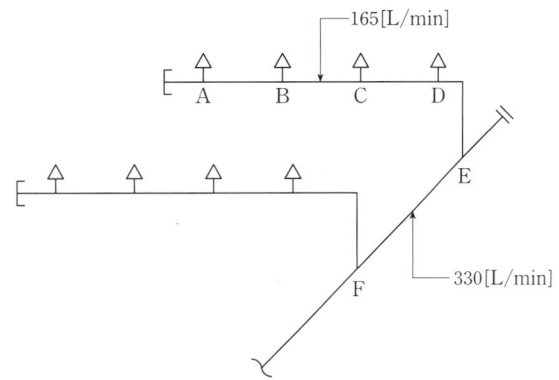

(1) B~C 구간의 배관 안지름[mm]의 최솟값을 구하시오.

(2) E~F 구간의 배관 안지름[mm]의 최솟값을 구하시오.

정답

(1) • 계산과정: $\sqrt{\dfrac{4 \times \dfrac{0.165}{60}}{\pi \times 6}} ≒ 0.024157[m] = 24.157[mm]$

• 답: 24.16[mm]

(2) • 계산과정: $\sqrt{\dfrac{4 \times \dfrac{0.33}{60}}{\pi \times 10}} ≒ 0.026463[m] = 26.463[mm]$

• 답: 40[mm]

해설

부피유량 공식 $Q = Au$에 의해 유량 Q와 유속 u를 알면 배관의 직경 D를 다음과 같이 구할 수 있다.

$$Q = \frac{\pi}{4}D^2 u, \quad D = \sqrt{\frac{4Q}{\pi u}}$$

D: 배관의 직경[m], Q: 유량[m³/s], u: 유속[m/s]

급수배관의 구경을 수리계산에 따르는 경우 가지배관의 유속은 6[m/s], 그 밖의 배관의 유속은 10[m/s]를 초과하지 않도록 한다.

(1) 유량이 165[L/min]이므로 단위를 변환하면 $\dfrac{0.165}{60}$[m³/s]이다.

따라서 주어진 조건을 공식에 대입하면 배관의 직경 D는

$$D = \sqrt{\frac{4 \times \dfrac{0.165}{60}[m^3/s]}{\pi \times 6[m/s]}} ≒ 0.024157[m] = 24.157[mm]$$

(2) 유량이 330[L/min]이므로 단위를 변환하면 $\dfrac{0.33}{60}$[m³/s]이다.

따라서 주어진 조건을 공식에 대입하면 배관의 직경 D는 다음과 같다.

$$D = \sqrt{\frac{4 \times \dfrac{0.33}{60}[m^3/s]}{\pi \times 10[m/s]}} ≒ 0.026463[m] = 26.463[mm]$$

교차배관은 가지배관과 수평으로 설치하거나 가지배관 밑에 설치하고, 최소구경은 40[mm] 이상으로 한다. 따라서 E~F구간의 배관 안지름은 40[mm] 이상이어야 한다.

연계이론 PHASE 04 스프링클러설비

08 습식 폐쇄형 스프링클러설비를 아래의 [조건]을 이용하여 8층의 백화점 건물에 설치할 경우 다음 물음에 답하시오. [12점]

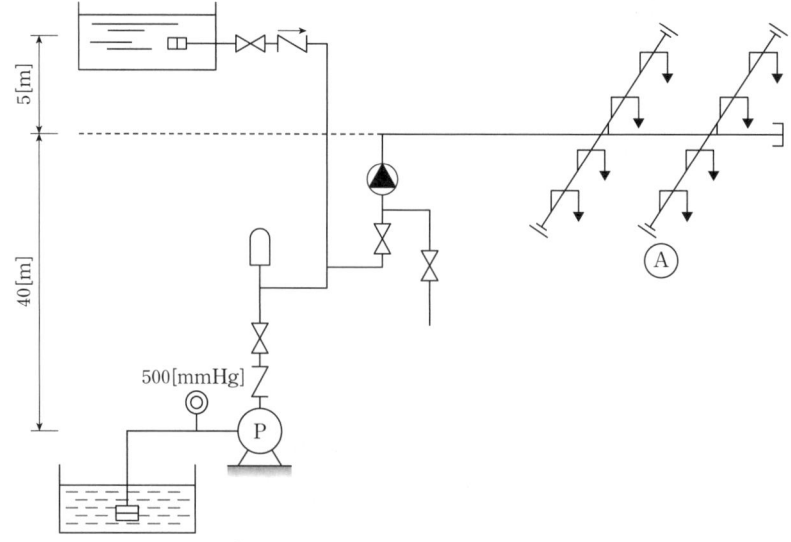

조건

(가) 배관 및 부속류의 총 마찰손실수두는 펌프의 자연낙차압력의 40[%]이다.
(나) 지하수조의 후드 밸브에서 펌프까지 필요한 흡입압력은 진공계 눈금에 나타난 500[mmHg]이다.
(다) 펌프의 체적효율(η_v)=0.95, 기계효율(η_m)=0.85, 수력효율(η_w)=0.75이다.
(라) 펌프의 동력전달계수(K)는 1.2이다.
(마) 그림에서 펌프의 토출측에서 최고위 스프링클러 헤드까지의 높이는 40[m]이고 옥상에서 최고위 스프링클러 헤드까지의 낙차는 5[m]이다.
(바) 이 백화점에서 스프링클러 헤드의 설치수는 층별로 40개씩이다.

(1) 펌프에서 필요한 전양정[m]은 얼마인가?
(2) 펌프의 최소 토출량[L/min]은 얼마인가?
(3) 전동기에서 필요한 최소동력[kW]은 얼마인가?
(4) 폐쇄형 스프링클러헤드의 선정은 설치장소의 최고주위온도에 따라 적절한 것을 선정해야 한다. 다음 표에서 나타난 설치장소의 최고주위온도에 따라 설치해야 할 스프링클러 헤드의 표시온도범위 ①과 ②를 구하시오.

설치장소의 최고주위온도	표시온도
39[℃] 미만	79[℃] 미만
39[℃] 이상 64[℃] 미만	①
64[℃] 이상 106[℃] 미만	②
106[℃] 이상	162[℃] 이상

(5) 화재안전기술기준에 따라 스프링클러설비의 수원은 유효수량의 $\frac{1}{3}$ 이상을 옥상에 추가로 설치하여야 한다. 다만, 특별한 경우 이를 설치하지 않아도 되는 예외사항이 있는데 다음에 제시한 예외사항 이외의 다른 3가지를 쓰시오.
  • 지하층만 있는 건축물
  • 화재안전기술기준에 따라 고가수조를 가압송수장치로 설치한 스프링클러설비

정 답

(1) • 계산과정: $500 \times \dfrac{10.332}{760} + 40 ≒ 46.797$

$\qquad\qquad 45 \times 0.4 = 18$

$\qquad\qquad 46.797 + 18 + 10 = 74.797$

• 답: 74.8[m]

(2) • 계산과정: $30 \times 80 = 2,400$

• 답: 2,400[L/min]

(3) • 계산과정: $2,400[\text{L/min}] = \dfrac{2.4}{60}[\text{m}^3/\text{s}]$

$\qquad\qquad \dfrac{9.8 \times \dfrac{2.4}{60} \times 74.8}{0.6056} \times 1.2 ≒ 58.101$

• 답: 58.1[kW]

(4)

설치장소의 최고주위온도	표시온도
39[℃] 미만	79[℃] 미만
39[℃] 이상 64[℃] 미만	79[℃] 이상 121[℃] 미만
64[℃] 이상 106[℃] 미만	64[℃] 이상 106[℃] 미만
106[℃] 이상	162[℃] 이상

(5) 다음 4가지 중 3가지를 선택하여 작성한다.
- 수원을 건축물의 최상층에 설치된 방수구보다 높은 위치에 설치한 경우
- 건축물의 높이가 지표면으로부터 10[m] 이하인 경우
- 주펌프와 동등 이상의 성능이 있는 별도의 펌프를 내연기관의 기동과 연동하여 작동하거나 비상전원을 연결하여 설치한 경우
- 가압수조를 가압송수장치로 설치한 경우

해 설

(1) 화재안전기준에 따라 스프링클러설비에 설치된 가압송수장치(펌프)의 전양정은 다음과 같다.

$$H = h_1 + h_2 + 10$$

H: 전양정[m], h_1: 실양정(흡입양정+토출양정)[m],
h_2: 배관 및 관부속의 마찰손실수두[m], 10: 헤드선단에서의 방사압력수두[m]

펌프의 후드밸브로부터 펌프 중심까지의 양정은 진공계의 압력 500[mmHg]와 같고, 펌프 중심에서 최고위 스프링클러 헤드까지의 수직거리는 40[m]이므로 실양정 h_1는 다음과 같다.

$$h_1 = 500[\text{mmHg}] \times \dfrac{10.332[\text{m}]}{760[\text{mmHg}]} + 40[\text{m}] ≒ 46.797[\text{m}]$$

배관 및 부속류의 총 마찰손실은 펌프 자연 낙차압의 40[%]이므로 배관 및 관부속의 마찰손실수두 h_2는 다음과 같다.

$\qquad h_2 = 45[\text{m}] \times 0.4 = 18[\text{m}]$

따라서 펌프의 전양정 H는

$\qquad H = h_1 + h_2 + 10 = 46.797[\text{m}] + 18[\text{m}] + 10 = 74.797[\text{m}]$

(2) 화재안전기준에 따라 스프링클러설비에서 가압송수장치(펌프)의 송수량은 기준개수에 80[L/min]를 곱한 양 이상으로 한다. ← 설치개수가 기준개수보다 적은 경우 설치개수에 따른다.

스프링클러설비의 설치장소		기준개수
아파트		10
지하층을 제외한 10층 이하인 특정소방대상물	헤드의 높이가 8[m] 미만인 것	10
	헤드의 높이가 8[m] 이상인 것	20
	판매시설이 없는 근린생활시설 · 운수시설 · 복합건축물	20
	특수가연물을 취급하지 않는 공장	20
	판매시설 또는 판매시설이 있는 복합건축물	30
	특수가연물을 저장 · 취급하는 공장	30
지하층을 제외한 11층 이상인 특정소방대상물		30
지하가 또는 지하역사		30

정격토출량＝30[개]×80[L/min]＝2,400[L/min]

(3) 전동기의 동력은 다음의 식을 통해 구할 수 있다.

$$P = \frac{\gamma Q H}{\eta} K$$

P: 전동기의 동력[kW], γ: 유체의 비중량[kN/m³], Q: 유량[m³/s], H: 전양정[m], η: 효율, K: 전달계수

유체는 물이므로 물의 비중량은 9.8[kN/m³]이다.

펌프의 토출량은 2,400[L/min]이므로 단위를 변환하면 $\frac{2.4}{60}$[m³/s]이다.

펌프의 전효율은 다음과 같다.
전효율＝수력효율×체적효율×기계효율＝0.75×0.95×0.85≒0.6056

따라서 주어진 조건을 공식에 대입하면 전동기의 동력 P는

$$P = \frac{9.8[\text{kN/m}^3] \times \frac{2.4}{60}[\text{m}^3/\text{s}] \times 74.8[\text{m}]}{0.6056} \times 1.2 \fallingdotseq 58.101[\text{kW}]$$

(4) 폐쇄형 스프링클러 헤드는 그 설치장소의 평상시 최고 주위온도에 따라 다음의 표에 따른 표시온도의 것으로 설치한다. ← 높이가 4[m] 이상인 공장 및 창고(랙식 창고 포함)에는 주위온도와 관계없이 표시온도 121[℃] 이상의 것으로 할 수 있다.

설치장소의 최고주위온도	표시온도
39[℃] 미만	79[℃] 미만
39[℃] 이상 64[℃] 미만	79[℃] 이상 121[℃] 미만
64[℃] 이상 106[℃] 미만	64[℃] 이상 106[℃] 미만
106[℃] 이상	162[℃] 이상

⊙ 연계이론 ⊙ **PHASE 04** 스프링클러설비

09 옥내소화전 호스로 화재 진압 시 사람이 받는 반발력[N]을 구하시오. (단, 소방호스의 내경은 40[mm], 노즐의 내경은 13[mm], 방수량은 150[L/min]이다.) [6점]

정답

- 계산과정: $1,000 \times \dfrac{0.15}{60} \times \left(\dfrac{4 \times \dfrac{0.15}{60}}{\pi \times 0.04^2} \right) \fallingdotseq 4.974$

  $1,000 \times \dfrac{0.15}{60} \times \left(\dfrac{4 \times \dfrac{0.15}{60}}{\pi \times 0.013^2} \right) \fallingdotseq 47.087$

  $47.087 - 4.974 = 42.113$

- 답: 42.11[N]

해설

유체가 노즐에 가하는 힘은 다음과 같다.

$$F = \rho Q u$$

F: 유체가 노즐에 가하는 힘[N], ρ: 유체의 밀도[kg/m³], Q: 유량[m³/s], u: 유속[m/s]

부피유량 공식 $Q=Au$에 의해 유량 Q와 배관의 직경 D를 알면 유속 u는 다음과 같이 구할 수 있다.

$$u = \dfrac{Q}{A} = \dfrac{Q}{\dfrac{\pi}{4}D^2} = \dfrac{4Q}{\pi D^2}$$

u: 유속[m/s], Q: 유량[m³/s], A: 배관의 단면적[m²], D: 배관의 직경[m]

물의 밀도는 1,000[kg/m³]이므로 호스를 통과하는 유체가 가진 힘은 다음과 같다.

$$F_1 = \rho \times Q \times \left(\dfrac{4Q}{\pi D^2} \right) = 1,000[\text{kg/m}^3] \times \dfrac{0.15}{60}[\text{m}^3/\text{s}] \times \left(\dfrac{4 \times \dfrac{0.15}{60}[\text{m}^3/\text{s}]}{\pi \times (0.04[\text{m}])^2} \right) \fallingdotseq 4.974[\text{N}]$$

노즐을 통해 빠져나가는 유체가 가진 힘은 다음과 같다.

$$F_2 = 1,000[\text{kg/m}^3] \times \dfrac{0.15}{60}[\text{m}^3/\text{s}] \times \left(\dfrac{4 \times \dfrac{0.15}{60}[\text{m}^3/\text{s}]}{\pi \times (0.013[\text{m}])^2} \right) \fallingdotseq 47.087[\text{N}]$$

힘의 차이만큼 유체와 반대방향으로 노즐과 호스는 힘을 받게되고 그 크기는 사람이 받는 반발력과 같다.
$F_2 - F_1 = 47.087[\text{N}] - 4.974[\text{N}] = 42.113[\text{N}]$

연계이론 PHASE 20 유체유동

10 아래의 [표]를 참조하여 화재안전기준에 따라 할로겐화합물 및 불활성기체 소화설비를 설치하려고 할 때 다음을 구하시오. [8점]

압력배관용 탄소강관 SPPS 380[KS D 3562(Sch 40)]의 규격

호칭지름	25A	32A	40A	50A	65A	100A
바깥지름[mm]	34.0	42.7	48.6	60.5	76.3	114.3
관 두께[mm]	3.4	3.6	3.7	3.9	5.2	6.0

(1) 호칭지름이 32A인 압력배관용 탄소강관(Sch 40)에 분사헤드가 접속되어 있다. 이때 분사헤드 오리피스의 최대구경[mm]을 구하시오.

(2) 호칭구경이 65A인 압력배관용 탄소강관(Sch 40)을 사용하여 용접이음으로 배관을 접합할 경우 배관에 적용할 수 있는 최대허용압력[MPa]을 구하시오. (단, 인장강도는 380[MPa], 항복점은 220[MPa]이며, 이 배관에 전기저항 용접배관을 함에 따라 배관이음효율은 0.85이다.)

정답

(1) • 계산과정: $42.7 - 3.6 - 3.6 = 35.5 [mm] = 0.0355 [m]$

$$\frac{\pi}{4} D^2 = \frac{\pi}{4} \times 0.0355^2 \times 0.7$$

$$\sqrt{0.0355^2 \times 0.7} \fallingdotseq 0.029701 [m] = 29.701 [mm]$$

• 답: 29.7[mm]

(2) • 계산과정: $380 \times \frac{1}{4} = 95$

$$220 \times \frac{2}{3} \fallingdotseq 146.67$$

$$95 \times 0.85 \times 1.2 = 96.9$$

$$5.2 \times \frac{2 \times 96.9}{76.3} \fallingdotseq 13.208$$

• 답: 13.21[MPa]

해설

(1) 분사헤드 오리피스의 면적은 분사헤드가 연결되는 배관구경 면적의 70[%] 이하가 되도록 한다.
배관구경 면적은 유체가 흐를 수 있는 단면적을 의미하므로 안지름을 기준으로 한다.

$D = 42.7 [mm] - 3.6 [mm] - 3.6 [mm] = 35.5 [mm] = 0.0355 [m]$

배관은 지름이 D인 원형이므로 배관의 단면적 A는 다음과 같다.

$$A = \frac{\pi}{4} D^2 = \frac{\pi}{4} \times (0.0355 [m])^2$$

오리피스의 면적은 배관 면적의 70[%] 이하이므로 오리피스의 최대구경 D_o는

$$\frac{\pi}{4} D_o^2 = \frac{\pi}{4} \times (0.0355 [m])^2 \times 0.7$$

$$D_o = \sqrt{(0.0355 [m])^2 \times 0.7} \fallingdotseq 0.029701 [m] = 29.701 [mm]$$

(2) 배관 두께의 관계식은 다음과 같다.

$$t = \frac{PD}{2SE} + A$$

t: 배관의 두께[mm], P: 최대허용압력[MPa], D: 배관의 바깥지름[mm], SE: 최대허용응력[MPa], A: 허용값[mm]

배관 최대허용응력의 관계식은 다음과 같다.

$$SE = \sigma \times \text{배관이음효율} \times 1.2$$

SE: 최대허용응력[MPa], σ: 인장강도의 1/4값과 항복점의 2/3값 중 작은값

인장강도는 410[MPa]이므로 1/4값인 95[MPa]과 항복점은 220[MPa]이므로 2/3값인 146.67[MPa] 중 작은값인 95[MPa]를 σ로 선택한다.

$$380[\text{MPa}] \times \frac{1}{4} = 95[\text{MPa}]$$

$$220[\text{MPa}] \times \frac{2}{3} = 146.67[\text{MPa}]$$

배관이음효율은 다음과 같다.

이음매 없는 배관	1.0
전기저항 용접배관	0.85
가열맞대기 용접배관	0.6

따라서 배관의 최대허용응력 SE는 아래와 같이 구할 수 있다.

$$SE = 95[\text{MPa}] \times 0.85 \times 1.2 = 96.9[\text{MPa}]$$

주어진 조건을 공식에 대입하면 배관의 두께 P는

$$5.2[\text{mm}] = \frac{P \times 76.3[\text{mm}]}{2 \times 96.9[\text{MPa}]} + 0$$

$$P = 5.2[\text{mm}] \times \frac{2 \times 96.9[\text{MPa}]}{76.3[\text{mm}]} = 13.208[\text{MPa}]$$

○ 연계이론 ○ **PHASE 09** 할로겐화합물 및 불활성기체 소화설비

11 그림은 어느 거실에 대한 급기 및 배출풍도와 급기 및 배출 FAN을 나타내고 있는 평면도이다. 동일실 제연과 인접구역 상호 제연시 댐퍼의 개방 및 폐쇄여부를 표에 (   ) 안에 열림 또는 닫힘으로 나타내시오. (단, 표시는 댐퍼를 의미한다.) [10점]

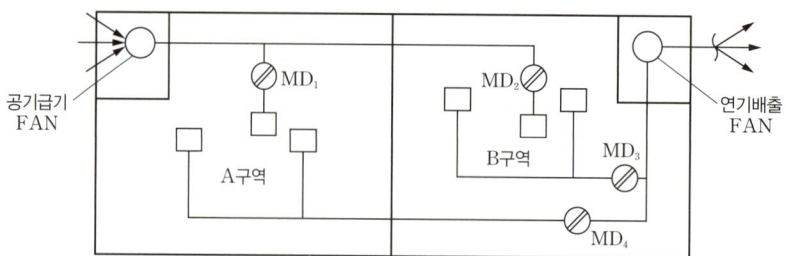

(1) 동일실 제연방식

제연구역	급기댐퍼	배기댐퍼
A구역 화재 시	MD₁ ( )	MD₄ ( )
	MD₂ ( )	MD₃ ( )
B구역 화재 시	MD₂ ( )	MD₃ ( )
	MD₁ ( )	MD₄ ( )

(2) 인접구역 상호제연방식

제연구역	급기댐퍼	배기댐퍼
A구역 화재 시	MD₂ ( )	MD₄ ( )
	MD₁ ( )	MD₃ ( )
B구역 화재 시	MD₁ ( )	MD₃ ( )
	MD₂ ( )	MD₄ ( )

정 답

(1) 동일실 제연방식

제연구역	급기댐퍼	배기댐퍼
A구역 화재 시	MD₁ (열림)	MD₄ (열림)
	MD₂ (닫힘)	MD₃ (닫힘)
B구역 화재 시	MD₂ (열림)	MD₃ (열림)
	MD₁ (닫힘)	MD₄ (닫힘)

(2) 인접구역 상호제연방식

제연구역	급기댐퍼	배기댐퍼
A구역 화재 시	MD₂ (열림)	MD₄ (열림)
	MD₁ (닫힘)	MD₃ (닫힘)
B구역 화재 시	MD₁ (열림)	MD₃ (열림)
	MD₂ (닫힘)	MD₄ (닫힘)

해설

(1) 동일실 제연방식에서는 화재가 발생한 구역에서 배기와 급기가 모두 이루어진다. 따라서 인접구역의 배기와 급기는 모두 폐쇄된다.

(2) 인접구역 상호제연방식에서는 화재가 발생한 구역에서는 배기, 나머지 구역에서는 급기가 이루어진다.
← 반대의 경우 연기가 화재실 외부로 퍼져나간다.

연계이론 PHASE 14 제연설비

12

스프링클러설비의 반응시간지수(Response Time index)에 대하여 식을 포함해서 설명하시오. [4점]

(1) 설명
(2) 식

정답

(1) 기류의 온도·속도 및 작동시간에 대하여 스프링클러 헤드의 반응을 예상한 지수

(2) 반응시간지수 $= \gamma\sqrt{u}$
γ: 감열체의 시간상수[s], u: 기류속도[m/s]

연계이론 PHASE 04 스프링클러설비

13 경유를 연료로 사용하는 바닥면적이 $100[m^2]$이고 높이가 $3.5[m]$인 발전기실에 할로겐화합물 및 불활성기체 소화설비를 설치하고자 한다. [조건]을 이용하여 다음 물음에 답하시오. [7점]

> **조건**
>
> (가) IG-541의 A, B급 소화농도는 $32[\%]$이다.
> (나) IG-541의 저장용기는 80[L]용 $12.4[m^3/병]$으로 적용한다.
> (다) 선형상수를 이용하도록 하며 방사 시 기준온도는 $20[℃]$이다.
>
> | 소화약제 | K_1 | K_2 |
> |---|---|---|
> | IG-541 | 0.65799 | 0.00239 |
>
> (라) 불활성기체 약제 저장량 $X[m^3/m^3]$은 다음과 같다.
>
> $$X = 2.303 \times \frac{V_S}{S} \times \log\left(\frac{100}{100-C}\right)$$
>
> X: 공간체적 당 더해진 소화약제의 부피$[m^3/m^3]$, V_S: 비체적 ($20[℃]$에서 $V_S = S$)$[m^3/kg]$,
> S: 소화약제의 비체적$[m^3/kg]$, C: 설계농도$[\%]$

(1) 발전기실에 필요한 IG-541의 최소 용기수는 몇 병인가?
(2) 할로겐화합물 및 불활성기체 소화약제의 구비조건을 5가지 쓰시오.

● 정답 ●

(1) • 계산과정: $32 \times 1.3 = 41.6$

$$2.303 \times \log\left(\frac{100}{100-41.6}\right) \times (100 \times 3.5) ≒ 188.283$$

$$\frac{188.283}{12.4} ≒ 15.18$$

• 답: 16병

(2) 다음 6가지 중 5가지를 선택하여 작성한다.
  • 오존파괴지수가 낮다.
  • 지구온난화지수가 낮다.
  • 소화성능이 우수하다.
  • 독성이 낮다.
  • 가격이 낮다.
  • 저장성이 좋다.

● 해 설 ●

(1) 화재안전기준에 따른 불활성기체 소화약제의 저장량 최소기준은 다음과 같다.

$$X = 2.303 \times \frac{V_S}{S} \times \log\left(\frac{100}{100-C}\right) \times V$$

X: 소화약제의 부피$[m^3]$, V_S: $20[℃]$에서 소화약제의 비체적$[m^3/kg]$,
S: 소화약제별 선형상수$(K_1 + K_2 \times T)[m^3/kg]$, T: 방호구역의 기준온도$[℃]$
C: 설계농도(소화농도×안전계수)$[\%]$, V: 방호구역의 부피$[m^3]$

기준온도가 $20[℃]$이므로 소화약제의 비체적 V_S와 소화약제별 선형상수 S는 같다.
$V_S = S$
설계농도 C는 소화농도와 안전계수의 곱이며, 유류화재인 B급 화재의 안전계수는 1.3이므로 설계농도 C는 다음과 같다.
C = 소화농도 × 안전계수 = $32 \times 1.3 = 41.6[\%]$
방호구역인 발전기실의 부피(가로×세로×높이)는 다음과 같다.
$V = 100[m^2] \times 3.5[m] = 350[m^3]$

따라서 소화약제 IG-541의 부피 X는

$$X = 2.303 \times \log\left(\frac{100}{100-41.6[\%]}\right) \times 350[\text{m}^3] \fallingdotseq 188.283[\text{m}^3]$$

약제용기 1병 당 소화약제 IG-541의 충전량[m^3]은 12.4[m^3]이므로 전체 소화약제의 양을 저장하기 위해 발전기실에 필요한 저장용기의 개수는

$$\frac{188.283[\text{m}^3]}{12.4[\text{m}^3/\text{병}]} \fallingdotseq 15.18[\text{병}] = 16[\text{병}] \text{ (절상)}$$

> 연 계 이 론   **PHASE 09** 할로겐화합물 및 불활성기체 소화설비

14 배관방식 중 토너먼트 배관방식을 일반적으로 적용하기 유리한 소화설비의 종류를 4가지 쓰시오. [4점]

> 정 답
> - 이산화탄소 소화설비
> - 할론 소화설비
> - 할로겐화합물 및 불활성기체 소화설비
> - 분말 소화설비

> 해 설   토너먼트 배관방식을 사용하였을 때 발생하는 문제점은 소화수를 공급하며 발생하는 문제점이므로 가스계 소화설비에서는 해당사항이 없다.

15 제3종 분말을 사용하며 전역방출방식을 사용하는 분말 소화설비에 있어서 방호구역의 체적이 1,000[m³]일 때 다음 물음에 답하시오. (단, 2.5[m²]의 면적을 가진 개구부가 3개 있으며 모두 자동폐쇄장치가 설치되어 있다. 또한 방호구역에 설치된 분사헤드의 1분당 방사량은 27[kg]이다.) [6점]

(1) 필요 약제 저장량[kg]은 얼마인가?
(2) 필요 분사 헤드 수는 몇 개인가?
(3) 가압용 가스로 질소가스를 사용할 경우 필요한 질소가스의 소요량[L](35[℃], 1[atm]의 압력상태로 환산)은 얼마인가? (단, 약제용기와 가압용가스 용기는 각각 분리 설치되어 있다.)

정답

(1) • 계산과정: $0.36 \times 1,000 = 360$
 • 답: 360[kg]

(2) • 계산과정: $\dfrac{360}{27 \times 0.5} ≒ 26.67$
 • 답: 27개

(3) • 계산과정: $40 \times 360 = 14,400$
 • 답: 14,400[L]

해설

(1) 전역방출방식 분말 소화약제의 저장량 기준은 다음과 같다.

소화약제의 종류	소화약제의 양[kg/m³]	개구부 가산량[kg/m²]
제1종 분말	0.60	4.5
제2종 분말	0.36	2.7
제3종 분말	0.36	2.7
제4종 분말	0.24	1.8

제3종 분말 소화약제를 사용하므로 소화약제의 양은 체적 1[m³] 당 0.36[kg/m³]을 적용한다.
 소화약제의 양 $= 0.36[kg/m^3] \times 1,000[m^3] = 360[kg]$

(2) 분말 소화설비의 분사헤드는 소화약제 저장량을 30초 이내에 방출할 수 있어야 하므로 필요한 헤드 수는
 $360[kg] = 1.5[kg/s] \times 30[s] \times$ 헤드 수
 헤드 수 $= \dfrac{360[kg]}{27[kg/min] \times 0.5[min]} ≒ 26.67[개] = 27[개]$ (절상)

(3) 가압용 가스에 질소가스를 사용하는 경우 질소가스는 소화약제 1[kg] 마다 40[L](35[℃]에서 1기압의 압력상태로 환산한 것) 이상으로 한다.
 가압용 가스의 양 $= 40[L/kg] \times 360[kg] = 14,400[L]$

연계이론 PHASE 10 분말 소화설비

2014년 2회 기출문제

01 체적이 120[m³]인 집진설비에 이산화탄소 소화설비를 설치하려고 한다. 이 설비에 저장하여야 할 용기의 병 수를 구하시오. (단, 내용적은 68[L], 충전비는 1.36이고, 개구부는 4.0[m²]이고 자동폐쇄장치는 설치되어 있다.) [4점]

정답

- 계산과정: $\dfrac{68[L]}{1.36[L/kg]} = 50[kg]$

  $2.7 \times 120 = 324$

  $\dfrac{324}{50} = 6.48$

- 답: 7병

해설

저장용기 1병 당 소화약제의 저장량[L]은 68[L]이고, 충전비는 1.36[L/kg]이므로 소화약제의 저장량[kg]은

$\dfrac{68[L]}{1.36[L/kg]} = 50[kg]$

심부화재이고 전역방출방식인 이산화탄소 소화약제의 저장량 최소기준은 다음과 같다.

방호대상물	소화약제의 양[kg/m³]
유압기기를 제외한 전기설비, 케이블실	1.3
체적 55[m³] 미만의 전기설비	1.6
서고, 전자제품 창고, 목재가공품 창고, 박물관	2.0
고무류·면화류 창고, 모피 창고, 석탄 창고, 집진설비	2.7

방호구역의 개구부(창문·출입구) 1[m²]마다 10[kg]을 가산한다. ← 자동폐쇄장치가 없는 경우에만 적용한다.

집진설비의 소화약제의 양은 체적 1[m³] 당 2.7[kg/m³]을 적용한다.

소화약제의 양 $= 2.7[kg/m^3] \times 120[m^3] = 324[kg]$

저장용기 1병 당 소화약제의 충전량은 50[kg]이므로 전체 소화약제의 양을 저장하기 위해 필요한 저장용기의 개수는

$\dfrac{324[kg]}{50[kg/병]} = 6.48[병] = 7[병]$ (절상)

연계이론 PHASE 07 이산화탄소 소화설비

02 준비작동식 스프링클러설비 구성품 중 P.O.R.V(Pressure-Operated Relief Valve)의 작동방식과 기능을 쓰시오. [5점]

(1) 작동방식
(2) 기능

정답
(1) 준비작동식 밸브 2차 측의 가압수를 신호로 활용하여 중간 챔버의 압력저하 상태 유지
(2) • 준비작동식 밸브의 자동복구 방지기능
  • 중간챔버 내부의 압력저하 상태를 유지하는 기능

해설 P.O.R.V(Pressure-Operated Relief Valve)는 준비작동식 밸브의 개방 이후 클래퍼가 닫혀 급수가 원활하지 못하게 되는 상황을 방지하기 위해 클래퍼가 닫히는 것을 방지하는 밸브를 말한다.

연계이론 PHASE 04 스프링클러설비

03 포 소화설비 중 배액밸브를 설치하는 목적과 설치 위치에 대하여 설명하시오. [4점]

(1) 설치 목적
(2) 설치 위치

정답
(1) 포의 방출 종료 후 배관 안의 액을 배출하기 위하여
(2) 송액관은 적당한 기울기를 유지하도록 하고 그 낮은 부분에 설치

해설 송액관은 포의 방출 종료 후 배관 안의 액을 배출하기 위하여 적당한 기울기를 유지하도록 하고 그 낮은 부분에 배액밸브를 설치해야 한다.

연계이론 PHASE 06 포 소화설비

04

다음은 소화설비의 유량계에 따른 펌프의 성능시험방법을 서술한 내용이다. ③과 ⑥을 완성하시오. [5점]

① 펌프의 토출 측 주밸브를 잠근다.
② 동력제어반에서 충압펌프를 수동 또는 정지위치에 놓는다.
③ (   )
④ 동력제어반에서 주펌프를 수동으로 기동시킨다.
⑤ 성능시험배관 상의 유량조절밸브를 서서히 개방하여 유량계를 통과하는 유량이 정격토출유량이 되도록 조정한다.
⑥ (   )
⑦ 이때 펌프의 토출 측 압력은 정격토출압력의 65[%] 이상이어야 한다.
⑧ 펌프의 토출 측 주밸브를 개방하고 성능시험배관 상의 밸브를 서서히 잠근다.
⑨ 주펌프는 설정압력에 도달하여 정지하면 제어반에서 충압펌프의 선택스위치를 자동으로 한다.

정 답

③ 성능시험배관 상의 개폐밸브를 완전 개방한다.
⑥ 성능시험배관 상의 유량조절밸브를 조금 더 개방하여 유량계를 통과하는 유량이 정격토출유량의 150[%]가 되도록 조절한다.

연 계 이 론

PHASE 02 옥내소화전설비

05 도면은 어느 전기실, 발전기실, 방재반실 및 배터리실을 방호하기 위한 할론 1301의 배관평면도이다. 도면과 [조건]을 참고하여 다음 각 물음에 답하시오. [10점]

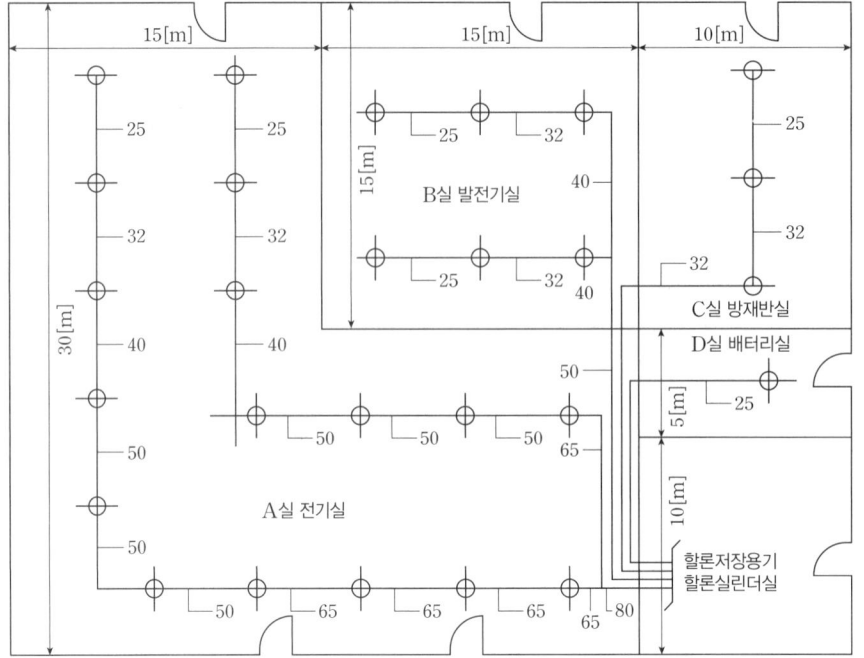

조건

(가) 약제용기는 고압식이다.
(나) 용기의 내용적은 68[L], 약제 충전량은 50[kg]이다.
(다) 용기실 내의 수직배관을 포함한 각 실에 대한 배관 내용적은 다음과 같다.

A실(전기실)	B실(발전기실)	C실(방재반실)	D실(배터리실)
198[L]	78[L]	28[L]	10[L]

(라) A실에 대한 할론 집합관의 내용적은 88[L]이다.
(마) 할론 용기밸브와 집합관 간의 연결관에 대한 내용적은 무시한다.
(바) 설비의 설계기준온도는 20[℃]이다.
(사) 액화 할론 1301의 비중은 20[℃]에서 1.6이다.
(아) 각 실의 개구부는 없다고 가정한다.
(자) 약제소요량 산출 시 각 실의 내부 기둥 및 내용물의 체적은 무시한다.
(차) 각 실의 층고(바닥으로부터 천장까지 높이)는 각각 다음과 같다.
 • A실 및 B실: 5[m]
 • C실 및 D실: 3[m]

(1) A실(전기실)에 필요한 약제 저장용기의 수[병]
(2) B실(발전기실)에 필요한 약제 저장용기의 수[병]
(3) C실(방재반실)에 필요한 약제 저장용기의 수[병]
(4) D실(배터리실)에 필요한 약제 저장용기의 수[병]
(5) 각 실에 대한 설비를 별도 독립방식으로 해야 하는지 판단하시오.

정답

(1) • 계산과정: $(30 \times 30 - 15 \times 15) \times 5 = 3,375$
    $0.32 \times 3,375 = 1,080$
    $\dfrac{1,080}{50} = 21.6$
   • 답: 22병

(2) • 계산과정: $15 \times 15 \times 5 = 1,125$
    $0.32 \times 1,125 = 360$
    $\dfrac{360}{50} = 7.2$
   • 답: 8병

(3) • 계산과정: $10 \times 15 \times 3 = 450$
    $0.32 \times 450 = 144$
    $\dfrac{144}{50} = 2.88$
   • 답: 3병

(4) • 계산과정: $10 \times 5 \times 3 = 150$
    $0.32 \times 150 = 48$
    $\dfrac{48}{50} = 0.96$
   • 답: 1병

(5) D실의 경우 별도 독립방식으로 해야 한다.

해설

(1) 저장용기 1병 당 할론 소화약제의 충전량은 50[kg]이므로 전기실에 필요한 소화약제의 양을 계산한다.

소방대상물		소화약제의 종류	소화약제의 양 [kg/m³]	개구부 가산량 [kg/m²]
차고 · 주차장 · 전기실 · 통신기기실 · 전산실 · 전기설비가 설치된 부분		할론 1301	0.32 이상 0.64 이하	2.4
특수가연물	가연성고체류 · 가연성액체류	할론 1301	0.32 이상 0.64 이하	2.4
		할론 1211	0.36 이상 0.71 이하	2.7
		할론 2402	0.40 이상 1.10 이하	3.0
	면화류 · 나무껍질 및 대팻밥 · 넝마 및 종이부스러기 · 사류 · 볏짚류 · 목재가공품 및 나무부스러기를 저장 · 취급하는 것	할론 1301	0.52 이상 0.64 이하	3.9
		할론 1211	0.60 이상 0.71 이하	4.5
	합성수지류를 저장 · 취급하는 것	할론 1301	0.32 이상 0.64 이하	2.4
		할론 1211	0.36 이상 0.71 이하	2.7

방호구역의 개구부(창문 · 출입구)는 없으므로 가산량은 적용하지 않는다.
전기실의 체적(가로 × 세로 × 높이)은 다음과 같다.
$V = (30[\text{m}] \times 30[\text{m}] - 15[\text{m}] \times 15[\text{m}]) \times 5[\text{m}] = 3,375[\text{m}^3]$ ← 발전기실의 체적은 제외한다.
전기실에 필요한 소화약제의 최소값을 구하여야 하므로 소화약제의 양은 체적 1[m³] 당 0.32[kg/m³]을 적용한다.
  소화약제의 양 = $0.32[\text{kg/m}^3] \times 3,375[\text{m}^3] = 1,080[\text{kg}]$
저장용기 1병 당 소화약제의 충전량은 50[kg]이므로 전체 소화약제의 양을 저장하기 위해 필요한 저장용기의 개수는
  $\dfrac{1,080[\text{kg}]}{50[\text{kg/병}]} = 21.6[\text{병}] = 22$병 (절상)

(2) 발전기실의 체적(가로×세로×높이)은 다음과 같다.
$$V = 15[m] \times 15[m] \times 5[m] = 1,125[m^3]$$
발전기실(전기설비가 설치된 부분)에 필요한 소화약제의 최소값을 구하여야 하므로 소화약제의 양은 체적 $1[m^3]$ 당 $0.32[kg/m^3]$을 적용한다.
$$\text{소화약제의 양} = 0.32[kg/m^3] \times 1,125[m^3] = 360[kg]$$
저장용기 1병 당 소화약제의 충전량은 50[kg]이므로 전체 소화약제의 양을 저장하기 위해 필요한 저장용기의 개수는
$$\frac{360[kg]}{50[kg/병]} = 7.2[병] = 8병 \text{ (절상)}$$

(3) 방재반실의 체적(가로×세로×높이)은 다음과 같다.
$$V = 10[m] \times 15[m] \times 3[m] = 450[m^3]$$
방재반실(통신기기실)에 필요한 소화약제의 최소값을 구하여야 하므로 소화약제의 양은 체적 $1[m^3]$ 당 $0.32[kg/m^3]$을 적용한다.
$$\text{소화약제의 양} = 0.32[kg/m^3] \times 450[m^3] = 144[kg]$$
저장용기 1병 당 소화약제의 충전량은 50[kg]이므로 전체 소화약제의 양을 저장하기 위해 필요한 저장용기의 개수는
$$\frac{144[kg]}{50[kg/병]} = 2.88[병] = 3병 \text{ (절상)}$$

(4) 배터리실의 체적(가로×세로×높이)은 다음과 같다.
$$V = 10[m] \times 5[m] \times 3[m] = 150[m^3]$$
배터리실(전기설비가 설치된 부분)에 필요한 소화약제의 최소값을 구하여야 하므로 소화약제의 양은 체적 $1[m^3]$ 당 $0.32[kg/m^3]$을 적용한다.
$$\text{소화약제의 양} = 0.32[kg/m^3] \times 150[m^3] = 48[kg]$$
저장용기 1병 당 소화약제의 충전량은 50[kg]이므로 전체 소화약제의 양을 저장하기 위해 필요한 저장용기의 개수는
$$\frac{48[kg]}{50[kg/병]} = 0.96[병] = 1병 \text{ (절상)}$$

(5) 하나의 방호구역을 담당하는 소화약제 저장용기의 소화약제량의 체적합계보다 그 소화약제 방출 시 방출경로가 되는 배관(집합관 포함)의 내용적의 비율이 1.5배 이상일 경우 해당 방호구역에 대한 설비는 별도 독립방식으로 한다. ← 각 실로 향하는 배관의 부피가 소화약제량[L]의 1.5배 이상인 경우 별도 독립방식이다.
할론 1301의 비중이 1.6이므로 소화약제의 밀도는 다음과 같다.
$$\gamma = s\gamma_w = 1.6 \times 1[kg/L] = 1.6[kg/L]$$

각 실별 소화약제량[L]과 배관 내용적[L]은 다음과 같다.

	소화약제량[L]	배관 내용적[L]	$\frac{배관내용적[L]}{소화약제량[L]}$	별도 독립방식 여부
A실	$\frac{1,080[kg]}{1.6[kg/L]} = 675[L]$	$198 + 88 = 286[L]$	$\frac{286[L]}{675[L]} ≒ 0.424$	×
B실	$\frac{360[kg]}{1.6[kg/L]} = 225[L]$	$78 + 88 = 166[L]$	$\frac{166[L]}{225[L]} ≒ 0.738$	×
C실	$\frac{144[kg]}{1.6[kg/L]} = 90[L]$	$28 + 88 = 116[L]$	$\frac{116[L]}{90[L]} ≒ 1.289$	×
D실	$\frac{48[kg]}{1.6[kg/L]} = 30[L]$	$10 + 88 = 98[L]$	$\frac{98[L]}{30[L]} ≒ 3.267$	○

연계이론   PHASE 08 할론 소화설비

06

바닥면적이 $1,500[m^2]$인 근린생활시설에 간이 헤드를 이용하여 간이 스프링클러설비를 설치하고자 할 때, 전용수조 설치 시 수원의 양$[m^3]$을 구하시오. [4점]

정답
- 계산과정: $50 \times 5 \times 20 = 5,000[L] = 5[m^3]$
- 답: $5[m^3]$

해설

화재안전기준에 따라 간이 스프링클러설비에서 수원의 저수량은 기준량 $(50[L/min])$ 이상을 방수할 수 있는 양으로 한다.

• 기타시설	2개의 간이 헤드에서 최소 10분 이상
• 근린생활시설로 사용하는 부분의 바닥면적 합계가 $1,000[m^2]$ 이상인 것 • 숙박시설로 사용되는 바닥면적의 합계가 $300[m^2]$ 이상 $600[m^2]$ 미만인 시설 • 복합건축물로서 연면적 $1,000[m^2]$ 이상인 것의 모든 층	5개의 간이 헤드에서 최소 20분 이상

$Q = 50[L/min] \times 5 \times 20[min] = 5,000[L] = 5[m^3]$

연계이론 PHASE 04 스프링클러설비

07

할로겐화합물 및 불활성기체 소화설비에서 할로겐화합물 소화약제 방출 시 만족해야 하는 설계농도$[\%]$를 구하시오. [6점]

조건
- (가) 10초 동안 약제가 방사될 시 설계농도의 $95[\%]$에 해당하는 약제가 방출된다.
- (나) 방호구역은 가로 $4[m]$, 세로 $5[m]$, 높이 $4[m]$이다.
- (다) A급 화재가 발생 가능한 장소로서 소화농도는 $8.5[\%]$이다.

정답
- 계산과정: $8.5 \times 1.2 = 10.2$
  $10.2 \times 0.95 = 9.69$
- 답: $9.69[\%]$

해설

설계농도 C는 소화농도와 안전계수의 곱이며, 일반화재인 A급 화재의 안전계수는 1.2이므로 설계농도 C는 다음과 같다.

$C = $ 소화농도$\times$안전계수$= 8.5 \times 1.2 = 10.2[\%]$

방출 시 설계농도의 $95[\%]$에 해당하는 약제가 방출되므로 방출 시 설계농도는

$10.2[\%] \times 0.95 = 9.69[\%]$

연계이론 PHASE 09 할로겐화합물 및 불활성기체 소화설비

08 그림은 10층 건물에 설치한 옥내소화전설비의 계통도이다. 다음 물음에 답하시오. [15점]

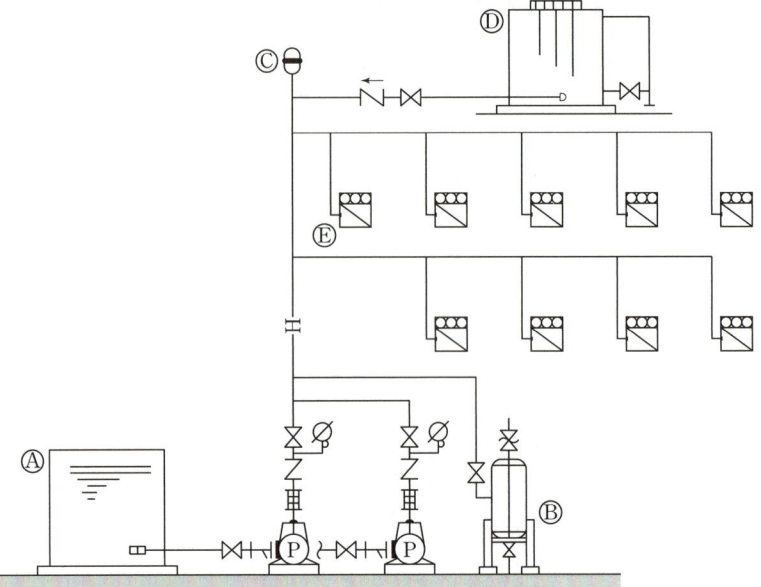

조건
(가) 배관의 마찰손실수두는 40[m](소방호스, 관 부속품의 마찰손실수두 포함)이다.
(나) 펌프의 효율은 65[%]이다.
(다) 펌프의 여유율은 10[%]이다.

(1) Ⓐ~Ⓔ의 명칭을 쓰시오.
(2) Ⓓ에 보유하여야 할 최소 유효저수량[m³]은 얼마인가?
(3) Ⓑ의 주된 기능은 무엇인가?
(4) Ⓒ의 설치목적은 무엇인가?
(5) Ⓔ항의 문짝의 면적[m²]은 얼마 이상이어야 하는가?
(6) 펌프의 전동기 용량[kW]은 얼마인가?

정 답

(1) Ⓐ: 소화수조, Ⓑ: 압력챔버, Ⓒ: 수격방지기, Ⓓ: 옥상수조, Ⓔ: 옥내소화전

(2) • 계산과정: $2 \times 2.6 \times \dfrac{1}{3} ≒ 1.733$

  • 답: 1.73[m³]

(3) 순간적인 압력변동을 검지하여 수격작용 등의 이상현상을 방지한다.

(4) 수격작용 방지

(5) 0.5[m²]

(6) • 계산과정: $2 \times 130 = 260[\text{L/min}] = \dfrac{0.26}{60}[\text{m}^3/\text{s}]$

  $40 + 17 = 57$

  $\dfrac{9.8 \times \dfrac{0.26}{60} \times 40}{0.65} \times 1.1 ≒ 4.096$

  • 답: 4.10[kW]

해 설

(2) 화재안전기준에 따라 옥내소화전설비에서 수원의 저수량은 옥내소화전의 설치개수가 가장 많은 층의 설치개수에 기준량을 곱한 양 이상이 되도록 한다.

층수	최대 설치개수	기준량
~29층	2개	$2.6[m^3]$ ($130[L/min] \times 20[min]$)
30층~49층	5개	$5.2[m^3]$ ($130[L/min] \times 40[min]$)
50층~	5개	$7.8[m^3]$ ($130[L/min] \times 60[min]$)

기준에 따라 계산한 유효수량 외에 유효수량의 $\frac{1}{3}$ 이상을 옥상에 설치한다.

따라서 옥상수조에 보유해야 하는 최소 유효저수량$[m^3]$은

$$Q = 2[개] \times 2.6[m^3] \times \frac{1}{3} ≒ 1.733[m^3]$$

(3) 압력챔버는 다음과 같은 기능을 가진다.
   - 배관의 압력 저하 시 펌프의 기동 및 정지
   - 수격작용으로부터 완충 및 방지
   - 순간적인 압력변동에서 안정적인 압력 검지

(5) 소화전함 문의 면적은 $0.5[m^2]$ 이상이어야 한다.

(6) 전동기의 용량은 다음의 식을 통해 구할 수 있다.

$$P = \frac{\gamma Q H}{\eta} K$$

P: 전동기의 용량$[kW]$, γ: 유체의 비중량$[kN/m^3]$, Q: 유량$[m^3/s]$, H: 전양정$[m]$, η: 효율, K: 전달계수

유체는 물이므로 물의 비중량은 $9.8[kN/m^3]$이다.

화재안전기준에 따라 옥내소화전설비에서 가압송수장치(펌프)는 특정소방대상물의 어느 층에서 해당 층의 옥내소화전을 동시에 사용할 경우(최대 2개, 30층 이상인 경우 최대 5개) 각 소화전의 노즐 선단에서의 방수량은 $130[L/min]$ 이상으로 한다.

정격토출량 = $2[개] \times 130[L/min] = 260[L/min]$

펌프의 토출량은 $260[L/min]$이므로 단위를 변환하면 $\frac{0.26}{60}[m^3/s]$이다.

화재안전기준에 따라 옥내소화전설비에 설치된 가압송수장치(펌프)의 전양정은 다음과 같다.

$$H = h_1 + h_2 + h_3 + 17$$

H: 전양정$[m]$, h_1: 실양정(흡입양정+토출양정)$[m]$, h_2: 호스의 마찰손실수두$[m]$, h_3: 배관 및 관부속의 마찰손실수두$[m]$, 17: 노즐선단에서의 방사압력수두$[m]$

모든 마찰손실의 합($h_1 + h_2 + h_3$)은 $40[m]$이므로 펌프의 전양정 H는

$H = h_1 + h_2 + h_3 + 17 = 40[m] + 17 = 57[m]$

따라서 주어진 조건을 공식에 대입하면 전동기의 동력 P는

$$P = \frac{9.8[kN/m^3] \times \frac{0.26}{60}[m^3/s] \times 40[m]}{0.65} \times 1.1 ≒ 4.096[kW]$$

연계이론 **PHASE 02 옥내소화전설비**

09 그림은 어느 판매장의 무창층에 대한 제연설비 중 연기배출풍도와 배출 FAN을 나타내고 있는 평면도이다. 주어진 [조건]을 이용하여 풍도에 설치되어야 할 제어댐퍼를 가장 적합한 지점에 표기한 다음 물음에 답하시오. [12점]

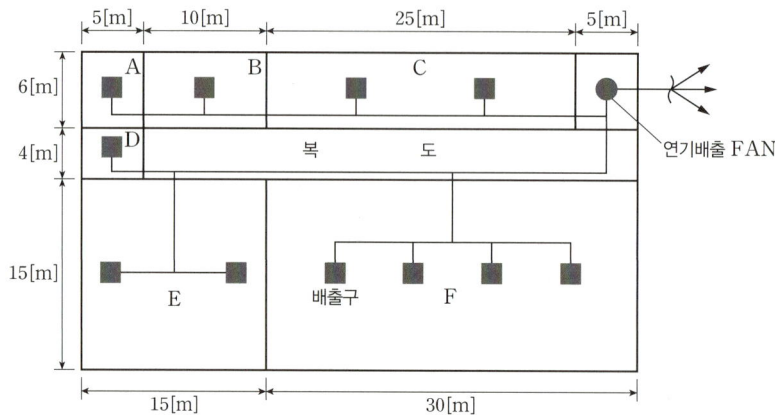

조건

(가) 건물의 주요구조부는 모두 내화구조이다.
(나) 각 실은 불연성 구조물로 구획되어 있다.
(다) 복도의 내부면은 모두 불연재이고, 복도 내에 가연물을 두는 일은 없다.
(라) 각 실에 대한 연기배출방식에서 공동배출구역방식은 없다.
(마) 이 판매장에는 음식점은 없다.

(1) 제어댐퍼의 설치를 그림에 표시하시오. (단, 댐퍼의 표기는 ⊘의 모양으로 할 것)
(2) 각 실(A, B, C, D, E, F)의 최소 소요배출량[m³/h]은 얼마인가?

실	계산식	배출량
A실		
B실		
C실		
D실		
E실		
F실		

(3) 배출 FAN의 최소 소요배출용량[m³/h]은 얼마인가?
(4) C실에 화재가 발생하였을 경우 제어댐퍼의 작동상황(개폐 여부)이 어떻게 되어야 하는지 설명하시오.

(1)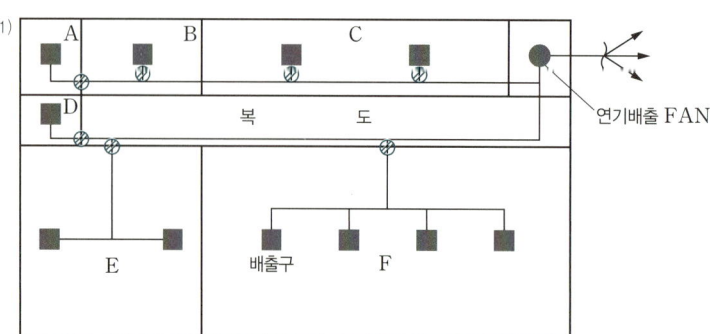

(2)

실	계산식	배출량
A실	$5 \times 6 = 30[m^2]$ $30[m^3/min] \times 60[min/h] = 1,800[m^3/h]$	$5,000[m^3/h]$
B실	$10 \times 6 = 60[m^2]$ $60[m^3/min] \times 60[min/h] = 3,600[m^3/h]$	$5,000[m^3/h]$
C실	$25 \times 6 = 150[m^2]$ $150[m^3/min] \times 60[min/h] = 9,000[m^3/h]$	$9,000[m^3/h]$
D실	$5 \times 4 = 20[m^2]$ $20[m^3/min] \times 60[min/h] = 1,200[m^3/h]$	$5,000[m^3/h]$
E실	$15 \times 15 = 225[m^2]$ $225[m^3/min] \times 60[min/h] = 13,500[m^3/h]$	$13,500[m^3/h]$
F실	$30 \times 15 = 450[m^2]$ $\sqrt{30^2 + 15^2} ≒ 33.54[m] \leq 40[m]$	$40,000[m^3/h]$

(3) $40,000[m^3/h]$

(4) C실에 화재 발생 시 C실의 배기 제어댐퍼만 개방되고 그 외의 모든 제어댐퍼는 폐쇄되어야 한다.

해 설

(1) 각 실은 독립배연방식이므로 각 실별로 배출댐퍼를 설치해야 한다. ← 각 실에 하나의 댐퍼만 설치해야 하는 것은 아니고 일제히 동작하는 2 이상의 댐퍼도 가능하다.

(2) 바닥면적이 $400[m^2]$ 미만인 경우 바닥면적 $1[m^2]$ 당 $1[m^3/min]$ 이상으로 하고, 최소 배출량은 $5,000[m^3/hr]$ 이상으로 한다.

바닥면적이 $400[m^2]$ 이상인 경우 배출량은 다음과 같다. ← 제연경계가 아닌 벽으로 구획된 경우 수직거리는 0[m]

	제연경계의 하단으로부터 바닥까지의 수직거리[m]	배출량[m³/h]
직경 40[m]인 원의 범위 안에 있는 경우	2 이하	40,000 이상
	2 초과 2.5 이하	45,000 이상
	2.5 초과 3 이하	50,000 이상
	3 초과	60,000 이상
직경 40[m]인 원의 범위를 초과하는 경우	2 이하	45,000 이상
	2 초과 2.5 이하	50,000 이상
	2.5 초과 3 이하	55,000 이상
	3 초과	65,000 이상

(3) 공동예상제연구역 안에 설치된 예상제연구역이 각각 제연경계로 구획된 경우에 배출량은 각 예상제연구역의 배출량 중 최대의 것으로 한다.

연계 이론 PHASE 14 제연설비

10 그림은 연결살수설비의 계통도이다. [조건]을 참고하여 이 설비가 작동되었을 경우 표의 ( ) 안에 알맞은 답을 구하시오. (단, 0.1[MPa]=10[m]로 계산한다.) [12점]

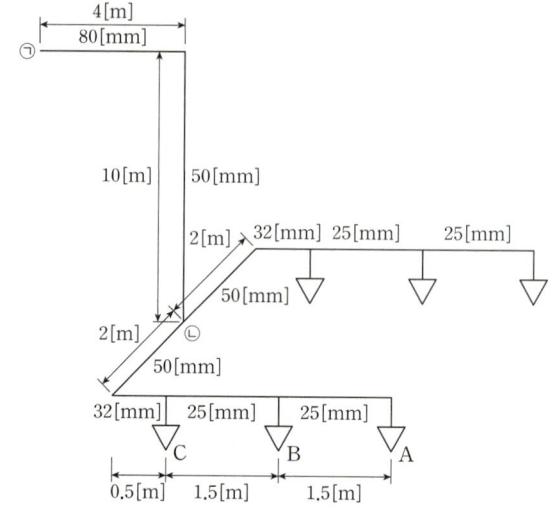

조건

(가) 설치된 개방형 헤드 A의 유량은 100[L/min], 방수압은 0.25[MPa]이다.
(나) 배관 부속 및 밸브류의 마찰손실은 무시한다.
(다) 수리계산 시 속도수두는 무시한다.
(라) 필요한 압력은 노즐에서의 방사압과 배관 끝에서의 압력을 별도로 구한다.

구간	유량[L/min]	길이[m]	1[m]당 마찰손실[MPa]	구간손실MPa	낙차[m]	손실계[MPa]
노즐 A	100	—	—	—	—	0.25
A~B	100	1.5	0.02	0.03	0	①
노즐 B	②	—	—	—	—	—
B~C	③	1.5	0.04	④	0	⑤
노즐 C	⑥	—	—	—	—	—
C~ⓒ	⑦	2.5	0.06	⑧	0	⑨
ⓒ~㉠	⑩	14	0.01	⑪	−10	⑫

정답

①	0.28	⑤	0.34	⑨	0.49
②	105.83	⑥	116.62	⑩	644.9
③	205.83	⑦	322.45	⑪	0.14
④	0.06	⑧	0.15	⑫	0.53

해 설

구간	유량[L/min]	길이[m]	1[m]당 마찰손실[MPa]	구간손실[MPa]	낙차[m]	손실계[MPa]
노즐 A	100	—	—	—	—	0.25
A~B	100	1.5	0.02	0.03	0	0.25+0.03 =0.28
노즐 B	$63.246 \times \sqrt{10 \times 0.28}$ ≒105.831	—	—	—	—	—
B~C	100+105.831 =205.831	1.5	0.04	1.5×0.04 =0.06	0	0.28+0.06 =0.34
노즐 C	$63.246 \times \sqrt{10 \times 0.34}$ ≒116.619	—	—	—	—	—
C~ⓒ	205.831+116.619 =322.45	2.5	0.06	2.5×0.06 =0.15	0	0.34+0.15 =0.49
ⓒ~㉠	2×322.45 =644.9	14	0.01	14×0.01 =0.14	−10	0.49+0.14−0.1 =0.53

방수노즐에서 압력 P와 유량 Q는 다음과 같은 관계를 갖는다.

$$Q=K\sqrt{10P}$$

Q: 방수량[L/min], K: 방출계수, P: 방수압[MPa]

방수량 Q가 100[L/min]이고, 방수압 P가 0.25[MPa]일 때 방출계수 K는 다음과 같다.

$$K=\frac{Q}{\sqrt{10P}}=\frac{100[\text{L/min}]}{\sqrt{10 \times 0.25[\text{MPa}]}} ≒63.246$$

연계이론

PHASE 17 연결살수설비

11 합성계면활성제포 1.5[%]형을 650배로 방출하였더니 포의 체적이 16.25[m³]이었다. 다음 물음에 답하시오. [6점]

(1) 포 수용액의 양[L]은 얼마인가?
(2) 포 원액의 양[L]은 얼마인가?
(3) (1)에서 사용된 합성계면활성제 포 수용액을 사용하여 팽창비가 500이 되게 포를 방출한다면 방출된 포의 체적[L]은 얼마인가?

정답

(1) • 계산과정: $\dfrac{16.25}{650} = 0.025[m^3] = 25[L]$
　　• 답: 25[L]

(2) • 계산과정: $25 \times 0.015 = 0.375$
　　• 답: 0.375[L]

(3) • 계산과정: $25 \times 500 = 12,500$
　　• 답: 12,500[L]

해설

(1) "팽창비"란 최종 발생한 포 체적을 원래 포 수용액 체적으로 나눈 값을 말한다.
　　포 수용액 체적 = $\dfrac{최종 발생한 포 체적}{팽창비} = \dfrac{16.25[m^3]}{650} = 0.025[m^3] = 25[L]$

(2) 포 소화약제는 1.5[%]의 합성계면활성제를 사용하므로 필요한 포 원액량[L]은 다음과 같다.
　　$25[L] \times 0.015 = 0.375[L]$

(3) 최종 발생한 포의 체적은 포 수용액의 체적과 팽창비의 곱이다.
　　$25[L] \times 500 = 12,500[L]$

연계이론 PHASE 06 포 소화설비

12 스프링클러 헤드를 방호반경 2.1[m]로 하여 정방형으로 설치하고자 할 때 헤드와 헤드 간의 수평거리 [m]는 얼마 이하로 하여야 하는지 구하시오. [5점]

정 답
- 계산과정: $2 \times 2.1 \times \cos 45° ≒ 2.969$
- 답: $2.97[m]$

해 설
헤드를 정방형으로 배치한 경우 다음의 식에 따라 산정한 수치 이하가 되도록 한다.

$$S = 2 \times r \times \cos 45°$$

S: 헤드 상호 간의 거리[m], r: 유효반경

헤드 간 최대 거리는 다음과 같다.
$$S = 2 \times 2.1[m] \times \cos 45° ≒ 2.969[m]$$

연계이론 PHASE 04 스프링클러설비

---

13 가스계 소화설비인 이산화탄소 소화설비에서 솔레노이드(전자개방)밸브를 작동시키는 방법을 4가지 쓰시오. [4점]

정 답
다음 5가지 중 4가지를 선택하여 작성한다.
- 방호구역 내 감지기 2개 회로 동작
- 수동조작함의 수동조작스위치 동작
- 제어반의 동작시험스위치와 회로선택스위치 동작
- 제어반의 수동스위치 동작
- 솔레노이드 밸브의 수동조작 버튼 작동

연계이론 PHASE 07 이산화탄소 소화설비

14 그림과 [조건]을 보고 다음 물음에 답하시오. [8점]

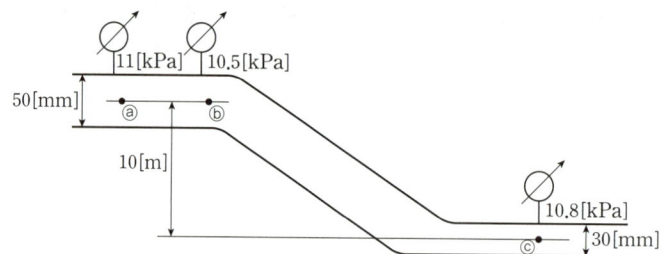

조건

(개) ⓐ점의 압력: 11[kPa], ⓑ점의 압력: 10.5[kPa], ⓒ점의 압력: 10.8[kPa]
(나) 유량: 10[L/s]

(1) ⓐ점의 유속[m/s]은 얼마인가?
(2) ⓒ점의 유속[m/s]은 얼마인가?
(3) ⓐ점과 ⓑ점 간의 마찰손실[m]은 얼마인가?
(4) ⓐ점과 ⓒ점 간의 마찰손실[m]은 얼마인가?

정답

(1) • 계산과정: $10[L/s] = 0.01[m^3/s]$

$$\frac{4 \times 0.01}{\pi \times 0.05^2} ≒ 5.093$$

• 답: 5.09[m/s]

(2) • 계산과정: $\frac{4 \times 0.01}{\pi \times 0.03^2} ≒ 14.147[m/s]$

• 답: 14.15[m/s]

(3) • 계산과정: $\frac{11-10.5}{9.8} ≒ 0.051$

• 답: 0.05[m]

(4) • 계산과정: $\frac{11-10.8}{9.8} + \frac{5.09^2 - 14.15^2}{2 \times 9.8} + 10 ≒ 1.127$

• 답: 1.13[m]

해 설

(1) 부피유량 공식 $Q=Au$에 의해 유량 Q와 배관의 직경 D를 알면 유속 u를 다음과 같이 구할 수 있다.

$$u=\frac{4Q}{\pi D^2}$$

u: 유속[m/s], Q: 유량[m³/s], D: 배관의 직경[m]

유량은 10[L/s]이므로 단위를 변환하면 0.01[m³/s]이다.
따라서 주어진 조건을 공식에 대입하면 ⓐ지점의 유속 u는

$$u=\frac{4\times0.01[\text{m}^3/\text{s}]}{\pi\times(0.05[\text{m}])^2}≒5.093[\text{m/s}]$$

(2) 주어진 조건을 공식에 대입하면 ⓒ지점의 유속 u는

$$u=\frac{4\times0.01[\text{m}^3/\text{s}]}{\pi\times(0.03[\text{m}])^2}≒14.147[\text{m/s}]$$

(3) 점성이 있는 유체이므로 배관에서의 마찰손실은 수정 베르누이 방정식으로 구할 수 있다.

$$\frac{P_1}{\gamma}+\frac{u_1^2}{2g}+Z_1=\frac{P_2}{\gamma}+\frac{u_2^2}{2g}+Z_2+H$$

P: 압력[kN/m²], γ: 비중량[kN/m³], u: 유속[m/s], g: 중력가속도[m/s²], Z: 높이[m], H: 마찰손실수두[m]

유체는 물이므로 물의 비중량은 9.8[kN/m³]이다.
ⓐ지점과 ⓑ지점은 구경이 일정한 배관이므로 유속 u는 같다.
높이 차이는 없으므로 $Z_1=Z_2$로 두면 관계식은 다음과 같다.

$$H=\frac{P_1-P_2}{\gamma}$$

따라서 유체가 ⓐ지점에서 ⓑ지점으로 이동하며 발생한 마찰손실 H는

$$H=\frac{11[\text{kPa}]-10.5[\text{kPa}]}{9.8[\text{kN/m}^3]}≒0.051[\text{m}]$$

(4) 높이 차이는 10[m]이므로 유체가 ⓐ지점에서 ⓒ지점으로 이동하며 발생한 마찰손실 H는

$$H=\frac{P_1-P_2}{\gamma}+\frac{u_1^2-u_2^2}{2g}+(Z_1-Z_2)$$
$$=\frac{11[\text{kPa}]-10.8[\text{kPa}]}{9.8[\text{kN/m}^3]}+\frac{(5.09[\text{m}])^2-(14.15[\text{m}])^2}{2\times9.8[\text{m/s}^2]}+10[\text{m}]≒1.127[\text{m}]$$

연 계 이 론 **PHASE 20** 유체유동

2014년 4회 기출문제

01 실의 크기가 가로 20[m], 세로 15[m], 높이 5[m]인 공간에서 커다란 화염의 화재가 발생하여 t초 시간이 지난 후의 청결층 높이 y[m]의 값이 1.8[m]가 되었다. 다음의 식을 이용하여 각 물음에 답하시오. [6점]

조건

$$Q = \frac{A(H-y)}{t}$$

Q: 연기의 발생량[m³/min], A: 바닥면적[m²], H: 층고[m], y: 청결층 높이[m], t: 발화 시간[min]

(가) 위 식에서 시간 t(초)는 다음의 Hinkley식을 만족한다.

$$t = \frac{20A}{P_f \times \sqrt{g}} \times \left(\frac{1}{\sqrt{g}} - \frac{1}{\sqrt{H}}\right)$$

단, g는 중력가속도 (9.81[m/s²])이고, P_f는 화재경계의 길이로서 큰 화염의 경우 12[m], 중간 화염의 경우 6[m], 작은 화염의 경우 4[m]를 적용한다.

(나) 연기생성률(M[kg/s])은 다음과 같다.

$$M = 0.188 P_f \times y^{\frac{3}{2}}$$

(1) 상부의 배연구로부터 몇 [m³/min]의 연기를 배출해야 이 청결층의 높이가 유지되는지 계산하시오.
(2) 연기의 생성률[kg/s]을 구하시오.

정답

(1) • 계산과정: $\dfrac{20 \times 15 \times (5-1.8)}{\dfrac{20 \times 20 \times 15}{12 \times \sqrt{9.81}} \times \left(\dfrac{1}{\sqrt{1.8}} - \dfrac{1}{\sqrt{5}}\right)} ≒ 20.1703 [\text{m}^3/\text{s}]$

$20.1703 \times 60 = 1,210.218 [\text{m}^3/\text{min}]$

• 답: 1,210.22[m³/min]

(2) • 계산과정: $0.188 \times 12 \times 1.8^{\frac{3}{2}} ≒ 5.448$

• 답: 5.45[kg/s]

02

수계소화설비의 펌프 성능시험에 대하여 다음 물음에 답하시오. [6점]

(1) 펌프의 성능시험 방법을 순서대로 쓰시오.
(2) 펌프 성능시험 결과 판정기준을 쓰시오.

정 답

(1) ① 펌프의 토출 측 주밸브를 잠근다.
② 동력제어반에서 충압펌프를 수동 또는 정지위치에 놓는다.
③ 성능시험배관 상의 개폐밸브를 완전 개방한다.
④ 동력제어반에서 주펌프를 수동으로 기동시킨다.
⑤ 성능시험배관 상의 유량조절밸브를 서서히 개방하여 유량계를 통과하는 유량이 정격토출유량이 되도록 조정한다.
⑥ 성능시험배관 상의 유량조절밸브를 조금 더 개방하여 유량계를 통과하는 유량이 정격토출유량의 150[%]가 되도록 조절한다.
⑦ 이때 펌프의 토출 측 압력은 정격토출압력의 65[%] 이상이어야 한다.
⑧ 펌프의 토출 측 주밸브를 개방하고 성능시험배관 상의 밸브를 서서히 잠근다.
⑨ 주펌프는 설정압력에 도달하여 정지하면 제어반에서 충압펌프의 선택스위치를 자동으로 한다.

(2) 펌프의 성능은 체절운전 시 정격토출압력의 140[%]를 초과하지 않고, 정격토출량의 150[%]로 운전 시 정격토출압력의 65[%] 이상이 되어야 한다.

연계이론

PHASE 02 옥내소화전설비

03

포 소화설비 중 배액밸브를 설치하는 목적과 설치 위치에 대하여 설명하시오. [6점]

(1) 설치 목적
(2) 설치 위치

정 답

(1) 포의 방출 종료 후 배관 안의 액을 배출하기 위하여
(2) 송액관은 적당한 기울기를 유지하도록 하고 그 낮은 부분에 설치

해 설

송액관은 포의 방출 종료 후 배관 안의 액을 배출하기 위하여 적당한 기울기를 유지하도록 하고 그 낮은 부분에 배액밸브를 설치해야 한다.

연계이론

PHASE 06 포 소화설비

04 다음은 지하구의 화재안전기술기준이다. (   ) 안에 알맞은 답을 쓰시오. [5점]

(1) 교차배관은 가지배관과 수평으로 설치하거나 또는 가지배관 밑에 설치하고, 최소구경이 (①)[mm] 이상이 되도록 할 것
(2) 송수구는 구경 (②)[mm]의 쌍구형으로 할 것
(3) 헤드 간의 수평거리는 연소방지설비 전용헤드의 경우에는 (③)[m] 이하, 스프링클러 헤드의 경우에는 (④)[m] 이하로 할 것
(4) 소방대원의 출입이 가능한 환기구·작업구마다 지하구의 양쪽 방향으로 살수헤드를 설정하되, 한쪽 방향의 살수구역의 길이는 (⑤)[m] 이상으로 할 것. 다만, 환기구 사이의 간격이 700[m]를 초과할 경우에는 700[m] 이내마다 살수구역을 설정하되, 지하구의 구조를 고려하여 방화벽을 설치한 경우에는 그러하지 아니하다.

정답

(1) ① 40

(2) ② 65

(3) ③ 2
    ④ 1.5

(4) ⑤ 3

해설

(1) 교차배관은 가지배관과 수평으로 설치하거나 또는 가지배관 밑에 설치하고, 최소구경이 40[mm] 이상이 되도록 한다.

(2) 송수구는 구경 65[mm]의 쌍구형으로 한다.

(3) 헤드 간의 수평거리는 연소방지설비 전용헤드의 경우에는 2[m] 이하, 개방형 스프링클러 헤드의 경우에는 1.5[m] 이하로 한다.

(4) 소방대원의 출입이 가능한 환기구·작업구마다 지하구의 양쪽방향으로 살수헤드를 설정하되, 한쪽 방향의 살수구역의 길이는 3[m] 이상으로 한다. 다만, 환기구 사이의 간격이 700[m]를 초과할 경우에는 700[m] 이내마다 살수구역을 설정하되, 지하구의 구조를 고려하여 방화벽을 설치한 경우에는 그렇지 않다.

연계이론

PHASE 18 지하구

05

전압이 30[mmAq], 풍량 800[m³/min]이고 전동기 효율이 55[%], 전압력 손실과 제연량 누수도 고려한 여유율을 10[%] 증가시킨 것으로 할 때 배출기의 동력[kW]을 구하시오. [6점]

정답

- 계산과정: $30[\text{mmAq}] \times \dfrac{101.325[\text{kPa}]}{10,332[\text{mmAq}]} \fallingdotseq 0.2942[\text{kPa}]$

  $800[\text{m}^3/\text{min}] = \dfrac{800}{60}[\text{m}^3/\text{s}]$

  $\dfrac{0.2942 \times \dfrac{800}{60}}{0.55} \times 1.1 \fallingdotseq 7.845$

- 답: 7.85[kW]

해설

배출기의 동력은 다음의 식을 통해 구할 수 있다.

$$P = \dfrac{P_T Q}{\eta} K$$

P: 배출기의 동력[kW], P_T: 전압(풍압)[kPa], Q: 풍량[m³/s], η: 효율, K: 전달계수

전압은 배출기의 흡입구와 배출구의 압력 차이를 의미하며 30[mmAq]이므로 단위를 변환하면 다음과 같다.

$30[\text{mmAq}] \times \dfrac{101.325[\text{kPa}]}{10,332[\text{mmAq}]} \fallingdotseq 0.2942[\text{kPa}]$

배출량은 800[m³/min]이므로 단위를 변환하면 $\dfrac{800}{60}[\text{m}^3/\text{s}]$이다.

따라서 주어진 조건을 공식에 대입하면 배출기의 동력 P는

$P = \dfrac{0.2942[\text{kPa}] \times \dfrac{800}{60}[\text{m}^3/\text{s}]}{0.55} \times 1.1 \fallingdotseq 7.845[\text{kW}]$

연계이론 PHASE 23 펌프의 특성

06

소방배관에는 배관용 탄소강관, 이음매 없는 구리 및 구리합금관, 배관용 스테인리스강관을 사용하는데 소방용 합성수지배관으로 설치할 수 있는 경우를 3가지 쓰시오. [6점]

정답

- 배관을 지하에 매설하는 경우
- 다른 부분과 내화구조로 구획된 덕트 또는 피트의 내부에 설치하는 경우
- 천장과 반자를 불연재료 또는 준불연재료로 설치하고 소화배관 내부에 항상 소화수가 채워진 상태로 설치하는 경우

연계이론 PHASE 02 옥내소화전설비

07

펌프의 흡입이론에서 볼 때 물을 흡수할 수 있는 이론최대높이[m]를 구하시오. (단, 대기압은 101,325[Pa], 수은의 비중량 133,280[N/m³], 물의 비중량 9,800[N/m³]이다.) [6점]

정답

- 계산과정: $\dfrac{101,325}{9,800} \fallingdotseq 10.339$
- 답: 10.34[m]

해설

펌프의 흡입 측에서는 진공압을 만들어 유체를 흡수한다. 따라서 진공압을 만들 수 있는 최대값인 대기압의 수두만큼 물을 흡수할 수 있다.
압력[Pa]과 수두[m]의 관계식은 다음과 같다.

$$H = \frac{P}{\gamma} = \frac{P}{\rho g}$$

H: 수두[m], P: 압력[Pa], γ: 비중량[N/m³], ρ: 밀도[kg/m³], g: 중력가속도[m/s²]

$$H = \frac{101,325[\text{Pa}]}{9,800[\text{N/m}^3]} \fallingdotseq 10.339[\text{m}]$$

연계이론 PHASE 23 펌프의 특성

08

배관 내 유체가 흐를 때 발생하는 캐비테이션(공동현상)의 발생원인 및 방지대책을 각각 3가지 쓰시오. [6점]

(1) 발생원인
(2) 방지대책

정답

(1) 다음 4가지 중 3가지를 선택하여 작성한다.
- 펌프의 설치 위치가 높아 유효흡입수두가 낮아진다.
- 펌프의 회전수가 커서 회전력이 약해진다.
- 펌프의 흡입 관경이 작아 빠른 유속으로 인한 마찰손실이 커진다.
- 난흡입펌프 사용 시 적은 유량으로 인해 성능이 저하된다.

(2) 다음 4가지 중 3가지를 선택하여 작성한다.
- 펌프의 설치 위치를 낮게 한다.
- 펌프의 회전수를 작게 한다.
- 펌프의 흡입 관경을 크게 한다.
- 단흡입펌프보다 양흡입펌프를 사용한다.

연계이론 PHASE 23 펌프의 특성

09

지상 20층인 건축물에 옥내소화전설비를 설치하려고 한다. 각 층에 옥내소화전 7개씩 설치하고, 실양정은 60[m]이다. 이때 펌프의 최소유량[L/min]과 수원의 최소 유효저수량[m³]의 양을 각각 구하시오. (단, 수원은 옥상수조를 포함한다.) [6점]

(1) 펌프의 최소유량[L/min]
(2) 수원의 최소 유효저수량[m³]

정 답

(1) • 계산과정: $2 \times 130 = 260$
 • 답: 260[L/min]

(2) • 계산과정: $(2 \times 2.6) + (2 \times 2.6) \times \dfrac{1}{3} ≒ 6.933$
 • 답: 6.93[m³]

해 설

(1) 화재안전기준에 따라 옥내소화전설비에서 가압송수장치(펌프)는 특정소방대상물의 어느 층에서 해당 층의 옥내소화전을 동시에 사용할 경우(최대 2개, 30층 이상인 경우 최대 5개) 각 소화전의 노즐 선단에서의 방수량은 130[L/min] 이상으로 한다.
 정격토출량 = 2[개] × 130[L/min] = 260[L/min]

(2) 화재안전기준에 따라 옥내소화전설비에서 수원의 저수량은 옥내소화전의 설치개수가 가장 많은 층의 설치개수에 기준량을 곱한 양 이상이 되도록 한다.

층수	최대 설치개수	기준량
~29층	2개	2.6[m³] (130[L/min] × 20[min])
30층~49층	5개	5.2[m³] (130[L/min] × 40[min])
50층~	5개	7.8[m³] (130[L/min] × 60[min])

기준에 따라 계산한 유효수량 외에 유효수량의 $\dfrac{1}{3}$ 이상을 옥상에 설치한다.

$$Q = (2[개] \times 2.6[m^3]) + (2[개] \times 2.6[m^3]) \times \dfrac{1}{3} ≒ 6.933[m^3]$$

연계이론 PHASE 02 옥내소화전설비

10 [조건]을 참조하여 거실 제연설비에 대하여 다음 물음에 답하시오. [16점]

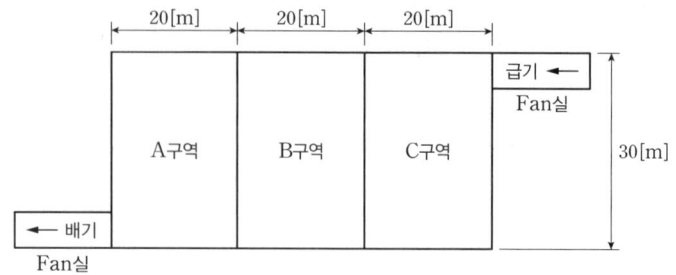

조건
(가) 제연방식은 상호제연방식으로 공동예상제연구역이 각각 제연경계로 구획되어 있다.
(나) 덕트는 단선으로 표시한다.
(다) 급기덕트의 풍속은 15[m/s], 배기덕트의 풍속은 20[m/s]이다.
(라) Fan의 전압은 40[mmAq]로 한다.
(마) 천장 높이는 2[m]이다.

(1) 예상제연구역의 배출기의 배출량[m³/h]은 얼마 이상으로 하여야 하는가?
(2) Fan의 동력[kW]은 얼마인가? (단, 효율 55[%], 여유율 10[%]이다.)
(3) [설계조건] 및 물음에 따라 [조건]을 참고하여 다음을 설계하시오. (단, 도면 포함)

설계조건
(가) 덕트의 크기: 각형 덕트로 하되 높이는 400[mm]로 한다.
(나) 급기구 및 배기구의 크기(정사각형): 구역당 배기구 4개소, 급기구 3개소로 한다.
(다) 크기는 급기/배기량[m³/min] 당 35[cm²] 이상으로 한다.
(라) 덕트는 실선으로 표기한다.
(마) 댐퍼의 작동 여부는 표의 빈칸에 표기한다.
(바) 효율은 무시한다.

① 아래 도면과 같이 급기구 및 배기구를 설치할 경우 도면을 완성하시오.

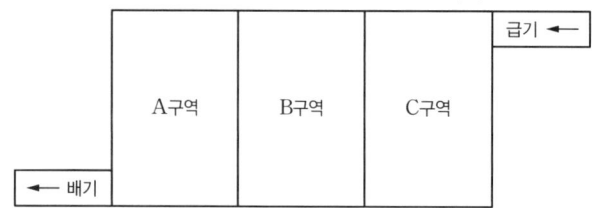

② 급기구와 배기구로 구분하여 필요한 개소별 풍량, 덕트의 단면적, 덕트의 크기를 설계하시오. (단, 풍량, 덕트의 단면적, 덕트의 크기는 소수점 이하 첫째 자리에서 반올림하여 정수로 나타내시오.)

덕트의 구분		풍량[CMH]	덕트의 단면적[mm²]	덕트의 크기 (가로[mm] × 세로[mm])
배기덕트	A	①	⑦	⑬
배기덕트	B	②	⑧	⑭
배기덕트	C	③	⑨	⑮
급기덕트	A	④	⑩	⑯
급기덕트	B	⑤	⑪	⑰
급기덕트	C	⑥	⑫	⑱

③ 배기댐퍼와 급기댐퍼의 작동상태를 표시하시오. (댐퍼 작동상태 ○: open, ●: close)

덕트의 구분	배기댐퍼			급기댐퍼		
	A구역	B구역	C구역	A구역	B구역	C구역
A구역 화재시						
B구역 화재시						
C구역 화재시						

정 답

(1) • 답: 40,000[m³/h]

(2) • 계산과정: $40[\text{mmAq}] \times \dfrac{101.325[\text{kPa}]}{10,332[\text{mmAq}]} \fallingdotseq 0.3923[\text{kPa}]$

$40,000[\text{m}^3/\text{hr}] = \dfrac{40,000}{3,600}[\text{m}^3/\text{s}]$

$\dfrac{0.3923 \times \dfrac{40,000}{3,600}}{0.55} \times 1.1 \fallingdotseq 8.718[\text{kW}]$

• 답: 8.72[kW]

(3) ①

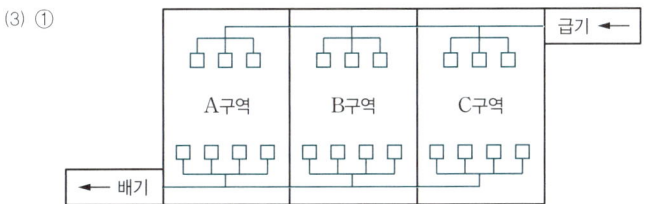

②

덕트의 구분		풍량[CMH]	덕트의 단면적[mm²]	덕트의 크기 (가로[mm]×세로[mm])
배기덕트	A	40,000	555,556	1,389×400
배기덕트	B	40,000	555,556	1,389×400
배기덕트	C	40,000	555,556	1,389×400
급기덕트	A	20,000	370,370	926×400
급기덕트	B	20,000	370,370	926×400
급기덕트	C	20,000	370,370	926×400

③

덕트의 구분	배기댐퍼			급기댐퍼		
	A구역	B구역	C구역	A구역	B구역	C구역
A구역 화재시	○	●	●	●	○	○
B구역 화재시	●	○	●	○	●	○
C구역 화재시	●	●	○	○	○	●

해 설

(1) 공동예상제연구역 안에 설치된 예상제연구역이 각각 제연경계로 구획된 경우에는 각 예상제연구역의 배출량 중 최대의 것으로 한다. 이 경우 거실일 때에는 바닥면적 1,000[m²] 이하, 직경 40[m] 원 안에 들어가도록 한다.

$20[m] \times 30[m] = 600[m^2]$

$\sqrt{(20[m])^2 + (30[m])^2} ≒ 36.06[m] ≤ 40[m]$

바닥면적이 400[m²] 이상인 경우 배출량은 다음과 같다. ← 제연경계가 아닌 벽으로 구획된 경우 수직거리는 0[m]

	제연경계의 하단으로부터 바닥까지의 수직거리[m]	배출량[m³/h]
직경 40[m]인 원의 범위 안에 있는 경우	2 이하	40,000 이상
	2 초과 2.5 이하	45,000 이상
	2.5 초과 3 이하	50,000 이상
	3 초과	60,000 이상
직경 40[m]인 원의 범위를 초과하는 경우	2 이하	45,000 이상
	2 초과 2.5 이하	50,000 이상
	2.5 초과 3 이하	55,000 이상
	3 초과	65,000 이상

(2) Fan의 동력은 다음의 식을 통해 구할 수 있다.

$$P = \frac{P_T Q}{\eta} K$$

P: 배연기의 동력[kW], P_T: 전압(풍압)[kPa], Q: 풍량[m³/s], η: 효율, K: 전달계수

전압은 Fan의 흡입구와 배출구의 압력 차이를 의미하며 40[mmAq]이므로 단위를 변환하면 다음과 같다.

$40[mmAq] \times \dfrac{101.325[kPa]}{10,332[mmAq]} ≒ 0.3923[kPa]$

배출량은 40,000[m³/hr]이므로 단위를 변환하면 $\dfrac{40,000}{3,600}$[m³/s]이다.

따라서 주어진 조건을 공식에 대입하면 Fan의 동력 P는

$P = \dfrac{0.3923[kPa] \times \dfrac{40,000}{3,600}[m^3/s]}{0.55} \times 1.1 ≒ 8.718[kW]$

(3) ① 구역마다 급기구는 3개씩, 배기구는 4개씩 설치한다.

② 배출기의 배출 측 풍속은 20[m/s] 이하로 한다.

부피유량 공식 $Q = Au$에 의해 유량 Q와 유속 u를 알면 덕트의 단면적 A를 다음과 같이 구할 수 있다.

$$A = \frac{Q}{u}$$

A: 덕트의 단면적[m²], Q: 유량[m³/s], u: 유속[m/s]

유량 40,000[m³/h]의 단위를 변환해주면 $\dfrac{40,000}{3,600}$[m³/s]이 되고, 유속 20[m/s]와 함께 공식에 대입해주면 덕트의 단면적 A는

$A = \dfrac{\dfrac{40,000}{3,600}[m^3/s]}{20[m/s]} ≒ 0.55555556[m^2] = 555,555.6[mm^2]$

배출기의 흡입 측 풍도 안의 풍속은 15[m/s] 이하로 한다.

유량 20,000[m³/h]의 단위를 변환해주면 $\frac{20,000}{3,600}$[m³/s]이 되고, 유속 15[m/s]와 함께 공식에 대입해주면

덕트의 단면적 A는

$$A = \frac{\frac{20,000}{3,600}[\text{m}^3/\text{s}]}{15[\text{m/s}]} = 0.3703704[\text{m}^2] = 370,370.4[\text{mm}^2]$$

덕트의 높이 H가 400[mm]이므로 폭 W는

$$W = \frac{A}{H} = \frac{555,556[\text{mm}^2]}{400[\text{mm}]} = 1,388.89[\text{mm}]$$

$$W = \frac{A}{H} = \frac{370,370[\text{mm}^2]}{400[\text{mm}]} = 925.925[\text{mm}]$$

③ 화재가 발생한 구역에서는 배기, 나머지 구역에서는 급기가 이루어진다.
← 반대의 경우 연기가 화재실 외부로 퍼져나간다.

연계이론 PHASE 14 제연설비

11
소화배관에 사용되는 강관의 인장강도는 200[N/mm²], 안전율은 4, 최고사용압력은 4[MPa]이다. 이 배관의 스케줄 수(ScheduleNo)를 구하시오. [6점]

정답

• 계산과정: $\dfrac{4[\text{MPa}]}{\dfrac{200[\text{N/mm}^2]}{4}} \times 1,000 = 80$

• 답: 80

해설

배관의 스케줄 수는 다음과 같이 구할 수 있다.

$$\text{스케줄 수} = \frac{\text{최고사용압력[MPa]}}{\text{재료의허용응력[MPa]}} \times 1,000$$

$$\text{재료의 허용응력} = \frac{\text{인장강도}}{\text{안전율}}$$

따라서 배관의 스케줄 수는

$$\frac{4[\text{MPa}]}{\dfrac{200[\text{N/mm}^2]}{4}} \times 1,000 = 80$$

연계이론 PHASE 21 배관

12 지상 5층인 건축물에 옥내소화전을 설치하려고 한다. 각 층에 설치된 소화전은 4개씩 배치하며 이때 실양정은 30[m], 배관의 마찰손실수두는 실양정의 10[%], 호스의 마찰손실수두는 3.5[m], 펌프의 효율은 60[%], 전달계수 1.1이다. 다음 물음에 답하시오. (단, 유속은 4[m/s]이다.) [13점]

(1) 펌프의 최소 토출량[L/min]은 얼마인가?
(2) 펌프의 토출 측 수직 주배관의 최소구경[mm]은 얼마인가?
(3) 이 설비에서 유량측정장치의 최대 유량측정치[L/min]는 얼마 이상이어야 하는가?
(4) 전양정[m]은 얼마인가?
(5) ( ) 안에 알맞은 답을 쓰시오.

> 성능시험배관은 펌프의 토출 측에 설치된 (①) 이전에서 분기하여 설치하고, 유량측정장치를 기준으로 전단 직관부에 (②)를, 후단 직관부에는 (③)를 설치할 것

(6) 펌프의 성능에서 체절운전 시 체절압력[MPa]은 얼마를 초과하지 않아야 하는가?

정답

(1) • 계산과정: $2 \times 130 = 260$
 • 답: 260[L/min]

(2) • 계산과정: $260[L/min] = \frac{0.26}{60}[m^3/s]$

$$\sqrt{\frac{4 \times \frac{0.26}{60}}{\pi \times 4}} \fallingdotseq 0.0371[m] = 37.1[mm]$$

 • 답: 50[mm]

(3) • 계산과정: $1.75 \times 260 = 455$
 • 답: 455[L/min]

(4) • 계산과정: $30 + 3.5 + 3 + 17 = 53.5$
 • 답: 53.5[m]

(5) ① 개폐밸브
 ② 개폐밸브
 ③ 유량조절밸브

(6) • 계산과정: $53.5 \times 1,000 \times 9.8 \times 1.4 = 734,020[Pa] \fallingdotseq 0.734[MPa]$
 • 답: 0.73[MPa]

해설

(1) 화재안전기준에 따라 옥내소화전설비에서 가압송수장치(펌프)는 특정소방대상물의 어느 층에서 해당 층의 옥내소화전을 동시에 사용할 경우(최대 2개, 30층 이상인 경우 최대 5개) 각 소화전의 노즐 선단에서의 방수량은 130[L/min] 이상으로 한다.
  정격토출량 = 2[개] × 130[L/min] = 260[L/min]

(2) 펌프의 토출측 배관은 다음의 기준에 따라 설치한다.
 • 펌프의 토출측 주배관의 구경은 유속이 4[m/s] 이하가 될 수 있는 크기 이상으로 한다.
 • 옥내소화전방수구와 연결되는 가지배관의 구경은 40[mm] 이상으로 한다.
 • 주배관 중 수직배관의 구경은 50[mm] 이상으로 한다.

부피유량 공식 $Q=Au$에 의해 유량 Q와 유속 u를 알면 배관의 직경 D를 다음과 같이 구할 수 있다.

$$Q=\frac{\pi}{4}D^2 u, \quad D=\sqrt{\frac{4Q}{\pi u}}$$

D: 배관의 직경[m], Q: 유량[m³/s], u: 유속[m/s]

정격토출량 260[L/min]의 단위를 변환해주면 $\frac{0.26}{60}$[m³/s]이 되고, 유속 4[m/s]와 함께 공식에 대입해주면 배관의 직경 D는 다음과 같다.

$$D=\sqrt{\frac{4\times\frac{0.26}{60}[\text{m}^3/\text{s}]}{\pi\times 4[\text{m/s}]}} \fallingdotseq 0.0371[\text{m}]=37.1[\text{mm}]$$

유속 4[m/s] 이하인 조건을 만족시키는 배관의 직경은 37.1[mm] 이상이며, 수직 배관이므로 50[mm] 이상이어야 한다.

(3) 유량측정장치는 펌프의 정격토출량의 175[%] 이상까지 측정할 수 있어야 하므로
  최대 측정유량 = 1.75×260[L/min] = 455[L/min]

(4) 화재안전기준에 따라 옥내소화전설비에 설치된 가압송수장치(펌프)의 전양정은 다음과 같다.

$$H=h_1+h_2+h_3+17$$

H: 전양정[m], h_1: 실양정(흡입양정+토출양정)[m], h_2: 호스의 마찰손실수두[m], h_3: 배관 및 관부속의 마찰손실수두[m], 17: 노즐선단에서의 방사압력수두[m]

펌프의 후드밸브로부터 최고위 옥내소화전 앵글밸브까지의 수직거리인 실양정 h_1은 30[m]이다.
  $h_1 = 30[\text{m}]$
호스의 마찰손실수두 h_2는 3.5[m]이다.
  $h_2 = 3.5[\text{m}]$
배관의 마찰손실수두는 실양정의 10[%]이므로 배관 및 관부속의 마찰손실수두 h_3는 다음과 같다.
  $h_3 = 30[\text{m}]\times 0.1 = 3[\text{m}]$

따라서 펌프의 전양정 H는
  $H = h_1+h_2+h_3+17 = 30[\text{m}]+3.5[\text{m}]+3[\text{m}]+17 = 53.5[\text{m}]$

(5) 성능시험배관은 펌프의 토출 측에 설치된 개폐밸브 이전에서 분기하여 직선으로 설치하고, 유량측정장치를 기준으로 전단 직관부에는 개폐밸브를, 후단 직관부에는 유량조절밸브를 설치한다.

(6) 압력[Pa]과 수두[m]의 관계식은 다음과 같다.

$$H=\frac{P}{\gamma}=\frac{P}{\rho g}$$

H: 수두[m], P: 압력[Pa], γ: 비중량[N/m³], ρ: 밀도[kg/m³], g: 중력가속도[m/s²]

체절압력은 정격토출압력의 140[%]이므로
  체절압력 = 53.5[m]×1,000[kg/m³]×9.8[m/s²]×1.4 = 734,020[Pa] ≒ 0.734[MPa]

◇ 연계이론 ◇   **PHASE 02 옥내소화전설비**

13

주차장 건물에 물분무 소화설비를 설치하려고 한다. 법정 수원의 용량[m^3]은 얼마 이상이어야 하는지 구하시오. (단, 주차장의 바닥면적은 $100[m^2]$이다.) [6점]

정 답

- 계산과정: $20 \times 100 = 2{,}000$
  $2{,}000 \times 20 = 40{,}000[L] = 40[m^3]$
- 답: $40[m^3]$

해 설

화재안전기준에 따라 물분무 소화설비에서 가압송수장치(펌프)의 1분 당 토출량은 다음의 기준에 따라 설치한다.
← 물분무 소화설비의 방수시간은 20분 이상이다.

대상	1분 당 토출량
특수가연물을 저장·취급하는 특정소방대상물	바닥면적(최소 $50[m^2]$) $1[m^2]$ 당 $10[L]$ 이상
차고 또는 주차장	바닥면적(최소 $50[m^2]$) $1[m^2]$ 당 $20[L]$ 이상
절연유 봉입 변압기	바닥을 제외한 표면적 $1[m^2]$ 당 $10[L]$ 이상
케이블트레이, 케이블덕트	투영된 바닥면적 $1[m^2]$ 당 $12[L]$ 이상
컨베이어 벨트	벨트 부분의 바닥면적 $1[m^2]$ 당 $10[L]$ 이상

가압송수장치(펌프)의 1분 당 토출량은 주차장의 경우 바닥면적(최소 $50[m^2]$) $1[m^2]$ 당 $20[L]$ 이상으로 한다.
정격토출량 $= 20[L/m^2 \cdot min] \times 100[m^2] = 2{,}000[L/min]$

물분무 소화설비의 방수시간은 20분 이상이다.
$Q = 2{,}000[L/min] \times 20[min] = 40{,}000[L] = 40[m^3]$

연 계 이 론

PHASE 05 물분무 소화설비

14

분사 헤드의 방사압력이 0.2[MPa]일 때 방수량이 200[L/min]이라고 하면, 방수량 400[L/min]으로 하였을 때 방사압력[MPa]를 구하시오. [6점]

정답

- 계산과정: $\dfrac{200}{\sqrt{10 \times 0.2}} \fallingdotseq 141.421$

    $400 = 141.421 \times \sqrt{10 \times P}$

    $\dfrac{1}{10} \times \left(\dfrac{400}{141.421}\right)^2 \fallingdotseq 0.800$

- 답: 0.8[MPa]

해설

분사 헤드에서 압력 P와 유량 Q는 다음과 같은 관계를 갖는다.

$$Q = K\sqrt{10P}$$

Q: 방수량[L/min], K: 방출계수, P: 방수압[MPa]

방수량 Q가 200[L/min]이고, 방수압 P가 0.2[MPa]일 때 방출계수 K는 다음과 같다.

$$K = \dfrac{Q}{\sqrt{10P}} = \dfrac{200[\text{L/min}]}{\sqrt{10 \times 0.2}[\text{MPa}]} \fallingdotseq 141.421$$

따라서 방수량 Q가 400[L/min]인 경우 방수압 P는

$400[\text{L/min}] = 141.421 \times \sqrt{10P}$

$P = \dfrac{1}{10} \times \left(\dfrac{400[\text{L/min}]}{141.421}\right)^2 \fallingdotseq 0.800[\text{MPa}]$

연계이론

PHASE 04 스프링클러설비

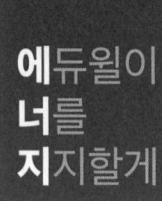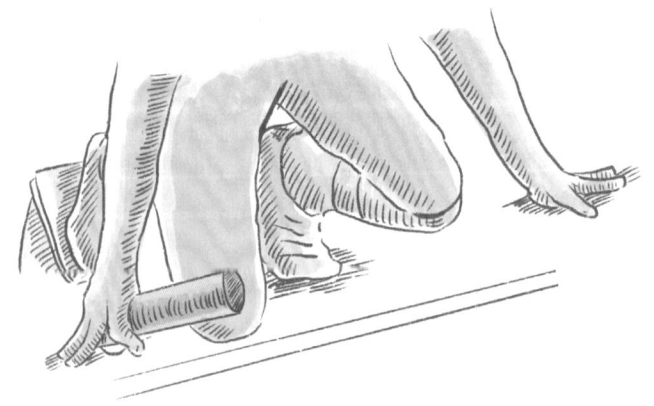

생각하는 것이 인생의 소금이라면
희망과 꿈은 인생의 사탕이다.
꿈이 없다면 인생은 쓰다.

– 바론 리튼(Baron Ritten)

2013년 1회 기출문제

01 숙박시설인 특정소방대상물의 바닥면적이 500[m²]인 경우 소화기구의 능력단위는 얼마 이상인지 구하시오. (단, 특정소방대상물의 주요구조부는 비내화구조이다.) [4점]

정답

- 계산과정: $\dfrac{500}{100}=5$
- 답: 5단위

해설

화재의 발생을 예방하기 위해 특정소방대상물별로 능력단위에 따른 소화기구 또는 자동소화장치를 설치하며, 부속용도에 따라 기준개수의 소화기구 또는 자동소화장치를 추가로 설치한다.

소화기구의 특정소방대상물별 능력단위

설치장소의 최고주위온도	표시온도
1. 위락시설	해당 용도의 바닥면적 30[m²]마다 능력단위 1단위 이상
2. 공연장 · 집회장 · 관람장 · 문화재 · 장례식장 및 의료시설	해당 용도의 바닥면적 50[m²]마다 능력단위 1단위 이상
3. 근린생활시설 · 판매시설 · 운수시설 · 숙박시설 · 노유자시설 · 전시장 · 공동주택 · 업무시설 · 방송통신시설 · 공장 · 창고시설 · 항공기 및 자동차 관련 시설 및 관광휴게시설	해당 용도의 바닥면적 100[m²]마다 능력단위 1단위 이상
4. 그 밖의 것	해당 용도의 바닥면적 200[m²]마다 능력단위 1단위 이상

소화기구의 능력단위를 산출할 때 건축물의 주요구조부가 내화구조이고, 벽 및 반자의 실내에 면하는 부분이 불연재료 · 준불연재료 또는 난연재료로 된 특정소방대상물의 경우 위 기준의 2배를 기준면적으로 한다.

특정소방대상물인 숙박시설에 필요한 소화기구의 능력단위는 다음과 같다.

숙박시설의 능력단위 $= \dfrac{\text{바닥면적}[m^2]}{\text{기준면적}[m^2]} = \dfrac{500[m^2]}{100[m^2]} = 5$ 단위

연계이론 **PHASE 01** 소화기구 및 자동소화장치

02

다음은 제연설비에 대한 설명이다. (   ) 안에 알맞은 답을 적으시오. [3점]

(1) 하나의 제연구역의 면적은 (①)[m²] 이내로 하고 거실과 통로(복도를 포함)는 상호 제연구획 해야 한다.
(2) 예상제연구역의 각 부분으로부터 하나의 배출구까지의 수평거리는 (②)[m] 이내가 되도록 해야 한다.
(3) 유입풍도안의 풍속은 (③)[m/s] 이하로 해야 한다.

정답

(1) ① 1,000

(2) ② 10

(3) ③ 20

해설

(1) • 하나의 제연구역의 면적은 1,000[m²] 이내로 해야 한다.
    • 거실과 통로(복도 포함)는 각각 제연구획 해야 한다.

(2) 예상제연구역의 각 부분으로부터 하나의 배출구까지의 수평거리는 10[m] 이내가 되도록 해야 한다.

(3) 유입풍도는 아연도금강판 또는 이와 동등 이상의 내식성·내열성이 있는 것으로 하며, 풍도 안의 풍속은 20[m/s] 이하로 하고 풍도의 강판 두께는 다음의 기준에 따라 설치해야 한다.

풍도 단면의 긴변 또는 직경의 크기	450[mm] 이하	450[mm] 초과 750[mm] 이하	750[mm] 초과 1,500[mm] 이하	1,500[mm] 초과 2,250[mm] 이하	2,250[mm] 초과
강판 두께	0.5[mm]	0.6[mm]	0.8[mm]	1.0[mm]	1.2[mm]

연계이론 PHASE 14 제연설비

03

이산화탄소 및 할론 소화설비의 설치부품 중 피스톤릴리져의 기능을 쓰시오. [4점]

정답

방호구역 내 가스의 방출과 동시에 개구부의 자동폐쇄장치를 작동시켜 개구부를 폐쇄한다.

04

교육연구시설(연구소)에 스프링클러설비를 설치하고자 한다. [조건]을 참고하여 다음 물음에 답하시오.

[12점]

조건

(가) 건물의 층별 높이는 다음과 같으며 지상층은 모두 창문이 있는 건축물이다.

구분	지하2층	지하1층	지상1층	지상2층	지상3층	지상4층	지상5층
층높이[m]	5.5	4.5	4.5	4.5	4	4	4
반자높이[m] (헤드 설치시)	5.0	4.0	4.0	4.0	3.5	3.5	3.5
바닥면적[m²]	2,500	2,500	2,000	2,000	2,000	1,800	900

(나) 지상 1층에 있는 국제회의실은 바닥으로부터 반자(헤드 부착면)까지의 높이가 4.3[m]이다.
(다) 지하 2층에 있는 물탱크의 저수조에는 바닥으로부터 3[m] 높이에 후드 밸브가 설치되어 있으며 이 높이까지 항상 물이 차 있다.
(라) 저수조는 일반급수용과 소방용을 겸용하여 내부 크기는 가로 8[m], 세로 5[m], 높이 4[m]이다.
(마) 스프링클러 헤드 설치 시 반자(헤드 부착면) 높이는 위 표에 따른다.
(바) 배관 및 관 부속의 마찰손실수두는 실양정의 30[%]이다.
(사) 펌프의 효율은 60[%], 전달계수는 1.1이다.
(아) 산출량은 최소치를 적용한다.
(자) 소방관련법령 및 화재안전기준을 적용한다.

(1) 이 건축물에서 스프링클러설비를 설치하여야 하는 층은 몇 층인가?
(2) 일반용 급수펌프의 흡수구와 소방용 급수펌프 흡수구 사이의 수직거리[m]는 얼마인가?
(3) 옥상수조를 설치할 경우 옥상수조에 보유하여야 할 저수량[m³]은 얼마인가?
(4) 소방용 펌프의 정격토출량[L/min]은 얼마인가?
(5) 소방용 펌프의 전양정[m]은 얼마인가?
(6) 소방용 펌프의 전동기 동력[kW]은 얼마인가?

정 답

(1) 지하 2층, 지하 1층, 지상 4층

(2) • 계산과정: $10 \times 1.6 = 16$
 $8 \times 5 \times h = 16$
 $h = \dfrac{16}{8 \times 5} = 0.4$

 • 답: 0.4[m]

(3) • 계산과정: $10 \times 1.6 \times \dfrac{1}{3} ≒ 5.333$

 • 답: 5.33[m³]

(4) • 계산과정: $10 \times 80 = 800$

 • 답: 800[L/min]

(5) • 계산과정: $(5.5 - 3 + 0.4) + 4.5 + 4.5 + 4.5 + 4 + 3.5 = 23.9$
 $23.9 \times 0.3 = 7.17$
 $23.9 + 7.17 + 10 = 41.07$

 • 답: 41.07[m]

(6) • 계산과정: $800[\text{L/min}] = \dfrac{0.8}{60}[\text{m}^3/\text{s}]$

$$\dfrac{9.8 \times \dfrac{0.8}{60} \times 41.07}{0.6} \times 1.1 ≒ 9.839[\text{kW}]$$

• 답: 9.84[kW]

해설

(1) 특정소방대상물의 지하층·무창층 또는 층수가 4층 이상인 층으로서 바닥면적이 1,000[m²] 이상인 층에 스프링클러설비를 설치한다.

(2) 일반용 펌프와 소화용 펌프가 저수조를 겸용하여 사용하는 경우 각 펌프의 유효수량은 다음과 같다.

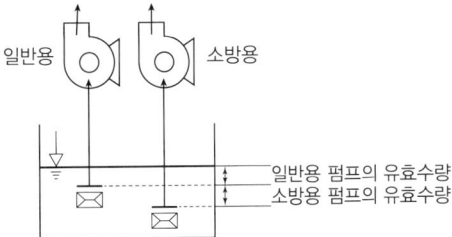

화재안전기준에 따라 스프링클러설비에서 수원의 저수량은 기준개수에 1.6[m³]를 곱한 양 이상이 되도록 한다.
← 설치개수가 기준개수보다 적은 경우 설치개수에 따른다.

스프링클러설비의 설치장소		기준개수
아파트		10
지하층을 제외한 10층 이하인 특정소방대상물	헤드의 높이가 8[m] 미만인 것	10
	헤드의 높이가 8[m] 이상인 것	20
	판매시설이 없는 근린생활시설·운수시설·복합건축물	20
	특수가연물을 취급하지 않는 공장	20
	판매시설 또는 판매시설이 있는 복합건축물	30
	특수가연물을 저장·취급하는 공장	30
지하층을 제외한 11층 이상인 특정소방대상물		30
지하가 또는 지하역사		30

$Q = 10[개] \times 1.6[\text{m}^3] = 16[\text{m}^3]$

저수조의 바닥면적이 가로 8[m], 세로 5[m]이므로 일반용 급수펌프의 흡수구와 소방용 급수펌프 흡수구 사이의 수직거리 h는 $8[\text{m}] \times 5[\text{m}] \times h = 16[\text{m}^3]$

$h = \dfrac{16[\text{m}^3]}{8[\text{m}] \times 5[\text{m}]} = 0.4[\text{m}]$

(3) 옥상수조에는 기준에 따라 계산한 유효수량 외에 유효수량의 $\dfrac{1}{3}$ 이상을 옥상에 설치한다.

$Q = 10[개] \times 1.6[\text{m}^3] \times \dfrac{1}{3} ≒ 5.333[\text{m}^3]$

(4) 화재안전기준에 따라 스프링클러설비에서 가압송수장치(펌프)의 송수량은 기준개수에 80[L/min]를 곱한 양 이상으로 한다. ← 설치개수가 기준개수보다 적은 경우 설치개수에 따른다.

정격토출량 = 10[개] × 80[L/min] = 800[L/min]

(5) 화재안전기준에 따라 스프링클러설비에 설치된 가압송수장치(펌프)의 전양정은 다음과 같다.

$$H = h_1 + h_2 + 10$$

H: 전양정[m], h_1: 실양정(흡입양정+토출양정)[m],
h_2: 배관 및 관부속의 마찰손실수두[m], 10: 헤드선단에서의 방사압력수두[m]

펌프의 후드밸브로부터 최고위 스프링클러 헤드까지의 수직거리인 실양정 h_1는 다음과 같다.
지하 2층에는 저수조의 바닥에서부터 3[m]의 높이에 일반용 펌프의 후드밸브가 설치되어 있고, 이로부터 0.4[m] 아래의 위치에 소방용 펌프의 후드밸브가 위치하고 있다.
지상 4층에는 바닥으로부터 3.5[m]의 위치에 스프링클러 헤드가 위치하고 있다.

$h_1 = (5.5 - 3 + 0.4)[m] + 4.5[m] + 4.5[m] + 4.5[m] + 4[m] + 3.5[m] = 23.9[m]$

배관의 마찰손실은 실양정의 30[%]이므로 배관 및 관부속의 마찰손실수두 h_2는 다음과 같다.

$h_2 = 23.9[m] \times 0.3 = 7.17[m]$

따라서 스프링클러설비 펌프의 전양정 H는

$H = h_1 + h_2 + 10 = 23.9[m] + 7.17[m] + 10 = 41.07[m]$

(6) 전동기의 동력은 다음의 식을 통해 구할 수 있다.

$$P = \frac{\gamma Q H}{\eta} K$$

P: 전동기의 용량[kW], γ: 유체의 비중량[kN/m³], Q: 유량[m³/s], H: 전양정[m], η: 효율, K: 전달계수

유체는 물이므로 물의 비중량은 9.8[kN/m³]이다.

펌프의 토출량은 800[L/min]이므로 단위를 변환하면 $\frac{0.8}{60}$[m³/s]이다.

따라서 주어진 조건을 공식에 대입하면 전동기의 동력 P는

$$P = \frac{9.8[kN/m^3] \times \frac{0.8}{60}[m^3/s] \times 41.07[m]}{0.6} \times 1.1 ≒ 9.839[kW]$$

> 연계이론 **PHASE 04 스프링클러설비**

05

분말 소화설비의 전역방출방식에 있어서 방호구역의 체적이 400[m³]일 때 설치되는 최소 분사헤드의 수는 몇 개인지 구하시오. (단, 분말은 제3종이며, 분사헤드 1개당 방사량은 10[kg/min]이다.) [4점]

정답

- 계산과정: $0.36 \times 400 = 144$

  $144 = 10 \times 0.5 \times$ 헤드 수

  헤드 수 $= \dfrac{144}{10 \times 0.5} = 28.8$

- 답: 29개

해설

전역방출방식 분말 소화약제의 저장량 기준은 다음과 같다.

소화약제의 종류	소화약제의 양[kg/m³]	개구부 가산량[kg/m²]
제1종 분말	0.60	4.5
제2종 분말	0.36	2.7
제3종 분말	0.36	2.7
제4종 분말	0.24	1.8

제3종 분말 소화약제를 사용하므로 소화약제의 양은 체적 1[m³] 당 0.36[kg/m³]을 적용한다.

소화약제의 양 $= 0.36[kg/m^3] \times 400[m^3] = 144[kg]$

분말 소화설비의 분사헤드는 소화약제 저장량을 30초 이내에 방출할 수 있어야 하므로 필요한 헤드 수는

$144[kg] = 10[kg/min] \times 0.5[min] \times$ 헤드 수

헤드 수 $= \dfrac{144[kg]}{10[kg/min] \times 0.5[min]} = 28.8[개] = 29[개]$ (절상)

연계이론

PHASE 10 분말 소화설비

06

지하 1층, 지상 9층의 백화점 건물에 화재안전기술기준에 따라 아래 [조건]과 같이 옥내소화전설비를 설계하려고 할 때 펌프의 전양정[m]을 구하시오 [4점]

조건

(가) 펌프는 지하층에 설치되어 있고 펌프로부터 최상층 소화전까지 수직거리는 50[m]이다.
(나) 배관 및 관부속 마찰손실수두는 자연낙차의 20[%]이다.
(다) 펌프의 흡입측 배관에 설치된 연성계는 330[mmHg]를 지시하고 있다.
(라) 소방호스의 마찰손실수두는 8[m]이다.

정답

- 계산과정: $330[\text{mmHg}] \times \dfrac{10.332[\text{m}]}{760[\text{mmHg}]} + 50 = 54.486$

  $50 \times 0.2 = 10$

  $54.486 + 8 + 10 + 17 = 89.486$

- 답: 89.49[m]

해설

화재안전기준에 따라 옥내소화전설비에 설치된 가압송수장치(펌프)의 전양정은 다음과 같다.

$$H = h_1 + h_2 + h_3 + 17$$

H: 전양정[m], h_1: 실양정(흡입양정+토출양정)[m], h_2: 호스의 마찰손실수두[m],
h_3: 배관 및 관부속의 마찰손실수두[m], 17: 노즐선단에서의 방사압력수두[m]

펌프의 후드밸브로부터 펌프 중심까지의 양정은 연성계(진공계)의 압력 330[mmHg]와 같고, 펌프 중심에서 최상층 소화전까지 수직거리는 50[m]이므로 실양정 h_1는 다음과 같다.

$h_1 = 330[\text{mmHg}] \times \dfrac{10.332[\text{m}]}{760[\text{mmHg}]} + 50[\text{m}] = 54.486[\text{m}]$

호스의 마찰손실수두 h_2는 8[m]이다.

$h_2 = 8[\text{m}]$

배관 및 관부속의 마찰손실은 자연낙차의 20[%]이므로 배관 및 관부속의 마찰손실수두 h_3는 다음과 같다.

$h_3 = 50[\text{m}] \times 0.2 = 10[\text{m}]$

따라서 펌프의 전양정 H는

$H = h_1 + h_2 + h_3 + 17 = 54.486[\text{m}] + 8[\text{m}] + 10[\text{m}] + 17 = 89.486[\text{m}]$

연계이론 PHASE 02 옥내소화전설비

07 다음 그림과 같이 직육면체(단면적 $36[m^2]$)의 물탱크에서 밸브를 완전히 개방하였을 때 최저유효수면 ($10[m]$)까지 물이 배수되는 소요시간$[min]$을 구하시오. (단, 토출 측 관의 안지름은 $80[mm]$이고 수조 수면의 하강 속도가 변화하는 것을 고려한다.) [6점]

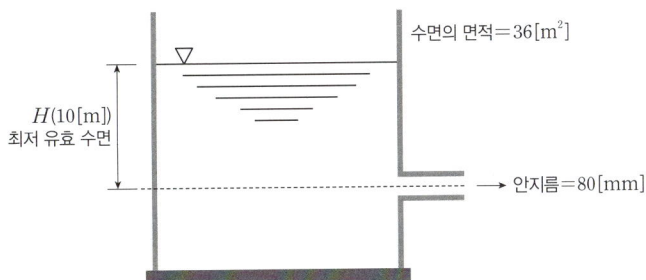

정 답

- 답: 170.52[min]

해 설

수면을 상태1이라고 할 때 수면의 하강 속도 u_1는 다음과 같다.

$$h = 10[m] - u_1 t$$

$$u_1 = -\frac{dh}{dt}$$

토출 측 배관을 상태2라고 할 때 물의 배수 속도 u_2는 다음과 같다.

$$h = \frac{u_2^2}{2g}$$

$$u_2 = \sqrt{2gh}$$

탱크에서 줄어든 물의 양과 배수된 물의 양은 동일하므로 부피유량 공식 $Q = Au$에 의해 관계식을 다음과 같이 구할 수 있다.

$$Q = A_1 u_1 = A_2 u_2$$

$$-A_1 \frac{dh}{dt} = A_2 \sqrt{2gh}$$

$$-A_1 \frac{1}{\sqrt{h}} dh = A_2 \sqrt{2g} \, dt$$

양 변을 적분해주면 수면의 높이 h가 $10[m]$에서 $0[m]$까지 변하는 동안의 시간을 구할 수 있다.

$$-A_1 \left[2\sqrt{h} \right]_{h_1}^{h_2} = A_2 \sqrt{2g} \left[t \right]_{t_1}^{t_2}$$

$$-A_1 (2\sqrt{h_2} - 2\sqrt{h_1}) = A_2 \sqrt{2g} (t_2 - t_1)$$

$$-36[m^2] \times (2\sqrt{0} - 2\sqrt{10[m]}) = \frac{\pi}{4} \times (0.08[m])^2 \times \sqrt{2 \times 9.8[m/s^2]} \times (t - 0)[s]$$

$$t = \frac{36[m^2] \times 2\sqrt{10[m]}}{\frac{\pi}{4} \times (0.08[m])^2 \times \sqrt{2 \times 9.8[m/s^2]}} ≒ 10,231[s] = \frac{10,231}{60}[min] ≒ 170.517[min]$$

연계이론 PHASE 20 유체유동

08 7층인 건축물의 전 층에 스프링클러설비를 설치하고자 한다. [조건]을 이용하여 화재안전기술기준에서 정한 방수압력과 방수량을 만족할 수 있도록 다음 물음에 답하시오. [6점]

> **조건**
> (가) 펌프로부터 가장 멀리 떨어져 있는 헤드까지의 배관의 길이는 70[m]이다.
> (나) 펌프의 효율은 60[%]이고, 전달계수는 1.1이다.
> (다) 배관의 마찰손실수두는 직관장의 30[%]에 해당하는 수치로 한다.
> (라) 펌프의 실양정은 25[m]이다.
> (마) 분당 토출량의 선정은 헤드 10개를 동시에 개방된 것으로 한다.

(1) 펌프의 토출량[L/min]은 얼마인가?
(2) 펌프의 소요양정[m]은 얼마인가?
(3) 펌프의 동력[kW]은 얼마인가?

정 답

(1) • 계산과정: $10 \times 80 = 800$
   • 답: 800[L/min]

(2) • 계산과정: $70 \times 0.3 = 21$
   $25 + 21 + 10 = 56$
   • 답: 56[m]

(3) • 계산과정: $800[\text{L/min}] = \frac{0.8}{60}[\text{m}^3/\text{s}]$

   $$\frac{9.8 \times \frac{0.8}{60} \times 56}{0.6} \times 1.1 ≒ 13.415$$

   • 답: 13.42[kW]

해 설

(1) 화재안전기준에 따라 스프링클러설비에서 가압송수장치(펌프)의 송수량은 기준개수에 80[L/min]를 곱한 양 이상으로 한다. ← 설치개수가 기준개수보다 적은 경우 설치개수에 따른다.
   정격토출량 $= 10[\text{개}] \times 80[\text{L/min}] = 800[\text{L/min}]$

(2) 화재안전기준에 따라 스프링클러설비에 설치된 가압송수장치(펌프)의 전양정은 다음과 같다.

   $$H = h_1 + h_2 + 10$$

   H: 전양정[m], h_1: 실양정(흡입양정+토출양정)[m],
   h_2: 배관 및 관부속의 마찰손실수두[m], 10: 헤드선단에서의 방사압력수두[m]

   펌프의 후드밸브로부터 최고위 스프링클러 헤드까지의 수직거리인 실양정 h_1는 25[m]이다.
   $h_1 = 25[\text{m}]$
   배관의 마찰손실은 전체 직관길이의 30[%]이므로 배관 및 관부속의 마찰손실수두 h_2는 다음과 같다.
   $h_2 = 70[\text{m}] \times 0.3 = 21[\text{m}]$

   따라서 스프링클러설비 펌프의 전양정 H는
   $H = h_1 + h_2 + 10 = 25[\text{m}] + 21[\text{m}] + 10 = 56[\text{m}]$

(3) 펌프의 동력은 다음의 식을 통해 구할 수 있다.

$$P = \frac{\gamma QH}{\eta} K$$

P: 펌프의 동력[kW], γ: 유체의 비중량[kN/m³], Q: 유량[m³/s], H: 전양정[m], η: 효율, K: 전달계수

유체는 물이므로 물의 비중량은 9.8[kN/m³]이다.

펌프의 토출량은 800[L/min]이므로 단위를 변환하면 $\frac{0.8}{60}$[m³/s]이다.

따라서 주어진 조건을 공식에 대입하면 펌프의 동력 P는

$$P = \frac{9.8[\text{kN/m}^3] \times \frac{0.8}{60}[\text{m}^3/\text{s}] \times 56[\text{m}]}{0.6} \times 1.1 \fallingdotseq 13.415[\text{kW}]$$

연계이론 PHASE 04 스프링클러설비

09 다음 분말소화설비의 설치 장치를 설명하시오. [6점]

(1) 정압작동장치
(2) 클리닝장치

정답
(1) 분말 소화약제의 저장용기의 주밸브를 일정한 시간이 경과한 후에 개방시키는 장치
(2) 소화약제 방출 후 송출배관에 잔존하는 분말약제를 청소하기 위하여 설치하는 장치

연계이론 PHASE 10 분말 소화설비

10 가로 15[m], 세로 14[m], 높이 3.5[m]인 전산실에 할로겐화합물 및 불활성기체 소화약제 중 HFC−23과 IG−541을 사용할 경우 아래 [조건]을 참고하여 다음 물음에 답하시오. [9점]

조건
- (가) HFC−23의 소화농도는 A, C급 화재 38[%], B급 화재 35[%]이다.
- (나) HFC−23의 저장용기는 68[L]이며 충전밀도는 720.8[kg/m³]이다.
- (다) IG−541의 소화농도는 33[%]이다.
- (라) IG−541의 저장용기는 80[L]용 15.8[m³/병]을 적용하며, 충전압력은 19.996[MPa]이다.
- (마) 소화약제량 산정 시 선형상수를 이용하도록 하며 방사 시 기준온도는 30[℃]이다.

소화약제	K_1	K_2
HFC−23	0.3164	0.0012
IG−541	0.65799	0.00239

(1) HFC−23의 저장량은 최소 몇 [kg]인지 구하시오.
(2) HFC−23의 저장용기 수는 최소 몇 병인지 구하시오.
(3) 배관구경 산정조건에 따라 HFC−23의 약제량 방사 시 유량은 몇 [kg/s]인지 구하시오.
(4) IG−541의 저장량은 몇 [m³]인지 구하시오.
(5) IG−541의 저장용기 수는 최소 몇 병인지 구하시오.
(6) 배관구경 산정조건에 따라 IG−541의 약제량 방사 시 유량은 몇 [m³/s]인지 구하시오.

정답

(1) • 계산과정: $0.3164 + (0.0012 \times 30) = 0.3524$
$38 \times 1.35 = 51.3$
$15 \times 14 \times 3.5 = 735$
$\dfrac{1}{0.3524} \times \left(\dfrac{51.3}{100-51.3}\right) \times 735 \fallingdotseq 2,197.049$
• 답: 2,197.05[kg]

(2) • 계산과정: $\dfrac{2,197.05}{0.068 \times 720.8} \fallingdotseq 44.82$
• 답: 45병

(3) • 계산과정: $51.3 \times 0.95 = 48.735$
$\dfrac{1}{0.3524} \times \left(\dfrac{48.735}{100-48.735}\right) \times 735 \fallingdotseq 1,982.766$
$\dfrac{1,982.766}{10} \fallingdotseq 198.277$
• 답: 198.28[kg/s]

(4) • 계산과정: $0.65799 + (0.00239 \times 20) = 0.70579$
$0.65799 + (0.00239 \times 30) = 0.72969$
$33 \times 1.35 = 44.55$
$15 \times 14 \times 3.5 = 735$
$2.303 \times \dfrac{0.70579}{0.72969} \times \log\left(\dfrac{100}{100-44.55}\right) \times 735 \fallingdotseq 419.300$
• 답: 419.3[m³]

(5) • 계산과정: $\dfrac{419.3}{15.8} ≒ 26.54$

　　• 답: 27병

(6) • 계산과정: $44.55 \times 0.95 = 42.3225$

$$2.303 \times \dfrac{0.70579}{0.72969} \times \log\left(\dfrac{100}{100-42.3225}\right) \times 735 ≒ 391.295$$

$$\dfrac{391.295}{120} ≒ 3.261$$

　　• 답: $3.26[\text{m}^3/\text{s}]$

해 설

(1) 화재안전기준에 따른 할로겐화합물 소화약제의 저장량 최소기준은 다음과 같다.

$$W = \dfrac{1}{S} \times \left(\dfrac{C}{100-C}\right) \times V$$

W: 소화약제의 질량[kg], S: 소화약제별 선형상수($K_1 + K_2 \times T$)[m³/kg],
T: 방호구역의 기준온도[℃], C: 설계농도(소화농도×안전계수)[%], V: 방호구역의 부피[m³]

기준온도가 30[℃]이므로 소화약제별 선형상수 S는 다음과 같다.
$S = K_1 + K_2 \times T = 0.3164 + (0.0012 \times 30) = 0.3524[\text{m}^3/\text{kg}]$

설계농도 C는 소화농도와 안전계수의 곱이며, 전기화재인 C급 화재의 안전계수는 1.35이므로 설계농도 C는 다음과 같다.
$C = $ 소화농도 × 안전계수 $= 38 \times 1.35 = 51.3[\%]$

방호구역인 전산실의 부피(가로×세로×높이)는 다음과 같다.
$V = 15[\text{m}] \times 14[\text{m}] \times 3.5[\text{m}] = 735[\text{m}^3]$

따라서 소화약제 HFC-23의 질량 W는
$$W = \dfrac{1}{0.3524[\text{m}^3/\text{kg}]} \times \left(\dfrac{51.3[\%]}{100-51.3[\%]}\right) \times 735[\text{m}^3] ≒ 2,197.049[\text{kg}]$$

(2) 저장용기 1병 당 소화약제 HFC-23의 충전량[L]은 68[L]이고, 충전밀도는 720.8[kg/m³]이므로 전체 소화약제의 양을 저장하기 위해 전산실에 필요한 저장용기의 개수는
$$\dfrac{2,197.05[\text{kg}]}{0.068[\text{m}^3] \times 720.8[\text{kg/m}^3]} ≒ 44.82[병] = 45[병] \text{ (절상)}$$

(3) 방호구역인 전산실에 할로겐화합물 소화약제를 방사하는 경우 화재안전기준에 따라 10초 이내에 최소설계농도의 95[%] 이상을 방출해야 한다.
설계농도 C는 51.3[%]이므로 0.95를 곱하여 구한다.
$51.3[\%] \times 0.95 = 48.735[\%]$

따라서 10초 이내에 방출해야 하는 소화약제 HFC-23의 질량 W는 다음과 같다.
$$W = \dfrac{1}{0.3524[\text{m}^3/\text{kg}]} \times \left(\dfrac{48.735[\%]}{100-48.735[\%]}\right) \times 735[\text{m}^3] ≒ 1,982.766[\text{kg}]$$

10초 이내에 1,982.766[kg]의 소화약제 HFC-23을 방출해야 하므로 방사유량[kg/s]은
$$\dfrac{1,982.766[\text{kg}]}{10[\text{s}]} ≒ 198.277[\text{kg/s}]$$

(4) 화재안전기준에 따른 불활성기체 소화약제의 저장량 최소기준은 다음과 같다.

$$X = 2.303 \times \frac{V_S}{S} \times \log\left(\frac{100}{100-C}\right) \times V$$

X: 소화약제의 부피[m³], V_S: 20[℃]에서 소화약제의 비체적[m³/kg],
S: 소화약제별 선형상수($K_1+K_2 \times T$)[m³/kg], T: 방호구역의 기준온도[℃],
C: 설계농도(소화농도×안전계수)[%], V: 방호구역의 부피[m³]

20[℃]에서 소화약제의 비체적 V_S는 다음과 같다.
$$V \times S = K_1 + K_2 \times 20 = 0.65799 + (0.00239 \times 20) = 0.70579 [\text{m}^3/\text{kg}]$$
기준온도가 30[℃]이므로 소화약제별 선형상수 S는 다음과 같다.
$$S = K_1 + K_2 \times T = 0.65799 + (0.00239 \times 30) = 0.72969 [\text{m}^3/\text{kg}]$$
설계농도 C는 소화농도와 안전계수의 곱이며, 전기화재인 C급 화재의 안전계수는 1.35이므로 설계농도 C는 다음과 같다.
$$C = 소화농도 \times 안전계수 = 33 \times 1.35 = 44.55 [\%]$$
방호구역인 전산실의 부피(가로×세로×높이)는 다음과 같다.
$$V = 15[\text{m}] \times 14[\text{m}] \times 3.5[\text{m}] = 735[\text{m}^3]$$

따라서 소화약제 IG-541의 부피 X는
$$X = 2.303 \times \frac{0.70579[\text{m}^3/\text{kg}]}{0.72969[\text{m}^3/\text{kg}]} \times \log\left(\frac{100}{100-44.55[\%]}\right) \times 735[\text{m}^3] ≒ 419.300[\text{m}^3]$$

(5) 저장용기 1병 당 소화약제 IG-541의 충전량[m³]은 15.8[m³]이므로 전체 소화약제의 양을 저장하기 위해 전산실에 필요한 저장용기의 개수는
$$\frac{419.3[\text{m}^3]}{15.8[\text{m}^3/병]} ≒ 26.54[병] = 27[병] (절상)$$

(6) 방호구역인 전산실에 불활성기체 소화약제를 방사하는 경우 화재안전기준에 따라 C급 화재의 경우 2분 이내에 최소설계농도의 95[%] 이상을 방출해야 한다.
설계농도 C는 44.55[%]이므로 0.95를 곱하여 구한다.
$$44.55[\%] \times 0.95 = 42.3225[\%]$$

따라서 2분 이내에 방출해야 하는 소화약제 IG-541의 부피 X는 다음과 같다.
$$X = 2.303 \times \frac{0.70579[\text{m}^3/\text{kg}]}{0.72969[\text{m}^3/\text{kg}]} \times \log\left(\frac{100}{100-42.3225[\%]}\right) \times 735[\text{m}^3] ≒ 391.295[\text{m}^3]$$

2분 이내에 391.295[m³]의 소화약제 IG-541을 방출해야 하므로 방사유량[m³/s]은
$$\frac{391.295[\text{m}^3]}{2[\text{min}] \times 60[\text{s/min}]} ≒ 3.261[\text{m}^3/\text{s}]$$

연계이론 **PHASE 09 할로겐화합물 및 불활성기체 소화설비**

11 직경이 30[cm]인 소화배관에 0.2[m³/s]의 유량으로 흐르고 있다. 이 관의 직경은 15[cm], 길이는 300[m]인 ⑧배관과 직경이 20[cm], 길이가 600[m]인 ⒶⓎ배관이 그림과 같이 평행하게 연결되었다가 다시 30[cm]로 합쳐 있다. 각 배관에서의 관마찰계수는 0.022라 할 때 Ⓐ배관 및 ⑧배관의 유량[m³/s]을 구하시오. (단, Darcy Weisbach식을 사용한다.) [7점]

$Q = 0.2[\text{m}^3/\text{s}] \longrightarrow$ Ⓐ $L_A = 600[\text{m}]\ D_A = 20[\text{cm}]$ / $L_B = 300[\text{m}]\ D_B = 15[\text{cm}]$ ⑧ $\longrightarrow Q = 0.2[\text{m}^3/\text{s}]$

정답

- 답: Q_A: 0.12[m³/s], Q_B: 0.08[m³/s]

해설

일정한 양의 비압축성 유체가 일정한 속도로 흐를 때 배관에서의 마찰손실수두는 달시-바이스바하 방정식으로 구할 수 있다.

$$H = \frac{\Delta P}{\gamma} = \frac{flu^2}{2gD}$$

H: 마찰손실수두[m], ΔP: 압력 차이[kPa], γ: 비중량[kN/m³], f: 마찰손실계수,
l: 배관의 길이, u: 유속[m/s], g: 중력가속도[m/s²], D: 배관의 직경[m]

Ⓐ배관의 유량 Q_A와 ⑧배관의 유량 Q_B의 합은 0.2[m³/s]로 일정하다.

$$Q_A + Q_B = 0.2[\text{m}^3/\text{s}]$$

부피유량 공식 $Q = Au$에 의해 각 배관의 유속 관계는 다음과 같다.

$$\frac{\pi}{4}D_A^2 u_A + \frac{\pi}{4}D_B^2 u_B = 0.2[\text{m}^3/\text{s}]$$

Ⓐ배관과 ⑧배관의 마찰손실은 같다. ← 다른 경우 마찰손실이 작은 쪽으로 유량이 점점 증가하여 마찰손실도 증가하고 결국 평형을 이룬다.

$$H_A = H_B$$

$$\frac{f l_A u_A^2}{2gD_A} = \frac{f l_B u_B^2}{2gD_B}$$

$$\frac{600[\text{m}] \times u_A^2}{0.2[\text{m}]} = \frac{300[\text{m}] \times u_B^2}{0.15[\text{m}]}$$

$$3u_A^2 = 2u_B^2$$

주어진 관계식을 연립하여 u_A에 관한 식으로 나타내면 다음과 같다.

$$\frac{\pi}{4} \times (0.2[\text{m}])^2 \times u_A + \frac{\pi}{4} \times (0.15[\text{m}])^2 \times \sqrt{\frac{3}{2}}u_A = 0.2[\text{m}^3/\text{s}]$$

$$u_A = 3.769[\text{m/s}]$$

$$u_B = \sqrt{\frac{3}{2}}u_A = 4.617[\text{m/s}]$$

부피유량 공식 $Q = Au$에 의해 각 분기관의 유량은 다음과 같다.

$$Q_A = \frac{\pi}{4}D_A^2 u_A = \frac{\pi}{4} \times (0.2[\text{m}])^2 \times 3.769[\text{m/s}] \fallingdotseq 0.1184[\text{m}^3/\text{s}]$$

$$Q_B = 0.2[\text{m}^3/\text{s}] - Q_A = 0.2[\text{m}^3/\text{s}] - 0.1184[\text{m}^3/\text{s}] = 0.0816[\text{m}^3/\text{s}]$$

연계이론

PHASE 22 배관의 마찰손실

12 표면화재 방호대상물인 A, B, C, D실에 아래와 같은 조건으로 전역방출방식의 고압식 이산화탄소(CO_2) 소화설비를 설치하였을 경우 다음 물음에 답하시오. [8점]

조건

(가) 방호구역의 조건

방호구역	크기 면적[m²]	크기 높이[m]	개구부 면적 [m²]	개구부 상태	분사헤드 설치수 [개]
A실	18×18	5	6	자동폐쇄불가	40
B실	11×17	6	4	자동폐쇄가능	30
C실	5×8	4	4	자동폐쇄불가	8
D실	5×3	3	2	자동폐쇄가능	3

(나) CO_2 저장용기는 내용적 68[L]/충전량 45[kg]용의 것을 사용하는 것으로 한다.
(다) 각 실에 설치된 분사헤드의 방사율은 1개당 1.16[kg/mm²·min]으로 하며 CO_2 방출시간은 1분을 기준으로 한다.
(라) 소화약제의 산정기준 및 기타 필요한 사항은 화재안전기술기준을 적용한다.

(1) 방호구역의 각 실에 필요한 소화약제의 양[kg]은 얼마인가?
(2) 각 실에 저장하여야 할 소화약제의 용기는 몇 병인가?
(3) 각 실별로 설치된 분사 헤드의 분출구 면적[mm²]은 얼마이어야 하는가?
(4) 각 방호구역별 선택밸브 개방 직후의 유량[kg/s]은 얼마인가?

정답

(1) • A실
  – 계산과정: $(0.75 \times 1,620) + (5 \times 6) = 1,245$
  – 답: 1,245[kg]
 • B실
  – 계산과정: $0.80 \times 1,122 = 897.6$
  – 답: 897.6[kg]
 • C실
  – 계산과정: $0.80 \times 160 = 128$
   $135 + (5 \times 4) = 155$
  – 답: 155[kg]
 • D실
  – 계산과정: $0.90 \times 45 = 40.5$
  – 답: 45[kg]

(2) • A실
  – 계산과정: $\dfrac{1,245}{45} \fallingdotseq 27.67$
  – 답: 28병
 • B실
  – 계산과정: $\dfrac{897.6}{45} \fallingdotseq 19.95$
  – 답: 20병
 • C실
  – 계산과정: $\dfrac{155}{45} \fallingdotseq 3.44$
  – 답: 4병

- D실
  - 계산과정: $\dfrac{45}{45} ≒ 1$
  - 답: 1병

(3) • A실
  - 계산과정: $\dfrac{28 \times 45}{1.16 \times 1 \times 40} ≒ 27.155[\mathrm{mm}^2]$
  - 답: 27.16[mm²]
• B실
  - 계산과정: $\dfrac{20 \times 45}{1.16 \times 1 \times 30} ≒ 25.862[\mathrm{mm}^2]$
  - 답: 25.86[mm²]
• C실
  - 계산과정: $\dfrac{4 \times 45}{1.16 \times 1 \times 8} ≒ 19.397[\mathrm{mm}^2]$
  - 답: 19.40[mm²]
• D실
  - 계산과정: $\dfrac{1 \times 45}{1.16 \times 1 \times 3} ≒ 12.931[\mathrm{mm}^2]$
  - 답: 12.93[mm²]

(4) • A실
  - 계산과정: $\dfrac{28 \times 45}{60} = 21$
  - 답: 21[kg/s]
• B실
  - 계산과정: $\dfrac{20 \times 45}{60} = 15$
  - 답: 15[kg/s]
• C실
  - 계산과정: $\dfrac{4 \times 45}{60} = 3$
  - 답: 3[kg/s]
• D실
  - 계산과정: $\dfrac{1 \times 45}{60} = 0.75$
  - 답: 0.75[kg/s]

해 설

(1) 표면화재이고 전역방출방식인 이산화탄소 소화약제의 저장량 최소기준은 다음과 같다.

방호구역의 체적	소화약제의 양[kg/m³]	소화약제 저장량의 최저한도[kg]
45[m³] 미만	1.00	45
45[m³] 이상 150[m³] 미만	0.90	45
150[m³] 이상 1,450[m³] 미만	0.80	135
1,450[m³] 이상	0.75	1,125

방호구역의 개구부(창문·출입구) 1[m²]마다 5[kg]을 가산한다. ← 자동폐쇄장치가 없는 경우에만 적용한다.

A실의 체적(가로×세로×높이)은 다음과 같다.
$$V = 18[m] \times 18[m] \times 5[m] = 1,620[m^3]$$
A실의 체적이 1,450$[m^3]$ 이상이므로 소화약제의 양은 체적 1$[m^3]$ 당 0.75$[kg/m^3]$을 적용한다.
　　소화약제의 양 $= 0.75[kg/m^3] \times 1,620[m^3] = 1,215[kg]$ ← 최저한도인 1,125[kg]보다 큰지 확인한다.
개구부(창문·출입구)에 자동폐쇄장치가 없으므로 개구부 면적 1$[m^2]$ 당 5$[kg/m^2]$을 가산한다.
　　소화약제의 양 $= (0.75[kg/m^3] \times 1,620[m^3]) + (5[kg/m^2] \times 6[m^2]) = 1,245[kg]$

B실의 체적(가로×세로×높이)은 다음과 같다.
$$V = 11[m] \times 17[m] \times 6[m] = 1,122[m^3]$$
B실의 체적이 150$[m^3]$ 이상 1,450$[m^3]$ 미만이므로 소화약제의 양은 체적 1$[m^3]$ 당 0.80$[kg/m^3]$을 적용한다.
　　소화약제의 양 $= 0.80[kg/m^3] \times 1,122[m^3] = 897.6[kg]$ ← 최저한도인 135[kg]보다 큰지 확인한다.

C실의 체적(가로×세로×높이)은 다음과 같다.
$$V = 5[m] \times 8[m] \times 4[m] = 160[m^3]$$
C실의 체적이 150$[m^3]$ 이상 1,450$[m^3]$ 미만이므로 소화약제의 양은 체적 1$[m^3]$ 당 0.80$[kg/m^3]$을 적용한다.
　　소화약제의 양 $= 0.80[kg/m^3] \times 160[m^3] = 128[kg]$ ← 최저한도인 135[kg]보다 큰지 확인한다.
개구부(창문·출입구)에 자동폐쇄장치가 없으므로 개구부 면적 1$[m^2]$ 당 5$[kg/m^2]$을 가산한다.
　　소화약제의 양 $= 135[kg] + (5[kg/m^2] \times 4[m^2]) = 155[kg]$

D실의 체적(가로×세로×높이)은 다음과 같다.
$$V = 5[m] \times 3[m] \times 3[m] = 45[m^3]$$
D실의 체적이 45$[m^3]$ 이상 150$[m^3]$ 미만이므로 소화약제의 양은 체적 1$[m^3]$ 당 0.90$[kg/m^3]$을 적용한다.
　　소화약제의 양 $= 0.90[kg/m^3] \times 45[m^3] = 40.5[kg]$ ← 최저한도인 45[kg]보다 큰지 확인한다.

(2) 저장용기 1병 당 소화약제의 충전량은 45[kg]이므로 전체 소화약제의 양을 저장하기 위해 A실에 필요한 저장용기의 개수는
$$\frac{1,245[kg]}{45[kg/병]} \fallingdotseq 27.67[병] = 28[병] \text{ (절상)}$$

저장용기 1병 당 소화약제의 충전량은 45[kg]이므로 전체 소화약제의 양을 저장하기 위해 B실에 필요한 저장용기의 개수는
$$\frac{897.6[kg]}{45[kg/병]} \fallingdotseq 19.95[병] = 20[병] \text{ (절상)}$$

저장용기 1병 당 소화약제의 충전량은 45[kg]이므로 전체 소화약제의 양을 저장하기 위해 C실에 필요한 저장용기의 개수는
$$\frac{155[kg]}{45[kg/병]} \fallingdotseq 3.44[병] = 4[병] \text{ (절상)}$$

저장용기 1병 당 소화약제의 충전량은 45[kg]이므로 전체 소화약제의 양을 저장하기 위해 D실에 필요한 저장용기의 개수는
$$\frac{45[kg]}{45[kg/병]} = 1[병]$$

(3) A실에서 방출해야하는 소화약제의 양은 다음과 같다.
　　$28[병] \times 45[kg/병] = 1,260[kg]$
필요한 분사 헤드의 분출구 면적은
　　$1,260[kg] = 1.16[kg/mm^2 \cdot min \cdot 개] \times 분출구\ 면적[mm^2] \times 1[min] \times 40[개]$
　　분출구 면적$[mm^2] = \dfrac{1,260[kg]}{1.16[kg/mm^2 \cdot min \cdot 개] \times 1[min] \times 40[개]} \fallingdotseq 27.155[mm^2]$

B실에서 방출해야하는 소화약제의 양은 다음과 같다.
　　$20[병] \times 45[kg/병] = 900[kg]$
필요한 분사 헤드의 분출구 면적은
　　$900[kg] = 1.16[kg/mm^2 \cdot min \cdot 개] \times 분출구\ 면적[mm^2] \times 1[min] \times 30[개]$
　　분출구 면적$[mm^2] = \dfrac{900[kg]}{1.16[kg/mm^2 \cdot min \cdot 개] \times 1[min] \times 30[개]} \fallingdotseq 25.862[mm^2]$

C실에서 방출해야하는 소화약제의 양은 다음과 같다.

$$4[병] \times 45[kg/병] = 180[kg]$$

필요한 분사 헤드의 분출구 면적은

$$180[kg] = 1.16[kg/mm^2 \cdot min \cdot 개] \times 분출구\ 면적[mm^2] \times 1[min] \times 8[개]$$

$$분출구\ 면적[mm^2] = \frac{180[kg]}{1.16[kg/mm^2 \cdot min \cdot 개] \times 1[min] \times 8[개]} ≒ 19.397[mm^2]$$

D실에서 방출해야하는 소화약제의 양은 다음과 같다.

$$1[병] \times 45[kg/병] = 45[kg]$$

필요한 분사 헤드의 분출구 면적은

$$45[kg] = 1.16[kg/mm^2 \cdot min \cdot 개] \times 분출구\ 면적[mm^2] \times 1[min] \times 3[개]$$

$$분출구\ 면적[mm^2] = \frac{45[kg]}{1.16[kg/mm^2 \cdot min \cdot 개] \times 1[min] \times 3[개]} ≒ 12.931[mm^2]$$

(4) 선택밸브란 가스용기에서 배출된 소화약제가 적절한 방호구역으로 운반될 수 있도록 선택적으로 배관을 개폐시키는 밸브를 말한다.

A실에 이산화탄소 소화약제를 방사하는 경우 7병의 저장용기에서 일제히 소화약제가 방출되므로 방출량은 다음과 같다.

$$28[병] \times 45[kg/병] = 1{,}260[kg]$$

따라서 A실에서 선택밸브 직후의 유량[kg/s]은

$$\frac{28[병] \times 45[kg/병]}{1[min]} = \frac{1{,}260[kg]}{60[s]} = 21[kg/s]$$

B실에 이산화탄소 소화약제를 방사하는 경우 7병의 저장용기에서 일제히 소화약제가 방출되므로 방출량은 다음과 같다.

$$20[병] \times 45[kg/병] = 900[kg]$$

따라서 B실에서 선택밸브 직후의 유량[kg/s]은

$$\frac{20[병] \times 45[kg/병]}{1[min]} = \frac{900[kg]}{60[s]} = 15[kg/s]$$

C실에 이산화탄소 소화약제를 방사하는 경우 7병의 저장용기에서 일제히 소화약제가 방출되므로 방출량은 다음과 같다.

$$4[병] \times 45[kg/병] = 180[kg]$$

따라서 C실에서 선택밸브 직후의 유량[kg/s]은

$$\frac{4[병] \times 45[kg/병]}{1[min]} = \frac{180[kg]}{60[s]} = 3[kg/s]$$

D실에 이산화탄소 소화약제를 방사하는 경우 7병의 저장용기에서 일제히 소화약제가 방출되므로 방출량은 다음과 같다.

$$1[병] \times 45[kg/병] = 45[kg]$$

따라서 D실에서 선택밸브 직후의 유량[kg/s]은

$$\frac{1[병] \times 45[kg/병]}{1[min]} = \frac{45[kg]}{60[s]} = 0.75[kg/s]$$

연계이론 **PHASE 07** 이산화탄소 소화설비

13 바닥면적이 1층 7,500[m²], 2층 7,500[m²]이고, 연면적이 32,500[m²]인 건축물에 소화용수설비가 설치되어 있다. 다음 물음에 답하시오. [4점]

(1) 소화용수의 저수량[m³]은 얼마인가?
(2) 흡수관 투입구의 수는 몇 개 이상이어야 하는가?
(3) 설치하여야 하는 채수구는 몇 개인가?
(4) 가압송수장치의 1분당 양수량[L]은 얼마 이상이어야 하는가?

정 답

(1) • 계산과정: $\dfrac{32,500}{7,500} ≒ 4.33$
  $5 \times 20 = 100$
 • 답: 100[m³]

(2) • 답: 2개

(3) • 답: 3개

(4) • 답: 3,300[L/min] 이상

해 설

(1) 저수량은 소방대상물의 연면적을 다음의 표에 따른 기준면적으로 나누어 얻은 수(소수점 이하 절상)에 20[m³]을 곱한 양 이상으로 한다.

소방대상물의 구분	기준면적[m²]
1층 및 2층의 바닥면적 합계가 15,000[m²] 이상인 소방대상물	7,500
그 밖의 소방대상물	12,500

$\dfrac{32,500[m^2]}{7,500[m^2]} ≒ 4.33 = 5$ (절상)

$5 \times 20[m^3] = 100[m^3]$

(2) 흡수관 투입구는 다음의 표에 따른 소요수량에 따라 설치한다.

소요수량[m³]	흡수관 투입구의 수
80 미만	1개 이상
80 이상	2개 이상

저수량이 100[m³]이므로 흡수관 투입구를 통한 소요수량도 100[m³]이고, 흡수관 투입구는 2개 이상 설치해야 한다.

(3) 채수구는 다음의 표에 따른 소요수량에 따라 설치한다.

소요수량[m³]	채수구의 수
20 이상 40 미만	1
40 이상 100 미만	2
100 이상	3

저수량이 100[m³]이므로 채수구를 통한 소요수량도 100[m³]이고, 채수구는 3개 설치해야 한다.

(4) 가압송수장치의 1분 당 양수량은 다음의 표에 따른 소요수량에 따라 설치한다.

← 저수량을 지표면으로부터 4.5[m] 이하인 지하에서 확보할 수 있는 경우 가압송수장치를 설치하지 않을 수 있다.

소요수량[m³]	가압송수장치의 1분 당 양수량[L/min]
20 이상 40 미만	1,100 이상
40 이상 100 미만	2,200 이상
100 이상	3,300 이상

저수량이 100[m³]이므로 가압송수장치를 통한 소요수량도 100[m³]이고, 1분 당 양수량은 3,300[L/min] 이상으로 한다.

연계이론   **PHASE 13 소화수조 및 저수조**

14 할론 소화설비에서 사용하는 Soaking time에 대하여 설명하시오. [4점]

정답
- 답: 가스계 소화약제를 방사한 후 재발화를 방지하기 위해 유지해야 하는 시간(설계농도 유지시간)

연계이론   **PHASE 08 할론 소화설비**

15 그림과 같은 옥내소화전설비를 [조건]에 따라 설치하려고 한다. 다음 물음에 답하시오. [15점]

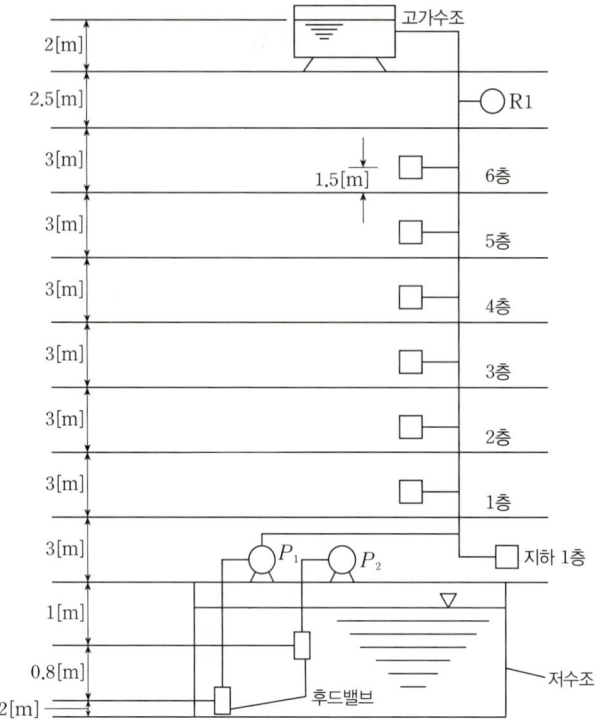

조건

(가) P_1: 옥내소화전 펌프
(나) P_2: 잡용수 양수펌프
(다) 펌프의 후드 밸브로부터 6층 옥내소화전함 호스접결구까지의 마찰손실 및 저항 손실수두는 실양정의 30[%]이다.
(라) 펌프의 체적효율 $\eta_v = 0.95$, 기계효율 $\eta_m = 0.85$, 수력효율 $\eta_n = 0.80$이다.
(마) 옥내소화전의 개수는 각층 3개씩이다.
(바) 소방호스의 마찰손실수두는 7[m]이다.
(사) 전동기 전달계수 K는 1.2이다.

(1) 펌프의 토출량[L/min]은 얼마인가?
(2) 수원의 최소유효 저수량[m³]은 얼마인가? (단, 옥상수조를 포함한다.)
(3) 펌프의 전양정[m]은 얼마인가?
(4) 펌프의 전효율[%]은 얼마인가?
(5) 펌프의 수동력, 축동력, 모터동력은 각각 몇 [kW]인가?
(6) 노즐 선단에서 봉상 방수의 경우 방수압 측정요령을 쓰시오.

정 답

(1) • 계산과정: $2 \times 130 = 260$
 • 답: 260[L/min]

(2) • 계산과정: $(2 \times 2.6) + (2 \times 2.6) \times \dfrac{1}{3} ≒ 6.933[m^3]$
 • 답: 6.93[m³]

(3) • 계산과정: $2 \times 2.6 \times \dfrac{1}{3} ≒ 1.733 [\text{m}^3]$

    • 답: $1.73[\text{m}^3]$

(4) • 계산과정: $0.8+1.0+3.0+3.0+3.0+3.0+3.0+3.0+1.5=21.3$
                $21.3 \times 0.3 = 6.39$
                $21.3+7+6.39+17=51.69$

    • 답: $51.69[\text{m}]$

(5) • 수동력
      − 계산과정: $260[\text{L/min}] = \dfrac{0.26}{60}[\text{m}^3/\text{s}]$

                   $9.8 \times \dfrac{0.26}{60} \times 51.69 ≒ 2.195$

      − 답: $2.20[\text{kW}]$

    • 축동력
      − 계산과정: $P = \dfrac{9.8 \times \dfrac{0.26}{60} \times 51.69}{0.646} ≒ 3.398$

      − 답: $3.40[\text{kW}]$

    • 모터동력
      − 계산과정: $P = \dfrac{9.8 \times \dfrac{0.26}{60} \times 51.69}{0.646} \times 1.2 ≒ 4.078$

      − 답: $4.08[\text{kW}]$

(6) 직사형 노즐로부터 노즐직경의 $0.5D$(내경)만큼 떨어진 지점에서 피토계로 측정하여 압력을 구한다.

해 설

(1) 화재안전기준에 따라 옥내소화전설비에서 가압송수장치(펌프)는 특정소방대상물의 어느 층에서 해당 층의 옥내소화전을 동시에 사용할 경우(최대 2개, 30층 이상인 경우 최대 5개) 각 소화전의 노즐 선단에서의 방수량은 $130[\text{L/min}]$ 이상으로 한다.
    정격토출량 $= 2[\text{개}] \times 130[\text{L/min}] = 260[\text{L/min}]$

(2), (3) 화재안전기준에 따라 옥내소화전설비에서 수원의 저수량은 옥내소화전의 설치개수가 가장 많은 층의 설치개수에 기준량을 곱한 양 이상이 되도록 한다.

층수	최대 설치개수	기준량
~29층	2개	$2.6[\text{m}^3]$ ($130[\text{L/min}] \times 20[\text{min}]$)
30층~49층	5개	$5.2[\text{m}^3]$ ($130[\text{L/min}] \times 40[\text{min}]$)
50층~	5개	$7.8[\text{m}^3]$ ($130[\text{L/min}] \times 60[\text{min}]$)

기준에 따라 계산한 유효수량 외에 유효수량의 $\dfrac{1}{3}$ 이상을 옥상에 설치한다.

    $Q = (2[\text{개}] \times 2.6[\text{m}^3]) + (2[\text{개}] \times 2.6[\text{m}^3]) \times \dfrac{1}{3} ≒ 6.933[\text{m}^3]$

(4) 화재안전기준에 따라 옥내소화전설비에 설치된 가압송수장치(펌프)의 전양정은 다음과 같다.

$$H = h_1 + h_2 + h_3 + 17$$

H: 전양정[m], h_1: 실양정(흡입양정+토출양정)[m], h_2: 호스의 마찰손실수두[m],
h_3: 배관 및 관부속의 마찰손실수두[m], 17: 노즐선단에서의 방사압력수두[m]

펌프의 후드밸브로부터 최고위 옥내소화전 앵글밸브까지의 수직거리인 실양정 h_1는 다음과 같다.
  $h_1 = 0.8[m] + 1.0[m] + 3.0[m] + 3.0[m] + 3.0[m] + 3.0[m] + 3.0[m] + 3.0[m] + 1.5[m] = 21.3[m]$
호스의 마찰손실수두 h_2는 다음과 같다.
  $h_2 = 7[m]$
배관의 마찰손실 및 저항손실수두는 실양정의 30[%]이므로 배관 및 관부속의 마찰손실수두 h_3는 다음과 같다.
  $h_3 = 21.3[m] \times 0.3 = 6.39[m]$
따라서 옥내소화전설비 펌프의 전양정 H는
  $H = h_1 + h_2 + h_3 + 17 = 21.3[m] + 7[m] + 6.39[m] + 17 = 51.69[m]$

(5) 펌프의 동력은 다음의 식을 통해 구할 수 있다.

$$P = \frac{\gamma Q H}{\eta} K$$

P: 펌프의 축동력[kW], γ: 유체의 비중량[kN/m³], Q: 유량[m³/s], H: 전양정[m], η: 효율, K: 전달계수

유체는 물이므로 물의 비중량은 9.8[kN/m³]이다.

유량이 260[L/min]이므로 단위를 변환하면 $\frac{0.26}{60}$[m³/s]이다.

따라서 주어진 조건을 공식에 대입하면 펌프의 수동력 P는
  $P = 9.8[kN/m^3] \times \frac{0.26}{60}[m^3/s] \times 51.69[m] \approx 2.195[kW]$ ← 수동력을 구할 때는 효율과 전달계수를 고려하지 않는다.

펌프의 전효율은 다음과 같다.
  전효율 = 수력효율 × 체적효율 × 기계효율 = 0.8 × 0.95 × 0.85 = 0.646
펌프의 축동력 P는

$$P = \frac{9.8[kN/m^3] \times \frac{0.26}{60}[m^3/s] \times 51.69[m]}{0.646} \approx 3.398[kW]$$ ← 축동력을 구할 때는 전달계수를 고려하지 않는다.

펌프의 동력 P는

$$P = \frac{9.8[kN/m^3] \times \frac{0.26}{60}[m^3/s] \times 51.69[m]}{0.646} \times 1.2 \approx 4.078[kW]$$

◇ 연계이론 ◇ **PHASE 02 옥내소화전설비**

16 옥내소화전설비의 노즐에서 방수압력이 0.7(MPa)을 초과할 경우 감압하는 방법을 3가지 쓰시오. [4점]

정답

다음 5가지 중 3가지를 선택하여 작성한다.
- 고가수조에 따른 방법
- 배관계통에 따른 방법
- 중계펌프 설치
- 감압밸브 또는 오리피스 설치
- 감압기능이 있는 소화전 개폐밸브 설치

해설

방수압력을 감압하는 방법은 다음과 같다.

감압방법	방법
고가수조에 따른 방법	저층용과 고층용 고가수조를 분리하여 설치한다.
배관계통에 따른 방법	저층용과 고층용 펌프를 분리하여 설치한다.
중계펌프 설치	중계펌프를 설치하여 압력을 한번 더 조정한다.
감압밸브 또는 오리피스 설치	방수구에 감압밸브 또는 오리피스를 설치한다.
감압기능이 있는 소화전 개폐밸브 설치	감압기능이 있는 개폐밸브를 설치한다.

연계이론 PHASE 02 옥내소화전설비

2013년 2회 기출문제

01 주거용 주방자동소화장치의 설치기준에 대한 설명이다. ( ) 안에 알맞은 답을 쓰시오. [4점]

> 탐지부는 수신부와 분리하여 설치하되, 공기보다 가벼운 가스를 사용하는 경우에는 (①)면으로부터 (②)[cm] 이하의 위치에 설치하고, 공기보다 무거운 가스를 사용하는 장소에는 (③)면으로부터 (④)[cm] 이하의 위치에 설치할 것

정답
① 천장
② 30
③ 바닥
④ 30

해설 가스용 주방자동소화장치를 사용하는 경우 탐지부는 수신부와 분리하여 설치하되, 공기보다 가벼운 가스를 사용하는 경우 천장면으로부터 30[cm] 이하의 위치에 설치하고, 공기보다 무거운 가스를 사용하는 장소에는 바닥면으로부터 30[cm] 이하의 위치에 설치한다.

연계이론 PHASE 01 소화기구 및 자동소화장치

02

지상 1층과 2층의 바닥면적의 합계가 20,000[m²]인 경우 소화수조를 설치하는데 소화용수의 저수량 [m³]과 채수구의 개수를 각각 구하시오. [4점]

(1) 소화용수의 저수량[m³]
(2) 채수구의 개수

정 답

(1) • 계산과정: $\dfrac{20,000}{7,500} ≒ 2.67$
  $3 \times 20 = 60$
 • 답: 60[m³]

(2) • 답: 2개

해 설

(1) 저수량은 소방대상물의 연면적을 다음의 표에 따른 기준면적으로 나누어 얻은 수(소수점 이하 절상)에 20[m³]을 곱한 양 이상으로 한다.

소방대상물의 구분	기준면적[m²]
1층 및 2층의 바닥면적 합계가 15,000[m²] 이상	7,500
그 밖의 소방대상물	12,500

$\dfrac{20,500\,[\text{m}^2]}{7,500\,[\text{m}^2]} ≒ 2.67 = 3$ (절상)

$3 \times 20[\text{m}^3] = 60[\text{m}^3]$

(2) 채수구는 다음의 표에 따른 소요수량에 따라 설치한다.

소요수량[m³]	채수구의 수
20 이상 40 미만	1
40 이상 100 미만	2
100 이상	3

저수량이 60[m³]이므로 채수구를 통한 소요수량도 60[m³]이고, 채수구는 2개 설치해야 한다.

연계이론 PHASE 13 소화수조 및 저수조

03

절연유 봉입 변압기에 물분무 소화설비를 그림과 같이 설치하고자 한다. 가로 5[m], 세로 3[m], 높이 1.8[m]일 때 다음 물음에 답하시오. [8점]

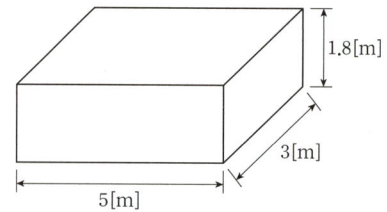

(1) 이 소화설비의 유량[L/min]은 얼마인가?
(2) 이 소화설비의 저수량[m³]은 얼마인가?
(3) 고압의 전기기기가 있는 장소와 헤드 사이의 최소거리[cm]를 구하시오.
   ① 전압이 66[kV] 이하일 때
   ② 전압이 181[kV] 초과 220[kV] 이하일 때

정답

(1) • 계산과정: $(5 \times 1.8) \times 2 + (3 \times 1.8) \times 2 + (5 \times 3) = 43.8$
       $10 \times 43.8 = 438$
    • 답: 438[L/min]

(2) • 계산과정: $438 \times 20 = 8,760[L] = 8.76[m^3]$
    • 답: 8.76[m³]

(3) ① 70
    ② 210

해설

(1) 화재안전기준에 따라 물분무 소화설비에서 가압송수장치(펌프)의 1분 당 토출량은 다음의 기준에 따라 설치한다.
← 물분무 소화설비의 방수시간은 20분 이상이다.

대상	1분 당 토출량
특수가연물을 저장·취급하는 특정소방대상물	바닥면적(최소 50[m²]) 1[m²] 당 10[L] 이상
차고 또는 주차장	바닥면적(최소 50[m²]) 1[m²] 당 20[L] 이상
절연유 봉입 변압기	바닥을 제외한 표면적 1[m²] 당 10[L] 이상
케이블트레이, 케이블덕트	투영된 바닥면적 1[m²] 당 12[L] 이상
콘베이어 벨트	벨트 부분의 바닥면적 1[m²] 당 10[L] 이상

가압송수장치(펌프)의 1분 당 토출량은 절연유 봉입 변압기의 경우 바닥을 제외한 표면적 1[m²] 당 10[L] 이상으로 한다.
바닥을 제외한 표면적 A는 다음과 같다.
$A = (5[m] \times 1.8[m]) \times 2 + (3[m] \times 1.8[m]) \times 2 + (5[m] \times 3[m]) = 43.8[m^2]$
정격토출량 $= 10[L/m^2 \cdot min] \times 43.8[m^2] = 438[L/min]$

(2) 물분무 소화설비의 방수시간은 20분 이상이다.
$Q = 438[L/min] \times 20[min] = 8,760[L] = 8.76[m^3]$

(3) 고압의 전기기기가 있는 장소는 전기의 절연을 위하여 전기기기와 물분무 헤드 사이에 다음의 표에 따른 거리를 둔다.

전압[kV]	거리[cm]	전압[kV]	거리[cm]
66 이하	70 이상	154 초과 181 이하	180 이상
66 초과 77 이하	80 이상	181 초과 220 이하	210 이상
77 초과 110 이하	110 이상	220 초과 275 이하	260 이하
110 초과 154 이하	150 이상		

연계이론 PHASE 05 물분무 소화설비

04 불연재료로 된 특정소방대상물 또는 그 부분으로서 옥내소화전 방수구를 설치하지 아니할 수 있는 대상물을 5개 쓰시오. [5점]

정답
- 냉장창고 중 온도가 영하인 냉장실 또는 냉동창고의 냉동실
- 고온의 노가 설치된 장소 또는 물과 격렬하게 반응하는 물품의 저장 또는 취급 장소
- 발전소·변전소 등으로서 전기시설이 설치된 장소
- 식물원·수족관·목욕실·수영장(관람석 부분 제외) 또는 그 밖에 이와 비슷한 장소
- 야외음악당·야외극장 또는 그 밖의 이와 비슷한 장소

연계이론 PHASE 02 옥내소화전설비

05 내경이 40[mm]인 소방용 호스에 내경이 13[mm]인 노즐이 부착되어 있다. 300[L/min]의 방수량으로 대기 중에 방사할 경우 다음 물음에 답하시오. [9점]

(1) 소방용 호스의 평균유속[m/s]은 얼마인가?
(2) 소방용 호스에 부착된 노즐의 평균유속[m/s]은 얼마인가?
(3) 소방용 호스에 부착된 Flange Volt(플랜지 볼트)에 작용하는 힘[N]은 얼마인가?

정답

(1) • 계산과정: $300[L/min] = \dfrac{0.3}{60}[m^3/s]$

$$\dfrac{4 \times \dfrac{0.3}{60}}{\pi \times 0.04^2} \fallingdotseq 3.979$$

• 답: 3.98[m/s]

(2) • 계산과정: $\dfrac{4 \times \dfrac{0.3}{60}}{\pi \times 0.013^2} \fallingdotseq 37.669$

• 답: 37.67[m/s]

(3) • 계산과정: $\dfrac{9,800 \times \left(\dfrac{0.3}{60}\right)^2 \times \dfrac{\pi}{4} \times 0.04^2}{2 \times 9.8} \left(\dfrac{1}{\dfrac{\pi}{4} \times 0.013^2} - \dfrac{1}{\dfrac{\pi}{4} \times 0.04^2}\right)^2 \fallingdotseq 713.191$

• 답: 713.19[N]

해설

(1) 부피유량 공식 $Q = Au$에 의해 유량 Q와 배관의 직경 D를 알면 유속 u를 다음과 같이 구할 수 있다.

$$Q = \dfrac{\pi}{4} D^2 u, \ u = \dfrac{4Q}{\pi D^2}$$

u: 유속[m/s], Q: 유량[m³/s], D: 배관의 직경[m]

유량은 300[L/min]이므로 단위를 변환하면 $\dfrac{0.3}{60}[m^3/s]$이다.

따라서 주어진 조건을 공식에 대입하면 소방호스에 흐르는 물의 속도 u는

$$u = \dfrac{4 \times \dfrac{0.3}{60}[m^3/s]}{\pi \times (0.04[m])^2} \fallingdotseq 3.979[m/s]$$

(2) 주어진 조건을 공식에 대입하면 노즐에 흐르는 물의 속도 u는

$$u = \dfrac{4 \times \dfrac{0.3}{60}[m^3/s]}{\pi \times (0.013[m])^2} \fallingdotseq 37.669[m/s]$$

(3) 플랜지 볼트에 작용하는 힘은 다음과 같다.

$$F = \frac{\gamma Q^2 A_1}{2g}\left(\frac{1}{A_2} - \frac{1}{A_1}\right)^2$$

F: 플랜지 볼트에 작용하는 힘[N], γ: 비중량[N/m³], Q: 유량[m³/s],
A_1: 배관의 단면적[m²], A_2: 노즐의 단면적[m²], g: 중력가속도[m/s²]

유체는 물이므로 물의 비중량은 9,800[N/m³]이다.

배관은 지름이 D인 원형이므로 배관의 단면적은 다음과 같다.

$$A = \frac{\pi}{4}D^2$$

A: 단면적[m²], D: 직경[m]

따라서 주어진 조건을 공식에 대입하면 플랜지 볼트에 작용하는 힘 F는

$$F = \frac{9,800[\text{N/m}^3] \times \left(\frac{0.3}{60}[\text{m}^3/\text{s}]\right)^2 \times \frac{\pi}{4} \times (0.04[\text{m}])^2}{2 \times 9.8[\text{m/s}^2]} \left(\frac{1}{\frac{\pi}{4} \times (0.013[\text{m}])^2} - \frac{1}{\frac{\pi}{4} \times (0.04[\text{m}])^2}\right)^2$$

$\fallingdotseq 713.191[\text{N}]$

◇ 연계이론 ◇ **PHASE 20 유체유동**

06

어떤 지하상가 제연설비를 화재안전기준과 [조건]에 따라 설치하려고 한다. 다음 물음에 답하시오. [9점]

조건
- (가) 주덕트의 높이 제한은 600[mm]이다. (단, 강판 두께, 덕트 플랜지 및 보온두께는 고려하지 않는다.)
- (나) 배출기는 원심 다익형이다.
- (다) 각종 효율은 무시한다.
- (라) 예상 제연구역의 설계 배출량은 45,000[m³/h]이다.

(1) 배출기의 흡입측 주덕트의 최소 폭[mm]은 얼마인가?
(2) 배출기의 배출측 주덕트의 최소 폭[mm]은 얼마인가?
(3) 준공 후 풍량시험을 한 결과 풍량은 36,000[m³/h], 회전수는 600[rpm], 축동력은 7.5[kW]로 측정되었다. 배출량 45,000[m³/h]를 만족시키기 위한 배출구 회전수[rpm]는 얼마인가?

정답

(1) • 계산과정: $\dfrac{\frac{45,000}{3,600}}{15} \fallingdotseq 0.833$

$\dfrac{0.833}{0.6} \fallingdotseq 1.388$

• 답: 1.39[m]

(2) • 계산과정: $\dfrac{\frac{45,000}{3,600}}{20} = 0.625$

$\dfrac{0.625}{0.6} \fallingdotseq 1.042$

• 답: 1.04[m]

(3) • 계산과정: $600 \times \left(\dfrac{45,000}{36,000}\right) = 750$

• 답: 750[rpm]

해설

(1) 배출기의 흡입 측 풍도 안의 풍속은 15[m/s] 이하로 한다.
부피유량 공식 $Q = Au$에 의해 유량 Q와 유속 u를 알면 덕트의 단면적 A를 다음과 같이 구할 수 있다.

$$A = \dfrac{Q}{u}$$

A: 덕트의 단면적[m²], Q: 유량[m³/s], u: 유속[m/s]

유량 45,000[m³/h]의 단위를 변환해주면 $\dfrac{45,000}{3,600}$[m³/s]이 되고, 유속 15[m/s]와 함께 공식에 대입해주면 덕트의 단면적 A는 다음과 같다.

$$A = \dfrac{\frac{45,000}{3,600}[\text{m}^3/\text{s}]}{15[\text{m/s}]} \fallingdotseq 0.833[\text{m}^2]$$

주덕트의 최대 높이 H가 0.6[m]이므로 최소 폭 W는

$$W = \dfrac{A}{H} = \dfrac{0.833[\text{m}^2]}{0.6[\text{m}]} \fallingdotseq 1.388[\text{m}]$$

(2) 배출기의 배출 측 풍속은 20[m/s] 이하로 한다.
유속 20[m/s]와 함께 공식에 대입해주면 덕트의 단면적 A는 다음과 같다.

$$A = \dfrac{\frac{45,000}{3,600}[\text{m}^3/\text{s}]}{20[\text{m/s}]} = 0.625[\text{m}^2]$$

주덕트의 최대 높이 H가 0.6[m]이므로 최소 폭 W는

$$W = \dfrac{A}{H} = \dfrac{0.625[\text{m}^2]}{0.6[\text{m}]} \fallingdotseq 1.042[\text{m}]$$

(3) 기하학적으로 비슷한 두 물체의 운동이 역학적으로도 비슷해지도록 하는 조건을 나타내는 법칙을 상사법칙이라고 한다.
배출기의 회전수를 변화시키면 동일한 배출기이므로 상사법칙에 따라 유량이 변화한다.

$$\frac{Q_2}{Q_1} = \left(\frac{N_2}{N_1}\right)\left(\frac{D_2}{D_1}\right)^3$$

Q: 유량, N: 펌프의 회전수, D: 직경

동일한 배출기이므로 직경 D는 같고, 상태1의 유량 Q_1가 36,000[m³/h], 회전수 N_1이 600[rpm]이며, 상태2의 유량 Q_2가 45,000[m³/h]이므로 회전수 N_2는 다음과 같다.

$$N_2 = N_1\left(\frac{Q_2}{Q_1}\right) = 600[\text{rpm}] \times \left(\frac{45,000[\text{m}^3/\text{h}]}{36,000[\text{m}^3/\text{h}]}\right) = 750[\text{rpm}]$$

연계이론

PHASE 14 제연설비

PHASE 23 펌프의 특성

07

할로겐화합물 및 불활성기체 소화설비에서 할로겐화합물 및 불활성기체 소화약제 저장용기의 기준에 관한 설명이다. ( ) 안에 알맞은 내용을 쓰시오. [4점]

보기
3, 5, 10, 20, 30, 할로겐화합물, 불활성기체

저장용기의 약제량 손실이 (①)[%]를 초과하거나 압력손실이 (②)[%]를 초과하는 경우에는 재충전하거나 저장용기를 교체할 것. 다만, (③) 소화약제 저장용기의 경우에는 압력손실이 (④)[%]를 초과하는 경우 재충전하거나 저장용기를 교체해야 한다.

정답

① 5
② 10
③ 불활성기체
④ 5

해설

저장용기의 약제량 손실이 5[%]를 초과하거나 압력손실이 10[%]를 초과하는 경우에는 재충전하거나 저장용기를 교체할 것. 다만, 불활성기체 소화약제 저장용기의 경우에는 압력손실이 5[%]를 초과하는 경우 재충전하거나 저장용기를 교체해야 한다.

연계이론

PHASE 09 할로겐화합물 및 불활성기체 소화설비

08 다음 [조건]에 따라 제1종 분말 소화설비를 전역방출방식으로 설치하려고 한다. [조건]을 참고하여 각 물음에 답하시오. [8점]

> **조건**
> (가) 특정소방대상물의 크기는 가로 20[m], 세로 10[m], 높이 3[m]인 내화구조로 되어 있다.
> (나) 헤드의 배치는 정방형으로 하고, 헤드와 벽과의 간격은 헤드 간격의 1/2 이하로 한다.
> (다) 방사헤드 1개의 방사량은 1.5[kg/s]이고 방사시간기준은 30초이다.
> (라) 배관은 최단거리 토너먼트 배관방식을 적용한다.

(1) 필요한 소화약제의 최소 소요량은 몇 [kg]인가?
(2) 가압용 가스(질소)의 최소 필요량 (35[℃], 1기압 환산)은 몇 [L]인가?
(3) 필요한 분사헤드의 최소 개수는 몇 개인가?
(4) 헤드의 배치도 및 개략적인 배관도를 작성하시오. (단, 눈금 1개의 간격은 1[m]이고, 헤드 간의 간격 및 벽과의 간격을 표시해야 하며 분말 배관 연결지점은 상부 중간에서 분기한다.)

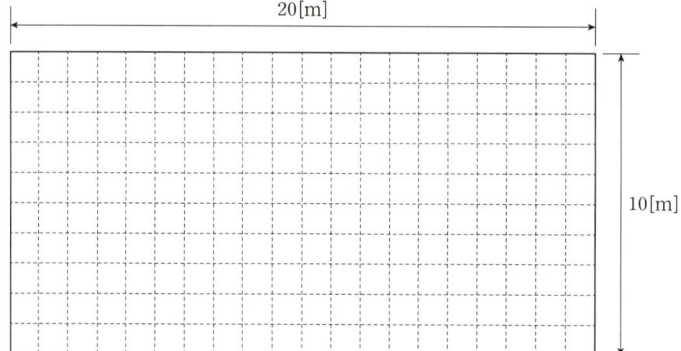

정답

(1) • 계산과정: $20 \times 10 \times 3 = 600$
  $0.60 \times 600 = 360$
 • 답: 360[kg]

(2) • 계산과정: $40 \times 360 = 14,400$
 • 답: 14,400[L]

(3) • 계산과정: $360 = 1.5 \times 30 \times$ 헤드 수
  헤드 수 $= \dfrac{360}{1.5 \times 30} = 8$
 • 답: 8개

(4)

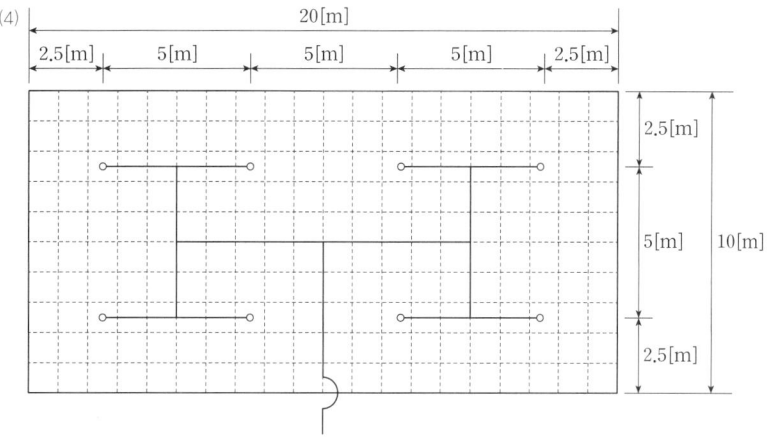

해 설

(1) 전역방출방식 분말 소화약제의 저장량 기준은 다음과 같다.

소화약제의 종류	소화약제의 양[kg/m³]	개구부 가산량[kg/m²]
제1종 분말	0.60	4.5
제2종 분말	0.36	2.7
제3종 분말	0.36	2.7
제4종 분말	0.24	1.8

방호구역의 체적(가로×세로×높이)은 다음과 같다.
$V = 20[m] \times 10[m] \times 3[m] = 600[m^3]$

제1종 분말 소화약제를 사용하므로 소화약제의 양은 체적 $1[m^3]$ 당 $0.60[kg/m^3]$을 적용한다.
소화약제의 양 $= 0.60[kg/m^3] \times 600[m^3] = 360[kg]$

(2) 가압용 가스에 질소가스를 사용하는 경우 질소가스는 소화약제 1[kg] 마다 40[L](35[℃]에서 1기압의 압력상태로 환산한 것) 이상으로 한다.
가압용 가스의 양 $= 40[L/kg] \times 360[kg] = 14,400[L]$

(3) 분말 소화설비의 분사헤드는 소화약제 저장량을 30초 이내에 방출할 수 있어야 하므로 필요한 헤드 수는
$360[kg] = 1.5[kg/s] \times 30[s] \times$ 헤드 수
헤드 수 $= \dfrac{360[kg]}{1.5[kg/s] \times 30[s]} = 8[개]$

연계이론   PHASE 10 분말 소화설비

09 지상 10층 건물에 옥내소화전을 설치하려고 한다. 각 층에 옥내소화전 3개씩을 배치하며 이때 낙차는 24[m], 배관의 마찰손실수두는 8[m], 호스의 마찰손실수두가 7.8[m], 펌프 효율이 55[%], 여유율은 10[%]이고, 소화전 1개당 방사량은 150[L/min]으로 20분간 연속 방수되는 것으로 하였을 때, 다음 물음에 답하시오. [12점]

(1) 펌프의 최소 토출량[m^3/min]은 얼마인가?
(2) 전양정[m]은 얼마인가?
(3) 펌프 모터의 최소 동력[kW]은 얼마인가?
(4) 수원의 최소 저수량[m^3]은 얼마인가? (단, 주펌프와 동등 이상의 성능이 있는 별도의 펌프로서 내연기관의 기동과 연동하여 작동된다.)

정 답

(1) • 계산과정: $2 \times 150 = 300[L/min] = 0.3[m^3/min]$
 • 답: $0.3[m^3/min]$

(2) • 계산과정: $24 + 7.8 + 8 + 17 = 56.8$
 • 답: $56.8[m]$

(3) • 계산과정: $0.3[m^3/min] = \frac{0.3}{60}[m^3/s]$

$$\frac{9.8 \times \frac{0.3}{60} \times 56.8}{0.55} \times 1.1 ≒ 5.566$$

 • 답: $5.57[kW]$

(4) • 계산과정: $0.3 \times 20 = 6$
 • 답: $6[m^3]$

해 설

(1) 화재안전기준에 따라 옥내소화전설비에서 가압송수장치(펌프)는 특정소방대상물의 어느 층에서 해당 층의 옥내소화전을 동시에 사용할 경우(최대 2개, 30층 이상인 경우 최대 5개) 각 소화전의 노즐 선단에서의 방수량은 130[L/min] 이상으로 한다.
 정격토출량 $= 2[개] \times 150[L/min] = 300[L/min] = 0.3[m^3/min]$

(2) 화재안전기준에 따라 옥내소화전설비에 설치된 가압송수장치(펌프)의 전양정은 다음과 같다.

$$H = h_1 + h_2 + h_3 + 17$$

H: 전양정[m], h_1: 실양정(흡입양정+토출양정)[m], h_2: 호스의 마찰손실수두[m], h_3: 배관 및 관부속의 마찰손실수두[m], 17: 노즐선단에서의 방사압력수두[m]

펌프의 후드밸브로부터 최고위 옥내소화전 앵글밸브까지의 수직거리인 실양정 h_1는 24[m]이다.
 $h_1 = 24[m]$
호스의 마찰손실수두 h_2는 7.8[m]이다.
 $h_2 = 7.8[m]$
배관 및 관부속의 마찰손실수두 h_3는 8[m]이다.
 $h_3 = 8[m]$
따라서 옥내소화전설비 펌프의 전양정 H는
 $H = h_1 + h_2 + h_3 + 17 = 24[m] + 7.8[m] + 8[m] + 17 = 56.8[m]$

(3) 모터의 동력은 다음의 식을 통해 구할 수 있다.

$$P = \frac{\gamma Q H}{\eta} K$$

P: 펌프의 축동력[kW], γ: 유체의 비중량[kN/m³], Q: 유량[m³/s], H: 전양정[m], η: 효율, K: 전달계수

유체는 물이므로 물의 비중량은 9.8[kN/m³]이다.

펌프의 토출량은 0.3[m³/min]이므로 단위를 변환하면 $\frac{0.3}{60}$[m³/s]이다.

따라서 주어진 조건을 공식에 대입하면 전동기의 출력 P는 다음과 같다.

$$P = \frac{9.8[\text{kN/m}^3] \times \frac{0.3}{60}[\text{m}^3/\text{s}] \times 56.8[\text{m}]}{0.55} \times 1.1 = 5.566[\text{kW}]$$

(4) 0.3[m³/min]의 방수량으로 20분 간 방수할 수 있어야하므로 필요한 수원의 저수량은 다음과 같다.
$Q = 0.3[\text{m}^3/\text{min}] \times 20[\text{min}] = 6[\text{m}^3]$

내연기관의 기동과 연동하여 작동하고 주펌프와 동등 이상의 성능이 있는 별도의 펌프가 있는 경우 옥상수조를 설치하지 않을 수 있다.

○ 연 계 이 론 ○ **PHASE 02** 옥내소화전설비

10 그림과 같이 연결송수구와 체크밸브 사이에 자동배수장치를 설치하는 이유에 대하여 설명하시오. [4점]

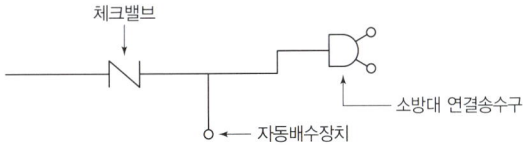

○ 정 답 ○ 송수구와 체크밸브 사이에 물이 남아있는 경우 배관의 동파 또는 부식의 우려가 있으므로 이를 방지하기 위해 자동배수밸브를 설치한다.

○ 연 계 이 론 ○ **PHASE 16** 연결송수관설비

11 폐쇄형 헤드를 사용한 스프링클러설비의 말단배관 중 K점에 필요한 압력수의 수압을 주어진 [조건]을 이용하여 산정하시오. [8점]

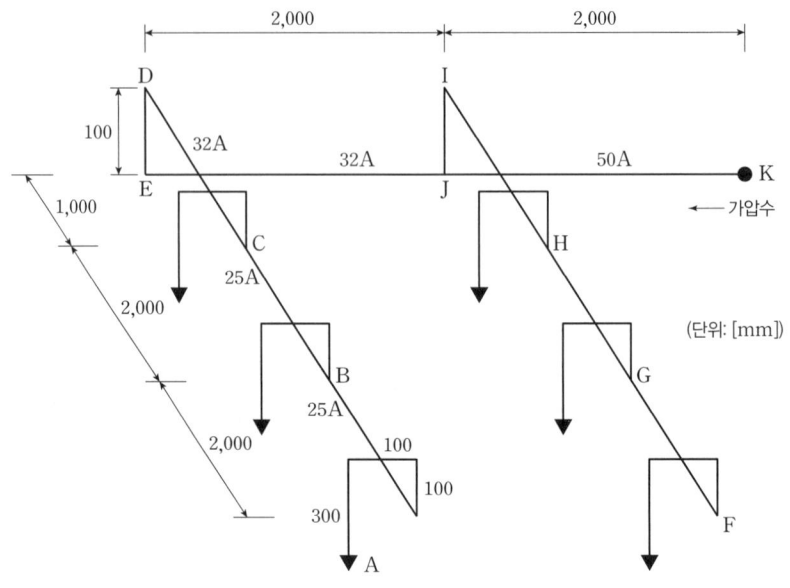

(단위: [mm])

조건

(가) 직관 마찰손실수두 (100[m] 당)

개수	유량 [L/min]	25A[m]	32A[m]	40A[m]	50A[m]
1	80	39.82	11.38	5.40	1.68
2	160	150.42	42.84	20.29	6.32
3	240	307.77	87.66	41.51	12.93
4	320	521.92	148.66	70.40	21.93
5	400	789.04	224.75	106.31	32.99
6	480	1,183.56	321.55	152.26	47.43

(나) 관이음쇠 및 마찰손실에 해당하는 직관길이 구분

구분	25A[m]	32A[m]	40A[m]	50A[m]
엘보 (90°)	0.9	1.20	1.50	2.10
리듀서	0.54	0.72	0.90	1.20
티(직류)	0.27	0.36	0.45	0.60
티(분류)	1.50	1.80	2.10	3.00

(다) 관이음쇠 및 마찰손실에 해당하는 직관길이 산출 시 호칭구경이 **큰** 쪽에 따른다.
(라) 직류방향과 분류방향이 같은 크기의 분류량(구경)일 때 티는 직류로 계산한다.
(마) 헤드나사는 PT 1/2(15A) 기준
(바) 헤드방사압은 0.1[MPa] 기준

(1) 수압 산정에 필요한 계산과정을 상세히 작성하시오.
- A~B 구간의 마찰손실수두[m]를 산출하시오.
- B~C 구간의 마찰손실수두[m]를 산출하시오.
- C~J 구간의 마찰손실수두[m]를 산출하시오.
- J~K 구간의 마찰손실수두[m]를 산출하시오.

(2) 낙차수두[m]를 구하시오.

(3) 헤드 선단의 최소 방수압력을 수두[m]로 구하시오.

(4) K점에 필요한 방수압[kPa]을 구하시오.

정답

(1)

구간	계산식	등가길이[m]	마찰손실수두[m]
A~B	리듀서: 0.54[m] 배관: 0.3[m]+0.1[m]+0.1[m]+2[m]=2.5[m] 90° 엘보: 3[개]×0.9[m]=2.7[m]	0.54+2.5+2.7=5.74	$5.74 \times \dfrac{39.82}{100} \fallingdotseq 2.29$
B~C	티(직류): 0.27[m] 배관: 2[m]	0.27+2=2.27	$2.27 \times \dfrac{150.42}{100} \fallingdotseq 3.41$
C~J	리듀서: 0.72[m] 티(분류): 1.80[m] 배관: 1[m]+0.1[m]+2[m]=3.1[m] 90° 엘보: 2[개]×1.2[m]=2.4[m]	0.72+1.8+3.1+2.4 =8.02	$8.02 \times \dfrac{87.66}{100} \fallingdotseq 7.03$
J~K	리듀서: 1.20[m] 티(분류): 3.00[m] 배관: 2[m]	1.2+3+2=6.2	$6.2 \times \dfrac{47.43}{100} \fallingdotseq 2.94$
합계			2.29+3.41+7.03+2.94 =15.67

(2) • 계산과정: 0.1+0.1−0.3=−0.1
  • 답: −0.1[m]

(3) • 답: 10[m]

(4) • 계산과정: 100+15.67×9.8−0.1×9.8=252.586
  • 답: 252.59[kPa]

해설

(2) E점은 K점으로부터 같은 높이이고, D점은 K점으로부터 0.1[m] 높은 위치에 있다. B점은 D점으로부터 같은 높이이고, A점은 B점으로부터 0.1[m] 상승 후 0.3[m] 하락하였으므로 A점은 K점으로부터 (0.1+0.1−0.3)= −0.1[m]의 위치에 있다.

(3) 화재안전기준에 따라 스프링클러설비에 설치된 가압송수장치의 정격토출압력은 하나의 헤드선단에 0.1[MPa] 이상 1.2[MPa] 이하의 방수압력이 될 수 있게 한다.
  0.1[MPa]=10[m]

(4) K점에서의 방수압은 A점에서의 방수 압력에서 배관의 마찰손실압과 낙차압을 더한 값과 같다.
  $P_K = 100[\text{kPa}] + 15.67[\text{m}] \times 9.8[\text{kN/m}^3] + (-0.1[\text{m}]) \times 9.8[\text{kN/m}^3] = 252.586[\text{kPa}]$
  ← 양정[m]과 비중량[kN/m³]을 곱하면 압력[kN/m²]이 된다.

연계이론 PHASE 04 스프링클러설비

12

가로 20[m], 세로 10[m]인 특수가연물을 저장하는 창고에 포 소화설비를 설치하고자 한다. [조건]에 따라 다음 물음에 답하시오. [12점]

> **조건**
> (가) 포 헤드를 정방형으로 설치한다.
> (나) 포 원액은 3[%] 수성막포이다.
> (다) 전양정은 35[m], 효율은 65[%], 여유율은 10[%]이다.

(1) 포 헤드의 수량은 몇 개인가?
(2) 수원의 저장량[m³]은 얼마 이상으로 하여야 하는가?
(3) 포 원액의 양[L]은 얼마 이상으로 하여야 하는가?
(4) 전동기의 출력[kW]는 얼마인가?

정답

(1) • 계산과정: $2 \times 2.1 \times \cos 45° ≒ 2.97$

$\dfrac{20}{2.97} ≒ 6.76$

$\dfrac{10}{2.97} ≒ 3.37$

$7 \times 4 = 28$

• 답: 28개

(2) • 계산과정: $6.5 \times 200 \times 10 \times 0.97 = 12,610[L] = 12.61[m^3]$
 • 답: $12.61[m^3]$

(3) • 계산과정: $6.5 \times 200 \times 10 \times 0.03 = 390$
 • 답: 390[L]

(4) • 계산과정: $1,300[L/min] = \dfrac{1.3}{60}[m^3/s]$

$\dfrac{9.8 \times \dfrac{1.3}{60} \times 35}{0.65} \times 1.1 ≒ 12.577$

• 답: 12.58[kW]

해설

(1) 포 헤드를 정방형으로 배치한 경우 다음의 식에 따라 산정한 수치 이하가 되도록 한다.

$$S = 2 \times r \times \cos 45°$$

S: 포 헤드 상호 간의 거리[m], r: 유효반경 (2.1[m])

포 헤드 간 최대 거리는 다음과 같다.
 $S = 2 \times 2.1[m] \times \cos 45° ≒ 2.97[m]$
방호대상물의 길이가 가로 20[m], 세로 10[m]이므로 방향별 배치해야 하는 헤드의 최소 개수는 다음과 같다.
 $\dfrac{20[m]}{2.97[m]} ≒ 6.76[개] = 7[개]$ (절상), $\dfrac{10[m]}{2.97[m]} ≒ 3.37[개] = 4[개]$ (절상)
따라서 방호대상물에 배치해야 하는 헤드의 개수는
 $7[개] \times 4[개] = 28[개]$

(2) 포 헤드는 특정소방대상물별로 그에 사용되는 포 소화약제에 따라 1분 당 방사량이 다음의 표에 따른 양 이상이 되는 것으로 한다.

소방대상물	포 소화약제의 종류	바닥면적 1[m²] 당 방사량
차고 · 주차장 및 항공기격납고	수성막포 소화약제	3.7[L] 이상
	단백포 소화약제	6.5[L] 이상
	합성계면활성제포 소화약제	8.0[L] 이상
특수가연물을 저장 · 취급하는 소방대상물	수성막포 소화약제	6.5[L] 이상
	단백포 소화약제	6.5[L] 이상
	합성계면활성제포 소화약제	6.5[L] 이상

포 헤드 방식 및 압축공기포 소화설비에 있어서는 하나의 방사구역 안에 설치된 포 헤드를 동시에 개방하여 표준 방사량으로 10분 간 방사할 수 있는 양 이상으로 한다.

포 소화약제는 3[%]의 수성막포를 사용하며, 포 소화약제의 분당 방출량은 6.5[L/m²·min]이고, 방사시간은 10분이므로 필요한 수원(물)의 양[m³]은

$$Q = 6.5[\text{L/m}^2 \cdot \text{min}] \times (20[\text{m}] \times 10[\text{m}]) \times 10[\text{min}] \times (1-0.03) = 12,610[\text{L}] = 12.61[\text{m}^3]$$

(3) 포 소화약제는 3[%]의 수성막포를 사용하므로 필요한 포 원액량[L]은 다음과 같다.

$$Q = 6.5[\text{L/m}^2 \cdot \text{min}] \times (20[\text{m}] \times 10[\text{m}]) \times 10[\text{min}] \times 0.03 = 390[\text{L}]$$

(4) 전동기의 출력은 다음의 식을 통해 구할 수 있다.

$$P = \frac{\gamma QH}{\eta} K$$

P: 전동기의 출력[kW], γ: 유체의 비중량[kN/m³], Q: 유량[m³/s], H: 전양정[m], η: 효율, K: 전달계수

유체는 물이므로 물의 비중량은 9.8[kN/m³]이다.

포 소화약제의 분당 방출량은 6.5[L/m²·min]이고, 방호대상물의 바닥면적은 (20[m]×10[m])이므로 펌프의 토출량은

$$Q = 6.5[\text{L/m}^2 \cdot \text{min}] \times (20[\text{m}] \times 10[\text{m}]) = 1,300[\text{L/min}]$$

펌프의 토출량은 1,300[L/min]이므로 단위를 변환하면 $\frac{1.3}{60}$[m³/s]이다.

따라서 주어진 조건을 공식에 대입하면 전동기의 출력 P는

$$P = \frac{9.8[\text{kN/m}^3] \times \frac{1.3}{60}[\text{m}^3/\text{s}] \times 35[\text{m}]}{0.65} \times 1.1 ≒ 12.577[\text{kW}]$$

◇ 연계이론 ◇ **PHASE 06 포 소화설비**

13 [조건]을 참고하여 펌프의 $NPSH_{av}$(유효흡입양정)을 구하고, 캐비테이션의 발생유무를 쓰시오. [6점]

> **조건**
> (가) 흡입수두: 3[m]
> (나) 물의 포화증기압: 2.33[kPa]
> (다) 흡입배관 마찰손실수두: 3.5[kPa]
> (라) $NPSH_{re}$: 5[m]
> (마) 수조가 펌프보다 낮은 경우이다.

(1) $NPSH_{av}$(유효흡입양정)
(2) 캐비테이션 발생 유무

정답

(1) • 계산과정: $\dfrac{101,325}{9,800} - 3 - \dfrac{3.5}{9.8} - \dfrac{2.33}{9.8} ≒ 6.744$

• 답: 6.74[m]

(2) 필요흡입수두 $NPSH_{re}$(5[m])보다 유효흡입수두 $NPSH_{av}$(6.74[m])가 크기 때문에 공동현상(cavitation)이 발생하지 않는다.

해설

(1) 유효흡입양정 $NPSH_{av}$를 구성하는 조건은 다음과 같다.

$$NPSH_{av} = H_a \pm H_z - H_f - H_v$$

$NPSH_{av}$: 유효흡입수두, H_a: 유체 표면에 작용하는 절대압,
H_z: 유체 표면에서 펌프 중심까지의 높이, H_f: 마찰손실수두, H_v: 포화증기압수두

압력[Pa]과 수두[m]의 관계식은 다음과 같다.

$$H = \dfrac{P}{\gamma} = \dfrac{P}{\rho g}$$

H: 수두[m], P: 압력[Pa], γ: 비중량[N/m^3], ρ: 밀도[kg/m^3], g: 중력가속도[m/s^2]

따라서 유효흡입수두 $NPSH_{av}$는

$$NPSH_{av} = \dfrac{101,325[Pa]}{9,800[N/m^3]} - 3[m] - \dfrac{3.5[kPa]}{9.8[kN/m^3]} - \dfrac{2.33[kPa]}{9.8[kN/m^3]} ≒ 6.744[m]$$

연계이론 PHASE 23 펌프의 특성

14 피난기구에 대한 다음 각 물음에 답하시오. [7점]

(1) 3층 및 4층 이상 10층 이하의 의료시설에 설치해야 할 피난기구를 쓰시오.
- 3층
- 4층 이상 10층 이하

(2) 피난기구 설치 시 개구부에 관련되는 사항으로 (   ) 안에 알맞은 답을 쓰시오.

> 피난기구는 계단·피난구 기타 피난시설로부터 적당한 거리에 있는 안전한 구조로 된 피난 또는 소화활동 상 유효한 개구부(가로 (①)[m] 이상 세로 (②)[m] 이상인 것을 말한다. 이 경우 개구부 하단이 바닥에서 (③)[m] 이상이면 발판 등을 설치하여야 하고, 밀폐된 창문은 쉽게 파괴할 수 있는 파괴장치를 비치하여야 한다.)에 고정하여 설치하거나 필요한 때에 신속하고 유효하게 설치할 수 있는 상태에 둘 것

정답

(1) • 3층: 미끄럼대, 구조대, 피난교, 피난용트랩, 다수인피난장비, 승강식 피난기
    • 4층 이상 10층 이하: 구조대, 피난교, 피난용트랩, 다수인피난장비, 승강식 피난기

(2) ① 0.5[m]
    ② 1[m]
    ③ 1.2[m]

해설

(1)

설치장소별 \ 층별	1층	2층	3층	4층 이상 10층 이하
의료시설·근린생활시설 중 입원실이 있는 의원·접골원·조산원			• 미끄럼대 • 구조대 • 피난교 • 피난용트랩 • 다수인피난장비 • 승강식 피난기	• 구조대 • 피난교 • 피난용트랩 • 다수인피난장비 • 승강식 피난기

(2) 피난기구는 계단·피난구 기타 피난시설로부터 적당한 거리에 있는 안전한 구조로 된 피난 또는 소화 활동상 유효한 개구부(가로 0.5[m] 이상 세로 1[m] 이상인 것을 말한다. 이 경우 개구부 하단이 바닥에서 1.2[m] 이상이면 발판 등을 설치하여야 하고, 밀폐된 창문은 쉽게 파괴할 수 있는 파괴장치를 비치해야 한다.)에 고정하여 설치하거나 필요한 때에 신속하고 유효하게 설치할 수 있는 상태에 둘 것

연계이론

PHASE 11 피난기구

2013년 4회 기출문제

01

스프링클러 가압송수장치의 성능시험을 위하여 오리피스로 시험한 결과 그림과 같이 수은주의 높이차가 500[mm]로 측정되었다. 이 오리피스를 통과하는 유량[L/s]을 구하시오. (단, 수은의 비중은 13.6, 속도계수 $C_v = 0.94$, 중력가속도 $g = 9.8[\text{m/s}^2]$이다.) [5점]

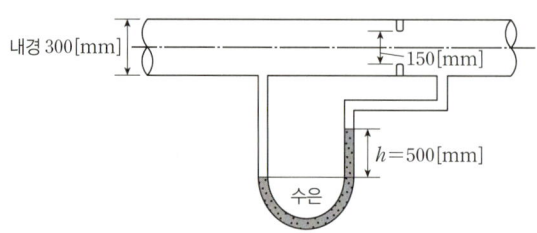

정 답

- 계산과정: $\dfrac{0.94 \times \dfrac{\pi}{4} \times 0.15^2}{\sqrt{1 - \left(\dfrac{0.15}{0.3}\right)^4}} \sqrt{2 \times 9.8 \times \left(\dfrac{13.6 - 1}{1}\right) \times 0.5} \fallingdotseq 0.190639[\text{m}^3/\text{s}] = 190.639[\text{L/s}]$

- 답: 190.639[L/s]

해 설

오리피스를 통과하는 유량 Q와 액주계의 높이 차이 h의 관계식은 다음과 같다.

$$Q = \dfrac{C_v A_2}{\sqrt{1 - \left(\dfrac{D_2}{D_1}\right)^4}} \sqrt{2g\left(\dfrac{\gamma - \gamma_w}{\gamma_w}\right)h}$$

Q: 유량[m³/s], C_v: 속도계수, A_2: 좁은 면적[m²], D: 내경[m], g: 중력가속도[m/s²], γ: 액주계 유체의 비중량[N/m³], γ_w: 벤투리관 유체의 비중량[N/m³], h: 액주계의 높이 차이[m]

수은의 비중이 13.6이므로 수은의 비중량은 $13.6\gamma \times w$이다.
따라서 주어진 조건을 공식에 대입하면 벤투리미터를 통과하는 유량 Q는

$$Q = \dfrac{0.94 \times \dfrac{\pi}{4} \times (0.15[\text{m}])^2}{\sqrt{1 - \left(\dfrac{0.15[\text{m}]}{0.3[\text{m}]}\right)^4}} \sqrt{2 \times 9.8[\text{m/s}^2] \times \left(\dfrac{13.6\gamma - \gamma_w}{\gamma_w}\right) \times 0.5[\text{m}]}$$

$\fallingdotseq 0.190639[\text{m}^3/\text{s}] = 190.639[\text{L/s}]$

연계이론 PHASE 20 유체유동

02 바닥면적이 20[m]×30[m]일 때 특정소방대상물별 소화기구의 능력단위를 구하시오. [6점]

(1) 위락시설
(2) 판매시설
(3) 공연장(주요구조부가 내화구조이고 벽 및 반자의 실내에 면하는 부분이 불연재료이다.)

정 답

(1) • 계산과정: $\dfrac{20 \times 30}{30} = 20$
 • 답: 20단위

(2) • 계산과정: $\dfrac{20 \times 30}{100} = 6$
 • 답: 6단위

(3) • 계산과정: $\dfrac{20 \times 30}{2 \times 50} = 6$
 • 답: 6단위

해 설

화재의 발생을 예방하기 위해 특정소방대상물별로 능력단위에 따른 소화기구 또는 자동소화장치를 설치하며, 부속용도에 따라 기준개수의 소화기구 또는 자동소화장치를 추가로 설치한다.

소화기구의 특정소방대상물별 능력단위

설치장소의 최고주위온도	표시온도
1. 위락시설	해당 용도의 바닥면적 30[m²]마다 능력단위 1단위 이상
2. 공연장·집회장·관람장·문화재·장례식장 및 의료시설	해당 용도의 바닥면적 50[m²]마다 능력단위 1단위 이상
3. 근린생활시설·판매시설·운수시설·숙박시설·노유자시설·전시장·공동주택·업무시설·방송통신시설·공장·창고시설·항공기 및 자동차 관련 시설 및 관광휴게시설	해당 용도의 바닥면적 100[m²]마다 능력단위 1단위 이상
4. 그 밖의 것	해당 용도의 바닥면적 200[m²]마다 능력단위 1단위 이상

소화기구의 능력단위를 산출할 때 건축물의 주요구조부가 내화구조이고, 벽 및 반자의 실내에 면하는 부분이 불연재료·준불연재료 또는 난연재료로 된 특정소방대상물의 경우 위 기준의 2배를 기준면적으로 한다.

(1) 특정소방대상물인 위락시설에 필요한 소화기구의 능력단위는 다음과 같다.

$$\text{위락시설의 능력단위} = \dfrac{\text{바닥면적}[m^2]}{\text{기준면적}[m^2]} = \dfrac{20[m] \times 30[m]}{30[m^2]} = 20단위$$

(2) 특정소방대상물인 판매시설에 필요한 소화기구의 능력단위는 다음과 같다.

$$\text{판매시설의 능력단위} = \dfrac{\text{바닥면적}[m^2]}{\text{기준면적}[m^2]} = \dfrac{20[m] \times 30[m]}{100[m^2]} = 6단위$$

(3) 특정소방대상물인 공연장에 필요한 소화기구의 능력단위는 다음과 같다.

$$\text{공연장의 능력단위} = \dfrac{\text{바닥면적}[m^2]}{\text{기준면적}[m^2]} = \dfrac{20[m] \times 30[m]}{2 \times 50[m^2]} = 6단위$$

연 계 이 론 PHASE 01 소화기구 및 자동소화장치

03

어떤 특정소방대상물에 전기실, 발전기실 및 축전지실에 전역방출방식 이산화탄소 소화설비를 설치하려고 한다. 화재안전기준과 [조건]에 의하여 다음 물음에 답하시오. [14점]

조건

(가) 소화설비는 고압식으로 한다.
(나) 전기실의 크기: 가로 5[m]×세로 6[m]×높이 4[m]
    전기실의 개구부 크기: 1[m]×1[m]×1개소(자동폐쇄장치 있음)
(다) 발전기실의 크기: 가로 4[m]×세로 4[m]×높이 4[m]
    발전기실의 개구부 크기: 0.5[m]×1[m]×1개소(자동폐쇄장치 미설치)
(라) 축전지실의 크기: 가로 6[m]×세로 6[m]×높이 4[m]
    축전지실의 개구부 크기: 1[m]×1[m]×1개소(자동폐쇄장치 미설치)
(마) 가스용기 1본당 충전량은 45[kg]이다.
(바) 가스 저장용기는 공용으로 한다.
(사) 가스량은 다음 표를 이용하여 산출한다.

방호구역의 체적[m³]	소화약제의 양[kg/m³]	소화약제 저장량의 최저한도 [kg]
50 이상 150 미만	0.9	45
150 이상 1,500 미만	0.8	135

※개구부 가산량은 5[kg/m³]으로 계산한다.

(1) 각 방호구역별로 필요한 가스용기의 본수는 몇 병인가?
(2) 전기실과 발전기실의 선택밸브 직후의 유량[kg/s]는 얼마인가?
(3) 저장용기의 내압시험 압력[MPa]은 얼마인가?
(4) 저장용기와 선택밸브 또는 개폐밸브 사이에는 어느 범위에서 작동하는 안전장치를 설치하여야 하는가?
(5) 21[℃]에서 분사헤드의 방출압력[MPa]은 얼마 이상이어야 하는가?
(6) 음향경보장치는 약제방사 개시 후 몇 분 동안 경보를 계속할 수 있어야 하는가?
(7) 작동방식에 따른 가스용기의 개방밸브 분류 2가지를 쓰시오.

정답

(1) • 전기실
  – 계산과정: $5 \times 6 \times 4 = 120$
  $0.9 \times 120 = 108$
  $\dfrac{108}{45} = 2.4$
  – 답: 3병
 • 발전기실
  – 계산과정: $4 \times 4 \times 4 = 64$
  $(0.9 \times 64) + (5 \times 0.5 \times 1) = 60.1$
  $\dfrac{60.1}{45} ≒ 1.34$
  – 답: 2병
 • 축전기실
  – 계산과정: $6 \times 6 \times 4 = 144$
  $(0.9 \times 144) + (5 \times 1 \times 1) = 134.6$
  $\dfrac{134.6}{45} ≒ 2.99$
  – 답: 3병

(2) • 전기실
- 계산과정: $\dfrac{3 \times 45}{60} = 2.25$
- 답: 2.25[kg/s]
• 발전기실
- 계산과정: $\dfrac{2 \times 45}{60} = 1.5$
- 답: 1.5[kg/s]

(3) 25[MPa] 이상

(4) 배관의 최소사용설계압력과 최대허용압력 사이의 압력

(5) 2.1[MPa] 이상

(6) 1분 이상

(7) 다음 3가지 중 2가지를 선택하여 작성한다.
• 전기식
• 가스압력식
• 기계식

해설

(1) 표면화재이고 전역방출방식인 이산화탄소 소화약제의 저장량 최소기준은 다음과 같다.

방호구역의 체적[m³]	소화약제의 양[kg/m³]	소화약제 저장량의 최저한도[kg]
50 이상 150 미만	0.9	45
150 이상 1,500 미만	0.8	135

방호구역의 개구부(창문 · 출입구) 1[m²]마다 5[kg]을 가산한다. ← 자동폐쇄장치가 없는 경우에만 적용한다.

전기실의 체적(가로×세로×높이)은 다음과 같다.
$V = 5[m] \times 6[m] \times 4[m] = 120[m^3]$

전기실의 체적이 50[m³] 이상 150[m³] 미만이므로 소화약제의 양은 체적 1[m³] 당 0.9[kg/m³]을 적용한다.
소화약제의 양 = 0.9[kg/m³] × 120[m³] = 108[kg] ← 최저한도인 45[kg]보다 큰지 확인한다.

저장용기 1병 당 소화약제의 충전량은 45[kg]이므로 전체 소화약제의 양을 저장하기 위해 필요한 저장용기의 개수는

$\dfrac{108[kg]}{45[kg/병]} = 2.4[병] = 3[병]$ (절상)

발전기실의 체적(가로×세로×높이)은 다음과 같다.
$V = 4[m] \times 4[m] \times 4[m] = 64[m^3]$

발전기실의 체적이 50[m³] 이상 150[m³] 미만이므로 소화약제의 양은 체적 1[m³] 당 0.9[kg/m³]을 적용한다.
개구부(창문 · 출입구)에 자동폐쇄장치가 없으므로 개구부 면적 1[m²] 당 5[kg/m²]을 가산한다.
소화약제의 양 = (0.9[kg/m³] × 64[m³]) + (5[kg/m²] × 0.5[m] × 1[m]) = 60.1[kg]

저장용기 1병 당 소화약제의 충전량은 45[kg]이므로 전체 소화약제의 양을 저장하기 위해 필요한 저장용기의 개수는

$\dfrac{60.1[kg]}{45[kg/병]} \fallingdotseq 1.34[병] = 2[병]$ (절상)

축전지실의 체적(가로×세로×높이)은 다음과 같다.
$$V = 6[m] \times 6[m] \times 4[m] = 144[m^3]$$

축전지실의 체적이 $50[m^3]$ 이상 $150[m^3]$ 미만이므로 소화약제의 양은 체적 $1[m^3]$ 당 $0.9[kg/m^3]$을 적용한다. 개구부(창문·출입구)에 자동폐쇄장치가 없으므로 개구부 면적 $1[m^2]$ 당 $5[kg/m^2]$을 가산한다.
$$소화약제의 양 = (0.9[kg/m^3] \times 144[m^3]) + (5[kg/m^2] \times 1[m] \times 1[m]) = 134.6[kg]$$

저장용기 1병 당 소화약제의 충전량은 $45[kg]$이므로 전체 소화약제의 양을 저장하기 위해 필요한 저장용기의 개수는
$$\frac{134.6[kg]}{45[kg/병]} \fallingdotseq 2.99[병] = 3[병] \text{ (절상)}$$

(2) 선택밸브란 가스용기에서 배출된 소화약제가 적절한 방호구역으로 운반될 수 있도록 선택적으로 배관을 개폐시키는 밸브를 말한다.

전기실에 이산화탄소 소화약제를 방사하는 경우 3병의 저장용기에서 일제히 소화약제가 방출되므로 방출량은 다음과 같다.
$$3[병] \times 45[kg/병] = 135[kg]$$

이산화탄소 소화설비의 소화약제 방출시간은 다음과 같다.

방출방식		기준시간
전역방출방식	표면화재	1분 이내
	심부화재	7분 이내
국소방출방식		30초 이내

따라서 전기실에서 선택밸브 직후의 유량[kg/s]은
$$\frac{3[병] \times 45[kg/병]}{1[min]} = \frac{135[kg]}{60[s]} = 2.25[kg/s]$$

발전기실에 이산화탄소 소화약제를 방사하는 경우 2병의 저장용기에서 일제히 소화약제가 방출되므로 방출량은 다음과 같다.
$$2[병] \times 45[kg/병] = 90[kg]$$

따라서 발전기실에서 선택밸브 직후의 유량[kg/s]은
$$\frac{2[병] \times 45[kg/병]}{1[min]} = \frac{90[kg]}{60[s]} = 1.5[kg/s]$$

(3) 고압식 저장용기는 $25[MPa]$ 이상, 저압식 저장용기는 $3.5[MPa]$ 이상의 내압시험압력에 합격한 것으로 한다.

(4) 이산화탄소 소화약제 저장용기와 선택밸브 또는 개폐밸브 사이에는 배관의 최소사용설계압력과 최대허용압력 사이의 압력에서 작동하는 안전장치를 설치한다.

(5) 전역방출방식의 이산화탄소 소화설비의 분사헤드는 방출압력이 $2.1[MPa]$(저압식은 $1.05[MPa]$) 이상의 것으로 한다.

(6) 이산화탄소 소화설비의 음향경보장치는 소화약제의 방출개시 후 1분 이상 경보를 계속할 수 있는 것으로 해야 한다.

(7) 이산화탄소 소화약제 저장용기의 개방밸브는 전기식·가스압력식 또는 기계식에 따라 자동으로 개방되고 수동으로도 개방되는 것으로서 안전장치가 부착된 것으로 해야 한다.

> 연계이론 **PHASE 07** 이산화탄소 소화설비

04

어느 특정소방대상물의 실내용적이 $500[m^3]$이다. 실내산소의 농도를 $10[\%]$로 하려면 필요한 이산화탄소는 몇 $[kg]$인지 구하시오. (단, $0[°C]$, 1기압이다.) [5점]

정 답

- 계산과정: $\dfrac{21}{100+x} = \dfrac{10}{100}$

  $x = 110$

  $500 \times \dfrac{110}{100} = 550$

  $1 \times 550 = \dfrac{m}{44} \times 0.08206 \times (273+0)$

  $m = 1,080.242$

- 답: $1,080.24[kg]$

해 설

산소 $21[\%]$, 이산화탄소 $0[\%]$인 공기에 이산화탄소가 추가되어 산소의 농도는 $10[\%]$가 되어야 한다.

$\dfrac{21}{100+x} = \dfrac{10}{100}$ ← 분모의 x는 공학용 계산기의 SOLVE 기능을 활용하면 쉽다.

따라서 추가된 이산화탄소의 양 x는 110이다.

$x = 110$

실내용적이 100일 때, 추가된 이산화탄소의 양이 110이므로 방출된 이산화탄소의 양$[m^3]$은 다음과 같다.

$V = 500[m^3] \times \dfrac{110}{100} = 550[m^3]$

문제에서 방출된 이산화탄소의 양$[kg]$을 요구하므로 이상기체 상태방정식을 활용하여 이산화탄소의 부피$[m^3]$를 질량$[kg]$으로 변환해준다.

$$PV = \dfrac{m}{M}RT$$

P: 압력$[atm]$, V: 부피$[m^3]$, m: 질량$[kg]$, M: 분자량$[kg/kmol]$, R: 기체상수$[atm \cdot m^3/kmol \cdot K]$, T: 절대온도$[K]$

주어진 조건을 공식에 대입하면 $550[m^3]$에 해당하는 이산화탄소의 질량은 다음과 같다.

$1[atm] \times 550[m^3] = \dfrac{m[kg]}{44[kg/kmol]} \times 0.08206[atm \cdot m^3/kmol \cdot K] \times (273+0)[K]$

$m = 1,080.242[kg]$

연 계 이 론

PHASE 08 할론 소화설비

05 부압수조방식인 옥내소화전설비의 펌프 주변의 계통도이다. 이 도면에서 잘못된 곳 5가지를 찾아 바르게 고치시오. [10점]

> **보기**
> (가) 도면 상에 ( ) 안의 수치는 배관 구경을 나타낸다.
> (나) 가까운 곳에 있는 부분을 수정할 때에는 다음 예시와 같이 작성하도록 한다.
> - 옳은 예
>
> | 틀린 부분 | 수정방법 |
> |---|---|
> | xx의 A와 B | 위치를 변경하여 설치 |
>
> - 잘못된 예 (1가지만 정답으로 인정)
>
> | 틀린 부분 | 수정방법 |
> |---|---|
> | xx의 A | B |
> | xx의 B | A |

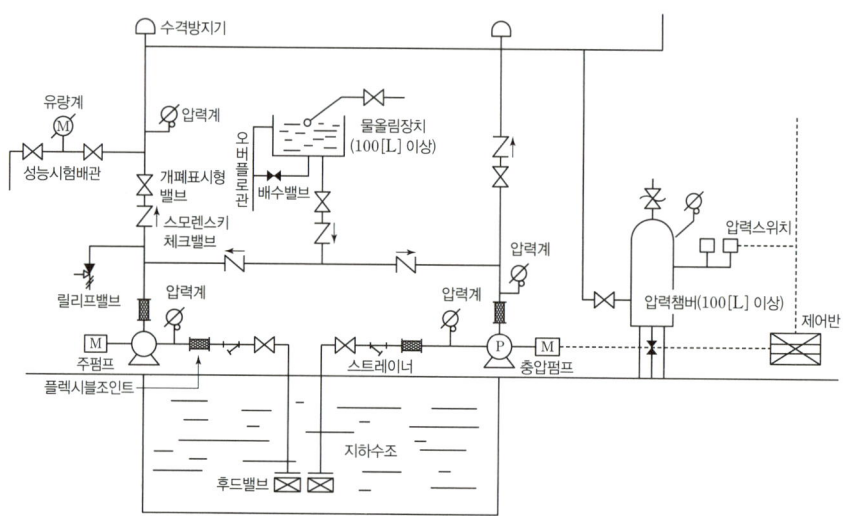

정답

	틀린 부분	수정방법
(1)	주펌프의 흡입 측	진공계 또는 연성계로 변경
(2)	충압펌프의 흡입 측	진공계 또는 연성계로 변경
(3)	충압펌프의 주배관	체크밸브와 개폐밸브 순서 변경
(4)	주펌프의 성능시험배관	개폐밸브 이전에 분기
(5)	주펌프의 압력계	체크밸브 이전 펌프 토출 측 플랜지에 가까운 곳으로 변경

해 설

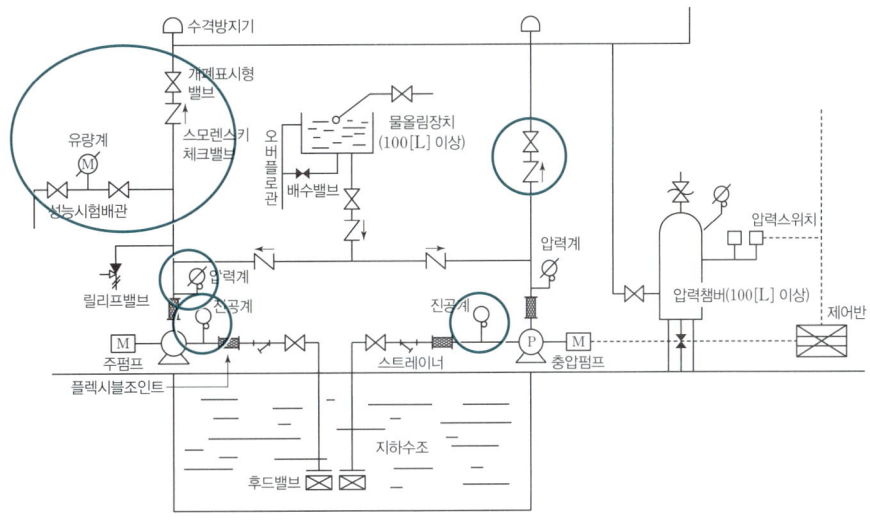

연계이론 PHASE 02 옥내소화전설비

06 어떤 물분무 소화설비의 배관에 물이 흐르고 있다. 두 지점에 흐르는 물의 압력을 측정해 보니 각각 0.5[MPa], 0.42[MPa]이었다. 만약 유량을 2배로 송수하였다면 두 지점 간의 압력차[MPa]를 구하시오. (단, 배관의 마찰손실압력은 하젠-윌리엄즈 공식을 이용하시오.) [5점]

정 답
- 답: 0.29[MPa]

해 설 하젠-윌리엄스의 공식은 다음과 같다.

$$\Delta P = 6.174 \times 10^4 \times \frac{Q^{1.85}}{C^{1.85} \times D^{4.87}}$$

ΔP: 단위길이 당 압력손실[MPa/m], Q: 유량[L/min], C: 조도, D: 관내경[mm]

유량이 Q인 경우 압력차이 ΔP_1는 다음과 같다.

$$\Delta P_1 = 6.174 \times 10^4 \times \frac{Q^{1.85}}{C^{1.85} \times D^{4.87}} \times L = 0.5[\text{MPa}] - 0.42[\text{MPa}] = 0.08[\text{MPa}]$$

유량이 $2Q$인 경우 나머지 조건은 모두 동일하므로 압력차이 ΔP_2는 다음과 같다.

$$\Delta P_2 = 6.174 \times 10^4 \times \frac{(2Q)^{1.85}}{C^{1.85} \times D^{4.87}} \times L = 2^{1.85} \times \Delta P_1 ≒ 0.288[\text{MPa}]$$

연계이론 PHASE 22 배관의 마찰손실

07 그림은 일제개방형 스프링클러소화설비 계통도의 일부를 나타낸 것이다. [조건]을 참고하여 표의 빈칸에 알맞은 답을 쓰시오. [10점]

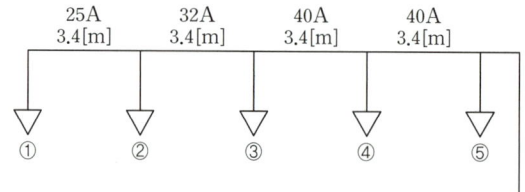

조건

(가) 배관마찰손실 압력은 하젠-윌리엄스 공식을 따르되 계산의 편의상 다음 식과 같다고 가정한다.

$$\Delta P = 6 \times 10^4 \times \frac{Q^2}{120^2 \times d^5}$$

ΔP: 배관 1[m] 당 마찰손실압력[MPa/m], Q: 배관 내의 유수량[L/min], d: 배관의 안지름[mm]

(나) 헤드는 개방형 헤드이며 각 헤드의 방출계수 K는 동일하며 방수압력 변화와 관계없이 일정하고 그 값은 $K=80$이다.
(다) 가지배관과 헤드 간의 마찰손실은 무시한다.
(라) 각 헤드의 방수량은 서로 다르다.
(마) 배관 내경은 호칭경과 같다고 가정한다.
(바) 배관부속은 무시한다.
(사) 방수량은 소수점 둘째 자리까지 방수압력은 소수점 다섯째 자리까지 나타내시오.
(아) 헤드번호 ①의 방수압은 법적인 방수압력이다.

헤드번호	방수압[MPa]	방수량[L/min]
①	—	80
②		
③		
④		
⑤		

정답

헤드번호	방수압[MPa]	방수량[L/min]
①	—	80
②	0.10928	83.63
③	0.12058	87.85
④	0.12933	90.98
⑤	0.14556	96.52

해설

구간	유량[L/min]	손실압력[MPa]
구간	손실압력[MPa]	유량[L/min]
①	0.1	80
①~②	$6 \times 10^4 \times \dfrac{(80[\text{L/min}])^2}{120^2 \times (25[\text{mm}])^5} \times 3.4[\text{m}] \fallingdotseq 0.009284$	80
②	$0.1 + 0.009284 = 0.109284$	$80\sqrt{10 \times 0.10928[\text{MPa}]} \fallingdotseq 83.629$
②~③	$6 \times 10^4 \times \dfrac{(163.63[\text{L/min}])^2}{120^2 \times (32[\text{mm}])^5} \times 3.4[\text{m}] \fallingdotseq 0.011304$	$80 + 83.63 = 163.63$
③	$0.10928 + 0.011304 = 0.120584$	$80\sqrt{10 \times 0.12058[\text{MPa}]} \fallingdotseq 87.847$
③~④	$6 \times 10^4 \times \dfrac{(251.48[\text{L/min}])^2}{120^2 \times (40[\text{mm}])^5} \times 3.4[\text{m}] \fallingdotseq 0.008749$	$163.63 + 87.85 = 251.48$
④	$0.12058 + 0.008749 = 0.129329$	$80\sqrt{10 \times 0.12933[\text{MPa}]} \fallingdotseq 90.979$
④~⑤	$6 \times 10^4 \times \dfrac{(342.46[\text{L/min}])^2}{120^2 \times (40[\text{mm}])^5} \times 3.4[\text{m}] \fallingdotseq 0.016225$	$251.48 + 90.98 = 342.46$
⑤	$0.12933 + 0.016225 = 0.145555$	$80\sqrt{10 \times 0.14556[\text{MPa}]} \fallingdotseq 96.519$

연계이론 PHASE 04 스프링클러설비

---

08 옥내소화전설비의 노즐에서 20분 간 방수하면서 받아낸 소화수량을 측정하였더니 2,000[L]이었다. 이 노즐의 방수압[kPa]을 구하시오. (단, 노즐의 구경은 20[mm]이다.) [4점]

정답

- 계산과정: $\dfrac{2,000}{20} = 100$

  $100 = 0.653 \times 20^2 \times \sqrt{10 \times P}$

  $\dfrac{1}{10} \times \left(\dfrac{100}{0.653 \times 20^2}\right)^2 \fallingdotseq 0.014657[\text{MPa}] = 14.657[\text{kPa}]$

- 답: 14.66[kPa]

해설

직경이 D인 배관에서 압력 P와 유량 Q는 다음과 같은 관계를 갖는다.

$$Q = 0.653 D^2 \sqrt{10P}$$

Q: 유량[L/min], D: 배관의 직경[mm], P: 압력[MPa]

20분 간 방수량이 2,000[L]이므로 유량 Q는 다음과 같다.

$Q = \dfrac{2,000[\text{L}]}{20[\text{min}]} = 100[\text{L/min}]$

주어진 조건을 공식에 대입하면 압력 P는 다음과 같다.

$100[\text{L/min}] = 0.653 \times (20[\text{mm}])^2 \times \sqrt{10 \times P}$

$P = \dfrac{1}{10} \times \left(\dfrac{100[\text{L/min}]}{0.653 \times (20[\text{mm}])^2}\right)^2 \fallingdotseq 0.014657[\text{MPa}] = 14.657[\text{kPa}]$

연계이론 PHASE 02 옥내소화전설비

09 경유를 저장하는 탱크의 내부 직경이 40[m]인 플루팅 루프(Floating Roof) 탱크에 포 소화설비의 특형 방출구를 설치하여 방출하려고 할 때 다음 물음에 답하시오. [6점]

조건

(가) 소화약제는 3[%]용의 단백포를 사용하며, 수용액의 분당 방출량은 10[L/m²·min]이고 방사시간은 20[min]이다.
(나) 탱크 내면과 굽도리판의 간격은 2[m]이다.
(다) 펌프의 효율은 65[%], 전동기 전달계수는 1.2이다.

(1) 탱크의 특형 방출구에 의하여 소화하는 데 필요한 수용액의 양, 수원의 양, 포소화약제 원액의 양은 각각 얼마 이상이어야 하는가? (단, 단위는 [m³])
(2) 수원을 공급하는 가압송수장치의 분당 토출량[m³/min]은 얼마 이상이어야 하는가?
(3) 펌프의 정격 전양정이 120[m]라고 할 때 전동기의 출력[kW]은 얼마 이상이어야 하는가?

정답

(1) • 수용액의 양[m³]
  — 계산과정: $10 \times \frac{\pi}{4} \times (40^2 - 36^2) \times 20 ≒ 47,752[L] = 47.752[m^3]$
  — 답: 47.75[m³]
  • 수원의 양[m³]
  — 계산과정: $47.752 \times 0.97 ≒ 46.319$
  — 답: 46.32[m³]
  • 포 원액의 양[m³]
  — 계산과정: $47.752 \times 0.03 ≒ 1.433$
  — 답: 1.43[m³]

(2) • 계산과정: $10 \times \frac{\pi}{4} \times (40^2 - 36^2) ≒ 2,387[L/min] = 2.387[m^3/min]$
  • 답: 2.39[m³/min]

(3) • 계산과정: $2.39[m^3/min] = \frac{2.39}{60}[m^3/s]$

$$\frac{9.8 \times \frac{2.39}{60} \times 120}{0.65} \times 1.2 ≒ 86.481$$

  • 답: 86.48[kW]

해설

(1) 위험물 저장탱크에 발생하는 화재는 유류 표면에서 발생하므로 위험물이 드러나거나 증발 가능한 면적이 화재 발생면적이자 소화면적이 된다.
경유탱크의 고정포 방출구에 필요한 포 수용액의 양은 다음과 같다.

$$Q = 10[L/m^2 \cdot min] \times \frac{\pi}{4} \times (40^2 - 36^2)[m^2] \times 20[min] ≒ 47,752[L] = 47.752[m^3]$$

포 소화약제가 3[%]의 단백포이므로 수원(물)의 비율은 97[%]이다.
$Q = 47.752[m^3] \times 0.97 ≒ 46.319[m^3]$
포 소화약제는 3[%]의 단백포를 사용하므로 필요한 포 원액량[m³]은 다음과 같다.
$Q = 47.752[m^3] \times 0.03 ≒ 1.433[m^3]$

(2) 고정포 방출구의 방출률은 10[L/m²·min]이므로 고정포 방출구의 유량은 다음과 같다.

$$Q = 10[L/m^2 \cdot min] \times \frac{\pi}{4} \times (40^2 - 36^2)[m^2] ≒ 2,387[L/min] = 2.387[m^3/min]$$

(3) 전동기의 출력은 다음의 식을 통해 구할 수 있다.

$$P = \frac{\gamma QH}{\eta} K$$

P: 전동기의 출력[kW], γ: 유체의 비중량[kN/m³], Q: 유량[m³/s], H: 전양정[m], η: 효율, K: 전달계수

유체는 물이므로 물의 비중량은 9.8[kN/m³]이다.

펌프의 토출량은 2.39[m³/min]이므로 단위를 변환하면 $\frac{2.39}{60}$[m³/s]이다.

따라서 주어진 조건을 공식에 대입하면 전동기의 동력 P는

$$P = \frac{9.8[\text{kN/m}^3] \times \frac{2.39}{60}[\text{m}^3/\text{s}] \times 120[\text{m}]}{0.65} \times 1.2 ≒ 86.481[\text{kW}]$$

연계이론 PHASE 06 포 소화설비

10

식용유 및 지방질유 화재에는 분말 소화약제 중 중탄산나트륨 분말 약제가 효과가 있다고 한다. 이때 비누화 현상과 효과에 대하여 설명하시오. [4점]

정답 제1종 분말 소화약제인 탄산수소나트륨($NaHCO_3$)을 지방 또는 기름(식용유) 화재에 사용할 때 기름의 지방산과 탄산수소나트륨($NaHCO_3$)의 나트륨 이온(Na^+)이 비누로 되면서 연료물질인 기름을 포위하거나 연소생성물에서 발생하는 가스에 의해 폼(Foam)을 형성하기도 하여 소화작용을 돕게 되는 데 이를 분말 소화약제의 비누화 현상이라 한다.

연계이론 PHASE 10 분말 소화설비

11 습식 스프링클러설비를 아래의 [조건]을 이용하여 그림과 같이 9층 백화점 건물에 시공할 경우 다음 물음에 답하시오. [8점]

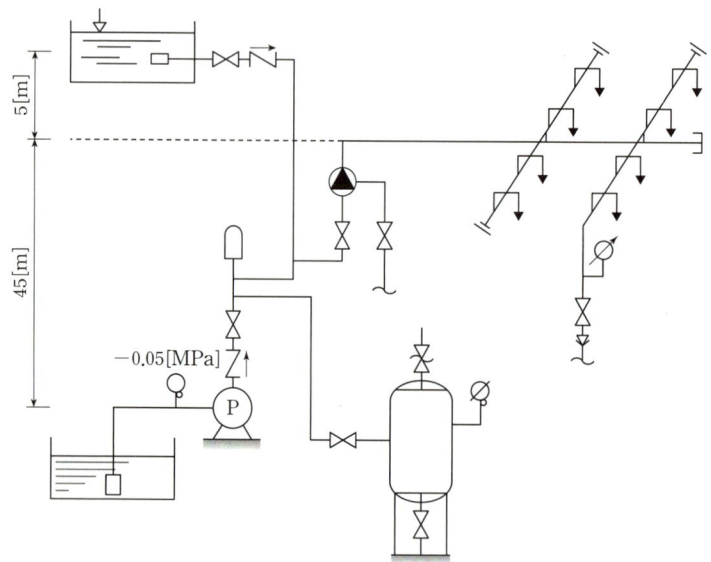

> **조건**
> ㈎ 배관 및 부속류의 마찰손실수두는 실양정의 40[%]이다.
> ㈏ 펌프의 연성계 눈금은 −0.05[MPa]이다.
> ㈐ 펌프의 체적효율(g×v)=0.95, 기계효율(g×m)=0.9, 수력효율(g×h)=0.80이다.
> ㈑ 전동기의 전달계수(K)는 1.2이다.

⑴ 주펌프의 양정[m]은 얼마인가?
⑵ 주펌프의 토출량[L/min]은 얼마인가?
⑶ 주펌프의 효율[%]은 얼마인가?
⑷ 주펌프의 모터동력[kW]은 얼마인가?

정답

⑴ • 계산과정: $0.05[MPa] \times \dfrac{10[m]}{0.1[MPa]} = 5[m]$

　　　　　　$5 + 45 = 50$
　　　　　　$50 \times 0.4 = 20$
　　　　　　$50 + 20 + 10 = 80$

• 답: 80[m]

⑵ • 계산과정: $30 \times 80 = 2,400$
• 답: 2,400[L/min]

⑶ • 계산과정: $0.8 \times 0.9 \times 0.95 = 0.684$
• 답: 68.4[%]

⑷ • 계산과정: $2,400[L/min] = \dfrac{2.4}{60}[m^3/s]$

　　　　　　$\dfrac{9.8 \times \dfrac{2.4}{60} \times 80}{0.684} \times 1.2 = 55.018$

• 답: 55.02[kW]

[해 설]

(1) 화재안전기준에 따라 스프링클러설비에 설치된 가압송수장치(펌프)의 전양정은 다음과 같다.

$$H = h_1 + h_2 + 10$$

H: 전양정[m], h_1: 실양정(흡입양정+토출양정)[m],
h_2: 배관 및 관부속의 마찰손실수두[m], 10: 헤드선단에서의 방사압력수두[m]

펌프의 후드밸브로부터 최고위 옥내소화전 앵글밸브까지의 수직거리인 실양정 h_1는 다음과 같다.
흡입양정은 연성계에서 측정된 압력과 같다.

$$0.05[\text{MPa}] \times \frac{10[\text{m}]}{0.1[\text{MPa}]} = 5[\text{m}]$$

$h_1 = 5[\text{m}] + 45[\text{m}] = 50[\text{m}]$

배관의 마찰손실은 실양정의 40[%]이므로 배관 및 관부속의 마찰손실수두 h_2는 다음과 같다.

$h_2 = 50[\text{m}] \times 0.4 = 20[\text{m}]$

따라서 스프링클러설비 펌프의 전양정 H는

$H = h_1 + h_2 + 10 = 50[\text{m}] + 20[\text{m}] + 10 = 80[\text{m}]$

(2) 화재안전기준에 따라 스프링클러설비에서 가압송수장치(펌프)의 송수량은 기준개수에 80[L/min]를 곱한 양 이상으로 한다. ← 설치개수가 기준개수보다 적은 경우 설치개수에 따른다.

스프링클러설비의 설치장소		기준개수
아파트		10
지하층을 제외한 10층 이하인 특정소방대상물	헤드의 높이가 8[m] 미만인 것	10
	헤드의 높이가 8[m] 이상인 것	20
	판매시설이 없는 근린생활시설·운수시설·복합건축물	20
	특수가연물을 취급하지 않는 공장	20
	판매시설 또는 판매시설이 있는 복합건축물	30
	특수가연물을 저장·취급하는 공장	30
지하층을 제외한 11층 이상인 특정소방대상물		30
지하가 또는 지하역사		30

정격토출량 = 30[개] × 80[L/min] = 2,400[L/min]

(3) 펌프의 전효율은 다음과 같다.
전효율 = 수력효율 × 체적효율 × 기계효율 = 0.8 × 0.9 × 0.95 ≒ 0.684

(4) 펌프의 동력은 다음의 식을 통해 구할 수 있다.

$$P = \frac{\gamma Q H}{\eta} K$$

P: 펌프의 동력[kW], γ: 유체의 비중량[kN/m^3], Q: 유량[m^3/s], H: 전양정[m], η: 효율, K: 전달계수

유체는 물이므로 물의 비중량은 9.8[kN/m^3]이다.

유량이 2,400[L/min]이므로 단위를 변환하면 $\frac{2.4}{60}$[m^3/s]이다.

따라서 주어진 조건을 공식에 대입하면 펌프의 축동력 P는

$$P = \frac{9.8[\text{kN/m}^3] \times \frac{2.4}{60}[\text{m}^3/\text{s}] \times 80[\text{m}]}{0.684} \times 1.2 ≒ 55.018[\text{kW}]$$

[연계이론] **PHASE 04 스프링클러설비**

12 제1석유류(비수용성) 45,000[L]를 저장하는 위험물 옥외탱크저장소가 있다. 해당 콘루프탱크(Cone roof tank)는 직경 12[m], 높이 40[m]이고, II형 고정포 방출구가 설치되어 있다. [조건]을 참고하여 다음 각 물음에 답하시오. [10점]

조건
- (가) 배관 및 관부속품의 총 마찰손실수두는 30[m]이다.
- (나) 포 방출구의 압력은 350[kPa]이다.
- (다) 고정포 방출구의 방출량은 4.2[L/min·m²]이고, 방사시간은 30분이다.
- (라) 보조 포 소화전은 1개(호스 접결구의 수: 1개) 설치되어 있다.
- (마) 포 소화약제의 농도는 6[%]이다.
- (바) 송액관의 직경은 100[mm]이고, 배관의 길이는 30[m]이다.
- (사) 펌프의 효율은 60[%]이고, 전달계수 K는 1.1이다.
- (아) 포 수용액의 비중이 물의 비중과 같다고 가정한다.

(1) 포 소화약제의 원액량[L]을 구하시오.
(2) 수원의 양[m³]을 구하시오.
(3) 펌프의 전양정[m]을 구하시오. (단, 낙차는 탱크의 높이로 한다.)
(4) 펌프의 정격토출량[m³/min]을 구하시오.
(5) 펌프의 최소 동력[kW]을 구하시오.

정답

(1) • 계산과정: $4.2 \times 30 \times \frac{\pi}{4} \times 12^2 \times 0.06 ≒ 855.016$

　　　　　　$1 \times 0.06 \times 8,000 = 480$

　　　　　　$\frac{\pi}{4} \times 0.1^2 \times 30 \times 0.06 ≒ 0.014137[m^3] = 14.137[L]$

　　　　　　$855.016 + 480 + 14.137 = 1,349.153$

　• 답: 1,349.15[L]

(2) • 계산과정: $1,349.15 \times \frac{0.94}{0.06} ≒ 22,136.68[L] = 22.137[m^3]$

　• 답: 22.14[m³]

(3) • 계산과정: $350 \times \frac{10}{100} = 35$

　　　　　　$40 + 30 + 35 = 105$

　• 답: 105[m]

(4) • 계산과정: $4.2 \times \frac{\pi}{4} \times 12^2 ≒ 475.009$

　　　　　　$1 \times 400 = 400$

　　　　　　$475.009 + 400 = 875.009[L/min] = 0.875[m^3/min]$

　• 답: 0.88[m³/min]

(5) • 계산과정: $0.88[m^3/min] = \frac{0.88}{60}[m^3/s]$

　　　　　　$\frac{9.8 \times \frac{0.88}{60} \times 105}{0.6} \times 1.1 ≒ 27.669$

　• 답: 27.67[kW]

해 설

(1) 포 소화약제 저장량은 고정포 방출구에서 방출하기 위하여 필요한 양, 보조 포 소화전에서 방출하기 위하여 필요한 양, 가장 먼 탱크까지의 송액관(내경 75[mm] 이하 제외)에 충전하기 위하여 필요한 양의 합으로 한다.

위험물 저장탱크에 발생하는 화재는 유류 표면에서 발생하므로 위험물이 드러나거나 증발 가능하나 면적이 화재 발생면적이자 소화면적이 된다.

탱크의 고정포 방출구에 필요한 포 소화약제의 양은 다음과 같다.

$$Q = 4.2[\text{L/m}^2 \cdot \text{min}] \times 30[\text{min}] \times \frac{\pi}{4} \times (12[\text{m}])^2 \times 0.06 ≒ 855.016[\text{L}]$$

보조 포 소화전에 필요한 포 소화약제의 양은 다음과 같다.

$$Q = N \times S \times 8,000[\text{L}]$$

Q: 보조 포 소화전의 유량[L/min], N: 방출구의 개수(최대 3개), S: 소화약제의 농도[%]

보조 포 소화전에 필요한 포 소화약제의 양은

$$Q = 1 \times 0.06 \times 8,000[\text{L}] = 480[\text{L/min}]$$

송액관은 직경이 75[mm]를 초과할 때 가장 먼 탱크까지의 거리만큼 보정량을 더한다.

$$Q = \frac{\pi}{4} \times (0.1[\text{m}])^2 \times 30[\text{m}] \times 0.06 ≒ 0.014137[\text{m}^3] = 14.137[\text{L}]$$

포 소화설비에 필요한 소화약제의 총량[L]은

$$Q = 855.016[\text{L}] + 480[\text{L}] + 14.137[\text{L}] = 1,349.153[\text{L}]$$

(2) 포 소화약제의 농도가 6[%]이므로 수원(물)의 비율은 94[%]이다.

$$Q = 1,349.15[\text{L}] \times \frac{0.94}{0.06} ≒ 22,136.68[\text{L}] = 22.137[\text{m}^3]$$

(3) 화재안전기준에 따라 포 소화설비에 설치된 가압송수장치(펌프)의 전양정은 다음과 같다.

$$H = h_1 + h_2 + h_3$$

H: 전양정[m], h_1: 실양정(흡입양정+토출양정)[m], h_2: 배관 및 관부속의 마찰손실수두[m], h_3: 방출구의 설계압력 환산수두[m]

탱크의 높이인 실양정 h_1는 40[m]이다.

$h_1 = 40[\text{m}]$

배관 및 관부속품의 총 마찰손실수두 h_2는 30[m]이다.

$h_2 = 30[\text{m}]$

포 방출구의 방출압력은 350[kPa]로 환산수두 h_3는 다음과 같다.

$$h_3 = 350[\text{kPa}] \times \frac{10[\text{m}]}{100[\text{kPa}]} = 35[\text{m}]$$

따라서 펌프의 전양정 H는

$$H = 40[\text{m}] + 30[\text{m}] + 35[\text{m}] = 105[\text{m}]$$

(4) 탱크의 고정포 방출구에 필요한 포 수용액의 유량은 다음과 같다.

$$Q = 4.2[\text{L/min} \cdot \text{m}^2] \times \frac{\pi}{4} \times (12[\text{m}])^2 ≒ 475.009[\text{L/min}]$$

보조 포 소화전에 필요한 포 수용액의 유량은 다음과 같다.

$$Q = N \times 400[\text{L/min}]$$

Q: 보조 포 소화전의 유량[L/min], N: 방출구의 개수(최대 3개)

따라서 보조 포 소화전에 필요한 포 수용액량은
$Q = 1 \times 400[\text{L/min}] = 400[\text{L/min}]$
펌프의 토출량은 $(475.009[\text{L/min}] + 400[\text{L/min}]) = 875.009[\text{L/min}] = 0.875[\text{m}^3/\text{min}]$이다.

(5) 펌프의 동력은 다음의 식을 통해 구할 수 있다.

$$P = \frac{\gamma Q H}{\eta} K$$

P: 펌프의 동력[kW], γ: 유체의 비중량[kN/m³], Q: 유량[m³/s], H: 전양정[m], η: 효율, K: 전달계수

유체는 물이므로 물의 비중량은 $9.8[\text{kN/m}^3]$이다.

유량이 $0.88[\text{m}^3/\text{min}]$이므로 단위를 변환하면 $\frac{0.88}{60}[\text{m}^3/\text{s}]$이다.

따라서 주어진 조건을 공식에 대입하면 펌프의 동력 P는

$$P = \frac{9.8[\text{kN/m}^3] \times \frac{0.88}{60}[\text{m}^3/\text{s}] \times 105[\text{m}]}{0.6} \times 1.1 ≒ 27.669[\text{kW}]$$

> 연계이론 **PHASE 06 포 소화설비**

13 그림을 보고 밸브의 명칭과 용도를 쓰시오. [5점]

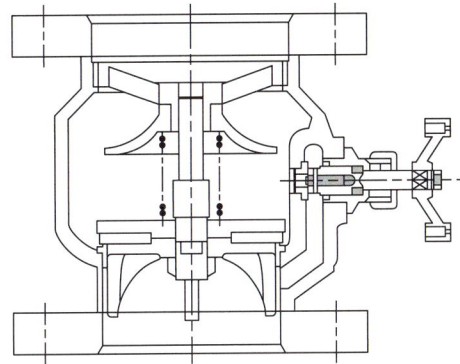

> **정 답**
> - 명칭: 스모렌스키 체크밸브
> - 용도: 밸브 2차 측의 소화수를 1차 측으로 배수

14

바닥면적 440[m²], 높이 3.5[m]인 발전기실에 할로겐화합물 및 불활성기체 소화설비를 설치하려고 한다. [조건]을 참고하여 다음 물음에 답하시오. [8점]

> **조건**
> (가) HCFC Blend A의 A급 소화농도는 7.2[%], B급 소화농도는 10[%]이다.
> (나) IG-541의 A급 및 B급 소화농도는 32[%]로 한다.
> (다) 선형상수를 이용하여 풀이한다. (단, HCFC Blend A의 K_1은 0.2413, K_2는 0.00088을 적용하고, IG-541의 K_1은 0.65799, K_2는 0.00239를 적용한다.)
> (라) 방사시 온도는 20[℃]를 기준으로 한다.
> (마) HCFC Blend A의 용기는 68[L]용 50[kg]으로 하며, IG-541의 용기는 80[L]용 12.4[m³]로 적용한다.
> (바) 발전기실의 연료는 유류를 사용한다.
> (사) IG-541의 비체적은 0.707[m³/kg]이다.

(1) 발전기실에 필요한 HCFC BLEND A의 최소 약제량[kg]을 구하시오.
(2) 발전기실에 필요한 HCFC BLEND A의 최소 약제용기의 개수[병]를 구하시오.
(3) 발전기실에 필요한 IG-541의 최소 약제량[m³]을 구하시오.
(4) 발전기실에 필요한 IG-541의 최소 약제용기의 개수[병]을 구하시오.

정답

(1) • 계산과정: $0.2413 + (0.00088 \times 20) = 0.2589$
$10 \times 1.3 = 13$
$440 \times 3.5 = 1{,}540$
$\dfrac{1}{0.2589} \times \left(\dfrac{13}{100-13}\right) \times 1{,}540 \fallingdotseq 888.818$

• 답: 888.82[kg]

(2) • 계산과정: $\dfrac{888.82}{50} \fallingdotseq 17.78$

• 답: 18병

(3) • 계산과정: $32 \times 1.3 = 41.6$
$2.303 \times \log\left(\dfrac{100}{100-41.6}\right) \times 1{,}540 \fallingdotseq 828.444$

• 답: 828.44[m³]

(4) • 계산과정: $\dfrac{828.44}{12.4} \fallingdotseq 66.81$

• 답: 67병

[해 설]

(1) 화재안전기준에 따른 할로겐화합물 소화약제의 저장량 최소기준은 다음과 같다.

$$W = \frac{1}{S} \times \left(\frac{C}{100-C}\right) \times V$$

W: 소화약제의 질량[kg], S: 소화약제별 선형상수$(K_1 + K_2 \times T)$[m³/kg],
T: 방호구역의 기준온도[℃], C: 설계농도(소화농도×안전계수)[%], V: 방호구역의 부피[m³]

기준온도가 20[℃]이므로 소화약제별 선형상수 S는 다음과 같다.
  $S = K_1 + K_2 \times T = 0.2413 + (0.00088 \times 20) = 0.2589$[m³/kg]
설계농도 C는 소화농도와 안전계수의 곱이며, 유류화재인 B급 화재의 안전계수는 1.3이므로 설계농도 C는 다음과 같다.
  $C = $ 소화농도 × 안전계수 $= 10 \times 1.3 = 13$[%]
방호구역인 발전기실의 부피(가로×세로×높이)는 다음과 같다.
  $V = 440$[m²] $\times 3.5$[m] $= 1,540$[m³]
따라서 소화약제 HCFC BLEND A의 질량 W는
  $W = \dfrac{1}{0.2589[\text{m}^3/\text{kg}]} \times \left(\dfrac{13[\%]}{100-13[\%]}\right) \times 1,540[\text{m}^3] ≒ 888.818$[kg]

(2) 약제용기 1병 당 소화약제 HCFC BLEND A의 충전량[kg]은 50[kg]이므로 전체 소화약제의 양을 저장하기 위해 필요한 저장용기의 개수는
  $\dfrac{888.82[\text{kg}]}{50[\text{kg}/\text{병}]} ≒ 17.78$[병] $= 18$[병] (절상)

(3) 화재안전기준에 따른 불활성기체 소화약제의 저장량 최소기준은 다음과 같다.

$$X = 2.303 \times \frac{V_S}{S} \times \log\left(\frac{100}{100-C}\right) \times V$$

X: 소화약제의 부피[m³], V_S: 20[℃]에서 소화약제의 비체적[m³/kg],
S: 소화약제별 선형상수$(K_1 + K_2 \times T)$[m³/kg], T: 방호구역의 기준온도[℃]
C: 설계농도(소화농도×안전계수)[%], V: 방호구역의 부피[m³]

기준온도가 20[℃]이므로 소화약제의 비체적 V_S와 소화약제별 선형상수 S는 같다.
  $V_S = S$
설계농도 C는 소화농도와 안전계수의 곱이며, 유류화재인 B급 화재의 안전계수는 1.3이므로 설계농도 C는 다음과 같다.
  $C = $ 소화농도 × 안전계수 $= 32 \times 1.3 = 41.6$[%]
따라서 소화약제 $IG-541$의 부피 X는
  $X = 2.303 \times \log\left(\dfrac{100}{100-41.6}\right) \times 1,540[\text{m}^3] ≒ 828.444$[m³]

(4) 약제용기 1병 당 소화약제 IG-541의 충전량[m³]은 12.4[m³]이므로 전체 소화약제의 양을 저장하기 위해 필요한 저장용기의 개수는
  $\dfrac{828.44[\text{m}^3]}{12.4[\text{m}^3/\text{병}]} ≒ 66.81$[병] $= 67$[병] (절상)

[연 계 이 론] **PHASE 09** 할로겐화합물 및 불활성기체 소화설비

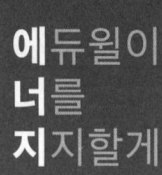

내가 꿈을 이루면
나는 누군가의 꿈이 된다.

– 이도준

2025 에듀윌 소방설비기사 실기 기계분야

발 행 일	2025년 2월 27일 초판
저 자	손익희, 김윤수
펴 낸 이	양형남
개발책임	목진재
개 발	김강민
펴 낸 곳	(주)에듀윌
I S B N	979-11-360-3625-4
등록번호	제25100-2002-000052호
주 소	08378 서울특별시 구로구 디지털로34길 55 코오롱싸이언스밸리 2차 3층

* 이 책의 무단 인용 · 전재 · 복제를 금합니다.

www.eduwill.net
대표전화 1600-6700

**여러분의 작은 소리
에듀윌은 크게 듣겠습니다.**

본 교재에 대한 여러분의 목소리를 들려주세요.
공부하시면서 어려웠던 점, 궁금한 점,
칭찬하고 싶은 점, 개선할 점, 어떤 것이라도 좋습니다.

에듀윌은 여러분께서 나누어 주신 의견을
통해 끊임없이 발전하고 있습니다.

에듀윌 도서몰 book.eduwill.net
- 부가학습자료 및 정오표: 에듀윌 도서몰 → 도서자료실
- 교재 문의: 에듀윌 도서몰 → 문의하기 → 교재(내용, 출간) / 주문 및 배송